Kinder

Ausgewählte Repertoriums-Rubriken und Arzneimittelbilder

Roberto Petrucci

Kinder

Ausgewählte Repertoriums-Rubriken und Arzneimittelbilder

*

Roberto Petrucci

Mit einem Vorwort von **Frederik Schroyens**

Ins Deutsche übertragen von **Peter Vint**

Hahnemann Institut
für homöopathische Dokumentation

Die Deutsche Bibliothek - Nationales ISBN-Zentrum

Kinder. Ausgewählte Repertoriums-Rubriken und Arzneimittelbilder.

Roberto Petrucci. Aus dem Englischen übertragen von Peter Vint.
Greifenberg: Hahnemann Institut -
Privatinstitut für homöopathische Dokumentation GmbH, 2008

ISBN 978-3-929271-31-7

Krottenkopfstraße 2 - D-86926 Greifenberg
Tel. 08192-93060 / Fax. 08192-7806
E-mail: info@hahnemann.de
Homepage: www.hahnemann.de

Satz und Gestaltung: Peter Vint
Grafiken: Vera Cannavò
Druck und Herstellung: Konkordia GmbH, Bühl

Verlags-Nr.: 929271 - ISBN 978-3-929271-31-7

Präsident des „Centro di Omeopathia“ in Mailand.

Doktor der Medizin und Chirurgie der Universität Mailand.

Diplom des „Clinical Training Center for Classical Homeopathy“ in Hechtel (Belgien) unter Alfons Geukens.

Homöopathische Lehrtätigkeit an verschiedenen Schulen in Italien und im Ausland.

Studiendirektor am „Centro di Omeopathia“ in Mailand und am „Centro di Omeopatia“ in Catania.

Autor des pädiatrischen Repertoriums „Kinder-Konzepte“. Lehrer für Materia medica für den Fortgeschrittenenkurs in homöopathischer Medizin („Corso di perfezionamento in medicina omeopathica“) an der Universität von L’Aquila im Studienjahr 2004/2005.

Von 2000 bis 2005 Direktor der Abteilung für Lehre, Aus- und Fortbildung des Italienischen Verbands homöopathischer Ärzte (F.I.A.M.O.).

Eingetragen im FIAMO-SIMO-Register für ausgebildete Homöopathen und Lehrer.

Internet: www.centrodiomeopatia.it
e-mail. r.petrucci@centrodiomeopathia.it

Zeichenerklärung

Für das vorliegende Buch wurde eine kompakte Schreibweise entwickelt, die im Folgenden im Detail erläutert wird.

Die hochgestellten Ziffern in eckigen Klammern verweisen auf die nachstehenden Erläuterungen.

Beispiel:

Abelmoschus [1]

abel. [2]

Dieses Mittel eignet sich bei vielen Ängsten, aber die Keynote ist *große Angst vor Tieren.* [...] [3]

Klinik: Anämie. Dysphagie. Lymphangitis. Neuromyelitis. Lähmung. Tachykardie. [4]

Wirkungsbereich: Magen. Schleimhäute. Nerven. [5]

* * * [6]

Stillen - Magendarmsymptome - Appetit - vermehrt [7]
MAGEN - Appetit - unstillbar [8] (vh1/770) [9]

Konstitution - Angst und Furcht
GEMÜT - Furcht - allein zu sein (mtf11/64)

Tieren; Beziehung zu
GEMÜT - **Furcht - Insekten; vor** [10] (jl*/71)
• *Furcht - Spinnen, vor* (jl*/75) [11]
» Tieren, vor (jl3/76) [12]
» Tieren, vor - nachts - giftigen Tieren; vor (jl3/76)

Erläuterung

[1] Der Arnzeimittelname nach der international gebräuchlichen Nomenklatur.

[2] Die zugehörige Abkürzung, wie sie u.a. in Synthesis Verwendung findet.

[3] Der Text zur Materia medica des Mittels.

[4] Im Abschnitt „Klinik" werden besonders wichtige klinische Anwendungsbereiche genannt.

[5] Im Abschnitt „Wirkungsbereich" werden die Organe, Regionen etc. genannt, auf die das Mittel der Erfahrung nach besonders einwirkt.

[6] Die Sternchen stehen am Anfang des Abschnittes der „Konzepte"

[7] Die Konzepte sind in Fettdruck in einer serifenlosen, etwas enger laufenden Schrift angegeben. Vorhandene Bindestriche stehen für Unterkonzepte.

[8] Die Symptome werden in der „klassischen" Schreibweise dargestellt: KAPITEL - Hauptrubrik - Unterrubriken, wobei der Name des Kapitels zur deutlicheren Sichtbarkeit in KAPITÄLCHEN gesetzt ist.

[9] Hinter jedem Symptom findet man in Klammern zunächst die Quellenangabe, also z.B. vh1, jl3 usw. Diese Abkürzungen sind identisch mit denen aus Synthesis. Eine vollständige Liste der Autoren und Quellen finden Sie auf S. 933ff. Sind bei einem Eintrag mehrere Autoren vorhanden, so wird ein Autor genannt, gefolgt von einem Sternchen (z.B. jl*).

Nach der Quellenangabe folgt ein Schrägstrich „/" und dann die Angabe der **Seite**, auf der dieses Symptom in der gedruckten Version von Synthesis Edition 9.1 zu finden ist. (vh1/770) bedeutet demnach: Vithoulkas, Materia medica viva, S. 770 in Synthesis.

[10] Die **Grade** / Wertigkeiten der Mitteln im jeweiligen Symptom erkennt man an der Schrift:

- 1. Grad = Normalschrift
  z.B.: GEMÜT - Furcht - allein zu sein (mtf11/64)
- 2. Grad = *Kursivschrift*
  z.B.: GEMÜT - *Furcht - Spinnen, vor* (jl*/75) [11]
- 3. Grad = **Fettschrift**
  z.B.: GEMÜT - **Furcht - Insekten; vor** (jl*/71)
- 4. Grad = **FETTE KAPITÄLCHEN**
  z.B.: GEMÜT - **GEIZ** (b2/92)

[11] Folgen mehrere Symptome aus **demselben Kapitel** aufeinander, so wird das Kapitel nicht wiederholt, sondern durch einen **Führungspunkt** ersetzt.
Beispiel:
GEMÜT - **Furcht - Insekten; vor** [10] (jl*/71)
• *Furcht - Spinnen, vor* (jl*/75) [11]

[12] Folgen mehrere Symptome mit **derselben Hauptrubrik** aufeinander, so wird die Hauptrubrik nicht wiederholt, sondern durch ein vorangestelltes **französisches Anführungszeichen** [»] ersetzt.
Beispiel:
• *Furcht - Spinnen, vor* (jl*/75) [11]
» Tieren, vor (jl3/76) [12]

Zur Benutzung des Buches

Dieses Buch besteht aus **zwei Teilen.**

Konzepte (S. 1 - 48)

Der erste Teil besteht in der Auflistung der 20 Konzepte mit den dazugehörigen Symptomen aus dem Repertorium Synthesis.

Materia medica (S. 49-931)

Im zweiten Teil finden Sie die Arzneimittel mit den zugehörigen Konzepten und Symptomen. Mittel, die sich für die Kinderarztpraxis besonders eignen, beginnen mit einer Beschreibung aus pädiatrischer Sicht. Dieser folgen die zwei Abschnitte „Klinik" und „Wirkungsbereich" in denen die wichtigsten klinischen Indikationen bzw. Wirkungsbereiche angegeben sind.

Das Projekt eines neuen Repertoriums und entsprechend einer repertorialen Materia medica nach Konzepten war geleitet von dem Gedanken, daß die bekannteren Mittel durch weniger bekannte Informationen bereichert werden können, während die weniger bekannten Mittel bzw. diejenigen, die erst in jüngster Zeit geprüft wurden, besser zu verstehen sind, wenn ihre Symptomatologie in praktische Konzepte untergliedert wird.

Man kann besonders den Repertoriumsteil auf verschiedene Weise verwenden:

Zunächst, *um das Repertorium mit größerem Gewinn zu studieren*, statt darin zu lesen, als sei es ein „Telefonbuch". Symptome, die inhaltlich zusammenhängen, prägen sich bekanntlich weit besser ein.

Zum anderen *bieten die Konzepte einen Leitfaden während der Konsultation.* Sie beginnen bei der Familiengeschichte und führen dann von der frühkindlichen Entwicklung über das soziale Verhalten in Familie und Schule zur reinen Klinik.

Die dritte Möglichkeit bietet sich den Benutzern des Computerprogramms RADAR an. Hier ist es möglich, ganze Konzepte zu analysieren und zu sehen, wie häufig bestimmte Mittel in einem Konzept auftreten.

Ich rate jedem, nicht nur den beschreibenden Teil aufmerksam zu lesen, sondern ganz besonders den Repertoriumsteil, in dem viele Informationen von großem praktischen Nutzen enthalten sind.

Dr. Roberto Petrucci

Vorwort von Frederik Schroyens

Es ist eine Freude, jemandem einen Gefallen zu tun, wie dieses Vorwort zu schreiben. Es ist eine noch größere Freude, Roberto Petrucci diesen Gefallen zu tun. Erstens, weil er seit langer Zeit ein guter Freund ist. Zweitens, weil ich die vielen Anstrengungen verfolgt habe, die Roberto unternommen hat, um Patienten, Kollegen und Studierenden in Italien und im Ausland eine besonders effektive homöopathische Methodik zur Verfügung zu stellen. Dieses Buch gehört zu diesen Unternehmungen.

Ich möchte zwei Aspekte dieser Arbeit hervorheben, deren Entstehung ich über so viele Jahre beobachtet habe. Zunächst gibt es zwei Wege, die immer weiter zunehmende Menge an Informationen zu bewältigen, die uns in der homöopathischen Gemeinschaft zu Verfügung steht. Der eine besteht darin, „Abkürzungen" zu finden und nur eine begrenzte Menge dieser Informationen zu benutzen, wie verlockend die Gründe hierfür auch sein mögen. Der andere Weg besteht darin, all diese Informationen in einer kreativen Art zu ordnen und darüber nachzudenken, wie man einfacher und umfassender an sie herankommt.

Roberto führt dazu *Konzepte* ein und scheut keine Mühen, Wege zu weisen, all diese Informationen im geeigneten Moment zu benutzen. Eine großartige Errungenschaft!

Der zweite Aspekt dieses Buches, der mir ganz besondere Freude bereitet: Es verbindet Informationen aus der Materia medica mit Informationen, die wie ein Repertorium strukturiert sind. Auch das erlaubt uns, schnell alle zur Verfügung stehenden Informationen aufzufinden. Einfache Handhabung in der Praxis wurde nicht zu einem Weniger an Information, sondern zu einem schnelleren Zugang zu einem Mehr an Information. Es ist erstaunlich, daß hier mehr als 540 Arzneimittel vertreten sind und zu 380 davon zusätzlicher Text geschrieben wurde.

Mit all diesen Eigenschaften versehen, wird dieses Buch seinen wohlverdienten Plazt neben vielen anderen wertvollen Büchern über Kinderheilkunde einnehmen. Es bringt uns Informationen über viele Arzneimittel, statt viel Information über nur wenige Mittel, die wir bereits kennen. Gut gemacht Roberto!

Dr. Frederik Schroyens, Gent, den 1. September 2006

Einleitung von Roberto Petrucci

Ich glaube, daß dieses Buch meine gegenwärtige Sicht der Homöopathie vollständig zum Ausdruck bringt, das heißt den Respekt sowohl für die alten Meister als auch für die neuen Theorien, die sich hauptsächtlich auf die Berücksichtigung der Familien und des Periodensystems beziehen. Dieses Buch umfaßt tatsächlich Informationen sowohl aus klassichen wie aus neueren Arzneimittellehren. Zusätzlich sind viele meiner praktischen Erfahrungen berücksichtigt.

In den letzten Jahren hat sich das Studium der Homöopathie in bemerkenswerter Weise gewandelt. Dies verdanken wir einigen Homöopathen, die, verglichen mit der Vergangenheit, die Analyse der homöopathischen Literatur, der Toxikologie und der Ergebnisse der durchgeführten Prüfungen und ihrer Fälle auf völlig neue Art und Weise durchgeführt haben.

Es wurden Themen und Konzepte eingeführt bzw. bedeutend erweitert. Durch das Studium der Ergebnisse aus Prüfungen, die von Homöopathen wie Jeremy Sherr oder Nancy Herrick durchgeführt wurden, können wir die grundlegenden Elemente der Arzneimittel leicht verstehen, da die aufgetretenen Symptome nach Themen aufgegliedert werden.

Heute ist es einfach, Artikel oder Bücher zu finden, die die Themen der Solanaceen oder der Ranunculaceen aufzeigen, der Spinnen oder der Schlangen, der Kalium- oder der Natrium-Mittel, oder der Analysen nach dem Periodensystem.

Meiner Meinung nach bringen diese neuen Methoden große Vorteile für das Verständnis und die Analyse des Falles, auch wenn wir darauf achten sollten, dabei nicht zu vergessen, was uns die großen Meister der Vergangenheit gelehrt haben.

Aus meiner Sicht ist die Fallanalyse mit dem Repertorium immer noch sehr wichtig, auch wenn - wie für jedes andere Handwerkszeug - gilt, daß die Analyse mit dem Repertorium umso effektiver ist, je besser man das Repertorium kennt, besonders Dank des Einsatzes moderner Informations-Technologie.

Radar erlaubt es uns heute, verschiedene Repertoriumsrubriken, die ähnliche oder gleiche Bedeutung haben, - mit den sogenannten Querverweisen - miteinander zu verbinden, um eine gemeinsame Rubrik zu erhalten, mit dem Vorteil, daß keine wichtigen Möglichkeiten für die Verschreibung verloren gehen.

Wie oben erwähnt, wurden Themen und Konzepte hauptsächlich zur Analyse der Materia medica benutzt, während die Struktur des Repertoriums im Wesentlichen unverändert blieb. Nur wenige Autoren haben Themen und Konzepte aus der Perspektive des Repertoriums eingefüht, besonders aus klinischer Perspektive, indem sie Symptome, die bei einer bestimmten Pathologie oft anzutreffen sind, in Gruppen zusammengefaßt haben. Mirilli schrieb ein interessantes thematisches Repertorium, indem er Gemütssymptome zu einigen spezifischen Arzneimitteln nach spezifischen Symptomen oder Themen aufgeteilt hat und zusätzliche Informationen gibt, die bestehenden Arzneimittlehren oder Untersuchungen entnommen wurden.

In meiner Praxis hatte ich immer Schwierigkeiten, in wirklich zufriedenstellender Weise eine homöopathische Konsultation mit sehr kleinen Kindern durchzuführen. Daher habe ich im Laufe der Zeit versucht, herauszufinden, welche Symptome ich untersuchen müsse, um ein Höchstmaß an Information zu erhalten.

Aus diesen Beobachtungen heraus entstand der Gedanke, ein Repertorium für die Kinderheilkunde zu schreiben, das eine völlig andere Struktur hat, als die von Kent.

Ich dachte mir, daß es für Anamnesen mit Kindern sehr nützlich wäre, pädiatrische Symptome in Gruppen zusammen zu fassen. So schuf ich ein Repertorium, das in Konzepte unterteilt ist, wobei ich versuchte, die verschiedenen Repertoriumsrubriken in Gruppen zusammen zu fassen, um jeweils alle Symptome zu sehen, die zu dem jeweiligen Konzept gehören.

Sehr von Frederik Schroyens - der wahrscheinlich momentan als der größte Experte für Repertorien zu betrachten ist - ermutigt, schuf ich dieses neue pädiatrische Repertorium mit dem Namen „Kinder-Konzepte“, das in 20 Abschnitte unterteilt ist:

Krankengeschichte; familiäre und persönliche

Entwicklung

Zahnung

Impfung

Stillen

Infektionskrankheiten

Konstitution

Familie; Beziehung zur
Beziehung zu anderen
Schule
Spielen
Tieren; Beziehung zu
Nonverbales
Nacht; Beobachtungen in der
Schaukeln und Getragenwerden
Autos und Schiffe
Psychosomatische Störungen
Körperliche Symptome und Erkrankungen
Chirurgisch pathologische Zustände
Würmer

Viele dieser Konzepte sind wiederum in *Unterkonzepte* unterteilt, wobei man sich merken sollte, daß viele Rubriken mehrfach genannt werden, da sie in mehr als ein Konzept aufgenommen werden können.

Krankengeschichte; familiäre und persönliche

Das erste Konzept bezieht sich auf die persönliche und die familiäre Krankengeschichte. Die Verwendung dieser Rubriken kann zu Ergänzungen in anderen Repertoriumsabschnitten führen, wodurch es über den pädiatrischen Aspekt hinaus nützlich ist.

Wenn wir beispielsweise die Rubrik *Allgemeines - Krankengeschichte von; persönliche - Augen - Gerstenkörnern; von wiederkehrenden* studieren, finden wir zwei Arzneimittel - *Anthracinum* und *Ferrum pyrophosphoricum* - die in der Rubrik *Augen - Gerstenkörner* nicht enthalten sind.

In diesem ersten Unterkonzept wurden alle Rubriken aufgenommen, die mit der persönlichen bzw. familiären Krankengeschichte zu tun haben, auch solche, die nicht im Kapitel *Allgemeines* stehen, wie an den folgenden Rubriken zu sehen ist:

ATMUNG - Asthma, asthmatische Atmung - Tuberkulose in der Familiengeschichte; bei

EXTREMITÄTEN - Schmerz - Gelenke - Tuberkulose in der Familiengeschichte; bei

Diese Rubriken kann man in weitere Unterkonzepte unterteilen, wie Miasmen, Tuberkulose, Impfungen und Infektionskrankheiten, Geistes- und neurologische Erkrankungen, Augen- und Ohrenleiden, sowie Erkrankungen des Magendarm-Traktes, der Geschlechtsorgane und Harnwege, der Atemwege, des Herzens und der Haut.

Entwicklung

Der zweite Abschnitt betrifft die Entwicklung und ist in drei Unterkonzepte aufgeteilt:

Entwicklung - langsam

Zusätzlich zur Rubrik „Allgemeines - Gehen - Gehenlernen, Laufenlernen - spätes" ist es auch interessant, andere Rubriken zu kennen, die erklären, warum ein Kind spät zu gehen lernt.

RÜCKEN - Schwäche - Lumbalregion - lernen nicht laufen; Kinder

EXTREMITÄTEN - Schwäche - Beine - Gehenlernen bei Kindern; spätes
• Schwäche - Knöchel - Kindern; bei - Gehenlernen; beim

ALLGEMEINES - Entwicklung - Entwicklungsstillstand - Knochenentwicklung; verzögerte

Entwicklung - schnell

Frühreife (d. h. zu schnelle Entwicklung) findet man in sieben Rubriken, in denen man oft den Ausdruck „zu schnell" findet. Daher werden diese Rubriken benutzt, wenn Beschwerden in Verbindung mit zu schnellem Wachstum geäußert werden, also bei Arzneimitteln, die diese Tendenz haben müssen.

Entwicklung - allgemein

Der allgemeine Abschnitt enthält ein paar Merkmale der Fontanellen und Wachstumsschmerzen.

Zahnung

Das Konzept *Zahnung* folgt nach der allgemeinen Entwicklung und enthält fünf Unterkonzepte:

Zahnung - Gemütssymptome

Die interessantesten Teile beziehen sich auf Gemütssymptome, zusammen mit Angst, Furcht, Reizbarkeit, Ruhelosigkeit und anderen Reaktionen in Verbindung mit der Zahnung.

Zahnung - Empfindungen und neurologische Symptome

Zahnung - Lokalsymptome

Lokalsymptome reichen von Schmerz bis zu Speichelfluß.

Zahnung - Magendarmsymptome

Magendarmsymptome einschließlich Erbrechen, Verstopfung und Durchfall.

Zahnung - Allgemeinsymptome

Die *Allgemeinsymptome* enthalten neben den Mitteln für langsame Zahnung alle Rubriken, die sich auf Beschwerden in anderen Bereichen beziehen, vom Husten zu urologischen Symptomen, über Haut- und Schlafsymptome.

Impfung

Im Konzept *Impfung* können wir die Rubrik aus dem Kapitel Allgemeines benutzen, die die Mittel auflistet, die Beschwerden durch Impfung haben können, sowie *über 30 weitere Rubriken*, die über das ganze Repertorium verstreut zu finden sind.

Dies erlaubt uns, von Mitteln zu erfahren, die in dieser am häufigsten Rubrik nicht enthalten sind, beispielsweise:

Antimonium tartaricum (Rektum - Diarrhoe - Impfung, nach)

Causticum (Allgemeines - Konvulsionen - Impfung; nach)

Sarsaparilla officinalis (Haut - Hautausschläge - Impfung, nach)

Stillen

Dieses Konzept, das sich auf das Stillen und die Ernährung bezieht, enthält vier Unterkonzepte:

Stillen - Gemütssymptome

Stillen - Milch

Das Unterkonzept *Milch* ist der interessanteste, da es die Möglichkeit gibt, unter einer Vielzahl von Rubriken zu wählen, die nicht nur Reaktionen des Magendarmtraktes auf Milch umfaßt, sondern auch Hautsymptome, von Milchschorf zu Hautausschlägen und zudem alle Symptome, die sich auf Muttermilch beziehen.

Stillen - Allgemeinsymptome

Stillen - Magendarmsymptome

Das letzte Unterkonzept *Magendarmsymptome* ist weiter unterteilt und liefert Informationen über Appetit, Schluckauf, Aufsteigen von Wasser in den Mund, Aufstoßen, Erbrechen und Symptome von Abdomen und Rektum.

Es folgt der Abschnitt, der sich mit der kindlichen Entwicklung unter spezifischen Aspekten beschäftigt.

Infektionskrankheiten

Dieses Konzept enthält die *Infektionskrankheiten*. Je weniger man das Konzept *Impfung* benötigt, desto mehr wird dieses Konzept benutzt, das aus sieben Unterkonzepten besteht:

Windpocken

Masern

Mumps

Röteln

Scharlach

Pocken

Keuchhusten

Hier sehen wir, wie nützlich es ist, diejenigen Rubriken zu kennen und zu benutzen, die nicht nur in den Kapiteln *Haut* und *Fieber* stehen, sondern im ganzen Repertorium zu finden sind.

Nach dem Konzept *Infektionskrankheiten* beginnt ein neuer Abschnitt, der sich auf das Verhalten und die Konstitution des Kindes bezieht. Er umfaßt folgende Konzepte:

Konstitution

Familie; Beziehung zur

Beziehung zu anderen

Schule

Spielen

Tieren; Beziehung zu

In diesem Teil sehen wir, wie sich Kinder gegenüber dem Rest der Welt verhalten. Bei denen beginnend, die dem Kind am nächsten sind (Familie), bis zur Schule, Freunden - sowohl beim Spielen wie allgemein - und gegenüber Tieren.

Aggressivität wird in folgenden Konzepten behandelt: *Konstitution*, *Familie*, *Beziehung zu anderen* sowie im Konzept *Nonverbales*.

Ängste werden im Konzept *Konstitution* behandelt.

Zuneigung und Vorwürfe werden im Konzept *Familie* behandelt.

Das *Verhältnis zu anderen Menschen* im Allgemeinen wird im Konzept *Beziehung zu anderen* behandelt.

Im allgemeinen Teil des Konzeptes *Konstitution* können wir unter 91 Symptomen wählen, die das Wesen eines Kindes beschreiben.

Es ist interessant zu sehen, daß im Repertorium 22 Symptome vorhanden sind, die Agressivität innerhalb der Familie beschreiben und 31, die Liebe und Zuneigung zum Ausdruck bringen.

Das Konzept *Familie* endet mit dem Unterkonzept *Vorwürfe*, einem Abschnitt, den wir auch unter *Schule* finden.

Das Konzept *Schule* besteht aus Teilen, die sich mit den Ängsten der Kinder beschäftigen, mit Erwartungsangst, Mangel an Selbstvertrauen, Furcht zu versagen und damit verbundenen körperlichen Beschwerden.

Das zweite Unterkonzept bezieht sich auf die Konzentration.

Darauf folgt ein speziellerer, technischer Teil, der sich mit dem Lernen beschäftigt und in einen allgemeinen Teil und drei spezifische Teile gegliedert ist, die sich mit Mathematik, Lesen und Schreiben beschäftigen.

Das Unterkonzept *Anstrengung, gesitige* enthält Auswirkungen wie Kopfschmerzen, Ruhelosigkeit und Schlafstörungen.

Das Konzept *Schule* endet mit *Beziehung zu anderen*, *Vorwürfe* und *Konstitution* und enthält entsprechende Symptome, die auf die Schule anwendbar sind, wie Kleinlichkeit, Hast, Eigensinnigkeit und Verantwortungsbewußtsein.

Spielen ist von großer Bedeutung für Kinder. Obwohl Repertorium und Materia medica in dieser Hinsicht nicht sehr hilfreich sind, können wir auf ein Anzahl von Symptomen zurückgreifen, einschließlich dreier Traumsymptome.

Dieser Teil endet mit dem Konzept *Tieren; Beziehung zu*, in denen Symptome die verschiedenen Gefühle gegenüber Tieren zum Ausdruck bringen, von der Angst zur Liebe, von Grausamkeit bis zum Mitleid.

Der umfangreichste Teil dieses Repertoriums beginnt an dieser Stelle mit dem Konzept *Nonverbales*, das fast 1000 Symptome enthält, die in sechs Unterkonzepte aufgegliedert sind:

Nonverbales

Aggressivität, *Beziehung zu anderen* und *Allgemeines* erscheinen erneut, zusammen mit einem Unterkonzept, das sich auf Gesten und Gebärden bezieht.

Die zwei verbleibenden Unterkonzepte der nonverbalen Symptome beschäftigen sich mit den Symptomen und Zeichen, die während der Konsultation zu beobachten sind (*Konsultation; bei der*) und einer Gruppe von Symptomen, die sozusagen „auf den ersten Blick“ zu sehen sind (*Äußerliches*).

Hier gibt es eine weitere Unterteilung danach, wer die Symptome beobachtet: der Arzt oder die Eltern zuhause.

Äußerliches - Beobachtungen des Arztes

Äußerliches - Beobachtungen der Eltern

Sowohl die Beobachtungen des Arztes wie die der Eltern werden nach der klassischen Reihenfolge der Kapitel im Repertorium aufgelistet (Kopf, Auge usw.).

Ich glaube, daß dieser Teil auch für Tierärzte sehr interessant sein kann. Eine der wissenschaftlichen Arbeiten an unserer Schule wurde von zwei Tierärzten entwickelt, die mit diesem Abschnitt des Kinder-Repertoriums anfingen.

Nacht; Beobachtungen in der

Der letzte Abschnitt des Repertoriums enthält ein Konzept, das sich mit den nächtlichen Symptomen beschäftigt. Es umfaßt Gemütssymptome, körperliche Symptome und solche, die im eigentlichen Sinn mit dem Schlaf zu tun haben:

Schaukeln und Getragenwerden

In diesem Konzept findet man Methoden und Tricks, wie man Kinder je nach Konstitution schaukelt.

Autos und Schiffe

Hier finden wir Symptome zu den Reaktionen von Kindern in Autos und schiffen, die mit 82 Rubriken nicht nur Übelkeit und Erbrechen enthalten.

Psychosomatische Störungen

Dieses Konzept enthält Symptome in Bezug auf Kopf, Augen, Zähne, Magen, Rektum, Blase, Atemwege und Nervensystem.

Körperliche Symptome und Erkrankungen

Hier handelt es sich um einen stärker klinisch orientierten Teil.

Chirurgisch pathologische Zustände

Ein Konzept, das für Homöopathen nicht nur aus Sicht der Familiengeschichte nützlich ist, sondern auch, um - sofern möglich - Operationen zu vermeiden.

Würmer

Dieses Konzept enthält 43 spezifische Rubriken.

Zur praktischen Anwendung

In einer typischen Konsultation in der pediatrischen Praxis ist es sehr schwierig, Symptome zu erhalten, weshalb ich glaube, daß diese Konzepte den Homöopathen dabei anleiten können, zum richtigen Zeitpunkt die richtigen Fragen zu stellen und die geeignete Richtung einzuschlagen.

Erster Fall:

Vor drei Jahren kam ein fünfjähriges Kind zu mir. Es litt an einer Entzündung der Parotis und hatte innerhalb von zwei Jahren vier Schübe.

Sogleich bemerkte ich Strabismus divergens und repertorisierte entsprechend die ersten zwei Symptome: *Auge - Strabismus, Schielen - divergens* und *Gesicht - Entzündung - Parotis* (leider haben wir in unserem Repertorium keine Rubrik *Gesicht - Entzündung - Parotis - wiederkehrend*). Mit diesen beiden Rubriken erhielt ich Conium, Graphites, Hyoscyamus, Jaborandi, Natrium muriaticum, Phosphor und Sulphur.

Die Eltern gaben mir keinerlei spezifischere Angaben über die Entzündung der Parotis. So fing ich an, mein Kinder-Repertorium durchzugehen, um auf weitere Ideen zu kommen. Ich hatte weder irgendwelche Informationen aus den Abschnitten, die sich auf Entwicklung beziehen (persönliche und familiäre Krankengeschichte, Entwicklung, Zahnung, Impfung, Stillen, Infektionskrankheiten), noch aus dem Teil, der sich auf den Charakter bezieht (Konstitution, Beziehung zur Familie, Beziehung zu anderen, Schule, Spielen und Beziehung zu Tieren).

Also begann ich, nach *nonverbalen Symptomen* zu fragen und fragte: „Gibt es bestimmte Symptome oder Zeichen, die Sie daheim an Ihrem Kind beobachtet haben?“ und erkundigte mich nach Symptomen von Kopf, Augen, Ohren usw. Als ich beim Abschnitt Magen ankam und mir die Symptome in meinem Repertorium ansah, fragte ich nach Symtpomen wie Schluckauf und Erbrechen. Sofort erzählte mir der Vater, daß es dem Kind im Auto oft übel ist und es sich übergibt und der einzige Weg, dieses Symptom zu bessern, darin besteht, dem Kind zu sagen, es solle die Augen zumachen; und das ist ein gutes Symptom für Conium. Dann sagte die Mutter: „Ja, da gibt es etwas Eigenartiges ... unser Kind leidet oft an Schluckauf und ein paar Mal habe ich beobachtet, daß es sich nach dem Schluckauf übergeben hat!“ Ich habe das Symptom in meinem Repertorium, also nahm ich *Magen - Schluckauf - Erbrechen - endet in Erbrechen* bei dem ich nur ein Arzneimittel habe, nämlich Jaborandi!

Ich fragte weiter nach nonverbalen Symptomen und sie sprachen auch von unverdauten Stühlen, einem weiteren Symptom von Jaborandi *(Stuhl - Unverdaut)*. Nun suchte ich nach weiteren Symptomen für dieses Mittel und sah, daß Jaborandi in der Rubrik *Magen - Übelkeit - Blicken, beim - bewegende Gegenstände; auf sich* vorhanden ist; und das könnte die Ursache der Übelkeit beim Autorfahren sein.

Nachdem ich Jaborandi verschrieben hatte, hatte das Kind nie wieder Entzündung der Parotis und war auch von der Übelkeit beim Autofahren und den Stühlen geheilt. In diesem Fall war der Abschnitt *Nonverbales - Äußerliches - Beobachtungen der Eltern* wirklich nützlich.

Zweiter Fall:

Ein weiterer interessanter Fall ist der eines Kindes, das an Asthma litt. Seine Asthmaanfälle waren immer von Fieber und Hüsteln begleitet, also nahm ich die Rubriken *Atmung - Atemnot, Dyspnoe, erschwertes Atmen - begleitet von - Husten, Atmung - Atemnot, Dyspnoe, erschwertes Atmen - Fieber; während* und *Husten - Hüsteln.* Auf der Gemütsebene findet man sehr große Reizbarkeit, besonders beim Erwachen *(Gemüt - Reizbarkeit, Gereiztheit - Erwachen, beim)* und durch Kleinigkeiten *(Gemüt - Reizbarkeit, Gereiztheit - Kleinigkeiten, durch).*

Die Eltern waren sich sicher, daß es dem Kind immer schlechter ging, wenn es in der Schule getadelt wurde, also nahm ich die Rubrik *Gemüt - Beschwerden durch - Tadel.* Zuerst gab ich ihm Nux vomica, dann Cina und auch Sulphur, aber jedesmal ohne irgendwelche Besserung.

Als ich dann mein Repertorium schrieb, dachte ich über den Abschnitt *Schule - Vorwürfe* nach und faßte alle Symptome dieses Abschnitts (24 Symptome, die mit Tadel und Vorwürfen in Beziehung stehen) zusammen und kam so auf ein Mittel, daß ich in den vorherigen Konsultationen ausgeschlossen hatte: Cuprum metallicum. Das Mittel findet man wirklich nicht in der Rubrik *Gemüt - Beschwerden durch - Tadel*, aber wenn man den Abschnitt *Schule - Vorwürfe* betrachtet, so sieht man, daß Cuprum in den Rubriken *Gemüt - Beschwerden durch - Bestrafung, Gemüt - Empfindlich - Vorwürfe; gegen* und *Allgemeines - Konvulsionen - Bestrafung; nach* enthalten ist.

Ich gab Cuprum und das Kind wurde vollständig geheilt.

Zusammenfassung:

Dieses Repertorium erlaubt es dem Homöopathen, in Übereinstimmung mit dem Lebensabschnitt des Kindes den richtigen Abschnitt zu wählen und gibt ihm die Möglichkeit, all die wichtigen Dinge in der Entwicklung eines Kindes nicht zu vergessen.

Danksagung

Vor allem möchte ich meiner Frau Cristina danken, die mich seit der Zeit an der Universität immer mit ihrer Liebe unterstützt hat und mich dann jeden Tag in meiner homöopathischen Praxis ermutigt hat.

Ich möchte meinen wunderbaren Söhnen danken, die mich die Sonne in einer Stadt sehen lassen, in der die Sonne nicht immer vorhanden ist.

Ich möchte meinen geliebten Eltern danken, die meine Berufswahl immer akzeptiert haben, auch wenn sie nicht immer die beste und empfehlenswerteste zu sein schien.

Ich möchte dem Menschen danken, der mein homöopathisches Leben verändert hat: Alfons Geukens. Ohne seinen Unterricht hätte ich nie auch nur daran gedacht, dieses Buch zu schreiben. Jeden Tag höre ich seine Ratschläge in meinen Ohren widerhallen. Er ermöglichte mir, Dinge zu verstehen, die ich sonst nie verstanden hätte und vor allem brachte er mir bei, wie ich mich von meiner homöopathischen Wahl überzeugen könne. Seine Video-Fälle waren äußerst aufschlußreich. Neben ihm lernte ich sogar dann, wenn seine Patienten Flämisch sprachen und ich kein Wort verstand. Seine geduldigen Übersetzungen genügten, damit diese Tage für meine homöopathische Praxis von großem Nutzen wurden. Ich danke ihm auch dafür, daß er mich überredete, klinische Fälle zu filmen und in meinen Seminaren Videobänder zu benutzen. Ich werde ihm immer in Dank verpflichtet bleiben.

Ich möchte Frederik Schroyens danken, der miterlebte, wie dieses Buch während eines Seminars, das wir gemeinsam hielten, das Licht der Welt erblickte und der mich in diesen drei Jahren Arbeit mit gutem Rat unterstützte. Ich danke ihm, weil er nicht nur ein guter Ratgeber ist, sondern auch ein guter Freund und ein wunderbarer Mensch.

Ich möchte allen Homöopathen danken, die ich im Unterricht und in Seminaren gehört habe und denen ich viele neue Ideen verdanke, besonders jedoch Rajan Sankaran und Jan Scholten. Dank ihrer Ideen war ich in der Lage, eine Homöopathie auszuarbeiten, die meiner Auffassung nach vollständiger ist.

Ich möchte Manfred Braig, Mito Bronfman, Corrado Bruno, Divya Chhabra, Farokh Master, Berthold Fleig, Nancy Harrick, Elke Ludemann, Roger Morrison, René Otter, Wolfgang Springer, Eddy Thielens und Harry Van Der Zee danken: die mit ihnen verbrachte Zeit führte zu Begeisterung und Erkenntnissen.

Ich möchte all den Menschen danken, die in diesen Jahren mit mir gearbeitet haben, angefangen bei Marita Gualea, die meine Entscheidungen verstanden und geteilt hat. Ich bin glücklich, Dein Freund zu sein.

Ich möchte auch den Menschen danken, die meine Entscheidungen nicht teilen. Es tut mir leid, daß ich nicht in der Lage bin, ihnen meine Gedanken und Projekte zu vermitteln.

Ich möchte Annamaria D'Alessandro, Gianbattista Garsia, Giancarlo Tunesi und nochmals Marita Gualea danken, die mir bei einem neuen Werk über Pädiatrie, das wir vor einigen Jahren gemeinsam schrieben, einige neue Gedanken gegeben haben.

Ich möchte all meinen Studenten danken, besonders denen, die meine Kurse in Mailand, Catania und Stromboli besuchten und noch besuchen: Sie gaben mir die Kraft, an meine Fähigkeit zu unterrichten zu glauben und die Bereitschaft, all das zu vermitteln, von dem ich das Glück hatte, es von Anderen zu lernen.

Ich möchte all denen danken, die mich in den letzten Jahren eingeladen haben, Seminare zu halten. Jeder Augenblick dieser Seminare war nützlich für meine Entwicklung, sowohl als Mensch wie als Homöopath.

Ich möchte den vielen italienischen Homöopathen danken, mit denen ich über Homöopathie gesprochen und diskutiert habe. Ich nenne nur diejenigen, die enge Freunde sind. Es ist nicht meine Absicht, jemandem Unrecht zu tun oder peinliche Vergeßlichkeit zu riskieren.

Ich möchte Alessandro Avolio danken, meinem lieben Freund. Sein Enthusiasmus brachte es mit sich, daß ich keinen Augenblick bereute, den ich mit ihm verbrachte, als er in Mailand studierte.

Ich möchte Antonio Iennaccaro danken, dem Freund aus meiner Kindheit, mit dem zusammen ich die Universität besuchte und Postgraduiertenstudien unternahm und der mich die Homöopathie entdecken ließ.

Ich möchte Savino Marroccoli danken, dem wunderbaren Reise- und Studiengefährten in Hechtel.

Ich möchte Carlo Rezzani danken, dem stillen und taktvollen Freund, den ich für diese Eigenschaften um so mehr schätze.

Ich möchte Peppino Spinelli danken, dem Freund und wertvollen Ratgeber (nicht nur über Weine).

Ich möchte Yvette und Marcel danken, meinen Gastgebern während meiner vierjährigen Studien in Belgien. Ihr gehört zu meinen engsten Freunden.

Ich möchte Dale Emerson danken, der mich immer seine Anerkennung spüren ließ, seit ich William Boerickes Materia medica ins Italienische übersetzte.

Ich möchte Alessandro Avolio, Donatella Brambilla, Mauro Dodesini, Marita Gualea, Savino Marrocoli, Renato Nobili und Roberto Pelizzaro für ihre Zusammenarbeit beim Unterrichten an der Schule des „Centro di Omeopatia" in Mailand danken.

Ich möchte Cesare danken, unserem unersetzlichen Sektretär am „Centro di Omeopatia" in Mailand, ohne den unsere tägliche Arbeit schwieriger wäre.

Ich möchte Paul Debruyn, Pascal Debuisson und Paul Dessart für ihr überaus wertvolle Arbeit der Extraktion von Rubriken aus dem Repertorium danken.

Ich möchte Vera Cannavò danken, die sich mit großer Geduld und äußerst professionell um den graphischen Teil des Buches kümmerte.

Ich möchte Any Lockwood und Elena Soravia danken, die sich mit großer Aufmerksamkeit und Sachkenntnis um die englische Ausgabe des Buches gekümmert haben.

Ich möchte Piero Zucchi für seine Hilfe beim Schreiben einiger Teile des Buches danken.

Ich möchte Alvalenti danken, der bereit war, den Themen des Buches durch seine wundervollen Zeichnungen Leben zu geben.

Ich möchte im Vorraus allen danken, die irgendwelche Vorschläge oder Anmerkungen machen werden, um eine mögliche zweite Auflage vollständiger und korrekter zu machen.

Abschließend möchte ich all meinen Patienten danken. Sie sind eine unersetzliche Quelle homöopathischen Wissens, wirkliche und lebendige Materia medica.

Roberto Petrucci, Mailand, 14. August 2006

Was andere über das Buch denken

Ich möchte Roberto zu seinem ausgefeilten und gekonnten Werk beglückwünschen. Es zeigt, daß er nach vielen Jahren geduldiger Arbeit und Beobachtung „zum Stift greift" und nicht aus einem voreiligen homöopathischen Ego heraus, wie wir in den letzten zwei Jahrzehnten oft erleben mußten.

Ich stimme völlig mit Robertos Aussage überein, daß die Fallaufnahme bei kleinen Kindern und Babies zu oft unzufriedenstellend war. Und ich kann mir gut vorstellen, daß ein solch breit und gründlich strukturiertes Konzept für uns alle von überraschendem Nutzen sein kann. Die Angabe des ursprünglichen Autors hinter jeder Rubrik in diesem Buch verdient meiner Meinung nach besondere Anerkennung, da sie dem Benutzer erlaubt, zu unterscheiden zwischen Autoren, die er schätzt und solchen, von denen er (noch) nicht ganz überzeugt ist.

Mir gefällt der aufregende Gedanke, ein solches neues pädiatrisches Repertorium auszuprobieren und anzuwenden, das von jemandem geschrieben wurde, der das Wissen, die Erfahrung und die Seriösität hat, auf den alten Meistern aufzubauen, aber neuen Ideen eine Chance zu geben.

Ich wünsche dem Werk „Kinder" eine erfolgreiche Verbreitung auch in meinem Land.

Wolfgang Springer - Deutschland

Dr. Petrucci hat ein praktisches und einzigartiges Werkzeug geschaffen, basierend auf zuverlässigen Informationen unserer Meister und seiner klinischen Erfahrung. Es wird Studenten dabei helfen, ihr Verständnis der Arzneimittel zu vertiefen und auch Homöopathen bei ihrer täglichen Praxis, die Lebenskraft ihrer Patienten mit dem richtigen Arzneimittel anzuregen.

Manfred Braig - Deutschland

Dr. Roberto Petruccis Buch schließt eine Lücke in der homöopathischen Praxis, nämlich als Werk, daß die Anwendung unserer Arzneimittel für Kinder ausführlich darstellt.

Es ist ein gut durchdachtes Buch und basiert auf Erfahrung und Weitsicht. Er hat viele neue Arzneimittel und Gedanken in das Buch eingearbeitet und macht es sehr praktisch in der Anwendung.

Was andere über das Buch denken

Das Repertorium erhöht die Nützlichkeit des Buches. Ich fand das Buch sehr interessant, praktisch und bin mir sicher, daß es seinen rechtmäßigen Platz in der homöopathischen Praxis finden wird.

Rajan Sankaran - Indien

Nach langer Zeit hat ein vererhrter und erfahrener Freund von mir, Dr. Roberto Petrucci, den ich schon ziemlich lange kenne, in höchst wissenschaftlicher Weise ein Repertorium und eine Materia medica der Kinder-Mittel geschrieben.

Was mich am meisten beeindruckt, sind die verschiedenen Gliederungspunkte, in denen das Repertorium (die Kinder-Konzepte) aus rein praktischer Sicht geschrieben wurden.

Einige der Abschnitte, die ich als die wichtigsten betrachte, sind die nonverbalen Symptome, die Beziehung zur Familie, die nächtlichen Beobachtungen und die psychosomatischen Störungen. Da Kinder nicht viele Dinge verbal preisgeben, müssen wir die nonverbale Sprache weiterentwickeln und verstehen, was Dr. Roberto in einfacher Sprache so gut erklärt. Es sind so viele Rubriken und Arzneimittel enthalten, die mir selbst unbekannt waren und dies half mir sehr dabei, meine eigenen Fertigkeiten zu verbessern.

Abschließend glaube ich, daß das Erstellen dieses Repertorium der Kinder-Konzepte sowohl unausweichlich wie unentbehrlich ist, wenn die homöopathische Gemeinschaft wahrhaft zum Ziel hat, die Homöopathie auf die nächste Ebene wissenschaftlicher Reife zu bringen. Der potentielle Nutzen, dieses Buch durchzuarbeiten ist so groß, daß ich es kaum erwarten kann, damit zu arbeiten.

Farokh Master - Indien

Dieses Werk ist innovativ, solide und gut organisiert. Das Buch vereinigt moderne Konzepte und Themen mit traditioneller Information und tut dies in einer klaren und gut anwendbaren Weise. Die Arena der homöopathischen Kinderheilkunde war für Generationen ein Problem. Anstatt angesichts dieser Schwierigkeiten einfach mit der Schulter zu zucken, hat Dr. Petrucci alle bekannten Informationen gesammelt, um eine Grundlage für die Verschreibung zu liefern. Es ist ein Buch, das von einem Kliniker geschrieben wurde, der die Bedürfnisse der Kliniker kennt.

Roger Morrison und Nancy Herrick - USA

Die homöopathische Materia medica und das Repertorium zu verbessern und zu erweitern stellt eine enorme Aufgabe dar. Wie der Bau der *Sagrada Familia*, ist für die Entwicklung der grundlegenden homöopathischen Werke ein fortlaufender Aufbauprozeß notwendig, der viele Generationen engagierter Homöopathen umfaßt. Dieser Beitrag von Roberto Petrucci ruht nicht nur sicher auf einem festen Fundament, das von Hahnemann gelegt und durch jahrelange Praxis bestätigt wurde, sondern es ist auch stabil genug, damit andere darauf weiterarbeiten können.

Harry Van Der Zee - Holland

Erinnern wir uns eine Stelle des dritten Paragraphen aus Hahnemanns Organon: „Sieht der Arzt deutlich ein, was an Krankheiten, das ist, was an jedem einzelnen Krankheitsfalle insbesondere zu heilen ist ... , sieht er deutlich ein, was an den Arzneien, das ist, an jeder Arznei insbesondere, das Heilende ist ..." Es besteht kein Zweifel: der Meister schlägt diese Vorgehensweise vor. Die Patienten gründlich kennen zu lernen und die Arzneimittel gründlich kennen zu lernen, so daß die Verschreibung, wenn das Ähnlichkeitsgesetz erfüllt ist, zur Heilung führt. Das scheint einfach, aber die Praxis beweist, das es nicht so ist. Homöopathen haben bewiesen, daß das, was geheilt werden muß, nicht bei jedem Patienten dasselbe ist. Nur Wissen, das aus einem tiefgehenden Studium des Arzneimittels stammt, kann uns sagen, wie jedes einzelne davon heilen kann. Und, wie Kent uns gelehrt hat, „Ärzte müssen fähig sein, zu erkennen, daß das, was das Krankwerden verursacht, vom Zentrum zur Peripherie geht, vom innersten Teil eines Patienten zu den äußersten Ebenen." Für uns liegt der innerste Teil eines Menschen in seinem Verstand, in seinen Einbildungen, die ihn dazu führen, sich selbst falsch zu beurteilen, was ihm eine falsche Sicht seines psorischen Handikaps gibt und in der Folge seines eigenen Leidens in Beziehung zum Rest und zu seiner Umwelt. Dies ist ein ideales Wissen, das wir nicht immer erreichen können - noch weniger, wenn es darum geht, Kinder zu behandeln.

Das ist der Grund, warum Dr. Petruccis Arbeit - ordentlich, umfassend, ausführlich - die Größe derjenigen großen, unersetzlichen Bücher hat, die für jede homöopathische Bibliothek wesentlich sind. Zusätzlich ist es angenehm zu lesen und nach Themen gegliedert, was eine innovative Idee

Was andere über das Buch denken

darstellt. Wir Homöopathen sollten Dr. Petrucci dankbar sein für, denn sein Werk wird uns allen dabei helfen, das zu erreichen, von dem Hahnemann im ersten Paragraphen seines Organon spricht, wenn wir uns jeden Tag allein in unserer Praxis der heiklen und schwierigen Arbeit gegenübersehen, die Gesundheit eines Mitmenschen wieder herzustellen.

Dr. Zalman Bronfman - Argentinien

L. Boilly 1825.

lith. de Delp

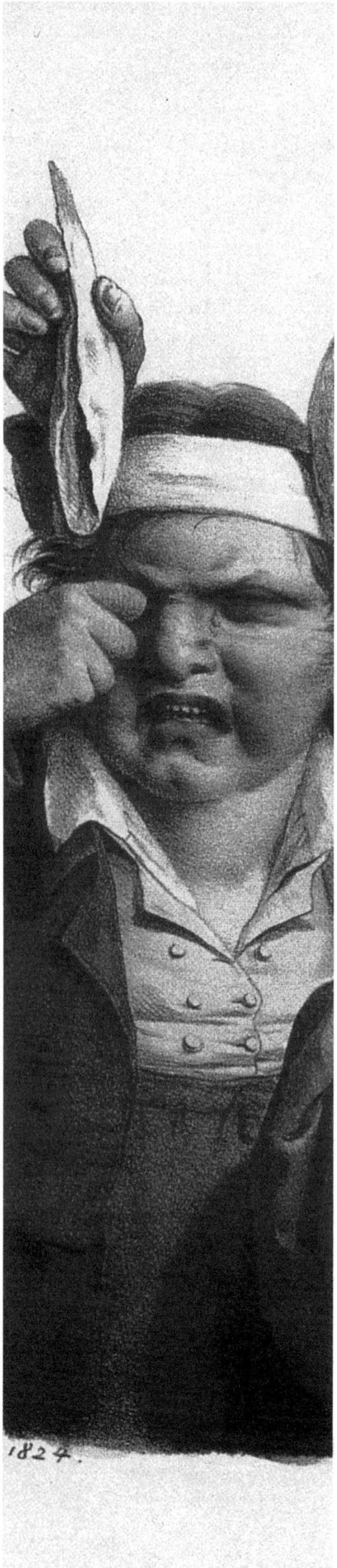
1824.

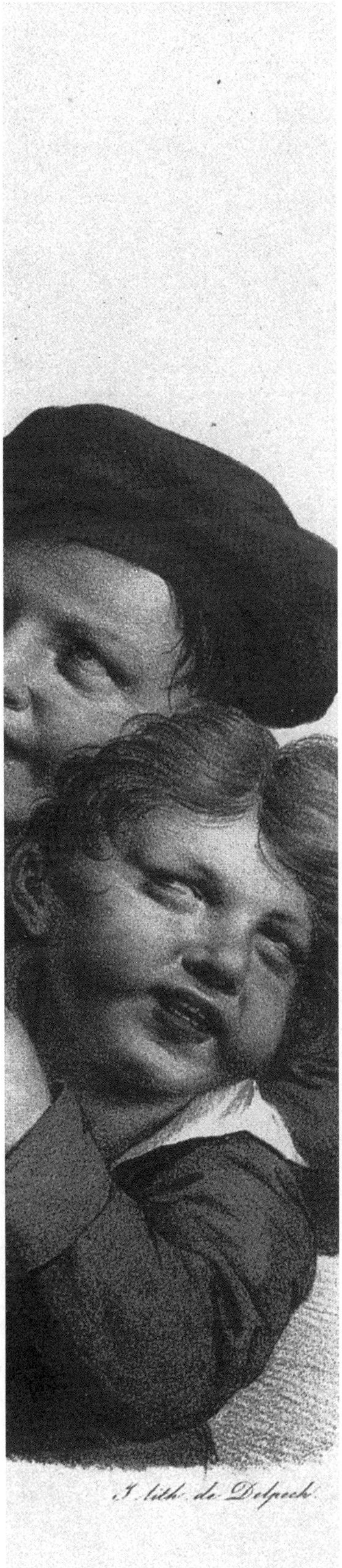

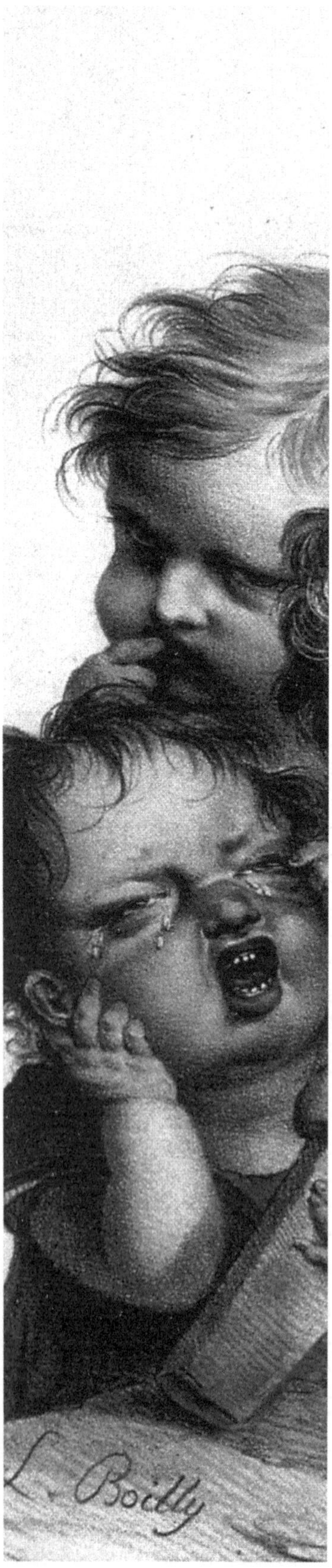
L. Boilly

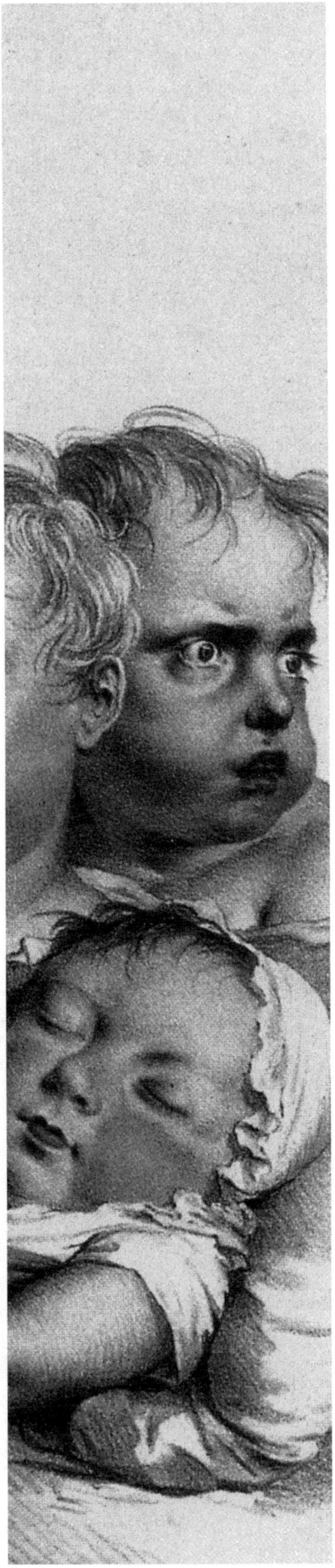

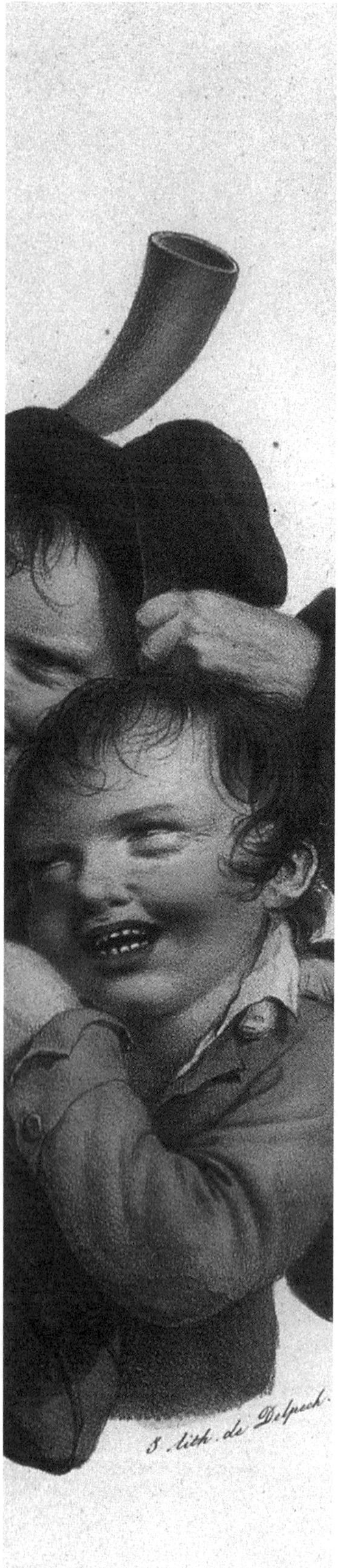
3. lith. de Delpech.

Konzepte - Übersicht

Krankengeschichte; familiäre und persönliche

Entwicklung
- langsam
- schnell
- allgemein

Zahnung
- Gemütssymptome
- Empfindungen und neurologische Beschwerden
- Lokalsymptome
- Magendarmsymptome
- Allgemeines

Impfung

Stillen
- Gemütssymptome
- Milch
- Magendarmsymptome
  - » Appetit - allgemein
  - » Appetit - vermindert
  - » Appetit - vermehrt
  - » Aufstoßen - Speisen; von
  - » Aufstoßen - Wasser; Hochsteigen von
  - » Erbrechen
  - » Schluckauf
  - » Abdomen - agg. durch
  - » Abdomen - amel. durch
  - » Rektum
  - » Allgemeines

Infektionskrankheiten -
- Windpocken
- Masern
- Mumps
- Röteln
- Scharlach
- Pocken
- Keuchhusten

Konstitution
- Aggressivität
- Angst und Furcht
- Allgemeines

Familie; Beziehung zur
- Aggressivität
- Liebe und Zuneigung
- Vorwürfe

Beziehung zu anderen
- Aggressivität
- Reaktion auf andere
- allgemein

Schule
- Angst
- Konzentration
- Lernen
  - » allgemein
  - » Mathematik, Rechnen
  - » Lesen
  - » Schreiben
- Anstrengung; geistige
- Beziehung zu anderen
- Vorwürfe
- Konstitution

Spielen

Tieren; Beziehung zu

Nonverbales
- Aggressivität
- Reaktion auf andere
- Gesten, Gebärden
- Allgemeines
- Konsultation; bei der
- Äußerliches
  - » Beobachtungen des Arztes
  - » Beobachtungen der Eltern

Nacht; Beobachtungen in der
- Gemütssymptome
- körperliche Symptome
- Schlaf
- Schlaf; Lage im

Schaukeln und Getragenwerden

Autos und Schiffe

Psychosomatische Störungen

Körperliche Symptome und Erkrankungen

Chirurgisch pathologische Zustände

Würmer

Krankengeschichte; familiäre und persönliche

ATMUNG - Asthma, asthmatische Atmung - Tuberkulose in der Familiengeschichte; bei (1163)

EXTREMITÄTEN - Schmerz - Gelenke - Tuberkulose in der Familiengeschichte; bei (1541)

ALLGEMEINES - Familiengeschichte von - Alkoholismus - Kindern; bei - Kleinkindern; bei (1878)

- Familiengeschichte von - Anämie (1878)
  - » Aorta; Beschwerden der (1878)
  - » Apoplexie (1878)
  - » Asthma (1878)
  - » Atmung; Beschwerden der (1878)
  - » Diabetes mellitus (1878)
  - » Ekzem (1878)
  - » Geisteskrankheit (1878)
  - » Geschwüre des Magens (1878)
  - » Gicht (1878)
  - » Gonorrhoe (1878)
  - » Haut; Beschwerden der (1878)
  - » Herzens; früher Erkrankung des (1878)
  - » Impfung; wiederholte (1878)
  - » Krebs (1878)
  - » Kropf (1878)
  - » Malaria (1878)
  - » Masern (1878)
  - » Medikamenten; Mißbrauch von allopathischen (1878)
  - » Mumps (1878)
  - » Suizid; Tod durch (1878)
  - » Sykose (1878)
  - » Syphilis (1878)
  - » Tuberkulose (1878)
  - » Typhus abdominalis (1878)
  - » zahlrechen schweren Krankheiten; von (1878)
- Krankengeschichte von; persönliche - Absonderungen - unterdrückten; von (1909)
  - » Abszessen; wiederkehrenden (1909)
  - » Antibiotika; von Benutzung von (1909)
  - » Augen - Entzündung der; von wiederkehrender (1909)
  - » Augen - Gerstenkörnern; von wiederkehrenden (1909)
  - » äußeren Halses; von wiederkehrenden Fibromen (1909)
  - » Bisse von Tieren (1909)
  - » Bisse von Tieren - immunisierten Tieren (1909)
  - » Bronchitis; von wiederkehrender (1909)
  - » Brust; von Beschwerden der (1909)
  - » Diphtherie (1909)
  - » Entzündungen; von häufigen (1909)
  - » Erysipel; von wiederkehrendem (1909)
  - » Furunkel; von wiederkehrenden (1909)
  - » gastrointestinalen Beschwerden; von (1909)
  - » Geburtstrauma (1909)
  - » Gonorrhoe, von (1909)
  - » Halses; von wiederkehrender Entzündung des (1909)
  - » Harngrieß im Urin; von (1909)
  - » Hautausschlägen; von (1909)
  - » Hautausschlägen; von - unterdrückten; von (1909)
  - » Impfung oder wiederholten Impfungen; von (1909)
  - » Keuchhusten; von (1909)
  - » Krebs; von (1910)
  - » Krupp; von wiederkehrendem (1910)
  - » Laryngitis; von wiederkehrender (1910)
  - » Lidknorpel; von wiederkehrenden Tumoren am (1910)
  - » Lungen - Entzündung der; von (1910)
  - » Malaria; von (1910)
  - » Medikamenten; von Mißbrauch von allopathischen (1910)
  - » Mononukleose; von (1910)
  - » Nasenbluten; von wiederkehrendem (1910)
  - » Ohr - Entzündung - Innenohrs; wiederkehrende Entzündung des (1910)
  - » Penis; von wiederkehrenden Geschwüren am (1910)
  - » Pleuritis (1910)

» Säfteverlust; von (1910)
» Sinusitis; von wiederkehrender (1910)
» Tonsillitis; von wiederkehrender (1910)
» Tuberkulose, von (1910)
» Typhus abdominalis; von (1910)
» Zystitis; von wiederkehrenden (1910)
» Zystitis; von wiederkehrenden - Kindern; bei (1910)

Entwicklung - langsam

GEMÜT - Entwicklung; kindliche - Entwicklungsstillstand (47)
• Entwicklung; kindliche - Entwicklungsstillstand - geistige Entwicklung; in bezug auf die (47)
» Entwicklungsstillstand - Verletzung des Kopfes; nach (47)
• Sprechen - langsam; lernt (168)

KOPF - Fontanellen - offen (286)
• Fontanellen - offen - Abdomens; mit Auftreibung des (286)
• Kleiner - linke Hälfte ist im Wachstum zurückgeblieben (299)

REKTUM - Dysenterie - abgemagerten, zu kleinen Kindern; bei (957)

RÜCKEN - Schwäche - Lumbalregion - lernen nicht laufen; Kinder (1381)

EXTREMITÄTEN - Schwäche - Beine - Gehenlernen bei Kindern; spätes (1620)
• Schwäche - Knöchel - Kindern; bei - Gehenlernen; beim (1623)

ALLGEMEINES - Entwicklung - Entwicklungsstillstand (1872)
• Gehen - Gehenlernen, Laufenlernen - spätes (1883)
» Gehenlernen, Laufenlernen - spätes - Knochenentwicklung; verzögerte (1883)

Entwicklung - schnell

GEMÜT - Frühreife, altkluge Kinder (63)

Kopf - Fontanellen - geschlossen; bei der Geburt (286)

Brust - Herzklopfen - Kindern, die zu schnell wachsen; bei (1243)

Allgemeines - Chorea - Kindern, die zu schnell gewachsen sind; bei (1866)
- Schwäche - Wachstum, nach schnellem (1980)
- Wachstum - Längenwachstum; zu schnelles (2021)

Entwicklung - allgemein

Kopf - Fontanellen - offen - eingesunken (286)
- Fontanellen - offen - eingesunken - Hinterkopf; am (286)
  - » offen - schließen sich und öffnen sich wieder (286)
  - » pulsieren kräftig (286)
- Großer Kopf (289)

Extremitäten - Schmerz - Unterschenkel - Wachstumsschmerzen (1605)

Allgemeines - Schmerz - Wachstumsschmerzen (1958)

Zahnung - Gemütssymptome

Gemüt - Angst - nachts - Zahnung; während der (7)
- Angst - Zahnung; während der (13)
- Auffahren, Zusammenfahren - Zahnung; während der (18)
- Mürrisch - Zahnung; während der (133)
- Reizbarkeit, Gereiztheit - Zahnung; während der (147)
- Ruhelosigkeit - Kindern, bei - Zahnung; während der (152)
  - » Kindern, bei - Zahnung; während der - nachts (152)
- Schreien - Zahnung; während der (158)
- Stöhnen - Zahnung; während der (172)
- Weinen - Kindern; bei - Zahnung, durch schwierige (246)

Mund - Sprache - stotternd - Zahnung; während der (688)

Zahnung - Empfindungen und neurologische Beschwerden

Kopf - Schmerz - Zahnung; während der (343)
- Schmerz - Gehirn - Zahnung; während (347)

Auge - Entzündung - Zahnung; während der - agg. (429)
- Strabismus, Schielen - Zahnung; während der (467)

Ohr - Geräusche im Ohr, Ohrgeräusche - Zahnung; während der (510)

Hören - Taubheit, Verlust des Gehörs - Weisheitszahnes; durch Herauskommen eines (538)

ALLGEMEINES - Chorea - Zahnung; während der zweiten (1867)
• Konvulsionen - Zahnung; während der (1907)
• Zucken - Zahnung; während der (2034)

Zahnung - Lokalsymptome

MUND - Schmerz - Zahnfleisch - Zahnung; während der - Wehtun (678)
• Schmerz - Zahnfleisch - Zahnung; während der - wund schmerzend (678)
• Speichel - unterdrückt - Zahnung; während der (684)

ZÄHNE - Beißen - Hartes zu beißen, was die Schmerzen amel.; Verlangen, auf etwas - Zahnung; während der (695)
• Zahnung - schwierig - begleitet von - Speichelfluß (718)

Zahnung - Magendarmsymptome

ZÄHNE - Zahnung - schwierig - begleitet von - Würmer bei Kindern; Beschwerden durch (718)

MAGEN - Erbrechen - Zahnung; während der (796)

REKTUM - Diarrhoe - Zahnung; während (957)
• Obstipation - Zahnung; während der (970)

STUHL - Weiß - Zahnung; während der (1001)

Zahnung - Allgemeines

ZÄHNE - Weisheitszähne; Beschwerden durch das Heraustreten der (718)
• Zahnung - langsam (718)
  » schwierig (718)
  » schwierig - Weisheitszähne (718)

BLASE - Urinieren - Dysurie - Zahnung; während der (1012)

HARNRÖHRE - Schmerz - Kindern; bei - Zahnung; während der (1038)

HUSTEN - Keuchhusten - Zahnung, während der (1198)
• Zahnung, während der (1211)

BRUST - Katarrh - Zahnung; während der (1249)

EXTREMITÄTEN - Exkoriation, Wundheit - Oberschenkeln, zwischen den - Zahnung, während der (1407)

SCHLAF - Schlaflosigkeit - Zahnung; während der (1694)

FIEBER - Zahnung; während der (1781)

HAUT - Hautausschläge - juckend - Zahnung; während (1816)
• Intertrigo - Zahnung; während der (1825)

ALLGEMEINES - Schwäche - Zahnung; während (1980)

Impfung

GEMÜT - Angst - Impfung, nach (11)

AUGE - Entzündung - Impfung, nach (429)

OHR - Entzündung - Mittelohr - Impfung; nach (501)

MAGEN - Schmerz - Impfung, nach (819)
• Übelkeit - Impfung, nach (837)

REKTUM - Diarrhoe - Impfung, nach (953)

ATMUNG - Asthma, asthmatische Atmung - Impfung, nach (1162)
• Asthma, asthmatische Atmung - Kindern; bei - Impfung; nach (1163)

HUSTEN - Impfung, nach (1196)

EXTREMITÄTEN - Abmagerung - Arme - Impfung, nach (1394)
• Eiterung - Finger - Fingernägel - Impfung; nach (1403)
• Hautausschläge - Unterschenkel - Pusteln - Impfung; nach (1438)
• Lähmung - Beine - Impfung, nach (1476)
• Nagelgeschwür - Nagel beginnend; im - Umlauf - Impfung; nach (1480)
• Schwellung - Oberarme - Impfung (1633)
  » Schultern - Impfung; nach (1633)

SCHLAF - Ruhelos - Impfung, nach (1685)
• Schlaflosigkeit - Impfung, nach (1691)

FIEBER - Impfung - nach (1775)

HAUT - Hautausschläge - Ekzem - Impfung; durch (1811)

• Hautausschläge - Impfung, nach (1816)

ALLGEMEINES - Familiengeschichte von - Impfung; wiederholte (1878)

• Impfung; Beschwerden nach (1892)
  » Diphtherie; gegen (1892)
  » Gelbfieber; gegen (1892)
  » Meningitis; gegen (1892)
  » neurologische Beschwerden (1892)
  » nie wieder gesund; seitdem (1892)
  » Pocken; gegen (1892)
  » Prophylaxe (1892)
  » reagiert nicht auf die Impfung (1892)
  » Tollwut; gegen (1892)
  » Typhus abdominalis; gegen (1892)
• Konvulsionen - Impfung, nach (1904)
• Krankengeschichte von; persönliche - Impfung oder wiederholten Impfungen; von (1909)
• Sepsis - Pockenimpfung; nach (1985)

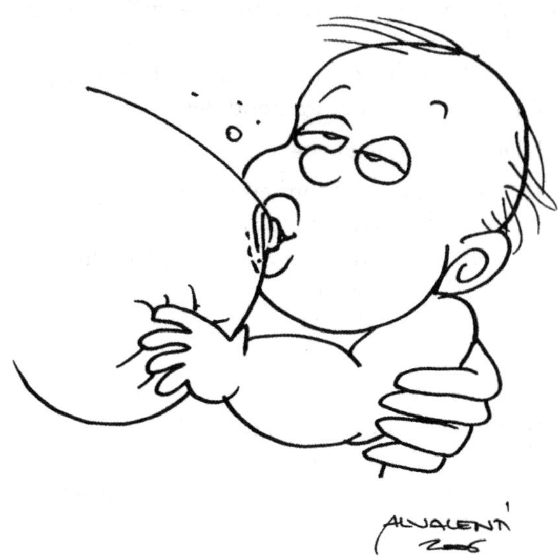

Stillen - Gemütssymptome

GEMÜT - Essen - weigert sich zu (53)

• Essen - weigert sich zu - bittet; ißt nur, wenn man ihn (53)
  » weigert sich zu - Schwäche; aus (53)
  » weigert sich zu - trinken; und zu (*)
• Gestillt zu werden - Abneigung - Befeuchten des Mundes amel. (99)
• Hast, Eile - Essen; beim (105)
• Schreien - Kindern, bei - gestillt werden; wenn sie (157)
• Stillen des Kindes - Abneigung (170)
• Weinen - Essen - beim - Kindern, bei (245)

Stillen - Milch

GEMÜT - Zorn - Muttermilch - erbricht die Muttermilch durch Zorn der Mutter; Kind (255)

KOPF - Hautausschläge - Milchschorf (290)

• Hautausschläge - Milchschorf - fressend, erodierend (290)
  » Milchschorf - Kindern; bei (290)
  » Milchschorf - Kindern; bei - Neugeborenen; bei (290)
  » Milchschorf - Kindern; bei - Neugeborenen; bei - Adenitis; mit (290)
• Schmerz - Trinken - nach - Milch; von (341)
  » Seiten - Milch agg. (378)

INNERER HALS - Schmerz - Milch agg. (741)

MAGEN - Aufstoßen - Milch, nach (775)

• Aufstoßens; Art des - bitter - Milch agg. (777)
  » sauer - Milch agg. (779)
  » Wasser in den Mund; Hochsteigen von - Milch agg. (781)
• Auftreibung - Milch agg. (783)
• Erbrechen - Milch, nach (794)

» Milch, nach - geronnene Milch (794)
» Milch, nach - Muttermilch, nach (794)
» Milch, nach - Muttermilch, nach - Zorn der Mutter; durch (794)
• Erbrochenen; Art des - bräunlich - abends - Milch agg. (797)
» Milch (798)
» Milch - geronnene (798)
» Milch - geronnene - Kindern; bei (798)
» Milch - geronnene - Kindern; bei - Säuglingen; bei (798)
» Speisen - unverdaut - Milch, unverdaute (800)
• Schmerz - Milch - agg. (821)
• Sodbrennen - Milch agg. (830)
• Spannung - Milch - amel. (830)
• Übelkeit - Milch - agg. (838)
• Verdauungsstörung - Milch - agg. (843)
• Verdorben - Milch agg. (844)

ABDOMEN - Auftreibung - Milch agg. (852)
• Flatulenz - Milch agg. (863)
• Rumoren, Kollern - Milch agg. (876)
• Schmerz - abends - Milch agg. (879)
» Milch - agg. (891)
» Milch - agg. - krampfartig (891)
» Milch - amel. (*)
» warm - Milch; warme - amel. (895)
» warm - Milch; warme - amel. - heiße Milch - krampfartig (895)
» warm - Milch; warme - amel. - krampfartig (896)

REKTUM - Diarrhoe - Milch - agg. (954)
• Diarrhoe - Milch - gekochter Milch; nach (954)
» Stillen des Kindes; nach - Säugling; beim (956)
» warm - Milch; warme - amel. - heiße Milch (956)

STUHL - Unverdaut - Milch agg. (999)

HUSTEN - Kalt - Milch agg. (1197)
• Milch agg. (1202)

HAUT - Allergie - Milch; gegen (1795)
• Hautausschläge - Milch agg. (1818)

ALLGEMEINES - Konvulsionen - Muttermilch; durch Unterdrückung der (1906)
• Schwäche - Milch - agg. (1978)
• Speisen und Getränke - Milch - Abneigung (2000)
» Milch - Abneigung - morgens (2001)
» Milch - Abneigung - gekochte (2001)
» Milch - Abneigung - Geruch von Milch (2001)
» Milch - Abneigung - kalte (2001)
» Milch - Abneigung - Muttermilch (2001)
» Milch - Abneigung - Muttermilch - Kind verweigert die; das (2001)
» Milch - Abneigung - Muttermilch - Kind verweigert die; das - nachts (2001)
» Milch - Abneigung - Verlangen erscheint, wenn er etwas trinkt; aber das (2001)
» Milch - agg. (2001)
» Milch - agg. - gekochte (2001)
» Milch - agg. - heiße (2001)
» Milch - agg. - kalte (2001)
» Milch - agg. - Muttermilch (2001)
» Milch - agg. - warme (2001)
» Milch - amel. (2001)
» Milch - amel. - heiße (2001)
» Milch - amel. - warme (2001)
» Milch - Verlangen (2001)
» Milch - Verlangen - gekochte (2001)
» Milch - Verlangen - heiße (2001)
» Milch - Verlangen - kalte (2001)
» Milch - Verlangen - kalte - eiskalte (2001)
» Milch - Verlangen - saure (2001)
» Milch - Verlangen - warme (2001)

Stillen - Magendarmsymptome - Appetit - allgemein

MAGEN - Appetit - Durst - mit (767)
• Appetit - Durst - ohne (767)
» fehlend - Essen - nach dem Essen kehrt der Appetit wieder zurück (768)
» fehlend - Essen - nach dem Essen kehrt der Appetit wieder zurück - Bissen; nach einem (768)
» fehlend - Speisen - Gedanken an Speisen - wieder; Appetit kehrt nach dem Denken an Speisen (769)
» Heißhunger - Trinken von Wasser amel., dann Appetitverlust (770)
» launischer Appetit (770)
» veränderlich (770)
» Verlangen nach Getränken, die aber zurückgewiesen werden, wenn man sie ihm anbietet (770)
» vermehrt - abwechselnd mit - Appetitverlust (771)

Stillen - Magendarmsymptome - Appetit - vermindert

MAGEN - Appetit - fehlend (767)
• Appetit - fehlend - Anstrengung; agg. nach (768)
» fehlend - Ärger, Verdruß; nach (768)
» fehlend - Durst - mit (768)
» fehlend - Durst - ohne (768)
» fehlend - Essen - Versuch zu essen; beim (768)
» fehlend - Hunger, mit (768)
» fehlend - Speisen - Anblick von; beim (769)
» fehlend - Speisen - Geruch von; durch (769)
» fehlend - Traurigkeit, durch (769)
» fehlend - Trockenheit im Mund; nach einem Gefühl von (769)
» fehlend - Völlegefühl, durch (769)
» fehlend - Weinen; durch (769)

» fehlend - Wetter; bei nebligem (769)
» schnelle Sättigung (770)
» schnelle Sättigung - Traurigkeit, durch (770)
» vermindert (772)
» vermindert - Essenszeit, zur (773)
» vermindert - Schweiß, nach (773)

Stillen - Magendarmsymptome - Appetit - vermehrt

MAGEN - Appetit - Essen; selbst nach dem (767)
• Appetit - Genuß, ohne (769)
» Genuß, ohne - bis er zu essen anfängt (769)
» Heißhunger (769)
» Heißhunger - nachts (769)
» Heißhunger - nachts - Mitternacht - vor - 23 h (769)
» Heißhunger - nachts - Mitternacht - nach - 5 h (769)
» Heißhunger - anämischen Säuglingen; bei (769)
» Heißhunger - Apyrexie, während der (769)
» Heißhunger - begleitet von - Übelkeit (769)
» Heißhunger - Diarrhoe - bei (769)
» Heißhunger - Diarrhoe - vor (770)
» Heißhunger - Dysenterie, bei (770)
» Heißhunger - Essen - nach dem Essen - bald danach (770)
» Heißhunger - Essen - nach dem Essen - drei Stunden danach (770)
» Heißhunger - Essen - nach dem Essen - zwei Stunden danach (770)
» Heißhunger - Gehen agg. (770)
» Heißhunger - Liegen - amel. (770)
» Heißhunger - Magenschmerzen, bei (770)
» Heißhunger - Sättigung; schnelle (770)
» Heißhunger - Schweiß, mit (770)
» Heißhunger - Stuhlgang; agg. nach (770)
» Heißhunger - Übelkeit - nach (770)
» Heißhunger - Übelkeit - vor (770)
» nagend (770)
» unstillbar (770)
» unstillbar - nachts (770)
» vermehrt (770)
» vermehrt - morgens - Stuhlgang; agg. nach (771)
» vermehrt - abends - Essen; nach dem (771)
» vermehrt - nachts (771)
» vermehrt - nachts - Mitternacht - vor - 23 h (771)
» vermehrt - nachts - Mitternacht - um (771)
» vermehrt - nachts - Mitternacht - nach - 5 h (771)
» vermehrt - nachts - Mitternacht - nach - 5.30 h (771)
» vermehrt - begleitet von - Übelkeit (771)
» vermehrt - Dämmerung; in der (771)
» vermehrt - Diarrhoe, mit (771)
» vermehrt - Erbrechen - mit (771)
» vermehrt - Erbrechen - nach (771)
» vermehrt - Erwachen, beim (771)
» vermehrt - Essen - nach (772)
» vermehrt - Essen - nach - nur beim Essen wieder; Appetit kehrt (772)
» vermehrt - Essen - unmöglich; ist (772)
» vermehrt - Freien; im - amel. (772)
» vermehrt - Frühstück; agg. nach dem (772)
» vermehrt - quälend (772)
» vermehrt - Schlaf - Mittagsschlaf; agg. nach (772)
» vermehrt - Schnupfen und Husten, bei (772)
» vermehrt - Schwäche, mit (772)
» vermehrt - Schweiß - beim (772)
» vermehrt - Stuhlgang - nach - agg. (772)
» vermehrt - ungewöhnlicher Zeit, zu (772)

Stillen - Magendarmsymptome - Aufstoßen - Speisen; von

MAGEN - Aufstoßens; Art des - Speisen; von (780)
• Aufstoßens; Art des - Speisen; von - nachts - Speisen, die mittags gegessen wurden; durch (780)
» Speisen; von - nachts - Suppe, die mittags gegessen wurde (780)
» Speisen; von - Abendessen; agg. nach (780)
» Speisen; von - Ärger, Verdruß; nach (780)
» Speisen; von - bitter schmeckend (780)
» Speisen; von - bitter schmeckend - ranzig (780)
» Speisen; von - bitter schmeckend - sauer (780)
» Speisen; von - Bücken agg. (780)
» Speisen; von - Essen - beim - agg. (780)
» Speisen; von - Essen - eine Stunde nach (780)
» Speisen; von - Essen - fünf Stunden nach (780)
» Speisen; von - Essen - nach - agg. (780)
» Speisen; von - Essen - Übelkeit erregender Geschmack (780)
» Speisen; von - Essen - unmittelbar nach dem Essen (780)
» Speisen; von - Essen - zwei Stunden nach (780)
» Speisen; von - Gehen agg. (780)
» Speisen; von - Husten; nach (780)
» Speisen; von - Mittagessen; nach dem (780)
» Speisen; von - Mittagessen; nach dem - Gehen agg. (780)
» Speisen; von - Mund füllen; in Portionen, die den (780)
» Speisen; von - ranzig (780)
» Speisen; von - sauer (780)

Stillen - Magendarmsymptome - Aufstoßen - Wasser; Hochsteigen von

MAGEN - Aufstoßens; Art des - Wasser in den Mund; Hochsteigen von (781)
• Aufstoßens; Art des - Wasser in den Mund; Hochsteigen von - mittags - Essen; nach dem (781)

» Wasser in den Mund; Hochsteigen von - nachmittags - Gehen agg. (781)
» Wasser in den Mund; Hochsteigen von - Abendessen; agg. nach (781)
» Wasser in den Mund; Hochsteigen von - bitter (781)
» Wasser in den Mund; Hochsteigen von - Essen - nach - agg. (781)
» Wasser in den Mund; Hochsteigen von - Essen - nach - amel. (781)
» Wasser in den Mund; Hochsteigen von - Fahren im Wagen agg. (781)
» Wasser in den Mund; Hochsteigen von - Husten - beim - agg. (781)
» Wasser in den Mund; Hochsteigen von - Husten - nach (781)
» Wasser in den Mund; Hochsteigen von - Liegen agg. (781)
» Wasser in den Mund; Hochsteigen von - Milch agg. (781)
» Wasser in den Mund; Hochsteigen von - Mittagessen - nach - agg. (781)
» Wasser in den Mund; Hochsteigen von - Mittagessen - vor (781)
» Wasser in den Mund; Hochsteigen von - nüchtern; agg. wenn (781)
» Wasser in den Mund; Hochsteigen von - periodisch - Tag; jeden zweiten (781)
» Wasser in den Mund; Hochsteigen von - Stuhlgang - beim - agg. (782)
» Wasser in den Mund; Hochsteigen von - Stuhlgang - nach - agg. (782)
» Wasser in den Mund; Hochsteigen von - Trinken - nach - agg. (782)

Stillen - Magendarmsymptome - Erbrechen

MAGEN - Erbrechen - Kindern, bei - Säuglingen; bei (793)
• Erbrechen - Kindern, bei - Säuglingen; bei - Trinken an der Brust; kurz nach dem (793)
• Erbrochenen; Art des - Speisen - Essen - beim - agg. (799)
» Speisen - Essen - nach - agg. (800)
» Speisen - Essen - nach - sofort nach (800)
» Speisen - unverdaut (800)
» Speisen - unverdaut - gegessen wurde; was am Vortag (800)
» Speisen - unverdaut - Kindern; bei (800)

Stillen - Magendarmsymptome - Schluckauf

MAGEN - Aufstoßens; Art des - leer - abwechselnd mit - Schluckauf (778)
• Schluckauf - Aufstoßen - nach (809)
» Essen - beim - agg. (810)
» Essen - nach - agg. (810)
» Essen - vor - agg. (810)
» Frühstück; agg. nach dem (810)
» kalten Getränken; agg. nach (810)
» Kindern; bei (810)
» Mittagessen - beim - agg. (811)
» Mittagessen - nach - agg. (811)
» Mittagessen - vor (811)
» Stillen des Kindes; agg. nach (811)
» Trinken - nach - agg. (811)
» warm - Getränke; warme - agg. (811)
» warm - Getränke; warme - amel. (811)

Stillen - Magendarmsymptome - Abdomen - agg. durch

ABDOMEN - Schmerz - Ausstrecken (881)
• Schmerz - Beugen - hinten, nach - agg. (882)
» Beugen - vorne; nach - agg. (882)
» Druck - agg. (883)
» Kindern; bei - Säuglingen; bei - krampfartig (888)
» Liegen - agg. (889)
» Liegen - Rücken; auf dem - agg. (889)
» Liegen - Seite; auf der - agg. (889)
» Liegen - Seite; auf der - linken; auf der - agg. (889)
» Liegen - Seite; auf der - rechten; auf der - agg. (889)
» Strecken, Ausstrecken - mit (893)
» Zusammenkrümmen - agg. (896)
» Nabel - Kind deutet auf den Nabel, als dem am stärksten schmerzenden Teil (922)

Stillen - Magendarmsymptome - Abdomen - amel. durch

ABDOMEN - Schmerz - Beugen - hinten, nach - amel. - krampfartig (882)
• Schmerz - Beugen - vorne; nach - amel. - krampfartig (882)
» Beugen der Beine amel. (882)
» Druck - amel. (883)
» Druck - Kleidung; der - amel. (883)
» Liegen - Abdomen; auf dem - amel. (889)
» Liegen - amel. (889)
» Liegen - Rücken; auf dem - amel. (889)
» Liegen - Seite; auf der - amel. (889)
» Liegen - Seite; auf der - linken; auf der - amel. (889)
» Liegen - Seite; auf der - linken; auf der - amel. - Beinen; mit angezogenen (889)
» Liegen - Seite; auf der - rechten; auf der - amel. (890)
» Schaukeln - amel. - krampfartig (892)
» Strecken, Ausstrecken - amel. (893)
» Wärme - amel. (896)

» Zusammenkrümmen - agg. - Liegen auf der Seite - amel. (896)
» Zusammenkrümmen - amel. - krampfartig (897)
» Zusammenkrümmen - muß sich zusammenkrümmen - krampfartig (897)

Stillen - Magendarmsymptome - Rektum

REKTUM - Diarrhoe - Abstillen, nach dem (950)
• Diarrhoe - Kindern, bei (954)
» Kindern, bei - abgemagerten; bei (954)
» Kindern, bei - Neugeborenen; bei (954)
» Kindern, bei - Säuglingen; bei (954)
» Kindern, bei - Säuglingen; bei - asthmatischen Müttern; mit (954)
» Kindern, bei - Schulmädchen, bei (954)
» Stillen des Kindes; nach - Säugling; beim (956)
• Obstipation - entfernt werden; Stuhl muß mechanisch (968)
» Kindern, bei (969)
» Kindern, bei - Kleinkindern, bei (969)
» Kindern, bei - Neugeborenen, bei (969)

Stillen - Allgemeines

KOPF - Schweiß der Kopfhaut - Essen - beim - agg. (403)
• Schweiß der Kopfhaut - Stirn - Essen - beim - agg. (404)

GESICHT - Schweiß - Essen - agg. (629)
• Schweiß - Essen - nach - agg. (629)
» Essen - warmen Speisen agg.; von (629)

MUND - Aphthen - Kindern, bei - Säuglingen; bei (639)
• Aphthen - Kindern, bei - Säuglingen; bei - Bläschen; mit - Gesicht; im (639)
» Zunge - schmerzhaft - trinken; hindert den Säugling, an der Brust zu (640)
• Schmerz - Kindern; bei - Säuglingen; bei (674)
» Kindern; bei - Säuglingen; bei - wund schmerzend (674)

BRUST - Schmerz - Mammae - Brustwarzen - Abstillen; beim - wund schmerzend (1281)
• Schwellung - Mammae - Abstillen, nach dem (1299)

SCHLAF - Schlaflosigkeit - Abstillen, beim (1688)

SCHWEISS - Essen - amel. (1786)
• Essen - beim - agg. (1786)
» beim - agg. - Angst und kalter Schweiß (1786)
» beim - amel. (1786)
» nach - agg. (1786)
» nach - amel. (1786)
• Frühstück; agg. nach dem (1786)
• Mittagessen; nach (1789)
• Warm - Speisen; warme - nach (1792)

ALLGEMEINES - Abmagerung - Heißhunger mit Abmagerung - Kindern; bei (1845)
• Abmagerung - Heißhunger mit Abmagerung - Kindern; bei - Kleinkindern; bei (1845)
• Essen - Überessen; agg. nach - Kindern; bei (1877)
• Konvulsionen - Kindern, bei - stillt; während die zornige oder erschreckte Mutter (1905)
• Säuglinge (1944)
• Speisen und Getränke - Fleisch - Verlangen - Kindern, bei (1994)
» Getränke - Abneigung - Kindern, bei (1995)
» Mehlspeisen, Teigwaren - amel. bei Kindern (2000)

Infektionskrankheiten - Windpocken

HUSTEN - Windpocken - nach (1211)

FIEBER - Continua - Ausschlagsfieber (1772)

HAUT - Hautausschläge - langsame Entwicklung bei Ausschlagserkrankungen (1817)
- Hautausschläge - Windpocken (1824)
  - » Windpocken - schmerzhaft bei Druck (1824)

Infektionskrankheiten - Masern

KOPF - Schmerz - Masern, nach (333)

AUGE - Entzündung - Masern, nach (429)
- Schwäche - Masern, nach (464)

SEHEN - Trübsichtigkeit, trübes Sehen - Masern, nach (492)

OHR - Absonderungen - Masern, nach (498)

HÖREN - Schwerhörig - Masern, nach (536)

NASE - Katarrh - Masern, Scharlach und Pocken; nach (553)
- Nasenbluten - Masern agg. (557)

MAGEN - Erbrechen - Masern, bei (794)

REKTUM - Diarrhoe - Masern - nach (954)
- Diarrhoe - Masern - während (954)

KEHLKOPF UND TRACHEA - Katarrh - Masern, nach (1143)
- Stimme - heiser, Heiserkeit - Masern, nach (1154)

ATMUNG - Asthma, asthmatische Atmung - Masern, nach (1163)
- Atemnot, Dyspnoe, erschwertes Atmen - Masern; nach unterdrückten (1168)

HUSTEN - Masern - nach (1202)
- Masern - während (1202)
  - » während - tagsüber (1202)
  - » während - tagsüber - Hautausschlag sich entwickelt; amel. wenn sich der (1202)
- Trocken - Masern, nach (1209)

BRUST - Entzündung - Lungen - Masern, nach (1234)

RÜCKEN - Entzündung - Rückenmarkshaut - Scharlach oder Masern, Hautausschläge entwickeln sich nicht; bei (1314)

EXTREMITÄTEN - Gefühllosigkeit, Taubheit - Arme - Masern; bei (1416)
- Gefühllosigkeit, Taubheit - Handgelenke - Masern; bei (1419)

SCHLAF - Schlaflosigkeit - Masern; bei (1692)
- Schlaflosigkeit - Schläfrigkeit - mit - Masern, nach (1693)
- Schläfrigkeit - Masern; bei (1700)

FIEBER - Ausschlagsfieber; Fieber bei Ausschlagserkrankungen - Masern (1770)
- Continua - Ausschlagsfieber (1772)

HAUT - Hautausschläge - langsame Entwicklung bei Ausschlagserkrankungen (1817)
- Hautausschläge - Masern (1817)
  - » Masern - begleitet von - Absonderungen; wäßrigen gelbgrünen (1818)
  - » Masern - begleitet von - Schnupfen und reichlichem Tränenfluß (1818)
  - » Masern - begleitet von - Speichelfluß (1818)
  - » Masern - begleitet von - Zungenwurzel - dunkelbraune Farbe (1818)

ALLGEMEINES - Familiengeschichte von - Masern (1878)
- Masern - Beschwerden nach (1920)
  - » Beschwerden nach - nie wieder gesund; seitdem (1920)
  - » Hautausschlag unterdrückt wird; wenn der (1920)

Infektionskrankheiten - Mumps

KOPF - Gezogen; der Kopf wird - seitwärts - Parotis oder der Drüsen des äußeren Halses; durch Schwellung der (288)

OHR - Beschwerden der Ohren - begleitet von - Parotis - Verhärtung der (499)

GESICHT - Entzündung - Parotis (584)
- Entzündung - Parotis - rechts (584)
  - » Parotis - rechts - links; dann (584)
  - » Parotis - links (584)
  - » Parotis - Eiterung; mit (584)
  - » Parotis - Fisteln; mit (584)
  - » Parotis - gangränös (584)
  - » Parotis - Meningitis; drohende (584)

» Parotis - Metastasierung zu - Gehirn (584)
» Parotis - Metastasierung zu - Hoden (584)
» Parotis - Metastasierung zu - Mammae (584)
» Parotis - Mumps (584)
» Parotis - Mumps - begleitet von - Speichelfluß (584)
» Parotis - Mumps - Prophylaxe gegen Mumps (584)
» Parotis - Scharlach - bei (584)
• Hitze - Parotis (608)
• Kribbeln - Parotis (612)
• Pulsieren - Parotis (613)
• Schmerz - Parotis (626)
» Parotis - rechts (627)
» Parotis - rechts - wund schmerzend (627)
» Parotis - links (627)
» Parotis - links - wund schmerzend (627)
» Parotis - links - ziehend (627)
» Parotis - nachmittags (627)
» Parotis - nachmittags - Mittagessen; nach (627)
» Parotis - abends - 20.30 h (627)
» Parotis - abends - 22 h (627)
» Parotis - Berührung agg. (627)
» Parotis - bohrend (627)
» Parotis - brennend (627)
» Parotis - drückend (627)
» Parotis - grabend, wühlend (627)
» Parotis - kalt - Anwendungen; kalte - amel. (627)
» Parotis - kalt - Luft; kalte - agg. (627)
» Parotis - kalt - Luft; kalte - amel. - brennend (627)
» Parotis - Kauen agg. - schneidend (627)
» Parotis - krallend (627)
» Parotis - lanzinierend (627)
» Parotis - Mittagessen; nach - grabend, wühlend (627)
» Parotis - reißend (627)
» Parotis - Schlucken agg. (627)
» Parotis - Schlucken agg. - stechend (627)
» Parotis - schneidend (627)
» Parotis - stechend (627)
» Parotis - stechend; fein (627)
» Parotis - Trinken agg. - reißend (627)
» Parotis - wund schmerzend (627)
» Parotis - ziehend (627)
» Parotis - zwickend, kneifend (627)
» Parotis - erstreckt sich zu - Auge (627)
» Parotis - erstreckt sich zu - Ohr (627)
• Schwellung - Parotis (631)
» Parotis - rechts (631)
» Parotis - rechts - links; dann (631)
» Parotis - links (631)
» Parotis - hart (631)
» Parotis - Hautausschlag; nach (631)
» Parotis - kalte Luft - amel. (631)
• Spannung der Haut - Parotis - Bücken agg. (632)
» Parotis - Drehen des Kopfes agg. (632)
• Verhärtungen - Parotis (634)
» Parotis - rechts (634)

ALLGEMEINES - Familiengeschichte von - Mumps (1878)

Infektionskrankheiten - Röteln

FIEBER - Continua - Ausschlagsfieber (1772)

HAUT - Hautausschläge - langsame Entwicklung bei Ausschlagserkrankungen (1817)
• Hautausschläge - Röteln (1821)

Infektionskrankheiten - Scharlach

GEMÜT - Betäubung - Scharlach, durch (28)
• Bewußtlosigkeit - Scharlach, bei (31)
• Stupor - Scharlach, bei (177)

KOPF - Hydrozephalus - Scharlach; nach (296)
• Schmerz - Scharlach, nach (337)

SEHEN - Verlust des Sehvermögens - Scharlach; durch (494)

OHR - Absonderungen - Scharlach, nach (498)
• Entzündung - Scharlach, nach (500)
• Trommelfell - weiß - Belag bedeckt; nach Scharlach von einem (534)

HÖREN - Schwerhörig - Scharlach, nach (536)
• Taubheit, Verlust des Gehörs - Scharlach, nach (538)

NASE - Katarrh - Masern, Scharlach und Pocken; nach (553)
• Schnupfen - Scharlach, bei (572)

GESICHT - Entzündung - Parotis - Scharlach - bei (584)
• Schwellung - Scharlach (630)

MUND - Bluten - Scharlach; bei (642)
• Jucken - Scharlach; bei (666)

INNERER HALS - Entzündung - Scharlach; bei (724)
• Geschwüre - Scharlach nicht herauskommt; wenn (727)

BLASE - Entzündung - Scharlach, nach (1004)

URIN - Eiweißhaltig - Scharlach; nach (1046)
• Reichlich - Fieber; während - Scharlach; bei (1051)
• Wäßrig, klar wie Wasser - Scharlach; bei (1055)

HUSTEN - Scharlach; nach (1204)

BRUST - Lähmung - Lunge - Scharlach; bei (1250)

RÜCKEN - Entzündung - Rückenmarkshaut - Scharlach oder Masern, Hautausschläge entwickeln sich nicht; bei (1314)

EXTREMITÄTEN - Schwellung - Beine - wassersüchtig - Scharlach, nach (1629)

SCHLAF - Schlaflosigkeit - Scharlach; bei (1693)
- Schläfrigkeit - Scharlach - bei (1700)
  - » Scharlach - nach (1700)

FIEBER - Ausschlagsfieber; Fieber bei Ausschlagserkrankungen - Scharlach (1770)
- Continua - Ausschlagsfieber (1772)
- Scharlach (1778)
  - » begleitet von - Speichelfluß (1778)
  - » begleitet von - Zunge - rote Farbe der Zunge - hellrot (1778)
  - » begleitet von - Zunge - schwarze Farbe der Zunge (1778)
  - » bösartig (1778)
  - » bösartig - begleitet von - Speichelfluß (1779)
  - » glattes, flüchtiges Exanthem (1779)
  - » Prophylaxe gegen (1779)
  - » rauhes, dunkles Exanthem (1779)

HAUT - Hautausschläge - langsame Entwicklung bei Ausschlagserkrankungen (1817)
- Hautausschläge - Scharlach (1821)
  - » Scharlach - begleitet von - Speichel - zäher Speichel (1821)
  - » Scharlach - begleitet von - Speichelfluß (1821)
  - » Scharlach - begleitet von - Zunge - blasse Zunge (1821)
  - » Scharlach - begleitet von - Zunge - braune Farbe der Zunge (1821)
  - » Scharlach - begleitet von - Zunge - braune Farbe der Zunge - Zungenspitze (1821)
  - » Scharlach - begleitet von - Zunge - Lähmung der Zunge (1821)
  - » Scharlach - begleitet von - Zunge - rissige Zunge (1821)
  - » Scharlach - begleitet von - Zunge - schwarze Farbe der Zunge (1821)
  - » Scharlach - begleitet von - Zunge - Schwellung der Zunge (1821)
  - » Scharlach - begleitet von - Zunge - Trockenheit der Zunge (1821)
  - » Scharlach - begleitet von - Zunge - weiße Farbe der Zunge - schmutzige Zunge (1821)
  - » Scharlach - Flecken; große (1821)
  - » Scharlach - gangränös (1821)
  - » Scharlach - glatt (1821)
  - » Scharlach - zurücktretend (1821)

ALLGEMEINES - Scharlach (1944)
- Scharlach - Beschwerden nach (1944)
  - » Hautausschlägen; mit unterdrückten (1944)
- Schwellung - Drüsen, der - Scharlach - bei (1983)
  - » Drüsen, der - Scharlach - nach (1983)
- Wassersucht - äußere Wassersucht - Scharlach; nach (2024)

Infektionskrankheiten - Pocken

AUGE - Trübung - Hornhaut; der - Pocken, nach (470)

NASE - Katarrh - Masern, Scharlach und Pocken; nach (553)

REKTUM - Diarrhoe - Pocken, bei (955)

HUSTEN - Pocken - nach (1203)
- Pocken - während (1203)

EXTREMITÄTEN - Schmerz - Finger - Windpocken, bei (1520)

SCHLAF - Schlaflosigkeit - Pocken, bei (1692)
- Schläfrigkeit - Pocken, bei (1700)

FIEBER - Continua - Ausschlagsfieber (1772)

HAUT - Hautausschläge - langsame Entwicklung bei Ausschlagserkrankungen (1817)
- Hautausschläge - Pocken (1819)
  - » Pocken - schwarz (1819)

ALLGEMEINES - Impfung; Beschwerden nach - Pocken; gegen (1892)
- Konvulsionen - Pocken nicht herauskommen; wenn (1906)
- Sepsis - Pockenimpfung; nach (1985)

Infektionskrankheiten - Keuchhusten

GEMÜT - Angst - Husten - Keuchhusten - vor (10)
- Angst - Husten - Keuchhusten - während (10)
- Mürrisch - Keuchhusten, bei (132)
- Reizbarkeit, Gereiztheit - Erwachen, beim - Keuchhusten, durch (144)
  - » Husten, durch - Keuchhusten, bei (145)
- Stöhnen - Husten, beim - Keuchhusten, bei (172)
- Weinen - Husten - vor - Keuchhusten (246)
  - » Husten - während - Keuchhusten (246)

AUGE - Bluten aus den Augen - Keuchhusten, bei (427)
- Tränenfluß - Husten, mit - Keuchhusten (469)

NASE - Nasenbluten - Keuchhusten (557)
- Nasenbluten - Keuchhusten - nach einem Anfall von Keuchhusten (557)
- Schnupfen - Keuchhusten, bei (572)

GESICHT - Farbe - bläulich - Husten; agg. beim - Keuchhusten (587)
- Farbe - bläulich - Lippen - Keuchhusten (588)

MUND - Bluten - Keuchhusten, bei (642)

MAGEN - Erbrechen - Husten - beim - agg. - Keuchhusten (793)

REKTUM - Diarrhoe - Keuchhusten, bei (954)
- Diarrhoe - Wetter - nasses Wetter - agg. - Keuchhusten, agg. bei nassem Wetter; bei (956)

KEHLKOPF UND TRACHEA - Krupp - Keuchhusten, bei (1145)

ATMUNG - Pfeifend - Keuchhusten, bei (1178)

HUSTEN - Keuchhusten (1197)

- Keuchhusten - Atmen - agg. - schnelles Atmen während der Anfälle (1197)
  - » Atmen - tiefen, beim - agg. (1197)
  - » Augen - beutelartige Schwellung zwischen Oberlidern und Augenbrauen (1198)
  - » Augen - Sklera erscheint wie ein einziger Blutklumpen (1198)
  - » begleitet von - Speichelfluß (1198)
  - » Brust - tief aus der Brust; anscheinend (1198)
  - » Brust - zerschlagen während der Anfälle; wie (1198)
  - » Brust - Zusammenschnürung der Brust, muß sie mit Händen halten; agg. nach Mitternacht, mit (1198)
  - » Deferveszenzstadium, im (1198)
  - » epidemisch (1198)
  - » Erkältung; nach (1198)
  - » ersten Stadium; entzündlicher Husten im (1198)
  - » Essen agg. (1198)
  - » heftig (1198)
  - » Herpes facialis, mit (1198)
  - » Herz nach jedem Anfall zerbrechen würde; als ob das (1198)
  - » katarrhalischen Phase; in der (1198)
  - » Kind - beugt sich nach hinten, dann Auswurf von klarem, schaumigem Blut (1198)
  - » Kind - greift sich beim Husten an die Genitalien (1198)
  - » Kind - pummelig (1198)
  - » Kind - steif vor dem Anfall (1198)
  - » Kind - weint vor dem Husten (1198)
  - » kitzelnd - Brust (1198)
  - » Konvulsionen, mit (1198)
  - » Konvulsionen, mit - Anfall endet in Konvulsionen, sieht wie tot aus; jeder (1198)
  - » Krampfstadium, im (1198)
  - » Krupp, Symptome von (1198)
  - » losgerissen; mit einem Gefühl wie (1198)
  - » Ösophagus erregt Husten; Gefühl von Krämpfen im (1198)
  - » Prophylaxe gegen (1198)
  - » vernachlässigten Komplikationen; bei (1198)
  - » Weinen nach dem Anfall, als würde das Herz zerbrechen (1198)
  - » Zahnung, während der (1198)
  - » Zwerchfelles nach jedem Anfall; krampfhafte Zusammenziehung des (1198)
- Krampfhaft, spasmodisch - Keuchhusten, nach (1200)

AUSWURF - Blutig - Keuchhusten, bei (1214)

BRUST - Blutung der Lungen - Husten - mit - Keuchhusten (1230)

- Zusammenschnürung - Keuchhusten, bei (1306)

EXTREMITÄTEN - Gefühllosigkeit, Taubheit - Finger - Fingerspitzen - Keuchhusten; bei (1417)

SCHLAF - Schlaflosigkeit - Husten, durch - Keuchhusten, bei (1691)

- Schläfrigkeit - Keuchhusten; nach (1699)

FIEBER - Keuchhusten, mit (1777)

ALLGEMEINES - Genesung, Rekonvaleszenz; Beschwerden während der - Keuchhusten; nach (1884)

- Keuchhusten; Beschwerden nach (1897)
- Konvulsionen - Husten - Keuchhusten, bei (1904)
- Krankengeschichte von; persönliche - Keuchhusten; von (1909)

Konstitution - Aggressivität

Gemüt - Niederträchtig (135)
- Raserei, Tobsucht, Wut - Beißen; mit (140)
- Schlagen - sich; schlägt - schlägt seinen Kopf gegen die Wand und gegen Gegenstände (154)
- Wildheit - Kindern, bei (250)
- Zorn - Kindern, bei (254)
  » Tadel, durch - andere getadelt werden; wenn er hört, daß (255)

Kopf - Anstoßen (274)
- Anstoßen - Bett; mit dem Kopf gegen das (274)
  » Wand; im Schlaf mit dem Kopf gegen die (274)

Konstitution - Angst und Furcht

Gemüt - Angst - hypochondrisch (11)
- Angst - Kinder - bei Kindern (11)
  » Kinder - bei Kindern - Kleinkinder (11)
- Beeindrucken, empfänglich für Eindrücke; leicht zu (19)
  » unangenehm auf ihn; alles wirkt (19)
- Beschwerden durch - Erwartungsspannung (23)
  » Schreck (25)
  » Schreck - Kindern; bei (25)
- Erwartungsspannung - Lampenfieber (53)
  » Lampenfieber - Sängern und Rednern; bei (53)
  » Zahnarzt, Arzt; vor dem Gang zum (53)
- Feigheit (59)
- Feuer - anzünden; möchte Dinge (59)
  » wirft Dinge ins (59)
- Furcht - Abwärtsbewegung, vor (64)
  » allein zu sein (64)
  » Armut, vor (65)
  » Ärzten, vor (65)
  » engen Räumen; in (67)
  » fallen, zu stürzen; zu - Kind hält sich an der Mutter fest; das (68)
  » Geräusche, durch (69)
  » Gespenstern; vor (70)
  » gewaschen zu werden (70)
  » Gewitter; vor (70)
  » Gewitter; vor - Kindern; bei (70)
  » hochgelegenen Orten; vor (71)
  » Kindern, bei (71)
  » Kontrolle zu verlieren; die (72)
  » Nadeln, vor (73)
  » neuen Projekten, Unternehmungen; vor (74)
  » offenen Plätzen; Furcht vor (74)
  » Selbstkontrolle zu verlieren; die (75)
  » unternehmen; irgendetwas zu (78)
  » Versagen, Mißerfolg; vor dem (79)
  » Versagen, Mißerfolg; vor dem - Bestätigung; braucht ständige (79)
  » Versagen, Mißerfolg; vor dem - Kindern; bei (79)
  » Versagen, Mißerfolg; vor dem - Prüfungen, bei (79)
  » voller Furcht (79)
- Furcht - Wasser, vor (79)
- Furchtlos (80)
  » Gefahr, trotz (80)
- Gefahr - kein Gefühl für Gefahr; hat (87)
- Mutig (133)
- Schreckliches und traurige Geschichten greifen sie stark an (156)
- Unternehmen; etwas - Neues unternehmen; kann nichts (193)
  » nichts, auf Furcht, es könne fehlschlagen; unternimmt (193)
- Vorsichtig (205)
  » ängstlich (205)

Konstitution - Allgemeines

- Anarchist (4)
- Beachtung; schenkt allgemeinen Regeln keine (19)
- Beruhigt werden, kann nicht (21)
- Beschwerden durch - Heimweh (24)
- Ehrgeiz - erhöht, vermehrt, sehr ehrgeizig (40)
  » erhöht, vermehrt, sehr ehrgeizig - Geld zu verdienen (40)
  » erhöht, vermehrt, sehr ehrgeizig - Wettbewerb mit anderen, vergleicht sich mit ihnen; steht (40)
  » Verlust von (40)
- Eitelkeit (41)
- Empfindlich - Geräusche, gegen - Stimmen, gegen - Männerstimmen (44)
  » Kinder (44)

Familie; Beziehung zur - Aggressivität

GEMÜT - Beißen - Menschen; beißt - Vater; seinen (20)
- Beschimpfen, beleidigen, schmähen - Familie; beschimpft die eigene (22)
  - » Kinder - eigenen Kinder; beschimpft die (22)
  - » Kinder - Eltern; Kinder beschimpfen ihre (22)
  - » Mutter; beschimpft die (22)
- Beschwerden durch - Bevormundung - Kindern, bei (22)
  - » Bevormundung - Kindern, bei - elterlicher Bevormundung; bei langer Geschichte übermäßiger (22)
  - » Bevormundung - Kindern, bei - elterlicher Bevormundung; bei langer Geschichte übermäßiger - harte, rauhe Erziehung (22)
  - » Bevormundung - lange Zeit, für (22)
  - » Bevormundung - Vater; durch den (22)
  - » Grobheit anderer (23)
- Empfindlich - Grobheiten; gegen (44)
- Fluchen - Mutter und wirft Essen oder Arzneimittel durchs Zimmer; verflucht seine (60)
- Grausamkeit - Familie; gegenüber ihrer (103)
- Reizbarkeit, Gereiztheit - Tadel; durch (146)
- Schlagen - Kindern; bei - Tadel, bei (154)
  - » Knabe zerkratzt das Gesicht des Vaters (154)
- Spotten - Verwandten, über seine (166)
- Streitsüchtig - Eifersucht; aus (173)
  - » Familie, mit ihrer (173)
- Wahnideen - ermordet - Mutter sei ermordet worden; ihre (213)
- Zorn - Essen - muß; wenn er essen (253)

Familie; Beziehung zur - Liebe und Zuneigung

GEMÜT - Abneigung - Eltern, gegen die (1)
- Abneigung - Familienangehörige; gegen (1)
  - » Familienangehörige; gegen - anderen Personen; spricht aber freundlich mit (1)
  - » Mutter, gegen die (2)
- Angst - andere, um (7)
  - » Familie, um seine (9)
  - » Gesundheit; um die - Verwandten; von (10)
- Beschwerden durch - Eifersucht (22)
  - » Uneinigkeit, Zwietracht - Eltern; zwischen den eigenen (26)
- Eifersucht (40)
  - » Kinder - bei (40)
  - » Kinder - Neugeborene alle Aufmerksamkeit erhält; wenn das (40)
  - » Kinder - unter Kindern (40)
- Entfremdet - Familie, von seiner (45)
  - » Familie, von seiner - Fremden, aber nicht zu seiner Familie und Umgebung; er ist freundlich zu (46)
  - » Freunde und Verwandte (46)
- Furcht - entfernt vom Zuhause; wenn (67)
  - » vernachlässigt zu werden (79)
- Hängen; an jemandem - Kinder hängen stark am Vater (104)
- Liebevoll, voller Zuneigung, herzlich (125)
  - » erwidert Zuneigung (125)
  - » küßt und liebkost die Kinder (125)
- Sorgen; voller - andere, um (165)
  - » Verwandte, um (165)
- Spotten - Eifersucht, bei (166)
- Streitsüchtig - Eifersucht; aus (173)
- Verlassen zu sein; Gefühl (198)
  - » geliebt zu werden; Gefühl von den Eltern, der Ehefrau, den Freunden nicht (198)
- Wahnideen - tot - Mutter sei; seine (236)
- Waisen (243)
- Widerspenstig - Eltern; gegenüber den (249)

Familie; Beziehung zur - Vorwürfe

GEMÜT - Beschwerden durch - Bestrafung (22)
- Beschwerden durch - Tadel (25)
- Beschwerden durch - Vorwürfe (26)
- Empfindlich - Tadel (45)
  - » Vorwürfe; gegen (45)
  - » Vorwürfe; gegen - Kindern; bei (45)
- Ermahnungen - agg. (47)
  - » agg. - freundliche; selbst (47)
  - » agg. - Kindern; bei (47)
- Furcht - Tadel; vor (76)
- Lachen - Tadel, bei (121)
  - » Vorwürfen, bei (121)

- Reizbarkeit, Gereiztheit - Tadel; durch (146)
- Schlagen - Kindern; bei - Tadel, bei (154)
- Weinen - Ermahnung, durch (245)
  - » Kindern; bei - Willen nicht bekommen; wenn sie ihren (246)
  - » Tadel, durch (247)
  - » verweigert wird; wenn etwas (248)
  - » Vorhaltungen gemacht werden; wenn ihm (248)
  - » Vorwürfen; bei (248)

Beziehung zu anderen - Aggressivität

GEMÜT - Antworten - beleidigend (15)
- Antworten - diktatorisch (15)
  - » kurz angebunden (15)
- Beschwerden durch - Heftigkeit (24)
- Diktatorisch - spricht in Befehlston (39)
- Empfindlich - Streitigkeiten; gegen (45)
- Gesellschaft - Verlangen nach - behandelt diejenigen, die sich ihm nähern schrecklich (96)
- Grausamkeit (103)
  - » Anblick oder Hören von Grausamkeiten ist unerträglich; der (103)
  - » Anblick oder Hören von Grausamkeiten ist unerträglich; der - Fernsehen; im (103)
  - » liebt es, Menschen und Tieren Leid zuzufügen (103)
  - » möchte gerne etwas Grausames tun (103)
- Herausfordernd (107)
- Schlagen (154)
- Schlagen - Kindern; bei (154)
  - » Raserei; mit (154)
  - » sich; schlägt (154)
  - » sich; schlägt - Abdomen, sein (154)
  - » sich; schlägt - Brust, seine (154)
  - » sich; schlägt - Gesicht, sein (154)
  - » sich; schlägt - Kopf - Händen an den Kopf, gegen den Körper und andere Personen; schlägt sich mit den (154)
  - » sich; schlägt - Kopf - seinen Kopf (154)
  - » sich; schlägt - schlägt seinen Kopf gegen die Wand und gegen Gegenstände (154)
  - » Umstehende, schlägt (154)

» Verlangen - schlagen, zu (154)
» Wand, gegen die (155)
» Zorn, aus (155)
» Zorn, aus - seine Freunde (155)
• Spotten (166)
» andere würden ihn verspotten; glaubt (166)
» Freunde, über seine (166)
• Sprache - barsch (166)
• Streiten - Abneigung gegen (172)
• Streitsüchtig (173)
» Zorn, ohne (173)
• Zorn - angesprochen, wenn (253)
» antworten muß; wenn er (253)
» getröstet, wenn (254)
» Liebkosungen, durch (254)
» mißverstanden, falsch verstanden; wenn (255)
» Widerspruch, durch (255)

Beziehung zu anderen - Reaktion auf andere

Gemüt - Abneigung - Freunde, gegen (1)
• Antworten - Abneigung zu antworten (14)
» Abneigung zu antworten - singt und redet, beantwortet jedoch keine Fragen (15)
» albern (15)
» bissig, schnippisch (15)
» denkt lange nach (15)
» einsilbig (15)
» einsilbig - Ja oder Nein (15)
» einsilbig - Nein auf alle Fragen (15)
» falsch, unrichtig (15)
» Fragen, in (15)
» gefragt wird; antwortet nicht, wenn er (15)
» Gesten, Gebärden; mit (15)
» hastig, überstürzt (15)
» langsam (15)
» Nicken mit dem Kopf; antwortet durch (15)
» schnell (15)
» unbefriedigend (15)
» unbewußt, wie (15)
» undeutlich (15)
» unfähig zu antworten (15)
» unzusammenhängend (15)
» vage, unbestimmt (15)
» weigert sich zu antworten (15)
» wiederholt erst die Frage (15)
» zögernd (15)
• Autismus (19)
• Beschwerden durch - Scham (24)
• Furcht - Menschen; vor - Kindern; bei (73)
» Menschen; vor - Kindern; bei - Fieber; während (73)
• Geistesabwesend - angesprochen, wenn (88)
• Gesellschaft - Abneigung gegen (94)
» Abneigung gegen - ertragen, kann niemanden (95)
» Abneigung gegen - Fremden; Abneigung gegen die Anwesenheit von (95)
» Abneigung gegen - Furcht vor dem Alleinsein; jedoch (95)
» Verlangen nach (95)
» Verlangen nach - allein; agg. wenn (96)
» Verlangen nach - beachtet werden; möchte immer (96)
» Verlangen nach - behandelt diejenigen, die sich ihm nähern schrecklich (96)
• Gesellschaftliche Ereignisse - amel. - Mädchen; bei modernen, jungen (96)
• Lächeln - niemals (119)
• Lachen - Vorwürfen, bei (121)
• Lesen - Verlangen - vorgelesen zu bekommen (125)
• Redseligkeit; Geschwätzigkeit - beantwortet keine Fragen, aber (141)
• Schüchternheit, Zaghaftigkeit (158)
» Kindern; bei (158)
» Öffentlichkeit; beim Auftreten in der (159)
» Öffentlichkeit; beim Auftreten in der - sprechen; in der Öffentlichkeit zu (159)
» Öffentlichkeit; beim Auftreten in der - sprechen; in der Öffentlichkeit zu - fähig; ist aber dazu (159)
• Trost - agg. (188)
» agg. - Mitleid, Mitgefühl agg. (188)
» amel. (188)
• Untröstlich (193)
» Kindern; bei (193)
• Untröstlich - Kindern; bei - Kleinkindern; bei (193)
• Weigert sich etwas zu tun - alles, weist alles zurück, was ihm angeboten wird (243)
» Hilfe zurück; weist (244)
» Medizin einzunehmen; die (244)
• Weinen - anblickt; wenn man ihn (245)
» angesprochen; wenn (245)
» angesprochen; wenn - freundlich (245)
» angesprochen; wenn - freundlich - Kindern; bei (245)
» Berührung, bei (245)
» Liebkosungen, durch (246)
» Trost - agg. (248)
» Trost - amel. (248)
» Trost - durch Trost (248)
» Trost - möchte nicht getröstet werden (248)
» Widerspruch, durch (248)
• Widerspenstig (249)
• Widerspruch - Neigung zu widersprechen (249)
» verträgt keinen Widerspruch (249)

» verträgt keinen Widerspruch - Kindern; bei (249)

Beziehung zu anderen - allgemein

GEMÜT - Angeber (4)
- Angeber - reich gehalten werden; möchte für (4)
- Angst - erwartet wird; wenn etwas von ihm (8)
- Argwöhnisch, mißtrauisch (16)
- Beleidigt, leicht (20)
- Empfindlich - äußerliche Eindrücke; gegen alle (42)
  - » Weinen von Kindern; gegen das (45)
- Erregung - Kindern, bei (49)
- Furcht - Räubern, vor (74)
- Geheimnistuerisch, verschlossen (87)
- Ichbezogenheit, Selbstüberhebung (111)
  - » spricht in Gesellschaft immer über sich selbst (111)
- Lügner (126)
  - » lügt, sagt nie die Wahrheit, weiß nicht, was sie sagt (126)
- Manipulierend (128)
- Mitgefühl, Mitleid (130)
- Nymphomanie - jungen Mädchen; bei einem (135)
- Pubertät; in der (138)
- Quält - andere (138)
  - » andere - Tag und Nacht (138)
  - » andere - Beschwerden; jeden mit seinen (138)
  - » sich (138)
- Sprache - hastig, eilig (167)
  - » kindisch (167)
- Tadelsüchtig, krittelig (178)
- Tadelt andere (179)
- Tadelt sich selbst, macht sich Vorwürfe (179)
- Unabhängigkeit, Selbständigkeit (189)
- Unabhängigkeit, Selbständigkeit - Mangel an Unabhängigkeit, Selbständigkeit (189)
- Unbarmherzig (189)
  - » Familie; selbst gegenüber der engsten (189)
  - » Freunden; gegenüber (189)
- Unverschämtheit (193)
  - » Kindern, bei (193)
- Weinen - allein, wenn (245)

Schule - Angst

GEMÜT - Beschwerden durch - Erwartungsspannung (23)
- Erwartungsspannung - Prüfungen, vor (53)
- Furcht - neuen Projekten, Unternehmungen; vor (74)
  - » unternehmen; irgendetwas zu (78)
  - » Versagen, Mißerfolg; vor dem (79)
  - » Versagen, Mißerfolg; vor dem - Kindern; bei (79)
  - » Versagen, Mißerfolg; vor dem - Prüfungen, bei (79)
- Selbstvertrauen - Mangel an Selbstvertrauen (161)
- Unternehmen; etwas - Neues unternehmen; kann nichts (193)
  - » nichts, auf Furcht, es könne fehlschlagen; unternimmt (193)

REKTUM - Diarrhoe - Erregung, Aufregung agg. (952)
- Diarrhoe - Erregung, Aufregung agg. - Furcht; mit (952)
  - » Erwartungsspannung, nach (952)
  - » Kindern, bei - Schulmädchen, bei (954)
  - » nervös, Gemütsbewegungen agg. (955)

Schule - Konzentration

GEMÜT - Antworten - zerstreut (15)
- Erschöpfung; geistige - Lernen, Studieren; durch langes (52)

» Lesen, durch (52)
• Gedächtnis - Gedächtnisschwäche - geistige Anstrengungen; für - Kinder können nicht zu geistiger Arbeit angeleitet, unterrichtet werden (81)
» Gedächtnisschwäche - Kindern, bei (81)
• Geistesabwesend - angesprochen, wenn (88)
» Kindern; bei - Schulkindern; bei (88)
» Lesen, beim (88)
• Konzentration - schwierig - Kindern, bei (117)
» schwierig - Prüfungen; bei (117)
» schwierig - Studieren (117)
• Studieren, Lernen - schwierig, fällt schwer (173)
• Stumpfheit - Lesen (175)
» Lesen - hört oder liest; in bezug auf das, was er (176)
» Studieren und Lernen; beim (176)
• Unaufmerksam (189)
• Unaufmerksam - angesprochen wird; wenn er (189)
• Verwirrung; geistige - Lesen, beim (203)
» Lesen, beim - begreifen versucht; wenn er zu (203)
» Rechnen, beim (203)
» Schreiben, beim (203)

Schule - Lernen - allgemein

Gemüt - Dyslexie (40)
• Fehler; macht - Sprechen, beim - Buchstabieren, beim (58)
• Studieren, Lernen - einfach, fällt leicht (173)
» schwierig, fällt schwer (173)
• Stumpfheit - Studieren und Lernen; beim (176)

Schule - Lernen - Mathematik, Rechnen

Gemüt - Fehler; macht - Rechnen, beim (57)
• Fehler; macht - Rechnen, beim - Addieren, beim (57)
• Langsamkeit - Rechnen; beim (122)
• Mathematik - Begabung zur (128)
» Unfähigkeit zur (128)
» Unfähigkeit zur - Addieren fällt schwer (129)
» Unfähigkeit zur - Algebra (129)
» Unfähigkeit zur - Geometrie (129)
» Unfähigkeit zur - Horror vor (129)
» Unfähigkeit zur - rechnen; kann nicht (129)
• Verwirrung; geistige - Rechnen, beim (203)

Schule - Lernen - Lesen

Gemüt - Fehler; macht - Lesen, beim (57)
• Fehler; macht - Lesen, beim - vertauscht Buchstaben und Worte (57)
• Lesen - schwierig; ist (124)
» unfähig zu lesen (124)
» unfähig zu lesen - geschrieben hat; was er (124)
» unfähig zu lesen - Kindern, bei (124)
• Stumpfheit - Lesen (175)
» Lesen - hört oder liest; in bezug auf das, was er (176)
• Verwirrung; geistige - Lesen, beim (203)
» Lesen, beim - begreifen versucht; wenn er zu (203)

Schule - Lernen - Schreiben

Gemüt - Fehler; macht - Schreiben, beim (57)
• Fehler; macht - Schreiben, beim - falsch - Buchstaben, Zahlen (57)
» Schreiben, beim - falsch - Silben (57)
» Schreiben, beim - falsch - Worte (57)
» Schreiben, beim - falsch - Worte - Kopfschmerzen, bei (57)
» Schreiben, beim - fügt Buchstaben hinzu (57)
» Schreiben, beim - Gedanken; durch schnelle (57)
» Schreiben, beim - Hast, durch (57)
» Schreiben, beim - läßt etwas aus - Buchstaben (57)
» Schreiben, beim - läßt etwas aus - Buchstaben - ersten Buchstaben; den (57)
» Schreiben, beim - läßt etwas aus - Silben (57)
» Schreiben, beim - läßt etwas aus - Worte (57)
» Schreiben, beim - stellt etwas um - Buchstaben (58)
» Schreiben, beim - stellt etwas um - Worte (58)
» Schreiben, beim - verwechselt Buchstaben (58)
» Schreiben, beim - wiederholt Worte (58)
• Schreiben - Talent zum flüssigen Schreiben (156)
» Unfähigkeit zu (156)
» Unfähigkeit zu - lernen; Kinder können nicht Schreiben (156)
» Unfähigkeit zu - schnell zu schreiben wie sie möchte, mit ängstlichem Verhalten, sie macht Fehler; Unfähigkeit, so (156)
» unleserlich, schreibt (156)
• Verwirrung; geistige - Schreiben, beim (203)

Schule - Anstrengung; geistige

Gemüt - Erschöpfung; geistige - Lernen, Studieren; durch langes (52)
• Erschöpfung; geistige - Lesen, durch (52)
• Gedächtnis - Gedächtnisschwäche - geistige Anstrengungen; für - Kinder können nicht zu geistiger Arbeit angeleitet, unterrichtet werden (81)

Kopf - Pulsieren - Lesen im Sitzen; beim (304)
• Schmerz - Aufmerksamkeit; durch zu angestrengte (315)
» geistige Anstrengung - agg. (328)
» Lesen, beim - agg. (332)

» Lesen, beim - agg. - betäubend, die Besinnung raubend (332)
» Lesen, beim - agg. - stechend (332)
» Lesen, beim - amel. (332)
» Schulkindern; bei (339)
» Studenten, bei (340)
» Scheitel - Lesen agg. (361)
» Schläfen - Lesen agg. - drückend (370)
» Schläfen - Lesen agg. - pulsierend (370)
» Schläfen - Lesen agg. - stechend (370)
» Seiten - Lesen, beim - agg. - stechend (378)
» Seiten - Lesen, beim - agg. - Processus mastoideus (378)
» Stirn - Lesen agg. (389)
» Stirn - Lesen agg. - stechend (389)

AUGE - Strabismus, Schielen - Lesen agg. (467)

SCHLAF - Ruhelos - Überanstrengung, durch geistige (1685)
• Unerquicklich - Überanstrengung beim Lernen; durch geistige (1704)

Schule - Beziehung zu anderen

GEMÜT - Beschwerden durch - Linkshändigkeit; Unterdrückung der (24)
• Beschwerden durch - Scham (24)
• Boshaft - gemeine, böse Streiche; spielen ihren Mitschülern oder Lehrern - Schüler, Schuljunge (32)
• Lügner (126)
• Redseligkeit; Geschwätzigkeit - beantwortet keine Fragen, aber (141)
• Schüchternheit, Zaghaftigkeit - Öffentlichkeit; beim Auftreten in der (159)
» Öffentlichkeit; beim Auftreten in der - sprechen; in der Öffentlichkeit zu (159)
» Öffentlichkeit; beim Auftreten in der - sprechen; in der Öffentlichkeit zu - fähig; ist aber dazu (159)
• Ungehorsam (191)
» Kindern, bei (191)
• Verwirrung; geistige - Schreiben, beim - linkshändig, obwohl er gewöhnlich rechtshändig schreibt; schreibt (203)

MUND - Sprache - stotternd (688)
• Sprache - stotternd - Erregung, bei (688)
» stotternd - erschöpft, lange bevor er ein einziges Wort ausstoßen kann; ist (688)
» stotternd - Kindern; bei (688)
» stotternd - laut aus; spricht jedes Wort (688)
» stotternd - letzten Worte eines Satzes; die (688)
» stotternd - plötzlich (688)
» stotternd - schnell spricht; wenn er (688)
» stotternd - schnell und (688)
» Verlust der Sprache - Silbe sprechen; kann trotz Anstrengung keine (688)
» verschluckt Worte (688)
» verschluckt Worte - letzten Worte des Satzes (688)

HUSTEN - Studenten, Schülern; bei (1207)

Schule - Vorwürfe

GEMÜT - Beschwerden durch - Bestrafung (22)
• Beschwerden durch - Grobheit anderer (23)
» Tadel (25)
• Beschwerden durch - Vorwürfe (26)
• Empfindlich - Grobheiten; gegen (44)
» Tadel (45)
» Vorwürfe; gegen (45)
» Vorwürfe; gegen - Kindern; bei (45)
• Ermahnungen - agg. (47)
» agg. - freundliche; selbst (47)
» agg. - Kindern; bei (47)
• Furcht - Tadel; vor (76)
• Lachen - Tadel, bei (121)
» Vorwürfen, bei (121)
• Reizbarkeit, Gereiztheit - Tadel; durch (146)
• Schlagen - Kindern; bei - Tadel, bei (154)
• Weinen - Ermahnung, durch (245)
» Tadel, durch (247)
• Zorn - antworten muß; wenn er (253)

AUGE - Pupillen - erweitert - Tadel, bei (476)
• Pupillen - erweitert - Vorwürfen; nach (476)

MAGEN - Verdorben - Vorwürfen; nach (844)

HUSTEN - Krampfhaft, spasmodisch - Vorwürfen; nach (1200)

ALLGEMEINES - Konvulsionen - Bestrafung, nach (1901)

Schule - Konstitution

GEMÜT - Eigensinnig, starrköpfig, dickköpfig (41)
• Eigensinnig, starrköpfig, dickköpfig - Kinder (41)
• Gewissenhaft, peinlich genau in bezug auf Kleinigkeiten (99)
• Hast, Eile - Schreiben; beim (105)
» tut, womit er gerade beschäftigt ist; bei dem, was er (105)
» tut, womit er gerade beschäftigt ist; bei dem, was er - Verlangen mehrere Dinge gleichzeitig zu tun (106)
» tut, womit er gerade beschäftigt ist; bei dem, was er - Verlangen mehrere Dinge gleichzeitig zu tun - Ende; bringt aber nichts davon zu (106)
• Heikel, pingelig (106)
• Kleinigkeiten, Trivialitäten - wichtig; scheinen (115)
• Lügner (126)

- Neugierig (135)
- Selbstvertrauen - Mangel an Selbstvertrauen (161)
- Ungehorsam (191)
  - » Kindern, bei (191)
- Unordentlich (192)
- Unternehmen; etwas - Vieles, hält aber bei nichts durch, bleibt nicht dabei; unternimmt (193)
- Verantwortung - ernst; nimmt seine Verantwortung zu (195)

Spielen

GEMÜT - Amüsement, Vergnügen - Abneigung gegen (4)
- Amüsement, Vergnügen - Verlangen nach (4)
- Schmutzig - spielt - Dreck; mit (155)
- Spielen - Abneigung gegen Spielen - Kindern; bei (165)
  - » Abneigung gegen Spielen - Kindern; bei - sitzen in der Ecke; und sie (166)
  - » Unfähigkeit zu spielen (166)
  - » Verlangen zu spielen (166)
  - » Verlangen zu spielen - nachts (166)
  - » Verlangen zu spielen - nachts - Kindern; bei (166)
  - » Verlangen zu spielen - Gras, im (166)
  - » Verlangen zu spielen - Knöpfen an ihrer Kleidung; mit den (166)
  - » Verlangen zu spielen - Verstecken zu spielen, Versteckspiel (166)
- Tanzen (179)
  - » agg. - Kind, das von jemand getragen wird, der tanzt; bei einem (179)
  - » Kindern; bei (179)
- Ungeduld - Spiel von Kindern; durch das (191)
- Verspielt (199)
- Verspielt - abwechselnd mit - Traurigkeit (199)

SCHLAF - Schlaflosigkeit - Kindern, bei - spielen und lachen; Kind möchte (1691)
- Schlaflosigkeit - spielt und lacht, Kind (1694)

TRÄUME - Baseball zu spielen (1710)
- Basketball - spielen; zu (1710)
- Spiele - neue Spiele zu spielen (1738)

Tieren; Beziehung zu

GEMÜT - Empfindlich - Natur und Objekte aus der Natur; für die (45)
- Furcht - Hühnern; vor (71)
  - » Hunden, vor (71)
  - » Hunden, vor - schwarzen Hunden; vor (71)
  - » Insekten; vor (71)
  - » Katzen; vor (71)
  - » Spinnen, vor (75)
  - » Tieren, vor (76)
  - » Tieren, vor - Fell; vor Tieren mit (76)
  - » Tieren, vor - Haustieren; vor (76)
  - » Tieren, vor - nachts - giftigen Tieren; vor (76)
  - » Tieren, vor - schwarz (76)
- Grausamkeit - Katzen; gegenüber (103)
  - » liebt es, Menschen und Tieren Leid zuzufügen (103)
  - » Tieren; gegenüber (103)
- Haß - Katzen; auf (104)
- Mitgefühl, Mitleid - Tieren, mit (130)
- Natur - liebt (134)
- Tiere - liebt Tiere, Tierliebe (180)
  - » liebt Tiere, Tierliebe - Haustier; ihr (180)
  - » liebt Tiere, Tierliebe - Haustier; ihr - Kindern; bei (180)
  - » liebt Tiere, Tierliebe - Hunde (180)
  - » liebt Tiere, Tierliebe - Katzen (180)

Nonverbales - Aggressivität

GEMÜT - Beißen (20)
- Beißen - Kindern; bei (20)
  - » Kleidung; beißt in die (20)
  - » Menschen; beißt (20)
  - » Menschen; beißt - stört; beißt jeden, der ihn (20)
  - » sich selbst; beißt (20)
- Destruktivität, Zerstörungswut (38)
  - » Kindern, bei (39)
  - » Kleidern, von (39)
- Diktatorisch (39)
- Diktatorisch - Machtliebe (39)
- Grobheit - Kinder; ungezogene (104)
- Manie - spuckt auf die Umstehenden und beißt sie (128)
  - » zerreißen, an etwas zu reißen; etwas zu - Kleidung zu zerreißen (128)
  - » zerreißen, an etwas zu reißen; etwas zu - sich selbst mit den Fingernägeln; zerreißt (128)
- Raserei, Tobsucht, Wut - Hochnehmen; des Kindes beim (140)
  - » Spucken; mit (140)
  - » zerreißt die Kleidung (140)
  - » zieht die Umstehenden an den Haaren (140)
- Reißt an etwas - Gegenstände; zerreißt (142)
  - » Gegenstände; zerreißt - Kleidung (142)
  - » Gegenstände; zerreißt - Ruhelosigkeit; aus (142)
  - » sich am Körper, verletzt sich (142)
  - » sich am Körper, verletzt sich - Genitalien; an den (142)
  - » sich am Körper, verletzt sich - Haut um die Nägel aus; die (142)

- Reizbarkeit, Gereiztheit - angeblickt, wenn - angesprochen oder berührt; wenn - Kindern; bei (144)
  - » Kindern, bei (145)
  - » Kindern, bei - brav, die ganze Nacht gereizt; den ganzen Tag über (145)
  - » Kindern, bei - gereizt, die ganze Nacht brav; den ganzen Tag über (145)
  - » Kindern, bei - Kleinkindern; bei (145)
  - » Kindern, bei - stößt die Krankenschwester weg (145)
  - » Kindern; gegenüber (145)
  - » schickt - Arzt nach Hause und sagt, er sei nicht krank; schickt den (146)
- Spucken (170)
- Spucken - Gesicht; Menschen ins (170)
- Stoßen, treten, austreten (172)
  - » Kindern; bei (172)
- Stoßen, treten, austreten - Kindern; bei - zornig, tritt und schimpft beim Erwachen; das Kind ist (172)
- Wirft mit Gegenständen um sich (250)
  - » morgens (250)
  - » Personen; nach (250)
  - » Personen; nach - beleidigen; die ihn (250)
- Zerbricht Dinge (251)
  - » Verlangen; Dingen zu zerbrechen (251)
  - » wertvolle Gegenstände, die anderen gehören (251)
- Ziehen - Haaren; an den (252)
  - » Haaren; an den - preßt den Kopf; und (252)
  - » Haaren; an den - Verlangen zu ziehen - ihren eigenen Haaren; an (252)
  - » Haaren; an den - Verlangen zu ziehen - jemanden an den Haaren (252)

Nonverbales - Reaktion auf andere

GEMÜT - Angesehen, angeblickt zu werden - blickt nach unten, wenn er angesehen wird (5)

- Angesehen, angeblickt zu werden - erträgt es nicht, angesehen zu werden (5)
  - » erträgt es nicht, angesehen zu werden - Kindern; bei (5)
  - » weicht den Blicken anderer aus (5)
  - » weicht den Blicken anderer aus - angesprochen wird; wenn er (5)
- Angst - Fremden; in Anwesenheit von (9)
- Berührtwerden - Abneigung berührt zu werden (21)
  - » Abneigung berührt zu werden - Kindern; bei (21)
  - » Abneigung berührt zu werden - Kitzeligkeit (21)
- Eigensinnig, starrköpfig, dickköpfig - Kinder - weinen jedoch, wenn man freundlich zu ihnen spricht (41)
- Fremde - Anwesenheit von Fremden - agg. (60)
  - » Anwesenheit von Fremden - agg. - hustet beim Anblick von Fremden; Kind (60)
  - » Anwesenheit von Fremden - amel. (60)
- Furcht - berührt zu werden (66)
  - » Fremden; vor (68)
  - » Näherkommen, Annäherung von; vor - anderen, von (74)
  - » Näherkommen, Annäherung von; vor - anderen, von - Kinder können es nicht ertragen, daß ihnen jemand nahe kommt (74)
- Gehalten - amel.; gehalten zu werden (87)
  - » Verlangen, gehalten zu werden (87)
- Küssen - jeden (119)
  - » Kinder küssen und liebkosen (119)
- Liebkost zu werden; Liebkosungen - Abneigung, liebkost, gestreichelt zu werden (126)
  - » Abneigung, liebkost, gestreichelt zu werden - Kindern; bei (126)
  - » Verlangen, liebkost, gestreichelt zu werden (126)
- Magnetisiert - amel. (127)
  - » leicht zu magnetisieren (127)
  - » Verlangen magnetisiert zu werden (127)
- Mürrisch - Kindern, bei - angesprochen, wenn (132)
  - » Kindern, bei - weinen bei Berührung (132)
- Näherkommen, auf ihn Zukommen von Personen - Abneigung gegen (134)
  - » agg. (134)
- Schamhaft, große Scham - Kindern; bei (153)
- Schamlos (153)
  - » Kindern, bei (153)
- Schreien - Kindern, bei - angesprochen, wenn (157)
  - » Kindern, bei - Berührung, bei (157)
  - » Kindern, bei - bewegt werden; wenn sie (157)
  - » Kindern, bei - Trost - agg. (157)

Nonverbales - Gesten, Gebärden

GEMÜT - Auffahren, Zusammenfahren - angesprochen wird; wenn er (17)

- Auffahren, Zusammenfahren - Geräusche; durch (17)
- Beißen - Finger; beißt (20)
  - » Gegenstände; beißt (20)
  - » Glas; beißt in sein (20)
  - » Glas; beißt in sein - Trinken; beim (20)
  - » Hände; beißt (20)
  - » Kissen; beißt in das (20)
  - » Löffel; beißt in den (20)
  - » Nägel (20)

» Nägel - Kindern; bei (20)
» Schuh und schluckt die Teile; beißt in seinen (20)
• Berühren, anfassen; etwas - Verlangen, etwas zu berühren, anzufassen - alles berühren, anfassen; muß (21)
» Verlangen, etwas zu berühren, anzufassen - alles berühren, anfassen; muß - Kindern; bei (21)
• Gefallsüchtig, kokett - sehr, zu (87)
» sehr, zu - Kindern; bei (87)
• Gesten, Gebärden; macht - Finger - Mund; Kinder stecken die Finger in den (97)
» Hände; unwillkürliche Bewegungen der - bedecken - Gesicht mit den Händen, blicken jedoch durch die Finger; bedecken - Kindern; bei (97)
» Hände; unwillkürliche Bewegungen der - bedecken - Mund mit den Händen; den (97)
» Hände; unwillkürliche Bewegungen der - Greifen - Mund - alles in den Mund; steckt (98)
» Hände; unwillkürliche Bewegungen der - Greifen - Umstehenden; nach (98)
» Hände; unwillkürliche Bewegungen der - Mund; zum (98)
» Hände; unwillkürliche Bewegungen der - Mund; zum - rechte Hand (98)
» Hände; unwillkürliche Bewegungen der - ringt die Hände (98)
» Mund statt den Händen zu gebrauchen; Verlangen, den (98)
» Tics; nervöse (99)
» ungeschickt in bezug auf (99)
» zeigt seine Wünsche durch Gesten an (99)
» zieht die Umstehenden an den Haaren (99)
• Geziertheit, Affektiertheit - Gesten und Handlungen; in (100)
• Grimassen (103)
» sonderbare Gesichter; schneidet (103)
» ungezogene Gesichter; zieht (103)
» verstecken, verbergen; versucht, die Grimassen zu (103)
• Halten - Hand der Mutter; Kind hält ständig die (104)
• Hast, Eile - Bewegungen; in den (105)
• Kinder - wachsam, aufmerksam (114)
• Klammert sich an - hält sich nach anderen fest (114)
» Kindern; bei - Mutter; das Kind klammert sich an die (115)
» Kindern; bei - Mutter; das Kind klammert sich an die - Hand der Mutter; das Kind nimmt immer die (115)
» Personen oder Möbel; an (115)
» Ruhelosigkeit, mit (115)
• Klettern - Verlangen zu (115)
» Verlangen zu - Leitern hinaufzuklettern (115)
» Verlangen zu - Mauern, Wänden; an (115)
• Lachen - albern - Kindern bei jeder Gelegenheit; bei (120)
» Ernstes, über (120)
» Kindern, bei (121)
» Kindern, bei - geisteskranken Kindern; bei (121)
• Launenhaftigkeit, launisch (123)
• Launenhaftigkeit, launisch - weist Dinge zurück, die er haben wollte, sobald er sie bekommt (123)
» weist Dinge zurück, die er haben wollte, sobald er sie bekommt - Kindern; bei (123)
• Manie - zerreißen, an etwas zu reißen; etwas zu - Haaren; reißt sich an den (128)
• Maskulin - Mädchen; maskulin aussehende (128)
• Pfeifen (136)
• Reißt an etwas - sich am Körper, verletzt sich - Haut um die Nägel aus; die (142)
• Schreien - Kindern, bei - Faust im Mund; mit der (157)
• Springen (169)
» Kindern, bei (170)
» Kindern, bei - abends (170)
» Kindern, bei - Stühle, Tische und Ofen; auf (170)
• Stirnrunzeln, Neigung zum (171)
• Ungeschicklichkeit (192)
• Ungeschicklichkeit - Kindern, bei (192)
• Verstecken - sich (199)
» sich - Ecke; in der (199)
» sich - Kinder (199)
» sich - Kinder - Besucher würden über sie lachen und sie verstecken sich hinter den Möbeln; sie glauben (199)
» sich - Kinder - Fremden, vor (199)
» sich - Kinder - Mutter; hinter der (199)
» sich - rennt, läuft davon; versteckt sich und (199)
• Weibisch (243)

Nonverbales - Allgemeines

GEMÜT - Angst - Kinder - bei Kindern - gehoben; wenn aus der Wiege (11)
• Eigensinnig, starrköpfig, dickköpfig (41)
• Eigensinnig, starrköpfig, dickköpfig - Kinder (41)
» Kinder - Dickwerden; mit Neigung zum (41)
» Kinder - frostig, widerspenstig und ungeschickt (41)
» Kinder - Masturbation bei Knaben; nach (41)
» Kinder - reizen, ärgern ihre Umgebung (41)
» Kinder - weinen jedoch, wenn man freundlich zu ihnen spricht (41)

• Furcht - hochgehoben zu werden; Furcht (*)
• Hast, Eile - Essen; beim (105)
» Gehen; beim (105)
» immer in Eile; ist (105)
» Schreiben; beim (105)
» Schreiben; beim - ruhig, gelassen ist; während er gleichzeitig (105)
» tut, womit er gerade beschäftigt ist; bei dem, was er (105)
» tut, womit er gerade beschäftigt ist; bei dem, was er - Verlangen mehrere Dinge gleichzeitig zu tun (106)
• Höflich - zu höflich, übertrieben höflich (109)
• Impertinenz, Unverschämtheit (112)
• Klammert sich an - Kindern; bei - erwacht in Panik, erkennt niemanden, klammert sich an die Umstehenden; das Kind (115)
• Nachahmung, Imitation (133)
» Stimmen und Bewegungen von Tieren; von (133)
• Nackt sein, möchte (134)
• Possen, spielt (137)
• Possen, spielt - Kindern; bei (138)
• Ruhelosigkeit - Kindern, bei (151)
» Kindern, bei - Babies, bei (152)
» Kindern, bei - streunen, streifen umher (152)
• Schreien - Kindern, bei (157)
» Kindern, bei - Kolik mit (157)
» Kindern, bei - schrecklich, fürchterlich (157)
» Kindern, bei - Weinen und (157)
• Singen (163)
» ausgelassen, fröhlich (163)
• Stöhnen - hochgehoben, wenn (172)
» Kindern, bei (172)
» Kindern, bei - wollen; Mitleid erregendes Wimmern, weil sie nicht bekommen, was sie (172)
» zweimal; jeweils - Babies; bei (172)
• Unhöflich (192)
» Kinder (192)
• Verzogene, mißratene Kinder (204)

Nonverbales - Konsultation; bei der

Kopf - Empfindlichkeit - Berührung, gegen (283)
• Empfindlichkeit - Berührung, gegen - zarteste Berührung, nach Zorn; gegen die (283)
» Kopfhaut, der (284)
» Kopfhaut, der - Berührung, gegen (284)
• Hitze - Kälte - Abdomens; mit Kälte des (293)
» Kälte - Extremitäten; mit Kälte der (293)
» Kälte - Finger; mit Kälte der (293)
» Kälte - Füße; mit Kälte der (293)
» Kälte - Gesichtes; mit Kälte des (293)
» Kälte - Gesichtes; mit Kälte des - Hitze der Hände; mit (*)
» Kälte - Hände; mit Kälte der (293)
» Kälte - Körpers; mit Kälte des (293)
» Kälte - Stirn; mit Kälte der (293)
• Läuse (300)

Auge - Absonderungen - blutig - wäßrig - Kindern; bei - Neugeborenen; bei (423)
• Entzündung - Kindern; bei - Kleinkindern; bei (429)
» Kindern; bei - Neugeborenen; bei (429)
• Geschwüre - Hornhaut - Kindern; bei (435)
» Hornhaut - Kindern; bei - Neugeborenen; bei (435)

Ohr - Absonderungen - Blut (497)
• Absonderungen - Blut - Eiterung; nach lange anhaltender (497)
» blutig (497)
» chronisch (497)
» chronisch - rechts (497)
» chronisch - links (497)
» dick (497)
» dünn (497)
» eitrig (497)
» eitrig - eiterartig (497)
» eitrig - Ekzem, mit (497)
» eitrig - Quecksilber; nach Mißbrauch von (497)
» eitrig - Schwefel; nach Mißbrauch von (497)
» fleischfarben (497)
» gelb (497)
» gelblichgrün (497)
» grün (497)
» grün - morgens (497)
» grün - geruchlos (497)
» Hautausschlägen; nach unterdrückten (497)
» jauchig (497)
» Karies, drohende (497)
» käsig (497)
» klebrig (497)
» Ohrschmalz (498)
» periodisch - siebten Tag, jeden (498)
» reichlich (498)
» schleimig (498)
» schmerzhaft (498)
» serös (498)
» stinkend (498)
» stinkend - Diarrhoe; mit wäßriger, übelriechender (498)
» übelriechend (498)
» übelriechend - aashaft (498)
» übelriechend - Fischlake, wie (498)
» übelriechend - Fleisch, wie faules (498)
» übelriechend - Käse, wie verdorbener (498)

» übelriechend - sauer (498)
» unterdrückt (498)
» warm; als wären sie (498)
» wäßrig (498)
» weiß (498)
» weiß - milchig (498)
» wundfressend (498)

• Eiterung (500)
» hinter den Ohren (500)
» Mittelohr (500)
» vor den Ohren (500)

• Entzündung (500)
» eitrig (500)
» erysipelatös (500)
» äußere Ohren (500)
» äußere Ohren - chronisch (500)
» Eustachische Röhre (500)
» Gehörgang (500)
» Mittelohr (501)
» Mittelohr - chronisch (501)
» Mittelohr - gefolgt von - Meningitis (501)
» Mittelohr - Kindern; bei (501)
» Mittelohr - subakut (501)
» Ohrläppchen (501)
» Ohrläppchen - rechts (501)
» Ohrmuscheln (501)
» Processus mastoideus (501)
» Ränder (501)
» Tragus (501)

• Feuchtigkeit (501)
» hinter den Ohren (502)
» Ohrmuscheln (502)
» Ränder (502)

• Geschwüre - Trommelfell (510)

• Hautausschläge - Ohrläppchen, an den - Bläschen durch die Absonderung (512)

• Katarrh - Eustachische Röhre (515)
» Mittelohr (515)

• Ohrschmalz - blaß (516)
» braun (516)
» braun - rot oder dunkel (516)
» dick (516)
» dunkel, fließend (516)
» dünn (516)
» eitrig (516)
» faulig (516)
» fehlend (516)
» gelb (516)
» lästig, beschwerlich (516)
» Papier - gekautes Papier, wie (516)
» Papier - verrottetes Papier, wie (516)
» rot (516)
» rötlich (516)
» schwarz (516)
» schwarz - verhärtet (516)
» spärlich (516)
» trocken (516)
» trocken - abschilfernd; in Schuppen (516)
» verhärtet (516)
» vermehrt (516)
» weich (516)
» weißlich (516)
» weißlich - Brei, wie (516)

• Perforation - Trommelfell (516)
» Trommelfell - drohend bei Otitis media (516)
» Trommelfell - Hohlraum ist mit dikkem, gelbem Eiter gefüllt (516)
» Trommelfell - Luft strömt beim Schniefen hindurch (516)
» Trommelfell - Rändern; mit ausgefransten, gezackten (516)

• Trommelfell - dünn und durchsichtig (534)
» geschwollen (534)
» geschwollen - Kapillaren, erweiterte (534)
» geschwollen - Processus mastoideus; bei Periostitis des (534)
» verdickt (534)
» verdickt - weiß und undurchsichtig - Hautausschlag an der Kopfhaut; nach unterdrücktem (534)
» weiß - rechts weißer als links (534)

Hören - Schwerhörig - Tonsillen - Hypertrophie der (537)

• Schwerhörig - Tonsillen - vergrößert (537)
» Tubenkatarrh (537)
» Verwachsungen im Mittelohr; durch (537)

Gesicht - Schwellung - Sublingualdrüse (631)

• Schwellung - Submentaldrüse (631)
» Submentaldrüse - schmerzhaft (631)
» Unterkieferdrüsen (631)
» Unterkieferdrüsen - hart (631)
» Unterkieferdrüsen - schmerzhaft (631)
» Unterkieferdrüsen - schmerzhaft - Schlucken agg. (631)

Mund - Aphthen (639)

• Aphthen - begleitet von - Bläschen (639)
» begleitet von - Speichelfluß (639)
» bläulich (639)
» blutend - Jauche; blutige, übelriechende (639)
» blutend - leicht (639)
» brennend (639)
» gangränös (639)
» gelblicher Basis; mit (639)
» Influenza (639)
» Kindern, bei (639)
» Kindern, bei - Kleinkindern, bei (639)

» Kindern, bei - Säuglingen; bei (639)
» Kindern, bei - Säuglingen; bei - Bläschen; mit - Gesicht; im (639)
» schwarz (639)
» übelriechend (640)
» weiß (640)
» erstreckt sich zu - Darmtrakt; durch den (640)
» Gaumen (640)
» Gaumen - mercurialisch (640)
» Lippen - Innenseite - Oberlippe (640)
» Zahnfleisch (640)
» Zunge (640)
» Zunge - blutend (640)
» Zunge - brennend (640)
» Zunge - empfindlich (640)
» Zunge - Flecken; in (*)
» Zunge - Geschwüren; werden zu (640)
» Zunge - große Aphthen (640)
» Zunge - kleine Aphthen - schmutziggelb (640)
» Zunge - Quecksilber; nach Mißbrauch von (640)
» Zunge - schmerzhaft (640)
» Zunge - Stellen; an einzelnen (640)
» Zunge - wunde Punkte (640)
» Zunge - Ränder (640)
» Zunge - unter der (640)
» Zunge - Zungenspitze (640)
• Bewegung - Zunge - Heraushängen der Zunge (641)
» Zunge - Lecken, Schlecken (641)
» Zunge - Lecken, Schlecken - hin und her (641)
» Zunge - Seite zur anderen; von einer (641)
• Eiterung - Zahnfleisch (643)
• Farbe - Zunge - weiß - Zungenwurzel - Knaben; bei schwächlichen, entkräfteten (651)
• Gangränös - Kindern, bei (652)
• Geschwüre - Zunge - Kindern; bei (663)
• Herausstrecken, Vorstrecken - Zunge, der (665)
» Zunge, der - Gehirns; bei Erkrankungen des (665)
» Zunge, der - schnellt heraus und hinein wie bei einer Schlange, züngelt; die Zunge (665)
• Krampfadern - Zunge (667)
• Landkartenzunge (668)
• Papillen - aufgerichtet (669)
» aufgerichtet - Erdbeerzunge (669)
» aufgerichtet - Zungenspitze (669)
» aufgerichtet - Zungenwurzel (669)
• Rissig - Zunge - begleitet von - Aphthen (670)
• Schleimhautpapel bei sekundärer Syphilis (673)
• Schwämmchen (681)
• Sprache - schwierig - begleitet von - Zunge - Aphthen (687)
• Stomatitis ulcerosa, Stomakaze (689)
» begleitet von - Zunge - Aphthen auf der (689)
• Zittern der Zunge - Herausstrecken, beim (692)
» Herausstrecken, beim - Beginn; nur zu (692)
» Herausstrecken, beim - lange Zeit herausgestreckt wird; wenn sie (692)

INNERER HALS - Ablagerung auf den Tonsillen; käsige (721)
• Aphthen (721)
• Aphthen - Tonsillen, an den (721)
• Belag - Tonsillen (721)
» Tonsillen - rechts (721)
» Tonsillen - links (721)
» Uvula (721)
• Entzündung - Kindern; bei (724)
» Tonsillen (724)
• Käsig - Flecken; käsig aussehende (728)
• Schwellung - Tonsillen (747)
» Tonsillen - Kindern; bei (748)
» Tonsillen - Kindern; bei - blassen, skrofulösen Kindern; bei (748)

ÄUSSERER HALS - Schwellung - Halsdrüsen (760)
• Schwellung - Halsdrüsen - eitrig (760)
» Halsdrüsen - hart (760)
» Halsdrüsen - schmerzhaft (760)
» Halsdrüsen - schmerzhaft - Berührung; bei (760)
» Seiten (760)
» Seiten - eitrig (760)
• Verhärtung von Drüsen (761)
» perlschnurartig (761)

ABDOMEN - Absonderung aus dem Nabel (849)
• Absonderung aus dem Nabel - blutige Flüssigkeit (849)
» blutige Flüssigkeit - Kindern; bei - Neugeborenen; bei (849)
» gelb (849)
» Kindern; bei - Neugeborenen; bei (849)
» übelriechend (849)
» Urin, Heraussickern von (849)
• Auftreibung - Kindern, bei (852)
» Kindern, bei - dickbäuchigen Kindern; bei (852)
• Entzündung - Nabel (860)
» Nabel - Kindern; bei - Neugeborenen; Ulzeration des Nabels bei (860)
• Geschwüre - Nabelgegend (865)
» Nabelgegend - Kindern; bei - Kleinkindern; bei (865)
» Nabelgegend - Kindern; bei - Neugeborenen; bei (865)
• Hämorrhagie - Nabel - Kindern; bei - Kleinkindern; bei (866)
• Hart - Kindern; bei (866)
• Schmerz - Druck - agg. (883)
» Druck - amel. (883)

» Druck - Kleidung; der - amel. (883)
» Nabel - Kind deutet auf den Nabel, als dem am stärksten schmerzenden Teil (922)
• Spannung - Kindern; bei (935)
• Vergrößert - Kindern; bei (938)
» Kindern; bei - Marasmus (938)
» Leber - Kindern, bei (938)

REKTUM - Cholera - infantum - begleitet von - Zunge; weiße Farbe der Zunge - Zungenwurzel (949)
• Hautausschläge - Anus; um den (964)
» Anus; um den - Exanthem; flüchtiges - Kindern; bei - Neugeborenen; bei (964)
» Anus; um den - Kindern; bei - Neugeborenen; bei (964)
» Perineum (964)
» Perineum - Kindern; bei - Neugeborenen; bei (964)
• Prolaps - Kindern; bei (971)
» Kindern; bei - Kleinkindern; bei (971)

URIN - Geruch - ammoniakalisch - Kindern; bei - Kleinkindern; bei (1048)
• Scharf, wundfressend - Kindern; bei - Neugeborenen; bei (1051)
• Zucker - Kindern; bei (1056)
• Zylinder; enthält - Kindern, Kleinkindern; bei (1056)

ATMUNG - Atemnot, Dyspnoe, erschwertes Atmen - Liegen - agg. - Vergrößerung der Tonsillen; durch (1168)
• Bauchatmung (1171)

BRUST - Einstülpung - Brustwarzen; der (1231)
• Einziehung der Brustwarzen (1231)
• Knoten, empfindliche - Mammae - Kindern; bei - Neugeborenen; bei (1249)

RÜCKEN - Abmagerung (1311)
• Abmagerung - Dorsalregion, Muskulatur der Schulterblätter (1311)
» Lumbalregion (1311)
» Zervikalregion (1311)
• Hautausschläge - Akne (1316)
» Furunkel (1316)
» Furunkel - Blutbeule (1316)
» Furunkel - Blutbeule - stechend, bei Berührung (1316)
» Furunkel - Gruppen, in (1316)
» Furunkel - Dorsalregion - Schulterblätter (1317)
» Furunkel - Dorsalregion - Schultern; zwischen den (1317)
» Furunkel - Lumbalregion (1317)
» Furunkel - Sakrum (1317)
» Furunkel - Zervikalregion (1317)
• Krümmung der Wirbelsäule (1323)
» Dorsalregion (1323)
» Lumbalregion (1324)
» seitliche Krümmung (1324)
» Zervikalregion (1324)

EXTREMITÄTEN - Exkoriation, Wundheit - Gesäß - Mitte, dazwischen; in der (1407)
• Fußgeruch ohne Schweiß; übler (1413)
• Hautausschläge - Gesäß - Rima ani - Exanthem bei Kindern, Neugeborenen; rotes, flüchtiges (1432)
• Krümmung und Biegung (1473)
• Knie, Lage der - außen; nach (1664)
» innen; nach (1664)
• Nägel; Beschwerden der - Abblättern der Nägel (1664)
» Abfallen der Nägel (1664)
» Abfallen der Nägel - begleitet von - granulierte Oberfläche; hinterläßt eine krankhafte und (1664)
» deformiert (1664)
» deformiert - Zehennägel (1664)
» dicke Nägel (1664)
» dicke Nägel - Fingernägel (1664)
» dicke Nägel - Zehennägel (1664)
» dünne Nägel (1664)
» eingewachsene Zehennägel (1665)
» eingewachsene Zehennägel - Granulation; mit krankhafter (1665)
» eingewachsene Zehennägel - Lähmung (1665)
» eingewachsene Zehennägel - Ulzeration; mit (1665)
» Eiterung - Zehennägel - linken großen Zehe; unter dem Nagel der (1665)
» gekrümmte Fingernägel (1665)
» gekrümmte Fingernägel - Schwindsucht; bei (1665)
» gespaltene, aufgesprungene Nägel (1665)
» gewellte Nägel (1665)
» gewellte Nägel - Fingernägel (1665)
» gewellte Nägel - quer gewellt (1665)
» Härte - Fingernägel (1665)
» Haut zieht sich unter Bildung von Eiter von den Nägeln zurück (1665)
» hornig, verhornt (1665)
» hornig, verhornt - Fingernägel (1665)
» hornig, verhornt - Zehennägel (1665)
» Möndchen der Nägel fehlt (1665)
» Niednagel (1665)
» Niednagel - entzündet (1665)
» Niednagel - schmerzhaft (1665)
» Niednagel - schmerzlos (1665)
» Niednagel - Finger - Ringfinger - rechts (1665)

» Rauheit - gefurcht, gerieft, gerillt (1665)
» Rauheit - Fingernägel (1665)
» Rauheit - Fingernägel - gefurcht, gerieft (1665)
» Rauheit - Fingernägel - Längsriefen (1665)
» spröde, brüchige Nägel (1665)
» spröde, brüchige Nägel - Fingernägel (1665)
» spröde, brüchige Nägel - Fingernägel - bröckelig (1665)
» spröde, brüchige Nägel - Zehennägel (1665)
» verkrüppelte, verkümmerte Nägel (1665)
» verkrüppelte, verkümmerte Nägel - Fingernägel (1665)
» verkrüppelte, verkümmerte Nägel - Zehennägel (1665)
» Wachstum der Nägel - Hautfalte bleibt fest mit dem wachsenden Nagel verbunden (1666)

HAUT - Erysipel (1798)
• Erysipel - Kindern; bei (1798)
» Kindern; bei - Neugeborenen; bei (1798)
• Farbe - gelb - Neugeborenen, bei (1800)
» gelb - Neugeborenen, bei - Zorn, mit (1800)
» rot - Kratzen, nach - Streifen (1801)
» weiß - Flecken - Kindern; bei (1802)
• Hautausschläge - Bläschen - Sudamina (Schweißfriesel) (1810)
» Erythem (1812)
• Hautausschläge - Exanthem, flüchtiges - Kindern, bei (1812)
» Herpes - ringförmig (1815)
» Impetigo (1816)
» Kindern; bei - Neugeborenen; bei (1817)
» Molluscum (1818)
» Molluscum - contagiosum; Molluscum (1818)
» Molluscum - fibrosum; Molluscum (1818)
» Urtikaria - Kindern; bei (1824)
• Intertrigo (1825)
• Unrein (1835)
• Verwachsen - Knochen; am (1835)
• Warzen - Mädchen; bei jungen (1836)
• Wundliegen - Kindern; bei (1837)

ALLGEMEINES - Berührung - agg. - Kindern, bei (1857)
• Exostose (1877)
• Genesung, Rekonvaleszenz; Beschwerden während der - Ohr; nach Absonderungen aus dem (1884)
• Krankengeschichte von; persönliche - Ohr - Entzündung - Innenohrs; wiederkehrende Entzündung des (1910)
• Krampfadern - jungen Menschen; bei (1909)
• Steifes Ausstrecken des Körpers - Berührung bei Kindern; durch (2010)
• Wassersucht - Allgemeinen; im (2023)

Nonverbales - Äußerliches - Beobachtungen des Arztes

KOPF - Bewegungen des Kopfes - Nicken mit dem Kopf - Kindern; bei (279)
• Fallen des Kopfes - seitwärts - Kind lehnt ihn die ganze Zeit auf die Seite (285)
• Großer Kopf (289)
• Halten - hoch, aufrecht zu halten; unfähig, den Kopf (289)
• Naevi - Kindern; bei - Schläfe - rechts - flach (*)
• Schuppen (402)
» gelb (402)
» juckend (402)
» weiß (402)
• Schweiß der Kopfhaut - außer am Kopf; generalisierter Schweiß (403)
• Haare - Kahlköpfigkeit - jungen Menschen, bei (418)

AUGE - Farbe - blau - Sklera oder Bindehaut (432)
• Farbe - blau - Sklera oder Bindehaut - Kindern; bei (432)
• Strabismus, Schielen (467)
» rechtes Auge nach innen gedreht (467)
» linkes Auge nach innen gedreht (467)
» angeboren (467)
» convergens (467)
» convergens - Sturz oder Schlag; durch einen (*)
» Diarrhoe; durch unterdrückte (467)
» divergens (467)
» Verletzungen; nach (467)
• Verklebt (472)
• Haare - Wimpern - feine Wimpern (475)
» Wimpern - lange Wimpern (475)

OHR - Bohren mit den Fingern darin (500)
• Bohren mit den Fingern darin - Kindern; bei (500)
• Geschwüre - Ohrläppchen - Loch für die Ohrringe; im (510)
• Schmerz - warm - Bett, Bettwärme; warmes - agg. - Einhüllen amel.; und warmes (525)
» warm - Zimmer; im warmen - Eintreten in ein warmes Zimmer; beim - kalten Luft; aus der (525)

NASE - Bewegung - Nasenflügel - anhaltend, ständig (545)
• Bewegung - Nasenflügel - Fächer; wie ein (545)
» Nasenflügel - Fächer; wie ein - Asthma; bei (545)
» Nasenflügel - Fächer; wie ein - Herzklopfen; mit (545)
» Nasenflügel - Fächer; wie ein - Pneumonie; bei (545)
• Bohren mit den Fingern in der Nase (546)
• Bohren mit den Fingern in der Nase - blutet; bis es (546)

- Atemnot, Dyspnoe, erschwertes Atmen - Kindern; bei (1168)
  - » Kindern; bei - Neugeborenen; bei (1168)
- Beschleunigt (1174)

KOPF - Hände - hält den Kopf mit den Händen - Husten; agg. beim (289)

HUSTEN - Anfallsweise - Anfälle folgen schnell aufeinander (1186)

- Anfallsweise - Anfälle folgen schnell aufeinander - stärksten, die folgenden Anfälle werden schwächer und schwächer; der erste ist am (1186)
  - » besteht aus - drei Hustenstöße (1186)
  - » besteht aus - drei Hustenstöße - oder vier Hustenstöße (1186)
  - » besteht aus - kurzen Hustenstößen (1186)
  - » besteht aus - langen Hustenstößen (1186)
  - » besteht aus - wenigen Hustenstößen (1186)
  - » besteht aus - zwei Hustenstößen (1186)
  - » besteht aus - zwei Hustenstößen - schnell aufeinanderfolgend (1186)
- Aufspringen; mit - Kindern; bei - klammern sich an die Umstehenden, rufen mit heiserer Stimme um Hilfe; und sie - beugen sich nach hinten und greifen sich an den Kehlkopf; oder sie (1187)
- Erstickend - Kindern; bei - steiff und blau im Gesicht; Kind wird (1191)
- Halten, Festhalten - Abdomens amel.; des (1193)
  - » Brust mit beiden Händen halten; muß beim Husten die (1193)
  - » Hoden festhalten; muß beim Husten die (1193)
  - » Hypochondrien; hält sich die (1193)
  - » Kehlkopf; hält den (1193)
  - » Magengrube; der (1194)
  - » Magengrube; der - amel. (1194)
- Hochgehoben werden, wird blau im Gesicht und kann nicht ausatmen; das Kind muß (1194)

RÜCKEN - Emprosthotonus (1314)

- Opisthotonus (1325)
- Opisthotonus - Konvulsionen; während epileptischer (1325)

EXTREMITÄTEN - Farbe - Finger - Fingernägel - weiß - Flecken (1409)

- Schwäche - Kindern; bei (1619)

SCHLAF - Gähnen - Husten - Kindern; besonders bei (1678)

- Gähnen - Kindern, bei (1678)
  - » vergeblich - Versuche zu gähnen; vergebliche - Kindern, bei (1679)

HAUT - Sommersprossen (1834)

- Sommersprossen - dunkel (1834)

ALLGEMEINES - Aussehen - blühend, frisch (1854)

- Aussehen - braune Haare (1854)
  - » dunkel (1854)
  - » dunkel - blaue Augen und dunkle Haare (1855)
  - » dunkel - straffer Faser, mit (1855)
  - » dunkel - Augen (1855)
  - » hell, blond (1855)
  - » hell, blond - schlaffer Faser, mit (1855)
  - » hell, blond - Augen (1855)
  - » rote Haare (1855)
- Fettleibigkeit - Jugendlichen, bei (1879)
  - » Kindern, bei (1879)
- Magere Personen (1919)
- Zwergwuchs (2035)
- Zyanose - Kindern; bei - Kleinkindern; bei (2035)

Nonverbales - Äußerliches - Beobachtungen der Eltern

GEMÜT - Haare - geschnitten zu bekommen; die Haare - Verlangen (104)

- Haare - geschnitten zu bekommen; die Haare - Verlangen - kurz und stoppelig geschnitten bekommen; möchte die Haare (104)
  - » geschnitten zu bekommen; die Haare - weigern sich; Kinder (104)

KOPF - Empfindlichkeit - Kämmen, Bürsten der Haare; gegen (283)

- Schweiß der Kopfhaut - Essen - beim - agg. (403)
  - » Stirn - Essen - beim - agg. (404)
- Haare - Haareschneiden; Beschwerden des Kopfes nach (418)

INNERER HALS - Entzündung - Tonsillen - abwechselnd mit - Kopf; Schmerz im (725)

AUGE - Strabismus, Schielen - Lesen agg. (467)

- Verklebt - morgens (472)

OHR - Bohren mit den Fingern darin - amel. (500)

- Schmerz - warm - Anwendungen; warme - amel. (525)
  - » warm - Bett, Bettwärme; warmes - agg. (525)
  - » warm - Zimmer; im warmen - agg. (525)
  - » warm - Zimmer; im warmen - amel. (525)
  - » Wärme agg.; trockene (525)

HÖREN - Schwerhörig - abwechselnd mit - Otorrhoe (535)

- Schwerhörig - abwechselnd mit - Augen; Beschwerden der (535)
  - » Kindern; bei (536)
  - » Schmerz im Ohr - mit (536)
  - » Schmerz im Ohr - nach (536)

NASE - Absonderung - blutig - Kindern; bei (539)

- Nasenbluten - Kindern; bei (557)
  - » Kindern; bei - skrofulösen; bei (557)
- Schneuzen der Nase - können sich nicht schneuzen; Kinder (568)
  - » Neigung, sich zu schneuzen; ständige (568)

- Schnupfen - blutig - Kindern; bei - Kleinkindern; bei (571)
  - » Haareschneiden, durch (572)
- Verstopfung - Kindern; bei (577)
  - » Kindern; bei - Säuglingen; bei (577)
  - » Kindern; bei - Säuglingen; bei - trinken; das Kind kann nicht an der Brust (577)

GESICHT - Ausdruck - ängstlich - Wiege gehoben wird; wenn das Kind aus der (580)
- Farbe - blaß - Kindern; bei - Laufen; beim (586)

MUND - Beißt - Glas, wenn es gefüttert wird; Kind beißt ins (640)
- Beißt - Lippen; beißt sich auf die - kaut an den Lippen (640)
  - » Lippen; beißt sich auf die - Unterlippe (640)
  - » Lippen; beißt sich auf die - Unterlippe - Essen; beim (640)
  - » Wangen; sich in die - Sprechen oder Kauen; beim (640)
  - » Zunge; beißt sich auf die (640)
  - » Zunge; beißt sich auf die - Kauen agg. (640)

ZÄHNE - Zähneknirschen (718)
- Zähneknirschen - Epilepsie (718)
  - » Frost; während (718)
  - » Furcht; aus - Kindern; bei (718)
  - » Gehirns; bei Beschwerden des (718)
  - » konvulsivisch (718)
  - » Sitzen agg. (718)
- Zusammenbeißen der Zähne - Verlangen, die Zähne zusammenzubeißen; ständiges (719)
  - » Verlangen, die Zähne zusammenzubeißen; ständiges - fest zusammengebissen (719)
  - » Verlangen, die Zähne zusammenzubeißen; ständiges - Backenzähne (719)

ÄUSSERER HALS - Torticollis - Erwachen, beim (761)

MAGEN - Brechreiz, Würgen (784)
- Brechreiz, Würgen - morgens (784)
  - » anhaltend (784)
  - » Auswurf, beim (784)
  - » Berührung - Halses agg.; des (784)
  - » Berührung - Mundes innen agg.; des (784)
  - » Essen, nach dem (784)
  - » Frühstück; agg. nach dem (784)
  - » Husten; agg. beim (784)
  - » Schleim in den Fauces; durch (785)
  - » Trinken agg. (785)
- Gluckern; Gurgeln (802)
  - » morgens (803)
  - » morgens - Erwachen; beim (803)
  - » Essen, beim (803)
  - » Gähnen agg. (803)
  - » Trinken - agg. (803)
  - » Trinken - nach - agg. (803)
  - » Übelkeit, mit (803)
- Schluckauf (809)
  - » abwechselnd mit - Aufstoßen (809)
  - » Aufstoßen - nach (809)
  - » Erbrechen - beim (810)
  - » Erbrechen - endet in Erbrechen (810)
  - » Erbrechen - nach (810)
  - » Erbrechen - vor (810)
  - » Essen - beim - agg. (810)
  - » Essen - nach - agg. (810)
  - » Essen - vor - agg. (810)
  - » Frühstück; agg. nach dem (810)
  - » Gähnen - agg. (810)
  - » Gähnen - vor (810)
  - » heftig (810)
  - » kalten Getränken; agg. nach (810)
  - » Kindern; bei (810)
  - » Mittagessen - beim - agg. (811)
  - » Mittagessen - nach - agg. (811)
  - » Mittagessen - vor (811)
  - » Trinken - nach - agg. (811)
  - » Trinken - nach - kaltem Wasser; von - agg. (811)
  - » Trinken - nach - Wasser; von - agg. (811)
  - » warm - Getränke; warme - agg. (811)
  - » warm - Getränke; warme - amel. (811)
- Völlegefühl - Essen - beim - agg. (845)
  - » Essen - nach - agg. (845)
  - » Essen - nach - agg. - Lockern der Kleidung amel. (845)
  - » Essen - nach - agg. - wenig, nach dem kleinsten Bissen; nach noch so (845)
  - » Essen - nach - amel. (845)
  - » Frühstück; agg. nach dem (845)
  - » Mittagessen, nach dem (845)
  - » Trinken; agg. nach (845)

ABDOMEN - Flatulenz - Kindern; bei (863)
- Schmerz - Ausstrecken (881)
  - » Beugen - hinten, nach - agg. (882)
  - » Beugen - hinten, nach - agg. - schneidend (882)
  - » Beugen - hinten, nach - amel. (882)
  - » Beugen - hinten, nach - amel. - krampfartig (882)
  - » Beugen - vorne; nach - amel. - krampfartig (882)
  - » Beugen der Beine amel. (882)
  - » Kindern; bei - Säuglingen; bei - krampfartig (888)
  - » Liegen - Abdomen; auf dem - amel. (889)
  - » Liegen - agg. (889)
  - » Liegen - amel. (889)
  - » Liegen - Rücken; auf dem - agg. (889)
  - » Liegen - Rücken; auf dem - amel. (889)
  - » Liegen - Seite; auf der - agg. (889)
  - » Liegen - Seite; auf der - amel. (889)

» Liegen - Seite; auf der - linken; auf der - agg. (889)
» Liegen - Seite; auf der - linken; auf der - amel. (889)
» Liegen - Seite; auf der - linken; auf der - amel. - Beinen; mit angezogenen (889)
» Liegen - Seite; auf der - rechten; auf der - agg. (889)
» Liegen - Seite; auf der - rechten; auf der - amel. (890)
» Strecken, Ausstrecken - amel. (893)
» Strecken, Ausstrecken - mit (893)
» Wärme - amel. (896)
» Zusammenkrümmen - agg. (896)
» Zusammenkrümmen - agg. - Liegen auf der Seite - amel. (896)
» Zusammenkrümmen - amel. (897)
» Zusammenkrümmen - amel. - krampfartig (897)
» Zusammenkrümmen - muß sich zusammenkrümmen (897)
» Zusammenkrümmen - muß sich zusammenkrümmen - krampfartig (897)

REKTUM - Diarrhoe - Haareschneiden, nach (953)
• Jucken - Kindern; bei (*)
• Unwillkürlicher Stuhl (984)
  » Erregung, Aufregung agg. (985)
  » Flatus agg.; Abgang von (985)
  » Husten oder Niesen; beim (985)
  » Lachen agg. (985)

STUHL - Kugeln, wie (996)
• Schafskot, wie (997)
• Unverdaut (999)
  » hart (999)
  » Milch agg. (999)
  » Obst agg. (999)
  » Speisen des Vortages (999)

BLASE - Lähmung - Überdehnung, nach (1006)
• Lähmung - Zurückhalten des Urins scheint die Blase zu lähmen; gewaltsames (1006)
• Urinieren - Dysurie - Kindern, bei (1012)
  » Dysurie - schmerzhaft - weinen bevor der Urin zu fließen beginnt; Kinder (1012)
  » Harndrang - häufig - Kinder und Säuglinge schreien bevor der Urin abgeht (1014)
  » Harndrang - plötzlich - beeilen um zu urinieren, sonst geht Urin ab; muß sich (1015)
  » Harndrang - schmerzhaft - Kindern; bei - greifen sich an die Genitalien und schreien auf (1015)
  » Harndrang - schmerzhaft - Kindern; bei - springen vor Schmerzen auf und ab, wenn sie dem Harndrang nicht Folge leisten können (1015)
  » Harndrang - schmerzhaft - Kindern; bei - weinen; sie (1015)
  » Harndrang - vergeblich - Kindern; bei (1015)
  » unwillkürlich - Husten; agg. beim (1020)
  » unwillkürlich - Kindern; bei (1020)
  » unwillkürlich - Kindern; bei - nervösen; bei (1020)
  » unwillkürlich - Kindern; bei - schwächlichen; bei (1020)
  » unwillkürlich - Lachen agg. (1020)
  » verzögert, muß warten, bis der Urin zu fließen beginnt (1020)
  » verzögert, muß warten, bis der Urin zu fließen beginnt - allein; kann nur urinieren, wenn (1020)
  » verzögert, muß warten, bis der Urin zu fließen beginnt - pressen, bevor er damit beginnen kann; muß lange (1021)

URIN - Blutig - Kindern; bei (1045)
• Brennend, heiß - Kindern; bei (1045)

MÄNNLICHE GENITALIEN - Erektionen - Kindern, bei (1063)
• Erektionen - konvulsivisch - Kind, bei einem (1063)
  » schmerzhaft - Kindern, bei (1064)
• Faßt sich an die Genitalien (1065)
  » Fieber; spielt im Fieber mit den Genitalien (*)
  » Kind (1066)
  » Kind - Husten; agg. beim (1066)
  » Kind - Konvulsionen; mit (1066)
  » reißt an den Genitalien (1066)
• Masturbation, Neigung zur (1071)
• Masturbation, Neigung zur - Einsamkeit, sucht die (1071)
  » exzessiv (1071)
  » exzessiv - Gelegenheit, bei jeder (1071)
  » Jucken, durch (1071)
  » Kindern; bei (1071)
  » Kindheit, seit der (1071)
  » Manie, bei (1071)
  » Schlaf; agg. im (1071)
  » unwiderstehliche Neigung (1071)
  » unwillkürlich (1071)
• Sexuelles Verlangen - vermehrt - Kindern, bei (1084)

WEIBLICHE GENITALIEN - Fluor - morgens - Mädchen, bei (1094)
• Fluor - gelb - Kindern, bei (1096)
  » Kindern; bei - Mädchen; bei kleinen (1096)
  » milchig - Mädchen; bei kleinen (1097)
  » Pubertät, in der (1097)
  » scharf, wundfressend - Kindern, bei (1098)
  » Studentinnen; bei (1098)
• Masturbation; Neigung zu (1104)

» Jucken, durch - Vagina; in der - Kindern; bei (1104)
» jungen Frauen; bei (1104)
» Kindern; bei (1104)
» Kindern; bei - reiben die Oberschenkel aneinander (1104)
• Menses - reichlich - Mädchen; bei jungen (1110)
• Sexuelles Verlangen - heftig - Mädchen, bei (1134)
» vermehrt - Mädchen, bei kleinen (1135)

ATMUNG - Angehalten, versetzt, unterbrochen - Sturz; bei einem Kind nach einem (1159)
• Schnarchen (1180)
» Kindern; bei (1180)

HUSTEN - Tagsüber - nachts, und - atemlos; macht den Knaben ziemlich (1183)
• Angst; macht - Kindern; bei schwachen, nervösen - erwachen mit trokkenem, krampfhaftem Husten; sie - aufschreien läßt; der sie in Panik und Schrecken (1186)
• Schneefall; Husten bei Kindern durch (1206)
• Trocken - chronischer, trockener Husten - schwächlichen, entkräfteten Knaben; bei (1209)
» chronischer, trockener Husten - skrofulösen Kindern, bei (1209)
» Kindern, bei - abgemagerten Knaben, bei (1209)
» krampfhafter, erschöpfender Husten, besonders bei Kindern - nachts - Hinlegen und wenn es in einen kaltes Zimmer geht, um zu schlafen; beim (1209)

AUSWURF - Blutig - Laktationsperiode, in der (1214)

EXTREMITÄTEN - Hitze - Füße - brennend - entblößt sie (1440)
• Hitze - Füße - Fußsohlen - entblößt sie (1441)
• Nägel; Beschwerden der - ernährungsbedingt (1665)
» Niednagel - schmerzhaft (1665)
» Wachstum der Nägel - angehalten (1666)
» Wachstum der Nägel - langsam - Fingernägel (1666)
» Wachstum der Nägel - schnell (1666)
» Wachstum der Nägel - schnell - Fingernägel (1666)
» Wachstum der Nägel - unterbrochen (1666)
» zäh - Fingernägel (1666)

SCHWEISS - Essen - beim - agg. (1786)
• Essen - beim - agg. - Angst und kalter Schweiß (1786)
» beim - amel. (1786)
» nach - agg. (1786)
» nach - amel. (1786)
• Frühstück; agg. nach dem (1786)
• Mittagessen; nach (1789)
• Warm - Speisen; warme - nach (1792)

HAUT - Ekchymosen (1797)
• Ekchymosen - periodisch - Jahr; jedes (1797)
• Insektenstiche (1825)
• Sommersprossen - Sonne; agg. in der (1834)

Nacht; Beobachtungen in der - Gemütssymptome

GEMÜT - Angst - nachts - Kindern; bei (7)
- Angst - nachts - Zahnung; während der (7)
  - » Dunkelheit; in der (8)
- Beißen - Finger; beißt - Schlaf - im (20)
  - » Hände; beißt - Schlaf; im (20)
- Furcht - nachts - Kindern; bei (64)
  - » allein zu sein - nachts (64)
  - » allein zu sein - Dunkelheit; in der (65)
  - » Bett - Kind fürchtet sich, allein ins Bett zu gehen (66)
  - » Dunkelheit; vor der (66)
  - » Dunkelheit; vor der - Kindern; bei (66)
  - » Dunkelheit; vor der - Schließen der Augen; beim (66)
  - » Erwachen; beim - Traum; aus einem (67)
  - » Kindern, bei - nachts (71)
- Gesten, Gebärden; macht - Hände; unwillkürliche Bewegungen der - Greifen - Mutter im Schlaf; nach der (98)
  - » Hände; unwillkürliche Bewegungen der - zupft - Bettwäsche; an der (98)
  - » Hände; unwillkürliche Bewegungen der - zupft - Bettwäsche; an der - Schweiß; beim (98)
- Jammern - Schlaf, im (113)
- Kratzt mit den Händen - Kopf; beim Erwachen kratzt sich das Kind am (118)
- Lachen - nachts - Kinder (120)
- Mürrisch - Kindern, bei - frühmorgens (132)
- Reißt an etwas - Gegenstände; zerreißt - Kissen mit den Zähnen; das (142)
  - » Gegenstände; zerreißt - Kleidung - Schlafanzug und Bettlaken (142)
- Reizbarkeit, Gereiztheit - morgens - Erwachen, beim - Kindern, bei (143)
  - » Schlaflosigkeit, mit (146)
  - » Schlaflosigkeit, mit - Kindern, bei (146)
- Ruhelosigkeit - Kindern, bei - nachts (152)
  - » Kindern, bei - nachts - morgens frisch und munter; aber (152)
  - » Kindern, bei - Babies, bei (152)
- Schlafwandeln (154)
- Schreien - Kindern, bei - Tag und Nacht (157)
  - » Kindern, bei - nachts (157)
  - » Kindern, bei - Erwachen, beim (157)
  - » Kindern, bei - Erwachen, beim - Zittern; mit (157)
  - » Kindern, bei - Schlaf, im (157)
  - » Kindern, bei - Schlaf, im - Schluchzen; mit (157)
  - » Kindern, bei - Schlaf, im - Träume; durch beunruhigende (157)
- Singen - ausgelassen, fröhlich - nachts (163)
- Sprechen - Schlaf; im (169)
- Stoßen, treten, austreten - Schlaf, im (172)
- Weinen - Dunkelheit, in der (245)
  - » Kindern; bei - nachts (246)
  - » Kindern; bei - nachts - werfen sich die ganze Nacht umher (246)
  - » Schlaf, im - Kind ist tagsüber brav und ist die ganze Nacht ruhelos und schreit (247)
  - » Schläfrigkeit, bei (247)
  - » Wimmern, Winseln - nachts (248)
  - » Wimmern, Winseln - Schlaf, im (248)

Nacht; Beobachtungen in der - körperliche Symptome

KOPF - Bohrt den Kopf in das Kissen (282)
- Bohrt den Kopf in das Kissen - Schlaf; agg. im (282)
- Schweiß der Kopfhaut - nachts (403)
  - » Schlaf - Einschlafen - beim (404)
  - » Schlaf - im (404)
  - » Stirn - nachts (404)
  - » Stirn - nachts - Mitternacht - nach - 4 h (404)
  - » Stirn - nachts - Schmerzen im Abdomen; bei (404)

OHR - Bohren mit den Fingern darin - Schlaf; agg. im (500)

NASE - Jucken - reibt sich die Nase - Kindern; bei - schreckt aus dem Schlaf auf und reibt sich die Nase; das Kind (552)

MUND - Offen - Schlaf; agg. im (669)

ZÄHNE - Zähneknirschen - morgens - erwacht; sobald er (718)

- Zähneknirschen - Schlaf; agg. im (718)
- Zusammenbeißen der Zähne - Schlaf; im (719)
  - » Verlangen, die Zähne zusammenzubeißen; ständiges - fest zusammengebissen - nachts (719)
  - » Verlangen, die Zähne zusammenzubeißen; ständiges - fest zusammengebissen - nachts - Mitternacht - nach (719)

MAGEN - Brechreiz, Würgen - nachts (784)

- Gluckern; Gurgeln - morgens - Erwachen; beim (803)
- Schluckauf - Schlaf; agg. im (811)

REKTUM - Unwillkürlicher Stuhl - Schlaf; agg. im (985)

BLASE - Urinieren - Harndrang - plötzlich - nachts (1015)

- Urinieren - Harndrang - plötzlich - nachts - Kind erwacht, kann aber nicht schnell genug aus dem Bett kommen; das (1015)
  - » unwillkürlich - nachts (1019)
  - » unwillkürlich - nachts - Mitternacht - nach - 5 h (1019)
  - » unwillkürlich - nachts - Mitternacht - morgens, bis (1019)
  - » unwillkürlich - nachts - Morgen, gegen (1019)
  - » unwillkürlich - nachts - ersten Schlaf, im (1019)
  - » unwillkürlich - nachts - Gewohnheit keine Ursache aufzufinden ist; wenn außer der (1019)
  - » unwillkürlich - nachts - Jugendlichen; bei (1019)
  - » unwillkürlich - nachts - Kindern, bei (1019)
  - » unwillkürlich - nachts - Schlaf - tiefen Schlaf; im (1019)
  - » unwillkürlich - nachts - schwächlichen Kindern, bei (1019)
  - » unwillkürlich - nachts - spasmodisches Bettnässen (1019)
  - » unwillkürlich - nachts - Träumen vom Urinieren; beim (1019)
  - » unwillkürlich - nachts - viermal (1019)
  - » unwillkürlich - nachts - Wecken des Kindes ist schwierig (1019)

KEHLKOPF UND TRACHEA - Laryngismus stridulus - nachts (1145)

- Laryngismus stridulus - nachts - Mitternacht - 7 h, bis (1145)
  - » nachts - Mitternacht - Erwachen aus tiefem Schlaf (1145)
  - » Schlaf - Einschlafen - beim (1145)
  - » Schlaf - im - agg. (1145)

HUSTEN - Tagsüber - nachts, und - atemlos; macht den Knaben ziemlich (1183)

Nacht; Beobachtungen in der - Schlaf

GEMÜT - Verhaltensstörungen - Kindern; bei - Alpträumen; mit (197)

SCHLAF - Einschlafen - Hitze - während - Kindern, bei (1670)

- Einschlafen - schwierig - Kindern, bei (1670)
- Erwachen - häufig - Kindern; bei - Neugeborenen; bei (1673)
  - » häufig - Schreck, wie durch (1674)
  - » Schreck, wie durch (1675)
- Gestört - geht im Bett herum; das Kind (1679)
  - » Kindern; bei - Neugeborenen; bei (1680)
- Komatös - Kindern, bei (1681)
- Ruhelos - Kindern, bei (1685)
- Schlaflosigkeit - tagsüber - Kindern; bei (1686)
  - » tagsüber - Kindern; bei - nachts; und (1686)
  - » Atmung - erschwert - Kindern; bei (1688)
  - » Cholera infantum, bei (1689)
  - » Fahren - Wagen; im - amel. (1690)
  - » gewiegt werden; Kind muß (1691)
  - » Husten, durch - Kindern, bei (1691)
  - » Kindern, bei (1691)
  - » Kindern, bei - abends (1691)
  - » Kindern, bei - getragen werden, Kind muß (1691)
  - » Kindern, bei - gewiegt werden, Kind muß (1691)
  - » Kindern, bei - Kleinkindern; bei (1691)
  - » Kindern, bei - Lachen, mit (1691)
  - » Kindern, bei - liebkost werden; Kind muß (1691)
  - » Kindern, bei - Neugeborenen; bei (1691)
  - » Kindern, bei - spielen und lachen; Kind möchte (1691)
  - » Kindern, bei - verdrießlich vom Zubettgehen bis zum Morgen; am nächsten Tag lebhaft (1691)
  - » Kindern, bei - Weinen; mit (1691)
  - » Lage ist recht, keine (1692)
  - » Schläfrigkeit - mit - Masern, nach (1693)
  - » Schreien, mit - Kindern, bei (1693)
  - » spielt und lacht, Kind (1694)
- Schläfrigkeit - Cholera infantum - bei (1698)
  - » Cholera infantum - nach (1698)
  - » Diarrhoe - während - Kindern, bei (1698)
  - » Kindern, bei (1699)
  - » Kopf auf eine Seite hängen; Kind läßt den (1699)
- Schwer - Kindern, bei (1702)
- Tief - Kindern, bei (1703)
- Unterbrochen - Kindern, bei (1704)
- Verlängert - Kindern, bei (1705)

TRÄUME - Alpträume, Alpdrücken - Kindern, bei (1707)
• Ängstlich - Kindern, bei (1708)
• Verdrießlich - Kindern, bei (1743)
• Viele - Kindern, bei (1745)

Nacht; Beobachtungen in der - Schlaf; Lage im

SCHLAF - Lage - Abdomen, auf dem (1682)
• Lage - Abdomen, auf dem - Arm über dem Kopf; mit einem (1682)
» Abdomen, auf dem - Arm unter dem Kopf; mit einem (1682)
» Abdomen, auf dem - Becken krampfhaft nach oben; wirft das (1682)
» Abdomen, auf dem - Einschlafen; beim (1682)
» Abdomen, auf dem - Hände über dem Kopf (1682)
» Arme - Abdomen, auf dem (1682)
» Arme - Kopf - über dem Kopf (1682)
» Arme - Kopf - über dem Kopf - ein Arm oder beide (1682)
» Arme - Kopf - über den Kopf ausgestreckt (1682)
» Arme - Kopf - unter dem Kopf (1682)
» Arme - Kopf - unter dem Kopf - ein Arm oder beide (1682)
» Beine - angezogen (1682)
» Beine - angezogen - links (1682)
» Beine - ausgestreckt (1682)
» Beine - ausgestreckt - ein Bein ausgestreckt - rechte, das (1682)
» Beine - ausgestreckt - ein Bein ausgestreckt - andere hochgezogen; das (1682)
» Beine - entblößt haben; möchte die Beine (1682)
» Beine - gespreizt (1682)
» Beine - übereinandergelegt, gekreuzt (1682)
» Beine - übereinandergelegt, gekreuzt - Sprunggelenken; an den (1682)
» bewegungslos (1682)
» diagonal (1682)
» Finger gespreizt (1682)
» gerade (1682)
» Gesicht, auf dem (1682)
» Hände - auf Händen und Knien (1682)
» Hände - Kopf - auf dem (1682)
» Hände - Kopf - über dem (1682)
» Hände - Kopf - über dem - linke Hand (1682)
» Hände - Kopf - über dem - beide Hände (1682)
» Hände - Kopf - über dem - eine Hand (1682)
» Hände - Kopf - über dem - eine Hand - eine Hand unter dem Kopf (1682)
» Hände - Kopf - unter dem (1682)
» Hände - Kopf - unter dem - morgens (1682)
» Hände - Magengrube; eine Hand auf der (1682)
» Hände - Magengrube; eine Hand auf der - rechte Hand (1682)
» Hände - Magengrube; eine Hand auf der - linke Hand (1682)
» Hände - Nacken; am (1682)
» hart; jede Lage erscheint (1682)
» Knie - Brust; liegt auf Knien und (1682)
» Knie - Ellbogen gebeugt, Knie und (1682)
» Knie - gebeugt (1682)
» Knie - Gesicht ins Kissen gepreßt; und (1682)
» Knie - gespreizt (1682)
» kniend (1682)
» Kopf - aufgerichtetem Kopf, mit (1682)
» Kopf - gebohrt; ins Kissen (1682)
» Kopf - gebohrt; ins Kissen - Hinterkopf (1682)
» Kopf - hinten gebeugt; nach (1682)
» Kopf - Hinterkopf zu liegen ist unmöglich; auf dem (1683)
» Kopf - Seite, nach einer (1683)
» Kopf - Seite, nach einer - rechts (1683)
» Kopf - tiefliegendem; mit (1683)
» Kopf - tiefliegendem; mit - Abneigung dagegen (1683)
» Kopf - tiefliegendem; mit - unmöglich - Mitternacht; nach (1683)
» Kopf - Tisch, auf dem (1683)
» Kopf - vorne gebeugt; nach (1683)
» Kopf - zugedeckt (1683)
» Magen; auf dem (1683)
» merkwürdig, sonderbar (1683)
» nackt (1683)
» Rücken, auf dem (1683)
» Rücken, auf dem - abends - unmöglich (1683)
» Rücken, auf dem - nachts - Mitternacht - nach (1683)
» Rücken, auf dem - abwechselnd mit plötzlichem Aufsetzen, dann wieder Liegen auf dem Rücken (1683)
» Rücken, auf dem - Arme - Kopf; liegen über dem (1683)
» Rücken, auf dem - Arme - Kopf; liegen über dem - linke Arm liegt über dem Kopf; der (1683)
» Rücken, auf dem - Arme - rechte Arm ist beim Einschlafen zwischen den Beinen eingeklemmt (1683)
» Rücken, auf dem - Fuß liegt auf dem anderen Knie, wobei das eine Bein hochgezogen ist; der (1683)
» Rücken, auf dem - Füße hochgezogen (1683)
» Rücken, auf dem - Hände - flach unter dem Hinterkopf (1683)
» Rücken, auf dem - Hände - flach unter dem Hinterkopf - linke Hand, nur die (1683)

» Rücken, auf dem - Hände - flach unter dem Hinterkopf - linke Hand, nur die - anderen Arm über dem Kopf; den (1683)
» Rücken, auf dem - Hände - gekreuzt; über dem Abdomen (1683)
» Rücken, auf dem - Hände - Kopf - auf dem Kopf (1683)
» Rücken, auf dem - Hände - Kopf - hinter dem Kopf (1683)
» Rücken, auf dem - Hände - Kopf - über dem (1683)
» Rücken, auf dem - Hände - Kopf - über dem Kopf (1683)
» Rücken, auf dem - Hände - Kopf - über dem Kopf - Oberschenkel sind ans Abdomen hochgezogen, die Beine entblößt (1683)
» Rücken, auf dem - Hände - Kopf - unter dem Kopf (1683)
» Rücken, auf dem - Hände - Kopf - unter dem Kopf - gefaltet; Hände sind unter dem Kopf (1683)
» Rücken, auf dem - Knie gebeugt (1683)
» Rücken, auf dem - Kopf - aufgerichtetem, mit (1683)
» Rücken, auf dem - Kopf - tiefliegendem; mit (1683)
» Rücken, auf dem - nur auf dem Rücken (1683)
» Rücken, auf dem - unmöglich (1683)
» Seite, auf der (1683)
» Seite, auf der - linken Seite, auf der (1683)
» Seite, auf der - linken Seite, auf der - Füße hochgezogen (1683)
» Seite, auf der - linken Seite, auf der - Hände auf der Brust, als würden sie das Herz schützen (1683)
» Seite, auf der - linken Seite, auf der - Kopf auf dem linken Arm (1683)
» Seite, auf der - linken Seite, auf der - unmöglich (1683)
» Seite, auf der - rechten Seite, auf der (1683)
» Seite, auf der - rechten Seite, auf der - Rücken, aber beim Erwachen, auf dem (1683)
» Seite, auf der - rechten Seite, auf der - unmöglich (1683)
» Seite, auf der - schmerzhaften Seite, auf der (1683)
» Seite, auf der - unmöglich (1683)
» Sitzen (1683)
» Sitzen - Kopf - gebeugtem Kopf; mit - Seite; auf die - rechts; nach (1683)
» Sitzen - Kopf - gebeugtem Kopf; mit - vorne; nach (1683)
» Sitzen - Kopf - gebeugtem Kopf; mit - vorne; nach - Seite; oder auf die (1683)
» Sitzen - Kopf - hinten gehaltenem Kopf; sitzt aufrecht mit etwas nach (1683)
» Sitzen - Kopf - Tisch; auf dem (1683)
» Sitzen - nur im Sitzen schlafen; kann (1683)
» Sitzen - plötzliches Aufsetzen, dann wieder Liegen auf dem Rücken (1683)
» steif (1683)
» unmöglich; Liegen ist (1683)
» verändert häufig die Lage (1683)
» verändert häufig die Lage - morgens (1683)
» verändert häufig die Lage - abends (1683)
» verändert häufig die Lage - nachts - Mitternacht - nach Mitternacht; und (1683)
» verändert häufig die Lage - Herzklopfen; aufgrund von (1683)
» verkehrt, ohne sich des Herumwendens bewußt zu sein (1683)
» zusammengerollt - Hund; wie ein (1684)

• Schlaflosigkeit - Lage ist recht, keine (1692)

Schaukeln und Getragenwerden

Schaukeln und Getragenwerden

GEMÜT - Angst - Kinder - bei Kindern - Schaukeln, beim (11)

- Angst - Schaukeln, beim (12)
- Beruhigt werden, kann nicht - getragen wird; nur wenn er (21)
  - » getragen wird; nur wenn er - schnell (21)
- Berührtwerden - Abneigung berührt zu werden - getragen zu werden; aber Verlangen (21)
- Delirium - wiegt sich hin und her (37)
- Furcht - getragen zu werden; Furcht davor (70)
- Getragen - Abneigung getragen zu werden (99)
  - » Verlangen getragen zu werden (99)
  - » Verlangen getragen zu werden - aufrecht sitzend (99)
  - » Verlangen getragen zu werden - getröstet zu werden; und (99)
  - » Verlangen getragen zu werden - hingelegt zu werden; erlaubt es nicht (99)
  - » Verlangen getragen zu werden - Krupp, bei (99)
  - » Verlangen getragen zu werden - langsam (99)
  - » Verlangen getragen zu werden - liebkost zu werden; und (99)
  - » Verlangen getragen zu werden - schnell (99)
  - » Verlangen getragen zu werden - Schulter, über der (99)
- Klammert sich an - Kindern; bei - Klammert sich an die Krankenschwester, wenn es getragen wird; das Kind (115)
- Mürrisch - Kindern, bei - getragen zu werden; Verlangen (132)
- Reizbarkeit, Gereiztheit - Schaukeln; schnelles - amel. (146)
- Ruhelosigkeit - Kindern, bei - Herumtragen der Kinder amel. (152)
- Schaukeln - agg. (153)
  - » amel. (153)
  - » amel. - hin und her (153)
  - » Verlangen geschaukelt zu werden (153)
- Stöhnen - Kindern, bei - getragen, wenn (172)
- Stoßen, treten, austreten - Kindern; bei - getragen wird; Kind wird steif und tritt, wenn es (172)
- Tanzen - agg. - Kind, das von jemand getragen wird, der tanzt; bei einem (179)
- Weinen - getragen, wenn (246)
  - » getragen, wenn - mitleiderregend wenn es gehalten oder getragen wird; das Kind weint (246)
  - » getragen, wenn - ruhig wenn es getragen wird; das Kind ist nur (246)

SCHWINDEL - Klammert sich an die Krankenschwester, wenn es getragen wird; das Kind (268)

- Schaukeln - amel. (269)
  - » durch (269)

MAGEN - Schluckauf - getragen wird; wenn er (810)

ABDOMEN - Schmerz - Schaukeln - amel. - krampfartig (892)

ATMUNG - Asthma, asthmatische Atmung - Schaukeln amel. (1163)

- Atemnot, Dyspnoe, erschwertes Atmen - Schaukeln, beim - amel. (1169)

SCHLAF - Schlaflosigkeit - getragen, außer wenn (1690)

- Schlaflosigkeit - gewiegt werden; Kind muß (1691)
  - » Kindern, bei - getragen werden, Kind muß (1691)
  - » Kindern, bei - gewiegt werden, Kind muß (1691)

Autos und Schiffe

GEMÜT - Fahren - Wagen, im - Abneigung gegen (54)
- Fahren - Wagen, im - Verlangen (54)
- Furcht - Fahren im Wagen; beim (68)

SCHWINDEL - Fahren, beim - Boot, in einem - agg. (265)
- Fahren, beim - Wagen, im - agg. (265)
  » Wagen, im - amel. (265)

KOPF - Schmerz - Fahren - Wagen, im - agg. (326)
- Schmerz - Fahren - Wagen, im - agg. - drükkend (326)
  » Fahren - Wagen, im - agg. - Geräusche und Erschütterung beim Fahren agg. (326)
  » Fahren - Wagen, im - amel. (326)
  » Fahren - Wagen, im - nach (326)
  » Scheitel - Fahren im Wagen agg. - drükkend (361)
  » Scheitel - Fahren im Wagen, beim (361)
  » Schläfen - Fahren im Wagen, beim (369)
  » Stirn - nachmittags - Fahren im Wagen agg. (384)
  » Stirn - Fahren - Wagen; im - agg. (388)
  » Stirn - Fahren - Wagen; im - amel. (388)
  » Stirn - Fahren - Wagen; im - amel. - reißend (388)
- Völlegefühl - Fahren im Wagen agg. (411)

HÖREN - Schwerhörig - Fahren - Wagen; im - amel. (536)

NASE - Verstopfung - Fahren im Wagen agg. (577)

ZÄHNE - Schmerz - Fahren im Wagen agg. (706)

MAGEN - Aufstoßens; Art des - Wasser in den Mund; Hochsteigen von - Fahren im Wagen agg. (781)
- Erbrechen - Fahren im Wagen agg. (792)
- Schmerz - Fahren - Wagen; im - agg. (818)
  » Fahren - Wagen; im - nach (818)
  » Fahren - Wagen; im - nach - ziehend (818)
- Spannung - Fahren im Wagen agg. (830)
- Übelkeit - Fahren - agg. - Frühstück; vor dem - agg. (836)
  » Fahren - amel. (836)
  » Fahren - Bus; mit dem - agg. (836)
  » Fahren - Wagen; im - agg. (836)
  » Seekrankheit (839)
  » Seekrankheit - Schließen der Augen - agg. (839)
  » Seekrankheit - Schließen der Augen - amel. (839)

ABDOMEN - Flatulenz - Fahren im Wagen agg. (863)
- Schmerz - Fahren - Wagen, im - agg. (885)
  » Fahren - Wagen, im - agg. - abwärtsdrängend, zerrend (885)
  » Fahren - Wagen, im - agg. - wund schmerzend (885)
  » Hypochondrien - Fahren - Wagen; im - agg. - stechend (905)
  » Hypogastrium - Fahren im Wagen agg. (909)
  » Leber - Fahren im Wagen agg. (913)
  » Leber - Fahren im Wagen agg. - stechend (913)
  » Milz - Fahren im Wagen agg. (920)

BLASE - Schmerz - Fahren - Wagen; im - agg. (1007)
- Schmerz - Fahren - Wagen; im - agg. - ziehend (1007)
- Urinieren - häufig - Fahren - Wagen; im - agg. (1016)

WEIBLICHE GENITALIEN - Schmerz - Uterus - Fahren - Wagen; im - agg. - wund schmerzend (1128)
- Schmerz - Uterus und Uterusregion - Fahren im Wagen agg. - abwärtsdrängend, zerrend (1130)

BRUST - Schmerz - Fahren, beim - Wagen, im - agg. (1260)
- Schmerz - Fahren, beim - Wagen, im - agg. - wund schmerzend (1260)
  » Herz - Fahren im Wagen agg. (1275)

RÜCKEN - Hitze - Lumbalregion - Fahren im Wagen; nach (1319)
- Schmerz - Fahren, beim - Wagen, im - agg. (1331)
  » Fahren, beim - Wagen, im - nach - Wehtun (1331)

» Dorsalregion - Schulterblätter - unter den - links - Fahren im Wagen agg. (1346)
» Dorsalregion - Schulterblätter - unter den - links - Fahren im Wagen agg. - abends (1346)
» Sakralregion - Fahren im Wagen agg. (1365)
» Steißbein - Fahren, beim - Wagen, im - agg. (1369)
» Wirbelsäule - Fahren im Wagen agg. (1371)
» Zervikalregion - Bewegung - Kopfes; des - Heben des Kopfes; oder - Fahren im Wagen - linke Seite - zerbrochen; wie - zerbrechen, entzweibrechen; als würde er (1375)
» Zervikalregion - Fahren im Wagen agg. (1375)

Extremitäten - Gefühllosigkeit, Taubheit - Arme - Fahren im Wagen agg. (1416)
• Gefühllosigkeit, Taubheit - Hände - Fahren im Wagen agg. (1419)
• Krämpfe - Füße - Fußsohlen - Fahren im Wagen agg. (1466)
• Schläge, Erschütterungen - Erschütterung des Wagens; durch die (1487)
• Schmerz - Füße - Fahren im Wagen Stiche von innen nach außen; beim - stechend (1528)
» Gesäß - nachts - Fahren im Wagen agg. (1542)
» Hände - Fahren im Wagen agg. - reißend (1544)
» Unterschenkel - Fahren - Wagen; im - agg. - stechend (1603)

Schlaf - Gähnen - häufig - abends - Fahren im Wagen; beim (1677)
• Schlaflosigkeit - Fahren - Wagen; im - agg. (1690)
» Fahren - Wagen; im - amel. (1690)
• Schläfrigkeit - nachmittags - Wagen, im (1697)
» abends - Fahren im Wagen agg. (1697)
» Fahren - agg. (1698)

Allgemeines - Fahren - Wagen bergab; mit dem - agg. (1877)
• Fahren - Wagen; mit dem - Abneigung gegen (1877)
» Wagen; mit dem - agg. (1877)
» Wagen; mit dem - amel. (1877)
» Wagen; mit dem - nach (1877)
• Konvulsionen - Fahren im Wagen - amel. (1904)

Psychosomatische Störungen

Kopf - Empfindlichkeit - Berührung, gegen - zarteste Berührung, nach Zorn; gegen die (283)

Auge - Strabismus, Schielen - Gemütsbewegungen, Emotionen agg. (467)
• Pupillen - erweitert - Tadel, bei (476)
» erweitert - Vorwürfen; nach (476)

Zähne - Zähneknirschen - Raserei, Tobsuchtsanfall; bei (718)
• Zähneknirschen - Zorn; nach (718)

Magen - Verdorben - Vorwürfen; nach (844)

Rektum - Diarrhoe - Angst, nach (951)
• Diarrhoe - Ärger, Verdruß agg. (951)
» Erregung, Aufregung agg. (952)
» Erregung, Aufregung agg. - Furcht; mit (952)
» nervös, Gemütsbewegungen agg. (955)
» Zorn, nach (957)
• Unwillkürlicher Stuhl - Erregung, Aufregung agg. (985)

Blase - Urinieren - unwillkürlich - Kindern; bei - nervösen; bei (1020)

Kehlkopf und Trachea - Laryngismus stridulus - hysterisch (1145)

Atmung - Angehalten, versetzt, unterbrochen - Kindern; bei - hochgehoben werden; wenn sie (1159)

Husten - Fremde - Anwesenheit von Fremden; bei - Kindern; bei (1192)

- Krampfhaft, spasmodisch - Vorwürfen; nach (1200)
- Zorn; nach - Kindern; bei (1211)

SCHWEISS - Fremden; in Anwesenheit von (1786)

ALLGEMEINES - Konvulsionen - Bestrafung, nach (1901)

- Konvulsionen - Kindern, bei - Fremden; durch Näherkommen von (1905)
  - » Schreck agg. (1906)
  - » Zorn; nach (1907)

Körperliche Symptome und Erkrankungen

KOPF - Entzündung - Gehirn (284)

- Entzündung - Gehirn - begleitet von - Schlaf; tiefer (284)
  - » Gehirn - Hautausschlägen; nach unterdrückten (284)
  - » Gehirn - Ohr; durch unterdrückte Absonderung aus dem (284)
  - » Hirnhaut (284)
  - » Hirnhaut - begleitet von - Puls; langsamer (284)
  - » Hirnhaut - begleitet von - Schluckauf (284)
  - » Hirnhaut - begleitet von - Gesichtes; Röte des (284)
  - » Hirnhaut - begleitet von - Zunge - Herausstrekken der Zunge (284)
  - » Hirnhaut - begleitet von - Zunge - Lähmung der Zunge (284)
  - » Hirnhaut - begleitet von - Zunge - Schwellung der Zunge (284)
  - » Hirnhaut - begleitet von - Zunge - weiße Farbe der Zunge - gelblichweiß (284)
  - » Hirnhaut - tuberkulös (284)
  - » Periost (285)
- Hämatom am Kopf (289)
- Hydrozephalus (295)
  - » akut (295)
  - » chronisch (295)
  - » Diarrhoe; agg. nach - langer, erschöpfender Diarrhoe (296)
  - » liegt mit tiefliegendem Kopf (296)
  - » Schweiß, mit (296)

- Hyperästhesie - Gehirns, zerebral; des - Kindern; bei kleinen - Überstimulierung des Gehirns; durch (296)
- Schmerz - katarrhalisch (331)

AUGE - Striktur der Tränenkanäle (467)
- Striktur der Tränenkanäle - Kindern; bei - Neugeborenen; bei (467)

OHR - Schmerz - Kindern; bei (523)
- Verhärtung - Trommelfell (531)

HÖREN - Schwerhörig - Ekzem; nach unterdrücktem (536)
- Schwerhörig - Hautausschlägen; nach unterdrückten (536)
- Taubheit, Verlust des Gehörs - Tonsillektomie; nach (538)

NASE - Katarrh - gefolgt von - Stirnhöhlen; Beschwerden der (553)
- Katarrh - Hautausschlägen; durch Zurücktreten von (553)
- Schnupfen - Kindern, bei (572)

GESICHT - Hautausschläge - Akne - Menses - unregelmäßige Menses (596)
- Hautausschläge - Akne - Pubertät, in der (596)
  - » Akne - Pubertät, in der - Mädchen mit Schmerz im Scheitel und Verdauungsstörung mit Flatulenz, Essen amel.; bei anämischen (*)
  - » Akne - tuberkulös - Kindern; bei (596)

MUND - Schmerz - Kindern; bei (674)
- Schmerz - Kindern; bei - Säuglingen; bei (674)

ZÄHNE - Abszeß der Zahnwurzeln (695)
- Karies, faule, hohle Zähne (700)
  - » Kindern; verfrüht bei (700)
- Konkave, eingedellte Zahnkrone - Kindern; bei (700)
- Schmerz - Kindern; bei (708)
- Unregelmäßig - unten - skrofulösen Kind mit Erkrankung des Mesenteriums; bei einem (717)

INNERER HALS - Räuspert käsige Klumpen herauf (732)
- Schmerz - Kindern; bei - Säuglingen; bei - wund schmerzend (740)

ÄUSSERER HALS - Kropf - Pubertät, in der (757)

MAGEN - Erbrechen - Kindern, bei (793)
- Langsame Verdauung (805)
- Verdauungsstörung - begleitet von - Speichel - zäh (842)
  - » begleitet von - Speichelfluß (842)
- Würgen - Husten, mit (846)

ABDOMEN - Entzündung - Kindern, Kleinkindern; bei (858)

REKTUM - Blutung aus dem Anus - Kindern; bei - Kleinkindern; bei (948)
- Cholera - infantum (949)
  - » infantum - begleitet von - Stuhl; grünem, wäßrigem (949)
- Diarrhoe - Hautausschläge - unterdrückten Hautausschlägen; nach (953)
  - » Hautausschläge - während (953)
  - » Kamille; nach Mißbrauch von (954)
  - » Schokolade, nach (955)
- Hämorrhoiden - Kindern, bei (963)
  - » Kindern, bei - abgemagerten; bei (963)

BLASE - Harnverhaltung - Kindern, bei (1005)
- Harnverhaltung - Kindern, bei - erkältet; jedesmal, wenn sich das Kind (1005)
  - » Kindern, bei - Neugeborenen; bei (1005)
  - » Kindern, bei - Neugeborenen; bei - leidenschaftlichem Ausbruch der Stillenden; nach (1005)
  - » Kindern, bei - Säuglingen; bei - Schreck der Mutter; nach (1005)
  - » Kindern, bei - weint die ganze Nacht wegen Harnverhaltung; das Kind (1005)

NIEREN - Beschwerden der Nieren - begleitet von - Haut; Beschwerden der (1023)
- Entzündung (1023)
  - » parenchymatös - akut (1024)
  - » Nierenbecken und Niere (1024)

HARNRÖHRE - Reizung - Kindern; bei (1036)

WEIBLICHE GENITALIEN - Menses - fehlend - Mädchen, bei (1106)
- Menses - unterdrückt - Mädchen; bei jungen (1113)
  - » verzögerte Menarche (1114)
- Metrorrhagie - Pubertät - vor (1117)
  - » Pubertät - während (1117)

KEHLKOPF UND TRACHEA - Laryngismus stridulus (1145)
- Laryngismus stridulus - Abkühlung, Kaltwerden; durch (1145)
  - » abwechselnd mit Kontraktion von Fingern und Zehen (1145)
  - » Ausatmen agg.; beim (1145)
  - » begleitet von - Brust; Brennen in der (1145)
  - » Husten, vor dem (1145)
  - » Schlucken agg. (1145)
  - » täglich (1145)
  - » warmen Zimmer; agg. im (1145)
- Stimme - heiser, Heiserkeit - Kindern, bei (1154)

ATMUNG - Asthma, asthmatische Atmung - Hautausschlägen; nach unterdrückten (1162)

Brust - Entzündung - Bronchien - Kindern; bei (1232)
- Entzündung - Lungen - Kindern; bei (1234)
  - » Lungen - Kindern; bei - Kleinkindern; bei (1234)
- Schmerz - Mammae - Kindern; bei - Kleinkindern; bei - wund schmerzend (1280)
  - » Mammae - Kindern; bei - wund schmerzend (1280)

Rücken - Spina bifida (1384)

Extremitäten - Hüftgelenksentzündung (1443)
- Hüftgelenksentzündung - rechts (1443)
  - » links (1444)
- Lähmung - Kleinkindern; bei (1475)

Fieber - Continua (1772)
- Intensive Hitze - anhaltend - begleitet von - Diarrhoe - Kindern; bei tuberkulösen (1776)
- Remittierend - Kleinkindern, bei (1778)
- Rückfallfieber - Kindern; bei (1778)
- Schleichendes Fieber (1779)

Allgemeines - Abmagerung - Kindern; bei (1845)
- Abmagerung - Kindern; bei - Kleinkindern; bei (1845)
  - » Kindern; bei - Knaben; bei schwächlichen, kränklichen (1845)
  - » Kindern; bei - Neugeborenen; bei (1845)
  - » Kindern; bei - Neugeborenen; bei - begleitet von - Nabel - Absonderung aus dem Nabel (1845)
  - » Kindern; bei - Neugeborenen; bei - begleitet von - Nabel - Hautausschlag am Nabel (1845)
- Arzneimittel - heftige Reaktion auf homöopathische Arzneimittel (1852)
  - » heftige Reaktion auf homöopathische Arzneimittel - hohe Potenzen, gegen (1852)
- Azetonämie (1856)
- Azetonämie - Kindern; bei (1856)
- Essen - Überessen; agg. nach (1877)
  - » Überessen; agg. nach - Kindern; bei (1877)
- Jahreszeiten - Sommer; im - agg. - Kindern; bei (1893)
- Kindern; Beschwerden von (1897)
  - » Teenagern; bei (1897)
  - » zarte, schwächliche, kränkliche Kinder (1897)
- Konvulsionen - Hitze; während (1904)
  - » Kindern, bei (1905)
  - » Kindern, bei - Diarrhoe, mit (1905)
  - » Kindern, bei - Halten der Kinder amel. (1905)
  - » Kindern, bei - Kleinkindern, bei (1905)
  - » Kindern, bei - Neugeborenen; bei (1905)
- Krankengeschichte von; persönliche - Abszessen; wiederkehrenden - Zahnwurzeln; der (1909)
- Medikamente - allopathische - Mißbrauch von (1921)
  - » allopathische - Mißbrauch von - pflanzlicher Mittel (1921)
  - » allopathische - schnelle Reaktion (1921)
  - » allopathische - überempfindlich gegen (1921)
  - » allopathische - überempfindlich gegen - Influenza; Medikamente gegen (1921)
- Pubertät - Beschwerden entwickeln sich zur Zeit der (1934)
  - » Beschwerden während der (1934)
  - » Beschwerden während der - Mädchen; bei (1934)
- Puls - langsam - Pubertät; in der (1937)
- Schmerzlosigkeit gewöhnlich schmerzhafter Beschwerden (1971)
- Schwäche - Kindern, bei (1977)
  - » Kindern, bei - Neugeborenen; bei (1977)
- Verletzungen - Knochenbrüche - langsame Heilung von Knochenbrüchen (2020)
  - » Knochenbrüche - langsame Heilung von Knochenbrüchen - Kindern, bei (2020)

Chirurgisch pathologische Zustände

Chirurgisch pathologische Zustände

OHR - Abszeß (498)
- Abszeß - Gehörgang (498)
  - » hinter den Ohren (498)
  - » hinter den Ohren - periodisch - Wochen bildet sich ein Abszeß und entleert sich; alle zwei (498)
  - » Processus mastoideus (498)
  - » unter den Ohren (498)
- Verwachsungen im Mittelohr (532)

NASE - Polyp (561)
- Polyp - rechts (561)
  - » links (561)
  - » blutet leicht (561)
  - » Choanen (561)
- Rachenmandelwucherung (561)
  - » Entfernung; nach (561)
  - » Entfernung; nach - Kindern; bei (561)
  - » Kindern; bei (561)
  - » vergrößert (561)

ABDOMEN - Darmverlegung, Obstruktionsileus (857)
- Entzündung - Appendix (*)
  - » Appendix - akut (859)
  - » Peritoneum (860)
  - » Peritoneum - begleitet von - Schluckauf (860)
  - » Peritoneum - begleitet von - Zunge - Trockenheit der Zunge (860)
  - » Peritoneum - tuberkulös (860)
- Hernie (867)
  - » eingeklemmt, inkarzeriert (868)
  - » Neigung zu (868)
  - » Leistenhernie (868)
  - » Leistenhernie - eingeklemmt, inkarzeriert (868)
  - » Leistenhernie - empfindlich (868)
  - » Leistenhernie - entzündet (868)
  - » Leistenhernie - entzündet - Erbrechen, mit (868)
  - » Leistenhernie - Kindern, bei (868)
  - » Leistenhernie - Kindern, bei - rechts (868)
  - » Leistenhernie - Kindern, bei - links (868)
  - » Leistenhernie - Kindern, bei - angeboren (868)
  - » Leistenhernie - Neigung zu (868)
  - » Leistenhernie - schmerzhaft (868)
  - » Leistenhernie - stechend (868)
  - » Nabelbruch (868)
  - » Nabelbruch - Kindern; bei - Neugeborenen; bei (868)
  - » Schenkelhernie (868)
- Ileus - spastischer Ileus (869)
- Intussuszeption (869)
  - » begleitet von - Zunge; weiße Farbe der (869)

MÄNNLICHE GENITALIEN - Hochgezogen, an den Körper gezogen - Hoden (1068)
- Hochgezogen, an den Körper gezogen - Hoden - rechts (1068)
  - » Hoden - links (1068)
  - » Hoden - Gehen agg. (1068)
  - » Hoden - schmerzhaft (1068)
  - » Hoden - Bauchhöhle; in die (1068)
  - » Hoden - Leistenkanal; in den (1068)
- Hodenretention (1069)
  - » abdominal (1069)
  - » Schambein; vor das (1069)
- Hydrozele - angeboren (1069)
  - » Kindern, bei (1069)
  - » Kindern, bei - angeboren (1069)
- Phimose (1071)
  - » Eiterung, mit (1071)
  - » Gangrän, drohende (1071)
  - » Paraphimose (1071)
  - » Paraphimose - Schwellung der Eichel; ausgedehnte (1071)
- Varikozele (1085)

Würmer

GEMÜT - Beißen - Würmer; bei Beschwerden durch (20)
- Mürrisch - Würmer; bei Beschwerden durch (133)
- Nymphomanie - Würmer, durch (135)
- Raserei, Tobsucht, Wut - Würmer; bei Beschwerden durch (140)
- Reizbarkeit, Gereiztheit - Würmer; bei Beschwerden durch (147)
- Schlagen - Würmer; bei Beschwerden durch (155)
- Stoßen, treten, austreten - Würmer; bei Beschwerden durch (172)
- Zorn - Würmer; bei Beschwerden durch (255)

KOPF - Schmerz - Würmer; bei Beschwerden durch (343)

AUGE - Beschwerden der Augen - begleitet von - Würmer; Beschwerden durch (426)

NASE - Jucken - Würmer; durch (552)

ZÄHNE - Zahnung - schwierig - begleitet von - Würmer bei Kindern; Beschwerden durch (718)

MAGEN - Erbrochenen; Art des - Würmer (801)
- Erbrochenen; Art des - Würmer - Spulwürmer (801)

REKTUM - Jucken - Askariden, durch (965)
- Würmer - Beschwerden durch Würmer (985)
  - » Beschwerden durch Würmer - Bandwürmer (986)
  - » Beschwerden durch Würmer - Bandwürmer - begleitet von - Speichelfluß (986)
  - » Beschwerden durch Würmer - begleitet von - Abmagerung (986)
  - » Beschwerden durch Würmer - begleitet von - Obstipation - Kindern; bei (986)
  - » Beschwerden durch Würmer - begleitet von - Zunge; weißer (986)
  - » Beschwerden durch Würmer - Hakenwürmer (986)
  - » Beschwerden durch Würmer - Kindern; bei (986)
  - » Beschwerden durch Würmer - Madenwürmer (986)
  - » Beschwerden durch Würmer - Spulwürmer (986)
  - » Beschwerden durch Würmer - Vollmond (986)

MÄNNLICHE GENITALIEN - Masturbation, Neigung zur - Würmer, durch (1071)

WEIBLICHE GENITALIEN - Jucken - Würmer, durch - Madenwürmer (1102)
- Würmer - Madenwürmer (1138)

HUSTEN - Würmer (1211)

BRUST - Herzklopfen - Würmer, durch (1245)

SCHLAF - Erwachen - Würmer, durch (1676)
- Ruhelos - Würmer, durch (1685)
- Schlaflosigkeit - Würmer, durch (1694)
- Schläfrigkeit - Würmern, bei (1701)

HAUT - Hautausschläge - Urtikaria - Askariden; mit (1823)

ALLGEMEINES - Chorea - Würmer, durch (1867)
- Katalepsie - Würmer; bei Beschwerden durch (1896)
- Konvulsionen - Kindern, bei - Würmer; durch (1905)
  - » Würmer, durch (1907)
- Schwäche - Würmern, bei (1980)
- Zittern - äußerlich - Würmer; bei Beschwerden durch (2033)
- Zucken - Würmer; bei Beschwerden durch (2034)

Abelmoschus

abel.

Dieses Mittel eignet sich bei vielen Ängsten, aber die Keynote ist *große Angst vor Tieren.* Das Kind ist gewissermaßen besessen vom Gedanken, von giftigen Tieren angegriffen zu werden, wie Insekten, Spinnen, Skorpionen, Schlangen usw. Diese Angst ist völlig irrational und der Patient unternimmt alle möglichen Vorkehrungen, um nicht gebissen zu werden. Das Kind bekommt schnelles Herzklopfen, wenn es sich fürchtet. Das Kind *hat Angst davor und fürchtet sich, nachts allein zu sein.*

Klinik: Anämie. Dysphagie. Lymphangitis. Neuromyelitis. Lähmung. Tachykardie.

Wirkungsbereich: Magen. Schleimhäute. Nerven.

* * *

Stillen - Magendarmsymptome - Appetit - vermehrt

MAGEN - Appetit - unstillbar (vh1/770)

Konstitution - Angst und Furcht

GEMÜT - Furcht - allein zu sein (mtf11/64)

Tieren; Beziehung zu

GEMÜT - **Furcht - Insekten; vor** (jl*/71)
• *Furcht - Spinnen, vor* (jl*/75)
» Tieren, vor (jl3/76)
» Tieren, vor - nachts - giftigen Tieren; vor (jl3/76)

Nacht; Beobachtungen in der - Gemütssymptome

GEMÜT - Angst - nachts - Kindern; bei (jl/7)
• Furcht - allein zu sein - nachts (vh1/64)

Abies canadensis

abies-c.

Abies-canadensis-Kinder haben geringes Selbstvertrauen und das kann sie in der Schule unsicher machen. Sie sind schüchtern, sanftmütig und neigen dazu, sich vernachlässigt zu fühlen. *Streitigkeiten zwischen den Eltern machen sie ganz besonders unglücklich.*

Auf der körperlichen Ebene wirkt es auf Schleimhäute und Nerven. Im Magen führt es zu einem katarrhalischen Zustand, der den Hunger des Patienten verstärkt und sein Verlangen auf Speisen wie in Essig eingelegtes Obst, Rettich, Steckrüben usw. Neigt dazu, weit mehr zu essen, als es verdauen kann.

Möchte die ganze Zeit liegen; kalte und klamme Haut; kalte Hände; fühlt sich sehr geschwächt. Auch nützlich bei *rachitischen Kindern* mit *schwachen Sprunggelenken.*

Eigentümliche Empfindungen: die rechte Lunge und die Leber fühlen sich hart und klein an.

Klinisches: Flatulenz. Leberstörungen. Magenstörungen.

Wirkungsbereich: Magen. Uterus. Rechte Seite (Lunge, Leber, Schulterblatt). Schleimhäute.

* * *

Stillen - Magendarmsymptome - Appetit - vermehrt

MAGEN - Appetit - Heißhunger (*/769)
• Appetit - nagend (br1*/770)
» unstillbar (vh1/770)
» **vermehrt** (*/770)

Konstitution - Angst und Furcht

GEMÜT - Furcht - engen Räumen; in (oss4/67)
• Furcht - hochgelegenen Orten; vor (oss4/71)

Konstitution - Allgemeines

GEMÜT - Milde (oss4/130)
• Selbstvertrauen - Mangel an Selbstvertrauen (oss4/161)

Familie; Beziehung zur - Liebe und Zuneigung

GEMÜT - Angst - andere, um (oss4/7)
• Beschwerden durch - Uneinigkeit, Zwietracht - Eltern; zwischen den eigenen (oss4/26)
• Verlassen zu sein; Gefühl (oss4/198)

Beziehung zu anderen - Reaktion auf andere

GEMÜT - Schüchternheit, Zaghaftigkeit (oss4/158)

Schule - Angst

GEMÜT - Selbstvertrauen - Mangel an Selbstvertrauen (oss4/161)

Schule - Konstitution

GEMÜT - Selbstvertrauen - Mangel an Selbstvertrauen (oss4/161)

Tieren; Beziehung zu

GEMÜT - Furcht - Hunden, vor (oss4/71)

Nonverbales - Äußerliches - Beobachtungen der Eltern

BLASE - Urinieren - unwillkürlich - Lachen agg. (vml3/1020)

Nacht; Beobachtungen in der - Schlaf; Lage im

SCHLAF - Lage - Beine - angezogen (a1/1682)

Körperliche Symptome und Erkrankungen

NASE - Katarrh - gefolgt von - Stirnhöhlen; Beschwerden der (vml3/553)

Allgemeines - Essen - Überessen; agg. nach (vml3/1877)

Abies nigra

abies-n.

Stillen - Magendarmsymptome - Appetit - vermindert

Magen - *Appetit - fehlend* (bro1/767)

Stillen - Magendarmsymptome - Appetit - vermehrt

Magen - Appetit - Heißhunger - nachts (*/769)
- Appetit - vermehrt - nachts (*/771)

Stillen - Magendarmsymptome - Aufstoßen - Wasser; Hochsteigen von

Magen - *Aufstoßens; Art des - Wasser in den Mund; Hochsteigen von* (bro1/781)
- Aufstoßens; Art des - Wasser in den Mund; Hochsteigen von - Husten - nach (br1*/781)

Nonverbales - Äußerliches - Beobachtungen der Eltern

Magen - Brechreiz, Würgen (vml3/784)

Blase - Urinieren - verzögert, muß warten, bis der Urin zu fließen beginnt - pressen, bevor er damit beginnen kann; muß lange (k/1021)

Körperliche Symptome und Erkrankungen

Allgemeines - Essen - Überessen; agg. nach (vml3/1877)

Abroma augusta

abrom-a.

Risse im linken Mundwinkel.

Leicht reizbar und *wechselhafte Stimmung.*

Gewöhnlich ist der Appetit vermindert, er kann aber auch erhöht sein, besonders nach dem Stuhlgang. Stuhl wie Kugeln oder wie Schafskot.

Ist leicht mit Bryonia zu verwechseln: Abroma augusta ist ein nützliches Mittel bei Obstipation, hat Trockenheit des Mundes mit extremem Durst auf kaltes Wasser und hält sich beim Husten die Brust.

Klinisches: Reizbarkeit. Appetitverlust. Trokkenheit von Mund, Zunge, Lippen, innerem Hals, Rektum, Haut. Ödeme und Aufgedunsenheit des ganzen Körpers. Obstipation. Enuresis.

Wirkungsbereich: Harnorgane. Weibliche Geschlechtsorgane. Zentralnervensystem.

* * *

Stillen - Magendarmsymptome - Appetit - vermindert

Magen - Appetit - vermindert (ks5/772)

Stillen - Magendarmsymptome - Appetit - vermehrt

Magen - Appetit - vermehrt (ks5/770)
- Appetit - vermehrt - Stuhlgang - nach - agg. (ks5/772)

Konstitution - Allgemeines

Gemüt - Stimmung, Laune - veränderlich (ckh1/171)

Nonverbales - Äußerliches - Beobachtungen des Arztes

Gesicht - Rissig - Mundwinkel - links (ks5/614)

Nonverbales - Äußerliches - Beobachtungen der Eltern

Stuhl - Kugeln, wie (ks5/996)
- Schafskot, wie (ks5/997)

Körperliche Symptome und Erkrankungen

Weibliche Genitalien - *Menses - verzögerte Menarche* (zzc1/1114)

Abrotanum

abrot.

Das klinische Bild kleiner Babys zeigt die Kennzeichen einer angeborene Pylorusstenose. Das Kind ist *abgemagert*, mit *dehydrierter, runzeliger Haut*, die, wenn sie hochgezogen wird, nicht wieder in die Normallage zurückkehrt.

Wenn es bei Marasmus angezeigt ist, ist das Kind schlecht gelaunt und gereizt, verträgt keinen Widerspruch und ist widerspenstig. Das Kind hat dunkle Augenringe.

Abrotanum unterscheidet sich von anderen Mitteln mit ähnlichen Symptomen besonders durch die Tatsache, daß *die Abmagerung zuerst an den Beinen zu beobachten ist.*

Tendenz zu wiederholten Anfällen von *Diarrhoe*, die gewöhnlich *mit rheumatischen Schmerzen wechseln*, und immer mit einem bestimmten Grad von Unbeholfenheit, Ungeschicklichkeit und Tremor verbunden sind.

Diese Kinder sind eindeutig *frostig*; es geht ihnen schlechter durch Kälte und Feuchtigkeit und die rheumatischen Schmerzen neigen dazu, nachts viel schlimmer zu sein.

Vortretende Hämorrhoiden, die bei Berührung brennend schmerzen; Heraussickern von Blut und Feuchtigkeit aus dem Nabel, Auftreibung des Abdomens und anhaltende Magenschmerzen machen das Kind gereizt. Diese Symptome trifft man bei Babys, die Abrotanum benötigen, immer an.

Nasenbluten und *Hydrozele* bei Knaben.

Klinik: Nasenbluten. Furunkel. Frostbeulen. Hämorrhoiden. Hydrozele. Verdauungsstörung. Epilepsie. Lähmung. Würmer.

Wirkungsbereich: Nerven. Ernährung Leber. Venen. Kapillaren.

* * *

Entwicklung - langsam

GEMÜT - Entwicklung; kindliche - Entwicklungsstillstand (oss/47)

Stillen - Milch

ALLGEMEINES - Speisen und Getränke - Milch - Verlangen (*/2001)
- Speisen und Getränke - Milch - Verlangen - gekochte (*/2001)

Stillen - Magendarmsymptome - Appetit - vermindert

MAGEN - Appetit - fehlend (*/767)
- Appetit - vermindert (tl1/772)

Stillen - Magendarmsymptome - Appetit - vermehrt

MAGEN - Appetit - Heißhunger (*/769)
- Appetit - nagend (*/770)
  » vermehrt (k/770)

Stillen - Allgemeines

ALLGEMEINES - *Abmagerung - Heißhunger mit Abmagerung - Kindern; bei* (k/1845)
- *Abmagerung - Heißhunger mit Abmagerung - Kindern; bei - Kleinkindern; bei* (*/1845)
- Säuglinge (mtf33/1944)

Infektionskrankheiten - Mumps

GESICHT - Entzündung - Parotis - Metastasierung zu - Hoden (k2/584)
- Entzündung - Parotis - Metastasierung zu - Mammae (k2/584)

Konstitution - Aggressivität

GEMÜT - Zorn - Kindern, bei (sf*/254)

Konstitution - Allgemeines

GEMÜT - Faulheit (k/55)
- Traurigkeit - Kindern, bei (st1/186)
- Unzufrieden (bg2/194)

Beziehung zu anderen - Aggressivität

GEMÜT - Grausamkeit (*/103)
- Grausamkeit - möchte gerne etwas Grausames tun (rb2/103)

Beziehung zu anderen - Reaktion auf andere

GEMÜT - Widerspenstig (sf1/249)
- Widerspruch - Neigung zu widersprechen (mtf33/249)

Schule - Konstitution

GEMÜT - Eigensinnig, starrköpfig, dickköpfig (bg2*/41)
- Eigensinnig, starrköpfig, dickköpfig - Kinder (sf1/41)

Tieren; Beziehung zu

GEMÜT - Grausamkeit - Tieren; gegenüber (mtf33/103)

Nonverbales - Aggressivität

GEMÜT - Reizbarkeit, Gereiztheit - Kindern, bei (*/145)

Nonverbales - Gesten, Gebärden

GEMÜT - Ungeschicklichkeit (bl/192)

Nonverbales - Allgemeines

GEMÜT - Eigensinnig, starrköpfig, dickköpfig (bg2*/41)
- Eigensinnig, starrköpfig, dickköpfig - Kinder (sf1/41)

Nonverbales - Konsultation; bei der

ABDOMEN - *Absonderung aus dem Nabel* (*/849)
- Absonderung aus dem Nabel - blutige Flüssigkeit (vh/849)
  » blutige Flüssigkeit - Kindern; bei - Neugeborenen; bei (mtf33/849)
  » Kindern; bei - Neugeborenen; bei (mrr1*/849)
- Entzündung - Nabel - Kindern; bei - Neugeborenen; Ulzeration des Nabels bei (mtf33/860)
- Hämorrhagie - Nabel - Kindern; bei - Kleinkindern; bei (k2*/866)
- Vergrößert - Kindern; bei - Marasmus (tl1/938)

RÜCKEN - Abmagerung - Zervikalregion (bro1/1311)

Nonverbales - Äußerliches - Beobachtungen des Arztes

KOPF - Halten - hoch, aufrecht zu halten; unfähig, den Kopf (br1*/289)

GESICHT - *Ausdruck - alt aussehend* (*/580)
- Ausdruck - alt aussehend - Kindern; bei (mtf33/580)
- Farbe - blaß - Kindern; bei (mtf33/586)
- *Gerunzelt* (*/594)
  » Kindern; bei - Neugeborenen; bei (mrr1/594)
- Hippokratisches Gesicht - Kindern; bei - Neugeborenen; bei (mrr1/605)
- Venen, erweiterte - Schläfen (vh1/634)
  » Stirn (bg1*/634)

Nonverbales - Äußerliches - Beobachtungen der Eltern

NASE - Nasenbluten - Kindern; bei (c1*/557)

STUHL - Unverdaut (*/999)

Nacht; Beobachtungen in der - Gemütssymptome

GEMÜT - Furcht - Erwachen; beim - Traum; aus einem (a1/67)

Nacht; Beobachtungen in der - Schlaf

SCHLAF - Erwachen - Schreck, wie durch (mtf33/1675)

Nacht; Beobachtungen in der - Schlaf; Lage im

SCHLAF - Lage - Abdomen, auf dem (st1/1682)
• Lage - gerade (a1/1682)

Körperliche Symptome und Erkrankungen

KOPF - Hydrozephalus (bg2/295)

AUGE - **Striktur der Tränenkanäle** (vn1/467)

ZÄHNE - Karies, faule, hohle Zähne (k/700)

ALLGEMEINES - *Abmagerung - Kindern; bei* (*/1845)
• Abmagerung - Kindern; bei - Kleinkindern; bei (br1*/1845)
» Kindern; bei - Neugeborenen; bei (vh1*/1845)
» **Kindern; bei - Neugeborenen; bei - begleitet von - Nabel - Absonderung aus dem Nabel** (mrr1*/1845)
» **Kindern; bei - Neugeborenen; bei - begleitet von - Nabel - Hautausschlag am Nabel** (mrr1/1845)
• Kindern; Beschwerden von (sf1/1897)

Chirurgisch pathologische Zustände

ABDOMEN - Entzündung - Peritoneum - tuberkulös (br1*/860)

MÄNNLICHE GENITALIEN - *Hydrozele - Kindern, bei* (*/1069)

Würmer

GEMÜT - Reizbarkeit, Gereiztheit - Würmer; bei Beschwerden durch (gsy*/147)

REKTUM - Würmer - Beschwerden durch Würmer (bg2/985)
• Würmer - Beschwerden durch Würmer - Kindern; bei (tl1/986)
» Beschwerden durch Würmer - Madenwürmer (k/986)
» *Beschwerden durch Würmer - Spulwürmer* (bro1/986)

Absinthium

absin.

Absinthium wurde als Mittel bei langanhaltenden Spasmen bei Kindern eingesetzt.

Die *Tremores* sind ein ausgeprägtes Kennzeichen dieses Mittels. Das Mittel ruft ein *perfektes Bild von Epilepsie hervor.* Nervöse Tremores gehen dem Anfall voraus. Plötzliche und heftige Schwindeligkeit, Delirium, Halluzinationen und Verlust des Bewußtseins. Das Kind hat Schaum vor dem Mund, beißt sich auf die Zunge und zieht Grimassen. *Anfälle folgen schnell aufeinander.* Die Konvulsionen treten in *großer Zahl* und *schnell hintereinander* auf. Es geht ihnen gewöhnlich Schreien voraus und nach den Anfällen kommt es zum Verlust des Bewußtseins und schließlich Idiotie.

Absinthium ist ein nützliches Mittel bei Erregung, Ruhelosigkeit und *Schlaflosigkeit* bei Kindern.

Zerebrale Reizung, hysterische und infantile Spasmen gehören zum Wirkungsbereich dieses Mittels.

Eine Leitanzeige scheinen *schreckliche Träume* zu sein.

Klinisches: Blutandrang zum Gehirn und zum Rückenmark. Epilepsie. Schlaflosigkeit. Chlorose. Dyspepsie. Otorrhoe.

Wirkungsbereich: Gemüt. Zentralnervensystem. Verdauung.

* * *

Krankengeschichte; familiäre und persönliche

ALLGEMEINES - Familiengeschichte von - Alkoholismus - Kindern; bei - Kleinkindern; bei (gmm1/1878)

Zahnung - Empfindungen und neurologische Beschwerden

ALLGEMEINES - Konvulsionen - Zahnung; während der (bro1/1907)

Stillen - Magendarmsymptome - Appetit - vermindert

MAGEN - Appetit - fehlend (k/767)

Konstitution - Angst und Furcht

GEMÜT - Furcht - engen Räumen; in (vh/67)
• Furcht - Gespenstern; vor (fyz/70)

Beziehung zu anderen - Aggressivität

GEMÜT - Grausamkeit (*/103)

Beziehung zu anderen - Reaktion auf andere

GEMÜT - Gesellschaft - Abneigung gegen (a1*/94)

Beziehung zu anderen - allgemein

GEMÜT - Erregung - Kindern, bei (br1*/49)

Tieren; Beziehung zu

GEMÜT - Furcht - Katzen; vor (fyz/71)

Nonverbales - Gesten, Gebärden

GEMÜT - Grimassen (bg2/103)
• Springen (^/169)

Nonverbales - Allgemeines

GEMÜT - Ruhelosigkeit - Kindern, bei (st1/151)

Nonverbales - Konsultation; bei der

MUND - Herausstrecken, Vorstrecken - Zunge, der (*/665)

- Herausstrecken, Vorstrecken - Zunge, der - schnellt heraus und hinein wie bei einer Schlange, züngelt; die Zunge (bro1*/665)

Nonverbales - Äußerliches - Beobachtungen des Arztes

ATMUNG - Beschleunigt (*/1174)

RÜCKEN - *Opisthotonus* (*/1325)

Nonverbales - Äußerliches - Beobachtungen der Eltern

MUND - Beißt - Zunge; beißt sich auf die (*/640)

Nacht; Beobachtungen in der - Schlaf

SCHLAF - *Schlaflosigkeit - Kindern, bei* (br1*/1691)

Nacht; Beobachtungen in der - Schlaf; Lage im

SCHLAF - Lage - Kopf - tiefliegendem; mit (a1/1683)

Körperliche Symptome und Erkrankungen

ALLGEMEINES - Konvulsionen - Kindern, bei (bro1/1905)

- Konvulsionen - Kindern, bei - Kleinkindern, bei (br1*/1905)

Aceticum acidum

acet-ac.

Besonders angezeigt bei *blassen und schlanken Menschen* mit schlaffen, kraftlosen Muskeln.

Leidende Kinder ohne Appetit, mit entsprechender nachfolgender Schwächung. Sie sind gereizt, quengelig und jammern. Sie möchten getragen werden, erlauben aber nicht, daß man den Kopf berührt, wegen der Schwere und der dumpfen Schmerzen in Stirn und Scheitel.

Die *wichtigsten klinischen Zustände* für die dieses Mittel zu empfehlen ist, sind perniziöse Anämie mit Schwäche, Risiko von Herzversagen, Dyspnoe, häufigen Ohnmachten, reichlichem Schweiß und Erbrechen.

Blutungen aus allen Körperteilen, einschließlich Nasenbluten.

Unstillbarer Durst bei Wassersucht, *Diabetes* und *chronischer Diarrhoe*, aber *kein Durst im Fieber.*

Entzündeter und geschwüriger Hals mit Pseudomembranen und schmerzhaftem Schlucken; erschwerte und beschleunigte Atmung; bellender Husten; hohles Geräusch bei jedem Einatmen (Differentialdiagnose Aconitum: beim Ausatmen).

Membranöser Krupp; Rasseln durch Verschluß des Kehlkopfs.

Diarrhoe während der Zahnung und in der Sommerhitze; Stuhl flüssig, unverdaut, reichlich, wäßrig, hell; schmerzhaft oder schmerzlos und gefolgt von großer Erschöpfung, starkem Durst und reichlichem Urinieren. Der Patient liegt oft auf dem Bauch, um sich Linderung zu verschaffen.

Klinisches: Anämie. Krupp. Diabetes. Askariden. Verbrennungen. Warzen.

Wirkungsbereich: Verdauung. Kreislauf. Drüsen (Schweißdrüsen).

* * *

Krankengeschichte; familiäre und persönliche

ALLGEMEINES - Familiengeschichte von - Tuberkulose (gsk1/1878)

Zahnung - Magendarmsymptome

REKTUM - Diarrhoe - Zahnung; während (bro1/957)

Stillen - Milch

MAGEN - Erbrechen - Milch, nach - Muttermilch, nach (k/794)

ALLGEMEINES - Speisen und Getränke - Milch - Abneigung (br1/2000)

- Speisen und Getränke - Milch - Abneigung - Muttermilch (br1*/2001)
  - » *Milch - Abneigung - Muttermilch - Kind verweigert die; das* (br1/2001)
  - » Milch - agg. - Muttermilch (stx1/2001)

Stillen - Magendarmsymptome - Appetit - vermindert

MAGEN - Appetit - fehlend (k/767)

- Appetit - vermindert (*/772)

Stillen - Magendarmsymptome - Appetit - vermehrt

MAGEN - Appetit - Heißhunger (tl1/769)

Stillen - Magendarmsymptome - Aufstoßen - Wasser; Hochsteigen von

MAGEN - Aufstoßens; Art des - Wasser in den Mund; Hochsteigen von (*/781)

Stillen - Magendarmsymptome - Abdomen - amel. durch

ABDOMEN - *Schmerz - Liegen - Abdomen; auf dem - amel.* (^/889)

Stillen - Magendarmsymptome - Rektum

REKTUM - Diarrhoe - Kindern, bei - abgemagerten; bei (ptk1/954)

Infektionskrankheiten - Scharlach

ALLGEMEINES - *Wassersucht - äußere Wassersucht - Scharlach; nach* (kr1/2024)

Konstitution - Angst und Furcht

GEMÜT - Furcht - Wasser, vor (*/79)

Konstitution - Allgemeines

GEMÜT - Sorgen; voller (ptk1/164)

Familie; Beziehung zur - Liebe und Zuneigung

GEMÜT - Angst - Familie, um seine (kr1/9)

Nonverbales - Reaktion auf andere

GEMÜT - Furcht - Näherkommen, Annäherung von; vor - anderen, von (k/74)

Nonverbales - Gesten, Gebärden

GEMÜT - Springen (^/169)

Nonverbales - Konsultation; bei der

MUND - Aphthen (k/639)
- Herausstrecken, Vorstrecken - Zunge, der (*/665)

Nonverbales - Äußerliches - Beobachtungen des Arztes

GESICHT - Gerunzelt - Stirn, Stirnrunzeln (*/594)
- Venen, erweiterte - Schläfen (*/634)
- *Wächsern* (*/635)

ATMUNG - Beschleunigt (*/1174)

ALLGEMEINES - Magere Personen (c1*/1919)

Nonverbales - Äußerliches - Beobachtungen der Eltern

MUND - Beißt - Zunge; beißt sich auf die (*/640)

ZÄHNE - Zusammenbeißen der Zähne - Verlangen, die Zähne zusammenzubeißen; ständiges (k/719)

MAGEN - Schluckauf (*/809)

ABDOMEN - *Schmerz - Liegen - Abdomen; auf dem - amel.* (^/889)

STUHL - Unverdaut (k/999)

HAUT - Insektenstiche (c2*/1825)

Nacht; Beobachtungen in der - Schlaf; Lage im

SCHLAF - Lage - Abdomen, auf dem (*/1682)
- Lage - Rücken, auf dem (a1/1683)
  » Rücken, auf dem - unmöglich (*/1683)
  » *Seite, auf der - rechten Seite, auf der - unmöglich* (st/1683)

Schaukeln und Getragenwerden

GEMÜT - Getragen - Verlangen getragen zu werden (*/99)

Körperliche Symptome und Erkrankungen

FIEBER - Schleichendes Fieber (k/1779)

ALLGEMEINES - **Abmagerung - Kindern; bei** (kr1*/1845)
- *Abmagerung - Kindern; bei - Kleinkindern; bei* (bro1/1845)
- Kindern; Beschwerden von (c1/1897)

Würmer

REKTUM - Würmer - Beschwerden durch Würmer - Madenwürmer (k/986)

Achyranthes calea

achy.

Achyranthes calea möchte still und allein sein und antwortet einsilbig. Gleichgültig gegenüber der Umwelt. Wechsel zwischen kurzen Zeiten mit klarem Bewußtsein und nachfolgendem Rückfall in einen Zustand von Torpor.

Obwohl es ihm sehr heiß ist und er darüber klagt, möchte er trotzdem gut zugedeckt sein.

Das Kind wacht durch Alpträume in Panik auf.

Nützlich bei *Torticollis.*

Klinisches: Infektionskrankheiten. Windpocken. Masern. Röteln. Scharlach. Enzephalitis. Meningitis. Septikämie.

Wirkungsbereich: Zentralnervensystem. Knochen. Gelenke.

* * *

Beziehung zu anderen - Reaktion auf andere

GEMÜT - Antworten - einsilbig (jl/15)
- Gesellschaft - Abneigung gegen (jl3/94)
  » Verlangen nach (^/95)

Nonverbales - Äußerliches - Beobachtungen des Arztes

ÄUSSERER HALS - Torticollis (jl/761)

Nacht; Beobachtungen in der - Schlaf

SCHLAF - Erwachen - Schreck, wie durch (jl3/1675)

TRÄUME - Alpträume, Alpdrücken - Kindern, bei (jl/1707)

Aconitum napellus

acon.

Aconitum ist ein lebhaftes, plethorisches, kräftiges, robustes Kind mit dunklem Teint.

Gelbsucht bei Neugeborenen durch Angst oder Zorn.

Das Kind leidet oft an sogenannter *„Säuglingskolik“* mit Bauchschmerzen, die durch Druck oder Liegen, besonders auf der rechten Seite, schlimmer werden und durch Beugen nach vorne besser werden. *Oft kommt es beim Stillen zu Schluckauf.*

Zahnung führt zu Symptomen wie: Durchfall, Husten, Fieber, Schlaflosigkeit, Ruhelosigkeit und manchmal zu Konvulsionen mit Rucken und Zukkungen einzelner Muskeln. Das Kind beißt sich auf die Finger, ist quengelig und schreit; es hat heiße Haut und hohes Fieber.

Dieses Mittel ist bei vielen *ansteckenden Kinderkrankheiten* nützlich, wie Windpocken, Masern (oft begleitet von Husten und Nasenbluten), Mumps, Röteln, Keuchhusten und Scharlach mit eiweißhaltigem Urin.

Die wichtigsten *Charakteristika auf der Gemütsebene* sind Ungeduld, Sturheit, Zorn, Streitsucht. Er nimmt alles von der schlechten Seite auf, selbst Witze. Ruhelose Aufregung und körperliche Unruhe; ständiges Umherwerfen.

Diese Kinder haben oft Probleme in der Schule. Sie leiden an Erwartungsangst mit Durchfall, haben Konzentrationsschwierigkeiten und Kopfschmerzen.

Auf der körperlichen Ebene erscheinen die Symptome in charakteristischer Weise. Es sind Kinder mit rosa Wangen, deren Beschwerden *plötzlich und heftig* auftreten, nachdem sie großer Kälte ausgesetzt waren, kalter Luft oder trockenen, kalten Winden mitten im Winter, besonders trockenen, kalten Nordwinden, wenn sie zu leicht oder ungenügend bekleidet sind. Diese Fälle sind gekennzeichnet durch extreme Angst, Ruhelosigkeit, unruhiges Herumwerfen, große Furcht, besonders vor dem Tode. Das Gesicht drückt Angst und Furcht aus. Extremer, unstillbarer Durst auf große Mengen Wasser, das das Kind verträgt; alles andere schmeckt bitter. Rostfarbener Auswurf; stark mit Blutstreifen durchzogener Schleim; plötzlich erscheinender Husten; hohes Fieber; trockene, heiße Haut; voller, hüpfender, schneller Puls; plötzliche Atemnot mit Panik; scharfe, stechende Schmerzen; muß mit etwas höher gelagertem Rükken liegen, was bessert.

Das Herumwerfen unter Qualen ist für einen Aconitum-Fall ein wesentliches Merkmal.

Aconitum kann im Anfangsstadium von Krupp das richtige Mittel sein. Das Kind wird plötzlich aus dem Schlaf gerissen, schnappt nach Luft und greift sich nach jedem Hustenanfall an den Hals. Der Gesichtsausdruck zeigt höchste Angst und Qual, die Haut ist heiß und es sind sehr große Ruhelosigkeit und viel Herumwerfen vorhanden. Der Husten ist von der trockensten Sorte, selbst Auswurf endet mit einem heiseren Hüsteln; kein Auswurf. Krupp, der durch Einwirkung von trockenem, kaltem Wind hervorgerufen wurde, benötigt Aconitum.

Nützlich für das Anfangsstadium von Lungenentzündung, wenn der Husten hart und schmerzhaft ist.

Aconitum hat sich in den Anfangsstadien von Dysenterie als nützlich erwiesen und ist besonders nützlich, wenn die Tage warm und die Nächte kalt sind. Der Stuhl ist häufig und spärlich mit Tenesmus.

Klinisches: Fieber. Windpocken. Konvulsionen. Zystitis. Enteritis.

Wirkungsbereich: Gemüt. (Sensorische) Nerven. Gehirn. Herz. Brust.

* * *

Krankengeschichte; familiäre und persönliche

ALLGEMEINES - *Familiengeschichte von - Apoplexie* (bro1/1878)

Entwicklung - langsam

ALLGEMEINES - Gehen - Gehenlernen, Laufenlernen - spätes (bg3/1883)

Entwicklung - schnell

GEMÜT - *Frühreife, altkluge Kinder* (lmj/63)

Entwicklung - allgemein

ALLGEMEINES - Schmerz - Wachstumsschmerzen (a1/1958)

Zahnung - Gemütssymptome

GEMÜT - Ruhelosigkeit - Kindern, bei - Zahnung; während der (hr1/152)

Zahnung - Empfindungen und neurologische Beschwerden

KOPF - *Schmerz - Zahnung; während der* (k/343)

ALLGEMEINES - *Konvulsionen - Zahnung; während der* (*/1907)

Zahnung - Magendarmsymptome

REKTUM - *Diarrhoe - Zahnung; während* (*/957)

Zahnung - Allgemeines

ZÄHNE - **Zahnung - schwierig** (b7/718)

HUSTEN - Zahnung, während der (bro1/1211)

SCHLAF - Schlaflosigkeit - Zahnung; während der (bg2*/1694)

FIEBER - *Zahnung; während der* (bg2*/1781)

Impfung

ALLGEMEINES - *Impfung; Beschwerden nach* (c1*/1892)

Stillen - Milch

ALLGEMEINES - Speisen und Getränke - Milch - agg. (b7a/2001)

- Speisen und Getränke - Milch - amel. (ptk1*/2001)

Stillen - Magendarmsymptome - Appetit - vermindert

MAGEN - *Appetit - fehlend* (*/767)

Stillen - Magendarmsymptome - Appetit - vermehrt

MAGEN - Appetit - Heißhunger - Essen - nach dem Essen - bald danach (k/770)
• *Appetit - vermehrt* (*/770)
» vermehrt - Essen - nach (*/772)

Stillen - Magendarmsymptome - Aufstoßen - Speisen; von

MAGEN - Aufstoßens; Art des - Speisen; von (bg2/780)

Stillen - Magendarmsymptome - Aufstoßen - Wasser; Hochsteigen von

MAGEN - Aufstoßens; Art des - Wasser in den Mund; Hochsteigen von (*/781)

Stillen - Magendarmsymptome - Schluckauf

MAGEN - Schluckauf - Essen - nach - agg. (*/810)
• Schluckauf - Trinken - nach - agg. (b7/811)

Stillen - Magendarmsymptome - Abdomen - agg. durch

ABDOMEN - Schmerz - Beugen - vorne; nach - agg. (^/882)
• Schmerz - Druck - agg. (k/883)
» Liegen - agg. (^/889)
» Liegen - Seite; auf der - rechten; auf der - agg. (k/889)

Stillen - Magendarmsymptome - Abdomen - amel. durch

ABDOMEN - *Schmerz - Beugen - vorne; nach - amel. - krampfartig* (k/882)

Stillen - Magendarmsymptome - Rektum

REKTUM - *Diarrhoe - Kindern, bei* (k/954)
• Obstipation - Kindern, bei (hr1*/969)

Stillen - Allgemeines

ALLGEMEINES - *Säuglinge* (kk2/1944)

Infektionskrankheiten - Windpocken

FIEBER - *Continua - Ausschlagsfieber* (bro1/1772)
HAUT - Hautausschläge - Windpocken (*/1824)

Infektionskrankheiten - Masern

NASE - Nasenbluten - Masern agg. (bro1/557)
HUSTEN - *Masern - während* (b7a/1202)
• Trocken - Masern, nach (tl1/1209)
FIEBER - **Ausschlagsfieber; Fieber bei Ausschlagserkrankungen - Masern** (*/1770)
• *Continua - Ausschlagsfieber* (bro1/1772)
HAUT - **Hautausschläge - Masern** (*/1817)
ALLGEMEINES - Masern - Beschwerden nach (b2/1920)

Infektionskrankheiten - Mumps

GESICHT - Entzündung - Parotis (c1/584)
• Entzündung - Parotis - Mumps (c2*/584)

Infektionskrankheiten - Röteln

FIEBER - *Continua - Ausschlagsfieber* (bro1/1772)
HAUT - **Hautausschläge - Röteln** (b2/1821)

Infektionskrankheiten - Scharlach

INNERER HALS - Entzündung - Scharlach; bei (bro1/724)
URIN - Eiweißhaltig - Scharlach; nach (bro1/1046)
FIEBER - *Ausschlagsfieber; Fieber bei Ausschlagserkrankungen - Scharlach* (bro1/1770)
• *Continua - Ausschlagsfieber* (bro1/1772)
HAUT - Hautausschläge - Scharlach (*/1821)
ALLGEMEINES - Wassersucht - äußere Wassersucht - Scharlach; nach (bro1/2024)

Infektionskrankheiten - Pocken

FIEBER - *Continua - Ausschlagsfieber* (bro1/1772)
HAUT - *Hautausschläge - Pocken* (bro1/1819)

Infektionskrankheiten - Keuchhusten

HUSTEN - Keuchhusten (*/1197)
• *Keuchhusten - ersten Stadium; entzündlicher Husten im* (kr1/1198)
» **katarrhalischen Phase; in der** (bg2*/1198)
» *Krampfstadium, im* (bro1/1198)

Konstitution - Aggressivität

GEMÜT - Schlagen - sich; schlägt - schlägt seinen Kopf gegen die Wand und gegen Gegenstände (ckh1/154)
• *Zorn - Kindern, bei* (kr1/254)

Konstitution - Angst und Furcht

GEMÜT - *Angst - hypochondrisch* (j5/11)
• *Angst - Kinder - bei Kindern* (^/11)
» *Kinder - bei Kindern - Kleinkinder* (kr1/11)
• Beschwerden durch - Erwartungsspannung (bg*/23)
» **Schreck** (*/25)
• Erwartungsspannung - Lampenfieber (fry/53)
• *Feigheit* (*/59)
• Furcht - allein zu sein (*/64)
» **engen Räumen; in** (*/67)
» Geräusche, durch (bro1/69)
» *Gespenstern; vor* (*/70)
» *offenen Plätzen; Furcht vor* (bg2*/74)
» voller Furcht (gt/79)
• Mutig (*/133)
• Vorsichtig (bg2/205)

Konstitution - Allgemeines

GEMÜT - Ehrgeiz - erhöht, vermehrt, sehr ehrgeizig (bg2/40)

- *Empfindlich - Kinder* (*/44)
- *Entmutigt* (k/46)
- Faulheit (*/55)
- Heimweh (bg2*/107)
- *Milde* (k/130)
- Neugierig (mtf/135)
- Sorgen; voller (^/164)
- *Stimmung, Laune - veränderlich* (*/171)
- *Unaufmerksam* (bg2/189)
- *Unternehmen; etwas - Vieles, hält aber bei nichts durch, bleibt nicht dabei; unternimmt* (k/193)
- Unzufrieden (*/194)
- Veränderungen - Abneigung gegen (^/195)
- Verwegenheit (k/199)
- Weinen - Kindern; bei (c1/246)
  - » Musik; durch (bg2*/247)

Familie; Beziehung zur - Aggressivität

Gemüt - Beschwerden durch - Grobheit anderer (tl1/23)

Familie; Beziehung zur - Liebe und Zuneigung

Gemüt - *Angst - andere, um* (vh*/7)
- Liebevoll, voller Zuneigung, herzlich (*/125)
- Sorgen; voller - Verwandte, um (vh1/165)

Beziehung zu anderen - Aggressivität

Gemüt - Herausfordernd (k/107)
- Schlagen (^/154)
  - » sich; schlägt (^/154)
  - » sich; schlägt - Kopf - seinen Kopf (ptk1/154)
  - » sich; schlägt - schlägt seinen Kopf gegen die Wand und gegen Gegenstände (ckh1/154)
- Spotten (b7/166)
- Streitsüchtig (*/173)

Beziehung zu anderen - Reaktion auf andere

Gemüt - Abneigung - Freunde, gegen (^/1)
- Antworten - Abneigung zu antworten (vh1/14)
  - » einsilbig (c1/15)
  - » langsam (sf1/15)
- Gesellschaft - Abneigung gegen (*/94)
  - » Verlangen nach (gl1/95)
- *Schüchternheit, Zaghaftigkeit* (*/158)
- Trost - agg. (vh1/188)
- *Untröstlich* (*/193)
- Widerspenstig (k/249)
- Widerspruch - Neigung zu widersprechen (c1/249)
  - » verträgt keinen Widerspruch (*/249)

Beziehung zu anderen - allgemein

Gemüt - Angeber (vh1/4)
- **Argwöhnisch, mißtrauisch** (*/16)
- *Beleidigt, leicht* (*/20)
- Mitgefühl, Mitleid (vh/130)
- Pubertät; in der (st/138)
- *Quält - sich* (ptk1/138)
- Sprache - hastig, eilig (*/167)
  - » kindisch (*/167)
- Tadelsüchtig, krittelig (*/178)
- *Tadelt andere* (*/179)
- *Tadelt sich selbst, macht sich Vorwürfe* (k/179)
- Unverschämtheit (kl/193)

Schule - Angst

Gemüt - Beschwerden durch - Erwartungsspannung (bg*/23)

Rektum - *Diarrhoe - Erregung, Aufregung agg.* (bg1*/952)
- Diarrhoe - Erregung, Aufregung agg. - Furcht; mit (k1/952)
  - » nervös, Gemütsbewegungen agg. (bg3*/955)

Schule - Konzentration

Gemüt - Konzentration - schwierig - Studieren (k/117)
- Stumpfheit - Lesen (k/175)
- *Unaufmerksam* (bg2/189)

Schule - Lernen - Lesen

Gemüt - Stumpfheit - Lesen (k/175)

Schule - Anstrengung; geistige

Kopf - Schmerz - geistige Anstrengung - agg. (k/328)
- Schmerz - Schulkindern; bei (k/339)

Schule - Beziehung zu anderen

Gemüt - Ungehorsam (k/191)

Mund - *Sprache - stotternd* (*/688)

Schule - Vorwürfe

Gemüt - Beschwerden durch - Grobheit anderer (tl1/23)

Schule - Konstitution

Gemüt - *Eigensinnig, starrköpfig, dickköpfig* (*/41)
- Hast, Eile - tut, womit er gerade beschäftigt ist; bei dem, was er (k/105)
- Neugierig (mtf/135)
- Ungehorsam (k/191)
- *Unternehmen; etwas - Vieles, hält aber bei nichts durch, bleibt nicht dabei; unternimmt* (k/193)

Spielen

Gemüt - Tanzen (*/179)

Nonverbales - Aggressivität

Gemüt - Beißen (k/20)
- Beißen - sich selbst; beißt (k/20)
- Wirft mit Gegenständen um sich (k2*/250)

Nonverbales - Reaktion auf andere

Gemüt - *Berührtwerden - Abneigung berührt zu werden* (*/21)

- *Furcht - berührt zu werden* (bro1/66)
  - » Näherkommen, Annäherung von; vor - anderen, von (^/74)

Nonverbales - Gesten, Gebärden

GEMÜT - Auffahren, Zusammenfahren - Geräusche; durch (st/17)
- Beißen - Finger; beißt (ptk1/20)
  - » Hände; beißt (ptk1/20)
  - » *Nägel* (bg2*/20)
- Hast, Eile - Bewegungen; in den (k/105)
- Launenhaftigkeit, launisch (*/123)
- *Springen* (^/169)

Nonverbales - Allgemeines

GEMÜT - *Eigensinnig, starrköpfig, dickköpfig* (*/41)
- Hast, Eile - Gehen; beim (k/105)
  - » tut, womit er gerade beschäftigt ist; bei dem, was er (k/105)
- Impertinenz, Unverschämtheit (ckh1/112)
- **Ruhelosigkeit - Kindern, bei** (hr1/151)
- Schreien - Kindern, bei (bg2/157)
- Singen (*/163)

Nonverbales - Konsultation; bei der

KOPF - *Empfindlichkeit - Kopfhaut, der - Berührung, gegen* (bro1/284)
- *Hitze - Kälte - Körpers; mit Kälte des* (k/293)

AUGE - *Entzündung - Kindern; bei - Kleinkindern; bei* (*/429)
- Entzündung - Kindern; bei - Neugeborenen; bei (vh1/429)

OHR - Absonderungen - eitrig (bg2*/497)
- *Eiterung - Mittelohr* (bro1/500)
- Entzündung (k2/500)
  - » *Gehörgang* (*/500)
  - » Mittelohr - chronisch (mtf11/501)

MUND - Bewegung - Zunge - Heraushängen der Zunge (b7/641)
- Herausstrecken, Vorstrecken - Zunge, der (*/665)

INNERER HALS - *Entzündung - Tonsillen* (*/724)
- Schwellung - Tonsillen (*/747)

ÄUSSERER HALS - Schwellung - Halsdrüsen (vh1/760)

ABDOMEN - Schmerz - Druck - agg. (k/883)

RÜCKEN - Krümmung der Wirbelsäule (bg2/1323)
- Krümmung der Wirbelsäule - Dorsalregion (b7a/1323)

HAUT - **Erysipel** (*/1798)
- *Farbe - gelb - Neugeborenen, bei* (*/1800)
- Hautausschläge - Erythem (bro1/1812)
  - » Exanthem, flüchtiges - Kindern, bei (k/1812)
- Intertrigo (*/1825)

Nonverbales - Äußerliches - Beobachtungen des Arztes

AUGE - Strabismus, Schielen (bg2/467)
- *Verklebt* (b7/472)

NASE - Schniefen - Kindern; bei - Neugeborenen; bei (bro1/568)

GESICHT - Hippokratisches Gesicht (*/605)
- Venen, erweiterte (bg2/634)
- Zupfen - Lippen; an den - Oberlippe (k/636)

MUND - Bewegung - Zunge - Heraushängen der Zunge (b7/641)

ÄUSSERER HALS - *Torticollis* (bro1/761)

ATMUNG - Asphyxie - Kindern, Neugeborenen; bei (*/1160)
- *Asthma, asthmatische Atmung - Kindern; bei* (*/1162)
- **Beschleunigt** (*/1174)

HUSTEN - Halten, Festhalten - Kehlkopf; hält den (k2/1193)

RÜCKEN - Opisthotonus (*/1325)

ALLGEMEINES - Aussehen - dunkel (k1*/1854)
- *Aussehen - dunkel - straffer Faser, mit* (kr1/1855)

Nonverbales - Äußerliches - Beobachtungen der Eltern

MUND - Beißt - Zunge; beißt sich auf die (vk1/640)

ZÄHNE - *Zähneknirschen* (*/718)
- Zähneknirschen - Frost; während (bg2/718)
  - » konvulsivisch (vh1/718)
- Zusammenbeißen der Zähne - Verlangen, die Zähne zusammenzubeißen; ständiges (*/719)

MAGEN - Brechreiz, Würgen (vh1/784)
- Schluckauf (*/809)
  - » Essen - nach - agg. (*/810)
  - » Trinken - nach - agg. (b7/811)

ABDOMEN - *Schmerz - Beugen - vorne; nach - amel. - krampfartig* (k/882)
- Schmerz - Liegen - agg. (^/889)
  - » Liegen - Seite; auf der - rechten; auf der - agg. (k/889)

REKTUM - Unwillkürlicher Stuhl (b2/984)
- Unwillkürlicher Stuhl - Flatus agg.; Abgang von (*/985)

BLASE - Urinieren - Dysurie - schmerzhaft - weinen bevor der Urin zu fließen beginnt; Kinder (bg2/1012)
- **Urinieren - Harndrang - schmerzhaft - Kindern; bei - greifen sich an die Genitalien und schreien auf** (k/1015)
  - » **Harndrang - vergeblich - Kindern; bei** (k/1015)
  - » **verzögert, muß warten, bis der Urin zu fließen beginnt** (ptk1/1020)
  - » *verzögert, muß warten, bis der Urin zu fließen beginnt - pressen, bevor er damit beginnen kann; muß lange* (bro1/1021)

MÄNNLICHE GENITALIEN - *Faßt sich an die Genitalien* (*/1065)
• *Faßt sich an die Genitalien - Kind* (hr1*/1066)
ATMUNG - Schnarchen (k/1180)
HAUT - Insektenstiche (*/1825)

Nacht; Beobachtungen in der - Gemütssymptome

GEMÜT - Angst - nachts - Kindern; bei (kr1/7)
• *Furcht - Dunkelheit; vor der* (*/66)
• Gesten, Gebärden; macht - Hände; unwillkürliche Bewegungen der - zupft - Bettwäsche; an der (k/98)
» Hände; unwillkürliche Bewegungen der - zupft - Bettwäsche; an der - Schweiß; beim (bg2/98)
• **Schlafwandeln** (*/154)
• Sprechen - Schlaf; im (*/169)

Nacht; Beobachtungen in der - körperliche Symptome

ZÄHNE - *Zähneknirschen - Schlaf; agg. im* (k/718)
BLASE - Urinieren - unwillkürlich - nachts (*/1019)
• Urinieren - unwillkürlich - nachts - Kindern, bei (vh1/1019)

Nacht; Beobachtungen in der - Schlaf

SCHLAF - Erwachen - Schreck, wie durch (b7/1675)
• Schlaflosigkeit - Kindern, bei (bg2*/1691)

Nacht; Beobachtungen in der - Schlaf; Lage im

SCHLAF - Lage - Arme - Kopf - unter dem Kopf (*/1682)
• Lage - Hände - Kopf - unter dem (b7/1682)
» Hände - Magengrube; eine Hand auf der - rechte Hand (j5/1682)
» Kopf - vorne gebeugt; nach (*/1683)
» Rücken, auf dem (*/1683)
» Rücken, auf dem - Hände - flach unter dem Hinterkopf - linke Hand, nur die (a1/1683)
» Rücken, auf dem - unmöglich (b7/1683)
» Seite, auf der (*/1683)
» Seite, auf der - linken Seite, auf der (a1/1683)
» Seite, auf der - unmöglich (k/1683)
» Sitzen (bg2/1683)
» Sitzen - Kopf - gebeugtem Kopf; mit - vorne; nach (a1/1683)
» Sitzen - nur im Sitzen schlafen; kann (j5/1683)
» verändert häufig die Lage (bg2/1683)

Schaukeln und Getragenwerden

GEMÜT - Getragen - Verlangen getragen zu werden (*/99)
• Getragen - Verlangen getragen zu werden - liebkost zu werden; und (st/99)
» Verlangen getragen zu werden - schnell (bg*/99)
• Schaukeln - amel. (*/153)
» Verlangen geschaukelt zu werden (bg2/153)

Autos und Schiffe

GEMÜT - Furcht - Fahren im Wagen; beim (dx1/68)
SCHWINDEL - Fahren, beim - Wagen, im - agg. (k/265)
KOPF - Schmerz - Stirn - Fahren - Wagen; im - agg. (k/388)
ALLGEMEINES - Fahren - Wagen; mit dem - agg. (sf1/1877)

Psychosomatische Störungen

ZÄHNE - Zähneknirschen - Raserei, Tobsuchtsanfall; bei (k/718)
REKTUM - *Diarrhoe - Erregung, Aufregung agg.* (bg1*/952)
• Diarrhoe - Erregung, Aufregung agg. - Furcht; mit (k1/952)
» nervös, Gemütsbewegungen agg. (bg3*/955)
» Zorn, nach (*/957)
ALLGEMEINES - *Konvulsionen - Schreck agg.* (*/1906)

Körperliche Symptome und Erkrankungen

KOPF - *Entzündung - Gehirn* (*/284)
• Entzündung - Hirnhaut (*/284)
• Hydrozephalus (*/295)
• Schmerz - katarrhalisch (k/331)
OHR - Schmerz - Kindern; bei (st1/523)
ZÄHNE - Karies, faule, hohle Zähne (*/700)
• Schmerz - Kindern; bei (k/708)
REKTUM - Cholera - infantum (*/949)
BLASE - *Harnverhaltung - Kindern, bei* (k/1005)
• **Harnverhaltung - Kindern, bei - erkältet; jedesmal, wenn sich das Kind** (k/1005)
» **Kindern, bei - Neugeborenen; bei** (*/1005)
» Kindern, bei - weint die ganze Nacht wegen Harnverhaltung; das Kind (hr1*/1005)
NIEREN - *Entzündung* (*/1023)
WEIBLICHE GENITALIEN - Menses - verzögerte Menarche (*/1114)
KEHLKOPF UND TRACHEA - Laryngismus stridulus (b7a/1145)
BRUST - Entzündung - Lungen - Kindern; bei (gsy/1234)
• *Entzündung - Lungen - Kindern; bei - Kleinkindern; bei* (*/1234)
EXTREMITÄTEN - Hüftgelenksentzündung (c1*/1443)
FIEBER - **Remittierend - Kleinkindern, bei** (k/1778)
ALLGEMEINES - Arzneimittel - heftige Reaktion auf homöopathische Arzneimittel (gl1/1852)
• Essen - Überessen; agg. nach (bg2/1877)
• Kindern; Beschwerden von (b2/1897)
• Konvulsionen - Hitze; während (bro1/1904)
» *Kindern, bei* (*/1905)

» Kindern, bei - Kleinkindern, bei (bg2*/1905)
• Medikamente - allopathische - überempfindlich gegen (st/1921)
• *Pubertät - Beschwerden während der* (hr1*/1934)

Chirurgisch pathologische Zustände

ABDOMEN - *Entzündung - Peritoneum* (b7a/860)
• Hernie - eingeklemmt, inkarzeriert (bro1*/868)
» *Leistenhernie* (bg2/868)
» Leistenhernie - eingeklemmt, inkarzeriert (*/868)
» Leistenhernie - entzündet (*/868)
» Leistenhernie - entzündet - Erbrechen, mit (k/868)
» *Leistenhernie - schmerzhaft* (b7a/868)
• *Intussuszeption* (*/869)

MÄNNLICHE GENITALIEN - Phimose (k/1071)
• Varikozele (bro1/1085)

Würmer

MAGEN - *Erbrochenen; Art des - Würmer* (*/801)
• Erbrochenen; Art des - Würmer - Spulwürmer (k/801)

REKTUM - Würmer - Beschwerden durch Würmer (*/985)
• Würmer - Beschwerden durch Würmer - Madenwürmer (*/986)
» Beschwerden durch Würmer - Spulwürmer (*/986)

Actaea spicata

act-sp.

Diese Kinder *erschrecken leicht*. Sie fahren schnell bei Geräuschen auf, besonders, wenn sie allein sind; aus diesem Grund haben sie Angst, wenn sie allein sind und haben großes Verlangen nach Gesellschaft.

Sie können sehr stur und launisch sein; gewöhnlich ist ein gutes Selbstvertrauen festzustellen.

Actaea spicata ist ein *Rheumamittel, besonders bei Rheuma der kleinen Gelenke*, der Handgelenke, Finger, Sprunggelenke und Zehen; sie sind durch reißende Schmerzen gekennzeichnet. Schwellung der Gelenke durch geringe Anstrengung; Schmerzen verschlimmern sich durch Berührung und Bewegung.

Große Beklemmung. Kurzer Atem bei Einwirkung kalter Luft.

Klinisches: Rheumatismus. Schmerzen des Handgelenkes. Folgen von Schreck. Hepatitis. Pleuritis. Zahnschmerzen.

Wirkungsbereich: Kleine Gelenke. Herz.

* * *

Stillen - Magendarmsymptome - Appetit - vermindert

MAGEN - Appetit - fehlend - Hunger, mit (*/768)

Konstitution - Angst und Furcht

GEMÜT - Beschwerden durch - Schreck (hr1*/25)
• Furcht - allein zu sein (k/64)

Beziehung zu anderen - Reaktion auf andere

GEMÜT - Gesellschaft - Verlangen nach (*/95)

Beziehung zu anderen - allgemein

GEMÜT - Ichbezogenheit, Selbstüberhebung (kr1/111)

Schule - Konstitution

GEMÜT - Eigensinnig, starrköpfig, dickköpfig (*/41)

Nonverbales - Gesten, Gebärden

GEMÜT - Auffahren, Zusammenfahren - Geräusche; durch (vh1/17)
• Launenhaftigkeit, launisch (hr1*/123)

Nonverbales - Allgemeines

GEMÜT - Eigensinnig, starrköpfig, dickköpfig (*/41)

Nonverbales - Äußerliches - Beobachtungen des Arztes

GESICHT - Aufgesprungen - Lippen (hr1/579)

Adamas

adam.

Adamas-Kinder sind schüchtern, zurückhaltend, unabhängig und ungern in Gesellschaft anderer. Es sind *reizbare und streitsüchtige* Kinder, die nicht berührt werden wollen. Sie sind oft unzufrieden, launisch und weinerlich. *Sie neigen dazu, andere zu kritisieren, obwohl sie selbst nicht viel Selbstvertrauen haben.* Obwohl ihnen nebensächliche Details auffallen, sind sie im allgemeinen ungepflegt.

In der Schule haben sie Probleme, besonders beim Schreiben. Sie verdrehen Buchstaben oder lassen welche aus und schreiben undeutlich und unverständlich.

Sie haben besondere Vorlieben bei Speisen: Obst, besonders Dörrobst; geräucherter Lachs, Fisch im Allgemeinen und Meeresfrüchte.

Auf körperlicher Ebene leiden sie an *Kopfschmerzen mit Tränenfluß und vermehrtem Appetit*, die nach dem Essen besser werden.

Klinisches: Unerquicklicher Schlaf. Trockenheit (Kopf, Nase, Gesicht, Mund, innerer Hals, Haut). Kopfschmerzen. Halsschmerzen. Flatulenz.

Wirkungsbereich: Gemüt. Magen.

* * *

Stillen - Milch

ALLGEMEINES - Speisen und Getränke - Milch - Abneigung (srj5/2000)

Stillen - Magendarmsymptome - Appetit - vermehrt

MAGEN - Appetit - vermehrt (skp7/770)

Konstitution - Allgemeines

GEMÜT - Entmutigt (srj5/46)
- Faulheit (skp7*/55)
- Kleinigkeiten, Trivialitäten - wichtig; scheinen (srj5/115)
- Selbstvertrauen - Mangel an Selbstvertrauen (srj5/161)
- Stimmung, Laune - veränderlich (skp7*/171)
- Unordentlich (srj5/192)
- Unzufrieden (^/194)
- Weinen - leicht (srj5/246)

Beziehung zu anderen - Aggressivität

GEMÜT - Streitsüchtig (srj5/173)

Beziehung zu anderen - Reaktion auf andere

GEMÜT - *Gesellschaft - Abneigung gegen* (srj5/94)
- Schüchternheit, Zaghaftigkeit (srj5/158)

Beziehung zu anderen - allgemein

GEMÜT - Argwöhnisch, mißtrauisch (^/16)
- Mitgefühl, Mitleid (srj5/130)
- Tadelsüchtig, krittelig (srj5/178)
- Unabhängigkeit, Selbständigkeit (srj5/189)
- Unbarmherzig (srj5/189)

Schule - Angst

GEMÜT - Selbstvertrauen - Mangel an Selbstvertrauen (srj5/161)

Schule - Lernen - allgemein

GEMÜT - Fehler; macht - Sprechen, beim - Buchstabieren, beim (srj5/58)

Schule - Lernen - Schreiben

GEMÜT - Fehler; macht - Schreiben, beim (^/57)
- Fehler; macht - Schreiben, beim - läßt etwas aus - Buchstaben (^/57)
  - » Schreiben, beim - läßt etwas aus - Buchstaben - ersten Buchstaben; den (srj5/57)
  - » Schreiben, beim - stellt etwas um - Buchstaben (srj5/58)
- Schreiben - unleserlich, schreibt (srj5/156)

Schule - Konstitution

GEMÜT - Kleinigkeiten, Trivialitäten - wichtig; scheinen (srj5/115)
- Selbstvertrauen - Mangel an Selbstvertrauen (srj5/161)
- Unordentlich (srj5/192)

Nonverbales - Reaktion auf andere

GEMÜT - Berührtwerden - Abneigung berührt zu werden (srj5/21)

Nonverbales - Gesten, Gebärden

GEMÜT - Hast, Eile - Bewegungen; in den (srj5/105)
- Ungeschicklichkeit (srj5/192)
- Verstecken - sich (^/199)

Nacht; Beobachtungen in der - Schlaf

SCHLAF - Erwachen - Schreck, wie durch (skp7/1675)

Adenosinum monophosphoricum acidum

amp.

Stillen - Milch

ALLGEMEINES - Speisen und Getränke - Milch - Verlangen (rly4/2001)

Konstitution - Allgemeines

GEMÜT - Selbstvertrauen - Mangel an Selbstvertrauen (rly4/161)

Schule - Angst

GEMÜT - Selbstvertrauen - Mangel an Selbstvertrauen (rly4/161)

Schule - Konstitution

GEMÜT - Selbstvertrauen - Mangel an Selbstvertrauen (rly4/161)

Nonverbales - Aggressivität

GEMÜT - Beißen (^/20)

Nonverbales - Gesten, Gebärden

GEMÜT - Beißen - Nägel (rly4/20)

Nonverbales - Konsultation; bei der

MUND - Aphthen (rly4/639)
- Aphthen - Zahnfleisch (rly4/640)
  - » Zunge (rly4/640)

Nonverbales - Äußerliches - Beobachtungen des Arztes

GESICHT - Aufgesprungen - Lippen (rly4/579)
- Rissig - Lippen (rly4/613)

Nonverbales - Äußerliches - Beobachtungen der Eltern

MAGEN - Gluckern; Gurgeln (rly4/802)

STUHL - Kugeln, wie (rly4/996)

BLASE - Urinieren - unwillkürlich - Lachen agg. (rly4/1020)

ATMUNG - Schnarchen (rly4/1180)

Nacht; Beobachtungen in der - Schlaf; Lage im

SCHLAF - Lage - Abdomen, auf dem (rly4/1682)

Aesculus hippocastanum

aesc.

Deutliche Röte der Augen, mit Tränenfluß, Brennen der Augäpfel und injiziertem Aussehen. Kent schreib in Bezug auf die Wirkung von Aesculus auf das Auge: „Aesculus ist ein wunderbares Augenmittel, besonders, wenn die Augen ‚Hämorrhoiden' haben."

Die Konzentration beim Lernen fällt schwer und Kopfschmerzen beim Lesen, besonders im Mastoideus. Erwartungsangst und Neigung zu stottern. Niedergeschlagen, mutlos, unzufrieden. *Extrem reizbar, besonders, wenn man ihm widerspricht*; wird schnell wütend und kann die Wut nur langsam unter Kontrolle bringen.

Besonders nützlich bei Kindern, die erschreckt und verwirrt aufwachen (ähnlich Lycopodium).

Zusätzlich zu den bekannten *Wirkungen auf den Verdauungskanal* - schwierige Verdauung mit Aufstoßen, Obstipation, unverdaute Stühle und Hämorrhoiden - wirkt dieses Mittel auch bei Tonsillitis mit ständiger Neigung zu schlucken.

Klinisches: Probleme im Analbereich. Hämorrhoiden. Obstipation. Hernie. Kopfschmerzen. Gelbsucht. Leberleiden.

Wirkungsbereich: Venen (Leber, Nasenrachenraum, Abdomen, Rektum). Schleimhäute. Hinterkopf. Lendengegend. Sakroiliakalregion.

* * *

Stillen - Magendarmsymptome - Appetit - vermindert

MAGEN - Appetit - fehlend (k/767)

Stillen - Magendarmsymptome - Aufstoßen - Speisen; von

MAGEN - *Aufstoßens; Art des - Speisen; von* (k/780)
- Aufstoßens; Art des - Speisen; von - Essen - eine Stunde nach (k/780)
  - » Speisen; von - Essen - nach - agg. (k/780)
  - » Speisen; von - Mund füllen; in Portionen, die den (k/780)

Stillen - Magendarmsymptome - Aufstoßen - Wasser; Hochsteigen von

MAGEN - Aufstoßens; Art des - Wasser in den Mund; Hochsteigen von (k/781)

Stillen - Magendarmsymptome - Rektum

REKTUM - Obstipation - Kindern, bei - Kleinkindern, bei (bro1*/969)

Konstitution - Angst und Furcht

GEMÜT - Beschwerden durch - Erwartungsspannung (bg/23)

Konstitution - Allgemeines

GEMÜT - Faulheit (*/55)
- Unzufrieden (^/194)

Beziehung zu anderen - Aggressivität

GEMÜT - Zorn - Widerspruch, durch (k2*/255)

Beziehung zu anderen - Reaktion auf andere

GEMÜT - Gesellschaft - Abneigung gegen (^/94)

Schule - Angst

GEMÜT - Beschwerden durch - Erwartungsspannung (bg/23)

Schule - Konzentration

GEMÜT - Konzentration - schwierig - Studieren (a1/117)
- Studieren, Lernen - schwierig, fällt schwer (mtf11/173)

Schule - Lernen - allgemein

GEMÜT - Studieren, Lernen - schwierig, fällt schwer (mtf11/173)

Schule - Anstrengung; geistige

KOPF - Schmerz - Seiten - Lesen, beim - agg. - Processus mastoideus (^/378)

Schule - Beziehung zu anderen

MUND - Sprache - stotternd (bg2/688)

Nonverbales - Konsultation; bei der

INNERER HALS - Entzündung - Tonsillen (*/724)

ÄUSSERER HALS - Schwellung - Halsdrüsen (*/760)

ABDOMEN - *Geschwüre - Nabelgegend* (k/865)

Nonverbales - Äußerliches - Beobachtungen des Arztes

ATMUNG - Beschleunigt (*/1174)

Nonverbales - Äußerliches - Beobachtungen der Eltern

MAGEN - Völlegefühl - Essen - nach - agg. (k/845)

STUHL - Kugeln, wie (*/996)
- Unverdaut (*/999)

Nacht; Beobachtungen in der - körperliche Symptome

BLASE - Urinieren - unwillkürlich - nachts - Kindern, bei (k1*/1019)

Nacht; Beobachtungen in der - Schlaf

SCHLAF - Erwachen - Schreck, wie durch (st1/1675)

Körperliche Symptome und Erkrankungen

KOPF - Schmerz - katarrhalisch (k/331)

MAGEN - Langsame Verdauung (br1/805)

Chirurgisch pathologische Zustände

ABDOMEN - Hernie (bro1*/867)

• Hernie - Leistenhernie (*/868)

MÄNNLICHE GENITALIEN - Varikozele (*/1085)

Würmer

REKTUM - Würmer - Beschwerden durch Würmer (bg2*/985)

• Würmer - Beschwerden durch Würmer - Spulwürmer (bro1/986)

Aethusa cynapium

aeth.

Das bekannteste und deutlichste Charakteristikum von Aethusa ist die *große Milchunverträglichkeit.* Die Milch wird erbrochen, sobald sie geschluckt wird; das Erbrochene ist normalerweise sauer, besteht aus großen geronnenen Klumpen und ist manchmal schaumig.

Große und akute Verschlechterung durch Milch mit Erbrechen oder Durchfall, wobei in diesem Fall eine Differentialdiagnose mit Lac vaccinum defloratum, Natrium carbonicum und Silicea notwendig ist. Gleichzeitig große Erschöpfung und Torpor. Die nachfolgende *Dehydration* verursacht bei Babies Schwäche und Schläfrigkeit. Es hat auch einen Alterungsaspekt - das Gesicht ist blaß, runzelig und hohlwangig und der Gesichtsausdruck ernst.

Typisch sind bläulichweiße Lippen und eine ausgeprägte Nasenlinie von den Nasenlöchern zu den Mundwinkeln.

Das Kind hat einen sehr ängstlichen Gesichtsausdruck und alle Symptome sind mit *Durstlosigkeit* verbunden, der Keynote dieses Mittels.

Die Asthenie kann zur Folge haben, daß es dem Kind schwerfällt, aufzustehen und den Kopf hoch zu halten (das einzige Symptom, das es mit Abrotanum gemeinsam hat).

Der Verdauungskanal und die von ihm ausgehende *schlechte Assimilation der Nahrung* sind die schwächsten Punkte bei Aethusa-Kindern. Qualen, Weinen, sie leiden gewöhnlich an Gastroenteritis. Durchfall bei heißem Wetter und während der Zahnung. Der Stuhl ist wäßrig und kann grünen Schleim und Blut enthalten, wobei der Bauch aufgetrieben und gegen Berührung empfindlich ist.

Das Kind ist zurückhaltend und immer beherrscht, hat aber starke innere Emotionen, wie *Natrium muriaticum.*

Dem Kind fällt das Lernen schwer; es hat Konzentrationsschwierigkeiten und Erwartungsangst. Es hat auch Probleme beim Lernen; und geistige Anstrengung verursacht oft kräftige Kopfschmerzen.

Diese Kinder sind unwiderstehlich zu *Tieren* hingezogen. Sie sind sehr empfindlich für das Leiden von Tieren und lieber in deren Gesellschaft als mit Menschen zusammen. Ihre Zuneigung zu Tieren ist so stark, daß sie in kritischen Momenten glauben, eine große Vielfalt von Tieren zu sehen, gewöhnlich Hunde, Katzen und Mäuse. Manchmal verwechseln sie auch Menschen mit Tieren.

Ängste sind ein weiterer wichtiger Aspekt. Sie haben Angst vor dem Zubettgehen aus Furcht, nicht aufzuwachen; Angst, die Augen zu schließen und Angst vor dem Arzt. Wie Calcarea carbonica sehen sie Gesichter, wenn sie die Augen schließen.

Klinisches: Milchunverträglichkeit. Magenbeschwerden. Durchfall. Husten. Absonderungen aus den Ohren. Augenleiden. Drüsenleiden. Epilepsie. Kinderlähmung. Schlaflosigkeit.

Wirkungsbereich: Verdauung. Gehirn. Nerven. Äußerer Hals. Drüsen. Leber.

* * *

Zahnung - Empfindungen und neurologische Beschwerden

ALLGEMEINES - *Konvulsionen - Zahnung; während der* (*/1907)

Zahnung - Magendarmsymptome

MAGEN - *Erbrechen - Zahnung; während der* (hr1*/796)

REKTUM - *Diarrhoe - Zahnung; während* (*/957)

Zahnung - Allgemeines

ZÄHNE - *Zahnung - schwierig* (hr1*/718)

Stillen - Milch

MAGEN - **Erbrechen - Milch, nach** (*/794)

• **Erbrochenen; Art des - Milch** (*/798)

» **Milch - geronnene** (*/798)

» *Milch - geronnene - Kindern; bei - Säuglingen; bei* (mrr1*/798)

• **Verdauungsstörung - Milch - agg.** (*/843)

REKTUM - Diarrhoe - Milch - agg. (*/954)

ALLGEMEINES - *Speisen und Getränke - Milch - Abneigung* (*/2000)

- Speisen und Getränke - Milch - Abneigung - Muttermilch (tl1/2001)
  - » **Milch - agg.** (*/2001)

Stillen - Magendarmsymptome - Appetit - vermindert

MAGEN - Appetit - fehlend (k/767)

- Appetit - fehlend - Durst - mit (hr1/768)

Stillen - Magendarmsymptome - Appetit - vermehrt

MAGEN - Appetit - vermehrt - Erbrechen - nach (bg2*/771)

Stillen - Magendarmsymptome - Aufstoßen - Speisen; von

MAGEN - Aufstoßens; Art des - Speisen; von (*/780)

- Aufstoßens; Art des - Speisen; von - Essen - eine Stunde nach (*/780)

Stillen - Magendarmsymptome - Erbrechen

MAGEN - Erbrechen - Kindern, bei - Säuglingen; bei (c1/793)

- Erbrechen - Kindern, bei - Säuglingen; bei - Trinken an der Brust; kurz nach dem (tl1/793)
- Erbrochenen; Art des - Speisen - Essen - nach - agg. (hr1*/800)
  - » Speisen - unverdaut (k/800)

Stillen - Magendarmsymptome - Abdomen - agg. durch

ABDOMEN - Schmerz - Kindern; bei - Säuglingen; bei - krampfartig (bro1/888)

Stillen - Magendarmsymptome - Abdomen - amel. durch

ABDOMEN - *Schmerz - Wärme - amel.* (*/896)

Stillen - Magendarmsymptome - Rektum

REKTUM - **Diarrhoe - Kindern, bei** (*/954)

- *Diarrhoe - Kindern, bei - Neugeborenen; bei* (mrr1/954)

Stillen - Allgemeines

ALLGEMEINES - Essen - Überessen; agg. nach - Kindern; bei (bg2*/1877)

- Säuglinge (kk2/1944)

Konstitution - Angst und Furcht

GEMÜT - Angst - Kinder - bei Kindern (mtf33/11)

- Beschwerden durch - Erwartungsspannung (st*/23)
- Furcht - hochgelegenen Orten; vor (dgt*/71)
  - » *Kontrolle zu verlieren; die* (vh1/72)
  - » *Versagen, Mißerfolg; vor dem* (^/79)
  - » *Versagen, Mißerfolg; vor dem - Prüfungen, bei* (st*/79)

Konstitution - Allgemeines

GEMÜT - Unzufrieden (k/194)

- Weinen - Geräusch, bei (k/245)
  - » Kindern; bei (^/246)

Familie; Beziehung zur - Liebe und Zuneigung

GEMÜT - Angst - andere, um (^/7)

- *Angst - Familie, um seine* (vh1/9)

Beziehung zu anderen - Reaktion auf andere

GEMÜT - Gesellschaft - Verlangen nach (k/95)

- Gesellschaft - Verlangen nach - allein; agg. wenn (bg2/96)
- Schüchternheit, Zaghaftigkeit (^/158)
  - » Öffentlichkeit; beim Auftreten in der (st*/159)

Beziehung zu anderen - allgemein

GEMÜT - Mitgefühl, Mitleid (^/130)

- Unabhängigkeit, Selbständigkeit (mrr1/189)

Schule - Angst

GEMÜT - Beschwerden durch - Erwartungsspannung (st*/23)

- *Erwartungsspannung - Prüfungen, vor* (st/53)
- *Furcht - Versagen, Mißerfolg; vor dem* (^/79)
  - » *Versagen, Mißerfolg; vor dem - Prüfungen, bei* (st*/79)

REKTUM - Diarrhoe - Erwartungsspannung, nach (tl1/952)

Schule - Konzentration

GEMÜT - *Konzentration - schwierig - Kindern, bei* (*/117)

- **Konzentration - schwierig - Studieren** (k1*/117)
- Stumpfheit - Lesen (ptk1/175)
  - » Studieren und Lernen; beim (ptk1/176)

Schule - Lernen - allgemein

GEMÜT - Stumpfheit - Studieren und Lernen; beim (ptk1/176)

Schule - Lernen - Lesen

GEMÜT - Lesen - unfähig zu lesen (hr1*/124)

- Stumpfheit - Lesen (ptk1/175)

Schule - Beziehung zu anderen

GEMÜT - Schüchternheit, Zaghaftigkeit - Öffentlichkeit; beim Auftreten in der (st*/159)

Tieren; Beziehung zu

GEMÜT - Mitgefühl, Mitleid - Tieren, mit (c1*/130)

- Tiere - liebt Tiere, Tierliebe (vh1*/180)
  - » liebt Tiere, Tierliebe - Hunde (ckh1/180)
  - » liebt Tiere, Tierliebe - Katzen (ckh1/180)

Nonverbales - Aggressivität

GEMÜT - Spucken (a1/170)

Nonverbales - Gesten, Gebärden

GEMÜT - Springen (^/169)
• Ungeschicklichkeit (bg2*/192)

Nonverbales - Allgemeines

GEMÜT - Ruhelosigkeit - Kindern, bei (mtf33/151)
• Schreien - Kindern, bei (hr1*/157)

Nonverbales - Konsultation; bei der

OHR - Absonderungen - eitrig (*/497)
• Absonderungen - gelb (*/497)
» warm; als wären sie (c1*/498)
• Ohrschmalz - fehlend (k/516)
MUND - *Aphthen* (*/639)
• Aphthen - Zunge (*/640)
• *Schwämmchen* (vk1/681)
INNERER HALS - *Aphthen* (*/721)
ÄUSSERER HALS - Schwellung - Halsdrüsen (hr1/760)
• Verhärtung von Drüsen - perlschnurartig (bg1/761)
RÜCKEN - Hautausschläge - Furunkel - Lumbalregion (a1/1317)
• Hautausschläge - Furunkel - Sakrum (k/1317)
HAUT - *Intertrigo* (bro1/1825)

Nonverbales - Äußerliches - Beobachtungen des Arztes

KOPF - *Halten - hoch, aufrecht zu halten; unfähig, den Kopf* (*/289)
AUGE - Strabismus, Schielen (bg2/467)
• Verklebt (*/472)
NASE - Eingezogene Nasenlöcher (ptk1/546)
GESICHT - Aufgesprungen - Lippen (a1/579)
• Ausdruck - alt aussehend (vh1*/580)
» alt aussehend - Kindern; bei (mtf33/580)
• Farbe - blaß - Kindern; bei (mtf33/586)
• Gerunzelt (k/594)
» Kindern; bei - Neugeborenen; bei (mrr1/594)
• **Hippokratisches Gesicht** (*/605)
» Kindern; bei - Neugeborenen; bei (mrr1/605)
• Nasenlinie ausgeprägt (*/613)

Nonverbales - Äußerliches - Beobachtungen der Eltern

AUGE - *Verklebt - morgens* (*/472)
OHR - Bohren mit den Fingern darin - amel. (ptk1/500)
MAGEN - Gluckern; Gurgeln - Übelkeit, mit (*/803)
• Schluckauf (*/809)
ABDOMEN - Schmerz - Kindern; bei - Säuglingen; bei - krampfartig (bro1/888)
• *Schmerz - Wärme - amel.* (*/896)
STUHL - *Unverdaut* (*/999)
ATMUNG - Schnarchen (k/1180)
HAUT - Ekchymosen (hr1*/1797)

Nacht; Beobachtungen in der - Gemütssymptome

GEMÜT - Angst - Dunkelheit; in der (k/8)
• Furcht - Dunkelheit; vor der (st1/66)
• Schlafwandeln (dgt1/154)

Nacht; Beobachtungen in der - körperliche Symptome

BLASE - *Urinieren - unwillkürlich - nachts* (k/1019)

Körperliche Symptome und Erkrankungen

KOPF - Entzündung - Gehirn (bro1/284)
MAGEN - Erbrechen - Kindern, bei (k2*/793)
REKTUM - **Cholera - infantum** (*/949)
• Cholera - infantum - begleitet von - Stuhl; grünem, wäßrigem (tl1/949)
ALLGEMEINES - Abmagerung - Kindern; bei (kr1/1845)
• Essen - Überessen; agg. nach (ptk1/1877)
» Überessen; agg. nach - Kindern; bei (bg2*/1877)
• Jahreszeiten - Sommer; im - agg. - Kindern; bei (br1/1893)
• *Kindern; Beschwerden von* (*/1897)
• *Konvulsionen - Kindern, bei* (*/1905)
» *Kindern, bei - Kleinkindern, bei* (bro1/1905)
• Schwäche - Kindern, bei (vh1/1977)
» *Kindern, bei - Neugeborenen; bei* (mrr1/1977)

Chirurgisch pathologische Zustände

MÄNNLICHE GENITALIEN - Hochgezogen, an den Körper gezogen - Hoden - rechts (hr1*/1068)

Agaricus muscarius

agar.

Helles Haar, schlaffe Haut und Muskulatur und sehr blasses Gesicht.

Offensichtlich langsame Entwicklung von Gehirn und Nervensystem. Das kann dazu führen, daß das Kind nur langsam sprechen und laufen lernt.

Das Kind hat Verständnisschwierigkeiten in der Schule. Das Kind kann aufgrund seiner Unfähigkeit, sich zu konzentrieren, Probleme beim Lernen haben. Infolgedessen machen sie beim Sprechen und Schreiben Fehler. Die Sprache ist oft abgehackt und undeutlich.

Das Kind fühlt sich *seelisch schwach und von den Eltern abhängig.* Sie bitten immer andere, Entscheidungen für sie zu treffen.

Diese Kinder erscheinen schüchtern, unbeholfen und etwas zurückgeblieben. Später können sie auch hyperaktiv werden, (äußerlich und innerlich) ruhelos und *sie haben keine Furcht und keine Vorstellung von Gefahr* (sie klettern auf die höchsten

Bäume u.ä.). Purzelbäume sind ihre Lieblingsbeschäftigung.

Als Teenager ist Agaricus risikofreudig und plant wichtige Projekte für die Zukunft.

Als junge Erwachsene können sie Verlangen nach Alkohol entwickeln und später zu Alkoholikern werden.

Ein Agaricus-Kind ist nicht immer so, wie oben beschrieben. Sie können sehr intelligent und schlau sein, mit der höchsten geistigen Aktivität besonders am Abend. Sie sind sehr neugierig und immer bereit, etwas Neues zu lernen.

Eine weitere Spielart von Agaricus wird von J. Mezger in seiner Arzneimittellehre wie folgt beschrieben: „Nervöse Überlebendigkeit der Kinder mit psychischer und motorischer Unruhe, lacht, singt, tanzt und rennt ausgelassen herum. [...] Kinder sind durch ihre große Unruhe und ihr im wahrsten Sinne ‚zappeliges' Wesen eine große Geduldsprobe für die Eltern. [...] Im Bett wippen sie rhythmisch mit dem Gesäß oder rollen mit dem Kopf. [...] Agaricus-Kinder leiden nicht selten an Bettnässen, besonders nach lebhaftem Spiel oder Aufregung."

Agaricus ist ein nützliches Mittel bei einfacher Reizbarkeit, Quengeligkeit und Ruhelosigkeit zahnender Kinder.

Kinder mit *Zuckungen*, besonders im Gesicht; fallen leicht in Ohnmacht. Nervöse Mädchen vor der Pubertät, die Konvulsionen durch Aufregung oder Schock bekommen oder wenn sie sehr beleidigt oder von den Eltern oder Lehrern zurechtgewiesen wurden.

Unwillkürliche Bewegungen von Kindern, während sie wach sind, die im Schlaf aufhören.

Manchmal findet man beim Kind eine oder zwei Stellen an der Kopfhaut, an denen die Haare aufrecht stehen.

Hautausschläge um den Mund als Folge des Leckens der Lippen. Neigung zu roter Nase und zu *Frostbeulen.*

Wachstumsschmerzen bei Kindern. Sie müssen nahe am Ofen sitzen, sonst werden die Gliedmaßen kalt.

Durchfall unter Beteiligung der Leber, mit grünem Stuhl.

Klinisches: Blepharospasmus. Epilepsie. Allgemeine Lähmung. Meningitis. Neuralgie. Nystagmus. Jucken. Lichen. Gelbsucht. Tränengangfistel. Kurzsichtigkeit.

Wirkungsbereich: Spinalachse (Hinterkopf, Nerven, Lendengegend). Peristaltik. Herz. Kreislauf. Atmung. Brust.

* * *

Krankengeschichte; familiäre und persönliche

ALLGEMEINES - Familiengeschichte von - Tuberkulose (br1/1878)
• Krankengeschichte von; persönliche - Tuberkulose, von (br1/1910)

Entwicklung - langsam

GEMÜT - *Entwicklung; kindliche - Entwicklungsstillstand* (sf1/47)
• Sprechen - langsam; lernt (*/168)

ALLGEMEINES - *Entwicklung - Entwicklungsstillstand* (bg2/1872)
• *Gehen - Gehenlernen, Laufenlernen - spätes* (*/1883)

Entwicklung - allgemein

EXTREMITÄTEN - Schmerz - Unterschenkel - Wachstumsschmerzen (k2*/1605)

ALLGEMEINES - Schmerz - Wachstumsschmerzen (bg2*/1958)

Zahnung - Allgemeines

ZÄHNE - Zahnung - schwierig (zr/718)

FIEBER - Zahnung; während der (bg2/1781)

Stillen - Milch

MAGEN - *Erbrechen - Milch, nach - geronnene Milch* (zr/794)

ALLGEMEINES - *Konvulsionen - Muttermilch; durch Unterdrückung der* (*/1906)
• Schwäche - Milch - agg. (zr/1978)

Stillen - Magendarmsymptome - Appetit - vermindert

MAGEN - *Appetit - fehlend* (*/767)
• *Appetit - fehlend - Hunger, mit* (*/768)
» schnelle Sättigung (*/770)
» vermindert (*/772)

Stillen - Magendarmsymptome - Appetit - vermehrt

MAGEN - *Appetit - Genuß, ohne* (k/769)
• *Appetit - Heißhunger* (*/769)
» Heißhunger - Essen - nach dem Essen - bald danach (k/770)
» Heißhunger - Schweiß, mit (h2/770)
» *vermehrt* (*/770)
» vermehrt - Essen - nach (*/772)

Stillen - Magendarmsymptome - Schluckauf

MAGEN - Aufstoßens; Art des - leer - abwechselnd mit - Schluckauf (*/778)

• *Schluckauf - Aufstoßen - nach* (b4a/809)

Stillen - Magendarmsymptome - Abdomen - amel. durch

ABDOMEN - Schmerz - Druck - amel. (k/883)

Stillen - Magendarmsymptome - Rektum

REKTUM - *Diarrhoe - Kindern, bei* (k/954)

Infektionskrankheiten - Pocken

HAUT - Hautausschläge - Pocken (k/1819)

Infektionskrankheiten - Keuchhusten

HUSTEN - Keuchhusten - heftig (ptk1/1198)
• Keuchhusten - Krampfstadium, im (ptk1/1198)

Konstitution - Angst und Furcht

GEMÜT - **Angst - hypochondrisch** (vh*/11)
• Beschwerden durch - Schreck (bg2*/25)
• Feigheit (*/59)
• Furcht - Gespenstern; vor (vh/70)
» Wasser, vor (br1/79)
• *Furchtlos* (h2*/80)
• *Gefahr - kein Gefühl für Gefahr; hat* (mtf/87)
• Mutig (*/133)

Konstitution - Allgemeines

GEMÜT - Empfindlich - Kinder (dx1/44)
• Entmutigt (*/46)
• *Faulheit* (*/55)
• Neugierig (*/135)
• Pflicht - zu viel Pflichtgefühl (mtf33/136)
• Selbstsucht, Egoismus (*/161)
• Stimmung, Laune - veränderlich (k2/171)
• Unaufmerksam (mtf33/189)
• Unzufrieden (k/194)
• Veränderungen - Abneigung gegen (^/195)
• Verwegenheit (*/199)

Familie; Beziehung zur - Liebe und Zuneigung

GEMÜT - Liebevoll, voller Zuneigung, herzlich (a1/125)

Familie; Beziehung zur - Vorwürfe

GEMÜT - Beschwerden durch - Bestrafung (ptk/22)
• Beschwerden durch - Tadel (bg2*/25)

Beziehung zu anderen - Aggressivität

GEMÜT - Streitsüchtig (*/173)

Beziehung zu anderen - Reaktion auf andere

GEMÜT - *Antworten - Abneigung zu antworten* (*/14)
• Antworten - Abneigung zu antworten - singt und redet, beantwortet jedoch keine Fragen (k/15)
» unfähig zu antworten (^/15)
» *weigert sich zu antworten* (k/15)
• Autismus (^/19)
• Gesellschaft - Abneigung gegen (bg2/94)
» Verlangen nach (^/95)
» Verlangen nach - allein; agg. wenn (bg2/96)
• *Redseligkeit; Geschwätzigkeit - beantwortet keine Fragen, aber* (k/141)
• Schüchternheit, Zaghaftigkeit (vh1/158)
• Trost - amel. (mtf33/188)

Beziehung zu anderen - allgemein

GEMÜT - Beleidigt, leicht (k/20)
• Furcht - Räubern, vor (fyz/74)
• Geheimnistuerisch, verschlossen (bg2/87)
• *Ichbezogenheit, Selbstüberhebung* (^/111)
• *Quält - andere* (^/138)
» *andere - Beschwerden; jeden mit seinen* (vh*/138)
• Tadelsüchtig, krittelig (bg2/178)

Schule - Konzentration

GEMÜT - Gedächtnis - Gedächtnisschwäche - Kindern, bei (k2*/81)
• Konzentration - schwierig - Studieren (a1*/117)
• *Studieren, Lernen - schwierig, fällt schwer* (mtf33/173)
• *Stumpfheit - Studieren und Lernen; beim* (bg2/176)
• Unaufmerksam (mtf33/189)
• Verwirrung; geistige - Lesen, beim (k/203)

Schule - Lernen - allgemein

GEMÜT - Fehler; macht - Sprechen, beim - Buchstabieren, beim (k2*/58)
• *Studieren, Lernen - schwierig, fällt schwer* (mtf33/173)
• *Stumpfheit - Studieren und Lernen; beim* (bg2/176)

Schule - Lernen - Lesen

GEMÜT - Lesen - unfähig zu lesen (^/124)
• Lesen - unfähig zu lesen - Kindern, bei (mtf33/124)
• Verwirrung; geistige - Lesen, beim (k/203)

Schule - Lernen - Schreiben

GEMÜT - Fehler; macht - Schreiben, beim (k2*/57)

Schule - Anstrengung; geistige

KOPF - Schmerz - geistige Anstrengung - agg. (*/328)

Schule - Beziehung zu anderen

GEMÜT - *Redseligkeit; Geschwätzigkeit - beantwortet keine Fragen, aber* (k/141)
• Ungehorsam (^/191)
» Kindern, bei (lmj/191)

MUND - Sprache - stotternd (bg2*/688)
• *Sprache - stotternd - Erregung, bei* (vh/688)

Schule - Vorwürfe

GEMÜT - Beschwerden durch - Bestrafung (ptk/22)
• Beschwerden durch - Tadel (bg2*/25)

ALLGEMEINES - Konvulsionen - Bestrafung, nach (k2*/1901)

Schule - Konstitution

GEMÜT - *Eigensinnig, starrköpfig, dickköpfig* (*/41)
• Neugierig (*/135)
• Ungehorsam (^/191)
» Kindern, bei (lmj/191)

Spielen

GEMÜT - Spielen - Verlangen zu spielen (^/166)
• Tanzen (*/179)

Nonverbales - Aggressivität

GEMÜT - *Beißen* (^/20)
• *Beißen - sich selbst; beißt* (vh1/20)
• Destruktivität, Zerstörungswut (*/38)
• Reißt an etwas - Gegenstände; zerreißt (bro1*/142)
• Wirft mit Gegenständen um sich (ptk1/250)
» Personen; nach (k/250)

Nonverbales - Reaktion auf andere

GEMÜT - Angesehen, angeblickt zu werden - blickt nach unten, wenn er angesehen wird (zr/5)
• Angesehen, angeblickt zu werden - weicht den Blicken anderer aus (mtf/5)
• *Berührtwerden - Abneigung berührt zu werden* (k/21)

Nonverbales - Gesten, Gebärden

GEMÜT - Gesten, Gebärden; macht - Tics; nervöse (mtf11/99)
• Grimassen (bg2*/103)
» sonderbare Gesichter; schneidet (sf/103)
• Klammert sich an - hält sich nach anderen fest (gg/114)
• Launenhaftigkeit, launisch (*/123)
• Pfeifen (a1*/136)
• Springen (*/169)
• *Ungeschicklichkeit* (bg2*/192)

Nonverbales - Allgemeines

GEMÜT - *Eigensinnig, starrköpfig, dickköpfig* (*/41)
• Ruhelosigkeit - Kindern, bei (vh1*/151)
• Singen (*/163)
» ausgelassen, fröhlich (bg2/163)

Nonverbales - Konsultation; bei der

KOPF - Hitze - Kälte - Körpers; mit Kälte des (k/293)
OHR - Entzündung - Mittelohr - chronisch (bro1/501)
• Ohrschmalz - vermehrt (*/516)
MUND - Aphthen (*/639)
• Aphthen - Gaumen (*/640)
» Gaumen - mercurialisch (k/640)
» Zunge (*/640)
» Zunge - kleine Aphthen - schmutziggelb (kr1*/640)
» *Zunge - Quecksilber; nach Mißbrauch von* (kr1*/640)
» Zunge - Zungenspitze (*/640)
• Landkartenzunge (b2/668)
• Papillen - aufgerichtet (*/669)
» aufgerichtet - Zungenwurzel (*/669)
ÄUSSERER HALS - *Schwellung - Halsdrüsen* (*/760)
ABDOMEN - Schmerz - Druck - amel. (k/883)
REKTUM - *Hautausschläge - Anus; um den* (k/964)
RÜCKEN - Krümmung der Wirbelsäule (bg2/1323)
HAUT - Hautausschläge - Bläschen - Sudamina (Schweißfriesel) (b4a/1810)

Nonverbales - Äußerliches - Beobachtungen des Arztes

KOPF - Schuppen (bg2/402)
AUGE - Strabismus, Schielen (*/467)
• *Strabismus, Schielen - divergens* (*/467)
• *Verklebt* (*/472)
OHR - Bohren mit den Fingern darin (*/500)
GESICHT - Aufgesprungen - Lippen (*/579)
• Fettig (*/593)
• Gerunzelt - Stirn, Stirnrunzeln (bg2/594)
• Hautausschläge - Akne (st/595)
• Hippokratisches Gesicht (k/605)
• *Rissig - Lippen* (*/613)
» Lippen - Oberlippe (b4/613)
» Lippen - Unterlippe - Mitte der (*/614)
ÄUSSERER HALS - Torticollis (bro1/761)
ATMUNG - *Beschleunigt* (*/1174)
HUSTEN - *Anfallsweise - Anfälle folgen schnell aufeinander* (k/1186)
• Anfallsweise - besteht aus - zwei Hustenstößen (k/1186)
RÜCKEN - Opisthotonus (k/1325)
ALLGEMEINES - Aussehen - hell, blond (*/1855)
• Aussehen - hell, blond - schlaffer Faser, mit (c1*/1855)

Nonverbales - Äußerliches - Beobachtungen der Eltern

OHR - Bohren mit den Fingern darin - amel. (a1/500)
NASE - Schneuzen der Nase - Neigung, sich zu schneuzen; ständige (k/568)
MUND - Beißt - Zunge; beißt sich auf die (*/640)
ZÄHNE - Zähneknirschen (bg2/718)
• Zusammenbeißen der Zähne - Verlangen, die Zähne zusammenzubeißen; ständiges (k/719)
MAGEN - Brechreiz, Würgen (k/784)
• Brechreiz, Würgen - Essen, nach dem (*/784)
» *Husten; agg. beim* (k/784)
• Gluckern; Gurgeln (*/802)
• *Schluckauf* (*/809)
» abwechselnd mit - Aufstoßen (*/809)
» *Aufstoßen - nach* (b4a/809)
• Völlegefühl - Essen - nach - agg. (*/845)

» Essen - nach - agg. - wenig, nach dem kleinsten Bissen; nach noch so (k/845)
» Mittagessen, nach dem (k/845)

Rektum - Unwillkürlicher Stuhl (bg2/984)

Stuhl - Schafskot, wie (b2/997)

Blase - *Urinieren - Harndrang - plötzlich - beeilen um zu urinieren, sonst geht Urin ab; muß sich* (k/1015)

• Urinieren - verzögert, muß warten, bis der Urin zu fließen beginnt (*/1020)
» verzögert, muß warten, bis der Urin zu fließen beginnt - pressen, bevor er damit beginnen kann; muß lange (k/1021)

Männliche Genitalien - Masturbation, Neigung zur (vh1/1071)

Extremitäten - Hitze - Füße - brennend - entblößt sie (k/1440)

Nacht; Beobachtungen in der - Gemütssymptome

Gemüt - Gesten, Gebärden; macht - Hände; unwillkürliche Bewegungen der - zupft - Bettwäsche; an der (bro1/98)

• Schlafwandeln (k/154)

Nacht; Beobachtungen in der - körperliche Symptome

Kopf - Schweiß der Kopfhaut - Schlaf - im (sne/404)

Zähne - Zähneknirschen - Schlaf; agg. im (*/718)

Nacht; Beobachtungen in der - Schlaf; Lage im

Schlaf - Lage - Beine - ausgestreckt (*/1682)

Autos und Schiffe

Abdomen - Schmerz - Hypogastrium - Fahren im Wagen agg. (k/909)

Blase - Schmerz - Fahren - Wagen; im - agg. (k/1007)

• Schmerz - Fahren - Wagen; im - agg. - ziehend (k/1007)

Psychosomatische Störungen

Allgemeines - Konvulsionen - Bestrafung, nach (k2*/1901)

• Konvulsionen - Schreck agg. (k/1906)

Körperliche Symptome und Erkrankungen

Kopf - Entzündung - Hirnhaut (c2/284)

Innerer Hals - *Räuspert käsige Klumpen herauf* (*/732)

Magen - Würgen - Husten, mit (k/846)

Kehlkopf und Trachea - *Laryngismus stridulus* (*/1145)

Allgemeines - Kindern; Beschwerden von (*/1897)

• Konvulsionen - Hitze; während (zr/1904)
» Kindern, bei (*/1905)
• Medikamente - allopathische - Mißbrauch von (a1/1921)
• Pubertät - Beschwerden während der (bg2/1934)

Chirurgisch pathologische Zustände

Männliche Genitalien - Hochgezogen, an den Körper gezogen - Hoden (k/1068)

• Hochgezogen, an den Körper gezogen - Hoden - schmerzhaft (k2/1068)
» Hoden - Leistenkanal; in den (a1*/1068)

Agathis australis

agath-a.

Agathis-australis-Patienten haben gewöhnlich ein runzeliges Gesicht, weshalb die Kinder alt aussehen.

Sie sind *verwegen und mutig*, impulsiv und sogar voller Verachtung für andere. Sie sind gewöhnlich streitsüchtig, besonders gegenüber Familienmitgliedern und lügen. Sie lieben es zu singen und zu tanzen. Manchmal kann man auch einen Aspekt von Schwäche in ihrem Charakter finden. Dann wird die Angst vor dem Alleinsein hervortreten - obwohl sie gleichzeitig nicht besonders gerne in Gesellschaft sind. Sie können das Gefühl entwikkeln, verlassen zu sein und Mangel an Selbstvertrauen. Ihr Mangel an Selbstwertgefühl in der Schule kann dazu führen, daß sie an Beschwerden durch Scham leiden. Es fällt ihnen schwer, sich zu konzentrieren und sie machen oft Fehler beim Schreiben. Sie neigen dazu, schnell den Mut zu verlieren und geben sich selbst die Schuld.

In der Prüfung sind einige *Kopf-* und *Rückensymptome* zu sehen; nur vier Hautsymptome und keine Symptome aus den Abschnitten Stuhl, männliche Geschlechtsorgane, Auswurf, Frost oder Fieber. Eines der bemerkenswertesten Kennzeichen der Prüfung war das Gefühl, als wäre der Kopf zu einer Spitze gezogen, genau vor den Augen und der Nase. Im Allgemeinen waren Empfindungen von Wellen von Prickeln, Kribbeln, Zwicken und Schießen vorhanden. Es gab Träume vom Schwimmen, vom Gehen auf Wasser, Menschen in Booten, von mit Eis bedeckten Schwimmbekken, von ertrinkenden Wespen, Wasserfällen, unglaublichem Durst und vom Geruch von Wasser.

Klinisches: Kopfschmerzen. Rückenschmerzen.

Wirkungsbereich: Kopf. Rücken.

* * *

Stillen - Magendarmsymptome - Appetit - vermehrt

Magen - Appetit - Heißhunger (nl2/769)

• Appetit - vermehrt (nl2/770)

Konstitution - Angst und Furcht

GEMÜT - Furcht - allein zu sein (nl2/64)
- Furcht - Armut, vor (nl2/65)
- Mutig (nl2/133)

Konstitution - Allgemeines

GEMÜT - Entmutigt (nl2/46)
- Furcht - Armut, vor (nl2/65)
- Selbstvertrauen - Mangel an Selbstvertrauen (nl2/161)
- *Sorgen; voller* (nl2/164)
- Spontan, impulsiv (nl2/166)
- Stimmung, Laune - veränderlich (nl2/171)
- Unzufrieden (nl2/194)
- Verwegenheit (nl2/199)

Familie; Beziehung zur - Aggressivität

GEMÜT - Streitsüchtig - Familie, mit ihrer (nl2/173)

Familie; Beziehung zur - Liebe und Zuneigung

GEMÜT - *Liebevoll, voller Zuneigung, herzlich* (nl2/125)
- Verlassen zu sein; Gefühl (nl2/198)

Beziehung zu anderen - Aggressivität

GEMÜT - Herausfordernd (nl2/107)
- Streitsüchtig (nl2/173)

Beziehung zu anderen - Reaktion auf andere

GEMÜT - Beschwerden durch - Scham (nl2/24)
- Gesellschaft - Abneigung gegen (nl2/94)

Beziehung zu anderen - allgemein

GEMÜT - Lügner (nl2/126)
- Tadelt sich selbst, macht sich Vorwürfe (nl2/179)

Schule - Angst

GEMÜT - Selbstvertrauen - Mangel an Selbstvertrauen (nl2/161)

Schule - Konzentration

GEMÜT - Konzentration - schwierig - Studieren (nl2/117)

Schule - Lernen - Schreiben

GEMÜT - Fehler; macht - Schreiben, beim (nl2/57)
- Fehler; macht - Schreiben, beim - falsch - Buchstaben, Zahlen (nl2/57)
  » Schreiben, beim - stellt etwas um - Worte (nl2/58)

Schule - Anstrengung; geistige

KOPF - Schmerz - Lesen, beim - agg. (nl2/332)

Schule - Beziehung zu anderen

GEMÜT - Beschwerden durch - Scham (nl2/24)
- Lügner (nl2/126)

Schule - Konstitution

GEMÜT - Lügner (nl2/126)
- Selbstvertrauen - Mangel an Selbstvertrauen (nl2/161)

Spielen

GEMÜT - Tanzen (nl2/179)

Nonverbales - Gesten, Gebärden

GEMÜT - Auffahren, Zusammenfahren - Geräusche; durch (nl2/17)
- Grimassen (nl2/103)
  » sonderbare Gesichter; schneidet (nl2/103)

Nonverbales - Allgemeines

GEMÜT - Singen (nl2/163)
- *Singen - ausgelassen, fröhlich* (nl2/163)

Nonverbales - Konsultation; bei der

ÄUSSERER HALS - Schwellung - Halsdrüsen (nl2/760)
- Schwellung - Seiten (nl2/760)

Nonverbales - Äußerliches - Beobachtungen des Arztes

GESICHT - Gerunzelt (nl2/594)

Nonverbales - Äußerliches - Beobachtungen der Eltern

MAGEN - Gluckern; Gurgeln (nl2/802)

Körperliche Symptome und Erkrankungen

ALLGEMEINES - Schmerzlosigkeit gewöhnlich schmerzhafter Beschwerden (nl2/1971)

Agnus castus

agn.

Faule und ungehorsame Kinder, die keinen Widerspruch ertragen. Mangel an Selbstvertrauen, Stottern, Erwartungsangst, *schnell entmutigt und unglücklich*. Sie haben oft Schwierigkeiten in der Schule, besonders beim Lesen. Geistige Anstrengung verursacht Kopfschmerzen, besonders Lesen.

Nagendes Beißen überall, besonders an den Augen.

Erweiterte Pupillen, Photophobie (Differentialdiagnoe: Belladonna).

Nützlich bei *allen Arten von Würmern* (Madenwürmer, Spulwürmer und Bandwürmer).

Übelkeit mit dem Gefühl, die Därme würden nach unten gedrückt; möchte die Därme festhalten.

Mädchen neigen zu *verspäteter Menarche.*

Beide Geschlechter neigen zu Masturbation.

Ein führendes Mittel bei *Verstauchungen und Zerrungen.*

Klinisches: Wundheit und Fissuren am Anus. Diarrhoe. Aszites. Verrenkungen. Verhärtung der Milz. Schwellung der Hoden; Verhärtung der Hoden. Zahnschmerzen.

Wirkungsbereich: Geschlechtsorgane. Gemüt. Nerven. Augen.

* * *

Krankengeschichte; familiäre und persönliche

ALLGEMEINES - Krankengeschichte von; persönliche - Gonorrhoe, von (br1/1909)

Stillen - Magendarmsymptome - Appetit - vermindert

MAGEN - Appetit - vermindert (*/772)

Stillen - Magendarmsymptome - Appetit - vermehrt

MAGEN - Appetit - Heißhunger (b7/769)
• Appetit - vermehrt (b2/770)

Stillen - Magendarmsymptome - Rektum

REKTUM - *Diarrhoe - Kindern, bei* (*/954)

Infektionskrankheiten - Mumps

GESICHT - Schmerz - Parotis (^/626)
• Schmerz - Parotis - links (^/627)
» Parotis - links - ziehend (*/627)
» Parotis - ziehend (*/627)

Konstitution - Angst und Furcht

GEMÜT - Angst - hypochondrisch (vh*/11)
• Beschwerden durch - Erwartungsspannung (bg/23)
• Feigheit (*/59)

Konstitution - Allgemeines

GEMÜT - Entmutigt (*/46)
• Faulheit (b7/55)
• Selbstvertrauen - Mangel an Selbstvertrauen (*/161)
• Stimmung, Laune - veränderlich (*/171)
• Unaufmerksam (bg2/189)
• Unzufrieden (*/194)

Schule - Angst

GEMÜT - Beschwerden durch - Erwartungsspannung (bg/23)
• Selbstvertrauen - Mangel an Selbstvertrauen (*/161)

Schule - Konzentration

GEMÜT - *Konzentration - schwierig - Studieren* (k/117)
• Studieren, Lernen - schwierig, fällt schwer (sf1/173)
• Stumpfheit - Lesen (k/175)
» Studieren und Lernen; beim (bg2/176)
• Unaufmerksam (bg2/189)
• Verwirrung; geistige - Lesen, beim (k/203)

Schule - Lernen - allgemein

GEMÜT - Studieren, Lernen - schwierig, fällt schwer (sf1/173)
• Stumpfheit - Studieren und Lernen; beim (bg2/176)

Schule - Lernen - Lesen

GEMÜT - *Lesen - schwierig; ist* (a1*/124)
• Stumpfheit - Lesen (k/175)
• Verwirrung; geistige - Lesen, beim (k/203)

Schule - Anstrengung; geistige

KOPF - Schmerz - geistige Anstrengung - agg. (k/328)
• Schmerz - Lesen, beim - agg. (*/332)

Schule - Beziehung zu anderen

GEMÜT - Ungehorsam (*/191)
• Ungehorsam - Kindern, bei (lmj/191)
MUND - Sprache - stotternd (bg2/688)

Schule - Konstitution

GEMÜT - Selbstvertrauen - Mangel an Selbstvertrauen (*/161)
• Ungehorsam (*/191)
» Kindern, bei (lmj/191)

Nonverbales - Konsultation; bei der

HAUT - Intertrigo (bro1/1825)

Nonverbales - Äußerliches - Beobachtungen der Eltern

MAGEN - Schluckauf (*/809)
MÄNNLICHE GENITALIEN - Masturbation, Neigung zur (*/1071)
WEIBLICHE GENITALIEN - Masturbation; Neigung zu (k2/1104)

Nacht; Beobachtungen in der - Schlaf

SCHLAF - *Erwachen - häufig - Schreck, wie durch* (hr1/1674)
• Erwachen - Schreck, wie durch (*/1675)

Körperliche Symptome und Erkrankungen

WEIBLICHE GENITALIEN - Menses - verzögerte Menarche (*/1114)
ALLGEMEINES - Medikamente - allopathische - Mißbrauch von (mrr1/1921)

Chirurgisch pathologische Zustände

MÄNNLICHE GENITALIEN - *Hochgezogen, an den Körper gezogen - Hoden* (b7a/1068)

Würmer

REKTUM - Würmer - Beschwerden durch Würmer - Bandwürmer (bg2/986)
• Würmer - Beschwerden durch Würmer - Madenwürmer (k/986)
» *Beschwerden durch Würmer - Spulwürmer* (hr1/986)

Agraphis nutans

agra.

Kinder mit *vergrößerten Mandeln und Adenoiden* mit Taubheit. Mutismus in der Kindheit oder langsames Sprechenlernen; nicht mit Taubheit verbunden. Katarrhalische Zustände, besonders der Eustachischen Röhren; verstopfte Nasenlöcher.

Neigung zu Erkältung nach Einwirkung kalter Winde (Differentialdiagnose: Aconitum). Diarrhoe und Frost durch Kälte.

Klinisches: Adenoide. Katarrh. Taubheit. Diarrhoe.

Wirkungsbereich: Ohren. Innerer Hals. Nase. Rektum.

* * *

Entwicklung - langsam

GEMÜT - **Sprechen - langsam; lernt** (sne/168)

Nonverbales - Konsultation; bei der

HÖREN - *Schwerhörig - Tonsillen - Hypertrophie der* (bro1/537)

• *Schwerhörig - Tonsillen - vergrößert* (br1/537)

INNERER HALS - *Schwellung - Tonsillen* (br1/747)

Nacht; Beobachtungen in der - Gemütssymptome

GEMÜT - Sprechen - Schlaf; im (sne/169)

Chirurgisch pathologische Zustände

NASE - *Rachenmandelwucherung* (c2*/561)

• Rachenmandelwucherung - vergrößert (mtf11/561)

Aids

aids

Das vorherrschende *Gefühl* ist das des *Verlassenseins*, Vernachlässigtwerdens, besonders von der Familie. Trotzdem spielen, singen und tanzen diese Kinder gern. Sie sind lieb und scheu. Es fehlt ihnen an Selbstvertrauen und sie haben Angst, Fehler zu machen, was dazu führt, daß Sie beim Schreiben Fehler machen und es ihnen schwer fällt, sich zu konzentrieren. Sie sind empfindlich gegenüber Vorwürfen und weinen, wenn man sie tadelt. Es geht ihnen besser, wenn sie getröstet werden sie können sogar weinen, wenn sie glücklich sind.

Sie neigen dazu, unglücklich und faul zu sein. Sie *stecken voller Ängste:* vor großen Höhen, vor engen Orten und wenn sie älter sind, vor Armut.

Man sollte dieses Mittel erwägen, wenn Kinder an *wiederholtem Nasenbluten* leiden oder an *gelber, stark riechender Absonderung sowohl aus den Ohren wie aus dem Nabel.*

Klinisches: Nasenbluten.

Wirkungsbereich: Nase.

* * *

Krankengeschichte; familiäre und persönliche

ALLGEMEINES - Krankengeschichte von; persönliche - Nasenbluten; von wiederkehrendem (nl2/1910)

Stillen - Milch

ALLGEMEINES - Speisen und Getränke - Milch - Verlangen (nl2/2001)

Stillen - Magendarmsymptome - Appetit - vermindert

MAGEN - Appetit - fehlend (nl2/767)

• Appetit - vermindert (nl2/772)

Stillen - Magendarmsymptome - Appetit - vermehrt

MAGEN - Appetit - unstillbar (nl2/770)

• *Appetit - vermehrt* (nl2/770)

» vermehrt - nachts - Mitternacht - vor - 23 h (nl2/771)

» vermehrt - nachts - Mitternacht - nach - 5.30 h (nl2/771)

» vermehrt - Erwachen, beim (nl2/771)

Stillen - Magendarmsymptome - Abdomen - agg. durch

ABDOMEN - Schmerz - Druck - agg. (^/883)

Konstitution - Angst und Furcht

GEMÜT - Furcht - Armut, vor (nl2/65)

• Furcht - engen Räumen; in (nl2/67)

» hochgelegenen Orten; vor (nl2/71)

» Versagen, Mißerfolg; vor dem (nl2/79)

» Versagen, Mißerfolg; vor dem - Prüfungen, bei (nl2/79)

Konstitution - Allgemeines

GEMÜT - Faulheit (nl2/55)

• Furcht - Armut, vor (nl2/65)

• Milde (nl2/130)

• Selbstvertrauen - Mangel an Selbstvertrauen (nl2/161)

• Unzufrieden (nl2/194)

• Weinen - Freude, durch (nl2/245)

Familie; Beziehung zur - Liebe und Zuneigung

GEMÜT - Entfremdet - Freunde und Verwandte (nl2/46)

• *Verlassen zu sein; Gefühl* (nl2/198)

» geliebt zu werden; Gefühl von den Eltern, der Ehefrau, den Freunden nicht (nl2/198)

Familie; Beziehung zur - Vorwürfe

GEMÜT - Empfindlich - Vorwürfe; gegen (nl2/45)
• Weinen - Ermahnung, durch (nl2/245)

Beziehung zu anderen - Reaktion auf andere

GEMÜT - *Gesellschaft - Abneigung gegen* (nl2/94)
• Gesellschaft - Abneigung gegen - Furcht vor dem Alleinsein; jedoch (nl2/95)
» *Verlangen nach* (nl2/95)
» Verlangen nach - allein; agg. wenn (nl2/96)
• *Schüchternheit, Zaghaftigkeit* (nl2/158)
• Trost - amel. (nl2/188)
• Widerspenstig (nl2/249)

Beziehung zu anderen - allgemein

GEMÜT - *Argwöhnisch, mißtrauisch* (nl2/16)
• Beleidigt, leicht (nl2/20)
• *Mitgefühl, Mitleid* (nl2/130)
• Sprache - hastig, eilig (nl2/167)
• Unabhängigkeit, Selbständigkeit (nl2/189)

Schule - Angst

GEMÜT - Furcht - Versagen, Mißerfolg; vor dem (nl2/79)
• Furcht - Versagen, Mißerfolg; vor dem - Prüfungen, bei (nl2/79)
• Selbstvertrauen - Mangel an Selbstvertrauen (nl2/161)

Schule - Konzentration

GEMÜT - Konzentration - schwierig - Studieren (nl2/117)
• Studieren, Lernen - schwierig, fällt schwer (nl2/173)

Schule - Lernen - allgemein

GEMÜT - Studieren, Lernen - schwierig, fällt schwer (nl2/173)

Schule - Lernen - Schreiben

GEMÜT - Fehler; macht - Schreiben, beim (nl2/57)

Schule - Vorwürfe

GEMÜT - Empfindlich - Vorwürfe; gegen (nl2/45)
• Weinen - Ermahnung, durch (nl2/245)

Schule - Konstitution

GEMÜT - Selbstvertrauen - Mangel an Selbstvertrauen (nl2/161)

Spielen

GEMÜT - Tanzen (nl2/179)
• Verspielt (nl2/199)

Nonverbales - Reaktion auf andere

GEMÜT - Schamlos (nl2/153)

Nonverbales - Gesten, Gebärden

GEMÜT - Ungeschicklichkeit (nl2/192)

Nonverbales - Allgemeines

GEMÜT - Nackt sein, möchte (nl2/134)
• Singen (nl2/163)
» ausgelassen, fröhlich (nl2/163)

Nonverbales - Konsultation; bei der

OHR - Absonderungen - gelb (nl2/497)
• Absonderungen - stinkend (nl2/498)
» übelriechend (nl2/498)

ÄUSSERER HALS - Schwellung - Halsdrüsen (nl2/760)

ABDOMEN - Absonderung aus dem Nabel (nl2/849)
• Absonderung aus dem Nabel - gelb (nl2/849)
» übelriechend (nl2/849)
• Schmerz - Druck - agg. (^/883)

RÜCKEN - Hautausschläge - Furunkel (nl2/1316)
• Hautausschläge - Furunkel - Dorsalregion - Schulterblätter (nl2/1317)

Nonverbales - Äußerliches - Beobachtungen der Eltern

MAGEN - Völlegefühl - Essen - nach - agg. - wenig, nach dem kleinsten Bissen; nach noch so (nl2/845)

REKTUM - Unwillkürlicher Stuhl (nl2/984)

HAUT - Insektenstiche (nl2/1825)

Nacht; Beobachtungen in der - Schlaf; Lage im

SCHLAF - Lage - Beine - ausgestreckt - ein Bein ausgestreckt - rechte, das (nl2/1682)
• Lage - Beine - ausgestreckt - ein Bein ausgestreckt - andere hochgezogen; das (nl2/1682)
» Hände - auf Händen und Knien (nl2/1682)
» *Rücken, auf dem* (nl2/1683)
» Rücken, auf dem - Arme - Kopf; liegen über dem - linke Arm liegt über dem Kopf; der (nl2/1683)
» Rücken, auf dem - Hände - Kopf - hinter dem Kopf (nl2/1683)
» zusammengerollt - Hund; wie ein (nl2/1684)

Ailanthus glandulosa

ail.

Die Kinder haben oft Risse an den Lippen und verklebte Augen, besonders morgens. Wenn sie älter werden, leiden sie oft an Akne.

Was die Gemütsebene angeht, so schreit und weint das Kind die ganze Zeit.

Das Hauptproblem in der Schule ist die Mathematik, sowohl das Addieren als auch Geometrie.

Dieses Mittel hat - vielleicht mehr als alle anderen - Symptome, die mit Erkrankungen von Kleinkindern zusammenhängen. Es deckt in der Tat Symptome von Windpocken, Masern, Parotitis,

Röteln und ganz besonders Scharlach ab. Man sieht unterschiedliche Erscheinungsformen. Kent schrieb: „Ein Kind kann die milde Form haben, und ein anderes eine heftigere mit zymotischen Blasen an verschiedenen Stellen, an den Fingerspitzen; sobald die Blasen aufbrechen, kommt es zu Ulzeration, wenn das Kind lange genug lebt."

Man trifft auf Fälle von Scharlach, bei denen nur spärliches Exanthem vorhanden ist, das Kind ständig an der Haut von Lippen und Nase zupft, todesbleich und völlig erschöpft daliegt, ohne Exanthem, mit fast völlig unterdrücktem Harn (Differentialdiagnose: Arum triphyllum). In anderen Fällen ist es purpurrot, der Gestank ist schrecklich, der Hals sehr entzündet; das Kind kann nicht genug Kaltes trinken und möchte, daß die ganze Zeit Wasser den Hals herunterläuft (Differentialdiagnose: Phosphorus). In anderen Fällen sieht man kleine rote Flecken statt des gewöhnlichen Exanthems. Es kommt nicht zur gewöhnlich gleichförmigem Ausbreitung des Ausschlags, Zahnfleisch und Nase bluten und der Hals ist entzündet. Manchmal sieht man *kleine purpurrote Flecke*, vermischt mit einem ödematösen Aussehen, ähnlich dem von Baptisia.

Klinisches: Akne. Meningitis cerebrospinalis. Kopfschmerzen, Schnupfen. Mumps. Windpocken. Masern. Röteln. Scharlach.

Wirkungsbereich: Blut. Innerer Hals. Haut. Gemüt. Parotis.

* * *

Krankengeschichte; familiäre und persönliche

ALLGEMEINES - Krankengeschichte von; persönliche - Mononukleose; von (vml3/1910)

Stillen - Magendarmsymptome - Appetit - allgemein

MAGEN - Appetit - launischer Appetit (k/770)

Stillen - Magendarmsymptome - Appetit - vermindert

MAGEN - Appetit - fehlend (k/767)

Stillen - Magendarmsymptome - Appetit - vermehrt

MAGEN - Appetit - vermehrt (k/770)

Infektionskrankheiten - Windpocken

FIEBER - *Continua - Ausschlagsfieber* (k/1772)

HAUT - Hautausschläge - langsame Entwicklung bei Ausschlagserkrankungen (k2/1817)

Infektionskrankheiten - Masern

FIEBER - Ausschlagsfieber; Fieber bei Ausschlagserkrankungen - Masern (bro1/1770)
- *Continua - Ausschlagsfieber* (k/1772)

HAUT - Hautausschläge - langsame Entwicklung bei Ausschlagserkrankungen (k2/1817)
- Hautausschläge - Masern (a1*/1817)

Infektionskrankheiten - Mumps

GESICHT - Entzündung - Parotis - Mumps (c2*/584)
- Schmerz - Parotis (^/626)
  - » Parotis - wund schmerzend (*/627)
- *Schwellung - Parotis* (k/631)

Infektionskrankheiten - Röteln

FIEBER - *Continua - Ausschlagsfieber* (k/1772)

HAUT - Hautausschläge - langsame Entwicklung bei Ausschlagserkrankungen (k2/1817)

Infektionskrankheiten - Scharlach

GEMÜT - *Bewußtlosigkeit - Scharlach, bei* (hr1*/31)
- *Stupor - Scharlach, bei* (kr1*/177)

NASE - **Schnupfen - Scharlach, bei** (k/572)

INNERER HALS - *Entzündung - Scharlach; bei* (bro1/724)

SCHLAF - *Schlaflosigkeit - Scharlach; bei* (hr1*/1693)

FIEBER - **Ausschlagsfieber; Fieber bei Ausschlagserkrankungen - Scharlach** (*/1770)
- *Continua - Ausschlagsfieber* (k/1772)
- Scharlach (k2*/1778)
  - » *bösartig* (bro1/1778)
  - » Prophylaxe gegen (gm1/1779)
  - » rauhes, dunkles Exanthem (gm1/1779)

HAUT - Hautausschläge - langsame Entwicklung bei Ausschlagserkrankungen (k2/1817)
- **Hautausschläge - Scharlach** (*/1821)
  - » *Scharlach - begleitet von - Zunge - blasse Zunge* (kr1*/1821)
  - » *Scharlach - Flecken; große* (*/1821)
  - » *Scharlach - gangränös* (*/1821)

Infektionskrankheiten - Pocken

FIEBER - *Continua - Ausschlagsfieber* (k/1772)

HAUT - Hautausschläge - langsame Entwicklung bei Ausschlagserkrankungen (k2/1817)

Konstitution - Allgemeines

GEMÜT - Faulheit (k/55)

Beziehung zu anderen - Reaktion auf andere

GEMÜT - Antworten - falsch, unrichtig (k2/15)
- Antworten - unzusammenhängend (k2/15)

Schule - Lernen - Mathematik, Rechnen

GEMÜT - Fehler; macht - Rechnen, beim (k/57)
- Mathematik - Unfähigkeit zur (^/128)
  - » Unfähigkeit zur - Geometrie (kr1/129)

Nonverbales - Allgemeines

GEMÜT - Schreien - Kindern, bei (k2*/157)

Nonverbales - Konsultation; bei der

INNERER HALS - Belag - Tonsillen (k/721)
- *Entzündung - Tonsillen* (*/724)
- Schwellung - Tonsillen (k2/747)

ÄUSSERER HALS - *Schwellung - Seiten* (k/760)

Nonverbales - Äußerliches - Beobachtungen des Arztes

GESICHT - Hautausschläge - Akne (c2/595)
- *Rissig - Lippen* (*/613)

ATMUNG - *Beschleunigt* (*/1174)

Nonverbales - Äußerliches - Beobachtungen der Eltern

AUGE - Verklebt - morgens (*/472)

Nacht; Beobachtungen in der - Gemütssymptome

GEMÜT - *Sprechen - Schlaf; im* (hr1*/169)

Nacht; Beobachtungen in der - Schlaf; Lage im

SCHLAF - Lage - Seite, auf der - rechten Seite, auf der (k/1683)

Körperliche Symptome und Erkrankungen

FIEBER - Continua (k/1772)

Würmer

REKTUM - *Würmer - Beschwerden durch Würmer - Bandwürmer* (k/986)

Alcoholus

alco.

Die *Gemütssymptome* sind sehr charakteristisch: Hat ein gutes Selbstwertgefühl, prahlt, verträgt keinen Widerspruch, ist streitsüchtig, grausam, schamlos und lügt.

In der Schule fällte es ihnen schwer, sich zu konzentrieren und sie stottern.

Allgemeine Erregung aller Sinne; moralische und körperliche Erregung.

Ein Gefühl unklarer und unerklärlicher Angst.

Oft anhaltende Traurigkeit während der ganzen Krankheit.

Wankender, unsicherer Gang.

Die Kinder von Alkoholikern wachsen abgestumpft, träge, dumm auf und werden selbst zu Alkoholikern. *Neigung zur Fettsucht.*

Vermindertes Schwitzen.

Klinisches: Koma. Delirium. Demenz. Doppeltsehen. Halluzinationen.

Wirkungsbereich: Gemüt. Zentralnervensystem.

* * *

Konstitution - Angst und Furcht

GEMÜT - Feigheit (a1/59)
- Feuer - anzünden; möchte Dinge (a1/59)
- Mutig (a1/133)

Konstitution - Allgemeines

GEMÜT - Faulheit (a1/55)
- Stimmung, Laune - veränderlich (a1/171)

Beziehung zu anderen - Aggressivität

GEMÜT - Grausamkeit (a1/103)
- Spotten (^/166)
  - » Freunde, über seine (a1/166)
- Streitsüchtig (a1/173)

Beziehung zu anderen - Reaktion auf andere

GEMÜT - Gesellschaft - Verlangen nach (^/95)
- Gesellschaft - Verlangen nach - allein; agg. wenn (sne/96)
- Widerspruch - verträgt keinen Widerspruch (a1/249)

Beziehung zu anderen - allgemein

GEMÜT - Angeber (a1/4)
- Ichbezogenheit, Selbstüberhebung (a1/111)
- Lügner (*/126)
  - » lügt, sagt nie die Wahrheit, weiß nicht, was sie sagt (st1/126)
- Mitgefühl, Mitleid (a1/130)
- Sprache - hastig, eilig (a1/167)

Schule - Konzentration

GEMÜT - Konzentration - schwierig - Studieren (a1/117)

Schule - Beziehung zu anderen

GEMÜT - Lügner (*/126)

MUND - Sprache - stotternd (a1/688)

Schule - Konstitution

GEMÜT - Eigensinnig, starrköpfig, dickköpfig (a1/41)
- Lügner (*/126)

Nonverbales - Reaktion auf andere

GEMÜT - Schamlos (a1/153)

Nonverbales - Gesten, Gebärden

GEMÜT - Springen (^/169)

Nonverbales - Allgemeines

GEMÜT - Eigensinnig, starrköpfig, dickköpfig (a1/41)
- Singen (a1/163)

Nonverbales - Äußerliches - Beobachtungen des Arztes

GESICHT - Gerunzelt (a1/594)

ATMUNG - Beschleunigt (a1/1174)

Nonverbales - Äußerliches - Beobachtungen der Eltern

ZÄHNE - Zähneknirschen (a1/718)

MAGEN - Schluckauf (a1/809)
REKTUM - Unwillkürlicher Stuhl (a1/984)
ATMUNG - Schnarchen (a1/1180)

Nacht; Beobachtungen in der - Gemütssymptome

GEMÜT - Gesten, Gebärden; macht - Hände; unwillkürliche Bewegungen der - zupft - Bettwäsche; an der (mtf/98)

Aletris farinosa

alet.

Aletris farinosa ist durch *Schwäche von Körper und Geist* gekennzeichnet. Der Patient ist ständig müde.

Es ist ein Mittel für *anämische*, geschwächte Frauen, die immer müde sind und die an Fluor und Rektalbeschwerden leiden. *Bei Mädchen ist die Menarche verspätet.*

Nützlich bei Enuresis nocturna und bei unwillkürlicher Harnabgang beim Husten.

Mangelnder Appetit; das Kind fühlt sich nach einer geringen Menge sogleich voll.

Auf der Gemütsebene findet man wenig Energie; das Kind kann sich nicht konzentrieren, ist faul und unzufrieden.

Klinisches: Anämie. Schwäche. Kolik. Obstipation. Hämorrhoiden. Verdauungsstörungen. Dysurie.

Wirkungsbereich: Weibliche Geschlechtsorgane. Blut. Verdauung.

* * *

Stillen - Magendarmsymptome - Appetit - vermindert

MAGEN - Appetit - fehlend (bro1*/767)

Stillen - Magendarmsymptome - Abdomen - amel. durch

ABDOMEN - *Schmerz - Beugen - hinten, nach - amel. - krampfartig* (vh1/882)

Konstitution - Allgemeines

GEMÜT - Faulheit (bro1/55)
• Unzufrieden (k/194)

Nonverbales - Äußerliches - Beobachtungen der Eltern

MAGEN - Völlegefühl - Essen - nach - agg. - wenig, nach dem kleinsten Bissen; nach noch so (k/845)
ABDOMEN - *Schmerz - Beugen - hinten, nach - amel.* (^/882)
• *Schmerz - Beugen - hinten, nach - amel. - krampfartig* (vh1/882)

BLASE - *Urinieren - unwillkürlich - Husten; agg. beim* (bg2*/1020)

Nacht; Beobachtungen in der - körperliche Symptome

BLASE - Urinieren - unwillkürlich - nachts (k2/1019)

Körperliche Symptome und Erkrankungen

MAGEN - Langsame Verdauung (bro1/805)
WEIBLICHE GENITALIEN - Menses - verzögerte Menarche (k/1114)

Allium cepa

all-c.

Oft faule und unzufriedene Kinder. Wenn man sie besucht, schneiden sie Grimassen und fassen alles an, was vor ihnen liegt.

Auf der Gemütsebene kann man eine Art von Geistesabwesenheit und Schläfrigkeit beobachten. Es scheint eine Art von Degeneration zu sein, die zu einer Art von Torpor führt. Verwirrung, bei der die Patienten sich um nichts in ihrer Umgebung kümmern, als würde sie nichts interessieren. Besonders nachmittags schlimmer. Sie können sich nicht konzentrieren und gähnen ständig. Aus diesem Grund neigen sie dazu, in der Schule Fehler zu machen, besonders in der Rechtschreibung. Das Hauptthema auf der Gemütsebene ist *Schläfrigkeit mit Gleichgültigkeit.*

Auf der körperlichen Ebene konzentriert sich die Wirkung des Mittels auf die *oberen Atemwege: Schnupfen mit häufigem Niesen; reichliche, scharfe Absonderung, die die Oberlippe und die Nase wund frißt*; reichlicher, aber milder Tränenfluß (bei Euphrasia das Gegenteil).

Besonders nützlich, wenn die Erkältung die Bronchien angreift und sich Husten mit Schleimrasseln entwickelt.

Es ist ein Mittel, das sich als von großem Wert bei epidemisch auftretender Influenza im Herbst erwiesen hat, bei krampfhaftem Husten, der Krupp ähnelt und in einigen Fällen drohender Pneumonie bei Kindern.

Nützlich bei Kindern, wenn sie nachts plötzlich mit erstickendem Husten erwachen, besonders, wenn sie bei feuchtem Wetter im Freien gewesen sind.

Otitis und Keuchhusten gehören auch zum Wirkungsbereich dieses Mittels. Kent schrieb dazu: *„Mit Pulsatilla, Chamomilla und Allium cepa können sie die Mehrzahl der Ohrenschmerzen bei Kindern heilen.* Allium cepa ist ein wundervolles Mittel bei Keuchhusten und wenn es angezeigt ist, hat das Kind oft Verdauungsstörungen, Erbrechen und Flatulenz."

Bei *Kolik von Kleinkindern* sollte man es erwägen, wenn sich das Kind nach vorne krümmt und oft Schluckauf hat.

Bei Erkrankungen der Blase bei häufigem Harndrang; der Harn geht stoßweise ab oder nur tropfenweise und brennt. Für Kinder, die schreien, besonders, wenn man mit der Hand auf die Blasengegend drückt; allgemein nach einer Erkältung; durch nasse Füße; oder wenn kalte Luft oder Zugluft an den Bauch kam.

Klinisches: Heuschnupfen. Influenza. Katarrh. Husten. Laryngitis. Pneumonie. Keuchhusten. Diarrhoe. Hernie.

Wirkungsbereich: Schleimhäute (Nase, Augen, Kehlkopf, Darm). Nerven.

* * *

Stillen - Magendarmsymptome - Appetit - vermindert

MAGEN - *Appetit - fehlend* (*/767)
• Appetit - vermindert (*/772)

Stillen - Magendarmsymptome - Appetit - vermehrt

MAGEN - *Appetit - Heißhunger* (k/769)
• *Appetit - vermehrt* (k/770)
» vermehrt - Essen - nach (bg1/772)

Stillen - Magendarmsymptome - Abdomen - agg. durch

ABDOMEN - Schmerz - Kindern; bei - Säuglingen; bei - krampfartig (bro1*/888)

Infektionskrankheiten - Masern

HAUT - *Hautausschläge - Masern* (hr1/1817)

Infektionskrankheiten - Scharlach

NASE - *Schnupfen - Scharlach, bei* (k/572)

Infektionskrankheiten - Keuchhusten

AUGE - Tränenfluß - Husten, mit - Keuchhusten (hr1/469)

NASE - Schnupfen - Keuchhusten, bei (hr1/572)

MAGEN - Erbrechen - Husten - beim - agg. - Keuchhusten (tl1/793)

HUSTEN - Keuchhusten (*/1197)

Konstitution - Allgemeines

GEMÜT - Faulheit (^/55)
• Unzufrieden (k/194)
• Weinen - Musik; durch (^/247)

Schule - Lernen - allgemein

GEMÜT - Fehler; macht - Sprechen, beim - Buchstabieren, beim (*/58)

Nonverbales - Gesten, Gebärden

GEMÜT - Berühren, anfassen; etwas - Verlangen, etwas zu berühren, anzufassen - alles berühren, anfassen; muß (^/21)
• Berühren, anfassen; etwas - Verlangen, etwas zu berühren, anzufassen - alles berühren, anfassen; muß - Kindern; bei (lmj/21)
• *Grimassen* (vh/103)
» sonderbare Gesichter; schneidet (dgt1/103)

Nonverbales - Konsultation; bei der

OHR - *Absonderungen - eitrig* (*/497)
• Entzündung - Mittelohr (k2*/501)

Nonverbales - Äußerliches - Beobachtungen des Arztes

HUSTEN - **Halten, Festhalten - Kehlkopf; hält den** (k2*/1193)

Nonverbales - Äußerliches - Beobachtungen der Eltern

MAGEN - Schluckauf (*/809)

ABDOMEN - Schmerz - Kindern; bei - Säuglingen; bei - krampfartig (bro1*/888)
• Schmerz - Zusammenkrümmen - muß sich zusammenkrümmen (k2/897)

Körperliche Symptome und Erkrankungen

KOPF - *Schmerz - katarrhalisch* (*/331)

OHR - Schmerz - Kindern; bei (k2*/523)

REKTUM - Blutung aus dem Anus - Kindern; bei - Kleinkindern; bei (k2/948)

NIEREN - *Entzündung* (k/1023)

ALLGEMEINES - *Kindern; Beschwerden von* (k/1897)

Chirurgisch pathologische Zustände

NASE - *Polyp* (*/561)

ABDOMEN - Hernie (c2/867)
• *Hernie - Leistenhernie* (k/868)
» *Leistenhernie - eingeklemmt, inkarzeriert* (k/868)

Würmer

REKTUM - Würmer - Beschwerden durch Würmer (k/985)

Allium sativum

all-s.

Das Kind ist schläfrig, leblos, extrem blaß; träger Darm; die Beine wachsen nicht so schnell wie der übrige Körper; *der Rücken ist schwach und das Kind lernt nicht laufen.* Aus diesen Gründen ist Allium sativum besonders nützlich für unterernährte Kinder oder solche mit Verstopfung.

Hypochondrische Angst mit Furcht vor dem Alleinsein, deshalb Verlangen nach Gesellschaft.

Sehr guter Appetit; das Kind *will besonders Fleisch essen*, was oft Dyspepsie verursacht. Phatak schrieb: „Wirkt besser bei Fleischessern als bei strengen Vegetariern."

Kopfschuppen, Aphthen und verklebte Augen.

Klinisches: Dyspepsie. Kolik. Obstipation. Diabetes. Asthma. Bronchitis. Heiserkeit. Kopfschmerzen. Hautleiden. Alopezie.

Wirkungsbereich: Verdauung. Atmung. Kreislauf.

* * *

Entwicklung - langsam

RÜCKEN - Schwäche - Lumbalregion - lernen nicht laufen; Kinder (*/1381)

ALLGEMEINES - Gehen - Gehenlernen, Laufenlernen - spätes (k13/1883)

Stillen - Magendarmsymptome - Appetit - vermehrt

MAGEN - Appetit - Heißhunger (bro1/769)
• Appetit - vermehrt (br1/770)

Stillen - Magendarmsymptome - Abdomen - amel. durch

ABDOMEN - *Schmerz - Druck - amel.* (vh1/883)
• *Schmerz - Liegen - amel.* (vh1/889)

Stillen - Allgemeines

BRUST - Schwellung - Mammae - Abstillen, nach dem (ptk1/1299)

Konstitution - Angst und Furcht

GEMÜT - *Angst - hypochondrisch* (vh1/11)
• Furcht - allein zu sein (k/64)

Konstitution - Allgemeines

GEMÜT - Impulse, Triebe; krankhafte - laufen; zu (a1*/112)
• *Unzufrieden* (^/194)

Beziehung zu anderen - Reaktion auf andere

GEMÜT - Gesellschaft - Verlangen nach (k/95)
• Gesellschaft - Verlangen nach - allein; agg. wenn (sne/96)

Nonverbales - Konsultation; bei der

OHR - Ohrschmalz - verhärtet (*/516)

HÖREN - Schwerhörig - Tubenkatarrh (vh1/537)

MUND - Aphthen (k/639)

ABDOMEN - *Schmerz - Druck - amel.* (vh1/883)

Nonverbales - Äußerliches - Beobachtungen des Arztes

KOPF - Schuppen (*/402)

AUGE - *Verklebt* (k/472)

Nonverbales - Äußerliches - Beobachtungen der Eltern

ABDOMEN - *Schmerz - Liegen - amel.* (vh1/889)

REKTUM - Unwillkürlicher Stuhl (a1/984)

Nacht; Beobachtungen in der - Schlaf

SCHLAF - Schläfrigkeit - Kindern, bei (hr1*/1699)

Körperliche Symptome und Erkrankungen

ALLGEMEINES - Essen - Überessen; agg. nach (c1*/1877)

Würmer

REKTUM - Würmer - Beschwerden durch Würmer (c2*/985)
• Würmer - Beschwerden durch Würmer - Spulwürmer (k/986)

Alloxanum

allox.

Dieses Mittel hilft bei unreiner, trockener Haut und Rissen in den Mundwinkeln und auf den Lippen auf Grund von Ekchymosen und Aphthen. Man muß es *von Natrium muriaticum abzugrenzen*, wenn man zusätzlich hierzu folgende Symptome antrifft: Abneigung gegen Gesellschaft findet; Traurigkeit, die besser ist, wenn es allein ist; Zwang, sich die Hände zu waschen; Träume von Einbrechern; Beißen, Röte und Jucken der Augen, besonders beim Lesen und durch Licht; Trockenheit des Mundes und infolgedessen Durst.

Was die Gemütsebene betrifft, so neigen diese Kinder jedoch dazu, *herrschsüchtig und streitsüchtig zu sein*. In der Schule haben Sie Schwierigkeiten beim Sprechen und Schreiben auf Grund ihrer Schwierigkeit, sich zu konzentrieren. *Studenten haben oft Kopfschmerzen.*

Auf der körperlichen Ebene sollte man auf alle Symptome achten, die mit *vermehrtem Appetit* und *übermäßigem Durst*, besonders auf kalte Getränke, zu tun haben.

Templeton führte bei drei Gelegenheiten Prüfungen durch: von 1948 bis 1949 (zweimal) und von 1949 bis 1950. Er schrieb: „Unser Ziel ist es, ein Bild der Wirkungen von Alloxan in ungefährlichen Gaben zu erhalten, das uns zu dessen Anwendung bei Patienten führen kann, die dieses Arzneimittelbild aufweisen, wobei wir gleichzeitig den Hinweis im Hinterkopf hatten, daß die frühen Fehler des Stoffwechsels, die letztendlich zu *Diabetes* führen, in einem erkennbaren Mittel- und Symptomenbild zum Ausdruck kommen können."

Klinisches: Dyspepsie. Aerophagie. Dysenterie. Aphthen. Diabetes insipidus. Diabetes mellitus.

Wirkungsbereich: Magen. Abdomen. Haut.

* * *

Stillen - Magendarmsymptome - Appetit - vermindert

MAGEN - Appetit - schnelle Sättigung (tpw3*/770)

Stillen - Magendarmsymptome - Appetit - vermehrt

MAGEN - Appetit - Essen; selbst nach dem (tpw3/767)
• Appetit - Genuß, ohne (tpw3/769)
» Heißhunger (tpw3*/769)
» Heißhunger - Essen - nach dem Essen - bald danach (tpw3/770)
» Heißhunger - Essen - nach dem Essen - zwei Stunden danach (tpw4/770)
» unstillbar (tpw3*/770)
» vermehrt (sp1/770)
» vermehrt - Essen - unmöglich; ist (tpw4/772)

Konstitution - Allgemeines

GEMÜT - Waschen - Verlangen zu waschen (^/243)
• Waschen - Verlangen zu waschen - Hände; wäscht sich ständig die (tpw4/243)

Familie; Beziehung zur - Liebe und Zuneigung

GEMÜT - Verlassen zu sein; Gefühl (sp1/198)

Beziehung zu anderen - Aggressivität

GEMÜT - Streitsüchtig (tpw3*/173)

Beziehung zu anderen - Reaktion auf andere

GEMÜT - Gesellschaft - Abneigung gegen (sp1*/94)
• Gesellschaft - Verlangen nach (^/95)
» Verlangen nach - allein; agg. wenn (sne/96)

Schule - Konzentration

GEMÜT - Konzentration - schwierig - Studieren (tpw3/117)
• Studieren, Lernen - schwierig, fällt schwer (tpw3*/173)

Schule - Lernen - allgemein

GEMÜT - Fehler; macht - Sprechen, beim - Buchstabieren, beim (tpw4*/58)
• Studieren, Lernen - schwierig, fällt schwer (tpw3*/173)

Schule - Lernen - Schreiben

GEMÜT - Fehler; macht - Schreiben, beim (jl*/57)
• Fehler; macht - Schreiben, beim - falsch - Worte (tpw3/57)
» Schreiben, beim - stellt etwas um - Buchstaben (tpw4/58)

Schule - Anstrengung; geistige

KOPF - Schmerz - geistige Anstrengung - agg. (tpw4*/328)

Nonverbales - Aggressivität

GEMÜT - Diktatorisch (sp1*/39)

Nonverbales - Konsultation; bei der

KOPF - Hitze - Kälte - Körpers; mit Kälte des (tpw4/293)

MUND - Aphthen (sp1/639)
• Stomatitis ulcerosa, Stomakaze (mtf11/689)

HAUT - Unrein (tpw4*/1835)

Nonverbales - Äußerliches - Beobachtungen des Arztes

NASE - Schniefen (tpw4/568)

GESICHT - Rissig - Lippen (tpw4*/613)
• Rissig - Mundwinkel (tpw3*/614)

Nonverbales - Äußerliches - Beobachtungen der Eltern

BLASE - Urinieren - Harndrang - plötzlich - beeilen um zu urinieren, sonst geht Urin ab; muß sich (tpw3/1015)
• Urinieren - unwillkürlich - Kindern; bei (mtf11/1020)

HAUT - Ekchymosen (mgm/1797)

Autos und Schiffe

MAGEN - Übelkeit - Fahren - Wagen; im - agg. (tpw3*/836)

Aloe socotrina

aloe

Eine typische Angst von Aloe ist die Angst vor Ärzten. Diese Kinder haben Angst, wenn sie zur Untersuchung kommen.

Manchmal ist ein vergrößertes Abdomen zu beobachten, Risse auf den Lippen, Kopfschuppen und deformierte Nägel.

Sie zeigen gewöhnlich eine *langsame Entwicklung, besonders, beim Sprechenlernen.*

Eltern werden sie als launisch, eigensinnig, frech, streitsüchtig, ablehnend, empfindlich und überempfindlich gegen Widerspruch beschreiben. Gleichzeitig sind sie pingelig und hartnäckig, weil sie Angst haben, Fehler zu machen. *Auf emotionale Reize reagieren sie immer in derselben Weise, das heißt mit Diarrhoe,* wenn sie wütend sind, erregt oder bedrückt. In solchen Fällen sagen sie, daß die Bauchschmerzen sie zwingen, sich nach vorne zusammen zu krümmen oder auf dem Bauch zu liegen. Sobald der Durchfall aufhört, möchten sie etwas essen.

Aloe ist ein Mittel, dessen *Hauptwirkung auf das Rektum zielt.* Es ruft ständigen Stuhldrang hervor und der Stuhlgang ist von sehr viel Flatus begleitet. Das große Charakteristikum dieses Mittels ist ein *Gefühl von Unruhe, Schwäche und Unsicherheit im Bereich des Rektums.* Es ist ständig das Gefühl vorhanden, als sollte gleich Stuhl abgehen und der Patient wagt es nicht, einen Flatus abgehen zu lassen, aus Angst, es würde dabei auch Stuhl abgegen. Diesen Zustand sieht man manchmal bei Kindern; bei ihnen geht mit dem Flatus Stuhl ab.

Aloe ähnelt Sulphur, Thuja und Bryonia darin, daß sie frühmorgens Stuhl haben. Wie Sulphur weckt der Stuhldrang den Patienten und er steht schnell aus dem Bett auf und eilt zur Toilette. Die Diarrhoe ist schlimmer nach dem Essen, aber hält selten den Tag über an. Phosphoricum acidum hat auch eine Schwäche des Schließmuskels und stuhl geht mit dem Flatus ab. Beim Aloe-Patient *geht Stuhl auch beim Urinieren ab.* Hämorrhoiden, die typischerweise geschwollen und wund sind, begleiten den Stuhl. Die Stühle sind gewöhnlich gelb und teigig und vor dem Stuhlgang hat der Patient kneifende Schmerzen quer über den Unterbauch und um den Nabel herum. Diese Schmerzen halten auch während des Stuhlgangs an und normalerweise vergehen sie nach dem Abgang. Das Kind behält *während der Diarrhoe guten Appetit.*

Die Eltern werden auch Folgendes berichten: Enuresis, Schweiß, Bruxomanie und die Tendenz, nachts die Füße zu entblößen.

Sexueller Erethismus bei Kindern.

Klinisches: Analbeschwerden. Kolik. Bronchitis.

Wirkungsbereich: Abdominalvenen (Rektum, Leber, Colon, Becken). Lendengegend. Kopf. Weibliche Geschlechtsorgane.

* * *

Entwicklung - langsam

GEMÜT - Sprechen - langsam; lernt (sne/168)

ALLGEMEINES - Entwicklung - Entwicklungsstillstand (sne/1872)

Zahnung - Empfindungen und neurologische Beschwerden

OHR - Geräusche im Ohr, Ohrgeräusche - Zahnung; während der (bg1/510)

Stillen - Milch

ALLGEMEINES - Speisen und Getränke - Milch - agg. (sne/2001)
- Speisen und Getränke - Milch - Verlangen (sne/2001)

Stillen - Magendarmsymptome - Appetit - vermindert

MAGEN - Appetit - fehlend (k/767)
- Appetit - vermindert (*/772)

Stillen - Magendarmsymptome - Appetit - vermehrt

MAGEN - Appetit - Heißhunger - Diarrhoe - bei (k/769)
- Appetit - vermehrt (k/770)
  - » vermehrt - morgens - Stuhlgang; agg. nach (*/771)
  - » vermehrt - Diarrhoe, mit (bro1/771)
  - » vermehrt - Frühstück; agg. nach dem (k/772)
  - » vermehrt - Stuhlgang - nach - agg. (*/772)

Stillen - Magendarmsymptome - Abdomen - agg. durch

ABDOMEN - Schmerz - Druck - agg. (k/883)

Stillen - Magendarmsymptome - Abdomen - amel. durch

ABDOMEN - Schmerz - Druck - amel. (hr/883)
- Schmerz - Liegen - Abdomen; auf dem - amel. (k/889)

Stillen - Magendarmsymptome - Rektum

REKTUM - Diarrhoe - Kindern, bei (sne/954)
- Obstipation - entfernt werden; Stuhl muß mechanisch (bg1*/968)

Konstitution - Angst und Furcht

GEMÜT - *Beschwerden durch - Erwartungsspannung* (sne/23)
- Furcht - allein zu sein (vh1/64)
  - » Ärzten, vor (vh1/65)
  - » Geräusche, durch (k/69)
  - » Versagen, Mißerfolg; vor dem (a1*/79)

Konstitution - Allgemeines

GEMÜT - Entmutigt (k/46)
- Faulheit (*/55)
- **Heikel, pingelig** (sne/106)
- Selbstvertrauen - Mangel an Selbstvertrauen (sne/161)
- Stimmung, Laune - veränderlich (*/171)
- Unzufrieden (*/194)
- *Veränderungen - Abneigung gegen* (sne/195)

Familie; Beziehung zur - Liebe und Zuneigung

GEMÜT - Liebevoll, voller Zuneigung, herzlich (sne/125)

Beziehung zu anderen - Aggressivität

GEMÜT - Spotten (sne/166)
- Streitsüchtig (bg2/173)
- Zorn - Widerspruch, durch (k/255)

Beziehung zu anderen - Reaktion auf andere

GEMÜT - *Gesellschaft - Abneigung gegen* (bg2*/94)
- Schüchternheit, Zaghaftigkeit (*/158)

• *Trost - agg.* (sne/188)
• Widerspruch - verträgt keinen Widerspruch (k/249)

Beziehung zu anderen - allgemein

GEMÜT - *Beleidigt, leicht* (sne/20)
• Erregung - Kindern, bei (ptk1/49)
• Unverschämtheit (sne/193)

Schule - Angst

GEMÜT - *Beschwerden durch - Erwartungsspannung* (sne/23)
• Furcht - Versagen, Mißerfolg; vor dem (a1*/79)
• Selbstvertrauen - Mangel an Selbstvertrauen (sne/161)

REKTUM - *Diarrhoe - Erregung, Aufregung agg.* (vh/952)

Schule - Anstrengung; geistige

KOPF - Schmerz - geistige Anstrengung - agg. (bro1/328)

Schule - Konstitution

GEMÜT - Eigensinnig, starrköpfig, dickköpfig (*/41)
• **Heikel, pingelig** (sne/106)
• Selbstvertrauen - Mangel an Selbstvertrauen (sne/161)

Spielen

GEMÜT - Verspielt (k/199)

Nonverbales - Reaktion auf andere

GEMÜT - *Berührtwerden - Abneigung berührt zu werden* (sne/21)

Nonverbales - Gesten, Gebärden

GEMÜT - Auffahren, Zusammenfahren - Geräusche; durch (*/17)
• Lachen - Kindern, bei (kr1/121)
• *Launenhaftigkeit, launisch* (sne/123)

Nonverbales - Allgemeines

GEMÜT - Eigensinnig, starrköpfig, dickköpfig (*/41)

Nonverbales - Konsultation; bei der

KOPF - Empfindlichkeit - Kopfhaut, der (dgt1/284)
• Hitze - Kälte - Extremitäten; mit Kälte der (a/293)

OHR - Ohrschmalz - vermehrt (sne/516)

ABDOMEN - Schmerz - Druck - agg. (k/883)
• Schmerz - Druck - amel. (hr/883)
• Vergrößert - Kindern; bei (sne/938)

EXTREMITÄTEN - Nägel; Beschwerden der - deformiert (dgt1/1664)

Nonverbales - Äußerliches - Beobachtungen des Arztes

KOPF - Schuppen (vh1/402)

GESICHT - Rissig - Lippen (*/613)

Nonverbales - Äußerliches - Beobachtungen der Eltern

ZÄHNE - Zähneknirschen (sne/718)

MAGEN - **Gluckern; Gurgeln** (ptk1/802)
• Völlegefühl - Trinken; agg. nach (k/845)

ABDOMEN - Schmerz - Liegen - Abdomen; auf dem - amel. (k/889)
• Schmerz - Zusammenkrümmen - amel. (k/897)
» Zusammenkrümmen - muß sich zusammenkrümmen (k2/897)

REKTUM - **Unwillkürlicher Stuhl** (*/984)
• **Unwillkürlicher Stuhl - Flatus agg.; Abgang von** (*/985)

STUHL - Schafskot, wie (bg2/997)
• Unverdaut (*/999)

BLASE - Urinieren - Harndrang - plötzlich - beeilen um zu urinieren, sonst geht Urin ab; muß sich (*/1015)
• Urinieren - unwillkürlich - Kindern; bei (sne/1020)
» verzögert, muß warten, bis der Urin zu fließen beginnt - pressen, bevor er damit beginnen kann; muß lange (pd/1021)

MÄNNLICHE GENITALIEN - Erektionen - Kindern, bei (k/1063)
• Masturbation, Neigung zur - Kindern; bei (lmj/1071)
• Sexuelles Verlangen - vermehrt - Kindern, bei (hr*/1084)

WEIBLICHE GENITALIEN - Masturbation; Neigung zu - Kindern; bei (lmj/1104)

EXTREMITÄTEN - Hitze - Füße - brennend - entblößt sie (k2/1440)

Nacht; Beobachtungen in der - körperliche Symptome

KOPF - Schweiß der Kopfhaut - nachts (sne/403)
• Schweiß der Kopfhaut - Schlaf - im (sne/404)

ZÄHNE - Zähneknirschen - Schlaf; agg. im (sne/718)

REKTUM - Unwillkürlicher Stuhl - Schlaf; agg. im (sne/985)

BLASE - *Urinieren - unwillkürlich - nachts* (sne/1019)

Nacht; Beobachtungen in der - Schlaf; Lage im

SCHLAF - *Lage - Abdomen, auf dem* (sne/1682)
• Lage - Arme - Kopf - über dem Kopf (sne/1682)
» Arme - Kopf - unter dem Kopf (sne/1682)
» Knie - gebeugt (sne/1682)
» Kopf - zugedeckt (sne/1683)
» Rücken, auf dem (k/1683)
» Rücken, auf dem - Hände - flach unter dem Hinterkopf (sne/1683)
» Rücken, auf dem - Hände - Kopf - über dem Kopf (sne/1683)
» Rücken, auf dem - Knie gebeugt (sne/1683)

Psychosomatische Störungen

ZÄHNE - Zähneknirschen - Zorn; nach (sne/718)

REKTUM - Diarrhoe - Ärger, Verdruß agg. (k/951)
• *Diarrhoe - Erregung, Aufregung agg.* (vh/952)
» *Zorn, nach* (k/957)

Körperliche Symptome und Erkrankungen

ZÄHNE - Karies, faule, hohle Zähne (k/700)

ALLGEMEINES - *Medikamente - allopathische - Mißbrauch von* (br1*/1921)
• Schmerzlosigkeit gewöhnlich schmerzhafter Beschwerden (sne/1971)

Chirurgisch pathologische Zustände

MÄNNLICHE GENITALIEN - Hodenretention (sne/1069)

Alumen

alumn.

Man sollte dieses Mittel bei *Kindern erwägen, die oft krank sind*, besonders, wenn sie an *Otitis* und *Tonsillitis* leiden oder eine Entfernung der Adenoide notwendig ist.

Alumen wird genannt unter Krankengeschichte wiederkehrender Tonsillitis; Entzündung und Schwellung der Mandeln; *Verhärtung und Vergrößerung von Lymphknoten*, besonders am Hals und unter eitriger Otorrhoe.

Kent schrieb: „Es heilt kleine Kinder, die mit enorm vergrößerten und sehr harten Mandeln aufwachsen, bei denen sich jede Erkältung im Hals festsetzt."

Hartnäckige Obstipation auf Grund einer Schwäche des Rektums. Der Stuhl ist hart, trocken und groß oder wie Schafskot und weniger häufig. *Mehrere Tage lang kein Stuhldrang.*

Alumen hat *lähmungsartige Schwäche von Muskeln am ganzen Körper*, besonders im Rektum. Wegen dieses Muskelproblems ist Strabismus convergens zu beobachten, häufiger auf der rechten Seite.

Zu weiteren charakteristischen Symptomen gehören: reichlicher Bronchialkatarrh, eitrige Ophthalmie und Einziehung der Hoden.

Was die Gemütsebene angeht, so ist das Kind faul, mild und schüchtern, aber eigensinnig und es mag keine Gesellschaft.

Klinisches: Obstipation. Bronchitis. Diabetes. Strabismus. Heiserkeit. Halsbeschwerden. Frostbeulen. Pruritus.

Wirkungsbereich: Darm. Drüsen. Schleimhäute. Nerven. Venen.

* * *

Krankengeschichte; familiäre und persönliche

ALLGEMEINES - *Krankengeschichte von; persönliche - Tonsillitis; von wiederkehrender* (k/1910)

Stillen - Milch

ALLGEMEINES - Speisen und Getränke - Milch - agg. (kr1*/2001)

Stillen - Magendarmsymptome - Appetit - vermindert

MAGEN - Appetit - vermindert (*/772)

Stillen - Magendarmsymptome - Appetit - vermehrt

MAGEN - *Appetit - vermehrt* (k/770)
• Appetit - vermehrt - Essen - nach (hr1/772)

Stillen - Magendarmsymptome - Aufstoßen - Wasser; Hochsteigen von

MAGEN - *Aufstoßens; Art des - Wasser in den Mund; Hochsteigen von* (k/781)

Stillen - Magendarmsymptome - Abdomen - amel. durch

ABDOMEN - Schmerz - Druck - amel. (k/883)

Infektionskrankheiten - Keuchhusten

HUSTEN - Keuchhusten (bro1/1197)

Konstitution - Allgemeines

GEMÜT - Faulheit (^/55)

Beziehung zu anderen - Reaktion auf andere

GEMÜT - Gesellschaft - Abneigung gegen (a1/94)
• *Schüchternheit, Zaghaftigkeit* (a1/158)

Beziehung zu anderen - allgemein

GEMÜT - Quält - andere (kr1/138)

Schule - Konstitution

GEMÜT - Eigensinnig, starrköpfig, dickköpfig (k/41)

Nonverbales - Allgemeines

GEMÜT - Eigensinnig, starrköpfig, dickköpfig (k/41)

Nonverbales - Konsultation; bei der

AUGE - Entzündung - Kindern; bei - Kleinkindern; bei (k/429)

OHR - *Absonderungen - eitrig* (*/497)

INNERER HALS - **Entzündung - Tonsillen** (*/724)
• *Schwellung - Tonsillen* (*/747)

ÄUSSERER HALS - *Schwellung - Halsdrüsen* (k/760)
• *Verhärtung von Drüsen* (k/761)

ABDOMEN - Schmerz - Druck - amel. (k/883)

Nonverbales - Äußerliches - Beobachtungen des Arztes

AUGE - Strabismus, Schielen (*/467)

• Strabismus, Schielen - rechtes Auge nach innen gedreht (*/467)

ATMUNG - Beschleunigt (*/1174)

Nonverbales - Äußerliches - Beobachtungen der Eltern

STUHL - **Kugeln, wie** (*/996)

• **Schafskot, wie** (*/997)

BLASE - Urinieren - verzögert, muß warten, bis der Urin zu fließen beginnt (k/1020)

MÄNNLICHE GENITALIEN - Masturbation, Neigung zur (hr1*/1071)

Körperliche Symptome und Erkrankungen

ZÄHNE - Karies, faule, hohle Zähne (k2/700)

Chirurgisch pathologische Zustände

NASE - Polyp (*/561)

• Polyp - links (*/561)

MÄNNLICHE GENITALIEN - Hochgezogen, an den Körper gezogen - Hoden (k/1068)

Alumina

alum.

Das Alumina-Kind ist dünn, dunkel und müde und *sieht vertrocknet aus.*

Die Nase ist gewöhnlich an der Spitze aufgesprungen. Die Stimme ist belegt und er ist fast simmlos.

Das Mittel wirkt am besten bei Mädchen in der Pubertät, besonders, wenn sie chlorotisch sind. In der Vergangenheit war es besonders bei dickbäuchigen Kindern angezeigt, die nicht gestillt wurden, sondern Babynahrung erhielten, die in Aluminiumbehältern verpackt war. Solche Kinder sind schwach und runzelig; deutliche Mangelernährung. Hale schrieb: „In der Literatur wird es bei habitueller Verstopfung von Kindern empfohlen, die mit künstlicher Ernährung aufgezogen werden, aber unsere Erfahrung damit führt uns dazu, es für die *Obstipation aller Kleinkinder* zu empfehlen, ob sie natürliche oder künstliche Nahrung erhalten."

Die Obstipation von Alumina ist durch eine Untätigkeit des Darms charakterisiert. Auf Grund der Trockenheit des Darmtraktes ist das Rektum völlig untätig und der Stuhl wird nur unter großen Schwierigkeiten ausgeschieden, egal, welche Konsistenz er hat. Es ist nur wenig oder gar kein Stuhldrang vorhanden; der Stuhl kann trocken, hart und knotig sein, wie Schafskot, oder weich; das Rektum kann trocken, hart und entzündet sein und bluten.

Nützlich bei *Nabelhernie von Kindern mit Obstipation.*

Das Kind leidet an chronischem Schnupfen, mit sehr ausgeprägter Trockenheit der Nase, die man an dem trockenen, schniefenden Ton erkennen kann, den das Kind macht, wenn es durch die Nase atmet.

Alumina wird angezeigt durch Schorfbildung und gelegentlich durch dicken und zähen gelben Schleim, der schwer zu entfernen ist.

Das Kind kann *während der Zahnung an Strabismus* leiden. Dieser Zustand rührt von der Schwäche des M. rectus internus des betroffenen Auges her.

Auf der Gemütsebene ist das charakteristische Symptom *Verwirrung in Bezug auf die eigene Identität.*

Rajan Sankaran schrieb: „*Die Situation von Alumina entsteht aus Konflikten zwischen Eltern und Kind, in denen dem Kind keine Identität gegeben wird.* Was immer das Kind sagt, sagen sie: ‚Nein, das nicht'. Seine Identität und Individualität wurden gebrochen. Was immer das Kind auch sagt, es ist nicht richtig. Du bist niemand, du weißt nichts. Und dann kommt die Verzweiflung. ‚Ich weiß nicht, was ich tun soll; ich weiß nicht, was ich bin; ich weiß nicht, wer ich bin; ich weiß nicht, was ich will; ich weiß nicht, wer ich sein möchte und ich bin so klein, ich bin so schüchtern, völlig abhängig von den Eltern' [...] Dem Menschen wird der eigene Wille genommen und so hat man das Symptom ‚schwacher Wille'; und in ähnlicher Weise ist auch den Muskeln der Wille genommen worden und er kann sich nicht richtig bewegen und hat kein Gleichgewicht. Alumina wird sich als gutes Mittel erweisen bei *linkshändigen Kindern, die gezwungen werden, mit der rechten Hand zu schreiben*, da sie gezwungen werden, ihre Identität zu verlieren und sie werden verwirrt werden, ob sie linkshändig oder rechtshändig sind. Wenn man also ein Kind dazu zwingt, jemand anderes zu sein, als es natürlicherweise ist, und man dabei wirklichen Zwang ausübt, so legt man den Samen für Alumina."

Klinisches: Obstipation bei Säuglingen. Lähmung. Strabismus. Trismus. Lokomotorische Ataxie. Katarrh. Otorrhoe. Halsbeschwerden. Dyspepsie. Augenleiden. Ekzem. Fissuren. Hernie.

Wirkungsbereich: Rektum. Rückenmark. Schleimhäute. Haut.

* * *

Krankengeschichte; familiäre und persönliche

ALLGEMEINES - Krankengeschichte von; persönliche - Absonderungen - unterdrückten; von (vh3/1909)
• Krankengeschichte von; persönliche - Augen - Gerstenkörnern; von wiederkehrenden (k/1909)

Zahnung - Empfindungen und neurologische Beschwerden

AUGE - Strabismus, Schielen - Zahnung; während der (bg3*/467)

Stillen - Milch

KOPF - *Hautausschläge - Milchschorf* (bg2/290)
MAGEN - Aufstoßen - Milch, nach (*/775)
• Schmerz - Milch - agg. (k/821)
• Sodbrennen - Milch agg. (bg2/830)
• Verdorben - Milch agg. (k/844)
ALLGEMEINES - *Speisen und Getränke - Milch - agg.* (*/2001)

Stillen - Magendarmsymptome - Appetit - allgemein

MAGEN - Appetit - veränderlich (*/770)
• *Appetit - vermehrt - abwechselnd mit - Appetitverlust* (b4a/771)

Stillen - Magendarmsymptome - Appetit - vermindert

MAGEN - *Appetit - fehlend* (*/767)
• *Appetit - fehlend - Hunger, mit* (*/768)
» fehlend - Speisen - Anblick von; beim (k/769)
» **vermindert** (*/772)

Stillen - Magendarmsymptome - Appetit - vermehrt

MAGEN - Appetit - Genuß, ohne (k/769)
• *Appetit - Heißhunger* (*/769)
» *vermehrt* (*/770)
» vermehrt - Essen - nach (k/772)

Stillen - Magendarmsymptome - Aufstoßen - Speisen; von

MAGEN - Aufstoßens; Art des - Speisen; von (bg2*/780)
• Aufstoßens; Art des - Speisen; von - sauer (b4/780)

Stillen - Magendarmsymptome - Aufstoßen - Wasser; Hochsteigen von

MAGEN - Aufstoßens; Art des - Wasser in den Mund; Hochsteigen von (*/781)
• Aufstoßens; Art des - Wasser in den Mund; Hochsteigen von - Essen - nach - agg. (b4a/781)

Stillen - Magendarmsymptome - Schluckauf

MAGEN - Schluckauf - Aufstoßen - nach (b4/809)
• *Schluckauf - Essen - nach - agg.* (*/810)
» Mittagessen - nach - agg. (*/811)

Stillen - Magendarmsymptome - Abdomen - amel. durch

ABDOMEN - Schmerz - Wärme - amel. (k/896)

Stillen - Magendarmsymptome - Rektum

REKTUM - Obstipation - entfernt werden; Stuhl muß mechanisch (bro1*/968)
• Obstipation - Kindern, bei (bg2*/969)
» Kindern, bei - Kleinkindern, bei (h2*/969)
» Kindern, bei - Neugeborenen, bei (tl1*/969)

Stillen - Allgemeines

GESICHT - Schweiß - Essen - nach - agg. (*/629)
SCHWEISS - Essen - nach - agg. (bg2/1786)
• Essen - nach - amel. (*/1786)

Infektionskrankheiten - Keuchhusten

NASE - Schnupfen - Keuchhusten, bei (bro1/572)

Konstitution - Angst und Furcht

GEMÜT - Angst - hypochondrisch (j5/11)
• Beschwerden durch - Erwartungsspannung (sf1/23)
• Feigheit (k/59)
• Furcht - Geräusche, durch (k/69)
» *Nadeln, vor* (ptk1*/73)
» offenen Plätzen; Furcht vor (stj2/74)
» Selbstkontrolle zu verlieren; die (g*/75)
» unternehmen; irgendetwas zu (gl1/78)
» Versagen, Mißerfolg; vor dem (stj2/79)
» Wasser, vor (vh*/79)
• Mutig (*/133)
• Schreckliches und traurige Geschichten greifen sie stark an (gk/156)

Konstitution - Allgemeines

GEMÜT - Beachtung; schenkt allgemeinen Regeln keine (k/19)
• Ehrgeiz - erhöht, vermehrt, sehr ehrgeizig (gl1/40)
• Entmutigt (k/46)
• *Faulheit* (*/55)
• Geiz (gl1/92)
• Heikel, pingelig (st1/106)
• Milde (hr1*/130)
• *Pessimist* (sne/136)
• Pflicht - kein Pflichtgefühl (gl1/136)
• Selbstvertrauen - Mangel an Selbstvertrauen (k/161)
• Sorgen; voller (^/164)
• Spontan, impulsiv (k2/166)
• *Stimmung, Laune - veränderlich* (*/171)
• Unaufmerksam (*/189)
• Unternehmen; etwas - Vieles, hält aber bei nichts durch, bleibt nicht dabei; unternimmt (ptk1*/193)

- Unzufrieden (*/194)
- Weinen - leicht (gl1/246)

Familie; Beziehung zur - Liebe und Zuneigung

GEMÜT - Liebevoll, voller Zuneigung, herzlich (gl1/125)
- Verlassen zu sein; Gefühl (*/198)

Beziehung zu anderen - Aggressivität

GEMÜT - Herausfordernd (sf1/107)
- Schlagen (st1/154)
  » Verlangen - schlagen, zu (st/154)
- Spotten (bg2*/166)
- Streitsüchtig (*/173)

Beziehung zu anderen - Reaktion auf andere

GEMÜT - Antworten - Abneigung zu antworten (k/14)
- Antworten - denkt lange nach (vh/15)
  » einsilbig (vh1/15)
  » gefragt wird; antwortet nicht, wenn er (a/15)
  » **langsam** (vh1*/15)
  » unfähig zu antworten (^/15)
  » vage, unbestimmt (mrr1/15)
- **Gesellschaft - Abneigung gegen** (*/94)
  » Abneigung gegen - Furcht vor dem Alleinsein; jedoch (gsh/95)
- Lächeln - niemals (*/119)
- *Schüchternheit, Zaghaftigkeit* (*/158)
- **Widerspenstig** (*/249)
- Widerspruch - Neigung zu widersprechen (a1*/249)
  » verträgt keinen Widerspruch (k/249)

Beziehung zu anderen - allgemein

GEMÜT - *Beleidigt, leicht* (*/20)
- Furcht - Räubern, vor (k/74)
- *Ichbezogenheit, Selbstüberhebung* (k/111)
- Tadelsüchtig, krittelig (*/178)
- Tadelt andere (k/179)
- Tadelt sich selbst, macht sich Vorwürfe (ptk1*/179)

Schule - Angst

GEMÜT - Beschwerden durch - Erwartungsspannung (sf1/23)
- Furcht - unternehmen; irgendetwas zu (gl1/78)
  » Versagen, Mißerfolg; vor dem (stj2/79)
- Selbstvertrauen - Mangel an Selbstvertrauen (k/161)

Schule - Konzentration

GEMÜT - Konzentration - schwierig - Studieren (k/117)
- Stumpfheit - Lesen (k/175)
- Unaufmerksam (*/189)
- *Verwirrung; geistige - Lesen, beim* (k/203)

Schule - Lernen - Mathematik, Rechnen

GEMÜT - *Mathematik - Unfähigkeit zur* (^/128)
- Mathematik - Unfähigkeit zur - Algebra (gl1/129)
  » *Unfähigkeit zur - Geometrie* (gl1/129)
  » Unfähigkeit zur - rechnen; kann nicht (gl1/129)

Schule - Lernen - Lesen

GEMÜT - Lesen - unfähig zu lesen (st/124)
- Lesen - unfähig zu lesen - Kindern, bei (st*/124)
- Stumpfheit - Lesen (k/175)
- *Verwirrung; geistige - Lesen, beim* (k/203)

Schule - Lernen - Schreiben

GEMÜT - Fehler; macht - Schreiben, beim (*/57)

Schule - Beziehung zu anderen

GEMÜT - Beschwerden durch - Linkshändigkeit; Unterdrückung der (sk/24)
- Ungehorsam (^/191)
  » Kindern, bei (lmj/191)

Schule - Konstitution

GEMÜT - **Eigensinnig, starrköpfig, dickköpfig** (*/41)
- Hast, Eile - Schreiben; beim (j/105)
- Heikel, pingelig (st1/106)
- Selbstvertrauen - Mangel an Selbstvertrauen (k/161)
- Ungehorsam (^/191)
  » Kindern, bei (lmj/191)
- Unternehmen; etwas - Vieles, hält aber bei nichts durch, bleibt nicht dabei; unternimmt (ptk1*/193)

Tieren; Beziehung zu

GEMÜT - *Furcht - Tieren, vor* (sne/76)

Nonverbales - Reaktion auf andere

GEMÜT - Furcht - Fremden; vor (stj2/68)

Nonverbales - Gesten, Gebärden

GEMÜT - Auffahren, Zusammenfahren - Geräusche; durch (k/17)
- *Launenhaftigkeit, launisch* (*/123)
- Ungeschicklichkeit (^/192)

Nonverbales - Allgemeines

GEMÜT - **Eigensinnig, starrköpfig, dickköpfig** (*/41)
- Hast, Eile - Gehen; beim (ptk1/105)
  » Schreiben; beim (j/105)

Nonverbales - Konsultation; bei der

KOPF - Hitze - Kälte - Füße; mit Kälte der (k/293)

OHR - *Absonderungen - eitrig* (*/497)
- Absonderungen - schleimig (b2/498)
  » unterdrückt (k/498)
  » wundfressend (*/498)
- Katarrh - Eustachische Röhre (*/515)

• Ohrschmalz - trocken (bg2/516)
MUND - Aphthen (k/639)
• Eiterung - Zahnfleisch (bg2/643)
• Landkartenzunge (b2/668)
• *Stomatitis ulcerosa, Stomakaze* (*/689)
INNERER HALS - Entzündung - Tonsillen (bg2*/724)
• Schwellung - Tonsillen (*/747)
ÄUSSERER HALS - *Schwellung - Halsdrüsen* (*/760)
• Schwellung - Seiten (*/760)
• *Verhärtung von Drüsen* (k/761)
ABDOMEN - Vergrößert - Kindern; bei (ptk1/938)
EXTREMITÄTEN - Nägel; Beschwerden der - Abblättern der Nägel (k/1664)
• Nägel; Beschwerden der - deformiert (*/1664)
» dicke Nägel (*/1664)
» dicke Nägel - Fingernägel (k/1664)
» eingewachsene Zehennägel (k/1665)
» eingewachsene Zehennägel - Lähmung (st/1665)
» spröde, brüchige Nägel (b2/1665)
» *spröde, brüchige Nägel - Fingernägel* (*/1665)
» *spröde, brüchige Nägel - Zehennägel* (b4a/1665)
» verkrüppelte, verkümmerte Nägel (b2/1665)
» verkrüppelte, verkümmerte Nägel - Fingernägel (*/1665)
HAUT - Hautausschläge - Impetigo (k/1816)

Nonverbales - Äußerliches - Beobachtungen des Arztes

KOPF - Schuppen (*/402)
• Schuppen - weiß (h2*/402)
AUGE - *Strabismus, Schielen* (*/467)
• Strabismus, Schielen - convergens (bg2*/467)
» divergens (*/467)
• *Verklebt* (*/472)
NASE - Schniefen (bg1/568)
GESICHT - **Aufgesprungen - Lippen** (*/579)
• *Ausdruck - alt aussehend* (ptk1/580)
• Gerunzelt (bg3*/594)
» Stirn, Stirnrunzeln (*/594)
• Rissig - Lippen (*/613)
• *Sommersprossen* (bg2/632)
ATMUNG - Beschleunigt (b2/1174)
HUSTEN - Anfallsweise - besteht aus - kurzen Hustenstößen (*/1186)
• Anfallsweise - besteht aus - langen Hustenstößen (bg1/1186)
EXTREMITÄTEN - *Farbe - Finger - Fingernägel - weiß - Flecken* (*/1409)
ALLGEMEINES - Aussehen - dunkel (*/1854)
• Magere Personen (bg2*/1919)

Nonverbales - Äußerliches - Beobachtungen der Eltern

AUGE - *Verklebt - morgens* (*/472)
MUND - Beißt - Zunge; beißt sich auf die (*/640)
ZÄHNE - Zusammenbeißen der Zähne - Verlangen, die Zähne zusammenzubeißen; ständiges - fest zusammengebissen (k/719)
MAGEN - *Schluckauf* (*/809)
• Schluckauf - Aufstoßen - nach (b4/809)
» *Essen - nach - agg.* (*/810)
» Mittagessen - nach - agg. (*/811)
» Trinken - nach - Wasser; von - agg. (b4/811)
• Völlegefühl - Essen - nach - agg. (k/845)
» Essen - nach - agg. - wenig, nach dem kleinsten Bissen; nach noch so (k/845)
» Frühstück; agg. nach dem (k/845)
» Mittagessen, nach dem (h2/845)
ABDOMEN - Schmerz - Wärme - amel. (k/896)
• Schmerz - Zusammenkrümmen - muß sich zusammenkrümmen (h2/897)
REKTUM - Unwillkürlicher Stuhl (b4a/984)
STUHL - **Kugeln, wie** (*/996)
• **Schafskot, wie** (*/997)
BLASE - *Urinieren - unwillkürlich - Husten; agg. beim* (*/1020)
• *Urinieren - verzögert, muß warten, bis der Urin zu fließen beginnt* (*/1020)
» **verzögert, muß warten, bis der Urin zu fließen beginnt - pressen, bevor er damit beginnen kann; muß lange** (*/1021)
MÄNNLICHE GENITALIEN - *Masturbation, Neigung zur* (bg2*/1071)
• *Masturbation, Neigung zur - exzessiv* (hr1*/1071)
ATMUNG - Schnarchen (b4/1180)
SCHWEISS - Essen - nach - agg. (bg2/1786)
• Essen - nach - amel. (*/1786)

Nacht; Beobachtungen in der - Gemütssymptome

GEMÜT - Furcht - Erwachen; beim - Traum; aus einem (k/67)
• Jammern - Schlaf, im (k/113)
• Schlafwandeln (*/154)
• Sprechen - Schlaf; im (*/169)
• Weinen - Wimmern, Winseln - Schlaf, im (b4/248)

Nacht; Beobachtungen in der - Schlaf

SCHLAF - Erwachen - Schreck, wie durch (k2*/1675)

Nacht; Beobachtungen in der - Schlaf; Lage im

SCHLAF - Lage - Kopf - hinten gebeugt; nach (kr1*/1682)
• Lage - Seite, auf der (*/1683)

Autos und Schiffe

BRUST - Schmerz - Fahren, beim - Wagen, im - agg. (k/1260)
SCHLAF - *Schlaflosigkeit - Fahren - Wagen; im - agg.* (st1*/1690)

Körperliche Symptome und Erkrankungen

KOPF - *Schmerz - katarrhalisch* (k/331)

ZÄHNE - Karies, faule, hohle Zähne (*/700)

MAGEN - Langsame Verdauung (h2/805)

NIEREN - Entzündung (*/1023)

WEIBLICHE GENITALIEN - Menses - unterdrückt - Mädchen; bei jungen (lp/1113)

KEHLKOPF UND TRACHEA - Laryngismus stridulus (k1*/1145)

ALLGEMEINES - Abmagerung - Kindern; bei (k/1845)
- Essen - Überessen; agg. nach (bg2/1877)
- Kindern; Beschwerden von (bg2*/1897)
  » zarte, schwächliche, kränkliche Kinder (br1*/1897)

Chirurgisch pathologische Zustände

OHR - Abszeß (bg2/498)

ABDOMEN - Hernie (c2*/867)
- Hernie - eingeklemmt, inkarzeriert (ptk1/868)
  » *Leistenhernie* (*/868)
  » Leistenhernie - eingeklemmt, inkarzeriert (*/868)
  » *Leistenhernie - schmerzhaft* (*/868)

MÄNNLICHE GENITALIEN - Hochgezogen, an den Körper gezogen - Hoden (h2/1068)
- Hochgezogen, an den Körper gezogen - Hoden - rechts (h2/1068)

Würmer

REKTUM - Würmer - Beschwerden durch Würmer (b2/985)
- Würmer - Beschwerden durch Würmer - Bandwürmer (b2/986)
  » Beschwerden durch Würmer - Madenwürmer (b2/986)

Alumina phosphorica

alum-p.

Auf der Gemütsebene sind die *phosphorischen Aspekte* zu betonen, die verbunden sind mit *Angst* (vor Dunkelheit, Gewitter, Alleinsein), *Neugier*, Entmutigung und Unglücklichsein, aber auch Hartnäckigkeit.

Auf der körperlichen Ebene findet man *Magen-Darm-Symptome*, besonders in Bezug auf die Einnahme von Milch. Der Appetit ist besonders ausgeprägt und neigt auch dazu, nach dem Essen zuzunehmen.

Ein sehr nützliches Mittel bei *Louis-Bar-Syndrom* oder bei *Ataxia teleangiectatica*, wenn die Phosphor-Komponente bestimmt einen Einfluß auf die Folgen des *IgA-Mangels* (Pneumonie, Bronchopneumonie) hat, während Alumina eine entscheidende Rolle bei der *Koordinationsstörung* spielt.

Sollte es bei *Tonsillitis* erwogen werden.

Klinisches: Indolente Geschwüre. Nervenzusammenbruch am Ende der Gymnasialzeit. Chronische Folgen von Kummer. Lähmung, besonders der Beine. Furunkel an Gesäß und Oberschenkeln.

Wirkungsbereich: Nerven. Schleimhäute. Lungen.

* * *

Stillen - Milch

MAGEN - Aufstoßen - Milch, nach (k2/775)

ALLGEMEINES - Speisen und Getränke - Milch - Abneigung (k2*/2000)
- Speisen und Getränke - Milch - agg. (k2*/2001)

Stillen - Magendarmsymptome - Appetit - vermindert

MAGEN - Appetit - fehlend (k2/767)

Stillen - Magendarmsymptome - Appetit - vermehrt

MAGEN - Appetit - Genuß, ohne (k2/769)
- Appetit - Heißhunger (k2/769)
  » vermehrt (k2/770)
  » vermehrt - Essen - nach (k2/772)

Stillen - Magendarmsymptome - Aufstoßen - Wasser; Hochsteigen von

MAGEN - Aufstoßens; Art des - Wasser in den Mund; Hochsteigen von (k2/781)

Stillen - Magendarmsymptome - Schluckauf

MAGEN - Schluckauf - Essen - nach - agg. (k2/810)

Stillen - Magendarmsymptome - Abdomen - amel. durch

ABDOMEN - Schmerz - Wärme - amel. (k2/896)

Konstitution - Angst und Furcht

GEMÜT - Furcht - allein zu sein (stj2/64)
- Furcht - Gewitter; vor (stj2/70)

Konstitution - Allgemeines

GEMÜT - Entmutigt (k2*/46)
- Faulheit (k2/55)
- Nachgiebigkeit (stj2/134)
- Neugierig (stj2/135)
- Stimmung, Laune - veränderlich (k2/171)
- Unzufrieden (k2*/194)

Beziehung zu anderen - Reaktion auf andere

GEMÜT - Antworten - Abneigung zu antworten (k2/14)
- Gesellschaft - Abneigung gegen (k2*/94)

- Schüchternheit, Zaghaftigkeit (k2*/158)
- Widerspenstig (k2/249)

Schule - Konstitution

GEMÜT - Eigensinnig, starrköpfig, dickköpfig (k2*/41)
- Neugierig (stj2/135)

Nonverbales - Allgemeines

GEMÜT - Eigensinnig, starrköpfig, dickköpfig (k2*/41)

Nonverbales - Konsultation; bei der

OHR - Absonderungen - eitrig (k2/497)

INNERER HALS - Schwellung - Tonsillen (k2/747)

EXTREMITÄTEN - Nägel; Beschwerden der - eingewachsene Zehennägel (k2/1665)

Nonverbales - Äußerliches - Beobachtungen des Arztes

GESICHT - Rissig - Lippen (k2/613)

Nonverbales - Äußerliches - Beobachtungen der Eltern

MAGEN - Schluckauf (k2/809)
- Schluckauf - Essen - nach - agg. (k2/810)

ABDOMEN - Schmerz - Wärme - amel. (k2/896)

BLASE - Urinieren - unwillkürlich - Husten; agg. beim (k2/1020)
- Urinieren - verzögert, muß warten, bis der Urin zu fließen beginnt (k2/1020)
  » verzögert, muß warten, bis der Urin zu fließen beginnt - pressen, bevor er damit beginnen kann; muß lange (k2/1021)

Nacht; Beobachtungen in der - Gemütssymptome

GEMÜT - Furcht - Dunkelheit; vor der (stj2/66)
- Sprechen - Schlaf; im (k2*/169)

Körperliche Symptome und Erkrankungen

NIEREN - Entzündung (k2/1023)

Alumina silicata

alum-sil.

Gewöhnlich *launische, eigensinnige,* sture und schlecht gelaunte Kinder, die keinen Widerspruch vertragen und immer unglücklich sind.

Sie leiden oft an *Otitis und Tonsillitis,* mit *vergrößerten Halslymphknoten.*

Ein wichtiges Symptom ist die innere Wundheit entlang der Luftröhre und dem oberen Teil der Brust, mit Abneigung gegen Berührung.

Der Appetit kann launisch sein, aber noch öfter ist er sehr vermehrt. Stuhl enthält unverdaute Speisen, besonders Obst.

Reisen im Auto führt zu einigen Problemen: von Kopfschmerzen zu Schmerzen in Rückgrat und Abdomen; letztere neigen dazu, durch warme Anwendungen besser zu werden.

Man findet oft *weiche Nägel,* wie bei allen Mitteln, die Silizium enthalten.

Klinisches: Wundheit der Brust. Krupp. Konvulsionen. Erkrankungen des Gehirns und des Rückgrats.

Wirkungsbereich: Brust. Gehirn. Rückgrat. Nerven. Rektum.

* * *

Stillen - Milch

ALLGEMEINES - Speisen und Getränke - Milch - agg. (k2*/2001)

Stillen - Magendarmsymptome - Appetit - allgemein

MAGEN - Appetit - launischer Appetit (k2/770)

Stillen - Magendarmsymptome - Appetit - vermehrt

MAGEN - Appetit - Genuß, ohne (k2/769)
- Appetit - Heißhunger (k2/769)
  » vermehrt (k2/770)

Stillen - Magendarmsymptome - Aufstoßen - Speisen; von

MAGEN - Aufstoßens; Art des - Speisen; von (k2/780)

Stillen - Magendarmsymptome - Aufstoßen - Wasser; Hochsteigen von

MAGEN - Aufstoßens; Art des - Wasser in den Mund; Hochsteigen von (k2/781)

Stillen - Magendarmsymptome - Abdomen - amel. durch

ABDOMEN - Schmerz - Wärme - amel. (k2/896)

Konstitution - Angst und Furcht

GEMÜT - Feigheit (k2*/59)

Konstitution - Allgemeines

GEMÜT - Entmutigt (k2*/46)
- Faulheit (k2*/55)
- Stimmung, Laune - veränderlich (k2/171)
- Unzufrieden (k2*/194)

Beziehung zu anderen - Reaktion auf andere

GEMÜT - Gesellschaft - Abneigung gegen (k2*/94)
- Gesellschaft - Abneigung gegen - Furcht vor dem Alleinsein; jedoch (k2/95)
  » Verlangen nach (^/95)
- Schüchternheit, Zaghaftigkeit (k2*/158)
- Widerspenstig (k2/249)
- Widerspruch - verträgt keinen Widerspruch (k2/249)

Beziehung zu anderen - allgemein

GEMÜT - Tadelsüchtig, krittelig (k2/178)

Schule - Lernen - Schreiben

GEMÜT - Fehler; macht - Schreiben, beim (k2*/57)

Schule - Anstrengung; geistige

KOPF - Schmerz - geistige Anstrengung - agg. (^/328)

Schule - Konstitution

GEMÜT - Eigensinnig, starrköpfig, dickköpfig (k2*/41)

Nonverbales - Gesten, Gebärden

GEMÜT - Launenhaftigkeit, launisch (k2/123)

Nonverbales - Allgemeines

GEMÜT - Eigensinnig, starrköpfig, dickköpfig (k2*/41)

Nonverbales - Konsultation; bei der

OHR - Absonderungen - eitrig (k2/497)

MUND - Aphthen (k2/639)

INNERER HALS - Entzündung - Tonsillen (k2/724)
- Schwellung - Tonsillen (k2/747)

ÄUSSERER HALS - Schwellung - Halsdrüsen (k2/760)

EXTREMITÄTEN - Nägel; Beschwerden der - spröde, brüchige Nägel - Fingernägel (k2/1665)

Nonverbales - Äußerliches - Beobachtungen der Eltern

MAGEN - Schluckauf (k2/809)
- Völlegefühl - Essen - nach - agg. (k2/845)
  - » Essen - nach - agg. - wenig, nach dem kleinsten Bissen; nach noch so (k2/845)

ABDOMEN - Schmerz - Wärme - amel. (k2/896)

STUHL - Unverdaut (k2/999)
- Unverdaut - Obst agg. (k2/999)

BLASE - Urinieren - verzögert, muß warten, bis der Urin zu fließen beginnt (k2/1020)

Nacht; Beobachtungen in der - Gemütssymptome

GEMÜT - Schlafwandeln (k2*/154)
- Sprechen - Schlaf; im (k2*/169)

Autos und Schiffe

KOPF - Schmerz - Fahren - Wagen, im - agg. (k2/326)

ABDOMEN - Schmerz - Fahren - Wagen, im - agg. (k2/885)

RÜCKEN - Schmerz - Wirbelsäule - Fahren im Wagen agg. (k2/1371)

ALLGEMEINES - Fahren - Wagen; mit dem - agg. (k2/1877)

Aluminium sulfuricum

alumin-s.

Stillen - Milch

ALLGEMEINES - Speisen und Getränke - Milch - agg. (stj2/2001)

Konstitution - Angst und Furcht

GEMÜT - Furcht - Armut, vor (stj2/65)
- Furcht - hochgelegenen Orten; vor (stj2/71)
  - » Versagen, Mißerfolg; vor dem (^/79)
  - » Versagen, Mißerfolg; vor dem - Prüfungen, bei (stj2/79)

Konstitution - Allgemeines

GEMÜT - Furcht - Armut, vor (stj2/65)
- Nachgiebigkeit (stj2/134)
- Sauberkeit, Reinlichkeit - Reinlichkeitswahn, Putzwut (^/153)

Beziehung zu anderen - Reaktion auf andere

GEMÜT - Schüchternheit, Zaghaftigkeit (stj2/158)

Schule - Angst

GEMÜT - Furcht - Versagen, Mißerfolg; vor dem (^/79)
- Furcht - Versagen, Mißerfolg; vor dem - Prüfungen, bei (stj2/79)

Ambra grisea

ambr.

Geeignet für erregbare, nervöse und dünne Kinder und auch für hysterische Personen, mit konvulsivischem Husten und Aufstoßen. Extreme nervöse Überempfindlichkeit.

Das Kind ist schwach, quengelig, geistig zurückgeblieben, abgemagert; sieht aus wie ein *ausgetrockneter alter Mann.*

Große Schüchternheit; Abneigung gegen Gesellschaft, besonders von Fremden.

Musik verschlimmert die Symptome.

Nützlich für Kinder mit *kurzem, beklommenem Atem*; Anfälle *krampfhaften Hustens*, mit Auswurf von Schleim; Pfeifen in den Luftwegen und *Druck in der Brust, gefolgt von Aufstoßen.*

Asthma begleitet von Herzsymptomen, beklommenem Atem und dem Gefühl eines Klumpens in der linken Brust und Flattern in der Herzgegend oder Herzklopfen.

Kinder können sich nicht genug beruhigen, um einzuschlafen, sie sprechen ständig, sind nervös;

und wenn sie dann einschlafen, erwachen sie schwach und müde.

Allgemein Verschlimmerung durch Liegen.

Klinisches: Asthma. Asthma cardiale. Konvulsionen. Nasenbluten. Pruritus vulvae.

Wirkungsbereich: Nerven. Gemüt. Lungen. Weibliche Geschlechtsorgane.

* * *

Stillen - Milch

KOPF - Hautausschläge - Milchschorf (b2/290)
INNERER HALS - Schmerz - Milch agg. (k2/741)
MAGEN - Sodbrennen - Milch agg. (*/830)
• Verdauungsstörung - Milch - agg. (k/843)
HUSTEN - Milch agg. (*/1202)
ALLGEMEINES - *Speisen und Getränke - Milch - agg.* (*/2001)
• *Speisen und Getränke - Milch - agg. - warme* (*/2001)
» Milch - amel. (vh1/2001)

Stillen - Magendarmsymptome - Appetit - vermindert

MAGEN - Appetit - fehlend (*/767)

Stillen - Magendarmsymptome - Aufstoßen - Wasser; Hochsteigen von

MAGEN - Aufstoßens; Art des - Wasser in den Mund; Hochsteigen von (*/781)
• Aufstoßens; Art des - Wasser in den Mund; Hochsteigen von - Husten - beim - agg. (b7/781)

Stillen - Magendarmsymptome - Abdomen - agg. durch

ABDOMEN - Schmerz - Liegen - Rücken; auf dem - agg. (bg1/889)

Stillen - Magendarmsymptome - Abdomen - amel. durch

ABDOMEN - Schmerz - Liegen - Abdomen; auf dem - amel. (h1*/889)

Stillen - Magendarmsymptome - Rektum

REKTUM - Obstipation - Kindern, bei (tsm1/969)

Infektionskrankheiten - Scharlach

ALLGEMEINES - *Wassersucht - äußere Wassersucht - Scharlach; nach* (kr1/2024)

Infektionskrankheiten - Keuchhusten

HUSTEN - *Keuchhusten* (*/1197)

Konstitution - Angst und Furcht

GEMÜT - Beeindrucken, empfänglich für Eindrücke; leicht zu (mtf/19)
• Beschwerden durch - Erwartungsspannung (tsm1/23)
• Erwartungsspannung - Lampenfieber (bnt/53)
• Feigheit (bg*/59)
• Furcht - Armut, vor (k/65)
» engen Räumen; in (jsa*/67)
• Schreckliches und traurige Geschichten greifen sie stark an (tsm1/156)

Konstitution - Allgemeines

GEMÜT - *Ehrgeiz - Verlust von* (vh*/40)
• Entmutigt (*/46)
• Faulheit (st1/55)
• Furcht - Armut, vor (k/65)
• Gewissenhaft, peinlich genau in bezug auf Kleinigkeiten (tsm1/99)
• Milde (*/130)
• Nachgiebigkeit (mtf/134)
• Neugierig (k13*/135)
• Pflicht - kein Pflichtgefühl (gl1/136)
• Reisen - Verlangen nach (tsm1/142)
• Selbstvertrauen - Mangel an Selbstvertrauen (vh1*/161)
• Sorgen; voller (bg2*/164)
• Stimmung, Laune - veränderlich (*/171)
• Unaufmerksam (gl1/189)
» angesprochen wird; wenn er (gl1/189)
• Ungerechtigkeit; erträgt keine (tsm1*/191)
• Unzufrieden (^/194)
• *Weinen - Musik; durch* (bg2*/247)

Familie; Beziehung zur - Liebe und Zuneigung

GEMÜT - Angst - andere, um (tsm1/7)
• Angst - Familie, um seine (tsm1/9)

Familie; Beziehung zur - Vorwürfe

GEMÜT - **Beschwerden durch - Tadel** (vh/25)

Beziehung zu anderen - Aggressivität

GEMÜT - Streitsüchtig (*/173)

Beziehung zu anderen - Reaktion auf andere

GEMÜT - Antworten - Abneigung zu antworten (k/14)
• Antworten - weigert sich zu antworten (k/15)
» wiederholt erst die Frage (k/15)
• Geistesabwesend - angesprochen, wenn (gl1/88)
• *Gesellschaft - Abneigung gegen* (*/94)
» **Abneigung gegen - Fremden; Abneigung gegen die Anwesenheit von** (*/95)
» Verlangen nach (^/95)
» Verlangen nach - allein; agg. wenn (k/96)
• Gesellschaftliche Ereignisse - amel. - Mädchen; bei modernen, jungen (ptk1*/96)
• Lächeln - niemals (ptk1/119)
• Schüchternheit, Zaghaftigkeit (*/158)
» **Öffentlichkeit; beim Auftreten in der** (st/159)
• Untröstlich (*/193)
• Widerspenstig (k/249)

Beziehung zu anderen - allgemein

GEMÜT - Argwöhnisch, mißtrauisch (*/16)
- Erregung - Kindern, bei (c1*/49)
- Mitgefühl, Mitleid (gg/130)
- Sprache - hastig, eilig (k/167)
- Tadelt andere (tsm1/179)

Schule - Angst

GEMÜT - Beschwerden durch - Erwartungsspannung (tsm1/23)
- Selbstvertrauen - Mangel an Selbstvertrauen (vh1*/161)

Schule - Konzentration

GEMÜT - Geistesabwesend - angesprochen, wenn (gl1/88)
- Konzentration - schwierig - Studieren (gl1/117)
- Stumpfheit - Lesen (*/175)
- Unaufmerksam (gl1/189)
  » angesprochen wird; wenn er (gl1/189)
- Verwirrung; geistige - Lesen, beim (k/203)

Schule - Lernen - Mathematik, Rechnen

GEMÜT - *Mathematik - Unfähigkeit zur* (^/128)
- *Mathematik - Unfähigkeit zur - Geometrie* (gl1/129)

Schule - Lernen - Lesen

GEMÜT - Stumpfheit - Lesen (*/175)
- Verwirrung; geistige - Lesen, beim (k/203)

Schule - Anstrengung; geistige

KOPF - Schmerz - geistige Anstrengung - agg. (k/328)

Schule - Beziehung zu anderen

GEMÜT - **Schüchternheit, Zaghaftigkeit - Öffentlichkeit; beim Auftreten in der** (st/159)

Schule - Vorwürfe

GEMÜT - **Beschwerden durch - Tadel** (vh/25)

Schule - Konstitution

GEMÜT - Eigensinnig, starrköpfig, dickköpfig (tsm1/41)
- Gewissenhaft, peinlich genau in bezug auf Kleinigkeiten (tsm1/99)
- Neugierig (k13*/135)
- Selbstvertrauen - Mangel an Selbstvertrauen (vh1*/161)

Tieren; Beziehung zu

GEMÜT - Tiere - liebt Tiere, Tierliebe (tsm1/180)

Nonverbales - Aggressivität

GEMÜT - Beißen (^/20)

Nonverbales - Reaktion auf andere

GEMÜT - Angesehen, angeblickt zu werden - erträgt es nicht, angesehen zu werden (bg2/5)
- *Angst - Fremden; in Anwesenheit von* (vh*/9)
- *Fremde - Anwesenheit von Fremden - agg.* (*/60)
  » Anwesenheit von Fremden - agg. - hustet beim Anblick von Fremden; Kind (k1/60)
- Furcht - Fremden; vor (k/68)
  » *Näherkommen, Annäherung von; vor - anderen, von* (k/74)
  » Näherkommen, Annäherung von; vor - anderen, von - Kinder können es nicht ertragen, daß ihnen jemand nahe kommt (fyz/74)

Nonverbales - Gesten, Gebärden

GEMÜT - Beißen - Nägel (st/20)
- *Gefallsüchtig, kokett - sehr, zu* (^/87)
  » *sehr, zu - Kindern; bei* (lmj/87)
- Launenhaftigkeit, launisch (bg2/123)
- Springen (^/169)
- Ungeschicklichkeit (bg2*/192)

Nonverbales - Allgemeines

GEMÜT - Eigensinnig, starrköpfig, dickköpfig (tsm1/41)
- Ruhelosigkeit - Kindern, bei (al*/151)

Nonverbales - Konsultation; bei der

GESICHT - Schwellung - Unterkieferdrüsen (*/631)

MUND - Krampfadern - Zunge (bro1*/667)

ÄUSSERER HALS - Schwellung - Halsdrüsen (b7/760)

EXTREMITÄTEN - Krümmung und Biegung (b7a/1473)
- *Nägel; Beschwerden der - spröde, brüchige Nägel - Fingernägel* (k/1665)

HAUT - *Intertrigo* (k/1825)

Nonverbales - Äußerliches - Beobachtungen des Arztes

GESICHT - *Ausdruck - alt aussehend* (k/580)
- Hautausschläge - Akne (bro1*/595)
- Kiefersperre - Kindern; bei - Neugeborenen; bei (ptk1*/610)
- Rissig - Lippen (*/613)
  » Mundwinkel (*/614)
- Venen, erweiterte (bg2/634)

ATMUNG - Asthma, asthmatische Atmung - Kindern; bei (*/1162)
- *Atemnot, Dyspnoe, erschwertes Atmen - Kindern; bei* (*/1168)
- Beschleunigt (b2/1174)

HUSTEN - Anfallsweise - besteht aus - langen Hustenstößen (k/1186)

ALLGEMEINES - **Magere Personen** (*/1919)
- Zwergwuchs (ptk1/2035)

Nonverbales - Äußerliches - Beobachtungen der Eltern

AUGE - Verklebt - morgens (k/472)

NASE - Schneuzen der Nase - Neigung, sich zu schneuzen; ständige (tsm1/568)
- Verstopfung - Kindern; bei (ptk1/577)

ZÄHNE - Zusammenbeißen der Zähne - Verlangen, die Zähne zusammenzubeißen; ständiges (k/719)

MAGEN - *Brechreiz, Würgen - Essen, nach dem* (*/784)
- Brechreiz, Würgen - Husten; agg. beim (k2/784)
- Schluckauf (b2/809)
- *Völlegefühl - Essen - nach - agg.* (k/845)

ABDOMEN - Schmerz - Liegen - Abdomen; auf dem - amel. (h1*/889)
- Schmerz - Liegen - Rücken; auf dem - agg. (bg1/889)

BLASE - Urinieren - Harndrang - plötzlich - beeilen um zu urinieren, sonst geht Urin ab; muß sich (bg2/1015)
- *Urinieren - verzögert, muß warten, bis der Urin zu fließen beginnt - allein; kann nur urinieren, wenn* (bg3/1020)

MÄNNLICHE GENITALIEN - Erektionen - Kindern, bei (lmj/1063)
- Masturbation, Neigung zur (*/1071)
  » Kindern; bei (lmj/1071)
- Sexuelles Verlangen - vermehrt - Kindern, bei (lmj/1084)

WEIBLICHE GENITALIEN - Masturbation; Neigung zu (*/1104)
- Masturbation; Neigung zu - Kindern; bei (lmj/1104)

Nacht; Beobachtungen in der - Gemütssymptome

GEMÜT - Sprechen - Schlaf; im (*/169)

Nacht; Beobachtungen in der - Schlaf

SCHLAF - *Erwachen - Schreck, wie durch* (*/1675)

TRÄUME - *Ängstlich - Kindern, bei* (kr1/1708)
- *Verdrießlich - Kindern, bei* (kr1/1743)

Nacht; Beobachtungen in der - Schlaf; Lage im

SCHLAF - Lage - Arme - Kopf - unter dem Kopf (*/1682)
- Lage - Hände - Kopf - unter dem (b7/1682)
  » Knie - Ellbogen gebeugt, Knie und (bg2/1682)
  » Knie - gebeugt (*/1682)
  » Rücken, auf dem (*/1683)
  » Rücken, auf dem - Hände - flach unter dem Hinterkopf (h1/1683)

Psychosomatische Störungen

SCHWEISS - Fremden; in Anwesenheit von (*/1786)

Körperliche Symptome und Erkrankungen

KOPF - Schmerz - katarrhalisch (*/331)

ZÄHNE - *Karies, faule, hohle Zähne* (*/700)

MAGEN - *Würgen - Husten, mit* (*/846)

ALLGEMEINES - *Kindern; Beschwerden von* (*/1897)
- *Konvulsionen - Kindern, bei* (k/1905)

Würmer

REKTUM - Würmer - Beschwerden durch Würmer (b2/985)
- Würmer - Beschwerden durch Würmer - Bandwürmer (b2/986)
  » Beschwerden durch Würmer - Madenwürmer (b2/986)

Ammoniacum gummi

ammc.

Schlechte Laune ist das vorherrschende Gemütsmerkmal dieses Mittels. Das Kind ist faul, schüchtern, unglücklich und entmutigt.

Man sollte es bei *Appendizitis* und *Pneumonie* erwägen, wenn die Atemfrequenz erhöht ist und man ständige Bewegung der Nasenflügel antrifft.

Sommerliche Beschwerden von Kindern.

Klinisches: Asthma. Bronchitis. Herzleiden. Appendizitis. Augenleiden. Hydrozele.

Wirkungsbereich: Schleimhäute (Atmungsorgane). Augen. Herz. Drüsen.

* * *

Stillen - Milch

ALLGEMEINES - Speisen und Getränke - Milch - Abneigung (a1*/2000)

Konstitution - Allgemeines

GEMÜT - *Entmutigt* (j5/46)
- Faulheit (a1/55)
- Unzufrieden (j5/194)

Beziehung zu anderen - Reaktion auf andere

GEMÜT - *Schüchternheit, Zaghaftigkeit* (vh1/158)

Nonverbales - Konsultation; bei der

OHR - Ohrschmalz - vermehrt (hr1/516)

Nonverbales - Äußerliches - Beobachtungen des Arztes

NASE - *Bewegung - Nasenflügel - anhaltend, ständig* (k/545)
- Bewegung - Nasenflügel - Fächer; wie ein (k/545)
  » *Nasenflügel - Fächer; wie ein - Pneumonie; bei* (k/545)

ATMUNG - Beschleunigt (a1*/1174)

Körperliche Symptome und Erkrankungen

NASE - Katarrh - gefolgt von - Stirnhöhlen; Beschwerden der (bro1/553)

Ammonium bromatum

am-br.

Schlanke, normalerweise blonde Kinder. Sie haben kein Selbstvertrauen, sind schüchtern, entmutigt, machen oft Fehler beim Schreiben und neigen dazu, an den Nägeln zu kauen, was auch davon kommt, daß sie *eine Reizung unter dem Fingernagel spüren, die nur durch Kauen gelindert wird.*

Keuchhusten mit plötzlichem Hustenreiz; tiefer, krampfhafter und sehr heftiger Husten, der stundenlang fast ohne Unterbrechung anhält, besonders wenn das Kind nachts liegt, mit Kitzeln, Hitze und Brennen. Das Hauptcharakteristikum ist ein *Erstickungsgefühl und Angst zu ersticken.*

Ammonium bromatum geht es beim Erwachen aus dem Schlaf um *3 Uhr nachts schlechter*, der gewöhnlichen *Zeit für die Verschlimmerung bei allen Ammonium-Mitteln.*

Angezeigt bei chronischem Katarrh des Kehlkopfes und Rachens, bei neuralgischen Kopfschmerzen und Adipositas.

Zusammenschnürende Schmerzen in Kopf, Brust und Beinen.

Die Augen sind deutlich angegriffen: morgens sind sie rot und wund, mit Schleim in den Augenwinkeln, besonders im linken Auge.

Klinisches: Schnupfen. Pharyngitis. Kehlkopfkatarrh. Husten. Keuchhusten. Epilepsie. Nägelkauen. Pterygium.

Wirkungsbereich: Schleimhäute (Atmungsorgane). Kopf. Augen. Ernährung. Zentralnervensystem.

* * *

Stillen - Milch

ALLGEMEINES - Speisen und Getränke - Milch - Abneigung (stj2/2000)

Infektionskrankheiten - Keuchhusten

HUSTEN - Keuchhusten (c2*/1197)

Konstitution - Angst und Furcht

GEMÜT - Furcht - allein zu sein (stj2/64)
• Furcht - Gespenstern; vor (stj2/70)
» Versagen, Mißerfolg; vor dem (stj2/79)
» Wasser, vor (stj2/79)

Konstitution - Allgemeines

GEMÜT - Entmutigt (sf1/46)
• *Selbstvertrauen - Mangel an Selbstvertrauen* (vh1/161)

Beziehung zu anderen - Aggressivität

GEMÜT - Spotten (^/166)
• Streitsüchtig (stj2/173)

Beziehung zu anderen - Reaktion auf andere

GEMÜT - Gesellschaft - Abneigung gegen (stj2/94)
• *Schüchternheit, Zaghaftigkeit* (vh1/158)

Schule - Angst

GEMÜT - Furcht - Versagen, Mißerfolg; vor dem (stj2/79)
• *Selbstvertrauen - Mangel an Selbstvertrauen* (vh1/161)

Schule - Lernen - Schreiben

GEMÜT - Fehler; macht - Schreiben, beim (sf1/57)

Schule - Konstitution

GEMÜT - *Selbstvertrauen - Mangel an Selbstvertrauen* (vh1/161)

Nonverbales - Aggressivität

GEMÜT - *Beißen* (^/20)

Nonverbales - Gesten, Gebärden

GEMÜT - Beißen - Finger; beißt (stj2/20)
• *Beißen - Nägel* (c2*/20)

Nonverbales - Äußerliches - Beobachtungen des Arztes

AUGE - Verklebt (a1/472)
ALLGEMEINES - Aussehen - hell, blond (stj2/1855)
• Magere Personen (stj2/1919)

Nonverbales - Äußerliches - Beobachtungen der Eltern

AUGE - Verklebt - morgens (*/472)

Nacht; Beobachtungen in der - Gemütssymptome

GEMÜT - Furcht - Dunkelheit; vor der (stj2/66)
• Schlafwandeln (stj2/154)

Ammonium carbonicum

am-c.

Skrofulöse Kinder mit *Neigung zu Übergewicht.*

Diese Kinder *frieren schnell*, sind empfindlich gegen Kälte und erkälten sich im Winter leicht.

Das Gesicht sieht aufgetrieben aus, oft mit Pikkeln. Die Haut sieht marmoriert aus, mit sehr blassem Hintergrund oder ist über und über gerötet. Oft Risse an den Mundwinkeln.

Über die Gemütsebene schrieb Vithoulkas: „Einige Ammonium-carbonicum-Kinder erscheinen etwas zurückgeblieben und verhalten sich unreif; sie haben Lernschwierigkeiten in der Schule und sind faul. Interessanterweise können sie gleichzeitig anderen gegenüber kritisch sein und sehr anstrengend für die Eltern."

Extrem eigensinnig.

Es ist ein gutes Mittel für Kinder, die an Katarrh leiden und an scharfen, brennenden Absonderungen; *Schlaflosigkeit durch verstopfte Nase*; sie schniefen und müssen durch den Mund atmen.

Eines der charakteristischen Symptome dieses Mittels ist *Nasenbluten nach dem Waschen des Gesichtes oder der Hände* am Morgen oder nach dem Essen; aber diese Kinder *mögen es nicht, gewaschen zu werden, besonders die übergewichtigen*; große Abneigung gegen Wasser, die ertragen den Kontakt mit Wasser nicht (Differentialdiagnose: Ammonium bromatum).

Die Augen sind schwach; das Kind blinzelt ständig.

Manchmal benötigt man es bei Kindern mit Schwindel und Klingeln in den Ohren.

Ekzem in den Beugen der Gliedmaßen; wunde Stellen zwischen Oberschenkeln und der Gegend der Genitalien, durch warme Anwendungen verschlimmert; heftiges Jucken, wobei nach dem Kratzen brennende Blasen erscheinen. Die Haut der Hände des Kindes wird ziemlich hart und springt auf und es entwickeln sich sehr tiefe *Risse*.

Es ist auch ein sehr nützliches Mittel bei Scharlach. Der Hals ist innen und außen geschwollen, die Drüsen sind vergrößert, die Mandeln sind geschwollen und bläulich und das Kind ist schläfrig.

Klinisches: Asthma. Bronchitis. Enuresis. Hämorrhoiden. Erysipel. Masern. Mumps. Scharlach. Zahnschmerzen.

Wirkungsbereich: Herz. Atmung. Lungen. Bronchien.

* * *

Zahnung - Allgemeines

ZÄHNE - Zahnung - schwierig (bg2/718)

Stillen - Milch

KOPF - Hautausschläge - Milchschorf - Kindern; bei - Neugeborenen; bei - Adenitis; mit (st/290)

MAGEN - Aufstoßen - Milch, nach (k/775)

• Aufstoßens; Art des - sauer - Milch agg. (k/779)

ALLGEMEINES - Speisen und Getränke - Milch - Abneigung (*/2000)

Stillen - Magendarmsymptome - Appetit - vermindert

MAGEN - Appetit - fehlend (*/767)

• Appetit - fehlend - Durst - mit (*/768)

» *schnelle Sättigung* (*/770)

Stillen - Magendarmsymptome - Appetit - vermehrt

MAGEN - **Appetit - Heißhunger** (*/769)

• Appetit - Heißhunger - Sättigung; schnelle (bro1/770)

» **vermehrt** (*/770)

Stillen - Magendarmsymptome - Aufstoßen - Speisen; von

MAGEN - Aufstoßens; Art des - Speisen; von - bitter schmeckend (bg2/780)

• Aufstoßens; Art des - Speisen; von - Essen - nach - agg. (bg2/780)

Stillen - Magendarmsymptome - Aufstoßen - Wasser; Hochsteigen von

MAGEN - *Aufstoßens; Art des - Wasser in den Mund; Hochsteigen von* (*/781)

• Aufstoßens; Art des - Wasser in den Mund; Hochsteigen von - Essen - nach - agg. (*/781)

Stillen - Magendarmsymptome - Erbrechen

MAGEN - Erbrochenen; Art des - Speisen - Essen - beim - agg. (k/799)

• Erbrochenen; Art des - Speisen - Essen - nach - agg. (b4a/800)

Stillen - Magendarmsymptome - Abdomen - agg. durch

ABDOMEN - Schmerz - Zusammenkrümmen - agg. (k/896)

Stillen - Magendarmsymptome - Abdomen - amel. durch

ABDOMEN - Schmerz - Beugen - vorne; nach - amel. - krampfartig (k/882)

• Schmerz - Druck - amel. (k/883)

» Liegen - Abdomen; auf dem - amel. (k/889)

» Liegen - amel. (k/889)

» Wärme - amel. (k/896)

Stillen - Allgemeines

SCHWEISS - Essen - beim - agg. (bg2/1786)

• Essen - nach - agg. (hr1/1786)

Infektionskrankheiten - Masern

HUSTEN - Masern - nach (b4a/1202)

FIEBER - *Ausschlagsfieber; Fieber bei Ausschlagserkrankungen - Masern* (k/1770)

HAUT - *Hautausschläge - Masern* (*/1817)

ALLGEMEINES - Masern - Beschwerden nach (bro1/1920)

Infektionskrankheiten - Mumps

GESICHT - *Entzündung - Parotis* (*/584)

• Entzündung - Parotis - Mumps (bro1/584)

» **Parotis - Scharlach - bei** (hr1*/584)

• *Schwellung - Parotis* (*/631)

» Parotis - rechts (k/631)
» Parotis - hart (k/631)
• *Verhärtungen - Parotis* (*/634)

Infektionskrankheiten - Scharlach

GEMÜT - *Bewußtlosigkeit - Scharlach, bei* (hr1*/31)
• *Stupor - Scharlach, bei* (kr1/177)
KOPF - Schmerz - Scharlach, nach (k/337)
HÖREN - *Schwerhörig - Scharlach, nach* (b4a/536)
NASE - *Schnupfen - Scharlach, bei* (k/572)
GESICHT - **Entzündung - Parotis - Scharlach - bei** (hr1*/584)
URIN - Eiweißhaltig - Scharlach; nach (bro1/1046)
HUSTEN - *Scharlach; nach* (b4a/1204)
SCHLAF - Schlaflosigkeit - Scharlach; bei (br1/1693)
FIEBER - **Ausschlagsfieber; Fieber bei Ausschlagserkrankungen - Scharlach** (*/1770)
• **Scharlach** (b4a/1778)
» bösartig (bro1*/1778)
» **bösartig - begleitet von - Speichelfluß** (st1/1779)
HAUT - **Hautausschläge - Scharlach** (*/1821)
• **Hautausschläge - Scharlach - gangränös** (*/1821)
» *Scharlach - glatt* (*/1821)
» *Scharlach - zurücktretend* (*/1821)
ALLGEMEINES - **Scharlach - Beschwerden nach** (b2/1944)
• Schwellung - Drüsen, der - Scharlach - bei (br1*/1983)
» Drüsen, der - Scharlach - nach (kl/1983)

Infektionskrankheiten - Pocken

HAUT - Hautausschläge - Pocken (bro1/1819)

Infektionskrankheiten - Keuchhusten

HUSTEN - Keuchhusten (k/1197)

Konstitution - Angst und Furcht

GEMÜT - Angst - hypochondrisch (k/11)
• Beeindrucken, empfänglich für Eindrücke; leicht zu (gl/19)
• Beschwerden durch - Erwartungsspannung (bg/23)
• **Feigheit** (c1*/59)
• Furcht - unternehmen; irgendetwas zu (gl1/78)
• Vorsichtig (j/205)
» ängstlich (gl1/205)

Konstitution - Allgemeines

GEMÜT - Entmutigt (^/46)
• Faulheit (*/55)
• Reisen - Verlangen nach (gl1/142)
• Selbstvertrauen - Mangel an Selbstvertrauen (gl1/161)
• Stimmung, Laune - veränderlich (^/171)
• Unaufmerksam (bg2*/189)
» angesprochen wird; wenn er (gl1/189)
• Ungerechtigkeit; erträgt keine (stj1/191)
• Unzufrieden (*/194)
• *Waschen - Abneigung dagegen, sich zu waschen, zu baden* (sf1/243)

Familie; Beziehung zur - Liebe und Zuneigung

GEMÜT - Abneigung - Familienangehörige; gegen (^/1)
• Entfremdet - Familie, von seiner (gl1/45)

Beziehung zu anderen - Aggressivität

GEMÜT - Herausfordernd (sf1/107)
• Streitsüchtig (*/173)
• Zorn - Widerspruch, durch (k/255)

Beziehung zu anderen - Reaktion auf andere

GEMÜT - Antworten - Abneigung zu antworten (k/14)
• Geistesabwesend - angesprochen, wenn (gl1/88)
• Widerspruch - verträgt keinen Widerspruch (k/249)

Beziehung zu anderen - allgemein

GEMÜT - Mitgefühl, Mitleid (bg2*/130)
• Tadelsüchtig, krittelig (*/178)
• Unbarmherzig (h2/189)

Schule - Angst

GEMÜT - Beschwerden durch - Erwartungsspannung (bg/23)
• Furcht - unternehmen; irgendetwas zu (gl1/78)
• Selbstvertrauen - Mangel an Selbstvertrauen (gl1/161)

Schule - Konzentration

GEMÜT - Geistesabwesend - angesprochen, wenn (gl1/88)
• Konzentration - schwierig - Kindern, bei (gl1/117)
• Unaufmerksam (bg2*/189)
» angesprochen wird; wenn er (gl1/189)

Schule - Lernen - allgemein

GEMÜT - Fehler; macht - Sprechen, beim - Buchstabieren, beim (k/58)

Schule - Lernen - Mathematik, Rechnen

GEMÜT - *Fehler; macht - Rechnen, beim* (*/57)

Schule - Lernen - Schreiben

GEMÜT - *Fehler; macht - Schreiben, beim* (*/57)
• Fehler; macht - Schreiben, beim - falsch - Buchstaben, Zahlen (a1/57)

Schule - Anstrengung; geistige

KOPF - Schmerz - geistige Anstrengung - agg. (k/328)

Schule - Beziehung zu anderen

GEMÜT - *Ungehorsam* (*/191)

Schule - Konstitution

GEMÜT - Eigensinnig, starrköpfig, dickköpfig (*/41)
- Eigensinnig, starrköpfig, dickköpfig - Kinder (j5/41)
- Selbstvertrauen - Mangel an Selbstvertrauen (gl1/161)
- *Ungehorsam* (*/191)

Nonverbales - Gesten, Gebärden

GEMÜT - Gesten, Gebärden; macht - Hände; unwillkürliche Bewegungen der - bedecken - Mund mit den Händen; den (ckh1/97)
- Launenhaftigkeit, launisch (*/123)
- Ungeschicklichkeit (^/192)

Nonverbales - Allgemeines

GEMÜT - Eigensinnig, starrköpfig, dickköpfig (*/41)
- Eigensinnig, starrköpfig, dickköpfig - Kinder (j5/41)
- Ruhelosigkeit - Kindern, bei (a2/151)
- Verzogene, mißratene Kinder (gl1/204)

Nonverbales - Konsultation; bei der

KOPF - Hitze - Kälte - Füße; mit Kälte der (*/293)
- Läuse (k/300)

OHR - Absonderungen - Blut (*/497)
- Absonderungen - blutig (k/497)
  - » *eitrig* (*/497)
  - » jauchig (k/497)
  - » wundfressend (k2/498)
- Eiterung - Mittelohr (k/500)

GESICHT - Schwellung - Submentaldrüse (k/631)
- Schwellung - Submentaldrüse - schmerzhaft (k/631)
  - » Unterkieferdrüsen (*/631)

MUND - Eiterung - Zahnfleisch (*/643)

INNERER HALS - *Entzündung - Tonsillen* (bg2/724)
- *Schwellung - Tonsillen* (*/747)

ÄUSSERER HALS - *Schwellung - Halsdrüsen* (*/760)
- Schwellung - Halsdrüsen - hart (hr1/760)
  - » *Seiten* (k/760)
- Verhärtung von Drüsen (k/761)

ABDOMEN - Schmerz - Druck - amel. (k/883)

REKTUM - Hautausschläge - Anus; um den (k/964)

RÜCKEN - Hautausschläge - Furunkel - Dorsalregion - Schulterblätter (k/1317)

HAUT - *Erysipel* (*/1798)
- Hautausschläge - Bläschen - Sudamina (Schweißfriesel) (*/1810)
  - » Impetigo (k/1816)
- *Intertrigo* (k/1825)

ALLGEMEINES - Exostose (j5/1877)

Nonverbales - Äußerliches - Beobachtungen des Arztes

AUGE - Verklebt (b4/472)

NASE - Schniefen (k/568)
- *Schniefen - Kindern; bei - Neugeborenen; bei* (bro1/568)

GESICHT - Gerunzelt - Lippen (bg1/594)
- Gerunzelt - Stirn, Stirnrunzeln (b2/594)
- *Hippokratisches Gesicht* (k/605)
- *Rissig - Lippen* (*/613)
  - » Lippen - Oberlippe (b4/613)
  - » *Lippen - Unterlippe - Mitte der* (*/614)
  - » Mundwinkel (k/614)
- *Sommersprossen* (*/632)

ATMUNG - Asphyxie - Kindern, Neugeborenen; bei (sf1/1160)
- Beschleunigt (*/1174)

HAUT - *Sommersprossen* (*/1834)

Nonverbales - Äußerliches - Beobachtungen der Eltern

AUGE - Verklebt - morgens (*/472)

NASE - Schneuzen der Nase - können sich nicht schneuzen; Kinder (st*/568)
- Schneuzen der Nase - Neigung, sich zu schneuzen; ständige (bro1/568)
- Verstopfung - Kindern; bei (*/577)

MAGEN - Gluckern; Gurgeln (*/802)
- Schluckauf (*/809)
  - » heftig (bg2/810)
- **Völlegefühl - Essen - nach - agg.** (k/845)

ABDOMEN - Schmerz - Beugen - vorne; nach - amel. - krampfartig (k/882)
- Schmerz - Liegen - Abdomen; auf dem - amel. (k/889)
  - » Liegen - amel. (k/889)
  - » Wärme - amel. (k/896)
  - » Zusammenkrümmen - agg. (k/896)

REKTUM - Unwillkürlicher Stuhl (*/984)

STUHL - Kugeln, wie (gsy1/996)
- Schafskot, wie (b2/997)

BLASE - Urinieren - verzögert, muß warten, bis der Urin zu fließen beginnt (ptk1/1020)

SCHWEISS - Essen - beim - agg. (bg2/1786)
- Essen - nach - agg. (hr1/1786)

HAUT - Insektenstiche (mp1/1825)

Nacht; Beobachtungen in der - Gemütssymptome

GEMÜT - Sprechen - Schlaf; im (*/169)
- Weinen - Wimmern, Winseln - nachts (j/248)

Nacht; Beobachtungen in der - körperliche Symptome

MUND - Offen - Schlaf; agg. im (tl1/669)

BLASE - *Urinieren - unwillkürlich - nachts* (*/1019)
- Urinieren - unwillkürlich - nachts - Morgen, gegen (*/1019)

Nacht; Beobachtungen in der - Schlaf

SCHLAF - *Erwachen - Schreck, wie durch* (*/1675)

Nacht; Beobachtungen in der - Schlaf; Lage im

SCHLAF - Lage - Abdomen, auf dem (bro1*/1682)
- Lage - Rücken, auf dem (bro1*/1683)
  » Seite, auf der - linken Seite, auf der (a1/1683)

Körperliche Symptome und Erkrankungen

KOPF - Entzündung - Hirnhaut (tl1/284)
- Entzündung - Hirnhaut - begleitet von - Puls; langsamer (tl1/284)
- Hydrozephalus (k/295)

ZÄHNE - Abszeß der Zahnwurzeln (k/695)
- *Karies, faule, hohle Zähne* (*/700)

NIEREN - Entzündung (k/1023)

WEIBLICHE GENITALIEN - Menses - verzögerte Menarche (*/1114)

EXTREMITÄTEN - Hüftgelenksentzündung (k/1443)

FIEBER - Continua (k/1772)

ALLGEMEINES - Konvulsionen - Kindern, bei (lmj/1905)
- Medikamente - allopathische - überempfindlich gegen - Influenza; Medikamente gegen (gm1/1921)
- Schmerzlosigkeit gewöhnlich schmerzhafter Beschwerden (ptk1/1971)

Chirurgisch pathologische Zustände

ABDOMEN - Hernie (bro1/867)
- Hernie - Leistenhernie (*/868)

Würmer

REKTUM - Würmer - Beschwerden durch Würmer (st/985)

Ammonium causticum

am-caust.

Stillen - Milch

ALLGEMEINES - Speisen und Getränke - Milch - Abneigung (stj2/2000)

Konstitution - Angst und Furcht

GEMÜT - Furcht - offenen Plätzen; Furcht vor (stj2/74)
- Furcht - Versagen, Mißerfolg; vor dem (stj2/79)

Konstitution - Allgemeines

GEMÜT - Selbstvertrauen - Mangel an Selbstvertrauen (^/161)
- Selbstvertrauen - Mangel an Selbstvertrauen - Unterstützung, Zuwendung; möchte (stj2/161)

Beziehung zu anderen - Aggressivität

GEMÜT - Spotten (^/166)

Beziehung zu anderen - Reaktion auf andere

GEMÜT - Schüchternheit, Zaghaftigkeit (a1*/158)

Schule - Angst

GEMÜT - Furcht - Versagen, Mißerfolg; vor dem (stj2/79)
- Selbstvertrauen - Mangel an Selbstvertrauen (^/161)

Schule - Konstitution

GEMÜT - Selbstvertrauen - Mangel an Selbstvertrauen (^/161)

Nonverbales - Reaktion auf andere

GEMÜT - Furcht - Fremden; vor (stj2/68)

Nonverbales - Konsultation; bei der

INNERER HALS - Belag - Tonsillen (k/721)

Nonverbales - Äußerliches - Beobachtungen des Arztes

ATMUNG - Beschleunigt (a1/1174)

ALLGEMEINES - Magere Personen (stj2/1919)

Nonverbales - Äußerliches - Beobachtungen der Eltern

REKTUM - Unwillkürlicher Stuhl (a1/984)

HAUT - Insektenstiche (mp1/1825)

Körperliche Symptome und Erkrankungen

NIEREN - Entzündung (c2/1023)

KEHLKOPF UND TRACHEA - Laryngismus stridulus (bro1/1145)

Ammonium fluoratum

am-f.

Stillen - Magendarmsymptome - Appetit - vermindert

MAGEN - Appetit - vermindert (a1/772)

Konstitution - Angst und Furcht

GEMÜT - *Furcht - Armut, vor* (stj2/65)
- Furcht - Versagen, Mißerfolg; vor dem (stj2/79)

Konstitution - Allgemeines

GEMÜT - *Furcht - Armut, vor* (stj2/65)
- Selbstvertrauen - Mangel an Selbstvertrauen (^/161)
  » Mangel an Selbstvertrauen - Unterstützung, Zuwendung; möchte (stj2/161)
- Spontan, impulsiv (stj2/166)

Beziehung zu anderen - Reaktion auf andere

GEMÜT - Schüchternheit, Zaghaftigkeit (stj2/158)

Schule - Angst

GEMÜT - Furcht - Versagen, Mißerfolg; vor dem (stj2/79)
- Selbstvertrauen - Mangel an Selbstvertrauen (^/161)

Schule - Konstitution

GEMÜT - Selbstvertrauen - Mangel an Selbstvertrauen (^/161)

Nonverbales - Reaktion auf andere

GEMÜT - Furcht - Fremden; vor (stj2/68)

Nonverbales - Konsultation; bei der

ALLGEMEINES - *Exostose* (stj2/1877)

Nonverbales - Äußerliches - Beobachtungen des Arztes

ALLGEMEINES - Magere Personen (stj2/1919)

Ammonium muriaticum

am-m.

Besonders nützlich bei Kindern, die an *Magenverstimmung* mit roter Zunge leiden.

Schnupfen: die Absonderung ist scharf, frißt die Lippe wund, Jucken in der Nase. *Reichlicher Schleim aus der Nase, der aber nur schwierig auszuschneuzen ist* und nur aus einem Nasenloch herauskommt; Absonderung einer Menge einer dicken, gelben Masse mit tiefem und heftigem Husten; trockener Husten durch Kitzeln im Hals am Morgen, mit Stichen in der Brust; gelöster Husten am Nachmittag und nachts, beim Liegen auf dem Rücken, schlimmer beim Drehen auf die Seite oder bei tiefem Einatmen; bedrückender, beklemmender Schmerz, als habe man einen Brocken verschluckt oder als wäre ein Klumpen in der Brust; morgendlicher Husten mit Auswurf, der manchmal blutig ist; Rachen und Hals sind roh und wund; *ausgeprägte Kälte zwischen den Schulterblättern.*

Katarrhalische Pneumonie bei Kindern mit fadenziehendem, zähem Auswurf.

Allen schrieb: „Bei einem Kind, das an einer Schwellung des Knies gelitten hatte und dessen Knie nach der Heilung der Schwellung steif und von vorne nach hinten gebogen blieb, wurde die Beweglichkeit sehr bald wieder hergestellt."

Klinisches: Schnupfen. Schwellung der Mandeln. Bronchitis. Pneumonie. Obstipation. Diarrhoe. Vergrößerte Drüsen. Verstauchungen. Geschwüre.

Wirkungsbereich: Schleimhäute (Brust; Gallengänge). Leber. Blut. Weibliche Geschlechtsorgane. Finger- und Zehenspitzen.

* * *

Stillen - Magendarmsymptome - Appetit - allgemein

MAGEN - Appetit - veränderlich (bg1*/770)
- Appetit - vermehrt - abwechselnd mit - Appetitverlust (*/771)

Stillen - Magendarmsymptome - Appetit - vermindert

MAGEN - Appetit - fehlend (*/767)

Stillen - Magendarmsymptome - Appetit - vermehrt

MAGEN - Appetit - Heißhunger (bg2/769)
- Appetit - vermehrt (b2/770)

Stillen - Magendarmsymptome - Aufstoßen - Speisen; von

MAGEN - Aufstoßens; Art des - Speisen; von (*/780)
- Aufstoßens; Art des - Speisen; von - bitter schmeckend - sauer (b7/780)
  - » Speisen; von - Essen - nach - agg. (b7a/780)

Stillen - Magendarmsymptome - Aufstoßen - Wasser; Hochsteigen von

MAGEN - *Aufstoßens; Art des - Wasser in den Mund; Hochsteigen von* (*/781)
- Aufstoßens; Art des - Wasser in den Mund; Hochsteigen von - Abendessen; agg. nach (k/781)
  - » Wasser in den Mund; Hochsteigen von - bitter (bg1/781)
  - » Wasser in den Mund; Hochsteigen von - Essen - nach - agg. (*/781)
  - » Wasser in den Mund; Hochsteigen von - Husten - beim - agg. (b7/781)
  - » Wasser in den Mund; Hochsteigen von - Mittagessen - nach - agg. (k/781)

Stillen - Magendarmsymptome - Schluckauf

MAGEN - Schluckauf - Essen - nach - agg. (b7/810)
- Schluckauf - Mittagessen - nach - agg. (*/811)

Infektionskrankheiten - Masern

HAUT - Hautausschläge - Masern (k2/1817)

Infektionskrankheiten - Mumps

GESICHT - Schmerz - Parotis (^/626)
- Schmerz - Parotis - stechend (k2/627)
- Schwellung - Parotis (bg2*/631)

Infektionskrankheiten - Scharlach

HAUT - Hautausschläge - Scharlach (b2/1821)
- Hautausschläge - Scharlach - begleitet von - Zunge - Schwellung der Zunge (kr1*/1821)

ALLGEMEINES - **Scharlach - Beschwerden nach** (k/1944)

Infektionskrankheiten - Pocken

HAUT - Hautausschläge - Pocken (*/1819)

Infektionskrankheiten - Keuchhusten

HUSTEN - Keuchhusten (bro1/1197)

Konstitution - Allgemeines

GEMÜT - Ehrgeiz - Verlust von (gl1/40)
- Faulheit (*/55)
- Reisen - Verlangen nach (gl1/142)
- Selbstvertrauen - Mangel an Selbstvertrauen (gl1/161)
- Unaufmerksam (bg2/189)
  » angesprochen wird; wenn er (gl1/189)
- Ungerechtigkeit; erträgt keine (stj1/191)
- *Unzufrieden* (*/194)

Familie; Beziehung zur - Aggressivität

GEMÜT - Beschimpfen, beleidigen, schmähen - Kinder - Eltern; Kinder beschimpfen ihre (vh*/22)

Familie; Beziehung zur - Liebe und Zuneigung

GEMÜT - Abneigung - Familienangehörige; gegen (bg2/1)

Beziehung zu anderen - Reaktion auf andere

GEMÜT - Antworten - Abneigung zu antworten (k/14)
- Geistesabwesend - angesprochen, wenn (gl1/88)
- *Schüchternheit, Zaghaftigkeit* (k/158)

Schule - Angst

GEMÜT - Selbstvertrauen - Mangel an Selbstvertrauen (gl1/161)

Schule - Konzentration

GEMÜT - Geistesabwesend - angesprochen, wenn (gl1/88)
- Unaufmerksam (bg2/189)
  » angesprochen wird; wenn er (gl1/189)

Schule - Lernen - Schreiben

GEMÜT - Fehler; macht - Schreiben, beim (vh1/57)

Schule - Beziehung zu anderen

GEMÜT - Ungehorsam (k/191)

Schule - Konstitution

GEMÜT - Eigensinnig, starrköpfig, dickköpfig (vh1/41)
- Selbstvertrauen - Mangel an Selbstvertrauen (gl1/161)
- Ungehorsam (k/191)

Nonverbales - Aggressivität

GEMÜT - Beißen (^/20)

Nonverbales - Gesten, Gebärden

GEMÜT - Beißen - Nägel (st/20)
- Ungeschicklichkeit (^/192)

Nonverbales - Allgemeines

GEMÜT - Eigensinnig, starrköpfig, dickköpfig (vh1/41)

Nonverbales - Konsultation; bei der

OHR - Absonderungen - eitrig (k/497)
- Absonderungen - Ohrschmalz (k/498)
- Entzündung - Eustachische Röhre (k/500)
- Ohrschmalz - dünn (*/516)
  » vermehrt (*/516)

GESICHT - *Schwellung - Unterkieferdrüsen* (*/631)
- Schwellung - Unterkieferdrüsen - schmerzhaft (k/631)

MUND - Landkartenzunge (b2/668)

INNERER HALS - Schwellung - Tonsillen (b7a/747)

ÄUSSERER HALS - *Schwellung - Halsdrüsen* (*/760)

REKTUM - Hautausschläge - Anus; um den (k/964)

ATMUNG - Bauchatmung (k/1171)

RÜCKEN - Hautausschläge - Furunkel - Dorsalregion - Schulterblätter (bg2/1317)

HAUT - Erysipel (*/1798)
- Hautausschläge - Bläschen - Sudamina (Schweißfriesel) (bro1/1810)

Nonverbales - Äußerliches - Beobachtungen des Arztes

KOPF - *Schuppen* (*/402)

AUGE - Verklebt (b7/472)

GESICHT - Aufgesprungen - Lippen (*/579)
- *Fettig* (bro1/593)
  » Lippen (*/593)
- *Rissig - Lippen* (*/613)
  » Mundwinkel (bro1/614)

ALLGEMEINES - Magere Personen (stj1/1919)

Nonverbales - Äußerliches - Beobachtungen der Eltern

AUGE - Verklebt - morgens (*/472)

NASE - *Schneuzen der Nase - Neigung, sich zu schneuzen; ständige* (*/568)

MAGEN - **Schluckauf** (*/809)
- Schluckauf - Essen - nach - agg. (b7/810)
  » *heftig* (*/810)
  » Mittagessen - nach - agg. (*/811)

STUHL - Schafskot, wie (*/997)
- Unverdaut (k/999)

BLASE - Urinieren - verzögert, muß warten, bis der Urin zu fließen beginnt (k/1020)

HAUT - Insektenstiche (b7a/1825)

Nacht; Beobachtungen in der - Gemütssymptome

GEMÜT - Furcht - Dunkelheit; vor der (k/66)

Nacht; Beobachtungen in der - Schlaf

SCHLAF - *Erwachen - Schreck, wie durch* (j5/1675)

Körperliche Symptome und Erkrankungen

KOPF - Schmerz - katarrhalisch (k/331)

Chirurgisch pathologische Zustände

ABDOMEN - Hernie (ptk1/867)
- *Hernie - Leistenhernie* (b2/868)

Amphisbaena vermicularis

amph.

Stillen - Magendarmsymptome - Appetit - vermindert

MAGEN - Appetit - fehlend (k/767)

Stillen - Magendarmsymptome - Appetit - vermehrt

MAGEN - Appetit - Heißhunger (k/769)
- Appetit - vermehrt (k/770)

Stillen - Magendarmsymptome - Aufstoßen - Speisen; von

MAGEN - Aufstoßens; Art des - Speisen; von (h1*/780)
- Aufstoßens; Art des - Speisen; von - Essen - nach - agg. (b7/780)

Stillen - Magendarmsymptome - Aufstoßen - Wasser; Hochsteigen von

MAGEN - Aufstoßens; Art des - Wasser in den Mund; Hochsteigen von (b2/781)

Stillen - Allgemeines

ALLGEMEINES - *Säuglinge* (kk2/1944)

Infektionskrankheiten - Windpocken

FIEBER - Continua - Ausschlagsfieber (bro1/1772)

Infektionskrankheiten - Masern

HUSTEN - Masern - nach (*/1202)

FIEBER - Ausschlagsfieber; Fieber bei Ausschlagserkrankungen - Masern (*/1770)
- Continua - Ausschlagsfieber (bro1/1772)

HAUT - Hautausschläge - Masern (*/1817)

ALLGEMEINES - **Masern - Beschwerden nach** (*/1920)

Infektionskrankheiten - Röteln

FIEBER - Continua - Ausschlagsfieber (bro1/1772)

Infektionskrankheiten - Scharlach

FIEBER - Continua - Ausschlagsfieber (bro1/1772)

HAUT - *Hautausschläge - Scharlach - zurücktretend* (bro1/1821)

Infektionskrankheiten - Pocken

FIEBER - Continua - Ausschlagsfieber (bro1/1772)

Konstitution - Aggressivität

GEMÜT - *Raserei, Tobsucht, Wut - Beißen; mit* (kr1/140)

Konstitution - Angst und Furcht

GEMÜT - Beschwerden durch - Erwartungsspannung (st*/23)
- Beschwerden durch - Schreck (gl1/25)
- Feigheit (k/59)
- *Furcht - allein zu sein* (*/64)

Konstitution - Allgemeines

GEMÜT - Ehrgeiz - erhöht, vermehrt, sehr ehrgeizig (j*/40)
- Entmutigt (k/46)
- Faulheit (*/55)
- Kriecht, krabbelt - Kindern; bei - heult und weint; Kind krabbelt in eine Ecke und (a1*/118)
- Milde (a1/130)
- Spontan, impulsiv (k/166)
- Unzufrieden (j/194)
- Wandern, Herumwandern - Verlangen zu wandern (^/243)
- Weinen - Kindern; bei (j5/246)
  - » Kindern; bei - Säuglingen; bei (gg/246)

Familie; Beziehung zur - Liebe und Zuneigung

GEMÜT - Eifersucht (*/40)
- Verlassen zu sein; Gefühl (*/198)
  - » geliebt zu werden; Gefühl von den Eltern, der Ehefrau, den Freunden nicht (mrr1/198)

Familie; Beziehung zur - Vorwürfe

GEMÜT - Furcht - Tadel; vor (mtf/76)

Beziehung zu anderen - Aggressivität

GEMÜT - Schlagen (*/154)
- Schlagen - sich; schlägt (*/154)
  - » sich; schlägt - Brust, seine (k/154)
- *Streitsüchtig* (*/173)

Beziehung zu anderen - Reaktion auf andere

GEMÜT - Antworten - gefragt wird; antwortet nicht, wenn er (ptk1/15)
- *Antworten - weigert sich zu antworten* (k/15)
- Gesellschaft - Abneigung gegen (^/94)
  - » *Verlangen nach* (*/95)
  - » *Verlangen nach - allein; agg. wenn* (*/96)
- Schüchternheit, Zaghaftigkeit (^/158)
- Trost - amel. (ptk1/188)
- Widerspenstig (k/249)
- Widerspruch - Neigung zu widersprechen (*/249)

Beziehung zu anderen - allgemein

GEMÜT - Beleidigt, leicht (*/20)
- *Sprache - hastig, eilig* (*/167)
- Tadelt andere (mrr/179)

Schule - Angst

GEMÜT - Beschwerden durch - Erwartungsspannung (st*/23)

Schule - Lernen - allgemein

GEMÜT - Studieren, Lernen - einfach, fällt leicht (ptk1*/173)

Schule - Vorwürfe

GEMÜT - Furcht - Tadel; vor (mtf/76)

Schule - Konstitution

GEMÜT - Eigensinnig, starrköpfig, dickköpfig (*/41)
• Hast, Eile - tut, womit er gerade beschäftigt ist; bei dem, was er (k/105)

Spielen

GEMÜT - Tanzen (^/179)

Nonverbales - Aggressivität

GEMÜT - *Beißen* (k/20)
• *Destruktivität, Zerstörungswut* (k/38)
» *Kleidern, von* (k/39)
• *Diktatorisch* (*/39)
• *Raserei, Tobsucht, Wut - Spucken; mit* (kr1/140)
» *zerreißt die Kleidung* (kr1/140)
• *Reißt an etwas - Gegenstände; zerreißt* (k/142)
» Gegenstände; zerreißt - Kleidung (ptk1/142)
• Reizbarkeit, Gereiztheit - Kindern, bei (a1*/145)
• Spucken (ptk1/170)
• Wirft mit Gegenständen um sich (*/250)

Nonverbales - Reaktion auf andere

GEMÜT - Berührtwerden - Abneigung berührt zu werden (k/21)
• Schamlos (bg2/153)

Nonverbales - Gesten, Gebärden

GEMÜT - Auffahren, Zusammenfahren - Geräusche; durch (k/17)
• Gesten, Gebärden; macht - Hände; unwillkürliche Bewegungen der - Greifen - Umstehenden; nach (kr1/98)
• *Grimassen* (sne/103)
• Hast, Eile - Bewegungen; in den (*/105)
• *Klammert sich an - hält sich nach anderen fest* (kr1/114)
• Lachen - Kindern, bei (^/121)
» Kindern, bei - geisteskranken Kindern; bei (kr1/121)
• Springen (^/169)
• *Ungeschicklichkeit* (kr1/192)
• Verstecken - sich (k/199)
» sich - Ecke; in der (hr1/199)

Nonverbales - Allgemeines

GEMÜT - Eigensinnig, starrköpfig, dickköpfig (*/41)
• Hast, Eile - tut, womit er gerade beschäftigt ist; bei dem, was er (k/105)
• Nackt sein, möchte (*/134)
• Schreien - Kindern, bei (gl1/157)

Nonverbales - Konsultation; bei der

KOPF - Hitze - Kälte - Abdomens; mit Kälte des (h1/293)
• Hitze - Kälte - Extremitäten; mit Kälte der (*/293)

OHR - *Entzündung - Gehörgang* (b7a/500)

GESICHT - *Schwellung - Unterkieferdrüsen* (h1*/631)

MUND - *Aphthen* (hr1/639)
• Aphthen - Zunge (*/640)

INNERER HALS - Schwellung - Tonsillen (a1/747)

ÄUSSERER HALS - Schwellung - Halsdrüsen (*/760)

RÜCKEN - Hautausschläge - Akne (a1/1316)

HAUT - *Erysipel* (*/1798)
• Erysipel - Kindern; bei - Neugeborenen; bei (bro1*/1798)

Nonverbales - Äußerliches - Beobachtungen des Arztes

AUGE - *Strabismus, Schielen - convergens* (hr1/467)
• *Strabismus, Schielen - divergens* (hr1/467)

NASE - **Spitz** (*/574)

GESICHT - *Hippokratisches Gesicht* (*/605)
• Kiefersperre - Kindern; bei - Neugeborenen; bei (ptk1/610)
• Venen, erweiterte - Stirn (bg1/634)

MUND - *Speichelfluß - Kindern; bei* (st1/686)

ATMUNG - **Asphyxie - Kindern, Neugeborenen; bei** (*/1160)
• Asthma, asthmatische Atmung - Kindern; bei (hr1/1162)
• *Beschleunigt* (*/1174)

RÜCKEN - *Opisthotonus* (*/1325)

ALLGEMEINES - *Aussehen - hell, blond* (br1/1855)
• *Zyanose - Kindern; bei - Kleinkindern; bei* (k/2035)

Nonverbales - Äußerliches - Beobachtungen der Eltern

ZÄHNE - Zähneknirschen (*/718)
• Zusammenbeißen der Zähne - Verlangen, die Zähne zusammenzubeißen; ständiges (*/719)
» Verlangen, die Zähne zusammenzubeißen; ständiges - fest zusammengebissen (k/719)

MAGEN - Schluckauf (mtf11/809)

REKTUM - *Unwillkürlicher Stuhl* (*/984)

BLASE - *Urinieren - Harndrang - plötzlich - beeilen um zu urinieren, sonst geht Urin ab; muß sich* (k/1015)
• Urinieren - Harndrang - vergeblich - Kindern; bei (k/1015)
» verzögert, muß warten, bis der Urin zu fließen beginnt (b7/1020)

MÄNNLICHE GENITALIEN - Masturbation, Neigung zur - Schlaf; agg. im (k/1071)
• Masturbation, Neigung zur - unwillkürlich (hr1*/1071)

ATMUNG - *Schnarchen* (*/1180)

HAUT - Insektenstiche (mp1/1825)

Nacht; Beobachtungen in der - Gemütssymptome

GEMÜT - *Furcht - allein zu sein - nachts* (*/64)
- Furcht - allein zu sein - Dunkelheit; in der (kr1/65)
  - » *Dunkelheit; vor der* (*/66)
- Schlafwandeln (bg2/154)
- Sprechen - Schlaf; im (*/169)

Nacht; Beobachtungen in der - körperliche Symptome

KOPF - Bohrt den Kopf in das Kissen (*/282)

BLASE - Urinieren - unwillkürlich - nachts (b2/1019)

Psychosomatische Störungen

REKTUM - Diarrhoe - Angst, nach (*/951)

Körperliche Symptome und Erkrankungen

KOPF - *Entzündung - Gehirn* (*/284)
- Schmerz - katarrhalisch (*/331)

MAGEN - Erbrechen - Kindern, bei (tl1/793)

REKTUM - Cholera - infantum (*/949)

BLASE - *Harnverhaltung - Kindern, bei - Neugeborenen; bei* (*/1005)

NIEREN - Entzündung (*/1023)

FIEBER - Continua (k/1772)

ALLGEMEINES - Kindern; Beschwerden von (*/1897)
- Konvulsionen - Hitze; während (tl1*/1904)
  - » *Kindern, bei* (k/1905)
- Medikamente - allopathische - Mißbrauch von (sf1/1921)
  - » allopathische - Mißbrauch von - pflanzlicher Mittel (bro1/1921)
- *Schwäche - Kindern, bei* (br1/1977)

Chirurgisch pathologische Zustände

OHR - Abszeß (bg2/498)

ABDOMEN - Hernie (c2/867)
- Hernie - Leistenhernie (b2/868)
  - » Leistenhernie - schmerzhaft (a1/868)
  - » Nabelbruch (a1/868)

MÄNNLICHE GENITALIEN - Hochgezogen, an den Körper gezogen - Hoden (bro1/1068)

Amygdalus communis

amyg.

In Fällen morgendlicher Übelkeit sollte man sich an dieses Mittel erinnern; *bei Kindern mit Magenreizung*; und in Fällen von Blutung aus der Blase.

Allen schrieb: „Verlust des Bewußtseins, der Stimme und der Fähigkeit, sich zu bewegen (bei einem Kind von drei Jahren, nach fünf oder sechs Bittermandeln). Kolikschmerzen, die zunehmen, bis nach weniger als zwei Stunden das Abdomen wie ein Ballon aufgetrieben ist; konvulsivische Bewegungen des Kiefers; Verlust des Bewußtseins und Schaum vor dem Mund; dann plötzlicher Tod (bei einem Kind durch die Einnahme von Bittermandel-Milch)."

Klinisches: Asthma. Koma. Epilepsie. Kopfschmerzen. Tetanus. Urtikaria.

Wirkungsbereich: Bronchien. Zentralnervensystem. Kopf. Haut.

* * *

Schule - Beziehung zu anderen

MUND - Sprache - stotternd (a1/688)

Nonverbales - Konsultation; bei der

INNERER HALS - Entzündung - Tonsillen (mtf11/724)

Nonverbales - Äußerliches - Beobachtungen des Arztes

ATMUNG - Beschleunigt (a1*/1174)

RÜCKEN - Opisthotonus (*/1325)

Nonverbales - Äußerliches - Beobachtungen der Eltern

MAGEN - Schluckauf (hr1/809)

REKTUM - Unwillkürlicher Stuhl (a1/984)

ATMUNG - Schnarchen (*/1180)

Amylenum nitrosum

aml-ns.

Amylenum nitrosum ist ein wichtiges Mittel bei *Konvulsionen*. Während der Konvulsionen zittern die Hände und greifen nach eingebildeten Gegenständen; starkes Zittern und Taubheitsgefühl in den Händen. Hering beschrieb einige Symptome der Konvulsionen: Starre der Muskeln der Gliedmaßen, häufige, durchdringende Schreie, glänzende Augen, die mit starrem Blick und unbeweglich hervortreten; Unfähigkeit zu schlucken, mit Bewußtlosigkeit.

Hale schrieb: „Wird es direkt vor einem epileptischen Anfall verabreicht, wird es den Spasmus der Gefäße verhindern und verhindert damit den Anfall jedesmal; und in einigen Fällen, die mir zur Kenntnis gelangten, hat es sich bislang als dauerhaft heilsam erwiesen und jede Wiederkehr der Anfälle verhindert."

Charakteristische Symptome: Seekrankheit und *Schluckauf, der einsetzt, wenn er gähnt.*

Auf der moralischen Ebene findet man *mitfühlende* und *eifersüchtige* Kinder.

Klinisches: Chorea. Epilepsie. Herzleiden. Exophthalmus. Kopfschmerzen. Sonnenstich.

Wirkungsbereich: Kreislauf. Herz. Kopf. Atmung.

* * *

Familie; Beziehung zur - Liebe und Zuneigung

GEMÜT - *Eifersucht* (vh1/40)

Beziehung zu anderen - allgemein

GEMÜT - Mitgefühl, Mitleid (vh1/130)

Nonverbales - Konsultation; bei der

INNERER HALS - Entzündung - Tonsillen (k/724)

Nonverbales - Äußerliches - Beobachtungen des Arztes

GESICHT - Venen, erweiterte - Schläfen (bg2/634)

ATMUNG - Beschleunigt (k/1174)

Nonverbales - Äußerliches - Beobachtungen der Eltern

MAGEN - Schluckauf (bg2*/809)

• Schluckauf - Gähnen - agg. (bg2*/810)

Autos und Schiffe

MAGEN - Übelkeit - Seekrankheit (c2*/839)

Körperliche Symptome und Erkrankungen

ALLGEMEINES - *Konvulsionen - Kindern, bei* (kr1/1905)

Anacardium orientale

anac.

Der Patient *sieht gewöhnlich müde aus*, mit blassem Gesicht und dunklen Ringen um die Augen.

Der Anacardium-Zustand beginnt bei *Kindern mit inneren Konflikten*. Sobald sich Frustration entwickelt, neigen die Kinder zum Fluchen und zum Gebrauch unflätiger Sprache (Differentialdiagnose: Nitricum acidum, Hyoscyamus). Anacardium-Kinder sind *sehr reizbar*, schon bei geringer Beleidigung oder geringem Widerspruch werden sie übermäßig wütend (Differentialdiagnose: Bryonia, Chamomilla).

Es ist auch ein *pathologisches Minderwertigkeitsgefühl* festzustellen.

Zornes- oder Wutausbrüche führen zu Hustenanfällen; Dyspnoe während und nach dem Hustenanfall; der Husten schüttelt den Patienten durch; Anfälle alle drei, vier Stunden, ausgelöst durch Kitzeln im Hals; der Husten wird jedesmal schlimmer, wenn sie sprechen und nach dem Essen (nicht während des Essens); viel Niesen; nach dem Husten Gähnen und Schläfrigkeit.

Klinisches: Geisteskrankheit. Hypochondrie. Husten. Kopfschmerzen. Herzleiden. Herzklopfen. Lähmung. Hautkrankheiten. Ekzem. Pemphigus.

Wirkungsbereich: Gemüt. Magen. Haut. Muskeln. Gelenke. Nervensystem.

* * *

Stillen - Gemütssymptome

GEMÜT - Essen - weigert sich zu (ptk1/53)

• Hast, Eile - Essen; beim (br1*/105)

Stillen - Milch

ALLGEMEINES - Speisen und Getränke - Milch - Verlangen (*/2001)

Stillen - Magendarmsymptome - Appetit - allgemein

MAGEN - Appetit - fehlend - Essen - nach dem Essen kehrt der Appetit wieder zurück - Bissen; nach einem (k/768)

• *Appetit - veränderlich* (k/770)

» vermehrt - abwechselnd mit - Appetitverlust (ptk1/771)

Stillen - Magendarmsymptome - Appetit - vermindert

MAGEN - *Appetit - fehlend* (*/767)

Stillen - Magendarmsymptome - Appetit - vermehrt

MAGEN - *Appetit - Heißhunger* (*/769)

• Appetit - vermehrt (*/770)

» vermehrt - Essen - nach - nur beim Essen wieder; Appetit kehrt (k/772)

Stillen - Magendarmsymptome - Aufstoßen - Wasser; Hochsteigen von

MAGEN - Aufstoßens; Art des - Wasser in den Mund; Hochsteigen von (*/781)

Stillen - Magendarmsymptome - Abdomen - agg. durch

ABDOMEN - Schmerz - Beugen - hinten, nach - agg. (k/882)

• Schmerz - Druck - agg. (k/883)

Stillen - Allgemeines

SCHWEISS - Essen - beim - amel. (*/1786)

• *Essen - nach - amel.* (k/1786)

Infektionskrankheiten - Pocken

HAUT - Hautausschläge - Pocken (bg2*/1819)

Infektionskrankheiten - Keuchhusten

HUSTEN - *Keuchhusten* (*/1197)

Konstitution - Aggressivität

GEMÜT - Niederträchtig (b4a/135)

• Zorn - Kindern, bei (ptk/254)

Konstitution - Angst und Furcht

GEMÜT - Angst - hypochondrisch (*/11)

• *Beschwerden durch - Erwartungsspannung* (c1*/23)

» Schreck (*/25)
• Erwartungsspannung - Lampenfieber (bro1/53)
• Feigheit (*/59)
• Furcht - Geräusche, durch (bro1/69)
» Versagen, Mißerfolg; vor dem (mrr1/79)
» Versagen, Mißerfolg; vor dem - Prüfungen, bei (c1*/79)
» Wasser, vor (bro1/79)
• Vorsichtig (j/205)

Konstitution - Allgemeines

GEMÜT - Ehrgeiz - erhöht, vermehrt, sehr ehrgeizig (j*/40)
• *Entmutigt* (*/46)
• *Faulheit* (*/55)
• *Heikel, pingelig* (vh*/106)
• Impulse, Triebe; krankhafte - laufen; zu (^/112)
• Milde (*/130)
• Pflicht - kein Pflichtgefühl (gl1/136)
• Selbstsucht, Egoismus (sne/161)
• **Selbstvertrauen - Mangel an Selbstvertrauen** (*/161)
• Sorgen; voller (j5/164)
• Stimmung, Laune - veränderlich (k/171)
• Unaufmerksam (bg2/189)
• Unordentlich (sne/192)
• **Unzufrieden** (*/194)
• *Weinen - amel.* (*/245)

Familie; Beziehung zur - Aggressivität

GEMÜT - *Beschwerden durch - Bevormundung - Kindern, bei* (mp1/22)
• Beschwerden durch - Grobheit anderer (dx1*/23)

Familie; Beziehung zur - Liebe und Zuneigung

GEMÜT - Eifersucht (bg2*/40)
• Entfremdet - Familie, von seiner (k/45)
• Liebevoll, voller Zuneigung, herzlich (k/125)
• *Verlassen zu sein; Gefühl* (^/198)
• *Wahnideen - tot - Mutter sei; seine* (k/236)

Familie; Beziehung zur - Vorwürfe

GEMÜT - Beschwerden durch - Bestrafung (mrr1/22)

Beziehung zu anderen - Aggressivität

GEMÜT - Antworten - kurz angebunden (^/15)
• Beschwerden durch - Heftigkeit (mrr1/24)
• **GRAUSAMKEIT** (b4a/103)
» *liebt es, Menschen und Tieren Leid zuzufügen* (mrr1/103)
• Herausfordernd (*/107)
• Schlagen (mrr1/154)
• *Streitsüchtig* (*/173)
• *Zorn - Widerspruch, durch* (al4*/255)

Beziehung zu anderen - Reaktion auf andere

GEMÜT - Abneigung - Freunde, gegen (lpc/1)
• Antworten - Abneigung zu antworten (k/14)
» *denkt lange nach* (k/15)
» *langsam* (k/15)
» *unbefriedigend* (kr1/15)
• **Gesellschaft - Abneigung gegen** (*/94)
» Abneigung gegen - Fremden; Abneigung gegen die Anwesenheit von (vh1/95)
• Schüchternheit, Zaghaftigkeit (*/158)
» Öffentlichkeit; beim Auftreten in der (c1*/159)
• **Widerspenstig** (*/249)
• **Widerspruch - Neigung zu widersprechen** (*/249)
» *verträgt keinen Widerspruch* (k1*/249)

Beziehung zu anderen - allgemein

GEMÜT - **Argwöhnisch, mißtrauisch** (*/16)
• Beleidigt, leicht (*/20)
• Empfindlich - äußerliche Eindrücke; gegen alle (lpc/42)
• Furcht - Räubern, vor (k2*/74)
• Geheimnistuerisch, verschlossen (bg2/87)
• Ichbezogenheit, Selbstüberhebung (sf1/111)
• Sprache - hastig, eilig (bro1/167)
• Tadelt sich selbst, macht sich Vorwürfe (bg2*/179)
• Unabhängigkeit, Selbständigkeit - Mangel an Unabhängigkeit, Selbständigkeit (b4a/189)
• Unbarmherzig (bg2/189)
• *Unverschämtheit* (bg2*/193)

Schule - Angst

GEMÜT - *Beschwerden durch - Erwartungsspannung* (c1*/23)
• Erwartungsspannung - Prüfungen, vor (c1*/53)
• Furcht - Versagen, Mißerfolg; vor dem (mrr1/79)
» Versagen, Mißerfolg; vor dem - Prüfungen, bei (c1*/79)
• **Selbstvertrauen - Mangel an Selbstvertrauen** (*/161)

Schule - Konzentration

GEMÜT - Konzentration - schwierig - Studieren (a1/117)
• *Studieren, Lernen - schwierig, fällt schwer* (sf1/173)
• Stumpfheit - Studieren und Lernen; beim (bg2/176)
• Unaufmerksam (bg2/189)

Schule - Lernen - allgemein

GEMÜT - Dyslexie (mtf/40)
• *Studieren, Lernen - schwierig, fällt schwer* (sf1/173)
• Stumpfheit - Studieren und Lernen; beim (bg2/176)

Schule - Anstrengung; geistige

KOPF - Schmerz - Aufmerksamkeit; durch zu angestrengte (k/315)
• *Schmerz - geistige Anstrengung - agg.* (*/328)

Schule - Beziehung zu anderen

GEMÜT - Schüchternheit, Zaghaftigkeit - Öffentlichkeit; beim Auftreten in der (c1*/159)
MUND - Sprache - stotternd (bg2*/688)

Schule - Vorwürfe

GEMÜT - Beschwerden durch - Bestrafung (mrr1/22)
• Beschwerden durch - Grobheit anderer (dx1*/23)

Schule - Konstitution

GEMÜT - **Eigensinnig, starrköpfig, dickköpfig** (*/41)
• *Heikel, pingelig* (vh*/106)
• **Selbstvertrauen - Mangel an Selbstvertrauen** (*/161)
• Unordentlich (sne/192)

Spielen

GEMÜT - Ungeduld - Spiel von Kindern; durch das (k/191)

Tieren; Beziehung zu

GEMÜT - *Grausamkeit - liebt es, Menschen und Tieren Leid zuzufügen* (mrr1/103)

Nonverbales - Aggressivität

GEMÜT - Destruktivität, Zerstörungswut (^/38)

Nonverbales - Reaktion auf andere

GEMÜT - Furcht - Näherkommen, Annäherung von; vor - anderen, von (k/74)
• *Schamlos* (bg2*/153)

Nonverbales - Gesten, Gebärden

GEMÜT - Berühren, anfassen; etwas - Verlangen, etwas zu berühren, anzufassen - alles berühren, anfassen; muß (^/21)
• Berühren, anfassen; etwas - Verlangen, etwas zu berühren, anzufassen - alles berühren, anfassen; muß - Kindern; bei (lmj/21)
• Gesten, Gebärden; macht - Tics; nervöse (mtf11/99)
• *Lachen - Ernstes, über* (*/120)
• Launenhaftigkeit, launisch (bg2/123)
• *Ungeschicklichkeit* (b4/192)

Nonverbales - Allgemeines

GEMÜT - **Eigensinnig, starrköpfig, dickköpfig** (*/41)
• Hast, Eile - Essen; beim (br1*/105)
• Ruhelosigkeit - Kindern, bei (vh/151)
• Schreien - Kindern, bei (*/157)

Nonverbales - Konsultation; bei der

KOPF - Hitze - Kälte - Füße; mit Kälte der (k/293)
OHR - Absonderungen - Ohrschmalz (k/498)
• Ohrschmalz - fehlend (*/516)
ABDOMEN - Schmerz - Druck - agg. (k/883)
HAUT - *Erysipel* (*/1798)
• Hautausschläge - Herpes - ringförmig (k/1815)

Nonverbales - Äußerliches - Beobachtungen des Arztes

KOPF - Schuppen (bg2/402)
AUGE - Strabismus, Schielen (a1/467)
NASE - Bohren mit den Fingern in der Nase (bg3*/546)
ATMUNG - Beschleunigt (b2/1174)
ALLGEMEINES - Aussehen - dunkel (*/1854)
• *Aussehen - dunkel - straffer Faser, mit* (kr1/1855)

Nonverbales - Äußerliches - Beobachtungen der Eltern

AUGE - Verklebt - morgens (a1*/472)
OHR - *Bohren mit den Fingern darin - amel.* (b4a/500)
MAGEN - Brechreiz, Würgen - Schleim in den Fauces; durch (*/785)
• Gluckern; Gurgeln (*/802)
• Schluckauf (*/809)
• *Völlegefühl - Essen - nach - agg.* (*/845)
ABDOMEN - Schmerz - Beugen - hinten, nach - agg. (k/882)
MÄNNLICHE GENITALIEN - *Masturbation, Neigung zur* (c1*/1071)
WEIBLICHE GENITALIEN - *Masturbation; Neigung zu* (c1/1104)
ATMUNG - *Schnarchen* (b4a/1180)
SCHWEISS - Essen - beim - amel. (*/1786)
• *Essen - nach - amel.* (k/1786)

Nacht; Beobachtungen in der - Gemütssymptome

GEMÜT - *Schlafwandeln* (k/154)
• Sprechen - Schlaf; im (hr1/169)
• Weinen - Wimmern, Winseln - nachts (j/248)
  » Wimmern, Winseln - Schlaf, im (b4/248)

Nacht; Beobachtungen in der - körperliche Symptome

MUND - Offen - Schlaf; agg. im (b4a/669)
BLASE - Urinieren - unwillkürlich - nachts (k/1019)

Nacht; Beobachtungen in der - Schlaf

SCHLAF - Erwachen - Schreck, wie durch (j5/1675)

Nacht; Beobachtungen in der - Schlaf; Lage im

SCHLAF - Lage - Beine - angezogen (*/1682)

Psychosomatische Störungen

HUSTEN - Zorn; nach - Kindern; bei (bro1*/1211)

Körperliche Symptome und Erkrankungen

ZÄHNE - Karies, faule, hohle Zähne (*/700)
MAGEN - *Langsame Verdauung* (bro1/805)
• Würgen - Husten, mit (bg2/846)
EXTREMITÄTEN - Hüftgelenksentzündung (k/1443)

Chirurgisch pathologische Zustände

ABDOMEN - Entzündung - Peritoneum (mtf11/860)
• Hernie - Leistenhernie (b2/868)

Würmer

MAGEN - Erbrochenen; Art des - Würmer (*/801)
REKTUM - Würmer - Beschwerden durch Würmer (b2/985)
• Würmer - Beschwerden durch Würmer - Bandwürmer (b2/986)
» Beschwerden durch Würmer - Spulwürmer (*/986)
ALLGEMEINES - Chorea - Würmer, durch (br*/1867)
• Konvulsionen - Würmer, durch (br1*/1907)

Anantherum muricatum

anan.

Allen schrieb: „*Monomanie*, beispielsweise umherzurudern, sich grotesk zu kleiden oder herumzugehen, immer dieselben Orte aufzusuchen und dasselbe zu tun."

Das Kind ist ruhelos, widerspenstig, verträgt keinen Widerspruch, ist streitsüchtig, *argwöhnisch* und *sehr eifersüchtig*.

Neigung zu Masturbation bei Kindern. Vithoulkas schrieb: „Anantherum ist ein Mittel, das die niederen Triebe des Menschen anregt, ganz speziell die sexuellen Leidenschaften, und zwar in solch exzessiver Weise, daß ein davon betroffener Mensch durch die schiere Kraft dieses Verlangens zum Wahnsinn getrieben werden kann. Es ruft ein unstillbares Verlangen hervor, den sexuellen Drang zu befriedigen, was den Menschen zu häufigen sexuellen Kontakten treibt. Kann der Drang nicht befriedigt werden, treibt es ihn zur Masturbation. Das Verlangen ist pathologisch und weist auf einen Organismus hin, der völlig außer Kontrolle geraten ist. Er wird impulsiv zu Handlungen getrieben, die sehr wohl zu dessen schneller Selbstzerstörung führen können."

Es ist ein *Hautmittel* von hohem Rang: ungesunde Zustände wie Furunkel, Abszesse, Geschwüre, Herpes, Pruritus, mit Neigung zu Eiterung.

Dieses Mittel ist angezeigt bei heftigen neuralgischen Kopfschmerzen, wenn die Schmerzen in den Gesichtsknochen sitzen, als würden diese zermalmt.

Die Mandeln sind vergrößert, mit Zusammenschnürung des Halses und Unfähigkeit zu schlukken.

Es ist ein Zustand von Zystitis mit ständigem Harndrang vorhanden. Der Urin ist durch Schleim dick und trübe.

Klinisches: Abszesse. Furunkel. Erysipel. Entzündung von Drüsen. Tic convulsif. Tic douloureux. Geschwüre.

Wirkungsbereich: Drüsen. Haut. Gemüt.

* * *

Stillen - Magendarmsymptome - Appetit - vermehrt

MAGEN - Appetit - Heißhunger (k/769)
• Appetit - Heißhunger - nachts (k/769)
» vermehrt (k/770)
» vermehrt - nachts (*/771)

Infektionskrankheiten - Masern

HAUT - *Hautausschläge - Masern* (hr1/1817)

Infektionskrankheiten - Keuchhusten

HUSTEN - *Keuchhusten* (k/1197)

Konstitution - Allgemeines

GEMÜT - Reisen - Verlangen nach (*/142)
• Selbstvertrauen - Mangel an Selbstvertrauen (k/161)
• Stimmung, Laune - veränderlich (a1/171)
• Weinen - leicht (a1/246)

Familie; Beziehung zur - Liebe und Zuneigung

GEMÜT - Angst - andere, um (oss/7)
• Eifersucht (*/40)

Beziehung zu anderen - Aggressivität

GEMÜT - Schlagen (a1/154)
• *Schlagen - Verlangen - schlagen, zu* (vh1/154)
» Zorn, aus (a1/155)
• Streitsüchtig (*/173)

Beziehung zu anderen - Reaktion auf andere

GEMÜT - Gesellschaft - Abneigung gegen (*/94)
• Widerspenstig (k/249)
• Widerspruch - verträgt keinen Widerspruch (vh1/249)

Beziehung zu anderen - allgemein

GEMÜT - Argwöhnisch, mißtrauisch (*/16)
• Ichbezogenheit, Selbstüberhebung (kr1/111)

Schule - Angst

GEMÜT - Selbstvertrauen - Mangel an Selbstvertrauen (k/161)

Schule - Beziehung zu anderen

MUND - Sprache - stotternd (*/688)

Schule - Konstitution

GEMÜT - Selbstvertrauen - Mangel an Selbstvertrauen (k/161)

Nonverbales - Aggressivität

GEMÜT - Destruktivität, Zerstörungswut (*/38)

Nonverbales - Allgemeines

GEMÜT - Singen (a1*/163)

Nonverbales - Konsultation; bei der

OHR - Absonderungen - eitrig (*/497)
• Absonderungen - gelb (a1/497)
• Ohrschmalz - vermehrt (*/516)
GESICHT - *Schwellung* - *Unterkieferdrüsen* (k/631)
MUND - Aphthen (*/639)
• Schwämmchen (a1/681)
INNERER HALS - Entzündung - Tonsillen (k/724)
EXTREMITÄTEN - Nägel; Beschwerden der - deformiert (k/1664)
• Nägel; Beschwerden der - deformiert - Zehennägel (k/1664)
» spröde, brüchige Nägel (bro1/1665)
HAUT - Erysipel (*/1798)

Nonverbales - Äußerliches - Beobachtungen des Arztes

AUGE - Verklebt (vh/472)
NASE - Spitz (*/574)

Nonverbales - Äußerliches - Beobachtungen der Eltern

ZÄHNE - Zusammenbeißen der Zähne - Verlangen, die Zähne zusammenzubeißen; ständiges (k/719)
BLASE - Urinieren - unwillkürlich - Husten; agg. beim (k/1020)
MÄNNLICHE GENITALIEN - **Masturbation, Neigung zur** (*/1071)
WEIBLICHE GENITALIEN - Masturbation; Neigung zu (k/1104)

Nacht; Beobachtungen in der - körperliche Symptome

BLASE - Urinieren - unwillkürlich - nachts (k/1019)

Körperliche Symptome und Erkrankungen

ZÄHNE - Karies, faule, hohle Zähne (k/700)

Chirurgisch pathologische Zustände

OHR - Abszeß - hinter den Ohren (k/498)

Androctonus amoreuxii hebraeus

androc.

Diese Kinder sind manchmal blaß, wenn sie zur Untersuchung kommen. Augen sind verklebt, besonders morgens; aufgesprungene Lippen, besonders an der Oberlippe und viele deutliche Mückenstiche im Sommer auf Grund ihrer *Empfindlichkeit gegen Insektenstiche.* Während der Untersuchung stecken sie die Finger in die Nase.

Der *Gemütsaspekt* ist charakteristisch und zeigt die Stärke, die hinter diesen Kindern steht. Sie toben immer herum, sind schamlos, lügen, sind *verächtlich, provozieren, sind eigensinnig,* besonders *allen gegenüber kritisch* und ertragen keinerlei Widerspruch. Die Eltern beschreiben sie als selbstsüchtig, egozentrisch, argwöhnisch und streitsüchtig. *Sie schlagen oft andere, zerbrechen Spielzeug* und werfen mit Gegenständen. Überraschenderweise leiden sie in der Schule an Erwartungsspannung und werden als sehr akribisch beschrieben, machen aber viele Fehler sowohl beim Schreiben wie beim Sprechen und bringen nie etwas zum Abschluß, obwohl sie viele Dinge anfangen.

Auf der körperlichen Ebene müssen wir ganz besonders auf die *Kopfschmerzen* achten, die sehr stark in der Prüfung mit 14 Personen auftraten. Im Allgemeinen sind die Kopfschmerzen linksseitig und konzentrieren sich hauptsächlich auf Hinterkopf und Schläfen. Die Art der Schmerzen variierte, aber sie wurden meist als Schwere, Druck oder Pochen beschrieben.

Klinisches: Kopfschmerzen. Stottern. Insektenstiche.

Wirkungsbereich: Gemüt. Nervensystem. Herz und Kreislauf.

* * *

Stillen - Gemütssymptome

GEMÜT - Hast, Eile - Essen; beim (srj1/105)

Stillen - Milch

ALLGEMEINES - Speisen und Getränke - Milch - amel. - warme (srj1*/2001)
• Speisen und Getränke - Milch - Verlangen (srj1*/2001)
» Milch - Verlangen - warme (srj1/2001)

Stillen - Magendarmsymptome - Appetit - vermindert

MAGEN - Appetit - fehlend (srj1/767)
• Appetit - schnelle Sättigung (srj1/770)

» vermindert (srj1/772)

Stillen - Magendarmsymptome - Appetit - vermehrt

MAGEN - Appetit - unstillbar (srj1/770)
• Appetit - vermehrt (srj1/770)
» vermehrt - Essen - nach (srj1/772)

Stillen - Magendarmsymptome - Abdomen - agg. durch

ABDOMEN - Schmerz - Druck - agg. (srj1/883)

Konstitution - Angst und Furcht

GEMÜT - Beschwerden durch - Erwartungsspannung (srj1/23)
• Beschwerden durch - Schreck (srj1/25)

Konstitution - Allgemeines

GEMÜT - Faulheit (srj1/55)
• Heikel, pingelig (srj/106)
• Impulse, Triebe; krankhafte - laufen; zu (srj1/112)
• Kleinigkeiten, Trivialitäten - wichtig; scheinen (srj1/115)
• Pflicht - zu viel Pflichtgefühl (^/136)
• Selbstsucht, Egoismus (srj1/161)
• Stimmung, Laune - veränderlich (srj1/171)
• Theoretisieren (srj1/180)
• Unternehmen; etwas - Vieles, hält aber bei nichts durch, bleibt nicht dabei; unternimmt (srj1/193)
• Unzufrieden (srj1/194)
• Verwegenheit (^/199)
• Weinen - amel. (srj1/245)

Familie; Beziehung zur - Liebe und Zuneigung

GEMÜT - Angst - andere, um (srj1/7)
• Verlassen zu sein; Gefühl (srj1/198)

Beziehung zu anderen - Aggressivität

GEMÜT - Herausfordernd (srj1/107)
• Schlagen (srj1/154)
» Verlangen - schlagen, zu (srj1/154)
• Spotten (^/166)
• Streitsüchtig (srj1/173)

Beziehung zu anderen - Reaktion auf andere

GEMÜT - *Gesellschaft - Abneigung gegen* (srj1/94)
• Gesellschaft - Verlangen nach (srj1/95)
• Widerspruch - Neigung zu widersprechen (srj1/249)

Beziehung zu anderen - allgemein

GEMÜT - Argwöhnisch, mißtrauisch (srj1/16)
• Ichbezogenheit, Selbstüberhebung (srj1/111)
• Lügner (srj1/126)
• Mitgefühl, Mitleid (srj1/130)
• Sprache - hastig, eilig (srj1/167)
• Tadelsüchtig, krittelig (srj1/178)
• Unbarmherzig (srj1/189)

Schule - Angst

GEMÜT - Beschwerden durch - Erwartungsspannung (srj1/23)

Schule - Konzentration

GEMÜT - *Konzentration - schwierig - Studieren* (srj1/117)

Schule - Lernen - allgemein

GEMÜT - Fehler; macht - Sprechen, beim - Buchstabieren, beim (srj1/58)

Schule - Lernen - Schreiben

GEMÜT - Fehler; macht - Schreiben, beim (srj1/57)

Schule - Beziehung zu anderen

GEMÜT - Lügner (srj1/126)

Schule - Konstitution

GEMÜT - Eigensinnig, starrköpfig, dickköpfig (srj1/41)
• Heikel, pingelig (srj/106)
• Kleinigkeiten, Trivialitäten - wichtig; scheinen (srj1/115)
• Lügner (srj1/126)
• Unternehmen; etwas - Vieles, hält aber bei nichts durch, bleibt nicht dabei; unternimmt (srj1/193)

Spielen

GEMÜT - Amüsement, Vergnügen - Abneigung gegen (srj1/4)
• Tanzen (^/179)

Tieren; Beziehung zu

GEMÜT - Furcht - Hunden, vor (srj1/71)

Nonverbales - Aggressivität

GEMÜT - Destruktivität, Zerstörungswut (srj1/38)
• *Diktatorisch* (srj1/39)
• Wirft mit Gegenständen um sich (srj1/250)
• Zerbricht Dinge (srj1/251)

Nonverbales - Reaktion auf andere

GEMÜT - Schamlos (srj1/153)

Nonverbales - Gesten, Gebärden

GEMÜT - Ungeschicklichkeit (srj1/192)

Nonverbales - Allgemeines

GEMÜT - Eigensinnig, starrköpfig, dickköpfig (srj1/41)
• Hast, Eile - Essen; beim (srj1/105)
• Possen, spielt (srj/137)

Nonverbales - Konsultation; bei der

ABDOMEN - Schmerz - Druck - agg. (srj1/883)
RÜCKEN - Hautausschläge - Furunkel - Zervikalregion (srj1/1317)
HAUT - Hautausschläge - Erythem (bnm2/1812)

Nonverbales - Äußerliches - Beobachtungen des Arztes

AUGE - Strabismus, Schielen (srj1*/467)

NASE - Bohren mit den Fingern in der Nase (srj1/546)

GESICHT - Farbe - blaß - Kindern; bei (bnm2/586)
• Rissig - Lippen (srj1/613)
» Lippen - Oberlippe (srj1/613)

Nonverbales - Äußerliches - Beobachtungen der Eltern

AUGE - Verklebt - morgens (srj1/472)

MAGEN - Schluckauf (bnm2/809)

MÄNNLICHE GENITALIEN - Masturbation, Neigung zur (srj1/1071)

HAUT - Insektenstiche (srj1/1825)

Nacht; Beobachtungen in der - Schlaf; Lage im

SCHLAF - Lage - Abdomen, auf dem - Arm unter dem Kopf; mit einem (srj1/1682)
• Lage - Rücken, auf dem (srj1/1683)

Autos und Schiffe

GEMÜT - Furcht - Fahren im Wagen; beim (srj/68)

MAGEN - Erbrechen - Fahren im Wagen agg. (srj1/792)
• Übelkeit - Fahren - Wagen; im - agg. (srj1/836)

ALLGEMEINES - Fahren - Wagen; mit dem - amel. (srj1/1877)

Angustura vera

ang.

Auf der Gemütsebene läßt sich ein ziemlich klares Bild zeichnen: das Kind ist unglücklich, launisch, mutlos, feige, faul, empfindlich, argwöhnisch und streitsüchtig. Man muß dieses Mittel von *Nux vomica abgrenzen*, besonders in Bezug auf die Überempfindlichkeit und Erregbarkeit. Die Keynote dieses Mittels ist eine extreme Überempfindlichkeit gegen Berührung, sowohl in geistiger, wie in körperlicher Hinsicht. Was die Gemütsebene angeht, so ist das Kind extrem *überempfindlich gegen die geringste Kritik und empfindet den geringsten Vorwurf als schlimme Beleidigung*, die es lange Zeit nicht vergessen kann. Ganz ähnlich ist es *auf der körperlichen Ebene:* sie ertragen keine Berührung, da diese den Krampf und Klonus verstärkt, die in ihren Symptomen bereits vorhanden sind. Auf der anderen Seite liegt die Hauptwirkung dieses Mittels bei den spinalmotorischen Nerven und den Schleimhäuten.

In der Schule sind sie schüchtern und es fehlt ihnen an Selbstvertrauen, aber sie versuchen dies durch Akribie zu kompensieren. Sie sind unaufmerksam und es fällt ihnen schwer, sich beim Lernen zu konzentrieren und wenn sie lesen, verwirrt es sie.

In der Wirkung auf Muskeln und Knochen sieht es Ruta sehr ähnlich. Es besteht eine *spezielle Affinität für die langen Knochen*, wie den Oberschenkelknochen, das Schienbein und den Oberarmknochen. Man sollte es bei Exostosen, Hüftleiden, Karies der Zähne und bei Trismus stark erwägen.

Angustura-Kindern geht es oft *durch Milch schlechter*, besonders, wenn sie heiß ist und sie bekommen Bauchschmerzen und Darmkollern. Oft haben sie Abneigung gegen Milch.

Wenn zusätzlich zu diesen Symptomen (bei Erwachsenen) das typische Verlangen nach Kaffee vorhanden ist, dann kann man es ohne Zweifel verschreiben.

Klinisches: Knochenschmerzen. Karies. Zahnschmerzen. Verletzungen. Kurzsichtigkeit.

Wirkungsbereich: Muskeln. Gelenke. Lange Knochen. Verdauung.

* * *

Krankengeschichte; familiäre und persönliche

ALLGEMEINES - *Krankengeschichte von; persönliche - Tonsillitis; von wiederkehrender* (k/1910)

Entwicklung - langsam

EXTREMITÄTEN - Schwäche - Knöchel - Kindern; bei - Gehenlernen; beim (ptk1/1623)

Entwicklung - allgemein

KOPF - Großer Kopf (ptk1/289)

EXTREMITÄTEN - Schmerz - Unterschenkel - Wachstumsschmerzen (dm*/1605)

ALLGEMEINES - Schmerz - Wachstumsschmerzen (ptk1*/1958)

Zahnung - Empfindungen und neurologische Beschwerden

OHR - *Geräusche im Ohr, Ohrgeräusche - Zahnung; während der* (bg1*/510)

Stillen - Milch

ABDOMEN - Rumoren, Kollern - Milch agg. (h1/876)
• Schmerz - Milch - agg. (k/891)

ALLGEMEINES - Speisen und Getränke - Milch - Abneigung (stj4/2000)
• *Speisen und Getränke - Milch - agg.* (b2/2001)
» *Milch - agg. - warme* (vml4*/2001)
» Milch - Verlangen (*/2001)
» Milch - Verlangen - saure (*/2001)

Stillen - Magendarmsymptome - Appetit - allgemein

MAGEN - Appetit - launischer Appetit (kr1/770)

Stillen - Magendarmsymptome - Appetit - vermindert

MAGEN - Appetit - fehlend (b2/767)
- Appetit - fehlend - Hunger, mit (b2/768)
  - » schnelle Sättigung (k/770)
  - » vermindert (*/772)

Stillen - Magendarmsymptome - Appetit - vermehrt

MAGEN - Appetit - Genuß, ohne (st/769)
- Appetit - Heißhunger (b7a/769)
  - » unstillbar (bg2*/770)
  - » vermehrt (*/770)
  - » vermehrt - Erbrechen - mit (hr1/771)
  - » vermehrt - Essen - nach (bg2/772)

Stillen - Magendarmsymptome - Aufstoßen - Speisen; von

MAGEN - Aufstoßens; Art des - Speisen; von (k/780)
- Aufstoßens; Art des - Speisen; von - sauer (b4a/780)

Stillen - Magendarmsymptome - Aufstoßen - Wasser; Hochsteigen von

MAGEN - Aufstoßens; Art des - Wasser in den Mund; Hochsteigen von (*/781)
- Aufstoßens; Art des - Wasser in den Mund; Hochsteigen von - bitter (b4/781)
  - » Wasser in den Mund; Hochsteigen von - Essen - nach - agg. (k/781)

Stillen - Magendarmsymptome - Erbrechen

MAGEN - Erbrochenen; Art des - Speisen - unverdaut (bro1/800)

Stillen - Magendarmsymptome - Abdomen - amel. durch

ABDOMEN - Schmerz - Druck - amel. (k/883)
- Schmerz - Wärme - amel. (k/896)

Infektionskrankheiten - Masern

HUSTEN - Masern - nach (bg2*/1202)
- Masern - während (bro1/1202)

ALLGEMEINES - Masern - Beschwerden nach (bro1/1920)

Infektionskrankheiten - Mumps

GESICHT - Entzündung - Parotis (c2/584)
- Schmerz - Parotis (k/626)
  - » Parotis - drückend (b4/627)
  - » Parotis - ziehend (k/627)
- Schwellung - Parotis (*/631)

Infektionskrankheiten - Scharlach

FIEBER - Ausschlagsfieber; Fieber bei Ausschlagserkrankungen - Scharlach (bro1/1770)

Infektionskrankheiten - Keuchhusten

HUSTEN - Keuchhusten (c1*/1197)
- Keuchhusten - Erkältung; nach (bro1/1198)
- **Krampfhaft, spasmodisch - Keuchhusten, nach** (*/1200)

ALLGEMEINES - *Genesung, Rekonvaleszenz; Beschwerden während der - Keuchhusten; nach* (hr1/1884)
- **Keuchhusten; Beschwerden nach** (kl*/1897)

Konstitution - Angst und Furcht

GEMÜT - Beschwerden durch - Erwartungsspannung (vh/23)
- Feigheit (*/59)
- Vorsichtig (j/205)

Konstitution - Allgemeines

GEMÜT - Ehrgeiz - Verlust von (^/40)
- Entmutigt (*/46)
- Faulheit (b7/55)
- Gewissenhaft, peinlich genau in bezug auf Kleinigkeiten (bg2/99)
- Impulse, Triebe; krankhafte - laufen; zu (bg2/112)
- Milde (*/130)
- Pflicht - zu viel Pflichtgefühl (^/136)
- Selbstvertrauen - Mangel an Selbstvertrauen (*/161)
- Sorgen; voller (j5/164)
- Sorgsamkeit, Sorgfalt (b7/165)
- Stimmung, Laune - veränderlich (c1/171)
- Theoretisieren (k/180)
- Unaufmerksam (bg2/189)
- Unzufrieden (*/194)

Familie; Beziehung zur - Aggressivität

GEMÜT - Beschwerden durch - Bevormundung - Kindern, bei (^/22)
- Beschwerden durch - Bevormundung - Kindern, bei - elterlicher Bevormundung; bei langer Geschichte übermäßiger (vml3/22)

Familie; Beziehung zur - Liebe und Zuneigung

GEMÜT - Sorgen; voller - andere, um (stj1/165)

Beziehung zu anderen - Aggressivität

GEMÜT - Streitsüchtig (bg2/173)

Beziehung zu anderen - Reaktion auf andere

GEMÜT - Gesellschaft - Abneigung gegen (*/94)
- Schüchternheit, Zaghaftigkeit (*/158)
- Untröstlich (h2*/193)

Beziehung zu anderen - allgemein

GEMÜT - Argwöhnisch, mißtrauisch (k/16)
- Beleidigt, leicht (*/20)

Schule - Angst

GEMÜT - Beschwerden durch - Erwartungsspannung (vh/23)
• Selbstvertrauen - Mangel an Selbstvertrauen (*/161)

Schule - Konzentration

GEMÜT - Konzentration - schwierig - Studieren (j5/117)
• Unaufmerksam (bg2/189)
• Verwirrung; geistige - Lesen, beim (k/203)

Schule - Lernen - Lesen

GEMÜT - Verwirrung; geistige - Lesen, beim (k/203)

Schule - Anstrengung; geistige

KOPF - Schmerz - Schulkindern; bei (hr1/339)

Schule - Beziehung zu anderen

GEMÜT - *Ungehorsam* (^/191)
• *Ungehorsam - Kindern, bei* (lmj/191)

Schule - Konstitution

GEMÜT - Gewissenhaft, peinlich genau in bezug auf Kleinigkeiten (bg2/99)
• Selbstvertrauen - Mangel an Selbstvertrauen (*/161)
• *Ungehorsam* (^/191)
» *Kindern, bei* (lmj/191)

Nonverbales - Aggressivität

GEMÜT - Spucken (bg2/170)
• Zerbricht Dinge (a1/251)

Nonverbales - Reaktion auf andere

GEMÜT - Gehalten - amel.; gehalten zu werden (ptk1/87)
• *Gehalten - Verlangen, gehalten zu werden* (bg2*/87)

Nonverbales - Gesten, Gebärden

GEMÜT - Auffahren, Zusammenfahren - Geräusche; durch (h1*/17)
• Launenhaftigkeit, launisch (bg2/123)
• Stirnrunzeln, Neigung zum (k/171)

Nonverbales - Allgemeines

GEMÜT - Hast, Eile - Gehen; beim (bg2*/105)
• Singen (ptk1/163)

Nonverbales - Konsultation; bei der

KOPF - Hitze - Kälte - Körpers; mit Kälte des (h2/293)
OHR - Absonderungen - schmerzhaft (k2/498)
• Absonderungen - übelriechend (k/498)
• *Entzündung - Eustachische Röhre* (*/500)
» *Gehörgang* (*/500)
» Mittelohr (mrr1/501)
» Mittelohr - chronisch (mrr1/501)
• *Katarrh - Eustachische Röhre* (*/515)
• *Ohrschmalz - schwarz* (sne/516)
» *vermehrt* (sne/516)
HÖREN - *Schwerhörig - Tubenkatarrh* (*/537)
MUND - Schleimhautpapel bei sekundärer Syphilis (k/673)
INNERER HALS - Entzündung - Tonsillen (bg2/724)
• Schwellung - Tonsillen (hr1/747)
ÄUSSERER HALS - Schwellung - Seiten (a1/760)
ABDOMEN - Schmerz - Druck - amel. (k/883)
EXTREMITÄTEN - Nägel; Beschwerden der - eingewachsene Zehennägel (hr1*/1665)
• Nägel; Beschwerden der - eingewachsene Zehennägel - Granulation; mit krankhafter (k/1665)
» eingewachsene Zehennägel - Ulzeration; mit (hr1/1665)
HAUT - Erysipel (*/1798)
• Hautausschläge - Impetigo (hr1/1816)
• *Intertrigo* (k/1825)
ALLGEMEINES - Exostose (c1/1877)

Nonverbales - Äußerliches - Beobachtungen des Arztes

KOPF - Großer Kopf (ptk1/289)
• *Halten - hoch, aufrecht zu halten; unfähig, den Kopf* (k/289)
AUGE - Verklebt (b7/472)
OHR - Bohren mit den Fingern darin (sne/500)
GESICHT - Gerunzelt - Stirn, Stirnrunzeln (*/594)
• Kiefersperre - Kindern; bei - Neugeborenen; bei (c1*/610)
• Rissig - Lippen (bg1/613)
• Venen, erweiterte (*/634)
» *Schläfen* (*/634)
• Wächsern (k2/635)
ÄUSSERER HALS - Torticollis (c1*/761)
• Torticollis - rechts gezogen; nach (c1/761)
» rechts gezogen; nach - dann Torticollis mit nach links gezogenem Hals (c1/761)
ATMUNG - *Beschleunigt* (*/1174)
RÜCKEN - Opisthotonus (b2/1325)
ALLGEMEINES - Aussehen - dunkel (c1/1854)
• Magere Personen (bg2*/1919)

Nonverbales - Äußerliches - Beobachtungen der Eltern

KOPF - Empfindlichkeit - Kämmen, Bürsten der Haare; gegen (h2*/283)
AUGE - Verklebt - morgens (*/472)
NASE - Schneuzen der Nase - Neigung, sich zu schneuzen; ständige (ptk1/568)
ZÄHNE - Zusammenbeißen der Zähne - Verlangen, die Zähne zusammenzubeißen; ständiges (k/719)
MAGEN - Brechreiz, Würgen - Husten; agg. beim (k2/784)

- Schluckauf (*/809)
- Völlegefühl - Essen - nach - amel. (k/845)

ABDOMEN - Schmerz - Wärme - amel. (k/896)
- *Schmerz - Zusammenkrümmen - amel.* (*/897)
  » Zusammenkrümmen - muß sich zusammenkrümmen (a1/897)

STUHL - Schafskot, wie (b2/997)
- *Unverdaut* (*/999)

BLASE - Urinieren - verzögert, muß warten, bis der Urin zu fließen beginnt (sne/1020)
- Urinieren - verzögert, muß warten, bis der Urin zu fließen beginnt - pressen, bevor er damit beginnen kann; muß lange (sne/1021)

WEIBLICHE GENITALIEN - Fluor - Kindern; bei - Mädchen; bei kleinen (ptk1/1096)

HUSTEN - Trocken - krampfhafter, erschöpfender Husten, besonders bei Kindern - nachts - Hinlegen und wenn es in einen kaltes Zimmer geht, um zu schlafen; beim (k/1209)

EXTREMITÄTEN - *Hitze - Füße - brennend - entblößt sie* (k/1440)
- *Hitze - Füße - Fußsohlen - entblößt sie* (k/1441)

Nacht; Beobachtungen in der - körperliche Symptome

KOPF - Bohrt den Kopf in das Kissen (bg2*/282)

Nacht; Beobachtungen in der - Schlaf

SCHLAF - Erwachen - Schreck, wie durch (k/1675)

Nacht; Beobachtungen in der - Schlaf; Lage im

SCHLAF - Lage - Beine - angezogen (*/1682)
- Lage - Rücken, auf dem (*/1683)

Körperliche Symptome und Erkrankungen

KOPF - *Entzündung - Periost* (k/285)
- *Schmerz - katarrhalisch* (k/331)

NASE - *Katarrh - gefolgt von - Stirnhöhlen; Beschwerden der* (k/553)

GESICHT - *Hautausschläge - Akne - Menses - unregelmäßige Menses* (bro1/596)

ZÄHNE - Karies, faule, hohle Zähne (*/700)

MAGEN - Langsame Verdauung (bro1/805)
- Würgen - Husten, mit (k/846)

NIEREN - Entzündung (br1/1023)

WEIBLICHE GENITALIEN - *Menses - verzögerte Menarche* (*/1114)

KEHLKOPF UND TRACHEA - *Laryngismus stridulus* (k/1145)

EXTREMITÄTEN - *Hüftgelenksentzündung* (k/1443)

FIEBER - Continua (k/1772)

ALLGEMEINES - *Kindern; Beschwerden von* (b2/1897)
- Verletzungen - Knochenbrüche - langsame Heilung von Knochenbrüchen (st/2020)

Chirurgisch pathologische Zustände

NASE - **Polyp** (*/561)

Würmer

MAGEN - **Erbrochenen; Art des - Würmer** (*/801)

Anhalonium lewinii

anh.

Es verursacht eine Form von Betrunkenheit begleitet von wunderbaren Visionen, ausgesprochen schönen und kaleidoskopisch wechselnden Bildern und einem Gefühl vermehrter körperlicher Kraft. Boericke schrieb: „*Die auffälligsten Wirkungen erscheinen in den Hörnerven, denn es läßt jeden Ton auf dem Klavier zum Zentrum einer Melodie werden, die von einem farbigen Lichthof umgeben zu sein scheint, der zum Rhythmus der Musik pulsiert.*“ Auch Visionen von Monstern und verschiedenen grausigen Gestalten.

Dieses Mittel ist angezeigt bei Neurasthenie, Delirium, Halluzinationen und Migräne.

Wenn das Kind an *Kopfschmerzen* leidet, ist *das Sehen gestört*, es werden farbige Gegenstände gesehen, und das Zeitgefühl geht verloren. Schlimmer durch Schließen der Augen und beim Bewegen der Augen; Liegen lindert.

In der Schule können die Kinder verschiedene Probleme haben: es mangelt ihnen an Selbstvertrauen, sie haben Konzentrationsschwierigkeiten, fangen viele Dinge an, bringen aber nie etwas zum Abschluß und Mathematik ist ein Alptraum für sie.

Klinisches: Geistige Erschöpfung. Delirium. Halluzinationen. Sinnesstörungen. Sehstörungen. Kopfschmerzen.

Wirkungsbereich: Gemüt. Nerven. Verdauung. Herz und Blutgefäße. Atmung.

* * *

Stillen - Magendarmsymptome - Appetit - vermindert

MAGEN - Appetit - fehlend (sp1/767)
- Appetit - vermindert (sp1/772)

Stillen - Magendarmsymptome - Appetit - vermehrt

MAGEN - Appetit - unstillbar (sp1/770)
- Appetit - vermehrt (sp1/770)

Konstitution - Angst und Furcht

GEMÜT - Furchtlos (vh1/80)

Konstitution - Allgemeines

GEMÜT - Entmutigt (mtf/46)

- Faulheit (br1/55)
- Gewissenhaft, peinlich genau in bezug auf Kleinigkeiten (mg1/99)
- Selbstlosigkeit (sp1*/161)
- Selbstsucht, Egoismus (sp/161)
- Selbstvertrauen - Mangel an Selbstvertrauen (mg1/161)
- Stimmung, Laune - veränderlich (sp1/171)
- Unternehmen; etwas - Vieles, hält aber bei nichts durch, bleibt nicht dabei; unternimmt (sp1/193)

Familie; Beziehung zur - Liebe und Zuneigung

GEMÜT - Verlassen zu sein; Gefühl (sp1/198)

Beziehung zu anderen - Aggressivität

GEMÜT - Spotten (sp1/166)
- Streitsüchtig (sf1/173)

Beziehung zu anderen - Reaktion auf andere

GEMÜT - Gesellschaft - Abneigung gegen (mg1/94)
- Schüchternheit, Zaghaftigkeit (sp1/158)

Beziehung zu anderen - allgemein

GEMÜT - Argwöhnisch, mißtrauisch (br1*/16)
- Ichbezogenheit, Selbstüberhebung (sp1/111)
- Sprache - hastig, eilig (mg1/167)

Schule - Angst

GEMÜT - Selbstvertrauen - Mangel an Selbstvertrauen (mg1/161)

Schule - Konzentration

GEMÜT - Konzentration - schwierig - Studieren (sp1/117)

Schule - Lernen - Mathematik, Rechnen

GEMÜT - Mathematik - Unfähigkeit zur (^/128)
- Mathematik - Unfähigkeit zur - Addieren fällt schwer (sp1/129)

Schule - Konstitution

GEMÜT - Gewissenhaft, peinlich genau in bezug auf Kleinigkeiten (mg1/99)
- Selbstvertrauen - Mangel an Selbstvertrauen (mg1/161)
- Unternehmen; etwas - Vieles, hält aber bei nichts durch, bleibt nicht dabei; unternimmt (sp1/193)

Anisum stellatum

anis.

Heftige Kolik mit Flatulenz, die zur regelmäßigen Zeiten wiederkehrt, Rumoren im Abdomen, *besonders bei Babies, die gestillt werden*; Stuhl dunkel, gallig, kompakt.

Zunge mit Aphthen bedeckt, hauptsächlich an den Rändern.

Klinisches: Kolik. Aphthen. Husten. Hämoptyse.

Wirkungsbereich: Schleimhäute. Rippen. Mund.

* * *

Stillen - Magendarmsymptome - Abdomen - agg. durch

ABDOMEN - *Schmerz - Kindern; bei - Säuglingen; bei - krampfartig* (br1*/888)

Nonverbales - Konsultation; bei der

MUND - *Aphthen* (vk1/639)
- *Aphthen - Zunge* (*/640)
  » Zunge - Ränder (kr1*/640)

Nonverbales - Äußerliches - Beobachtungen der Eltern

MUND - Beißt - Zunge; beißt sich auf die (bro1*/640)

ABDOMEN - *Schmerz - Kindern; bei - Säuglingen; bei - krampfartig* (br1*/888)

Anthemis nobilis

anth.

Sehr ruhelose und teilnahmslose Kinder, die sich auf nichts konzentrieren können und *die nur ruhig bleiben, wenn jemand ihnen etwas vorliest.*

Die Keynote dieses Mittels ist „*Konvulsionen, denen Magen-Darm-Probleme vorausgehen* (Konvulsionen nach Darmparasiten)."

Man sollte in Fällen von kolikartigen Schmerzen und Diarrhoe an Anthemis nobilis denken, besonders bei Kindern mit *Darmwürmern.*

Klinisches: Askariden. Kolik. Dyspepsie. Stauungsleber. Kopfschmerzen.

Wirkungsbereich: Magen. Darm.

* * *

Krankengeschichte; familiäre und persönliche

ALLGEMEINES - Krankengeschichte von; persönliche - Zystitis; von wiederkehrenden - Kindern; bei (lmj/1910)

Zahnung - Magendarmsymptome

REKTUM - Diarrhoe - Zahnung; während (k/957)

Zahnung - Allgemeines

ZÄHNE - *Zahnung - schwierig* (hr1*/718)

Stillen - Magendarmsymptome - Appetit - vermindert

MAGEN - Appetit - fehlend (*/767)
- Appetit - fehlend - Hunger, mit (b2/768)
  » vermindert (*/772)

Stillen - Magendarmsymptome - Appetit - vermehrt

MAGEN - Appetit - vermehrt (*/770)
- Appetit - vermehrt - nachts (*/771)

Stillen - Magendarmsymptome - Aufstoßen - Speisen; von

MAGEN - Aufstoßens; Art des - Speisen; von (*/780)
- Aufstoßens; Art des - Speisen; von - Essen - nach - agg. (b7/780)

Stillen - Magendarmsymptome - Aufstoßen - Wasser; Hochsteigen von

MAGEN - Aufstoßens; Art des - Wasser in den Mund; Hochsteigen von (*/781)

Stillen - Magendarmsymptome - Abdomen - amel. durch

ABDOMEN - Schmerz - Liegen - amel. (k/889)
- Schmerz - Wärme - amel. (k/896)

Infektionskrankheiten - Windpocken

HAUT - Hautausschläge - Windpocken (k/1824)

Infektionskrankheiten - Mumps

GESICHT - Schwellung - Parotis (*/631)

Infektionskrankheiten - Scharlach

BLASE - *Entzündung - Scharlach, nach* (k/1004)

URIN - *Eiweißhaltig - Scharlach; nach* (*/1046)

FIEBER - Ausschlagsfieber; Fieber bei Ausschlagserkrankungen - Scharlach (*/1770)

HAUT - *Hautausschläge - Scharlach* (c2/1821)

ALLGEMEINES - Scharlach (tl1/1944)

Infektionskrankheiten - Pocken

HAUT - Hautausschläge - Pocken (*/1819)

Konstitution - Aggressivität

GEMÜT - Raserei, Tobsucht, Wut - Beißen; mit (sf1/140)

Konstitution - Angst und Furcht

GEMÜT - Angst - hypochondrisch (*/11)
- *Beeindrucken, empfänglich für Eindrücke; leicht zu* (hr1/19)
- Beschwerden durch - Erwartungsspannung (j5/23)
- Feigheit (*/59)
- Furcht - Geräusche, durch (^/69)
  » *offenen Plätzen; Furcht vor* (vh1/74)
  » Wasser, vor (*/79)

Konstitution - Allgemeines

GEMÜT - Ehrgeiz - erhöht, vermehrt, sehr ehrgeizig (mgm/40)
- Ehrgeiz - erhöht, vermehrt, sehr ehrgeizig - Wettbewerb mit anderen, vergleicht sich mit ihnen; steht (mgm/40)
- Entmutigt (*/46)
- Faulheit (a1/55)
- Selbstvertrauen - Mangel an Selbstvertrauen (*/161)
- Stimmung, Laune - veränderlich (b7/171)
- Unaufmerksam (bg2/189)
- Unternehmen; etwas - Vieles, hält aber bei nichts durch, bleibt nicht dabei; unternimmt (c1*/193)
- Unzufrieden (*/194)
- Wandern, Herumwandern - Verlangen zu wandern (^/243)
- Waschen - Abneigung dagegen, sich zu waschen, zu baden (sf1/243)
- *Weinen - amel.* (vh1/245)

Beziehung zu anderen - Aggressivität

GEMÜT - Grausamkeit (bro1/103)
- Herausfordernd (k/107)
- *Schlagen* (*/154)
  » Wand, gegen die (*/155)
- Streitsüchtig (*/173)

Beziehung zu anderen - Reaktion auf andere

GEMÜT - *Gesellschaft - Abneigung gegen* (^/94)
- Lesen - Verlangen - vorgelesen zu bekommen (a1/125)
- Schüchternheit, Zaghaftigkeit (*/158)
- Widerspenstig (j5/249)
- *Widerspruch - Neigung zu widersprechen* (*/249)
  » verträgt keinen Widerspruch (bro1/249)

Beziehung zu anderen - allgemein

GEMÜT - Argwöhnisch, mißtrauisch (*/16)
- *Empfindlich - äußerliche Eindrücke; gegen alle* (hr1/42)
- *Unverschämtheit* (*/193)

Schule - Angst

GEMÜT - Beschwerden durch - Erwartungsspannung (j5/23)
- Selbstvertrauen - Mangel an Selbstvertrauen (*/161)

Schule - Konzentration

GEMÜT - Unaufmerksam (bg2/189)
- Verwirrung; geistige - Lesen, beim (k2/203)

Schule - Lernen - Lesen

GEMÜT - Verwirrung; geistige - Lesen, beim (k2/203)

Schule - Beziehung zu anderen

GEMÜT - Ungehorsam (k/191)

MUND - Sprache - stotternd (bg2/688)

Schule - Konstitution

GEMÜT - Eigensinnig, starrköpfig, dickköpfig (*/41)
- Selbstvertrauen - Mangel an Selbstvertrauen (*/161)
- Ungehorsam (k/191)
- Unternehmen; etwas - Vieles, hält aber bei nichts durch, bleibt nicht dabei; unternimmt (c1*/193)

Nonverbales - Aggressivität

GEMÜT - *Beißen* (*/20)
- Destruktivität, Zerstörungswut (*/38)
- Manie - zerreißen, an etwas zu reißen; etwas zu - sich selbst mit den Fingernägeln; zerreißt (gl1/128)
- Raserei, Tobsucht, Wut - zieht die Umstehenden an den Haaren (ckh1/140)
- Reißt an etwas - Gegenstände; zerreißt (k/142)
- Ziehen - Haaren; an den (^/252)
  - » Haaren; an den - Verlangen zu ziehen - ihren eigenen Haaren; an (ptk1/252)
  - » Haaren; an den - Verlangen zu ziehen - jemanden an den Haaren (bg2/252)

Nonverbales - Reaktion auf andere

GEMÜT - Berührtwerden - Abneigung berührt zu werden (b7/21)
- Näherkommen, auf ihn Zukommen von Personen - Abneigung gegen (c1/134)
- Schamlos (*/153)

Nonverbales - Gesten, Gebärden

GEMÜT - Berühren, anfassen; etwas - Verlangen, etwas zu berühren, anzufassen - alles berühren, anfassen; muß (^/21)
- Berühren, anfassen; etwas - Verlangen, etwas zu berühren, anzufassen - alles berühren, anfassen; muß - Kindern; bei (lmj/21)
- Launenhaftigkeit, launisch (*/123)
- Manie - zerreißen, an etwas zu reißen; etwas zu - Haaren; reißt sich an den (gl1/128)
- Stirnrunzeln, Neigung zum (sne/171)

Nonverbales - Allgemeines

GEMÜT - Eigensinnig, starrköpfig, dickköpfig (*/41)
- Hast, Eile - Gehen; beim (k/105)
- Impertinenz, Unverschämtheit (k/112)
- Ruhelosigkeit - Kindern, bei (vh1/151)

Nonverbales - Konsultation; bei der

OHR - Entzündung (k/500)
- Entzündung - Gehörgang (*/500)
  - » Processus mastoideus (bro1*/501)

GESICHT - *Schwellung - Sublingualdrüse* (k/631)

MUND - Aphthen (*/639)
- Eiterung - Zahnfleisch (*/643)
- *Stomatitis ulcerosa, Stomakaze* (k/689)

INNERER HALS - *Aphthen* (*/721)
- *Entzündung - Tonsillen* (*/724)
- Schwellung - Tonsillen (*/747)

ÄUSSERER HALS - Schwellung - Halsdrüsen (*/760)

EXTREMITÄTEN - Nägel; Beschwerden der - Abfallen der Nägel (bg2/1664)

HAUT - *Erysipel* (*/1798)
- Hautausschläge - Bläschen - Sudamina (Schweißfriesel) (*/1810)
  - » *Erythem* (bro1/1812)

Nonverbales - Äußerliches - Beobachtungen des Arztes

KOPF - **Schuppen** (*/402)

AUGE - *Strabismus, Schielen* (*/467)

GESICHT - Hippokratisches Gesicht (*/605)

ATMUNG - *Beschleunigt* (*/1174)

RÜCKEN - *Emprosthotonus* (*/1314)
- *Opisthotonus* (*/1325)

Nonverbales - Äußerliches - Beobachtungen der Eltern

ZÄHNE - *Zähneknirschen* (*/718)

MAGEN - Schluckauf (*/809)

ABDOMEN - Schmerz - Liegen - amel. (k/889)
- Schmerz - Wärme - amel. (k/896)

STUHL - Schafskot, wie (k/997)

BLASE - *Lähmung - Überdehnung, nach* (k/1006)
- *Lähmung - Zurückhalten des Urins scheint die Blase zu lähmen; gewaltsames* (k/1006)
- Urinieren - Dysurie - schmerzhaft - weinen bevor der Urin zu fließen beginnt; Kinder (bg2/1012)
  - » **Harndrang - plötzlich - beeilen um zu urinieren, sonst geht Urin ab; muß sich** (k/1015)
  - » unwillkürlich - Husten; agg. beim (bro1/1020)
  - » unwillkürlich - Lachen agg. (bro1/1020)
  - » verzögert, muß warten, bis der Urin zu fließen beginnt (*/1020)

MÄNNLICHE GENITALIEN - Erektionen - Kindern, bei (lmj/1063)
- Faßt sich an die Genitalien (*/1065)
- **Masturbation, Neigung zur** (sne/1071)
  - » Kindern; bei (lmj/1071)

WEIBLICHE GENITALIEN - **Masturbation; Neigung zu** (sne/1104)
- Masturbation; Neigung zu - Kindern; bei (lmj/1104)

HAUT - Ekchymosen (k/1797)

Nacht; Beobachtungen in der - körperliche Symptome

BLASE - Urinieren - unwillkürlich - nachts (*/1019)
• Urinieren - unwillkürlich - nachts - spasmodisches Bettnässen (k/1019)

Nacht; Beobachtungen in der - Schlaf

SCHLAF - Erwachen - Schreck, wie durch (b7/1675)

Körperliche Symptome und Erkrankungen

KOPF - Entzündung - Gehirn (*/284)
• Entzündung - Hirnhaut (*/284)
• Hydrozephalus (bg2*/295)

ZÄHNE - Abszeß der Zahnwurzeln (k/695)

REKTUM - Cholera - infantum (bro1/949)

BLASE - *Harnverhaltung - Kindern, bei - Neugeborenen; bei* (k/1005)

NIEREN - **Entzündung** (*/1023)
• *Entzündung - parenchymatös - akut* (k/1024)

EXTREMITÄTEN - *Hüftgelenksentzündung* (k/1443)

FIEBER - *Continua* (k/1772)

ALLGEMEINES - Kindern; Beschwerden von (*/1897)
• Konvulsionen - Kindern, bei (j5/1905)

Chirurgisch pathologische Zustände

ABDOMEN - *Entzündung - Peritoneum* (c2*/860)

MÄNNLICHE GENITALIEN - *Hochgezogen, an den Körper gezogen - Hoden* (k/1068)
• *Phimose* (*/1071)
  » Gangrän, drohende (k/1071)
  » Paraphimose (ptk1/1071)

Würmer

REKTUM - Jucken - Askariden, durch (c1/965)

ALLGEMEINES - *Konvulsionen - Würmer, durch* (vh1/1907)

Anthracinum

anthraci.

Das Erscheinungsbild dieser Patienten ist *im Erwachsenenalter einfach zu erkennen: Akne* zerstört das Gesicht oft in einem Ausmaß, daß sie gealtert aussehen. Oft haben die Patienten vergrößerte Unterkieferdrüsen, bekommen von Insektenstichen große Entzündungen und entwickeln *wiederkehrende Gerstenkörner.*

Bei Tonsillitis zu erwägen.

Klinisches: Akne. Furunkel. Erysipel. Geschwüre.

Wirkungsbereich: Haut. Drüsen. Milz.

* * *

Krankengeschichte; familiäre und persönliche

ALLGEMEINES - Krankengeschichte von; persönliche - Abszessen; wiederkehrenden (ptk1*/1909)
• Krankengeschichte von; persönliche - Augen - Gerstenkörnern; von wiederkehrenden (mtf11/1909)
  » Diphtherie (vh1/1909)
  » Furunkel; von wiederkehrenden (ptk1/1909)

Stillen - Magendarmsymptome - Appetit - vermindert

MAGEN - *Appetit - fehlend* (k/767)

Infektionskrankheiten - Mumps

GESICHT - Entzündung - Parotis (jl2/584)
• Entzündung - Parotis - gangränös (*/584)
  » Parotis - Mumps (bro1/584)
• Schwellung - Parotis (jl2/631)
  » Parotis - rechts (jl2/631)
  » Parotis - Hautausschlag; nach (k/631)
• Verhärtungen - Parotis (jl2/634)
  » Parotis - rechts (jl2/634)

Infektionskrankheiten - Pocken

HAUT - Hautausschläge - Pocken (c2/1819)

Konstitution - Allgemeines

GEMÜT - Milde (vh1/130)

Nonverbales - Aggressivität

GEMÜT - Beißen (k/20)

Nonverbales - Konsultation; bei der

GESICHT - *Schwellung - Unterkieferdrüsen* (*/631)

INNERER HALS - Entzündung - Tonsillen (k/724)

RÜCKEN - Hautausschläge - Furunkel - Dorsalregion - Schulterblätter (mrr1/1317)

HAUT - *Erysipel* (*/1798)

Nonverbales - Äußerliches - Beobachtungen des Arztes

GESICHT - *Ausdruck - alt aussehend* (vh1/580)
• Gerunzelt (vh/594)
• Hautausschläge - Akne (c2*/595)

ATMUNG - Beschleunigt (k/1174)

Nonverbales - Äußerliches - Beobachtungen der Eltern

HAUT - *Insektenstiche* (k/1825)

Körperliche Symptome und Erkrankungen

FIEBER - Continua (k/1772)

ALLGEMEINES - Verletzungen - Knochenbrüche - langsame Heilung von Knochenbrüchen (sne/2020)

Anthraquinone

anthraq.

Stillen - Magendarmsymptome - Appetit - vermindert

MAGEN - Appetit - vermindert (rly4/772)

Konstitution - Allgemeines

GEMÜT - Selbstvertrauen - Mangel an Selbstvertrauen (rly4/161)
• Unzufrieden (rly4/194)

Beziehung zu anderen - Reaktion auf andere

GEMÜT - Schüchternheit, Zaghaftigkeit (^/158)
• Schüchternheit, Zaghaftigkeit - Öffentlichkeit; beim Auftreten in der (rly4/159)

Schule - Angst

GEMÜT - Selbstvertrauen - Mangel an Selbstvertrauen (rly4/161)

Schule - Lernen - Schreiben

GEMÜT - Fehler; macht - Schreiben, beim (^/57)
• Fehler; macht - Schreiben, beim - falsch - Worte (rly4/57)

Schule - Beziehung zu anderen

GEMÜT - Schüchternheit, Zaghaftigkeit - Öffentlichkeit; beim Auftreten in der (rly4/159)

Schule - Konstitution

GEMÜT - Selbstvertrauen - Mangel an Selbstvertrauen (rly4/161)

Nonverbales - Konsultation; bei der

MUND - Aphthen - Zunge - Zungenspitze (rly4/640)

Nonverbales - Äußerliches - Beobachtungen der Eltern

STUHL - Kugeln, wie (rly4/996)

Antimonium crudum

ant-c.

Immer *übergewichtige Kinder mit Tendenz zu Adipositas* (Differentialdiagnose: Calcarea carbonica), gewöhnlich blaß mit sehr ausgeprägter Tendenz zu Röte und Entzündung der Lider (*chronische Blepharophthalmie*; in den Mundwinkel und an der Nasolabialfalte sind manchmal Risse und Ulzeration vorhanden; rote Wangen, oft aufgesprungen; und feuchte Ausschläge hinter den Ohren.

Die Haut ist oft schuppig und rauh mit verhornten Stellen; die Nägel splittern schnell

Das Kind ist quengelig, *gereizt*, erträgt es nicht, berührt oder angesehen zu werden. Das Kind ist verdrießlich, möchte nicht sprechen oder angesprochen werden (Differentialdiagnose: Antimonium tartaricum, Iodium, Silicea); wird wütend, wenn man ihm die geringste Aufmerksamkeit widmet, ist aber *nicht aggressiv* und greift niemanden an und schlägt niemanden, wie die Kinder, die Cina, Curare, Stramonium und Tuberculinum benötigen. Das Kind ist verärgert, im Gegensatz zum Chamomilla-Patienten, der getragen werden will, und schreit und bekommt einen Wutausbruch, wenn man sich ihm im geringsten widmet.

Vithoulkas schrieb: „Bei Antimonium crudum ist eine Art emotionaler Unreife vorhanden. Diese Unreife ist oft bei Kindern zu sehen. [...] Dieses Mittel kann bei Wachstumsverzögerung von Kindern hilfreich sein, bei denen *die Fontanellen sehr lange offen bleiben.*"

Junge Knaben, die dieses Mittel benötigen, haben manchmal *starke romantische Gefühle* und *verlieben sich sehr schnell.*

Es ist sehr einfach zu sehen, wie alle Säuren, saures Obst oder saure Getränke *die Verdauung durcheinander bringen.* Besonders wertvoll ist die Verdauungsstörung von Kindern durch Süßigkeiten.

Bei Fieber oder jeder Art von Magenstörung ist ein sehr großes *Verlangen nach Gurken* vorhanden.

Nach dem Stillen erbricht das Kind die Milch in geronnenen Klumpen und weigert sich danach, an der Brust zu trinken (das Gegenteil von Aethusa cynapium) und ist sehr übel gelaunt.

Der Zustand des *Erbrechens* wird gewöhnlich begleitet von einer *dick belegten, weißen Zunge* - eine sehr wichtige Keynote.

Das Kind leidet unter Pavor nocturnus, ist übel gelaunt und reizbar; je mehr die Mutter versucht, es zu stillen, desto schlimmer wird der Zustand des Babies.

Sommerliche Beschwerden: Diarrhoe und Erbrechen; der Stuhl ist gelb und sehr übelriechend; der Anus ist wund; das Gesicht ist heiß; der Puls unregelmäßig.

Abneigung gegen Baden in kaltem Wasser; kaltes Baden verursacht heftige Kopfschmerzen.

Die Hautausschläge sind normalerweise schorfig und riechen. Viele Fälle von *Impetigo* bei Kindern können mit Antimonium crudum geheilt werden.

Warzen an den Fingern. Entweder eine oder zwei kleine, oder ganze Massen von Warzen, die gewöhnlich flach und nicht sehr schmerzhaft sind.

Warmblütig und durch Hitze verschlimmert.

Klinisches: Obstipation. Fieber. Keuchhusten. Sonnenstich. Sehnenentzündung. Warzen.

Wirkungsbereich: Magen. Verdauungskanal. Gemüt. Haut. Fußsohlen.

* * *

Entwicklung - langsam

GEMÜT - Entwicklung; kindliche - Entwicklungsstillstand (vh/47)

KOPF - Fontanellen - offen (vh/286)

ALLGEMEINES - Entwicklung - Entwicklungsstillstand (vh/1872)

Zahnung - Magendarmsymptome

MAGEN - *Erbrechen - Zahnung; während der* (hr1*/796)

REKTUM - Diarrhoe - Zahnung; während (bg2/957)

Zahnung - Allgemeines

ZÄHNE - *Zahnung - schwierig* (hr1*/718)

Stillen - Gemütssymptome

GEMÜT - Essen - weigert sich zu (^/53)
- Essen - weigert sich zu - bittet; ißt nur, wenn man ihn (ptk1/53)

Stillen - Milch

KOPF - Hautausschläge - Milchschorf (b2/290)

MAGEN - *Erbrechen - Milch, nach* (*/794)
- *Erbrechen - Milch, nach - Muttermilch, nach* (*/794)
- *Erbrochenen; Art des - Milch - geronnene* (*/798)
  - » Milch - geronnene - Kindern; bei - Säuglingen; bei (mtf33/798)
- *Verdauungsstörung - Milch - agg.* (k/843)

REKTUM - Diarrhoe - Stillen des Kindes; nach - Säugling; beim (*/956)

HUSTEN - Milch agg. (k/1202)

ALLGEMEINES - Speisen und Getränke - Milch - Abneigung - Muttermilch (*/2001)
- Speisen und Getränke - Milch - Abneigung - Muttermilch - Kind verweigert die; das (lmj/2001)
  - » *Milch - agg.* (*/2001)
  - » *Milch - agg. - Muttermilch* (stx1/2001)
  - » Milch - amel. (bt3/2001)

Stillen - Magendarmsymptome - Appetit - vermindert

MAGEN - *Appetit - fehlend* (*/767)
- Appetit - fehlend - Hunger, mit (b2/768)
  - » vermindert (hr1*/772)

Stillen - Magendarmsymptome - Appetit - vermehrt

MAGEN - Appetit - Genuß, ohne (k/769)
- Appetit - unstillbar (*/770)
  - » vermehrt (*/770)

Stillen - Magendarmsymptome - Aufstoßen - Speisen; von

MAGEN - Aufstoßens; Art des - Speisen; von (bg2*/780)
- Aufstoßens; Art des - Speisen; von - Essen - nach - agg. (b7/780)

Stillen - Magendarmsymptome - Aufstoßen - Wasser; Hochsteigen von

MAGEN - Aufstoßens; Art des - Wasser in den Mund; Hochsteigen von (*/781)

Stillen - Magendarmsymptome - Erbrechen

MAGEN - Erbrochenen; Art des - Speisen - Essen - nach - sofort nach (k/800)
- Erbrochenen; Art des - Speisen - unverdaut (*/800)

Stillen - Magendarmsymptome - Rektum

REKTUM - Diarrhoe - Kindern, bei (bg2/954)
- Diarrhoe - Stillen des Kindes; nach - Säugling; beim (*/956)
- Obstipation - Kindern, bei (kr1*/969)

Stillen - Allgemeines

ALLGEMEINES - Säuglinge (kk2/1944)

Infektionskrankheiten - Windpocken

HUSTEN - Windpocken - nach (*/1211)

HAUT - **Hautausschläge - Windpocken** (*/1824)
- Hautausschläge - Windpocken - schmerzhaft bei Druck (c1/1824)

Infektionskrankheiten - Masern

MAGEN - **Erbrechen - Masern, bei** (*/794)

HUSTEN - Masern - nach (*/1202)

FIEBER - *Ausschlagsfieber; Fieber bei Ausschlagserkrankungen - Masern* (*/1770)

HAUT - *Hautausschläge - Masern* (*/1817)

ALLGEMEINES - Masern - Beschwerden nach (*/1920)

Infektionskrankheiten - Scharlach

HUSTEN - Scharlach; nach (*/1204)

Infektionskrankheiten - Pocken

HAUT - *Hautausschläge - Pocken* (*/1819)
- Hautausschläge - Pocken - schwarz (*/1819)

Infektionskrankheiten - Keuchhusten

HUSTEN - Keuchhusten (*/1197)

Konstitution - Angst und Furcht

GEMÜT - Beeindrucken, empfänglich für Eindrücke; leicht zu (kr1/19)
- Furcht - allein zu sein (stj2/64)
  - » Armut, vor (stj2/65)
  - » engen Räumen; in (stj2/67)
  - » *Geräusche, durch* (*/69)
  - » Gespenstern; vor (stj2/70)
  - » gewaschen zu werden (fyz*/70)

» hochgelegenen Orten; vor (stj2/71)
» Wasser, vor (bro1*/79)

Konstitution - Allgemeines

GEMÜT - Empfindlich - Kinder (j5/44)
• Entmutigt (*/46)
• Faulheit (*/55)
• Furcht - Armut, vor (stj2/65)
• Heimweh (mtf33/107)
• Milde (mrr1/130)
• *Mürrisch - Kindern, bei* (j5/132)
• Stimmung, Laune - veränderlich (stj2/171)
• Unternehmen; etwas - Vieles, hält aber bei nichts durch, bleibt nicht dabei; unternimmt (br1/193)
• *Unzufrieden* (bg2*/194)
• *Waschen - Abneigung dagegen, sich zu waschen, zu baden* (sf1/243)
» Abneigung dagegen, sich zu waschen, zu baden - Kindern; bei (mtf33/243)
• Weinen - Musik; durch (^/247)

Familie; Beziehung zur - Liebe und Zuneigung

GEMÜT - *Liebevoll, voller Zuneigung, herzlich* (*/125)

Beziehung zu anderen - Aggressivität

GEMÜT - Empfindlich - Streitigkeiten; gegen (vld/45)
• Streitsüchtig (^/173)

Beziehung zu anderen - Reaktion auf andere

GEMÜT - *Antworten - Abneigung zu antworten* (bro1/14)
• *Antworten - bissig, schnippisch* (vh*/15)
• Gesellschaft - Abneigung gegen (*/94)
» Verlangen nach (b7a/95)
• Trost - agg. (stj2/188)
• Untröstlich (bl*/193)
• Weinen - anblickt; wenn man ihn (st/245)
» Berührung, bei (*/245)
• Widerspenstig (*/249)
• Widerspruch - Neigung zu widersprechen (br1*/249)
» *verträgt keinen Widerspruch* (bro1*/249)

Beziehung zu anderen - allgemein

GEMÜT - Argwöhnisch, mißtrauisch (*/16)
• Beleidigt, leicht (ptk1*/20)
• Pubertät; in der (bg2/138)

Schule - Angst

REKTUM - Diarrhoe - Erregung, Aufregung agg. (bg1/952)

Schule - Konstitution

GEMÜT - *Eigensinnig, starrköpfig, dickköpfig* (bg2*/41)
• *Eigensinnig, starrköpfig, dickköpfig - Kinder* (sf1/41)
• Unternehmen; etwas - Vieles, hält aber bei nichts durch, bleibt nicht dabei; unternimmt (br1/193)

Nonverbales - Aggressivität

GEMÜT - Beißen (stj2/20)
• Grobheit - Kinder; ungezogene (bg2*/104)
• *Reizbarkeit, Gereiztheit - angeblickt, wenn - angesprochen oder berührt; wenn - Kindern; bei* (bro1*/144)
» Kindern, bei (*/145)
• Stoßen, treten, austreten (stj2/172)
• Wirft mit Gegenständen um sich (stj2/250)
• Ziehen - Haaren; an den (stj2/252)

Nonverbales - Reaktion auf andere

GEMÜT - *Angesehen, angeblickt zu werden - erträgt es nicht, angesehen zu werden* (*/5)
• *Angesehen, angeblickt zu werden - erträgt es nicht, angesehen zu werden - Kindern; bei* (b7a/5)
• **Berührtwerden - Abneigung berührt zu werden** (*/21)
» *Abneigung berührt zu werden - Kindern; bei* (b7a/21)
» Abneigung berührt zu werden - Kitzeligkeit (st/21)
• *Furcht - berührt zu werden* (bro1*/66)
» *Näherkommen, Annäherung von; vor - anderen, von* (vh*/74)
» *Näherkommen, Annäherung von; vor - anderen, von - Kinder können es nicht ertragen, daß ihnen jemand nahe kommt* (vh*/74)
• *Liebkost zu werden; Liebkosungen - Abneigung, liebkost, gestreichelt zu werden* (^/126)
» *Abneigung, liebkost, gestreichelt zu werden - Kindern; bei* (jsa*/126)
• **Mürrisch - Kindern, bei - weinen bei Berührung** (kr1/132)
• **Näherkommen, auf ihn Zukommen von Personen - Abneigung gegen** (ptk1/134)
• Schreien - Kindern, bei - Trost - agg. (tl1/157)

Nonverbales - Gesten, Gebärden

GEMÜT - Auffahren, Zusammenfahren - Geräusche; durch (*/17)
• Beißen - Nägel (ar/20)
» Nägel - Kindern; bei (mtf11/20)
• **Launenhaftigkeit, launisch** (bg2*/123)
• Ungeschicklichkeit (bl/192)

Nonverbales - Allgemeines

GEMÜT - *Eigensinnig, starrköpfig, dickköpfig* (bg2*/41)
• *Eigensinnig, starrköpfig, dickköpfig - Kinder* (sf1/41)
• Schreien - Kindern, bei (^/157)
• **Stöhnen - Kindern, bei** (vh*/172)

Nonverbales - Konsultation; bei der

MUND - Aphthen (br1*/639)
• Landkartenzunge (*/668)

ÄUSSERER HALS - Schwellung - Halsdrüsen (*/760)

- *Schwellung - Halsdrüsen - schmerzhaft* (b7a/760)
- Verhärtung von Drüsen (k/761)

REKTUM - Hautausschläge - Anus; um den (k/964)

RÜCKEN - Krümmung der Wirbelsäule (bg2/1323)

EXTREMITÄTEN - Nägel; Beschwerden der - Abblättern der Nägel (k/1664)

- *Nägel; Beschwerden der - Abfallen der Nägel* (b2/1664)
  - » deformiert (ptk1/1664)
  - » deformiert - Zehennägel (bro1/1664)
  - » *dicke Nägel* (*/1664)
  - » dicke Nägel - Zehennägel (bro1/1664)
  - » *eingewachsene Zehennägel* (sne/1665)
  - » **gespaltene, aufgesprungene Nägel** (*/1665)
  - » hornig, verhornt - Fingernägel (hr1*/1665)
  - » *spröde, brüchige Nägel* (bro1/1665)
  - » spröde, brüchige Nägel - Fingernägel (k/1665)
  - » *verkrüppelte, verkümmerte Nägel* (bg2/1665)

HAUT - Erysipel (*/1798)

- **HAUTAUSSCHLÄGE - IMPETIGO** (*/1816)
- Wundliegen - Kindern; bei (*/1837)

ALLGEMEINES - *Berührung - agg. - Kindern, bei* (mrr1/1857)

Nonverbales - Äußerliches - Beobachtungen des Arztes

AUGE - Verklebt (b7a/472)

GESICHT - *Hautausschläge - Akne* (*/595)

- *Hippokratisches Gesicht* (k/605)
- Rissig - Lippen (bg2*/613)
  - » *Mundwinkel* (*/614)
- *Sommersprossen* (*/632)

ATMUNG - *Asphyxie - Kindern, Neugeborenen; bei* (*/1160)

HUSTEN - *Anfallsweise - Anfälle folgen schnell aufeinander - stärksten, die folgenden Anfälle werden schwächer und schwächer; der erste ist am* (*/1186)

HAUT - *Sommersprossen* (*/1834)

ALLGEMEINES - *Fettleibigkeit - Jugendlichen, bei* (j5/1879)

- *Fettleibigkeit - Kindern, bei* (hr1*/1879)

Nonverbales - Äußerliches - Beobachtungen der Eltern

ZÄHNE - Zähneknirschen (*/718)

- Zähneknirschen - Frost; während (*/718)
  - » Sitzen agg. (*/718)

MAGEN - Schluckauf (*/809)

- Völlegefühl - Essen - nach - agg. (k/845)
  - » Mittagessen, nach dem (k/845)

REKTUM - Unwillkürlicher Stuhl (b7a/984)

STUHL - *Unverdaut* (*/999)

BLASE - Urinieren - Harndrang - plötzlich - beeilen um zu urinieren, sonst geht Urin ab; muß sich (k/1015)

- *Urinieren - unwillkürlich - Husten; agg. beim* (*/1020)

EXTREMITÄTEN - *Nägel; Beschwerden der - Wachstum der Nägel - angehalten* (*/1666)

- *Nägel; Beschwerden der - Wachstum der Nägel - langsam - Fingernägel* (*/1666)

HAUT - Insektenstiche (*/1825)

Nacht; Beobachtungen in der - Gemütssymptome

GEMÜT - Furcht - Dunkelheit; vor der (mtf33/66)

- Gesten, Gebärden; macht - Hände; unwillkürliche Bewegungen der - zupft - Bettwäsche; an der (k/98)
- Schlafwandeln (k/154)
- Schreien - Kindern, bei - Schlaf, im (mtf33/157)

Nacht; Beobachtungen in der - körperliche Symptome

ZÄHNE - Zähneknirschen - morgens - erwacht; sobald er (k/718)

- *Zähneknirschen - Schlaf; agg. im* (*/718)

BLASE - Urinieren - unwillkürlich - nachts (b2/1019)

Nacht; Beobachtungen in der - Schlaf

SCHLAF - *Erwachen - Schreck, wie durch* (*/1675)

Nacht; Beobachtungen in der - Schlaf; Lage im

SCHLAF - Lage - Magen; auf dem (stj2/1683)

- Lage - Rücken, auf dem (*/1683)

Schaukeln und Getragenwerden

GEMÜT - Getragen - Verlangen getragen zu werden (bg2*/99)

- Getragen - Verlangen getragen zu werden - getröstet zu werden; und (tl1/99)

Psychosomatische Störungen

REKTUM - Diarrhoe - Erregung, Aufregung agg. (bg1/952)

Körperliche Symptome und Erkrankungen

KOPF - Schmerz - katarrhalisch (k2/331)

HÖREN - *Schwerhörig - Hautausschlägen; nach unterdrückten* (b7a/536)

ZÄHNE - **Karies, faule, hohle Zähne** (*/700)

- *Schmerz - Kindern; bei* (k/708)

MAGEN - *Langsame Verdauung* (bro1/805)

REKTUM - Cholera - infantum (*/949)

WEIBLICHE GENITALIEN - Menses - verzögerte Menarche (hr1*/1114)

KEHLKOPF UND TRACHEA - *Laryngismus stridulus* (k/1145)

ATMUNG - Asthma, asthmatische Atmung - Hautausschlägen; nach unterdrückten (bl1/1162)

FIEBER - Continua (k2/1772)

- Remittierend - Kleinkindern, bei (bro1/1778)

ALLGEMEINES - Abmagerung - Kindern; bei (k/1845)

- Arzneimittel - heftige Reaktion auf homöopathische Arzneimittel (b7a/1852)
- **Essen - Überessen; agg. nach** (b7a/1877)
- Kindern; Beschwerden von (b2/1897)
- Konvulsionen - Hitze; während (bg2/1904)
  » Kindern, bei (lmj/1905)
- *Pubertät - Beschwerden während der* (bg2*/1934)
- Schmerzlosigkeit gewöhnlich schmerzhafter Beschwerden (br1*/1971)

Chirurgisch pathologische Zustände

ABDOMEN - Hernie - Leistenhernie (b2/868)

Würmer

REKTUM - Würmer - Beschwerden durch Würmer (bg2/985)
- Würmer - Beschwerden durch Würmer - Spulwürmer (bro1/986)

Antimonium metallicum

ant-met.

Alle Rubriken stammen aus der Arbeit von Jan Scholten. In seiner Analyse finden wir eine Art von *Aggressivität*, die in Beißen, Zerbrechen von Gegenständen, Treten und Ziehen an den Haaren zum Ausdruck kommt. Diese Kinder ertragen es nicht angesehen zu werden, auch wenn sie oft dazu neigen, Grimassen zu schneiden. Sie sind allgemein unglücklich und launisch und haben viele Ängste, darunter vor Gespenstern, großer Höhe, geschlossenen Orten und vor dem Alleinsein.

Scholten schrieb: „Oft *entwickeln sie Probleme, wenn ihnen plötzlich die Möglichkeit, sich kreativ zu beschäftigen, genommen wird*, wie beispielsweise bei einem Kind, das krank wird und nicht mehr Klavier spielen darf oder das aufhören muß, in die Theatergruppe zu gehen. Dieses widerspenstige Verhalten kann sich auch in einer unverhohlenen Weigerung äußern, irgendeinem Vorschlag zuzustimmen. Die erste Reaktion ist immer ein pauschales „Nein". Man kann dies besonders bei Kindern sehen, die sich weigern, etwas zu machen, wie man es will und es ist endlose Überredung nötig, damit sie darauf eingehen. Sie werden nur zustimmen, wenn sie es auf ihre Weise machen können und wann sie es wollen. Es ist *das Kind, das es „selbst" machen will* und das Beste, was Eltern tun können, ist das Kind es so machen zu lassen. Das Kind wird nicht so einfach um Hilfe bitten, es wird es selbst herausfinden. Kommen sie ihm nicht zu nahe, sonst wird es sich weigern zu essen, was die übrige Familie ißt oder wann die übrige Familie ißt."

Dieses Mittel ist nützlich bei *Keuchhusten*, besonders wenn das Husten durch einen Wutanfall ausgelöst wird oder nach dem Essen. Wie bei Antimonium tartaricum ist es einfach, Rasseln zu hören; das Kind hat das Gefühl, es werde ersticken, es muß aufrecht sitzen; und der *Husten führt oft zum Erbrechen*. Die Zunge ist weiß, das Kind ist schläfrig, schwitzt und bittet oft um kleine Schlucke Wasser. Heiße Getränke verschlimmern die Symptome beträchtlich.

Klinisches: Warzen. Sodbrennen. Weiß belegte Zunge. Keuchhusten.

Wirkungsbereich: Gemüt. Lungen. Haut. Magen.

* * *

Stillen - Milch

ALLGEMEINES - *Speisen und Getränke - Milch - agg.* (stj2/2001)

Stillen - Magendarmsymptome - Appetit - vermindert

MAGEN - Appetit - vermindert (stj2/772)

Stillen - Magendarmsymptome - Appetit - vermehrt

MAGEN - Appetit - vermehrt (stj2/770)

Infektionskrankheiten - Windpocken

HAUT - *Hautausschläge - Windpocken* (stj2/1824)

Konstitution - Angst und Furcht

GEMÜT - Furcht - allein zu sein (stj2/64)
- Furcht - engen Räumen; in (stj2/67)
  » Gespenstern; vor (stj2/70)
  » hochgelegenen Orten; vor (stj2/71)

Konstitution - Allgemeines

GEMÜT - *Stimmung, Laune - veränderlich* (stj2/171)
- Unzufrieden (stj2/194)

Beziehung zu anderen - Reaktion auf andere

GEMÜT - Widerspruch - verträgt keinen Widerspruch (stj2/249)

Nonverbales - Aggressivität

GEMÜT - Beißen (stj2/20)
- Stoßen, treten, austreten (stj2/172)
- Zerbricht Dinge (stj2/251)
- Ziehen - Haaren; an den (stj2/252)

Nonverbales - Reaktion auf andere

GEMÜT - *Angesehen, angeblickt zu werden - erträgt es nicht, angesehen zu werden* (stj2/5)

Nonverbales - Gesten, Gebärden

GEMÜT - Grimassen (stj2/103)

Nonverbales - Äußerliches - Beobachtungen des Arztes

ALLGEMEINES - Aussehen - dunkel (stj2/1854)

Nacht; Beobachtungen in der - körperliche Symptome

ZÄHNE - Zähneknirschen - Schlaf; agg. im (stj2/718)

Antimonium muriaticum

ant-m.

Gewöhnlich hochgewachsene, schlanke Kinder.

Wie bei Antimonium metallicum, weist Scholten auf einige *Ängste* hin: zusätzlich zur Angst vor Höhe, engen Plätzen und dem Alleinsein, auch Angst vor Wasser. Das Kind erträgt es nicht, angesehen zu werden, *neigt dazu, das Gegenteil dessen zu tun, was man ihm sagt*, ist launisch und zudem *eigensinnig*.

Klinisches: Abrasionen. Übelkeit. Erschöpfung. Erbrechen.

Wirkungsbereich: Schleimhäute. Magen.

* * *

Stillen - Milch

ALLGEMEINES - *Speisen und Getränke - Milch - agg.* (stj2/2001)

Stillen - Magendarmsymptome - Appetit - vermehrt

MAGEN - Appetit - vermehrt (stj2/770)

Infektionskrankheiten - Windpocken

HAUT - *Hautausschläge - Windpocken* (stj2/1824)

Konstitution - Angst und Furcht

GEMÜT - Furcht - allein zu sein (stj2/64)
- Furcht - engen Räumen; in (stj2/67)
  - » hochgelegenen Orten; vor (stj2/71)
  - » Wasser, vor (stj2/79)

Konstitution - Allgemeines

GEMÜT - Stimmung, Laune - veränderlich (stj2/171)

Beziehung zu anderen - Reaktion auf andere

GEMÜT - Widerspenstig (stj2/249)

Schule - Konstitution

GEMÜT - Eigensinnig, starrköpfig, dickköpfig (stj2/41)

Nonverbales - Reaktion auf andere

GEMÜT - Angesehen, angeblickt zu werden - erträgt es nicht, angesehen zu werden (stj2/5)

Nonverbales - Allgemeines

GEMÜT - Eigensinnig, starrköpfig, dickköpfig (stj2/41)

Nonverbales - Äußerliches - Beobachtungen des Arztes

ALLGEMEINES - Magere Personen (stj2/1919)

Nacht; Beobachtungen in der - körperliche Symptome

ZÄHNE - Zähneknirschen - Schlaf; agg. im (stj2/718)

Antimonium tartaricum

ant-t.

Es sind Schnitte und aufgesprungene Lippen festzustellen, Sommersprossen, Strabismus, spitze Nase mit sich bewegenden Nasenflügeln, besonders bei akuten Atemwegserkrankungen.

Es eignet sich *mehr für subakute als für chronische Erkrankungen der Atemwege*; daher seine häufige Anwendung bei Bronchialkatarrh, mit Schleimrasseln, wobei sich der Schleim in den Bronchien ansammelt und die Luftwege zu füllen scheint, so daß es zu großer Kurzatmigkeit kommt. Die Atmung ist im Liegen beschleunigt und das Kind benötigt die Unterstützung durch die Bauchmuskulatur (*Bauchatmung*). Greift sich beim Husten an den Kehlkopf.

Bei Kindern geht bei Katarrh der Brust oft Ipecacuanha Antimonium tartaricum voran. Lautes Rasselgeräusch in der ganzen Brust. Wenn sie husten, *würgen sie, aber es kommt wenig Schleim hoch*. Die Anfälle kehren häufiger wieder, wenn der Patient schläft.

Es ist besonders nützlich für *fortgeschrittene Stadien von Bronchitis, Bronchopneumonie oder Pneumonie.*

Das Kind ist sehr schüchtern, hat große Angst vor der Untersuchung beim Arzt, erträgt es nicht, berührt oder angesehen zu werden, klammert sich an die Umstehenden; möchte getragen werden; weint und winselt, wenn es von jemandem berührt wird; erlaubt ihnen nicht, den Puls zu fühlen (Differentialdiagnose: Antimonium crudum, Sanicula).

Sie sind *reizbar und verärgert*; die Zunge ist weiß und es ist Schwäche vorhanden.

Wenn Diarrhoe mit großer Schwäche und Beeinträchtigung der Lebenskraft vorhanden ist, oder wenn das Kind kurz nach Mitternacht das Abendessen erbricht, dann wird Antimonium tartaricum das Mittel sein.

Es hat auch ausgeprägte Verschlechterung durch warme Getränke.

Oft findet man Antimonium tartaricum in Fällen *unterdrückter Ausschläge* angezeigt; es wird ganz besonders benötigt, wenn der Scharlach- oder Masernausschlag nicht richtig heraus kommt oder abgewehrt wurde; dann kommt es zu großen Atemproblemen.

Dieses Mittel ist besonders angezeigt, *wenn Windpocken mit Atemproblemen verbunden sind.*

Was die Gemütsebene angeht, so wollen die Kinder nicht gestört werden, wenn sie etwas tun (Differentialdiagnose: Bryonia, Nux vomica). Sie sind extrem unsicher, oft entmutigt und unglücklich.

Klinisches: Asphyxia neonatorum. Asthma. Bronchitis. Katarrh. Husten. Laryngitis. Pneumonie. Gallenleiden. Intermittierendes Fieber. Synovitis.

Wirkungsbereich: Lungen. Magen. Darm. Haut. Schlaf.

* * *

Zahnung - Magendarmsymptome

MAGEN - *Erbrechen - Zahnung; während der* (hr1*/796)

Zahnung - Allgemeines

ZÄHNE - *Zahnung - schwierig* (hr1*/718)

HUSTEN - *Zahnung, während der* (hr1/1211)

Impfung

REKTUM - Diarrhoe - Impfung, nach (k/953)

ALLGEMEINES - *Impfung; Beschwerden nach* (bg2*/1892)

Stillen - Milch

KOPF - Hautausschläge - Milchschorf (vh/290)

MAGEN - Aufstoßen - Milch, nach (*/775)
- Erbrechen - Milch, nach (*/794)
- Erbrochenen; Art des - Milch - geronnene (k/798)
- Sodbrennen - Milch agg. (b7/830)
- Übelkeit - Milch - agg. (k2/838)

HUSTEN - Kalt - Milch agg. (*/1197)
- Milch agg. (*/1202)

ALLGEMEINES - *Speisen und Getränke - Milch - Abneigung* (*/2000)
- Speisen und Getränke - Milch - Abneigung - Muttermilch (kr1*/2001)
  » Milch - Abneigung - Muttermilch - Kind verweigert die; das (kr1*/2001)
  » Milch - agg. (*/2001)
  » Milch - Verlangen - saure (bg1*/2001)

Stillen - Magendarmsymptome - Appetit - vermindert

MAGEN - Appetit - fehlend (*/767)
- Appetit - fehlend - Durst - mit (*/768)
  » fehlend - Hunger, mit (b2/768)
  » schnelle Sättigung (*/770)
  » vermindert (*/772)

Stillen - Magendarmsymptome - Appetit - vermehrt

MAGEN - Appetit - Heißhunger (b2/769)
- Appetit - Heißhunger - Gehen agg. (*/770)
  » vermehrt (*/770)
  » vermehrt - Essen - nach (bg2/772)
  » vermehrt - Freien; im - amel. (k/772)

Stillen - Magendarmsymptome - Aufstoßen - Speisen; von

MAGEN - **Aufstoßens; Art des - Speisen; von** (bg2*/780)
- Aufstoßens; Art des - Speisen; von - Essen - nach - agg. (b7/780)
  » Speisen; von - sauer (b7/780)

Stillen - Magendarmsymptome - Aufstoßen - Wasser; Hochsteigen von

MAGEN - *Aufstoßens; Art des - Wasser in den Mund; Hochsteigen von* (*/781)

Stillen - Magendarmsymptome - Erbrechen

MAGEN - Erbrochenen; Art des - Speisen - Essen - nach - agg. (b7a/800)
- Erbrochenen; Art des - Speisen - Essen - nach - sofort nach (k/800)

Stillen - Magendarmsymptome - Abdomen - agg. durch

ABDOMEN - Schmerz - Beugen - vorne; nach - agg. (^/882)
- Schmerz - Druck - agg. (k/883)

Stillen - Allgemeines

SCHWEISS - Essen - beim - agg. (*/1786)

ALLGEMEINES - Säuglinge (kk2/1944)

Infektionskrankheiten - Windpocken

HAUT - *Hautausschläge - Windpocken* (*/1824)

Infektionskrankheiten - Masern

FIEBER - Ausschlagsfieber; Fieber bei Ausschlagserkrankungen - Masern (bro1/1770)

HAUT - Hautausschläge - Masern (hr1/1817)

ALLGEMEINES - *Masern - Beschwerden nach* (ptk1/1920)

Infektionskrankheiten - Mumps

GESICHT - Entzündung - Parotis - Mumps (bro1/584)

Infektionskrankheiten - Scharlach

GEMÜT - *Bewußtlosigkeit - Scharlach, bei* (hr1/31)

Infektionskrankheiten - Pocken

REKTUM - Diarrhoe - Pocken, bei (k/955)

HUSTEN - *Pocken - nach* (hr1/1203)

HAUT - **Hautausschläge - Pocken** (*/1819)

ALLGEMEINES - **Konvulsionen - Pocken nicht herauskommen; wenn** (k/1906)

Infektionskrankheiten - Keuchhusten

GEMÜT - *Weinen - Husten - während - Keuchhusten* (kr1/246)

MAGEN - Erbrechen - Husten - beim - agg. - Keuchhusten (bro1/793)

REKTUM - Diarrhoe - Keuchhusten, bei (bro1/954)

HUSTEN - *Keuchhusten* (*/1197)

- Keuchhusten - Deferveszenzstadium, im (ptk1/1198)
  - » *ersten Stadium; entzündlicher Husten im* (kr1/1198)
  - » katarrhalischen Phase; in der (bg2*/1198)

SCHLAF - *Schläfrigkeit - Keuchhusten; nach* (kr1/1699)

Konstitution - Aggressivität

GEMÜT - Zorn - Kindern, bei (ptk/254)

Konstitution - Angst und Furcht

GEMÜT - Feigheit (bg2*/59)

- Feuer - anzünden; möchte Dinge (b7a/59)
- Furcht - allein zu sein (*/64)
  - » engen Räumen; in (stj2/67)
  - » hochgelegenen Orten; vor (stj2/71)
- Mutig (*/133)

Konstitution - Allgemeines

GEMÜT - Empfindlich - Kinder (*/44)

- Entmutigt (*/46)
- Faulheit (*/55)
- **Mürrisch - Kindern, bei** (kr1*/132)
- Stimmung, Laune - veränderlich (*/171)
- Unzufrieden (bg2*/194)
- Verwegenheit (hr1*/199)
- *Weinen - Kindern; bei* (a1/246)

Familie; Beziehung zur - Liebe und Zuneigung

GEMÜT - *Verlassen zu sein; Gefühl* (mtf/198)

Beziehung zu anderen - Aggressivität

GEMÜT - Schlagen (^/154)

- Streitsüchtig (*/173)

Beziehung zu anderen - Reaktion auf andere

GEMÜT - Antworten - Abneigung zu antworten (bro1/14)

- Gesellschaft - Abneigung gegen (*/94)
  - » Verlangen nach (*/95)
  - » Verlangen nach - allein; agg. wenn (bg2/96)
- Schüchternheit, Zaghaftigkeit (*/158)
- Weinen - Berührung, bei (*/245)
- *Widerspenstig* (ptk1*/249)
- Widerspruch - Neigung zu widersprechen (ptk1*/249)

Beziehung zu anderen - allgemein

GEMÜT - Beleidigt, leicht (ptk1*/20)

- Pubertät; in der (st/138)

Schule - Konstitution

GEMÜT - Eigensinnig, starrköpfig, dickköpfig (*/41)

Nonverbales - Aggressivität

GEMÜT - Beißen (*/20)

- Beißen - Kindern; bei (mtf33/20)
- Reizbarkeit, Gereiztheit - angeblickt, wenn - angesprochen oder berührt; wenn - Kindern; bei (bro1/144)
  - » Kindern, bei (*/145)
- Spucken (bg*/170)

Nonverbales - Reaktion auf andere

GEMÜT - *Angesehen, angeblickt zu werden - erträgt es nicht, angesehen zu werden* (*/5)

- Angesehen, angeblickt zu werden - erträgt es nicht, angesehen zu werden - Kindern; bei (tl1/5)
- *Berührtwerden - Abneigung berührt zu werden* (k/21)
  - » Abneigung berührt zu werden - Kindern; bei (tl1/21)
- Furcht - berührt zu werden (bro1*/66)
  - » Näherkommen, Annäherung von; vor - anderen, von (^/74)
- Schreien - Kindern, bei - Berührung, bei (*/157)

Nonverbales - Gesten, Gebärden

GEMÜT - Beißen - Nägel (vh/20)

- **Gesten, Gebärden; macht - Hände; unwillkürliche Bewegungen der - Greifen - Umstehenden; nach** (a1/98)
- Klammert sich an - hält sich nach anderen fest (ptk1*/114)
  - » *Kindern; bei - Mutter; das Kind klammert sich an die* (^/115)
  - » *Kindern; bei - Mutter; das Kind klammert sich an die - Hand der Mutter; das Kind nimmt immer die* (vh1/115)
  - » Personen oder Möbel; an (vh*/115)
- Launenhaftigkeit, launisch (^/123)
  - » weist Dinge zurück, die er haben wollte, sobald er sie bekommt (^/123)
  - » weist Dinge zurück, die er haben wollte, sobald er sie bekommt - Kindern; bei (bro1/123)
- Springen (^/169)

Nonverbales - Allgemeines

GEMÜT - Eigensinnig, starrköpfig, dickköpfig (*/41)

- Ruhelosigkeit - Kindern, bei (*/151)
- Schreien - Kindern, bei (^/157)
- Stöhnen - Kindern, bei (k2/172)
  - » zweimal; jeweils - Babies; bei (zr/172)

Nonverbales - Konsultation; bei der

MUND - Aphthen (bg2*/639)
- *Aphthen - Influenza* (st1/639)
- Landkartenzunge (b2/668)
- *Papillen - aufgerichtet* (lp*/669)
  » aufgerichtet - Erdbeerzunge (bg2*/669)
- *Schwämmchen* (vk1/681)

INNERER HALS - Entzündung - Tonsillen (k/724)
- Schwellung - Tonsillen (*/747)

ÄUSSERER HALS - Schwellung - Halsdrüsen (*/760)

ABDOMEN - Schmerz - Druck - agg. (k/883)

ATMUNG - **Bauchatmung** (*/1171)

EXTREMITÄTEN - Krümmung und Biegung (b7a/1473)

HAUT - *Hautausschläge - Impetigo* (c2*/1816)
- Intertrigo (hr1/1825)

ALLGEMEINES - Berührung - agg. - Kindern, bei (j5/1857)

Nonverbales - Äußerliches - Beobachtungen des Arztes

KOPF - Halten - hoch, aufrecht zu halten; unfähig, den Kopf (k/289)

AUGE - Strabismus, Schielen (*/467)

NASE - *Bewegung - Nasenflügel - Fächer; wie ein* (*/545)
- *Bewegung - Nasenflügel - Fächer; wie ein - Pneumonie; bei* (*/545)
- Eingesunken (k2/546)
- *Geweitete Nasenlöcher* (*/550)
- *Spitz* (*/574)

GESICHT - *Aphthen - Lippen, an den* (k/579)
- *Aufgesprungen - Lippen* (*/579)
- Gerunzelt (k/594)
- *Hautausschläge - Akne* (bro1/595)
- **Hippokratisches Gesicht** (*/605)
- Nasenlinie ausgeprägt (ptk1/613)
- Rissig - Lippen (*/613)
- Sommersprossen (b2/632)

ATMUNG - **Asphyxie - Kindern, Neugeborenen; bei** (*/1160)
- *Asthma, asthmatische Atmung - Kindern; bei* (hr1/1162)
- *Atemnot, Dyspnoe, erschwertes Atmen - Kindern; bei* (mrr1/1168)
  » Kindern; bei - Neugeborenen; bei (mrr1/1168)
- **Beschleunigt** (*/1174)

HUSTEN - Anfallsweise - Anfälle folgen schnell aufeinander (*/1186)
- Anfallsweise - besteht aus - kurzen Hustenstößen (*/1186)
- *Aufspringen; mit - Kindern; bei - klammern sich an die Umstehenden, rufen mit heiserer Stimme um Hilfe; und sie - beugen sich nach hinten und greifen sich an den Kehlkopf; oder sie* (*/1187)

RÜCKEN - Opisthotonus (bg2/1325)

SCHLAF - **Gähnen - Husten - Kindern; besonders bei** (kr1/1678)

HAUT - Sommersprossen (*/1834)

ALLGEMEINES - Zyanose - Kindern; bei - Kleinkindern; bei (tl1*/2035)

Nonverbales - Äußerliches - Beobachtungen der Eltern

MAGEN - Brechreiz, Würgen - Husten; agg. beim (k2/784)
- Schluckauf (*/809)

REKTUM - Unwillkürlicher Stuhl (*/984)

BLASE - Urinieren - Harndrang - plötzlich - beeilen um zu urinieren, sonst geht Urin ab; muß sich (b7/1015)

ATMUNG - **Schnarchen** (b7a/1180)

SCHWEISS - Essen - beim - agg. (*/1786)

Nacht; Beobachtungen in der - Gemütssymptome

GEMÜT - Reizbarkeit, Gereiztheit - morgens - Erwachen, beim - Kindern, bei (tl1/143)
- Schreien - Kindern, bei - nachts (a1/157)
  » Kindern, bei - Schlaf, im (a1/157)
- Sprechen - Schlaf; im (*/169)

Nacht; Beobachtungen in der - körperliche Symptome

ZÄHNE - Zähneknirschen - Schlaf; agg. im (stj2/718)

BLASE - Urinieren - unwillkürlich - nachts (b2/1019)

Nacht; Beobachtungen in der - Schlaf

SCHLAF - Erwachen - Schreck, wie durch (j5/1675)
- *Schläfrigkeit - Diarrhoe - während - Kindern, bei* (kr1/1698)

Nacht; Beobachtungen in der - Schlaf; Lage im

SCHLAF - Lage - Arme - Kopf - unter dem Kopf (*/1682)
- Lage - Hände - Kopf - unter dem (b7/1682)
  » Hände - Magengrube; eine Hand auf der - linke Hand (j5/1682)
  » Kopf - aufgerichtetem Kopf, mit (j5/1682)
  » Rücken, auf dem (*/1683)

Schaukeln und Getragenwerden

GEMÜT - Getragen - Verlangen getragen zu werden (*/99)
- Getragen - Verlangen getragen zu werden - aufrecht sitzend (bg2*/99)
- Ruhelosigkeit - Kindern, bei - Herumtragen der Kinder amel. (*/152)

Psychosomatische Störungen

HUSTEN - Zorn; nach - Kindern; bei (bro1*/1211)

Körperliche Symptome und Erkrankungen

KOPF - *Entzündung - Gehirn* (b7a/284)

MAGEN - Würgen - Husten, mit (*/846)
REKTUM - Cholera - infantum (*/949)
• Diarrhoe - Hautausschläge - unterdrückten Hautausschlägen; nach (gsy1*/953)
» Hautausschläge - während (*/953)
KEHLKOPF UND TRACHEA - **Laryngismus stridulus** (b7a/1145)
BRUST - Entzündung - Bronchien - Kindern; bei (tl1*/1232)
• *Entzündung - Lungen - Kindern; bei - Kleinkindern; bei* (*/1234)
ALLGEMEINES - Essen - Überessen; agg. nach (b7a/1877)
• **Kindern; Beschwerden von** (b2/1897)
• Konvulsionen - Kindern, bei (j5/1905)
• Schmerzlosigkeit gewöhnlich schmerzhafter Beschwerden (ptk1/1971)

Chirurgisch pathologische Zustände

ABDOMEN - *Entzündung - Peritoneum* (ptk1/860)

Würmer

REKTUM - Würmer - Beschwerden durch Würmer (br1/985)
• Würmer - Beschwerden durch Würmer - Madenwürmer (k/986)

Antipyrinum

antip.

Infektionskrankheiten - Masern

HAUT - Hautausschläge - Masern (vh/1817)

Infektionskrankheiten - Röteln

HAUT - Hautausschläge - Röteln (c2/1821)

Infektionskrankheiten - Scharlach

HAUT - Hautausschläge - Scharlach (c2*/1821)

Konstitution - Allgemeines

GEMÜT - Weinen - Erregung, durch (vh1/245)

Nonverbales - Konsultation; bei der

HAUT - Hautausschläge - Erythem (c2*/1812)

Chirurgisch pathologische Zustände

MÄNNLICHE GENITALIEN - Hochgezogen, an den Körper gezogen - Hoden - schmerzhaft (vh1/1068)

Apis mellifica

apis

Dieses Mittel besser bekannt für akute pathologische Zustände, die charakterisiert sind durch Ödem, Hyperämie, Hitze, Schmerz und daher durch alle Symptome einer *akuten Entzündung.*

Auf der Gemütsebene finden wir große Vitalität und viel Energie; sie bleiben nie still und lieben es, *immer beschäftigt zu sein.* Sie hassen es, allein zu sein und ziehen Gesellschaft vor.

Ein wesentliches Charakteristikum dieser Kinder ist die *Eifersucht:* sie sind übermäßig eifersüchtig in Bezug auf ihr Eigentum, aber noch mehr auf diejenigen, die sie lieben. Sobald sie sehen, daß jemand in die Familie eindringt oder diese bedroht, reagieren sie sofort verbal und körperlich und oft gewalttätig.

Häufige Wutausbrüche, die schwer unter Kontrolle zu bekommen sind. Sie werden gereizt, wenn jemand versucht, sie unter Kontrolle zu halten und ihnen widersprochen wird.

Auf der körperlichen Ebene sind häufig *Schleimhäute und seröse Häute* angegriffen; infolgedessen können sie an allergischer Konjunktivitis leiden, mit intensiver Röte, Brennen und Schwellung der Gegend unterhalb der Lider.

Man sollte es erwägen bei *akuten allergischen Reaktionen* wie angioneurotischem Ödem der Glottis. Zusätzlich leiden sie an *Hals- und Mandelentzündung* mit intensiver Schwellung der Uvula, die manchmal wie ein Klöppel herabhängt; die Schmerzen strahlen oft zu den Ohren aus.

Bei akuten Entzündungen sind einige gleichbleibende Charakteristika zu finden: die *Schmerzen sind immer stechend*; die Symptome *bessern sich durch kalte Anwendungen* und die Symptome sind rechtsseitig.

Das Fieber wird oft von Schauder begleitet, aber das Kind möchte nicht zugedeckt werden; dann wird das Kind sehr heiß, hat sehr hohe Temperatur und trockene und sehr heiße Haut; danach erscheint reichlicher Schweiß mit *völliger Durstlosigkeit.*

Manchmal entwickeln diese Kinder Symptome von Meningitis. Die Symptomatologie erscheint und entwickelt sich schnell; anfangs besteht sie aus einer Phase großer Erschöpfung, gefolgt von einem Zustand, der Koma ähnelt und schließlich konvulsivischen Anfällen, die typischerweise durch Hitze schlimmer werden, besonders heiße Bäder.

Oft ist sind die Harnwege angegriffen. Säuglinge leiden oft an Harnverhaltung, sie wollen nicht urinieren, weil sie den Schmerz nicht spüren wollen.

Diese Kinder trinken wenig und leiden infolgedessen unter Oligurie.

Die Krankheiten reichen von einfacher Zystitis zu Glomerulonephritis. Die Symptome erscheinen gewöhnlich plötzlich zusammen mit Dysurie, Strangurie und auch Hämaturie, möglicherweise mit Blutklumpen. Brennende Schmerzen beim Urinieren und sehr konzentrierter Urin.

Die *Hautkrankheiten* entwickeln sich bei diesen Kindern nur selten vollständig und erscheinen daher *weniger intensiv.*

Unter den pathologischen Zuständen, die hauptsächlich in der Haut lokalisiert sind, gehören: Herpes zoster, Erysipel, Impetigo, verschiedene Arten von Ekzem. *Die Haut* ist bei diesen Kindern *als Zielorgan zu betrachten.* Kalte Anwendungen bessern die Symptome immer. Bei allergischen Reaktionen kann die Haut ödematös aussehen und so gespannt sein, daß es sich anfühlt, als würde sie gleich aufspringen.

Der Schlaf ist gestört; die Kinder weinen häufig, knirschen mit den Zähnen und drücken den Kopf tief ins Kissen. Der Kopf wird während der Nacht schweißnaß.

Allgemein sind die Symptome *besser durch Kälte*, durch kalte Anwendungen, im Freien, im Sitzen, durch Entkleiden. Sie *verschlimmern sich durch Hitze*, heiße Anwendungen, Berührung, im Liegen und morgens und abends.

Klinisches: Blasenleiden. Urethritis. Asthma. Herzleiden. Verletzungen. Folgen unterdrückter Ausschläge.

Wirkungsbereich: Nieren. Blase. Augen. Gesicht. Ovarien. Seröse Höhlen. Haut. Nerven. Atmung. Herz.

* * *

Krankengeschichte; familiäre und persönliche

ALLGEMEINES - Krankengeschichte von; persönliche - Augen - Gerstenkörnern; von wiederkehrenden (ptk1/1909)
- *Krankengeschichte von; persönliche - Erysipel; von wiederkehrendem* (*/1909)
  » Zystitis; von wiederkehrenden - Kindern; bei (lmj/1910)

Entwicklung - langsam

KOPF - *Fontanellen - offen* (*/286)

Entwicklung - allgemein

KOPF - *Fontanellen - offen - eingesunken* (*/286)
- Großer Kopf (bg2/289)

Zahnung - Gemütssymptome

GEMÜT - *Schreien - Zahnung; während der* (kr1/158)

Zahnung - Magendarmsymptome

REKTUM - *Diarrhoe - Zahnung; während* (k/957)

Zahnung - Allgemeines

ZÄHNE - *Zahnung - schwierig* (kr1/718)

Impfung

EXTREMITÄTEN - Schwellung - Schultern - Impfung; nach (k/1633)

ALLGEMEINES - *Impfung; Beschwerden nach* (bg2*/1892)
- Impfung; Beschwerden nach - Meningitis; gegen (gm1/1892)

Stillen - Gemütssymptome

GEMÜT - Essen - weigert sich zu (hr1/53)

Stillen - Milch

ALLGEMEINES - Speisen und Getränke - Milch - Abneigung - Muttermilch - Kind verweigert die; das (lmj/2001)
- Speisen und Getränke - Milch - Abneigung - Muttermilch - Kind verweigert die; das - nachts (ptk/2001)
  » *Milch - amel.* (*/2001)
  » *Milch - Verlangen* (*/2001)
  » *Milch - Verlangen - kalte* (bg2*/2001)

Stillen - Magendarmsymptome - Appetit - vermindert

MAGEN - Appetit - fehlend (*/767)
- Appetit - fehlend - Durst - ohne (ptk1/768)

Stillen - Magendarmsymptome - Aufstoßen - Speisen; von

MAGEN - *Aufstoßens; Art des - Speisen; von - sauer* (b7a/780)

Stillen - Magendarmsymptome - Aufstoßen - Wasser; Hochsteigen von

MAGEN - *Aufstoßens; Art des - Wasser in den Mund; Hochsteigen von* (*/781)

Stillen - Magendarmsymptome - Erbrechen

MAGEN - *Erbrochenen; Art des - Speisen - Essen - nach - sofort nach* (k/800)

Stillen - Magendarmsymptome - Abdomen - agg. durch

ABDOMEN - Schmerz - Liegen - agg. (k/889)

Stillen - Magendarmsymptome - Abdomen - amel. durch

ABDOMEN - Schmerz - Beugen der Beine amel. (k2/882)

Stillen - Magendarmsymptome - Rektum

REKTUM - Diarrhoe - Kindern, bei (k/954)
• *Obstipation - Kindern, bei - Kleinkindern, bei* (bro1*/969)

Infektionskrankheiten - Windpocken

FIEBER - **Continua - Ausschlagsfieber** (k/1772)
HAUT - Hautausschläge - Windpocken (bro1*/1824)

Infektionskrankheiten - Masern

SCHLAF - *Schläfrigkeit - Masern; bei* (kr1/1700)
FIEBER - **Ausschlagsfieber; Fieber bei Ausschlagserkrankungen - Masern** (*/1770)
• **Continua - Ausschlagsfieber** (k/1772)
HAUT - **Hautausschläge - Masern** (*/1817)
ALLGEMEINES - *Masern - Beschwerden nach* (b7a/1920)

Infektionskrankheiten - Mumps

GESICHT - Entzündung - Parotis - Metastasierung zu - Gehirn (bro1/584)
• Schmerz - Parotis (k/626)
  » Parotis - brennend (k/627)
  » Parotis - stechend; fein (k/627)
• Schwellung - Parotis (*/631)

Infektionskrankheiten - Röteln

FIEBER - **Continua - Ausschlagsfieber** (k/1772)
HAUT - *Hautausschläge - Röteln* (b7a/1821)

Infektionskrankheiten - Scharlach

GEMÜT - *Bewußtlosigkeit - Scharlach, bei* (kr1/31)
• *Stupor - Scharlach, bei* (kr1/177)
KOPF - Hydrozephalus - Scharlach; nach (a*/296)
OHR - *Absonderungen - Scharlach, nach* (k/498)
• Entzündung - Scharlach, nach (c1/500)
GESICHT - **Schwellung - Scharlach** (k/630)
INNERER HALS - Entzündung - Scharlach; bei (bro1/724)
• Geschwüre - Scharlach nicht herauskommt; wenn (k/727)
URIN - **Eiweißhaltig - Scharlach; nach** (*/1046)
EXTREMITÄTEN - **Schwellung - Beine - wassersüchtig - Scharlach, nach** (k/1629)
FIEBER - **Ausschlagsfieber; Fieber bei Ausschlagserkrankungen - Scharlach** (*/1770)
• **Continua - Ausschlagsfieber** (k/1772)
• Scharlach (mrr1/1778)
  » *begleitet von - Zunge - rote Farbe der Zunge - hellrot* (kr1*/1778)
  » *bösartig* (bro1/1778)
HAUT - **Hautausschläge - Scharlach** (*/1821)
• *Hautausschläge - Scharlach - begleitet von - Zunge - rissige Zunge* (kr1*/1821)
  » *Scharlach - zurücktretend* (bro1/1821)
ALLGEMEINES - **Wassersucht - äußere Wassersucht - Scharlach; nach** (kr1*/2024)

Infektionskrankheiten - Pocken

FIEBER - **Continua - Ausschlagsfieber** (k/1772)
HAUT - *Hautausschläge - Pocken* (*/1819)

Konstitution - Aggressivität

GEMÜT - Schlagen - sich; schlägt - schlägt seinen Kopf gegen die Wand und gegen Gegenstände (k/154)
KOPF - Anstoßen (k/274)
• *Anstoßen - Bett; mit dem Kopf gegen das* (k/274)

Konstitution - Angst und Furcht

GEMÜT - Beschwerden durch - Erwartungsspannung (bg*/23)
• *Beschwerden durch - Schreck* (*/25)
• *Furcht - allein zu sein* (k/64)
  » *Nadeln, vor* (bg2*/73)

Konstitution - Allgemeines

GEMÜT - Ehrgeiz - erhöht, vermehrt, sehr ehrgeizig (mgm/40)
• Ehrgeiz - erhöht, vermehrt, sehr ehrgeizig - Wettbewerb mit anderen, vergleicht sich mit ihnen; steht (mgm*/40)
• *Entmutigt* (k/46)
• *Faulheit* (*/55)
• Gewissenhaft, peinlich genau in bezug auf Kleinigkeiten (k/99)
• Nachgiebigkeit (gt/134)
• Sorgen; voller (ptk1/164)
• *Stimmung, Laune - veränderlich* (*/171)
• Theoretisieren (k2/180)
• Unternehmen; etwas - Vieles, hält aber bei nichts durch, bleibt nicht dabei; unternimmt (c1/193)
• Unzufrieden (*/194)

Familie; Beziehung zur - Liebe und Zuneigung

GEMÜT - Angst - Familie, um seine (oss/9)
• *Beschwerden durch - Eifersucht* (hr1*/22)
• *Eifersucht* (*/40)

Beziehung zu anderen - Aggressivität

GEMÜT - Schlagen (^/154)
• Schlagen - sich; schlägt (^/154)
  » sich; schlägt - Kopf - seinen Kopf (ptk1/154)
  » sich; schlägt - schlägt seinen Kopf gegen die Wand und gegen Gegenstände (k/154)
• Streitsüchtig (b7a/173)

Beziehung zu anderen - Reaktion auf andere

GEMÜT - *Gesellschaft - Verlangen nach* (k/95)

- *Gesellschaft - Verlangen nach - allein; agg. wenn* (bg2/96)
- *Widerspruch - Neigung zu widersprechen* (kr1/249)

Beziehung zu anderen - allgemein

GEMÜT - Argwöhnisch, mißtrauisch (bg2*/16)
- *Beleidigt, leicht* (*/20)
- Pubertät; in der (dm/138)
- Tadelsüchtig, krittelig (bro1*/178)

Schule - Angst

GEMÜT - Beschwerden durch - Erwartungsspannung (bg*/23)

Schule - Konzentration

GEMÜT - Konzentration - schwierig - Studieren (a1*/117)
- *Verwirrung; geistige - Lesen, beim* (k/203)

Schule - Lernen - Lesen

GEMÜT - *Verwirrung; geistige - Lesen, beim* (k/203)

Schule - Anstrengung; geistige

KOPF - Schmerz - geistige Anstrengung - agg. (k/328)
- Schmerz - Lesen, beim - agg. (k/332)

Schule - Konstitution

GEMÜT - Eigensinnig, starrköpfig, dickköpfig (k/41)
- Gewissenhaft, peinlich genau in bezug auf Kleinigkeiten (k/99)
- Unternehmen; etwas - Vieles, hält aber bei nichts durch, bleibt nicht dabei; unternimmt (c1/193)

Spielen

GEMÜT - Tanzen (*/179)

Nonverbales - Aggressivität

GEMÜT - Destruktivität, Zerstörungswut (*/38)
- Diktatorisch (st/39)
- *Reizbarkeit, Gereiztheit - schickt - Arzt nach Hause und sagt, er sei nicht krank; schickt den* (k1*/146)
- *Zerbricht Dinge* (*/251)

Nonverbales - Reaktion auf andere

GEMÜT - *Berührtwerden - Abneigung berührt zu werden* (vh1/21)
- Furcht - berührt zu werden (bro1/66)

Nonverbales - Gesten, Gebärden

GEMÜT - Auffahren, Zusammenfahren - Geräusche; durch (k/17)
- Lachen - Ernstes, über (k/120)
- Launenhaftigkeit, launisch (bg2/123)
- Springen (^/169)
- **Ungeschicklichkeit** (b7a/192)

Nonverbales - Allgemeines

GEMÜT - Eigensinnig, starrköpfig, dickköpfig (k/41)
- Possen, spielt (a1/137)
  - » Kindern; bei (bt/138)
- *Schreien - Kindern, bei* (*/157)
- Singen (*/163)

Nonverbales - Konsultation; bei der

KOPF - Empfindlichkeit - Kopfhaut, der - Berührung, gegen (bro1/284)
- Hitze - Kälte - Füße; mit Kälte der (kr1/293)
- Läuse (k/300)

AUGE - **Entzündung - Kindern; bei - Kleinkindern; bei** (k/429)

OHR - *Entzündung* (k/500)
- *Entzündung - erysipelatös* (*/500)
  - » Gehörgang (bro1/500)
  - » *Mittelohr* (k/501)

MUND - Aphthen (*/639)
- *Bewegung - Zunge - Heraushängen der Zunge* (b7a/641)
- *Herausstrecken, Vorstrecken - Zunge, der* (*/665)
  - » Zunge, der - Gehirns; bei Erkrankungen des (ptk1/665)
- Papillen - aufgerichtet (*/669)
- Zittern der Zunge - Herausstrecken, beim (*/692)

INNERER HALS - *Belag - Tonsillen* (k/721)
- *Belag - Uvula* (k/721)
- *Entzündung - Tonsillen* (*/724)
- *Schwellung - Tonsillen* (*/747)

ÄUSSERER HALS - *Schwellung - Halsdrüsen* (*/760)
- *Schwellung - Seiten* (k/760)

ABDOMEN - Entzündung - Nabel - Kindern; bei - Neugeborenen; Ulzeration des Nabels bei (pd/860)
- Geschwüre - Nabelgegend (k/865)
  - » Nabelgegend - Kindern; bei - Neugeborenen; bei (ptk1/865)

BRUST - Einstülpung - Brustwarzen; der (gsy1/1231)

EXTREMITÄTEN - Nägel; Beschwerden der - Abblättern der Nägel (k/1664)

HAUT - **Erysipel** (*/1798)
- Hautausschläge - Bläschen - Sudamina (Schweißfriesel) (k/1810)
  - » Erythem (bro1/1812)
  - » Impetigo (mrr1/1816)
- *Unrein* (k/1835)

ALLGEMEINES - Berührung - agg. - Kindern, bei (kr1/1857)
- Steifes Ausstrecken des Körpers - Berührung bei Kindern; durch (kl/2010)

Nonverbales - Äußerliches - Beobachtungen des Arztes

KOPF - Großer Kopf (bg2/289)
- Halten - hoch, aufrecht zu halten; unfähig, den Kopf (ptk1/289)

AUGE - **Strabismus, Schielen** (*/467)

• Verklebt (*/472)
NASE - Bohren mit den Fingern in der Nase (bg2/546)
• Spitz (bro1/574)
GESICHT - Aufgesprungen - Lippen (k/579)
• Fettig (hr1/593)
• Gerunzelt (k/594)
• Rissig - Lippen (b7a/613)
» Lippen - Unterlippe (*/613)
» Mundwinkel (k/614)
• **Wächsern** (*/635)
• Zupfen - Lippen; an den (k/636)
MUND - *Bewegung - Zunge - Heraushängen der Zunge* (b7a/641)
ATMUNG - Beschleunigt (*/1174)
RÜCKEN - Opisthotonus (k/1325)
ALLGEMEINES - *Aussehen - hell, blond* (k/1855)

Nonverbales - Äußerliches - Beobachtungen der Eltern

ZÄHNE - **Zähneknirschen** (*/718)
• Zähneknirschen - Frost; während (*/718)
ABDOMEN - Schmerz - Beugen der Beine amel. (k2/882)
• Schmerz - Liegen - agg. (k/889)
» Zusammenkrümmen - muß sich zusammenkrümmen (k2/897)
REKTUM - *Unwillkürlicher Stuhl* (*/984)
BLASE - Urinieren - Dysurie - Kindern, bei (gt1/1012)
• Urinieren - Harndrang - plötzlich - beeilen um zu urinieren, sonst geht Urin ab; muß sich (bg2/1015)
» Harndrang - schmerzhaft - Kindern; bei - weinen; sie (k2/1015)
» *Harndrang - vergeblich - Kindern; bei* (k/1015)
» **unwillkürlich - Husten; agg. beim** (*/1020)
» *verzögert, muß warten, bis der Urin zu fließen beginnt* (*/1020)
» *verzögert, muß warten, bis der Urin zu fließen beginnt - pressen, bevor er damit beginnen kann; muß lange* (k/1021)
MÄNNLICHE GENITALIEN - *Masturbation, Neigung zur* (c1/1071)
WEIBLICHE GENITALIEN - *Masturbation; Neigung zu* (c1/1104)
HAUT - *Insektenstiche* (*/1825)

Nacht; Beobachtungen in der - Gemütssymptome

GEMÜT - **Schreien - Kindern, bei - Schlaf, im** (kr1/157)
• Sprechen - Schlaf; im (*/169)

Nacht; Beobachtungen in der - körperliche Symptome

KOPF - **Bohrt den Kopf in das Kissen** (*/282)
• Bohrt den Kopf in das Kissen - Schlaf; agg. im (sf1/282)
ZÄHNE - Zähneknirschen - Schlaf; agg. im (bg2/718)
BLASE - **Urinieren - unwillkürlich - nachts** (*/1019)

Nacht; Beobachtungen in der - Schlaf

SCHLAF - *Erwachen - Schreck, wie durch* (kr1/1675)

Nacht; Beobachtungen in der - Schlaf; Lage im

SCHLAF - *Lage - Kopf - gebohrt; ins Kissen* (sf1/1682)
• *Lage - Rücken, auf dem* (k/1683)

Psychosomatische Störungen

ALLGEMEINES - Konvulsionen - Schreck agg. (k/1906)

Körperliche Symptome und Erkrankungen

KOPF - Entzündung - Gehirn (*/284)
• *Entzündung - Hirnhaut* (*/284)
» Hirnhaut - begleitet von - Gesichtes; Röte des (mrr1/284)
» *Hirnhaut - begleitet von - Zunge - Herausstrecken der Zunge* (kr1*/284)
» Hirnhaut - tuberkulös (hr1*/284)
• **Hydrozephalus** (*/295)
» liegt mit tiefliegendem Kopf (k/296)
MAGEN - *Würgen - Husten, mit* (k/846)
REKTUM - *Cholera - infantum* (bro1/949)
• Diarrhoe - Hautausschläge - unterdrückten Hautausschlägen; nach (bro1/953)
BLASE - **Harnverhaltung - Kindern, bei** (k/1005)
• *Harnverhaltung - Kindern, bei - Neugeborenen; bei* (*/1005)
NIEREN - **Entzündung** (*/1023)
• **Entzündung - parenchymatös - akut** (*/1024)
» Nierenbecken und Niere (mrr1/1024)
WEIBLICHE GENITALIEN - Menses - verzögerte Menarche (*/1114)
ATMUNG - *Asthma, asthmatische Atmung - Hautausschlägen; nach unterdrückten* (k/1162)
EXTREMITÄTEN - Hüftgelenksentzündung (k/1443)
FIEBER - Continua (k/1772)
ALLGEMEINES - *Abmagerung - Kindern; bei* (kr1/1845)
• Kindern; Beschwerden von (sf1/1897)
• Konvulsionen - Hitze; während (tl1/1904)
» *Kindern, bei* (k/1905)

Chirurgisch pathologische Zustände

NASE - *Polyp* (k/561)
• Polyp - links (k/561)
ABDOMEN - *Entzündung - Peritoneum* (c2*/860)
• *Hernie - Leistenhernie* (k/868)
MÄNNLICHE GENITALIEN - Phimose (ptk1/1071)
• Phimose - Paraphimose (ptk1/1071)

Apium graveolens

ap-g.

Entwicklung - allgemein

EXTREMITÄTEN - Schmerz - Unterschenkel - Wachstumsschmerzen (lmj/1605)

ALLGEMEINES - Schmerz - Wachstumsschmerzen (br1*/1958)

Stillen - Magendarmsymptome - Abdomen - amel. durch

ABDOMEN - Schmerz - Beugen der Beine amel. (br1/882)

Nonverbales - Konsultation; bei der

KOPF - Empfindlichkeit - Kopfhaut, der - Berührung, gegen (vh*/284)

Nonverbales - Äußerliches - Beobachtungen der Eltern

ABDOMEN - Schmerz - Beugen der Beine amel. (br1/882)

Apocynum cannabinum

apoc.

Früher einmal war es ein Mittel, das routinemäßig allen Kindern bei *Bettnässen* gegeben wurde.

Hale schrieb über zwei Fällen von *Hydrozephalus*, die von Apocynum cannabinum geheilt wurden. Die Symptome waren: 1) „Suturen des Kopfes geöffnet; vorstehende Stirn; Sicht auf einem Auge vollständig, auf dem anderen beinahe verloren; das Kind liegt in stuporösem Zustand da mit ständiger unwillkürlicher Bewegung eines Armes und eines Beines“ und 2) „Lähmung der linken Seite, ein Auge bewegungslos, das andere rollt, Störung der Darmfunktion, langsamer Puls.“

Langanhaltendes Niesen. Schniefen bei Kindern (Differentialdiagnose: Sambucus). Chronischer Nasenkatarrh mit Tendenz zu akuter Verstopfung. Erkältet sich leicht.

Abgestumpftes, träges Gedächtnis.

Dumpfe Kopfschmerzen.

Die Aussonderungen sind vermindert, besonders Urin und Schweiß.

Klinisches: Aszites. Enuresis. Schwierigkeiten beim Urinieren. Diabetes insipidus. Herzleiden. Hydrozephalus. Neuralgie.

Wirkungsbereich: Harnorgane. Herz. Verdauungskanal. Uterus.

* * *

Entwicklung - langsam

KOPF - Fontanellen - offen (k2*/286)

Zahnung - Magendarmsymptome

REKTUM - Diarrhoe - Zahnung; während (sf1/957)

Stillen - Magendarmsymptome - Appetit - vermindert

MAGEN - Appetit - fehlend (k2/767)

Stillen - Magendarmsymptome - Erbrechen

MAGEN - Erbrochenen; Art des - Speisen - unverdaut (k2*/800)

Infektionskrankheiten - Scharlach

URIN - Eiweißhaltig - Scharlach; nach (bro1/1046)

ALLGEMEINES - Wassersucht - äußere Wassersucht - Scharlach; nach (bro1/2024)

Konstitution - Allgemeines

GEMÜT - Ehrgeiz - Verlust von (a1/40)
- Faulheit (k/55)

Nonverbales - Aggressivität

GEMÜT - Spucken (vh1/170)

Nonverbales - Konsultation; bei der

ALLGEMEINES - *Wassersucht - Allgemeinen; im* (br1*/2023)

Nonverbales - Äußerliches - Beobachtungen des Arztes

AUGE - Strabismus, Schielen (bro1/467)

NASE - Schniefen (bg1*/568)

GESICHT - Rissig - Lippen - Unterlippe - Mitte der (vh1/614)
- Wächsern (bg2/635)

ATMUNG - *Beschleunigt* (*/1174)

Nonverbales - Äußerliches - Beobachtungen der Eltern

NASE - Verstopfung - Kindern; bei (ptk1/577)

MAGEN - *Völlegefühl - Essen - nach - agg.* (k/845)
- *Völlegefühl - Essen - nach - agg. - wenig, nach dem kleinsten Bissen; nach noch so* (k/845)

REKTUM - Unwillkürlicher Stuhl (k2*/984)
- *Unwillkürlicher Stuhl - Flatus agg.; Abgang von* (k/985)

STUHL - *Unverdaut* (*/999)

Nacht; Beobachtungen in der - körperliche Symptome

BLASE - *Urinieren - unwillkürlich - nachts* (k/1019)

Körperliche Symptome und Erkrankungen

KOPF - Entzündung - Gehirn (bro1/284)
- Hydrozephalus (*/295)
  - » akut (br1*/295)

NIEREN - Entzündung (br1*/1023)

WEIBLICHE GENITALIEN - Menses - fehlend - Mädchen, bei (vh/1106)

FIEBER - Continua (vh1/1772)

ALLGEMEINES - Pubertät - Beschwerden während der (c1/1934)

Würmer

REKTUM - Würmer - Beschwerden durch Würmer (vh/985)

Aqua marina

aq-mar.

In der Schule fehlt es diesen Kindern an Selbstvertrauen. Beim Lernen sind sie schnell entmutigt und verwirrt. Sie haben ein *Verlangen nach Veränderung*, was dazu führen kann, daß sie aufgeben, wenn sie in der Schule Problemen gegenüber stehen.

Lymphadenitis. Erkrankungen der *Haut* (besonders Ekzem) und der Nieren. Kropf. Gastroenteritis.

Die Symptome sind am Meer schlimmer.

Klinisches: Obstipation. Kopfschmerzen. Seekrankheit.

Wirkungsbereich: Gemüt. Verdauung. Schleimhäute. Schilddrüse.

* * *

Krankengeschichte; familiäre und persönliche

ALLGEMEINES - Krankengeschichte von; persönliche - Zystitis; von wiederkehrenden (mgm/1910)

Stillen - Magendarmsymptome - Appetit - vermehrt

MAGEN - Appetit - Heißhunger (rbp6/769)
- *Appetit - vermehrt* (skp7/770)
  » vermehrt - Essen - nach (skp7/772)

Stillen - Magendarmsymptome - Abdomen - agg. durch

ABDOMEN - Schmerz - Druck - agg. (skp7/883)

Stillen - Magendarmsymptome - Abdomen - amel. durch

ABDOMEN - Schmerz - Druck - amel. (rbp6/883)

Konstitution - Allgemeines

GEMÜT - Entmutigt (rbp6/46)
- Faulheit (skp7/55)
- Selbstlosigkeit (rbp6/161)
- Selbstsucht, Egoismus (rbp6/161)
- *Selbstvertrauen - Mangel an Selbstvertrauen* (mgm*/161)
- Unzufrieden (^/194)
- Veränderungen - Verlangen nach (rbp6/195)

Familie; Beziehung zur - Liebe und Zuneigung

GEMÜT - Verlassen zu sein; Gefühl (rbp6/198)

Beziehung zu anderen - Reaktion auf andere

GEMÜT - Gesellschaft - Abneigung gegen (vml3*/94)
- Gesellschaft - Verlangen nach (skp7/95)
  » Verlangen nach - allein; agg. wenn (sne/96)
- *Schüchternheit, Zaghaftigkeit* (^/158)

Beziehung zu anderen - allgemein

GEMÜT - Furcht - Räubern, vor (vml3/74)
- Ichbezogenheit, Selbstüberhebung (rbp6/111)

Schule - Angst

GEMÜT - *Selbstvertrauen - Mangel an Selbstvertrauen* (mgm*/161)

Schule - Konzentration

GEMÜT - Stumpfheit - Studieren und Lernen; beim (skp7/176)

Schule - Lernen - allgemein

GEMÜT - Stumpfheit - Studieren und Lernen; beim (skp7/176)

Schule - Konstitution

GEMÜT - *Selbstvertrauen - Mangel an Selbstvertrauen* (mgm*/161)

Nonverbales - Konsultation; bei der

ÄUSSERER HALS - Schwellung - Halsdrüsen (mgm/760)

ABDOMEN - Schmerz - Druck - agg. (skp7/883)
- Schmerz - Druck - amel. (rbp6/883)

Nonverbales - Äußerliches - Beobachtungen des Arztes

GESICHT - Rissig - Lippen - Unterlippe - Mitte der (skp7/614)

Nonverbales - Äußerliches - Beobachtungen der Eltern

STUHL - Unverdaut (skp7/999)

Nacht; Beobachtungen in der - Schlaf; Lage im

SCHLAF - Lage - Abdomen, auf dem (rbp6/1682)
- Lage - Abdomen, auf dem - Hände über dem Kopf (rbp6/1682)

Autos und Schiffe

MAGEN - Übelkeit - Seekrankheit (c1*/839)

ALLGEMEINES - Fahren - Wagen; mit dem - agg. (mgm/1877)

Würmer

REKTUM - Würmer - Beschwerden durch Würmer (skp7/985)

Ara macao

ara-maca.

Stillen - Magendarmsymptome - Appetit - vermehrt

MAGEN - Appetit - Heißhunger (sej7/769)
• Appetit - vermehrt (sej7/770)

Konstitution - Angst und Furcht

GEMÜT - Furcht - Versagen, Mißerfolg; vor dem (sej7/79)

Konstitution - Allgemeines

GEMÜT - Sorgsamkeit, Sorgfalt (sej7/165)
• Verantwortung - ernst; nimmt seine Verantwortung zu (sej7/195)

Schule - Angst

GEMÜT - Furcht - Versagen, Mißerfolg; vor dem (sej7/79)

Schule - Konstitution

GEMÜT - Verantwortung - ernst; nimmt seine Verantwortung zu (sej7/195)

Nonverbales - Reaktion auf andere

GEMÜT - Liebkost zu werden; Liebkosungen - Verlangen, liebkost, gestreichelt zu werden (sej7/126)

Nonverbales - Allgemeines

GEMÜT - Nackt sein, möchte (^/134)

Nacht; Beobachtungen in der - Schlaf; Lage im

SCHLAF - Lage - nackt (sej7/1683)

Aragallus lamberti

arag.

Risse an der Oberlippe.

Faule Kinder ohne Ehrgeiz. Probleme beim Lernen auf Grund von Konzentrationsschwiergkeiten; sie machen oft Fehler beim Schreiben.

Sie lieben es zu reisen. Neigung, anderen zu widersprechen, deren Gesellschaft sie normalerweise nicht mögen.

Wirkt hauptsächlich auf das *Nervensystem* und ruft einen verwirrten, konfusen Zustand hervor.

Symptome von Koordinationsstörung und Lähmung. Lokomotorische Ataxie.

Brennende Augen, Doppeltsehen, Halsschmerzen, Gewicht auf der Brust in der Gegend des Schwertfortsatzes, Wundheit unter dem Brustbein.

Klinisches: Doppeltsehen. Lokomotorische Ataxie. Lähmung.

Wirkungsbereich: Nervensystem.

* * *

Konstitution - Allgemeines

GEMÜT - Ehrgeiz - Verlust von (br1/40)
• Faulheit (br1*/55)
• Wandern, Herumwandern - Verlangen zu wandern (br1*/243)

Beziehung zu anderen - Reaktion auf andere

GEMÜT - Gesellschaft - Abneigung gegen (br1*/94)
• Widerspruch - Neigung zu widersprechen (br1/249)

Schule - Konzentration

GEMÜT - Konzentration - schwierig - Studieren (br1/117)

Schule - Lernen - Schreiben

GEMÜT - Fehler; macht - Schreiben, beim (br1/57)

Nonverbales - Äußerliches - Beobachtungen des Arztes

GESICHT - Rissig - Lippen - Unterlippe (br1/613)

Aranea diadema

aran.

Sie lieben weder die Mitglieder ihrer Familie besonders, noch die Gesellschaft anderer. Sie sind oft unglücklich. *Vor engen Orten* haben sie *am meisten Angst.*

Es ist oft nützlich bei *Kopfschmerzen*, besonders, wenn sie mit dem Lesen in Verbindung stehen.

Das Kind hat nicht viel Appetit und möchte nur Milch trinken, die die Symptome bessert.

Wie alle Spinnengifte, wirkt es stark auf das *Nervensystem.*

Alle Symptome von Aranea sind gekennzeichnet durch *Periodizität, große Empfindlichkeit gegen Feuchtigkeit* und einem *Gefühl von Kälte*, das durch nichts zu lindern ist. Dem Patient ist *in den Knochen kalt.*

Gefühl enormer Schwellung oder Taubheit, besonders beim Erwachen in der Nacht.

Ein Mittel bei Mumps mit zwickenden Schmerzen.

Klinisches: Knochenleiden. Dyspepsie. Hämorrhagische Diathese. Kopfschmerzen. Milzleiden.

Wirkungsbereich: Knochen. Nerven. Blut.

* * *

Stillen - Milch

ALLGEMEINES - Speisen und Getränke - Milch - amel. (jl3/2001)
• Speisen und Getränke - Milch - Verlangen (jl3*/2001)

Stillen - Magendarmsymptome - Appetit - vermindert

MAGEN - Appetit - fehlend (mgm/767)
• Appetit - vermindert (k/772)

Infektionskrankheiten - Mumps

GESICHT - Schmerz - Parotis (k/626)
• Schmerz - Parotis - zwickend, kneifend (k/627)

Konstitution - Angst und Furcht

GEMÜT - Furcht - engen Räumen; in (jl/67)

Konstitution - Allgemeines

GEMÜT - Unzufrieden (^/194)

Familie; Beziehung zur - Liebe und Zuneigung

GEMÜT - Abneigung - Familienangehörige; gegen (ccrh1/1)

Beziehung zu anderen - Reaktion auf andere

GEMÜT - Gesellschaft - Abneigung gegen (ckh1/94)

Schule - Anstrengung; geistige

KOPF - Schmerz - geistige Anstrengung - agg. (k/328)
• Schmerz - Lesen, beim - agg. (hr1/332)

Nonverbales - Äußerliches - Beobachtungen der Eltern

BLASE - Urinieren - verzögert, muß warten, bis der Urin zu fließen beginnt (k/1020)

Aranea ixobola

aran-ix.

Konstitution - Allgemeines

GEMÜT - *Neugierig* (mtf/135)

Familie; Beziehung zur - Liebe und Zuneigung

GEMÜT - Verlassen zu sein; Gefühl (mtf/198)

Beziehung zu anderen - Reaktion auf andere

GEMÜT - Antworten - bissig, schnippisch (mg/15)

Schule - Konstitution

GEMÜT - *Neugierig* (mtf/135)

Nonverbales - Aggressivität

GEMÜT - Diktatorisch (mtf/39)

Nonverbales - Allgemeines

GEMÜT - Unhöflich (jl/192)

Nonverbales - Konsultation; bei der

MUND - Aphthen - Zunge (vk1/640)

Arbutus menziesii

arb-m.

Schüchterne und *gehorsame* Kinder, die die Gesellschaft anderer nicht mögen.

Sie können große Probleme in der Schule haben, da sie nicht besonders viel Selbstvertrauen oder wenig Ehrgeiz haben. Sie unternehmen nichts, aus Angst zu versagen. Sie antworten langsam und denken lange nach, bevor sie antworten. *Faul* und *unordentlich*. Schwierigkeiten in Mathematik, besonders beim Rechnen.

Nützlich bei *Kopfschmerzen* und *Blasenentzündung.*

Schlaflosigkeit bis 4 Uhr morgens; können nicht auf der linken Seite schlafen.

Abneigung gegen Fleisch und Gemüse. Verlangen nach kalten Getränken.

Klinisches: Nahrungsmittelallergien. Kopfschmerzen. Blasenentzündung.

Wirkungsbereich: Blase. Kopf.

* * *

Konstitution - Allgemeines

GEMÜT - Ehrgeiz - Verlust von (oss1/40)
• Faulheit (oss1/55)
• Milde (oss1/130)
• Nachgiebigkeit (oss1/134)
• Selbstvertrauen - Mangel an Selbstvertrauen (oss1/161)
• Unordentlich (oss1/192)

Beziehung zu anderen - Reaktion auf andere

GEMÜT - Antworten - denkt lange nach (oss1/15)
• Antworten - langsam (oss1/15)
• Gesellschaft - Abneigung gegen (oss1/94)
• Schüchternheit, Zaghaftigkeit (oss1/158)

Schule - Angst

GEMÜT - Selbstvertrauen - Mangel an Selbstvertrauen (oss1/161)

Schule - Lernen - Mathematik, Rechnen

GEMÜT - Mathematik - Unfähigkeit zur (^/128)
• Mathematik - Unfähigkeit zur - rechnen; kann nicht (oss1/129)

Schule - Konstitution

GEMÜT - Selbstvertrauen - Mangel an Selbstvertrauen (oss1/161)
• Unordentlich (oss1/192)

Nacht; Beobachtungen in der - Schlaf; Lage im

SCHLAF - Lage - Seite, auf der - linken Seite, auf der - unmöglich (oss1/1683)

Argemone pleiacantha

arge-pl.

Stillen - Magendarmsymptome - Appetit - vermindert

MAGEN - Appetit - vermindert (rwt5/772)

Konstitution - Allgemeines

GEMÜT - Faulheit (rwt5/55)
- Gewissenhaft, peinlich genau in bezug auf Kleinigkeiten (rwt5/99)
- Weinen - leicht (rwt5/246)

Familie; Beziehung zur - Vorwürfe

GEMÜT - Empfindlich - Tadel (rwt5/45)
- Empfindlich - Vorwürfe; gegen (rwt5/45)

Beziehung zu anderen - Reaktion auf andere

GEMÜT - Gesellschaft - Abneigung gegen (rwt5/94)
- Widerspruch - verträgt keinen Widerspruch (rwt5/249)

Beziehung zu anderen - allgemein

GEMÜT - Argwöhnisch, mißtrauisch (rwt5/16)
- Beleidigt, leicht (rwt5/20)

Schule - Vorwürfe

GEMÜT - Empfindlich - Tadel (rwt5/45)
- Empfindlich - Vorwürfe; gegen (rwt5/45)

Schule - Konstitution

GEMÜT - Gewissenhaft, peinlich genau in bezug auf Kleinigkeiten (rwt5/99)

Nonverbales - Gesten, Gebärden

GEMÜT - Auffahren, Zusammenfahren - Geräusche; durch (rwt5/17)

Nonverbales - Konsultation; bei der

MUND - Aphthen (rwt5/639)

EXTREMITÄTEN - Fußgeruch ohne Schweiß; übler (rwt5/1413)

Nonverbales - Äußerliches - Beobachtungen des Arztes

GESICHT - Hautausschläge - Akne (rwt5/595)

Nonverbales - Äußerliches - Beobachtungen der Eltern

AUGE - Verklebt - morgens (rwt5/472)

MAGEN - Schluckauf (rwt5/809)

STUHL - Unverdaut (rwt5/999)

BLASE - Urinieren - unwillkürlich - Husten; agg. beim (rwt5/1020)

ATMUNG - Schnarchen (rwt5/1180)

HAUT - Ekchymosen (rwt5/1797)

Nacht; Beobachtungen in der - Schlaf; Lage im

SCHLAF - Lage - Abdomen, auf dem (rwt5/1682)
- Lage - Seite, auf der - rechten Seite, auf der (rwt5/1683)

Argentum metallicum

arg-met.

Dünne Kinder, die alt aussehen; Strabismus, häufiger Strabismus divergens.

Wie die anderen Silberverbindungen, leiden sie an *Erwartungsangst* und anderen *Ängsten.* Sie neigen zu Abneigung gegen Gesellschaft, sprechen nicht gerne, antworten oft einsilbig und haben kein Mitgefühl, nicht einmal gegenüber den besten Freunden. Sie sind sehr ehrgeizig und *stehen in großer Konkurrenz zu Anderen, obwohl sie kein so großes Vertrauen in ihre Fähigkeiten haben.*

Sankaran schrieb: „Die situationsbezogene Materia medica von Argentum metallicum besteht darin, daß sie von den Eltern gezwungen wurden, Leistung zu erbringen, Leistungsmenschen zu sein, ihren Intellekt zu demonstrieren, ihre Fähigkeiten, Talente und Geisteskraft. *Die Eltern erwarten vom Kind, daß es der Welt zeigt, wie begabt es ist; und das Kind empfindet dies als die Bedingung dafür, von den Eltern anerkannt zu werden.* Unter dieser Art von Erwartung, versucht der Mensch sein Bestes, er spricht, singt, predigt. Aber an einem gewissen Punkt angekommen, kann er nicht mehr länger und bricht zusammen: die *Stimme geht verloren,* die Kraft ist weg, er kann den Erwartungen einfach nicht mehr entsprechen. So wechselt er zwischen „was ich mache, ist Spitze" und „ich bin nicht gut genug, ich kann nichts mehr leisten, ich bin nutzlos." Entweder ist sein Intellekt hoch entwickelt oder er kann sich nicht erinnern, ist verwirrt, hat seine Geisteskraft verloren. Alles dreht sich bei Argentum metallicum um die Geisteskraft. Vom Kind wird erwartet, daß es große Geisteskraft hat und sie demonstriert, sie zeigt, sie zum Ausdruck bringt. Ständige Notwendigkeit, sich unter Verwendung seiner Geisteskraft zu beweisen und durch die Sprache."

Kent sagt: „Es greift hauptsächlich die intellektuellen Fähigkeiten heraus, es wirkt kaum auf die Emotionen."

Oft sieht man nächtliche Verschlimmerung: Pavor nocturnus (Nachtangst), Enuresis, Aufschreien, Auffahren und Schlafwandeln.

Geeignet für Kinder, die viel Durst haben und Süßigkeiten lieben.

Eitrige Ophthalmie bei Kindern.

Murphy führt dieses Mittel in der Rubrik „Windelausschlag am Gesäß - Wundheit zwischen den Gesäßbacken" an.

Klinisches: Geistige Erschöpfung. Husten. Laryngitis. Verlust der Stimme. Enuresis nocturna. Blepharitis. Striktur des Tränenkanals. Leistenbruch.

Wirkungsbereich: Nerven. Knorpel. Kehlkopf. Harnorgane.

* * *

Stillen - Milch

ALLGEMEINES - *Speisen und Getränke - Milch - agg.* (k/2001)

Stillen - Magendarmsymptome - Appetit - vermindert

MAGEN - Appetit - fehlend (*/767)
- Appetit - fehlend - Hunger, mit (b2/768)
  » schnelle Sättigung (*/770)

Stillen - Magendarmsymptome - Appetit - vermehrt

MAGEN - **Appetit - Heißhunger** (*/769)
- *Appetit - Heißhunger - Essen - nach dem Essen - bald danach* (k/770)
  » nagend (*/770)
  » *unstillbar* (*/770)
  » **vermehrt** (*/770)
  » vermehrt - begleitet von - Übelkeit (gsy1/771)
  » *vermehrt - Essen - nach* (k/772)
  » vermehrt - quälend (k/772)

Stillen - Magendarmsymptome - Aufstoßen - Speisen; von

MAGEN - Aufstoßens; Art des - Speisen; von (bg2/780)
- Aufstoßens; Art des - Speisen; von - bitter schmeckend (b7/780)

Stillen - Magendarmsymptome - Aufstoßen - Wasser; Hochsteigen von

MAGEN - Aufstoßens; Art des - Wasser in den Mund; Hochsteigen von (b2/781)
- Aufstoßens; Art des - Wasser in den Mund; Hochsteigen von - bitter (bg1/781)

Stillen - Magendarmsymptome - Abdomen - agg. durch

ABDOMEN - *Schmerz - Druck - agg.* (sne/883)

Stillen - Allgemeines

SCHWEISS - Essen - beim - agg. (k/1786)
- Essen - nach - agg. (k/1786)

Infektionskrankheiten - Masern

AUGE - Entzündung - Masern, nach (k/429)

ALLGEMEINES - *Masern - Beschwerden nach* (kr1/1920)

Infektionskrankheiten - Mumps

GESICHT - Schmerz - Parotis (k/626)
- Schmerz - Parotis - Kauen agg. - schneidend (k/627)
  » Parotis - schneidend (*/627)
  » *Parotis - ziehend* (k/627)

Konstitution - Angst und Furcht

GEMÜT - Beschwerden durch - Erwartungsspannung (stj1/23)
- Beschwerden durch - Schreck (k2*/25)
- Furcht - engen Räumen; in (stj1*/67)
  » hochgelegenen Orten; vor (stj1*/71)
  » offenen Plätzen; Furcht vor (stj1/74)

Konstitution - Allgemeines

GEMÜT - Ehrgeiz - erhöht, vermehrt, sehr ehrgeizig (^/40)
- Ehrgeiz - erhöht, vermehrt, sehr ehrgeizig - Wettbewerb mit anderen, vergleicht sich mit ihnen; steht (mtf/40)
- Entmutigt (k/46)
- Faulheit (b7/55)
- Gewissenhaft, peinlich genau in bezug auf Kleinigkeiten (stj2/99)
- Nachgiebigkeit (stj2/134)
- Selbstvertrauen - Mangel an Selbstvertrauen (stj1/161)
- Stimmung, Laune - veränderlich (*/171)
- Unzufrieden (^/194)
- Weinen - leicht (kr1/246)

Beziehung zu anderen - Aggressivität

GEMÜT - *Schlagen* (*/154)
- *Schlagen - Raserei; mit* (hr1/154)
  » Zorn, aus (sk7/155)

Beziehung zu anderen - Reaktion auf andere

GEMÜT - Antworten - Abneigung zu antworten (k2/14)
- Antworten - einsilbig (vh/15)
  » einsilbig - Ja oder Nein (vh/15)
- Gesellschaft - Abneigung gegen (^/94)
- Schüchternheit, Zaghaftigkeit (stj1*/158)
  » *Öffentlichkeit; beim Auftreten in der* (stj1/159)

Beziehung zu anderen - allgemein

GEMÜT - Empfindlich - äußerliche Eindrücke; gegen alle (k2/42)
- Lügner (ckh1/126)
- Unbarmherzig (^/189)
  » Freunden; gegenüber (ptk1*/189)

Schule - Angst

GEMÜT - Beschwerden durch - Erwartungsspannung (stj1/23)
• Selbstvertrauen - Mangel an Selbstvertrauen (stj1/161)

Schule - Anstrengung; geistige

KOPF - Schmerz - geistige Anstrengung - agg. (*/328)
• Schmerz - Lesen, beim - agg. (k/332)

Schule - Beziehung zu anderen

GEMÜT - Lügner (ckh1/126)
• *Schüchternheit, Zaghaftigkeit - Öffentlichkeit; beim Auftreten in der* (stj1/159)

Schule - Konstitution

GEMÜT - Gewissenhaft, peinlich genau in bezug auf Kleinigkeiten (stj2/99)
• Lügner (ckh1/126)
• Selbstvertrauen - Mangel an Selbstvertrauen (stj1/161)

Nonverbales - Gesten, Gebärden

GEMÜT - Gesten, Gebärden; macht - Hände; unwillkürliche Bewegungen der - bedecken - Mund mit den Händen; den (ckh1/97)
• *Springen* (kr1/169)

Nonverbales - Allgemeines

GEMÜT - Singen (^/163)

Nonverbales - Konsultation; bei der

AUGE - *Entzündung - Kindern; bei - Kleinkindern; bei* (k/429)
GESICHT - *Schwellung - Unterkieferdrüsen* (k/631)
MUND - Aphthen (k/639)
ÄUSSERER HALS - Schwellung - Halsdrüsen (b7/760)
ABDOMEN - *Schmerz - Druck - agg.* (sne/883)
EXTREMITÄTEN - Exkoriation, Wundheit - Gesäß - Mitte, dazwischen; in der (k/1407)
ALLGEMEINES - *Exostose* (*/1877)

Nonverbales - Äußerliches - Beobachtungen des Arztes

AUGE - Strabismus, Schielen (stj1/467)
• Strabismus, Schielen - divergens (stj1/467)
• *Verklebt* (k/472)
GESICHT - *Ausdruck - alt aussehend* (vh1/580)
• Gerunzelt (k2/594)
ALLGEMEINES - *Magere Personen* (bg2*/1919)

Nonverbales - Äußerliches - Beobachtungen der Eltern

AUGE - *Verklebt - morgens* (k/472)
MAGEN - Schluckauf (b2/809)
REKTUM - Unwillkürlicher Stuhl (bg2/984)
STUHL - Unverdaut (*/999)
BLASE - Urinieren - unwillkürlich - Kindern; bei (k2/1020)
MÄNNLICHE GENITALIEN - Masturbation, Neigung zur (vh/1071)
• Masturbation, Neigung zur - unwiderstehliche Neigung (vh/1071)
SCHWEISS - Essen - beim - agg. (k/1786)
• Essen - nach - agg. (k/1786)

Nacht; Beobachtungen in der - Gemütssymptome

GEMÜT - Angst - nachts - Kindern; bei (jl/7)
• Schlafwandeln (jl*/154)

Nacht; Beobachtungen in der - körperliche Symptome

BLASE - *Urinieren - unwillkürlich - nachts* (*/1019)
• **Urinieren - unwillkürlich - nachts - spasmodisches Bettnässen** (k/1019)

Nacht; Beobachtungen in der - Schlaf; Lage im

SCHLAF - *Lage - Arme - Kopf - über dem Kopf* (st/1682)
• Lage - Seite, auf der - rechten Seite, auf der (stj1*/1683)

Autos und Schiffe

ABDOMEN - *Schmerz - Fahren - Wagen, im - agg.* (^/885)
• *Schmerz - Fahren - Wagen, im - agg. - wund schmerzend* (k/885)
WEIBLICHE GENITALIEN - *Schmerz - Uterus - Fahren - Wagen; im - agg. - wund schmerzend* (*/1128)
ALLGEMEINES - *Fahren - Wagen; mit dem - agg.* (*/1877)

Körperliche Symptome und Erkrankungen

AUGE - *Striktur der Tränenkanäle* (*/467)
EXTREMITÄTEN - *Hüftgelenksentzündung* (*/1443)
ALLGEMEINES - Abmagerung - Kindern; bei - Kleinkindern; bei (bro1/1845)

Chirurgisch pathologische Zustände

NASE - Polyp (jl/561)
ABDOMEN - Hernie - Leistenhernie (b2/868)

Argentum nitricum

arg-n.

Gibson schrieb: „*Ein typisches Erscheinungsbild wird als eines von Fehlernährung beschrieben*, mit eingesunkenem Gesicht. Sie sehen vorzeitig gealtert, runzelig, schwach und zittrig aus. Kinder sehen alt aus und vertrocknet wie eine Mumie.“ Zu diesen Beobachtungen über das Aussehen können wir möglichen Strabismus hinzufügen, die Neigung, die Finger in den Mund zu stecken und das Nägelkauen. Die Eltern erzählen eventuell auch, daß sie schnell essen, mit den Zähnen knirschen, oft Ekchymosen haben und manchmal morgens mit verklebten Augen aufwachen. Unter den *nonverbalen Symptomen* können wir ergänzen: Aphthen, besonders an der Zungenspitze, wobei diese manchmal das Aussehen einer Erdbeerzunge hat, Mundsoor, Hypertrophie der Mandeln und Verhärtung der seitlichen Halsdrüsen.

Diese Kinder lernen spät laufen und leiden *während der Zahnung an Diarrhoe.*

Argentum nitricum ist eines der großen Mittel für die *Panik durch Erwartungsangst*. Beispielsweise kann die Nervosität vor einer Prüfung *Diarrhoe* verursachen. Sie haben viele *Ängste:* vor Dunkelheit, hohen und engen Orten, dem Alleinsein, Ärzten, Insekten, Spinnen, Räubern und Geräuschen - um nur einige zu nennen. In der Schule können sie, zusätzlich zur oben genannten Nervosität, Konzentrationsschwierigkeiten haben, auch weil sie *immer in Eile sind.* Es werden ihnen oft Vorwürfe gemacht, weil sie unaufmerksam sind und sie leiden an *Kopfschmerzen durch übermäßige geistige Anstrengung.*

Das Kind mag sehr gern *Zucker*, aber die bekommen davon *Diarrhoe.* Nach Süßigkeiten können die Kinder an Magenverstimmung leiden, an Auftreibung, Übelkeit, Aufstoßen, heftigen Krämpfen im Darm, die Zunge ist dick weiß belegt, das Gesicht dunkelrot und sie bekommen Kopfschmerzen.

Diarrhoe bei Kindern nach dem Abstillen; Stuhl sehr gelb oder grün, übelriechend. Manchmal ist der Stuhl nicht grün, wird aber nach einer Weile in der Windel grün.

Ulzeration der Hornhaut bei Neugeborenen, reichliche, eitrige Absonderung von den Lidern.

Klinisches: Erwartungsspannung. Epilepsie. Kopfschmerzen. Ophthalmia neonatorum. Impetigo. Scharlach.

Wirkungsbereich: Gemüt. Nerven. Schleimhäute (Magen; Darm; Augen; innerer Hals; Harnröhre). Haut.

* * *

Entwicklung - langsam

ALLGEMEINES - Gehen - Gehenlernen, Laufenlernen - spätes (bg3/1883)

Zahnung - Magendarmsymptome

REKTUM - *Diarrhoe - Zahnung; während* (*/957)

Stillen - Gemütssymptome

GEMÜT - Hast, Eile - Essen; beim (st*/105)

Stillen - Milch

REKTUM - Diarrhoe - Stillen des Kindes; nach - Säugling; beim (k2/956)

ALLGEMEINES - *Speisen und Getränke - Milch - agg. - Muttermilch* (k2/2001)

Stillen - Magendarmsymptome - Appetit - allgemein

MAGEN - **Appetit - Durst - mit** (vh/767)
- **Appetit - Durst - ohne** (vh/767)

Stillen - Magendarmsymptome - Appetit - vermindert

MAGEN - *Appetit - fehlend* (*/767)
- *Appetit - fehlend - Durst - ohne* (k2/768)
  - » schnelle Sättigung (k/770)
  - » *vermindert* (*/772)

Stillen - Magendarmsymptome - Appetit - vermehrt

MAGEN - Appetit - unstillbar (*/770)

Stillen - Magendarmsymptome - Aufstoßen - Speisen; von

MAGEN - *Aufstoßens; Art des - Speisen; von* (k/780)
- Aufstoßens; Art des - Speisen; von - Mund füllen; in Portionen, die den (k/780)

Stillen - Magendarmsymptome - Aufstoßen - Wasser; Hochsteigen von

MAGEN - Aufstoßens; Art des - Wasser in den Mund; Hochsteigen von (bg2/781)

Stillen - Magendarmsymptome - Abdomen - agg. durch

ABDOMEN - **Schmerz - Kindern; bei - Säuglingen; bei - krampfartig** (lmj/888)

Stillen - Magendarmsymptome - Abdomen - amel. durch

ABDOMEN - Schmerz - Druck - amel. (k/883)

Stillen - Magendarmsymptome - Rektum

REKTUM - Diarrhoe - Abstillen, nach dem (*/950)
- *Diarrhoe - Kindern, bei* (*/954)
  - » Stillen des Kindes; nach - Säugling; beim (k2/956)

Infektionskrankheiten - Masern

HÖREN - Schwerhörig - Masern, nach (k/536)

Infektionskrankheiten - Scharlach

FIEBER - *Ausschlagsfieber; Fieber bei Ausschlagserkrankungen - Scharlach* (k/1770)

HAUT - Hautausschläge - Scharlach (c2/1821)

Infektionskrankheiten - Pocken

HAUT - Hautausschläge - Pocken (c2/1819)

Infektionskrankheiten - Keuchhusten

HUSTEN - *Keuchhusten* (*/1197)
- Keuchhusten - Konvulsionen, mit (kr1/1198)

Konstitution - Angst und Furcht

GEMÜT - *Angst - hypochondrisch* (hr1*/11)
- Angst - Kinder - bei Kindern (mtf33/11)
- **BESCHWERDEN DURCH - ERWARTUNGSSPANNUNG** (bg2*/23)
  - » *Schreck* (*/25)
- Erwartungsspannung - Lampenfieber (bro1*/53)
- Feigheit (bg2*/59)
- **Furcht - allein zu sein** (*/64)
  - » Ärzten, vor (fyz/65)
  - » **engen Räumen; in** (*/67)
  - » Geräusche, durch (stj2/69)
  - » *hochgelegenen Orten; vor* (*/71)
  - » *offenen Plätzen; Furcht vor* (bg2*/74)
  - » *Selbstkontrolle zu verlieren; die* (*/75)
  - » *unternehmen; irgendetwas zu* (*/78)
  - » Versagen, Mißerfolg; vor dem (bg2*/79)
  - » Versagen, Mißerfolg; vor dem - Prüfungen, bei (st*/79)
- *Unternehmen; etwas - nichts, auf Furcht, es könne fehlschlagen; unternimmt* (*/193)

Konstitution - Allgemeines

GEMÜT - *Anarchist* (vh*/4)
- Ehrgeiz - erhöht, vermehrt, sehr ehrgeizig (^/40)
  - » erhöht, vermehrt, sehr ehrgeizig - Wettbewerb mit anderen, vergleicht sich mit ihnen; steht (mtf/40)
  - » Verlust von (a1*/40)
- Entmutigt (mtf11/46)
- *Faulheit* (*/55)
- Heikel, pingelig (dx1/106)
- Pessimist (sne/136)
- Selbstvertrauen - Mangel an Selbstvertrauen (*/161)
- **Spontan, impulsiv** (*/166)
- *Stimmung, Laune - veränderlich* (k/171)
- Theoretisieren (*/180)
- Unaufmerksam (bg2/189)
- Unternehmen; etwas - Vieles, hält aber bei nichts durch, bleibt nicht dabei; unternimmt (sne/193)
- Unzufrieden (stj2/194)
- Weinen - leicht (mrr1/246)

Familie; Beziehung zur - Liebe und Zuneigung

GEMÜT - Angst - andere, um (vh*/7)
- Eifersucht (sne/40)
- *Verlassen zu sein; Gefühl* (*/198)

Beziehung zu anderen - Reaktion auf andere

GEMÜT - *Gesellschaft - Abneigung gegen* (bg2*/94)
- Gesellschaft - Abneigung gegen - ertragen, kann niemanden (mtf/95)
  - » **Verlangen nach** (*/95)
  - » *Verlangen nach - allein; agg. wenn* (sne*/96)
- Schüchternheit, Zaghaftigkeit (bg2*/158)
  - » Öffentlichkeit; beim Auftreten in der (a1*/159)
- Trost - agg. (ptk1/188)
  - » amel. (vh/188)
- **Widerspenstig** (*/249)
- *Widerspruch - Neigung zu widersprechen* (vh*/249)

Beziehung zu anderen - allgemein

GEMÜT - Beleidigt, leicht (hr/20)
- *Furcht - Räubern, vor* (*/74)
- Lügner (st1*/126)
  - » lügt, sagt nie die Wahrheit, weiß nicht, was sie sagt (st1/126)
- Mitgefühl, Mitleid (g*/130)
- *Sprache - kindisch* (*/167)

Schule - Angst

GEMÜT - **BESCHWERDEN DURCH - ERWARTUNGSSPANNUNG (bg2*/23)**
- Erwartungsspannung - Prüfungen, vor (bl*/53)
- *Furcht - unternehmen; irgendetwas zu* (*/78)
  - » Versagen, Mißerfolg; vor dem (bg2*/79)
  - » Versagen, Mißerfolg; vor dem - Prüfungen, bei (st*/79)
- Selbstvertrauen - Mangel an Selbstvertrauen (*/161)
- *Unternehmen; etwas - nichts, auf Furcht, es könne fehlschlagen; unternimmt* (*/193)

REKTUM - **Diarrhoe - Erregung, Aufregung agg.** (*/952)
- *Diarrhoe - Erwartungsspannung, nach* (*/952)
  - » **nervös, Gemütsbewegungen agg.** (bg2*/955)

Schule - Konzentration

GEMÜT - Unaufmerksam (bg2/189)
- Verwirrung; geistige - Schreiben, beim (k/203)

Schule - Lernen - Schreiben

GEMÜT - Verwirrung; geistige - Schreiben, beim (k/203)

Schule - Anstrengung; geistige

KOPF - *Schmerz - geistige Anstrengung - agg.* (*/328)

Schule - Beziehung zu anderen

GEMÜT - Lügner (st1*/126)
- Schüchternheit, Zaghaftigkeit - Öffentlichkeit; beim Auftreten in der (a1*/159)
- *Ungehorsam* (vh*/191)

MUND - *Sprache - stotternd* (*/688)

Schule - Konstitution

GEMÜT - **EIGENSINNIG, STARRKÖPFIG, DICKKÖPFIG (k1*/41)**
- Heikel, pingelig (dx1/106)
- Lügner (st1*/126)
- Selbstvertrauen - Mangel an Selbstvertrauen (*/161)

• *Ungehorsam* (vh*/191)
• Unternehmen; etwas - Vieles, hält aber bei nichts durch, bleibt nicht dabei; unternimmt (sne/193)

Tieren; Beziehung zu

GEMÜT - Furcht - Insekten; vor (stj2/71)
• Furcht - Spinnen, vor (stj2/75)
» Tieren, vor (stj2/76)

Nonverbales - Aggressivität

GEMÜT - Beißen (^/20)

Nonverbales - Reaktion auf andere

GEMÜT - Furcht - Fremden; vor (stj2/68)

Nonverbales - Gesten, Gebärden

GEMÜT - Beißen - Nägel (ar/20)
• Gesten, Gebärden; macht - Tics; nervöse (bro1*/99)
• Hast, Eile - Bewegungen; in den (ptk1/105)
• Lachen - Ernstes, über (k/120)
• *Springen* (^/169)
• Ungeschicklichkeit (br1/192)

Nonverbales - Allgemeines

GEMÜT - **EIGENSINNIG, STARRKÖPFIG, DICKKÖPFIG (k1*/41)**
• Hast, Eile - Essen; beim (st*/105)
» **Gehen; beim** (*/105)
» immer in Eile; ist (tl1/105)

Nonverbales - Konsultation; bei der

KOPF - Hitze - Kälte - Hände; mit Kälte der (a1/293)
AUGE - **Entzündung - Kindern; bei - Kleinkindern; bei** (k/429)
• Geschwüre - Hornhaut - Kindern; bei - Neugeborenen; bei (k2/435)
OHR - Feuchtigkeit (bg2/501)
MUND - Aphthen (br1/639)
• Aphthen - Zunge - Ränder (ptk1/640)
• Eiterung - Zahnfleisch (bg2/643)
• **Papillen - aufgerichtet** (*/669)
» aufgerichtet - Erdbeerzunge (bg2*/669)
• Schleimhautpapel bei sekundärer Syphilis (bg3*/673)
• Schwämmchen (ggd1/681)
• *Stomatitis ulcerosa, Stomakaze* (bro1/689)
INNERER HALS - Entzündung - Tonsillen (bg2/724)
• Schwellung - Tonsillen (bg2/747)
ÄUSSERER HALS - *Verhärtung von Drüsen* (hr1/761)
ABDOMEN - Schmerz - Druck - amel. (k/883)
ATMUNG - Bauchatmung (*/1171)
HAUT - Erysipel (c2/1798)
• Hautausschläge - Impetigo (hr1*/1816)

Nonverbales - Äußerliches - Beobachtungen des Arztes

AUGE - *Strabismus, Schielen* (*/467)
• **Verklebt** (*/472)
NASE - Bohren mit den Fingern in der Nase (bg2/546)
GESICHT - **Ausdruck - alt aussehend** (*/580)
• Ausdruck - alt aussehend - bleich, runzelig (bg2/580)
» alt aussehend - Kindern; bei (mtf33/580)
» alt aussehend - vorzeitig (br1/580)
• Fettig (*/593)
• Gerunzelt (bro1*/594)
ATMUNG - *Beschleunigt* (*/1174)
HUSTEN - Halten, Festhalten - Magengrube; der - amel. (pd*/1194)
ALLGEMEINES - *Magere Personen* (*/1919)

Nonverbales - Äußerliches - Beobachtungen der Eltern

AUGE - **Verklebt - morgens** (*/472)
ZÄHNE - Zähneknirschen (bg2/718)
MAGEN - *Brechreiz, Würgen - Auswurf, beim* (k/784)
• *Brechreiz, Würgen - Husten; agg. beim* (k/784)
» *Schleim in den Fauces; durch* (k/785)
• *Schluckauf* (hr1/809)
• *Völlegefühl - Essen - nach - agg.* (k/845)
» Essen - nach - agg. - wenig, nach dem kleinsten Bissen; nach noch so (dgt/845)
» Essen - nach - amel. (k/845)
» Trinken; agg. nach (sne/845)
ABDOMEN - Flatulenz - Kindern; bei (kl/863)
• **Schmerz - Kindern; bei - Säuglingen; bei - krampfartig** (lmj/888)
REKTUM - Unwillkürlicher Stuhl (*/984)
STUHL - *Unverdaut* (*/999)
BLASE - *Urinieren - Harndrang - plötzlich - beeilen um zu urinieren, sonst geht Urin ab; muß sich* (k/1015)
• Urinieren - verzögert, muß warten, bis der Urin zu fließen beginnt (k/1020)
URIN - Blutig - Kindern; bei (mtf33/1045)
HAUT - Ekchymosen (k/1797)

Nacht; Beobachtungen in der - Gemütssymptome

GEMÜT - Furcht - allein zu sein - nachts (vh*/64)
• Furcht - Dunkelheit; vor der (ptk1*/66)
• Schlafwandeln (stj2/154)
• Sprechen - Schlaf; im (*/169)

Nacht; Beobachtungen in der - körperliche Symptome

MAGEN - *Brechreiz, Würgen - nachts* (*/784)
BLASE - **Urinieren - unwillkürlich - nachts** (*/1019)

Nacht; Beobachtungen in der - Schlaf; Lage im

SCHLAF - Lage - Seite, auf der - rechten Seite, auf der (stj2/1683)

• Lage - Seite, auf der - rechten Seite, auf der - unmöglich (k2*/1683)

Autos und Schiffe

GEMÜT - Furcht - Fahren im Wagen; beim (fd*/68)

ALLGEMEINES - *Fahren - Wagen; mit dem - agg.* (k/1877)

• Fahren - Wagen; mit dem - amel. (sf1/1877)

Psychosomatische Störungen

REKTUM - Diarrhoe - Angst, nach (vh1*/951)

• **Diarrhoe - Erregung, Aufregung agg.** (*/952)

» **nervös, Gemütsbewegungen agg.** (bg2*/955)

ALLGEMEINES - Konvulsionen - Schreck agg. (k/1906)

Körperliche Symptome und Erkrankungen

KOPF - Entzündung - Hirnhaut (*/284)

• Hydrozephalus (bg2*/295)

ZÄHNE - Karies, faule, hohle Zähne (bg2/700)

INNERER HALS - Räuspert käsige Klumpen herauf (bg1/732)

MAGEN - *Langsame Verdauung* (bro1/805)

• *Würgen - Husten, mit* (k/846)

REKTUM - Cholera - infantum (bro1/949)

NIEREN - *Entzündung* (k/1023)

FIEBER - Continua (k/1772)

ALLGEMEINES - *Abmagerung - Kindern; bei* (*/1845)

• *Abmagerung - Kindern; bei - Kleinkindern; bei* (bro1/1845)

• Essen - Überessen; agg. nach (st/1877)

• Kindern; Beschwerden von (mtf33/1897)

Chirurgisch pathologische Zustände

MÄNNLICHE GENITALIEN - Hochgezogen, an den Körper gezogen - Hoden (*/1068)

• Hochgezogen, an den Körper gezogen - Hoden - schmerzhaft (ptk1/1068)

Würmer

REKTUM - Würmer - Beschwerden durch Würmer (bg2*/985)

• *Würmer - Beschwerden durch Würmer - Bandwürmer* (*/986)

» Beschwerden durch Würmer - Madenwürmer (bg2/986)

» Beschwerden durch Würmer - Spulwürmer (a1/986)

Argentum phosphoricum

arg-p.

Argentum phosphoricum hat Charakteristika, die denen anderer Mittel ähneln, die Phosphor enthalten. Sie sind groß, dünn, rothaarig.

Scholten schreibt diesem Mittel viele *Ängste* zu, wovon einige denen von Argentum nitricum und Phosphor ähneln. Furcht vor dem Alleinsein, vor Dunkelheit, vor hochgelegenen Orten. Andere Ängste ähneln stark denen der Mittel, die Nitrate enthalten: Klaustrophobie. Andere wiederum sind mehr phosphorisch: Furcht vor Gewitter.

Sie sind schüchtern, nachgiebig, launisch, oft unglücklich, aber gleichzeitig neugierig.

Sollte bei Schlafwandeln erwogen werden.

Boericke erwähnt Argentum phosphoricum als *ausgezeichnetes Mittel bei Ödem.*

Klinisches: Ödem. Ängste.

Wirkungsbereich: Nieren. Gemüt.

* * *

Konstitution - Angst und Furcht

GEMÜT - Furcht - allein zu sein (stj2/64)

• Furcht - engen Räumen; in (stj2/67)

» Gewitter; vor (stj2/70)

» hochgelegenen Orten; vor (stj2/71)

Konstitution - Allgemeines

GEMÜT - Nachgiebigkeit (stj2/134)

• Neugierig (stj2/135)

• Stimmung, Laune - veränderlich (stj2/171)

• Unzufrieden (stj2/194)

Beziehung zu anderen - Reaktion auf andere

GEMÜT - Schüchternheit, Zaghaftigkeit (stj2/158)

Schule - Konstitution

GEMÜT - Neugierig (stj2/135)

Nonverbales - Äußerliches - Beobachtungen des Arztes

ALLGEMEINES - Aussehen - rote Haare (stj2/1855)

• Magere Personen (stj2/1919)

Nacht; Beobachtungen in der - Gemütssymptome

GEMÜT - Furcht - Dunkelheit; vor der (stj2/66)

• Schlafwandeln (stj2/154)

Nacht; Beobachtungen in der - Schlaf; Lage im

SCHLAF - Lage - Seite, auf der - rechten Seite, auf der (stj2/1683)

Aristolochia clematitis

arist-cl.

Stephenson führte die Prüfung durch und schrieb: „*Das Mittel sticht einem als Hybrid von Sepia, Pulsatilla und Arnica ins Auge,* sofern es überhaupt erlaubt ist, etwas Neues in Ausdrücken von bereits Bekanntem auszudrücken. [...] *Die körperlichen Symptome haben eine auffällige Ähnlichkeit mit Pulsatilla. Die Gemütssymptome und der Persönlichkeitstyp scheinen näher bei Sepia zu liegen.* [...] Sie sind nicht so leicht zu trösten wie Pulsatilla, sondern eher nicht zu trösten und verärgert, wenn sie niedergeschlagen sind, werden jedoch nicht so aktiv durch Trost verschlimmert wie Sepia. [...] Die Modalitäten zeigen eine große Ähnlichkeit mit dem Muster von Pulsatilla. [...] Die Hauptwirkungsrichtung unseres Mittels ist: *Harnwege* (Reizung, Entzündung, Zystitis, Nierenbeckenentzündung, Polyurie); *weibliche Genitalien* (Ovarien, Amenorrhoe, Oligomenorrhoe, Hypomenorrhoe, verspätete Menarche, klimakterische Arthritis, Schwangerschaft, Wehen, Sterilität); *männliche Genitalien* (Prostatitis und Epididymitis), ähnlich Pulsatilla; *Verdauungskanal* (Kolitis, Diarrhoe mit Tenesmus und dem Gefühl, nicht fertig zu sein); Verletzungen (infizierte Wunden, Blasen durch mechanische Ursachen wie Rudern, Reiten usw.) *Haut* (chronische und akute Ekzeme, Dermatitis, Infektionen und Ulzerationen); Adern; Nase und Nebenhöhlen".

Ein paar *nonverbale Symptome* können während der Konsultation beobachtet werden, wie aufgesprungene Lippen und Mundwinkel, Erysipel, Intertrigo und Akne.

Auf der Gemütsebene ähneln einige der charakteristischen Symptome denen von Sepia: Hast; Abneigung gegen Gesellschaft, jedoch mit Angst vor dem Alleinsein; Gefühl verlassen zu sein; kann nicht getröstet werden; und Sarkasmus.

Auf der körperlichen Ebene sind Entzündung von Mandeln und Nieren, Varikozele, Nasenpolypen und vermehrtes Ohrenschmalz alles Symptome, die eine Differentialdiagnose mit Pulsatilla verlangen.

Klinisches: Anorexie. Niedergeschlagenheit. Zystitis. Nephritis. Enuresis. Bronchitis. Laryngitis. Enteritis. Ekzem. Schlaflosigkeit.

Wirkungsbereich: Harnorgane. Nieren. Weibliche Geschlechtsorgane. Venöses System. Haut.

* * *

Stillen - Milch

REKTUM - Diarrhoe - Milch - agg. (sp1/954)

ALLGEMEINES - Speisen und Getränke - Milch - agg. (stx1/2001)

• Speisen und Getränke - Milch - amel. (sp1*/2001)

Stillen - Magendarmsymptome - Appetit - vermindert

MAGEN - Appetit - fehlend (mtf11/767)

• Appetit - vermindert (sp1/772)

Stillen - Magendarmsymptome - Appetit - vermehrt

MAGEN - Appetit - vermehrt (sp1/770)

Konstitution - Angst und Furcht

GEMÜT - *Furcht - allein zu sein* (sp1/64)

Familie; Beziehung zur - Liebe und Zuneigung

GEMÜT - Verlassen zu sein; Gefühl (jl/198)

Beziehung zu anderen - Aggressivität

GEMÜT - Spotten (^/166)

Beziehung zu anderen - Reaktion auf andere

GEMÜT - Gesellschaft - Abneigung gegen (jl3/94)

• Untröstlich (mg/193)

Schule - Lernen - Mathematik, Rechnen

GEMÜT - Fehler; macht - Rechnen, beim (rbp3/57)

Schule - Konstitution

GEMÜT - Hast, Eile - tut, womit er gerade beschäftigt ist; bei dem, was er (rbp3/105)

Nonverbales - Allgemeines

GEMÜT - Hast, Eile - tut, womit er gerade beschäftigt ist; bei dem, was er (rbp3/105)

Nonverbales - Konsultation; bei der

OHR - Ohrschmalz - vermehrt (rbp3/516)

INNERER HALS - Entzündung - Tonsillen (sp1/724)

HAUT - Erysipel (sp1/1798)

• Intertrigo (sp1/1825)

Nonverbales - Äußerliches - Beobachtungen des Arztes

GESICHT - Hautausschläge - Akne (sp1/595)

• Rissig - Lippen (sp1/613)

» Mundwinkel (sp1/614)

Nacht; Beobachtungen in der - Schlaf; Lage im

SCHLAF - Lage - Hände - Kopf - unter dem (rbp3/1682)

Körperliche Symptome und Erkrankungen

NIEREN - Entzündung (sp1/1023)

Chirurgisch pathologische Zustände

NASE - Polyp (sp1/561)

MÄNNLICHE GENITALIEN - Varikozele (mtf11/1085)

Arizona lava

arizon-l.

Die Hälfte der Symptome dieses Mittels stimmen mit Sulphur überein.

Auf der Gemütsebene gibt es einige Symptome, die Sulphur ähneln. Wir können Kinder beobachten, die es lieben, anderen Angst einzujagen, sie sind mutig, verächtlich, widerspenstig, halsstarrig, herrschsüchtig, streitsüchtig, grausam, selbstsüchtig, haben die Neigung, anderen Vorwürfe zu machen und eine Abneigung dagegen, sich zu waschen.

Zu weiteren, aber weniger charakteristischen Symptomen zählen: Angst vor Dieben und Gewitter, Unglücklichsein, Entmutigung, Mangel an Selbstvertrauen, Feigheit und Abneigung gegen Gesellschaft.

Auf der körperlichen Ebene gehören zu weiteren Symptomen, die Sulphur ähneln: trockene Haut, *Jucken*, Psoriasis, *Kopfschmerzen*, die durch Licht hervorgerufen und durch äußeren Druck gebessert werden.

Einige Symptome helfen dabei Arizona lava von Sulphur abzugrenzen. Die folgenden Symptome gehören nicht zu Sulphur: Gefühl, kritisiert, verachtet, ausgelacht und verspottet zu werden; Verlangen nach Käse. („Gemüt - Wahnideen - kritisiert; sie würde"; „Gemüt - Wahnideen - verachtet; er würde"; „Gemüt - Wahnideen - lachen und spotten; man würde über ihn"; „Allgemeines - Speisen und Getränke - Käse - Verlangen").

Daher kann dieses Mittel *eine gute Alternative sein, wenn Sulphur das richtige Mittel zu sein scheint, aber nicht wirkt.*

Klinisches: Kopfschmerzen. Psoriasis.

Wirkungsbereich: Kopf. Haut.

* * *

Stillen - Magendarmsymptome - Appetit - allgemein

MAGEN - Appetit - launischer Appetit (nl2/770)

Stillen - Magendarmsymptome - Appetit - vermindert

MAGEN - Appetit - fehlend (nl2/767)
- Appetit - fehlend - Durst - mit (nl2/768)

Stillen - Magendarmsymptome - Appetit - vermehrt

MAGEN - Appetit - vermehrt (nl2/770)
- Appetit - vermehrt - Schwäche, mit (nl2/772)

Konstitution - Angst und Furcht

GEMÜT - Feigheit (nl2/59)
- Furcht - Gewitter; vor (nl2/70)

Konstitution - Allgemeines

GEMÜT - Entmutigt (nl2/46)
- Selbstsucht, Egoismus (nl2/161)
- Selbstvertrauen - Mangel an Selbstvertrauen (nl2/161)
  - » Mangel an Selbstvertrauen - Unterstützung, Zuwendung; möchte (nl2/161)
- Theoretisieren (nl2/180)
- Unzufrieden (nl2/194)
- Verwegenheit (nl2/199)
- Waschen - Abneigung dagegen, sich zu waschen, zu baden (nl2/243)

Beziehung zu anderen - Aggressivität

GEMÜT - Grausamkeit (nl2/103)
- Herausfordernd (nl2/107)
- Streitsüchtig (nl2/173)

Beziehung zu anderen - Reaktion auf andere

GEMÜT - Gesellschaft - Abneigung gegen (nl2/94)
- Widerspenstig (nl2/249)

Beziehung zu anderen - allgemein

GEMÜT - Furcht - Räubern, vor (nl2/74)
- Sprache - kindisch (nl2/167)
- Tadelt andere (nl2/179)

Schule - Angst

GEMÜT - Selbstvertrauen - Mangel an Selbstvertrauen (nl2/161)

Schule - Lernen - Schreiben

GEMÜT - Fehler; macht - Schreiben, beim (nl2/57)

Schule - Konstitution

GEMÜT - Eigensinnig, starrköpfig, dickköpfig (nl2/41)
- Selbstvertrauen - Mangel an Selbstvertrauen (nl2/161)

Nonverbales - Aggressivität

GEMÜT - Diktatorisch (nl2/39)

Nonverbales - Allgemeines

GEMÜT - Eigensinnig, starrköpfig, dickköpfig (nl2/41)
- Singen (nl2/163)

Nonverbales - Konsultation; bei der

OHR - Ohrschmalz - dünn (nl2/516)
- Ohrschmalz - gelb (nl2/516)

Nonverbales - Äußerliches - Beobachtungen der Eltern

MAGEN - Gluckern; Gurgeln (nl2/802)
- Schluckauf (nl2/809)

Nacht; Beobachtungen in der - Gemütssymptome

GEMÜT - Sprechen - Schlaf; im (nl2/169)

Arnica montana

arn.

Kinder von dunklem Teint, oft mit Rissen oder aufgesprungenen Lippen.

Oft sind es *die Gemütssymptome*, die zur Wahl dieses Mittels führen. Besonders bei solchen Kindern angezeigt, die eine Abneigung gegen Berührung zu haben scheinen und jedesmal aufschreien, wenn die Mutter das Bein oder den Arm festhält. Die Kinder sind dickköpfig, launisch, albern, streitsüchtig und Quälgeister.

Das Zentrum dieses Mittels ist das *Gefühl, man sei tief verwundet worden*. Der Körper ist so empfindlich, daß der bloße Gedanke, berührt zu werden, unerträglich ist. *Der ganze Körper fühlt sich wie zerschlagen an*, selbst das Bett ist zu hart und der Patient wälzt und dreht sich die ganze Zeit im Bett herum, um eine weichere Stelle zu finden.

Anfangs findet man eine aggressive Reaktion, mit Neigung anzugreifen, um engen Kontakt zu vermeiden. Das Kind ist gereizt, aggressiv und es ist schwierig, das Mittel von Nux vomica, Cina oder Angustura vera zu unterscheiden.

Danach wird das Kind ruhig, möchte alleingelassen werden und will mit niemandem sprechen; es scheint jeden Kontakt mit anderen zu vermeiden, so daß man es mit Natrium muriaticum verwechseln kann.

Keuchhusten ist ein sehr wichtiger pathologischer Zustand bei Arnica-Kindern. Sie weinen vor dem Hustenanfall, wie aus Angst vor der Wundheit, die er verursacht. Der Husten verursacht blutunterlaufene Augen, Nasenbluten und Auswurf von Blutklumpen. Heftiger Kitzelhusten, der jedesmal ausgelöst zu werden scheint, wenn das Kind wütend wird (Differentialdiagnose: Antimonium tartaricum, Bryonia, Chamomilla, Nux vomica, Staphysagria, Veratrum album). Das Kind wird atemlos, wenn es weint.

Tendenz zu Blutungen; bekommt schnell Blutergüsse. Nasenbluten mit vorangehendem Kribbeln; reichlich nach jeder Art von Anstrengung, durch mechanische Ursachen, nach Waschen des Gesichtes; Nasenbluten bei Kindern im Wachstum. Absonderung einige Tropfen dünnen Blutes aus der Nase, wenn die Nase am Morgen das erste Mal geputzt wird; hellrotes Blut, vermischt mit Blutklumpen; hinterläßt ein Gefühl wie zerschlagen.

Bei Kindern, die schwere Anfälle von Säuglingsfieber haben, können Konvulsionen drohen, der Kopf ist heiß und der Körper kalt, was *dem Fieber von Belladonna ähnelt*.

Das Gesicht ist eingefallen und rot und sie fühlen sich besser, wenn sie liegen oder mit tief liegendem Kopf.

Übelriechende Absonderungen (Atem, Schweiß, Aufstoßen, Erbrochenes, Flatus, Stuhl).

Klinisches: Verletzungen. Exkoriation. Bronchitis. Chorea. Diarrhoe. Kopfschmerzen.

Wirkungsbereich: Blut. Blutgefäße. Nerven. Muskeln. Verdauungsorgane.

* * *

Krankengeschichte; familiäre und persönliche

ALLGEMEINES - Familiengeschichte von - Apoplexie (bro1/1878)

• Krankengeschichte von; persönliche - Abszessen; wiederkehrenden (mtf/1909)

» Furunkel; von wiederkehrenden (bg2*/1909)

Zahnung - Allgemeines

ZÄHNE - *Zahnung - schwierig* (b7/718)

Impfung

ALLGEMEINES - Impfung; Beschwerden nach (tl1/1892)

Stillen - Milch

MAGEN - Erbrochenen; Art des - Milch (bg2*/798)

ALLGEMEINES - *Speisen und Getränke - Milch - Abneigung* (*/2000)

Stillen - Magendarmsymptome - Appetit - allgemein

MAGEN - Appetit - launischer Appetit (bt3/770)

Stillen - Magendarmsymptome - Appetit - vermindert

MAGEN - *Appetit - fehlend* (*/767)

• Appetit - schnelle Sättigung (*/770)

» *vermindert* (hr1/772)

Stillen - Magendarmsymptome - Appetit - vermehrt

MAGEN - Appetit - Heißhunger (*/769)

• Appetit - Heißhunger - Sättigung; schnelle (bro1/770)

» nagend (a1/770)

» vermehrt (*/770)

» vermehrt - Erwachen, beim (bg1/771)

Stillen - Magendarmsymptome - Aufstoßen - Speisen; von

MAGEN - *Aufstoßens; Art des - Speisen; von* (bg2*/780)

• Aufstoßens; Art des - Speisen; von - bitter schmeckend (b7/780)

» Speisen; von - Essen - nach - agg. (b7/780)

Stillen - Magendarmsymptome - Aufstoßen - Wasser; Hochsteigen von

MAGEN - Aufstoßens; Art des - Wasser in den Mund; Hochsteigen von (*/781)

Stillen - Magendarmsymptome - Schluckauf

MAGEN - Schluckauf - Essen - nach - agg. (b7/810)
- Schluckauf - Mittagessen - nach - agg. (*/811)

Stillen - Allgemeines

ALLGEMEINES - *Säuglinge* (kk2/1944)

Infektionskrankheiten - Windpocken

FIEBER - Continua - Ausschlagsfieber (*/1772)

Infektionskrankheiten - Masern

HUSTEN - *Masern - nach* (*/1202)

FIEBER - Continua - Ausschlagsfieber (*/1772)

HAUT - *Hautausschläge - Masern* (*/1817)

Infektionskrankheiten - Mumps

GESICHT - *Schwellung - Parotis* (*/631)
- *Schwellung - Parotis - Hautausschlag; nach* (k/631)

Infektionskrankheiten - Röteln

FIEBER - Continua - Ausschlagsfieber (*/1772)

Infektionskrankheiten - Scharlach

FIEBER - Ausschlagsfieber; Fieber bei Ausschlagserkrankungen - Scharlach (k/1770)
- Continua - Ausschlagsfieber (*/1772)

HAUT - Hautausschläge - Scharlach (*/1821)

Infektionskrankheiten - Pocken

FIEBER - Continua - Ausschlagsfieber (*/1772)

HAUT - Hautausschläge - Pocken (b2/1819)

Infektionskrankheiten - Keuchhusten

GEMÜT - Weinen - Husten - vor - Keuchhusten (br1/246)
- *Weinen - Husten - während - Keuchhusten* (kr1*/246)

AUGE - Bluten aus den Augen - Keuchhusten, bei (h1/427)

NASE - **Nasenbluten - Keuchhusten** (*/557)

HUSTEN - *Keuchhusten* (*/1197)
- *Keuchhusten - Deferveszenzstadium, im* (bg2/1198)
  - » Herpes facialis, mit (ptk1/1198)
  - » Herz nach jedem Anfall zerbrechen würde; als ob das (k1/1198)
  - » Kind - weint vor dem Husten (br1/1198)
  - » Weinen nach dem Anfall, als würde das Herz zerbrechen (k13/1198)

BRUST - *Blutung der Lungen - Husten - mit - Keuchhusten* (bro1/1230)

Konstitution - Aggressivität

GEMÜT - Zorn - Kindern, bei (hr1/254)

Konstitution - Angst und Furcht

GEMÜT - *Angst - hypochondrisch* (*/11)
- Beschwerden durch - Schreck (*/25)
- *Furcht - Ärzten, vor* (vh*/65)
  - » *offenen Plätzen; Furcht vor* (bg2*/74)
  - » Versagen, Mißerfolg; vor dem (bg2*/79)
- Vorsichtig (j/205)

Konstitution - Allgemeines

GEMÜT - Entmutigt (*/46)
- *Faulheit* (*/55)
- **Milde** (*/130)
- Selbstvertrauen - Mangel an Selbstvertrauen (oss/161)
- Sorgen; voller (j5/164)
- Stimmung, Laune - veränderlich (*/171)
- *Unaufmerksam* (bg2/189)
- Unzufrieden (*/194)
- *Verwegenheit* (st1/199)

Familie; Beziehung zur - Liebe und Zuneigung

GEMÜT - Entfremdet - Familie, von seiner (c1/45)

Beziehung zu anderen - Aggressivität

GEMÜT - Diktatorisch - spricht in Befehlston (j5/39)
- *Herausfordernd* (*/107)
- *Streitsüchtig* (*/173)
- *Zorn - antworten muß; wenn er* (k/253)

Beziehung zu anderen - Reaktion auf andere

GEMÜT - *Antworten - Abneigung zu antworten* (*/14)
- Antworten - langsam (ptk1/15)
  - » unbewußt, wie (mrr1/15)
  - » *weigert sich zu antworten* (k/15)
- Gesellschaft - Abneigung gegen (k2*/94)
- Schüchternheit, Zaghaftigkeit (*/158)
- Trost - agg. (*/188)
- *Weigert sich etwas zu tun - Medizin einzunehmen; die* (st*/244)
- *Widerspenstig* (k/249)
- Widerspruch - Neigung zu widersprechen (*/249)
  - » verträgt keinen Widerspruch (bro1/249)

Beziehung zu anderen - allgemein

GEMÜT - Angeber (gl1/4)
- *Argwöhnisch, mißtrauisch* (k/16)
- Beleidigt, leicht (k/20)
- Empfindlich - äußerliche Eindrücke; gegen alle (k/42)
- Ichbezogenheit, Selbstüberhebung (gl1/111)
- Sprache - hastig, eilig (*/167)
- *Tadelsüchtig, krittelig* (k/178)
- Tadelt sich selbst, macht sich Vorwürfe (ptk1*/179)
- Unverschämtheit (h1*/193)

Schule - Angst

GEMÜT - Furcht - Versagen, Mißerfolg; vor dem (bg2*/79)
- Selbstvertrauen - Mangel an Selbstvertrauen (oss/161)

REKTUM - *Diarrhoe - Erregung, Aufregung agg.* (vh/952)

Schule - Konzentration

GEMÜT - *Unaufmerksam* (bg2/189)

Schule - Anstrengung; geistige

KOPF - Schmerz - geistige Anstrengung - agg. (k/328)
- Schmerz - Lesen, beim - agg. (k/332)
  - » Stirn - Lesen agg. (k/389)

Schule - Beziehung zu anderen

GEMÜT - Ungehorsam (k/191)

MUND - *Sprache - stotternd* (b7/688)

Schule - Vorwürfe

GEMÜT - *Zorn - antworten muß; wenn er* (k/253)

Schule - Konstitution

GEMÜT - Eigensinnig, starrköpfig, dickköpfig (*/41)
- Selbstvertrauen - Mangel an Selbstvertrauen (oss/161)
- Ungehorsam (k/191)

Nonverbales - Aggressivität

GEMÜT - Beißen (^/20)
- Diktatorisch (*/39)
- **Reizbarkeit, Gereiztheit - schickt - Arzt nach Hause und sagt, er sei nicht krank; schickt den** (*/146)
- Spucken (b7a/170)

Nonverbales - Reaktion auf andere

GEMÜT - **Berührtwerden - Abneigung berührt zu werden** (k1*/21)
- **Furcht - berührt zu werden** (*/66)
  - » *Fremden; vor* (bg2/68)
  - » **NÄHERKOMMEN, ANNÄHERUNG VON; VOR - ANDEREN, VON** (bg2*/74)
  - » Näherkommen, Annäherung von; vor - anderen, von - Kinder können es nicht ertragen, daß ihnen jemand nahe kommt (fyz/74)
- *Näherkommen, auf ihn Zukommen von Personen - Abneigung gegen* (ptk1*/134)
  - » *agg.* (bg2/134)

Nonverbales - Gesten, Gebärden

GEMÜT - Beißen - Nägel (st/20)
- Lachen - Ernstes, über (h1*/120)
- Launenhaftigkeit, launisch (*/123)
  - » weist Dinge zurück, die er haben wollte, sobald er sie bekommt (bg2*/123)

Nonverbales - Allgemeines

GEMÜT - Eigensinnig, starrköpfig, dickköpfig (*/41)
- *Schreien - Kindern, bei* (^/157)

Nonverbales - Konsultation; bei der

KOPF - Empfindlichkeit - Kopfhaut, der - Berührung, gegen (bro1/284)
- *Hitze - Kälte - Extremitäten; mit Kälte der* (*/293)
  - » *Kälte - Füße; mit Kälte der* (k/293)
  - » **Kälte - Körpers; mit Kälte des** (*/293)

AUGE - Entzündung - Kindern; bei - Kleinkindern; bei (k/429)
- Entzündung - Kindern; bei - Neugeborenen; bei (lmj/429)

OHR - *Absonderungen - Blut* (*/497)
- Absonderungen - blutig (bg/497)
  - » eitrig (*/497)
- Entzündung - eitrig (k/500)
  - » *Gehörgang* (b7a/500)
  - » *Mittelohr* (k/501)

GESICHT - Schwellung - Unterkieferdrüsen (bg2/631)

INNERER HALS - Entzündung - Tonsillen (bg2/724)

ÄUSSERER HALS - Schwellung - Halsdrüsen (*/760)

HAUT - *Erysipel* (*/1798)
- *Hautausschläge - Erythem* (bro1/1812)
- Intertrigo (k/1825)
- Verwachsen - Knochen; am (*/1835)

Nonverbales - Äußerliches - Beobachtungen des Arztes

KOPF - Halten - hoch, aufrecht zu halten; unfähig, den Kopf (a1*/289)

AUGE - Strabismus, Schielen (bg2*/467)

GESICHT - Aufgesprungen - Lippen (*/579)
- Hippokratisches Gesicht (bro1/605)
- *Rissig - Lippen* (*/613)
- *Zupfen - Lippen; an den* (bg1*/636)

ÄUSSERER HALS - Torticollis (bg2/761)

ATMUNG - *Asphyxie - Kindern, Neugeborenen; bei* (k/1160)
- *Beschleunigt* (*/1174)

HUSTEN - **Halten, Festhalten - Brust mit beiden Händen halten; muß beim Husten die** (*/1193)

ALLGEMEINES - Aussehen - dunkel (*/1854)
- Aussehen - dunkel - straffer Faser, mit (kr1/1855)
- Zyanose - Kindern; bei - Kleinkindern; bei (*/2035)

Nonverbales - Äußerliches - Beobachtungen der Eltern

KOPF - **Empfindlichkeit - Kämmen, Bürsten der Haare; gegen** (k/283)

NASE - Nasenbluten - Kindern; bei (bro1/557)

MUND - *Beißt - Zunge; beißt sich auf die* (vk1/640)

ZÄHNE - *Zähneknirschen* (*/718)

MAGEN - Brechreiz, Würgen - Husten; agg. beim (k2/784)
- *Gluckern; Gurgeln* (k/802)
  » Trinken - agg. (k/803)
- *Schluckauf* (*/809)
  » Essen - nach - agg. (b7/810)
  » Mittagessen - nach - agg. (*/811)
- Völlegefühl - Essen - nach - agg. (k/845)

REKTUM - **Unwillkürlicher Stuhl** (*/984)

STUHL - Schafskot, wie (b2/997)
- *Unverdaut* (*/999)

BLASE - **Urinieren - Harndrang - plötzlich - beeilen um zu urinieren, sonst geht Urin ab; muß sich** (k/1015)
- **Urinieren - verzögert, muß warten, bis der Urin zu fließen beginnt** (*/1020)
  » *verzögert, muß warten, bis der Urin zu fließen beginnt - pressen, bevor er damit beginnen kann; muß lange* (k/1021)

ATMUNG - Schnarchen (*/1180)

HAUT - **Ekchymosen** (*/1797)
- *Insektenstiche* (*/1825)

Nacht; Beobachtungen in der - Gemütssymptome

GEMÜT - *Gesten, Gebärden; macht - Hände; unwillkürliche Bewegungen der - zupft - Bettwäsche; an der* (*/98)
- Jammern - Schlaf, im (k/113)
- *Schreien - Kindern, bei - Schlaf, im* (hr1*/157)
- *Sprechen - Schlaf; im* (*/169)
- Weinen - Wimmern, Winseln - nachts (j/248)
  » *Wimmern, Winseln - Schlaf, im* (b7/248)

Nacht; Beobachtungen in der - körperliche Symptome

KOPF - *Bohrt den Kopf in das Kissen* (k/282)
- Bohrt den Kopf in das Kissen - Schlaf; agg. im (st/282)

REKTUM - *Unwillkürlicher Stuhl - Schlaf; agg. im* (*/985)

BLASE - **Urinieren - unwillkürlich - nachts** (*/1019)

Nacht; Beobachtungen in der - Schlaf

SCHLAF - Erwachen - Schreck, wie durch (b7/1675)
- *Schläfrigkeit - Cholera infantum - bei* (hr1*/1698)

Nacht; Beobachtungen in der - Schlaf; Lage im

SCHLAF - Lage - Kopf - gebohrt; ins Kissen (st1/1682)
- Lage - Kopf - tiefliegendem; mit (*/1683)
  » Rücken, auf dem (*/1683)
  » *Seite, auf der* (kr1/1683)
  » verändert häufig die Lage (bg2/1683)

Schaukeln und Getragenwerden

GEMÜT - Getragen - Verlangen getragen zu werden (ll1/99)

Autos und Schiffe

MAGEN - Erbrechen - Fahren im Wagen agg. (bro1/792)
- Übelkeit - Fahren - Wagen; im - agg. (bg2*/836)
  » Seekrankheit (c1*/839)

EXTREMITÄTEN - *Schläge, Erschütterungen - Erschütterung des Wagens; durch die* (*/1487)

ALLGEMEINES - *Fahren - Wagen; mit dem - agg.* (*/1877)

Psychosomatische Störungen

REKTUM - *Diarrhoe - Erregung, Aufregung agg.* (vh/952)

HUSTEN - *Zorn; nach - Kindern; bei* (h1*/1211)

Körperliche Symptome und Erkrankungen

KOPF - Entzündung - Gehirn (b7a/284)
- *Entzündung - Hirnhaut* (*/284)
  » *Hirnhaut - begleitet von - Schluckauf* (st1/284)
- *Hydrozephalus* (b7/295)

NIEREN - **Entzündung** (*/1023)

RÜCKEN - Spina bifida (*/1384)

EXTREMITÄTEN - Hüftgelenksentzündung (k/1443)

FIEBER - **Continua** (k2/1772)

ALLGEMEINES - Abmagerung - Kindern; bei (j5/1845)
- Arzneimittel - heftige Reaktion auf homöopathische Arzneimittel (gl1/1852)
- *Essen - Überessen; agg. nach* (bg2/1877)
- Kindern; Beschwerden von (*/1897)
- Konvulsionen - Hitze; während (bg2*/1904)
  » Kindern, bei (kr1*/1905)
- Medikamente - allopathische - überempfindlich gegen (st/1921)

Chirurgisch pathologische Zustände

ABDOMEN - Entzündung - Peritoneum (bro1/860)
- *Intussuszeption* (*/869)

MÄNNLICHE GENITALIEN - *Phimose* (*/1071)
- Varikozele (*/1085)

Arsenicum album

ars.

Zarte, schöne Kinder mit dünnem Haar und schlankem, magerem Körper; sie wirken nervös und angespannt.

Das wichtigste Charakteristikum von Arsenicum-Kindern, das aus psychischer Sicht beeindruckend ist, ist deren große *Ruhelosigkeit.* Die stehen nie still, gehen ständig von der Mutter zum Babysitter und von einer Person zur anderen. Sie möchten bei jemandem auf dem Schoß sitzen und kräftig geschaukelt werden.

Sie sind launisch und eigensinnig und *hängen übermäßig an Menschen, Geld und Dingen, die sie interessieren. Boshaftigkeit, Pingeligkeit, Akribie und Liebe zu Ordnung und Sauberkeit* charakterisieren dieses Mittel ebenso.

Um die Arbeit des Homöopathen zu vereinfachen, hat Vithoulkas den typischen Verlauf der psychophysischen Veränderungen bei Arsenicum skizziert:

1. Stadium: körperliche Symptome, Pingeligkeit, Boshaftigkeit.

2. Stadium: Mangel an Selbstvertrauen, Abhängigkeit von Anderen, Angst um die Gesundheit, vor dem Alleinsein, vor dem Tod, Argwohn, Paranoia (die Pingeligkeit verschwindet).

3. Stadium: Depression, Verzweiflung in Bezug auf die Genesung, kein Interesse am Leben, Selbstmordgedanken.

Natürlich ist es bei Kindern einfacher, die Veränderungen der ersten zwei Stadien anzutreffen, während das dritte Stadium, egal mit welchem negativen Ausgang, später im Leben zu beobachten ist.

Wenn man es alleine läßt, *richtet sich die Angst* des Kindes auf *Gesundheit* und Tod, was besonders nachts schlimmer wird. Die sich daraus ergebende Panik verwandelten sich in *starke geistige und körperliche Ruhelosigkeit.*

Die Angst, die sie um andere haben, beruht nicht auf Mitgefühl, sondern auf der *Angst, deren Unterstützung zu verlieren.* Sie übertreiben das Ausmaß ihrer Symptome und manchmal wollen sie, daß andere ihnen Vertrauen schenken und fordern es unfreundlich ein, als würde es ihnen zustehen.

Die Nacht ist derart schrecklich, daß sie aufwachen, aus dem Bett steigen, um nach Gesellschaft zu suchen und in das Bett der Eltern schlüpfen. Sie sind auch von Angst vor Einbrechern und Armut besessen.

Sie sind frühreif und wachsen schnell. Daher können sie schon früher als andere Kinder mit der Schule beginnen und entwickeln manchmal neurologische Störungen wie Chorea oder Tics.

Sie sind immer gefaßt und verantwortungsvoll wie *kleine Erwachsene.* Die Meinung anderer ist ihnen wichtig. Sie haben Angst, keinen Erfolg zu haben und daher haben sie Angst, gedemütigt und nicht länger geschätzt zu werden.

Sie sind geistig rege, ermüden aber schnell. In der Schule haben sie Schwierigkeiten beim Lernen, aber normalerweise machen sie ihre Hausaufgaben gewissenhaft.

Auf Grund ihrer eingebildeten und starren Haltung, zusammen mit der Angst, einen schlechten Eindruck zu machen, vertrauen sich die Kinder ungern anderen Menschen an.

Allgemeine Überempfindlichkeit gegen Geräusche, Gerüche und Berührung.

In akuten Stadien finden wir die typischen Modalitäten: *Ruhelosigkeit, Angst, Erschöpfung* begleitet von *Abmagerung, reichlichem Schweiß, Kältegefühl, Übelkeit und häufigem Durst auf kleine Schlucke.* Nachts haben sie immer ein Glas Wasser neben dem Bett. Ruhelosigkeit und Erschöpfung wechseln einander ab; Hände und Füße sind kalt und sie möchten vollständig zugedeckt liegen, bis auf den Kopf, der in der frischen Luft sein muß.

Die Zustände, die diesen Kindern schaden können, sind: Kälte, Feuchtigkeit, Zugluft, Aufenthalt am Meer, Liegen, *von 1 bis 2 Uhr nachts.* Vor allem niedrige Temperaturen können akute Anfälle in Bezug auf Atmung und Verdauung hervorrufen.

Arsenicum möchte normalerweise kalte Getränke, aber wenn sie sich schlecht fühlen, ziehen sie sehr heiße Getränke vor; *Hitze und heiße Anwendungen tun normalerweise gut; nur die Hemikranie wird durch Kälte gebessert.* Die Schmerzen werden durch Schwitzen gelindert und durch Bewegung verschlimmert, obwohl sie sich bewegen wollen.

Die *Schmerzen* von Arsenicum sind typischerweise *brennend* und *durch Hitze besser*; Absonderungen haben einen aashaften Geruch und brennen.

Arsenicum ist auch als Mittel bei *Periodizität und Alternieren krankhafter Zustände* bekannt: nach Asthma erscheint Ekzem oder Diarrhoe und dasselbe gilt für Hemikranie, Kontraktionen und Lähmung.

Akute Beschwerden greifen im allgemeinen die *Atmung und die Verdauung* an, zusammen mit den typischen Charakteristika von Arsenicum. Die Kinder klagen über brennende Pharyngitis, Erkältungen mit wundfressendem Ausfluß aus der Nase und Niesen.

Akute Gastritis und Diarrhoe, auch gleichzeitig.

Einwirkung von Kälte führt oft zu akuter Enterokolitis mit wäßrigem, saurem, übelriechendem Stuhl.

Häufige Ekzeme, trockene Haut, kräftiges Jucken und Brennen.

Bevorzugte Speisen: fette Speisen, Schmalz, Olivenöl, saure Speisen, Zitrone, Brot und heiße Speisen.

Abneigung gegen: Bohnen, Mehlspeisen, Teigwaren und Erbsen.

Klinisches: Angst. Gastritis. Atembeschwerden. Keuchhusten. Zerrungen.

Wirkungsbereich: Gemüt. Schleimhäute. Lungen. Herz. Nerven. Haut.

* * *

Krankengeschichte; familiäre und persönliche

ALLGEMEINES - Familiengeschichte von - Apoplexie (bro1/1878)
- Krankengeschichte von; persönliche - Abszessen; wiederkehrenden (mtf/1909)
  - » Augen - Entzündung der; von wiederkehrender (k/1909)
  - » Furunkel; von wiederkehrenden (bg2*/1909)
  - » Harngrieß im Urin; von (mta1/1909)
  - » Nasenbluten; von wiederkehrendem (bro1/1910)
  - » Zystitis; von wiederkehrenden - Kindern; bei (lmj/1910)

Entwicklung - langsam

ALLGEMEINES - *Gehen - Gehenlernen, Laufenlernen - spätes* (bg3/1883)

Zahnung - Gemütssymptome

GEMÜT - Reizbarkeit, Gereiztheit - Zahnung; während der (bro1/147)

Zahnung - Magendarmsymptome

REKTUM - *Diarrhoe - Zahnung; während* (*/957)

Zahnung - Allgemeines

ZÄHNE - **Zahnung - schwierig** (b4a/718)

FIEBER - *Zahnung; während der* (b4a/1781)

ALLGEMEINES - Schwäche - Zahnung; während (bro1/1980)

Impfung

HAUT - Hautausschläge - Impfung, nach (hr1*/1816)

ALLGEMEINES - *Impfung; Beschwerden nach* (*/1892)
- Impfung; Beschwerden nach - Gelbfieber; gegen (gm1/1892)

Stillen - Gemütssymptome

GEMÜT - Essen - weigert sich zu (k/53)
- *Hast, Eile - Essen; beim* (b4a/105)

Stillen - Milch

KOPF - Hautausschläge - Milchschorf (b2/290)
- Hautausschläge - Milchschorf - Kindern; bei (mtf33/290)

MAGEN - *Erbrechen - Milch, nach* (*/794)
- *Erbrochenen; Art des - Milch* (k/798)
- *Schmerz - Milch - agg.* (k/821)
- Verdorben - Milch agg. (k/844)

ABDOMEN - Schmerz - warm - Milch; warme - amel. (mrr1/895)

REKTUM - Diarrhoe - Milch - agg. (*/954)

ALLGEMEINES - Speisen und Getränke - Milch - Abneigung (b4a/2000)
- *Speisen und Getränke - Milch - agg.* (*/2001)
  - » *Milch - amel.* (*/2001)
  - » Milch - amel. - warme (gg/2001)
  - » *Milch - Verlangen* (*/2001)
  - » Milch - Verlangen - warme (sys1*/2001)

Stillen - Magendarmsymptome - Appetit - allgemein

MAGEN - Appetit - launischer Appetit (k/770)
- *Appetit - veränderlich* (hr1/770)
  - » vermehrt - abwechselnd mit - Appetitverlust (pd/771)

Stillen - Magendarmsymptome - Appetit - vermindert

MAGEN - **Appetit - fehlend** (*/767)
- Appetit - fehlend - Durst - mit (*/768)
  - » *fehlend - Hunger, mit* (*/768)
  - » fehlend - Speisen - Anblick von; beim (tl1/769)
  - » fehlend - Speisen - Geruch von; durch (tl1/769)
  - » schnelle Sättigung (*/770)
  - » vermindert (*/772)

Stillen - Magendarmsymptome - Appetit - vermehrt

MAGEN - Appetit - Genuß, ohne (k/769)
- **Appetit - Heißhunger** (*/769)
  - » Heißhunger - Sättigung; schnelle (bro1/770)
  - » Heißhunger - Schweiß, mit (bg2/770)
  - » **vermehrt** (*/770)
  - » vermehrt - Essen - nach (bg2*/772)

Stillen - Magendarmsymptome - Aufstoßen - Speisen; von

MAGEN - Aufstoßens; Art des - Speisen; von (*/780)
- Aufstoßens; Art des - Speisen; von - bitter schmeckend (bg2/780)
  - » Speisen; von - Essen - beim - agg. (*/780)
  - » Speisen; von - Essen - nach - agg. (b4a/780)
  - » Speisen; von - Mittagessen; nach dem (k/780)
  - » Speisen; von - Mund füllen; in Portionen, die den (k/780)

» Speisen; von - sauer (bg2/780)

Stillen - Magendarmsymptome - Aufstoßen - Wasser; Hochsteigen von

MAGEN - **Aufstoßens; Art des - Wasser in den Mund; Hochsteigen von** (*/781)
• Aufstoßens; Art des - Wasser in den Mund; Hochsteigen von - bitter (b4a/781)
» Wasser in den Mund; Hochsteigen von - Essen - nach - agg. (b4a/781)
» Wasser in den Mund; Hochsteigen von - Husten - beim - agg. (b4/781)

Stillen - Magendarmsymptome - Erbrechen

MAGEN - Erbrochenen; Art des - Speisen - Essen - beim - agg. (k/799)
• **Erbrochenen; Art des - Speisen - Essen - nach - agg.** (b4a/800)
» *Speisen - Essen - nach - sofort nach* (k/800)

Stillen - Magendarmsymptome - Schluckauf

MAGEN - Schluckauf - Essen - nach - agg. (*/810)
• Schluckauf - kalten Getränken; agg. nach (h2/810)
» Mittagessen - nach - agg. (*/811)

Stillen - Magendarmsymptome - Abdomen - agg. durch

ABDOMEN - Schmerz - Druck - agg. (k/883)
• *Schmerz - Liegen - Rücken; auf dem - agg.* (k/889)

Stillen - Magendarmsymptome - Abdomen - amel. durch

ABDOMEN - Schmerz - Beugen - vorne; nach - amel. - krampfartig (h2/882)
• **Schmerz - Wärme - amel.** (k/896)

Stillen - Magendarmsymptome - Rektum

REKTUM - *Diarrhoe - Kindern, bei* (*/954)

Stillen - Allgemeines

SCHWEISS - Essen - beim - agg. (*/1786)
• Essen - nach - agg. (*/1786)

ALLGEMEINES - *Säuglinge* (kk2/1944)

Infektionskrankheiten - Windpocken

FIEBER - Continua - Ausschlagsfieber (*/1772)

HAUT - Hautausschläge - Windpocken (*/1824)

Infektionskrankheiten - Masern

REKTUM - Diarrhoe - Masern - während (bro1/954)

FIEBER - Ausschlagsfieber; Fieber bei Ausschlagserkrankungen - Masern (*/1770)
• Continua - Ausschlagsfieber (*/1772)

HAUT - *Hautausschläge - Masern* (*/1817)

ALLGEMEINES - *Masern - Beschwerden nach* (b2/1920)

Infektionskrankheiten - Mumps

GESICHT - *Entzündung - Parotis* (*/584)
• **Entzündung - Parotis - Eiterung; mit** (*/584)
» *Parotis - Metastasierung zu - Hoden* (*/584)
• *Schwellung - Parotis* (k/631)

Infektionskrankheiten - Röteln

FIEBER - Continua - Ausschlagsfieber (*/1772)

HAUT - Hautausschläge - Röteln (b4/1821)

Infektionskrankheiten - Scharlach

INNERER HALS - Entzündung - Scharlach; bei (bro1/724)

URIN - *Eiweißhaltig - Scharlach; nach* (*/1046)

FIEBER - *Ausschlagsfieber; Fieber bei Ausschlagserkrankungen - Scharlach* (*/1770)
• Continua - Ausschlagsfieber (*/1772)
• Scharlach - bösartig (bro1/1778)

HAUT - *Hautausschläge - Scharlach* (*/1821)
• *Hautausschläge - Scharlach - gangränös* (*/1821)
» *Scharlach - zurücktretend* (hr1*/1821)

ALLGEMEINES - **Wassersucht - äußere Wassersucht - Scharlach; nach** (kr1*/2024)

Infektionskrankheiten - Pocken

REKTUM - *Diarrhoe - Pocken, bei* (*/955)

FIEBER - Continua - Ausschlagsfieber (*/1772)

HAUT - *Hautausschläge - Pocken* (*/1819)
• **Hautausschläge - Pocken - schwarz** (*/1819)

Infektionskrankheiten - Keuchhusten

GESICHT - Farbe - bläulich - Husten; agg. beim - Keuchhusten (k/587)

HUSTEN - *Keuchhusten* (*/1197)

Konstitution - Aggressivität

GEMÜT - **Niederträchtig** (jsa/135)
• Schlagen - sich; schlägt - schlägt seinen Kopf gegen die Wand und gegen Gegenstände (k/154)

KOPF - Anstoßen (k/274)
• Anstoßen - Bett; mit dem Kopf gegen das (a/274)

Konstitution - Angst und Furcht

GEMÜT - *Angst - hypochondrisch* (*/11)
• Angst - Kinder - bei Kindern (mtf33/11)
• *Beeindrucken, empfänglich für Eindrücke; leicht zu* (lmj/19)
• *Beschwerden durch - Erwartungsspannung* (bg2*/23)
» Schreck (*/25)
• Erwartungsspannung - Lampenfieber (st1/53)
• Feigheit (br1/59)
• **Furcht - allein zu sein** (*/64)
» Armut, vor (ptk1*/65)
» engen Räumen; in (k*/67)
» *Gespenstern; vor* (*/70)
» **Kontrolle zu verlieren; die** (mrr1/72)
» Nadeln, vor (ptk1/73)
» offenen Plätzen; Furcht vor (fyz*/74)

» *unternehmen; irgendetwas zu* (*/78)
» Versagen, Mißerfolg; vor dem (stj2/79)
» Versagen, Mißerfolg; vor dem - Prüfungen, bei (fyz/79)
» voller Furcht (gt/79)
• Schreckliches und traurige Geschichten greifen sie stark an (gt1*/156)
• Vorsichtig (bg2*/205)

Konstitution - Allgemeines

GEMÜT - *Beruhigt werden, kann nicht* (^/21)
• Ehrgeiz - erhöht, vermehrt, sehr ehrgeizig (j*/40)
» erhöht, vermehrt, sehr ehrgeizig - Geld zu verdienen (gl1/40)
» Verlust von (gl1/40)
• Eitelkeit (bng/41)
• *Entmutigt* (*/46)
• Faulheit (*/55)
• Furcht - Armut, vor (ptk1*/65)
• **GEIZ** (b2/92)
• **GEWISSENHAFT, PEINLICH GENAU IN BEZUG AUF KLEINIGKEITEN** (b4a/99)
• **Heikel, pingelig** (*/106)
• Kleinigkeiten, Trivialitäten - wichtig; scheinen (bg2*/115)
• **Milde** (*/130)
• Mürrisch - Kindern, bei (j5/132)
• Pessimist (gl1/136)
• Pflicht - kein Pflichtgefühl (gl1/136)
» *zu viel Pflichtgefühl* (lmj/136)
• Protestiert, erhebt Einspruch (jsa/138)
• *Religiöse Gemütsstörungen, Störungen in bezug auf die Religiosität - beschäftigt; zu sehr mit Religion - Kindern; bei* (*/147)
» *beschäftigt; zu sehr mit Religion - Pubertät; in der* (st/147)
• Sauberkeit, Reinlichkeit - Reinlichkeitswahn, Putzwut (k2*/153)
• Selbstsucht, Egoismus (br1*/161)
• Selbstvertrauen - Mangel an Selbstvertrauen (ptk1*/161)
• *Sorgen; voller* (j5/164)
• **Sorgsamkeit, Sorgfalt** (*/165)
• *Spontan, impulsiv* (*/166)
• *Stimmung, Laune - veränderlich* (*/171)
• Theoretisieren (k/180)
• *Traurigkeit - Kindern, bei* (*/186)
• Unaufmerksam (bg2/189)
• Ungerechtigkeit; erträgt keine (mtf/191)
• *Unzufrieden* (*/194)
• Verantwortung - ernst; nimmt seine Verantwortung zu (mrr1/195)
• Waschen - Verlangen zu waschen (^/243)
» Verlangen zu waschen - Hände; wäscht sich ständig die (bg*/243)
• Weinen - Geräusch, bei (a1/245)
» Kindern; bei (j5/246)
» Kindern; bei - Säuglingen; bei (gg/246)

Familie; Beziehung zur - Aggressivität

GEMÜT - Zorn - Essen - muß; wenn er essen (h2*/253)

Familie; Beziehung zur - Liebe und Zuneigung

GEMÜT - *Angst - andere, um* (*/7)
• Angst - Familie, um seine (j5/9)
» *Gesundheit; um die - Verwandten; von* (vh*/10)
• Beschwerden durch - Uneinigkeit, Zwietracht - Eltern; zwischen den eigenen (gl1/26)
• Eifersucht (gl1/40)
» Kinder - unter Kindern (vh*/40)
• Entfremdet - Familie, von seiner (k/45)
• Liebevoll, voller Zuneigung, herzlich (j5/125)
• Sorgen; voller - andere, um (bg2/165)
» Verwandte, um (j5/165)
• *Verlassen zu sein; Gefühl* (mtf/198)
» *geliebt zu werden; Gefühl von den Eltern, der Ehefrau, den Freunden nicht* (mtf33*/198)

Familie; Beziehung zur - Vorwürfe

GEMÜT - Empfindlich - Vorwürfe; gegen (ctc/45)

Beziehung zu anderen - Aggressivität

GEMÜT - Antworten - kurz angebunden (k/15)
• *Grausamkeit* (mtf33*/103)
» **liebt es, Menschen und Tieren Leid zuzufügen** (vh*/103)
• Schlagen (^/154)
» sich; schlägt (k/154)
» sich; schlägt - Kopf - seinen Kopf (*/154)
» sich; schlägt - schlägt seinen Kopf gegen die Wand und gegen Gegenstände (k/154)
• Spotten (*/166)
• Sprache - barsch (a1/166)
• *Streitsüchtig* (*/173)
• Zorn - antworten muß; wenn er (h2*/253)
» getröstet, wenn (k/254)
» Widerspruch, durch (k/255)

Beziehung zu anderen - Reaktion auf andere

GEMÜT - Antworten - Abneigung zu antworten (k/14)
• Antworten - albern (k/15)
» hastig, überstürzt (k/15)
» langsam (k/15)
» unfähig zu antworten (a1/15)
» weigert sich zu antworten (k/15)
• Gesellschaft - Abneigung gegen (bg2*/94)
» Abneigung gegen - Furcht vor dem Alleinsein; jedoch (bg2*/95)

» **Verlangen nach** (*/95)
» **Verlangen nach - allein; agg. wenn** (*/96)
• **Lächeln - niemals** (vh*/119)
• *Schüchternheit, Zaghaftigkeit* (k/158)
» Kindern; bei (^/158)
• *Trost - agg.* (*/188)
» agg. - Mitleid, Mitgefühl agg. (ptk1/188)
• *Untröstlich* (*/193)
• *Widerspenstig* (bg3*/249)
• *Widerspruch - Neigung zu widersprechen* (hr1*/249)
» verträgt keinen Widerspruch (*/249)

Beziehung zu anderen - allgemein

GEMÜT - Angeber (gl1/4)
• *Angst - erwartet wird; wenn etwas von ihm* (*/8)
• **Argwöhnisch, mißtrauisch** (*/16)
• **Beleidigt, leicht** (*/20)
• Empfindlich - äußerliche Eindrücke; gegen alle (hr1*/42)
• **FURCHT - RÄUBERN, VOR** (bg2*/74)
• *Pubertät; in der* (st/138)
• *Quält - sich* (ptk1*/138)
• Sprache - hastig, eilig (*/167)
• **Tadelsüchtig, krittelig** (*/178)
• **Tadelt andere** (*/179)
• *Tadelt sich selbst, macht sich Vorwürfe* (*/179)
• Unbarmherzig (gl1/189)
• Unverschämtheit (bro1/193)

Schule - Angst

GEMÜT - *Beschwerden durch - Erwartungsspannung* (bg2*/23)
• *Furcht - unternehmen; irgendetwas zu* (*/78)
» Versagen, Mißerfolg; vor dem (stj2/79)
» Versagen, Mißerfolg; vor dem - Prüfungen, bei (fyz/79)
• Selbstvertrauen - Mangel an Selbstvertrauen (ptk1*/161)

Schule - Konzentration

GEMÜT - *Studieren, Lernen - schwierig, fällt schwer* (sf1/173)
• Stumpfheit - Studieren und Lernen; beim (bg2/176)
• Unaufmerksam (bg2/189)

Schule - Lernen - allgemein

GEMÜT - *Studieren, Lernen - schwierig, fällt schwer* (sf1/173)
• Stumpfheit - Studieren und Lernen; beim (bg2/176)

Schule - Lernen - Schreiben

GEMÜT - Fehler; macht - Schreiben, beim (^/57)
• Fehler; macht - Schreiben, beim - falsch - Worte (a1/57)
• Schreiben - Unfähigkeit zu (kr1*/156)

Schule - Beziehung zu anderen

MUND - Sprache - stotternd (*/688)

Schule - Vorwürfe

GEMÜT - Empfindlich - Vorwürfe; gegen (ctc/45)
• Zorn - antworten muß; wenn er (h2*/253)

Schule - Konstitution

GEMÜT - *Eigensinnig, starrköpfig, dickköpfig* (*/41)
• Eigensinnig, starrköpfig, dickköpfig - Kinder (sf1/41)
• **GEWISSENHAFT, PEINLICH GENAU IN BEZUG AUF KLEINIGKEITEN** (b4a/99)
• **Heikel, pingelig** (*/106)
• Kleinigkeiten, Trivialitäten - wichtig; scheinen (bg2*/115)
• Selbstvertrauen - Mangel an Selbstvertrauen (ptk1*/161)
• Verantwortung - ernst; nimmt seine Verantwortung zu (mrr1/195)

Spielen

GEMÜT - Spielen - Verlangen zu spielen (^/166)

Tieren; Beziehung zu

GEMÜT - Furcht - Insekten; vor (bng*/71)
• **Grausamkeit - liebt es, Menschen und Tieren Leid zuzufügen** (vh*/103)
» Tieren; gegenüber (mtf33/103)

Nonverbales - Aggressivität

GEMÜT - **Beißen** (^/20)
• Diktatorisch (ctc/39)
• Raserei, Tobsucht, Wut - zieht die Umstehenden an den Haaren (ckh1/140)
• Reißt an etwas - sich am Körper, verletzt sich (k/142)
• Reizbarkeit, Gereiztheit - Kindern, bei (*/145)
• Spucken (^/170)
» Gesicht; Menschen ins (k/170)
• Wirft mit Gegenständen um sich (k/250)
• *Ziehen - Haaren; an den* (^/252)
» *Haaren; an den - Verlangen zu ziehen - ihren eigenen Haaren; an* (ptk1/252)
» Haaren; an den - Verlangen zu ziehen - jemanden an den Haaren (bg2*/252)

Nonverbales - Reaktion auf andere

GEMÜT - **Angesehen, angeblickt zu werden - erträgt es nicht, angesehen zu werden** (k/5)
• Berührtwerden - Abneigung berührt zu werden (k/21)
• *Fremde - Anwesenheit von Fremden - agg.* (^/60)
» *Anwesenheit von Fremden - agg. - hustet beim Anblick von Fremden; Kind* (k1/60)
• Furcht - berührt zu werden (fyz/66)

» Näherkommen, Annäherung von; vor - anderen, von (tl1/74)
• Gehalten - amel.; gehalten zu werden (ptk1/87)
» *Verlangen, gehalten zu werden* (bg2*/87)

Nonverbales - Gesten, Gebärden

GEMÜT - Auffahren, Zusammenfahren - Geräusche; durch (k/17)
• **Beißen - Glas; beißt in sein** (*/20)
» **Glas; beißt in sein - Trinken; beim** (*/20)
» Löffel; beißt in den (*/20)
» *Nägel* (bg2*/20)
• Berühren, anfassen; etwas - Verlangen, etwas zu berühren, anzufassen - alles berühren, anfassen; muß (^/21)
» Verlangen, etwas zu berühren, anzufassen - alles berühren, anfassen; muß - Kindern; bei (ggd1/21)
• *Gesten, Gebärden; macht - Hände; unwillkürliche Bewegungen der - ringt die Hände* (bg2*/98)
» Tics; nervöse (ptk1/99)
• Grimassen (^/103)
» sonderbare Gesichter; schneidet (a1/103)
• Hast, Eile - Bewegungen; in den (k/105)
• Klammert sich an - hält sich nach anderen fest (bg2/114)
• *Launenhaftigkeit, launisch* (*/123)
• *Springen* (^/169)
• Ungeschicklichkeit (j5/192)
• Verstecken - sich (*/199)

Nonverbales - Allgemeines

GEMÜT - *Eigensinnig, starrköpfig, dickköpfig* (*/41)
• Eigensinnig, starrköpfig, dickköpfig - Kinder (sf1/41)
• *Hast, Eile - Essen; beim* (b4a/105)
• Ruhelosigkeit - Kindern, bei (j5/151)
• Singen (k/163)

Nonverbales - Konsultation; bei der

KOPF - Empfindlichkeit - Kopfhaut, der (ptk1/284)
• Empfindlichkeit - Kopfhaut, der - Berührung, gegen (bro1/284)
• Hitze - Kälte - Füße; mit Kälte der (k/293)
» Kälte - Hände; mit Kälte der (a/293)
» *Kälte - Körpers; mit Kälte des* (k/293)
• Läuse (*/300)

AUGE - **Entzündung - Kindern; bei - Kleinkindern; bei** (k/429)

OHR - Absonderungen - Blut (bg2/497)
• Absonderungen - blutig (*/497)
» dünn (k/497)
» eitrig (bg2/497)
» *gelb* (*/497)
» **jauchig** (*/497)
» *stinkend* (*/498)
» *übelriechend* (*/498)
» *übelriechend - aashaft* (*/498)
» wäßrig (bg2/498)
» wundfressend (*/498)
• Eiterung - Mittelohr (bro1/500)
• Entzündung - erysipelatös (k/500)
» Gehörgang (bg2/500)
» Mittelohr - chronisch (bro1/501)
» Ohrläppchen (b4a/501)
» *Processus mastoideus* (sne/501)
• *Katarrh - Eustachische Röhre* (bnt/515)

GESICHT - *Schwellung - Unterkieferdrüsen* (*/631)
• Schwellung - Unterkieferdrüsen - hart (h2*/631)

MUND - **Aphthen** (*/639)
• **Aphthen - bläulich** (*/639)
» brennend (mrr1/639)
» *gangränös* (k/639)
» Kindern, bei (lmj/639)
» *weiß* (*/640)
» erstreckt sich zu - Darmtrakt; durch den (mrr1/640)
» Gaumen (*/640)
» Gaumen - mercurialisch (a1/640)
» Zunge (*/640)
» *Zunge - Quecksilber; nach Mißbrauch von* (kr1*/640)
• **Gangränös - Kindern, bei** (*/652)
• *Landkartenzunge* (*/668)
• *Papillen - aufgerichtet* (*/669)
» aufgerichtet - Erdbeerzunge (ptk1/669)
• *Schwämmchen* (hr1*/681)
• *Stomatitis ulcerosa, Stomakaze* (*/689)

INNERER HALS - Aphthen (*/721)
• *Entzündung - Tonsillen* (*/724)

ÄUSSERER HALS - *Schwellung - Halsdrüsen* (b4a/760)
• *Schwellung - Halsdrüsen - hart* (k/760)
» *Seiten* (*/760)
• *Verhärtung von Drüsen* (k/761)

ABDOMEN - *Geschwüre - Nabelgegend* (*/865)
• Schmerz - Druck - agg. (k/883)
• *Vergrößert - Kindern; bei* (k/938)
» *Kindern; bei - Marasmus* (k/938)

REKTUM - Hautausschläge - Anus; um den (k/964)
• Hautausschläge - Perineum (k/964)

URIN - Zucker - Kindern; bei (mtf33/1056)

BRUST - Einstülpung - Brustwarzen; der (bg3*/1231)
• **Einziehung der Brustwarzen** (*/1231)

RÜCKEN - *Abmagerung - Zervikalregion* (*/1311)

EXTREMITÄTEN - Nägel; Beschwerden der - Abblättern der Nägel (k/1664)

• *Nägel; Beschwerden der - Abfallen der Nägel* (b2/1664)
  » dicke Nägel (bg2/1664)
  » dünne Nägel (k/1664)
  » gespaltene, aufgesprungene Nägel (bg2/1665)
  » gewellte Nägel (k/1665)
  » gewellte Nägel - quer gewellt (k/1665)
  » Härte - Fingernägel (k/1665)
  » Rauheit - gefurcht, gerieft, gerillt (bg2/1665)
  » spröde, brüchige Nägel (bg2*/1665)
  » spröde, brüchige Nägel - Fingernägel (k/1665)
  » verkrüppelte, verkümmerte Nägel (bg2/1665)
  » verkrüppelte, verkümmerte Nägel - Zehennägel (k/1665)

HAUT - *Erysipel* (*/1798)
• Hautausschläge - Bläschen - Sudamina (Schweißfriesel) (*/1810)
  » Erythem (ptk1/1812)
  » *Impetigo* (*/1816)
• Intertrigo (*/1825)
• *Unrein* (*/1835)

ALLGEMEINES - *Exostose* (hr1*/1877)

Nonverbales - Äußerliches - Beobachtungen des Arztes

KOPF - *Schuppen* (*/402)
• Schuppen - weiß (ptk1/402)

AUGE - Farbe - blau - Sklera oder Bindehaut (h2*/432)
• Strabismus, Schielen (*/467)
• **Verklebt** (b4a/472)

OHR - *Geschwüre - Ohrläppchen - Loch für die Ohrringe; im* (b4a/510)

NASE - Bewegung - Nasenflügel - Fächer; wie ein (ptk1/545)
• *Geweitete Nasenlöcher* (*/550)
• Schniefen (bg1/568)
• *Spitz* (*/574)

GESICHT - Aufgesprungen - Lippen (k/579)
• *Ausdruck - alt aussehend* (*/580)
  » alt aussehend - Kindern; bei (mtf33/580)
• Fettig (h2*/593)
• *Gerunzelt* (*/594)
• *Hautausschläge - Akne* (*/595)
• **Hippokratisches Gesicht** (*/605)
• *Rissig - Lippen* (*/613)
  » Mundwinkel (bro1/614)
• Venen, erweiterte (bg2/634)
  » *Schläfen* (*/634)
• **Wächsern** (*/635)
• *Warzen* (b4a/635)
• Zupfen - Lippen; an den (bg2*/636)

ÄUSSERER HALS - Torticollis (*/761)

ATMUNG - Asthma, asthmatische Atmung - Kindern; bei (tl1*/1162)
• **Beschleunigt** (*/1174)

RÜCKEN - *Opisthotonus* (*/1325)
• Opisthotonus - Konvulsionen; während epileptischer (h2/1325)

EXTREMITÄTEN - Farbe - Finger - Fingernägel - weiß - Flecken (*/1409)

ALLGEMEINES - Aussehen - braune Haare (stj2/1854)
• Aussehen - dunkel (*/1854)
  » *dunkel - straffer Faser, mit* (kr1/1855)
• Fettleibigkeit - Kindern, bei (b4a/1879)
• Magere Personen (hr1*/1919)
• Zyanose - Kindern; bei - Kleinkindern; bei (*/2035)

Nonverbales - Äußerliches - Beobachtungen der Eltern

KOPF - Empfindlichkeit - Kämmen, Bürsten der Haare; gegen (h2/283)

AUGE - *Verklebt - morgens* (*/472)

NASE - *Verstopfung - Kindern; bei* (k/577)

MUND - Beißt - Glas, wenn es gefüttert wird; Kind beißt ins (bg1/640)
• Beißt - Zunge; beißt sich auf die (vk1/640)

ZÄHNE - *Zähneknirschen* (*/718)
• Zähneknirschen - Frost; während (*/718)
  » konvulsivisch (k/718)
  » Sitzen agg. (k/718)

MAGEN - *Gluckern; Gurgeln* (k/802)
• *Gluckern; Gurgeln - Trinken - agg.* (k/803)
• **Schluckauf** (*/809)
  » Essen - nach - agg. (*/810)
  » kalten Getränken; agg. nach (h2/810)
  » Mittagessen - nach - agg. (*/811)
• *Völlegefühl - Essen - nach - agg.* (k/845)

ABDOMEN - Schmerz - Beugen - vorne; nach - amel. - krampfartig (h2/882)
• *Schmerz - Liegen - Rücken; auf dem - agg.* (k/889)
  » **Wärme - amel.** (k/896)
  » Zusammenkrümmen - amel. (h2/897)
  » Zusammenkrümmen - muß sich zusammenkrümmen (k/897)

REKTUM - *Unwillkürlicher Stuhl* (*/984)
• Unwillkürlicher Stuhl - Flatus agg.; Abgang von (bg2/985)

STUHL - *Schafskot, wie* (b4a/997)
• **Unverdaut** (*/999)

BLASE - Lähmung - Überdehnung, nach (k/1006)
• *Lähmung - Zurückhalten des Urins scheint die Blase zu lähmen; gewaltsames* (k/1006)
• Urinieren - Dysurie - Kindern, bei (bro1/1012)
  » **Dysurie - schmerzhaft - weinen bevor der Urin zu fließen beginnt; Kinder** (*/1012)

» *Harndrang - häufig - Kinder und Säuglinge schreien bevor der Urin abgeht* (k/1014)
» Harndrang - plötzlich - beeilen um zu urinieren, sonst geht Urin ab; muß sich (k/1015)
» **Harndrang - schmerzhaft - Kindern; bei - weinen; sie** (k/1015)
» unwillkürlich - Husten; agg. beim (b4a/1020)
» *verzögert, muß warten, bis der Urin zu fließen beginnt* (ptk1/1020)
» verzögert, muß warten, bis der Urin zu fließen beginnt - pressen, bevor er damit beginnen kann; muß lange (k/1021)

ATMUNG - Schnarchen (*/1180)

EXTREMITÄTEN - Hitze - Füße - brennend - entblößt sie (zf/1440)

SCHWEISS - Essen - beim - agg. (*/1786)
• Essen - nach - agg. (*/1786)

HAUT - Ekchymosen (bro1*/1797)
• Insektenstiche (*/1825)

Nacht; Beobachtungen in der - Gemütssymptome

GEMÜT - **Angst - nachts - Kindern; bei** (kr1/7)
• Furcht - Dunkelheit; vor der (k2*/66)
» *Erwachen; beim - Traum; aus einem* (k/67)
• *Gesten, Gebärden; macht - Hände; unwillkürliche Bewegungen der - zupft - Bettwäsche; an der* (*/98)
» *Hände; unwillkürliche Bewegungen der - zupft - Bettwäsche; an der - Schweiß; beim* (bg2/98)
• Sprechen - Schlaf; im (*/169)
• Weinen - Wimmern, Winseln - nachts (h2*/248)
» **Wimmern, Winseln - Schlaf, im** (b4/248)

Nacht; Beobachtungen in der - körperliche Symptome

ZÄHNE - **Zähneknirschen - Schlaf; agg. im** (*/718)

REKTUM - *Unwillkürlicher Stuhl - Schlaf; agg. im* (k/985)

BLASE - **Urinieren - unwillkürlich - nachts** (*/1019)

Nacht; Beobachtungen in der - Schlaf

SCHLAF - *Erwachen - Schreck, wie durch* (j5/1675)
• *Schlaflosigkeit - Kindern, bei* (bro1*/1691)

Nacht; Beobachtungen in der - Schlaf; Lage im

SCHLAF - Lage - Abdomen, auf dem (*/1682)
• Lage - Abdomen, auf dem - Arm über dem Kopf; mit einem (ptk1/1682)
» Abdomen, auf dem - Arm unter dem Kopf; mit einem (ptk1/1682)
» Arme - Kopf - über dem Kopf (st*/1682)
» Arme - Kopf - unter dem Kopf (*/1682)
» Hände - Kopf - über dem (bro1/1682)
» Hände - Kopf - unter dem (b4/1682)
» *Kopf - Tisch, auf dem* (kr1*/1683)
» Rücken, auf dem (*/1683)
» Rücken, auf dem - Hände - flach unter dem Hinterkopf (*/1683)
» Rücken, auf dem - Hände - Kopf - unter dem Kopf - gefaltet; Hände sind unter dem Kopf (stj2/1683)
» *Seite, auf der - linken Seite, auf der - unmöglich* (vh/1683)
» *Seite, auf der - rechten Seite, auf der* (vh/1683)
» *Sitzen* (*/1683)
» *Sitzen - Kopf - Tisch; auf dem* (st/1683)
» **verändert häufig die Lage** (bg2*/1683)
» zusammengerollt - Hund; wie ein (*/1684)

Schaukeln und Getragenwerden

GEMÜT - *Beruhigt werden, kann nicht - getragen wird; nur wenn er* (h2/21)
• Beruhigt werden, kann nicht - getragen wird; nur wenn er - schnell (hr1*/21)
• *Getragen - Verlangen getragen zu werden* (*/99)
» **Verlangen getragen zu werden - schnell** (*/99)
• Ruhelosigkeit - Kindern, bei - Herumtragen der Kinder amel. (k/152)
• Schaukeln - agg. (sf1/153)

Autos und Schiffe

GEMÜT - Furcht - Fahren im Wagen; beim (sne/68)

KOPF - Schmerz - Fahren - Wagen, im - agg. (k/326)

MAGEN - *Erbrechen - Fahren im Wagen agg.* (*/792)
• Übelkeit - Seekrankheit (b4a/839)

ALLGEMEINES - Fahren - Wagen; mit dem - agg. (*/1877)
• *Fahren - Wagen; mit dem - amel.* (*/1877)

Psychosomatische Störungen

ZÄHNE - Zähneknirschen - Raserei, Tobsuchtsanfall; bei (k/718)

REKTUM - *Diarrhoe - Angst, nach* (*/951)
• Diarrhoe - Zorn, nach (*/957)

Körperliche Symptome und Erkrankungen

KOPF - Entzündung - Gehirn (bro1/284)
• Entzündung - Hirnhaut (hs1*/284)
» Periost (bg/285)
• *Hydrozephalus* (*/295)
• *Schmerz - katarrhalisch* (*/331)

NASE - *Katarrh - gefolgt von - Stirnhöhlen; Beschwerden der* (k/553)

GESICHT - Hautausschläge - Akne - Menses - unregelmäßige Menses (bro1/596)

ZÄHNE - Karies, faule, hohle Zähne (k/700)

MAGEN - Erbrechen - Kindern, bei (tl1/793)
• Langsame Verdauung (bro1/805)
• Würgen - Husten, mit (k/846)

REKTUM - *Cholera - infantum* (*/949)
• Diarrhoe - Hautausschläge - während (k/953)

Blase - *Harnverhaltung - Kindern, bei - Neugeborenen; bei* (k/1005)

Nieren - Beschwerden der Nieren - begleitet von - Haut; Beschwerden der (mrr1/1023)

- Entzündung (*/1023)
  - » Nierenbecken und Niere (mrr1/1024)

Weibliche Genitalien - Menses - verzögerte Menarche (*/1114)

Kehlkopf und Trachea - *Laryngismus stridulus* (*/1145)

Atmung - *Asthma, asthmatische Atmung - Hautausschlägen; nach unterdrückten* (*/1162)

Rücken - Spina bifida (*/1384)

Extremitäten - *Hüftgelenksentzündung* (*/1443)

Fieber - **Continua** (k/1772)

- Remittierend - Kleinkindern, bei (k/1778)
- *Schleichendes Fieber* (*/1779)

Allgemeines - **Abmagerung - Kindern; bei** (*/1845)

- Abmagerung - Kindern; bei - Kleinkindern; bei (bro1*/1845)
- Essen - Überessen; agg. nach (bg2/1877)
- Kindern; Beschwerden von (*/1897)
- Konvulsionen - Hitze; während (bg2*/1904)
  - » Kindern, bei (kr1/1905)
- Medikamente - allopathische - Mißbrauch von (ptk1/1921)

Chirurgisch pathologische Zustände

Abdomen - *Entzündung - Peritoneum* (c2*/860)

- *Entzündung - Peritoneum - tuberkulös* (bro1/860)
- Hernie (c2/867)
  - » Leistenhernie (k/868)
  - » Leistenhernie - eingeklemmt, inkarzeriert (k/868)
  - » Leistenhernie - entzündet - Erbrechen, mit (k/868)
- **Intussuszeption** (*/869)

Männliche Genitalien - *Hydrozele - Kindern, bei* (k/1069)

- *Phimose - Gangrän, drohende* (k/1071)

Würmer

Magen - Erbrochenen; Art des - Würmer (*/801)

Rektum - *Würmer - Beschwerden durch Würmer* (*/985)

- Würmer - Beschwerden durch Würmer - Bandwürmer (b2/986)
  - » *Beschwerden durch Würmer - Madenwürmer* (*/986)
  - » *Beschwerden durch Würmer - Spulwürmer* (*/986)

Allgemeines - Konvulsionen - Würmer, durch (bg2/1907)

Arsenicum bromatum

ars-br.

Diese Kinder haben oft die folgenden charakteristischen Symptome: Kopfschuppen; deformierte Nägel; Schwellung der Halsdrüsen, manchmal hart; Akne, besonders bei anämischen Mädchen; Akne rosacea.

Wegen seines *Tropismus für die Lymphdrüsen* sollte man bei pathologischen Zuständen wie *Morbus Hodgkin*, *Mononucleosis infectiosa* und *Sarkoidose* daran denken.

Nützlich in Fällen von *Diabetes*, sowohl Diabetes mellitus wie insipidus, begleitet von dramatischem Gewichtsverlust und übermäßigem Durst. Auch in Fällen von Nephritis.

Dieses Mittel hat starke Verschlimmerung im Frühling und ist daher nützlich in Fällen von *Heuschnupfen*.

Klinisches: Akne. Diabetes.

Wirkungsbereich: Haut. Lymphdrüsen.

* * *

Stillen - Magendarmsymptome - Appetit - vermindert

Magen - Appetit - fehlend (vh/767)

Stillen - Magendarmsymptome - Appetit - vermehrt

Magen - Appetit - Heißhunger (bro1/769)

Nonverbales - Konsultation; bei der

Ohr - Absonderungen - übelriechend (vh/498)

Äusserer Hals - Schwellung - Halsdrüsen (vh/760)

- Schwellung - Halsdrüsen - hart (vh/760)

Extremitäten - Nägel; Beschwerden der - deformiert (vh/1664)

Nonverbales - Äußerliches - Beobachtungen des Arztes

Kopf - Schuppen (vh/402)

Gesicht - *Hautausschläge - Akne* (c2*/595)

- Hautausschläge - Akne - Mädchen; bei anämischen (j/596)

Körperliche Symptome und Erkrankungen

Nieren - Entzündung (vh/1023)

Arsenicum hydrogenisatum

ars-h.

Boericke schrieb: *„Die allgemeine Wirkung von Arsen, aber betonter."* Dieses Mittel hat tatsächlich einige Symptome mit Arsenicum album gemein, einschließlich Angst vor dem Alleinsein, Verlangen nach Gesellschaft, Entmutigung, Faulheit, wechselnde Stimmung, langsames aber grobes Antworten.

Wie Arsenicum album haben sie einen gealterten Charakter.

Wie Arsenicum album werden die Bauchschmerzen von Arsenicum hydrogenisatum besser, wenn er sich zusammenkrümmt. Bei Arsenicum album werden die Bauchschmerzen schlimmer, wenn er sich hinlegt, aber bei Arsenicum hydrogenisatum sind die Schmerzen besser, wenn er auf dem Bauch liegt.

Vithoulkas schrieb: *„Versuchen sie dieses Mittel, wenn Arsenicum album in einem Fall gut angezeigt zu sein scheint, aber nur teilweise oder nur für kurze Zeit wirkt. Ruhelosigkeit* und *Angst* sind bei diesem Mittel sogar noch vorstechender als bei Arsenicum album. Die Fälle von Arsenicum hydrogenisatum haben beim Erwachen in der Nacht und beim Erbrechen Angst zu sterben. Sie sind ängstlich, glauben sich dem Tode nahe und verzweifeln in Bezug auf die Genesung. In Fällen von *plötzlicher Hämaturie* sollte man dieses Mittel Arsenicum album vorziehen, wie die Prüfung andeutet."

Klinisches: Angst. Schluckauf. Gelbfieber.

Wirkungsbereich: Gemüt. Abdomen.

* * *

Stillen - Milch

ALLGEMEINES - Speisen und Getränke - Milch - amel. - heiße (hs1/2001)

Stillen - Magendarmsymptome - Appetit - vermindert

MAGEN - Appetit - fehlend (k/767)

Stillen - Magendarmsymptome - Erbrechen

MAGEN - Erbrochenen; Art des - Speisen - Essen - nach - sofort nach (k/800)

Stillen - Magendarmsymptome - Abdomen - amel. durch

ABDOMEN - Schmerz - Liegen - Abdomen; auf dem - amel. (k/889)

Konstitution - Angst und Furcht

GEMÜT - *Furcht - allein zu sein* (^/64)

Konstitution - Allgemeines

GEMÜT - Entmutigt (hr1*/46)
- Faulheit (k/55)
- Stimmung, Laune - veränderlich (kr1/171)

Beziehung zu anderen - Aggressivität

GEMÜT - Antworten - kurz angebunden (k/15)

Beziehung zu anderen - Reaktion auf andere

GEMÜT - Antworten - langsam (kr1/15)
- Gesellschaft - Verlangen nach (hr1*/95)

Nonverbales - Äußerliches - Beobachtungen des Arztes

GESICHT - *Ausdruck - alt aussehend* (*/580)

ATMUNG - Beschleunigt (a1*/1174)

Nonverbales - Äußerliches - Beobachtungen der Eltern

MAGEN - Schluckauf (c2*/809)

ABDOMEN - Schmerz - Liegen - Abdomen; auf dem - amel. (k/889)
- Schmerz - Zusammenkrümmen - amel. (k/897)

Arsenicum iodatum

ars-i.

Schlanke Kinder, die alt aussehen.

Enorme Ruhelosigkeit; vor lauter Ruhelosigkeit zerreißen diese Kinder Gegenstände. *Nach dem Besuch sieht das Zimmer aus wie nach einem Wirbelsturm.*

Vithoulkas schrieb: „Ein typisches Arsenicum iodatum Kind hört nie auf, herumzugehen, klettert über alle Möbel und über das Regal, so daß sie sich wundern, daß es nicht herunter fällt. Es ist ständig in Bewegung, vom Tisch zum Stuhl, zum Sofa, zum Bücherregal, zum Ofen und wieder zurück! Man wundert sich, woher es die ganze Energie nimmt. Aber das ist die Natur dieses Mittels; es verbrennt den Körper, verzehrt all dessen Energie. In der Schule kann sich das Kind nicht konzentrieren; *es kann seinen Geist nicht dazu zwingen, eine Pause zu machen, um sich auf irgendetwas zu konzentrieren.* Es ist eine *innere Ruhelosigkeit* vorhanden, die schließlich den Körper zu verbrennen scheint. Man bekommt den Eindruck, als wäre der Körper geweckt worden und unfähig, sich je wieder auszuruhen. Arsenicum iodatum scheint von einem inneren Feuer verzehrt zu werden, das schließlich den Körper leer brennt und ihn erschöpft und völlig kraftlos zurückläßt, sehr ähnlich wie bei Arsenicum. Diesem Zustand liegt eine *tuberkulöse Diathese* zugrunde und wenn es nicht richtig behandelt wird, läuft das Kind Gefahr, schwindsüchtig zu werden. Es senkt den Appetit und steigert den Metabolismus. Die Person verzehrt sich schnell und magert ab.“ Kent sagte dazu: „Zunehmender Verlust von Muskelmasse und Gewicht; Abmagerung bei Kindern, enorme Verschlimmerung durch geringe körperliche Anstrengung.“ Es kann geschehen, daß man, wie bei den Iod-Präparaten, *Abmagerung mit Heißhunger* sieht.

Unentschlossenheit, die durch geistige Erschöpfung verursacht wird. Ein Kind handelt eventuell, als wäre es einfältig, antwortet einsilbig oder sagt nur „ich weiß nicht“. Oft stottert es.

Kinder, die *sich sehr häufig erkälten.*

Arsenicum iodatum ist wertvoll bei chronischer skrofulöser Ophthalmie mit Ulzeration; bei Diarrhoe, wenn der Stuhl brühend heiß ist, Reizung verursacht und die Stellen wund und exkoriiert hinterläßt; Entzündung des Mittelohrs mit verdicktem Trommelfell und Otorrhoe mit stinkendem, wundfressendem Ausfluß; Katarrh der Eustachischen Röhre und in den Nebenhöhlen, was zu beinträchtigtem Gehör und katarrhalischen Kopfschmerzen führt.

Dies ist ein spezifisches Mittel für *Psoriasis*, bei der der Kopf von einem entzündlichen, schuppigen Ausschlag bedeckt ist. Auf diese Ebene findet man auch Impetigo und Erysipel.

Klinisches: Bronchitis. Epitheliom. Gastritis. Heuschnupfen. Otorrhoe.

Wirkungsbereich: Schleimhäute. Herz. Drüsen. Haut. Nerven.

* * *

Stillen - Milch

MAGEN - Erbrechen - Milch, nach (k/794)

ALLGEMEINES - Speisen und Getränke - Milch - Verlangen (vh1*/2001)

Stillen - Magendarmsymptome - Appetit - vermindert

MAGEN - Appetit - fehlend (*/767)

Stillen - Magendarmsymptome - Appetit - vermehrt

MAGEN - **Appetit - Heißhunger** (k/769)
- *Appetit - vermehrt* (k/770)

Stillen - Magendarmsymptome - Aufstoßen - Wasser; Hochsteigen von

MAGEN - Aufstoßens; Art des - Wasser in den Mund; Hochsteigen von (k/781)

Stillen - Magendarmsymptome - Abdomen - amel. durch

ABDOMEN - Schmerz - Wärme - amel. (k/896)

Stillen - Allgemeines

ALLGEMEINES - Abmagerung - Heißhunger mit Abmagerung - Kindern; bei (k/1845)
- Abmagerung - Heißhunger mit Abmagerung - Kindern; bei - Kleinkindern; bei (k/1845)

Infektionskrankheiten - Masern

FIEBER - *Ausschlagsfieber; Fieber bei Ausschlagserkrankungen - Masern* (bro1/1770)

HAUT - *Hautausschläge - Masern* (c2/1817)

Infektionskrankheiten - Keuchhusten

HUSTEN - Keuchhusten (k2/1197)

Konstitution - Allgemeines

GEMÜT - Entmutigt (k/46)
- Faulheit (k/55)
- Heikel, pingelig (ser*/106)
- *Milde* (k/130)
- Stimmung, Laune - veränderlich (k/171)
- Unzufrieden (k/194)

Beziehung zu anderen - Reaktion auf andere

GEMÜT - Antworten - Abneigung zu antworten (k/14)
- Antworten - einsilbig (vh/15)
- Schüchternheit, Zaghaftigkeit (k/158)
  - » Kindern; bei (^/158)

Schule - Anstrengung; geistige

KOPF - Schmerz - geistige Anstrengung - agg. (k/328)

Schule - Beziehung zu anderen

MUND - Sprache - stotternd (k/688)

Schule - Konstitution

GEMÜT - Heikel, pingelig (ser*/106)

Nonverbales - Aggressivität

GEMÜT - Reißt an etwas - Gegenstände; zerreißt (^/142)
- Reißt an etwas - Gegenstände; zerreißt - Ruhelosigkeit; aus (mrr1/142)

Nonverbales - Allgemeines

GEMÜT - Ruhelosigkeit - Kindern, bei (vh*/151)

Nonverbales - Konsultation; bei der

OHR - Absonderungen - eitrig (bro1/497)
- Absonderungen - gelblichgrün (k2/497)
  - » schleimig (bro1/498)
  - » *stinkend* (*/498)
  - » *wundfressend* (*/498)
- Eiterung - Mittelohr (bro1/500)
- Entzündung - Gehörgang (bro1/500)

• Katarrh - Eustachische Röhre (k2/515)
  » Mittelohr (k2*/515)

HÖREN - Schwerhörig - Tubenkatarrh (br1*/537)

GESICHT - **Schwellung - Unterkieferdrüsen** (k/631)

MUND - *Aphthen* (k/639)

INNERER HALS - Schwellung - Tonsillen (bro1/747)

BRUST - Einziehung der Brustwarzen (pd/1231)

HAUT - *Erysipel* (k/1798)
• Hautausschläge - Erythem (bro1/1812)
  » Impetigo (k/1816)

Nonverbales - Äußerliches - Beobachtungen des Arztes

GESICHT - *Ausdruck - alt aussehend* (k/580)
• *Hautausschläge - Akne* (*/595)

ATMUNG - Beschleunigt (*/1174)

ALLGEMEINES - Magere Personen (st1/1919)

Nonverbales - Äußerliches - Beobachtungen der Eltern

MAGEN - **Schluckauf** (*/809)

ABDOMEN - Schmerz - Wärme - amel. (k/896)
• Schmerz - Zusammenkrümmen - amel. (k/897)

Körperliche Symptome und Erkrankungen

KOPF - Hydrozephalus (bg2/295)
• *Schmerz - katarrhalisch* (k/331)

MAGEN - Würgen - Husten, mit (k/846)

KEHLKOPF UND TRACHEA - Laryngismus stridulus (*/1145)

EXTREMITÄTEN - Hüftgelenksentzündung (*/1443)

ALLGEMEINES - **Abmagerung - Kindern; bei** (k/1845)
• Abmagerung - Kindern; bei - Kleinkindern; bei (bro1*/1845)
• Arzneimittel - heftige Reaktion auf homöopathische Arzneimittel - hohe Potenzen, gegen (k2*/1852)

Chirurgisch pathologische Zustände

ABDOMEN - Entzündung - Peritoneum - tuberkulös (bro1*/860)

Arsenicum metallicum

ars-met.

Große und dünne Kinder mit dunkler Haut und braunem Haar.

Sie sind faul, *ängstlich*, vor allem haben sie Angst zu versagen und allein zu sein, obwohl sie Gesellschaft nicht mögen. *Sie neigen dazu, andere zu kritisieren und vertragen es nicht, wenn man ihnen widerspricht.*

Die Symptome von Arsenicum metallicum sind denen von Arsenicum album sehr ähnlich, aber nicht völlig.

Schwäche. Schwaches Gedächtnis, besonders für das Gelesene; er kann nicht verstehen, was er liest.

Sehr ausgeprägte Periodizität; die Symptome kehren alle zwei und drei Wochen wieder.

Schmerzen erstrecken sich von einer Stelle zur anderen oder verschwinden an einer Stelle und erscheinen an einer anderen. *Anfälle beginnen plötzlich und legen sich langsam, oder umgekehrt*; besonders Schnupfen.

Schwellungsgefühl von Gehirn, Kopf, Lidern, Händen und Fingern.

Weiß belegte Zunge, die Zahneindrücke aufweist.

Klinisches: Schnupfen. Obstipation. Diarrhoe. Augenleiden. Kopfschmerzen. Hämorrhoiden. Jucken.

Wirkungsbereich: Kopf. Abdomen. Augen. Haut.

* * *

Stillen - Milch

ALLGEMEINES - Speisen und Getränke - Milch - Verlangen (stj2/2001)

Konstitution - Angst und Furcht

GEMÜT - *Furcht - allein zu sein* (stj2/64)
• Furcht - Versagen, Mißerfolg; vor dem (stj2/79)

Konstitution - Allgemeines

GEMÜT - Faulheit (kr1/55)

Beziehung zu anderen - Aggressivität

GEMÜT - Zorn - Widerspruch, durch (stj2/255)

Beziehung zu anderen - Reaktion auf andere

GEMÜT - *Gesellschaft - Abneigung gegen* (kr1*/94)

Beziehung zu anderen - allgemein

GEMÜT - Tadelsüchtig, krittelig (stj2/178)

Schule - Angst

GEMÜT - Furcht - Versagen, Mißerfolg; vor dem (stj2/79)

Nonverbales - Äußerliches - Beobachtungen des Arztes

ALLGEMEINES - Aussehen - braune Haare (stj2/1854)
• Magere Personen (stj2/1919)

Nacht; Beobachtungen in der - Schlaf; Lage im

SCHLAF - Lage - Rücken, auf dem - Hände - Kopf - unter dem Kopf - gefaltet; Hände sind unter dem Kopf (stj2/1683)

Arsenicum sulphuratum flavum

ars-s-f.

Diese Kinder neigen dazu, dünn und abgemagert zu sein und *lernen spät laufen*. Wenn sie Glück haben, sind einige charakteristische Merkmale während des Arztbesuches zu sehen: Risse in den Lippen; Aphthen, besonders auf der Zunge; geschwollene Unterkieferdrüsen; Ulzerationen um den Nabel und Exkoriation zwischen den Gesäßbacken. Wenn sie Teenager sind, kommt es oft zu Akne, die bis ins Erwachsenenalter fortbesteht.

Auf der Gemütsebene haben sie einige *charakteristische Merkmale von Arsenicum, aber auch einige Aspekte, die Sulphur ähneln.* Schüchterne Kinder, die nicht antworten wollen oder langsam antworten. Sie sind oft unglücklich, launisch, dickköpfig und empfindlich. Sie sind oft von Natur aus *sehr präzise*, obwohl sie sich sehr schnell bewegen und alles sehr schnell machen. Sie sind argwöhnisch, streitsüchtig und *übertrieben kritisch*, entsprechend dem Sulphur-Anteil. Die deutlicheren Ängste sind Angst vor dem Alleinsein und vor Gespenstern.

Auf der körperlichen Seite findet man *Kopfschmerzen*, die beim Fahren im Auto wiederkehren. Zu den *Hauterkrankungen* gehören: Erysipel und Herpes circinatus.

Sie haben oft Schwierigkeiten, Milch zu verdauen, die sie oft erbrechen.

Sie leiden an Enuresis nocturna, bis sie älter werden.

Klinisches: Abmagerung. Diarrhoe. Verdauungsstörung. Karies.

Wirkungsbereich: Schleimhäute. Atmung. Gemüt. Haut. Kreislauf.

* * *

Entwicklung - langsam

ALLGEMEINES - Gehen - Gehenlernen, Laufenlernen - spätes (hr1*/1883)

Stillen - Milch

MAGEN - Erbrechen - Milch, nach (k2/794)
• Verdorben - Milch agg. (k2/844)

ALLGEMEINES - Speisen und Getränke - Milch - agg. (k2*/2001)

Stillen - Magendarmsymptome - Appetit - vermehrt

MAGEN - Appetit - Heißhunger (k2/769)
• Appetit - Heißhunger - Sättigung; schnelle (k2/770)

Stillen - Magendarmsymptome - Aufstoßen - Speisen; von

MAGEN - Aufstoßens; Art des - Speisen; von (k2/780)

Stillen - Magendarmsymptome - Schluckauf

MAGEN - Schluckauf - Essen - nach - agg. (k2/810)

Stillen - Magendarmsymptome - Abdomen - amel. durch

ABDOMEN - Schmerz - Druck - amel. (^/883)
• Schmerz - Wärme - amel. (k2/896)

Stillen - Allgemeines

SCHWEISS - Essen - beim - agg. (k2/1786)

Infektionskrankheiten - Keuchhusten

HUSTEN - Keuchhusten (k2/1197)

Konstitution - Angst und Furcht

GEMÜT - *Furcht - allein zu sein* (k2/64)
• Furcht - Gespenstern; vor (k2/70)

Konstitution - Allgemeines

GEMÜT - Faulheit (k2/55)
• Gewissenhaft, peinlich genau in bezug auf Kleinigkeiten (k2*/99)
• Unzufrieden (k2/194)

Beziehung zu anderen - Aggressivität

GEMÜT - Streitsüchtig (k2*/173)

Beziehung zu anderen - Reaktion auf andere

GEMÜT - Antworten - Abneigung zu antworten (k2/14)
• Antworten - langsam (k2/15)
• Schüchternheit, Zaghaftigkeit (k2*/158)

Beziehung zu anderen - allgemein

GEMÜT - Argwöhnisch, mißtrauisch (k2/16)
• Beleidigt, leicht (k2/20)
• Tadelsüchtig, krittelig (k2/178)

Schule - Konstitution

GEMÜT - Eigensinnig, starrköpfig, dickköpfig (k2*/41)
• Gewissenhaft, peinlich genau in bezug auf Kleinigkeiten (k2*/99)

Nonverbales - Gesten, Gebärden

GEMÜT - Hast, Eile - Bewegungen; in den (k2/105)
• Launenhaftigkeit, launisch (k2/123)

Nonverbales - Allgemeines

GEMÜT - Eigensinnig, starrköpfig, dickköpfig (k2*/41)
• Hast, Eile - immer in Eile; ist (k2/105)

Nonverbales - Konsultation; bei der

OHR - Absonderungen - stinkend (k2/498)
• Absonderungen - übelriechend (k2/498)

GESICHT - Schwellung - Unterkieferdrüsen (k2/631)
MUND - Aphthen (k2/639)
• Aphthen - Zunge (k2/640)
INNERER HALS - Entzündung - Tonsillen (k2/724)
ABDOMEN - Geschwüre - Nabelgegend (k2/865)
• Schmerz - Druck - amel. (^/883)
EXTREMITÄTEN - Exkoriation, Wundheit - Gesäß - Mitte, dazwischen; in der (k2/1407)
HAUT - Erysipel (k2/1798)
• Hautausschläge - Herpes - ringförmig (bro1*/1815)

Nonverbales - Äußerliches - Beobachtungen des Arztes

GESICHT - Hautausschläge - Akne (k2/595)
• Rissig - Lippen (k2/613)

Nonverbales - Äußerliches - Beobachtungen der Eltern

AUGE - Verklebt - morgens (k2*/472)
MAGEN - Schluckauf - Essen - nach - agg. (k2/810)
• Völlegefühl - Essen - nach - agg. (k2/845)
» Frühstück; agg. nach dem (k2/845)
ABDOMEN - Schmerz - Wärme - amel. (k2/896)
STUHL - Unverdaut (k2/999)
BLASE - Urinieren - Harndrang - plötzlich - beeilen um zu urinieren, sonst geht Urin ab; muß sich (k2/1015)
• Urinieren - verzögert, muß warten, bis der Urin zu fließen beginnt (k2/1020)
SCHWEISS - Essen - beim - agg. (k2/1786)

Nacht; Beobachtungen in der - Gemütssymptome

GEMÜT - Gesten, Gebärden; macht - Hände; unwillkürliche Bewegungen der - zupft - Bettwäsche; an der (k2/98)

Nacht; Beobachtungen in der - körperliche Symptome

BLASE - Urinieren - unwillkürlich - nachts (k2/1019)

Autos und Schiffe

KOPF - Schmerz - Fahren - Wagen, im - agg. (k2/326)

Körperliche Symptome und Erkrankungen

MAGEN - Würgen - Husten, mit (k2/846)
NIEREN - Entzündung (k2/1023)
FIEBER - Continua (k2/1772)
ALLGEMEINES - Abmagerung - Kindern; bei (c1*/1845)

Artemisia vulgaris

art-v.

Kräftige, vollblütige, gut ernährte Kinder. Strabismus convergens.

Dieses Mittel wurde eingesetzt zur Linderung von *Epilepsie* in der Kindheit, Hysterie, Spinalreizung und Konvulsionen. Konvulsionen von Säuglingen oder zahnenden Kindern. Epileptische Konvulsionen ohne Aura durch Zorn, Schreck oder andere heftige Emotionen; bei Kindern, nachdem die Mutter während der Schwangerschaft unter Kummer gelitten hat; nach Verletzungen des Kopfes. Mehrere Konvulsionen treten kurz nacheinander auf.

Gewöhnlich *beginnen Konvulsionen als Petit mal und entwickeln sich später zu Grand mal Anfällen*; besonders, wenn Photophobie vorhanden ist.

Das Kind liegt schläfrig oder in einem verträumten Zustand da; knirscht mit den Zähnen; hat unwillkürlichen Stuhlgang; hat Pollutionen während der Konvulsionen.

Eingesetzt bei Chorea und Schlafwandeln.

Harnverhaltung. Hartnäckige Strangurie.

Klinisches: Chorea. Konvulsionen. Epilepsie. Hydrozephalus. Würmer.

Wirkungsbereich: Zentralnervensystem. Weibliche Geschlechtsorgane.

* * *

Zahnung - Empfindungen und neurologische Beschwerden

ALLGEMEINES - Konvulsionen - Zahnung; während der (*/1907)

Konstitution - Angst und Furcht

GEMÜT - *Beschwerden durch - Schreck* (*/25)

Nonverbales - Aggressivität

GEMÜT - Beißen (^/20)

Nonverbales - Äußerliches - Beobachtungen des Arztes

AUGE - Strabismus, Schielen - convergens (bg2*/467)

Nonverbales - Äußerliches - Beobachtungen der Eltern

ZÄHNE - *Zähneknirschen* (k/718)

Nacht; Beobachtungen in der - Gemütssymptome

GEMÜT - Gesten, Gebärden; macht - Hände; unwillkürliche Bewegungen der - zupft - Bettwäsche; an der (kr1/98)
• *Schlafwandeln* (*/154)

Psychosomatische Störungen

ALLGEMEINES - Konvulsionen - Schreck agg. (k/1906)
• Konvulsionen - Zorn; nach (kr1/1907)

Körperliche Symptome und Erkrankungen

KOPF - Hydrozephalus (c2/295)
• Hydrozephalus - chronisch (mtf/295)
BLASE - *Harnverhaltung - Kindern, bei* (k/1005)

ALLGEMEINES - **Konvulsionen - Kindern, bei** (*/1905)
- *Konvulsionen - Kindern, bei - Kleinkindern, bei* (kr1*/1905)
  » *Kindern, bei - Neugeborenen; bei* (kr1/1905)

Würmer

AUGE - Beschwerden der Augen - begleitet von - Würmer; Beschwerden durch (sf1/426)

REKTUM - Würmer - Beschwerden durch Würmer (c2*/985)

ALLGEMEINES - Konvulsionen - Würmer, durch (bg*/1907)

Arum triphyllum

arum-t.

Eigensinnige Kinder.

Arum triphyllum hat *wundfressende Absonderungen aus der Nase*, geschwollene Zunge, *Halsweh*; das Kind ist *ruhelos, gereizt* und wirft sich herum. Extreme Wundheit des Halses ist für Arum charakteristisch. *Die Lippen und die Nase sind gereizt und das Kind zupft daran, bis es blutet.* Nägelkauen, bis die Finger bluten.

Gelöster, rasselnder Husten mit Unfähigkeit, etwas auszuwerfen.

Klinisches: Gehirnentzündung. Delirium. Kopfschmerzen. Heiserkeit.

Wirkungsbereich: Schleimhäute (Mund; Hals; Kehlkopf). Nieren. Gehirn. Blut. Haut.

* * *

Zahnung - Empfindungen und neurologische Beschwerden

ALLGEMEINES - Konvulsionen - Zahnung; während der (hr1*/1907)

Stillen - Milch

ALLGEMEINES - Speisen und Getränke - Milch - Abneigung (vh1/2000)

Stillen - Magendarmsymptome - Appetit - allgemein

MAGEN - Appetit - launischer Appetit (vh1/770)

Stillen - Magendarmsymptome - Appetit - vermindert

MAGEN - Appetit - fehlend (k/767)

Stillen - Magendarmsymptome - Appetit - vermehrt

MAGEN - Appetit - unstillbar (*/770)

Stillen - Magendarmsymptome - Aufstoßen - Speisen; von

MAGEN - *Aufstoßens; Art des - Speisen; von* (k/780)

Stillen - Allgemeines

ALLGEMEINES - Speisen und Getränke - Fleisch - Verlangen - Kindern, bei (vh/1994)

Infektionskrankheiten - Windpocken

FIEBER - Continua - Ausschlagsfieber (k/1772)

Infektionskrankheiten - Masern

FIEBER - Continua - Ausschlagsfieber (k/1772)

Infektionskrankheiten - Mumps

GESICHT - *Entzündung - Parotis* (k/584)
- Schmerz - Parotis (k2/626)
  » Parotis - links (^/627)
  » Parotis - links - wund schmerzend (*/627)
  » Parotis - Berührung agg. (k2/627)
  » Parotis - wund schmerzend (*/627)
- **Schwellung - Parotis** (k/631)
- Verhärtungen - Parotis (k2/634)

Infektionskrankheiten - Röteln

FIEBER - Continua - Ausschlagsfieber (k/1772)

Infektionskrankheiten - Scharlach

NASE - **Schnupfen - Scharlach, bei** (k/572)

GESICHT - **Schwellung - Scharlach** (*/630)

MUND - **Bluten - Scharlach; bei** (*/642)
- **Jucken - Scharlach; bei** (k/666)

URIN - Reichlich - Fieber; während - Scharlach; bei (c1/1051)
- Wäßrig, klar wie Wasser - Scharlach; bei (c1/1055)

FIEBER - *Ausschlagsfieber; Fieber bei Ausschlagserkrankungen - Scharlach* (*/1770)
- Continua - Ausschlagsfieber (k/1772)
- Scharlach (mrr1/1778)
  » **begleitet von - Speichelfluß** (st1/1778)
  » bösartig (bro1/1778)

HAUT - *Hautausschläge - Scharlach* (*/1821)
- **Hautausschläge - Scharlach - begleitet von - Speichelfluß** (kr1*/1821)

Infektionskrankheiten - Pocken

FIEBER - Continua - Ausschlagsfieber (k/1772)

Infektionskrankheiten - Keuchhusten

HUSTEN - Keuchhusten (*/1197)

Beziehung zu anderen - Reaktion auf andere

GEMÜT - Widerspenstig (sf1/249)
- Widerspruch - Neigung zu widersprechen (ptk1/249)

Schule - Konstitution

GEMÜT - Eigensinnig, starrköpfig, dickköpfig (bg2*/41)
- Eigensinnig, starrköpfig, dickköpfig - Kinder (sf1/41)

Spielen

Gemüt - Spielen - Abneigung gegen Spielen - Kindern; bei (vh/165)

Nonverbales - Aggressivität

Gemüt - **Beißen** (^/20)
• Beißen - sich selbst; beißt (k1*/20)

Nonverbales - Gesten, Gebärden

Gemüt - *Beißen - Finger; beißt* (*/20)
• Beißen - Hände; beißt (ptk1/20)
» **Nägel** (bg2*/20)
• Launenhaftigkeit, launisch (^/123)
» weist Dinge zurück, die er haben wollte, sobald er sie bekommt (vh/123)

Nonverbales - Allgemeines

Gemüt - Eigensinnig, starrköpfig, dickköpfig (bg2*/41)
• Eigensinnig, starrköpfig, dickköpfig - Kinder (sf1/41)
• Singen (^/163)

Nonverbales - Konsultation; bei der

Gesicht - **Schwellung - Unterkieferdrüsen** (*/631)
• Schwellung - Unterkieferdrüsen - schmerzhaft (k/631)
Mund - *Aphthen* (*/639)
• Aphthen - Zunge (k2/640)
• *Papillen - aufgerichtet* (*/669)
» aufgerichtet - Erdbeerzunge (bg2*/669)
• Stomatitis ulcerosa, Stomakaze (bro1*/689)
Innerer Hals - Aphthen (k/721)
• Entzündung - Tonsillen (bg2*/724)
• Schwellung - Tonsillen (k/747)
Äusserer Hals - **Schwellung - Halsdrüsen** (*/760)
Extremitäten - Exkoriation, Wundheit - Gesäß - Mitte, dazwischen; in der (k/1407)
Haut - **Hautausschläge - Impetigo** (bg2*/1816)

Nonverbales - Äußerliches - Beobachtungen des Arztes

Nase - **Bohren mit den Fingern in der Nase** (*/546)
• Bohren mit den Fingern in der Nase - blutet; bis es (bg2/546)
• **Zupfen - Nase, an der** (*/578)
» **Nase, an der - blutet, bis sie** (k/578)
Gesicht - *Aufgesprungen* (*/579)
• **Aufgesprungen - Lippen** (*/579)
• **Rissig - Lippen** (*/613)
» **Mundwinkel** (*/614)
• **Zupfen - Lippen; an den** (*/636)
» *Lippen; an den - bluten; zupft bis sie* (c1*/636)

Nonverbales - Äußerliches - Beobachtungen der Eltern

Rektum - Unwillkürlicher Stuhl (k2/984)

Nacht; Beobachtungen in der - Gemütssymptome

Gemüt - Gesten, Gebärden; macht - Hände; unwillkürliche Bewegungen der - zupft - Bettwäsche; an der (k2/98)

Nacht; Beobachtungen in der - körperliche Symptome

Kopf - Bohrt den Kopf in das Kissen (c1*/282)
• Schweiß der Kopfhaut - nachts (vh/403)
Rektum - Unwillkürlicher Stuhl - Schlaf; agg. im (*/985)

Körperliche Symptome und Erkrankungen

Kopf - Entzündung - Gehirn (c2/284)
Kehlkopf und Trachea - Laryngismus stridulus (bro1/1145)
Fieber - **Continua** (k/1772)
Allgemeines - **Abmagerung - Kindern; bei** (kr1/1845)

Arundo mauritanica

arund.

Arundo ist ein wichtiges Mittel bei *Heuschnupfen*. Die Symptome beginnen mit roten Punkten auf der Haut und es ist Jucken und Brennen von Bindehaut und Gaumen vorhanden. Der Mund ist exkoriiert. Schnupfen und Schniefen.

Während die Kinder klagen, haben sie ständig die Finger in den Ohren. Dort findet man Entzündung und oft blutige oder eitrige Absonderung.

Man sollte sich daran erinnern bei *Diarrhoe von Säuglingen oder zahnenden Kindern*, wenn der Stuhl grün ist und den Anus wund frißt. Flüssige Diarrhoe bei Kindern, mit rotem Blut.

Ständiger Durst bei Kindern, besonders nach dem Erwachen am Morgen.

Vithoulkas unterstreicht das Symptom *Haarausfall bei Kindern* (auch vollständige Alopezie). „Die Haarwurzeln schmerzen. Pusteln am Kopf sind von einem roten Hof umgeben und von Eiterung und Krustenbildung begleitet."

Krätzeartige Hautausschläge an der Brust, hauptsächlich hinter den Ohren. Juckender, papulöser Ausschlag; *Erysipel* an verschiedenen Stellen des Körpers.

Schlaflosigkeit und nächtliches Weinen.

Klinisches: Heuschnupfen. Katarrh. Schnupfen. Otorrhoe. Zahnung. Diarrhoe. Stomatitis.

Wirkungsbereich: Schleimhäute.

* * *

Zahnung - Magendarmsymptome

REKTUM - Diarrhoe - Zahnung; während (c1*/957)

Zahnung - Allgemeines

ZÄHNE - Zahnung - schwierig (c1/718)

Stillen - Magendarmsymptome - Rektum

REKTUM - Diarrhoe - Kindern, bei (c1/954)
• Diarrhoe - Kindern, bei - Säuglingen; bei (c1*/954)

Konstitution - Allgemeines

GEMÜT - Weinen - Kindern; bei (^/246)

Nonverbales - Konsultation; bei der

AUGE - Entzündung - Kindern; bei - Kleinkindern; bei (k/429)

OHR - Absonderungen - Blut (*/497)
• Absonderungen - blutig (k/497)
» *eitrig* (*/497)
• Entzündung - Gehörgang (*/500)
» Ohrmuscheln (hr1/501)

MUND - *Stomatitis ulcerosa, Stomakaze* (*/689)

HAUT - Erysipel (*/1798)

Nonverbales - Äußerliches - Beobachtungen des Arztes

KOPF - Haare - Kahlköpfigkeit - jungen Menschen, bei (vh/418)

OHR - Bohren mit den Fingern darin (mp1/500)
• **Bohren mit den Fingern darin - Kindern; bei** (*/500)

NASE - Schniefen (c1/568)

GESICHT - Rissig - Mundwinkel (bro1/614)

Nonverbales - Äußerliches - Beobachtungen der Eltern

MAGEN - Schluckauf (*/809)

Nacht; Beobachtungen in der - Gemütssymptome

GEMÜT - Weinen - Kindern; bei - nachts (a1*/246)

Nacht; Beobachtungen in der - Schlaf

SCHLAF - Schlaflosigkeit - Kindern, bei (a1/1691)

Körperliche Symptome und Erkrankungen

NIEREN - Entzündung (k/1023)

KEHLKOPF UND TRACHEA - Laryngismus stridulus (c1*/1145)

Asa foetida

asaf.

Skrofulöse Kinder sind unbeholfen, aufgedunsen (Differentialdiagnose: Apis).

Asa foetida wird als eines der hysterischsten Mittel der Materia medica betrachtet.

Das Kind ist selbstsüchtig, *launisch, streitsüchtig* und hat Abneigung gegen Berührung; jedoch wollen sie Gesellschaft und möchten getröstet werden (möglicherweise wegen ihrer Hypochondrie).

Dieses Mittel greift hauptsächlich den *Verdauungskanal* an. Flatulenz und krampfhaftes Zusammenziehen des Magens und der Speiseröhre mit umgekehrter Peristaltik sind die ausgeprägtesten Symptome.

Man kann es bei *Kolik von Säuglingen* anwenden, *die durch Druck besser wird.*

Kinder erbrechen große und manchmal grüne Klumpen geronnener Milch, gefolgt von großer Erschöpfung; der Mund sieht verzogen aus, was auf Übelkeit hindeutet.

Asa foetida Kinder sind *immer am Kauen, als würden sie wiederkäuen.*

Drüsen sind hart, geschwollen, heiß und pochen, mit schießenden, zuckenden Schmerzen.

Asa foetida hat viele Kontraktionen, Krämpfe und Zuckungen.

Charakteristisch ist die Beziehung zu *Kinetose:* Schmerzen und Völlegefühl des Kopfes, verstopfte Nase und Abwärtsdrängen im Abdomen.

Kinder mit wiederkehrender Zystitis in der Krankengeschichte.

Klinisches: Asthma. Knochenleiden. Chorea. Dyspepsie. Diarrhoe. Flatulenz. Kopfschmerzen. Herzleiden. Iritis. Neuralgie. Adipositas. Geschwüre.

Wirkungsbereich: Nerven. Gemüt. Innerer Hals. Verdauungskanal. Periost.

* * *

Krankengeschichte; familiäre und persönliche

ALLGEMEINES - Krankengeschichte von; persönliche - Zystitis; von wiederkehrenden - Kindern; bei (ggd/1910)

Entwicklung - allgemein

EXTREMITÄTEN - Schmerz - Unterschenkel - Wachstumsschmerzen (ih1/1605)

ALLGEMEINES - Schmerz - Wachstumsschmerzen (ggd1/1958)

Stillen - Magendarmsymptome - Appetit - vermindert

MAGEN - Appetit - fehlend (b2/767)

Stillen - Magendarmsymptome - Appetit - vermehrt

MAGEN - Appetit - Heißhunger (*/769)
• *Appetit - Heißhunger - Diarrhoe - bei* (k/769)
» vermehrt (k/770)

Stillen - Magendarmsymptome - Aufstoßen - Speisen; von

MAGEN - Aufstoßens; Art des - Speisen; von (*/780)
• Aufstoßens; Art des - Speisen; von - Essen - nach - agg. (bg2/780)

Stillen - Magendarmsymptome - Aufstoßen - Wasser; Hochsteigen von

MAGEN - **Aufstoßens; Art des - Wasser in den Mund; Hochsteigen von** (b7a/781)
• Aufstoßens; Art des - Wasser in den Mund; Hochsteigen von - Essen - nach - agg. (bg2/781)

Stillen - Magendarmsymptome - Abdomen - agg. durch

ABDOMEN - Schmerz - Kindern; bei - Säuglingen; bei - krampfartig (bro1/888)

Stillen - Magendarmsymptome - Abdomen - amel. durch

ABDOMEN - Schmerz - Druck - amel. (k/883)

Infektionskrankheiten - Windpocken

HAUT - Hautausschläge - Windpocken (*/1824)

Infektionskrankheiten - Mumps

GESICHT - Schmerz - Parotis (^/626)
• Schmerz - Parotis - stechend (k/627)

Infektionskrankheiten - Scharlach

OHR - *Absonderungen - Scharlach, nach* (*/498)
HÖREN - Schwerhörig - Scharlach, nach (hr1/536)

Infektionskrankheiten - Keuchhusten

HUSTEN - Keuchhusten (*/1197)

Konstitution - Angst und Furcht

GEMÜT - Angst - hypochondrisch (*/11)
• Furcht - allein zu sein (*/64)

Konstitution - Allgemeines

GEMÜT - Faulheit (*/55)
• Selbstsucht, Egoismus (k/161)
• Stimmung, Laune - veränderlich (*/171)
• Unaufmerksam (vh1/189)
• Unternehmen; etwas - Vieles, hält aber bei nichts durch, bleibt nicht dabei; unternimmt (ptk1*/193)
• Unzufrieden (j5/194)

Beziehung zu anderen - Aggressivität

GEMÜT - *Streitsüchtig* (bg2/173)

Beziehung zu anderen - Reaktion auf andere

GEMÜT - Gesellschaft - Verlangen nach (*/95)
• Gesellschaft - Verlangen nach - allein; agg. wenn (bg2/96)
• Trost - amel. (ptk1*/188)
• Widerspruch - verträgt keinen Widerspruch (bro1/249)

Schule - Konzentration

GEMÜT - Unaufmerksam (vh1/189)

Schule - Anstrengung; geistige

KOPF - Schmerz - geistige Anstrengung - agg. (k/328)
• Schmerz - Lesen, beim - agg. (k/332)

Schule - Konstitution

GEMÜT - Unternehmen; etwas - Vieles, hält aber bei nichts durch, bleibt nicht dabei; unternimmt (ptk1*/193)

Nonverbales - Reaktion auf andere

GEMÜT - Berührtwerden - Abneigung berührt zu werden (jsa/21)

Nonverbales - Gesten, Gebärden

GEMÜT - Launenhaftigkeit, launisch (*/123)
• Ungeschicklichkeit (bg2*/192)

Nonverbales - Konsultation; bei der

KOPF - Hitze - Kälte - Hände; mit Kälte der (k/293)
• Hitze - Kälte - Körpers; mit Kälte des (k/293)
OHR - Absonderungen - Blut (k/497)
• Absonderungen - blutig (tl1/497)
  » dünn (hr1/497)
  » *eitrig* (*/497)
  » *eitrig - Quecksilber; nach Mißbrauch von* (*/497)
  » *Karies, drohende* (*/497)
  » schleimig (bro1/498)
  » stinkend (k2*/498)
  » übelriechend (*/498)
  » unterdrückt (k/498)
  » wäßrig (bg2/498)
  » wundfressend (bro1/498)
• Entzündung - Processus mastoideus (bro1/501)
MUND - Schwämmchen (ggd1/681)
ÄUSSERER HALS - *Schwellung - Halsdrüsen* (b7/760)
ABDOMEN - Schmerz - Druck - amel. (k/883)
RÜCKEN - **Krümmung der Wirbelsäule** (bg2*/1323)
• Krümmung der Wirbelsäule - Dorsalregion (b7a/1323)
HAUT - *Verwachsen - Knochen; am* (*/1835)

Nonverbales - Äußerliches - Beobachtungen des Arztes

AUGE - Verklebt (ptk1/472)
ATMUNG - *Beschleunigt* (*/1174)
HUSTEN - Anfallsweise - besteht aus - kurzen Hustenstößen (*/1186)

Nonverbales - Äußerliches - Beobachtungen der Eltern

ZÄHNE - Zähneknirschen (*/718)
MAGEN - Schluckauf (k2*/809)
ABDOMEN - Schmerz - Kindern; bei - Säuglingen; bei - krampfartig (bro1/888)

Nacht; Beobachtungen in der - körperliche Symptome

ZÄHNE - Zähneknirschen - Schlaf; agg. im (k/718)

Autos und Schiffe

KOPF - Schmerz - Fahren - Wagen, im - agg. (k/326)
• Völlegefühl - Fahren im Wagen agg. (k2/411)

NASE - Verstopfung - Fahren im Wagen agg. (*/577)

ABDOMEN - Schmerz - Fahren - Wagen, im - agg. (^/885)
• Schmerz - Fahren - Wagen, im - agg. - abwärtsdrängend, zerrend (k/885)

WEIBLICHE GENITALIEN - *Schmerz - Uterus und Uterusregion - Fahren im Wagen agg. - abwärtsdrängend, zerrend* (k/1130)

ALLGEMEINES - Fahren - Wagen; mit dem - agg. (bg2*/1877)

Körperliche Symptome und Erkrankungen

MAGEN - Langsame Verdauung (bro1/805)

KEHLKOPF UND TRACHEA - *Laryngismus stridulus* (*/1145)
• Laryngismus stridulus - abwechselnd mit Kontraktion von Fingern und Zehen (*/1145)

RÜCKEN - Spina bifida (*/1384)

EXTREMITÄTEN - *Hüftgelenksentzündung* (k/1443)

ALLGEMEINES - Essen - Überessen; agg. nach (bg2/1877)
• Kindern; Beschwerden von (*/1897)
• Konvulsionen - Kindern, bei (j5/1905)
• Verletzungen - Knochenbrüche - langsame Heilung von Knochenbrüchen (*/2020)

Würmer

REKTUM - Würmer - Beschwerden durch Würmer - Spulwürmer (mtf11/986)

ALLGEMEINES - Chorea - Würmer, durch (bro1/1867)
• Konvulsionen - Würmer, durch (j5/1907)

Asarum europaeum

asar.

Asarum ist ein schüchternes und reifes Kind, das nicht besonders gerne mit Kindern desselben Alters zusammen sein will und *lieber die Zeit mit Erwachsenen verbringt.* Dieser Aspekt des Ernstes führt die Eltern oft dazu, Höchstleistungen zu fordern, sowohl in der Schule, wie im Sport. Die Kinder tun alles, um ihre Eltern glücklich zu machen und geben ihr Bestes. Dies führt zu körperlicher und vor allem geistiger Erschöpfung. Die Folge davon ist *große Ruhelosigkeit:* die reiben sich ständig die Hände, spielen mit den Fingern oder den Knöpfen und können nicht ruhig bleiben.

Sie werden *überempfindlich, besonders gegen Geräusche,* die sie ängstigen und aufschrecken lassen, sogar bis zur Reizbarkeit. Auf diese Phase kann völlige Verwirrung folgen, mit völliger Unfähigkeit, sich irgendetwas zu merken. Zu diesem Zeitpunkt entwickeln sie einen anhaltenden Zustand des Gehetztseins, der mit ihrer geistigen Leistungsfähigkeit gekoppelt ist. Die Eltern stellen fest, daß das Kind *Lernschwierigkeiten* hat; wenn man ihm sagt, es solle lernen, fängt es an zu weinen.

Beim Arztbesuch sind sie nervös und müssen besonders sanft behandelt werden.

Ein weiteres charakteristisches Symptom ist eine Abneigung gegen Schmutziges: ein Kuß wird als schmutzig betrachtet, so daß sie, *nachdem sie von den Großeltern oder Onkeln und Tanten geküßt wurden, loslaufen, um sich zu waschen* (Gemüt - Widerwillen - Sex, Küsse etc.; gegen).

Sie sind *extrem kalt,* was sich bei kaltem und trockenem Wetter verschlimmert und bei nassem Wetter besser wird.

Es ist eine *enge Beziehung zwischen einigen Hautausschlägen und den Ohren vorhanden:* sie können sogar nach Masern taub werden oder Otorrhoe nach Scharlach bekommen.

Krämpfe während der Verdauung, besonders bei nervösen Säuglingen.

Zu weiteren Störungen gehören: Obstipation mit Stuhl wie Schafskot; Hernie, besonders Leistenbruch; Karies und Hüftleiden.

Klinisches: Leistenbruch. Obstipation. Karies. Katarrh. Kopfschmerzen.

Wirkungsbereich: Nerven. Schleimhäute.

* * *

Entwicklung - schnell

GEMÜT - *Frühreife, altkluge Kinder* (ggd/63)

Stillen - Milch

ALLGEMEINES - Speisen und Getränke - Milch - amel. (vh1/2001)
• Speisen und Getränke - Milch - amel. - heiße (jl1/2001)
» Milch - Verlangen (vh*/2001)

Stillen - Magendarmsymptome - Appetit - vermindert

MAGEN - **Appetit - fehlend** (k/767)

Stillen - Magendarmsymptome - Appetit - vermehrt

MAGEN - Appetit - vermehrt (b2/770)

Stillen - Magendarmsymptome - Aufstoßen - Wasser; Hochsteigen von

MAGEN - Aufstoßens; Art des - Wasser in den Mund; Hochsteigen von (*/781)

Infektionskrankheiten - Masern

HÖREN - Schwerhörig - Masern, nach (k/536)

Infektionskrankheiten - Scharlach

OHR - *Absonderungen - Scharlach, nach* (k/498)

Infektionskrankheiten - Keuchhusten

HUSTEN - Keuchhusten (k/1197)

Konstitution - Angst und Furcht

GEMÜT - Angst - hypochondrisch (bg2/11)
• *Furcht - Geräusche, durch* (bro1/69)

Konstitution - Allgemeines

GEMÜT - Beachtung; schenkt allgemeinen Regeln keine (k/19)
• Ehrgeiz - erhöht, vermehrt, sehr ehrgeizig (mrr1/40)
• *Faulheit* (*/55)
• Heikel, pingelig (vh/106)
• Milde (*/130)
• Stimmung, Laune - veränderlich (*/171)
• Unaufmerksam (*/189)
• Unzufrieden (*/194)

Familie; Beziehung zur - Liebe und Zuneigung

GEMÜT - Verlassen zu sein; Gefühl (vh/198)

Familie; Beziehung zur - Vorwürfe

GEMÜT - Beschwerden durch - Vorwürfe (vh/26)

Beziehung zu anderen - Aggressivität

GEMÜT - Streitsüchtig (*/173)

Beziehung zu anderen - Reaktion auf andere

GEMÜT - Schüchternheit, Zaghaftigkeit (vh/158)
• Untröstlich (jl3/193)
• Widerspruch - verträgt keinen Widerspruch (bro1/249)

Schule - Konzentration

GEMÜT - Konzentration - schwierig - Studieren (k/117)
• Unaufmerksam (*/189)

Schule - Anstrengung; geistige

KOPF - Schmerz - geistige Anstrengung - agg. (k/328)

Schule - Vorwürfe

GEMÜT - Beschwerden durch - Vorwürfe (vh/26)

Schule - Konstitution

GEMÜT - Heikel, pingelig (vh/106)

Nonverbales - Reaktion auf andere

GEMÜT - Berührtwerden - Abneigung berührt zu werden (jl/21)
• Furcht - berührt zu werden (jl/66)

Nonverbales - Gesten, Gebärden

GEMÜT - Auffahren, Zusammenfahren - Geräusche; durch (jl/17)
• *Gesten, Gebärden; macht - Hände; unwillkürliche Bewegungen der - ringt die Hände* (mrr1*/98)
• Springen (bg2/169)
• Ungeschicklichkeit (b7/192)

Nonverbales - Konsultation; bei der

KOPF - Hitze - Kälte - Hände; mit Kälte der (k/293)
OHR - **Katarrh - Eustachische Röhre** (*/515)
HÖREN - **Schwerhörig - Tubenkatarrh** (*/537)
MUND - *Stomatitis ulcerosa, Stomakaze* (k/689)
ÄUSSERER HALS - Schwellung - Halsdrüsen (b7/760)

Nonverbales - Äußerliches - Beobachtungen des Arztes

ÄUSSERER HALS - Torticollis (*/761)
• Torticollis - links gezogen; nach (k/761)
ATMUNG - Beschleunigt (b2/1174)

Nonverbales - Äußerliches - Beobachtungen der Eltern

MUND - *Beißt - Zunge; beißt sich auf die* (bg2*/640)
MAGEN - Schluckauf (*/809)
STUHL - Schafskot, wie (b2/997)
• Unverdaut (*/999)

Autos und Schiffe

SCHWINDEL - Fahren, beim - Wagen, im - agg. (bg/265)

Körperliche Symptome und Erkrankungen

ZÄHNE - Karies, faule, hohle Zähne (*/700)
EXTREMITÄTEN - Hüftgelenksentzündung (k/1443)
ALLGEMEINES - Arzneimittel - heftige Reaktion auf homöopathische Arzneimittel (b7/1852)

Chirurgisch pathologische Zustände

ABDOMEN - *Hernie - Leistenhernie* (*/868)

Würmer

REKTUM - Würmer - Beschwerden durch Würmer (b2/985)
• Würmer - Beschwerden durch Würmer - Madenwürmer (*/986)
  » Beschwerden durch Würmer - Spulwürmer (k/986)

Asclepias tuberosa

asc-t.

Asclepias eignet sich besonders bei *Erkrankungen des Brustkorbs und des Darms.* In dieser Hinsicht ähnelt es Ipecacuanha. Es ist nützlich bei Husten und Erkältung; Schniefen; katarrhalischem, kruppösem Husten und Katarrh mit Atemnot. Das begleitende Fieber ist nicht sehr heftig; die Haut ist heiß, aber gleichzeitig feucht. Es ist angezeigt in Fällen von katarrhalischem Fieber, bei denen gleichzeitig die Schleimhaut des Darmes und der Bronchien angegriffen sind; Stuhl schleimig, grün.

Fließschnupfen mit viel Niesen.

Hering spricht von *Bronchiolitis* bei Kindern.

Katarrhalische Diarrhoe bei warmem Wetter, wenn die Nächte kühl und feucht sind, oder im Herbst. Nach heftiger Diarrhoe hat der Patient gewöhnlich ein hippokratisches Gesicht.

Obstipation nach Diarrhoe.

Eiweißhaltiger Urin nach Scharlach.

Klinisches: Asthma. Bronchitis. Katarrh. Influenza. Pleuritis. Herzleiden. Perikarditis. Kolik. Diarrhoe. Kopfschmerzen.

Wirkungsbereich: Absonderungen (Haut; seröse Häute; Schleim). Brust. Muskeln.

* * *

Stillen - Magendarmsymptome - Appetit - vermindert

MAGEN - Appetit - fehlend (c1/767)

Stillen - Magendarmsymptome - Appetit - vermehrt

MAGEN - Appetit - unstillbar (*/770)

Infektionskrankheiten - Scharlach

URIN - Eiweißhaltig - Scharlach; nach (k/1046)

Konstitution - Allgemeines

GEMÜT - Faulheit (a1*/55)

Nonverbales - Äußerliches - Beobachtungen des Arztes

NASE - *Schniefen* (k/568)

GESICHT - Hippokratisches Gesicht (k/605)

Nonverbales - Äußerliches - Beobachtungen der Eltern

NASE - Verstopfung - Kindern; bei (k/577)

ÄUSSERER HALS - Torticollis - Erwachen, beim (a1/761)

Würmer

REKTUM - Würmer - Beschwerden durch Würmer - Madenwürmer (c1/986)

Asimina triloba

asim.

Asimina ruft eine Reihe von Symptomen hervor, die *Scharlach* sehr ähneln; Halsschmerzen, Fieber, Erbrechen, scharlachartiger Ausschlag, vergrößerte Mandeln und Unterkieferdrüsen und Diarrhoe.

Aphthen im Mund und Halsentzündung bei Kindern.

Verlangen nach Eiskaltem und Verschlimmerung nach dem Essen.

Klinisches: Scharlach. Aphthen. Halsentzündung. Krämpfe. Diarrhoe. Fieber.

Wirkungsbereich: Mund. Innerer Hals. Magen.

* * *

Stillen - Milch

ALLGEMEINES - Speisen und Getränke - Milch - agg. (mtf11/2001)

Stillen - Magendarmsymptome - Abdomen - agg. durch

ABDOMEN - Schmerz - Kindern; bei - Säuglingen; bei - krampfartig (mtf11/888)

Infektionskrankheiten - Scharlach

INNERER HALS - *Entzündung - Scharlach; bei* (bro1/724)

FIEBER - *Ausschlagsfieber; Fieber bei Ausschlagserkrankungen - Scharlach* (bro1/1770)

HAUT - Hautausschläge - Scharlach (c2*/1821)

Nonverbales - Konsultation; bei der

GESICHT - Schwellung - Unterkieferdrüsen (*/631)

MUND - Aphthen (*/639)

• *Aphthen - Kindern, bei* (hr1*/639)

INNERER HALS - Schwellung - Tonsillen (br1/747)

Nonverbales - Äußerliches - Beobachtungen des Arztes

GESICHT - Hautausschläge - Akne (bro1/595)

Nonverbales - Äußerliches - Beobachtungen der Eltern

ABDOMEN - Schmerz - Kindern; bei - Säuglingen; bei - krampfartig (mtf11/888)

BLASE - Urinieren - verzögert, muß warten, bis der Urin zu fließen beginnt - pressen, bevor er damit beginnen kann; muß lange (bro1/1021)

Asparagus officinalis

aspar.

Das Gesicht kann grau und wächsern aussehen.

Typischerweise möchten diese Kinder ständig getragen werden.

Die Atmung kann beschleunigt sein. Das Kind fühlt sich gleich nach dem Trinken und Essen voll. *Häufiges Würgen bei Husten.*

Ausgeprägte Wirkung auf die Harnsekretion.

Klinisches: Schnupfen. Herzleiden. Diabetes. Beschwerden der Harnwege.

Wirkungsbereich: Nieren. Herz. Schleimhäute.

* * *

Nonverbales - Äußerliches - Beobachtungen des Arztes

GESICHT - Fettig (st/593)
• *Wächsern* (k/635)

ATMUNG - *Beschleunigt* (*/1174)

Nonverbales - Äußerliches - Beobachtungen der Eltern

MAGEN - Völlegefühl - Essen - nach - agg. (k/845)
• Völlegefühl - Trinken; agg. nach (k/845)

Schaukeln und Getragenwerden

GEMÜT - Getragen - Verlangen getragen zu werden (hr1*/99)

Körperliche Symptome und Erkrankungen

MAGEN - Würgen - Husten, mit (*/846)

Astacus fluviatilis

astac.

Gewöhnlich *melancholische und schweigsame Kinder* mit Besserung durch Weinen.

Die Leber ist deutlich angegriffen und ein bedeutendes Charakteristikum ist *„Nesselausschlag mit Leberbeschwerden"*.

Die *Hautsymptome* sind sehr wichtig: Erysipel, Ekzem, Jucken an verschiedenen Stellen. Gelbsucht Neugeborener. Milchschorf mit Vergrößerung der Lymphdrüsen, besonders der Halslymphknoten.

Ein sehr wichtiges Mittel bei *Stomatitis ulcerosa.*

Klinisches: Hautausschläge. Husten. Fieber. Drüsenvergrößerung. Leberbeschwerden. Gelbsucht. Magenbeschwerden. Kolik. Diarrhoe. Zahnschmerzen.

Wirkungsbereich: Haut. Drüsen. Leber. Verdauung.

* * *

Stillen - Milch

KOPF - Hautausschläge - Milchschorf (bro1/290)
• Hautausschläge - Milchschorf - Kindern; bei - Neugeborenen; bei - Adenitis; mit (ptk/290)

Konstitution - Allgemeines

GEMÜT - Weinen - amel. (c1/245)

Nonverbales - Konsultation; bei der

MUND - Aphthen (kr1/639)
• **Stomatitis ulcerosa, Stomakaze** (k/689)

ÄUSSERER HALS - Schwellung - Halsdrüsen (br1*/760)

HAUT - Farbe - gelb - Neugeborenen, bei (mp1/1800)

Asterias rubens

aster.

Asterias rubens ist ein Mittel für *reizbare, ungeduldige* und *aufbrausende* Kinder. Sie ertragen keinen Widerspruch und *sind immer bereit, sich über etwas zu streiten.* Während einer Auseinandersetzung neigen sie dazu, andere Kinder zu beißen. Nach geringen Emotionen weinen sie sehr schnell, fühlen sich danach aber besser.

Die Symptome können nach Schreck einsetzen.

Langsame Zahnung. Wenn sie größer werden, sind manchmal *akneartige Hautausschläge* zu beobachten, besonders bei anämischen Mädchen.

Nach geistiger Anstrengung klagen sie sehr schnell über Kopfschmerzen.

Der Appetit ist vermindert oder launisch.

Klinisches: Konvulsionen. Epilepsie. Kopfschmerzen. Herzleiden. Akne. Obstipation.

Wirkungsbereich: Kreislauf. Nerven. Weibliche Geschlechtsorgane. Rektum.

* * *

Zahnung - Allgemeines

ZÄHNE - Zahnung - langsam (jl*/718)
• Zahnung - schwierig (ggd1/718)

Stillen - Magendarmsymptome - Appetit - allgemein

MAGEN - Appetit - launischer Appetit (k/770)

Stillen - Magendarmsymptome - Appetit - vermindert

MAGEN - Appetit - fehlend (k/767)

Stillen - Magendarmsymptome - Appetit - vermehrt

MAGEN - Appetit - vermehrt (sze10/770)

Konstitution - Angst und Furcht

GEMÜT - Beschwerden durch - Schreck (gt/25)
• Furcht - allein zu sein (sze10/64)
» neuen Projekten, Unternehmungen; vor (sze10/74)

Konstitution - Allgemeines

GEMÜT - *Faulheit* (kr1/55)
• Verantwortung - ernst; nimmt seine Verantwortung zu (sze10/195)
• *Weinen - amel.* (a1/245)
» Gemütsbewegungen, Emotionen - geringen; nach (*/245)
» leicht (kr1/246)

Beziehung zu anderen - Aggressivität

GEMÜT - Streitsüchtig (*/173)

Beziehung zu anderen - Reaktion auf andere

GEMÜT - Widerspruch - verträgt keinen Widerspruch (*/249)

Beziehung zu anderen - allgemein

GEMÜT - Ichbezogenheit, Selbstüberhebung (sze10/111)

Schule - Angst

GEMÜT - Furcht - neuen Projekten, Unternehmungen; vor (sze10/74)

Schule - Anstrengung; geistige

KOPF - Schmerz - geistige Anstrengung - agg. (st/328)

Schule - Konstitution

GEMÜT - Verantwortung - ernst; nimmt seine Verantwortung zu (sze10/195)

Nonverbales - Aggressivität

GEMÜT - Beißen (*/20)

Nonverbales - Konsultation; bei der

BRUST - Einziehung der Brustwarzen (vh/1231)

Nonverbales - Äußerliches - Beobachtungen des Arztes

GESICHT - *Hautausschläge - Akne* (c2*/595)
• Hautausschläge - Akne - Mädchen; bei anämischen (j/596)

ALLGEMEINES - Zwergwuchs (jl3/2035)

Nonverbales - Äußerliches - Beobachtungen der Eltern

STUHL - Kugeln, wie (bro1/996)

Atrax robustus

atra-r.

Erkennbare Charakteristika entwickeln sich im Schulalter: *lebhafte und ruhelose Kinder*, die den ganzen Tag über springen und tanzen, aber dann *abends* vor allem geistig *erschöpft* sind und bis zum nächsten Morgen in diesem Zustand bleiben. Wenn sie aufwachen, fühlen sie sich müde, was allmählich abklingt.

Sie haben große Schwierigkeiten in der Schule, weil *sie spät schreiben lernen.*

Bauchschmerzen sind schlimmer beim Beugen nach hinten und besser durch Druck, durch Liegen auf dem Bauch und durch Zusammenkrümmen.

Sollte bei Harnverhaltung erwogen werden.

Klinisches: Ohrenschmerzen. Kopfschmerzen. Schlaflosigkeit. Geistige Erschöpfung. Neuralgie. Würmer.

Wirkungsbereich: Gemüt. Abdomen.

* * *

Stillen - Magendarmsymptome - Abdomen - agg. durch

ABDOMEN - Schmerz - Beugen - hinten, nach - agg. (bnm3/882)

Stillen - Magendarmsymptome - Abdomen - amel. durch

ABDOMEN - Schmerz - Druck - amel. (bnm3/883)
• Schmerz - Liegen - Abdomen; auf dem - amel. (bnm3/889)

Schule - Lernen - Schreiben

GEMÜT - Schreiben - Unfähigkeit zu (skp7/156)

Spielen

GEMÜT - Tanzen (bnm3/179)

Nonverbales - Gesten, Gebärden

GEMÜT - Springen (^/169)

Nonverbales - Allgemeines

GEMÜT - Ruhelosigkeit - Kindern, bei (bnm3/151)

Nonverbales - Konsultation; bei der

ABDOMEN - Schmerz - Druck - amel. (bnm3/883)

HAUT - Hautausschläge - Erythem (bnm3/1812)

Nonverbales - Äußerliches - Beobachtungen der Eltern

AUGE - Verklebt - morgens (skp7*/472)

ABDOMEN - Schmerz - Beugen - hinten, nach - agg. (bnm3/882)
• Schmerz - Liegen - Abdomen; auf dem - amel. (bnm3/889)

» Zusammenkrümmen - amel. (bnm3/897)

Körperliche Symptome und Erkrankungen

BLASE - Harnverhaltung - Kindern, bei (bnm3/1005)

Atropinum purum aut sulphuricum

atro.

Stillen - Milch

MAGEN - Erbrechen - Milch, nach (k/794)

ALLGEMEINES - Speisen und Getränke - Milch - agg. (stx1/2001)

Stillen - Magendarmsymptome - Erbrechen

MAGEN - Erbrochenen; Art des - Speisen - unverdaut (bro1/800)

Konstitution - Allgemeines

GEMÜT - Faulheit (kr1/55)

Beziehung zu anderen - Aggressivität

GEMÜT - Schlagen (a1/154)
- Streiten - Abneigung gegen (a1/172)
- Streitsüchtig (a1*/173)

Beziehung zu anderen - Reaktion auf andere

GEMÜT - Antworten - Abneigung zu antworten (k/14)
- Antworten - unbefriedigend (a1/15)
  » unfähig zu antworten (^/15)
  » *weigert sich zu antworten* (a1*/15)
- Gesellschaft - Abneigung gegen (*/94)

Beziehung zu anderen - allgemein

GEMÜT - Sprache - hastig, eilig (a1*/167)

Schule - Beziehung zu anderen

MUND - Sprache - stotternd (a1*/688)

Spielen

TRÄUME - Baseball zu spielen (a1*/1710)

Nonverbales - Aggressivität

GEMÜT - Stoßen, treten, austreten (a1/172)

Nonverbales - Gesten, Gebärden

GEMÜT - Hast, Eile - Bewegungen; in den (a1/105)
- Springen (^/169)

Nonverbales - Konsultation; bei der

HAUT - Erysipel (hr1*/1798)

Nonverbales - Äußerliches - Beobachtungen des Arztes

KOPF - Halten - hoch, aufrecht zu halten; unfähig, den Kopf (k/289)

ÄUSSERER HALS - Torticollis (c1*/761)

ATMUNG - Beschleunigt (a1/1174)

Nonverbales - Äußerliches - Beobachtungen der Eltern

ZÄHNE - Zähneknirschen (k/718)

REKTUM - Unwillkürlicher Stuhl (a1/984)

Nacht; Beobachtungen in der - Gemütssymptome

GEMÜT - Gesten, Gebärden; macht - Hände; unwillkürliche Bewegungen der - zupft - Bettwäsche; an der (*/98)
- Sprechen - Schlaf; im (vh/169)

Nacht; Beobachtungen in der - Schlaf; Lage im

SCHLAF - Lage - Seite, auf der - linken Seite, auf der (a1/1683)

Chirurgisch pathologische Zustände

ABDOMEN - Entzündung - Peritoneum (bro1/860)
- *Entzündung - Peritoneum - begleitet von - Zunge - Trockenheit der Zunge* (kr1*/860)
- Intussuszeption (bro1/869)

Aurum arsenicum

aur-ar.

Wulfsberg schrieb in seinem Buch *Drei Stücke Gold*: „Dieser Arzneimittelzustand scheint durch unglückliche Umstände erzeugt zu werden, sehr oft in der Kindheit, wenn das Bedürfnis eines Menschen nach Liebe, Aufmerksamkeit und Sicherheit am größten ist. Das Kind wuchs in einem Umfeld auf, das als unsicher wahrgenommen wurde. Oft wurde dies durch einen Vater, der Alkoholiker war, erzeugt. Die Familienmitglieder wußten nie, wann er nachhause kommen würde, in was für einem Zustand er sein würde und was für eine Art von Ärger sie erwartete. Dies erzeugte den Arsenicum-Zustand von Unsicherheit und Angst. In diesen Fällen wurde der Aurum-Zustand wahrscheinlich durch unterdrückte Wut auf den Vater erzeugt und durch die Scham- und Schuldgefühle, die diese Situation häufig verursacht."

Die Aurum-arsenicum-Kinder sind auf sich und auf andere wütend; *sehr oft haben sie Schuldgefühle, aber gleichzeitig versuchen sie immer, die Fehler Anderer hervorzuheben.* Sie sind streng gegen andere, aber vor allem gegen sich selbst, entsprechend sind sie *in der Schule sehr verantwortungsbewußt und akribisch.*

Man kann sagen, daß die Essenz dieses Mittels *Niedergeschlagenheit mit Ruhelosigkeit* ist, besonders nachts.

Auf körperlicher Ebene sollte man es erwägen bei *Parotitis* und *Otitis* mit gelben, eitrigen, dicken und stinkenden Absonderungen.

Klinisches: Anämie. Kopfschmerzen. Otitis.

Wirkungsbereich: Gemüt. Kopf. Schleimhäute. Knochen. Drüsen. Haut.

* * *

Stillen - Milch

ALLGEMEINES - Speisen und Getränke - Milch - Verlangen (k2*/2001)

Stillen - Magendarmsymptome - Appetit - vermehrt

MAGEN - Appetit - Heißhunger (k2/769)

Stillen - Magendarmsymptome - Abdomen - amel. durch

ABDOMEN - Schmerz - Wärme - amel. (k2/896)

Infektionskrankheiten - Mumps

GESICHT - Entzündung - Parotis (k2/584)
• Schmerz - Parotis (k2/626)
• Schwellung - Parotis (k2/631)

Konstitution - Angst und Furcht

GEMÜT - Furcht - allein zu sein (k2/64)

Konstitution - Allgemeines

GEMÜT - Faulheit (k2/55)
• Gewissenhaft, peinlich genau in bezug auf Kleinigkeiten (k2/99)
• Unordentlich (k2/192)
• Unzufrieden (k2/194)
• Verantwortung - ernst; nimmt seine Verantwortung zu (mtf/195)

Beziehung zu anderen - Aggressivität

GEMÜT - Streitsüchtig (k2/173)
• Zorn - Widerspruch, durch (k2*/255)

Beziehung zu anderen - Reaktion auf andere

GEMÜT - Schüchternheit, Zaghaftigkeit (k2/158)
• Widerspenstig (k2/249)
• Widerspruch - verträgt keinen Widerspruch (vh1/249)

Beziehung zu anderen - allgemein

GEMÜT - Beleidigt, leicht (k2/20)
• Tadelsüchtig, krittelig (k2/178)
• Tadelt andere (k2/179)
• Tadelt sich selbst, macht sich Vorwürfe (k2*/179)

Schule - Anstrengung; geistige

KOPF - Schmerz - geistige Anstrengung - agg. (k2/328)

Schule - Konstitution

GEMÜT - Eigensinnig, starrköpfig, dickköpfig (k2/41)
• Gewissenhaft, peinlich genau in bezug auf Kleinigkeiten (k2/99)
• Unordentlich (k2/192)
• Verantwortung - ernst; nimmt seine Verantwortung zu (mtf/195)

Nonverbales - Allgemeines

GEMÜT - Eigensinnig, starrköpfig, dickköpfig (k2/41)

Nonverbales - Konsultation; bei der

OHR - Absonderungen - dick (k2/497)
• Absonderungen - eitrig (k2/497)
» gelb (k2/497)
» stinkend (k2/498)
» übelriechend (k2/498)

GESICHT - Schwellung - Unterkieferdrüsen (k2/631)

MUND - Aphthen (k2/639)

HAUT - Erysipel (k2/1798)

Nonverbales - Äußerliches - Beobachtungen des Arztes

GESICHT - Rissig - Lippen (k2/613)

ATMUNG - Beschleunigt (k2/1174)

Nonverbales - Äußerliches - Beobachtungen der Eltern

AUGE - Verklebt - morgens (k2/472)

MAGEN - Schluckauf (k2/809)

ABDOMEN - Schmerz - Wärme - amel. (k2/896)

WEIBLICHE GENITALIEN - Masturbation; Neigung zu (k2/1104)

Nacht; Beobachtungen in der - körperliche Symptome

ZÄHNE - Zähneknirschen - Schlaf; agg. im (k2/718)

BLASE - Urinieren - unwillkürlich - nachts (k2/1019)

Körperliche Symptome und Erkrankungen

KOPF - Hydrozephalus (k2/295)

ZÄHNE - Karies, faule, hohle Zähne (k2/700)

Aurum iodatum

aur-i.

Ängstliche Kinder, besonders bei Dunkelheit. Sie sind schüchtern und mögen keine Gesellschaft. Sie tendieren dazu, unsicher zu sein und kauen aus diesem Grund oft an den Nägeln. Sie sind akribisch und launisch.

Sie leiden an Otitis, mit *Perforation des Trommelfells*, besonders *nachts schlimmer.* Otitis kann zu Mastoiditis werden.

Dieses Mittel ist wichtig bei *Laryngismus stridulus.*

Klinisches: Laryngospasmus. Otitis.

Wirkungsbereich: Blutgefäße; Arterien. Weibliche Genitalien. Drüsen. Ohren.

* * *

Krankengeschichte; familiäre und persönliche

ALLGEMEINES - Krankengeschichte von; persönliche - Tuberkulose, von (klr1/1910)

Stillen - Magendarmsymptome - Appetit - vermehrt

MAGEN - Appetit - Heißhunger (k2/769)
• Appetit - vermehrt (k2/770)

Konstitution - Allgemeines

GEMÜT - Faulheit (k2/55)
• Gewissenhaft, peinlich genau in bezug auf Kleinigkeiten (k2*/99)
• Selbstvertrauen - Mangel an Selbstvertrauen (k2/161)
• Stimmung, Laune - veränderlich (k2/171)

Beziehung zu anderen - Reaktion auf andere

GEMÜT - Gesellschaft - Abneigung gegen (k2*/94)
• Schüchternheit, Zaghaftigkeit (k2*/158)

Schule - Angst

GEMÜT - Selbstvertrauen - Mangel an Selbstvertrauen (k2/161)

Schule - Konstitution

GEMÜT - Gewissenhaft, peinlich genau in bezug auf Kleinigkeiten (k2*/99)
• Selbstvertrauen - Mangel an Selbstvertrauen (k2/161)

Nonverbales - Aggressivität

GEMÜT - Beißen (^/20)

Nonverbales - Gesten, Gebärden

GEMÜT - Beißen - Nägel (a/20)

Nonverbales - Konsultation; bei der

KOPF - Hitze - Kälte - Hände; mit Kälte der (k2/293)
OHR - Absonderungen - eitrig (k2/497)
• Absonderungen - stinkend (k2/498)
• Entzündung - Processus mastoideus (mtf11/501)
MUND - Aphthen (k2/639)

Nonverbales - Äußerliches - Beobachtungen des Arztes

ATMUNG - Beschleunigt (k2/1174)

Nonverbales - Äußerliches - Beobachtungen der Eltern

MAGEN - Schluckauf (k2/809)

Nacht; Beobachtungen in der - Gemütssymptome

GEMÜT - Angst - Dunkelheit; in der (k2/8)

Körperliche Symptome und Erkrankungen

KEHLKOPF UND TRACHEA - Laryngismus stridulus (c2/1145)
EXTREMITÄTEN - Hüftgelenksentzündung (k2/1443)

Aurum metallicum

aur.

Borland schrieb: „Bei dieser fahlen, mutlosen, trägen Art von Kindern, mit dieser niedergeschlagenen, negativen Haltung, sollte man Gold, Aurum metallicum als Möglichkeit in Betracht ziehen, oder eines der Goldsalze. Das typische Aurum-Kind ist immer ein nicht vollständig entwickeltes Kind. Es ist nicht so sehr eine Frage von zu geringer Größe oder Untergewicht, als vielmehr daß es schlicht nicht erwachsen wird."

Aurum-Kinder vermitteln immer den Eindruck, leblos zu sein, aber sie sind sehr aktiv, besonders in der Schule. *Sie wollen immer die Besten sein* und wenn es ihnen nicht gelingt, werden sie *sehr niedergeschlagen*, in einem solchen Ausmaß, daß sie Selbstmordgedanken haben können, sogar bei Kindern zwischen sechs und sieben Jahren. Sie haben ein großes *Verantwortungsgefühl* und oft lernen sie in der schulfreien Zeit. Wenn sich die Eltern dazu entscheiden, die Ferien um ein paar Tage zu verlängern, werden sie darauf hinweisen, daß es wichtig für sie sei, keinen Schultag zu verpassen und die Eltern zwingen, pünktlich zum Schulanfang zurück zu sein. Dieser Ernst zeigt sich auch im Aussehen, denn oft haben sie Sehprobleme und tragen eine Brille. Es sind frühreife Kinder, vielleicht sogar auf der Ebene von Genies, aber sie sind *zu ernst und introvertiert.* Oft sind sie gern mit anderen Kindern zusammen.

In der Schule haben sie manchmal Probleme mit dem Gedächtnis und mit Mathematik.

Sie sind schrecklich *empfindlich gegen jede Enttäuschung*; sie grämen sich tagelang, völlig unverhältnismäßig im Vergleich zur Reaktion normaler Kinder.

Es sind introvertierte Kinder, die selten ihre Gefühle zeigen.

Auf der körperlichen Ebene findet man häufig *Hernien*, sowohl Leisten- wie Nabelbrüche.

Bei Kindern mit *wiederholter Perforation des Trommelfells*, besonders *nachts*, sollte man es unbedingt in Erwägung ziehen.

Manchmal haben sie *angeborene Herzleiden*, Herzklappenstenose und Fehler der Herzscheidewand. Vithoulkas schrieb: „Bei Aurum-Kindern können Beschwerden durch heftiges Herzklopfen während der Pubertät vorliegen, wenn die sexuellen Instinkte geweckt sind und Veränderungen des Hormonsystems einsetzen."

Die Knochen sind fast immer angegriffen: Wachstumsschmerzen, Exostose, Skoliose, juvenile rheumatoide Arthritis usw.

Eine Krankengeschichte von *Problemen der Hoden* (Schmerzen, Schwellung, Epididymitis, hauptsächlich rechtsseitig) und Traurigkeit seit der Kindheit weisen stark auf die Verschreibung von Aurum hin.

Klinisches: Ohrenleiden. Herzleiden. Asthma. Pavor nocturnus. Sehstörungen. Otitis.

Wirkungsbereich: Gemüt. Knochen. Gefäßsystem. Herz. Nerven. Drüsen. Leber. Nieren.

* * *

Krankengeschichte; familiäre und persönliche

ALLGEMEINES - Familiengeschichte von - Aorta; Beschwerden der (zs4/1878)
• Familiengeschichte von - Apoplexie (zs4/1878)

Entwicklung - langsam

GEMÜT - Entwicklung; kindliche - Entwicklungsstillstand (bl/47)

Entwicklung - schnell

GEMÜT - *Frühreife, altkluge Kinder* (lmj/63)

Entwicklung - allgemein

EXTREMITÄTEN - *Schmerz - Unterschenkel - Wachstumsschmerzen* (lmj/1605)

ALLGEMEINES - Schmerz - Wachstumsschmerzen (ggd1/1958)

Zahnung - Empfindungen und neurologische Beschwerden

ALLGEMEINES - Konvulsionen - Zahnung; während der (bro1/1907)

Stillen - Gemütssymptome

GEMÜT - Hast, Eile - Essen; beim (b4a/105)

Stillen - Milch

KOPF - Hautausschläge - Milchschorf (bg2/290)

ALLGEMEINES - *Speisen und Getränke - Milch - Verlangen* (*/2001)

Stillen - Magendarmsymptome - Appetit - vermindert

MAGEN - Appetit - fehlend (*/767)
• *Appetit - vermindert* (*/772)

Stillen - Magendarmsymptome - Appetit - vermehrt

MAGEN - *Appetit - Heißhunger* (*/769)
• Appetit - unstillbar (*/770)
» *vermehrt* (*/770)
» vermehrt - Essen - nach (*/772)

Stillen - Magendarmsymptome - Aufstoßen - Speisen; von

MAGEN - Aufstoßens; Art des - Speisen; von (bg2/780)

Stillen - Magendarmsymptome - Aufstoßen - Wasser; Hochsteigen von

MAGEN - Aufstoßens; Art des - Wasser in den Mund; Hochsteigen von (*/781)

Stillen - Magendarmsymptome - Abdomen - agg. durch

ABDOMEN - Schmerz - Druck - agg. (^/883)

Stillen - Allgemeines

SCHWEISS - Essen - beim - agg. (bg2/1786)
• *Essen - nach - agg.* (*/1786)

ALLGEMEINES - Säuglinge (mtf33/1944)

Infektionskrankheiten - Mumps

GESICHT - *Entzündung - Parotis* (*/584)
• Entzündung - Parotis - Metastasierung zu - Hoden (bro1/584)
• *Schmerz - Parotis* (*/626)
» *Parotis - Berührung agg.* (*/627)
» Parotis - drückend (b4a/627)
» Parotis - wund schmerzend (*/627)
• *Schwellung - Parotis* (*/631)

Infektionskrankheiten - Scharlach

OHR - *Absonderungen - Scharlach, nach* (*/498)

ALLGEMEINES - Scharlach - Beschwerden nach (*/1944)

Infektionskrankheiten - Keuchhusten

HUSTEN - Keuchhusten (*/1197)

Konstitution - Angst und Furcht

GEMÜT - *Angst - hypochondrisch* (sne/11)
• Beeindrucken, empfänglich für Eindrücke; leicht zu (gl*/19)
• *Beschwerden durch - Schreck* (*/25)
• Feigheit (*/59)
• *Furcht - Geräusche, durch* (k/69)
» hochgelegenen Orten; vor (pt*/71)
» *Versagen, Mißerfolg; vor dem* (vh1*/79)
» Versagen, Mißerfolg; vor dem - Kindern; bei (mtf33/79)
» voller Furcht (gt/79)
» Wasser, vor (bro1/79)
• *Schreckliches und traurige Geschichten greifen sie stark an* (gt1*/156)
• Vorsichtig (j/205)

Konstitution - Allgemeines

GEMÜT - *Beschwerden durch - Heimweh* (sne/24)
• Ehrgeiz - erhöht, vermehrt, sehr ehrgeizig (j*/40)

» erhöht, vermehrt, sehr ehrgeizig - Wettbewerb mit anderen, vergleicht sich mit ihnen; steht (mtf33/40)
- Empfindlich - Kinder (k/44)
- Entmutigt (*/46)
- *Faulheit* (*/55)
- Gewissenhaft, peinlich genau in bezug auf Kleinigkeiten (*/99)
- Heikel, pingelig (*/106)
- *Heimweh* (*/107)
- Milde (*/130)
- *Nachgiebigkeit* (b4a/134)
- Neugierig (ptk1*/135)
- Pessimist (k2*/136)
- Pflicht - zu viel Pflichtgefühl (mtf33/136)
- Reisen - Verlangen nach (k/142)
- *Selbstvertrauen - Mangel an Selbstvertrauen* (k/161)
- Sorgen; voller (h2*/164)
- Sorgsamkeit, Sorgfalt (b4/165)
- *Spontan, impulsiv* (k/166)
- *Stimmung, Laune - veränderlich* (*/171)
- *Theoretisieren* (k/180)
- Traurigkeit - Kindern, bei (g*/186)
- Unaufmerksam (bg2/189)
- Ungerechtigkeit; erträgt keine (lmj*/191)
- *Unzufrieden* (*/194)
- Verantwortung - ernst; nimmt seine Verantwortung zu (k13*/195)
- *Verwegenheit* (^/199)
- Weinen - Gemütsbewegungen, Emotionen - geringen; nach (zzb/245)
  » Kindern; bei (mtf33/246)

Familie; Beziehung zur - Liebe und Zuneigung

GEMÜT - Abneigung - Familienangehörige; gegen (bg2/1)
- Liebevoll, voller Zuneigung, herzlich (ckh1/125)
- **Verlassen zu sein; Gefühl** (*/198)
- Waisen (mtf/243)

Familie; Beziehung zur - Vorwürfe

GEMÜT - *Beschwerden durch - Tadel* (sne/25)

Beziehung zu anderen - Aggressivität

GEMÜT - *Beschwerden durch - Heftigkeit* (kr1/24)
- *Grausamkeit* (vh*/103)
- **Streitsüchtig** (*/173)
- Zorn - mißverstanden, falsch verstanden; wenn (gt*/255)
  » **Widerspruch, durch** (*/255)

Beziehung zu anderen - Reaktion auf andere

GEMÜT - *Antworten - Abneigung zu antworten* (st/14)
- *Antworten - Fragen, in* (h2*/15)
- Beschwerden durch - Scham (k2*/24)
- *Gesellschaft - Abneigung gegen* (*/94)
  » Verlangen nach (^/95)
  » Verlangen nach - allein; agg. wenn (sne/96)
- **Lächeln - niemals** (st/119)
- *Schüchternheit, Zaghaftigkeit* (*/158)
- Trost - agg. (bg2*/188)
- Widerspenstig (k/249)
- *Widerspruch - Neigung zu widersprechen* (k/249)
  » **verträgt keinen Widerspruch** (*/249)

Beziehung zu anderen - allgemein

GEMÜT - *Argwöhnisch, mißtrauisch* (*/16)
- *Beleidigt, leicht* (*/20)
- Empfindlich - äußerliche Eindrücke; gegen alle (lpc/42)
- Furcht - Räubern, vor (k/74)
- Geheimnistuerisch, verschlossen (bg2*/87)
- Ichbezogenheit, Selbstüberhebung (sf1/111)
- Mitgefühl, Mitleid (fb/130)
- Pubertät; in der (sf/138)
- Sprache - hastig, eilig (bro1/167)
- Tadelsüchtig, krittelig (*/178)
- Tadelt andere (k/179)
- *Tadelt sich selbst, macht sich Vorwürfe* (*/179)

Schule - Angst

GEMÜT - *Furcht - Versagen, Mißerfolg; vor dem* (vh1*/79)
- Furcht - Versagen, Mißerfolg; vor dem - Kindern; bei (mtf33/79)
- *Selbstvertrauen - Mangel an Selbstvertrauen* (k/161)

Schule - Konzentration

GEMÜT - Erschöpfung; geistige - Lesen, durch (k/52)
- Unaufmerksam (bg2/189)
- Verwirrung; geistige - Schreiben, beim (k/203)

Schule - Lernen - Mathematik, Rechnen

GEMÜT - Mathematik - Unfähigkeit zur (mtf33/128)

Schule - Lernen - Schreiben

GEMÜT - Verwirrung; geistige - Schreiben, beim (k/203)

Schule - Anstrengung; geistige

GEMÜT - Erschöpfung; geistige - Lesen, durch (k/52)

KOPF - **Schmerz - geistige Anstrengung - agg.** (k/328)
- Schmerz - Lesen, beim - agg. (k/332)

Schule - Beziehung zu anderen

GEMÜT - Beschwerden durch - Scham (k2*/24)

MUND - Sprache - stotternd (bg2/688)

Schule - Vorwürfe

GEMÜT - *Beschwerden durch - Tadel* (sne/25)

Schule - Konstitution

GEMÜT - Eigensinnig, starrköpfig, dickköpfig (*/41)
• Eigensinnig, starrköpfig, dickköpfig - Kinder (sf1/41)
• Gewissenhaft, peinlich genau in bezug auf Kleinigkeiten (*/99)
• Hast, Eile - tut, womit er gerade beschäftigt ist; bei dem, was er (k/105)
» tut, womit er gerade beschäftigt ist; bei dem, was er - Verlangen mehrere Dinge gleichzeitig zu tun (k/106)
• Heikel, pingelig (*/106)
• Neugierig (ptk1*/135)
• *Selbstvertrauen - Mangel an Selbstvertrauen* (k/161)
• Verantwortung - ernst; nimmt seine Verantwortung zu (k13*/195)

Spielen

GEMÜT - *Amüsement, Vergnügen - Verlangen nach* (mtf/4)

Tieren; Beziehung zu

GEMÜT - Furcht - Katzen; vor (mtf/71)

Nonverbales - Aggressivität

GEMÜT - *Beißen* (b4a/20)
• Destruktivität, Zerstörungswut (k/38)
• Diktatorisch (k1*/39)
• Reizbarkeit, Gereiztheit - Kindern, bei (mtf33/145)
• Spucken (bg2/170)

Nonverbales - Reaktion auf andere

GEMÜT - Näherkommen, auf ihn Zukommen von Personen - Abneigung gegen (k/134)

Nonverbales - Gesten, Gebärden

GEMÜT - Auffahren, Zusammenfahren - Geräusche; durch (k/17)
• Gesten, Gebärden; macht - Hände; unwillkürliche Bewegungen der - ringt die Hände (k/98)
» Tics; nervöse (bro1*/99)
• Hast, Eile - Bewegungen; in den (^/105)
• Launenhaftigkeit, launisch (bg2/123)
• *Springen* (bg2/169)
• Verstecken - sich (k13/199)
» sich - Kinder (st1*/199)

Nonverbales - Allgemeines

GEMÜT - Eigensinnig, starrköpfig, dickköpfig (*/41)
• Eigensinnig, starrköpfig, dickköpfig - Kinder (sf1/41)
» Kinder - Masturbation bei Knaben; nach (sf1/41)
• Hast, Eile - Essen; beim (b4a/105)
» tut, womit er gerade beschäftigt ist; bei dem, was er (k/105)
» tut, womit er gerade beschäftigt ist; bei dem, was er - Verlangen mehrere Dinge gleichzeitig zu tun (k/106)
• Singen (j/163)

Nonverbales - Konsultation; bei der

KOPF - Hitze - Kälte - Extremitäten; mit Kälte der (k/293)
• Hitze - Kälte - Füße; mit Kälte der (k/293)

OHR - Absonderungen - chronisch (bg2*/497)
• Absonderungen - chronisch - links (st/497)
» *eitrig* (*/497)
» *eitrig - Quecksilber; nach Mißbrauch von* (*/497)
» **Karies, drohende** (*/497)
» schleimig (bro1/498)
» **stinkend** (*/498)
» **übelriechend** (*/498)
» **unterdrückt** (*/498)
» wundfressend (bro1/498)
• Entzündung - Processus mastoideus (bro1*/501)
• Katarrh - Eustachische Röhre (bnt/515)
• Ohrschmalz - faulig (bg2/516)
• Perforation - Trommelfell (bg2*/516)

HÖREN - Schwerhörig - Tonsillen - Hypertrophie der (bro1/537)
• Schwerhörig - Tonsillen - vergrößert (k/537)

GESICHT - Schwellung - Unterkieferdrüsen (k/631)
• Schwellung - Unterkieferdrüsen - schmerzhaft (k/631)

MUND - Aphthen (*/639)
• Aphthen - Gaumen - mercurialisch (k/640)
» Zunge (*/640)
• Farbe - Zunge - weiß - Zungenwurzel - Knaben; bei schwächlichen, entkräfteten (kr1*/651)
• *Stomatitis ulcerosa, Stomakaze* (b4a/689)

INNERER HALS - Entzündung - Tonsillen (bg2/724)
• *Schwellung - Tonsillen* (*/747)

ÄUSSERER HALS - Schwellung - Halsdrüsen (b4/760)

ABDOMEN - Schmerz - Druck - agg. (^/883)

RÜCKEN - Krümmung der Wirbelsäule (bg2*/1323)
• Krümmung der Wirbelsäule - Dorsalregion (b4a/1323)

EXTREMITÄTEN - Nägel; Beschwerden der - dicke Nägel (ptk1/1664)

HAUT - *Erysipel* (*/1798)
• Hautausschläge - Impetigo (bro1/1816)
• Verwachsen - Knochen; am (*/1835)

ALLGEMEINES - **Exostose** (*/1877)
• **Genesung, Rekonvaleszenz; Beschwerden während der - Ohr; nach Absonderungen aus dem** (k/1884)

Nonverbales - Äußerliches - Beobachtungen des Arztes

KOPF - Schuppen (bg2/402)
AUGE - *Verklebt* (b4a/472)
NASE - Bohren mit den Fingern in der Nase (*/546)
- *Eingesunken* (*/546)
- *Schniefen* (k/568)
- Spitz (b7/574)

GESICHT - Farbe - bläulich - Neugeborenen; bei (br1/587)
- Fettig (*/593)
- Hautausschläge - Akne (c1*/595)
- Hippokratisches Gesicht (b7/605)
- Rissig - Lippen (k/613)
- Sommersprossen (b2/632)
- *Venen, erweiterte* (sne/634)
  » Schläfen (bg2/634)
- Warzen (b4a/635)

ATMUNG - *Asphyxie - Kindern, Neugeborenen; bei* (*/1160)
- Atemnot, Dyspnoe, erschwertes Atmen - Kindern; bei - Neugeborenen; bei (mrr1/1168)
- *Beschleunigt* (*/1174)

HUSTEN - Anfallsweise - besteht aus - wenigen Hustenstößen (*/1186)
- Anfallsweise - besteht aus - zwei Hustenstößen (k/1186)

HAUT - Sommersprossen (*/1834)
ALLGEMEINES - Aussehen - dunkel (kr1*/1854)
- Aussehen - dunkel - Augen (c1/1855)
  » hell, blond (c1/1855)
- **Zyanose - Kindern; bei - Kleinkindern; bei** (*/2035)

Nonverbales - Äußerliches - Beobachtungen der Eltern

AUGE - Verklebt - morgens (*/472)
NASE - Verstopfung - Kindern; bei (ptk1/577)
- *Verstopfung - Kindern; bei - Säuglingen; bei* (*/577)

ZÄHNE - Zähneknirschen (k/718)
- Zusammenbeißen der Zähne - Verlangen, die Zähne zusammenzubeißen; ständiges (k/719)

MAGEN - *Gluckern; Gurgeln* (*/802)
- Gluckern; Gurgeln - Trinken - agg. (k/803)
- Schluckauf (*/809)
- Völlegefühl - Essen - nach - agg. (k/845)

REKTUM - *Unwillkürlicher Stuhl* (*/984)
STUHL - Schafskot, wie (b2/997)
- Unverdaut (k/999)

BLASE - Urinieren - unwillkürlich - Husten; agg. beim (k/1020)
- Urinieren - verzögert, muß warten, bis der Urin zu fließen beginnt (*/1020)
  » *verzögert, muß warten, bis der Urin zu fließen beginnt - pressen, bevor er damit beginnen kann; muß lange* (k/1021)

MÄNNLICHE GENITALIEN - *Masturbation, Neigung zur* (hr1*/1071)
- Masturbation, Neigung zur - Kindern; bei (mtf33/1071)

WEIBLICHE GENITALIEN - Masturbation; Neigung zu - Kindern; bei (mtf33/1104)
ATMUNG - *Schnarchen* (*/1180)
SCHWEISS - Essen - beim - agg. (bg2/1786)
- *Essen - nach - agg.* (*/1786)

HAUT - Ekchymosen (*/1797)

Nacht; Beobachtungen in der - Gemütssymptome

GEMÜT - Sprechen - Schlaf; im (j5/169)
- Weinen - Wimmern, Winseln - nachts (j/248)
  » *Wimmern, Winseln - Schlaf, im* (b4/248)

Nacht; Beobachtungen in der - körperliche Symptome

REKTUM - Unwillkürlicher Stuhl - Schlaf; agg. im (k/985)
BLASE - *Urinieren - unwillkürlich - nachts* (k/1019)

Nacht; Beobachtungen in der - Schlaf

SCHLAF - Erwachen - Schreck, wie durch (*/1675)
- Schlaflosigkeit - Lage ist recht, keine (j5/1692)

Nacht; Beobachtungen in der - Schlaf; Lage im

SCHLAF - Lage - Arme - Kopf - über dem Kopf (sne/1682)
- Lage - hart; jede Lage erscheint (j5/1682)
  » Rücken, auf dem (*/1683)
  » Seite, auf der - rechten Seite, auf der - unmöglich (j5/1683)
  » Seite, auf der - unmöglich (k/1683)
  » verändert häufig die Lage (j5/1683)
  » verändert häufig die Lage - morgens (j5/1683)
- Schlaflosigkeit - Lage ist recht, keine (j5/1692)

Autos und Schiffe

ALLGEMEINES - *Fahren - Wagen; mit dem - agg.* (*/1877)

Psychosomatische Störungen

ALLGEMEINES - Konvulsionen - Schreck agg. (hr1*/1906)

Körperliche Symptome und Erkrankungen

KOPF - *Entzündung - Periost* (k/285)
- *Hydrozephalus* (k/295)
- *Schmerz - katarrhalisch* (k/331)

ZÄHNE - Karies, faule, hohle Zähne (*/700)
REKTUM - *Cholera - infantum* (*/949)
NIEREN - *Entzündung* (k/1023)

WEIBLICHE GENITALIEN - *Menses - verzögerte Menarche* (*/1114)

KEHLKOPF UND TRACHEA - Laryngismus stridulus (*/1145)

EXTREMITÄTEN - *Hüftgelenksentzündung* (k/1443)

ALLGEMEINES - Abmagerung - Kindern; bei - Kleinkindern; bei (bg*/1845)

- **Abmagerung - Kindern; bei - Knaben; bei schwächlichen, kränklichen** (*/1845)
- *Kindern; Beschwerden von* (*/1897)
  » zarte, schwächliche, kränkliche Kinder (c2/1897)
- Konvulsionen - Kindern, bei (lmj/1905)
  » Kindern, bei - Kleinkindern, bei (bro1/1905)
- Medikamente - allopathische - Mißbrauch von (bg2/1921)
- Pubertät - Beschwerden während der (hr1*/1934)
  » *Beschwerden während der - Mädchen; bei* (kr1*/1934)
- *Schmerzlosigkeit gewöhnlich schmerzhafter Beschwerden* (b7/1971)

Chirurgisch pathologische Zustände

OHR - **Abszeß - hinter den Ohren** (k/498)

NASE - Polyp (*/561)

ABDOMEN - Entzündung - Peritoneum (ptk1/860)

- Hernie (bro1*/867)
  » eingeklemmt, inkarzeriert (ptk1/868)
  » *Leistenhernie* (*/868)
  » Leistenhernie - eingeklemmt, inkarzeriert (b4a/868)
  » **Leistenhernie - Kindern, bei** (*/868)
  » Leistenhernie - Kindern, bei - rechts (k/868)
  » Leistenhernie - schmerzhaft (b4/868)
  » *Nabelbruch* (bg2*/868)

MÄNNLICHE GENITALIEN - Hochgezogen, an den Körper gezogen - Hoden (bro1*/1068)

- Hodenretention (vh1*/1069)
  » abdominal (fry3/1069)
  » Schambein; vor das (lmj*/1069)
- *Hydrozele - Kindern, bei* (*/1069)
- *Varikozele* (*/1085)

Würmer

REKTUM - Jucken - Askariden, durch (c1/965)

- Würmer - Beschwerden durch Würmer (b2/985)
  » Beschwerden durch Würmer - Bandwürmer (b2/986)

Aurum muriaticum

aur-m.

Vithoulkas schrieb: „Kinder mit feinen Zügen: feiner Kopf, feines Haar, kleine Augenbrauen, kleine Nase, sehr weiße Haut und ein Gesichtsausdruck wie ein Engel mit etwas Traurigkeit darin. Ihre intensiven aber versteckten Emotionen können zu Tuberkulose führen. Schwellung der Halslymphknoten."

Man kann aber auch einen anderen Typ von Kindern mit dunklem Teint finden; geschädigte Haut, die sich bei Heranwachsenden zu Akne entwickelt; Risse in der Mitte der Oberlippe und ein leicht gealtertes Aussehen.

Sie leiden an einer schrecklichen geistigen und körperlichen Ruhelosigkeit.

Wie Ignatia und Staphysagria benutzen wir dieses Mittel bei *Beschwerden durch großen Kummer.*

Man kann an dieses Mittel bei Kindern mit *wiederholten und hartnäckigen Halsentzündungen* in der Krankengeschichte denken. Man kann Kongestion, *vergrößerte Mandeln* mit Hitzegefühl und manchmal Ulzerationen in Mund und Hals feststellen. Die Halsschmerzen sind oft durch Essen besser. Es ist dicker Schleim vorhanden, der schwer auszuwerfen ist.

Klinisches: Geschwüre an den Mandeln. Heiserkeit. Asthma. Herzleiden. Leberleiden. Albuminurie. Periostitis. Milzvergrößerung. Analfisteln. Karies. Ekzem. Blutungen.

Wirkungsbereich: Schleimhäute. Drüsen. Verdauung. Knochen. Periost. Herz.

* * *

Stillen - Magendarmsymptome - Appetit - vermindert

MAGEN - Appetit - fehlend (k/767)

- Appetit - vermindert (*/772)

Infektionskrankheiten - Mumps

GESICHT - Entzündung - Parotis - Mumps (bro1/584)

- *Schmerz - Parotis* (^/626)
  » *Parotis - wund schmerzend* (k/627)
- *Schwellung - Parotis* (k/631)

Infektionskrankheiten - Scharlach

SEHEN - Verlust des Sehvermögens - Scharlach; durch (k2/494)

URIN - *Eiweißhaltig - Scharlach; nach* (k/1046)

ALLGEMEINES - **Wassersucht - äußere Wassersucht - Scharlach; nach** (kr1*/2024)

Konstitution - Angst und Furcht

GEMÜT - Beeindrucken, empfänglich für Eindrücke; leicht zu (bt*/19)
• Beschwerden durch - Schreck (*/25)
• Furcht - allein zu sein (stj2/64)
» hochgelegenen Orten; vor (stj2/71)
» Wasser, vor (stj2/79)
• *Schreckliches und traurige Geschichten greifen sie stark an* (gt1*/156)

Konstitution - Allgemeines

GEMÜT - *Faulheit* (*/55)
• Stimmung, Laune - veränderlich (k/171)
• Unzufrieden (k/194)

Beziehung zu anderen - Aggressivität

GEMÜT - Zorn - Widerspruch, durch (stj2/255)

Beziehung zu anderen - Reaktion auf andere

GEMÜT - *Abneigung - Freunde, gegen* (vh*/1)
• Gesellschaft - Verlangen nach (*/95)
• Widerspruch - Neigung zu widersprechen (a1/249)
» verträgt keinen Widerspruch (stj2/249)

Beziehung zu anderen - allgemein

GEMÜT - Tadelsüchtig, krittelig (stj2/178)

Nonverbales - Gesten, Gebärden

GEMÜT - Auffahren, Zusammenfahren - angesprochen wird; wenn er (k2*/17)
• Launenhaftigkeit, launisch (k/123)

Nonverbales - Konsultation; bei der

KOPF - Hitze - Kälte - Extremitäten; mit Kälte der (k2/293)

GESICHT - *Schwellung - Unterkieferdrüsen* (*/631)
• Schwellung - Unterkieferdrüsen - schmerzhaft (k/631)

MUND - Aphthen (*/639)

ATMUNG - *Bauchatmung* (*/1171)

ALLGEMEINES - **Exostose** (*/1877)

Nonverbales - Äußerliches - Beobachtungen des Arztes

NASE - *Eingesunken - Kindern, Kleinkindern; bei* (k/546)
• Schniefen (k/568)
• Zupfen - Nase, an der (a/578)

GESICHT - *Ausdruck - alt aussehend* (*/580)
• Hautausschläge - Akne (k2/595)
• Rissig - Lippen - Unterlippe - Mitte der (k/614)

ALLGEMEINES - Aussehen - dunkel (stj2/1854)

Nonverbales - Äußerliches - Beobachtungen der Eltern

AUGE - Verklebt - morgens (*/472)

MAGEN - Völlegefühl - Essen - nach - agg. (k/845)

ABDOMEN - Schmerz - Zusammenkrümmen - muß sich zusammenkrümmen (k/897)

Nacht; Beobachtungen in der - körperliche Symptome

BLASE - Urinieren - unwillkürlich - nachts (k/1019)

Körperliche Symptome und Erkrankungen

KOPF - *Entzündung - Periost* (k/285)

MAGEN - Langsame Verdauung (k2*/805)

Chirurgisch pathologische Zustände

NASE - Polyp (bg2/561)

MÄNNLICHE GENITALIEN - Hodenretention - Schambein; vor das (samkn/1069)

Aurum muriaticum natronatum

aur-m-n.

Patienten mit fettiger Gesichtshaut, Neigung, an der Oberlippe zu kauen und vergrößerten Mandeln, Nasenbluten und Stuhl wie Schafskot.

Auf der Gemütsebene kann man sie mit Kindern verwechseln, die Phosphorus benötigen. Sie sind empfindlich, haben feine Manieren und sind ängstlich. Sie haben ständig Angst, es werde etwas Schlimmes geschehen, was ihnen ein Gefühl der Zerbrechlichkeit gibt, obwohl sie in Wirklichkeit robust und kräftig sind. Sie sind anders als andere Mittel, die Phosphor enthalten, denn sie haben kein Mitgefühl; sie sind *argwöhnisch und verschlossen.*

Springer schrieb: „Aurum muriaticum natronatum ist sehr eng verwandt mit Aurum muriaticum, wobei der Unterschied darin besteht, daß Aurum muriaticum natronatum auf allen Ebenen härter und aggressiver ist. Geistig ist es nicht so offen und voller Mitgefühl wie Aurum muriaticum, es ist eher introvertierter und das Element des Zorns ist stärker ausgeprägt."

Sie sind oft *sarkastisch* und *neigen dazu, ihre Familie schlecht zu behandeln*, besonders wenn sie unfair behandelt oder kritisiert wurden.

Sie haben Angst vor neuen Abenteuern und neigen dazu, jegliches Risiko zu meiden, aus Angst zu versagen und von anderen abgelehnt zu werden.

Sie sind begierig auf Komplimente und Schmeicheleien.

Tendenz, in Fantasiewelten zu flüchten, in denen alles perfekt ist.

Als Heranwachsende haben sie übermäßige Erwartungen in Bezug auf die Beziehung zu ihren Freunden und erleben *Enttäuschungen in der Liebe.*

Frostig; großes Verlangen nach Wärme.

Auf der körperlichen Ebene wird es hauptsächlich auf Basis allgemeiner Anzeigen von Aurum benutzt.

Die Natrium-muriaticum-Komponente erhöht die Affinität zu Blutgefäßen und Genitalien.

Die Symptome sind schlechter bei feuchter Kälte, besonders die Kopfschmerzen, vom Herbst bis zum Frühlingsanfang. *Kopfschmerzen* sind ausgesprochen linksseitig. Die Schmerzen erscheinen jeden Morgen, mit einem Gefühl von Druck auf den Augen, was bis zum Nachmittag anhält, mit Besserung am Abend.

Alle Symptome sind durch Ruhe verschlimmert.

Klinisches: Kopfschmerzen. Gelbsucht. Beschwerden der Zunge. Warzen.

Wirkungsbereich: Kopf. Weibliche Genitalien. Drüsen. Knochen. Verdauung. Blutgefäße.

* * *

Krankengeschichte; familiäre und persönliche

ALLGEMEINES - Krankengeschichte von; persönliche - Tonsillitis; von wiederkehrender (wbt2/1910)

Entwicklung - langsam

ALLGEMEINES - Gehen - Gehenlernen, Laufenlernen - spätes (wbt2/1883)

Entwicklung - schnell

GEMÜT - Frühreife, altkluge Kinder (wbt2/63)

Stillen - Milch

ALLGEMEINES - Speisen und Getränke - Milch - Abneigung (wbt2/2000)
- Speisen und Getränke - Milch - agg. (wbt2/2001)
  - » Milch - Verlangen (wbt2/2001)

Konstitution - Angst und Furcht

GEMÜT - *Beschwerden durch - Erwartungsspannung* (wbt2/23)
- Feigheit (wbt2/59)
- Furcht - allein zu sein (^/64)
  - » *engen Räumen; in* (wbt2/67)
  - » *hochgelegenen Orten; vor* (wbt2/71)
  - » *neuen Projekten, Unternehmungen; vor* (wbt2/74)
  - » *Versagen, Mißerfolg; vor dem* (wbt2/79)
- *Schreckliches und traurige Geschichten greifen sie stark an* (wbt2/156)
- Vorsichtig (wbt2/205)

Konstitution - Allgemeines

GEMÜT - *Ehrgeiz - erhöht, vermehrt, sehr ehrgeizig* (wbt2/40)
- *Empfindlich - Kinder* (wbt2/44)
- *Heikel, pingelig* (wbt2/106)
- Heimweh (wbt2/107)
- *Milde* (wbt2/130)
- Nachgiebigkeit (wbt2/134)
- Pessimist (wbt2/136)
- Reisen - Verlangen nach (wbt2/142)
- Selbstsucht, Egoismus (wbt2/161)
- *Selbstvertrauen - Mangel an Selbstvertrauen* (wbt2/161)
- *Sorgen; voller* (wbt2/164)
- *Spontan, impulsiv* (wbt2/166)
- *Stimmung, Laune - veränderlich* (wbt2/171)
- Theoretisieren (wbt2/180)
- Traurigkeit - Kindern, bei (wbt2/186)
- Ungerechtigkeit; erträgt keine (wbt2/191)
- *Unzufrieden* (wbt2/194)
- Weinen - amel. (wbt2/245)
  - » leicht (wbt2/246)
  - » Musik; durch (wbt2/247)

Familie; Beziehung zur - Aggressivität

GEMÜT - Beschimpfen, beleidigen, schmähen - Kinder - Eltern; Kinder beschimpfen ihre (wbt2/22)
- *Beschwerden durch - Bevormundung - Kindern, bei* (^/22)
  - » *Bevormundung - Kindern, bei - elterlicher Bevormundung; bei langer Geschichte übermäßiger* (wbt2/22)
- Empfindlich - Grobheiten; gegen (wbt2/44)

Familie; Beziehung zur - Liebe und Zuneigung

GEMÜT - *Angst - andere, um* (wbt2/7)
- Angst - Familie, um seine (wbt2/9)
- *Beschwerden durch - Eifersucht* (wbt2/22)
  - » Uneinigkeit, Zwietracht - Eltern; zwischen den eigenen (wbt2/26)
- *Eifersucht* (wbt2/40)
- *Liebevoll, voller Zuneigung, herzlich* (wbt2/125)
- *Verlassen zu sein; Gefühl* (wbt2/198)
- Wahnideen - tot - Mutter sei; seine (wbt2/236)

Familie; Beziehung zur - Vorwürfe

GEMÜT - Empfindlich - Vorwürfe; gegen (wbt2/45)
- Weinen - Ermahnung, durch (wbt2/245)

Beziehung zu anderen - Aggressivität

GEMÜT - Spotten (^/166)
- Streiten - Abneigung gegen (wbt2/172)

Beziehung zu anderen - Reaktion auf andere

GEMÜT - Antworten - Abneigung zu antworten (wbt2/14)
- Antworten - unfähig zu antworten (^/15)
- *Gesellschaft - Abneigung gegen* (wbt2/94)
  - » Verlangen nach (wbt2/95)
- *Schüchternheit, Zaghaftigkeit* (wbt2/158)

» Öffentlichkeit; beim Auftreten in der (wbt2/159)
• *Trost - agg.* (wbt2/188)
• *Weinen - Trost - agg.* (wbt2/248)
• Widerspruch - verträgt keinen Widerspruch (wbt2/249)

Beziehung zu anderen - allgemein

GEMÜT - Angeber (wbt2/4)
• *Argwöhnisch, mißtrauisch* (wbt2/16)
• *Beleidigt, leicht* (wbt2/20)
• Ichbezogenheit, Selbstüberhebung (wbt2/111)
• *Mitgefühl, Mitleid* (wbt2/130)
• Tadelsüchtig, krittelig (wbt2/178)
• Tadelt andere (wbt2/179)
• *Tadelt sich selbst, macht sich Vorwürfe* (wbt2/179)
• *Weinen - allein, wenn* (wbt2/245)

Schule - Angst

GEMÜT - *Beschwerden durch - Erwartungsspannung* (wbt2/23)
• *Furcht - neuen Projekten, Unternehmungen; vor* (wbt2/74)
» *Versagen, Mißerfolg; vor dem* (wbt2/79)
• *Selbstvertrauen - Mangel an Selbstvertrauen* (wbt2/161)

REKTUM - Diarrhoe - nervös, Gemütsbewegungen agg. (wbt2/955)

Schule - Konzentration

GEMÜT - Konzentration - schwierig - Studieren (wbt2/117)

Schule - Beziehung zu anderen

GEMÜT - Schüchternheit, Zaghaftigkeit - Öffentlichkeit; beim Auftreten in der (wbt2/159)

MUND - Sprache - stotternd (wbt2/688)

Schule - Vorwürfe

GEMÜT - Empfindlich - Grobheiten; gegen (wbt2/44)
• Empfindlich - Vorwürfe; gegen (wbt2/45)
• Weinen - Ermahnung, durch (wbt2/245)

Schule - Konstitution

GEMÜT - Eigensinnig, starrköpfig, dickköpfig (wbt2/41)
• Eigensinnig, starrköpfig, dickköpfig - Kinder (wbt2/41)
• Hast, Eile - tut, womit er gerade beschäftigt ist; bei dem, was er (^/105)
» tut, womit er gerade beschäftigt ist; bei dem, was er - Verlangen mehrere Dinge gleichzeitig zu tun (wbt2/106)
• *Heikel, pingelig* (wbt2/106)
• *Selbstvertrauen - Mangel an Selbstvertrauen* (wbt2/161)

Spielen

GEMÜT - Spielen - Abneigung gegen Spielen - Kindern; bei (wbt2/165)

Nonverbales - Aggressivität

GEMÜT - Destruktivität, Zerstörungswut (wbt2/38)
• Diktatorisch (wbt2/39)

Nonverbales - Reaktion auf andere

GEMÜT - *Angesehen, angeblickt zu werden - erträgt es nicht, angesehen zu werden* (wbt2/5)
• Fremde - Anwesenheit von Fremden - agg. (wbt2/60)
• Furcht - Fremden; vor (wbt2/68)

Nonverbales - Gesten, Gebärden

GEMÜT - *Lachen - Ernstes, über* (wbt2/120)

Nonverbales - Allgemeines

GEMÜT - Eigensinnig, starrköpfig, dickköpfig (wbt2/41)
• Eigensinnig, starrköpfig, dickköpfig - Kinder (wbt2/41)
• Hast, Eile - tut, womit er gerade beschäftigt ist; bei dem, was er (^/105)
» tut, womit er gerade beschäftigt ist; bei dem, was er - Verlangen mehrere Dinge gleichzeitig zu tun (wbt2/106)
• Nachahmung, Imitation (wbt2/133)
• Possen, spielt (wbt2/137)
• Ruhelosigkeit - Kindern, bei (wbt2/151)

Nonverbales - Konsultation; bei der

OHR - Entzündung - Mittelohr (wbt2/501)

INNERER HALS - Entzündung - Tonsillen (wbt2/724)
• Schwellung - Tonsillen (wbt2/747)

BRUST - *Einziehung der Brustwarzen* (bro1/1231)

Nonverbales - Äußerliches - Beobachtungen des Arztes

GESICHT - *Fettig* (wbt2/593)

Nonverbales - Äußerliches - Beobachtungen der Eltern

NASE - Nasenbluten - Kindern; bei (wbt2/557)

MUND - Beißt - Lippen; beißt sich auf die - Unterlippe (wbt2/640)
• *Beißt - Wangen; sich in die - Sprechen oder Kauen; beim* (wbt2/640)

STUHL - Schafskot, wie (wbt2/997)

Nacht; Beobachtungen in der - Gemütssymptome

GEMÜT - Furcht - allein zu sein - nachts (wbt2/64)
• Schlafwandeln (wbt2/154)

Autos und Schiffe

NASE - Verstopfung - Fahren im Wagen agg. (k2/577)

Psychosomatische Störungen

REKTUM - Diarrhoe - nervös, Gemütsbewegungen agg. (wbt2/955)

Körperliche Symptome und Erkrankungen

NASE - Katarrh - gefolgt von - Stirnhöhlen; Beschwerden der (wbt2/553)

GESICHT - Hautausschläge - Akne - Menses - unregelmäßige Menses (bro1/596)

Aurum sulphuratum

aur-s.

Kinder mit dunklem Teint, die oft Risse in den Lippen haben und als Heranwachsende Akne.

Sie haben viele Ängste: vor Armut, Räubern, Gespenstern und hochgelegenen Orten.

Sie sind *ehrgeizig.* Aurum sulphuratum ist angeführt in der Rubrik: „Gemüt - Ehrgeiz - erhöht, vermehrt, sehr ehrgeizig", was charakteristisch für das Mittel ist.

Sie sind *ehrgeizig.* Aurum sulphuratum wird zusammen mit Aurum und Sulphur in der Rubrik „Gemüt - Ehrgeiz - erhöht, vermehrt, sehr ehrgeizig" angeführt, wobei die anderen beiden Mittel in der Rubrik „Gemüt - Ehrgeiz - erhöht, vermehrt, sehr ehrgeizig - Ruhm, möchte berühmt werden; nach", die für Aurum sulphuratum charakteristisch ist, fehlen.

Wenn sie aber in der Schule keine guten Ergebnisse haben, entwickeln sie Mangel an Selbstvertrauen. Oft leiden sie jedesmal, wenn sie etwas Neues anfangen müssen, aus Angst, daß sie versagen werden. Ihre Neigung zu theoretisieren, die auch bei Aurum und besonders bei Sulphur verbreitet ist, läßt sie einen neuen Plan aufstellen, um einem Versagen aus dem Weg zu gehen („Gemüt - Furcht - Versagen, Mißerfolg; vor dem - Pläne, um Mißerfolge zu vermeiden; schmiedet").

Sie sind besonders *empfindlich, besonders gegen Vorwürfe,* durch die sie sich vernachlässigt und in Stich gelassen fühlen. Dieser Zustand kann lange anhalten. Tatsächlich ist Aurum sulphuratum eines der wenigen aufgeführten Mittel in der Rubrik: „Gemüt - Beschwerden durch - Kummer - lange anhaltenden; durch" (Differentialdiagnose: Carcinosinum, Causticum, Cocculus, Kalium phosphoricum und Phosphoricum acidum).

Die *depressiven Aspekte* sind deutlich verbreiteter bei den Goldsalzen, während der sulphurische Aspekt vor allem durch die Beziehungen zu anderen Menschen hervorgehoben wird. Sie sind wirklich Angeber, eigensinnig und vertragen keinen Widerspruch, sind eingebildet und tadelsüchtig. *Sie sind kritisch sich selbst gegenüber und gegen die engsten Freunde,* die die sehr lieben. Oft möchten sie sich nützlich machen und helfen Menschen, die ihnen nahe stehen und denen sie wohlgesonnen sind.

Verglichen mit anderen Goldsalzen sind sie offener. Wulfsberg schrieb dazu *(Drei Stücke Gold): „Sie wollen jeden zum Freund haben; sie klettern jedem auf den Schoß."*

In jedem Fall neigen sie in ihren Beziehungen mit anderen dazu, sich überlegen zu fühlen; hierzu schrieb Wulfsberg: „Normalerweise haben sie ein großes Verlangen, andere zu verbessern, in dem sie ihnen sagen, was sie tun sollen. *Sie haben das Gefühl, sie wüßten, was für andere das Beste sei und daß sie das Recht haben, andere zu verbessern und zu kritisieren."*

Auf der körperlichen Ebene ist dieses Mittel nützlich bei *Tonsillitis* und bei Ohrenschmerzen mit eitrigen und übelriechenden Absonderungen, besonders nach unterdrückten Hautausschlägen.

In Bezug auf die sulphurischen Aspekte ist dieses Mittel hauptsächlich auf die *Haut* ausgerichtet: Furunkel, Blasen, Ekzem, Herpes, Pusteln, Urtikaria, Erysipel und allgemeines Jucken.

Klinisches: Enuresis. Gelbsucht. Alpträume. Schwellung der Nase. Pruritus vulvae.

Wirkungsbereich: Haut. Kreislauf. Drüsen. Knochen. Schleimhäute.

* * *

Stillen - Gemütssymptome

GEMÜT - *Hast, Eile - Essen; beim* (wbt2/105)

Stillen - Milch

ALLGEMEINES - Speisen und Getränke - Milch - Verlangen (k2*/2001)

Stillen - Magendarmsymptome - Appetit - vermindert

MAGEN - Appetit - vermindert (stj2/772)

Stillen - Magendarmsymptome - Appetit - vermehrt

MAGEN - Appetit - Heißhunger (k2/769)

Infektionskrankheiten - Mumps

GESICHT - Schmerz - Parotis (*/626)
- Schwellung - Parotis (k2/631)

Konstitution - Angst und Furcht

GEMÜT - Beschwerden durch - Erwartungsspannung (wbt2/23)
- Feigheit (k2*/59)
- Furcht - Armut, vor (stj2/65)

» Gespenstern; vor (wbt2/70)
» hochgelegenen Orten; vor (zr*/71)
» neuen Projekten, Unternehmungen; vor (wbt2/74)
» *Versagen, Mißerfolg; vor dem* (wbt2/79)
• Schreckliches und traurige Geschichten greifen sie stark an (wbt2/156)

Konstitution - Allgemeines

GEMÜT - Ehrgeiz - erhöht, vermehrt, sehr ehrgeizig (^/40)
• Eitelkeit (wbt2/41)
• Empfindlich - Kinder (wbt2/44)
• Faulheit (k2/55)
• Furcht - Armut, vor (stj2/65)
• *Heikel, pingelig* (wbt2/106)
• Neugierig (wbt2/135)
• Pessimist (wbt2/136)
• Selbstvertrauen - Mangel an Selbstvertrauen (k2/161)
• *Sorgen; voller* (wbt2/164)
• Spontan, impulsiv (wbt2/166)
• Stimmung, Laune - veränderlich (k2/171)
• Theoretisieren (wbt2/180)
• *Ungerechtigkeit; erträgt keine* (wbt2/191)
• Unzufrieden (k2/194)

Familie; Beziehung zur - Liebe und Zuneigung

GEMÜT - *Angst - andere, um* (wbt2/7)
• Furcht - vernachlässigt zu werden (wbt2/79)
• *Verlassen zu sein; Gefühl* (wbt2/198)

Familie; Beziehung zur - Vorwürfe

GEMÜT - Empfindlich - Vorwürfe; gegen (wbt2/45)

Beziehung zu anderen - Aggressivität

GEMÜT - Streitsüchtig (k2*/173)
• Zorn - Widerspruch, durch (stj2/255)

Beziehung zu anderen - Reaktion auf andere

GEMÜT - *Gesellschaft - Abneigung gegen* (*/94)
• Schüchternheit, Zaghaftigkeit (k2*/158)
• Widerspruch - verträgt keinen Widerspruch (stj2/249)

Beziehung zu anderen - allgemein

GEMÜT - Angeber (wbt2/4)
• Argwöhnisch, mißtrauisch (k2*/16)
• Beleidigt, leicht (k2/20)
• Furcht - Räubern, vor (k2*/74)
• *Ichbezogenheit, Selbstüberhebung* (wbt2/111)
• Mitgefühl, Mitleid (wbt2/130)
• Sprache - hastig, eilig (wbt2/167)
• Tadelsüchtig, krittelig (k2*/178)
• Tadelt andere (wbt2/179)
• Tadelt sich selbst, macht sich Vorwürfe (wbt2/179)

Schule - Angst

GEMÜT - Beschwerden durch - Erwartungsspannung (wbt2/23)
• Furcht - neuen Projekten, Unternehmungen; vor (wbt2/74)
» *Versagen, Mißerfolg; vor dem* (wbt2/79)
• Selbstvertrauen - Mangel an Selbstvertrauen (k2/161)

Schule - Vorwürfe

GEMÜT - Empfindlich - Vorwürfe; gegen (wbt2/45)

Schule - Konstitution

GEMÜT - Eigensinnig, starrköpfig, dickköpfig (k2*/41)
• *Heikel, pingelig* (wbt2/106)
• Neugierig (wbt2/135)
• Selbstvertrauen - Mangel an Selbstvertrauen (k2/161)

Nonverbales - Aggressivität

GEMÜT - *Diktatorisch* (wbt2/39)

Nonverbales - Reaktion auf andere

GEMÜT - Angesehen, angeblickt zu werden - erträgt es nicht, angesehen zu werden (wbt2/5)

Nonverbales - Gesten, Gebärden

GEMÜT - Lachen - Ernstes, über (wbt2/120)

Nonverbales - Allgemeines

GEMÜT - Eigensinnig, starrköpfig, dickköpfig (k2*/41)
• *Hast, Eile - Essen; beim* (wbt2/105)

Nonverbales - Konsultation; bei der

OHR - Absonderungen - eitrig (k2/497)
• Absonderungen - Hautausschlägen; nach unterdrückten (k2/497)
» stinkend (k2/498)
» übelriechend (k2/498)
• Ohrschmalz - spärlich (k2/516)
GESICHT - Schwellung - Unterkieferdrüsen (k2/631)
MUND - Aphthen (k/639)
• Aphthen - Zunge (k2/640)
INNERER HALS - Entzündung - Tonsillen (k2/724)
• Schwellung - Tonsillen (k2/747)
HAUT - Erysipel (k2/1798)

Nonverbales - Äußerliches - Beobachtungen des Arztes

GESICHT - Hautausschläge - Akne (wbt2/595)
• Rissig - Lippen (k2/613)
ATMUNG - Beschleunigt (k2/1174)
ALLGEMEINES - Aussehen - dunkel (stj2/1854)

Nonverbales - Äußerliches - Beobachtungen der Eltern

AUGE - Verklebt - morgens (*/472)

MAGEN - Schluckauf (a1*/809)

BLASE - Urinieren - verzögert, muß warten, bis der Urin zu fließen beginnt (k2/1020)

ATMUNG - Schnarchen (stj2/1180)

Nacht; Beobachtungen in der - Gemütssymptome

GEMÜT - *Furcht - Dunkelheit; vor der* (wbt2/66)

Nacht; Beobachtungen in der - körperliche Symptome

ZÄHNE - Zähneknirschen - Schlaf; agg. im (k2/718)

BLASE - Urinieren - unwillkürlich - nachts (k/1019)

Körperliche Symptome und Erkrankungen

KOPF - Hydrozephalus (k2/295)

ZÄHNE - Karies, faule, hohle Zähne (k2/700)

MAGEN - Langsame Verdauung (k2/805)

WEIBLICHE GENITALIEN - Menses - verzögerte Menarche (k2*/1114)

EXTREMITÄTEN - Hüftgelenksentzündung (k2/1443)

Chirurgisch pathologische Zustände

NASE - Polyp (k2/561)

MÄNNLICHE GENITALIEN - Hydrozele - Kindern, bei (k2/1069)

Bacillinum Burnett

bac.

Dieses Mittel ist angezeigt bei Patienten mit hellem Teint, schmaler Brust, nach vorne gebeugten Schultern, die groß, schlank und aktiv sind. Sie magern schnell ab.

Oft findet man in der Krankengeschichte dieser Patienten Brustbeschwerden; sehr oft zusammen mit *Tuberkulose in der Familiengeschichte.* Bacillinum wirkt gut bei Patienten mit Tuberkulose in der Familiengeschichte; Tuberculinum bovinum oder Drosera wirken besser, wenn in der Krankengeschichte Drüsen- oder Knochentuberkulose vorhanden ist.

Es eignet sich besonders für Patienten mit *chronischen katarrhalischen Zuständen* und nächtlichen Erstickungsanfällen; aber das Kind wirft nur sehr wenig aus.

Die Zahnung ist langsam, wie bei Tuberculinum; und in dieser Phase klagt das Kind oft.

Dieses Mittel ist nützlich bei Hornhautgeschwüren bei Kindern.

Die Symptomatologie ist von Natur aus wechselhaft, besonders in den akuten Stadien.

Die charakteristischen Gemütssymptome ähneln denen von Tuberculinum, aber Bacillinum ist ein klein wenig robuster. Tatsächlich zeigen sich in der Analyse des Repertoriums einige Gemütssymptome, in denen Bacillinum vorhanden ist und Tuberculinum nicht, z. B. „Kurz angebunden - schroff"; „Kurz angebunden - schroff - Kindern; bei"; „Antworten - weigert sich zu antworten"; „Antworten - bissig, schnippisch"; „Gleichgültigkeit, Apathie - Verwandten; gegenüber den"; „Gleichgültigkeit, Apathie - Leiden; gegen"; „Gleichgültigkeit, Apathie - Umgebung; gegen die"; „Gleichgültigkeit, Apathie - schweigsam; und"; „Spucken".

Wie bei Tuberculinum ist eine *Tendenz zu Zerstörungswut* vorhanden; sie achten nie auf Bücher, Spiele oder Kleidung.

Kinder mögen die Schule nicht, weil die geistige Anstrengung oft Kopfschmerzen hervorruft.

Klinisches: Atembeschwerden. Gelenkbeschwerden. Drüsenbeschwerden. Alopezie.

Wirkungsbereich: Lungen. Haut. Gemüt.

* * *

Krankengeschichte; familiäre und persönliche

ALLGEMEINES - Familiengeschichte von - Atmung; Beschwerden der (bl*/1878)
- *Familiengeschichte von - Tuberkulose* (bn*/1878)
- Krankengeschichte von; persönliche - Brust; von Beschwerden der (c1*/1909)
  - » *gastrointestinalen Beschwerden; von* (wda/1909)
  - » Tuberkulose, von (bn*/1910)

Entwicklung - langsam

GEMÜT - Entwicklung; kindliche - Entwicklungsstillstand (bn/47)

ALLGEMEINES - Entwicklung - Entwicklungsstillstand (jl2/1872)

Zahnung - Allgemeines

ZÄHNE - *Zahnung - langsam* (bn*/718)
- Zahnung - schwierig (jl2/718)

Stillen - Milch

ALLGEMEINES - Speisen und Getränke - Milch - Verlangen (wz*/2001)

Stillen - Magendarmsymptome - Appetit - vermindert

MAGEN - **Appetit - fehlend** (bn/767)
- Appetit - vermindert (bn*/772)

Stillen - Magendarmsymptome - Appetit - vermehrt

MAGEN - Appetit - Heißhunger (bn/769)
- Appetit - vermehrt (jl2/770)

Stillen - Magendarmsymptome - Rektum

REKTUM - *Diarrhoe - Kindern, bei* (hr1*/954)

• *Obstipation - Kindern, bei - Kleinkindern, bei* (bn/969)

Konstitution - Aggressivität

GEMÜT - Schlagen - sich; schlägt - schlägt seinen Kopf gegen die Wand und gegen Gegenstände (mhn1/154)
• Zorn - Kindern, bei (bn/254)

Konstitution - Allgemeines

GEMÜT - Reisen - Verlangen nach (jl2/142)
• Stimmung, Laune - veränderlich (jl2/171)
• Veränderungen - Verlangen nach (jl2/195)

Beziehung zu anderen - Aggressivität

GEMÜT - Schlagen (^/154)
• Schlagen - sich; schlägt (^/154)
» sich; schlägt - Kopf - seinen Kopf (mhn1/154)
» sich; schlägt - schlägt seinen Kopf gegen die Wand und gegen Gegenstände (mhn1/154)

Beziehung zu anderen - Reaktion auf andere

GEMÜT - Antworten - bissig, schnippisch (bn*/15)
• Antworten - weigert sich zu antworten (bn/15)
• Schüchternheit, Zaghaftigkeit (jl2/158)

Beziehung zu anderen - allgemein

GEMÜT - Empfindlich - äußerliche Eindrücke; gegen alle (bn/42)

Schule - Anstrengung; geistige

KOPF - Schmerz - geistige Anstrengung - agg. (jl2/328)
• Schmerz - Schulkindern; bei (jl2/339)
» Studenten, bei (jl2/340)

Tieren; Beziehung zu

GEMÜT - *Furcht - Hunden, vor* (c1*/71)
• *Furcht - Hunden, vor - schwarzen Hunden; vor* (jl2/71)
» *Katzen; vor* (vh*/71)

Nonverbales - Aggressivität

GEMÜT - Destruktivität, Zerstörungswut (bn/38)
• Spucken (jl2/170)

Nonverbales - Allgemeines

GEMÜT - Ruhelosigkeit - Kindern, bei (jl2/151)

Nonverbales - Konsultation; bei der

KOPF - Läuse (*/300)
AUGE - Geschwüre - Hornhaut - Kindern; bei (tl1/435)
MUND - **Landkartenzunge** (bn*/668)
• Papillen - aufgerichtet (bn/669)
» aufgerichtet - Erdbeerzunge (a1*/669)
INNERER HALS - Entzündung - Tonsillen (bn/724)
• *Schwellung - Tonsillen* (bn*/747)
ÄUSSERER HALS - Schwellung - Halsdrüsen (bro1/760)
EXTREMITÄTEN - Krümmung und Biegung (jl2/1473)
HAUT - Hautausschläge - Impetigo (jl2*/1816)

Nonverbales - Äußerliches - Beobachtungen des Arztes

KOPF - Haare - Kahlköpfigkeit - jungen Menschen, bei (a/418)
GESICHT - Hautausschläge - Akne (jl2/595)
• Rissig - Lippen (wz/613)
ALLGEMEINES - Zwergwuchs (c1/2035)

Nonverbales - Äußerliches - Beobachtungen der Eltern

ZÄHNE - Zähneknirschen (bn/718)
BLASE - Urinieren - unwillkürlich - Husten; agg. beim (bn/1020)

Nacht; Beobachtungen in der - Gemütssymptome

GEMÜT - Angst - nachts - Kindern; bei (bn/7)

Nacht; Beobachtungen in der - körperliche Symptome

ZÄHNE - **Zähneknirschen - Schlaf; agg. im** (bn*/718)
BLASE - Urinieren - unwillkürlich - nachts (wz/1019)

Nacht; Beobachtungen in der - Schlaf

SCHLAF - Ruhelos - Kindern, bei (jl2/1685)
• Schlaflosigkeit - Kindern, bei (jl2/1691)

Körperliche Symptome und Erkrankungen

KOPF - Entzündung - Hirnhaut - tuberkulös (br1*/284)
• *Hydrozephalus* (c2*/295)
ZÄHNE - Karies, faule, hohle Zähne (bn*/700)
• Karies, faule, hohle Zähne - Kindern; verfrüht bei (jl2/700)
REKTUM - *Cholera - infantum* (hr1*/949)
RÜCKEN - Spina bifida (c2/1384)
ALLGEMEINES - Abmagerung - Kindern; bei (bro1/1845)

Chirurgisch pathologische Zustände

NASE - Rachenmandelwucherung - vergrößert (mtf11/561)

Badiaga

bad.

Adipositas bei Kindern auf Grund einer Funktionsstörung der Schilddrüse, mit einer Tendenz zu Husten und Keuchhusten (Differentialdiagnose: Calcarea carbonica). Fälle von Hyperthyreose mit arthritischer Beteiligung. Drüsenbeschwerden (Entzündung; Schwellung; Verhärtung).

Hering dachte, Badiaga könne nützlich sein bei Beschwerden von Erwachsenen, die in der Kindheit skrofulöse Beschwerden hatten.

Badiaga ist ein antisyphilitisches Mittel.

Lilienthal weist darauf hin, daß dieses Mittel bei skrofulöser und syphilitischer Adenitis nützlich ist; geschwollene und gestaute Drüsen; Verhärtung von Zellgewebe, besonders bei übergewichtigen Kindern; fehlbehandelte Bubonen.

Badiaga ist sehr nützlich bei *rheumatischen Beschwerden*, aber *seine Symptomatologie kann oft mit der einiger Mittel der Familie der Compositae durcheinander gebracht werden*, wie Arnica, Bellis perennis oder Eupatorium perfoliatum. Wie andere Mittel der Familie der Compositae kann es nützlich sein bei *Verletzungen mit Extravasaten von Blut*, Ekchymosen und wenn Muskeln und Haut sich wund, wie zerschlagen anfühlen.

Badiaga hilft Kindern mit *Knieproblemen*, bei denen die Schmerzen nur beim Herabsteigen von Treppen gefühlt werden, nicht beim Hinaufsteigen.

Kinder, die Badiaga benötigen, sind *lebhaft* und *erregbar*. Sie haben ein sehr gutes Gedächtnis und große Neigung zu geistiger Arbeit, was zu Ruhelosigkeit führt, besonders spät abends.

Man vergleiche Badiaga mit Coffea cruda, das auch Verschlimmerung durch übermäßige Freude hat, mit Tremores und Herzklopfen.

Klinisches: Prellungen. Drüsenbeschwerden. Rheumatismus. Schmerz im Schienbein. Katarrh. Schnupfen. Heuschnupfen. Keuchhusten.

Wirkungsbereich: Drüsen. Schleimhäute. Knochen.

* * *

Stillen - Gemütssymptome

GEMÜT - Hast, Eile - Essen; beim (b7/105)

Stillen - Milch

ALLGEMEINES - *Speisen und Getränke - Milch - Verlangen* (*/2001)
- Speisen und Getränke - Milch - Verlangen - kalte (*/2001)

Stillen - Magendarmsymptome - Appetit - allgemein

MAGEN - *Appetit - fehlend - Essen - nach dem Essen kehrt der Appetit wieder zurück - Bissen; nach einem* (*/768)

Stillen - Magendarmsymptome - Appetit - vermindert

MAGEN - Appetit - fehlend (*/767)
- Appetit - fehlend - Hunger, mit (*/768)
  - » vermindert (*/772)

Stillen - Magendarmsymptome - Appetit - vermehrt

MAGEN - Appetit - Genuß, ohne (k/769)
- Appetit - Genuß, ohne - bis er zu essen anfängt (k/769)
  - » **Heißhunger** (*/769)
  - » Heißhunger - Schweiß, mit (bg2/770)
  - » **vermehrt** (*/770)
  - » vermehrt - Essen - nach - nur beim Essen wieder; Appetit kehrt (bg2/772)

Stillen - Magendarmsymptome - Aufstoßen - Speisen; von

MAGEN - Aufstoßens; Art des - Speisen; von - bitter schmeckend (b7/780)

Stillen - Magendarmsymptome - Aufstoßen - Wasser; Hochsteigen von

MAGEN - **Aufstoßens; Art des - Wasser in den Mund; Hochsteigen von** (*/781)

Stillen - Magendarmsymptome - Rektum

REKTUM - Diarrhoe - Kindern, bei (*/954)

Infektionskrankheiten - Masern

NASE - Nasenbluten - Masern agg. (bg1/557)

HAUT - *Hautausschläge - Masern* (hr1/1817)

Infektionskrankheiten - Mumps

GESICHT - Schmerz - Parotis (*/626)
- Schmerz - Parotis - bohrend (*/627)
  - » Parotis - krallend (k/627)

Infektionskrankheiten - Keuchhusten

HUSTEN - Keuchhusten (*/1197)

Konstitution - Angst und Furcht

GEMÜT - Beschwerden durch - Schreck (*/25)
- Furcht - Geräusche, durch (k/69)
  - » Wasser, vor (*/79)

Konstitution - Allgemeines

GEMÜT - Faulheit (*/55)
- Sorgen; voller (^/164)
- Stimmung, Laune - veränderlich (*/171)
- Unzufrieden (j/194)

Familie; Beziehung zur - Liebe und Zuneigung

GEMÜT - Eifersucht (dgt/40)
- Sorgen; voller - andere, um (sys/165)

Beziehung zu anderen - Aggressivität

GEMÜT - Grausamkeit (b7/103)
- Streitsüchtig (j/173)

Beziehung zu anderen - Reaktion auf andere

GEMÜT - Antworten - Abneigung zu antworten (k/14)
- Antworten - weigert sich zu antworten (k/15)
- Schüchternheit, Zaghaftigkeit (br1/158)

• Trost - agg. (st1/188)

Beziehung zu anderen - allgemein

GEMÜT - Mitgefühl, Mitleid (lsa1/130)

Schule - Anstrengung; geistige

KOPF - Schmerz - Aufmerksamkeit; durch zu angestrengte (k/315)
• *Schmerz - geistige Anstrengung - agg.* (*/328)
» Lesen, beim - agg. (k/332)
» Schulkindern; bei (k2/339)

Nonverbales - Aggressivität

GEMÜT - Spucken (bg2/170)

Nonverbales - Gesten, Gebärden

GEMÜT - Auffahren, Zusammenfahren - Geräusche; durch (k/17)
• Springen (^/169)
• Ungeschicklichkeit (b7a/192)

Nonverbales - Allgemeines

GEMÜT - Hast, Eile - Essen; beim (b7/105)

Nonverbales - Konsultation; bei der

KOPF - Läuse (b7/300)
MUND - *Papillen - aufgerichtet* (b7a/669)
INNERER HALS - Entzündung - Tonsillen (k/724)
• *Schwellung - Tonsillen* (k/747)
ÄUSSERER HALS - Schwellung - Halsdrüsen (b7/760)
EXTREMITÄTEN - Nägel; Beschwerden der - deformiert (*/1664)
• Nägel; Beschwerden der - dicke Nägel (*/1664)
» dicke Nägel - Fingernägel (*/1664)
» *dicke Nägel - Zehennägel* (b7/1664)
» gespaltene, aufgesprungene Nägel (bg2/1665)
» gewellte Nägel (k/1665)
» *gewellte Nägel - Fingernägel* (b7/1665)
» hornig, verhornt (br1/1665)
» Niednagel (*/1665)
» Rauheit - gefurcht, gerieft, gerillt (b2/1665)
» spröde, brüchige Nägel (b2/1665)
» spröde, brüchige Nägel - Fingernägel (st1/1665)
» *verkrüppelte, verkümmerte Nägel* (b2/1665)
» *verkrüppelte, verkümmerte Nägel - Fingernägel* (k/1665)
» verkrüppelte, verkümmerte Nägel - Zehennägel (k/1665)
HAUT - Erysipel (*/1798)
• *Farbe - rot - Kratzen, nach - Streifen* (*/1801)

Nonverbales - Äußerliches - Beobachtungen des Arztes

KOPF - Halten - hoch, aufrecht zu halten; unfähig, den Kopf (k/289)
• Schuppen (*/402)
NASE - Bohren mit den Fingern in der Nase (bg*/546)
• Schniefen (bg3/568)
GESICHT - Rissig - Lippen (*/613)
• Rissig - Lippen - Oberlippe (b7/613)
ATMUNG - Beschleunigt (b2/1174)
HAUT - Sommersprossen (bro1/1834)
ALLGEMEINES - Aussehen - hell, blond (*/1855)
• Aussehen - rote Haare (b7a/1855)
• *Fettleibigkeit - Kindern, bei* (hr1*/1879)

Nonverbales - Äußerliches - Beobachtungen der Eltern

KOPF - Haare - Haareschneiden; Beschwerden des Kopfes nach (bg2/418)
MAGEN - Schluckauf (*/809)
ABDOMEN - Schmerz - Zusammenkrümmen - muß sich zusammenkrümmen (k/897)
ATMUNG - Schnarchen (k/1180)
HAUT - Ekchymosen (k/1797)

Nacht; Beobachtungen in der - Schlaf

SCHLAF - *Erwachen - Schreck, wie durch* (b7/1675)

Nacht; Beobachtungen in der - Schlaf; Lage im

SCHLAF - Lage - Arme - Kopf - unter dem Kopf (*/1682)
• Lage - Rücken, auf dem (*/1683)
» Seite, auf der (*/1683)
» Seite, auf der - unmöglich (*/1683)
» *verändert häufig die Lage* (hr1*/1683)

Körperliche Symptome und Erkrankungen

KOPF - Schmerz - katarrhalisch (*/331)
NASE - Katarrh - gefolgt von - Stirnhöhlen; Beschwerden der (bro1/553)
ZÄHNE - Karies, faule, hohle Zähne (*/700)
MAGEN - Würgen - Husten, mit (*/846)
WEIBLICHE GENITALIEN - Menses - verzögerte Menarche (*/1114)
ALLGEMEINES - Kindern; Beschwerden von (*/1897)

Würmer

GEMÜT - Nymphomanie - Würmer, durch (lp*/135)
KOPF - Schmerz - Würmer; bei Beschwerden durch (k/343)
MAGEN - *Erbrochenen; Art des - Würmer* (*/801)
• Erbrochenen; Art des - Würmer - Spulwürmer (k/801)
REKTUM - *Jucken - Askariden, durch* (k/965)
• Würmer - Beschwerden durch Würmer (*/985)
» *Beschwerden durch Würmer - Bandwürmer* (*/986)
» Beschwerden durch Würmer - Bandwürmer - begleitet von - Speichelfluß (kr1*/986)
» **Beschwerden durch Würmer - Madenwürmer** (*/986)

» *Beschwerden durch Würmer - Spulwürmer* (*/986)

WEIBLICHE GENITALIEN - *Würmer - Madenwürmer* (hr1/1138)

ALLGEMEINES - Katalepsie - Würmer; bei Beschwerden durch (hr1*/1896)
- Konvulsionen - Würmer, durch (*/1907)
- Zittern - äußerlich - Würmer; bei Beschwerden durch (k/2033)
- Zucken - Würmer; bei Beschwerden durch (kr1*/2034)

Bambusa arundinacea

bamb-a.

Das grundlegende Gefühl dieses Mittels ist, gestreßt zu sein, mit einem *Verlangen nach Unterstützung.* Schuster schrieb in seiner Prüfung von Bambusa: „Es war festzustellen, daß alle Menschen, die Bambus als Mittel benötigten, sich ständig irgendwo mit dem Körper abstützten, beispielsweise den Kopf auf die Hände stützten, die Arme auf dem Tisch, den Rücken fest gegen die Stuhllehne."

In der Schule haben sie viele Ängste und fürchten zu versagen, was mit ihrem Mangel an Selbstvertrauen zusammenhängen kann. Sie haben Scheu, in der Öffentlichkeit aufzutreten; sind empfindlich gegen Vorwürfe; und haben *sehr großes Verantwortungsgefühl.* Die Prüfung bestätigt dieses Gefühl: „Gefühl, von Pflichten gefangen zu sein", was dazu führt, daß sie sich wie eingesperrte Tiger fühlen.

Sie fühlen sich verwirrt, haben Schwierigkeiten, sich zu konzentrieren und machen Fehler beim Schreiben, vor allem lassen sie Buchstaben aus, aber sie versuchen dies durch ihre Hartnäckigkeit und Akribie auszugleichen.

Besonders stark fröstelnde Kinder, die selbst im Bett nicht warm werden; gleichzeitig können sie heiße Zimmer nicht ertragen und brauchen frische Luft.

Zwei interessante Empfindungen traten in der Prüfung auf und könnten in der Klinik angetroffen werden:

1. Wellenartiges Gefühl: Wellen brennender Hitze entlang der Wirbelsäule; wellenartiger Schmerz im Kopf; wellenartige Ohrenschmerzen; Übelkeit in Wellen; wellenartiger Wechsel zwischen Spannungs- und Entspannungszuständen.

2. Schwellungsgefühl: Ausdehnung (als würde der Schädel von den Augenbrauen an nach oben schwellen; wie ein Heißluftballon; als würden die Augen aus dem Kopf treten; Nase wie geschwollen; Wangen wie geschwollen; innerer Hals wie geschwollen; Auftreibungsgefühl, als wäre eine große Luftblase im Bauch).

Niesanfälle bei der geringsten Kälte; verstopfte Nase, besonders nachts.

Diese Kinder leiden oft an *Schlaflosigkeit,* was häufig mit Sorgen in Verbindung steht. Reichliches Schwitzen nachts im Schlaf.

Die *Schmerzen* sind oft *stechend,* erscheinen und verschwinden schnell.

Klinisches: Anspannungsgefühl. Nasenbeschwerden.

Wirkungsbereich: Zervikalregion. Nase.

* * *

Stillen - Gemütssymptome

GEMÜT - Stillen des Kindes - Abneigung (stb2/170)

Stillen - Magendarmsymptome - Appetit - vermindert

MAGEN - Appetit - fehlend - Hunger, mit (stb2/768)

Stillen - Magendarmsymptome - Appetit - vermehrt

MAGEN - Appetit - Heißhunger (stb2/769)
- Appetit - Heißhunger - nachts (stb2/769)
  - » unstillbar (stb2/770)

Stillen - Allgemeines

SCHWEISS - Essen - beim - agg. (stb2/1786)

Konstitution - Angst und Furcht

GEMÜT - Beschwerden durch - Erwartungsspannung (stb2/23)
- Furcht - Armut, vor (stb2/65)
  - » *engen Räumen; in* (stb2/67)
  - » Selbstkontrolle zu verlieren; die (stb2/75)
  - » *Versagen, Mißerfolg; vor dem* (stb2/79)

Konstitution - Allgemeines

GEMÜT - Entmutigt (mtf/46)
- *Faulheit* (stb2/55)
- Furcht - Armut, vor (stb2/65)
- Gewissenhaft, peinlich genau in bezug auf Kleinigkeiten (stb2/99)
- Heikel, pingelig (^/106)
- Heimweh (stb2/107)
- Nachgiebigkeit (stb2/134)
- Selbstvertrauen - Mangel an Selbstvertrauen (stb2/161)
  - » *Mangel an Selbstvertrauen - Unterstützung, Zuwendung; möchte* (stb2/161)
- Stimmung, Laune - veränderlich (stb2/171)
- *Unzufrieden* (stb2/194)

- *Veränderungen - Verlangen nach* (stb2/195)
- Verantwortung - ernst; nimmt seine Verantwortung zu (mtf/195)
- Verwegenheit (stb2/199)

Familie; Beziehung zur - Aggressivität

GEMÜT - Reizbarkeit, Gereiztheit - Tadel; durch (stb2/146)

Familie; Beziehung zur - Liebe und Zuneigung

GEMÜT - Eifersucht (stb2/40)
- Verlassen zu sein; Gefühl (stb2/198)

Familie; Beziehung zur - Vorwürfe

GEMÜT - *Empfindlich - Vorwürfe; gegen* (stb2/45)
- Reizbarkeit, Gereiztheit - Tadel; durch (stb2/146)

Beziehung zu anderen - Aggressivität

GEMÜT - Streitsüchtig (stb2/173)

Beziehung zu anderen - Reaktion auf andere

GEMÜT - Gesellschaft - Abneigung gegen (stb2/94)
- Schüchternheit, Zaghaftigkeit (^/158)
  » Öffentlichkeit; beim Auftreten in der (stb2/159)

Beziehung zu anderen - allgemein

GEMÜT - *Beleidigt, leicht* (stb2/20)

Schule - Angst

GEMÜT - Beschwerden durch - Erwartungsspannung (stb2/23)
- *Furcht - Versagen, Mißerfolg; vor dem* (stb2/79)
- Selbstvertrauen - Mangel an Selbstvertrauen (stb2/161)

REKTUM - Diarrhoe - Erregung, Aufregung agg. (stb2/952)

Schule - Konzentration

GEMÜT - Konzentration - schwierig - Studieren (stb2/117)
- Verwirrung; geistige - Schreiben, beim (^/203)

Schule - Lernen - Schreiben

GEMÜT - Fehler; macht - Schreiben, beim (stb2/57)
- Fehler; macht - Schreiben, beim - läßt etwas aus - Buchstaben (stb2/57)
- Verwirrung; geistige - Schreiben, beim (^/203)

Schule - Anstrengung; geistige

KOPF - Schmerz - Stirn - Lesen agg. (^/389)

Schule - Beziehung zu anderen

GEMÜT - Schüchternheit, Zaghaftigkeit - Öffentlichkeit; beim Auftreten in der (stb2/159)
- Verwirrung; geistige - Schreiben, beim - linkshändig, obwohl er gewöhnlich rechtshändig schreibt; schreibt (stb2/203)

Schule - Vorwürfe

GEMÜT - *Empfindlich - Vorwürfe; gegen* (stb2/45)
- Reizbarkeit, Gereiztheit - Tadel; durch (stb2/146)

Schule - Konstitution

GEMÜT - Eigensinnig, starrköpfig, dickköpfig (stb2/41)
- Gewissenhaft, peinlich genau in bezug auf Kleinigkeiten (stb2/99)
- Heikel, pingelig (^/106)
- Selbstvertrauen - Mangel an Selbstvertrauen (stb2/161)
- Verantwortung - ernst; nimmt seine Verantwortung zu (mtf/195)

Nonverbales - Aggressivität

GEMÜT - Beißen (^/20)
- Diktatorisch (stb2/39)
- Reizbarkeit, Gereiztheit - Kindern; gegenüber (stb2/145)

Nonverbales - Reaktion auf andere

GEMÜT - Angesehen, angeblickt zu werden - erträgt es nicht, angesehen zu werden (stb2/5)

Nonverbales - Gesten, Gebärden

GEMÜT - Beißen - Nägel (stb2/20)
- Launenhaftigkeit, launisch (stb2/123)

Nonverbales - Allgemeines

GEMÜT - Eigensinnig, starrköpfig, dickköpfig (stb2/41)
- Nackt sein, möchte (stb2/134)

Nonverbales - Konsultation; bei der

KOPF - Empfindlichkeit - Kopfhaut, der (stb2/284)

OHR - Entzündung (stb2/500)
- Entzündung - äußere Ohren (stb2/500)
  » Tragus (stb2/501)

INNERER HALS - Entzündung - Tonsillen (stb2/724)

ÄUSSERER HALS - Schwellung - Halsdrüsen (stb2/760)

EXTREMITÄTEN - Nägel; Beschwerden der - deformiert (stb2/1664)

Nonverbales - Äußerliches - Beobachtungen des Arztes

AUGE - Verklebt (stb2/472)

HUSTEN - Anfallsweise - besteht aus - zwei Hustenstößen (stb2/1186)

Nonverbales - Äußerliches - Beobachtungen der Eltern

AUGE - Verklebt - morgens (stb2/472)

MAGEN - Völlegefühl - Essen - nach - agg. (stb2/845)

STUHL - Unverdaut (stb2/999)

WEIBLICHE GENITALIEN - Masturbation; Neigung zu (stb2/1104)

SCHWEISS - Essen - beim - agg. (stb2/1786)

HAUT - Insektenstiche (stb2/1825)

Nacht; Beobachtungen in der - körperliche Symptome

KOPF - Schweiß der Kopfhaut - Schlaf - im (stb2/404)

Schaukeln und Getragenwerden

GEMÜT - *Getragen - Verlangen getragen zu werden* (stb2/99)

Psychosomatische Störungen

REKTUM - Diarrhoe - Erregung, Aufregung agg. (stb2/952)

Baptisia tinctoria

bapt.

Eines der besten Mittel *für Kinder, die sehr erschöpft sind* und in einem halb stupidem Zustand daliegen, *wie berauscht*, mit betrunken aussehendem Gesicht. Ein sehr charakteristisches Symptom dieses Mittels ist eine *Wahnidee, der Körper sei verstreut. Lebloser Körper, aber ruheloser Verstand.*

Baptisia ist angezeigt bei Typhus abdominalis, wenn der Ausbruch sehr schnell erfolgt und der Patient das Gefühl hat, als sei der ganze Körper wie zerschlagen. *Urin, Stuhl, Schweiß und Atem riechen übel.*

Sehr übelriechende Diarrhoe Tag und Nacht; das Kind kann nur Milch schlucken, bei der geringsten Menge fester Speise würgt es; stinkender Atem; die Erschöpfung ist größer, als die Schwere des Anfalls rechtfertigen würde.

Man erwäge dieses Mittel bei *entzündlichen Zuständen* von Gehirn, Gehirnhäuten, Mandeln, Becken, Nieren und Blinddarm.

Kinder, die Baptisia benötigen, zeigen oft Mundsoor und Stomatitis: Aphthen können ulzeriert, übelriechend und schwarz sein.

Wird oft bei *Scharlach* und *Parotitis* angewendet.

Klinisches: Appendizitis. Febris gastrica. Salmonellenenteritis. Rückfallfieber. Febris septica. Impfungen. Mumps. Stomatitis. Würmer.

Wirkungsbereich: Blut. Gemüt. Nerven. Schleimhäute. Verdauungskanal.

* * *

Entwicklung - allgemein

KOPF - Großer Kopf (ptk1/289)

Impfung

ALLGEMEINES - Impfung; Beschwerden nach - Typhus abdominalis; gegen (bro1*/1892)

Stillen - Milch

ALLGEMEINES - Speisen und Getränke - Milch - Verlangen (*/2001)

Stillen - Magendarmsymptome - Appetit - vermindert

MAGEN - *Appetit - fehlend* (*/767)

Stillen - Magendarmsymptome - Abdomen - agg. durch

ABDOMEN - Schmerz - Druck - agg. (a1/883)

Stillen - Allgemeines

MUND - Aphthen - Kindern, bei - Säuglingen; bei (ptk1/639)

Infektionskrankheiten - Windpocken

FIEBER - *Continua - Ausschlagsfieber* (bro1/1772)

Infektionskrankheiten - Masern

FIEBER - *Continua - Ausschlagsfieber* (bro1/1772)

Infektionskrankheiten - Mumps

GESICHT - Entzündung - Parotis - Mumps (c2/584)
- Schmerz - Parotis (k/626)
- **Schwellung - Parotis** (hr1*/631)

Infektionskrankheiten - Röteln

FIEBER - *Continua - Ausschlagsfieber* (bro1/1772)

Infektionskrankheiten - Scharlach

FIEBER - Ausschlagsfieber; Fieber bei Ausschlagserkrankungen - Scharlach (k2/1770)
- *Continua - Ausschlagsfieber* (bro1/1772)
- Scharlach (k2/1778)
  - » bösartig (bro1/1778)

Infektionskrankheiten - Pocken

FIEBER - *Continua - Ausschlagsfieber* (bro1/1772)

HAUT - Hautausschläge - Pocken (c2*/1819)

Konstitution - Allgemeines

GEMÜT - *Faulheit* (*/55)
- Unaufmerksam (bg2/189)
- Wandern, Herumwandern - Verlangen zu wandern (br1*/243)

Beziehung zu anderen - Reaktion auf andere

GEMÜT - Antworten - langsam (ptk1/15)
- Schüchternheit, Zaghaftigkeit (^/158)

Beziehung zu anderen - allgemein

GEMÜT - Argwöhnisch, mißtrauisch (k/16)

Schule - Konzentration

GEMÜT - Unaufmerksam (bg2/189)

Nonverbales - Aggressivität

GEMÜT - *Spucken* (^/170)

Nonverbales - Konsultation; bei der

MUND - **Aphthen** (*/639)
- *Aphthen - Kindern, bei* (k2*/639)

» Kindern, bei - Säuglingen; bei (ptk1/639)
» schwarz (k2/639)
» übelriechend (k2/640)
• *Schwämmchen* (vk1/681)
• *Stomatitis ulcerosa, Stomakaze* (*/689)
• Zittern der Zunge - Herausstrecken, beim (k2/692)
INNERER HALS - *Entzündung - Tonsillen* (*/724)
• **Schwellung - Tonsillen** (*/747)
ABDOMEN - Schmerz - Druck - agg. (a1/883)

Nonverbales - Äußerliches - Beobachtungen des Arztes

KOPF - Großer Kopf (ptk1/289)
• Halten - hoch, aufrecht zu halten; unfähig, den Kopf (k/289)
NASE - Bewegung - Nasenflügel - Fächer; wie ein (bg1*/545)
GESICHT - *Rissig - Lippen* (*/613)
• Venen, erweiterte (k/634)
» Schläfen (a1/634)

Nonverbales - Äußerliches - Beobachtungen der Eltern

REKTUM - *Unwillkürlicher Stuhl* (*/984)
STUHL - Schafskot, wie (k/997)
ATMUNG - Schnarchen (*/1180)

Nacht; Beobachtungen in der - Gemütssymptome

GEMÜT - Furcht - Dunkelheit; vor der (k/66)

Nacht; Beobachtungen in der - Schlaf; Lage im

SCHLAF - Lage - zusammengerollt - Hund; wie ein (*/1684)

Autos und Schiffe

SCHLAF - Schläfrigkeit - Fahren - agg. (k/1698)

Körperliche Symptome und Erkrankungen

KOPF - Entzündung - Gehirn (bg2*/284)
• Entzündung - Hirnhaut (mtf11/284)
INNERER HALS - Schmerz - Kindern; bei - Säuglingen; bei - wund schmerzend (k2/740)
MAGEN - Würgen - Husten, mit (bg2/846)
FIEBER - **Continua** (k/1772)
ALLGEMEINES - Medikamente - allopathische - Mißbrauch von (st1/1921)

Würmer

REKTUM - *Würmer - Beschwerden durch Würmer* (c2*/985)
• *Würmer - Beschwerden durch Würmer - Madenwürmer* (c2*/986)

Baryta acetica

bar-act.

Baryta acetica ruft Lähmung hervor, die in den Gliedmaßen beginnt und sich zum Bauch ausbreitet, dann zur Brust und zum Hals und schließlich zu den Schließmuskeln.

Auf der Gemütsebene herrscht *Mangel an Selbstvertrauen* vor, wie bei allem Mitteln, die Barium enthalten; aber es zeigt auch *interessante Symptome, die es mit anderen azetathaltigen Mitteln gemeinsam hat:* Reizbarkeit (Aceticum acidum, Calcarea acetica, Cuprum aceticum); Klagen (Aceticum acidum, Calcarea acetica, Cuprum aceticum, Ferrum aceticum); Traurigkeit (Aceticum acidum, Calcarea acetica, Cuprum aceticum, Kalium aceticum, Plumbum aceticum); Angst vor Menschen (Aceticum acidum, Cuprum aceticum); Spucken (Cuprum aceticum).

Die Mandeln entzünden sich nach jeder Erkältung und neigen zu Eiterung; chronische Verhärtung.

Klinisches: Lähmung. Tonsillitis.

Wirkungsbereich: Nerven. Innerer Hals.

* * *

Infektionskrankheiten - Mumps

GESICHT - Entzündung - Parotis (bro1/584)

Konstitution - Allgemeines

GEMÜT - Faulheit (a1/55)
• **Reisen - Verlangen nach** (sne/142)
• Selbstvertrauen - Mangel an Selbstvertrauen (a1*/161)
• *Stimmung, Laune - veränderlich* (sf1/171)

Beziehung zu anderen - allgemein

GEMÜT - Argwöhnisch, mißtrauisch (j*/16)

Schule - Angst

GEMÜT - Selbstvertrauen - Mangel an Selbstvertrauen (a1*/161)

Schule - Konstitution

GEMÜT - Eigensinnig, starrköpfig, dickköpfig (a1/41)
• Selbstvertrauen - Mangel an Selbstvertrauen (a1*/161)

Nonverbales - Aggressivität

GEMÜT - Spucken (a1/170)

Nonverbales - Gesten, Gebärden

GEMÜT - Auffahren, Zusammenfahren - Geräusche; durch (a1*/17)

Nonverbales - Allgemeines

GEMÜT - Eigensinnig, starrköpfig, dickköpfig (a1/41)

Nonverbales - Konsultation; bei der

INNERER HALS - Schwellung - Tonsillen (bro1/747)

Nacht; Beobachtungen in der - Gemütssymptome

GEMÜT - *Sprechen - Schlaf; im* (st/169)

Baryta bromata

bar-br.

Jan Scholten hat dieses Mittel als erster beschrieben. Nach ihm ist die Essenz des Mittels *„es ist lächerlich, wenn du Fehler machst."*

Das Kind kann das Gefühl haben, man würde sich über seine Fehler lustig machen und ist nicht in der Lage, sie zu vermeiden. Gleichzeitig ist es ihm peinlich, wenn andere Fehler machen. *Sie haben das Gefühl, sie würden immer Fehler machen*, daß sie nichts tun können, um sie zu verhindern und fühlen sich infolgedessen völlig hilflos. Obwohl sie etwas gut machen, denken sie, sie würden Fehler machen; dieses Gefühl steigt, wenn sie neue Aufgaben bekommen. Jede neue Situation führt dazu, daß sie das Gefühl haben, die Kontrolle verloren zu haben. Neuen Menschen gegenüber fühlen sie sich immer unterlegen.

Sie haben *Angst, daß man sich* wegen ihrer Fehler *über sie lustig macht*. Sie haben das Gefühl sogar, wenn sie jemand anblickt. Beispielsweise wird dem Kind in der Schule ein neues Projekt zugewiesen und muß lernen, wie die Sachen funktionieren. *Sie benötigen viel Unterstützung und Ermutigung, denn sie sind sich sicher, daß andere sie für dumm halten werden.*

Im Buch „Homöopathie und die Elemente" wird einer der Fälle von Sonja Obbink wiedergegeben, einem achtjährigen Mädchen. Zu Beginn des Arztbesuches sagt das Mädchen, daß die Angst habe, daß man sich über sie lustig macht, besonders in der Schule. Sie hat Angst, daß andere sich über ihr Haar oder ihre Kleidung lustig machen. Sie wagt nie, irgendetwas Neues zu machen; sie hat auch Angst, daß sie ihre Arbeit nicht ordentlich macht und fragt den Lehrer ständig, wie etwas zu machen ist. Sie hebt niemals die Hand, um Fragen des Lehrers zu beantworten, weil sie zu viel Angst davor hat, verspottet zu werden, falls sie falsch antwortet. Sie hat Schwierigkeiten mit Mathematik und mit allem Neuen, selbst bei der Entscheidung, welches Eis sie essen soll. Sie ist sehr schüchtern und möchte die Mutter ungern verlassen. Ihre Mutter hat eine Teilzeitarbeit in einer anderen Stadt und an den Tagen, an denen sie weg ist, fühlt sich das Mädchen nicht sehr gut; es klagt über Magenschmerzen und möchte nicht in die Schule gehen. Als sie in die Vorschule ging, hielt sie die Mutter fest und ließ sie nicht weggehen. Wenn etwas Besonderes passiert, klagt sie über Krämpfe im Magen, besonders im rechten Hypochondrium. Sie hat Angst vor der Dunkelheit, weil da ein Gespenst sein könnte, das sie entführen würde. Sie ist lieb und ruhig, mag es, wenn Menschen sie mögen und hat Angst, Fehler zu machen, weil ihre Mutter wütend werden und ihr Vorwürfe machen könnte.

Sie ist in der 37. Schwangerschaftswoche zur Welt gekommen und hat eine Zwillingsschwester. Sie spürt Kälte nicht. Blaugraue Augen, dunkelblondes Haar, breite, schief stehende Zähne. Sie hat sich langsam entwickelt, sowohl was die Zahnung angeht, wie beim Erlernen, die Toilette zu benutzen. Mit 16 Monaten fing sie zu laufen an. Tonsillektomie mit vier Jahren. Verlangen nach Süßigkeiten, gewürzten Speisen, Schokolade, Eier, Obst; Abneigung gegen Sauerkraut, Spinat und Erdbeereis.

Beim ersten Besuch wurde ihr Baryta carbonica verabreicht. Als Reaktion hatte sie einige Tage lang ständige Magenschmerzen und einen leicht entzündeten Hals; ihre Ängste blieben mehr oder minder unverändert.

Beim nächsten Mal wurde ihr Baryta bromata gegeben. Beim nächsten Besuch, sprang sie herum, als sie in ins Zimmer kam und setzte sich auf einen anderen Stuhl als beim vorherigen Besuch. Sie sah entspannter aus. Ihr Lehrer sagt, sie sei selbstsicherer, sie habe keine Angst mehr davor, Fehler zu machen und bittet nicht mehr ständig um Hilfe. Sie kann eine Wahl treffen und sich entscheiden, was sie möchte, ohne sich darum zu sorgen, was andere denken. Sie trägt Kleidung, die sie zuvor aus Angst, verspottet zu werden, nie getragen hätte. Ihre Beziehung zu anderen Kindern ist entspannter und sie spricht sogar mit Jungen. Sie hält nicht mehr die Hand der Mutter fest, wenn sie andere Menschen besuchen; im Gegenteil, sie geht im Haus herum. Sie leidet nicht länger an Magenschmerzen, nicht einmal, wenn die Mutter zur Arbeit weg ist. Sie hat auch zwei Nächte im Haus von Freunden verbracht; sie vermißt ihr Zuhause nicht mehr, noch hat sie Angst vor der Dunkelheit, aber sie hat noch eine geringe Furcht vor Gespenstern.

Auf der körperlichen Ebene sieht man folgende Beschwerden: scharfe und wäßrige Absonderungen; Drüsen geschwollen, entzündet, verhärtet, schmerzhaft oder schmerzlos; Erkrankungen des inneren Halses mit stark geschwollenen Mandeln; Abszesse; allergisches Asthma mit flatternden Nasenflügeln; Zusammenschnürung in der Halsgrube und Keuchhusten.

Klinisches: Tonsillitis. Asthma. Keuchhusten.

Wirkungsbereich: Drüsen. Lungen.

* * *

Stillen - Magendarmsymptome - Appetit - vermindert

MAGEN - Appetit - vermindert (stj2/772)

Konstitution - Angst und Furcht

GEMÜT - Furcht - allein zu sein (stj2/64)
- Furcht - Gespenstern; vor (stj2/70)
  » hochgelegenen Orten; vor (stj2/71)
  » Versagen, Mißerfolg; vor dem (stj2/79)
  » Wasser, vor (stj2/79)

Beziehung zu anderen - Aggressivität

GEMÜT - Streitsüchtig (stj2/173)

Beziehung zu anderen - Reaktion auf andere

GEMÜT - Widerspruch - verträgt keinen Widerspruch (stj2/249)

Schule - Angst

GEMÜT - Furcht - Versagen, Mißerfolg; vor dem (stj2/79)

Nonverbales - Konsultation; bei der

INNERER HALS - *Schwellung - Tonsillen* (stj2/747)

Nonverbales - Äußerliches - Beobachtungen des Arztes

ALLGEMEINES - Aussehen - hell, blond (stj2/1855)

Nacht; Beobachtungen in der - Gemütssymptome

GEMÜT - Furcht - Dunkelheit; vor der (stj2/66)
- Schlafwandeln (stj2/154)

Baryta carbonica

bar-c.

Das Baryta-carbonica-Kind zeigt zwei Charakteristika: *Ein sowohl körperliches wie geistiges Entwicklungsdefizit* und *Infantilismus*.

Die Kinder, die dieses Mittel benötigen, sind nicht besonders intelligent (manchmal zurückgeblieben) und zeigen keine große Vitalität. Die Funktion der Nerven ist typischerweise langsam, was auch für die körperlichen und geistigen Reflexe gilt. Baryta-carbonica-Kinder werden nicht auf derselben Entwicklungsstufe sein, wie gleichaltrige Kinder. *In der Schule lernen sie wenig und langsamer* und sind normalerweise unfähig, sich länger zu konzentrieren.

Sie haben einen „dummen" Gesichtsausdruck; es ist, als versuchten sie zu verstehen, was um sie herum geschieht. Auch Bufo kann denselben Gesichtsausdruck haben, aber anders als Baryta carbonica ist Bufo ruhelos.

Sie haben *Angst vor Fremden*, verstecken sich in einer Ecke oder hinter einem Möbelstück, oder *verstecken das Gesicht mit den Händen und schauen zwischen den Fingern hindurch. Während des Arztbesuchs neigen sie dazu, sich hinter einem Stuhl zu verstecken* und sich an die Mutter anzuklammern.

Sie strengen sich an, zu verstehen, was um sie herum geschieht, was dazu führt, daß sie sich isoliert fühlen und Gleichaltrige meiden. Sie schließen keine neuen Freundschaften und suchen die Einsamkeit.

Sie werden *unentschlossen*, weil sie sich nicht in der Lage sehen, komplexe Situationen zu meistern.

Kinder, die Baryta carbonica benötigen, können Charakteristika haben, die Silicea ähneln: beide haben Fußschweiß, einen im Verhältnis zum übrigen Körper *unverhältnismäßig großen Kopf* (Calcarea carbonica, Calcarea phosphorica) und leiden durch nasses und kaltes Wetter. Silicea weist jedoch reichlichen Schweiß am Kopf auf, was Baryta carbonica nicht so intensiv hat. Zusätzlich zeigt Silicea nicht dieselbe geistige Zurückgebliebenheit wie Baryta carbonica, ist lebhafter und intelligenter, obwohl es die große Unsicherheit, die man bei Baryta carbonica findet, mit diesem teilt.

Das Lymphgewebe ist hypertrophiert und die Mandeln und Adenoide zeigen diese Vergrößerung. Die Mandeln können sich leicht entzünden und eitern, besonders nach einer Erkältung. Sie haben das Gefühl, als wäre ein Fremdkörper im Hals und haben Schmerzen beim Schlucken. Das Kind neigt wegen dieser Hypertrophie dazu, mit offenem Mund zu atmen. *Infektionen der Hauptatemwege* sind ziemlich häufig; sie können schwierigen Auswurf haben und bekommen bei der geringsten Kälte Bronchitis.

Zu den Hautsymptomen gehören: Ekzem und nasse Krusten am Kopf und hinter den Ohren.

Die Darmpassage ist langsam.

Die langsame Entwicklung ist auch in einigen Organen zu sehen, besonders den Genitalien.

Das Erscheinungsbild von Baryta carbonica könnte auch das eines Kindes sein, das an *Down-Syndrom* leidet, obwohl auch andere Mittel erwogen werden sollten. Ziehen Sie Baryta carbonica bei *Fragiles-X-Syndrom* in Betracht.

Klinisches: Down-Syndrom. Drüsenschwellung. Mandelvergrößerung. Zysten. Fußschweiß.

Wirkungsbereich: Gemüt. Drüsen. Innerer Hals. Lungen. Nerven.

* * *

Krankengeschichte; familiäre und persönliche

ALLGEMEINES - Familiengeschichte von - Aorta; Beschwerden der (zs4/1878)
- Familiengeschichte von - Apoplexie (bro1*/1878)
  - » Impfung; wiederholte (zs4/1878)
  - » Medikamenten; Mißbrauch von allopathischen (zs4/1878)
  - » Sykose (zs4/1878)
- Krankengeschichte von; persönliche - Mononukleose; von (vh1/1910)
  - » **Tonsillitis; von wiederkehrender** (*/1910)

Entwicklung - langsam

GEMÜT - *Entwicklung; kindliche - Entwicklungsstillstand* (k2*/47)
- Sprechen - langsam; lernt (*/168)

KOPF - Fontanellen - offen (bnt/286)

ALLGEMEINES - *Entwicklung - Entwicklungsstillstand* (bg2*/1872)
- *Gehen - Gehenlernen, Laufenlernen - spätes* (*/1883)

Entwicklung - schnell

ALLGEMEINES - Wachstum - Längenwachstum; zu schnelles (bg/2021)

Entwicklung - allgemein

KOPF - Großer Kopf (bg2*/289)

Impfung

ALLGEMEINES - Familiengeschichte von - Impfung; wiederholte (zs4/1878)
- *Impfung; Beschwerden nach* (hu/1892)

Stillen - Gemütssymptome

GEMÜT - Essen - weigert sich zu (ptk/53)
- Essen - weigert sich zu - Schwäche; aus (ptk1/53)

Stillen - Milch

KOPF - **Hautausschläge - Milchschorf** (b2/290)
- Hautausschläge - Milchschorf - Kindern; bei - Neugeborenen; bei - Adenitis; mit (pfa/290)

MAGEN - Erbrechen - Milch, nach (k/794)

ALLGEMEINES - Speisen und Getränke - Milch - agg. (stx1/2001)

Stillen - Magendarmsymptome - Appetit - allgemein

MAGEN - Appetit - launischer Appetit (ptk1/770)

Stillen - Magendarmsymptome - Appetit - vermindert

MAGEN - *Appetit - fehlend* (*/767)
- *Appetit - fehlend - Hunger, mit* (*/768)
  - » schnelle Sättigung (*/770)
  - » vermindert (k/772)

Stillen - Magendarmsymptome - Appetit - vermehrt

MAGEN - *Appetit - Genuß, ohne* (k/769)
- Appetit - Heißhunger (*/769)
  - » Heißhunger - Sättigung; schnelle (bro1/770)
  - » unstillbar (*/770)
  - » *vermehrt* (*/770)

Stillen - Magendarmsymptome - Aufstoßen - Speisen; von

MAGEN - Aufstoßens; Art des - Speisen; von (bg2/780)
- Aufstoßens; Art des - Speisen; von - bitter schmeckend (b4/780)

Stillen - Magendarmsymptome - Aufstoßen - Wasser; Hochsteigen von

MAGEN - **Aufstoßens; Art des - Wasser in den Mund; Hochsteigen von** (*/781)
- Aufstoßens; Art des - Wasser in den Mund; Hochsteigen von - bitter (bg1/781)

Stillen - Magendarmsymptome - Schluckauf

MAGEN - Schluckauf - Essen - nach - agg. (b4/810)

Stillen - Magendarmsymptome - Abdomen - agg. durch

ABDOMEN - Schmerz - Kindern; bei - Säuglingen; bei - krampfartig (lmj/888)
- Schmerz - Liegen - agg. (k/889)

Stillen - Magendarmsymptome - Abdomen - amel. durch

ABDOMEN - Schmerz - Liegen - amel. (^/889)
- *Schmerz - Wärme - amel.* (k/896)

Stillen - Magendarmsymptome - Rektum

REKTUM - Diarrhoe - Kindern, bei (k/954)

Stillen - Allgemeines

SCHWEISS - *Essen - beim - agg.* (*/1786)
- Essen - nach - agg. (hr1/1786)

ALLGEMEINES - Abmagerung - Heißhunger mit Abmagerung - Kindern; bei (*/1845)
- *Abmagerung - Heißhunger mit Abmagerung - Kindern; bei - Kleinkindern; bei* (*/1845)
- Säuglinge (mtf33/1944)

Infektionskrankheiten - Masern

ALLGEMEINES - Masern - Beschwerden nach (k2/1920)

Infektionskrankheiten - Mumps

GESICHT - **Entzündung - Parotis** (*/584)
- *Entzündung - Parotis - Mumps* (bro1/584)
- Schmerz - Parotis (h2*/626)
  - » Parotis - rechts (h2/627)
- **Schwellung - Parotis** (*/631)
  - » **Parotis - rechts** (k/631)
  - » *Parotis - Hautausschlag; nach* (k/631)
- Verhärtungen - Parotis (k2/634)

Infektionskrankheiten - Scharlach

INNERER HALS - *Entzündung - Scharlach; bei* (bro1/724)

HAUT - Hautausschläge - Scharlach (*/1821)

ALLGEMEINES - Scharlach - Beschwerden nach (*/1944)
- **Schwellung - Drüsen, der - Scharlach - nach** (k/1983)
- Wassersucht - äußere Wassersucht - Scharlach; nach (kr1/2024)

Infektionskrankheiten - Keuchhusten

HUSTEN - *Keuchhusten* (*/1197)

Konstitution - Angst und Furcht

GEMÜT - Beeindrucken, empfänglich für Eindrücke; leicht zu (gl*/19)
- *Beschwerden durch - Erwartungsspannung* (sf1/23)
- **Feigheit** (*/59)
- Furcht - allein zu sein (bl/64)
  - » engen Räumen; in (^/67)
  - » Geräusche, durch (k/69)
  - » **Kindern, bei** (st1/71)
  - » neuen Projekten, Unternehmungen; vor (mrr1/74)
  - » offenen Plätzen; Furcht vor (mrr1*/74)
  - » **unternehmen; irgendetwas zu** (vh*/78)
- Vorsichtig (j/205)
  - » ängstlich (gl1/205)

Konstitution - Allgemeines

GEMÜT - Beachtung; schenkt allgemeinen Regeln keine (k/19)
- Ehrgeiz - Verlust von (vh/40)
- Empfindlich - Geräusche, gegen - Stimmen, gegen - Männerstimmen (k/44)
- Entmutigt (*/46)
- *Faulheit* (*/55)
  - » Kindern, bei (k/56)
- Geiz (j/92)
- *Gewissenhaft, peinlich genau in bezug auf Kleinigkeiten* (*/99)
- Heimweh (h2/107)
- Kleinigkeiten, Trivialitäten - wichtig; scheinen (gk/115)
- Nachgiebigkeit (mtf33/134)
- Pessimist (gl1/136)
- Reisen - Verlangen nach (gl1/142)
- **SELBSTVERTRAUEN - MANGEL AN SELBSTVERTRAUEN** (b4a/161)
- *Sorgen; voller* (j5/164)
- **Sorgsamkeit, Sorgfalt** (*/165)
- *Stimmung, Laune - veränderlich* (k/171)
- Unaufmerksam (*/189)
  - » angesprochen wird; wenn er (gl1/189)
- Unzufrieden (*/194)
- *Veränderungen - Abneigung gegen* (^/195)

Familie; Beziehung zur - Liebe und Zuneigung

GEMÜT - *Angst - andere, um* (*/7)
- Angst - Gesundheit; um die - Verwandten; von (vh/10)
- Liebevoll, voller Zuneigung, herzlich (gl1/125)
- Verlassen zu sein; Gefühl (*/198)

Familie; Beziehung zur - Vorwürfe

GEMÜT - Lachen - Vorwürfen, bei (gk/121)

Beziehung zu anderen - Aggressivität

GEMÜT - *Herausfordernd* (mtf/107)
- Streitsüchtig (*/173)

Beziehung zu anderen - Reaktion auf andere

GEMÜT - *Antworten - denkt lange nach* (g*/15)
- Autismus (vh1/19)
- **Furcht - Menschen; vor - Kindern; bei** (*/73)
- Geistesabwesend - angesprochen, wenn (gl1/88)
- **Gesellschaft - Abneigung gegen** (*/94)
  - » *Abneigung gegen - Fremden; Abneigung gegen die Anwesenheit von* (*/95)
- Lachen - Vorwürfen, bei (gk/121)
- **SCHÜCHTERNHEIT, ZAGHAFTIGKEIT** (*/158)
  - » Kindern; bei (mtf33/158)
- *Widerspenstig* (*/249)
- Widerspruch - Neigung zu widersprechen (gl1/249)

Beziehung zu anderen - allgemein

GEMÜT - **Argwöhnisch, mißtrauisch** (*/16)
- *Beleidigt, leicht* (hu/20)
- *Geheimnistuerisch, verschlossen* (st*/87)
- Mitgefühl, Mitleid (gk/130)
- Pubertät; in der (st/138)
- Sprache - kindisch (k2*/167)
- *Tadelsüchtig, krittelig* (k/178)
- Unabhängigkeit, Selbständigkeit - Mangel an Unabhängigkeit, Selbständigkeit (b4a/189)
- Unverschämtheit (bg2/193)

Schule - Angst

GEMÜT - *Beschwerden durch - Erwartungsspannung* (sf1/23)

• Furcht - neuen Projekten, Unternehmungen; vor (mrr1/74)
» **unternehmen; irgendetwas zu** (vh*/78)
• **SELBSTVERTRAUEN - MANGEL AN SELBSTVERTRAUEN** (b4a/161)

Schule - Konzentration

GEMÜT - *Gedächtnis - Gedächtnisschwäche - geistige Anstrengungen; für - Kinder können nicht zu geistiger Arbeit angeleitet, unterrichtet werden* (kr1*/81)
• Gedächtnis - Gedächtnisschwäche - Kindern, bei (mtf33/81)
• Geistesabwesend - angesprochen, wenn (gl1/88)
» Kindern; bei - Schulkindern; bei (pc/88)
» Lesen, beim (pc/88)
• *Konzentration - schwierig - Kindern, bei* (*/117)
» *schwierig - Studieren* (*/117)
• *Studieren, Lernen - schwierig, fällt schwer* (sf1/173)
• Stumpfheit - Studieren und Lernen; beim (bg2/176)
• Unaufmerksam (*/189)
» angesprochen wird; wenn er (gl1/189)

Schule - Lernen - allgemein

GEMÜT - *Dyslexie* (mtf/40)
• *Studieren, Lernen - schwierig, fällt schwer* (sf1/173)
• Stumpfheit - Studieren und Lernen; beim (bg2/176)

Schule - Lernen - Lesen

GEMÜT - Fehler; macht - Lesen, beim (gg/57)
• Lesen - unfähig zu lesen (^/124)
» unfähig zu lesen - Kindern, bei (mtf33/124)

Schule - Anstrengung; geistige

GEMÜT - *Gedächtnis - Gedächtnisschwäche - geistige Anstrengungen; für - Kinder können nicht zu geistiger Arbeit angeleitet, unterrichtet werden* (kr1*/81)

KOPF - Schmerz - Schulkindern; bei (mrr1/339)
• Schmerz - Studenten, bei (mrr1/340)

Schule - Beziehung zu anderen

MUND - Sprache - stotternd (bg2/688)

Schule - Vorwürfe

GEMÜT - Lachen - Vorwürfen, bei (gk/121)

Schule - Konstitution

GEMÜT - Eigensinnig, starrköpfig, dickköpfig (oss/41)
• *Gewissenhaft, peinlich genau in bezug auf Kleinigkeiten* (*/99)
• Kleinigkeiten, Trivialitäten - wichtig; scheinen (gk/115)
• **SELBSTVERTRAUEN - MANGEL AN SELBSTVERTRAUEN** (b4a/161)

Spielen

GEMÜT - *Amüsement, Vergnügen - Abneigung gegen* (k1*/4)
• *Spielen - Abneigung gegen Spielen - Kindern; bei* (*/165)
» Abneigung gegen Spielen - Kindern; bei - sitzen in der Ecke; und sie (kr1*/166)
» Verlangen zu spielen (^/166)

Tieren; Beziehung zu

GEMÜT - Tiere - liebt Tiere, Tierliebe (a/180)

Nonverbales - Aggressivität

GEMÜT - **Beißen** (^/20)
• Spucken (bg*/170)
• Ziehen - Haaren; an den (^/252)
» Haaren; an den - Verlangen zu ziehen - jemanden an den Haaren (mrr/252)

Nonverbales - Reaktion auf andere

GEMÜT - Angesehen, angeblickt zu werden - erträgt es nicht, angesehen zu werden (hu/5)
• Angst - Fremden; in Anwesenheit von (vh/9)
• *Fremde - Anwesenheit von Fremden - agg.* (*/60)
» Anwesenheit von Fremden - agg. - hustet beim Anblick von Fremden; Kind (k1/60)
• *Furcht - Fremden; vor* (*/68)
» Näherkommen, Annäherung von; vor - anderen, von (bg2*/74)

Nonverbales - Gesten, Gebärden

GEMÜT - **Beißen - Nägel** (st*/20)
• Beißen - Nägel - Kindern; bei (mtf33/20)
• Berühren, anfassen; etwas - Verlangen, etwas zu berühren, anzufassen - alles berühren, anfassen; muß (gk/21)
• **Gesten, Gebärden; macht - Hände; unwillkürliche Bewegungen der - bedecken - Gesicht mit den Händen, blicken jedoch durch die Finger; bedecken - Kindern; bei** (st*/97)
• Klammert sich an - Kindern; bei - Mutter; das Kind klammert sich an die (mtf33/115)
» *Personen oder Möbel; an* (vh*/115)
• *Launenhaftigkeit, launisch* (*/123)
• Ungeschicklichkeit (ptk2*/192)
• *Verstecken - sich* (^/199)
» sich - Kinder (mtf33/199)
» *sich - Kinder - Besucher würden über sie lachen und sie verstecken sich hinter den Möbeln; sie glauben* (*/199)
» *sich - Kinder - Fremden, vor* (c1*/199)
» sich - Kinder - Mutter; hinter der (mrr1*/199)

Nonverbales - Allgemeines

GEMÜT - Eigensinnig, starrköpfig, dickköpfig (oss/41)
• Ruhelosigkeit - Kindern, bei (gk4/151)

- Verzogene, mißratene Kinder (gl1/204)

Nonverbales - Konsultation; bei der

KOPF - Hitze - Kälte - Füße; mit Kälte der (k/293)
- Hitze - Kälte - Hände; mit Kälte der (k/293)

OHR - Absonderungen - Blut (bg2/497)
- Absonderungen - blutig (k/497)
  - » chronisch (bg2/497)
  - » eitrig (bg2/497)
- Eiterung - Mittelohr (k/500)
- *Entzündung - Gehörgang* (*/500)
  - » *Mittelohr* (k/501)
- Katarrh - Eustachische Röhre (mtf11/515)

HÖREN - *Schwerhörig - Tonsillen - Hypertrophie der* (bro1/537)
- Schwerhörig - Tonsillen - vergrößert (mp1*/537)

GESICHT - **Schwellung - Unterkieferdrüsen** (*/631)
- **Schwellung - Unterkieferdrüsen - schmerzhaft** (k/631)

INNERER HALS - **Entzündung - Tonsillen** (*/724)
- **Schwellung - Tonsillen** (*/747)
  - » *Tonsillen - Kindern; bei* (br1/748)

ÄUSSERER HALS - **Schwellung - Halsdrüsen** (*/760)
- Verhärtung von Drüsen (k/761)
  - » perlschnurartig (k2/761)

ABDOMEN - **Auftreibung - Kindern, bei** (*/852)
- **Vergrößert - Kindern; bei** (*/938)
  - » Kindern; bei - Marasmus (k2*/938)

ATMUNG - Atemnot, Dyspnoe, erschwertes Atmen - Liegen - agg. - Vergrößerung der Tonsillen; durch (k/1168)

RÜCKEN - Krümmung der Wirbelsäule (bg2*/1323)
- Krümmung der Wirbelsäule - Dorsalregion (*/1323)

EXTREMITÄTEN - Fußgeruch ohne Schweiß; übler (b4/1413)
- Knie, Lage der - innen; nach (st/1664)

HAUT - Erysipel (*/1798)
- *Hautausschläge - Herpes - ringförmig* (*/1815)
  - » Impetigo (k/1816)
- *Intertrigo* (k/1825)
- Wundliegen - Kindern; bei (*/1837)

Nonverbales - Äußerliches - Beobachtungen des Arztes

KOPF - Großer Kopf (bg2*/289)
- *Schuppen* (bro1/402)
- *Haare - Kahlköpfigkeit - jungen Menschen, bei* (*/418)

AUGE - *Verklebt* (*/472)

GESICHT - *Ausdruck - alt aussehend* (*/580)
- Ausdruck - alt aussehend - Kindern; bei (mtf33/580)
- *Fettig* (*/593)
- Gerunzelt (*/594)
- Hautausschläge - Akne (*/595)
  - » Akne - Mädchen; bei anämischen (j/596)
- Rissig - Lippen (*/613)
  - » Lippen - Oberlippe (k/613)
- *Venen, erweiterte* (bg2/634)

ÄUSSERER HALS - Torticollis (ptk/761)

ATMUNG - Beschleunigt (*/1174)

ALLGEMEINES - Fettleibigkeit - Kindern, bei (bro1*/1879)
- Magere Personen (bg2*/1919)
- **Zwergwuchs** (*/2035)

Nonverbales - Äußerliches - Beobachtungen der Eltern

AUGE - Verklebt - morgens (k/472)

NASE - Schneuzen der Nase - Neigung, sich zu schneuzen; ständige (k/568)

ZÄHNE - Zähneknirschen (*/718)

MAGEN - *Schluckauf* (*/809)
- Schluckauf - Essen - nach - agg. (b4/810)
- *Völlegefühl - Essen - nach - agg.* (*/845)
  - » Essen - nach - agg. - wenig, nach dem kleinsten Bissen; nach noch so (k/845)

ABDOMEN - Schmerz - Kindern; bei - Säuglingen; bei - krampfartig (lmj/888)
- Schmerz - Liegen - agg. (k/889)
  - » Liegen - amel. (^/889)
  - » *Wärme - amel.* (k/896)
  - » Zusammenkrümmen - muß sich zusammenkrümmen (h2/897)

REKTUM - Unwillkürlicher Stuhl (*/984)

STUHL - Kugeln, wie (bro1/996)
- *Schafskot, wie* (*/997)
- Unverdaut (k/999)

BLASE - Urinieren - Harndrang - plötzlich - beeilen um zu urinieren, sonst geht Urin ab; muß sich (*/1015)

MÄNNLICHE GENITALIEN - *Masturbation, Neigung zur* (bg2*/1071)
- *Sexuelles Verlangen - vermehrt - Kindern, bei* (sf1/1084)

WEIBLICHE GENITALIEN - Fluor - Kindern; bei - Mädchen; bei kleinen (sf1/1096)

ATMUNG - Schnarchen (bg2/1180)

SCHWEISS - *Essen - beim - agg.* (*/1786)
- Essen - nach - agg. (hr1/1786)

HAUT - Ekchymosen (*/1797)

Nacht; Beobachtungen in der - Gemütssymptome

GEMÜT - Sprechen - Schlaf; im (*/169)
- *Weinen - Wimmern, Winseln - Schlaf, im* (b4/248)

Nacht; Beobachtungen in der - körperliche Symptome

BLASE - Urinieren - unwillkürlich - nachts (*/1019)

Nacht; Beobachtungen in der - Schlaf

SCHLAF - Erwachen - Schreck, wie durch (j5/1675)

Nacht; Beobachtungen in der - Schlaf; Lage im

SCHLAF - **Lage - Seite, auf der** (*/1683)
- Lage - Seite, auf der - linken Seite, auf der (*/1683)
  - » Sitzen (k/1683)

Psychosomatische Störungen

REKTUM - Diarrhoe - Zorn, nach (*/957)

HUSTEN - Fremde - Anwesenheit von Fremden; bei - Kindern; bei (vh1/1192)

SCHWEISS - **Fremden; in Anwesenheit von** (*/1786)

Körperliche Symptome und Erkrankungen

KOPF - Hydrozephalus (bg2*/295)

ZÄHNE - *Abszeß der Zahnwurzeln* (*/695)
- *Karies, faule, hohle Zähne* (*/700)

WEIBLICHE GENITALIEN - *Menses - verzögerte Menarche* (k/1114)

RÜCKEN - Spina bifida (*/1384)

ALLGEMEINES - Abmagerung - Kindern; bei (*/1845)
- Abmagerung - Kindern; bei - Kleinkindern; bei (bro1*/1845)
- *Kindern; Beschwerden von* (*/1897)
- *Pubertät - Beschwerden während der - Mädchen; bei* (kr1*/1934)
- Schwäche - Kindern, bei (*/1977)

Chirurgisch pathologische Zustände

NASE - Rachenmandelwucherung (br1*/561)

ABDOMEN - Hernie - Leistenhernie - entzündet (h2/868)

MÄNNLICHE GENITALIEN - *Hochgezogen, an den Körper gezogen - Hoden* (k/1068)
- Hodenretention - abdominal (fry3/1069)
  - » *Schambein; vor das* (lmj/1069)

Würmer

REKTUM - Würmer - Beschwerden durch Würmer (b2/985)
- Würmer - Beschwerden durch Würmer - begleitet von - Abmagerung (bg2/986)
  - » **Beschwerden durch Würmer - Madenwürmer** (*/986)
  - » Beschwerden durch Würmer - Spulwürmer (*/986)

Baryta iodata

bar-i.

Wie alle Bariumsalze eignet sich Baryta iodata für Kinder mit *verzögerter Entwicklung*. Diese Kinder sind etwas zurückgeblieben, haben einen „dummen“ Gesichtsausdruck, können keine großen geistigen Anstrengungen unternehmen und haben Gedächtnisprobleme. Verglichen mit Baryta carbonica sind sie weniger schüchtern und sehr viel *ruheloser*. Sie sind gewöhnlich *ungesellig* und *haben Angst vor Menschen*.

Das *Lymphsystem* ist oft angegriffen und man sieht oft Leukozytose, schmerzhafte Drüsenschwellungen und -verhärtungen (Lilienthal schrieb „besonders Mesenterialdrüsen“).

Dieses Mittel deckt Symptome von *Mononukleose* und *Morbus Hodgkin* ab.

Dem Patienten geht es durch frische Luft immer besser.

Wie bei vielen jodhaltigen Mitteln sieht man Erkrankungen der Schilddrüse und *Heißhunger, aber ohne Gewichtszunahme*.

Klinisches: Drüsenvergrößerung. Tumoren.

Wirkungsbereich: Drüsen. Schilddrüse. Gemüt.

* * *

Stillen - Magendarmsymptome - Appetit - vermindert

MAGEN - Appetit - fehlend (k/767)
- Appetit - vermindert (*/772)

Stillen - Magendarmsymptome - Appetit - vermehrt

MAGEN - Appetit - Genuß, ohne (k/769)
- *Appetit - Heißhunger* (*/769)
  - » *vermehrt* (k/770)

Stillen - Magendarmsymptome - Aufstoßen - Wasser; Hochsteigen von

MAGEN - *Aufstoßens; Art des - Wasser in den Mund; Hochsteigen von* (k/781)

Stillen - Allgemeines

ALLGEMEINES - *Abmagerung - Heißhunger mit Abmagerung - Kindern; bei* (k13*/1845)
- Abmagerung - Heißhunger mit Abmagerung - Kindern; bei - Kleinkindern; bei (k/1845)

Infektionskrankheiten - Mumps

GESICHT - Schwellung - Parotis (k2/631)

Konstitution - Angst und Furcht

GEMÜT - Feigheit (k2/59)

• Furcht - Ärzten, vor (stj2/65)
» engen Räumen; in (stj2/67)
» hochgelegenen Orten; vor (stj2/71)
» Versagen, Mißerfolg; vor dem (stj2/79)
» Wasser, vor (stj2/79)

Konstitution - Allgemeines

GEMÜT - Faulheit (k2/55)
• Selbstvertrauen - Mangel an Selbstvertrauen (oss/161)
• Stimmung, Laune - veränderlich (stj2/171)
• Unzufrieden (stj2/194)

Beziehung zu anderen - Aggressivität

GEMÜT - Streitsüchtig (stj2/173)

Beziehung zu anderen - Reaktion auf andere

GEMÜT - Gesellschaft - Abneigung gegen (k2*/94)
• Schüchternheit, Zaghaftigkeit (k2*/158)
• Widerspruch - verträgt keinen Widerspruch (stj2/249)

Schule - Angst

GEMÜT - Furcht - Versagen, Mißerfolg; vor dem (stj2/79)
• Selbstvertrauen - Mangel an Selbstvertrauen (oss/161)

Schule - Konstitution

GEMÜT - Selbstvertrauen - Mangel an Selbstvertrauen (oss/161)

Nonverbales - Aggressivität

GEMÜT - Destruktivität, Zerstörungswut (stj2/38)

Nonverbales - Reaktion auf andere

GEMÜT - Angesehen, angeblickt zu werden - erträgt es nicht, angesehen zu werden (stj2/5)
• Berührtwerden - Abneigung berührt zu werden (stj2/21)
• Furcht - berührt zu werden (stj2/66)
» Näherkommen, Annäherung von; vor - anderen, von (stj2/74)

Nonverbales - Konsultation; bei der

GESICHT - Schwellung - Submentaldrüse (k2/631)
• Schwellung - Unterkieferdrüsen (k2/631)
INNERER HALS - Entzündung - Tonsillen (k2*/724)
• Schwellung - Tonsillen (*/747)
ÄUSSERER HALS - Schwellung - Halsdrüsen (k2*/760)
• *Verhärtung von Drüsen* (k/761)
» **perlschnurartig** (k/761)

Nonverbales - Äußerliches - Beobachtungen des Arztes

ATMUNG - Beschleunigt (k2/1174)
ALLGEMEINES - Aussehen - dunkel (stj2/1854)
• Magere Personen (stj2/1919)
• Zwergwuchs (br1/2035)

Nonverbales - Äußerliches - Beobachtungen der Eltern

MAGEN - *Schluckauf* (k/809)
ATMUNG - Schnarchen (bg2/1180)

Chirurgisch pathologische Zustände

NASE - Rachenmandelwucherung - vergrößert (mtf11/561)

Baryta muriatica

bar-m.

Kinder, die Baryta muriatica benötigen, zeigen ein ähnliches Bild wie Baryta-carbonica-Kinder. Sie leiden an *verzögerter Entwicklung* und in schweren Fällen ein Bild der Imbezillität. Es ist nützlich für Kinder, die beim Lernen unaufmerksam sind und langsam lernen und begreifen. Die Kinder wollen nicht mit anderen Kindern spielen; stattdessen sitzen sie in der Ecke und geben verworrene Antworten.

Vermehrte Reizbarkeit der Nerven; das Kind meidet Licht, liegt ständig auf dem Gesicht.

Schmerzhafte Drüsenschwellungen und -verhärtungen; Beschwerden von Lymphgefäßen und Drüsen.

Boericke schrieb: „Kinder, die mit *offenem Mund* herumgehen und durch *die Nase sprechen*."

Husten tagsüber, morgens, abends, nachts und vor Mitternacht. Asthmatischer, trockener, chronischer Husten skrofulöser Kinder; Reizung in Kehlkopf und Luftröhre.

Nützlich bei *Otorrhoe* nach wiederholter Otitis mit Absonderungen, die wie fauler Käse riechen; *Enuresis*; Mumps; Adenoide; *Kryptorchismus*; Erysipel.

Klinisches: Drüsenschwellungen. Tonsillitis. Mumps. Otorrhoe. Taubheit. Asthma. Beschwerden der Hoden. Konvulsionen.

Wirkungsbereich: Drüsen. Mandeln. Parotis. Ohren. Lungen.

* * *

Krankengeschichte; familiäre und persönliche

ALLGEMEINES - Krankengeschichte von; persönliche - Mononukleose; von (vh1/1910)
• *Krankengeschichte von; persönliche - Tonsillitis; von wiederkehrender* (k/1910)

Entwicklung - langsam

ALLGEMEINES - Entwicklung - Entwicklungsstillstand (stj1/1872)

Stillen - Magendarmsymptome - Appetit - vermindert

MAGEN - *Appetit - fehlend* (k/767)
• *Appetit - vermindert* (*/772)

Stillen - Magendarmsymptome - Appetit - vermehrt

MAGEN - Appetit - Heißhunger (k/769)
• *Appetit - vermehrt* (k/770)

Stillen - Magendarmsymptome - Aufstoßen - Wasser; Hochsteigen von

MAGEN - Aufstoßens; Art des - Wasser in den Mund; Hochsteigen von (k/781)

Infektionskrankheiten - Mumps

GESICHT - *Entzündung - Parotis* (k/584)
• *Entzündung - Parotis - rechts* (k/584)
» Parotis - Mumps (c2*/584)
• Schmerz - Parotis - rechts (fr2/627)
• *Schwellung - Parotis* (k/631)
» *Parotis - rechts* (k/631)
» **Parotis - hart** (k/631)
• *Verhärtungen - Parotis* (k/634)

Infektionskrankheiten - Scharlach

OHR - *Absonderungen - Scharlach, nach* (*/498)
URIN - Eiweißhaltig - Scharlach; nach (k2/1046)
EXTREMITÄTEN - Schwellung - Beine - wassersüchtig - Scharlach, nach (k/1629)
ALLGEMEINES - *Wassersucht - äußere Wassersucht - Scharlach; nach* (kr1*/2024)

Infektionskrankheiten - Keuchhusten

HUSTEN - Keuchhusten (k/1197)

Konstitution - Angst und Furcht

GEMÜT - Feigheit (k/59)

Konstitution - Allgemeines

GEMÜT - Nachgiebigkeit (^/134)

Familie; Beziehung zur - Aggressivität

GEMÜT - Beschwerden durch - Grobheit anderer (bra/23)
• Empfindlich - Grobheiten; gegen (vh*/44)

Beziehung zu anderen - Reaktion auf andere

GEMÜT - Gesellschaft - Abneigung gegen (*/94)
• Schüchternheit, Zaghaftigkeit (k2*/158)

Beziehung zu anderen - allgemein

GEMÜT - *Argwöhnisch, mißtrauisch* (k/16)

Schule - Konzentration

GEMÜT - Konzentration - schwierig - Studieren (k/117)

Schule - Vorwürfe

GEMÜT - Beschwerden durch - Grobheit anderer (bra/23)
• Empfindlich - Grobheiten; gegen (vh*/44)

Spielen

GEMÜT - Spielen - Abneigung gegen Spielen - Kindern; bei (k/165)
• Spielen - Abneigung gegen Spielen - Kindern; bei - sitzen in der Ecke; und sie (kr1/166)

Nonverbales - Konsultation; bei der

OHR - *Absonderungen - eitrig* (*/497)
• *Absonderungen - reichlich* (*/498)
» *stinkend* (hr1/498)
» *übelriechend* (*/498)
» *übelriechend - Käse, wie verdorbener* (k/498)
• *Entzündung - Gehörgang* (*/500)
» *Mittelohr - chronisch* (bro1/501)
• Katarrh - Eustachische Röhre (k2*/515)
GESICHT - **Schwellung - Unterkieferdrüsen** (k/631)
• *Schwellung - Unterkieferdrüsen - schmerzhaft* (k/631)
INNERER HALS - *Entzündung - Tonsillen* (*/724)
• **Schwellung - Tonsillen** (*/747)
ÄUSSERER HALS - **Schwellung - Halsdrüsen** (*/760)
• *Schwellung - Halsdrüsen - hart* (*/760)
• **Verhärtung von Drüsen** (k/761)
» **perlschnurartig** (k/761)
RÜCKEN - *Krümmung der Wirbelsäule* (k/1323)
HAUT - Erysipel (k/1798)
ALLGEMEINES - Genesung, Rekonvaleszenz; Beschwerden während der - Ohr; nach Absonderungen aus dem (k/1884)

Nonverbales - Äußerliches - Beobachtungen des Arztes

KOPF - Halten - hoch, aufrecht zu halten; unfähig, den Kopf (k2/289)
AUGE - Verklebt (k/472)
ATMUNG - Beschleunigt (k/1174)
ALLGEMEINES - *Zwergwuchs* (*/2035)

Nonverbales - Äußerliches - Beobachtungen der Eltern

AUGE - Verklebt - morgens (k2*/472)
MAGEN - Schluckauf (k/809)
• Völlegefühl - Essen - nach - agg. (k2/845)
REKTUM - Unwillkürlicher Stuhl (k/984)
HUSTEN - **Trocken - chronischer, trockener Husten - skrofulösen Kindern, bei** (k/1209)
HAUT - Ekchymosen (k/1797)

Nacht; Beobachtungen in der - Gemütssymptome

GEMÜT - Sprechen - Schlaf; im (k/169)

Nacht; Beobachtungen in der - körperliche Symptome

BLASE - Urinieren - unwillkürlich - nachts (k/1019)

Autos und Schiffe

ALLGEMEINES - Fahren - Wagen; mit dem - amel. (bg1/1877)

Körperliche Symptome und Erkrankungen

Weibliche Genitalien - Menses - verzögerte Menarche (stj1/1114)

Chirurgisch pathologische Zustände

Ohr - *Abszeß - hinter den Ohren* (k/498)

Nase - Rachenmandelwucherung - vergrößert (mtf11/561)

Männliche Genitalien - Hodenretention - abdominal (fry3/1069)

Würmer

Magen - Erbrochenen; Art des - Würmer (k/801)

Rektum - Würmer - Beschwerden durch Würmer (k2/985)

• Würmer - Beschwerden durch Würmer - Madenwürmer (k/986)

Allgemeines - Konvulsionen - Würmer, durch (hr1*/1907)

Baryta oxalsuccinata

bar-ox-suc.

Stillen - Milch

Allgemeines - Speisen und Getränke - Milch - Verlangen - kalte (rly4/2001)

Stillen - Magendarmsymptome - Appetit - vermindert

Magen - Appetit - vermindert (rly4/772)

Stillen - Magendarmsymptome - Appetit - vermehrt

Magen - Appetit - vermehrt (rly4/770)

Nonverbales - Konsultation; bei der

Ohr - Ohrschmalz - vermehrt (mtf11/516)

Nonverbales - Äußerliches - Beobachtungen des Arztes

Auge - Verklebt (mtf11/472)

Gesicht - Aufgesprungen - Lippen (rly4/579)

• Rissig - Lippen - Oberlippe - Mitte der (rly4/613)

Nonverbales - Äußerliches - Beobachtungen der Eltern

Stuhl - Kugeln, wie (rly4/996)

Baryta phosphorica

bar-p.

Zusätzlich zu den typischen Problemen der Bariumsalze ist es oft möglich, die physischen Charakteristika von Phosphor anzutreffen, besonders *hämorrhagische Störungen.*

Zur Gemütsebene schrieb Rajan Sankaran: „Das Hauptgefühl von Barium ist das eines Menschen, der völlig von anderen abhängig ist, fast wie ein Krüppel oder ein Schwachkopf. Bei Phosphorus ist es das Gefühl, nicht geliebt zu werden und daß sich niemand um einen kümmert, auf das der Patient reagiert, indem er liebevoll, freundlich und verständnisvoll ist, in der Hoffnung, seine Liebe und Sorge würden erwidert. Entsprechend wäre das Hauptgefühl von Baryta phosphorica: *‚Ich werde nicht geliebt und niemand kümmert sich um mich, oder der Mensch, von dem ich völlig abhängig bin* (wegen meiner Unfähigkeit auf eigenen Beinen zu stehen), *behandelt mich völlig gleichgültig.'* Wir sehen also eventuell einen Menschen, der unabhängig, freundlich und verständnisvoll ist, oder einen, der sehr abhängig und ängstlich wird, ängstlicher als Baryta carbonica."

Jan Scholten schrieb: „Bei Baryta phosphorica konzentriert sich also das Gefühl, man mache sich über ihn lächerlich, auf den Bereich des Lernens und der Kommunikation. Als Kind *haben sie große Angst, nicht gut lernen zu können.* Sie bewältigen ihre Hausaufgaben nur mit Mühe und sie fühlen sich dabei *unsicher.* Sie versuchen vielleicht, dies zu verstecken, aber manchmal fangen sie auch an, um Hilfe zu bitten. Mit jeder kleinen Frage, an die sie nur denken können, gehen sie zum Leher und fragen ständig, ob sie es richtig gemacht haben. Wenn alle Versuche mitzuhalten scheitern, ziehen sie es vor, die Schule zu verlassen und daheim zu bleiben."

Gewöhnlich *vertragen sie keinerlei autoritäres Verhalten* gegenüber sich oder ihren Freunden, besonders gegenüber behinderten Freunden.

Besonders kalte Kinder, denen es schlechter geht, wenn sie nur im Geringsten schlechtem Wetter ausgesetzt sind.

Sie lieben süße Speisen, besonders *Eiscreme* und haben Durst auf kalte und kohlensäurehaltige Getränke.

Klinik: Geschwollene Drüsen. Tonsillen geschwollen und entzündet. Bronchitis. Blutungen. Abmagerung. Idiotie. Verzögerte Entwicklung. Zwergwuchs. Schwäche.

Wirkungsbereich: Drüsen. Blutgefäße. Lungen. Gemüt.

* * *

Entwicklung - langsam

Allgemeines - Entwicklung - Entwicklungsstillstand (stj1/1872)

Konstitution - Allgemeines

GEMÜT - Nachgiebigkeit (stj1/134)
• Selbstvertrauen - Mangel an Selbstvertrauen (stj1/161)

Beziehung zu anderen - Reaktion auf andere

GEMÜT - Antworten - unfähig zu antworten (^/15)
• *Schüchternheit, Zaghaftigkeit* (^/158)

Beziehung zu anderen - allgemein

GEMÜT - Mitgefühl, Mitleid (stj1/130)

Schule - Angst

GEMÜT - Selbstvertrauen - Mangel an Selbstvertrauen (stj1/161)

Schule - Konzentration

GEMÜT - Konzentration - schwierig - Studieren (stj1/117)

Schule - Konstitution

GEMÜT - Selbstvertrauen - Mangel an Selbstvertrauen (stj1/161)

Nonverbales - Konsultation; bei der

INNERER HALS - Entzündung - Tonsillen (stj1/724)
• Schwellung - Tonsillen (stj1/747)

Nonverbales - Äußerliches - Beobachtungen des Arztes

ALLGEMEINES - Zwergwuchs (stj1/2035)

Baryta sulphurica

bar-s.

Ananda Zaren schrieb: „Die Baryta-sulphurica-Menschen sind chronisch *schüchtern*. Sie erleben extreme Panik, wann immer sie aufgefordert werden, etwas in Anwesenheit von Menschen zu tun und ihre überwältigende Angst macht sie so hilflos, so daß ihr einziger Ausweg darin besteht, davonzulaufen und sich zu verstecken. Der einzige Zeitpunkt, an dem sie fähig sind, dies zu durchbrechen, ist, wenn sie sich besinnen und einfach eine Reaktion auf eine Aufgabe aus dem Gedächtnis abrufen."

Jedoch ist *Baryta sulphurica im Vergleich zu den anderen Bariumsalzen zweifelsfrei am wenigsten zurückgeblieben und am wenigsten verlangsamt*, auch wenn einige Züge die dahinter liegende Unsicherheit und den Infantilismus aller Mitglieder der Baryta-Familie zeigen.

Das Sulphur-Radikal macht das Mittel manchmal ungeduldig, herrschsüchtig und vor allem *anderen gegenüber kritisch*; sie haben wirklich *wenig Toleranz gegenüber den Fehlern anderer.*

Auf der körperlichen Ebene finden wir häufig *Dermatitis* mit Verschlechterung durch Hitze. Die Haut ist empfindlich und *Berührung von Wolle ist unerträglich*. Es wird oft angewandt bei *Drüsenleiden*, wie Tonsillitis und geschwollene Adenoide; es ist auch nützlich bei Parotitis.

Klinisches: Hautleiden. Geschwollene Drüsen. Geschwollene und entzündete Mandeln. Abmagerung. Verzögerte Entwicklung. Zwergwuchs. Schwäche.

Wirkungsbereich: Drüsen. Haut. Gemüt.

* * *

Entwicklung - langsam

ALLGEMEINES - Entwicklung - Entwicklungsstillstand (stj1/1872)

Stillen - Magendarmsymptome - Appetit - allgemein

MAGEN - Appetit - veränderlich (k2/770)

Stillen - Magendarmsymptome - Appetit - vermindert

MAGEN - Appetit - fehlend (k2/767)
• Appetit - schnelle Sättigung (k2/770)
» vermindert (k2/772)

Stillen - Magendarmsymptome - Appetit - vermehrt

MAGEN - Appetit - Heißhunger (k2/769)

Stillen - Magendarmsymptome - Aufstoßen - Wasser; Hochsteigen von

MAGEN - Aufstoßens; Art des - Wasser in den Mund; Hochsteigen von (k2/781)

Stillen - Magendarmsymptome - Abdomen - agg. durch

ABDOMEN - Schmerz - Druck - agg. (k2/883)

Stillen - Allgemeines

SCHWEISS - Essen - beim - agg. (k2/1786)

Infektionskrankheiten - Mumps

GESICHT - Schwellung - Parotis (k2/631)

Infektionskrankheiten - Keuchhusten

HUSTEN - Keuchhusten (k2/1197)

Konstitution - Angst und Furcht

GEMÜT - Feigheit (k2*/59)

Konstitution - Allgemeines

GEMÜT - Ehrgeiz - erhöht, vermehrt, sehr ehrgeizig (mtf/40)
• Faulheit (k2/55)
• Selbstsucht, Egoismus (mtf/161)
• Selbstvertrauen - Mangel an Selbstvertrauen (zr/161)
• Theoretisieren (zr*/180)

Familie; Beziehung zur - Liebe und Zuneigung

GEMÜT - Eifersucht (stj/40)

• Verlassen zu sein; Gefühl (mtf/198)

Beziehung zu anderen - Reaktion auf andere

GEMÜT - Gesellschaft - Abneigung gegen (k2*/94)
• Schüchternheit, Zaghaftigkeit (^/158)
» Öffentlichkeit; beim Auftreten in der (zr*/159)

Beziehung zu anderen - allgemein

GEMÜT - *Argwöhnisch, mißtrauisch* (k2*/16)
• Tadelsüchtig, krittelig (k2/178)

Schule - Angst

GEMÜT - Selbstvertrauen - Mangel an Selbstvertrauen (zr/161)

Schule - Beziehung zu anderen

GEMÜT - Schüchternheit, Zaghaftigkeit - Öffentlichkeit; beim Auftreten in der (zr*/159)

Schule - Konstitution

GEMÜT - Selbstvertrauen - Mangel an Selbstvertrauen (zr/161)

Nonverbales - Gesten, Gebärden

GEMÜT - Launenhaftigkeit, launisch (k2/123)

Nonverbales - Konsultation; bei der

KOPF - Hitze - Kälte - Füße; mit Kälte der (k2/293)
OHR - Absonderungen - Blut (k2/497)
GESICHT - Schwellung - Unterkieferdrüsen (k2/631)
INNERER HALS - Entzündung - Tonsillen (k2/724)
• Schwellung - Tonsillen (k2/747)
ÄUSSERER HALS - Schwellung - Halsdrüsen (k2/760)
• Verhärtung von Drüsen (k2/761)
ABDOMEN - Schmerz - Druck - agg. (k2/883)
HAUT - Hautausschläge - Herpes - ringförmig (k2/1815)

Nonverbales - Äußerliches - Beobachtungen des Arztes

GESICHT - Hautausschläge - Akne (k2/595)
• Rissig - Lippen (k2/613)
ATMUNG - Beschleunigt (k2/1174)
ALLGEMEINES - Zwergwuchs (stj1/2035)

Nonverbales - Äußerliches - Beobachtungen der Eltern

AUGE - Verklebt - morgens (k2*/472)
NASE - Schneuzen der Nase - Neigung, sich zu schneuzen; ständige (k2/568)
MAGEN - Schluckauf (k2/809)
• Völlegefühl - Essen - nach - agg. - wenig, nach dem kleinsten Bissen; nach noch so (k2/845)
REKTUM - Unwillkürlicher Stuhl (k2/984)
BLASE - Urinieren - Harndrang - plötzlich - beeilen um zu urinieren, sonst geht Urin ab; muß sich (k2/1015)
SCHWEISS - Essen - beim - agg. (k2/1786)

Nacht; Beobachtungen in der - Gemütssymptome

GEMÜT - Sprechen - Schlaf; im (k2*/169)

Nacht; Beobachtungen in der - körperliche Symptome

BLASE - Urinieren - unwillkürlich - nachts (k2/1019)

Körperliche Symptome und Erkrankungen

MAGEN - Langsame Verdauung (k2/805)

Würmer

REKTUM - Würmer - Beschwerden durch Würmer - Madenwürmer (k2/986)

Belladonna

bell.

Gewöhnlich empfindliche und feine Kinder, mit zarter Haut, breitem Kopf, *hellem Haar* und blauen Augen.

Kinder, die Belladonna benötigen, zeigen von Anfang an Intelligenz: Sie sind sehr leicht zu beeindrucken und ihre Vorstellungskraft ist so lebhaft, daß die Erfahrungen des Tages in ihren Träumen umgesetzt werden. Der Schlaf ist oft gestört; sie wachen vor Angst auf, stehen auf und gehen herum. Manchmal wachen sie auch vor Schreck auf und beim geringsten Geräusch.

Säuglinge können an *Schlaflosigkeit* leiden und dabei in Tränen ausbrechen.

Die Eltern werden sie als *kleine Teufel* schildern, die *immer ruhelos sind*, hitzig, alles anfassen, lärmen, weinen und schreien. Sie haben einen groben Charakter, sie sind sehr gereizt, wenn sie aufwachen, vertragen keinen Widerspruch und neigen dazu, widerspenstig zu sein, eigensinnig, argwöhnisch, empfindlich und launisch. Sie weinen und klagen, besonders, wenn man sie tadelt.

Die wichtigsten *Ängste* sind die vor *Hunden, Geräuschen*, Wasser, Vergiftetwerden und Tod, mit allgemeiner Angst und Ruhelosigkeit.

Tiere mögen sie nicht besonders und manchmal sind sie grausam gegenüber Tieren.

Sie sind launisch und streitsüchtig. *Oft beißen sie andere Kinder.*

Kinder, die Belladonna benötigen, sind mit sich selbst unzufrieden und unglücklich über sich selbst, was durch Weinen zum Ausdruck kommt; aber sie mögen es überhaupt nicht, wenn sie getröstet werden.

Das grundlegende Charakteristikum von Belladonna ist *plötzliche Heftigkeit*. Die Symptome haben die *typischen Merkmale einer Entzündung:* Kopf, innerer Hals oder jeder andere Bereich zeigen Hitze, Röte, Anschwellung und starke Schmerzen; alle Symptome erscheinen und verschwinden schnell.

Beschwerden treten gewöhnlich auf *der rechten Seite* auf und bewegen sich schließlich auf die linke, mit den folgenden Modalitäten der Verschlechterung: 3 Uhr nachts, durch Nervöswerden, Bewegung, Geräusch, Licht, Berührung, kalte Zugluft. Manchmal beginnen die Beschwerden um 11 Uhr vormittags; die Schmerzen werden durch Druck besser.

Schlaf ist für diese Kinder schwierig. Wenn sie zubettgehen oder schlafen, schrecken sie oft auf. Sie haben Angst, denn wenn sie die Augen schließen, sehen sie rote oder schwarze Hunde, schreckliche Szenen und verzerrte Gesichter. Sie stöhnen und sprechen im Schlaf. Vor Mitternacht ist der Schlaf gestört und unruhig; sie stoßen und zanken; sie träumen davon, nach unten zu fallen. Oft *knirschen sie mit den Zähnen.*

Manische und psychotische Zustände erscheinen mit *heftigem Delirium, plötzlicher Raserei*, begleitet von bemerkenswerter körperlicher Kraft. Sie spucken anderen Menschen ins Gesicht und ziehen an den Haaren. Sie zerreißen Dinge, reißen sich an den Haaren, schlagen Menschen, werfen mit Gegenständen, zerkratzen sich mit den Nägeln, knirschen mit den Zähen und strecken die Zunge heraus.

Während des *Fieberdeliriums* haben sie *lebhafte und ängstigende Halluzinationen.* Sie sehen wilde Tiere, Männer, die ins Zimmer kommen und wieder herausgehen und die sie fangen und verschleppen wollen. Andere optische Halluzinationen: Gespenster, Monster und Tiere, besonders Insekten. In dieser Situation lassen sie ihrer Raserei freien Lauf, versuchen zu fliehen, sind desorientiert, erkennen ihre Familie nicht oder wissen nicht, wo sie sind.

Wenn die Temperatur ansteigt, kann ihr deliranter Zustand mit einem weiteren wichtigen und typischen Zustand dieses Mittels verbunden sein: *Konvulsionen.* Konvulsionen setzen plötzlich ein und schütteln sie heftig, bis sie aus dem Bett fallen. Sie pressen das Gesicht ins Kissen, drehen den Kopf von einer Seite auf die andere und knirschen mit den Zähnen. Licht und Kälte können Konvulsionen auslösen. Am Ende des Anfalls fallen sie auf Grund der körperlichen und geistigen Erschöpfung in einen halbkomatösen Schlaf voller Alpträume.

Fieber vom Belladonna-Typ sieht man typischerweise bei Kindern, die besonders stark auf äußere Reize reagieren. Die Symptome spiegeln die oben beschriebene *plötzliche Heftigkeit* wieder (die für eine korrekte Verordnung des Mittels notwendig ist). Wenn die Temperatur ansteigt, die bereits morgens erhöht ist, *wird die Haut heiß.* Wenn man die Hand nahe an das rote Gesicht führt, *kann man die Hitze spüren.* Das Blut scheint zum Kopf zu strömen, die Augen glänzen, die *Pupillen sind erweitert* und die *Glieder sind kalt.* Ob durstig oder nicht, sie werden um Limonade bitten. Sie werden über Übelkeit klagen. Die Stirn brennt und tut weh, der Puls ist schnell und im Bereich der Halsschlagader und der Schläfenadern ist Pulsieren zu spüren.

Weitere wichtige neurologische Störungen sind Grand mal und Petit mal, Chorea, Koma, Schütteln oder Krämpfe.

Das *Tourette-Syndrom* bei jungen Menschen ist getrennt zu betrachten. In diesen Fällen scheinen die typischen Symptome - Tics, Grimassen, große Ruhelosigkeit, destruktive Impulsivität - einigen der Charakteristika des Deliriums von Belladonna zu ähneln.

Die typischen *Kopfschmerzen* von Belladonna können kongestiv oder neuralgisch sein, mit *pulierenden und hämmernden Schmerzen.* Normalerweise beginnen die Schmerzen im Hinterkopf und breiten sich zur Stirn oder zur rechten Schläfe aus.

Auf Grund der allgemeinen Überempfindlichkeit des Mittels müssen wir es von Aconitum, Chamomilla, Coffea, Hepar sulphuris calcareum und Nux vomica abgrenzen, die einige Faktoren, die Symptome verschlimmern, mit ihm teilen (Licht, Geräusche, Hitze, Berührung usw.), gegenüber Modalitäten der Besserung (Liegen im Dunklen oder auf dem Abdomen, Sitzen, kalte Anwendungen, Druck, Bandagen).

Wegen seiner Merkmale wird Belladonna in den ersten Stadien von Meningitis angewendet, die mit „wildem Delirium“ verbunden sind. Enzephalitis.

Entzündung der Augen führt zu Röte und geschwollenen Lidern, was bei Neugeborenen und Säuglingen zu sehen ist.

Das Aussehen der *Zunge* liegt auf einer Linie mit den anderen akuten Situationen von Belladonna: Rötung und *Erdbeerzunge*; in ähnlicher Weise ist die Mundschleimhaut entzündet, von Blut überfüllt und trocken.

Belladonna eignet sich bei Otitis, wenn die Symptome des Mittels vorhanden sind: sehr schmerzhaft, nachts im Bett schlimmer, pulsierend; das Trommelfell ist extrem rot und nach außen gewölbt.

Schnupfen mit Absonderung am Tage und nächtlicher Verstopfung, krampfhaftes Niesen verbunden mit Husten. Die Situation kann sich verschlimmern, wenn sich die Oberkiefer- und Stirnhöhlen beteiligen; intensive Schmerzen, schlimmer durch Berührung und durch Beugen nach vorne, besser durch kräftigen Druck.

Pharyngitis und Tonsillitis, schmerzhaft und verschlimmert durch Luft, die durch den Hals strömt und durch Schlucken; Symptome breiten sich zu den Ohren aus (Differentialdiagnose: Phytolacca). Trockener und brennender Hals, mit Zusammenschnürungsgefühl.

Der Husten tritt in plötzlichen und krampfhaften Anfällen auf, ist hohl und trocken, mit gereiztem Hals. Zwischen den Anfällen wechseln die Kinder von Unruhe und Weinen zu einer erstaunlichen Ruhe, aber wenn sie spüren, daß wieder ein Anfall kommt, werden sie wieder unruhig, weil sie wissen, daß die Schmerzen kommen werden.

Pneumonie und Pleuritis, besonders auf der rechten Seite, verschlimmert durch Liegen auf der betroffenen Seite.

Beschwerden in Verbindung mit der Zahnung: Krämpfe einzelner Körperteile oder des ganzen Körpers, Konvulsionen, geschwollenes und schmerzhaftes Zahnfleisch.

Nasenbluten mit Blutandrang zum Kopf, besonders nachts.

Magen- und Darmkolik ist ein weiteres Anwendungsgebiet des Mittels. Während der Schmerzen leiden sie, ähnlich wie bei den Krämpfen, an Übelkeit und haben Brechreiz. Sie weisen Speisen zurück und werfen Speisen durch heftiges Husten aus. Die Darmkolik kann plötzlich erscheinen. Die Schmerzen sind besser durch Liegen auf der schmerzhaften Seite oder auf dem Schoß der Mutter. Bei den Krämpfen ist oft das Colon transversum beteiligt.

Die Diarrhoe von Belladonna kann nach Einwirkung von Kälte erscheinen; kleiner, grünlicher und dysenterischer Stuhl. Nützlich bei akuter Appendizitis.

Enuresis bei Kindern wird durch tiefen Schlaf verursacht, in anderen Worten: *sie können nicht aufwachen, um zu urinieren.* Während der Phase von Enuresis *träumen sie oft vom Urinieren.* Wegen einer Entzündung der Harnwege, Zystitis oder Pyelonephritis ist der Urin spärlich und der Patient muß sich sehr anstrengen. Das Urinieren ist immer mit starkem Brennen verbunden.

Eine interessante Anwendung des Mittels betrifft *akute Arthritis, die von oben nach unten fortschreitet*, bei der geschwollene, rote und heiße Gelenke durch kalte Anwendungen besser werden. *Jede Bewegung oder Erschütterung verschlimmert die Situation.*

Bei Hauterkrankungen ist Belladonna angezeigt in den Anfangsstadien aller Zeichen von Ausschlägen mit den typischen Symptomen des Mittels. Zu solchen Zuständen zählen Röteln, Scharlach und Masern. Die Haut wird scharlachrot, leuchtend, glatt und gleichförmig; sie ist so heiß, daß es brennt, wenn man die Haut mit der Hand berührt.

Akne befällt das ganze Gesicht; rote und tiefe Läsionen ohne Eiter. Die Zysten oder Abszesse unter der Haut scheinen „entzündet" zu sein und verursachen akute Schmerzen.

Verlangen nach Speisen: Zitronen, Limonade, saure Speisen und süße Speisen.

Abneigung gegen Speisen: Fett, Fisch, Obst, Bohnen.

Klinisches: Erkrankungen des Gehirns. Delirium. Meningitis. Konvulsionen. Schlafstörungen. Kopfschmerzen. Husten. Pleuritis. Pneumonie. Krupp. Tonsillitis. Erkrankungen der Ohren. Kolik. Peritonitis. Abszesse. Furunkel. Erysipel. Impfungen. Masern. Scharlach. Keuchhusten.

Wirkungsbereich: Zentralnervensystem. Gemüt. Blutgefäße. Schleimhäute. Augen. Innerer Hals. Haut.

* * *

Krankengeschichte; familiäre und persönliche

ALLGEMEINES - *Familiengeschichte von - Apoplexie* (bro1/1878)

Entwicklung - langsam

GEMÜT - *Sprechen - langsam; lernt* (gl1/168)

ALLGEMEINES - Gehen - Gehenlernen, Laufenlernen - spätes (*/1883)

Entwicklung - schnell

GEMÜT - Frühreife, altkluge Kinder (hr1*/63)

Entwicklung - allgemein

Kopf - Großer Kopf (k2*/289)

Extremitäten - Schmerz - Unterschenkel - Wachstumsschmerzen (*/1605)

Allgemeines - Schmerz - Wachstumsschmerzen (bg2/1958)

Zahnung - Empfindungen und neurologische Beschwerden

Kopf - Schmerz - Zahnung; während der (k/343)

Allgemeines - Chorea - Zahnung; während der zweiten (bro1/1867)

• *Konvulsionen - Zahnung; während der* (*/1907)

Zahnung - Magendarmsymptome

Rektum - *Diarrhoe - Zahnung; während* (*/957)

Zahnung - Allgemeines

Zähne - *Zahnung - schwierig* (b4a/718)

Husten - Zahnung, während der (b4a/1211)

Schlaf - Schlaflosigkeit - Zahnung; während der (bro1/1694)

Fieber - *Zahnung; während der* (b4a/1781)

Impfung

Allgemeines - *Impfung; Beschwerden nach* (c1*/1892)

Stillen - Gemütssymptome

Gemüt - Essen - weigert sich zu (k/53)

• Hast, Eile - Essen; beim (kr1*/105)

• Weinen - Essen - beim - Kindern, bei (kr1/245)

Stillen - Milch

Kopf - Hautausschläge - Milchschorf (b2/290)

Magen - Erbrechen - Milch, nach (k/794)

Abdomen - Schmerz - Milch - agg. (h1/891)

Allgemeines - Speisen und Getränke - Milch - Abneigung (*/2000)

• Speisen und Getränke - Milch - Abneigung - Geruch von Milch (*/2001)

» Milch - agg. (b4/2001)

Stillen - Magendarmsymptome - Appetit - allgemein

Magen - Appetit - launischer Appetit (k/770)

• Appetit - Verlangen nach Getränken, die aber zurückgewiesen werden, wenn man sie ihm anbietet (h1/770)

Stillen - Magendarmsymptome - Appetit - vermindert

Magen - Appetit - fehlend (*/767)

• Appetit - fehlend - Hunger, mit (b2/768)

» vermindert (*/772)

» vermindert - Schweiß, nach (h1/773)

Stillen - Magendarmsymptome - Appetit - vermehrt

Magen - Appetit - Genuß, ohne (k/769)

• Appetit - Heißhunger (*/769)

» nagend (bg2/770)

» *unstillbar* (bg2/770)

» *vermehrt* (*/770)

» vermehrt - begleitet von - Übelkeit (bg2/771)

» vermehrt - Erbrechen - mit (bg2/771)

» vermehrt - Erwachen, beim (h1*/771)

» vermehrt - Essen - nach - nur beim Essen wieder; Appetit kehrt (b4/772)

» vermehrt - quälend (k/772)

Stillen - Magendarmsymptome - Aufstoßen - Speisen; von

Magen - *Aufstoßens; Art des - Speisen; von* (*/780)

• Aufstoßens; Art des - Speisen; von - Essen - nach - agg. (b4/780)

Stillen - Magendarmsymptome - Aufstoßen - Wasser; Hochsteigen von

Magen - Aufstoßens; Art des - Wasser in den Mund; Hochsteigen von (*/781)

Stillen - Magendarmsymptome - Erbrechen

Magen - Erbrochenen; Art des - Speisen - unverdaut (k/800)

Stillen - Magendarmsymptome - Schluckauf

Magen - Schluckauf - Essen - nach - agg. (*/810)

Stillen - Magendarmsymptome - Abdomen - agg. durch

Abdomen - **Schmerz - Druck - agg.** (k/883)

• Schmerz - Kindern; bei - Säuglingen; bei - krampfartig (bro1/888)

» *Liegen - agg.* (*/889)

» Zusammenkrümmen - agg. (k/896)

Stillen - Magendarmsymptome - Abdomen - amel. durch

Abdomen - Schmerz - Beugen - hinten, nach - amel. - krampfartig (k/882)

• Schmerz - Beugen - vorne; nach - amel. - krampfartig (k2/882)

» *Beugen der Beine amel.* (k/882)

» *Druck - amel.* (k/883)

» **Liegen - Abdomen; auf dem - amel.** (k/889)

Stillen - Magendarmsymptome - Rektum

Rektum - Obstipation - Kindern, bei - Kleinkindern, bei (bro1/969)

Stillen - Allgemeines

Schlaf - Schlaflosigkeit - Abstillen, beim (ptk1/1688)

Schweiss - Warm - Speisen; warme - nach (bg2/1792)

Allgemeines - *Säuglinge* (kk2/1944)

Infektionskrankheiten - Windpocken

Fieber - **Continua - Ausschlagsfieber** (*/1772)

Haut - *Hautausschläge - Windpocken* (*/1824)

Infektionskrankheiten - Masern

Kopf - Schmerz - Masern, nach (k/333)

KEHLKOPF UND TRACHEA - Stimme - heiser, Heiserkeit - Masern, nach (b4a/1154)

HUSTEN - Masern - nach (b4a/1202)

FIEBER - *Ausschlagsfieber; Fieber bei Ausschlagserkrankungen - Masern* (bg2*/1770)

- **Continua - Ausschlagsfieber** (*/1772)

HAUT - *Hautausschläge - Masern* (*/1817)

ALLGEMEINES - *Masern - Beschwerden nach* (*/1920)

Infektionskrankheiten - Mumps

GESICHT - **Entzündung - Parotis** (*/584)

- Entzündung - Parotis - Metastasierung zu - Gehirn (bro1/584)
  - » *Parotis - Mumps* (c2*/584)
- *Schmerz - Parotis* (k/626)
  - » Parotis - rechts (k/627)
  - » *Parotis - brennend* (b4a/627)
  - » Parotis - reißend (*/627)
  - » **Parotis - stechend** (*/627)
- **Schwellung - Parotis** (*/631)
  - » **Parotis - rechts** (k/631)

Infektionskrankheiten - Röteln

FIEBER - **Continua - Ausschlagsfieber** (*/1772)

HAUT - *Hautausschläge - Röteln* (b2/1821)

Infektionskrankheiten - Scharlach

KOPF - Schmerz - Scharlach, nach (k/337)

OHR - *Absonderungen - Scharlach, nach* (hr1/498)

HÖREN - Schwerhörig - Scharlach, nach (b4a/536)

INNERER HALS - *Entzündung - Scharlach; bei* (bro1/724)

URIN - Eiweißhaltig - Scharlach; nach (k/1046)

FIEBER - **Ausschlagsfieber; Fieber bei Ausschlagserkrankungen - Scharlach** (*/1770)

- **Continua - Ausschlagsfieber** (*/1772)
- Scharlach (b4a/1778)
  - » **begleitet von - Zunge - rote Farbe der Zunge - hellrot** (kr1*/1778)
  - » glattes, flüchtiges Exanthem (gm1/1779)
  - » Prophylaxe gegen (br1*/1779)

HAUT - **Hautausschläge - Scharlach** (*/1821)

- **Hautausschläge - Scharlach - glatt** (*/1821)

ALLGEMEINES - Scharlach (tl1/1944)

- **Scharlach - Beschwerden nach** (*/1944)

Infektionskrankheiten - Pocken

FIEBER - **Continua - Ausschlagsfieber** (*/1772)

HAUT - *Hautausschläge - Pocken* (*/1819)

- *Hautausschläge - Pocken - schwarz* (*/1819)

Infektionskrankheiten - Keuchhusten

NASE - Nasenbluten - Keuchhusten (bro1/557)

MAGEN - Erbrechen - Husten - beim - agg. - Keuchhusten (bro1/793)

HUSTEN - *Keuchhusten* (*/1197)

- *Keuchhusten - Augen - Sklera erscheint wie ein einziger Blutklumpen* (kr1/1198)
  - » **ersten Stadium; entzündlicher Husten im** (kr1/1198)
  - » **heftig** (ptk1/1198)
  - » *Konvulsionen, mit* (bro1/1198)
  - » Krampfstadium, im (bg2*/1198)

Konstitution - Aggressivität

GEMÜT - Niederträchtig (jsa/135)

- Raserei, Tobsucht, Wut - Beißen; mit (j5/140)
- **Schlagen - sich; schlägt - schlägt seinen Kopf gegen die Wand und gegen Gegenstände** (k1*/154)
- Zorn - Kindern, bei (j/254)

KOPF - **Anstoßen** (*/274)

Konstitution - Angst und Furcht

GEMÜT - *Angst - hypochondrisch* (j5/11)

- *Beschwerden durch - Schreck* (*/25)
- Feigheit (*/59)
- **FEUER - ANZÜNDEN; MÖCHTE DINGE** (st*/59)
- Furcht - allein zu sein (*/64)
  - » *Geräusche, durch* (bro1*/69)
  - » Gespenstern; vor (*/70)
  - » Gewitter; vor (vh/70)
  - » voller Furcht (gt/79)
  - » *Wasser, vor* (*/79)
- Furchtlos (br1*/80)
- *Mutig* (sne/133)

Konstitution - Allgemeines

GEMÜT - *Eitelkeit* (gl1/41)

- *Empfindlich - Kinder* (k/44)
- Entmutigt (*/46)
- Faulheit (*/55)
- *Heimweh* (*/107)
- Impulse, Triebe; krankhafte - laufen; zu (a1/112)
- Milde (k/130)
- Reisen - Verlangen nach (a1*/142)
- Selbstsucht, Egoismus (gl1/161)
- Selbstvertrauen - Mangel an Selbstvertrauen (k/161)
- *Stimmung, Laune - veränderlich* (*/171)
- Unaufmerksam (j5/189)
- Ungerechtigkeit; erträgt keine (mtf/191)
- Unzufrieden (*/194)
- Verwegenheit (^/199)
- Wandern, Herumwandern - Verlangen zu wandern (^/243)
- *Weinen - Kindern; bei* (j5/246)
  - » Kindern; bei - Säuglingen; bei (j5/246)
  - » *leicht* (kr1/246)

Familie; Beziehung zur - Liebe und Zuneigung

GEMÜT - Eifersucht (^/40)
- **Liebevoll, voller Zuneigung, herzlich** (ckh1/125)

Familie; Beziehung zur - Vorwürfe

GEMÜT - Beschwerden durch - Tadel (vh/25)
- *Ermahnungen - agg.* (*/47)
  - » agg. - freundliche; selbst (b4/47)
- Weinen - Ermahnung, durch (k/245)
  - » verweigert wird; wenn etwas (k/248)
  - » Vorhaltungen gemacht werden; wenn ihm (k/248)

Beziehung zu anderen - Aggressivität

GEMÜT - Grausamkeit (bro1/103)
- *Grausamkeit - liebt es, Menschen und Tieren Leid zuzufügen* (vh*/103)
- Herausfordernd (sf1/107)
- **Schlagen** (*/154)
  - » **Raserei; mit** (hr1/154)
  - » sich; schlägt (*/154)
  - » sich; schlägt - Abdomen, sein (k/154)
  - » sich; schlägt - Gesicht, sein (k/154)
  - » **sich; schlägt - schlägt seinen Kopf gegen die Wand und gegen Gegenstände** (k1*/154)
  - » **Umstehende, schlägt** (a1/154)
  - » Verlangen - schlagen, zu (*/154)
- Sprache - barsch (a1/166)
- *Streitsüchtig* (*/173)
  - » Zorn, ohne (*/173)

Beziehung zu anderen - Reaktion auf andere

GEMÜT - Antworten - Abneigung zu antworten (*/14)
- Antworten - albern (k/15)
  - » einsilbig (gl1/15)
  - » *falsch, unrichtig* (k/15)
  - » hastig, überstürzt (k/15)
  - » unzusammenhängend (k/15)
  - » weigert sich zu antworten (k/15)
- *Gesellschaft - Abneigung gegen* (*/94)
  - » Verlangen nach (*/95)
  - » Verlangen nach - allein; agg. wenn (bg2/96)
- Lächeln - niemals (mtf33/119)
- Schüchternheit, Zaghaftigkeit (*/158)
- *Trost - agg.* (*/188)
  - » *agg. - Mitleid, Mitgefühl agg.* (ptk1/188)
- Untröstlich (b4a/193)
- Weinen - Trost - agg. (k/248)
- Widerspenstig (k/249)
- Widerspruch - Neigung zu widersprechen (mtf33/249)
  - » verträgt keinen Widerspruch (bro1/249)

Beziehung zu anderen - allgemein

GEMÜT - Angeber (gl1/4)
- *Argwöhnisch, mißtrauisch* (*/16)
- *Beleidigt, leicht* (j5/20)
- Empfindlich - äußerliche Eindrücke; gegen alle (k2/42)
- Furcht - Räubern, vor (*/74)
- Geheimnistuerisch, verschlossen (bg2/87)
- Mitgefühl, Mitleid (gl1/130)
- *Pubertät; in der* (st/138)
- Quält - sich (ptk1/138)
- *Sprache - hastig, eilig* (*/167)
- Tadelsüchtig, krittelig (*/178)
- Tadelt andere (j/179)
- *Unabhängigkeit, Selbständigkeit* (vh*/189)
- Unverschämtheit (k/193)

Schule - Angst

GEMÜT - Selbstvertrauen - Mangel an Selbstvertrauen (k/161)

Schule - Konzentration

GEMÜT - Konzentration - schwierig - Studieren (k/117)
- Unaufmerksam (j5/189)

Schule - Lernen - Mathematik, Rechnen

GEMÜT - Mathematik - Unfähigkeit zur (gl1/128)
- Mathematik - Unfähigkeit zur - rechnen; kann nicht (gl1/129)

Schule - Lernen - Lesen

GEMÜT - Lesen - unfähig zu lesen (a1/124)

Schule - Anstrengung; geistige

KOPF - Schmerz - geistige Anstrengung - agg. (k/328)
- Schmerz - Lesen, beim - agg. (sne/332)
  - » Schulkindern; bei (k/339)

Schule - Beziehung zu anderen

MUND - **Sprache - stotternd** (*/688)
- Sprache - stotternd - Kindern; bei (bg2*/688)

Schule - Vorwürfe

GEMÜT - Beschwerden durch - Tadel (vh/25)
- *Ermahnungen - agg.* (*/47)
  - » agg. - freundliche; selbst (b4/47)
- Weinen - Ermahnung, durch (k/245)

Schule - Konstitution

GEMÜT - **Eigensinnig, starrköpfig, dickköpfig** (*/41)
- Eigensinnig, starrköpfig, dickköpfig - Kinder (j5/41)
- Selbstvertrauen - Mangel an Selbstvertrauen (k/161)

Spielen

GEMÜT - *Amüsement, Vergnügen - Verlangen nach* (mtf/4)

- Spielen - Verlangen zu spielen (a1/166)
  - » Verlangen zu spielen - Verstecken zu spielen, Versteckspiel (kr1*/166)
- *Tanzen* (*/179)
- Verspielt (a1/199)

Tieren; Beziehung zu

GEMÜT - **FURCHT - HUNDEN, VOR (k1*/71)**

- Furcht - Hunden, vor - schwarzen Hunden; vor (hr1/71)
  - » **Tieren, vor** (ptk1*/76)
  - » Tieren, vor - schwarz (hr1/76)
- *Grausamkeit - liebt es, Menschen und Tieren Leid zuzufügen* (vh*/103)

Nonverbales - Aggressivität

GEMÜT - **Beißen** (*/20)

- **BEISSEN - KINDERN; BEI** (st*/20)
  - » Menschen; beißt (h1*/20)
- *Destruktivität, Zerstörungswut* (*/38)
  - » *Kleidern, von* (k/39)
- Grobheit - Kinder; ungezogene (mtf33/104)
- *Manie - spuckt auf die Umstehenden und beißt sie* (a1*/128)
- Raserei, Tobsucht, Wut - Spucken; mit (j5/140)
  - » *zieht die Umstehenden an den Haaren* (*/140)
- **Reißt an etwas - Gegenstände; zerreißt** (*/142)
  - » *Gegenstände; zerreißt - Kleidung* (^/142)
  - » sich am Körper, verletzt sich (*/142)
- Reizbarkeit, Gereiztheit - Kindern, bei (mtf33/145)
- *Spucken* (b4a/170)
  - » **Gesicht; Menschen ins** (*/170)
- *Stoßen, treten, austreten* (*/172)
  - » Kindern; bei (mtf33/172)
- Wirft mit Gegenständen um sich (a1/250)
  - » Personen; nach (*/250)
- Zerbricht Dinge (k2*/251)
  - » Verlangen; Dingen zu zerbrechen (gl1/251)
- *Ziehen - Haaren; an den* (*/252)
  - » *Haaren; an den - Verlangen zu ziehen - ihren eigenen Haaren; an* (ptk1*/252)
  - » **Haaren; an den - Verlangen zu ziehen - jemanden an den Haaren** (*/252)

Nonverbales - Reaktion auf andere

GEMÜT - *Berührtwerden - Abneigung berührt zu werden* (k/21)

- *Furcht - berührt zu werden* (bro1/66)
  - » *Näherkommen, Annäherung von; vor - anderen, von* (k/74)
  - » Näherkommen, Annäherung von; vor - anderen, von - Kinder können es nicht ertragen, daß ihnen jemand nahe kommt (fyz/74)
- Schamlos (*/153)
- Schreien - Kindern, bei - Trost - agg. (kr1/157)

Nonverbales - Gesten, Gebärden

GEMÜT - Beißen - Gegenstände; beißt (h1*/20)

- *Beißen - Löffel; beißt in den* (*/20)
- Berühren, anfassen; etwas - Verlangen, etwas zu berühren, anzufassen - alles berühren, anfassen; muß (h1*/21)
  - » Verlangen, etwas zu berühren, anzufassen - alles berühren, anfassen; muß - Kindern; bei (lmj/21)
- Gefallsüchtig, kokett - sehr, zu (vh*/87)
  - » sehr, zu - Kindern; bei (lmj/87)
- Gesten, Gebärden; macht - Hände; unwillkürliche Bewegungen der - Greifen - Umstehenden; nach (h1*/98)
  - » zieht die Umstehenden an den Haaren (k/99)
- Grimassen (k/103)
  - » sonderbare Gesichter; schneidet (*/103)
- *Hast, Eile - Bewegungen; in den* (*/105)
- *Klettern - Verlangen zu* (vh*/115)
- *Launenhaftigkeit, launisch* (*/123)
- Manie - zerreißen, an etwas zu reißen; etwas zu - Haaren; reißt sich an den (j5/128)
- Pfeifen (*/136)
- Springen (*/169)
  - » *Kindern, bei* (^/170)
  - » *Kindern, bei - Stühle, Tische und Ofen; auf* (kr1/170)
- **Verstecken - sich** (*/199)

Nonverbales - Allgemeines

GEMÜT - **Eigensinnig, starrköpfig, dickköpfig** (*/41)

- Eigensinnig, starrköpfig, dickköpfig - Kinder (j5/41)
- Hast, Eile - Essen; beim (kr1*/105)
- Impertinenz, Unverschämtheit (j/112)
- Nachahmung, Imitation (bg2/133)
- *Nackt sein, möchte* (*/134)
- *Possen, spielt* (*/137)
  - » *Kindern; bei* (bt/138)
- Ruhelosigkeit - Kindern, bei (hr1/151)
  - » Kindern, bei - streunen, streifen umher (gl1/152)
- Schreien - Kindern, bei (*/157)
- *Singen* (*/163)

Nonverbales - Konsultation; bei der

KOPF - Empfindlichkeit - Kopfhaut, der (ptk1/284)

- *Empfindlichkeit - Kopfhaut, der - Berührung, gegen* (bro1/284)

• **Hitze - Kälte - Extremitäten; mit Kälte der** (*/293)
  » *Kälte - Füße; mit Kälte der* (k/293)
  » Kälte - Hände; mit Kälte der (*/293)
  » Kälte - Körpers; mit Kälte des (a/293)

AUGE - *Entzündung - Kindern; bei - Kleinkindern; bei* (*/429)

OHR - *Absonderungen - Blut* (*/497)
• Absonderungen - blutig (k/497)
  » eitrig (*/497)
  » schleimig (b2/498)
  » *übelriechend* (b4a/498)
  » *unterdrückt* (bg2/498)
• *Eiterung - Mittelohr* (bro1/500)
• *Entzündung* (k/500)
  » erysipelatös (*/500)
  » *äußere Ohren* (bg2/500)
  » **Gehörgang** (*/500)
  » *Mittelohr* (*/501)
  » Mittelohr - Kindern; bei (mtf33/501)
  » *Processus mastoideus* (bro1/501)
• Ohrschmalz - vermehrt (*/516)

GESICHT - Schwellung - Unterkieferdrüsen (*/631)
• Schwellung - Unterkieferdrüsen - schmerzhaft (h1*/631)

MUND - Aphthen (b4a/639)
• **Bewegung - Zunge - Heraushängen der Zunge** (bg2*/641)
• Herausstrecken, Vorstrecken - Zunge, der (*/665)
• **Papillen - aufgerichtet** (*/669)
  » *aufgerichtet - Erdbeerzunge* (bg2*/669)
• *Zittern der Zunge - Herausstrecken, beim* (*/692)

INNERER HALS - *Aphthen* (*/721)
• *Aphthen - Tonsillen, an den* (k/721)
• **Entzündung - Tonsillen** (*/724)
• *Käsig - Flecken; käsig aussehende* (*/728)
• **Schwellung - Tonsillen** (*/747)

ÄUSSERER HALS - **Schwellung - Halsdrüsen** (*/760)
• **Schwellung - Seiten** (k/760)
• **Verhärtung von Drüsen** (k/761)

ABDOMEN - Auftreibung - Kindern, bei (mtf33/852)
• **Schmerz - Druck - agg.** (k/883)
  » *Druck - amel.* (k/883)

REKTUM - Prolaps - Kindern; bei (bro1/971)

RÜCKEN - Hautausschläge - Furunkel - Dorsalregion - Schulterblätter (*/1317)
• Krümmung der Wirbelsäule (b4a/1323)
  » **Dorsalregion** (b4a/1323)

HAUT - **Erysipel** (*/1798)
• Erysipel - Kindern; bei - Neugeborenen; bei (bro1*/1798)
• Hautausschläge - Bläschen - Sudamina (*/1810)
  » *Erythem* (c2*/1812)
• Intertrigo (hr1*/1825)
• Wundliegen - Kindern; bei (*/1837)

Nonverbales - Äußerliches - Beobachtungen des Arztes

KOPF - Großer Kopf (k2*/289)
• Halten - hoch, aufrecht zu halten; unfähig, den Kopf (ptk1/289)
• *Schweiß der Kopfhaut - außer am Kopf; generalisierter Schweiß* (*/403)

AUGE - Farbe - blau - Sklera oder Bindehaut (k/432)
• **Strabismus, Schielen** (*/467)
• Verklebt (*/472)

NASE - Bewegung - Nasenflügel - Fächer; wie ein (ptk1/545)
• Bohren mit den Fingern in der Nase (bg2/546)
• Schniefen - Kindern; bei - Neugeborenen; bei (bro1/568)
• Zupfen - Nase, an der (sne/578)

GESICHT - Gerunzelt (*/594)
• Hautausschläge - Akne (*/595)
• Rissig - Lippen (*/613)
  » Lippen - Oberlippe (bg2/613)
• *Venen, erweiterte* (b4a/634)
  » **Schläfen** (bg2/634)

MUND - **Bewegung - Zunge - Heraushängen der Zunge** (bg2*/641)

ÄUSSERER HALS - Torticollis (bg2*/761)
• *Torticollis - links gezogen; nach* (ptk1/761)

ATMUNG - *Asphyxie - Kindern, Neugeborenen; bei* (*/1160)
• *Asthma, asthmatische Atmung - Kindern; bei* (hr1/1162)
• **Beschleunigt** (*/1174)

HUSTEN - Anfallsweise - besteht aus - drei Hustenstöße - oder vier Hustenstöße (bg2*/1186)
• Anfallsweise - besteht aus - kurzen Hustenstößen (k/1186)
  » besteht aus - wenigen Hustenstößen (*/1186)
  » besteht aus - zwei Hustenstößen (bg3*/1186)

RÜCKEN - Emprosthotonus (k2/1314)
• **Opisthotonus** (*/1325)

ALLGEMEINES - Aussehen - hell, blond (j5/1855)
• *Aussehen - hell, blond - schlaffer Faser, mit* (c1/1855)
  » hell, blond - Augen (c1*/1855)
• Fettleibigkeit - Kindern, bei (ptk1/1879)

Nonverbales - Äußerliches - Beobachtungen der Eltern

KOPF - *Empfindlichkeit - Kämmen, Bürsten der Haare; gegen* (*/283)
• Haare - Haareschneiden; Beschwerden des Kopfes nach (bg2*/418)

AUGE - *Verklebt - morgens* (*/472)

OHR - Schmerz - warm - Zimmer; im warmen - amel. (sne/525)

NASE - Nasenbluten - Kindern; bei (*/557)
- *Schnupfen - Haareschneiden, durch* (*/572)

MUND - Beißt - Glas, wenn es gefüttert wird; Kind beißt ins (bg1/640)
- **Beißt - Zunge; beißt sich auf die** (vk1/640)

ZÄHNE - **Zähneknirschen** (*/718)
- Zähneknirschen - Frost; während (bg2/718)
  » *konvulsivisch* (k/718)
- Zusammenbeißen der Zähne - Verlangen, die Zähne zusammenzubeißen; ständiges (bg2/719)
  » *Verlangen, die Zähne zusammenzubeißen; ständiges - fest zusammengebissen* (*/719)

MAGEN - Brechreiz, Würgen - Husten; agg. beim (k2/784)
- *Schluckauf* (*/809)
  » abwechselnd mit - Aufstoßen (b4/809)
  » Erbrechen - beim (j5/810)
  » Essen - nach - agg. (*/810)

ABDOMEN - *Schmerz - Beugen - hinten, nach - amel.* (k/882)
- Schmerz - Beugen - hinten, nach - amel. - krampfartig (k/882)
  » Beugen - vorne; nach - amel. - krampfartig (k2/882)
  » *Beugen der Beine amel.* (k/882)
  » Kindern; bei - Säuglingen; bei - krampfartig (bro1/888)
  » **Liegen - Abdomen; auf dem - amel.** (k/889)
  » *Liegen - agg.* (*/889)
  » Zusammenkrümmen - agg. (k/896)
  » *Zusammenkrümmen - amel.* (k/897)
  » Zusammenkrümmen - muß sich zusammenkrümmen (k/897)

REKTUM - *Diarrhoe - Haareschneiden, nach* (k/953)
- **Unwillkürlicher Stuhl** (*/984)
  » Flatus agg.; Abgang von (k/985)
  » Husten oder Niesen; beim (k/985)

STUHL - Schafskot, wie (b2/997)

BLASE - Urinieren - Dysurie - Kindern, bei (fb/1012)
- Urinieren - Harndrang - plötzlich - beeilen um zu urinieren, sonst geht Urin ab; muß sich (*/1015)
  » *unwillkürlich - Husten; agg. beim* (*/1020)
  » unwillkürlich - Lachen agg. (bro1/1020)
  » *verzögert, muß warten, bis der Urin zu fließen beginnt* (*/1020)
  » *verzögert, muß warten, bis der Urin zu fließen beginnt - pressen, bevor er damit beginnen kann; muß lange* (k/1021)

URIN - Blutig - Kindern; bei (mtf33/1045)

MÄNNLICHE GENITALIEN - Faßt sich an die Genitalien (*/1065)
- Faßt sich an die Genitalien - Kind (a1/1066)
- Masturbation, Neigung zur (hr1*/1071)
  » exzessiv (hr1*/1071)
  » Kindern; bei (st/1071)
  » Manie, bei (hr1*/1071)

ATMUNG - Schnarchen (*/1180)

SCHWEISS - Warm - Speisen; warme - nach (bg2/1792)

HAUT - Ekchymosen (bg2*/1797)
- *Insektenstiche* (*/1825)

Nacht; Beobachtungen in der - Gemütssymptome

GEMÜT - Angst - nachts - Kindern; bei (fyz/7)
- Furcht - Dunkelheit; vor der (bro1*/66)
  » Dunkelheit; vor der - Kindern; bei (mtf33/66)
- *Gesten, Gebärden; macht - Hände; unwillkürliche Bewegungen der - zupft - Bettwäsche; an der* (*/98)
  » **Hände; unwillkürliche Bewegungen der - zupft - Bettwäsche; an der - Schweiß; beim** (bg2/98)
- *Reißt an etwas - Gegenstände; zerreißt - Kleidung - Schlafanzug und Bettlaken* (kr1/142)
- Reizbarkeit, Gereiztheit - Schlaflosigkeit, mit (hr1*/146)
- Schlafwandeln (*/154)
- Schreien - Kindern, bei - Schlaf, im (hr1*/157)
- **Sprechen - Schlaf; im** (*/169)
- **Stoßen, treten, austreten - Schlaf, im** (*/172)

Nacht; Beobachtungen in der - körperliche Symptome

KOPF - **Bohrt den Kopf in das Kissen** (*/282)
- Bohrt den Kopf in das Kissen - Schlaf; agg. im (b4a/282)

ZÄHNE - **Zähneknirschen - Schlaf; agg. im** (*/718)

REKTUM - Unwillkürlicher Stuhl - Schlaf; agg. im (*/985)

BLASE - **Urinieren - unwillkürlich - nachts** (*/1019)
- Urinieren - unwillkürlich - nachts - spasmodisches Bettnässen (k/1019)
  » *unwillkürlich - nachts - Wecken des Kindes ist schwierig* (*/1019)

Nacht; Beobachtungen in der - Schlaf

SCHLAF - *Erwachen - Schreck, wie durch* (*/1675)
- Ruhelos - Kindern, bei (j5/1685)
- *Schlaflosigkeit - Kindern, bei* (b4a/1691)
  » *Kindern, bei - Neugeborenen; bei* (j5/1691)

Nacht; Beobachtungen in der - Schlaf; Lage im

SCHLAF - *Lage - Abdomen, auf dem* (*/1682)
- Lage - Abdomen, auf dem - Arm unter dem Kopf; mit einem (ptk1/1682)
  » Arme - Abdomen, auf dem (bg2/1682)
  » Arme - Kopf - unter dem Kopf (*/1682)

» Beine - ausgestreckt (*/1682)
» Beine - gespreizt (st/1682)
» Hände - Kopf - unter dem (bro1/1682)
» Kopf - gebohrt; ins Kissen (a1*/1682)
» *Kopf - hinten gebeugt; nach* (*/1682)
» Sitzen (*/1683)
» verändert häufig die Lage (bg2/1683)

Schaukeln und Getragenwerden

GEMÜT - Delirium - wiegt sich hin und her (k/37)
• Getragen - Abneigung getragen zu werden (hr1/99)
» Verlangen getragen zu werden (bg2*/99)
» Verlangen getragen zu werden - schnell (k/99)

Autos und Schiffe

MAGEN - Erbrechen - Fahren im Wagen agg. (k/792)
ALLGEMEINES - Fahren - Wagen; mit dem - agg. (bg2/1877)

Psychosomatische Störungen

ZÄHNE - *Zähneknirschen - Raserei, Tobsuchtsanfall; bei* (k/718)
ALLGEMEINES - Konvulsionen - Schreck agg. (sf1/1906)

Körperliche Symptome und Erkrankungen

KOPF - **Entzündung - Gehirn** (*/284)
• **Entzündung - Hirnhaut** (*/284)
• Hydrozephalus (*/295)
• Schmerz - katarrhalisch (*/331)
OHR - *Schmerz - Kindern; bei* (sne/523)
GESICHT - Hautausschläge - Akne - Menses - unregelmäßige Menses (bro1/596)
ZÄHNE - **Karies, faule, hohle Zähne** (*/700)
• *Schmerz - Kindern; bei* (k/708)
MAGEN - Würgen - Husten, mit (*/846)
REKTUM - *Cholera - infantum* (*/949)
BLASE - Harnverhaltung - Kindern, bei (k/1005)
NIEREN - **Entzündung** (*/1023)
KEHLKOPF UND TRACHEA - **Laryngismus stridulus** (*/1145)
BRUST - Entzündung - Lungen - Kindern; bei (gsy/1234)
RÜCKEN - Spina bifida (hr1/1384)
EXTREMITÄTEN - *Hüftgelenksentzündung* (k/1443)
FIEBER - **Remittierend - Kleinkindern, bei** (k/1778)
• Schleichendes Fieber (b4a/1779)
ALLGEMEINES - Abmagerung - Kindern; bei (j5/1845)
• **Kindern; Beschwerden von** (*/1897)
• *Konvulsionen - Hitze; während* (bg2*/1904)
» **Kindern, bei** (*/1905)
» *Kindern, bei - Kleinkindern, bei* (bg2*/1905)
» Kindern, bei - Neugeborenen; bei (j5/1905)
• *Medikamente - allopathische - schnelle Reaktion* (k2/1921)
• Pubertät - Beschwerden während der (hr1*/1934)
» *Beschwerden während der - Mädchen; bei* (kr1/1934)
• Schwäche - Kindern, bei (k/1977)

Chirurgisch pathologische Zustände

NASE - Polyp (*/561)
ABDOMEN - *Entzündung - Peritoneum* (b4a/860)
• Hernie - eingeklemmt, inkarzeriert (bro1*/868)
» **Leistenhernie** (b2/868)
» **Leistenhernie - eingeklemmt, inkarzeriert** (*/868)
» *Leistenhernie - empfindlich* (k/868)
» Leistenhernie - entzündet - Erbrechen, mit (k/868)
» **Leistenhernie - Kindern, bei** (b4a/868)
» **Leistenhernie - schmerzhaft** (b4a/868)
• **Intussuszeption** (*/869)
MÄNNLICHE GENITALIEN - Hochgezogen, an den Körper gezogen - Hoden (*/1068)
• Phimose - Paraphimose (k/1071)
• Varikozele (*/1085)

Würmer

REKTUM - Würmer - Beschwerden durch Würmer (b2/985)
• Würmer - Beschwerden durch Würmer - Spulwürmer (*/986)
ALLGEMEINES - *Konvulsionen - Würmer, durch* (hr1*/1907)

Bellis perennis

bell-p.

Nützlich bei Kindern mit *Hautleiden*, besonders Furunkeln; *Akne bei Mädchen, verbunden mit Unregelmäßigkeiten bei den Menses.*

Ein ausgezeichnetes Mittel bei *Verstauchungen* und *Prellungen.*

Es wirkt auf die Muskelfasern der Blutgefäße.

Beschwerden durch Beschädigung von Nerven, mit dem Gefühl einer heftigen Prellung und mit *Unverträglichkeit kalter Bäder.*

Beschwerden auf Grund übermäßig kalter Speisen oder Getränke, wenn der Körper heiß ist. Für Beschwerden, die durch kalten Wind verursacht wurden.

Wichtiges Mittel bei *Masturbation bei Knaben.* Masturbation verursacht ein Schwächegefühl.

Klinisches: Verletzungen. Akne. Furunkel. Psoriasis. Schlaflosigkeit. Appendizitis. Nasenpolyp.

Wirkungsbereich: Blutgefäße. Nerven. Milz. Gelenke.

* * *

Stillen - Magendarmsymptome - Appetit - vermehrt

MAGEN - Appetit - unstillbar (sp1/770)
• Appetit - vermehrt (sp1/770)

Konstitution - Allgemeines

GEMÜT - Heikel, pingelig (fb/106)

Schule - Konstitution

GEMÜT - Heikel, pingelig (fb/106)

Nonverbales - Konsultation; bei der

KOPF - Läuse (*/300)
BRUST - Einziehung der Brustwarzen (sne/1231)
HAUT - Erysipel (tl1*/1798)

Nonverbales - Äußerliches - Beobachtungen des Arztes

GESICHT - Hautausschläge - Akne (c2*/595)

Nonverbales - Äußerliches - Beobachtungen der Eltern

MÄNNLICHE GENITALIEN - *Masturbation, Neigung zur* (c1*/1071)
• Masturbation, Neigung zur - Kindern; bei (st/1071)
WEIBLICHE GENITALIEN - Masturbation; Neigung zu (c1*/1104)
HAUT - Ekchymosen (bro1*/1797)

Nacht; Beobachtungen in der - Schlaf; Lage im

SCHLAF - *Lage - Abdomen, auf dem* (sf1/1682)

Körperliche Symptome und Erkrankungen

GESICHT - Hautausschläge - Akne - Menses - unregelmäßige Menses (bro1/596)

Chirurgisch pathologische Zustände

NASE - Polyp (sp1/561)

Benzoicum acidum

benz-ac.

Die Hauptwirkung richtet sich auf die *Gelenke* und die *Harnwege.*

Urin von tiefroter Farbe und üblem Geruch; man kann es fast schon beim Betreten des Zimmers riechen. *Das Kind riecht nach Urin, strengem Urin*; das Haus riecht nach Urin. Stark gefärbter Urin, der manchmal wie Brandy aussieht. Der Urin verursacht Reizung und riecht wie Pferdeharn und enthält vermehrt Hippursäure (Differentialdiagnose: Nitricum acidum), besonders bei Kindern und heranwachsenden Mädchen. Patienten fällt es schwer, den pferdeartigen Geruch zu beschreiben, aber der Urin hat ganz klar einen stark ammoniakalischen Geruch.

Enuresis nocturna bei zarten Kindern, *besonders in den ersten Schlafphasen.*

Harnverhaltung bei Neugeborenen.

Diarrhoe, besonders während der Zahnung; weißer, sehr übelriechender, erschöpfender, flüssiger Stuhl, der „einfach durch die Windel hindurchläuft" (Differentialdiagnose: Podophyllum).

Das Kind ist *schlecht gelaunt* und *reizbar*, möchte getragen werden und erlaubt es nicht, das man es hinlegt.

Nach Dr. Ben Feingold sollte man hyperaktiven Kindern keine chemischen Zusatzstoffe wie Benzoesäure (E 210) und Natriumbenzoat (E 211) geben.

Patienten, die stark frieren.

Klinisches: Enuresis. Blasenbeschwerden. Übelriechender Urin. Gelenkbeschwerden. Rheumatismus. Diarrhoe. Halsentzündung. Vergrößerung der Mandeln. Asthma.

Wirkungsbereich: Urin. Nieren. Blase. Gelenke. Darm.

* * *

Zahnung - Magendarmsymptome

REKTUM - Diarrhoe - Zahnung; während (*/957)

Stillen - Magendarmsymptome - Rektum

REKTUM - *Diarrhoe - Kindern, bei* (k/954)

Stillen - Allgemeines

SCHWEISS - *Essen - beim - agg.* (*/1786)
• Essen - nach - agg. (bg2*/1786)

Konstitution - Angst und Furcht

GEMÜT - Schreckliches und traurige Geschichten greifen sie stark an (k2/156)

Konstitution - Allgemeines

GEMÜT - Mürrisch - Kindern, bei (hr1/132)

Schule - Lernen - Schreiben

GEMÜT - Fehler; macht - Schreiben, beim (k/57)
• Fehler; macht - Schreiben, beim - läßt etwas aus - Buchstaben (bro1/57)
» Schreiben, beim - läßt etwas aus - Worte (*/57)

Schule - Anstrengung; geistige

KOPF - Schmerz - geistige Anstrengung - agg. (k/328)

Nonverbales - Aggressivität

GEMÜT - Reizbarkeit, Gereiztheit - Kindern, bei (k/145)

Nonverbales - Allgemeines

GEMÜT - Schreien - Kindern, bei (k/157)

Nonverbales - Konsultation; bei der

OHR - Entzündung - Processus mastoideus (bro1/501)

INNERER HALS - Entzündung - Tonsillen (k/724)
- Schwellung - Tonsillen (c2*/747)

Nonverbales - Äußerliches - Beobachtungen der Eltern

MUND - Beißt - Lippen; beißt sich auf die - Unterlippe (k/640)
- Beißt - Lippen; beißt sich auf die - Unterlippe - Essen; beim (hr1*/640)

MAGEN - Brechreiz, Würgen (k/784)
- Schluckauf (*/809)

ATMUNG - Schnarchen (k/1180)

SCHWEISS - *Essen - beim - agg.* (*/1786)
- Essen - nach - agg. (bg2*/1786)

Nacht; Beobachtungen in der - körperliche Symptome

BLASE - **Urinieren - unwillkürlich - nachts** (*/1019)
- Urinieren - unwillkürlich - nachts - ersten Schlaf, im (*/1019)

Schaukeln und Getragenwerden

GEMÜT - Getragen - Verlangen getragen zu werden (*/99)
- Getragen - Verlangen getragen zu werden - hingelegt zu werden; erlaubt es nicht (ptk1*/99)
- Mürrisch - Kindern, bei - getragen zu werden; Verlangen (hr1*/132)

Körperliche Symptome und Erkrankungen

ZÄHNE - Karies, faule, hohle Zähne (bg2/700)

BLASE - *Harnverhaltung - Kindern, bei* (k/1005)
- Harnverhaltung - Kindern, bei - Neugeborenen; bei (k/1005)

NIEREN - **Entzündung** (*/1023)
- Entzündung - Nierenbecken und Niere (mtf11/1024)

Berberis aquifolium

berb-a.

Stillen - Magendarmsymptome - Appetit - vermehrt

MAGEN - *Appetit - vermehrt - begleitet von - Übelkeit* (bro1/771)

Konstitution - Allgemeines

GEMÜT - Faulheit (bro1/55)

Nonverbales - Konsultation; bei der

MUND - Stomatitis ulcerosa, Stomakaze (c2/689)

Nonverbales - Äußerliches - Beobachtungen des Arztes

GESICHT - *Hautausschläge - Akne* (bro1/595)

Körperliche Symptome und Erkrankungen

GESICHT - *Hautausschläge - Akne - Menses - unregelmäßige Menses* (bro1/596)

Berberis vulgaris

berb.

Gewöhnlich *optimistische und mutige Kinder, die sich abends völlig verändern.* In der Tat ist es so, daß die Ängste dieses Mittels besonders in der *Dämmerung* erscheinen. Berberis vulgaris ist in den folgenden Rubriken das einzige Mittel: „Wahnideen - Visionen, hat - schreckliche - Dämmerung; in der - Kindern; bei"; „Wahnideen - Gespenster, Geister, Gestalten - Dämmerung; in der"; „Wahnideen - Bilder, Phantome; sieht - Dämmerung"; „Wahnideen - vergrößert - Personen seien - Dämmerung; in der". Hierzu schrieb Kent: „Es ist nichts Merkwürdiges dabei, wenn ein Kind sich in der Dunkelheit alle möglichen Dinge vorstellt, denn sie haben von alten Menschen Friedhofsgeschichten gehört; aber bei diesem Mittel sieht es in der Zeit zwischen Tageslicht und Dunkelheit Gespenster, eingebildete Gestalten, die sich um ihn scharen."

Patienten, die Berberis vulgaris benötigen, weinen nicht wegen ihren Beschwerden, obwohl sie oft müde erscheinen; tatsächlich schrieb Vithoulkas über das geistige Erscheinungsbild dieses Mittels: „Wenn man so einem Patienten begegnet, wird man den Eindruck eines vorzeitig gealterten und ausgelaugten Menschen haben, den man unterstützen und dem man helfen möchte. Jedoch *wird der Patient sie nicht um Hilfe und Unterstützung bitten*; im Gegenteil, mit optimistischer Heiterkeit und Mut, selbst unter Schmerzen lächelnd, wird man wahrscheinlich erleben, daß er einen selbst tröstet, anstatt daß man ihn tröstet. Der Berberis-Mensch ist gewöhnlich ernst und nachdenklich und zieht es vor, mit sich allein zu sein, anstatt in Gesellschaft anderer."

Kinder, die Berberis vulgaris benötigen, sehen sehr blaß aus, mit eingefallenen Wangen, Augen, die von bläulichen Ringen umgeben sind und einem kränklichen Gesichtsausdruck.

Akne ist bei Heranwachsenden häufig; bei Mädchen ist sie oft *mit Unregelmäßigkeiten der Menses verbunden, wie bei Berberis aquifolium.*

Der *Tropismus für den Urogenitaltrakt ist wichtig,* mit häufiger *Zystitis*; oft *strahlen die Schmerzen* von einem Punkt *aus*, unter Beteiligung von Gelenken, Herz, Nieren und Leber; diese Schmerzen fangen normalerweise an zu wandern. Das ist ein allgemeines Charakteristikum des Mittels und nicht auf die Beschwerden der Harnwege beschränkt.

Ein weiteres bemerkenswertes Symptom ist ein glucksendes Gefühl, von dem ältere Kinder berichten.

Die Haut ist sehr stark beteiligt; Furunkel, wiederkehrende Abszesse, herpetische Ausschläge am Anus und *Windelausschlag.* Ein charakteristisches Symptom ist, daß einige Hautausschläge nach dem Verschwinden einen bräunlichen Fleck hinterlassen. Das Jucken wird durch kalte Anwendungen besser und durch Wärme, Kratzen, Reiben und Gehen schlechter.

Ein weiteres wichtiges Merkmal von Berberis sind Fröste und Fieber. Ein häufiges Problem ist ein heißes Gesicht bei Kälte des Körpers, was morgens gegen 11 Uhr beginnt; brennende Hitze am Nachmittag, die nachts schlimmer wird. *Starkes Frieren*; die betroffenen Teile frieren.

Klinisches: Beschwerden der Harnwege. Blasenleiden. Niereninfektionen. Harngrieß. Beschwerden der Gelenke. Rheumatismus. Diarrhoe. Herpes. Leberleiden.

Wirkungsbereich: Harnwege. Nieren. Blase. Leber. Gelenke.

* * *

Krankengeschichte; familiäre und persönliche

ALLGEMEINES - Krankengeschichte von; persönliche - Abszessen; wiederkehrenden (mtf/1909)
- Krankengeschichte von; persönliche - Furunkel; von wiederkehrenden (bro1/1909)
  - » Harngrieß im Urin; von (mta1/1909)

Zahnung - Lokalsymptome

MUND - Schmerz - Zahnfleisch - Zahnung; während der - wund schmerzend (k/678)

Stillen - Gemütssymptome

GEMÜT - Hast, Eile - Essen; beim (kr1/105)

Stillen - Magendarmsymptome - Appetit - allgemein

MAGEN - Appetit - veränderlich (*/770)
- *Appetit - vermehrt - abwechselnd mit - Appetitverlust* (*/771)

Stillen - Magendarmsymptome - Appetit - vermindert

MAGEN - *Appetit - fehlend* (k/767)
- Appetit - vermindert (*/772)

Stillen - Magendarmsymptome - Appetit - vermehrt

MAGEN - *Appetit - Heißhunger* (k/769)
- *Appetit - vermehrt* (k/770)

Konstitution - Angst und Furcht

GEMÜT - Mutig (k/133)

Konstitution - Allgemeines

GEMÜT - Ehrgeiz - erhöht, vermehrt, sehr ehrgeizig (mtf/40)
- Faulheit (j5/55)
- Neugierig (mtf/135)
- Unzufrieden (k/194)

Schule - Konstitution

GEMÜT - Neugierig (mtf/135)

Nonverbales - Allgemeines

GEMÜT - Hast, Eile - Essen; beim (kr1/105)

Nonverbales - Konsultation; bei der

MUND - *Aphthen* (*/639)

INNERER HALS - Entzündung - Tonsillen (*/724)
- Schwellung - Tonsillen (k/747)

ÄUSSERER HALS - Verhärtung von Drüsen - perlschnurartig (bg1/761)

REKTUM - Hautausschläge - Anus; um den (*/964)

RÜCKEN - Hautausschläge - Furunkel - Gruppen, in (k/1316)

Nonverbales - Äußerliches - Beobachtungen des Arztes

GESICHT - Hautausschläge - Akne (hr1/595)
- Hippokratisches Gesicht (bro1/605)

RÜCKEN - Opisthotonus (k/1325)

Nonverbales - Äußerliches - Beobachtungen der Eltern

AUGE - Verklebt - morgens (*/472)

MAGEN - Gluckern; Gurgeln (ptk1/802)
- Schluckauf (*/809)

ABDOMEN - Schmerz - Zusammenkrümmen - muß sich zusammenkrümmen (k2/897)

STUHL - *Schafskot, wie* (*/997)

Nacht; Beobachtungen in der - Schlaf; Lage im

SCHLAF - Lage - merkwürdig, sonderbar (a1/1683)

Autos und Schiffe

EXTREMITÄTEN - *Schmerz - Füße - Fahren im Wagen Stiche von innen nach außen; beim - stechend* (k1/1528)

ALLGEMEINES - *Fahren - Wagen; mit dem - agg.* (bg2*/1877)

Körperliche Symptome und Erkrankungen

NASE - Katarrh - gefolgt von - Stirnhöhlen; Beschwerden der (k/553)

GESICHT - Hautausschläge - Akne - Menses - unregelmäßige Menses (bro1/596)

MAGEN - Langsame Verdauung (st/805)

NIEREN - *Entzündung* (*/1023)

• Entzündung - Nierenbecken und Niere (mtf11/1024)

Chirurgisch pathologische Zustände

ABDOMEN - Hernie - Leistenhernie (k/868)

MÄNNLICHE GENITALIEN - *Hochgezogen, an den Körper gezogen - Hoden* (*/1068)

• Hochgezogen, an den Körper gezogen - Hoden - schmerzhaft (ptk1/1068)

Beryllium metallicum

beryl.

Stillen - Milch

ALLGEMEINES - Speisen und Getränke - Milch - agg. (stj2/2001)

Stillen - Magendarmsymptome - Appetit - vermindert

MAGEN - Appetit - fehlend (tpw5*/767)

• Appetit - fehlend - Speisen - Anblick von; beim (tpw5/769)

» fehlend - Speisen - Geruch von; durch (tpw5/769)

» vermindert (sp1/772)

Stillen - Magendarmsymptome - Appetit - vermehrt

MAGEN - Appetit - vermehrt (sp1*/770)

Konstitution - Angst und Furcht

GEMÜT - Furcht - Versagen, Mißerfolg; vor dem (stj2/79)

Konstitution - Allgemeines

GEMÜT - Selbstvertrauen - Mangel an Selbstvertrauen (^/161)

• Selbstvertrauen - Mangel an Selbstvertrauen - Unterstützung, Zuwendung; möchte (stj2/161)

Beziehung zu anderen - Reaktion auf andere

GEMÜT - Schüchternheit, Zaghaftigkeit (stj2/158)

Schule - Angst

GEMÜT - Furcht - Versagen, Mißerfolg; vor dem (stj2/79)

• Selbstvertrauen - Mangel an Selbstvertrauen (^/161)

Schule - Anstrengung; geistige

KOPF - Schmerz - geistige Anstrengung - agg. (^/328)

Schule - Konstitution

GEMÜT - Selbstvertrauen - Mangel an Selbstvertrauen (^/161)

Nonverbales - Reaktion auf andere

GEMÜT - Furcht - Fremden; vor (stj2/68)

Nonverbales - Äußerliches - Beobachtungen des Arztes

GESICHT - Aufgesprungen - Lippen (tpw5*/579)

• Rissig - Lippen (tpw5*/613)

ALLGEMEINES - Magere Personen (sp1*/1919)

Autos und Schiffe

MAGEN - Übelkeit - Fahren - Bus; mit dem - agg. (tpw5/836)

• Übelkeit - Fahren - Wagen; im - agg. (tpw5*/836)

Bismuthum

bism.

Wie andere Mittel der *15. Gruppe des Periodensystems* (Phosphorus, Arsenicum und die Stickstoffmittel), hat Bismuthum *große Ängste*, besonders die Angst vor dem Alleinsein.

Einsamkeit ist unerträglich: sie wollen Gesellschaft, die Kinder halten sich an der Hand der Mutter fest, um nicht allein zu sein.

Grandgeorge schrieb: „Dieses Mittel entspricht Kindern, die sogar noch *anhänglicher sind als Pulsatilla-Kinder*, was keine Kleinigkeit ist. Sie können Einsamkeit nicht ertragen, wollen immer Gesellschaft; aber während das Pulsatilla-Kind nur die Mutter will, so ist Bismuthum mit anderen bekannten Gesichtern aus dem familiären Umfeld zufrieden. Beispielsweise wird ein Pulsatilla-Kind nur im Bett der Mutter schlafen, während Bismuthum einverstanden sein wird, bei der großen Schwester zu schlafen."

Es sind *nervöse und ruhelose* Kinder. Wie Arsenicum sitzen sie manchmal, dann gehen sie, dann legen sie sich hin, bleiben nie lange an einer Stelle. Es ist ein *Gefühl der Instabilität* vorhanden; sie unternehmen vieles und bleiben bei nichts länger dabei. Auch die Schmerzen wechseln den Ort; „mal hier, mal da".

Diese Kinder sehen sehr erschöpft aus; sie sind blaß, kalt und erdfahl, mit blauen Augenringen und dick belegter weißer Zunge.

Zu den *sommerlichen Beschwerden* gehören: großer Durst auf kaltes Wasser, das erbrochen wird, sobald es den Magen erreicht; das Erbrechen wird von konvulsivischem Würgen begleitet.

Diarrhoe und Erbrechen während der Zahnung. Erbrechen und Diarrhoe; Flatus und Stuhl riechen aashaft.

Klinisches: Angst. Erbrechen. Diarrhoe.

Wirkungsbereich: Gemüt. Magen. Darm.

* * *

Zahnung - Magendarmsymptome

MAGEN - *Erbrechen - Zahnung; während der* (*/796)

Zahnung - Allgemeines

ZÄHNE - *Zahnung - schwierig* (hr1*/718)

Stillen - Magendarmsymptome - Appetit - vermindert

MAGEN - Appetit - fehlend (a1*/767)
- Appetit - fehlend - Durst - mit (a1/768)

Stillen - Magendarmsymptome - Appetit - vermehrt

MAGEN - Appetit - vermehrt (bg2/770)

Stillen - Magendarmsymptome - Aufstoßen - Wasser; Hochsteigen von

MAGEN - *Aufstoßens; Art des - Wasser in den Mund; Hochsteigen von* (*/781)

Stillen - Magendarmsymptome - Erbrechen

MAGEN - Erbrochenen; Art des - Speisen - unverdaut (bro1/800)

Konstitution - Angst und Furcht

GEMÜT - Furcht - allein zu sein (*/64)

Konstitution - Allgemeines

GEMÜT - Faulheit (^/55)
- Stimmung, Laune - veränderlich (*/171)
- Unternehmen; etwas - Vieles, hält aber bei nichts durch, bleibt nicht dabei; unternimmt (h1*/193)
- *Unzufrieden* (*/194)

Familie; Beziehung zur - Liebe und Zuneigung

GEMÜT - *Verlassen zu sein; Gefühl* (mtf/198)

Beziehung zu anderen - Reaktion auf andere

GEMÜT - **Gesellschaft - Verlangen nach** (*/95)
- Gesellschaft - Verlangen nach - allein; agg. wenn (bg2*/96)

Schule - Konzentration

GEMÜT - Stumpfheit - Lesen (k/175)

Schule - Lernen - Lesen

GEMÜT - Stumpfheit - Lesen (k/175)

Schule - Konstitution

GEMÜT - Unternehmen; etwas - Vieles, hält aber bei nichts durch, bleibt nicht dabei; unternimmt (h1*/193)

Nonverbales - Gesten, Gebärden

GEMÜT - Berühren, anfassen; etwas - Verlangen, etwas zu berühren, anzufassen - alles berühren, anfassen; muß (^/21)
- Berühren, anfassen; etwas - Verlangen, etwas zu berühren, anzufassen - alles berühren, anfassen; muß - Kindern; bei (lmj/21)
- *Halten - Hand der Mutter; Kind hält ständig die* (c1*/104)
- *Klammert sich an - Kindern; bei - Mutter; das Kind klammert sich an die* (^/115)
  - » *Kindern; bei - Mutter; das Kind klammert sich an die - Hand der Mutter; das Kind nimmt immer die* (hr1*/115)
  - » Personen oder Möbel; an (sf1/115)
- Launenhaftigkeit, launisch (ptk1/123)

Nonverbales - Konsultation; bei der

MUND - Stomatitis ulcerosa, Stomakaze (c2/689)

Nonverbales - Äußerliches - Beobachtungen des Arztes

GESICHT - Rissig - Lippen (k/613)

Nonverbales - Äußerliches - Beobachtungen der Eltern

MAGEN - Schluckauf (*/809)
- Schluckauf - Erbrechen - nach (b7a/810)
- *Völlegefühl - Essen - nach - agg.* (k/845)

Nacht; Beobachtungen in der - Schlaf

SCHLAF - *Erwachen - häufig - Schreck, wie durch* (a1*/1674)
- *Erwachen - Schreck, wie durch* (*/1675)

Nacht; Beobachtungen in der - Schlaf; Lage im

SCHLAF - Lage - Rücken, auf dem (*/1683)

Schaukeln und Getragenwerden

GEMÜT - Klammert sich an - Kindern; bei - Klammert sich an die Krankenschwester, wenn es getragen wird; das Kind (bg2/115)

Körperliche Symptome und Erkrankungen

KOPF - *Hydrozephalus* (hr1/295)

MAGEN - Langsame Verdauung (bro1/805)

REKTUM - *Cholera - infantum* (*/949)

Bitis arietans

bit-ar.

Kinder, die dieses Mittel benötigen, sind faul und ordentlich. Sie *sprechen schnell* und lieben Gesellschaft, sind aber wenig tolerant gegenüber anderen und neigen dazu, spitze Antworten zu geben.

In der Schule haben sie *Konzentrationsschwierigkeiten*, haben ein Gefühl der Verwirrung beim Lesen und machen oft Fehler beim Schreiben, indem sie einige Buchstaben auslassen oder sogar falsche Worte benutzen. Dies wird von einigen Prüfern bestätigt: „Mangel an Konzentration für Details und begangene Fehler werden nicht einmal bemerkt." „Leicht von der Arbeit abgelenkt." „Unfähigkeit, sich voll auf die vor ihm liegende Arbeit zu konzentrieren, bei gleichzeitiger Schläfrigkeit und geistiger Erschöpfung." „Konzentration fällt schwer, besonders in Gesprächen. Muß nochmals nachfragen. Ich höre, ohne zu hören."

Was die körperlichen Ebene angeht, so essen sie nur geringe Mengen und fühlen sich sofort voll. Manchmal leiden sie an Bauchschmerzen, die durch Druck verschlimmert sind und besser durch Liegen auf dem Rücken.

Häufige *Kopfschmerzen*, mit dem Gefühl eines Gewichtes auf den Augen und Steifheit auf dem Kopf.

Halsentzündung, mit dem Gefühl, als würde sich Haut abschälen, was *durch Schlucken besser wird, sowohl bei leerem Schlucken wie auch beim Schlucken von Flüssigkeiten (besonders warmer Flüssigkeiten).*

Sie können an Gelenkbeschwerden leiden, besonders der Sprunggelenke und Knie.

Wie bei allen Schlangengiften ist ein spezieller *Tropismus für den Kreislauf* vorhanden, mit häufigen Ekchymosen.

Klinisches: Ekchymosen. Kopfschmerzen. Halsentzündung. Verstauchungen.

Wirkungsbereich: Innerer Hals. Blutgefäße. Gelenke.

* * *

Stillen - Magendarmsymptome - Appetit - allgemein

MAGEN - Appetit - launischer Appetit (wht1/770)

Stillen - Magendarmsymptome - Appetit - vermindert

MAGEN - Appetit - fehlend - Hunger, mit (wht1/768)
- *Appetit - vermindert* (wht1/772)

Stillen - Magendarmsymptome - Appetit - vermehrt

MAGEN - Appetit - vermehrt (wht1/770)
- Appetit - vermehrt - Essen - unmöglich; ist (wht1/772)

Stillen - Magendarmsymptome - Abdomen - agg. durch

ABDOMEN - Schmerz - Ausstrecken (wht1/881)
- Schmerz - Druck - agg. (wht1/883)

Stillen - Magendarmsymptome - Abdomen - amel. durch

ABDOMEN - Schmerz - Liegen - Rücken; auf dem - amel. (^/889)

Konstitution - Allgemeines

GEMÜT - Faulheit (wht1/55)
- Heikel, pingelig (wht1/106)
- Heimweh (wht1/107)
- Unordentlich (wht1/192)

Familie; Beziehung zur - Liebe und Zuneigung

GEMÜT - *Verlassen zu sein; Gefühl* (^/198)

Beziehung zu anderen - Aggressivität

GEMÜT - Antworten - kurz angebunden (wht1/15)

Beziehung zu anderen - Reaktion auf andere

GEMÜT - Gesellschaft - Verlangen nach (wht1/95)

Beziehung zu anderen - allgemein

GEMÜT - Mitgefühl, Mitleid (wht1/130)
- Sprache - hastig, eilig (wht1/167)

Schule - Angst

REKTUM - Diarrhoe - Erwartungsspannung, nach (wht1/952)

Schule - Konzentration

GEMÜT - Konzentration - schwierig - Studieren (wht1/117)
- Studieren, Lernen - schwierig, fällt schwer (wht1/173)
- Verwirrung; geistige - Lesen, beim (wht1/203)

Schule - Lernen - allgemein

GEMÜT - Studieren, Lernen - schwierig, fällt schwer (wht1/173)

Schule - Lernen - Lesen

GEMÜT - Fehler; macht - Lesen, beim (^/57)
- Verwirrung; geistige - Lesen, beim (wht1/203)

Schule - Lernen - Schreiben

GEMÜT - Fehler; macht - Schreiben, beim (wht1/57)
- Fehler; macht - Schreiben, beim - falsch - Buchstaben, Zahlen (wht1/57)
  - » Schreiben, beim - falsch - Worte (wht1/57)
  - » Schreiben, beim - läßt etwas aus - Buchstaben (wht1/57)

Schule - Konstitution

GEMÜT - Hast, Eile - tut, womit er gerade beschäftigt ist; bei dem, was er (wht1/105)
• Heikel, pingelig (wht1/106)
• Unordentlich (wht1/192)

Tieren; Beziehung zu

GEMÜT - Natur - liebt (wht1/134)

Nonverbales - Gesten, Gebärden

GEMÜT - Ungeschicklichkeit (^/192)

Nonverbales - Allgemeines

GEMÜT - Hast, Eile - tut, womit er gerade beschäftigt ist; bei dem, was er (wht1/105)

Nonverbales - Konsultation; bei der

ABDOMEN - Schmerz - Druck - agg. (wht1/883)

Nonverbales - Äußerliches - Beobachtungen der Eltern

MAGEN - Völlegefühl - Essen - nach - agg. - wenig, nach dem kleinsten Bissen; nach noch so (wht1/845)

ABDOMEN - Schmerz - Ausstrecken (wht1/881)
• Schmerz - Liegen - Rücken; auf dem - amel. (^/889)

HAUT - Ekchymosen (wht1/1797)

Nacht; Beobachtungen in der - körperliche Symptome

ZÄHNE - Zusammenbeißen der Zähne - Schlaf; im (wht1/719)

Borago officinalis

bora-o.

Familie; Beziehung zur - Liebe und Zuneigung

GEMÜT - Angst - Familie, um seine (oss1/9)

Beziehung zu anderen - Aggressivität

GEMÜT - Streitsüchtig (oss1/173)

Beziehung zu anderen - allgemein

GEMÜT - Beleidigt, leicht (oss1/20)
• Tadelsüchtig, krittelig (oss1/178)

Schule - Konstitution

GEMÜT - Eigensinnig, starrköpfig, dickköpfig (oss1/41)

Spielen

GEMÜT - Spielen - Unfähigkeit zu spielen (oss1/166)

Nonverbales - Aggressivität

GEMÜT - Diktatorisch (oss1/39)

Nonverbales - Allgemeines

GEMÜT - Eigensinnig, starrköpfig, dickköpfig (oss1/41)

Borax veneta

borx.

Die Anwesenheit von Natrium verleiht diesem Mittel einige *Merkmale, die es mit den Natrium-Mitteln teilt*, wie die Neigung zu *herpetischen Ausschlägen* und einem *ausgeprägte Empfindlichkeit des Gemüts.* Jedoch sind sie gewöhnlich eher praktische Menschen als kultivierte. Sie spüren die Kälte, aber auch die Hitze verursacht Verschlimmerung, ähnlich Natrium carbonicum.

Sie sind *leicht zu beeindrucken*, leben in einem Zustand großer Unruhe und ängstigen sich ohne Grund. Sie schrecken bei *plötzlichen Geräuschen, Gewitter* oder schlechten Nachrichten auf.

Übermäßig viel Bewegung während des Tages oder übermäßige Erregung am Abend, was Pavor nocturnus hervorrufen kann. Schreie und Weinen im Schlaf sind typisch für das Mittel. Sie erwachen durch Alpträume ängstlich und erschreckt und klammern sich an die Mutter. In manchen Fällen sind die Schreie bei den Nachbarn zu hören. Schreie im Schlaf sind verbunden mit konvulsivischen Bewegungen der Hände. Sie weinen die ganze Nacht bis 4 Uhr nachts und am nächsten Morgen sind sie quengelig.

Die große Reizbarkeit führt oft zu heftigen Krisen mit Schreien und Treten, aber erstaunlicherweise werden sie ein paar Minuten später wieder lieb und lächeln.

Ein bekannter Aspekt des Mittels, besonders in der Kinderheilkunde, betrifft die *Panik, die durch Abwärtsbewegungen verursacht wird:* werden sie beispielsweise in die Wiege gelegt, so schreien die Neugeborenen und klammern sich an die Mutter oder sie heben die Hände als Zeichen der Angst. *Nützlich bei Angst hinzufallen, sie mögen es nicht, geschaukelt zu werden, auf ein Pferd zu klettern oder mit dem Karussell zu fahren.* In solchen Situationen bekommen sie derart Angst, daß sie keine Luft mehr bekommen.

Seekrankheit, Luftkrankheit und Reisekrankheit.

Der Kreislauf ist unregelmäßig; das Gesicht ist bläulich, besonders um Mund, Nase, Augen, Fingerspitzen und Zehen. Kinder, die Borax benötigen, sehen zeitweise erschöpft aus; sie bewegen sich, als würden sie ersticken. Blasses oder erdfahles Gesicht.

Auch die Entwicklung von Borax kann problematisch sein: *Schwierige Zahnung mit Diarrhoe; langsames Sprechenlernen* und Verständnisprobleme auf Grund der ausgeprägten Tendenz zu Trägheit. Sie sind immer faul und wechseln die ganze Zeit ihre Beschäftigungen und Spiele. Geistige Beschäftigung und Konzentration können Übelkeit hervorrufen.

Ein weiterer wichtiger Anwendungsbereich des Mittels betrifft die Haut und die Schleimhäute. Besonders *Aphthen,* die die Säuglinge hauptsächlich um den Anus, an der Nase und im Mund befallen. Diejenigen, die den Mund betreffen, sind so blutig und schmerzhaft, daß der Säugling weder an der Mutterbrust saugen noch irgendetwas essen kann. Mundsoor mit übermäßigem Speichelfluß; Aphthen im gesamten Verdauungskanal.

Herpetische Ausschläge mit dem typischen blasigen Aussehen erscheinen nicht nur im Bereich der *Lippen*, sondern auch am *Gesäß* und am ganzen Körper.

Zu weiteren Hauterkrankungen gehören: Psoriasis, Erysipel (hauptsächlich im Gesicht), rote Papeln an Wangen und Kinn. Exkoriationen und Läsionen infizieren sich schnell, eitern und führen zu Ulzeration. Die allgemeine Tendenz zu Entzündung der Schleimhäute betrifft die Hauptatemwege. Kinder, die Borax benötigen, sind so leicht zu beeindrucken, daß sie sich vor dem Niesen oder einem kratzigen Hals fürchten.

Mehr als andere Bereiche kann der Verdauungsapparat von solchen Erkrankungen angegriffen werden, die die Gesundheit des Kindes ernsthaft untergraben können. Sie leiden an plötzlichen Anfällen von Erbrechen und Diarrhoe. Intensiver Durst, aber der Patient übergibt sich bald nach dem Trinken.

Enteritis kann alle ein, zwei Stunden zu Diarrhoe führen. Der Stuhl ist übelriechend, gelblichgrün, weich und kann schmerzhaft oder schmerzlos sein, aber das Kind weint in jedem Falle. Vor dem Stuhlgang sind sie schlecht gelaunt, werden aber danach extrem glücklich. *Diarrhoe in Verbindung mit Mundsoor.*

Kolik mit Diarrhoe nach Essen von Obst.

Zu den sommerlichen Beschwerden, besonders bei Kindern unter einem Jahr, gehören Anfälle reichlicher Diarrhoe, gelegentliches Erbrechen, Abmagerung, Apathie, soporöser Schlaf und Appetitmangel.

Die Harnwege infizieren sich leicht, so daß sie häufig urinieren müssen, besonders nachts. Typischerweise schreien sie vor dem Urinieren, wenn der Harndrang einsetzt, denn sie wissen, daß es wehtun wird. Es mag sein, daß keine eindeutige Infektion der Harnwege nachweisbar ist, aber die Symptome sind vorhanden und das Kind kann erhöhte Temperatur haben und der Urin hat einen strengen Geruch und es ist Harngrieß vorhanden (normalerweise ein roter Satz in der Windel).

Beim Fieber sind Kopf, Mund und Handflächen heiß; aus dem Mund strömt starke Hitze zur Brustwarze der Mutter. Nach ein paar Schlucken wollen sie nicht weiter saugen, weinen und weisen die Brust zurück. Manchmal liegt dies an Trockenheit des Gaumens, der ausgetrocknet ist, als sei er verbrannt. Zu anderen Zeiten ist diese Verweigerung mit einem Ekel vor der schlecht schmeckenden Milch verbunden.

Wenn die Mutter auch Borax benötigt, wird man den typischen Schmerz in der anderen Brust vorfinden, während der Säugling trinkt. Am Ende wird die Mutter ein Leeregefühl in der Brust empfinden und die Schmerzen fühlen sich wie ein Stechen oder Reißen an und sie wird spontan die schmerzhafte Brust drücken.

Früher wurde Natriumborat von Familien benutzt, um die Schmerzen beim Stillen zu lindern (als Lösung von Natriumborat und Honig zum Waschen). Hahnemann spricht von der Hausmittelpraxis in der eine Auflösung gegen Mundschwämmchen der Kinder und zur Beförderung der Wehen angewendet wurde.

Klinisches: Zystitis. Aphthen. Mundsoor. Herpes simplex. Herpes zoster. Erysipel. Psoriasis. Zahnung. Absonderung aus dem Ohr. Diarrhoe. Seekrankheit.

Wirkungsbereich: Mund. Haut. Nieren. Blase. Ernährung.

* * *

Krankengeschichte; familiäre und persönliche

ALLGEMEINES - Krankengeschichte von; persönliche - Geburtstrauma (mtf33/1909)

- Krankengeschichte von; persönliche - Zystitis; von wiederkehrenden - Kindern; bei (lmj/1910)

Entwicklung - langsam

GEMÜT - Sprechen - langsam; lernt (k2*/168)

ALLGEMEINES - Entwicklung - Entwicklungsstillstand (k2/1872)

Zahnung - Lokalsymptome

ZÄHNE - Zahnung - schwierig - begleitet von - Speichelfluß (bro1/718)

Zahnung - Magendarmsymptome

REKTUM - *Diarrhoe - Zahnung; während* (*/957)

Zahnung - Allgemeines

ZÄHNE - **Zahnung - schwierig** (b4a/718)

SCHLAF - Schlaflosigkeit - Zahnung; während der (bg2*/1694)

FIEBER - Zahnung; während der (bg2/1781)

Stillen - Gemütssymptome

GEMÜT - *Essen - weigert sich zu* (kr1*/53)
- Gestillt zu werden - Abneigung - Befeuchten des Mundes amel. (tl1/99)
- Schreien - Kindern, bei - gestillt werden; wenn sie (st*/157)

Stillen - Milch

MAGEN - Erbrochenen; Art des - Milch (bg1/798)

ALLGEMEINES - Speisen und Getränke - Milch - Abneigung (hr1/2000)
- *Speisen und Getränke - Milch - Abneigung - Muttermilch* (lmj/2001)
  » *Milch - Abneigung - Muttermilch - Kind verweigert die; das* (*/2001)
  » Milch - Verlangen (*/2001)

Stillen - Magendarmsymptome - Appetit - vermindert

MAGEN - *Appetit - fehlend* (*/767)
- Appetit - fehlend - Durst - mit (k/768)
  » *fehlend - Hunger, mit* (b2/768)
  » schnelle Sättigung (b4a/770)
  » vermindert (k/772)

Stillen - Magendarmsymptome - Appetit - vermehrt

MAGEN - Appetit - Genuß, ohne (k/769)
- Appetit - vermehrt (b2/770)

Stillen - Magendarmsymptome - Schluckauf

MAGEN - Schluckauf - Essen - nach - agg. (*/810)
- Schluckauf - Kindern; bei (st1/810)
  » Stillen des Kindes; agg. nach (sne/811)

Stillen - Magendarmsymptome - Abdomen - agg. durch

ABDOMEN - *Schmerz - Kindern; bei - Säuglingen; bei - krampfartig* (sne/888)

Stillen - Magendarmsymptome - Abdomen - amel. durch

ABDOMEN - Schmerz - Beugen - vorne; nach - amel. - krampfartig (a1/882)

Stillen - Magendarmsymptome - Rektum

REKTUM - *Diarrhoe - Kindern, bei* (*/954)

Stillen - Allgemeines

MUND - Aphthen - Kindern, bei - Säuglingen; bei (mtf33/639)
- **Aphthen - Zunge - schmerzhaft - trinken; hindert den Säugling, an der Brust zu** (kr1*/640)
- Schmerz - Kindern; bei - Säuglingen; bei (^/674)
  » Kindern; bei - Säuglingen; bei - wund schmerzend (k2*/674)

SCHWEISS - Essen - beim - agg. (k/1786)
- Essen - nach - agg. (b4a/1786)

ALLGEMEINES - **Säuglinge** (kk2/1944)
- Speisen und Getränke - Fleisch - Verlangen - Kindern, bei (mtf33/1994)
  » Getränke - Abneigung - Kindern, bei (bg2/1995)

Infektionskrankheiten - Masern

HAUT - Hautausschläge - Masern (bg2/1817)

Konstitution - Angst und Furcht

GEMÜT - *Angst - Kinder - bei Kindern* (*/11)
- Erwartungsspannung - Lampenfieber (fry/53)
- **Furcht - Abwärtsbewegung, vor** (k1*/64)
  » Armut, vor (gt/65)
  » fallen, zu stürzen; zu - Kind hält sich an der Mutter fest; das (al/68)
  » *Geräusche, durch* (*/69)
  » *Gewitter; vor* (bg2*/70)
  » *Kindern, bei* (^/71)

Konstitution - Allgemeines

GEMÜT - Empfindlich - Kinder (j5/44)
- **Faulheit** (*/55)
- Furcht - Armut, vor (gt/65)
- **Milde** (*/130)
- Mürrisch - Kindern, bei (j5/132)
- *Stimmung, Laune - veränderlich* (k/171)
- Unternehmen; etwas - Vieles, hält aber bei nichts durch, bleibt nicht dabei; unternimmt (h2/193)
- *Unzufrieden* (*/194)
- Waschen - Abneigung dagegen, sich zu waschen, zu baden (sf1/243)
- *Weinen - Kindern; bei* (j5/246)
  » Kindern; bei - Säuglingen; bei (j5/246)

Familie; Beziehung zur - Liebe und Zuneigung

GEMÜT - Liebevoll, voller Zuneigung, herzlich (*/125)

Beziehung zu anderen - Aggressivität

GEMÜT - Streitsüchtig (k/173)

Beziehung zu anderen - Reaktion auf andere

GEMÜT - *Schüchternheit, Zaghaftigkeit* (*/158)
- Schüchternheit, Zaghaftigkeit - Kindern; bei (mtf33/158)

Beziehung zu anderen - allgemein

GEMÜT - *Argwöhnisch, mißtrauisch* (k/16)
• Beleidigt, leicht (*/20)
• Tadelsüchtig, krittelig (*/178)
• Tadelt andere (h2/179)

Schule - Anstrengung; geistige

KOPF - Schmerz - geistige Anstrengung - agg. (st/328)
• Schmerz - Lesen, beim - agg. (k/332)
» Stirn - Lesen agg. (k/389)

Schule - Konstitution

GEMÜT - Unternehmen; etwas - Vieles, hält aber bei nichts durch, bleibt nicht dabei; unternimmt (h2/193)

Spielen

GEMÜT - *Tanzen - agg. - Kind, das von jemand getragen wird, der tanzt; bei einem* (a1*/179)

Nonverbales - Aggressivität

GEMÜT - Reizbarkeit, Gereiztheit - Kindern, bei (k/145)
• Stoßen, treten, austreten (^/172)
» Kindern; bei (mtf33/172)

Nonverbales - Gesten, Gebärden

GEMÜT - **Auffahren, Zusammenfahren - Geräusche; durch** (*/17)
• Klammert sich an - Kindern; bei - Mutter; das Kind klammert sich an die (^/115)
» Personen oder Möbel; an (h2/115)

Nonverbales - Allgemeines

GEMÜT - Angst - Kinder - bei Kindern - gehoben; wenn aus der Wiege (k2/11)
• **Klammert sich an - Kindern; bei - erwacht in Panik, erkennt niemanden, klammert sich an die Umstehenden; das Kind** (st*/115)
• Ruhelosigkeit - Kindern, bei (k/151)
• **Schreien - Kindern, bei** (*/157)
• Stöhnen - Kindern, bei (kr1*/172)

Nonverbales - Konsultation; bei der

AUGE - Entzündung - Kindern; bei - Kleinkindern; bei (k/429)

OHR - Absonderungen - chronisch (bg2/497)
• Absonderungen - dick (hr1/497)
» *eitrig* (*/497)
» schleimig (b2/498)
» stinkend (bro1/498)
» übelriechend (bg2/498)
» wundfressend (bro1/498)
• Eiterung (b4a/500)
» Mittelohr (bro1/500)
• Entzündung (k/500)
» äußere Ohren (bg2/500)
» äußere Ohren - chronisch (mtf11/500)
» Gehörgang (*/500)
» *Mittelohr* (k/501)

MUND - **Aphthen** (*/639)
• **Aphthen - blutend - leicht** (k/639)
» **Kindern, bei** (*/639)
» Kindern, bei - Kleinkindern, bei (mp1/639)
» Kindern, bei - Säuglingen; bei (mtf33/639)
» *weiß* (*/640)
» erstreckt sich zu - Darmtrakt; durch den (mrr1/640)
» Gaumen (b4a/640)
» **Zunge** (*/640)
» **Zunge - blutend** (k/640)
» **Zunge - empfindlich** (k/640)
• *Eiterung - Zahnfleisch* (bg2/643)
• Landkartenzunge (b2/668)
• **Rissig - Zunge - begleitet von - Aphthen** (kr1*/670)
• **Schwämmchen** (hr1*/681)
• Stomatitis ulcerosa, Stomakaze (*/689)

INNERER HALS - Aphthen (k2/721)

ÄUSSERER HALS - Schwellung - Halsdrüsen (b4a/760)

URIN - Zylinder; enthält - Kindern, Kleinkindern; bei (h2/1056)

EXTREMITÄTEN - Nägel; Beschwerden der - Abblättern der Nägel (kr1/1664)
• Nägel; Beschwerden der - Abfallen der Nägel (bg2*/1664)

HAUT - *Erysipel* (*/1798)
• *Intertrigo* (*/1825)

Nonverbales - Äußerliches - Beobachtungen des Arztes

AUGE - Verklebt (b4a/472)

OHR - Bohren mit den Fingern darin (b4a/500)

NASE - Bohren mit den Fingern in der Nase (bg2/546)

GESICHT - Ausdruck - alt aussehend (bg2/580)
• Farbe - blaß - Kindern; bei (mtf33/586)
• Gerunzelt (bro1/594)
• Rissig - Lippen - Unterlippe (bg2/613)

ATMUNG - Beschleunigt (*/1174)

HUSTEN - *Halten, Festhalten - Brust mit beiden Händen halten; muß beim Husten die* (*/1193)

ALLGEMEINES - Aussehen - hell, blond (k/1855)
• Zwergwuchs (st/2035)
• *Zyanose - Kindern; bei - Kleinkindern; bei* (*/2035)

Nonverbales - Äußerliches - Beobachtungen der Eltern

AUGE - Verklebt - morgens (k/472)

NASE - *Schneuzen der Nase - Neigung, sich zu schneuzen; ständige* (*/568)

ZÄHNE - Zähneknirschen (bg2/718)

MAGEN - Brechreiz, Würgen (k2/784)
• Schluckauf (*/809)
» Essen - nach - agg. (*/810)
» Kindern; bei (st1/810)
• *Völlegefühl - Essen - nach - agg.* (*/845)
ABDOMEN - Schmerz - Beugen - vorne; nach - amel. - krampfartig (a1/882)
• *Schmerz - Kindern; bei - Säuglingen; bei - krampfartig* (sne/888)
» *Zusammenkrümmen - amel.* (*/897)
» Zusammenkrümmen - muß sich zusammenkrümmen (k/897)
REKTUM - Unwillkürlicher Stuhl (h2/984)
STUHL - Schafskot, wie (*/997)
• Unverdaut (*/999)
BLASE - *Urinieren - Dysurie - Kindern, bei* (bro1/1012)
• **Urinieren - Dysurie - schmerzhaft - weinen bevor der Urin zu fließen beginnt; Kinder** (*/1012)
» *Harndrang - häufig - Kinder und Säuglinge schreien bevor der Urin abgeht* (k/1014)
» Harndrang - plötzlich - beeilen um zu urinieren, sonst geht Urin ab; muß sich (*/1015)
» **Harndrang - schmerzhaft - Kindern; bei - weinen; sie** (k/1015)
URIN - Brennend, heiß - Kindern; bei (h2*/1045)
SCHWEISS - Essen - beim - agg. (k/1786)
• Essen - nach - agg. (b4a/1786)

Nacht; Beobachtungen in der - Gemütssymptome

GEMÜT - **Angst - nachts - Kindern; bei** (st*/7)
• Furcht - nachts - Kindern; bei (ckh1/64)
» *Kindern, bei - nachts* (st/71)
• **Gesten, Gebärden; macht - Hände; unwillkürliche Bewegungen der - Greifen - Mutter im Schlaf; nach der** (a1/98)
• Schreien - Kindern, bei - Erwachen, beim (hr1*/157)
» Kindern, bei - Schlaf, im (h2*/157)
» Kindern, bei - Schlaf, im - Träume; durch beunruhigende (mrr1/157)
• *Weinen - Kindern; bei - nachts* (kr1/246)
» Wimmern, Winseln - Schlaf, im (mtf33/248)

Nacht; Beobachtungen in der - körperliche Symptome

BLASE - Urinieren - unwillkürlich - nachts (b2/1019)

Nacht; Beobachtungen in der - Schlaf

SCHLAF - *Erwachen - häufig - Kindern; bei - Neugeborenen; bei* (kr1/1673)
• **Erwachen - Schreck, wie durch** (*/1675)
• Schlaflosigkeit - Kindern, bei (bg2/1691)
• Schläfrigkeit - Kindern, bei (j5/1699)
• Unterbrochen - Kindern, bei (j5/1704)
• *Verlängert - Kindern, bei* (j5/1705)
TRÄUME - Alpträume, Alpdrücken - Kindern, bei (k2*/1707)

Nacht; Beobachtungen in der - Schlaf; Lage im

SCHLAF - Lage - Seite, auf der (*/1683)
• Lage - Seite, auf der - linken Seite, auf der (*/1683)
» *Seite, auf der - rechten Seite, auf der - unmöglich* (*/1683)
» Sitzen (b2/1683)

Schaukeln und Getragenwerden

GEMÜT - **Angst - Kinder - bei Kindern - Schaukeln, beim** (j5/11)
• **Angst - Schaukeln, beim** (kr1*/12)
• *Furcht - getragen zu werden; Furcht davor* (bro1/70)
• Getragen - Verlangen getragen zu werden (bg2*/99)
• Klammert sich an - Kindern; bei - Klammert sich an die Krankenschwester, wenn es getragen wird; das Kind (k1/115)
• *Schaukeln - agg.* (b4a/153)
• *Tanzen - agg. - Kind, das von jemand getragen wird, der tanzt; bei einem* (a1*/179)
SCHWINDEL - Klammert sich an die Krankenschwester, wenn es getragen wird; das Kind (k/268)
• Schaukeln - durch (k/269)

Autos und Schiffe

GEMÜT - *Furcht - Fahren im Wagen; beim* (*/68)
MAGEN - Erbrechen - Fahren im Wagen agg. (bro1/792)
• Übelkeit - Fahren - Wagen; im - agg. (*/836)
» Seekrankheit (c2/839)
ABDOMEN - Schmerz - Milz - Fahren im Wagen agg. (k/920)
ALLGEMEINES - **Fahren - Wagen bergab; mit dem - agg.** (*/1877)
• *Fahren - Wagen; mit dem - agg.* (*/1877)

Psychosomatische Störungen

ATMUNG - Angehalten, versetzt, unterbrochen - Kindern; bei - hochgehoben werden; wenn sie (ptk1/1159)

Körperliche Symptome und Erkrankungen

KOPF - Entzündung - Gehirn - begleitet von - Schlaf; tiefer (k/284)
MUND - Schmerz - Kindern; bei - Säuglingen; bei (^/674)
ZÄHNE - **Karies, faule, hohle Zähne** (*/700)
MAGEN - *Würgen - Husten, mit* (k/846)
REKTUM - Diarrhoe - Schokolade, nach (k/955)
NIEREN - Entzündung (mtf33/1023)
ALLGEMEINES - Abmagerung - Kindern; bei (k2*/1845)

• Abmagerung - Kindern; bei - Kleinkindern; bei (ptk1*/1845)
» Kindern; bei - Neugeborenen; bei (mtf33/1845)
• **Kindern; Beschwerden von** (*/1897)
• Konvulsionen - Kindern, bei (c1/1905)

Würmer

REKTUM - Würmer - Beschwerden durch Würmer (b2/985)
• Würmer - Beschwerden durch Würmer - Spulwürmer (b2/986)

Borium purum

bor-pur.

Konstitution - Angst und Furcht

GEMÜT - *Furcht - Abwärtsbewegung, vor* (stj2/64)
• Furcht - Geräusche, durch (stj2/69)
» Versagen, Mißerfolg; vor dem (stj2/79)

Konstitution - Allgemeines

GEMÜT - Selbstvertrauen - Mangel an Selbstvertrauen (^/161)
• Selbstvertrauen - Mangel an Selbstvertrauen - Unterstützung, Zuwendung; möchte (stj2/161)
• Weinen - amel. (stj2/245)

Beziehung zu anderen - Reaktion auf andere

GEMÜT - Schüchternheit, Zaghaftigkeit (stj2/158)

Schule - Angst

GEMÜT - Furcht - Versagen, Mißerfolg; vor dem (stj2/79)
• Selbstvertrauen - Mangel an Selbstvertrauen (^/161)

Schule - Konstitution

GEMÜT - Selbstvertrauen - Mangel an Selbstvertrauen (^/161)

Nonverbales - Reaktion auf andere

GEMÜT - Furcht - Fremden; vor (stj2/68)

Nacht; Beobachtungen in der - Gemütssymptome

GEMÜT - Sprechen - Schlaf; im (stj2/169)

Bovista lycoperdon

bov.

Einige charakteristische Aspekte sind während des Arztbesuchs zu beobachten: aufgesprungene Lippen und Risse sowohl an Lippen wie Mundwinkeln. Das Kind hat oft den Finger in der Nase und knirscht manchmal mit den Zähnen.

In der Schule sind sie oft geistesabwesend. In seinem Repertorium führt Murphy Bovista in der Rubrik „Konzentration, schwierig - kann die Aufmerksamkeit nicht auf etwas fixieren." Sie machen Fehler beim Schreiben, besonders indem sie Silben auslassen oder falsche Worte benutzen. Sie starren, in Gedanken verloren.

Spontane, schnell handelnde, aktive Kinder. Lebhaft in Gesellschaft; traurig und an nichts interessiert, wenn sie allein sind. Offenherzig sagen sie die reine Wahrheit; redselig und ohne Zurückhaltung in Gesprächen.

Diese Kinder sind *extrem unbeholfen in Handlungen und beim Sprechen;* nützlich bei stotternden Kindern mit chronischer Diarrhoe; diese Ungeschicklichkeit zeigt sich in der ständigen Tendenz, etwas fallen zu lassen.

Gefühl, als sei ein Teil des Körpers vergrößert, Ausdehnungsgefühl; Gefühl der Vergrößerung des Kopfes; Wangen und Lippen wie geschwollen; Auftreibung durch Blähungen mit Unverträglichkeit von Kleidung um die Taille.

Oft haben sie einen herzhaften Appetit, der dazu tendiert, unmittelbar nach dem Essen zuzunehmen. Sie haben oft Schluckauf. Manchmal leiden sie an *Säuglingskolik,* die durch Druck oder Zusammenkrümmen besser wird.

All ihre Beschwerden, besonders die des Bauches, können durch Essen gebessert werden, jedoch fühlen sie sich nach dem Essen schwer.

Tendenz zu Blutungen: Nasenbluten am Morgen und beim Niesen; Zahnfleischbluten beim Saugen am Zahnfleisch; Blutungen nach Zahnextraktion.

Ausgeprägte Wirkung auf die Haut: Ekzem mit dicken Krusten, an den Handrücken und um die Nasenlöcher und Mundwinkel. Gelbsucht Neugeborener.

Margaret Tyler schlägt Bovista für Patienten vor, die an Gelenkschmerzen leiden oder für solche mit Tuberkulose in der Familiengeschichte.

Nach Ausschlagserkrankungen, besonders Masern und Scharlach, kommt es zu Otorrhoe, mit gewöhnlich gelblichem, wundfressendem und übelriechendem Ausfluß; auch das Ohrenschmalz riecht schlecht.

Fröstelnde Kinder, die empfindlich gegen Kälte sind; sie frieren während der Schmerzen.

Klinisches: Stottern. Diabetes. Blutungen. Kopfschmerzen. Herzleiden. Gelbsucht. Gelenkbeschwerden. Zysten. Ekzem. Urtikaria. Warzen.

Wirkungsbereich: Haut. Kreislauf. Herz. Uterus. Nieren.

* * *

Krankengeschichte; familiäre und persönliche

EXTREMITÄTEN - Schmerz - Gelenke - Tuberkulose in der Familiengeschichte; bei (tl1/1541)

ALLGEMEINES - Krankengeschichte von; persönliche - Tuberkulose, von (tl1/1910)

Entwicklung - langsam

GEMÜT - Entwicklung; kindliche - Entwicklungsstillstand (mtf/47)

Stillen - Milch

ALLGEMEINES - Speisen und Getränke - Milch - Abneigung (bg2*/2000)
- Speisen und Getränke - Milch - Verlangen (*/2001)

Stillen - Magendarmsymptome - Appetit - vermindert

MAGEN - *Appetit - fehlend* (*/767)

Stillen - Magendarmsymptome - Appetit - vermehrt

MAGEN - Appetit - Heißhunger (*/769)
- Appetit - Heißhunger - Essen - nach dem Essen - bald danach (k/770)
  » vermehrt (*/770)
  » vermehrt - Essen - nach (*/772)

Stillen - Magendarmsymptome - Aufstoßen - Wasser; Hochsteigen von

MAGEN - Aufstoßens; Art des - Wasser in den Mund; Hochsteigen von (*/781)

Stillen - Magendarmsymptome - Schluckauf

MAGEN - Schluckauf - Essen - nach - agg. (*/810)
- Schluckauf - Essen - vor - agg. (k/810)
  » Mittagessen - nach - agg. (*/811)

Stillen - Magendarmsymptome - Abdomen - agg. durch

ABDOMEN - Schmerz - Kindern; bei - Säuglingen; bei - krampfartig (ggd/888)

Stillen - Magendarmsymptome - Abdomen - amel. durch

ABDOMEN - Schmerz - Druck - amel. (k/883)
- Schmerz - Zusammenkrümmen - amel. - krampfartig (bro1/897)

Infektionskrankheiten - Masern

OHR - *Absonderungen - Masern, nach* (k/498)

Infektionskrankheiten - Scharlach

OHR - *Absonderungen - Scharlach, nach* (k/498)

Konstitution - Angst und Furcht

GEMÜT - Furcht - allein zu sein (j/64)
- Furcht - Nadeln, vor (ptk1/73)
- *Mutig* (b2/133)

Konstitution - Allgemeines

GEMÜT - Ehrgeiz - erhöht, vermehrt, sehr ehrgeizig (j*/40)
- Faulheit (b4/55)
- Milde (*/130)
- Stimmung, Laune - veränderlich (*/171)
- Unaufmerksam (bg2/189)
- Unzufrieden (*/194)

Beziehung zu anderen - Aggressivität

GEMÜT - Schlagen (k/154)
- *Streitsüchtig* (*/173)

Beziehung zu anderen - Reaktion auf andere

GEMÜT - Gesellschaft - Abneigung gegen (bg2/94)
- Gesellschaft - Verlangen nach (*/95)
  » Verlangen nach - allein; agg. wenn (*/96)

Beziehung zu anderen - allgemein

GEMÜT - *Beleidigt, leicht* (*/20)
- Geheimnistuerisch, verschlossen (bg2/87)

Schule - Konzentration

GEMÜT - Unaufmerksam (bg2/189)

Schule - Lernen - Schreiben

GEMÜT - Fehler; macht - Schreiben, beim (*/57)
- Fehler; macht - Schreiben, beim - falsch - Worte (kr1/57)
  » Schreiben, beim - läßt etwas aus - Silben (k/57)

Schule - Anstrengung; geistige

KOPF - Schmerz - Lesen, beim - agg. (*/332)
- Schmerz - Stirn - Lesen agg. (k/389)

Schule - Beziehung zu anderen

MUND - *Sprache - stotternd* (*/688)
- Sprache - stotternd - Kindern; bei (br1*/688)

Nonverbales - Gesten, Gebärden

GEMÜT - Launenhaftigkeit, launisch (j5/123)
- Ungeschicklichkeit (b4/192)

Nonverbales - Konsultation; bei der

KOPF - Empfindlichkeit - Kopfhaut, der - Berührung, gegen (bro1/284)

OHR - *Absonderungen - eitrig* (*/497)
- Absonderungen - gelb (lp/497)
  » schleimig (bg2*/498)
  » *stinkend* (*/498)
  » *übelriechend* (*/498)
  » **wundfressend** (lp/498)
- **Eiterung - Mittelohr** (lp*/500)
- Entzündung (k/500)
  » Gehörgang (k/500)
- Ohrschmalz - faulig (bg2/516)

GESICHT - Schwellung - Unterkieferdrüsen (*/631)

MUND - Aphthen - Zunge - Ränder (hr1*/640)
ÄUSSERER HALS - Schwellung - Halsdrüsen (*/760)
ABDOMEN - Schmerz - Druck - amel. (k/883)
HAUT - *Farbe - gelb - Neugeborenen, bei* (*/1800)

Nonverbales - Äußerliches - Beobachtungen des Arztes

AUGE - Verklebt (b4/472)
NASE - Bohren mit den Fingern in der Nase (bg2/546)
GESICHT - Aufgesprungen - Lippen (*/579)
• Hautausschläge - Akne (bro1*/595)
• *Rissig - Lippen* (*/613)
» Mundwinkel (bro1/614)
• Venen, erweiterte (bg2/634)
ATMUNG - Beschleunigt (b2/1174)

Nonverbales - Äußerliches - Beobachtungen der Eltern

AUGE - Verklebt - morgens (*/472)
NASE - Schneuzen der Nase - Neigung, sich zu schneuzen; ständige (k/568)
ZÄHNE - Zähneknirschen (bg2/718)
MAGEN - Gluckern; Gurgeln (*/802)
• Gluckern; Gurgeln - morgens (*/803)
» Essen, beim (*/803)
• Schluckauf (*/809)
» Essen - nach - agg. (*/810)
» Essen - vor - agg. (k/810)
» Mittagessen - nach - agg. (*/811)
ABDOMEN - Schmerz - Kindern; bei - Säuglingen; bei - krampfartig (ggd/888)
• Schmerz - Zusammenkrümmen - amel. (^/897)
» Zusammenkrümmen - amel. - krampfartig (bro1/897)
» Zusammenkrümmen - muß sich zusammenkrümmen (k/897)

Nacht; Beobachtungen in der - Gemütssymptome

GEMÜT - Furcht - Erwachen; beim - Traum; aus einem (k/67)

Nacht; Beobachtungen in der - körperliche Symptome

KOPF - Schweiß der Kopfhaut - nachts (k/403)

Nacht; Beobachtungen in der - Schlaf

SCHLAF - Erwachen - Schreck, wie durch (j5/1675)

Körperliche Symptome und Erkrankungen

ZÄHNE - *Karies, faule, hohle Zähne* (*/700)

Chirurgisch pathologische Zustände

OHR - Abszeß (bg2/498)

Brachyglottis repens

brach.

Stillen - Magendarmsymptome - Appetit - vermindert

MAGEN - Appetit - fehlend (k/767)

Familie; Beziehung zur - Aggressivität

GEMÜT - Beschwerden durch - Bevormundung - Vater; durch den (stj/22)

Nonverbales - Konsultation; bei der

OHR - Entzündung - Gehörgang (bro1/500)

Nonverbales - Äußerliches - Beobachtungen des Arztes

RÜCKEN - Opisthotonus (*/1325)

Nonverbales - Äußerliches - Beobachtungen der Eltern

STUHL - Kugeln, wie (k/996)

Nacht; Beobachtungen in der - Gemütssymptome

GEMÜT - Sprechen - Schlaf; im (a1*/169)

Körperliche Symptome und Erkrankungen

NIEREN - *Entzündung* (br1/1023)

Bromium

brom.

Es eignet sich für fette, *warmblütige*, blauäugige, hellhäutige Menschen, besonders für Kinder mit dünner, weißer, zarter Haut und sehr hellen Haaren und Augenbrauen.

Verhärtung von Drüsen, besonders der *Parotis;* Neigung zu Eiterung mit wundfressenden Absonderungen und Härte der Drüse um die Öffnung herum und sehr viel Hitze in der Drüse. Vergrößerung der Schilddrüse bei Kindern; Schwellung und Verhärtung von Hoden, Mammae, Unterkieferdrüsen usw., gewöhnlich ohne Eiterung.

Linksseitige Beschwerden.

Sommerliche Erkältungen. *Beschwerden nach Überhitzung und anschließender schneller Abkühlung.*

Fließschnupfen mit häufigem, heftigem Niesen; beißende Wundheit unter der Nase und an den Rändern der Nase. Fließschnupfen mit schorfigen Nasenlöchern. Nach jedem Versuch, sich die Nase zu schneuzen, folgt eine Absonderung von Krusten und Blut.

Trockener, krampfhafter Husten, schlimmer durch Sprechen, wenn müde, in heißen Zimmern, was unerträgliches Kribbeln und Beißen im Kehlkopf hervorruft. Mit rasselnder Atmung; Kitzeln in der Luftröhre beim Einatmen (Aconitum hat dies beim Ausatmen); rauher, bellender Husten, durch Kitzeln im Hals, mit kurzem und hastigem Atem; viel Rasseln im Kehlkopf beim Einatmen und noch mehr beim Husten; *Kältegefühl im Kehlkopf;* Gefühl, als seien die Luftwege voller Rauch; auf Grund der offensichtlich großen Ansammlung von Schleim im Kehlkopf scheint Ersticken zu drohen; Verschlimmerung in der ersten Hälfte der Nacht; besser nach Mitternacht; das Kind gähnt oft und ist schläfrig; wacht auf und schnappt nach Luft, was durch einen Schluck Wasser besser wird.

Einige Tage lang heiser, abends fast stimmlos.

Atemprobleme als Folgekrankheit von Masern; schnappt nach Luft, mit Pfeifen und Rasseln im Kehlkopf. Das Kind erwacht, schnappt nach Luft, ist heiser und schreit nach Wasser, was lindert.

Bromium ist Pulsatilla sehr ähnlich; beide haben *Reaktionen auf Hitze* und Aufenthalt in der Sonne verursacht allergische Reaktionen.

Klinisches: Asthma. Husten. Krupp. Tonsillitis. Drüsenvergrößerung. Herzerkrankungen. Verhärtung der Hoden.

Wirkungsbereich: Drüsen. Parotis. Schilddrüse. Kehlkopf. Atmung. Herz.

* * *

Krankengeschichte; familiäre und persönliche

ALLGEMEINES - Familiengeschichte von - Krebs (cda1*/1878)
- *Krankengeschichte von; persönliche - Laryngitis; von wiederkehrender* (k/1910)

Stillen - Milch

KOPF - Hautausschläge - Milchschorf (bg2/290)
- Schmerz - Trinken - nach - Milch; von (k/341)
  - » *Seiten - Milch agg.* (*/378)

HUSTEN - Milch agg. (*/1202)

ALLGEMEINES - Speisen und Getränke - Milch - Abneigung (stj1*/2000)
- Speisen und Getränke - Milch - agg. (*/2001)

Stillen - Magendarmsymptome - Appetit - vermindert

MAGEN - *Appetit - fehlend* (b4a/767)
- Appetit - vermindert (*/772)

Stillen - Magendarmsymptome - Abdomen - amel. durch

ABDOMEN - Schmerz - Druck - amel. (k/883)

Infektionskrankheiten - Masern

ATMUNG - Asthma, asthmatische Atmung - Masern, nach (*/1163)

Infektionskrankheiten - Mumps

GESICHT - *Entzündung - Parotis* (bg2/584)
- **Entzündung - Parotis - links** (*/584)
  - » **Parotis - Eiterung; mit** (*/584)
  - » Parotis - Mumps (br1*/584)
- Hitze - Parotis (k/608)
- **Schwellung - Parotis** (*/631)
  - » **Parotis - links** (*/631)
  - » **Parotis - hart** (k/631)
  - » **Parotis - Hautausschlag; nach** (k/631)
- Verhärtungen - Parotis (*/634)

Infektionskrankheiten - Scharlach

OHR - Absonderungen - Scharlach, nach (k/498)

INNERER HALS - Entzündung - Scharlach; bei (bro1/724)

Infektionskrankheiten - Keuchhusten

KEHLKOPF UND TRACHEA - **Krupp - Keuchhusten, bei** (k/1145)

ATMUNG - *Pfeifend - Keuchhusten, bei* (*/1178)

HUSTEN - *Keuchhusten* (*/1197)
- **Keuchhusten - Krupp, Symptome von** (kr1/1198)

ALLGEMEINES - *Konvulsionen - Husten - Keuchhusten, bei* (hr1*/1904)

Konstitution - Angst und Furcht

GEMÜT - Furcht - allein zu sein (*/64)
- Furcht - Gespenstern; vor (*/70)
  - » hochgelegenen Orten; vor (stj1/71)
  - » Versagen, Mißerfolg; vor dem (stj2/79)
  - » Wasser, vor (stj1*/79)
- Vorsichtig (mtf33/205)

Konstitution - Allgemeines

GEMÜT - Entmutigt (hr1*/46)
- Faulheit (*/55)
- Unzufrieden (*/194)
  - » Kinder (mtf33/194)

Beziehung zu anderen - Aggressivität

GEMÜT - *Streitsüchtig* (*/173)

Beziehung zu anderen - Reaktion auf andere

GEMÜT - Gesellschaft - Abneigung gegen (^/94)
- Gesellschaft - Verlangen nach (*/95)
  - » Verlangen nach - allein; agg. wenn (k/96)
- *Untröstlich* (hr1*/193)
  - » Kindern; bei (mtf33/193)
- Weinen - anblickt; wenn man ihn (mtf33/245)
- Widerspenstig (j/249)

Beziehung zu anderen - allgemein

GEMÜT - *Tadelsüchtig, krittelig* (gl1/178)

Schule - Angst

GEMÜT - Furcht - Versagen, Mißerfolg; vor dem (stj2/79)

Schule - Konzentration

GEMÜT - Konzentration - schwierig - Kindern, bei (mtf33/117)
• Verwirrung; geistige - Schreiben, beim (*/203)

Schule - Lernen - Schreiben

GEMÜT - Fehler; macht - Schreiben, beim (mtf33/57)
• Verwirrung; geistige - Schreiben, beim (*/203)

Nonverbales - Aggressivität

GEMÜT - *Beißen* (^/20)

Nonverbales - Reaktion auf andere

GEMÜT - Angesehen, angeblickt zu werden - erträgt es nicht, angesehen zu werden (mtf33/5)
• Angesehen, angeblickt zu werden - erträgt es nicht, angesehen zu werden - Kindern; bei (mtf33/5)

Nonverbales - Gesten, Gebärden

GEMÜT - *Beißen - Nägel* (vh*/20)
• Beißen - Nägel - Kindern; bei (mtf33/20)
• Launenhaftigkeit, launisch (*/123)

Nonverbales - Allgemeines

GEMÜT - Schreien - Kindern, bei (^/157)

Nonverbales - Konsultation; bei der

KOPF - Hitze - Kälte - Extremitäten; mit Kälte der (a/293)

OHR - Entzündung (k2/500)

GESICHT - Schwellung - Sublingualdrüse (k2/631)
• **Schwellung - Unterkieferdrüsen** (*/631)
» **Unterkieferdrüsen - hart** (k/631)

MUND - Aphthen (*/639)

INNERER HALS - *Entzündung - Tonsillen* (bg2*/724)
• Schwellung - Tonsillen (*/747)

ÄUSSERER HALS - Schwellung - Halsdrüsen (a1*/760)
• Verhärtung von Drüsen (k2*/761)

ABDOMEN - Schmerz - Druck - amel. (k/883)

REKTUM - Hautausschläge - Perineum (k/964)

HAUT - *Hautausschläge - Herpes - ringförmig* (b4a/1815)
• *Hautausschläge - Molluscum* (bro1/1818)

Nonverbales - Äußerliches - Beobachtungen des Arztes

NASE - *Bewegung - Nasenflügel - Fächer; wie ein* (*/545)

GESICHT - Ausdruck - alt aussehend (k2/580)
• Farbe - blaß - Kindern; bei (mtf33/586)
• Gerunzelt - Stirn, Stirnrunzeln (*/594)
• Hautausschläge - Akne (dgt1*/595)

ATMUNG - *Beschleunigt* (*/1174)

ALLGEMEINES - Aussehen - dunkel (c1/1854)
• *Aussehen - hell, blond* (*/1855)
» **hell, blond - schlaffer Faser, mit** (c1/1855)
» hell, blond - Augen (c1*/1855)
• *Fettleibigkeit - Kindern, bei* (b4a/1879)

Nonverbales - Äußerliches - Beobachtungen der Eltern

MAGEN - Schluckauf (*/809)

STUHL - Schafskot, wie (*/997)

BLASE - Urinieren - Harndrang - plötzlich - beeilen um zu urinieren, sonst geht Urin ab; muß sich (k/1015)

ATMUNG - *Schnarchen* (*/1180)

Nacht; Beobachtungen in der - Gemütssymptome

GEMÜT - Furcht - Dunkelheit; vor der (*/66)
• Furcht - Dunkelheit; vor der - Kindern; bei (mtf33/66)
• Schlafwandeln (stj1*/154)

Nacht; Beobachtungen in der - körperliche Symptome

MUND - Offen - Schlaf; agg. im (*/669)

Schaukeln und Getragenwerden

GEMÜT - Getragen - Verlangen getragen zu werden (*/99)
• Getragen - Verlangen getragen zu werden - Krupp, bei (k/99)
» Verlangen getragen zu werden - schnell (*/99)

Autos und Schiffe

KOPF - Schmerz - Fahren - Wagen, im - amel. (k/326)

ABDOMEN - Schmerz - Leber - Fahren im Wagen agg. (k/913)

SCHLAF - Schläfrigkeit - Fahren - agg. (k/1698)

ALLGEMEINES - Fahren - Wagen; mit dem - amel. (k/1877)

Körperliche Symptome und Erkrankungen

MAGEN - Würgen - Husten, mit (*/846)

NIEREN - *Entzündung* (b4a/1023)

KEHLKOPF UND TRACHEA - *Laryngismus stridulus* (*/1145)

ALLGEMEINES - Abmagerung - Kindern; bei (mtf33/1845)
• Kindern; Beschwerden von (mtf33/1897)
» zarte, schwächliche, kränkliche Kinder (bg2*/1897)
• Schwäche - Kindern, bei (mtf33/1977)

Chirurgisch pathologische Zustände

OHR - Abszeß - hinter den Ohren (k2/498)

MÄNNLICHE GENITALIEN - Hochgezogen, an den Körper gezogen - Hoden (bro1/1068)

Brosimum gaudichaudi

bros-gau.

Stillen - Gemütssymptome

GEMÜT - Hast, Eile - Essen; beim (mrc1/105)

Stillen - Magendarmsymptome - Appetit - vermindert

MAGEN - Appetit - fehlend (mrc1/767)
• Appetit - vermindert (mrc1/772)

Stillen - Magendarmsymptome - Appetit - vermehrt

MAGEN - Appetit - vermehrt (mrc1/770)

Stillen - Magendarmsymptome - Aufstoßen - Speisen; von

MAGEN - Aufstoßens; Art des - Speisen; von (mrc1/780)

Stillen - Magendarmsymptome - Abdomen - amel. durch

ABDOMEN - Schmerz - Liegen - amel. (^/889)

Konstitution - Allgemeines

GEMÜT - Entmutigt (^/46)
• Faulheit (mrc1/55)
• Heimweh (mrc1/107)
• Pessimist (mrc1/136)
• Unaufmerksam (mrc1/189)

Familie; Beziehung zur - Liebe und Zuneigung

GEMÜT - Verlassen zu sein; Gefühl (mrc1/198)

Beziehung zu anderen - Aggressivität

GEMÜT - Zorn - Widerspruch, durch (mrc1/255)

Beziehung zu anderen - Reaktion auf andere

GEMÜT - Gesellschaft - Abneigung gegen (^/94)
• Widerspruch - verträgt keinen Widerspruch (mrc1/249)

Beziehung zu anderen - allgemein

GEMÜT - Tadelsüchtig, krittelig (mrc1/178)
• Tadelt sich selbst, macht sich Vorwürfe (mrc1/179)

Schule - Konzentration

GEMÜT - Konzentration - schwierig - Studieren (^/117)
• Unaufmerksam (mrc1/189)

Spielen

GEMÜT - Tanzen (mrc1/179)

Nonverbales - Allgemeines

GEMÜT - Hast, Eile - Essen; beim (mrc1/105)

Nonverbales - Konsultation; bei der

KOPF - Empfindlichkeit - Kopfhaut, der - Berührung, gegen (mrc1/284)
MUND - Aphthen (mrc1/639)

Nonverbales - Äußerliches - Beobachtungen des Arztes

KOPF - Schuppen (mrc1/402)
GESICHT - Hautausschläge - Akne (mrc1/595)

Nonverbales - Äußerliches - Beobachtungen der Eltern

AUGE - Verklebt - morgens (mrc1/472)
ABDOMEN - Schmerz - Liegen - amel. (^/889)
STUHL - Unverdaut (mrc1/999)
ATMUNG - Schnarchen (mrc1/1180)

Nacht; Beobachtungen in der - körperliche Symptome

MUND - Offen - Schlaf; agg. im (mrc1/669)

Autos und Schiffe

MAGEN - Übelkeit - Fahren - Wagen; im - agg. (mrc1/836)

Bryonia alba

bry.

Der typische Bryonia-Patient hat dunklen Teint und dunkles Haar.

Es ist eine Tendenz zu *schlechter Laune* vorhanden und Reizbarkeit ist der charakteristische Gemütszustand. Kinder wollen nicht getragen oder über die Schulter gehoben werden, wenn sie gesund sind, wollen aber bei Fieber getragen werden.

Materialistische Kinder. *Geld ist von Kindheit an sehr wichtig;* sie sind sehr selbstsüchtig und *lassen andere Kinder nicht mit ihrem Spielzeug spielen.*

Auf der körperlichen Ebene ist die Kopfhaut sehr empfindlich gegen Berührung. Das Kind erträgt selbst eine weiche Bürste nicht; öliger, fettiger, sauer riechender Schweiß am Kopf, nachts im Schlaf.

Obstipation auf Grund *extremer Trockenheit der Schleimhäute.* Kein Stuhldrang.

Man muß das Kind sehr ruhig halten, damit sich die Kolik und andere Beschwerden bessern. Der Stuhl ist dunkel, trocken und hart, wie verbrannt.

Nützlich bei Atembeschwerden mit *stechenden Schmerzen*, Hüsteln und Frostigkeit.

Fieber mit großer Trockenheit der Lippen; *übermäßiger Durst auf große Mengen Wasser, gewöhnlich in großen Abständen.* Der Mund ist normalerweise trocken; das Kind mag es nicht, die Brustwarze in den Mund zu nehmen, aber sobald der Mund befeuchtet ist, saugt der Säugling gut. Wenn das Fieber von Obstipation oder trockenem Stuhl begleitet ist, wird Bryonia wahrscheinlich das richtige Mittel sein. Das Kind hustet fast sofort nach dem

Essen und Trinken und erbricht das Gegessene, kehrt dann zum Tisch zurück und beendet die Mahlzeit, hustet und übergibt sich jedoch erneut. *Krampfhafter Husten* ausgelöst durch Kitzeln im Hals und im Epigastrium, morgens und tagsüber mit Auswurf fade schmeckenden Schleims, der anfangs schwer abzulösen ist; abends und nachts ohne Auswurf.

Stiche in Brust, Leber und Bauch; Wundheit der Rippen, wie zerschlagen; Husten wird beim Betreten eines warmen Zimmers schlechter. *Sie werden im Sommer schnell krank* wenn sie spielen, sich überhitzen und dann eiskaltes Wasser trinken oder sich schnell abkühlen.

Bei akuten Beschwerden sind sie reizbar und *wollen nicht gestört werden.* Die Reizbarkeit und Schwäche des Verstandes erscheint in charakteristischer Weise in Form eines vagen, unbeständigen Verlangens nach etwas, das der Patient aber nicht benennen kann; sie wollen etwas, aber können nicht klarmachen, was es ist. Manchmal bitten sie um Dinge, die die Eltern nur schwer finden können. Wenn die Eltern ihnen dann das Verlangte geben, werfen sie es sofort weg, wie Kinder, die Chamomilla benötigen. *Sie sind unzufrieden.*

Tendenz zu Nasenbluten im Schlaf bei Kindern, zwischen 3 und 4 Uhr nachts.

Schmerzhafte Schwellung des Zahnfleisches; Schmerzen des Zahnfleisches bei zahnenden Kindern; Zähne und Zahnfleisch schmerzen wund.

Juvenile rheumatoide Arthritis, besser durch Druck und warme Anwendungen.

Klinisches: Bronchitis. Husten. Pleuritis. Pneumonie. Kopfschmerzen. Nasenbluten. Obstipation. Appendizitis. Gelenkschmerzen. Spina bifida. Ekzem. Unterdrückte Hautausschläge. Rückfallfieber. Zahnung. Masern. Scharlach. Keuchhusten.

Wirkungsbereich: Gemüt. Brust. Gelenke. Kopf. Blut. Leber. Abdomen. Nerven. Seröse Häute. Muskeln.

* * *

Krankengeschichte; familiäre und persönliche

ALLGEMEINES - Krankengeschichte von; persönliche - Augen - Entzündung der; von wiederkehrender (k/1909)

Entwicklung - langsam

KOPF - *Fontanellen - offen* (kr1/286)

Zahnung - Lokalsymptome

MUND - Schmerz - Zahnfleisch - Zahnung; während der - Wehtun (k/678)

Zahnung - Magendarmsymptome

MAGEN - *Erbrechen - Zahnung; während der* (hr1*/796)

REKTUM - Diarrhoe - Zahnung; während (bg2/957)
- *Obstipation - Zahnung; während der* (bg2/970)

Zahnung - Allgemeines

ZÄHNE - *Zahnung - schwierig* (b7/718)

FIEBER - Zahnung; während der (bg2/1781)

Stillen - Gemütssymptome

GEMÜT - Gestillt zu werden - Abneigung - Befeuchten des Mundes amel. (tl1/99)
- Hast, Eile - Essen; beim (bro1/105)

Stillen - Milch

KOPF - Hautausschläge - Milchschorf (b2/290)

MAGEN - Erbrochenen; Art des - Milch (bg1/798)
- *Verdorben - Milch agg.* (k/844)

ABDOMEN - Schmerz - Milch - agg. (k/891)

REKTUM - Diarrhoe - Milch - agg. (*/954)

ALLGEMEINES - *Speisen und Getränke - Milch - Abneigung* (*/2000)
- Speisen und Getränke - Milch - Abneigung - Muttermilch (st/2001)
  - » Milch - Abneigung - Muttermilch - Kind verweigert die; das (lmj/2001)
  - » Milch - Abneigung - Verlangen erscheint, wenn er etwas trinkt; aber das (h1*/2001)
  - » *Milch - agg.* (*/2001)
  - » Milch - agg. - heiße (ld1/2001)
  - » Milch - amel. (samkn*/2001)
  - » *Milch - Verlangen* (*/2001)
  - » *Milch - Verlangen - warme* (*/2001)

Stillen - Magendarmsymptome - Appetit - allgemein

MAGEN - **Appetit - launischer Appetit** (*/770)

Stillen - Magendarmsymptome - Appetit - vermindert

MAGEN - *Appetit - fehlend* (*/767)
- Appetit - fehlend - Hunger, mit (*/768)
  - » schnelle Sättigung (*/770)

Stillen - Magendarmsymptome - Appetit - vermehrt

MAGEN - *Appetit - Genuß, ohne* (k/769)
- *Appetit - Heißhunger* (*/769)
  - » Heißhunger - nachts (k/769)
  - » Heißhunger - Schweiß, mit (bg2/770)
  - » Heißhunger - Übelkeit - nach (k/770)
  - » vermehrt (*/770)
  - » vermehrt - nachts (*/771)
  - » vermehrt - Essen - unmöglich; ist (gsw1/772)

Stillen - Magendarmsymptome - Aufstoßen - Speisen; von

MAGEN - *Aufstoßens; Art des - Speisen; von* (*/780)
• Aufstoßens; Art des - Speisen; von - bitter schmeckend (b7/780)
» Speisen; von - Essen - nach - agg. (*/780)

Stillen - Magendarmsymptome - Aufstoßen - Wasser; Hochsteigen von

MAGEN - **Aufstoßens; Art des - Wasser in den Mund; Hochsteigen von** (*/781)
• *Aufstoßens; Art des - Wasser in den Mund; Hochsteigen von - Essen - nach - agg.* (*/781)
» Wasser in den Mund; Hochsteigen von - Husten - beim - agg. (b7/781)

Stillen - Magendarmsymptome - Erbrechen

MAGEN - *Erbrochenen; Art des - Speisen - Essen - nach - sofort nach* (k/800)
• *Erbrochenen; Art des - Speisen - unverdaut* (bro1/800)

Stillen - Magendarmsymptome - Schluckauf

MAGEN - Schluckauf - Aufstoßen - nach (*/809)
• *Schluckauf - Essen - nach - agg.* (*/810)

Stillen - Magendarmsymptome - Abdomen - agg. durch

ABDOMEN - Schmerz - Druck - agg. (k2/883)

Stillen - Magendarmsymptome - Abdomen - amel. durch

ABDOMEN - *Schmerz - Beugen der Beine amel.* (k/882)
• *Schmerz - Liegen - Abdomen; auf dem - amel.* (k/889)
» Liegen - amel. (k/889)
» Liegen - Seite; auf der - amel. (^/889)
» Wärme - amel. (k2/896)

Stillen - Magendarmsymptome - Rektum

REKTUM - Obstipation - entfernt werden; Stuhl muß mechanisch (bg1*/968)
• Obstipation - Kindern, bei (bg2*/969)
» *Kindern, bei - Kleinkindern, bei* (bro1*/969)

Stillen - Allgemeines

SCHWEISS - Essen - beim - agg. (*/1786)
• **Essen - nach - agg.** (*/1786)
• *Warm - Speisen; warme - nach* (*/1792)

ALLGEMEINES - **Säuglinge** (kk2/1944)
• Speisen und Getränke - Getränke - Abneigung - Kindern, bei (bg2/1995)

Infektionskrankheiten - Windpocken

FIEBER - Continua - Ausschlagsfieber (*/1772)

HAUT - Hautausschläge - Windpocken (bro1/1824)

Infektionskrankheiten - Masern

NASE - Nasenbluten - Masern agg. (bg1*/557)

KEHLKOPF UND TRACHEA - *Stimme - heiser, Heiserkeit - Masern, nach* (*/1154)

HUSTEN - Masern - nach (*/1202)

FIEBER - **Ausschlagsfieber; Fieber bei Ausschlagserkrankungen - Masern** (*/1770)
• Continua - Ausschlagsfieber (*/1772)

HAUT - **Hautausschläge - Masern** (*/1817)

ALLGEMEINES - Masern - Beschwerden nach (*/1920)

Infektionskrankheiten - Mumps

GESICHT - *Entzündung - Parotis - Eiterung; mit* (*/584)
• Schmerz - Parotis (^/626)
» Parotis - stechend (*/627)
» Parotis - wund schmerzend (*/627)
• *Schwellung - Parotis* (*/631)

Infektionskrankheiten - Röteln

FIEBER - Continua - Ausschlagsfieber (*/1772)

HAUT - **Hautausschläge - Röteln** (b2/1821)

Infektionskrankheiten - Scharlach

KOPF - *Schmerz - Scharlach, nach* (k/337)

URIN - Eiweißhaltig - Scharlach; nach (k/1046)

FIEBER - *Ausschlagsfieber; Fieber bei Ausschlagserkrankungen - Scharlach* (*/1770)
• Continua - Ausschlagsfieber (*/1772)

HAUT - *Hautausschläge - Scharlach* (*/1821)
• *Hautausschläge - Scharlach - zurücktretend* (hr1*/1821)

ALLGEMEINES - *Scharlach - Beschwerden nach* (*/1944)

Infektionskrankheiten - Pocken

FIEBER - Continua - Ausschlagsfieber (*/1772)

HAUT - *Hautausschläge - Pocken* (*/1819)
• Hautausschläge - Pocken - schwarz (*/1819)

Infektionskrankheiten - Keuchhusten

GEMÜT - *Mürrisch - Keuchhusten, bei* (kr1/132)
• *Reizbarkeit, Gereiztheit - Erwachen, beim - Keuchhusten, durch* (vh*/144)
» *Husten, durch - Keuchhusten, bei* (kr1/145)
• Weinen - Husten - während - Keuchhusten (bro1/246)

NASE - *Nasenbluten - Keuchhusten* (k/557)

HUSTEN - *Keuchhusten* (*/1197)
• *Keuchhusten - begleitet von - Speichelfluß* (kr1*/1198)
» Essen agg. (k2/1198)

Konstitution - Angst und Furcht

GEMÜT - Angst - hypochondrisch (j5/11)
• Beschwerden durch - Erwartungsspannung (st*/23)
» Schreck (*/25)
• *Feigheit* (*/59)
• Furcht - allein zu sein (k/64)

» **Armut, vor** (*/65)
» engen Räumen; in (kk/67)
» *Gewitter; vor* (*/70)

Konstitution - Allgemeines

GEMÜT - Entmutigt (*/46)
• *Faulheit* (*/55)
• **Furcht - Armut, vor** (*/65)
• Geiz (*/92)
» *Angst um die Zukunft; Geiz aus* (vh*/92)
• Gewissenhaft, peinlich genau in bezug auf Kleinigkeiten (k/99)
• *Heimweh* (bg2*/107)
• Reisen - Verlangen nach (lmj*/142)
• *Selbstvertrauen - Mangel an Selbstvertrauen* (k/161)
• Sorgsamkeit, Sorgfalt (b7/165)
• Stimmung, Laune - veränderlich (*/171)
• Ungerechtigkeit; erträgt keine (mtf/191)
• *Unzufrieden* (*/194)
• *Veränderungen - Abneigung gegen* (mtf/195)
» *Verlangen nach* (hr1*/195)
• *Wandern, Herumwandern - Verlangen zu wandern* (bro1/243)

Familie; Beziehung zur - Liebe und Zuneigung

GEMÜT - Liebevoll, voller Zuneigung, herzlich (ckh1*/125)

Beziehung zu anderen - Aggressivität

GEMÜT - *Beschwerden durch - Heftigkeit* (kr1*/24)
• Grausamkeit (bro1/103)
• Schlagen (^/154)
» Wand, gegen die (a1/155)
• Spotten (^/166)
• *Streitsüchtig* (*/173)
» Zorn, ohne (a1/173)
• Zorn - antworten muß; wenn er (dgt1/253)
» *Widerspruch, durch* (*/255)

Beziehung zu anderen - Reaktion auf andere

GEMÜT - Antworten - Abneigung zu antworten (k2*/14)
• Antworten - hastig, überstürzt (k/15)
» weigert sich zu antworten (mrr1/15)
• *Gesellschaft - Abneigung gegen* (*/94)
» *Abneigung gegen - Fremden; Abneigung gegen die Anwesenheit von* (k/95)
» Verlangen nach (k/95)
• **Schüchternheit, Zaghaftigkeit** (*/158)
• Widerspenstig (ptk1/249)
• Widerspruch - Neigung zu widersprechen (ckh1/249)
» *verträgt keinen Widerspruch* (*/249)

Beziehung zu anderen - allgemein

GEMÜT - **Argwöhnisch, mißtrauisch** (*/16)

• Sprache - hastig, eilig (*/167)

Schule - Angst

GEMÜT - Beschwerden durch - Erwartungsspannung (st*/23)
• *Selbstvertrauen - Mangel an Selbstvertrauen* (k/161)

REKTUM - *Diarrhoe - Erregung, Aufregung agg.* (b7a/952)

Schule - Anstrengung; geistige

KOPF - *Schmerz - geistige Anstrengung - agg.* (k/328)
• Schmerz - Lesen, beim - agg. (k/332)
» Stirn - Lesen agg. (*/389)

Schule - Vorwürfe

GEMÜT - Zorn - antworten muß; wenn er (dgt1/253)

Schule - Konstitution

GEMÜT - *Eigensinnig, starrköpfig, dickköpfig* (*/41)
• Gewissenhaft, peinlich genau in bezug auf Kleinigkeiten (k/99)
• *Selbstvertrauen - Mangel an Selbstvertrauen* (k/161)

Nonverbales - Aggressivität

GEMÜT - Wirft mit Gegenständen um sich (k/250)

Nonverbales - Reaktion auf andere

GEMÜT - *Berührtwerden - Abneigung berührt zu werden* (k/21)
• *Fremde - Anwesenheit von Fremden - agg.* (k/60)
• *Gehalten - amel.; gehalten zu werden* (ptk1/87)
• *Näherkommen, auf ihn Zukommen von Personen - Abneigung gegen* (vh*/134)
» *agg.* (vh*/134)

Nonverbales - Gesten, Gebärden

GEMÜT - **Launenhaftigkeit, launisch** (*/123)
• Launenhaftigkeit, launisch - weist Dinge zurück, die er haben wollte, sobald er sie bekommt (j5/123)
» weist Dinge zurück, die er haben wollte, sobald er sie bekommt - Kindern; bei (bro1*/123)
• Springen (^/169)
• Ungeschicklichkeit (^/192)

Nonverbales - Allgemeines

GEMÜT - *Eigensinnig, starrköpfig, dickköpfig* (*/41)
• Hast, Eile - Essen; beim (bro1/105)
• Ruhelosigkeit - Kindern, bei (h1*/151)
» Kindern, bei - streunen, streifen umher (gl1/152)

Nonverbales - Konsultation; bei der

KOPF - Empfindlichkeit - Kopfhaut, der (ptk1/284)
• *Empfindlichkeit - Kopfhaut, der - Berührung, gegen* (bro1/284)
• Hitze - Kälte - Extremitäten; mit Kälte der (bg2*/293)

AUGE - *Entzündung - Kindern; bei - Kleinkindern; bei* (*/429)

OHR - Absonderungen - Blut (*/497)
• Absonderungen - blutig (*/497)
» eitrig (bg2/497)
» eitrig - eiterartig (bg1/497)
» unterdrückt (bg2/498)
» wäßrig (bg2/498)
• *Entzündung* (k/500)
» Gehörgang (*/500)
MUND - Aphthen (*/639)
• Aphthen - Kindern, bei (hr1*/639)
» *Kindern, bei - Kleinkindern, bei* (st1/639)
» *Zunge - Zungenspitze* (*/640)
• Papillen - aufgerichtet (kr1*/669)
• *Schwämmchen* (vk1/681)
• Stomatitis ulcerosa, Stomakaze (mtf11/689)
INNERER HALS - *Aphthen* (*/721)
• Entzündung - Tonsillen (a1*/724)
• Käsig - Flecken; käsig aussehende (k/728)
ÄUSSERER HALS - *Schwellung - Halsdrüsen* (b7/760)
ABDOMEN - Schmerz - Druck - agg. (k2/883)
ATMUNG - Bauchatmung (*/1171)
RÜCKEN - Krümmung der Wirbelsäule (bg2/1323)
HAUT - *Erysipel* (*/1798)
• *Hautausschläge - Bläschen - Sudamina (Schweißfriesel)* (*/1810)
» *Exanthem, flüchtiges - Kindern, bei* (*/1812)
» Molluscum (bro1/1818)
• Unrein (k/1835)

Nonverbales - Äußerliches - Beobachtungen des Arztes

KOPF - *Schuppen* (*/402)
AUGE - *Verklebt* (*/472)
GESICHT - Ausdruck - alt aussehend (hr1/580)
• *Fettig* (*/593)
• Gerunzelt - Stirn, Stirnrunzeln (b2/594)
• **Rissig - Lippen** (*/613)
» *Lippen - Oberlippe* (b7a/613)
» Lippen - Unterlippe (b7/613)
• Sommersprossen (b2/632)
• **Zupfen - Lippen; an den** (*/636)
ÄUSSERER HALS - Torticollis (bg2*/761)
ATMUNG - **Beschleunigt** (*/1174)
KOPF - **HÄNDE - HÄLT DEN KOPF MIT DEN HÄNDEN - HUSTEN; AGG. BEIM (*/289)**
HUSTEN - **Halten, Festhalten - Brust mit beiden Händen halten; muß beim Husten die** (*/1193)
RÜCKEN - Opisthotonus (*/1325)
HAUT - Sommersprossen (*/1834)
ALLGEMEINES - *Aussehen - dunkel* (*/1854)
• *Aussehen - dunkel - straffer Faser, mit* (kr1*/1855)
» hell, blond (*/1855)
• Magere Personen (*/1919)

Nonverbales - Äußerliches - Beobachtungen der Eltern

KOPF - *Empfindlichkeit - Kämmen, Bürsten der Haare; gegen* (k/283)
AUGE - Verklebt - morgens (*/472)
OHR - Schmerz - Wärme agg.; trockene (k/525)
ZÄHNE - *Zähneknirschen* (k/718)
MAGEN - Brechreiz, Würgen (k/784)
• Brechreiz, Würgen - Husten; agg. beim (k/784)
• *Schluckauf* (*/809)
» *abwechselnd mit - Aufstoßen* (b7/809)
» Aufstoßen - nach (*/809)
» *Erbrechen - beim* (j5/810)
» Erbrechen - nach (*/810)
» *Essen - nach - agg.* (*/810)
• *Völlegefühl - Essen - nach - agg.* (k/845)
ABDOMEN - *Schmerz - Beugen der Beine amel.* (k/882)
• *Schmerz - Liegen - Abdomen; auf dem - amel.* (k/889)
» Liegen - amel. (k/889)
» Liegen - Seite; auf der - amel. (^/889)
» Wärme - amel. (k2/896)
» *Zusammenkrümmen - muß sich zusammenkrümmen* (k/897)
REKTUM - *Unwillkürlicher Stuhl* (*/984)
STUHL - Schafskot, wie (b2/997)
• **Unverdaut** (*/999)
BLASE - *Urinieren - Harndrang - plötzlich - beeilen um zu urinieren, sonst geht Urin ab; muß sich* (*/1015)
• *Urinieren - unwillkürlich - Husten; agg. beim* (*/1020)
SCHWEISS - Essen - beim - agg. (*/1786)
• **Essen - nach - agg.** (*/1786)
• *Warm - Speisen; warme - nach* (*/1792)
HAUT - *Ekchymosen* (*/1797)
• Insektenstiche (k/1825)

Nacht; Beobachtungen in der - Gemütssymptome

GEMÜT - Jammern - Schlaf, im (j5/113)
• **Schlafwandeln** (*/154)
• Sprechen - Schlaf; im (*/169)
• **Weinen - Wimmern, Winseln - Schlaf, im** (b7/248)

Nacht; Beobachtungen in der - körperliche Symptome

KOPF - *Bohrt den Kopf in das Kissen* (k/282)
• Schweiß der Kopfhaut - nachts (k/403)
» *Schlaf - im* (st/404)
» Stirn - nachts (k/404)
ZÄHNE - *Zähneknirschen - Schlaf; agg. im* (k/718)
REKTUM - *Unwillkürlicher Stuhl - Schlaf; agg. im* (*/985)
BLASE - Urinieren - unwillkürlich - nachts (*/1019)
• *Urinieren - unwillkürlich - nachts - ersten Schlaf, im* (b7a/1019)

Nacht; Beobachtungen in der - Schlaf

SCHLAF - *Erwachen - Schreck, wie durch* (b7a/1675)
• Ruhelos - Kindern, bei (j5/1685)

Nacht; Beobachtungen in der - Schlaf; Lage im

SCHLAF - Lage - Abdomen, auf dem (k/1682)
• Lage - Arme - Kopf - über dem Kopf (gt/1682)
» **Rücken, auf dem** (*/1683)
» Rücken, auf dem - Knie gebeugt (ptk1/1683)
» Seite, auf der - linken Seite, auf der (vh*/1683)
» Seite, auf der - rechten Seite, auf der - unmöglich (k/1683)
» Seite, auf der - schmerzhaften Seite, auf der (sf1/1683)
» zusammengerollt - Hund; wie ein (*/1684)

Schaukeln und Getragenwerden

GEMÜT - Furcht - getragen zu werden; Furcht davor (bro1/70)
• *Getragen - Abneigung getragen zu werden* (hr1*/99)

Autos und Schiffe

ALLGEMEINES - Fahren - Wagen; mit dem - agg. (*/1877)
• Fahren - Wagen; mit dem - amel. (bg2/1877)

Psychosomatische Störungen

REKTUM - *Diarrhoe - Erregung, Aufregung agg.* (b7a/952)
• Diarrhoe - Zorn, nach (k/957)

Körperliche Symptome und Erkrankungen

KOPF - *Entzündung - Gehirn* (*/284)
• *Entzündung - Hirnhaut* (*/284)
• *Hydrozephalus* (*/295)
• *Schmerz - katarrhalisch* (*/331)

NASE - Katarrh - gefolgt von - Stirnhöhlen; Beschwerden der (k/553)

ZÄHNE - Abszeß der Zahnwurzeln (gk/695)
• Karies, faule, hohle Zähne (*/700)

INNERER HALS - Räuspert käsige Klumpen herauf (bg2*/732)

MAGEN - *Langsame Verdauung* (bro1/805)
• *Würgen - Husten, mit* (k/846)

REKTUM - Cholera - infantum (bro1/949)
• *Diarrhoe - Hautausschläge - unterdrückten Hautausschlägen; nach* (*/953)

NIEREN - *Entzündung* (*/1023)
• Entzündung - Nierenbecken und Niere (mtf11/1024)

WEIBLICHE GENITALIEN - Menses - verzögerte Menarche (*/1114)

BRUST - Entzündung - Lungen - Kindern; bei (gsy/1234)
• *Entzündung - Lungen - Kindern; bei - Kleinkindern; bei* (*/1234)

RÜCKEN - Spina bifida (bg2*/1384)

EXTREMITÄTEN - *Hüftgelenksentzündung* (k/1443)

FIEBER - **Continua** (k/1772)
• *Remittierend - Kleinkindern, bei* (k/1778)

ALLGEMEINES - Essen - Überessen; agg. nach (bg2*/1877)
• *Kindern; Beschwerden von* (*/1897)
• Konvulsionen - Kindern, bei (k/1905)
• Medikamente - allopathische - Mißbrauch von (vh1/1921)

Chirurgisch pathologische Zustände

OHR - Abszeß (bg2/498)

ABDOMEN - Entzündung - Appendix - akut (mtf11/859)
• *Entzündung - Peritoneum* (b7a/860)
• Hernie (c2/867)
» *Leistenhernie* (bg2/868)
» Nabelbruch (b7a/868)
• *Intussuszeption* (*/869)

Bufo rana

bufo

Was das Bufo-Bild in der Kinderheilkunde angeht, so scheint sich das Kind in einem traumartigen Zustand zu befinden und hat einen unschuldigen Gesichtsausdruck, der von den ersten Lebenstagen an zu bemerken ist. Sie bemühen sich, Emotionen auszudrücken und manchmal scheinen sie in ihrer eigenen Welt zu leben. Tatsächlich ist dieses Mittel wichtig für *autistische Kinder*. Sie können *einseitig intelligent sein, was manchmal an Genialität grenzt*, aber im allgemeinen haben diese Kinder einen schwachen Verstand und eine *verzögerte geistige Entwicklung*, während die körperliche Entwicklung normal ist.

Neugeborene, die Bläschen machen, wenn sie Weinen (Differentialdiagnose: Graphites, Lachesis) und an epileptischen Konvulsionen oder Krämpfen leiden, nachdem sie von Müttern gesäugt wurden, die wütend oder verängstigt waren.

Sie sind immer ruhelos und ungeduldig und müssen sich die ganze Zeit bewegen, wobei sie den Kopf schütteln oder den Oberkörper. Bufo-Neugeborene sind *empfindlich gegenüber Musik, die sie besonders mögen, während sie gestillt werden*; später kann es dann sein, daß sie gerne tanzen und lesen.

Wenn sie spielen, ziehen sie es vor, allein zu sein oder Stunden mit ihrem Hund oder ihrer Katze zu verbringen. Sie *lieben Tiere*, aber sie können auch Angst vor ihnen haben.

Wenn sie jemand anspricht, antworten sie nicht, denn sie haben Angst vor Fremden oder einfach weil sie im Moment einfach keine Lust zum Reden haben; zu anderen Zeiten werden sie jedoch warmherzig und voller Anteilnahme weiterreden.

Ihre Gesten und ihre Verhaltensweisen sind nicht ihrem Alter angemessen; *infantile Kinder* mit einem *dummen Gesichtsausdruck. Sie halten den Mund offen und strecken die Zunge heraus.* Sie lachen oder sagen alberne Sachen, alles scheint sie zu amüsieren; sie lachen über Ernstes und *stottern oft.*

Werden sie nicht sofort verstanden, so zeigen sie ihre emotionale Überempfindlichkeit in rasender Wut; werden sie gereizt, können sie Gegenstände und Menschen beißen. Sie sind unfreundlich und unverschämt und zeigen ihre Ungeduld, indem sie alles, was sie in Händen haben attackieren oder zerbrechen.

Jede Beleidigung greift sie zutiefst an und in ähnlicher Weise führt jeder Vorwurf in der folgenden Nacht zu großer physischer Unruhe; sie schütteln heftig den Kopf; manchmal scheinen sie mit dem Kopf gegen die Wand zu schlagen. Nicht zu tröstendes Weinen.

Bei anderen Gelegenheiten werden sie vielleicht nicht gereizt, aber weil sie so eigensinnig sind, sind sie stundenlang mißmutig.

Sie stecken sich ohne Scham den Finger in die Nase oder spielen mit den Genitalien. Sie interessieren sich für ihre Genitalien und für alles, was Sex oder Pornographie angeht. *Neigung zu häufiger Masturbation sogar vor der Pubertät.* Sexuelle Erregung*: Sex ist ein zentrales Thema für Bufo, über das es sich während der Konsultation zu diskutieren lohnt.*

Auf der körperlichen Ebene sind sie oft kränklich wegen einer Tendenz, sich zu infizieren. Sie sind schwach, voller Ausschläge und so ungesund, daß es zu Schwindsucht kommen kann.

Warme Zimmer oder das Heizungssystem erhöhen ihre Empfindlichkeit gegen Hitze; und daher ziehen sie es vor, sich nicht anzuziehen und im Freien zu sein, egal, wie das Wetter ist.

Patienten, die Bufo benötigen, haben ein *extrem empfindliches Nervensystem*, was durch das Vorhandensein verschiedener Formen von *Epilepsie* bestätigt wird.

Konvulsionen scheinen vom Abdomen oder vom Gesicht auszugehen. Das Gesicht wird grau, dann verdrehen sich die Augen und die Glieder schwingen vor und zurück. Vor dem Anfall beißt sich der Patient auf die Zunge, beugt die Daumen, streckt die Beine, uriniert und spricht unverständlich. Die Pupillen erweitern sich und werden unempfindlich gegen Licht, der Mund steht weit offen.

Konvulsionen nachts im Schlaf; Krise mit Verlust des Bewußtseins.

Viele Krisen sind nur partiell, anfangs begleitet von verzerrtem Gesicht, als wären sie gerade dabei, zu defäkieren; der rechte Arm streckt sich zur Seite und nach hinten; manchmal ballen sie die Fäuste.

Konvulsionen sind charakterisiert durch klonisch-tonische Krämpfe, häufiger nachts im Schlaf, nach übermäßiger sexueller Aktivität (Masturbation oder Erregung), nach einer Krise von Angst oder Furcht.

Bufo wird benötigt bei Chorea, wenn das Kind nicht gehen, sondern nur rennen oder springen kann.

Neurologische Störungen in Verbindung mit Hautsymptomen.

Ekzem, Jucken, und Herpes hinter dem Ohr, Hautausschläge an den Ohrläppchen. Ausschläge, die Warzen ähneln, die entzündet und ulzeriert sind, hinter und an den Ohren, mit Absonderung von Blut und Eiter. Der Schlaf wird durch das Jukken beeinträchtigt.

Krusten auf den Lidern, Bläschen auf den Augen, Ulzeration der Hornhaut, blutunterlaufene Augen, Lähmung der Lider und der Augenmuskeln. Den Anblick von hellen oder glänzenden Gegenständen können sie nicht ertragen.

Amaurose (Lähmung des Sehnerven), erweiterte Pupillen.

Häufig Nägelkauen, was Entzündung des Nagelbetts verursacht; eingewachsene Zehennägel.

Schwieriges Atmen und Husten um 3 Uhr nachts, ausgelöst durch Kitzeln im Kehlkopf.

Nasenbluten begleitet von Blutandrang zum Gesicht und Kopfschmerzen in der Stirn, was sich durch die Blutung bessert.

Schmerzen sind typischerweise brennend.

Ausgeprägte Periodizität.

Deutliche Prognathie (Differentialdiagnose: Phosphorus).

Klinisches: Imbezillität. Folgen von Masturbation. Chorea. Epilepsie. Pemphigus.

Wirkungsbereich: Gemüt. Geschlechtsorgane. Haut. Herz. Kreislauf. Nieren.

* * *

Entwicklung - langsam

GEMÜT - Entwicklung; kindliche - Entwicklungsstillstand (k2*/47)

ALLGEMEINES - Entwicklung - Entwicklungsstillstand (k2*/1872)

Impfung

ALLGEMEINES - Impfung; Beschwerden nach (st/1892)

Stillen - Milch

ABDOMEN - Schmerz - Milch - agg. (k/891)
• Schmerz - Milch - agg. - krampfartig (c1/891)

ALLGEMEINES - Speisen und Getränke - Milch - agg. (g*/2001)
• Speisen und Getränke - Milch - Verlangen (a1/2001)

Stillen - Magendarmsymptome - Appetit - allgemein

MAGEN - Appetit - launischer Appetit (k/770)

Stillen - Magendarmsymptome - Appetit - vermehrt

MAGEN - Appetit - Heißhunger - Schweiß, mit (bg2/770)

Stillen - Magendarmsymptome - Aufstoßen - Speisen; von

MAGEN - Aufstoßens; Art des - Speisen; von (k/780)

Stillen - Allgemeines

ALLGEMEINES - Konvulsionen - Kindern, bei - stillt; während die zornige oder erschreckte Mutter (ptk1*/1905)
• Säuglinge (mtf33/1944)

Infektionskrankheiten - Mumps

GESICHT - Schwellung - Parotis (k/631)

Infektionskrankheiten - Pocken

HAUT - Hautausschläge - Pocken (bg2/1819)

Konstitution - Angst und Furcht

GEMÜT - *Beschwerden durch - Schreck* (st/25)
• Furcht - allein zu sein (k/64)

Konstitution - Allgemeines

GEMÜT - Faulheit (k/55)
• Heikel, pingelig (^/106)
• Impulse, Triebe; krankhafte - laufen; zu (bg/112)
• Redseligkeit; Geschwätzigkeit - Kindern; bei (mtf33/141)
• Stimmung, Laune - veränderlich (k/171)
• Unaufmerksam (gk/189)
• Weinen - leicht (mtf33/246)

Familie; Beziehung zur - Liebe und Zuneigung

GEMÜT - Eifersucht (gk/40)
• Verlassen zu sein; Gefühl (mtf/198)

Beziehung zu anderen - Aggressivität

GEMÜT - Herausfordernd (g*/107)
• Schlagen (^/154)
  » Verlangen - schlagen, zu (k/154)
  » Zorn, aus (a1/155)
• Streitsüchtig (gk/173)
• *Zorn - mißverstanden, falsch verstanden; wenn* (k1*/255)

Beziehung zu anderen - Reaktion auf andere

GEMÜT - Antworten - Abneigung zu antworten (gk/14)
• Antworten - hastig, überstürzt (gk/15)
  » weigert sich zu antworten (gk/15)
• Autismus (mtf/19)
• Gesellschaft - Abneigung gegen (k1*/94)
  » Abneigung gegen - Fremden; Abneigung gegen die Anwesenheit von (k/95)
  » Abneigung gegen - Furcht vor dem Alleinsein; jedoch (k/95)
  » Verlangen nach (k/95)
  » Verlangen nach - allein; agg. wenn (bg2/96)
• Schüchternheit, Zaghaftigkeit (^/158)
  » Kindern; bei (gk2/158)
• Widerspruch - Neigung zu widersprechen (ckh1/249)

Beziehung zu anderen - allgemein

GEMÜT - Argwöhnisch, mißtrauisch (gl1/16)
• *Beleidigt, leicht* (st*/20)
• Geheimnistuerisch, verschlossen (bg2/87)
• Ichbezogenheit, Selbstüberhebung (cda/111)
• Sprache - hastig, eilig (gk/167)
• Unverschämtheit (bro1*/193)

Schule - Konzentration

GEMÜT - Unaufmerksam (gk/189)

Schule - Beziehung zu anderen

GEMÜT - Ungehorsam (gk/191)

MUND - *Sprache - stotternd* (*/688)
• Sprache - stotternd - Kindern; bei (mtf33/688)

Schule - Konstitution

GEMÜT - Eigensinnig, starrköpfig, dickköpfig (gk/41)
• Heikel, pingelig (^/106)

• Ungehorsam (gk/191)

Spielen

GEMÜT - Spielen - Verlangen zu spielen (^/166)
• Verspielt (gk/199)

Tieren; Beziehung zu

GEMÜT - Furcht - Hunden, vor (ptk1*/71)
• Furcht - Insekten; vor (a*/71)
» Tieren, vor (*/76)
• Tiere - liebt Tiere, Tierliebe (vh/180)

Nonverbales - Aggressivität

GEMÜT - Beißen (*/20)
• Destruktivität, Zerstörungswut (*/38)
» Kindern, bei (mtf33/39)
• Spucken (mtf33/170)
» Gesicht; Menschen ins (gk/170)

Nonverbales - Reaktion auf andere

GEMÜT - Berührtwerden - Abneigung berührt zu werden (gk/21)
• Fremde - Anwesenheit von Fremden - agg. (*/60)
• Furcht - Fremden; vor (gl*/68)
• *Schamlos* (bg2*/153)
» Kindern, bei (mtf33/153)

Nonverbales - Gesten, Gebärden

GEMÜT - Auffahren, Zusammenfahren - Geräusche; durch (k/17)
• Beißen - Gegenstände; beißt (kr1*/20)
» Nägel (a*/20)
» Nägel - Kindern; bei (mtf33/20)
• Gesten, Gebärden; macht - Hände; unwillkürliche Bewegungen der - ringt die Hände (k2*/98)
• Lachen - Ernstes, über (k2/120)

Nonverbales - Allgemeines

GEMÜT - Eigensinnig, starrköpfig, dickköpfig (gk/41)
• Impertinenz, Unverschämtheit (gk/112)
• Nackt sein, möchte (g*/134)
• Ruhelosigkeit - Kindern, bei (gk/151)

Nonverbales - Konsultation; bei der

KOPF - Hitze - Kälte - Extremitäten; mit Kälte der (k/293)
• *Hitze - Kälte - Körpers; mit Kälte des* (k/293)
OHR - Absonderungen - Blut (k/497)
• Absonderungen - eitrig (*/497)
GESICHT - Schwellung - Unterkieferdrüsen (k/631)
• Schwellung - Unterkieferdrüsen - schmerzhaft (k/631)
MUND - *Bewegung - Zunge - Lecken, Schlecken* (*/641)
• **Herausstrecken, Vorstrecken - Zunge, der** (vh1*/665)
INNERER HALS - Entzündung - Tonsillen (k/724)
• Schwellung - Tonsillen (*/747)
» Tonsillen - Kindern; bei (mtf33/748)
RÜCKEN - Krümmung der Wirbelsäule - Dorsalregion (k/1323)
EXTREMITÄTEN - Exkoriation, Wundheit - Gesäß - Mitte, dazwischen; in der (k/1407)
• Nägel; Beschwerden der - eingewachsene Zehennägel (gk/1665)
HAUT - Erysipel (*/1798)
• Hautausschläge - Erythem (bro1/1812)

Nonverbales - Äußerliches - Beobachtungen des Arztes

KOPF - Schuppen (ck/402)
AUGE - Strabismus, Schielen (*/467)
NASE - Bohren mit den Fingern in der Nase (*/546)
GESICHT - Fettig (*/593)
• Hautausschläge - Akne (gk/595)
• Prognathie (gk/613)
MUND - *Bewegung - Zunge - Lecken, Schlecken* (*/641)
ÄUSSERER HALS - Torticollis (a/761)

Nonverbales - Äußerliches - Beobachtungen der Eltern

MUND - Beißt - Wangen; sich in die - Sprechen oder Kauen; beim (ptk1/640)
• **Beißt - Zunge; beißt sich auf die** (*/640)
ZÄHNE - *Zähneknirschen - Epilepsie* (k/718)
• Zähneknirschen - konvulsivisch (ptk1/718)
• Zusammenbeißen der Zähne - Verlangen, die Zähne zusammenzubeißen; ständiges (k/719)
MAGEN - Brechreiz, Würgen - Husten; agg. beim (k2/784)
• Schluckauf (k/809)
REKTUM - Unwillkürlicher Stuhl (k/984)
URIN - **Blutig - Kindern; bei** (hr1*/1045)
MÄNNLICHE GENITALIEN - Faßt sich an die Genitalien (*/1065)
• Faßt sich an die Genitalien - Kind (mtf33/1066)
• **Masturbation, Neigung zur** (*/1071)
» *Einsamkeit, sucht die* (k/1071)
» Kindern; bei (gk3/1071)
WEIBLICHE GENITALIEN - Masturbation; Neigung zu (*/1104)
• Masturbation; Neigung zu - Kindern; bei (mtf33/1104)
HAUT - Insektenstiche (k/1825)

Nacht; Beobachtungen in der - Gemütssymptome

GEMÜT - Sprechen - Schlaf; im (*/169)

Nacht; Beobachtungen in der - Schlaf

SCHLAF - Erwachen - Schreck, wie durch (bg2/1675)

Nacht; Beobachtungen in der - Schlaf; Lage im

SCHLAF - Lage - Seite, auf der - linken Seite, auf der (a1/1683)

Psychosomatische Störungen

ALLGEMEINES - *Konvulsionen - Schreck agg.* (k/1906)
• *Konvulsionen - Zorn; nach* (k/1907)

Körperliche Symptome und Erkrankungen

KOPF - Entzündung - Hirnhaut (c2/284)

MAGEN - Würgen - Husten, mit (k/846)

ALLGEMEINES - Kindern; Beschwerden von (mtf33/1897)
• Konvulsionen - Kindern, bei - Kleinkindern, bei (kr1/1905)

Chirurgisch pathologische Zustände

MÄNNLICHE GENITALIEN - Hochgezogen, an den Körper gezogen - Hoden (bg2/1068)
• Phimose (gk/1071)

Bungarus fasciatus

bung-fa.

Stillen - Magendarmsymptome - Appetit - vermehrt

MAGEN - Appetit - unstillbar (mtf/770)
• Appetit - vermehrt (mtf/770)

Konstitution - Angst und Furcht

GEMÜT - Furcht - allein zu sein (^/64)

Konstitution - Allgemeines

GEMÜT - Faulheit (mtf/55)
• Neugierig (mtf/135)
• Spontan, impulsiv (mtf/166)
• Ungerechtigkeit; erträgt keine (mtf/191)

Familie; Beziehung zur - Liebe und Zuneigung

GEMÜT - Verlassen zu sein; Gefühl (mtf/198)

Beziehung zu anderen - Aggressivität

GEMÜT - Schlagen (mtf/154)
• *Schlagen - Zorn, aus* (mtf/155)
• Streitsüchtig (mtf/173)

Beziehung zu anderen - Reaktion auf andere

GEMÜT - Gesellschaft - Verlangen nach (mtf/95)

Schule - Konstitution

GEMÜT - Neugierig (mtf/135)

Nonverbales - Reaktion auf andere

GEMÜT - Schamlos (^/153)

Nonverbales - Äußerliches - Beobachtungen des Arztes

GESICHT - Rissig - Lippen (mtf/613)

Nacht; Beobachtungen in der - Gemütssymptome

GEMÜT - Furcht - allein zu sein - nachts (mtf/64)

Nacht; Beobachtungen in der - Schlaf

TRÄUME - Ängstlich - Kindern, bei (mtf/1708)

Buteo jamaicensis

buteo-j.

Konstitution - Allgemeines

GEMÜT - Reisen - Verlangen nach (sej6/142)
• *Unzufrieden* (^/194)

Familie; Beziehung zur - Liebe und Zuneigung

GEMÜT - Verlassen zu sein; Gefühl (sej6/198)

Beziehung zu anderen - Reaktion auf andere

GEMÜT - Gesellschaft - Abneigung gegen (sej6/94)
• Gesellschaft - Verlangen nach (^/95)

Beziehung zu anderen - allgemein

GEMÜT - *Tadelt sich selbst, macht sich Vorwürfe* (sej6/179)

Schule - Lernen - Schreiben

GEMÜT - *Fehler; macht - Schreiben, beim* (sej6/57)
• *Fehler; macht - Schreiben, beim - falsch - Buchstaben, Zahlen* (sej6/57)
» Schreiben, beim - läßt etwas aus - Worte (sej6/57)

Tieren; Beziehung zu

GEMÜT - Natur - liebt (sej6/134)

Nonverbales - Äußerliches - Beobachtungen des Arztes

AUGE - Verklebt (sej6/472)

Nacht; Beobachtungen in der - Gemütssymptome

GEMÜT - *Furcht - Dunkelheit; vor der* (sej6/66)

Butyricum acidum

but-ac.

Kinder, die Butyricum acidum benötigen, leben in einem *ständigen Zustand der Besorgnis und Nervosität.* Starke Neigung, sich über alle möglichen Kleinigkeiten Sorgen zu machen.

Auf der körperlichen Ebene haben sie *Verdauungsstörungen.* Vollständiger Appetitverlust. Julian schlägt dieses Mittel vor für Dyspepsie und akute Enterokolitis bei Säuglingen (Unverträglichkeit von Milch).

Unfähigkeit, Fette zu verdauen. Die Hauptanzeige ist *Auftreibung des Bauches mit weichem, aber großem Stuhl* und Abgang von Wind in Form von Flatus und Aufstoßen.

Viele Schmerzen entwickeln sich unter dem Nabel, offensichtlich im Colon transversum. Diese Schmerzen erscheinen plötzlich, dauern ein paar Minuten und verschwinden oft genauso plötzlich.

Angezeigt bei *Zöliakie.*

Reichlicher, übelriechender Schweiß an den Füßen, die geschwollen und kalt sind.

Beschwerden der Nägel.

Ruheloser Schlaf wegen Verdauungsproblemen und krampfartigen Schmerzen im Bauch.

Klinisches: Flatulenz. Aufstoßen. Fußschweiß.

Wirkungsbereich: Verdauungskanal. Nägel.

* * *

Stillen - Milch

ALLGEMEINES - Speisen und Getränke - Milch - agg. (jl1/2001)

Stillen - Magendarmsymptome - Appetit - vermindert

MAGEN - Appetit - fehlend (bro1*/767)
- Appetit - vermindert (br1/772)

Konstitution - Allgemeines

GEMÜT - Gewissenhaft, peinlich genau in bezug auf Kleinigkeiten (br1/99)
- Sorgen; voller (^/164)

Schule - Konstitution

GEMÜT - Gewissenhaft, peinlich genau in bezug auf Kleinigkeiten (br1/99)

Nonverbales - Konsultation; bei der

MUND - Schwämmchen (jl3/681)

EXTREMITÄTEN - Nägel; Beschwerden der - Abfallen der Nägel (bro1/1664)
- Nägel; Beschwerden der - spröde, brüchige Nägel - Fingernägel (sp1/1665)
  - » spröde, brüchige Nägel - Fingernägel - bröckelig (br1*/1665)
  - » verkrüppelte, verkümmerte Nägel - Fingernägel (br1/1665)

Cactus grandiflorus

cact.

Cactus ist kein Mittel, an das man bei Kindern oft denkt, aber einige Anzeigen können sich als nützlich für die Verschreibung erweisen.

Das *Herz* ist zweifelsfrei das Zielorgan dieses Mittels und das wichtigste Symptom ist das *Zusammenschnürungsgefühl im Herzen und im Epigastrium;* als würde das Herz mit einer eisernen Hand gepackt oder als sei es in Drähten eingewickelt.

Unter den *funktionellen Störungen* findet man Unregelmäßigkeiten des Herzschlags mit kräftigem und heftigem Herzklopfen. Bei pathologischen Störungen findet man Probleme wie Perikarditis, Myokarditis, Endokarditis, Erkrankungen der Herzklappen und Lungenödem.

Lilienthal schrieb: „Besonders für Kinder; Katarrh mit schleimigem Rasselgeräusch; große Angst, Ersticken und Herzklopfen; Beklemmung der Brust, wie durch ein großes Gewicht, erschwertes Atmen, Unbehagen, *als würde ein Eisenband die normale Bewegung der Brust verhindern;* krampfhafter Husten, mit dickem, gelbem Sputum, wie gekochte Stärke; Bronchialkatarrh durch übermäßige Herztätigkeit."

Cactus kann auch bei *Fieber* hilfreich sein. In der Tat wird es in den Repertoriumsrubriken des Kapitels Kopf genannt: „Hitze - Kälte - Körpers; mit Kälte des"; „Hitze - Kälte - Extremitäten; mit Kälte der" und „Hitze - Kälte - Füße; mit Kälte der".

Zu diesem Thema schrieb Allen: „Intermittierendes Fieber, Anfälle gegen Mittag (11 Uhr), die Anfälle können in ihren Stadien unvollständig sein, begleitet von Blutungen, besonders des Darms; Kälte herrscht vor, durch Hitze nicht gebessert; unmittelbar darauf kann kalter Schweiß folgen, mit schrecklicher, beklemmender Angst; in einem Fall (eines Kindes) wurden die Anfälle von Konvulsionen und Blutung aus dem Darm begleitet."

Die Ohren können sowohl während wie nach akuten Zuständen angegriffen sein. Tatsächlich *kann man Entzündungen der Ohren während der Rekonvaleszenz antreffen* („Allgemeines - Genesung, Rekonvaleszenz; Beschwerden während der - Ohr; nach Absonderungen aus dem") oder nach Masern („Ohr - Absonderungen - Masern, nach").

Nützlich bei *Enuresis, die gegen Morgen auftritt.*

Auf der Gemütsebene sind diese Kinder schweigsam, einsam und mögen weder Gesellschaft noch Trost. Sie sind so *introvertiert,* daß sie *autistisch* sein können.

Grandgeorge schrieb: „Dies ist auch ein gutes Mittel *für Kinder, die es nicht wagen werden, irgendetwas zu unternehmen, solange ihnen irgendjemand zusieht;* sie scheinen unfähig, irgendetwas zu tun, aber nachts stehen sie auf und sind vollkommen in der Lage zu handeln, solange sie vor den Blicken Anderer geschützt sind."

Sie neigen zu Ungehorsam.

Klinisches: Herzleiden. Asthma. Bronchitis. Pneumonie. Kolik. Blutungen. Kopfschmerzen. Entzündungen der Ohren.

Wirkungsbereich: Brust. Herz. Kreislauf. Kopf.

* * *

Stillen - Milch

ALLGEMEINES - *Speisen und Getränke - Milch - Abneigung* (ld1/2000)
• *Speisen und Getränke - Milch - Verlangen* (ld*/2001)

Stillen - Magendarmsymptome - Appetit - vermindert

MAGEN - *Appetit - fehlend* (k/767)
• *Appetit - vermindert* (k/772)

Stillen - Magendarmsymptome - Appetit - vermehrt

MAGEN - Appetit - Heißhunger (bro1/769)

Infektionskrankheiten - Masern

OHR - Absonderungen - Masern, nach (k/498)

Konstitution - Angst und Furcht

GEMÜT - Vorsichtig (a1/205)

Konstitution - Allgemeines

GEMÜT - *Milde* (k/130)

Beziehung zu anderen - Aggressivität

GEMÜT - Zorn - Widerspruch, durch (k/255)

Beziehung zu anderen - Reaktion auf andere

GEMÜT - Antworten - Abneigung zu antworten (*/14)
• Autismus (vwe/19)
• *Gesellschaft - Abneigung gegen* (*/94)
• Trost - agg. (*/188)
• Weinen - Trost - agg. (k/248)
• Widerspruch - verträgt keinen Widerspruch (k/249)

Beziehung zu anderen - allgemein

GEMÜT - *Argwöhnisch, mißtrauisch* (k/16)

Schule - Anstrengung; geistige

KOPF - Schmerz - geistige Anstrengung - agg. (st/328)

Schule - Beziehung zu anderen

GEMÜT - Ungehorsam (^/191)
• Ungehorsam - Kindern, bei (lmj/191)

Schule - Konstitution

GEMÜT - Ungehorsam (^/191)
• Ungehorsam - Kindern, bei (lmj/191)

Nonverbales - Konsultation; bei der

KOPF - *Hitze - Kälte - Extremitäten; mit Kälte der* (k/293)
• *Hitze - Kälte - Füße; mit Kälte der* (k/293)
» *Kälte - Körpers; mit Kälte des* (k/293)

OHR - *Entzündung* (*/500)
• *Entzündung - Gehörgang* (*/500)

ALLGEMEINES - *Genesung, Rekonvaleszenz; Beschwerden während der - Ohr; nach Absonderungen aus dem* (k/1884)

Nonverbales - Äußerliches - Beobachtungen des Arztes

GESICHT - Venen, erweiterte - Schläfen (bg2*/634)

ALLGEMEINES - *Zyanose - Kindern; bei - Kleinkindern; bei* (*/2035)

Nonverbales - Äußerliches - Beobachtungen der Eltern

BLASE - *Urinieren - verzögert, muß warten, bis der Urin zu fließen beginnt* (*/1020)
• *Urinieren - verzögert, muß warten, bis der Urin zu fließen beginnt - pressen, bevor er damit beginnen kann; muß lange* (*/1021)

Nacht; Beobachtungen in der - Gemütssymptome

GEMÜT - *Sprechen - Schlaf; im* (*/169)

Nacht; Beobachtungen in der - körperliche Symptome

BLASE - Urinieren - unwillkürlich - nachts (k/1019)
• Urinieren - unwillkürlich - nachts - Mitternacht - nach - 5 h (k/1019)
» unwillkürlich - nachts - Morgen, gegen (k/1019)

Nacht; Beobachtungen in der - Schlaf

SCHLAF - Erwachen - Schreck, wie durch (k2*/1675)

Nacht; Beobachtungen in der - Schlaf; Lage im

SCHLAF - *Lage - verändert häufig die Lage* (hr1*/1683)
• Lage - verändert häufig die Lage - Herzklopfen; aufgrund von (st1/1683)

Körperliche Symptome und Erkrankungen

NIEREN - Entzündung (k/1023)

Cadmium metallicum

cadm-met.

Entwicklung - schnell

ALLGEMEINES - Wachstum - Längenwachstum; zu schnelles (gm1/2021)

Stillen - Magendarmsymptome - Appetit - vermindert

MAGEN - Appetit - fehlend (tpw6/767)

Stillen - Magendarmsymptome - Appetit - vermehrt

MAGEN - Appetit - unstillbar (sp1/770)
• Appetit - vermehrt (sp1/770)
» vermehrt - begleitet von - Übelkeit (tpw6/771)
» vermehrt - Erwachen, beim (tpw6/771)

Konstitution - Aggressivität

GEMÜT - Zorn - Tadel, durch - andere getadelt werden; wenn er hört, daß (mg1/255)

Konstitution - Angst und Furcht

GEMÜT - Furcht - engen Räumen; in (stj2/67)
• Furcht - hochgelegenen Orten; vor (stj2/71)

Konstitution - Allgemeines

GEMÜT - Faulheit (mg1/55)
• Spontan, impulsiv (gm1/166)
• Stimmung, Laune - veränderlich (stj2/171)

Beziehung zu anderen - Reaktion auf andere

GEMÜT - Gesellschaft - Abneigung gegen (mg1/94)
• Gesellschaft - Verlangen nach (^/95)
» Verlangen nach - allein; agg. wenn (stj2/96)

Beziehung zu anderen - allgemein

GEMÜT - Argwöhnisch, mißtrauisch (mg1/16)

Nonverbales - Reaktion auf andere

GEMÜT - Schamlos (stj2/153)

Nonverbales - Gesten, Gebärden

GEMÜT - Auffahren, Zusammenfahren - Geräusche; durch (gm1/17)

Nonverbales - Konsultation; bei der

OHR - Absonderungen - chronisch (gm1/497)
MUND - Aphthen (tpw6/639)
BRUST - Einziehung der Brustwarzen (sne*/1231)

Nonverbales - Äußerliches - Beobachtungen des Arztes

ALLGEMEINES - Magere Personen (sp1/1919)

Nonverbales - Äußerliches - Beobachtungen der Eltern

STUHL - Schafskot, wie (tpw6/997)

Nacht; Beobachtungen in der - Gemütssymptome

GEMÜT - Furcht - Dunkelheit; vor der (stj2/66)

Autos und Schiffe

MAGEN - Übelkeit - Fahren - Wagen; im - agg. (tpw6/836)

Cadmium sulphuratum

cadm-s.

Was die Gemütsebene betrifft, so haben sie Angst vor hochgelegenen und vor engen Orten, Armut, Dunkelheit, Fremden und vor dem Alleinsein. Tatsächlich ist das Mittel in den folgenden Rubriken enthalten: „Gemüt - Gesellschaft - Verlangen nach“ und „Gemüt - Gesellschaft - Verlangen nach - allein; agg. wenn“. Der Aspekt, der mit Gesellschaft verbunden ist, ist besonders bei Fieber und bei schweren chronischen Zuständen zu sehen.

Clarke stellte Cadmium sulphuratum zwischen Bryonia und Arsenicum. Der Patient hat *völlige Abneigung gegen Bewegung* und Verlangen, ruhig zu sein, wie bei Bryonia und hat die *Erschöpfung und Reizbarkeit des Magens* wie Arsenicum. Der große Durst von Bryonia ist nicht vorhanden, denn Cadmium-sulphuratum-Personen neigen dazu, nur kleine Schlucke und selten zu trinken, wonach sie sich übergeben. Sie mögen die Einsamkeit nicht, so wie Arsenicum, aber sie mögen es auch nicht, wenn ihnen jemand nahe ist, was sie belastet. Tatsächlich sind sie zu müde, um zu kommunizieren.

Faule und launische Kinder, die oft dazu neigen, das Gegenteil dessen zu tun, was ihnen gesagt wird; sie können heftig sein und spucken.

In der Schule ertragen sie es nicht, wenn ihnen Vorwürfe gemacht werden und geistige Anstrengungen verursachen oft Kopfschmerzen.

Auf der körperlichen Ebene ist der *Magen* oft beteiligt. Cadmium sulphuratum ist eines der besten Mittel bei Magenkrebs. Übermäßiges Erbrechen und tödliche Übelkeit. Das Erbrochene und die Ausscheidungen aus dem Darm bestehen aus fast gallertartigen, gelblichgrünen, halbflüssigen Massen; übermäßige Erschöpfung, fast bewußtlos. Das Kind kann kaum ein Glied bewegen. Das Kind schläft, wenn überhaupt, mit offenem Mund. Kälte mit kaltem Schweiß, besonders im Gesicht.

Dieses Mittel wurde zur Behandlung von Enzephalitis, Meningitis und Hydrozephalus angegeben. Es kann auch hilfreich sein, um chirurgische pathologische Zustünde wie *Adenoide* und *Appendizitis* zu behandeln.

Klinisches: Übelkeit. Erbrechen. Magenkrebs. Nebenwirkungen von Strahlentherapie. Nebenwirkungen von Chemotherapie. Haarausfall. Abmagerung. Asthma.

Wirkungsbereich: Magen. Atmung.

* * *

Konstitution - Angst und Furcht

GEMÜT - Furcht - allein zu sein (*/64)
• Furcht - Armut, vor (stj2/65)
» engen Räumen; in (stj2/67)
» hochgelegenen Orten; vor (stj2/71)

Konstitution - Allgemeines

GEMÜT - Faulheit (a1*/55)
• Furcht - Armut, vor (stj2/65)
• Stimmung, Laune - veränderlich (stj2/171)

Familie; Beziehung zur - Vorwürfe

GEMÜT - Beschwerden durch - Tadel (mg/25)

Beziehung zu anderen - Reaktion auf andere

GEMÜT - Gesellschaft - Verlangen nach (k/95)
• Gesellschaft - Verlangen nach - allein; agg. wenn (*/96)
• Widerspenstig (stj2/249)

Schule - Anstrengung; geistige

KOPF - Schmerz - geistige Anstrengung - agg. (k/328)

Schule - Vorwürfe

GEMÜT - Beschwerden durch - Tadel (mg/25)

Nonverbales - Aggressivität

GEMÜT - Spucken (bg2/170)

Nonverbales - Reaktion auf andere

GEMÜT - Furcht - Fremden; vor (bg2/68)
• Furcht - Näherkommen, Annäherung von; vor - anderen, von (*/74)
• Schamlos (stj2/153)

Nonverbales - Konsultation; bei der

KOPF - Hitze - Kälte - Extremitäten; mit Kälte der (k/293)
OHR - Entzündung (k/500)
HAUT - Erysipel (k/1798)

Nonverbales - Äußerliches - Beobachtungen des Arztes

GESICHT - Aphthen - Lippen, an den (k/579)

Nonverbales - Äußerliches - Beobachtungen der Eltern

MAGEN - Brechreiz, Würgen (br1/784)
BLASE - Urinieren - verzögert, muß warten, bis der Urin zu fließen beginnt (c1/1020)

Nacht; Beobachtungen in der - Gemütssymptome

GEMÜT - Furcht - Dunkelheit; vor der (stj2/66)

Nacht; Beobachtungen in der - Schlaf

SCHLAF - *Schlaflosigkeit - Cholera infantum, bei* (kr1/1689)

Nacht; Beobachtungen in der - Schlaf; Lage im

SCHLAF - Lage - Abdomen, auf dem (bg2/1682)
• Lage - Hände - Kopf - unter dem (a1/1682)
» Kopf - tiefliegendem; mit (k/1683)

Körperliche Symptome und Erkrankungen

KOPF - Entzündung - Gehirn (*/284)
• Entzündung - Hirnhaut (bg*/284)
• Hydrozephalus (k/295)
REKTUM - Cholera - infantum (c1*/949)
FIEBER - Continua (k2/1772)

Chirurgisch pathologische Zustände

NASE - Polyp (bg2*/561)

Cajuputum

caj.

Infektionskrankheiten - Masern

HAUT - Hautausschläge - Masern (a1/1817)

Konstitution - Allgemeines

GEMÜT - Entmutigt (a1/46)
• Faulheit (a1/55)

Beziehung zu anderen - Reaktion auf andere

GEMÜT - Gesellschaft - Abneigung gegen (^/94)

Nonverbales - Reaktion auf andere

GEMÜT - Näherkommen, auf ihn Zukommen von Personen - Abneigung gegen (k/134)

Nonverbales - Äußerliches - Beobachtungen der Eltern

MAGEN - Schluckauf (c2*/809)

Nacht; Beobachtungen in der - Schlaf; Lage im

SCHLAF - Lage - Arme - Kopf - unter dem Kopf (a1/1682)

Caladium seguinum

calad.

Caladium ist ein unschätzbares Mittel bei *Pruritus vulvae.* Dieses Jucken führt oft zu Masturbation und sogar zu Nymphomanie. Farrington schrieb: „Es ist das beste Mittel bei kleinen Mädchen, wenn die Würmer über das Perineum hinaus wandern und in die Vagina gelangen und große Reizung hervorrufen."

Das *Journal of Homeopathic Clinics* veröffentlichte zwei interessante Caladium-Fälle:

1. „Ein vierjähriges Mädchen; heftiges Jucken an den äußeren Genitalien, was sie zwang, sich zu kratzen; heftige Strafen konnten sie nicht davon abhalten; das Kind war sowohl körperlich wie geistig verkümmert."

2. „Ein zwanzigjähriges Mädchen; klagt plötzlich über häufig wiederkehrendes Jucken an den Genitalien, was schließlich von Wollust begleitet ist. Drei Monate später folgte eine Absonderung von Schleim und ein sehr beschwerlicher Ausschlag von Pickeln um die Genitalien."

Das Mittel *reizt stark Schleimhäute und Haut*, was *Brennen* hervorruft. Insektenstiche verursachen Brennen und heftiges Jucken.

Trockenheit der Körperteile, die normalerweise feucht sind (innerer Hals, Lippen, Glans penis).

Erschöpfung ist ein wichtiges Merkmal dieses Mittels, aber diese Erschöpfung stammt nicht allein von sexuellen Exzessen, Unterdrückung sexueller Leidenschaft oder übermäßigem Rauchen, wie in manchen Büchern beschrieben. Bei Kindern kann man auch andere Ursachen feststellen: geistige oder körperliche Überarbeitung oder unterdrückte Hautausschläge.

Geistige Schwäche ist oft anzutreffen. Das Kind ist oft unglücklich, entmutigt, geistesabwesend, verliert das Interesse an allem und ist emotional unbeteiligt.

Zu den verschiedenen Ängsten gehören: vor Dunkelheit, Tod, Krankheiten, besonders ansteckenden Krankheiten. Man findet Caladium zusammen mit Aconitum, Calcarea carbonica, Lycopodium und Staphysagria in der Rubrik: „Furcht - Schatten - seinem eigenen Schatten; vor". Angst vor dem Einschlafen, ohne zu wissen warum. Außerordentlich *empfindlich gegen Geräusche*, besonders, wenn sie einschlafen wollen.

Klinisches: Jucken. Pruritus vulvae. Masturbation. Nymphomanie. Mückenstiche. Asthma. Würmer.

Wirkungsbereich: Geschlechtsorgane. Haut. Schleimhäute. Nerven.

* * *

Stillen - Gemütssymptome

GEMÜT - Hast, Eile - Essen; beim (*/105)

Stillen - Milch

ALLGEMEINES - Speisen und Getränke - Milch - Abneigung (*/2000)
• Speisen und Getränke - Milch - agg. (vml3/2001)

Stillen - Magendarmsymptome - Appetit - allgemein

MAGEN - Appetit - launischer Appetit (bg2/770)

Stillen - Magendarmsymptome - Appetit - vermindert

MAGEN - Appetit - fehlend (*/767)
• Appetit - fehlend - Hunger, mit (b2/768)
» schnelle Sättigung (*/770)

Stillen - Magendarmsymptome - Appetit - vermehrt

MAGEN - Appetit - Genuß, ohne (k/769)
• Appetit - Heißhunger (k/769)
» vermehrt (*/770)

Konstitution - Angst und Furcht

GEMÜT - Angst - hypochondrisch (*/11)
• Erwartungsspannung - Lampenfieber (fry/53)
• Furcht - Geräusche, durch (bro1/69)
• Furchtlos (fyz/80)
• *Mutig* (b2/133)

Konstitution - Allgemeines

GEMÜT - Entmutigt (*/46)
• *Milde* (*/130)
• Unaufmerksam (bg2/189)
• Unzufrieden (^/194)
• Verwegenheit (hr1*/199)

Familie; Beziehung zur - Liebe und Zuneigung

GEMÜT - Eifersucht (^/40)

Beziehung zu anderen - Reaktion auf andere

GEMÜT - Weigert sich etwas zu tun - Medizin einzunehmen; die (ptk1/244)
• Widerspenstig (k/249)

Schule - Konzentration

GEMÜT - Unaufmerksam (bg2/189)

Nonverbales - Gesten, Gebärden

GEMÜT - Auffahren, Zusammenfahren - Geräusche; durch (k/17)

Nonverbales - Allgemeines

GEMÜT - Hast, Eile - Essen; beim (*/105)

Nonverbales - Konsultation; bei der

GESICHT - Schwellung - Unterkieferdrüsen (*/631)
ÄUSSERER HALS - Schwellung - Halsdrüsen (b7/760)
ALLGEMEINES - Wassersucht - Allgemeinen; im (hr1*/2023)

Nonverbales - Äußerliches - Beobachtungen des Arztes

GESICHT - Venen, erweiterte - Stirn (bg1/634)
ATMUNG - Beschleunigt (a1/1174)

Nonverbales - Äußerliches - Beobachtungen der Eltern

MAGEN - Schluckauf (a1/809)
• *Völlegefühl - Essen - nach - agg.* (k/845)
ABDOMEN - Schmerz - Zusammenkrümmen - muß sich zusammenkrümmen (k/897)
MÄNNLICHE GENITALIEN - Masturbation, Neigung zur (bg2*/1071)
WEIBLICHE GENITALIEN - *Masturbation; Neigung zu* (k/1104)
• Masturbation; Neigung zu - Jucken, durch - Vagina; in der - Kindern; bei (bro1*/1104)
HAUT - *Insektenstiche* (*/1825)

Nacht; Beobachtungen in der - Gemütssymptome

GEMÜT - Furcht - Dunkelheit; vor der (st1/66)

Nacht; Beobachtungen in der - Schlaf

SCHLAF - Erwachen - Schreck, wie durch (b7a/1675)

Körperliche Symptome und Erkrankungen

NIEREN - Entzündung (k/1023)
FIEBER - Continua (k/1772)

Chirurgisch pathologische Zustände

MÄNNLICHE GENITALIEN - Phimose (k/1071)

Würmer

REKTUM - Würmer - Beschwerden durch Würmer (bg2*/985)

MÄNNLICHE GENITALIEN - Masturbation, Neigung zur - Würmer, durch (sf1/1071)

WEIBLICHE GENITALIEN - Jucken - Würmer, durch - Madenwürmer (pd*/1102)

Calcarea acetica

calc-act.

Calcarea acetica ist angezeigt bei *adipösen Kindern*, mit einer Symptomatologie, die oft der von Calcarea carbonica ähnelt. Boericke schrieb: „Erzielte glänzende Ergebnisse bei Entzündung der Schleimhäute, die durch Exsudation gekennzeichnet war; ansonsten ist seine Wirkung und Anwendung wie die des Karbonats."

Vermeulen nennt ähnliche Anzeigen: „Die klinische Anwendung dieses Mittels beruhte hauptsächlich auf der bekannten Kraft der Essigsäure, *Entzündungen der Schleimhäute* hervorzurufen, die durch Exsudation gekennzeichnet sind; wenn diese Zustände bei Menschen auftreten, die eine stark ausgeprägte Calcarea-Kachexie aufweisen."

Es ist angezeigt bei Diarrhoe von Kleinkindern, die mit Erbrechen geronnener Milch und sauer riechendem Stuhl verbunden ist, besonders während der Zahnung.

Dr. Willmar Schwabe erinnert daran, daß Hahnemann dieses Mittel als Spezifikum bei Obstipation empfahl. Es eignet sich besonders bei Obstipation mit gleichzeitigem Darmkatarrh, wenn der Bauch aufgetrieben und schmerzhaft ist, wobei die Schmerzen durch Abgang von Wind und Fäzes besser werden. Auch nützlich, wenn der Obstipation Diarrhoe folgt.

Calcarea acetica kann auch bei *Einziehung der Hoden* erwogen werden. Hahnemann schrieb: „Unter dem strammenden Schmerz im linken Schoß zieht sich der linke Hoden krampfhaft und schmerzlich, wie ein Drücken, aufwärts an den Bauch heran und schmerzt auch beim Befühlen."

In der Schule haben sie Probleme, in der Tat verursacht Lesen oft pulsierende Schmerzen in den Schläfen.

Klinisches: Bronchitis. Husten. Kopfschmerzen. Obstipation. Diarrhoe. Einziehung der Hoden.

Wirkungsbereich: Schleimhäute. Abdomen. Kopf. Hoden.

* * *

Zahnung - Magendarmsymptome

REKTUM - Diarrhoe - Zahnung; während (bro1/957)

Infektionskrankheiten - Mumps

GESICHT - Schmerz - Parotis (k/626)

Schule - Anstrengung; geistige

KOPF - Schmerz - Schläfen - Lesen agg. - pulsierend (k/370)

Nonverbales - Konsultation; bei der

OHR - *Katarrh - Eustachische Röhre* (bro1/515)

HÖREN - *Schwerhörig - Tubenkatarrh* (bro1/537)

HAUT - Hautausschläge - Herpes - ringförmig (bro1/1815)

Nonverbales - Äußerliches - Beobachtungen des Arztes

ALLGEMEINES - Fettleibigkeit - Jugendlichen, bei (sf1/1879)

Nacht; Beobachtungen in der - Gemütssymptome

GEMÜT - Furcht - Dunkelheit; vor der (a1/66)

Körperliche Symptome und Erkrankungen

REKTUM - Cholera - infantum (bro1/949)

Chirurgisch pathologische Zustände

MÄNNLICHE GENITALIEN - Hochgezogen, an den Körper gezogen - Hoden (slp/1068)

• Hochgezogen, an den Körper gezogen - Hoden - links (h1/1068)

» Hoden - schmerzhaft (h1*/1068)

Calcarea arsenicosa

calc-ar.

Wie viele Kalziumsalze und Arsenverbindungen neigt Calcarea arsenicosa dazu, *viele Ängste* zu haben. Die häufigsten Ängste sind Angst vor Tieren (besonders Insekten, Mäusen, Vögel und Katzen), vor hochgelegenen Orten, dem Alleinsein und dem Sterben. Karl-Josef Müller schrieb: „Zeigt sich in der Form von Panikanfällen, wie Angst vor Friedhöfen oder als eine Angst vor dem Einschlafen (aus Angst, nie wieder aufzuwachen). Das Zuhause und die Familie sind ein Schutz gegen diese Angst. *Jedes Problem, daß die Stabilität der Familie bedroht* - gesundheitlich, finanziell, in Bezug auf

Beziehungen - *wird große Angst auslösen.* Calcarea arsenicosa benötigt einen festen Boden als Gegenstück zu dem (furchtbaren) ‚Gefühl, als würden die Füße den Boden nicht berühren'. Die Furcht, den Boden unter den Füßen zu verlieren, spiegelt sich in der Angst vor Vögeln und Insekten wider."

Sie sind eigensinnig und brillant. Hierzu schrieb Springer: „Verlangen, mit ihrem brillanten Verstand anzugeben. Bei vielen Calcarea-arsenicosa-Patienten kann man beobachten, daß sie versuchen, andere mit intellektuellem Scharfsinn zu beeindrucken. Sie scheinen ein spezielles Bedürfnis zu haben, zu demonstrieren, daß sie einen brillanten Verstand haben."

Sie können sehr kritisch gegenüber anderen sein und gleichzeitig ausgeprägt empfindlich sein.

Sie sind *besonders empfindlich gegen Kälte. Adipöse Kinder.*

Auf der körperlichen Ebene nennen es viele Autoren früherer Jahre als Mittel bei vergrößerter Leber und Milz bei Kindern. Die Nieren sind ein weiteres Zielorgan; beispielsweise Nephritis mit großer Empfindlichkeit in der Nierengegend.

Klinisches: Adipositas. Nierenleiden. Nephritis. Proteinurie. Leberleiden. Milzleiden. Anämie. Asthma. Kopfschmerzen.

Wirkungsbereich: Leber. Milz. Nieren.

* * *

Krankengeschichte; familiäre und persönliche

ALLGEMEINES - Familiengeschichte von - Krebs (dgt1/1878)

Stillen - Milch

MAGEN - Verdorben - Milch agg. (k2/844)

Stillen - Magendarmsymptome - Appetit - vermindert

MAGEN - *Appetit - fehlend* (k/767)

Stillen - Magendarmsymptome - Aufstoßen - Wasser; Hochsteigen von

MAGEN - Aufstoßens; Art des - Wasser in den Mund; Hochsteigen von (k2/781)

Konstitution - Angst und Furcht

GEMÜT - Furcht - allein zu sein (k2/64)
• Furcht - hochgelegenen Orten; vor (mtf/71)

Konstitution - Allgemeines

GEMÜT - *Faulheit* (k2*/55)
• Unzufrieden (k2/194)

Beziehung zu anderen - Reaktion auf andere

GEMÜT - Gesellschaft - Verlangen nach (k2*/95)
• Schüchternheit, Zaghaftigkeit (k2*/158)

Beziehung zu anderen - allgemein

GEMÜT - Beleidigt, leicht (k2/20)
• Tadelsüchtig, krittelig (k2/178)

Schule - Anstrengung; geistige

KOPF - Schmerz - geistige Anstrengung - agg. (k/328)

Schule - Konstitution

GEMÜT - Eigensinnig, starrköpfig, dickköpfig (k2/41)

Tieren; Beziehung zu

GEMÜT - Furcht - Insekten; vor (bng/71)
• Furcht - Katzen; vor (mtf/71)

Nonverbales - Allgemeines

GEMÜT - Eigensinnig, starrköpfig, dickköpfig (k2/41)

Nonverbales - Konsultation; bei der

OHR - *Katarrh - Eustachische Röhre* (bro1/515)
HÖREN - *Schwerhörig - Tubenkatarrh* (bro1/537)
ABDOMEN - Vergrößert - Leber - Kindern, bei (*/938)
HAUT - Hautausschläge - Herpes - ringförmig (mp1/1815)
• *Hautausschläge - Molluscum* (bro1/1818)
ALLGEMEINES - Wassersucht - Allgemeinen; im (br1/2023)

Nonverbales - Äußerliches - Beobachtungen der Eltern

MAGEN - Völlegefühl - Essen - nach - agg. (k2/845)

Nacht; Beobachtungen in der - Gemütssymptome

GEMÜT - Furcht - Dunkelheit; vor der (a1/66)

Körperliche Symptome und Erkrankungen

NIEREN - Entzündung (br1*/1023)
ALLGEMEINES - Verletzungen - Knochenbrüche - langsame Heilung von Knochenbrüchen (mtf11/2020)

Chirurgisch pathologische Zustände

ABDOMEN - Hernie - Leistenhernie (k/868)

Calcarea bromata

calc-br.

Wie sowohl Bromium als auch Calcarea ist Calcarea bromata geeignet bei hellhaarigen und *fetten Kindern.* Die Kombination dieser Substanzen scheint die Wirkung zu verstärken. Die Kinder, für die Calcarea bromata am nützlichsten ist, sind *schlaff-lymphatisch, nervös* und *reizbar.*

Sie wachsen schnell, aber das Fleisch ist nicht fest. Sie haben Schwierigkeiten beim Laufenlernen. Die Zähne brechen spät durch und die Zahnung wird von Reizung von Magen, Darm und Gehirn begleitet. Es ist nützlich bei Erbrechen und Diarrhoe, sowie bei der Tendenz zu Gehirnerkrankungen.

Dr. Deschere aus New York verläßt sich auf dieses Mittel bei typischen Calcarea-Kindern, wenn nervöse Reizbarkeit, Ruhelosigkeit, Schlaflosigkeit und nächtliche Hyperästhesie vorherrschen.

Schlaflosigkeit, besonders während der Zahnung, mit Schlafwandeln.

Nützlich bei Kindern mit vermindertem Gehör auf Grund von Tubenkatarrh und häufiger Tonsillitis.

Ich hatte einen Fall eines elfjährigen Mädchens mit wiederkehrenden Atemproblemen auf Grund vergrößerter Mandeln. Während des ersten Besuchs sagte die Mutter: „Sie ist sehr empfindlich und weint wegen nichts; seit etwa einem Jahr zeigt sie Angst und Sorgen wegen der Schule, in der sie hart arbeitet und sehr gute Ergebnisse erzielt. Sie ist scheu aber stur; sie arbeitet hart an allem, was sie anfängt. Sie hat oft vergrößerte Drüsen und atmet schwer, wenn sie schläft, und oft schnarcht sie. *Sie ist empfindlich gegen Hitze.* Sie ist ängstlich vor Prüfungen in der Schule oder Sportwettbewerben. Die Meinung anderer interessiert sie besonders. Wenn sie ängstlich ist, hat sie Schlafstörungen und früher hatte sie ein paar Fälle von Schlafwandeln. Sie gibt gewöhnlich nicht anderen die Schuld, im Gegenteil, sie *neigt dazu, sich selbst die Schuld zu geben.*“

Ein Jahr nach der ersten Gabe von Calcarea bromata: „In all diesen Monaten war sie nie krank, sie hat nicht geschnarcht und schlief immer mit geschlossenem Mund. Die rechte Mandel ist völlig normal, während die linke noch etwas vergrößert ist, aber viel weniger als früher. Die Drüsen haben sich nicht vergrößert und es kam zu keinen weiteren Fällen von Schlafwandeln. In der Schule ist sie stiller, ruhiger und selbstsicherer. Sie gibt sich nicht mehr die Schuld.“

Rajan Sankaran schrieb: „Ich habe festgestellt, daß Calcarea bromata in Indien oft angezeigt ist, wo Kinder sehr lange von den Eltern abhängig bleiben, manchmal sogar bis sie über dreißig sind. Sie haben große Angst, sich moralischen Werten zu widersetzen, die ihnen ihre Eltern beigebracht haben, aus Angst, ihre Sicherheit zu verlieren.“

Klinisches: Blutandrang zum Gehirn. Reizbarkeit. Schlaflosigkeit. Tonsillitis. Erbrechen. Diarrhoe.

Wirkungsbereich: Gehirn. Gemüt. Darm.

* * *

Zahnung - Allgemeines

SCHLAF - Schlaflosigkeit - Zahnung; während der (sf1/1694)

Stillen - Milch

ALLGEMEINES - Speisen und Getränke - Milch - Abneigung (stj1/2000)

Infektionskrankheiten - Mumps

GESICHT - Entzündung - Parotis (stj1/584)
• Schwellung - Parotis (stj1/631)

Infektionskrankheiten - Keuchhusten

HUSTEN - Keuchhusten (stj1/1197)

Konstitution - Allgemeines

GEMÜT - Neugierig (mtf/135)

Familie; Beziehung zur - Vorwürfe

GEMÜT - Beschwerden durch - Tadel (stj1/25)

Beziehung zu anderen - Reaktion auf andere

GEMÜT - Schüchternheit, Zaghaftigkeit (^/158)

Schule - Vorwürfe

GEMÜT - Beschwerden durch - Tadel (stj1/25)

Schule - Konstitution

GEMÜT - Neugierig (mtf/135)

Nonverbales - Aggressivität

GEMÜT - Reizbarkeit, Gereiztheit - Kindern, bei (c1/145)

Nonverbales - Allgemeines

GEMÜT - Ruhelosigkeit - Kindern, bei (c1/151)

Nonverbales - Konsultation; bei der

OHR - *Katarrh - Eustachische Röhre* (bro1/515)
HÖREN - *Schwerhörig - Tubenkatarrh* (bro1/537)
GESICHT - Schwellung - Unterkieferdrüsen (stj1/631)

Nonverbales - Äußerliches - Beobachtungen des Arztes

NASE - Bewegung - Nasenflügel - Fächer; wie ein (stj1/545)
ALLGEMEINES - Aussehen - hell, blond (stj1/1855)

Nacht; Beobachtungen in der - Gemütssymptome

GEMÜT - Schlafwandeln (stj1/154)

Nacht; Beobachtungen in der - Schlaf

SCHLAF - Schlaflosigkeit - Kindern, bei (bro1/1691)

Körperliche Symptome und Erkrankungen

KOPF - Entzündung - Gehirn (bro1/284)

Calcarea carbonica

calc.

Wenn man betrachtet, wie Kalzium im menschlichen Körper verteilt ist, sieht man, daß das Knochengewebe am meisten enthält, gefolgt vom Muskelgewebe. Dadurch versteht man die Bedeutung von Kalzium für den Muskel- und Herztonus, zusätzlich zur bekannten Bedeutung von Kalzium für die Knochen (Wachstum, Knochenheilung, Knochenerkrankungen, Dekalzifikation).

Langsamkeit ist eines der wichtigsten Charakteristika von Kindern, die Calcarea carbonica benötigen. Dies ist an der Tatsache zu erkennen, daß sie *später laufen und sprechen lernen* als Gleichaltrige. Wie bei Calcarea phosphorica und Silicea *schließen sich die Fontanellen spät.* Ihre *Langsamkeit beim Verstehen von Dingen* ist ähnlich der von Baryta carbonica.

Man kann zwei Typen von Kindern unterscheiden, die dieses Mittel benötigen.

Der erste Typ kann nicht mit der Klasse Schritt halten; macht Fehler beim Sprechen, Schreiben und Lesen; arbeitet zuhause hart und verbringt viele Stunden mit Lernen und zeigt Symptome wie Kopfschmerzen und schmerzende Augen. Diese Kinder erzielen normalerweise keine zufriedenstellenden Ergebnisse.

Im Gegensatz dazu ist der zweite Typ brillant, arbeitet hart und erzielt gute Ergebnisse in der Schule. Sie scheinen langsam beim Lernen zu sein, weil sie ständig arbeiten müssen und das beharrlich. Was gelernt wird, wird gut aufgenommen; sie bauen ihr Wissen in solider Weise auf; und können die Besten in der Klasse sein, selbst wenn sie nicht besonders intelligent sind.

Calcarea-carbonica-Kinder sind sich bewußt, daß sie langsamer sind, als Gleichaltrige und vermeiden daher, sich lächerlich zu machen. Sie sind ruhig und spielen allein. Man kann sie stundenlang alleine spielen lassen. Sie werden sich jeder neuen Situation solange widersetzen, bis sie diese mit dem Verstand erfaßt und strukturiert haben.

Wenn sie krank sind, sind sie gewöhnlich ruhig, auch wenn im Fieber einige von ihnen sich an einem Elternteil anklammern wollen, um sich sicherer zu fühlen. Introvertiertheit beobachtet man besonders bei adipösen Heranwachsenden, die auch etwas lethargisch werden.

Einem Kind, das Calcarea carbonica benötigt, ein Mittel zu verabreichen, kann so schwierig werden, wie bei einem Kind, das Tuberculinum benötigt. Ein weiteres Charakteristikum dieser Kinder kann von dieser Haltung abgeleitet werden: *Hartnäckigkeit*, ein Zeichen ihres starken Charakters. Sie können ganz ruhig dem Arzt gegenübersitzen und zeigen nicht die Schüchternheit von Lycopodium oder Pulsatilla.

Sie sind zweifellos weniger herrschsüchtig als Kinder, die Lycopodium benötigen.

Sie können ganz besonders unabhängig wirken.

Es ist merkwürdig, zu erleben, wie ein Kind über die Zukunft der Welt spricht, von Engeln und davon, daß es die Bibel lesen möchte, was man bei Calcarea-carbonica-Kinder antreffen kann.

Zu den *Ängsten* gehören: Dunkelheit, Schatten, Spinnen, Insekten, Mäuse, Hunde, Gewitter und hochgelegene Orte. Jüngere Kinder sprechen manchmal mit sehr hoher Stimme, wenn ihnen jemand schnell näher kommt (Baryta carbonica und Lycopodium). Ältere Kinder können an Klaustrophobie leiden.

Sie können sich Sorgen um die Zukunft machen und möchten wissen, was in einer neuen Situation geschehen könnte. Sie haben Angst davor, im Dunklen allein zu sein und möchten nicht schlafengehen, allein aus Angst vor Gespenstern und Monstern. Sie können Pavor nocturnus haben, besonders nachdem sie sich etwas Schreckliches im Fernsehen angesehen haben.

Die Persönlichkeit von Calcarea carbonica ist auch gekennzeichnet von Ernst und einer Art von Traurigkeit. Manchmal können sie launisch sein. Sie jammern, wissen nicht, was sie wollen, möchten nicht berührt werden und scheinen besonders reizbar.

Sie können leicht an Impetigo, Milchschorf, Abszessen und Warzen leiden.

Eine Erkältung kann zu Sinusitis werden, besonders nach Abkühlung. Erkältungen können von Absonderung aus den Augen begleitet sind. Die Schleimhaut der Bronchien kann einen chronisch katarrhalischen Zustand aufweisen. Die Bronchien entzünden sich bei der geringsten Einwirkung von Kälte und infizieren sich. Es kann zu chronischer katarrhalischer Bronchitis kommen.

Calcarea carbonica ist eines der Mittel bei *Stenose des Tränenkanals* und Schwäche der Augenmuskeln mit sich daraus ergebendem Strabismus, besonders *Strabismus convergens.*

Die Krankengeschichte des Kindes ist oft voller Entzündungen der Ohren. *Ohrenschmerzen können oft Belladonna-Symptome zeigen, wobei Belladonna in akuten Situationen ein Komplementärmittel von Calcarea carbonica ist.* Wenn man intensive Hitze des Kopfes sieht, mit kalten Händen und Füßen, Neigung, sich zu bedecken, Blutandrang zum Gesicht und hohes Fieber, erwäge man Belladonna.

Kinder neigen dazu, spät zu zahnen; die Zähne brechen oft unter Schmerzen durch, besonders die Weisheitszähne.

Sie können an Halsentzündungen leiden, besonders nach Einwirkung von Kälte und *wiederholten Streptokokkeninfektionen.* Halsentzündungen sind oft von vergrößerten Drüsen begleitet.

Husten kann häufig sein: nachts trocken und tagsüber gelöst, mit problemlosem Auswurf.

Diese Kinder lieben Süßigkeiten, Eiscreme, Kartoffeln (besonders roh), Nudeln und Brot. Sie mögen auch Käse, aber *Eier* sind ihre Lieblingsspeise, besonders weich gekochte. Sie mögen kein Fleisch und haben starke Abneigung gegen schleimige Speisen. Sie bevorzugen kalte Getränke. Viele von ihnen vertragen keine Milch, die Durchfall hervorrufen kann.

Sie neigen zu langsamer Verdauung. Wie Pulsatilla, Lycopodium und Nux vomica können sie nach dem Essen Schluckauf haben.

Sie können an Nabelbruch leiden.

Knaben können Hydrozele haben (Pulsatilla). Ausschläge um die Geschlechtsorgane ähneln denen, die man bei Medorrhinum antrifft. Einige Kinder können an *Enuresis* leiden, besonders diejenigen, die übergewichtig sind.

Mädchen können an *wiederkehrender Vaginitis* leiden. Vor der Pubertät können Mädchen eine Art von milchigem und ziemlich reichlichem *Fluor* haben. Die Menarche kann früh erscheinen, vor dem zehnten Lebensjahr oder spät, sogar nach dem siebzehnten.

Wie die anderen Kalziumsalze ist Calcarea eines der Hauptmittel, die zur Behandlung von Kalzifikation benutzt werden, wie sie bei *Osteogenesis imperfecta*, Schwäche des Rückens, *Skoliose* und schwierigem Zusammenwachsen von Knochen nach einer Fraktur vorkommt.

Hände und Füße schwitzen reichlich, auch bei Kälte und in der Ruhe.

Calcarea carbonica ist ein Mittel bei Epilepsie, besonders wenn sie während der Zahnung auftritt.

Diese Kinder *frieren, werden aber bei der geringsten Anstrengung heiß. Sie schwitzen nachts und entblößen oft die Füße.*

Klinisches: Knochenleiden. Koxalgie. Schwäche der Sprunggelenke. Zahnung. Anämie. Diabetes. Schnupfen. Husten. Krupp. Milchschorf. Diarrhoe.

Wirkungsbereich: Knochen. Ernährung. Drüsen. Haut. Blut. Brust. Lungen.

* * *

Krankengeschichte; familiäre und persönliche

ALLGEMEINES - Familiengeschichte von - Gicht (dmd1/1878)

- Krankengeschichte von; persönliche - Abszessen; wiederkehrenden (mtf/1909)
  - » **Augen - Entzündung der; von wiederkehrender** (k/1909)
  - » Furunkel; von wiederkehrenden (bro1*/1909)
  - » gastrointestinalen Beschwerden; von (wda/1909)
  - » *Krupp; von wiederkehrendem* (*/1910)
  - » *Laryngitis; von wiederkehrender* (k/1910)
  - » Ohr - Entzündung - Innenohrs; wiederkehrende Entzündung des (mrr1/1910)
  - » Tuberkulose, von (k2/1910)

Entwicklung - langsam

GEMÜT - Entwicklung; kindliche - Entwicklungsstillstand (sf1/47)

- Sprechen - langsam; lernt (bg2*/168)

KOPF - **Fontanellen - offen** (*/286)

EXTREMITÄTEN - **Schwäche - Beine - Gehenlernen bei Kindern; spätes** (k/1620)

ALLGEMEINES - *Entwicklung - Entwicklungsstillstand* (bg2/1872)

- **Gehen - Gehenlernen, Laufenlernen - spätes** (*/1883)
  - » *Gehenlernen, Laufenlernen - spätes - Knochenentwicklung; verzögerte* (k2/1883)

Entwicklung - schnell

GEMÜT - *Frühreife, altkluge Kinder* (k2*/63)

ALLGEMEINES - *Wachstum - Längenwachstum; zu schnelles* (bro1*/2021)

Entwicklung - allgemein

KOPF - Fontanellen - offen - eingesunken (*/286)

- **Großer Kopf** (*/289)

EXTREMITÄTEN - *Schmerz - Unterschenkel - Wachstumsschmerzen* (lmj/1605)

ALLGEMEINES - Schmerz - Wachstumsschmerzen (ptk1/1958)

Zahnung - Gemütssymptome

GEMÜT - Reizbarkeit, Gereiztheit - Zahnung; während der (k/147)

Zahnung - Empfindungen und neurologische Beschwerden

ALLGEMEINES - *Chorea - Zahnung; während der zweiten* (hr1*/1867)
- **Konvulsionen - Zahnung; während der** (*/1907)

Zahnung - Magendarmsymptome

MAGEN - Erbrechen - Zahnung; während der (*/796)

REKTUM - **Diarrhoe - Zahnung; während** (*/957)

STUHL - *Weiß - Zahnung; während der* (vh/1001)

Zahnung - Allgemeines

ZÄHNE - *Weisheitszähne; Beschwerden durch das Heraustreten der* (*/718)
- **Zahnung - langsam** (*/718)
  - » **schwierig** (*/718)
  - » *schwierig - Weisheitszähne* (k/718)

HUSTEN - *Keuchhusten - Zahnung, während der* (kr1/1198)
- Zahnung, während der (*/1211)

FIEBER - **Zahnung; während der** (b4a/1781)

HAUT - Hautausschläge - juckend - Zahnung; während (alj/1816)

ALLGEMEINES - *Schwäche - Zahnung; während* (hr1*/1980)

Impfung

ALLGEMEINES - Impfung; Beschwerden nach (gk/1892)

Stillen - Milch

KOPF - Hautausschläge - Milchschorf (b2/290)
- Hautausschläge - Milchschorf - Kindern; bei - Neugeborenen; bei (tl1/290)

MAGEN - *Aufstoßen - Milch, nach* (*/775)
- *Aufstoßens; Art des - sauer - Milch agg.* (k/779)
  - » *Wasser in den Mund; Hochsteigen von - Milch agg.* (k/781)
- *Erbrechen - Milch, nach* (*/794)
  - » Milch, nach - Muttermilch, nach (k/794)
- *Erbrochenen; Art des - Milch* (k/798)
  - » **Milch - geronnene** (*/798)
  - » Milch - geronnene - Kindern; bei (mtf33/798)
- Sodbrennen - Milch agg. (b4/830)
- **Übelkeit - Milch - agg.** (*/838)
- *Verdauungsstörung - Milch - agg.* (*/843)
- *Verdorben - Milch agg.* (k/844)

ABDOMEN - Flatulenz - Milch agg. (bg2/863)

REKTUM - **Diarrhoe - Milch - agg.** (*/954)

HAUT - Hautausschläge - Milch agg. (h2/1818)

ALLGEMEINES - *Speisen und Getränke - Milch - Abneigung* (*/2000)
- *Speisen und Getränke - Milch - Abneigung - Muttermilch - Kind verweigert die; das* (*/2001)
  - » **Milch - agg.** (*/2001)
  - » Milch - agg. - Muttermilch (stx1/2001)
  - » *Milch - Verlangen* (*/2001)
  - » Milch - Verlangen - heiße (k/2001)
  - » Milch - Verlangen - warme (ptk1/2001)

Stillen - Magendarmsymptome - Appetit - allgemein

MAGEN - *Appetit - fehlend - Essen - nach dem Essen kehrt der Appetit wieder zurück - Bissen; nach einem* (*/768)
- Appetit - launischer Appetit (bg3*/770)
  - » *vermehrt - abwechselnd mit - Appetitverlust* (*/771)

Stillen - Magendarmsymptome - Appetit - vermindert

MAGEN - **Appetit - fehlend** (*/767)
- *Appetit - fehlend - Anstrengung; agg. nach* (*/768)
  - » *fehlend - Durst - mit* (*/768)
  - » fehlend - Hunger, mit (b2/768)
  - » vermindert (h2*/772)

Stillen - Magendarmsymptome - Appetit - vermehrt

MAGEN - Appetit - Genuß, ohne (k/769)
- **Appetit - Heißhunger** (*/769)
  - » *Heißhunger - Diarrhoe - bei* (k/769)
  - » *Heißhunger - Essen - nach dem Essen - bald danach* (*/770)
  - » **Heißhunger - Schweiß, mit** (bg2/770)
  - » **vermehrt** (*/770)
  - » vermehrt - nachts (bg2/771)
  - » *vermehrt - Essen - nach* (*/772)
  - » vermehrt - Essen - nach - nur beim Essen wieder; Appetit kehrt (k/772)

Stillen - Magendarmsymptome - Aufstoßen - Speisen; von

MAGEN - *Aufstoßens; Art des - Speisen; von* (*/780)
- *Aufstoßens; Art des - Speisen; von - bitter schmekkend* (b4a/780)
  - » Speisen; von - Essen - nach - agg. (h*/780)
  - » Speisen; von - Essen - Übelkeit erregender Geschmack (h2/780)
  - » Speisen; von - sauer (b4/780)

Stillen - Magendarmsymptome - Aufstoßen - Wasser; Hochsteigen von

MAGEN - **Aufstoßens; Art des - Wasser in den Mund; Hochsteigen von** (*/781)

- Aufstoßens; Art des - Wasser in den Mund; Hochsteigen von - bitter (bg1/781)
  - » *Wasser in den Mund; Hochsteigen von - Essen - nach - agg.* (*/781)
  - » *Wasser in den Mund; Hochsteigen von - Milch agg.* (k/781)

Stillen - Magendarmsymptome - Erbrechen

MAGEN - *Erbrochenen; Art des - Speisen - Essen - nach - agg.* (b4a/800)
- Erbrochenen; Art des - Speisen - unverdaut (k/800)

Stillen - Magendarmsymptome - Abdomen - agg. durch

ABDOMEN - *Schmerz - Kindern; bei - Säuglingen; bei - krampfartig* (fd2/888)

Stillen - Magendarmsymptome - Abdomen - amel. durch

ABDOMEN - **Schmerz - Liegen - Abdomen; auf dem - amel.** (bg1/889)

Stillen - Magendarmsymptome - Rektum

REKTUM - **Diarrhoe - Kindern, bei** (*/954)
- Obstipation - entfernt werden; Stuhl muß mechanisch (bg1*/968)
  - » **Kindern, bei** (kr1*/969)
  - » Kindern, bei - Kleinkindern, bei (bro1/969)

Stillen - Allgemeines

KOPF - **Schweiß der Kopfhaut - Essen - beim - agg.** (sys/403)

SCHWEISS - *Essen - beim - agg.* (*/1786)
- **Essen - nach - agg.** (*/1786)

ALLGEMEINES - **Abmagerung - Heißhunger mit Abmagerung - Kindern; bei** (k/1845)
- **Abmagerung - Heißhunger mit Abmagerung - Kindern; bei - Kleinkindern; bei** (*/1845)
- **Säuglinge** (kk2/1944)
- Speisen und Getränke - Fleisch - Verlangen - Kindern, bei (sne/1994)

Infektionskrankheiten - Windpocken

HUSTEN - Windpocken - nach (ptk1/1211)

FIEBER - Continua - Ausschlagsfieber (k/1772)

Infektionskrankheiten - Masern

HUSTEN - *Masern - nach* (*/1202)
- Masern - während (bro1/1202)

SCHLAF - Schlaflosigkeit - Masern; bei (bro1/1692)

FIEBER - Continua - Ausschlagsfieber (k/1772)

ALLGEMEINES - *Masern - Beschwerden nach* (kr1/1920)

Infektionskrankheiten - Mumps

GESICHT - *Entzündung - Parotis* (*/584)
- *Entzündung - Parotis - rechts* (*/584)
  - » **Parotis - Eiterung; mit** (*/584)
  - » Parotis - Mumps (bro1/584)
  - » *Parotis - Scharlach - bei* (ll*/584)
- Schmerz - Parotis (k2/626)
  - » Parotis - stechend (k/627)
- *Schwellung - Parotis* (*/631)
- *Verhärtungen - Parotis* (k/634)

Infektionskrankheiten - Röteln

FIEBER - Continua - Ausschlagsfieber (k/1772)

Infektionskrankheiten - Scharlach

GESICHT - *Entzündung - Parotis - Scharlach - bei* (ll*/584)
- *Schwellung - Scharlach* (*/630)

BRUST - *Lähmung - Lunge - Scharlach; bei* (*/1250)

FIEBER - *Ausschlagsfieber; Fieber bei Ausschlagserkrankungen - Scharlach* (k/1770)
- Continua - Ausschlagsfieber (k/1772)

HAUT - *Hautausschläge - Scharlach* (*/1821)
- Hautausschläge - Scharlach - zurücktretend (bro1/1821)

ALLGEMEINES - *Scharlach - Beschwerden nach* (k/1944)
- *Wassersucht - äußere Wassersucht - Scharlach; nach* (kr1/2024)

Infektionskrankheiten - Pocken

HUSTEN - Pocken - nach (*/1203)

FIEBER - Continua - Ausschlagsfieber (k/1772)

Infektionskrankheiten - Keuchhusten

HUSTEN - *Keuchhusten* (*/1197)
- Keuchhusten - Krampfstadium, im (bg2/1198)
  - » Weinen nach dem Anfall, als würde das Herz zerbrechen (hbh/1198)
  - » *Zahnung, während der* (kr1/1198)

ALLGEMEINES - *Konvulsionen - Husten - Keuchhusten, bei* (hr1*/1904)

Konstitution - Aggressivität

GEMÜT - Niederträchtig (jsa/135)

Konstitution - Angst und Furcht

GEMÜT - *Angst - hypochondrisch* (h2*/11)
- Angst - Kinder - bei Kindern (k/11)
- **Beeindrucken, empfänglich für Eindrücke; leicht zu** (lmj/19)
- **Beschwerden durch - Erwartungsspannung** (bg*/23)
  - » Schreck (*/25)
- Erwartungsspannung - Zahnarzt, Arzt; vor dem Gang zum (st/53)
- Feigheit (*/59)
- Furcht - Abwärtsbewegung, vor (k13/64)
  - » allein zu sein (k/64)
  - » *Armut, vor* (*/65)
  - » *engen Räumen; in* (vh*/67)
  - » Gespenstern; vor (vh*/70)

» Gewitter; vor (vh5*/70)
» hochgelegenen Orten; vor (fd*/71)
» Kindern, bei (ptk1*/71)
» *offenen Plätzen; Furcht vor* (bg2*/74)
• **SCHRECKLICHES UND TRAURIGE GESCHICHTEN GREIFEN SIE STARK AN** (b2/156)
• Vorsichtig (ptk1*/205)

Konstitution - Allgemeines

GEMÜT - Ehrgeiz - erhöht, vermehrt, sehr ehrgeizig (j*/40)
• Ehrgeiz - erhöht, vermehrt, sehr ehrgeizig - Geld zu verdienen (gl1/40)
• Empfindlich - Kinder (k/44)
• *Entmutigt* (*/46)
• *Faulheit* (*/55)
• *Furcht - Armut, vor* (*/65)
• Geiz (*/92)
• Gewissenhaft, peinlich genau in bezug auf Kleinigkeiten (gl1/99)
• *Heimweh* (fry/107)
• *Impulse, Triebe; krankhafte - laufen; zu* (^/112)
• Kleinigkeiten, Trivialitäten - wichtig; scheinen (k2*/115)
• *Milde* (*/130)
• Mürrisch - Kindern, bei (k2*/132)
• Neugierig (^/135)
• Pessimist (h2*/136)
• **Pflicht - kein Pflichtgefühl** (a1*/136)
» **zu viel Pflichtgefühl** (lmj*/136)
• Reisen - Verlangen nach (k2*/142)
• *Religiöse Gemütsstörungen, Störungen in bezug auf die Religiosität - beschäftigt; zu sehr mit Religion - Kindern; bei* (*/147)
» *beschäftigt; zu sehr mit Religion - Pubertät; in der* (st/147)
• *Selbstsucht, Egoismus* (tl1*/161)
• Selbstvertrauen - Mangel an Selbstvertrauen (k/161)
• *Sorgen; voller* (kr1*/164)
• Sorgsamkeit, Sorgfalt (gl1/165)
• *Stimmung, Laune - veränderlich* (k/171)
• *Traurigkeit - Kindern, bei* (*/186)
• Unaufmerksam (bg2/189)
• Ungerechtigkeit; erträgt keine (ctc*/191)
• Unordentlich (mrr1/192)
• Unzufrieden (*/194)
• **Veränderungen - Abneigung gegen** (^/195)
• Verantwortung - ernst; nimmt seine Verantwortung zu (mrr1*/195)
• *Wandern, Herumwandern - Verlangen zu wandern* (^/243)
• Waschen - Abneigung dagegen, sich zu waschen, zu baden (sf1/243)
• Weinen - Gemütsbewegungen, Emotionen - geringen; nach (zzb/245)
» Kindern; bei (gg/246)
» Kindern; bei - Säuglingen; bei (j5/246)
» *leicht* (kr1/246)

Familie; Beziehung zur - Aggressivität

GEMÜT - Beschwerden durch - Bevormundung - lange Zeit, für (mtf/22)
• *Beschwerden durch - Grobheit anderer* (k/23)
• *Empfindlich - Grobheiten; gegen* (k/44)

Familie; Beziehung zur - Liebe und Zuneigung

GEMÜT - *Abneigung - Familienangehörige; gegen* (*/1)
• Angst - andere, um (oss/7)
» Familie, um seine (oss/9)
• *Eifersucht* (^/40)
• *Liebevoll, voller Zuneigung, herzlich* (ckh1/125)
• Verlassen zu sein; Gefühl (*/198)
» geliebt zu werden; Gefühl von den Eltern, der Ehefrau, den Freunden nicht (gl1/198)

Familie; Beziehung zur - Vorwürfe

GEMÜT - Empfindlich - Vorwürfe; gegen (ctc/45)
• Ermahnungen - agg. (j5/47)
• *Weinen - Ermahnung, durch* (k/245)
» Tadel, durch (st1/247)
» *Vorhaltungen gemacht werden; wenn ihm* (k1*/248)

Beziehung zu anderen - Aggressivität

GEMÜT - Streitsüchtig (*/173)

Beziehung zu anderen - Reaktion auf andere

GEMÜT - Antworten - unfähig zu antworten (^/15)
• Gesellschaft - Abneigung gegen (*/94)
» *Verlangen nach* (*/95)
» Verlangen nach - allein; agg. wenn (*/96)
• **Schüchternheit, Zaghaftigkeit** (*/158)
• Trost - agg. (*/188)
» agg. - Mitleid, Mitgefühl agg. (bg2*/188)
• Weinen - Trost - agg. (k/248)
• Widerspenstig (*/249)

Beziehung zu anderen - allgemein

GEMÜT - Angeber (^/4)
• Argwöhnisch, mißtrauisch (b2/16)
• **Beleidigt, leicht** (*/20)
• *Ichbezogenheit, Selbstüberhebung* (k/111)
• Lügner (sne*/126)
» lügt, sagt nie die Wahrheit, weiß nicht, was sie sagt (ckh1/126)
• Mitgefühl, Mitleid (fb/130)
• *Pubertät; in der* (st/138)
• **Quält - andere** (kr1/138)
» **andere - Tag und Nacht** (kr1*/138)
• Tadelsüchtig, krittelig (*/178)

• *Tadelt andere* (vh*/179)
• Unabhängigkeit, Selbständigkeit (hu2/189)
• Unbarmherzig (h2/189)
• Unverschämtheit (gl1/193)

Schule - Angst

GEMÜT - **Beschwerden durch - Erwartungsspannung** (bg*/23)
• Selbstvertrauen - Mangel an Selbstvertrauen (k/161)

Schule - Konzentration

GEMÜT - Konzentration - schwierig - Kindern, bei (mtf33/117)
• Konzentration - schwierig - Studieren (mtf33/117)
• Studieren, Lernen - schwierig, fällt schwer (sf1/173)
• Stumpfheit - Studieren und Lernen; beim (bg2*/176)
• Unaufmerksam (bg2/189)
• *Verwirrung; geistige - Lesen, beim* (k/203)

Schule - Lernen - allgemein

GEMÜT - *Dyslexie* (mtf/40)
• Studieren, Lernen - schwierig, fällt schwer (sf1/173)
• Stumpfheit - Studieren und Lernen; beim (bg2*/176)

Schule - Lernen - Mathematik, Rechnen

GEMÜT - Fehler; macht - Rechnen, beim (k2/57)
• Langsamkeit - Rechnen; beim (k/122)
• Mathematik - Unfähigkeit zur (gl1/128)
» Unfähigkeit zur - Geometrie (gl1/129)
» Unfähigkeit zur - Horror vor (gl1/129)
» Unfähigkeit zur - rechnen; kann nicht (k2*/129)

Schule - Lernen - Lesen

GEMÜT - Fehler; macht - Lesen, beim (gg/57)
• *Verwirrung; geistige - Lesen, beim* (k/203)

Schule - Lernen - Schreiben

GEMÜT - Fehler; macht - Schreiben, beim (a1*/57)
• *Fehler; macht - Schreiben, beim - falsch - Worte* (kr1/57)

Schule - Anstrengung; geistige

KOPF - **Schmerz - geistige Anstrengung - agg.** (k/328)
• *Schmerz - Lesen, beim - agg.* (*/332)
» **Lesen, beim - agg. - betäubend, die Besinnung raubend** (k/332)
» *Schulkindern; bei* (k/339)
» *Stirn - Lesen agg.* (k/389)

Schule - Beziehung zu anderen

GEMÜT - Lügner (sne*/126)
• Ungehorsam (gl1/191)

MUND - Sprache - Verlust der Sprache - Silbe sprechen; kann trotz Anstrengung keine (h2*/688)

Schule - Vorwürfe

GEMÜT - *Beschwerden durch - Grobheit anderer* (k/23)
• *Empfindlich - Grobheiten; gegen* (k/44)
» Vorwürfe; gegen (ctc/45)
• Ermahnungen - agg. (j5/47)
• *Weinen - Ermahnung, durch* (k/245)
» Tadel, durch (st1/247)

Schule - Konstitution

GEMÜT - **Eigensinnig, starrköpfig, dickköpfig** (*/41)
• Eigensinnig, starrköpfig, dickköpfig - Kinder (mtf33/41)
• Gewissenhaft, peinlich genau in bezug auf Kleinigkeiten (gl1/99)
• Kleinigkeiten, Trivialitäten - wichtig; scheinen (k2*/115)
• Lügner (sne*/126)
• Neugierig (^/135)
• Selbstvertrauen - Mangel an Selbstvertrauen (k/161)
• Ungehorsam (gl1/191)
• Unordentlich (mrr1/192)
• Verantwortung - ernst; nimmt seine Verantwortung zu (mrr1*/195)

Spielen

GEMÜT - Amüsement, Vergnügen - Verlangen nach (mtf/4)
• Spielen - Verlangen zu spielen (^/166)

Tieren; Beziehung zu

GEMÜT - Furcht - Hunden, vor (vh*/71)
• *Furcht - Insekten; vor* (vh*/71)
» Katzen; vor (mtf/71)
» Spinnen, vor (bng*/75)
» Tieren, vor (vh*/76)
• Tiere - liebt Tiere, Tierliebe (a/180)
» liebt Tiere, Tierliebe - Katzen (mtf/180)

Nonverbales - Aggressivität

GEMÜT - *Beißen* (*/20)
• Destruktivität, Zerstörungswut (k/38)
• *Reizbarkeit, Gereiztheit - Kindern, bei* (hr1/145)
• *Spucken* (bg2*/170)
» *Gesicht; Menschen ins* (*/170)
• Zerbricht Dinge (^/251)

Nonverbales - Reaktion auf andere

GEMÜT - Angesehen, angeblickt zu werden - erträgt es nicht, angesehen zu werden (bg2*/5)
• Angesehen, angeblickt zu werden - erträgt es nicht, angesehen zu werden - Kindern; bei (mtf33/5)
• Berührtwerden - Abneigung berührt zu werden (k/21)

- **Magnetisiert - Verlangen magnetisiert zu werden** (*/127)
- Schamlos (k/153)

Nonverbales - Gesten, Gebärden

GEMÜT - *Auffahren, Zusammenfahren - Geräusche; durch* (k/17)
- Beißen - Nägel (h2*/20)
- *Gesten, Gebärden; macht - Finger - Mund; Kinder stecken die Finger in den* (*/97)
  - » *Hände; unwillkürliche Bewegungen der - Greifen - Mund - alles in den Mund; steckt* (kr1/98)
- Launenhaftigkeit, launisch (*/123)
- Pfeifen (gl1/136)
- Springen (^/169)
- Ungeschicklichkeit (bg2*/192)
- Verstecken - sich (^/199)
- Weibisch (vh*/243)

Nonverbales - Allgemeines

GEMÜT - Angst - Kinder - bei Kindern - gehoben; wenn aus der Wiege (k1/11)
- **Eigensinnig, starrköpfig, dickköpfig** (*/41)
  - » Kinder (mtf33/41)
  - » **Kinder - Dickwerden; mit Neigung zum** (k/41)
- *Ruhelosigkeit - Kindern, bei* (hr1/151)
- Schreien - Kindern, bei (*/157)

Nonverbales - Konsultation; bei der

KOPF - Hitze - Kälte - Extremitäten; mit Kälte der (bg2*/293)
- *Hitze - Kälte - Füße; mit Kälte der* (k/293)
  - » Kälte - Körpers; mit Kälte des (k/293)

AUGE - **Entzündung - Kindern; bei - Kleinkindern; bei** (*/429)

OHR - *Absonderungen - Blut* (b2/497)
- *Absonderungen - blutig* (k/497)
  - » chronisch (bg2*/497)
  - » **dick** (k/497)
  - » **eitrig** (*/497)
  - » *eitrig - Ekzem, mit* (k/497)
  - » *eitrig - Schwefel; nach Mißbrauch von* (k/497)
  - » *gelb* (k/497)
  - » *Karies, drohende* (*/497)
  - » *schleimig* (b2/498)
  - » *stinkend* (*/498)
  - » *übelriechend* (*/498)
  - » *unterdrückt* (k/498)
  - » wäßrig (*/498)
  - » *weiß* (hr1*/498)
  - » *wundfressend* (bro1/498)
- *Eiterung - Mittelohr* (*/500)
- *Entzündung* (k/500)
  - » äußere Ohren (bg2*/500)
  - » **Eustachische Röhre** (*/500)
  - » **Gehörgang** (*/500)
  - » **Mittelohr** (*/501)
  - » *Mittelohr - chronisch* (bro1/501)
- *Feuchtigkeit* (bg2/501)
  - » hinter den Ohren (*/502)
- *Geschwüre - Trommelfell* (*/510)
- **Katarrh - Eustachische Röhre** (*/515)
- *Ohrschmalz - fehlend* (*/516)
  - » *vermehrt* (*/516)
- Perforation - Trommelfell (bg2*/516)

HÖREN - Schwerhörig - Tonsillen - vergrößert (mtf33/537)
- **Schwerhörig - Tubenkatarrh** (*/537)

GESICHT - Schwellung - Sublingualdrüse (k2/631)
- **Schwellung - Unterkieferdrüsen** (*/631)
  - » **Unterkieferdrüsen - hart** (k/631)
  - » **Unterkieferdrüsen - schmerzhaft** (k/631)

MUND - *Aphthen* (*/639)
- **Aphthen - Kindern, bei** (vh*/639)
  - » Kindern, bei - Kleinkindern, bei (mp1*/639)
  - » *Gaumen* (k/640)
- **Eiterung - Zahnfleisch** (bg2*/643)
- Krampfadern - Zunge (h2*/667)
- Landkartenzunge (b2/668)
- *Stomatitis ulcerosa, Stomakaze* (*/689)

INNERER HALS - Aphthen - Tonsillen, an den (k/721)
- Entzündung - Tonsillen (bg2*/724)
- **Schwellung - Tonsillen** (*/747)

ÄUSSERER HALS - **Schwellung - Halsdrüsen** (*/760)
- **Schwellung - Halsdrüsen - eitrig** (k/760)
  - » *Halsdrüsen - hart* (*/760)
  - » Seiten (*/760)
- **Verhärtung von Drüsen** (k/761)
  - » *perlschnurartig* (k/761)

ABDOMEN - *Absonderung aus dem Nabel* (k/849)
- *Absonderung aus dem Nabel - blutige Flüssigkeit* (k/849)
- **Auftreibung - Kindern, bei** (*/852)
- **Geschwüre - Nabelgegend** (k/865)
- Hart - Kindern; bei (k/866)
- **Vergrößert - Kindern; bei** (*/938)
  - » **Kindern; bei - Marasmus** (*/938)

REKTUM - *Hautausschläge - Anus; um den* (*/964)

URIN - *Geruch - ammoniakalisch - Kindern; bei - Kleinkindern; bei* (vh/1048)

BRUST - Einziehung der Brustwarzen (bro1/1231)

RÜCKEN - *Abmagerung - Zervikalregion* (*/1311)
- *Hautausschläge - Furunkel - Zervikalregion* (k/1317)
- **Krümmung der Wirbelsäule** (*/1323)
  - » *Dorsalregion* (*/1323)
  - » *Zervikalregion* (*/1324)

EXTREMITÄTEN - Exkoriation, Wundheit - Gesäß - Mitte, dazwischen; in der (bg2/1407)
• *Krümmung und Biegung* (*/1473)
• Knie, Lage der - außen; nach (st/1664)
• **Nägel; Beschwerden der - Abblättern der Nägel** (mrr1/1664)
» deformiert (*/1664)
» dicke Nägel (*/1664)
» eingewachsene Zehennägel (mrr1/1665)
» gewellte Nägel (k2/1665)
» *Niednagel* (*/1665)
» **spröde, brüchige Nägel** (b2/1665)
» spröde, brüchige Nägel - Fingernägel (k/1665)
» verkrüppelte, verkümmerte Nägel (b2/1665)
» verkrüppelte, verkümmerte Nägel - Fingernägel (b4a/1665)

HAUT - *Erysipel* (*/1798)
• Farbe - rot - Kratzen, nach - Streifen (k/1801)
• *Hautausschläge - Herpes - ringförmig* (*/1815)
» Impetigo (*/1816)
» Molluscum (bro1/1818)
» Molluscum - contagiosum; Molluscum (c1*/1818)
• Intertrigo (*/1825)
• *Wundliegen - Kindern; bei* (*/1837)

ALLGEMEINES - Exostose (*/1877)
• *Genesung, Rekonvaleszenz; Beschwerden während der - Ohr; nach Absonderungen aus dem* (k/1884)
• Krankengeschichte von; persönliche - Ohr - Entzündung - Innenohrs; wiederkehrende Entzündung des (mrr1/1910)

Nonverbales - Äußerliches - Beobachtungen des Arztes

KOPF - **Großer Kopf** (*/289)
• *Schuppen* (*/402)
» gelb (ptk1/402)

AUGE - Farbe - blau - Sklera oder Bindehaut (gk/432)
• *Strabismus, Schielen* (*/467)
» *linkes Auge nach innen gedreht* (k/467)
» convergens (b1*/467)
• **Verklebt** (*/472)

GESICHT - **Aufgesprungen - Lippen** (*/579)
• **Ausdruck - alt aussehend** (*/580)
» alt aussehend - bleich, runzelig (bg2/580)
» alt aussehend - Kindern; bei (mtf33/580)
• Farbe - blaß - Kindern; bei (mtf33/586)
• Fettig (*/593)
• **Gerunzelt** (*/594)
» feine, oberflächliche Fältchen (mtf33/594)
• *Hautausschläge - Akne* (k/595)
» Akne - Mädchen; bei anämischen (j/596)
• **Rissig - Lippen** (*/613)
» Lippen - Oberlippe (h2*/613)
» *Lippen - Oberlippe - Mitte der* (ptk1*/613)
» Lippen - Unterlippe - Mitte der (bg1*/614)
» Mundwinkel (k/614)
• *Sommersprossen* (*/632)
• Venen, erweiterte (bg2/634)
» *netzförmig, wie marmoriert* (k/634)
» Schläfen (hr1/634)
• *Wächsern* (k/635)
• *Warzen* (*/635)
» Lippen (b4a/635)
• Haare - Haarwuchs - Kindern, bei (k/637)

MUND - *Finger in den Mund; Kinder stecken* (mtf33/651)

ÄUSSERER HALS - *Torticollis* (*/761)

ATMUNG - Atemnot, Dyspnoe, erschwertes Atmen - Kindern; bei (k/1168)
• Beschleunigt (*/1174)

HUSTEN - Anfallsweise - besteht aus - kurzen Hustenstößen (*/1186)
• Anfallsweise - besteht aus - wenigen Hustenstößen (*/1186)

EXTREMITÄTEN - Farbe - Finger - Fingernägel - weiß - Flecken (k2/1409)

HAUT - *Sommersprossen* (*/1834)

ALLGEMEINES - *Aussehen - dunkel* (*/1854)
• **Aussehen - hell, blond** (*/1855)
» **hell, blond - schlaffer Faser, mit** (c1*/1855)
• Fettleibigkeit - Jugendlichen, bei (j5/1879)
» **Kindern, bei** (b4/1879)
• *Zwergwuchs* (*/2035)
• Zyanose - Kindern; bei - Kleinkindern; bei (j5/2035)

Nonverbales - Äußerliches - Beobachtungen der Eltern

KOPF - **Schweiß der Kopfhaut - Essen - beim - agg.** (sys/403)

AUGE - **Verklebt - morgens** (*/472)

HÖREN - Schwerhörig - Kindern; bei (c1/536)

NASE - Nasenbluten - Kindern; bei (bro1*/557)
• Nasenbluten - Kindern; bei - skrofulösen; bei (bg1/557)
• Schneuzen der Nase - Neigung, sich zu schneuzen; ständige (h2/568)

GESICHT - Ausdruck - ängstlich - Wiege gehoben wird; wenn das Kind aus der (*/580)

ZÄHNE - *Zähneknirschen* (*/718)
• *Zähneknirschen - Frost; während* (*/718)
• Zusammenbeißen der Zähne - Verlangen, die Zähne zusammenzubeißen; ständiges (bg2/719)

MAGEN - Brechreiz, Würgen - Husten; agg. beim (k/784)
• *Schluckauf* (*/809)

- *Völlegefühl - Essen - nach - agg.* (k/845)

ABDOMEN - *Schmerz - Kindern; bei - Säuglingen; bei - krampfartig* (fd2/888)

- **Schmerz - Liegen - Abdomen; auf dem - amel.** (bg1/889)
  - » Zusammenkrümmen - muß sich zusammenkrümmen (h2*/897)

REKTUM - *Unwillkürlicher Stuhl* (*/984)

- Unwillkürlicher Stuhl - Flatus agg.; Abgang von (bro1/985)

STUHL - Kugeln, wie (k/996)

- **Unverdaut** (*/999)
  - » *hart* (k/999)

BLASE - Urinieren - Harndrang - plötzlich - beeilen um zu urinieren, sonst geht Urin ab; muß sich (b4/1015)

- *Urinieren - unwillkürlich - Husten; agg. beim* (bg2*/1020)
  - » unwillkürlich - Lachen agg. (bro1/1020)
  - » verzögert, muß warten, bis der Urin zu fließen beginnt (b4a/1020)

MÄNNLICHE GENITALIEN - Masturbation, Neigung zur (*/1071)

- **Masturbation, Neigung zur - exzessiv** (hr1*/1071)

WEIBLICHE GENITALIEN - *Fluor - Kindern; bei - Mädchen; bei kleinen* (k1*/1096)

- Masturbation; Neigung zu (c1*/1104)

ATMUNG - Schnarchen (*/1180)

EXTREMITÄTEN - Hitze - Füße - brennend - entblößt sie (k2/1440)

- *Hitze - Füße - Fußsohlen - entblößt sie* (k/1441)

SCHWEISS - *Essen - beim - agg.* (*/1786)

- **Essen - nach - agg.** (*/1786)

HAUT - Ekchymosen (*/1797)

Nacht; Beobachtungen in der - Gemütssymptome

GEMÜT - *Angst - nachts - Kindern; bei* (sf1/7)

- Angst - Dunkelheit; in der (sf1/8)
- *Furcht - Dunkelheit; vor der* (*/66)
  - » Erwachen; beim - Traum; aus einem (h2/67)
  - » *Kindern, bei - nachts* (st/71)
- Kratzt mit den Händen - Kopf; beim Erwachen kratzt sich das Kind am (a1/118)
- Reizbarkeit, Gereiztheit - Schlaflosigkeit, mit (j5/146)
- Schlafwandeln (h2*/154)
- Schreien - Kindern, bei - Tag und Nacht (st1/157)
  - » Kindern, bei - nachts (h2*/157)
  - » Kindern, bei - Schlaf, im (^/157)
  - » Kindern, bei - Schlaf, im - Träume; durch beunruhigende (tl1/157)
- *Sprechen - Schlaf; im* (b4/169)
- Weinen - Wimmern, Winseln - Schlaf, im (b4/248)

Nacht; Beobachtungen in der - körperliche Symptome

KOPF - **Schweiß der Kopfhaut - nachts** (*/403)

- **Schweiß der Kopfhaut - Schlaf - im** (*/404)
  - » Stirn - nachts (k2/404)

MUND - **Offen - Schlaf; agg. im** (h2*/669)

ZÄHNE - Zähneknirschen - Schlaf; agg. im (*/718)

MAGEN - Schluckauf - Schlaf; agg. im (b4a/811)

BLASE - *Urinieren - unwillkürlich - nachts* (*/1019)

- *Urinieren - unwillkürlich - nachts - Morgen, gegen* (b4a/1019)
  - » unwillkürlich - nachts - ersten Schlaf, im (b4a/1019)

Nacht; Beobachtungen in der - Schlaf

SCHLAF - **Erwachen - Schreck, wie durch** (j5/1675)

TRÄUME - Alpträume, Alpdrücken - Kindern, bei (mtf33/1707)

Nacht; Beobachtungen in der - Schlaf; Lage im

SCHLAF - Lage - Abdomen, auf dem (*/1682)

- Lage - Arme - Abdomen, auf dem (bg2/1682)
  - » Arme - Kopf - über dem Kopf (*/1682)
  - » Kopf - zugedeckt (sne/1683)
  - » *Rücken, auf dem* (*/1683)
  - » Rücken, auf dem - Arme - Kopf; liegen über dem (stj1/1683)
  - » Seite, auf der - linken Seite, auf der (vh*/1683)

Schaukeln und Getragenwerden

GEMÜT - Schaukeln - amel. (sf1/153)

Autos und Schiffe

SCHWINDEL - Fahren, beim - Wagen, im - agg. (*/265)

ZÄHNE - Schmerz - Fahren im Wagen agg. (*/706)

MAGEN - *Übelkeit - Fahren - Wagen; im - agg.* (k/836)

RÜCKEN - Schmerz - Fahren, beim - Wagen, im - agg. (k/1331)

SCHLAF - *Schlaflosigkeit - Fahren - Wagen; im - agg.* (st1*/1690)

ALLGEMEINES - Fahren - Wagen; mit dem - agg. (*/1877)

Psychosomatische Störungen

ALLGEMEINES - **Konvulsionen - Schreck agg.** (*/1906)

- **Konvulsionen - Zorn; nach** (kr1/1907)

Körperliche Symptome und Erkrankungen

KOPF - Entzündung - Gehirn (bg2*/284)

- *Entzündung - Hirnhaut* (k/284)
  - » *Hirnhaut - tuberkulös* (*/284)
- **Hydrozephalus** (*/295)
- *Schmerz - katarrhalisch* (k/331)

AUGE - Striktur der Tränenkanäle (*/467)

NASE - *Katarrh - gefolgt von - Stirnhöhlen; Beschwerden der* (k/553)

GESICHT - Hautausschläge - Akne - Menses - unregelmäßige Menses (bro1/596)

ZÄHNE - Abszeß der Zahnwurzeln (*/695)
- *Karies, faule, hohle Zähne* (*/700)
  - » *Kindern; verfrüht bei* (*/700)
- *Schmerz - Kindern; bei* (k/708)

MAGEN - Langsame Verdauung (k2*/805)

ABDOMEN - Entzündung - Kindern, Kleinkindern; bei (gt1/858)

REKTUM - *Cholera - infantum* (*/949)
- Cholera - infantum - begleitet von - Stuhl; grünem, wäßrigem (tl1/949)

BLASE - Harnverhaltung - Kindern, bei (k/1005)

WEIBLICHE GENITALIEN - *Menses - verzögerte Menarche* (*/1114)

KEHLKOPF UND TRACHEA - Laryngismus stridulus (bro1*/1145)

ATMUNG - Asthma, asthmatische Atmung - Hautausschlägen; nach unterdrückten (gk1/1162)

BRUST - Entzündung - Lungen - Kindern; bei (gsy/1234)

RÜCKEN - *Spina bifida* (*/1384)

EXTREMITÄTEN - **Hüftgelenksentzündung** (*/1443)

FIEBER - Continua (k/1772)

ALLGEMEINES - **Abmagerung - Kindern; bei** (*/1845)
- *Abmagerung - Kindern; bei - Kleinkindern; bei* (bg*/1845)
- Essen - Überessen; agg. nach (ptk1/1877)
- **Kindern; Beschwerden von** (*/1897)
- Konvulsionen - Hitze; während (bg2/1904)
  - » *Kindern, bei* (*/1905)
  - » Kindern, bei - Kleinkindern, bei (bro1/1905)
- *Pubertät - Beschwerden während der* (hr1*/1934)
- Schmerzlosigkeit gewöhnlich schmerzhafter Beschwerden (sne/1971)
- Schwäche - Kindern, bei (*/1977)
- **Verletzungen - Knochenbrüche - langsame Heilung von Knochenbrüchen** (*/2020)
  - » *Knochenbrüche - langsame Heilung von Knochenbrüchen - Kindern, bei* (st*/2020)

Chirurgisch pathologische Zustände

NASE - **Polyp** (*/561)
- Polyp - links (k/561)
  - » blutet leicht (k/561)
- Rachenmandelwucherung (c2*/561)

ABDOMEN - *Entzündung - Peritoneum* (c2*/860)
- Entzündung - Peritoneum - tuberkulös (bro1/860)
- *Hernie* (c2*/867)
  - » eingeklemmt, inkarzeriert (ptk1/868)
  - » *Leistenhernie* (*/868)
  - » Leistenhernie - eingeklemmt, inkarzeriert (bg2/868)
  - » Leistenhernie - Kindern, bei (ptk1*/868)
  - » Leistenhernie - schmerzhaft (b4/868)
  - » *Nabelbruch* (*/868)

MÄNNLICHE GENITALIEN - *Hochgezogen, an den Körper gezogen - Hoden* (*/1068)
- Hochgezogen, an den Körper gezogen - Hoden - links (*/1068)
  - » Hoden - schmerzhaft (h2/1068)
- Hodenretention - abdominal (klx/1069)
  - » Schambein; vor das (lmj/1069)
- *Hydrozele - Kindern, bei* (*/1069)
- *Phimose* (*/1071)
- *Varikozele* (*/1085)

Würmer

KOPF - *Schmerz - Würmer; bei Beschwerden durch* (k/343)

MAGEN - Erbrochenen; Art des - Würmer (k2/801)

REKTUM - *Jucken - Askariden, durch* (k/965)
- **Würmer - Beschwerden durch Würmer** (*/985)
  - » **Beschwerden durch Würmer - Bandwürmer** (*/986)
  - » Beschwerden durch Würmer - begleitet von - Abmagerung (bg2/986)
  - » Beschwerden durch Würmer - Kindern; bei (tl1/986)
  - » Beschwerden durch Würmer - Madenwürmer (br1/986)
  - » Beschwerden durch Würmer - Spulwürmer (*/986)
  - » *Beschwerden durch Würmer - Vollmond* (bg2/986)

ALLGEMEINES - *Chorea - Würmer, durch* (*/1867)

Calcarea caustica

calc-caust.

Stillen - Magendarmsymptome - Appetit - vermehrt

MAGEN - Appetit - Heißhunger - Essen - nach dem Essen - drei Stunden danach (c1/770)

Beziehung zu anderen - Reaktion auf andere

GEMÜT - Widerspenstig (j/249)

Nonverbales - Konsultation; bei der

OHR - *Katarrh - Eustachische Röhre* (bro1/515)

HÖREN - *Schwerhörig - Tubenkatarrh* (bro1/537)

Nonverbales - Äußerliches - Beobachtungen der Eltern

EXTREMITÄTEN - Hitze - Füße - brennend - entblößt sie (k2/1440)

Würmer

Rektum - Würmer - Beschwerden durch Würmer - Bandwürmer (c2/986)

Calcarea fluorica

calc-f.

Degroote beschreibt das Aussehen von Kindern, die Calcarea fluorica benötigen: „Die Kinder haben eine körperliche Anomalität; sie sind klein mit breiter Brust und kurzen Beinen. Die Haut ist kalkweiß und durchsichtig, so daß die Blutgefäße sichtbar sind. Wenn sie lachen, ist das Zahnfleisch zu sehen."

In den Knochen kann es zu Mineralmangel oder -überschuß kommen, beispielsweise rachitische Vergrößerung des Oberschenkelknochens bei Kleinkindern oder Exostosen der Finger.

Verhärtungen profitieren normalerweise von Calcarea fluorica. Man sieht oft steinharte Stellen in verschiedenen Körperbereichen: Drüsen, Mandeln, Knochen, Bändern, Muskeln und Sehnen.

Leeser schrieb: „An den Knochen und an den Zähnen sind dieselben kariösen Prozesse mit denselben Manifestationen vorhanden, wie bei Fluoricum acidum, zum Beispiel Fisteln. Auch chronische Arthritis mit Bildung reizender Körper und rachitische Deformierungen kommen in Betracht. Auf den Zähnen ist der Zahnschmelz defekt. Die Zähne sind locker und schmerzen beim Kontakt mit Speisen. Die Verdickung von Knochen, Exostose, ist bei Calcium fluoricum in stärkerem Grade vorhanden, beispielsweise sogar Ranula. Allgemein besteht bei dieser Präparation eine größere Tendenz zu Neubildungen, besonders des fibrösen Typus: steinharte Tumoren, die sich aus Sehnen, Bändern und Faszien bilden, Ganglion, harte Drüsentumoren sowie Vergrößerung der Mandeln, harte Zystenbildungen (beispielsweise der Schilddrüse), Fibrom der Brustdrüse; darüberhinaus wurde Myom des Uterus als Anzeige berichtet. Hierzu kann man Gerstenkorn, Hagelkorn und Zysten der Lider hinzufügen. Uterusverlagerung und besonders Prolaps des Uterus mit Druck nach unten und Zerren zeigen die Schwäche des Stützgewebes. Darüberhinaus wurde Calcium fluoricum empfohlen, um Verwachsungen nach Operationen zu vermeiden. Die Hypertrophie des Bindegewebes steht im Gegensatz zu dem Verlust an Elastizität, besonders in den Gefäßen, so daß Calcium fluoricum in einer Reihe von Alterskrankheiten angezeigt ist, bei denen elastische Fasern durch Bindegewebe ersetzt werden und bei Infiltrationen (Kalzium), bei sklerotischen Prozessen, Aneurysmen. Ebenso Katarakt und Sklerose des Mittelohrs mit Kalziumablagerungen auf dem Trommelfell und Schwerhörigkeit und Ohrgeräusche sind hier in Erwägung zu ziehen. Variköse Prozesse und Naevi vasculosi erscheinen auch als Anzeigen, wie bei Fluoricum acidum. Die Geschwüre wiederum sind durch harte Ränder und übelriechende Absonderungen gekennzeichnet. Im Unterschied zu Acidum fluoricum gibt es hartnäckige Eiterungen des Nagelfalzes, aufgesprungenes Ekzem der Handflächen und juckende Analfissuren; darüberhinaus Hornhautgeschwür mit verhärteten Rändern."

Calcarea fluorica hat eine Affinität zum *Bindegewebe* und wir sehen *Schlaffheit* und Neigung zu Lockerheit und *übermäßige Beweglichkeit von Gelenken* (Differentialdiagnose mit den Karbon-Mitteln, besonders Natrium carbonicum, Strontium carbonicum und Calcarea carbonica). Es ist auch nützlich bei *Verrenkungen*, hauptsächlich der Hüfte. Tatsächlich wird es im zweiten Grad in der folgenden Rubrik genannt: „Extremitäten - Verrenkung - Hüfte; spontanes Verrenken der".

Auf der Gemütsebene findet man bei Calcarea fluorica zwei gegensätzliche Aspekte: *Schnelligkeit* und *Unentschlossenheit.*

Bernoville schrieb: „Schnelle Auffassungsgabe und schnell beim Anfangen mit der Arbeit, aber nicht zielstrebig und effektiv; gerät immer in Schwierigkeiten. Die Arbeit ist am Ende unregelmäßig und chaotisch. Kann seiner eigenen Reaktionen nicht Herr werden. Auf Grund von Instabilität neigt er dazu, sich auf andere Menschen zu verlassen. Möchte Anleitung und Unterstützung. Der geborene Akrobat, Schauspieler. Entschließt sich plötzlich, denkt nicht erst nach. Ist indiskret, geschwätzig; intelligent, macht aber viele Fehler auf Grund von Gedankenlosigkeit". Dienst sagt jedoch im Artikel „The spirit of Calcareas": „Bei Calcium fluoricum finden wir einen deutlichen Geist von Unentschlossenheit. Der Mann, der früher einmal kraftvoll und aggressiv war, findet sich der Entschlußkraft beraubt und was einmal eine geringe oder einfache Wahl war, steckt nun voller Schwierigkeiten und er zögert, wird verwirrt, weigert sich voranzuschreiten und das Erste, was er erkennt, ist daß er sich in seinen Geschäften oder in seinem Beruf ‚rückwärts bewegt'. Dieser Geist der

Unentschlossenheit pervertiert seine Willenskraft derart, daß er, wenn sein Verstand einmal ausreichende Beherztheit erlangt hat, einen Schritt zu wagen, er sehr dazu neigt, den falschen, statt den richtigen Weg einzuschlagen. Dies verursacht ganz verständlich viele Ängste - Furcht vor Mangel, Bedürftigkeit - Furcht vor dem Versagen - Furcht vor Geisteskrankheit. Dies Mitglied der (Calcarea-) Familie ist *knauserig* und viel von seinem Geist der Unentschlossenheit dreht sich um das Erlangen oder Wiedererlangen des Geldes, von dem man manchmal sagt, es stinke."

Zu den wichtigsten Ängsten von Calcarea fluorica muß die *Furcht vor Armut* gezählt werden. Wie wir öfters bei Psorinum-Kindern gesehen haben, machen sich auch diese Kinder grundlos Sorgen um die ökonomische Situation der Familie und *neigen dazu, alles Geld, das sie von Eltern und Verwandten bekommen, zu sparen.*

In der Schule haben die Kinder Konzentrationsschwierigkeiten und können kaum mit der aufgegebenen Arbeit Schritt halten; in diesem Fall findet man auch Veränderungen in Bezug auf den Appetit und Magenbeschwerden. Boericke schrieb hierzu: „Schwacher und feiner Appetit, Übelkeit und Qualen nach dem Essen bei kleinen Kindern, die vom Lernen überfordert sind."

Man kann es als „ein stärker frierendes Fluoricum acidum" betrachten oder als „warmes Calcarea", aber normalerweise ist es eher *warmblütig.*

Einige Symptome werden durch Kälte schlechter, wie rheumatische Schmerzen, Halsentzündung und Zahnschmerzen, während Jucken durch kalte Anwendungen besser wird.

Klinisches: Knochenleiden. Deformation von Knochen. Exostose. Skoliose. Drüsenverhärtung. Morbus Hodgkin. Hornhauttrübung. Husten.

Wirkungsbereich: Periost. Knochen. Zähne. Drüsen. Adenoide. Innerer Hals. Kehlkopf. Schilddrüse. Venen.

* * *

Krankengeschichte; familiäre und persönliche

ALLGEMEINES - Familiengeschichte von - Apoplexie (bro1/1878)
- Krankengeschichte von; persönliche - Abszessen; wiederkehrenden (k2/1909)
  - » Augen - Gerstenkörnern; von wiederkehrenden (st1/1909)
  - » **Lidknorpel; von wiederkehrenden Tumoren am** (st/1910)

Entwicklung - langsam

ALLGEMEINES - Gehen - Gehenlernen, Laufenlernen - spätes (lmj/1883)

Entwicklung - schnell

GEMÜT - Frühreife, altkluge Kinder (lmj/63)

Entwicklung - allgemein

EXTREMITÄTEN - Schmerz - Unterschenkel - Wachstumsschmerzen (lmj/1605)

ALLGEMEINES - Schmerz - Wachstumsschmerzen (ggd1/1958)

Zahnung - Allgemeines

ZÄHNE - Zahnung - langsam (sf1/718)
- Zahnung - schwierig (bg2*/718)

Stillen - Magendarmsymptome - Erbrechen

MAGEN - Erbrochenen; Art des - Speisen - unverdaut (c1/800)
- Erbrochenen; Art des - Speisen - unverdaut - Kindern; bei (pd/800)

Konstitution - Angst und Furcht

GEMÜT - *Furcht - Armut, vor* (*/65)
- Furcht - hochgelegenen Orten; vor (cd*/71)

Konstitution - Allgemeines

GEMÜT - *Faulheit* (mg1/55)
- *Furcht - Armut, vor* (*/65)
- Geiz (*/92)
- Selbstsucht, Egoismus (fl/161)
- Veränderungen - Abneigung gegen (^/195)

Familie; Beziehung zur - Liebe und Zuneigung

GEMÜT - Angst - andere, um (ckh1/7)

Schule - Konzentration

GEMÜT - Konzentration - schwierig - Studieren (mg1/117)

Schule - Anstrengung; geistige

KOPF - Schmerz - Lesen, beim - agg. (sp1/332)

Schule - Konstitution

GEMÜT - Hast, Eile - tut, womit er gerade beschäftigt ist; bei dem, was er (mg*/105)

Nonverbales - Aggressivität

GEMÜT - Beißen (^/20)

Nonverbales - Gesten, Gebärden

GEMÜT - Beißen - Nägel (kkb/20)
- Gefallsüchtig, kokett - sehr, zu (^/87)
  - » sehr, zu - Kindern; bei (lmj/87)
- Springen (^/169)
- Ungeschicklichkeit (^/192)

Nonverbales - Allgemeines

GEMÜT - Hast, Eile - tut, womit er gerade beschäftigt ist; bei dem, was er (mg*/105)

Nonverbales - Konsultation; bei der

OHR - Absonderungen - chronisch (dgt1/497)
• *Absonderungen - Karies, drohende* (*/497)
• Entzündung - Mittelohr - chronisch (cr/501)
• *Katarrh - Eustachische Röhre* (bro1/515)

HÖREN - *Schwerhörig - Tubenkatarrh* (bro1/537)

GESICHT - Schwellung - Unterkieferdrüsen - schmerzhaft (sp1/631)

INNERER HALS - Entzündung - Tonsillen (sp1/724)
• Schwellung - Tonsillen (k2*/747)

ÄUSSERER HALS - Schwellung - Halsdrüsen (bro1/760)
• Verhärtung von Drüsen (k/761)

RÜCKEN - **Krümmung der Wirbelsäule** (*/1323)

EXTREMITÄTEN - Nägel; Beschwerden der - deformiert (ptk1/1664)
• Nägel; Beschwerden der - dicke Nägel (bg2*/1664)
» dünne Nägel (gm1/1664)
» gewellte Nägel - Fingernägel (gm1/1665)
» *spröde, brüchige Nägel* (bg2/1665)
» spröde, brüchige Nägel - Fingernägel (gm1/1665)
» verkrüppelte, verkümmerte Nägel (bg2/1665)

HAUT - *Erysipel* (hr1/1798)

ALLGEMEINES - *Exostose* (*/1877)

Nonverbales - Äußerliches - Beobachtungen des Arztes

GESICHT - Hautausschläge - Akne (sp1/595)
• Prognathie (c1/613)

ALLGEMEINES - Magere Personen (sp1/1919)

Nonverbales - Äußerliches - Beobachtungen der Eltern

MAGEN - Schluckauf (*/809)
• Schluckauf - heftig (k/810)

STUHL - Schafskot, wie (sp1/997)

Autos und Schiffe

ABDOMEN - Flatulenz - Fahren im Wagen agg. (k/863)
• Schmerz - Fahren - Wagen, im - agg. (k/885)

Körperliche Symptome und Erkrankungen

KOPF - *Hämatom am Kopf* (*/289)

ZÄHNE - Karies, faule, hohle Zähne (bg2*/700)
• *Karies, faule, hohle Zähne - Kindern; verfrüht bei* (*/700)

ALLGEMEINES - Kindern; Beschwerden von (jl/1897)
• Verletzungen - Knochenbrüche - langsame Heilung von Knochenbrüchen (bg2*/2020)
» *Knochenbrüche - langsame Heilung von Knochenbrüchen - Kindern, bei* (st/2020)

Chirurgisch pathologische Zustände

NASE - Rachenmandelwucherung (c2*/561)

MÄNNLICHE GENITALIEN - Hodenretention - Schambein; vor das (lmj/1069)

Würmer

REKTUM - Jucken - Askariden, durch (k/965)

SCHLAF - Erwachen - Würmer, durch (a1*/1676)

Calcarea hypophosphorosa

calc-hp.

Stillen - Milch

ALLGEMEINES - Speisen und Getränke - Milch - amel. (ll1/2001)

Stillen - Magendarmsymptome - Appetit - vermehrt

MAGEN - Appetit - Heißhunger - Essen - nach dem Essen - zwei Stunden danach (ptk1/770)

Beziehung zu anderen - allgemein

GEMÜT - Sprache - hastig, eilig (ptk1*/167)

Nonverbales - Konsultation; bei der

OHR - *Katarrh - Eustachische Röhre* (bro1/515)

HÖREN - *Schwerhörig - Tubenkatarrh* (bro1/537)

Körperliche Symptome und Erkrankungen

ALLGEMEINES - Abmagerung - Kindern; bei - Kleinkindern; bei (ptk1/1845)

Calcarea iodata

calc-i.

Kinder mit schlaffer Faser und dunklem Teint, die zu Erkältungen neigen. Abgemagerte Kinder mit enorm vergrößertem Bauch. Mathur schrieb: „Das Kind sieht aus wie ein junges Rotkehlchen bevor die Federn gewachsen sind."

Chronische Bronchitis mit trockenem Husten, manchmal grüner, eitriger Auswurf.

Otitis, manchmal mit *Perforation des Trommelfells* und eitrigen und wundfressenden Absonderungen.

Wie bei allen jodhaltigen Mitteln ist die Schilddrüse angegriffen. Gupta schrieb: „Vergrößerung der Schilddrüse während der Pubertät, mit vergrößerten Adenoiden, Mandeln, besonders bei Kindern mit schlaffer Faser oder kleinen Mädchen, die empfindlich gegen Kälte sind. Niesen, chronischer Husten, aufgesprungene Haut, Haarausfall und reichliches Schwitzen auf Grund skrofulöser Erkrankungen."

Enteritis mit allgemeiner Schwäche.

Milchschorf.

Was die Gemütsebene angeht, so sind es verschlossene, unglückliche und schnell entmutigte Kinder, die aber *sehr verantwortungsbewußt sind*. Sie haben oft Angst um ihre Familie.

Klinisches: Adenoide. Drüsenschwellungen. Erkrankungen der Schilddrüse. Kopfschmerzen. Flatulenz.

Wirkungsbereich: Drüsen. Schilddrüse. Kopf. Darm.

* * *

Stillen - Milch

KOPF - Hautausschläge - Milchschorf (bro1/290)

Stillen - Magendarmsymptome - Appetit - vermindert

MAGEN - Appetit - fehlend (k2/767)

Stillen - Magendarmsymptome - Appetit - vermehrt

MAGEN - Appetit - Heißhunger (k2/769)
- Appetit - vermehrt (k2/770)

Stillen - Magendarmsymptome - Aufstoßen - Wasser; Hochsteigen von

MAGEN - Aufstoßens; Art des - Wasser in den Mund; Hochsteigen von (k2/781)

Konstitution - Allgemeines

GEMÜT - Entmutigt (k2*/46)
- Faulheit (k2/55)
- Unzufrieden (k2/194)
- Verantwortung - ernst; nimmt seine Verantwortung zu (oss/195)

Familie; Beziehung zur - Liebe und Zuneigung

GEMÜT - Angst - Familie, um seine (oss/9)

Beziehung zu anderen - Reaktion auf andere

GEMÜT - Gesellschaft - Abneigung gegen (k2*/94)

Schule - Konstitution

GEMÜT - Verantwortung - ernst; nimmt seine Verantwortung zu (oss/195)

Nonverbales - Konsultation; bei der

AUGE - Geschwüre - Hornhaut - Kindern; bei (mtf11/435)

OHR - Absonderungen - chronisch (bg2/497)
- Absonderungen - eitrig (mtf11/497)
  - » wundfressend (bro1/498)
- Katarrh - Eustachische Röhre (k2*/515)
- Perforation - Trommelfell (bg2/516)

HÖREN - Schwerhörig - Tonsillen - vergrößert (mp1/537)
- *Schwerhörig - Tubenkatarrh* (bro1/537)

GESICHT - Schwellung - Unterkieferdrüsen (k2/631)

MUND - Aphthen (k2/639)

INNERER HALS - Entzündung - Tonsillen (sf1/724)
- *Schwellung - Tonsillen* (*/747)
  - » Tonsillen - Kindern; bei (mtf11/748)

ÄUSSERER HALS - Schwellung - Halsdrüsen (bg2*/760)
- **Verhärtung von Drüsen** (k/761)
  - » **perlschnurartig** (k/761)

RÜCKEN - Krümmung der Wirbelsäule (mp1/1323)

HAUT - Erysipel (k2/1798)

Nonverbales - Äußerliches - Beobachtungen des Arztes

ATMUNG - Beschleunigt (k2/1174)

ALLGEMEINES - Aussehen - dunkel (sf1/1854)

Nonverbales - Äußerliches - Beobachtungen der Eltern

MAGEN - Schluckauf (k/809)

Körperliche Symptome und Erkrankungen

KOPF - Hydrozephalus (k2/295)
- Hydrozephalus - chronisch (mtf11/295)

ÄUSSERER HALS - Kropf - Pubertät, in der (br1*/757)

KEHLKOPF UND TRACHEA - Laryngismus stridulus (bro1/1145)

EXTREMITÄTEN - Hüftgelenksentzündung (bro1/1443)

ALLGEMEINES - Abmagerung - Kindern; bei - Kleinkindern; bei (tl1/1845)
- Verletzungen - Knochenbrüche - langsame Heilung von Knochenbrüchen (mtf11/2020)

Chirurgisch pathologische Zustände

NASE - Polyp (*/561)
- Rachenmandelwucherung (br1*/561)
  - » vergrößert (mtf11/561)

Calcarea lactica

calc-lac.

Stillen - Milch

ALLGEMEINES - Speisen und Getränke - Milch - Abneigung (stj2/2000)
- Speisen und Getränke - Milch - Verlangen (stj2/2001)

Konstitution - Angst und Furcht

GEMÜT - Furcht - Armut, vor (stj2/65)
- Furcht - hochgelegenen Orten; vor (stj2/71)
  - » Versagen, Mißerfolg; vor dem (stj2/79)

Konstitution - Allgemeines

GEMÜT - Furcht - Armut, vor (stj2/65)
- Gewissenhaft, peinlich genau in bezug auf Kleinigkeiten (stj2/99)

Schule - Angst

GEMÜT - Furcht - Versagen, Mißerfolg; vor dem (stj2/79)

Schule - Konstitution

GEMÜT - Gewissenhaft, peinlich genau in bezug auf Kleinigkeiten (stj2/99)

Nonverbales - Konsultation; bei der

OHR - *Katarrh - Eustachische Röhre* (bro1/515)

HÖREN - *Schwerhörig - Tubenkatarrh* (bro1/537)

Nonverbales - Äußerliches - Beobachtungen des Arztes

NASE - Schniefen - Kindern; bei - Neugeborenen; bei (bc/568)

Nacht; Beobachtungen in der - Schlaf; Lage im

SCHLAF - Lage - Abdomen, auf dem (stj2/1682)

Calcarea muriatica

calc-m.

Krankengeschichte; familiäre und persönliche

ALLGEMEINES - Krankengeschichte von; persönliche - Abszessen; wiederkehrenden (mtf/1909)
- *Krankengeschichte von; persönliche - Furunkel; von wiederkehrenden* (bro1/1909)

Infektionskrankheiten - Mumps

GESICHT - Entzündung - Parotis (stj1/584)

Familie; Beziehung zur - Liebe und Zuneigung

GEMÜT - Angst - andere, um (stj1/7)

Beziehung zu anderen - Reaktion auf andere

GEMÜT - Schüchternheit, Zaghaftigkeit (^/158)

Nonverbales - Aggressivität

GEMÜT - Reizbarkeit, Gereiztheit - Kindern; gegenüber (^/145)

Nonverbales - Konsultation; bei der

OHR - *Katarrh - Eustachische Röhre* (bro1/515)

HÖREN - *Schwerhörig - Tubenkatarrh* (bro1/537)

HAUT - *Hautausschläge - Impetigo* (c2*/1816)

Nacht; Beobachtungen in der - Schlaf; Lage im

SCHLAF - Lage - Abdomen, auf dem (stj1/1682)
- Lage - Magen; auf dem (stj1/1683)
  - » Seite, auf der - rechten Seite, auf der (stj1/1683)

Autos und Schiffe

GEMÜT - Furcht - Fahren im Wagen; beim (stj1/68)

MAGEN - Übelkeit - Fahren - Wagen; im - agg. (stj1/836)

Calcarea phosphorica

calc-p.

Knochen und Zähne enthalten eine besonders hohe Konzentration an Kalziumphosphat und aus diesem Grund zeigt sich jede Veränderung seines Stoffwechsels zuerst im Wachstum, der Knochenbildung und während der Zahnung.

Auf der körperlichen Ebene sind Calcarea-phosphorica-Kinder im Allgemeinen groß gewachsen und wachsen schnell, sind dünn und schlank, manchmal sogar abgemagert und anämisch.

Dunkler Teint mit dunklen Haaren und Augen; aber manchmal, wie bei den Phosphor-Mitteln im Allgemeinen, rotes Haar und sehr lange Wimpern.

Sie können einen großen Kopf haben wie Baryta carbonica, Calcarea carbonica und Silicea; und manchmal ist der Hals so lang und dünn, daß er den Kopf nicht tragen kann, der instabil wirkt.

Die Beine sind oft nach innen gebogen. Das Abdomen kann hohl und schlaff sein.

Diese Kinder *wachsen oft langsam* und assimilieren Nahrung nicht gut, obwohl sie gut ernährt werden, daher sehen sie schlank und kränklich aus, mit sich langsam schließenden Fontanellen und Suturen.

Späte Zahnung, Zahnungsbeschwerden und frühzeitiger Karies.

Man kann Deformation des Rückgrats antreffen; oft entwickelt sich *Skoliose.* Charakteristisch sind *Wachstumsschmerzen, die nachts schlimmer sind*, wie bei Guajacum und Phosphoricum acidum.

Rachitischer Zustand.

Langsames Laufen- und Sprechenlernen.

Allgemeine Schwäche des Körpers verbunden mit verzögerter Entwicklung.

Sehr empfindlich gegen Kälte, besonders nasse Kälte und *Zugluft.*

Nächtlicher Schweiß am Kopf (Differentialdiagnose: Calcarea carbonica und Silicea).

Die Glieder sind oft kalt. Brüchige Nägel.

Adenoide und Mandeln können vergrößert sein, ebenso Drüsen, besonders die seitlichen Halsdrüsen und die Leistendrüsen.

Oft leiden sie an Störungen des Verdauungskanals. Neugeborene erbrechen oft Milch, egal, ob sie gestillt werden oder nicht. Erbrechen wird oft von kolikartigen Bauchschmerzen begleitet.

Sie neigen zu Diarrhoe; sie können nach Obst an sommerlicher Diarrhoe leiden. Grüner, unverdauter, zähflüssiger, heißer Stuhl; er geht oft lautstark ab und riecht übel.

Calcarea-phosphorica-Neugeborene können Weinkrämpfe haben, verursacht durch Schmerzen um den Nabel oder Absonderung von Flüssigkeit aus Nabel, die Blutbestandteile enthält.

Aus psychologischer Sicht sind Kinder, die Calcarea phosphorica benötigen, *unglücklich.* Dieses Gefühl von Calcarea phosphorica zeigt sich in der Rubrik: „Gemüt - Hause, zu - Verlangen, nach Hause zu gehen - auszugehen; und wenn er daheim ist". Also, *wenn sie zuhause sind, sind sie unglücklich und wollen ausgehen; und wenn sie draußen sind, sind sie unglücklich und wollen wieder nachhause zurück.* Dieses Symptom verdeutlicht eine weitere Tendenz des Mittels, das *Verlangen nach Veränderung und Reisen.* Aber anders als Tuberculinum bleiben Kinder, die Calcarea phosphorica benötigen, *nur für kurze Zeit von Zuhause weg.*

Sie sind normalerweise schüchtern, können aber Wutanfälle haben. Sie sind oft reizbar und schlecht gelaunt, vertragen keinen Widerspruch und mögen keinen Trost.

Eigenschaften, die mit *Mitgefühl* verbunden sind, stammen von der Phosphor-Seite.

Sie haben große affektive Bedürfnisse und schlechte Verteidigungsstrukturen. Wenn sie von der Mutter getrennt sind, besonders in den ersten eineinhalb Jahren ihres Lebens, können sie einige Schwierigkeiten in Bezug auf den Kommunikationsprozeß und das Erreichen von Autonomie entwickeln.

Wenn sie im Schulalter sind, können sie regressive Verhaltensweisen entwickeln, des oralen Typs (Wiedererscheinen eines Appetits auf Speisen, die typisch für kleine Kinder sind: Milch, Haferschleim), Appetitverlust, Schlafstörungen (Einschlafschwierigkeiten und Enuresis). Diese Verhaltensweisen spiegeln im Allgemeinen Probleme in der Familie wider.

Obwohl sie einen schnellen Verstand haben und intelligent sind, haben sie eine kurze Aufmerksamkeitsspanne. *Geistige Arbeit ist anstrengend* und daher leiden sie oft an *Kopfschmerzen.* Sie machen oft Fehler beim Sprechen und Schreiben.

Klinisches: Knochenleiden. Spina bifida. Osteomyelitis. Schwäche der Sprunggelenke. Langsame Zahnung. Kopfschmerzen. Tonsillitis. Anämie. Enuresis. Hernie. Hydrozele.

Wirkungsbereich: Knochen. Suturen. Scheitel. Knorpel. Nerven. Drüsen. Ernährung. Abdomen. Brust.

* * *

Krankengeschichte; familiäre und persönliche

ALLGEMEINES - Krankengeschichte von; persönliche - Abszessen; wiederkehrenden (mtf/1909)
- Krankengeschichte von; persönliche - Furunkel; von wiederkehrenden (bro1/1909)
  - » gastrointestinalen Beschwerden; von (wda/1909)
  - » Tonsillitis; von wiederkehrender (st/1910)

Entwicklung - langsam

GEMÜT - *Entwicklung; kindliche - Entwicklungsstillstand* (sf1/47)
- Sprechen - langsam; lernt (*/168)

KOPF - **Fontanellen - offen** (*/286)

ALLGEMEINES - **Entwicklung - Entwicklungsstillstand** (bg2*/1872)
- **Gehen - Gehenlernen, Laufenlernen - spätes** (*/1883)

Entwicklung - schnell

GEMÜT - *Frühreife, altkluge Kinder* (lmj/63)

ALLGEMEINES - *Wachstum - Längenwachstum; zu schnelles* (bg*/2021)

Entwicklung - allgemein

KOPF - Fontanellen - offen - eingesunken - Hinterkopf; am (ptk1*/286)
- Fontanellen - offen - schließen sich und öffnen sich wieder (c1*/286)
- *Großer Kopf* (*/289)

EXTREMITÄTEN - Schmerz - Unterschenkel - Wachstumsschmerzen (k2*/1605)

ALLGEMEINES - Schmerz - Wachstumsschmerzen (k2*/1958)

Zahnung - Gemütssymptome

GEMÜT - Auffahren, Zusammenfahren - Zahnung; während der (mp/18)
- Reizbarkeit, Gereiztheit - Zahnung; während der (*/147)
- Schreien - Zahnung; während der (mrr1/158)

Zahnung - Empfindungen und neurologische Beschwerden

KOPF - Schmerz - Zahnung; während der (k/343)

ALLGEMEINES - *Konvulsionen - Zahnung; während der* (hr1*/1907)

Zahnung - Magendarmsymptome

REKTUM - *Diarrhoe - Zahnung; während* (*/957)

Zahnung - Allgemeines

ZÄHNE - **Zahnung - langsam** (*/718)
• **Zahnung - schwierig** (*/718)

HUSTEN - Zahnung, während der (*/1211)

ALLGEMEINES - Schwäche - Zahnung; während (hr1*/1980)

Stillen - Milch

MAGEN - Erbrechen - Milch, nach (bg2/794)
• Erbrechen - Milch, nach - Muttermilch, nach (cda1/794)
• *Erbrochenen; Art des - Milch* (bg1*/798)

ALLGEMEINES - Speisen und Getränke - Milch - Abneigung (stx1/2000)
• Speisen und Getränke - Milch - Abneigung - Muttermilch (mtf33/2001)
» **Milch - Abneigung - Muttermilch - Kind verweigert die; das** (*/2001)
» Milch - Verlangen (k2/2001)

Stillen - Magendarmsymptome - Appetit - allgemein

MAGEN - Appetit - fehlend - Speisen - Gedanken an Speisen - wieder; Appetit kehrt nach dem Denken an Speisen (*/769)

Stillen - Magendarmsymptome - Appetit - vermindert

MAGEN - Appetit - fehlend (*/767)

Stillen - Magendarmsymptome - Appetit - vermehrt

MAGEN - **Appetit - Heißhunger** (*/769)
• *Appetit - vermehrt* (*/770)

Stillen - Magendarmsymptome - Aufstoßen - Wasser; Hochsteigen von

MAGEN - *Aufstoßens; Art des - Wasser in den Mund; Hochsteigen von* (*/781)

Stillen - Magendarmsymptome - Abdomen - agg. durch

ABDOMEN - Schmerz - Kindern; bei - Säuglingen; bei - krampfartig (bro1/888)

Stillen - Magendarmsymptome - Rektum

REKTUM - *Diarrhoe - Kindern, bei* (k/954)
• Diarrhoe - Kindern, bei - Säuglingen; bei (br1*/954)
» Kindern, bei - Schulmädchen, bei (tl1*/954)

Stillen - Allgemeines

ALLGEMEINES - *Abmagerung - Heißhunger mit Abmagerung - Kindern; bei* (k/1845)
• *Abmagerung - Heißhunger mit Abmagerung - Kindern; bei - Kleinkindern; bei* (k/1845)
• *Säuglinge* (kk2/1944)

Infektionskrankheiten - Mumps

GESICHT - Schmerz - Parotis (*/626)
• Schmerz - Parotis - wund schmerzend (*/627)
• Schwellung - Parotis (k2/631)

Infektionskrankheiten - Keuchhusten

HUSTEN - *Keuchhusten* (k/1197)

Konstitution - Aggressivität

GEMÜT - Zorn - Tadel, durch - andere getadelt werden; wenn er hört, daß (a1/255)

Konstitution - Angst und Furcht

GEMÜT - Angst - Kinder - bei Kindern (*/11)
• Beeindrucken, empfänglich für Eindrücke; leicht zu (lmj*/19)
• Erwartungsspannung - Lampenfieber (fry/53)
• Furcht - allein zu sein (vh1*/64)
» Geräusche, durch (brm/69)
» Gewitter; vor (dp*/70)
» Gewitter; vor - Kindern; bei (mtf33/70)
» hochgelegenen Orten; vor (dgt/71)

Konstitution - Allgemeines

GEMÜT - Entmutigt (mtf/46)
• *Faulheit* (*/55)
• Heimweh (*/107)
• Mürrisch - Kindern, bei (mtf33/132)
• Pflicht - zu viel Pflichtgefühl (lmj/136)
• **Reisen - Verlangen nach** (*/142)
• *Selbstvertrauen - Mangel an Selbstvertrauen* (^/161)
• Sorgen; voller (bg2*/164)
• Ungerechtigkeit; erträgt keine (lmj*/191)
• **Unzufrieden** (*/194)
» Kinder (mtf33/194)
• *Wandern, Herumwandern - Verlangen zu wandern* (*/243)

Familie; Beziehung zur - Aggressivität

GEMÜT - Beschimpfen, beleidigen, schmähen - Kinder - Eltern; Kinder beschimpfen ihre (mp1/22)

Familie; Beziehung zur - Liebe und Zuneigung

GEMÜT - Angst - andere, um (vh3*/7)
• Eifersucht (*/40)
» Kinder - bei (mtf33/40)
• Liebevoll, voller Zuneigung, herzlich (mtf33/125)

Familie; Beziehung zur - Vorwürfe

GEMÜT - Weinen - Vorhaltungen gemacht werden; wenn ihm (mtf/248)

Beziehung zu anderen - Aggressivität

GEMÜT - Zorn - Widerspruch, durch (k/255)

Beziehung zu anderen - Reaktion auf andere

GEMÜT - Antworten - bissig, schnippisch (a1/15)
• *Gesellschaft - Abneigung gegen* (*/94)

» Verlangen nach (k/95)
• Schüchternheit, Zaghaftigkeit (^/158)
» Kindern; bei (^/158)
• *Trost - agg.* (k/188)
» agg. - Mitleid, Mitgefühl agg. (bg2/188)
» amel. (st*/188)
• Untröstlich (lmj/193)
• *Weinen - Trost - agg.* (k/248)
• Widerspruch - verträgt keinen Widerspruch (k/249)

Beziehung zu anderen - allgemein

Gemüt - *Argwöhnisch, mißtrauisch* (k/16)
• Lügner (gg/126)
• *Mitgefühl, Mitleid* (vh*/130)
• Tadelsüchtig, krittelig (*/178)
• Tadelt andere (k/179)
• Tadelt sich selbst, macht sich Vorwürfe (*/179)

Schule - Angst

Gemüt - *Selbstvertrauen - Mangel an Selbstvertrauen* (^/161)

Rektum - *Diarrhoe - Erregung, Aufregung agg.* (vh/952)
• Diarrhoe - Kindern, bei - Schulmädchen, bei (tl1*/954)

Schule - Konzentration

Gemüt - Studieren, Lernen - schwierig, fällt schwer (sf1/173)
• Stumpfheit - Studieren und Lernen; beim (bg2*/176)

Schule - Lernen - allgemein

Gemüt - *Dyslexie* (mtf/40)
• Studieren, Lernen - schwierig, fällt schwer (sf1/173)
• Stumpfheit - Studieren und Lernen; beim (bg2*/176)

Schule - Lernen - Schreiben

Gemüt - *Fehler; macht - Schreiben, beim* (*/57)
• Fehler; macht - Schreiben, beim - falsch - Worte (a1/57)
» *Schreiben, beim - wiederholt Worte* (k/58)

Schule - Anstrengung; geistige

Kopf - **Schmerz - geistige Anstrengung - agg.** (*/328)
• **SCHMERZ - SCHULKINDERN; BEI** (*/339)
» Studenten, bei (c2/340)

Schule - Beziehung zu anderen

Gemüt - Lügner (gg/126)
• Ungehorsam (mtf33/191)
» Kindern, bei (mtf33/191)

Schule - Konstitution

Gemüt - Eigensinnig, starrköpfig, dickköpfig (j/41)
• Lügner (gg/126)
• *Selbstvertrauen - Mangel an Selbstvertrauen* (^/161)
• Ungehorsam (mtf33/191)
» Kindern, bei (mtf33/191)

Spielen

Gemüt - Amüsement, Vergnügen - Verlangen nach (mtf/4)
• Spielen - Verlangen zu spielen (^/166)

Tieren; Beziehung zu

Gemüt - Furcht - Hühnern; vor (dgt/71)
• Furcht - Hunden, vor (vh1/71)
• Tiere - liebt Tiere, Tierliebe (g*/180)

Nonverbales - Aggressivität

Gemüt - Beißen (^/20)
• *Reizbarkeit, Gereiztheit - Kindern, bei* (*/145)

Nonverbales - Reaktion auf andere

Gemüt - Berührtwerden - Abneigung berührt zu werden (mtf33/21)
• Berührtwerden - Abneigung berührt zu werden - Kindern; bei (mtf33/21)
» Abneigung berührt zu werden - Kitzeligkeit (st*/21)
• Gehalten - amel.; gehalten zu werden (bg2/87)

Nonverbales - Gesten, Gebärden

Gemüt - Beißen - Nägel (a*/20)
• Beißen - Nägel - Kindern; bei (mtf33/20)
• Gesten, Gebärden; macht - Finger - Mund; Kinder stecken die Finger in den (bg2*/97)
• *Launenhaftigkeit, launisch* (bg2/123)

Nonverbales - Allgemeines

Gemüt - *Angst - Kinder - bei Kindern - gehoben; wenn aus der Wiege* (*/11)
• Eigensinnig, starrköpfig, dickköpfig (j/41)
• Ruhelosigkeit - Kindern, bei (mtf33/151)
• *Schreien - Kindern, bei* (*/157)
• *Stöhnen - Kindern, bei* (vh*/172)

Nonverbales - Konsultation; bei der

Ohr - Absonderungen - jauchig (k/497)
• *Absonderungen - wundfressend* (*/498)
• Entzündung - erysipelatös (k/500)
» Processus mastoideus (ptk1/501)
• Katarrh - Eustachische Röhre (k2*/515)
• Perforation - Trommelfell (sne/516)

Hören - Schwerhörig - Tonsillen - Hypertrophie der (bro1/537)
• Schwerhörig - Tonsillen - vergrößert (mp1/537)
» *Tubenkatarrh* (bro1/537)

Gesicht - *Schwellung - Unterkieferdrüsen* (k/631)

Innerer Hals - Entzündung - Tonsillen (st/724)
• *Schwellung - Tonsillen* (*/747)

» Tonsillen - Kindern; bei (mtf33/748)
ÄUSSERER HALS - Schwellung - Halsdrüsen (k2/760)
• *Verhärtung von Drüsen* (k/761)
ABDOMEN - *Absonderung aus dem Nabel* (k/849)
• *Absonderung aus dem Nabel - blutige Flüssigkeit* (k/849)
» blutige Flüssigkeit - Kindern; bei - Neugeborenen; bei (mtf33/849)
• Auftreibung - Kindern, bei (mtf33/852)
• Entzündung - Nabel - Kindern; bei - Neugeborenen; Ulzeration des Nabels bei (mtf33/860)
• Geschwüre - Nabelgegend (k2/865)
• *Hämorrhagie - Nabel - Kindern; bei - Kleinkindern; bei* (bro1*/866)
URIN - Zucker - Kindern; bei (mtf33/1056)
RÜCKEN - Abmagerung - Zervikalregion (bro1*/1311)
• *Krümmung der Wirbelsäule* (*/1323)
EXTREMITÄTEN - *Krümmung und Biegung* (*/1473)
• Nägel; Beschwerden der - spröde, brüchige Nägel - Fingernägel (sne/1665)
HAUT - *Hautausschläge - Impetigo* (hr1/1816)
ALLGEMEINES - *Exostose* (hr1*/1877)

Nonverbales - Äußerliches - Beobachtungen des Arztes

KOPF - *Großer Kopf* (*/289)
• *Halten - hoch, aufrecht zu halten; unfähig, den Kopf* (*/289)
AUGE - Farbe - blau - Sklera oder Bindehaut (mrr/432)
• Strabismus, Schielen (*/467)
• Haare - Wimpern - feine Wimpern (dgt/475)
» Wimpern - lange Wimpern (vml1/475)
NASE - Spitz (bro1/574)
GESICHT - Farbe - blaß - Kindern; bei (mtf33/586)
• Gerunzelt (bro1/594)
» Stirn, Stirnrunzeln (bg2/594)
• Hautausschläge - Akne (bro1*/595)
» Akne - Mädchen; bei anämischen (bro1/596)
• Rissig - Lippen (ptk1/613)
• Wächsern (bg2*/635)
MUND - Finger in den Mund; Kinder stecken (mtf33/651)
ATMUNG - Atemnot, Dyspnoe, erschwertes Atmen - Kindern; bei (k/1168)
• *Beschleunigt* (*/1174)
RÜCKEN - Opisthotonus (k/1325)
ALLGEMEINES - Aussehen - dunkel (mtf33/1854)
• Aussehen - dunkel - Augen (mtf33/1855)
» rote Haare (kl/1855)
• **Magere Personen** (*/1919)
• **Zwergwuchs** (*/2035)

Nonverbales - Äußerliches - Beobachtungen der Eltern

MAGEN - Brechreiz, Würgen (k/784)
• Brechreiz, Würgen - Frühstück; agg. nach dem (*/784)
ABDOMEN - Schmerz - Kindern; bei - Säuglingen; bei - krampfartig (bro1/888)
REKTUM - Unwillkürlicher Stuhl (bg2/984)
STUHL - *Kugeln, wie* (k/996)
• *Unverdaut* (*/999)
MÄNNLICHE GENITALIEN - *Erektionen - Kindern, bei* (lmj/1063)
• *Masturbation, Neigung zur* (c1/1071)
» *Kindern; bei* (lmj/1071)
• *Sexuelles Verlangen - vermehrt - Kindern, bei* (lmj/1084)
WEIBLICHE GENITALIEN - Fluor - Kindern; bei - Mädchen; bei kleinen (sf1/1096)
• *Masturbation; Neigung zu* (c1/1104)
» *Kindern; bei* (lmj/1104)

Nacht; Beobachtungen in der - Gemütssymptome

GEMÜT - Furcht - Dunkelheit; vor der (*/66)
• *Schreien - Kindern, bei - Schlaf, im* (hr1*/157)
• Weinen - Wimmern, Winseln - Schlaf, im (mrr1/248)

Nacht; Beobachtungen in der - körperliche Symptome

KOPF - Schweiß der Kopfhaut - nachts (mrr1/403)
• *Schweiß der Kopfhaut - Schlaf - im* (*/404)

Nacht; Beobachtungen in der - Schlaf; Lage im

SCHLAF - *Lage - Abdomen, auf dem* (*/1682)
• *Lage - Knie - Brust; liegt auf Knien und* (fb*/1682)
» *Knie - Gesicht ins Kissen gepreßt; und* (st*/1682)
» merkwürdig, sonderbar (dgt/1683)

Schaukeln und Getragenwerden

GEMÜT - Getragen - Verlangen getragen zu werden (mrr1/99)

Autos und Schiffe

MAGEN - *Übelkeit - Fahren - Wagen; im - agg.* (k/836)
ALLGEMEINES - Fahren - Wagen; mit dem - agg. (bg2/1877)

Psychosomatische Störungen

REKTUM - *Diarrhoe - Ärger, Verdruß agg.* (*/951)
• *Diarrhoe - Erregung, Aufregung agg.* (vh/952)
» *Zorn, nach* (k/957)
ATMUNG - Angehalten, versetzt, unterbrochen - Kindern; bei - hochgehoben werden; wenn sie (br3*/1159)

Körperliche Symptome und Erkrankungen

KOPF - Entzündung - Gehirn (bro1/284)
• *Entzündung - Hirnhaut* (k/284)
» Periost (bg/285)
• *Hydrozephalus* (*/295)

» chronisch (mtf/295)

ZÄHNE - *Karies, faule, hohle Zähne* (*/700)

• *Karies, faule, hohle Zähne - Kindern; verfrüht bei* (*/700)

MAGEN - Erbrechen - Kindern, bei (k2/793)

REKTUM - Cholera - infantum (c2*/949)

• Cholera - infantum - begleitet von - Stuhl; grünem, wäßrigem (tl1/949)

WEIBLICHE GENITALIEN - Menses - unterdrückt - Mädchen; bei jungen (lp/1113)

• *Menses - verzögerte Menarche* (*/1114)

KEHLKOPF UND TRACHEA - Laryngismus stridulus (bro1*/1145)

RÜCKEN - Spina bifida (*/1384)

EXTREMITÄTEN - **Hüftgelenksentzündung** (*/1443)

ALLGEMEINES - **Abmagerung - Kindern; bei** (*/1845)

• Abmagerung - Kindern; bei - Kleinkindern; bei (ptk1/1845)

• *Kindern; Beschwerden von* (bg2*/1897)

» zarte, schwächliche, kränkliche Kinder (bg2*/1897)

• *Konvulsionen - Kindern, bei* (bg2*/1905)

• *Pubertät - Beschwerden während der* (bg2*/1934)

» *Beschwerden während der - Mädchen; bei* (kr1*/1934)

• **Verletzungen - Knochenbrüche - langsame Heilung von Knochenbrüchen** (*/2020)

» *Knochenbrüche - langsame Heilung von Knochenbrüchen - Kindern, bei* (st*/2020)

Chirurgisch pathologische Zustände

NASE - *Polyp* (*/561)

• Polyp - blutet leicht (*/561)

• Rachenmandelwucherung (br1*/561)

» vergrößert (mtf11/561)

ABDOMEN - Hernie (c2*/867)

MÄNNLICHE GENITALIEN - Hodenretention - Schambein; vor das (lmj*/1069)

Calcarea picrica

calc-pic.

Krankengeschichte; familiäre und persönliche

ALLGEMEINES - *Krankengeschichte von; persönliche - Furunkel; von wiederkehrenden* (bro1/1909)

Nonverbales - Konsultation; bei der

OHR - *Entzündung - Gehörgang* (bro1/500)

• *Katarrh - Eustachische Röhre* (bro1/515)

HÖREN - *Schwerhörig - Tubenkatarrh* (bro1/537)

Nonverbales - Äußerliches - Beobachtungen des Arztes

GESICHT - *Hautausschläge - Akne* (bro1/595)

Chirurgisch pathologische Zustände

OHR - Abszeß (ptk1/498)

Calcarea silicata

calc-sil.

Diese Kinder sind abgemagert, schwach und *sehr verfroren, aber Überhitzen verschlimmert.* Die Schwäche ist besonders morgens beim Erwachen schlimmer, durch geistige Anstrengung und durch Gehen im Freien; auch geringe Anstrengung verstärkt viele Symptome.

Calcarea silicata ist ein tief und lange wirkendes Mittel bei Beschwerden, die langsam erscheinen und sich erst nach langer Zeit vollständig entwikkeln.

Tiefgehende Wirkung auf Drüsen, Schleimhäute, Knochen und Haut (schwere Akne); Kent schrieb, daß dies Mittel auch Fälle von Epitheliom und Lupus geheilt habe.

Calcarea silicata kann in Fällen von Erkrankungen der Hornhaut nützlich sein; es führt zur Resorption von Exsudaten der Hornhaut.

Nägel wachsen nicht und sind hart oder spröde.

Ängstliche Kinder, denen es an *Selbstvertrauen mangelt* und die schnell entmutigt sind, die aber *großes Verantwortungsbewußtsein* haben. Sie sind *schüchtern*, aber Gesellschaft lieben sie sehr.

In der Schule arbeiten sie hart und zeigen die bekannte *Akribie der Silizium-Mittel.* Sie sind im Allgemeinen gut in Mathematik, haben aber oft *Dyslexie-Probleme.*

Zuhause leiden sie unter emotionaler Belastung; im Besonderen sind sie sehr *empfindlich gegen Vorwürfe.* Jan Scholten schrieb: „Sie sind besonders empfindlich gegen Kritik aus der eigenen Familie. Es fällt ihnen schwer, selbst harmloses Necken zu akzeptieren. Es gibt ihnen das Gefühl, sie würden nicht mehr dazugehören, daß ihr sicherer Zufluchtsort verloren gehen könnte."

Nach Sankaran ist das Gefühl von Calcarea silicata: „Ich muß einem bestimmten Standard entsprechen, um die Sicherheit und den Schutz zu erhalten, die ich brauche."

Klinisches: Abmagerung. Hornhautgeschwür. Diabetes. Polyp. Analfistel. Flatulenz. Hydrozele.

Wirkungsbereich: Drüsen. Knochen. Haut. Nägel. Augen.

* * *

Impfung

ALLGEMEINES - Impfung; Beschwerden nach (stj2/1892)

Stillen - Milch

MAGEN - Erbrechen - Milch, nach (k2/794)

ALLGEMEINES - Speisen und Getränke - Milch - Abneigung (k2*/2000)

• *Speisen und Getränke - Milch - Abneigung - Muttermilch* (stj2/2001)

» Milch - agg. (k2*/2001)

» Milch - agg. - kalte (k2*/2001)

» Milch - Verlangen (k2*/2001)

Stillen - Magendarmsymptome - Appetit - vermindert

MAGEN - Appetit - fehlend (k2/767)

Stillen - Magendarmsymptome - Appetit - vermehrt

MAGEN - Appetit - Heißhunger (k2/769)

• Appetit - vermehrt (k2/770)

Stillen - Magendarmsymptome - Aufstoßen - Wasser; Hochsteigen von

MAGEN - Aufstoßens; Art des - Wasser in den Mund; Hochsteigen von (k2/781)

Stillen - Allgemeines

SCHWEISS - Essen - beim - agg. (k2/1786)

• Essen - nach - agg. (k2/1786)

Infektionskrankheiten - Mumps

GESICHT - Entzündung - Parotis (k2/584)

• Schwellung - Parotis (k2/631)

Konstitution - Angst und Furcht

GEMÜT - Angst - Kinder - bei Kindern (mtf33/11)

• Beschwerden durch - Schreck (k2*/25)

• Feigheit (k2*/59)

• Furcht - Armut, vor (k2*/65)

» engen Räumen; in (stj2/67)

» hochgelegenen Orten; vor (stj2/71)

» Versagen, Mißerfolg; vor dem (stj2/79)

» Versagen, Mißerfolg; vor dem - Prüfungen, bei (stj2/79)

Konstitution - Allgemeines

GEMÜT - Ehrgeiz - Verlust von (k2/40)

• Empfindlich - Kinder (dx1*/44)

• Entmutigt (k2/46)

• Faulheit (k2/55)

• Furcht - Armut, vor (k2*/65)

• Gewissenhaft, peinlich genau in bezug auf Kleinigkeiten (stj2*/99)

• Milde (k2*/130)

• Nachgiebigkeit (k2*/134)

• Pflicht - zu viel Pflichtgefühl (bt*/136)

• Selbstvertrauen - Mangel an Selbstvertrauen (k2*/161)

• Sorgen; voller (k2/164)

• Stimmung, Laune - veränderlich (k2/171)

• Unzufrieden (k2/194)

• Verantwortung - ernst; nimmt seine Verantwortung zu (mtf33/195)

Familie; Beziehung zur - Liebe und Zuneigung

GEMÜT - Angst - Familie, um seine (k2*/9)

Familie; Beziehung zur - Vorwürfe

GEMÜT - Beschwerden durch - Tadel (k2/25)

• Empfindlich - Tadel (k2/45)

» Vorwürfe; gegen (k2*/45)

Beziehung zu anderen - Reaktion auf andere

GEMÜT - Antworten - Abneigung zu antworten (k2/14)

• Antworten - weigert sich zu antworten (k2/15)

• Gesellschaft - Verlangen nach (^/95)

» Verlangen nach - allein; agg. wenn (k2/96)

• Schüchternheit, Zaghaftigkeit (k2*/158)

• Trost - agg. (k2*/188)

• Widerspenstig (k2/249)

Beziehung zu anderen - allgemein

GEMÜT - Mitgefühl, Mitleid (stj2/130)

• Tadelsüchtig, krittelig (k2/178)

• Tadelt sich selbst, macht sich Vorwürfe (^/179)

Schule - Angst

GEMÜT - Furcht - Versagen, Mißerfolg; vor dem (stj2/79)

• Furcht - Versagen, Mißerfolg; vor dem - Prüfungen, bei (stj2/79)

• Selbstvertrauen - Mangel an Selbstvertrauen (k2*/161)

Schule - Konzentration

GEMÜT - Konzentration - schwierig - Studieren (k2/117)

Schule - Lernen - allgemein

GEMÜT - Dyslexie (mtf/40)

• Fehler; macht - Sprechen, beim - Buchstabieren, beim (k2*/58)

Schule - Lernen - Mathematik, Rechnen

GEMÜT - Mathematik - Begabung zur (stj2/128)

Schule - Anstrengung; geistige

KOPF - Schmerz - geistige Anstrengung - agg. (k2/328)

Schule - Vorwürfe

GEMÜT - Beschwerden durch - Tadel (k2/25)

• Empfindlich - Tadel (k2/45)
  » Vorwürfe; gegen (k2*/45)

Schule - Konstitution

GEMÜT - Gewissenhaft, peinlich genau in bezug auf Kleinigkeiten (stj2*/99)
• Selbstvertrauen - Mangel an Selbstvertrauen (k2*/161)
• Verantwortung - ernst; nimmt seine Verantwortung zu (mtf33/195)

Spielen

GEMÜT - Amüsement, Vergnügen - Verlangen nach (mtf/4)
• Spielen - Verlangen zu spielen (^/166)

Nonverbales - Reaktion auf andere

GEMÜT - Furcht - berührt zu werden (k2*/66)
• Magnetisiert - Verlangen magnetisiert zu werden (dx1*/127)

Nonverbales - Gesten, Gebärden

GEMÜT - Launenhaftigkeit, launisch (k2*/123)

Nonverbales - Konsultation; bei der

OHR - Absonderungen - Blut (k2/497)
• Absonderungen - dick (k2/497)
  » eitrig (k2/497)
  » gelb (k2/497)
  » gelblichgrün (k2/497)
  » übelriechend (k2/498)
  » wäßrig (k2/498)
• *Katarrh - Eustachische Röhre* (bro1/515)
• Ohrschmalz - vermehrt (k2/516)

HÖREN - *Schwerhörig - Tubenkatarrh* (bro1/537)
GESICHT - Schwellung - Unterkieferdrüsen (k2/631)
MUND - Aphthen (k2/639)
INNERER HALS - Entzündung - Tonsillen (k2/724)
• Schwellung - Tonsillen (k2/747)
ÄUSSERER HALS - Schwellung - Halsdrüsen (k2/760)
• Verhärtung von Drüsen (k2/761)
EXTREMITÄTEN - Nägel; Beschwerden der - Härte - Fingernägel (k2/1665)
• Nägel; Beschwerden der - spröde, brüchige Nägel (mtf33/1665)
  » spröde, brüchige Nägel - Fingernägel (k2/1665)
HAUT - Erysipel (k2/1798)
• Intertrigo (k2/1825)

Nonverbales - Äußerliches - Beobachtungen des Arztes

AUGE - Verklebt (k2/472)
GESICHT - Ausdruck - alt aussehend (stj2/580)
• **Hautausschläge - Akne** (*/595)
• Rissig - Lippen (k2/613)
ATMUNG - Beschleunigt (k2/1174)
ALLGEMEINES - Magere Personen (stj2*/1919)

Nonverbales - Äußerliches - Beobachtungen der Eltern

MAGEN - Schluckauf (k2/809)
• Völlegefühl - Essen - nach - agg. (k2/845)
STUHL - Unverdaut (k2/999)
SCHWEISS - Essen - beim - agg. (k2/1786)
• Essen - nach - agg. (k2/1786)

Nacht; Beobachtungen in der - körperliche Symptome

KOPF - Schweiß der Kopfhaut - nachts (tl1/403)
BLASE - Urinieren - unwillkürlich - nachts (k2/1019)

Nacht; Beobachtungen in der - Schlaf; Lage im

SCHLAF - Lage - Abdomen, auf dem (stj2/1682)
• Lage - verändert häufig die Lage (stj2/1683)

Körperliche Symptome und Erkrankungen

KOPF - Hydrozephalus (k2*/295)
NASE - Katarrh - gefolgt von - Stirnhöhlen; Beschwerden der (k2/553)
ZÄHNE - Karies, faule, hohle Zähne (k2/700)
MAGEN - Langsame Verdauung (k2/805)
EXTREMITÄTEN - Hüftgelenksentzündung (k2/1443)
ALLGEMEINES - *Abmagerung - Kindern; bei* (k2*/1845)
• *Abmagerung - Kindern; bei - Kleinkindern; bei* (bro1/1845)
• Kindern; Beschwerden von (mtf33/1897)

Chirurgisch pathologische Zustände

NASE - Polyp (k2/561)

Calcarea sulphurica

calc-s.

Der wichtigste Punkt dieses Mittels wird in den folgenden Gemütsrubriken erklärt: „*Jammern - anerkannt, geschätzt wird; weil er nicht*“ und „*Wahnideen - anerkannt, geschätzt; sie würde nicht*“. Kinder, die Calcarea sulphurica benötigen, haben das Gefühl, nicht gut genug zu sein und für ihre Fähigkeiten nicht anerkannt zu werden. Sie entwickeln ein *großes Maß an Eifersucht*, das in seiner Intensität mit Lachesis oder Hyoscyamus verglichen werden kann, wenn auch die Gründe verschieden sind. Wir sehen das Bild eines aggressiven und eifersüchtigen Kindes. Hierzu schrieb Sankaran: „Calcarea sulphurica hat ein Bedürfnis nach Sicherheit und Anerkennung. Geschätzt zu werden, ein gewisses Ansehen im Leben zu haben, erfordert, daß man Kenntnisse haben sollte, wohlhabend ist und eine bestimmte Stellung in der Gesellschaft einnimmt. Dies kann ist nur zu erreichen, indem man Anstrengungen unternimmt und daher *versucht Calcarea sulphurica ständig Dinge zu tun, die ihm Anerkennung einbringen werden*“ und „der Calcarea-sulphurica-Mensch kann versuchen, alles so zu machen, daß andere ihn dafür anerkennen und wertschätzen - seine Arbeit, seine Umgangsformen, die äußere Erscheinung usw. Von den Eltern von Calcarea sulphurica erfährt man fast unweigerlich eine Geschichte der *Rivalität unter den Geschwistern in der Kindheit.* Das ist die typische Situation von Calcarea sulphurica, in der sich das Kind daheim (dem Ort der Sicherheit) nicht anerkannt fühlt. Ich glaube, daß jedes starke Vergleichen von zwei Kindern und das Herabsetzen eines Kindes einen Calcarea-sulphurica-Zustand verursachen kann. Dieses Kind wird die Tendenz haben, sich sehr unsicher zu fühlen, weil es das Gefühl hat, nicht geschätzt zu werden und die Notwendigkeit spürt, enorme Anstrengungen zu unternehmen, damit es anerkannt und geschätzt wird und damit der Sicherheit seines Zuhauses sicher sein kann.“

Wir finden Calcarea sulphurica in einer weiteren interessanten Rubrik: „Wahnideen - Körper - häßlich aussehen; der Körper würde“. *Kinder fragen die Mutter ständig: „Glaubst du, daß ich hübsch bin?“ Die Meinung anderer ist ihnen sehr wichtig* und sie sind enorm empfindlich in Bezug auf ihr Aussehen. Lassauw beschreibt einen wundervollen Fall von Calcarea sulphurica, den er mit den Worten seiner Patientin, einem kleinen Mädchens beginnen läßt: „Ich bin das netteste und schönste Kind.“ *Hier sieht man das Verlangen nach Liebe und Schönheit.*

Auf der körperlichen Ebene findet man den typischen *Tropismus für die Haut der Sulphur-Mittel:* Ekzem, Milchschorf, herpetische Ausschläge, Psoriasis, eiternde Pusteln, Akne, *Abszesse* und Urtikaria.

Wie Sulphur hat es morgendliche Diarrhoe geheilt. Diarrhoe durch Wetterveränderung, schlechter nach dem Essen, schmerzlos, unwillkürlich.

Heftiger Husten mit Unbehagen in der Brust.

Kleine Warzen an Fingern und Daumen.

Nützlich bei Glomerulonephritis, mit Harnzylindern und Eiweiß im Urin, wenn dies eine Komplikation nach einer Infektionskrankheit (Scharlach) ist.

Warmblütige Kinder, die gerne im Wasser spielen und *nicht aus dem Schwimmbecken kommen.*

Klinisches: Abszeß. Furunkel. Milchschorf. Ekzem. Zysten. Fisteln. Analabszeß. Hornhautgeschwür. Diarrhoe. Tonsillitis. Husten. Pneumonie. Scharlach.

Wirkungsbereich: Haut. Schleimhäute. Drüsen. Knochen.

* * *

Krankengeschichte; familiäre und persönliche

ALLGEMEINES - Krankengeschichte von; persönliche - Abszessen; wiederkehrenden (ptk1*/1909)
- **Krankengeschichte von; persönliche - Krupp; von wiederkehrendem** (k/1910)

Stillen - Milch

KOPF - Hautausschläge - Milchschorf (bro1*/290)

ALLGEMEINES - *Speisen und Getränke - Milch - Abneigung* (k/2000)
- **Speisen und Getränke - Milch - agg.** (*/2001)

Stillen - Magendarmsymptome - Appetit - vermindert

MAGEN - Appetit - fehlend (k/767)

Stillen - Magendarmsymptome - Appetit - vermehrt

MAGEN - **Appetit - Heißhunger** (k/769)
- **Appetit - vermehrt** (*/770)

Stillen - Magendarmsymptome - Aufstoßen - Speisen; von

MAGEN - *Aufstoßens; Art des - Speisen; von* (*/780)

Stillen - Magendarmsymptome - Aufstoßen - Wasser; Hochsteigen von

MAGEN - *Aufstoßens; Art des - Wasser in den Mund; Hochsteigen von* (k/781)

Stillen - Magendarmsymptome - Rektum

REKTUM - **Diarrhoe - Kindern, bei** (*/954)
- Diarrhoe - Kindern, bei - Säuglingen; bei (mtf33/954)

Stillen - Allgemeines

ALLGEMEINES - Säuglinge (mtf33/1944)

Infektionskrankheiten - Mumps

GESICHT - Schmerz - Parotis (^/626)
- Schmerz - Parotis - rechts (k2/627)
  - » Parotis - rechts - wund schmerzend (k/627)
  - » Parotis - wund schmerzend (k/627)
- *Schwellung - Parotis* (k/631)
  - » Parotis - rechts (k2/631)

Infektionskrankheiten - Scharlach

OHR - Absonderungen - Scharlach, nach (k/498)

HAUT - Hautausschläge - Scharlach (c2/1821)

Konstitution - Angst und Furcht

GEMÜT - Feigheit (*/59)

• Furcht - Armut, vor (tl/65)
• Mutig (tl1/133)
• Schreckliches und traurige Geschichten greifen sie stark an (stj/156)

Konstitution - Allgemeines

GEMÜT - Faulheit (k2/55)
• Furcht - Armut, vor (tl/65)
• Selbstvertrauen - Mangel an Selbstvertrauen (^/161)
• Stimmung, Laune - veränderlich (k/171)
• Unzufrieden (k/194)

Familie; Beziehung zur - Aggressivität

GEMÜT - *Streitsüchtig - Eifersucht; aus* (vh*/173)

Familie; Beziehung zur - Liebe und Zuneigung

GEMÜT - Abneigung - Familienangehörige; gegen (tl/1)
• Angst - andere, um (a/7)
• *Eifersucht* (*/40)
  » Kinder - unter Kindern (mrr1*/40)
• *Streitsüchtig - Eifersucht; aus* (vh*/173)
• *Verlassen zu sein; Gefühl* (a*/198)

Beziehung zu anderen - Aggressivität

GEMÜT - Streitsüchtig (*/173)

Beziehung zu anderen - Reaktion auf andere

GEMÜT - Antworten - Abneigung zu antworten (k/14)
• Gesellschaft - Abneigung gegen (*/94)
• Schüchternheit, Zaghaftigkeit - Kindern; bei (mtf33/158)
• Untröstlich (k13/193)
• Widerspenstig (*/249)
• Widerspruch - Neigung zu widersprechen (mrr1/249)
  » verträgt keinen Widerspruch (ptk1/249)

Beziehung zu anderen - allgemein

GEMÜT - Argwöhnisch, mißtrauisch (*/16)
• Beleidigt, leicht (*/20)

Schule - Angst

GEMÜT - Selbstvertrauen - Mangel an Selbstvertrauen (^/161)

Schule - Lernen - allgemein

GEMÜT - Dyslexie (mtf/40)

Schule - Anstrengung; geistige

KOPF - Schmerz - geistige Anstrengung - agg. (k/328)
• Schmerz - Lesen, beim - agg. (k/332)

Schule - Konstitution

GEMÜT - *Eigensinnig, starrköpfig, dickköpfig* (k2*/41)
• Eigensinnig, starrköpfig, dickköpfig - Kinder (mtf33/41)
• Selbstvertrauen - Mangel an Selbstvertrauen (^/161)

Nonverbales - Aggressivität

GEMÜT - Diktatorisch (mrr1/39)

Nonverbales - Gesten, Gebärden

GEMÜT - Gefallsüchtig, kokett - sehr, zu (stj1/87)
• Launenhaftigkeit, launisch (*/123)

Nonverbales - Allgemeines

GEMÜT - *Eigensinnig, starrköpfig, dickköpfig* (k2*/41)
• Eigensinnig, starrköpfig, dickköpfig - Kinder (mtf33/41)
• Ruhelosigkeit - Kindern, bei (mtf33/151)

Nonverbales - Konsultation; bei der

OHR - **Absonderungen - blutig** (k/497)
• *Absonderungen - chronisch* (mrr1/497)
  » **dick** (k/497)
  » **eitrig** (*/497)
  » *gelb* (k/497)
  » *Karies, drohende* (k/497)
  » *schleimig* (bro1/498)
  » *schmerzhaft* (k/498)
  » *stinkend* (bro1/498)
  » übelriechend (k/498)
  » *wundfressend* (bro1/498)
• **Eiterung - Mittelohr** (*/500)
• **Entzündung - Gehörgang** (*/500)
  » **Mittelohr** (*/501)
• Katarrh - Eustachische Röhre (*/515)
• Ohrschmalz - braun (*/516)
  » dunkel, fließend (ptk1*/516)

HÖREN - Schwerhörig - Tonsillen - vergrößert (mp1/537)
• *Schwerhörig - Tubenkatarrh* (bro1/537)

GESICHT - *Schwellung - Unterkieferdrüsen* (k/631)

INNERER HALS - Entzündung - Tonsillen (c2*/724)
• *Schwellung - Tonsillen* (k/747)

ÄUSSERER HALS - Schwellung - Halsdrüsen (k/760)

RÜCKEN - **Krümmung der Wirbelsäule** (*/1323)
• *Krümmung der Wirbelsäule - Dorsalregion* (k/1323)
  » Lumbalregion (k2/1324)

HAUT - Hautausschläge - Impetigo (mrr1/1816)
• *Intertrigo* (k/1825)

Nonverbales - Äußerliches - Beobachtungen des Arztes

KOPF - *Schuppen* (k/402)

AUGE - Verklebt (k/472)

GESICHT - *Hautausschläge - Akne* (*/595)
• *Rissig - Lippen* (k/613)
• Warzen (bro1/635)

Nonverbales - Äußerliches - Beobachtungen der Eltern

AUGE - Verklebt - morgens (k/472)

NASE - Absonderung - blutig - Kindern; bei (k2*/539)
• Schnupfen - blutig - Kindern; bei - Kleinkindern; bei (ptk1*/571)

MAGEN - Völlegefühl - Essen - nach - agg. (k/845)

REKTUM - Unwillkürlicher Stuhl (k/984)

STUHL - Unverdaut (*/999)

Nacht; Beobachtungen in der - Gemütssymptome

GEMÜT - Furcht - nachts - Kindern; bei (mtf33/64)
• Furcht - Dunkelheit; vor der (*/66)
» Dunkelheit; vor der - Kindern; bei (mtf33/66)

Nacht; Beobachtungen in der - Schlaf

SCHLAF - Erwachen - Schreck, wie durch (hr1*/1675)

Nacht; Beobachtungen in der - Schlaf; Lage im

SCHLAF - *Lage - Seite, auf der* (vh/1683)

Körperliche Symptome und Erkrankungen

KOPF - **Schmerz - katarrhalisch** (k/331)

ZÄHNE - Abszeß der Zahnwurzeln (bg2/695)
• *Karies, faule, hohle Zähne* (k/700)

NIEREN - Entzündung (*/1023)

WEIBLICHE GENITALIEN - Menses - verzögerte Menarche (k/1114)

RÜCKEN - *Spina bifida* (k/1384)

EXTREMITÄTEN - *Hüftgelenksentzündung* (k/1443)

ALLGEMEINES - Kindern; Beschwerden von (mtf33/1897)

Chirurgisch pathologische Zustände

OHR - **Abszeß - Gehörgang** (k/498)

NASE - *Polyp* (k/561)

MÄNNLICHE GENITALIEN - *Hydrozele - Kindern, bei* (k/1069)

Calendula officinalis

calend.

Ein Kind, das konstitutionell Calendula benötigt, wird eine *herabgesetzte Immunabwehr* besitzen und schnell ermüden, sowohl körperlich wie geistig.

Große Erkältungsneigung, besonders bei nassem Wetter und Tendenz zu katarrhalischen Zuständen.

Ein wichtiges Charakteristikum dieses Mittels ist, daß *die Schmerzen im Verhältnis zur Verletzung übermäßig stark sind.* Die Wirkung auf den Allgemeinzustand ist ebenso übertrieben: große Schwäche, viel größer als man in Anbetracht des Ausmaßes der Verletzung erwarten würde.

Es hat außergewöhnliche Qualitäten als Mittel zur *Vernarbung*, wenn es örtlich angewandt wird und ist nützlich bei offenen Verletzungen, bei Stellen, die schwierig zu heilen sind, bei Ulzerationen usw.

Blutstillend nach Zahnextraktion.

Diese Kinder sind reizbar, nervös, überempfindlich gegen Geräusche und erschrecken leicht.

Frost ist ein ausgeprägtes Merkmal und viele Symptome treten beim Frost auf, wie es die Prüfung zeigt.

Calendula ist angezeigt bei *schweren Entzündungen, wenn die Symptome Bryonia ähneln*, dieses jedoch nicht wirkt. Die Schmerzen sind schlimmer durch Bewegung und bessern sich, wenn er völlig bewegungslos ist.

Klinisches: Abschürfungen. Verletzungen. Verbrennungen. Eiterung. Abszeß. Taubheit.

Wirkungsbereich: Weichteile. Rückgrat. Leber.

* * *

Krankengeschichte; familiäre und persönliche

ALLGEMEINES - Krankengeschichte von; persönliche - Erysipel; von wiederkehrendem (vml3/1909)

Stillen - Magendarmsymptome - Appetit - vermindert

MAGEN - Appetit - vermindert (hr1/772)

Stillen - Magendarmsymptome - Appetit - vermehrt

MAGEN - Appetit - Heißhunger (bro1/769)

Konstitution - Angst und Furcht

GEMÜT - **Angst - hypochondrisch** (mgm/11)

Konstitution - Allgemeines

GEMÜT - Milde (oss/130)
• Selbstvertrauen - Mangel an Selbstvertrauen (mgm/161)

Schule - Angst

GEMÜT - Selbstvertrauen - Mangel an Selbstvertrauen (mgm/161)

Schule - Konstitution

GEMÜT - Selbstvertrauen - Mangel an Selbstvertrauen (mgm/161)

Nonverbales - Konsultation; bei der

HAUT - Erysipel (hr1*/1798)

Nacht; Beobachtungen in der - Schlaf; Lage im

SCHLAF - Lage - verändert häufig die Lage (j5/1683)

Autos und Schiffe

HÖREN - Schwerhörig - Fahren - Wagen; im - amel. (bro1*/536)

Körperliche Symptome und Erkrankungen

RÜCKEN - Spina bifida (hr1/1384)

ALLGEMEINES - Verletzungen - Knochenbrüche - langsame Heilung von Knochenbrüchen (bro1*/2020)

Camphora officinalis

camph.

Besonders geeignet für skrofulöse, schwächliche, blonde Kinder.

Reizbarkeit und schlechte Laune; Angst; von Allem enttäuscht. Die Kinder verstecken sich zum Weinen in eine Ecke. Alles, was man ihnen sagt, wird als Befehl genommen; sie werden wütend und sind beleidigt. Sehr reizbar, zornig, leicht zu beeindrucken, streitsüchtig, und sie *möchten immer recht haben.* Wutanfall mit Schaum vor dem Mund, unwillkürlichen Tränen, die sie ohne Grund vergießen. Eifersüchtige Gedanken.

Auf der körperlichen Ebene findet man häufig *Hauterkrankungen.*

Scharlach mit Rasseln im Hals, heißem Atem (Carbo vegetabilis: kalter Atem) und heißem Schweiß auf der Stirn.

Masern und Scharlach, wenn der Ausschlag nicht erscheint. Blaß oder kalt und blau. Facies hippocratica, *Haut kalt wie Marmor, trotzdem erträgt das Kind nicht, zugedeckt zu werden* (Differentialdiagnose: Secale).

Krämpfe von Kindern, mit Sopor, durch unterdrückte Hautausschläge, durch unterdrückten Katarrh des Kopfes oder der Brust. Vithoulkas schrieb dazu: „Eine wichtige Anzeige ist: Krämpfe bei Kindern, wenn ein Exanthem nicht herauskommt (bei Masern, bei Scharlach). Sie können auch nach Unterdrückung einer Erkältung auftreten oder bei Neugeborenen (Trismus)."

Konvulsionen mit Verlust des Bewußtseins, verändertem Gesichtsausdruck und lividem Teint; heftig, besonders von Händen und Füßen.

Nach Allen kann man es Neugeborenen geben, die in Folge einer Asphyxie Spasmen haben. Hering schrieb: „Neugeborene; Asphyxie; harte Stellen in der Haut an Bauch und Oberschenkeln, die schnell größer und härter werden, manchmal mit einer tiefen Röte, die sich fast über den ganzen Bauch und die Oberschenkel ausbreitet; heftiges Fieber, mit Auffahren und tetanischen Krämpfen, mit Beugen nach hinten; lassen keinen Urin."

Erysipelatöse Entzündung mit den üblichen Modalitäten des Mittels (Kälte und Abneigung gegen das Zudecken).

Klinisches: Angst. Schlaflosigkeit. Konvulsionen. Krämpfe. Spasmen. Frost. Kollaps. Husten. Strangurie. Diarrhoe. Hautausschläge. Erysipel. Masern.

Wirkungsbereich: Verdauungskanal. Nerven. Harnorgane. Nase. Haut.

* * *

Stillen - Magendarmsymptome - Appetit - vermindert

MAGEN - Appetit - fehlend (k/767)

Stillen - Magendarmsymptome - Appetit - vermehrt

MAGEN - Appetit - Heißhunger (k/769)
• Appetit - vermehrt (k/770)

Stillen - Magendarmsymptome - Aufstoßen - Speisen; von

MAGEN - Aufstoßens; Art des - Speisen; von (h1*/780)
• Aufstoßens; Art des - Speisen; von - Essen - nach - agg. (b7/780)

Stillen - Magendarmsymptome - Aufstoßen - Wasser; Hochsteigen von

MAGEN - Aufstoßens; Art des - Wasser in den Mund; Hochsteigen von (b2/781)

Stillen - Allgemeines

ALLGEMEINES - *Säuglinge* (kk2/1944)

Infektionskrankheiten - Windpocken

FIEBER - Continua - Ausschlagsfieber (bro1/1772)

Infektionskrankheiten - Masern

HUSTEN - Masern - nach (*/1202)

FIEBER - Ausschlagsfieber; Fieber bei Ausschlagserkrankungen - Masern (*/1770)
• Continua - Ausschlagsfieber (bro1/1772)

HAUT - Hautausschläge - Masern (*/1817)

ALLGEMEINES - **Masern - Beschwerden nach** (*/1920)

Infektionskrankheiten - Röteln

FIEBER - Continua - Ausschlagsfieber (bro1/1772)

Infektionskrankheiten - Scharlach

FIEBER - Continua - Ausschlagsfieber (bro1/1772)

HAUT - *Hautausschläge - Scharlach - zurücktretend* (bro1/1821)

Infektionskrankheiten - Pocken

FIEBER - Continua - Ausschlagsfieber (brol/1772)

Konstitution - Aggressivität

GEMÜT - *Raserei, Tobsucht, Wut - Beißen; mit* (kr1/140)

Konstitution - Angst und Furcht

GEMÜT - Beschwerden durch - Erwartungsspannung (st*/23)
- Beschwerden durch - Schreck (gl1/25)
- Feigheit (k/59)
- *Furcht - allein zu sein* (*/64)

Konstitution - Allgemeines

GEMÜT - Ehrgeiz - erhöht, vermehrt, sehr ehrgeizig (j*/40)
- Entmutigt (k/46)
- Faulheit (*/55)
- Kriecht, krabbelt - Kindern; bei - heult und weint; Kind krabbelt in eine Ecke und (a1*/118)
- Spontan, impulsiv (k/166)
- Unzufrieden (j/194)
- Wandern, Herumwandern - Verlangen zu wandern (^/243)
- Weinen - Kindern; bei (j5/246)
  - » Kindern; bei - Säuglingen; bei (gg/246)

Familie; Beziehung zur - Liebe und Zuneigung

GEMÜT - Eifersucht (*/40)
- Verlassen zu sein; Gefühl (*/198)
  - » geliebt zu werden; Gefühl von den Eltern, der Ehefrau, den Freunden nicht (mrr1/198)

Familie; Beziehung zur - Vorwürfe

GEMÜT - Furcht - Tadel; vor (mtf/76)

Beziehung zu anderen - Aggressivität

GEMÜT - Schlagen (*/154)
- Schlagen - sich; schlägt (*/154)
  - » sich; schlägt - Brust, seine (k/154)
- *Streitsüchtig* (*/173)

Beziehung zu anderen - Reaktion auf andere

GEMÜT - Antworten - gefragt wird; antwortet nicht, wenn er (ptk1/15)
- *Antworten - weigert sich zu antworten* (k/15)
- Gesellschaft - Abneigung gegen (^/94)
  - » *Verlangen nach* (*/95)
  - » *Verlangen nach - allein; agg. wenn* (*/96)
- Schüchternheit, Zaghaftigkeit (^/158)
- Trost - amel. (ptk1/188)
- Widerspenstig (k/249)
- Widerspruch - Neigung zu widersprechen (*/249)

Beziehung zu anderen - allgemein

GEMÜT - Beleidigt, leicht (*/20)
- *Sprache - hastig, eilig* (*/167)
- Tadelt andere (mrr/179)

Schule - Angst

GEMÜT - Beschwerden durch - Erwartungsspannung (st*/23)

Schule - Lernen - allgemein

GEMÜT - Studieren, Lernen - einfach, fällt leicht (ptk1*/173)

Schule - Vorwürfe

GEMÜT - Furcht - Tadel; vor (mtf/76)

Schule - Konstitution

GEMÜT - Eigensinnig, starrköpfig, dickköpfig (*/41)
- Hast, Eile - tut, womit er gerade beschäftigt ist; bei dem, was er (k/105)

Spielen

GEMÜT - Tanzen (^/179)

Nonverbales - Aggressivität

GEMÜT - *Beißen* (k/20)
- *Destruktivität, Zerstörungswut* (k/38)
  - » *Kleidern, von* (k/39)
- *Diktatorisch* (*/39)
- *Raserei, Tobsucht, Wut - Spucken; mit* (kr1/140)
  - » *zerreißt die Kleidung* (kr1/140)
- *Reißt an etwas - Gegenstände; zerreißt* (k/142)
  - » Gegenstände; zerreißt - Kleidung (ptk1/142)
- Reizbarkeit, Gereiztheit - Kindern, bei (a1*/145)
- Spucken (ptk1/170)
- Wirft mit Gegenständen um sich (*/250)

Nonverbales - Reaktion auf andere

GEMÜT - Berührtwerden - Abneigung berührt zu werden (k/21)
- Schamlos (bg2/153)

Nonverbales - Gesten, Gebärden

GEMÜT - Auffahren, Zusammenfahren - Geräusche; durch (k/17)
- Gesten, Gebärden; macht - Hände; unwillkürliche Bewegungen der - Greifen - Umstehenden; nach (kr1/98)
- *Grimassen* (sne/103)
- Hast, Eile - Bewegungen; in den (*/105)
- *Klammert sich an - hält sich nach anderen fest* (kr1/114)
- Lachen - Kindern, bei (^/121)
  - » Kindern, bei - geisteskranken Kindern; bei (kr1/121)
- Springen (^/169)
- *Ungeschicklichkeit* (kr1/192)
- Verstecken - sich (k/199)
  - » sich - Ecke; in der (hr1/199)

Nonverbales - Allgemeines

GEMÜT - Eigensinnig, starrköpfig, dickköpfig (*/41)

• Hast, Eile - tut, womit er gerade beschäftigt ist; bei dem, was er (k/105)
• Nackt sein, möchte (*/134)
• Schreien - Kindern, bei (gl1/157)

Nonverbales - Konsultation; bei der

KOPF - Hitze - Kälte - Abdomens; mit Kälte des (h1/293)
• Hitze - Kälte - Extremitäten; mit Kälte der (*/293)

OHR - *Entzündung - Gehörgang* (b7a/500)

GESICHT - *Schwellung - Unterkieferdrüsen* (h1*/631)

MUND - *Aphthen* (hr1/639)
• Aphthen - Zunge (*/640)

ÄUSSERER HALS - Schwellung - Halsdrüsen (*/760)

HAUT - *Erysipel* (*/1798)
• Erysipel - Kindern; bei - Neugeborenen; bei (bro1*/1798)

Nonverbales - Äußerliches - Beobachtungen des Arztes

AUGE - *Strabismus, Schielen - convergens* (hr1/467)
• *Strabismus, Schielen - divergens* (hr1/467)

NASE - **Spitz** (*/574)

GESICHT - *Hippokratisches Gesicht* (*/605)
• Kiefersperre - Kindern; bei - Neugeborenen; bei (ptk1/610)
• Venen, erweiterte - Stirn (bg1/634)

MUND - *Speichelfluß - Kindern; bei* (st1/686)

ATMUNG - **Asphyxie - Kindern, Neugeborenen; bei** (*/1160)
• Asthma, asthmatische Atmung - Kindern; bei (hr1/1162)
• *Beschleunigt* (*/1174)

RÜCKEN - *Opisthotonus* (*/1325)

ALLGEMEINES - *Aussehen - hell, blond* (br1/1855)
• *Zyanose - Kindern; bei - Kleinkindern; bei* (k/2035)

Nonverbales - Äußerliches - Beobachtungen der Eltern

ZÄHNE - Zähneknirschen (*/718)
• Zusammenbeißen der Zähne - Verlangen, die Zähne zusammenzubeißen; ständiges (*/719)
  » Verlangen, die Zähne zusammenzubeißen; ständiges - fest zusammengebissen (k/719)

MAGEN - Schluckauf (mtf11/809)

REKTUM - *Unwillkürlicher Stuhl* (*/984)

BLASE - *Urinieren - Harndrang - plötzlich - beeilen um zu urinieren, sonst geht Urin ab; muß sich* (k/1015)
• Urinieren - Harndrang - vergeblich - Kindern; bei (k/1015)
  » verzögert, muß warten, bis der Urin zu fließen beginnt (b7/1020)

MÄNNLICHE GENITALIEN - Masturbation, Neigung zur - Schlaf; agg. im (k/1071)
• Masturbation, Neigung zur - unwillkürlich (hr1*/1071)

ATMUNG - *Schnarchen* (*/1180)

HAUT - Insektenstiche (mp1/1825)

Nacht; Beobachtungen in der - Gemütssymptome

GEMÜT - *Furcht - allein zu sein - nachts* (*/64)
• Furcht - allein zu sein - Dunkelheit; in der (kr1/65)
  » *Dunkelheit; vor der* (*/66)
• Schlafwandeln (bg2/154)
• Sprechen - Schlaf; im (*/169)

Nacht; Beobachtungen in der - körperliche Symptome

KOPF - Bohrt den Kopf in das Kissen (*/282)

BLASE - Urinieren - unwillkürlich - nachts (b2/1019)

Psychosomatische Störungen

REKTUM - Diarrhoe - Angst, nach (*/951)

Körperliche Symptome und Erkrankungen

KOPF - *Entzündung - Gehirn* (*/284)
• Schmerz - katarrhalisch (*/331)

MAGEN - Erbrechen - Kindern, bei (tl1/793)

REKTUM - Cholera - infantum (*/949)

BLASE - *Harnverhaltung - Kindern, bei - Neugeborenen; bei* (*/1005)

NIEREN - Entzündung (*/1023)

FIEBER - Continua (k/1772)

ALLGEMEINES - Kindern; Beschwerden von (*/1897)
• Konvulsionen - Hitze; während (tl1*/1904)
  » *Kindern, bei* (k/1905)
• Medikamente - allopathische - Mißbrauch von (sf1/1921)
  » allopathische - Mißbrauch von - pflanzlicher Mittel (bro1/1921)
• *Schwäche - Kindern, bei* (br1/1977)

Chirurgisch pathologische Zustände

OHR - Abszeß (bg2/498)

ABDOMEN - Hernie - Leistenhernie (b2/868)

MÄNNLICHE GENITALIEN - Hochgezogen, an den Körper gezogen - Hoden (bro1/1068)

Cannabis indica

cann-i.

Verwirrung und *Wahnideen* sind die Hauptcharakteristika dieses Mittels, daher wird das Kind viele Schulprobleme haben, einschließlich *Schwierigkeiten sowohl beim Schreiben wie beim Lesen, besonders auf Grund der Schnelligkeit der Gedanken.*

Ihr Verstand hält sich nie an die Wirklichkeit. Sie geben widersprüchliche Antworten und theoretisieren ständig; sie *versuchen, alles zu erklären.*

Bei Kindern findet man normalerweise *eine lebhafte Fantasie.* Wenn sie aber zu einem *pathologischen Erkennungszeichen wird,* so kann Cannabis indica das richtige Mittel sein. Das Kind kann sich wie ein Kaiser vorkommen, ein Kommandant, eine Königin, eine Giraffe, ein Zwerg oder eine Lokomotive; oder es sieht schreckliche Gesichter und gigantische Drachen. Manchmal wirken sich diese Fantasien auf den Schlaf aus. Hale schrieb: „Es dürfte ein ausgezeichnetes Mittel sein bei *Schlaflosigkeit durch geistige Erregung, bei Alpträumen und den Pavor nocturnus von Kindern;* auch für Schlaf, der durch lebhafte Träume gestört wird, die den Patienten erschöpfen."

Gewöhnlich sind es faule, jedoch besonders neugierige Kinder.

Sie lachen unmäßig über Kleinigkeiten.

Sie lieben es zu spielen, zu singen und zu tanzen, wie Cannabis sativa.

Cannabis indica kann als situationsbedingt verschriebenes Mittel bei Kindern benutzt werden, die in *schwierigen Familiensituationen* leben, *besonders, wenn die Eltern geschieden sind.* Diese Kinder müssen schnell erwachsen werden und fühlen sich isoliert, alleingelassen und unfähig, der feindlichen Welt ins Auge zu sehen.

Weitere wichtige Empfindungen sind die Angst vor Wahnsinn und davor, die Kontrolle zu verlieren. Sie haben große Angst um ihre Gesundheit.

Die charakteristischste Empfindung ist mit der Erfahrung eines *gestörten Zeitgefühls* verbunden. Die Repertoriumsrubriken „Wahnideen - Zeit - länger; die Zeit erscheint" und „Zeit - langsam, scheint länger; vergeht zu" drücken dieses Gefühl aus. Diese Ausdehnung der Zeit kann enorme Proportionen annehmen: nach fünf Minuten scheint es, als seien Stunden oder Tage vergangen; daher wird diesen Kindern sehr leicht langweilig und sie werden zur Plage für die Eltern, wenn sie nicht mit ihren Freunden zusammen sind.

Auf der körperlichen Ebene findet man Beschwerden des *Urogenitaltraktes* mit Urethritis, Zystitis und Nephritis.

Beklemmung der Brust mit tiefem, angestrengtem Atmen.

Zusammenbeißen der Zähne am Tage und Zähneknirschen im Schlaf.

Der Appetit ist oft vermehrt oder es ist sogar Heißhunger vorhanden.

Klinisches: Geistesabwesend. Angst. Stottern. Wahnideen. Diabetes. Nierenleiden. Beschwerden der Harnwege. Kopfschmerzen.

Wirkungsbereich: Gemüt. Nerven. Urogenitaltrakt.

* * *

Stillen - Magendarmsymptome - Appetit - vermehrt

MAGEN - **Appetit - Heißhunger** (*/769)
• **Appetit - vermehrt** (k/770)

Konstitution - Angst und Furcht

GEMÜT - Furcht - Gespenstern; vor (k/70)
• Furcht - Kontrolle zu verlieren; die (vh*/72)
» Selbstkontrolle zu verlieren; die (bng/75)
» Wasser, vor (*/79)

Konstitution - Allgemeines

GEMÜT - Faulheit (^/55)
• Impulse, Triebe; krankhafte - laufen; zu (a1/112)
• *Milde* (k/130)
• Neugierig (mtf/135)
• Sorgen; voller (a1/164)
• Stimmung, Laune - veränderlich (br1/171)
• **Theoretisieren** (*/180)

Familie; Beziehung zur - Liebe und Zuneigung

GEMÜT - Verlassen zu sein; Gefühl (*/198)

Beziehung zu anderen - Aggressivität

GEMÜT - Schlagen (^/154)
• Schlagen - sich; schlägt (a1/154)
• Spotten (^/166)

Beziehung zu anderen - Reaktion auf andere

GEMÜT - Antworten - unzusammenhängend (k/15)
• Gesellschaft - Abneigung gegen (*/94)
• Schüchternheit, Zaghaftigkeit (^/158)
• Widerspruch - verträgt keinen Widerspruch (k/249)

Beziehung zu anderen - allgemein

GEMÜT - **Argwöhnisch, mißtrauisch** (*/16)
• Mitgefühl, Mitleid (a1/130)
• Sprache - hastig, eilig (k/167)

Schule - Lernen - Lesen

GEMÜT - Lesen - unfähig zu lesen (a1/124)

Schule - Lernen - Schreiben

GEMÜT - Fehler; macht - Schreiben, beim (k/57)
• Fehler; macht - Schreiben, beim - falsch - Worte (a1/57)

Schule - Beziehung zu anderen

MUND - *Sprache - stotternd* (*/688)

Schule - Konstitution

GEMÜT - Neugierig (mtf/135)

Spielen

Gemüt - Amüsement, Vergnügen - Verlangen nach (hl*/4)
- Tanzen (*/179)

Nonverbales - Aggressivität

Gemüt - Beißen (k/20)
- Spucken (^/170)
  - » Gesicht; Menschen ins (k/170)

Nonverbales - Reaktion auf andere

Gemüt - Furcht - Näherkommen, Annäherung von; vor - anderen, von (k/74)
- Liebkost zu werden; Liebkosungen - Verlangen, liebkost, gestreichelt zu werden (a1/126)

Nonverbales - Gesten, Gebärden

Gemüt - Hast, Eile - Bewegungen; in den (*/105)
- Lachen - Ernstes, über (k/120)
- Launenhaftigkeit, launisch (k/123)
- Pfeifen (*/136)
- Springen (a1/169)
- Ungeschicklichkeit (a*/192)

Nonverbales - Allgemeines

Gemüt - Singen (*/163)

Nonverbales - Konsultation; bei der

Kopf - Hitze - Kälte - Extremitäten; mit Kälte der (k/293)

Nonverbales - Äußerliches - Beobachtungen des Arztes

Auge - Strabismus, Schielen (*/467)

Äusserer Hals - Torticollis - Brustbein gezogen; Kinn ist zum (c1*/761)

Atmung - Beschleunigt (*/1174)

Nonverbales - Äußerliches - Beobachtungen der Eltern

Zähne - Zähneknirschen (bro1/718)
- Zusammenbeißen der Zähne - Verlangen, die Zähne zusammenzubeißen; ständiges (*/719)

Blase - *Urinieren - verzögert, muß warten, bis der Urin zu fließen beginnt* (k/1020)
- Urinieren - verzögert, muß warten, bis der Urin zu fließen beginnt - pressen, bevor er damit beginnen kann; muß lange (bro1/1021)

Männliche Genitalien - *Erektionen - Kindern, bei* (lmj/1063)
- Masturbation, Neigung zur (sf1/1071)
  - » *Kindern; bei* (lmj/1071)
- *Sexuelles Verlangen - vermehrt - Kindern, bei* (lmj/1084)

Weibliche Genitalien - *Masturbation; Neigung zu - Kindern; bei* (lmj/1104)

Nacht; Beobachtungen in der - Gemütssymptome

Gemüt - **Furcht - Dunkelheit; vor der** (*/66)
- *Schlafwandeln* (bro1*/154)
- *Sprechen - Schlaf; im* (*/169)

Nacht; Beobachtungen in der - körperliche Symptome

Zähne - *Zähneknirschen - Schlaf; agg. im* (*/718)

Körperliche Symptome und Erkrankungen

Nieren - Entzündung (k2/1023)

Cannabis sativa

cann-s.

Auf der Gemütsebene können Symptome von Cannabis sativa wie Cannabis indica aussehen, jedoch ist die Symptomatologie weniger intensiv.

Man findet eine Neigung zum Theoretisieren, zu Gedächtnisproblemen, Vergehen von Gedanken und Schwierigkeiten, einen Satz zu beenden. Sie werden von Wahnideen beherrscht, glauben, alles sei unwirklich, wie in einem Traum.

Wie bei Cannabis indica besteht ein Problem mit der *Zeit*, die *zu langsam zu vergehen scheint.*

Es sind redselige Kinder, die über Kleinigkeiten übertrieben lachen; manchmal lachen und weinen sie gleichzeitig.

Sie sind oft launisch, empfindlich und vertragen keinen Widerspruch. Sie können so unverschämt und hitzköpfig werden, daß sie anderen Kindern ins Gesicht spucken.

In der Schule sind sie geistesabwesend, verwirrt und haben Schwierigkeiten beim Lesen und Schreiben, wobei sie Worte auslassen oder wiederholen.

Urethritis mit brennenden Schmerzen beim Urinieren, die sich zur Blase erstrecken. Wenn sie Harndrang spüren, schmerzt die Nierengegend.

Krampfhafter Verschluß des Blasenschließmuskels und Zusammenschnürung des Rektums zu Ende des Urinierens. Hering beschrieb die Urethritis eines Kindes mit geschwollenem Penis, dikker, eitriger Absonderung, Schwierigkeiten beim Urinieren, nicht wegen Brennen, sondern durch wiederholte Unterbrechung des Urinierens, wie durch Krämpfe.

Manchmal Schmerzen in der Gegend des Perineums, wobei das Kind gezwungen ist, mit gespreizten Beinen zu gehen.

Fluor bei Mädchen.

Wenn gleichzeitig Asthma und Blasenleiden vorhanden sind, ist Cannabis sativa stark angezeigt.

Atemprobleme, bei denen das Kind nur im Stehen atmen kann und möchte, daß die Fenster offen sind.

Man findet es selten bei Erwachsenen, aber wenn sie *über ein Gefühl klagen, als würden kalte Wassertropfen auf den Kopf fallen, oder vom Anus oder vom Herzen*, dann ist die Verschreibung dieses Mittels fast sicher.

Klinisches: Nephritis. Zystitis. Absonderungen aus der Harnröhre. Fluor. Phimose. Asthma. Pleuritis. Pneumonie. Hornhauttrübung. Kopfschmerzen. Nasenbluten. Wahnideen. Stottern.

Wirkungsbereich: Gemüt. Augen. Urogenitaltrakt. Atmung.

* * *

Stillen - Magendarmsymptome - Appetit - vermindert

MAGEN - Appetit - fehlend (b2/767)

Stillen - Magendarmsymptome - Appetit - vermehrt

MAGEN - Appetit - Heißhunger (b7a/769)
- Appetit - vermehrt (b7a/770)

Stillen - Magendarmsymptome - Aufstoßen - Speisen; von

MAGEN - *Aufstoßens; Art des - Speisen; von - bitter schmeckend - sauer* (b7/780)
- Aufstoßens; Art des - Speisen; von - sauer (b7/780)

Stillen - Magendarmsymptome - Aufstoßen - Wasser; Hochsteigen von

MAGEN - Aufstoßens; Art des - Wasser in den Mund; Hochsteigen von (*/781)

Konstitution - Angst und Furcht

GEMÜT - Furcht - Geräusche, durch (k/69)

Konstitution - Allgemeines

GEMÜT - *Faulheit* (b7/55)
- Nachgiebigkeit (a1*/134)
- Stimmung, Laune - veränderlich (*/171)
- *Theoretisieren* (ckh1/180)
- Unaufmerksam (bg2/189)
- Unzufrieden (*/194)

Familie; Beziehung zur - Liebe und Zuneigung

GEMÜT - Verlassen zu sein; Gefühl (^/198)

Beziehung zu anderen - Aggressivität

GEMÜT - Streitsüchtig (j/173)

Beziehung zu anderen - Reaktion auf andere

GEMÜT - *Gesellschaft - Verlangen nach* (b7a/95)
- Widerspruch - verträgt keinen Widerspruch (c1/249)

Beziehung zu anderen - allgemein

GEMÜT - Beleidigt, leicht (*/20)
- Sprache - hastig, eilig (*/167)

Schule - Konzentration

GEMÜT - Stumpfheit - Lesen (k2/175)
- Unaufmerksam (bg2/189)

Schule - Lernen - Lesen

GEMÜT - Stumpfheit - Lesen (k2/175)

Schule - Lernen - Schreiben

GEMÜT - *Fehler; macht - Schreiben, beim* (*/57)
- *Fehler; macht - Schreiben, beim - läßt etwas aus - Worte* (k/57)
  - » *Schreiben, beim - wiederholt Worte* (k/58)

Schule - Beziehung zu anderen

MUND - Sprache - stotternd (*/688)

Spielen

GEMÜT - Tanzen (^/179)

Nonverbales - Aggressivität

GEMÜT - Raserei, Tobsucht, Wut - Spucken; mit (j5/140)
- *Spucken* (j5/170)
  - » Gesicht; Menschen ins (j5/170)

Nonverbales - Gesten, Gebärden

GEMÜT - Auffahren, Zusammenfahren - Geräusche; durch (k/17)
- Grimassen (^/103)
  - » sonderbare Gesichter; schneidet (a1/103)
- Launenhaftigkeit, launisch (j5/123)
- Pfeifen (*/136)

Nonverbales - Allgemeines

GEMÜT - Singen (*/163)

Nonverbales - Konsultation; bei der

KOPF - Hitze - Kälte - Extremitäten; mit Kälte der (k/293)

OHR - Absonderungen - blutig (k/497)

Nonverbales - Äußerliches - Beobachtungen des Arztes

AUGE - Strabismus, Schielen (bg/467)

GESICHT - *Rissig - Lippen* (b7/613)

ÄUSSERER HALS - Torticollis (mrr1/761)
- *Torticollis - Brustbein gezogen; Kinn ist zum* (*/761)

ATMUNG - Beschleunigt (*/1174)

Nonverbales - Äußerliches - Beobachtungen der Eltern

MAGEN - Schluckauf (b2/809)

WEIBLICHE GENITALIEN - *Fluor - Kindern; bei - Mädchen; bei kleinen* (*/1096)

Nacht; Beobachtungen in der - Gemütssymptome

GEMÜT - *Furcht - Dunkelheit; vor der* (bg3/66)

Nacht; Beobachtungen in der - körperliche Symptome

KOPF - Schweiß der Kopfhaut - Stirn - nachts (k/404)

BLASE - Urinieren - unwillkürlich - nachts (b2/1019)

Nacht; Beobachtungen in der - Schlaf

SCHLAF - Erwachen - Schreck, wie durch (b7/1675)

Nacht; Beobachtungen in der - Schlaf; Lage im

SCHLAF - Lage - Sitzen (*/1683)

Körperliche Symptome und Erkrankungen

KOPF - Entzündung - Gehirn (b7a/284)

NIEREN - *Entzündung* (*/1023)

RÜCKEN - Spina bifida (hr1/1384)

ALLGEMEINES - **Schmerzlosigkeit gewöhnlich schmerzhafter Beschwerden** (b7a/1971)

Chirurgisch pathologische Zustände

ABDOMEN - Hernie - Leistenhernie (b2/868)

MÄNNLICHE GENITALIEN - *Hochgezogen, an den Körper gezogen - Hoden* (b7a/1068)
• *Phimose* (*/1071)

Cantharis vesicatoria

canth.

Cantharis hat eine höchst bemerkenswerte *Affinität für die Harnorgane;* tatsächlich hat die Erfahrung gezeigt, daß fast immer Blasen- oder Nierensymptome vorhanden sind, wenn es angezeigt ist.

Manchmal dumpf drückende Schmerzen in der Nierengegend; zu anderen Zeiten erstrecken sich heftige schneidende, brennende Schmerzen von den Nieren beide Harnleiter nach unten zur Blase. Hartnäckiger und heftiger Harndrang. Auch erstrecken sich diese schneidenden Schmerzen oft entlang der Samenstränge zu den Hoden und den Penis nach unten. Zu anderen Zeiten sind *Schmerzen in der Glans penis vorhanden, was sich bei Kindern darin zeigt, daß sie häufig daran ziehen.* Diese Schmerzen in der Glans penis mögen nicht akut sein, sondern einfach ein unbehagliches, unangenehmes Gefühl.

Es ist oft angezeigt bei Kindern, die Harngrieß im Urin haben und wenn sie Gefühl von Reizung haben, das sich den Penis herab erstreckt, mit fast ständigem Ziehen daran.

Die Eltern berichten eventuell viele weitere Symptome, die mit dem Urogenitaltrakt verbunden sind. Diese Kinder *können nicht urinieren, wenn sie den Urin längere Zeit zurückhalten* und manchmal geht beim Niesen oder Husten Urin ab. Manchmal müssen sie zur Toilette laufen, da sie urinieren müssen, sobald sie den Harndrang spüren; zu anderen Zeiten müssen sie lange warten, bevor der Urin zu fließen beginnt.

Harnverhaltung bei Neugeborenen.

Sie können *bis als Heranwachsende Enuresis* haben.

Phimose, Paraphimose und Kryptorchismus sind häufige pathologische Zustände dieses Mittels.

Zystitis kann nach Scharlach auftreten, zusammen mit Albuminurie.

Die Haut ist oft angegriffen: Erythem, Kopfschuppen, Sudamina, Erysipel und Pityriasis.

Entzündungen, die viele unterschiedliche Ebenen betrifft, sind bei diesem Mittel immer vorhanden. Beispielsweise können die Ohren von Otitis und Mastoiditis angegriffen sein; der Mund von Aphthen und Stomatitis ulcerosa; die Mandeln; und sogar das Zentralnervensystem von Meningitis und Enzephalitis.

Was die Gemütsebene angeht, so sind es keine einfachen Kinder. Während des Arztbesuchs berühren sie jeden Gegenstand im Zimmer. Sie sind frech, provozieren, sind unverschämt, *aggressiv* und *streitsüchtig.* Sie schlagen, beißen und ziehen an den Haaren. Sie ertragen es nicht, wenn ihnen widersprochen wird und neigen dazu, anderen zu widersprechen und das Gegenteil von dem zu tun, was man ihnen sagt. Sie sind *ehrgeizig und konkurrieren mit anderen, aber sie sind nicht sehr selbstsicher*, daher haben sie in der Schule viele Ängste. Sie fangen vieles an, aber bringen nichts zu Ende, sind verwirrt und geistesabwesend, was zu *Stottern* führen kann.

Klinisches: Nierenleiden. Blaseninfektionen. Zystitis. Strangurie. Ekzem. Erysipel. Herpes zoster. Verbrennungen. Augenentzündung. Peritonitis. Pleuritis. Scharlach.

Wirkungsbereich: Harnorgane. Haut. Schleimhäute und seröse Häute. Gehirn. Rachen. Pleura.

* * *

Krankengeschichte; familiäre und persönliche

ALLGEMEINES - Krankengeschichte von; persönliche - Zystitis; von wiederkehrenden - Kindern; bei (lmj/1910)

Zahnung - Magendarmsymptome

REKTUM - Diarrhoe - Zahnung; während (k/957)

Zahnung - Allgemeines

ZÄHNE - *Zahnung - schwierig* (hr1*/718)

Stillen - Magendarmsymptome - Appetit - vermindert

MAGEN - Appetit - fehlend (*/767)
- Appetit - fehlend - Hunger, mit (b2/768)
  » vermindert (*/772)

Stillen - Magendarmsymptome - Appetit - vermehrt

MAGEN - Appetit - vermehrt (*/770)
- Appetit - vermehrt - nachts (*/771)

Stillen - Magendarmsymptome - Aufstoßen - Speisen; von

MAGEN - Aufstoßens; Art des - Speisen; von (*/780)
- Aufstoßens; Art des - Speisen; von - Essen - nach - agg. (b7/780)

Stillen - Magendarmsymptome - Aufstoßen - Wasser; Hochsteigen von

MAGEN - Aufstoßens; Art des - Wasser in den Mund; Hochsteigen von (*/781)

Stillen - Magendarmsymptome - Abdomen - amel. durch

ABDOMEN - Schmerz - Liegen - amel. (k/889)
- Schmerz - Wärme - amel. (k/896)

Infektionskrankheiten - Windpocken

HAUT - Hautausschläge - Windpocken (k/1824)

Infektionskrankheiten - Scharlach

BLASE - *Entzündung - Scharlach, nach* (k/1004)

URIN - *Eiweißhaltig - Scharlach; nach* (*/1046)

FIEBER - Ausschlagsfieber; Fieber bei Ausschlagserkrankungen - Scharlach (*/1770)

HAUT - *Hautausschläge - Scharlach* (c2/1821)

ALLGEMEINES - Scharlach (tl1/1944)

Infektionskrankheiten - Pocken

HAUT - Hautausschläge - Pocken (*/1819)

Konstitution - Aggressivität

GEMÜT - Raserei, Tobsucht, Wut - Beißen; mit (sf1/140)

Konstitution - Angst und Furcht

GEMÜT - Angst - hypochondrisch (*/11)
- *Beeindrucken, empfänglich für Eindrücke; leicht zu* (hr1/19)
- Beschwerden durch - Erwartungsspannung (j5/23)
- Feigheit (*/59)
- Furcht - Geräusche, durch (^/69)
  » Wasser, vor (*/79)

Konstitution - Allgemeines

GEMÜT - Ehrgeiz - erhöht, vermehrt, sehr ehrgeizig (mgm/40)
- Ehrgeiz - erhöht, vermehrt, sehr ehrgeizig - Wettbewerb mit anderen, vergleicht sich mit ihnen; steht (mgm/40)
- Entmutigt (*/46)
- **Faulheit** (b7/55)
- Selbstvertrauen - Mangel an Selbstvertrauen (*/161)
- Stimmung, Laune - veränderlich (b7/171)
- Unaufmerksam (bg2/189)
- Unternehmen; etwas - Vieles, hält aber bei nichts durch, bleibt nicht dabei; unternimmt (c1*/193)
- Unzufrieden (*/194)
- Wandern, Herumwandern - Verlangen zu wandern (^/243)
- Waschen - Abneigung dagegen, sich zu waschen, zu baden (sf1/243)

Beziehung zu anderen - Aggressivität

GEMÜT - Grausamkeit (bro1/103)
- Herausfordernd (k/107)
- *Schlagen* (*/154)
  » Wand, gegen die (*/155)
- Streitsüchtig (*/173)

Beziehung zu anderen - Reaktion auf andere

GEMÜT - Schüchternheit, Zaghaftigkeit (*/158)
- Widerspenstig (j5/249)
- *Widerspruch - Neigung zu widersprechen* (*/249)
  » verträgt keinen Widerspruch (bro1/249)

Beziehung zu anderen - allgemein

GEMÜT - Argwöhnisch, mißtrauisch (*/16)
- *Empfindlich - äußerliche Eindrücke; gegen alle* (hr1/42)
- *Unverschämtheit* (*/193)

Schule - Angst

GEMÜT - Beschwerden durch - Erwartungsspannung (j5/23)
- Selbstvertrauen - Mangel an Selbstvertrauen (*/161)

Schule - Konzentration

GEMÜT - Unaufmerksam (bg2/189)
- Verwirrung; geistige - Lesen, beim (k2/203)

Schule - Lernen - Lesen

GEMÜT - Verwirrung; geistige - Lesen, beim (k2/203)

Schule - Beziehung zu anderen

GEMÜT - Ungehorsam (k/191)

MUND - Sprache - stotternd (bg2/688)

Schule - Konstitution

GEMÜT - Eigensinnig, starrköpfig, dickköpfig (*/41)
- Selbstvertrauen - Mangel an Selbstvertrauen (*/161)
- Ungehorsam (k/191)
- Unternehmen; etwas - Vieles, hält aber bei nichts durch, bleibt nicht dabei; unternimmt (c1*/193)

Nonverbales - Aggressivität

GEMÜT - *Beißen* (*/20)
• Destruktivität, Zerstörungswut (*/38)
• Manie - zerreißen, an etwas zu reißen; etwas zu - sich selbst mit den Fingernägeln; zerreißt (gl1/128)
• Reißt an etwas - Gegenstände; zerreißt (k/142)

Nonverbales - Reaktion auf andere

GEMÜT - Berührtwerden - Abneigung berührt zu werden (b7/21)
• Näherkommen, auf ihn Zukommen von Personen - Abneigung gegen (c1/134)
• Schamlos (*/153)

Nonverbales - Gesten, Gebärden

GEMÜT - Berühren, anfassen; etwas - Verlangen, etwas zu berühren, anzufassen - alles berühren, anfassen; muß (^/21)
• Berühren, anfassen; etwas - Verlangen, etwas zu berühren, anzufassen - alles berühren, anfassen; muß - Kindern; bei (lmj/21)
• Launenhaftigkeit, launisch (*/123)
• Manie - zerreißen, an etwas zu reißen; etwas zu - Haaren; reißt sich an den (gl1/128)
• Stirnrunzeln, Neigung zum (sne/171)

Nonverbales - Allgemeines

GEMÜT - Eigensinnig, starrköpfig, dickköpfig (*/41)
• Hast, Eile - Gehen; beim (k/105)
• Impertinenz, Unverschämtheit (k/112)

Nonverbales - Konsultation; bei der

OHR - Entzündung (k/500)
• Entzündung - Gehörgang (*/500)
» Processus mastoideus (bro1*/501)

GESICHT - *Schwellung - Sublingualdrüse* (k/631)

MUND - Aphthen (*/639)
• Eiterung - Zahnfleisch (*/643)
• *Stomatitis ulcerosa, Stomakaze* (k/689)

INNERER HALS - *Aphthen* (*/721)
• *Entzündung - Tonsillen* (*/724)
• Schwellung - Tonsillen (*/747)

ÄUSSERER HALS - Schwellung - Halsdrüsen (*/760)

EXTREMITÄTEN - Nägel; Beschwerden der - Abfallen der Nägel (bg2/1664)

HAUT - *Erysipel* (*/1798)
• Hautausschläge - Bläschen - Sudamina (Schweißfriesel) (*/1810)
» *Erythem* (bro1/1812)

Nonverbales - Äußerliches - Beobachtungen des Arztes

KOPF - **Schuppen** (*/402)

AUGE - *Strabismus, Schielen* (*/467)

GESICHT - Hippokratisches Gesicht (*/605)

ATMUNG - *Beschleunigt* (*/1174)

RÜCKEN - *Emprosthotonus* (*/1314)
• *Opisthotonus* (*/1325)

Nonverbales - Äußerliches - Beobachtungen der Eltern

ZÄHNE - *Zähneknirschen* (*/718)

MAGEN - Schluckauf (*/809)

ABDOMEN - Schmerz - Liegen - amel. (k/889)
• Schmerz - Wärme - amel. (k/896)

BLASE - *Lähmung - Überdehnung, nach* (k/1006)
• *Lähmung - Zurückhalten des Urins scheint die Blase zu lähmen; gewaltsames* (k/1006)
• Urinieren - Dysurie - schmerzhaft - weinen bevor der Urin zu fließen beginnt; Kinder (bg2/1012)
» **Harndrang - plötzlich - beeilen um zu urinieren, sonst geht Urin ab; muß sich** (k/1015)
» unwillkürlich - Husten; agg. beim (bro1/1020)
» unwillkürlich - Lachen agg. (bro1/1020)
» verzögert, muß warten, bis der Urin zu fließen beginnt (*/1020)

MÄNNLICHE GENITALIEN - Erektionen - Kindern, bei (lmj/1063)
• Faßt sich an die Genitalien (*/1065)
• **Masturbation, Neigung zur** (sne/1071)
» Kindern; bei (lmj/1071)

WEIBLICHE GENITALIEN - **Masturbation; Neigung zu** (sne/1104)
• Masturbation; Neigung zu - Kindern; bei (lmj/1104)

HAUT - Ekchymosen (tl1/1797)

Nacht; Beobachtungen in der - körperliche Symptome

BLASE - Urinieren - unwillkürlich - nachts (*/1019)
• Urinieren - unwillkürlich - nachts - spasmodisches Bettnässen (k/1019)

Nacht; Beobachtungen in der - Schlaf

SCHLAF - Erwachen - Schreck, wie durch (b7/1675)

Körperliche Symptome und Erkrankungen

KOPF - Entzündung - Gehirn (*/284)
• Entzündung - Hirnhaut (*/284)
• Hydrozephalus (bg2*/295)

ZÄHNE - Abszeß der Zahnwurzeln (k/695)

REKTUM - Cholera - infantum (bro1/949)

BLASE - *Harnverhaltung - Kindern, bei - Neugeborenen; bei* (k/1005)

NIEREN - **Entzündung** (*/1023)
• *Entzündung - parenchymatös - akut* (k/1024)

EXTREMITÄTEN - *Hüftgelenksentzündung* (k/1443)

FIEBER - *Continua* (k/1772)

ALLGEMEINES - Kindern; Beschwerden von (*/1897)
• Konvulsionen - Kindern, bei (j5/1905)

Chirurgisch pathologische Zustände

ABDOMEN - *Entzündung - Peritoneum* (c2*/860)

MÄNNLICHE GENITALIEN - *Hochgezogen, an den Körper gezogen - Hoden* (k/1068)

- *Phimose* (*/1071)
  - » Gangrän, drohende (k/1071)
  - » Paraphimose (ptk1/1071)

Capsicum annuum

caps.

Clarke schrieb: „Capsicum entspricht besonders Menschen mit hellen Haaren und blauen Augen; auch Menschen mit schlaffen Fasern und Muskeln; Adipositas; faule, fette, unreinliche Menschen, die das Freie meiden; ungeschickte Kinder; unbeholfene Menschen; Hämorrhoidalbeschwerden."

In der Tat sind einige Kinder, die Capsicum benötigen, *adipös*, sehr *faul*, hassen Sport und sind bei allen körperlichen Tätigkeiten unbeholfen. Auch geistige Tätigkeiten sind anstrengend, daher sind sie träge und faul. Sie sind *ehrgeizig, aber zu faul, um ihre Pläne zu verwirklichen.* Sie sind immer wenig intelligent und lernen in der Schule nur langsam.

Heimweh ist der Hauptaspekt dieses Mittels. Diese Kinder werden *jedesmal Probleme bekommen, wenn sich etwas in der Schule, daheim oder in ihren Gewohnheiten ändert. Sie haben Schwierigkeiten, wenn Möbel umgestellt werden, wenn in der Familie ein Neugeborenes ankommt oder wenn es zu einer Trennung kommt.* Sie hassen alles Unerwartete, lieben die gewohnte Routine. Vorübergehende Veränderungen können sie stark angreifen. *Sie leben ganz und gar in der Vergangenheit;* haben Sehnsucht nach der Vergangenheit.

Heimweh zusammen mit Faulheit läßt sie Stunden vor dem Fernseher oder lesend auf dem Sofa verbringen. In Bezug auf das Heimweh schrieb Borland: „Ein eigenartiges Merkmal bei Capsicum-Kindern ist eine merkwürdige Abneigung dagegen, nicht Zuhause zu sein. Ich glaube, es ist zum Teil das Gefühl, nicht geschätzt zu werden, zum Teil ihre Empfindlichkeit, und teilweise Faulheit - sie müssen sich anstrengen, wenn sie von Zuhause weg sind, sie müssen mehr oder weniger freundlich sein und zuhause sind sie oft ziemlich unangenehm."

Sie sind zornig, reizbar, eigensinnig und launisch. Weil sie *widerspenstig* sind, können sie sich gegen Vorschläge ihrer Eltern weigern, obwohl man ihnen das anbietet, was sie sich wünschen.

Sie sind extrem empfindlich und vertragen nicht den kleinsten Scherz.

Viele Autoren empfehlen es bei Kindern mit Eltern, die Alkoholiker sind.

Das Gesicht ist gewöhnlich rot, aber dies ist nicht die einzige Stelle, an der es zu Verfärbung kommt. In der Tat schrieb Borland: „Diese Kinder neigen zu *lokaler Hyperämie.* In einem typischen Capsicum-Kind mit milden Ohrenschmerzen, ist das ganze äußere Ohr purpurrot. Bei einem Capsicum-Kind mit Rheumatismus ist normalerweise das eine oder andere Gelenk betroffen, mit lokalisierter Rötung des betroffenen Bereiches."

Die Schleimhäute brennen, als hätte man Pfeffer darauf gestreut, die Schmerzen sind allgemein brennend und von Frösteln begleitet. Sie fürchten sich vor der geringsten Zugluft, ob die Luft warm oder kalt ist. Diese Kinder *frösteln* und sind empfindlich gegenüber Aufenthalt im Freien und Baden, möchten in einem warmen Zimmer sein. Sie sind durstig, aber Trinken löst Frösteln aus.

Das Ohr ist oft der schwache Punkt, unter häufiger Einbeziehung des *Processus mastoideus.* Otitis findet man häufig bei Kindern, die für einige Tage bei den Großeltern oder Verwandten wohnen. Mastoiditis mit brennenden Schmerzen.

Morgendliche Kopfschmerzen, mit Nasenbluten im Bett. Kopfschmerzen, als würde der Schädel bersten, beim Bewegen des Kopfes, beim Gehen oder Husten. Berstende Schmerzen und Pochen im Kopf, durch Liegen mit hochgelagertem Kopf gebessert.

Man findet häufig *Beschwerden der Harnorgane*, normalerweise Zystitis mit intensiven und brennenden Schmerzen beim Urinieren.

Klinisches: Heimweh. Adipositas. Kopfschmerzen. Mastoiditis. Ohrenleiden. Stomatitis. Masern. Keuchhusten. Sodbrennen. Diarrhoe. Asthma. Beschwerden der Harnwege. Rheumatismus.

Wirkungsbereich: Schleimhäute. Innerer Hals. Processus mastoideus. Knochen. Nieren.

* * *

Krankengeschichte; familiäre und persönliche

ALLGEMEINES - Krankengeschichte von; persönliche - Zystitis; von wiederkehrenden - Kindern; bei (lmj/1910)

Stillen - Magendarmsymptome - Appetit - allgemein

MAGEN - Appetit - vermehrt - abwechselnd mit - Appetitverlust (hr1*/771)

Stillen - Magendarmsymptome - Appetit - vermindert

MAGEN - Appetit - fehlend (*/767)

Stillen - Magendarmsymptome - Appetit - vermehrt

MAGEN - Appetit - Heißhunger (*/769)
- *Appetit - Heißhunger - Schweiß, mit* (bg2/770)
  - » vermehrt (*/770)

Stillen - Magendarmsymptome - Aufstoßen - Wasser; Hochsteigen von

MAGEN - *Aufstoßens; Art des - Wasser in den Mund; Hochsteigen von* (*/781)
- Aufstoßens; Art des - Wasser in den Mund; Hochsteigen von - Essen - nach - agg. (b7/781)

Infektionskrankheiten - Masern

HAUT - Hautausschläge - Masern (c2/1817)

Infektionskrankheiten - Scharlach

NASE - *Schnupfen - Scharlach, bei* (k/572)

FIEBER - Scharlach - begleitet von - Speichelfluß (st1/1778)

HAUT - *Hautausschläge - Scharlach - begleitet von - Speichelfluß* (kr1*/1821)

Infektionskrankheiten - Keuchhusten

GEMÜT - *Weinen - Husten - während - Keuchhusten* (bro1/246)

AUGE - *Tränenfluß - Husten, mit - Keuchhusten* (*/469)

HUSTEN - Keuchhusten (*/1197)

Konstitution - Angst und Furcht

GEMÜT - Furcht - voller Furcht (^/79)

Konstitution - Allgemeines

GEMÜT - **Beschwerden durch - Heimweh** (*/24)
- Ehrgeiz - Verlust von (ptk/40)
- *Faulheit* (*/55)
- **HEIMWEH** (b7/107)
- Milde (*/130)
- Neugierig (mtf/135)
- Pflicht - zu viel Pflichtgefühl (^/136)
- Stimmung, Laune - veränderlich (*/171)
- Unzufrieden (*/194)
- Veränderungen - Abneigung gegen (br1/195)
- *Verwegenheit* (^/199)

Familie; Beziehung zur - Vorwürfe

GEMÜT - Empfindlich - Vorwürfe; gegen (c1/45)
- Furcht - Tadel; vor (*/76)

Beziehung zu anderen - Aggressivität

GEMÜT - Streitsüchtig (k/173)

Beziehung zu anderen - Reaktion auf andere

GEMÜT - Gesellschaft - Abneigung gegen (br1*/94)
- Widerspenstig (k/249)
- Widerspruch - Neigung zu widersprechen (b7a/249)
  - » *verträgt keinen Widerspruch* (bro1/249)

Beziehung zu anderen - allgemein

GEMÜT - Argwöhnisch, mißtrauisch (k2*/16)
- *Beleidigt, leicht* (*/20)
- Empfindlich - äußerliche Eindrücke; gegen alle (k2*/42)
- Tadelsüchtig, krittelig (*/178)
- Tadelt andere (*/179)

Schule - Beziehung zu anderen

GEMÜT - Ungehorsam (k/191)
- **Ungehorsam - Kindern, bei** (lmj/191)

Schule - Vorwürfe

GEMÜT - Empfindlich - Vorwürfe; gegen (c1/45)
- Furcht - Tadel; vor (*/76)

Schule - Konstitution

GEMÜT - *Eigensinnig, starrköpfig, dickköpfig* (*/41)
- *Eigensinnig, starrköpfig, dickköpfig - Kinder* (^/41)
- Neugierig (mtf/135)
- Ungehorsam (k/191)
  - » **Kindern, bei** (lmj/191)

Nonverbales - Aggressivität

GEMÜT - Spucken (^/170)

Nonverbales - Reaktion auf andere

GEMÜT - Küssen - jeden (k/119)

Nonverbales - Gesten, Gebärden

GEMÜT - Gesten, Gebärden; macht - ungeschickt in bezug auf (gl1/99)
- Launenhaftigkeit, launisch (*/123)
- Pfeifen (k/136)
- *Ungeschicklichkeit* (b7/192)
  - » *Kindern, bei* (kr1/192)

Nonverbales - Allgemeines

GEMÜT - *Eigensinnig, starrköpfig, dickköpfig* (*/41)
- *Eigensinnig, starrköpfig, dickköpfig - Kinder* (^/41)
  - » *Kinder - frostig, widerspenstig und ungeschickt* (k/41)
- Singen (*/163)

Nonverbales - Konsultation; bei der

OHR - *Absonderungen - dick* (sne/497)
- *Absonderungen - eitrig* (*/497)
  - » *gelb* (hr1*/497)
  - » Karies, drohende (k/497)
  - » schleimig (bro1/498)
  - » stinkend (bro1/498)
  - » wundfressend (bro1/498)

• *Eiterung - Mittelohr* (*/500)
• Entzündung (tl1/500)
  » eitrig (k/500)
  » *Gehörgang* (*/500)
  » *Mittelohr* (k/501)
  » Processus mastoideus (hr1*/501)
• Katarrh - Eustachische Röhre (*/515)
• Perforation - Trommelfell (bg2*/516)
  » *Trommelfell - Hohlraum ist mit dickem, gelbem Eiter gefüllt* (hr1*/516)

HÖREN - Schwerhörig - Tubenkatarrh (*/537)

MUND - Aphthen (*/639)
• *Stomatitis ulcerosa, Stomakaze* (*/689)

INNERER HALS - *Entzündung - Tonsillen* (*/724)
• Schwellung - Tonsillen (k2*/747)

HAUT - *Unrein* (k/1835)

Nonverbales - Äußerliches - Beobachtungen des Arztes

GESICHT - Aufgesprungen - Lippen (tl1/579)
• *Rissig - Lippen* (*/613)
• *Venen, erweiterte* (mrr1/634)
  » netzförmig, wie marmoriert (k2/634)

KOPF - Hände - hält den Kopf mit den Händen - Husten; agg. beim (bro1/289)

HUSTEN - Halten, Festhalten - Brust mit beiden Händen halten; muß beim Husten die (bro1/1193)

ALLGEMEINES - Aussehen - dunkel (sf1/1854)
• *Aussehen - hell, blond* (*/1855)
  » *hell, blond - schlaffer Faser, mit* (c1/1855)
  » hell, blond - Augen (c1/1855)
• *Fettleibigkeit - Kindern, bei* (k2*/1879)

Nonverbales - Äußerliches - Beobachtungen der Eltern

HÖREN - Schwerhörig - Schmerz im Ohr - nach (ptk1/536)

MAGEN - Schluckauf (bg2*/809)

ABDOMEN - *Schmerz - Zusammenkrümmen - muß sich zusammenkrümmen* (*/897)

BLASE - *Urinieren - unwillkürlich - Husten; agg. beim* (*/1020)
• Urinieren - unwillkürlich - Lachen agg. (bro1/1020)
  » *verzögert, muß warten, bis der Urin zu fließen beginnt* (b7a/1020)

ATMUNG - Schnarchen (b7/1180)

HAUT - Insektenstiche (b7a/1825)

Nacht; Beobachtungen in der - körperliche Symptome

BLASE - Urinieren - unwillkürlich - nachts (b2/1019)
• Urinieren - unwillkürlich - nachts - spasmodisches Bettnässen (k/1019)

Nacht; Beobachtungen in der - Schlaf

SCHLAF - *Erwachen - Schreck, wie durch* (*/1675)

Nacht; Beobachtungen in der - Schlaf; Lage im

SCHLAF - Lage - Sitzen (*/1683)

Autos und Schiffe

MAGEN - Übelkeit - Seekrankheit (hr1*/839)

ALLGEMEINES - Fahren - Wagen; mit dem - agg. (brm/1877)

Körperliche Symptome und Erkrankungen

MAGEN - Langsame Verdauung (bro1/805)

NIEREN - *Entzündung* (k/1023)

EXTREMITÄTEN - *Hüftgelenksentzündung* (k/1443)

FIEBER - *Continua* (k/1772)

ALLGEMEINES - Abmagerung - Kindern; bei - Kleinkindern; bei (hr1/1845)
• **Kindern; Beschwerden von** (*/1897)

Chirurgisch pathologische Zustände

OHR - *Abszeß - hinter den Ohren* (k/498)
• Abszeß - Processus mastoideus (k2/498)
  » unter den Ohren (k2/498)

ABDOMEN - Hernie (c2/867)
• Hernie - eingeklemmt, inkarzeriert (ptk1/868)
  » Leistenhernie (b2/868)
  » Leistenhernie - eingeklemmt, inkarzeriert (b7/868)

MÄNNLICHE GENITALIEN - *Phimose - Eiterung, mit* (k/1071)

Carbo animalis

carb-an.

Wie bei Capsicum ist eine *große Abneigung gegen Veränderung* vorhanden, besonders *Heimweh*. Für diese Kinder ist charakteristisch, daß sie *sehr an ihrer Familie und ihrem Zuhause hängen*. Ihr Zuhause ist der einzig sichere Ort. Heimweh begleitet diese Kinder das ganze Leben und es ist so akut, daß es wehtut.

Schüchterne, einsame, empfindliche, launische Kinder, die sehr schnell weinen, wenn es Schwierigkeiten gibt, die aber keinen Trost mögen.

Es fehlt ihnen an Selbstvertrauen und sie sind schnell entmutigt, oft stottern sie und machen Fehler beim Schreiben. Aber sie sind ehrgeizig und lernen mit Ausdauer, obwohl Lesen und geistige Anstrengung Kopfschmerzen verursachen, besonders in den Schläfen.

Diese Kinder *lernen wegen der Schwäche der Sprunggelenke spät laufen*; die Füße knicken beim Gehen ein.

Häufig *Verschlimmerung durch Milch,* besonders bei Bauchschmerzen, Borborygmus und Flatulenz. *Schluckauf erscheint oft nach dem Essen* und kann nach Aufstoßen einsetzten, ist aber manchmal besser durch Aufstoßen.

Nach Essen, besonders heißer Speisen, kommt es zu generalisiertem Schweiß. *Schweiß* tritt auch nachts auf, ist übelriechend, erschöpfend und färbt die Wäsche gelb.

Man findet *Perforation des Trommelfells,* mit eitriger, wundfressender und übelriechender Absonderung.

Wichtiges Mittel bei Parotis mit durchstechenden Schmerzen.

Bei diesem Mittel sind *die Drüsen oft angegriffen;* Pulford sagte, die Drüsen hätten eine Tendenz, sich zu verhärten und wie Feuer zu brennen.

Carbo animalis ist in Hunderten von Rubriken über Drüsen aufgelistet, unter anderem: „Auge - Krebs - Tränendrüsen"; „Auge - Schwellung - Tränendrüsen"; „Ohr - Schwellung - um die Ohren - Drüsen; der"; „Gesicht - Krebs - Unterkieferdrüsen"; „Gesicht - Schwellung - Unterkieferdrüsen"; „Äußerer Hals - Beschwerden des äußeren Halses - Drüsen; der - bösartig - Halsdrüsen"; „Äußerer Hals - Beschwerden des äußeren Halses - Drüsen; der - Halsdrüsen"; „Äußerer Hals - Verhärtung von Drüsen"; „Abdomen - Abszeß - Leistengegend - Leistendrüsen"; „Abdomen - Entzündung - Leistendrüsen"; „Brust - Achselhöhlen; Beschwerden der - Achseldrüsen"; „Allgemeines - Abszesse; Eiterungen - Drüsen"; „Allgemeines - Atrophie - Drüsen"; „Allgemeines - Krebsleiden - Geschwüre - Drüsen"; „Allgemeines - Jucken - Drüsen, der".

Klinisches: Heimweh. Drüsenverhärtung. Gestörter Appetit. Obstipation. Krebs. Akne rosacea. Otorrhoe. Husten.

Wirkungsbereich: Ernährung. Drüsen. Venolen.

* * *

Krankengeschichte; familiäre und persönliche

ALLGEMEINES - Familiengeschichte von - Krebs (samkn/1878)

Entwicklung - langsam

EXTREMITÄTEN - **Schwäche - Knöchel - Kindern; bei - Gehenlernen; beim** (*/1623)

Stillen - Milch

KOPF - *Hautausschläge - Milchschorf* (b2/290)

ABDOMEN - Flatulenz - Milch agg. (b4/863)
- Rumoren, Kollern - Milch agg. (h2/876)

ALLGEMEINES - Speisen und Getränke - Milch - agg. (*/2001)

Stillen - Magendarmsymptome - Appetit - allgemein

MAGEN - *Appetit - launischer Appetit* (c2/770)

Stillen - Magendarmsymptome - Appetit - vermindert

MAGEN - *Appetit - fehlend* (*/767)
- Appetit - fehlend - Speisen - Geruch von; durch (k/769)
  - » schnelle Sättigung (b4/770)

Stillen - Magendarmsymptome - Appetit - vermehrt

MAGEN - *Appetit - Heißhunger* (*/769)
- *Appetit - vermehrt* (*/770)
  - » vermehrt - Essen - nach - nur beim Essen wieder; Appetit kehrt (h2/772)

Stillen - Magendarmsymptome - Aufstoßen - Speisen; von

MAGEN - Aufstoßens; Art des - Speisen; von (h2/780)
- *Aufstoßens; Art des - Speisen; von - sauer* (b4a/780)

Stillen - Magendarmsymptome - Aufstoßen - Wasser; Hochsteigen von

MAGEN - *Aufstoßens; Art des - Wasser in den Mund; Hochsteigen von* (*/781)

Stillen - Magendarmsymptome - Erbrechen

MAGEN - Erbrochenen; Art des - Speisen - Essen - nach - sofort nach (k/800)

Stillen - Magendarmsymptome - Schluckauf

MAGEN - Schluckauf - Aufstoßen - nach (h2/809)
- *Schluckauf - Essen - nach - agg.* (*/810)

Stillen - Allgemeines

GESICHT - Schweiß - Essen - agg. (b4a/629)
- Schweiß - Essen - nach - agg. (b4a/629)

SCHWEISS - **Essen - beim - agg.** (*/1786)
- **Essen - nach - agg.** (*/1786)
- *Mittagessen; nach* (k/1789)
- Warm - Speisen; warme - nach (*/1792)

Infektionskrankheiten - Mumps

GESICHT - *Entzündung - Parotis* (k/584)
- Entzündung - Parotis - Mumps (bro1/584)
- Schmerz - Parotis (^/626)
  - » Parotis - lanzinierend (*/627)
- *Schwellung - Parotis* (*/631)
  - » Parotis - rechts (k/631)
- *Verhärtungen - Parotis* (*/634)

Infektionskrankheiten - Scharlach

ALLGEMEINES - *Scharlach - Beschwerden nach* (k/1944)

Infektionskrankheiten - Keuchhusten

HUSTEN - *Keuchhusten* (*/1197)

Konstitution - Angst und Furcht

GEMÜT - Feigheit (*/59)
• Furcht - engen Räumen; in (kk/67)
» hochgelegenen Orten; vor (mrr1/71)
» voller Furcht (gt/79)

Konstitution - Allgemeines

GEMÜT - Ehrgeiz - erhöht, vermehrt, sehr ehrgeizig (j*/40)
• Entmutigt (*/46)
• Faulheit (h2*/55)
• Geiz (gl1/92)
• **Heimweh** (*/107)
• Milde (*/130)
• Selbstvertrauen - Mangel an Selbstvertrauen (k/161)
• Stimmung, Laune - veränderlich (*/171)
• Unzufrieden (k/194)
• *Veränderungen - Abneigung gegen* (^/195)

Familie; Beziehung zur - Liebe und Zuneigung

GEMÜT - Liebevoll, voller Zuneigung, herzlich (k/125)
• Verlassen zu sein; Gefühl (*/198)

Beziehung zu anderen - Aggressivität

GEMÜT - Streitsüchtig (j/173)

Beziehung zu anderen - Reaktion auf andere

GEMÜT - Antworten - Abneigung zu antworten (bro1/14)
• **Gesellschaft - Abneigung gegen** (*/94)
• Schüchternheit, Zaghaftigkeit (*/158)
• Weinen - Trost - möchte nicht getröstet werden (pe/248)
• Widerspenstig (k/249)

Beziehung zu anderen - allgemein

GEMÜT - Beleidigt, leicht (h2*/20)
• Unbarmherzig (h2/189)

Schule - Angst

GEMÜT - Selbstvertrauen - Mangel an Selbstvertrauen (k/161)

Schule - Lernen - Schreiben

GEMÜT - Fehler; macht - Schreiben, beim (k/57)

Schule - Anstrengung; geistige

KOPF - Schmerz - geistige Anstrengung - agg. (k/328)
• Schmerz - Schläfen - Lesen agg. - drückend (*/370)

Schule - Beziehung zu anderen

MUND - Sprache - stotternd (a1/688)

Schule - Konstitution

GEMÜT - Eigensinnig, starrköpfig, dickköpfig (*/41)
• Selbstvertrauen - Mangel an Selbstvertrauen (k/161)

Nonverbales - Reaktion auf andere

GEMÜT - Gehalten - amel.; gehalten zu werden (ptk1/87)

Nonverbales - Gesten, Gebärden

GEMÜT - Launenhaftigkeit, launisch (k/123)
• Pfeifen (*/136)

Nonverbales - Allgemeines

GEMÜT - Eigensinnig, starrköpfig, dickköpfig (*/41)
• Hast, Eile - Gehen; beim (h2*/105)
• Possen, spielt (^/137)

Nonverbales - Konsultation; bei der

KOPF - Hitze - Kälte - Füße; mit Kälte der (h2/293)
OHR - Absonderungen - eitrig (*/497)
• *Absonderungen - jauchig* (*/497)
» wundfressend (bg2/498)
• Eiterung - Mittelohr (k/500)
GESICHT - *Schwellung - Unterkieferdrüsen* (k/631)
MUND - *Aphthen* (*/639)
• Eiterung - Zahnfleisch (*/643)
ÄUSSERER HALS - *Schwellung - Halsdrüsen* (*/760)
• **Verhärtung von Drüsen** (k/761)
REKTUM - Hautausschläge - Anus; um den (k/964)
BRUST - Einziehung der Brustwarzen (*/1231)
RÜCKEN - *Hautausschläge - Furunkel - Blutbeule* (*/1316)
• Hautausschläge - Furunkel - Zervikalregion (k/1317)
EXTREMITÄTEN - Krümmung und Biegung (b4a/1473)
HAUT - *Erysipel* (*/1798)
• Erysipel - Kindern; bei - Neugeborenen; bei (pd/1798)

Nonverbales - Äußerliches - Beobachtungen des Arztes

AUGE - Strabismus, Schielen (c2/467)
• Verklebt (*/472)
GESICHT - **Hautausschläge - Akne** (*/595)
• *Rissig - Lippen* (*/613)
• Warzen (bro1/635)
ATMUNG - Beschleunigt (b2/1174)
HUSTEN - Halten, Festhalten - Abdomens amel.; des (h2/1193)
RÜCKEN - Opisthotonus (*/1325)

Nonverbales - Äußerliches - Beobachtungen der Eltern

NASE - Schneuzen der Nase - Neigung, sich zu schneuzen; ständige (k/568)
MUND - Beißt - Wangen; sich in die - Sprechen oder Kauen; beim (*/640)

MAGEN - Gluckern; Gurgeln (*/802)
- Gluckern; Gurgeln - morgens - Erwachen; beim (*/803)
- Schluckauf (*/809)
  - » Aufstoßen - nach (h2/809)
  - » *Essen - nach - agg.* (*/810)
- Völlegefühl - Essen - nach - agg. (*/845)
  - » *Essen - nach - agg. - wenig, nach dem kleinsten Bissen; nach noch so* (k/845)

STUHL - *Schafskot, wie* (*/997)

BLASE - Urinieren - Harndrang - plötzlich - beeilen um zu urinieren, sonst geht Urin ab; muß sich (bg2/1015)
- Urinieren - unwillkürlich - Husten; agg. beim (k/1020)

SCHWEISS - **Essen - beim - agg.** (*/1786)
- **Essen - nach - agg.** (*/1786)
- *Mittagessen; nach* (k/1789)
- Warm - Speisen; warme - nach (*/1792)

Nacht; Beobachtungen in der - Gemütssymptome

GEMÜT - Angst - Dunkelheit; in der (sf1/8)
- *Furcht - Dunkelheit; vor der* (*/66)
  - » Dunkelheit; vor der - Schließen der Augen; beim (ptk1/66)
- *Sprechen - Schlaf; im* (*/169)

Nacht; Beobachtungen in der - körperliche Symptome

KOPF - Schweiß der Kopfhaut - nachts (k/403)

MAGEN - Gluckern; Gurgeln - morgens - Erwachen; beim (*/803)

BLASE - Urinieren - unwillkürlich - nachts (b2/1019)

Nacht; Beobachtungen in der - Schlaf

SCHLAF - *Erwachen - Schreck, wie durch* (j5/1675)

Schaukeln und Getragenwerden

GEMÜT - Schaukeln - amel. (bg2*/153)
- Schaukeln - Verlangen geschaukelt zu werden (bg2/153)

Körperliche Symptome und Erkrankungen

ZÄHNE - Karies, faule, hohle Zähne (*/700)

MAGEN - *Langsame Verdauung* (bro1/805)

FIEBER - *Continua* (k/1772)

ALLGEMEINES - Abmagerung - Kindern; bei - Kleinkindern; bei (bro1/1845)

Chirurgisch pathologische Zustände

OHR - Abszeß - hinter den Ohren (k/498)

ABDOMEN - *Hernie - Leistenhernie* (*/868)

Würmer

REKTUM - Würmer - Beschwerden durch Würmer (b2/985)
- *Würmer - Beschwerden durch Würmer - Bandwürmer* (*/986)

Carbo vegetabilis

carb-v.

Dies ist ein verzweifeltes Mittel für verzweifelte Zustände; Zustände bei denen *die Vitalität ganz und gar ausgelaugt wurde.* Es eignet sich für Zustände, in denen Mangel an Reaktion vorhanden ist; für Zustände, in denen die Lebenskräfte sehr gering sind, wenn das venöse System angestaut ist; eine größere Schwäche als bei Carbo animalis.

Kinder, die sich nie völlig von den erschöpfenden Folgen einer früheren Krankheit erholt haben; beispielsweise Asthma, das auf Masern oder Keuchhusten zurückgeht.

„Auf der geistigen und emotionalen Ebene zeigt sich die asthenische Veranlagung in unterschiedlicher Weise. Der Patient ist lustlos, schlaff, lahm, gleichgültig, zu träge, um sich für irgendetwas zu interessieren, er kann aber auch reizbar und leicht zu erregen sein, mit wechselnder Stimmung“ (Gibson). Diese Kinder können ruhelos, reizbar sein, schlagen, beißen und treten.

Abneigung gegen Dunkelheit, mit so akuter Angst, daß der Patient nicht wagt, zu Bett zu gehen und die Augen zu schließen. Ein wichtiges Symptom ist die *Angst vor Gespenstern.* Die Rubrik „Gemüt - Furcht - Gespenstern; vor - Schlaflosigkeit; mit“ enthält nur Carbo vegetabilis und Cocculus.

Diese Kinder sind besonders *empfindlich gegen Kälte.* Sie frieren selbst, wenn sie im Bett warm eingehüllt sind, mit brennendem Gefühl am ganzen Körper. Nase und Knie sind besonders kalt. In allen Kältezuständen *möchte* der Patient, *daß man ihm ständig zufächelt.*

Sie können träge sein, mehr in körperlicher, als in geistiger Hinsicht. Sie sind langsam, etwas verwirrt und schnell entmutigt. Auch der Kreislauf ist langsam. Borland sagt: „Sie sind sehr oft schwere Kinder mit fahlem Teint und haben bläuliche Gliedmaßen - bläuliche Finger, bläuliche Zehen und die Gliedmaßen sind immer kalt.“

Sie leiden oft an *Nasenbluten*, täglich, morgens, wenn sie noch im Bett liegen, beim Schneuzen oder der Anstrengung beim Stuhlgang, aber besonders nachts. Es geht ihnen besser durch Waschen mit kaltem Wasser und durch Zufächeln. Die Blutung ist anhaltend und schwächt sehr. Das Blut ist dunkel und flüssig.

Enuresis nocturna in den ersten Schlafphasen oder gegen Morgen.

Druck auf der Blase; sie müssen nachts mehrmals aufstehen, um zu urinieren.

In Bezug auf den Kreislauf sagt Vithoulkas: „*Teleangiektasie bei Kindern;* erhabene, runde, flache, weiche, elastische, rote Tumoren, gebildet von einem Netz erweiterter Kapillargefäße, mit heftiger Blutung nach geringer Verletzung."

Murphy nennt Carbo vegetabilis in der Rubrik: „Kinder - Windelausschlag am Gesäß - Wundheit zwischen den Gesäßbacken".

Klinisches: Blutungen. Nasenbluten. Kollaps. Schwäche. Diarrhoe. Flatulenz. Dyspepsie. Aufstoßen. Asthma. Bronchitis. Husten. Laryngitis. Kopfschmerzen. Akne. Erysipel. Intertrigo. Stomatitis. Otorrhoe. Schlafstörungen. Masern. Parotitis.

Wirkungsbereich: Schleimhäute. Verdauungskanal. Herz. Venöser Kreislauf. Blut. Hinterkopf.

* * *

Krankengeschichte; familiäre und persönliche

ALLGEMEINES - Krankengeschichte von; persönliche - Antibiotika; von Benutzung von (gm1/1909)
- Krankengeschichte von; persönliche - Nasenbluten; von wiederkehrendem (*/1910)

Entwicklung - langsam

ALLGEMEINES - *Gehen - Gehenlernen, Laufenlernen - spätes* (lmj/1883)

Zahnung - Magendarmsymptome

REKTUM - Diarrhoe - Zahnung; während (*/957)

Stillen - Milch

KOPF - Hautausschläge - Milchschorf (b2/290)
- *Hautausschläge - Milchschorf - Kindern; bei* (mtf33/290)

MAGEN - *Aufstoßen - Milch, nach* (*/775)
- *Aufstoßens; Art des - sauer - Milch agg.* (k/779)
- Erbrechen - Milch, nach (k/794)
- Erbrochenen; Art des - Milch (k/798)
- Sodbrennen - Milch agg. (b4a/830)
- Verdauungsstörung - Milch - agg. (bro1/843)

ABDOMEN - Auftreibung - Milch agg. (h2/852)
- Flatulenz - Milch agg. (*/863)
- Schmerz - Milch - agg. (k/891)

ALLGEMEINES - *Speisen und Getränke - Milch - Abneigung* (*/2000)
- *Speisen und Getränke - Milch - agg.* (*/2001)

Stillen - Magendarmsymptome - Appetit - vermindert

MAGEN - *Appetit - fehlend* (*/767)
- Appetit - fehlend - Hunger, mit (b2/768)
  - » schnelle Sättigung (b4/770)
  - » vermindert (*/772)

Stillen - Magendarmsymptome - Appetit - vermehrt

MAGEN - Appetit - Genuß, ohne (k/769)
- Appetit - Heißhunger (*/769)
  - » Heißhunger - Sättigung; schnelle (bro1/770)
  - » vermehrt (*/770)

Stillen - Magendarmsymptome - Aufstoßen - Speisen; von

MAGEN - *Aufstoßens; Art des - Speisen; von* (*/780)
- *Aufstoßens; Art des - Speisen; von - Essen - nach - agg.* (b4/780)
  - » Speisen; von - sauer (b4a/780)

Stillen - Magendarmsymptome - Aufstoßen - Wasser; Hochsteigen von

MAGEN - **Aufstoßens; Art des - Wasser in den Mund; Hochsteigen von** (*/781)
- *Aufstoßens; Art des - Wasser in den Mund; Hochsteigen von - bitter* (b4a/781)

Stillen - Magendarmsymptome - Erbrechen

MAGEN - Erbrochenen; Art des - Speisen - Essen - nach - sofort nach (k/800)

Stillen - Magendarmsymptome - Schluckauf

MAGEN - Schluckauf - Essen - nach - agg. (*/810)
- Schluckauf - Mittagessen - nach - agg. (*/811)

Stillen - Magendarmsymptome - Abdomen - agg. durch

ABDOMEN - Schmerz - Druck - agg. (k/883)
- *Schmerz - Kindern; bei - Säuglingen; bei - krampfartig* (lmj/888)
  - » *Liegen - Seite; auf der - agg.* (k/889)

Stillen - Magendarmsymptome - Abdomen - amel. durch

ABDOMEN - Schmerz - Beugen - vorne; nach - amel. - krampfartig (pd/882)
- *Schmerz - Wärme - amel.* (k/896)

Stillen - Magendarmsymptome - Rektum

REKTUM - Diarrhoe - Kindern, bei (b4a/954)

Stillen - Allgemeines

KOPF - Schweiß der Kopfhaut - Stirn - Essen - beim - agg. (*/404)

SCHWEISS - **Essen - beim - agg.** (*/1786)
- **Essen - nach - agg.** (*/1786)
- *Frühstück; agg. nach dem* (*/1786)
- *Warm - Speisen; warme - nach* (*/1792)

ALLGEMEINES - Säuglinge (kk2/1944)

Infektionskrankheiten - Windpocken

FIEBER - Continua - Ausschlagsfieber (k/1772)

HAUT - *Hautausschläge - Windpocken* (*/1824)

Infektionskrankheiten - Masern

KOPF - *Schmerz - Masern, nach* (k/333)

AUGE - *Entzündung - Masern, nach* (k/429)

OHR - *Absonderungen - Masern, nach* (k/498)

HÖREN - *Schwerhörig - Masern, nach* (*/536)

REKTUM - *Diarrhoe - Masern - nach* (k/954)

KEHLKOPF UND TRACHEA - *Katarrh - Masern, nach* (k/1143)

- *Stimme - heiser, Heiserkeit - Masern, nach* (*/1154)

ATMUNG - *Asthma, asthmatische Atmung - Masern, nach* (*/1163)

HUSTEN - *Masern - nach* (k/1202)

FIEBER - *Ausschlagsfieber; Fieber bei Ausschlagserkrankungen - Masern* (*/1770)

- Continua - Ausschlagsfieber (k/1772)

HAUT - *Hautausschläge - Masern* (*/1817)

ALLGEMEINES - **Masern - Beschwerden nach** (*/1920)

- Masern - Beschwerden nach - nie wieder gesund; seitdem (pfa1/1920)

Infektionskrankheiten - Mumps

GESICHT - **Entzündung - Parotis** (*/584)

- *Entzündung - Parotis - Metastasierung zu - Hoden* (*/584)
  - » Parotis - Metastasierung zu - Mammae (k2/584)
  - » Parotis - Mumps (c2*/584)
- *Schwellung - Parotis* (*/631)
  - » *Parotis - Hautausschlag; nach* (k/631)
- **Verhärtungen - Parotis** (b4a/634)

Infektionskrankheiten - Röteln

FIEBER - Continua - Ausschlagsfieber (k/1772)

HAUT - Hautausschläge - Röteln (b2/1821)

Infektionskrankheiten - Scharlach

KOPF - Schmerz - Scharlach, nach (k/337)

OHR - **Absonderungen - Scharlach, nach** (k/498)

HÖREN - **Schwerhörig - Scharlach, nach** (*/536)

FIEBER - *Ausschlagsfieber; Fieber bei Ausschlagserkrankungen - Scharlach* (k/1770)

- Continua - Ausschlagsfieber (k/1772)
- Scharlach - bösartig (bro1/1778)

HAUT - *Hautausschläge - Scharlach* (*/1821)

ALLGEMEINES - *Scharlach - Beschwerden nach* (k/1944)

Infektionskrankheiten - Pocken

FIEBER - Continua - Ausschlagsfieber (k/1772)

HAUT - Hautausschläge - Pocken (k/1819)

Infektionskrankheiten - Keuchhusten

MAGEN - Erbrechen - Husten - beim - agg. - Keuchhusten (bro1*/793)

ATMUNG - *Pfeifend - Keuchhusten, bei* (*/1178)

HUSTEN - **Keuchhusten** (*/1197)

- Keuchhusten - Deferveszenzstadium, im (bg2/1198)
  - » **heftig** (ptk1/1198)
  - » katarrhalischen Phase; in der (bg2/1198)
  - » *Krampfstadium, im* (bg2*/1198)
  - » Prophylaxe gegen (gm1/1198)

Konstitution - Aggressivität

GEMÜT - Zorn - Kindern, bei (hr1/254)

Konstitution - Angst und Furcht

GEMÜT - *Beschwerden durch - Erwartungsspannung* (bg3*/23)

- Beschwerden durch - Schreck (b2/25)
- Erwartungsspannung - Lampenfieber (fry/53)
- Feigheit (*/59)
- Furcht - allein zu sein (gk/64)
  - » *Gespenstern; vor* (*/70)
  - » Versagen, Mißerfolg; vor dem (^/79)
  - » Versagen, Mißerfolg; vor dem - Prüfungen, bei (fyz/79)
- Schreckliches und traurige Geschichten greifen sie stark an (dx1*/156)

Konstitution - Allgemeines

GEMÜT - **Entmutigt** (k1*/46)

- *Entmutigt - Kindern, bei* (mtf33/46)
- *Faulheit* (*/55)
- Geiz (gl1/92)
- **Nachgiebigkeit** (lmj/134)
- Neugierig (gl*/135)
- Selbstvertrauen - Mangel an Selbstvertrauen (*/161)
- Stimmung, Laune - veränderlich (h2*/171)
- Unaufmerksam (bg2/189)
- Unzufrieden (bg2/194)
- **Veränderungen - Abneigung gegen** (^/195)

Familie; Beziehung zur - Liebe und Zuneigung

GEMÜT - Angst - andere, um (fyz/7)

- Liebevoll, voller Zuneigung, herzlich (*/125)
- Verlassen zu sein; Gefühl (*/198)

Beziehung zu anderen - Aggressivität

GEMÜT - Schlagen (*/154)

- *Schlagen - Raserei; mit* (hr1/154)
- *Spotten* (mtf33/166)
- Streitsüchtig (j/173)

Beziehung zu anderen - Reaktion auf andere

GEMÜT - Antworten - falsch, unrichtig (k/15)

- *Antworten - langsam* (*/15)
- Furcht - Menschen; vor - Kindern; bei (mtf33/73)
- *Gesellschaft - Abneigung gegen* (*/94)

» *Abneigung gegen - Fremden; Abneigung gegen die Anwesenheit von* (k/95)
» Verlangen nach (k/95)
• *Schüchternheit, Zaghaftigkeit* (*/158)
» Kindern; bei (mtf33/158)
» *Öffentlichkeit; beim Auftreten in der* (*/159)
» *Öffentlichkeit; beim Auftreten in der - sprechen; in der Öffentlichkeit zu* (*/159)

Beziehung zu anderen - allgemein

GEMÜT - Argwöhnisch, mißtrauisch (bg2/16)
• *Beleidigt, leicht* (*/20)
• Lügner (mtf33*/126)
• Tadelsüchtig, krittelig (mrr1/178)
• Unbarmherzig (h2/189)

Schule - Angst

GEMÜT - *Beschwerden durch - Erwartungsspannung* (bg3*/23)
• Erwartungsspannung - Prüfungen, vor (pt*/53)
• Furcht - Versagen, Mißerfolg; vor dem (^/79)
» Versagen, Mißerfolg; vor dem - Prüfungen, bei (fyz/79)
• Selbstvertrauen - Mangel an Selbstvertrauen (*/161)

Schule - Konzentration

GEMÜT - Konzentration - schwierig - Kindern, bei (mtf33/117)
• Studieren, Lernen - schwierig, fällt schwer (ptk1*/173)
• *Stumpfheit - Lesen* (k/175)
» Studieren und Lernen; beim (mtf33/176)
• Unaufmerksam (bg2/189)

Schule - Lernen - allgemein

GEMÜT - Studieren, Lernen - schwierig, fällt schwer (ptk1*/173)
• Stumpfheit - Studieren und Lernen; beim (mtf33/176)

Schule - Lernen - Mathematik, Rechnen

GEMÜT - *Mathematik - Unfähigkeit zur* (^/128)
• *Mathematik - Unfähigkeit zur - rechnen; kann nicht* (mtf33/129)

Schule - Lernen - Lesen

GEMÜT - *Stumpfheit - Lesen* (k/175)

Schule - Anstrengung; geistige

KOPF - *Schmerz - geistige Anstrengung - agg.* (k/328)
• Schmerz - Lesen, beim - agg. (k/332)
» Lesen, beim - agg. - stechend (k/332)
» Scheitel - Lesen agg. (k/361)

Schule - Beziehung zu anderen

GEMÜT - Lügner (mtf33*/126)
• *Schüchternheit, Zaghaftigkeit - Öffentlichkeit; beim Auftreten in der* (*/159)
» *Öffentlichkeit; beim Auftreten in der - sprechen; in der Öffentlichkeit zu* (*/159)

Schule - Konstitution

GEMÜT - Eigensinnig, starrköpfig, dickköpfig (*/41)
• Hast, Eile - tut, womit er gerade beschäftigt ist; bei dem, was er (*/105)
• Lügner (mtf33*/126)
• Neugierig (gl*/135)
• Selbstvertrauen - Mangel an Selbstvertrauen (*/161)

Nonverbales - Aggressivität

GEMÜT - Beißen (k/20)
• Beißen - Kindern; bei (hr1*/20)
• Stoßen, treten, austreten (*/172)

Nonverbales - Reaktion auf andere

GEMÜT - *Angst - Fremden; in Anwesenheit von* (k/9)
• Fremde - Anwesenheit von Fremden - agg. (ptk1/60)
• *Furcht - Fremden; vor* (*/68)

Nonverbales - Gesten, Gebärden

GEMÜT - Auffahren, Zusammenfahren - Geräusche; durch (k/17)
• *Beißen - Nägel* (mtf33/20)
» *Nägel - Kindern; bei* (mtf33/20)
• *Klammert sich an - Ruhelosigkeit, mit* (kr1*/115)
• Maskulin - Mädchen; maskulin aussehende (mtf33*/128)
• *Ungeschicklichkeit* (^/192)

Nonverbales - Allgemeines

GEMÜT - Eigensinnig, starrköpfig, dickköpfig (*/41)
• Hast, Eile - tut, womit er gerade beschäftigt ist; bei dem, was er (*/105)
• *Possen, spielt* (^/137)
» *Kindern; bei* (lmj/138)
• Singen (^/163)

Nonverbales - Konsultation; bei der

KOPF - Empfindlichkeit - Kopfhaut, der - Berührung, gegen (bro1/284)

OHR - *Absonderungen - blutig* (k/497)
• *Absonderungen - dick* (*/497)
» *eitrig* (*/497)
» *fleischfarben* (bg2*/497)
» *jauchig* (k/497)
» Ohrschmalz (bro1/498)
» schleimig (bg2*/498)
» *stinkend* (*/498)
» *übelriechend* (*/498)
» **unterdrückt** (*/498)

» *wäßrig* (k/498)
» *wundfressend* (*/498)
• *Eiterung - Mittelohr* (k/500)
• *Entzündung - erysipelatös* (k/500)
» Gehörgang (*/500)
» *Mittelohr* (k/501)
• Feuchtigkeit - hinter den Ohren (k/502)
• *Ohrschmalz - faulig* (bg2/516)
» *fehlend* (*/516)
» *gelb* (*/516)
» *vermehrt* (bg2/516)
MUND - *Aphthen* (*/639)
• *Aphthen - Zunge* (b4a/640)
• Eiterung - Zahnfleisch (*/643)
• Landkartenzunge (b2/668)
• *Schwämmchen* (hr1*/681)
• *Stomatitis ulcerosa, Stomakaze* (*/689)
INNERER HALS - Aphthen (k2/721)
ÄUSSERER HALS - *Schwellung - Halsdrüsen* (*/760)
• *Verhärtung von Drüsen* (k/761)
ABDOMEN - Schmerz - Druck - agg. (k/883)
REKTUM - Hautausschläge - Anus; um den (*/964)
RÜCKEN - Hautausschläge - Akne (*/1316)
• *Krümmung der Wirbelsäule* (k/1323)
HAUT - Erysipel (*/1798)
• Farbe - rot - Kratzen, nach - Streifen (*/1801)
• Hautausschläge - Impetigo (*/1816)
• *Intertrigo* (*/1825)
• Wundliegen - Kindern; bei (bg2/1837)
ALLGEMEINES - **Genesung, Rekonvaleszenz; Beschwerden während der - Ohr; nach Absonderungen aus dem** (k/1884)

Nonverbales - Äußerliches - Beobachtungen des Arztes

KOPF - Halten - hoch, aufrecht zu halten; unfähig, den Kopf (k2/289)
AUGE - Strabismus, Schielen - convergens (bg/467)
• Verklebt (*/472)
NASE - Bohren mit den Fingern in der Nase (bg3*/546)
• *Spitz* (*/574)
• Zupfen - Nase, an der (bg3/578)
GESICHT - **Aufgesprungen - Lippen** (k/579)
• *Farbe - blaß - Kindern; bei* (mtf33/586)
• **Hautausschläge - Akne** (*/595)
• **Hippokratisches Gesicht** (*/605)
• **Rissig - Lippen** (*/613)
• Sommersprossen (b2/632)
• Venen, erweiterte - Lebersternchen (ptk1/634)
» *netzförmig, wie marmoriert* (*/634)
• Wächsern (k/635)
ATMUNG - **Beschleunigt** (*/1174)
HUSTEN - *Anfallsweise - besteht aus - drei Hustenstöße* (k/1186)
• Anfallsweise - besteht aus - drei Hustenstöße - oder vier Hustenstöße (bg2*/1186)
» besteht aus - kurzen Hustenstößen (*/1186)
» besteht aus - langen Hustenstößen (k/1186)
HAUT - Sommersprossen (*/1834)
ALLGEMEINES - *Zyanose - Kindern; bei - Kleinkindern; bei* (*/2035)

Nonverbales - Äußerliches - Beobachtungen der Eltern

KOPF - *Empfindlichkeit - Kämmen, Bürsten der Haare; gegen* (k/283)
• Schweiß der Kopfhaut - Stirn - Essen - beim - agg. (*/404)
AUGE - *Verklebt - morgens* (*/472)
NASE - Verstopfung - Kindern; bei (bg2/577)
MAGEN - *Brechreiz, Würgen* (k/784)
• Brechreiz, Würgen - morgens (a1/784)
» Husten; agg. beim (k/784)
» *Schleim in den Fauces; durch* (*/785)
• Schluckauf (*/809)
» Essen - nach - agg. (*/810)
» Mittagessen - nach - agg. (*/811)
• **Völlegefühl - Essen - nach - agg.** (k/845)
ABDOMEN - Schmerz - Beugen - vorne; nach - amel. - krampfartig (pd/882)
• *Schmerz - Kindern; bei - Säuglingen; bei - krampfartig* (lmj/888)
» *Liegen - Seite; auf der - agg.* (k/889)
» *Wärme - amel.* (k/896)
REKTUM - *Unwillkürlicher Stuhl* (*/984)
• *Unwillkürlicher Stuhl - Flatus agg.; Abgang von* (k/985)
STUHL - Kugeln, wie (sne/996)
URIN - Blutig - Kindern; bei (mtf33/1045)
MÄNNLICHE GENITALIEN - **Masturbation, Neigung zur** (hr1*/1071)
• **Masturbation, Neigung zur - exzessiv** (hr1*/1071)
» Schlaf; agg. im (*/1071)
WEIBLICHE GENITALIEN - Fluor - Kindern; bei - Mädchen; bei kleinen (sf1/1096)
ATMUNG - Schnarchen (bg2/1180)
SCHWEISS - **Essen - beim - agg.** (*/1786)
• **Essen - nach - agg.** (*/1786)
• *Frühstück; agg. nach dem* (*/1786)
• *Warm - Speisen; warme - nach* (*/1792)
HAUT - *Ekchymosen* (*/1797)

Nacht; Beobachtungen in der - Gemütssymptome

GEMÜT - Angst - nachts - Kindern; bei (k13/7)
• Angst - Dunkelheit; in der (k2*/8)
• Furcht - allein zu sein - nachts (k2/64)

» *Dunkelheit; vor der* (*/66)
» Dunkelheit; vor der - Kindern; bei (mtf33/66)
• Sprechen - Schlaf; im (*/169)

Nacht; Beobachtungen in der - körperliche Symptome

BLASE - *Urinieren - unwillkürlich - nachts* (*/1019)
• *Urinieren - unwillkürlich - nachts - ersten Schlaf, im* (b4a/1019)
» *unwillkürlich - nachts - Kindern, bei* (mtf33/1019)

Nacht; Beobachtungen in der - Schlaf

SCHLAF - *Erwachen - Schreck, wie durch* (j5/1675)

Nacht; Beobachtungen in der - Schlaf; Lage im

SCHLAF - *Lage - Beine - angezogen* (*/1682)
• Lage - Sitzen (*/1683)

Schaukeln und Getragenwerden

GEMÜT - Getragen - Verlangen getragen zu werden (*/99)
• Schaukeln - agg. (sf1/153)

Autos und Schiffe

ABDOMEN - *Schmerz - Fahren - Wagen, im - agg.* (k/885)

ALLGEMEINES - Fahren - Wagen; mit dem - agg. (*/1877)

Körperliche Symptome und Erkrankungen

KOPF - *Entzündung - Gehirn* (b4a/284)
• *Schmerz - katarrhalisch* (k/331)

ZÄHNE - *Karies, faule, hohle Zähne* (*/700)

MAGEN - *Langsame Verdauung* (bro1/805)
• **Würgen - Husten, mit** (*/846)

REKTUM - Cholera - infantum (*/949)

ATMUNG - *Asthma, asthmatische Atmung - Hautausschlägen; nach unterdrückten* (*/1162)

RÜCKEN - Spina bifida (*/1384)

EXTREMITÄTEN - *Hüftgelenksentzündung* (k/1443)

FIEBER - **Continua** (k/1772)

ALLGEMEINES - *Abmagerung - Kindern; bei* (k/1845)
• Abmagerung - Kindern; bei - Kleinkindern; bei (bro1/1845)
• Essen - Überessen; agg. nach (bg2*/1877)
• Kindern; Beschwerden von (mtf33/1897)
• Konvulsionen - Hitze; während (ptk1/1904)
» Kindern, bei (lmj/1905)
• Medikamente - allopathische - Mißbrauch von (bg2*/1921)
» allopathische - überempfindlich gegen - Influenza; Medikamente gegen (gm1/1921)
• Schwäche - Kindern, bei (c1/1977)

Chirurgisch pathologische Zustände

ABDOMEN - Entzündung - Peritoneum (bro1*/860)
• Entzündung - Peritoneum - tuberkulös (bro1/860)
• *Hernie - Leistenhernie* (k/868)
» *Leistenhernie - eingeklemmt, inkarzeriert* (k/868)

MÄNNLICHE GENITALIEN - Varikozele (k/1085)

Würmer

GEMÜT - *Beißen - Würmer; bei Beschwerden durch* (kr1/20)
• *Mürrisch - Würmer; bei Beschwerden durch* (kr1/133)
• *Raserei, Tobsucht, Wut - Würmer; bei Beschwerden durch* (kr1*/140)
• *Reizbarkeit, Gereiztheit - Würmer; bei Beschwerden durch* (kr1/147)
• *Schlagen - Würmer; bei Beschwerden durch* (hr1*/155)
• *Stoßen, treten, austreten - Würmer; bei Beschwerden durch* (kr1/172)
• *Zorn - Würmer; bei Beschwerden durch* (kr1/255)

REKTUM - Würmer - Beschwerden durch Würmer (*/985)
• *Würmer - Beschwerden durch Würmer - Bandwürmer* (*/986)
» Beschwerden durch Würmer - Madenwürmer (h2/986)

Carbolicum acidum

carb-ac.

Wirkt hauptsächlich auf das Zentralnervensystem. Stupor, Gefühllosigkeit, Lähmung des Bewegungsapparats, schwacher Puls, herabgesetzte Atmung und Tod durch Lähmung des Atemzentrums.

Es ruft geistige und körperliche Mattigkeit hervor; *Abneigung gegen Lernen, mit Kopfschmerzen.*

Sehr ausgeprägt scharfer Geruchssinn ist ein starkes Leitsymptom.

Magensymptome sind ebenso wichtig. Eines der hartnäckigsten Symptome bei allen Prüfungen war morgendliche Übelkeit und Erbrechen.

Brennen von Absonderungen, Auswurf, Scheitel, Gehirn, Lippen, Zunge, innerer Hals, Magen, Abdomen, Rektum und Haut.

Die Schmerzen sind schrecklich; kommen und gehen plötzlich.

Sommerliche Beschwerden.

Fluor bei Mädchen.

Was die Gemütsebene angeht, so sind diese Kinder reizbar, mürrisch und ungeduldig. Hypochondrie, Angst vor drohender Krankheit.

Abneigung gegen geistige Arbeit.

Klinisches: Diabetes. Akne. Bienenstiche. Verbrennungen. Ekzem. Erysipel. Erkältungen. Dyspepsie. Obstipation. Diarrhoe. Flatulenz. Hydrozephalus.

Wirkungsbereich: Schleimhäute. Innerer Hals. Magen. Darm. Lungen. Herz. Blut. Atmung.

* * *

Entwicklung - allgemein

KOPF - Fontanellen - offen - eingesunken (bg2/286)

Stillen - Milch

MAGEN - Aufstoßen - Milch, nach (k/775)

ALLGEMEINES - Speisen und Getränke - Milch - agg. (vml3/2001)

Stillen - Magendarmsymptome - Appetit - vermindert

MAGEN - *Appetit - fehlend* (*/767)

Stillen - Magendarmsymptome - Appetit - vermehrt

MAGEN - Appetit - Heißhunger (k/769)
• Appetit - vermehrt (k/770)

Stillen - Magendarmsymptome - Schluckauf

MAGEN - Schluckauf - Mittagessen - nach - agg. (*/811)

Infektionskrankheiten - Scharlach

URIN - Eiweißhaltig - Scharlach; nach (k/1046)

FIEBER - *Ausschlagsfieber; Fieber bei Ausschlagserkrankungen - Scharlach* (*/1770)
• Scharlach (br1/1778)
» *bösartig* (bro1/1778)

HAUT - *Hautausschläge - Scharlach* (*/1821)
• *Hautausschläge - Scharlach - begleitet von - Zunge - schwarze Farbe der Zunge* (kr1*/1821)
» **Scharlach - gangränös** (*/1821)

ALLGEMEINES - *Scharlach - Beschwerden nach* (k/1944)

Infektionskrankheiten - Pocken

HAUT - *Hautausschläge - Pocken* (*/1819)

Infektionskrankheiten - Keuchhusten

HUSTEN - *Keuchhusten* (*/1197)
• Keuchhusten - Krampfstadium, im (bro1/1198)

Konstitution - Allgemeines

GEMÜT - *Faulheit* (*/55)
• Unzufrieden (bg2*/194)

Schule - Konzentration

GEMÜT - Konzentration - schwierig - Studieren (a1/117)

Schule - Anstrengung; geistige

KOPF - *Schmerz - geistige Anstrengung - agg.* (k/328)
• Schmerz - Schläfen - Lesen agg. - pulsierend (k/370)

Nonverbales - Gesten, Gebärden

GEMÜT - Auffahren, Zusammenfahren - angesprochen wird; wenn er (*/17)
• Grimassen (^/103)
» sonderbare Gesichter; schneidet (a1/103)

Nonverbales - Konsultation; bei der

KOPF - *Läuse* (*/300)

OHR - *Absonderungen - stinkend* (*/498)

MUND - *Aphthen* (*/639)
• Aphthen - gangränös (k/639)
• Schwämmchen (hr1/681)
• Stomatitis ulcerosa, Stomakaze (k/689)

INNERER HALS - Belag - Tonsillen (vh/721)
• Belag - Uvula (k/721)
• *Schwellung - Tonsillen* (k/747)

HAUT - Erysipel (*/1798)
• Hautausschläge - Impetigo (*/1816)

Nonverbales - Äußerliches - Beobachtungen des Arztes

GESICHT - Hautausschläge - Akne (c1*/595)
• Nasenlinie ausgeprägt (ptk1/613)
• Rissig - Lippen (*/613)

ATMUNG - Beschleunigt (*/1174)

Nonverbales - Äußerliches - Beobachtungen der Eltern

MUND - Beißt - Zunge; beißt sich auf die (*/640)

ZÄHNE - *Zähneknirschen* (k/718)

MAGEN - Schluckauf - Mittagessen - nach - agg. (*/811)
• Völlegefühl - Essen - nach - agg. (k/845)

REKTUM - *Unwillkürlicher Stuhl* (*/984)

WEIBLICHE GENITALIEN - Fluor - Kindern; bei - Mädchen; bei kleinen (br1*/1096)

HAUT - *Insektenstiche* (k/1825)

Nacht; Beobachtungen in der - Schlaf

SCHLAF - Erwachen - Schreck, wie durch (bg2/1675)

Autos und Schiffe

MAGEN - **Erbrechen - Fahren im Wagen agg.** (*/792)
• *Übelkeit - Seekrankheit* (k/839)

RÜCKEN - Schmerz - Fahren, beim - Wagen, im - agg. (k/1331)

SCHLAF - Schläfrigkeit - Fahren - agg. (k/1698)

Körperliche Symptome und Erkrankungen

KOPF - Entzündung - Gehirn (bro1/284)
• Entzündung - Hirnhaut (c2/284)
• Hydrozephalus (*/295)

MAGEN - Langsame Verdauung (bro1/805)

NIEREN - *Entzündung* (k/1023)
• Entzündung - parenchymatös - akut (k/1024)

EXTREMITÄTEN - Hüftgelenksentzündung (k/1443)
FIEBER - Continua (k/1772)
ALLGEMEINES - Azetonämie (c2/1856)

Carboneum sulphuratum

carbn-s.

Wie bei vielen Mitteln, die Sulphur enthalten, erscheinen viele *Hautsymptome*, wie *Windelausschlag*, Impetigo. Erysipel, Akne und Kopfschuppen.

Nützlich bei verschiedenen ansteckenden Krankheiten, wie Masern, Parotitis und Keuchhusten.

Gerstenkörner sind häufig anzutreffen.

Sie leiden an Otitis externa und interna, mit eitriger und übelriechender Otorrhoe mit Blut.

Bauchbeschwerden: *dieses Mittel hat die Wundheit des Abdomens von Sulphur und die Flatulenz von Carbo vegetabilis.*

Es sind oft *aggressive* Kinder, die andere Kinder und Erwachsene beißen, selbst ihren Vater. Sie spucken, schlagen und zerbrechen Spielzeug und Gegenstände.

Sie sind empfindlich, vertragen keinen Widerspruch, mögen keine Gesellschaft und *antworten mit Gesten und einsilbig.*

In der Schule haben sie trotz ihrer Akribie und Hartnäckigkeit Konzentrationsschwierigkeiten und machen Fehler, besonders beim Schreiben. Geistige Anstrengung, besonders beim Lesen, verursacht Kopfschmerzen, besonders in der Stirn.

Klinisches: Drüsenschwellungen. Windelausschlag. Herpes. Impetigo. Akne. Leberleiden. Hernie. Rheumatismus.

Wirkungsbereich: Haut. Schleimhäute. Nerven. Augen. Venen. Leber.

* * *

Krankengeschichte; familiäre und persönliche

ALLGEMEINES - Krankengeschichte von; persönliche - Augen - Gerstenkörnern; von wiederkehrenden (k/1909)

Stillen - Milch

MAGEN - Aufstoßen - Milch, nach (k/775)
ALLGEMEINES - Speisen und Getränke - Milch - Abneigung (*/2000)
• Speisen und Getränke - Milch - agg. (*/2001)

Stillen - Magendarmsymptome - Appetit - allgemein

MAGEN - Appetit - launischer Appetit (k/770)

Stillen - Magendarmsymptome - Appetit - vermindert

MAGEN - Appetit - fehlend (k/767)
• Appetit - fehlend - Hunger, mit (hr1/768)
» *schnelle Sättigung* (k/770)
» vermindert (k/772)

Stillen - Magendarmsymptome - Appetit - vermehrt

MAGEN - Appetit - Genuß, ohne (k/769)
• **Appetit - Heißhunger** (k/769)
» vermehrt (k/770)

Stillen - Magendarmsymptome - Aufstoßen - Speisen; von

MAGEN - Aufstoßens; Art des - Speisen; von (k/780)

Stillen - Magendarmsymptome - Aufstoßen - Wasser; Hochsteigen von

MAGEN - Aufstoßens; Art des - Wasser in den Mund; Hochsteigen von (k/781)

Stillen - Magendarmsymptome - Abdomen - agg. durch

ABDOMEN - *Schmerz - Druck - agg.* (k/883)

Stillen - Allgemeines

SCHWEISS - **Essen - beim - agg.** (k/1786)
• **Essen - nach - agg.** (k/1786)

Infektionskrankheiten - Masern

HAUT - *Hautausschläge - Masern* (k/1817)
ALLGEMEINES - *Masern - Beschwerden nach* (k/1920)

Infektionskrankheiten - Mumps

GESICHT - *Schwellung - Parotis* (k/631)

Infektionskrankheiten - Keuchhusten

HUSTEN - *Keuchhusten* (k/1197)

Konstitution - Angst und Furcht

GEMÜT - Beschwerden durch - Schreck (k/25)

Konstitution - Allgemeines

GEMÜT - Entmutigt (k/46)
• **Faulheit** (k/55)
• Gewissenhaft, peinlich genau in bezug auf Kleinigkeiten (k/99)
• Stimmung, Laune - veränderlich (*/171)
• Unzufrieden (k/194)

Familie; Beziehung zur - Aggressivität

GEMÜT - Beißen - Menschen; beißt - Vater; seinen (a1/20)

Beziehung zu anderen - Aggressivität

GEMÜT - Schlagen (^/154)
• Schlagen - Umstehende, schlägt (a1/154)
» Verlangen - schlagen, zu (k/154)

Beziehung zu anderen - Reaktion auf andere

GEMÜT - Antworten - einsilbig (k/15)
• Antworten - Gesten, Gebärden; mit (a1/15)
» langsam (mrr1/15)
• Gesellschaft - Abneigung gegen (k1/94)
• *Schüchternheit, Zaghaftigkeit* (k/158)
• Widerspruch - verträgt keinen Widerspruch (a1/249)

Beziehung zu anderen - allgemein

GEMÜT - Argwöhnisch, mißtrauisch (k/16)
• Beleidigt, leicht (k/20)

Schule - Konzentration

GEMÜT - Konzentration - schwierig - Studieren (k/117)

Schule - Lernen - Schreiben

GEMÜT - Fehler; macht - Schreiben, beim (k/57)

Schule - Anstrengung; geistige

KOPF - Schmerz - geistige Anstrengung - agg. (k/328)
• Schmerz - Lesen, beim - agg. (k/332)
» Stirn - Lesen agg. (^/389)

Schule - Beziehung zu anderen

MUND - *Sprache - stotternd* (k/688)

Schule - Konstitution

GEMÜT - Eigensinnig, starrköpfig, dickköpfig (a1/41)
• Gewissenhaft, peinlich genau in bezug auf Kleinigkeiten (k/99)

Nonverbales - Aggressivität

GEMÜT - *Beißen* (k/20)
• Beißen - Kindern; bei (a1/20)
» Menschen; beißt (^/20)
• Destruktivität, Zerstörungswut (k/38)
• Spucken (a1/170)
• Zerbricht Dinge (k2/251)

Nonverbales - Gesten, Gebärden

GEMÜT - Launenhaftigkeit, launisch (k/123)
• Pfeifen (a1*/136)
• Ungeschicklichkeit (a1/192)

Nonverbales - Allgemeines

GEMÜT - Eigensinnig, starrköpfig, dickköpfig (a1/41)
• *Singen* (k/163)

Nonverbales - Konsultation; bei der

OHR - *Absonderungen - blutig* (k/497)
• *Absonderungen - eitrig* (k/497)
» stinkend (k/498)
» *übelriechend* (k/498)
• Entzündung - Gehörgang (k/500)
» Mittelohr (k2/501)

GESICHT - Schwellung - Unterkieferdrüsen (k/631)

MUND - Aphthen (k/639)
• Aphthen - Zunge (k2/640)

INNERER HALS - Schwellung - Tonsillen (k/747)

ÄUSSERER HALS - Schwellung - Halsdrüsen (k/760)
• Verhärtung von Drüsen (k/761)

ABDOMEN - *Schmerz - Druck - agg.* (k/883)

REKTUM - Hautausschläge - Anus; um den (k/964)

RÜCKEN - Krümmung der Wirbelsäule (k/1323)

EXTREMITÄTEN - Exkoriation, Wundheit - Gesäß - Mitte, dazwischen; in der (k/1407)

HAUT - *Erysipel* (k/1798)
• Hautausschläge - Impetigo (c2/1816)

Nonverbales - Äußerliches - Beobachtungen des Arztes

KOPF - **Schuppen** (k/402)

AUGE - *Verklebt* (k/472)

GESICHT - **Hautausschläge - Akne** (*/595)
• **Rissig - Lippen** (*/613)

ATMUNG - Beschleunigt (k/1174)

ALLGEMEINES - *Zwergwuchs* (k/2035)

Nonverbales - Äußerliches - Beobachtungen der Eltern

KOPF - Empfindlichkeit - Kämmen, Bürsten der Haare; gegen (k/283)

AUGE - **Verklebt - morgens** (k/472)

MAGEN - Schluckauf (k/809)
• Völlegefühl - Essen - nach - agg. (k/845)

STUHL - Schafskot, wie (k/997)
• *Unverdaut* (k/999)

SCHWEISS - **Essen - beim - agg.** (k/1786)
• **Essen - nach - agg.** (k/1786)

Nacht; Beobachtungen in der - Gemütssymptome

GEMÜT - Sprechen - Schlaf; im (k/169)

Nacht; Beobachtungen in der - körperliche Symptome

BLASE - *Urinieren - unwillkürlich - nachts* (k/1019)

Körperliche Symptome und Erkrankungen

KOPF - Schmerz - katarrhalisch (k/331)

ZÄHNE - Karies, faule, hohle Zähne (k/700)

MAGEN - Würgen - Husten, mit (k/846)

WEIBLICHE GENITALIEN - *Menses - verzögerte Menarche* (k/1114)

EXTREMITÄTEN - Hüftgelenksentzündung (k/1443)

Chirurgisch pathologische Zustände

NASE - *Polyp* (k/561)

ABDOMEN - Hernie (c2/867)
• Hernie - Leistenhernie - eingeklemmt, inkarzeriert (c1/868)

Würmer

REKTUM - Würmer - Beschwerden durch Würmer (k2/985)

- Würmer - Beschwerden durch Würmer - Bandwürmer (k/986)
  - » Beschwerden durch Würmer - Madenwürmer (k/986)
  - » Beschwerden durch Würmer - Spulwürmer (k/986)

Carcinosinum

carc.

Carcinosinum-Kinder haben *dunklen Teint*, haben Milch- und Kaffeeflecken auf der Haut und einige *Naevi*, besonders am Rücken. Oft haben sie *bläuliche Skleren*, wie Tuberculinum-Kinder.

Häufig findet man *in der Familiengeschichte Krebs*, Tuberkulose, Herzkrankheiten oder Diabetes, das stärker vertreten ist, als im Durchschnitt.

In vielen Fällen haben die Kinder eine strenge und repressive Erziehung. *Manchmal ist eine Geschichte von Mißbrauch vorhanden; was nicht heißt, daß Carcinosinum-Kinder weniger Glück haben, als andere, nur daß sie empfindlicher sind.*

Sie regen sich über Vorwürfe sehr auf und vergessen sie nicht leicht. Sie brauchen die Liebe und Anerkennung anderer; *sie werden alles tun, um keine Vorwürfe zu bekommen* und versuchen, andere für sich zu gewinnen. Sie sind ziemlich schüchtern und kontrolliert; *sie sind nicht launisch* und sitzen ordentlich da; selten reagieren sie aggressiv.

Sie sind *sehr sauber, ordentlich und akribisch*, streben Perfektion an, aber dies ruft *eine große Erwartungsangst hervor, die sich oft in Übelkeit und Erbrechen kundtut.*

Es ist ein *starkes Verantwortungsbewußtsein* vorhanden, daher wirken sie älter, als sie sind und sprechen wie Erwachsene.

Sie können Angstanfälle haben, die zu richtigen Panikattacken werden können. *Die Frage, die ich immer Patienten stelle, bei denen ich Carcinosinum erwäge, lautet:* „Wenn sie auf ein Familienmitglied oder einen Freund warten, wann fangen Sie an, sich Sorgen zu machen, wenn sie nicht kommen?" Die Antwort ist gewöhnlich: „nach ein paar Minuten", aber noch öfter ist die Antwort „10 Minuten vor der verabredeten Zeit!"

Carcinosinum-Kinder sind sehr nett, *liebevoll* und mitfühlend, wie Phosphorus-Kinder. *Sie nehmen am Leid anderer teil und haben sehr viel Angst um sie, besonders um die Gesundheit derer, die sie lieben.* Sie machen sich sofort Sorgen, wenn sich jemand aus der Familie nicht wohl fühlt und stellen sich schreckliche Krankheiten vor.

Sie *lieben Harmonie*, nicht nur in ihrer Familie, sondern auch in der Welt; jedoch wollen sie nicht getröstet werden und sind schnell beleidigt.

Alles berührt sie emotional; traurige Geschichten beeindrucken sie schnell und sie haben Angst, wenn sie Furcht erregende Programme im Fernsehen sehen.

Sie lieben sehr Musik und haben ein intensives Gefühl für Rhythmus, mit *Verlangen zu tanzen* und zu singen. *Bücher ziehen sie sehr an* und sie lesen in fast manischer Weise; als Kinder bitten sie immer jemanden, ihnen Märchen vorzulesen.

Sie haben *Tiere unwahrscheinlich gern.*

Gewöhnlich sind sie sehr intelligent, oft frühreif, aber es gibt Fälle geistiger Zurückgebliebenheit oder einem Mangel an Intelligenz. Foubister hält Carcinosinum für ein nützliches Mittel bei Down-Syndrom.

Ich habe persönlich die unglaubliche Wirkung dieses Mittels auf *Autismus* verifiziert.

Sie haben *enorme Vorstellungskraft* und dies ist einer der Gründe, warum sich Carcinosinum-Kinder nicht so lange konzentrieren können. In der Tat haben sie Probleme beim Lernen, weil sie „Tagträumer" sind.

Oft kauen sie an den Nägeln und manchmal reißen sie die Haut um die Nägel auf. Selbst spät in der Kindheit können sie noch am Daumen lutschen. Oft haben sie Tics.

Schlaflosigkeit ist charakteristisch; manchmal ist sie *seit der Geburt* vorhanden und wird durch Schaukeln gebessert.

Die Hauptgründe für Schlaflosigkeit sind Erwartungsangst und Reizbarkeit durch Kleinigkeiten. Es ist wirklich so, daß geringe Geräusche oder etwas Licht sie stören. Sie erwachen oft verängstigt aus Alpträumen und oft glauben sie, jemand sei in einer Ecke des Zimmers.

Sie fühlen sich abends besser und wollen nicht früh ins Bett.

Auf der körperlichen Ebene besteht die Tendenz, an *entzündlichen Erkrankungen* zu leiden, besonders Husten und Pneumonie, *sogar in den ersten Lebensmonaten*, und an wiederholten Erkältungen, Sinusitis und Tonsillitis.

Mononukleose ist häufig.

In der Kindheit übliche Hautausschläge erscheinen oft nicht oder erscheinen, wenn sie älter werden.

Sie können abwechselnde Symptome haben, oder auf einer Seite, wie Lac caninum und manchmal gegensätzliche Symptome.

Was das Essen angeht, haben sie *ein großes Verlangen auf Schokolade*, Eiscreme, Obst und kräftig schmeckende und geräucherte Speisen, wie Schinkenspeck oder Essig. Jedoch kann auch Abneigung gegen dieselben Speisen vorhanden sein.

Es sind Beschwerden im Bereich des Verdauungskanal vorhanden, wie Obstipation, Diarrhoe, Azetonämie und Übelkeit beim Autofahren.

Sie können *bis als Heranwachsende Enuresis nocturna* haben.

Sie sind gewöhnlich *empfindlich gegen Hitze* und schlafen oft ohne Bettdecke (in *genupektoraler Lage*).

Klinisches: Erwartungsspannung. Autismus. Hyperaktivität. Schlaflosigkeit. Krebs. Diabetes. Mononukleose. Sinusitis. Asthma. Pneumonie. Hernie. Rheumatoide Arthritis. Impffolgen.

Wirkungsbereich: Gemüt. Lungen. Drüsen.

* * *

Krankengeschichte; familiäre und persönliche

ALLGEMEINES - Familiengeschichte von - Anämie (sp1*/1878)
- Familiengeschichte von - Asthma (fb/1878)
  - » Diabetes mellitus (fb*/1878)
  - » Geisteskrankheit (dy/1878)
  - » Geschwüre des Magens (fb*/1878)
  - » *Krebs* (br1*/1878)
  - » Malaria (sk1/1878)
  - » Masern (sk1/1878)
  - » Mumps (sk1/1878)
  - » Suizid; Tod durch (dy*/1878)
  - » Syphilis (skb1/1878)
  - » Tuberkulose (sp1*/1878)
  - » Typhus abdominalis (sk1/1878)
  - » *zahlrechen schweren Krankheiten; von* (mlr1/1878)
- Krankengeschichte von; persönliche - Augen - Gerstenkörnern; von wiederkehrenden (mlr1/1909)
  - » Bronchitis; von wiederkehrender (mrr1/1909)
  - » Entzündungen; von häufigen (sp*/1909)
  - » Impfung oder wiederholten Impfungen; von (kr1*/1909)
  - » Keuchhusten; von (sp*/1909)
  - » Krebs; von (br1/1910)
  - » Lungen - Entzündung der; von (sp*/1910)
  - » **Mononukleose; von** (mrr1/1910)
  - » Nasenbluten; von wiederkehrendem (mlr1/1910)
  - » Sinusitis; von wiederkehrender (mrr1*/1910)
  - » Tonsillitis; von wiederkehrender (fb*/1910)

Entwicklung - langsam

GEMÜT - Entwicklung; kindliche - Entwicklungsstillstand (jl2*/47)
- Entwicklung; kindliche - Entwicklungsstillstand - geistige Entwicklung; in bezug auf die (mlr1/47)

ALLGEMEINES - *Entwicklung - Entwicklungsstillstand* (mrr1*/1872)

Entwicklung - schnell

GEMÜT - Frühreife, altkluge Kinder (fb*/63)

Impfung

ATMUNG - Asthma, asthmatische Atmung - Impfung, nach (mlr1/1162)
- Asthma, asthmatische Atmung - Kindern; bei - Impfung; nach (mlr1/1163)

HUSTEN - Impfung, nach (mlr1/1196)

SCHLAF - Schlaflosigkeit - Impfung, nach (mlr1/1691)

FIEBER - Impfung - nach (fb*/1775)

ALLGEMEINES - Impfung; Beschwerden nach (pc*/1892)
- Impfung; Beschwerden nach - nie wieder gesund; seitdem (cpd/1892)
- Konvulsionen - Impfung, nach (mlr1/1904)
- Krankengeschichte von; persönliche - Impfung oder wiederholten Impfungen; von (kr1*/1909)

Stillen - Gemütssymptome

GEMÜT - Essen - weigert sich zu (mlr1/53)

Stillen - Milch

ALLGEMEINES - Speisen und Getränke - Milch - Abneigung (c1*/2000)
- Speisen und Getränke - Milch - agg. (fb4*/2001)
  - » Milch - agg. - kalte (mlr1/2001)
  - » *Milch - Verlangen* (c1*/2001)
  - » Milch - Verlangen - kalte (dx1*/2001)

Stillen - Magendarmsymptome - Appetit - allgemein

MAGEN - Appetit - launischer Appetit (gk6*/770)
- Appetit - veränderlich (gk6*/770)

Stillen - Magendarmsymptome - Appetit - vermindert

MAGEN - Appetit - fehlend (cd*/767)
- Appetit - schnelle Sättigung (fd2/770)

Stillen - Magendarmsymptome - Appetit - vermehrt

MAGEN - Appetit - Heißhunger (gk6*/769)
- Appetit - vermehrt - abends - Essen; nach dem (zzh/771)

Stillen - Magendarmsymptome - Abdomen - amel. durch

ABDOMEN - Schmerz - Beugen - vorne; nach - amel. - krampfartig (gk6/882)
• Schmerz - Druck - amel. (mg1/883)

Stillen - Magendarmsymptome - Rektum

REKTUM - Diarrhoe - Kindern, bei (gk6*/954)

Stillen - Allgemeines

ALLGEMEINES - Säuglinge (mtf33/1944)

Infektionskrankheiten - Masern

ALLGEMEINES - Familiengeschichte von - Masern (sk1/1878)
• Masern - Beschwerden nach - nie wieder gesund; seitdem (sk/1920)

Infektionskrankheiten - Mumps

ALLGEMEINES - Familiengeschichte von - Mumps (sk1/1878)

Infektionskrankheiten - Keuchhusten

HUSTEN - Keuchhusten (fb*/1197)

ALLGEMEINES - Genesung, Rekonvaleszenz; Beschwerden während der - Keuchhusten; nach (cpd/1884)
• Keuchhusten; Beschwerden nach (fb*/1897)
• Krankengeschichte von; persönliche - Keuchhusten; von (sp*/1909)

Konstitution - Aggressivität

GEMÜT - Zorn - Kindern, bei (cd*/254)

Konstitution - Angst und Furcht

GEMÜT - *Angst - hypochondrisch* (mlr1/11)
• Angst - Kinder - bei Kindern (mlr1*/11)
• **Beeindrucken, empfänglich für Eindrücke; leicht zu** (st*/19)
• **Beschwerden durch - Erwartungsspannung** (c1*/23)
  » Schreck (c1*/25)
  » *Schreck - Kindern; bei* (mlr1/25)
• Erwartungsspannung - Lampenfieber (mlr1/53)
• Feuer - anzünden; möchte Dinge (mrc2/59)
• Furcht - allein zu sein (sst*/64)
  » engen Räumen; in (pd*/67)
  » Geräusche, durch (^/69)
  » Gespenstern; vor (mlr1/70)
  » Gewitter; vor (gk6*/70)
  » Gewitter; vor - Kindern; bei (sst2*/70)
  » *hochgelegenen Orten; vor* (g*/71)
  » Kindern, bei (fb*/71)
  » Kontrolle zu verlieren; die (vh1*/72)
  » offenen Plätzen; Furcht vor (mlr1/74)
  » Versagen, Mißerfolg; vor dem (gk6*/79)
  » Versagen, Mißerfolg; vor dem - Kindern; bei (sst2/79)
  » Versagen, Mißerfolg; vor dem - Prüfungen, bei (hbh*/79)
  » Wasser, vor (mlr1/79)
• Mutig (mrr1/133)
• Schreckliches und traurige Geschichten greifen sie stark an (fb*/156)
• Vorsichtig (cd/205)
  » ängstlich (fd2/205)

Konstitution - Allgemeines

GEMÜT - Beschwerden durch - Heimweh (mlk/24)
• Ehrgeiz - erhöht, vermehrt, sehr ehrgeizig (mlr1/40)
  » erhöht, vermehrt, sehr ehrgeizig - Geld zu verdienen (mlr1/40)
  » erhöht, vermehrt, sehr ehrgeizig - Wettbewerb mit anderen, vergleicht sich mit ihnen; steht (mtf/40)
• Eitelkeit (cd/41)
• *Empfindlich - Kinder* (mrr1*/44)
• Entmutigt (mlr1/46)
• Geiz (mlr1/92)
• Gewissenhaft, peinlich genau in bezug auf Kleinigkeiten (lsa1/99)
• *Heikel, pingelig* (c*/106)
• Heimweh (mlk/107)
• *Milde* (gg*/130)
• *Mürrisch - Kindern, bei* (mlr1/132)
• *Nachgiebigkeit* (cd*/134)
• Neugierig (mtf*/135)
• Pflicht - kein Pflichtgefühl (mlr1/136)
  » zu viel Pflichtgefühl (tpw*/136)
• Reisen - amel. (gy/142)
  » *Verlangen nach* (st*/142)
• Religiöse Gemütsstörungen, Störungen in bezug auf die Religiosität - beschäftigt; zu sehr mit Religion - Kindern; bei (mlr1/147)
• Sauberkeit, Reinlichkeit - Reinlichkeitswahn, Putzwut (mlr1/153)
• *Selbstlosigkeit* (fd2/161)
• *Selbstvertrauen - Mangel an Selbstvertrauen* (mlr1*/161)
• Sorgen; voller (mlr1/164)
• Sorgsamkeit, Sorgfalt (fd2/165)
• Spontan, impulsiv (mlr1/166)
• *Stimmung, Laune - veränderlich* (mlr1/171)
• Traurigkeit - Kindern, bei (fb*/186)
• **Ungerechtigkeit; erträgt keine** (fd*/191)
• Unordentlich (mlr1*/192)
• Unzufrieden (st1*/194)
  » Kinder (vh*/194)
• Veränderungen - Verlangen nach (mlr1/195)
• Verantwortung - ernst; nimmt seine Verantwortung zu (fb*/195)

• Verwegenheit (mrr1/199)
• Wandern, Herumwandern - Verlangen zu wandern (mlr1/243)
• Waschen - Verlangen zu waschen (^/243)
  » Verlangen zu waschen - Hände; wäscht sich ständig die (mlr1/243)
• Weinen - Kindern; bei (fb*/246)
  » Kindern; bei - Säuglingen; bei (gg*/246)
  » Kindern; bei - Säuglingen; bei - Geburt - von Geburt an (gk6*/246)
  » leicht (mlr1/246)
  » Musik; durch (fb*/247)

Familie; Beziehung zur - Aggressivität

GEMÜT - *Beschwerden durch - Bevormundung - Kindern, bei* (sk1*/22)
• Beschwerden durch - Bevormundung - Kindern, bei - elterlicher Bevormundung; bei langer Geschichte übermäßiger (tpw*/22)
  » Bevormundung - Kindern, bei - elterlicher Bevormundung; bei langer Geschichte übermäßiger - harte, rauhe Erziehung (sst2/22)
  » Bevormundung - lange Zeit, für (gk6*/22)
  » Grobheit anderer (ot*/23)
• Empfindlich - Grobheiten; gegen (c*/44)

Familie; Beziehung zur - Liebe und Zuneigung

GEMÜT - Angst - andere, um (vh*/7)
• Angst - Familie, um seine (ib*/9)
  » Gesundheit; um die - Verwandten; von (mlr1/10)
• Eifersucht (^/40)
  » Kinder - unter Kindern (cd*/40)
• Liebevoll, voller Zuneigung, herzlich (fb*/125)
• Sorgen; voller - andere, um (sk1/165)
• Verlassen zu sein; Gefühl (az1/198)
• Widerspenstig - Eltern; gegenüber den (mtf33/249)

Familie; Beziehung zur - Vorwürfe

GEMÜT - *Beschwerden durch - Bestrafung* (fd2/22)
• Beschwerden durch - Tadel (c1*/25)
  » *Vorwürfe* (fd*/26)
• *Empfindlich - Vorwürfe; gegen* (fb*/45)
  » Vorwürfe; gegen - Kindern; bei (fb*/45)
• Ermahnungen - agg. (st*/47)
  » agg. - freundliche; selbst (vh*/47)
  » agg. - Kindern; bei (c1/47)
• Furcht - Tadel; vor (ml*/76)
• Weinen - Ermahnung, durch (fb*/245)
  » Tadel, durch (g*/247)
  » Vorhaltungen gemacht werden; wenn ihm (fb*/248)

Beziehung zu anderen - Aggressivität

GEMÜT - *Beschwerden durch - Heftigkeit* (mlr1/24)
• Grausamkeit (mlr1/103)
  » Anblick oder Hören von Grausamkeiten ist unerträglich; der (mlr1/103)
  » Anblick oder Hören von Grausamkeiten ist unerträglich; der - Fernsehen; im (sst2/103)
• Sprache - barsch (fd2/166)
• Streitsüchtig (az1/173)

Beziehung zu anderen - Reaktion auf andere

GEMÜT - Antworten - Abneigung zu antworten (gk6*/14)
• Antworten - einsilbig (gk6*/15)
  » hastig, überstürzt (mlr1/15)
  » schnell (mlr1/15)
• Beschwerden durch - Scham (fd2/24)
• Gesellschaft - Abneigung gegen (hbh*/94)
  » Verlangen nach (fd2/95)
• Schüchternheit, Zaghaftigkeit (tpw*/158)
  » Kindern; bei (tpw*/158)
• *Trost - agg.* (fb*/188)
  » agg. - Mitleid, Mitgefühl agg. (mp1/188)
  » amel. (gk6*/188)
• Untröstlich (lmj/193)
• Weinen - Widerspruch, durch (fd2/248)
• Widerspenstig (^/249)
• Widerspruch - verträgt keinen Widerspruch (cd*/249)
  » verträgt keinen Widerspruch - Kindern; bei (sst2*/249)

Beziehung zu anderen - allgemein

GEMÜT - Argwöhnisch, mißtrauisch (gk6*/16)
• **BELEIDIGT, LEICHT** (fd*/20)
• Empfindlich - äußerliche Eindrücke; gegen alle (sde*/42)
• Erregung - Kindern, bei (mlr1/49)
• Geheimnistuerisch, verschlossen (fb/87)
• **Mitgefühl, Mitleid** (c1[k/130)
• Tadelsüchtig, krittelig (mlr1/178)
• Tadelt andere (gk6*/179)
• *Tadelt sich selbst, macht sich Vorwürfe* (fd2/179)

Schule - Angst

GEMÜT - **Beschwerden durch - Erwartungsspannung** (c1*/23)
• Erwartungsspannung - Prüfungen, vor (st*/53)
• Furcht - Versagen, Mißerfolg; vor dem (gk6*/79)
  » Versagen, Mißerfolg; vor dem - Kindern; bei (sst2/79)
  » Versagen, Mißerfolg; vor dem - Prüfungen, bei (hbh*/79)
• *Selbstvertrauen - Mangel an Selbstvertrauen* (mlr1*/161)

Schule - Konzentration

GEMÜT - Konzentration - schwierig - Kindern, bei (st1*/117)

- Konzentration - schwierig - Studieren (sst2*/117)
- Studieren, Lernen - schwierig, fällt schwer (jl2*/173)

Schule - Lernen - allgemein

GEMÜT - Dyslexie (g*/40)
- Studieren, Lernen - schwierig, fällt schwer (jl2*/173)

Schule - Lernen - Lesen

GEMÜT - Fehler; macht - Lesen, beim (gg*/57)
- Lesen - schwierig; ist (mlr1/124)
  » *unfähig zu lesen* (^/124)
  » *unfähig zu lesen - Kindern, bei* (mlr1/124)

Schule - Beziehung zu anderen

GEMÜT - Beschwerden durch - Scham (fd2/24)
- Ungehorsam (sst*/191)
  » Kindern, bei (tpw*/191)

MUND - Sprache - stotternd (fb*/688)

Schule - Vorwürfe

GEMÜT - *Beschwerden durch - Bestrafung* (fd2/22)
- Beschwerden durch - Grobheit anderer (ot*/23)
  » Tadel (c1*/25)
  » *Vorwürfe* (fd*/26)
- Empfindlich - Grobheiten; gegen (c*/44)
  » *Vorwürfe; gegen* (fb*/45)
  » Vorwürfe; gegen - Kindern; bei (fb*/45)
- Ermahnungen - agg. (st*/47)
  » agg. - freundliche; selbst (vh*/47)
  » agg. - Kindern; bei (c1/47)
- Furcht - Tadel; vor (ml*/76)
- Weinen - Ermahnung, durch (fb*/245)
  » Tadel, durch (g*/247)

Schule - Konstitution

GEMÜT - Eigensinnig, starrköpfig, dickköpfig (c1*/41)
- Eigensinnig, starrköpfig, dickköpfig - Kinder (fb*/41)
- Gewissenhaft, peinlich genau in bezug auf Kleinigkeiten (lsa1/99)
- *Heikel, pingelig* (c*/106)
- Neugierig (mtf*/135)
- *Selbstvertrauen - Mangel an Selbstvertrauen* (mlr1*/161)
- Ungehorsam (sst*/191)
  » Kindern, bei (tpw*/191)
- Unordentlich (mlr1*/192)
- Verantwortung - ernst; nimmt seine Verantwortung zu (fb*/195)

Spielen

GEMÜT - Amüsement, Vergnügen - Verlangen nach (mtf/4)
- Spielen - Abneigung gegen Spielen - Kindern; bei (mlr1*/165)
- **Tanzen** (*/179)
  » Kindern; bei (pc*/179)

Tieren; Beziehung zu

GEMÜT - Furcht - Hunden, vor (sv*/71)
- Furcht - Insekten; vor (vh1*/71)
  » Katzen; vor (mtf/71)
  » Spinnen, vor (bcn*/75)
  » Tieren, vor (fd*/76)
- Mitgefühl, Mitleid - Tieren, mit (fb*/130)
- Natur - liebt (sk1*/134)
- Tiere - liebt Tiere, Tierliebe (fb*/180)
  » liebt Tiere, Tierliebe - Hunde (mtf/180)

Nonverbales - Aggressivität

GEMÜT - Beißen (^/20)
- Destruktivität, Zerstörungswut (gk6*/38)
  » Kindern, bei (sst*/39)
- Diktatorisch (mtf/39)
- *Grobheit - Kinder; ungezogene* (mlr1*/104)
- Reißt an etwas - sich am Körper, verletzt sich (^/142)
  » sich am Körper, verletzt sich - Haut um die Nägel aus; die (hbh*/142)
- Reizbarkeit, Gereiztheit - Kindern, bei (mlr1/145)
- Stoßen, treten, austreten (^/172)

Nonverbales - Reaktion auf andere

GEMÜT - Berührtwerden - Abneigung berührt zu werden (mlr1/21)
- Furcht - Fremden; vor (sst*/68)
- Liebkost zu werden; Liebkosungen - Verlangen, liebkost, gestreichelt zu werden (cd*/126)

Nonverbales - Gesten, Gebärden

GEMÜT - Auffahren, Zusammenfahren - Geräusche; durch (fb*/17)
- Beißen - Finger; beißt (st1*/20)
  » Nägel (st*/20)
  » Nägel - Kindern; bei (fd*/20)
- Berühren, anfassen; etwas - Verlangen, etwas zu berühren, anzufassen - alles berühren, anfassen; muß (st*/21)
  » Verlangen, etwas zu berühren, anzufassen - alles berühren, anfassen; muß - Kindern; bei (gk6*/21)
- Gesten, Gebärden; macht - Tics; nervöse (jl2*/99)
- Grimassen (jl2*/103)
  » sonderbare Gesichter; schneidet (mlr1/103)
- Launenhaftigkeit, launisch (tpw2*/123)
- Reißt an etwas - sich am Körper, verletzt sich - Haut um die Nägel aus; die (hbh*/142)

Nonverbales - Allgemeines

GEMÜT - Eigensinnig, starrköpfig, dickköpfig (c1*/41)
• Eigensinnig, starrköpfig, dickköpfig - Kinder (fb*/41)
• Höflich - zu höflich, übertrieben höflich (sk1/109)
• Ruhelosigkeit - Kindern, bei (gk6*/151)
• Schreien - Kindern, bei (mlr1/157)

Nonverbales - Konsultation; bei der

OHR - Entzündung - Gehörgang (tpw2*/500)
• Entzündung - Mittelohr (cd/501)
» Ohrläppchen - rechts (tpw2*/501)
MUND - Aphthen (mlr1/639)
INNERER HALS - Entzündung - Tonsillen (gk6*/724)
• Schwellung - Tonsillen (gk6*/747)
ÄUSSERER HALS - Verhärtung von Drüsen (mlr1/761)
ABDOMEN - Schmerz - Druck - amel. (mg1/883)
REKTUM - Prolaps - Kindern; bei (fb*/971)
BRUST - Einziehung der Brustwarzen (mlr1/1231)
RÜCKEN - Hautausschläge - Akne (mrr1*/1316)
EXTREMITÄTEN - Nägel; Beschwerden der - deformiert (mlr1/1664)
• Nägel; Beschwerden der - Niednagel (gk6/1665)
» verkrüppelte, verkümmerte Nägel (mlr1/1665)
» Wachstum der Nägel - Hautfalte bleibt fest mit dem wachsenden Nagel verbunden (jl2/1666)
HAUT - Hautausschläge - Herpes - ringförmig (gk/1815)
• Hautausschläge - Molluscum - contagiosum; Molluscum (sst2*/1818)

Nonverbales - Äußerliches - Beobachtungen des Arztes

KOPF - Schuppen (mlr1/402)
AUGE - **Farbe - blau - Sklera oder Bindehaut** (fb*/432)
• **Farbe - blau - Sklera oder Bindehaut - Kindern; bei** (mrr1*/432)
• Haare - Wimpern - lange Wimpern (mrr*/475)
GESICHT - Ausdruck - alt aussehend (sst/580)
• Fettig (fd2/593)
• Hautausschläge - Akne (mg1/595)
• Rissig - Lippen - Oberlippe - Mitte der (fd2/613)
• Sommersprossen (mlr1/632)
ATMUNG - *Asthma, asthmatische Atmung - Kindern; bei* (vh*/1162)
HAUT - Sommersprossen (mlr1/1834)
ALLGEMEINES - **Aussehen - braune Haare** (mrr1/1854)
• Aussehen - dunkel (mrr1*/1854)
• Magere Personen (fb*/1919)
• Zwergwuchs (mg1/2035)

Nonverbales - Äußerliches - Beobachtungen der Eltern

ZÄHNE - Zähneknirschen (gk/718)
MAGEN - Brechreiz, Würgen - Husten; agg. beim (gk/784)
• Völlegefühl - Essen - nach - agg. - wenig, nach dem kleinsten Bissen; nach noch so (fd2/845)
ABDOMEN - Schmerz - Beugen - vorne; nach - amel. - krampfartig (gk6/882)
• Schmerz - Zusammenkrümmen - amel. (mg1/897)
MÄNNLICHE GENITALIEN - Erektionen - Kindern, bei (lmj/1063)
• Masturbation, Neigung zur (st1*/1071)
» *Kindern; bei* (jl2*/1071)
• Sexuelles Verlangen - vermehrt - Kindern, bei (lmj/1084)
WEIBLICHE GENITALIEN - *Masturbation; Neigung zu* (st1*/1104)
• Masturbation; Neigung zu - jungen Frauen; bei (jl2/1104)
» Kindern; bei (jl2*/1104)
HAUT - Ekchymosen (mrr1/1797)

Nacht; Beobachtungen in der - Gemütssymptome

GEMÜT - Angst - nachts - Kindern; bei (mlr1/7)
• *Furcht - nachts - Kindern; bei* (mlr1/64)
» Dunkelheit; vor der (fb*/66)
» Dunkelheit; vor der - Kindern; bei (mlr1*/66)
• Schreien - Kindern, bei - nachts (mlr1*/157)
» Kindern, bei - Schlaf, im (mlr1*/157)
» Kindern, bei - Schlaf, im - Träume; durch beunruhigende (mlr1/157)
• Sprechen - Schlaf; im (mlr1*/169)
• Stoßen, treten, austreten - Schlaf, im (zzh/172)

Nacht; Beobachtungen in der - körperliche Symptome

ZÄHNE - Zähneknirschen - Schlaf; agg. im (mlr1/718)
BLASE - Urinieren - unwillkürlich - nachts (gk6*/1019)
• Urinieren - unwillkürlich - nachts - Kindern, bei (mlr1/1019)

Nacht; Beobachtungen in der - Schlaf

SCHLAF - Erwachen - Schreck, wie durch (mlr1/1675)
• Ruhelos - Kindern, bei (mtf33/1685)
• *Schlaflosigkeit - gewiegt werden; Kind muß* (st1*/1691)
» **Kindern, bei** (c1*/1691)
» *Kindern, bei - gewiegt werden, Kind muß* (st1*/1691)
» Kindern, bei - Kleinkindern; bei (fb*/1691)
» Kindern, bei - Weinen; mit (cd/1691)
TRÄUME - *Alpträume, Alpdrücken - Kindern, bei* (mlr1/1707)

Nacht; Beobachtungen in der - Schlaf; Lage im

SCHLAF - Lage - Abdomen, auf dem (cd*/1682)
- Lage - Abdomen, auf dem - Hände über dem Kopf (cd/1682)
  - » Arme - Kopf - über dem Kopf (mlr1/1682)
  - » *Knie - Brust; liegt auf Knien und* (fb*/1682)
  - » Knie - Ellbogen gebeugt, Knie und (sp1*/1682)
  - » *Knie - Gesicht ins Kissen gepreßt; und* (vh*/1682)
  - » Kopf - gebohrt; ins Kissen (mlr1/1682)
  - » Rücken, auf dem (cd/1683)
  - » Rücken, auf dem - Arme - Kopf; liegen über dem (mtf33/1683)
  - » Rücken, auf dem - Hände - Kopf - auf dem Kopf (jl2/1683)
  - » Rücken, auf dem - Hände - Kopf - über dem (fb*/1683)
  - » Rücken, auf dem - Hände - Kopf - über dem Kopf (gk6/1683)
  - » Rücken, auf dem - Hände - Kopf - unter dem Kopf (mlr1/1683)
  - » Seite, auf der - linken Seite, auf der (pd*/1683)
  - » Seite, auf der - rechten Seite, auf der (mrr1*/1683)

Schaukeln und Getragenwerden

GEMÜT - Getragen - Verlangen getragen zu werden (cd/99)
- Schaukeln - Verlangen geschaukelt zu werden (st1/153)

SCHLAF - *Schlaflosigkeit - gewiegt werden; Kind muß* (st1*/1691)
- *Schlaflosigkeit - Kindern, bei - gewiegt werden, Kind muß* (st1*/1691)

Autos und Schiffe

GEMÜT - Furcht - Fahren im Wagen; beim (dgt/68)

MAGEN - Übelkeit - Fahren - Wagen; im - agg. (tpw2*/836)

BRUST - Schmerz - Herz - Fahren im Wagen agg. (fd2/1275)

SCHLAF - Schläfrigkeit - Fahren - agg. (dgt/1698)

Körperliche Symptome und Erkrankungen

ZÄHNE - Karies, faule, hohle Zähne (gk6*/700)
- Karies, faule, hohle Zähne - Kindern; verfrüht bei (zzh/700)

MAGEN - Würgen - Husten, mit (gk/846)

NIEREN - Entzündung (sp1*/1023)

BRUST - Entzündung - Lungen - Kindern; bei (sp*/1234)
- Entzündung - Lungen - Kindern; bei - Kleinkindern; bei (fb*/1234)

EXTREMITÄTEN - Hüftgelenksentzündung (xxb/1443)

FIEBER - Continua (cd/1772)
- Rückfallfieber - Kindern; bei (fb/1778)
- Schleichendes Fieber (jl2/1779)

ALLGEMEINES - Arzneimittel - heftige Reaktion auf homöopathische Arzneimittel (mlr1/1852)
- Azetonämie (dgt1/1856)
- Kindern; Beschwerden von (mg1/1897)
- Medikamente - allopathische - überempfindlich gegen (mlr1/1921)
- Pubertät - Beschwerden entwickeln sich zur Zeit der (mrr1/1934)
- Schwäche - Kindern, bei (mlr1/1977)

Chirurgisch pathologische Zustände

NASE - Rachenmandelwucherung (mlr1/561)
- Rachenmandelwucherung - Entfernung; nach (mlr1/561)
  - » Entfernung; nach - Kindern; bei (mlr1/561)
  - » *Kindern; bei* (mlr1/561)

ABDOMEN - Hernie - Leistenhernie (mlr1/868)
- Hernie - Leistenhernie - Kindern, bei (mlr1/868)

Würmer

REKTUM - Würmer - Beschwerden durch Würmer (jl2*/985)
- Würmer - Beschwerden durch Würmer - Kindern; bei (mlr1/986)

ALLGEMEINES - Schwäche - Würmern, bei (mlr1/1980)

Carduus marianus

card-m.

Stillen - Milch

ALLGEMEINES - Speisen und Getränke - Milch - agg. (a2*/2001)

Stillen - Magendarmsymptome - Appetit - vermindert

MAGEN - *Appetit - fehlend* (*/767)

Stillen - Magendarmsymptome - Appetit - vermehrt

MAGEN - Appetit - Heißhunger (k/769)

Stillen - Magendarmsymptome - Abdomen - amel. durch

ABDOMEN - *Schmerz - Druck - amel.* (^/883)

Beziehung zu anderen - Aggressivität

GEMÜT - Streiten - Abneigung gegen (vh/172)

Beziehung zu anderen - Reaktion auf andere

GEMÜT - Antworten - unfähig zu antworten (^/15)

Nonverbales - Konsultation; bei der

ABDOMEN - *Schmerz - Druck - amel.* (^/883)

Nonverbales - Äußerliches - Beobachtungen der Eltern

STUHL - *Kugeln, wie* (bro1/996)

Autos und Schiffe

SCHLAF - Schläfrigkeit - Fahren - agg. (k/1698)

Körperliche Symptome und Erkrankungen

EXTREMITÄTEN - **Hüftgelenksentzündung** (k/1443)

Würmer

REKTUM - Würmer - Beschwerden durch Würmer - Hakenwürmer (ptk1*/986)

Carlsbad aqua

carl.

Stillen - Magendarmsymptome - Appetit - vermehrt

MAGEN - Appetit - vermehrt - ungewöhnlicher Zeit, zu (a1/772)

Stillen - Magendarmsymptome - Schluckauf

MAGEN - Schluckauf - Essen - nach - agg. (*/810)
• Schluckauf - Frühstück; agg. nach dem (a1/810)

Konstitution - Angst und Furcht

GEMÜT - Schreckliches und traurige Geschichten greifen sie stark an (km/156)

Konstitution - Allgemeines

GEMÜT - *Entmutigt* (*/46)
• Faulheit (a1/55)
• Heimweh (*/107)
• Milde (km/130)
• Stimmung, Laune - veränderlich (k/171)

Beziehung zu anderen - Aggressivität

GEMÜT - Empfindlich - Streitigkeiten; gegen (km/45)

Beziehung zu anderen - Reaktion auf andere

GEMÜT - Schüchternheit, Zaghaftigkeit (a1/158)

Beziehung zu anderen - allgemein

GEMÜT - Mitgefühl, Mitleid (*/130)
• Tadelsüchtig, krittelig (k/178)

Nonverbales - Konsultation; bei der

INNERER HALS - Schwellung - Tonsillen (jl2/747)
ÄUSSERER HALS - Schwellung - Halsdrüsen (jl2/760)
HAUT - Hautausschläge - Erythem (jl2/1812)

Nonverbales - Äußerliches - Beobachtungen der Eltern

AUGE - Verklebt - morgens (*/472)
MAGEN - Schluckauf (*/809)
• Schluckauf - Essen - nach - agg. (*/810)
» Frühstück; agg. nach dem (a1/810)
» Gähnen - agg. (bro1/810)
ATMUNG - *Schnarchen* (*/1180)

Nacht; Beobachtungen in der - körperliche Symptome

ZÄHNE - Zähneknirschen - Schlaf; agg. im (a1*/718)

Körperliche Symptome und Erkrankungen

NIEREN - Entzündung (jl2/1023)

Cassia sophera

cassia-s.

Stillen - Milch

ALLGEMEINES - Speisen und Getränke - Milch - amel. (vml3/2001)

Stillen - Magendarmsymptome - Appetit - vermindert

MAGEN - Appetit - fehlend (ccrh1/767)
• Appetit - vermindert (cdd7*/772)

Stillen - Magendarmsymptome - Appetit - vermehrt

MAGEN - Appetit - Heißhunger (ccrh1/769)

Stillen - Magendarmsymptome - Abdomen - amel. durch

ABDOMEN - Schmerz - Druck - amel. (^/883)

Konstitution - Allgemeines

GEMÜT - Faulheit (cdd7*/55)
• Stimmung, Laune - veränderlich (ccrh1/171)

Beziehung zu anderen - Aggressivität

GEMÜT - Zorn - Widerspruch, durch (ccrh1*/255)

Beziehung zu anderen - Reaktion auf andere

GEMÜT - Gesellschaft - Abneigung gegen (cdd7*/94)
• Widerspruch - verträgt keinen Widerspruch (ccrh1/249)

Schule - Konzentration

GEMÜT - Konzentration - schwierig - Studieren (ccrh1/117)

Nonverbales - Gesten, Gebärden

GEMÜT - Launenhaftigkeit, launisch (ccrh1/123)

Nonverbales - Konsultation; bei der

ABDOMEN - Schmerz - Druck - amel. (^/883)
RÜCKEN - Hautausschläge - Furunkel (ccrh1/1316)

Nacht; Beobachtungen in der - Gemütssymptome

GEMÜT - Furcht - Dunkelheit; vor der (ccrh1*/66)
• Sprechen - Schlaf; im (ccrh1/169)

Nacht; Beobachtungen in der - Schlaf

SCHLAF - Erwachen - Schreck, wie durch (ccrh1/1675)

Castella texana

caste.

Es existiert keine experimentelle homöopathische Pathogenese dieses Mittels. Die klinische Pathogenese stammt von Luis G. de Legarreta.

Nachts kommt es zu einer deutlichen Verschlimmerung und diese ist nötig, um dieses Mittel zu verschreiben.

Es sind reizbare, nervöse, launische, jammernde, *streitsüchtige* und *heftige* Kinder. Sie weinen und schreien leicht, auch nachts. Im Schlaf sprechen sie oft, sind unruhig, ängstlich und verändern oft die Lage. Es kommt zu Episoden von *Schlafwandeln.*

Erkältungen sind häufig, mit *nächtlicher Verstopfung der Nase,* intensivem Jucken der Nase und reichlicher Absonderung von klarem Schleim.

Sie können *nachts an Kopfschmerzen* leiden.

In der Schule haben sie Konzentrationsschwierigkeiten und Lesen und Lernen ist anstrengend, denn sie haben Gedächtnisprobleme.

Es sind gierige Kinder und sie haben Verlangen sowohl auf Süßes wie auf Salziges.

Abwechselnd Obstipation und Diarrhoe. Chronische Amöbiasis und Pruritus.

Ein Mittel bei Konvulsionen.

Klinisches: Rhinitis. Kopfschmerzen. Amöbiasis.

Wirkungsbereich: Nase. Kopf. Abdomen. Rektum.

* * *

Konstitution - Angst und Furcht

GEMÜT - Furcht - Kindern, bei (^/71)

Konstitution - Allgemeines

GEMÜT - Weinen - Kindern; bei (jl3/246)

Beziehung zu anderen - Aggressivität

GEMÜT - Streitsüchtig (jl3/173)

Schule - Konzentration

GEMÜT - Studieren, Lernen - schwierig, fällt schwer (jl/173)

Schule - Lernen - allgemein

GEMÜT - Studieren, Lernen - schwierig, fällt schwer (jl/173)

Nonverbales - Gesten, Gebärden

GEMÜT - Launenhaftigkeit, launisch (jl3/123)

Nonverbales - Allgemeines

GEMÜT - Schreien - Kindern, bei (jl3/157)

Nacht; Beobachtungen in der - Gemütssymptome

GEMÜT - Angst - nachts - Kindern; bei (jl/7)
- Furcht - Kindern, bei - nachts (jl3/71)
- Schlafwandeln (jl3/154)
- Schreien - Kindern, bei - Schlaf, im (jl3/157)
- Sprechen - Schlaf; im (jl/169)

Nacht; Beobachtungen in der - Schlaf; Lage im

SCHLAF - Lage - verändert häufig die Lage (jl3/1683)

Castor equi

castor-eq.

Triturationen wurden von den Schuppen des rudimentären Daumennagels des Pferdes hergestellt.

Dieses Mittel kann Verdickung der Haut heilen und *Erkrankungen der Nägel,* die spröde werden, abblättern und abfallen. Aufgesprungene Hände. Psoriasis der Zunge.

Herings klinische Erfahrung hat erwiesen, daß es ein höchst nützliches Mittel bei aufgesprungenen und ulzerierten Brustwarzen ist, wenn auch dieser Aspekt bei Kindern seltener anzutreffen ist und häufiger bei stillenden Frauen.

Castor equi *wirkt besonders auf Knochen und verursacht Schmerzen im rechten Schienbein und im Steißbein.*

Kolik mit Stuhldrang weckt den Patienten am Morgen und es folgt ein sehr dünner, wäßriger, brennender Stuhl, der mit übelriechendem Flatus abgeht.

Was die Gemütsebene angeht, so lacht der Patient ohne besonderen Anlaß, manchmal über Dinge, die nicht lustig sind.

Klinisches: Hautleiden. Nagelbeschwerden. Rissige Brustwarzen. Psoriasis der Zunge. Warzen.

Wirkungsbereich: Haut. Nägel. Knochen.

* * *

Stillen - Magendarmsymptome - Appetit - vermehrt

MAGEN - Appetit - vermehrt - Essen - nach (k/772)

Nonverbales - Gesten, Gebärden

GEMÜT - Lachen - Ernstes, über (k/120)

Nonverbales - Konsultation; bei der

EXTREMITÄTEN - Nägel; Beschwerden der - Abblättern der Nägel (k/1664)

• Nägel; Beschwerden der - spröde, brüchige Nägel - Fingernägel (k/1665)
  » spröde, brüchige Nägel - Zehennägel (k/1665)

Nonverbales - Äußerliches - Beobachtungen des Arztes

GESICHT - Warzen - Stirn (c1*/635)

Nacht; Beobachtungen in der - Schlaf; Lage im

SCHLAF - Lage - Arme - Kopf - über dem Kopf (kr1*/1682)
• Lage - Arme - Kopf - über den Kopf ausgestreckt (gt/1682)
  » Hände - Kopf - über dem - beide Hände (a1/1682)

Castoreum canadense

castm.

Streitsüchtige und zornige Kinder, die *immer unzufrieden* und launisch sind.

Ängstliche Träume von Mördern und Räubern; Träume von Streitigkeiten zwischen Freunden oder Familienmitgliedern; Träume vom Tod der Eltern mit Angst. Allen schrieb: „Träumt, sie würde ihren Vater töten; sie versuchte aufzuschreien, konnte aber nicht, was sie sehr bedrückte."

Lilienthal schrieb: „Wäßriger oder grüner, schleimiger Stuhl bei zarten, nervösen Kindern, die in der Sommerhitze oder während der Zahnung geschwächt sind und sich unter den gewöhnlichen Mitteln nicht erholen; Gähnen, Frösteln, übler Geruch aus dem Mund; großer Durst."

Bauchschmerzen werden besser durch Zusammenkrümmen, Druck und Hitze. Nabelbruch.

Klinisches: Kolik. Verdauungsstörung. Flatulenz. Hernie. Cholera. Epilepsie. Warzen.

Wirkungsbereich: Nerven. Abdomen.

* * *

Stillen - Magendarmsymptome - Abdomen - amel. durch

ABDOMEN - Schmerz - Druck - amel. (k/883)
• Schmerz - Wärme - amel. (k/896)

Stillen - Allgemeines

SCHWEISS - Essen - nach - agg. (bg2/1786)

Konstitution - Allgemeines

GEMÜT - Milde (j5/130)
• Stimmung, Laune - veränderlich (bro1/171)
• Unzufrieden (^/194)

Beziehung zu anderen - allgemein

GEMÜT - Empfindlich - äußerliche Eindrücke; gegen alle (kr1/42)

Nonverbales - Aggressivität

GEMÜT - Beißen (^/20)

Nonverbales - Gesten, Gebärden

GEMÜT - Beißen - Nägel (mtf/20)
• Launenhaftigkeit, launisch (^/123)

Nonverbales - Konsultation; bei der

OHR - *Absonderungen - unterdrückt* (k/498)

ABDOMEN - Schmerz - Druck - amel. (k/883)

Nonverbales - Äußerliches - Beobachtungen des Arztes

GESICHT - Warzen (bro1/635)
• Warzen - Stirn (bro1/635)

ATMUNG - Beschleunigt (k/1174)

Nonverbales - Äußerliches - Beobachtungen der Eltern

MAGEN - Schluckauf (k/809)
• Völlegefühl - Mittagessen, nach dem (k/845)

ABDOMEN - Schmerz - Wärme - amel. (k/896)
• Schmerz - Zusammenkrümmen - amel. (k/897)

SCHWEISS - Essen - nach - agg. (bg2/1786)

Nacht; Beobachtungen in der - Gemütssymptome

GEMÜT - Sprechen - Schlaf; im (k/169)

Nacht; Beobachtungen in der - körperliche Symptome

BLASE - Urinieren - unwillkürlich - nachts - spasmodisches Bettnässen (k/1019)

Nacht; Beobachtungen in der - Schlaf

SCHLAF - Erwachen - Schreck, wie durch (j5/1675)

Körperliche Symptome und Erkrankungen

WEIBLICHE GENITALIEN - Menses - verzögerte Menarche (k/1114)

Chirurgisch pathologische Zustände

ABDOMEN - Hernie (c2/867)

Caulophyllum thalictroides

caul.

Dieses Mittel hat eine sehr wichtige Wirkung auf die weiblichen Geschlechtsorgane, daher wird es Kindern nicht häufig verschrieben, kann aber *während der Pubertät sehr nützlich sein.* „Krampfleiden, Hysterie und Epilepsie, die sich während der Pubertät um die Zeit der Menarche entwickeln" (Mathur). „Chorea während der Pubertät. Hysterische oder epileptiforme Krämpfe während der Pubertät, während Dysmenorrhoe." (Vermeulen).

Caulophyllum eignet sich bei *reichlichem Fluor* bei Mädchen, der das Kind sehr schwächt. *Sehr oft ist die Menarche verspätet.*

Man sollte es bei *rheumatischen Beschwerden* erwägen, besonders, wenn die *kleinen Gelenke* beteiligt sind. Die Schmerzen sind wandernd, ziehend, krampfartig oder schießend. Diese Schmerzen enden oft im äußeren Hals, der steif wird.

Es ist besonders angezeigt, *wenn gleichzeitig rheumatische und gynäkologische Beschwerden auftreten.*

Kinder sind *empfindlich gegen Kälte.*

Auf der Gemütsebene ist es nicht einfach, die Charakteristika dieses Mittels zu definieren, abgesehen vom gynäkologischen Aspekt; von den 43 Gemütssymptomen im Repertorium haben 17 mit Menstruation, Geburt oder Abort zu tun.

Klinisches: Menstruationsstörungen. Amenorrhoe. Dysmenorrhoe. Fluor. Aphthen. Pityriasis. Chorea. Rheumatismus.

Wirkungsbereich: Weibliche Geschlechtsorgane. Nerven. Muskeln. Beine. Kleine Gelenke.

* * *

Stillen - Gemütssymptome

GEMÜT - Essen - weigert sich zu (st/53)

Stillen - Magendarmsymptome - Appetit - vermehrt

MAGEN - Appetit - Heißhunger (k/769)
• Appetit - vermehrt (k/770)

Konstitution - Allgemeines

GEMÜT - Stimmung, Laune - veränderlich (^/171)
• Unzufrieden (ptk1/194)

Beziehung zu anderen - allgemein

GEMÜT - Pubertät; in der (^/138)

Nonverbales - Konsultation; bei der

MUND - Aphthen (*/639)
• Aphthen - Zunge (kr1*/640)
• *Schwämmchen* (br1/681)

BRUST - Einziehung der Brustwarzen (bro1/1231)

Nonverbales - Äußerliches - Beobachtungen des Arztes

ÄUSSERER HALS - Torticollis (*/761)
• Torticollis - links gezogen; nach (k/761)

Nonverbales - Äußerliches - Beobachtungen der Eltern

WEIBLICHE GENITALIEN - Fluor - Kindern; bei - Mädchen; bei kleinen (c1*/1096)

Körperliche Symptome und Erkrankungen

KOPF - Schmerz - katarrhalisch (k/331)

WEIBLICHE GENITALIEN - Menses - verzögerte Menarche (k/1114)

Causticum

caust.

Causticum-Kinder haben gewöhnlich dunkle Haare und Augen.

Sie sind sehr empfindlich und ängstlich. Sie empfinden Emotionen sehr intensiv und können bei der geringsten Sorge oder beim geringsten Anlaß in Tränen ausbrechen. Sie sind *sehr empfindlich für das Leiden anderer* und leiden, wenn sie ein andere Kinder weinen sehen. *Diese Überempfindlichkeit ist immer damit verbunden, daß es keine Ungerechtigkeit erträgt.*

Causticum-Kinder und -Erwachsene haben *oft Mitleid mit schutzlosen Menschen oder mit Menschen, die Unrecht erleiden.* Sie ertragen ebenso keine Ungerechtigkeit sich selbst gegenüber und haben das Gefühl, sie würden nicht als deren Brüder oder Schwestern behandelt, als hätten die Eltern keinen Sinn für Gerechtigkeit.

Es fällt ihnen schwer, Autorität zu akzeptieren, manchmal auch die der Eltern. *Heranwachsende rebellieren und sind sehr idealistisch.* Sie werden leicht gereizt, oft ohne Grund.

Diese Kinder sind verängstigt; sie haben Angst vor Dunkelheit, Hunden, vor dem Alleinsein in der Nacht und davor, alleine schlafen zu gehen.

Sie lernen spät zu sprechen, machen Fehler beim Sprechen, oft stottern sie, und *es fällt ihnen schwer, Schreiben zu lernen.*

Sie lernen spät zu laufen. Die Sprunggelenke sind schwach und sie sind unsicher auf den Beinen, stolpern leicht und neigen dazu, hinzufallen.

Häufig Beschwerden in Bezug auf die Muskeln und Gelenke, die bei nassem Wetter besser sind. Sie bekommen akuten Torticollis oder Gesichtslähmung nach der Einwirkung von kaltem Wind. Auch *Wachstumsschmerzen,* normalerweise begleitet von Steifheit der Gelenke.

Sie sind *empfindlich gegen Kälte,* kalter und trokkener Wind verschlimmert. Die Symptome sind besser bei nassem Wetter und durch Bewegung, während sie durch die Bettwärme schlimmer werden.

Wenn sie müde oder gestreßt sind, haben sie choreaartige Symptome, oder nach Unterdrückung von Hautausschlägen. Die Chorea hat bei Causticum-Patienten ein charakteristisches Symptom: die Kontraktion der Muskeln hält im Schlaf an.

Sie leiden an Konvulsionen mit Schreien, Trismus, Abgang von Urin und heftigen Bewegungen der Gliedmaßen. Konvulsionen erscheinen oft im Fieber und sind von kalten Füßen und Händen begleitet.

Sie leiden oft an eitriger Otorrhoe und Jucken in der Eustachischen Röhre.

Reizung der Atemwege, besonders von Kehlkopf und Luftröhre, aber auch von Nase, Rachen und Bronchien. Diese Reizung in Kehlkopf und Luftröhre ruft schmerzhaften Husten hervor, mit Gefühl von Wundheit bei jedem Anfall. Der Husten wird besser durch Trinken von einem Schluck Wasser und ist oft von *Heiserkeit* begleitet, die morgens schlimmer ist und nach Husten und Auswurf besser wird.

Causticum-Kinder lieben salzige Speisen, *Schinkenspeck* und *geräuchertes Fleisch*, wohingegen sie Abneigung gegen süße Speisen haben.

Enuresis ist häufig, *besonders im ersten Teil des Schlafes, mit Schwierigkeit, aufzuwachen*, wie bei Belladonna und Sulphur.

Warzen können an jeder Stelle des Körpers erscheinen, aber besonders im Gesicht und an den Händen, oft in der Nähe der Nägel.

Neigung zu *Intertrigo während der Zahnung*.

Klinisches: Chorea. Epilepsie. Lähmung. Stottern. Otorrhoe. Bronchitis. Husten. Laryngitis. Heiserkeit. Enuresis. Blasenleiden. Zahnung. Rheumatismus. Intertrigo. Warzen.

Wirkungsbereich: Nerven. Muskeln. Sehnen. Blase. Kehlkopf. Atmung. Haut.

* * *

Krankengeschichte; familiäre und persönliche

EXTREMITÄTEN - Schmerz - Gelenke - Tuberkulose in der Familiengeschichte; bei (tl1/1541)

Entwicklung - langsam

GEMÜT - Sprechen - langsam; lernt (bg2*/168)

ALLGEMEINES - **Gehen - Gehenlernen, Laufenlernen - spätes** (*/1883)

Zahnung - Empfindungen und neurologische Beschwerden

OHR - Geräusche im Ohr, Ohrgeräusche - Zahnung; während der (bg1/510)

ALLGEMEINES - *Konvulsionen - Zahnung; während der* (hr1*/1907)

Zahnung - Allgemeines

ZÄHNE - *Zahnung - schwierig* (hr1*/718)

EXTREMITÄTEN - Exkoriation, Wundheit - Oberschenkeln, zwischen den - Zahnung, während der (ptk/1407)

HAUT - Intertrigo - Zahnung; während der (alj*/1825)

Impfung

ALLGEMEINES - Konvulsionen - Impfung, nach (mr/1904)

Stillen - Gemütssymptome

GEMÜT - Essen - weigert sich zu (k/53)
- **Hast, Eile - Essen; beim** (*/105)

Stillen - Milch

ALLGEMEINES - Speisen und Getränke - Milch - Abneigung (stj2/2000)
- Speisen und Getränke - Milch - agg. (stj2/2001)
  » Milch - Verlangen (stj2/2001)

Stillen - Magendarmsymptome - Appetit - vermindert

MAGEN - *Appetit - fehlend* (*/767)
- Appetit - fehlend - Durst - mit (bg2/768)
  » fehlend - Essen - Versuch zu essen; beim (ptk1/768)
  » fehlend - Hunger, mit (b2/768)
  » fehlend - Speisen - Anblick von; beim (*/769)
  » fehlend - Speisen - Geruch von; durch (*/769)
  » *schnelle Sättigung* (*/770)
  » *vermindert* (k/772)

Stillen - Magendarmsymptome - Appetit - vermehrt

MAGEN - Appetit - Genuß, ohne (k/769)
- *Appetit - Heißhunger* (*/769)
  » Heißhunger - Essen - nach dem Essen - drei Stunden danach (c1/770)
  » *vermehrt* (*/770)
  » vermehrt - begleitet von - Übelkeit (h2/771)
  » vermehrt - Erbrechen - mit (ptk1/771)
  » vermehrt - Essen - nach (bg2/772)

Stillen - Magendarmsymptome - Aufstoßen - Speisen; von

MAGEN - *Aufstoßens; Art des - Speisen; von* (*/780)
- *Aufstoßens; Art des - Speisen; von - Essen - fünf Stunden nach* (k/780)

Stillen - Magendarmsymptome - Aufstoßen - Wasser; Hochsteigen von

MAGEN - *Aufstoßens; Art des - Wasser in den Mund; Hochsteigen von* (*/781)
- Aufstoßens; Art des - Wasser in den Mund; Hochsteigen von - Liegen agg. (h2/781)

» Wasser in den Mund; Hochsteigen von - Stuhlgang - nach - agg. (k/782)

Stillen - Magendarmsymptome - Abdomen - agg. durch

ABDOMEN - Schmerz - Kindern; bei - Säuglingen; bei - krampfartig (ggd/888)
• Schmerz - Liegen - agg. (^/889)
» Liegen - Seite; auf der - rechten; auf der - agg. (k/889)

Stillen - Magendarmsymptome - Abdomen - amel. durch

ABDOMEN - *Schmerz - Beugen - vorne; nach - amel. - krampfartig* (k/882)
• Schmerz - Wärme - amel. (k/896)
» Zusammenkrümmen - amel. - krampfartig (tl1/897)

Stillen - Magendarmsymptome - Rektum

REKTUM - *Obstipation - Kindern, bei* (mtf33/969)
• Obstipation - Kindern, bei - Kleinkindern, bei (bro1*/969)

Stillen - Allgemeines

SCHWEISS - Essen - beim - agg. (bg2/1786)
• *Essen - nach - agg.* (*/1786)

ALLGEMEINES - *Abmagerung - Heißhunger mit Abmagerung - Kindern; bei* (k/1845)
• *Abmagerung - Heißhunger mit Abmagerung - Kindern; bei - Kleinkindern; bei* (k/1845)
• Speisen und Getränke - Fleisch - Verlangen - Kindern, bei (mtf33/1994)

Infektionskrankheiten - Windpocken

HAUT - Hautausschläge - Windpocken (*/1824)

Infektionskrankheiten - Masern

SEHEN - *Trübsichtigkeit, trübes Sehen - Masern, nach* (*/492)

SCHLAF - *Schlaflosigkeit - Schläfrigkeit - mit - Masern, nach* (hr1*/1693)

ALLGEMEINES - *Masern - Beschwerden nach* (kr1/1920)

Infektionskrankheiten - Scharlach

HAUT - Hautausschläge - Scharlach (b2/1821)

Infektionskrankheiten - Pocken

HAUT - Hautausschläge - Pocken (h2*/1819)

Infektionskrankheiten - Keuchhusten

GEMÜT - *Weinen - Husten - während - Keuchhusten* (kr1/246)

HUSTEN - *Keuchhusten* (*/1197)
• Keuchhusten - Erkältung; nach (bro1/1198)
» heftig (ptk1/1198)
» Krampfstadium, im (ptk1/1198)

BRUST - *Zusammenschnürung - Keuchhusten, bei* (*/1306)

SCHLAF - *Schlaflosigkeit - Husten, durch - Keuchhusten, bei* (hr1*/1691)
• *Schläfrigkeit - Keuchhusten; nach* (kr1/1699)

Konstitution - Angst und Furcht

GEMÜT - Angst - hypochondrisch (j5/11)
• **Beeindrucken, empfänglich für Eindrücke; leicht zu** (lmj/19)
• *Beschwerden durch - Erwartungsspannung* (bg*/23)
» *Schreck* (*/25)
• Feigheit (*/59)
• *Furcht - allein zu sein* (^/64)
» engen Räumen; in (^/67)
» *Geräusche, durch* (k/69)
» *Gespenstern; vor* (*/70)
» Gewitter; vor (sf1/70)
» Kindern, bei (j5/71)
» offenen Plätzen; Furcht vor (stj2/74)
» Versagen, Mißerfolg; vor dem (stj2/79)
• *Schreckliches und traurige Geschichten greifen sie stark an* (gt1*/156)
• Vorsichtig (k/205)
» ängstlich (k/205)

Konstitution - Allgemeines

GEMÜT - *Anarchist* (mtf33*/4)
• *Beachtung; schenkt allgemeinen Regeln keine* (*/19)
• *Ehrgeiz - erhöht, vermehrt, sehr ehrgeizig* (bg2*/40)
» Verlust von (a1*/40)
• Empfindlich - Kinder (dx1*/44)
• Entmutigt (*/46)
• *Faulheit* (*/55)
• Geiz (gl1/92)
• *Heikel, pingelig* (mrr1/106)
• *Heimweh* (k/107)
• Kleinigkeiten, Trivialitäten - wichtig; scheinen (ptk1/115)
• Milde (*/130)
• Nachgiebigkeit (^/134)
• Pessimist (gl1/136)
• Pflicht - zu viel Pflichtgefühl (lmj/136)
• *Protestiert, erhebt Einspruch* (jsa*/138)
• Reisen - Verlangen nach (gl1/142)
• Selbstsucht, Egoismus (gl/161)
• Selbstvertrauen - Mangel an Selbstvertrauen (^/161)
» Mangel an Selbstvertrauen - Unterstützung, Zuwendung; möchte (stj2/161)
• *Sorgen; voller* (*/164)
• Spontan, impulsiv (a1/166)
• Stimmung, Laune - veränderlich (*/171)
• Traurigkeit - Kindern, bei (*/186)
• *Unaufmerksam* (*/189)
• **Ungerechtigkeit; erträgt keine** (vh*/191)

• Unzufrieden (*/194)
• Verwegenheit (^/199)
• Weinen - Kindern; bei (j5/246)
  » Kindern; bei - Säuglingen; bei (gg/246)
  » *Kleinigkeiten, über - Kinder bei der geringsten Sorge* (k2*/246)
  » **leicht** (kr1*/246)

Familie; Beziehung zur - Liebe und Zuneigung

GEMÜT - Angst - andere, um (j5/7)
• Eifersucht (^/40)
• *Liebevoll, voller Zuneigung, herzlich* (gl1/125)
• *Sorgen; voller - andere, um* (gl1/165)
  » *Verwandte, um* (gl1/165)

Beziehung zu anderen - Aggressivität

GEMÜT - Beschwerden durch - Heftigkeit (mrr1/24)
• **Herausfordernd** (*/107)
• Spotten (^/166)
• *Streitsüchtig* (*/173)
  » Zorn, ohne (h2*/173)

Beziehung zu anderen - Reaktion auf andere

GEMÜT - Antworten - Abneigung zu antworten (k/14)
• Antworten - weigert sich zu antworten (k/15)
  » *wiederholt erst die Frage* (*/15)
• Furcht - Menschen; vor - Kindern; bei (mtf33/73)
• Gesellschaft - Abneigung gegen (^/94)
  » Abneigung gegen - Fremden; Abneigung gegen die Anwesenheit von (gk/95)
  » Verlangen nach (k/95)
  » Verlangen nach - allein; agg. wenn (sne/96)
• Schüchternheit, Zaghaftigkeit (a1*/158)
• *Untröstlich* (gl1/193)
• Widerspenstig (j/249)
• **Widerspruch - Neigung zu widersprechen** (*/249)
  » *verträgt keinen Widerspruch* (mtf/249)

Beziehung zu anderen - allgemein

GEMÜT - **Argwöhnisch, mißtrauisch** (*/16)
• **Beleidigt, leicht** (*/20)
• Empfindlich - Weinen von Kindern; gegen das (k/45)
• Erregung - Kindern, bei (mrr1*/49)
• Geheimnistuerisch, verschlossen (vh*/87)
• Lügner (gl1/126)
• *Mitgefühl, Mitleid* (*/130)
• Pubertät; in der (st/138)
• Sprache - hastig, eilig (gl1/167)
• *Tadelsüchtig, krittelig* (*/178)
• Tadelt andere (j/179)
• Unverschämtheit (^/193)
  » Kindern, bei (mtf33/193)

Schule - Angst

GEMÜT - *Beschwerden durch - Erwartungsspannung* (bg*/23)
• Furcht - Versagen, Mißerfolg; vor dem (stj2/79)
• Selbstvertrauen - Mangel an Selbstvertrauen (^/161)

Schule - Konzentration

GEMÜT - Gedächtnis - Gedächtnisschwäche - Kindern, bei (mtf33/81)
• Konzentration - schwierig - Studieren (k/117)
• Studieren, Lernen - schwierig, fällt schwer (sf1/173)
• Stumpfheit - Studieren und Lernen; beim (bg2/176)
• *Unaufmerksam* (*/189)

Schule - Lernen - allgemein

GEMÜT - *Dyslexie* (mtf/40)
• Studieren, Lernen - schwierig, fällt schwer (sf1/173)
• Stumpfheit - Studieren und Lernen; beim (bg2/176)

Schule - Lernen - Mathematik, Rechnen

GEMÜT - Mathematik - Unfähigkeit zur (mtf33/128)
• Mathematik - Unfähigkeit zur - Algebra (gl1/129)
  » Unfähigkeit zur - Geometrie (gl1/129)
  » Unfähigkeit zur - rechnen; kann nicht (gl1/129)

Schule - Lernen - Schreiben

GEMÜT - Fehler; macht - Schreiben, beim (^/57)
• Fehler; macht - Schreiben, beim - stellt etwas um - Buchstaben (k/58)
• Schreiben - Unfähigkeit zu (gl1/156)
  » Unfähigkeit zu - lernen; Kinder können nicht Schreiben (gl1/156)

Schule - Anstrengung; geistige

KOPF - Schmerz - Lesen, beim - agg. (k/332)
• Schmerz - Lesen, beim - agg. - betäubend, die Besinnung raubend (k/332)
  » Lesen, beim - agg. - stechend (k/332)
  » *Schläfen - Lesen agg. - stechend* (k/370)
  » Stirn - Lesen agg. (k/389)

Schule - Beziehung zu anderen

GEMÜT - Lügner (gl1/126)
• **Ungehorsam** (*/191)
  » *Kindern, bei* (lmj/191)

MUND - **Sprache - stotternd** (*/688)
• *Sprache - stotternd - Erregung, bei* (*/688)

Schule - Konstitution

GEMÜT - *Eigensinnig, starrköpfig, dickköpfig* (*/41)
• Hast, Eile - tut, womit er gerade beschäftigt ist; bei dem, was er (mrr1/105)
• *Heikel, pingelig* (mrr1/106)

• Kleinigkeiten, Trivialitäten - wichtig; scheinen (ptk1/115)
• Lügner (gl1/126)
• Selbstvertrauen - Mangel an Selbstvertrauen (^/161)
• **Ungehorsam** (*/191)
» *Kindern, bei* (lmj/191)

Spielen

Gemüt - Tanzen (jsa/179)

Tieren; Beziehung zu

Gemüt - *Furcht - Hunden, vor* (*/71)
• Furcht - Insekten; vor (stj2/71)
» Tieren, vor (*/76)
• Natur - liebt (mtf33/134)
• Tiere - liebt Tiere, Tierliebe (a/180)

Nonverbales - Aggressivität

Gemüt - Beißen (^/20)
• Diktatorisch (*/39)
• Wirft mit Gegenständen um sich (ptk1/250)

Nonverbales - Reaktion auf andere

Gemüt - Berührtwerden - Abneigung berührt zu werden (^/21)
• Berührtwerden - Abneigung berührt zu werden - Kitzeligkeit (st/21)
• Fremde - Anwesenheit von Fremden - agg. (bg2*/60)
• Furcht - Fremden; vor (*/68)
» Näherkommen, Annäherung von; vor - anderen, von (ptk1/74)
• Magnetisiert - leicht zu magnetisieren (gl1/127)

Nonverbales - Gesten, Gebärden

Gemüt - *Auffahren, Zusammenfahren - Geräusche; durch* (k/17)
• Beißen - Nägel (kkb/20)
• Gesten, Gebärden; macht - Tics; nervöse (mrr1/99)
• *Launenhaftigkeit, launisch* (j5/123)
• Ungeschicklichkeit (bl/192)

Nonverbales - Allgemeines

Gemüt - *Eigensinnig, starrköpfig, dickköpfig* (*/41)
• **Hast, Eile - Essen; beim** (*/105)
» tut, womit er gerade beschäftigt ist; bei dem, was er (mrr1/105)
• Ruhelosigkeit - Kindern, bei (mtf33/151)
• Singen (mtf33/163)
• Stöhnen - Kindern, bei (a1/172)

Nonverbales - Konsultation; bei der

Kopf - Empfindlichkeit - Kopfhaut, der - Berührung, gegen (bro1/284)
Ohr - Absonderungen - Blut (bg2/497)
• Absonderungen - blutig (*/497)
» dick (mtf33/497)
» *eitrig* (*/497)
» klebrig (mtf33/497)
» Ohrschmalz (bro1/498)
» reichlich (mtf33/498)
» *stinkend* (hr1/498)
» *übelriechend* (*/498)
• *Eiterung - Mittelohr* (*/500)
• *Entzündung - Gehörgang* (*/500)
» *Mittelohr* (k/501)
» *Mittelohr - chronisch* (bro1/501)
• Feuchtigkeit - hinter den Ohren (k/502)
• *Katarrh - Eustachische Röhre* (bro1/515)
• Ohrschmalz - faulig (bg2*/516)
» **vermehrt** (*/516)
Hören - *Schwerhörig - Tubenkatarrh* (bro1/537)
Mund - Aphthen - Zunge (vk1/640)
• Eiterung - Zahnfleisch (*/643)
• Papillen - aufgerichtet (*/669)
» aufgerichtet - Erdbeerzunge (ptk1/669)
• Schwämmchen (vk1/681)
Innerer Hals - Belag - Tonsillen (k/721)
Äusserer Hals - Schwellung - Halsdrüsen (b4a/760)
Abdomen - **Auftreibung - Kindern, bei** (*/852)
• *Geschwüre - Nabelgegend* (b4a/865)
• Vergrößert - Kindern; bei (h2*/938)
Rektum - *Hautausschläge - Anus; um den* (k/964)
Rücken - Hautausschläge - Furunkel (k/1316)
• *Hautausschläge - Furunkel - Blutbeule* (*/1316)
• Krümmung der Wirbelsäule (bg2*/1323)
Extremitäten - Krümmung und Biegung (b4a/1473)
• *Nägel; Beschwerden der - dicke Nägel* (bg2/1664)
» *eingewachsene Zehennägel* (*/1665)
» Eiterung - Zehennägel - linken großen Zehe; unter dem Nagel der (k/1665)
» spröde, brüchige Nägel (bro1/1665)
» *verkrüppelte, verkümmerte Nägel* (bg2/1665)
» *verkrüppelte, verkümmerte Nägel - Fingernägel* (*/1665)
» *verkrüppelte, verkümmerte Nägel - Zehennägel* (*/1665)
Haut - Erysipel (*/1798)
• Hautausschläge - Impetigo (*/1816)
• **Intertrigo** (*/1825)

Nonverbales - Äußerliches - Beobachtungen des Arztes

Auge - Strabismus, Schielen (bg2*/467)
• **Verklebt** (*/472)
Nase - Bohren mit den Fingern in der Nase (bg3*/546)
• Zupfen - Nase, an der (bg3/578)
Gesicht - Fettig (*/593)

- *Gerunzelt - Stirn, Stirnrunzeln* (*/594)
- **Hautausschläge - Akne** (*/595)
- Rissig - Lippen (*/613)
  - » Lippen - Oberlippe (b4/613)
  - » Mundwinkel (k/614)
- Venen, erweiterte (bg2/634)
  - » *netzförmig, wie marmoriert* (b2/634)
- **Warzen** (*/635)
  - » *Lippen* (*/635)

ÄUSSERER HALS - *Torticollis* (*/761)
- Torticollis - rechts gezogen; nach (k/761)

ATMUNG - Beschleunigt (a1/1174)

ALLGEMEINES - **Aussehen - dunkel** (*/1854)
- *Aussehen - dunkel - straffer Faser, mit* (kr1*/1855)
- Magere Personen (*/1919)

Nonverbales - Äußerliches - Beobachtungen der Eltern

AUGE - *Verklebt - morgens* (*/472)

MUND - **Beißt - Wangen; sich in die - Sprechen oder Kauen; beim** (*/640)
- *Beißt - Zunge; beißt sich auf die* (*/640)

ZÄHNE - *Zähneknirschen* (*/718)
- *Zähneknirschen - konvulsivisch* (k/718)
- Zusammenbeißen der Zähne - Verlangen, die Zähne zusammenzubeißen; ständiges (*/719)
  - » Verlangen, die Zähne zusammenzubeißen; ständiges - fest zusammengebissen (bg2/719)

MAGEN - Brechreiz, Würgen - Husten; agg. beim (k/784)
- Schluckauf (*/809)
  - » Gähnen - vor (h2/810)

ABDOMEN - *Schmerz - Beugen - vorne; nach - amel. - krampfartig* (k/882)
- Schmerz - Kindern; bei - Säuglingen; bei - krampfartig (ggd/888)
  - » Liegen - agg. (^/889)
  - » Liegen - Seite; auf der - rechten; auf der - agg. (k/889)
  - » Wärme - amel. (k/896)
  - » *Zusammenkrümmen - amel.* (k/897)
  - » Zusammenkrümmen - amel. - krampfartig (tl1/897)
  - » *Zusammenkrümmen - muß sich zusammenkrümmen* (*/897)

REKTUM - Unwillkürlicher Stuhl (a1/984)
- *Unwillkürlicher Stuhl - Flatus agg.; Abgang von* (*/985)

STUHL - Kugeln, wie (bro1/996)
- *Schafskot, wie* (*/997)

BLASE - **Lähmung - Überdehnung, nach** (*/1006)
- **Lähmung - Zurückhalten des Urins scheint die Blase zu lähmen; gewaltsames** (*/1006)
- *Urinieren - Harndrang - plötzlich - beeilen um zu urinieren, sonst geht Urin ab; muß sich* (b4a/1015)
  - » **UNWILLKÜRLICH - HUSTEN; AGG. BEIM** (*/1020)
  - » **UNWILLKÜRLICH - LACHEN AGG.** (*/1020)
  - » **verzögert, muß warten, bis der Urin zu fließen beginnt** (*/1020)
  - » **verzögert, muß warten, bis der Urin zu fließen beginnt - pressen, bevor er damit beginnen kann; muß lange** (*/1021)

MÄNNLICHE GENITALIEN - *Masturbation, Neigung zur* (st*/1071)

WEIBLICHE GENITALIEN - Masturbation; Neigung zu (st1/1104)

EXTREMITÄTEN - Hitze - Füße - brennend - entblößt sie (k2/1440)

SCHWEISS - Essen - beim - agg. (bg2/1786)
- *Essen - nach - agg.* (*/1786)

HAUT - Insektenstiche (mp1/1825)

Nacht; Beobachtungen in der - Gemütssymptome

GEMÜT - *Furcht - allein zu sein - nachts* (*/64)
- Furcht - Bett - Kind fürchtet sich, allein ins Bett zu gehen (gt*/66)
  - » *Dunkelheit; vor der* (*/66)
  - » Dunkelheit; vor der - Kindern; bei (mtf33/66)
- Sprechen - Schlaf; im (*/169)
- Weinen - Wimmern, Winseln - nachts (j/248)
  - » *Wimmern, Winseln - Schlaf, im* (h2*/248)

Nacht; Beobachtungen in der - körperliche Symptome

MUND - Offen - Schlaf; agg. im (k/669)

ZÄHNE - Zähneknirschen - Schlaf; agg. im (k/718)

BLASE - Urinieren - Harndrang - plötzlich - nachts (k/1015)
- **Urinieren - unwillkürlich - nachts** (*/1019)
  - » *unwillkürlich - nachts - Morgen, gegen* (b4a/1019)
  - » **UNWILLKÜRLICH - NACHTS - ERSTEN SCHLAF, IM** (*/1019)
  - » unwillkürlich - nachts - Jugendlichen; bei (mrr1/1019)

Nacht; Beobachtungen in der - Schlaf

SCHLAF - *Erwachen - Schreck, wie durch* (b4/1675)
- *Schlaflosigkeit - Schläfrigkeit - mit - Masern, nach* (hr1*/1693)

Nacht; Beobachtungen in der - Schlaf; Lage im

SCHLAF - Lage - Abdomen, auf dem (vh/1682)
- Lage - Seite, auf der (*/1683)

Schaukeln und Getragenwerden

GEMÜT - Getragen - Verlangen getragen zu werden (hr1/99)

Autos und Schiffe

ABDOMEN - Schmerz - Hypochondrien - Fahren - Wagen; im - agg. - stechend (*/905)
• Schmerz - Leber - Fahren im Wagen agg. (^/913)
» Leber - Fahren im Wagen agg. - stechend (h2/913)

ALLGEMEINES - Fahren - Wagen; mit dem - agg. (bro1*/1877)

Psychosomatische Störungen

ALLGEMEINES - *Konvulsionen - Schreck agg.* (*/1906)

Körperliche Symptome und Erkrankungen

KOPF - Hydrozephalus (bg2/295)

ZÄHNE - Abszeß der Zahnwurzeln (k/695)
• Karies, faule, hohle Zähne (*/700)

MAGEN - Würgen - Husten, mit (k/846)

BLASE - *Harnverhaltung - Kindern, bei* (k/1005)
• *Harnverhaltung - Kindern, bei - Neugeborenen; bei* (k/1005)

NIEREN - Entzündung (c2/1023)

WEIBLICHE GENITALIEN - **Menses - verzögerte Menarche** (*/1114)

KEHLKOPF UND TRACHEA - Laryngismus stridulus (bro1/1145)

EXTREMITÄTEN - *Hüftgelenksentzündung* (*/1443)

ALLGEMEINES - Abmagerung - Kindern; bei (*/1845)
• Abmagerung - Kindern; bei - Kleinkindern; bei (bro1/1845)
• Essen - Überessen; agg. nach (bg2*/1877)
• Kindern; Beschwerden von (bg2*/1897)
» *zarte, schwächliche, kränkliche Kinder* (kr1*/1897)
• *Konvulsionen - Hitze; während* (bg2*/1904)
» Kindern, bei (*/1905)
» Kindern, bei - Kleinkindern, bei (bg2*/1905)
• Pubertät - Beschwerden während der (sf1/1934)

Chirurgisch pathologische Zustände

NASE - Polyp (bro1/561)
• *Polyp - rechts* (vh/561)

ABDOMEN - *Darmverlegung, Obstruktionsileus* (*/857)

MÄNNLICHE GENITALIEN - Hodenretention - Schambein; vor das (lmj/1069)

Würmer

REKTUM - Würmer - Beschwerden durch Würmer (b2/985)
• Würmer - Beschwerden durch Würmer - Bandwürmer (c2/986)
» Beschwerden durch Würmer - Spulwürmer (b2/986)

Ceanothus americanus

cean.

Impfung

ALLGEMEINES - Impfung; Beschwerden nach (tl1/1892)

Stillen - Allgemeines

MUND - Aphthen - Zunge - schmerzhaft - trinken; hindert den Säugling, an der Brust zu (vk1/640)

Nonverbales - Gesten, Gebärden

GEMÜT - Gesten, Gebärden; macht - Finger - Mund; Kinder stecken die Finger in den (bg2*/97)

Nonverbales - Konsultation; bei der

MUND - Aphthen (k/639)

Nonverbales - Äußerliches - Beobachtungen des Arztes

KOPF - Schuppen (mtf11/402)

Nacht; Beobachtungen in der - Schlaf; Lage im

SCHLAF - Lage - Seite, auf der - linken Seite, auf der - unmöglich (gk2/1683)

Cedron

cedr.

Stillen - Magendarmsymptome - Appetit - vermindert

MAGEN - Appetit - vermindert (*/772)

Konstitution - Allgemeines

GEMÜT - Milde (k/130)

Beziehung zu anderen - Reaktion auf andere

GEMÜT - Abneigung - Freunde, gegen (*/1)
• Gesellschaft - Abneigung gegen (*/94)
» Verlangen nach (^/95)
» Verlangen nach - allein; agg. wenn (bg2/96)

Nonverbales - Konsultation; bei der

INNERER HALS - Entzündung - Tonsillen (k/724)
• *Schwellung - Tonsillen* (k/747)

Nonverbales - Äußerliches - Beobachtungen des Arztes

GESICHT - Venen, erweiterte - Schläfen (bg2/634)

ATMUNG - *Beschleunigt* (*/1174)

Nonverbales - Äußerliches - Beobachtungen der Eltern

REKTUM - *Unwillkürlicher Stuhl* (*/984)

HAUT - *Insektenstiche* (*/1825)

Nacht; Beobachtungen in der - Schlaf; Lage im

SCHLAF - Lage - Arme - Kopf - unter dem Kopf (bg2/1682)
• Lage - Kopf - tiefliegendem; mit (bg2/1683)

Cenchris contortrix

cench.

Es sind empfindliche, mißtrauische, aber vor allem eifersüchtige Kinder, wie die anderen aus Schlangengiften gewonnenen Mittel (Lachesis, Crotalus cascavella und Vipera). *Eifersucht*, die bei diesem Mittel *mit einem Gefühl des Verlassenseins verbunden* sein kann, macht sie rasend und streitsüchtig.

Grandgeorge veröffentlichte einen Fall: „Ein zehnjähriger Knabe kommt in die Sprechstunde wegen Verhaltensproblemen, die das Leben zuhause und in der Schule für alle schwierig machen: extreme Eifersucht und ständige Kämpfe. Während des ersten Arztbesuchs erzählt mir die Mutter, daß er, als er fünf Jahre alt war, ins Schlafzimmer der Eltern kam, als diese gerade miteinander schliefen. Seitdem belegte er sie mit allen möglichen Schimpfworten (wilde Biester, vorsintflutliche Menschen usw.). [...] Eine Gabe von Cenchris C 15 verwandelt das Bild: er wird schnell zu einem ruhigen, vernünftigen Kind, das in der Schule hart arbeitet."

Zusätzlich sind sie *selbstsüchtig, faul, ohne Pflichtgefühl* und *schnell unglücklich und entmutigt.* In der Schule machen sie oft Fehler beim Schreiben und sind vor mündlichen oder schriftlichen Prüfungen nervös.

Auf der körperlichen Ebene ist der Kreislauf besonders betroffen, wie bei den Schlangengiften allgemein, und oft wird von einer *Neigung zu Ekchymosen* berichtet.

Das Mittel *ist rechtsseitig bei Kindern, die empfindlich gegen Kälte sind.*

Sie leiden häufig an *Halsentzündungen;* haben Schwierigkeiten, leer zu schlucken, können aber problemlos Festes und Flüssiges schlucken (Lachesis kann Festes schlucken, aber keine Flüssigkeiten).

Der Appetit ist oft gering und es kann vorkommen, daß sie unverdaute Speisen erbrechen.

Wachstumsschmerzen, besonders in den Beinen.

Nützlich bei *Heuschnupfen im Frühling.*

Klinisches: Herzleiden. Halsbeschwerden. Kopfschmerzen. Alpträume.

Wirkungsbereich: Herz. Kreislauf. Innerer Hals. Kopf.

* * *

Entwicklung - allgemein

EXTREMITÄTEN - Schmerz - Unterschenkel - Wachstumsschmerzen (lmj/1605)

Stillen - Magendarmsymptome - Appetit - vermindert

MAGEN - Appetit - fehlend (k2/767)

Stillen - Magendarmsymptome - Erbrechen

MAGEN - Erbrochenen; Art des - Speisen - unverdaut (k2/800)

Konstitution - Angst und Furcht

GEMÜT - Beschwerden durch - Erwartungsspannung (k2/23)
- Schreckliches und traurige Geschichten greifen sie stark an (k2/156)

Konstitution - Allgemeines

GEMÜT - Entmutigt (k2*/46)
- Faulheit (k2/55)
- Pflicht - kein Pflichtgefühl (k13/136)
- Selbstsucht, Egoismus (k2/161)
- Unzufrieden (k2/194)
- Wandern, Herumwandern - Verlangen zu wandern (k2/243)

Familie; Beziehung zur - Aggressivität

GEMÜT - *Streitsüchtig - Eifersucht; aus* (k/173)

Familie; Beziehung zur - Liebe und Zuneigung

GEMÜT - *Eifersucht* (k/40)
- *Streitsüchtig - Eifersucht; aus* (k/173)
- Verlassen zu sein; Gefühl (mgm/198)

Beziehung zu anderen - Aggressivität

GEMÜT - Streitsüchtig (k/173)

Beziehung zu anderen - Reaktion auf andere

GEMÜT - Gesellschaft - Abneigung gegen (k2*/94)
- Gesellschaft - Verlangen nach (k/95)
- Schüchternheit, Zaghaftigkeit (^/158)

Beziehung zu anderen - allgemein

GEMÜT - **Argwöhnisch, mißtrauisch** (*/16)
- Beleidigt, leicht (k2/20)
- Tadelsüchtig, krittelig (k/178)

Schule - Angst

GEMÜT - Beschwerden durch - Erwartungsspannung (k2/23)

Schule - Lernen - Schreiben

GEMÜT - Fehler; macht - Schreiben, beim (k2/57)
- Fehler; macht - Schreiben, beim - falsch - Worte (k2/57)

Nonverbales - Gesten, Gebärden

GEMÜT - Launenhaftigkeit, launisch (k2/123)

Nonverbales - Konsultation; bei der

Ohr - Katarrh - Eustachische Röhre (k2/515)

Rücken - Abmagerung - Zervikalregion (k2/1311)

Nonverbales - Äußerliches - Beobachtungen des Arztes

Gesicht - Aufgesprungen (k2/579)

• Rissig - Lippen (k2/613)

Nonverbales - Äußerliches - Beobachtungen der Eltern

Magen - Brechreiz, Würgen - Husten; agg. beim (k/784)

Rektum - Unwillkürlicher Stuhl (k2/984)

• Unwillkürlicher Stuhl - Flatus agg.; Abgang von (k/985)

Blase - *Urinieren - unwillkürlich - Husten; agg. beim* (k/1020)

• Urinieren - verzögert, muß warten, bis der Urin zu fließen beginnt - pressen, bevor er damit beginnen kann; muß lange (k2/1021)

Haut - Ekchymosen (tsm2/1797)

Nacht; Beobachtungen in der - körperliche Symptome

Rektum - Unwillkürlicher Stuhl - Schlaf; agg. im (k/985)

Nacht; Beobachtungen in der - Schlaf; Lage im

Schlaf - Lage - Rücken, auf dem - Kopf - tiefliegendem; mit (st1/1683)

• Lage - Seite, auf der - linken Seite, auf der (k2/1683)

Körperliche Symptome und Erkrankungen

Kopf - Schmerz - katarrhalisch (k2/331)

Magen - Würgen - Husten, mit (k/846)

Chamomilla

cham.

Die wichtigsten Charakteristika dieser Kinder sind *Überempfindlichkeit* und *Reizbarkeit.* Sie sind auf alles *überempfindlich:* Geräusche, Berührung und *vor allem gegen Schmerzen,* die sie nicht ertragen.

Schmerzen werden als sehr intensiv empfunden, manchmal als durchstechend, sie erscheinen häufiger abends und nachts. Bei Neugeborenen neigen sie dazu, sich durch Bewegung zu bessern, sogar durch plötzliche; sie möchten wirklich ständig gehalten oder geschaukelt werden, sogar heftig, wie Kinder, die Saccharum officinale benötigen.

Reizbarkeit ist ein weiteres Charakteristikum dieser Kinder, was sich darin zeigt, daß sie keinen Schmerz ertragen. Wenn sie auf Schmerzen reagieren, werden sie verärgert und rasend, sie stoßen und schlagen jeden, der versucht, näher zu kommen, von den Eltern bis zum Arzt.

Ein weiteres sehr ausgeprägtes Merkmal ist *Ruhelosigkeit zusammen mit Unzufriedenheit:* sie bleiben nie still, werden schnell gelangweilt und wollen ständig neue und andere Spiele. Neugeborene, die zunächst ein paar Minuten ruhig geworden sind, werfen das Spielzeug weg und fangen wieder an zu weinen und zu schreien. *Ihre Schreie kann man gut als „ohrenbetäubend" bezeichnen.*

Ihre Erregung nimmt allgemein während des Tages zu und erreicht den Höhepunkt nach 9 Uhr abends. In den Stunden vor Mitternacht können sie unerträglich sein und *das Einschlafen ist immer ein Problem.* Sie sind *dickköpfig* und *launisch;* sie werden rasend, wenn sie nicht bekommen, was sie wollen. Wenn sie wütend sind, ballen sie die Fäuste und neigen dazu, ein rotes Gesicht zu bekommen, wobei typischerweise eine Wange mehr rot ist, als die andere. Der Wutanfall kann derart außer Kontrolle geraten, daß das Gesicht einen bläulichen Ton annimmt, weil sie den Atem anhalten.

Die Zahnung ist immer sehr schmerzhaft. Die Schmerzen erscheinen nachts, oft vor Mitternacht, das Zahnfleisch ist geschwollen und entzündet und sie fühlen sich besser durch kalte Anwendungen. *Oft sind Magen- und Darmbeschwerden mit der Zahnung verbunden,* wie Erbrechen, Diarrhoe und Fieber.

Von den ersten Tagen an leiden sie an Bauchkolik mit starker Flatulenz *(infantile Blähungskolik)* und schmerzhaften Symptomen, die sich durch den Abgang von Wind nicht bessern, durch Druck schlechter werden, durch heiße Anwendung besser werden und die oft mit grünlicher Diarrhoe von scharfem Geruch verbunden sind; in diesem Fall *möchte das Kind gehalten werden.*

Sie leiden oft an *Otitis media* nach Einwirkung von Kälte; die Schmerzen intermittieren und verschlimmern sich durch Druck und im Freien, während sie *durch Hitze besser werden, beispielsweise durch Schützen des Ohrs mit der Hand oder einem Hut.*

Was die Atmung angeht, so leiden sie an akuten Erkrankungen, die durch trockenen, erschütternden und schmerzhaften Husten charakterisiert sind, der das Kind nicht weckt. Dem Kind geht es besser, wenn es im Bett warm wird, gewöhnlich nach Mitternacht.

Der Schlaf ist besonders gestört. Oft weinen sie nachts und neigen dazu, im Schlaf aufzuschrecken. *Sie schwitzen stark am Kopf und am Nacken mit heißem Schweiß; die Füße sind heiß und werden aus dem Bett gestreckt.*

Nach einem Wutanfall kann Fieber auftreten und ist von der typischen Röte und Hitze einer Wange begleitet. Frösteln kann erscheinen und ist schlimmer durch Abschütteln der Bettdecke, ohne Durst.

Ganz allgemein kann man sagen, daß es diesen Kindern nachts schlechter geht (von 9 Uhr bis Mitternacht), morgens (9 Uhr), durch Wind und durch kalte Zugluft.

Die Schmerzen werden durch heiße Anwendungen besser (außer Zahnschmerzen und Zahnfleischschmerzen) und durch Bewegung (Halten oder Schaukeln, Autofahren).

Klinisches: Kolik. Diarrhoe. Zahnung. Zahnschmerzen. Ohrenschmerzen. Konvulsionen. Krämpfe. Asthma. Husten. Keuchhusten.

Wirkungsbereich: Gemüt. Nerven. Schleimhäute. Verdauungskanal. Leber.

* * *

Zahnung - Gemütssymptome

GEMÜT - Auffahren, Zusammenfahren - Zahnung; während der (sf1/18)
- **Mürrisch - Zahnung; während der** (hr1*/133)
- **REIZBARKEIT, GEREIZTHEIT - ZAHNUNG; WÄHREND DER** (k1*/147)
- Schreien - Zahnung; während der (mrr1/158)
- **Stöhnen - Zahnung; während der** (hr1*/172)

Zahnung - Empfindungen und neurologische Beschwerden

KOPF - *Schmerz - Zahnung; während der* (k/343)

ALLGEMEINES - **Konvulsionen - Zahnung; während der** (*/1907)
- *Zucken - Zahnung; während der* (hr1*/2034)

Zahnung - Magendarmsymptome

REKTUM - **Diarrhoe - Zahnung; während** (*/957)

Zahnung - Allgemeines

ZÄHNE - **Weisheitszähne; Beschwerden durch das Heraustreten der** (kl*/718)
- Zahnung - langsam (pd/718)
  - » **schwierig** (*/718)

HUSTEN - *Keuchhusten - Zahnung, während der* (kr1/1198)
- *Zahnung, während der* (*/1211)

SCHLAF - *Schlaflosigkeit - Zahnung; während der* (bg2*/1694)

FIEBER - *Zahnung; während der* (b7a/1781)

Stillen - Milch

KOPF - Hautausschläge - Milchschorf (b2/290)

MAGEN - *Erbrechen - Milch, nach* (b7/794)
- *Erbrochenen; Art des - Milch* (b7a/798)

ALLGEMEINES - *Speisen und Getränke - Milch - agg.* (*/2001)

Stillen - Magendarmsymptome - Appetit - allgemein

MAGEN - Appetit - fehlend - Essen - nach dem Essen kehrt der Appetit wieder zurück (h1/768)
- Appetit - launischer Appetit (bg2*/770)

Stillen - Magendarmsymptome - Appetit - vermindert

MAGEN - **Appetit - fehlend** (*/767)
- Appetit - schnelle Sättigung (b7/770)
  - » vermindert (ptk1/772)

Stillen - Magendarmsymptome - Appetit - vermehrt

MAGEN - Appetit - Genuß, ohne (k/769)
- Appetit - Heißhunger (b2/769)
  - » Heißhunger - Schweiß, mit (bg2/770)
  - » vermehrt (b2/770)
  - » vermehrt - Essen - nach - nur beim Essen wieder; Appetit kehrt (b7/772)

Stillen - Magendarmsymptome - Aufstoßen - Speisen; von

MAGEN - *Aufstoßens; Art des - Speisen; von* (*/780)
- *Aufstoßens; Art des - Speisen; von - Essen - nach - agg.* (b7/780)

Stillen - Magendarmsymptome - Aufstoßen - Wasser; Hochsteigen von

MAGEN - Aufstoßens; Art des - Wasser in den Mund; Hochsteigen von (b2/781)

Stillen - Magendarmsymptome - Abdomen - agg. durch

ABDOMEN - **Schmerz - Kindern; bei - Säuglingen; bei - krampfartig** (bro1*/888)
- *Schmerz - Strecken, Ausstrecken - mit* (mrr1/893)

Stillen - Magendarmsymptome - Abdomen - amel. durch

ABDOMEN - **Schmerz - Wärme - amel.** (k/896)
- Schmerz - Zusammenkrümmen - muß sich zusammenkrümmen - krampfartig (mtf33/897)

Stillen - Magendarmsymptome - Rektum

REKTUM - **Diarrhoe - Kindern, bei** (*/954)
- Diarrhoe - Kindern, bei - Säuglingen; bei (br1*/954)
- *Obstipation - Kindern, bei* (kr1*/969)

Stillen - Allgemeines

GESICHT - **Schweiß - Essen - nach - agg.** (*/629)
SCHWEISS - Essen - beim - agg. (bg2/1786)
• *Essen - nach - agg.* (*/1786)
• Warm - Speisen; warme - nach (*/1792)
ALLGEMEINES - Konvulsionen - Kindern, bei - stillt; während die zornige oder erschreckte Mutter (bro1/1905)
• **Säuglinge** (kk2/1944)

Infektionskrankheiten - Masern

ATMUNG - **Atemnot, Dyspnoe, erschwertes Atmen - Masern; nach unterdrückten** (*/1168)
HUSTEN - Masern - nach (*/1202)
• Masern - während (b7a/1202)
• Trocken - Masern, nach (k/1209)
FIEBER - Ausschlagsfieber; Fieber bei Ausschlagserkrankungen - Masern (*/1770)
HAUT - Hautausschläge - Masern (*/1817)
ALLGEMEINES - Masern - Beschwerden nach (*/1920)

Infektionskrankheiten - Mumps

GESICHT - *Entzündung - Parotis* (*/584)
• Entzündung - Parotis - Mumps (c2*/584)
• Schmerz - Parotis (k/626)
» Parotis - stechend (*/627)
• **Schwellung - Parotis** (*/631)

Infektionskrankheiten - Scharlach

KOPF - Schmerz - Scharlach, nach (k/337)
INNERER HALS - Geschwüre - Scharlach nicht herauskommt; wenn (bro1/727)
FIEBER - *Ausschlagsfieber; Fieber bei Ausschlagserkrankungen - Scharlach* (k/1770)
HAUT - *Hautausschläge - Scharlach* (*/1821)
ALLGEMEINES - **Scharlach - Beschwerden nach** (*/1944)

Infektionskrankheiten - Pocken

HAUT - Hautausschläge - Pocken (*/1819)

Infektionskrankheiten - Keuchhusten

HUSTEN - *Keuchhusten* (*/1197)
• *Keuchhusten - ersten Stadium; entzündlicher Husten im* (kr1/1198)
» heftig (ptk1/1198)
» Krampfstadium, im (ptk1/1198)
» *Zahnung, während der* (kr1/1198)

Konstitution - Aggressivität

GEMÜT - **Zorn - Kindern, bei** (kr1*/254)

Konstitution - Angst und Furcht

GEMÜT - Angst - hypochondrisch (*/11)
• *Angst - Kinder - bei Kindern* (^/11)
» *Kinder - bei Kindern - Kleinkinder* (kr1/11)
• Beschwerden durch - Schreck (*/25)
• Feigheit (bg2*/59)
• *Furcht - Geräusche, durch* (bro1/69)

Konstitution - Allgemeines

GEMÜT - **Beruhigt werden, kann nicht** (^/21)
• *Empfindlich - Kinder* (k/44)
• Entmutigt (k/46)
• Faulheit (*/55)
• Gewissenhaft, peinlich genau in bezug auf Kleinigkeiten (*/99)
• Kleinigkeiten, Trivialitäten - wichtig; scheinen (mtf33/115)
• **Mürrisch - Kindern, bei** (hr1*/132)
• Sorgsamkeit, Sorgfalt (bg2/165)
• Stimmung, Laune - veränderlich (ptk1/171)
• Unaufmerksam (h1*/189)
• *Unzufrieden* (*/194)
• Veränderungen - Verlangen nach (k2*/195)
• **Weinen - Kindern; bei** (j5/246)
» *Kindern; bei - Säuglingen; bei* (j5/246)

Familie; Beziehung zur - Aggressivität

GEMÜT - Beschimpfen, beleidigen, schmähen - Kinder - Eltern; Kinder beschimpfen ihre (vh*/22)

Familie; Beziehung zur - Liebe und Zuneigung

GEMÜT - Eifersucht (gsy/40)
• Liebevoll, voller Zuneigung, herzlich (ckh1/125)
• *Verlassen zu sein; Gefühl* (mtf/198)

Familie; Beziehung zur - Vorwürfe

GEMÜT - *Beschwerden durch - Tadel* (h/25)
• Weinen - verweigert wird; wenn etwas (*/248)

Beziehung zu anderen - Aggressivität

GEMÜT - Antworten - kurz angebunden (k2*/15)
• *Schlagen* (ptk1/154)
» **Kindern; bei** (*/154)
• Spotten (mtf33/166)
• Sprache - barsch (h1*/166)
• *Streitsüchtig* (*/173)
• *Zorn - angesprochen, wenn* (kr1/253)
» getröstet, wenn (k/254)

Beziehung zu anderen - Reaktion auf andere

GEMÜT - Antworten - Abneigung zu antworten (bro1*/14)
• **Antworten - bissig, schnippisch** (kr1*/15)
» *falsch, unrichtig* (k/15)
• Furcht - Menschen; vor - Kindern; bei (tl1/73)
• **Gesellschaft - Abneigung gegen** (*/94)
• Trost - agg. (*/188)
• *Untröstlich* (*/193)
» *Kindern; bei* (mrr1*/193)
» *Kindern; bei - Kleinkindern; bei* (mrr1/193)

- **Weinen - Berührung, bei** (vh*/245)
- **Widerspenstig** (sf1/249)
- *Widerspruch - Neigung zu widersprechen* (ptk1*/249)
  - » *verträgt keinen Widerspruch* (k2*/249)
  - » verträgt keinen Widerspruch - Kindern; bei (mtf33/249)

Beziehung zu anderen - allgemein

GEMÜT - Argwöhnisch, mißtrauisch (*/16)
- Beleidigt, leicht (*/20)
- Empfindlich - äußerliche Eindrücke; gegen alle (k2*/42)
- *Pubertät; in der* (st/138)
- Tadelsüchtig, krittelig (*/178)
- Tadelt andere (k/179)
- Unbarmherzig (bg2/189)
- Unverschämtheit (bg2*/193)

Schule - Angst

REKTUM - *Diarrhoe - Erregung, Aufregung agg.* (b7a/952)
- *Diarrhoe - nervös, Gemütsbewegungen agg.* (bg3*/955)

Schule - Konzentration

GEMÜT - Konzentration - schwierig - Studieren (k/117)
- Unaufmerksam (h1*/189)

Schule - Lernen - Lesen

GEMÜT - Fehler; macht - Lesen, beim (k/57)

Schule - Lernen - Schreiben

GEMÜT - *Fehler; macht - Schreiben, beim* (*/57)
- Fehler; macht - Schreiben, beim - läßt etwas aus - Buchstaben (bro1/57)
  - » *Schreiben, beim - läßt etwas aus - Silben* (k/57)
  - » *Schreiben, beim - läßt etwas aus - Worte* (*/57)

Schule - Anstrengung; geistige

KOPF - *Schmerz - geistige Anstrengung - agg.* (st/328)
- Schmerz - Lesen, beim - agg. (k/332)

Schule - Beziehung zu anderen

MUND - Sprache - stotternd (*/688)

Schule - Vorwürfe

GEMÜT - *Beschwerden durch - Tadel* (h/25)

ALLGEMEINES - *Konvulsionen - Bestrafung, nach* (*/1901)

Schule - Konstitution

GEMÜT - **Eigensinnig, starrköpfig, dickköpfig** (*/41)
- *Eigensinnig, starrköpfig, dickköpfig - Kinder* (hr1*/41)
- Gewissenhaft, peinlich genau in bezug auf Kleinigkeiten (*/99)
- Kleinigkeiten, Trivialitäten - wichtig; scheinen (mtf33/115)

Spielen

GEMÜT - Spielen - Abneigung gegen Spielen - Kindern; bei (^/165)

Nonverbales - Aggressivität

GEMÜT - Beißen (^/20)
- Diktatorisch (k/39)
- Grobheit - Kinder; ungezogene (bg2*/104)
- *Reizbarkeit, Gereiztheit - angeblickt, wenn - angesprochen oder berührt; wenn - Kindern; bei* (bro1/144)
  - » **Kindern, bei** (*/145)
  - » **KINDERN, BEI - KLEINKINDERN; BEI** (mrr1/145)
  - » **schickt - Arzt nach Hause und sagt, er sei nicht krank; schickt den** (*/146)
- Stoßen, treten, austreten (h1*/172)
  - » *Kindern; bei* (mrr1/172)
- Wirft mit Gegenständen um sich (*/250)

Nonverbales - Reaktion auf andere

GEMÜT - *Angesehen, angeblickt zu werden - erträgt es nicht, angesehen zu werden* (*/5)
- Angesehen, angeblickt zu werden - erträgt es nicht, angesehen zu werden - Kindern; bei (tl1*/5)
- **Berührtwerden - Abneigung berührt zu werden** (*/21)
  - » Abneigung berührt zu werden - Kindern; bei (tl1*/21)
- **Furcht - berührt zu werden** (bro1*/66)
  - » *Näherkommen, Annäherung von; vor - anderen, von* (vh*/74)
- Liebkost zu werden; Liebkosungen - Abneigung, liebkost, gestreichelt zu werden (^/126)
  - » Abneigung, liebkost, gestreichelt zu werden - Kindern; bei (vh/126)
- **Näherkommen, auf ihn Zukommen von Personen - Abneigung gegen** (ptk1/134)
- Schreien - Kindern, bei - Trost - agg. (tl1/157)

Nonverbales - Gesten, Gebärden

GEMÜT - Beißen - Löffel; beißt in den (bg2*/20)
- *Gesten, Gebärden; macht - Finger - Mund; Kinder stecken die Finger in den* (*/97)
- **LAUNENHAFTIGKEIT, LAUNISCH** (*/123)
  - » **weist Dinge zurück, die er haben wollte, sobald er sie bekommt** (b7a/123)
  - » weist Dinge zurück, die er haben wollte, sobald er sie bekommt - Kindern; bei (br1*/123)
- **Stirnrunzeln, Neigung zum** (kr1*/171)

Nonverbales - Allgemeines

GEMÜT - **Eigensinnig, starrköpfig, dickköpfig** (*/41)

- *Eigensinnig, starrköpfig, dickköpfig - Kinder* (hr1*/41)
- Nackt sein, möchte (*/134)
- *Ruhelosigkeit - Kindern, bei* (*/151)
- *Schreien - Kindern, bei* (*/157)
  - » *Kindern, bei - Kolik mit* (hr1*/157)
  - » Kindern, bei - Weinen und (gl1/157)
- **Stöhnen - Kindern, bei** (kr1*/172)
  - » **Kindern, bei - wollen; Mitleid erregendes Wimmern, weil sie nicht bekommen, was sie** (a1*/172)

Nonverbales - Konsultation; bei der

AUGE - Absonderungen - blutig - wäßrig - Kindern; bei - Neugeborenen; bei (ptk1*/423)
- *Entzündung - Kindern; bei - Kleinkindern; bei* (*/429)

OHR - Absonderungen - dünn (k/497)
- Absonderungen - eitrig (k/497)
- *Eiterung - Mittelohr* (bro1/500)
- **Entzündung - Gehörgang** (*/500)
  - » **Mittelohr** (*/501)
  - » *Mittelohr - chronisch* (mrr1/501)
  - » **Mittelohr - Kindern; bei** (mrr1*/501)
- Katarrh - Eustachische Röhre (bnt/515)
  - » Mittelohr (mtf11/515)
- *Ohrschmalz - dünn* (hr1/516)
  - » *fehlend* (*/516)

GESICHT - **Schwellung - Unterkieferdrüsen** (*/631)

MUND - Aphthen (*/639)
- Aphthen - Zunge (vk1/640)
- Landkartenzunge (*/668)

INNERER HALS - Entzündung - Kindern; bei (k/724)
- *Entzündung - Tonsillen* (*/724)
- **Schwellung - Tonsillen** (*/747)

ÄUSSERER HALS - *Schwellung - Halsdrüsen* (*/760)

ABDOMEN - Auftreibung - Kindern, bei (mtf33/852)

BRUST - Knoten, empfindliche - Mammae - Kindern; bei - Neugeborenen; bei (st/1249)

HAUT - *Erysipel* (*/1798)
- Farbe - gelb - Neugeborenen, bei (bro1/1800)
- *Hautausschläge - Exanthem, flüchtiges - Kindern, bei* (*/1812)
- *Intertrigo* (*/1825)
- **Wundliegen - Kindern; bei** (*/1837)

Nonverbales - Äußerliches - Beobachtungen des Arztes

KOPF - Halten - hoch, aufrecht zu halten; unfähig, den Kopf (*/289)

AUGE - **Verklebt** (*/472)

OHR - *Schmerz - warm - Bett, Bettwärme; warmes - agg. - Einhüllen amel.; und warmes* (k/525)

NASE - *Schniefen - Kindern; bei - Neugeborenen; bei* (bro1/568)

GESICHT - Aufgesprungen - Lippen (*/579)
- Farbe - blaß - Kindern; bei (mtf33/586)
- Gerunzelt (ptk1/594)
  - » *Stirn, Stirnrunzeln* (*/594)
- *Rissig - Lippen* (*/613)
  - » *Lippen - Schnupfen, beim* (b7/613)
  - » *Lippen - Oberlippe - Mitte der* (ptk1/613)
  - » Lippen - Unterlippe (*/613)
  - » *Lippen - Unterlippe - Mitte der* (*/614)

MUND - *Finger in den Mund; Kinder stecken* (mtf33/651)

ATMUNG - Angehalten, versetzt, unterbrochen - plötzlich, bei Kindern (k/1159)
- **Asthma, asthmatische Atmung - Kindern; bei** (*/1162)
- *Beschleunigt* (*/1174)

RÜCKEN - *Opisthotonus* (*/1325)

SCHLAF - *Gähnen - Kindern, bei* (hr1*/1678)

ALLGEMEINES - Aussehen - dunkel (c1/1854)
- Aussehen - hell, blond (c1*/1855)
  - » *hell, blond - schlaffer Faser, mit* (c1*/1855)

Nonverbales - Äußerliches - Beobachtungen der Eltern

AUGE - *Verklebt - morgens* (*/472)

OHR - Schmerz - warm - Anwendungen; warme - amel. (^/525)

HÖREN - Schwerhörig - Schmerz im Ohr - mit (mp1/536)

NASE - Verstopfung - Kindern; bei (b7a/577)

MUND - Beißt - Glas, wenn es gefüttert wird; Kind beißt ins (bg1/640)
- *Beißt - Zunge; beißt sich auf die* (bg2*/640)

ZÄHNE - *Zähneknirschen* (*/718)
- Zähneknirschen - Frost; während (*/718)
- *Zusammenbeißen der Zähne - Verlangen, die Zähne zusammenzubeißen; ständiges - fest zusammengebissen* (b7/719)

MAGEN - *Schluckauf* (*/809)
- Völlegefühl - Essen - beim - agg. (h1/845)
  - » Essen - nach - agg. (*/845)

ABDOMEN - *Flatulenz - Kindern; bei* (b7a/863)
- **Schmerz - Kindern; bei - Säuglingen; bei - krampfartig** (bro1*/888)
  - » *Strecken, Ausstrecken - mit* (mrr1/893)
  - » **Wärme - amel.** (k/896)
  - » *Zusammenkrümmen - muß sich zusammenkrümmen* (*/897)
  - » Zusammenkrümmen - muß sich zusammenkrümmen - krampfartig (mtf33/897)

STUHL - Unverdaut (*/999)

BLASE - Urinieren - verzögert, muß warten, bis der Urin zu fließen beginnt (b7/1020)

ATMUNG - *Schnarchen* (*/1180)

EXTREMITÄTEN - *Hitze - Füße - brennend - entblößt sie* (*/1440)

- **Hitze - Füße - Fußsohlen - entblößt sie** (k/1441)

SCHWEISS - Essen - beim - agg. (bg2/1786)

- *Essen - nach - agg.* (*/1786)
- Warm - Speisen; warme - nach (*/1792)

HAUT - Ekchymosen (*/1797)

- Insektenstiche (b7a/1825)

Nacht; Beobachtungen in der - Gemütssymptome

GEMÜT - Angst - nachts - Kindern; bei (kr1/7)

- Gesten, Gebärden; macht - Hände; unwillkürliche Bewegungen der - zupft - Bettwäsche; an der (*/98)
  - » Hände; unwillkürliche Bewegungen der - zupft - Bettwäsche; an der - Schweiß; beim (bg2/98)
- *Jammern - Schlaf, im* (k/113)
- Schlafwandeln (gl1/154)
- *Schreien - Kindern, bei - nachts* (hr1*/157)
- *Sprechen - Schlaf; im* (*/169)
- Weinen - Schläfrigkeit, bei (hr1*/247)
  - » **Wimmern, Winseln - Schlaf, im** (b7/248)

Nacht; Beobachtungen in der - körperliche Symptome

KOPF - *Schweiß der Kopfhaut - Schlaf - im* (*/404)

MUND - Offen - Schlaf; agg. im (k/669)

BLASE - *Urinieren - unwillkürlich - nachts* (*/1019)

Nacht; Beobachtungen in der - Schlaf

SCHLAF - *Erwachen - Schreck, wie durch* (b7a/1675)

- *Gestört - Kindern; bei - Neugeborenen; bei* (hr1*/1680)
- *Schlaflosigkeit - Kindern, bei* (b7a/1691)
  - » Kindern, bei - getragen werden, Kind muß (k/1691)
  - » Kindern, bei - Neugeborenen; bei (j5/1691)

Nacht; Beobachtungen in der - Schlaf; Lage im

SCHLAF - *Lage - Beine - angezogen* (*/1682)

- Lage - Beine - ausgestreckt (*/1682)
  - » *Beine - gespreizt* (*/1682)
  - » Hände - Kopf - auf dem (a1/1682)
  - » *Knie - gespreizt* (b2/1682)
  - » Rücken, auf dem (a1/1683)
  - » Seite, auf der - rechten Seite, auf der (a1/1683)
  - » *steif* (st1/1683)
  - » *unmöglich; Liegen ist* (k/1683)

Schaukeln und Getragenwerden

GEMÜT - **Beruhigt werden, kann nicht - getragen wird; nur wenn er** (k/21)

- Getragen - Abneigung getragen zu werden (j/99)
  - » **VERLANGEN GETRAGEN ZU WERDEN** (b2/99)
  - » Verlangen getragen zu werden - liebkost zu werden; und (br1/99)
- Mürrisch - Kindern, bei - getragen zu werden; Verlangen (hr1*/132)
- *Ruhelosigkeit - Kindern, bei - Herumtragen der Kinder amel.* (*/152)
- Schaukeln - amel. (*/153)
  - » **VERLANGEN GESCHAUKELT ZU WERDEN** (bg2*/153)
- *Stoßen, treten, austreten - Kindern; bei - getragen wird; Kind wird steif und tritt, wenn es* (*/172)
- **Weinen - getragen, wenn - ruhig wenn es getragen wird; das Kind ist nur** (k/246)

SCHLAF - Schlaflosigkeit - getragen, außer wenn (k/1690)

- Schlaflosigkeit - Kindern, bei - getragen werden, Kind muß (k/1691)

Psychosomatische Störungen

REKTUM - Diarrhoe - Ärger, Verdruß agg. (k/951)

- *Diarrhoe - Erregung, Aufregung agg.* (b7a/952)
  - » *nervös, Gemütsbewegungen agg.* (bg3*/955)
  - » *Zorn, nach* (*/957)

HUSTEN - Zorn; nach - Kindern; bei (mtf33/1211)

ALLGEMEINES - *Konvulsionen - Bestrafung, nach* (*/1901)

- **Konvulsionen - Zorn; nach** (k/1907)

Körperliche Symptome und Erkrankungen

KOPF - Entzündung - Gehirn (*/284)

- Entzündung - Hirnhaut (b7a/284)
- Schmerz - katarrhalisch (k/331)

OHR - Schmerz - Kindern; bei (k2*/523)

ZÄHNE - *Karies, faule, hohle Zähne* (*/700)

- **Schmerz - Kindern; bei** (k/708)

MAGEN - Würgen - Husten, mit (k/846)

REKTUM - Cholera - infantum (c1*/949)

KEHLKOPF UND TRACHEA - Laryngismus stridulus (k2/1145)

- Stimme - heiser, Heiserkeit - Kindern, bei (*/1154)

BRUST - Schmerz - Mammae - Kindern; bei - Kleinkindern; bei - wund schmerzend (br1*/1280)

- Schmerz - Mammae - Kindern; bei - wund schmerzend (vn/1280)

EXTREMITÄTEN - *Hüftgelenksentzündung* (k/1443)

FIEBER - Continua (k/1772)

- **Remittierend - Kleinkindern, bei** (k/1778)

ALLGEMEINES - Abmagerung - Kindern; bei (j5/1845)

- Arzneimittel - heftige Reaktion auf homöopathische Arzneimittel (b7/1852)
- **Kindern; Beschwerden von** (b2/1897)
- *Konvulsionen - Kindern, bei* (*/1905)

» *Kindern, bei - Kleinkindern, bei* (bg2*/1905)
• Medikamente - allopathische - Mißbrauch von (j5/1921)
» allopathische - überempfindlich gegen (st/1921)
• Schwäche - Kindern, bei (j5/1977)

Chirurgisch pathologische Zustände

ABDOMEN - Entzündung - Peritoneum (c2*/860)
• Hernie (c2*/867)
» eingeklemmt, inkarzeriert (ptk1/868)
» Leistenhernie (b2/868)
» Leistenhernie - eingeklemmt, inkarzeriert (b7/868)
» Leistenhernie - Kindern, bei (bg2*/868)
» Leistenhernie - schmerzhaft (b7/868)
» Nabelbruch (bg2/868)

Würmer

REKTUM - Würmer - Beschwerden durch Würmer (b2/985)
• Würmer - Beschwerden durch Würmer - Spulwürmer (*/986)

ALLGEMEINES - *Konvulsionen - Würmer, durch* (hr1*/1907)

Cheiranthus cheiri

cheir.

Zahnung - Empfindungen und neurologische Beschwerden

HÖREN - Taubheit, Verlust des Gehörs - Weisheitszahnes; durch Herauskommen eines (c1*/538)

Zahnung - Allgemeines

ZÄHNE - Weisheitszähne; Beschwerden durch das Heraustreten der (c1*/718)
• Zahnung - schwierig (bro1/718)
» schwierig - Weisheitszähne (k/718)

Infektionskrankheiten - Masern

HÖREN - Schwerhörig - Masern, nach (c1/536)

Chelidonium majus

chel.

Autoritäre Kinder ohne Selbstbeherrschung; sie sehen alles schwarz oder weiß; sind streitsüchtig; schlagen und beißen.

Auf der körperlichen Ebene ist es ein wichtiges *Lebermittel.* Sommerliche Diarrhoe, wenn die Leber beteiligt ist.

Nützlich bei Icterus neonatorum.

Die Haut und Schleimhäute zeigen oft Beschwerden: aufgesprungene und spröde Lippen; Akne; Erysipel; Hautausschläge um den Anus herum; Ekzem der Beine durch chronische Erkrankungen der Bauchorgane; rote und schmerzhafte Pickel und Pusteln an verschiedenen Stellen; Blasen an Lippen und Nasenflügeln, die Schorf bilden.

Juckende Ohren, die dickes Ohrenschmalz absondern, das weißlich ist, wie Brei.

Chelidonium hat eine widersprüchliche Beziehung zu Milch und Käse, die entweder sehr gemocht oder stark abgelehnt werden.

Im Allgemeinen ist ein großes Verlangen nach Milch vorhanden, besonders sehr heißer Milch; warme Milch bessert oft Bauchschmerzen und Diarrhoe, jedoch kann es durch Muttermilch zu einer Verschlimmerung kommen.

Bauchschmerzen werden auch durch warme Anwendungen besser, durch Anziehen der Beine an den Bauch und manchmal durch Beugen nach hinten.

Häufig nützlich bei der *Bronchitis* von Kindern, mit dunkelrotem Gesicht und beklommener Atmung. Pneumonie, besonders des rechten oberen oder linken unteren Lungenflügels, mit fächerartiger Bewegung der Nasenflügel; besser durch gekrümmtes und ruhiges Sitzen. Farrington schrieb: „Chelidonium ist nützlich bei Pneumonie. Es ist auch angezeigt bei Bronchiolitis bei Kindern, wenn diese Lebersymptome vorhanden sind, besonders wenn sie auf Masern oder Keuchhusten folgt. Das Gesicht neigt dann dazu, dunkelrot zu sein. Es ist eine große Beklemmung der Brust vorhanden, was sich in der Anstrengung beim Atmen zeigt und der fächerartigen Bewegung der Nasenflügel (übrigens ein Lycopodium-Symptom) zeigt; ein Fuß ist heiß, der andere kalt (ein weiteres Lycopodium-Symptom) und stechende Schmerzen unter dem rechten Schulterblatt. Der Husten ist gewöhnlich gelöst und rasselnd. Der Auswurf ist nicht leicht heraufzubringen."

Klinisches: Leberleiden. Diarrhoe. Bronchitis. Pneumonie. Kopfschmerzen. Hauterkrankungen.

Wirkungsbereich: Leber. Lungen. Haut.

* * *

Krankengeschichte; familiäre und persönliche

ALLGEMEINES - *Krankengeschichte von; persönliche - gastrointestinalen Beschwerden; von* (wda/1909)

Entwicklung - schnell

GEMÜT - Frühreife, altkluge Kinder (lmj/63)

Stillen - Milch

KOPF - Hautausschläge - Milchschorf (bg2/290)

ABDOMEN - Flatulenz - Milch agg. (b7/863)
- *Schmerz - warm - Milch; warme - amel.* (*/895)

REKTUM - Diarrhoe - warm - Milch; warme - amel. - heiße Milch (k/956)

ALLGEMEINES - *Speisen und Getränke - Milch - agg.* (*/2001)
- Speisen und Getränke - Milch - agg. - Muttermilch (sne/2001)
  - » *Milch - amel.* (bg2*/2001)
  - » Milch - amel. - heiße (tl1*/2001)
  - » *Milch - amel. - warme* (k/2001)
  - » *Milch - Verlangen* (*/2001)
  - » Milch - Verlangen - heiße (k/2001)
  - » Milch - Verlangen - warme (ptk1/2001)

Stillen - Magendarmsymptome - Appetit - vermindert

MAGEN - **Appetit - fehlend** (*/767)
- Appetit - vermindert (*/772)

Stillen - Magendarmsymptome - Appetit - vermehrt

MAGEN - Appetit - Heißhunger (bro1/769)

Stillen - Magendarmsymptome - Aufstoßen - Wasser; Hochsteigen von

MAGEN - Aufstoßens; Art des - Wasser in den Mund; Hochsteigen von (*/781)
- *Aufstoßens; Art des - Wasser in den Mund; Hochsteigen von - bitter* (b7/781)

Stillen - Magendarmsymptome - Abdomen - amel. durch

ABDOMEN - Schmerz - Beugen der Beine amel. (k/882)
- *Schmerz - Liegen - Seite; auf der - linken; auf der - amel. - Beinen; mit angezogenen* (mrr1/889)
  - » Wärme - amel. (mrr1/896)

Infektionskrankheiten - Masern

HUSTEN - Masern - nach (k/1202)

FIEBER - *Ausschlagsfieber; Fieber bei Ausschlagserkrankungen - Masern* (k/1770)

HAUT - *Hautausschläge - Masern* (*/1817)

Infektionskrankheiten - Keuchhusten

HUSTEN - Keuchhusten (c2*/1197)
- Keuchhusten - Krampfstadium, im (bro1/1198)

Konstitution - Angst und Furcht

GEMÜT - Furcht - Geräusche, durch (k/69)
- Vorsichtig (j/205)

Konstitution - Allgemeines

GEMÜT - **Faulheit** (*/55)
- Milde (k/130)
- Reisen - Verlangen nach (^/142)
- Sorgen; voller (j5/164)
- Unaufmerksam (bg2/189)
- Ungerechtigkeit; erträgt keine (vml*/191)
- *Unzufrieden* (k/194)

Familie; Beziehung zur - Liebe und Zuneigung

GEMÜT - Angst - andere, um (vh/7)

Beziehung zu anderen - Aggressivität

GEMÜT - Schlagen (a1*/154)
- Schlagen - Kindern; bei (a1/154)
- Streitsüchtig (*/173)

Beziehung zu anderen - allgemein

GEMÜT - *Beleidigt, leicht* (k/20)
- Tadelt sich selbst, macht sich Vorwürfe (ptk1/179)

Schule - Konzentration

GEMÜT - Unaufmerksam (bg2/189)

Schule - Anstrengung; geistige

KOPF - Schmerz - Lesen, beim - agg. (k/332)

Schule - Konstitution

GEMÜT - Eigensinnig, starrköpfig, dickköpfig (*/41)

Nonverbales - Aggressivität

GEMÜT - Beißen (sne/20)
- *Destruktivität, Zerstörungswut* (sne/38)
- Diktatorisch (vh*/39)

Nonverbales - Gesten, Gebärden

GEMÜT - Auffahren, Zusammenfahren - Geräusche; durch (k/17)

Nonverbales - Allgemeines

GEMÜT - Eigensinnig, starrköpfig, dickköpfig (*/41)

Nonverbales - Konsultation; bei der

KOPF - Hitze - Kälte - Extremitäten; mit Kälte der (k/293)

OHR - Entzündung - Gehörgang (hr1/500)
- Ohrschmalz - dick (*/516)
  - » weißlich (*/516)
  - » weißlich - Brei, wie (k/516)

MUND - *Aphthen* (b7a/639)
- Papillen - aufgerichtet (*/669)

INNERER HALS - Entzündung - Tonsillen (k/724)
- *Schwellung - Tonsillen* (k/747)

ÄUSSERER HALS - *Schwellung - Halsdrüsen* (b7a/760)
- Schwellung - Seiten (*/760)

REKTUM - Hautausschläge - Anus; um den (bg2/964)

HAUT - Erysipel (*/1798)
- Farbe - gelb - Neugeborenen, bei (mrr1/1800)

Nonverbales - Äußerliches - Beobachtungen des Arztes

AUGE - *Strabismus, Schielen* (*/467)
- Strabismus, Schielen - convergens (hr1/467)
- Verklebt (*/472)

OHR - Bohren mit den Fingern darin (*/500)

NASE - *Bewegung - Nasenflügel - Fächer; wie ein* (*/545)
- Bewegung - Nasenflügel - Fächer; wie ein - Pneumonie; bei (c1/545)

GESICHT - Aufgesprungen - Lippen (*/579)
- Hautausschläge - Akne (*/595)
- Rissig - Lippen (*/613)

ÄUSSERER HALS - Torticollis - links gezogen; nach (c1/761)

ATMUNG - **Beschleunigt** (*/1174)

ALLGEMEINES - Aussehen - hell, blond (c1/1855)

Nonverbales - Äußerliches - Beobachtungen der Eltern

AUGE - *Verklebt - morgens* (*/472)

OHR - Bohren mit den Fingern darin - amel. (*/500)

MAGEN - Gluckern; Gurgeln (*/802)
- Schluckauf (*/809)

ABDOMEN - *Schmerz - Beugen - hinten, nach - amel.* (sne/882)
- Schmerz - Beugen der Beine amel. (k/882)
  - » *Liegen - Seite; auf der - linken; auf der - amel. - Beinen; mit angezogenen* (mrr1/889)
  - » Wärme - amel. (mrr1/896)
  - » Zusammenkrümmen - muß sich zusammenkrümmen (k/897)

REKTUM - *Unwillkürlicher Stuhl* (*/984)

STUHL - *Kugeln, wie* (bro1/996)
- **Schafskot, wie** (*/997)

BLASE - Urinieren - verzögert, muß warten, bis der Urin zu fließen beginnt (k/1020)

Nacht; Beobachtungen in der - Gemütssymptome

GEMÜT - Angst - nachts - Kindern; bei (dx1/7)

Nacht; Beobachtungen in der - Schlaf

SCHLAF - Erwachen - Schreck, wie durch (*/1675)
- Schlaflosigkeit - tagsüber - Kindern; bei (a1/1686)

Nacht; Beobachtungen in der - Schlaf; Lage im

SCHLAF - Lage - Seite, auf der - linken Seite, auf der (vh3*/1683)

Schaukeln und Getragenwerden

GEMÜT - *Getragen - Verlangen getragen zu werden* (bg2*/99)
- Weinen - getragen, wenn (k/246)

Körperliche Symptome und Erkrankungen

NIEREN - *Entzündung* (*/1023)

WEIBLICHE GENITALIEN - Menses - verzögerte Menarche (*/1114)

KEHLKOPF UND TRACHEA - *Laryngismus stridulus* (*/1145)
- *Laryngismus stridulus - Ausatmen agg.; beim* (*/1145)
  - » täglich (*/1145)

FIEBER - Continua (k/1772)

ALLGEMEINES - Kindern; Beschwerden von (kr1/1897)

Würmer

REKTUM - *Würmer - Beschwerden durch Würmer - Spulwürmer* (k/986)

Chenopodium anthelminticum

chen-a.

Dieses Mittel ist sehr nützlich bei *blassen Kindern mit enorm vergrößerten Mandeln und käsiger Ablagerung auf den entzündeten und schmerzhaften Mandeln.*

Die typischen Symptome von Erwachsenen sind seltener anzutreffen, das heißt die Schmerzen unter dem rechten Schulterblatt (Differentialdiagnose: Chelidonium) und Morbus Ménière mit plötzlichem Schwindel.

Schwerhörigkeit bei Kindern mit Würmern. Hansen schrieb: „Ohrspezialisten empfehlen dieses Mittel für Torpor des Gehörnerven, Entzündung des Mittel- und des Innenohrs, wenn Taubheit für die menschliche Stimme vorhanden ist, aber große Empfindlichkeit für die Geräusche vorbeifahrender Fahrzeuge oder einer Glocke, auch wenn diese Geräusche nicht laut sind."

Rechtsseitiges Mittel.

Klinisches: Tonsillitis. Asthma. Kopfschmerzen. Konvulsionen. Schmerzen im Schulterblatt.

Wirkungsbereich: Mandeln. Verdauung. Gehirn. Nerven. Leber.

* * *

Beziehung zu anderen - Aggressivität

GEMÜT - Schlagen (^/154)
- Schlagen - Umstehende, schlägt (a1/154)

Nonverbales - Konsultation; bei der

INNERER HALS - *Ablagerung auf den Tonsillen; käsige* (*/721)
- *Entzündung - Tonsillen* (*/724)
- *Schwellung - Tonsillen* (k/747)

» Tonsillen - Kindern; bei - blassen, skrofulösen Kindern; bei (hr1/748)

Nonverbales - Äußerliches - Beobachtungen des Arztes

RÜCKEN - *Opisthotonus* (k/1325)

Körperliche Symptome und Erkrankungen

INNERER HALS - *Räuspert käsige Klumpen herauf* (*/732)

Würmer

REKTUM - Würmer - Beschwerden durch Würmer - Hakenwürmer (br1*/986)

• *Würmer - Beschwerden durch Würmer - Spulwürmer* (c2*/986)

Chimaphila umbellata

chim.

Chimaphila wirkt hauptsächlich auf *Nieren* und *Blase;* spärlicher Urin, der viel fadenziehendes, schleimig-eitriges Sediment enthält. Nützlich bei Wassersucht von Leber und Niere.

Chimaphila greift auch die *Lymphdrüsen* an.

Der Patient kann nachts den Kiefer nicht schließen; der Kiefer fühlt sich steif an; schläft mit offenem Mund.

Klinisches: Diabetes. Drüsenvergrößerung. Zystitis. Nierenleiden. Nephritis. Gelbsucht. Leberleiden. Akne.

Wirkungsbereich: Blase. Nieren. Drüsen. Leber.

* * *

Stillen - Magendarmsymptome - Appetit - vermehrt

MAGEN - Appetit - nagend (*/770)

Infektionskrankheiten - Scharlach

FIEBER - Ausschlagsfieber; Fieber bei Ausschlagserkrankungen - Scharlach (*/1770)

Nonverbales - Äußerliches - Beobachtungen des Arztes

GESICHT - Hautausschläge - Akne (c2/595)

Nonverbales - Äußerliches - Beobachtungen der Eltern

BLASE - Urinieren - verzögert, muß warten, bis der Urin zu fließen beginnt - pressen, bevor er damit beginnen kann; muß lange (bro1*/1021)

Nacht; Beobachtungen in der - körperliche Symptome

MUND - Offen - Schlaf; agg. im (*/669)

Körperliche Symptome und Erkrankungen

NIEREN - *Entzündung* (*/1023)

Würmer

REKTUM - Würmer - Beschwerden durch Würmer (k/985)

China officinalis

chin.

Sie haben eine blühende Einbildungskraft, *neigen zum Theoretisieren und haben großartige Projekte.* Sie denken an schöne und phantastische Dinge, *häufiger abends oder nachts,* vor dem Einschlafen.

Oft träumen sie vor sich hin und manchmal isolieren sie sich, um ihrer Einbildung freien Lauf zu lassen, wodurch sie sich besser fühlen.

Sie können sich vorstellen, daß sie fliegen würden oder sehr reich seien. Gewöhnlich identifizieren sie sich mit einer *Heldenfigur,* jemandem, der tapfere Taten vollbracht und alle Feinde besiegt hat.

Sie können sehr gereizt sein, aber es kann ihnen schwerfallen, ihre Gefühle zum Ausdruck zu bringen, wenn sie gestört werden, daher *schreiben sie oft.* China ist ein Mittel, an das man bei Kindern denken sollte, die dieselbe *Aggressivität* zeigen *wie Nux vomica* und dieselbe *Überempfindlichkeit wie Natrium muriaticum.*

Kommunikation ist für diese Kinder sehr schwierig. *Sie mögen es nicht, besucht oder geprüft zu werden.* Während des Arztbesuchs weigern sie sich manchmal zu antworten oder antworten und schauen dabei die Mutter an. Sie können gegenüber dem Arzt gereizt werden und schlecht reagieren. Sie fragen, warum man sie nach ihrem Namen frage oder warum sie bestimmte Sachen sagen sollen. Zu anderen Zeiten werden sie wütend auf ihre Mutter, die sie zum Arzt bebracht hat und zeigen so eines der charakteristischen Gemütsmerkmale des Mittels: die *Neigung, anderen Vorwürfe zu machen.*

Der andere wichtige Aspekt dieses Mittels kommt in folgenden Rubriken zum Ausdruck: „Wahnideen - Arbeit - gehindert; er würde an der Arbeit"; „Gemüt - Wahnideen - verfolgt zu werden (wegen der Haltung, Einstellung etc.) - er würde verfolgt"; „Wahnideen - verfolgt, ihm würde nachgestellt; er würde - Feinden, von"; „Wahnideen - gequält, er würde" und „Wahnideen - glücklos, er sei". *Sie fühlen sich verfolgt, gestört und glücklos und haben das Gefühl, sie hätten niemals Schuld daran.*

In der Schule werden sie ihren Freunden die Schuld geben, indem sie sagen, daß sie sie gestört und daran gehindert hätten, ihre Aufgabe in bester Weise auszuführen; oder bei einem Fußballspiel werden sie anderen Spielern die Schuld für ihre Fehler geben.

China-Kinder sind *Künstler.* Sie malen harmonisch und benutzen die Farben richtig; manchmal *schreiben sie wunderschöne Gedichte,* an denen sie aber nicht leicht andere teilhaben lassen.

Blasser, kränklicher Gesichtsausdruck, eingefallene Augen, mit blauen Augenringen.

China ist ein ausgezeichnetes Mittel bei Magenbeschwerden von Kindern, die ständig Süßigkeiten haben wollen; sie haben einen üblen Geschmack im Mund und eine weiß belegte Zunge.

Diarrhoe bei heißem Wetter, durch Obst oder durch Milch.

Diarrhoe erscheint allmählich. Nach Abgang eines normalen Stuhls hat das Kind einen durchfälligen Stuhl, gefolgt von Stühlen, die immer wäßriger werden. Der Stuhl ist schaumig, gelb und enthält unverdaute Speisen.

Große Ansammlung von Flatus, was zu *Blähungskolik* führt.

Nicht zu vergessen ist die charakteristische *Verschlimmerung durch die geringste Berührung, mit deutlicher Besserung durch kräftigen Druck.*

Gelbsucht, tympanitisches Abdomen und Vergrößerung von Milz und Leber bei Säuglingen, mit reichlichem Schweiß und großer Schwäche.

Ein weiterer wichtiger Aspekt dieses Mittels betrifft die Beschwerden in Verbindung mit *Flüssigkeitsverlusten,* die zu Erschöpfung, Anämie, Kopfschmerzen und Magen-Darm-Beschwerden führen können. Morrison schrieb: *„Asthma nach Blutung oder bei Kindern, deren Mutter in der Schwangerschaft oder während der Wehen viel Flüssigkeit verloren hat oder sehr anämisch war."*

Klinisches: Blutungen. Anämie. Schwäche. Diarrhoe. Flatulenz. Kopfschmerzen. Leberleiden. Gelbsucht. Milzleiden. Pleuritis. Schlafstörungen. Psoriasis. Abszesse.

Wirkungsbereich: Blut. Kreislauf. Verdauungsorgane. Leber. Milz. Nerven.

* * *

Krankengeschichte; familiäre und persönliche

ALLGEMEINES - **Familiengeschichte von - Malaria** (mrr1/1878)
- Krankengeschichte von; persönliche - Nasenbluten; von wiederkehrendem (bg1*/1910)
  - » *Säfteverlust; von* (wt1*/1910)

Zahnung - Magendarmsymptome

REKTUM - Diarrhoe - Zahnung; während (k/957)

Stillen - Gemütssymptome

GEMÜT - *Essen - weigert sich zu* (mtf33/53)

Stillen - Milch

MAGEN - *Aufstoßen - Milch, nach* (*/775)
- Aufstoßens; Art des - bitter - Milch agg. (ptk1/777)
  - » *sauer - Milch agg.* (*/779)
- *Sodbrennen - Milch agg.* (*/830)
- **Verdauungsstörung - Milch - agg.** (*/843)
- *Verdorben - Milch agg.* (k/844)

REKTUM - Diarrhoe - Milch - agg. (bg1*/954)

ALLGEMEINES - Speisen und Getränke - Milch - Abneigung (bg2*/2000)
- **Speisen und Getränke - Milch - agg.** (*/2001)

Stillen - Magendarmsymptome - Appetit - allgemein

MAGEN - **Appetit - fehlend - Essen - nach dem Essen kehrt der Appetit wieder zurück - Bissen; nach einem** (*/768)
- **Appetit - launischer Appetit** (*/770)
  - » vermehrt - abwechselnd mit - Appetitverlust (pd/771)

Stillen - Magendarmsymptome - Appetit - vermindert

MAGEN - **Appetit - fehlend** (*/767)
- *Appetit - fehlend - Hunger, mit* (*/768)
  - » *fehlend - Völlegefühl, durch* (k/769)
  - » **fehlend - Wetter; bei nebligem** (k/769)
  - » **schnelle Sättigung** (*/770)
  - » vermindert (*/772)
  - » *vermindert - Essenszeit, zur* (*/773)

Stillen - Magendarmsymptome - Appetit - vermehrt

MAGEN - *Appetit - Genuß, ohne* (k/769)
- Appetit - Genuß, ohne - bis er zu essen anfängt (k/769)
  - » **Heißhunger** (*/769)
  - » **Heißhunger - nachts** (*/769)
  - » *Heißhunger - Sättigung; schnelle* (bro1/770)
  - » *Heißhunger - Schweiß, mit* (bg2/770)
  - » nagend (k/770)
  - » **vermehrt** (*/770)
  - » **vermehrt - nachts** (*/771)
  - » vermehrt - begleitet von - Übelkeit (h1/771)
  - » vermehrt - Erbrechen - mit (k/771)
  - » vermehrt - Erwachen, beim (k/771)
  - » vermehrt - Essen - nach (b7a/772)
  - » **vermehrt - Essen - nach - nur beim Essen wieder; Appetit kehrt** (*/772)

» vermehrt - Essen - unmöglich; ist (k/772)
» vermehrt - ungewöhnlicher Zeit, zu (*/772)

Stillen - Magendarmsymptome - Aufstoßen - Speisen; von

MAGEN - **Aufstoßens; Art des - Speisen; von** (*/780)

Stillen - Magendarmsymptome - Aufstoßen - Wasser; Hochsteigen von

MAGEN - *Aufstoßens; Art des - Wasser in den Mund; Hochsteigen von* (*/781)
• Aufstoßens; Art des - Wasser in den Mund; Hochsteigen von - Essen - nach - agg. (*/781)

Stillen - Magendarmsymptome - Erbrechen

MAGEN - *Erbrochenen; Art des - Speisen - unverdaut* (bro1/800)

Stillen - Magendarmsymptome - Abdomen - agg. durch

ABDOMEN - Schmerz - Kindern; bei - Säuglingen; bei - krampfartig (lmj/888)

Stillen - Magendarmsymptome - Abdomen - amel. durch

ABDOMEN - *Schmerz - Beugen - vorne; nach - amel. - krampfartig* (k/882)
• Schmerz - Zusammenkrümmen - amel. - krampfartig (bro1*/897)

Stillen - Magendarmsymptome - Rektum

REKTUM - **Diarrhoe - Abstillen, nach dem** (*/950)
• Diarrhoe - Kindern, bei (mtf33/954)

Stillen - Allgemeines

SCHWEISS - Essen - nach - agg. (bg2/1786)
• *Essen - nach - amel.* (*/1786)

ALLGEMEINES - *Abmagerung - Heißhunger mit Abmagerung - Kindern; bei* (*/1845)
• *Abmagerung - Heißhunger mit Abmagerung - Kindern; bei - Kleinkindern; bei* (*/1845)
• Säuglinge (kk2/1944)

Infektionskrankheiten - Masern

REKTUM - Diarrhoe - Masern - nach (*/954)
• Diarrhoe - Masern - während (bro1/954)

HUSTEN - Masern - nach (*/1202)

FIEBER - Ausschlagsfieber; Fieber bei Ausschlagserkrankungen - Masern (*/1770)

HAUT - Hautausschläge - Masern (*/1817)

ALLGEMEINES - Masern - Beschwerden nach (*/1920)

Infektionskrankheiten - Mumps

GESICHT - Schmerz - Parotis (^/626)
• *Schmerz - Parotis - Schlucken agg.* (k/627)
» Parotis - stechend (*/627)
• **Schwellung - Parotis** (*/631)

Infektionskrankheiten - Scharlach

HAUT - Hautausschläge - Scharlach (bg2/1821)

Infektionskrankheiten - Pocken

REKTUM - **Diarrhoe - Pocken, bei** (*/955)

Infektionskrankheiten - Keuchhusten

HUSTEN - *Keuchhusten* (*/1197)
• Keuchhusten - katarrhalischen Phase; in der (bro1/1198)

Konstitution - Angst und Furcht

GEMÜT - *Beeindrucken, empfänglich für Eindrücke; leicht zu* (lmj/19)
• Beschwerden durch - Erwartungsspannung (bg*/23)
• *Feigheit* (*/59)
• Furcht - Geräusche, durch (gl1/69)
» Gespenstern; vor (k/70)
» Versagen, Mißerfolg; vor dem (sma/79)
» voller Furcht (gt/79)
• *Schreckliches und traurige Geschichten greifen sie stark an* (k13*/156)
• Vorsichtig (j/205)

Konstitution - Allgemeines

GEMÜT - Empfindlich - Kinder (dx1/44)
• *Entmutigt* (*/46)
• **Faulheit** (*/55)
• Gewissenhaft, peinlich genau in bezug auf Kleinigkeiten (*/99)
• Milde (bg/130)
• Selbstsucht, Egoismus (gg*/161)
• *Selbstvertrauen - Mangel an Selbstvertrauen* (*/161)
• *Sorgen; voller* (*/164)
• **Sorgsamkeit, Sorgfalt** (b7/165)
• *Stimmung, Laune - veränderlich* (*/171)
» veränderlich - Kindern; bei (mtf33/171)
• *Theoretisieren* (*/180)
• Ungerechtigkeit; erträgt keine (lmj/191)
• *Unzufrieden* (*/194)
• Weinen - Kindern; bei (j5/246)
» Kindern; bei - Säuglingen; bei (gg/246)
» leicht (gl1/246)

Familie; Beziehung zur - Liebe und Zuneigung

GEMÜT - Eifersucht (^/40)
• Liebevoll, voller Zuneigung, herzlich (ckh1/125)

Familie; Beziehung zur - Vorwürfe

GEMÜT - Beschwerden durch - Bestrafung (mtf33/22)
• Ermahnungen - agg. (mtf/47)
» agg. - freundliche; selbst (b7/47)
• Weinen - Ermahnung, durch (k/245)

Beziehung zu anderen - Aggressivität

GEMÜT - Grausamkeit (bg2/103)

- Spotten (*/166)
- Streitsüchtig (*/173)
- Zorn - Liebkosungen, durch (k/254)

Beziehung zu anderen - Reaktion auf andere

Gemüt - Antworten - Abneigung zu antworten (k/14)
- *Antworten - undeutlich* (k/15)
  - » *weigert sich zu antworten* (*/15)
- *Gesellschaft - Abneigung gegen* (*/94)
- Lesen - Verlangen - vorgelesen zu bekommen (*/125)
- *Schüchternheit, Zaghaftigkeit* (*/158)
  - » Kindern; bei (mtf33/158)
  - » Öffentlichkeit; beim Auftreten in der (gl*/159)
- Trost - agg. (*/188)
- *Untröstlich* (*/193)
  - » Kindern; bei (mtf33/193)
- Weinen - Liebkosungen, durch (k/246)
  - » Trost - agg. (k/248)
- Widerspenstig (sf1/249)
- Widerspruch - verträgt keinen Widerspruch (bro1*/249)
  - » *verträgt keinen Widerspruch - Kindern; bei* (mtf33/249)

Beziehung zu anderen - allgemein

Gemüt - Argwöhnisch, mißtrauisch (k/16)
- Beleidigt, leicht (*/20)
- Empfindlich - äußerliche Eindrücke; gegen alle (mrr1/42)
- Tadelsüchtig, krittelig (*/178)
- **Tadelt andere** (*/179)
- Unbarmherzig (bg2/189)
- Unverschämtheit (bro1/193)

Schule - Angst

Gemüt - Beschwerden durch - Erwartungsspannung (bg*/23)
- Furcht - Versagen, Mißerfolg; vor dem (sma/79)
- *Selbstvertrauen - Mangel an Selbstvertrauen* (*/161)

Rektum - Diarrhoe - Erregung, Aufregung agg. (bg1/952)

Schule - Lernen - allgemein

Gemüt - Dyslexie (mtf/40)

Schule - Lernen - Lesen

Gemüt - Fehler; macht - Lesen, beim (gg/57)

Schule - Lernen - Schreiben

Gemüt - *Fehler; macht - Schreiben, beim* (*/57)
- *Fehler; macht - Schreiben, beim - stellt etwas um - Buchstaben* (k/58)

Schule - Anstrengung; geistige

Kopf - *Schmerz - geistige Anstrengung - agg.* (k/328)

Schule - Beziehung zu anderen

Gemüt - Schüchternheit, Zaghaftigkeit - Öffentlichkeit; beim Auftreten in der (gl*/159)
- *Ungehorsam* (*/191)
  - » *Kindern, bei* (hr1*/191)

Schule - Vorwürfe

Gemüt - Beschwerden durch - Bestrafung (mtf33/22)
- Ermahnungen - agg. (mtf/47)
  - » agg. - freundliche; selbst (b7/47)
- Weinen - Ermahnung, durch (k/245)

Schule - Konstitution

Gemüt - *Eigensinnig, starrköpfig, dickköpfig* (*/41)
- *Eigensinnig, starrköpfig, dickköpfig - Kinder* (hr1*/41)
- Gewissenhaft, peinlich genau in bezug auf Kleinigkeiten (*/99)
- *Selbstvertrauen - Mangel an Selbstvertrauen* (*/161)
- *Ungehorsam* (*/191)
  - » *Kindern, bei* (hr1*/191)

Tieren; Beziehung zu

Gemüt - Furcht - Hühnern; vor (gk/71)
- **Furcht - Hunden, vor** (*/71)
  - » Katzen; vor (vh*/71)
  - » **Tieren, vor** (*/76)
  - » **Tieren, vor - Haustieren; vor** (mrr1/76)

Nonverbales - Aggressivität

Gemüt - *Diktatorisch* (vh*/39)
- *Grobheit - Kinder; ungezogene* (kr1*/104)
- *Reizbarkeit, Gereiztheit - Kindern, bei* (vh*/145)

Nonverbales - Reaktion auf andere

Gemüt - *Angesehen, angeblickt zu werden - erträgt es nicht, angesehen zu werden* (*/5)
- Angesehen, angeblickt zu werden - erträgt es nicht, angesehen zu werden - Kindern; bei (mtf33/5)
- *Berührtwerden - Abneigung berührt zu werden* (*/21)
  - » Abneigung berührt zu werden - Kindern; bei (mtf33/21)
- *Furcht - berührt zu werden* (bro1/66)
  - » Näherkommen, Annäherung von; vor - anderen, von (^/74)
- Liebkost zu werden; Liebkosungen - Abneigung, liebkost, gestreichelt zu werden (mtf/126)
- Magnetisiert - amel. (mtf33/127)

Nonverbales - Gesten, Gebärden

Gemüt - *Launenhaftigkeit, launisch* (*/123)
- Launenhaftigkeit, launisch - weist Dinge zurück, die er haben wollte, sobald er sie bekommt (tl1/123)

• **Springen** (^/169)

Nonverbales - Allgemeines

GEMÜT - *Eigensinnig, starrköpfig, dickköpfig* (*/41)
• *Eigensinnig, starrköpfig, dickköpfig - Kinder* (hr1*/41)
• Ruhelosigkeit - Kindern, bei (mtf33/151)
• Singen (gl1/163)

Nonverbales - Konsultation; bei der

KOPF - Empfindlichkeit - Kopfhaut, der (ptk1/284)
• *Empfindlichkeit - Kopfhaut, der - Berührung, gegen* (bro1*/284)
• Hitze - Kälte - Extremitäten; mit Kälte der (bg2*/293)
» Kälte - Körpers; mit Kälte des (k/293)
OHR - *Absonderungen - Blut* (*/497)
• *Absonderungen - Blut - Eiterung; nach lange anhaltender* (k/497)
» *blutig* (*/497)
» *eitrig* (*/497)
» *stinkend* (hr1/498)
» *übelriechend* (*/498)
• Entzündung - Gehörgang (b7a/500)
» Mittelohr - chronisch (bro1/501)
• Katarrh - Eustachische Röhre (k2/515)
HÖREN - Schwerhörig - Tubenkatarrh (k2/537)
GESICHT - **Schwellung - Unterkieferdrüsen** (*/631)
• Schwellung - Unterkieferdrüsen - schmerzhaft - Schlucken agg. (h1*/631)
MUND - Aphthen (*/639)
• Stomatitis ulcerosa, Stomakaze (*/689)
INNERER HALS - Schwellung - Tonsillen (k/747)
ÄUSSERER HALS - *Schwellung - Halsdrüsen* (b7/760)
URIN - Zucker - Kindern; bei (mtf33/1056)
EXTREMITÄTEN - Krümmung und Biegung (b7a/1473)
• Nägel; Beschwerden der - spröde, brüchige Nägel - Fingernägel (sma/1665)
HAUT - *Erysipel* (*/1798)
• *Farbe - gelb - Neugeborenen, bei* (*/1800)
• *Intertrigo* (*/1825)
• Verwachsen - Knochen; am (*/1835)
• *Wundliegen - Kindern; bei* (*/1837)

Nonverbales - Äußerliches - Beobachtungen des Arztes

NASE - Spitz (b7/574)
GESICHT - Aufgesprungen - Lippen (k/579)
• Farbe - blaß - Kindern; bei (mtf33/586)
• *Fettig* (*/593)
• **Hippokratisches Gesicht** (*/605)
• **Rissig - Lippen** (*/613)
» *Lippen - Oberlippe - Mitte der* (vh/613)
» Lippen - Unterlippe (b7/613)
» *Lippen - Unterlippe - Mitte der* (h1*/614)
• **Venen, erweiterte** (*/634)
» **Schläfen** (*/634)
» Stirn (bg2*/634)
ÄUSSERER HALS - Torticollis (b7/761)
ATMUNG - Asphyxie - Kindern, Neugeborenen; bei (*/1160)
• Asthma, asthmatische Atmung - Kindern; bei (hr1/1162)
• *Beschleunigt* (*/1174)
RÜCKEN - Opisthotonus (brm/1325)
ALLGEMEINES - *Aussehen - dunkel* (kr1*/1854)
• Magere Personen (hr1*/1919)
• Zyanose - Kindern; bei - Kleinkindern; bei (*/2035)

Nonverbales - Äußerliches - Beobachtungen der Eltern

MUND - *Beißt - Zunge; beißt sich auf die* (vk1/640)
ZÄHNE - Zähneknirschen (mtf11/718)
MAGEN - *Brechreiz, Würgen* (k/784)
• *Schluckauf* (k/809)
• **Völlegefühl - Essen - nach - agg.** (*/845)
» **Essen - nach - agg. - wenig, nach dem kleinsten Bissen; nach noch so** (*/845)
ABDOMEN - Flatulenz - Kindern; bei (mtf33/863)
• Schmerz - Beugen - hinten, nach - amel. (sne/882)
» *Beugen - vorne; nach - amel. - krampfartig* (k/882)
» Kindern; bei - Säuglingen; bei - krampfartig (lmj/888)
» *Zusammenkrümmen - amel.* (k/897)
» Zusammenkrümmen - amel. - krampfartig (bro1*/897)
REKTUM - *Unwillkürlicher Stuhl* (*/984)
STUHL - Schafskot, wie (b2/997)
• **Unverdaut** (*/999)
» **Obst agg.** (k/999)
BLASE - *Urinieren - Harndrang - plötzlich - beeilen um zu urinieren, sonst geht Urin ab; muß sich* (b7/1015)
• *Urinieren - unwillkürlich - Kindern; bei - schwächlichen; bei* (k/1020)
MÄNNLICHE GENITALIEN - *Masturbation, Neigung zur* (*/1071)
• *Masturbation, Neigung zur - exzessiv* (hr1*/1071)
WEIBLICHE GENITALIEN - *Masturbation; Neigung zu* (c1*/1104)
ATMUNG - *Schnarchen* (*/1180)
• Schnarchen - Kindern; bei (mtf33/1180)
AUSWURF - Blutig - Laktationsperiode, in der (kr1/1214)
SCHWEISS - Essen - nach - agg. (bg2/1786)
• *Essen - nach - amel.* (*/1786)
HAUT - Ekchymosen (*/1797)

Nacht; Beobachtungen in der - Gemütssymptome

GEMÜT - Furcht - Dunkelheit; vor der (j/66)
• Furcht - Erwachen; beim - Traum; aus einem (*/67)
• Gesten, Gebärden; macht - Hände; unwillkürliche Bewegungen der - zupft - Bettwäsche; an der (*/98)
» Hände; unwillkürliche Bewegungen der - zupft - Bettwäsche; an der - Schweiß; beim (bg2/98)
• *Reizbarkeit, Gereiztheit - morgens - Erwachen, beim - Kindern, bei* (st/143)
• Weinen - Wimmern, Winseln - nachts (j/248)
» *Wimmern, Winseln - Schlaf, im* (b7/248)

Nacht; Beobachtungen in der - körperliche Symptome

KOPF - Schweiß der Kopfhaut - nachts (k/403)
• Schweiß der Kopfhaut - Stirn - nachts (k/404)
REKTUM - Unwillkürlicher Stuhl - Schlaf; agg. im (k/985)
BLASE - Urinieren - unwillkürlich - nachts (*/1019)
• *Urinieren - unwillkürlich - nachts - schwächlichen Kindern, bei* (*/1019)

Nacht; Beobachtungen in der - Schlaf

SCHLAF - *Erwachen - Schreck, wie durch* (k/1675)
• *Schläfrigkeit - Cholera infantum - nach* (hr1*/1698)
» Diarrhoe - während - Kindern, bei (mtf33/1698)

Nacht; Beobachtungen in der - Schlaf; Lage im

SCHLAF - Lage - Arme - Kopf - über dem Kopf (*/1682)
• Lage - Arme - Kopf - unter dem Kopf (st/1682)
» Beine - angezogen (*/1682)
» Beine - ausgestreckt (*/1682)
» Hände - Kopf - unter dem (bro1/1682)
» Kopf - hinten gebeugt; nach (*/1682)
» Rücken, auf dem (*/1683)
» Seite, auf der - linken Seite, auf der (vh/1683)
» Seite, auf der - rechten Seite, auf der (vh/1683)
» Seite, auf der - rechten Seite, auf der - unmöglich (vh/1683)
» Sitzen (*/1683)

Autos und Schiffe

KOPF - Schmerz - Fahren - Wagen, im - agg. (k/326)

Psychosomatische Störungen

REKTUM - Diarrhoe - Erregung, Aufregung agg. (bg1/952)

Körperliche Symptome und Erkrankungen

KOPF - Entzündung - Gehirn (bro1/284)
• *Hydrozephalus* (bro1/295)
• Schmerz - katarrhalisch (*/331)
ZÄHNE - *Karies, faule, hohle Zähne* (*/700)
MAGEN - **Langsame Verdauung** (bro1*/805)
• *Würgen - Husten, mit* (*/846)
REKTUM - Cholera - infantum (bro1/949)
• Diarrhoe - Hautausschläge - während (k/953)
KEHLKOPF UND TRACHEA - Laryngismus stridulus (bro1/1145)
EXTREMITÄTEN - **Hüftgelenksentzündung** (*/1443)
FIEBER - **Continua** (k/1772)
• *Schleichendes Fieber* (*/1779)
ALLGEMEINES - Abmagerung - Kindern; bei (k/1845)
• Abmagerung - Kindern; bei - Kleinkindern; bei (bg*/1845)
• *Arzneimittel - heftige Reaktion auf homöopathische Arzneimittel* (b7/1852)
• Essen - Überessen; agg. nach (bg2/1877)
• Kindern; Beschwerden von (*/1897)
• Konvulsionen - Hitze; während (bg2/1904)
• Medikamente - allopathische - Mißbrauch von (c1/1921)

Chirurgisch pathologische Zustände

ABDOMEN - *Entzündung - Peritoneum* (c2*/860)
• *Entzündung - Peritoneum - tuberkulös* (bro1/860)
• Hernie - Leistenhernie (b2/868)
» Leistenhernie - schmerzhaft (b7/868)
MÄNNLICHE GENITALIEN - Hochgezogen, an den Körper gezogen - Hoden (bro1/1068)

Würmer

KOPF - Schmerz - Würmer; bei Beschwerden durch (k/343)
REKTUM - Jucken - Askariden, durch (k/965)
• Würmer - Beschwerden durch Würmer (b2/985)
» Beschwerden durch Würmer - Bandwürmer (*/986)
» Beschwerden durch Würmer - Madenwürmer (*/986)
» Beschwerden durch Würmer - Spulwürmer (b2/986)
» Beschwerden durch Würmer - Vollmond (bg2/986)

Chininum arsenicosum

chinin-ar.

Ängstliche Kinder, die besonders um ihre Gesundheit Angst haben. Zu weiteren typischen Ängsten zählen: enge Orte und Gespenster, deren Anwesenheit sie spüren. Kent schrieb: „Viele Einbildungen und Phantasiebilder; sieht Bilder, schreckliche Bilder.“ Ängste können *Kopfschmerzen* verursachen, denen Reizbarkeit vorausgeht. Wenn die Kopfschmerzen erscheinen, setzt sich das Kind im Bett auf und jammert. *Kopfschmerzen können auch nach geistiger Anstrengung erscheinen.*

Erschöpfung und Abneigung gegen geistige Arbeit sind ausgeprägte Symptome dieses Mittels. Gestörtes Gedächtnis mit Gefühl geistiger und körperlicher Schwäche. Stumpfheit, möchte still sein und alleine gelassen werden; möchte nicht gestört werden. Mit allem unzufrieden.

Den besten Freunden gegenüber übertrieben kritisch.

Sie sind gewöhnlich schüchtern, empfindlich und argwöhnisch. Wie bei allen Arsen-Verbindungen sind in großem Maß *Akribie, Ordnungssinn und Reinlichkeit* festzustellen.

Ruhelosigkeit, besonders nachts, um 3 Uhr.

Empfindlich gegen Geräusche.

Dieses Mittel hat eine ausgeprägte Periodizität.

Bronchialkatarrh mit periodischem Fieber, nachts schlimmer. Asthmaanfälle, die periodisch wiederkehren, mit großer Erschöpfung.

Chininum arsenicosum ist oft nützlich bei Schwäche nach Influenza. Es ist auch angezeigt bei Continua mit Kälte von Händen, Füßen und Knien; dick belegte Zunge und bitterer Geschmack im Mund.

Empfindlich gegen Kälte; Beschwerden sind schlechter durch Kälte oder durch Abkühlung.

Chronische Diarrhoe, wenn die Schwäche das hervorstechendste Merkmal ist.

Obst, Eier und Fisch rufen Diarrhoe hervor. Es wird empfohlen, mit Kaviar vorsichtig zu sein (Fischeier), auch wenn es keine „pädiatrische Speise“ ist.

Verschlimmerungen durch Speisen verursachen Diarrhoe und Bauchschmerzen, die brennend und krampfartig sind und besser werden durch Druck, Liegen auf dem Bauch und heiße Anwendungen. Alexander Leslie Blackwood schrieb: „Es begegnet den chronischen Darmstörungen von Kindern, die durch Säfteverlust und schlechte Ernährung geschwächt sind.“

Hering beschreibt die Augenleiden dieses Mittels: „Intensive Photophobie und Krämpfe der Ringmuskeln des Auges, Ausströmen heißer Tränen, große Geschwüre, die beide Augen angreifen, Verschlechterung von Mitternacht bis 3 Uhr, währenddessen das Kind aufrecht im Bett saß und klagte. Keratitis.“

Klinisches: Hemikranie. Magenschmerzen. Diarrhoe. Asthma. Epilepsie. Keratitis. Scharlach.

Wirkungsbereich: Verdauungskanal. Lungen. Blut. Herz. Nerven. Haut.

* * *

Stillen - Magendarmsymptome - Appetit - vermindert

MAGEN - Appetit - fehlend (*/767)
• Appetit - vermindert (k/772)

Stillen - Magendarmsymptome - Appetit - vermehrt

MAGEN - Appetit - Genuß, ohne (k/769)
• *Appetit - Heißhunger* (k/769)
» vermehrt - Essen - nach (ptk1/772)

Stillen - Magendarmsymptome - Aufstoßen - Speisen; von

MAGEN - Aufstoßens; Art des - Speisen; von (k/780)

Stillen - Magendarmsymptome - Aufstoßen - Wasser; Hochsteigen von

MAGEN - Aufstoßens; Art des - Wasser in den Mund; Hochsteigen von (k/781)

Stillen - Magendarmsymptome - Abdomen - amel. durch

ABDOMEN - Schmerz - Druck - amel. (^/883)
• Schmerz - Liegen - Abdomen; auf dem - amel. (k/889)

Infektionskrankheiten - Mumps

GESICHT - *Schwellung - Parotis* (k/631)

Infektionskrankheiten - Scharlach

INNERER HALS - Entzündung - Scharlach; bei (k2/724)

FIEBER - Ausschlagsfieber; Fieber bei Ausschlagserkrankungen - Scharlach (bro1/1770)

HAUT - Hautausschläge - Scharlach (c2/1821)

Konstitution - Angst und Furcht

GEMÜT - Furcht - engen Räumen; in (vh/67)
• Furcht - Gespenstern; vor (k/70)

Konstitution - Allgemeines

GEMÜT - Ehrgeiz - Verlust von (^/40)
• Entmutigt (k/46)
• Faulheit (k/55)
• Gewissenhaft, peinlich genau in bezug auf Kleinigkeiten (k/99)
• Unzufrieden (k/194)

Beziehung zu anderen - Reaktion auf andere

GEMÜT - Antworten - unfähig zu antworten (^/15)
• Antworten - weigert sich zu antworten (k/15)
• Schüchternheit, Zaghaftigkeit (k/158)

Beziehung zu anderen - allgemein

GEMÜT - Argwöhnisch, mißtrauisch (k/16)
• Beleidigt, leicht (k/20)

• Tadelsüchtig, krittelig (k/178)

Schule - Anstrengung; geistige

KOPF - Schmerz - geistige Anstrengung - agg. (k/328)

Schule - Konstitution

GEMÜT - Gewissenhaft, peinlich genau in bezug auf Kleinigkeiten (k/99)

Nonverbales - Gesten, Gebärden

GEMÜT - Launenhaftigkeit, launisch (k/123)
• Springen (^/169)

Nonverbales - Konsultation; bei der

GESICHT - Schwellung - Unterkieferdrüsen (k/631)
MUND - Aphthen (k/639)
• Aphthen - brennend (k/639)
ABDOMEN - Schmerz - Druck - amel. (^/883)

Nonverbales - Äußerliches - Beobachtungen des Arztes

GESICHT - Rissig - Lippen (k/613)
ATMUNG - Beschleunigt (k/1174)

Nonverbales - Äußerliches - Beobachtungen der Eltern

MAGEN - Schluckauf (k/809)
• Völlegefühl - Essen - nach - agg. (k2/845)
ABDOMEN - Schmerz - Liegen - Abdomen; auf dem - amel. (k/889)
REKTUM - Unwillkürlicher Stuhl (k/984)
STUHL - **Unverdaut** (k/999)

Nacht; Beobachtungen in der - körperliche Symptome

BLASE - Urinieren - unwillkürlich - nachts (k2/1019)

Nacht; Beobachtungen in der - Schlaf

SCHLAF - Erwachen - Schreck, wie durch (k2/1675)

Körperliche Symptome und Erkrankungen

KOPF - Schmerz - katarrhalisch (k/331)
MAGEN - Würgen - Husten, mit (k/846)
EXTREMITÄTEN - Hüftgelenksentzündung (k/1443)
FIEBER - *Continua* (k/1772)

Chininum sulphuricum

chinin-s.

Wie bei Chininum arsenicosum findet man Ruhelosigkeit, Überempfindlichkeit gegen Geräusche und viele Ängste (vor Unglück, Katastrophen, Unheil, um die Gesundheit von Verwandten, die Zukunft und Geld).

Sie schmieden viele Pläne, besonders abends und nachts; Trägheit morgens beim Erwachen.

In der Schule haben sie Probleme, besonders mit Mathematik, dort machen sie Fehler beim Addieren. Auch machen sie oft Fehler beim Schreiben. Lesen verursacht Kopfschmerzen in der Stirn.

Es besteht eine Beziehung zwischen Kopfschmerzen und Magenbeschwerden.

Der Appetit ist häufiger vermehrt, unmittelbar nach dem Essen und nachts; sie stehen auf und suchen nach Süßigkeiten. Manchmal wird vermehrter Appetit von Übelkeit begleitet.

Nasenbluten bei Kindern.

Intermittierender Strabismus: an einem Tag schielt das Kind und am nächsten ist es völlig in Ordnung.

Prolaps des Rektums (Differentialdiagnose: Podophyllum, Nux vomica, Ferrum metallicum, Ferrum phosphoricum, Hydrastis, Belladonna, Ignatia, Carcinosinum, Indium metallicum, Medorrhinum, Mercurius, Muriaticum acidum, Plumbum).

Klinisches: Kopfschmerzen. Periodischer Strabismus. Diarrhoe. Prolaps des Rektums. Vergrößerte Milz. Asthma. Rheumatismus. Urtikaria. Scharlach.

Wirkungsbereich: Kopf. Nerven. Kreislauf. Verdauungskanal. Haut.

* * *

Krankengeschichte; familiäre und persönliche

ALLGEMEINES - Krankengeschichte von; persönliche - Malaria; von (mrr1/1910)

Stillen - Magendarmsymptome - Appetit - vermindert

MAGEN - Appetit - fehlend (*/767)
• *Appetit - fehlend - Hunger, mit* (k/768)

Stillen - Magendarmsymptome - Appetit - vermehrt

MAGEN - Appetit - Heißhunger (bg2/769)
• **Appetit - Heißhunger - Essen - nach dem Essen - bald danach** (k/770)
» *vermehrt* (*/770)
» *vermehrt - nachts* (*/771)
» vermehrt - begleitet von - Übelkeit (bg2/771)
» vermehrt - Erbrechen - mit (bg2/771)
» *vermehrt - Essen - nach* (k/772)

Stillen - Magendarmsymptome - Abdomen - agg. durch

ABDOMEN - Schmerz - Druck - agg. (k/883)

Infektionskrankheiten - Mumps

GESICHT - Entzündung - Parotis (c2/584)

Infektionskrankheiten - Scharlach

HAUT - Hautausschläge - Scharlach (c2/1821)

Infektionskrankheiten - Pocken

HAUT - *Hautausschläge - Pocken* (c2*/1819)

Konstitution - Angst und Furcht

GEMÜT - Beschwerden durch - Erwartungsspannung (ptk1/23)
• Furcht - Armut, vor (mrr/65)

Konstitution - Allgemeines

GEMÜT - *Entmutigt* (k/46)
• Faulheit (k/55)
• Furcht - Armut, vor (mrr/65)

Familie; Beziehung zur - Liebe und Zuneigung

GEMÜT - Angst - andere, um (mrr1/7)

Beziehung zu anderen - Reaktion auf andere

GEMÜT - Antworten - Abneigung zu antworten (k/14)

Schule - Angst

GEMÜT - Beschwerden durch - Erwartungsspannung (ptk1/23)

Schule - Lernen - Mathematik, Rechnen

GEMÜT - Fehler; macht - Rechnen, beim (k/57)
• Fehler; macht - Rechnen, beim - Addieren, beim (a1/57)

Schule - Lernen - Schreiben

GEMÜT - Fehler; macht - Schreiben, beim (k/57)
• Fehler; macht - Schreiben, beim - falsch - Worte (a1/57)

Schule - Anstrengung; geistige

KOPF - Schmerz - Lesen, beim - agg. (k/332)
• Schmerz - Stirn - Lesen agg. (k/389)

Schule - Konstitution

GEMÜT - Eigensinnig, starrköpfig, dickköpfig (k/41)

Tieren; Beziehung zu

GEMÜT - Furcht - Tieren, vor (mrr1/76)

Nonverbales - Gesten, Gebärden

GEMÜT - *Springen* (^/169)

Nonverbales - Allgemeines

GEMÜT - Eigensinnig, starrköpfig, dickköpfig (k/41)

Nonverbales - Konsultation; bei der

KOPF - Hitze - Kälte - Körpers; mit Kälte des (k/293)
GESICHT - Schwellung - Unterkieferdrüsen (k/631)
ABDOMEN - Schmerz - Druck - agg. (k/883)
REKTUM - Prolaps - Kindern; bei (c1/971)
HAUT - Hautausschläge - Bläschen - Sudamina (Schweißfriesel) (k/1810)

Nonverbales - Äußerliches - Beobachtungen des Arztes

AUGE - *Strabismus, Schielen* (k/467)
GESICHT - *Venen, erweiterte - Schläfen* (k/634)
ATMUNG - *Beschleunigt* (k/1174)

Nonverbales - Äußerliches - Beobachtungen der Eltern

NASE - Nasenbluten - Kindern; bei (k/557)
MAGEN - Brechreiz, Würgen (k/784)
• *Schluckauf* (*/809)
  » heftig (k/810)
• *Völlegefühl - Essen - nach - agg.* (k/845)
REKTUM - Unwillkürlicher Stuhl (k/984)
STUHL - Schafskot, wie (k/997)
ATMUNG - Schnarchen (bg2/1180)
EXTREMITÄTEN - Nägel; Beschwerden der - zäh - Fingernägel (k/1666)

Nacht; Beobachtungen in der - Gemütssymptome

GEMÜT - Furcht - Dunkelheit; vor der (vh*/66)

Nacht; Beobachtungen in der - körperliche Symptome

ZÄHNE - Zusammenbeißen der Zähne - Verlangen, die Zähne zusammenzubeißen; ständiges - fest zusammengebissen - nachts - Mitternacht - nach (k/719)

Autos und Schiffe

SCHLAF - Schläfrigkeit - nachmittags - Wagen, im (a1/1697)
• Schläfrigkeit - Fahren - agg. (k/1698)

Körperliche Symptome und Erkrankungen

KOPF - Entzündung - Gehirn (bro1/284)
• Hydrozephalus (bg2*/295)
FIEBER - *Continua* (k/1772)

Chirurgisch pathologische Zustände

ABDOMEN - Entzündung - Peritoneum (bro1/860)

Chironex fleckeri

chir-fl.

Stillen - Magendarmsymptome - Appetit - allgemein

MAGEN - Appetit - launischer Appetit (gya2/770)
• Appetit - veränderlich (gya2/770)

Stillen - Magendarmsymptome - Appetit - vermindert

MAGEN - Appetit - fehlend (gya2/767)
• Appetit - vermindert (gya2/772)

Stillen - Magendarmsymptome - Appetit - vermehrt

MAGEN - Appetit - Heißhunger (gya2/769)

Stillen - Magendarmsymptome - Abdomen - amel. durch

ABDOMEN - Schmerz - Druck - amel. (gya2/883)

Konstitution - Angst und Furcht

GEMÜT - Furcht - allein zu sein (gya2/64)
• Furcht - Armut, vor (gya2/65)

Konstitution - Allgemeines

GEMÜT - Faulheit (gya2/55)
• Furcht - Armut, vor (gya2/65)
• Gewissenhaft, peinlich genau in bezug auf Kleinigkeiten (gya2/99)
• Heikel, pingelig (gya2/106)
• Sauberkeit, Reinlichkeit - Reinlichkeitswahn, Putzwut (gya2/153)
• Selbstvertrauen - Mangel an Selbstvertrauen (^/161)
• Sorgen; voller (gya2/164)
• Stimmung, Laune - veränderlich (gya2/171)
• Unzufrieden (^/194)

Familie; Beziehung zur - Liebe und Zuneigung

GEMÜT - Eifersucht (^/40)
• Verlassen zu sein; Gefühl (gya2/198)

Beziehung zu anderen - Aggressivität

GEMÜT - Grausamkeit (gya2/103)
• Herausfordernd (gya2/107)
• Schlagen - Verlangen - schlagen, zu (gya2/154)
• Streitsüchtig (gya2/173)

Beziehung zu anderen - Reaktion auf andere

GEMÜT - Gesellschaft - Abneigung gegen (gya2/94)
• Gesellschaft - Verlangen nach (^/95)

Beziehung zu anderen - allgemein

GEMÜT - Mitgefühl, Mitleid (gya2/130)
• Tadelsüchtig, krittelig (gya2/178)
• Unbarmherzig (gya2/189)
» Freunden; gegenüber (gya2/189)

Schule - Angst

GEMÜT - Selbstvertrauen - Mangel an Selbstvertrauen (^/161)

Schule - Konzentration

GEMÜT - Konzentration - schwierig - Studieren (gya2/117)

Schule - Konstitution

GEMÜT - Eigensinnig, starrköpfig, dickköpfig (^/41)
• Gewissenhaft, peinlich genau in bezug auf Kleinigkeiten (gya2/99)
• Heikel, pingelig (gya2/106)
• Selbstvertrauen - Mangel an Selbstvertrauen (^/161)

Spielen

GEMÜT - Tanzen (gya2/179)

Nonverbales - Aggressivität

GEMÜT - Diktatorisch (gya2/39)

Nonverbales - Gesten, Gebärden

GEMÜT - Ungeschicklichkeit (^/192)

Nonverbales - Allgemeines

GEMÜT - Eigensinnig, starrköpfig, dickköpfig (^/41)

Nonverbales - Konsultation; bei der

ÄUSSERER HALS - Schwellung - Halsdrüsen (gya2/760)
• Verhärtung von Drüsen (gya2/761)
ABDOMEN - Schmerz - Druck - amel. (gya2/883)
HAUT - Hautausschläge - Erythem (bnm4/1812)

Nonverbales - Äußerliches - Beobachtungen des Arztes

GESICHT - Farbe - blaß - Kindern; bei (bnm4/586)
• Hautausschläge - Akne (gya2/595)
ATMUNG - Beschleunigt (bnm4/1174)

Nonverbales - Äußerliches - Beobachtungen der Eltern

MAGEN - Völlegefühl - Essen - nach - agg. (gya2/845)

Nacht; Beobachtungen in der - Gemütssymptome

GEMÜT - Furcht - Dunkelheit; vor der (gya2/66)

Nacht; Beobachtungen in der - Schlaf

SCHLAF - Schläfrigkeit - Kindern, bei (bnm4/1699)

Chloralum hydratum

chlol.

Man sollte bei Chorea, Hysterie, Schlaflosigkeit und Neuralgie daran denken.

Hale schrieb: „Es ist nützlich bei *Pavor nocturnus von Kindern,* wenn er durch Würmer, Zahnung verursacht wird und das Ergebnis zerebraler Reizung nach durch Flüssigkeitsverlust erschöpfenden Absonderungen ist. Hierin konkurriert es mit Cuprum aceticum und den Bromiden."

Das Kind springt vor Angst aus dem Bett und ist in kaltem Schweiß gebadet. Das Kind schreit wie in panischer Todesangst auf und ist nicht zu beruhigen.

Enuresis nocturna in der zweiten Hälfte der Nacht, selbst wenn das Kind in der Nacht die Blase geleert und kein Wasser getrunken hat; es ist schwierig, dieses Kind zu wecken. Dr. Leonards betrachtet es als das einzig zuverlässige Mittel, um die krampfhafte Tätigkeit des Musculus detrusor vesicae zu beseitigen. Er gibt Kinder zwischen 0,4 und 0,65 g in Wasser gelöst, direkt vor dem Zubettgehen; erlaubt nur geringe Flüssigkeitsmengen zum Abendessen, das einige Stunden vor dem Zubettgehen eingenommen werden sollte.

Urtikariaartiger Hautausschlag, der tagsüber verschwindet und nachts wiederkehrt und so stark juckt, daß er das Kind am Schlaf hindert.

Was die Gemütsebene angeht, so sind es Kinder, die unter Heimweh leiden, Konzentrationsschwierigkeiten haben, schnell sprechen und sehr gerne tanzen.

Klinisches: Enuresis. Pavor nocturnus. Bronchitis. Herzleiden. Hämorrhagische Diathese. Purpura. Dermatitis. Erysipel. Urtikaria. Anämie.

Wirkungsbereich: Blase. Haut. Gemüt. Herz. Muskeln. Leber.

* * *

Zahnung - Empfindungen und neurologische Beschwerden

ALLGEMEINES - Konvulsionen - Zahnung; während der (bro1/1907)

Zahnung - Allgemeines

ZÄHNE - Zahnung - schwierig (hr1*/718)

Infektionskrankheiten - Mumps

GESICHT - Schwellung - Parotis (k/631)

Infektionskrankheiten - Keuchhusten

HUSTEN - Keuchhusten (*/1197)

Konstitution - Allgemeines

GEMÜT - Heimweh (a1/107)

Beziehung zu anderen - Reaktion auf andere

GEMÜT - Antworten - Abneigung zu antworten (a1/14)
• Antworten - gefragt wird; antwortet nicht, wenn er (a/15)
» unzusammenhängend (k/15)

Beziehung zu anderen - allgemein

GEMÜT - Sprache - hastig, eilig (k/167)

Schule - Konzentration

GEMÜT - Konzentration - schwierig - Studieren (a1/117)

Spielen

GEMÜT - Tanzen (*/179)

Nonverbales - Gesten, Gebärden

GEMÜT - Springen (^/169)
• Verstecken - sich (*/199)

Nonverbales - Allgemeines

GEMÜT - *Schreien - Kindern, bei* (^/157)

Nonverbales - Konsultation; bei der

GESICHT - Schwellung - Unterkieferdrüsen (k/631)
MUND - *Stomatitis ulcerosa, Stomakaze* (k/689)
EXTREMITÄTEN - Nägel; Beschwerden der - Abfallen der Nägel (bg2/1664)
HAUT - Erysipel (c2/1798)
• *Hautausschläge - Erythem* (br1*/1812)

Nonverbales - Äußerliches - Beobachtungen der Eltern

ATMUNG - Schnarchen (c1/1180)
HAUT - Ekchymosen (*/1797)

Nacht; Beobachtungen in der - Gemütssymptome

GEMÜT - *Angst - nachts - Kindern; bei* (kr1*/7)
• *Schreien - Kindern, bei - nachts* (gl1/157)

Nacht; Beobachtungen in der - körperliche Symptome

BLASE - *Urinieren - unwillkürlich - nachts* (k/1019)
• Urinieren - unwillkürlich - nachts - Morgen, gegen (k/1019)
» unwillkürlich - nachts - Wecken des Kindes ist schwierig (ptk1/1019)

Nacht; Beobachtungen in der - Schlaf

SCHLAF - Erwachen - Schreck, wie durch (*/1675)

Körperliche Symptome und Erkrankungen

KEHLKOPF UND TRACHEA - *Laryngismus stridulus* (bro1/1145)
FIEBER - Continua (gm1/1772)
ALLGEMEINES - Kindern; Beschwerden von (kr1/1897)
• *Konvulsionen - Kindern, bei* (kr1*/1905)
» Kindern, bei - Kleinkindern, bei (bro1/1905)

Chlorum

chlor.

Zahnung - Empfindungen und neurologische Beschwerden

ALLGEMEINES - Konvulsionen - Zahnung; während der (hr1/1907)

Zahnung - Allgemeines

ZÄHNE - Zahnung - schwierig (c1/718)

Stillen - Magendarmsymptome - Appetit - vermindert

MAGEN - *Appetit - fehlend* (k/767)

Infektionskrankheiten - Windpocken

FIEBER - Continua - Ausschlagsfieber (k/1772)

Infektionskrankheiten - Masern

FIEBER - *Ausschlagsfieber; Fieber bei Ausschlagserkrankungen - Masern* (k/1770)
• Continua - Ausschlagsfieber (k/1772)
HAUT - *Hautausschläge - Masern* (*/1817)

Infektionskrankheiten - Röteln

FIEBER - Continua - Ausschlagsfieber (k/1772)

Infektionskrankheiten - Scharlach

GEMÜT - *Bewußtlosigkeit - Scharlach, bei* (hr1/31)
FIEBER - Continua - Ausschlagsfieber (k/1772)

Infektionskrankheiten - Pocken

FIEBER - Continua - Ausschlagsfieber (k/1772)

Infektionskrankheiten - Keuchhusten

HUSTEN - *Keuchhusten* (k/1197)

Konstitution - Angst und Furcht

GEMÜT - Furcht - allein zu sein (stj2/64)
• Furcht - Armut, vor (k/65)
» Wasser, vor (stj2/79)

Konstitution - Allgemeines

GEMÜT - Furcht - Armut, vor (k/65)
• Heimweh (a1/107)
• Selbstvertrauen - Mangel an Selbstvertrauen (k/161)

Schule - Angst

GEMÜT - Selbstvertrauen - Mangel an Selbstvertrauen (k/161)

Schule - Konstitution

GEMÜT - Selbstvertrauen - Mangel an Selbstvertrauen (k/161)

Nonverbales - Gesten, Gebärden

GEMÜT - *Verstecken - sich* (kr1/199)

Nonverbales - Konsultation; bei der

MUND - Aphthen (k/639)
• Stomatitis ulcerosa, Stomakaze (bro1/689)

EXTREMITÄTEN - Nägel; Beschwerden der - Abblättern der Nägel (k/1664)

Nonverbales - Äußerliches - Beobachtungen des Arztes

GESICHT - Ausdruck - alt aussehend (*/580)
• Hippokratisches Gesicht (k/605)

ATMUNG - Beschleunigt (*/1174)

ALLGEMEINES - Magere Personen (stj2/1919)

Nonverbales - Äußerliches - Beobachtungen der Eltern

HAUT - Ekchymosen (bro1/1797)

Nacht; Beobachtungen in der - Gemütssymptome

GEMÜT - *Angst - nachts - Kindern; bei* (kr1/7)

Nacht; Beobachtungen in der - körperliche Symptome

KEHLKOPF UND TRACHEA - *Laryngismus stridulus - nachts - Mitternacht - 7 h, bis* (k/1145)
• *Laryngismus stridulus - Schlaf - im - agg.* (k/1145)

Nacht; Beobachtungen in der - Schlaf; Lage im

SCHLAF - Lage - Rücken, auf dem (a1/1683)

Körperliche Symptome und Erkrankungen

KOPF - *Schmerz - katarrhalisch* (k/331)

MAGEN - Würgen - Husten, mit (k/846)

KEHLKOPF UND TRACHEA - *Laryngismus stridulus* (*/1145)
• *Laryngismus stridulus - Ausatmen agg.; beim* (*/1145)

FIEBER - **Continua** (k/1772)

Chocolate

choc.

Kinder, die Chocolate benötigen, haben *ein großes Bedürfnis nach Kontakt, Wärme und Zuneigung.* Rajan Sankaran schrieb: „Es ist das Gefühl eines Kindes, das zu früh von der Mutter getrennt wurde, zu einer Zeit, als das Bedürfnis, an der Mutterbrust zu saugen, immer noch sehr groß war. Als Folge davon fühlt sich die Person von der eigenen Familie verlassen, abgetrennt und entfremdet. Von der Mutter getrennt zu sein, gibt ihr das Gefühl, von der Welt getrennt zu sein."

Daher kann das Mittel benutzt werden *bei den Kindern, die kurze Zeit gestillt wurden*, da ihre Mutter wieder zur Arbeit zurück mußte. Sie leiden an verfrühter Ablösung, mit einem *Gefühl von Isolation und Verlassenheit.*

Gefühl, verletztlich zu sein. Das Kind fühlt sich zurückgewiesen und ist überempfindlich. Es sind viele Ängste vorhanden: etwas werde geschehen, um die Gesundheit, vor Unfällen, Autos, angegriffen zu werden und vor Tieren, besonders Hunden.

Einige Autoren vergleichen Chocolate mit einem Igel: er hat eine weiche Vorderseite und einen stacheligen Rücken.

Zuneigung wechselt mit Gleichgültigkeit ab; Aktivität wechselt mit Energielosigkeit ab; Schwäche mit Energie. Wechselnde Stimmung.

Das Kind fühlt sich völlig isoliert und mag keine Gesellschaft, vor allem, wenn sie ein Bedürfnis nach Zuneigung haben. Sie entfremden sich von der Familie und von Freunden.

Intolerant, fast grausam; selbstsüchtig und ungeduldig.

Konzentrationsschwierigkeiten, langsam und geistesabwesend, muß nachdenken, bevor er antwortet. Lesen ist unmöglich. Springt im Gespräch von einem Thema zu anderen.

Macht Fehler beim Schreiben (läßt Buchstaben aus oder verdreht sie, benutzt falsche Worte oder wiederholt Worte).

Auf der körperlichen Ebene erscheinen die Symptome plötzlich.

Kopfschmerzen in der Stirn; Schwere; drückende Schmerzen.

Verstopfung der Nase im warmen Zimmer.

Flatulenz; *Diarrhoe;* weicher Stuhl, der nur schwer abgeht.

Vermehrter Appetit morgens beim Erwachen und abends. Verlangen nach Obst und Erfrischendem.

Frierende Kinder; Verschlimmerung durch Kälte; Verlangen zugedeckt zu werden und sich zusammenzurollen.

Symptome beginnen auf der rechten Seite und wandern auf die linke.

Klinisches: Verlassenheitsgefühl. Kopfschmerzen. Durchfall.

Wirkungsbereich: Gemüt. Kopf. Abdomen.

* * *

Stillen - Magendarmsymptome - Appetit - allgemein

MAGEN - Appetit - launischer Appetit (srj3/770)

Stillen - Magendarmsymptome - Appetit - vermindert

MAGEN - Appetit - vermindert (srj3/772)

Stillen - Magendarmsymptome - Appetit - vermehrt

MAGEN - Appetit - vermehrt (srj3/770)
- Appetit - vermehrt - Dämmerung; in der (srj3/771)
  - » vermehrt - Erwachen, beim (srj3/771)

Konstitution - Allgemeines

GEMÜT - Faulheit (srj3/55)
- Heikel, pingelig (oss/106)
- Neugierig (srj3*/135)
- Pflicht - zu viel Pflichtgefühl (oss/136)
- Reisen - Verlangen nach (srj3/142)
- Selbstsucht, Egoismus (srj3/161)
- Selbstvertrauen - Mangel an Selbstvertrauen (srj3/161)
- Spontan, impulsiv (srj3/166)
- Stimmung, Laune - veränderlich (srj3*/171)
- Wandern, Herumwandern - Verlangen zu wandern (srj3/243)

Familie; Beziehung zur - Liebe und Zuneigung

GEMÜT - Entfremdet - Familie, von seiner (srj3/45)
- Liebevoll, voller Zuneigung, herzlich (srj3/125)
- Verlassen zu sein; Gefühl (srj3/198)

Beziehung zu anderen - Aggressivität

GEMÜT - Grausamkeit (srj3/103)
- Schlagen - Verlangen - schlagen, zu (srj3/154)
- Spotten (^/166)
- Streitsüchtig (srj3/173)
- Zorn - Widerspruch, durch (^/255)

Beziehung zu anderen - Reaktion auf andere

GEMÜT - Antworten - langsam (srj3/15)
- Gesellschaft - Abneigung gegen (srj3/94)
  - » Verlangen nach (srj3/95)

Beziehung zu anderen - allgemein

GEMÜT - Empfindlich - äußerliche Eindrücke; gegen alle (srj3/42)

Schule - Angst

GEMÜT - Selbstvertrauen - Mangel an Selbstvertrauen (srj3/161)

Schule - Konzentration

GEMÜT - Konzentration - schwierig - Studieren (srj3/117)

Schule - Lernen - Schreiben

GEMÜT - Fehler; macht - Schreiben, beim (srj3*/57)
- Fehler; macht - Schreiben, beim - falsch - Worte (srj3/57)
  - » Schreiben, beim - läßt etwas aus - Buchstaben (srj3/57)
  - » Schreiben, beim - stellt etwas um - Buchstaben (srj3/58)
  - » Schreiben, beim - wiederholt Worte (srj3/58)

Schule - Konstitution

GEMÜT - Eigensinnig, starrköpfig, dickköpfig (oss/41)
- Heikel, pingelig (oss/106)
- Neugierig (srj3*/135)
- Selbstvertrauen - Mangel an Selbstvertrauen (srj3/161)

Tieren; Beziehung zu

GEMÜT - Furcht - Hunden, vor (srj3/71)

Nonverbales - Aggressivität

GEMÜT - Beißen (srj3/20)
- *Reizbarkeit, Gereiztheit - Kindern; gegenüber* (^/145)

Nonverbales - Gesten, Gebärden

GEMÜT - Gesten, Gebärden; macht - Mund statt den Händen zu gebrauchen; Verlangen, den (srj3/98)
- Klettern - Verlangen zu (^/115)
  - » Verlangen zu - Mauern, Wänden; an (srj3/115)
- Verstecken - sich (srj3/199)

Nonverbales - Allgemeines

GEMÜT - Eigensinnig, starrköpfig, dickköpfig (oss/41)
- Singen (^/163)
  - » ausgelassen, fröhlich (srj3/163)

Nonverbales - Konsultation; bei der

ATMUNG - Bauchatmung (srj3/1171)

Nonverbales - Äußerliches - Beobachtungen des Arztes

Kopf - Schuppen - weiß (srj3/402)

Gesicht - Aufgesprungen (srj3/579)

• Gerunzelt - Augen; um die (srj3/594)

Nonverbales - Äußerliches - Beobachtungen der Eltern

Gemüt - Haare - geschnitten zu bekommen; die Haare - Verlangen (^/104)

• Haare - geschnitten zu bekommen; die Haare - Verlangen - kurz und stoppelig geschnitten bekommen; möchte die Haare (srj3/104)

Mund - Beißt - Lippen; beißt sich auf die - kaut an den Lippen (srj3/640)

Nacht; Beobachtungen in der - Schlaf; Lage im

Schlaf - Lage - Rücken, auf dem (srj3/1683)

Körperliche Symptome und Erkrankungen

Magen - Würgen - Husten, mit (srj3/846)

Cicuta virosa

cic.

Unreife Kinder. Sie fühlen sich klein und ihre Spiele sind immer *kindlicher*, als ihrem Alter entsprechen würde.

Verhaltensprobleme in Verbindung mit Epilepsie oder geistige Zurückgebliebenheit. *Viele Symptome erscheinen nach Verletzungen des Kopfes oder des Rückgrats.*

Sie sind besonders leicht zu beeindrucken und können keine gewalttätigen oder ängstigenden Fernsehprogramme anschauen.

Sie sind pessimistisch, unzufrieden, launisch, empfindlich und mißtrauisch und mögen daher die Gesellschaft anderer nicht. Grandgeorge schrieb: „Diese Patienten *wenden sich nach innen und ziehen sich zurück, marginalisieren sich selbst, um einer Welt zu entfliehen, die in ihren Augen immer verrückter wird.* Beobachtung: Bridget bringt mir ihr Baby, das von einem gelben, krustigen Ekzem bedeckt ist. Sie selbst hat eine entstellte Nase. ‚Es passierte, als mich ein Pferd getreten hat; ich war 20 Jahre alt. Die Welt ist zu verrückt, also entschied ich mich, im Hinterland auf einem Bauernhof zu leben und zum reinen Selbstversorger zu werden. Wir haben unser eigenes Wasser, unseren eigenen Generator; wir produzieren unser eigenes Gemüse und unseren eigenen Käse.' Das Kleinkind heilt schnell durch eine Gabe Cicuta virosa 15 C."

Ihre schlechte Beziehung zu Menschen ist auch in anderer Hinsicht zu sehen: sie sind impulsiv, selbstsüchtig, unverschämt, kritisch und antworten schroff.

Sie sind oft schüchtern und neigen zum Stottern. Hahnemann schrieb: „Beim Sprechen mehrer Worte kann er wohl die ersten fünf, sechs Worte ohne Anstoß herausbringen, bei den übrigen aber bekommt er, im Aussprechen des Worts, einen kleinen, selbst von außen bemerkbaren Ruck am Kopf rückwärts, und zugleich zucken die Arme etwas, so daß er die auszusprechende Silbe gleichsam rückwärts ziehen und verschlucken muß, fast wie der Schluckauf zu tun pflegt."

Nachts schlafen sie mit dem Kopf ins Kissen versunken und häufig kommt es zu *Enuresis.*

Schlafwandeln.

Krampfleiden: Schluckauf, Trismus, Tetanus und *Konvulsionen.*

Cowperthwaite schrieb: „Cicuta ist ein unschätzbares Mittel bei Konvulsionen aus beliebigem Grund, bei denen es zu Bewußtlosigkeit kommt - epileptische, hysterische, durch Verdauungsstörungen, Würmer, unterdrückte Ausschläge usw., schreckliche Verdrehungen, Opisthotonus, Schaum vor dem Mund und andere Symptome [...] Krampfleiden im allgemeinen. Chorea. Beschwerden durch Gehirnerschütterung, besonders Konvulsionen. Meningitis cerebrospinalis, besonders mit Konvulsionen." Lippe sagte: „Konvulsionen [...] erneuert durch geringste Berührung, Geräusche oder Erschütterung."

Konvulsionen können auch durch Fieber hervorgerufen werden, oder nach Impfungen.

Cicuta kann mit fast völliger Sicherheit verschrieben werden, wenn *entweder gleichzeitig Epilepsie und krustiges Ekzem des Kopfes* vorhanden sind, oder *Strabismus convergens und Konvulsionen nach Kopfverletzungen.*

Frösteln; Verlangen nach Hitze.

Verlangen nach Unverdaulichem: „Dieser Patient verlangt nach merkwürdigen Dingen; möchte Kohle und viele andere eigenartige Sachen essen, da er unfähig ist, zwischen Genießbarem und Ungenießbarem zu entscheiden; ißt Kohle und rohe Kartoffeln." (Kent)

Klinisches: Verletzungen. Strabismus. Epilepsie. Lähmung. Meningitis. Myelitis. Blasenlähmung. Schluckauf. Ekzem. Impetigo. Psoriasis. Würmer.

Wirkungsbereich: Gehirn. Nerven. Haut.

* * *

Entwicklung - langsam

GEMÜT - *Entwicklung; kindliche - Entwicklungsstillstand* (mrr1/47)
• *Entwicklung; kindliche - Entwicklungsstillstand - Verletzung des Kopfes; nach* (mrr1/47)

Zahnung - Empfindungen und neurologische Beschwerden

ALLGEMEINES - *Konvulsionen - Zahnung; während der* (*/1907)

Zahnung - Allgemeines

ZÄHNE - Zahnung - schwierig (*/718)
FIEBER - Zahnung; während der (bg2/1781)

Impfung

ALLGEMEINES - Konvulsionen - Impfung, nach (mr/1904)

Stillen - Milch

KOPF - *Hautausschläge - Milchschorf* (b2/290)
ALLGEMEINES - *Speisen und Getränke - Milch - agg.* (k/2001)

Stillen - Magendarmsymptome - Appetit - vermindert

MAGEN - *Appetit - fehlend* (*/767)
• Appetit - fehlend - Hunger, mit (b2/768)
» fehlend - Trockenheit im Mund; nach einem Gefühl von (c1/769)
» *schnelle Sättigung* (*/770)

Stillen - Magendarmsymptome - Appetit - vermehrt

MAGEN - Appetit - Essen; selbst nach dem (c1/767)
• Appetit - Genuß, ohne (k/769)
» *Heißhunger* (b7/769)
» *Heißhunger - Essen - nach dem Essen - bald danach* (k/770)
» *unstillbar* (hr1/770)
» vermehrt (b2/770)
» *vermehrt - Essen - nach* (*/772)

Stillen - Magendarmsymptome - Aufstoßen - Speisen; von

MAGEN - Aufstoßens; Art des - Speisen; von (bg2/780)
• Aufstoßens; Art des - Speisen; von - bitter schmeckend (b7/780)
» Speisen; von - Bücken agg. (k/780)

Stillen - Magendarmsymptome - Aufstoßen - Wasser; Hochsteigen von

MAGEN - *Aufstoßens; Art des - Wasser in den Mund; Hochsteigen von* (*/781)
• Aufstoßens; Art des - Wasser in den Mund; Hochsteigen von - bitter (bg1/781)

Stillen - Magendarmsymptome - Abdomen - agg. durch

ABDOMEN - Schmerz - Druck - agg. (k/883)

Konstitution - Angst und Furcht

GEMÜT - **Beeindrucken, empfänglich für Eindrücke; leicht zu** (lmj/19)
• *Beschwerden durch - Erwartungsspannung* (st/23)
» Schreck (b2/25)
• Furcht - Geräusche, durch (*/69)
• **Schreckliches und traurige Geschichten greifen sie stark an** (*/156)
• Vorsichtig (j/205)

Konstitution - Allgemeines

GEMÜT - Faulheit (k/55)
• Milde (*/130)
• Nachgiebigkeit (^/134)
• Pessimist (k2/136)
• Selbstsucht, Egoismus (ptk/161)
• *Spontan, impulsiv* (k/166)
• Stimmung, Laune - veränderlich (^/171)
• Unaufmerksam (bg2/189)
• Unzufrieden (*/194)

Beziehung zu anderen - Aggressivität

GEMÜT - *Antworten - kurz angebunden* (k/15)

Beziehung zu anderen - Reaktion auf andere

GEMÜT - **GESELLSCHAFT - ABNEIGUNG GEGEN (k1*/94)**
• **Gesellschaft - Abneigung gegen - Fremden; Abneigung gegen die Anwesenheit von** (k/95)
• Schüchternheit, Zaghaftigkeit (bg2/158)
• Untröstlich (fyz/193)

Beziehung zu anderen - allgemein

GEMÜT - **Argwöhnisch, mißtrauisch** (*/16)
• Beleidigt, leicht (bg2/20)
• Ichbezogenheit, Selbstüberhebung (^/111)
• *Mitgefühl, Mitleid* (k/130)
• Tadelsüchtig, krittelig (*/178)
• Tadelt andere (k/179)
• Unverschämtheit (sne/193)

Schule - Angst

GEMÜT - *Beschwerden durch - Erwartungsspannung* (st/23)

Schule - Konzentration

GEMÜT - Unaufmerksam (bg2/189)

Schule - Beziehung zu anderen

MUND - Sprache - stotternd (bg2*/688)
• *Sprache - verschluckt Worte* (*/688)

Spielen

GEMÜT - **Spielen - Verlangen zu spielen** (^/166)
- *Tanzen* (*/179)

Nonverbales - Aggressivität

GEMÜT - Beißen (*/20)

Nonverbales - Reaktion auf andere

GEMÜT - Fremde - Anwesenheit von Fremden - agg. (mtf/60)

Nonverbales - Gesten, Gebärden

GEMÜT - *Auffahren, Zusammenfahren - Geräusche; durch* (k/17)
- Gesten, Gebärden; macht - Hände; unwillkürliche Bewegungen der - ringt die Hände (bg2/98)
- Springen (*/169)

Nonverbales - Allgemeines

GEMÜT - Possen, spielt (b7/137)
- Possen, spielt - Kindern; bei (bt/138)
- *Singen* (*/163)

Nonverbales - Konsultation; bei der

KOPF - Hitze - Kälte - Extremitäten; mit Kälte der (k2/293)

OHR - *Absonderungen - Blut* (*/497)
- Absonderungen - blutig (*/497)

GESICHT - Schwellung - Unterkieferdrüsen (bg2*/631)
- Schwellung - Unterkieferdrüsen - schmerzhaft (c1/631)

MUND - Aphthen (k/639)

ÄUSSERER HALS - *Schwellung - Halsdrüsen* (b7/760)

ABDOMEN - Schmerz - Druck - agg. (k/883)

RÜCKEN - Krümmung der Wirbelsäule (bg2/1323)
- *Krümmung der Wirbelsäule - Dorsalregion* (b7a/1323)

HAUT - Hautausschläge - Impetigo (*/1816)

Nonverbales - Äußerliches - Beobachtungen des Arztes

KOPF - Schuppen (bg2/402)

AUGE - **Strabismus, Schielen** (*/467)
- **Strabismus, Schielen - convergens** (*/467)
  - » Verletzungen; nach (k2*/467)

GESICHT - Hautausschläge - Akne (bro1*/595)
- Hippokratisches Gesicht (k/605)

ÄUSSERER HALS - Torticollis (b7a/761)

ATMUNG - Beschleunigt (b2/1174)

RÜCKEN - **Opisthotonus** (*/1325)
- *Opisthotonus - Konvulsionen; während epileptischer* (mrr1/1325)

Nonverbales - Äußerliches - Beobachtungen der Eltern

MUND - *Beißt - Wangen; sich in die - Sprechen oder Kauen; beim* (ptk1/640)
- *Beißt - Zunge; beißt sich auf die* (*/640)

ZÄHNE - *Zähneknirschen* (*/718)
- Zusammenbeißen der Zähne - Verlangen, die Zähne zusammenzubeißen; ständiges - fest zusammengebissen (*/719)

MAGEN - Gluckern; Gurgeln (ptk1/802)
- **Schluckauf** (*/809)
  - » *heftig* (*/810)

BLASE - Urinieren - Harndrang - plötzlich - beeilen um zu urinieren, sonst geht Urin ab; muß sich (k/1015)

ATMUNG - *Schnarchen* (*/1180)

HAUT - Ekchymosen (bg2/1797)

Nacht; Beobachtungen in der - Gemütssymptome

GEMÜT - Schlafwandeln (k/154)

Nacht; Beobachtungen in der - körperliche Symptome

KOPF - Bohrt den Kopf in das Kissen (ptk1/282)
- *Schweiß der Kopfhaut - Schlaf - im* (k/404)

ZÄHNE - Zähneknirschen - Schlaf; agg. im (bro1/718)

BLASE - Urinieren - unwillkürlich - nachts (b2/1019)

Nacht; Beobachtungen in der - Schlaf; Lage im

SCHLAF - Lage - Kopf - hinten gebeugt; nach (*/1682)
- Lage - Kopf - vorne gebeugt; nach (*/1683)
  - » *Rücken, auf dem* (*/1683)
  - » Sitzen (*/1683)

Psychosomatische Störungen

AUGE - *Strabismus, Schielen - Gemütsbewegungen, Emotionen agg.* (k/467)

ALLGEMEINES - Konvulsionen - Schreck agg. (k/1906)

Körperliche Symptome und Erkrankungen

KOPF - Entzündung - Gehirn (bro1/284)
- Entzündung - Gehirn - Hautausschlägen; nach unterdrückten (br1/284)
  - » Hirnhaut (c1*/284)
- Schmerz - katarrhalisch (*/331)

WEIBLICHE GENITALIEN - Menses - verzögerte Menarche (*/1114)

KEHLKOPF UND TRACHEA - Laryngismus stridulus (bro1/1145)

FIEBER - Continua (k/1772)

ALLGEMEINES - *Kindern; Beschwerden von* (*/1897)
- *Konvulsionen - Hitze; während* (*/1904)
  - » *Kindern, bei* (*/1905)
  - » *Kindern, bei - Kleinkindern, bei* (bro1/1905)
- Schmerzlosigkeit gewöhnlich schmerzhafter Beschwerden (sne/1971)

Chirurgisch pathologische Zustände

ABDOMEN - Hernie - Leistenhernie - schmerzhaft (*/868)

Männliche Genitalien - Hochgezogen, an den Körper gezogen - Hoden (*/1068)
• Hochgezogen, an den Körper gezogen - Hoden - schmerzhaft (ptk1/1068)
» Hoden - Leistenkanal; in den (hs1/1068)

Würmer

Rektum - *Würmer - Beschwerden durch Würmer* (*/985)
• Würmer - Beschwerden durch Würmer - Kindern; bei (vh/986)
» Beschwerden durch Würmer - Spulwürmer (*/986)

Allgemeines - Konvulsionen - Kindern, bei - Würmer; durch (c1/1905)
• *Konvulsionen - Würmer, durch* (bg2*/1907)
• *Schwäche - Würmern, bei* (hr1*/1980)

Cimex lectularius

cimx.

Stillen - Magendarmsymptome - Appetit - vermehrt

Magen - Appetit - vermehrt - Schweiß - beim (*/772)

Nonverbales - Aggressivität

Gemüt - *Destruktivität, Zerstörungswut* (hr1*/38)
• *Reißt an etwas - Gegenstände; zerreißt* (bro1*/142)

Nonverbales - Äußerliches - Beobachtungen der Eltern

Magen - Brechreiz, Würgen - Husten; agg. beim (k/784)
• *Brechreiz, Würgen - Trinken agg.* (*/785)
• Schluckauf (*/809)

Stuhl - Kugeln, wie (sne/996)

Nacht; Beobachtungen in der - körperliche Symptome

Blase - Urinieren - unwillkürlich - nachts (k/1019)

Körperliche Symptome und Erkrankungen

Magen - Würgen - Husten, mit (*/846)

* * *

Entwicklung - allgemein

Extremitäten - Schmerz - Unterschenkel - Wachstumsschmerzen (*/1605)

Allgemeines - Schmerz - Wachstumsschmerzen (hr1*/1958)

Zahnung - Allgemeines

Zähne - Zahnung - schwierig (c1/718)

Stillen - Milch

Allgemeines - Speisen und Getränke - Milch - Abneigung (gk/2000)

Stillen - Magendarmsymptome - Appetit - allgemein

Magen - *Appetit - launischer Appetit* (c2/770)
• Appetit - veränderlich (hr1/770)

Stillen - Magendarmsymptome - Appetit - vermindert

Magen - Appetit - fehlend (k/767)

Stillen - Magendarmsymptome - Appetit - vermehrt

Magen - Appetit - Heißhunger (bro1/769)

Stillen - Magendarmsymptome - Rektum

Rektum - Diarrhoe - Kindern, bei (ptk/954)

Infektionskrankheiten - Pocken

Haut - Hautausschläge - Pocken (bro1/1819)

Konstitution - Angst und Furcht

Gemüt - Beschwerden durch - Schreck (hr1*/25)
• Furcht - allein zu sein (sne/64)
» engen Räumen; in (ptk1/67)
• Schreckliches und traurige Geschichten greifen sie stark an (g*/156)

Konstitution - Allgemeines

Gemüt - Heimweh (bg2*/107)
• *Pessimist* (sne/136)
• Reisen - Verlangen nach (*/142)
• Sorgen; voller (jl3/164)
• Stimmung, Laune - veränderlich (k2*/171)
• Wandern, Herumwandern - Verlangen zu wandern (k/243)
• Weinen - amel. (ptk1/245)

Beziehung zu anderen - Reaktion auf andere

Gemüt - Antworten - Abneigung zu antworten (k/14)
• Antworten - hastig, überstürzt (k/15)
» *weigert sich zu antworten* (k/15)
• Gesellschaft - Abneigung gegen (*/94)
» Verlangen nach (sne/95)
• Weigert sich etwas zu tun - Medizin einzunehmen; die (k2*/244)
• Weinen - angesprochen; wenn (k2*/245)

Beziehung zu anderen - allgemein

Gemüt - *Argwöhnisch, mißtrauisch* (*/16)
• Beleidigt, leicht (ptk1*/20)
• Ichbezogenheit, Selbstüberhebung (kr1/111)
• *Pubertät; in der* (^/138)
• Sprache - hastig, eilig (*/167)

Schule - Konzentration

Gemüt - *Konzentration - schwierig - Studieren* (a1/117)

Schule - Anstrengung; geistige

Kopf - Schmerz - geistige Anstrengung - agg. (*/328)
• Schmerz - Lesen, beim - agg. (*/332)

Schule - Beziehung zu anderen

MUND - Sprache - Verlust der Sprache - Silbe sprechen; kann trotz Anstrengung keine (*/688)

Schule - Konstitution

GEMÜT - Hast, Eile - tut, womit er gerade beschäftigt ist; bei dem, was er (bg1*/105)

Spielen

GEMÜT - Spielen - Verlangen zu spielen (k/166)
- Verspielt (*/199)

Tieren; Beziehung zu

GEMÜT - Furcht - Insekten; vor (kk/71)

Nonverbales - Gesten, Gebärden

GEMÜT - Launenhaftigkeit, launisch (*/123)
- Maskulin - Mädchen; maskulin aussehende (mg/128)

Nonverbales - Allgemeines

GEMÜT - Hast, Eile - tut, womit er gerade beschäftigt ist; bei dem, was er (bg1*/105)

Nonverbales - Konsultation; bei der

REKTUM - Hautausschläge - Anus; um den (gk/964)

BRUST - Einziehung der Brustwarzen (bro1/1231)

Nonverbales - Äußerliches - Beobachtungen des Arztes

GESICHT - Hautausschläge - Akne (bro1/595)
- Rissig - Lippen (*/613)
  - » Lippen - Oberlippe (hr1/613)
  - » Lippen - Unterlippe (k/613)

ÄUSSERER HALS - Torticollis (bg2*/761)

ATMUNG - Beschleunigt (*/1174)

HUSTEN - Halten, Festhalten - Brust mit beiden Händen halten; muß beim Husten die (k/1193)

RÜCKEN - Opisthotonus (bg2/1325)

Nonverbales - Äußerliches - Beobachtungen der Eltern

ZÄHNE - Zusammenbeißen der Zähne - Verlangen, die Zähne zusammenzubeißen; ständiges - fest zusammengebissen (bg2/719)

MAGEN - *Brechreiz, Würgen - Trinken agg.* (k/785)
- Völlegefühl - Essen - nach - agg. (k/845)

ABDOMEN - Schmerz - Zusammenkrümmen - amel. (hr1/897)
- Schmerz - Zusammenkrümmen - muß sich zusammenkrümmen (hr1/897)

STUHL - Unverdaut (bg2/999)

Nacht; Beobachtungen in der - körperliche Symptome

KOPF - *Bohrt den Kopf in das Kissen* (ptk1/282)

Nacht; Beobachtungen in der - Schlaf

SCHLAF - Erwachen - Schreck, wie durch (*/1675)

Nacht; Beobachtungen in der - Schlaf; Lage im

SCHLAF - Lage - Abdomen, auf dem - Arm über dem Kopf; mit einem (ptk1/1682)
- Lage - Arme - Kopf - über dem Kopf (bg2/1682)
  - » Seite, auf der - linken Seite, auf der - unmöglich (gk/1683)

Autos und Schiffe

GEMÜT - Furcht - Fahren im Wagen; beim (^/68)

Körperliche Symptome und Erkrankungen

KOPF - Entzündung - Gehirn (bro1/284)
- *Entzündung - Hirnhaut* (c2/284)
- Schmerz - katarrhalisch (k/331)

GESICHT - *Hautausschläge - Akne - Menses - unregelmäßige Menses* (bro1/596)

WEIBLICHE GENITALIEN - Menses - verzögerte Menarche (k/1114)

ALLGEMEINES - Konvulsionen - Kindern, bei (kr1/1905)
- Pubertät - Beschwerden während der (bg2*/1934)

Chirurgisch pathologische Zustände

ABDOMEN - Entzündung - Peritoneum (bro1/860)

Cimicifuga racemosa

cimic.

Wie Caulophyllum hat dieses Mittel eine *sehr wichtige Wirkung auf die weiblichen Geschlechtsorgane* und wird daher Kindern nicht oft verschrieben. Es ist normalerweise angezeigt bei Beschwerden, die mit Menstruationsstörungen verbunden sind, in der Menopause und nach der Entbindung.

Beschwerden besonders in der Pubertät: *verspätete Menarche* und dann *unregelmäßige Menses mit Akne und Dysmenorrhoe* (je reichlicher der Ausfluß, desto größer die Schmerzen).

Weitere Hautleiden sind Ausschläge um den Anus herum und Risse in den Lippen, sowohl der Ober- wie der Unterlippe.

Dieses Mittel hat eine große Affinität für Knochen und Gelenken; *Wachstumsschmerzen* in den Beinen; Wundheit der Muskeln nach Anstrengung, was Schlaflosigkeit verursacht; akuter Rheumatismus; Schmerzen zwischen den Rippen.

Bauchbeschwerden, unverdaute Speisen im Stuhl; die Schmerzen bessern sich durch Zusammenkrümmen. Morgendliche Diarrhoe.

Katarrhalischer Husten, besonders nachts.

Es kann nützlich sein bei Meningitis, Enzephalitis und Sinusitis.

Bei kleinen Kindern ist es während der Zahnung besonders nützlich. Hale schrieb: „Bei zerebraler Reizung von Kindern während der Zahnung, wenn sie quengelig, fiebrig, schlaflos sind.“ Kinder erwachen nachts mit ängstlichem Blick und Zittern der Glieder und sind von kühlem, klebrigem Schweiß bedeckt.

Frierende Kinder, obwohl es ihnen im Freien besser geht.

Sie sind launisch und pessimistisch, argwöhnisch und empfindlich; sie weinen oft, wenn sie angesprochen werden, fühlen sich aber danach besser.

Verlangen zu reisen, aber sie mögen es nicht, für längere Zeit weit von Zuhause weg zu sein, wegen ihrer Neigung, Heimweh zu bekommen.

Sie haben *Angst* besonders vor dem Alleinsein, vor engen Orten, Insekten und *Mäusen*, vor denen sie so viel Angst haben, daß sie sogar welche sehen, wenn gar keine da sind.

Gewöhnlich sind sie bei den Hausaufgaben und anderen Aktivitäten hastig. *Sie sprechen und antworten schnell.* In der Schule haben sie Konzentrationsschwierigkeiten und Kopfschmerzen, besonders vom Lesen.

Klinisches: Muskelschmerzen. Wachstumsschmerzen. Neuralgie. Menstruationsstörungen. Kopfschmerzen. Dyspepsie. Kolik. Krämpfe. Chorea. Epilepsie. Meningitis. Pleurodynie. Schlaflosigkeit.

Wirkungsbereich: Gemüt. Hinterkopf. Scheitel. Weibliche Geschlechtsorgane. Gelenke. Muskeln. Nerven. Herz.

* * *

Entwicklung - allgemein

EXTREMITÄTEN - Schmerz - Unterschenkel - Wachstumsschmerzen (*/1605)

ALLGEMEINES - Schmerz - Wachstumsschmerzen (hr1*/1958)

Zahnung - Allgemeines

ZÄHNE - Zahnung - schwierig (c1/718)

Stillen - Milch

ALLGEMEINES - Speisen und Getränke - Milch - Abneigung (gk/2000)

Stillen - Magendarmsymptome - Appetit - allgemein

MAGEN - *Appetit - launischer Appetit* (c2/770)
- Appetit - veränderlich (hr1/770)

Stillen - Magendarmsymptome - Appetit - vermindert

MAGEN - Appetit - fehlend (k/767)

Stillen - Magendarmsymptome - Appetit - vermehrt

MAGEN - Appetit - Heißhunger (bro1/769)

Stillen - Magendarmsymptome - Rektum

REKTUM - Diarrhoe - Kindern, bei (ptk/954)

Infektionskrankheiten - Pocken

HAUT - Hautausschläge - Pocken (bro1/1819)

Konstitution - Angst und Furcht

GEMÜT - Beschwerden durch - Schreck (hr1*/25)
- Furcht - allein zu sein (sne/64)
  - » engen Räumen; in (ptk1/67)
- Schreckliches und traurige Geschichten greifen sie stark an (g*/156)

Konstitution - Allgemeines

GEMÜT - Heimweh (bg2*/107)
- *Pessimist* (sne/136)
- Reisen - Verlangen nach (*/142)
- Sorgen; voller (jl3/164)
- Stimmung, Laune - veränderlich (k2*/171)
- Wandern, Herumwandern - Verlangen zu wandern (k/243)
- Weinen - amel. (ptk1/245)

Beziehung zu anderen - Reaktion auf andere

GEMÜT - Antworten - Abneigung zu antworten (k/14)
- Antworten - hastig, überstürzt (k/15)
  - » *weigert sich zu antworten* (k/15)
- Gesellschaft - Abneigung gegen (*/94)
  - » Verlangen nach (sne/95)
- Weigert sich etwas zu tun - Medizin einzunehmen; die (k2*/244)
- Weinen - angesprochen; wenn (k2*/245)

Beziehung zu anderen - allgemein

GEMÜT - *Argwöhnisch, mißtrauisch* (*/16)
- Beleidigt, leicht (ptk1*/20)
- Ichbezogenheit, Selbstüberhebung (kr1/111)
- *Pubertät; in der* (^/138)
- Sprache - hastig, eilig (*/167)

Schule - Konzentration

GEMÜT - *Konzentration - schwierig - Studieren* (a1/117)

Schule - Anstrengung; geistige

KOPF - Schmerz - geistige Anstrengung - agg. (*/328)
- Schmerz - Lesen, beim - agg. (*/332)

Schule - Beziehung zu anderen

MUND - Sprache - Verlust der Sprache - Silbe sprechen; kann trotz Anstrengung keine (*/688)

Schule - Konstitution

GEMÜT - Hast, Eile - tut, womit er gerade beschäftigt ist; bei dem, was er (bg1*/105)

Spielen

GEMÜT - Spielen - Verlangen zu spielen (k/166)
• Verspielt (*/199)

Tieren; Beziehung zu

GEMÜT - Furcht - Insekten; vor (kk/71)

Nonverbales - Gesten, Gebärden

GEMÜT - Launenhaftigkeit, launisch (*/123)
• Maskulin - Mädchen; maskulin aussehende (mg/128)

Nonverbales - Allgemeines

GEMÜT - Hast, Eile - tut, womit er gerade beschäftigt ist; bei dem, was er (bg1*/105)

Nonverbales - Konsultation; bei der

REKTUM - Hautausschläge - Anus; um den (gk/964)
BRUST - Einziehung der Brustwarzen (bro1/1231)

Nonverbales - Äußerliches - Beobachtungen des Arztes

GESICHT - Hautausschläge - Akne (bro1/595)
• Rissig - Lippen (*/613)
» Lippen - Oberlippe (hr1/613)
» Lippen - Unterlippe (k/613)
ÄUSSERER HALS - Torticollis (bg2*/761)
ATMUNG - Beschleunigt (*/1174)
HUSTEN - Halten, Festhalten - Brust mit beiden Händen halten; muß beim Husten die (k/1193)
RÜCKEN - Opisthotonus (bg2/1325)

Nonverbales - Äußerliches - Beobachtungen der Eltern

ZÄHNE - Zusammenbeißen der Zähne - Verlangen, die Zähne zusammenzubeißen; ständiges - fest zusammengebissen (bg2/719)
MAGEN - *Brechreiz, Würgen - Trinken agg.* (k/785)
• Völlegefühl - Essen - nach - agg. (k/845)
ABDOMEN - Schmerz - Zusammenkrümmen - amel. (hr1/897)
• Schmerz - Zusammenkrümmen - muß sich zusammenkrümmen (hr1/897)
STUHL - Unverdaut (bg2/999)

Nacht; Beobachtungen in der - körperliche Symptome

KOPF - *Bohrt den Kopf in das Kissen* (ptk1/282)

Nacht; Beobachtungen in der - Schlaf

SCHLAF - Erwachen - Schreck, wie durch (*/1675)

Nacht; Beobachtungen in der - Schlaf; Lage im

SCHLAF - Lage - Abdomen, auf dem - Arm über dem Kopf; mit einem (ptk1/1682)
• Lage - Arme - Kopf - über dem Kopf (bg2/1682)
» Seite, auf der - linken Seite, auf der - unmöglich (gk/1683)

Autos und Schiffe

GEMÜT - Furcht - Fahren im Wagen; beim (^/68)

Körperliche Symptome und Erkrankungen

KOPF - Entzündung - Gehirn (bro1/284)
• *Entzündung - Hirnhaut* (c2/284)
• Schmerz - katarrhalisch (k/331)
GESICHT - *Hautausschläge - Akne - Menses - unregelmäßige Menses* (bro1/596)
WEIBLICHE GENITALIEN - Menses - verzögerte Menarche (k/1114)
ALLGEMEINES - Konvulsionen - Kindern, bei (kr1/1905)
• Pubertät - Beschwerden während der (bg2*/1934)

Chirurgisch pathologische Zustände

ABDOMEN - Entzündung - Peritoneum (bro1/860)

Cina maritima

cina

Die Kinder, die dieses Mittel benötigen, sind gekennzeichnet von *ausgeprägter Reizbarkeit* - sowohl körperlich wie geistig.

Cina ist ein Mittel, das häufig benutzt wird für kleine Patienten mit Madenwürmern und Würmer im Allgemeinen. In der Tat sind Kinder, die Würmer haben, ruhelos und reizbar und haben ein schreckliches Verlangen, sich zu kratzen. *Ihre Reizbarkeit ähnelt der von Chamomilla*, sie schreien und treten, wollen gehalten werden, aber dadurch fühlen sie sich nicht besser, daher wollen sie geschaukelt werden. Sie wollen nicht berührt oder angesehen werden. Sie sind *launisch* und bestehen darauf, Dinge zu verlangen, die sie zurückweisen, sobald man sie ihnen gibt.

Zahnung kann allgemein *kompliziert* sein. Sie ist von Husten, Diarrhoe und Reizbarkeit begleitet, aber man hat auch Konvulsionen vorgefunden.

Tatsächlich ist Cina sehr nützlich bei krampfhaftem und konvulsivischem Schaudern mit heftigem Zittern der Hände und Füße oder Krämpfen des ganzen Körpers. Während der Konvulsionen dreht Cina den Kopf nach hinten, hat glasige Augen, kann das Bewußtsein vollständig verlieren und hat Schaum vor dem Mund. Cina-Kinder haben auch Konvulsionen, wenn sie wütend werden, beim geringsten Problem oder Vorwurf.

Der Schlaf ist sehr ruhelos; sie schreien, sprechen und vor allem *knirschen sie mit den Zähnen*, wie Tuberculinum, Bacillinum, Belladonna, Apis und Hyoscyamus. Sie leiden unter Pavor nocturnus, der sie plötzlich weckt. Sie träumen von Hunden, Gespenstern und schrecklichen Dingen. Beim Erwachen sprechen sie aufgeregt über das Geträumte und manchmal hält ihre Panik länger an.

Auf der körperlichen Ebene zeigt sich die Reizbarkeit des Mittels in *Hyperästhesie* und *Krämpfen*. Sie werden gewöhnlich begleitet von spezieller Reizbarkeit der Schleimhäute, an den Stellen, an denen die Krämpfe auftreten.

Reizung der Schleimhäute und gleichzeitige Krämpfe erscheinen in den Atemwegen zusammen mit krampfhaftem Husten, der manchmal Keuchhusten ähnelt. Cina kann nützlich sein bei Keuchhusten, wenn die Anfälle so heftig sind, daß sie Schmerzen hinter dem Brustbein hervorrufen, zusammen mit einem zuckenden Gefühl.

In Bezug auf die Verdauung können die Krämpfe auf allen Ebenen erscheinen. Im Hals kann das Schlucken schwierig und krampfhaft sein, besonders von Flüssigkeiten. Sie können Übelkeit haben, Magenkrämpfe und Erbrechen mit reiner Zunge. Schluckauf kann auch häufig sein.

Cina-Kinder können an Übersäuerung des Magens leiden und stoßen häufig saure Milch auf. Es kann Abneigung gegen Muttermilch vorhanden sein und diese kann *Kolik* hervorrufen. Häufige Diarrhoe.

Die Reizbarkeit und die Krämpfe des Mittels können auch in den Harnwegen erscheinen, besonders in der Blase. Es ist häufiger Harndrang vorhanden, spastische Schwierigkeiten beim Urinieren oder im Gegenteil unwillkürlicher Abgang von Urin.

Heißhunger kann mit Appetitverlust wechseln.

Überempfindlichkeit kann sich in Kopfschmerzen und Sehstörungen äußern. Anstrengung der Augen kann Kopfschmerzen hervorrufen. Zusätzlich kann eine spezielle Überempfindlichkeit der Kopfhaut vorhanden sein, die das Kind daran hindert, die Haare zu kämmen.

Cina kann angezeigt sein bei Kindern, die an *Milchschorf* leiden und an *Impetigo*. Ausschläge können denen von Graphites und Mezereum ähneln.

Gewöhnlich ist eine *Verschlechterung durch Kälte* vorhanden.

Klinisches: Würmer. Reizung des Anus. Zahnung. Enuresis. Konvulsionen. Krämpfe. Strabismus. Bronchitis. Keuchhusten.

Wirkungsbereich: Nerven. Abdomen. Augen. Schleimhäute.

* * *

Entwicklung - schnell

GEMÜT - Frühreife, altkluge Kinder (mrr1*/63)

Zahnung - Gemütssymptome

GEMÜT - Reizbarkeit, Gereiztheit - Zahnung; während der (k/147)

Zahnung - Empfindungen und neurologische Beschwerden

ALLGEMEINES - *Konvulsionen - Zahnung; während der* (*/1907)

Zahnung - Magendarmsymptome

ZÄHNE - *Zahnung - schwierig - begleitet von - Würmer bei Kindern; Beschwerden durch* (bro1/718)

REKTUM - *Diarrhoe - Zahnung; während* (*/957)

Zahnung - Allgemeines

ZÄHNE - *Zahnung - schwierig* (b7/718)

HUSTEN - Zahnung, während der (*/1211)

Stillen - Milch

MAGEN - *Erbrochenen; Art des - Milch* (bg1*/798)

ALLGEMEINES - *Speisen und Getränke - Milch - Abneigung* (*/2000)

- *Speisen und Getränke - Milch - Abneigung - Muttermilch* (*/2001)
  - » Milch - Abneigung - Muttermilch - Kind verweigert die; das (*/2001)
  - » *Milch - agg. - Muttermilch* (bg2*/2001)
  - » Milch - amel. (bg2*/2001)

Stillen - Magendarmsymptome - Appetit - allgemein

MAGEN - **Appetit - launischer Appetit** (*/770)

- **Appetit - veränderlich** (*/770)
  - » vermehrt - abwechselnd mit - Appetitverlust (ptk1/771)

Stillen - Magendarmsymptome - Appetit - vermindert

MAGEN - *Appetit - fehlend* (*/767)

- *Appetit - vermindert* (k/772)

Stillen - Magendarmsymptome - Appetit - vermehrt

MAGEN - **Appetit - Heißhunger** (*/769)

- **Appetit - Heißhunger - Essen - nach dem Essen - bald danach** (*/770)
  - » **Heißhunger - Schweiß, mit** (bg2/770)

» unstillbar (mrr1*/770)
» **vermehrt** (*/770)
» *vermehrt - nachts* (bro1/771)
» vermehrt - Erbrechen - nach (*/771)
» vermehrt - Essen - nach (*/772)
» *vermehrt - Schweiß - beim* (k/772)
» **vermehrt - ungewöhnlicher Zeit, zu** (k/772)

Stillen - Magendarmsymptome - Aufstoßen - Speisen; von

MAGEN - Aufstoßens; Art des - Speisen; von (bg2/780)
• Aufstoßens; Art des - Speisen; von - bitter schmeckend - sauer (b7/780)

Stillen - Magendarmsymptome - Aufstoßen - Wasser; Hochsteigen von

MAGEN - *Aufstoßens; Art des - Wasser in den Mund; Hochsteigen von* (*/781)

Stillen - Magendarmsymptome - Abdomen - agg. durch

ABDOMEN - Schmerz - Druck - agg. (k/883)
• *Schmerz - Kindern; bei - Säuglingen; bei - krampfartig* (bro1/888)

Stillen - Magendarmsymptome - Abdomen - amel. durch

ABDOMEN - Schmerz - Druck - amel. (k/883)

Stillen - Magendarmsymptome - Rektum

REKTUM - *Diarrhoe - Kindern, bei* (k/954)

Stillen - Allgemeines

ALLGEMEINES - **Abmagerung - Heißhunger mit Abmagerung - Kindern; bei** (*/1845)
• **Abmagerung - Heißhunger mit Abmagerung - Kindern; bei - Kleinkindern; bei** (k/1845)
• Säuglinge (kk2/1944)

Infektionskrankheiten - Masern

HUSTEN - Masern - nach (b7a/1202)

ALLGEMEINES - Masern - Beschwerden nach (bg2/1920)

Infektionskrankheiten - Scharlach

HAUT - Hautausschläge - Scharlach (c2/1821)

Infektionskrankheiten - Keuchhusten

NASE - *Nasenbluten - Keuchhusten* (k/557)
• Nasenbluten - Keuchhusten - nach einem Anfall von Keuchhusten (k/557)

HUSTEN - *Keuchhusten* (*/1197)
• *Keuchhusten - heftig* (ptk1/1198)
» Kind - steif vor dem Anfall (mtf33/1198)
» Konvulsionen, mit (bro1/1198)
» **Krampfstadium, im** (bg2*/1198)

Konstitution - Aggressivität

GEMÜT - *Zorn - Kindern, bei* (mrr1*/254)

Konstitution - Angst und Furcht

GEMÜT - *Angst - Kinder - bei Kindern* (kr1/11)
• Beschwerden durch - Schreck (bg2*/25)
• Erwartungsspannung - Lampenfieber (vnk/53)

Konstitution - Allgemeines

GEMÜT - **Beruhigt werden, kann nicht** (*/21)
• Ehrgeiz - erhöht, vermehrt, sehr ehrgeizig (j*/40)
• Geiz (k/92)
• *Milde* (k/130)
• **Mürrisch - Kindern, bei** (*/132)
» *Pubertät, in der* (st/132)
• Stimmung, Laune - veränderlich (ptk1/171)
• *Unzufrieden* (*/194)
• Weinen - Kindern; bei (j5/246)

Familie; Beziehung zur - Liebe und Zuneigung

GEMÜT - *Verlassen zu sein; Gefühl* (mtf/198)

Familie; Beziehung zur - Vorwürfe

GEMÜT - Beschwerden durch - Tadel (k13/25)
• Empfindlich - Vorwürfe; gegen (dm/45)
• **Weinen - Kindern; bei - Willen nicht bekommen; wenn sie ihren** (kr1/246)

Beziehung zu anderen - Aggressivität

GEMÜT - *Herausfordernd* (bg2*/107)
• **Schlagen** (bg2*/154)
» **Kindern; bei** (*/154)
» Zorn, aus (^/155)
• Zorn - Liebkosungen, durch (cd/254)

Beziehung zu anderen - Reaktion auf andere

GEMÜT - Gesellschaft - Abneigung gegen (^/94)
• Gesellschaft - Abneigung gegen - Fremden; Abneigung gegen die Anwesenheit von (k2/95)
• Weigert sich etwas zu tun - Hilfe zurück; weist (mtf33/244)
• Weinen - Berührung, bei (k/245)
• Widerspenstig (sf1/249)
• Widerspruch - Neigung zu widersprechen (br1*/249)
» *verträgt keinen Widerspruch* (bro1*/249)

Beziehung zu anderen - allgemein

GEMÜT - *Beleidigt, leicht* (*/20)
• Pubertät; in der (lsr/138)
• Sprache - hastig, eilig (k/167)
• Unabhängigkeit, Selbständigkeit (bg2/189)

Schule - Angst

REKTUM - Diarrhoe - Erregung, Aufregung agg. (k/952)

Schule - Anstrengung; geistige

KOPF - Schmerz - geistige Anstrengung - agg. (k/328)
• Schmerz - Lesen, beim - agg. (k/332)

Schule - Beziehung zu anderen

GEMÜT - Ungehorsam (mtf33/191)
• Ungehorsam - Kindern, bei (mtf33/191)

Schule - Vorwürfe

GEMÜT - Beschwerden durch - Tadel (k13/25)
• Empfindlich - Vorwürfe; gegen (dm/45)
MAGEN - Verdorben - Vorwürfen; nach (k2/844)
ALLGEMEINES - Konvulsionen - Bestrafung, nach (*/1901)

Schule - Konstitution

GEMÜT - *Eigensinnig, starrköpfig, dickköpfig* (*/41)
• *Eigensinnig, starrköpfig, dickköpfig - Kinder* (kr1*/41)
• Ungehorsam (mtf33/191)
» Kindern, bei (mtf33/191)

Spielen

GEMÜT - *Spielen - Abneigung gegen Spielen - Kindern; bei* (*/165)

Nonverbales - Aggressivität

GEMÜT - Beißen (ckh1/20)
• Grobheit - Kinder; ungezogene (bg2*/104)
• *Reizbarkeit, Gereiztheit - angeblickt, wenn - angesprochen oder berührt; wenn - Kindern; bei* (bro1/144)
» **Kindern, bei** (*/145)
• Stoßen, treten, austreten (^/172)
» Kindern; bei (^/172)
• *Wirft mit Gegenständen um sich* (*/250)

Nonverbales - Reaktion auf andere

GEMÜT - *Angesehen, angeblickt zu werden - erträgt es nicht, angesehen zu werden* (*/5)
• Angesehen, angeblickt zu werden - erträgt es nicht, angesehen zu werden - Kindern; bei (tl1*/5)
• *Berührtwerden - Abneigung berührt zu werden* (*/21)
» Abneigung berührt zu werden - Kindern; bei (b7a/21)
• Fremde - Anwesenheit von Fremden - agg. (k2/60)
• Furcht - berührt zu werden (bro1*/66)
» *Näherkommen, Annäherung von; vor - anderen, von* (^/74)
» *Näherkommen, Annäherung von; vor - anderen, von - Kinder können es nicht ertragen, daß ihnen jemand nahe kommt* (k/74)
• *Liebkost zu werden; Liebkosungen - Abneigung, liebkost, gestreichelt zu werden* (*/126)
• Näherkommen, auf ihn Zukommen von Personen - Abneigung gegen (dg*/134)
• Schreien - Kindern, bei - Berührung, bei (j/157)

Nonverbales - Gesten, Gebärden

GEMÜT - Beißen - Löffel; beißt in den (bg2*/20)
• Beißen - Nägel (bg2*/20)
» Nägel - Kindern; bei (mtf33/20)
• Berühren, anfassen; etwas - Verlangen, etwas zu berühren, anzufassen - alles berühren, anfassen; muß (mtf33/21)
» *Verlangen, etwas zu berühren, anzufassen - alles berühren, anfassen; muß - Kindern; bei* (st*/21)
• Grimassen (k/103)
• Klammert sich an - Personen oder Möbel; an (mtf/115)
• **LAUNENHAFTIGKEIT, LAUNISCH** (*/123)
» *weist Dinge zurück, die er haben wollte, sobald er sie bekommt* (b7a/123)
» weist Dinge zurück, die er haben wollte, sobald er sie bekommt - Kindern; bei (bro1*/123)
• **Springen** (^/169)
» Kindern, bei (mtf33/170)
» **Kindern, bei - abends** (kr1/170)

Nonverbales - Allgemeines

GEMÜT - *Eigensinnig, starrköpfig, dickköpfig* (*/41)
• *Eigensinnig, starrköpfig, dickköpfig - Kinder* (kr1*/41)
• Klammert sich an - Kindern; bei - erwacht in Panik, erkennt niemanden, klammert sich an die Umstehenden; das Kind (a1*/115)
• Ruhelosigkeit - Kindern, bei (st*/151)
• *Schreien - Kindern, bei* (k/157)
• *Stöhnen - Kindern, bei* (kr1*/172)

Nonverbales - Konsultation; bei der

KOPF - Hitze - Kälte - Füße; mit Kälte der (k2/293)
OHR - Entzündung - Mittelohr (mrr1/501)
MUND - Herausstrecken, Vorstrecken - Zunge, der (*/665)
ABDOMEN - *Auftreibung - Kindern, bei* (*/852)
• Schmerz - Druck - agg. (k/883)
» Druck - amel. (k/883)
EXTREMITÄTEN - Krümmung und Biegung (b7a/1473)
ALLGEMEINES - *Berührung - agg. - Kindern, bei* (j5/1857)

Nonverbales - Äußerliches - Beobachtungen des Arztes

KOPF - Fallen des Kopfes - seitwärts - Kind lehnt ihn die ganze Zeit auf die Seite (*/285)
AUGE - *Strabismus, Schielen* (*/467)
• Strabismus, Schielen - convergens (*/467)
OHR - Bohren mit den Fingern darin (bro1*/500)
• *Bohren mit den Fingern darin - Kindern; bei* (*/500)
NASE - **Bohren mit den Fingern in der Nase** (*/546)

- Bohren mit den Fingern in der Nase - blutet; bis es (bg2*/546)
- Eingezogene Nasenlöcher (bg3*/546)
- **Zupfen - Nase, an der** (*/578)
  - » **Nase, an der - blutet, bis sie** (k/578)

GESICHT - Nasenlinie ausgeprägt (bg2*/613)
- Zupfen - Lippen; an den (*/636)

ÄUSSERER HALS - Torticollis (k/761)

ATMUNG - *Beschleunigt* (*/1174)

HUSTEN - Anfallsweise - Anfälle folgen schnell aufeinander (k/1186)
- Halten, Festhalten - Brust mit beiden Händen halten; muß beim Husten die (bro1/1193)

RÜCKEN - *Opisthotonus* (*/1325)

ALLGEMEINES - Aussehen - dunkel (bg2*/1854)
- Aussehen - rote Haare (b7a/1855)
- Fettleibigkeit - Kindern, bei (br1*/1879)

Nonverbales - Äußerliches - Beobachtungen der Eltern

GEMÜT - Haare - geschnitten zu bekommen; die Haare - weigern sich; Kinder (st/104)

KOPF - Empfindlichkeit - Kämmen, Bürsten der Haare; gegen (*/283)

AUGE - Verklebt - morgens (h1/472)

MUND - *Beißt - Glas, wenn es gefüttert wird; Kind beißt ins* (bg1*/640)

ZÄHNE - *Zähneknirschen* (*/718)

MAGEN - **Brechreiz, Würgen - Husten; agg. beim** (*/784)
- Gluckern; Gurgeln (*/802)
  - » Trinken - agg. (k/803)
- Schluckauf (*/809)

ABDOMEN - *Schmerz - Kindern; bei - Säuglingen; bei - krampfartig* (bro1/888)

REKTUM - *Unwillkürlicher Stuhl* (*/984)

STUHL - *Unverdaut* (k/999)

MÄNNLICHE GENITALIEN - *Masturbation, Neigung zur* (kr1/1071)

WEIBLICHE GENITALIEN - *Fluor - Kindern; bei - Mädchen; bei kleinen* (bro1/1096)

Nacht; Beobachtungen in der - Gemütssymptome

GEMÜT - *Angst - nachts - Kindern; bei* (kr1*/7)
- Furcht - nachts - Kindern; bei (mtf33/64)
  - » Erwachen; beim - Traum; aus einem (*/67)
- *Gesten, Gebärden; macht - Hände; unwillkürliche Bewegungen der - zupft - Bettwäsche; an der* (k/98)
- *Jammern - Schlaf, im* (*/113)
- Schreien - Kindern, bei - Erwachen, beim (hr1/157)
  - » Kindern, bei - Schlaf, im (mtf33/157)
- *Sprechen - Schlaf; im* (bro1*/169)
- Stoßen, treten, austreten - Schlaf, im (*/172)
- Weinen - Wimmern, Winseln - Schlaf, im (b7a/248)

Nacht; Beobachtungen in der - körperliche Symptome

ZÄHNE - **Zähneknirschen - Schlaf; agg. im** (*/718)
- Zusammenbeißen der Zähne - Schlaf; im (tl1/719)

MAGEN - Schluckauf - Schlaf; agg. im (k/811)

BLASE - *Urinieren - unwillkürlich - nachts* (*/1019)
- Urinieren - unwillkürlich - nachts - Morgen, gegen (bg1/1019)
  - » unwillkürlich - nachts - ersten Schlaf, im (k/1019)
  - » unwillkürlich - nachts - Kindern, bei (mtf33/1019)
  - » unwillkürlich - nachts - spasmodisches Bettnässen (k/1019)

Nacht; Beobachtungen in der - Schlaf

SCHLAF - Erwachen - Schreck, wie durch (*/1675)
- *Ruhelos - Kindern, bei* (kr1*/1685)
- Schlaflosigkeit - gewiegt werden; Kind muß (k/1691)
  - » *Kindern, bei* (bro1/1691)
  - » Kindern, bei - gewiegt werden, Kind muß (k/1691)
- *Schläfrigkeit - Kopf auf eine Seite hängen; Kind läßt den* (kr1/1699)

Nacht; Beobachtungen in der - Schlaf; Lage im

SCHLAF - Lage - Abdomen, auf dem (*/1682)
- Lage - Gesicht, auf dem (tl1/1682)
  - » Hände - auf Händen und Knien (bro1*/1682)
  - » Knie - Brust; liegt auf Knien und (mtf33/1682)
  - » Knie - Gesicht ins Kissen gepreßt; und (h1/1682)
  - » *Kopf - hinten gebeugt; nach* (*/1682)
  - » Kopf - Seite, nach einer (*/1683)
  - » Kopf - Seite, nach einer - rechts (j5/1683)
  - » Rücken, auf dem (bro1*/1683)
  - » *Sitzen* (*/1683)
  - » *Sitzen - Kopf - gebeugtem Kopf; mit - Seite; auf die - rechts; nach* (a1/1683)
  - » *Sitzen - Kopf - hinten gehaltenem Kopf; sitzt aufrecht mit etwas nach* (a1*/1683)

Schaukeln und Getragenwerden

GEMÜT - *Berührtwerden - Abneigung berührt zu werden - getragen zu werden; aber Verlangen* (mrr1/21)
- Getragen - Abneigung getragen zu werden (br1/99)
  - » *Verlangen getragen zu werden* (*/99)
  - » Verlangen getragen zu werden - Schulter, über der (bg2*/99)
- Reizbarkeit, Gereiztheit - Schaukeln; schnelles - amel. (k/146)
- Ruhelosigkeit - Kindern, bei - Herumtragen der Kinder amel. (k/152)
- Schaukeln - amel. (*/153)

» Verlangen geschaukelt zu werden (bg2*/153)
• Stoßen, treten, austreten - Kindern; bei - getragen wird; Kind wird steif und tritt, wenn es (st*/172)
• *Weinen - getragen, wenn* (^/246)
» *getragen, wenn - mitleiderregend wenn es gehalten oder getragen wird; das Kind weint* (*/246)
» getragen, wenn - ruhig wenn es getragen wird; das Kind ist nur (k/246)
SCHLAF - Schlaflosigkeit - gewiegt werden; Kind muß (k/1691)
• Schlaflosigkeit - Kindern, bei - gewiegt werden, Kind muß (k/1691)

Psychosomatische Störungen

MAGEN - Verdorben - Vorwürfen; nach (k2/844)
REKTUM - Diarrhoe - Erregung, Aufregung agg. (k/952)
ALLGEMEINES - Konvulsionen - Bestrafung, nach (*/1901)
• Konvulsionen - Schreck agg. (sf1/1906)
» Zorn; nach (*/1907)

Körperliche Symptome und Erkrankungen

KOPF - Entzündung - Gehirn (*/284)
• *Entzündung - Hirnhaut* (*/284)
• Hydrozephalus (b7/295)
• Schmerz - katarrhalisch (*/331)
MAGEN - **Würgen - Husten, mit** (*/846)
WEIBLICHE GENITALIEN - *Metrorrhagie - Pubertät - vor* (kr1/1117)
BRUST - *Entzündung - Bronchien - Kindern; bei* (hr1/1232)
FIEBER - Remittierend - Kleinkindern, bei (bro1/1778)
ALLGEMEINES - Abmagerung - Kindern; bei (k/1845)
• *Kindern; Beschwerden von* (b2/1897)
• *Konvulsionen - Hitze; während* (*/1904)
» **Kindern, bei** (*/1905)
» *Kindern, bei - Kleinkindern, bei* (bg2*/1905)
• Schwäche - Kindern, bei (j5/1977)

Chirurgisch pathologische Zustände

ABDOMEN - Hernie - Leistenhernie - Kindern, bei (gsy1/868)

Würmer

GEMÜT - **Mürrisch - Würmer; bei Beschwerden durch** (kr1/133)
• **Reizbarkeit, Gereiztheit - Würmer; bei Beschwerden durch** (kr1*/147)
• Stoßen, treten, austreten - Würmer; bei Beschwerden durch (cd/172)
• *Zorn - Würmer; bei Beschwerden durch* (kr1/255)
KOPF - *Schmerz - Würmer; bei Beschwerden durch* (k/343)
ZÄHNE - *Zahnung - schwierig - begleitet von - Würmer bei Kindern; Beschwerden durch* (bro1/718)
MAGEN - *Erbrochenen; Art des - Würmer* (*/801)
• *Erbrochenen; Art des - Würmer - Spulwürmer* (k/801)
REKTUM - *Würmer - Beschwerden durch Würmer* (*/985)
• Würmer - Beschwerden durch Würmer - Bandwürmer (b2/986)
» **Beschwerden durch Würmer - begleitet von - Abmagerung** (bg2/986)
» **Beschwerden durch Würmer - Kindern; bei** (br1*/986)
» Beschwerden durch Würmer - Madenwürmer (*/986)
» **Beschwerden durch Würmer - Spulwürmer** (*/986)
» Beschwerden durch Würmer - Vollmond (bg2/986)
HUSTEN - Würmer (b7a/1211)
ALLGEMEINES - *Chorea - Würmer, durch* (*/1867)
• **Konvulsionen - Würmer, durch** (*/1907)
• *Schwäche - Würmern, bei* (kr1/1980)
• *Zucken - Würmer; bei Beschwerden durch* (k/2034)

Cinnabaris

cinnb.

Stillen - Magendarmsymptome - Appetit - vermindert

MAGEN - Appetit - fehlend (k/767)
• Appetit - vermindert (stj2/772)

Stillen - Magendarmsymptome - Appetit - vermehrt

MAGEN - **Appetit - vermehrt** (k/770)

Infektionskrankheiten - Mumps

GESICHT - *Schwellung - Parotis* (k/631)

Konstitution - Angst und Furcht

GEMÜT - Furcht - Armut, vor (stj2/65)
• Furcht - hochgelegenen Orten; vor (stj2/71)

Konstitution - Allgemeines

GEMÜT - Faulheit (k/55)
• Furcht - Armut, vor (stj2/65)
• Unzufrieden (k/194)

Beziehung zu anderen - Aggressivität

GEMÜT - Spotten (^/166)

Beziehung zu anderen - Reaktion auf andere

GEMÜT - Gesellschaft - Abneigung gegen (*/94)
• Widerspruch - verträgt keinen Widerspruch (stj2/249)

Beziehung zu anderen - allgemein

GEMÜT - Beleidigt, leicht (k/20)

Schule - Anstrengung; geistige

KOPF - Schmerz - geistige Anstrengung - agg. (k/328)
• Schmerz - Lesen, beim - agg. (k/332)

Nonverbales - Konsultation; bei der

OHR - *Absonderungen - gelblichgrün* (k/497)
• Entzündung - äußere Ohren (mtf11/500)

MUND - Aphthen (bg2/639)
• *Stomatitis ulcerosa, Stomakaze* (bro1/689)

INNERER HALS - Schwellung - Tonsillen (bro1/747)

ÄUSSERER HALS - Schwellung - Halsdrüsen (*/760)

HAUT - *Hautausschläge - Impetigo* (hr1/1816)

Nonverbales - Äußerliches - Beobachtungen des Arztes

GESICHT - Rissig - Mundwinkel (k/614)

ALLGEMEINES - Aussehen - dunkel (stj2/1854)

Nonverbales - Äußerliches - Beobachtungen der Eltern

ATMUNG - Schnarchen (stj2/1180)

Nacht; Beobachtungen in der - Gemütssymptome

GEMÜT - Sprechen - Schlaf; im (*/169)

Chirurgisch pathologische Zustände

MÄNNLICHE GENITALIEN - *Phimose* (*/1071)
• *Phimose - Eiterung, mit* (*/1071)
» *Gangrän, drohende* (k/1071)

Würmer

REKTUM - Würmer - Beschwerden durch Würmer (bg2/985)
• Würmer - Beschwerden durch Würmer - Bandwürmer (c2/986)

Cistus canadensis

cist.

Magere Kinder, die extrem kälteempfindlich sind.

Cistus canadensis zeigt das *perfekte Bild der Mononukleose,* bei der besonders die seitlichen Halsdrüsen betroffen und verhärtet sind, wie geknotete Schnüre.

Schwellung und Verhärtung der Parotis begleitet von Jucken, Brennen und stechenden Schmerzen.

Diese Kinder sind *besonders empfindlich gegen Zugluft* und erkälten sich häufig, mit chronischem Katarrh. Hering schrieb: „Einatmen geringster Mengen kalter Luft verursacht Halsschmerzen, die er nicht hat, wenn er im warmen Zimmer einatmet."

Sie sind immer kalt und die Kälte zeigt sich sogar im Magen.

Trockenheit und Hitze im Hals, die das Kind nötigen, ständig Speichel zu schlucken, besonders nachts.

Dicker, gelber, übelriechender Schleim.

Otorrhoe nach unterdrückten Hautausschlägen; wundfressend und übelriechend.

Chronische Diarrhoe bei nassem Wetter. Unwiderstehlicher Stuhldrang früh morgens, der Stuhl ist gräulich-gelb, dünn, heiß, spritzt heraus. Abgang von viel Flatus. Verlangen nach sauren Speisen, die nach dem Essen Schmerzen im Magen verursachen, mit Übelkeit.

Großes Verlangen nach Käse und Milch; Verlangen nach saurem Obst, Hering, kräftigen und scharfen Speisen.

Hüftgelenksleiden.

Folgen von Ärger. Jeder Aufregung folgen körperliche Beschwerden, besonders Stiche im inneren Hals, die Husten hervorrufen.

Klinisches: Drüsenschwellung. Parotitis. Pharyngitis. Halsentzündung. Herpes zoster. Erysipel. Geschwüre. Diarrhoe. Knochenleiden. Hüftgelenksleiden.

Wirkungsbereich: Drüsen. Nasopharynx. Innerer Hals. Lungen. Haut.

* * *

Stillen - Milch

ALLGEMEINES - Speisen und Getränke - Milch - Verlangen (ptk1/2001)

Infektionskrankheiten - Mumps

KOPF - Gezogen; der Kopf wird - seitwärts - Parotis oder der Drüsen des äußeren Halses; durch Schwellung der (hr1*/288)

GESICHT - **Entzündung - Parotis** (*/584)
• Entzündung - Parotis - Mumps (bro1/584)
• *Schwellung - Parotis* (k/631)
• Verhärtungen - Parotis (k2/634)

Schule - Anstrengung; geistige

KOPF - *Schmerz - geistige Anstrengung - agg.* (k/328)

Nonverbales - Konsultation; bei der

OHR - *Absonderungen - eitrig* (*/497)
• Absonderungen - Hautausschlägen; nach unterdrückten (k/497)
» **stinkend** (*/498)
» **übelriechend** (*/498)

» *wäßrig* (*/498)
» wundfressend (bro1/498)

MUND - Eiterung - Zahnfleisch (ptk1/643)

INNERER HALS - Entzündung - Tonsillen (mrr1/724)
• Schwellung - Tonsillen (br*/747)

ÄUSSERER HALS - **Schwellung - Halsdrüsen** (*/760)
• *Schwellung - Halsdrüsen - eitrig* (k/760)
• *Verhärtung von Drüsen* (k/761)
» *perlschnurartig* (*/761)

HAUT - Erysipel (c2*/1798)

Nonverbales - Äußerliches - Beobachtungen des Arztes

NASE - Schniefen (br1/568)

GESICHT - Rissig - Lippen (k2/613)

Körperliche Symptome und Erkrankungen

EXTREMITÄTEN - Hüftgelenksentzündung (*/1443)

Clematis erecta

clem.

Fröhlichkeit wechselt mit Traurigkeit, gefolgt von Reizbarkeit. Melancholie und Abneigung zu sprechen; denkt ständig an den Tod. Sie sind grundlos gereizt und unzufrieden.

Gleichgültigkeit. „Es schien in keinem Körperteil irgendeine Empfindung vorhanden zu sein, keine Willenskraft, keine Kraft zum Denken" (Allen).

Sie haben Angst vor dem Alleinsein, bei Abneigung selbst gegen angenehme Gesellschaft. Weniger oft haben sie Verlangen nach Gesellschaft.

Ein Mittel von großer Bedeutung bei *Schlafstörungen* und neuralgischen Schmerzen an verschiedenen Stellen. Viele dieser Schmerzen werden durch Schwitzen besser.

Heftige Kopfschmerzen, hauptsächlich in der Stirn, über dem linken Auge oder hinter den Augen. Pulsierende Schmerzen in den Schläfen, die durch Lesen stärker werden.

Schmerzhafte Verhärtung und Schwellung von Drüsen: Unterkieferdrüsen, Halsdrüsen, Parotis und Hoden.

Schmerzhafte Einziehung der Hoden, besonders auf der rechten Seite.

Murphy hat Clematis in der Repertoriumsrubrik: „Hydrozele von Knaben - angeboren" hinzugefügt.

Chronische Konjunktivitis, mit dem Gefühl von Feuer in den Augen.

Zahnschmerzen werden besser durch Halten von kaltem Wasser im Mund.

Akne, Risse, Impetigo, Herpes circinatus, Erysipel, Milchschorf. Hautsymptome werden schlechter durch Wärme und Waschen mit kaltem Wasser.

Unwiderstehliche Schläfrigkeit, jedoch Ruhelosigkeit und unerfrischender Schlaf.

Klinisches: Erkrankungen der Hoden. Harnröhrenstriktur. Kopfschmerzen. Rheumatismus. Dermatitis. Akne. Augenleiden. Zahnschmerzen.

Wirkungsbereich: Haut. Drüsen. Hoden. Epididymis. Harnröhre. Schleimhäute. Augen. Hinterkopf.

* * *

Stillen - Gemütssymptome

GEMÜT - Hast, Eile - Essen; beim (bg2*/105)

Stillen - Milch

KOPF - Hautausschläge - Milchschorf (bg2*/290)

Stillen - Magendarmsymptome - Appetit - vermindert

MAGEN - Appetit - fehlend (b2/767)
• Appetit - fehlend - Hunger, mit (b2/768)
» *schnelle Sättigung* (*/770)
» vermindert (a1/772)

Stillen - Magendarmsymptome - Appetit - vermehrt

MAGEN - Appetit - Genuß, ohne (k/769)
• Appetit - Heißhunger (a1/769)
» vermehrt (a1/770)

Stillen - Magendarmsymptome - Aufstoßen - Wasser; Hochsteigen von

MAGEN - Aufstoßens; Art des - Wasser in den Mund; Hochsteigen von (b2/781)

Infektionskrankheiten - Mumps

GESICHT - *Entzündung - Parotis - Metastasierung zu - Hoden* (bro1/584)
• *Verhärtungen - Parotis* (k/634)

Infektionskrankheiten - Pocken

HAUT - Hautausschläge - Pocken (*/1819)

Konstitution - Angst und Furcht

GEMÜT - *Furcht - allein zu sein* (*/64)
• Furcht - Gespenstern; vor (gl/70)

Konstitution - Allgemeines

GEMÜT - *Beschwerden durch - Heimweh* (*/24)
• Ehrgeiz - Verlust von (mtf11/40)
• Faulheit (b4/55)
• *Heimweh* (*/107)
• Milde (*/130)

• Unzufrieden (*/194)
• *Waschen - Abneigung dagegen, sich zu waschen, zu baden* (sf1/243)

Beziehung zu anderen - Reaktion auf andere

GEMÜT - Gesellschaft - Abneigung gegen (*/94)
• *Gesellschaft - Abneigung gegen - Furcht vor dem Alleinsein; jedoch* (*/95)
» *Verlangen nach* (k/95)
» Verlangen nach - allein; agg. wenn (bg2/96)
• Lesen - Verlangen - vorgelesen zu bekommen (*/125)

Beziehung zu anderen - allgemein

GEMÜT - Empfindlich - äußerliche Eindrücke; gegen alle (*/42)
• Tadelt sich selbst, macht sich Vorwürfe (bg2/179)

Schule - Anstrengung; geistige

KOPF - Schmerz - Lesen, beim - agg. (k/332)
• Schmerz - Schläfen - Lesen agg. - pulsierend (k/370)

Nonverbales - Allgemeines

GEMÜT - Hast, Eile - Essen; beim (bg2*/105)

Nonverbales - Konsultation; bei der

KOPF - Hitze - Kälte - Körpers; mit Kälte des (k/293)
OHR - Absonderungen - eitrig (bg2/497)
GESICHT - Schwellung - Unterkieferdrüsen (*/631)
• Schwellung - Unterkieferdrüsen - schmerzhaft (h2*/631)
MUND - Aphthen (*/639)
ÄUSSERER HALS - Schwellung - Halsdrüsen (b4/760)
RÜCKEN - Krümmung der Wirbelsäule (bg2/1323)
EXTREMITÄTEN - Nägel; Beschwerden der - spröde, brüchige Nägel (ptk1/1665)
HAUT - *Erysipel* (*/1798)
• Hautausschläge - Herpes - ringförmig (*/1815)
» Impetigo (*/1816)

Nonverbales - Äußerliches - Beobachtungen des Arztes

AUGE - *Verklebt* (k/472)
GESICHT - Hautausschläge - Akne (bro1/595)
• *Rissig - Lippen* (bro1/613)
• Venen, erweiterte (bg2/634)
ATMUNG - Beschleunigt (*/1174)
RÜCKEN - Opisthotonus (b2/1325)
ALLGEMEINES - Aussehen - hell, blond (c1/1855)
• Aussehen - hell, blond - schlaffer Faser, mit (c1/1855)

Nonverbales - Äußerliches - Beobachtungen der Eltern

AUGE - **Verklebt - morgens** (k/472)
MAGEN - *Völlegefühl - Mittagessen, nach dem* (k/845)
BLASE - **Urinieren - Harndrang - plötzlich - beeilen um zu urinieren, sonst geht Urin ab; muß sich** (k/1015)
• *Urinieren - verzögert, muß warten, bis der Urin zu fließen beginnt* (k/1020)
EXTREMITÄTEN - Hitze - Füße - brennend - entblößt sie (a1/1440)

Nacht; Beobachtungen in der - körperliche Symptome

BLASE - Urinieren - unwillkürlich - nachts (b2/1019)

Körperliche Symptome und Erkrankungen

ZÄHNE - Karies, faule, hohle Zähne (*/700)
ALLGEMEINES - Abmagerung - Kindern; bei - Kleinkindern; bei (bro1/1845)
• Kindern; Beschwerden von (*/1897)

Chirurgisch pathologische Zustände

ABDOMEN - Hernie - Leistenhernie (b2/868)
• Hernie - Leistenhernie - schmerzhaft (b4a/868)
MÄNNLICHE GENITALIEN - **Hochgezogen, an den Körper gezogen - Hoden** (*/1068)
• Hochgezogen, an den Körper gezogen - Hoden - rechts (*/1068)
» **Hoden - schmerzhaft** (mrr1/1068)

Cobaltum metallicum

cob.

Stillen - Milch

ALLGEMEINES - Speisen und Getränke - Milch - Abneigung (stj2/2000)

Stillen - Magendarmsymptome - Aufstoßen - Wasser; Hochsteigen von

MAGEN - Aufstoßens; Art des - Wasser in den Mund; Hochsteigen von (k/781)

Stillen - Magendarmsymptome - Schluckauf

MAGEN - Schluckauf - Essen - nach - agg. (k/810)
• Schluckauf - Mittagessen - nach - agg. (*/811)

Konstitution - Angst und Furcht

GEMÜT - Furcht - Versagen, Mißerfolg; vor dem (stj2/79)
• Furcht - Versagen, Mißerfolg; vor dem - Prüfungen, bei (stj2/79)

Konstitution - Allgemeines

GEMÜT - Faulheit (k/55)
• Pflicht - kein Pflichtgefühl (ptm1/136)
• Selbstvertrauen - Mangel an Selbstvertrauen (kr1*/161)
• Stimmung, Laune - veränderlich (bro1/171)
• Unzufrieden (a1/194)

Beziehung zu anderen - allgemein

GEMÜT - Tadelt sich selbst, macht sich Vorwürfe (*/179)

Schule - Angst

GEMÜT - Furcht - Versagen, Mißerfolg; vor dem (stj2/79)
- Furcht - Versagen, Mißerfolg; vor dem - Prüfungen, bei (stj2/79)
- Selbstvertrauen - Mangel an Selbstvertrauen (kr1*/161)

Schule - Anstrengung; geistige

KOPF - Schmerz - geistige Anstrengung - agg. (st/328)

Schule - Konstitution

GEMÜT - Selbstvertrauen - Mangel an Selbstvertrauen (kr1*/161)

Nonverbales - Äußerliches - Beobachtungen des Arztes

GESICHT - Hautausschläge - Akne (bro1/595)
- Zupfen - Lippen; an den (k/636)

Nonverbales - Äußerliches - Beobachtungen der Eltern

ZÄHNE - Zusammenbeißen der Zähne - Verlangen, die Zähne zusammenzubeißen; ständiges (k/719)

MAGEN - Schluckauf (*/809)
- Schluckauf - Essen - nach - agg. (k/810)
  - » Mittagessen - nach - agg. (*/811)

STUHL - Kugeln, wie (k/996)
- Schafskot, wie (k/997)

Nacht; Beobachtungen in der - körperliche Symptome

BLASE - Urinieren - unwillkürlich - nachts - viermal (ptm1/1019)

Nacht; Beobachtungen in der - Schlaf; Lage im

SCHLAF - Lage - Seite, auf der - linken Seite, auf der - Kopf auf dem linken Arm (a1/1683)

Coca

coca

Zahnung - Gemütssymptome

GEMÜT - Ruhelosigkeit - Kindern, bei - Zahnung; während der (hr1/152)
- Ruhelosigkeit - Kindern, bei - Zahnung; während der - nachts (br1/152)

Stillen - Magendarmsymptome - Appetit - allgemein

MAGEN - Appetit - launischer Appetit (k/770)

Stillen - Magendarmsymptome - Appetit - vermindert

MAGEN - Appetit - fehlend (bro1/767)
- Appetit - schnelle Sättigung (gsw1/770)

Konstitution - Angst und Furcht

GEMÜT - *Erwartungsspannung - Lampenfieber* (bnt/53)
- Furcht - Abwärtsbewegung, vor (st/64)
  - » hochgelegenen Orten; vor (dm/71)
- Schreckliches und traurige Geschichten greifen sie stark an (vnk/156)

Konstitution - Allgemeines

GEMÜT - *Faulheit* (*/55)
- Stimmung, Laune - veränderlich (a1/171)
- Unaufmerksam (bg2/189)
- Waschen - Verlangen zu waschen (^/243)
  - » Verlangen zu waschen - Hände; wäscht sich ständig die (st*/243)

Familie; Beziehung zur - Liebe und Zuneigung

GEMÜT - Verlassen zu sein; Gefühl (^/198)

Beziehung zu anderen - Reaktion auf andere

GEMÜT - Gesellschaft - Abneigung gegen (k1*/94)
- *Schüchternheit, Zaghaftigkeit* (*/158)

Beziehung zu anderen - allgemein

GEMÜT - Argwöhnisch, mißtrauisch (*/16)
- Lügner (a1*/126)
  - » lügt, sagt nie die Wahrheit, weiß nicht, was sie sagt (st/126)

Schule - Konzentration

GEMÜT - Unaufmerksam (bg2/189)

Schule - Lernen - Lesen

GEMÜT - *Lesen - schwierig; ist* (kr1/124)

Schule - Anstrengung; geistige

KOPF - Schmerz - Lesen, beim - agg. (k/332)
- Schmerz - Schläfen - Lesen agg. - pulsierend (k/370)

Schule - Beziehung zu anderen

GEMÜT - Lügner (a1*/126)

Schule - Konstitution

GEMÜT - Eigensinnig, starrköpfig, dickköpfig (kr1/41)
- Hast, Eile - Schreiben; beim (a1/105)
- Lügner (a1*/126)

Spielen

GEMÜT - Amüsement, Vergnügen - Verlangen nach (hl/4)

Nonverbales - Gesten, Gebärden

GEMÜT - Hast, Eile - Bewegungen; in den (k/105)
- Launenhaftigkeit, launisch (a1/123)
- Verstecken - sich (hl/199)

Nonverbales - Allgemeines

GEMÜT - Eigensinnig, starrköpfig, dickköpfig (kr1/41)

- Hast, Eile - Schreiben; beim (a1/105)
- Ruhelosigkeit - Kindern, bei (^/151)

Nonverbales - Äußerliches - Beobachtungen des Arztes

GESICHT - Ausdruck - alt aussehend (bg2/580)

ATMUNG - *Beschleunigt* (k/1174)

Nonverbales - Äußerliches - Beobachtungen der Eltern

HAUT - Ekchymosen (k/1797)

Nacht; Beobachtungen in der - Gemütssymptome

GEMÜT - Ruhelosigkeit - Kindern, bei - nachts (hr1/152)

Nacht; Beobachtungen in der - körperliche Symptome

BLASE - Urinieren - unwillkürlich - nachts (*/1019)

Nacht; Beobachtungen in der - Schlaf; Lage im

SCHLAF - *Lage - Rücken, auf dem* (k/1683)

Körperliche Symptome und Erkrankungen

ZÄHNE - Karies, faule, hohle Zähne (br1/700)

ALLGEMEINES - Abmagerung - Kindern; bei (c1/1845)

Coca cola

coca-c.

Stillen - Gemütssymptome

GEMÜT - Hast, Eile - Essen; beim (sk4/105)

Stillen - Magendarmsymptome - Appetit - vermindert

MAGEN - Appetit - vermindert (sk4/772)

Stillen - Magendarmsymptome - Appetit - vermehrt

MAGEN - Appetit - vermehrt (sk4/770)

Konstitution - Angst und Furcht

GEMÜT - Furcht - Armut, vor (sk4/65)

Konstitution - Allgemeines

GEMÜT - Furcht - Armut, vor (sk4/65)
- Selbstvertrauen - Mangel an Selbstvertrauen (sk4/161)
- Spontan, impulsiv (sk4/166)
- Stimmung, Laune - veränderlich (sk4/171)

Beziehung zu anderen - allgemein

GEMÜT - Tadelt sich selbst, macht sich Vorwürfe (sk4/179)

Schule - Angst

GEMÜT - Selbstvertrauen - Mangel an Selbstvertrauen (sk4/161)

Schule - Konstitution

GEMÜT - Selbstvertrauen - Mangel an Selbstvertrauen (sk4/161)

Spielen

GEMÜT - Amüsement, Vergnügen - Verlangen nach (sk4/4)

Nonverbales - Allgemeines

GEMÜT - Hast, Eile - Essen; beim (sk4/105)
- Singen (sk4/163)

Nonverbales - Äußerliches - Beobachtungen der Eltern

ZÄHNE - Zähneknirschen (sk4/718)

MAGEN - Gluckern; Gurgeln (sk4/802)

Nacht; Beobachtungen in der - Schlaf; Lage im

SCHLAF - Lage - Seite, auf der - linken Seite, auf der (sk4/1683)

Cocculus

cocc.

Für Kinder mit hellen Haaren und Augen, die *zu Reisekrankheit beim Fahren im Auto, Zug oder Schiff neigen* oder sogar durch Anblick eines sich bewegenden Schiffes.

Sie sind schüchtern und *lieb; mitfühlend* und empfindlich gegen Vorwürfe und Beschimpfungen. Sie sind leicht zu beeindrucken und ängstlich. *Sie machen sich Sorgen um die Gesundheit ihrer Familie,* der sie sich besonders zuwenden und viel Aufmerksamkeit widmen. Aus diesem Grund möchten sie manchmal Ärzte oder Krankenschwestern werden, wenn sie erwachsen sind.

Sie haben *großes Verantwortungsbewußtsein* und arbeiten hart in der Schule. Jedoch erzielen sie im Vergleich zu den unternommenen Anstrengungen oft nicht die zu erwartenden Ergebnisse. Tatsächlich müssen sie sich trotz ihrer Akribie Ängsten und geringem Selbstwertgefühl stellten, was zu Verwirrung und Schwierigkeiten führt, besonders beim Lesen, daraus resultierenden Kopfschmerzen in der Stirn und sogar Stottern, besonders, wenn sie in der Klasse sprechen. *Sehr empfindlich gegen Vorwürfe.* Sie sind besonders für Mathematik begabt.

Manchmal scheinen sie verwandelt und zeigen aggressiveres Verhalten, mit Wutausbrüchen, besonders, wenn ihnen widersprochen wird und Streitsucht.

Sie lieben es zu spielen, zu tanzen und zu singen.

Als Kleinkinder mögen sie nicht geschaukelt werden (Verschlimmerung durch Bewegung). Sie leiden an Kopfschmerzen in der Stirn, Übelkeit und Erbrechen, wenn sie mit dem Auto, im Schiff oder irgendeinem anderen Fortbewegungsmittel reisen.

Zahnende Kinder klagen über Kopfschmerzen und einige Autoren berichten sogar von Konvulsionen, die durch Fieber hervorgerufen werden können. Im Fieber spielt das Kind, es springt, singt und es scheint ihm gut zu gehen, aber man wird hohe Werte finden, wenn man die Temperatur mißt („Fieber - Schleichendes Fieber"). Ist Husten vorhanden, so ist er charakteristisch: zwei sehr kurze Anfälle.

Vergrößerung der Mandeln und der Lymphdrüsen, sowohl Unterkieferdrüsen wie Halsdrüsen.

Häufig knirschen sie nachts mit den Zähnen und neigen tagsüber dazu, die Zähne zusammenzubeißen; die Zähne werden schnell schlecht.

Leisen- oder Nabelbruch kleiner Kinder.

Gewöhnlich verspätete Menarche.

Schlafmangel, der bei Erwachsenen unweigerlich zu Schwindel führt, kann auch andere Beschwerden hervorrufen, wie sich in den folgenden Rubriken zeigt: „Kopf - Schmerz - Schlaf - Schlafmangel; durch"; „Magen - Langsame Verdauung - Schlafmangel; bei"; „Schlaf - Schlaflosigkeit - Schlafmangel - nach"; „Allgemeines - Konvulsionen - Schlaf - Schlafmangel; durch"; „Allgemeines - Ohnmacht - Schlaf - Schlafmangel, durch"; „Allgemeines - Schwäche - Schlaf - Schlafmangel, durch"

Klinisches: Bewegungskrankheit. Seekrankheit. Schlafmangel. Erbrechen. Hernie. Chorea. Konvulsionen. Kopfschmerzen. Knochenleiden. Rheumatismus. Schwindel.

Wirkungsbereich: Sensorium. Hinterkopf. Muskeln. Weibliche Geschlechtsorgane.

* * *

Zahnung - Empfindungen und neurologische Beschwerden

KOPF - *Schmerz - Zahnung; während der* (k/343)

ALLGEMEINES - Konvulsionen - Zahnung; während der (bro1/1907)

Stillen - Gemütssymptome

GEMÜT - Essen - weigert sich zu (k/53)

Stillen - Milch

ALLGEMEINES - Speisen und Getränke - Milch - agg. (b7a/2001)

Stillen - Magendarmsymptome - Appetit - vermindert

MAGEN - **Appetit - fehlend** (*/767)
- **Appetit - fehlend - Hunger, mit** (*/768)
  » fehlend - Speisen - Anblick von; beim (tl1/769)
  » fehlend - Speisen - Geruch von; durch (tl1/769)
  » fehlend - Weinen; durch (a1*/769)
  » vermindert (tl1*/772)

Stillen - Magendarmsymptome - Appetit - vermehrt

MAGEN - Appetit - Genuß, ohne (k/769)
- *Appetit - Heißhunger* (*/769)
  » Heißhunger - Schweiß, mit (bg2/770)
  » *vermehrt* (*/770)
  » vermehrt - begleitet von - Übelkeit (bro1/771)

Stillen - Magendarmsymptome - Aufstoßen - Wasser; Hochsteigen von

MAGEN - *Aufstoßens; Art des - Wasser in den Mund; Hochsteigen von* (*/781)

Stillen - Magendarmsymptome - Schluckauf

MAGEN - *Schluckauf - Essen - nach - agg.* (b7a/810)

Stillen - Magendarmsymptome - Abdomen - agg. durch

ABDOMEN - Schmerz - Zusammenkrümmen - agg. (k/896)

Stillen - Magendarmsymptome - Abdomen - amel. durch

ABDOMEN - Schmerz - Liegen - Seite; auf der - amel. (^/889)

Stillen - Allgemeines

SCHWEISS - Essen - beim - agg. (k/1786)

Infektionskrankheiten - Mumps

GESICHT - Entzündung - Parotis (*/584)
- Schmerz - Parotis - rechts (k/627)
- *Schwellung - Parotis* (*/631)

Infektionskrankheiten - Pocken

HAUT - Hautausschläge - Pocken (*/1819)

Konstitution - Aggressivität

GEMÜT - Niederträchtig (*/135)

Konstitution - Angst und Furcht

GEMÜT - **Beeindrucken, empfänglich für Eindrücke; leicht zu** (c1*/19)
- *Beschwerden durch - Erwartungsspannung* (c1*/23)
  » Schreck (b2/25)
- Feigheit (k/59)
- Furcht - engen Räumen; in (st/67)
  » *Geräusche, durch* (*/69)
  » Gespenstern; vor (*/70)
- Schreckliches und traurige Geschichten greifen sie stark an (k/156)

Konstitution - Allgemeines

GEMÜT - Ehrgeiz - erhöht, vermehrt, sehr ehrgeizig (j*/40)
- Empfindlich - Kinder (^/44)

» Kinder - Mädchen (br1*/44)
• *Entmutigt* (*/46)
• Faulheit (*/55)
• Gewissenhaft, peinlich genau in bezug auf Kleinigkeiten (bg2/99)
• *Heimweh* (vh*/107)
• Kleinigkeiten, Trivialitäten - wichtig; scheinen (bg2/115)
• **Milde** (*/130)
• Nachgiebigkeit (b7/134)
• Selbstvertrauen - Mangel an Selbstvertrauen (a1*/161)
• Sentimental, schwärmerisch, rührselig - Mädchen; bei (br1*/162)
• **Sorgen; voller** (mtf/164)
• Sorgsamkeit, Sorgfalt (bg2/165)
• *Stimmung, Laune - veränderlich* (*/171)
• Theoretisieren (bro1/180)
• *Unaufmerksam* (bg2/189)
• Unzufrieden (*/194)
• Verantwortung - ernst; nimmt seine Verantwortung zu (k2*/195)

Familie; Beziehung zur - Aggressivität

GEMÜT - Beschwerden durch - Grobheit anderer (*/23)
• Empfindlich - Grobheiten; gegen (k/44)

Familie; Beziehung zur - Liebe und Zuneigung

GEMÜT - **Angst - andere, um** (*/7)
• *Angst - Familie, um seine* (mrr1/9)
» Gesundheit; um die - Verwandten; von (a1*/10)
• Eifersucht (dx1/40)
• **Sorgen; voller - andere, um** (b7/165)
» *Verwandte, um* (tl1*/165)

Beziehung zu anderen - Aggressivität

GEMÜT - Streitsüchtig (j/173)
• Zorn - Widerspruch, durch (*/255)

Beziehung zu anderen - Reaktion auf andere

GEMÜT - Antworten - Abneigung zu antworten (k/14)
• **Antworten - denkt lange nach** (*/15)
» gefragt wird; antwortet nicht, wenn er (a/15)
» hastig, überstürzt (k/15)
» *langsam* (*/15)
• Schüchternheit, Zaghaftigkeit (*/158)
» Öffentlichkeit; beim Auftreten in der (fyz*/159)
• *Widerspenstig* (k/249)
• *Widerspruch - verträgt keinen Widerspruch* (*/249)

Beziehung zu anderen - allgemein

GEMÜT - *Argwöhnisch, mißtrauisch* (k/16)
• *Beleidigt, leicht* (*/20)
• *Empfindlich - äußerliche Eindrücke; gegen alle* (k/42)
• Mitgefühl, Mitleid (bg2*/130)
• Sprache - hastig, eilig (*/167)
• Tadelsüchtig, krittelig (k/178)
• *Tadelt sich selbst, macht sich Vorwürfe* (ptk1/179)

Schule - Angst

GEMÜT - *Beschwerden durch - Erwartungsspannung* (c1*/23)
• Selbstvertrauen - Mangel an Selbstvertrauen (a1*/161)

Schule - Konzentration

GEMÜT - Stumpfheit - Lesen (c1/175)
• *Unaufmerksam* (bg2/189)
• Verwirrung; geistige - Lesen, beim (k/203)

Schule - Lernen - Mathematik, Rechnen

GEMÜT - Mathematik - Begabung zur (gl1/128)

Schule - Lernen - Lesen

GEMÜT - *Lesen - schwierig; ist* (h1*/124)
• Stumpfheit - Lesen (c1/175)
• Verwirrung; geistige - Lesen, beim (k/203)

Schule - Anstrengung; geistige

KOPF - *Schmerz - geistige Anstrengung - agg.* (*/328)
• Schmerz - Lesen, beim - agg. (k/332)
» Stirn - Lesen agg. (k/389)

Schule - Beziehung zu anderen

GEMÜT - Schüchternheit, Zaghaftigkeit - Öffentlichkeit; beim Auftreten in der (fyz*/159)
MUND - Sprache - stotternd (bg2*/688)

Schule - Vorwürfe

GEMÜT - Beschwerden durch - Grobheit anderer (*/23)
• Empfindlich - Grobheiten; gegen (k/44)

Schule - Konstitution

GEMÜT - Gewissenhaft, peinlich genau in bezug auf Kleinigkeiten (bg2/99)
• Kleinigkeiten, Trivialitäten - wichtig; scheinen (bg2/115)
• Selbstvertrauen - Mangel an Selbstvertrauen (a1*/161)
• Verantwortung - ernst; nimmt seine Verantwortung zu (k2*/195)

Spielen

GEMÜT - *Spielen - Verlangen zu spielen* (a1/166)
• *Tanzen* (*/179)
• Verspielt (*/199)

Nonverbales - Reaktion auf andere

GEMÜT - Berührtwerden - Abneigung berührt zu werden (k/21)

Nonverbales - Gesten, Gebärden

GEMÜT - *Auffahren, Zusammenfahren - Geräusche; durch* (k/17)
• Gesten, Gebärden; macht - Hände; unwillkürliche Bewegungen der - Greifen - Umstehenden; nach (a1/98)
• *Launenhaftigkeit, launisch* (j5/123)
• Ungeschicklichkeit (b7/192)

Nonverbales - Allgemeines

GEMÜT - *Singen* (*/163)

Nonverbales - Konsultation; bei der

KOPF - Hitze - Kälte - Extremitäten; mit Kälte der (br1/293)
• Läuse (c1/300)
GESICHT - *Schwellung - Unterkieferdrüsen* (*/631)
MUND - Aphthen (*/639)
• Aphthen - gangränös (*/639)
• Herausstrecken, Vorstrecken - Zunge, der (*/665)
INNERER HALS - Schwellung - Tonsillen (bg2/747)
ÄUSSERER HALS - Schwellung - Halsdrüsen (b7/760)

Nonverbales - Äußerliches - Beobachtungen des Arztes

KOPF - Halten - hoch, aufrecht zu halten; unfähig, den Kopf (ptk1/289)
NASE - Spitz (*/574)
ÄUSSERER HALS - Torticollis (bg2/761)
ATMUNG - Beschleunigt (*/1174)
HUSTEN - Anfallsweise - besteht aus - kurzen Hustenstößen (k/1186)
• Anfallsweise - besteht aus - zwei Hustenstößen (k/1186)
RÜCKEN - Opisthotonus (b2/1325)
ALLGEMEINES - Aussehen - hell, blond (c1*/1855)
• Aussehen - hell, blond - schlaffer Faser, mit (c1/1855)

Nonverbales - Äußerliches - Beobachtungen der Eltern

ZÄHNE - *Zähneknirschen* (b7a/718)
• Zusammenbeißen der Zähne - Verlangen, die Zähne zusammenzubeißen; ständiges (*/719)
MAGEN - *Schluckauf* (*/809)
• *Schluckauf - Essen - nach - agg.* (b7a/810)
» Gähnen - agg. (bro1*/810)
• Völlegefühl - Essen - nach - agg. (b7a/845)
ABDOMEN - Schmerz - Liegen - Seite; auf der - amel. (^/889)
• Schmerz - Zusammenkrümmen - agg. (k/896)
REKTUM - Unwillkürlicher Stuhl (b2/984)
MÄNNLICHE GENITALIEN - Masturbation, Neigung zur (k/1071)
ATMUNG - Schnarchen (b7/1180)

SCHWEISS - Essen - beim - agg. (k/1786)

Nacht; Beobachtungen in der - Gemütssymptome

GEMÜT - Gesten, Gebärden; macht - Hände; unwillkürliche Bewegungen der - zupft - Bettwäsche; an der (k/98)

Nacht; Beobachtungen in der - körperliche Symptome

ZÄHNE - Zähneknirschen - Schlaf; agg. im (bg2/718)
BLASE - Urinieren - unwillkürlich - nachts (b2/1019)

Nacht; Beobachtungen in der - Schlaf

SCHLAF - Erwachen - häufig - Schreck, wie durch (h1*/1674)
• *Erwachen - Schreck, wie durch* (*/1675)

Nacht; Beobachtungen in der - Schlaf; Lage im

SCHLAF - Lage - Abdomen, auf dem (*/1682)
• Lage - Abdomen, auf dem - Arm unter dem Kopf; mit einem (k/1682)
» Arme - Abdomen, auf dem (*/1682)
» Arme - Kopf - unter dem Kopf (*/1682)
» Hände - Kopf - unter dem - morgens (j5/1682)
» *Seite, auf der - linken Seite, auf der - unmöglich* (k/1683)

Schaukeln und Getragenwerden

GEMÜT - *Schaukeln - agg.* (sf1/153)

Autos und Schiffe

GEMÜT - Furcht - Fahren im Wagen; beim (fyz/68)
SCHWINDEL - **Fahren, beim - Boot, in einem - agg.** (bro1*/265)
• Fahren, beim - Wagen, im - agg. (bg2*/265)
KOPF - **Schmerz - Fahren - Wagen, im - agg.** (k/326)
• Schmerz - Fahren - Wagen, im - agg. - drückend (k/326)
» *Stirn - Fahren - Wagen; im - agg.* (k/388)
MAGEN - **Erbrechen - Fahren im Wagen agg.** (*/792)
• **Übelkeit - Fahren - Wagen; im - agg.** (*/836)
» **Seekrankheit** (*/839)
» Seekrankheit - Schließen der Augen - amel. (st/839)
ABDOMEN - *Schmerz - Fahren - Wagen, im - agg.* (k/885)
ALLGEMEINES - **Fahren - Wagen; mit dem - agg.** (*/1877)

Körperliche Symptome und Erkrankungen

KOPF - *Entzündung - Hirnhaut* (k/284)
ZÄHNE - Karies, faule, hohle Zähne (*/700)
• Karies, faule, hohle Zähne - Kindern; verfrüht bei (bro1/700)
NIEREN - Entzündung (b7a/1023)

Weibliche Genitalien - Menses - verzögerte Menarche (*/1114)

Fieber - *Continua* (k/1772)
- Schleichendes Fieber (*/1779)

Allgemeines - *Kindern; Beschwerden von* (*/1897)
- Konvulsionen - Hitze; während (bg2/1904)
  - » Kindern, bei (*/1905)
  - » Kindern, bei - Kleinkindern, bei (bro1/1905)

Chirurgisch pathologische Zustände

Abdomen - Hernie (c2*/867)
- Hernie - Neigung zu (tl1/868)
  - » *Leistenhernie* (*/868)
  - » *Leistenhernie - eingeklemmt, inkarzeriert* (*/868)
  - » Leistenhernie - Kindern, bei (bg2/868)
  - » Leistenhernie - schmerzhaft (*/868)
  - » Nabelbruch (bg2*/868)

Coccus cacti

coc-c.

Dieses Mittel hat *Hustenanfälle mit Erbrechen klaren, fadenziehenden Schleims, der sich in dicke, lange Fäden zieht.* Dies sieht man manchmal bei Kindern, deren Husten begleitet ist von zähem Schleim, der in Fäden aus Mund und Nase hängt, hin und her schwingt und schließlich nach unten fällt. Die Anfälle beginnen morgens.

Coccus cacti ist ein nützliches Mittel für die langwierigen Bronchialkatarrhe, die nach Keuchhusten bestehen bleiben. Die übermäßige Schleimabsonderung ist ausgeprägt und läßt das Kind würgen.

Schlimmer nachts, beim Warmwerden im Bett; besser ohne viele Decken; möchte das Zimmer kalt haben. *Krupp.* Morrison schrieb: „Man denke bei Krupp daran. Wenn man Kinder, die Krupp haben, nach draußen in die kalte Luft bringt, wird oft der Husten besser. Es ist ungewöhnlich, weil bei Coccus cacti Husten gewöhnlich durch Einwirkung von Kälte und im Winter einsetzen; trotzdem scheinen sie bei Husten Kälte nötig zu haben."

Dumpfe Schmerzen in der Nierengegend, mit Albuminurie, besonders nach Scharlach.

Klinisches: Keuchhusten. Asthma. Katarrh. Harngrieß. Nephritis. Blutungen.

Wirkungsbereich: Schleimhäute. Rachen. Innerer Hals. Kehlkopf. Brust. Urogenitaltrakt.

* * *

Stillen - Magendarmsymptome - Appetit - allgemein

Magen - *Appetit - launischer Appetit* (bg3*/770)
- Appetit - veränderlich (a1/770)

Stillen - Magendarmsymptome - Appetit - vermindert

Magen - Appetit - schnelle Sättigung (*/770)
- *Appetit - vermindert* (hr1/772)

Stillen - Magendarmsymptome - Appetit - vermehrt

Magen - *Appetit - Heißhunger* (k/769)
- Appetit - Heißhunger - Essen - nach dem Essen - bald danach (k/770)
  - » vermehrt (k/770)
  - » vermehrt - Essen - nach (*/772)
  - » vermehrt - ungewöhnlicher Zeit, zu (*/772)

Infektionskrankheiten - Mumps

Gesicht - Entzündung - Parotis (*/584)
- Schmerz - Parotis (*/626)
  - » Parotis - rechts (*/627)
- Schwellung - Parotis (k/631)

Infektionskrankheiten - Scharlach

Urin - Eiweißhaltig - Scharlach; nach (k2/1046)

Haut - Hautausschläge - Scharlach (a1/1821)

Infektionskrankheiten - Keuchhusten

Gesicht - *Farbe - bläulich - Husten; agg. beim - Keuchhusten* (k/587)

Magen - *Erbrechen - Husten - beim - agg. - Keuchhusten* (bro1/793)

Husten - *Keuchhusten* (*/1197)
- *Keuchhusten - heftig* (ptk1/1198)
  - » *Krampfstadium, im* (bro1*/1198)

Konstitution - Allgemeines

Gemüt - Faulheit (k/55)
- Stimmung, Laune - veränderlich (sf1/171)
- Veränderungen - Abneigung gegen (mgm/195)

Schule - Anstrengung; geistige

Kopf - Schmerz - geistige Anstrengung - agg. (k/328)

Nonverbales - Aggressivität

Gemüt - *Spucken* (a1/170)

Nonverbales - Gesten, Gebärden

Gemüt - Launenhaftigkeit, launisch (bg2/123)

Nonverbales - Konsultation; bei der

Ohr - Absonderungen - eitrig (bg2/497)
- Katarrh - Eustachische Röhre (sne/515)

Innerer Hals - Schwellung - Tonsillen (k/747)

Nonverbales - Äußerliches - Beobachtungen des Arztes

Auge - Verklebt (*/472)

Atmung - *Beschleunigt* (k/1174)

Husten - *Anfallsweise - besteht aus - kurzen Hustenstößen* (k/1186)

Nonverbales - Äußerliches - Beobachtungen der Eltern

MAGEN - *Brechreiz, Würgen - Auswurf, beim* (k/784)
- Brechreiz, Würgen - Berührung - Mundes innen agg.; des (k2/784)
  - » Husten; agg. beim (k/784)

BLASE - *Urinieren - Harndrang - plötzlich - beeilen um zu urinieren, sonst geht Urin ab; muß sich* (k/1015)
- Urinieren - verzögert, muß warten, bis der Urin zu fließen beginnt (*/1020)
  - » *verzögert, muß warten, bis der Urin zu fließen beginnt - pressen, bevor er damit beginnen kann; muß lange* (k/1021)

Autos und Schiffe

ALLGEMEINES - Fahren - Wagen; mit dem - agg. (bg2/1877)

Körperliche Symptome und Erkrankungen

INNERER HALS - Räuspert käsige Klumpen herauf (bg2*/732)

MAGEN - *Würgen - Husten, mit* (*/846)

NIEREN - Entzündung (*/1023)
- Entzündung - parenchymatös - akut (k2/1024)
  - » Nierenbecken und Niere (mtf11/1024)

ALLGEMEINES - Kindern; Beschwerden von (sf1/1897)

Cochlearia armoracia

coch.

Kolik mit Rückenschmerzen scheint eine Leitanzeige zu sein.

Säuglinge erbrechen nach Ärger oder Zorn der Mutter Milch.

Diarrhoe durch Aufregung.

Stirnhöhle und *Speicheldrüsen* werden von diesem Mittel spezifisch angegriffen.

Auftreibungsgefühl.

Klinisches: Kolik. Rückenschmerzen. Beschwerden der Harnwege. Strangurie. Harngrieß. Albuminurie. Asthma. Aphonie. Hautausschläge. Kopfschmerzen. Zahnschmerzen.

Wirkungsbereich: Stirnhöhlen. Speicheldrüsen. Abdomen. Rücken.

* * *

Stillen - Milch

GEMÜT - Zorn - Muttermilch - erbricht die Muttermilch durch Zorn der Mutter; Kind (kr1/255)

MAGEN - Erbrechen - Milch, nach - Muttermilch, nach - Zorn der Mutter; durch (kr1/794)

ALLGEMEINES - Speisen und Getränke - Milch - agg. (stx1/2001)
- Speisen und Getränke - Milch - agg. - Muttermilch (stx1/2001)

Stillen - Magendarmsymptome - Appetit - vermehrt

MAGEN - Appetit - Heißhunger - Diarrhoe - bei (k/769)

Infektionskrankheiten - Scharlach

URIN - Eiweißhaltig - Scharlach; nach (k/1046)

Schule - Angst

REKTUM - Diarrhoe - Erregung, Aufregung agg. (hr1/952)
- Diarrhoe - nervös, Gemütsbewegungen agg. (c1/955)

Nonverbales - Äußerliches - Beobachtungen des Arztes

KOPF - Schuppen (br1*/402)

GESICHT - Sommersprossen (hr1/632)

ATMUNG - Beschleunigt (hr1/1174)

Psychosomatische Störungen

REKTUM - Diarrhoe - Erregung, Aufregung agg. (hr1/952)
- Diarrhoe - nervös, Gemütsbewegungen agg. (c1/955)

Körperliche Symptome und Erkrankungen

MAGEN - Langsame Verdauung (bro1/805)

Coffea cruda

coff.

Dünne, großgewachsene Kinder, häufiger von dunklem Teint.

Sie sind leicht zu beeindrucken, haben viele *Ängste*, vor allem vor Ärzten, Geräuschen und Gefahren und *mehr als alles andere vor Schmerzen, die immer intensiv gespürt werden*, fast unerträglich sind und zu Ruhelosigkeit und Verzweiflung führen. Diese Ängste machen das Kind besonders vorsichtig, weshalb sie vermeiden, gefährliche Spiele zu spielen.

Coffea-cruda-Kinder sind *schüchtern, lieb, zärtlich, nachgiebig* und leicht zu beeindrucken.

Weinen schnell, sogar aus Freude.

Sie kommen sich ungeliebt vor und das macht sie eifersüchtig.

Sie sind launisch und empfindlich und mögen es nicht, getröstet zu werden; sie werden besonders dann wütend, wenn ihnen jemand Mitgefühl entgegen bringt.

Sehr kreativ und voller Einfälle. Sie arbeiten hart, um erfolgreich zu sein und von Gleichaltrigen anerkannt zu werden. Wenn etwas schief geht, geben sie sich selbst die Schuld daran.

In der Schule sind sie vor mündlichen oder schriftlichen Prüfungen nervös, mit Anfällen wäßriger Diarrhoe, die auch von anderen Emotionen wie Zorn, Angst oder Glück ausgelöst werden kann. Sie sind geistesabwesend, haben Konzentrationsschwierigkeiten und haben *häufig Kopfschmerzen.* Diese Kopfschmerzen sitzen typischerweise in der Stirn und sind schlimmer durch Lesen. Jedoch haben sie ein außergewöhnliches Gedächtnis und lernen selbst sehr lange Gedichte auswendig.

Sie sind *immer in Eile;* sie bewegen sich, essen, trinken und sprechen schnell; daher *können sich nicht entspannen und schlafen.* Tatsächlich ist bei diesem Mittel *Schlaflosigkeit* eine häufige Beschwerde. Abends sind sie reizbar und ruhelos, sie spielen und lachen und nach dem Einschlafen wachen sie oft wie erschreckt auf. Schlafstörungen, zusammen mit Fieber, Diarrhoe und Kopfschmerzen erscheinen oft während der Zahnung.

Im Schlaf knirschen sie mit den Zähnen, manchmal in konvulsivischer Weise.

Oft haben sie ungewöhnlich frühzeitig *Karies* und *Zahnschmerzen, die besser werden, wenn sie etwas Kaltes im Mund behalten.*

Coffea cruda kann bei verschiedenen Infektionskrankheiten nützlich sein, wie Scharlach, Windpocken, Röteln und Masern. Bei letzterem tritt davor und danach Husten auf; trockenes Hüsteln in kurzen Anfällen, ausgelöst durch Einatmen oder im Freien. Während der Masern kann Schlaflosigkeit auftreten oder sich verschlimmern.

Klinisches: Angst. Hyperästhesie. Überempfindlichkeit. Aufregung. Schlaflosigkeit. Konvulsionen. Kopfschmerzen. Kolik. Diarrhoe. Hernie. Asthma. Zahnschmerzen.

Wirkungsbereich: Nerven. Zähne. Herz. Kreislauf.

* * *

Zahnung - Empfindungen und neurologische Beschwerden

KOPF - Schmerz - Zahnung; während der (k/343)

ALLGEMEINES - Konvulsionen - Zahnung; während der (bg2*/1907)

Zahnung - Magendarmsymptome

REKTUM - *Diarrhoe - Zahnung; während* (*/957)

Zahnung - Allgemeines

ZÄHNE - *Zahnung - schwierig* (b7/718)

SCHLAF - Schlaflosigkeit - Zahnung; während der (bg2*/1694)

FIEBER - Zahnung; während der (bg2/1781)

Stillen - Gemütssymptome

GEMÜT - *Hast, Eile - Essen; beim* (b7/105)

Stillen - Magendarmsymptome - Appetit - vermindert

MAGEN - *Appetit - fehlend* (*/767)
- Appetit - fehlend - Hunger, mit (b2/768)
  » schnelle Sättigung (b7/770)
  » *vermindert* (*/772)

Stillen - Magendarmsymptome - Appetit - vermehrt

MAGEN - Appetit - Genuß, ohne (k/769)
- *Appetit - Heißhunger* (*/769)
  » vermehrt (*/770)

Stillen - Magendarmsymptome - Aufstoßen - Speisen; von

MAGEN - Aufstoßens; Art des - Speisen; von (k/780)

Stillen - Magendarmsymptome - Aufstoßen - Wasser; Hochsteigen von

MAGEN - Aufstoßens; Art des - Wasser in den Mund; Hochsteigen von (bg2/781)

Stillen - Magendarmsymptome - Abdomen - agg. durch

ABDOMEN - *Schmerz - Druck - agg.* (k/883)

Stillen - Magendarmsymptome - Abdomen - amel. durch

ABDOMEN - Schmerz - Beugen - vorne; nach - amel. - krampfartig (k/882)

Infektionskrankheiten - Windpocken

HAUT - Hautausschläge - Windpocken (k/1824)

Infektionskrankheiten - Masern

HUSTEN - Masern - nach (*/1202)
- Masern - während (*/1202)

SCHLAF - Schlaflosigkeit - Masern; bei (bro1/1692)

FIEBER - *Ausschlagsfieber; Fieber bei Ausschlagserkrankungen - Masern* (*/1770)

HAUT - *Hautausschläge - Masern* (*/1817)

ALLGEMEINES - Masern - Beschwerden nach (b2/1920)

Infektionskrankheiten - Röteln

HAUT - *Hautausschläge - Röteln* (b2/1821)

Infektionskrankheiten - Scharlach

HAUT - Hautausschläge - Scharlach (b2/1821)

Konstitution - Angst und Furcht

GEMÜT - Beeindrucken, empfänglich für Eindrücke; leicht zu (br1/19)

• Beschwerden durch - Erwartungsspannung (st*/23)
  » *Schreck* (*/25)
• Erwartungsspannung - Lampenfieber (fry/53)
• Furcht - Ärzten, vor (^/65)
  » Geräusche, durch (k/69)
• Vorsichtig (j/205)

Konstitution - Allgemeines

GEMÜT - Entmutigt (k/46)
• Faulheit (b7/55)
• *Heimweh* (bg2*/107)
• Milde (mrr1/130)
• Nachgiebigkeit (mrr1/134)
• Sorgen; voller (*/164)
• *Stimmung, Laune - veränderlich* (bro1*/171)
• *Theoretisieren* (*/180)
• Unaufmerksam (j5/189)
• Unzufrieden (*/194)
• *Weinen - Freude, durch* (*/245)
  » *Kindern; bei* (j5/246)
  » Kindern; bei - Säuglingen; bei (j5/246)
  » leicht (gl1/246)

Familie; Beziehung zur - Liebe und Zuneigung

GEMÜT - Eifersucht (k/40)
• Liebevoll, voller Zuneigung, herzlich (k/125)
• Verlassen zu sein; Gefühl (bg2/198)

Beziehung zu anderen - Aggressivität

GEMÜT - Antworten - kurz angebunden (k/15)
• Beschwerden durch - Heftigkeit (kr1/24)
• Streitsüchtig (bg2/173)

Beziehung zu anderen - Reaktion auf andere

GEMÜT - Antworten - Abneigung zu antworten (k/14)
• Schüchternheit, Zaghaftigkeit (*/158)
• Trost - agg. (bg2/188)
  » agg. - Mitleid, Mitgefühl agg. (bg3/188)
• Untröstlich (k/193)

Beziehung zu anderen - allgemein

GEMÜT - Beleidigt, leicht (a1/20)
• Empfindlich - äußerliche Eindrücke; gegen alle (lpc*/42)
• Mitgefühl, Mitleid (mrr1/130)
• *Sprache - hastig, eilig* (b7a/167)

Schule - Angst

GEMÜT - Beschwerden durch - Erwartungsspannung (st*/23)

REKTUM - *Diarrhoe - nervös, Gemütsbewegungen agg.* (bg2*/955)

Schule - Konzentration

GEMÜT - Konzentration - schwierig - Studieren (k/117)
• Stumpfheit - Lesen (k/175)
• Unaufmerksam (j5/189)

Schule - Lernen - allgemein

GEMÜT - Studieren, Lernen - einfach, fällt leicht (ptk1*/173)

Schule - Lernen - Lesen

GEMÜT - Stumpfheit - Lesen (k/175)

Schule - Anstrengung; geistige

KOPF - Schmerz - geistige Anstrengung - agg. (*/328)
• Schmerz - Lesen, beim - agg. (k/332)
  » Stirn - Lesen agg. (k/389)

Spielen

SCHLAF - Schlaflosigkeit - spielt und lacht, Kind (sf1/1694)

Tieren; Beziehung zu

GEMÜT - Natur - liebt (hr1/134)

Nonverbales - Aggressivität

GEMÜT - Wirft mit Gegenständen um sich (k/250)

Nonverbales - Reaktion auf andere

GEMÜT - *Berührtwerden - Abneigung berührt zu werden* (k1/21)
• Furcht - berührt zu werden (k/66)
  » Näherkommen, Annäherung von; vor - anderen, von (^/74)
• Gehalten - Verlangen, gehalten zu werden (bg2/87)

Nonverbales - Gesten, Gebärden

GEMÜT - Hast, Eile - Bewegungen; in den (*/105)
• Klammert sich an - Personen oder Möbel; an (k/115)
• *Launenhaftigkeit, launisch* (*/123)

Nonverbales - Allgemeines

GEMÜT - *Hast, Eile - Essen; beim* (b7/105)
• Ruhelosigkeit - Kindern, bei (hr1/151)
• Schreien - Kindern, bei (*/157)

Nonverbales - Konsultation; bei der

ABDOMEN - *Schmerz - Druck - agg.* (k/883)

Nonverbales - Äußerliches - Beobachtungen des Arztes

ATMUNG - Asthma, asthmatische Atmung - Kindern; bei (hr1/1162)
• Beschleunigt (*/1174)

HUSTEN - Anfallsweise - Anfälle folgen schnell aufeinander (k/1186)

ALLGEMEINES - Aussehen - dunkel (kr1*/1854)
• Magere Personen (hr1*/1919)

Nonverbales - Äußerliches - Beobachtungen der Eltern

KOPF - Empfindlichkeit - Kämmen, Bürsten der Haare; gegen (k/283)

ZÄHNE - Zähneknirschen (*/718)
• *Zähneknirschen - konvulsivisch* (*/718)
MAGEN - *Schluckauf* (*/809)
ABDOMEN - Schmerz - Beugen - vorne; nach - amel. - krampfartig (k/882)
MÄNNLICHE GENITALIEN - *Masturbation, Neigung zur* (st/1071)
WEIBLICHE GENITALIEN - Masturbation; Neigung zu (st1/1104)

Nacht; Beobachtungen in der - Gemütssymptome

GEMÜT - *Reizbarkeit, Gereiztheit - Schlaflosigkeit, mit* (sf1/146)
• Sprechen - Schlaf; im (*/169)

Nacht; Beobachtungen in der - körperliche Symptome

ZÄHNE - *Zähneknirschen - Schlaf; agg. im* (k/718)

Nacht; Beobachtungen in der - Schlaf

SCHLAF - Erwachen - häufig - Schreck, wie durch (a1/1674)
• Erwachen - Schreck, wie durch (*/1675)
• Ruhelos - Kindern, bei (j5/1685)
• **Schlaflosigkeit - Kindern, bei** (b7a/1691)
» Kindern, bei - Neugeborenen; bei (kr1/1691)
» spielt und lacht, Kind (sf1/1694)

Nacht; Beobachtungen in der - Schlaf; Lage im

SCHLAF - Lage - verkehrt, ohne sich des Herumwendens bewußt zu sein (j5/1683)

Schaukeln und Getragenwerden

GEMÜT - *Getragen - Abneigung getragen zu werden* (c1*/99)
• Getragen - Verlangen getragen zu werden (st/99)
SCHWINDEL - *Schaukeln - durch* (*/269)

Autos und Schiffe

MAGEN - Erbrechen - Fahren im Wagen agg. (bro1/792)

Psychosomatische Störungen

REKTUM - *Diarrhoe - nervös, Gemütsbewegungen agg.* (bg2*/955)

Körperliche Symptome und Erkrankungen

ZÄHNE - Karies, faule, hohle Zähne (*/700)
• Karies, faule, hohle Zähne - Kindern; verfrüht bei (k/700)
• **Schmerz - Kindern; bei** (k/708)
MAGEN - Langsame Verdauung (bro1/805)
REKTUM - *Diarrhoe - Kamille; nach Mißbrauch von* (*/954)
KEHLKOPF UND TRACHEA - *Laryngismus stridulus* (*/1145)
ALLGEMEINES - Arzneimittel - heftige Reaktion auf homöopathische Arzneimittel (gl1/1852)
• *Essen - Überessen; agg. nach* (bg2*/1877)
• *Kindern; Beschwerden von* (bg2*/1897)
• *Konvulsionen - Kindern, bei* (*/1905)
» *Kindern, bei - Kleinkindern, bei* (bg2/1905)
• Medikamente - allopathische - Mißbrauch von (j5/1921)
» allopathische - überempfindlich gegen (st/1921)

Chirurgisch pathologische Zustände

ABDOMEN - Hernie (c2/867)
• Hernie - Leistenhernie (b2/868)
» *Leistenhernie - eingeklemmt, inkarzeriert* (k/868)
» Leistenhernie - schmerzhaft (b7/868)

Würmer

MAGEN - Erbrochenen; Art des - Würmer (*/801)
REKTUM - Würmer - Beschwerden durch Würmer (b2/985)
• Würmer - Beschwerden durch Würmer - Bandwürmer (b2/986)

Coffea tosta

coff-t.

Konstitution - Angst und Furcht

GEMÜT - Furcht - Abwärtsbewegung, vor (^/64)
• Furchtlos (a1/80)

Beziehung zu anderen - Reaktion auf andere

GEMÜT - Antworten - undeutlich (k/15)
• Antworten - unzusammenhängend (k/15)

Nonverbales - Allgemeines

GEMÜT - Ruhelosigkeit - Kindern, bei (hr1/151)

Nonverbales - Äußerliches - Beobachtungen des Arztes

ATMUNG - Beschleunigt (a1/1174)

Schaukeln und Getragenwerden

SCHWINDEL - Schaukeln - durch (hr1/269)

Colchicum autumnale

colch.

Das charakteristische Symptom von Colchicum ist *Übelkeit durch den Geruch von Speisen,* oft begleitet von großem Durst und Kältegefühl im Magen. Das Kind verlangt nach vielen Dingen, weist sie aber zurück, nachdem es sie gerochen hat. Diese Patienten sind enorm überempfindlich gegen Gerüche, besonders von Fisch, Eiern und Fett, die sie riechen können, aber andere nicht riechen. Neben Übelkeit und Erbrechen können Gerüche auch Kopfschmerzen auslösen.

Dieses Mittel ist stark angezeigt bei Kindern mit ständigem Speichelfluß; selbst Schlucken von Speichel verstärkt die Übelkeit.

Übelkeit und Erbrechen erscheinen oft beim Reisen mit dem Auto oder anderen Transportmitteln.

Schmerzen in Rektum und Anus mit Tenesmus; das Kind ist erschöpft und schläft ein, sobald der Tenesmus aufhört. Wäßriger Stuhl, der große Mengen weißer, gehackter Stücke enthält. Diarrhoe während der Zahnung. Die Bauchschmerzen sind gewöhnlich krampfartig und bessern sich durch Zusammenkrümmen. Diarrhoe im Herbst.

Empfindlichkeit gegen kaltes und feuchtes Wetter und Verschlechterung dadurch.

Angezeigt, wenn gleichzeitig hepatische und rheumatische Beschwerden auftreten.

Es kann zu Gelenkleiden kommen, jedoch bei Kindern weniger als bei Erwachsen, die möglicherweise von Gicht befallen sind. Margaret Tyler schrieb: „Steht in enger Beziehung zum Fasergewebe: Röte, Schwellung, Hitze usw., neigt nicht zu Eiterung; wechselt schnell den Ort. Entzündung von Gelenken mit übermäßiger Hyperästhesie; die geringste Erschütterung der Luft, des Bodens oder Betts macht die Schmerzen unerträglich [...] die großen Gelenke sind sehr rot und heiß [...] wirkt mehr auf die kleinen Gelenke [...] *Anfälle von Rheumatismus brechen plötzlich aus und verschwinden plötzlich.* Sich verschiebende Schmerzen: akute Anfälle gehen in chronische über oder während der chronischen Form setzen akute Anfälle ein. Große Reizbarkeit während der Schmerzen; sehr empfindlich gegen Berührung; die geringste Vibration macht die Schmerzen unerträglich."

Nach Scharlach kann man Albuminurie feststellen, Zurückhaltung von Flüssigkeiten und Otorrhoe, wie nach Masern, manchmal mit Blut.

Was die Gemütsebene angeht, so sind sie unglücklich, *ungehorsam* und *reizbar,* besonders, wenn man ihnen widerspricht. Empfindlichkeit gegen Grobheit anderer; Wildheit durch Grausamkeiten anderer.

Angst vor Mäusen, mit der Einbildung, sie auch dann zu sehen, wenn sie nicht da sind, und dadurch Schlaflosigkeit.

In der Schule sind sie geistesabwesend und haben Schwierigkeiten, besonders beim Schreiben, bei dem sie Buchstaben oder Silben auslassen. Lesen führt zu Verwirrung und Kopfschmerzen.

Klinisches: Übelkeit. Appendizitis. Ileus. Diarrhoe. Darmkatarrh. Arthritis. Asthma. Husten. Diabetes. Nephritis. Herzleiden. Perikarditis. Augenleiden.

Wirkungsbereich: Verdauungskanal. Kleine Gelenke. Muskeln. Bänder. Herz. Perikard. Kreislauf. Nieren.

* * *

Zahnung - Empfindungen und neurologische Beschwerden

ALLGEMEINES - *Konvulsionen - Zahnung; während der* (hr1*/1907)

Zahnung - Magendarmsymptome

REKTUM - Diarrhoe - Zahnung; während (k/957)

Zahnung - Allgemeines

ZÄHNE - *Zahnung - schwierig* (bg2*/718)

Stillen - Magendarmsymptome - Appetit - vermindert

MAGEN - *Appetit - fehlend* (*/767)
• *Appetit - fehlend - Durst - mit* (k/768)
» fehlend - Hunger, mit (b2/768)
» *fehlend - Speisen - Anblick von; beim* (*/769)
» **fehlend - Speisen - Geruch von; durch** (*/769)
» *schnelle Sättigung* (*/770)
» vermindert (tl1/772)

Stillen - Magendarmsymptome - Appetit - vermehrt

MAGEN - Appetit - Genuß, ohne (k/769)
• *Appetit - Heißhunger* (*/769)
» nagend (*/770)
» vermehrt (*/770)
» *vermehrt - Erbrechen - nach* (*/771)
» vermehrt - Essen - nach (bg2/772)

Stillen - Magendarmsymptome - Aufstoßen - Wasser; Hochsteigen von

MAGEN - Aufstoßens; Art des - Wasser in den Mund; Hochsteigen von (*/781)

Stillen - Magendarmsymptome - Erbrechen

MAGEN - Erbrochenen; Art des - Speisen - unverdaut (bro1/800)

Stillen - Magendarmsymptome - Abdomen - amel. durch

ABDOMEN - *Schmerz - Beugen - vorne; nach - amel. - krampfartig* (k/882)

Infektionskrankheiten - Masern

OHR - Absonderungen - Masern, nach (k/498)

Infektionskrankheiten - Scharlach

OHR - Absonderungen - Scharlach, nach (hr1/498)
URIN - *Eiweißhaltig - Scharlach; nach* (*/1046)

ALLGEMEINES - *Wassersucht - äußere Wassersucht - Scharlach; nach* (kr1*/2024)

Konstitution - Allgemeines

GEMÜT - Entmutigt (*/46)
- Faulheit (*/55)
- Sorgen; voller (^/164)
- Unaufmerksam (bg2/189)
- *Unzufrieden* (*/194)
- Weinen - amel. (k/245)

Familie; Beziehung zur - Aggressivität

GEMÜT - *Beschwerden durch - Grobheit anderer* (*/23)
- *Empfindlich - Grobheiten; gegen* (k/44)

Familie; Beziehung zur - Liebe und Zuneigung

GEMÜT - Sorgen; voller - Verwandte, um (gk/165)

Beziehung zu anderen - Aggressivität

GEMÜT - Streitsüchtig (bg2/173)

Beziehung zu anderen - Reaktion auf andere

GEMÜT - Antworten - Fragen, in (gk/15)
- *Antworten - gefragt wird; antwortet nicht, wenn er* (vh*/15)
- *Widerspruch - verträgt keinen Widerspruch* (bro1/249)

Beziehung zu anderen - allgemein

GEMÜT - *Empfindlich - äußerliche Eindrücke; gegen alle* (*/42)

Schule - Konzentration

GEMÜT - Stumpfheit - Lesen (k2/175)
- Unaufmerksam (bg2/189)

Schule - Lernen - Lesen

GEMÜT - Stumpfheit - Lesen (k2/175)

Schule - Lernen - Schreiben

GEMÜT - Fehler; macht - Schreiben, beim (k/57)
- Fehler; macht - Schreiben, beim - läßt etwas aus - Buchstaben (k1/57)
  » Schreiben, beim - läßt etwas aus - Silben (k/57)
- Schreiben - Unfähigkeit zu (^/156)

Schule - Anstrengung; geistige

KOPF - *Schmerz - geistige Anstrengung - agg.* (k/328)

Schule - Beziehung zu anderen

GEMÜT - Ungehorsam (^/191)
- Ungehorsam - Kindern, bei (lmj/191)

Schule - Vorwürfe

GEMÜT - *Beschwerden durch - Grobheit anderer* (*/23)
- *Empfindlich - Grobheiten; gegen* (k/44)

Schule - Konstitution

GEMÜT - Ungehorsam (^/191)
- Ungehorsam - Kindern, bei (lmj/191)

Nonverbales - Reaktion auf andere

GEMÜT - Berührtwerden - Abneigung berührt zu werden (*/21)
- *Furcht - berührt zu werden* (bro1/66)

Nonverbales - Gesten, Gebärden

GEMÜT - Ungeschicklichkeit (^/192)

Nonverbales - Konsultation; bei der

KOPF - Hitze - Kälte - Extremitäten; mit Kälte der (bg2*/293)

OHR - Absonderungen - Blut (k/497)

MUND - Aphthen - Zahnfleisch (k/640)
- Landkartenzunge (b2/668)

INNERER HALS - *Entzündung - Tonsillen* (*/724)
- *Schwellung - Tonsillen* (k/747)

EXTREMITÄTEN - Krümmung und Biegung (b7a/1473)
- Nägel; Beschwerden der - eingewachsene Zehennägel (*/1665)

HAUT - Erysipel (*/1798)

ALLGEMEINES - Exostose (gk/1877)
- *Genesung, Rekonvaleszenz; Beschwerden während der - Ohr; nach Absonderungen aus dem* (*/1884)

Nonverbales - Äußerliches - Beobachtungen des Arztes

AUGE - Verklebt (*/472)

OHR - Bohren mit den Fingern darin (a1/500)

GESICHT - *Aufgesprungen - Lippen* (*/579)
- *Hippokratisches Gesicht* (k/605)
- Rissig - Lippen (*/613)
- Wächsern (k2/635)

ÄUSSERER HALS - *Torticollis* (*/761)

ATMUNG - *Beschleunigt* (*/1174)

Nonverbales - Äußerliches - Beobachtungen der Eltern

MUND - Beißt - Zunge; beißt sich auf die (*/640)

ZÄHNE - Zähneknirschen (*/718)

MAGEN - Brechreiz, Würgen (k2/784)
- *Gluckern; Gurgeln* (k/802)
- Schluckauf (*/809)
- **Völlegefühl - Essen - nach - agg.** (k/845)

ABDOMEN - *Schmerz - Beugen - vorne; nach - amel. - krampfartig* (k/882)
- *Schmerz - Zusammenkrümmen - amel.* (k/897)
  » Zusammenkrümmen - muß sich zusammenkrümmen (k2/897)

REKTUM - *Unwillkürlicher Stuhl* (*/984)

BLASE - *Urinieren - Harndrang - plötzlich - beeilen um zu urinieren, sonst geht Urin ab; muß sich* (vh/1015)
- *Urinieren - unwillkürlich - Husten; agg. beim* (*/1020)

MÄNNLICHE GENITALIEN - Faßt sich an die Genitalien (bg2/1065)

Nacht; Beobachtungen in der - Gemütssymptome

GEMÜT - *Gesten, Gebärden; macht - Hände; unwillkürliche Bewegungen der - zupft - Bettwäsche; an der* (k/98)

Nacht; Beobachtungen in der - körperliche Symptome

ZÄHNE - Zähneknirschen - Schlaf; agg. im (*/718)

REKTUM - Unwillkürlicher Stuhl - Schlaf; agg. im (k/985)

BLASE - Urinieren - unwillkürlich - nachts (b2/1019)

Nacht; Beobachtungen in der - Schlaf

SCHLAF - Erwachen - Schreck, wie durch (b7/1675)

Nacht; Beobachtungen in der - Schlaf; Lage im

SCHLAF - *Lage - Rücken, auf dem* (*/1683)
- *Lage - Seite, auf der* (*/1683)
  - » Seite, auf der - linken Seite, auf der - unmöglich (k/1683)

Autos und Schiffe

KOPF - Schmerz - Fahren - Wagen, im - agg. (k/326)

MAGEN - *Erbrechen - Fahren im Wagen agg.* (k/792)
- Übelkeit - Fahren - Wagen; im - agg. (b7/836)
  - » Seekrankheit (k/839)

ALLGEMEINES - Fahren - Wagen; mit dem - agg. (*/1877)

Körperliche Symptome und Erkrankungen

MAGEN - Langsame Verdauung (bro1/805)

REKTUM - Cholera - infantum (*/949)

NIEREN - *Entzündung* (*/1023)
- *Entzündung - parenchymatös - akut* (k/1024)

EXTREMITÄTEN - Hüftgelenksentzündung (k/1443)

FIEBER - **Continua** (k/1772)
- Schleichendes Fieber (k/1779)

ALLGEMEINES - Konvulsionen - Kindern, bei (kr1/1905)

Chirurgisch pathologische Zustände

ABDOMEN - Entzündung - Peritoneum (ptk1/860)
- Hernie - Leistenhernie (gk/868)
- *Intussuszeption* (*/869)

MÄNNLICHE GENITALIEN - Varikozele (k/1085)

Würmer

REKTUM - Würmer - Beschwerden durch Würmer (b2/985)
- Würmer - Beschwerden durch Würmer - Bandwürmer (b2/986)
  - » Beschwerden durch Würmer - Madenwürmer (b2/986)

Colibacillinum

coli.

Stillen - Milch

ALLGEMEINES - Speisen und Getränke - Milch - agg. (jl2*/2001)

Stillen - Magendarmsymptome - Appetit - allgemein

MAGEN - Appetit - launischer Appetit (jl2/770)

Stillen - Magendarmsymptome - Appetit - vermindert

MAGEN - Appetit - vermindert (rly4/772)

Stillen - Magendarmsymptome - Appetit - vermehrt

MAGEN - Appetit - vermehrt (rly4*/770)

Stillen - Magendarmsymptome - Rektum

REKTUM - Diarrhoe - Kindern, bei (jl2/954)
- Diarrhoe - Kindern, bei - Neugeborenen; bei (jl2/954)
  - » Kindern, bei - Säuglingen; bei (jl2/954)

Konstitution - Angst und Furcht

GEMÜT - Furcht - engen Räumen; in (rly4/67)
- Furcht - unternehmen; irgendetwas zu (rly4/78)

Konstitution - Allgemeines

GEMÜT - Milde (rly4/130)
- Selbstvertrauen - Mangel an Selbstvertrauen (rly4/161)

Familie; Beziehung zur - Liebe und Zuneigung

GEMÜT - Verlassen zu sein; Gefühl (rly4/198)

Beziehung zu anderen - Reaktion auf andere

GEMÜT - *Schüchternheit, Zaghaftigkeit* (jl2/158)

Beziehung zu anderen - allgemein

GEMÜT - Tadelsüchtig, krittelig (rly4/178)
- Tadelt sich selbst, macht sich Vorwürfe (rly4/179)

Schule - Angst

GEMÜT - Furcht - unternehmen; irgendetwas zu (rly4/78)
- Selbstvertrauen - Mangel an Selbstvertrauen (rly4/161)

Schule - Konstitution

GEMÜT - Selbstvertrauen - Mangel an Selbstvertrauen (rly4/161)

Nonverbales - Konsultation; bei der

ÄUSSERER HALS - Schwellung - Halsdrüsen (rly4/760)

Nonverbales - Äußerliches - Beobachtungen der Eltern

MAGEN - Gluckern; Gurgeln (rly4/802)

Nacht; Beobachtungen in der - Schlaf; Lage im

SCHLAF - Lage - Seite, auf der (rly4/1683)
- Lage - Seite, auf der - rechten Seite, auf der (rly4/1683)

» verändert häufig die Lage (rly4/1683)

Körperliche Symptome und Erkrankungen

MAGEN - Langsame Verdauung (jl2/805)

NIEREN - Entzündung (jl2/1023)

• Entzündung - Nierenbecken und Niere (jl2/1024)

Würmer

REKTUM - *Würmer - Beschwerden durch Würmer* (jl2/985)

• Würmer - Beschwerden durch Würmer - Kindern; bei (jl2/986)

Collinsonia canadensis

coll.

Stillen - Magendarmsymptome - Rektum

REKTUM - Obstipation - Kindern, bei (br1/969)

• Obstipation - Kindern, bei - Kleinkindern, bei (bro1*/969)

Nonverbales - Äußerliches - Beobachtungen der Eltern

REKTUM - *Unwillkürlicher Stuhl* (hr1/984)

STUHL - Kugeln, wie (bro1/996)

• *Schafskot, wie* (k/997)

Körperliche Symptome und Erkrankungen

NIEREN - Entzündung (k/1023)

Chirurgisch pathologische Zustände

MÄNNLICHE GENITALIEN - *Varikozele* (*/1085)

Colocynthis

coloc.

Colocynthis kann angewendet werden bei Kindern, wenn *heftige Emotionen Krämpfe und sogar galligen Stuhl hervorrufen.*

Diese Kinder zeigen ein gemischtes Bild von Zorn und Angst, mit einem Gesicht, das von Schmerz verzerrt zu sein scheint. „*Extreme Reizbarkeit* ist das hervorstechende Merkmal in diesem Bereich. Eine Tendenz, bei der geringsten Kleinigkeit aus der Haut zu fahren, sich über Kleinigkeiten leicht aufzuregen. Freunde irritieren ihn; er möchte alleingelassen werden; möchte nicht reden. Das Kind neigt dazu, ungezogen zu sein und ist sehr leicht beleidigt" (Gibson).

Stuhlgang beim Stillen oder direkt danach: kleiner, unverdauter, schaumiger, häufiger Stuhl, dem *kolikartige Schmerzen* vorangehen, die anfallsweise erscheinen. Diese krampfhaften Schmerzen sind sehr heftig und das Kind windet sich in jede mögliche Richtung, krümmt sich zusammen, drückt einen harten Gegenstand in den Bauch, um Linderung zu erreichen, scheint unter großen Qualen zu leiden und weint sehr heftig.

Es ist auch nützlich gegen kneifende Schmerzen um den Nabel und bei Diarrhoe während der Zahnung.

Es ist eines der Hauptmittel bei *Kolik der Säuglinge,* die schlimmer wird durch Hinlegen und *durch Druck und Hitze besser wird* (Differentialdiagnose: Magnesium phosphoricum).

Sehr empfindlich gegen Vorwürfe, besonders, wenn sie ungerecht sind. Verträgt keinen Widerspruch, ist empfindlich und ungehorsam. Wenn sie wütend werden, reagieren sie mit Heftigkeit, werfen beispielsweise mit Gegenständen.

Klinisches: Kolik. Diarrhoe. Peritonitis. Kopfschmerzen. Zahnschmerzen. Koxalgie. Rheumatismus. Phimose.

Wirkungsbereich: Verdauungskanal. Nabel. Darm. Nerven. Nieren.

* * *

Entwicklung - allgemein

KOPF - Großer Kopf (bg2/289)

Zahnung - Magendarmsymptome

REKTUM - *Diarrhoe - Zahnung; während* (k/957)

Zahnung - Allgemeines

ZÄHNE - *Zahnung - schwierig* (hr1*/718)

Stillen - Milch

ALLGEMEINES - Speisen und Getränke - Milch - amel. - warme (c1/2001)

Stillen - Magendarmsymptome - Appetit - allgemein

MAGEN - Appetit - veränderlich (hr1/770)

Stillen - Magendarmsymptome - Appetit - vermindert

MAGEN - Appetit - fehlend (*/767)

• Appetit - fehlend - Durst - mit (k/768)

» fehlend - Hunger, mit (b2/768)

» schnelle Sättigung (b4/770)

» *vermindert* (*/772)

Stillen - Magendarmsymptome - Appetit - vermehrt

MAGEN - *Appetit - Heißhunger* (k/769)

• Appetit - vermehrt (*/770)

Stillen - Magendarmsymptome - Aufstoßen - Wasser; Hochsteigen von

MAGEN - Aufstoßens; Art des - Wasser in den Mund; Hochsteigen von - bitter (bg1/781)

Stillen - Magendarmsymptome - Abdomen - agg. durch

Abdomen - Schmerz - Beugen - vorne; nach - agg. (^/882)
- *Schmerz - Kindern; bei - Säuglingen; bei - krampfartig* (bro1*/888)
  - » Liegen - agg. (*/889)
  - » Liegen - Seite; auf der - agg. (k/889)

Stillen - Magendarmsymptome - Abdomen - amel. durch

Abdomen - **Schmerz - Beugen - vorne; nach - amel. - krampfartig** (*/882)
- **SCHMERZ - BEUGEN DER BEINE AMEL.** (*/882)
  - » **Druck - amel.** (*/883)
  - » *Liegen - Abdomen; auf dem - amel.* (*/889)
  - » Liegen - Rücken; auf dem - amel. (k/889)
  - » *Wärme - amel.* (*/896)
  - » Zusammenkrümmen - amel. - krampfartig (bro1*/897)

Stillen - Allgemeines

Allgemeines - Säuglinge (kk2/1944)

Infektionskrankheiten - Mumps

Gesicht - Schmerz - Parotis - links (k/627)
- Schmerz - Parotis - erstreckt sich zu - Auge (k/627)

Infektionskrankheiten - Scharlach

Allgemeines - Wassersucht - äußere Wassersucht - Scharlach; nach (kr1/2024)

Konstitution - Angst und Furcht

Gemüt - Beschwerden durch - Schreck (bg2*/25)
- Feigheit (k/59)
- *Furcht - Gewitter; vor* (vh*/70)
- Schreckliches und traurige Geschichten greifen sie stark an (^/156)

Konstitution - Allgemeines

Gemüt - Ehrgeiz - erhöht, vermehrt, sehr ehrgeizig (j*/40)
- Empfindlich - Kinder (dx1/44)
- Entmutigt (*/46)
- Faulheit (b4/55)
- Geiz (k/92)
- Pflicht - kein Pflichtgefühl (gl1/136)
- Ungerechtigkeit; erträgt keine (mrr*/191)
- Unzufrieden (*/194)

Familie; Beziehung zur - Liebe und Zuneigung

Gemüt - Eifersucht (k2/40)

Familie; Beziehung zur - Vorwürfe

Gemüt - Beschwerden durch - Tadel (*/25)
- Beschwerden durch - Vorwürfe (ptk1/26)
- Ermahnungen - agg. (pt*/47)

Beziehung zu anderen - Aggressivität

Gemüt - Zorn - antworten muß; wenn er (k/253)

Beziehung zu anderen - Reaktion auf andere

Gemüt - Abneigung - Freunde, gegen (ptk1*/1)
- *Antworten - Abneigung zu antworten* (*/14)
- *Gesellschaft - Abneigung gegen* (*/94)
  - » Verlangen nach (k/95)
- Widerspruch - verträgt keinen Widerspruch (bro1*/249)

Beziehung zu anderen - allgemein

Gemüt - *Beleidigt, leicht* (*/20)

Schule - Angst

Rektum - *Diarrhoe - Erregung, Aufregung agg.* (bg1*/952)

Schule - Anstrengung; geistige

Kopf - Schmerz - geistige Anstrengung - agg. (k/328)

Schule - Beziehung zu anderen

Gemüt - Ungehorsam (^/191)
- Ungehorsam - Kindern, bei (lmj/191)

Schule - Vorwürfe

Gemüt - Beschwerden durch - Tadel (*/25)
- Beschwerden durch - Vorwürfe (ptk1/26)
- Ermahnungen - agg. (pt*/47)
- Zorn - antworten muß; wenn er (k/253)

Schule - Konstitution

Gemüt - Eigensinnig, starrköpfig, dickköpfig (sf1/41)
- Ungehorsam (^/191)
  - » Kindern, bei (lmj/191)

Nonverbales - Aggressivität

Gemüt - Wirft mit Gegenständen um sich (*/250)

Nonverbales - Allgemeines

Gemüt - Eigensinnig, starrköpfig, dickköpfig (sf1/41)

Nonverbales - Konsultation; bei der

Abdomen - **Schmerz - Druck - amel.** (*/883)

Rücken - Hautausschläge - Furunkel (k/1316)
- Hautausschläge - Furunkel - Zervikalregion (k/1317)
- Krümmung der Wirbelsäule (bg2/1323)

Extremitäten - *Krümmung und Biegung* (b4a/1473)

Nonverbales - Äußerliches - Beobachtungen des Arztes

Kopf - Großer Kopf (bg2/289)

Auge - *Strabismus, Schielen - divergens* (*/467)

Äusserer Hals - Torticollis - links gezogen; nach (bg2/761)

Atmung - Beschleunigt (*/1174)

Allgemeines - Aussehen - hell, blond (c1/1855)
- *Fettleibigkeit - Kindern, bei* (b4a/1879)

Nonverbales - Äußerliches - Beobachtungen der Eltern

OHR - Bohren mit den Fingern darin - amel. (bg2*/500)

MUND - *Beißt - Zunge; beißt sich auf die* (vk1/640)

MAGEN - Schluckauf (*/809)

ABDOMEN - **Schmerz - Beugen - vorne; nach - amel. - krampfartig** (*/882)

- **SCHMERZ - BEUGEN DER BEINE AMEL.** (*/882)
  - » *Kindern; bei - Säuglingen; bei - krampfartig* (bro1*/888)
  - » *Liegen - Abdomen; auf dem - amel.* (*/889)
  - » Liegen - agg. (*/889)
  - » Liegen - Rücken; auf dem - amel. (k/889)
  - » Liegen - Seite; auf der - agg. (k/889)
  - » *Wärme - amel.* (*/896)
  - » **Zusammenkrümmen - amel.** (*/897)
  - » Zusammenkrümmen - amel. - krampfartig (bro1*/897)
  - » **Zusammenkrümmen - muß sich zusammenkrümmen** (*/897)

REKTUM - *Unwillkürlicher Stuhl* (*/984)

STUHL - *Unverdaut* (*/999)

BLASE - *Urinieren - verzögert, muß warten, bis der Urin zu fließen beginnt* (b4a/1020)

HAUT - Insektenstiche (*/1825)

Nacht; Beobachtungen in der - körperliche Symptome

KOPF - Schweiß der Kopfhaut - nachts (h2/403)

BLASE - Urinieren - unwillkürlich - nachts (b2/1019)

- Urinieren - unwillkürlich - nachts - spasmodisches Bettnässen (k/1019)

Nacht; Beobachtungen in der - Schlaf; Lage im

SCHLAF - *Lage - Abdomen, auf dem* (*/1682)

- Lage - Arme - Abdomen, auf dem (bg2/1682)
  - » Arme - Kopf - über dem Kopf (*/1682)
  - » Arme - Kopf - unter dem Kopf (*/1682)
  - » Hände - Kopf - über dem - eine Hand - eine Hand unter dem Kopf (j5/1682)
  - » Hände - Kopf - unter dem (b4/1682)
  - » Rücken, auf dem (*/1683)
  - » Rücken, auf dem - Hände - flach unter dem Hinterkopf (h2/1683)
  - » Rücken, auf dem - Hände - flach unter dem Hinterkopf - linke Hand, nur die - anderen Arm über dem Kopf; den (a1/1683)
  - » Seite, auf der - linken Seite, auf der - unmöglich (vh/1683)
  - » Seite, auf der - schmerzhaften Seite, auf der (sf1/1683)

Schaukeln und Getragenwerden

GEMÜT - Getragen - Verlangen getragen zu werden (sf1/99)

Psychosomatische Störungen

REKTUM - *Diarrhoe - Ärger, Verdruß agg.* (k/951)

- *Diarrhoe - Erregung, Aufregung agg.* (bg1*/952)
  - » **Zorn, nach** (*/957)

Körperliche Symptome und Erkrankungen

KOPF - Hydrozephalus (bg2/295)

REKTUM - Cholera - infantum (*/949)

EXTREMITÄTEN - **Hüftgelenksentzündung** (*/1443)

ALLGEMEINES - Medikamente - allopathische - Mißbrauch von (ptk1/1921)

Chirurgisch pathologische Zustände

ABDOMEN - *Entzündung - Peritoneum* (c2*/860)

- Hernie - eingeklemmt, inkarzeriert (ptk1/868)
  - » Leistenhernie (b2/868)
  - » Leistenhernie - eingeklemmt, inkarzeriert (bg2/868)
  - » Leistenhernie - schmerzhaft (bg2/868)
- *Intussuszeption* (*/869)

MÄNNLICHE GENITALIEN - Hochgezogen, an den Körper gezogen - Hoden (*/1068)

- Phimose (ptk1/1071)
  - » *Paraphimose* (*/1071)

Würmer

REKTUM - Würmer - Beschwerden durch Würmer (b2/985)

- Würmer - Beschwerden durch Würmer - Spulwürmer (b2/986)

Conium maculatum

con.

Conium entspricht lymphatischen, blonden Kindern, besonders jenen mit großem, weichem Bauch und Neigung zu Drüsenvergrößerung und Hautausschlägen. Die Gesichtshaut ist blaß, manchmal fettig und oft haben sie Sommersprossen. *Die Verschreibung von Conium ist sehr wahrscheinlich in Fällen von Herpes an den Wangen*, besonders, wenn es zu Rückfällen kommt.

In der *Familiengeschichte* gibt es *viele Fälle von Krebs.*

Der *größte Tropismus* dieses Mittels besteht auf der *Ebene der Drüsen:* Schwellung der Hals-, Unterzungen- und Submentaldrüsen; Entzündung und Schwellung von Mandeln und Adenoiden. Nützlich bei Kryptorchismus.

Angezeigt bei verschiedenen Infektionskrankheiten, besonders Parotitis mit möglicher Orchitis. Keuchhusten kann besonders heftig sein, mit Schüben von Hämoptyse. Auf Scharlach folgen oft lange Folgekrankheiten, besonders Albuminurie.

Der Husten von Conium ist oft ein trockener und kitzelnder Husten; wenn es hustet, klagt das Kind über Schmerzen im Bauch.

Es gibt oft eine *Verschlimmerung durch Milch*, mit Schmerzen und Auftreibung des Bauches, Flatulenz und Diarrhoe. Milchschorf.

Bei heranwachsenden Mädchen ist die Menarche oft verspätet und danach sind die Menses unregelmäßig mit gleichzeitiger Akne.

Sie sind *autoritär, materialistisch, streng, hart, streitsüchtig,* vertragen keinen Widerspruch, sind widerspenstig, übertrieben kritisch und nicht oft mögen sie die Gesellschaft anderer Kinder, obwohl sie Angst haben, allein zu sein.

Sie machen sich oft Vorwürfe, was soweit gehen kann, daß es zu *selbstzerstörerischen Handlungen* führt. Vor vielen Jahren hatte ich den Fall eines leicht zurückgebliebenen Kindes, das sich hinlegte und mit dem Kopf auf den Boden schlug.

Sie machen sich Sorgen um ihre Gesundheit, aber das ist nicht die einzige Angst. Sie sind leicht zu beindrucken und haben Angst vor Räubern, Gewitter und hochgelegenen Orten.

Sie sind *ehrgeizig, aber auch unsicher*; und in der Schule haben sie Schwierigkeiten mit Mathematik. Oft machen Sie Fehler beim Buchstabieren, während Lesen zu Verwirrung und Kopfschmerzen führt, vor allem auf dem Scheitel.

Sie reden viel, so daß es einem auf die Nerven geht und plappern („Gemüt - Sprache - Plappern, Schwatzen"). Sie werden schwierige Patienten werden, wenn sie erwachsen sind. Weil sie zurückhaltend sind, beschreiben sie ihre Symptome langsam und wiederholt, verweilen die ganze Zeit bei Aspekten von geringer Bedeutung, während sie sehr wenig über die wichtigen Symptome sagen. Aus diesem Grund plane ich normalerweise mehr Zeit ein für die Konsultation von Erwachsenen, die Conium benötigen.

Man sieht sie mit dem Finger in der Nase, die oft in der Folge blutet.

Klinisches: Herpes. Erysipel. Prellungen. Zysten. Krebs. Augenleiden. Leberleiden. Blasenleiden. Hodenleiden. Asthma. Bronchitis. Husten. Chorea.

Wirkungsbereich: Drüsen. Haut. Nerven. Muskeln. Atmung.

* * *

Krankengeschichte; familiäre und persönliche

ALLGEMEINES - *Familiengeschichte von - Apoplexie* (bro1/1878)
• Familiengeschichte von - Krebs (rmk1/1878)
• *Krankengeschichte von; persönliche - Augen - Gerstenkörnern; von wiederkehrenden* (*/1909)
» *Krebs; von* (mrr1/1910)

Entwicklung - langsam

ALLGEMEINES - Gehen - Gehenlernen, Laufenlernen - spätes (bg3/1883)

Entwicklung - schnell

GEMÜT - *Frühreife, altkluge Kinder* (lmj/63)

Entwicklung - allgemein

ALLGEMEINES - Schmerz - Wachstumsschmerzen (a1/1958)

Zahnung - Gemütssymptome

GEMÜT - Ruhelosigkeit - Kindern, bei - Zahnung; während der (hr1/152)

Zahnung - Empfindungen und neurologische Beschwerden

KOPF - *Schmerz - Zahnung; während der* (k/343)
ALLGEMEINES - *Konvulsionen - Zahnung; während der* (*/1907)

Zahnung - Magendarmsymptome

REKTUM - *Diarrhoe - Zahnung; während* (*/957)

Zahnung - Allgemeines

ZÄHNE - **Zahnung - schwierig** (b7/718)
HUSTEN - Zahnung, während der (bro1/1211)
SCHLAF - Schlaflosigkeit - Zahnung; während der (bg2*/1694)
FIEBER - *Zahnung; während der* (bg2*/1781)

Impfung

ALLGEMEINES - *Impfung; Beschwerden nach* (c1*/1892)

Stillen - Milch

KOPF - Hautausschläge - Milchschorf (bg2/290)
MAGEN - *Auftreibung - Milch agg.* (k/783)
ABDOMEN - **Auftreibung - Milch agg.** (*/852)
• Flatulenz - Milch agg. (b4/863)
• Schmerz - Milch - agg. (k/891)
REKTUM - Diarrhoe - Milch - agg. (*/954)
ALLGEMEINES - Speisen und Getränke - Milch - Abneigung (st/2000)
• Speisen und Getränke - Milch - agg. (b7a/2001)
» Milch - amel. (ptk1*/2001)

Stillen - Magendarmsymptome - Appetit - allgemein

MAGEN - Appetit - vermehrt - abwechselnd mit - Appetitverlust (oss2/771)

Stillen - Magendarmsymptome - Appetit - vermindert

MAGEN - *Appetit - fehlend* (*/767)
• Appetit - schnelle Sättigung (*/770)
» *vermindert* (*/772)

Stillen - Magendarmsymptome - Appetit - vermehrt

MAGEN - *Appetit - Heißhunger* (*/769)
• Appetit - Heißhunger - Essen - nach dem Essen - bald danach (k/770)
» *vermehrt* (*/770)
» vermehrt - Essen - nach (*/772)

Stillen - Magendarmsymptome - Aufstoßen - Speisen; von

MAGEN - Aufstoßens; Art des - Speisen; von (bg2/780)
• *Aufstoßens; Art des - Speisen; von - Essen - nach - agg.* (b4a/780)
» Speisen; von - sauer (b4/780)

Stillen - Magendarmsymptome - Aufstoßen - Wasser; Hochsteigen von

MAGEN - Aufstoßens; Art des - Wasser in den Mund; Hochsteigen von (*/781)
• Aufstoßens; Art des - Wasser in den Mund; Hochsteigen von - Essen - nach - agg. (*/781)

Stillen - Magendarmsymptome - Schluckauf

MAGEN - Schluckauf - Essen - nach - agg. (*/810)
• Schluckauf - Trinken - nach - agg. (b7/811)

Stillen - Magendarmsymptome - Abdomen - agg. durch

ABDOMEN - Schmerz - Beugen - vorne; nach - agg. (^/882)
• Schmerz - Druck - agg. (k/883)
» Liegen - agg. (^/889)
» Liegen - Seite; auf der - rechten; auf der - agg. (k/889)

Stillen - Magendarmsymptome - Abdomen - amel. durch

ABDOMEN - *Schmerz - Beugen - vorne; nach - amel. - krampfartig* (k/882)

Stillen - Magendarmsymptome - Rektum

REKTUM - *Diarrhoe - Kindern, bei* (k/954)
• Obstipation - entfernt werden; Stuhl muß mechanisch (bg1/968)
» Kindern, bei (hr1*/969)

Stillen - Allgemeines

SCHWEISS - *Essen - beim - agg.* (*/1786)
• Essen - nach - agg. (*/1786)

ALLGEMEINES - *Säuglinge* (kk2/1944)

Infektionskrankheiten - Windpocken

FIEBER - *Continua - Ausschlagsfieber* (bro1/1772)

HAUT - Hautausschläge - Windpocken (*/1824)

Infektionskrankheiten - Masern

NASE - Nasenbluten - Masern agg. (bro1/557)

HUSTEN - Masern - nach (*/1202)
• *Masern - während* (b7a/1202)
• Trocken - Masern, nach (tl1/1209)

FIEBER - **Ausschlagsfieber; Fieber bei Ausschlagserkrankungen - Masern** (*/1770)
• *Continua - Ausschlagsfieber* (bro1/1772)

HAUT - **Hautausschläge - Masern** (*/1817)

ALLGEMEINES - Masern - Beschwerden nach (b2/1920)

Infektionskrankheiten - Mumps

GESICHT - Entzündung - Parotis (c1/584)
• *Entzündung - Parotis - Eiterung; mit* (*/584)
» Parotis - Metastasierung zu - Mammae (bro1/584)
» Parotis - Mumps (c2*/584)
• Schmerz - Parotis (^/626)
» Parotis - stechend (b4/627)
• *Schwellung - Parotis* (*/631)
» Parotis - links (k/631)
• *Verhärtungen - Parotis* (*/634)

Infektionskrankheiten - Röteln

FIEBER - *Continua - Ausschlagsfieber* (bro1/1772)

HAUT - **Hautausschläge - Röteln** (b2/1821)

Infektionskrankheiten - Scharlach

INNERER HALS - Entzündung - Scharlach; bei (bro1/724)

URIN - Eiweißhaltig - Scharlach; nach (bro1/1046)

HUSTEN - Scharlach; nach (*/1204)

FIEBER - *Ausschlagsfieber; Fieber bei Ausschlagserkrankungen - Scharlach* (bro1/1770)
• *Continua - Ausschlagsfieber* (bro1/1772)

HAUT - Hautausschläge - Scharlach (*/1821)

ALLGEMEINES - *Scharlach - Beschwerden nach* (bg2/1944)
• Wassersucht - äußere Wassersucht - Scharlach; nach (bro1/2024)

Infektionskrankheiten - Pocken

FIEBER - *Continua - Ausschlagsfieber* (bro1/1772)

HAUT - *Hautausschläge - Pocken* (bro1/1819)

Infektionskrankheiten - Keuchhusten

HUSTEN - Keuchhusten (*/1197)
• *Keuchhusten - ersten Stadium; entzündlicher Husten im* (kr1/1198)
» heftig (ptk1/1198)
» **katarrhalischen Phase; in der** (bg2*/1198)
» *Krampfstadium, im* (bro1/1198)

BRUST - Blutung der Lungen - Husten - mit - Keuchhusten (mlb/1230)

Konstitution - Aggressivität

GEMÜT - Schlagen - sich; schlägt - schlägt seinen Kopf gegen die Wand und gegen Gegenstände (ckh1/154)
- *Zorn - Kindern, bei* (kr1/254)

KOPF - Anstoßen (k/274)
- Anstoßen - Bett; mit dem Kopf gegen das (k/274)

Konstitution - Angst und Furcht

GEMÜT - *Angst - hypochondrisch* (j5/11)
- *Angst - Kinder - bei Kindern* (^/11)
  - » *Kinder - bei Kindern - Kleinkinder* (kr1/11)
- Beeindrucken, empfänglich für Eindrücke; leicht zu (bt*/19)
  - » *unangenehm auf ihn; alles wirkt* (kr1/19)
- Beschwerden durch - Erwartungsspannung (bg*/23)
  - » **Schreck** (*/25)
- Erwartungsspannung - Lampenfieber (fry/53)
- *Feigheit* (*/59)
- Furcht - allein zu sein (*/64)
  - » **engen Räumen; in** (*/67)
  - » Geräusche, durch (bro1/69)
  - » *Gespenstern; vor* (*/70)
  - » Gewitter; vor (vh*/70)
  - » hochgelegenen Orten; vor (oss2/71)
  - » *offenen Plätzen; Furcht vor* (bg2*/74)
  - » voller Furcht (gt/79)
- Mutig (*/133)
- *Schreckliches und traurige Geschichten greifen sie stark an* (st*/156)
- Vorsichtig (bg2/205)

Konstitution - Allgemeines

GEMÜT - Ehrgeiz - erhöht, vermehrt, sehr ehrgeizig (bg2/40)
- *Empfindlich - Kinder* (*/44)
- *Entmutigt* (k/46)
- Faulheit (*/55)
- Geiz (gl1/92)
- Gewissenhaft, peinlich genau in bezug auf Kleinigkeiten (oss2/99)
- Heikel, pingelig (st1/106)
- Heimweh (bg2*/107)
- Kleinigkeiten, Trivialitäten - wichtig; scheinen (ptk1*/115)
- *Milde* (k/130)
- Nachgiebigkeit (oss2/134)
- Neugierig (mtf/135)
- Selbstvertrauen - Mangel an Selbstvertrauen (pcr*/161)
- Sorgen; voller (^/164)
- Sprache - Plappern, Schwatzen (sf1/167)
- *Stimmung, Laune - veränderlich* (*/171)
- *Unaufmerksam* (bg2/189)
- *Unternehmen; etwas - Vieles, hält aber bei nichts durch, bleibt nicht dabei; unternimmt* (k/193)
- Unzufrieden (*/194)
- Veränderungen - Abneigung gegen (^/195)
- Verwegenheit (k/199)
- Weinen - Kindern; bei (c1/246)
  - » Musik; durch (bg2*/247)

Familie; Beziehung zur - Aggressivität

GEMÜT - Beschwerden durch - Grobheit anderer (tl1/23)

Familie; Beziehung zur - Liebe und Zuneigung

GEMÜT - Abneigung - Familienangehörige; gegen (bg2*/1)
- *Angst - andere, um* (vh*/7)
- Eifersucht (^/40)
- Entfremdet - Familie, von seiner (k/45)
- Liebevoll, voller Zuneigung, herzlich (*/125)
- Sorgen; voller - Verwandte, um (vh1/165)
- Verlassen zu sein; Gefühl (oss2/198)

Beziehung zu anderen - Aggressivität

GEMÜT - Herausfordernd (k/107)
- Schlagen (^/154)
  - » sich; schlägt (^/154)
  - » sich; schlägt - Kopf - seinen Kopf (ptk1/154)
  - » sich; schlägt - schlägt seinen Kopf gegen die Wand und gegen Gegenstände (ckh1/154)
  - » Wand, gegen die (bg2*/155)
- Spotten (b7/166)
- Streitsüchtig (*/173)

Beziehung zu anderen - Reaktion auf andere

GEMÜT - Abneigung - Freunde, gegen (^/1)
- Antworten - Abneigung zu antworten (vh1/14)
  - » einsilbig (c1/15)
  - » langsam (sf1/15)
- Gesellschaft - Abneigung gegen (*/94)
  - » *Abneigung gegen - Fremden; Abneigung gegen die Anwesenheit von* (k/95)
  - » *Abneigung gegen - Furcht vor dem Alleinsein; jedoch* (*/95)
  - » Verlangen nach (gl1/95)
  - » Verlangen nach - allein; agg. wenn (*/96)
- *Schüchternheit, Zaghaftigkeit* (*/158)
- Trost - agg. (vh1/188)
  - » agg. - Mitleid, Mitgefühl agg. (pt*/188)
  - » amel. (ckh1/188)
- *Untröstlich* (*/193)
- Widerspenstig (k/249)
- Widerspruch - Neigung zu widersprechen (c1/249)
  - » verträgt keinen Widerspruch (*/249)

Beziehung zu anderen - allgemein

GEMÜT - Angeber (vh1/4)
- **Argwöhnisch, mißtrauisch** (*/16)
- *Beleidigt, leicht* (*/20)
- *Furcht - Räubern, vor* (*/74)
- Lügner (gl1/126)
- Mitgefühl, Mitleid (vh/130)
- Pubertät; in der (st/138)
- *Quält - sich* (ptk1/138)
- Sprache - hastig, eilig (*/167)
  » kindisch (*/167)
- Tadelsüchtig, krittelig (*/178)
- *Tadelt andere* (*/179)
- *Tadelt sich selbst, macht sich Vorwürfe* (k/179)
- Unbarmherzig (h2/189)
- Unverschämtheit (kl/193)
- *Weinen - allein, wenn* (*/245)

Schule - Angst

GEMÜT - Beschwerden durch - Erwartungsspannung (bg*/23)
- Selbstvertrauen - Mangel an Selbstvertrauen (pcr*/161)

REKTUM - *Diarrhoe - Erregung, Aufregung agg.* (bg1*/952)
- Diarrhoe - Erregung, Aufregung agg. - Furcht; mit (k1/952)
  » nervös, Gemütsbewegungen agg. (bg3*/955)

Schule - Konzentration

GEMÜT - Konzentration - schwierig - Studieren (k/117)
- Studieren, Lernen - schwierig, fällt schwer (sf1/173)
- Stumpfheit - Lesen (k/175)
  » Studieren und Lernen; beim (bg2/176)
- *Unaufmerksam* (bg2/189)

Schule - Lernen - allgemein

GEMÜT - Studieren, Lernen - schwierig, fällt schwer (sf1/173)
- Stumpfheit - Studieren und Lernen; beim (bg2/176)

Schule - Lernen - Mathematik, Rechnen

GEMÜT - Fehler; macht - Rechnen, beim (k/57)
- Mathematik - Unfähigkeit zur (^/128)
  » Unfähigkeit zur - Geometrie (gl1/129)

Schule - Lernen - Lesen

GEMÜT - Stumpfheit - Lesen (k/175)

Schule - Lernen - Schreiben

GEMÜT - Fehler; macht - Schreiben, beim (fkr8/57)

Schule - Anstrengung; geistige

KOPF - Schmerz - geistige Anstrengung - agg. (k/328)
- Schmerz - Schulkindern; bei (k/339)
  » Scheitel - Lesen agg. (k2/361)

Schule - Beziehung zu anderen

GEMÜT - Lügner (gl1/126)
- Ungehorsam (k/191)

MUND - *Sprache - stotternd* (*/688)

Schule - Vorwürfe

GEMÜT - Beschwerden durch - Grobheit anderer (tl1/23)

Schule - Konstitution

GEMÜT - *Eigensinnig, starrköpfig, dickköpfig* (*/41)
- Gewissenhaft, peinlich genau in bezug auf Kleinigkeiten (oss2/99)
- Hast, Eile - tut, womit er gerade beschäftigt ist; bei dem, was er (k/105)
- Heikel, pingelig (st1/106)
- Kleinigkeiten, Trivialitäten - wichtig; scheinen (ptk1*/115)
- Lügner (gl1/126)
- Neugierig (mtf/135)
- Selbstvertrauen - Mangel an Selbstvertrauen (pcr*/161)
- Ungehorsam (k/191)
- *Unternehmen; etwas - Vieles, hält aber bei nichts durch, bleibt nicht dabei; unternimmt* (k/193)

Spielen

GEMÜT - Amüsement, Vergnügen - Verlangen nach (mtf/4)
- *Spielen - Verlangen zu spielen* (kr1/166)
- Tanzen (*/179)

Nonverbales - Aggressivität

GEMÜT - Beißen (k/20)
- Beißen - sich selbst; beißt (k/20)
- *Destruktivität, Zerstörungswut* (hr1*/38)
- Diktatorisch (*/39)
- Wirft mit Gegenständen um sich (k2*/250)

Nonverbales - Reaktion auf andere

GEMÜT - *Berührtwerden - Abneigung berührt zu werden* (*/21)
- Fremde - Anwesenheit von Fremden - agg. (k/60)
- *Furcht - berührt zu werden* (bro1/66)
  » *Fremden; vor* (hr1/68)
  » Näherkommen, Annäherung von; vor - anderen, von (^/74)
- Näherkommen, auf ihn Zukommen von Personen - Abneigung gegen (ptk1/134)
  » agg. (bg2/134)

Nonverbales - Gesten, Gebärden

GEMÜT - Auffahren, Zusammenfahren - Geräusche; durch (st/17)
- Beißen - Finger; beißt (ptk1/20)

» Hände; beißt (ptk1/20)
» *Nägel* (bg2*/20)
• Hast, Eile - Bewegungen; in den (k/105)
• Launenhaftigkeit, launisch (*/123)
• *Springen* (^/169)
• *Ungeschicklichkeit* (bg2*/192)

Nonverbales - Allgemeines

GEMÜT - *Eigensinnig, starrköpfig, dickköpfig* (*/41)
• Hast, Eile - Gehen; beim (k/105)
» tut, womit er gerade beschäftigt ist; bei dem, was er (k/105)
• Impertinenz, Unverschämtheit (ckh1/112)
• **Ruhelosigkeit - Kindern, bei** (hr1/151)
• Schreien - Kindern, bei (bg2/157)
• Singen (*/163)

Nonverbales - Konsultation; bei der

KOPF - *Empfindlichkeit - Kopfhaut, der - Berührung, gegen* (bro1/284)
• Hitze - Kälte - Füße; mit Kälte der (k/293)
» *Kälte - Körpers; mit Kälte des* (k/293)
AUGE - *Entzündung - Kindern; bei - Kleinkindern; bei* (*/429)
• Entzündung - Kindern; bei - Neugeborenen; bei (vh1/429)
OHR - Absonderungen - Blut (*/497)
• Absonderungen - blutig (*/497)
» eitrig (bg2*/497)
» *Ohrschmalz* (bro1/498)
» übelriechend (bg2/498)
• *Eiterung - Mittelohr* (bro1/500)
• Entzündung (k2/500)
» *Gehörgang* (*/500)
» Mittelohr - chronisch (mtf11/501)
• *Ohrschmalz - dünn* (*/516)
» eitrig (*/516)
» lästig, beschwerlich (mrr1/516)
» Papier - gekautes Papier, wie (b4a/516)
» Papier - verrottetes Papier, wie (k/516)
» **rot** (*/516)
» verhärtet (k/516)
» *vermehrt* (*/516)
» weißlich (k/516)
GESICHT - Schwellung - Sublingualdrüse (k2/631)
• Schwellung - Submentaldrüse (k2/631)
» *Unterkieferdrüsen* (*/631)
MUND - Aphthen (oss2/639)
• Bewegung - Zunge - Heraushängen der Zunge (b7/641)
• Herausstrecken, Vorstrecken - Zunge, der (*/665)
INNERER HALS - *Entzündung - Tonsillen* (*/724)
• Schwellung - Tonsillen (*/747)
ÄUSSERER HALS - Schwellung - Halsdrüsen (vh1/760)
• **Schwellung - Halsdrüsen - hart** (*/760)
• **Verhärtung von Drüsen** (k/761)
ABDOMEN - Schmerz - Druck - agg. (k/883)
BRUST - **Einstülpung - Brustwarzen; der** (sne/1231)
• Einziehung der Brustwarzen (*/1231)
RÜCKEN - Krümmung der Wirbelsäule (bg2/1323)
• Krümmung der Wirbelsäule - Dorsalregion (b7a/1323)
EXTREMITÄTEN - Krümmung und Biegung (b4a/1473)
HAUT - **Erysipel** (*/1798)
• *Farbe - gelb - Neugeborenen, bei* (*/1800)
• Hautausschläge - Erythem (bro1/1812)
» Exanthem, flüchtiges - Kindern, bei (k/1812)
» Impetigo (*/1816)
• Intertrigo (*/1825)

Nonverbales - Äußerliches - Beobachtungen des Arztes

KOPF - Halten - hoch, aufrecht zu halten; unfähig, den Kopf (k/289)
AUGE - Strabismus, Schielen (bg2/467)
• *Strabismus, Schielen - divergens* (*/467)
• *Verklebt* (b7/472)
NASE - Bohren mit den Fingern in der Nase (*/546)
• Schniefen - Kindern; bei - Neugeborenen; bei (bro1/568)
• *Zupfen - Nase, an der* (k/578)
» *Nase, an der - blutet, bis sie* (k/578)
» *Nase, an der - ständiges Verlangen* (k/578)
GESICHT - Ausdruck - alt aussehend (*/580)
• Fettig (h2*/593)
• Gerunzelt (bro1/594)
• *Hautausschläge - Akne* (*/595)
• Hippokratisches Gesicht (*/605)
• Rissig - Lippen (k/613)
• Sommersprossen (b2/632)
• Venen, erweiterte (bg2/634)
• Wächsern (k/635)
• *Warzen - Lippen* (sne/635)
• Zupfen - Lippen; an den (k/636)
» Lippen; an den - Oberlippe (k/636)
MUND - Bewegung - Zunge - Heraushängen der Zunge (b7/641)
ÄUSSERER HALS - *Torticollis* (bro1/761)
ATMUNG - Asphyxie - Kindern, Neugeborenen; bei (*/1160)
• *Asthma, asthmatische Atmung - Kindern; bei* (*/1162)
• **Beschleunigt** (*/1174)
HUSTEN - Halten, Festhalten - Abdomens amel.; des (k/1193)
• Halten, Festhalten - Kehlkopf; hält den (k2/1193)
RÜCKEN - Opisthotonus (*/1325)

HAUT - Sommersprossen (*/1834)

ALLGEMEINES - Aussehen - dunkel (k1*/1854)

- *Aussehen - dunkel - straffer Faser, mit* (kr1/1855)
  - » hell, blond (c1/1855)
  - » hell, blond - schlaffer Faser, mit (c1/1855)
- *Zwergwuchs* (ptk1/2035)

Nonverbales - Äußerliches - Beobachtungen der Eltern

AUGE - Verklebt - morgens (*/472)

MUND - Beißt - Zunge; beißt sich auf die (vk1/640)

ZÄHNE - *Zähneknirschen* (*/718)

- Zähneknirschen - Frost; während (bg2/718)
  - » konvulsivisch (vh1/718)
- Zusammenbeißen der Zähne - Verlangen, die Zähne zusammenzubeißen; ständiges (*/719)

MAGEN - Brechreiz, Würgen (vh1/784)

- Schluckauf (*/809)
  - » Essen - nach - agg. (*/810)
  - » Trinken - nach - agg. (b7/811)

ABDOMEN - *Schmerz - Beugen - vorne; nach - amel. - krampfartig* (k/882)

- Schmerz - Liegen - agg. (^/889)
  - » Liegen - Seite; auf der - rechten; auf der - agg. (k/889)

REKTUM - Unwillkürlicher Stuhl (b2/984)

- Unwillkürlicher Stuhl - Flatus agg.; Abgang von (*/985)

STUHL - *Unverdaut* (*/999)

BLASE - Urinieren - Dysurie - schmerzhaft - weinen bevor der Urin zu fließen beginnt; Kinder (bg2/1012)

- Urinieren - Harndrang - plötzlich - beeilen um zu urinieren, sonst geht Urin ab; muß sich (bg2/1015)
  - » **Harndrang - schmerzhaft - Kindern; bei - greifen sich an die Genitalien und schreien auf** (k/1015)
  - » **Harndrang - vergeblich - Kindern; bei** (k/1015)
  - » unwillkürlich - Husten; agg. beim (bg2/1020)
  - » **verzögert, muß warten, bis der Urin zu fließen beginnt** (ptk1/1020)
  - » *verzögert, muß warten, bis der Urin zu fließen beginnt - pressen, bevor er damit beginnen kann; muß lange* (bro1/1021)

MÄNNLICHE GENITALIEN - *Faßt sich an die Genitalien* (*/1065)

- *Faßt sich an die Genitalien - Kind* (hr1*/1066)
- *Masturbation, Neigung zur* (hr1*/1071)

ATMUNG - Schnarchen (k/1180)

SCHWEISS - *Essen - beim - agg.* (*/1786)

- Essen - nach - agg. (*/1786)

HAUT - *Ekchymosen* (*/1797)

- Insektenstiche (*/1825)

Nacht; Beobachtungen in der - Gemütssymptome

GEMÜT - Angst - nachts - Kindern; bei (kr1/7)

- *Furcht - Dunkelheit; vor der* (*/66)
- Gesten, Gebärden; macht - Hände; unwillkürliche Bewegungen der - zupft - Bettwäsche; an der (k/98)
  - » Hände; unwillkürliche Bewegungen der - zupft - Bettwäsche; an der - Schweiß; beim (bg2/98)
- **Schlafwandeln** (*/154)
- Sprechen - Schlaf; im (*/169)

Nacht; Beobachtungen in der - körperliche Symptome

ZÄHNE - *Zähneknirschen - Schlaf; agg. im* (k/718)

REKTUM - *Unwillkürlicher Stuhl - Schlaf; agg. im* (*/985)

BLASE - Urinieren - unwillkürlich - nachts (*/1019)

- Urinieren - unwillkürlich - nachts - Morgen, gegen (b4a/1019)
  - » unwillkürlich - nachts - Kindern, bei (vh1/1019)

Nacht; Beobachtungen in der - Schlaf

SCHLAF - Erwachen - Schreck, wie durch (b7/1675)

- Schlaflosigkeit - Kindern, bei (bg2*/1691)

Nacht; Beobachtungen in der - Schlaf; Lage im

SCHLAF - Lage - Arme - Kopf - unter dem Kopf (*/1682)

- Lage - Beine - entblößt haben; möchte die Beine (st/1682)
  - » diagonal (bg2*/1682)
  - » Hände - Kopf - unter dem (b7/1682)
  - » Hände - Magengrube; eine Hand auf der - rechte Hand (j5/1682)
  - » Knie - Brust; liegt auf Knien und (sf1/1682)
  - » Kopf - vorne gebeugt; nach (*/1683)
  - » Rücken, auf dem (*/1683)
  - » Rücken, auf dem - Hände - flach unter dem Hinterkopf - linke Hand, nur die (a1/1683)
  - » Rücken, auf dem - unmöglich (b7/1683)
  - » Seite, auf der (*/1683)
  - » Seite, auf der - linken Seite, auf der (a1/1683)
  - » Seite, auf der - unmöglich (k/1683)
  - » Sitzen (bg2/1683)
  - » Sitzen - Kopf - gebeugtem Kopf; mit - vorne; nach (a1/1683)
  - » Sitzen - nur im Sitzen schlafen; kann (j5/1683)
  - » verändert häufig die Lage (bg2/1683)

Schaukeln und Getragenwerden

GEMÜT - Getragen - Verlangen getragen zu werden (*/99)

- Getragen - Verlangen getragen zu werden - liebkost zu werden; und (st/99)
  - » Verlangen getragen zu werden - schnell (bg*/99)
- Schaukeln - amel. (*/153)

» Verlangen geschaukelt zu werden (bg2/153)

Autos und Schiffe

GEMÜT - Furcht - Fahren im Wagen; beim (dx1/68)

SCHWINDEL - Fahren, beim - Boot, in einem - agg. (tl1/265)
• Fahren, beim - Wagen, im - agg. (k/265)

KOPF - Schmerz - Fahren - Wagen, im - agg. (k2/326)
• Schmerz - Stirn - Fahren - Wagen; im - agg. (k/388)

MAGEN - Übelkeit - Fahren - Wagen; im - agg. (mtf11/836)
• **Übelkeit - Seekrankheit** (*/839)

ALLGEMEINES - Fahren - Wagen; mit dem - agg. (sf1/1877)

Psychosomatische Störungen

ZÄHNE - Zähneknirschen - Raserei, Tobsuchtsanfall; bei (k/718)

REKTUM - *Diarrhoe - Erregung, Aufregung agg.* (bg1*/952)
• Diarrhoe - Erregung, Aufregung agg. - Furcht; mit (k1/952)
» nervös, Gemütsbewegungen agg. (bg3*/955)
» Zorn, nach (*/957)

ALLGEMEINES - *Konvulsionen - Schreck agg.* (*/1906)

Körperliche Symptome und Erkrankungen

KOPF - *Entzündung - Gehirn* (*/284)
• Entzündung - Hirnhaut (*/284)
• Hydrozephalus (*/295)
• Schmerz - katarrhalisch (k/331)

OHR - Schmerz - Kindern; bei (st1/523)

GESICHT - Hautausschläge - Akne - Menses - unregelmäßige Menses (bro1/596)

ZÄHNE - Karies, faule, hohle Zähne (*/700)
• Schmerz - Kindern; bei (k/708)

MAGEN - Würgen - Husten, mit (h2/846)

REKTUM - Cholera - infantum (*/949)

BLASE - *Harnverhaltung - Kindern, bei* (k/1005)
• **Harnverhaltung - Kindern, bei - erkältet; jedesmal, wenn sich das Kind** (k/1005)
» **Kindern, bei - Neugeborenen; bei** (*/1005)
» Kindern, bei - weint die ganze Nacht wegen Harnverhaltung; das Kind (hr1*/1005)

NIEREN - *Entzündung* (*/1023)
• *Entzündung - parenchymatös - akut* (k/1024)

WEIBLICHE GENITALIEN - Menses - verzögerte Menarche (*/1114)

KEHLKOPF UND TRACHEA - Laryngismus stridulus (b7a/1145)

BRUST - Entzündung - Lungen - Kindern; bei (gsy/1234)
• *Entzündung - Lungen - Kindern; bei - Kleinkindern; bei* (*/1234)

EXTREMITÄTEN - Hüftgelenksentzündung (c1*/1443)

FIEBER - **Remittierend - Kleinkindern, bei** (k/1778)
• Schleichendes Fieber (*/1779)

ALLGEMEINES - Abmagerung - Kindern; bei (b4a/1845)
• Arzneimittel - heftige Reaktion auf homöopathische Arzneimittel (gl1/1852)
• Essen - Überessen; agg. nach (bg2/1877)
• Kindern; Beschwerden von (b2/1897)
• Konvulsionen - Hitze; während (bro1/1904)
» *Kindern, bei* (*/1905)
» Kindern, bei - Kleinkindern, bei (bg2*/1905)
• Medikamente - allopathische - überempfindlich gegen (st/1921)
• *Pubertät - Beschwerden während der* (hr1*/1934)
• Schmerzlosigkeit gewöhnlich schmerzhafter Beschwerden (b4/1971)

Chirurgisch pathologische Zustände

NASE - *Polyp* (*/561)

ABDOMEN - *Entzündung - Peritoneum* (b7a/860)
• Hernie - eingeklemmt, inkarzeriert (bro1*/868)
» *Leistenhernie* (bg2/868)
» Leistenhernie - eingeklemmt, inkarzeriert (*/868)
» Leistenhernie - entzündet (*/868)
» Leistenhernie - entzündet - Erbrechen, mit (k/868)
» *Leistenhernie - schmerzhaft* (b7a/868)
• *Intussuszeption* (*/869)

MÄNNLICHE GENITALIEN - Hodenretention - abdominal (fry3/1069)
• *Hodenretention - Schambein; vor das* (lmj/1069)
• Phimose (k/1071)
• Varikozele (bro1/1085)

Würmer

MAGEN - *Erbrochenen; Art des - Würmer* (*/801)
• Erbrochenen; Art des - Würmer - Spulwürmer (k/801)

REKTUM - Würmer - Beschwerden durch Würmer (*/985)
• Würmer - Beschwerden durch Würmer - Madenwürmer (*/986)
» Beschwerden durch Würmer - Spulwürmer (*/986)

Copaiva officinalis

cop.

Teste sagt, er könne keinen Unterschied zwischen den therapeutischen Eigenschaften von Copaiva und Sepia finden.

Reizbarkeit, Streitsucht und Unverträglichkeit von Widerspruch.

Bei Heranwachsenden und Erwachsenen findet man absurde Beschuldigungen wegen lange zurückliegender Kleinigkeiten.

Periodisch haben sie Anfälle von Traurigkeit mit Abneigung gegen Gesellschaft.

Große Überempfindlichkeit des Nervensystems, besonders gegen Geräusche. Sie weinen, wenn sie Musik hören, besonders Klaviermusik.

Chronische Urtikaria bei Kindern, mit Fieber und Obstipation; der Ausschlag besteht aus isolierten Flecken am ganzen Körper, die im Gesicht beginnen.

Harnverhaltung, jedesmal, wenn sich das Kind erkältet.

Copaiva verursacht Urethritis mit Brennen im Blasenhals. *Häufiges Urinieren, dem Jucken, Beißen und Brennen in der Harnröhre vorangehen und nachfolgen.* Die Harnröhrenmündung sieht extrem entzündet aus. Der Urin riecht nach Veilchen.

Neben der Haut und dem Urogenitaltrakt sind die Atemwege bei diesem Mittel betroffen. In den oberen Atemwegen findet man ein rohes, wundes Gefühl und Wundheit in den Nasenlöchern mit Verstopfungsgefühl auf Grund einer übermäßigen Schleimabsonderung. Brennen und Trockenheit sind wichtige Symptome. Reizung des inneren Halses. Die gesamten Atemwege entlang sind ausgeprägte katarrhalische Zustände vorhanden. Husten findet man bei Kindern besonders während und nach Masern, während man nach Scharlach leicht Albuminurie und Zurückhaltung von Flüssigkeiten findet.

Nasenbluten.

Klinisches: Blasenbeschwerden. Zystitis. Urethritis. Urtikaria. Akne. Masern. Bronchitis. Katarrh. Gastritis. Nasenbluten.

Wirkungsbereich: Urogenitaltrakt. Haut. Drüsen. Bronchien. Rektum.

* * *

Stillen - Magendarmsymptome - Appetit - vermindert

MAGEN - Appetit - fehlend (k/767)
• Appetit - vermindert (*/772)

Stillen - Magendarmsymptome - Appetit - vermehrt

MAGEN - Appetit - Heißhunger (k/769)
• Appetit - vermehrt (k/770)

Stillen - Magendarmsymptome - Aufstoßen - Speisen; von

MAGEN - *Aufstoßens; Art des - Speisen; von* (k/780)

Stillen - Magendarmsymptome - Schluckauf

MAGEN - Schluckauf - Essen - nach - agg. (*/810)

Infektionskrankheiten - Masern

HUSTEN - Masern - nach (*/1202)
• *Masern - während* (*/1202)
FIEBER - Ausschlagsfieber; Fieber bei Ausschlagserkrankungen - Masern (k/1770)
HAUT - *Hautausschläge - Masern* (*/1817)

Infektionskrankheiten - Mumps

GESICHT - Schmerz - Parotis (^/626)
• Schmerz - Parotis - wund schmerzend (*/627)

Infektionskrankheiten - Scharlach

URIN - Eiweißhaltig - Scharlach; nach (k/1046)
ALLGEMEINES - Wassersucht - äußere Wassersucht - Scharlach; nach (kr1/2024)

Konstitution - Allgemeines

GEMÜT - Entmutigt (a1/46)
• Weinen - Musik; durch (^/247)

Beziehung zu anderen - Aggressivität

GEMÜT - Streitsüchtig (a1/173)

Beziehung zu anderen - Reaktion auf andere

GEMÜT - Gesellschaft - Abneigung gegen (*/94)

Nonverbales - Konsultation; bei der

KOPF - Empfindlichkeit - Kopfhaut, der (br1/284)
OHR - Absonderungen - eitrig (*/497)
GESICHT - Schwellung - Unterkieferdrüsen (a1/631)
INNERER HALS - Schwellung - Tonsillen (k/747)
HAUT - Erysipel (br1*/1798)
• Hautausschläge - Urtikaria - Kindern; bei (bro1/1824)

Nonverbales - Äußerliches - Beobachtungen des Arztes

NASE - Zupfen - Nase, an der (k/578)
GESICHT - *Hautausschläge - Akne* (*/595)
• Rissig - Lippen (k/613)
ATMUNG - *Beschleunigt* (*/1174)

Nonverbales - Äußerliches - Beobachtungen der Eltern

AUGE - Verklebt - morgens (*/472)

NASE - Nasenbluten - Kindern; bei (ptk2/557)
MAGEN - Brechreiz, Würgen (k/784)
• Schluckauf - Essen - nach - agg. (*/810)
• *Völlegefühl - Essen - nach - agg.* (k/845)
ABDOMEN - *Schmerz - Zusammenkrümmen - amel.* (k/897)
REKTUM - *Unwillkürlicher Stuhl* (*/984)
STUHL - Kugeln, wie (k/996)
• Schafskot, wie (k/997)
• Unverdaut (k/999)
BLASE - **Urinieren - verzögert, muß warten, bis der Urin zu fließen beginnt** (k/1020)

Körperliche Symptome und Erkrankungen

BLASE - *Harnverhaltung - Kindern, bei* (k/1005)
• Harnverhaltung - Kindern, bei - erkältet; jedesmal, wenn sich das Kind (k/1005)
NIEREN - Entzündung (k/1023)

Corallium rubrum

cor-r.

Dies ist ein sehr nützliches Mittel in *schweren Fällen von Keuchhusten.* Der Husten ist trocken, qualvoll, krampfartig und so heftig, das die Kinder keine Luft mehr bekommen und das Gesicht lila anläuft.

Es ist ein Mittel für den kurzen, schnellen, klingenden Husten, der als „minute gun" Husten bekannt ist [wie eine Art Schnellfeuer]. Choudhuri schrieb: „Es ist wie die Schüsse des Maxim-Maschinengewehrs, die so schnell aufeinander folgen, daß es fast zu einer anhaltenden Sache wird."

Nach jedem Hustenanfall sinkt das Kind zurück und ist völlig erschöpft. Kein anderes Mittel verursacht so heftige Anfälle. Es ist in den späteren Stadien der Erkrankung vielleicht häufiger angezeigt, aber die *Zusammenschnürung der Brust vor den Anfällen* muß vorhanden sein.

Beim tiefen Einatmen gibt es das Gefühl, als wäre die Luft, die durch die Atemwege strömt, eiskalt, Hustenreiz und schwieriges Hochräuspern von Bronchialschleim. Jede Wetterveränderung verursacht Husten.

In seinem „Treatise on Diseases of Children [Abhandlung über Kinderkrankheiten] stellt Dr. Teste Corallium an die erste Stelle der Mittel für *Laryngismus stridulus* und das Krampf-Stadium von Keuchhusten. Teste sagt, daß ihm ein Patient, dem er das Mittel gegen einen chronischen Husten gegeben hatte, sagte: „Es ist als hätte man Wasser auf Feuer geschüttet."

Die Prüfungen entwickeln viel Schnupfen und Nasenbluten und sogar Ulzeration in den Nasenlöchern.

Corallium ist sehr wichtig bei *Schmerzempfindlichkeit.* Der Patient ist vor und während der Schmerzen ausfallend und streitsüchtig. Es wird als einziges Mittel in den Gemütsrubriken „Streitsüchtig - Schmerzen - vor" und „Fluchen - Schmerzen, bei den" genannt.

Klinisches: Asthma. Katarrh. Husten. Keuchhusten. Drüsenentzündungen. Hautausschläge. Psoriasis. Purpura. Masern.

Wirkungsbereich: Atmungsorgane. Nerven. Schleimhäute.

* * *

Stillen - Magendarmsymptome - Appetit - vermindert

MAGEN - Appetit - fehlend (k/767)

Infektionskrankheiten - Masern

HAUT - Hautausschläge - Masern (hr1*/1817)

Infektionskrankheiten - Keuchhusten

NASE - *Nasenbluten - Keuchhusten* (*/557)
GESICHT - *Farbe - bläulich - Husten; agg. beim - Keuchhusten* (k/587)
MUND - *Bluten - Keuchhusten, bei* (*/642)
HUSTEN - *Keuchhusten* (*/1197)
• *Keuchhusten - heftig* (ptk1/1198)
» *Krampfstadium, im* (bro1*/1198)
AUSWURF - Blutig - Keuchhusten, bei (br1/1214)
BRUST - Blutung der Lungen - Husten - mit - Keuchhusten (br1*/1230)

Konstitution - Allgemeines

GEMÜT - Milde (kkb/130)

Beziehung zu anderen - Aggressivität

GEMÜT - Streitsüchtig (*/173)

Nonverbales - Gesten, Gebärden

GEMÜT - Gesten, Gebärden; macht - Hände; unwillkürliche Bewegungen der - bedecken - Mund mit den Händen; den (ckh1/97)

Nonverbales - Konsultation; bei der

GESICHT - *Schwellung - Unterkieferdrüsen* (*/631)

Nonverbales - Äußerliches - Beobachtungen des Arztes

GESICHT - *Aufgesprungen - Lippen* (*/579)
• Rissig - Lippen (*/613)
HUSTEN - *Anfallsweise - Anfälle folgen schnell aufeinander* (*/1186)

• *Anfallsweise - besteht aus - kurzen Hustenstößen* (*/1186)

RÜCKEN - Opisthotonus (k/1325)

Nacht; Beobachtungen in der - Schlaf; Lage im

SCHLAF - *Lage - Kopf - zugedeckt* (st1/1683)

Körperliche Symptome und Erkrankungen

KOPF - Entzündung - Hirnhaut (hr1/284)

KEHLKOPF UND TRACHEA - *Laryngismus stridulus* (*/1145)

Cornus circinata

corn.

Zahnung - Magendarmsymptome

REKTUM - Diarrhoe - Zahnung; während (k/957)

Stillen - Magendarmsymptome - Appetit - vermehrt

MAGEN - Appetit - Heißhunger - Essen - nach dem Essen - bald danach (k/770)
• Appetit - vermehrt - Essen - nach (k/772)

Stillen - Allgemeines

MUND - Aphthen - Kindern, bei - Säuglingen; bei (br1/639)
• Aphthen - Kindern, bei - Säuglingen; bei - Bläschen; mit - Gesicht; im (br1/639)

Konstitution - Allgemeines

GEMÜT - *Faulheit* (a1*/55)

Schule - Konzentration

GEMÜT - Konzentration - schwierig - Studieren (k/117)

Nonverbales - Konsultation; bei der

MUND - Aphthen (k/639)
• Aphthen - begleitet von - Bläschen (br1/639)
» *Kindern, bei - Kleinkindern, bei* (bg2/639)
» Kindern, bei - Säuglingen; bei (br1/639)
» Kindern, bei - Säuglingen; bei - Bläschen; mit - Gesicht; im (br1/639)
• Stomatitis ulcerosa, Stomakaze (mtf11/689)

Nonverbales - Äußerliches - Beobachtungen der Eltern

MAGEN - *Brechreiz, Würgen - morgens* (*/784)

Körperliche Symptome und Erkrankungen

MAGEN - *Langsame Verdauung* (st1/805)

REKTUM - Cholera - infantum (*/949)

Corticotropinum

cortico.

Stillen - Milch

ALLGEMEINES - Speisen und Getränke - Milch - agg. (vml3*/2001)

Stillen - Magendarmsymptome - Appetit - vermindert

MAGEN - Appetit - fehlend (tpw7*/767)

Stillen - Magendarmsymptome - Aufstoßen - Speisen; von

MAGEN - Aufstoßens; Art des - Speisen; von (tpw7/780)

Konstitution - Allgemeines

GEMÜT - Entmutigt (tpw7/46)
• Faulheit (tpw7/55)
• Sorgen; voller (tpw7/164)
• Sprache - Plappern, Schwatzen (sp1*/167)
• Stimmung, Laune - veränderlich (jl*/171)
• Unternehmen; etwas - Vieles, hält aber bei nichts durch, bleibt nicht dabei; unternimmt (jl*/193)

Familie; Beziehung zur - Liebe und Zuneigung

GEMÜT - Verlassen zu sein; Gefühl (sp1*/198)

Beziehung zu anderen - Reaktion auf andere

GEMÜT - Gesellschaft - Abneigung gegen (tpw7*/94)
• Gesellschaft - Verlangen nach (^/95)
» Verlangen nach - allein; agg. wenn (sne/96)
• Schüchternheit, Zaghaftigkeit (mg1/158)
» Öffentlichkeit; beim Auftreten in der (tpw7*/159)

Schule - Lernen - allgemein

GEMÜT - *Fehler; macht - Sprechen, beim - Buchstabieren, beim* (jl*/58)

Schule - Lernen - Schreiben

GEMÜT - Fehler; macht - Schreiben, beim (^/57)
• Fehler; macht - Schreiben, beim - falsch - Worte (tpw7/57)

Schule - Beziehung zu anderen

GEMÜT - Schüchternheit, Zaghaftigkeit - Öffentlichkeit; beim Auftreten in der (tpw7*/159)

MUND - Sprache - stotternd (tpw7*/688)

Schule - Konstitution

GEMÜT - Hast, Eile - tut, womit er gerade beschäftigt ist; bei dem, was er (^/105)
• Hast, Eile - tut, womit er gerade beschäftigt ist; bei dem, was er - Verlangen mehrere Dinge gleichzeitig zu tun (tpw7/106)
• Unternehmen; etwas - Vieles, hält aber bei nichts durch, bleibt nicht dabei; unternimmt (jl*/193)

Nonverbales - Allgemeines

GEMÜT - Hast, Eile - tut, womit er gerade beschäftigt ist; bei dem, was er (^/105)
- Hast, Eile - tut, womit er gerade beschäftigt ist; bei dem, was er - Verlangen mehrere Dinge gleichzeitig zu tun (tpw7/106)

Nonverbales - Konsultation; bei der

KOPF - Empfindlichkeit - Berührung, gegen (tpw7/283)

Nonverbales - Äußerliches - Beobachtungen des Arztes

AUGE - Verklebt (tpw7/472)

GESICHT - Fettig (mtf11/593)
- Hautausschläge - Akne (tpw7*/595)

Nonverbales - Äußerliches - Beobachtungen der Eltern

AUGE - Verklebt - morgens (sp1/472)

Nacht; Beobachtungen in der - Gemütssymptome

GEMÜT - Sprechen - Schlaf; im (tpw7*/169)

Autos und Schiffe

MAGEN - Übelkeit - Fahren - Bus; mit dem - agg. (tpw7/836)
- Übelkeit - Fahren - Wagen; im - agg. (tpw7*/836)

Körperliche Symptome und Erkrankungen

WEIBLICHE GENITALIEN - Menses - fehlend - Mädchen, bei (jl3/1106)

Cortisonum

cortiso.

Stillen - Milch

MAGEN - Übelkeit - Milch - agg. (tpw7*/838)

ALLGEMEINES - Speisen und Getränke - Milch - agg. (vml3*/2001)

Stillen - Magendarmsymptome - Appetit - vermehrt

MAGEN - Appetit - vermehrt (gse/770)

Beziehung zu anderen - allgemein

GEMÜT - Argwöhnisch, mißtrauisch (gse/16)
- Tadelt sich selbst, macht sich Vorwürfe (gse/179)

Nonverbales - Gesten, Gebärden

GEMÜT - Maskulin - Mädchen; maskulin aussehende (mg/128)

Nonverbales - Konsultation; bei der

ALLGEMEINES - Wassersucht - Allgemeinen; im (mtf11/2023)

Nonverbales - Äußerliches - Beobachtungen des Arztes

AUGE - Verklebt (tpw7/472)

GESICHT - Hautausschläge - Akne (sp1*/595)

Nonverbales - Äußerliches - Beobachtungen der Eltern

BLASE - Urinieren - Harndrang - plötzlich - beeilen um zu urinieren, sonst geht Urin ab; muß sich (gse/1015)

Körperliche Symptome und Erkrankungen

NIEREN - Entzündung (sp1/1023)

WEIBLICHE GENITALIEN - Menses - fehlend - Mädchen, bei (jl3/1106)

Crocus sativus

croc.

Nasenbluten, besonders bei heißem Wetter: *schwarzes, zähes, fadenziehendes Blut,* das gerinnt, sobald es abgesondert wird.

Hartnäckige Obstipation bei Neugeborenen, wenn sie auf venösen Störungen basieren; Stuhl enthält dunkles, fadenziehendes Blut.

Angezeigt bei Kindern, die sich zu schnell entwickeln.

Sie sind empfindlich und werden wütend, besonders, wenn anderen Kindern Vorwürfe gemacht werden; in diesem Fall reagieren sie impulsiv, sie beißen und schlagen sogar. Jedoch ist eine der charakteristischen Rubriken dieses Mittels: „Zorn - abwechselnd mit - Reue; mit schneller". *Ihre Stimmung ist extrem unbeständig,* und sie bereuen schnell, was sie gemacht haben. Sie werden wieder mild und gefügig, beginnen zu spielen, zu singen, Musik zu hören - die sie zu Tränen rühren kann - und besonders *zu tanzen,* ihrer Lieblingsbeschäftigung.

Manisches Lachen. *Kinder lachen bei jeder Gelegenheit.* Teste zitiert von Murray den Fall mehrerer Kinder „die von einer außerordentlichen Manie zu lachen ergriffen wurden, nachdem sie an Lederflaschen gerochen hatten, die Safranessenz enthielt."

Klinisches: Zorn. Hysterie. Blutungen. Nasenbluten. Hämoptyse. Magenbeschwerden. Kopfschmerzen.

Wirkungsbereich: Gemüt. Nerven. Augen. Kreislauf. Weibliche Geschlechtsorgane.

* * *

Krankengeschichte; familiäre und persönliche

ALLGEMEINES - Krankengeschichte von; persönliche - Nasenbluten; von wiederkehrendem (bg1/1910)

Stillen - Gemütssymptome

GEMÜT - Essen - weigert sich zu (k/53)

Stillen - Milch

ALLGEMEINES - Speisen und Getränke - Milch - amel. - heiße (lpc2/2001)

Stillen - Magendarmsymptome - Appetit - allgemein

MAGEN - Appetit - launischer Appetit (bg2/770)

Stillen - Magendarmsymptome - Appetit - vermindert

MAGEN - Appetit - fehlend (b2/767)
- Appetit - schnelle Sättigung (*/770)

Stillen - Magendarmsymptome - Aufstoßen - Wasser; Hochsteigen von

MAGEN - Aufstoßens; Art des - Wasser in den Mund; Hochsteigen von (*/781)
- Aufstoßens; Art des - Wasser in den Mund; Hochsteigen von - Essen - nach - agg. (*/781)

Stillen - Magendarmsymptome - Rektum

REKTUM - Obstipation - Kindern, bei - Kleinkindern, bei (bro1/969)

Infektionskrankheiten - Scharlach

FIEBER - Scharlach (ptk1/1778)

HAUT - *Hautausschläge - Scharlach* (b2/1821)

Konstitution - Aggressivität

GEMÜT - Raserei, Tobsucht, Wut - Beißen; mit (j5/140)
- Zorn - Tadel, durch - andere getadelt werden; wenn er hört, daß (a1/255)

Konstitution - Angst und Furcht

GEMÜT - Beeindrucken, empfänglich für Eindrücke; leicht zu (bg2/19)

Konstitution - Allgemeines

GEMÜT - Empfindlich - Kinder (dx1/44)
- Faulheit (*/55)
- *Milde* (*/130)
- *Nachgiebigkeit* (b7a/134)
- Spontan, impulsiv (ptk1/166)
- *Stimmung, Laune - veränderlich* (*/171)
- Unaufmerksam (bg2/189)
- Unzufrieden (^/194)
- Weinen - Musik; durch (bg/247)

Familie; Beziehung zur - Liebe und Zuneigung

GEMÜT - *Liebevoll, voller Zuneigung, herzlich* (*/125)

Familie; Beziehung zur - Vorwürfe

GEMÜT - Beschwerden durch - Tadel (bg2/25)

Beziehung zu anderen - Aggressivität

GEMÜT - Grausamkeit (*/103)
- *Schlagen* (b7a/154)
- *Streitsüchtig* (*/173)

Beziehung zu anderen - Reaktion auf andere

GEMÜT - Schüchternheit, Zaghaftigkeit (k/158)
- Widerspenstig (*/249)

Beziehung zu anderen - allgemein

GEMÜT - *Beleidigt, leicht* (*/20)
- Mitgefühl, Mitleid (k/130)
- Sprache - hastig, eilig (b7a/167)
- Tadelt sich selbst, macht sich Vorwürfe (bg2*/179)

Schule - Konzentration

GEMÜT - Unaufmerksam (bg2/189)
- Verwirrung; geistige - Schreiben, beim (k/203)

Schule - Lernen - Schreiben

GEMÜT - Fehler; macht - Schreiben, beim (k/57)
- Verwirrung; geistige - Schreiben, beim (k/203)

Schule - Vorwürfe

GEMÜT - Beschwerden durch - Tadel (bg2/25)

Schule - Konstitution

GEMÜT - Eigensinnig, starrköpfig, dickköpfig (k/41)

Spielen

GEMÜT - *Amüsement, Vergnügen - Verlangen nach* (mtf/4)
- Spielen - Verlangen zu spielen (bg/166)
- *Tanzen* (*/179)
- Verspielt (bg2/199)

Nonverbales - Aggressivität

GEMÜT - Beißen (*/20)

Nonverbales - Reaktion auf andere

GEMÜT - *Küssen - jeden* (*/119)

Nonverbales - Gesten, Gebärden

GEMÜT - Beißen - Nägel (a/20)
- Gesten, Gebärden; macht - Tics; nervöse (mrr1/99)
- Lachen - albern - Kindern bei jeder Gelegenheit; bei (st1/120)
- Launenhaftigkeit, launisch (*/123)
- *Pfeifen* (*/136)
- *Springen* (*/169)

Nonverbales - Allgemeines

GEMÜT - Eigensinnig, starrköpfig, dickköpfig (k/41)
- Possen, spielt (b7/137)
  - » Kindern; bei (bt/138)
- *Singen* (*/163)

Nonverbales - Konsultation; bei der

MUND - Papillen - aufgerichtet (*/669)

BRUST - Einziehung der Brustwarzen (bro1/1231)

EXTREMITÄTEN - Nägel; Beschwerden der - Abfallen der Nägel (bg2/1664)

Nonverbales - Äußerliches - Beobachtungen des Arztes

AUGE - Verklebt (b7/472)

GESICHT - *Rissig - Lippen* (*/613)

HUSTEN - *Halten, Festhalten - Magengrube; der - amel.* (*/1194)

Nonverbales - Äußerliches - Beobachtungen der Eltern

NASE - *Nasenbluten - Kindern; bei* (*/557)

MUND - *Beißt - Zunge; beißt sich auf die* (vk1/640)

MAGEN - Gluckern; Gurgeln (k/802)

• Völlegefühl - Essen - nach - agg. - wenig, nach dem kleinsten Bissen; nach noch so (k/845)

Nacht; Beobachtungen in der - Gemütssymptome

GEMÜT - Schlafwandeln (k/154)

Nacht; Beobachtungen in der - Schlaf

SCHLAF - Erwachen - Schreck, wie durch (b7a/1675)

Autos und Schiffe

MAGEN - Übelkeit - Fahren - Wagen; im - agg. (b7a/836)

• Übelkeit - Seekrankheit (b7a/839)

ALLGEMEINES - Fahren - Wagen; mit dem - agg. (*/1877)

Körperliche Symptome und Erkrankungen

WEIBLICHE GENITALIEN - Menses - verzögerte Menarche (*/1114)

ALLGEMEINES - *Kindern; Beschwerden von* (*/1897)

• Pubertät - Beschwerden während der (sf1/1934)

Würmer

GEMÜT - Beißen - Würmer; bei Beschwerden durch (a1/20)

REKTUM - Würmer - Beschwerden durch Würmer (b2/985)

• Würmer - Beschwerden durch Würmer - Bandwürmer (b2/986)

» Beschwerden durch Würmer - Madenwürmer (b2/986)

Crotalus cascavella

crot-c.

Impfung

ALLGEMEINES - Impfung; Beschwerden nach - Gelbfieber; gegen (cpd/1892)

Stillen - Milch

ALLGEMEINES - Speisen und Getränke - Milch - amel. - heiße (sk4/2001)

Stillen - Magendarmsymptome - Appetit - vermindert

MAGEN - *Appetit - fehlend - Speisen - Anblick von; beim* (k/769)

• Appetit - schnelle Sättigung (sk4/770)

Stillen - Magendarmsymptome - Appetit - vermehrt

MAGEN - Appetit - Heißhunger (k/769)

• Appetit - vermehrt (*/770)

Stillen - Allgemeines

SCHWEISS - *Essen - nach - agg.* (*/1786)

Infektionskrankheiten - Scharlach

FIEBER - *Ausschlagsfieber; Fieber bei Ausschlagserkrankungen - Scharlach* (k/1770)

Konstitution - Angst und Furcht

GEMÜT - Erwartungsspannung - Lampenfieber (fry/53)

• **Furcht - allein zu sein** (*/64)

» *Gespenstern; vor* (mrr1*/70)

» hochgelegenen Orten; vor (wn*/71)

» Selbstkontrolle zu verlieren; die (sk4/75)

Konstitution - Allgemeines

GEMÜT - Ehrgeiz - erhöht, vermehrt, sehr ehrgeizig (mgm/40)

• Ehrgeiz - erhöht, vermehrt, sehr ehrgeizig - Wettbewerb mit anderen, vergleicht sich mit ihnen; steht (mgm/40)

• Gewissenhaft, peinlich genau in bezug auf Kleinigkeiten (sk4/99)

• Sorgen; voller (^/164)

• Ungerechtigkeit; erträgt keine (sk4/191)

Familie; Beziehung zur - Liebe und Zuneigung

GEMÜT - Angst - Familie, um seine (sk4/9)

• Eifersucht (sk4/40)

• Furcht - vernachlässigt zu werden (sk4/79)

• Sorgen; voller - andere, um (sk4/165)

• *Verlassen zu sein; Gefühl* (sk4/198)

• Waisen (mtf/243)

Beziehung zu anderen - Aggressivität

GEMÜT - Grausamkeit (sk4/103)

• Schlagen (sk4/154)

• Spotten (^/166)

• Zorn - Widerspruch, durch (sk4/255)

Beziehung zu anderen - Reaktion auf andere

GEMÜT - Antworten - einsilbig (^/15)

• Antworten - einsilbig - Nein auf alle Fragen (k/15)

» unfähig zu antworten (^/15)

• Gesellschaft - Verlangen nach (bg2*/95)

» Verlangen nach - allein; agg. wenn (sk4/96)

• Widerspruch - verträgt keinen Widerspruch (sk4/249)

Beziehung zu anderen - allgemein

GEMÜT - Argwöhnisch, mißtrauisch (sk4/16)

• Furcht - Räubern, vor (sk4/74)

- Mitgefühl, Mitleid (mgm/130)
- Tadelsüchtig, krittelig (sk4/178)

Schule - Konstitution

GEMÜT - Gewissenhaft, peinlich genau in bezug auf Kleinigkeiten (sk4/99)

Spielen

GEMÜT - *Amüsement, Vergnügen - Verlangen nach* (mtf*/4)

- Tanzen (sk4/179)

Tieren; Beziehung zu

GEMÜT - *Tiere - liebt Tiere, Tierliebe* (mtf/180)

Nonverbales - Aggressivität

GEMÜT - Destruktivität, Zerstörungswut (^/38)

Nonverbales - Gesten, Gebärden

GEMÜT - Auffahren, Zusammenfahren - Geräusche; durch (sk4/17)

- Verstecken - sich (sk4/199)

Nonverbales - Konsultation; bei der

HAUT - *Erysipel* (k/1798)

ALLGEMEINES - Exostose (k/1877)

Nonverbales - Äußerliches - Beobachtungen der Eltern

SCHWEISS - *Essen - nach - agg.* (*/1786)

HAUT - Ekchymosen (tsm2/1797)

Nacht; Beobachtungen in der - körperliche Symptome

BLASE - *Urinieren - unwillkürlich - nachts* (k/1019)

Körperliche Symptome und Erkrankungen

NIEREN - Entzündung (k/1023)

ALLGEMEINES - *Konvulsionen - Kindern, bei* (k/1905)

Crotalus horridus

crot-h.

Diese Kinder haben *viele Aspekte mit Phosphorus gemein,* beispielsweise die *hämorrhagische Diathese,* die *Empfindlichkeit für das Leiden anderer,* die *Sozialisation* und *Ängste,* zu denen die Angst vor schlechten Nachrichten, Versagen, Unglück, Gewitter und offene Plätze gehören. Crotalus horridus hat nicht das große Bedürfnis nach Gesellschaft.

In anderen Aspekten kann es an Nux vomica erinnern. Tatsächlich sind sie sehr *bissig, streitsüchtig* und *reizbar;* sie werden beim geringsten Ärgernis fast rasend.

Sie sind *eigensinnig, ehrgeizig* und *konkurrieren mit anderen.* Sie geben ihr Bestes, um in der Schule und im Sport zu glänzen; jedoch haben sie Angst, daß es ihnen nicht gelingt und sie leiden an Erwartungsangst.

Die Symptomatologie von Crotalus horridus hat viele Aspekte mit Lachesis gemein, aber Crotalus ist häufiger rechtsseitig (während Lachesis linksseitig ist), es wird durch Kälte schlimmer (bei Lachesis durch Hitze) und die Haut ist kalt und trocken (Lachesis kalt und feucht).

Wie Lachesis ist Crotalus horridus *extrem gesprächig,* aber die Unterschiede zwischen den zwei Mitteln sind klar umschrieben. Margaret Tyler: „Bei Lachesis ist die Redseligkeit so rasant, daß der Patient, sobald jemand im Zimmer anfängt, etwas zu erzählen, dies aufgreifen wird und die Geschichte zu Ende erzählt, obwohl er nie davon gehört hat. Niemandem ist gestattet, eine Geschichte in der Anwesenheit eines Lachesis-Patienten zu beenden. Crotalus macht das auch, aber er wird sie aufgreifen und nuscheln und alles durcheinander bringen und über seine Worte stolpern [...] ein herabgesetzter, passiver Zustand wie betrunken; bei Lachesis ist es wilde Aufregung."

Crotalus horridus ist eines der wichtigsten Mittel bei Blutungen: Blutung aus Ohren, Augen, Nase, Lungen, von Schleimhäuten an allen Stellen, des Darms und aus dem Uterus. *Das abgesonderte Blut ist dunkel und flüssig, hat alle Gerinnungsfähigkeit verloren,* weshalb bei Blutungen bei diesem Mittel gewöhnlich keine Blutklumpen festzustellen sind.

In Bezug auf den *Tropismus für die Leber* erläutert Sivaraman: „Geeignet bei bösartiger Gelbsucht mit hämorrhagischer Diathese. Die Lebergegend ist heiß und schmerzhaft; gelbe Augen, gelbes Gesicht und der ganze Körper ist gelb [...] Der Stuhl ist schwarz und übelriechend. Das Kind ist weinerlich und redselig und möchte fliehen. Dem Kind geht es im Freien schlechter, es setzt ein bei warmem Wetter und durch die geringste Erschütterung."

Schließlich ist eine wichtige *Beteiligung der Haut* vorhanden. Tatsächlich findet man das Mittel in den Rubriken: „Allgemeines - Krankengeschichte von; persönliche - Abszessen; wiederkehrenden" und „Allgemeines - Krankengeschichte von; persönliche - Erysipel; von wiederkehrendem"

Auch Infektionskrankheiten in der Kindheit liegen im Wirkungsbereich dieses Mittels. Bei Masern treten sowohl Konjunktivitis und Otorrhoe als Folgekrankheiten auf. Bei Keuchhusten können Nasenbluten und bläuliche Gesichtsfarbe festgestellt werden. In der *Phase der Rekonvaleszenz von Scharlach* sind die deutlichsten Symptome Albuminurie und Ödem, besonders der Beine, beeinträchtigtes Gehör und Otorrhoe, die eitrig, übelriechend und sehr oft blutig ist.

Klinisches: Hämorrhagische Diathese. Ekchymose. Purpura. Hämaturie. Meningitis. Konvulsionen. Schlaflosigkeit. Absonderungen aus den Ohren. Ohrenleiden. Lungenleiden. Herzleiden. Dyspepsie. Leberleiden. Gelbsucht. Appendizitis. Peritonitis. Varikozele. Furunkel. Erysipel. Herpes. Urtikaria. Impffolgen. Masern. Scharlach. Keuchhusten.

Wirkungsbereich: Blut. Herz. Zerebrospinalnerven. Leber. Innerer Hals. Hinterkopf. Haut.

* * *

Krankengeschichte; familiäre und persönliche

ALLGEMEINES - Krankengeschichte von; persönliche - Abszessen; wiederkehrenden (mtf/1909)
• *Krankengeschichte von; persönliche - Erysipel; von wiederkehrendem* (k/1909)

Entwicklung - schnell

GEMÜT - Frühreife, altkluge Kinder (al/63)

Impfung

ALLGEMEINES - Impfung; Beschwerden nach (kr1*/1892)

Stillen - Magendarmsymptome - Appetit - vermehrt

MAGEN - Appetit - vermehrt - quälend (k/772)

Stillen - Allgemeines

SCHWEISS - Essen - nach - agg. (k/1786)

Infektionskrankheiten - Masern

AUGE - Entzündung - Masern, nach (k/429)

OHR - *Absonderungen - Masern, nach* (k/498)

FIEBER - *Ausschlagsfieber; Fieber bei Ausschlagserkrankungen - Masern* (k/1770)

HAUT - *Hautausschläge - Masern* (*/1817)

Infektionskrankheiten - Mumps

GESICHT - *Entzündung - Parotis* (*/584)
• *Schwellung - Parotis* (k/631)

Infektionskrankheiten - Scharlach

GEMÜT - Bewußtlosigkeit - Scharlach, bei (hr1/31)

OHR - *Absonderungen - Scharlach, nach* (*/498)

HÖREN - *Schwerhörig - Scharlach, nach* (*/536)

URIN - Eiweißhaltig - Scharlach; nach (k/1046)

EXTREMITÄTEN - Schwellung - Beine - wassersüchtig - Scharlach, nach (k/1629)

FIEBER - *Ausschlagsfieber; Fieber bei Ausschlagserkrankungen - Scharlach* (*/1770)
• Scharlach (tl1/1778)
» *bösartig* (bro1/1778)

HAUT - *Hautausschläge - Scharlach* (*/1821)
• Hautausschläge - Scharlach - zurücktretend (hr1/1821)

ALLGEMEINES - Scharlach (tl1/1944)
• *Wassersucht - äußere Wassersucht - Scharlach; nach* (kr1/2024)

Infektionskrankheiten - Pocken

HAUT - *Hautausschläge - Pocken* (c2*/1819)

Infektionskrankheiten - Keuchhusten

NASE - *Nasenbluten - Keuchhusten* (k/557)

GESICHT - Farbe - bläulich - Husten; agg. beim - Keuchhusten (k/587)

HUSTEN - *Keuchhusten* (*/1197)

Konstitution - Angst und Furcht

GEMÜT - Beschwerden durch - Erwartungsspannung (a1/23)
• Beschwerden durch - Schreck (c1/25)
• Erwartungsspannung - Lampenfieber (fry/53)
• Furcht - offenen Plätzen; Furcht vor (gl1/74)
» Versagen, Mißerfolg; vor dem (fe/79)

Konstitution - Allgemeines

GEMÜT - Ehrgeiz - erhöht, vermehrt, sehr ehrgeizig (mgm/40)
• Ehrgeiz - erhöht, vermehrt, sehr ehrgeizig - Wettbewerb mit anderen, vergleicht sich mit ihnen; steht (mgm/40)
• Faulheit (*/55)
• Nachgiebigkeit (^/134)

Familie; Beziehung zur - Liebe und Zuneigung

GEMÜT - *Abneigung - Familienangehörige; gegen* (*/1)
• Verlassen zu sein; Gefühl (mgm/198)
• Waisen (mtf/243)

Beziehung zu anderen - Aggressivität

GEMÜT - Streitsüchtig (*/173)

Beziehung zu anderen - Reaktion auf andere

GEMÜT - *Antworten - bissig, schnippisch* (hr1/15)
• Gesellschaft - Verlangen nach (k/95)
• *Schüchternheit, Zaghaftigkeit* (*/158)

Beziehung zu anderen - allgemein

GEMÜT - *Argwöhnisch, mißtrauisch* (*/16)

Schule - Angst

GEMÜT - Beschwerden durch - Erwartungsspannung (a1/23)
• Furcht - Versagen, Mißerfolg; vor dem (fe/79)

Schule - Lernen - allgemein

GEMÜT - Fehler; macht - Sprechen, beim - Buchstabieren, beim (k/58)

Schule - Lernen - Mathematik, Rechnen

GEMÜT - *Fehler; macht - Rechnen, beim* (k/57)
• Mathematik - Unfähigkeit zur (^/128)
» Unfähigkeit zur - rechnen; kann nicht (sf1/129)

Schule - Lernen - Schreiben

GEMÜT - Fehler; macht - Schreiben, beim (*/57)

Schule - Anstrengung; geistige

KOPF - Schmerz - geistige Anstrengung - agg. (k/328)

Schule - Konstitution

GEMÜT - *Eigensinnig, starrköpfig, dickköpfig* (hr1*/41)

Nonverbales - Allgemeines

GEMÜT - *Eigensinnig, starrköpfig, dickköpfig* (hr1*/41)

Nonverbales - Konsultation; bei der

OHR - **Absonderungen - Blut** (*/497)
• *Absonderungen - blutig* (*/497)
» eitrig (bg2/497)
» *gelb* (k/497)
» übelriechend (*/498)
• *Entzündung - erysipelatös* (*/500)
» *Mittelohr - gefolgt von - Meningitis* (hr/501)

GESICHT - *Schwellung - Unterkieferdrüsen* (k/631)

MUND - Bewegung - Zunge - Heraushängen der Zunge (bg2*/641)
• **Herausstrecken, Vorstrecken - Zunge, der** (*/665)
» Zunge, der - schnellt heraus und hinein wie bei einer Schlange, züngelt; die Zunge (bro1*/665)
• Landkartenzunge (vk1/668)
• *Stomatitis ulcerosa, Stomakaze* (k/689)
• Zittern der Zunge - Herausstrecken, beim (*/692)

INNERER HALS - *Entzündung - Tonsillen* (*/724)

RÜCKEN - *Hautausschläge - Furunkel* (k/1316)
• Hautausschläge - Furunkel - Zervikalregion (k/1317)

EXTREMITÄTEN - Nägel; Beschwerden der - Abblättern der Nägel (k/1664)

HAUT - *Erysipel* (*/1798)

ALLGEMEINES - Genesung, Rekonvaleszenz; Beschwerden während der - Ohr; nach Absonderungen aus dem (*/1884)

Nonverbales - Äußerliches - Beobachtungen des Arztes

KOPF - Schuppen (a1/402)

GESICHT - *Hautausschläge - Akne* (*/595)
• Venen, erweiterte - Krampfadern (mrr1/634)
» *netzförmig, wie marmoriert* (k/634)
» *Lippen* (k/634)

MUND - Bewegung - Zunge - Heraushängen der Zunge (bg2*/641)

ATMUNG - Asphyxie - Kindern, Neugeborenen; bei (sf1/1160)
• Beschleunigt (*/1174)

Nonverbales - Äußerliches - Beobachtungen der Eltern

ZÄHNE - *Zähneknirschen* (*/718)

MAGEN - Schluckauf (bg2/809)

REKTUM - *Unwillkürlicher Stuhl* (*/984)

BLASE - Urinieren - Dysurie - schmerzhaft - weinen bevor der Urin zu fließen beginnt; Kinder (bg2/1012)

SCHWEISS - Essen - nach - agg. (k/1786)

HAUT - *Ekchymosen* (*/1797)
• Ekchymosen - periodisch - Jahr; jedes (k/1797)
• Insektenstiche (c2*/1825)

Nacht; Beobachtungen in der - Gemütssymptome

GEMÜT - Schlafwandeln (bg2*/154)

Nacht; Beobachtungen in der - körperliche Symptome

ZÄHNE - *Zähneknirschen - Schlaf; agg. im* (k/718)

Nacht; Beobachtungen in der - Schlaf

SCHLAF - Erwachen - Schreck, wie durch (k13/1675)

Nacht; Beobachtungen in der - Schlaf; Lage im

SCHLAF - Lage - Kopf - vorne gebeugt; nach (j5/1683)

Körperliche Symptome und Erkrankungen

KOPF - Entzündung - Gehirn (*/284)
• Hydrozephalus (bg2/295)

MAGEN - Würgen - Husten, mit (k/846)

NIEREN - Entzündung (k/1023)

KEHLKOPF UND TRACHEA - Laryngismus stridulus (*/1145)

FIEBER - **Continua** (k/1772)

Chirurgisch pathologische Zustände

OHR - Abszeß - Gehörgang (k/498)

ABDOMEN - Entzündung - Peritoneum (c2*/860)

MÄNNLICHE GENITALIEN - Varikozele (*/1085)

Würmer

REKTUM - Würmer - Beschwerden durch Würmer (bg2/985)

Croton tiglium

crot-t.

Magen-Darm-Beschwerden und Hautleiden.

Croton tiglium ist eines der wichtigsten Mittel bei *Diarrhoe*. Der Stuhl ist wäßrig, reichlich, plötzlich, heftig, geräuschvoll und besteht gewöhnlich aus gelbem Wasser, das den Anus wund frißt; häufiger während der Zahnung mit Übelkeit.

Das Kind hat Kolik, sobald es gestillt wird; trokkene, ausgedörrte Lippen; große Erschöpfung nach jedem Stuhlgang.

Hautausschlag am ganzen Körper: kleine Bläschen, die im Gesicht und an den Lidern deutlicher hervortreten, aber auch am Hodensack und an den Genitalien; Schwellung und Röte mit heftigem Brennen und Jucken, schlimmer nach dem Essen, nachts, in der Sommerhitze und besser durch sehr sanftes Kratzen, nach dem Schlaf.

Zu den Hautsymptomen gehören: Impetigo, Erysipel, Sudamina, Akne und Milchschorf.

Die Reaktion auf Milch ist widersprüchlich: es kann Verschlimmerung vorhanden sein, besonders mit Übelkeit; aber häufiger Besserung, wenn die Milch heiß oder sogar kochendheiß ist, besonders von Krämpfen im Abdomen und Diarrhoe. Bauchschmerzen, die oft von Schweiß auf der Stirn begleitet sind, werden auch durch Zusammenkrümmen besser.

Der Appetit ist oft vermindert.

Bei Einziehung des linken Hodens zu erwägen.

„Der Inhalt steht unter Druck. *Der Gemütszustand dieses Mittels ähnelt dessen charakteristischer Diarrhoe.* Croton-tiglium-Personen sind Menschen, die *Kummer anhäufen und dann plötzlich explodieren.* Wenn Kinder ihre Gefühle ausleben, sind sie aufgeregt und heftig" (Grandgeorge).

Klinisches: Kolik. Diarrhoe. Schmerzen im Rektum. Hautleiden. Ekzem. Herpes zoster. Erkältungen. Husten. Augenleiden.

Wirkungsbereich: Schleimhäute. Darm. Haut. Hodensack. Gesicht. Augen. Blase.

* * *

Stillen - Milch

MAGEN - Übelkeit - Milch - agg. (*/838)

ABDOMEN - *Schmerz - warm - Milch; warme - amel.* (*/895)

- *Schmerz - warm - Milch; warme - amel. - heiße Milch - krampfartig* (*/895)
  - » *warm - Milch; warme - amel. - krampfartig* (*/896)

REKTUM - *Diarrhoe - Stillen des Kindes; nach - Säugling; beim* (*/956)

- Diarrhoe - warm - Milch; warme - amel. - heiße Milch (k/956)

ALLGEMEINES - Speisen und Getränke - Milch - Abneigung (vml3/2000)

- Speisen und Getränke - Milch - agg. (*/2001)
  - » Milch - agg. - Muttermilch (stx1/2001)
  - » Milch - amel. - heiße (hr1*/2001)
  - » Milch - amel. - warme (vml3*/2001)

Stillen - Magendarmsymptome - Appetit - vermindert

MAGEN - Appetit - fehlend (k/767)

- Appetit - vermindert (*/772)

Stillen - Magendarmsymptome - Rektum

REKTUM - *Diarrhoe - Kindern, bei* (k/954)

- *Diarrhoe - Stillen des Kindes; nach - Säugling; beim* (*/956)

Stillen - Allgemeines

ALLGEMEINES - Säuglinge (kk2/1944)

Konstitution - Allgemeines

GEMÜT - Faulheit (k/55)

- Selbstsucht, Egoismus (k/161)
- Unzufrieden (*/194)

Beziehung zu anderen - Reaktion auf andere

GEMÜT - Antworten - unzusammenhängend (j5/15)

Beziehung zu anderen - allgemein

GEMÜT - Argwöhnisch, mißtrauisch (^/16)

Schule - Anstrengung; geistige

KOPF - Schmerz - Lesen, beim - agg. (k/332)

Spielen

GEMÜT - Tanzen (k/179)

Nonverbales - Konsultation; bei der

GESICHT - *Schwellung - Unterkieferdrüsen* (*/631)

INNERER HALS - *Schwellung - Tonsillen* (k/747)

BRUST - Einziehung der Brustwarzen (bg2/1231)

HAUT - Erysipel (*/1798)

- Hautausschläge - Bläschen - Sudamina (Schweißfriesel) (*/1810)
  - » Impetigo (*/1816)
- *Verwachsen - Knochen; am* (*/1835)

Nonverbales - Äußerliches - Beobachtungen des Arztes

GESICHT - Gerunzelt (k/594)

- Hautausschläge - Akne (bro1/595)
- Rissig - Lippen (a1/613)

Nonverbales - Äußerliches - Beobachtungen der Eltern

MAGEN - Gluckern; Gurgeln (*/802)
- Schluckauf (*/809)
- Völlegefühl - Essen - nach - agg. - wenig, nach dem kleinsten Bissen; nach noch so (k/845)

ABDOMEN - Schmerz - Zusammenkrümmen - muß sich zusammenkrümmen (k/897)

REKTUM - Unwillkürlicher Stuhl (*/984)

STUHL - Unverdaut (*/999)

Nacht; Beobachtungen in der - körperliche Symptome

KOPF - Bohrt den Kopf in das Kissen (k/282)
- Schweiß der Kopfhaut - Stirn - nachts (k/404)
  » Stirn - nachts - Schmerzen im Abdomen; bei (k/404)

Nacht; Beobachtungen in der - Schlaf; Lage im

SCHLAF - Lage - Abdomen, auf dem (*/1682)
- Lage - Rücken, auf dem (j5/1683)

Körperliche Symptome und Erkrankungen

MAGEN - Würgen - Husten, mit (k/846)

REKTUM - *Cholera - infantum* (*/949)

Chirurgisch pathologische Zustände

MÄNNLICHE GENITALIEN - Hochgezogen, an den Körper gezogen - Hoden (k/1068)
- Hochgezogen, an den Körper gezogen - Hoden - links (*/1068)

Würmer

REKTUM - Würmer - Beschwerden durch Würmer - Madenwürmer (k/986)

Cubeba officinalis

cub.

Es kommt in vielen Bereichen zu *Absonderungen*, die *übelriechend, eitrig, dick und gelblich* sind.

Scharfer und übelriechender Fluor bei Mädchen. Vaginitis, Pruritus vulvae und Erythem an der Innenseite der Oberschenkel.

Otorrhoe mit übelriechender Absonderung.

Katarrh von Nase und Hals von grünlich-gelber Farbe und stinkend. Der Schleim läuft von der Nase in den Hals und verursacht Wundheit. Durst durch Gefühl von Trockenheit des Mundes. Aphthen an Lippen und Zahnfleisch.

Das Brennen wird in Hals, Magen, Abdomen und Rektum gespürt.

Hautausschläge oft gleichzeitig mit Nierenleiden.

Auf der Gemütsebene findet man *Selbstmitleid* und das Gefühl, kein Glück zu haben.

Sie sind schamlos und unanständig in Gedanken, Worten und Gesten. Aggressives Verhalten: Beißen und Schlagen. Allen schrieb: „Impuls, Menschen zu verfluchen, sie zu schlagen und ihnen ins Gesicht zu spucken, sogar sie zu beißen."

Träumt von Bösartigkeit und Grausamkeit.

Verlangen nach Delikatessen, reichhaltigen Speisen, alkoholischen Getränken, Nüssen.

Klinisches: Fluor. Zystitis. Urethritis. Albuminurie. Enuresis. Aphthen. Katarrh. Krupp. Diarrhoe. Hernie. Urtikaria.

Wirkungsbereich: Schleimhäute. Harnröhre. Blase. Vagina.

* * *

Stillen - Magendarmsymptome - Appetit - vermehrt

MAGEN - Appetit - vermehrt (k/770)

Infektionskrankheiten - Masern

HAUT - Hautausschläge - Masern (bg2/1817)

Konstitution - Aggressivität

GEMÜT - Niederträchtig (a1/135)

Beziehung zu anderen - Aggressivität

GEMÜT - Schlagen (k/154)

Nonverbales - Aggressivität

GEMÜT - Beißen (k/20)

Nonverbales - Reaktion auf andere

GEMÜT - Schamlos (k/153)

Nonverbales - Gesten, Gebärden

GEMÜT - Auffahren, Zusammenfahren - Geräusche; durch (k/17)

Nonverbales - Konsultation; bei der

OHR - Absonderungen - stinkend (k/498)

MUND - Aphthen (*/639)
- Aphthen - Zahnfleisch (hr1*/640)

Nonverbales - Äußerliches - Beobachtungen des Arztes

GESICHT - Aphthen - Lippen, an den (c1*/579)
- Venen, erweiterte - Schläfen (bg2*/634)
  » Stirn (bg1/634)

ATMUNG - Beschleunigt (*/1174)

Nonverbales - Äußerliches - Beobachtungen der Eltern

REKTUM - *Unwillkürlicher Stuhl* (*/984)

WEIBLICHE GENITALIEN - *Fluor - Kindern; bei - Mädchen; bei kleinen* (*/1096)
- Fluor - scharf, wundfressend - Kindern, bei (kr1*/1098)

Nacht; Beobachtungen in der - körperliche Symptome

BLASE - Urinieren - unwillkürlich - nachts (k/1019)

Körperliche Symptome und Erkrankungen

NIEREN - Beschwerden der Nieren - begleitet von - Haut; Beschwerden der (c1/1023)
• Entzündung (k/1023)

Chirurgisch pathologische Zustände

ABDOMEN - Hernie (c2/867)
• Hernie - Schenkelhernie (c1*/868)

Cundurango

cund.

Krankengeschichte; familiäre und persönliche

ALLGEMEINES - Familiengeschichte von - Krebs (gw1/1878)

Zahnung - Magendarmsymptome

REKTUM - Diarrhoe - Zahnung; während (c1/957)

Stillen - Magendarmsymptome - Appetit - vermindert

MAGEN - Appetit - fehlend (mtf11/767)

Stillen - Magendarmsymptome - Abdomen - agg. durch

ABDOMEN - Schmerz - Druck - agg. (sne/883)

Infektionskrankheiten - Pocken

HAUT - Hautausschläge - Pocken (c2/1819)

Nonverbales - Konsultation; bei der

MUND - Stomatitis ulcerosa, Stomakaze (mtf11/689)
ABDOMEN - Schmerz - Druck - agg. (sne/883)
BRUST - Einziehung der Brustwarzen (*/1231)
HAUT - Erysipel (hr1/1798)

Nonverbales - Äußerliches - Beobachtungen des Arztes

GESICHT - *Rissig - Lippen* (bro1/613)
• **Rissig - Mundwinkel** (*/614)
• Warzen - Mund - um den (*/635)

Nonverbales - Äußerliches - Beobachtungen der Eltern

ATMUNG - Schnarchen (*/1180)

Cuprum aceticum

cupr-act.

Boericke sagt, dieses Mittel wirke ähnlich wie Cuprum metallicum, aber die Wirkung sei heftiger.

Bei Kupferverbindungen erscheint *Keuchhusten* immer mit einer besonders intensiven Symptomatologie; man findet hauptsächlich Gemütssymptome vom Klagen bis zur Reizbarkeit. Es können gleichzeitig Konvulsionen auftreten.

Heuschnupfen mit brennender Exkoriation und krampfartigem Husten; zäher und klebriger Speichel, mit Angst zu ersticken.

Konvulsionen während der Zahnung: Sie beginnen mit Krämpfen in den Beinen und Ziehen in Fingern und Zehen, mit starkem Herumwerfen der Glieder; Schaum vor dem Mund und Würgen im Hals. Den Krämpfen geht heftiges Erbrechen von Schleim voran. Nach einem Krampf schreit das Kind und dreht und windet sich, bis ein weiterer Krampf erscheint.

Sommerliche Beschwerden von Kindern, mit Erkrankungen des Gehirns.

Trockenheit des Mundes, mit kolikartigen Schmerzen im Darm. Beim Trinken beißt das Kind ins Glas.

Ruhelos, schlecht gelaunt und voller Angst. Schluchzende, kurze und ängstliche Atmung.

Blasses, gedunsenes Gesicht.

Der Schulanfang stellt bei diesem Mittel eine sehr schwierige Zeit dar. Der Mangel an Selbstwertgefühl, die Angst davor, Neues anzufangen und zu versagen, zusammen mit einem übermäßig auf ihm lastenden Pflichtgefühl, führen oft zu Schlafstörungen. Der Schlaf ist unruhig und wenn sie morgens erwachen, sind sie immer noch müde.

Klinisches: Erkrankungen des Gehirns. Hydrozephalus. Chorea. Strabismus. Krupp. Diarrhoe. Hautausschläge. Erysipel. Masern. Scharlach. Keuchhusten.

Wirkungsbereich: Nerven. Haut. Lungen.

* * *

Zahnung - Empfindungen und neurologische Beschwerden

ALLGEMEINES - *Konvulsionen - Zahnung; während der* (kr1/1907)

Zahnung - Allgemeines

ZÄHNE - Zahnung - schwierig (stj2/718)

Infektionskrankheiten - Masern

HAUT - *Hautausschläge - Masern* (c2/1817)
ALLGEMEINES - Masern - Beschwerden nach (bro1*/1920)

Infektionskrankheiten - Scharlach

GEMÜT - *Bewußtlosigkeit - Scharlach, bei* (kr1/31)
• *Stupor - Scharlach, bei* (kr1/177)
FIEBER - Ausschlagsfieber; Fieber bei Ausschlagserkrankungen - Scharlach (bro1/1770)

• Scharlach - bösartig (bro1/1778)

HAUT - *Hautausschläge - Scharlach* (c2/1821)

• *Hautausschläge - Scharlach - zurücktretend* (bro1/1821)

Infektionskrankheiten - Pocken

HAUT - Hautausschläge - Pocken (c2*/1819)

Infektionskrankheiten - Keuchhusten

GEMÜT - Mürrisch - Keuchhusten, bei (kr1/132)

• *Reizbarkeit, Gereiztheit - Husten, durch - Keuchhusten, bei* (kr1/145)

• *Stöhnen - Husten, beim - Keuchhusten, bei* (kr1/172)

HUSTEN - Keuchhusten (c2*/1197)

• *Keuchhusten - Konvulsionen, mit* (kr1*/1198)

Konstitution - Angst und Furcht

GEMÜT - *Furcht - fallen, zu stürzen; zu - Kind hält sich an der Mutter fest; das* (kr1/68)

• Furcht - Kontrolle zu verlieren; die (stj2/72)

» neuen Projekten, Unternehmungen; vor (stj2/74)

» *Selbstkontrolle zu verlieren; die* (kr1/75)

» Versagen, Mißerfolg; vor dem (stj2/79)

» Wasser, vor (stj2/79)

Konstitution - Allgemeines

GEMÜT - Milde (stj2/130)

• Ungerechtigkeit; erträgt keine (stj2/191)

Familie; Beziehung zur - Aggressivität

GEMÜT - Beschwerden durch - Bevormundung - Kindern, bei (mlk/22)

Familie; Beziehung zur - Liebe und Zuneigung

GEMÜT - Angst - Familie, um seine (stj2/9)

• Liebevoll, voller Zuneigung, herzlich (stj2/125)

Beziehung zu anderen - Aggressivität

GEMÜT - Schlagen (stj2/154)

• Streitsüchtig (stj2/173)

Beziehung zu anderen - Reaktion auf andere

GEMÜT - Antworten - langsam (a1/15)

Schule - Angst

GEMÜT - Furcht - neuen Projekten, Unternehmungen; vor (stj2/74)

• Furcht - Versagen, Mißerfolg; vor dem (stj2/79)

Schule - Anstrengung; geistige

SCHLAF - *Ruhelos - Überanstrengung, durch geistige* (kr1/1685)

• *Unerquicklich - Überanstrengung beim Lernen; durch geistige* (kr1/1704)

Nonverbales - Aggressivität

GEMÜT - Beißen (a1*/20)

• Destruktivität, Zerstörungswut (stj2/38)

• Spucken (^/170)

» Gesicht; Menschen ins (a1/170)

• Stoßen, treten, austreten (stj2/172)

Nonverbales - Reaktion auf andere

GEMÜT - Angesehen, angeblickt zu werden - erträgt es nicht, angesehen zu werden (stj2/5)

• Berührtwerden - Abneigung berührt zu werden (stj2/21)

• Furcht - berührt zu werden (stj2/66)

» Fremden; vor (stj2/68)

» *Näherkommen, Annäherung von; vor - anderen, von* (kr1*/74)

Nonverbales - Gesten, Gebärden

GEMÜT - *Springen* (^/169)

Nonverbales - Allgemeines

GEMÜT - Nachahmung, Imitation (stj2/133)

• Singen (a1/163)

Nonverbales - Konsultation; bei der

MUND - Herausstrecken, Vorstrecken - Zunge, der - schnellt heraus und hinein wie bei einer Schlange, züngelt; die Zunge (br1/665)

INNERER HALS - Belag - Tonsillen (k/721)

HAUT - *Erysipel* (c2/1798)

Nonverbales - Äußerliches - Beobachtungen des Arztes

AUGE - Strabismus, Schielen (c2*/467)

ATMUNG - Beschleunigt (bro1/1174)

Nacht; Beobachtungen in der - Gemütssymptome

GEMÜT - Furcht - Dunkelheit; vor der (stj2/66)

Nacht; Beobachtungen in der - Schlaf

SCHLAF - Tief - Kindern, bei (a1*/1703)

Nacht; Beobachtungen in der - Schlaf; Lage im

SCHLAF - Lage - Rücken, auf dem (a1/1683)

• *Lage - Seite, auf der - schmerzhaften Seite, auf der* (kr1*/1683)

Schaukeln und Getragenwerden

GEMÜT - Klammert sich an - Kindern; bei - Klammert sich an die Krankenschwester, wenn es getragen wird; das Kind (hr1/115)

Körperliche Symptome und Erkrankungen

KOPF - Entzündung - Gehirn (bro1/284)

• Hydrozephalus (c2*/295)

REKTUM - Cholera - infantum (bro1/949)

KEHLKOPF UND TRACHEA - *Laryngismus stridulus* (bro1/1145)

ALLGEMEINES - *Konvulsionen - Kindern, bei* (kr1/1905)

Würmer

REKTUM - Würmer - Beschwerden durch Würmer (bro1*/985)
- Würmer - Beschwerden durch Würmer - Bandwürmer (c2*/986)

Cuprum arsenicosum

cupr-ar.

Man sollte sich bei Enterokolitis daran erinnern und bei *Diarrhoe* in der Kindheit, wenn der Stuhl wäßrig, übelriechend und grünlich ist und von krampfartigen Schmerzen und Krämpfen in den Gliedmaßen begleitet wird, die den Patienten aufschreien lassen.

Hale schrieb: „Ich kann es bei Cholera infantum empfehlen; krampfhafte und neuralgische Schmerzen im Darm, begleitet von Schreien und Krämpfen in Fingern und Zehen, begleitet von großer Schwäche und drohendem Kollaps. Ich habe es auch mit guter Wirkung bei Chorea benutzt, die an einer tiefgreifenden Störung der Nervenzentren lag und die bekannten charakteristischen Symptome von Cuprum aufwies, verbunden mit der Dyskrasie, die immer Arsenicum anzeigt."

In Bezug auf die Gemütsebene große Ruhelosigkeit und Angst.

Klinisches: Diarrhoe. Erbrechen. Chorea.

Klinisches: Verdauungskanal. Muskeln. Nerven.

* * *

Stillen - Magendarmsymptome - Appetit - vermindert

MAGEN - Appetit - fehlend (k/767)

Infektionskrankheiten - Keuchhusten

REKTUM - *Diarrhoe - Keuchhusten, bei* (bro1/954)

HUSTEN - Keuchhusten (k/1197)

Nonverbales - Konsultation; bei der

INNERER HALS - Entzündung - Tonsillen (a1/724)

Nonverbales - Äußerliches - Beobachtungen des Arztes

ATMUNG - Beschleunigt (a1/1174)

RÜCKEN - *Opisthotonus* (*/1325)

Nonverbales - Äußerliches - Beobachtungen der Eltern

REKTUM - Unwillkürlicher Stuhl (a1/984)

Nacht; Beobachtungen in der - Schlaf; Lage im

SCHLAF - Lage - Rücken, auf dem (a1/1683)

Körperliche Symptome und Erkrankungen

REKTUM - Cholera - infantum (br1*/949)

Cuprum fluoratum

cupr-f.

Zahnung - Allgemeines

ZÄHNE - Zahnung - schwierig (stj2/718)

Konstitution - Angst und Furcht

GEMÜT - *Furcht - Armut, vor* (stj2/65)
- Furcht - Kontrolle zu verlieren; die (stj2/72)
  - » neuen Projekten, Unternehmungen; vor (stj2/74)
  - » Versagen, Mißerfolg; vor dem (stj2/79)
  - » Wasser, vor (stj2/79)

Konstitution - Allgemeines

GEMÜT - *Furcht - Armut, vor* (stj2/65)
- Milde (stj2/130)
- Spontan, impulsiv (stj2/166)
- Ungerechtigkeit; erträgt keine (stj2/191)

Familie; Beziehung zur - Liebe und Zuneigung

GEMÜT - Angst - Familie, um seine (stj2/9)
- Liebevoll, voller Zuneigung, herzlich (stj2/125)

Beziehung zu anderen - Aggressivität

GEMÜT - Schlagen (stj2/154)
- Streitsüchtig (stj2/173)

Schule - Angst

GEMÜT - Furcht - neuen Projekten, Unternehmungen; vor (stj2/74)
- Furcht - Versagen, Mißerfolg; vor dem (stj2/79)

Nonverbales - Aggressivität

GEMÜT - Beißen (stj2/20)
- Destruktivität, Zerstörungswut (stj2/38)
- Stoßen, treten, austreten (stj2/172)

Nonverbales - Reaktion auf andere

GEMÜT - Angesehen, angeblickt zu werden - erträgt es nicht, angesehen zu werden (stj2/5)
- Berührtwerden - Abneigung berührt zu werden (stj2/21)
- Furcht - berührt zu werden (stj2/66)
  - » Fremden; vor (stj2/68)
  - » Näherkommen, Annäherung von; vor - anderen, von (stj2/74)

Nonverbales - Allgemeines

GEMÜT - Nachahmung, Imitation (stj2/133)

Nonverbales - Konsultation; bei der

ALLGEMEINES - *Exostose* (stj2/1877)

Nacht; Beobachtungen in der - Gemütssymptome

GEMÜT - Furcht - Dunkelheit; vor der (stj2/66)

Cuprum metallicum

cupr.

Tropismus für das neuromuskuläre System, mit *Tendenz zu Konvulsionen und Krämpfen.* Seine Wirkung ist daher hauptsächlich spastisch. Cuprum-metallicum-Kinder leiden an *Krämpfen und Spasmen, die jedes Organ und System betreffen:* Atmungsorgane (Asthma), Verdauungskanal (Kolik und krampfhaftes Erbrechen) und die Skelettmuskulatur (Krämpfe in den Beinen).

Krämpfe und Konvulsionen beginnen in Fingern und Zehen und breiten sich dann im ganzen Körper aus. Während der Konvulsionen ist das Gesicht zyanotisch und blauviolett; die Lider sind spastisch und die Pupillen zusammengezogen; das Kind liegt auf dem Bauch und das Gesäß zuckt nach oben.

Es ist angezeigt bei *Konvulsionen, die nach unterdrückten Ausschlägen erscheinen.*

Es kann nützlich sein bei *Keuchhusten*, wenn das Kind steif wird und krampfhafte Kontraktionen zeigt, mit Atemstillstand, Zyanose und Verlust des Bewußtseins. Während dieser Anfälle besteht die Tendenz, die Fäuste zu ballen. Es kann zu Erbrechen kommen, wenn sie das Bewußtsein wiedererlangen. Das erste Mittel, an das man in Fällen von Hustenanfällen mit Krämpfen denken sollte, ist Cuprum metallicum.

Nützlich bei schwerer Enteritis begleitet von heftigen Krämpfen, Erbrechen, Diarrhoe und Schluckauf.

Die Symptome, die mit der Verdauung in Verbindung stehen, sowie andere Symptome, können von einem metallischen Geschmack im Mund begleitet sein, zusammen mir reichlichem Speichelfluß.

Cuprum-Patienten sind überempfindlich, mit starken Emotionen und Impulsen. Um diese Emotionen unter Kontrolle zu bekommen, ziehen sie sich zurück.

Das Hauptthema bei Cuprum ist das *Gefühl, angegriffen zu werden*, was auch in ihren *Hobbies* deutlich wird, zu denen *Karate, Judo* und *Kampfsport* im Allgemeinen gehören.

Das *Thema des Krieges* ist eng damit verbunden; tatsächlich bildet sich Cuprum ein, Offizier oder General zu sein.

Ein weitere Gesichtspunkt sind *Regeln,* über die Scholten schrieb: „Sie haben sehr viel Angst, etwas falsch zu machen. Das ist der Grund, warum sie dazu neigen, so strikt an Regeln festzuhalten und sie erwarten von anderen dasselbe [...] Regeln sind dazu da, befolgt zu werden. Solange sie die Regeln befolgen, kann nichts schief gehen. Oder wenn etwas schief geht, wird man ihnen nicht die Schuld dafür geben, da sie immer die Regeln befolgt haben. Sie lieben Regeln, es gibt ihnen ein Gefühl der Sicherheit. Und es ist ihnen sehr wichtig, daß sie niemand übertritt. Wenn jemand nicht den Regeln folgt, werden sie ihn melden. Dies sind die Kinder, die Märchen erzählen [...] *Sie sind sehr empfindlich gegen Kritik, besonders wenn ihnen jemand sagt, sie hätten sich nicht an die Regeln gehalten.* Sie wollen nicht, daß sich andere in ihre Angelegenheiten einmischen. Sie können enorm wütend werden, wenn jemand sie kritisiert oder berührt oder auch nur ansieht. Cuprum-Kinder wollen weder berührt, angesehen, getragen noch gefahren werden. Daher ihr Verlangen, sich zu verstecken oder davonzulaufen. Sie wollen Kritik vermeiden und auch den Druck und die Einschränkung, ihre Aufgaben erfüllen zu müssen."

Klinisches: Asthma. Bronchitis. Pneumonie. Krupp. Dyspnoe. Keuchhusten. Chorea. Konvulsionen. Krämpfe. Spasmen. Kolik. Hautausschläge. Erysipel. Masern. Psoriasis. Schlaflosigkeit.

Wirkungsbereich: Nerven. Verdauungskanal. Muskeln. Lungen. Blut.

* * *

Entwicklung - langsam

GEMÜT - Entwicklung; kindliche - Entwicklungsstillstand (a1*/47)

ALLGEMEINES - Entwicklung - Entwicklungsstillstand (a1/1872)

• Gehen - Gehenlernen, Laufenlernen - spätes (sst3/1883)

Zahnung - Empfindungen und neurologische Beschwerden

ALLGEMEINES - *Konvulsionen - Zahnung; während der* (*/1907)

Zahnung - Magendarmsymptome

REKTUM - Diarrhoe - Zahnung; während (k/957)

Zahnung - Allgemeines

ZÄHNE - Zahnung - schwierig (*/718)

HUSTEN - Zahnung, während der (st/1211)

FIEBER - Zahnung; während der (bg2/1781)

Impfung

ALLGEMEINES - Impfung; Beschwerden nach (hu/1892)

Stillen - Gemütssymptome

GEMÜT - Hast, Eile - Essen; beim (b7/105)

Stillen - Milch

MAGEN - *Aufstoßen - Milch, nach* (k/775)
- *Aufstoßens; Art des - Wasser in den Mund; Hochsteigen von - Milch agg.* (*/781)
- Sodbrennen - Milch agg. (b7a/830)

ABDOMEN - Schmerz - Milch - agg. (^/891)
- Schmerz - Milch - agg. - krampfartig (k/891)

ALLGEMEINES - *Speisen und Getränke - Milch - agg.* (*/2001)

Stillen - Magendarmsymptome - Appetit - vermindert

MAGEN - Appetit - fehlend (*/767)
- Appetit - vermindert (*/772)

Stillen - Magendarmsymptome - Appetit - vermehrt

MAGEN - Appetit - Heißhunger (k/769)
- Appetit - vermehrt (*/770)

Stillen - Magendarmsymptome - Aufstoßen - Wasser; Hochsteigen von

MAGEN - Aufstoßens; Art des - Wasser in den Mund; Hochsteigen von (*/781)
- *Aufstoßens; Art des - Wasser in den Mund; Hochsteigen von - Milch agg.* (*/781)

Stillen - Magendarmsymptome - Erbrechen

MAGEN - Erbrochenen; Art des - Speisen - Essen - nach - sofort nach (k/800)
- Erbrochenen; Art des - Speisen - unverdaut (bro1/800)

Stillen - Magendarmsymptome - Abdomen - agg. durch

ABDOMEN - *Schmerz - Kindern; bei - Säuglingen; bei - krampfartig* (lmj/888)

Stillen - Magendarmsymptome - Abdomen - amel. durch

ABDOMEN - Schmerz - Liegen - Abdomen; auf dem - amel. (k2/889)
- Schmerz - Liegen - amel. (k/889)
  - » Wärme - amel. (k/896)

Stillen - Allgemeines

SCHWEISS - Essen - nach - amel. (bg2/1786)

Infektionskrankheiten - Masern

HUSTEN - Masern - nach (*/1202)
- Masern - während - tagsüber (k/1202)
  - » während - tagsüber - Hautausschlag sich entwickelt; amel. wenn sich der (k/1202)

HAUT - Hautausschläge - Masern (c2/1817)

Infektionskrankheiten - Mumps

GESICHT - *Verhärtungen - Parotis* (k/634)

Infektionskrankheiten - Scharlach

GEMÜT - Stupor - Scharlach, bei (br1/177)

FIEBER - *Ausschlagsfieber; Fieber bei Ausschlagserkrankungen - Scharlach* (*/1770)
- Scharlach (br1/1778)

HAUT - *Hautausschläge - Scharlach* (*/1821)
- Hautausschläge - Scharlach - zurücktretend (bro1/1821)

Infektionskrankheiten - Pocken

HAUT - Hautausschläge - Pocken (tl1/1819)

Infektionskrankheiten - Keuchhusten

GEMÜT - *Angst - Husten - Keuchhusten - vor* (*/10)

NASE - *Nasenbluten - Keuchhusten* (bro1/557)

GESICHT - Farbe - bläulich - Husten; agg. beim - Keuchhusten (tl1*/587)
- Farbe - bläulich - Lippen - Keuchhusten (*/588)

MAGEN - Erbrechen - Husten - beim - agg. - Keuchhusten (bro1*/793)

ATMUNG - *Pfeifend - Keuchhusten, bei* (*/1178)

HUSTEN - *Keuchhusten* (*/1197)
- Keuchhusten - heftig (tl1*/1198)
  - » Kind - steif vor dem Anfall (mtf33/1198)
  - » **Konvulsionen, mit** (kr1*/1198)
  - » *Konvulsionen, mit - Anfall endet in Konvulsionen, sieht wie tot aus; jeder* (kr1/1198)
  - » Krampfstadium, im (bg2*/1198)
  - » *Ösophagus erregt Husten; Gefühl von Krämpfen im* (kr1/1198)
  - » Prophylaxe gegen (gm1/1198)

BRUST - Blutung der Lungen - Husten - mit - Keuchhusten (bro1/1230)

ALLGEMEINES - *Konvulsionen - Husten - Keuchhusten, bei* (hr1*/1904)

Konstitution - Aggressivität

GEMÜT - Niederträchtig (b7a/135)
- Raserei, Tobsucht, Wut - Beißen; mit (j5/140)

Konstitution - Angst und Furcht

GEMÜT - Angst - hypochondrisch (j5/11)
- Beschwerden durch - Erwartungsspannung (mtf/23)
  - » *Schreck* (*/25)
- Feigheit (*/59)
- Furcht - Abwärtsbewegung, vor (st1*/64)
  - » *fallen, zu stürzen; zu - Kind hält sich an der Mutter fest; das* (kr1/68)
  - » Gewitter; vor (sst3/70)
  - » Kontrolle zu verlieren; die (sst3*/72)
  - » neuen Projekten, Unternehmungen; vor (stj2/74)

» Selbstkontrolle zu verlieren; die (sht*/75)
» Versagen, Mißerfolg; vor dem (sst3*/79)
» Versagen, Mißerfolg; vor dem - Bestätigung; braucht ständige (sst3/79)
» Versagen, Mißerfolg; vor dem - Prüfungen, bei (sst3/79)
» voller Furcht (gt/79)
» Wasser, vor (*/79)
• *Vorsichtig* (bg2*/205)

Konstitution - Allgemeines

GEMÜT - Ehrgeiz - erhöht, vermehrt, sehr ehrgeizig (sht*/40)
• Ehrgeiz - erhöht, vermehrt, sehr ehrgeizig - Wettbewerb mit anderen, vergleicht sich mit ihnen; steht (mtf33/40)
• Entmutigt (k/46)
• Faulheit (b7/55)
• Gewissenhaft, peinlich genau in bezug auf Kleinigkeiten (sst3*/99)
• Heikel, pingelig (sht*/106)
• *Milde* (*/130)
• Nachgiebigkeit (b7a/134)
• Pflicht - zu viel Pflichtgefühl (sst3*/136)
• Spontan, impulsiv (ptk1*/166)
• *Stimmung, Laune - veränderlich* (*/171)
» veränderlich - Kindern; bei (mtf33/171)
• Ungerechtigkeit; erträgt keine (sht*/191)
• *Unzufrieden* (*/194)
• Veränderungen - Abneigung gegen (sst3*/195)
• Verantwortung - ernst; nimmt seine Verantwortung zu (sst3*/195)
• **Weinen - Gemütsbewegungen, Emotionen - geringen; nach** (st/245)

Familie; Beziehung zur - Liebe und Zuneigung

GEMÜT - Angst - andere, um (sht*/7)
• Angst - Familie, um seine (sst3*/9)
• Liebevoll, voller Zuneigung, herzlich (stj2/125)

Familie; Beziehung zur - Vorwürfe

GEMÜT - Beschwerden durch - Bestrafung (sne/22)

Beziehung zu anderen - Aggressivität

GEMÜT - Diktatorisch - spricht in Befehlston (j5/39)
• *Schlagen* (*/154)
» Kindern; bei (sst3/154)
» Raserei; mit (sf1/154)
• *Streitsüchtig* (*/173)

Beziehung zu anderen - Reaktion auf andere

GEMÜT - Antworten - Abneigung zu antworten (k/14)
• *Antworten - denkt lange nach* (*/15)
» langsam (*/15)
» unzusammenhängend (j5/15)
• Furcht - Menschen; vor - Kindern; bei (^/73)
» Menschen; vor - Kindern; bei - Fieber; während (st/73)
• *Gesellschaft - Abneigung gegen* (*/94)
» Verlangen nach (^/95)
» Verlangen nach - allein; agg. wenn (sne/96)
• *Schüchternheit, Zaghaftigkeit* (*/158)
» Kindern; bei (mtf33/158)
» Öffentlichkeit; beim Auftreten in der (mtf/159)
» Öffentlichkeit; beim Auftreten in der - sprechen; in der Öffentlichkeit zu (st*/159)
• Trost - agg. (sst3/188)
• Untröstlich (sst3/193)
• Weinen - Trost - möchte nicht getröstet werden (mtf33/248)
• *Widerspruch - Neigung zu widersprechen* (hr1*/249)
» verträgt keinen Widerspruch (sst3/249)

Beziehung zu anderen - allgemein

GEMÜT - *Argwöhnisch, mißtrauisch* (*/16)
• Beleidigt, leicht (sst3*/20)
• Furcht - Räubern, vor (^/74)
• Geheimnistuerisch, verschlossen (bg2/87)
• Mitgefühl, Mitleid (sst3/130)
• Tadelsüchtig, krittelig (gk/178)
• Tadelt sich selbst, macht sich Vorwürfe (bg2*/179)
• Unabhängigkeit, Selbständigkeit (sst3*/189)
• Unverschämtheit (bro1/193)

Schule - Angst

GEMÜT - Beschwerden durch - Erwartungsspannung (mtf/23)
• Erwartungsspannung - Prüfungen, vor (st*/53)
• Furcht - neuen Projekten, Unternehmungen; vor (stj2/74)
» Versagen, Mißerfolg; vor dem (sst3*/79)
» Versagen, Mißerfolg; vor dem - Prüfungen, bei (sst3/79)

Schule - Anstrengung; geistige

KOPF - Schmerz - geistige Anstrengung - agg. (bg1/328)

Schule - Beziehung zu anderen

GEMÜT - Schüchternheit, Zaghaftigkeit - Öffentlichkeit; beim Auftreten in der (mtf/159)
• Schüchternheit, Zaghaftigkeit - Öffentlichkeit; beim Auftreten in der - sprechen; in der Öffentlichkeit zu (st*/159)

MUND - *Sprache - stotternd* (*/688)

Schule - Vorwürfe

GEMÜT - Beschwerden durch - Bestrafung (sne/22)

ALLGEMEINES - *Konvulsionen - Bestrafung, nach* (st1*/1901)

Schule - Konstitution

GEMÜT - Eigensinnig, starrköpfig, dickköpfig (b7a/41)
- Eigensinnig, starrköpfig, dickköpfig - Kinder (mtf33/41)
- Gewissenhaft, peinlich genau in bezug auf Kleinigkeiten (sst3*/99)
- Heikel, pingelig (sht*/106)
- Verantwortung - ernst; nimmt seine Verantwortung zu (sst3*/195)

Spielen

GEMÜT - Spielen - Abneigung gegen Spielen - Kindern; bei (mtf33/165)
- Spielen - Unfähigkeit zu spielen (sst3/166)
  » Verlangen zu spielen (^/166)

Tieren; Beziehung zu

GEMÜT - Furcht - Hunden, vor (sst3/71)
- Furcht - Spinnen, vor (sst3/75)

Nonverbales - Aggressivität

GEMÜT - *Beißen* (*/20)
- Beißen - Kindern; bei (mtf33/20)
  » sich selbst; beißt (mtf33/20)
- *Destruktivität, Zerstörungswut* (*/38)
  » Kindern, bei (mtf33/39)
- *Diktatorisch* (h2*/39)
- *Raserei, Tobsucht, Wut - zieht die Umstehenden an den Haaren* (ckh1/140)
- Reißt an etwas - Gegenstände; zerreißt (*/142)
  » sich am Körper, verletzt sich (mtf33/142)
- Reizbarkeit, Gereiztheit - Kindern, bei (st1*/145)
- Spucken (j5/170)
  » *Gesicht; Menschen ins* (*/170)
- Stoßen, treten, austreten (stj2/172)
  » Kindern; bei (^/172)
- *Ziehen - Haaren; an den* (^/252)
  » *Haaren; an den - Verlangen zu ziehen - ihren eigenen Haaren; an* (ptk1*/252)
  » Haaren; an den - Verlangen zu ziehen - jemanden an den Haaren (bg2*/252)

Nonverbales - Reaktion auf andere

GEMÜT - Angesehen, angeblickt zu werden - erträgt es nicht, angesehen zu werden (sst3*/5)
- Angesehen, angeblickt zu werden - erträgt es nicht, angesehen zu werden - Kindern; bei (mtf33/5)
  » weicht den Blicken anderer aus (sst3*/5)
- Berührtwerden - Abneigung berührt zu werden (*/21)
  » Abneigung berührt zu werden - Kindern; bei (sst3/21)
- Furcht - berührt zu werden (ptk1*/66)
  » *Fremden; vor* (*/68)
  » *Näherkommen, Annäherung von; vor - anderen, von* (*/74)
  » *Näherkommen, Annäherung von; vor - anderen, von - Kinder können es nicht ertragen, daß ihnen jemand nahe kommt* (*/74)
- Liebkost zu werden; Liebkosungen - Abneigung, liebkost, gestreichelt zu werden (sst3*/126)
  » Abneigung, liebkost, gestreichelt zu werden - Kindern; bei (sst3/126)
- Magnetisiert - Verlangen magnetisiert zu werden (mtf33/127)
- Näherkommen, auf ihn Zukommen von Personen - Abneigung gegen (ptk1*/134)
- Schamlos (k/153)

Nonverbales - Gesten, Gebärden

GEMÜT - Beißen - Glas; beißt in sein (mtf33/20)
- Beißen - Glas; beißt in sein - Trinken; beim (mtf33/20)
  » Löffel; beißt in den (*/20)
  » Nägel (a*/20)
  » Nägel - Kindern; bei (mtf33/20)
- Gesten, Gebärden; macht - Hände; unwillkürliche Bewegungen der - bedecken - Mund mit den Händen; den (ckh1/97)
  » Tics; nervöse (mrr1/99)
- *Grimassen* (*/103)
  » sonderbare Gesichter; schneidet (vh/103)
  » *verstecken, verbergen; versucht, die Grimassen zu* (mrr1/103)
- *Springen* (^/169)
- Verstecken - sich (*/199)

Nonverbales - Allgemeines

GEMÜT - Eigensinnig, starrköpfig, dickköpfig (b7a/41)
- Eigensinnig, starrköpfig, dickköpfig - Kinder (mtf33/41)
- Hast, Eile - Essen; beim (b7/105)
- Nachahmung, Imitation (bg2*/133)
- Possen, spielt (*/137)
  » Kindern; bei (bt*/138)
- Ruhelosigkeit - Kindern, bei (sst3/151)
- Schreien - Kindern, bei (*/157)
- Singen (*/163)

Nonverbales - Konsultation; bei der

MUND - *Bewegung - Zunge - Lecken, Schlecken - hin und her* (*/641)
- Herausstrecken, Vorstrecken - Zunge, der (ptk1*/665)
  » *Zunge, der - schnellt heraus und hinein wie bei einer Schlange, züngelt; die Zunge* (*/665)
- Landkartenzunge (b2/668)

- Papillen - aufgerichtet (*/669)

INNERER HALS - *Entzündung - Tonsillen* (k/724)

ÄUSSERER HALS - Schwellung - Halsdrüsen (*/760)
- Schwellung - Halsdrüsen - schmerzhaft - Berührung; bei (h2*/760)
- *Verhärtung von Drüsen* (*/761)

ABDOMEN - Auftreibung - Kindern, bei (k/852)
- Vergrößert - Kindern; bei (*/938)

EXTREMITÄTEN - *Nägel; Beschwerden der - spröde, brüchige Nägel - Fingernägel* (vh/1665)

HAUT - Erysipel (*/1798)

Nonverbales - Äußerliches - Beobachtungen des Arztes

AUGE - Farbe - blau - Sklera oder Bindehaut (sst3*/432)
- Farbe - blau - Sklera oder Bindehaut - Kindern; bei (mtf33/432)
- Strabismus, Schielen (bg2*/467)

NASE - Bewegung - Nasenflügel - Fächer; wie ein (ptk1/545)
- Geweitete Nasenlöcher (ptk1/550)
- Schniefen (bg1/568)
- *Spitz* (*/574)

GESICHT - *Hippokratisches Gesicht* (*/605)
- Rissig - Lippen (k/613)
- Venen, erweiterte (bg2*/634)
  - » Schläfen (bg2/634)

MUND - *Bewegung - Zunge - Lecken, Schlecken - hin und her* (*/641)

ÄUSSERER HALS - *Torticollis* (*/761)
- *Torticollis - rechts gezogen; nach* (*/761)

ATMUNG - Asthma, asthmatische Atmung - Kindern; bei (hr1/1162)
- **Beschleunigt** (*/1174)

HUSTEN - *Anfallsweise - besteht aus - drei Hustenstöße* (*/1186)
- Anfallsweise - besteht aus - drei Hustenstöße - oder vier Hustenstöße (ptk1/1186)
  - » **besteht aus - langen Hustenstößen** (*/1186)
- *Erstickend - Kindern; bei - steiff und blau im Gesicht; Kind wird* (*/1191)

RÜCKEN - **Opisthotonus** (*/1325)

ALLGEMEINES - Aussehen - hell, blond (c1/1855)
- Magere Personen (st1/1919)

Nonverbales - Äußerliches - Beobachtungen der Eltern

MUND - *Beißt - Glas, wenn es gefüttert wird; Kind beißt ins* (bg1*/640)
- *Beißt - Zunge; beißt sich auf die* (b7a/640)

ZÄHNE - *Zähneknirschen* (*/718)
- Zusammenbeißen der Zähne - Verlangen, die Zähne zusammenzubeißen; ständiges (k/719)

MAGEN - Brechreiz, Würgen - Husten; agg. beim (k/784)
- **Gluckern; Gurgeln** (*/802)
  - » **Trinken - agg.** (*/803)
- Schluckauf (*/809)
  - » Erbrechen - beim (k/810)
  - » Erbrechen - vor (b7/810)

ABDOMEN - *Schmerz - Kindern; bei - Säuglingen; bei - krampfartig* (lmj/888)
- Schmerz - Liegen - Abdomen; auf dem - amel. (k2/889)
  - » Liegen - amel. (k/889)
  - » Wärme - amel. (k/896)
  - » Zusammenkrümmen - amel. (k/897)

REKTUM - *Unwillkürlicher Stuhl* (*/984)

ATMUNG - *Schnarchen* (*/1180)

SCHWEISS - Essen - nach - amel. (bg2/1786)

Nacht; Beobachtungen in der - Gemütssymptome

GEMÜT - Angst - nachts - Kindern; bei (sht/7)
- *Furcht - Dunkelheit; vor der* (*/66)
- Sprechen - Schlaf; im (k/169)

Nacht; Beobachtungen in der - körperliche Symptome

KOPF - Bohrt den Kopf in das Kissen (ptk1*/282)
- Bohrt den Kopf in das Kissen - Schlaf; agg. im (mtf33/282)

BLASE - Urinieren - unwillkürlich - nachts (k/1019)

Nacht; Beobachtungen in der - Schlaf; Lage im

SCHLAF - Lage - Abdomen, auf dem (a1/1682)
- *Lage - Abdomen, auf dem - Becken krampfhaft nach oben; wirft das* (st/1682)
  - » Kopf - hinten gebeugt; nach (*/1682)
  - » Kopf - vorne gebeugt; nach (*/1683)
  - » Rücken, auf dem (a1/1683)

Schaukeln und Getragenwerden

GEMÜT - Getragen - Abneigung getragen zu werden (sst3/99)
- Getragen - Verlangen getragen zu werden (sst3/99)
- Klammert sich an - Kindern; bei - Klammert sich an die Krankenschwester, wenn es getragen wird; das Kind (hr1/115)
- Stoßen, treten, austreten - Kindern; bei - getragen wird; Kind wird steif und tritt, wenn es (sst3*/172)

Autos und Schiffe

GEMÜT - Fahren - Wagen, im - Verlangen (sst3/54)
- Furcht - Fahren im Wagen; beim (sht*/68)

ALLGEMEINES - Fahren - Wagen; mit dem - amel. (sst3/1877)

Psychosomatische Störungen

ALLGEMEINES - *Konvulsionen - Bestrafung, nach* (st1*/1901)

• *Konvulsionen - Schreck agg.* (*/1906)
» **Zorn; nach** (kr1/1907)

Körperliche Symptome und Erkrankungen

Kopf - *Entzündung - Gehirn* (*/284)
• *Entzündung - Hirnhaut* (*/284)
• Hydrozephalus (bg2/295)
» akut (mtf11/295)

Nase - *Katarrh - gefolgt von - Stirnhöhlen; Beschwerden der* (k/553)

Magen - Würgen - Husten, mit (*/846)

Rektum - Cholera - infantum (bro1/949)

Weibliche Genitalien - Menses - verzögerte Menarche (*/1114)

Kehlkopf und Trachea - *Laryngismus stridulus* (*/1145)
• *Laryngismus stridulus - Schlucken agg.* (*/1145)

Atmung - Asthma, asthmatische Atmung - Hautausschlägen; nach unterdrückten (sst3*/1162)

Allgemeines - Kindern; Beschwerden von (*/1897)
• Konvulsionen - Hitze; während (bg2/1904)
» *Kindern, bei* (*/1905)
» *Kindern, bei - Kleinkindern, bei* (bg2*/1905)
» *Kindern, bei - Neugeborenen; bei* (kr1/1905)
• *Medikamente - allopathische - schnelle Reaktion* (k2/1921)
» allopathische - überempfindlich gegen (ptk1*/1921)
• Pubertät - Beschwerden während der (sf1/1934)

Chirurgisch pathologische Zustände

Abdomen - *Intussuszeption* (*/869)

Männliche Genitalien - Hodenretention - abdominal (fry3/1069)

Würmer

Rektum - Würmer - Beschwerden durch Würmer (bg2*/985)
• Würmer - Beschwerden durch Würmer - Bandwürmer (*/986)
» Beschwerden durch Würmer - Kindern; bei (mtf33/986)
» Beschwerden durch Würmer - Madenwürmer (*/986)
» Beschwerden durch Würmer - Spulwürmer (b7a/986)

Allgemeines - Konvulsionen - Würmer, durch (bg2*/1907)

Cuprum muriaticum

cupr-m.

Zahnung - Allgemeines

Zähne - Zahnung - schwierig (stj2/718)

Konstitution - Angst und Furcht

Gemüt - Furcht - allein zu sein (stj2/64)
• Furcht - Kontrolle zu verlieren; die (stj2/72)
» neuen Projekten, Unternehmungen; vor (stj2/74)
» Versagen, Mißerfolg; vor dem (stj2/79)
» Wasser, vor (stj2/79)

Konstitution - Allgemeines

Gemüt - Milde (stj2/130)
• Ungerechtigkeit; erträgt keine (stj2/191)

Familie; Beziehung zur - Liebe und Zuneigung

Gemüt - Liebevoll, voller Zuneigung, herzlich (stj2/125)

Beziehung zu anderen - Aggressivität

Gemüt - Schlagen (stj2/154)
• Streitsüchtig (stj2/173)

Schule - Angst

Gemüt - Furcht - neuen Projekten, Unternehmungen; vor (stj2/74)
• Furcht - Versagen, Mißerfolg; vor dem (stj2/79)

Nonverbales - Aggressivität

Gemüt - Beißen (stj2/20)
• Destruktivität, Zerstörungswut (stj2/38)
• Stoßen, treten, austreten (stj2/172)

Nonverbales - Reaktion auf andere

Gemüt - Angesehen, angeblickt zu werden - erträgt es nicht, angesehen zu werden (stj2/5)
• Berührtwerden - Abneigung berührt zu werden (stj2/21)
• Furcht - berührt zu werden (stj2/66)
» Fremden; vor (stj2/68)

Nonverbales - Allgemeines

Gemüt - Nachahmung, Imitation (stj2/133)

Nonverbales - Äußerliches - Beobachtungen des Arztes

Allgemeines - Magere Personen (stj2/1919)

Nacht; Beobachtungen in der - Gemütssymptome

Gemüt - Furcht - Dunkelheit; vor der (stj2/66)

Cuprum phosphoricum

cupr-p.

Zahnung - Allgemeines

ZÄHNE - Zahnung - schwierig (stj2/718)

Konstitution - Angst und Furcht

GEMÜT - Furcht - allein zu sein (stj2/64)
- *Furcht - Gewitter; vor* (stj2/70)
  - » Kontrolle zu verlieren; die (stj2/72)
  - » neuen Projekten, Unternehmungen; vor (stj2/74)
  - » Versagen, Mißerfolg; vor dem (stj2/79)
  - » Wasser, vor (stj2/79)

Konstitution - Allgemeines

GEMÜT - Milde (stj2/130)
- Neugierig (stj2/135)
- Ungerechtigkeit; erträgt keine (stj2/191)
- Unzufrieden (stj2/194)

Familie; Beziehung zur - Liebe und Zuneigung

GEMÜT - Angst - Familie, um seine (stj2/9)
- Liebevoll, voller Zuneigung, herzlich (stj2/125)

Beziehung zu anderen - Aggressivität

GEMÜT - Schlagen (stj2/154)
- Streitsüchtig (stj2/173)

Schule - Angst

GEMÜT - Furcht - neuen Projekten, Unternehmungen; vor (stj2/74)
- Furcht - Versagen, Mißerfolg; vor dem (stj2/79)

Schule - Konstitution

GEMÜT - Neugierig (stj2/135)

Nonverbales - Aggressivität

GEMÜT - Beißen (stj2/20)
- Destruktivität, Zerstörungswut (stj2/38)
- Stoßen, treten, austreten (stj2/172)

Nonverbales - Reaktion auf andere

GEMÜT - Angesehen, angeblickt zu werden - erträgt es nicht, angesehen zu werden (stj2/5)
- Berührtwerden - Abneigung berührt zu werden (stj2/21)
- Furcht - berührt zu werden (stj2/66)
  - » Fremden; vor (stj2/68)
  - » Näherkommen, Annäherung von; vor - anderen, von (stj2/74)

Nonverbales - Allgemeines

GEMÜT - Nachahmung, Imitation (stj2/133)

Nonverbales - Äußerliches - Beobachtungen des Arztes

ALLGEMEINES - Aussehen - rote Haare (stj2/1855)
- Magere Personen (stj2/1919)

Nacht; Beobachtungen in der - Gemütssymptome

GEMÜT - Furcht - Dunkelheit; vor der (stj2/66)
- Schlafwandeln (stj2/154)

Nacht; Beobachtungen in der - Schlaf; Lage im

SCHLAF - Lage - Seite, auf der - rechten Seite, auf der (stj2/1683)

Curare

cur.

Morrison weist bei zurückgebliebenen und schizophrenen Kindern darauf hin oder bei Problemen mit der Motorik.

„Fühlt sich von anderen mißhandelt und mißhandelt im Gegenzug andere. Große Neigung zu *Selbstbeschädigung*, besonders sich zu beißen oder zu schlagen. Anfälle von Verrücktheit, so daß er sich gegen sich selbst wendet; er schlägt, kratzt und schneidet sich selbst mit einer Art von Vergnügen, ohne das geringste Zeichen von Schmerz zu zeigen" (Houat).

Abneigung gegen Gesellschaft; sie wollen keinen Menschen sehen. Es ist das einzige Mittel in der Rubrik „Gemüt - Gesellschaft - Abneigung gegen - Anblick von Menschen; vermeidet den - verschließt sich".

Reizbarkeit. Allen schrieb: „Jähzorn, boshafte Stimmung; möchte auf der Lauer liegen, um jemanden anzugreifen oder sogar um jemanden zu töten und zu berauben."

Abneigung gegen Verantwortung. „Dieses Mittel ist hilfreich bei Kindern, die nichts für sich selbst tun wollen, wenn sie älter sind. Es ist immer noch die Mutter, die die Schuhe zubinden muß, ihnen den Po wischt und so weiter" (Grandgeorge).

Sie wollen die Füße aus dem Bett strecken, besonders gegen Morgen.

Ruheloser Schlaf. Eigenartige Visionen; Schlafwandeln; im Schlaf sprechen sie und stehen auf. Ängstigende Träume; sie bilden sich ein, sie würden verfolgt und bedroht; sie sind unruhig, schreien, versuchen sich zu verteidigen oder zu verstecken. Träume von Feuer und Brandstiftung.

Feuchtes *Ekzem* im Gesicht und hinter den Ohren. Flecken an einzelnen Stellen, besonders in der rechten Kniebeuge und am Hodensack, leuchtend rot und mit unmerklichem serösen Exsudat, das schuppige Krusten bildet, mit *intensivem Jucken*, abends und nachts schlimmer.

Lähmung der Atemmuskulatur.

Verminderte oder fehlende Sehnenreflexe.

Verlangen nach und Verschlimmerung durch Milch.

Klinisches: Lähmung. Ekzem.

Wirkungsbereich: Muskeln. Atmung. Haut.

* * *

Stillen - Milch

Allgemeines - Speisen und Getränke - Milch - agg. (a1*/2001)
- Speisen und Getränke - Milch - Verlangen (a1*/2001)

Stillen - Magendarmsymptome - Appetit - allgemein

Magen - *Appetit - veränderlich* (k/770)

Stillen - Magendarmsymptome - Aufstoßen - Wasser; Hochsteigen von

Magen - Aufstoßens; Art des - Wasser in den Mund; Hochsteigen von (k/781)

Stillen - Allgemeines

Schweiss - Essen - nach - amel. (k/1786)

Infektionskrankheiten - Keuchhusten

Husten - Keuchhusten (c2/1197)

Konstitution - Aggressivität

Gemüt - Niederträchtig (*/135)

Konstitution - Allgemeines

Gemüt - Ehrgeiz - erhöht, vermehrt, sehr ehrgeizig (mtf/40)
- *Faulheit* (^/55)
- Reisen - Verlangen nach (k/142)
- Stimmung, Laune - veränderlich (a2/171)
- Waschen - Verlangen zu waschen (^/243)
  - » Verlangen zu waschen - Hände; wäscht sich ständig die (vh/243)

Beziehung zu anderen - Aggressivität

Gemüt - Grausamkeit (k/103)
- *Schlagen* (vh*/154)
  - » *Kindern; bei* (vh*/154)
  - » sich; schlägt (*/154)

Beziehung zu anderen - Reaktion auf andere

Gemüt - Gesellschaft - Abneigung gegen (*/94)

Beziehung zu anderen - allgemein

Gemüt - Ichbezogenheit, Selbstüberhebung (a1/111)
- Tadelt sich selbst, macht sich Vorwürfe (mrr1/179)

Nonverbales - Aggressivität

Gemüt - Beißen (*/20)
- Beißen - sich selbst; beißt (mrr1/20)
- Destruktivität, Zerstörungswut (k/38)
- Reißt an etwas - Gegenstände; zerreißt (^/142)
  - » Gegenstände; zerreißt - Kleidung (mrr1/142)
  - » sich am Körper, verletzt sich (k/142)

Nonverbales - Konsultation; bei der

Ohr - Absonderungen - eitrig (*/497)
- Entzündung (c2/500)
  - » Gehörgang (*/500)
  - » Mittelohr (k/501)

Innerer Hals - Entzündung - Tonsillen (k/724)

Nonverbales - Äußerliches - Beobachtungen des Arztes

Atmung - Beschleunigt (bro1/1174)

Nonverbales - Äußerliches - Beobachtungen der Eltern

Magen - Schluckauf (*/809)

Extremitäten - Hitze - Füße - Fußsohlen - entblößt sie (k/1441)

Schweiss - Essen - nach - amel. (k/1786)

Nacht; Beobachtungen in der - Gemütssymptome

Gemüt - Schlafwandeln (a1*/154)
- Sprechen - Schlaf; im (a1/169)

Körperliche Symptome und Erkrankungen

Allgemeines - Konvulsionen - Hitze; während (k/1904)

Cyclamen europaeum

cycl.

Dieses Mittel wird *als ein kaltes Pulsatilla bezeichnet*, mit Ähnlichkeiten auf der Ebene der körperlichen und der Allgemeinsymptome; tatsächlich ist Abneigung gegen Aufenthalt im Freien vorhanden, obwohl Überhitzung verschlimmert.

Auf der Gemütsebene erinnert es in Bezug auf die Schuldgefühle an Aurum und in seiner Tendenz, Kummer und Zorn zu unterdrücken an Natrium muriaticum.

Kent schrieb: „War nur zufrieden, wenn sie sich zurückziehen, sich hinsetzten und weinen konnte. Glaubt, allein auf der Welt zu sein und von allen verfolgt zu werden.“

Sie weinen still für sich allein und möchten nicht getröstet werden. *Es kann angezeigt sein bei Kindern, die sich nach der Scheidung der Eltern die Schuld geben.*

Sie sind oft schlechter Laune, *launisch* und *empfindlich.*

In der Schule sind sie akribisch, hartnäckig und besonders verantwortungsbewußt, haben aber Schwierigkeiten beim Lesen.

Auf der körperlichen Ebene leiden sie oft an *Kopfschmerzen verbunden mit Sehstörungen* („Sehen - Flecken - Kopfschmerz - während"; „Sehen - Flimmern, Flackern - Kopfschmerzen - während"; „Sehen - Funken - Kopfschmerz - vor"; „Sehen - Nebelig - Kopfschmerzen, bei" und „Sehen - Trübsichtigkeit, trübes Sehen - Kopfschmerz - während").

Oft findet man *Allergie gegen Katzenhaar*, obwohl sie Katzen lieben. Husten nachts im Schlaf, ohne aufzuwachen.

Hautausschläge im Gesicht.

Abneigung und Verschlimmerung durch fette Speisen; starkes Verlangen nach sauren Getränken und gesalzenem Fisch.

Angezeigt bei *Strabismus convergens.*

Klinisches: Kopfschmerzen. Strabismus. Schnupfen. Dyspepsie. Schluckauf. Urethritis. Knochenschmerzen. Rheumatismus. Anämie.

Wirkungsbereich: Zerebrospinalachse. Sehen. Blut. Verdauungskanal. Weibliche Geschlechtsorgane.

* * *

Stillen - Milch

MAGEN - Aufstoßen - Milch, nach (bg2/775)

Stillen - Magendarmsymptome - Appetit - allgemein

MAGEN - Appetit - veränderlich (bg1*/770)
- Appetit - vermehrt - abwechselnd mit - Appetitverlust (a1/771)

Stillen - Magendarmsymptome - Appetit - vermindert

MAGEN - **Appetit - fehlend** (*/767)
- Appetit - fehlend - Essen - Versuch zu essen; beim (ptk1/768)
  » fehlend - Hunger, mit (b2/768)
  » *schnelle Sättigung* (*/770)
  » *vermindert* (*/772)

Stillen - Magendarmsymptome - Appetit - vermehrt

MAGEN - Appetit - Genuß, ohne (k/769)
- *Appetit - Heißhunger - Sättigung; schnelle* (bro1/770)
  » vermehrt (*/770)
  » vermehrt - begleitet von - Übelkeit (h1/771)

Stillen - Magendarmsymptome - Aufstoßen - Speisen; von

MAGEN - Aufstoßens; Art des - Speisen; von (*/780)

Stillen - Magendarmsymptome - Aufstoßen - Wasser; Hochsteigen von

MAGEN - Aufstoßens; Art des - Wasser in den Mund; Hochsteigen von (*/781)

Stillen - Magendarmsymptome - Schluckauf

MAGEN - Schluckauf - Aufstoßen - nach (*/809)
- *Schluckauf - Essen - beim - agg.* (*/810)
  » *Essen - nach - agg.* (*/810)
  » Mittagessen - beim - agg. (k/811)

Stillen - Magendarmsymptome - Abdomen - agg. durch

ABDOMEN - Schmerz - Druck - agg. (k/883)

Infektionskrankheiten - Windpocken

HAUT - Hautausschläge - Windpocken (*/1824)

Konstitution - Angst und Furcht

GEMÜT - Furcht - Gewitter; vor (vh/70)

Konstitution - Allgemeines

GEMÜT - Ehrgeiz - erhöht, vermehrt, sehr ehrgeizig (j*/40)
- *Faulheit* (*/55)
- Gewissenhaft, peinlich genau in bezug auf Kleinigkeiten (*/99)
- Milde (k/130)
- Sorgsamkeit, Sorgfalt (bg2/165)
- Stimmung, Laune - veränderlich (*/171)
- Unzufrieden (j*/194)
- Verantwortung - ernst; nimmt seine Verantwortung zu (lgr*/195)
- Weinen - amel. (*/245)

Familie; Beziehung zur - Liebe und Zuneigung

GEMÜT - Hängen; an jemandem - Kinder hängen stark am Vater (dgt/104)
- *Verlassen zu sein; Gefühl* (*/198)

Beziehung zu anderen - Aggressivität

GEMÜT - Grausamkeit (b7/103)
- Streitsüchtig (j/173)

Beziehung zu anderen - Reaktion auf andere

GEMÜT - Antworten - unzusammenhängend (k/15)
- Gesellschaft - Abneigung gegen (*/94)
- Weinen - Trost - möchte nicht getröstet werden (pe/248)

Beziehung zu anderen - allgemein

GEMÜT - *Beleidigt, leicht* (*/20)
- Mitgefühl, Mitleid (mrr1/130)
- Tadelsüchtig, krittelig (k/178)
- Tadelt sich selbst, macht sich Vorwürfe (*/179)

Schule - Lernen - Lesen

GEMÜT - Lesen - unfähig zu lesen (a1/124)

Schule - Konstitution

GEMÜT - Eigensinnig, starrköpfig, dickköpfig (*/41)
- Gewissenhaft, peinlich genau in bezug auf Kleinigkeiten (*/99)

- Verantwortung - ernst; nimmt seine Verantwortung zu (lgr*/195)

Nonverbales - Gesten, Gebärden

GEMÜT - Launenhaftigkeit, launisch (bg2/123)

Nonverbales - Allgemeines

GEMÜT - Eigensinnig, starrköpfig, dickköpfig (*/41)

Nonverbales - Konsultation; bei der

OHR - Ohrschmalz - vermehrt (*/516)

ABDOMEN - Schmerz - Druck - agg. (k/883)

Nonverbales - Äußerliches - Beobachtungen des Arztes

AUGE - **Strabismus, Schielen** (*/467)
- *Strabismus, Schielen - linkes Auge nach innen gedreht* (*/467)
  - » **convergens** (*/467)
- Verklebt (*/472)

GESICHT - *Gerunzelt - Stirn, Stirnrunzeln* (k/594)

ATMUNG - Beschleunigt (*/1174)

ALLGEMEINES - Aussehen - hell, blond (c1/1855)

Nonverbales - Äußerliches - Beobachtungen der Eltern

HÖREN - Schwerhörig - Schmerz im Ohr - mit (h1*/536)

ZÄHNE - Zähneknirschen (bg2/718)

MAGEN - Gluckern; Gurgeln (tl1/802)
- **Schluckauf** (*/809)
  - » Aufstoßen - nach (*/809)
  - » *Essen - beim - agg.* (*/810)
  - » *Essen - nach - agg.* (*/810)
  - » Gähnen - agg. (ptk1/810)
  - » *heftig* (k/810)
  - » Mittagessen - beim - agg. (k/811)
- Völlegefühl - Essen - nach - agg. - wenig, nach dem kleinsten Bissen; nach noch so (k/845)

REKTUM - Unwillkürlicher Stuhl (*/984)

BLASE - Urinieren - verzögert, muß warten, bis der Urin zu fließen beginnt - pressen, bevor er damit beginnen kann; muß lange (bg2/1021)

ATMUNG - Schnarchen (k/1180)

HAUT - *Insektenstiche* (b7a/1825)

Nacht; Beobachtungen in der - Gemütssymptome

GEMÜT - **Schlafwandeln** (*/154)

Nacht; Beobachtungen in der - körperliche Symptome

BLASE - Urinieren - unwillkürlich - nachts (b2/1019)

Autos und Schiffe

MAGEN - *Übelkeit - Fahren - Wagen; im - agg.* (k/836)

ALLGEMEINES - Fahren - Wagen; mit dem - agg. (kr1*/1877)

Körperliche Symptome und Erkrankungen

MAGEN - Langsame Verdauung (hr1*/805)

WEIBLICHE GENITALIEN - Menses - unterdrückt - Mädchen; bei jungen (lp/1113)

Chirurgisch pathologische Zustände

MÄNNLICHE GENITALIEN - Phimose (k/1071)

Cypraea eglantina

cypra-eg.

Stillen - Magendarmsymptome - Appetit - vermindert

MAGEN - Appetit - fehlend (sde6/767)

Stillen - Magendarmsymptome - Appetit - vermehrt

MAGEN - Appetit - Heißhunger (sde6/769)
- Appetit - unstillbar (sde6/770)
  - » vermehrt (sde6/770)

Konstitution - Angst und Furcht

GEMÜT - Beeindrucken, empfänglich für Eindrücke; leicht zu (sde6/19)
- Furcht - Selbstkontrolle zu verlieren; die (sde6/75)
- Schreckliches und traurige Geschichten greifen sie stark an (sde6/156)

Konstitution - Allgemeines

GEMÜT - Geiz (sde6/92)
- Milde (sde6/130)
- Nachgiebigkeit (sde6/134)
- Selbstsucht, Egoismus (sde6/161)
- Stimmung, Laune - veränderlich (sde6/171)
- Unaufmerksam (sde6/189)
- Weinen - amel. (sde6/245)

Familie; Beziehung zur - Liebe und Zuneigung

GEMÜT - Verlassen zu sein; Gefühl (^/198)

Beziehung zu anderen - Reaktion auf andere

GEMÜT - Gesellschaft - Abneigung gegen (^/94)
- Gesellschaft - Verlangen nach (sde6/95)
- Schüchternheit, Zaghaftigkeit (sde6/158)
- Trost - amel. (sde6/188)
- Weinen - Trost - amel. (sde6/248)
- Widerspruch - Neigung zu widersprechen (sde6/249)

Beziehung zu anderen - allgemein

GEMÜT - Empfindlich - äußerliche Eindrücke; gegen alle (sde6/42)
- Mitgefühl, Mitleid (sde6/130)

Schule - Konzentration

GEMÜT - Unaufmerksam (sde6/189)

Schule - Lernen - allgemein

GEMÜT - Fehler; macht - Sprechen, beim - Buchstabieren, beim (sde6/58)

Schule - Lernen - Schreiben

GEMÜT - Fehler; macht - Schreiben, beim (sde6/57)

Nonverbales - Reaktion auf andere

GEMÜT - Berührtwerden - Abneigung berührt zu werden (sde6/21)
- Liebkost zu werden; Liebkosungen - Verlangen, liebkost, gestreichelt zu werden (sde6/126)
- Magnetisiert - amel. (sde6/127)
  » leicht zu magnetisieren (sde6/127)

Nonverbales - Gesten, Gebärden

GEMÜT - Lachen - Ernstes, über (sde6/120)
- Ungeschicklichkeit (sde6/192)
- Verstecken - sich (sde6/199)

Nonverbales - Äußerliches - Beobachtungen der Eltern

ZÄHNE - Zusammenbeißen der Zähne - Verlangen, die Zähne zusammenzubeißen; ständiges - fest zusammengebissen (sde6/719)

Nacht; Beobachtungen in der - Schlaf; Lage im

SCHLAF - Lage - Rücken, auf dem (sde6/1683)

Autos und Schiffe

SCHWINDEL - Fahren, beim - Wagen, im - agg. (sde6/265)

Cypripedium pubescens

cypr.

Nervosität bei Kindern während der Zahnung und durch Magen- oder Darmbeschwerden.

Schlaflosigkeit, wenn sie mit einer funktionellen Störung des Gehirns und des Nervensystems verbunden oder durch Aufregung hervorgerufen ist. Die *Schlaflosigkeit* von Cypripedium ist kein unangenehmer Zustand. Das Kind fängt an zu lachen und zu spielen, möchte reden, Andrang angenehmer Gedanken, zusammen mit einer Ruhelosigkeit des Körpers und Zucken der Gliedmaßen. Sie lieben es *mit Spielzeug zu spielen, das für kleinere Kinder geeignet wäre* und ziehen es vor, für sich allein zu spielen.

Dieses Mittel neigt zu nervösen Störungen durch Aufregung oder zu nervöser Schwäche auf Grund von Influenza. Differentialdiagnose: Coffea cruda und Scutellaria laterifolia. Im ersten Mittel liegt die Schlaflosigkeit an übermäßiger Aufregung oder ist die Folge übermäßiger Freude; im zweiten Mittel ist sie Neurasthenie zuzuschreiben.

Die Zahnung ist ein heikler Moment; es sind große Ruhelosigkeit, Schlaflosigkeit und Kopfschmerzen vorhanden; einige Autoren berichten auch von Konvulsionen. Gerstenkörner auf dem rechten Oberlid.

Klinisches: Erkrankungen des Gehirns. Chorea. Konvulsionen. Schwäche. Schlaflosigkeit. Gerstenkörner.

Wirkungsbereich: Gehirn. Nerven. Haut.

* * *

Zahnung - Gemütssymptome

GEMÜT - Ruhelosigkeit - Kindern, bei - Zahnung; während der (br1/152)

Zahnung - Empfindungen und neurologische Beschwerden

KOPF - Schmerz - Gehirn - Zahnung; während (hr1/347)

ALLGEMEINES - *Konvulsionen - Zahnung; während der* (hr1*/1907)

Zahnung - Allgemeines

ZÄHNE - Zahnung - schwierig (br1*/718)

SCHLAF - *Schlaflosigkeit - Zahnung; während der* (bro1/1694)

Konstitution - Angst und Furcht

GEMÜT - Beschwerden durch - Erwartungsspannung (vml3/23)
- *Erwartungsspannung - Lampenfieber* (fry/53)

Schule - Angst

GEMÜT - Beschwerden durch - Erwartungsspannung (vml3/23)

Spielen

GEMÜT - Spielen - Verlangen zu spielen (^/166)
- Spielen - Verlangen zu spielen - nachts (hr1*/166)
  » Verlangen zu spielen - nachts - Kindern; bei (br1/166)

SCHLAF - Schlaflosigkeit - Kindern, bei - spielen und lachen; Kind möchte (br1*/1691)
- Schlaflosigkeit - spielt und lacht, Kind (sf1/1694)

Nonverbales - Aggressivität

GEMÜT - Zerbricht Dinge (vml3/251)

Nonverbales - Gesten, Gebärden

GEMÜT - Lachen - Kindern, bei (sf1/121)
- *Launenhaftigkeit, launisch* (hr1*/123)

Nonverbales - Allgemeines

GEMÜT - Ruhelosigkeit - Kindern, bei (br1/151)
- Schreien - Kindern, bei (^/157)

Nonverbales - Konsultation; bei der

RÜCKEN - Hautausschläge - Furunkel - Zervikalregion (k/1317)

Nonverbales - Äußerliches - Beobachtungen des Arztes

GESICHT - Hippokratisches Gesicht (bro1/605)

Nacht; Beobachtungen in der - Gemütssymptome

GEMÜT - Lachen - nachts - Kinder (hr1*/120)
• Schreien - Kindern, bei - nachts (br1/157)

Nacht; Beobachtungen in der - Schlaf

SCHLAF - *Schlaflosigkeit - Kindern, bei* (hr1*/1691)
• Schlaflosigkeit - Kindern, bei - Lachen, mit (br1*/1691)
» Kindern, bei - Neugeborenen; bei (kr1/1691)
» Kindern, bei - spielen und lachen; Kind möchte (br1*/1691)
» spielt und lacht, Kind (sf1/1694)

Körperliche Symptome und Erkrankungen

KOPF - Hydrozephalus (br1*/295)
• Hydrozephalus - Diarrhoe; agg. nach - langer, erschöpfender Diarrhoe (br1/296)
• Hyperästhesie - Gehirns, zerebral; des - Kindern; bei kleinen - Überstimulierung des Gehirns; durch (br1/296)

ALLGEMEINES - *Konvulsionen - Kindern, bei* (bg2*/1905)
• Konvulsionen - Kindern, bei - Kleinkindern, bei (bro1/1905)

Cytisus laburnum

cyt-l.

Infektionskrankheiten - Keuchhusten

HUSTEN - *Keuchhusten* (sp1/1197)

Nonverbales - Äußerliches - Beobachtungen des Arztes

ATMUNG - Beschleunigt (a1*/1174)

Nonverbales - Äußerliches - Beobachtungen der Eltern

REKTUM - Unwillkürlicher Stuhl (a1/984)

Körperliche Symptome und Erkrankungen

KOPF - Entzündung - Gehirn (br1/284)
• Hydrozephalus (a*/295)
» akut (a/295)

Daphne indica

daph.

Stillen - Magendarmsymptome - Appetit - vermindert

MAGEN - Appetit - fehlend (k/767)

Stillen - Magendarmsymptome - Aufstoßen - Wasser; Hochsteigen von

MAGEN - *Aufstoßens; Art des - Wasser in den Mund; Hochsteigen von* (k/781)

Beziehung zu anderen - Reaktion auf andere

GEMÜT - Schüchternheit, Zaghaftigkeit (*/158)

Schule - Anstrengung; geistige

KOPF - Schmerz - geistige Anstrengung - agg. (k/328)

Nonverbales - Konsultation; bei der

ALLGEMEINES - Exostose (c1*/1877)

Nacht; Beobachtungen in der - Schlaf

SCHLAF - Erwachen - Schreck, wie durch (j5/1675)

Körperliche Symptome und Erkrankungen

KOPF - *Entzündung - Periost* (bg/285)

MAGEN - *Würgen - Husten, mit* (k/846)

Dendroaspis polylepsis

dendr-pol.

Dendroaspis polylepsis ist der biologische Name für die Schwarze Mamba. Die Prüfung wurde im April 1994 mit 20 Prüfern durchgeführt.

Was die Gemütsebene angeht, so ist das Kind eigensinnig, *aggressiv,* es antwortet schroff, erträgt keinen Widerspruch und neigt dazu, zu widersprechen. Es ist herrschsüchtig, *argwöhnisch und grausam.*

Die wichtigsten Themen, die in der Prüfung erschienen, sind: *Verlassenheitsgefühl* und *Einsamkeitsgefühl;* schwere Depression („fühlte sich von einer schwarzen Wolke umgeben, von Dunkelheit"); emotionale Gefühllosigkeit; Agressivität, Streitsucht; Zorn; Reizbarkeit; Impulsivität; *Gefühl, man würde angegriffen* oder gefoltert („hatte das ständige Gefühl, jemand wäre hinter mir. Hatte das Gefühl, er würde kommen und mich berühren oder mich von hinten verletzten.")

Andere Prüfungssymptome hatten mit Schlangen zu tun. („Vision einer zusammengerollten, schlangenartigen Gestalt." „Beim Schließen der Augen hatte ich die Vision einer dicken, braun gefärbten Schlange mit schwarzen Punkten." „Ich habe viel über Schlangen gesprochen.")

Auch in den Träumen findet man dieselben Themen: von Beschuldigungen, Betrug, Gefühllosigkeit, Kämpfen, Folter, Verfolgung, Alleinsein, Verlassensein, unerwünscht zu sein, von Schlangen und Tieren.

Die körperlichen Symptome zeigen oft Schwäche. („Fühlte mich schwach, ein taubes Gefühl." „Schwäche jeden Tag zur selben Stunde: 12.30 Uhr bis 3.30, besser durch Schlaf." „Zittern."

„Körperschmerzen morgens schlimmer. Keine Kraft.“ „Fühle mich sehr schwach, als würde ich vor Schwäche im Boden versinken und durch das Gewicht meines Körpers. Schwäche abends schlimmer. Ich gleite in meinen Stuhl.“)

In Bezug auf Speisen ist das *Verlangen nach stark gewürzten Speisen und kalten Speisen* vorhanden („möchte sehr kalte Speisen, Eiscreme; selbst Eiscreme ist nicht kalt genug“).

Wie bei fast allen Mitteln, die aus Schlangen gewonnen werden, ist die Neigung, die Zunge hervorzustrecken, zu beobachten und erhöhte Sexualität mit Neigung zur Masturbation.

Klinisches: Kopfschmerzen. Rückenschmerzen. Schwäche.

Wirkungsbereich: Kopf. Rücken. Innerer Hals.

* * *

Konstitution - Angst und Furcht

GEMÜT - Furcht - hochgelegenen Orten; vor (sk4/71)
- Mutig (sk4/133)

Konstitution - Allgemeines

GEMÜT - Faulheit (sk4/55)
- Selbstvertrauen - Mangel an Selbstvertrauen (sk4/161)
- Spontan, impulsiv (sk4/166)

Familie; Beziehung zur - Aggressivität

GEMÜT - Streitsüchtig - Familie, mit ihrer (sk4/173)

Familie; Beziehung zur - Liebe und Zuneigung

GEMÜT - Angst - Familie, um seine (sk4/9)
- Verlassen zu sein; Gefühl (mtf*/198)

Beziehung zu anderen - Aggressivität

GEMÜT - Antworten - kurz angebunden (sk4/15)
- Grausamkeit (sk4/103)
- Streitsüchtig (sk4/173)
- Zorn - Widerspruch, durch (sk4/255)

Beziehung zu anderen - Reaktion auf andere

GEMÜT - Antworten - hastig, überstürzt (sk4/15)
- Antworten - unfähig zu antworten (^/15)
- Gesellschaft - Verlangen nach (^/95)
- Widerspruch - Neigung zu widersprechen (sk4/249)
  - » verträgt keinen Widerspruch (sk4/249)

Beziehung zu anderen - allgemein

GEMÜT - Argwöhnisch, mißtrauisch (sk4/16)
- Lügner (sk4/126)
- Mitgefühl, Mitleid (sk4/130)
- Tadelsüchtig, krittelig (sk4/178)
- Tadelt sich selbst, macht sich Vorwürfe (^/179)

Schule - Angst

GEMÜT - Selbstvertrauen - Mangel an Selbstvertrauen (sk4/161)

Schule - Beziehung zu anderen

GEMÜT - Lügner (sk4/126)

Schule - Konstitution

GEMÜT - Eigensinnig, starrköpfig, dickköpfig (sk4/41)
- Lügner (sk4/126)
- Selbstvertrauen - Mangel an Selbstvertrauen (sk4/161)

Spielen

GEMÜT - Tanzen (sk4/179)

Nonverbales - Aggressivität

GEMÜT - Diktatorisch (sk4/39)
- Stoßen, treten, austreten (sk4/172)

Nonverbales - Gesten, Gebärden

GEMÜT - Ungeschicklichkeit (sk4/192)

Nonverbales - Allgemeines

GEMÜT - Eigensinnig, starrköpfig, dickköpfig (sk4/41)
- Hast, Eile - Gehen; beim (sk4/105)

Nonverbales - Konsultation; bei der

MUND - Herausstrecken, Vorstrecken - Zunge, der (sk4/665)

Nonverbales - Äußerliches - Beobachtungen der Eltern

MÄNNLICHE GENITALIEN - Masturbation, Neigung zur (sk4/1071)

Derris pinnata

der.

Die charakteristischen Gemütssymptome des Mittels beziehen sich auf *Aggressivität gegenüber Eltern oder Freunden* und besonders das Verlangen, jemanden mit einem Messer zu töten. Vithoulkas spricht über die Kinder, die ihre Eltern umbringen wollen.

Es ist eine *erhöhte Empfindlichkeit* anzutreffen, die sich in der Empfindlichkeit der Kopfhaut (besonders gegen Berührung) zeigt, in übermäßig scharfem Gehör und besonders im Geruchssinn, mit Halluzinationen, himmlische Gerüche wahrzunehmen.

Klinisches: Asthma. Diarrhoe. Lokomotorische Ataxie. Gestörter Geruchssinn. Augenentzündung. Blepharospasmus.

Wirkungsbereich: Gemüt. Schleimhäute. Zentralnervensystem.

* * *

Stillen - Magendarmsymptome - Abdomen - amel. durch

ABDOMEN - Schmerz - Liegen - Abdomen; auf dem - amel. (^/889)

Konstitution - Angst und Furcht

GEMÜT - Furcht - allein zu sein (sne/64)

Konstitution - Allgemeines

GEMÜT - Entmutigt (*/46)

Beziehung zu anderen - Aggressivität

GEMÜT - Schlagen (*/154)
• Schlagen - Verlangen - schlagen, zu (a1*/154)

Beziehung zu anderen - Reaktion auf andere

GEMÜT - Gesellschaft - Verlangen nach (*/95)

Beziehung zu anderen - allgemein

GEMÜT - Tadelsüchtig, krittelig (k/178)

Nonverbales - Aggressivität

GEMÜT - Spucken (^/170)

Nonverbales - Allgemeines

GEMÜT - Singen (*/163)

Nonverbales - Konsultation; bei der

KOPF - Empfindlichkeit - Kopfhaut, der (vml3/284)
• Empfindlichkeit - Kopfhaut, der - Berührung, gegen (vml3/284)
GESICHT - Schwellung - Unterkieferdrüsen (a1/631)
MUND - Aphthen (a1/639)
• Aphthen - begleitet von - Speichelfluß (vml3/639)

Nonverbales - Äußerliches - Beobachtungen der Eltern

MAGEN - Schluckauf (a1/809)
ABDOMEN - Schmerz - Liegen - Abdomen; auf dem - amel. (^/889)
STUHL - Unverdaut (a1/999)

Desoxyribonucleicum acidum

des-ac.

Die Prüfung der DNA wurde von 1970 bis 1972 von O. A. Julian durchgeführt.

Aus der Prüfung ist zu erkennen, daß dieses Mittel nützlich sein kann bei *Allergien, Abmagerung, Epilepsie, Erschöpfung, Hyperthyreose und Schlaflosigkeit.*

Modalitäten: besser durch Ruhe, Liegen im Dunklen. *Linksseitig. Verschlimmerung durch Bewegung.*

Aleem schrieb: „Die DNA-Kinder und -Heranwachsenden sind *geistig idiotisch, aber sexuell frühreif.* Sie sind nervös und emotional instabil. Sie begreifen nur schwer. Sie bringen ein Thema mit dem anderen durcheinander und bleiben daher in der Schule und an der Universität zurück. Obwohl sie geistig zurückgeblieben sind, sind sie körperlich ruhelos und wollen immer beschäftigt sein. Weil sie aber geistig zurückgeblieben sind, sind sie nicht in der Lage, ihre Arbeit zu erledigen. Dieses Versagen verursacht Hemmungen und führt dazu, daß sie sich nach innen wenden."

Klinisches: Allergien. Epilepsie. Hyperthyreose. Schlaflosigkeit.

Wirkungsbereich: Gemüt. Nerven. Endokrines System. Genitalien.

* * *

Entwicklung - langsam

GEMÜT - Entwicklung; kindliche - Entwicklungsstillstand (jl/47)
ALLGEMEINES - Entwicklung - Entwicklungsstillstand (jl3/1872)

Stillen - Gemütssymptome

GEMÜT - Essen - weigert sich zu (rbp6/53)

Stillen - Magendarmsymptome - Appetit - vermindert

MAGEN - Appetit - vermindert (rbp6/772)

Stillen - Magendarmsymptome - Appetit - vermehrt

MAGEN - Appetit - vermehrt (rbp6/770)

Konstitution - Angst und Furcht

GEMÜT - Furcht - Selbstkontrolle zu verlieren; die (rbp6/75)

Konstitution - Allgemeines

GEMÜT - Entmutigt (jl3/46)
• Selbstvertrauen - Mangel an Selbstvertrauen (rbp6/161)
• *Stimmung, Laune - veränderlich* (rbp6/171)

Familie; Beziehung zur - Liebe und Zuneigung

GEMÜT - Verlassen zu sein; Gefühl (rbp6/198)

Beziehung zu anderen - Reaktion auf andere

GEMÜT - Gesellschaft - Abneigung gegen (rbp6/94)
• Weigert sich etwas zu tun - Hilfe zurück; weist (rbp6/244)

Beziehung zu anderen - allgemein

GEMÜT - Ichbezogenheit, Selbstüberhebung (jl1*/111)
• Unabhängigkeit, Selbständigkeit (rbp6/189)

Schule - Angst

GEMÜT - Selbstvertrauen - Mangel an Selbstvertrauen (rbp6/161)

Schule - Lernen - Schreiben

GEMÜT - Fehler; macht - Schreiben, beim (^/57)
• Fehler; macht - Schreiben, beim - stellt etwas um - Buchstaben (rbp6/58)

Schule - Konstitution

GEMÜT - Eigensinnig, starrköpfig, dickköpfig (rbp6/41)
• Selbstvertrauen - Mangel an Selbstvertrauen (rbp6/161)

Nonverbales - Allgemeines

GEMÜT - Eigensinnig, starrköpfig, dickköpfig (rbp6/41)

Nonverbales - Äußerliches - Beobachtungen des Arztes

GESICHT - Fettig (mtf11/593)
• Hautausschläge - Akne (rbp6/595)
ÄUSSERER HALS - Torticollis (jl/761)

Nonverbales - Äußerliches - Beobachtungen der Eltern

BLASE - Urinieren - verzögert, muß warten, bis der Urin zu fließen beginnt (rbp6/1020)
ATMUNG - Schnarchen (rbp6/1180)

Nacht; Beobachtungen in der - Gemütssymptome

GEMÜT - Schlafwandeln (jl3/154)

Autos und Schiffe

MAGEN - Übelkeit - Seekrankheit (rbp6/839)
ALLGEMEINES - Fahren - Wagen; mit dem - amel. (jl/1877)

Körperliche Symptome und Erkrankungen

ALLGEMEINES - Verletzungen - Knochenbrüche - langsame Heilung von Knochenbrüchen (jl*/2020)

Digitalis purpurea

dig.

Das Mittel ist generell nützlich bei Beschwerden von Kindern. Kinder mit sehr weißem Teint, hellem Haar und einer mehr oder minder großen Tendenz zu Skrofulose, oder Kinder mit bläulichem Gesicht, bei denen sich das Foramen ovale nicht schließt.

Was die Gemütsebene angeht, sind Kinder, die Digitalis purpurea benötigen, gekennzeichnet durch eine *tiefe Traurigkeit, die durch Musik schlimmer und durch Seufzen und Weinen besser wird* (aber sie-Musik kann sie zum Weinen bringen). Eine weitere Keynote ist, daß *das Kind allein sein will:* es hat Abneigung gegen Gesellschaft und kann nicht getröstet werden. Die Stimmung wechselt: manchmal sind sie voller Sorgen und gewissenhaft in Bezug auf Kleinigkeiten und zu anderen Zeiten faul, verschlossen, unzufrieden, entmutigt und machen sich Vorwürfe. Aber oft ist die Situation schwieriger: es können Launenhaftigkeit, Ungehorsam, Streitsucht, Starrsinn, Feigheit, Argwohn und fehlendes Mitgefühl die Oberhand gewinnen.

Sie können Beschwerden durch Erwartungsspannung haben, Ängste (Gewitter, Vorwürfe), den Impuls, an den Haaren zu ziehen und vage antworten. Kopfschmerzen nach geistiger Anstrengung und Stottern (besonders nach Aufregung).

Die unregelmäßige Verteilung des Blutes, die durch *Veränderungen in den Herzfunktionen* verursacht wird, zeigt sich in einer Vielzahl von Symptomen. In extremen Fällen findet man beispielsweise Zyanose, was auf Digitalis als möglichem Mittel bei Cyanosis neonatorum hinweist. Bei der kleinsten Bewegung läuft das Kind blau an und erleidet eine Synkope oder es wird ihm tödlich übel, was man am Gesichtsausdruck sehen kann. Wenn man den *Puls* fühlen kann, so ist er *langsam* (besonders in der Pubertät), sowohl im Rhythmmus wie im Volumen unregelmäßig; die Körperoberfläche ist kühl. Die Ränder der Lippen sind blau oder violett. Das Kind ist um die Augen herum blau. Die Adern sind dunkel, wo auch immer sie durch die Haut scheinen. Herzklopfen nach Kummer. Angst vor Bewegung, aus Angst, das Herz werde stehenbleiben.

Die Kopfsymptome haben zu seiner Anwendung bei Hydrozephalus geführt, für das es bereits einen sehr guten Ruf hat. Pereira berichtet davon als „ein höchst wertvolles Mittel bei Arachnitis bei Kindern".

Weitere körperliche Symptome: Bauchhernie und *Leistenbruch*; Phimose und Paraphimose; Hüftgelenksleiden; *verspätete Menarche bei Mädchen;* Nephritis und Laryngismus stridulus.

Besonders geeignet für Kinder von Alkoholikern.

Verlangen nach Bitterem. Träumt davon, zu fallen.

Klinisches: Herzkrankheiten. Kopfschmerzen. Hydrozephalus. Meningitis. Sehstörungen. Asthma. Laryngismus stridulus. Beschwerden der Harnwege. Hydrozele. Phimose. Bauchhernie. Leistenbruch.

Wirkungsbereich: Herz. Kreislauf. Abdomen. Urogenitaltrakt. Männliche Genitalien.

* * *

Stillen - Magendarmsymptome - Appetit - vermindert

MAGEN - Appetit - fehlend (b2/767)
- Appetit - fehlend - Durst - mit (ptk1/768)
  » fehlend - Hunger, mit (b2/768)
  » *schnelle Sättigung* (*/770)
  » *vermindert* (k/772)

Stillen - Magendarmsymptome - Appetit - vermehrt

MAGEN - Appetit - Genuß, ohne (k/769)
- Appetit - vermehrt (*/770)
  » vermehrt - Erwachen, beim (k/771)
  » vermehrt - Essen - nach (*/772)

Stillen - Magendarmsymptome - Aufstoßen - Speisen; von

MAGEN - *Aufstoßens; Art des - Speisen; von* (*/780)
- *Aufstoßens; Art des - Speisen; von - Mund füllen; in Portionen, die den* (k/780)
  » Speisen; von - sauer (b4a/780)

Stillen - Magendarmsymptome - Aufstoßen - Wasser; Hochsteigen von

MAGEN - Aufstoßens; Art des - Wasser in den Mund; Hochsteigen von (*/781)
- Aufstoßens; Art des - Wasser in den Mund; Hochsteigen von - Essen - nach - agg. (b4a/781)

Stillen - Magendarmsymptome - Erbrechen

MAGEN - Erbrochenen; Art des - Speisen - Essen - nach - sofort nach (k/800)

Stillen - Allgemeines

SCHWEISS - Mittagessen; nach (*/1789)

Infektionskrankheiten - Mumps

GESICHT - Schwellung - Parotis (*/631)

Infektionskrankheiten - Scharlach

URIN - Eiweißhaltig - Scharlach; nach (*/1046)

HAUT - *Hautausschläge - Scharlach - begleitet von - Zunge - weiße Farbe der Zunge - schmutzige Zunge* (kr1*/1821)

ALLGEMEINES - Wassersucht - äußere Wassersucht - Scharlach; nach (b4a/2024)

Infektionskrankheiten - Keuchhusten

HUSTEN - Keuchhusten (*/1197)

Konstitution - Angst und Furcht

GEMÜT - Beschwerden durch - Erwartungsspannung (sf1/23)
- Feigheit (k/59)
- Furcht - Gewitter; vor (vh/70)

Konstitution - Allgemeines

GEMÜT - Entmutigt (*/46)
- Faulheit (*/55)
- *Gewissenhaft, peinlich genau in bezug auf Kleinigkeiten* (bg2*/99)
- Impulse, Triebe; krankhafte - laufen; zu (h2/112)
- Sorgen; voller (bg2/164)
- Sorgsamkeit, Sorgfalt (bg2/165)
- *Stimmung, Laune - veränderlich* (k/171)
- Unzufrieden (j/194)
- *Weinen - amel.* (*/245)
  » Musik; durch (k/247)

Familie; Beziehung zur - Vorwürfe

GEMÜT - Furcht - Tadel; vor (a1/76)

Beziehung zu anderen - Aggressivität

GEMÜT - Streitsüchtig (*/173)

Beziehung zu anderen - Reaktion auf andere

GEMÜT - Antworten - vage, unbestimmt (a1/15)
- *Gesellschaft - Abneigung gegen* (*/94)
- Untröstlich (j5/193)

Beziehung zu anderen - allgemein

GEMÜT - **Argwöhnisch, mißtrauisch** (*/16)
- Geheimnistuerisch, verschlossen (*/87)
- *Tadelt sich selbst, macht sich Vorwürfe* (*/179)
- **Unbarmherzig** (k1*/189)

Schule - Angst

GEMÜT - Beschwerden durch - Erwartungsspannung (sf1/23)

Schule - Anstrengung; geistige

KOPF - *Schmerz - geistige Anstrengung - agg.* (k/328)

Schule - Beziehung zu anderen

GEMÜT - *Ungehorsam* (*/191)

MUND - Sprache - stotternd (*/688)
- Sprache - stotternd - Erregung, bei (st/688)

Schule - Vorwürfe

GEMÜT - Furcht - Tadel; vor (a1/76)

Schule - Konstitution

GEMÜT - Eigensinnig, starrköpfig, dickköpfig (*/41)
- *Gewissenhaft, peinlich genau in bezug auf Kleinigkeiten* (bg2*/99)
- *Ungehorsam* (*/191)

Nonverbales - Aggressivität

GEMÜT - Ziehen - Haaren; an den (ptk2/252)
- Ziehen - Haaren; an den - Verlangen zu ziehen - ihren eigenen Haaren; an (ptk1/252)

Nonverbales - Gesten, Gebärden

GEMÜT - Launenhaftigkeit, launisch (k/123)

Nonverbales - Allgemeines

GEMÜT - Eigensinnig, starrköpfig, dickköpfig (*/41)

Nonverbales - Konsultation; bei der

MUND - *Aphthen* (*/639)

• *Krampfadern - Zunge* (*/667)
• Stomatitis ulcerosa, Stomakaze (k/689)

ÄUSSERER HALS - *Schwellung - Halsdrüsen* (b4a/760)

RÜCKEN - Hautausschläge - Furunkel - Zervikalregion (k/1317)

Nonverbales - Äußerliches - Beobachtungen des Arztes

KOPF - Halten - hoch, aufrecht zu halten; unfähig, den Kopf (ptk1/289)

AUGE - *Strabismus, Schielen* (hr1/467)
• Strabismus, Schielen - divergens (bg2/467)
• *Verklebt* (*/472)

GESICHT - Hippokratisches Gesicht (k/605)
• Venen, erweiterte (ptk1/634)
» *Lippen* (*/634)

ATMUNG - *Beschleunigt* (*/1174)

RÜCKEN - Opisthotonus (*/1325)

ALLGEMEINES - Aussehen - hell, blond (c1/1855)
• Aussehen - hell, blond - schlaffer Faser, mit (c1/1855)
• **Zyanose - Kindern; bei - Kleinkindern; bei** (*/2035)

Nonverbales - Äußerliches - Beobachtungen der Eltern

AUGE - *Verklebt - morgens* (*/472)

MUND - Beißt - Zunge; beißt sich auf die (*/640)

MAGEN - Schluckauf (*/809)
• Völlegefühl - Essen - nach - agg. (*/845)
» *Essen - nach - agg. - wenig, nach dem kleinsten Bissen; nach noch so* (*/845)
» Mittagessen, nach dem (k/845)

REKTUM - *Unwillkürlicher Stuhl* (*/984)

BLASE - Urinieren - Harndrang - plötzlich - beeilen um zu urinieren, sonst geht Urin ab; muß sich (bg2/1015)
• *Urinieren - verzögert, muß warten, bis der Urin zu fließen beginnt* (k/1020)

MÄNNLICHE GENITALIEN - *Masturbation, Neigung zur* (hr1*/1071)

SCHWEISS - Mittagessen; nach (*/1789)

Nacht; Beobachtungen in der - Gemütssymptome

GEMÜT - Sprechen - Schlaf; im (bg2*/169)

Nacht; Beobachtungen in der - körperliche Symptome

KOPF - Bohrt den Kopf in das Kissen (k/282)

BLASE - Urinieren - unwillkürlich - nachts (b2/1019)

Nacht; Beobachtungen in der - Schlaf

SCHLAF - *Erwachen - Schreck, wie durch* (*/1675)

Nacht; Beobachtungen in der - Schlaf; Lage im

SCHLAF - Lage - Abdomen, auf dem - Arm über dem Kopf; mit einem (k/1682)
• Lage - Hände - Kopf - über dem - linke Hand (j5/1682)
» Kopf - hinten gebeugt; nach (k/1682)
» *Kopf - tiefliegendem; mit* (k/1683)
» Rücken, auf dem (*/1683)
» Rücken, auf dem - Arme - Kopf; liegen über dem - linke Arm liegt über dem Kopf; der (a1/1683)
» *Rücken, auf dem - Kopf - tiefliegendem; mit* (k/1683)
» Rücken, auf dem - nur auf dem Rücken (j5/1683)
» Sitzen (*/1683)

Autos und Schiffe

SCHWINDEL - Fahren, beim - Wagen, im - agg. (bg2/265)

BRUST - Schmerz - Fahren, beim - Wagen, im - agg. (k/1260)

ALLGEMEINES - Fahren - Wagen; mit dem - agg. (bg2/1877)

Körperliche Symptome und Erkrankungen

KOPF - Entzündung - Gehirn (bro1/284)
• *Hydrozephalus* (*/295)

NIEREN - Entzündung (k/1023)

WEIBLICHE GENITALIEN - Menses - verzögerte Menarche (*/1114)

KEHLKOPF UND TRACHEA - Laryngismus stridulus (*/1145)

EXTREMITÄTEN - Hüftgelenksentzündung (k/1443)

ALLGEMEINES - Kindern; Beschwerden von (*/1897)
• Puls - langsam - Pubertät; in der (ptk1*/1937)

Chirurgisch pathologische Zustände

ABDOMEN - Hernie - Leistenhernie (b2/868)
• *Hernie - Leistenhernie - eingeklemmt, inkarzeriert* (k/868)
» Leistenhernie - schmerzhaft (b4/868)

MÄNNLICHE GENITALIEN - *Phimose* (*/1071)
• Phimose - Paraphimose (c1*/1071)

Würmer

REKTUM - Würmer - Beschwerden durch Würmer (b2/985)
• Würmer - Beschwerden durch Würmer - Madenwürmer (b2/986)

Dioscorea villosa

dios.

Nützlich bei *Beschwerden im Verdauungskanal.*

Es ist angezeigt bei der morgendlichen Diarrhoe von Kindern, verbunden mit kneifenden, kolikartigen Schmerzen, die das Kind aufschreien lassen (Differentialdiagnose: Bryonia, Natrium sulphuricum, Podophyllum, Sulphur) und *Beugen nach hinten* (Differentialdiagnose: Colocynthis mit Beugen nach vorne).

Die Schmerzen von Dioscorea strahlen vom Bauch zum Rücken, zur Brust und zu den Armen aus. Starke Flatulenz und starkes Rumoren.

Kinder, die dazu neigen, nervös, einsam, faul zu sein und die keinen Ehrgeiz haben. Oft machen sie *Fehler beim Sprechen,* indem sie die falschen Worte oder die entgegengesetzten Worte benutzen, beispielsweise sagen sie rechts statt links.

Klinisches: Dyspepsie. Erkrankungen der Gallenblase. Flatulenz. Obstipation. Diarrhoe. Akne. Chorea. Krämpfe. Kopfschmerzen. Parotitis.

Wirkungsbereich: Abdomen. Gallenblase. Nabel. Nerven.

* * *

Stillen - Magendarmsymptome - Appetit - vermehrt

MAGEN - Appetit - vermehrt (k/770)

Stillen - Magendarmsymptome - Aufstoßen - Wasser; Hochsteigen von

MAGEN - Aufstoßens; Art des - Wasser in den Mund; Hochsteigen von (bro1/781)

Stillen - Magendarmsymptome - Abdomen - agg. durch

ABDOMEN - *Schmerz - Beugen - vorne; nach - agg.* (^/882)

• *Schmerz - Druck - agg.* (^/883)

» Kindern; bei - Säuglingen; bei - krampfartig (mrr1/888)

» Liegen - agg. (*/889)

» Liegen - Rücken; auf dem - agg. (bg1/889)

» Zusammenkrümmen - agg. (*/896)

Stillen - Magendarmsymptome - Abdomen - amel. durch

ABDOMEN - Schmerz - Beugen - hinten, nach - amel. - krampfartig (*/882)

• Schmerz - Beugen - vorne; nach - amel. - krampfartig (mrr1/882)

» Druck - amel. (k/883)

» Liegen - amel. (*/889)

» Strecken, Ausstrecken - amel. (k/893)

Infektionskrankheiten - Mumps

GESICHT - Entzündung - Parotis (c2/584)

• Schmerz - Parotis (*/626)

» Parotis - nachmittags (*/627)

» Parotis - abends - 22 h (k/627)

Infektionskrankheiten - Keuchhusten

HUSTEN - **Keuchhusten - Krampfstadium, im** (bg2/1198)

Konstitution - Allgemeines

GEMÜT - Ehrgeiz - Verlust von (a1/40)

• Faulheit (k/55)

Beziehung zu anderen - Reaktion auf andere

GEMÜT - Gesellschaft - Abneigung gegen (*/94)

Schule - Lernen - Schreiben

GEMÜT - Fehler; macht - Schreiben, beim (k/57)

Nonverbales - Konsultation; bei der

OHR - Ohrschmalz - vermehrt (*/516)

ABDOMEN - *Schmerz - Druck - agg.* (^/883)

• Schmerz - Druck - amel. (k/883)

EXTREMITÄTEN - Nägel; Beschwerden der - spröde, brüchige Nägel (bro1/1665)

• *Nägel; Beschwerden der - spröde, brüchige Nägel - Fingernägel* (*/1665)

Nonverbales - Äußerliches - Beobachtungen des Arztes

GESICHT - Hautausschläge - Akne (c2/595)

Nonverbales - Äußerliches - Beobachtungen der Eltern

AUGE - *Verklebt - morgens* (*/472)

MUND - Beißt - Zunge; beißt sich auf die (*/640)

MAGEN - *Schluckauf* (*/809)

ABDOMEN - *Schmerz - Beugen - hinten, nach - amel.* (*/882)

• Schmerz - Beugen - hinten, nach - amel. - krampfartig (*/882)

» Beugen - vorne; nach - amel. - krampfartig (mrr1/882)

» Kindern; bei - Säuglingen; bei - krampfartig (mrr1/888)

» Liegen - agg. (*/889)

» Liegen - amel. (*/889)

» Liegen - Rücken; auf dem - agg. (bg1/889)

» Strecken, Ausstrecken - amel. (k/893)

» Zusammenkrümmen - agg. (*/896)

MÄNNLICHE GENITALIEN - Masturbation, Neigung zur (sf1/1071)

Körperliche Symptome und Erkrankungen

MAGEN - *Langsame Verdauung* (bro1/805)

ALLGEMEINES - Essen - Überessen; agg. nach (c1*/1877)

Diphtherinum

diph.

Krankengeschichte; familiäre und persönliche

ALLGEMEINES - Krankengeschichte von; persönliche - Bronchitis; von wiederkehrender (mtf11/1909)
• Krankengeschichte von; persönliche - Diphtherie (ptk1/1909)

Impfung

ALLGEMEINES - Impfung; Beschwerden nach - Diphtherie; gegen (gm1/1892)

Stillen - Milch

ALLGEMEINES - Speisen und Getränke - Milch - amel. (bg3*/2001)

Nonverbales - Reaktion auf andere

GEMÜT - Gehalten - amel.; gehalten zu werden (ptk1/87)
• Gehalten - Verlangen, gehalten zu werden (bg/87)

Nonverbales - Konsultation; bei der

INNERER HALS - Schwellung - Tonsillen (bro1/747)
ÄUSSERER HALS - Schwellung - Halsdrüsen (br1/760)

Nonverbales - Äußerliches - Beobachtungen des Arztes

NASE - Bewegung - Nasenflügel - anhaltend, ständig (bg3/545)
• Bewegung - Nasenflügel - Fächer; wie ein (ptk1/545)

Nacht; Beobachtungen in der - Gemütssymptome

GEMÜT - Sprechen - Schlaf; im (ptk1/169)

Körperliche Symptome und Erkrankungen

KOPF - Entzündung - Hirnhaut (jl2/284)

Diphtherotoxinum

diphtox.

Krankengeschichte; familiäre und persönliche

ALLGEMEINES - Krankengeschichte von; persönliche - Halses; von wiederkehrender Entzündung des (jl2/1909)
• Krankengeschichte von; persönliche - Laryngitis; von wiederkehrender (jl2/1910)

Stillen - Magendarmsymptome - Appetit - vermindert

MAGEN - Appetit - fehlend (jl2/767)

Stillen - Magendarmsymptome - Aufstoßen - Speisen; von

MAGEN - Aufstoßens; Art des - Speisen; von (jl2/780)

Schule - Konzentration

GEMÜT - Studieren, Lernen - schwierig, fällt schwer (jl2/173)

Schule - Lernen - allgemein

GEMÜT - Studieren, Lernen - schwierig, fällt schwer (jl2/173)

Schule - Anstrengung; geistige

KOPF - Schmerz - Studenten, bei (jl2/340)

Spielen

GEMÜT - Spielen - Abneigung gegen Spielen - Kindern; bei (jl2/165)

Nonverbales - Konsultation; bei der

INNERER HALS - Schwellung - Tonsillen (jl2/747)

Nonverbales - Äußerliches - Beobachtungen der Eltern

NASE - Nasenbluten - Kindern; bei (jl2/557)

Dolichos pruriens

dol.

Das Kind hat *Beschwerden während der Zahnung:* Reizbarkeit, Wundheit und Empfindlichkeit des Zahnfleisches; geschwollenes, rotes, schmerzhaftes Zahnfleisch; es kann kaum essen oder trinken; die Schmerzen im Zahnfleisch hindern am Schlaf; gereiztes Zahnfleisch, das Kind möchte, daß man es ständig reibt. Obstipation und Würmer.

Dolichos kann ein *generalisiertes, intensives Jukken ohne Hautausschlag* hervorrufen. Das Jucken steht oft mit Leberleiden in Verbindung. *Symptome erscheinen vorwiegend nachts.*

Klinisches: Pruritus. Gelbsucht. Zahnung. Herpes zoster. Neuralgie. Halsentzündung.

Wirkungsbereich: Leber. Haut.

* * *

Zahnung - Lokalsymptome

MUND - Schmerz - Zahnfleisch - Zahnung; während der - wund schmerzend (c1/678)

Zahnung - Magendarmsymptome

REKTUM - Obstipation - Zahnung; während der (c1*/970)

Zahnung - Allgemeines

ZÄHNE - Zahnung - schwierig (kr1*/718)

Stillen - Magendarmsymptome - Appetit - vermehrt

MAGEN - Appetit - vermehrt - Essen - nach (bro1/772)

Stillen - Magendarmsymptome - Rektum

REKTUM - Obstipation - entfernt werden; Stuhl muß mechanisch (bro1/968)
• Obstipation - Kindern, bei (vml3/969)

Konstitution - Allgemeines

GEMÜT - Faulheit (brol/55)
• Unzufrieden (br1*/194)

Nonverbales - Äußerliches - Beobachtungen der Eltern

STUHL - Kugeln, wie (brol/996)

Körperliche Symptome und Erkrankungen

REKTUM - Cholera - infantum (brol/949)

ALLGEMEINES - Konvulsionen - Kindern, bei (k/1905)

Würmer

REKTUM - Würmer - Beschwerden durch Würmer (k/985)
• **Würmer - Beschwerden durch Würmer - begleitet von - Obstipation - Kindern; bei** (vh/986)
» Beschwerden durch Würmer - Madenwürmer (st/986)

Doryphora decemlineata

dor.

Das Mittel wird aus einem Insekt hergestellt, das Cantharis sehr ähnlich ist und auch sehr ähnlich aussieht. Das Zentrum der Wirkung dieses Mittels scheint bei den *Harnorganen* zu liegen. Doryphora ist angezeigt bei *Urethritis* bei Kindern unter zehn Jahren mit Jucken und Brennen im Penis oder in der Vulva, die bläulichrot, geschwollen aussehen und mit schmerzhaftem Urinieren.

Zystitis und Urethritis, die durch mechanische Reizung hervorgerufen wurden, wie Masturbation, enge Kleidung oder lokale Reizungen.

Es ruft ein *intensives Brennen* nicht nur in den Harnorganen hervor, sondern auch an anderen Stellen des Körpers, wie Mund, innerem Hals, Speiseröhre, Magen, Bauch und Rektum.

Gereizte Stimmung und Schreien bei Kindern.

Klinisches: Urethritis. Diarrhoe. Magenleiden. Milzschmerzen. Erysipel. Parotitis.

Wirkungsbereich: Urogenitaltrakt.

* * *

Infektionskrankheiten - Mumps

GESICHT - Entzündung - Parotis (*/584)

Konstitution - Allgemeines

GEMÜT - Faulheit (^/55)

Nonverbales - Allgemeines

GEMÜT - Schreien - Kindern, bei (k/157)

Nonverbales - Konsultation; bei der

HAUT - Erysipel (c2/1798)

Körperliche Symptome und Erkrankungen

HARNRÖHRE - Reizung - Kindern; bei (br1/1036)

Drosera rotundifolia

dros.

Droser ist das berühmteste Mittel bei *Keuchhusten.* Anfallsartiger Husten *nach Mitternacht.* Das Kind hält sich die Brust und wenn kein Sputum hochgebracht wird, kommt es zu Erbrechen und Würgen. Ein Drosera-Husten kann für die Eltern sehr erschreckend sein, da er klingt, als liege das Kind im Sterben.

Tagsüber hat das Kind nur sehr wenig Husten. Der Arzt hört die Brust ab und hört gar nichts.

Krampfhafter Husten, tief klingend, heiser und bellend. Hustenanfälle mit langen Pausen. Der Husten beginnt, sobald der Kopf das Kissen berührt (Differentialdiagnose: Belladonna, Hyoscyamus, Rumex), unmittelbar nach dem Hinlegen. Nächtlicher Husten schwindsüchtiger Patienten. *Der Husten klingt gelöst, aber nichts kommt nach oben.* Der Auswurf ist gelb, bitter, übelriechend, wie Eiter, salzig, muß geschluckt werden.

Der Husten wird schlimmer durch Wärme, Trinken, Lachen, Singen, Weinen und nach Mitternacht.

Vermeulen schrieb: „Die ausgeprägte tuberkulinische Symptomatologie weist darauf hin, daß das Mittel bei der Behandlung von Kindern mit Verhaltensstörungen nützlich sein sollte und bei ängstlichen, mürrischen und mißtrauischen Menschen, ob jung oder alt."

Wachstumsschmerzen in den Knochen bei tuberkulösen Kindern.

Zur Gemütsebene gibt Phatak die folgende Beschreibung: „Hat Angst allein zu sein und ist *Freunden gegenüber mißtrauisch.* Bildet sich ein, er würde von gehässigen, neidischen Menschen betrogen." In Hahnemanns Reiner Arzneimittellehre findet man die folgenden Symptome bei Drosera: „Den ganzen Tag, Gemüths-Unruhe und Ängstlichkeit, voll Mißtrauen, als wenn er mit lauter falschen Menschen zu thun hätte. Höchst unruhiges, trauriges Gemüth, den ganzen Tag - er glaubte von tückischen, neidischen Menschen hintergangen zu werden. Still und verschlossen, mit Ängstlichkeit -

er befürchtete stets, etwas Unangenehmes zu erfahren. Ängstlichkeit, als wenn ihm seine Feinde keine Ruhe ließen, ihn beneideten und verfolgten. Er ist traurig und niedergeschlagen über die Beschwerden des Lebens, die sich die Menschen unter einander und ihm selbst verursachen, worüber er ängstlich und besorgt ist; dabei Mangel an Eßlust."

Sankaran schrieb: „Das Thema von Drosera ist ein Messer in den Rücken zu bekommen, von den eigenen Freunden betrogen zu werden und gleichzeitig jedoch sehr von ihnen abhängig zu sein. Es ist ein Gefühl der Schwäche vorhanden, auf Grund dessen er abhängig ist, aber gleichzeitig hat er das Gefühl, daß seine Schwäche ausgenutzt werde. Das ist ein typisch tuberkulinisches Gefühl. Drosera fühlt sich von anderen gequält und von den eigenen Freunden im Stich gelassen. Selbt der Husten wird in Phataks Materia medica als *quälend* beschrieben. Der Patient reagiert auf diese ‚Unterdrückung' ziemlich heftig. Die geringste Reizung verursacht heftige Hustenanfälle, durch ein Kitzeln im Hals."

Dieses Mittel ist häufig bei pummeligen Kindern angezeigt.

Klinisches: Asthma. Bronchitis. Laryngitis. Husten. Epilepsie. Blutungen. Kopfschmerzen. Übelkeit. Erbrechen. Masern.

Wirkungsbereich: Atmungsorgane. Knochen (lange Knochen, Gelenke). Kehlkopf. Drüsen.

* * *

Krankengeschichte; familiäre und persönliche

ATMUNG - Asthma, asthmatische Atmung - Tuberkulose in der Familiengeschichte; bei (tl1/1163)

EXTREMITÄTEN - Schmerz - Gelenke - Tuberkulose in der Familiengeschichte; bei (tl1/1541)

ALLGEMEINES - Familiengeschichte von - Kropf (tl1/1878)
- Familiengeschichte von - Tuberkulose (tl1*/1878)
- Krankengeschichte von; persönliche - Tuberkulose, von (tl1*/1910)

Entwicklung - allgemein

EXTREMITÄTEN - Schmerz - Unterschenkel - Wachstumsschmerzen (lmj/1605)

Stillen - Magendarmsymptome - Appetit - allgemein

MAGEN - Appetit - vermehrt - abwechselnd mit - Appetitverlust (c1/771)

Stillen - Magendarmsymptome - Appetit - vermindert

MAGEN - Appetit - fehlend (*/767)
- Appetit - fehlend - Hunger, mit (b7/768)

Stillen - Magendarmsymptome - Appetit - vermehrt

MAGEN - Appetit - Heißhunger (*/769)
- Appetit - vermehrt (k/770)

Stillen - Magendarmsymptome - Aufstoßen - Speisen; von

MAGEN - Aufstoßens; Art des - Speisen; von (bg2/780)
- Aufstoßens; Art des - Speisen; von - bitter schmeckend (b7/780)
  - » Speisen; von - sauer (b7/780)

Stillen - Magendarmsymptome - Aufstoßen - Wasser; Hochsteigen von

MAGEN - *Aufstoßens; Art des - Wasser in den Mund; Hochsteigen von* (*/781)

Stillen - Magendarmsymptome - Abdomen - amel. durch

ABDOMEN - Schmerz - Druck - amel. (k2/883)

Infektionskrankheiten - Masern

KEHLKOPF UND TRACHEA - *Stimme - heiser, Heiserkeit - Masern, nach* (*/1154)

HUSTEN - **Masern - nach** (*/1202)
- Masern - während (b7a/1202)
- *Trocken - Masern, nach* (*/1209)

FIEBER - *Ausschlagsfieber; Fieber bei Ausschlagserkrankungen - Masern* (*/1770)

HAUT - *Hautausschläge - Masern* (*/1817)

ALLGEMEINES - *Masern - Beschwerden nach* (b2/1920)

Infektionskrankheiten - Mumps

GESICHT - Schmerz - Parotis (^/626)
- Schmerz - Parotis - wund schmerzend (k/627)

Infektionskrankheiten - Keuchhusten

NASE - **Nasenbluten - Keuchhusten** (*/557)

GESICHT - *Farbe - bläulich - Husten; agg. beim - Keuchhusten* (*/587)
- Farbe - bläulich - Lippen - Keuchhusten (*/588)

MUND - Bluten - Keuchhusten, bei (*/642)

MAGEN - *Erbrechen - Husten - beim - agg. - Keuchhusten* (bro1/793)

HUSTEN - **Keuchhusten** (*/1197)
- **Keuchhusten - Brust - Zusammenschnürung der Brust, muß sie mit Händen halten; agg. nach Mitternacht, mit** (kr1/1198)
  - » *epidemisch* (tl1/1198)
  - » *heftig* (ptk1/1198)
  - » *Krampfstadium, im* (bro1*/1198)
  - » Prophylaxe gegen (bro1*/1198)

BRUST - *Blutung der Lungen - Husten - mit - Keuchhusten* (bro1/1230)

FIEBER - Keuchhusten, mit (ptk1/1777)

Konstitution - Aggressivität

GEMÜT - Zorn - Kindern, bei (wta/254)

Konstitution - Angst und Furcht

GEMÜT - Angst - hypochondrisch (*/11)
• Feigheit (*/59)
• Furcht - allein zu sein (k/64)
» Gespenstern; vor (*/70)
• Mutig (k/133)
• Vorsichtig (j/205)

Konstitution - Allgemeines

GEMÜT - Ehrgeiz - erhöht, vermehrt, sehr ehrgeizig (j*/40)
• *Entmutigt* (*/46)
• Faulheit (b7/55)
• Heimweh (k/107)
• Selbstvertrauen - Mangel an Selbstvertrauen (k/161)
• Sorgen; voller (j5/164)
• Stimmung, Laune - veränderlich (*/171)
• Ungerechtigkeit; erträgt keine (skp*/191)
• Unzufrieden (j*/194)
• Wandern, Herumwandern - Verlangen zu wandern (g*/243)

Familie; Beziehung zur - Liebe und Zuneigung

GEMÜT - Verlassen zu sein; Gefühl (bg2/198)

Beziehung zu anderen - Reaktion auf andere

GEMÜT - Gesellschaft - Verlangen nach (*/95)
• *Gesellschaft - Verlangen nach - allein; agg. wenn* (*/96)

Beziehung zu anderen - allgemein

GEMÜT - *Argwöhnisch, mißtrauisch* (*/16)
• Beleidigt, leicht (*/20)

Schule - Angst

GEMÜT - Selbstvertrauen - Mangel an Selbstvertrauen (k/161)

Schule - Konzentration

GEMÜT - *Konzentration - schwierig - Studieren* (*/117)
• Stumpfheit - Lesen (k/175)

Schule - Lernen - Lesen

GEMÜT - Stumpfheit - Lesen (k/175)

Schule - Konstitution

GEMÜT - Eigensinnig, starrköpfig, dickköpfig (*/41)
• Eigensinnig, starrköpfig, dickköpfig - Kinder (gk/41)
• Selbstvertrauen - Mangel an Selbstvertrauen (k/161)

Nonverbales - Aggressivität

GEMÜT - Reizbarkeit, Gereiztheit - Kindern, bei (gk/145)

Nonverbales - Reaktion auf andere

GEMÜT - Gehalten - amel.; gehalten zu werden (ptk1/87)

Nonverbales - Gesten, Gebärden

GEMÜT - Launenhaftigkeit, launisch (k/123)

Nonverbales - Allgemeines

GEMÜT - Eigensinnig, starrköpfig, dickköpfig (*/41)
• Eigensinnig, starrköpfig, dickköpfig - Kinder (gk/41)
• Singen (^/163)

Nonverbales - Konsultation; bei der

OHR - Entzündung - Mittelohr (gk/501)
• Entzündung - Mittelohr - Kindern; bei (k2/501)
GESICHT - Schwellung - Unterkieferdrüsen (tl1/631)
INNERER HALS - *Aphthen* (b7a/721)
• Entzündung - Tonsillen (gk/724)
• Schwellung - Tonsillen (gk/747)
ÄUSSERER HALS - Schwellung - Halsdrüsen (tl1/760)
ABDOMEN - Schmerz - Druck - amel. (k2/883)
RÜCKEN - Krümmung der Wirbelsäule (tl1*/1323)

Nonverbales - Äußerliches - Beobachtungen des Arztes

AUGE - Verklebt (*/472)
GESICHT - Farbe - blaß - Kindern; bei (mtf33/586)
• Rissig - Lippen (*/613)
» Lippen - Unterlippe (b7/613)
» Lippen - Unterlippe - Mitte der (*/614)
• Sommersprossen (b2/632)
ÄUSSERER HALS - Torticollis (bg2/761)
ATMUNG - Beschleunigt (b2/1174)
HUSTEN - **Anfallsweise - Anfälle folgen schnell aufeinander** (*/1186)
• *Anfallsweise - besteht aus - kurzen Hustenstößen* (k/1186)
» besteht aus - langen Hustenstößen (bg3*/1186)
• Halten, Festhalten - Abdomens amel.; des (mtf33/1193)
» **Brust mit beiden Händen halten; muß beim Husten die** (*/1193)
» Hypochondrien; hält sich die (h1*/1193)
» Kehlkopf; hält den (gk/1193)
» *Magengrube; der - amel.* (*/1194)
HAUT - Sommersprossen (*/1834)

Nonverbales - Äußerliches - Beobachtungen der Eltern

MUND - *Beißt - Zunge; beißt sich auf die* (vk1/640)
MAGEN - *Schluckauf* (*/809)
BLASE - Urinieren - unwillkürlich - Husten; agg. beim (bg2/1020)

Männliche Genitalien - Masturbation, Neigung zur (bg2/1071)

Atmung - Schnarchen (*/1180)

• Schnarchen - Kindern; bei (mtf33/1180)

Nacht; Beobachtungen in der - Gemütssymptome

Gemüt - Schlafwandeln (mtf33/154)

Nacht; Beobachtungen in der - körperliche Symptome

Mund - Offen - Schlaf; agg. im (gk/669)

Nacht; Beobachtungen in der - Schlaf

Schlaf - *Erwachen - Schreck, wie durch* (b7a/1675)

Nacht; Beobachtungen in der - Schlaf; Lage im

Schlaf - Lage - Kopf - hinten gebeugt; nach (gk/1682)

• Lage - Rücken, auf dem (*/1683)

Schaukeln und Getragenwerden

Gemüt - Getragen - Verlangen getragen zu werden (gk/99)

Körperliche Symptome und Erkrankungen

Kopf - Schmerz - katarrhalisch (gk/331)

Magen - **Würgen - Husten, mit** (*/846)

Rektum - Cholera - infantum (tl1/949)

Weibliche Genitalien - Menses - verzögerte Menarche (*/1114)

Kehlkopf und Trachea - Laryngismus stridulus (k2/1145)

Extremitäten - Hüftgelenksentzündung (tl/1443)

Allgemeines - Kindern; Beschwerden von (*/1897)

Dulcamara

dulc.

Kinder, die Dulcamara benötigen, sind sehr *eigensinnig, herrschsüchtig, besitzergreifend* und oft überheblich. Sie sind ängstlich und ruhelos, oft reizbar und streitsüchtig: *Das Symptom „ausfällig, ohne wütend zu sein" ist charakteristisch.*

Alle Symptome erscheinen oder werden schlechter bei kaltem Wetter, besonders bei nasser Kälte; durch Baden; wenn man von einem warmen Zimmer in ein kaltes kommt; durch Wetterveränderung; bei Unterdrückung von Schweiß durch Kälte; und nach der Unterdrückung von Hautausschlägen.

Alle Symptome werden durch Bewegung besser.

Die Schleimhäute (Bronchien, innerer Hals, Augen, Darm und Blase), das Lymphsystem und die Haut sind angegriffen.

Dulcamara ist ein Mittel für *abwechselnde Beschwerden, besonders in Verbindung mit Hautausschlägen mit Diarrhoe oder Asthma.*

Neugeborene haben oft *Milchschorf.* Später haben sie häufig Kopfschuppen. *Während der Kindheit sind Hautausschläge am Kopf sehr häufig:* mit Krusten, Jucken und Bluten, wenn sie gekratzt werden.

Konjunktivitis kann besonders zu Ende des Sommers oder im Herbst auftreten, oder bei Wetterwechsel. Die Augen sind rot und die Absonderung dick, gelb und eitrig.

In der gleichen Zeit kann es zu allergischen Symptomen kommen, die im geschlossenen Zimmer besser sind und im Freien schlechter.

Neugeborene schniefen und sind oft erkältet.

Kinder bekommen durch die Einwirkung von nasser Kälte oder nach dem Baden Pharyngitis. Zuerst ist der Hals trocken, dann füllt er sich mit dicken, gelben Schleimabsonderungen. Die Mandeln sind entzündet mit nachfolgender Infektion (Angina). Die Entzündung kann sich zu den Bronchien und Lungen ausbreiten, mit Husten und blutigem Auswurf. Der Schleim ist reichlich und schwierig auszuwerfen.

Kinder können unter *Ohrenschmerzen* leiden, verbunden mit Übelkeit, die die ganze Nacht anhält und am Schlafen hindert, aber sie hört morgens schnell auf.

Kinder leiden *nach geringster Kälte unter Heiserkeit.*

Asthmatische Symptome können nach Unterdrükkung eines Hautausschlages einsetzen oder nach Wetterveränderung oder bei nassem Wetter (Differentialdiagnose: Natrium sulphuricum).

Schleimige Diarrhoe, abwechselnd gelb oder grün, durch plötzlichen Wechsel von warmem zu kaltem Wetter („spätsommerliche Diarrhoe"), oft begleitet von Jucken am Anus. Diarrhoe kann auch während der Zahnung erscheinen.

Ekzematöse Hautausschläge: feucht, nässend, besonders an der Kopfhaut, der Stirn, im Gesicht, an den Wangen und an der Innenseite der Oberschenkel. Oft haben sie Blasen, die sich öffnen, eitern und nachfolgend Krusten bilden, wie Impetigo.

Große, runde und glatte *Warzen,* die typischerweise im Gesicht sitzen, an den Handflächen oder an den Fingern.

Wenn sie sich erkälten, haben die Kinder oft Harnverhaltung, aber manchmal im Gegensatz dazu auch Harndrang.

Kinder können nach dem Baden der Füße Zystitis oder Harninkontinenz entwickeln.

Klinisches: Aphonie. Milchschorf. Heuschnupfen. Kopfschmerzen. Tonsillitis.

Wirkungsbereich: Schleimhäute (Bronchien, Blase, Augen). Rücken. Haut. Lymphsystem.

* * *

Zahnung - Magendarmsymptome

REKTUM - **Diarrhoe - Zahnung; während** (*/957)

Zahnung - Allgemeines

ZÄHNE - *Zahnung - schwierig* (hr1*/718)

Stillen - Milch

KOPF - *Hautausschläge - Milchschorf* (b2/290)

MAGEN - Aufstoßen - Milch, nach (fd4/775)
- Aufstoßens; Art des - sauer - Milch agg. (fd4/779)

Stillen - Magendarmsymptome - Appetit - vermindert

MAGEN - Appetit - fehlend (*/767)
- Appetit - fehlend - Durst - mit (fd4/768)
  - » *fehlend - Hunger, mit* (*/768)
  - » schnelle Sättigung (*/770)
  - » vermindert (fd4/772)
  - » vermindert - Essenszeit, zur (fd4/773)

Stillen - Magendarmsymptome - Appetit - vermehrt

MAGEN - *Appetit - Genuß, ohne* (k/769)
- Appetit - Heißhunger (fd4/769)
  - » unstillbar (fd4/770)
  - » vermehrt (*/770)

Stillen - Magendarmsymptome - Aufstoßen - Speisen; von

MAGEN - Aufstoßens; Art des - Speisen; von (bg2/780)
- Aufstoßens; Art des - Speisen; von - Essen - nach - agg. (b4/780)

Stillen - Magendarmsymptome - Aufstoßen - Wasser; Hochsteigen von

MAGEN - Aufstoßens; Art des - Wasser in den Mund; Hochsteigen von (*/781)

Stillen - Magendarmsymptome - Schluckauf

MAGEN - Schluckauf - Mittagessen - nach - agg. (fd4/811)

Stillen - Magendarmsymptome - Abdomen - agg. durch

ABDOMEN - Schmerz - Liegen - agg. (fd4/889)
- Schmerz - Zusammenkrümmen - agg. (h2/896)
  - » Nabel - Kind deutet auf den Nabel, als dem am stärksten schmerzenden Teil (fd4/922)

Stillen - Magendarmsymptome - Abdomen - amel. durch

ABDOMEN - Schmerz - Druck - amel. (k/883)

Stillen - Magendarmsymptome - Rektum

REKTUM - *Diarrhoe - Kindern, bei* (k/954)

Stillen - Allgemeines

BRUST - Schmerz - Mammae - Brustwarzen - Abstillen; beim - wund schmerzend (k/1281)

ALLGEMEINES - Säuglinge (kk2/1944)

Infektionskrankheiten - Windpocken

HAUT - *Hautausschläge - Windpocken* (bro1/1824)

Infektionskrankheiten - Masern

KOPF - Schmerz - Masern, nach (k/333)

KEHLKOPF UND TRACHEA - Katarrh - Masern, nach (hr1/1143)
- Stimme - heiser, Heiserkeit - Masern, nach (hr1/1154)

HUSTEN - Masern - nach (*/1202)
- Masern - während (bro1/1202)

RÜCKEN - Entzündung - Rückenmarkshaut - Scharlach oder Masern, Hautausschläge entwickeln sich nicht; bei (k/1314)

FIEBER - Ausschlagsfieber; Fieber bei Ausschlagserkrankungen - Masern (bro1/1770)

HAUT - Hautausschläge - Masern (hr1*/1817)

ALLGEMEINES - *Masern - Beschwerden nach* (j5/1920)

Infektionskrankheiten - Mumps

GESICHT - Entzündung - Parotis - Mumps (bro1/584)
- *Schmerz - Parotis* (^/626)
  - » *Parotis - stechend* (*/627)
- *Schwellung - Parotis* (*/631)
  - » Parotis - Hautausschlag; nach (k/631)

Infektionskrankheiten - Scharlach

GEMÜT - *Bewußtlosigkeit - Scharlach, bei* (hr1/31)

KOPF - Schmerz - Scharlach, nach (k/337)

URIN - Eiweißhaltig - Scharlach; nach (*/1046)

RÜCKEN - Entzündung - Rückenmarkshaut - Scharlach oder Masern, Hautausschläge entwickeln sich nicht; bei (k/1314)

HAUT - Hautausschläge - Scharlach (b2/1821)

ALLGEMEINES - Scharlach - Beschwerden nach (*/1944)
- *Wassersucht - äußere Wassersucht - Scharlach; nach* (kr1*/2024)

Infektionskrankheiten - Keuchhusten

HUSTEN - *Keuchhusten* (*/1197)
- Keuchhusten - Deferveszenzstadium, im (bg2/1198)
  - » *katarrhalischen Phase; in der* (bg2*/1198)

Konstitution - Aggressivität

GEMÜT - Zorn - Kindern, bei (fd4/254)

Konstitution - Angst und Furcht

GEMÜT - Beeindrucken, empfänglich für Eindrücke; leicht zu (fd4/19)
- Beschwerden durch - Schreck (fd4/25)
- Furcht - Armut, vor (fd4/65)
  - » engen Räumen; in (^/67)
  - » Geräusche, durch (fd4/69)
  - » Gewitter; vor (fd4/70)
  - » Kindern, bei (fd4/71)
- *Mutig* (fd4/133)

Konstitution - Allgemeines

GEMÜT - Entmutigt (fd4/46)
- Faulheit (*/55)
- Furcht - Armut, vor (fd4/65)
- *Geiz* (gk/92)
- Gewissenhaft, peinlich genau in bezug auf Kleinigkeiten (fd4/99)
- Mürrisch - Kindern, bei (fd4/132)
- Nachgiebigkeit (fd4/134)
- Neugierig (fd4/135)
- Reisen - Verlangen nach (fd4/142)
- *Selbstvertrauen - Mangel an Selbstvertrauen* (fd4/161)
- Sorgen; voller (^/164)
- Sorgsamkeit, Sorgfalt (fd4/165)
- Sprache - Plappern, Schwatzen (sf1/167)
- Traurigkeit - Kindern, bei (fd4/186)
- *Ungerechtigkeit; erträgt keine* (fd4/191)
- **Unternehmen; etwas - Vieles, hält aber bei nichts durch, bleibt nicht dabei; unternimmt** (fd*/193)
- Unzufrieden (*/194)
  - » Kinder (fd4/194)
- Veränderungen - Abneigung gegen (^/195)
  - » **Verlangen nach** (fd*/195)
- Weinen - Kindern; bei (fd4/246)

Familie; Beziehung zur - Aggressivität

GEMÜT - *Streitsüchtig - Familie, mit ihrer* (mrr1/173)

Familie; Beziehung zur - Liebe und Zuneigung

GEMÜT - *Angst - andere, um* (*/7)
- *Angst - Familie, um seine* (mrr1/9)
- Liebevoll, voller Zuneigung, herzlich (fd4/125)
- Sorgen; voller - Verwandte, um (mrr1/165)
- *Verlassen zu sein; Gefühl* (fd4/198)
- Widerspenstig - Eltern; gegenüber den (fd4/249)

Familie; Beziehung zur - Vorwürfe

GEMÜT - Beschwerden durch - Tadel (fd4/25)
- *Empfindlich - Vorwürfe; gegen* (fd4/45)
- Ermahnungen - agg. (fd4/47)
- Weinen - Kindern; bei - Willen nicht bekommen; wenn sie ihren (fd4/246)
  - » *verweigert wird; wenn etwas* (fd4/248)

Beziehung zu anderen - Aggressivität

GEMÜT - *Antworten - diktatorisch* (fd4/15)
- **Diktatorisch - spricht in Befehlston** (fd*/39)
- **Herausfordernd** (fd*/107)
- Schlagen (fd4/154)
  - » Raserei; mit (fd4/154)
  - » *Verlangen - schlagen, zu* (fd4/154)
- *Spotten* (^/166)
- Streiten - Abneigung gegen (fd4/172)
- *Streitsüchtig* (*/173)
  - » *Zorn, ohne* (k/173)
- Zorn - getröstet, wenn (fd4/254)
  - » **Widerspruch, durch** (fd*/255)

Beziehung zu anderen - Reaktion auf andere

GEMÜT - Antworten - Abneigung zu antworten (fd4/14)
- Antworten - falsch, unrichtig (fd4/15)
  - » gefragt wird; antwortet nicht, wenn er (fd4/15)
  - » langsam (fd4/15)
- Gesellschaft - Abneigung gegen (fd4/94)
  - » Verlangen nach (fd4/95)
- **Widerspenstig** (fd*/249)
- *Widerspruch - Neigung zu widersprechen* (b4a/249)
  - » *verträgt keinen Widerspruch* (fd4/249)

Beziehung zu anderen - allgemein

GEMÜT - *Argwöhnisch, mißtrauisch* (gk/16)
- Beleidigt, leicht (fd4/20)
- Furcht - Räubern, vor (fd4/74)
- Mitgefühl, Mitleid (gk1/130)
- Tadelsüchtig, krittelig (k/178)
- *Tadelt andere* (fd4/179)
- Unabhängigkeit, Selbständigkeit (fd4/189)

Schule - Angst

GEMÜT - *Selbstvertrauen - Mangel an Selbstvertrauen* (fd4/161)

Schule - Konzentration

GEMÜT - Geistesabwesend - Lesen, beim (fd4/88)

Schule - Lernen - Mathematik, Rechnen

GEMÜT - Fehler; macht - Rechnen, beim (fd4/57)

Schule - Lernen - Schreiben

GEMÜT - *Fehler; macht - Schreiben, beim* (sf1/57)
- Fehler; macht - Schreiben, beim - falsch - Buchstaben, Zahlen (fd4/57)
  - » Schreiben, beim - läßt etwas aus - Buchstaben (fd4/57)
  - » Schreiben, beim - verwechselt Buchstaben (fd4/58)

• Schreiben - unleserlich, schreibt (fd4/156)

Schule - Anstrengung; geistige

KOPF - Schmerz - geistige Anstrengung - agg. (fd4/328)

Schule - Beziehung zu anderen

GEMÜT - Ungehorsam (fd4/191)
• Ungehorsam - Kindern, bei (fd4/191)
MUND - Sprache - stotternd (*/688)

Schule - Vorwürfe

GEMÜT - Beschwerden durch - Tadel (fd4/25)
• *Empfindlich - Vorwürfe; gegen* (fd4/45)
• Ermahnungen - agg. (fd4/47)

Schule - Konstitution

GEMÜT - *Eigensinnig, starrköpfig, dickköpfig* (mrr1/41)
• Gewissenhaft, peinlich genau in bezug auf Kleinigkeiten (fd4/99)
• **Hast, Eile - tut, womit er gerade beschäftigt ist; bei dem, was er** (fd*/105)
• Neugierig (fd4/135)
• *Selbstvertrauen - Mangel an Selbstvertrauen* (fd4/161)
• Ungehorsam (fd4/191)
» Kindern, bei (fd4/191)
• **Unternehmen; etwas - Vieles, hält aber bei nichts durch, bleibt nicht dabei; unternimmt** (fd*/193)

Spielen

GEMÜT - Ungeduld - Spiel von Kindern; durch das (fd4/191)

Tieren; Beziehung zu

GEMÜT - Furcht - Hunden, vor (fd4/71)
• Mitgefühl, Mitleid - Tieren, mit (fd4/130)
• Natur - liebt (fd4/134)

Nonverbales - Aggressivität

GEMÜT - Beißen (^/20)
• Destruktivität, Zerstörungswut (fd4/38)
• *Diktatorisch* (mrr1*/39)
• Grobheit - Kinder; ungezogene (bg2*/104)
• Reizbarkeit, Gereiztheit - Kindern, bei (sf1/145)
» Kindern; gegenüber (fd4/145)
• Spucken (a1/170)
• Stoßen, treten, austreten (fd4/172)
• Wirft mit Gegenständen um sich (*/250)
» morgens (k/250)
• Zerbricht Dinge (fd4/251)
• Ziehen - Haaren; an den (^/252)
» Haaren; an den - Verlangen zu ziehen - jemanden an den Haaren (fd4/252)

Nonverbales - Reaktion auf andere

GEMÜT - Gehalten - Verlangen, gehalten zu werden (fd4/87)

Nonverbales - Gesten, Gebärden

GEMÜT - Beißen - Nägel (fd4/20)
• Gesten, Gebärden; macht - Hände; unwillkürliche Bewegungen der - Mund; zum (a/98)
• Grimassen (fd4/103)
» sonderbare Gesichter; schneidet (fd4/103)
• Lachen - Kindern, bei (fd4/121)
• *Launenhaftigkeit, launisch* (*/123)
» *weist Dinge zurück, die er haben wollte, sobald er sie bekommt* (j5/123)
• Springen (^/169)
• Ungeschicklichkeit (fd4/192)
» Kindern, bei (fd4/192)
• Verstecken - sich (fd4/199)
» sich - Kinder (fd4/199)

Nonverbales - Allgemeines

GEMÜT - *Eigensinnig, starrköpfig, dickköpfig* (mrr1/41)
• Hast, Eile - immer in Eile; ist (gl1/105)
» **tut, womit er gerade beschäftigt ist; bei dem, was er** (fd*/105)
• Nachahmung, Imitation (^/133)
» Stimmen und Bewegungen von Tieren; von (fd4/133)
• Schreien - Kindern, bei (k/157)

Nonverbales - Konsultation; bei der

KOPF - Empfindlichkeit - Berührung, gegen (fd4/283)
• Empfindlichkeit - Kopfhaut, der (fd4/284)
• Hitze - Kälte - Extremitäten; mit Kälte der (ptk2/293)
AUGE - *Entzündung - Kindern; bei - Kleinkindern; bei* (*/429)
OHR - Absonderungen - dick (fd4/497)
• Absonderungen - gelb (mrr1/497)
» Ohrschmalz (fd4/498)
» unterdrückt (bg2/498)
• *Entzündung - Mittelohr* (k/501)
» Mittelohr - Kindern; bei (k2/501)
• Katarrh - Eustachische Röhre (c1*/515)
» Mittelohr (mrr1/515)
HÖREN - Schwerhörig - Tubenkatarrh (mp1/537)
GESICHT - *Schwellung - Unterkieferdrüsen* (bg2/631)
MUND - Aphthen (*/639)
• *Aphthen - Zunge* (b4a/640)
• Landkartenzunge (bg3*/668)
• *Stomatitis ulcerosa, Stomakaze* (*/689)
INNERER HALS - *Entzündung - Tonsillen* (*/724)
• *Schwellung - Tonsillen* (*/747)
ÄUSSERER HALS - *Schwellung - Halsdrüsen* (*/760)

- *Verhärtung von Drüsen* (k/761)
  - » *perlschnurartig* (*/761)

ABDOMEN - Absonderung aus dem Nabel (fd4/849)
- Entzündung - Nabel (fd4/860)
- Schmerz - Druck - amel. (k/883)
  - » Nabel - Kind deutet auf den Nabel, als dem am stärksten schmerzenden Teil (fd4/922)

RÜCKEN - Krümmung der Wirbelsäule (bg2/1323)

HAUT - Erysipel (*/1798)
- Farbe - rot - Kratzen, nach - Streifen (fd4/1801)
- Hautausschläge - Herpes - ringförmig (*/1815)
  - » *Impetigo* (*/1816)
  - » Kindern; bei - Neugeborenen; bei (ptk1/1817)

ALLGEMEINES - *Exostose* (*/1877)

Nonverbales - Äußerliches - Beobachtungen des Arztes

KOPF - *Schuppen* (*/402)

AUGE - Verklebt (fd4/472)

OHR - *Schmerz - warm - Bett, Bettwärme; warmes - agg. - Einhüllen amel.; und warmes* (k/525)

NASE - Schniefen (k2/568)
- *Schniefen - Kindern; bei - Neugeborenen; bei* (*/568)

GESICHT - Fettig (fd4/593)
- Fettig - Stirn (fd4/593)
- Hautausschläge - Akne (st/595)
  - » Ekzem - Kindern; bei - Kleinkindern; bei (k2/597)
- *Sommersprossen* (*/632)
- Wächsern (k2/635)
- **Warzen** (*/635)

ÄUSSERER HALS - Torticollis (*/761)

ATMUNG - Beschleunigt (*/1174)

RÜCKEN - Opisthotonus (fd4/1325)

HAUT - *Sommersprossen* (*/1834)

Nonverbales - Äußerliches - Beobachtungen der Eltern

AUGE - Verklebt - morgens (fd4/472)

NASE - Verstopfung - Kindern; bei (bg2/577)

MUND - Beißt - Wangen; sich in die - Sprechen oder Kauen; beim (fd4/640)
- Beißt - Zunge; beißt sich auf die (fd4/640)
  - » Zunge; beißt sich auf die - Kauen agg. (fd4/640)

MAGEN - Brechreiz, Würgen (fd4/784)
- Schluckauf (*/809)
  - » Mittagessen - nach - agg. (fd4/811)
- Völlegefühl - Essen - nach - agg. (fd4/845)
  - » Essen - nach - agg. - wenig, nach dem kleinsten Bissen; nach noch so (fd4/845)

ABDOMEN - Schmerz - Liegen - agg. (fd4/889)
- Schmerz - Zusammenkrümmen - agg. (h2/896)
  - » Zusammenkrümmen - amel. (fd4/897)

REKTUM - *Unwillkürlicher Stuhl* (*/984)

STUHL - Kugeln, wie (fd4/996)
- Unverdaut (*/999)

BLASE - Urinieren - Harndrang - plötzlich - beeilen um zu urinieren, sonst geht Urin ab; muß sich (k/1015)
- Urinieren - unwillkürlich - Husten; agg. beim (k/1020)
  - » unwillkürlich - Kindern; bei (fd4/1020)
  - » unwillkürlich - Lachen agg. (fd4/1020)
  - » *verzögert, muß warten, bis der Urin zu fließen beginnt* (b4a/1020)

MÄNNLICHE GENITALIEN - Masturbation, Neigung zur (fd4/1071)

ATMUNG - Schnarchen (*/1180)
- Schnarchen - Kindern; bei (fd4/1180)

HAUT - Ekchymosen (*/1797)
- Insektenstiche (fd4/1825)

Nacht; Beobachtungen in der - Gemütssymptome

GEMÜT - Furcht - Erwachen; beim - Traum; aus einem (fd4/67)
- Gesten, Gebärden; macht - Hände; unwillkürliche Bewegungen der - zupft - Bettwäsche; an der (k/98)
- Reizbarkeit, Gereiztheit - morgens - Erwachen, beim - Kindern, bei (fd4/143)
- Sprechen - Schlaf; im (fd4/169)

Nacht; Beobachtungen in der - körperliche Symptome

KOPF - Schweiß der Kopfhaut - nachts (fd4/403)

MUND - Offen - Schlaf; agg. im (k/669)

BLASE - Urinieren - unwillkürlich - nachts (*/1019)

Nacht; Beobachtungen in der - Schlaf

SCHLAF - *Erwachen - Schreck, wie durch* (b4/1675)
- Ruhelos - Kindern, bei (fd4/1685)
- Schläfrigkeit - Kindern, bei (fd4/1699)
- Unterbrochen - Kindern, bei (fd4/1704)
- Verlängert - Kindern, bei (fd4/1705)

Nacht; Beobachtungen in der - Schlaf; Lage im

SCHLAF - Lage - Abdomen, auf dem (fd4/1682)
- Lage - Beine - ausgestreckt (*/1682)
  - » Kopf - Hinterkopf zu liegen ist unmöglich; auf dem (j5/1683)
  - » Kopf - Seite, nach einer (fd4/1683)
  - » Rücken, auf dem (fd4/1683)
  - » verändert häufig die Lage - nachts - Mitternacht - nach Mitternacht; und (bg2/1683)

Schaukeln und Getragenwerden

GEMÜT - Getragen - Verlangen getragen zu werden (fd4/99)

Autos und Schiffe

GEMÜT - Furcht - Fahren im Wagen; beim (fd4/68)

MAGEN - Erbrechen - Fahren im Wagen agg. (fd4/792)

Körperliche Symptome und Erkrankungen

KOPF - Entzündung - Hirnhaut (btw1/284)
• **Schmerz - katarrhalisch** (k/331)

OHR - **Schmerz - Kindern; bei** (hr1/523)

NASE - Schnupfen - Kindern, bei (fd4/572)

MAGEN - Erbrechen - Kindern, bei (fd4/793)
• Würgen - Husten, mit (k/846)

REKTUM - *Cholera - infantum* (*/949)
• Diarrhoe - Hautausschläge - unterdrückten Hautausschlägen; nach (*/953)
» Hautausschläge - während (ptk1/953)

BLASE - *Harnverhaltung - Kindern, bei* (k/1005)
• *Harnverhaltung - Kindern, bei - erkältet; jedesmal, wenn sich das Kind* (k/1005)

WEIBLICHE GENITALIEN - Menses - verzögerte Menarche (*/1114)

ATMUNG - *Asthma, asthmatische Atmung - Hautausschlägen; nach unterdrückten* (*/1162)

BRUST - *Entzündung - Bronchien - Kindern; bei* (k/1232)

RÜCKEN - Spina bifida (*/1384)

Chirurgisch pathologische Zustände

OHR - Verwachsungen im Mittelohr (mrr1/532)

Würmer

REKTUM - Würmer - Beschwerden durch Würmer (b4a/985)

Echinacea angustifolia

echi.

Man kennt seine Eignung bei septischen Beschwerden, adynamischen Zuständen, wie bösartigem Scharlach, Diphtherie und typhoiden Zuständen.

Es hat sich auch bei Furunkeln und Karbunkeln als nützlich erwiesen.

Wirkt auf den Wurmfortsatz: daher wurde es bei *Appendizitis* benutzt, aber man sollte sich daran erinnern, daß es *Eiterung fördert und eine vernachlässigte Appendizitis mit Eiterbildung würde unter seiner Anwendung wahrscheinlich früher aufbrechen.*

Frösteln mit Übelkeit ist eine Hauptanzeige.

Entzündung der Lymphgefäße; Quetschungen.

Schlangenbisse, Bisse und Stiche.

Lippe schrieb: „Schwäche, Müdigkeit und Schmerzen."

Wood schrieb: „Um zusammen zu fassen: Echinacea ist ein *ausgezeichnetes Mittel für erschöpfte, kraftlose, müde Menschen, die sich durch zu viel Arbeit oder Studieren ausgelaugt haben.* Ich nenne es das ‚Bauern-Mittel', denn es ist angezeigt bei Menschen, die sich einfach nicht ausruhen können, die hart arbeiten müssen, eine ganze Saison und dann *krank werden und erschöpft sind, wenn sie etwas Urlaub haben.* Man könnte es genausogut das ‚Studenten-Mittel' nennen oder sogar eine Medizin für schlechte Arbeitsgewohnheiten."

Klinisches: Appendizitis. Bisse tollwütiger Tiere. Schlangenbisse. Geschwüre. Impffolgen.

Wirkungsbereich: Blut. Kreislauf. Zahnfleisch. Lymphknoten. Lymphgefäße.

***

Krankengeschichte; familiäre und persönliche

ALLGEMEINES - Krankengeschichte von; persönliche - Abszessen; wiederkehrenden (mtf/1909)
• Krankengeschichte von; persönliche - Furunkel; von wiederkehrenden (bro1/1909)

Impfung

ALLGEMEINES - Impfung; Beschwerden nach (*/1892)

Stillen - Magendarmsymptome - Appetit - vermindert

MAGEN - Appetit - fehlend (k/767)
• Appetit - vermindert (k/772)

Stillen - Magendarmsymptome - Aufstoßen - Speisen; von

MAGEN - Aufstoßens; Art des - Speisen; von (k/780)

Infektionskrankheiten - Scharlach

FIEBER - **Ausschlagsfieber; Fieber bei Ausschlagserkrankungen - Scharlach** (*/1770)
• Scharlach - bösartig (bro1/1778)

HAUT - *Hautausschläge - Scharlach* (c2/1821)

Beziehung zu anderen - Reaktion auf andere

GEMÜT - Widerspruch - verträgt keinen Widerspruch (*/249)

Schule - Konzentration

GEMÜT - Verwirrung; geistige - Lesen, beim (sf1/203)

Schule - Lernen - Lesen

GEMÜT - Verwirrung; geistige - Lesen, beim (sf1/203)

Nonverbales - Konsultation; bei der

HAUT - *Erysipel* (*/1798)
• Hautausschläge - Erythem (bro1/1812)

Nonverbales - Äußerliches - Beobachtungen des Arztes

GESICHT - Hautausschläge - Akne (bro1/595)

• Rissig - Lippen (bro1/613)
  » Mundwinkel (bro1/614)

Nonverbales - Äußerliches - Beobachtungen der Eltern

Nase - Schneuzen der Nase - Neigung, sich zu schneuzen; ständige (k/568)

Haut - Insektenstiche (br1*/1825)

Körperliche Symptome und Erkrankungen

Kopf - Entzündung - Gehirn (br1/284)
• Entzündung - Hirnhaut (br1/284)

Rektum - Cholera - infantum (mtf11/949)

Fieber - **Continua** (k/1772)

Chirurgisch pathologische Zustände

Abdomen - Entzündung - Appendix - akut (mtf11/859)
• Entzündung - Peritoneum (mtf11/860)

Elaps corallinus

elaps.

Dieses Mittel zeigt wie andere Schlangen sehr *aggressive Züge.* Ein Kind, das Elaps benötigt, ist argwöhnisch; wird wütend, wenn es angesprochen wird; ist streitsüchtig; neigt dazu, andere Menschen oder sich selbst zu schlagen und zu beißen, sogar im Schlaf, in dem es die Gewohnheit hat, den Mund offen zu halten.

Er hat Angst vor dem Alleinsein, aber er hat nicht immer Verlangen nach der Gesellschaft anderer Menschen und versteckt sich oft in einer Ecke, was seine Schüchternheit belegt.

Sein Verlangen, alleine zu reisen, ist oft ein Anzeichen für sein zurückhaltendes Wesen.

Sie lieben die Natur, obwohl sie Angst vor Tieren haben, besonders vor Katzen.

In der Schule können sie Probleme haben, die mit Erwartungsangst zusammenhängen und Kopfschmerzen nach geistiger Anstrengung.

Das Zielorgan des Mittels ist der Verdauungskanal; das *Kältegefühl im Magen nach Essen von Obst* oder nach kalten Getränken ist typisch.

Diese Kinder sind empfindlich gegen kaltes Wetter und haben oft Otitis, die zu *Perforation des Trommelfells* führt, mit bestimmten Absonderungen (blutig, wundfressend, riechend, grün, gelbgrün und sogar schwarz).

Schniefen durch die geringste Zugluft und Notwendigkeit, durch den Mund zu atmen.

Die Symptome neigen allgemein dazu, sich zu bessern, wenn sie mit dem Gesicht nach unten liegen.

Es ist ihnen kalt und sie haben eine ausgeprägte Rechtsseitigkeit.

Klinisches: Amaurose. Ohrenleiden. Nasenbluten. Blutungen. Kopfschmerzen. Knieschmerzen. Nasopharyngitis. Pneumonie. Ulzeration des inneren Halses.

Wirkungsbereich: Blut. Nase. Ohren. Innerer Hals.

***

Stillen - Milch

Allgemeines - Speisen und Getränke - Milch - Abneigung (ld1/2000)
• *Speisen und Getränke - Milch - Verlangen* (*/2001)

Stillen - Magendarmsymptome - Appetit - vermehrt

Magen - *Appetit - Heißhunger* (k/769)
• *Appetit - vermehrt* (k/770)
  » vermehrt - Essen - unmöglich; ist (k/772)

Stillen - Magendarmsymptome - Abdomen - amel. durch

Abdomen - Schmerz - Liegen - Abdomen; auf dem - amel. (mrr1/889)

Infektionskrankheiten - Mumps

Gesicht - Schmerz - Parotis (k/626)

Konstitution - Angst und Furcht

Gemüt - *Beschwerden durch - Erwartungsspannung* (sf1/23)
• *Furcht - allein zu sein* (*/64)

Konstitution - Allgemeines

Gemüt - Faulheit (a1/55)
• Heimweh (k/107)
• Reisen - Verlangen nach (k/142)
• Ungerechtigkeit; erträgt keine (mtf/191)

Familie; Beziehung zur - Liebe und Zuneigung

Gemüt - Verlassen zu sein; Gefühl (mgm/198)

Beziehung zu anderen - Aggressivität

Gemüt - Schlagen (k/154)
• Schlagen - Verlangen - schlagen, zu (k/154)
• Streitsüchtig (k/173)
• *Zorn - angesprochen, wenn* (kr1/253)

Beziehung zu anderen - Reaktion auf andere

Gemüt - Gesellschaft - Abneigung gegen (k1/94)
• Gesellschaft - Abneigung gegen - ertragen, kann niemanden (fkr8/95)
  » Abneigung gegen - Furcht vor dem Alleinsein; jedoch (k/95)

» *Verlangen nach* (k/95)
» Verlangen nach - allein; agg. wenn (*/96)
• Schüchternheit, Zaghaftigkeit (mgm/158)

Beziehung zu anderen - allgemein

GEMÜT - Argwöhnisch, mißtrauisch (mrr1/16)
• Furcht - Räubern, vor (k/74)

Schule - Angst

GEMÜT - *Beschwerden durch - Erwartungsspannung* (sf1/23)

Schule - Anstrengung; geistige

KOPF - Schmerz - geistige Anstrengung - agg. (k/328)

Spielen

GEMÜT - Spielen - Verlangen zu spielen (^/166)
• Spielen - Verlangen zu spielen - Gras, im (k/166)
• Verspielt (k/199)

Tieren; Beziehung zu

GEMÜT - Furcht - Katzen; vor (gk/71)
• Furcht - Tieren, vor (gk/76)
• Natur - liebt (mtf/134)

Nonverbales - Aggressivität

GEMÜT - Beißen (^/20)
• Beißen - sich selbst; beißt (kr1/20)

Nonverbales - Gesten, Gebärden

GEMÜT - Beißen - Finger; beißt (^/20)
• Beißen - Hände; beißt (^/20)
• Verstecken - sich (mgm/199)
» sich - Ecke; in der (a/199)

Nonverbales - Konsultation; bei der

OHR - *Absonderungen - Blut* (*/497)
• Absonderungen - blutig (k/497)
» dünn (k/497)
» eitrig (bro1/497)
» *gelblichgrün* (k/497)
» *grün* (k/497)
» grün - morgens (k/497)
» Ohrschmalz (bro1/498)
» schleimig (bro1/498)
» serös (k/498)
» *stinkend* (*/498)
» übelriechend (k/498)
» *wäßrig* (*/498)
» wundfressend (bro1*/498)
• Ohrschmalz - schwarz (*/516)
» schwarz - verhärtet (ptk1/516)
» *trocken* (k/516)
» verhärtet (bg2/516)
» *vermehrt* (k/516)
• *Perforation - Trommelfell* (sne/516)
MUND - Aphthen (gk/639)
• Herausstrecken, Vorstrecken - Zunge, der - schnellt heraus und hinein wie bei einer Schlange, züngelt; die Zunge (pd/665)
INNERER HALS - Schwellung - Tonsillen (hr1/747)

Nonverbales - Äußerliches - Beobachtungen des Arztes

NASE - Schniefen (k/568)
• Schniefen - Kindern; bei - Neugeborenen; bei (bro1/568)
GESICHT - Rissig - Mundwinkel (gk/614)
ÄUSSERER HALS - Torticollis (a1/761)

Nonverbales - Äußerliches - Beobachtungen der Eltern

MAGEN - Gluckern; Gurgeln - Trinken - agg. (k/803)
• Völlegefühl - Essen - nach - agg. - wenig, nach dem kleinsten Bissen; nach noch so (k/845)
ABDOMEN - Schmerz - Liegen - Abdomen; auf dem - amel. (mrr1/889)
STUHL - *Unverdaut* (k/999)

Nacht; Beobachtungen in der - Gemütssymptome

GEMÜT - Beißen - Finger; beißt - Schlaf - im (ptk1/20)
• Beißen - Hände; beißt - Schlaf; im (ptk1/20)
• Sprechen - Schlaf; im (gk/169)

Nacht; Beobachtungen in der - körperliche Symptome

MUND - Offen - Schlaf; agg. im (k/669)

Nacht; Beobachtungen in der - Schlaf; Lage im

SCHLAF - Lage - Seite, auf der - linken Seite, auf der (gk/1683)
• Lage - Seite, auf der - linken Seite, auf der - unmöglich (gk/1683)

Elaterium

elat.

Dies ist ein unschätzbares Mittel bei *Erbrechen* und *Purgieren*, besonders, wenn das Ausgeschiedene reichlich und wäßrig ist. Der Stuhl spritzt wie Wasser aus einem kleinen Loch am Boden eines Gefäßes. Diarrhoe nach Masern.

Beriberi; choleraartige Zustände; Urtikaria und Geistesstörungen, die sich in Folge unterdrückter Malaria entwickeln.

Folgen von feuchtem Wetter.

Manchmal nützlich bei Gelbsucht von Neugeborenen.

Ruhelosigkeit bei Kindern. Unwiderstehliches Verlangen nachts das Haus zu verlassen, um zu wandern.

Klinisches: Blasenleiden. Diarrhoe. Kolik. Krämpfe. Abszesse. Furunkel. Erysipel. Masern. Nesselausschlag.

Wirkungsbereich: Schleimhäute. Verdauungskanal.

***

Stillen - Magendarmsymptome - Appetit - vermindert

MAGEN - Appetit - fehlend (k/767)

Stillen - Magendarmsymptome - Rektum

REKTUM - Diarrhoe - Kindern, bei (c1/954)

Infektionskrankheiten - Masern

REKTUM - Diarrhoe - Masern - nach (hr1/954)

HAUT - Hautausschläge - Masern (c1*/1817)

Konstitution - Allgemeines

GEMÜT - Heimweh (st1/107)
- Wandern, Herumwandern - Verlangen zu wandern (bro1/243)

Nonverbales - Konsultation; bei der

HAUT - Erysipel (hr1*/1798)
- Farbe - gelb - Neugeborenen, bei (c1*/1800)

ALLGEMEINES - Wassersucht - Allgemeinen; im (br1/2023)

Körperliche Symptome und Erkrankungen

REKTUM - Cholera - infantum (*/949)

Embelia ribes

emb-r.

Launische und stöhnende Kinder. *Sie wollen nicht umarmt oder berührt werden;* Abneigung getragen zu werden. Sehr eigensinnig.

Es ist sehr nützlich bei Erkrankungen von Kindern, die mit *Würmern* in Zusammenhang stehen. Es ist ein gutes Mittel bei *Diarrhoe,* Dyspepsie, Flatulenz und Fieber.

Klinisches: Husten. Diarrhoe. Fieber. Stiche von Skorpionen. Schlangenbisse. Hautkrankheiten.

Wirkungsbereich: Darm.

Konstitution - Allgemeines

GEMÜT - Stimmung, Laune - veränderlich (bnj1/171)
- Stimmung, Laune - veränderlich - Kindern; bei (bnj1/171)

Schule - Konstitution

GEMÜT - Eigensinnig, starrköpfig, dickköpfig (bnj1/41)

Nonverbales - Reaktion auf andere

GEMÜT - Berührtwerden - Abneigung berührt zu werden (bnj1/21)

Nonverbales - Allgemeines

GEMÜT - Eigensinnig, starrköpfig, dickköpfig (bnj1/41)
- Stöhnen - Kindern, bei (bnj1/172)

Nacht; Beobachtungen in der - körperliche Symptome

ZÄHNE - Zähneknirschen - Schlaf; agg. im (bnj1/718)

Würmer

REKTUM - Würmer - Beschwerden durch Würmer (mtf11/985)
- Würmer - Beschwerden durch Würmer - Spulwürmer (mtf11/986)

Epiphegus virginiana

epiph.

Konstitution - Angst und Furcht

GEMÜT - Beschwerden durch - Erwartungsspannung (c1/23)

Schule - Angst

GEMÜT - Beschwerden durch - Erwartungsspannung (c1/23)

Schule - Anstrengung; geistige

KOPF - *Schmerz - geistige Anstrengung - agg.* (bro1/328)

Nonverbales - Aggressivität

GEMÜT - Spucken (bg/170)

Nonverbales - Konsultation; bei der

BRUST - *Einziehung der Brustwarzen* (bro1/1231)

Equisetum hyemale

equis-h.

Es ist ein wichtiges Mittel bei *Enuresis* träger und frösteliger Kinder. Enuresis bei Kindern mit *Träumen oder Alpträumen, wenn Urin abgeht.*

Equisetum wirkt ähnlich wie Cantharis, hat aber weniger Tenesmus und Hämaturie und der Urin ist weniger brennend heiß. Der Urin ist spärlich, stark gefärbt und enthält viel Schleim. *Die Menge des Urins ist mehr eine Anzeige für Equisetum, als für Cantharis.*

Schmerzen in der Blase, als wäre sie zu voll, *nicht gebessert durch Urinieren;* der ständige Harndrang wird selbst durch reichliches Urinieren nicht gelindert. *Je voller die Blase, desto geringer das unangenehme Gefühl.*

Equisetum scheint es allgemein nach dem Urinieren schlechter zu gehen. Es fällt schwer, mit dem Urinieren zu beginnen, preßt stark, spärlicher Urin.

Es wurde bei Dysurie von Kindern vorgeschlagen. Die Verschlimmerung der Schmerzen nach dem Urinieren unterscheidet es von Petroselinum, bei dem das Kind vor Schmerzen auf und ab hüpft, wenn der Harndrang einsetzt.

Was die Gemütsebene angeht, so ist das Kind sehr *reizbar* und ermüdet schnell.

Klinisches: Enuresis. Zystitis. Hämaturie.

Wirkungsbereich: Urogenitaltrakt.

***

Stillen - Magendarmsymptome - Appetit - vermehrt

MAGEN - Appetit - Heißhunger (k/769)
• Appetit - vermehrt (k/770)

Nonverbales - Gesten, Gebärden

GEMÜT - Stirnrunzeln, Neigung zum (a1/171)

Nonverbales - Konsultation; bei der

HAUT - Hautausschläge - Herpes - ringförmig (mp1/1815)

Nonverbales - Äußerliches - Beobachtungen des Arztes

GESICHT - Gerunzelt - Stirn, Stirnrunzeln (a1/594)

Nonverbales - Äußerliches - Beobachtungen der Eltern

BLASE - Urinieren - verzögert, muß warten, bis der Urin zu fließen beginnt - pressen, bevor er damit beginnen kann; muß lange (bro1/1021)

Nacht; Beobachtungen in der - körperliche Symptome

BLASE - **Urinieren - unwillkürlich - nachts** (*/1019)
• **Urinieren - unwillkürlich - nachts - Gewohnheit keine Ursache aufzufinden ist; wenn außer der** (*/1019)
» unwillkürlich - nachts - Träumen vom Urinieren; beim (bro1/1019)

Erigeron canadensis

erig.

Dieses Kind kann Probleme in der Schule haben auf Grund von Faulheit, aus Mangel an Ehrgeiz und wegen Schwierigkeiten beim Schreiben, was auch Auslassen von Buchstaben und Worten umfaßt.

Auf der körperlichen Ebene findet man *Dysurie zahnender Kinder.* Das Kind weint, wenn es uriniert; häufiges, schmerzhaftes Urinieren; Urin reichlich, von kräftigem Geruch, sehr scharf, die äußeren Teile sind entzündet und geschwollen.

Erigeron ist ein Mittel bei *Blutungen*, nicht nur des Uterus. Tatsächlich schrieb Choudhuri: „Die Blutungen dieses Mittels, es spielt keine Rolle, aus welcher Körperöffnung sie stattfinden mag, ist gekennzeichnet durch die leuchtende Röte der Absonderung." *Das Bluten wird durch die geringste Bewegung stärker.*

Klinisches: Prellungen. Blutungen. Hämorrhoiden. Husten. Dysurie.

Wirkungsbereich: Urogenitaltrakt. Gelenke. Gallenblase. Blutgefäße.

***

Zahnung - Allgemeines

BLASE - Urinieren - Dysurie - Zahnung; während der (ptk1*/1012)

HARNRÖHRE - Schmerz - Kindern; bei - Zahnung; während der (hm/1038)

Konstitution - Allgemeines

GEMÜT - Ehrgeiz - Verlust von (a1/40)
• Faulheit (k/55)

Schule - Lernen - Schreiben

GEMÜT - Fehler; macht - Schreiben, beim (^/57)
• Fehler; macht - Schreiben, beim - läßt etwas aus - Buchstaben (mg1/57)
» Schreiben, beim - läßt etwas aus - Worte (mg1/57)

Nonverbales - Äußerliches - Beobachtungen der Eltern

AUGE - Verklebt - morgens (a1/472)

STUHL - Unverdaut (hr1/999)

BLASE - Urinieren - verzögert, muß warten, bis der Urin zu fließen beginnt (ptk1/1020)

HAUT - Ekchymosen (ptk2/1797)

Körperliche Symptome und Erkrankungen

BLASE - Harnverhaltung - Kindern, bei - Neugeborenen; bei (k/1005)

Eryngium aquaticum

ery-a.

Seine Hauptwirkung liegt in der Blase und der Harnröhre.

Es ist ein Mittel für *Beschwerden der Harnwege.* Strangurie mit nervösem Erethismus. Dicke, gelbe, schleimige Absonderungen.

Urhidrosis, der Schweiß riecht abends nach Urin.

Schleimige Diarrhoe von Kindern. Stuhl dunkel bleifarben, trocken und sehr hart. Tenesmus ani mit einem schneidenden Gefühl, wenn der Stuhl durch den Anus hindurchgeht. Hämorrhoiden und Analprolaps.

Auf der Gemütsebene ist Eryngium aquaticum ein Mittel bei Verwirrung, Stumpfheit und *Konzentrationsschwierigkeiten.*

Klinisches: Zystitis. Konjunktivitis. Strabismus. Diarrhoe. Laryngitis.

Wirkungsbereich: Blase. Harnröhre.

***

Stillen - Magendarmsymptome - Appetit - vermindert

MAGEN - Appetit - vermindert (a1/772)

Schule - Anstrengung; geistige

KOPF - Schmerz - Lesen, beim - agg. (k/332)
- Schmerz - Stirn - Lesen agg. (a1/389)

Nonverbales - Konsultation; bei der

OHR - Absonderungen - Blut (*/497)
- Absonderungen - blutig (*/497)
  - » dick (*/497)
  - » eitrig (a1/497)
  - » stinkend (hr1/498)
  - » übelriechend (*/498)
  - » weiß (*/498)
- Entzündung - Eustachische Röhre (*/500)
- Katarrh - Eustachische Röhre (hr1/515)

Nonverbales - Äußerliches - Beobachtungen des Arztes

AUGE - Strabismus, Schielen (c2/467)
- Verklebt (a1/472)

Körperliche Symptome und Erkrankungen

NIEREN - *Entzündung* (k/1023)

Eucalyptus globulus

eucal.

Eucalyptus ist ein kräftiges Antiseptikum, ein stimulierendes Expektorans und ein wirkungsvolles Diaphoretikum.

Atonische Dyspepsie, Magen- und Darmkatarrh. Ein Mittel mit ausgeprägter Wirkung auf katarrhalische Prozesse und Darmbeschwerden.

Erkrankungen der Schleimhäute der Luftwege und des Urogenitaltraktes.

Bronchitis und Bronchorrhoe, asthmatischer Husten mit Herzklopfen. Reichlicher, weißer, dikker, schleimig-eitriger und übelriechender Auswurf.

Innere und lokale Blutungen.

Klinisches: Blasenleiden. Dysurie. Harnröhrenstriktur. Nierenleiden. Asthma. Bronchitis. Diarrhoe. Dyspepsie. Milzleiden. Fisteln.

Wirkungsbereich: Urogenitaltrakt. Bronchien.

***

Infektionskrankheiten - Scharlach

FIEBER - Ausschlagsfieber; Fieber bei Ausschlagserkrankungen - Scharlach (bro1/1770)
- Scharlach - Prophylaxe gegen (bro1*/1779)

Infektionskrankheiten - Keuchhusten

HUSTEN - Keuchhusten (bro1/1197)

Nonverbales - Konsultation; bei der

MUND - Aphthen (a1/639)

Nonverbales - Äußerliches - Beobachtungen des Arztes

ATMUNG - Beschleunigt (hr1/1174)

Nonverbales - Äußerliches - Beobachtungen der Eltern

BLASE - Urinieren - verzögert, muß warten, bis der Urin zu fließen beginnt (k/1020)

Körperliche Symptome und Erkrankungen

MAGEN - Langsame Verdauung (br1*/805)

Würmer

REKTUM - Würmer - Beschwerden durch Würmer (c2/985)

Eugenia jambos

eug.

Diese Mittel könnte bei *Heranwachsenden* besonders nützlich sein. Die Haut ist deutlich angegriffen, besonders *Akne in Verbindung mit unregelmäßigen Menses.*

Auf der Gemütsebene ist die Abneigung gegen Gesellschaft mit Neigung, sich zu verstecken, ein Merkmal; faul und unzufrieden.

Klinisches: Komedonen. Obstipation. Diarrhoe. Diplopie. Hernie. Schluckauf. Otitis. Halsentzündung.

Wirkungsbereich: Haut. Augen und Sehen. Schleimhäute.

***

Stillen - Magendarmsymptome - Appetit - vermehrt

MAGEN - Appetit - vermehrt (k/770)

Stillen - Magendarmsymptome - Schluckauf

MAGEN - Schluckauf - Essen - beim - agg. (*/810)

Konstitution - Allgemeines

GEMÜT - Faulheit (a1/55)
• Unzufrieden (j5/194)

Beziehung zu anderen - Reaktion auf andere

GEMÜT - Gesellschaft - Abneigung gegen (*/94)

Nonverbales - Gesten, Gebärden

GEMÜT - Verstecken - sich (j5/199)

Nonverbales - Konsultation; bei der

OHR - Entzündung (c2/500)

EXTREMITÄTEN - Nägel; Beschwerden der - Haut zieht sich unter Bildung von Eiter von den Nägeln zurück (br1/1665)

Nonverbales - Äußerliches - Beobachtungen des Arztes

GESICHT - *Hautausschläge - Akne* (*/595)

Nonverbales - Äußerliches - Beobachtungen der Eltern

MAGEN - Schluckauf (c2/809)
• Schluckauf - Essen - beim - agg. (*/810)

Körperliche Symptome und Erkrankungen

GESICHT - Hautausschläge - Akne - Menses - unregelmäßige Menses (bro1/596)

Chirurgisch pathologische Zustände

ABDOMEN - Hernie (c2/867)

Eupatorium perfoliatum

eup-per.

Eines der wichtigsten Mittel gegen *Influenza,* wenn die charakteristischen *Knochenschmerzen, Übelkeit* und *Wundheit der Augäpfel* vorhanden sind. Der Frost geht dem Anfall voran, wenn das Kind *schrecklich durstig ist* und nicht genug trinken kann. Der Frost beginnt im Rücken. Der Durst hält während des Frostes an, aber das Kind übergibt sich nach dem Trinken.

Husten mit Wundheit der Brust; das Kind hält sich beim Husten die Brust.

Klinisches: Rückenschmerzen. Verdauungsstörung. Diarrhoe. Gelbsucht. Herpes am Anus. Masern. Heiserkeit. Husten.

Wirkungsbereich: Knochen. Magen. Leber. Hinterkopf. Bronchien. Muskeln (Brust, Rücken, Gliedmaßen).

***

Entwicklung - allgemein

EXTREMITÄTEN - *Schmerz - Unterschenkel - Wachstumsschmerzen* (k/1605)

ALLGEMEINES - Schmerz - Wachstumsschmerzen (ggd1/1958)

Stillen - Magendarmsymptome - Appetit - vermindert

MAGEN - Appetit - fehlend (k/767)

Stillen - Magendarmsymptome - Appetit - vermehrt

MAGEN - *Appetit - Heißhunger* (k/769)

Stillen - Magendarmsymptome - Abdomen - agg. durch

ABDOMEN - Schmerz - Druck - agg. (k/883)

Infektionskrankheiten - Masern

HUSTEN - *Masern - nach* (*/1202)
• Masern - während (*/1202)

FIEBER - Ausschlagsfieber; Fieber bei Ausschlagserkrankungen - Masern (bro1/1770)

HAUT - Hautausschläge - Masern (hr1*/1817)

Konstitution - Allgemeines

GEMÜT - Stimmung, Laune - veränderlich (kr1/171)

Familie; Beziehung zur - Aggressivität

GEMÜT - Beschwerden durch - Bevormundung - Vater; durch den (stj/22)

Nonverbales - Reaktion auf andere

GEMÜT - Gehalten - amel.; gehalten zu werden (ptk1/87)

Nonverbales - Konsultation; bei der

KOPF - *Empfindlichkeit - Kopfhaut, der - Berührung, gegen* (bro1/284)

ABDOMEN - Schmerz - Druck - agg. (k/883)

HAUT - *Hautausschläge - Herpes - ringförmig* (k/1815)

Nonverbales - Äußerliches - Beobachtungen des Arztes

GESICHT - Rissig - Mundwinkel (*/614)

ÄUSSERER HALS - Torticollis (bg2/761)

HUSTEN - *Halten, Festhalten - Brust mit beiden Händen halten; muß beim Husten die* (*/1193)

Nonverbales - Äußerliches - Beobachtungen der Eltern

MAGEN - Schluckauf (bg2*/809)

Nacht; Beobachtungen in der - Schlaf; Lage im

SCHLAF - Lage - Knie - Gesicht ins Kissen gepreßt; und (c1/1682)

• *Lage - verändert häufig die Lage* (sf1/1683)

Körperliche Symptome und Erkrankungen

KOPF - Schmerz - katarrhalisch (bro1/331)

RÜCKEN - Spina bifida (hr1/1384)

Eupatorium purpureum

eup-pur.

Die Besonderheit dieser Kinder könnte die Entfernung von der Mutter oder vom Zuhause, in dem er lebte, sein, was einem tyrannischen Vater zuzuschreiben ist. Es ist wirklich so, *daß die Symptome besonders als Folge von Heimweh und einem dominanten Vater entstehen.*

Auf körperlicher Ebene sind besonders die Harnwege betroffen, mit Entzündung der Nieren, schmerzhaftem Urinieren, Harnverhaltung und Enuresis nocturna.

Klinisches: Albuminurie. Zystitis. Diabetes. Harnverhaltung. Enuresis. Kopfschmerzen. Halsentzündung.

Wirkungsbereich: Harnwege.

***

Konstitution - Allgemeines

GEMÜT - Beschwerden durch - Heimweh (bro1/24)

• Heimweh (*/107)

Familie; Beziehung zur - Aggressivität

GEMÜT - Beschwerden durch - Bevormundung - Vater; durch den (stj/22)

Nonverbales - Allgemeines

GEMÜT - Singen (hr1/163)

Nonverbales - Äußerliches - Beobachtungen des Arztes

ÄUSSERER HALS - Torticollis (*/761)

Nonverbales - Äußerliches - Beobachtungen der Eltern

BLASE - Urinieren - Harndrang - vergeblich - Kindern; bei (k/1015)

Nacht; Beobachtungen in der - körperliche Symptome

BLASE - *Urinieren - unwillkürlich - nachts* (*/1019)

Körperliche Symptome und Erkrankungen

BLASE - Harnverhaltung - Kindern, bei (k/1005)

NIEREN - *Entzündung* (k/1023)

Euphorbium officinarum

euph.

Euphorbium reizt Haut und Schleimhäute.

Das charakteristischste Symptom sind die *brennenden Schmerzen in den Knochen und seine beste Anwendung liegt in der Linderung der Schmerzen bei Knochenkrebs.*

Weitere klinische Anzeigen sind: Milchschorf, Erysipel, Impetigo, Augenentzündung, Zahnschmerzen mit Karies und Abszessen, Kopfschmerzen und Peritonitis.

Was die Gemütsebene angeht, so sind Kinder, die Euphorbium benötigen, *eigensinnig* und *einsam.*

Klinisches: Knochenleiden. Kokzygodynie. Augenentzündung. Heuschnupfen. Kopfschmerzen. Sodbrennen. Peritonitis. Milchschorf. Erysipel. Warzen.

Wirkungsbereich: Schleimhäute. Haut. Knochen. Zähne.

***

Stillen - Milch

KOPF - Hautausschläge - Milchschorf (bg3/290)

Stillen - Magendarmsymptome - Appetit - vermindert

MAGEN - Appetit - fehlend (b2/767)

Stillen - Magendarmsymptome - Appetit - vermehrt

MAGEN - Appetit - vermehrt (b2/770)

Stillen - Magendarmsymptome - Aufstoßen - Speisen; von

MAGEN - Aufstoßens; Art des - Speisen; von (bg2/780)

Stillen - Magendarmsymptome - Aufstoßen - Wasser; Hochsteigen von

MAGEN - Aufstoßens; Art des - Wasser in den Mund; Hochsteigen von (*/781)

Stillen - Allgemeines

SCHWEISS - Warm - Speisen; warme - nach (bg2/1792)

Infektionskrankheiten - Mumps

GESICHT - Schwellung - Parotis (b4a/631)

Infektionskrankheiten - Scharlach

FIEBER - Scharlach (bg2/1778)

HAUT - Hautausschläge - Scharlach (b2/1821)
• Hautausschläge - Scharlach - glatt (b2/1821)

ALLGEMEINES - Scharlach - Beschwerden nach (*/1944)

Konstitution - Allgemeines

GEMÜT - Milde (*/130)

Beziehung zu anderen - Reaktion auf andere

GEMÜT - Gesellschaft - Abneigung gegen (hr1*/94)

Schule - Konstitution

GEMÜT - Eigensinnig, starrköpfig, dickköpfig (b4a/41)

Nonverbales - Allgemeines

GEMÜT - Eigensinnig, starrköpfig, dickköpfig (b4a/41)

Nonverbales - Konsultation; bei der

OHR - Katarrh - Mittelohr (mtf11/515)

EXTREMITÄTEN - Krümmung und Biegung (b4a/1473)

HAUT - **Erysipel** (*/1798)
• Farbe - rot - Kratzen, nach - Streifen (*/1801)
• Hautausschläge - Impetigo (bro1/1816)

Nonverbales - Äußerliches - Beobachtungen des Arztes

AUGE - *Verklebt* (*/472)

ATMUNG - Beschleunigt (b2/1174)

Nonverbales - Äußerliches - Beobachtungen der Eltern

AUGE - Verklebt - morgens (h2*/472)

MAGEN - *Schluckauf* (*/809)

ABDOMEN - Schmerz - Zusammenkrümmen - amel. (k/897)

SCHWEISS - Warm - Speisen; warme - nach (bg2/1792)

Nacht; Beobachtungen in der - Schlaf; Lage im

SCHLAF - Lage - Arme - Kopf - über dem Kopf (k/1682)
• Lage - Knie - Brust; liegt auf Knien und (sf1/1682)

Autos und Schiffe

MAGEN - **Übelkeit - Seekrankheit** (b4a/839)

Körperliche Symptome und Erkrankungen

ZÄHNE - Abszeß der Zahnwurzeln (k/695)
• Karies, faule, hohle Zähne (*/700)

ALLGEMEINES - Kindern; Beschwerden von (*/1897)

Chirurgisch pathologische Zustände

ABDOMEN - Entzündung - Peritoneum (c2/860)
• Hernie - Leistenhernie (b2/868)

Euphrasia officinalis

euphr.

Dieses Mittel hat einen *speziellen Tropismus für die Augen.* Es ist ein ausgezeichnetes Mittel bei Ophthalmie, besonders des katarrhalischen Typs. Die Lider sind entzündet, mit scharfem Tränenfluß, und die Absonderung ist reichlich und wundfressend. Es ist intensive Photophobie vorhanden, vor allem bei künstlichem Licht. Euphrasia wirkt gut bei traumatischer Konjunktivitis mit brennenden und stechenden Schmerzen, besonders nachts.

Man sollte sich bei Striktur des Tränenkanals daran erinnern.

Es ist interessant, die mögliche Verwendung dieses Mittels bei typischen Erkrankungen in der Kindheit zu unterstreichen: *Masern und einige der Folgen für das Auge*, einschließlich Entzündung und verschwommenes Sehen; Atmungssymptome einschließlich trockenen Hustens; *Mumps; Scharlach* und *Keuchhusten,* bei dem oft Tränenfluß während des Anfalls festzustellen ist.

Euphrasia kann auch nützlich sein bei Kryptorchismus und bei *Stottern von Kindern.*

Klinisches: Konjunktivitis. Blepharitis. Iritis. Tränenfluß. Kolik. Husten. Parotitis. Analprolaps.

Wirkungsbereich: Schleimhäute (Augen, Nase, Brust).

***

Stillen - Magendarmsymptome - Appetit - vermindert

MAGEN - Appetit - fehlend (b2/767)
• Appetit - fehlend - Hunger, mit (b2/768)

Stillen - Magendarmsymptome - Appetit - vermehrt

MAGEN - Appetit - Genuß, ohne (k/769)
• Appetit - vermehrt (b2/770)

Infektionskrankheiten - Windpocken

FIEBER - *Continua - Ausschlagsfieber* (k/1772)

Infektionskrankheiten - Masern

AUGE - Entzündung - Masern, nach (k/429)

SEHEN - *Trübsichtigkeit, trübes Sehen - Masern, nach* (k/492)

HUSTEN - Masern - nach (bg2*/1202)
• Masern - während (bro1/1202)
• Trocken - Masern, nach (k2/1209)

Fieber - **Ausschlagsfieber; Fieber bei Ausschlagserkrankungen - Masern** (*/1770)
• *Continua - Ausschlagsfieber* (k/1772)

Haut - **Hautausschläge - Masern** (*/1817)

Allgemeines - Masern - Beschwerden nach (kr1/1920)

Infektionskrankheiten - Mumps

Gesicht - Entzündung - Parotis (c2/584)
• Entzündung - Parotis - Mumps (bro1/584)

Infektionskrankheiten - Röteln

Fieber - *Continua - Ausschlagsfieber* (k/1772)

Haut - *Hautausschläge - Röteln* (b7a/1821)

Infektionskrankheiten - Scharlach

Fieber - *Continua - Ausschlagsfieber* (k/1772)

Haut - Hautausschläge - Scharlach - glatt (k/1821)

Infektionskrankheiten - Pocken

Fieber - *Continua - Ausschlagsfieber* (k/1772)

Infektionskrankheiten - Keuchhusten

Husten - *Keuchhusten* (*/1197)

Konstitution - Allgemeines

Gemüt - Faulheit (*/55)
• Milde (*/130)

Beziehung zu anderen - Reaktion auf andere

Gemüt - Antworten - Abneigung zu antworten (k/14)

Schule - Beziehung zu anderen

Mund - *Sprache - stotternd* (*/688)
• Sprache - stotternd - Kindern; bei (bg2/688)

Nonverbales - Konsultation; bei der

Auge - *Entzündung - Kindern; bei - Kleinkindern; bei* (k/429)

Nonverbales - Äußerliches - Beobachtungen des Arztes

Auge - *Verklebt* (b7/472)

Atmung - Beschleunigt (b2/1174)

Nonverbales - Äußerliches - Beobachtungen der Eltern

Auge - *Verklebt - morgens* (k/472)

Magen - Schluckauf (*/809)

Stuhl - Kugeln, wie (k/996)

Haut - Ekchymosen (*/1797)

Nacht; Beobachtungen in der - Schlaf

Schlaf - *Erwachen - Schreck, wie durch* (*/1675)

Körperliche Symptome und Erkrankungen

Kopf - **Schmerz - katarrhalisch** (*/331)

Auge - Striktur der Tränenkanäle (k/467)

Chirurgisch pathologische Zustände

Männliche Genitalien - Hochgezogen, an den Körper gezogen - Hoden (*/1068)

Fagopyrum esculentum

fago.

Die Unfähigkeit zu lernen oder sich an etwas zu erinnern ist eine Keynote von Fagopyrum. Konzentration und Lernen fallen schwer und können zu Kopfschmerzen führen.

Seine *Wirkung auf die Haut, Jucken* ist sehr ausgeprägt (Kopfhaut; Lidränder; Ohren; Nase; Anus; Hände; Beine); *besser durch Baden in kaltem Wasser;* schlimmer durch Kratzen, Berührung und Liegen.

Intertrigo, Erythem und aufgesprungene Lippen sind charakteristische Symptome dieses Mittels.

Schwellung von Drüsen, besonders von Drüsen im Gesicht und Hals (Parotis, Mandeln und Unterkieferdrüsen). Die Parotis kann schmerzhaft und entzündet sein (Mumps).

Launischer Appetit, manchmal vermindert, manchmal vermehrt und Heißhunger nach dem Essen.

Verschlimmerung durch Milch.

Klinisches: Juckende Hautausschläge. Ekzem. Intertrigo. Schwellung und Entzündung von Drüsen. Mumps. Leberleiden. Sodbrennen. Diarrhoe.

Wirkungsbereich: Haut. Drüsen. Verdauungsorgane.

***

Stillen - Milch

Allgemeines - Speisen und Getränke - Milch - agg. (vml3/2001)

Stillen - Magendarmsymptome - Appetit - allgemein

Magen - Appetit - launischer Appetit (k/770)

Stillen - Magendarmsymptome - Appetit - vermindert

Magen - Appetit - vermindert (*/772)

Stillen - Magendarmsymptome - Appetit - vermehrt

Magen - Appetit - Heißhunger - Essen - nach dem Essen - bald danach (k/770)
• Appetit - vermehrt - Essen - nach (*/772)

Stillen - Magendarmsymptome - Aufstoßen - Wasser; Hochsteigen von

Magen - Aufstoßens; Art des - Wasser in den Mund; Hochsteigen von (bro1/781)

Infektionskrankheiten - Mumps

Gesicht - Entzündung - Parotis - Mumps (c2/584)
• Schmerz - Parotis (*/626)
• Schwellung - Parotis (k/631)

Schule - Konzentration

Gemüt - Konzentration - schwierig - Studieren (k/117)
• Studieren, Lernen - schwierig, fällt schwer (br1/173)

Schule - Lernen - allgemein

Gemüt - Studieren, Lernen - schwierig, fällt schwer (br1/173)

Schule - Anstrengung; geistige

Kopf - Schmerz - geistige Anstrengung - agg. (k/328)

Nonverbales - Konsultation; bei der

Gesicht - Schwellung - Unterkieferdrüsen (a1/631)
Innerer Hals - Schwellung - Tonsillen (k/747)
Haut - Intertrigo (c2*/1825)

Nonverbales - Äußerliches - Beobachtungen des Arztes

Gesicht - Rissig - Lippen (a1/613)

Falcon peregrinus disciplinatus

falco-pe.

Es wurden die Gemütsmerkmale dieses Mittels erforscht und hier findet man die Mehrzahl der Symptome. Aber diese *Symptome sind häufig widersprüchlich und gegensätzlich.*

Falcon-Kinder lieben die Natur; sind empfindlich auf Gegenstände der Natur; gewöhnlich *mitfühlend mit Tieren.* Sie sind mild, verspielt und weinen vor Freude. Schreckliches und traurige Geschichten greifen sie stark an. Im Gegensatz dazu können sie herrschsüchtig sein (und in Befehlston sprechen), grausam, widerspenstig und ohne Mitgefühl. Sie dulden keinen Widerspruch und beißen Menschen im Zorn.

Manchmal sind Verwegenheit, Mut, Mangel an Gefühl für Gefahr und Gerechtigkeitssinn die Hauptcharakteristika. Manchmal fehlt es ihnen an Selbstvertrauen, sie sind unzufrieden, entmutigt, wählerisch, faul, schüchtern, launisch, pessimistisch, machen sich Vorwürfe und sind argwöhnisch. Sie möchten sich verstecken und weinen, wenn sie angesprochen werden, selbst in freundlichem Ton. Diese Kinder können furchtlos sein oder Angst davor haben, daß man ihnen nahekommt, vor dem Fahren im Wagen, dem Alleinsein (besonders nachts), vor engen Orten und vor Armut.

Sie können Angst um Andere oder ihre Familie haben oder von ihrer Familie entfremdet sein und sich verlassen fühlen. Abneigung gegen und Verlangen nach Gesellschaft, sowie Verschlimmerung und Besserung durch Trost verstärken die Keynote dieses Mittels.

Konzentration und Lernen fallen schwer. Sie schreiben hastig und haben Probleme mit Mathematik und beim Rechnen.

Misha Norland führte die Prüfung durch und schrieb: „Falcon peregrinus ist ein erstklassiges Mittel *in Fällen, in denen sie sich eingeschränkt und bevormundet fühlen,* besonders durch ein Elternteil, einen Partner oder durch die eigenen Kinder. Sie können sich wie ein wildes Tier *in der Falle* vorkommen, dazu gezwungen, Dinge gegen ihren Überlebensinstinkt zu tun. Wenn sie ausbrechen, kann dies mit Gewalt geschehen, sogar gegen ihre eigenen Kinder. Ihre Weigerung, sich unterwerfen zu lassen, läßt einen inneren Konflikt entstehen. Sie können ‚emotional taub werden', sie erleben Wellen des Getrenntseins und werden distanziert. Dann kann ihre Wut kalt und destruktiv sein. Normalerweise fühlen sie eine tiefe Verbundenheit mit der Natur.

Die Themen, die in der Prüfung von Falcon peregrinus erschienen, können auf einer Achse entgegengesetzter Kräfte angeordnet werden. An einem Pol sind Helligkeit, Klarsichtigkeit und Lachen (Falcon peregrinus hat eine starke Mittags-Modalität, wenn die Sonne am höchsten Punkt steht). Am entgegengesetzten Pol ist die Kälte gefühlloser Wut, besonders gegen die eigenen Kinder und in der Tat gegen alles, was als Einschränkung wahrgenommen wird. *Für diese Prüfer war es ein Gefühl, gedemütigt, verachtet, unterbewertet und bedroht zu werden.* Es ist ein Aspekt der Gefühllosigkeit bei diesem Mittel vorhanden, das sich zusammensetzt aus einem Gefühl, über allem zu stehen und distanziert zu sein. Aus dieser Perspektive kann menschliches Leben billig, verarmt und schmutzig erscheinen. Eine Prüferin berichtete, sie sei die ‚Eiskönigin' geworden, während andere sagten, daß Sex und Sinnlichkeit ‚von der Landkarte' verschwunden seien. Aus dieser distanzierten Perspektive ist es natürlich, für jede emotional veränderte Situation eine rein analytische Lösung zu suchen.

Die Ursituation der Furcht und des Verlustes des trainierten Falken wird wie bei vielen Angst-Mitteln in eine taube Gefühllosigkeit umgesetzt. Diese Reaktion ist die natürliche, wenn erst einmal „Kämpfen und Fliehen" versucht wurden und sich als unzulänglich erwiesen haben. Vielleicht aus dieser Urerfahrung heraus fühlte eine Anzahl von Prüfern eine ausgeprägte empathische Reaktion auf bedrohte Umwelten und entmachtete Völker. Diese Reaktion des gefangenen Vogels ist vielleicht genauso natürlich wie die Flucht des freien Vogels.

In den Anfangsstadien der Prüfung fühlten sich die meisten Prüfer erhaben, klarsichtig, fokussiert und der Natur nahe. Viele beschäftigten sich mit Spiralen und Wirbeln.

Das geprüfte Mittel wurde über das Wochenende eingenommen. Am Sonntagmorgen kamen sieben aus der Gruppe, darunter zwei Männer, mit bemalten Fingernägeln in die Klasse, ein Symbol für die todbringenden Krallen des Falken. Auf der Fahrt zu einer Geburtstagsfeier waren alle von Verwirrung ergriffen worden. Einige hatten schreckliche Probleme, von Kreisverkehren wieder herauszukommen - ein Symbol für den in einer Spirale aufsteigenden Flug des Falken bevor er sich auf seine Beute herabstürzt [...] Falcon peregrinus ist ein Beispiel für das Aids-Miasma. Es verbindet sich das syphilitische Merkmal, sich schmutzig zu fühlen, vor allem anderen mit dem Aids-Gefühl (wie es die Greifvögel haben) Grenzen seien verletzt worden, man sei benutzt und mißbraucht worden. Das Thema des Besitzes ist zentral: Des Falkners wertvollster Besitz ist der Falke, ein Gefangener des konditionierten Reflexes, zum Handschuh des Besitzers zurückzukehren. Nesbit, der Vogel, von dem das Mittel hergestellt wurde, darf nie frei fliegen („Wahnidee, in der Falle zu sitzen"). Er ist ein Zuchtfalke, dessen Samen gesammelt wird („Beschwerden durch sexuellen Mißbrauch", „sexuelle Demütigung", „Wahnidee, mißbraucht zu werden", „Träume von erzwungenem Koitus"). Diese Themen sind nicht nur in sexuellen Beziehungen von Bedeutung, sondern auch in solchen zwischen Partnern, Eltern und Kindern, bei denen das Problem darin besteht, daß die Grenze zu eng oder zu weit ist (psorische Merkmale) oder verletzt wurde (das Aids-Merkmal)."

Vor etwa einem Jahr bat mich Donatella Brambilla, eine Ärztin am „Centro di omeopatia di Milano", die Supervision eines Patienten zu übernehmen, der merkwürdige Verhaltensweisen zeigte: Ein fünfjähriger Knabe, der eine unglaubliche Leidenschaft für Wanderfalken hatte und alles darüber wußte. Er sammelte alle Federn auf der Straße. Er brachte sogar eine Schachtel voller Vogelfedern zum nächsten Arztbesuch mit. Er bat seine Mutter, ihm einen Anzug auf Federn zu machen und wenn er Vögel füttern durfte, geriet er in Verzückung. Einmal hing er an einem Baum und sagte, er werde nie wieder nachhause gehen und seine Eltern seien nicht seine richtigen Eltern, sondern er betrachte sich als Sohn eines Falken. Er war ein ganz besonders aggressives Kind und beim ersten Arztbesuch mußte der Vater aus dem Zimmer gehen, weil ihn sein Sohn viele Male schlug. Nach Verabreichung von Falcon peregrinus war das Kind völlig verändert. Er ist nicht mehr aggressiv und hat nicht mehr die körperlichen Symptome, die er zuvor hatte. Das Verlangen, auf dem Land zu leben, besteht weiter und zwar in solchem Ausmaß, daß die Eltern planen, aus der Stadt zu ziehen.

Wie die Gemütssymptome ist auch der Appetit unbeständig: vermindert und fehlend oder vermehrt (besonders nach dem Essen und begleitet von Übelkeit) und mit Heißhunger.

Nägel (besonders Fingernägel) sind ein weiterer Angriffspunkt des Mittels: sie wachsen schnell, sind hart und dick. Häufig kauen die Kinder an den Nägeln.

Weitere Symptome des Mittels: schläft auf dem Bauch; Neigung zu Masturbation bei männlichen Patienten; Stuhl wie Kugeln.

Klinisches: Aggressivität. Angst.

Wirkungsbereich: Gemüt.

***

Stillen - Magendarmsymptome - Appetit - allgemein

MAGEN - Appetit - veränderlich (nl2/770)

Stillen - Magendarmsymptome - Appetit - vermindert

MAGEN - Appetit - fehlend (nl2/767)
• Appetit - vermindert (nl2/772)

Stillen - Magendarmsymptome - Appetit - vermehrt

MAGEN - Appetit - Heißhunger (nl2/769)
• Appetit - vermehrt (nl2/770)
» vermehrt - begleitet von - Übelkeit (nl2/771)
» vermehrt - Essen - nach (nl2/772)

Konstitution - Aggressivität

GEMÜT - Raserei, Tobsucht, Wut - Beißen; mit (nl2/140)

Konstitution - Angst und Furcht

GEMÜT - Furcht - allein zu sein (^/64)

• Furcht - Armut, vor (nl2/65)
  » engen Räumen; in (nl2/67)
• Furchtlos (nl2/80)
  » Gefahr, trotz (nl2/80)
• Gefahr - kein Gefühl für Gefahr; hat (nl2/87)
• Mutig (nl2/133)
• *Schreckliches und traurige Geschichten greifen sie stark an* (nl2/156)

Konstitution - Allgemeines

GEMÜT - Entmutigt (nl2/46)
• Faulheit (nl2/55)
• Furcht - Armut, vor (nl2/65)
• Heikel, pingelig (nl2/106)
• Milde (nl2/130)
• Pessimist (nl2/136)
• Reisen - Verlangen nach (nl2/142)
• Selbstvertrauen - Mangel an Selbstvertrauen (nl2/161)
• Stimmung, Laune - veränderlich (nl2/171)
• *Ungerechtigkeit; erträgt keine* (nl2/191)
• Unordentlich (nl2/192)
• Unzufrieden (^/194)
• Verwegenheit (nl2/199)
• Wandern, Herumwandern - Verlangen zu wandern (nl2/243)
• Weinen - Freude, durch (nl2/245)

Familie; Beziehung zur - Aggressivität

GEMÜT - Beschwerden durch - Bevormundung - lange Zeit, für (nl2/22)

Familie; Beziehung zur - Liebe und Zuneigung

GEMÜT - Angst - andere, um (nl2/7)
• Angst - Familie, um seine (nl2/9)
• Entfremdet - Familie, von seiner (nl2/45)
• Verlassen zu sein; Gefühl (nl2/198)

Beziehung zu anderen - Aggressivität

GEMÜT - Diktatorisch - spricht in Befehlston (nl2/39)
• Grausamkeit (nl2/103)
• Zorn - Widerspruch, durch (nl2/255)

Beziehung zu anderen - Reaktion auf andere

GEMÜT - Beschwerden durch - Scham (nl2/24)
• Gesellschaft - Abneigung gegen (nl2/94)
  » Verlangen nach (^/95)
• Schüchternheit, Zaghaftigkeit (nl2/158)
• Trost - agg. (nl2/188)
  » amel. (nl2/188)
• Weinen - angesprochen; wenn (^/245)
  » angesprochen; wenn - freundlich (nl2/245)
• Widerspenstig (nl2/249)

Beziehung zu anderen - allgemein

GEMÜT - Argwöhnisch, mißtrauisch (^/16)
• *Mitgefühl, Mitleid* (nl2/130)
• Tadelt sich selbst, macht sich Vorwürfe (nl2/179)
• Unbarmherzig (nl2/189)

Schule - Angst

GEMÜT - Selbstvertrauen - Mangel an Selbstvertrauen (nl2/161)

Schule - Konzentration

GEMÜT - Konzentration - schwierig - Studieren (nl2/117)
• Studieren, Lernen - schwierig, fällt schwer (nl2/173)

Schule - Lernen - allgemein

GEMÜT - Studieren, Lernen - schwierig, fällt schwer (nl2/173)

Schule - Lernen - Mathematik, Rechnen

GEMÜT - Langsamkeit - Rechnen; beim (nl2/122)
• Mathematik - Unfähigkeit zur (nl2/128)

Schule - Beziehung zu anderen

GEMÜT - Beschwerden durch - Scham (nl2/24)

Schule - Konstitution

GEMÜT - Hast, Eile - Schreiben; beim (^/105)
• Heikel, pingelig (nl2/106)
• Selbstvertrauen - Mangel an Selbstvertrauen (nl2/161)
• Unordentlich (nl2/192)

Spielen

GEMÜT - Verspielt (nl2/199)

Tieren; Beziehung zu

GEMÜT - Empfindlich - Natur und Objekte aus der Natur; für die (nl2/45)
• Mitgefühl, Mitleid - Tieren, mit (nl2/130)
• Natur - liebt (nl2/134)

Nonverbales - Aggressivität

GEMÜT - Beißen (nl2/20)
• Beißen - Menschen; beißt (^/20)
• Diktatorisch (nl2/39)

Nonverbales - Reaktion auf andere

GEMÜT - Furcht - Näherkommen, Annäherung von; vor - anderen, von (nl2/74)

Nonverbales - Gesten, Gebärden

GEMÜT - Beißen - Nägel (nl2/20)
• Klettern - Verlangen zu (nl2/115)
• Ungeschicklichkeit (nl2/192)
• Verstecken - sich (nl2/199)

Nonverbales - Allgemeines

GEMÜT - Hast, Eile - Schreiben; beim (^/105)
• Hast, Eile - Schreiben; beim - ruhig, gelassen ist; während er gleichzeitig (nl2/105)

Nonverbales - Konsultation; bei der

Extremitäten - Nägel; Beschwerden der - dicke Nägel (nl2/1664)
- Nägel; Beschwerden der - dicke Nägel - Fingernägel (nl2/1664)
  - » Härte - Fingernägel (nl2/1665)

Nonverbales - Äußerliches - Beobachtungen der Eltern

Stuhl - Kugeln, wie (nl2/996)

Männliche Genitalien - Masturbation, Neigung zur (nl2/1071)

Extremitäten - Nägel; Beschwerden der - Wachstum der Nägel - schnell (nl2/1666)
- Nägel; Beschwerden der - Wachstum der Nägel - schnell - Fingernägel (nl2/1666)

Nacht; Beobachtungen in der - Gemütssymptome

Gemüt - Furcht - allein zu sein - nachts (nl2/64)

Nacht; Beobachtungen in der - Schlaf; Lage im

Schlaf - Lage - Abdomen, auf dem (nl2/1682)

Autos und Schiffe

Gemüt - Furcht - Fahren im Wagen; beim (nl2/68)

Ferrum aceticum

ferr-act.

Dieses Mittel ist angezeigt bei *schwerer Anämie* und Entkräftung.

Man sollte daran denken bei dünnen, schwachen, *blassen Kindern, die schnell wachsen und Wachstumsschmerzen in den Beinen haben.* Sie sind immer erschöpft, besonders, wenn sie an Hämoptyse und Nasenbluten leiden.

Was die Gemütsebene angeht, so sind sie *launisch, streitsüchtig* und widerspenstig.

Klinisches: Anämie. Entkräftung. Nasenbluten.

Wirkungsbereich: Blut. Nase.

***

Entwicklung - schnell

Allgemeines - Wachstum - Längenwachstum; zu schnelles (bro1*/2021)

Entwicklung - allgemein

Extremitäten - Schmerz - Unterschenkel - Wachstumsschmerzen (lmj/1605)

Allgemeines - *Schmerz - Wachstumsschmerzen* (bg2*/1958)

Beziehung zu anderen - Aggressivität

Gemüt - Streitsüchtig (j/173)

Beziehung zu anderen - Reaktion auf andere

Gemüt - Widerspenstig (j/249)

Nonverbales - Gesten, Gebärden

Gemüt - Launenhaftigkeit, launisch (j/123)

Nonverbales - Äußerliches - Beobachtungen der Eltern

Stuhl - Unverdaut (bro1/999)

Autos und Schiffe

Kopf - Schmerz - Fahren - Wagen, im - agg. (k/326)

Ferrum arsenicosum

ferr-ar.

Leeser schrieb: „Ferrum arsenicosum wurde nicht geprüft. Es wird als Arsenpräparat in derselben Weise benutzt wie Chininum arsenicosum: bei anämischen, schwachen Kindern ohne Appetit, bei Milz- und Lebervergrößerung, schweren Blutkrankheiten, Malaria-Kachexie, gelegentlich auch bei Nephritis."

Dies ist ein wichtiges Mittel in Fällen einfacher und perniziöser *Anämie,* wenn Anzeigen für beide dieser wichtigen Mittel (Ferrum und Arsenicum) vorhanden sind.

Der Appetit kann gut sein, aber die Verdauung ist gestört und *der Stuhl enthält viel unverdaute Speisen.* Es kann *chronische Diarrhoe* vorhanden sein.

Man sollte bei Hautkrankheiten daran denken, wenn die Haut eher trocken als feucht ist.

Es besserte Ekzem, Impetigo und Psoriasis.

In Bezug auf die Gemütsebene schrieb Kent: „Jähzornig, wenn man ihm widerspricht. Angst in der Nacht. Angst, als sei er eines Verbrechens schuldig, mit Furcht, bei Fieber. Heiter. Konzentration fällt schwer. Geistige Verwirrung morgens beim Erwachen; abends. Gewissenhaft in Bezug auf Kleinigkeiten. Gedanken an den Tod. Unzufrieden. Zerstreut. Erregbar. Angst vor Menschenmengen, vor dem Tod, vor Unglück, vor Menschen. Vergeßlich. Hysterisch. Gleichgültig. Unentschlossen. Reizbar. Lachen und Heiterkeit. Schwankende Stimmung und Wechsel der Gemütssymptome. Eigensinnig. Streitsüchtig. Religiöse Gemütsstörungen; Reue. Nächtliche Ruhelosigkeit, die aus dem Bett treibt. Herumwerfen im Bett, während der Hitze. Extreme Traurigkeit, abends, wenn er allein ist. Überempfindlich gegen Geräusche. Ernste Stimmung. Benommenheit. Schweigsam. Es stört ihn, wenn er Menschen sprechen hört. Er ist empfindlich gegen ihre Stimmen. Gelassenheit. Bewußtlosigkeit. Weinen."

Klinisches: Anämie. Entkräftung. Diarrhoe. Ekzem. Impetigo. Psoriasis.

Wirkungsbereich: Blut. Rektum. Haut.

***

Zahnung - Magendarmsymptome

REKTUM - Diarrhoe - Zahnung; während (k/957)

Stillen - Magendarmsymptome - Appetit - vermindert

MAGEN - *Appetit - fehlend* (k/767)

Stillen - Magendarmsymptome - Appetit - vermehrt

MAGEN - Appetit - Genuß, ohne (k/769)
- *Appetit - Heißhunger* (k/769)
  » *vermehrt* (k/770)

Stillen - Magendarmsymptome - Aufstoßen - Speisen; von

MAGEN - Aufstoßens; Art des - Speisen; von (k2/780)

Stillen - Magendarmsymptome - Aufstoßen - Wasser; Hochsteigen von

MAGEN - Aufstoßens; Art des - Wasser in den Mund; Hochsteigen von (k/781)

Stillen - Magendarmsymptome - Abdomen - amel. durch

ABDOMEN - Schmerz - Wärme - amel. (k/896)

Stillen - Allgemeines

SCHWEISS - Essen - nach - agg. (k/1786)

Infektionskrankheiten - Keuchhusten

HUSTEN - Keuchhusten (k/1197)

Konstitution - Allgemeines

GEMÜT - Gewissenhaft, peinlich genau in bezug auf Kleinigkeiten (k/99)
- Stimmung, Laune - veränderlich (k/171)
- Unzufrieden (k/194)

Beziehung zu anderen - Aggressivität

GEMÜT - Streitsüchtig (k/173)
- Zorn - Widerspruch, durch (k1/255)

Beziehung zu anderen - Reaktion auf andere

GEMÜT - *Gesellschaft - Verlangen nach* (^/95)
- *Gesellschaft - Verlangen nach - allein; agg. wenn* (sne/96)
- Widerspruch - Neigung zu widersprechen (k2/249)

Schule - Konstitution

GEMÜT - Eigensinnig, starrköpfig, dickköpfig (k/41)
- Gewissenhaft, peinlich genau in bezug auf Kleinigkeiten (k/99)

Nonverbales - Allgemeines

GEMÜT - Eigensinnig, starrköpfig, dickköpfig (k/41)

Nonverbales - Konsultation; bei der

KOPF - Hitze - Kälte - Füße; mit Kälte der (k/293)

OHR - Absonderungen - übelriechend (k/498)

Nonverbales - Äußerliches - Beobachtungen des Arztes

GESICHT - Fettig (hr1/593)
- Hippokratisches Gesicht (k/605)
- *Wächsern* (k/635)

Nonverbales - Äußerliches - Beobachtungen der Eltern

ABDOMEN - Schmerz - Wärme - amel. (k/896)

REKTUM - Unwillkürlicher Stuhl (k/984)

STUHL - **Unverdaut** (k/999)

SCHWEISS - Essen - nach - agg. (k/1786)

Nacht; Beobachtungen in der - körperliche Symptome

BLASE - *Urinieren - unwillkürlich - nachts* (k/1019)

Autos und Schiffe

KOPF - Schmerz - Fahren - Wagen, im - agg. (*/326)

Körperliche Symptome und Erkrankungen

KOPF - *Schmerz - katarrhalisch* (k/331)

Ferrum iodatum

ferr-i.

Vergrößerung von Drüsen (Hals- und Unterkieferdrüsen) und Tumoren verlangen nach diesem Mittel.

Der *Gemütszustand* von Ferrum iodatum wird beherrscht von *schwieriger Konzentration,* Verwirrung und Benommenheit nach geistiger Betätigung (Lernen, Lesen oder Schreiben). Diese Tätigkeiten können auch *Kopfschmerzen* hervorrufen oder verschlimmern.

Die Kinder sind faul und gewissenhaft in Bezug auf Kleinigkeiten. Ihre Stimmung schwankt und sie haben Abneigung gegen Gesellschaft.

Das Mittel ist angezeigt bei *Knochenkrankheiten, die Kinder befallen:* Rückgratkrümmung, Rachitis, Hydrozephalus und ganz allgemein Exostosen.

Facies hippocratica.

Der Appetit wechselt: manchmal vermindert oder veränderlich, manchmal vermehrt, unersättlich und mit Heißhunger. Sie haben *Völlegefühl nach der geringsten Menge Essen.* Aufstoßen der Speisen oder Hochsteigen von Wasser.

Würmer.

Inkontinenz bei anämischen Kindern, besonders nachts.

Klinisches: Rückgratkrümmung. Rachitis. Exostosen. Hydrozephalus. Würmer. Anämie.

Wirkungsbereich: Knochen. Rektum. Blase. Blut.

***

Stillen - Magendarmsymptome - Appetit - vermindert

MAGEN - *Appetit - fehlend* (k/767)
• *Appetit - schnelle Sättigung* (k/770)
» vermindert (k/772)

Stillen - Magendarmsymptome - Appetit - vermehrt

MAGEN - Appetit - Genuß, ohne (k/769)
• *Appetit - Heißhunger* (k/769)
» *unstillbar* (k/770)
» *vermehrt* (k/770)

Stillen - Magendarmsymptome - Aufstoßen - Speisen; von

MAGEN - Aufstoßens; Art des - Speisen; von (*/780)

Stillen - Magendarmsymptome - Aufstoßen - Wasser; Hochsteigen von

MAGEN - Aufstoßens; Art des - Wasser in den Mund; Hochsteigen von (k/781)

Konstitution - Allgemeines

GEMÜT - Faulheit (^/55)
• Gewissenhaft, peinlich genau in bezug auf Kleinigkeiten (k/99)
• Stimmung, Laune - veränderlich (k2/171)

Familie; Beziehung zur - Aggressivität

GEMÜT - Beschwerden durch - Bevormundung - Kindern, bei (^/22)
• Beschwerden durch - Bevormundung - Kindern, bei - elterlicher Bevormundung; bei langer Geschichte übermäßiger (stj1/22)

Beziehung zu anderen - Reaktion auf andere

GEMÜT - Gesellschaft - Abneigung gegen (*/94)

Schule - Konzentration

GEMÜT - Konzentration - schwierig - Studieren (k2/117)
• Stumpfheit - Lesen (k/175)
• Verwirrung; geistige - Lesen, beim (k/203)
» Schreiben, beim (k/203)

Schule - Lernen - Lesen

GEMÜT - Stumpfheit - Lesen (k/175)
• Verwirrung; geistige - Lesen, beim (k/203)

Schule - Lernen - Schreiben

GEMÜT - Verwirrung; geistige - Schreiben, beim (k/203)

Schule - Anstrengung; geistige

KOPF - Schmerz - Lesen, beim - agg. (*/332)
• Schmerz - Stirn - Lesen agg. (k/389)

Schule - Konstitution

GEMÜT - Gewissenhaft, peinlich genau in bezug auf Kleinigkeiten (k/99)

Nonverbales - Konsultation; bei der

OHR - Katarrh - Eustachische Röhre (bro1/515)
GESICHT - *Schwellung - Unterkieferdrüsen* (k/631)
ÄUSSERER HALS - Schwellung - Halsdrüsen (*/760)
BRUST - Einziehung der Brustwarzen (bro1/1231)
RÜCKEN - Krümmung der Wirbelsäule (c2*/1323)
HAUT - Hautausschläge - Impetigo (br/1816)
ALLGEMEINES - *Exostose* (hr1*/1877)

Nonverbales - Äußerliches - Beobachtungen des Arztes

GESICHT - Hippokratisches Gesicht (k/605)

Nonverbales - Äußerliches - Beobachtungen der Eltern

MAGEN - *Völlegefühl - Essen - nach - agg.* (k/845)
• *Völlegefühl - Essen - nach - agg. - wenig, nach dem kleinsten Bissen; nach noch so* (k/845)
BLASE - Urinieren - unwillkürlich - Kindern; bei (br/1020)

Nacht; Beobachtungen in der - körperliche Symptome

BLASE - Urinieren - unwillkürlich - nachts (*/1019)

Körperliche Symptome und Erkrankungen

KOPF - Hydrozephalus (k/295)
NIEREN - Entzündung (br/1023)

Würmer

REKTUM - Würmer - Beschwerden durch Würmer (k2/985)

Ferrum metallicum

ferr.

Für Kinder, die schnell in die Höhe schießen und so aktiv sind, daß sie schnell erschöpft sind.

Hering schrieb: *„Für blasse, dünne, fröstelige Kinder,* bei denen die Hände und Füße schnell kalt werden; die den ganzen Tag schläfrig sind oder zumindest am Anfang der Nacht, viel träumen und morgens nicht aufstehen wollen; die einen ständigen Katarrh des Kopfes haben oder eine laufende Nase; schwache Augen, die im Freien immer voller Tränen sind; die jedesmal, wenn sie sich erkälten, entweder Diarrhoe oder Husten haben."

Allen schrieb: „Diarrhoe bei zahnenden Kindern, mit gerötetem Gesicht, manchmal verbunden mit Erbrechen, ohne Schmerz oder Anstrengung, das Erbrochene enthält hauptsächlich Unverdautes. Sowohl Diarrhoe wie Erbrechen erscheinen unmittelbar nach dem Essen [...] Obstipation: durch Trägheit des Darmes; vergeblicher Stuhldrang; Stuhl hart, schwierig, gefolgt von Rükkenschmerzen oder krampfartigen Schmerzen im Rektum; Prolaps des Rektums bei Kindern; nächtliches Jucken des Anus durch Würmer."

Nasenbluten anämischer Kinder, mit häufigem Wechsel der Gesichtsfarbe.

Die Blase ist entspannt und der Patient kann den Urin nicht halten. Während das Kind spielt, tropft Urin heraus und hält die Wäsche beständig naß, aber dies ist besser, wenn es völlig ruhig ist.

Asthma, schlimmer nach Mitternacht. Sie müssen sich aufsetzen, *besser durch langsames Herumgehen,* Sprechen und durch Entblößen der Brust. Erstikkungsanfälle abends im Bett, mit Wärme des Halses und Rumpfes, aber kalten Gliedmaßen. Schwieriges Einatmen wie durch Schwere in der Brust. Trockene, laute, ängstliche Atmung, bei Kindern rasselnd. Die Brust bewegt sich beim Atmen kaum, die Nasenlöcher weiten sich beim Ausatmen.

Keuchhusten; das Kind erbricht bei jedem Hustenanfall Speisen; große Blässe und Schwäche.

Klinisches: Anämie. Nasenbluten. Erbrechen. Diarrhoe. Obstipation. Würmer. Enuresis. Asthma. Keuchhusten.

Wirkungsbereich: Blut. Rektum. Magen. Nase. Blase. Atemwege.

***

Krankengeschichte; familiäre und persönliche

ALLGEMEINES - *Krankengeschichte von; persönliche - Säfteverlust; von* (cpd/1910)

Entwicklung - langsam

ALLGEMEINES - Gehen - Gehenlernen, Laufenlernen - spätes (bg3/1883)

Zahnung - Magendarmsymptome

REKTUM - **Diarrhoe - Zahnung; während** (*/957)

Zahnung - Allgemeines

ZÄHNE - *Zahnung - langsam* (hr1/718)
- *Zahnung - schwierig* (bg2*/718)

Stillen - Milch

MAGEN - Erbrechen - Milch, nach (bro1/794)
- *Schmerz - Milch - agg.* (k/821)

ALLGEMEINES - Speisen und Getränke - Milch - Abneigung (k2*/2000)
- Speisen und Getränke - Milch - agg. (kr1/2001)
  - » Milch - amel. (bg2*/2001)

Stillen - Magendarmsymptome - Appetit - allgemein

MAGEN - Appetit - launischer Appetit (ptk1/770)
- **Appetit - vermehrt - abwechselnd mit - Appetitverlust** (*/771)

Stillen - Magendarmsymptome - Appetit - vermindert

MAGEN - **Appetit - fehlend** (*/767)
- *Appetit - fehlend - Durst - mit* (hr1/768)
  - » fehlend - Hunger, mit (b2/768)
  - » *schnelle Sättigung* (*/770)
  - » *vermindert* (*/772)

Stillen - Magendarmsymptome - Appetit - vermehrt

MAGEN - *Appetit - Genuß, ohne* (k/769)
- **Appetit - Heißhunger** (*/769)
  - » Heißhunger - Sättigung; schnelle (bro1/770)
  - » *unstillbar* (*/770)
  - » *vermehrt* (*/770)
  - » vermehrt - Diarrhoe, mit (bro1/771)

Stillen - Magendarmsymptome - Aufstoßen - Speisen; von

MAGEN - **Aufstoßens; Art des - Speisen; von** (*/780)
- Aufstoßens; Art des - Speisen; von - Essen - beim - agg. (mrr1/780)
  - » **Speisen; von - Essen - nach - agg.** (*/780)
  - » Speisen; von - Essen - unmittelbar nach dem Essen (*/780)
  - » Speisen; von - Essen - zwei Stunden nach (k/780)
  - » Speisen; von - Husten; nach (mtf33/780)
  - » *Speisen; von - Mund füllen; in Portionen, die den* (*/780)

Stillen - Magendarmsymptome - Aufstoßen - Wasser; Hochsteigen von

MAGEN - Aufstoßens; Art des - Wasser in den Mund; Hochsteigen von (*/781)
- Aufstoßens; Art des - Wasser in den Mund; Hochsteigen von - Essen - nach - agg. (*/781)

Stillen - Magendarmsymptome - Erbrechen

MAGEN - Erbrochenen; Art des - Speisen - Essen - beim - agg. (c1/799)
- **Erbrochenen; Art des - Speisen - Essen - nach - agg.** (b7a/800)
  - » *Speisen - Essen - nach - sofort nach* (*/800)
  - » *Speisen - unverdaut* (*/800)

Stillen - Magendarmsymptome - Abdomen - amel. durch

ABDOMEN - Schmerz - Liegen - amel. (^/889)

• *Schmerz - Wärme - amel.* (hr1/896)

Stillen - Magendarmsymptome - Rektum

REKTUM - *Diarrhoe - Kindern, bei* (*/954)

Stillen - Allgemeines

SCHWEISS - Essen - nach - agg. (k/1786)
• *Essen - nach - amel.* (*/1786)
• *Warm - Speisen; warme - nach* (*/1792)

ALLGEMEINES - Säuglinge (kk2/1944)

Infektionskrankheiten - Keuchhusten

MAGEN - Erbrechen - Husten - beim - agg. - Keuchhusten (tl1/793)

HUSTEN - *Keuchhusten* (*/1197)
• Keuchhusten - heftig (tl1/1198)

Konstitution - Angst und Furcht

GEMÜT - Beeindrucken, empfänglich für Eindrücke; leicht zu (lmj*/19)
• Furcht - engen Räumen; in (mtf33/67)
» Geräusche, durch (bro1/69)
» offenen Plätzen; Furcht vor (gl1/74)
» Versagen, Mißerfolg; vor dem (stj2/79)
• Schreckliches und traurige Geschichten greifen sie stark an (gt1*/156)

Konstitution - Allgemeines

GEMÜT - Ehrgeiz - erhöht, vermehrt, sehr ehrgeizig (^/40)
• Ehrgeiz - erhöht, vermehrt, sehr ehrgeizig - Wettbewerb mit anderen, vergleicht sich mit ihnen; steht (mtf/40)
• Faulheit (a1*/55)
• Gewissenhaft, peinlich genau in bezug auf Kleinigkeiten (k/99)
• Kleinigkeiten, Trivialitäten - wichtig; scheinen (*/115)
• *Stimmung, Laune - veränderlich* (*/171)
• Unzufrieden (k/194)
• *Weinen - leicht* (hr1/246)

Familie; Beziehung zur - Liebe und Zuneigung

GEMÜT - *Angst - andere, um* (hr1/7)

Beziehung zu anderen - Aggressivität

GEMÜT - Streitsüchtig (*/173)
• Zorn - getröstet, wenn (vh/254)
» **Widerspruch, durch** (*/255)

Beziehung zu anderen - Reaktion auf andere

GEMÜT - Abneigung - Freunde, gegen (k/1)
• *Gesellschaft - Abneigung gegen* (*/94)
» Abneigung gegen - ertragen, kann niemanden (mtf/95)
» Verlangen nach (^/95)
» Verlangen nach - allein; agg. wenn (sne/96)
• Schüchternheit, Zaghaftigkeit (bg2/158)
• Widerspruch - Neigung zu widersprechen (*/249)
» *verträgt keinen Widerspruch* (*/249)
» verträgt keinen Widerspruch - Kindern; bei (mtf33/249)

Schule - Angst

GEMÜT - Furcht - Versagen, Mißerfolg; vor dem (stj2/79)

REKTUM - Diarrhoe - nervös, Gemütsbewegungen agg. (ptk1/955)

Schule - Anstrengung; geistige

KOPF - Schmerz - geistige Anstrengung - agg. (k2/328)

Schule - Konstitution

GEMÜT - Eigensinnig, starrköpfig, dickköpfig (*/41)
• Eigensinnig, starrköpfig, dickköpfig - Kinder (mtf33/41)
• Gewissenhaft, peinlich genau in bezug auf Kleinigkeiten (k/99)
• Kleinigkeiten, Trivialitäten - wichtig; scheinen (*/115)

Spielen

GEMÜT - Amüsement, Vergnügen - Verlangen nach (mtf/4)

Nonverbales - Aggressivität

GEMÜT - Diktatorisch (*/39)
• Spucken (^/170)

Nonverbales - Gesten, Gebärden

GEMÜT - Launenhaftigkeit, launisch (bg2*/123)

Nonverbales - Allgemeines

GEMÜT - Eigensinnig, starrköpfig, dickköpfig (*/41)
• Eigensinnig, starrköpfig, dickköpfig - Kinder (mtf33/41)

Nonverbales - Konsultation; bei der

KOPF - *Hitze - Kälte - Extremitäten; mit Kälte der* (*/293)
• Hitze - Kälte - Finger; mit Kälte der (mtf11/293)
» *Kälte - Füße; mit Kälte der* (*/293)

OHR - Entzündung - Eustachische Röhre (mtf11/500)
• Entzündung - Mittelohr (mtf11/501)

MUND - *Aphthen* (k/639)
• *Stomatitis ulcerosa, Stomakaze* (k/689)
• Zittern der Zunge - Herausstrecken, beim (*/692)

INNERER HALS - Entzündung - Tonsillen (mtf11/724)
• *Schwellung - Tonsillen* (k/747)

ÄUSSERER HALS - Schwellung - Halsdrüsen (*/760)

ABDOMEN - Auftreibung - Kindern, bei (mtf33/852)
• Hart - Kindern; bei (mtf33/866)

REKTUM - *Prolaps - Kindern; bei* (*/971)

ATMUNG - *Bauchatmung* (*/1171)
EXTREMITÄTEN - Nägel; Beschwerden der - Abblättern der Nägel (bg2/1664)
• Nägel; Beschwerden der - dicke Nägel (bg2/1664)
» verkrüppelte, verkümmerte Nägel (bg2/1665)
HAUT - Unrein (*/1835)

Nonverbales - Äußerliches - Beobachtungen des Arztes

AUGE - Verklebt (b7/472)
NASE - Bewegung - Nasenflügel - Fächer; wie ein (c1/545)
• *Geweitete Nasenlöcher - Ausatmen agg.; beim* (*/550)
GESICHT - Farbe - blaß - Kindern; bei (mtf33/586)
• Hippokratisches Gesicht (k/605)
• *Venen, erweiterte* (*/634)
» *Schläfen* (*/634)
• Wächsern (bro1*/635)
ATMUNG - Beschleunigt (b2/1174)
HAUT - *Sommersprossen* (k/1834)
ALLGEMEINES - Aussehen - dunkel (gk/1854)
• Aussehen - rote Haare (stj2/1855)
• *Fettleibigkeit - Kindern, bei* (bro1*/1879)
• Magere Personen (bg2*/1919)

Nonverbales - Äußerliches - Beobachtungen der Eltern

NASE - **Nasenbluten - Kindern; bei** (*/557)
ZÄHNE - Zähneknirschen (bg2/718)
MAGEN - Brechreiz, Würgen - Husten; agg. beim (k/784)
• **Völlegefühl - Essen - nach - agg.** (k/845)
» **Essen - nach - agg. - wenig, nach dem kleinsten Bissen; nach noch so** (k/845)
» Essen - nach - amel. (k/845)
ABDOMEN - Schmerz - Liegen - amel. (^/889)
• *Schmerz - Wärme - amel.* (hr1/896)
REKTUM - Unwillkürlicher Stuhl (*/984)
STUHL - **Unverdaut** (*/999)
BLASE - Urinieren - unwillkürlich - Husten; agg. beim (*/1020)
• Urinieren - unwillkürlich - Kindern; bei (mtf33/1020)
» unwillkürlich - Lachen agg. (bro1/1020)
MÄNNLICHE GENITALIEN - *Masturbation, Neigung zur* (hr1*/1071)
WEIBLICHE GENITALIEN - Fluor - Pubertät, in der (ptk1/1097)
AUSWURF - *Blutig - Laktationsperiode, in der* (*/1214)
SCHWEISS - Essen - nach - agg. (k/1786)
• *Essen - nach - amel.* (*/1786)
• *Warm - Speisen; warme - nach* (*/1792)
HAUT - *Ekchymosen* (*/1797)

Nacht; Beobachtungen in der - körperliche Symptome

BLASE - **Urinieren - unwillkürlich - nachts** (*/1019)

Nacht; Beobachtungen in der - Schlaf; Lage im

SCHLAF - *Lage - Rücken, auf dem* (*/1683)
• *Lage - Rücken, auf dem - nur auf dem Rücken* (j5/1683)
» Seite, auf der (*/1683)
» Seite, auf der - unmöglich (*/1683)
» *verändert häufig die Lage* (sne/1683)

Autos und Schiffe

KOPF - Schmerz - Fahren - Wagen, im - agg. (k/326)
MAGEN - *Erbrechen - Fahren im Wagen agg.* (k/792)
• Übelkeit - Fahren - Wagen; im - agg. (b7/836)
» Seekrankheit (b7/839)
ABDOMEN - Flatulenz - Fahren im Wagen agg. (*/863)
ALLGEMEINES - Fahren - Wagen; mit dem - agg. (*/1877)

Psychosomatische Störungen

REKTUM - Diarrhoe - nervös, Gemütsbewegungen agg. (ptk1/955)

Körperliche Symptome und Erkrankungen

KOPF - *Hydrozephalus* (*/295)
• *Schmerz - katarrhalisch* (k/331)
NASE - Katarrh - gefolgt von - Stirnhöhlen; Beschwerden der (k/553)
MAGEN - Langsame Verdauung (bro1*/805)
• Würgen - Husten, mit (bg2/846)
REKTUM - *Cholera - infantum* (k/949)
NIEREN - Entzündung (ptk1*/1023)
WEIBLICHE GENITALIEN - *Menses - verzögerte Menarche* (*/1114)
ATMUNG - *Asthma, asthmatische Atmung - Hautausschlägen; nach unterdrückten* (*/1162)
EXTREMITÄTEN - Hüftgelenksentzündung (bro1/1443)
ALLGEMEINES - *Abmagerung - Kindern; bei* (j5/1845)
• Abmagerung - Kindern; bei - Kleinkindern; bei (bro1/1845)
• Kindern; Beschwerden von (*/1897)
• Pubertät - Beschwerden während der (sf1/1934)
» *Beschwerden während der - Mädchen; bei* (kr1/1934)
• Schwäche - Kindern, bei (mtf33/1977)
• *Verletzungen - Knochenbrüche - langsame Heilung von Knochenbrüchen* (*/2020)

Würmer

MAGEN - *Erbrochenen; Art des - Würmer* (*/801)
REKTUM - *Jucken - Askariden, durch* (*/965)

• *Würmer - Beschwerden durch Würmer* (*/985)
» *Beschwerden durch Würmer - Madenwürmer* (*/986)
» Beschwerden durch Würmer - Spulwürmer (bro1/986)
» Beschwerden durch Würmer - Vollmond (bg2/986)

WEIBLICHE GENITALIEN - Würmer - Madenwürmer (*/1138)

SCHLAF - *Schlaflosigkeit - Würmer, durch* (hr1*/1694)

Ferrum muriaticum

ferr-m.

Ferrum-muriaticum-Kinder können an Marasmus leiden, an Rachitis und Entzündungen, die Becken, Nieren und Mandeln schädigen.

Tendenz zu Pollutionen oder reichlichem Urinieren in der Pubertät.

Weitere Symptome des Mittels bei Kindern: Herausstrecken der Zunge, Zähneknirschen, Erysipel, Würgen mit Husten, Würmer (Madenwürmer).

Klinisches: Marasmus. Rachitis. Entzündung von Becken, Nieren und Mandeln. Erysipel. Erbrechen. Madenwürmer.

Wirkungsbereich: Knochen. Harnwege. Innerer Hals. Haut. Magen. Rektum.

***

Stillen - Magendarmsymptome - Erbrechen

MAGEN - *Erbrochenen; Art des - Speisen - unverdaut* (bro1/800)

Nonverbales - Konsultation; bei der

MUND - Herausstrecken, Vorstrecken - Zunge, der (*/665)

INNERER HALS - Entzündung - Tonsillen (c2/724)

HAUT - Erysipel (ptk2/1798)

Nonverbales - Äußerliches - Beobachtungen der Eltern

ZÄHNE - Zähneknirschen - konvulsivisch (a1*/718)

BLASE - *Urinieren - unwillkürlich - Husten; agg. beim* (bro1/1020)
• Urinieren - unwillkürlich - Lachen agg. (bro1/1020)

Körperliche Symptome und Erkrankungen

MAGEN - Würgen - Husten, mit (k/846)

NIEREN - Entzündung - Nierenbecken und Niere (ptk2/1024)

Würmer

REKTUM - *Würmer - Beschwerden durch Würmer* (c2*/985)
• Würmer - Beschwerden durch Würmer - Madenwürmer (k/986)

Ferrum nitricum

ferr-n.

Ferrum-nitricum-Kinder haben rotes Haar und es geht ihnen beim Autofahren besser.

Viele Ängste sind ein Schlüsselmerkmal dieses Mittels. Dazu gehören Angst zu versagen und vor engen Orten, aber auch vor freien Plätzen, Fremden, Insekten und Spinnen.

Kinder, die dieses Mittel benötigen, sind *streitsüchtig* und *man darf ihnen nicht widersprechen* (sie werden wütend).

Klinisches: Ängste.

Wirkungsbereich: Gemüt.

***

Konstitution - Angst und Furcht

GEMÜT - *Furcht - engen Räumen; in* (stj2/67)
• Furcht - offenen Plätzen; Furcht vor (stj2/74)
» Versagen, Mißerfolg; vor dem (stj2/79)

Beziehung zu anderen - Aggressivität

GEMÜT - Streitsüchtig (stj2/173)
• Zorn - Widerspruch, durch (stj2/255)

Schule - Angst

GEMÜT - Furcht - Versagen, Mißerfolg; vor dem (stj2/79)

Tieren; Beziehung zu

GEMÜT - Furcht - Insekten; vor (stj2/71)
• Furcht - Spinnen, vor (stj2/75)

Nonverbales - Reaktion auf andere

GEMÜT - Furcht - Fremden; vor (stj2/68)

Nonverbales - Äußerliches - Beobachtungen des Arztes

ALLGEMEINES - Aussehen - rote Haare (stj2/1855)

Autos und Schiffe

ALLGEMEINES - Fahren - Wagen; mit dem - amel. (stj2/1877)

Ferrum phosphoricum

ferr-p.

Besonders nützlich bei Schwäche von Kindern mit vermindertem Appetit, die stumpf und lustlos werden und Gewicht und Kraft verlieren.

Bronchitis kleiner Kinder. Ferrum phosphoricum ist nützlich in den ersten Stadien katarrhalischer und fiebriger Beschwerden und Entzündungen, bevor es zur Exsudation kommt.

Es könnte in den ersten Stadien einer Otitis media angezeigt sein, wenn das Ohr dunkelrot ist und das Trommelfell rot und gewölbt ist. Es ist eine schleimig-eitrige Absonderung vorhanden. Ferrum phosphoricum ist oft angezeigt nach Einwirkung von nassem oder regnerischem Wetter.

Harnverhaltung, mit Fieber.

Dies ist eines der wichtigen Mittel bei *Nasenbluten mit hellrotem Blut*, verursacht durch Verletzungen, im Fieber, bei Kopfschmerzen oder Husten.

Bei Enterokolitis ist es angezeigt, wenn das Kind still ist und zu Schläfrigkeit neigt. Es ist Tenesmus vorhanden, der Stuhl ist schleimig und enthält Blutstreifen.

Es ist das Hauptmittel bei *Kopfschmerzen von Kindern*, mit klopfendem Gefühl im Kopf, rotem Gesicht und blutunterlaufenen Augen; schlimmer durch Schütteln des Kopfes, Bücken und Bewegung. Die Kopfschmerzen werden durch kalte Anwendungen besser.

Sommerliche Diarrhoe, grün, wäßrig und mit Schleim vermischt.

Konvulsionen mit Fieber bei zahnenden Kindern.

Klinisches: Bronchitis. Otitis media. Harnverhaltung. Nasenbluten. Enterokolitis. Diarrhoe. Kopfschmerzen. Konvulsionen.

Wirkungsbereich: Bronchien. Ohren. Nase. Verdauungskanal. Blase. Kopf. Zentralnervensystem.

***

Krankengeschichte; familiäre und persönliche

ALLGEMEINES - Krankengeschichte von; persönliche - Erysipel; von wiederkehrendem (bro1*/1909)
- Krankengeschichte von; persönliche - Nasenbluten; von wiederkehrendem (bro1/1910)

Zahnung - Empfindungen und neurologische Beschwerden

AUGE - Entzündung - Zahnung; während der - agg. (bg1/429)

Zahnung - Magendarmsymptome

REKTUM - Diarrhoe - Zahnung; während (bro1/957)

Zahnung - Allgemeines

ZÄHNE - *Zahnung - schwierig* (hr1*/718)

HUSTEN - Zahnung, während der (bro1/1211)

SCHLAF - Schlaflosigkeit - Zahnung; während der (bg2*/1694)

FIEBER - Zahnung; während der (bg2*/1781)

Stillen - Milch

ALLGEMEINES - Speisen und Getränke - Milch - Abneigung (*/2000)

Stillen - Magendarmsymptome - Appetit - vermindert

MAGEN - Appetit - fehlend (*/767)
- Appetit - vermindert (k/772)

Stillen - Magendarmsymptome - Appetit - vermehrt

MAGEN - Appetit - Genuß, ohne (k/769)
- Appetit - Heißhunger (k/769)

Stillen - Magendarmsymptome - Aufstoßen - Speisen; von

MAGEN - **Aufstoßens; Art des - Speisen; von** (*/780)
- Aufstoßens; Art des - Speisen; von - Ärger, Verdruß; nach (*/780)

Stillen - Magendarmsymptome - Aufstoßen - Wasser; Hochsteigen von

MAGEN - Aufstoßens; Art des - Wasser in den Mund; Hochsteigen von (k/781)

Stillen - Magendarmsymptome - Erbrechen

MAGEN - *Erbrochenen; Art des - Speisen - Essen - nach - sofort nach* (k/800)
- Erbrochenen; Art des - Speisen - unverdaut (bro1/800)

Infektionskrankheiten - Windpocken

FIEBER - *Continua - Ausschlagsfieber* (bro1/1772)

Infektionskrankheiten - Masern

SCHLAF - *Schlaflosigkeit - Masern; bei* (hr1*/1692)

FIEBER - Ausschlagsfieber; Fieber bei Ausschlagserkrankungen - Masern (bro1/1770)
- *Continua - Ausschlagsfieber* (bro1/1772)

HAUT - *Hautausschläge - Masern* (*/1817)

ALLGEMEINES - Masern - Beschwerden nach (bg3/1920)

Infektionskrankheiten - Mumps

GESICHT - *Entzündung - Parotis* (k/584)
• Entzündung - Parotis - Mumps (c2*/584)
• Schmerz - Parotis (k/626)
• *Schwellung - Parotis* (k/631)

Infektionskrankheiten - Röteln

FIEBER - *Continua - Ausschlagsfieber* (bro1/1772)

Infektionskrankheiten - Scharlach

FIEBER - *Continua - Ausschlagsfieber* (bro1/1772)

Infektionskrankheiten - Pocken

FIEBER - *Continua - Ausschlagsfieber* (bro1/1772)

Infektionskrankheiten - Keuchhusten

MAGEN - Erbrechen - Husten - beim - agg. - Keuchhusten (st/793)
HUSTEN - *Keuchhusten* (*/1197)
• *Keuchhusten - ersten Stadium; entzündlicher Husten im* (kr1/1198)

Konstitution - Angst und Furcht

GEMÜT - Angst - hypochondrisch (k/11)
• Furcht - Gewitter; vor (stj1/70)
• Mutig (a1/133)

Konstitution - Allgemeines

GEMÜT - Entmutigt (^/46)
• Faulheit (k/55)
• Gewissenhaft, peinlich genau in bezug auf Kleinigkeiten (a1*/99)
• Heimweh (stj1/107)
• Selbstvertrauen - Mangel an Selbstvertrauen (^/161)
• Unzufrieden (k/194)

Beziehung zu anderen - Reaktion auf andere

GEMÜT - Gesellschaft - Abneigung gegen (*/94)
• Schüchternheit, Zaghaftigkeit (a1/158)

Beziehung zu anderen - allgemein

GEMÜT - Mitgefühl, Mitleid (stj1/130)

Schule - Angst

GEMÜT - Selbstvertrauen - Mangel an Selbstvertrauen (^/161)

Schule - Konzentration

GEMÜT - Konzentration - schwierig - Studieren (k2/117)

Schule - Konstitution

GEMÜT - Eigensinnig, starrköpfig, dickköpfig (k/41)
• Gewissenhaft, peinlich genau in bezug auf Kleinigkeiten (a1*/99)
• Selbstvertrauen - Mangel an Selbstvertrauen (^/161)

Nonverbales - Allgemeines

GEMÜT - Eigensinnig, starrköpfig, dickköpfig (k/41)
• Singen (ptk1/163)

Nonverbales - Konsultation; bei der

KOPF - *Hitze - Kälte - Füße; mit Kälte der* (sne/293)
OHR - **Absonderungen - Blut** (sne/497)
• Absonderungen - blutig (bro1/497)
  » eitrig (*/497)
  » schleimig (bro1/498)
  » schmerzhaft (k/498)
  » stinkend (bro1/498)
  » wundfressend (bro1/498)
• *Eiterung - Mittelohr* (bro1/500)
• Entzündung (tl1*/500)
  » Gehörgang (*/500)
  » *Mittelohr* (*/501)
  » Processus mastoideus (ptk1/501)
• **Katarrh - Eustachische Röhre** (k2*/515)
• Perforation - Trommelfell (sne/516)
• *Trommelfell - geschwollen* (kr1/534)
INNERER HALS - Entzündung - Tonsillen (*/724)
• Schwellung - Tonsillen (*/747)
REKTUM - *Prolaps - Kindern; bei* (bro1/971)
HAUT - *Erysipel* (c2/1798)
ALLGEMEINES - Krampfadern - jungen Menschen; bei (hr1*/1909)

Nonverbales - Äußerliches - Beobachtungen des Arztes

GESICHT - Hippokratisches Gesicht (k/605)
ÄUSSERER HALS - Torticollis (k2/761)
ATMUNG - *Beschleunigt* (bro1/1174)
ALLGEMEINES - Aussehen - blühend, frisch (tl1/1854)
• Aussehen - rote Haare (a/1855)

Nonverbales - Äußerliches - Beobachtungen der Eltern

NASE - *Nasenbluten - Kindern; bei* (*/557)
MAGEN - Schluckauf (*/809)
• Völlegefühl - Essen - nach - agg. (k/845)
REKTUM - Unwillkürlicher Stuhl (k/984)
STUHL - *Unverdaut* (*/999)
BLASE - *Urinieren - Harndrang - plötzlich - beeilen um zu urinieren, sonst geht Urin ab; muß sich* (k/1015)
• *Urinieren - unwillkürlich - Husten; agg. beim* (*/1020)
  » *unwillkürlich - Lachen agg.* (bro1/1020)

Nacht; Beobachtungen in der - körperliche Symptome

BLASE - Urinieren - unwillkürlich - nachts (*/1019)

Autos und Schiffe

KOPF - Schmerz - Fahren - Wagen, im - agg. (k/326)
MAGEN - Erbrechen - Fahren im Wagen agg. (k/792)

Körperliche Symptome und Erkrankungen

KOPF - Schmerz - katarrhalisch (k/331)

OHR - Schmerz - Kindern; bei (sne/523)

REKTUM - Cholera - infantum (bro1/949)

BLASE - Harnverhaltung - Kindern, bei (k/1005)

BRUST - *Entzündung - Lungen - Kindern; bei - Kleinkindern; bei* (*/1234)

EXTREMITÄTEN - Hüftgelenksentzündung (bro1/1443)

ALLGEMEINES - *Abmagerung - Kindern; bei - Kleinkindern; bei* (bro1/1845)

- Kindern; Beschwerden von (bg2*/1897)
- *Konvulsionen - Hitze; während* (hr1*/1904)
- *Pubertät - Beschwerden während der* (sf1/1934)

Chirurgisch pathologische Zustände

ABDOMEN - Entzündung - Peritoneum (bro1*/860)

MÄNNLICHE GENITALIEN - Varikozele (bg2*/1085)

Ferrum picricum

ferr-pic.

Ferrum picricum wird als großartiges Mittel zur Vervollständigung der Wirkung anderer Mittel betrachtet.

Seine Symptome deuten auf das *Versagen* einer Organfunktion unter Belastung hin (Kopfschmerzen sind schlimmer durch geistige Anstrengung).

Der Teint der Kinder ist dunkel und die Haut ist schmutzig.

Sie haben *Probleme mit den Weisheitszähnen*. Beschwerden und Verlust des Gehörs durch Hautausschläge.

Nasenbluten bei Kindern.

Klinisches: Kopfschmerzen. Nasenbluten.

Wirkungsbereich: Kopf. Nase.

***

Zahnung - Empfindungen und neurologische Beschwerden

HÖREN - Taubheit, Verlust des Gehörs - Weisheitszahnes; durch Herauskommen eines (c1/538)

Zahnung - Allgemeines

ZÄHNE - Weisheitszähne; Beschwerden durch das Heraustreten der (st/718)

- Zahnung - schwierig - Weisheitszähne (st/718)

Schule - Anstrengung; geistige

KOPF - *Schmerz - geistige Anstrengung - agg.* (st*/328)

Nonverbales - Konsultation; bei der

HAUT - Unrein (bg3/1835)

Nonverbales - Äußerliches - Beobachtungen des Arztes

ALLGEMEINES - Aussehen - dunkel (br1/1854)

Nonverbales - Äußerliches - Beobachtungen der Eltern

NASE - Nasenbluten - Kindern; bei (st1/557)

Ferrum silicicum

ferr-sil.

Kinder, die dieses Mittel benötigen, wachsen oft in energischen Familien auf. Der Vater kann beispielsweise Soldat sein, bestimmt und diszipliniert, der den Kindern sagt, daß das Leben darin bestehe, sich alles abzuverlangen. „Unsere Familie gibt nie auf." Das Leben verläuft nach strengen Regeln, als wären sie bei der Armee. Das Haus wird in ähnlicher Weise makellos in Ordnung gehalten.

Als mögliche Folge hiervon haben die Kinder Angst zu versagen, besonders bei Prüfungen.

Sie sind gewöhnlich *streitsüchtig*, werden wütend, wenn man ihnen widerspricht und sind gewissenhaft in Bezug auf Kleinigkeiten. Sie ziehen es vor, allein zu bleiben (Abneigung gegen Gesellschaft), aber sie können mitfühlend sein.

Ferrum-silicicum-Kinder haben eine spezielle Begabung für Mathematik.

Das Haar ist rot, das Gesicht sieht alt aus und gewöhnlich sind sie schlank.

Kinder haben *Beschwerden nach Impfungen.*

Dem Kind geht es durch Milch schlechter und es hat Abneigung gegen Milch und Muttermilch.

Klinisches: Beschwerden nach Impfungen.

Wirkungsbereich: Ernährung.

***

Impfung

ALLGEMEINES - Impfung; Beschwerden nach (stj2/1892)

Stillen - Milch

ALLGEMEINES - *Speisen und Getränke - Milch - Abneigung* (stj2/2000)

- *Speisen und Getränke - Milch - Abneigung - Muttermilch* (stj2/2001)
  - » *Milch - agg.* (stj2/2001)

Konstitution - Angst und Furcht

GEMÜT - Furcht - engen Räumen; in (stj2/67)

- Furcht - Versagen, Mißerfolg; vor dem (stj2/79)
  - » Versagen, Mißerfolg; vor dem - Prüfungen, bei (stj2/79)

Konstitution - Allgemeines

GEMÜT - Gewissenhaft, peinlich genau in bezug auf Kleinigkeiten (stj2/99)

Beziehung zu anderen - Aggressivität

GEMÜT - Streitsüchtig (stj2/173)
• Zorn - Widerspruch, durch (stj2/255)

Beziehung zu anderen - Reaktion auf andere

GEMÜT - Gesellschaft - Abneigung gegen (stj2/94)

Beziehung zu anderen - allgemein

GEMÜT - Mitgefühl, Mitleid (stj2/130)

Schule - Angst

GEMÜT - Furcht - Versagen, Mißerfolg; vor dem (stj2/79)
• Furcht - Versagen, Mißerfolg; vor dem - Prüfungen, bei (stj2/79)

Schule - Lernen - Mathematik, Rechnen

GEMÜT - Mathematik - Begabung zur (stj2/128)

Schule - Konstitution

GEMÜT - Gewissenhaft, peinlich genau in bezug auf Kleinigkeiten (stj2/99)

Nonverbales - Äußerliches - Beobachtungen des Arztes

GESICHT - Ausdruck - alt aussehend (stj2/580)

ALLGEMEINES - Aussehen - rote Haare (stj2/1855)
• Magere Personen (stj2/1919)

Ferrum sulphuricum

ferr-s.

Mund (Aphthen) und *innerer Hals* (Mandelentzündung) sind die Zielorgane dieses Mittels bei Kindern.

Eifersucht ist ein typisches Gemütsmerkmal.

Klinisches: Aphthen. Tonsillitis.

Wirkungsbereich: Mund. Innerer Hals.

***

Stillen - Magendarmsymptome - Aufstoßen - Speisen; von

MAGEN - Aufstoßens; Art des - Speisen; von (mtf11/780)

Familie; Beziehung zur - Liebe und Zuneigung

GEMÜT - Eifersucht (stj/40)

Nonverbales - Konsultation; bei der

MUND - Aphthen (hr1/639)

INNERER HALS - Entzündung - Tonsillen (stj1/724)

Würmer

REKTUM - Würmer - Beschwerden durch Würmer (c2*/985)
• *Würmer - Beschwerden durch Würmer - Spulwürmer* (k/986)

Ficus macrophylla

fic-m.

Stillen - Magendarmsymptome - Appetit - vermindert

MAGEN - Appetit - vermindert (gya1/772)

Konstitution - Angst und Furcht

GEMÜT - Feigheit (gya1/59)
• Mutig (gya1/133)

Konstitution - Allgemeines

GEMÜT - Eitelkeit (gya1/41)
• Selbstvertrauen - Mangel an Selbstvertrauen (gya1/161)
• Sorgen; voller (^/164)
• Spontan, impulsiv (gya1/166)
• Ungerechtigkeit; erträgt keine (gya1/191)

Beziehung zu anderen - Reaktion auf andere

GEMÜT - Gesellschaft - Abneigung gegen (gya1/94)

Beziehung zu anderen - allgemein

GEMÜT - Mitgefühl, Mitleid (^/130)
• Tadelt andere (gya1/179)
• Tadelt sich selbst, macht sich Vorwürfe (gya1/179)

Schule - Angst

GEMÜT - Selbstvertrauen - Mangel an Selbstvertrauen (gya1/161)

Schule - Lernen - allgemein

GEMÜT - Fehler; macht - Sprechen, beim - Buchstabieren, beim (gya1/58)

Schule - Lernen - Mathematik, Rechnen

GEMÜT - Fehler; macht - Rechnen, beim (gya1/57)

Schule - Konstitution

GEMÜT - Selbstvertrauen - Mangel an Selbstvertrauen (gya1/161)

Tieren; Beziehung zu

GEMÜT - Mitgefühl, Mitleid - Tieren, mit (gya1/130)

Nonverbales - Gesten, Gebärden

GEMÜT - Verstecken - sich (gya1/199)

Nonverbales - Konsultation; bei der

INNERER HALS - Schwellung - Tonsillen (gya1/747)

Filix mas

fil.

Besonders nützlich gegen *Bandwürmer.*

Das Kind ist mürrisch, *reizbar,* blaß mit blauen Augenringen und weißer Zunge.

Erbrechen und Diarrhoe mit intensivem Jucken der Nase.

Lungentuberkulose bei jungen Patienten.

Klinisches: Bandwürmer. Erbrechen. Diarrhoe. Tuberkulose.

Wirkungsbereich: Rektum. Magen. Lungen.

***

Stillen - Magendarmsymptome - Schluckauf

MAGEN - Schluckauf - Essen - nach - agg. (a1*/810)

Nonverbales - Äußerliches - Beobachtungen der Eltern

MAGEN - Schluckauf - Essen - nach - agg. (a1*/810)

Körperliche Symptome und Erkrankungen

ALLGEMEINES - Pubertät - Beschwerden während der - Mädchen; bei (kr1/1934)

Würmer

GEMÜT - *Mürrisch - Würmer; bei Beschwerden durch* (kr1/133)

• Reizbarkeit, Gereiztheit - Würmer; bei Beschwerden durch (kr1/147)

REKTUM - Würmer - Beschwerden durch Würmer (*/985)

• *Würmer - Beschwerden durch Würmer - Bandwürmer* (*/986)

» Beschwerden durch Würmer - begleitet von - Zunge; weißer (kr1*/986)

Flavus

flav.

Krankengeschichte; familiäre und persönliche

ALLGEMEINES - Krankengeschichte von; persönliche - Ohr - Entzündung - Innenohrs; wiederkehrende Entzündung des (mtf11/1910)

Familie; Beziehung zur - Liebe und Zuneigung

GEMÜT - *Liebevoll, voller Zuneigung, herzlich* (jl2/125)

Beziehung zu anderen - Reaktion auf andere

GEMÜT - *Widerspruch - verträgt keinen Widerspruch* (jl2/249)

Nonverbales - Konsultation; bei der

OHR - Entzündung (jl2/500)

ALLGEMEINES - Krankengeschichte von; persönliche - Ohr - Entzündung - Innenohrs; wiederkehrende Entzündung des (mtf11/1910)

Nonverbales - Äußerliches - Beobachtungen der Eltern

HAUT - Ekchymosen (jl2/1797)

Körperliche Symptome und Erkrankungen

MAGEN - Langsame Verdauung (mtf11/805)

Flor de piedra

flor-p.

Stillen - Magendarmsymptome - Appetit - vermindert

MAGEN - Appetit - fehlend (rsj3/767)

Stillen - Magendarmsymptome - Appetit - vermehrt

MAGEN - Appetit - vermehrt (rsj3/770)

Schule - Konzentration

GEMÜT - Studieren, Lernen - schwierig, fällt schwer (rsj3/173)

Schule - Lernen - allgemein

GEMÜT - Studieren, Lernen - schwierig, fällt schwer (rsj3/173)

Nonverbales - Äußerliches - Beobachtungen des Arztes

ALLGEMEINES - Magere Personen (jl3/1919)

Körperliche Symptome und Erkrankungen

ÄUSSERER HALS - Kropf - Pubertät, in der (a1*/757)

Fluor purum

fl-pur.

Konstitution - Angst und Furcht

GEMÜT - *Furcht - Armut, vor* (stj2/65)

• Furcht - Versagen, Mißerfolg; vor dem (stj2/79)

Konstitution - Allgemeines

GEMÜT - *Furcht - Armut, vor* (stj2/65)

• Selbstvertrauen - Mangel an Selbstvertrauen (^/161)

» Mangel an Selbstvertrauen - Unterstützung, Zuwendung; möchte (stj2/161)

Beziehung zu anderen - Reaktion auf andere

GEMÜT - Schüchternheit, Zaghaftigkeit (stj2/158)

Schule - Angst

GEMÜT - Furcht - Versagen, Mißerfolg; vor dem (stj2/79)

• Selbstvertrauen - Mangel an Selbstvertrauen (^/161)

Schule - Konstitution

GEMÜT - Selbstvertrauen - Mangel an Selbstvertrauen (^/161)

Nonverbales - Reaktion auf andere

GEMÜT - Furcht - Fremden; vor (stj2/68)

Nonverbales - Konsultation; bei der

ALLGEMEINES - *Exostose* (stj2/1877)

Fluoricum acidum

fl-ac.

Die meisten Kinder, die Fluoricum acidum benötigen, haben schönes Haar, helle Haut und sind gewöhnlich ziemlich dünn.

Kinder werden in der Schule schnell müde, mit nachfolgenden Kopfschmerzen. In ihrer *Erschöpfung* machen sie oft Fehler beim Schreiben, verdrehen Worte oder Buchstaben. Der Lehrer klagt über ihre Zerstreutheit.

Sie lesen nicht besonders gern.

Sie fühlen sich nach körperlicher Betätigung besser. Tatsächlich fördert sie das Spielen und macht sie ruhiger.

Der Appetit ist gewöhnlich gut, sie haben zwischen den Mahlzeiten Hunger und *leiden an Kopfschmerzen, wenn sie nüchtern sind.* Als Folge hiervon benötigen einige Fluoricum-acidum-Kinder ein reichlichen Imbiß in der Schule, um Kopfschmerzen zu verhindern. Wenn sie mit Kopfschmerzen nachhause gehen, müssen sie sich das Gesicht mit kaltem Wasser waschen. Sie sind *sehr empfindlich gegen Hitze* und ihr Zustand verschlimmert sich durch Sonnenhitze oder in einem heißen Zimmer.

Während akuter Anfälle haben sie hohes Fieber, wobei keinerlei Kleidung vertragen wird.

Die meisten Kinder leiden an *Magen-Darm-Störungen*, mit Tendenz, Diarrhoe und akute Gastritis zu entwickeln und einer ausgeprägten Verschlimmerung durch heiße Getränke.

Wie bei anderen Fluorverbindungen kommt es zu *gestörter Zahnung, Verminderung des Zahnschmelzes* und oft zu *Abszessen an den Zahnwurzeln.*

Sie haben auch Probleme mit Nägeln, die oft brüchig sind.

Klinisches: Kopfschmerzen. Verdauungsstörungen. Zusammenbruch. Rheumatismus. Diarrhoe. Akute Gastritis. Karies der Zähne. Fluor.

Wirkungsbereich: Kopf. Magen. Gelenke. Zähne. Haut. Weibliche Geschlechtsorgane.

***

Krankengeschichte; familiäre und persönliche

ALLGEMEINES - *Familiengeschichte von - Syphilis* (zs4/1878)

Entwicklung - langsam

KOPF - Kleiner - linke Hälfte ist im Wachstum zurückgeblieben (k2*/299)

ALLGEMEINES - Gehen - Gehenlernen, Laufenlernen - spätes (bg3/1883)

Entwicklung - schnell

GEMÜT - Frühreife, altkluge Kinder (lmj/63)

Entwicklung - allgemein

EXTREMITÄTEN - Schmerz - Unterschenkel - Wachstumsschmerzen (ggd/1605)

Zahnung - Allgemeines

ZÄHNE - *Weisheitszähne; Beschwerden durch das Heraustreten der* (*/718)
- *Zahnung - langsam* (*/718)
  - » *schwierig - Weisheitszähne* (k/718)

Stillen - Gemütssymptome

GEMÜT - Hast, Eile - Essen; beim (mrr1/105)

Stillen - Magendarmsymptome - Appetit - allgemein

MAGEN - Appetit - veränderlich (k2/770)

Stillen - Magendarmsymptome - Appetit - vermindert

MAGEN - *Appetit - fehlend* (k/767)
- Appetit - schnelle Sättigung (*/770)
  - » vermindert (*/772)

Stillen - Magendarmsymptome - Appetit - vermehrt

MAGEN - *Appetit - Heißhunger* (*/769)
- *Appetit - Heißhunger - Diarrhoe - bei* (k/769)
  - » Heißhunger - Essen - nach dem Essen - bald danach (k2/770)
  - » *vermehrt* (*/770)
  - » vermehrt - Stuhlgang - nach - agg. (k/772)

Stillen - Magendarmsymptome - Abdomen - amel. durch

ABDOMEN - Schmerz - Druck - Kleidung; der - amel. (bg1/883)

Stillen - Allgemeines

SCHWEISS - Essen - nach - amel. (bg2*/1786)

Konstitution - Angst und Furcht

GEMÜT - Beschwerden durch - Erwartungsspannung (st*/23)
• Feigheit (gk/59)
• *Furcht - Armut, vor* (stj2/65)
» offenen Plätzen; Furcht vor (stj2/74)
» Versagen, Mißerfolg; vor dem (stj2/79)
• Furchtlos (^/80)
» Gefahr, trotz (hr1/80)

Konstitution - Allgemeines

GEMÜT - *Furcht - Armut, vor* (stj2/65)
• Nachgiebigkeit (^/134)
• Selbstvertrauen - Mangel an Selbstvertrauen (^/161)
» Mangel an Selbstvertrauen - Unterstützung, Zuwendung; möchte (stj2/161)
• Spontan, impulsiv (stj2/166)
• Unaufmerksam (bg2/189)
• Unzufrieden (*/194)
• Verwegenheit (^/199)

Familie; Beziehung zur - Liebe und Zuneigung

GEMÜT - Abneigung - Eltern, gegen die (gl1/1)
• *Abneigung - Familienangehörige; gegen* (*/1)
» Familienangehörige; gegen - anderen Personen; spricht aber freundlich mit (ptk1*/1)
• Angst - andere, um (vh/7)
• Verlassen zu sein; Gefühl (^/198)

Beziehung zu anderen - Aggressivität

GEMÜT - Streitsüchtig (k/173)

Beziehung zu anderen - Reaktion auf andere

GEMÜT - Abneigung - Freunde, gegen (k2*/1)
• Gesellschaft - Abneigung gegen (*/94)
» Verlangen nach (bg2/95)
» *Verlangen nach - allein; agg. wenn* (bg2/96)
• Schüchternheit, Zaghaftigkeit (stj2/158)
• Widerspruch - verträgt keinen Widerspruch (^/249)
» verträgt keinen Widerspruch - Kindern; bei (ggd/249)

Beziehung zu anderen - allgemein

GEMÜT - Ichbezogenheit, Selbstüberhebung (mrr1/111)
• Sprache - hastig, eilig (mrr1/167)

Schule - Angst

GEMÜT - Beschwerden durch - Erwartungsspannung (st*/23)
• Furcht - Versagen, Mißerfolg; vor dem (stj2/79)
• Selbstvertrauen - Mangel an Selbstvertrauen (^/161)

Schule - Konzentration

GEMÜT - Unaufmerksam (bg2/189)

Schule - Lernen - allgemein

GEMÜT - Fehler; macht - Sprechen, beim - Buchstabieren, beim (k/58)

Schule - Lernen - Schreiben

GEMÜT - Fehler; macht - Schreiben, beim (*/57)
• Fehler; macht - Schreiben, beim - falsch - Worte (a1/57)

Schule - Beziehung zu anderen

GEMÜT - Ungehorsam (^/191)
• Ungehorsam - Kindern, bei (lmj/191)

Schule - Konstitution

GEMÜT - Selbstvertrauen - Mangel an Selbstvertrauen (^/161)
• Ungehorsam (^/191)
» Kindern, bei (lmj/191)

Spielen

GEMÜT - Tanzen (^/179)
• Tanzen - Kindern; bei (pc/179)

Nonverbales - Aggressivität

GEMÜT - Destruktivität, Zerstörungswut (ptk1*/38)
• *Diktatorisch* (mrr1/39)

Nonverbales - Reaktion auf andere

GEMÜT - Furcht - Fremden; vor (stj2/68)

Nonverbales - Gesten, Gebärden

GEMÜT - Launenhaftigkeit, launisch (hr1*/123)
• Weibisch (sne/243)

Nonverbales - Allgemeines

GEMÜT - Hast, Eile - Essen; beim (mrr1/105)
• Hast, Eile - Gehen; beim (bg2/105)

Nonverbales - Konsultation; bei der

OHR - *Absonderungen - reichlich* (hr1/498)
• *Absonderungen - übelriechend* (*/498)
» *wundfressend* (*/498)
• *Entzündung* (k/500)

MUND - Eiterung - Zahnfleisch (bg2/643)
• *Krampfadern - Zunge* (*/667)

INNERER HALS - *Entzündung - Tonsillen* (k/724)
• *Schwellung - Tonsillen* (k/747)

ABDOMEN - Schmerz - Druck - Kleidung; der - amel. (bg1/883)

EXTREMITÄTEN - Fußgeruch ohne Schweiß; übler (mrr1/1413)
• *Nägel; Beschwerden der - deformiert* (*/1664)
» dicke Nägel (k2/1664)
» dünne Nägel (k2/1664)
» eingewachsene Zehennägel (ptk1/1665)

» *gespaltene, aufgesprungene Nägel* (bg2*/1665)
» gewellte Nägel (k/1665)
» *Rauheit - gefurcht, gerieft, gerillt* (ptk1*/1665)
» Rauheit - Fingernägel - Längsriefen (k/1665)
» spröde, brüchige Nägel (b4a/1665)
» *spröde, brüchige Nägel - Fingernägel* (k/1665)
» verkrüppelte, verkümmerte Nägel - Fingernägel (k2/1665)
» verkrüppelte, verkümmerte Nägel - Zehennägel (k2/1665)

ALLGEMEINES - *Exostose* (*/1877)

Nonverbales - Äußerliches - Beobachtungen des Arztes

KOPF - Schuppen (a*/402)

GESICHT - Aufgesprungen - Lippen (k/579)
• *Ausdruck - alt aussehend* (*/580)
» alt aussehend - bleich, runzelig (bg2/580)
• Fettig (ptk1/593)
• *Gerunzelt* (bro1/594)
• **Hautausschläge - Akne** (st/595)

ALLGEMEINES - Aussehen - hell, blond (stj2/1855)
• Magere Personen (st1*/1919)

Nonverbales - Äußerliches - Beobachtungen der Eltern

ZÄHNE - Zusammenbeißen der Zähne - Verlangen, die Zähne zusammenzubeißen; ständiges - fest zusammengebissen (bg2/719)

MAGEN - Gluckern; Gurgeln (k/802)

MÄNNLICHE GENITALIEN - *Erektionen - Kindern, bei* (lmj/1063)
• *Masturbation, Neigung zur - Kindern; bei* (lmj/1071)
• *Sexuelles Verlangen - vermehrt - Kindern, bei* (lmj/1084)

WEIBLICHE GENITALIEN - *Masturbation; Neigung zu - Kindern; bei* (lmj/1104)

ATMUNG - Schnarchen (k/1180)

EXTREMITÄTEN - Hitze - Füße - brennend - entblößt sie (k2/1440)
• Hitze - Füße - Fußsohlen - entblößt sie (k/1441)
• Nägel; Beschwerden der - Wachstum der Nägel - schnell (*/1666)

SCHWEISS - Essen - nach - amel. (bg2*/1786)

Nacht; Beobachtungen in der - körperliche Symptome

BLASE - *Urinieren - unwillkürlich - nachts* (k/1019)

Nacht; Beobachtungen in der - Schlaf; Lage im

SCHLAF - Lage - nackt (a1/1683)

Autos und Schiffe

RÜCKEN - Schmerz - Fahren, beim - Wagen, im - agg. (k/1331)

ALLGEMEINES - Fahren - Wagen; mit dem - agg. (bg2*/1877)

Körperliche Symptome und Erkrankungen

KOPF - **Entzündung - Periost** (k/285)

AUGE - *Striktur der Tränenkanäle* (k/467)

ZÄHNE - Abszeß der Zahnwurzeln (bg2/695)
• **Karies, faule, hohle Zähne** (*/700)
» *Kindern; verfrüht bei* (*/700)

EXTREMITÄTEN - *Hüftgelenksentzündung* (*/1443)

ALLGEMEINES - Abmagerung - Kindern; bei - Kleinkindern; bei (bro1/1845)
• Verletzungen - Knochenbrüche - langsame Heilung von Knochenbrüchen (k2*/2020)

Chirurgisch pathologische Zustände

ABDOMEN - Entzündung - Peritoneum (c2/860)

MÄNNLICHE GENITALIEN - *Hodenretention - Schambein; vor das* (lmj/1069)
• Varikozele (*/1085)

Folliculinum

foll.

Konstitution - Allgemeines

GEMÜT - *Nachgiebigkeit* (oss/134)
• *Ungerechtigkeit; erträgt keine* (oss/191)

Familie; Beziehung zur - Aggressivität

GEMÜT - Beschwerden durch - Bevormundung - lange Zeit, für (jsa/22)

Familie; Beziehung zur - Vorwürfe

GEMÜT - Empfindlich - Vorwürfe; gegen (asm*/45)

Beziehung zu anderen - allgemein

GEMÜT - *Beleidigt, leicht* (oss/20)
• *Mitgefühl, Mitleid* (oss/130)

Schule - Vorwürfe

GEMÜT - Empfindlich - Vorwürfe; gegen (asm*/45)

Nonverbales - Reaktion auf andere

GEMÜT - *Berührtwerden - Abneigung berührt zu werden* (oss/21)

Nonverbales - Äußerliches - Beobachtungen des Arztes

GESICHT - Hautausschläge - Akne (mtf11/595)

Formica rufa

form.

Kinder, die Formica rufa benötigen, sind launisch, unberechenbar und besonders *ehrgeizig* und *konkurrieren stark mit anderen.*

Enuresis in der ersten Schlafphase oder nach Mitternacht.

Häufig durchfälliger Stuhl.

Häufig Beschwerden beim Fahren im Wagen: Taubheit in Armen und Beinen, Schmerzen in der Zervikalregion.

Plötzlich auftretender *Rheumatismus*, hauptsächlich in den Gelenken, mit Ruhelosigkeit. *Der Patient möchte sich bewegen, obwohl dies die Schmerzen verschlimmert;* besser durch Druck.

Die Schmerzen erscheinen plötzlich und schießen von einer Stelle zur anderen: links, dann rechts; rechts, dann links (*wandernde Schmerzen*).

Boger schrieb: „Gelegentlich sieht man einen Fall, der wie Apis aussieht, dessen Modalitäten aber nicht passen; scheinbar sind sie mehr wie Rhus toxicodendron; bei genauerer Untersuchung ist keines der Mittel exakt ähnlich; aller Wahrscheinlichkeit rufen die Symptome laut nach Formica rufa, da es genau dazwischen."

Klinisches: Enuresis. Rheumatismus.

Wirkungsbereich: Blase. Gelenke.

***

Stillen - Magendarmsymptome - Rektum

REKTUM - *Diarrhoe - Kindern, bei* (k/954)

Infektionskrankheiten - Keuchhusten

HUSTEN - *Keuchhusten* (bro1/1197)

Konstitution - Allgemeines

GEMÜT - Ehrgeiz - erhöht, vermehrt, sehr ehrgeizig (mgm/40)
- Ehrgeiz - erhöht, vermehrt, sehr ehrgeizig - Wettbewerb mit anderen, vergleicht sich mit ihnen; steht (mgm/40)
- *Faulheit* (bg2*/55)
- Stimmung, Laune - veränderlich (sf1/171)
- Veränderungen - Abneigung gegen (^/195)

Familie; Beziehung zur - Liebe und Zuneigung

GEMÜT - Angst - Familie, um seine (mgm/9)

Nonverbales - Gesten, Gebärden

GEMÜT - Launenhaftigkeit, launisch (bg2/123)

Nonverbales - Konsultation; bei der

EXTREMITÄTEN - Nägel; Beschwerden der - Abblättern der Nägel (k/1664)
- Nägel; Beschwerden der - Abfallen der Nägel (bg2/1664)

Nonverbales - Äußerliches - Beobachtungen der Eltern

STUHL - Kugeln, wie (k/996)

Nacht; Beobachtungen in der - Schlaf; Lage im

SCHLAF - Lage - verändert häufig die Lage (hr1*/1683)

Autos und Schiffe

RÜCKEN - Schmerz - Zervikalregion - Bewegung - Kopfes; des - Heben des Kopfes; oder - Fahren im Wagen - linke Seite - zerbrochen; wie - zerbrechen, entzweibrechen; als würde er (*/1375)
- Schmerz - Zervikalregion - Fahren im Wagen agg. (k/1375)

EXTREMITÄTEN - Gefühllosigkeit, Taubheit - Arme - Fahren im Wagen agg. (*/1416)
- Gefühllosigkeit, Taubheit - Hände - Fahren im Wagen agg. (*/1419)

ALLGEMEINES - *Fahren - Wagen; mit dem - agg.* (mgm/1877)

Körperliche Symptome und Erkrankungen

KEHLKOPF UND TRACHEA - *Laryngismus stridulus* (bro1/1145)

Chirurgisch pathologische Zustände

NASE - Polyp (*/561)

Würmer

REKTUM - *Würmer - Beschwerden durch Würmer - Bandwürmer* (k/986)

Galeocerdo cuvier hepar

galeoc-c-h.

Stillen - Magendarmsymptome - Appetit - allgemein

MAGEN - Appetit - Durst - mit (gms1/767)

Stillen - Magendarmsymptome - Appetit - vermindert

MAGEN - Appetit - fehlend - Durst - mit (gms1/768)
- Appetit - schnelle Sättigung (gms1/770)
  - » vermindert (gms1/772)

Stillen - Magendarmsymptome - Appetit - vermehrt

MAGEN - Appetit - vermehrt (gms1/770)

Konstitution - Aggressivität

GEMÜT - Zorn - Kindern, bei (gms1/254)

Konstitution - Angst und Furcht

GEMÜT - Furcht - allein zu sein (^/64)
- Furcht - Kontrolle zu verlieren; die (^/72)
- Furchtlos (gms1/80)

Konstitution - Allgemeines

GEMÜT - Heimweh (gms1/107)
- Pessimist (gms1/136)
- Unzufrieden (^/194)

Familie; Beziehung zur - Liebe und Zuneigung

GEMÜT - Verlassen zu sein; Gefühl (a/198)

Beziehung zu anderen - Aggressivität

GEMÜT - Antworten - kurz angebunden (gms1/15)

Beziehung zu anderen - Reaktion auf andere

GEMÜT - Antworten - bissig, schnippisch (gms1/15)
• Schüchternheit, Zaghaftigkeit (^/158)

Beziehung zu anderen - allgemein

GEMÜT - Geheimnistuerisch, verschlossen (^/87)
• Tadelsüchtig, krittelig (gms1/178)

Nonverbales - Aggressivität

GEMÜT - *Wirft mit Gegenständen um sich* (^/250)

Nonverbales - Gesten, Gebärden

GEMÜT - Verstecken - sich (gms1/199)

Nacht; Beobachtungen in der - Gemütssymptome

GEMÜT - Furcht - Dunkelheit; vor der (gms1/66)

Nacht; Beobachtungen in der - körperliche Symptome

ZÄHNE - Zähneknirschen - Schlaf; agg. im (gms1/718)

Autos und Schiffe

ALLGEMEINES - Fahren - Wagen; mit dem - agg. (gms1/1877)
• Fahren - Wagen; mit dem - amel. (gms1/1877)

Galla quercina ruber

galla-q-r.

Stillen - Magendarmsymptome - Appetit - vermehrt

MAGEN - Appetit - Heißhunger (nl2/769)
• Appetit - vermehrt (nl2/770)

Konstitution - Angst und Furcht

GEMÜT - Mutig (nl2/133)

Konstitution - Allgemeines

GEMÜT - Gewissenhaft, peinlich genau in bezug auf Kleinigkeiten (nl2/99)
• Heikel, pingelig (nl2/106)
• *Heimweh* (nl2/107)
• Selbstvertrauen - Mangel an Selbstvertrauen (nl2/161)
• Verwegenheit (nl2/199)

Familie; Beziehung zur - Liebe und Zuneigung

GEMÜT - Verlassen zu sein; Gefühl (^/198)

Beziehung zu anderen - Reaktion auf andere

GEMÜT - Gesellschaft - Abneigung gegen (nl2/94)
• Gesellschaft - Verlangen nach (nl2/95)
• Schüchternheit, Zaghaftigkeit (nl2/158)

Beziehung zu anderen - allgemein

GEMÜT - Argwöhnisch, mißtrauisch (nl2/16)
• Geheimnistuerisch, verschlossen (nl2/87)
• Tadelsüchtig, krittelig (nl2/178)

Schule - Angst

GEMÜT - Selbstvertrauen - Mangel an Selbstvertrauen (nl2/161)

Schule - Lernen - Schreiben

GEMÜT - Fehler; macht - Schreiben, beim (nl2/57)
• Fehler; macht - Schreiben, beim - falsch - Buchstaben, Zahlen (nl2/57)
» Schreiben, beim - läßt etwas aus - Buchstaben (nl2/57)

Schule - Konstitution

GEMÜT - Gewissenhaft, peinlich genau in bezug auf Kleinigkeiten (nl2/99)
• Heikel, pingelig (nl2/106)
• Selbstvertrauen - Mangel an Selbstvertrauen (nl2/161)

Nonverbales - Gesten, Gebärden

GEMÜT - Ungeschicklichkeit (nl2/192)

Nonverbales - Äußerliches - Beobachtungen der Eltern

BLASE - Urinieren - unwillkürlich - Lachen agg. (nl2/1020)

Gallicum acidum

gal-ac.

Dieses Mittel hat Angst vor Gespenstern, Angst vor der Dunkelheit und Angst vor dem Alleinsein. Es wird auch genannt in den Rubriken „*Destruktivität*", „*Beißen*", „*Stoßen, Treten*" und „*Schlagen*".

Boericke schrieb: „Nachts wildes Delirium; sehr ruhelos, springt aus dem Bett; schwitzt; hat Angst davor, allein zu sein; ist grob und beschimpft jeden [...] Photophobie mit Brennen der Lider."

Dieses Mittel liegt zwischen Belladonna, Stramonium und Tuberculinum.

Gallicum acidum ist ein hervorragendes Mittel bei Schwindsucht, besonders der hämorrhagischen Variante und bei Asthma.

Vermeulen schreibt: „*Die Anfangsursache ist ein plötzlicher Schock*. Der Zustand kann als eine *Folge der Trennung von der Hauptbezugsperson* auftreten. Wenn das Kind eine Veranlagung zu Gallicum acidum hat, wird er oder sie sich verlassen vorkommen, wenn beispielsweise die Mutter zur Arbeit geht. Von diesem Moment an besteht das Kind darauf, daß *man es ständig beaufsichtigt* und läßt die Eltern nie aus dem Blick. [...] Beim Spielen mit anderen Kindern fordern sie, im *Zentrum der Aufmerksamkeit* zu stehen. Sie sind starke Führungspersönlichkeiten. Sie wiegeln die anderen Kinder auf und die Kinder werden gezwungen, sich zu wehren. Sie müssen immer gewinnen und betrügen bei Spielen und in der Schule. Sie stehlen Spielzeug und bestreiten es."

Schlaflosigkeit bei Kleinkindern.

Klinisches: Asthma. Obstipation. Schwäche. Blutungen. Urtikaria.

Wirkungsbereich: Gemüt. Verdauungsorgane. Schleimhäute. Haut.

* * *

Stillen - Magendarmsymptome - Appetit - vermindert

MAGEN - Appetit - vermindert (a1*/772)

Konstitution - Angst und Furcht

GEMÜT - Furcht - allein zu sein (a1*/64)
• Furcht - Gespenstern; vor (zr/70)

Konstitution - Allgemeines

GEMÜT - Verwegenheit (^/199)

Familie; Beziehung zur - Liebe und Zuneigung

GEMÜT - Eifersucht (k/40)

Beziehung zu anderen - Aggressivität

GEMÜT - Schlagen (zr/154)

Beziehung zu anderen - Reaktion auf andere

GEMÜT - **Gesellschaft - Verlangen nach** (^/95)
• **Gesellschaft - Verlangen nach - allein; agg. wenn** (zr/96)
» Verlangen nach - beachtet werden; möchte immer (a1*/96)

Nonverbales - Aggressivität

GEMÜT - Beißen (zr/20)
• Destruktivität, Zerstörungswut (zr/38)
• Stoßen, treten, austreten (zr/172)

Nonverbales - Gesten, Gebärden

GEMÜT - Beißen - Nägel (a*/20)
• Springen (^/169)

Nacht; Beobachtungen in der - Gemütssymptome

GEMÜT - Furcht - Dunkelheit; vor der (zr/66)

Gambogia

gamb.

Leidet an Beschwerden der Leber und des Rektums, hat Rumoren und Kollern im Darm, Erbrechen und *Diarrhoe.* Der Stuhl kommt vollständig und auf einmal heraus, mit längerem Drängen und darauf folgt große Erleichterung, als wäre ein Fremdkörper abgegangen. Der Anus brennt, die Lider und Augenwinkel jucken wollüstig, das Kind reibt sie oft.

Es geht ihm abends oder nachts allgemein schlechter. Das Kind ist reizbar, hat einen trockenen Mund und der Harn riecht nach Zwiebeln. Das Kind ist schwach, schläfrig und hat am ganzen Körper Schmerzen wie zerschlagen.

Klinisches: Rückenschmerzen. Folgen von Schlägen. Kokzygodynie. Kolik. Diarrhoe. Augenentzündung. Halsentzündung.

Wirkungsbereich: Verdauungskanal. Schleimhäute (Augen; Nase; innerer Hals; Kehlkopf).

* * *

Stillen - Magendarmsymptome - Appetit - vermindert

MAGEN - Appetit - vermindert (k/772)

Stillen - Magendarmsymptome - Appetit - vermehrt

MAGEN - Appetit - Heißhunger (k/769)
• Appetit - vermehrt (k/770)

Stillen - Magendarmsymptome - Abdomen - amel. durch

ABDOMEN - Schmerz - Druck - amel. (k/883)

Stillen - Magendarmsymptome - Rektum

REKTUM - Diarrhoe - Kindern, bei (k/954)

Konstitution - Allgemeines

GEMÜT - Faulheit (k/55)

Nonverbales - Konsultation; bei der

MUND - Aphthen (*/639)
• Stomatitis ulcerosa, Stomakaze (mrr1/689)
ABDOMEN - Schmerz - Druck - amel. (k/883)

Nonverbales - Äußerliches - Beobachtungen der Eltern

MAGEN - *Gluckern; Gurgeln* (ptk1/802)
REKTUM - Unwillkürlicher Stuhl (*/984)
STUHL - *Unverdaut* (*/999)

Gardenia jasminoide

gard-j.

Stillen - Magendarmsymptome - Appetit - vermehrt

MAGEN - Appetit - vermehrt - Erwachen, beim (vlr2/771)

Konstitution - Angst und Furcht

GEMÜT - Feigheit (vlr2/59)
• Furcht - Gespenstern; vor (vlr2/70)
» Gewitter; vor (vlr2/70)

Konstitution - Allgemeines

GEMÜT - Heimweh (vlr2/107)
• Selbstvertrauen - Mangel an Selbstvertrauen (vlr2/161)

Familie; Beziehung zur - Liebe und Zuneigung

GEMÜT - Verlassen zu sein; Gefühl (vlr2/198)

Beziehung zu anderen - Reaktion auf andere

GEMÜT - Gesellschaft - Verlangen nach (vlr2/95)
• Schüchternheit, Zaghaftigkeit (vlr2/158)

Beziehung zu anderen - allgemein

GEMÜT - Empfindlich - äußerliche Eindrücke; gegen alle (vlr2/42)

Schule - Angst

GEMÜT - Selbstvertrauen - Mangel an Selbstvertrauen (vlr2/161)

Schule - Konzentration

GEMÜT - Konzentration - schwierig - Studieren (vlr2/117)

Schule - Lernen - Schreiben

GEMÜT - Fehler; macht - Schreiben, beim (^/57)
• Fehler; macht - Schreiben, beim - falsch - Worte (vlr2/57)
» Schreiben, beim - läßt etwas aus - Worte (vlr2/57)

Schule - Konstitution

GEMÜT - Eigensinnig, starrköpfig, dickköpfig (vlr2/41)
• Selbstvertrauen - Mangel an Selbstvertrauen (vlr2/161)

Nonverbales - Allgemeines

GEMÜT - Eigensinnig, starrköpfig, dickköpfig (vlr2/41)

Nacht; Beobachtungen in der - Gemütssymptome

GEMÜT - Furcht - Dunkelheit; vor der (vlr2/66)
• Jammern - Schlaf, im (vlr2/113)

Gastein aqua

gast.

Stillen - Magendarmsymptome - Appetit - vermindert

MAGEN - Appetit - vermindert (a1/772)

Nonverbales - Konsultation; bei der

HAUT - Erysipel (a1/1798)

Nonverbales - Äußerliches - Beobachtungen des Arztes

AUGE - Verklebt (a1/472)

Nonverbales - Äußerliches - Beobachtungen der Eltern

AUGE - Verklebt - morgens (a1/472)

Chirurgisch pathologische Zustände

MÄNNLICHE GENITALIEN - Hochgezogen, an den Körper gezogen - Hoden - Leistenkanal; in den (c1/1068)

Gelsemium sempervirens

gels.

Schwache, müde, schüchterne, erregbare und schnell wütend werdende Kinder und Heranwachsende.

Abgestumpfter Verstand mit Unfähigkeit zu denken oder sich zu konzentrieren. *Apathie.*

Angst und *Befürchtungen*; Prüfungsangst. Folgen von Schreck.

Neigung, sich bei jedem Wetterwechsel zu erkälten. Gelsemium ist eines der besten Mittel bei *Fieber*, wenn *Stumpfheit*, Schwindeligkeit, *Schläfrigkeit* und besonders *Zittern* vorhanden sind. *Völlige Durstlosigkeit* ist das wichtigste Symptom. Es ist von unschätzbarem Wert bei Ausschlagsfiebern von Kindern mit Tendenz zu Konvulsionen während der Zeit der Ausschläge. Tonsillitis.

Seine Wirkung konzentriert sich auf das *Nervensystem* und es verursacht motorische Lähmung unterschiedlichen Grades.

Kopfschmerzen mit Besserung nach reichlichem Urinieren.

Beschwerden während der Zahnung, mit Fieber, Ängstlichkeit, Schläfrigkeit und Verwirrung, manchmal erweiterten Pupillen und Trübsichtigkeit. Während der Zahnung wird das Kind fast verrückt vor Beschwerden, es erwacht plötzlich schreiend; das Gesicht ist dunkelrot, die Fontanelle pulsiert zu kräftig, das Zahnfleisch ist geschwollen und empfindlich. Das Kind schreckt auf, greift nach der Mutter und schreit, als habe es Angst davor, zu fallen (Differentialdiagnose: Borax, Sanicula).

Enuresis nocturna bei nervösen Kindern.

Klinisches: Fieber. Kopfschmerzen. Beschwerden während der Zahnung. Masern. Enuresis. Tonsillitis.

Wirkungsbereich: Kopf. Zähne. Haut. Harnwege. Innerer Hals.

* * *

Krankengeschichte; familiäre und persönliche

ALLGEMEINES - *Familiengeschichte von - Apoplexie* (bro1/1878)

Entwicklung - allgemein

KOPF - Fontanellen - pulsieren kräftig (ptk1/286)

Zahnung - Empfindungen und neurologische Beschwerden

AUGE - Strabismus, Schielen - Zahnung; während der (mtf11/467)

ALLGEMEINES - Konvulsionen - Zahnung; während der (bg2*/1907)

Zahnung - Magendarmsymptome

REKTUM - *Diarrhoe - Zahnung; während* (k/957)

Zahnung - Allgemeines

ZÄHNE - *Zahnung - schwierig* (hr1*/718)

SCHLAF - *Schlaflosigkeit - Zahnung; während der* (hr1*/1694)

FIEBER - *Zahnung; während der* (bg2*/1781)

Stillen - Magendarmsymptome - Appetit - allgemein

MAGEN - Appetit - veränderlich (bg1*/770)

Stillen - Magendarmsymptome - Appetit - vermindert

MAGEN - Appetit - fehlend (k/767)
- *Appetit - schnelle Sättigung* (*/770)
  - » *vermindert* (k/772)

Stillen - Magendarmsymptome - Appetit - vermehrt

MAGEN - Appetit - Heißhunger (k/769)
- *Appetit - vermehrt* (k/770)
  - » vermehrt - Schwäche, mit (bg2/772)

Stillen - Magendarmsymptome - Erbrechen

MAGEN - Erbrochenen; Art des - Speisen - unverdaut (sys/800)

Infektionskrankheiten - Windpocken

FIEBER - Continua - Ausschlagsfieber (bro1/1772)

Infektionskrankheiten - Masern

HUSTEN - Masern - nach (k/1202)

FIEBER - *Ausschlagsfieber; Fieber bei Ausschlagserkrankungen - Masern* (*/1770)
- Continua - Ausschlagsfieber (bro1/1772)

HAUT - *Hautausschläge - Masern* (*/1817)

Infektionskrankheiten - Mumps

GESICHT - Entzündung - Parotis - Meningitis; drohende (bnt/584)

Infektionskrankheiten - Röteln

FIEBER - Continua - Ausschlagsfieber (bro1/1772)

Infektionskrankheiten - Scharlach

GEMÜT - *Bewußtlosigkeit - Scharlach, bei* (hr1*/31)
- *Stupor - Scharlach, bei* (kr1/177)

FIEBER - *Ausschlagsfieber; Fieber bei Ausschlagserkrankungen - Scharlach* (*/1770)
- Continua - Ausschlagsfieber (bro1/1772)

HAUT - *Hautausschläge - Scharlach* (*/1821)
- *Hautausschläge - Scharlach - zurücktretend* (hr1/1821)

Infektionskrankheiten - Pocken

FIEBER - Continua - Ausschlagsfieber (bro1/1772)

HAUT - Hautausschläge - Pocken (bro1/1819)

Konstitution - Angst und Furcht

GEMÜT - *Angst - Kinder - bei Kindern* (k/11)
- **Beeindrucken, empfänglich für Eindrücke; leicht zu** (lmj/19)
- **BESCHWERDEN DURCH - ERWARTUNGSSPANNUNG** (bg2*/23)
  - » **Schreck** (*/25)
- *Erwartungsspannung - Lampenfieber* (br1*/53)
  - » **Lampenfieber - Sängern und Rednern; bei** (kr1/53)
  - » *Zahnarzt, Arzt; vor dem Gang zum* (st/53)
- **Feigheit** (*/59)
- Furcht - Abwärtsbewegung, vor (*/64)
  - » *allein zu sein* (k/64)
  - » **fallen, zu stürzen; zu - Kind hält sich an der Mutter fest; das** (kr1*/68)
  - » *Gewitter; vor* (*/70)
  - » hochgelegenen Orten; vor (pt*/71)
  - » **Selbstkontrolle zu verlieren; die** (*/75)
  - » Versagen, Mißerfolg; vor dem (bg2*/79)
  - » *Versagen, Mißerfolg; vor dem - Prüfungen, bei* (st*/79)
  - » Wasser, vor (*/79)
- Furchtlos (br1/80)
- Schreckliches und traurige Geschichten greifen sie stark an (k/156)

Konstitution - Allgemeines

GEMÜT - *Empfindlich - Kinder* (hr1/44)
- *Faulheit* (bg2*/55)
- Selbstvertrauen - Mangel an Selbstvertrauen (k/161)
- Sprache - Plappern, Schwatzen (sf1/167)
- Stimmung, Laune - veränderlich (*/171)
- Unaufmerksam (bg2/189)
- Verwegenheit (^/199)
- Wahnideen - Fallen - er würde - Kindern, bei (rb2/214)
- Weinen - amel. (vh/245)

Familie; Beziehung zur - Liebe und Zuneigung

GEMÜT - Eifersucht (cda/40)
- Verlassen zu sein; Gefühl (mtf/198)

Familie; Beziehung zur - Vorwürfe

GEMÜT - Beschwerden durch - Tadel (bg2*/25)

Beziehung zu anderen - Aggressivität

GEMÜT - Antworten - kurz angebunden (k/15)

Beziehung zu anderen - Reaktion auf andere

GEMÜT - *Antworten - Abneigung zu antworten* (bro1/14)
- Antworten - einsilbig (k/15)
  - » **langsam** (bg2*/15)
  - » unfähig zu antworten (^/15)
- **Gesellschaft - Abneigung gegen** (*/94)
  - » Abneigung gegen - Furcht vor dem Alleinsein; jedoch (bg/95)
  - » *Verlangen nach* (k/95)
  - » Verlangen nach - allein; agg. wenn (bg2/96)
- **Schüchternheit, Zaghaftigkeit** (*/158)
  - » **ÖFFENTLICHKEIT; BEIM AUFTRETEN IN DER** (*/159)
- Trost - amel. (ptk1*/188)

Schule - Angst

GEMÜT - **BESCHWERDEN DURCH - ERWARTUNGSSPANNUNG (bg2*/23)**
- *Erwartungsspannung - Prüfungen, vor* (st/53)
- Furcht - Versagen, Mißerfolg; vor dem (bg2*/79)
  - » *Versagen, Mißerfolg; vor dem - Prüfungen, bei* (st*/79)
- Selbstvertrauen - Mangel an Selbstvertrauen (k/161)

REKTUM - *Diarrhoe - Erregung, Aufregung agg.* (*/952)
- **Diarrhoe - Erwartungsspannung, nach** (*/952)
  - » **nervös, Gemütsbewegungen agg.** (bg2*/955)

Schule - Konzentration

GEMÜT - *Konzentration - schwierig - Studieren* (a1/117)
- Unaufmerksam (bg2/189)

Schule - Anstrengung; geistige

KOPF - *Schmerz - geistige Anstrengung - agg.* (*/328)

Schule - Beziehung zu anderen

GEMÜT - **SCHÜCHTERNHEIT, ZAGHAFTIGKEIT - ÖFFENTLICHKEIT; BEIM AUFTRETEN IN DER (*/159)**

MUND - Sprache - stotternd (bg2/688)

Schule - Vorwürfe

GEMÜT - Beschwerden durch - Tadel (bg2*/25)

Schule - Konstitution

GEMÜT - Selbstvertrauen - Mangel an Selbstvertrauen (k/161)

Nonverbales - Aggressivität

GEMÜT - Reizbarkeit, Gereiztheit - angeblickt, wenn - angesprochen oder berührt; wenn - Kindern; bei (bro1/144)
- Spucken (^/170)

Nonverbales - Reaktion auf andere

GEMÜT - Angesehen, angeblickt zu werden - erträgt es nicht, angesehen zu werden (br1/5)
- Berührtwerden - Abneigung berührt zu werden (sf1/21)
- *Gehalten - amel.; gehalten zu werden* (ptk1/87)
  - » *Verlangen, gehalten zu werden* (bg2*/87)

Nonverbales - Gesten, Gebärden

GEMÜT - Grimassen (bg2*/103)
- Grimassen - sonderbare Gesichter; schneidet (sf/103)
- Klammert sich an - Kindern; bei - Mutter; das Kind klammert sich an die (^/115)
  - » Kindern; bei - Mutter; das Kind klammert sich an die - Hand der Mutter; das Kind nimmt immer die (mtf/115)
  - » Personen oder Möbel; an (k/115)
- *Ungeschicklichkeit* (bg2*/192)

Nonverbales - Allgemeines

GEMÜT - Singen (k/163)

Nonverbales - Konsultation; bei der

KOPF - *Empfindlichkeit - Kopfhaut, der - Berührung, gegen* (bro1/284)
- Hitze - Kälte - Extremitäten; mit Kälte der (psa/293)
  - » *Kälte - Füße; mit Kälte der* (k/293)
  - » Kälte - Körpers; mit Kälte des (k/293)

OHR - Absonderungen - eitrig (*/497)
- Eiterung - Mittelohr (bro1/500)
- *Entzündung - Eustachische Röhre* (*/500)
  - » Mittelohr (*/501)
- Katarrh - Eustachische Röhre (*/515)

HÖREN - Schwerhörig - Tubenkatarrh (*/537)

MUND - Bewegung - Zunge - Heraushängen der Zunge (bg2/641)
- *Zittern der Zunge - Herausstrecken, beim* (*/692)

INNERER HALS - *Aphthen* (k/721)
- *Aphthen - Tonsillen, an den* (k/721)
- *Entzündung - Tonsillen* (*/724)
- *Schwellung - Tonsillen* (*/747)

HAUT - *Erysipel* (*/1798)

Nonverbales - Äußerliches - Beobachtungen des Arztes

KOPF - **Halten - hoch, aufrecht zu halten; unfähig, den Kopf** (*/289)

AUGE - *Strabismus, Schielen* (*/467)

GESICHT - Gerunzelt - feine, oberflächliche Fältchen (mrr1/594)
- Venen, erweiterte (bg2/634)

MUND - Bewegung - Zunge - Heraushängen der Zunge (bg2/641)

ATMUNG - **Beschleunigt** (*/1174)

Nonverbales - Äußerliches - Beobachtungen der Eltern

MAGEN - *Schluckauf* (*/809)

REKTUM - Unwillkürlicher Stuhl (*/984)

BLASE - *Lähmung - Zurückhalten des Urins scheint die Blase zu lähmen; gewaltsames* (k/1006)

• Urinieren - unwillkürlich - Husten; agg. beim (bg2/1020)

» unwillkürlich - Kindern; bei - nervösen; bei (c1/1020)

» verzögert, muß warten, bis der Urin zu fließen beginnt (ptk1/1020)

MÄNNLICHE GENITALIEN - *Masturbation, Neigung zur* (hr1*/1071)

WEIBLICHE GENITALIEN - *Fluor - Studentinnen; bei* (kr1/1098)

• *Masturbation; Neigung zu* (k/1104)

Nacht; Beobachtungen in der - Gemütssymptome

GEMÜT - Furcht - Dunkelheit; vor der (st1/66)

• *Sprechen - Schlaf; im* (hr1*/169)

Nacht; Beobachtungen in der - körperliche Symptome

BLASE - Urinieren - unwillkürlich - nachts (bro1/1019)

• *Urinieren - unwillkürlich - nachts - spasmodisches Bettnässen* (k/1019)

Nacht; Beobachtungen in der - Schlaf; Lage im

SCHLAF - Lage - Seite, auf der - linken Seite, auf der (a1/1683)

• Lage - verändert häufig die Lage (bg2/1683)

Schaukeln und Getragenwerden

GEMÜT - *Klammert sich an - Kindern; bei - Klammert sich an die Krankenschwester, wenn es getragen wird; das Kind* (bg2*/115)

SCHWINDEL - *Klammert sich an die Krankenschwester, wenn es getragen wird; das Kind* (k/268)

Autos und Schiffe

MAGEN - Schmerz - Fahren - Wagen; im - agg. (a1/818)

ALLGEMEINES - *Fahren - Wagen; mit dem - amel.* (bg2*/1877)

Psychosomatische Störungen

REKTUM - *Diarrhoe - Erregung, Aufregung agg.* (*/952)

• **Diarrhoe - nervös, Gemütsbewegungen agg.** (bg2*/955)

BLASE - Urinieren - unwillkürlich - Kindern; bei - nervösen; bei (c1/1020)

ALLGEMEINES - *Konvulsionen - Schreck agg.* (hr1*/1906)

Körperliche Symptome und Erkrankungen

KOPF - Entzündung - Gehirn (bg2*/284)

• *Entzündung - Hirnhaut* (*/284)

» *Hirnhaut - begleitet von - Zunge - weiße Farbe der Zunge - gelblichweiß* (kr1*/284)

• Hydrozephalus (bro1/295)

• *Schmerz - katarrhalisch* (*/331)

BLASE - *Harnverhaltung - Kindern, bei* (k/1005)

NIEREN - *Entzündung* (k/1023)

KEHLKOPF UND TRACHEA - **Laryngismus stridulus** (*/1145)

FIEBER - **Continua** (k/1772)

• **Remittierend - Kleinkindern, bei** (*/1778)

ALLGEMEINES - *Kindern; Beschwerden von* (k/1897)

• *Konvulsionen - Kindern, bei* (k/1905)

• **Pubertät - Beschwerden während der** (hr1*/1934)

Chirurgisch pathologische Zustände

ABDOMEN - Darmverlegung, Obstruktionsileus (*/857)

• Entzündung - Peritoneum (bro1*/860)

Germanium metallicum

germ-met.

Zu den wichtigsten Symptomen der Prüfung von Jeremy Sherr gehören: Angst, Reizbarkeit, Zorn, unterdrückte Gefühle, Zorn mit Schuldgefühl, Schuldgefühl, Versagen, Wichtigkeit der Meinung anderer. Zu den Hauptthemen der Träume gehören: Krieg, zerbrochenes Glas, Unsicherheit, Räuber, Angegriffenwerden und Unrecht begangen zu haben.

Die Angst richtet sich auch auf andere Menschen. Die Reizbarkeit erscheint zusammen mit *Streitsuchtre.* Das Kind antwortet schroff, schlägt und zieht an den Haaren. Das *Thema des Versagens* wird bestätigt durch *Mangel an Selbstvertrauen*, Feigheit und Angst zu versagen. Die *Meinung anderer Menschen* ist wichtig, daher haben sie Beschwerden durch Vorwürfe und Tadel.

In der Schule haben Sie Konzentrationsschwierigkeiten und geistige Verwirrung, die beim Lesen und Schreiben auftritt, wobei sie oft Fehler machen, indem sie Buchstaben auslassen oder sie verschieben oder falsche Buchstaben benutzen. Sie können an *Dyslexie* leiden.

Scholten schrieb: „Germanium ist der klassische Typ des Beamten. Sie führen ihre Arbeit pro forma aus, übernehmen aber keine wirkliche Verantwortung. Sie haben Angst davor, für irgendeine ihrer Handlungen zur verantwortlich gemacht zu werden."

Aus körperlicher Sicht sind Kopfschuppen und fettige Gesichtshaut festzustellen.

Klinisches: Angst. Konzentrationsprobleme. Dyslexie. Kopfschuppen.

Wirkungsbereich: Gemüt. Haare.

* * *

Stillen - Magendarmsymptome - Appetit - vermindert

MAGEN - Appetit - vermindert (srj5/772)

Stillen - Magendarmsymptome - Appetit - vermehrt

MAGEN - Appetit - vermehrt (srj5/770)

Konstitution - Angst und Furcht

GEMÜT - Feigheit (stj2*/59)
- Furcht - Selbstkontrolle zu verlieren; die (srj/75)
  - » Versagen, Mißerfolg; vor dem (stj2/79)

Konstitution - Allgemeines

GEMÜT - Faulheit (srj5/55)
- Heimweh (srj/107)
- Selbstvertrauen - Mangel an Selbstvertrauen (srj5/161)
- *Unzufrieden* (^/194)
- Veränderungen - Abneigung gegen (^/195)
- Weinen - amel. (srj5/245)
  - » leicht (srj5/246)

Familie; Beziehung zur - Liebe und Zuneigung

GEMÜT - Angst - andere, um (srj/7)
- Verlassen zu sein; Gefühl (srj5/198)

Familie; Beziehung zur - Vorwürfe

GEMÜT - Beschwerden durch - Tadel (srj*/25)
- Ermahnungen - agg. (srj*/47)

Beziehung zu anderen - Aggressivität

GEMÜT - Schlagen (^/154)
- Schlagen - sich; schlägt (srj5/154)
- Sprache - barsch (srj5/166)
- Streitsüchtig (srj5/173)

Beziehung zu anderen - Reaktion auf andere

GEMÜT - Antworten - Abneigung zu antworten (srj5/14)
- Gesellschaft - Abneigung gegen (srj5/94)
  - » Verlangen nach (srj5/95)
- Schüchternheit, Zaghaftigkeit (srj5/158)

Beziehung zu anderen - allgemein

GEMÜT - Beleidigt, leicht (srj5/20)
- Geheimnistuerisch, verschlossen (mtf/87)
- Mitgefühl, Mitleid (srj5/130)
- *Tadelsüchtig, krittelig* (srj5/178)
- Tadelt sich selbst, macht sich Vorwürfe (mtf*/179)

Schule - Angst

GEMÜT - Furcht - Versagen, Mißerfolg; vor dem (stj2/79)
- Selbstvertrauen - Mangel an Selbstvertrauen (srj5/161)

Schule - Konzentration

GEMÜT - Konzentration - schwierig - Studieren (srj5/117)
- Verwirrung; geistige - Lesen, beim (srj5/203)
  - » Schreiben, beim (srj5/203)

Schule - Lernen - allgemein

GEMÜT - **Dyslexie** (stj2*/40)
- Fehler; macht - Sprechen, beim - Buchstabieren, beim (srj5/58)

Schule - Lernen - Lesen

GEMÜT - Verwirrung; geistige - Lesen, beim (srj5/203)

Schule - Lernen - Schreiben

GEMÜT - Fehler; macht - Schreiben, beim (stj2*/57)
- *Fehler; macht - Schreiben, beim - falsch - Buchstaben, Zahlen* (srj5/57)
  - » Schreiben, beim - falsch - Worte (srj5/57)
  - » Schreiben, beim - läßt etwas aus - Buchstaben (srj5/57)
  - » Schreiben, beim - stellt etwas um - Buchstaben (srj5/58)
- Schreiben - unleserlich, schreibt (srj5/156)
- Verwirrung; geistige - Schreiben, beim (srj5/203)

Schule - Vorwürfe

GEMÜT - Beschwerden durch - Tadel (srj*/25)
- Ermahnungen - agg. (srj*/47)

Schule - Konstitution

GEMÜT - Selbstvertrauen - Mangel an Selbstvertrauen (srj5/161)

Nonverbales - Aggressivität

GEMÜT - Ziehen - Haaren; an den (^/252)
- Ziehen - Haaren; an den - Verlangen zu ziehen - ihren eigenen Haaren; an (srj5/252)

Nonverbales - Reaktion auf andere

GEMÜT - Gehalten - Verlangen, gehalten zu werden (srj5/87)
- Näherkommen, auf ihn Zukommen von Personen - Abneigung gegen (srj5/134)

Nonverbales - Gesten, Gebärden

GEMÜT - Lachen - Ernstes, über (srj5/120)
- Ungeschicklichkeit (srj5/192)

Nonverbales - Allgemeines

GEMÜT - Singen (^/163)

Nonverbales - Äußerliches - Beobachtungen des Arztes

KOPF - Schuppen (srj5/402)

GESICHT - Fettig (srj5/593)

Ginkgo biloba

gink-b.

Die Risse an Lippen und Mundwinkeln sind sogleich zu bemerken. Das Kind hat oft *Aphthen* im Mund oder auf der Zunge.

Geistig geschwächt und erschöpft, schlechte Konzentrationsfähigkeit, geistesabwesend und vergeßlich, Gleichgültigkeit auf Grund von Schwäche. Verschiebt alles auf später.

Swoboda schrieb, daß die Prüfer die Bemerkung machten, daß ihnen alles zu viel war: „Ich kann es nicht machen, ich fühle mich völlig erschöpft".

Wahnvorstellung, alt zu sein (man vergleiche Sequoia, einem anderen „fossilen" Baum, der so alt ist wie Ginkgo).

Große körperliche Ermüdung.

Trockenheit: Nase, Mund, innerer Hals, Haut. Kann nicht schwitzen.

Verfroren. Eisige Kälte von Füßen und Fingerspitzen.

Verlangen nach kalten Getränken (wegen der Trockenheit des Halses). Der Appetit ist vermindert und das Kind hat Völlegefühl wann immer es auch nur noch so wenig ißt.

Bauchschmerzen werden oft durch Wärme und im Liegen besser.

Die Nägel sind brüchig und reißen ein.

Schlaflosigkeit oder Erwachen zwischen 2 und 3 Uhr nachts.

Klinisches: Körperliche Ermüdung. Schlaflosigkeit. Aphthen. Bauchschmerzen.

Wirkungsbereich: Schlaf. Mund. Abdomen.

* * *

Stillen - Milch

ALLGEMEINES - Speisen und Getränke - Milch - Abneigung (sbd1*/2000)

Stillen - Magendarmsymptome - Appetit - vermindert

MAGEN - Appetit - schnelle Sättigung (sbd1/770)
• Appetit - vermindert (sbd1/772)

Stillen - Magendarmsymptome - Abdomen - amel. durch

ABDOMEN - Schmerz - Liegen - amel. (sbd1/889)
• Schmerz - Liegen - Seite; auf der - amel. (^/889)
» Wärme - amel. (sbd1/896)

Konstitution - Angst und Furcht

GEMÜT - Furcht - Armut, vor (sbd1/65)

Konstitution - Allgemeines

GEMÜT - Faulheit (sbd1/55)
• Furcht - Armut, vor (sbd1/65)
• Geiz (sbd1/92)
• Stimmung, Laune - veränderlich (sbd1/171)
• Weinen - amel. (sbd1/245)
» leicht (sbd1/246)

Familie; Beziehung zur - Liebe und Zuneigung

GEMÜT - Verlassen zu sein; Gefühl (sbd1/198)

Beziehung zu anderen - Reaktion auf andere

GEMÜT - Gesellschaft - Abneigung gegen (sbd1/94)

Beziehung zu anderen - allgemein

GEMÜT - Tadelt sich selbst, macht sich Vorwürfe (jl3/179)

Schule - Lernen - Schreiben

GEMÜT - Fehler; macht - Schreiben, beim (sbd1/57)
• Fehler; macht - Schreiben, beim - fügt Buchstaben hinzu (sbd1/57)

Schule - Anstrengung; geistige

KOPF - Schmerz - geistige Anstrengung - agg. (sbd1/328)

Nonverbales - Aggressivität

GEMÜT - Reißt an etwas - Gegenstände; zerreißt (jl3/142)

Nonverbales - Konsultation; bei der

MUND - Aphthen (sbd1/639)
• Aphthen - Zunge (sbd1/640)
» Zunge - unter der (sbd1/640)

INNERER HALS - Entzündung - Tonsillen (sbd1/724)

EXTREMITÄTEN - Nägel; Beschwerden der - gespaltene, aufgesprungene Nägel (sbd1/1665)
• Nägel; Beschwerden der - spröde, brüchige Nägel (sbd1/1665)

Nonverbales - Äußerliches - Beobachtungen des Arztes

GESICHT - Rissig - Lippen (sbd1/613)
• Rissig - Mundwinkel (sbd1/614)

Nonverbales - Äußerliches - Beobachtungen der Eltern

GEMÜT - Haare - geschnitten zu bekommen; die Haare - Verlangen (^/104)
• Haare - geschnitten zu bekommen; die Haare - Verlangen - kurz und stoppelig geschnitten bekommen; möchte die Haare (sbd1/104)

MUND - Beißt - Zunge; beißt sich auf die (sbd1/640)
MAGEN - Völlegefühl - Essen - nach - agg. - wenig, nach dem kleinsten Bissen; nach noch so (sbd1/845)
ABDOMEN - Schmerz - Liegen - amel. (sbd1/889)
• Schmerz - Liegen - Seite; auf der - amel. (^/889)
» Wärme - amel. (sbd1/896)
BLASE - Urinieren - unwillkürlich - Husten; agg. beim (sbd1/1020)

Nacht; Beobachtungen in der - Gemütssymptome

GEMÜT - Furcht - Erwachen; beim - Traum; aus einem (sbd1/67)

Nacht; Beobachtungen in der - Schlaf; Lage im

SCHLAF - Lage - Rücken, auf dem (sbd1/1683)

Ginseng quinquefolium

gins.

Gewöhnlich ist das Kind ruhig, aber es hat Schübe von Ungeduld und Angst vor Unfällen. Manchmal sind sie weinerlich oder haben Angst vor der Zukunft.

Geistige und nervliche Erschöpfung durch Überarbeitung. In der Schule klagen sie oft über Kopfschmerzen durch geistige Anstrengung. Clarke schrieb: „Müdigkeitsgefühl in den Augen, wenn sie Licht ausgesetzt sind; Gegenstände erscheinen doppelt, wenn er sie fest anblickt; beim Lesen geraten die Buchstaben durcheinander."

Langsame Verdauung; vermehrter Appetit zu ungewöhnlichen Zeiten.

Bei *Appendizitis* zu erwägen.

Hautsymptome, *juckende Pickel am Hals und auf der Brust.*

Große *Trockenheit des Mundes.* Allen schrieb: „Die extrem störende Trockenheit der Lippen, die rauh sind, und des Mundes und Rachens, ist schlimmer im Freien und durch Sprechen; gleichzeitig ist ein sehr kratziges, wundes Gefühl im Rachen vorhanden, schlimmer durch leeres Schlukken und durch Einziehen von Luft durch die Nase, die trocken ist. Alle Teile des Mundes kleben zusammen; es kann kein Speichel angesammelt werden; er kann nur schwer sprechen."

Es ist ein *rechtsseitiges Mittel.*

Klinisches: Pickel. Tonsillitis.

Wirkungsbereich: Haut. Innerer Hals. Rücken.

* * *

Stillen - Magendarmsymptome - Appetit - vermehrt

MAGEN - Appetit - vermehrt - ungewöhnlicher Zeit, zu (*/772)

Konstitution - Angst und Furcht

GEMÜT - Mutig (k/133)

Konstitution - Allgemeines

GEMÜT - Faulheit (a1/55)
• Sorgen; voller (j5/164)
• Spontan, impulsiv (*/166)

Schule - Anstrengung; geistige

KOPF - Schmerz - geistige Anstrengung - agg. (k/328)

Nonverbales - Gesten, Gebärden

GEMÜT - Hast, Eile - Bewegungen; in den (*/105)

Nonverbales - Konsultation; bei der

MUND - *Landkartenzunge* (lp/668)

Nonverbales - Äußerliches - Beobachtungen der Eltern

MAGEN - *Schluckauf* (c2*/809)

Nacht; Beobachtungen in der - Schlaf

SCHLAF - Erwachen - Schreck, wie durch (j5/1675)

Autos und Schiffe

GEMÜT - Furcht - Fahren im Wagen; beim (st1/68)

Körperliche Symptome und Erkrankungen

MAGEN - Langsame Verdauung (mtf11/805)

Glonoinum

glon.

Eines der wichtigsten Mittel bei *Konvulsionen* von Kindern, die durch Hyperämie des Gehirns hervorgerufen werden; besonders in den Anfangsstadien von Meningitis, bei plethorischen Kindern, während der Zahnung; *Fälle, die Belladonna zu benötigen scheinen.* Auch Konvulsionen durch Schreck.

Glonoinum hat viele Symptome mit Belladonna gemeinsam: nicht nur entzündliche und kongestive Symptome, sondern auch Gemütssymptome: das Kind springt, spuckt, schreit, schlägt sich und andere, verträgt keinen Widerspruch und möchte nicht antworten. Zusätzlich decken beide Mittel Zähneknirschen und Stottern ab.

Glonoinum hat eine besondere Beziehung zur Kinetose: Kopfschmerzen in der Stirngegend, Erbrechen und Seekrankheit.

Die *Kopfschmerzen* können auch beim Lesen auftreten oder allgemein durch geistige Anstrengung.

In Bezug auf die Kopfschmerzen schrieb Kent: „Das Gewicht des Hutes ist eine sehr verbreitete Verschlimmerung von Kopfschmerzen bei Schulkindern.“

Bei steifem Hals sollte man sich daran erinnern.

Klinisches: Steifer Hals. Konvulsionen. Kopfschmerzen.

Wirkungsbereich: Zentralnervensystem. Kopf. Äußerer Hals.

* * *

Krankengeschichte; familiäre und persönliche

ALLGEMEINES - *Familiengeschichte von - Apoplexie* (bro1/1878)

Zahnung - Empfindungen und neurologische Beschwerden

ALLGEMEINES - Konvulsionen - Zahnung; während der (hr1*/1907)

Stillen - Magendarmsymptome - Appetit - vermindert

MAGEN - Appetit - fehlend (k/767)

Stillen - Magendarmsymptome - Aufstoßen - Speisen; von

MAGEN - Aufstoßens; Art des - Speisen; von (k/780)

Infektionskrankheiten - Scharlach

URIN - *Eiweißhaltig - Scharlach; nach* (k/1046)

Konstitution - Angst und Furcht

GEMÜT - *Beschwerden durch - Schreck* (*/25)
• Furcht - offenen Plätzen; Furcht vor (bg2/74)

Konstitution - Allgemeines

GEMÜT - Faulheit (a1*/55)
• Impulse, Triebe; krankhafte - laufen; zu (a1/112)

Beziehung zu anderen - Aggressivität

GEMÜT - *Schlagen* (*/154)
• Schlagen - sich; schlägt (^/154)
» sich; schlägt - Kopf - seinen Kopf (sne/154)

Beziehung zu anderen - Reaktion auf andere

GEMÜT - **Antworten - Abneigung zu antworten** (*/14)
• Widerspruch - verträgt keinen Widerspruch (br1*/249)

Schule - Konzentration

GEMÜT - *Stumpfheit - Lesen* (k/175)

Schule - Lernen - Lesen

GEMÜT - *Stumpfheit - Lesen* (k/175)

Schule - Anstrengung; geistige

KOPF - **Schmerz - geistige Anstrengung - agg.** (*/328)
• Schmerz - Lesen, beim - agg. (*/332)

Schule - Beziehung zu anderen

MUND - *Sprache - stotternd* (k/688)

Nonverbales - Aggressivität

GEMÜT - Spucken (a1/170)

Nonverbales - Reaktion auf andere

GEMÜT - Gehalten - amel.; gehalten zu werden (ptk1/87)

Nonverbales - Gesten, Gebärden

GEMÜT - *Springen* (^/169)

Nonverbales - Allgemeines

GEMÜT - *Schreien - Kindern, bei* (hr1*/157)

Nonverbales - Konsultation; bei der

KOPF - Hitze - Kälte - Extremitäten; mit Kälte der (k/293)
• Hitze - Kälte - Körpers; mit Kälte des (a/293)

ÄUSSERER HALS - Schwellung - Halsdrüsen (k2/760)
• *Schwellung - Seiten* (k/760)

Nonverbales - Äußerliches - Beobachtungen des Arztes

KOPF - Halten - hoch, aufrecht zu halten; unfähig, den Kopf (k/289)

AUGE - Verklebt (ptk1/472)

GESICHT - Hautausschläge - Akne (br1*/595)
• *Venen, erweiterte* (*/634)
» *Schläfen* (*/634)

ÄUSSERER HALS - Torticollis (bg2*/761)

ATMUNG - *Beschleunigt* (*/1174)

RÜCKEN - Opisthotonus (k2/1325)

Nonverbales - Äußerliches - Beobachtungen der Eltern

KOPF - Haare - Haareschneiden; Beschwerden des Kopfes nach (bg2*/418)

MUND - Beißt - Zunge; beißt sich auf die (*/640)

ZÄHNE - *Zähneknirschen* (bg1*/718)

REKTUM - Unwillkürlicher Stuhl (*/984)

ATMUNG - Schnarchen (*/1180)

Nacht; Beobachtungen in der - Schlaf; Lage im

SCHLAF - Lage - unmöglich; Liegen ist (a1/1683)

Autos und Schiffe

SCHWINDEL - Fahren, beim - Wagen, im - amel. (k/265)

KOPF - Schmerz - Stirn - Fahren - Wagen; im - agg. (k/388)

MAGEN - Erbrechen - Fahren im Wagen agg. (*/792)
• *Übelkeit - Seekrankheit* (*/839)

ALLGEMEINES - Fahren - Wagen; mit dem - amel. (bg1/1877)

Psychosomatische Störungen

ALLGEMEINES - Konvulsionen - Schreck agg. (sf1/1906)

Körperliche Symptome und Erkrankungen

KOPF - Entzündung - Gehirn (*/284)
• *Entzündung - Hirnhaut* (*/284)

ZÄHNE - *Karies, faule, hohle Zähne* (k/700)

NIEREN - *Entzündung - parenchymatös - akut* (k/1024)

ALLGEMEINES - Konvulsionen - Kindern, bei (bro1/1905)
• Konvulsionen - Kindern, bei - Kleinkindern, bei (bro1/1905)

Glycyrrhiza glabra

glycyr-g.

Stillen - Magendarmsymptome - Appetit - vermindert

MAGEN - *Appetit - fehlend* (cte1/767)
• Appetit - schnelle Sättigung (cte1/770)
» *vermindert* (cte1/772)

Stillen - Magendarmsymptome - Appetit - vermehrt

MAGEN - Appetit - vermehrt (cte1/770)

Konstitution - Angst und Furcht

GEMÜT - Furcht - Gewitter; vor (cte1/70)

Beziehung zu anderen - Aggressivität

GEMÜT - Schlagen (cte1/154)

Nonverbales - Konsultation; bei der

REKTUM - Hautausschläge - Anus; um den (cte1/964)

Nonverbales - Äußerliches - Beobachtungen des Arztes

GESICHT - Ausdruck - alt aussehend (cte1/580)
• *Hautausschläge - Akne* (cte1/595)

Nonverbales - Äußerliches - Beobachtungen der Eltern

BLASE - Urinieren - unwillkürlich - Husten; agg. beim (cte1/1020)

Nacht; Beobachtungen in der - körperliche Symptome

BLASE - Urinieren - unwillkürlich - nachts (cte1/1019)

Nacht; Beobachtungen in der - Schlaf; Lage im

SCHLAF - Lage - gerade (cte1/1682)
• Lage - Seite, auf der (cte1/1683)

Gnaphalium polycephalum

gnaph.

Schlecht gelaunte und reizbare Kinder.

Rumoren im Darm, *kolikartige Schmerzen; wäßrige, übelriechende morgendliche Diarrhoe,* die sich während des Tages oft wiederkehrt; spärlicher Urin; Verlust von Appetit und Geschmack.

Die Keynote dieses Mittels ist *Ischialgie, wenn der Schmerz mit Taubheit verbunden ist.*

Klinisches: Ischialgie. Kolikartige Schmerzen. Diarrhoe. Oligurie.

Wirkungsbereich: Nerven. Abdomen. Rektum. Nieren.

* * *

Stillen - Magendarmsymptome - Rektum

REKTUM - Diarrhoe - Kindern, bei (mtf11/954)

Familie; Beziehung zur - Liebe und Zuneigung

GEMÜT - Verlassen zu sein; Gefühl (stj/198)

Nonverbales - Äußerliches - Beobachtungen der Eltern

MAGEN - Schluckauf (a1/809)

Granatum

gran.

Das Kind ist *streitsüchtig, kritisiert andere* und neigt dazu, anderen Vorwürfe zu machen.

Es ist ein gutes *Wurmmittel,* besonders bei Bandwürmern. Schmerzen in Magen und Bauch; schlimmer in der Gegend des Nabels (Differentialdiagnose: Cocculus, Nux moschata, Plumbum); vergeblicher Stuhldrang. Jucken am Anus.

Ist bei *Leisten- und Nabelbruch* zu erwägen.

Das Kind ist ständig hungrig und hat reichlichen Speichelfluß.

Zähneknirschen im Schlaf.

Klinisches: Würmer. Schmerzen im Magendarm-Bereich. Speichelfluß. Leisten- und Nabelbruch. Zähneknirschen.

Wirkungsbereich: Mund. Zähne. Verdauungskanal.

* * *

Stillen - Magendarmsymptome - Appetit - allgemein

MAGEN - Appetit - launischer Appetit (bg3/770)

Stillen - Magendarmsymptome - Appetit - vermindert

MAGEN - Appetit - fehlend (k/767)

Stillen - Magendarmsymptome - Appetit - vermehrt

MAGEN - Appetit - Heißhunger (*/769)
• Appetit - vermehrt (k/770)
» vermehrt - Essen - nach (*/772)

Stillen - Magendarmsymptome - Abdomen - amel. durch

ABDOMEN - Schmerz - Liegen - amel. (*/889)

Konstitution - Allgemeines

GEMÜT - Entmutigt (*/46)
• Faulheit (sf1/55)

Beziehung zu anderen - Aggressivität

GEMÜT - Streitsüchtig (j5/173)

Beziehung zu anderen - allgemein

GEMÜT - Tadelsüchtig, krittelig (k/178)
• Tadelt andere (*/179)

Nonverbales - Äußerliches - Beobachtungen des Arztes

GESICHT - Hautausschläge - Akne (bro1/595)

Nonverbales - Äußerliches - Beobachtungen der Eltern

ABDOMEN - Schmerz - Liegen - amel. (*/889)

Nacht; Beobachtungen in der - körperliche Symptome

ZÄHNE - Zähneknirschen - Schlaf; agg. im (a1/718)

Körperliche Symptome und Erkrankungen

MAGEN - Langsame Verdauung (bro1/805)

KEHLKOPF UND TRACHEA - Laryngismus stridulus (br1*/1145)

Chirurgisch pathologische Zustände

ABDOMEN - Hernie - Leistenhernie (c2/868)
• Hernie - Nabelbruch (c2/868)

Würmer

REKTUM - Würmer - Beschwerden durch Würmer (bg2*/985)
• Würmer - Beschwerden durch Würmer - Bandwürmer (c2*/986)
» *Beschwerden durch Würmer - Spulwürmer* (*/986)

Granitum murvey

granit-m.

Das Kind *fühlt sich verlassen.* Es hält Freunde und Eltern auf Distanz, ist sehr *introvertiert* und hat Abneigung gegen Gesellschaft, gegen Annäherung anderer und gegen Berührung. Es ist von allen distanziert, als wäre es ein außenstehender Beobachter.

In anderen Situationen ist es schnell beleidigt, wird beleidigend, streitsüchtig, kritisiert andere, wird herrschsüchtig; wenn man ihm widerspricht, wird es wütend. Das Kind ist egoistisch, geizig und ohne Mitgefühl.

Oft fehlt der Appetit, aber es trinkt viel. Es kann Bauchschmerzen haben, wie Krämpfe, was sich durch Vorbeugen bessert.

Schwäche war das erste Wort, das alle Prüfer gebrauchten. Manchmal ist die Schwäche von Granitum eine tiefgehende Erschöpfung.

Klinisches: Bauchschmerzen. Schwäche.

Wirkungsbereich: Abdomen.

* * *

Stillen - Magendarmsymptome - Appetit - vermindert

MAGEN - *Appetit - fehlend* (es1/767)
• Appetit - fehlend - Durst - mit (es1/768)
» fehlend - Hunger, mit (es1/768)
» vermindert (es1/772)

Stillen - Magendarmsymptome - Abdomen - amel. durch

ABDOMEN - Schmerz - Zusammenkrümmen - amel. - krampfartig (es1/897)
• Schmerz - Zusammenkrümmen - muß sich zusammenkrümmen - krampfartig (es1/897)

Konstitution - Allgemeines

GEMÜT - Geiz (^/92)
• Geiz - Angst um die Zukunft; Geiz aus (es1/92)
• Selbstsucht, Egoismus (es1/161)
• Sorgen; voller (^/164)
• Weinen - amel. (es1/245)

Familie; Beziehung zur - Liebe und Zuneigung

GEMÜT - Entfremdet - Freunde und Verwandte (es1/46)
• Verlassen zu sein; Gefühl (es1/198)

Beziehung zu anderen - Aggressivität

GEMÜT - Streitsüchtig (^/173)
• Zorn - Widerspruch, durch (es1/255)

Beziehung zu anderen - Reaktion auf andere

GEMÜT - Antworten - bissig, schnippisch (es/15)
• *Gesellschaft - Abneigung gegen* (es1/94)
» Abneigung gegen - Fremden; Abneigung gegen die Anwesenheit von (es1/95)
» Verlangen nach (es1/95)

Beziehung zu anderen - allgemein

GEMÜT - Argwöhnisch, mißtrauisch (es1/16)
• *Beleidigt, leicht* (es1/20)
• Ichbezogenheit, Selbstüberhebung (es/111)

- Tadelsüchtig, krittelig (es1/178)
- Tadelt andere (es1/179)
- Unbarmherzig (es1/189)
- Unverschämtheit (es1/193)

Nonverbales - Aggressivität

GEMÜT - Diktatorisch (es1/39)

- Diktatorisch - Machtliebe (es1/39)

Nonverbales - Reaktion auf andere

GEMÜT - Berührtwerden - Abneigung berührt zu werden (es1/21)

- Näherkommen, auf ihn Zukommen von Personen - Abneigung gegen (es1/134)

Nonverbales - Gesten, Gebärden

GEMÜT - Auffahren, Zusammenfahren - Geräusche; durch (es1/17)

Nonverbales - Konsultation; bei der

ÄUSSERER HALS - Schwellung - Halsdrüsen - schmerzhaft - Berührung; bei (es1/760)

Nonverbales - Äußerliches - Beobachtungen des Arztes

KOPF - Schuppen (es1/402)

Nonverbales - Äußerliches - Beobachtungen der Eltern

ABDOMEN - Schmerz - Zusammenkrümmen - amel. (^/897)

- Schmerz - Zusammenkrümmen - amel. - krampfartig (es1/897)
  - » Zusammenkrümmen - muß sich zusammenkrümmen (^/897)
  - » Zusammenkrümmen - muß sich zusammenkrümmen - krampfartig (es1/897)

Graphites

graph.

Graphites-Kinder sind gewöhnlich pummelig, mit *Neigung zu Adipositas.*

Das Haar ist blond und die Augen sind eingesunken. Die Haut sieht ungesund aus, heller Teint, mit Neigung zu Blässe, die Kopfhaut zeigt oft Seborrhoe.

Normalerweise sind sie schüchtern und zurückhaltend, selbst wenn sie mit ihren Eltern zusammen sind. Oft sind sie unverschämt, Plagegeister und lachen, wenn sie getadelt werden.

Die Traurigkeit ist eigentümlich: große Weinerlichkeit, manchmal weinen sie ohne Anlaß oder bei Musik.

Intellektuelle Arbeit fällt ihnen schwer und sie haben *Konzentrationsschwierigkeiten.* Die Kinder *denken langsam* und haben ein schlechtes Gedächtnis. Sie erinnern sich nur vage an kurz Zurückliegendes, auch wenn sie manchmal paradoxerweise in der Lage sind, eine Geschichte, die sie gehört haben, Wort für Wort wiederzugeben.

Sie mögen die Schule nicht und Lernen fällt ihnen schwer. Sie verstehen nicht, was sie in der Schule lernen und können es sich nicht merken. Das Beantworten von Fragen fällt ihnen schwer, denn es mangelt ihnen an Selbstvertrauen und sie haben Angst, einen Fehler zu machen. Unentschlossen.

Kinder bekommen Magen- und Bauchschmerzen bevor sie in die Schule gehen, in der sie *nicht in der Lage sind, sitzen zu bleiben; Ruhelosigkeit.*

Oft sind sie faul und pessimistisch.

Sie sind sehr empfindlich gegenüber Mangel an Harmonie in ihren Beziehungen und können ganz besonders traurig werden, wenn ein Elternteil sich ihnen gegenüber nicht liebevoll verhält. Sie stekken voller Ängste, besonders fürchten sie, Menschen, die sie lieben, zu verlieren.

Graphites-Knaben sind im allgemeinen mild und empfindlich und ihre Mitschüler machen sich über sie lustig und halten sie für „weibisch".

Aus körperlicher Sicht sind die Kinder *empfindlich gegen Kälte*, Zugluft, naßkaltes Wetter, aber auch gegen extreme Hitze.

Die Symptome sind morgens beim Erwachen schlimmer und beim Essen besser.

Diese Kinder haben guten Appetit, sind oft hungrig und *werden gereizt, wenn zu viel Zeit zwischen zwei Mahlzeiten vergeht.* Trotz der Tatsache, daß sie oft pummelig sind, findet man häufig eine bemerkenswerte und unerwartete *Abneigung gegen Süßigkeiten* vor. Eine weitere wichtige Abneigung ist die gegen Fisch und Verlangen nach Hühnchen und Ananas.

Kinder haben oft *Hautkrankheiten.* Das klinische Bild von Graphites ist nicht leicht zu finden, denn diese Fälle werden oft sehr aggressiv mit Kortikosteroiden behandelt, die die Störung völlig verändern können. Die Hautausschläge von Graphites sind leicht zu unterdrücken.

Einige Arten von *Hautausschlägen* können mit Graphites geheilt werden, *einschließlich solcher, die gewöhnlich naß sind, wie Honig kleben und übel riechen.* Diese Störungen entwickeln sich typischerweise in den Beugen von Armen und Beinen, in der Leiste, in der Kniekehle, hinter den Ohren, in den Mundwinkeln und zwischen Zehen und Fingern. Die *Haut* von Graphites-Kindern ist oft *trokken und dick*, mit *blutenden Rissen*. Wenn ein Graphites-Kind im Winter oder bei kaltem Wetter mit Wasser spielt, so haben sie wahrscheinlich rissige und blutende Hände.

Die Hautausschläge jucken und werden schlimmer durch Bettwärme. *Milchschorf.*

Sie haben nasse Ausschläge hinter den Ohren, mit der typischen Absonderung von Flüssigkeit, die man immer hinter den Ohren feststellen kann; Risse, besonders während der Zahnung. Die Lippen sind oft aufgesprungen, besonders an den Mundwinkeln. *Schrunden am Anus*, mit Brennen und Hitze nach dem Stuhlgang, sind häufig. Graphites ist nützlich bei *Windelausschlag*. Die Kinder haben *brüchige, abblätternde Nägel* oder die Nägel zeigen Zeichen von Mykose.

Sie leiden an Otitis externa und Otitis media, mit übelriechender und klebriger (honigartiger) Absonderung.

Was den Verdauungskanal angeht, leiden sie an Obstipation mit großem, schwierig auszuscheidendem und knotigem Stuhl mit Schleimfäden. Sie haben auch häufig *Bauchkrämpfe, die durch Trinken heißer Milch besser werden*. Hydrozele und Hodenbruch bei Knaben.

Was die Atmung betrifft: *Asthma durch unterdrückte Hautausschläge.*

Weitere Symptome dieses Mittels: Enuresis, Würmer und Beschwerden beim Stillen.

Klinisches: Hautausschläge. Milchschorf. Schrunden am Anus. Otitis. Obstipation. Bauchkrämpfe. Hydrozele. Hodenbruch. Asthma. Enuresis. Würmer.

Wirkungsbereich: Haut. Kopf. Rektum. Ohren. Abdomen. Männliche Genitalien. Lunge. Nieren.

* * *

Krankengeschichte; familiäre und persönliche

ALLGEMEINES - Familiengeschichte von - Impfung; wiederholte (zs4/1878)
- Familiengeschichte von - Medikamenten; Mißbrauch von allopathischen (zs4/1878)
  » Sykose (zs4/1878)
- *Krankengeschichte von; persönliche - Augen - Gerstenkörnern; von wiederkehrenden* (*/1909)
  » Erysipel; von wiederkehrendem (hr1*/1909)

Entwicklung - allgemein

KOPF - Großer Kopf (bl7/289)

Zahnung - Magendarmsymptome

REKTUM - Diarrhoe - Zahnung; während (k/957)

Zahnung - Allgemeines

ZÄHNE - *Zahnung - schwierig* (hr1*/718)

Impfung

ALLGEMEINES - Familiengeschichte von - Impfung; wiederholte (zs4/1878)
- Impfung; Beschwerden nach (c1*/1892)

Stillen - Gemütssymptome

GEMÜT - Hast, Eile - Essen; beim (bg2/105)

Stillen - Milch

KOPF - Hautausschläge - Milchschorf (b2/290)
- Hautausschläge - Milchschorf - Kindern; bei (mtf33/290)

ABDOMEN - Schmerz - warm - Milch; warme - amel. (mrr1/895)

ALLGEMEINES - Speisen und Getränke - Milch - amel. (bg2/2001)
- Speisen und Getränke - Milch - amel. - warme (k2/2001)
  » Milch - Verlangen (k/2001)
  » Milch - Verlangen - heiße (*/2001)

Stillen - Magendarmsymptome - Appetit - allgemein

MAGEN - Appetit - Durst - mit (vh/767)
- Appetit - launischer Appetit (ptk1/770)

Stillen - Magendarmsymptome - Appetit - vermindert

MAGEN - Appetit - fehlend (*/767)

Stillen - Magendarmsymptome - Appetit - vermehrt

MAGEN - **Appetit - Heißhunger** (*/769)
- **Appetit - vermehrt** (*/770)

Stillen - Magendarmsymptome - Aufstoßen - Speisen; von

MAGEN - Aufstoßens; Art des - Speisen; von (*/780)
- Aufstoßens; Art des - Speisen; von - nachts - Suppe, die mittags gegessen wurde (h2/780)
  » Speisen; von - bitter schmeckend (b4a/780)
  » Speisen; von - Essen - nach - agg. (b4a/780)
  » Speisen; von - sauer (b4a/780)

Stillen - Magendarmsymptome - Aufstoßen - Wasser; Hochsteigen von

MAGEN - *Aufstoßens; Art des - Wasser in den Mund; Hochsteigen von* (*/781)
- Aufstoßens; Art des - Wasser in den Mund; Hochsteigen von - bitter (b4/781)
  » Wasser in den Mund; Hochsteigen von - Essen - nach - agg. (b4a/781)

Stillen - Magendarmsymptome - Erbrechen

MAGEN - *Erbrochenen; Art des - Speisen - Essen - nach - sofort nach* (k/800)
- Erbrochenen; Art des - Speisen - unverdaut (bro1/800)

Stillen - Magendarmsymptome - Schluckauf

MAGEN - *Schluckauf - Essen - nach - agg.* (*/810)
- Schluckauf - Mittagessen - nach - agg. (*/811)

Stillen - Magendarmsymptome - Abdomen - agg. durch

ABDOMEN - Schmerz - Druck - agg. (h2/883)

Stillen - Magendarmsymptome - Abdomen - amel. durch

ABDOMEN - Schmerz - Druck - amel. (*/883)

Stillen - Magendarmsymptome - Rektum

REKTUM - *Obstipation - Kindern, bei* (kr1*/969)

Stillen - Allgemeines

SCHWEISS - Essen - beim - agg. (*/1786)
- Essen - nach - agg. (*/1786)

ALLGEMEINES - Säuglinge (kk2/1944)

Infektionskrankheiten - Masern

HUSTEN - Masern - nach (b4/1202)

Infektionskrankheiten - Mumps

GESICHT - Entzündung - Parotis (c2/584)
- *Schwellung - Parotis* (k/631)
  » Parotis - rechts (k/631)

Infektionskrankheiten - Scharlach

OHR - *Absonderungen - Scharlach, nach* (*/498)
- *Trommelfell - weiß - Belag bedeckt; nach Scharlach von einem* (kr1/534)

HÖREN - *Schwerhörig - Scharlach, nach* (*/536)
- *Taubheit, Verlust des Gehörs - Scharlach, nach* (hr1/538)

Infektionskrankheiten - Keuchhusten

AUGE - *Tränenfluß - Husten, mit - Keuchhusten* (*/469)

HUSTEN - *Keuchhusten* (*/1197)

Konstitution - Angst und Furcht

GEMÜT - Angst - hypochondrisch (j5/11)
- Angst - Kinder - bei Kindern (mtf33/11)
- Beeindrucken, empfänglich für Eindrücke; leicht zu (c1/19)
- **Beschwerden durch - Erwartungsspannung** (sf1/23)
  » *Schreck* (*/25)
- Feigheit (*/59)
- Furcht - Armut, vor (gk/65)
  » *Gewitter; vor* (vh*/70)
  » Versagen, Mißerfolg; vor dem (stj2/79)
  » voller Furcht (^/79)
- Vorsichtig (*/205)

Konstitution - Allgemeines

GEMÜT - Ehrgeiz - erhöht, vermehrt, sehr ehrgeizig (mtf33*/40)
- Entmutigt (*/46)
- **Faulheit** (*/55)
- Furcht - Armut, vor (gk/65)
- Geiz (gl1/92)
- Gewissenhaft, peinlich genau in bezug auf Kleinigkeiten (*/99)
- *Heikel, pingelig* (bg2*/106)
- *Kleinigkeiten, Trivialitäten - wichtig; scheinen* (bg2*/115)
- Mürrisch - Kindern, bei (j5/132)
- Selbstvertrauen - Mangel an Selbstvertrauen (vml1/161)
  » Mangel an Selbstvertrauen - Unterstützung, Zuwendung; möchte (stj2/161)
- Sorgen; voller (j5/164)
- **Sorgsamkeit, Sorgfalt** (b4a/165)
- Stimmung, Laune - veränderlich (*/171)
- Unaufmerksam (bg2/189)
- Unternehmen; etwas - Vieles, hält aber bei nichts durch, bleibt nicht dabei; unternimmt (gl1/193)
- Unzufrieden (*/194)
- *Veränderungen - Abneigung gegen* (^/195)
- *Weinen - amel.* (*/245)
  » *Kindern; bei* (j5/246)
  » **Musik; durch** (*/247)

Familie; Beziehung zur - Liebe und Zuneigung

GEMÜT - Angst - andere, um (ckh1/7)
- **Beschwerden durch - Uneinigkeit, Zwietracht - Eltern; zwischen den eigenen** (hr1*/26)
- Liebevoll, voller Zuneigung, herzlich (mtf33*/125)

Familie; Beziehung zur - Vorwürfe

GEMÜT - Lachen - Tadel, bei (st*/121)
- Lachen - Vorwürfen, bei (*/121)

Beziehung zu anderen - Aggressivität

GEMÜT - **Spotten** (^/166)
- Streitsüchtig (j/173)

Beziehung zu anderen - Reaktion auf andere

GEMÜT - Antworten - zögernd (a1/15)
- Gesellschaft - Abneigung gegen (*/94)
- Lachen - Vorwürfen, bei (*/121)
- *Schüchternheit, Zaghaftigkeit* (*/158)
  » Kindern; bei (mtf33/158)
  » Öffentlichkeit; beim Auftreten in der (gk/159)
- Trost - agg. (bro1/188)
- Untröstlich (j/193)

Beziehung zu anderen - allgemein

GEMÜT - Argwöhnisch, mißtrauisch (k/16)
- *Beleidigt, leicht* (k/20)
- Mitgefühl, Mitleid (bg2*/130)
- *Pubertät; in der* (st/138)
- **Tadelsüchtig, krittelig** (bg1*/178)
- *Unverschämtheit* (*/193)
  » Kindern, bei (br1*/193)

Schule - Angst

GEMÜT - **Beschwerden durch - Erwartungsspannung** (sf1/23)
- Furcht - Versagen, Mißerfolg; vor dem (stj2/79)
- Selbstvertrauen - Mangel an Selbstvertrauen (vml1/161)

Schule - Konzentration

GEMÜT - Erschöpfung; geistige - Lernen, Studieren; durch langes (ptk1/52)
- Konzentration - schwierig - Kindern, bei (mtf33*/117)
- Unaufmerksam (bg2/189)

Schule - Lernen - allgemein

GEMÜT - Dyslexie (mtf/40)

Schule - Lernen - Mathematik, Rechnen

GEMÜT - Mathematik - Unfähigkeit zur (^/128)
- Mathematik - Unfähigkeit zur - Algebra (gl1/129)
  » Unfähigkeit zur - rechnen; kann nicht (gl1/129)

Schule - Lernen - Schreiben

GEMÜT - Fehler; macht - Schreiben, beim (*/57)

Schule - Anstrengung; geistige

GEMÜT - Erschöpfung; geistige - Lernen, Studieren; durch langes (ptk1/52)

KOPF - Schmerz - geistige Anstrengung - agg. (k/328)

Schule - Beziehung zu anderen

GEMÜT - Schüchternheit, Zaghaftigkeit - Öffentlichkeit; beim Auftreten in der (gk/159)

MUND - Sprache - stotternd (bg2/688)

Schule - Vorwürfe

GEMÜT - Lachen - Tadel, bei (st*/121)
- Lachen - Vorwürfen, bei (*/121)

Schule - Konstitution

GEMÜT - Gewissenhaft, peinlich genau in bezug auf Kleinigkeiten (*/99)
- *Heikel, pingelig* (bg2*/106)
- *Kleinigkeiten, Trivialitäten - wichtig; scheinen* (bg2*/115)
- Selbstvertrauen - Mangel an Selbstvertrauen (vml1/161)
- Unternehmen; etwas - Vieles, hält aber bei nichts durch, bleibt nicht dabei; unternimmt (gl1/193)

Nonverbales - Aggressivität

GEMÜT - Reizbarkeit, Gereiztheit - Kindern, bei (k/145)
- Spucken (bg2/170)

Nonverbales - Reaktion auf andere

GEMÜT - Berührtwerden - Abneigung berührt zu werden (mtf33/21)
- Berührtwerden - Abneigung berührt zu werden - Kindern; bei (mtf33/21)
  » Abneigung berührt zu werden - Kitzeligkeit (st*/21)
- Furcht - Fremden; vor (stj2/68)
  » Näherkommen, Annäherung von; vor - anderen, von (fb/74)
- Magnetisiert - amel. (mtf33/127)

Nonverbales - Gesten, Gebärden

GEMÜT - Berühren, anfassen; etwas - Verlangen, etwas zu berühren, anzufassen - alles berühren, anfassen; muß (^/21)
- Berühren, anfassen; etwas - Verlangen, etwas zu berühren, anzufassen - alles berühren, anfassen; muß - Kindern; bei (lmj/21)
- Launenhaftigkeit, launisch (bg2/123)

Nonverbales - Allgemeines

GEMÜT - Hast, Eile - Essen; beim (bg2/105)
- Impertinenz, Unverschämtheit (k/112)

Nonverbales - Konsultation; bei der

KOPF - Läuse (*/300)

OHR - *Absonderungen - Blut* (b2/497)
- *Absonderungen - blutig* (*/497)
  » **chronisch** (mrr1/497)
  » *chronisch - links* (mrr1/497)
  » dick (mrr1/497)
  » *dünn* (*/497)
  » *eitrig* (*/497)
  » **klebrig** (*/497)
  » Ohrschmalz (bro1/498)
  » schleimig (b2/498)
  » stinkend (bro1/498)
  » *übelriechend* (*/498)
  » *übelriechend - Fischlake, wie* (*/498)
  » *unterdrückt* (*/498)
  » *wäßrig* (*/498)
  » wundfressend (bro1/498)
- Entzündung - erysipelatös (gk/500)
  » **äußere Ohren** (mrr1*/500)
  » **Gehörgang** (*/500)
  » Mittelohr (vh*/501)
  » Mittelohr - chronisch (bro1/501)
- *Feuchtigkeit* (bg2*/501)
  » **hinter den Ohren** (*/502)

• *Katarrh - Eustachische Röhre* (bro1/515)
• *Ohrschmalz - fehlend* (b4a/516)
  » trocken (bg2/516)
• *Trommelfell - dünn und durchsichtig* (hr1*/534)
  » *geschwollen - Kapillaren, erweiterte* (kr1/534)
  » verdickt (kr1/534)

HÖREN - Schwerhörig - Tubenkatarrh (bro1*/537)

GESICHT - Schwellung - Submentaldrüse (h2*/631)
• *Schwellung - Unterkieferdrüsen* (*/631)
  » *Unterkieferdrüsen - hart* (k/631)
  » *Unterkieferdrüsen - schmerzhaft* (k/631)

MUND - Aphthen - Zunge (k2/640)
• Aphthen - Zunge - Zungenspitze (k2/640)
• *Landkartenzunge* (b2/668)

INNERER HALS - Entzündung - Tonsillen (br/724)
• *Schwellung - Tonsillen* (*/747)
  » Tonsillen - Kindern; bei (mtf33/748)

ÄUSSERER HALS - **Schwellung - Halsdrüsen** (*/760)
• *Verhärtung von Drüsen* (k/761)

ABDOMEN - Auftreibung - Kindern, bei (mtf33/852)
• Schmerz - Druck - agg. (h2/883)
  » Druck - amel. (*/883)

REKTUM - *Hautausschläge - Anus; um den* (k/964)
• Hautausschläge - Perineum (k/964)

BRUST - Einstülpung - Brustwarzen; der (bg3/1231)
• Einziehung der Brustwarzen (ptk1/1231)

RÜCKEN - Hautausschläge - Furunkel (k/1316)
• *Hautausschläge - Furunkel - Blutbeule* (*/1316)
  » *Furunkel - Zervikalregion* (k/1317)
• Krümmung der Wirbelsäule - Lumbalregion (bg2/1324)

EXTREMITÄTEN - **Exkoriation, Wundheit - Gesäß - Mitte, dazwischen; in der** (*/1407)
• *Fußgeruch ohne Schweiß; übler* (*/1413)
• *Krümmung und Biegung* (b4a/1473)
• **Nägel; Beschwerden der - Abblättern der Nägel** (*/1664)
  » *Abfallen der Nägel* (bg2*/1664)
  » **deformiert** (*/1664)
  » **deformiert - Zehennägel** (*/1664)
  » **dicke Nägel** (*/1664)
  » **dicke Nägel - Fingernägel** (*/1664)
  » *dicke Nägel - Zehennägel* (*/1664)
  » **eingewachsene Zehennägel** (*/1665)
  » gespaltene, aufgesprungene Nägel (mtf33/1665)
  » *Härte - Fingernägel* (mrr1/1665)
  » hornig, verhornt - Zehennägel (hr1/1665)
  » *Rauheit - Fingernägel* (*/1665)
  » **spröde, brüchige Nägel** (b2/1665)
  » **spröde, brüchige Nägel - Fingernägel** (*/1665)
  » *spröde, brüchige Nägel - Zehennägel* (b4a/1665)
  » **verkrüppelte, verkümmerte Nägel** (b2/1665)
  » **verkrüppelte, verkümmerte Nägel - Fingernägel** (*/1665)
  » **verkrüppelte, verkümmerte Nägel - Zehennägel** (*/1665)

HAUT - **Erysipel** (*/1798)
• Hautausschläge - Bläschen - Sudamina (Schweißfriesel) (*/1810)
  » *Herpes - ringförmig* (*/1815)
  » Impetigo (*/1816)
• **Intertrigo** (*/1825)

ALLGEMEINES - Exostose (hr1*/1877)

Nonverbales - Äußerliches - Beobachtungen des Arztes

KOPF - Großer Kopf (bl7/289)
• **Schuppen** (*/402)

AUGE - Strabismus, Schielen - divergens (*/467)
• **Verklebt** (*/472)

OHR - Schmerz - warm - Zimmer; im warmen - Eintreten in ein warmes Zimmer; beim - kalten Luft; aus der (dgt/525)

GESICHT - Aphthen - Lippen, an den (k2/579)
• *Aufgesprungen* (*/579)
  » *Lippen* (*/579)
• Fettig (bro1/593)
• Gerunzelt (bg2/594)
  » *Stirn, Stirnrunzeln* (*/594)
• **Hautausschläge - Akne** (c2*/595)
  » Akne - Mädchen; bei anämischen (j/596)
• **Rissig - Lippen** (*/613)
  » Lippen - Unterlippe (b4/613)
  » Lippen - Unterlippe - Mitte der (bro1*/614)
  » **Mundwinkel** (*/614)
• *Sommersprossen* (*/632)
• Venen, erweiterte (bg2/634)
• Wächsern (k2/635)

ÄUSSERER HALS - *Torticollis* (k/761)

HAUT - *Sommersprossen* (*/1834)

ALLGEMEINES - Aussehen - dunkel (c1/1854)
• Aussehen - dunkel - Augen (c1/1855)
  » *hell, blond* (*/1855)
  » **hell, blond - schlaffer Faser, mit** (c1/1855)
• Fettleibigkeit - Kindern, bei (b4a/1879)
• Magere Personen (hr1*/1919)

Nonverbales - Äußerliches - Beobachtungen der Eltern

AUGE - **Verklebt - morgens** (*/472)

MAGEN - Schluckauf (*/809)
• *Schluckauf - Essen - nach - agg.* (*/810)
  » Mittagessen - nach - agg. (*/811)

REKTUM - Unwillkürlicher Stuhl - Flatus agg.; Abgang von (bg2/985)

STUHL - *Kugeln, wie* (bro1/996)
• *Schafskot, wie* (*/997)

• **Unverdaut** (*/999)

Urin - Blutig - Kindern; bei (mtf33/1045)

Männliche Genitalien - Sexuelles Verlangen - vermehrt - Kindern, bei (mrr1/1084)

Atmung - *Schnarchen* (b4a/1180)

Extremitäten - Nägel; Beschwerden der - Wachstum der Nägel - schnell (bro1/1666)

Schweiss - Essen - beim - agg. (*/1786)

• Essen - nach - agg. (*/1786)

Nacht; Beobachtungen in der - Gemütssymptome

Gemüt - Furcht - Dunkelheit; vor der (stj2/66)

• Furcht - Erwachen; beim - Traum; aus einem (*/67)

• Sprechen - Schlaf; im (*/169)

Nacht; Beobachtungen in der - körperliche Symptome

Kopf - Schweiß der Kopfhaut - Schlaf - Einschlafen - beim (k/404)

Blase - **Urinieren - unwillkürlich - nachts** (*/1019)

• *Urinieren - unwillkürlich - nachts - ersten Schlaf, im* (b4a/1019)

Nacht; Beobachtungen in der - Schlaf

Schlaf - Erwachen - häufig - Schreck, wie durch (h2*/1674)

• Erwachen - Schreck, wie durch (*/1675)

Autos und Schiffe

Kopf - *Schmerz - Fahren - Wagen, im - agg.* (k/326)

• Schmerz - Fahren - Wagen, im - amel. (k/326)

Hören - *Schwerhörig - Fahren - Wagen; im - amel.* (*/536)

Allgemeines - Fahren - Wagen; mit dem - agg. (b2/1877)

• *Fahren - Wagen; mit dem - amel.* (b2/1877)

» Wagen; mit dem - nach (*/1877)

Körperliche Symptome und Erkrankungen

Kopf - **Schmerz - katarrhalisch** (*/331)

Auge - Striktur der Tränenkanäle (k/467)

Gesicht - *Hautausschläge - Akne - Menses - unregelmäßige Menses* (bro1/596)

Zähne - Karies, faule, hohle Zähne (*/700)

Magen - *Langsame Verdauung* (bro1/805)

Rektum - Cholera - infantum (bro1/949)

• Diarrhoe - Hautausschläge - unterdrückten Hautausschlägen; nach (bg1/953)

Weibliche Genitalien - **Menses - verzögerte Menarche** (*/1114)

Atmung - Asthma, asthmatische Atmung - Hautausschlägen; nach unterdrückten (mrr1/1162)

Rücken - Spina bifida (*/1384)

Extremitäten - Hüftgelenksentzündung (k/1443)

Allgemeines - Kindern; Beschwerden von (*/1897)

• *Pubertät - Beschwerden während der* (bg2*/1934)

Chirurgisch pathologische Zustände

Ohr - *Verwachsungen im Mittelohr* (kr1/532)

Nase - *Polyp* (*/561)

Abdomen - Hernie - Leistenhernie (b2/868)

Männliche Genitalien - *Hydrozele - Kindern, bei* (*/1069)

Würmer

Kopf - Schmerz - Würmer; bei Beschwerden durch (k/343)

Rektum - Jucken - Askariden, durch (h2*/965)

• Würmer - Beschwerden durch Würmer (*/985)

» *Beschwerden durch Würmer - Bandwürmer* (*/986)

» Beschwerden durch Würmer - begleitet von - Abmagerung (bg2/986)

» Beschwerden durch Würmer - Madenwürmer (*/986)

» Beschwerden durch Würmer - Spulwürmer (*/986)

Gratiola

grat.

Boericke schrieb: „Besonders nützlich bei Frauen. *Symptomen von Nux bei Frauen ist oft durch Gratiola zu begegnen.*"

Wirkt besonders auf den *Verdauungskanal.* Es ist ein Mittel von großem Ansehen, besonders für seine Effizienz bei choleraartiger Diarrhoe. Die *Diarrhoe* ist gekennzeichnet durch die Stürmischkeit und die Kraft, mit der der Stuhl aus dem Anus herausgetrieben wird.

Ein *eigentümliches Kältegefühl im Abdomen* wird als ein sehr wichtiges Symptom von Gratiola betrachtet.

Was das Gemüt betrifft, so ist der Patient sehr *mürrisch*, unentschlossen, hysterisch und schlecht gelaunt.

Teste betrachtet Gratiola als das Chamomilla für chronische Krankheiten.

Klinisches: Diarrhoe. Chronische Krankheiten. Depression.

Wirkungsbereich: Abdomen. Gemüt.

* * *

Stillen - Gemütssymptome

Gemüt - Essen - weigert sich zu (k/53)

Stillen - Magendarmsymptome - Appetit - allgemein

MAGEN - Appetit - veränderlich (a1/770)

Stillen - Magendarmsymptome - Appetit - vermindert

MAGEN - Appetit - vermindert (*/772)

Stillen - Magendarmsymptome - Appetit - vermehrt

MAGEN - Appetit - Heißhunger - Essen - nach dem Essen - bald danach (k/770)
• Appetit - vermehrt (*/770)
» vermehrt - Essen - nach (*/772)

Stillen - Magendarmsymptome - Aufstoßen - Speisen; von

MAGEN - Aufstoßens; Art des - Speisen; von - bitter schmeckend (bg2/780)
• Aufstoßens; Art des - Speisen; von - Essen - beim - agg. (k/780)

Stillen - Magendarmsymptome - Aufstoßen - Wasser; Hochsteigen von

MAGEN - Aufstoßens; Art des - Wasser in den Mund; Hochsteigen von (k/781)
• Aufstoßens; Art des - Wasser in den Mund; Hochsteigen von - bitter (bg1/781)
» Wasser in den Mund; Hochsteigen von - nüchtern; agg. wenn (k/781)

Stillen - Magendarmsymptome - Schluckauf

MAGEN - Schluckauf - Mittagessen - beim - agg. (*/811)
• Schluckauf - Mittagessen - nach - agg. (*/811)

Stillen - Magendarmsymptome - Abdomen - amel. durch

ABDOMEN - Schmerz - Beugen der Beine amel. (k/882)
• Schmerz - Druck - amel. (k/883)

Stillen - Allgemeines

SCHWEISS - Frühstück; agg. nach dem (*/1786)

Konstitution - Angst und Furcht

GEMÜT - *Angst - hypochondrisch* (k/11)

Konstitution - Allgemeines

GEMÜT - Faulheit (k/55)
• Unaufmerksam (j5/189)
• Unternehmen; etwas - Vieles, hält aber bei nichts durch, bleibt nicht dabei; unternimmt (ptk1*/193)
• Unzufrieden (k/194)

Beziehung zu anderen - Aggressivität

GEMÜT - Streitsüchtig (j5/173)
• Zorn - Widerspruch, durch (k/255)

Beziehung zu anderen - Reaktion auf andere

GEMÜT - Antworten - denkt lange nach (k/15)
• Gesellschaft - Abneigung gegen (*/94)
• Widerspruch - Neigung zu widersprechen (k/249)
» verträgt keinen Widerspruch (k/249)

Schule - Konzentration

GEMÜT - Unaufmerksam (j5/189)

Schule - Konstitution

GEMÜT - Unternehmen; etwas - Vieles, hält aber bei nichts durch, bleibt nicht dabei; unternimmt (ptk1*/193)

Spielen

GEMÜT - Tanzen (k/179)

Nonverbales - Aggressivität

GEMÜT - Spucken (bg2/170)

Nonverbales - Gesten, Gebärden

GEMÜT - Launenhaftigkeit, launisch (*/123)
• Springen (k/169)

Nonverbales - Konsultation; bei der

ABDOMEN - Schmerz - Druck - amel. (k/883)

Nonverbales - Äußerliches - Beobachtungen des Arztes

KOPF - Schuppen (mtf11/402)

AUGE - Verklebt (a1/472)

GESICHT - Gerunzelt - Stirn, Stirnrunzeln (*/594)
• Gerunzelt - Stirn, Stirnrunzeln - Gehirns; bei Symptomen des (ptk1/594)

HUSTEN - Anfallsweise - besteht aus - zwei Hustenstößen (k/1186)

Nonverbales - Äußerliches - Beobachtungen der Eltern

ZÄHNE - *Zähneknirschen* (k/718)
• Zähneknirschen - Gehirns; bei Beschwerden des (k2/718)

MAGEN - Schluckauf (*/809)
• Schluckauf - Mittagessen - beim - agg. (*/811)
» Mittagessen - nach - agg. (*/811)
• *Völlegefühl - Essen - nach - agg.* (k/845)
» Mittagessen, nach dem (k/845)

ABDOMEN - Schmerz - Beugen der Beine amel. (k/882)
• Schmerz - Zusammenkrümmen - muß sich zusammenkrümmen (k/897)

REKTUM - Unwillkürlicher Stuhl (*/984)

MÄNNLICHE GENITALIEN - Masturbation, Neigung zur (c1*/1071)

WEIBLICHE GENITALIEN - *Masturbation; Neigung zu* (*/1104)
• Masturbation; Neigung zu - Kindern; bei (mrr1/1104)

SCHWEISS - Frühstück; agg. nach dem (*/1786)

Autos und Schiffe

ALLGEMEINES - Fahren - Wagen; mit dem - agg. (bg2/1877)

Körperliche Symptome und Erkrankungen

KOPF - Hydrozephalus (c2/295)

REKTUM - Cholera - infantum (*/949)

Würmer

REKTUM - Würmer - Beschwerden durch Würmer - Bandwürmer (k/986)
- Würmer - Beschwerden durch Würmer - Madenwürmer (k/986)

Guajacum officinale

guaj.

Diese Kinder sind gewöhnlich *ungehorsam, tadelsüchtig, aufsässig, dickköpfig und widerspenstig.*

Oft findet man eine Krankengeschichte von wiederkehrender *Tonsillitis* und *Ohrenentzündungen* vor; manchmal auch Laryngismus stridulus.

Wachstumsschmerzen.

Morgens einsetztende Diarrhoe, mit starker Abmagerung; das Kind sieht schon bald ausgezehrt und alt aus. Beschwerden während der Pubertät, oft in Verbindung mit *verspäteter Menarche.*

Leistenbruch.

Klinisches: Tonsillitis. Otitis. Laryngismus stridulus. Wachstumsschmerzen. Diarrhoe. Verspätete Menarche. Leistenbruch.

Wirkungsbereich: Innerer Hals. Ohren. Atemwege. Knochen. Rektum. Weibliche Genitalien. Abdomen.

* * *

Krankengeschichte; familiäre und persönliche

ALLGEMEINES - Krankengeschichte von; persönliche - Tonsillitis; von wiederkehrender (st*/1910)

Entwicklung - schnell

ALLGEMEINES - Wachstum - Längenwachstum; zu schnelles (ptk1/2021)

Entwicklung - allgemein

EXTREMITÄTEN - **Schmerz - Unterschenkel - Wachstumsschmerzen** (k/1605)

ALLGEMEINES - *Schmerz - Wachstumsschmerzen* (b2/1958)

Stillen - Milch

ALLGEMEINES - *Speisen und Getränke - Milch - Abneigung* (*/2000)

Stillen - Magendarmsymptome - Appetit - vermindert

MAGEN - *Appetit - fehlend* (*/767)

Stillen - Magendarmsymptome - Appetit - vermehrt

MAGEN - *Appetit - Heißhunger* (*/769)
- *Appetit - vermehrt* (*/770)

Konstitution - Angst und Furcht

GEMÜT - Mutig (bg2/133)

Konstitution - Allgemeines

GEMÜT - Faulheit (*/55)
- Unzufrieden (j*/194)

Beziehung zu anderen - Aggressivität

GEMÜT - Herausfordernd (k/107)
- Spotten (bg2/166)

Beziehung zu anderen - Reaktion auf andere

GEMÜT - Widerspenstig (h2*/249)

Beziehung zu anderen - allgemein

GEMÜT - Tadelsüchtig, krittelig (*/178)

Schule - Beziehung zu anderen

GEMÜT - Ungehorsam (k/191)

Schule - Konstitution

GEMÜT - Eigensinnig, starrköpfig, dickköpfig (*/41)
- Ungehorsam (k/191)

Nonverbales - Allgemeines

GEMÜT - Eigensinnig, starrköpfig, dickköpfig (*/41)

Nonverbales - Konsultation; bei der

OHR - Eiterung - Mittelohr (bro1/500)
- Entzündung (c2/500)

INNERER HALS - **Entzündung - Tonsillen** (*/724)
- *Schwellung - Tonsillen* (*/747)

EXTREMITÄTEN - *Krümmung und Biegung* (b4a/1473)

Nonverbales - Äußerliches - Beobachtungen des Arztes

AUGE - Verklebt (ptk1/472)

GESICHT - **Ausdruck - alt aussehend** (*/580)
- Venen, erweiterte - Schläfen (k2/634)

ÄUSSERER HALS - Torticollis (c2*/761)

ATMUNG - Beschleunigt (b2/1174)

ALLGEMEINES - Fettleibigkeit - Kindern, bei (b4a/1879)

Nonverbales - Äußerliches - Beobachtungen der Eltern

STUHL - Schafskot, wie (b2/997)

Nacht; Beobachtungen in der - körperliche Symptome

BLASE - Urinieren - unwillkürlich - nachts (b2/1019)

Nacht; Beobachtungen in der - Schlaf

SCHLAF - Erwachen - häufig - Schreck, wie durch (a1/1674)
- Erwachen - Schreck, wie durch (*/1675)

Nacht; Beobachtungen in der - Schlaf; Lage im

SCHLAF - Lage - Rücken, auf dem (j5/1683)

Körperliche Symptome und Erkrankungen

ZÄHNE - Karies, faule, hohle Zähne (bg2/700)

REKTUM - **Cholera - infantum** (*/949)

WEIBLICHE GENITALIEN - Menses - verzögerte Menarche (*/1114)

KEHLKOPF UND TRACHEA - Laryngismus stridulus (k/1145)

ALLGEMEINES - Pubertät - Beschwerden während der (ptk1/1934)

Chirurgisch pathologische Zustände

ABDOMEN - Hernie (c2/867)

- **Hernie - Leistenhernie** (b2/868)
  - » Leistenhernie - schmerzhaft (b4/868)

MÄNNLICHE GENITALIEN - Phimose (ptk1/1071)

- Phimose - Paraphimose (ptk1/1071)

Guarea trichiloides

guare.

Zu den Krankheiten, von denen gesagt wird, sie seien durch Guarea geheilt worden, gehören: Krampfhafter Husten, Asthma, Laryngismus stridulus, Tonsillitis, Konjunktivitis, Dysenterie, chronische Obstipation, Obstipation während der Zahnung, intermittierendes Fieber, Krämpfe und Konvulsionen beim Erbrechen.

Augenleiden, die gewöhnlich mit beeinträchtigtem Gehör wechseln.

Klinisches: Krampfhafter Husten. Asthma. Laryngismus stridulus. Tonsillitis. Konjunktivitis. Dysenterie. Obstipation. Intermittierendes Fieber. Krämpfe. Konvulsionen. Beeinträchtigtes Gehör.

Wirkungsbereich: Atemwege. Innerer Hals. Augen. Ohren. Rektum. Zentralnervensystem.

* * *

Stillen - Milch

ALLGEMEINES - Speisen und Getränke - Milch - Abneigung (*/2000)

Stillen - Magendarmsymptome - Appetit - vermindert

MAGEN - Appetit - schnelle Sättigung (*/770)

- Appetit - vermindert (a1/772)

Stillen - Magendarmsymptome - Appetit - vermehrt

MAGEN - Appetit - Heißhunger (k/769)

- *Appetit - vermehrt* (k/770)

Stillen - Allgemeines

SCHWEISS - Essen - beim - agg. (*/1786)

- Essen - nach - agg. (a1*/1786)

Infektionskrankheiten - Keuchhusten

HUSTEN - Keuchhusten (*/1197)

Konstitution - Allgemeines

GEMÜT - Stimmung, Laune - veränderlich (a1/171)

Nonverbales - Konsultation; bei der

INNERER HALS - Schwellung - Tonsillen (*/747)

Nonverbales - Äußerliches - Beobachtungen des Arztes

GESICHT - Aufgesprungen - Lippen (*/579)

- Rissig - Lippen (k/613)

Nonverbales - Äußerliches - Beobachtungen der Eltern

HÖREN - Schwerhörig - abwechselnd mit - Augen; Beschwerden der (*/535)

ATMUNG - Schnarchen (a1/1180)

SCHWEISS - Essen - beim - agg. (*/1786)

- Essen - nach - agg. (a1*/1786)

Körperliche Symptome und Erkrankungen

KEHLKOPF UND TRACHEA - Laryngismus stridulus (*/1145)

ALLGEMEINES - *Konvulsionen - Kindern, bei* (kr1/1905)

Chirurgisch pathologische Zustände

ABDOMEN - Hernie (c2/867)

Haliaeetus leucocephalus

haliae-lc.

Stillen - Magendarmsymptome - Appetit - vermindert

MAGEN - Appetit - fehlend (srj5/767)

- Appetit - vermindert (srj5/772)

Stillen - Magendarmsymptome - Appetit - vermehrt

MAGEN - Appetit - vermehrt (srj5/770)

- Appetit - vermehrt - Essen - nach (srj5/772)

Stillen - Magendarmsymptome - Aufstoßen - Speisen; von

MAGEN - Aufstoßens; Art des - Speisen; von (srj5/780)

Konstitution - Angst und Furcht

GEMÜT - Furchtlos (srj5/80)

Konstitution - Allgemeines

GEMÜT - Entmutigt (srj5/46)

- Faulheit (srj5/55)
- Heikel, pingelig (srj5/106)
- Heimweh (srj5/107)
- Selbstvertrauen - Mangel an Selbstvertrauen (srj5/161)
- Unternehmen; etwas - Vieles, hält aber bei nichts durch, bleibt nicht dabei; unternimmt (srj5/193)

Familie; Beziehung zur - Liebe und Zuneigung

GEMÜT - Abneigung - Familienangehörige; gegen (srj5/1)
• Eifersucht (srj5/40)
• Furcht - entfernt vom Zuhause; wenn (srj5/67)
• Verlassen zu sein; Gefühl (srj5/198)

Beziehung zu anderen - Aggressivität

GEMÜT - Grausamkeit (srj5/103)
• Streitsüchtig (srj5/173)
• Zorn - antworten muß; wenn er (srj5/253)
» mißverstanden, falsch verstanden; wenn (srj5/255)

Beziehung zu anderen - Reaktion auf andere

GEMÜT - Antworten - Abneigung zu antworten (srj5/14)
• Gesellschaft - Abneigung gegen (srj5/94)
» Verlangen nach (^/95)
» Verlangen nach - allein; agg. wenn (srj5/96)
• Schüchternheit, Zaghaftigkeit (^/158)

Beziehung zu anderen - allgemein

GEMÜT - Mitgefühl, Mitleid (srj5/130)
• Sprache - hastig, eilig (srj5/167)
• Tadelsüchtig, krittelig (srj5/178)
• Tadelt sich selbst, macht sich Vorwürfe (srj5/179)

Schule - Angst

GEMÜT - Selbstvertrauen - Mangel an Selbstvertrauen (srj5/161)

Schule - Vorwürfe

GEMÜT - Zorn - antworten muß; wenn er (srj5/253)

Schule - Konstitution

GEMÜT - Heikel, pingelig (srj5/106)
• Selbstvertrauen - Mangel an Selbstvertrauen (srj5/161)
• Unternehmen; etwas - Vieles, hält aber bei nichts durch, bleibt nicht dabei; unternimmt (srj5/193)

Nonverbales - Aggressivität

GEMÜT - Reizbarkeit, Gereiztheit - Kindern; gegenüber (^/145)

Nonverbales - Gesten, Gebärden

GEMÜT - Launenhaftigkeit, launisch (srj5/123)
• Pfeifen (^/136)
• Ungeschicklichkeit (^/192)

Nonverbales - Allgemeines

GEMÜT - Nachahmung, Imitation (srj*/133)
• Singen (^/163)
» ausgelassen, fröhlich (srj5/163)

Nonverbales - Äußerliches - Beobachtungen des Arztes

GESICHT - Rissig - Lippen - Unterlippe - Mitte der (srj5/614)

Nonverbales - Äußerliches - Beobachtungen der Eltern

WEIBLICHE GENITALIEN - Masturbation; Neigung zu (srj5/1104)

Körperliche Symptome und Erkrankungen

MAGEN - Langsame Verdauung (srj5/805)

Hamamelis virginiana

ham.

Dies ist fast ausschließlich ein Mittel für *Blutungen.* Nasenbluten: passiv, lang anhaltender Ausfluß; nicht gerinungsfähiges, reichliches Blut, mit Engegefühl im Nasenrücken; idiopathisch, traumatisch, vikariierend.

Die Schwäche durch Blutverlust steht in keinem Verhältnis zur Menge des verlorenen Blutes, besonders bei Hämorrhoiden.

Erweiterung der Adern: Krampfadern, Hämorrhoiden, Varikozele. Der Blutandrang ist so heftig, daß die Krampfadern aufplatzen und anfangen zu bluten.

Ich fand dieses Mittel außerordentlich nützlich in Fällen von *Atresie der Gallengänge* mit beachtlichen *Ösophagusvarizen.* Das Mittel heilte die Krampfadern und erlaubte der kleinen Patientin, sich einer Lebertransplantation zu unterziehen, was nicht hätte getan werden können, wenn sich ihr Allgemeinzustand nicht so dramatisch gebessert hätte.

Hale schrieb: „Für Dr. Borrows war dieses Mittel ein wertvolles Hilfsmittel bei der Behandlung eines Kindes mit folgenden Symptomen: Entzündung der Vena femoralis, wobei sich der erysipelatöse Fleck nahe der Leiste und oberhalb der Vene fast über die Hälfte des Oberschenkels ausbreitete. Schwellung des ganzen Beins und Fußes, mit Spannung. Hitze und blasses Aussehen der Gliedmaßen. Spärlicher Urin, der die Wäsche steif macht (eiweißhaltig). Meteorismus. Ödem des ganzen Rumpfes, der Gliedmaßen und des Gesichtes."

Diese Kinder haben ein *Völlegefühl im Kopf, gefolgt von Nasenbluten,* das Linderung verschafft.

Erkältung durch Einwirkung von feuchtwarmem Wetter.

Dieses Mittel zeigt oft *gegensätzliche und widersprüchliche Aspekte*: Verlangen nach Milch, die Übelkeit hervorruft; Ängste, aber gleichzeitig Mut; Verlangen nach und Abneigung gegen Gesellschaft; mitfühlend aber auch ohne Mitgefühl; liebevoll aber gleichzeitig Abneigung gegen die Familie; lieb und mild, aber auch wütend, wenn man ihm widerspricht oder wenn er mißverstanden wird, wirft sogar mit Gegenständen.

Mangel an Selbstwertgefühl ist oft anzutreffen, was zu Problemen in der Schule führt: *Stottern*, macht Fehler beim Schreiben, wobei er Buchstaben durcheinander bringt oder falsche Worte benutzt. Allgemein Schwierigkeiten beim Lernen und Lesen, das Kopfschmerzen bessert.

Sie sind sehr empfindlich und werden ängstlich und niedergeschlagen, wenn man ihnen schroff Vorwürfe macht.

Sie lieben es zu tanzen und zu singen.

Klinisches: Blutungen. Hämorrhoiden. Nasenbluten. Purpura. Hämatemesis. Hämaturie. Varikozele. Krampfadern. Geschwüre. Wunden. Prellungen. Orchitis. Phimose. Rheumatismus.

Wirkungsbereich: Venen. Leber. Rektum. Genitalien. Innerer Hals.

* * *

Zahnung - Gemütssymptome

GEMÜT - Auffahren, Zusammenfahren - Zahnung; während der (sf1/18)
- **Mürrisch - Zahnung; während der** (hr1*/133)
- **REIZBARKEIT, GEREIZTHEIT - ZAHNUNG; WÄHREND DER** (k1*/147)
- Schreien - Zahnung; während der (mrr1/158)
- **Stöhnen - Zahnung; während der** (hr1*/172)

Zahnung - Empfindungen und neurologische Beschwerden

KOPF - *Schmerz - Zahnung; während der* (k/343)

ALLGEMEINES - **Konvulsionen - Zahnung; während der** (*/1907)
- *Zucken - Zahnung; während der* (hr1*/2034)

Zahnung - Magendarmsymptome

REKTUM - **Diarrhoe - Zahnung; während** (*/957)

Zahnung - Allgemeines

ZÄHNE - **Weisheitszähne; Beschwerden durch das Heraustreten der** (kl*/718)
- Zahnung - langsam (pd/718)
  - » **schwierig** (*/718)

HUSTEN - *Keuchhusten - Zahnung, während der* (kr1/1198)
- *Zahnung, während der* (*/1211)

SCHLAF - *Schlaflosigkeit - Zahnung; während der* (bg2*/1694)

FIEBER - *Zahnung; während der* (b7a/1781)

Stillen - Gemütssymptome

GEMÜT - Hast, Eile - Essen; beim (fd3/105)

Stillen - Milch

KOPF - Hautausschläge - Milchschorf (b2/290)

MAGEN - *Erbrechen - Milch, nach* (b7/794)
- *Erbrochenen; Art des - Milch* (b7a/798)
- Übelkeit - Milch - agg. (fd3/838)

ALLGEMEINES - *Speisen und Getränke - Milch - agg.* (*/2001)
- Speisen und Getränke - Milch - Verlangen (fd3/2001)

Stillen - Magendarmsymptome - Appetit - allgemein

MAGEN - Appetit - fehlend - Essen - nach dem Essen kehrt der Appetit wieder zurück (h1/768)
- Appetit - launischer Appetit (bg2*/770)
  - » veränderlich (fd3/770)

Stillen - Magendarmsymptome - Appetit - vermindert

MAGEN - **Appetit - fehlend** (*/767)
- Appetit - schnelle Sättigung (b7/770)
  - » vermindert (ptk1/772)

Stillen - Magendarmsymptome - Appetit - vermehrt

MAGEN - Appetit - Genuß, ohne (k/769)
- Appetit - Heißhunger (b2/769)
  - » Heißhunger - Schweiß, mit (bg2/770)
  - » vermehrt (b2/770)
  - » vermehrt - nachts (fd3/771)
  - » vermehrt - Essen - nach - nur beim Essen wieder; Appetit kehrt (b7/772)

Stillen - Magendarmsymptome - Aufstoßen - Speisen; von

MAGEN - *Aufstoßens; Art des - Speisen; von* (*/780)
- *Aufstoßens; Art des - Speisen; von - Essen - nach - agg.* (b7/780)

Stillen - Magendarmsymptome - Aufstoßen - Wasser; Hochsteigen von

MAGEN - Aufstoßens; Art des - Wasser in den Mund; Hochsteigen von (b2/781)

Stillen - Magendarmsymptome - Schluckauf

MAGEN - Schluckauf - Essen - nach - agg. (st1/810)

Stillen - Magendarmsymptome - Abdomen - agg. durch

ABDOMEN - **Schmerz - Kindern; bei - Säuglingen; bei - krampfartig** (bro1*/888)
- *Schmerz - Strecken, Ausstrecken - mit* (mrr1/893)

Stillen - Magendarmsymptome - Abdomen - amel. durch

ABDOMEN - **Schmerz - Wärme - amel.** (k/896)
- Schmerz - Zusammenkrümmen - muß sich zusammenkrümmen - krampfartig (mtf33/897)

Stillen - Magendarmsymptome - Rektum

REKTUM - **Diarrhoe - Kindern, bei** (*/954)
- Diarrhoe - Kindern, bei - Säuglingen; bei (br1*/954)
- *Obstipation - Kindern, bei* (kr1*/969)

Stillen - Allgemeines

GESICHT - **Schweiß - Essen - nach - agg.** (*/629)

SCHWEISS - Essen - beim - agg. (bg2/1786)
- *Essen - nach - agg.* (*/1786)
- Warm - Speisen; warme - nach (*/1792)

ALLGEMEINES - Konvulsionen - Kindern, bei - stillt; während die zornige oder erschreckte Mutter (bro1/1905)
- **Säuglinge** (kk2/1944)

Infektionskrankheiten - Masern

ATMUNG - **Atemnot, Dyspnoe, erschwertes Atmen - Masern; nach unterdrückten** (*/1168)

HUSTEN - Masern - nach (*/1202)
- Masern - während (b7a/1202)
- Trocken - Masern, nach (k/1209)

FIEBER - Ausschlagsfieber; Fieber bei Ausschlagserkrankungen - Masern (*/1770)

HAUT - Hautausschläge - Masern (*/1817)

ALLGEMEINES - Masern - Beschwerden nach (*/1920)

Infektionskrankheiten - Mumps

GESICHT - *Entzündung - Parotis* (*/584)
- *Entzündung - Parotis - Metastasierung zu - Hoden* (bro1/584)
  - » Parotis - Mumps (c2*/584)
- Schmerz - Parotis (k/626)
  - » Parotis - stechend (*/627)
- **Schwellung - Parotis** (*/631)

Infektionskrankheiten - Scharlach

KOPF - Schmerz - Scharlach, nach (k/337)

INNERER HALS - Geschwüre - Scharlach nicht herauskommt; wenn (bro1/727)

FIEBER - *Ausschlagsfieber; Fieber bei Ausschlagserkrankungen - Scharlach* (k/1770)

HAUT - *Hautausschläge - Scharlach* (*/1821)

ALLGEMEINES - **Scharlach - Beschwerden nach** (*/1944)

Infektionskrankheiten - Pocken

HAUT - Hautausschläge - Pocken (*/1819)

Infektionskrankheiten - Keuchhusten

HUSTEN - *Keuchhusten* (*/1197)
- *Keuchhusten - ersten Stadium; entzündlicher Husten im* (kr1/1198)
  - » heftig (ptk1/1198)
  - » Krampfstadium, im (ptk1/1198)
  - » *Zahnung, während der* (kr1/1198)

Konstitution - Aggressivität

GEMÜT - **Zorn - Kindern, bei** (kr1*/254)

Konstitution - Angst und Furcht

GEMÜT - Angst - hypochondrisch (*/11)
- *Angst - Kinder - bei Kindern* (^/11)
  - » *Kinder - bei Kindern - Kleinkinder* (kr1/11)
- Beschwerden durch - Schreck (*/25)
- Feigheit (bg2*/59)
- Furcht - engen Räumen; in (fd3/67)
  - » *Geräusche, durch* (bro1/69)
- Furchtlos (^/80)

Konstitution - Allgemeines

GEMÜT - **Beruhigt werden, kann nicht** (^/21)
- *Empfindlich - Kinder* (k/44)
- Entmutigt (k/46)
- Faulheit (*/55)
- Gewissenhaft, peinlich genau in bezug auf Kleinigkeiten (*/99)
- Kleinigkeiten, Trivialitäten - wichtig; scheinen (mtf33/115)
- Milde (fd3/130)
- **Mürrisch - Kindern, bei** (hr1*/132)
- Nachgiebigkeit (fd3/134)
- Selbstvertrauen - Mangel an Selbstvertrauen (fd3/161)
- Sorgen; voller (fd3/164)
- Sorgsamkeit, Sorgfalt (bg2/165)
- Stimmung, Laune - veränderlich (ptk1/171)
- Unaufmerksam (h1*/189)
- *Ungerechtigkeit; erträgt keine* (fd3/191)
- *Unzufrieden* (*/194)
- Veränderungen - Verlangen nach (k2*/195)
- **Weinen - Kindern; bei** (j5/246)
  - » *Kindern; bei - Säuglingen; bei* (j5/246)
  - » Musik; durch (fd3/247)

Familie; Beziehung zur - Aggressivität

GEMÜT - Beschimpfen, beleidigen, schmähen - Kinder - Eltern; Kinder beschimpfen ihre (vh*/22)
- Beschwerden durch - Grobheit anderer (fd3/23)
- Empfindlich - Grobheiten; gegen (fd3/44)

Familie; Beziehung zur - Liebe und Zuneigung

GEMÜT - Abneigung - Familienangehörige; gegen (fd3/1)
- Beschwerden durch - Eifersucht (fd3/22)
- Eifersucht (gsy/40)
- Liebevoll, voller Zuneigung, herzlich (ckh1/125)
- *Verlassen zu sein; Gefühl* (mtf/198)

Familie; Beziehung zur - Vorwürfe

GEMÜT - *Beschwerden durch - Tadel* (h/25)

- Beschwerden durch - Vorwürfe (fd3/26)
- Empfindlich - Tadel (fd3/45)
  - » Vorwürfe; gegen (fd3/45)
- Ermahnungen - agg. (fd3/47)
- Weinen - verweigert wird; wenn etwas (*/248)

Beziehung zu anderen - Aggressivität

GEMÜT - Antworten - kurz angebunden (k2*/15)
- *Schlagen* (ptk1/154)
  - » **Kindern; bei** (*/154)
- Spotten (mtf33/166)
  - » andere würden ihn verspotten; glaubt (fd3/166)
- Sprache - barsch (h1*/166)
- *Streitsüchtig* (*/173)
- *Zorn - angesprochen, wenn* (kr1/253)
  - » getröstet, wenn (k/254)
  - » mißverstanden, falsch verstanden; wenn (fd3/255)
  - » Widerspruch, durch (fd3/255)

Beziehung zu anderen - Reaktion auf andere

GEMÜT - Antworten - Abneigung zu antworten (bro1*/14)
- **Antworten - bissig, schnippisch** (kr1*/15)
  - » *falsch, unrichtig* (k/15)
- Furcht - Menschen; vor - Kindern; bei (tl1/73)
- **Gesellschaft - Abneigung gegen** (*/94)
  - » Verlangen nach (fd3/95)
- Trost - agg. (*/188)
- *Untröstlich* (*/193)
  - » *Kindern; bei* (mrr1*/193)
  - » *Kindern; bei - Kleinkindern; bei* (mrr1/193)
- **Weinen - Berührung, bei** (vh*/245)
- **Widerspenstig** (sf1/249)
- *Widerspruch - Neigung zu widersprechen* (ptk1*/249)
  - » *verträgt keinen Widerspruch* (k2*/249)
  - » verträgt keinen Widerspruch - Kindern; bei (mtf33/249)

Beziehung zu anderen - allgemein

GEMÜT - Argwöhnisch, mißtrauisch (*/16)
- Beleidigt, leicht (*/20)
- Empfindlich - äußerliche Eindrücke; gegen alle (k2*/42)
- Mitgefühl, Mitleid (fd3/130)
- *Pubertät; in der* (st/138)
- Tadelsüchtig, krittelig (*/178)
- Tadelt andere (k/179)
- Unbarmherzig (bg2/189)
- Unverschämtheit (bg2*/193)

Schule - Angst

GEMÜT - Selbstvertrauen - Mangel an Selbstvertrauen (fd3/161)

REKTUM - *Diarrhoe - Erregung, Aufregung agg.* (b7a/952)
- *Diarrhoe - nervös, Gemütsbewegungen agg.* (bg3*/955)

Schule - Konzentration

GEMÜT - Konzentration - schwierig - Studieren (k/117)
- Unaufmerksam (h1*/189)
- Verwirrung; geistige - Schreiben, beim (fd3/203)

Schule - Lernen - Lesen

GEMÜT - Fehler; macht - Lesen, beim (k/57)
- Lesen - unfähig zu lesen (a1/124)

Schule - Lernen - Schreiben

GEMÜT - *Fehler; macht - Schreiben, beim* (*/57)
- Fehler; macht - Schreiben, beim - falsch - Worte (fd3/57)
  - » Schreiben, beim - läßt etwas aus - Buchstaben (bro1/57)
  - » *Schreiben, beim - läßt etwas aus - Silben* (k/57)
  - » *Schreiben, beim - läßt etwas aus - Worte* (*/57)
  - » Schreiben, beim - verwechselt Buchstaben (fd3/58)
- Verwirrung; geistige - Schreiben, beim (fd3/203)

Schule - Anstrengung; geistige

KOPF - *Schmerz - geistige Anstrengung - agg.* (st/328)
- Schmerz - Lesen, beim - agg. (k/332)
  - » Lesen, beim - amel. (k/332)

Schule - Beziehung zu anderen

MUND - Sprache - stotternd (*/688)

Schule - Vorwürfe

GEMÜT - Beschwerden durch - Grobheit anderer (fd3/23)
- *Beschwerden durch - Tadel* (h/25)
  - » Vorwürfe (fd3/26)
- Empfindlich - Grobheiten; gegen (fd3/44)
  - » Tadel (fd3/45)
  - » Vorwürfe; gegen (fd3/45)
- Ermahnungen - agg. (fd3/47)

ALLGEMEINES - *Konvulsionen - Bestrafung, nach* (*/1901)

Schule - Konstitution

GEMÜT - **Eigensinnig, starrköpfig, dickköpfig** (*/41)
- *Eigensinnig, starrköpfig, dickköpfig - Kinder* (hr1*/41)
- Gewissenhaft, peinlich genau in bezug auf Kleinigkeiten (*/99)
- Kleinigkeiten, Trivialitäten - wichtig; scheinen (mtf33/115)
- Selbstvertrauen - Mangel an Selbstvertrauen (fd3/161)

Spielen

GEMÜT - Spielen - Abneigung gegen Spielen - Kindern; bei (^/165)
- Tanzen (fd3/179)

Tieren; Beziehung zu

GEMÜT - Mitgefühl, Mitleid - Tieren, mit (fd3/130)

Nonverbales - Aggressivität

GEMÜT - Beißen (^/20)
- Diktatorisch (k/39)
- Grobheit - Kinder; ungezogene (bg2*/104)
- *Reizbarkeit, Gereiztheit - angeblickt, wenn - angesprochen oder berührt; wenn - Kindern; bei* (bro1/144)
  - » **Kindern, bei** (*/145)
  - » **KINDERN, BEI - KLEINKINDERN; BEI** (mrr1/145)
  - » **schickt - Arzt nach Hause und sagt, er sei nicht krank; schickt den** (*/146)
- Stoßen, treten, austreten (h1*/172)
  - » *Kindern; bei* (mrr1/172)
- Wirft mit Gegenständen um sich (*/250)

Nonverbales - Reaktion auf andere

GEMÜT - *Angesehen, angeblickt zu werden - erträgt es nicht, angesehen zu werden* (*/5)
- Angesehen, angeblickt zu werden - erträgt es nicht, angesehen zu werden - Kindern; bei (tl1*/5)
- **Berührtwerden - Abneigung berührt zu werden** (*/21)
  - » Abneigung berührt zu werden - Kindern; bei (tl1*/21)
- **Furcht - berührt zu werden** (bro1*/66)
  - » *Näherkommen, Annäherung von; vor - anderen, von* (vh*/74)
- Liebkost zu werden; Liebkosungen - Abneigung, liebkost, gestreichelt zu werden (^/126)
  - » Abneigung, liebkost, gestreichelt zu werden - Kindern; bei (vh/126)
- **Näherkommen, auf ihn Zukommen von Personen - Abneigung gegen** (ptk1/134)
- Schreien - Kindern, bei - Trost - agg. (tl1/157)

Nonverbales - Gesten, Gebärden

GEMÜT - Auffahren, Zusammenfahren - Geräusche; durch (fd3/17)
- Beißen - Löffel; beißt in den (bg2*/20)
- *Gesten, Gebärden; macht - Finger - Mund; Kinder stecken die Finger in den* (*/97)
- **LAUNENHAFTIGKEIT, LAUNISCH** (*/123)
  - » **weist Dinge zurück, die er haben wollte, sobald er sie bekommt** (b7a/123)
  - » weist Dinge zurück, die er haben wollte, sobald er sie bekommt - Kindern; bei (br1*/123)
- **Stirnrunzeln, Neigung zum** (kr1*/171)
- Ungeschicklichkeit (fd3/192)

Nonverbales - Allgemeines

GEMÜT - **Eigensinnig, starrköpfig, dickköpfig** (*/41)
- *Eigensinnig, starrköpfig, dickköpfig - Kinder* (hr1*/41)
- Hast, Eile - Essen; beim (fd3/105)
- Nackt sein, möchte (*/134)
- *Ruhelosigkeit - Kindern, bei* (*/151)
- *Schreien - Kindern, bei* (*/157)
  - » *Kindern, bei - Kolik mit* (hr1*/157)
  - » Kindern, bei - Weinen und (gl1/157)
- Singen (fd3/163)
  - » ausgelassen, fröhlich (fd3/163)
- **Stöhnen - Kindern, bei** (kr1*/172)
  - » **Kindern, bei - wollen; Mitleid erregendes Wimmern, weil sie nicht bekommen, was sie** (a1*/172)

Nonverbales - Konsultation; bei der

AUGE - Absonderungen - blutig - wäßrig - Kindern; bei - Neugeborenen; bei (ptk1*/423)
- *Entzündung - Kindern; bei - Kleinkindern; bei* (*/429)

OHR - *Absonderungen - Blut* (*/497)
- Absonderungen - blutig (*/497)
  - » dünn (k/497)
  - » eitrig (k/497)
- *Eiterung - Mittelohr* (bro1/500)
- **Entzündung - Gehörgang** (*/500)
  - » **Mittelohr** (*/501)
  - » *Mittelohr - chronisch* (mrr1/501)
  - » **Mittelohr - Kindern; bei** (mrr1*/501)
  - » Ohrmuscheln (fd3/501)
- Katarrh - Eustachische Röhre (bnt/515)
  - » Mittelohr (mtf11/515)
- *Ohrschmalz - dünn* (hr1/516)
  - » *fehlend* (*/516)

GESICHT - **Schwellung - Unterkieferdrüsen** (*/631)

MUND - Aphthen (*/639)
- Aphthen - Zunge (vk1/640)
  - » *Zunge - Zungenspitze* (*/640)
- *Krampfadern - Zunge* (*/667)
- Landkartenzunge (*/668)
- Papillen - aufgerichtet (*/669)

INNERER HALS - Entzündung - Kindern; bei (k/724)
- *Entzündung - Tonsillen* (*/724)
- **Schwellung - Tonsillen** (*/747)

ÄUSSERER HALS - *Schwellung - Halsdrüsen* (*/760)

ABDOMEN - Auftreibung - Kindern, bei (mtf33/852)

BRUST - Knoten, empfindliche - Mammae - Kindern; bei - Neugeborenen; bei (st/1249)

HAUT - *Erysipel* (*/1798)
- Farbe - gelb - Neugeborenen, bei (bro1/1800)

- *Hautausschläge - Exanthem, flüchtiges - Kindern, bei* (*/1812)
- *Intertrigo* (*/1825)
- **Wundliegen - Kindern; bei** (*/1837)

Nonverbales - Äußerliches - Beobachtungen des Arztes

KOPF - Halten - hoch, aufrecht zu halten; unfähig, den Kopf (*/289)

AUGE - **Verklebt** (*/472)

OHR - *Schmerz - warm - Bett, Bettwärme; warmes - agg. - Einhüllen amel.; und warmes* (k/525)

NASE - *Schniefen - Kindern; bei - Neugeborenen; bei* (bro1/568)

GESICHT - Aufgesprungen - Lippen (*/579)
- Farbe - blaß - Kindern; bei (mtf33/586)
- Gerunzelt (ptk1/594)
  - » *Stirn, Stirnrunzeln* (*/594)
- *Rissig - Lippen* (*/613)
  - » *Lippen - Schnupfen, beim* (b7/613)
  - » *Lippen - Oberlippe - Mitte der* (ptk1/613)
  - » Lippen - Unterlippe (*/613)
  - » *Lippen - Unterlippe - Mitte der* (*/614)

MUND - *Finger in den Mund; Kinder stecken* (mtf33/651)

ATMUNG - Angehalten, versetzt, unterbrochen - plötzlich, bei Kindern (k/1159)
- **Asthma, asthmatische Atmung - Kindern; bei** (*/1162)
- *Beschleunigt* (*/1174)

RÜCKEN - *Opisthotonus* (*/1325)

SCHLAF - *Gähnen - Kindern, bei* (hr1*/1678)

ALLGEMEINES - Aussehen - dunkel (c1/1854)
- Aussehen - hell, blond (c1*/1855)
  - » *hell, blond - schlaffer Faser, mit* (c1*/1855)

Nonverbales - Äußerliches - Beobachtungen der Eltern

AUGE - *Verklebt - morgens* (*/472)

OHR - Schmerz - warm - Anwendungen; warme - amel. (^/525)

HÖREN - Schwerhörig - Schmerz im Ohr - mit (mp1/536)

NASE - *Nasenbluten - Kindern; bei* (*/557)
- Verstopfung - Kindern; bei (b7a/577)

MUND - Beißt - Glas, wenn es gefüttert wird; Kind beißt ins (bg1/640)
- Beißt - Lippen; beißt sich auf die - Unterlippe (fd3/640)
  - » *Zunge; beißt sich auf die* (bg2*/640)

ZÄHNE - *Zähneknirschen* (*/718)
- Zähneknirschen - Frost; während (*/718)
- *Zusammenbeißen der Zähne - Verlangen, die Zähne zusammenzubeißen; ständiges - fest zusammengebissen* (b7/719)

MAGEN - Gluckern; Gurgeln (fd3/802)
- *Schluckauf* (*/809)
  - » Essen - nach - agg. (st1/810)
- Völlegefühl - Essen - beim - agg. (h1/845)
  - » Essen - nach - agg. (*/845)
  - » Essen - nach - amel. (fd3/845)

ABDOMEN - *Flatulenz - Kindern; bei* (b7a/863)
- **Schmerz - Kindern; bei - Säuglingen; bei - krampfartig** (bro1*/888)
  - » *Strecken, Ausstrecken - mit* (mrr1/893)
  - » **Wärme - amel.** (k/896)
  - » *Zusammenkrümmen - muß sich zusammenkrümmen* (*/897)
  - » Zusammenkrümmen - muß sich zusammenkrümmen - krampfartig (mtf33/897)

STUHL - Kugeln, wie (fd3/996)
- Schafskot, wie (fd3/997)
- Unverdaut (*/999)

BLASE - Urinieren - verzögert, muß warten, bis der Urin zu fließen beginnt (b7/1020)

ATMUNG - *Schnarchen* (*/1180)

EXTREMITÄTEN - *Hitze - Füße - brennend - entblößt sie* (*/1440)
- **Hitze - Füße - Fußsohlen - entblößt sie** (k/1441)

SCHWEISS - Essen - beim - agg. (bg2/1786)
- *Essen - nach - agg.* (*/1786)
- Warm - Speisen; warme - nach (*/1792)

HAUT - Ekchymosen (*/1797)
- Insektenstiche (b7a/1825)

Nacht; Beobachtungen in der - Gemütssymptome

GEMÜT - Angst - nachts - Kindern; bei (kr1/7)
- Gesten, Gebärden; macht - Hände; unwillkürliche Bewegungen der - zupft - Bettwäsche; an der (*/98)
  - » Hände; unwillkürliche Bewegungen der - zupft - Bettwäsche; an der - Schweiß; beim (bg2/98)
- *Jammern - Schlaf, im* (k/113)
- Schlafwandeln (gl1/154)
- *Schreien - Kindern, bei - nachts* (hr1*/157)
- *Sprechen - Schlaf; im* (*/169)
- Weinen - Schläfrigkeit, bei (hr1*/247)
  - » **Wimmern, Winseln - Schlaf, im** (b7/248)

Nacht; Beobachtungen in der - körperliche Symptome

KOPF - *Schweiß der Kopfhaut - Schlaf - im* (*/404)

MUND - Offen - Schlaf; agg. im (k/669)

BLASE - *Urinieren - unwillkürlich - nachts* (*/1019)

Nacht; Beobachtungen in der - Schlaf

SCHLAF - *Erwachen - Schreck, wie durch* (b7a/1675)
- *Gestört - Kindern; bei - Neugeborenen; bei* (hr1*/1680)
- *Schlaflosigkeit - Kindern, bei* (b7a/1691)

» Kindern, bei - getragen werden, Kind muß (k/1691)
» Kindern, bei - Neugeborenen; bei (j5/1691)

Nacht; Beobachtungen in der - Schlaf; Lage im

SCHLAF - Lage - Abdomen, auf dem (fd3/1682)
• *Lage - Beine - angezogen* (*/1682)
» Beine - ausgestreckt (*/1682)
» *Beine - gespreizt* (*/1682)
» Hände - Kopf - auf dem (a1/1682)
» *Knie - gespreizt* (b2/1682)
» Rücken, auf dem (a1/1683)
» Seite, auf der - rechten Seite, auf der (a1/1683)
» *steif* (st1/1683)
» *unmöglich; Liegen ist* (k/1683)

Schaukeln und Getragenwerden

GEMÜT - **Beruhigt werden, kann nicht - getragen wird; nur wenn er** (k/21)
• Getragen - Abneigung getragen zu werden (j/99)
» **VERLANGEN GETRAGEN ZU WERDEN** (b2/99)
» Verlangen getragen zu werden - liebkost zu werden; und (br1/99)
• Mürrisch - Kindern, bei - getragen zu werden; Verlangen (hr1*/132)
• *Ruhelosigkeit - Kindern, bei - Herumtragen der Kinder amel.* (*/152)
• Schaukeln - amel. (*/153)
» **VERLANGEN GESCHAUKELT ZU WERDEN** (bg2*/153)
• *Stoßen, treten, austreten - Kindern; bei - getragen wird; Kind wird steif und tritt, wenn es* (*/172)
• **Weinen - getragen, wenn - ruhig wenn es getragen wird; das Kind ist nur** (k/246)

SCHLAF - Schlaflosigkeit - getragen, außer wenn (k/1690)
• Schlaflosigkeit - Kindern, bei - getragen werden, Kind muß (k/1691)

Autos und Schiffe

SCHLAF - Schläfrigkeit - Fahren - agg. (fd3/1698)

Psychosomatische Störungen

REKTUM - Diarrhoe - Ärger, Verdruß agg. (k/951)
• *Diarrhoe - Erregung, Aufregung agg.* (b7a/952)
» *nervös, Gemütsbewegungen agg.* (bg3*/955)
» *Zorn, nach* (*/957)

HUSTEN - Zorn; nach - Kindern; bei (mtf33/1211)

ALLGEMEINES - *Konvulsionen - Bestrafung, nach* (*/1901)
• **Konvulsionen - Zorn; nach** (k/1907)

Körperliche Symptome und Erkrankungen

KOPF - Entzündung - Gehirn (*/284)
• Entzündung - Hirnhaut (b7a/284)
• Schmerz - katarrhalisch (k/331)

OHR - Schmerz - Kindern; bei (k2*/523)

ZÄHNE - *Karies, faule, hohle Zähne* (*/700)
• **Schmerz - Kindern; bei** (k/708)

MAGEN - Würgen - Husten, mit (k/846)

REKTUM - Cholera - infantum (c1*/949)

WEIBLICHE GENITALIEN - *Menses - verzögerte Menarche* (k/1114)

KEHLKOPF UND TRACHEA - Laryngismus stridulus (k2/1145)
• Stimme - heiser, Heiserkeit - Kindern, bei (*/1154)

BRUST - Schmerz - Mammae - Kindern; bei - Kleinkindern; bei - wund schmerzend (br1*/1280)
• Schmerz - Mammae - Kindern; bei - wund schmerzend (vn/1280)

EXTREMITÄTEN - *Hüftgelenksentzündung* (k/1443)

FIEBER - Continua (k/1772)
• **Remittierend - Kleinkindern, bei** (k/1778)

ALLGEMEINES - Abmagerung - Kindern; bei (j5/1845)
• Arzneimittel - heftige Reaktion auf homöopathische Arzneimittel (b7/1852)
• **Kindern; Beschwerden von** (b2/1897)
• *Konvulsionen - Kindern, bei* (*/1905)
» *Kindern, bei - Kleinkindern, bei* (bg2*/1905)
• Medikamente - allopathische - Mißbrauch von (j5/1921)
» allopathische - überempfindlich gegen (st/1921)
• Schwäche - Kindern, bei (j5/1977)

Chirurgisch pathologische Zustände

ABDOMEN - Entzündung - Peritoneum (c2*/860)
• Hernie (c2*/867)
» eingeklemmt, inkarzeriert (ptk1/868)
» Leistenhernie (b2/868)
» Leistenhernie - eingeklemmt, inkarzeriert (b7/868)
» Leistenhernie - Kindern, bei (bg2*/868)
» Leistenhernie - schmerzhaft (b7/868)
» Nabelbruch (bg2/868)

MÄNNLICHE GENITALIEN - *Phimose* (*/1071)
• *Varikozele* (*/1085)

Würmer

REKTUM - Würmer - Beschwerden durch Würmer (b2/985)
• Würmer - Beschwerden durch Würmer - Spulwürmer (*/986)

ALLGEMEINES - *Konvulsionen - Würmer, durch* (hr1*/1907)

Hecla lava

hecla

Wilkinson experimentierte mit Hecla lava und beobachtete wiederholt auftretende Exostosen am Unterkiefer der Schafe, die in der Gegend des Vulkans Hecla grasten.

Hecla lava hat bei verschiedenen *Knochenleiden* gute Ergebnisse erzielt. Es ist sehr nützlich bei *Exostose, Osteosarkom, Knochennekrose, Hüftleiden, Skoliose* und *Rachitis.*

Ostitis oder Periostitis, die auf syphilitischer Grundlage basieren und besonders die Knochen des Gesichts angreifen. Es hat eine *ausgeprägte Wirkung auf Ober- und Unterkiefer.*

Murphy nennt Hecla lava in der Rubrik seines Repertoriums: „Kinder - Krümmung und Verbiegung von Gliedmaßen".

Schwierige Zahnung; *schnelle und vorzeitige Karies bei Kindern; Abszesse* des Zahnfleischs durch faule Zähne; Neuralgie durch faule Zähne; Schmerzen in der Wunde, dort wo der Zahn gezogen wurde.

Verhärtung und Infiltration der Halsdrüsen, die den Hals wie eine Perlschnur überziehen.

Klinisches: Knochenleiden. Exostose. Ostitis. Periostitis. Osteosarkom. Zahnschmerzen. Schwierige Zahnung. Neuralgie. Drüsenleiden. Tumoren.

Wirkungsbereich: Knochen. Drüsen.

* * *

Zahnung - Allgemeines

ZÄHNE - *Zahnung - schwierig* (c1*/718)

Konstitution - Allgemeines

GEMÜT - Ungerechtigkeit; erträgt keine (alm*/191)

Nonverbales - Konsultation; bei der

ÄUSSERER HALS - Schwellung - Halsdrüsen (bro1/760)
- *Verhärtung von Drüsen* (k/761)
  - » perlschnurartig (k/761)

RÜCKEN - Krümmung der Wirbelsäule (mp1/1323)

ALLGEMEINES - Exostose (*/1877)

Körperliche Symptome und Erkrankungen

ZÄHNE - *Abszeß der Zahnwurzeln* (k/695)
- *Karies, faule, hohle Zähne* (*/700)
  - » Kindern; verfrüht bei (bro1/700)

EXTREMITÄTEN - Hüftgelenksentzündung (k/1443)

ALLGEMEINES - Abmagerung - Kindern; bei (st/1845)

Chirurgisch pathologische Zustände

NASE - Polyp (k/561)

Hedera helix

hed.

Stillen - Magendarmsymptome - Appetit - vermindert

MAGEN - Appetit - fehlend (sp1/767)

Stillen - Magendarmsymptome - Appetit - vermehrt

MAGEN - Appetit - vermehrt (sp1/770)

Konstitution - Allgemeines

GEMÜT - Sorgen; voller (jl3/164)

Nonverbales - Konsultation; bei der

INNERER HALS - Entzündung - Tonsillen (sp1/724)

Nonverbales - Äußerliches - Beobachtungen des Arztes

GESICHT - Hautausschläge - Akne (sp1/595)

Nonverbales - Äußerliches - Beobachtungen der Eltern

BLASE - Urinieren - verzögert, muß warten, bis der Urin zu fließen beginnt (sp1/1020)

Körperliche Symptome und Erkrankungen

KOPF - Hydrozephalus - chronisch (mtf11/295)

Würmer

REKTUM - Würmer - Beschwerden durch Würmer (sp1/985)

Helleborus niger

hell.

Schwächliche, zarte, psorische Kinder, die zu *Gehirnleiden* neigen (Differentialdiagnose: Belladonna, Calcarea carbonica, Tuberculinum), mit serösem Erguß.

Zu den wichtigsten Gemütssymptomen gehören: Verschlimmerung von 16 bis 20 Uhr; Gleichgültigkeit und Apathie, Gefühl der Gedankenleere und Verwirrung; langsames Antworten oder völlige Bewußtlosigkeit, was wahrscheinlich an einer Herabsetzung der Geruchs-, Gehör- und Tastorgane liegt; Kaubewegung des Mundes, manchmal Herabfallen des Unterkiefers; Zupfen an den Lippen oder an der Kleidung und Bohren des Kopfes ins Kissen.

In Fällen von angeborener *Epilepsie* sollte man Helleborus niger erwägen. Konvulsionen von Säuglingen, mit außerordentlicher Kälte.

Chauhan schrieb: „Nützlich bei Kindern, auch bei Lähmung von Gehirn oder Rückenmark auf

Grund unregelmäßiger oder erstickter Atmung auf Grund einer Erkrankung der Magenmuskeln. Torpor herrscht vor (Apis zeigt noch gewisse Reizung); fast ununterbrochenes Stöhnen. Wird schnell wütend, schlägt um sich, möchte niemanden in der Nähe haben und wird um so wütender, je freundlicher man es behandelt. Das Kind bewegt oft die zitternde Hand zum Kopf. Der Kopf fällt ständig nach hinten, wenn der Rumpf angehoben wird. Ständiges Rollen des Kopfes, Tag und Nacht. Zunge trocken und rot. Schießende Schmerzen im Kopf, die es plötzlich aufschreien lassen. Das Kind bohrt den Kopf ins Kissen. Heißer Kopf und gerunzelte Stirn. Automatische Bewegung eines Fußes und eines Armes, der Kopf ist auf eine Seite geworfen. Die Augäpfel sind nach oben verdreht, die Hornhaut ist kaum zu sehen. Das Gesicht wird rot und dann wieder blaß. Häufiges Reiben der Nase. Nasenlöcher trocken und schmutzig. Kaubewegung des Kiefers. Schluckt gierig kaltes Wasser. Im nervösen Zustand möchte es Speisen, die es dann zurückweist, wenn sie gereicht werden. Obstipation oder dunkler, spärlicher, gallertartiger Stuhl. Urin dunkel, spärlich, sehr eiweißhaltig oder keinerlei Harnabsonderung. *In einem späteren Stadium Bewußtlosigkeit.* Die Augen reagieren nicht auf Licht, das Kind scheint keine Bedürfnisse mehr zu haben, bittet um nichts, trinkt aber gierig Wasser, wenn dies gereicht wird. Schleichend aufkommender Hydrozephalus, als Folge einer anderen Krankheit."

Das *Runzeln der Stirn* ist ein charakteristisches Symptom; es kann ein Ausdruck von Angst sein.

Helleborus ist oft nützlich bei zahnenden Kindern, wenn der Stuhl weiß, gallertartig, schleimig ist, ihm Kolik und Übelkeit vorausgehen und Tenesmus und beißendes Brennen am Anus nachfolgen.

Allmählich zunehmende Zystitis mit ständigem Harndrang, die Krämpfe verursacht und schmerzhaften Abgang kleiner Mengen von Urin, der trüb und dunkel ist und schleimigen Bodensatz absetzt; aufgetriebenes Abdomen; ständige Übelkeit.

Harnverhaltung bei Kindern ohne irgendeine besondere Ursache, das Kind ist schlecht gelaunt und quengelig, erlaubt niemandem, es zu berühren.

Anasarka und Aszites, besonders nach Scharlach.

Klinisches: Gehirnleiden. Hydrozephalus. Meningitis. Koma. Gehirnerschütterung. Konvulsionen. Kopfschmerzen. Diarrhoe. Hernie. Zystitis. Albuminurie. Hydrozele. Aphthen. Scharlach.

Wirkungsbereich: Gemüt. Gehirn. Nerven (motorische; sensorische). Schleimhäute. Seröse Häute. Nieren. Muskeln.

* * *

Entwicklung - allgemein

KOPF - Großer Kopf (bg2/289)

Zahnung - Empfindungen und neurologische Beschwerden

AUGE - Strabismus, Schielen - Zahnung; während der (mtf11/467)

ALLGEMEINES - Konvulsionen - Zahnung; während der (bro1/1907)

Zahnung - Lokalsymptome

ZÄHNE - *Zahnung - schwierig - begleitet von - Speichelfluß* (kr1*/718)

Zahnung - Magendarmsymptome

REKTUM - Diarrhoe - Zahnung; während (k/957)

Zahnung - Allgemeines

ZÄHNE - *Zahnung - schwierig* (hr1*/718)

Stillen - Gemütssymptome

GEMÜT - Essen - weigert sich zu (ptk1/53)
- Hast, Eile - Essen; beim (bro1/105)

Stillen - Milch

KOPF - Hautausschläge - Milchschorf (bg2/290)

ABDOMEN - Flatulenz - Milch agg. (b7/863)

ALLGEMEINES - Speisen und Getränke - Milch - agg. (*/2001)

Stillen - Magendarmsymptome - Appetit - vermindert

MAGEN - Appetit - fehlend (b2/767)
- *Appetit - fehlend - Hunger, mit* (*/768)
  - » vermindert (*/772)

Stillen - Magendarmsymptome - Appetit - vermehrt

MAGEN - Appetit - Genuß, ohne (k/769)
- Appetit - Heißhunger (*/769)
  - » Heißhunger - Gehen agg. (*/770)
  - » vermehrt (*/770)
  - » *vermehrt - begleitet von - Übelkeit* (b7a/771)
  - » vermehrt - Erbrechen - mit (k/771)

Stillen - Magendarmsymptome - Aufstoßen - Wasser; Hochsteigen von

MAGEN - Aufstoßens; Art des - Wasser in den Mund; Hochsteigen von (*/781)

Stillen - Magendarmsymptome - Rektum

REKTUM - Diarrhoe - Kindern, bei (k/954)

Infektionskrankheiten - Masern

KOPF - Schmerz - Masern, nach (k/333)
HAUT - Hautausschläge - Masern (hr1/1817)
ALLGEMEINES - *Masern - Beschwerden nach* (bg2/1920)

Infektionskrankheiten - Scharlach

KOPF - Schmerz - Scharlach, nach (k/337)
GESICHT - *Schwellung - Scharlach* (*/630)
URIN - *Eiweißhaltig - Scharlach; nach* (*/1046)
EXTREMITÄTEN - *Schwellung - Beine - wassersüchtig - Scharlach, nach* (k/1629)
HAUT - Hautausschläge - Scharlach (c2/1821)
ALLGEMEINES - **Wassersucht - äußere Wassersucht - Scharlach; nach** (kr1*/2024)

Konstitution - Angst und Furcht

GEMÜT - *Furcht - allein zu sein* (^/64)
- Furchtlos (a1/80)

Konstitution - Allgemeines

GEMÜT - Beschwerden durch - Heimweh (bro1/24)
- Entmutigt (*/46)
- Faulheit (b7a/55)
- *Heimweh* (b7/107)
- Milde (*/130)
- *Unaufmerksam* (bg2/189)
- Unzufrieden (k/194)

Familie; Beziehung zur - Liebe und Zuneigung

GEMÜT - Verlassen zu sein; Gefühl (bg2/198)

Beziehung zu anderen - Aggressivität

GEMÜT - *Grausamkeit* (b7/103)
- Schlagen (*/154)
  - » Umstehende, schlägt (hr1/154)
- Streitsüchtig (j/173)
- *Zorn - angesprochen, wenn* (kr1/253)
  - » *getröstet, wenn* (kr1/254)

Beziehung zu anderen - Reaktion auf andere

GEMÜT - Antworten - Abneigung zu antworten (bg2*/14)
- **Antworten - denkt lange nach** (k/15)
  - » **langsam** (k1*/15)
  - » undeutlich (k2/15)
  - » *weigert sich zu antworten* (k/15)
  - » wiederholt erst die Frage (kr1/15)
- *Gesellschaft - Abneigung gegen* (*/94)
- *Trost - agg.* (bg2*/188)
  - » agg. - Mitleid, Mitgefühl agg. (bg2/188)
  - » *amel.* (ptk1*/188)
- Weinen - Trost - agg. (k/248)
- Widerspruch - verträgt keinen Widerspruch (bro1/249)

Beziehung zu anderen - allgemein

GEMÜT - *Argwöhnisch, mißtrauisch* (*/16)
- Beleidigt, leicht (hr1/20)
- Mitgefühl, Mitleid (fb/130)
- *Pubertät; in der* (bg2*/138)
- Tadelt sich selbst, macht sich Vorwürfe (*/179)
- Unverschämtheit (bg2/193)

Schule - Konzentration

GEMÜT - **Konzentration - schwierig - Studieren** (k/117)
- Stumpfheit - Lesen (ptk1/175)
  - » Studieren und Lernen; beim (ptk1/176)
- *Unaufmerksam* (bg2/189)

Schule - Lernen - allgemein

GEMÜT - Stumpfheit - Studieren und Lernen; beim (ptk1/176)

Schule - Lernen - Lesen

GEMÜT - Stumpfheit - Lesen (ptk1/175)

Schule - Anstrengung; geistige

KOPF - Schmerz - geistige Anstrengung - agg. (k/328)
- Schmerz - Lesen, beim - agg. (^/332)

Schule - Beziehung zu anderen

MUND - Sprache - stotternd (*/688)

Schule - Konstitution

GEMÜT - Eigensinnig, starrköpfig, dickköpfig (k2*/41)

Nonverbales - Aggressivität

GEMÜT - Beißen (^/20)

Nonverbales - Reaktion auf andere

GEMÜT - Angesehen, angeblickt zu werden - erträgt es nicht, angesehen zu werden (a1/5)
- Berührtwerden - Abneigung berührt zu werden (k2/21)
- Näherkommen, auf ihn Zukommen von Personen - Abneigung gegen (k/134)
- Schamlos (*/153)

Nonverbales - Gesten, Gebärden

GEMÜT - Beißen - Löffel; beißt in den (c1*/20)
- Gesten, Gebärden; macht - Finger - Mund; Kinder stecken die Finger in den (sne/97)
- Grimassen (k/103)
  - » sonderbare Gesichter; schneidet (k/103)
- Launenhaftigkeit, launisch (bg2/123)
- Springen (^/169)
- Stirnrunzeln, Neigung zum (*/171)
- Ungeschicklichkeit (bg2*/192)
- *Verstecken - sich* (*/199)

Nonverbales - Allgemeines

GEMÜT - Eigensinnig, starrköpfig, dickköpfig (k2*/41)
- Hast, Eile - Essen; beim (bro1/105)
- *Schreien - Kindern, bei* (k/157)

Nonverbales - Konsultation; bei der

KOPF - Empfindlichkeit - Kopfhaut, der - Berührung, gegen (h1/284)
- Hitze - Kälte - Finger; mit Kälte der (k/293)
  - » Kälte - Füße; mit Kälte der (h1/293)
  - » Kälte - Hände; mit Kälte der (k/293)
  - » Kälte - Körpers; mit Kälte des (k/293)

MUND - *Aphthen* (*/639)
- *Aphthen - begleitet von - Speichelfluß* (kr1*/639)
  - » *weiß* (b4a/640)
  - » *Gaumen* (b4a/640)
  - » Zunge (b4a/640)
- *Bewegung - Zunge - Seite zur anderen; von einer* (*/641)
- *Herausstrecken, Vorstrecken - Zunge, der* (*/665)
- Stomatitis ulcerosa, Stomakaze (*/689)
- *Zittern der Zunge - Herausstrecken, beim* (*/692)

ÄUSSERER HALS - *Schwellung - Halsdrüsen* (*/760)

EXTREMITÄTEN - *Nägel; Beschwerden der - Abblättern der Nägel* (k/1664)
- *Nägel; Beschwerden der - Abfallen der Nägel* (b2/1664)

HAUT - Hautausschläge - Herpes - ringförmig (k/1815)
- Verwachsen - Knochen; am (*/1835)

Nonverbales - Äußerliches - Beobachtungen des Arztes

KOPF - Großer Kopf (bg2/289)

AUGE - *Strabismus, Schielen* (*/467)

NASE - Bohren mit den Fingern in der Nase (bg2*/546)
- Geweitete Nasenlöcher (*/550)
- *Spitz* (*/574)
- Zupfen - Nase, an der (k/578)

GESICHT - *Gerunzelt* (*/594)
- **Gerunzelt - Augenbrauen** (mrr1/594)
  - » *Stirn, Stirnrunzeln* (*/594)
  - » *Stirn, Stirnrunzeln - Gehirns; bei Symptomen des* (*/594)
- Hippokratisches Gesicht (bro1/605)
- *Rissig - Lippen* (*/613)
  - » Lippen - Schnupfen, beim (b7/613)
  - » Lippen - Oberlippe - Mitte der (kl/613)
  - » *Mundwinkel* (*/614)
- Zupfen - Lippen; an den (*/636)
  - » Lippen; an den - bluten; zupft bis sie (bro1/636)

MUND - *Bewegung - Zunge - Seite zur anderen; von einer* (*/641)
- Finger in den Mund; Kinder stecken (sne/651)

ATMUNG - Beschleunigt (*/1174)

Nonverbales - Äußerliches - Beobachtungen der Eltern

ZÄHNE - *Zähneknirschen* (*/718)

MAGEN - Brechreiz, Würgen - Husten; agg. beim (k/784)
- Schluckauf (*/809)

REKTUM - *Unwillkürlicher Stuhl* (*/984)

STUHL - Kugeln, wie (sne/996)
- Unverdaut (bg2*/999)

BLASE - Lähmung - Überdehnung, nach (*/1006)
- Lähmung - Zurückhalten des Urins scheint die Blase zu lähmen; gewaltsames (k/1006)
- Urinieren - verzögert, muß warten, bis der Urin zu fließen beginnt (ptk1/1020)

Nacht; Beobachtungen in der - Gemütssymptome

GEMÜT - *Furcht - allein zu sein - nachts* (st1/64)
- *Gesten, Gebärden; macht - Hände; unwillkürliche Bewegungen der - zupft - Bettwäsche; an der* (*/98)
- Schlafwandeln (k2*/154)
- Schreien - Kindern, bei - Schlaf, im (al/157)
- *Sprechen - Schlaf; im* (bro1/169)

Nacht; Beobachtungen in der - körperliche Symptome

KOPF - *Bohrt den Kopf in das Kissen* (*/282)
- Bohrt den Kopf in das Kissen - Schlaf; agg. im (sf1/282)

ZÄHNE - *Zähneknirschen - Schlaf; agg. im* (*/718)

Nacht; Beobachtungen in der - Schlaf; Lage im

SCHLAF - *Lage - Beine - angezogen* (k/1682)
- *Lage - Kopf - gebohrt; ins Kissen* (sf1/1682)
  - » *Rücken, auf dem* (*/1683)
  - » Rücken, auf dem - Knie gebeugt (ptk1/1683)

Körperliche Symptome und Erkrankungen

KOPF - *Entzündung - Gehirn* (*/284)
- **Entzündung - Hirnhaut** (*/284)
- *Hydrozephalus* (*/295)
  - » akut (mtf11/295)
- Schmerz - katarrhalisch (*/331)

MAGEN - Würgen - Husten, mit (k/846)

NIEREN - *Entzündung* (*/1023)
- Entzündung - parenchymatös - akut (mtf11/1024)

FIEBER - *Continua* (k/1772)

ALLGEMEINES - Kindern; Beschwerden von (*/1897)
- **Konvulsionen - Kindern, bei** (*/1905)
  - » **Kindern, bei - Kleinkindern, bei** (kr1*/1905)
- Pubertät - Beschwerden während der (ptk1/1934)
- *Schmerzlosigkeit gewöhnlich schmerzhafter Beschwerden* (*/1971)

Chirurgisch pathologische Zustände

ABDOMEN - Hernie (c2/867)
• Hernie - Leistenhernie (b2/868)

Heloderma suspectum

helo-s.

Stillen - Magendarmsymptome - Appetit - vermindert

MAGEN - Appetit - fehlend (rwt2/767)

Stillen - Magendarmsymptome - Appetit - vermehrt

MAGEN - Appetit - vermehrt (rwt2/770)

Konstitution - Angst und Furcht

GEMÜT - Mutig (rwt2/133)

Konstitution - Allgemeines

GEMÜT - Ehrgeiz - Verlust von (^/40)
• Faulheit (^/55)
• Theoretisieren (rwt2/180)

Familie; Beziehung zur - Liebe und Zuneigung

GEMÜT - Verlassen zu sein; Gefühl (rwt2/198)

Beziehung zu anderen - Aggressivität

GEMÜT - Streitsüchtig (rwt2/173)

Beziehung zu anderen - Reaktion auf andere

GEMÜT - Gesellschaft - Abneigung gegen (rwt2/94)
• Widerspenstig (rwt2/249)

Schule - Lernen - allgemein

GEMÜT - Fehler; macht - Sprechen, beim - Buchstabieren, beim (c1*/58)

Schule - Lernen - Schreiben

GEMÜT - Fehler; macht - Schreiben, beim (rwt2/57)

Nonverbales - Konsultation; bei der

OHR - Katarrh - Eustachische Röhre (rwt2/515)
• Ohrschmalz - vermehrt (rwt2/516)

Nonverbales - Äußerliches - Beobachtungen des Arztes

ATMUNG - Beschleunigt (bnm14/1174)

Nonverbales - Äußerliches - Beobachtungen der Eltern

EXTREMITÄTEN - Hitze - Füße - brennend - entblößt sie (c1*/1440)

HAUT - Ekchymosen (bnm14/1797)

Nacht; Beobachtungen in der - körperliche Symptome

KOPF - Bohrt den Kopf in das Kissen (c1*/282)

Körperliche Symptome und Erkrankungen

KOPF - Entzündung - Hirnhaut (c1/284)

Helonias dioica

helon.

Es sind faule und *reizbare* Kinder, die es nicht ertragen, wenn man ihnen widerspricht oder sie tröstet. Sie sind immer *unzufrieden*, mögen keine Gespräche, wollen keine Ratschläge von anderen und sind *außerordentlich kritisch.* In der Vergangenheit berichteten mehrere Autoren: *„sitzt den ganzen Tag da und findet an jedem etwas auszusetzen."*

Boger vergleicht es mit Lilium tigrinum und schreibt: „Die Reizbarkeit des Gemüts ist bei beiden Mitteln ausgeprägt, beide möchten alleingelassen werden. Die Tigerlilie hat eine mutige, tigerartige Ärgerlichkeit, die sie veranlaßt, derbe Sprache zu benutzen oder Kraftausdrücken zu frönen, aber die schlechte Laune dessen, der an Helonias leidet, ist von der hoffnungslosen und melancholischen Art, wie man sie oft bei müden, ausgelaugten Frauen antrifft, die an Gebärmutterproblemen leiden. In anderen Worten, der eine ist von erethischem, der andere von atonischem Typus."

Helonias hat einen *ausgeprägten Tropismus für die weiblichen Geschlechtsorgane:* die Menarche ist oft verspätet und in der Pubertät sind Schübe von Metrorrhagie häufig.

Kopfschmerzen, besonders am Scheitel, ausgelöst durch Lesen oder geistige Anstrengung.

Kinder sind empfindlich gegen Kälte und ihr Zustand verschlimmert sich im Freien. Die Nierenschmerzen werden durch Entkleiden erregt. Die Brust ist empfindlich gegen kalte Luft und beim Bewegen der Arme breitet sich Frösteln vom Solar plexus aus.

Klinisches: Amenorrhoe. Dysmenorrhoe. Uterusleiden. Fluor. Pruritus vulva. Albuminurie. Nierenschmerzen. Diabetes. Anämie. Rheumatismus. Krämpfe.

Wirkungsbereich: Weibliche Geschlechtsorgane. Nieren. Muskeln. Gemüt.

* * *

Zahnung - Lokalsymptome

ZÄHNE - Zahnung - schwierig - begleitet von - Speichelfluß (ptk1*/718)

Stillen - Magendarmsymptome - Appetit - vermindert

MAGEN - Appetit - fehlend (bro1/767)

Infektionskrankheiten - Scharlach

URIN - Eiweißhaltig - Scharlach; nach (k/1046)

Konstitution - Allgemeines

GEMÜT - Faulheit (*/55)
• Unzufrieden (^/194)

Familie; Beziehung zur - Liebe und Zuneigung

GEMÜT - Verlassen zu sein; Gefühl (mgm/198)

Beziehung zu anderen - Aggressivität

GEMÜT - Zorn - Widerspruch, durch (k/255)

Beziehung zu anderen - Reaktion auf andere

GEMÜT - Gesellschaft - Abneigung gegen (*/94)
• Weinen - Trost - möchte nicht getröstet werden (pe/248)
• *Widerspruch - verträgt keinen Widerspruch* (*/249)

Beziehung zu anderen - allgemein

GEMÜT - Pubertät; in der (sf/138)
• *Tadelsüchtig, krittelig* (k1*/178)

Schule - Anstrengung; geistige

KOPF - Schmerz - geistige Anstrengung - agg. (st/328)
• Schmerz - Lesen, beim - agg. (*/332)
» Scheitel - Lesen agg. (*/361)

Nonverbales - Reaktion auf andere

GEMÜT - Näherkommen, auf ihn Zukommen von Personen - Abneigung gegen (k/134)

Nonverbales - Konsultation; bei der

BRUST - *Einziehung der Brustwarzen* (bro1/1231)

Autos und Schiffe

ALLGEMEINES - **Fahren - Wagen; mit dem - agg.** (kr1*/1877)

Körperliche Symptome und Erkrankungen

NIEREN - *Entzündung* (k/1023)
• Entzündung - parenchymatös - akut (k/1024)
WEIBLICHE GENITALIEN - Menses - verzögerte Menarche (k/1114)
• Metrorrhagie - Pubertät - während (sf1/1117)
ALLGEMEINES - Abmagerung - Kindern; bei - Kleinkindern; bei (bro1/1845)
• Pubertät - Beschwerden während der (sf1/1934)

Hepar sulphur

hep.

Seine Affinität für die Haut und die Schleimhäute und die reizende Wirkung auf das Nervensystem ähnelt Sulphur, während sein Einfluß auf das Lymphsystem und die Drüsen Calcarea carbonica ähnelt. Seine gezielte Wirkung entwickelt sich entsprechend auf die Haut, die Schleimhäute und vor allen Dingen die Schleimhäute der Atemwege und das Lymphgewebe.

Hepar-sulphur-Kinder haben oft dunkles und fettiges Haar, die Oberlippe ist geschwollen und sie haben einen *Riß in der Mitte der Unterlippe.*

Aus psychologischer Sicht ist Unglücklichsein ein wichtiges Charakteristikum: sie sind oft traurig und betrübt. Sie haben keine Lust zu spielen und haben an nichts Freude; sie bleiben still in einer Ecke sitzen.

Sie sind *besonders reizbar.* Wie Anacardium, Chamomilla, Lycopodium, Nux vomica und Dulcamara zeigen sie die *„Widerspruchs-Triade“*: Neigung zu widersprechen („Gemüt - Widerspruch - Neigung zu widersprechen“), Unverträglichkeit von Widerspruch („Gemüt - Widerspruch - verträgt keinen Widerspruch“) und den Drang, das Gegenteil dessen zu machen, was man ihnen sagt („Gemüt - Widerspenstig“).

Sie sind *überempfindlich gegen Schmerzen* und können auch in Ohnmacht fallen.

Es ist eine *Neigung zu Pyromanie* vorhanden und dazu, Dinge ins Feuer zu werfen, wie bei Belladonna-Kindern.

Charakteristisch ist die Tatsache, daß sie beim Sprechen, Essen und Trinken hastig sind.

Kälte ruft pathologische Zustände von Hepar-sulphur-Kindern hervor und verschlimmert sie, besonders trockene Kälte und Zugluft. Sie sind so empfindlich gegen Kälte, daß sie oft den Kopf bedecken und im Bett immer das Bettuch darüber ziehen. Es geht ihnen schlechter, wenn auch nur ein kleiner Teil des Körpers unbedeckt ist, beispielsweise eine Hand oder ein Fuß, oder wenn sie kalte Gegenstände berühren. Sie fangen an zu niesen, wenn ein Teil des Körpers unbedeckt ist, wie Nux vomica und Mercurius. Es geht ihnen auch schlechter durch Trinken oder Essen von Kaltem.

Es ist *Besserung durch Hitze* vorhanden, besonders feuchtes, heißes Wetter und nach dem Essen.

Bei diesen Patienten ist wie bei Silicea eine *starke Neigung zu Eiterung* vorhanden, aber im letztgenannten ist der Prozeß langsamer und träger.

Charakteristisch ist der saure Geruch des ganzen Körpers, trotz häufigen Waschens; alle Absonderungen sind übelriechend und sauer.

Die Drüsen sind oft vergrößert, besonders am äußeren Hals.

Schmerzen sind stechend oder wie durch einen Splitter.

Konjunktivitis ist häufig und oft eitrig; besser durch Hitze und schlimmer durch Kälte.

Sie leiden oft an *Otitis media*, mit heftig stechenden Schmerzen, die die Kinder oft nachts wecken; Besserung durch Hitze und Bedecken des Ohrs.

Otorrhoe mit üblem Geruch, wie alter Käse.

Sinusitis mit dicker Absonderung ist häufig.

Sie leiden an *wiederkehrender Tonsillitis*, oftmals eitrig, mit stechenden Schmerzen oder dem Gefühl beim Schlucken, als wäre eine Gräte im Hals. Die Schmerzen breiten sich oft beim Drehen des Kopfes oder beim Gähnen zu den Ohren aus. Die Mandeln sind chronisch vergrößert, mit daraus resultierendem vermindertem Gehör; die Halsdrüsen sind vergrößert und verhärtet.

Sie leiden an trockenem, hartnäckigem, oft bellendem Husten, besonders nachts, während er morgens katarrhalisch ist mit grünem Auswurf.

Anfälle von Krupp, die durch Einwirkung kalter Luft hervorgerufen oder verschlimmert werden und von katarrhalischem Husten mit Pfeifen und Rasseln begleitet werden. Die Anfälle beginnen am frühen Morgen. Während der Zahnung kann es zu leichten Anfällen von Krupp kommen.

Sie leiden an *Asthma, oft im Wechsel mit Hautausschlägen.*

Was das *Verlangen nach Speisen* angeht, so lieben sie Fett, alte Speisen, Saures (besonders Essig) und stark gewürzte und scharfe Speisen, besonders *Senf* - in so starkem Maße, daß man sich wundert, wie sie diese überhaupt essen können.

Verdauungsprobleme sind häufig, mit schlechter Assimilation und saurer Fermentation.

Hautausschläge, Ulzeration der Haut und Warzen sind auch häufig.

Hepar sulphur ist eines der wichtigsten Mittel bei Ekzem und *Asthma durch unterdrückte Ausschläge*. Das Ekzem ist morgens schlimmer, mit Jucken, Brennen und Schmerzen. Oft ist es entzündet, ulzeriert und hat einen scharfen Geruch. Es ist überempfindlich gegen Berührung und besser bei feuchtem, heißem Wetter. Das Ekzem ist oft an den Ellbogenbeugen und Kniekehlen lokalisiert. Hautgeschwüre schmerzen, wenn sie leicht berührt werden.

Neugeborene leiden an *Milchschorf*.

Bei Kontakt mit Wollkleidung ist Jucken häufig.

Klinisches: Abszeß. Furunkel. Eiterung. Ekzem. Erysipel. Urtikaria. Atherome. Blepharitis. Drüsenschwellungen. Asthma. Bronchitis. Pleuritis. Pneumonie. Krupp. Laryngitis. Halsentzündung. Infektionen der Ohren. Kopfschmerzen. Gerstenkörner. Scharlach. Keuchhusten.

Wirkungsbereich: Haut. Atmungsorgane. Nerven. Drüsen. Nieren.

* * *

Krankengeschichte; familiäre und persönliche

ALLGEMEINES - Krankengeschichte von; persönliche - Abszessen; wiederkehrenden (mtf/1909)
- Krankengeschichte von; persönliche - Furunkel; von wiederkehrenden (bg2*/1909)
  - » **KRUPP; VON WIEDERKEHRENDEM** (*/1910)
  - » Mononukleose; von (mrr3/1910)
  - » *Tonsillitis; von wiederkehrender* (k/1910)
  - » Zystitis; von wiederkehrenden (mrr1/1910)

Entwicklung - allgemein

EXTREMITÄTEN - Schmerz - Unterschenkel - Wachstumsschmerzen (lmj/1605)

Zahnung - Empfindungen und neurologische Beschwerden

KOPF - Schmerz - Zahnung; während der (k/343)

Zahnung - Magendarmsymptome

REKTUM - *Diarrhoe - Zahnung; während* (*/957)

Zahnung - Allgemeines

ZÄHNE - Zahnung - schwierig (*/718)

FIEBER - Zahnung; während der (bg2/1781)

Impfung

ALLGEMEINES - Impfung; Beschwerden nach (*/1892)

Stillen - Gemütssymptome

GEMÜT - **Hast, Eile - Essen; beim** (*/105)

Stillen - Milch

KOPF - **Hautausschläge - Milchschorf** (b2/290)

ALLGEMEINES - Speisen und Getränke - Milch - Abneigung (rly4/2000)
- Speisen und Getränke - Milch - Verlangen (rly4/2001)

Stillen - Magendarmsymptome - Appetit - allgemein

MAGEN - *Appetit - launischer Appetit* (*/770)

Stillen - Magendarmsymptome - Appetit - vermindert

MAGEN - *Appetit - fehlend* (*/767)
- Appetit - fehlend - Hunger, mit (b2/768)
  - » schnelle Sättigung (b4a/770)
  - » vermindert (rly4/772)

Stillen - Magendarmsymptome - Appetit - vermehrt

MAGEN - Appetit - Genuß, ohne (k/769)
- Appetit - Heißhunger (*/769)
  - vermehrt (k/770)
  - vermehrt - Erwachen, beim (rly4/771)
  - vermehrt - Schnupfen und Husten, bei (bg2/772)

Stillen - Magendarmsymptome - Aufstoßen - Speisen; von

MAGEN - *Aufstoßens; Art des - Speisen; von* (*/780)
- Aufstoßens; Art des - Speisen; von - sauer (b4a/780)

Stillen - Magendarmsymptome - Aufstoßen - Wasser; Hochsteigen von

MAGEN - *Aufstoßens; Art des - Wasser in den Mund; Hochsteigen von* (*/781)
- Aufstoßens; Art des - Wasser in den Mund; Hochsteigen von - Essen - nach - agg. (b4a/781)

Stillen - Magendarmsymptome - Schluckauf

MAGEN - Schluckauf - Essen - nach - agg. (*/810)

Stillen - Magendarmsymptome - Rektum

REKTUM - *Diarrhoe - Kindern, bei* (b4a/954)
- *Obstipation - Kindern, bei* (kr1*/969)

Stillen - Allgemeines

SCHWEISS - Essen - beim - agg. (bg2/1786)

ALLGEMEINES - Säuglinge (kk2/1944)

Infektionskrankheiten - Masern

HUSTEN - Masern - nach (*/1202)

FIEBER - Ausschlagsfieber; Fieber bei Ausschlagserkrankungen - Masern (k/1770)

HAUT - Hautausschläge - Masern (hr1/1817)

Infektionskrankheiten - Mumps

GESICHT - *Entzündung - Parotis* (*/584)
- *Entzündung - Parotis - rechts* (hr1/584)
  - **Parotis - Eiterung; mit** (*/584)
  - Parotis - Mumps (bro1/584)
- *Schwellung - Parotis* (*/631)

Infektionskrankheiten - Scharlach

KOPF - Schmerz - Scharlach, nach (k/337)

OHR - *Absonderungen - Scharlach, nach* (*/498)

HÖREN - *Schwerhörig - Scharlach, nach* (*/536)

URIN - *Eiweißhaltig - Scharlach; nach* (*/1046)

FIEBER - Ausschlagsfieber; Fieber bei Ausschlagserkrankungen - Scharlach (*/1770)
- Scharlach (b4a/1778)

HAUT - Hautausschläge - Scharlach (*/1821)

ALLGEMEINES - *Scharlach - Beschwerden nach* (*/1944)
- *Wassersucht - äußere Wassersucht - Scharlach; nach* (kr1*/2024)

Infektionskrankheiten - Pocken

HAUT - *Hautausschläge - Pocken* (bro1/1819)

Infektionskrankheiten - Keuchhusten

ATMUNG - *Pfeifend - Keuchhusten, bei* (*/1178)

HUSTEN - *Keuchhusten* (*/1197)
- Keuchhusten - Deferveszenzstadium, im (bg2/1198)
  - heftig (ptk1/1198)
  - katarrhalischen Phase; in der (bro1/1198)
  - Krampfstadium, im (bg2*/1198)

Konstitution - Aggressivität

GEMÜT - Zorn - Kindern, bei (c1/254)

Konstitution - Angst und Furcht

GEMÜT - Beeindrucken, empfänglich für Eindrücke; leicht zu (lmj*/19)
- Beschwerden durch - Schreck (b2/25)
- Erwartungsspannung - Zahnarzt, Arzt; vor dem Gang zum (mrr1/53)
- Feigheit (gl1/59)
- **FEUER - ANZÜNDEN; MÖCHTE DINGE** (bg2*/59)
  - wirft Dinge ins (fyz/59)
- Furcht - allein zu sein (k/64)
  - Gewitter; vor (k/70)
  - hochgelegenen Orten; vor (oss/71)
- Gefahr - kein Gefühl für Gefahr; hat (glh/87)
- *Schreckliches und traurige Geschichten greifen sie stark an* (gt1*/156)

Konstitution - Allgemeines

GEMÜT - Entmutigt (*/46)
- *Faulheit* (*/55)
- Geiz (gl1/92)
- Gewissenhaft, peinlich genau in bezug auf Kleinigkeiten (k/99)
- *Kleinigkeiten, Trivialitäten - wichtig; scheinen* (ptk1/115)
- Mürrisch - Kindern, bei (c1/132)
- Pflicht - kein Pflichtgefühl (gl1/136)
- Sorgen; voller (^/164)
- Spontan, impulsiv (k2*/166)
- Ungerechtigkeit; erträgt keine (oss/191)
- **Unzufrieden** (*/194)
- Veränderungen - Verlangen nach (k2*/195)
- Verwegenheit (gl1/199)

Familie; Beziehung zur - Liebe und Zuneigung

GEMÜT - Abneigung - Familienangehörige; gegen (bg2*/1)
- Angst - andere, um (h2*/7)
  - Familie, um seine (h2*/9)
  - **Gesundheit; um die - Verwandten; von** (ckh1*/10)

- Beschwerden durch - Uneinigkeit, Zwietracht - Eltern; zwischen den eigenen (gl1/26)
- Entfremdet - Familie, von seiner (k/45)
- Sorgen; voller - Verwandte, um (j5/165)

Beziehung zu anderen - Aggressivität

GEMÜT - **Grausamkeit** (gl1/103)
- Schlagen (c1/154)
- Spotten (rly4/166)
- *Streitsüchtig* (b4a/173)

Beziehung zu anderen - Reaktion auf andere

GEMÜT - Antworten - hastig, überstürzt (k/15)
- *Gesellschaft - Abneigung gegen* (*/94)
  - » Abneigung gegen - Fremden; Abneigung gegen die Anwesenheit von (^/95)
  - » Verlangen nach (*/95)
  - » **Verlangen nach - allein; agg. wenn** (bg2/96)
- Schüchternheit, Zaghaftigkeit (gk/158)
- Untröstlich (b4a/193)
- **WIDERSPENSTIG** (bg2*/249)
- **Widerspruch - Neigung zu widersprechen** (*/249)
  - » verträgt keinen Widerspruch (bro1/249)

Beziehung zu anderen - allgemein

GEMÜT - Argwöhnisch, mißtrauisch (rly4/16)
- Beleidigt, leicht (ptk1*/20)
- Empfindlich - äußerliche Eindrücke; gegen alle (k2*/42)
- **Sprache - hastig, eilig** (*/167)
- Tadelsüchtig, krittelig (mrr1/178)

Schule - Lernen - Lesen

GEMÜT - Fehler; macht - Lesen, beim (rly4/57)

Schule - Lernen - Schreiben

GEMÜT - Fehler; macht - Schreiben, beim (*/57)
- Fehler; macht - Schreiben, beim - falsch - Worte (rly4/57)

Schule - Beziehung zu anderen

GEMÜT - Ungehorsam (^/191)
- Ungehorsam - Kindern, bei (lmj/191)

Schule - Konstitution

GEMÜT - *Eigensinnig, starrköpfig, dickköpfig* (*/41)
- Gewissenhaft, peinlich genau in bezug auf Kleinigkeiten (k/99)
- Hast, Eile - tut, womit er gerade beschäftigt ist; bei dem, was er (hr1*/105)
- *Kleinigkeiten, Trivialitäten - wichtig; scheinen* (ptk1/115)
- Ungehorsam (^/191)
  - » Kindern, bei (lmj/191)

Spielen

GEMÜT - Amüsement, Vergnügen - Abneigung gegen (ptk1*/4)
- *Spielen - Abneigung gegen Spielen - Kindern; bei* (*/165)

Nonverbales - Aggressivität

GEMÜT - Destruktivität, Zerstörungswut (k2*/38)

Nonverbales - Reaktion auf andere

GEMÜT - *Berührtwerden - Abneigung berührt zu werden* (jsa/21)
- *Furcht - berührt zu werden* (bro1*/66)

Nonverbales - Gesten, Gebärden

GEMÜT - *Launenhaftigkeit, launisch* (*/123)
- *Launenhaftigkeit, launisch - weist Dinge zurück, die er haben wollte, sobald er sie bekommt* (a1*/123)
- Ungeschicklichkeit (vn10/192)

Nonverbales - Allgemeines

GEMÜT - *Eigensinnig, starrköpfig, dickköpfig* (*/41)
- **Hast, Eile - Essen; beim** (*/105)
  - » tut, womit er gerade beschäftigt ist; bei dem, was er (hr1*/105)
- Singen (^/163)
- *Unhöflich* (vh*/192)

Nonverbales - Konsultation; bei der

KOPF - Empfindlichkeit - Kopfhaut, der (ptk1/284)
- *Empfindlichkeit - Kopfhaut, der - Berührung, gegen* (bro1/284)

AUGE - *Entzündung - Kindern; bei - Kleinkindern; bei* (k/429)

OHR - *Absonderungen - blutig* (*/497)
- Absonderungen - dick (k2/497)
  - » **eitrig** (*/497)
  - » *eitrig - Ekzem, mit* (k/497)
  - » **eitrig - Quecksilber; nach Mißbrauch von** (*/497)
  - » *grün* (*/497)
  - » *käsig* (*/497)
  - » Ohrschmalz (k/498)
  - » schleimig (bg2*/498)
  - » *stinkend* (*/498)
  - » *übelriechend* (*/498)
  - » *übelriechend - Käse, wie verdorbener* (k/498)
  - » *unterdrückt* (*/498)
  - » *weiß* (*/498)
  - » *wundfressend* (*/498)
- **Eiterung - Mittelohr** (*/500)
- **Entzündung - Gehörgang** (*/500)
  - » **Mittelohr** (*/501)
  - » Processus mastoideus (bro1*/501)
- *Feuchtigkeit* (hr1/501)

» hinter den Ohren (*/502)
• Geschwüre - Trommelfell (k2/510)
• Katarrh - Eustachische Röhre (bro1/515)
• *Ohrschmalz - dünn* (*/516)
» faulig (bg2/516)
» *vermehrt* (*/516)
• Perforation - Trommelfell (ptk1*/516)

HÖREN - *Schwerhörig - Tonsillen - Hypertrophie der* (bro1/537)
• Schwerhörig - Tonsillen - vergrößert (ptk1/537)
» Tubenkatarrh (bro1*/537)

GESICHT - *Schwellung - Unterkieferdrüsen* (k/631)

MUND - *Aphthen* (*/639)
• Aphthen - Kindern, bei (lmj/639)
» *Gaumen* (k/640)
» *Zahnfleisch* (*/640)
• *Eiterung - Zahnfleisch* (*/643)
• Schwämmchen (hr1/681)
• Stomatitis ulcerosa, Stomakaze (*/689)

INNERER HALS - *Entzündung - Tonsillen* (*/724)
• **Schwellung - Tonsillen** (*/747)

ÄUSSERER HALS - *Schwellung - Halsdrüsen* (*/760)
• *Schwellung - Halsdrüsen - eitrig* (k/760)
» *Halsdrüsen - hart* (hr1/760)
• *Verhärtung von Drüsen* (k/761)
» perlschnurartig (k/761)

REKTUM - *Hautausschläge - Anus; um den* (k/964)

RÜCKEN - Hautausschläge - Furunkel - Blutbeule (k/1316)
• *Hautausschläge - Furunkel - Lumbalregion* (k/1317)
» *Furunkel - Zervikalregion* (k/1317)
• Krümmung der Wirbelsäule (bg2*/1323)

EXTREMITÄTEN - Nägel; Beschwerden der - Abblättern der Nägel (k2/1664)
• Nägel; Beschwerden der - eingewachsene Zehennägel (bro1*/1665)
» Härte - Fingernägel (k2/1665)
» spröde, brüchige Nägel - Fingernägel (k2/1665)

HAUT - *Erysipel* (*/1798)
• *Hautausschläge - Bläschen - Sudamina (Schweißfriesel)* (*/1810)
» Herpes - ringförmig (*/1815)
» *Impetigo* (*/1816)
• *Intertrigo* (k/1825)

ALLGEMEINES - Exostose (bg/1877)
• *Genesung, Rekonvaleszenz; Beschwerden während der - Ohr; nach Absonderungen aus dem* (k/1884)

Nonverbales - Äußerliches - Beobachtungen des Arztes

KOPF - Schuppen (bro1/402)

AUGE - Verklebt (b4/472)

OHR - **Schmerz - warm - Bett, Bettwärme; warmes - agg. - Einhüllen amel.; und warmes** (k/525)

NASE - Bohren mit den Fingern in der Nase (bg3*/546)
• Eingesunken (k/546)
• *Schniefen - Kindern; bei - Neugeborenen; bei* (bro1/568)

GESICHT - Aphthen - Lippen, an den (st1/579)
• Aufgesprungen - Lippen (k/579)
• *Fettig* (gk/593)
• **Hautausschläge - Akne** (*/595)
» Akne - Mädchen; bei anämischen (j/596)
• Rissig - Lippen (b4a/613)
» *Lippen - Oberlippe - Mitte der* (*/613)
» Lippen - Unterlippe (b4a/613)
» *Lippen - Unterlippe - Mitte der* (*/614)
» *Mundwinkel* (bro1/614)

ATMUNG - Asthma, asthmatische Atmung - Kindern; bei (hr1/1162)
• *Beschleunigt* (*/1174)

HUSTEN - Anfallsweise - Anfälle folgen schnell aufeinander (*/1186)

ALLGEMEINES - Aussehen - dunkel (gk/1854)
• *Aussehen - hell, blond* (*/1855)
» hell, blond - schlaffer Faser, mit (br1/1855)
• *Magere Personen* (hr1/1919)

Nonverbales - Äußerliches - Beobachtungen der Eltern

AUGE - *Verklebt - morgens* (*/472)

NASE - Schneuzen der Nase - Neigung, sich zu schneuzen; ständige (k/568)

MAGEN - Brechreiz, Würgen - Husten; agg. beim (k2/784)
• Gluckern; Gurgeln (rly4/802)
• Schluckauf (*/809)
» Essen - nach - agg. (*/810)
• *Völlegefühl - Essen - nach - agg.* (k/845)

STUHL - *Unverdaut* (*/999)

BLASE - **Urinieren - verzögert, muß warten, bis der Urin zu fließen beginnt** (*/1020)
• Urinieren - verzögert, muß warten, bis der Urin zu fließen beginnt - allein; kann nur urinieren, wenn (bg3/1020)
» **verzögert, muß warten, bis der Urin zu fließen beginnt - pressen, bevor er damit beginnen kann; muß lange** (k/1021)

ATMUNG - *Schnarchen* (*/1180)

SCHWEISS - Essen - beim - agg. (bg2/1786)

HAUT - *Ekchymosen* (*/1797)

Nacht; Beobachtungen in der - Gemütssymptome

GEMÜT - Furcht - allein zu sein - nachts (oss/64)
• Furcht - Erwachen; beim - Traum; aus einem (h2/67)

• Gesten, Gebärden; macht - Hände; unwillkürliche Bewegungen der - zupft - Bettwäsche; an der (k/98)
» *Hände; unwillkürliche Bewegungen der - zupft - Bettwäsche; an der - Schweiß; beim* (bg2/98)

Nacht; Beobachtungen in der - körperliche Symptome

KOPF - Bohrt den Kopf in das Kissen - Schlaf; agg. im (st/282)
• Schweiß der Kopfhaut - nachts (h2*/403)

MUND - Offen - Schlaf; agg. im (h2*/669)

BLASE - *Urinieren - unwillkürlich - nachts* (*/1019)
• *Urinieren - unwillkürlich - nachts - Morgen, gegen* (b4a/1019)

Nacht; Beobachtungen in der - Schlaf

SCHLAF - *Erwachen - Schreck, wie durch* (b4a/1675)

Nacht; Beobachtungen in der - Schlaf; Lage im

SCHLAF - *Lage - Kopf - gebohrt; ins Kissen* (st1/1682)
• *Lage - Kopf - hinten gebeugt; nach* (b2/1682)
» Kopf - tiefliegendem; mit (*/1683)
» Rücken, auf dem (*/1683)
» Sitzen (*/1683)
» *verändert häufig die Lage* (hr1*/1683)

Autos und Schiffe

SCHWINDEL - *Fahren, beim - Wagen, im - agg.* (*/265)

KOPF - *Schmerz - Fahren - Wagen, im - agg.* (k/326)

MAGEN - *Übelkeit - Fahren - Wagen; im - agg.* (k/836)

ALLGEMEINES - *Fahren - Wagen; mit dem - agg.* (*/1877)

Körperliche Symptome und Erkrankungen

KOPF - **Schmerz - katarrhalisch** (k/331)

AUGE - Striktur der Tränenkanäle (*/467)

ZÄHNE - **Abszeß der Zahnwurzeln** (*/695)
• *Karies, faule, hohle Zähne* (*/700)

INNERER HALS - *Räuspert käsige Klumpen herauf* (ptk1/732)

MAGEN - Langsame Verdauung (bro1/805)
• **Würgen - Husten, mit** (*/846)

REKTUM - *Diarrhoe - Hautausschläge - unterdrückten Hautausschlägen; nach* (k/953)

NIEREN - *Entzündung* (*/1023)

KEHLKOPF UND TRACHEA - Laryngismus stridulus (bro1/1145)

ATMUNG - Asthma, asthmatische Atmung - Hautausschlägen; nach unterdrückten (*/1162)

BRUST - Entzündung - Lungen - Kindern; bei (gsy/1234)

RÜCKEN - Spina bifida (*/1384)

EXTREMITÄTEN - *Hüftgelenksentzündung* (*/1443)

ALLGEMEINES - Abmagerung - Kindern; bei (b4a/1845)
• *Abmagerung - Kindern; bei - Kleinkindern; bei* (bro1/1845)
• Essen - Überessen; agg. nach (bg2/1877)
• Kindern; Beschwerden von (bg2/1897)
• *Konvulsionen - Kindern, bei* (k/1905)
• Medikamente - allopathische - Mißbrauch von (ptk1/1921)
• Pubertät - Beschwerden während der (sne/1934)

Chirurgisch pathologische Zustände

OHR - **Abszeß - Gehörgang** (k/498)

NASE - Polyp (k/561)

ABDOMEN - *Entzündung - Peritoneum* (bro1/860)

MÄNNLICHE GENITALIEN - *Phimose* (k/1071)
• *Phimose - Eiterung, mit* (k/1071)

Heroinum

heroin.

Stillen - Milch

ALLGEMEINES - Speisen und Getränke - Milch - Abneigung (sdj2/2000)

Stillen - Magendarmsymptome - Appetit - vermindert

MAGEN - Appetit - fehlend (sdj2/767)
• Appetit - vermindert (sdj2/772)

Stillen - Magendarmsymptome - Appetit - vermehrt

MAGEN - Appetit - Heißhunger (sdj2/769)
• Appetit - vermehrt (sdj2/770)
» vermehrt - begleitet von - Übelkeit (sdj2/771)
» vermehrt - Erwachen, beim (sdj2/771)
» vermehrt - Essen - nach (sdj2/772)

Stillen - Magendarmsymptome - Abdomen - agg. durch

ABDOMEN - Schmerz - Druck - agg. (^/883)

Konstitution - Aggressivität

GEMÜT - Schlagen - sich; schlägt - schlägt seinen Kopf gegen die Wand und gegen Gegenstände (sdj2/154)

Konstitution - Angst und Furcht

GEMÜT - Furcht - engen Räumen; in (sdj2/67)
• Furcht - Kontrolle zu verlieren; die (sdj2/72)
» Versagen, Mißerfolg; vor dem (sdj2/79)
• Furchtlos (sdj2/80)
» Gefahr, trotz (sdj2/80)
• Gefahr - kein Gefühl für Gefahr; hat (sdj2/87)
• Mutig (sdj2/133)

Konstitution - Allgemeines

GEMÜT - Heikel, pingelig (sdj2/106)
• Sauberkeit, Reinlichkeit - Reinlichkeitswahn, Putzwut (sdj2/153)

- Selbstsucht, Egoismus (sdj2/161)
- Selbstvertrauen - Mangel an Selbstvertrauen (sdj2/161)
- Stimmung, Laune - veränderlich (sdj2/171)
- Unaufmerksam (sdj2/189)
- Unzufrieden (sdj2/194)
- Verwegenheit (sdj2/199)
- Weinen - amel. (sdj2/245)
  - » Gemütsbewegungen, Emotionen - geringen; nach (sdj2/245)
  - » leicht (sdj2/246)

Familie; Beziehung zur - Liebe und Zuneigung

GEMÜT - Angst - Familie, um seine (sdj2/9)
- Eifersucht (sdj2/40)
- Liebevoll, voller Zuneigung, herzlich (sdj2/125)
- Verlassen zu sein; Gefühl (sdj2/198)

Familie; Beziehung zur - Vorwürfe

GEMÜT - Beschwerden durch - Tadel (sdj2/25)

Beziehung zu anderen - Aggressivität

GEMÜT - Grausamkeit (sdj2/103)
- Schlagen (^/154)
  - » sich; schlägt (sdj2/154)
  - » sich; schlägt - schlägt seinen Kopf gegen die Wand und gegen Gegenstände (sdj2/154)
- Streitsüchtig (sdj2/173)
- Zorn - Widerspruch, durch (sdj2/255)

Beziehung zu anderen - Reaktion auf andere

GEMÜT - Antworten - Abneigung zu antworten (sdj2/14)
- Antworten - langsam (sdj2/15)
- Beschwerden durch - Scham (sdj2/24)
- Gesellschaft - Abneigung gegen (sdj2/94)
  - » Verlangen nach (sdj2/95)
- Trost - amel. (sdj2/188)

Beziehung zu anderen - allgemein

GEMÜT - Argwöhnisch, mißtrauisch (sdj2/16)
- Beleidigt, leicht (sdj2/20)
- Geheimnistuerisch, verschlossen (sdj2/87)
- Manipulierend (sdj2/128)
- Quält - sich (sdj2/138)
- Tadelsüchtig, krittelig (sdj2/178)
- Tadelt andere (sdj2/179)
- Tadelt sich selbst, macht sich Vorwürfe (sdj2/179)

Schule - Angst

GEMÜT - Furcht - Versagen, Mißerfolg; vor dem (sdj2/79)
- Selbstvertrauen - Mangel an Selbstvertrauen (sdj2/161)

Schule - Konzentration

GEMÜT - Unaufmerksam (sdj2/189)

Schule - Lernen - Schreiben

GEMÜT - Schreiben - unleserlich, schreibt (sdj2/156)

Schule - Beziehung zu anderen

GEMÜT - Beschwerden durch - Scham (sdj2/24)

Schule - Vorwürfe

GEMÜT - Beschwerden durch - Tadel (sdj2/25)

Schule - Konstitution

GEMÜT - Heikel, pingelig (sdj2/106)
- Selbstvertrauen - Mangel an Selbstvertrauen (sdj2/161)

Spielen

GEMÜT - Amüsement, Vergnügen - Verlangen nach (sdj2/4)
- Spielen - Verlangen zu spielen (sdj2/166)
- Verspielt (sdj2/199)

Tieren; Beziehung zu

GEMÜT - Empfindlich - Natur und Objekte aus der Natur; für die (sdj2/45)
- Grausamkeit - Katzen; gegenüber (sdj2/103)

Nonverbales - Aggressivität

GEMÜT - Beißen (sdj2/20)
- Diktatorisch (sdj2/39)

Nonverbales - Reaktion auf andere

GEMÜT - Berührtwerden - Abneigung berührt zu werden (sdj2/21)
- Liebkost zu werden; Liebkosungen - Abneigung, liebkost, gestreichelt zu werden (sdj2/126)
  - » Verlangen, liebkost, gestreichelt zu werden (sdj2/126)

Nonverbales - Gesten, Gebärden

GEMÜT - Beißen - Nägel (sdj2/20)
- Ungeschicklichkeit (sdj2/192)
- Weibisch (sdj2/243)

Nonverbales - Konsultation; bei der

ÄUSSERER HALS - Schwellung - Halsdrüsen (sdj2/760)

ABDOMEN - Schmerz - Druck - agg. (^/883)

EXTREMITÄTEN - Nägel; Beschwerden der - spröde, brüchige Nägel (sdj2/1665)
- Nägel; Beschwerden der - spröde, brüchige Nägel - Fingernägel (sdj2/1665)

Nonverbales - Äußerliches - Beobachtungen des Arztes

GESICHT - Rissig - Mundwinkel (sdj2/614)
- Rissig - Mundwinkel - links (sdj2/614)

Nonverbales - Äußerliches - Beobachtungen der Eltern

MUND - Beißt - Wangen; sich in die - Sprechen oder Kauen; beim (sdj2/640)

MAGEN - Völlegefühl - Essen - nach - agg. (sdj2/845)

Nacht; Beobachtungen in der - Gemütssymptome

GEMÜT - Angst - Dunkelheit; in der (sdj2/8)
• Furcht - Dunkelheit; vor der (sdj2/66)
» Erwachen; beim - Traum; aus einem (sdj2/67)
• Sprechen - Schlaf; im (sdj2/169)

Nacht; Beobachtungen in der - Schlaf; Lage im

SCHLAF - Lage - zusammengerollt - Hund; wie ein (sdj2/1684)

Schaukeln und Getragenwerden

GEMÜT - Schaukeln - Verlangen geschaukelt zu werden (sdj2/153)

Autos und Schiffe

KOPF - Schmerz - Fahren - Wagen, im - agg. (sdj2/326)
MAGEN - Übelkeit - Fahren - Wagen; im - agg. (sdj2/836)

Körperliche Symptome und Erkrankungen

ALLGEMEINES - Schmerzlosigkeit gewöhnlich schmerzhafter Beschwerden (sdj2/1971)

Hippocampus kuda

hippoc-k.

Familie; Beziehung zur - Liebe und Zuneigung

GEMÜT - Verlassen zu sein; Gefühl (szs2/198)

Beziehung zu anderen - Reaktion auf andere

GEMÜT - Gesellschaft - Abneigung gegen (szs2/94)
• Gesellschaft - Abneigung gegen - Furcht vor dem Alleinsein; jedoch (szs2/95)

Beziehung zu anderen - allgemein

GEMÜT - Unabhängigkeit, Selbständigkeit (szs2/189)

Schule - Lernen - Schreiben

GEMÜT - Fehler; macht - Schreiben, beim (szs2/57)

Nonverbales - Gesten, Gebärden

GEMÜT - Verstecken - sich (szs2/199)

Nonverbales - Äußerliches - Beobachtungen der Eltern

GEMÜT - Haare - geschnitten zu bekommen; die Haare - Verlangen (^/104)
MAGEN - Völlegefühl - Essen - nach - agg. (szs2/845)
• Völlegefühl - Essen - nach - agg. - wenig, nach dem kleinsten Bissen; nach noch so (szs2/845)
REKTUM - Unwillkürlicher Stuhl (szs2/984)

Autos und Schiffe

MAGEN - Übelkeit - Seekrankheit (szs2/839)

Hippomanes

hipp.

Aus pädiatrischer Sicht, sollte man es bei Kindern erwägen, die an *Knochenschmerzen, Apathie und Müdigkeit* leiden, *die alle mit zu schnellem Wachstum in Verbindung stehen.*

Im Allgemeinen ist es ein Mittel bei Depression. *Das Kind möchte alleingelassen werden, möchte nicht angesprochen werden, ist unglücklich, entmutigt und streitsüchtig.* Dieser Aspekt zeigt sich auch in der Schule: dort hat das Kind beim Lesen ein Gefühl von Torpor und bekommt Kopfschmerzen.

Die Kopfschmerzen sind besser durch Liegen auf der schmerzhaften Seite und schlechter durch Gehen in der Sonne.

Zu weiteren charakteristischen Symptomen zählen: eisige Kälte im Magen; heftige Schmerzen in den Handgelenken; Gefühl, als würde der Kopf beim Gehen nach vorne fallen; wie ein Pflock im Hals; als würde eine Schwellung das Fließen des Urins verzögern.

Sankaran berichtet vom Fall eines 65jährigen Mannes, der mit Hippomanes geheilt wurde. Er schrieb: „Als Kind suchte er jede Ausrede, um einen Kampf anzufangen und kämpfte körperlich mit vielen seiner Mitschüler. Während der Konsultation benutzte er oft das Wort ‚*Kampf*'. Er hatte an seinem Arbeitsplatz auch für die Angestellten gekämpft. Als er 14 Jahre war, sah ihn ein älteres Familienmitglied, wie er mit seinem Mitschüler kämpfte und bestrafte ihn, indem er ihn grün und blau schlug. Der Patient sagte, daß er von diesem Tage an ganz damit aufhörte, sich an körperlichen Kämpfen zu beteiligen. [...] Was ich aus diesem Fall lernte, ist daß Hippomanes zwei Eigenschaften hat, die bei Mitteln aus dem Tierreich verbreitet sind: Sexualität und Aggressivität. Aber wenn diese Aggressivität nicht zum Ausdruck kommt oder wenn sie stark unterdrückt wird, schafft sie eine starke suizidale Depression. Dasselbe ist bei der Sexualität der Fall. Obwohl es ein Tier-Mittel ist, kann die tierische Seite nicht zum Ausdruck gebracht werden. Das ist möglicherweise das Schicksal der völlig domestizierte Tiere, wie Pferd und Kuh."

Klinisches: Kopfschmerzen. Wachstumsschmerzen. Rheumatismus. Fröste. Chorea. Zukken.

Wirkungsbereich: Knochen. Kopf. Extremitäten.

* * *

Entwicklung - schnell

ALLGEMEINES - Schwäche - Wachstum, nach schnellem (br1*/1980)
• Wachstum - Längenwachstum; zu schnelles (hr1*/2021)

Entwicklung - allgemein

EXTREMITÄTEN - Schmerz - Unterschenkel - Wachstumsschmerzen (lmj/1605)

ALLGEMEINES - Schmerz - Wachstumsschmerzen (bro1/1958)

Konstitution - Angst und Furcht

GEMÜT - Furcht - Geräusche, durch (k/69)

Konstitution - Allgemeines

GEMÜT - Entmutigt (k/46)
• Faulheit (^/55)
• Heimweh (*/107)
• *Reisen - Verlangen nach* (k/142)
• Unzufrieden (k/194)

Beziehung zu anderen - Aggressivität

GEMÜT - Streitsüchtig (k/173)

Beziehung zu anderen - Reaktion auf andere

GEMÜT - *Gesellschaft - Abneigung gegen* (*/94)

Schule - Konzentration

GEMÜT - Stumpfheit - Lesen (k/175)

Schule - Lernen - Lesen

GEMÜT - Stumpfheit - Lesen (k/175)

Schule - Anstrengung; geistige

KOPF - Schmerz - geistige Anstrengung - agg. (k/328)

Nonverbales - Reaktion auf andere

GEMÜT - Näherkommen, auf ihn Zukommen von Personen - Abneigung gegen (k/134)

Nonverbales - Gesten, Gebärden

GEMÜT - Auffahren, Zusammenfahren - Geräusche; durch (k/17)

Nonverbales - Allgemeines

GEMÜT - Singen (k/163)

Nonverbales - Konsultation; bei der

KOPF - Hitze - Kälte - Körpers; mit Kälte des (k/293)

Nonverbales - Äußerliches - Beobachtungen des Arztes

KOPF - Halten - hoch, aufrecht zu halten; unfähig, den Kopf (k/289)

OHR - Bohren mit den Fingern darin (a1/500)

Nonverbales - Äußerliches - Beobachtungen der Eltern

STUHL - Kugeln, wie (k/996)

Nacht; Beobachtungen in der - Gemütssymptome

GEMÜT - Schlafwandeln (jl2/154)

Nacht; Beobachtungen in der - Schlaf; Lage im

SCHLAF - Lage - verändert häufig die Lage (jl2/1683)

Körperliche Symptome und Erkrankungen

KOPF - *Entzündung - Hirnhaut* (k/284)

Hippozaeninum

hippoz.

Im Repertorium Synthesis 9.1 sind nur 243 Symptome für dieses Mittel zu finden und viele davon sind von Belang für die Kinderheilkunde. Es ist in der Tat nützlich bei Kinderkrankheiten wie *Parotitis, Keuchhusten, Scharlach*, Erysipel, *Hüftgelenksleiden*, Tonsillitis und vergrößerten Drüsen.

Das Kind hat eine chronische Erkältungsneigung. Hartnäckiger Nasenkatarrh, der sich zu Ozaena entwickeln kann, zu Ulzeration der Knorpel und Knochen der Nase. Die Absonderung ist oft einseitig, eiweißartig, zäh, dickflüssig, grau, grünlich, sogar blutig, übelriechend, scharf und wundfressend.

Übermäßiger Durst, besonders bei Diarrhoe.

Abneigung gegen Süßigkeiten.

Angezeigt bei Kindern, die zu schnell wachsen.

Klinisches: Bronchitis. Hüftgelenksleiden. Entzündete Drüsen. Parotitis. Keuchhusten. Erysipel. Abszesse. Furunkel.

Wirkungsbereich: Haut. Schleimhäute. Drüsen.

* * *

Infektionskrankheiten - Mumps

GESICHT - Entzündung - Parotis (*/584)
• Schmerz - Parotis (jl2/626)
• Schwellung - Parotis (*/631)

Infektionskrankheiten - Scharlach

HAUT - Hautausschläge - Scharlach - begleitet von - Speichel - zäher Speichel (kr1*/1821)

Infektionskrankheiten - Keuchhusten

HUSTEN - *Keuchhusten* (*/1197)

Nonverbales - Konsultation; bei der

GESICHT - Schwellung - Unterkieferdrüsen (*/631)

MUND - Aphthen (k/639)

INNERER HALS - Schwellung - Tonsillen (k/747)
HAUT - Erysipel (c2*/1798)

Nonverbales - Äußerliches - Beobachtungen des Arztes

ATMUNG - Beschleunigt (bro1/1174)

Nonverbales - Äußerliches - Beobachtungen der Eltern

REKTUM - Unwillkürlicher Stuhl (*/984)

Körperliche Symptome und Erkrankungen

KOPF - *Entzündung - Hirnhaut* (k/284)
EXTREMITÄTEN - Hüftgelenksentzündung (*/1443)

Hura brasiliensis

hura

Man sollte Hura brasiliensis von den Mitteln abgrenzen, die das *Gefühl des Verlassenseins* im Zentrum ihres Gemütsaspektes haben. Bei diesem Mittel findet man viele Wahnvorstellungen, besonders in Bezug auf geliebte Personen.

Man erwäge es bei adoptierten und Pflegekindern.

Das Kind kann das Gefühl haben, kein Glück zu haben („Wahnideen - glücklos, er sei"); allein auf der Welt zu sein („Wahnideen - allein zu sein - Welt; allein auf der"); keiner würde sich um sie kümmern („Wahnideen - verlassen, aufgegeben worden; er sei - sorgen, kümmern; keiner würde sich um ihn"); sie hätten die Zuneigung und das Vertrauen ihrer Freunde verloren („Wahnideen - Freund - Zuneigung des Freundes verloren; er habe die"; „Wahnideen - Freund - verlieren; sie werde bald einen Freund"; „Wahnideen - Vertrauen in ihn verloren; seine Freunde hätten alles") und sie würden verachtet und zurückgewiesen („Wahnideen - verachtet; er würde"; „Wahnideen - verstoßen; er sei - Verwandten; von den").

Grandgeorge schrieb: „Hura ist eine Art Latex. Diese Menschen erleben Liebe als eine elastische Kraft, ähnlich einem Gummiband. Je größer die Distanz, die die geliebte Person einnimmt, desto mehr werden sie versuchen, diese Person durch Gewalt anzuziehen. Wenn das Gummiband reißt, ist das eine Katastrophe und sie kommen nie darüber hinweg. [...] Daher können wir versuchen zu erklären, daß das zu Grunde liegende Problem von Hura brasiliensis mit dem der Trennung von einem Kind verbunden ist. Dies geht von der Annahme aus, daß der Erwachsene das Ende der Verbindung, die er mit seinem Kind gebildet hat, akzeptiert, ganz besonders im Falle einer Mutter, die das Kind in ihrer Gebärmutter getragen hat und vielleicht in die Falle geraten ist, die die Psychoanalyse die Mutter-Kind-Bindung nennt. Unglücklicherweise hat diese eine begrenzte Dauer und ist eine Sache selbstsüchtiger, gegenseitiger Liebe, die das Kind daran hindert, auf andere Menschen zuzugehen. Daher liebt der Hura-Erwachsene mit einer elastischen Liebe. Je mehr man versucht, sich zu entfernen, desto fester hält er sie. Wenn das Gummiband reißt, dann kommt es zur Trennung mit brutalter Abweisung auf ziemliche Distanz. Hura möchte Dinge zerbrechen; symbolisch gesprochen das Band zerreißen, das ihn an die geliebte Person bindet. Das geschieht, wenn es zum Tod kommt. Dies ist ein Ausweg für bestimmte Kinder, die keinen anderen Weg finden, um die Nabelschnur zu durchtrennen. Der Erwachsene ist alleingelassen, untröstlich. [...] ‚Du wirst deinen Vater und deine Mutter verlassen.' Als Reaktion auf diese biblische Botschaft und um jedem Individuum zu erlauben, seine Familie zu verlassen und eine neue zu gründen, existiert Hura, die elastische Sanduhr, um uns zu helfen, uns mit der Weggehen eines Kindes abzufinden. Dieses Kind kann dann zum Glück und zur Autonomie voranschreiten."

Schmerzen im Magen wie durch Hunger; sie müssen essen. Übelriechende Absonderungen der Schleimhäute.

Gefühl von Hitze in den Nägeln und eines Splitters unter dem Daumennagel.

Klinisches: Verlassenheitsgefühl. Hysterie. Beschwerden der Nebenhöhlen. Hautleiden.

Wirkungsbereich: Zentralnervensystem. Verdauungskanal. Schleimhäute. Haut.

* * *

Stillen - Magendarmsymptome - Appetit - vermindert

MAGEN - Appetit - vermindert (k/772)

Stillen - Magendarmsymptome - Appetit - vermehrt

MAGEN - Appetit - Heißhunger (k/769)
• Appetit - vermehrt (k/770)
» vermehrt - Essen - nach (k/772)

Stillen - Magendarmsymptome - Schluckauf

MAGEN - Schluckauf - Essen - nach - agg. (k/810)

Konstitution - Angst und Furcht

GEMÜT - Furcht - Geräusche, durch (k/69)

Konstitution - Allgemeines

GEMÜT - Faulheit (k/55)

- Gewissenhaft, peinlich genau in bezug auf Kleinigkeiten (c1/99)
- Unzufrieden (k/194)

Familie; Beziehung zur - Liebe und Zuneigung

GEMÜT - Liebevoll, voller Zuneigung, herzlich (k/125)
- Verlassen zu sein; Gefühl (k/198)

Beziehung zu anderen - Aggressivität

GEMÜT - Zorn - Widerspruch, durch (*/255)

Beziehung zu anderen - Reaktion auf andere

GEMÜT - Widerspruch - verträgt keinen Widerspruch (k/249)

Beziehung zu anderen - allgemein

GEMÜT - Tadelt sich selbst, macht sich Vorwürfe (k/179)

Schule - Lernen - Lesen

GEMÜT - Lesen - schwierig; ist (a1/124)

Schule - Konstitution

GEMÜT - Eigensinnig, starrköpfig, dickköpfig (k/41)
- Gewissenhaft, peinlich genau in bezug auf Kleinigkeiten (c1/99)

Nonverbales - Aggressivität

GEMÜT - Beißen (k/20)
- Beißen - sich selbst; beißt (k/20)
- Destruktivität, Zerstörungswut (k/38)
- Zerbricht Dinge (k/251)

Nonverbales - Gesten, Gebärden

GEMÜT - Auffahren, Zusammenfahren - Geräusche; durch (k/17)
- Beißen - Hände; beißt (k/20)
  » Nägel (bg2/20)

Nonverbales - Allgemeines

GEMÜT - Eigensinnig, starrköpfig, dickköpfig (k/41)

Nonverbales - Äußerliches - Beobachtungen des Arztes

ÄUSSERER HALS - Torticollis (k/761)

Nonverbales - Äußerliches - Beobachtungen der Eltern

MAGEN - Schluckauf - Essen - nach - agg. (k/810)

Autos und Schiffe

MAGEN - Übelkeit - Fahren - agg. - Frühstück; vor dem - agg. (k/836)

RÜCKEN - Hitze - Lumbalregion - Fahren im Wagen; nach (k/1319)

Hydrastis canadensis

hydr.

Hydrastis ist eines der bekanntesten Mittel bei *Sinusitis.* Zäher Schleim aus dem Mund. Blutiger, eitriger Schleim aus der Nase. Das Kind wird plötzlich durch diese zähe Absonderung aus dem Nasenrachenraum aus dem Schlaf geweckt.

Der Katarrh breitet sich zu den Ohren aus und verursacht vermindertes Gehör und Otitis, sogar chronische und mit möglicher *Perforation des Trommelfells.* Die Absonderungen können übelriechend, wundfressend, dick oder wäßrig sein, gewöhnlich gelb.

Chronische, hartnäckige Obstipation. Stuhl wie Schafskot oder Kugeln. *Prolaps des Rektums bei Kindern,* mit oberflächlichen Geschwüren der Schleimhaut und Fissuren um den Anus, was an Trägheit oder Stauung im Bereich des unteren Darms liegt. Bauchschmerzen, die durch Beugen der Beine und heiße Anwendungen besser werden.

Hartnäckige Exkoriation der Haut, Intertrigo, wiederkehrendes Erysipel, Furunkel, Ekzem an der Stirn am Haaransatz, schlimmer durch Waschen.

Hydrastis ist eines der führenden Mittel bei Stomatitis aphthosa bei Kindern (Differentialdiagnose: Borax, Muriaticum acidum, Mercurius); die Zunge ist rot, roh, mit Blasen und roten Papillen.

Kropf in der Pubertät.

Klinisches: Ohrenleiden. Katarrh. Sinusitis. Asthma. Dyspepsie. Obstipation. Leberleiden. Fluor. Ekzem. Ungesunde Nägel.

Wirkungsbereich: Nase. Magen. Gallenwege. Darm. Muskeln.

* * *

Krankengeschichte; familiäre und persönliche

ALLGEMEINES - Krankengeschichte von; persönliche - Erysipel; von wiederkehrendem (ptk1/1909)
- Krankengeschichte von; persönliche - Furunkel; von wiederkehrenden (bg2/1909)

Stillen - Milch

ALLGEMEINES - Speisen und Getränke - Milch - amel. (mrr3/2001)

Stillen - Magendarmsymptome - Appetit - vermindert

MAGEN - *Appetit - fehlend* (*/767)
- Appetit - schnelle Sättigung (k/770)
  » *vermindert* (*/772)

Stillen - Magendarmsymptome - Appetit - vermehrt

MAGEN - Appetit - vermehrt (k/770)

Stillen - Magendarmsymptome - Aufstoßen - Speisen; von

MAGEN - Aufstoßens; Art des - Speisen; von (k2/780)
- *Aufstoßens; Art des - Speisen; von - Mund füllen; in Portionen, die den* (k/780)

Stillen - Magendarmsymptome - Aufstoßen - Wasser; Hochsteigen von

MAGEN - Aufstoßens; Art des - Wasser in den Mund; Hochsteigen von (bro1/781)

Stillen - Magendarmsymptome - Abdomen - amel. durch

ABDOMEN - Schmerz - Beugen der Beine amel. (sne/882)
- Schmerz - Wärme - amel. (sne/896)

Stillen - Magendarmsymptome - Rektum

REKTUM - *Obstipation - Kindern, bei* (kr1*/969)
- Obstipation - Kindern, bei - Kleinkindern, bei (bro1/969)

Infektionskrankheiten - Masern

HAUT - *Hautausschläge - Masern* (hr1/1817)

Infektionskrankheiten - Mumps

GESICHT - *Entzündung - Parotis - Mumps - begleitet von - Speichelfluß* (st1/584)

Infektionskrankheiten - Pocken

HAUT - *Hautausschläge - Pocken* (br1*/1819)

Konstitution - Angst und Furcht

GEMÜT - Furcht - offenen Plätzen; Furcht vor (gl1/74)

Konstitution - Allgemeines

GEMÜT - Entmutigt (a1*/46)
- Faulheit (a1/55)
- Milde (j5/130)

Familie; Beziehung zur - Aggressivität

GEMÜT - *Fluchen - Mutter und wirft Essen oder Arzneimittel durchs Zimmer; verflucht seine* (hr1*/60)

Familie; Beziehung zur - Liebe und Zuneigung

GEMÜT - Liebevoll, voller Zuneigung, herzlich (a1/125)

Beziehung zu anderen - Aggressivität

GEMÜT - Schlagen (k/154)
- Schlagen - Verlangen - schlagen, zu (k/154)

Beziehung zu anderen - Reaktion auf andere

GEMÜT - Gesellschaft - Abneigung gegen (*/94)

Schule - Lernen - Schreiben

GEMÜT - Fehler; macht - Schreiben, beim (k/57)

Schule - Anstrengung; geistige

KOPF - Schmerz - geistige Anstrengung - agg. (st/328)

Nonverbales - Aggressivität

GEMÜT - *Wirft mit Gegenständen um sich* (hr1/250)

Nonverbales - Allgemeines

GEMÜT - Singen (*/163)

Nonverbales - Konsultation; bei der

OHR - Absonderungen - chronisch (mrr1/497)
- **Absonderungen - dick** (*/497)
  - » *eitrig* (*/497)
  - » *gelb* (k/497)
  - » *schleimig* (hr1*/498)
  - » *stinkend* (hr1*/498)
  - » *übelriechend* (*/498)
  - » *wäßrig* (sne/498)
  - » *wundfressend* (hr1*/498)
- Eiterung - Mittelohr (k/500)
- Entzündung - Mittelohr (*/501)
  - » *Mittelohr - chronisch* (bro1/501)
- *Katarrh - Eustachische Röhre* (*/515)
- *Perforation - Trommelfell* (bg2*/516)

HÖREN - Schwerhörig - Tubenkatarrh (bro1*/537)

MUND - Aphthen (*/639)
- Aphthen - Kindern, bei (k2/639)
  - » Zunge (*/640)
- Landkartenzunge (bg2*/668)
- *Papillen - aufgerichtet* (*/669)
- *Schwämmchen* (vk1/681)

REKTUM - *Prolaps - Kindern; bei* (k/971)

BRUST - Einziehung der Brustwarzen (hr1*/1231)

HAUT - *Erysipel* (bg2*/1798)
- *Intertrigo* (k/1825)

Nonverbales - Äußerliches - Beobachtungen des Arztes

AUGE - Verklebt (k/472)

GESICHT - *Aphthen - Lippen, an den* (*/579)
- Fettig (hr1*/593)
  - » *Stirn* (*/593)
- *Rissig - Mundwinkel* (k/614)
- Wächsern (k2/635)

ATMUNG - Beschleunigt (*/1174)

Nonverbales - Äußerliches - Beobachtungen der Eltern

AUGE - Verklebt - morgens (*/472)

NASE - *Schneuzen der Nase - Neigung, sich zu schneuzen; ständige* (*/568)

MUND - *Beißt - Zunge; beißt sich auf die* (bro1*/640)

MAGEN - Gluckern; Gurgeln (a1/802)
- Schluckauf (vh/809)

• *Völlegefühl - Essen - nach - agg.* (k/845)

ABDOMEN - Schmerz - Beugen der Beine amel. (sne/882)

• Schmerz - Wärme - amel. (sne/896)

STUHL - Kugeln, wie (k/996)

• Schafskot, wie (*/997)

WEIBLICHE GENITALIEN - Fluor - Kindern; bei - Mädchen; bei kleinen (bro1/1096)

Körperliche Symptome und Erkrankungen

KOPF - *Schmerz - katarrhalisch* (*/331)

ÄUSSERER HALS - *Kropf - Pubertät, in der* (br1*/757)

MAGEN - *Langsame Verdauung* (bro1/805)

EXTREMITÄTEN - Hüftgelenksentzündung (k/1443)

ALLGEMEINES - *Abmagerung - Kindern; bei* (k/1845)

• *Abmagerung - Kindern; bei - Kleinkindern; bei* (bro1/1845)

• *Medikamente - allopathische - Mißbrauch von* (bro1*/1921)

Chirurgisch pathologische Zustände

NASE - Polyp (k/561)

Hydrocotyle asiatica

hydrc.

Stillen - Magendarmsymptome - Appetit - vermindert

MAGEN - Appetit - fehlend (k/767)

Nonverbales - Konsultation; bei der

MUND - Schleimhautpapel bei sekundärer Syphilis (k/673)

EXTREMITÄTEN - Nägel; Beschwerden der - deformiert (mtf11/1664)

HAUT - Hautausschläge - Impetigo (hr1/1816)

Nonverbales - Äußerliches - Beobachtungen des Arztes

GESICHT - *Hautausschläge - Akne* (bro1/595)

Hydrocyanicum acidum

hydr-ac.

Die wichtigsten Symptome dieses Mittels betreffen den neurologischen Aspekt, vor allem *Epilepsie.* Konvulsionen während der Zahnung und bei Keuchhusten.

Charakteristisch ist die herausgestreckte Zunge bei Hirnleiden wie Meningitis, wo es zu Lähmung der Zunge kommen kann.

Zu weiteren neurologischen Rubriken, die dieses Mittel enthalten, gehören: „Kopf - Entzündung - Gehirn" und „Rücken - Opisthotonus".

Das Kind schreit vor und während der Konvulsionen. Während der Krise *drehen sich die Augen nach oben rechts* und Geifer ist am Mund zu sehen. Plötzlich wird ein Schock gespürt, der wie ein Blitz vom Kopf zum Fuß läuft und dann setzen die Krämpfe ein. Die Haut sieht blaßblau aus und die Muskeln von Gesicht, Kiefer und Rücken sind betroffen. Nach dem Anfall ist der Patient sehr erschöpft. *Die Plötzlichkeit des Anfalls* und die *große Erschöpfung* sind die wichtigsten Merkmale dieses Mittels.

Choudhuri schrieb: „Wann immer plötzlicher Verlust des Bewußtseins vorhanden ist, plötzliche Starre der Glieder, plötzlicher Anfall von Konvulsionen und plötzlicher Herzstillstand, sollte man an Hydrocyanicum acidum denken, bevor man zu irgendeinem anderen Vorgehen greift."

Gefühl, als würde sich alles um ihn herum langsam bewegen. Langsamkeit oder Vergehen der Gedanken, mit dumpfem Gefühl im Kopf.

Magenschmerzen, besser nach dem Essen, schlimmer bei leerem Magen. Zwei oder drei Stunden nach dem Essen klagt das Kind über brennende Schmerzen in der Nabelgegend, die sich nach oben erstrecken. Getränke kollern durch Hals und Magen.

Klinisches: Konvulsionen. Asthma. Dyspepsie. Keuchhusten.

Wirkungsbereich: Gehirn. Herz. Kreislauf. Atmung. Epigastrium.

* * *

Zahnung - Empfindungen und neurologische Beschwerden

ALLGEMEINES - Konvulsionen - Zahnung; während der (bro1/1907)

Stillen - Magendarmsymptome - Appetit - vermindert

MAGEN - Appetit - vermindert (a1/772)

Stillen - Magendarmsymptome - Appetit - vermehrt

MAGEN - Appetit - vermehrt (k/770)

Infektionskrankheiten - Scharlach

FIEBER - Scharlach - bösartig (bro1/1778)

Infektionskrankheiten - Keuchhusten

HUSTEN - Keuchhusten (*/1197)

• *Keuchhusten - Konvulsionen, mit* (kr1*/1198)

ALLGEMEINES - *Konvulsionen - Husten - Keuchhusten, bei* (hr1*/1904)

Konstitution - Angst und Furcht

GEMÜT - Feigheit (bg2/59)
• Furcht - offenen Plätzen; Furcht vor (ll1*/74)

Konstitution - Allgemeines

GEMÜT - Entmutigt (*/46)
• Faulheit (a1/55)
• Unzufrieden (j/194)

Beziehung zu anderen - Reaktion auf andere

GEMÜT - Schüchternheit, Zaghaftigkeit (j/158)
• Widerspenstig (j/249)

Nonverbales - Aggressivität

GEMÜT - Beißen (*/20)
• Spucken (bg2/170)

Nonverbales - Gesten, Gebärden

GEMÜT - Springen (^/169)

Nonverbales - Konsultation; bei der

MUND - Herausstrecken, Vorstrecken - Zunge, der (*/665)
• Herausstrecken, Vorstrecken - Zunge, der - Gehirns; bei Erkrankungen des (ptk1/665)

Nonverbales - Äußerliches - Beobachtungen des Arztes

GESICHT - Ausdruck - alt aussehend (*/580)
ATMUNG - Asphyxie - Kindern, Neugeborenen; bei (sf1/1160)
• Beschleunigt (*/1174)
RÜCKEN - Opisthotonus (c1/1325)

Nonverbales - Äußerliches - Beobachtungen der Eltern

MAGEN - *Gluckern; Gurgeln* (*/802)
• **Gluckern; Gurgeln - Trinken - agg.** (*/803)
• *Schluckauf* (bg2*/809)
REKTUM - Unwillkürlicher Stuhl (*/984)
BLASE - Urinieren - verzögert, muß warten, bis der Urin zu fließen beginnt (k/1020)
ATMUNG - Schnarchen (k/1180)
HAUT - *Insektenstiche* (c2/1825)

Nacht; Beobachtungen in der - körperliche Symptome

ZÄHNE - *Zusammenbeißen der Zähne - Verlangen, die Zähne zusammenzubeißen; ständiges - fest zusammengebissen - nachts* (vh/719)

Körperliche Symptome und Erkrankungen

KOPF - Entzündung - Gehirn (bro1/284)
• *Entzündung - Hirnhaut - begleitet von - Zunge - Herausstrecken der Zunge* (kr1*/284)
» *Hirnhaut - begleitet von - Zunge - Lähmung der Zunge* (kr1*/284)
REKTUM - Cholera - infantum (bro1/949)
KEHLKOPF UND TRACHEA - Laryngismus stridulus (*/1145)
FIEBER - Continua (k/1772)
ALLGEMEINES - *Konvulsionen - Kindern, bei* (*/1905)
• *Konvulsionen - Kindern, bei - Kleinkindern, bei* (kr1*/1905)

Hydrogenium

hydrog.

Hydrogenium erlebt im Wesentlichen *zwei charakteristische Phasen*. Das *Verlangen nach Verbrüderung und Vereinigung* ist allgemein offenkundig, wie es die Rubriken zeigen: „Wohlwollen, Güte", „Liebe - überschwenglich - Menschheit, alle Menschen; für", „Gesellschaft - Verlangen nach - allein; agg. wenn", „Optimistisch", „Beschwerden durch - Streit, Streitigkeiten", „Frieden - himmlischen Friedens; Gefühl", „Wahnideen - Himmel, er sei im", „Wahnideen - Gott - Beisein Gottes; er sei im", „Träume - Akrobaten, die an Trapezen schwingen" und „Träume - Fliegen; zu".

In der zweiten Phase zeigen sich die Symptome, die dieses Mittel bekannt machen, zunächst als ein Gefühl, von der Welt getrennt zu sein („Gemüt - Wahnideen - getrennt - Welt; von der - sei; er"). Zu weiteren Rubriken, die sich auf diese Phase beziehen, gehören: „Wahnideen - Körper - außerhalb des Körpers", „Wahnideen - getrennt - Körper - Seele getrennt; der Körper sei von der", „Wahnideen - Trennung, Kluft zwischen sich und anderen", „Wahnideen - verstoßen; er sei - Gesellschaft; von der", „Gesellschaft - Abneigung gegen - Anblick von Menschen; vermeidet den", „Gleichgültigkeit, Apathie - Verwandten; gegenüber den", „Entfremdet - Familie, von seiner", „Entfremdet - Freunde und Verwandte", „Verlassen zu sein; Gefühl", „Wahnideen - verraten worden; er sei", „Wahnideen - kritisiert; sie würde", „Wahnideen - verachtet; er würde", „Wahnideen - Freund - Zuneigung des Freundes verloren; er habe die", „Wahnideen - Hölle - sein; in der", „Wahnideen - verfolgt zu werden - er würde verfolgt", „Wahnideen - ermordet - werden; er würde ermordet - Verschwörung angezettelt, ihn umzubringen; andere hätten eine", „Wahnideen - vergiftet - er - worden; er sei", „Träume - Feinde", „Träume - Fliehen, davonzulaufen; zu", „Träume - Hilflosigkeit; Gefühl von - Ende der Welt; als wäre es das" und „Träume - Mord".

Gewöhnlich haben diese Kinder kein großes Selbstwertgefühl, entsprechend zeigen sie vor Prüfungen körperliche Störungen wie Diarrhoe.

Konzentration fällt schwer. Sie fühlen sich *verwirrt* und machen Fehler besonders beim Schreiben, oft wegen ihrer Hastigkeit.

Oft sind es großgewachsene und schlanke Kinder mit weißem Teint.

Manchmal kann man sie mit Ignatia oder Baryta carbonica verwechseln, besonders, wenn sie über Ernstes lächeln. Ignatia hat hysterische Züge. Barium-Salze zeigen ihre Kindlichkeit. Hydrogenium hat ein Gefühl der Leichtigkeit, was man mit dem Atomgewicht des Elements in Verbindung bringen kann.

Auf körperlicher Ebene sind besonders die Lymphdrüsen betroffen.

Ein Gefühl der *Trockenheit* ist auf verschiedenen Eben anzutreffen: Ohren; Nase, beim Erwachen am Morgen; Gesicht; Lippen; Mund, mit Durst; innerer Hals, ohne Besserung durch Trinken; und Brust.

Klinisches: Wahnideen. Drüsenleiden.

Wirkungsbereich: Gemüt. Drüsen.

* * *

Stillen - Magendarmsymptome - Appetit - vermindert

MAGEN - *Appetit - fehlend* (srj2/767)
• Appetit - fehlend - Hunger, mit (srj2/768)
» fehlend - Weinen; durch (srj2/769)
» vermindert (srj2/772)

Stillen - Magendarmsymptome - Appetit - vermehrt

MAGEN - Appetit - Heißhunger (srj2/769)
• Appetit - unstillbar (srj2/770)
» vermehrt (srj2/770)

Konstitution - Angst und Furcht

GEMÜT - Beschwerden durch - Erwartungsspannung (srj2/23)
• Furcht - Armut, vor (srj2/65)

Konstitution - Allgemeines

GEMÜT - Faulheit (srj2/55)
• Furcht - Armut, vor (srj2/65)
• Neugierig (stj2/135)
• Reisen - Verlangen nach (srj2*/142)
• Selbstsucht, Egoismus (srj2/161)
• Selbstvertrauen - Mangel an Selbstvertrauen (srj2/161)
• Theoretisieren (srj2/180)

Familie; Beziehung zur - Liebe und Zuneigung

GEMÜT - Entfremdet - Familie, von seiner (srj2/45)
• Entfremdet - Freunde und Verwandte (srj2/46)
• Verlassen zu sein; Gefühl (srj2/198)

Beziehung zu anderen - Aggressivität

GEMÜT - Streitsüchtig (srj2/173)

Beziehung zu anderen - Reaktion auf andere

GEMÜT - Gesellschaft - Abneigung gegen (srj2/94)
• Gesellschaft - Verlangen nach (srj2/95)
» Verlangen nach - allein; agg. wenn (srj2/96)
• Schüchternheit, Zaghaftigkeit (srj2/158)

Beziehung zu anderen - allgemein

GEMÜT - Angeber (srj2/4)
• Argwöhnisch, mißtrauisch (srj2/16)
• Empfindlich - äußerliche Eindrücke; gegen alle (srj2/42)
• Ichbezogenheit, Selbstüberhebung (srj2*/111)
• Mitgefühl, Mitleid (srj2/130)
• Tadelsüchtig, krittelig (srj2*/178)
• Tadelt sich selbst, macht sich Vorwürfe (^/179)

Schule - Angst

GEMÜT - Beschwerden durch - Erwartungsspannung (srj2/23)
• Erwartungsspannung - Prüfungen, vor (srj2/53)
• Selbstvertrauen - Mangel an Selbstvertrauen (srj2/161)

REKTUM - Diarrhoe - Erwartungsspannung, nach (srj2/952)

Schule - Konzentration

GEMÜT - Konzentration - schwierig - Prüfungen; bei (srj2/117)
• Konzentration - schwierig - Studieren (srj2/117)
• Verwirrung; geistige - Schreiben, beim (srj2/203)

Schule - Lernen - allgemein

GEMÜT - *Fehler; macht - Sprechen, beim - Buchstabieren, beim* (srj2/58)

Schule - Lernen - Schreiben

GEMÜT - Fehler; macht - Schreiben, beim (srj2/57)
• Fehler; macht - Schreiben, beim - falsch - Buchstaben, Zahlen (srj2/57)
» Schreiben, beim - falsch - Worte (srj2/57)
» Schreiben, beim - Gedanken; durch schnelle (srj2/57)
» Schreiben, beim - Hast, durch (srj2/57)
» *Schreiben, beim - läßt etwas aus - Buchstaben* (srj2/57)
» Schreiben, beim - stellt etwas um - Worte (srj2/58)
• Verwirrung; geistige - Schreiben, beim (srj2/203)

Schule - Anstrengung; geistige

KOPF - Schmerz - Lesen, beim - agg. (srj2/332)

Schule - Konstitution

GEMÜT - Eigensinnig, starrköpfig, dickköpfig (srj2*/41)

• Neugierig (stj2/135)
• Selbstvertrauen - Mangel an Selbstvertrauen (srj2/161)

Nonverbales - Aggressivität

GEMÜT - Beißen (^/20)

Nonverbales - Reaktion auf andere

GEMÜT - Berührtwerden - Abneigung berührt zu werden (srj2/21)

Nonverbales - Gesten, Gebärden

GEMÜT - Beißen - Finger; beißt (srj2/20)
• Lachen - Ernstes, über (srj2/120)
• Ungeschicklichkeit (srj2/192)

Nonverbales - Allgemeines

GEMÜT - Eigensinnig, starrköpfig, dickköpfig (srj2*/41)
• Singen (stj2/163)
» ausgelassen, fröhlich (srj2/163)

Nonverbales - Konsultation; bei der

ÄUSSERER HALS - Schwellung - Halsdrüsen (srj2/760)
• Schwellung - Halsdrüsen - hart (srj2/760)
» Seiten (srj2/760)
• Verhärtung von Drüsen (srj2/761)

EXTREMITÄTEN - Nägel; Beschwerden der - spröde, brüchige Nägel (srj2/1665)
• Nägel; Beschwerden der - spröde, brüchige Nägel - Fingernägel (srj2/1665)

Nonverbales - Äußerliches - Beobachtungen des Arztes

KOPF - Schuppen (srj2/402)

GESICHT - Aufgesprungen - Lippen (srj2/579)
• Ausdruck - alt aussehend (srj2/580)
• Rissig - Mundwinkel (srj2/614)

ALLGEMEINES - Aussehen - hell, blond (stj2/1855)
• Magere Personen (stj2/1919)

Nonverbales - Äußerliches - Beobachtungen der Eltern

AUGE - Verklebt - morgens (srj2/472)

ABDOMEN - Schmerz - Zusammenkrümmen - amel. (srj2/897)

BLASE - Urinieren - unwillkürlich - Husten; agg. beim (srj2/1020)

Nacht; Beobachtungen in der - körperliche Symptome

KOPF - Schweiß der Kopfhaut - nachts (srj2/403)

Nacht; Beobachtungen in der - Schlaf

SCHLAF - Erwachen - Schreck, wie durch (srj2/1675)

Autos und Schiffe

MAGEN - Übelkeit - Fahren - Wagen; im - agg. (srj2/836)

ALLGEMEINES - Fahren - Wagen; mit dem - agg. (srj2/1877)

Körperliche Symptome und Erkrankungen

MAGEN - Würgen - Husten, mit (srj2/846)

Hyoscyamus niger

hyos.

Die Wirkung auf das Nervensystem herrscht vor, wobei das Mittel die Bewegungszentren erregt (unkoordinierte Bewegungen, Konvulsionen, Lähmung, besonders der Schließmuskel). Es ruft eine Veränderung der Sinneswahrnehmungen hervor (gesteigerte Phantasie, Halluzinationen und Delirium) und allgemein Torpor der Empfindlichkeit. Es wirkt auch auf Schlaf, Augen, Schleimhäute und Atmungszentren.

Hyoscyamus ist angezeigt bei manischen und schizophrenen Zuständen, daher ist es eines der wichtigsten Mitteln für die *Verhaltensstörungen von Kindern.*

Diese Patienten zeigen typischerweise einen *Mangel an Kontrolle in ihrem Verhalten im sozialen Umfeld.* Verhaltensstörungen können sich anfangs nur durch unangebrachte Scherze mit Mitschülern zeigen; durch albernes Lachen und durch den *Gebrauch unflätiger Sprache.* Diese Neigung, sich über ander lustig zu machen, ist typisch, über Ernstes zu lachen und Grimassen zu schneiden oder bizarre Haltungen einzunehmen.

Später können diese Haltungen ausgeprägter und manchmal gefährlich werden. Wegen ihrer Gemeinheit gegenüber anderen, sollten diese Kinder sorgfältig beobachtet werden, um gewalttätige Handlungen zu verhindern.

Viele dieser Patienten zeigen *frühreife Sexualität:* Masturbation, heimliche sexuelle Spiele mit anderen Kindern, Exhibitionismus und eine Neigung, sich zu entkleiden. Der *Mangel an Scham* ist auch während der Konsultation zu beobachten und in ihren Gesprächen ist oft von Sex die Rede.

Weitere charakteristische Elemente sind *Mißtrauen* und *Eifersucht.* Hyoscyamus kann so eifersüchtig sein wie Lachesis, was sowohl gegenüber Menschen, die sie lieben, wie gegenüber Menschen, die sie als Rivalen betrachten, zum Ausdruck kommt. Sie sind argwöhnisch in Bezug auf die Absichten anderer, haben Angst, verletzt zu werden und können Angst davor bekommen, vergiftet zu werden. Diese Charakteristika können in der Kindheit auftreten.

Manchmal ist ein anderer Typus von Patienten zu sehen, anders als die obengenannte Beschreibung. Ein Patient, der passiv, schüchtern, nachdenklich ist und bei dem es sich eher um einen älteren Menschen handelt.

Der Patient sitzt stundenlang und spielt mit Kot oder sitzt oder liegt darauf, ohne es wahrzunehmen. Das Kind uriniert unwillkürlich und ohne Anlaß, wird von Ärzten untersucht und klinischen Tests unterzogen, aber das Endergebnis wird eine psychische Störung sein.

Hyoscyamus ist ein Mittel von Muskelkontraktionen, Tremor, Schauder, Muskelzuckungen und Konvulsionen. Nach den Konvulsionen kann das Kind ängstlich werden.

Die *Erregung des Bewegungsapparats* von Hyoscyamus-Patienten kann sich zusammen mit *verbaler Erregung* zeigen. Die Patienten murmeln ständig Unverständliches und bringen Dinge durcheinander und stoßen manchmal schrille Schreie aus. In Deliriumzuständen schreien sie, sie singen, machen Gesten, schlagen um sich und schlagen auf Menschen ein. Sie werden so nervös, daß sie den Kopf gegen die Wand schlagen.

Im Schlaf ist der Patient unruhig, schreit, spricht, macht Gesten, knirscht mit den Zähnen, springt und fährt auf.

Zu den Augensymptomen gehören: Rucke, Krämpfe, Nystagmus, Strabismus, Blepharospasmus und Tremores der Lider.

Kolik und heftige Schmerzen im Abdomen können auf Grund von *Krämpfen von Magen oder Darm* auftreten.

Es kann zu Kontraktionen des Kehlkopfs, Heiserkeit, Aphonie mit entzündetem und trockenem Hals und erschwerter Atmung kommen. Der Husten beginnt typischerweise nach dem Hinlegen, Tag und Nacht; er ist trocken, krampfartig und ruft Erbrechen hervor.

Ein weiteres wichtiges Symptom ist *krampfartiger Schluckauf*, der nach dem Essen einsetzt oder nachts und der manchmal lange anhält.

Die Modalitäten des Mittels sind Verschlimmerung nachts, beim Liegen auf dem Rücken, durch Kälte und durch Berührung, besonders bei Beschwerden des Abdomens.

Verlangen nach Eiscreme (Pistazien).

Klinisches: Geistige Störungen. Hypochondrie. Epilepsie. Chorea. Bronchitis. Husten. Schluckauf. Diarrhoe. Blutungen.

Wirkungsbereich: Gemüt. Gehirn. Nerven. Muskeln. Gesicht. Augen. Blut.

* * *

Krankengeschichte; familiäre und persönliche

ALLGEMEINES - Familiengeschichte von - Apoplexie (bro1/1878)

Entwicklung - schnell

GEMÜT - Frühreife, altkluge Kinder (lmj/63)

Zahnung - Empfindungen und neurologische Beschwerden

KOPF - Schmerz - Zahnung; während der (k/343)

ALLGEMEINES - Konvulsionen - Zahnung; während der (*/1907)

Zahnung - Magendarmsymptome

MAGEN - Erbrechen - Zahnung; während der (k/796)

Zahnung - Allgemeines

ZÄHNE - Zahnung - schwierig (*/718)

HUSTEN - Zahnung, während der (*/1211)

FIEBER - Zahnung; während der (bg2/1781)

Stillen - Gemütssymptome

GEMÜT - **Essen - weigert sich zu** (*/53)

Stillen - Magendarmsymptome - Appetit - vermindert

MAGEN - Appetit - fehlend (*/767)
• Appetit - vermindert (*/772)

Stillen - Magendarmsymptome - Appetit - vermehrt

MAGEN - *Appetit - Heißhunger* (*/769)
• Appetit - vermehrt (*/770)

Stillen - Magendarmsymptome - Aufstoßen - Speisen; von

MAGEN - *Aufstoßens; Art des - Speisen; von - Mund füllen; in Portionen, die den* (k/780)

Stillen - Magendarmsymptome - Erbrechen

MAGEN - Erbrochenen; Art des - Speisen - Essen - nach - agg. (b7a/800)

Stillen - Magendarmsymptome - Schluckauf

MAGEN - **Schluckauf - Essen - nach - agg.** (*/810)
• Schluckauf - Mittagessen - nach - agg. (*/811)
» **Stillen des Kindes; agg. nach** (sne/811)

Stillen - Magendarmsymptome - Abdomen - agg. durch

ABDOMEN - Schmerz - Druck - agg. (k2/883)

Stillen - Magendarmsymptome - Abdomen - amel. durch

ABDOMEN - *Schmerz - Druck - amel.* (bg1/883)

Stillen - Magendarmsymptome - Rektum

REKTUM - Diarrhoe - Kindern, bei (bg2/954)

Infektionskrankheiten - Windpocken

HAUT - Hautausschläge - Windpocken (k/1824)

Infektionskrankheiten - Masern

KOPF - Schmerz - Masern, nach (k/333)

HUSTEN - *Masern - nach* (*/1202)
- Trocken - Masern, nach (k/1209)

FIEBER - Ausschlagsfieber; Fieber bei Ausschlagserkrankungen - Masern (*/1770)

HAUT - Hautausschläge - Masern (*/1817)

ALLGEMEINES - *Masern - Beschwerden nach* (*/1920)

Infektionskrankheiten - Mumps

GESICHT - Entzündung - Parotis (bg2*/584)
- Entzündung - Parotis - Metastasierung zu - Gehirn (c1/584)
- Pulsieren - Parotis (gt1/613)
- Schwellung - Parotis (*/631)

Infektionskrankheiten - Scharlach

HUSTEN - Scharlach; nach (*/1204)

FIEBER - Ausschlagsfieber; Fieber bei Ausschlagserkrankungen - Scharlach (*/1770)
- Scharlach (bg2/1778)

HAUT - *Hautausschläge - Scharlach* (*/1821)
- Hautausschläge - Scharlach - glatt (*/1821)

ALLGEMEINES - Scharlach - Beschwerden nach (*/1944)

Infektionskrankheiten - Pocken

HAUT - Hautausschläge - Pocken (*/1819)
- Hautausschläge - Pocken - schwarz (*/1819)

Infektionskrankheiten - Keuchhusten

HUSTEN - *Keuchhusten* (*/1197)
- Keuchhusten - Konvulsionen, mit (bro1/1198)
  - » Krampfstadium, im (bro1/1198)

Konstitution - Aggressivität

GEMÜT - Schlagen - sich; schlägt - schlägt seinen Kopf gegen die Wand und gegen Gegenstände (*/154)

KOPF - Anstoßen (k/274)
- Anstoßen - Bett; mit dem Kopf gegen das (k/274)

Konstitution - Angst und Furcht

GEMÜT - Angst - hypochondrisch (j5/11)
- Beschwerden durch - Erwartungsspannung (st*/23)
  - » *Schreck* (*/25)
- Erwartungsspannung - Lampenfieber (fry/53)
- Feuer - anzünden; möchte Dinge (ckh1*/59)
- **Furcht - allein zu sein** (*/64)
  - » Geräusche, durch (^/69)
  - » *Gespenstern; vor* (bro1*/70)
  - » Gewitter; vor (mta1/70)
  - » hochgelegenen Orten; vor (ptk1/71)
  - » Kindern, bei (mtf33/71)
  - » offenen Plätzen; Furcht vor (fyz/74)
  - **» Wasser, vor** (*/79)
- Vorsichtig (bg2/205)

Konstitution - Allgemeines

GEMÜT - Entmutigt (k/46)
- Faulheit (*/55)
- Geiz (gl1/92)
- Gewissenhaft, peinlich genau in bezug auf Kleinigkeiten (*/99)
- Heimweh (*/107)
- Neugierig (mtf33*/135)
- Pessimist (gl1/136)
- Redseligkeit; Geschwätzigkeit - Kindern; bei (mtf33/141)
- *Schmutzig - Urinieren und Defäkieren - überall - Kindern; bei* (vh*/155)
- Selbstvertrauen - Mangel an Selbstvertrauen (k/161)
- Sorgsamkeit, Sorgfalt (bg2/165)
- *Sprache - Plappern, Schwatzen* (*/167)
- Stimmung, Laune - veränderlich (*/171)
- Unaufmerksam (bg2/189)
- *Unzufrieden* (bg2/194)
- Wandern, Herumwandern - Verlangen zu wandern (sne/243)
- *Weinen - Kindern; bei* (j5/246)
  - » *Kindern; bei - Säuglingen; bei* (gg/246)

Familie; Beziehung zur - Aggressivität

GEMÜT - Beschimpfen, beleidigen, schmähen - Kinder - Eltern; Kinder beschimpfen ihre (vh*/22)
- Beschwerden durch - Bevormundung - Kindern, bei (^/22)
  - » Bevormundung - Kindern, bei - elterlicher Bevormundung; bei langer Geschichte übermäßiger (sk7/22)
  - » Grobheit anderer (st1/23)
- *Streitsüchtig - Eifersucht; aus* (j5/173)

Familie; Beziehung zur - Liebe und Zuneigung

GEMÜT - **Beschwerden durch - Eifersucht** (b2/22)
- **EIFERSUCHT** (b7/40)
  - » Kinder - bei (mtf33/40)
  - » *Kinder - Neugeborene alle Aufmerksamkeit erhält; wenn das* (hr1/40)
- **Liebevoll, voller Zuneigung, herzlich** (ckh1/125)
- *Streitsüchtig - Eifersucht; aus* (j5/173)
- *Verlassen zu sein; Gefühl* (mtf/198)

Beziehung zu anderen - Aggressivität

GEMÜT - *Antworten - kurz angebunden* (k/15)
- *Grausamkeit* (b7/103)
- **Schlagen** (*/154)
  - » sich; schlägt (^/154)
  - » sich; schlägt - Kopf - seinen Kopf (bg2*/154)
  - » sich; schlägt - schlägt seinen Kopf gegen die Wand und gegen Gegenstände (*/154)
  - » *Umstehende, schlägt* (a1/154)
  - » **VERLANGEN - SCHLAGEN, ZU** (k/154)
- Spotten (b7/166)
- **STREITSÜCHTIG** (b7/173)

Beziehung zu anderen - Reaktion auf andere

GEMÜT - **Antworten - Abneigung zu antworten** (*/14)
- Antworten - einsilbig (^/15)
  - » einsilbig - Nein auf alle Fragen (k/15)
  - » *falsch, unrichtig* (k/15)
  - » gefragt wird; antwortet nicht, wenn er (a/15)
  - » langsam (ptk1/15)
  - » *undeutlich* (k/15)
  - » unzusammenhängend (k/15)
  - » *weigert sich zu antworten* (k/15)
- *Gesellschaft - Abneigung gegen* (*/94)
  - » **Verlangen nach** (*/95)
  - » *Verlangen nach - allein; agg. wenn* (bg2/96)
- Schüchternheit, Zaghaftigkeit (*/158)
- *Weigert sich etwas zu tun - Medizin einzunehmen; die* (*/244)
- Widerspruch - Neigung zu widersprechen (k/249)
  - » verträgt keinen Widerspruch (bg2/249)

Beziehung zu anderen - allgemein

GEMÜT - *Argwöhnisch, mißtrauisch* (*/16)
- Beleidigt, leicht (st1/20)
- Geheimnistuerisch, verschlossen (bg2/87)
- **Sprache - hastig, eilig** (*/167)
- Tadelsüchtig, krittelig (*/178)
- *Tadelt andere* (*/179)
- *Tadelt sich selbst, macht sich Vorwürfe* (*/179)
- *Unverschämtheit* (*/193)

Schule - Angst

GEMÜT - Beschwerden durch - Erwartungsspannung (st*/23)
- Selbstvertrauen - Mangel an Selbstvertrauen (k/161)

REKTUM - Diarrhoe - Erregung, Aufregung agg. (*/952)
- Diarrhoe - nervös, Gemütsbewegungen agg. (bg3*/955)

Schule - Konzentration

GEMÜT - Konzentration - schwierig - Studieren (a1/117)
- Unaufmerksam (bg2/189)

Schule - Lernen - allgemein

GEMÜT - Dyslexie (mtf/40)

Schule - Lernen - Lesen

GEMÜT - *Fehler; macht - Lesen, beim* (k/57)

Schule - Beziehung zu anderen

MUND - Sprache - stotternd (*/688)
- Sprache - stotternd - laut aus; spricht jedes Wort (ptk1/688)

Schule - Vorwürfe

GEMÜT - Beschwerden durch - Grobheit anderer (st1/23)

Schule - Konstitution

GEMÜT - *Eigensinnig, starrköpfig, dickköpfig* (*/41)
- Eigensinnig, starrköpfig, dickköpfig - Kinder (st1/41)
- Gewissenhaft, peinlich genau in bezug auf Kleinigkeiten (*/99)
- Neugierig (mtf33*/135)
- Selbstvertrauen - Mangel an Selbstvertrauen (k/161)

Spielen

GEMÜT - Schmutzig - spielt - Dreck; mit (vh/155)
- *Tanzen* (*/179)
  - » Kindern; bei (mtf33/179)

Tieren; Beziehung zu

GEMÜT - *Furcht - Hunden, vor* (*/71)
- Furcht - Tieren, vor (*/76)

Nonverbales - Aggressivität

GEMÜT - *Beißen* (*/20)
- Beißen - Kindern; bei (a1*/20)
  - » Menschen; beißt (^/20)
  - » Menschen; beißt - stört; beißt jeden, der ihn (a1*/20)
- *Destruktivität, Zerstörungswut* (*/38)
  - » Kindern, bei (mtf33/39)
  - » Kleidern, von (kr1/39)
- Reißt an etwas - Gegenstände; zerreißt (*/142)
  - » Gegenstände; zerreißt - Kleidung (tl1/142)
- Spucken (^/170)
  - » Gesicht; Menschen ins (*/170)
- Stoßen, treten, austreten (h1/172)
- Zerbricht Dinge (gl1/251)
  - » Verlangen; Dingen zu zerbrechen (mtf33*/251)

Nonverbales - Reaktion auf andere

GEMÜT - Küssen - jeden (bg2*/119)
- **Schamlos** (*/153)

Nonverbales - Gesten, Gebärden

GEMÜT - Beißen - Gegenstände; beißt (vh*/20)

• *Beißen - Nägel* (st*/20)
  » Nägel - Kindern; bei (mtf33/20)
• Berühren, anfassen; etwas - Verlangen, etwas zu berühren, anzufassen - alles berühren, anfassen; muß (a1*/21)
  » Verlangen, etwas zu berühren, anzufassen - alles berühren, anfassen; muß - Kindern; bei (mtf33/21)
• Gesten, Gebärden; macht - Finger - Mund; Kinder stecken die Finger in den (hr1/97)
  » Tics; nervöse (bro1*/99)
• Geziertheit, Affektiertheit - Gesten und Handlungen; in (gl1/100)
• *Grimassen* (*/103)
  » sonderbare Gesichter; schneidet (*/103)
  » ungezogene Gesichter; zieht (a1*/103)
• *Hast, Eile - Bewegungen; in den* (*/105)
• Klettern - Verlangen zu (a1*/115)
• Launenhaftigkeit, launisch (bg2/123)
• Springen (k/169)
• Stirnrunzeln, Neigung zum (pt*/171)
• Ungeschicklichkeit (mtf33/192)
• Verstecken - sich (*/199)
  » sich - Ecke; in der (hr1/199)

Nonverbales - Allgemeines

GEMÜT - *Eigensinnig, starrköpfig, dickköpfig* (*/41)
• Eigensinnig, starrköpfig, dickköpfig - Kinder (st1/41)
• Impertinenz, Unverschämtheit (gl1/112)
• Nachahmung, Imitation (bg2/133)
• **NACKT SEIN, MÖCHTE** (k1*/134)
• **Possen, spielt** (*/137)
  » **Kindern; bei** (lmj*/138)
• Ruhelosigkeit - Kindern, bei (mrr/151)
• Schreien - Kindern, bei (^/157)
• *Singen* (*/163)

Nonverbales - Konsultation; bei der

KOPF - Hitze - Kälte - Körpers; mit Kälte des (k/293)
OHR - Absonderungen - übelriechend (bg2/498)
MUND - *Bewegung - Zunge - Lecken, Schlecken - hin und her* (*/641)
• Herausstrecken, Vorstrecken - Zunge, der (*/665)
• Stomatitis ulcerosa, Stomakaze (b7/689)
• *Zittern der Zunge - Herausstrecken, beim* (*/692)
ÄUSSERER HALS - Schwellung - Seiten (h1*/760)
• Schwellung - Seiten - eitrig (h1*/760)
ABDOMEN - Absonderung aus dem Nabel - Urin, Heraussickern von (bro1*/849)
• Schmerz - Druck - agg. (k2/883)
  » *Druck - amel.* (bg1/883)
EXTREMITÄTEN - *Krümmung und Biegung* (b7a/1473)
HAUT - Erysipel (*/1798)

Nonverbales - Äußerliches - Beobachtungen des Arztes

KOPF - Halten - hoch, aufrecht zu halten; unfähig, den Kopf (ptk1/289)
AUGE - *Strabismus, Schielen* (*/467)
• Strabismus, Schielen - divergens (bg2*/467)
GESICHT - Farbe - blaß - Kindern; bei (mtf33/586)
• Gerunzelt (ptk1/594)
  » Stirn, Stirnrunzeln (ptk1/594)
• Rissig - Lippen (k2/613)
• Sommersprossen (b2/632)
MUND - *Bewegung - Zunge - Lecken, Schlecken - hin und her* (*/641)
ÄUSSERER HALS - *Torticollis* (*/761)
ATMUNG - Asphyxie - Kindern, Neugeborenen; bei (sf1/1160)
• *Beschleunigt* (*/1174)
RÜCKEN - **Opisthotonus** (*/1325)
HAUT - Sommersprossen (*/1834)
ALLGEMEINES - Aussehen - hell, blond (*/1855)
• Aussehen - hell, blond - schlaffer Faser, mit (c1/1855)

Nonverbales - Äußerliches - Beobachtungen der Eltern

MUND - Beißt - Wangen; sich in die - Sprechen oder Kauen; beim (ptk1/640)
• *Beißt - Zunge; beißt sich auf die* (*/640)
ZÄHNE - **Zähneknirschen** (*/718)
• Zähneknirschen - Epilepsie (mrr1*/718)
  » Frost; während (bg2/718)
  » konvulsivisch (ptk1/718)
• *Zusammenbeißen der Zähne - Verlangen, die Zähne zusammenzubeißen; ständiges* (*/719)
  » *Verlangen, die Zähne zusammenzubeißen; ständiges - fest zusammengebissen* (*/719)
MAGEN - **Schluckauf** (*/809)
• **Schluckauf - Essen - nach - agg.** (*/810)
  » heftig (h1/810)
  » Mittagessen - nach - agg. (*/811)
REKTUM - **Unwillkürlicher Stuhl** (*/984)
• *Unwillkürlicher Stuhl - Erregung, Aufregung agg.* (*/985)
BLASE - Lähmung - Überdehnung, nach (k/1006)
• Lähmung - Zurückhalten des Urins scheint die Blase zu lähmen; gewaltsames (k/1006)
• *Urinieren - Harndrang - plötzlich - beeilen um zu urinieren, sonst geht Urin ab; muß sich* (k/1015)
  » unwillkürlich - Husten; agg. beim (k/1020)
  » *verzögert, muß warten, bis der Urin zu fließen beginnt* (ptk1/1020)
  » *verzögert, muß warten, bis der Urin zu fließen beginnt - pressen, bevor er damit beginnen kann; muß lange* (bro1/1021)

MÄNNLICHE GENITALIEN - **Erektionen - Kindern, bei** (lmj/1063)
- *Faßt sich an die Genitalien* (*/1065)
  - » Kind (mtf33/1066)
  - » *Kind - Konvulsionen; mit* (vh*/1066)
- Masturbation, Neigung zur (*/1071)
  - » *exzessiv - Gelegenheit, bei jeder* (kr1/1071)
  - » **Kindern; bei** (lmj*/1071)
  - » *Kindheit, seit der* (hr1*/1071)
- **Sexuelles Verlangen - vermehrt - Kindern, bei** (lmj/1084)

WEIBLICHE GENITALIEN - **Masturbation; Neigung zu** (mrr1*/1104)
- **Masturbation; Neigung zu - Kindern; bei** (lmj*/1104)
- Sexuelles Verlangen - heftig - Mädchen, bei (k2/1134)

ATMUNG - Schnarchen (*/1180)

Nacht; Beobachtungen in der - Gemütssymptome

GEMÜT - Angst - nachts - Kindern; bei (mg/7)
- Furcht - Dunkelheit; vor der (bro1*/66)
  - » Dunkelheit; vor der - Kindern; bei (mtf33/66)
- **Gesten, Gebärden; macht - Hände; unwillkürliche Bewegungen der - zupft - Bettwäsche; an der** (*/98)
  - » Hände; unwillkürliche Bewegungen der - zupft - Bettwäsche; an der - Schweiß; beim (bg2/98)
- **Reizbarkeit, Gereiztheit - Schlaflosigkeit, mit** (hr1*/146)
- Schlafwandeln (k/154)
- Schreien - Kindern, bei - Schlaf, im (mtf33/157)
  - » Kindern, bei - Schlaf, im - Schluchzen; mit (ptk1*/157)
- *Sprechen - Schlaf; im* (*/169)
- *Weinen - Wimmern, Winseln - Schlaf, im* (b7/248)

Nacht; Beobachtungen in der - körperliche Symptome

ZÄHNE - *Zähneknirschen - Schlaf; agg. im* (*/718)

REKTUM - *Unwillkürlicher Stuhl - Schlaf; agg. im* (*/985)

BLASE - Urinieren - unwillkürlich - nachts (*/1019)
- Urinieren - unwillkürlich - nachts - spasmodisches Bettnässen (k/1019)

Nacht; Beobachtungen in der - Schlaf

SCHLAF - **Erwachen - Schreck, wie durch** (b7/1675)
- Ruhelos - Kindern, bei (j5/1685)
- Schlaflosigkeit - Kindern, bei (bro1/1691)

Nacht; Beobachtungen in der - Schlaf; Lage im

SCHLAF - Lage - Kopf - hinten gebeugt; nach (*/1682)
- Lage - Rücken, auf dem (hr1/1683)
  - » Rücken, auf dem - abwechselnd mit plötzlichem Aufsetzen, dann wieder Liegen auf dem Rücken (gt*/1683)
  - » Sitzen - plötzliches Aufsetzen, dann wieder Liegen auf dem Rücken (gt*/1683)

Schaukeln und Getragenwerden

GEMÜT - Delirium - wiegt sich hin und her (*/37)
- Schaukeln - amel. (^/153)
  - » amel. - hin und her (mtf33/153)

Autos und Schiffe

MAGEN - *Erbrechen - Fahren im Wagen agg.* (k/792)
- **Übelkeit - Fahren - Wagen; im - agg.** (b7a/836)
  - » Seekrankheit (*/839)

ALLGEMEINES - Fahren - Wagen; mit dem - agg. (*/1877)

Psychosomatische Störungen

ZÄHNE - *Zähneknirschen - Raserei, Tobsuchtsanfall; bei* (*/718)

REKTUM - Diarrhoe - Erregung, Aufregung agg. (*/952)
- Diarrhoe - nervös, Gemütsbewegungen agg. (bg3*/955)
- *Unwillkürlicher Stuhl - Erregung, Aufregung agg.* (*/985)

ALLGEMEINES - **Konvulsionen - Schreck agg.** (*/1906)

Körperliche Symptome und Erkrankungen

KOPF - *Entzündung - Gehirn* (*/284)
- *Entzündung - Hirnhaut* (*/284)
- *Hydrozephalus* (*/295)

ZÄHNE - *Karies, faule, hohle Zähne* (*/700)

MAGEN - *Würgen - Husten, mit* (k/846)

BLASE - Harnverhaltung - Kindern, bei - Neugeborenen; bei (k/1005)

WEIBLICHE GENITALIEN - Menses - verzögerte Menarche (*/1114)

KEHLKOPF UND TRACHEA - Laryngismus stridulus (k2/1145)

FIEBER - **Continua** (*/1772)

ALLGEMEINES - **Kindern; Beschwerden von** (*/1897)
- *Konvulsionen - Hitze; während* (*/1904)
  - » *Kindern, bei* (*/1905)
  - » *Kindern, bei - Kleinkindern, bei* (bro1/1905)
- *Schmerzlosigkeit gewöhnlich schmerzhafter Beschwerden* (b7a/1971)

Chirurgisch pathologische Zustände

ABDOMEN - Entzündung - Peritoneum (bro1*/860)
- *Entzündung - Peritoneum - begleitet von - Schluckauf* (bg2*/860)

Würmer

MAGEN - Erbrochenen; Art des - Würmer (*/801)

Rektum - Würmer - Beschwerden durch Würmer (b2/985)
- Würmer - Beschwerden durch Würmer - Madenwürmer (b2/986)
  » Beschwerden durch Würmer - Spulwürmer (*/986)

Allgemeines - *Konvulsionen - Würmer, durch* (*/1907)

Hypericum perforatum

hyper.

Überempfindlichkeit des Nervensystems. Hall schrieb: „Diese Menschen sind oft ‚krank' durch ein Nervensystem, das zu kräftig ist, nicht zu schwach. Jeder Stimulus, den es antrifft, ruft eine unmittelbare und heftige Reaktion hervor. ‚Hypericums' sind bei allem schnell. Sie wachsen schnell, werden schnell erwachsen, stürzen sich schnell ins volle Leben. Ihre Koordination leidet manchmal unter der Geschwindigkeit ihrer nervösen Energie und gelegentlich sind sie durch Ungeschicklichkeit gekennzeichnet. Soweit möglich verschieben sie alle Erfahrungen, von denen bekannt ist, daß sie mit körperlichem Schmerz verbunden sind. Bei Terminen beim Zahnarzt sind sie besorgt, um es milde auszudrücken, zusammen mit lebhaft ins Gedächtnis gerufenen Erinnerungen an frühere Schmerzen. Sie verschieben solche Termine oft und bevorzugen es, daß ihnen alle Zähne unter allgemeiner Anästhesie gezogen werden, sofern es nur möglich ist. Injektionen werden ebenso vermieden. Tatsächlich ist es so, daß sich alle schlimmen schmerzhaften Erlebnisse so lebhaft einprägen und in Erinnerung bleiben, daß sie ein mögliches zweites Experiment ganz und gar verweigern. Als Kinder müssen sie schreiend zum Zahnarzt gezerrt werden, oder zu einer medizinischen Behandlung, die in der Vergangenheit schmerzhaft war. Nennen sie sie nicht ‚kindisch' oder ‚Heulsusen': sie haben einfach einen sehr niedrige Schmerzgrenze und ihr Nervensystem zeichnet jeden Schmerz als unerträglich auf. Merkwürdigerweise halten sie emotionales Leid gut aus! Mehr als die meisten Anderen handeln sie entschlossen und schnell, um Probleme mit anderen zu lösen. [...] Diese Menschen sind schnell. Sie galoppieren durch den Tag, ihr agiler Verstand ist ihnen oft weit voraus, was zu der oben genannten Koordinationsstörung führt. Sie sind oft sehr klug und genießen den Unterricht nur, wenn der Lehrer nicht langweilig oder langsam ist. ‚Hypericum' kann als Kind frühreif sein! Im späteren Leben strebt ‚Hypericum' nach neuen Erfahrungen und intellektuellen Herausforderungen. [...] ‚Hypericums' haben intensiv reagierende fünf Sinne. Mit übermäßig scharfem Gehör, einem empfindlichen Gaumen und einem Geruchssinn, für den Frühling eine berauschende Jahreszeit ist, leiden sie am meisten unter dem Tastsinn."

Verletzungen von Nerven, begleitet von schießenden Schmerzen. Geringe Verletzungen von Kindern führen zu Krämpfen.

Folgen von Verletzungen: Kopfschmerzen, chronische Schmerzen im Steißbein, Konvulsionen, Schwindel, Asthma.

Neuralgische Schmerzen werden durch Wetterveränderungen schlimmer.

Asthma zeigt sich häufiger an nebligen Tagen und wird durch Auswurf gebessert.

Fluor bei Mädchen, der milchig und wundfressend ist.

Feuchte Hautausschläge auf der Kopfhaut.

Klinisches: Prellungen. Rückgratsverletzungen. Steißbeinschmerzen. Neuralgie. Knochenbrüche. Gehirnerschütterung. Kopfschmerzen. Wunden. Asthma. Keuchhusten.

Wirkungsbereich: Steißbein. Spinalnerven. Gehirnhaut. Scheitel.

* * *

Entwicklung - allgemein

Kopf - Großer Kopf (ptk1/289)

Stillen - Milch

Magen - Schmerz - Milch - agg. (k/821)

Allgemeines - Speisen und Getränke - Milch - agg. (stx1/2001)
- Speisen und Getränke - Milch - Verlangen (k/2001)
  » Milch - Verlangen - heiße (k/2001)

Stillen - Magendarmsymptome - Appetit - vermindert

Magen - Appetit - fehlend (k/767)
- Appetit - schnelle Sättigung (gsw1/770)

Infektionskrankheiten - Keuchhusten

Husten - Keuchhusten (*/1197)

Konstitution - Angst und Furcht

Gemüt - *Beschwerden durch - Schreck* (*/25)
- Furcht - Abwärtsbewegung, vor (ptk1/64)
  » hochgelegenen Orten; vor (br1/71)

Konstitution - Allgemeines

GEMÜT - Faulheit (a1/55)

Beziehung zu anderen - Aggressivität

GEMÜT - Spotten (^/166)

Schule - Lernen - allgemein

GEMÜT - Fehler; macht - Sprechen, beim - Buchstabieren, beim (k/58)

Schule - Lernen - Schreiben

GEMÜT - Fehler; macht - Schreiben, beim (*/57)
- Fehler; macht - Schreiben, beim - falsch - Worte (a1/57)
  - » *Schreiben, beim - läßt etwas aus - Buchstaben* (k/57)
  - » Schreiben, beim - läßt etwas aus - Worte (k/57)

Schule - Anstrengung; geistige

KOPF - Schmerz - geistige Anstrengung - agg. (st/328)

Nonverbales - Reaktion auf andere

GEMÜT - *Furcht - Näherkommen, Annäherung von; vor - anderen, von* (sne/74)

Nonverbales - Allgemeines

GEMÜT - *Singen* (hr1/163)

Nonverbales - Äußerliches - Beobachtungen des Arztes

KOPF - Großer Kopf (ptk1/289)

NASE - Zupfen - Nase, an der (k/578)

RÜCKEN - Opisthotonus (*/1325)

Nonverbales - Äußerliches - Beobachtungen der Eltern

WEIBLICHE GENITALIEN - Fluor - Kindern; bei - Mädchen; bei kleinen (kr1/1096)
- Fluor - milchig - Mädchen; bei kleinen (kr1/1097)

HAUT - *Ekchymosen* (bg2/1797)
- Insektenstiche (*/1825)

Nacht; Beobachtungen in der - Gemütssymptome

GEMÜT - Sprechen - Schlaf; im (*/169)

Nacht; Beobachtungen in der - körperliche Symptome

KOPF - Bohrt den Kopf in das Kissen (*/282)
- Bohrt den Kopf in das Kissen - Schlaf; agg. im (*/282)

Nacht; Beobachtungen in der - Schlaf; Lage im

SCHLAF - Lage - Kopf - gebohrt; ins Kissen (st1/1682)
- Lage - Kopf - hinten gebeugt; nach (bg2/1682)
  - » Rücken, auf dem (a1/1683)

Körperliche Symptome und Erkrankungen

KOPF - Entzündung - Gehirn (bro1/284)
- Entzündung - Hirnhaut (c2/284)

EXTREMITÄTEN - Hüftgelenksentzündung (bro1/1443)

Ictodes foetida

ictod.

Dieses Mittel ist nützlich bei *asthmatischen Beschwerden,* die durch jedes Einatmen von Staub schlimmer werden und im Freien verschwinden. Bei Kindern ist ein typisches Symptom in Kehlkopf und Luftröhre der Laryngismus stridulus (Differentialdiagnose: Sambucus: Asthma schlimmer durch Staub, aber ohne Flatulenz und Auftreibung des Abdomens).

Das Kind ist *impulsiv, widerspenstig, streitsüchtig und neigt zu widersprechen,* aber es verträgt auch keinen Widerspruch. Geistesabwesenheit und Unaufmerksamkeit.

Die Papillen der Zunge sind erhaben; die Zunge ist an der Spitze und an den Rändern rot und wund.

Auftreibung und Spannung im Abdomen.

Die zwei charakteristischen Rubriken dieses Mittels sind: „Atmung - Atemnot, Dyspnoe, erschwertes Atmen - Stuhlgang - vor" und „Atmung - Atemnot, Dyspnoe, erschwertes Atmen - Stuhlgang - amel."

Klinisches: Asthma. Laryngismus stridulus. Gespanntes Abdomen.

Wirkungsbereich: Kehlkopf. Luftröhre. Abdomen.

* * *

Konstitution - Allgemeines

GEMÜT - Unaufmerksam (kr1/189)

Beziehung zu anderen - Aggressivität

GEMÜT - Streitsüchtig (j5/173)

Beziehung zu anderen - Reaktion auf andere

GEMÜT - Widerspenstig (j/249)
- Widerspruch - Neigung zu widersprechen (*/249)
  - » verträgt keinen Widerspruch (j5/249)

Schule - Konzentration

GEMÜT - Unaufmerksam (kr1/189)

Nonverbales - Konsultation; bei der

MUND - Papillen - aufgerichtet (*/669)

Körperliche Symptome und Erkrankungen

KEHLKOPF UND TRACHEA - Laryngismus stridulus (br1/1145)

Ignatia amara

ign.

Kinder mit blassem Teint und blauen Ringen um die Augen.

Bei Ignatia-Kindern entwickelt sich das Nervensystem frühreif. Sie sind brillant, geistreich und hervorragend im Lernen. Sie sind auch sensibel, empfindlich, zärtlich und zurückhaltend. Wankelmütig und oberflächlich; sie leiden unter Spannungen.

Nach jedem Streß sind sie völlig unfähig zu arbeiten, das Gehirn funktioniert nicht, sie können sich nicht erinnern und nicht denken. Diese übermäßig gestreßten Kinder bekommen alle möglichen Störungen. Wenn sie sich an irgendeinem geschlossen Ort befinden und besonders, wenn viele Menschen anwesend sind, nimmt es ihnen die Luft, sie werden nervös und neigen sehr dazu, in Ohnmacht zu fallen.

Einige Beschwerden können in Betracht gezogen werden: Zorn, Kummer, enttäuschte Liebe, unterdrückte Wut, Widerspruch, Furcht, Vorwürfe, Bestrafung, Kränkung, schlechte Nachrichten, Heimweh, Versagen beim Lernen und Schreck.

Schmerzen werden gewöhnlich verdrängt oder vor anderen versteckt. Sie vertragen keinen Trost und keinen Widerspruch; sie können darauf mit einem *unbezähmbarem Weinkrampf* reagieren.

Bei Ignatia *ist die Stimmung veränderlich und widersprüchlich:* Lachen und Weinen; Glück und Traurigkeit, die abwechseln oder sich vermischen. Krampfhaftes Lachen in schmerzlichen Situationen. Das Verlangen, allein zu sein, weicht einer Sehnsucht nach Gesellschaft und Zuneigung, aber normalerweise sind die Kinder still und gehemmt. Sie haben stillen Kummer und möchten allein sein. Das Kind ist zunächst grob und aufsässig, dann gibt es nach und wird sanftmütig. Ignatia-Kinder *schluchzen, stöhnen und weinen.*

Überempfindlichkeit ist sehr ausgeprägt: sie schrecken beim Einschlafen auf und schreckliche Geschichten beeindrucken sie sehr. Wegen früher erlebten Schrecks kann das Kind nachts mit Angst vor Dieben aufwachen, Angst vor Menschen, Angst vor Vögeln oder Hühnern oder Furcht vor dem Verrücktwerden. Geräusche machen sie wütend, weinerlich und können sie daran hindern zu lernen, sich an etwas zu erinnern oder zu denken.

Wenn sie unsicher sind, versuchen sie ihren Zustand durch Pedanterie wett zu machen. Kinder, die zuvor unternehmungslustig waren, verlieren jede Initiative und haben Angst davor, das Haus zu verlassen oder mit Menschen zusammen zu sein.

Das Erscheinen des sogenannten *„Globus hystericus“* ist charakteristisch für Situationen, in denen Traurigkeit und Weinen vorherrschen und die Einbildung, zu ersticken, erstreckt sich vom Magen nach oben.

Frustration im Umgang mit Mitmenschen kann *hysterische Symptome* hervorrufen und wenn Ignatia sich verantwortlich fühlt, wird er dazu getrieben, sich selbst zu bestrafen, sogar bis zum Selbstmord. Hysterische Situationen können Taubheit, Parästhesie und Lähmung verursachen.

Mädchen sind eifersüchtig und wollen alles für sich behalten. Selbst wenn sie freundlich behandelt werden können sie einen durch unangenehmes Verhalten überraschen.

Enttäuschungen im Leben hinterlassen bei diesen Kindern Spuren: sie machen sie hart und sie werden verbittert. Streitsüchtig und zornig, übertrieben kritisch gegenüber allem und jedem. Sie erschrecken leicht, sind immer in der Defensive, argwöhnisch und sehr widerspenstig. Sie machen anderen Vorwürfe, weil diese ihren Zustand nicht verstehen.

Schnelligkeit ist eine weitere Keynote dieses Mittels: in Handlungen, beim Sprechen und beim Schreiben. Sie *sind hastig,* und aus diesem Grund machen sie Fehler. Sie sprechen hastig und springen von einem Thema zum anderen.

Ignatia-Kinder sind *sehr empfindlich gegen körperliche Schmerzen.* Die typischen Schmerzen, sowie andere Symptome, sind oberflächlich und wandern, steigen schrittweise und verschwinden plötzlich oder kommen und gehen auf einmal.

Klaustrophobie verstärkt sich in geschlossenen und stickigen Räumen: sie fangen an, sehr angestrengt zu atmen, werden wütend und fallen dann in Ohnmacht. *Überempfindlichkeit gegen Gerüche, besonders Rauch.*

Ignatia kann an verschiedenen Nervenleiden erkranken, die mit streßbeladenen Situationen in Verbindung stehen können. Ignatias Fähigkeit, vermehrte Erregbarkeit hervorzurufen, macht es nützlich bei Krämpfen, Tics und Konvulsionen, nicht nur hysterischen Ursprungs, sondern auch bei solchen, die bei Kindern auftreten.

Diese Symptome werden durch Emotionen ausgelöst, wie Schreck oder Angst, durch Bestrafung, Vorwürfe oder Bemerkungen der Eltern oder Lehrer. Wenn das Kind später einschläft, kann es im Schlaf wimmern.

Während der Nervenleiden findet man gewöhnlich ein totenblasses Gesicht, starren Blick und erweiterte Pupillen. Einzelne Muskeln zucken, besonders im Bereich der Lider und um den Mund; das Kind wird steif.

Kummer kann zu somatischen Leiden führen mit schmerzhaften, krampfartigen und ziehenden *Spasmen*, die sich zu den Rückenmuskeln erstrekken. Schübe von Chorea oder Zuckungen können zu wirklicher Lähmung führen oder zu Bewußtseintrübung, und sind immer auf emotionale Problemen zurückzuführen.

Ignatia ist das Hauptmittel bei Konvulsionen von Kindern, besonders, wenn die Ursache unbekannt ist und sich folgende Symptome zeigen: plötzliches und heftiges Auffahren, mit lautem Schreien und Zittern des ganzen Körpers; wenn sich die Muskel eines einzelnen Gliedes konvulsivisch bewegen oder wenn es hier und da an verschiedenen Stellen des Körpers zu gelegentlichen Krämpfen einzelner Muskeln kommt.

Kinder werden krank, wenn sie ins Bett geschickt werden oder sie haben Konvulsionen im Schlaf: sie schwitzen, beißen sich auf die Zunge und in die Wangen; haben Schaum vor dem Mund, halten ihn geschlossen und treten mit den Beinen. Eine Wange wird blaß, die Nase wird kalt, die Haut fühlt sich bei Berührung eiskalt an und die Temperatur steigt vorübergehend an. Nach dem Anfall ist der Schlaf des Kindes entweder komatös oder delirös, mit unwillkürlichem Urinieren.

Diese Anfälle kehren jeden Tag zur selben Stunde wieder oder jeden zweiten Tag oder in den Anfangsstadien von Ausschlagsfieber.

Konvulsionen nach oder während der Zahnung, nach Bestrafung, durch Ärger, durch Schreck und durch Kummer.

Wenn sie während des Tages oder nach der Schule gestreßt sind, beginnen diese Kinder *Kopfschmerzen* zu bekommen, nervöse Kopfschmerzen, die am Ende des Tages auftreten und die Scheitel- und Schläfengegend betreffen. Sie kommen mit kongestiven Kopfschmerzen von der Schule nach Hause, die merkwürdigerweise durch heiße Anwendungen und milden Druck besser werden, aber schlimmer werden durch Wind, Kälte, Geräusche, Druck, Licht, Augenbewegungen, Hochblicken, plötzliches Drehen des Kopfes, Laufen, Lagewechsel und vor dem Essen. Schmerzhafter Blutandrang endet mit Abgang von Urin.

Alopezie nach emotionalem Streß, besonders bei älteren Kindern.

Die Anspannung des Gesichtes kann zu einer wirklichen Grimasse wechseln, wenn sie anfangen zu sprechen und kann zu einer Chorea des Gesichts werden mit Schwierigkeit, Worte von sich zu geben. Wegen des Koordinationsmangels beißen sie sich während sie sprechen oder kauen auf die Zunge und in die Wangen.

Entzündung der Augen, Asthenopie mit Krämpfen der Ziliarmuskeln und neuralgische Schmerzen um die Augen, Glitzern und Zickzacklinien.

Pharyngitis und Tonsillitis sind besser durch Schlucken, durch feste Speisen und Druck. Die Symptome werden durch Flüssigkeiten und zwischen den Schuckakten schlimmer. Halsentzündung, die sich zu den Ohren ausbreitet; follikuläre Tonsillitis.

Mit der Neigung zu Chorea verbunden ist die Tendenz, einen lästigen, reizenden, krampfhaften Husten zu bekommen, der nicht mehr aufhört, sobald er einmal angefangen hat. Dies ist der eine Hustentyp von Ignatia beim gestreßten Kind. Der andere Typ ist eine sehr klare, akute Laryngitis mit einer Tendenz zu Laryngospasmus.

Das Kind kann einige Verdauungsbeschwerden bekommen und *das einfachste Essen wird nicht vertragen, aber es kann die unverdaulichsten Mahlzeiten verdauen.* Bei Neugeborenen ist der Appetit launisch, verhindert den Schlaf und ist verringert, wenn es Zeit zum Essen ist.

Nervöser Schluckauf, schlimmer durch Essen und emotionale Störungen, besonders bei Neugeborenen nach dem Trinken und nachmittags (Hyoscyamus nach Bauchoperation; Stramonium und Veratrum album nach heißen Getränken; Arsenicum album und Pulsatilla nach kalten Getränken; Teucrium marum nach dem Stillen).

Leeres Würgen besser durch Essen.

Hunger und Schwäche im Epigastrium verschlimmern sich um 11 Uhr und Essen bessert nicht.

Die *Diarrhoe* von Ignatia-Kindern wird *durch Emotionen, Furcht und Obst verursacht* und ist schmerzlos oder von Tenesmus begleitet, mit viel Flatus, der sich im Darm bewegt.

Zur Wirkung des Mittels auf das Rektum und den Anus gehören mehrere funktionelle Symptome, die Kinder und Kleinkinder betreffen können: zusammenschnürende Schmerzen im Anus nach Stuhlgang; schneidende Schmerzen im Anus; Prolaps des Rektums beim Stuhlgang; Hämorrhoiden und Fissuren im Anus.

Harninkontinenz bei Kindern; heller und reichlicher Urin.

Akuter Rheumatismus von Kleinkindern, mit Schmerzen, die durch starken Druck besser werden.

Intermittierendes Fieber mit rotem Gesicht und Verlangen nach Getränken im Froststadium; der Frost wird durch äußere Wärme besser.

Ignatia-Kinder sind *nach Kummer schlaflos,* mit vielen Träumen. Sie fahren im Schlaf auf, weinen und knirschen mit den Zähnen.

Träume von Wasser und Wellen, die über sie stürzen, wecken sie auf und sie weinen und zittern.

Klinisches: Hysterie. Krämpfe. Tics. Konvulsionen. Chorea. Epilepsie. Enzephalitis. Kopfschmerzen. Alopezie. Augenentzündung. Pharyngitis. Tonsillitis. Krampfartiger Husten. Laryngospamsus. Atemnot. Verdauungsbeschwerden. Nervöser Schluckauf. Erbrechen. Bulimie. Anorexie. Diarrhoe. Hämorrhoiden. Harninkontinenz. Akuter Rheumatismus von Kleinkindern. Zähneknirschen.

Wirkungsbereich: Zentralnervensystem. Kopf. Augen. Innerer Hals. Kehlkopf. Luftröhre. Lungen. Magen. Abdomen. Rektum. Blase.

* * *

Krankengeschichte; familiäre und persönliche

ALLGEMEINES - Krankengeschichte von; persönliche - Tonsillitis; von wiederkehrender (mtf33/1910)

Entwicklung - schnell

GEMÜT - Frühreife, altkluge Kinder (bl1*/63)

Zahnung - Empfindungen und neurologische Beschwerden

KOPF - Schmerz - Zahnung; während der (k/343)

ALLGEMEINES - *Konvulsionen - Zahnung; während der* (*/1907)

Zahnung - Magendarmsymptome

MAGEN - *Erbrechen - Zahnung; während der* (st/796)

REKTUM - Diarrhoe - Zahnung; während (k/957)

Zahnung - Allgemeines

ZÄHNE - *Zahnung - schwierig* (*/718)

FIEBER - Zahnung; während der (b7a/1781)

Stillen - Gemütssymptome

GEMÜT - *Essen - weigert sich zu* (k/53)

Stillen - Milch

ALLGEMEINES - *Speisen und Getränke - Milch - Abneigung* (*/2000)
- Speisen und Getränke - Milch - agg. (*/2001)
  - » Milch - Verlangen - warme (sne/2001)

Stillen - Magendarmsymptome - Appetit - allgemein

MAGEN - **Appetit - launischer Appetit** (*/770)

Stillen - Magendarmsymptome - Appetit - vermindert

MAGEN - *Appetit - fehlend* (*/767)
- Appetit - fehlend - Hunger, mit (b2/768)
  - » *schnelle Sättigung* (*/770)
  - » vermindert (*/772)
  - » vermindert - Essenszeit, zur (*/773)

Stillen - Magendarmsymptome - Appetit - vermehrt

MAGEN - Appetit - Genuß, ohne (k/769)
- *Appetit - Heißhunger* (*/769)
  - » *Heißhunger - nachts* (k/769)
  - » Heißhunger - Schweiß, mit (bg2/770)
  - » unstillbar (mrr1/770)
  - » *vermehrt* (*/770)
  - » *vermehrt - nachts* (*/771)
  - » vermehrt - begleitet von - Übelkeit (bro1/771)
  - » vermehrt - Schwäche, mit (bg2/772)

Stillen - Magendarmsymptome - Aufstoßen - Speisen; von

MAGEN - Aufstoßens; Art des - Speisen; von (*/780)
- Aufstoßens; Art des - Speisen; von - bitter schmeckend (b7/780)
  - » *Speisen; von - Essen - nach - agg.* (b7/780)

Stillen - Magendarmsymptome - Aufstoßen - Wasser; Hochsteigen von

MAGEN - *Aufstoßens; Art des - Wasser in den Mund; Hochsteigen von* (*/781)
- Aufstoßens; Art des - Wasser in den Mund; Hochsteigen von - bitter (bg1/781)

Stillen - Magendarmsymptome - Schluckauf

MAGEN - *Schluckauf - Essen - nach - agg.* (*/810)
- *Schluckauf - Kindern; bei* (st1/810)
  - » *Trinken - nach - agg.* (*/811)

Stillen - Magendarmsymptome - Abdomen - agg. durch

ABDOMEN - *Schmerz - Kindern; bei - Säuglingen; bei - krampfartig* (hr*/888)
• Schmerz - Liegen - Seite; auf der - agg. (^/889)

Stillen - Allgemeines

GESICHT - *Schweiß - Essen - agg.* (*/629)
• Schweiß - Essen - nach - agg. (ptk1/629)
SCHWEISS - Essen - beim - agg. (*/1786)
• *Essen - beim - amel.* (*/1786)
» nach - amel. (bg2/1786)
ALLGEMEINES - Säuglinge (kk2/1944)

Infektionskrankheiten - Masern

HUSTEN - Masern - nach (*/1202)
• Trocken - Masern, nach (k/1209)
FIEBER - Ausschlagsfieber; Fieber bei Ausschlagserkrankungen - Masern (*/1770)
HAUT - Hautausschläge - Masern (*/1817)
ALLGEMEINES - Masern - Beschwerden nach (*/1920)

Infektionskrankheiten - Mumps

GESICHT - Schmerz - Parotis (^/626)
• Schmerz - Parotis - Schlucken agg. (^/627)
» Parotis - Schlucken agg. - stechend (k/627)
» Parotis - stechend (*/627)
• *Schwellung - Parotis* (*/631)
• Verhärtungen - Parotis (k/634)
» Parotis - rechts (k/634)

Infektionskrankheiten - Keuchhusten

HUSTEN - Keuchhusten (*/1197)
• Keuchhusten - heftig (ptk1/1198)
» Krampfstadium, im (ptk1/1198)

Konstitution - Aggressivität

GEMÜT - *Zorn - Tadel, durch - andere getadelt werden; wenn er hört, daß* (j5/255)

Konstitution - Angst und Furcht

GEMÜT - Angst - hypochondrisch (j5/11)
• Beeindrucken, empfänglich für Eindrücke; leicht zu (lmj*/19)
• **Beschwerden durch - Erwartungsspannung** (bg2*/23)
» *Schreck* (*/25)
• Erwartungsspannung - Lampenfieber (bnt/53)
• Feigheit (*/59)
• *Furcht - Ärzten, vor* (vh*/65)
» *engen Räumen; in* (vh*/67)
» Geräusche, durch (bro1/69)
» voller Furcht (gt/79)
• *Furchtlos* (a1/80)
• *Mutig* (*/133)
• Schreckliches und traurige Geschichten greifen sie stark an (*/156)
• *Vorsichtig* (ptk1/205)

Konstitution - Allgemeines

GEMÜT - *Beschwerden durch - Heimweh* (bro1/24)
• *Empfindlich - Kinder* (k13/44)
• *Entmutigt* (*/46)
• Faulheit (*/55)
• **Gewissenhaft, peinlich genau in bezug auf Kleinigkeiten** (*/99)
• **Heimweh** (*/107)
• Kleinigkeiten, Trivialitäten - wichtig; scheinen (ptk1/115)
• *Milde* (*/130)
• Nachgiebigkeit (k2*/134)
• Pflicht - zu viel Pflichtgefühl (lmj/136)
• Reisen - amel. (vh*/142)
» *Verlangen nach* (g*/142)
• Selbstsucht, Egoismus (k/161)
• Selbstvertrauen - Mangel an Selbstvertrauen (k/161)
• **Sorgen; voller** (bg2*/164)
• Sorgsamkeit, Sorgfalt (bg2/165)
• **Spontan, impulsiv** (br1*/166)
• **Stimmung, Laune - veränderlich** (*/171)
» veränderlich - Kindern; bei (mtf33/171)
• Unaufmerksam (bg2/189)
• *Ungerechtigkeit; erträgt keine* (lmj*/191)
• Unternehmen; etwas - Vieles, hält aber bei nichts durch, bleibt nicht dabei; unternimmt (gl1/193)
• Unzufrieden (*/194)
• Verantwortung - ernst; nimmt seine Verantwortung zu (sys*/195)
• **Verwegenheit** (gl1/199)
• Weinen - amel. (*/245)
» Erregung, durch (k2/245)
» Geräusch, bei (k/245)
» *Kindern; bei* (j5/246)
» *Kindern; bei - Säuglingen; bei* (gg/246)
» Musik; durch (sf1/247)

Familie; Beziehung zur - Aggressivität

GEMÜT - *Beschwerden durch - Bevormundung - lange Zeit, für* (mtf/22)
• *Streitsüchtig - Familie, mit ihrer* (mrr1/173)

Familie; Beziehung zur - Liebe und Zuneigung

GEMÜT - *Beschwerden durch - Eifersucht* (b2/22)
• Beschwerden durch - Uneinigkeit, Zwietracht - Eltern; zwischen den eigenen (gy/26)
• Eifersucht (*/40)
» Kinder - Neugeborene alle Aufmerksamkeit erhält; wenn das (hr1/40)
• Furcht - entfernt vom Zuhause; wenn (vh*/67)
• *Liebevoll, voller Zuneigung, herzlich* (*/125)
• *Verlassen zu sein; Gefühl* (mtf/198)

Familie; Beziehung zur - Vorwürfe

GEMÜT - Beschwerden durch - Bestrafung (bg2*/22)
- *Beschwerden durch - Tadel* (*/25)
  - » *Vorwürfe* (ptk1/26)
- *Empfindlich - Vorwürfe; gegen* (c1/45)
- *Ermahnungen - agg.* (mtf/47)
  - » agg. - freundliche; selbst (b7/47)
- Weinen - Ermahnung, durch (k/245)
  - » verweigert wird; wenn etwas (k/248)
  - » Vorhaltungen gemacht werden; wenn ihm (k/248)

Beziehung zu anderen - Aggressivität

GEMÜT - Empfindlich - Streitigkeiten; gegen (hr1/45)
- *Herausfordernd* (bg2*/107)
- *Schlagen* (*/154)
  - » Kindern; bei (mtf33/154)
- Spotten (b7/166)
  - » andere würden ihn verspotten; glaubt (gl1/166)
- **Streitsüchtig** (*/173)
- **Zorn - Widerspruch, durch** (*/255)

Beziehung zu anderen - Reaktion auf andere

GEMÜT - Antworten - Abneigung zu antworten (bro1/14)
- *Antworten - unfähig zu antworten* (^/15)
- *Beschwerden durch - Scham* (kr1*/24)
- **Gesellschaft - Abneigung gegen** (*/94)
  - » *Verlangen nach* (*/95)
- *Schüchternheit, Zaghaftigkeit* (*/158)
- **Trost - agg.** (*/188)
  - » **agg. - Mitleid, Mitgefühl agg.** (ptk1*/188)
- **Untröstlich** (lmj/193)
- Weinen - angesprochen; wenn (k/245)
  - » Liebkosungen, durch (k/246)
  - » Trost - agg. (k/248)
  - » Trost - möchte nicht getröstet werden (pe/248)
  - » Widerspruch, durch (k/248)
- Widerspenstig (*/249)
- Widerspruch - Neigung zu widersprechen (*/249)
  - » **verträgt keinen Widerspruch** (*/249)
  - » verträgt keinen Widerspruch - Kindern; bei (mtf33/249)

Beziehung zu anderen - allgemein

GEMÜT - Argwöhnisch, mißtrauisch (bg2*/16)
- Beleidigt, leicht (al*/20)
- *Furcht - Räubern, vor* (*/74)
- *Geheimnistuerisch, verschlossen* (*/87)
- *Mitgefühl, Mitleid* (*/130)
- *Sprache - hastig, eilig* (*/167)
- Tadelsüchtig, krittelig (*/178)
- Tadelt andere (k/179)
- *Tadelt sich selbst, macht sich Vorwürfe* (*/179)
- Unverschämtheit (b7/193)
- Weinen - allein, wenn (vh/245)

Schule - Angst

GEMÜT - **Beschwerden durch - Erwartungsspannung** (bg2*/23)
- Selbstvertrauen - Mangel an Selbstvertrauen (k/161)

REKTUM - Diarrhoe - Erregung, Aufregung agg. (b7a/952)
- Diarrhoe - nervös, Gemütsbewegungen agg. (bg3*/955)

Schule - Konzentration

GEMÜT - Unaufmerksam (bg2/189)

Schule - Lernen - allgemein

GEMÜT - Dyslexie (mtf/40)

Schule - Lernen - Schreiben

GEMÜT - Fehler; macht - Schreiben, beim (*/57)
- Fehler; macht - Schreiben, beim - Gedanken; durch schnelle (h1*/57)
  - » *Schreiben, beim - Hast, durch* (gsd1*/57)
- Schreiben - Unfähigkeit zu (k/156)
  - » Unfähigkeit zu - schnell zu schreiben wie sie möchte, mit ängstlichem Verhalten, sie macht Fehler; Unfähigkeit, so (kr1/156)

Schule - Anstrengung; geistige

KOPF - *Schmerz - Aufmerksamkeit; durch zu angestrengte* (*/315)
- *Schmerz - geistige Anstrengung - agg.* (*/328)
  - » Lesen, beim - agg. (*/332)
  - » Lesen, beim - amel. (k/332)

Schule - Beziehung zu anderen

GEMÜT - *Beschwerden durch - Scham* (kr1*/24)

MUND - Sprache - stotternd (bg2/688)

Schule - Vorwürfe

GEMÜT - Beschwerden durch - Bestrafung (bg2*/22)
- *Beschwerden durch - Tadel* (*/25)
  - » *Vorwürfe* (ptk1/26)
- *Empfindlich - Vorwürfe; gegen* (c1/45)
- *Ermahnungen - agg.* (mtf/47)
  - » agg. - freundliche; selbst (b7/47)
- Weinen - Ermahnung, durch (k/245)

ALLGEMEINES - **Konvulsionen - Bestrafung, nach** (*/1901)

Schule - Konstitution

GEMÜT - *Eigensinnig, starrköpfig, dickköpfig* (*/41)
- **Gewissenhaft, peinlich genau in bezug auf Kleinigkeiten** (*/99)
- Hast, Eile - Schreiben; beim (mtf33*/105)
- Kleinigkeiten, Trivialitäten - wichtig; scheinen (ptk1/115)

- Selbstvertrauen - Mangel an Selbstvertrauen (k/161)
- Unternehmen; etwas - Vieles, hält aber bei nichts durch, bleibt nicht dabei; unternimmt (gl1/193)
- Verantwortung - ernst; nimmt seine Verantwortung zu (sys*/195)

Spielen

GEMÜT - *Amüsement, Vergnügen - Abneigung gegen* (hr1*/4)
- Spielen - Verlangen zu spielen (bg/166)
- Tanzen (bg2*/179)
- Verspielt (bg2/199)

Tieren; Beziehung zu

GEMÜT - Furcht - Hühnern; vor (sej2*/71)
- Furcht - Spinnen, vor (bng/75)
- Tiere - liebt Tiere, Tierliebe (^/180)

Nonverbales - Aggressivität

GEMÜT - Beißen (bg2/20)
- *Destruktivität, Zerstörungswut* (^/38)
  - » *Kleidern, von* (k/39)
- Reißt an etwas - Gegenstände; zerreißt (k/142)
- *Stoßen, treten, austreten* (^/172)
- Wirft mit Gegenständen um sich (^/250)
  - » Personen; nach (pcr/250)

Nonverbales - Reaktion auf andere

GEMÜT - Berührtwerden - Abneigung berührt zu werden (ptk1/21)
- Furcht - berührt zu werden (ptk1/66)
  - » Fremden; vor (bg2/68)
  - » *Näherkommen, Annäherung von; vor - anderen, von* (*/74)
  - » Näherkommen, Annäherung von; vor - anderen, von - Kinder können es nicht ertragen, daß ihnen jemand nahe kommt (fyz/74)
- Näherkommen, auf ihn Zukommen von Personen - Abneigung gegen (ptk1/134)
  - » agg. (bg2/134)

Nonverbales - Gesten, Gebärden

GEMÜT - Berühren, anfassen; etwas - Verlangen, etwas zu berühren, anzufassen - alles berühren, anfassen; muß (^/21)
- Berühren, anfassen; etwas - Verlangen, etwas zu berühren, anzufassen - alles berühren, anfassen; muß - Kindern; bei (lmj/21)
- Gesten, Gebärden; macht - Tics; nervöse (mrr1/99)
- Grimassen (bg2*/103)
  - » sonderbare Gesichter; schneidet (sf/103)
- Lachen - Ernstes, über (*/120)
- *Launenhaftigkeit, launisch* (*/123)
  - » weist Dinge zurück, die er haben wollte, sobald er sie bekommt (j5/123)
- *Ungeschicklichkeit* (b7/192)
- *Verstecken - sich* (hr1*/199)

Nonverbales - Allgemeines

GEMÜT - *Eigensinnig, starrköpfig, dickköpfig* (*/41)
- Hast, Eile - Schreiben; beim (mtf33*/105)
- Impertinenz, Unverschämtheit (j/112)
- Possen, spielt (b7/137)
  - » Kindern; bei (bt/138)
- *Schreien - Kindern, bei* (*/157)

Nonverbales - Konsultation; bei der

AUGE - *Entzündung - Kindern; bei - Kleinkindern; bei* (k/429)

OHR - Entzündung - Mittelohr - Kindern; bei (mtf11/501)
- Katarrh - Eustachische Röhre (bnt/515)

HÖREN - Schwerhörig - Tubenkatarrh (sne/537)

GESICHT - Schwellung - Unterkieferdrüsen (*/631)

MUND - *Papillen - aufgerichtet* (kr1*/669)
- Zittern der Zunge - Herausstrecken, beim (*/692)

INNERER HALS - **Aphthen** (k/721)
- Belag - Tonsillen (k/721)
  - » Tonsillen - rechts (k/721)
- *Entzündung - Tonsillen* (*/724)
- Schwellung - Tonsillen (*/747)

ÄUSSERER HALS - Schwellung - Halsdrüsen (*/760)

REKTUM - Hautausschläge - Anus; um den (*/964)
- Prolaps - Kindern; bei (h1*/971)

HAUT - *Intertrigo* (*/1825)
- Wundliegen - Kindern; bei (*/1837)

Nonverbales - Äußerliches - Beobachtungen des Arztes

AUGE - *Verklebt* (*/472)

NASE - Zupfen - Nase, an der (sne/578)

GESICHT - Hautausschläge - Akne (c2/595)
- *Rissig - Lippen* (*/613)
  - » Mundwinkel (lp/614)

ÄUSSERER HALS - Torticollis (bro1*/761)

ATMUNG - Asthma, asthmatische Atmung - Kindern; bei (hr1/1162)
- *Beschleunigt* (*/1174)

HUSTEN - Anfallsweise - Anfälle folgen schnell aufeinander (br1/1186)

RÜCKEN - *Opisthotonus* (*/1325)

SCHLAF - Gähnen - Kindern, bei (j5/1678)

ALLGEMEINES - **Aussehen - dunkel** (*/1854)
- Magere Personen (*/1919)

Nonverbales - Äußerliches - Beobachtungen der Eltern

AUGE - Verklebt - morgens (a1/472)

MUND - **BEISST - WANGEN; SICH IN DIE - SPRECHEN ODER KAUEN; BEIM (*/640)**

• **Beisst - Zunge; beisst sich auf die** (*/640)
» **Zunge; beißt sich auf die - Kauen agg.** (kr1*/640)

Zähne - Zähneknirschen (*/718)
• Zähneknirschen - Frost; während (bg2/718)

Magen - Gluckern; Gurgeln (tl1/802)
• **Schluckauf** (*/809)
» *Essen - nach - agg.* (*/810)
» *Kindern; bei* (st1/810)
» *Trinken - nach - agg.* (*/811)
» Trinken - nach - Wasser; von - agg. (b7a/811)

Abdomen - *Schmerz - Kindern; bei - Säuglingen; bei - krampfartig* (hr*/888)
• Schmerz - Liegen - Seite; auf der - agg. (^/889)

Rektum - Unwillkürlicher Stuhl (*/984)
• Unwillkürlicher Stuhl - Flatus agg.; Abgang von (*/985)

Blase - **Urinieren - Harndrang - plötzlich - beeilen um zu urinieren, sonst geht Urin ab; muß sich** (b7a/1015)
• Urinieren - unwillkürlich - Husten; agg. beim (*/1020)
» unwillkürlich - Lachen agg. (bro1/1020)

Atmung - *Schnarchen* (*/1180)

Schweiss - Essen - beim - agg. (*/1786)
• *Essen - beim - amel.* (*/1786)
» nach - amel. (bg2/1786)

Nacht; Beobachtungen in der - Gemütssymptome

Gemüt - Schlafwandeln (*/154)
• Schreien - Kindern, bei - Erwachen, beim (^/157)
» Kindern, bei - Erwachen, beim - Zittern; mit (ptk1*/157)
» *Kindern, bei - Schlaf, im* (hr1*/157)
• Sprechen - Schlaf; im (*/169)
• *Weinen - Wimmern, Winseln - Schlaf, im* (b7/248)

Nacht; Beobachtungen in der - körperliche Symptome

Mund - Offen - Schlaf; agg. im (k/669)

Zähne - *Zähneknirschen - Schlaf; agg. im* (*/718)

Magen - Schluckauf - Schlaf; agg. im (ptk1/811)

Blase - Urinieren - unwillkürlich - nachts (*/1019)
• Urinieren - unwillkürlich - nachts - spasmodisches Bettnässen (k/1019)

Nacht; Beobachtungen in der - Schlaf

Schlaf - *Erwachen - Schreck, wie durch* (b7/1675)
• Ruhelos - Kindern, bei (hr1*/1685)

Nacht; Beobachtungen in der - Schlaf; Lage im

Schlaf - Lage - Abdomen, auf dem (*/1682)
• Lage - Arme - Abdomen, auf dem (bg2/1682)
» Arme - Kopf - unter dem Kopf (*/1682)
» Hände - Kopf - über dem - eine Hand - eine Hand unter dem Kopf (j5/1682)
» Hände - Kopf - unter dem (b7/1682)
» Kopf - hinten gebeugt; nach (*/1682)
» *Rücken, auf dem* (*/1683)
» Rücken, auf dem - Arme - Kopf; liegen über dem - linke Arm liegt über dem Kopf; der (h*/1683)
» Rücken, auf dem - Hände - flach unter dem Hinterkopf (k/1683)
» Seite, auf der - rechten Seite, auf der (vh/1683)
» *verändert häufig die Lage* (j5/1683)

Schaukeln und Getragenwerden

Gemüt - Getragen - Verlangen getragen zu werden (k/99)

Autos und Schiffe

Kopf - *Schmerz - Fahren - Wagen, im - agg.* (k/326)

Allgemeines - Fahren - Wagen; mit dem - agg. (*/1877)

Psychosomatische Störungen

Rektum - Diarrhoe - Erregung, Aufregung agg. (b7a/952)
• Diarrhoe - nervös, Gemütsbewegungen agg. (bg3*/955)

Allgemeines - **Konvulsionen - Bestrafung, nach** (*/1901)
• **Konvulsionen - Schreck agg.** (*/1906)

Körperliche Symptome und Erkrankungen

Kopf - Entzündung - Gehirn (mrr1/284)
• Entzündung - Hirnhaut (mtf11/284)
• Hydrozephalus (b7/295)
• Schmerz - katarrhalisch (*/331)

Nase - Katarrh - gefolgt von - Stirnhöhlen; Beschwerden der (bro1/553)

Zähne - Schmerz - Kindern; bei (k/708)

Innerer Hals - Räuspert käsige Klumpen herauf (bg1/732)

Magen - *Langsame Verdauung* (bro1/805)
• Würgen - Husten, mit (k/846)

Kehlkopf und Trachea - **Laryngismus stridulus** (*/1145)

Allgemeines - *Arzneimittel - heftige Reaktion auf homöopathische Arzneimittel* (b7/1852)
• Essen - Überessen; agg. nach (bg2/1877)
• *Kindern; Beschwerden von* (*/1897)
• Konvulsionen - Hitze; während (bg2*/1904)
» *Kindern, bei* (*/1905)
» **Kindern, bei - Kleinkindern, bei** (bg2*/1905)
• Pubertät - Beschwerden während der (c1/1934)

Chirurgisch pathologische Zustände

ABDOMEN - Hernie - Leistenhernie (b2/868)

Würmer

REKTUM - Jucken - Askariden, durch (k/965)
• Würmer - Beschwerden durch Würmer (*/985)
» Beschwerden durch Würmer - Bandwürmer (b2/986)
» *Beschwerden durch Würmer - Kindern; bei* (vh*/986)
» *Beschwerden durch Würmer - Madenwürmer* (*/986)
» Beschwerden durch Würmer - Spulwürmer (bro1*/986)

ALLGEMEINES - *Konvulsionen - Würmer, durch* (*/1907)

Ignis alcoholis

ignis-alc.

Es zeigten sich während der Prüfung *einige Gemütssymptome*, die bei Kindern, die dies Mittel benötigen, häufig anzutreffen sind: erhöhter Ehrgeiz, Zorn bei Widerspruch, Verwegenheit, Kritiksucht, Sauberkeitswahn, Abneigung gegen Gesellschaft, ist gewissenhaft in Bezug auf Kleinigkeiten, verträgt keinen Widerspruch, ist mutig, grausam (besonders gegenüber Katzen), herrschsüchtig (Machtliebe), egotistisch, pedantisch, fürchtet sich vor engen Orten und Gewittern, haßt Katzen, erträgt keine Ungerechtigkeit, liebt die Natur, ist eigensinnig, macht anderen Vorwürfe, ist selbstsüchtig, schreckt auf, wenn er angesprochen wird, wirft mit Gegenständen um sich, möchte nicht berührt werden und ist ohne Mitgefühl.

Es sind *sehr stolze* Patienten, wie es die folgende Rubrik zeigt: „Gemüt - Tod - wünscht sich den Tod, möchte sterben - entehrt zu werden; statt".

Der Appetit ist vermehrt, besonders während des Schwitzens (das durch Essen gebessert wird) und zusammen mit Schwäche.

Es ist interessant festzustellen, daß dieses Mittel (verbrannter Alkohol) *einige Symptome zeigt, die sich auf Feuer beziehen:* „Gemüt - Wahnideen - Feuer"; „Gemüt - Wahnideen - Feuer - Visionen von"; „Gemüt - Wahnideen - Feuer - Welt steht in Flammen; die"; „Gemüt - Feuer - nahe dem Feuer sein; Verlangen" und „Träume - Feuer - Welt steht in Flammen; die".

Klinisches: Verhaltensstörungen.

Wirkungsbereich: Gemüt. Magen.

* * *

Stillen - Magendarmsymptome - Appetit - vermehrt

MAGEN - Appetit - vermehrt - Schwäche, mit (es2/772)
• Appetit - vermehrt - Schweiß - beim (es2/772)

Stillen - Allgemeines

SCHWEISS - Essen - amel. (es2/1786)

Konstitution - Angst und Furcht

GEMÜT - Furcht - engen Räumen; in (es2/67)
• Furcht - Gewitter; vor (es2/70)
• Mutig (es2/133)

Konstitution - Allgemeines

GEMÜT - Ehrgeiz - erhöht, vermehrt, sehr ehrgeizig (es2/40)
• Gewissenhaft, peinlich genau in bezug auf Kleinigkeiten (es2/99)
• Heikel, pingelig (es2/106)
• Sauberkeit, Reinlichkeit - Reinlichkeitswahn, Putzwut (es2/153)
• Selbstsucht, Egoismus (es2/161)
• Ungerechtigkeit; erträgt keine (es2/191)
• Verwegenheit (es2/199)

Beziehung zu anderen - Aggressivität

GEMÜT - Grausamkeit (^/103)
• Zorn - Widerspruch, durch (es2/255)

Beziehung zu anderen - Reaktion auf andere

GEMÜT - Gesellschaft - Abneigung gegen (es2/94)
• Widerspruch - verträgt keinen Widerspruch (es2/249)

Beziehung zu anderen - allgemein

GEMÜT - Ichbezogenheit, Selbstüberhebung (es2/111)
• Tadelsüchtig, krittelig (es2/178)
• Tadelt andere (es2/179)
• Unbarmherzig (es2/189)

Schule - Konstitution

GEMÜT - Eigensinnig, starrköpfig, dickköpfig (es2/41)
• Gewissenhaft, peinlich genau in bezug auf Kleinigkeiten (es2/99)
• Heikel, pingelig (es2/106)

Tieren; Beziehung zu

GEMÜT - Grausamkeit - Katzen; gegenüber (es2/103)
• Haß - Katzen; auf (es2/104)
• Natur - liebt (es2/134)

Nonverbales - Aggressivität

GEMÜT - Diktatorisch (^/39)
• Diktatorisch - Machtliebe (es2/39)
• Wirft mit Gegenständen um sich (^/250)

Nonverbales - Reaktion auf andere

GEMÜT - Berührtwerden - Abneigung berührt zu werden (es2/21)

Nonverbales - Gesten, Gebärden

GEMÜT - Auffahren, Zusammenfahren - angesprochen wird; wenn er (es2/17)

Nonverbales - Allgemeines

GEMÜT - Eigensinnig, starrköpfig, dickköpfig (es2/41)

Indigo tinctoria

indg.

Nützlich bei Beschwerden durch *Würmer* (Spulwürmer oder Madenwürmer) und mit Melancholie. Das Kind wird nachts von schrecklichem Jukken des Anus und intensiven Schmerzen in der Nabelgegend geweckt.

Kinder, die Indigo benötigen, sind *traurig, schüchtern,* betrübt, haben Angst vor Fremden, sind *unzufrieden*, faul und mild. Sie haben Abneigung gegen Gesellschaft.

Sie sprechen im Schlaf und schrecken aus dem Schlaf auf.

Ausgeprägte Wirkung auf das Nervensystem und von zweifellosem Nutzen bei der Behandlung epileptiformer Spasmen und Konvulsionen, die eine Folge der Reizung durch Würmer zu sein scheint. Schreck ist eine weiterer Ursache für Konvulsionen.

Hydrozephalus.

Hautausschläge können das Gesicht befallen (Akne) und die Halsgegend (Furunkel).

Kinder haben Appetitmangel und Schluckauf besonders nach dem Mittagessen.

Weitere körperliche Symptome des Mittels sind Nierenentzündungen und *Anfälle von Keuchhusten, der Nasenbluten auslösen kann.*

Klinisches: Konvulsionen. Hydrozephalus. Hautausschläge. Nierenentzündung. Keuchhusten. Nasenbluten. Würmer.

Wirkungsbereich: Zentralnervensystem. Haut. Nieren. Nase. Rektum.

* * *

Stillen - Magendarmsymptome - Appetit - vermindert

MAGEN - Appetit - fehlend (k/767)

Stillen - Magendarmsymptome - Schluckauf

MAGEN - Schluckauf - Mittagessen - nach - agg. (*/811)

Infektionskrankheiten - Keuchhusten

NASE - Nasenbluten - Keuchhusten - nach einem Anfall von Keuchhusten (k/557)

HUSTEN - Keuchhusten (k/1197)

Konstitution - Allgemeines

GEMÜT - Faulheit (k/55)
- *Milde* (*/130)
- Unzufrieden (k/194)

Beziehung zu anderen - Reaktion auf andere

GEMÜT - Gesellschaft - Abneigung gegen (^/94)

Nonverbales - Konsultation; bei der

RÜCKEN - Hautausschläge - Furunkel - Zervikalregion (k/1317)

Nonverbales - Äußerliches - Beobachtungen des Arztes

GESICHT - Hautausschläge - Akne (c2/595)

Nonverbales - Äußerliches - Beobachtungen der Eltern

MAGEN - Schluckauf (*/809)
- Schluckauf - Mittagessen - nach - agg. (*/811)

Nacht; Beobachtungen in der - Gemütssymptome

GEMÜT - Sprechen - Schlaf; im (k/169)

Nacht; Beobachtungen in der - Schlaf

SCHLAF - *Erwachen - Schreck, wie durch* (j5/1675)

Psychosomatische Störungen

ALLGEMEINES - **Konvulsionen - Schreck agg.** (*/1906)

Körperliche Symptome und Erkrankungen

KOPF - Hydrozephalus (k/295)

NIEREN - Entzündung (k/1023)

Würmer

REKTUM - Jucken - Askariden, durch (c1/965)
- Würmer - Beschwerden durch Würmer (bg2*/985)
  - » Beschwerden durch Würmer - Madenwürmer (*/986)
  - » Beschwerden durch Würmer - Spulwürmer (bro1*/986)

ALLGEMEINES - *Konvulsionen - Würmer, durch* (bg2*/1907)

Indium metallicum

ind.

Kinder, die Indium metallicum benötigen, haben oft Risse in den Mundwinkeln.

Ruhelosigkeit, wenn es versucht zu lernen (das Kind kann nicht stillsitzen, muß herumgehen) und *Stumpfheit beim Lesen* sind typisch.

Zu weiteren Gemütssymptomen zählen Zorn durch Widerspruch, Angst vor hochgelegenen und vor engen Orten, Faulheit und Unaufmerksamkeit.

Bauchschmerzen werden durch Liegen auf dem Bauch besser. Das Rektum leidet unter unwillkürlichem Stuhlgang (oft mit unverdautem Stuhl) und *Prolaps*.

Klinisches: Bauchschmerzen. Unwillkürlicher Stuhl. Prolaps des Rektums.

Wirkungsbereich: Abdomen. Rektum.

* * *

Stillen - Magendarmsymptome - Appetit - vermindert

MAGEN - Appetit - fehlend (k/767)

Stillen - Magendarmsymptome - Appetit - vermehrt

MAGEN - Appetit - Heißhunger (k/769)
• Appetit - vermehrt (k/770)

Stillen - Magendarmsymptome - Abdomen - amel. durch

ABDOMEN - Schmerz - Liegen - Abdomen; auf dem - amel. (k/889)

Infektionskrankheiten - Keuchhusten

NASE - *Nasenbluten - Keuchhusten* (bro1/557)

BRUST - Blutung der Lungen - Husten - mit - Keuchhusten (bro1/1230)

Konstitution - Angst und Furcht

GEMÜT - Furcht - engen Räumen; in (stj2/67)
• Furcht - hochgelegenen Orten; vor (stj2/71)

Konstitution - Allgemeines

GEMÜT - Faulheit (kr1/55)
• Unaufmerksam (hr1*/189)

Beziehung zu anderen - Aggressivität

GEMÜT - Zorn - Widerspruch, durch (stj2/255)

Schule - Konzentration

GEMÜT - Stumpfheit - Lesen (k/175)
• Unaufmerksam (hr1*/189)

Schule - Lernen - Lesen

GEMÜT - Stumpfheit - Lesen (k/175)

Nonverbales - Aggressivität

GEMÜT - Spucken (vml3/170)

Nonverbales - Konsultation; bei der

REKTUM - Prolaps - Kindern; bei (hr1/971)

Nonverbales - Äußerliches - Beobachtungen des Arztes

GESICHT - Hautausschläge - Akne (bro1/595)
• Rissig - Mundwinkel (*/614)

Nonverbales - Äußerliches - Beobachtungen der Eltern

ABDOMEN - Schmerz - Liegen - Abdomen; auf dem - amel. (k/889)

REKTUM - Unwillkürlicher Stuhl (hr1/984)

STUHL - Unverdaut (*/999)

Iodium

iod.

Die Mehrzahl der Iodium-Kinder sind dunkelhaarig, dunkeläugig, dunkelhäutig und haben einen großen Kopf mit Kopfschuppen. Das Gesicht neigt dazu, gerötet zu sein, der Gesichtsausdruck ist ängstlich, die Erscheinung aufgeregt und zittrig. Es kann zu Zuckungen des Gesichtes kommen. Die Augen sind weit geöffnet und starren. Das Kind sieht wie „ein alter Mensch" aus.

Es sind sehr *dünne* Kinder, die sogar abgemagert aussehen, mit *vergrößerten Lymphknoten.* Sie *bleiben nie still*, sind immer in Bewegung, gehen herum, sind zappelig, ruhelos und hyperaktiv (Differentialdiagnose: Arsenicum iodatum, Tarentula, Tuberculinum, Veratrum album, Zincum). Die Schilddrüse kann vergrößert sein; die Halsdrüsen können verhärtet und geschwollen sein.

Diese Kinder sind eindeutig *reizbar*, was für Iodium charakteristisch ist. Sie sind auch erregbar, impulsiv und destruktiv. Sie spielen glücklich und zufrieden mit anderen Kindern und plötzlich, ohne sichtbaren Grund, werden sie gewalttätig. Sehr oft spielen sie glücklich und zufrieden mit dem Bruder oder der Schwester und plötzlich greifen sie einen Gegenstand und schlagen ihren Spielkameraden.

Nach einem solchen Anfall von Reizbarkeit ist das Kind außerordentlich niedergeschlagen, nicht weinerlich, sondern still und verliert das Interesse an Dingen.

Das Kind weint, wenn es freundlich angesprochen wird, ist schüchtern und mitfühlend, hat Abneigung gegen Gesellschaft, erträgt es nicht, angesehen zu werden, hat einige Ängste (vor Ärzten, Versagen, hochgelegenen Orten, engen Orten, Wasser, Berührung, Fremden) und ist leicht zu beeindrucken. Manchmal kann das Kind streitsüchtig sein, überkritisch, selbstsüchtig und schnell beleidigt. Konzentrationsschwierigkeiten, besonders beim Lernen und Lesen.

Diese Kinder haben gewöhnlich *Heißhunger;* sie sind vor und zwischen den Mahlzeiten hungrig.

Sie werden völlig erschöpft, wenn sie längere Zeit keine Mahlzeit zu sich nehmen und neigen dazu, *Kopfschmerzen durch Hunger* zu bekommen.

Obwohl diese Kinder gut essen, nehmen sie nie zu. Sie bleiben dünn, erscheinen abgemagert und können sogar abnehmen.

Iodium kann auch verschrieben werden bei *Erkrankungen von Kindern, die zu schnell wachsen.*

Milch ist ein Problem: Abneigung, Verschlimmerung, Erbrechen und Diarrhoe können nach dem Trinken von Milch einsetzen.

Empfindlichkeit gegen Hitze jeder Art: heiße Zimmer, Sonnenhitze, heißes Feuer, heiße Bäder; und jede Art von Hitze verschlimmert den Zustand eines Kindes, das Iodium benötigt.

Die Haut leidet oft an verschiedenen Hautkrankheiten: Masern, Scharlach, Akne, Ekchymosen, Furunkel, herpetische geschwürige Hautausschläge und Erysipel.

Sie bekommen akute Infektionen der Nase, die dazu neigen, sich in die Stirnhöhlen auszubreiten. In der Folge entwickelt sich eine reizende, wäßrige Absonderung und ein Verstopfungsgefühl an der Nasenwurzel. Oft kommt es zur Schwellung an der Nasenwurzel, die empfindlich ist, wenn man sie drückt.

Bei Schnupfen ist eine sehr heiße und wäßrige Absonderung vorhanden und eine Neigung zu niesen. Es kann eine Krankengeschichte wiederholter Anfälle dieser Art vorliegen, gefolgt von der Entwicklung typisch asthmatischer Atmung, die im Freien eindeutig bessert wird.

Kinder, die Iodium benötigen, entwickeln eine Art sich ausbreitender katarrhalischer Infektion, die oft zu einem Grad an Taubheit führt, die gewöhnlich mit einem chronischen Katarrh der Eustachischen Röhre in Verbindung gebracht wird.

Ein weiteres Merkmal ist die Beteiligung des Kehlkopfs. Sehr oft heiser und mit schmerzhaftem Kehlkopf, der gegen Druck empfindlich ist. *Akute kruppöse Anfälle* sind enorm schmerzhaft, mit viel Schleim beim Auswurf, manchmal blutstreifig. Einer der eigentümlichen Punkte in Bezug auf diese kruppösen Anfälle ist die Tatsache, daß *das Kind sehr heiß wird, eine intensiv heiße trockene Haut hat und in Panik ist.* Dies kann fälschlicherweise für Krupp gehalten werden, der Arsenicum benötigt; dort ist dasselbe Hitzegefühl vorhanden, Brennen im Kehlkopf, ruhelose Angst, Erstickungsgefühl und Panik. Jedoch wird in einem Fall, der Arsenicum benötigt, der Patient frieren und nur wenig schwitzen, wohingegen ein Kind, daß Iodium benötigt, heiß sein wird, frische Luft will und trokken ist.

Entzündung und Schwellung der Tonsillen mit Belägen. *Adenoide.*

Die speziellen Indikationen für die Anwendung von Iodium sind: trockener, kurzer, bellender Husten mit keuchender, sägender Atmung; Atemnot und Erstickungsgefahr; das Gesicht ist blaß und kalt und das Kind greift sich mit der Hand an Kehlkopf und Hals (Differentialdiagnose: Allium cepa). Der Husten kann den eigentümlich metallischen Klang verloren haben und gedämpft und undeutlich werden. Ständiges Verlangen, die Lage zu verändern. Laryngismus stridulus.

Iodium ist besonders nützlich bei rechtsseitiger Pneumonie mit hoher Temperatur, schwierigem Ausdehnen der Brust, blutgestreiftem Sputum und Abwesenheit von Schmerz trotz der starken Erkrankung.

Neigt dazu, alle möglichen Bauchbeschwerden zu entwickeln, einschließlich Bauchhernie. Besonders häufig ist chronische morgendliche Diarrhoe abgemagerter Kinder.

Wurmleiden (Spulwürmer).

Rheumatische Symptome, typischerweise *akuter Rheumatismus mit heftigen Schmerzen, die durch Bewegung gelindert und durch Hitze verschlimmert werden.* Diese Schmerzen sind gewöhnlich sehr scharf und durchbohrend, und es kann eine Perikarditis mit sehr akuten, scharfen perikardialen Schmerzen vorhanden sein.

Man darf dieses Mittel bei Wachstumsstörungen und bei Knochenkrümmungen nicht vergessen. Es ist besonders angezeigt bei der Tuberkulose schnell wachsender junger Menschen.

Bei Knaben können Kryptorchismus und Hydrozele vorliegen.

Weitere Indikationen: ammoniakalischer Urin bei Kleinkindern; Hydrozephalus; Gehirnentzündung und tuberkulöse Meningitis.

Klinisches: Abmagerung bei Appetit. Ruhelosigkeit. Hyperaktivität. Reizbarkeit. Drüsenschwellungen. Masern. Scharlach. Akne. Ekchymose. Furunkel. Aphthen. Stomatitis. Herpetische, geschwürige Hautausschläge. Erysipel. Sinusitis. Asthma. Laryngitis. Krupp. Tonsillitis. Husten. Laryngismus stridulus. Pneumonie. Bauchbeschwerden. Bauchhernie. Diarrhoe. Würmer. Rheumatische Symptome. Perikarditis. Wachstumsstörungen. Knochenkrümmungen. Kryptorchismus. Hydrozele.

Wirkungsbereich: Gemüt. Drüsen. Haut. Kehlkopf. Luftröhre. Atmung. Lungen. Abdomen. Rektum. Knochen. Herz. Männliche Genitalien.

* * *

Entwicklung - schnell

GEMÜT - Frühreife, altkluge Kinder (lmj/63)

ALLGEMEINES - Wachstum - Längenwachstum; zu schnelles (sf1/2021)

Entwicklung - allgemein

KOPF - Großer Kopf (hr1/289)

Stillen - Milch

MAGEN - *Erbrechen - Milch, nach* (k/794)
- *Erbrochenen; Art des - Milch* (k/798)

REKTUM - Diarrhoe - Milch - agg. (bg1/954)

ALLGEMEINES - Speisen und Getränke - Milch - Abneigung (bg2*/2000)
- Speisen und Getränke - Milch - agg. (stx1/2001)
  - » Milch - amel. (*/2001)

Stillen - Magendarmsymptome - Appetit - allgemein

MAGEN - *Appetit - launischer Appetit* (bg3*/770)
- Appetit - veränderlich (bg1*/770)
  - » *vermehrt - abwechselnd mit - Appetitverlust* (*/771)

Stillen - Magendarmsymptome - Appetit - vermindert

MAGEN - *Appetit - fehlend* (*/767)
- Appetit - fehlend - Hunger, mit (b2/768)
  - » *schnelle Sättigung* (b4a/770)
  - » vermindert (*/772)

Stillen - Magendarmsymptome - Appetit - vermehrt

MAGEN - Appetit - Genuß, ohne (k/769)
- **Appetit - Heißhunger** (*/769)
  - » *Heißhunger - Diarrhoe - bei* (k/769)
  - » **Heißhunger - Essen - nach dem Essen - bald danach** (*/770)
  - » **Heißhunger - Essen - nach dem Essen - drei Stunden danach** (k/770)
  - » Heißhunger - Schweiß, mit (bg2/770)
  - » nagend (h*/770)
  - » **unstillbar** (*/770)
  - » **vermehrt** (*/770)
  - » vermehrt - Erbrechen - mit (bro1/771)
  - » vermehrt - Essen - nach (bg2*/772)
  - » *vermehrt - quälend* (k/772)

Stillen - Magendarmsymptome - Aufstoßen - Wasser; Hochsteigen von

MAGEN - Aufstoßens; Art des - Wasser in den Mund; Hochsteigen von (*/781)
- Aufstoßens; Art des - Wasser in den Mund; Hochsteigen von - Essen - nach - agg. (b4a/781)

Stillen - Magendarmsymptome - Erbrechen

MAGEN - Erbrochenen; Art des - Speisen - Essen - beim - agg. (k/799)

Stillen - Magendarmsymptome - Rektum

REKTUM - Diarrhoe - Kindern, bei (k2*/954)
- Diarrhoe - Kindern, bei - abgemagerten; bei (mrr1*/954)

Stillen - Allgemeines

ALLGEMEINES - **Abmagerung - Heißhunger mit Abmagerung - Kindern; bei** (*/1845)
- **Abmagerung - Heißhunger mit Abmagerung - Kindern; bei - Kleinkindern; bei** (k/1845)
- Säuglinge (mtf33/1944)
- Speisen und Getränke - Fleisch - Verlangen - Kindern, bei (mtf33/1994)

Infektionskrankheiten - Masern

ALLGEMEINES - Masern - Beschwerden nach (j5/1920)

Infektionskrankheiten - Mumps

GESICHT - *Entzündung - Parotis* (bro1/584)
- Schwellung - Parotis - Hautausschlag; nach (k/631)

Infektionskrankheiten - Scharlach

FIEBER - *Scharlach* (b4a/1778)

HAUT - Hautausschläge - Scharlach (b2/1821)

Infektionskrankheiten - Pocken

HAUT - *Hautausschläge - Pocken* (b4a/1819)

Infektionskrankheiten - Keuchhusten

NASE - *Nasenbluten - Keuchhusten* (bro1/557)

HUSTEN - Keuchhusten (b4a/1197)

Konstitution - Angst und Furcht

GEMÜT - *Angst - hypochondrisch* (j5/11)
- **Beeindrucken, empfänglich für Eindrücke; leicht zu** (st*/19)
- Beschwerden durch - Schreck (k/25)
- Feigheit (*/59)
- Furcht - Ärzten, vor (*/65)
  - » engen Räumen; in (stj2/67)
  - » hochgelegenen Orten; vor (stj2/71)
  - » Versagen, Mißerfolg; vor dem (sf1/79)
  - » Wasser, vor (*/79)
- **Schreckliches und traurige Geschichten greifen sie stark an** (gt1*/156)

Konstitution - Allgemeines

GEMÜT - Entmutigt (k/46)
- *Faulheit* (*/55)
- Gewissenhaft, peinlich genau in bezug auf Kleinigkeiten (*/99)
- Heikel, pingelig (k2*/106)
- *Impulse, Triebe; krankhafte - laufen; zu* (*/112)
- Milde (*/130)
- *Reisen - Verlangen nach* (*/142)
- Selbstlosigkeit (gl1/161)
- Selbstvertrauen - Mangel an Selbstvertrauen (k/161)
- *Sorgen; voller* (vh*/164)
- *Sorgsamkeit, Sorgfalt* (*/165)
- Spontan, impulsiv (k2*/166)
- Stimmung, Laune - veränderlich (*/171)
- Unzufrieden (*/194)

Familie; Beziehung zur - Liebe und Zuneigung

GEMÜT - Abneigung - Familienangehörige; gegen (ptk1/1)

Beziehung zu anderen - Aggressivität

GEMÜT - Streitsüchtig (j*/173)

Beziehung zu anderen - Reaktion auf andere

GEMÜT - Antworten - Abneigung zu antworten (*/14)
- *Gesellschaft - Abneigung gegen* (*/94)
  - » *Abneigung gegen - Fremden; Abneigung gegen die Anwesenheit von* (k/95)
- Schüchternheit, Zaghaftigkeit (*/158)
  - » Kindern; bei (mtf33/158)
- *Weinen - angesprochen; wenn* (^/245)
  - » *angesprochen; wenn - freundlich* (^/245)
  - » *angesprochen; wenn - freundlich - Kindern; bei* (st*/245)
- Widerspruch - Neigung zu widersprechen (ptk1/249)

Beziehung zu anderen - allgemein

GEMÜT - **Beleidigt, leicht** (j5/20)
- *Empfindlich - äußerliche Eindrücke; gegen alle* (*/42)
- *Ichbezogenheit, Selbstüberhebung* (k/111)
- Mitgefühl, Mitleid (*/130)
- Tadelsüchtig, krittelig (mtf33/178)

Schule - Angst

GEMÜT - Furcht - Versagen, Mißerfolg; vor dem (sf1/79)
- Selbstvertrauen - Mangel an Selbstvertrauen (k/161)

Schule - Konzentration

GEMÜT - Konzentration - schwierig - Kindern, bei (mtf33/117)
- Konzentration - schwierig - Studieren (a1*/117)
- Stumpfheit - Lesen (a1/175)

Schule - Lernen - Lesen

GEMÜT - Stumpfheit - Lesen (a1/175)

Schule - Beziehung zu anderen

MUND - Sprache - stotternd (*/688)

Schule - Konstitution

GEMÜT - Gewissenhaft, peinlich genau in bezug auf Kleinigkeiten (*/99)
- Heikel, pingelig (k2*/106)
- Selbstvertrauen - Mangel an Selbstvertrauen (k/161)

Nonverbales - Aggressivität

GEMÜT - Beißen (^/20)
- Destruktivität, Zerstörungswut (hr1*/38)
  - » Kindern, bei (mtf33/39)
- Reißt an etwas - Gegenstände; zerreißt (*/142)
- *Reizbarkeit, Gereiztheit - Kindern, bei* (k/145)

Nonverbales - Reaktion auf andere

GEMÜT - *Angesehen, angeblickt zu werden - erträgt es nicht, angesehen zu werden* (*/5)
- Angesehen, angeblickt zu werden - erträgt es nicht, angesehen zu werden - Kindern; bei (mtf33/5)
- Berührtwerden - Abneigung berührt zu werden (k/21)
- Fremde - Anwesenheit von Fremden - agg. (stj2*/60)
- Furcht - berührt zu werden (bro1*/66)
  - » Näherkommen, Annäherung von; vor - anderen, von (*/74)
- Gehalten - Verlangen, gehalten zu werden (bg2/87)
- *Näherkommen, auf ihn Zukommen von Personen - Abneigung gegen* (k/134)

Nonverbales - Gesten, Gebärden

GEMÜT - Beißen - Nägel (a*/20)
- *Launenhaftigkeit, launisch* (bg2*/123)

Nonverbales - Allgemeines

GEMÜT - Hast, Eile - Gehen; beim (*/105)
- Ruhelosigkeit - Kindern, bei (mtf33/151)

Nonverbales - Konsultation; bei der

KOPF - Empfindlichkeit - Berührung, gegen (h/283)
- Hitze - Kälte - Hände; mit Kälte der (k/293)

OHR - Absonderungen - wundfressend (bg2*/498)
- *Entzündung - Eustachische Röhre* (*/500)
  - » *Mittelohr - chronisch* (bro1/501)
- *Geschwüre - Trommelfell* (*/510)
- *Katarrh - Eustachische Röhre* (*/515)
- Ohrschmalz - dünn (*/516)

» vermehrt (b4a/516)

Hören - *Schwerhörig - Tubenkatarrh* (*/537)

• Schwerhörig - Verwachsungen im Mittelohr; durch (ptk1*/537)

Gesicht - *Schwellung - Unterkieferdrüsen* (*/631)

Mund - *Aphthen* (*/639)

• Aphthen - Zunge (k2/640)

» Zunge - kleine Aphthen - schmutziggelb (vk1/640)

• Stomatitis ulcerosa, Stomakaze (k/689)

Innerer Hals - Belag - Tonsillen (k/721)

• *Entzündung - Tonsillen* (*/724)

• *Schwellung - Tonsillen* (*/747)

Äusserer Hals - *Schwellung - Halsdrüsen* (*/760)

• *Schwellung - Halsdrüsen - hart* (k/760)

• **Verhärtung von Drüsen** (k/761)

» *perlschnurartig* (k/761)

Abdomen - Vergrößert - Kindern; bei - Marasmus (tl1/938)

Urin - *Geruch - ammoniakalisch - Kindern; bei - Kleinkindern; bei* (*/1048)

Rücken - Abmagerung - Zervikalregion (*/1311)

• Hautausschläge - Furunkel - Dorsalregion - Schultern; zwischen den (k/1317)

Haut - *Erysipel* (*/1798)

• Hautausschläge - Herpes - ringförmig (*/1815)

• Unrein (*/1835)

Nonverbales - Äußerliches - Beobachtungen des Arztes

Kopf - Großer Kopf (hr1/289)

• Schuppen (bro1/402)

Auge - Verklebt (b4/472)

Nase - *Bewegung - Nasenflügel - Fächer; wie ein* (*/545)

• Geweitete Nasenlöcher (ptk1/550)

Gesicht - *Ausdruck - alt aussehend* (*/580)

• Ausdruck - alt aussehend - Kindern; bei (mtf33/580)

» alt aussehend - vorzeitig (mtf33/580)

• Fettig (h*/593)

• Gerunzelt (bro1*/594)

• Hautausschläge - Akne (*/595)

• Hippokratisches Gesicht (k/605)

• *Rissig - Mundwinkel* (bg1*/614)

• Sommersprossen (b2/632)

Atmung - *Beschleunigt* (*/1174)

Rücken - Opisthotonus (bg2/1325)

Haut - Sommersprossen (*/1834)

Allgemeines - Aussehen - braune Haare (mrr1/1854)

• Aussehen - dunkel (c1*/1854)

» dunkel - Augen (c1*/1855)

• *Magere Personen* (*/1919)

• Zwergwuchs (k/2035)

Nonverbales - Äußerliches - Beobachtungen der Eltern

Mund - Beißt - Zunge; beißt sich auf die (a1/640)

Zähne - Zusammenbeißen der Zähne - Verlangen, die Zähne zusammenzubeißen; ständiges (*/719)

Magen - **Schluckauf** (*/809)

Rektum - Unwillkürlicher Stuhl - Flatus agg.; Abgang von (bro1/985)

Stuhl - Schafskot, wie (b2/997)

• Unverdaut (*/999)

Haut - Ekchymosen (bg2*/1797)

Nacht; Beobachtungen in der - Gemütssymptome

Gemüt - *Gesten, Gebärden; macht - Hände; unwillkürliche Bewegungen der - zupft - Bettwäsche; an der* (*/98)

• Gesten, Gebärden; macht - Hände; unwillkürliche Bewegungen der - zupft - Bettwäsche; an der - Schweiß; beim (bg2/98)

Autos und Schiffe

Kopf - Schmerz - Fahren - Wagen, im - agg. (k/326)

Allgemeines - Fahren - Wagen; mit dem - agg. (*/1877)

Körperliche Symptome und Erkrankungen

Kopf - Entzündung - Gehirn (bg2*/284)

• *Entzündung - Hirnhaut - tuberkulös* (*/284)

• *Hydrozephalus* (*/295)

• *Schmerz - katarrhalisch* (k/331)

Nase - Katarrh - gefolgt von - Stirnhöhlen; Beschwerden der (bro1/553)

Zähne - Abszeß der Zahnwurzeln (bg2/695)

Magen - *Würgen - Husten, mit* (*/846)

Kehlkopf und Trachea - *Laryngismus stridulus* (*/1145)

• Laryngismus stridulus - begleitet von - Brust; Brennen in der (mrr1/1145)

» *warmen Zimmer; agg. im* (*/1145)

Extremitäten - Hüftgelenksentzündung (*/1443)

Fieber - Continua (k/1772)

• Schleichendes Fieber (b4a/1779)

Allgemeines - **Abmagerung - Kindern; bei** (*/1845)

• Abmagerung - Kindern; bei - Kleinkindern; bei (bro1*/1845)

• *Kindern; Beschwerden von* (*/1897)

• Pubertät - Beschwerden während der (sf1/1934)

• Verletzungen - Knochenbrüche - langsame Heilung von Knochenbrüchen (bro1*/2020)

Chirurgisch pathologische Zustände

Ohr - Verwachsungen im Mittelohr (*/532)

NASE - *Rachenmandelwucherung* (br1*/561)
ABDOMEN - Entzündung - Peritoneum - tuberkulös (bro1/860)
• Hernie - Leistenhernie - entzündet (h/868)
MÄNNLICHE GENITALIEN - Hochgezogen, an den Körper gezogen - Hoden (h2*/1068)
• Hochgezogen, an den Körper gezogen - Hoden - Bauchhöhle; in die (a1/1068)
• Hodenretention (mrr1/1069)
• Hydrozele - Kindern, bei (mtf33/1069)

Würmer

REKTUM - Würmer - Beschwerden durch Würmer (b2/985)
• Würmer - Beschwerden durch Würmer - Spulwürmer (b2/986)

Iodoformium

iodof.

Man sollte sich bei tuberkulösen Zuständen an dieses Mittel erinnern, besonder bei der Behandlung tuberkulöser Meningitis (Differentialdiagnose: Bacillinum). Hydrozephalus.

Es wird benutzt bei Sehschwäche auf Grund von Retrobulbärneuritis, Zentralskotom, partieller Atrophie des Discus nervi optici.

Ein typisches Symptom ist subakute und chronische *Diarrhoe* bei Kindern.

Die Kinder neigen dazu, ständig die Nase zu schneuzen und zu schniefen, aber ohne Absonderung.

Bei *Impetigo*, mit gelblich verkrusteten Flecken auf dem Gesicht.

Weitere Symptome des Mittels bei Kindern: Erwachen wie durch Schreck, Verschlechterung durch Autofahren.

Klinisches: Tuberkulöse Zustände. Hydrozephalus. Retrobulbärneuritis. Zentralskotom. Atrophie des Discus nervi optici. Diarrhoe. Impetigo.

Wirkungsbereich: Zentralnervensystem. Auge. Rektum. Haut.

* * *

Stillen - Magendarmsymptome - Rektum

REKTUM - Diarrhoe - Kindern, bei (br1/954)

Nonverbales - Reaktion auf andere

GEMÜT - Gehalten - Verlangen, gehalten zu werden (a/87)

Nonverbales - Äußerliches - Beobachtungen des Arztes

NASE - Schniefen (mtf11/568)
• Schniefen - ständig, aber ohne Absonderung; schnieft (k/568)

Nonverbales - Äußerliches - Beobachtungen der Eltern

NASE - Schneuzen der Nase - Neigung, sich zu schneuzen; ständige (a/568)
STUHL - Unverdaut (bro1/999)

Autos und Schiffe

ALLGEMEINES - Fahren - Wagen; mit dem - agg. (kr1/1877)

Körperliche Symptome und Erkrankungen

KOPF - Entzündung - Gehirn (bro1/284)
• Entzündung - Hirnhaut (c2/284)
» Hirnhaut - tuberkulös (br1*/284)
• Hydrozephalus (c2*/295)
REKTUM - *Cholera - infantum* (bro1/949)

Ipecacuanha

ip.

Besonders angezeigt bei *fetten, schwächlichen Kindern*, die dazu *neigen, Finger in den Mund zu stecken;* und am häufigsten bei Menschen mit hellem Haar.

Ipecacuanha hat sich als geeignet erwiesen für *Patienten, die schnell gereizt sind, voller Wünsche, ohne zu wissen wonach.* Kleine Patienten weinen und schreien fast ständig. Die haben vage, unbestimmte Sehnsüchte; es ist schwierig, sie zufrieden zu stellen.

Ipecacuanha ist eines der besten Mittel bei *Bronchitis* und *Pneumonie* von Kleinkindern. Es ist eine *große Ansammlung von Schleim in der Brust* vorhanden; diffuses, generalisiertes Rasseln. Das Kind hat *erstickende Hustenanfälle, die oft bis zum Würgen gehen;* sie bringen eine Menge fadenziehenden, schwer abzulösenden, blutgestreiften Sputums herauf. *Bronchiolitis* mit Erbrechen.

Keuchhusten, der so heftig ist, daß das Kind steif und blau im Gesicht wird. Es schein völlig außer Atem zu geraten und hat Blutungen aus Nase und Mund oder aus der Lunge.

Im Allgemeinen Beschwerden im Sommer. *Diarrhoe tritt zu Beginn des Sommers* auf, durch Überessen oder durch Essen falscher Speisen. Diarrhoe mit Schmerzen, Schreien und Herumwerfen; gegorener Stuhl, grasgrün oder von rotem, blutigem

Schleim bedeckt. *Der Mund ist feucht und die Zunge ist normalerweise rein.*

Es ist ein bedeutendes Mittel gegen *Übelkeit* und *Erbrechen* bei Kindern: übermäßige und anhaltende Übelkeit und Erbrechen von Speisen und Getränken sobald das Kind trinkt; oder grünliches Erbrechen, mit blassem Gesicht und beklommener Atmung. *Die Übelkeit wird von reichlichem Speichelfluß begleitet.*

Enorm wertvoll bei pustulöser Konjunktivitis, besonders bei Kindern.

Konvulsionen von Kleinkindern: der Körper ist starr, ausgestreckt, worauf krampfhaftes Rucken der Arme folgt.

Weitere Symptome: *Fontanellen sind noch offen;* Nasenbluten; Schläfrigkeit mit Auffahren und Rucken im Schlaf; Ohnmacht; möchte sich hinlegen; schlechte Laune; Krämpfe.

Klinisches: Bronchitis. Bronchiolitis. Pneumonie. Husten. Keuchhusten. Übelkeit. Erbrechen. Pustulöse Konjunktivitis. Konvulsionen. Offene Fontanellen. Nasenbluten.

Wirkungsbereich: Lungen. Bronchien. Magen. Abdomen. Auge. Zentralnervensystem. Kopf. Nase.

* * *

Krankengeschichte; familiäre und persönliche

ALLGEMEINES - Krankengeschichte von; persönliche - Nasenbluten; von wiederkehrendem (c1/1910)

Entwicklung - langsam

KOPF - *Fontanellen - offen* (*/286)

ALLGEMEINES - Entwicklung - Entwicklungsstillstand (a1/1872)

Zahnung - Empfindungen und neurologische Beschwerden

ALLGEMEINES - *Konvulsionen - Zahnung; während der* (hr1*/1907)

Zahnung - Magendarmsymptome

MAGEN - **Erbrechen - Zahnung; während der** (hr1/796)

REKTUM - *Diarrhoe - Zahnung; während* (*/957)

Zahnung - Allgemeines

ZÄHNE - *Zahnung - schwierig* (b7/718)

HUSTEN - Zahnung, während der (b7/1211)

FIEBER - Zahnung; während der (bg2/1781)

ALLGEMEINES - *Schwäche - Zahnung; während* (hr1*/1980)

Stillen - Milch

MAGEN - Erbrechen - Milch, nach (k/794)

• Erbrechen - Milch, nach - Muttermilch, nach (pd/794)

• Erbrochenen; Art des - Milch (bg1/798)

» Milch - geronnene (k2*/798)

ALLGEMEINES - Speisen und Getränke - Milch - agg. (hs2/2001)

• Speisen und Getränke - Milch - agg. - Muttermilch (stx1/2001)

» *Milch - Verlangen* (bg2*/2001)

Stillen - Magendarmsymptome - Appetit - allgemein

MAGEN - *Appetit - launischer Appetit* (*/770)

Stillen - Magendarmsymptome - Appetit - vermindert

MAGEN - *Appetit - fehlend* (*/767)

• Appetit - fehlend - Speisen - Geruch von; durch (mrr1/769)

» vermindert (tl1/772)

Stillen - Magendarmsymptome - Appetit - vermehrt

MAGEN - Appetit - vermehrt (fkr4/770)

Stillen - Magendarmsymptome - Aufstoßen - Speisen; von

MAGEN - *Aufstoßens; Art des - Speisen; von* (bro1/780)

• Aufstoßens; Art des - Speisen; von - Bücken agg. (k/780)

Stillen - Magendarmsymptome - Aufstoßen - Wasser; Hochsteigen von

MAGEN - *Aufstoßens; Art des - Wasser in den Mund; Hochsteigen von* (*/781)

Stillen - Magendarmsymptome - Erbrechen

MAGEN - Erbrechen - Kindern, bei - Säuglingen; bei - Trinken an der Brust; kurz nach dem (tl1/793)

• *Erbrochenen; Art des - Speisen - unverdaut* (*/800)

Stillen - Magendarmsymptome - Schluckauf

MAGEN - *Schluckauf - Kindern; bei* (st1/810)

Stillen - Magendarmsymptome - Rektum

REKTUM - **Diarrhoe - Kindern, bei** (*/954)

Stillen - Allgemeines

SCHWEISS - Essen - beim - agg. (fkr4/1786)

ALLGEMEINES - *Säuglinge* (kk2/1944)

Infektionskrankheiten - Windpocken

FIEBER - Continua - Ausschlagsfieber (bro1/1772)

HAUT - Hautausschläge - Windpocken (*/1824)

Infektionskrankheiten - Masern

NASE - Nasenbluten - Masern agg. (bro1/557)

REKTUM - *Diarrhoe - Masern - während* (bro1/954)

HUSTEN - Masern - nach (bg2*/1202)

• Masern - während (bro1*/1202)

FIEBER - Ausschlagsfieber; Fieber bei Ausschlagserkrankungen - Masern (*/1770)

• Continua - Ausschlagsfieber (bro1/1772)

HAUT - Hautausschläge - Masern (vh/1817)

ALLGEMEINES - *Masern - Beschwerden nach* (b2/1920)

Infektionskrankheiten - Mumps

GESICHT - Schwellung - Parotis (k/631)

Infektionskrankheiten - Röteln

FIEBER - Continua - Ausschlagsfieber (bro1/1772)

HAUT - Hautausschläge - Röteln (c2/1821)

Infektionskrankheiten - Scharlach

FIEBER - Ausschlagsfieber; Fieber bei Ausschlagserkrankungen - Scharlach (*/1770)

• Continua - Ausschlagsfieber (bro1/1772)

HAUT - Hautausschläge - Scharlach (c2*/1821)

Infektionskrankheiten - Pocken

FIEBER - Continua - Ausschlagsfieber (bro1/1772)

Infektionskrankheiten - Keuchhusten

NASE - **Nasenbluten - Keuchhusten** (*/557)

GESICHT - *Farbe - bläulich - Husten; agg. beim - Keuchhusten* (*/587)

• Farbe - bläulich - Lippen - Keuchhusten (k/588)

MUND - Bluten - Keuchhusten, bei (*/642)

MAGEN - **Erbrechen - Husten - beim - agg. - Keuchhusten** (bro1*/793)

REKTUM - Diarrhoe - Keuchhusten, bei (bro1/954)

HUSTEN - *Keuchhusten* (*/1197)

• *Keuchhusten - heftig* (ptk1/1198)

» katarrhalischen Phase; in der (bg2*/1198)

» *Krampfstadium, im* (bro1*/1198)

BRUST - *Blutung der Lungen - Husten - mit - Keuchhusten* (bro1/1230)

ALLGEMEINES - *Konvulsionen - Husten - Keuchhusten, bei* (hr1*/1904)

Konstitution - Aggressivität

GEMÜT - Zorn - Kindern, bei (sf/254)

Konstitution - Angst und Furcht

GEMÜT - Feigheit (*/59)

• Vorsichtig (*/205)

Konstitution - Allgemeines

GEMÜT - Ehrgeiz - erhöht, vermehrt, sehr ehrgeizig (mgm/40)

• Ehrgeiz - erhöht, vermehrt, sehr ehrgeizig - Wettbewerb mit anderen, vergleicht sich mit ihnen; steht (mgm/40)

• Entmutigt (k/46)

• Faulheit (*/55)

• Gewissenhaft, peinlich genau in bezug auf Kleinigkeiten (bg2/99)

• Kleinigkeiten, Trivialitäten - wichtig; scheinen (k/115)

• Pflicht - zu viel Pflichtgefühl (^/136)

• Selbstvertrauen - Mangel an Selbstvertrauen (fkr4/161)

• Sorgsamkeit, Sorgfalt (b7/165)

• Stimmung, Laune - veränderlich (ptk1/171)

• Unzufrieden (*/194)

» Kinder (mtf33/194)

• **Veränderungen - Abneigung gegen** (^/195)

• Weinen - Erregung, durch (vh1/245)

» Kindern; bei (gg*/246)

» Kindern; bei - Säuglingen; bei (j5/246)

Familie; Beziehung zur - Liebe und Zuneigung

GEMÜT - Eifersucht (kr1*/40)

• Eifersucht - Kinder - bei (mtf33/40)

• Verlassen zu sein; Gefühl (bg2/198)

Beziehung zu anderen - Aggressivität

GEMÜT - Spotten (*/166)

• Streitsüchtig (*/173)

Beziehung zu anderen - Reaktion auf andere

GEMÜT - Antworten - unzusammenhängend (a/15)

• Schüchternheit, Zaghaftigkeit (k/158)

• Widerspenstig (k/249)

Beziehung zu anderen - allgemein

GEMÜT - Argwöhnisch, mißtrauisch (k/16)

• *Tadelsüchtig, krittelig* (*/178)

Schule - Angst

GEMÜT - Selbstvertrauen - Mangel an Selbstvertrauen (fkr4/161)

REKTUM - Diarrhoe - Erregung, Aufregung agg. (hr1/952)

Schule - Beziehung zu anderen

GEMÜT - Ungehorsam (^/191)

• Ungehorsam - Kindern, bei (lmj/191)

MUND - Sprache - stotternd (bg2*/688)

Schule - Konstitution

GEMÜT - Eigensinnig, starrköpfig, dickköpfig (*/41)

• Gewissenhaft, peinlich genau in bezug auf Kleinigkeiten (bg2/99)

• Kleinigkeiten, Trivialitäten - wichtig; scheinen (k/115)

• Selbstvertrauen - Mangel an Selbstvertrauen (fkr4/161)

• Ungehorsam (^/191)

» Kindern, bei (lmj/191)

Nonverbales - Aggressivität

GEMÜT - Reizbarkeit, Gereiztheit - Kindern, bei (st1/145)

Nonverbales - Gesten, Gebärden

GEMÜT - Berühren, anfassen; etwas - Verlangen, etwas zu berühren, anzufassen - alles berühren, anfassen; muß (^/21)
- Berühren, anfassen; etwas - Verlangen, etwas zu berühren, anzufassen - alles berühren, anfassen; muß - Kindern; bei (lmj/21)
- **Gesten, Gebärden; macht - Finger - Mund; Kinder stecken die Finger in den** (*/97)
  » Hände; unwillkürliche Bewegungen der - bedecken - Mund mit den Händen; den (st/97)
- **Launenhaftigkeit, launisch** (*/123)
  » *weist Dinge zurück, die er haben wollte, sobald er sie bekommt* (j5/123)
  » weist Dinge zurück, die er haben wollte, sobald er sie bekommt - Kindern; bei (bro1*/123)
- Schreien - Kindern, bei - Faust im Mund; mit der (h1*/157)
- Ungeschicklichkeit (b7/192)

Nonverbales - Allgemeines

GEMÜT - Eigensinnig, starrköpfig, dickköpfig (*/41)
- Ruhelosigkeit - Kindern, bei (st1*/151)
- Schreien - Kindern, bei (*/157)

Nonverbales - Konsultation; bei der

KOPF - *Hitze - Kälte - Füße; mit Kälte der* (k/293)
- *Hitze - Kälte - Hände; mit Kälte der* (k/293)
  » Kälte - Körpers; mit Kälte des (h1/293)

GESICHT - Schwellung - Unterkieferdrüsen (a1/631)

MUND - *Aphthen* (b7/639)
- Herausstrecken, Vorstrecken - Zunge, der (*/665)
  » *Zunge, der - schnellt heraus und hinein wie bei einer Schlange, züngelt; die Zunge* (bro1*/665)

INNERER HALS - Ablagerung auf den Tonsillen; käsige (k/721)

REKTUM - Hautausschläge - Anus; um den (bg2/964)

RÜCKEN - Krümmung der Wirbelsäule (bg2/1323)
- Krümmung der Wirbelsäule - Dorsalregion (b7a/1323)

HAUT - *Erysipel* (*/1798)
- Hautausschläge - Erythem (c2*/1812)
  » Exanthem, flüchtiges - Kindern, bei (k/1812)

Nonverbales - Äußerliches - Beobachtungen des Arztes

GESICHT - Aphthen - Lippen, an den (*/579)
- Ausdruck - alt aussehend (bg2/580)
- Hippokratisches Gesicht (k/605)
- Nasenlinie ausgeprägt (ptk1/613)
- Rissig - Lippen (fkr4/613)
  » Mundwinkel (fkr4/614)

MUND - Faust in den Mund; Kinder stecken die (j*/651)
- **Finger in den Mund; Kinder stecken** (mtf33/651)

ATMUNG - Asphyxie - Kindern, Neugeborenen; bei (sf1/1160)
- **Asthma, asthmatische Atmung - Kindern; bei** (*/1162)
- **Atemnot, Dyspnoe, erschwertes Atmen - Kindern; bei** (mtf33/1168)
- **Beschleunigt** (*/1174)

HUSTEN - *Anfallsweise - Anfälle folgen schnell aufeinander* (*/1186)
- Anfallsweise - besteht aus - langen Hustenstößen (k/1186)
- **Erstickend - Kindern; bei - steiff und blau im Gesicht; Kind wird** (*/1191)

RÜCKEN - *Emprosthotonus* (*/1314)
- *Opisthotonus* (*/1325)

ALLGEMEINES - Aussehen - hell, blond (j5/1855)
- *Fettleibigkeit - Kindern, bei* (hr1*/1879)
- Magere Personen (bg2*/1919)

Nonverbales - Äußerliches - Beobachtungen der Eltern

KOPF - *Empfindlichkeit - Kämmen, Bürsten der Haare; gegen* (k/283)

AUGE - Verklebt - morgens (k/472)

NASE - Nasenbluten - Kindern; bei (mtf33/557)

MUND - Beißt - Zunge; beißt sich auf die (vk1/640)

ZÄHNE - Zähneknirschen (bg2/718)

MAGEN - Brechreiz, Würgen - anhaltend (k2/784)
- Brechreiz, Würgen - Husten; agg. beim (k2/784)
  » Schleim in den Fauces; durch (k/785)
- *Schluckauf* (*/809)
  » *Kindern; bei* (st1/810)

REKTUM - Unwillkürlicher Stuhl (bg2*/984)

STUHL - Kugeln, wie (fkr4/996)
- Unverdaut (*/999)

BLASE - Urinieren - verzögert, muß warten, bis der Urin zu fließen beginnt (k/1020)

SCHWEISS - Essen - beim - agg. (fkr4/1786)

HAUT - Ekchymosen (tsm2/1797)
- Insektenstiche (st/1825)

Nacht; Beobachtungen in der - Gemütssymptome

GEMÜT - Weinen - Wimmern, Winseln - nachts (j/248)
- **Weinen - Wimmern, Winseln - Schlaf, im** (b7/248)

Nacht; Beobachtungen in der - Schlaf

SCHLAF - *Erwachen - Schreck, wie durch* (b7a/1675)
- Ruhelos - Kindern, bei (mtf33/1685)

Schaukeln und Getragenwerden

GEMÜT - Getragen - Verlangen getragen zu werden (bro1*/99)

Autos und Schiffe

MAGEN - Erbrechen - Fahren im Wagen agg. (bro1/792)

Psychosomatische Störungen

REKTUM - Diarrhoe - Erregung, Aufregung agg. (hr1/952)
• Diarrhoe - Zorn, nach (k/957)

Körperliche Symptome und Erkrankungen

KOPF - Entzündung - Gehirn (bro1/284)
• Entzündung - Hirnhaut (k2/284)
• *Hydrozephalus* (b7/295)

ZÄHNE - Karies, faule, hohle Zähne (*/700)

MAGEN - Langsame Verdauung (bro1/805)
• *Würgen - Husten, mit* (*/846)

REKTUM - *Cholera - infantum* (*/949)

BLASE - Harnverhaltung - Kindern, bei (k/1005)

KEHLKOPF UND TRACHEA - *Laryngismus stridulus* (*/1145)
• *Laryngismus stridulus - Husten, vor dem* (*/1145)

ATMUNG - *Asthma, asthmatische Atmung - Hautausschlägen; nach unterdrückten* (*/1162)

BRUST - **Entzündung - Bronchien - Kindern; bei** (*/1232)
• **Entzündung - Lungen - Kindern; bei - Kleinkindern; bei** (*/1234)

FIEBER - Continua (k/1772)
• *Remittierend - Kleinkindern, bei* (*/1778)

ALLGEMEINES - Abmagerung - Kindern; bei (mtf33/1845)
• **Essen - Überessen; agg. nach** (b7a/1877)
• *Jahreszeiten - Sommer; im - agg. - Kindern; bei* (st*/1893)
• **Kindern; Beschwerden von** (b2/1897)
• *Konvulsionen - Kindern, bei* (*/1905)
» *Kindern, bei - Kleinkindern, bei* (bg2/1905)

Chirurgisch pathologische Zustände

ABDOMEN - *Entzündung - Peritoneum* (bro1*/860)
• Hernie - Leistenhernie (k/868)
» Leistenhernie - eingeklemmt, inkarzeriert (k/868)

MÄNNLICHE GENITALIEN - Hochgezogen, an den Körper gezogen - Hoden - schmerzhaft (vh1/1068)

Würmer

REKTUM - *Würmer - Beschwerden durch Würmer* (bg2*/985)

Iridium metallicum

irid-met.

Dunkler Teint.

Dieses Mittel ist angezeigt bei Kindern, die zart, schwächlich sind, schwache Gliedmaßen haben und zu schnelles Längenwachstum haben.

Was den Gemütszustand angeht, so können Kinder, die Iridium benötigen, unterschiedliche und oft widersprüchliche Symptome zeigen: Beschwerden durch Erwartungsspannung; Angst vor hochgelegenen Orten oder dem Näherkommen Anderer; Mangel an Selbstvertrauen; Entmutigung; Impulsivität; veränderliche Stimmung; Angst um Andere; Gefühl des Verlassenseins; Beißen und Zerbrechen von Gegenständen; Abneigung gegen Liebkosungen, aber Verlangen, gehalten zu werden; Verlangen, nackt zu sein; Anklammern an Menschen oder Möbel; Tanzen; Aufsässigkeit; Abneigung zu antworten; Abneigung gegen oder Verlangen nach Gesellschaft; verträgt keinen Widerspruch und ist schnell beleidigt, macht aber sich und anderen Vorwürfe; mitfühlend und empfindlich gegen alle äußeren Eindrücke.

Das Kind spricht hastig und macht Fehler beim Schreiben (verdreht Buchstaben oder benutzt falsche Worte).

Laboucher sagt, es sei „in allen Fällen von Anämie bewundernswert". Dieses Mittel besitzt die Fähigkeit, die roten Blutkörperchen zu vermehren.

Im Bereich des Kopfes sind einige eigentümliche Symptome zu finden. Der Kopf ist empfindlich gegen Berührung. Das Ohr ist von (vermehrtem, dikkem, braunem, gelbem) Ohrenschmalz befallen und von Schmerzen, die durch Bettwärme schlimmer werden und besser durch Einhüllen.

Die Augen sind verklebt, besonders morgens.

Zähneknirschen und Schwellung von Halsdrüsen und Mandeln vervollständigen das Bild.

Zu den *Magendarm-Symptomen* gehören: Bauchschmerzen, schlimmer durch Zusammenkrümmen und besser durch Wärme; Übelkeit beim Fahren im Auto; Völlegefühl im Magen nach dem Essen; launischer oder verminderter Appetit oder vermehrter Appetit und Heißhunger nach dem Essen, begleitet von Übelkeit; Würgen mit Husten; unverdauter Stuhl; und Jucken des Anus durch Spulwürmer.

Spinalparalyse wird von diesem Mittel geheilt, wenn die Bewegungen der Muskeln betroffen sind, aber nicht die Empfindungen.

Zu weiteren Symptomen des Mittels zählen Nierenentzündung und Laryngismus stridulus.

Klinisches: Anämie. Schwäche. Ohrenschmerzen. Ohrenschmalz. Zähneknirschen. Drüsenschwellungen. Bauchschmerzen. Übelkeit. Nierenentzündung. Laryngismus stridulus.

Wirkungsbereich: Blut. Ohren. Zähne. Drüsen. Abdomen. Magen. Rektum. Zentralnervensystem.

* * *

Entwicklung - schnell

ALLGEMEINES - Wachstum - Längenwachstum; zu schnelles (c1*/2021)

Stillen - Magendarmsymptome - Appetit - allgemein

MAGEN - Appetit - launischer Appetit (srj5/770)

Stillen - Magendarmsymptome - Appetit - vermindert

MAGEN - Appetit - vermindert (stj2*/772)

Stillen - Magendarmsymptome - Appetit - vermehrt

MAGEN - Appetit - Heißhunger (srj5/769)
• Appetit - vermehrt - begleitet von - Übelkeit (srj5/771)
» vermehrt - Essen - nach (srj5/772)

Stillen - Magendarmsymptome - Abdomen - agg. durch

ABDOMEN - Schmerz - Zusammenkrümmen - agg. (srj5/896)

Stillen - Magendarmsymptome - Abdomen - amel. durch

ABDOMEN - Schmerz - Druck - amel. (^/883)
• Schmerz - Wärme - amel. (srj5/896)

Konstitution - Angst und Furcht

GEMÜT - Beschwerden durch - Erwartungsspannung (srj5/23)
• Furcht - hochgelegenen Orten; vor (stj2/71)

Konstitution - Allgemeines

GEMÜT - Entmutigt (srj5/46)
• Selbstvertrauen - Mangel an Selbstvertrauen (srj5/161)
• Spontan, impulsiv (srj5/166)
• Stimmung, Laune - veränderlich (srj5/171)

Familie; Beziehung zur - Liebe und Zuneigung

GEMÜT - Angst - andere, um (srj5/7)
• Liebevoll, voller Zuneigung, herzlich (srj5/125)
• Verlassen zu sein; Gefühl (^/198)

Beziehung zu anderen - Aggressivität

GEMÜT - Herausfordernd (srj5/107)

Beziehung zu anderen - Reaktion auf andere

GEMÜT - Antworten - Abneigung zu antworten (srj5/14)
• Gesellschaft - Abneigung gegen (srj5/94)
» Verlangen nach (srj5/95)
» Verlangen nach - allein; agg. wenn (srj5/96)
• Widerspruch - verträgt keinen Widerspruch (stj2*/249)

Beziehung zu anderen - allgemein

GEMÜT - Beleidigt, leicht (stj2*/20)
• Empfindlich - äußerliche Eindrücke; gegen alle (srj5/42)
• Mitgefühl, Mitleid (srj5/130)
• Sprache - hastig, eilig (srj5/167)
• Tadelt andere (srj5/179)
• Tadelt sich selbst, macht sich Vorwürfe (srj5/179)

Schule - Angst

GEMÜT - Beschwerden durch - Erwartungsspannung (srj5/23)
• Selbstvertrauen - Mangel an Selbstvertrauen (srj5/161)

Schule - Lernen - Schreiben

GEMÜT - Fehler; macht - Schreiben, beim (srj5/57)
• Fehler; macht - Schreiben, beim - falsch - Worte (srj5/57)
» Schreiben, beim - stellt etwas um - Buchstaben (srj5/58)
• Schreiben - Talent zum flüssigen Schreiben (srj5/156)

Schule - Konstitution

GEMÜT - Selbstvertrauen - Mangel an Selbstvertrauen (srj5/161)

Spielen

GEMÜT - Tanzen (srj5/179)

Nonverbales - Aggressivität

GEMÜT - Beißen (^/20)
• Zerbricht Dinge (^/251)
» Verlangen; Dingen zu zerbrechen (srj5/251)

Nonverbales - Reaktion auf andere

GEMÜT - Furcht - Näherkommen, Annäherung von; vor - anderen, von (srj5/74)
• Gehalten - Verlangen, gehalten zu werden (srj5/87)
• Liebkost zu werden; Liebkosungen - Abneigung, liebkost, gestreichelt zu werden (srj5/126)

Nonverbales - Gesten, Gebärden

GEMÜT - Beißen - Nägel (srj5/20)
• Klammert sich an - Personen oder Möbel; an (srj5/115)

Nonverbales - Allgemeines

GEMÜT - Nackt sein, möchte (srj5/134)

Nonverbales - Konsultation; bei der

KOPF - Empfindlichkeit - Berührung, gegen (srj5/283)
OHR - Ohrschmalz - braun (srj5/516)
• Ohrschmalz - dick (srj5/516)
» gelb (srj5/516)
» vermehrt (srj5/516)
INNERER HALS - Schwellung - Tonsillen (srj5/747)
ÄUSSERER HALS - Schwellung - Halsdrüsen (srj5/760)
ABDOMEN - Schmerz - Druck - amel. (^/883)

Nonverbales - Äußerliches - Beobachtungen des Arztes

AUGE - Verklebt (srj5/472)
OHR - Schmerz - warm - Bett, Bettwärme; warmes - agg. - Einhüllen amel.; und warmes (srj5/525)
EXTREMITÄTEN - Schwäche - Kindern; bei (brl/1619)
ALLGEMEINES - Aussehen - dunkel (stj2/1854)

Nonverbales - Äußerliches - Beobachtungen der Eltern

AUGE - Verklebt - morgens (srj5/472)
ZÄHNE - Zähneknirschen (srj5/718)
MAGEN - Völlegefühl - Essen - nach - agg. (srj5/845)
ABDOMEN - Schmerz - Wärme - amel. (srj5/896)
• Schmerz - Zusammenkrümmen - agg. (srj5/896)
STUHL - Unverdaut (srj5/999)

Autos und Schiffe

MAGEN - Übelkeit - Fahren - Wagen; im - agg. (srj5/836)

Körperliche Symptome und Erkrankungen

MAGEN - Würgen - Husten, mit (srj5/846)
NIEREN - Entzündung (vml3/1023)
KEHLKOPF UND TRACHEA - Laryngismus stridulus (srj5/1145)
ALLGEMEINES - Kindern; Beschwerden von - zarte, schwächliche, kränkliche Kinder (c1*/1897)

Würmer

REKTUM - Jucken - Askariden, durch (srj5/965)

Iris versicolor

iris.

Es hat sich als sehr nützlich bei *Pustelausschlägen am Kopf und im Gesicht* erwiesen (Prurigo, Milchschorf, Ekzem usw.), besonders bei Kindern. Die Hautausschläge können auf dem Rücken auftreten (Furunkel), an den Lippen (rissige Lippen) und auf der Haut (Impetigo).

Hering schlägt dies Mittel vor, wenn ein Kind sauren Atem hat, Erbrechen sauren Mageninhalts, wäßrige oder grüne saure Diarrhoe und gleichzeitig einen Pustel- oder sogar Blasenausschlag am Kopf, im Gesicht oder am Körper.

Erbrechen: einer enorm sauren Flüssigkeit, die den Hals wundfrißt; mit Brennen in Mund, Rachen, Speiseröhre und Magen; von sauer gewordener Milch, mit großer Hitze und Schweiß. Kinder, die Iris benötigen, haben Schwierigkeiten mit Milch. Sie haben Abneigung gegen *Milch* und ihr Zustand wird allgemein durch sie verschlechtert, was Magenbeschwerden, Aufstoßen, Erbrechen, Verdauungsstörungen und Übelkeit hervorrufen kann. Diese Symptome können beim Fahren im im Auto auftreten.

Galliges Erbrechen begleitet von heftigen *Kopfschmerzen.*

Bauchbeschwerden von Kindern, die im Frühling und im Herbst auftreten. Die Bauchschmerzen werden besser durch Zusammenkrümmen.

Diarrhoe und unwillkürlicher Stuhl; der Stuhl enthält unverdaute Speisen.

Weitere Symptome: Keuchhusten (begleitet von Speichelfluß), Schwellung der Parotis, Abszesse, Hüftgelenksleiden, Kopfschmerzen, schlimmer durch geistige Anstrengung.

Was die Gemütsebene betrifft, so kann das Kind überkritisch sein, entmutigt, Abneigung gegen Gesellschaft haben und Angst vor Armut.

Klinisches: Pustelausschlag. Milchschorf. Ekzem. Furunkel. Impetigo. Übelkeit. Erbrechen. Bauchschmerzen. Diarrhoe. Kopfschmerzen. Keuchhusten. Hüftgelenksleiden.

Wirkungsbereich: Haut. Magen. Abdomen. Rektum. Kopf. Ohren. Gelenke. Drüsen.

* * *

Stillen - Milch

MAGEN - Aufstoßen - Milch, nach (k/775)
• Aufstoßens; Art des - sauer - Milch agg. (k/779)
• *Erbrechen - Milch, nach* (*/794)
• *Erbrochenen; Art des - Milch* (k/798)
• *Verdauungsstörung - Milch - agg.* (k/843)
• *Verdorben - Milch agg.* (k/844)
ALLGEMEINES - Speisen und Getränke - Milch - Abneigung (tl1/2000)
• *Speisen und Getränke - Milch - agg.* (*/2001)

Stillen - Magendarmsymptome - Appetit - vermindert

MAGEN - *Appetit - fehlend* (*/767)

Stillen - Magendarmsymptome - Aufstoßen - Speisen; von

MAGEN - Aufstoßens; Art des - Speisen; von (k/780)

Stillen - Magendarmsymptome - Erbrechen

MAGEN - Erbrochenen; Art des - Speisen - unverdaut (bro1/800)

Stillen - Magendarmsymptome - Rektum

REKTUM - *Diarrhoe - Kindern, bei* (k/954)

Infektionskrankheiten - Mumps

GESICHT - *Schwellung - Parotis* (k/631)

Infektionskrankheiten - Keuchhusten

HUSTEN - *Keuchhusten - begleitet von - Speichelfluß* (kr1*/1198)
- *Keuchhusten - Ösophagus erregt Husten; Gefühl von Krämpfen im* (kr1/1198)

Konstitution - Angst und Furcht

GEMÜT - Furcht - Armut, vor (gt/65)

Konstitution - Allgemeines

GEMÜT - Entmutigt (k/46)
- Furcht - Armut, vor (gt/65)

Beziehung zu anderen - Reaktion auf andere

GEMÜT - Gesellschaft - Abneigung gegen (^/94)

Beziehung zu anderen - allgemein

GEMÜT - Tadelsüchtig, krittelig (*/178)

Schule - Anstrengung; geistige

KOPF - *Schmerz - geistige Anstrengung - agg.* (k/328)

Nonverbales - Konsultation; bei der

RÜCKEN - Hautausschläge - Furunkel - Blutbeule (k/1316)

HAUT - *Hautausschläge - Impetigo* (*/1816)

Nonverbales - Äußerliches - Beobachtungen des Arztes

GESICHT - Fettig (ptk1/593)
- Rissig - Lippen (k/613)

Nonverbales - Äußerliches - Beobachtungen der Eltern

ABDOMEN - *Schmerz - Zusammenkrümmen - amel.* (k/897)
- *Schmerz - Zusammenkrümmen - muß sich zusammenkrümmen* (k/897)

REKTUM - Unwillkürlicher Stuhl (k/984)

STUHL - *Unverdaut* (k/999)

Nacht; Beobachtungen in der - Schlaf; Lage im

SCHLAF - Lage - Seite, auf der - linken Seite, auf der (vh/1683)

Autos und Schiffe

MAGEN - *Übelkeit - Fahren - Wagen; im - agg.* (k/836)

Körperliche Symptome und Erkrankungen

REKTUM - *Cholera - infantum* (*/949)

EXTREMITÄTEN - Hüftgelenksentzündung (k/1443)

Chirurgisch pathologische Zustände

OHR - Abszeß - hinter den Ohren - periodisch - Wochen bildet sich ein Abszeß und entleert sich; alle zwei (k/498)
- Verwachsungen im Mittelohr (mp1/532)

Jaborandi

jab.

Die *Parotis* ist das am häufigsten betroffene Organ; Entzündung und Schwellung können während Mumps oder Meningitis entstehen. Metastasierung zu den Hoden können eine Komplikation von Mumps sein. Die Schwellung kann auch die Unterkieferdrüsen betreffen.

Kopfschuppen, erweiterte Venen an Stirn oder Schläfen und Strabismus (sowohl convergens wie divergens) können vorliegen.

Schluckauf kommt typischerweise mit Erbrechen: davor, dabei oder danach.

Das Kind klagt über Würmer.

Unverdauter Stuhl, beschleunigte Atmung und Erysipel sind ebenso mögliche Symptome oder pathologische Zustände von Jaborandi.

Anormaler Schweiß und Nachtschweiß bei Schwindsüchtigen.

Kinder, die Jaborandi benötigen, neigen dazu, im Schlaf zu sprechen.

Klinisches: Mumps. Kopfschuppen. Strabismus. Drüsenschwellung. Erysipel. Würmer. Schluckauf.

Wirkungsbereich: Kopf. Gesicht. Drüsen. Haut. Rektum. Magen.

* * *

Infektionskrankheiten - Mumps

GESICHT - Entzündung - Parotis (hr1*/584)
- Entzündung - Parotis - Meningitis; drohende (bnt/584)
  - » Parotis - Metastasierung zu - Hoden (*/584)
  - » Parotis - Metastasierung zu - Mammae (bro1/584)
  - » Parotis - Mumps (c2*/584)

Nonverbales - Konsultation; bei der

OHR - Entzündung - Mittelohr - chronisch (bro1/501)

GESICHT - Schwellung - Unterkieferdrüsen (a1/631)

HAUT - Erysipel (c2/1798)

Nonverbales - Äußerliches - Beobachtungen des Arztes

KOPF - Schuppen (mtf11/402)

AUGE - Strabismus, Schielen (*/467)

- Strabismus, Schielen - convergens (*/467)
  - » *divergens* (*/467)

GESICHT - Venen, erweiterte - Schläfen (bg2/634)

- Venen, erweiterte - Stirn (bg2/634)

ATMUNG - Beschleunigt (a1/1174)

Nonverbales - Äußerliches - Beobachtungen der Eltern

MAGEN - Schluckauf (*/809)

- Schluckauf - Erbrechen - endet in Erbrechen (st1/810)
  - » Erbrechen - vor (hr1/810)

STUHL - Unverdaut (*/999)

Nacht; Beobachtungen in der - Gemütssymptome

GEMÜT - Sprechen - Schlaf; im (a1/169)

Würmer

REKTUM - Würmer - Beschwerden durch Würmer (c2/985)

Jacaranda caroba

jac-c.

Jacaranda ist fast ein spezifisches Mittel bei *Balanitis,* besonders bei Kindern, wobei sich eine starke, eiternde Infektion unter der Vorhaut des Penis entwickelt. Das betroffene Teil ist *sehr empfindlich gegen Berührung.*

Klinisches: Balanitis.

Wirkungsbereich: Männliche Genitalien.

* * *

Stillen - Magendarmsymptome - Abdomen - agg. durch

ABDOMEN - Schmerz - Druck - agg. (k/883)

Nonverbales - Konsultation; bei der

ABDOMEN - Schmerz - Druck - agg. (k/883)

Nonverbales - Äußerliches - Beobachtungen des Arztes

ATMUNG - Beschleunigt (a1*/1174)

Nacht; Beobachtungen in der - Gemütssymptome

GEMÜT - Sprechen - Schlaf; im (a1/169)

Chirurgisch pathologische Zustände

MÄNNLICHE GENITALIEN - Phimose (*/1071)

Jalapa

jal.

Das Kind ist den ganzen Tag über gut zu haben, aber nachts schreit es, ist ruhelos und schwierig (Differentialdiagnose: Psorinum, das Tag und Nacht gereizt ist; bei Lycopodium das Gegenteil).

Vermeulen schrieb: „Ruhelos von Charakter; möchte tagsüber beschäftigt sein; bevorzugt Lesen, Lernen, den Computer. Kein Verlangen, mit Spielzeug zu spielen; möchte ein Erwachsener sein. Frühreif; neugierig“ (Mangialavori).

Diarrhoe von Kleinkindern mit generalisierter Kälte und blauem Gesicht; das Kind schreit die ganze Nacht (heftig schneidende, greifende Schmerzen im Darm).

Diarrhoe während der Zahnung.

Manchmal werden diese Symptome durch die Muttermilch verursacht.

Choudhuri schrieb: „Das Jalapa-Baby hat oft Diarrhoe - eine Diarrhoe, die wäßrig ist, saurer riecht und mit Kolik verbunden ist. Jalapa half mir in einem Fall von Enterokolitis bei einem kleinen Babies. Es kam nach drei Monaten anhaltender Diarrhoe aus allopathischen Händen zu mir. Das Baby war so abgemagert und schwach, daß es erbarmungswürdig anzusehen war und das arme Ding verdrehte die ganze Zeit seinen Körper, höchst wahrscheinlich auf Grund einer Kolik, der es ständig ausgesetzt war. Jalapa heilte die Diarrhoe des Kindes, linderte die Kolik und das letzte, was ich von ihm erfuhr, war, daß es ein gesundes, nettes, pummeliges Kind war.“

Klinisches: Diarrhoe. Kolikschmerzen.

Wirkungsbereich: Rektum. Abdomen.

* * *

Zahnung - Magendarmsymptome

REKTUM - Diarrhoe - Zahnung; während (bro1/957)

Stillen - Milch

ALLGEMEINES - Speisen und Getränke - Milch - Abneigung - Muttermilch (vml3/2001)

- Speisen und Getränke - Milch - agg. - Muttermilch (vml3/2001)

Stillen - Magendarmsymptome - Appetit - vermindert

MAGEN - Appetit - vermindert (mrr1/772)

Stillen - Magendarmsymptome - Abdomen - agg. durch

ABDOMEN - Schmerz - Kindern; bei - Säuglingen; bei - krampfartig (bro1*/888)

Stillen - Magendarmsymptome - Rektum

REKTUM - Diarrhoe - Kindern, bei (bg1*/954)

Konstitution - Allgemeines

GEMÜT - *Weinen - Kindern; bei* (j5/246)
• Weinen - Kindern; bei - Säuglingen; bei (j5/246)

Beziehung zu anderen - Reaktion auf andere

GEMÜT - *Untröstlich* (mrr1/193)

Nonverbales - Aggressivität

GEMÜT - Reizbarkeit, Gereiztheit - Kindern, bei (^/145)
• Reizbarkeit, Gereiztheit - Kindern, bei - brav, die ganze Nacht gereizt; den ganzen Tag über (br1*/145)

Nonverbales - Allgemeines

GEMÜT - *Ruhelosigkeit - Kindern, bei* (*/151)
• *Schreien - Kindern, bei* (*/157)

Nonverbales - Äußerliches - Beobachtungen der Eltern

MUND - Beißt - Zunge; beißt sich auf die (kr1*/640)

ABDOMEN - Schmerz - Kindern; bei - Säuglingen; bei - krampfartig (bro1*/888)

Nacht; Beobachtungen in der - Gemütssymptome

GEMÜT - Ruhelosigkeit - Kindern, bei - nachts (br1*/152)
• Schreien - Kindern, bei - nachts (c1*/157)
  » Kindern, bei - Schlaf, im (j/157)
• *Weinen - Schlaf, im - Kind ist tagsüber brav und ist die ganze Nacht ruhelos und schreit* (*/247)

Nacht; Beobachtungen in der - Schlaf

SCHLAF - *Ruhelos - Kindern, bei* (j5/1685)

Jatropha curcas

jatr-c.

Kinder *antworten barsch* und haben Angst vor Wasser.

Die *Bauchsymptome* sind die wichtigsten: Diarrhoe; gewaltsamer Abgang; laute Geräusche im Abdomen, wie das Gluckern von Wasser, das aus einer Flasche fließt; verbunden mit Kälte, Krämpfen, Übelkeit und Erbrechen.

Es kann zu Herabsetzung der Lebenskräfte und Kollaps kommen, besonders bei Kindern.

Vithoulkas nennt als Indikation Auftreibung des Abdomens bei Kindern mit Neurofibrom.

Charakteristisch ist die Verbindung von Schluckauf und Erbrechen.

Klinisches: Schluckauf. Bauchschmerzen. Übelkeit. Erbrechen. Kollaps.

Wirkungsbereich: Abdomen. Magen. Zentralnervensystem.

* * *

Stillen - Magendarmsymptome - Appetit - vermindert

MAGEN - Appetit - fehlend (k/767)

Infektionskrankheiten - Masern

ALLGEMEINES - Masern - Hautausschlag unterdrückt wird; wenn der (br1/1920)

Konstitution - Angst und Furcht

GEMÜT - Furcht - Wasser, vor (a1/79)

Beziehung zu anderen - Aggressivität

GEMÜT - Antworten - kurz angebunden (k/15)

Nonverbales - Äußerliches - Beobachtungen des Arztes

GESICHT - Rissig - Lippen (k/613)

Nonverbales - Äußerliches - Beobachtungen der Eltern

MAGEN - Gluckern; Gurgeln (ptk1/802)
• *Schluckauf* (k/809)
  » Erbrechen - beim (bro1/810)
  » Erbrechen - nach (ptk1/810)
  » Erbrechen - vor (ptk1/810)

REKTUM - Unwillkürlicher Stuhl - Flatus agg.; Abgang von (k/985)

Körperliche Symptome und Erkrankungen

REKTUM - Cholera - infantum (k/949)

Würmer

REKTUM - Würmer - Beschwerden durch Würmer (c2/985)

Juglans cinerea

jug-c.

Das Kind ist mürrisch und mag keine Gesellschaft.

Juglans cinerea ist ein *wichtiges Hautmittel: impetigoartige Hautausschläge am Kind, die harte Krusten bilden, die fast die gesamte Fläche bedecken*; Ekzem mit Aufspringen von Händen und Fingern.

Hering nennt Indikationen bei einigen *großen aphthösen Geschwüren* an der Innenseite der Lippen und auf der Zunge.

Murphy nennt das Mittel in der Rubrik: „Darm - Entzündung der Därme - Kindern durch Milch und eine stärkehaltige Diät; bei - gefolgt von Dysenterie".

Klinisches: Impetigoartige Hautausschläge. Ekzem. Aphthen.

Wirkungsbereich: Haut.

* * *

Stillen - Magendarmsymptome - Appetit - vermindert

MAGEN - Appetit - fehlend (k/767)

Stillen - Magendarmsymptome - Appetit - vermehrt

MAGEN - Appetit - Heißhunger (k/769)
• Appetit - vermehrt (k/770)

Infektionskrankheiten - Scharlach

HAUT - Hautausschläge - Scharlach (c2/1821)

Konstitution - Allgemeines

GEMÜT - *Mürrisch - Kindern, bei* (hr1/132)

Beziehung zu anderen - Reaktion auf andere

GEMÜT - Gesellschaft - Abneigung gegen (*/94)

Nonverbales - Konsultation; bei der

OHR - Entzündung - erysipelatös (hr1/500)
GESICHT - *Schwellung - Unterkieferdrüsen* (*/631)
MUND - *Aphthen* (*/639)
• *Aphthen - Zunge* (*/640)
» *Zunge - große Aphthen* (kr1*/640)
HAUT - *Erysipel* (*/1798)
• *Hautausschläge - Impetigo* (*/1816)

Nonverbales - Äußerliches - Beobachtungen des Arztes

GESICHT - *Hautausschläge - Akne* (c2*/595)

Körperliche Symptome und Erkrankungen

MAGEN - Langsame Verdauung (bro1/805)
ALLGEMEINES - Pubertät - Beschwerden während der (bg2/1934)

Juglans regia

jug-r.

Hautausschläge stehen hervor. Allen schrieb: „Ich habe einige Fälle von Hautausschlägen auf und hinter den Ohren von Kindern gesehen, die reichlich von den Nüssen gegessen hatten und ein paar Fälle enorm juckender Hautausschläge, die am gesamten Körper in Erscheinung traten.“ Sollte bei Impetigo erwogen werden.

Komedonen und Akne können im Gesicht auftreten.

Nützlich in der Pubertät, besonders, wenn das Längenwachstum zu schnell erfolgt.

Auf der Gemütsebene ist das Kind faul, unzufrieden und widerspenstig.

Klinisches: Juckende Hautausschläge. Impetigo. Komedonen. Akne.

Wirkungsbereich: Haut.

* * *

Entwicklung - schnell

ALLGEMEINES - Wachstum - Längenwachstum; zu schnelles (vml3/2021)

Stillen - Magendarmsymptome - Appetit - vermindert

MAGEN - Appetit - fehlend (k/767)

Stillen - Magendarmsymptome - Appetit - vermehrt

MAGEN - Appetit - vermehrt (k/770)

Konstitution - Allgemeines

GEMÜT - Faulheit (k/55)
• Unzufrieden (a1/194)

Beziehung zu anderen - Reaktion auf andere

GEMÜT - Widerspenstig (j*/249)

Nonverbales - Konsultation; bei der

KOPF - Hitze - Kälte - Extremitäten; mit Kälte der (*/293)
OHR - Absonderungen - eitrig (a1/497)
• Entzündung - Ohrmuscheln (a1/501)
HAUT - Erysipel (bro1/1798)
• Hautausschläge - Impetigo (vml3/1816)
• Intertrigo (bro1/1825)

Nonverbales - Äußerliches - Beobachtungen des Arztes

GESICHT - *Aphthen - Lippen, an den* (st1/579)
• *Hautausschläge - Akne* (c2*/595)

Nonverbales - Äußerliches - Beobachtungen der Eltern

MAGEN - Schluckauf (*/809)

Körperliche Symptome und Erkrankungen

ZÄHNE - Abszeß der Zahnwurzeln (vml3/695)
ALLGEMEINES - *Pubertät - Beschwerden während der* (sf1/1934)

Kalium arsenicosum

kali-ar.

Auf der körperlichen Ebene kann das Kind dunklen Teint haben, fettiges Gesicht und Risse auf den Lippen; Akne bei Heranwachsenden.

Wenn sie gestillt werden, leiden sie oft an Diarrhoe, mit Bauchschmerzen, die durch heiße Anwendungen besser werden. Hitze bessert auch Otitis, bei der gelbliche und übelriechende Absonderungen häufig sind und manchmal Blut vorhanden ist.

Auf der Gemütsebene findet man einige charakteristische Symptome von Arsen-Verbindungen: Verlangen nach Gesellschaft und Verschlimmerung, wenn allein; Abneigung gegen Gesellschaft; Angst vor dem Alleinsein; Klaustrophobie; Argwohn; übermäßiges Kritisieren und *Angst um ihre Gesundheit, besonders vor Herzkrankheiten.* Sie können auch streitsüchtig sein und keinen Widerspruch ertragen.

In der *Schule* zeigen diese Kinder sehr wichtige Aspekte: *Akribie, Hartnäckigkeit,* Schüchternheit, *starkes Pflichtgefühl* und Angst zu versagen.

Kopfschmerzen in Verbindung mit Schularbeiten sind nicht selten, sowie Kopfschmerzen durch Sinusitis, die oft zusammen mit chronischem Nasenkatarrh erscheinen, wenn die Absonderung wundfressend, blutig, brennend, grünlich, dick oder gelb ist.

Weitere wichtige Symptome sind: Gefühl der Vergrößerung von Kopf und Zunge; brennende Taubheit der Zunge; Gefühl, es würde eine Kugel im Kehlkopf nach oben steigen, was zum Ersticken führt und Gefühl eines glühendheißen Eisens im Anus.

Die Symptome, besonders die der Haut (Herpes, Erysipel, Intertrigo), sind auf der rechten Seite schlimmer.

Periodizität ist so ausgeprägt wie bei Arsenicum album.

Klinisches: Asthma. Sinusitis. Diarrhoe. Augenleiden. Hautleiden. Ekzem. Herpes zoster. Masern.

Wirkungsbereich: Kardiovaskuläres System. Haut. Gemüt.

* * *

Stillen - Milch

REKTUM - *Diarrhoe - Milch - agg.* (k/954)

ALLGEMEINES - Speisen und Getränke - Milch - agg. (k/2001)
- Speisen und Getränke - Milch - Verlangen (stj2/2001)

Stillen - Magendarmsymptome - Appetit - vermindert

MAGEN - Appetit - fehlend (k/767)

Stillen - Magendarmsymptome - Appetit - vermehrt

MAGEN - Appetit - Heißhunger (k/769)
- Appetit - vermehrt (k/770)

Stillen - Magendarmsymptome - Aufstoßen - Speisen; von

MAGEN - Aufstoßens; Art des - Speisen; von (k/780)

Stillen - Magendarmsymptome - Aufstoßen - Wasser; Hochsteigen von

MAGEN - Aufstoßens; Art des - Wasser in den Mund; Hochsteigen von (k/781)

Stillen - Magendarmsymptome - Abdomen - amel. durch

ABDOMEN - Schmerz - Wärme - amel. (k/896)

Stillen - Allgemeines

SCHWEISS - Essen - beim - agg. (k/1786)

Infektionskrankheiten - Masern

HAUT - Hautausschläge - Masern (c2/1817)

Infektionskrankheiten - Mumps

GESICHT - Entzündung - Parotis (k/584)
- Schwellung - Parotis (k/631)

Konstitution - Angst und Furcht

GEMÜT - **Angst - hypochondrisch** (vh*/11)
- Furcht - allein zu sein (*/64)
  - » engen Räumen; in (vh/67)
  - » Versagen, Mißerfolg; vor dem (stj2/79)

Konstitution - Allgemeines

GEMÜT - Faulheit (k/55)
- *Heikel, pingelig* (gk/106)
- Pflicht - zu viel Pflichtgefühl (oss/136)
- Unzufrieden (k/194)

Familie; Beziehung zur - Liebe und Zuneigung

GEMÜT - Eifersucht (kr1*/40)

Beziehung zu anderen - Aggressivität

GEMÜT - Streitsüchtig (*/173)
- Zorn - Widerspruch, durch (stj2/255)

Beziehung zu anderen - Reaktion auf andere

GEMÜT - Antworten - Abneigung zu antworten (k/14)
- Antworten - weigert sich zu antworten (k2/15)
- Gesellschaft - Abneigung gegen (^/94)
  - » Abneigung gegen - Furcht vor dem Alleinsein; jedoch (k13/95)
  - » *Verlangen nach* (k/95)
  - » Verlangen nach - allein; agg. wenn (sne/96)
- *Schüchternheit, Zaghaftigkeit* (k/158)

Beziehung zu anderen - allgemein

GEMÜT - **Argwöhnisch, mißtrauisch** (k/16)
- Tadelsüchtig, krittelig (k2/178)

Schule - Angst

GEMÜT - Furcht - Versagen, Mißerfolg; vor dem (stj2/79)

Schule - Anstrengung; geistige

KOPF - Schmerz - geistige Anstrengung - agg. (k/328)

Schule - Konstitution

GEMÜT - Eigensinnig, starrköpfig, dickköpfig (oss/41)
• *Heikel, pingelig* (gk/106)

Nonverbales - Gesten, Gebärden

GEMÜT - Auffahren, Zusammenfahren - Geräusche; durch (k/17)
• Launenhaftigkeit, launisch (k/123)

Nonverbales - Allgemeines

GEMÜT - Eigensinnig, starrköpfig, dickköpfig (oss/41)

Nonverbales - Konsultation; bei der

KOPF - Hitze - Kälte - Füße; mit Kälte der (k2/293)
OHR - Absonderungen - blutig (k/497)
• *Absonderungen - gelb* (k/497)
» *stinkend* (k/498)
» *übelriechend* (k/498)
GESICHT - *Schwellung - Unterkieferdrüsen* (k/631)
MUND - *Aphthen* (k/639)
HAUT - Erysipel (k/1798)
• Intertrigo (k/1825)

Nonverbales - Äußerliches - Beobachtungen des Arztes

AUGE - Verklebt (k/472)
OHR - Schmerz - warm - Bett, Bettwärme; warmes - agg. - Einhüllen amel.; und warmes (k/525)
GESICHT - **Hautausschläge - Akne** (bro1*/595)
• Rissig - Lippen (k/613)
• Wächsern (k2/635)
ATMUNG - Beschleunigt (k/1174)
ALLGEMEINES - Aussehen - dunkel (stj2/1854)

Nonverbales - Äußerliches - Beobachtungen der Eltern

AUGE - Verklebt - morgens (k/472)
MAGEN - Schluckauf (k/809)
• Völlegefühl - Essen - nach - agg. (k/845)
ABDOMEN - Schmerz - Wärme - amel. (k/896)
REKTUM - Unwillkürlicher Stuhl (k/984)
SCHWEISS - Essen - beim - agg. (k/1786)

Nacht; Beobachtungen in der - Gemütssymptome

GEMÜT - Sprechen - Schlaf; im (k/169)

Nacht; Beobachtungen in der - Schlaf; Lage im

SCHLAF - Lage - Seite, auf der - linken Seite, auf der - Hände auf der Brust, als würden sie das Herz schützen (mrr1/1683)

Körperliche Symptome und Erkrankungen

KOPF - *Schmerz - katarrhalisch* (k/331)
MAGEN - *Würgen - Husten, mit* (k/846)
NIEREN - *Entzündung* (k/1023)

Kalium bichromicum

kali-bi.

Geeignet für fette, hellhaarige Menschen, die an katarrhalischen Beschwerden leiden; pummelige Kinder mit kurzem Hals, die zu kruppösen Entzündungen neigen.

Der Husten ist metallisch, Rachen und Mandeln sind rot und geschwollen, die Atmung ist mühsam und der Kehlkopf empfindlich. Das Kind hat Erstickungsanfälle und erwacht würgend. Es kommt zur Bildung einer dicken Membran und die Erkrankung tendiert dazu, sich nach unten auszubreiten und zu *Bronchitis* zu werden. Heftiges Keuchen mit *Auswurf, der aus zähem und fadenziehendem Schleim besteht.* Schniefen bei Kindern. *Sinusitis* mit Druck und Schmerz an der Nasenwurzel und stechenden Schmerzen in der Nase.

Absonderung aus der Nase ist dick, fadenziehend, klebrig, grünlich, gelb und scharf. Zähe, elastische Pfropfen hinterlassen eine rohe, wunde Oberfläche. Absonderung von dickem Schleim im Nasenrachenraum. Verlust des Geruchssinnes. Die ausgeatmete Luft fühlt sich heiß an.

Sich verschiebende, *wandernde Schmerzen oder Schmerzen an kleinen Stellen sind sehr charakteristisch.*

„Abwechselnde Beschwerden" sind typisch, wie beispielsweise rheumatische Zustände, die mit Darmbeschwerden abwechseln.

Klinisches: Kopfschmerzen. Sinusitis. Bronchitis. Asthma. Heuschnupfen. Dyspepsie. Obstipation. Rheumatismus. Anämie. Masern. Mumps. Keuchhusten.

Wirkungsbereich: Schleimhäute. Luftwege. Nase. Rachen. Magen. Zwölffingerdarm. Fasergewebe. Bänder. Gelenke. Haut.

* * *

Stillen - Gemütssymptome

GEMÜT - Essen - weigert sich zu (hr1/53)

Stillen - Milch

MAGEN - Erbrechen - Milch, nach (k/794)
• Erbrochenen; Art des - Milch (k/798)
ALLGEMEINES - Speisen und Getränke - Milch - agg. (bg2/2001)

Stillen - Magendarmsymptome - Appetit - allgemein

MAGEN - *Appetit - Durst - mit* (a1/767)
• Appetit - launischer Appetit (k/770)

Stillen - Magendarmsymptome - Appetit - vermindert

MAGEN - **Appetit - fehlend** (*/767)
• Appetit - schnelle Sättigung (*/770)
» vermindert (*/772)

Stillen - Magendarmsymptome - Appetit - vermehrt

MAGEN - Appetit - Heißhunger (k/769)
• Appetit - vermehrt (k/770)

Stillen - Magendarmsymptome - Aufstoßen - Speisen; von

MAGEN - *Aufstoßens; Art des - Speisen; von* (k/780)

Stillen - Magendarmsymptome - Aufstoßen - Wasser; Hochsteigen von

MAGEN - *Aufstoßens; Art des - Wasser in den Mund; Hochsteigen von* (*/781)

Stillen - Magendarmsymptome - Erbrechen

MAGEN - *Erbrochenen; Art des - Speisen - Essen - nach - sofort nach* (k/800)
• *Erbrochenen; Art des - Speisen - unverdaut* (k/800)

Stillen - Magendarmsymptome - Abdomen - agg. durch

ABDOMEN - Schmerz - Druck - agg. (k/883)

Stillen - Magendarmsymptome - Rektum

REKTUM - Obstipation - entfernt werden; Stuhl muß mechanisch (bg2/968)

Stillen - Allgemeines

SCHWEISS - Essen - beim - agg. (gk/1786)
• Warm - Speisen; warme - nach (gk/1792)

Infektionskrankheiten - Masern

HUSTEN - Masern - nach (bg2*/1202)
• Masern - während (bro1/1202)

FIEBER - *Ausschlagsfieber; Fieber bei Ausschlagserkrankungen - Masern* (*/1770)

HAUT - *Hautausschläge - Masern* (*/1817)
• Hautausschläge - Masern - begleitet von - Absonderungen; wäßrigen gelbgrünen (tl1/1818)
» Masern - begleitet von - Schnupfen und reichlichem Tränenfluß (tl1/1818)

ALLGEMEINES - *Masern - Beschwerden nach* (bg3/1920)

Infektionskrankheiten - Mumps

GESICHT - *Entzündung - Parotis* (*/584)
• *Entzündung - Parotis - rechts* (*/584)
» Parotis - Mumps (c2*/584)
• *Schmerz - Parotis* (^/626)
» *Parotis - stechend* (*/627)
• *Schwellung - Parotis* (*/631)
» *Parotis - rechts* (k/631)
» Parotis - Hautausschlag; nach (k/631)

Infektionskrankheiten - Scharlach

OHR - *Absonderungen - Scharlach, nach* (*/498)

Infektionskrankheiten - Pocken

HAUT - Hautausschläge - Pocken (bg2*/1819)

Infektionskrankheiten - Keuchhusten

HUSTEN - *Keuchhusten* (*/1197)

Konstitution - Angst und Furcht

GEMÜT - Furcht - offenen Plätzen; Furcht vor (ll1/74)
• Schreckliches und traurige Geschichten greifen sie stark an (gk/156)

Konstitution - Allgemeines

GEMÜT - Entmutigt (*/46)
• *Faulheit* (bg2*/55)
• Heikel, pingelig (k2*/106)
• Pflicht - zu viel Pflichtgefühl (oss/136)
• Veränderungen - Abneigung gegen (^/195)
• Weinen - amel. (gk/245)

Beziehung zu anderen - Aggressivität

GEMÜT - Streitsüchtig (bg2/173)

Beziehung zu anderen - Reaktion auf andere

GEMÜT - Gesellschaft - Abneigung gegen (*/94)
• Schüchternheit, Zaghaftigkeit (a1/158)

Beziehung zu anderen - allgemein

GEMÜT - Argwöhnisch, mißtrauisch (bg2*/16)

Schule - Angst

REKTUM - Diarrhoe - Erregung, Aufregung agg. (gk/952)

Schule - Konzentration

GEMÜT - Konzentration - schwierig - Studieren (vh*/117)

Schule - Konstitution

GEMÜT - Eigensinnig, starrköpfig, dickköpfig (oss/41)
• Heikel, pingelig (k2*/106)

Nonverbales - Gesten, Gebärden

GEMÜT - Gesten, Gebärden; macht - Hände; unwillkürliche Bewegungen der - bedecken - Mund mit den Händen; den (st/97)

Nonverbales - Allgemeines

GEMÜT - Eigensinnig, starrköpfig, dickköpfig (oss/41)
• Possen, spielt (c1/137)
» Kindern; bei (bt/138)

Nonverbales - Konsultation; bei der

KOPF - Empfindlichkeit - Kopfhaut, der - Berührung, gegen (bro1/284)

OHR - **Absonderungen - chronisch** (bg2*/497)
• **Absonderungen - dick** (*/497)
» **eitrig** (*/497)
» **gelb** (*/497)
» *reichlich* (hr1/498)

» schleimig (hr1*/498)
» *serös* (hr1/498)
» *stinkend* (*/498)
» *übelriechend* (*/498)
» *wäßrig* (hr1/498)
» *weiß* (hr1/498)
» wundfressend (bro1/498)
• **Eiterung - Mittelohr** (*/500)
• Entzündung (k/500)
» *erysipelatös* (k/500)
» *Gehörgang* (*/500)
» **Mittelohr** (k/501)
» Mittelohr - chronisch (bro1/501)
• *Geschwüre - Trommelfell* (*/510)
• *Katarrh - Eustachische Röhre* (*/515)
• *Perforation - Trommelfell* (bg2*/516)
HÖREN - *Schwerhörig - Tonsillen - vergrößert* (*/537)
• Schwerhörig - Tubenkatarrh (bro1*/537)
MUND - *Aphthen* (*/639)
• Aphthen - Gaumen (ptk1*/640)
• Eiterung - Zahnfleisch (bg2/643)
• *Landkartenzunge* (*/668)
• Papillen - aufgerichtet (*/669)
» aufgerichtet - Erdbeerzunge (k2*/669)
» *aufgerichtet - Zungenwurzel* (*/669)
• *Stomatitis ulcerosa, Stomakaze* (*/689)
INNERER HALS - *Belag - Tonsillen* (k/721)
• *Belag - Uvula* (k/721)
• *Entzündung - Tonsillen* (*/724)
• *Käsig - Flecken; käsig aussehende* (k/728)
• *Schwellung - Tonsillen* (*/747)
ÄUSSERER HALS - Schwellung - Halsdrüsen (*/760)
ABDOMEN - Schmerz - Druck - agg. (k/883)
RÜCKEN - Hautausschläge - Furunkel (k/1316)
• Hautausschläge - Furunkel - Blutbeule (k/1316)
HAUT - Erysipel (gk/1798)
• *Hautausschläge - Impetigo* (*/1816)
ALLGEMEINES - *Exostose* (c1*/1877)

Nonverbales - Äußerliches - Beobachtungen des Arztes

AUGE - Strabismus, Schielen (ptk1/467)
• *Verklebt* (bg2*/472)
NASE - Bewegung - Nasenflügel - Fächer; wie ein (bg1/545)
• Schniefen (bg3*/568)
GESICHT - *Aufgesprungen - Lippen* (*/579)
• Ausdruck - alt aussehend (bg2/580)
• **Hautausschläge - Akne** (a1*/595)
• Hippokratisches Gesicht (k/605)
• Rissig - Lippen (*/613)
• Warzen (dg2/635)
• Zupfen - Lippen; an den - Oberlippe (k/636)
ATMUNG - *Beschleunigt* (*/1174)
HUSTEN - Anfallsweise - besteht aus - kurzen Hustenstößen (*/1186)
ALLGEMEINES - *Aussehen - hell, blond* (*/1855)
• *Aussehen - hell, blond - schlaffer Faser, mit* (c1/1855)
• *Fettleibigkeit - Kindern, bei* (hr1*/1879)

Nonverbales - Äußerliches - Beobachtungen der Eltern

AUGE - *Verklebt - morgens* (*/472)
NASE - *Schneuzen der Nase - Neigung, sich zu schneuzen; ständige* (*/568)
• Verstopfung - Kindern; bei (ptk1/577)
» *Kindern; bei - Säuglingen; bei* (*/577)
MAGEN - Schluckauf (*/809)
• Völlegefühl - Essen - nach - agg. (k/845)
REKTUM - Unwillkürlicher Stuhl (*/984)
ATMUNG - Schnarchen (*/1180)
SCHWEISS - Essen - beim - agg. (gk/1786)
• Warm - Speisen; warme - nach (gk/1792)

Nacht; Beobachtungen in der - Gemütssymptome

GEMÜT - Furcht - Dunkelheit; vor der (st1/66)
• Sprechen - Schlaf; im (*/169)

Nacht; Beobachtungen in der - Schlaf

SCHLAF - Erwachen - Schreck, wie durch (sf1/1675)

Autos und Schiffe

MAGEN - *Übelkeit - Seekrankheit* (k/839)

Psychosomatische Störungen

REKTUM - Diarrhoe - Erregung, Aufregung agg. (gk/952)
• Diarrhoe - Zorn, nach (gk/957)

Körperliche Symptome und Erkrankungen

KOPF - *Schmerz - katarrhalisch* (*/331)
NASE - *Katarrh - gefolgt von - Stirnhöhlen; Beschwerden der* (*/553)
ZÄHNE - Abszeß der Zahnwurzeln (gk/695)
• *Karies, faule, hohle Zähne* (k/700)
INNERER HALS - *Räuspert käsige Klumpen herauf* (*/732)
MAGEN - Langsame Verdauung (bro1/805)
• Würgen - Husten, mit (*/846)
REKTUM - Cholera - infantum (k/949)
NIEREN - Entzündung (bg2*/1023)
• Entzündung - parenchymatös - akut (br/1024)

Chirurgisch pathologische Zustände

NASE - *Polyp* (*/561)
ABDOMEN - Intussuszeption (*/869)

Kalium bromatum

kali-br.

Eignet sich für Kinder, die *zu Adipositas neigen*, mit blondem Haar und hellem Teint.

Hauterkrankungen mit Entzündung und mit Sitz in den Talgdrüsen, Drüsen und in den Schweißdrüsen. *Schwere Akne, besonders bei Mädchen mit unregelmäßiger Menses.*

Man findet fette Gesichter, Kopfschuppen, Warzen und Intertrigo.

Aphthen und Mundsoor.

Krampfhafter Krupp: das Kind erwacht plötzlich mit Erstickungsgefühl; mit einem eigentümlich klingelnden, trockenen, blechern klingenden Husten und beschleunigter Atmung. Sie sind unruhig und das Gesicht ist gerötet. Nach einer oder zwei Stunden schläft das Kind ein und atmet unbeschwert und natürlich, nur um wieder mit einem ähnlichen Anfall zu erwachen. Heiserkeit, enorm schmerzhafter und unangenehmer Husten, mit Verwirrung; Remissionen am Tage.

Nützlich bei Schlafwandeln und Pavor nocturnus von Kindern, mit Aufschreien und Zittern im Schlaf.

Enuresis nocturna durch zu tiefen Schlaf.

Schwierige Zahnung: nächtliche Angst, Schlaflosigkeit, Erbrechen, Durchfall, Husten und unterdrückter Speichelfluß.

Nützlich bei der *Kolik von Säuglingen.*

Diese Kinder können Festes leicht schlucken, aber würgen jedesmal, wenn sie versuchen zu trinken.

Kinder, die nicht gut in der Schule zurechtkommen; sie sprechen langsam, stotternd.

Oft kommt es zu Schwierigkeiten beim Schreiben, mit Auslassen von Buchstaben, Silben oder Worten. *Dyslexie.*

Sie leiden an Erwartungsangst, weil sie nicht selbstsicher sind.

In Bezug auf das Gemüt schrieb Rajan Sankaran: „Diese Patienten sind sehr akribisch und organisiert. Der Blick des Patienten ist verlegen und schuldbewußt. Ich habe festgestellt, daß sie aus sehr strengen / religiösen Familien stammen. Sie haben viele sexuelle Symptome mit *Schuldgefühlen.* Die Pubertät ist eine wichtige Zeit für Kalium bromatum. Sexuelle Phantasien sind ziemlich hervorstechend und sie können Perversionen haben, wie beispielweises sexuelles Verlangen nach ihrer Mutter oder Schwester. Schaut um sich, um zu sehen, ob ihn jemand beobachtet, er fühlt sich in hohem Maße schuldig, wie ein Krimineller."

Klinisches: Akne. Asthma. Laryngospasmus. Schlaflosigkeit. Sprachstörungen. Enuresis. Diabetes.

Wirkungsbereich: Gemüt. Nerven. Gehirn. Genitalien. Kehlkopf. Haut.

* * *

Entwicklung - langsam

GEMÜT - Entwicklung; kindliche - Entwicklungsstillstand (mrr1/47)

Zahnung - Gemütssymptome

GEMÜT - **Angst - nachts - Zahnung; während der** (dgt1/7)

• Angst - Zahnung; während der (jl/13)

Zahnung - Empfindungen und neurologische Beschwerden

ALLGEMEINES - **Konvulsionen - Zahnung; während der** (bg2*/1907)

Zahnung - Lokalsymptome

MUND - Speichel - unterdrückt - Zahnung; während der (k/684)

Zahnung - Magendarmsymptome

MAGEN - *Erbrechen - Zahnung; während der* (hr1*/796)

REKTUM - *Diarrhoe - Zahnung; während* (hr1/957)

Zahnung - Allgemeines

ZÄHNE - *Zahnung - schwierig* (hr1*/718)

HUSTEN - Zahnung, während der (hr1/1211)

SCHLAF - Schlaflosigkeit - Zahnung; während der (tl1/1694)

Stillen - Gemütssymptome

GEMÜT - Essen - weigert sich zu (gk/53)

Stillen - Milch

ALLGEMEINES - Speisen und Getränke - Milch - Abneigung (stj1/2000)

Stillen - Magendarmsymptome - Appetit - vermindert

MAGEN - *Appetit - fehlend* (k/767)

Stillen - Magendarmsymptome - Appetit - vermehrt

MAGEN - Appetit - vermehrt (a1/770)

Stillen - Magendarmsymptome - Abdomen - agg. durch

ABDOMEN - Schmerz - Kindern; bei - Säuglingen; bei - krampfartig (bro1/888)

Infektionskrankheiten - Keuchhusten

MAGEN - Erbrechen - Husten - beim - agg. - Keuchhusten (st/793)

HUSTEN - Keuchhusten (*/1197)

• **Keuchhusten - Konvulsionen, mit** (kr1*/1198)

SCHLAF - Schlaflosigkeit - Husten, durch - Keuchhusten, bei (tl1/1691)

ALLGEMEINES - **Konvulsionen - Husten - Keuchhusten, bei** (hr1*/1904)

Konstitution - Angst und Furcht

GEMÜT - Beschwerden durch - Erwartungsspannung (st/23)

• *Beschwerden durch - Schreck* (bg2*/25)

• *Erwartungsspannung - Lampenfieber* (fry/53)

• Furcht - allein zu sein (*/64)

» *Gespenstern; vor* (sf1/70)

» **Kindern, bei** (^/71)

Konstitution - Allgemeines

GEMÜT - Faulheit (k/55)

• Selbstvertrauen - Mangel an Selbstvertrauen (ckh1/161)

• *Sorgen; voller* (kr1*/164)

• Unaufmerksam (bg2/189)

• Unzufrieden (^/194)

• *Wandern, Herumwandern - Verlangen zu wandern* (kr1/243)

• *Weinen - leicht* (kr1/246)

Familie; Beziehung zur - Liebe und Zuneigung

GEMÜT - Verlassen zu sein; Gefühl (*/198)

Beziehung zu anderen - Reaktion auf andere

GEMÜT - Antworten - einsilbig (k/15)

• Antworten - einsilbig - Nein auf alle Fragen (k/15)

» falsch, unrichtig (sne/15)

» *langsam* (k/15)

» wiederholt erst die Frage (k/15)

• Autismus (mrr1/19)

• Gesellschaft - Abneigung gegen (*/94)

» Abneigung gegen - Furcht vor dem Alleinsein; jedoch (k/95)

» Verlangen nach (*/95)

» *Verlangen nach - allein; agg. wenn* (sne/96)

• Schüchternheit, Zaghaftigkeit (*/158)

• Untröstlich (hr1*/193)

Beziehung zu anderen - allgemein

GEMÜT - Argwöhnisch, mißtrauisch (*/16)

• Tadelt sich selbst, macht sich Vorwürfe (ptk1*/179)

Schule - Angst

GEMÜT - Beschwerden durch - Erwartungsspannung (st/23)

• Selbstvertrauen - Mangel an Selbstvertrauen (ckh1/161)

Schule - Konzentration

GEMÜT - Unaufmerksam (bg2/189)

Schule - Lernen - allgemein

GEMÜT - Dyslexie (mtf/40)

Schule - Lernen - Schreiben

GEMÜT - *Fehler; macht - Schreiben, beim* (k/57)

• Fehler; macht - Schreiben, beim - läßt etwas aus - Buchstaben (*/57)

» Schreiben, beim - läßt etwas aus - Silben (k/57)

» Schreiben, beim - läßt etwas aus - Worte (*/57)

» Schreiben, beim - wiederholt Worte (k/58)

• Schreiben - unleserlich, schreibt (a1/156)

Schule - Beziehung zu anderen

MUND - *Sprache - stotternd* (*/688)

Schule - Konstitution

GEMÜT - Selbstvertrauen - Mangel an Selbstvertrauen (ckh1/161)

Nonverbales - Aggressivität

GEMÜT - Reizbarkeit, Gereiztheit - Kindern, bei (c1/145)

Nonverbales - Reaktion auf andere

GEMÜT - Angesehen, angeblickt zu werden - erträgt es nicht, angesehen zu werden (kr1/5)

Nonverbales - Gesten, Gebärden

GEMÜT - Gesten, Gebärden; macht - Hände; unwillkürliche Bewegungen der - ringt die Hände (*/98)

Nonverbales - Allgemeines

GEMÜT - Schreien - Kindern, bei (k/157)

• Schreien - Kindern, bei - schrecklich, fürchterlich (tl1/157)

• Singen (a1/163)

Nonverbales - Konsultation; bei der

KOPF - Hitze - Kälte - Extremitäten; mit Kälte der (bg2*/293)

• *Hitze - Kälte - Füße; mit Kälte der* (hr1/293)

» *Kälte - Hände; mit Kälte der* (hr1/293)

MUND - *Aphthen* (*/639)

• *Aphthen - Kindern, bei* (hr1*/639)

• Papillen - aufgerichtet (a1/669)

• Schwämmchen (hr1*/681)

INNERER HALS - *Belag - Tonsillen* (hr1/721)

• *Belag - Uvula* (hr1/721)

BRUST - *Einziehung der Brustwarzen* (bro1/1231)

HAUT - Intertrigo (bro1/1825)

Nonverbales - Äußerliches - Beobachtungen des Arztes

KOPF - Halten - hoch, aufrecht zu halten; unfähig, den Kopf (hr1/289)

• *Schuppen* (hr1/402)

Auge - *Strabismus, Schielen* (*/467)

Nase - Bewegung - Nasenflügel - Fächer; wie ein (bro1/545)

Gesicht - Fettig (bro1/593)

- **Hautausschläge - Akne** (*/595)
  - » Akne - jungen Menschen; bei beleibten - roher Lebensweise und bläulichen, roten Pusteln in Gesicht, an Brust und Schultern; mit (bro1/596)
- Warzen (tl1/635)
- Zupfen - Lippen; an den (ptk1/636)

Atmung - Asthma, asthmatische Atmung - Kindern; bei (*/1162)

Rücken - *Opisthotonus* (hr1/1325)

Allgemeines - Aussehen - hell, blond (stj1/1855)

Nonverbales - Äußerliches - Beobachtungen der Eltern

Zähne - Zähneknirschen (bg2*/718)

- Zähneknirschen - Furcht; aus - Kindern; bei (tl1/718)

Magen - *Schluckauf* (bro1*/809)

Abdomen - Schmerz - Kindern; bei - Säuglingen; bei - krampfartig (bro1/888)

Blase - Urinieren - Harndrang - plötzlich - beeilen um zu urinieren, sonst geht Urin ab; muß sich (k/1015)

- Urinieren - verzögert, muß warten, bis der Urin zu fließen beginnt (k/1020)

Männliche Genitalien - *Masturbation, Neigung zur* (c1/1071)

Weibliche Genitalien - *Masturbation; Neigung zu* (c1/1104)

Husten - *Angst; macht - Kindern; bei schwachen, nervösen - erwachen mit trockenem, krampfhaftem Husten; sie - aufschreien läßt; der sie in Panik und Schrecken* (*/1186)

Nacht; Beobachtungen in der - Gemütssymptome

Gemüt - **Angst - nachts - Kindern; bei (kr1*/7)**

- **Angst - nachts - Zahnung; während der** (dgt1/7)
- Furcht - nachts - Kindern; bei (tl1/64)
  - » allein zu sein - nachts (mrr1/64)
  - » allein zu sein - Dunkelheit; in der (ptk1/65)
  - » Dunkelheit; vor der (ptk1/66)
  - » **Erwachen; beim - Traum; aus einem** (hr1*/67)
  - » **Kindern, bei - nachts** (st/71)
- *Gesten, Gebärden; macht - Hände; unwillkürliche Bewegungen der - zupft - Bettwäsche; an der* (k/98)
- *Reizbarkeit, Gereiztheit - Schlaflosigkeit, mit* (hr1*/146)
- *Schlafwandeln* (*/154)
- **Schreien - Kindern, bei - Erwachen, beim** (hr1*/157)
  - » **Kindern, bei - Schlaf, im** (hr1/157)

Nacht; Beobachtungen in der - körperliche Symptome

Zähne - *Zähneknirschen - Schlaf; agg. im* (*/718)

Blase - Urinieren - unwillkürlich - nachts (hr1*/1019)

Nacht; Beobachtungen in der - Schlaf

Schlaf - Erwachen - Schreck, wie durch (sf1/1675)

- *Schlaflosigkeit - Atmung - erschwert - Kindern; bei* (hr1*/1688)
  - » Kindern, bei (bro1/1691)

Psychosomatische Störungen

Allgemeines - **Konvulsionen - Schreck agg.** (*/1906)

- **Konvulsionen - Zorn; nach** (*/1907)

Körperliche Symptome und Erkrankungen

Kopf - *Entzündung - Gehirn* (hr1/284)

- *Entzündung - Hirnhaut* (k/284)
- Hydrozephalus (bro1/295)

Gesicht - Hautausschläge - Akne - Menses - unregelmäßige Menses (bro1/596)

Rektum - Cholera - infantum (*/949)

Kehlkopf und Trachea - Laryngismus stridulus (*/1145)

Brust - *Entzündung - Lungen - Kindern; bei - Kleinkindern; bei* (hr1/1234)

Allgemeines - *Kindern; Beschwerden von* (kr1*/1897)

- *Konvulsionen - Kindern, bei* (kr1*/1905)
  - » *Kindern, bei - Kleinkindern, bei* (bro1/1905)
- Pubertät - Beschwerden während der (ptk1/1934)

Würmer

Allgemeines - Konvulsionen - Würmer, durch (bro1*/1907)

Kalium carbonicum

kali-c.

Kalium-carbonicum-Kinder sind besonders genau. Sie haben die *Neigung, logisch zu sein und Emotionen zu rationalisieren.*

Sie sind *extrem ehrlich:* sie würden nie etwas Illegales machen; halten sich strikt an die Vorschriften und verhalten sich immer korrekt.

Ein *starkes Pflichtgefühl* bringt sie dazu, in der Schule hart zu arbeiten.

Die „Strenge" zeigt sich auch auf der körperlichen Ebene in Gelenkbeschwerden (sollte bei juveniler Arthritis erwogen werden), Torticollis durch Einwirkung von Zugluft und Atembeschwerden.

Kalium carbonicum ist angezeigt bei *Pneumonie* von Kleinkindern, besonders des rechten unteren

Lungenflügels, mit *großer Atemnot*, die das Kind am Schlafen und Trinken hindert. Obwohl ziemlich viel Schleim in der Brust ist, kann er nur schwer heraufgebracht werden und muß wieder geschluckt werden; die Atmung ist keuchend und pfeifend und es ist ein würgender Husten vorhanden, Tag und Nacht, *schlimmer von 3 bis 4 Uhr morgens* und besser nach dem Frühstück; das Gesicht ist blaß, aber während des Hustens rot mit *gedunsenen Lidern;* die Schmerzen reichen bis zum Bauch.

Die Schmerzen von Kalium carbonicum sind typischerweise stechend, aber anders als Bryonia, das dieselben Schmerzen hat, werden sie durch Bewegung nicht schlechter.

Der wichtige Aspekt dieser Kinder ist die *Familie*, die als Halt betrachtet wird. Rajan Sankaran schrieb: „Die wesentlichste Emotion ist hier ein enormes Bedürfnis nach Familie, Gruppe, nach Halt. Es ist viel Angst vorhanden, mit Furcht, wenn er allein ist. Die Angst ist überall zu sehen, beispielsweise: ‚Erschreckt über Kleinigkeiten', ‚Angst vor dem Alleinsein', ‚schreckt leicht auf, durch Geräusche, bei Berührung'. Träume von Geistern, Gefahr, Räubern, vom Herabfallen aus einer Höhe oder von schrecklichen Gestalten. Es ist ein großes Verlangen nach Halt vorhanden, was sich in den folgenden Rubriken widerspiegelt: ‚Verlangen, getragen zu werden', ‚Schaukeln bessert' und ‚Schreit um Hilfe'. Traum von verstorbenen Verwandten, die nach Hilfe schreien. Sie fühlen sich verlassen, wenn sie nicht den Halt bekommen, den sie benötigen. Das kann sie sehr wütend machen, streitsüchtig, reizbar, sie schreien bei Kleinigkeiten. Diese Streitsucht richtet sich besonders gegen diejenigen, deren Unterstützung sie zu erlangen suchen, bespielsweise den Ehemann oder das Kind. ‚Traum von Streit mit verstorbenen Verwandten, von Verstorbenen, als seien sie lebendig und würden mit ihr streiten' (Allens Encyclopedia). Nach dem Streit können sie sehr weinerlich werden: ‚weint, wenn sie von ihrer Krankheit erzählt' und sogar in einen noch bedauernswerteren Zustand verfallen, zu betteln und zu flehen."

Kinder, die Kalium carbonicum benötigen, neigen dazu, ängstlich zu sein, wenn sie krank sind und wollen oft, daß man sie hält.

Klinisches: Asthma. Bronchitis. Pleuritis. Pneumonie. Keuchhusten. Herzleiden. Dyspepsie. Kopfschmerzen. Anämie. Blutungen. Augenentzündung. Ohrenentzündung. Urtikaria.

Wirkungsbereich: Brust. Herz. Seröse Häute. Schleimhäute. Gelenke. Augen.

* * *

Krankengeschichte; familiäre und persönliche

ALLGEMEINES - Familiengeschichte von - Tuberkulose (br1*/1878)
• Krankengeschichte von; persönliche - Hautausschlägen; von - unterdrückten; von (ptk1/1909)
» Nasenbluten; von wiederkehrendem (k/1910)
» Tuberkulose, von (br1/1910)

Zahnung - Allgemeines

SCHLAF - Schlaflosigkeit - Zahnung; während der (ggd1/1694)

Stillen - Gemütssymptome

GEMÜT - Hast, Eile - Essen; beim (st*/105)

Stillen - Milch

KOPF - Hautausschläge - Milchschorf (bg2*/290)
• Hautausschläge - Milchschorf - Kindern; bei (mtf33/290)

MAGEN - Verdorben - Milch agg. (k/844)

REKTUM - *Diarrhoe - Milch - agg.* (*/954)

HUSTEN - Milch agg. (*/1202)

ALLGEMEINES - Speisen und Getränke - Milch - Abneigung (lsa1/2000)
• Speisen und Getränke - Milch - Abneigung - Muttermilch - Kind verweigert die; das (lmj/2001)
» *Milch - agg.* (*/2001)

Stillen - Magendarmsymptome - Appetit - vermindert

MAGEN - Appetit - fehlend (*/767)
• Appetit - vermindert (*/772)

Stillen - Magendarmsymptome - Appetit - vermehrt

MAGEN - Appetit - Heißhunger (*/769)
• Appetit - vermehrt (*/770)

Stillen - Magendarmsymptome - Aufstoßen - Speisen; von

MAGEN - Aufstoßens; Art des - Speisen; von (*/780)
• Aufstoßens; Art des - Speisen; von - nachts - Speisen, die mittags gegessen wurden; durch (h2/780)
» Speisen; von - sauer (b4a/780)

Stillen - Magendarmsymptome - Aufstoßen - Wasser; Hochsteigen von

MAGEN - *Aufstoßens; Art des - Wasser in den Mund; Hochsteigen von* (*/781)
• *Aufstoßens; Art des - Wasser in den Mund; Hochsteigen von - Essen - nach - agg.* (*/781)

Stillen - Magendarmsymptome - Abdomen - amel. durch

ABDOMEN - *Schmerz - Beugen - vorne; nach - amel. - krampfartig* (k/882)

• Schmerz - Druck - amel. (k/883)
» Wärme - amel. (k2/896)
» Zusammenkrümmen - amel. - krampfartig (tl1/897)

Stillen - Allgemeines

SCHWEISS - **Essen - beim - agg.** (*/1786)
• *Essen - nach - agg.* (*/1786)
» nach - amel. (bg2/1786)
• *Warm - Speisen; warme - nach* (*/1792)

ALLGEMEINES - Säuglinge (kk2/1944)

Infektionskrankheiten - Masern

AUGE - *Schwäche - Masern, nach* (k/464)

SEHEN - **Trübsichtigkeit, trübes Sehen - Masern, nach** (k/492)

HUSTEN - *Masern - nach* (*/1202)

BRUST - *Entzündung - Lungen - Masern, nach* (k/1234)

FIEBER - Ausschlagsfieber; Fieber bei Ausschlagserkrankungen - Masern (bg2/1770)

ALLGEMEINES - *Masern - Beschwerden nach* (k2*/1920)

Infektionskrankheiten - Mumps

GESICHT - *Entzündung - Parotis* (*/584)
• *Entzündung - Parotis - rechts* (*/584)
• Schmerz - Parotis (k2/626)
» Parotis - kalt - Luft; kalte - agg. (k/627)
» Parotis - stechend (k/627)
• *Schwellung - Parotis* (*/631)
» Parotis - rechts (k/631)
• *Verhärtungen - Parotis* (k/634)
» Parotis - rechts (k/634)

Infektionskrankheiten - Scharlach

URIN - Eiweißhaltig - Scharlach; nach (k/1046)

FIEBER - *Scharlach - begleitet von - Zunge - schwarze Farbe der Zunge* (kr1*/1778)

Infektionskrankheiten - Keuchhusten

HUSTEN - *Keuchhusten* (*/1197)
• *Keuchhusten - Augen - beutelartige Schwellung zwischen Oberlidern und Augenbrauen* (kr1*/1198)
» epidemisch (tl1/1198)
» *heftig* (ptk1/1198)
» *Krampfstadium, im* (bg2*/1198)

Konstitution - Aggressivität

GEMÜT - Zorn - Kindern, bei (hr1/254)

Konstitution - Angst und Furcht

GEMÜT - *Angst - hypochondrisch* (j5/11)
• *Angst - Kinder - bei Kindern* (k/11)
• Beschwerden durch - Erwartungsspannung (bg/23)
» Schreck (bg2*/25)
• Feigheit (*/59)
• **Furcht - allein zu sein** (*/64)
» Armut, vor (st1/65)
» engen Räumen; in (kk/67)
» Geräusche, durch (bro1/69)
» Gespenstern; vor (*/70)
» voller Furcht (br1/79)
• *Schreckliches und traurige Geschichten greifen sie stark an* (gk/156)

Konstitution - Allgemeines

GEMÜT - Anarchist (ptk/4)
• Beachtung; schenkt allgemeinen Regeln keine (*/19)
• Ehrgeiz - erhöht, vermehrt, sehr ehrgeizig (gg*/40)
» Verlust von (^/40)
• Empfindlich - Kinder (dx1*/44)
• Entmutigt (*/46)
• *Faulheit* (*/55)
• Furcht - Armut, vor (st1/65)
• Gewissenhaft, peinlich genau in bezug auf Kleinigkeiten (fd/99)
• *Heikel, pingelig* (gg*/106)
• Milde (*/130)
• Nachgiebigkeit (^/134)
• **Pflicht - zu viel Pflichtgefühl** (vh*/136)
• *Selbstvertrauen - Mangel an Selbstvertrauen* (k/161)
• Sorgen; voller (mrr1/164)
• *Stimmung, Laune - veränderlich* (*/171)
• Theoretisieren (mtf/180)
• Unaufmerksam (*/189)
• *Unzufrieden* (*/194)
• *Veränderungen - Abneigung gegen* (mrr1/195)
• Verantwortung - ernst; nimmt seine Verantwortung zu (vh*/195)
• *Weinen - Kindern; bei* (j5/246)
» *Kindern; bei - Säuglingen; bei* (gg/246)

Familie; Beziehung zur - Aggressivität

GEMÜT - Streitsüchtig - Familie, mit ihrer (ptk1*/173)

Familie; Beziehung zur - Liebe und Zuneigung

GEMÜT - Abneigung - Familienangehörige; gegen (st*/1)
• Eifersucht (vh*/40)
• Verlassen zu sein; Gefühl (*/198)

Familie; Beziehung zur - Vorwürfe

GEMÜT - Ermahnungen - agg. (bg2*/47)
• *Weinen - Ermahnung, durch* (k/245)
» *Vorhaltungen gemacht werden; wenn ihm* (k/248)

Beziehung zu anderen - Aggressivität

GEMÜT - *Gesellschaft - Verlangen nach - behandelt diejenigen, die sich ihm nähern schrecklich* (*/96)
• *Schlagen* (*/154)
» Kindern; bei (mtf33/154)
• *Streitsüchtig* (*/173)

Beziehung zu anderen - Reaktion auf andere

GEMÜT - *Antworten - unfähig zu antworten* (^/15)
- Gesellschaft - Abneigung gegen (*/94)
  - » Abneigung gegen - Furcht vor dem Alleinsein; jedoch (al/95)
  - » **Verlangen nach** (*/95)
  - » *Verlangen nach - allein; agg. wenn* (*/96)
  - » *Verlangen nach - behandelt diejenigen, die sich ihm nähern schrecklich* (*/96)
- **Schüchternheit, Zaghaftigkeit** (*/158)
  - » Kindern; bei (mtf33/158)
- Trost - agg. (k/188)
  - » agg. - Mitleid, Mitgefühl agg. (bg2/188)
- Untröstlich (lmj/193)
- Weinen - Trost - agg. (k/248)
- *Widerspenstig* (*/249)

Beziehung zu anderen - allgemein

GEMÜT - Geheimnistuerisch, verschlossen (cd1/87)
- Sprache - hastig, eilig (st1/167)
- Tadelsüchtig, krittelig (bg2/178)
- Tadelt sich selbst, macht sich Vorwürfe (ptk1/179)

Schule - Angst

GEMÜT - Beschwerden durch - Erwartungsspannung (bg/23)
- *Selbstvertrauen - Mangel an Selbstvertrauen* (k/161)

Schule - Konzentration

GEMÜT - Konzentration - schwierig - Studieren (k/117)
- Unaufmerksam (*/189)

Schule - Lernen - Mathematik, Rechnen

GEMÜT - Mathematik - Unfähigkeit zur (mtf33*/128)
- Mathematik - Unfähigkeit zur - rechnen; kann nicht (gl1/129)

Schule - Lernen - Schreiben

GEMÜT - Fehler; macht - Schreiben, beim (sf1/57)

Schule - Anstrengung; geistige

KOPF - Schmerz - geistige Anstrengung - agg. (st/328)

Schule - Vorwürfe

GEMÜT - Ermahnungen - agg. (bg2*/47)
- *Weinen - Ermahnung, durch* (k/245)

Schule - Konstitution

GEMÜT - *Eigensinnig, starrköpfig, dickköpfig* (*/41)
- Eigensinnig, starrköpfig, dickköpfig - Kinder (mtf33/41)
- Gewissenhaft, peinlich genau in bezug auf Kleinigkeiten (fd/99)
- *Hast, Eile - tut, womit er gerade beschäftigt ist; bei dem, was er* (k/105)
- *Heikel, pingelig* (gg*/106)
- *Selbstvertrauen - Mangel an Selbstvertrauen* (k/161)
- Verantwortung - ernst; nimmt seine Verantwortung zu (vh*/195)

Nonverbales - Aggressivität

GEMÜT - Diktatorisch (h/39)

Nonverbales - Reaktion auf andere

GEMÜT - Angesehen, angeblickt zu werden - erträgt es nicht, angesehen zu werden (tl1/5)
- **Berührtwerden - Abneigung berührt zu werden** (*/21)
  - » Abneigung berührt zu werden - Kindern; bei (mtf33/21)
  - » **Abneigung berührt zu werden - Kitzeligkeit** (st1*/21)
- *Furcht - berührt zu werden* (k1*/66)
  - » Näherkommen, Annäherung von; vor - anderen, von (^/74)
  - » Näherkommen, Annäherung von; vor - anderen, von - Kinder können es nicht ertragen, daß ihnen jemand nahe kommt (fyz*/74)
- Näherkommen, auf ihn Zukommen von Personen - Abneigung gegen (ptk1/134)

Nonverbales - Gesten, Gebärden

GEMÜT - **AUFFAHREN, ZUSAMMENFAHREN - GERÄUSCHE; DURCH (k1*/17)**
- Halten - Hand der Mutter; Kind hält ständig die (al/104)
- Hast, Eile - Bewegungen; in den (k/105)
- Klammert sich an - Kindern; bei - Mutter; das Kind klammert sich an die (^/115)
  - » Kindern; bei - Mutter; das Kind klammert sich an die - Hand der Mutter; das Kind nimmt immer die (mtf33/115)
- **Launenhaftigkeit, launisch** (*/123)
- Ungeschicklichkeit (bg2/192)

Nonverbales - Allgemeines

GEMÜT - *Eigensinnig, starrköpfig, dickköpfig* (*/41)
- Eigensinnig, starrköpfig, dickköpfig - Kinder (mtf33/41)
- Hast, Eile - Essen; beim (st*/105)
  - » *tut, womit er gerade beschäftigt ist; bei dem, was er* (k/105)
- Ruhelosigkeit - Kindern, bei (j5/151)
- Schreien - Kindern, bei (^/157)
- Singen (*/163)

Nonverbales - Konsultation; bei der

OHR - Absonderungen - blutig (k/497)
- Absonderungen - dünn (h2*/497)
  - » **eitrig** (*/497)
  - » fleischfarben (bg2*/497)
  - » *gelb* (*/497)

» Ohrschmalz (k/498)
» stinkend (*/498)
» übelriechend (*/498)
• Eiterung - hinter den Ohren (k/500)
• Entzündung (*/500)
» *Gehörgang* (*/500)
» *Mittelohr* (k/501)
• Feuchtigkeit (h2*/501)
» hinter den Ohren (*/502)
• *Ohrschmalz - dünn* (*/516)
» *gelb* (*/516)
» vermehrt (*/516)

GESICHT - *Schwellung - Unterkieferdrüsen* (*/631)
• *Schwellung - Unterkieferdrüsen - hart* (k/631)

MUND - *Aphthen* (*/639)
• Aphthen - begleitet von - Speichelfluß (mtf33/639)
» *brennend* (hr1/639)
• Eiterung - Zahnfleisch (bg2*/643)
• Stomatitis ulcerosa, Stomakaze (mtf11/689)

INNERER HALS - *Schwellung - Tonsillen* (*/747)

ÄUSSERER HALS - **Schwellung - Halsdrüsen** (*/760)

ABDOMEN - *Absonderung aus dem Nabel* (k/849)
• Auftreibung - Kindern, bei (mtf33/852)
• Hart - Kindern; bei (mtf33/866)
• Schmerz - Druck - amel. (k/883)

REKTUM - Hautausschläge - Anus; um den (*/964)

RÜCKEN - Krümmung der Wirbelsäule (mrr1*/1323)

EXTREMITÄTEN - *Fußgeruch ohne Schweiß; übler* (b4a/1413)
• Krümmung und Biegung (b4a/1473)
• Nägel; Beschwerden der - eingewachsene Zehennägel (*/1665)

HAUT - *Erysipel* (*/1798)
• Hautausschläge - Erythem (bro1/1812)
• *Intertrigo* (k/1825)

ALLGEMEINES - Wassersucht - Allgemeinen; im (br1*/2023)

Nonverbales - Äußerliches - Beobachtungen des Arztes

KOPF - Schuppen (*/402)

AUGE - *Verklebt* (*/472)

GESICHT - *Aphthen - Lippen, an den* (st1/579)
• Aufgesprungen (h2*/579)
» *Lippen* (*/579)
• Farbe - blaß - Kindern; bei (mtf33/586)
• *Fettig* (bro1/593)
• Gerunzelt - Stirn, Stirnrunzeln (dgt/594)
• Hautausschläge - Akne (bro1*/595)
» Akne - Mädchen; bei anämischen (j/596)
• Rissig - Lippen (*/613)
» *Lippen - Oberlippe* (*/613)
• *Sommersprossen* (*/632)
• *Warzen* (*/635)

ATMUNG - Asthma, asthmatische Atmung - Kindern; bei (mtf33/1162)
• Beschleunigt (*/1174)

HUSTEN - *Anfallsweise - besteht aus - kurzen Hustenstößen* (k/1186)

HAUT - Sommersprossen (*/1834)

ALLGEMEINES - **Aussehen - dunkel** (*/1854)
• Fettleibigkeit - Kindern, bei (mtf33/1879)

Nonverbales - Äußerliches - Beobachtungen der Eltern

AUGE - *Verklebt - morgens* (*/472)

ZÄHNE - Zähneknirschen (b4a/718)

MAGEN - *Brechreiz, Würgen* (k/784)
• Brechreiz, Würgen - morgens (*/784)
» *Essen, nach dem* (*/784)
» Husten; agg. beim (*/784)
• Gluckern; Gurgeln (*/802)
• Schluckauf (*/809)
• *Völlegefühl - Essen - nach - agg.* (*/845)
» *Essen - nach - agg. - wenig, nach dem kleinsten Bissen; nach noch so* (*/845)

ABDOMEN - Schmerz - Beugen - hinten, nach - amel. (k2/882)
• *Schmerz - Beugen - vorne; nach - amel. - krampfartig* (k/882)
» Wärme - amel. (k2/896)
» **Zusammenkrümmen - amel.** (k/897)
» Zusammenkrümmen - amel. - krampfartig (tl1/897)
» Zusammenkrümmen - muß sich zusammenkrümmen (k2/897)

REKTUM - *Unwillkürlicher Stuhl* (*/984)
• Unwillkürlicher Stuhl - Flatus agg.; Abgang von (*/985)

STUHL - *Schafskot, wie* (*/997)
• Unverdaut (h2*/999)

BLASE - Urinieren - Harndrang - plötzlich - beeilen um zu urinieren, sonst geht Urin ab; muß sich (bg1/1015)
• Urinieren - unwillkürlich - Husten; agg. beim (bg2*/1020)
» unwillkürlich - Lachen agg. (bro1/1020)
» *verzögert, muß warten, bis der Urin zu fließen beginnt* (*/1020)
» *verzögert, muß warten, bis der Urin zu fließen beginnt - pressen, bevor er damit beginnen kann; muß lange* (*/1021)

ATMUNG - Schnarchen (b4/1180)

SCHWEISS - **Essen - beim - agg.** (*/1786)
• *Essen - nach - agg.* (*/1786)
» nach - amel. (bg2/1786)

• *Warm - Speisen; warme - nach* (*/1792)

Nacht; Beobachtungen in der - Gemütssymptome

GEMÜT - Angst - nachts - Kindern; bei (fyz/7)
• Furcht - Dunkelheit; vor der (mrr1/66)
• Ruhelosigkeit - Kindern, bei - nachts (h2*/152)
• Schlafwandeln (*/154)
• Schreien - Kindern, bei - Erwachen, beim (hr1/157)
• **Sprechen - Schlaf; im** (*/169)
• Weinen - Kindern; bei - nachts (j/246)

Nacht; Beobachtungen in der - körperliche Symptome

KOPF - Schweiß der Kopfhaut - nachts (h2/403)
• Schweiß der Kopfhaut - Schlaf - im (h/404)
ZÄHNE - *Zähneknirschen - Schlaf; agg. im* (*/718)
BLASE - Urinieren - unwillkürlich - nachts (*/1019)
• Urinieren - unwillkürlich - nachts - Jugendlichen; bei (ptk1/1019)

Nacht; Beobachtungen in der - Schlaf

SCHLAF - *Erwachen - Schreck, wie durch* (*/1675)
• Ruhelos - Kindern, bei (j5/1685)
• Schlaflosigkeit - Lage ist recht, keine (j5/1692)

Nacht; Beobachtungen in der - Schlaf; Lage im

SCHLAF - Lage - Seite, auf der - linken Seite, auf der - unmöglich (k2/1683)
• Lage - Seite, auf der - rechten Seite, auf der (jl/1683)
» *Sitzen* (k/1683)
» verändert häufig die Lage (j5/1683)
» verändert häufig die Lage - abends (j5/1683)
• Schlaflosigkeit - Lage ist recht, keine (j5/1692)

Schaukeln und Getragenwerden

GEMÜT - *Getragen - Verlangen getragen zu werden* (*/99)
• Ruhelosigkeit - Kindern, bei - Herumtragen der Kinder amel. (k/152)
• Schaukeln - amel. (bg2*/153)
» Verlangen geschaukelt zu werden (bg2/153)
ATMUNG - Asthma, asthmatische Atmung - Schaukeln amel. (*/1163)

Autos und Schiffe

KOPF - *Schmerz - Fahren - Wagen, im - agg.* (k/326)
RÜCKEN - Schmerz - Fahren, beim - Wagen, im - agg. (k/1331)
ALLGEMEINES - Fahren - Wagen; mit dem - agg. (*/1877)

Psychosomatische Störungen

ZÄHNE - Zähneknirschen - Zorn; nach (h2*/718)

Körperliche Symptome und Erkrankungen

KOPF - *Schmerz - katarrhalisch* (k/331)
NASE - Katarrh - gefolgt von - Stirnhöhlen; Beschwerden der (mrr1/553)
GESICHT - Hautausschläge - Akne - Menses - unregelmäßige Menses (bro1/596)
ZÄHNE - *Karies, faule, hohle Zähne* (*/700)
MAGEN - *Würgen - Husten, mit* (*/846)
NIEREN - *Entzündung* (*/1023)
WEIBLICHE GENITALIEN - **Menses - verzögerte Menarche** (*/1114)
BRUST - **Entzündung - Bronchien - Kindern; bei** (k/1232)
• *Entzündung - Lungen - Kindern; bei - Kleinkindern; bei* (*/1234)
EXTREMITÄTEN - **Hüftgelenksentzündung** (*/1443)
ALLGEMEINES - Abmagerung - Kindern; bei (k/1845)
• Kindern; Beschwerden von (*/1897)
• Konvulsionen - Kindern, bei (k/1905)
• *Pubertät - Beschwerden während der* (bg2*/1934)
• Schwäche - Kindern, bei (j5/1977)

Chirurgisch pathologische Zustände

OHR - Abszeß (bg2/498)
• Abszeß - hinter den Ohren (k/498)
ABDOMEN - Hernie - Leistenhernie (b2/868)

Würmer

REKTUM - Würmer - Beschwerden durch Würmer (b2/985)
• Würmer - Beschwerden durch Würmer - Bandwürmer (*/986)
» Beschwerden durch Würmer - Madenwürmer (b2/986)
» Beschwerden durch Würmer - Spulwürmer (*/986)
ALLGEMEINES - Konvulsionen - Würmer, durch (bg2/1907)

Kalium chloricum

kali-chl.

Stomatitis ulcerosa; geschwollenes Zahnfleisch, das schnell blutet und normalerweise von einer Gruppe schlechter Zähne absteht; Mundgeruch; Speichelfluß; aphthöse Geschwüre auf der Zunge und an den Wangen, besonders bei Kindern. Aphthen, Mundsoor Neugeborener oder stillender Mütter, ohne starken Speichelfluß. Allen schrieb: „Es hat sich als enorm nützlich erwiesen bei Gangrän des Mundes bei Kindern; fast jeder Fall wurde geheilt."

Hydrozele Neugeborener.

Milchschorf. Wundscheuern oder Wundsein der Haut von Kindern. *Windelausschlag.*

Klinisches: Aphthen. Milchschorf. Hydrozele. Nephritis. Zystitis. Albuminurie. Hämaturie. Purpura. Blutungen. Asthma. Pharyngitis.

Wirkungsbereich: Mund. Nieren. Rektum. Blut.

* * *

Impfung

ALLGEMEINES - Impfung; Beschwerden nach (k/1892)

Stillen - Milch

KOPF - Hautausschläge - Milchschorf - Kindern; bei (c1/290)

Stillen - Magendarmsymptome - Appetit - allgemein

MAGEN - Appetit - Heißhunger - Trinken von Wasser amel., dann Appetitverlust (c1/770)

Stillen - Magendarmsymptome - Appetit - vermindert

MAGEN - Appetit - fehlend (k/767)
- Appetit - vermindert (*/772)

Stillen - Magendarmsymptome - Appetit - vermehrt

MAGEN - Appetit - Heißhunger (k/769)
- Appetit - vermehrt (k/770)
  » vermehrt - Essen - nach (k/772)

Infektionskrankheiten - Masern

HÖREN - Schwerhörig - Masern, nach (hr1/536)

HAUT - *Hautausschläge - Masern* (hr1/1817)

Infektionskrankheiten - Mumps

GESICHT - Entzündung - Parotis (hr1/584)

Infektionskrankheiten - Scharlach

URIN - *Eiweißhaltig - Scharlach; nach* (*/1046)

FIEBER - Ausschlagsfieber; Fieber bei Ausschlagserkrankungen - Scharlach (bro1/1770)

Infektionskrankheiten - Keuchhusten

HUSTEN - Keuchhusten (k/1197)

Konstitution - Angst und Furcht

GEMÜT - Angst - hypochondrisch (k/11)

Konstitution - Allgemeines

GEMÜT - Entmutigt (k13/46)

Beziehung zu anderen - Aggressivität

GEMÜT - *Streitsüchtig* (j5/173)

Schule - Konstitution

GEMÜT - Eigensinnig, starrköpfig, dickköpfig (k13*/41)

Nonverbales - Gesten, Gebärden

GEMÜT - Ungeschicklichkeit (c1/192)

Nonverbales - Allgemeines

GEMÜT - Eigensinnig, starrköpfig, dickköpfig (k13*/41)

Nonverbales - Konsultation; bei der

OHR - *Absonderungen - dick* (*/497)
- *Absonderungen - gelblichgrün* (*/497)
  » schleimig (hr1/498)
  » *weiß* (*/498)
  » **weiß - milchig** (k/498)
- Entzündung - Eustachische Röhre (*/500)
  » *Gehörgang* (*/500)
  » *Mittelohr* (k/501)
- *Katarrh - Eustachische Röhre* (*/515)

MUND - **Aphthen** (*/639)
- *Aphthen - Kindern, bei* (*/639)
  » Zunge (ptk1/640)
- Landkartenzunge (bg3/668)
- **Schwämmchen** (st*/681)
- *Stomatitis ulcerosa, Stomakaze* (*/689)

INNERER HALS - *Ablagerung auf den Tonsillen; käsige* (k/721)
- *Aphthen* (k/721)
- *Entzündung - Tonsillen* (k/724)
- *Schwellung - Tonsillen* (k/747)

ÄUSSERER HALS - *Schwellung - Halsdrüsen* (hr1/760)

EXTREMITÄTEN - Nägel; Beschwerden der - eingewachsene Zehennägel (k/1665)
- Nägel; Beschwerden der - Niednagel (c2/1665)
  » Niednagel - entzündet (*/1665)

HAUT - *Erysipel* (*/1798)
- Intertrigo (k/1825)

Nonverbales - Äußerliches - Beobachtungen des Arztes

KOPF - Schuppen (*/402)
- *Schuppen - weiß* (*/402)

GESICHT - *Aufgesprungen - Lippen* (hr1/579)

Nonverbales - Äußerliches - Beobachtungen der Eltern

MAGEN - Brechreiz, Würgen (k/784)

ATMUNG - Schnarchen (*/1180)

Nacht; Beobachtungen in der - Gemütssymptome

GEMÜT - Sprechen - Schlaf; im (k13/169)

Nacht; Beobachtungen in der - Schlaf; Lage im

SCHLAF - Lage - Rücken, auf dem (j5/1683)

Körperliche Symptome und Erkrankungen

NASE - *Katarrh - gefolgt von - Stirnhöhlen; Beschwerden der* (k/553)

INNERER HALS - **Räuspert käsige Klumpen herauf** (k/732)

NIEREN - **Entzündung** (*/1023)
- *Entzündung - parenchymatös - akut* (k/1024)

Chirurgisch pathologische Zustände

ABDOMEN - Entzündung - Peritoneum (bro1/860)
- Ileus - spastischer Ileus (a1/869)

MÄNNLICHE GENITALIEN - *Hydrozele - Kindern, bei* (k/1069)

Würmer

REKTUM - Würmer - Beschwerden durch Würmer - Spulwürmer (bro1/986)

Kalium iodatum

kali-i.

Wenn Kinder nicht ertragen, berührt zu werden, nicht in ruckenden Transportmitteln fahren können, einen großen Kopf und abgemagerte Gliedmaßen haben, große Zähne und kleinen Kiefer und wenn sie zu häufiger Harn- und Stuhlentleerung neigen.

Kinder, die Kalium iodatum benötigen, sind *immer warm* und möchten, nicht zugedeckt werden. Sie sind *außerordentlich ruhelos* und wollen in ständiger Bewegung sein. Sie sind *reizbar, grausam,* barsch und *beschimpfen die Familie.* Sie sind nervös, immer auf Trab und am Herumgehen. Im Zimmer sind sie schwach und müde; sie fühlen sich im Freien besser, können große Strecken gehen, ohne müde zu werden und Ausruhen führt zu nervöser Erschöpfung. Die Absonderungen sind reichlich, dick und grün oder gelblichgrün und manchmal stinkend, wie bei *Fluor bei Mädchen.* Zwinkern wird oft schmerzhaft. Außerordentliche Schmerzen an der Nasenwurzel, sowie an der Zungenwurzel in der Nacht. Äußerlich gebessert durch kalte Luft, aber Kaltes verursacht innerlich Verschlechterung; schlimmer am Meer.

Kalium iodatum ist ein syphilitisches Mittel: ausgeprägte Tendenz zu *Ulzeration* bei Kindern.

Erkrankungen des Periosts und der Bänder der Gelenkkapseln.

Klinisches: Allergien. Glottisödem. Krupp. Laryngitis. Lungenleiden. Blutungen. Skoliose. Erythema nodosum. Drüsenschwellungen.

Wirkungsbereich: Lungen. Nase. Stirnhöhle. Drüsen. Augen. Periost.

* * *

Krankengeschichte; familiäre und persönliche

ALLGEMEINES - Krankengeschichte von; persönliche - Furunkel; von wiederkehrenden (mrr1/1909)
- **Krankengeschichte von; persönliche - Lungen - Entzündung der; von** (mrr1/1910)
  » *Sinusitis; von wiederkehrender* (mrr1/1910)

Entwicklung - langsam

ALLGEMEINES - Gehen - Gehenlernen, Laufenlernen - spätes (bg3/1883)

Entwicklung - allgemein

KOPF - Großer Kopf (bg3*/289)

Stillen - Milch

ALLGEMEINES - Speisen und Getränke - Milch - Abneigung (ld1/2000)
- *Speisen und Getränke - Milch - agg.* (*/2001)
  » Milch - agg. - kalte (c1*/2001)
  » Milch - Verlangen (*/2001)

Stillen - Magendarmsymptome - Appetit - vermindert

MAGEN - *Appetit - fehlend* (k/767)
- Appetit - schnelle Sättigung (k/770)

Stillen - Magendarmsymptome - Appetit - vermehrt

MAGEN - Appetit - vermehrt (*/770)

Stillen - Allgemeines

ALLGEMEINES - *Abmagerung - Heißhunger mit Abmagerung - Kindern; bei - Kleinkindern; bei* (bg1*/1845)

Infektionskrankheiten - Mumps

GESICHT - *Schwellung - Parotis* (k/631)

Infektionskrankheiten - Pocken

HAUT - Hautausschläge - Pocken (c2/1819)

Infektionskrankheiten - Keuchhusten

HUSTEN - Keuchhusten (*/1197)

Konstitution - Angst und Furcht

GEMÜT - Furcht - Gespenstern; vor (k2/70)

Konstitution - Allgemeines

GEMÜT - Entmutigt (sf1/46)
- Pflicht - zu viel Pflichtgefühl (oss/136)
- *Ungerechtigkeit; erträgt keine* (gk/191)

Familie; Beziehung zur - Aggressivität

GEMÜT - Beschimpfen, beleidigen, schmähen - Familie; beschimpft die eigene (k2*/22)
- Beschimpfen, beleidigen, schmähen - Kinder - eigenen Kinder; beschimpft die (k2*/22)
- Beschwerden durch - Bevormundung - Kindern, bei (ckh1/22)
  » Bevormundung - Kindern, bei - elterlicher Bevormundung; bei langer Geschichte übermäßiger (^/22)
  » Bevormundung - Kindern, bei - elterlicher Bevormundung; bei langer Geschichte übermäßiger - harte, rauhe Erziehung (ckh1/22)

Beziehung zu anderen - Aggressivität

GEMÜT - *Grausamkeit* (k2*/103)

• Streitsüchtig (*/173)

Beziehung zu anderen - Reaktion auf andere

GEMÜT - Gesellschaft - Abneigung gegen (bg2/94)
• Schüchternheit, Zaghaftigkeit (^/158)

Schule - Konstitution

GEMÜT - Eigensinnig, starrköpfig, dickköpfig (*/41)

Spielen

GEMÜT - *Amüsement, Vergnügen - Verlangen nach* (mtf/4)

Nonverbales - Aggressivität

GEMÜT - Reizbarkeit, Gereiztheit - Kindern; gegenüber (a1*/145)

Nonverbales - Reaktion auf andere

GEMÜT - *Berührtwerden - Abneigung berührt zu werden* (k/21)

Nonverbales - Gesten, Gebärden

GEMÜT - *Auffahren, Zusammenfahren - Geräusche; durch* (k/17)

Nonverbales - Allgemeines

GEMÜT - Eigensinnig, starrköpfig, dickköpfig (*/41)

Nonverbales - Konsultation; bei der

KOPF - *Empfindlichkeit - Kopfhaut, der* (br1*/284)
OHR - Absonderungen - blutig (a1*/497)
• Absonderungen - chronisch (bg2/497)
» dick (k2/497)
» eitrig (a1/497)
» gelb (a1/497)
» *grün* (k/497)
» reichlich (k2/498)
» stinkend (k2/498)
• Entzündung (k/500)
» *Gehörgang* (*/500)
» *Mittelohr* (k/501)
» Mittelohr - chronisch (bro1/501)
• *Katarrh - Eustachische Röhre* (k/515)
GESICHT - **Schwellung - Unterkieferdrüsen** (k/631)
MUND - Aphthen (*/639)
• Aphthen - Zunge - Zungenspitze (mrr1/640)
• Landkartenzunge (bg2*/668)
• *Schleimhautpapel bei sekundärer Syphilis* (k/673)
• Schwämmchen (br1/681)
• **Stomatitis ulcerosa, Stomakaze** (k/689)
INNERER HALS - Aphthen (mrr1/721)
• *Belag - Tonsillen* (k/721)
• *Entzündung - Tonsillen* (bg2*/724)
• *Schwellung - Tonsillen* (*/747)
ÄUSSERER HALS - *Schwellung - Halsdrüsen* (*/760)
• *Verhärtung von Drüsen* (k/761)
RÜCKEN - **Hautausschläge - Furunkel** (*/1316)
• **Hautausschläge - Furunkel - Zervikalregion** (*/1317)
HAUT - Erysipel (k/1798)
• *Hautausschläge - Impetigo* (a1*/1816)
» Molluscum (bro1/1818)
» Molluscum - contagiosum; Molluscum (ll/1818)
ALLGEMEINES - *Exostose* (*/1877)

Nonverbales - Äußerliches - Beobachtungen des Arztes

KOPF - Großer Kopf (bg3*/289)
AUGE - *Strabismus, Schielen* (*/467)
NASE - Schniefen (bg1/568)
GESICHT - Aufgesprungen - Lippen (*/579)
• *Hautausschläge - Akne* (hr1*/595)
• Rissig - Lippen (*/613)
ÄUSSERER HALS - Torticollis (bg2/761)
ATMUNG - Asthma, asthmatische Atmung - Kindern; bei (k/1162)
• *Beschleunigt* (*/1174)
ALLGEMEINES - Aussehen - braune Haare (stj1/1854)

Nonverbales - Äußerliches - Beobachtungen der Eltern

MAGEN - Gluckern; Gurgeln (*/802)
• Schluckauf (k/809)
EXTREMITÄTEN - Hitze - Füße - brennend - entblößt sie (zf/1440)

Nacht; Beobachtungen in der - Schlaf

SCHLAF - Erwachen - Schreck, wie durch (j5/1675)

Autos und Schiffe

SCHWINDEL - Fahren, beim - Wagen, im - agg. (bg/265)

Körperliche Symptome und Erkrankungen

KOPF - Entzündung - Gehirn (bg2*/284)
• *Entzündung - Periost* (k/285)
• *Hydrozephalus* (*/295)
» chronisch (mtf/295)
• **Schmerz - katarrhalisch** (k/331)
NASE - *Katarrh - gefolgt von - Stirnhöhlen; Beschwerden der* (*/553)
ZÄHNE - *Karies, faule, hohle Zähne* (k/700)
MAGEN - Würgen - Husten, mit (k/846)
NIEREN - *Entzündung* (k/1023)
EXTREMITÄTEN - *Hüftgelenksentzündung* (*/1443)
ALLGEMEINES - Abmagerung - Kindern; bei (c1/1845)
• Abmagerung - Kindern; bei - Kleinkindern; bei (bro1/1845)
• Medikamente - allopathische - Mißbrauch von (ptk1/1921)

Chirurgisch pathologische Zustände

NASE - *Polyp* (bg1*/561)

MÄNNLICHE GENITALIEN - Phimose - Paraphimose (*/1071)
- *Phimose - Paraphimose - Schwellung der Eichel; ausgedehnte* (*/1071)

Würmer

REKTUM - Würmer - Beschwerden durch Würmer - Bandwürmer (bro1/986)

Kalium muriaticum

kali-m.

Aphthen, Mundsoor und weiße Geschwüre im Mund von kleinen Kindern.

Otitis media führt zu Taubheit. Es kann Eiterung vorhanden sein und sie ist oft von Ohrgeräuschen begleitet und manchmal von Magenproblemen oder Ekzem.

Knackende Geräusche beim Schlucken oder beim Schneuzen der Nase.

Es ist ein spezifisches Mittel bei follikulärer Tonsillitis, begleitet von katarrhalischem Zustand des Mittelohrs. Fadenziehender, zäher und weißer Schleim im Hals (Differentialdiagnose: Kalium bichromicum: zäher gelber Schleim) und vergrößerte Hals- und Unterkieferdrüsen. *Käsige Ablagerungen auf den Mandeln.* Das Kind kann nur schlucken, wenn es den Hals verdreht.

Weiße, dicke, klebrige Absonderungen (Fluor, Kopfschuppen, Auswurf, weiße, käsige Klumpen von den Mandeln).

Man sollte es erwägen, wenn *es nach Durchstechen der Ohrläppchen zu Eiterung kommt.*

Hartnäckiges Ekzem, *Milchschorf,* schorfige Hautausschläge am Kopf und im Gesicht. *Hautausschläge nach Impfung.*

Diarrhoe nach fetten Speisen.

Hydrozele.

Epilepsie extrem nervöser Kinder, die an Dyspepsie und Urtikaria leiden.

Die charakteristischen Merkmale der Kalium-Verbindungen erscheinen auch bei dieser Verbindung: *Pflichtgefühl und Familiensinn. Jedoch kann der Patient Abneigung gegen die Familie haben und oft ihnen streiten.* Interessant sind die Träume von Leichen und von ihren Verwandten begangenen Morden, gefolgt von Angst und Schlaflosigkeit.

Abneigung dagegen, gestört zu werden, gegen Geräusche, Sprechen anderer, Gesellschaft und Lernen.

Klinisches: Aphthen. Tonsillitis. Sinusitis. Krupp. Ohrenleiden. Drüsenschwellungen. Ekzem. Akne. Warzen. Zystitis. Diarrhoe. Obstipation. Rheumatismus. Masern. Mumps.

Wirkungsbereich: Innerer Hals. Mund. Eustachische Röhre. Mittelohr. Drüsen. Hinterkopf. Muskeln. Gelenke.

* * *

Impfung

ALLGEMEINES - *Impfung; Beschwerden nach* (bg2*/1892)

Stillen - Gemütssymptome

GEMÜT - **Essen - weigert sich zu** (*/53)

Stillen - Milch

KOPF - Hautausschläge - Milchschorf (bro1/290)

Stillen - Magendarmsymptome - Appetit - vermindert

MAGEN - Appetit - fehlend (k2/767)
- Appetit - vermindert (k2/772)

Stillen - Magendarmsymptome - Appetit - vermehrt

MAGEN - Appetit - Heißhunger (k2/769)
- Appetit - Heißhunger - Essen - nach dem Essen - bald danach (k2/770)
  » vermehrt (k2/770)

Stillen - Magendarmsymptome - Aufstoßen - Speisen; von

MAGEN - Aufstoßens; Art des - Speisen; von (k2/780)

Stillen - Magendarmsymptome - Aufstoßen - Wasser; Hochsteigen von

MAGEN - Aufstoßens; Art des - Wasser in den Mund; Hochsteigen von (k2/781)

Infektionskrankheiten - Windpocken

HAUT - Hautausschläge - Windpocken (bro1/1824)

Infektionskrankheiten - Masern

FIEBER - Ausschlagsfieber; Fieber bei Ausschlagserkrankungen - Masern (bro1/1770)

HAUT - Hautausschläge - Masern (ptk1/1817)

ALLGEMEINES - *Masern - Beschwerden nach* (kr1*/1920)

Infektionskrankheiten - Mumps

GESICHT - Entzündung - Parotis - Mumps (c2*/584)
- Schwellung - Parotis (k2/631)

Infektionskrankheiten - Pocken

HAUT - Hautausschläge - Pocken (c2/1819)

Infektionskrankheiten - Keuchhusten

HUSTEN - Keuchhusten (k2*/1197)

Konstitution - Allgemeines

GEMÜT - Entmutigt (bg*/46)
• Faulheit (ckh1/55)
• Heimweh (ccrh1*/107)
• Unzufrieden (k2*/194)

Familie; Beziehung zur - Aggressivität

GEMÜT - Streitsüchtig - Familie, mit ihrer (ckh1/173)

Familie; Beziehung zur - Liebe und Zuneigung

GEMÜT - Abneigung - Familienangehörige; gegen (ckh1/1)

Beziehung zu anderen - Aggressivität

GEMÜT - Streitsüchtig (^/173)

Beziehung zu anderen - Reaktion auf andere

GEMÜT - Abneigung - Freunde, gegen (ccrh1*/1)
• Gesellschaft - Abneigung gegen (ckh1/94)
» Verlangen nach (ckh1/95)

Schule - Konstitution

GEMÜT - Eigensinnig, starrköpfig, dickköpfig (k2/41)

Nonverbales - Allgemeines

GEMÜT - Eigensinnig, starrköpfig, dickköpfig (k2/41)

Nonverbales - Konsultation; bei der

OHR - Absonderungen - eitrig (bg2/497)
• Absonderungen - weiß - milchig (k2/498)
• Eiterung - Mittelohr (bro1/500)
• Entzündung - Eustachische Röhre (c1/500)
» *Gehörgang* (bro1/500)
» Mittelohr (mtf11/501)
» Mittelohr - chronisch (c1*/501)
» Processus mastoideus (bro1/501)
• Katarrh - Eustachische Röhre (c1*/515)
» Mittelohr (k2/515)

HÖREN - **Schwerhörig - Tubenkatarrh** (bro1*/537)

MUND - *Aphthen* (bg2*/639)
• Aphthen - Kindern, bei (c1*/639)
• Landkartenzunge (bg3*/668)
• *Schwämmchen* (hr1*/681)

INNERER HALS - *Ablagerung auf den Tonsillen; käsige* (k/721)
• Entzündung - Tonsillen (k2/724)
• Schwellung - Tonsillen (k2*/747)

ÄUSSERER HALS - Schwellung - Halsdrüsen (bro1/760)

EXTREMITÄTEN - Nägel; Beschwerden der - eingewachsene Zehennägel (c2/1665)

HAUT - Erysipel (k2/1798)
• Intertrigo (k2/1825)

Nonverbales - Äußerliches - Beobachtungen des Arztes

KOPF - Schuppen (k2/402)
• Schuppen - weiß (k2*/402)

OHR - Geschwüre - Ohrläppchen - Loch für die Ohrringe; im (ptk1/510)

GESICHT - Hautausschläge - Akne (c2*/595)

ATMUNG - Beschleunigt (k2/1174)

Nonverbales - Äußerliches - Beobachtungen der Eltern

MAGEN - Schluckauf (k2/809)

REKTUM - Unwillkürlicher Stuhl (k2/984)
• Unwillkürlicher Stuhl - Flatus agg.; Abgang von (k2/985)

BLASE - Urinieren - verzögert, muß warten, bis der Urin zu fließen beginnt (k2/1020)
• Urinieren - verzögert, muß warten, bis der Urin zu fließen beginnt - pressen, bevor er damit beginnen kann; muß lange (k2/1021)

ATMUNG - Schnarchen (k2/1180)

Nacht; Beobachtungen in der - Gemütssymptome

GEMÜT - Sprechen - Schlaf; im (k2/169)

Nacht; Beobachtungen in der - körperliche Symptome

BLASE - Urinieren - unwillkürlich - nachts (k2/1019)

Körperliche Symptome und Erkrankungen

INNERER HALS - **Räuspert käsige Klumpen herauf** (*/732)

NIEREN - Entzündung (k2/1023)

ALLGEMEINES - *Kindern; Beschwerden von* (kr1/1897)

Chirurgisch pathologische Zustände

ABDOMEN - Entzündung - Peritoneum (mtf11/860)

Würmer

REKTUM - Würmer - Beschwerden durch Würmer (bg2*/985)

Kalium nitricum

kali-n.

Kalium nitricum wirkt besonders auf die *Atmungsorgane*, aber auch auf Nieren, Herz und Blutgefäße.

Aus Mangel an Atem können sie nicht trinken und müssen in kleinen Schlucken trinken; Kinder nehmen die Tasse in beide Hände und trinken gierig einen kleinen Schluck nach dem anderen.

Man sollte sich daran erinnern bei *Rheumatismus von Kindern, wenn Harninkontinenz vorhanden ist*, wenn die Schmerzen stechend, schneidend, lanzinierend sind; und wenn das Kind quengelig und mürrisch ist.

Klinisches: Asthma. Pleuritis. Pneumonie. Herzleiden. Rheumatismus. Gastritis. Peritonitis. Enuresis. Nasenbluten.

Wirkungsbereich: Blutgefäße. Herz. Nieren. Atmungsorgane.

* * *

Stillen - Milch

ALLGEMEINES - Speisen und Getränke - Milch - agg. (bg2/2001)

Stillen - Magendarmsymptome - Appetit - vermindert

MAGEN - *Appetit - fehlend* (*/767)
- *Appetit - fehlend - Durst - mit* (*/768)
  » *fehlend - Hunger, mit* (*/768)
  » vermindert (*/772)

Stillen - Magendarmsymptome - Appetit - vermehrt

MAGEN - Appetit - Genuß, ohne (k/769)
- *Appetit - Heißhunger* (*/769)
  » vermehrt (*/770)
  » vermehrt - Essen - nach (bg2/772)

Stillen - Magendarmsymptome - Abdomen - amel. durch

ABDOMEN - Schmerz - Druck - amel. (k/883)

Infektionskrankheiten - Masern

FIEBER - Ausschlagsfieber; Fieber bei Ausschlagserkrankungen - Masern (bg2/1770)

Infektionskrankheiten - Mumps

GESICHT - Schmerz - Parotis (^/626)
- Schmerz - Parotis - wund schmerzend (*/627)

Konstitution - Angst und Furcht

GEMÜT - Feigheit (*/59)
- Furcht - engen Räumen; in (stj1/67)
- Vorsichtig (j/205)

Konstitution - Allgemeines

GEMÜT - Entmutigt (k/46)
- Faulheit (b4/55)
- Pflicht - zu viel Pflichtgefühl (oss/136)
- Selbstvertrauen - Mangel an Selbstvertrauen (k/161)
- Sorgen; voller (h2*/164)
- Unzufrieden (k/194)
- Waschen - Abneigung dagegen, sich zu waschen, zu baden (sf1/243)
- Weinen - Musik; durch (k/247)

Beziehung zu anderen - Reaktion auf andere

GEMÜT - Gesellschaft - Verlangen nach (^/95)
- Gesellschaft - Verlangen nach - allein; agg. wenn (sne/96)
- Schüchternheit, Zaghaftigkeit (*/158)

Beziehung zu anderen - allgemein

GEMÜT - Beleidigt, leicht (j5/20)

Schule - Angst

GEMÜT - Selbstvertrauen - Mangel an Selbstvertrauen (k/161)

Schule - Anstrengung; geistige

KOPF - Schmerz - geistige Anstrengung - agg. (st/328)

Schule - Konstitution

GEMÜT - Selbstvertrauen - Mangel an Selbstvertrauen (k/161)

Nonverbales - Konsultation; bei der

KOPF - Empfindlichkeit - Kopfhaut, der (c1/284)
- Empfindlichkeit - Kopfhaut, der - Berührung, gegen (h2/284)

OHR - Entzündung - Gehörgang (b4/500)
- Entzündung - Ohrläppchen (b4a/501)
  » Ohrläppchen - rechts (c1/501)

GESICHT - Schwellung - Unterkieferdrüsen (*/631)

ABDOMEN - Entzündung - Nabel (k/860)
- Schmerz - Druck - amel. (k/883)

HAUT - Hautausschläge - Impetigo (bro1/1816)

Nonverbales - Äußerliches - Beobachtungen des Arztes

AUGE - Verklebt (*/472)

OHR - Schmerz - warm - Zimmer; im warmen - Eintreten in ein warmes Zimmer; beim - kalten Luft; aus der (^/525)

GESICHT - Hippokratisches Gesicht (k/605)

ATMUNG - Beschleunigt (*/1174)

Nonverbales - Äußerliches - Beobachtungen der Eltern

AUGE - Verklebt - morgens (*/472)

MAGEN - Schluckauf (k/809)

STUHL - Schafskot, wie (*/997)

BLASE - *Urinieren - verzögert, muß warten, bis der Urin zu fließen beginnt* (k/1020)

HAUT - *Insektenstiche* (b4a/1825)

Nacht; Beobachtungen in der - körperliche Symptome

BLASE - **Urinieren - unwillkürlich - nachts** (b4a/1019)

Nacht; Beobachtungen in der - Schlaf

SCHLAF - Erwachen - Schreck, wie durch (j5/1675)

Nacht; Beobachtungen in der - Schlaf; Lage im

SCHLAF - Lage - Seite, auf der (*/1683)
- Lage - Sitzen (*/1683)

Autos und Schiffe

KOPF - Schmerz - Fahren - Wagen, im - amel. (k/326)
- Schmerz - Stirn - Fahren - Wagen; im - amel. (k/388)

» Stirn - Fahren - Wagen; im - amel. - reißend (k/388)

ALLGEMEINES - Fahren - Wagen; mit dem - amel. (*/1877)
• Fahren - Wagen; mit dem - nach (*/1877)

Körperliche Symptome und Erkrankungen

ZÄHNE - Karies, faule, hohle Zähne (*/700)

Chirurgisch pathologische Zustände

NASE - *Polyp* (*/561)
• *Polyp - rechts* (*/561)

ABDOMEN - Entzündung - Peritoneum (c2/860)
• Hernie - Leistenhernie (b2/868)

Kalium phosphoricum

kali-p.

Gemütssymptome von Kindern: *mürrisch und schlecht gelaunt, quengelig, schreckhaft,* sie schreien und winseln.

Die nervöse Erschöpfung ist das charakteristischste Symptom dieser Kinder. Es ist die Folge einer Kombination von übermäßiger geistiger Anstrengung, Erregung, Sorgen und Bedrückung, die dazu führt, daß der Patient die Kontrolle verliert. Das Kind ist besonders nervös und schreckt beim geringsten und bei plötzlichem Geräusch auf. Die kleinste Arbeit erscheint wie eine schwere Aufgabe.

Eines der Themen dieses Mittels kann *das Pflichtgefühl in Bezug auf das Lernen sein:* Lernen fällt ihnen leicht, aber *sie neigen dazu, zu viel von sich zu verlangen,* entsprechend leiden sie an Beschwerden wie Kopf- oder Magenschmerzen.

Sie sind ängstlich, überempfindlich, schüchtern und erröten leicht. Sie haben Angst davor, in der Öffentlichkeit zu sprechen und bei Prüfungen zu versagen, mit anschließender Diarrhoe, aber sie sind sehr akribisch und hartnäckig.

Sie haben besonders mit dem Lesen Schwierigkeiten (sogar Dyslexie) und mit Mathematik.

Pavor nocturnus bei Kindern, die schreiend und voller Schrecken erwachen.

Schlafwandeln.

Enuresis durch nervöse Schwäche; häufiges Urinieren oder Entleerung von zu viel Urin, der häufig brühend heiß ist.

Wachstumsschmerzen.

Otitis kann zur Perforation des Trommelfells führen, mit stinkender Absonderung.

Die Menarche ist gewöhnlich verspätet und es kommt oft in den ersten Lebensjahren zu Fluor.

Klinisches: Asthma. Pneumonie. Otitis. Wachstumsschmerzen. Zahnkaries. Menstruelle Kopfschmerzen. Anämie. Urtikaria. Enuresis. Hypochondrie.

Wirkungsbereich: Nerven. Gehirn. Knochen. Zähne.

* * *

Entwicklung - allgemein

EXTREMITÄTEN - Schmerz - Unterschenkel - Wachstumsschmerzen (dm*/1605)

ALLGEMEINES - Schmerz - Wachstumsschmerzen (stj1/1958)

Stillen - Gemütssymptome

GEMÜT - Essen - weigert sich zu (k/53)

Stillen - Milch

ALLGEMEINES - Speisen und Getränke - Milch - agg. (k/2001)

Stillen - Magendarmsymptome - Appetit - vermindert

MAGEN - Appetit - fehlend (k/767)
• Appetit - fehlend - Speisen - Anblick von; beim (*/769)
» schnelle Sättigung (fd1/770)
» vermindert (fd1/772)

Stillen - Magendarmsymptome - Appetit - vermehrt

MAGEN - Appetit - Heißhunger (*/769)
• Appetit - Heißhunger - Essen - nach dem Essen - bald danach (k/770)
» vermehrt (k/770)
» vermehrt - Essen - nach (bg2*/772)
» vermehrt - Stuhlgang - nach - agg. (bg3*/772)

Stillen - Magendarmsymptome - Aufstoßen - Speisen; von

MAGEN - Aufstoßens; Art des - Speisen; von (k/780)

Stillen - Magendarmsymptome - Aufstoßen - Wasser; Hochsteigen von

MAGEN - Aufstoßens; Art des - Wasser in den Mund; Hochsteigen von (k/781)

Stillen - Magendarmsymptome - Abdomen - agg. durch

ABDOMEN - Schmerz - Liegen - Seite; auf der - linken; auf der - agg. (^/889)

Stillen - Magendarmsymptome - Abdomen - amel. durch

ABDOMEN - Schmerz - Liegen - Abdomen; auf dem - amel. (bg1/889)

Stillen - Allgemeines

GESICHT - Schweiß - Essen - agg. (fd1/629)

SCHWEISS - *Essen - beim - agg.* (*/1786)

Infektionskrankheiten - Mumps

GESICHT - Entzündung - Parotis (k/584)
- Schwellung - Parotis (k/631)

Infektionskrankheiten - Scharlach

FIEBER - Ausschlagsfieber; Fieber bei Ausschlagserkrankungen - Scharlach (k2/1770)

Infektionskrankheiten - Keuchhusten

HUSTEN - *Keuchhusten* (*/1197)

Konstitution - Aggressivität

KOPF - Anstoßen (fd1/274)

Konstitution - Angst und Furcht

GEMÜT - Angst - hypochondrisch (k/11)
- Beeindrucken, empfänglich für Eindrücke; leicht zu (fd1/19)
- *Beschwerden durch - Erwartungsspannung* (kr1/23)
  - » Schreck (sf/25)
- Erwartungsspannung - Lampenfieber (bnt/53)
- Feigheit (k/59)
- *Furcht - allein zu sein* (k/64)
  - » hochgelegenen Orten; vor (fd1/71)
  - » Kindern, bei (^/71)
  - » *offenen Plätzen; Furcht vor* (bg2*/74)
  - » unternehmen; irgendetwas zu (fyz/78)
  - » Versagen, Mißerfolg; vor dem (^/79)
  - » Versagen, Mißerfolg; vor dem - Prüfungen, bei (fyz/79)
- Schreckliches und traurige Geschichten greifen sie stark an (mrr1/156)

Konstitution - Allgemeines

GEMÜT - *Empfindlich - Kinder* (k/44)
- Entmutigt (*/46)
- *Faulheit* (*/55)
- Gewissenhaft, peinlich genau in bezug auf Kleinigkeiten (fd1/99)
- Heikel, pingelig (fd1/106)
- *Heimweh* (*/107)
- Milde (k/130)
- Reisen - Verlangen nach (stj1/142)
- Selbstvertrauen - Mangel an Selbstvertrauen (fd1/161)
  - » Mangel an Selbstvertrauen - Unterstützung, Zuwendung; möchte (fd1/161)
- Sorgen; voller (ptk1/164)
- Stimmung, Laune - veränderlich (*/171)
- Unaufmerksam (^/189)
  - » angesprochen wird; wenn er (fd1/189)
- Unzufrieden (k/194)
- Waschen - Abneigung dagegen, sich zu waschen, zu baden (fd1/243)

Familie; Beziehung zur - Aggressivität

GEMÜT - Grausamkeit - Familie; gegenüber ihrer (k2/103)
- Streitsüchtig - Familie, mit ihrer (k2*/173)

Familie; Beziehung zur - Liebe und Zuneigung

GEMÜT - Abneigung - Familienangehörige; gegen (bg2*/1)
- Eifersucht (sne/40)
- Verlassen zu sein; Gefühl (fd1/198)

Beziehung zu anderen - Aggressivität

GEMÜT - Grausamkeit (bg2*/103)
- Spotten (fd1/166)
- Streitsüchtig (k2*/173)

Beziehung zu anderen - Reaktion auf andere

GEMÜT - *Antworten - Abneigung zu antworten* (k/14)
- Gesellschaft - Abneigung gegen (k1*/94)
  - » *Verlangen nach* (k/95)
- *Schüchternheit, Zaghaftigkeit* (k1*/158)
  - » Öffentlichkeit; beim Auftreten in der (fyz*/159)
- *Trost - agg.* (bg2*/188)
- Untröstlich (lmj/193)
- *Weigert sich etwas zu tun - Medizin einzunehmen; die* (kr1/244)
- Widerspenstig (k/249)
- Widerspruch - Neigung zu widersprechen (fd1/249)
  - » verträgt keinen Widerspruch (fd1/249)

Beziehung zu anderen - allgemein

GEMÜT - *Argwöhnisch, mißtrauisch* (*/16)
- Empfindlich - äußerliche Eindrücke; gegen alle (mrr1/42)
- Furcht - Räubern, vor (st1/74)
- Mitgefühl, Mitleid (^/130)
- *Pubertät; in der* (st/138)
- Sprache - hastig, eilig (k2*/167)
- Tadelsüchtig, krittelig (fd1/178)
- Tadelt andere (fd1/179)

Schule - Angst

GEMÜT - *Beschwerden durch - Erwartungsspannung* (kr1/23)
- Furcht - unternehmen; irgendetwas zu (fyz/78)
  - » Versagen, Mißerfolg; vor dem (^/79)
  - » Versagen, Mißerfolg; vor dem - Prüfungen, bei (fyz/79)
- Selbstvertrauen - Mangel an Selbstvertrauen (fd1/161)

REKTUM - *Diarrhoe - Erregung, Aufregung agg.* (*/952)
- *Diarrhoe - nervös, Gemütsbewegungen agg.* (bg2/955)

Schule - Konzentration

GEMÜT - *Erschöpfung; geistige - Lernen, Studieren; durch langes* (fd1/52)
- Erschöpfung; geistige - Lesen, durch (fd1/52)
- *Konzentration - schwierig - Studieren* (st/117)
- Stumpfheit - Lesen (fd1/175)
- Unaufmerksam (^/189)
  » angesprochen wird; wenn er (fd1/189)

Schule - Lernen - allgemein

GEMÜT - *Dyslexie* (mtf/40)

Schule - Lernen - Mathematik, Rechnen

GEMÜT - Fehler; macht - Rechnen, beim (^/57)
- Fehler; macht - Rechnen, beim - Addieren, beim (fd1/57)
- Mathematik - Unfähigkeit zur (^/128)
  » Unfähigkeit zur - Addieren fällt schwer (fd1/129)

Schule - Lernen - Lesen

GEMÜT - Lesen - schwierig; ist (fd1/124)
- Stumpfheit - Lesen (fd1/175)

Schule - Lernen - Schreiben

GEMÜT - *Fehler; macht - Schreiben, beim* (k/57)
- Fehler; macht - Schreiben, beim - falsch - Buchstaben, Zahlen (fd1/57)
- Schreiben - unleserlich, schreibt (fd1/156)

Schule - Anstrengung; geistige

GEMÜT - *Erschöpfung; geistige - Lernen, Studieren; durch langes* (fd1/52)
- Erschöpfung; geistige - Lesen, durch (fd1/52)

KOPF - *Schmerz - geistige Anstrengung - agg.* (*/328)
- Schmerz - Lesen, beim - agg. (fd1/332)
  » Studenten, bei (k2/340)
  » Stirn - Lesen agg. (fd1/389)

Schule - Beziehung zu anderen

GEMÜT - Schüchternheit, Zaghaftigkeit - Öffentlichkeit; beim Auftreten in der (fyz*/159)

Schule - Konstitution

GEMÜT - *Eigensinnig, starrköpfig, dickköpfig* (*/41)
- Gewissenhaft, peinlich genau in bezug auf Kleinigkeiten (fd1/99)
- Hast, Eile - tut, womit er gerade beschäftigt ist; bei dem, was er (k2*/105)
- Heikel, pingelig (fd1/106)
- Selbstvertrauen - Mangel an Selbstvertrauen (fd1/161)

Spielen

GEMÜT - Tanzen (^/179)

Tieren; Beziehung zu

GEMÜT - Mitgefühl, Mitleid - Tieren, mit (fd1/130)

Nonverbales - Aggressivität

GEMÜT - Destruktivität, Zerstörungswut (dx1/38)
- *Reißt an etwas - Gegenstände; zerreißt* (*/142)
  » *Gegenstände; zerreißt - Kleidung* (^/142)
  » sich am Körper, verletzt sich (ptk1/142)
- Reizbarkeit, Gereiztheit - Kindern, bei (ptk1/145)

Nonverbales - Reaktion auf andere

GEMÜT - Furcht - Fremden; vor (fyz/68)
- Gehalten - Verlangen, gehalten zu werden (bg2/87)

Nonverbales - Gesten, Gebärden

GEMÜT - *Auffahren, Zusammenfahren - Geräusche; durch* (*/17)
- Gesten, Gebärden; macht - Finger - Mund; Kinder stecken die Finger in den (kl*/97)
  » *Hände; unwillkürliche Bewegungen der - ringt die Hände* (k/98)
- Ungeschicklichkeit (fd1/192)

Nonverbales - Allgemeines

GEMÜT - *Eigensinnig, starrköpfig, dickköpfig* (*/41)
- Hast, Eile - tut, womit er gerade beschäftigt ist; bei dem, was er (k2*/105)
- Ruhelosigkeit - Kindern, bei (^/151)
  » Kindern, bei - Babies, bei (c1/152)
- *Schreien - Kindern, bei* (hr1*/157)
- Singen (^/163)
  » ausgelassen, fröhlich (fd1/163)

Nonverbales - Konsultation; bei der

OHR - Absonderungen - blutig (k/497)
- Absonderungen - chronisch (mrr1/497)
  » *eitrig* (*/497)
  » stinkend (sne/498)
  » *übelriechend* (*/498)
  » **übelriechend - Fleisch, wie faules** (k/498)
- *Eiterung - Mittelohr* (*/500)
- Entzündung - Mittelohr (mtf11/501)
- *Geschwüre - Trommelfell* (*/510)
- *Perforation - Trommelfell* (hr1*/516)

GESICHT - Schwellung - Unterkieferdrüsen (k/631)

MUND - Stomatitis ulcerosa, Stomakaze (mtf11/689)

INNERER HALS - Belag - Tonsillen (k/721)
- Entzündung - Tonsillen (k/724)
- Schwellung - Tonsillen (k/747)

EXTREMITÄTEN - Nägel; Beschwerden der - Rauheit - Fingernägel (fd1/1665)
- Nägel; Beschwerden der - Rauheit - Fingernägel - Längsriefen (fd1/1665)

HAUT - *Erysipel* (k/1798)

Nonverbales - Äußerliches - Beobachtungen des Arztes

KOPF - Schuppen (k/402)

AUGE - Strabismus, Schielen (*/467)

• Verklebt (k/472)

GESICHT - Fettig (ptk1/593)
• Rissig - Lippen (k/613)
• Warzen - Lippen (sne/635)

ALLGEMEINES - Aussehen - rote Haare (a/1855)

Nonverbales - Äußerliches - Beobachtungen der Eltern

AUGE - Verklebt - morgens (k/472)

MUND - Beißt - Lippen; beißt sich auf die - Unterlippe (fd1/640)

MAGEN - Völlegefühl - Essen - nach - agg. - wenig, nach dem kleinsten Bissen; nach noch so (fd1/845)

ABDOMEN - Schmerz - Liegen - Abdomen; auf dem - amel. (bg1/889)
• Schmerz - Liegen - Seite; auf der - linken; auf der - agg. (^/889)
  » Zusammenkrümmen - amel. (k2/897)
  » Zusammenkrümmen - muß sich zusammenkrümmen (k/897)

REKTUM - Unwillkürlicher Stuhl (*/984)

STUHL - Kugeln, wie (fd1/996)
• Schafskot, wie (fd1/997)
• Unverdaut (k/999)

BLASE - Urinieren - unwillkürlich - Kindern; bei (k2/1020)

MÄNNLICHE GENITALIEN - Masturbation, Neigung zur (bg2*/1071)

WEIBLICHE GENITALIEN - Fluor - Kindern; bei - Mädchen; bei kleinen (k2/1096)

SCHWEISS - *Essen - beim - agg.* (*/1786)

Nacht; Beobachtungen in der - Gemütssymptome

GEMÜT - *Angst - nachts - Kindern; bei* (kr1*/7)
• Furcht - nachts - Kindern; bei (ckh1/64)
  » allein zu sein - Dunkelheit; in der (fyz/65)
  » Kindern, bei - nachts (st1/71)
• *Reißt an etwas - Gegenstände; zerreißt - Kleidung - Schlafanzug und Bettlaken* (kr1/142)
• Ruhelosigkeit - Kindern, bei - Babies, bei (c1/152)
• *Schlafwandeln* (*/154)
• *Schreien - Kindern, bei - nachts* (hr1*/157)
• Sprechen - Schlaf; im (k/169)

Nacht; Beobachtungen in der - körperliche Symptome

ZÄHNE - Zähneknirschen - Schlaf; agg. im (k/718)

BLASE - *Urinieren - unwillkürlich - nachts* (*/1019)
• Urinieren - unwillkürlich - nachts - schwächlichen Kindern, bei (ptk1/1019)

Nacht; Beobachtungen in der - Schlaf

SCHLAF - Erwachen - Schreck, wie durch (*/1675)

TRÄUME - Alpträume, Alpdrücken - Kindern, bei (k2/1707)

Nacht; Beobachtungen in der - Schlaf; Lage im

SCHLAF - Lage - Beine - übereinandergelegt, gekreuzt (fd1/1682)
• Lage - Rücken, auf dem (k/1683)
  » Seite, auf der - linken Seite, auf der (fd1/1683)

Schaukeln und Getragenwerden

GEMÜT - Getragen - Verlangen getragen zu werden (br3/99)

Autos und Schiffe

KOPF - Schmerz - Fahren - Wagen, im - agg. (k/326)

Psychosomatische Störungen

REKTUM - *Diarrhoe - Erregung, Aufregung agg.* (*/952)
• *Diarrhoe - nervös, Gemütsbewegungen agg.* (bg2/955)

ALLGEMEINES - *Konvulsionen - Schreck agg.* (hr1*/1906)

Körperliche Symptome und Erkrankungen

KOPF - Hydrozephalus (k/295)

ZÄHNE - Karies, faule, hohle Zähne (k/700)

INNERER HALS - Räuspert käsige Klumpen herauf (*/732)

MAGEN - *Langsame Verdauung* (bro1/805)

NIEREN - Entzündung (k/1023)

WEIBLICHE GENITALIEN - *Menses - verzögerte Menarche* (k/1114)

EXTREMITÄTEN - *Hüftgelenksentzündung* (k/1443)

FIEBER - *Continua* (k/1772)

ALLGEMEINES - Abmagerung - Kindern; bei - Kleinkindern; bei (bro1/1845)
• *Kindern; Beschwerden von* (kr1*/1897)
• Konvulsionen - Kindern, bei (bg2*/1905)
• Pubertät - Beschwerden während der (ptk1/1934)

Kalium silicicum

kali-sil.

Kent schrieb: „Es ist ein sehr nützliches Mittel für Schulkinder, wenn sie ihre Lektionen nicht lernen können." In der Tat wird dieses Mittel *in verschiedenen Rubriken des Abschnittes „Schule" genannt:* von geistiger Stumpfheit beim Lesen bis zu Fehlern beim Schreiben; von allgemeinen Schwierigkeiten beim Lernen bis zu Kopfschmerzen durch geistige Anstrengung. Jedoch ist das Kind wie andere Silizium-Verbindungen *unsicher und schüchtern,* aber gleichzeitig sehr *akribisch und hartnäckig, mit einem starken Pflichtgefühl.* Sie scheinen *in Mathematik sehr gut zu sein.*

Ihre Beziehung zu Milch ist eine widersprüchliche: Verschlimmerung durch und Verlangen nach Milch, aber öfter Abneigung, besonders gegen Muttermilch.

Es können *Bauchschmerzen* auftreten, die dazu neigen, durch heiße Anwendungen besser zu werden, sowie *Ohrenschmerzen*, die von gelben, dicken und übelriechenden Absonderungen begleitet sein können.

Klinisches: Otitis. Abmagerung. Schwindel.

Wirkungsbereich: Ohr. Gemüt.

* * *

Impfung

ALLGEMEINES - Impfung; Beschwerden nach (stj2/1892)

Stillen - Milch

ALLGEMEINES - *Speisen und Getränke - Milch - Abneigung* (stj2/2000)
- *Speisen und Getränke - Milch - Abneigung - Muttermilch* (stj2/2001)
  » Milch - agg. (k2*/2001)
  » Milch - Verlangen (stj2/2001)

Stillen - Magendarmsymptome - Appetit - vermindert

MAGEN - Appetit - fehlend (k2/767)

Stillen - Magendarmsymptome - Appetit - vermehrt

MAGEN - Appetit - Heißhunger (k2/769)

Stillen - Magendarmsymptome - Aufstoßen - Wasser; Hochsteigen von

MAGEN - Aufstoßens; Art des - Wasser in den Mund; Hochsteigen von (k2/781)

Stillen - Magendarmsymptome - Abdomen - amel. durch

ABDOMEN - Schmerz - Wärme - amel. (k2/896)

Stillen - Allgemeines

SCHWEISS - Essen - beim - agg. (k2/1786)
- Essen - nach - agg. (k2/1786)

Infektionskrankheiten - Mumps

GESICHT - Entzündung - Parotis (k2/584)
- Schwellung - Parotis (k2/631)
- Verhärtungen - Parotis (k2/634)

Infektionskrankheiten - Keuchhusten

HUSTEN - Keuchhusten (k2/1197)

Konstitution - Angst und Furcht

GEMÜT - Feigheit (k2*/59)
- Furcht - allein zu sein (stj2/64)
  » engen Räumen; in (stj2/67)
  » Versagen, Mißerfolg; vor dem (stj2/79)
  » Versagen, Mißerfolg; vor dem - Prüfungen, bei (stj2/79)

Konstitution - Allgemeines

GEMÜT - Entmutigt (k2*/46)
- *Faulheit* (k2*/55)
- Gewissenhaft, peinlich genau in bezug auf Kleinigkeiten (stj2/99)
- Pflicht - zu viel Pflichtgefühl (oss/136)
- *Selbstvertrauen - Mangel an Selbstvertrauen* (k2*/161)
- Stimmung, Laune - veränderlich (k2*/171)
  » veränderlich - Kindern; bei (mtf33/171)
- Unzufrieden (k2/194)

Beziehung zu anderen - Reaktion auf andere

GEMÜT - *Schüchternheit, Zaghaftigkeit* (k2*/158)
- Schüchternheit, Zaghaftigkeit - Kindern; bei (mtf33/158)
- Trost - agg. (k2*/188)
- Untröstlich (lmj/193)
- Widerspenstig (k2*/249)

Schule - Angst

GEMÜT - Furcht - Versagen, Mißerfolg; vor dem (stj2/79)
- Furcht - Versagen, Mißerfolg; vor dem - Prüfungen, bei (stj2/79)
- *Selbstvertrauen - Mangel an Selbstvertrauen* (k2*/161)

Schule - Konzentration

GEMÜT - Konzentration - schwierig - Studieren (k2*/117)
- Studieren, Lernen - schwierig, fällt schwer (mtf33/173)
- Stumpfheit - Lesen (k2/175)

Schule - Lernen - allgemein

GEMÜT - Studieren, Lernen - schwierig, fällt schwer (mtf33/173)

Schule - Lernen - Mathematik, Rechnen

GEMÜT - Mathematik - Begabung zur (stj2/128)

Schule - Lernen - Lesen

GEMÜT - Stumpfheit - Lesen (k2/175)

Schule - Lernen - Schreiben

GEMÜT - Fehler; macht - Schreiben, beim (k2/57)

Schule - Anstrengung; geistige

KOPF - Schmerz - geistige Anstrengung - agg. (k2/328)

Schule - Konstitution

GEMÜT - Eigensinnig, starrköpfig, dickköpfig (k2*/41)
- Gewissenhaft, peinlich genau in bezug auf Kleinigkeiten (stj2/99)

• *Selbstvertrauen - Mangel an Selbstvertrauen* (k2*/161)

Nonverbales - Gesten, Gebärden

GEMÜT - Auffahren, Zusammenfahren - Geräusche; durch (k2/17)
• Launenhaftigkeit, launisch (k2*/123)

Nonverbales - Allgemeines

GEMÜT - Eigensinnig, starrköpfig, dickköpfig (k2*/41)

Nonverbales - Konsultation; bei der

OHR - Absonderungen - Blut (k2/497)
• Absonderungen - dick (k2/497)
» eitrig (k2/497)
» gelb (k2/497)
» übelriechend (k2/498)
• Entzündung - Mittelohr (k2/501)
HÖREN - Schwerhörig - Tubenkatarrh (k2/537)
GESICHT - Schwellung - Unterkieferdrüsen (k2/631)
MUND - Aphthen (k2/639)
INNERER HALS - Schwellung - Tonsillen (k2/747)
ÄUSSERER HALS - Schwellung - Halsdrüsen (k2/760)
HAUT - Erysipel (k2/1798)
• Intertrigo (k2/1825)

Nonverbales - Äußerliches - Beobachtungen des Arztes

GESICHT - Rissig - Lippen (k2/613)

Nonverbales - Äußerliches - Beobachtungen der Eltern

AUGE - Verklebt - morgens (k2*/472)
OHR - Schmerz - warm - Anwendungen; warme - amel. (k2/525)
MAGEN - Schluckauf (k2/809)
ABDOMEN - Schmerz - Wärme - amel. (k2/896)
BLASE - Urinieren - verzögert, muß warten, bis der Urin zu fließen beginnt (k2/1020)
SCHWEISS - Essen - beim - agg. (k2/1786)
• Essen - nach - agg. (k2/1786)

Nacht; Beobachtungen in der - Gemütssymptome

GEMÜT - Sprechen - Schlaf; im (k2*/169)

Nacht; Beobachtungen in der - körperliche Symptome

BLASE - Urinieren - unwillkürlich - nachts (k2/1019)

Körperliche Symptome und Erkrankungen

MAGEN - Würgen - Husten, mit (k2/846)
EXTREMITÄTEN - Hüftgelenksentzündung (k2/1443)
ALLGEMEINES - Kindern; Beschwerden von (mtf33/1897)

Kalium sulphuricum

kali-s.

Chronisches Verstopfung der Nase, die sich auf verschiedene Faktoren zurückführen läßt: Sinusitis, Heuschnupfen oder Polypen. Diese Beschwerde wird gewöhnlich durch Hitze gebessert. Pfeifen und Rasseln sind von Weitem zu hören; das Kind neigt dazu, zu *schnarchen.*

Oft kann man es als Komplementärmittel zu Pulsatilla benutzen: in Fällen von Lungenleiden mit charakteristischen Symptomen, wie Verschlimmerung im heißen Zimmer, Würgen, Aphonie und sehr trockenem Mund ohne Durst.

Kalium sulphuricum ist ein gutes Mittel bei *akuter Bronchitis* mit dickem gelbem Schleim, den das Kind nicht auswerfen kann (Differentialdiagnose: Kalium bichromicum, Antimonium tartaricum, Causticum).

Otitis mit grünlichgelber, wäßriger, wundfressender und übelriechender Absonderung.

Beschwerden nach Scharlach: Albuminurie und geschwollenes Gesicht.

Was das Gemüt angeht, so ist das Kind *neugierig, liebt Veränderung,* Reisen und hat gern Spaß, besonders Tanzen und Singen.

Eine Art von Sauberkeitswahn kann auftreten, mit dem Zwang, sich sehr oft die Hände zu waschen.

Klinisches: Sinusitis. Asthma. Katarrh. Keuchhusten. Rheumatismus. Dyspepsie. Ekzem.

Wirkungsbereich: Atmungsorgane. Haut. Drüsen.

* * *

Krankengeschichte; familiäre und persönliche

ALLGEMEINES - Krankengeschichte von; persönliche - gastrointestinalen Beschwerden; von (wda/1909)

Stillen - Magendarmsymptome - Appetit - allgemein

MAGEN - Appetit - launischer Appetit (fd4/770)

Stillen - Magendarmsymptome - Appetit - vermindert

MAGEN - *Appetit - fehlend* (k/767)
• Appetit - schnelle Sättigung (k/770)
» vermindert (k/772)

Stillen - Magendarmsymptome - Appetit - vermehrt

MAGEN - *Appetit - Genuß, ohne* (bg1*/769)
• Appetit - Heißhunger (k/769)

» Heißhunger - Essen - nach dem Essen - bald danach (fd4/770)
» *vermehrt* (k/770)

Stillen - Magendarmsymptome - Aufstoßen - Speisen; von

MAGEN - Aufstoßens; Art des - Speisen; von (k/780)

Stillen - Magendarmsymptome - Aufstoßen - Wasser; Hochsteigen von

MAGEN - Aufstoßens; Art des - Wasser in den Mund; Hochsteigen von (k/781)

Stillen - Magendarmsymptome - Abdomen - agg. durch

ABDOMEN - Schmerz - Liegen - Seite; auf der - agg. (fd4/889)

Stillen - Magendarmsymptome - Abdomen - amel. durch

ABDOMEN - Schmerz - Beugen der Beine amel. (fd4/882)

Infektionskrankheiten - Masern

HAUT - Hautausschläge - Masern (*/1817)

Infektionskrankheiten - Scharlach

GESICHT - *Schwellung - Scharlach* (k/630)
URIN - *Eiweißhaltig - Scharlach; nach* (k/1046)
FIEBER - Ausschlagsfieber; Fieber bei Ausschlagserkrankungen - Scharlach (bro1/1770)

Infektionskrankheiten - Keuchhusten

HUSTEN - **Keuchhusten** (*/1197)
• Keuchhusten - heftig (ptk1/1198)
» Krampfstadium, im (ptk1/1198)

Konstitution - Angst und Furcht

GEMÜT - Furcht - Armut, vor (fd4/65)
• Furcht - Kontrolle zu verlieren; die (fd4/72)
» Versagen, Mißerfolg; vor dem (fd4/79)
• Vorsichtig (fd4/205)

Konstitution - Allgemeines

GEMÜT - Entmutigt (k/46)
• Faulheit (*/55)
• Furcht - Armut, vor (fd4/65)
• **Gewissenhaft, peinlich genau in bezug auf Kleinigkeiten** (fd*/99)
• **Heikel, pingelig** (fd*/106)
• **Kleinigkeiten, Trivialitäten - wichtig; scheinen** (fd*/115)
• Milde (stj1/130)
• Neugierig (fd4/135)
• Pflicht - kein Pflichtgefühl (fkr2/136)
» *zu viel Pflichtgefühl* (fd4/136)
• Reisen - Verlangen nach (fd4/142)
• *Sauberkeit, Reinlichkeit - Reinlichkeitswahn, Putzwut* (fd4/153)
• *Selbstvertrauen - Mangel an Selbstvertrauen* (k1*/161)
• Sorgen; voller (^/164)
• Sorgsamkeit, Sorgfalt (fd4/165)
• Stimmung, Laune - veränderlich (k/171)
• Unordentlich (fd4/192)
• Unzufrieden (k/194)
• *Veränderungen - Verlangen nach* (fd4/195)
• Waschen - Verlangen zu waschen (^/243)
» Verlangen zu waschen - Hände; wäscht sich ständig die (fd4/243)
• Weinen - Musik; durch (fd4/247)

Familie; Beziehung zur - Liebe und Zuneigung

GEMÜT - Eifersucht (tl1*/40)
• Entfremdet - Freunde und Verwandte (fd4/46)
• *Liebevoll, voller Zuneigung, herzlich* (fd4/125)
• Sorgen; voller - andere, um (stj1*/165)
» Verwandte, um (fd4/165)
• Verlassen zu sein; Gefühl (fd4/198)

Beziehung zu anderen - Aggressivität

GEMÜT - Empfindlich - Streitigkeiten; gegen (fd4/45)
• *Streiten - Abneigung gegen* (fd4/172)

Beziehung zu anderen - Reaktion auf andere

GEMÜT - Gesellschaft - Abneigung gegen (*/94)
• Gesellschaft - Verlangen nach (fd4/95)
» Verlangen nach - allein; agg. wenn (fd4/96)
• *Schüchternheit, Zaghaftigkeit* (*/158)
• Trost - agg. (ptk1*/188)
» agg. - Mitleid, Mitgefühl agg. (ptk1/188)
» amel. (st*/188)
• Untröstlich (lmj/193)

Beziehung zu anderen - allgemein

GEMÜT - *Empfindlich - äußerliche Eindrücke; gegen alle* (fd4/42)
• *Mitgefühl, Mitleid* (fd4/130)
• Tadelsüchtig, krittelig (gk/178)
• Tadelt andere (fkr2/179)

Schule - Angst

GEMÜT - Furcht - Versagen, Mißerfolg; vor dem (fd4/79)
• *Selbstvertrauen - Mangel an Selbstvertrauen* (k1*/161)

Schule - Lernen - Schreiben

GEMÜT - Fehler; macht - Schreiben, beim (k/57)
• Fehler; macht - Schreiben, beim - falsch - Worte (fd4/57)
» Schreiben, beim - läßt etwas aus - Buchstaben (fd4/57)
» Schreiben, beim - stellt etwas um - Buchstaben (fd4/58)

» Schreiben, beim - wiederholt Worte (fd4/58)

Schule - Anstrengung; geistige

KOPF - Schmerz - geistige Anstrengung - agg. (fd4/328)

Schule - Konstitution

GEMÜT - Eigensinnig, starrköpfig, dickköpfig (k/41)
• **Gewissenhaft, peinlich genau in bezug auf Kleinigkeiten** (fd*/99)
• **Heikel, pingelig** (fd*/106)
• **Kleinigkeiten, Trivialitäten - wichtig; scheinen** (fd*/115)
• Neugierig (fd4/135)
• *Selbstvertrauen - Mangel an Selbstvertrauen* (k1*/161)
• Unordentlich (fd4/192)

Spielen

GEMÜT - **Amüsement, Vergnügen - Verlangen nach** (fd*/4)
• Tanzen (fd4/179)

Tieren; Beziehung zu

GEMÜT - Mitgefühl, Mitleid - Tieren, mit (fd4/130)
• Natur - liebt (fd4/134)

Nonverbales - Aggressivität

GEMÜT - Beißen (^/20)
• Wirft mit Gegenständen um sich (fd4/250)

Nonverbales - Gesten, Gebärden

GEMÜT - Beißen - Nägel (fd4/20)
• Ungeschicklichkeit (fd4/192)
• Verstecken - sich (fkr2/199)

Nonverbales - Allgemeines

GEMÜT - Eigensinnig, starrköpfig, dickköpfig (k/41)
• Singen (fd4/163)

Nonverbales - Konsultation; bei der

AUGE - Entzündung - Kindern; bei - Neugeborenen; bei (ptk2/429)

OHR - Absonderungen - blutig (k/497)
• **Absonderungen - dünn** (*/497)
» **eitrig** (*/497)
» **gelb** (*/497)
» *gelblichgrün* (k/497)
» grün (k2/497)
» *schleimig* (bro1/498)
» *stinkend* (hr1*/498)
» *übelriechend* (*/498)
» **wäßrig** (*/498)
» *wundfressend* (bro1/498)
• **Entzündung - Eustachische Röhre** (*/500)
» Mittelohr (mrr1*/501)
» *Mittelohr - chronisch* (mrr1/501)
• **Katarrh - Eustachische Röhre** (*/515)

HÖREN - **Schwerhörig - Tubenkatarrh** (*/537)

GESICHT - Schwellung - Unterkieferdrüsen (k/631)

MUND - Aphthen (k/639)

INNERER HALS - Schwellung - Tonsillen (k/747)

HAUT - Erysipel (*/1798)
• Intertrigo (k2/1825)

Nonverbales - Äußerliches - Beobachtungen des Arztes

KOPF - *Schuppen* (*/402)
• **Schuppen - gelb** (*/402)
» weiß (fd4/402)

AUGE - Verklebt (k/472)

GESICHT - Aufgesprungen - Lippen (fd4/579)
• Fettig (bro1*/593)
» Stirn (fd4/593)
• Rissig - Lippen (k/613)
» Lippen - Oberlippe (fd4/613)
» Lippen - Oberlippe - Mitte der (fd4/613)
• Warzen - Lippen (k/635)

Nonverbales - Äußerliches - Beobachtungen der Eltern

AUGE - Verklebt - morgens (fd4/472)

MAGEN - Schluckauf (*/809)
• Völlegefühl - Essen - nach - agg. (k/845)
» *Essen - nach - agg. - wenig, nach dem kleinsten Bissen; nach noch so* (k/845)
» Mittagessen, nach dem (fd4/845)

ABDOMEN - Schmerz - Beugen der Beine amel. (fd4/882)
• Schmerz - Liegen - Seite; auf der - agg. (fd4/889)

REKTUM - Unwillkürlicher Stuhl (k/984)

STUHL - *Schafskot, wie* (k/997)

ATMUNG - *Schnarchen* (mrr1/1180)

EXTREMITÄTEN - Nägel; Beschwerden der - Wachstum der Nägel - unterbrochen (ptk1/1666)

Nacht; Beobachtungen in der - Gemütssymptome

GEMÜT - Furcht - Dunkelheit; vor der (bl/66)
• Schlafwandeln (k/154)
• Sprechen - Schlaf; im (k/169)

Nacht; Beobachtungen in der - körperliche Symptome

KOPF - Schweiß der Kopfhaut - nachts (fkr2/403)
• Schweiß der Kopfhaut - Schlaf - im (fkr2/404)

Nacht; Beobachtungen in der - Schlaf; Lage im

SCHLAF - Lage - Abdomen, auf dem (fd4/1682)
• Lage - Abdomen, auf dem - Einschlafen; beim (fd4/1682)
» *Seite, auf der - linken Seite, auf der - unmöglich* (vh/1683)
» *Seite, auf der - rechten Seite, auf der* (vh/1683)

Körperliche Symptome und Erkrankungen

KOPF - *Schmerz - katarrhalisch* (k/331)

MAGEN - *Würgen - Husten, mit* (k/846)

NIEREN - Entzündung (k/1023)

• Entzündung - parenchymatös - akut (k/1024)

EXTREMITÄTEN - **Hüftgelenksentzündung** (k/1443)

Chirurgisch pathologische Zustände

NASE - Rachenmandelwucherung (br1*/561)

• Rachenmandelwucherung - Entfernung; nach (ptk1/561)

Kalmia latifolia

kalm.

Stillen - Magendarmsymptome - Aufstoßen - Speisen; von

MAGEN - Aufstoßens; Art des - Speisen; von (k/780)

Stillen - Magendarmsymptome - Abdomen - agg. durch

ABDOMEN - *Schmerz - Liegen - Seite; auf der - agg.* (k/889)

Stillen - Magendarmsymptome - Abdomen - amel. durch

ABDOMEN - *Schmerz - Liegen - Rücken; auf dem - amel.* (k/889)

Infektionskrankheiten - Windpocken

FIEBER - Continua - Ausschlagsfieber (bro1/1772)

Infektionskrankheiten - Masern

FIEBER - Continua - Ausschlagsfieber (bro1/1772)

Infektionskrankheiten - Mumps

GESICHT - Schmerz - Parotis (^/626)

• Schmerz - Parotis - stechend (*/627)

Infektionskrankheiten - Röteln

FIEBER - Continua - Ausschlagsfieber (bro1/1772)

Infektionskrankheiten - Scharlach

FIEBER - Continua - Ausschlagsfieber (bro1/1772)

Infektionskrankheiten - Pocken

FIEBER - Continua - Ausschlagsfieber (bro1/1772)

Beziehung zu anderen - Reaktion auf andere

GEMÜT - Trost - agg. (bg2/188)

Beziehung zu anderen - allgemein

GEMÜT - Tadelt sich selbst, macht sich Vorwürfe (ptk1/179)

Schule - Anstrengung; geistige

KOPF - Schmerz - geistige Anstrengung - agg. (k/328)

Schule - Konstitution

GEMÜT - Eigensinnig, starrköpfig, dickköpfig (k/41)

Nonverbales - Allgemeines

GEMÜT - Eigensinnig, starrköpfig, dickköpfig (k/41)

Nonverbales - Konsultation; bei der

GESICHT - Schwellung - Sublingualdrüse (k/631)

HAUT - Erysipel (hr1/1798)

Nonverbales - Äußerliches - Beobachtungen des Arztes

GESICHT - Rissig - Lippen (*/613)

ÄUSSERER HALS - Torticollis (bg2/761)

ALLGEMEINES - Aussehen - dunkel - straffer Faser, mit (kr1/1855)

Nonverbales - Äußerliches - Beobachtungen der Eltern

MAGEN - Völlegefühl - Mittagessen, nach dem (k/845)

ABDOMEN - *Schmerz - Liegen - Rücken; auf dem - amel.* (k/889)

• *Schmerz - Liegen - Seite; auf der - agg.* (k/889)

Nacht; Beobachtungen in der - Gemütssymptome

GEMÜT - Schlafwandeln (*/154)

• Sprechen - Schlaf; im (*/169)

Körperliche Symptome und Erkrankungen

KOPF - Schmerz - katarrhalisch (k/331)

NIEREN - Entzündung (k2/1023)

FIEBER - *Continua* (br1/1772)

Ketoglutaricum acidum

ketogl-ac.

Konstitution - Angst und Furcht

GEMÜT - Beschwerden durch - Erwartungsspannung (rly4/23)

Konstitution - Allgemeines

GEMÜT - Pessimist (rly4/136)

Beziehung zu anderen - Reaktion auf andere

GEMÜT - Gesellschaft - Abneigung gegen (rly4/94)

• Schüchternheit, Zaghaftigkeit (rly4/158)

Beziehung zu anderen - allgemein

GEMÜT - Tadelsüchtig, krittelig (rly4/178)

Schule - Angst

GEMÜT - Beschwerden durch - Erwartungsspannung (rly4/23)

Schule - Konzentration

GEMÜT - Konzentration - schwierig - Studieren (rly4/117)

Schule - Konstitution

GEMÜT - Hast, Eile - tut, womit er gerade beschäftigt ist; bei dem, was er (rly4/105)

Nonverbales - Gesten, Gebärden

GEMÜT - Hast, Eile - Bewegungen; in den (rly4/105)
• Ungeschicklichkeit (^/192)

Nonverbales - Allgemeines

GEMÜT - Hast, Eile - tut, womit er gerade beschäftigt ist; bei dem, was er (rly4/105)

Nonverbales - Konsultation; bei der

INNERER HALS - Entzündung - Tonsillen (rly4/724)
• Schwellung - Tonsillen (rly4/747)
ÄUSSERER HALS - Schwellung - Halsdrüsen (rly4/760)

Nonverbales - Äußerliches - Beobachtungen der Eltern

MAGEN - Gluckern; Gurgeln (rly4/802)

Nacht; Beobachtungen in der - Schlaf; Lage im

SCHLAF - Lage - Seite, auf der (rly4/1683)
• Lage - Seite, auf der - rechten Seite, auf der (rly4/1683)

Chirurgisch pathologische Zustände

ABDOMEN - Hernie (rly4/867)

Kola

kola

Krankengeschichte; familiäre und persönliche

ALLGEMEINES - Krankengeschichte von; persönliche - Augen - Gerstenkörnern; von wiederkehrenden (stb3/1909)

Stillen - Milch

ALLGEMEINES - Speisen und Getränke - Milch - Verlangen - heiße (stb3/2001)
• Speisen und Getränke - Milch - Verlangen - kalte (stb3/2001)

Stillen - Magendarmsymptome - Appetit - vermindert

MAGEN - Appetit - fehlend (stb3/767)

Stillen - Magendarmsymptome - Appetit - vermehrt

MAGEN - *Appetit - Heißhunger* (stb3/769)
• Appetit - Heißhunger - Diarrhoe - bei (stb3/769)
» *Heißhunger - Essen - nach dem Essen - bald danach* (stb3/770)
» *unstillbar* (stb3/770)

Stillen - Magendarmsymptome - Aufstoßen - Speisen; von

MAGEN - Aufstoßens; Art des - Speisen; von (stb3/780)

Stillen - Magendarmsymptome - Abdomen - amel. durch

ABDOMEN - Schmerz - Beugen der Beine amel. (stb3/882)
• Schmerz - Wärme - amel. (stb3/896)

Konstitution - Angst und Furcht

GEMÜT - *Beschwerden durch - Erwartungsspannung* (stb3/23)
• *Furcht - Versagen, Mißerfolg; vor dem* (stb3/79)

Konstitution - Allgemeines

GEMÜT - Ehrgeiz - erhöht, vermehrt, sehr ehrgeizig (mtf*/40)
• *Entmutigt* (stb3/46)
• *Faulheit* (stb3/55)
• *Reisen - Verlangen nach* (stb3/142)
• *Selbstsucht, Egoismus* (stb3/161)
• *Selbstvertrauen - Mangel an Selbstvertrauen* (stb3/161)
• *Sorgen; voller* (stb3/164)
• *Stimmung, Laune - veränderlich* (stb3/171)
• *Ungerechtigkeit; erträgt keine* (stb3/191)
• *Unternehmen; etwas - Vieles, hält aber bei nichts durch, bleibt nicht dabei; unternimmt* (stb3/193)
• *Unzufrieden* (stb3/194)
• Weinen - Freude, durch (stb3/245)
» *Musik; durch* (stb3/247)

Familie; Beziehung zur - Liebe und Zuneigung

GEMÜT - Abneigung - Familienangehörige; gegen (stb3/1)
• *Eifersucht* (stb3/40)
• Liebevoll, voller Zuneigung, herzlich (stb3/125)
• *Verlassen zu sein; Gefühl* (stb3/198)

Familie; Beziehung zur - Vorwürfe

GEMÜT - Empfindlich - Tadel (stb3/45)
• Empfindlich - Vorwürfe; gegen (stb3/45)

Beziehung zu anderen - Aggressivität

GEMÜT - Grausamkeit (stb3/103)
• Streitsüchtig (stb3/173)

Beziehung zu anderen - Reaktion auf andere

GEMÜT - Gesellschaft - Abneigung gegen (stb3/94)
• Gesellschaft - Verlangen nach (stb3/95)
• Weinen - Trost - amel. (stb3/248)
• Widerspenstig (stb3/249)
• Widerspruch - Neigung zu widersprechen (mtf*/249)

Beziehung zu anderen - allgemein

GEMÜT - Beleidigt, leicht (stb3/20)
• Empfindlich - äußerliche Eindrücke; gegen alle (stb3/42)
• *Lügner* (stb3/126)
• Mitgefühl, Mitleid (stb3/130)

Schule - Angst

GEMÜT - *Beschwerden durch - Erwartungsspannung* (stb3/23)
• *Furcht - Versagen, Mißerfolg; vor dem* (stb3/79)

- *Selbstvertrauen - Mangel an Selbstvertrauen* (stb3/161)

Schule - Konzentration

GEMÜT - *Konzentration - schwierig - Studieren* (stb3/117)
- Stumpfheit - Lesen (stb3/175)

Schule - Lernen - Lesen

GEMÜT - Stumpfheit - Lesen (stb3/175)

Schule - Lernen - Schreiben

GEMÜT - Fehler; macht - Schreiben, beim (stb3/57)
- *Fehler; macht - Schreiben, beim - falsch - Worte* (stb3/57)

Schule - Anstrengung; geistige

KOPF - Schmerz - geistige Anstrengung - agg. (stb3/328)
- Schmerz - Lesen, beim - agg. (stb3/332)

Schule - Beziehung zu anderen

GEMÜT - *Lügner* (stb3/126)

Schule - Vorwürfe

GEMÜT - Empfindlich - Tadel (stb3/45)
- Empfindlich - Vorwürfe; gegen (stb3/45)

Schule - Konstitution

GEMÜT - Hast, Eile - tut, womit er gerade beschäftigt ist; bei dem, was er (^/105)
- Hast, Eile - tut, womit er gerade beschäftigt ist; bei dem, was er - Verlangen mehrere Dinge gleichzeitig zu tun (stb3/106)
- *Lügner* (stb3/126)
- *Selbstvertrauen - Mangel an Selbstvertrauen* (stb3/161)
- *Unternehmen; etwas - Vieles, hält aber bei nichts durch, bleibt nicht dabei; unternimmt* (stb3/193)

Spielen

GEMÜT - *Tanzen* (stb3/179)

Nonverbales - Aggressivität

GEMÜT - Beißen (stb3/20)
- *Diktatorisch* (stb3/39)
- Reizbarkeit, Gereiztheit - Kindern; gegenüber (stb3/145)

Nonverbales - Reaktion auf andere

GEMÜT - Gehalten - Verlangen, gehalten zu werden (stb3/87)
- Näherkommen, auf ihn Zukommen von Personen - Abneigung gegen (stb3/134)

Nonverbales - Gesten, Gebärden

GEMÜT - Launenhaftigkeit, launisch (stb3/123)

Nonverbales - Allgemeines

GEMÜT - Hast, Eile - tut, womit er gerade beschäftigt ist; bei dem, was er (^/105)
- Hast, Eile - tut, womit er gerade beschäftigt ist; bei dem, was er - Verlangen mehrere Dinge gleichzeitig zu tun (stb3/106)
- *Singen* (stb3/163)

Nonverbales - Konsultation; bei der

OHR - Katarrh - Eustachische Röhre (stb3/515)

INNERER HALS - Schwellung - Tonsillen (stb3/747)

ÄUSSERER HALS - Schwellung - Halsdrüsen (stb3/760)
- Schwellung - Halsdrüsen - schmerzhaft - Berührung; bei (stb3/760)

Nonverbales - Äußerliches - Beobachtungen des Arztes

KOPF - Schuppen - weiß (stb3/402)

AUGE - Verklebt (stb3/472)

OHR - Geschwüre - Ohrläppchen - Loch für die Ohrringe; im (stb3/510)

GESICHT - Rissig - Mundwinkel (stb3/614)
- Rissig - Mundwinkel - rechts (stb3/614)

Nonverbales - Äußerliches - Beobachtungen der Eltern

MUND - Beißt - Zunge; beißt sich auf die (stb3/640)

ABDOMEN - Schmerz - Beugen der Beine amel. (stb3/882)
- Schmerz - Wärme - amel. (stb3/896)
  - » Zusammenkrümmen - muß sich zusammenkrümmen (stb3/897)

STUHL - Schafskot, wie (stb3/997)

MÄNNLICHE GENITALIEN - Masturbation, Neigung zur (stb3/1071)

EXTREMITÄTEN - Hitze - Füße - brennend - entblößt sie (stb3/1440)

Nacht; Beobachtungen in der - Gemütssymptome

GEMÜT - *Schlafwandeln* (stb3/154)
- Sprechen - Schlaf; im (stb3/169)
- Weinen - Schläfrigkeit, bei (stb3/247)

Nacht; Beobachtungen in der - körperliche Symptome

ZÄHNE - Zähneknirschen - Schlaf; agg. im (stb3/718)

Nacht; Beobachtungen in der - Schlaf; Lage im

SCHLAF - *Lage - Abdomen, auf dem* (stb3/1682)
- *Lage - verändert häufig die Lage* (stb3/1683)

Autos und Schiffe

SCHWINDEL - Fahren, beim - Wagen, im - agg. (stb3/265)

Körperliche Symptome und Erkrankungen

KOPF - Schmerz - katarrhalisch (stb3/331)

Kreosotum

kreos.

Großgewachsene, schlanke, alt aussehende, runzelige Kinder.

Es ist ein wichtiges Mittel für sehr *schmerzhafte und schwierige Zahnung:* das Kind ist außerordentlich quengelig, reizbar und schreit nachts; trockener Husten, der durch ein kribbelndes Gefühl unterhalb des Kehlkopfes erregt wird oder wie in den oberen Bronchien, mit Atemnot; Diarrhoe mit wäßrigem, grünem oder braunem und aashaft riechendem Stuhl; Obstipation mit hartem, dunklem, trockenem Stuhl, der nur nach schrecklicher Anstrengung abgeht, während derer das Kind sich abmüht und schreit, als würde es gleich einen Anfall bekommen.

Ein wertvolles Mittel auch bei *schnellem Schlechtwerden der Zähne* und bei *Zahnfleischbluten;* besonders wertvoll bei *vorzeitigem Verfall der Zähne von Kindern*, wobei diese sehr dunkel und brüchig werden; die Zähne werden fast sofort schlecht, nachdem sie durchgebrochen sind.

Enuresis mit Träumen vom Urinieren: das Kind muß sich beeilen, kann aber nicht schnell genug aus dem Bett; *der Urin hat einen üblen Geruch.*

Die Absonderungen und Exkrete sind alle wundfressend und stinken, mit brennenden Schmerzen.

Murphy nennt dieses Mittel in der Rubrik: „Kinder - Windelausschlag am Gesäß - Wundheit zwischen den Gesäßbacken".

Diese Kinder sind sehr reizbar und nichts ist ihnen recht; sie wollen Spielzeug und wenn sie es bekommen, werfen sie es demjenigen ins Gesicht, der es ihnen gegeben hat. *Sie schlafen nicht ein, wenn sie nicht gestreichelt werden.*

Klinisches: Zahnung. Zahnschmerzen. Enuresis. Diarrhoe. Rheumatismus. Keuchhusten. Akne. Impetigo.

Wirkungsbereich: Schleimhäute. Magen. Abdomen. Zahnfleisch. Zähne.

* * *

Krankengeschichte; familiäre und persönliche

ALLGEMEINES - Krankengeschichte von; persönliche - Furunkel; von wiederkehrenden (bg2/1909)

Entwicklung - langsam

ALLGEMEINES - Entwicklung - Entwicklungsstillstand (br1/1872)

Entwicklung - schnell

ALLGEMEINES - Wachstum - Längenwachstum; zu schnelles (c1*/2021)

Zahnung - Gemütssymptome

GEMÜT - Reizbarkeit, Gereiztheit - Zahnung; während der (*/147)
• *Ruhelosigkeit - Kindern, bei - Zahnung; während der* (hr1/152)
• *Schreien - Zahnung; während der* (hr1*/158)

Zahnung - Empfindungen und neurologische Beschwerden

ALLGEMEINES - *Konvulsionen - Zahnung; während der* (*/1907)

Zahnung - Magendarmsymptome

REKTUM - *Diarrhoe - Zahnung; während* (*/957)
• Obstipation - Zahnung; während der (bro1*/970)

Zahnung - Allgemeines

ZÄHNE - *Zahnung - schwierig* (*/718)
HUSTEN - Zahnung, während der (*/1211)
SCHLAF - Schlaflosigkeit - Zahnung; während der (bro1/1694)

Stillen - Milch

KOPF - Hautausschläge - Milchschorf (bg2/290)
MAGEN - Erbrechen - Milch, nach (bro1/794)

Stillen - Magendarmsymptome - Appetit - allgemein

MAGEN - Appetit - launischer Appetit (*/770)

Stillen - Magendarmsymptome - Appetit - vermindert

MAGEN - Appetit - fehlend (*/767)
• Appetit - fehlend - Durst - mit (*/768)
» vermindert (*/772)

Stillen - Magendarmsymptome - Appetit - vermehrt

MAGEN - Appetit - Heißhunger (k/769)
• Appetit - nagend (*/770)
» vermehrt (k/770)

Stillen - Magendarmsymptome - Aufstoßen - Wasser; Hochsteigen von

MAGEN - Aufstoßens; Art des - Wasser in den Mund; Hochsteigen von (bg2*/781)

Stillen - Magendarmsymptome - Erbrechen

MAGEN - **Erbrochenen; Art des - Speisen - unverdaut** (*/800)

Stillen - Magendarmsymptome - Abdomen - amel. durch

ABDOMEN - Schmerz - Wärme - amel. (sne/896)

Stillen - Magendarmsymptome - Rektum

REKTUM - Diarrhoe - Kindern, bei (k/954)

Infektionskrankheiten - Pocken

HAUT - Hautausschläge - Pocken (bg2/1819)

Infektionskrankheiten - Keuchhusten

HUSTEN - *Keuchhusten* (*/1197)

Konstitution - Angst und Furcht

GEMÜT - Feigheit (bg*/59)

Konstitution - Allgemeines

GEMÜT - Unzufrieden (*/194)
• Weinen - Gemütsbewegungen, Emotionen - geringen; nach (*/245)
» Geräusch, bei (k/245)
» Kindern; bei (^/246)
» *Musik; durch* (*/247)

Beziehung zu anderen - Aggressivität

GEMÜT - Herausfordernd (sf1/107)
• Schlagen (bg2*/154)

Beziehung zu anderen - Reaktion auf andere

GEMÜT - Widerspenstig (sf1/249)
• Widerspruch - Neigung zu widersprechen (ptk1/249)

Schule - Konstitution

GEMÜT - Eigensinnig, starrköpfig, dickköpfig (*/41)
• Eigensinnig, starrköpfig, dickköpfig - Kinder (sf1/41)

Nonverbales - Aggressivität

GEMÜT - Reizbarkeit, Gereiztheit - Kindern, bei (mrr1/145)
• *Wirft mit Gegenständen um sich* (*/250)

Nonverbales - Gesten, Gebärden

GEMÜT - Launenhaftigkeit, launisch (k/123)
• Launenhaftigkeit, launisch - weist Dinge zurück, die er haben wollte, sobald er sie bekommt (bg2*/123)
» weist Dinge zurück, die er haben wollte, sobald er sie bekommt - Kindern; bei (bro1/123)

Nonverbales - Allgemeines

GEMÜT - Eigensinnig, starrköpfig, dickköpfig (*/41)
• Eigensinnig, starrköpfig, dickköpfig - Kinder (sf1/41)
• *Ruhelosigkeit - Kindern, bei* (^/151)
• *Schreien - Kindern, bei* (*/157)

Nonverbales - Konsultation; bei der

OHR - Absonderungen - übelriechend (k/498)
• Absonderungen - wäßrig (bg2/498)
• *Entzündung* (k/500)
» Gehörgang (b7a/500)
» Mittelohr - chronisch (mtf11/501)

GESICHT - *Schwellung - Unterkieferdrüsen* (bg2/631)

MUND - *Aphthen* (*/639)
• Stomatitis ulcerosa, Stomakaze (mtf11/689)

ÄUSSERER HALS - Schwellung - Halsdrüsen (*/760)

HAUT - Hautausschläge - Impetigo (k/1816)
• **Intertrigo** (k/1825)
• Wundliegen - Kindern; bei (*/1837)

Nonverbales - Äußerliches - Beobachtungen des Arztes

AUGE - **Verklebt** (*/472)

NASE - *Bewegung - Nasenflügel - Fächer; wie ein - Pneumonie; bei* (k/545)

GESICHT - Aufgesprungen - Lippen (k/579)
• *Ausdruck - alt aussehend* (*/580)
• Gerunzelt (bro1/594)
• *Hautausschläge - Akne* (*/595)
• *Rissig - Lippen* (*/613)
» Lippen - Oberlippe (b7a/613)
» Mundwinkel - rechts (k2/614)

ATMUNG - Beschleunigt (b2/1174)

HUSTEN - Halten, Festhalten - Brust mit beiden Händen halten; muß beim Husten die (*/1193)

ALLGEMEINES - Aussehen - dunkel (*/1854)
• Aussehen - hell, blond (c1/1855)
• *Magere Personen* (bg2*/1919)

Nonverbales - Äußerliches - Beobachtungen der Eltern

KOPF - *Empfindlichkeit - Kämmen, Bürsten der Haare; gegen* (*/283)

AUGE - Verklebt - morgens (a1/472)

MAGEN - Gluckern; Gurgeln (ptk1/802)
• *Schluckauf* (k/809)

ABDOMEN - Schmerz - Wärme - amel. (sne/896)

STUHL - Unverdaut (*/999)

BLASE - **Urinieren - Harndrang - plötzlich - beeilen um zu urinieren, sonst geht Urin ab; muß sich** (*/1015)
• *Urinieren - unwillkürlich - Husten; agg. beim* (*/1020)
» *verzögert, muß warten, bis der Urin zu fließen beginnt - pressen, bevor er damit beginnen kann; muß lange* (bro1/1021)

HAUT - Ekchymosen (bro1*/1797)
• Insektenstiche (k/1825)

Nacht; Beobachtungen in der - Gemütssymptome

GEMÜT - Weinen - Kindern; bei - nachts (ptk2/246)

Nacht; Beobachtungen in der - körperliche Symptome

BLASE - Urinieren - Harndrang - plötzlich - nachts - Kind erwacht, kann aber nicht schnell genug aus dem Bett kommen; das (*/1015)
• **Urinieren - unwillkürlich - nachts** (*/1019)
» *unwillkürlich - nachts - ersten Schlaf, im* (*/1019)
» *unwillkürlich - nachts - Schlaf - tiefen Schlaf; im* (b7a/1019)

» *unwillkürlich - nachts - Träumen vom Urinieren; beim* (*/1019)
» **unwillkürlich - nachts - Wecken des Kindes ist schwierig** (*/1019)

Nacht; Beobachtungen in der - Schlaf

SCHLAF - *Schlaflosigkeit - Kindern, bei - liebkost werden; Kind muß* (kr1/1691)

Nacht; Beobachtungen in der - Schlaf; Lage im

SCHLAF - Lage - Rücken, auf dem (*/1683)

Schaukeln und Getragenwerden

GEMÜT - *Getragen - Verlangen getragen zu werden* (bg2*/99)
• Getragen - Verlangen getragen zu werden - liebkost zu werden; und (bg2*/99)

MAGEN - *Schluckauf - getragen wird; wenn er* (st1/810)

Autos und Schiffe

MAGEN - *Erbrechen - Fahren im Wagen agg.* (bro1/792)
• *Übelkeit - Seekrankheit* (*/839)

RÜCKEN - Schmerz - Dorsalregion - Schulterblätter - unter den - links - Fahren im Wagen agg. (k/1346)

Körperliche Symptome und Erkrankungen

KOPF - Entzündung - Gehirn (bro1/284)

GESICHT - Hautausschläge - Akne - Menses - unregelmäßige Menses (bro1/596)

ZÄHNE - Abszeß der Zahnwurzeln (ptk1/695)
• *Karies, faule, hohle Zähne* (*/700)
» **Kindern; verfrüht bei** (*/700)

MAGEN - Langsame Verdauung (mrr1/805)
• *Würgen - Husten, mit* (*/846)

REKTUM - *Cholera - infantum* (*/949)

ALLGEMEINES - *Abmagerung - Kindern; bei* (k/1845)
• Abmagerung - Kindern; bei - Kleinkindern; bei (bro1*/1845)
• *Kindern; Beschwerden von* (*/1897)
• Konvulsionen - Kindern, bei (kr1*/1905)
» Kindern, bei - Kleinkindern, bei (bro1/1905)
• *Schmerzlosigkeit gewöhnlich schmerzhafter Beschwerden* (bg/1971)

Chirurgisch pathologische Zustände

ABDOMEN - Intussuszeption (*/869)

Lac caninum

lac-c.

Mürrisch, reizbar, hysterisch. Diese Kinder weinen und schreien die ganze Zeit, besonders nachts (Differentialdiagnose: Jalapa, Nux vomica, Psorinum). Patricia Le Roux schrieb: „Lac caninum kann wie ein Hund sein, also zu aggressiven Reaktionen fähig sein. Kinder, die nachts schreien, unverschämt sind, ihren Freunden schreckliche Dinge schreiben."

Was meiner Erfahrung nach jedoch bei Lac caninum häufiger vorherrscht, ist der *Mangel an Selbstvertrauen, wie die vielen Wahnvorstellungen des Mittels zeigen;* vom Gefühl, der Kleinste zu sein, zu einem Gefühl verachtet zu werden und sich schmutzig zu fühlen; mit dem daraus folgenden Zwang, sich die ganze Zeit die Hände zu waschen, was auch ein weiteres wichtiges Symptom erklärt: die Angst vor Ansteckung.

Es ist ein wunderbares Mittel bei *Kindern, die große Schwierigkeiten in der Schule haben;* bei *Dyslexie. Stottern* kommt häufig vor.

Kopfschmerzen bei Studenten.

Man kann auch bei Patienten daran denken, die eine *schwierige Kindheit* hatten, mit langen Zeiträumen, in denen sie von der Mutter getrennt waren oder in Fällen, in denen plötzlich mit dem Stillen aufgehört wurde. Man findet in der Krankengeschichte auch Fälle von Mißbrauch.

Verlassenheitsgefühl.

Auf der körperlichen Ebene sollte man sich daran erinnern, daß *der innere Hals das Zielorgan ist,* mit häufiger Tonsillitis und Drüsenvergrößerungen, besonders nach Scharlach.

Ebenso *Gelenkschmerzen, die wandern* (rechte Seite, dann linke Seite, dann wieder rechte Seite), und bei *Besserung durch kalte Anwendungen.*

Milchunverträglichkeit.

Klinisches: Kopfschmerzen. Halsentzündung. Husten. Ichthyosis. Warzen.

Wirkungsbereich: Abwechselnde Seiten. Nerven. Innerer Hals. Weibliche Geschlechtsorgane.

* * *

Krankengeschichte; familiäre und persönliche

ALLGEMEINES - Krankengeschichte von; persönliche - Diphtherie (gsd1/1909)

Stillen - Milch

ALLGEMEINES - Speisen und Getränke - Milch - agg. (mg1/2001)
- *Speisen und Getränke - Milch - Verlangen* (*/2001)

Stillen - Magendarmsymptome - Appetit - vermehrt

MAGEN - Appetit - Heißhunger (*/769)
- Appetit - Heißhunger - Essen - nach dem Essen - bald danach (mtf33/770)
  - » *vermehrt* (k/770)
  - » vermehrt - Essen - nach (*/772)

Stillen - Magendarmsymptome - Erbrechen

MAGEN - Erbrochenen; Art des - Speisen - unverdaut (bro1/800)

Stillen - Magendarmsymptome - Abdomen - agg. durch

ABDOMEN - *Schmerz - Druck - agg.* (k/883)
- *Schmerz - Zusammenkrümmen - agg.* (k/896)

Infektionskrankheiten - Mumps

GESICHT - Schwellung - Parotis (k/631)

Infektionskrankheiten - Scharlach

INNERER HALS - Entzündung - Scharlach; bei (bro1/724)

FIEBER - Ausschlagsfieber; Fieber bei Ausschlagserkrankungen - Scharlach (bro1/1770)

ALLGEMEINES - *Schwellung - Drüsen, der - Scharlach - nach* (kr1/1983)

Konstitution - Angst und Furcht

GEMÜT - *Beschwerden durch - Erwartungsspannung* (kr1*/23)
- Furcht - Abwärtsbewegung, vor (ptk1*/64)
  - » *allein zu sein* (*/64)
  - » Gewitter; vor (vh*/70)
  - » Gewitter; vor - Kindern; bei (mtf33/70)
  - » offenen Plätzen; Furcht vor (fyz/74)
  - » *Versagen, Mißerfolg; vor dem* (kr1/79)

Konstitution - Allgemeines

GEMÜT - *Faulheit* (k/55)
- Milde (st/130)
- **Nachgiebigkeit** (^/134)
- Pflicht - zu viel Pflichtgefühl (^/136)
- Reisen - Verlangen nach (sne/142)
- *Selbstvertrauen - Mangel an Selbstvertrauen* (*/161)
- Stimmung, Laune - veränderlich (k/171)
- *Unternehmen; etwas - Vieles, hält aber bei nichts durch, bleibt nicht dabei; unternimmt* (*/193)
- *Waschen - Verlangen zu waschen* (^/243)
  - » *Verlangen zu waschen - Hände; wäscht sich ständig die* (st*/243)
- *Weinen - Kindern; bei* (^/246)

Familie; Beziehung zur - Aggressivität

GEMÜT - Beschwerden durch - Grobheit anderer (st1/23)

Familie; Beziehung zur - Liebe und Zuneigung

GEMÜT - Eifersucht (sne/40)
- Verlassen zu sein; Gefühl (mtf/198)

Beziehung zu anderen - Aggressivität

GEMÜT - Schlagen (sne/154)

Beziehung zu anderen - Reaktion auf andere

GEMÜT - **Gesellschaft - Verlangen nach** (*/95)
- Gesellschaft - Verlangen nach - allein; agg. wenn (k2/96)
- *Schüchternheit, Zaghaftigkeit* (sne/158)
- Widerspruch - Neigung zu widersprechen (mtf33/249)

Beziehung zu anderen - allgemein

GEMÜT - *Beleidigt, leicht* (sne/20)
- Empfindlich - äußerliche Eindrücke; gegen alle (st1/42)
- Tadelt sich selbst, macht sich Vorwürfe (br1*/179)
- *Unverschämtheit* (*/193)

Schule - Angst

GEMÜT - *Beschwerden durch - Erwartungsspannung* (kr1*/23)
- *Furcht - Versagen, Mißerfolg; vor dem* (kr1/79)
- *Selbstvertrauen - Mangel an Selbstvertrauen* (*/161)

Schule - Konzentration

GEMÜT - Stumpfheit - Lesen (k/175)

Schule - Lernen - allgemein

GEMÜT - Dyslexie (mtf33/40)

Schule - Lernen - Lesen

GEMÜT - Fehler; macht - Lesen, beim (mtf33/57)
- Stumpfheit - Lesen (k/175)

Schule - Lernen - Schreiben

GEMÜT - *Fehler; macht - Schreiben, beim* (*/57)
- Fehler; macht - Schreiben, beim - falsch - Worte (mtf33/57)
  - » *Schreiben, beim - läßt etwas aus - Buchstaben* (*/57)
  - » Schreiben, beim - läßt etwas aus - Worte (bro1/57)
  - » Schreiben, beim - wiederholt Worte (k/58)

Schule - Anstrengung; geistige

KOPF - *Schmerz - geistige Anstrengung - agg.* (k/328)
- *Schmerz - Schulkindern; bei* (*/339)

Schule - Beziehung zu anderen

MUND - Sprache - stotternd (*/688)

Schule - Vorwürfe

GEMÜT - Beschwerden durch - Grobheit anderer (st1/23)

Schule - Konstitution

GEMÜT - *Selbstvertrauen - Mangel an Selbstvertrauen* (*/161)
- *Unternehmen; etwas - Vieles, hält aber bei nichts durch, bleibt nicht dabei; unternimmt* (*/193)

Tieren; Beziehung zu

GEMÜT - Furcht - Hunden, vor (mrr1/71)
- Furcht - Spinnen, vor (tl1*/75)
- Tiere - liebt Tiere, Tierliebe (^/180)
  - » liebt Tiere, Tierliebe - Hunde (mtf/180)

Nonverbales - Aggressivität

GEMÜT - Beißen (^/20)
- Reizbarkeit, Gereiztheit - Kindern, bei (ptk1*/145)

Nonverbales - Gesten, Gebärden

GEMÜT - Beißen - Nägel (sne/20)

Nonverbales - Allgemeines

GEMÜT - **Schreien - Kindern, bei** (*/157)
- Schreien - Kindern, bei - Weinen und (^/157)

Nonverbales - Konsultation; bei der

OHR - **Absonderungen - grün** (*/497)
- Absonderungen - grün - geruchlos (*/497)
- Ohrschmalz - trocken (k/516)

GESICHT - *Schwellung - Unterkieferdrüsen* (*/631)

MUND - Aphthen (k/639)
- *Aphthen - blutend - leicht* (k/639)
- Landkartenzunge (bg2*/668)

INNERER HALS - *Belag - Tonsillen* (k/721)
- Belag - Tonsillen - rechts (k/721)
  - » Tonsillen - links (k/721)
  - » Uvula (k/721)
- **Entzündung - Tonsillen** (*/724)
- **Schwellung - Tonsillen** (*/747)
  - » Tonsillen - Kindern; bei (mtf33/748)

ABDOMEN - *Schmerz - Druck - agg.* (k/883)

HAUT - Erysipel (k2/1798)
- Hautausschläge - Bläschen - Sudamina (Schweißfriesel) (*/1810)

Nonverbales - Äußerliches - Beobachtungen des Arztes

KOPF - Schuppen (k/402)

AUGE - Verklebt (k/472)

NASE - Zupfen - Nase, an der (k/578)

GESICHT - Rissig - Mundwinkel (mtf33/614)
- Zupfen - Lippen; an den (sne/636)

ALLGEMEINES - Aussehen - dunkel (kr1/1854)
- Magere Personen (hr1/1919)

Nonverbales - Äußerliches - Beobachtungen der Eltern

NASE - Schneuzen der Nase - Neigung, sich zu schneuzen; ständige (bro1/568)

ABDOMEN - *Schmerz - Beugen - hinten, nach - amel.* (k/882)
- *Schmerz - Zusammenkrümmen - agg.* (k/896)

REKTUM - Unwillkürlicher Stuhl (sne/984)

STUHL - Schafskot, wie (mtf33/997)

BLASE - Urinieren - unwillkürlich - Kindern; bei (sne/1020)

MÄNNLICHE GENITALIEN - Erektionen - Kindern, bei (lmj/1063)
- Masturbation, Neigung zur - Kindern; bei (lmj/1071)

WEIBLICHE GENITALIEN - Masturbation; Neigung zu - Kindern; bei (lmj/1104)

ATMUNG - **Schnarchen** (*/1180)

Nacht; Beobachtungen in der - Gemütssymptome

GEMÜT - Furcht - Dunkelheit; vor der (al*/66)
- Furcht - Dunkelheit; vor der - Kindern; bei (mtf33/66)
- *Schreien - Kindern, bei - nachts* (hr1*/157)
  - » Kindern, bei - Schlaf, im (mtf33/157)
- *Sprechen - Schlaf; im* (hr1*/169)
- *Weinen - Kindern; bei - nachts* (hr1*/246)

Nacht; Beobachtungen in der - körperliche Symptome

BLASE - **Urinieren - unwillkürlich - nachts** (*/1019)
- *Urinieren - unwillkürlich - nachts - Jugendlichen; bei* (vh/1019)
  - » unwillkürlich - nachts - Kindern, bei (mtf33/1019)
  - » unwillkürlich - nachts - Träumen vom Urinieren; beim (*/1019)

Nacht; Beobachtungen in der - Schlaf; Lage im

SCHLAF - *Lage - Abdomen, auf dem* (*/1682)
- Lage - Abdomen, auf dem - Arm über dem Kopf; mit einem (ptk1/1682)
  - » Abdomen, auf dem - Einschlafen; beim (st1/1682)
  - » *Arme - Kopf - über dem Kopf* (*/1682)
  - » *Beine - angezogen* (*/1682)
  - » Beine - ausgestreckt - ein Bein ausgestreckt - andere hochgezogen; das (*/1682)
  - » Finger gespreizt (st/1682)
  - » *Gesicht, auf dem* (kr1*/1682)
  - » Knie - Brust; liegt auf Knien und (mtf33/1682)
  - » *Rücken, auf dem* (*/1683)
  - » *Rücken, auf dem - Fuß liegt auf dem anderen Knie, wobei das eine Bein hochgezogen ist; der* (mrr1/1683)
  - » *Rücken, auf dem - Hände - Kopf - über dem* (k/1683)

» *Rücken, auf dem - Hände - Kopf - über dem Kopf* (*/1683)

Autos und Schiffe

RÜCKEN - Schmerz - Fahren, beim - Wagen, im - agg. (k/1331)
• Schmerz - Sakralregion - Fahren im Wagen agg. (k/1365)

Körperliche Symptome und Erkrankungen

EXTREMITÄTEN - Hüftgelenksentzündung (k/1443)

ALLGEMEINES - Kindern; Beschwerden von (mtf33/1897)

Lac caprinum

lac-cp.

Nervöse, *argwöhnische, streitsüchtige und nachtragende Kinder, die keine Unterbrechung oder Einmischung durch ander ertragen.* Neigung, Menschen zu schlagen. Wenn sie ihre Konflikte nicht lösen können, träumen sie davon, mit ihren Freunden zu kämpfen.

Sie sind ungeduldig und haben das Gefühl, als würden sich die Anderen zu langsam bewegen.

Sie leiden oft an *Kopfschmerzen,* die beim Erwachen erscheinen oder während des Morgens und bis zum Abend anhalten; schlimmer durch die geringste Bewegung, weshalb sie die Augen geschlossen halten; besser nach Schlaf.

Sie lieben Süßigkeiten, gebratene und stark gewürzte Speisen und besonders kalte Milch.

Klinisches: Kopfschmerzen.

Wirkungsbereich: Kopf. Gemüt.

* * *

Stillen - Milch

ALLGEMEINES - Speisen und Getränke - Milch - Verlangen - kalte (sk4/2001)

Konstitution - Allgemeines

GEMÜT - Faulheit (sk4/55)
• Heimweh (sk4/107)

Familie; Beziehung zur - Liebe und Zuneigung

GEMÜT - Angst - Familie, um seine (^/9)

Beziehung zu anderen - Aggressivität

GEMÜT - Schlagen - Verlangen - schlagen, zu (sk4/154)
• *Streitsüchtig* (sk4/173)

Beziehung zu anderen - Reaktion auf andere

GEMÜT - Antworten - bissig, schnippisch (sk4/15)
• *Gesellschaft - Abneigung gegen* (^/94)
» *Abneigung gegen - ertragen, kann niemanden* (mtf/95)
» Verlangen nach (^/95)
» Verlangen nach - allein; agg. wenn (sk4/96)

Beziehung zu anderen - allgemein

GEMÜT - Argwöhnisch, mißtrauisch (sk4/16)
• Tadelsüchtig, krittelig (sk4/178)

Nonverbales - Gesten, Gebärden

GEMÜT - Klammert sich an - hält sich nach anderen fest (^/114)

Lac delphinum

lac-del.

Stillen - Magendarmsymptome - Appetit - vermindert

MAGEN - Appetit - vermindert (hrn2/772)

Stillen - Magendarmsymptome - Appetit - vermehrt

MAGEN - Appetit - Genuß, ohne (hrn2/769)

Konstitution - Angst und Furcht

GEMÜT - Beschwerden durch - Schreck (hrn2/25)
• Furchtlos (hrn2/80)

Konstitution - Allgemeines

GEMÜT - Gewissenhaft, peinlich genau in bezug auf Kleinigkeiten (hrn2/99)
• Kleinigkeiten, Trivialitäten - wichtig; scheinen (hrn2/115)
• Selbstvertrauen - Mangel an Selbstvertrauen (hrn2/161)

Familie; Beziehung zur - Liebe und Zuneigung

GEMÜT - Angst - Familie, um seine (hrn2/9)
• Liebevoll, voller Zuneigung, herzlich (hrn2/125)
• Verlassen zu sein; Gefühl (hrn2/198)

Beziehung zu anderen - Reaktion auf andere

GEMÜT - Gesellschaft - Verlangen nach (hrn2/95)
• Gesellschaft - Verlangen nach - beachtet werden; möchte immer (hrn2/96)

Beziehung zu anderen - allgemein

GEMÜT - Furcht - Räubern, vor (hrn2/74)

Schule - Angst

GEMÜT - Selbstvertrauen - Mangel an Selbstvertrauen (hrn2/161)

Schule - Konstitution

GEMÜT - Gewissenhaft, peinlich genau in bezug auf Kleinigkeiten (hrn2/99)
• Kleinigkeiten, Trivialitäten - wichtig; scheinen (hrn2/115)
• Selbstvertrauen - Mangel an Selbstvertrauen (hrn2/161)

Spielen

GEMÜT - Amüsement, Vergnügen - Verlangen nach (hrn2/4)

- Verspielt (hrn2/199)

Tieren; Beziehung zu

GEMÜT - Tiere - liebt Tiere, Tierliebe (hrn2/180)

Nonverbales - Reaktion auf andere

GEMÜT - Magnetisiert - Verlangen magnetisiert zu werden (hrn2/127)

Nonverbales - Gesten, Gebärden

GEMÜT - Berühren, anfassen; etwas - Verlangen, etwas zu berühren, anzufassen - alles berühren, anfassen; muß (hrn2/21)

Nonverbales - Allgemeines

GEMÜT - Possen, spielt (hrn2/137)

Nonverbales - Konsultation; bei der

MUND - Aphthen (hrn2/639)

Nacht; Beobachtungen in der - Schlaf; Lage im

SCHLAF - Lage - verändert häufig die Lage (hrn2/1683)

Lac equinum

lac-e.

Stillen - Magendarmsymptome - Schluckauf

MAGEN - *Schluckauf - Essen - nach - agg.* (hrn2/810)

Konstitution - Angst und Furcht

GEMÜT - Furcht - Kontrolle zu verlieren; die (hrn2/72)

Konstitution - Allgemeines

GEMÜT - Ehrgeiz - erhöht, vermehrt, sehr ehrgeizig (mtf*/40)

- Entmutigt (mtf/46)
- Heikel, pingelig (hrn2/106)
- Kleinigkeiten, Trivialitäten - wichtig; scheinen (hrn2/115)
- Pflicht - zu viel Pflichtgefühl (hrn2/136)
- Reisen - Verlangen nach (hrn2/142)
- *Selbstvertrauen - Mangel an Selbstvertrauen* (hrn2/161)
- Spontan, impulsiv (hrn2/166)
- Theoretisieren (hrn2/180)
- Ungerechtigkeit; erträgt keine (g*/191)
- Unzufrieden (hrn2/194)
- Verantwortung - ernst; nimmt seine Verantwortung zu (hrn2/195)

Familie; Beziehung zur - Liebe und Zuneigung

GEMÜT - Angst - Familie, um seine (^/9)

- Entfremdet - Familie, von seiner (hrn2/45)

Beziehung zu anderen - Aggressivität

GEMÜT - Schlagen (hrn2/154)

- Schlagen - Kindern; bei (hrn2/154)
- Streitsüchtig (hrn2/173)

Beziehung zu anderen - Reaktion auf andere

GEMÜT - Schüchternheit, Zaghaftigkeit (hrn2/158)

- Widerspruch - verträgt keinen Widerspruch (^/249)

Beziehung zu anderen - allgemein

GEMÜT - Angst - erwartet wird; wenn etwas von ihm (hrn2/8)

- Beleidigt, leicht (hrn2/20)
- Tadelsüchtig, krittelig (hrn2/178)

Schule - Angst

GEMÜT - *Selbstvertrauen - Mangel an Selbstvertrauen* (hrn2/161)

Schule - Lernen - Mathematik, Rechnen

GEMÜT - Fehler; macht - Rechnen, beim (hrn2/57)

- Fehler; macht - Rechnen, beim - Addieren, beim (hrn2/57)

Schule - Lernen - Schreiben

GEMÜT - Fehler; macht - Schreiben, beim (^/57)

- Fehler; macht - Schreiben, beim - stellt etwas um - Buchstaben (hrn2/58)

Schule - Anstrengung; geistige

KOPF - Schmerz - Stirn - Lesen agg. (hrn2/389)

Schule - Konstitution

GEMÜT - Eigensinnig, starrköpfig, dickköpfig (hrn2/41)

- Heikel, pingelig (hrn2/106)
- Kleinigkeiten, Trivialitäten - wichtig; scheinen (hrn2/115)
- *Selbstvertrauen - Mangel an Selbstvertrauen* (hrn2/161)
- Verantwortung - ernst; nimmt seine Verantwortung zu (hrn2/195)

Nonverbales - Aggressivität

GEMÜT - Beißen (hrn2/20)

- Diktatorisch (hrn2/39)

Nonverbales - Reaktion auf andere

GEMÜT - Berührtwerden - Abneigung berührt zu werden (hrn2/21)

Nonverbales - Allgemeines

GEMÜT - Eigensinnig, starrköpfig, dickköpfig (hrn2/41)

Nonverbales - Konsultation; bei der

MUND - *Aphthen* (hrn2/639)

- Aphthen - Gaumen (hrn2/640)

Nonverbales - Äußerliches - Beobachtungen des Arztes

GESICHT - Hautausschläge - Akne (hrn2/595)

Nonverbales - Äußerliches - Beobachtungen der Eltern

MAGEN - *Schluckauf* (hrn2/809)
• *Schluckauf - Essen - nach - agg.* (hrn2/810)

REKTUM - Unwillkürlicher Stuhl (hrn2/984)

Nacht; Beobachtungen in der - Gemütssymptome

GEMÜT - Furcht - Dunkelheit; vor der (hrn2/66)

Nacht; Beobachtungen in der - Schlaf

SCHLAF - Erwachen - häufig - Schreck, wie durch (hrn2/1674)

Körperliche Symptome und Erkrankungen

ALLGEMEINES - Konvulsionen - Hitze; während (hrn2/1904)
• Konvulsionen - Kindern, bei (hrn2/1905)

Lac felinum

lac-f.

Entwicklung - schnell

GEMÜT - Frühreife, altkluge Kinder (lmj/63)

Stillen - Milch

ALLGEMEINES - Speisen und Getränke - Milch - Abneigung (wza1/2000)
• Speisen und Getränke - Milch - Verlangen (wza1/2001)

Stillen - Magendarmsymptome - Appetit - vermindert

MAGEN - Appetit - fehlend (c1/767)

Konstitution - Angst und Furcht

GEMÜT - Furcht - Nadeln, vor (bg2*/73)

Konstitution - Allgemeines

GEMÜT - Gewissenhaft, peinlich genau in bezug auf Kleinigkeiten (c1*/99)
• Heikel, pingelig (wza1/106)
• Neugierig (wza1/135)
• Sauberkeit, Reinlichkeit - Reinlichkeitswahn, Putzwut (wza1/153)

Beziehung zu anderen - Reaktion auf andere

GEMÜT - Gesellschaft - Verlangen nach (wza1/95)

Beziehung zu anderen - allgemein

GEMÜT - Tadelsüchtig, krittelig (wza1/178)

Schule - Anstrengung; geistige

KOPF - Schmerz - Lesen, beim - agg. (c1/332)

Schule - Konstitution

GEMÜT - Eigensinnig, starrköpfig, dickköpfig (wza1/41)
• Gewissenhaft, peinlich genau in bezug auf Kleinigkeiten (c1*/99)
• Heikel, pingelig (wza1/106)
• Neugierig (wza1/135)

Tieren; Beziehung zu

GEMÜT - Furcht - Hunden, vor (wza1/71)
• Natur - liebt (wza1/134)
• Tiere - liebt Tiere, Tierliebe (wza1/180)
  » liebt Tiere, Tierliebe - Katzen (wza1/180)

Nonverbales - Reaktion auf andere

GEMÜT - Berührtwerden - Abneigung berührt zu werden (wza1/21)
• Magnetisiert - leicht zu magnetisieren (wza1/127)

Nonverbales - Allgemeines

GEMÜT - Eigensinnig, starrköpfig, dickköpfig (wza1/41)

Nacht; Beobachtungen in der - Schlaf

SCHLAF - Schlaflosigkeit - Kindern, bei (wza1/1691)

Lac humanum

lac-h.

Stillen - Milch

ALLGEMEINES - Speisen und Getränke - Milch - Abneigung (vml3/2000)
• Speisen und Getränke - Milch - agg. (vml3/2001)
  » Milch - amel. - warme (sze9/2001)
  » Milch - Verlangen (sk4*/2001)
  » Milch - Verlangen - warme (sze9/2001)

Stillen - Magendarmsymptome - Appetit - vermindert

MAGEN - Appetit - vermindert (sk4/772)

Stillen - Magendarmsymptome - Appetit - vermehrt

MAGEN - *Appetit - vermehrt* (htj1/770)
• Appetit - vermehrt - nachts (sze9/771)

Stillen - Magendarmsymptome - Schluckauf

MAGEN - Schluckauf - Essen - beim - agg. (htj1/810)
• Schluckauf - kalten Getränken; agg. nach (htj1/810)

Stillen - Magendarmsymptome - Abdomen - amel. durch

ABDOMEN - Schmerz - Druck - amel. (^/883)

Konstitution - Angst und Furcht

GEMÜT - Furcht - Geräusche, durch (^/69)
• Furcht - Versagen, Mißerfolg; vor dem (^/79)
  » Versagen, Mißerfolg; vor dem - Prüfungen, bei (sk4/79)
• Schreckliches und traurige Geschichten greifen sie stark an (sze9/156)

Konstitution - Allgemeines

Gemüt - Ehrgeiz - erhöht, vermehrt, sehr ehrgeizig (mtf/40)
- Faulheit (sk4*/55)
- Gewissenhaft, peinlich genau in bezug auf Kleinigkeiten (sk4/99)
- Heikel, pingelig (htj1/106)
- Impulse, Triebe; krankhafte - laufen; zu (sk4/112)
- Selbstsucht, Egoismus (sk4/161)
- Selbstvertrauen - Mangel an Selbstvertrauen (htj1*/161)
  - » Mangel an Selbstvertrauen - Unterstützung, Zuwendung; möchte (sze9/161)
- Stimmung, Laune - veränderlich (htj1/171)
- *Unordentlich* (htj1/192)
- Unzufrieden (^/194)

Familie; Beziehung zur - Aggressivität

Gemüt - Streitsüchtig - Familie, mit ihrer (sk4/173)

Familie; Beziehung zur - Liebe und Zuneigung

Gemüt - Abneigung - Familienangehörige; gegen (sze9/1)
- Entfremdet - Freunde und Verwandte (sk4/46)
- *Verlassen zu sein; Gefühl* (mtf*/198)
  - » geliebt zu werden; Gefühl von den Eltern, der Ehefrau, den Freunden nicht (mtf*/198)
- Waisen (mtf/243)

Beziehung zu anderen - Aggressivität

Gemüt - Schlagen (sk4/154)
- Streitsüchtig (sk4/173)
- Zorn - Widerspruch, durch (sk4/255)

Beziehung zu anderen - Reaktion auf andere

Gemüt - Abneigung - Freunde, gegen (sze9/1)
- Antworten - bissig, schnippisch (htj1/15)
  - » einsilbig (sk4/15)
- *Gesellschaft - Abneigung gegen* (htj1*/94)
  - » Verlangen nach (htj1*/95)
- Schüchternheit, Zaghaftigkeit (sze9/158)
- Widerspruch - verträgt keinen Widerspruch (sk4/249)

Beziehung zu anderen - allgemein

Gemüt - Furcht - Räubern, vor (sze9/74)
- Tadelsüchtig, krittelig (htj1*/178)
- Unbarmherzig (htj1/189)

Schule - Angst

Gemüt - Furcht - Versagen, Mißerfolg; vor dem (^/79)
- Furcht - Versagen, Mißerfolg; vor dem - Prüfungen, bei (sk4/79)
- Selbstvertrauen - Mangel an Selbstvertrauen (htj1*/161)

Schule - Lernen - allgemein

Gemüt - Fehler; macht - Sprechen, beim - Buchstabieren, beim (htj1/58)

Schule - Lernen - Mathematik, Rechnen

Gemüt - Fehler; macht - Rechnen, beim (htj1/57)

Schule - Lernen - Lesen

Gemüt - Fehler; macht - Lesen, beim (htj1/57)

Schule - Anstrengung; geistige

Kopf - Schmerz - Lesen, beim - agg. (sk4/332)

Schule - Beziehung zu anderen

Mund - Sprache - stotternd (sze9/688)

Schule - Konstitution

Gemüt - Gewissenhaft, peinlich genau in bezug auf Kleinigkeiten (sk4/99)
- Heikel, pingelig (htj1/106)
- Selbstvertrauen - Mangel an Selbstvertrauen (htj1*/161)
- *Unordentlich* (htj1/192)

Spielen

Gemüt - Amüsement, Vergnügen - Verlangen nach (mtf/4)

Tieren; Beziehung zu

Gemüt - Furcht - Hunden, vor (sze9/71)

Nonverbales - Aggressivität

Gemüt - Diktatorisch (sk4/39)

Nonverbales - Reaktion auf andere

Gemüt - Furcht - berührt zu werden (sze9/66)

Nonverbales - Gesten, Gebärden

Gemüt - Gesten, Gebärden; macht - Hände; unwillkürliche Bewegungen der - ringt die Hände (htj1/98)
- Lachen - Ernstes, über (htj1/120)
- Launenhaftigkeit, launisch (sk4/123)
- Ungeschicklichkeit (htj1*/192)
- Verstecken - sich (sze9/199)

Nonverbales - Allgemeines

Gemüt - Singen (^/163)

Nonverbales - Konsultation; bei der

Mund - Aphthen (sk4/639)
- Aphthen - Lippen - Innenseite - Oberlippe (sk4/640)

Abdomen - Schmerz - Druck - amel. (^/883)

Allgemeines - Wassersucht - Allgemeinen; im (sze9/2023)

Nonverbales - Äußerliches - Beobachtungen des Arztes

Gesicht - Rissig - Mundwinkel (htj1*/614)

Nonverbales - Äußerliches - Beobachtungen der Eltern

MAGEN - Schluckauf - Essen - beim - agg. (htj1/810)
• Schluckauf - kalten Getränken; agg. nach (htj1/810)

STUHL - Kugeln, wie (htj1/996)

Nacht; Beobachtungen in der - Gemütssymptome

GEMÜT - Furcht - Dunkelheit; vor der (sze9/66)
• Furcht - Erwachen; beim - Traum; aus einem (sze9/67)

Nacht; Beobachtungen in der - Schlaf; Lage im

SCHLAF - Lage - verändert häufig die Lage (sze9/1683)

Autos und Schiffe

ALLGEMEINES - Fahren - Wagen; mit dem - agg. (htj1/1877)

Lac leoninum

lac-leo.

Meiner Erfahrung nach ragt diese Milch gegenüber den anderen besser bekannten und häufiger benutzen Milchpräparaten heraus.

Das typische Verlassenheitsgefühl oder der Mangel an Selbstvertrauen, den man bei anderen Milchpräparaten findet, habe ich nicht festgestellt. Bei diesem Mittel ist ein Gefühl der eigenen Stärke vorhanden, ein besonderer Mensch zu sein und gleichzeitig das Gefühl, kritisiert und ausgelacht zu werden.

Vor etwa einem Jahr besuchte ich ein Kind, das an *Asthma* und wiederkehrendem Krupp litt. Während der Konsultation erzählte mir die Mutter, daß er Löwen sehr gern hat und daß sie jedesmal, wenn er in einem Laden ein Löwen-Spielzeug sieht, es kaufen muß. Sie erinnert sich, wie ungezogen er war, als sie es nicht kaufte. Ich fand das merkwürdig, aber es bekam eine völlig andere Bedeutung, als mir gesagt wurde, daß er eine Art von hysterischer Krise zusammen mit intensivem Weinen bekommt, wenn er müde ist und nicht sofort ins Bett geschickt wird. Nachdem ich in Synthesis nachschlug, war ich sehr von der Tatsache beeindruckt, daß das einzige Mittel in der Rubrik „Gemüt - Weinen - Schlaf - nicht schlafen konnte; weil er" Lac leoninum ist.

Seine Eltern berichteten von weiteren interessanten Symptomen, die dieses Mittel anzeigen: „Gemüt - Diktatorisch"; „Gemüt - Eifersucht"; „Magen - Durst - große Mengen, auf" und „Allgemeines - Speisen und Getränke - Obst - Verlangen - saftiges Obst".

Ich hatte Lac leoninum in einem anderen Fall einem 11jährigen Kind verabreicht, das an wiederkehrenden Asthmaanfällen litt. Als ich fragte: „Was willst du werden, wenn du erwachsen bist?" antwortete er: „Der Scharfschütze!".

Außer bei Asthma sollte man sich an dieses Mittel bei *Kopfschmerzen* erinnern, besonders im Hinterkopf oder in der linken Schläfe, mit gewöhnlich pulsierenden Schmerzen und bei *übelriechendem Flatus*, der nach faulen Eiern riecht.

Klinisches: Asthma. Kopfschmerzen. Flatulenz.

Wirkungsbereich: Lungen. Kopf. Abdomen.

* * *

Stillen - Milch

ALLGEMEINES - Speisen und Getränke - Milch - Verlangen (hrn2/2001)

Stillen - Magendarmsymptome - Appetit - vermindert

MAGEN - Appetit - fehlend (sk4/767)
• Appetit - schnelle Sättigung (sk4/770)
» vermindert (hrn2/772)

Konstitution - Allgemeines

GEMÜT - Ehrgeiz - erhöht, vermehrt, sehr ehrgeizig (sk4/40)
• Entmutigt (mtf/46)
• Faulheit (hrn2/55)
• Selbstvertrauen - Mangel an Selbstvertrauen (sk4/161)
• Sorgen; voller (^/164)
• Stimmung, Laune - veränderlich (hrn2/171)
• Veränderungen - Verlangen nach (sk4/195)
• Weinen - amel. (hrn2/245)

Familie; Beziehung zur - Liebe und Zuneigung

GEMÜT - Eifersucht (hrn2/40)
• Sorgen; voller - andere, um (hrn2/165)
• Verlassen zu sein; Gefühl (hrn2*/198)

Familie; Beziehung zur - Vorwürfe

GEMÜT - Empfindlich - Tadel (sk4/45)
• Empfindlich - Vorwürfe; gegen (sk4/45)

Beziehung zu anderen - Aggressivität

GEMÜT - Antworten - kurz angebunden (sk4/15)
• Diktatorisch - spricht in Befehlston (hrn2/39)
• Schlagen - Verlangen - schlagen, zu (sk4/154)
• *Streitsüchtig* (sk4/173)
• Zorn - Widerspruch, durch (hrn2*/255)

Beziehung zu anderen - Reaktion auf andere

GEMÜT - Antworten - bissig, schnippisch (sk4/15)
• Antworten - einsilbig (sk4/15)
• Gesellschaft - Abneigung gegen (^/94)

» Verlangen nach (^/95)
• Schüchternheit, Zaghaftigkeit (sk4/158)

Beziehung zu anderen - allgemein

GEMÜT - Argwöhnisch, mißtrauisch (hrn2/16)
• Beleidigt, leicht (sk4/20)
• Ichbezogenheit, Selbstüberhebung (sk4/111)
• Mitgefühl, Mitleid (sk4/130)
• Tadelt andere (sk4/179)
• Unbarmherzig (hrn2*/189)
» Freunden; gegenüber (hrn2/189)

Schule - Angst

GEMÜT - Selbstvertrauen - Mangel an Selbstvertrauen (sk4/161)

Schule - Vorwürfe

GEMÜT - Empfindlich - Tadel (sk4/45)
• Empfindlich - Vorwürfe; gegen (sk4/45)

Schule - Konstitution

GEMÜT - Selbstvertrauen - Mangel an Selbstvertrauen (sk4/161)

Spielen

GEMÜT - Spielen - Verlangen zu spielen (hrn2/166)
• Verspielt (hrn2/199)

Tieren; Beziehung zu

GEMÜT - Empfindlich - Natur und Objekte aus der Natur; für die (hrn2/45)
• Natur - liebt (hrn2/134)
• Tiere - liebt Tiere, Tierliebe (hrn2/180)

Nonverbales - Aggressivität

GEMÜT - Diktatorisch (hrn2/39)

Nonverbales - Gesten, Gebärden

GEMÜT - Gefallsüchtig, kokett - sehr, zu (hrn2/87)
• Ungeschicklichkeit (hrn2/192)

Nonverbales - Allgemeines

GEMÜT - Singen (^/163)
• Unhöflich (sk4/192)

Lac vaccinum defloratum

lac-d.

Stillen - Milch

KOPF - Schmerz - Trinken - nach - Milch; von (k/341)

MAGEN - Aufstoßen - Milch, nach (k2/775)
• Erbrechen - Milch, nach (k2/794)
• Übelkeit - Milch - agg. (k2/838)
• Verdorben - Milch agg. (k2/844)

ABDOMEN - Schmerz - Milch - agg. (k/891)
• *Schmerz - Milch - agg. - krampfartig* (k/891)

REKTUM - Diarrhoe - Milch - agg. (k2*/954)

ALLGEMEINES - **Speisen und Getränke - Milch - Abneigung** (*/2000)
• **Speisen und Getränke - Milch - agg.** (*/2001)

Stillen - Magendarmsymptome - Appetit - vermindert

MAGEN - Appetit - fehlend (c1*/767)
• *Appetit - vermindert* (k/772)

Stillen - Magendarmsymptome - Erbrechen

MAGEN - *Erbrochenen; Art des - Speisen - unverdaut* (k/800)

Stillen - Magendarmsymptome - Abdomen - agg. durch

ABDOMEN - Schmerz - Druck - agg. (c1/883)

Konstitution - Angst und Furcht

GEMÜT - *Furcht - engen Räumen; in* (k2*/67)

Konstitution - Allgemeines

GEMÜT - Faulheit (k/55)
• Gewissenhaft, peinlich genau in bezug auf Kleinigkeiten (k/99)
• *Nachgiebigkeit* (^/134)
• Stimmung, Laune - veränderlich (k2*/171)

Familie; Beziehung zur - Liebe und Zuneigung

GEMÜT - Verlassen zu sein; Gefühl (*/198)

Beziehung zu anderen - Reaktion auf andere

GEMÜT - *Gesellschaft - Abneigung gegen* (*/94)

Schule - Anstrengung; geistige

KOPF - Schmerz - Schulkindern; bei (hr1/339)

Schule - Konstitution

GEMÜT - Gewissenhaft, peinlich genau in bezug auf Kleinigkeiten (k/99)

Nonverbales - Konsultation; bei der

MUND - Aphthen (k/639)

ABDOMEN - Schmerz - Druck - agg. (c1/883)

Nonverbales - Äußerliches - Beobachtungen der Eltern

INNERER HALS - Entzündung - Tonsillen - abwechselnd mit - Kopf; Schmerz im (kr1*/725)

Nacht; Beobachtungen in der - körperliche Symptome

ZÄHNE - Zähneknirschen - Schlaf; agg. im (k/718)

BLASE - Urinieren - unwillkürlich - nachts (k/1019)

Autos und Schiffe

SCHWINDEL - Fahren, beim - Wagen, im - agg. (bro1/265)

MAGEN - *Übelkeit - Fahren - Wagen; im - agg.* (br1*/836)
• *Übelkeit - Seekrankheit* (bro1/839)

ALLGEMEINES - Fahren - Wagen; mit dem - agg. (st/1877)

Körperliche Symptome und Erkrankungen

WEIBLICHE GENITALIEN - Menses - verzögerte Menarche (ptk1/1114)

ALLGEMEINES - Abmagerung - Kindern; bei (k2/1845)

Chirurgisch pathologische Zustände

ABDOMEN - Darmverlegung, Obstruktionsileus (*/857)

Lachesis

lach.

Gewöhnlich extrovertierte, aber ziemlich weinerliche Kinder, die *es lieben, wenn sich die Aufmerksamkeit auf sie richtet und die diese Aufmerksamkeit für sich alleine haben wollen.*

Sie sind *enorm eifersüchtig* und Verhaltensprobleme fangen oft nach der Geburt eines kleinen Bruders oder einer kleinen Schwester an. Eifersucht ist oft das zentrale Merkmal ihres Charakters und kann sich auf ein Elternteil beziehen, auf einen Freund - der absolut nur ihr Freund sein muß - auf ein Tier oder sogar auf einen Gegenstand, und führt manchmal zu ernsthaften körperlichen Beschwerden, wie Asthmaanfällen.

Im Durchschnitt sind sie intelligenter und einfallsreicher und sind mit großer Intuition begabt.

Sie lügen und haben Spaß daran, die unglaublichsten Geschichten zu erzählen, um den Genuß zu erleben, vor einem Publikum zu sprechen. Sie sind wie Schauspieler und zeigen immer ihre Probleme und Beschwerden. Ihre Schmerzen sind die stärksten; ihre Enttäuschungen sind nicht gutzumachen; ihre Ängste sind wirkliche Schrecken und betreffen hauptsächlich Schlangen und Wasser; sie haben Angst davor, vergiftet zu werden und sind ängstlich um ihre Gesundheit und die ihrer Eltern besorgt.

Sie sind *mißtrauisch,* da sie ein tiefsitzendes Verlassenheitsgefühl haben, so daß sie sich vor der Möglichkeit schützen, tief verletzt zu werden.

Sie haben wenig Kontrolle über ihre Emotionen, die gewöhnlich intensiv sind, mit häufigen Wutausbrüchen.

Sie sind manipulativ und bösartig: wenn sie bei Anderen deren schwachen Punkt entdecken, so nutzen sie ihn aus. Es gelingt ihnen, von ihren Eltern alles zu bekommen, was sie auch haben wollen und besonders von der Mutter, wozu sie Überredungstechniken benutzen, die für das Elternteil eine Qual sind.

Sie ertragen keine Autorität und keine Restriktionen, die große Reizbarkeit verursachen.

Sie neigen dazu, schnell zu sprechen und sind in der Schule nie still; sie kommen von der Sache ab und springen von einem Thema zum anderen („Gemüt - Redseligkeit; Geschwätzigkeit - wechselt schnell von einem Thema zum anderen“).

In der Schule fällt die Konzentration schwer; sie zeigen ihre Fähigkeiten nur, wenn das Thema sie interessiert.

Die Pubertät ist für Lachesis besonders kritisch. Knaben werden zorniger und aggressiver. Mädchen leiden an Veränderungen im Zusammenhang mit der Menarche, mit *schwieriger prämenstrueller Zeit,* sowohl in geistiger, wie in körperlicher Hinsicht, was sich bessert, nachdem die Menses einsetzen. *Die sexuelle Entwicklung ist frühreif* und kann eine ausgeprägte Neigung zu Masturbation mit sich bringen.

Auf der körperlichen Ebene können die Kinder an *Nasenbluten und* allgemein an *Blutungen* leiden, in Übereinstimmung mit der speziellen Wirkung dieses Mittels auf die Blutgerinnung.

Der innere Hals gehört zu den schwachen Organen und ist anfällig für Pharyngitis und Tonsillitis, die gekennzeichnet sind durch Ekchymosen, Tendenz zu Ulzeration. Halsschmerzen werden besser durch Schlucken von Festem und durch kalte Getränke und werden schlimmer durch heiße Getränke. Die Überempfindlichkeit des Halses zeigt sich darin, daß sie *Untersuchungen des Kehlkopfes überhaupt nicht ertragen und auch nichts Enges um den Hals,* wie enge Kleidung oder Halstücher.

Zu den Augensymptomen gehören: Reizung der Schleimhäute, was sich als schwere Konjunktivitis mit Neigung zu hämorrhagischem Overflow zeigen kann.

Oft leiden sie an *akuter Otitis media, besonders auf der linken Seite oder sich von links nach rechts ausbreitend.* Die Schmerzen werden nachts schlimmer und besser beim Liegen auf der betroffenen Seite, besonders, wenn das rechte Ohr angegriffen ist („Ohr - Schmerz - rechts - Liegen darauf amel.“) *Das Trommelfell ist blauviolett* und geschwollen.

Kopfschmerzen neigen dazu, pulsierend zu sein und mit Blutandrang verbunden zu sein, bei Überempfindlichkeit gegen Licht und Geräusche. Oft erscheinen sie nach Aufenthalt in der Sonne und sind durch Druck besser.

Atmungsorgane leiden an Problemen in Verbindung mit saisonalem Heuschnupfen, besonders im Frühling, mit Rhinitis und mit Asthmaanfällen, die besser werden im Freien, im Sitzen und beim Vorbeugen und schlechter im warmen Zimmer, nachts oder morgens beim Erwachen. Manchmal können Neugeborene an einer Verminderung der Atemkapazität leiden, was zu Zyanose führt.

Der Verdauungskanal ist nicht besonders angegriffen, bis auf die Neigung, an akuter *Appendizitis* oder Kolitis zu leiden, mit Schmerzen, die durch Druck schlechter werden; typisch ist die Unverträglichkeit enger Kleidung.

Lachesis-Kinder sind *sehr lebhaft*, wenn sie jung sind. Wenn sie sehr klein sind, zeigt sich diese Ruhelosigkeit in Einschlafproblemen, und wenn sie größer werden in Alpträumen.

Sie leiden gewöhnlich unter Hitze, besonders Sonnenhitze: sie werden reizbar und ruhelos. Zusätzlich sind innerer Hals, Ohren und Darm im Sommer angegriffen.

Besserung im Freien, durch kalte Anwendungen, durch Absonderungen und durch tiefen Druck; Verschlimmerung durch Hitze, Aufenthalt in der Sonne, heiße Getränke, im Frühling, im Herbst, morgens beim Erwachen und beim Liegen auf der linken Seite.

Säuglinge sind so empfindlich gegen Berührung, daß sie zu weinen anfangen, selbst wenn man sie nur streift. Manchmal kann die Konsultation schwierig sein, denn durch bloßes Streifen des Abdomens können ungehemmte Lachanfälle hervorgerufen werden.

Klinisches: Herzleiden. Zyanose. Blutungen. Purpura. Masern. Mumps. Scharlach. Halsentzündung. Laryngitis. Heuschnupfen. Kopfschmerzen. Otitis. Appendizitis. Erysipel.

Wirkungsbereich: Innerer Hals. Blut. Herz. Kreislauf. Gemüt. Nerven. Weibliche Geschlechtsorgane. Scheitel.

* * *

Krankengeschichte; familiäre und persönliche

ALLGEMEINES - *Familiengeschichte von - Apoplexie* (bro1/1878)
- Krankengeschichte von; persönliche - Diphtherie (br1*/1909)
  - » *Medikamenten; von Mißbrauch von allopathischen* (wt1/1910)
  - » Tonsillitis; von wiederkehrender (k/1910)
  - » Zystitis; von wiederkehrenden - Kindern; bei (lmj/1910)

Entwicklung - schnell

GEMÜT - **Frühreife, altkluge Kinder** (lmj/63)

Zahnung - Empfindungen und neurologische Beschwerden

ALLGEMEINES - *Konvulsionen - Zahnung; während der* (hr1*/1907)

Zahnung - Allgemeines

FIEBER - Zahnung; während der (bg2/1781)

Stillen - Gemütssymptome

GEMÜT - Essen - weigert sich zu (k2/53)
- *Hast, Eile - Essen; beim* (*/105)

Stillen - Milch

MAGEN - Erbrechen - Milch, nach (*/794)
- Erbrochenen; Art des - Milch (k/798)
- Übelkeit - Milch - agg. (*/838)

ALLGEMEINES - Speisen und Getränke - Milch - Abneigung (bg2/2000)
- Speisen und Getränke - Milch - Abneigung - Muttermilch (*/2001)
  - » Milch - Abneigung - Muttermilch - Kind verweigert die; das (*/2001)
  - » Milch - agg. (*/2001)
  - » Milch - Verlangen (bg2/2001)

Stillen - Magendarmsymptome - Appetit - allgemein

MAGEN - *Appetit - launischer Appetit* (*/770)
- Appetit - veränderlich (k/770)

Stillen - Magendarmsymptome - Appetit - vermindert

MAGEN - Appetit - fehlend (*/767)
- **Appetit - fehlend - Hunger, mit** (st/768)
  - » schnelle Sättigung (b7a/770)
  - » *vermindert* (*/772)

Stillen - Magendarmsymptome - Appetit - vermehrt

MAGEN - Appetit - Genuß, ohne (k/769)
- Appetit - Heißhunger (*/769)
  - » Heißhunger - Essen - nach dem Essen - bald danach (k/770)
  - » nagend (bg2/770)
  - » *vermehrt* (*/770)
  - » vermehrt - Essen - nach (*/772)
  - » vermehrt - Schwäche, mit (k/772)

Stillen - Magendarmsymptome - Aufstoßen - Speisen; von

MAGEN - *Aufstoßens; Art des - Speisen; von* (*/780)
- *Aufstoßens; Art des - Speisen; von - Essen - nach - agg.* (b7/780)
  - » Speisen; von - Mund füllen; in Portionen, die den (k/780)

Stillen - Magendarmsymptome - Aufstoßen - Wasser; Hochsteigen von

MAGEN - Aufstoßens; Art des - Wasser in den Mund; Hochsteigen von (*/781)
• Aufstoßens; Art des - Wasser in den Mund; Hochsteigen von - bitter (bg1/781)
» *Wasser in den Mund; Hochsteigen von - Essen - nach - agg.* (bg2/781)

Stillen - Magendarmsymptome - Erbrechen

MAGEN - *Erbrochenen; Art des - Speisen - Essen - nach - agg.* (bg2/800)

Stillen - Magendarmsymptome - Schluckauf

MAGEN - Schluckauf - Trinken - nach - agg. (*/811)

Stillen - Magendarmsymptome - Abdomen - agg. durch

ABDOMEN - *Schmerz - Druck - agg.* (k/883)
• Schmerz - Liegen - Rücken; auf dem - agg. (bg1/889)

Stillen - Magendarmsymptome - Abdomen - amel. durch

ABDOMEN - *Schmerz - Beugen - vorne; nach - amel. - krampfartig* (k/882)

Stillen - Allgemeines

SCHWEISS - Essen - amel. (ptk1/1786)
• Essen - beim - amel. (*/1786)
» **nach - amel.** (k/1786)
• Warm - Speisen; warme - nach (*/1792)

ALLGEMEINES - Säuglinge (kk2/1944)

Infektionskrankheiten - Windpocken

FIEBER - Continua - Ausschlagsfieber (k/1772)

Infektionskrankheiten - Masern

FIEBER - Ausschlagsfieber; Fieber bei Ausschlagserkrankungen - Masern (bro1/1770)
• Continua - Ausschlagsfieber (k/1772)

HAUT - Hautausschläge - Masern (c2/1817)
• *Hautausschläge - Masern - begleitet von - Zungenwurzel - dunkelbraune Farbe* (kr1*/1818)

Infektionskrankheiten - Mumps

GESICHT - *Entzündung - Parotis* (*/584)
• *Entzündung - Parotis - links* (*/584)
» *Parotis - Eiterung; mit* (k/584)
» Parotis - Mumps (c2*/584)
• *Schwellung - Parotis* (k/631)
» *Parotis - links* (k/631)

Infektionskrankheiten - Röteln

FIEBER - Continua - Ausschlagsfieber (k/1772)

Infektionskrankheiten - Scharlach

KOPF - Schmerz - Scharlach, nach (k/337)

HÖREN - *Schwerhörig - Scharlach, nach* (*/536)
• *Taubheit, Verlust des Gehörs - Scharlach, nach* (hr1/538)

INNERER HALS - *Entzündung - Scharlach; bei* (bro1/724)

URIN - *Eiweißhaltig - Scharlach; nach* (*/1046)

FIEBER - **Ausschlagsfieber; Fieber bei Ausschlagserkrankungen - Scharlach** (*/1770)
• Continua - Ausschlagsfieber (k/1772)
• Scharlach (k2*/1778)
» **begleitet von - Speichelfluß** (st1/1778)
» *bösartig* (bro1/1778)

HAUT - **Hautausschläge - Scharlach** (*/1821)
• **Hautausschläge - Scharlach - begleitet von - Speichel - zäher Speichel** (kr1*/1821)
» **Scharlach - begleitet von - Speichelfluß** (kr1*/1821)
» *Scharlach - gangränös* (*/1821)

ALLGEMEINES - *Scharlach - Beschwerden nach* (*/1944)
• **Wassersucht - äußere Wassersucht - Scharlach; nach** (kr1*/2024)

Infektionskrankheiten - Pocken

FIEBER - Continua - Ausschlagsfieber (k/1772)

HAUT - Hautausschläge - Pocken (c2*/1819)
• *Hautausschläge - Pocken - schwarz* (*/1819)

Infektionskrankheiten - Keuchhusten

HUSTEN - Keuchhusten (b7a/1197)
• Keuchhusten - heftig (ptk1/1198)
» Krampfstadium, im (ptk1/1198)

Konstitution - Aggressivität

GEMÜT - **Niederträchtig** (jsa/135)

Konstitution - Angst und Furcht

GEMÜT - Angst - hypochondrisch (j5/11)
• Beeindrucken, empfänglich für Eindrücke; leicht zu (lmj*/19)
• Beschwerden durch - Erwartungsspannung (bg/23)
» *Schreck* (*/25)
• Erwartungsspannung - Lampenfieber (dgt/53)
• Feigheit (bg*/59)
• Furcht - Armut, vor (gt/65)
» engen Räumen; in (kk/67)
» Gewitter; vor (*/70)
» Gewitter; vor - Kindern; bei (mtf33/70)
» hochgelegenen Orten; vor (fd/71)
» unternehmen; irgendetwas zu (gl1/78)
» *Wasser, vor* (*/79)
• Mutig (bg2/133)
• *Schreckliches und traurige Geschichten greifen sie stark an* (k/156)
• Vorsichtig (j/205)

Konstitution - Allgemeines

GEMÜT - *Ehrgeiz - erhöht, vermehrt, sehr ehrgeizig* (mgm*/40)
- Ehrgeiz - erhöht, vermehrt, sehr ehrgeizig - Wettbewerb mit anderen, vergleicht sich mit ihnen; steht (mgm*/40)
- **Entmutigt** (*/46)
- **Faulheit** (*/55)
  » Kindern, bei (k/56)
- Furcht - Armut, vor (gt/65)
- Geiz (gl1/92)
- Gewissenhaft, peinlich genau in bezug auf Kleinigkeiten (bg2*/99)
- Heimweh (*/107)
- Impulse, Triebe; krankhafte - laufen; zu (^/112)
- Neugierig (*/135)
- Pessimist (gl1/136)
- Pflicht - kein Pflichtgefühl (gl1/136)
- Protestiert, erhebt Einspruch (jsa/138)
- Redseligkeit; Geschwätzigkeit - Kindern; bei (mtf33/141)
- Reisen - Verlangen nach (*/142)
- *Religiöse Gemütsstörungen, Störungen in bezug auf die Religiosität - beschäftigt; zu sehr mit Religion - Kindern; bei* (*/147)
  » *beschäftigt; zu sehr mit Religion - Pubertät; in der* (st*/147)
- Selbstsucht, Egoismus (k2*/161)
- Selbstvertrauen - Mangel an Selbstvertrauen (*/161)
- Sorgen; voller (^/164)
- *Sorgsamkeit, Sorgfalt* (bg2*/165)
- Spontan, impulsiv (k2/166)
- Sprache - Plappern, Schwatzen (k2*/167)
- Stimmung, Laune - veränderlich (*/171)
- *Theoretisieren* (k1*/180)
- *Traurigkeit - Kindern, bei* (*/186)
- Unaufmerksam (bg2/189)
- *Unternehmen; etwas - Vieles, hält aber bei nichts durch, bleibt nicht dabei; unternimmt* (*/193)
- Unzufrieden (*/194)
- Wandern, Herumwandern - Verlangen zu wandern (bro1/243)
- Weinen - amel. (j5/245)
  » Freude, durch (*/245)
  » *Gemütsbewegungen, Emotionen - geringen; nach* (sf1/245)
  » *Geräusch, bei* (k/245)

Familie; Beziehung zur - Aggressivität

GEMÜT - Beschimpfen, beleidigen, schmähen - Kinder - Eltern; Kinder beschimpfen ihre (mtf33/22)
- *Streitsüchtig - Eifersucht; aus* (k/173)

Familie; Beziehung zur - Liebe und Zuneigung

GEMÜT - *Beschwerden durch - Eifersucht* (b2/22)
- Beschwerden durch - Uneinigkeit, Zwietracht - Eltern; zwischen den eigenen (vh*/26)
- **EIFERSUCHT** (b7/40)
  » Kinder - bei (mtf33/40)
- Liebevoll, voller Zuneigung, herzlich (ckh1*/125)
- Sorgen; voller - andere, um (gl1/165)
  » Verwandte, um (gl1/165)
- *Spotten - Eifersucht, bei* (hr1*/166)
- *Streitsüchtig - Eifersucht; aus* (k/173)
- *Verlassen zu sein; Gefühl* (*/198)
- Wahnideen - tot - Mutter sei; seine (k/236)
- Waisen (mtf/243)

Beziehung zu anderen - Aggressivität

GEMÜT - *Antworten - diktatorisch* (vh*/15)
- Empfindlich - Streitigkeiten; gegen (hr1/45)
- *Grausamkeit* (k2*/103)
- *Spotten* (*/166)
- *Streitsüchtig* (*/173)

Beziehung zu anderen - Reaktion auf andere

GEMÜT - Antworten - hastig, überstürzt (k/15)
- *Gesellschaft - Abneigung gegen* (*/94)
  » *Abneigung gegen - Fremden; Abneigung gegen die Anwesenheit von* (hr1/95)
  » Verlangen nach (b7a/95)
  » Verlangen nach - allein; agg. wenn (bg2/96)
- Schüchternheit, Zaghaftigkeit (c1*/158)
  » Öffentlichkeit; beim Auftreten in der (mtf/159)
  » Öffentlichkeit; beim Auftreten in der - sprechen; in der Öffentlichkeit zu (gl1/159)
- **Weigert sich etwas zu tun - Medizin einzunehmen; die** (st*/244)
- **Widerspenstig** (vh*/249)
- **Widerspruch - Neigung zu widersprechen** (*/249)
  » verträgt keinen Widerspruch (bro1/249)

Beziehung zu anderen - allgemein

GEMÜT - Angeber (gl1/4)
- Angeber - reich gehalten werden; möchte für (mtf33*/4)
- **Argwöhnisch, mißtrauisch** (*/16)
- *Beleidigt, leicht* (st1*/20)
- Empfindlich - äußerliche Eindrücke; gegen alle (k2*/42)
- *Furcht - Räubern, vor* (k/74)
- Geheimnistuerisch, verschlossen (bg2/87)
- *Ichbezogenheit, Selbstüberhebung* (*/111)
  » spricht in Gesellschaft immer über sich selbst (mtf33*/111)
- Manipulierend (^/128)
- Mitgefühl, Mitleid (bg2*/130)

- Pubertät; in der (st/138)
- Quält - andere (a1*/138)
- **Sprache - hastig, eilig** (*/167)
- *Tadelsüchtig, krittelig* (*/178)
- **Tadelt andere** (*/179)
- Tadelt sich selbst, macht sich Vorwürfe (bg2*/179)
- Unverschämtheit (bg2*/193)

Schule - Angst

GEMÜT - Beschwerden durch - Erwartungsspannung (bg/23)
- Furcht - unternehmen; irgendetwas zu (gl1/78)
- Selbstvertrauen - Mangel an Selbstvertrauen (*/161)

Schule - Konzentration

GEMÜT - Geistesabwesend - Lesen, beim (k/88)
- Konzentration - schwierig - Kindern, bei (gl1/117)
  - » schwierig - Studieren (k/117)
- *Stumpfheit - Lesen* (k/175)
- Unaufmerksam (bg2/189)

Schule - Lernen - allgemein

GEMÜT - *Fehler; macht - Sprechen, beim - Buchstabieren, beim* (k/58)
- Studieren, Lernen - einfach, fällt leicht (ptk1*/173)

Schule - Lernen - Mathematik, Rechnen

GEMÜT - Fehler; macht - Rechnen, beim (gl1/57)
- Mathematik - Begabung zur (gl1/128)

Schule - Lernen - Lesen

GEMÜT - Fehler; macht - Lesen, beim (a1/57)
- *Stumpfheit - Lesen* (k/175)

Schule - Lernen - Schreiben

GEMÜT - **Fehler; macht - Schreiben, beim** (*/57)
- Fehler; macht - Schreiben, beim - läßt etwas aus - Buchstaben (bro1/57)
  - » Schreiben, beim - läßt etwas aus - Worte (bro1/57)

Schule - Anstrengung; geistige

KOPF - *Schmerz - geistige Anstrengung - agg.* (k/328)
- Schmerz - Lesen, beim - agg. (k/332)

Schule - Beziehung zu anderen

GEMÜT - Boshaft - gemeine, böse Streiche; spielen ihren Mitschülern oder Lehrern - Schüler, Schuljunge (gl1/32)
- Schüchternheit, Zaghaftigkeit - Öffentlichkeit; beim Auftreten in der (mtf/159)
  - » Öffentlichkeit; beim Auftreten in der - sprechen; in der Öffentlichkeit zu (gl1/159)
- *Ungehorsam* (sne/191)

MUND - *Sprache - stotternd* (*/688)
- Sprache - stotternd - Kindern; bei (mtf33/688)

Schule - Konstitution

GEMÜT - Eigensinnig, starrköpfig, dickköpfig (*/41)
- Gewissenhaft, peinlich genau in bezug auf Kleinigkeiten (bg2*/99)
- Neugierig (*/135)
- Selbstvertrauen - Mangel an Selbstvertrauen (*/161)
- *Ungehorsam* (sne/191)
- *Unternehmen; etwas - Vieles, hält aber bei nichts durch, bleibt nicht dabei; unternimmt* (*/193)

Spielen

GEMÜT - *Amüsement, Vergnügen - Verlangen nach* (k/4)
- Spielen - Abneigung gegen Spielen - Kindern; bei (hr1/165)
  - » Verlangen zu spielen (k/166)
- Tanzen (fb/179)
- Verspielt (*/199)

Tieren; Beziehung zu

GEMÜT - Furcht - Hunden, vor (mtf33/71)
- *Tiere - liebt Tiere, Tierliebe* (mtf/180)
  - » liebt Tiere, Tierliebe - Katzen (dtn1/180)

Nonverbales - Aggressivität

GEMÜT - *Beißen* (*/20)
- Beißen - Kindern; bei (hr1/20)
- Destruktivität, Zerstörungswut (*/38)
  - » Kindern, bei (mtf33/39)
- Diktatorisch (*/39)
- Ziehen - Haaren; an den - Verlangen zu ziehen - ihren eigenen Haaren; an (mtf33/252)
  - » Haaren; an den - Verlangen zu ziehen - jemanden an den Haaren (k/252)

Nonverbales - Reaktion auf andere

GEMÜT - *Berührtwerden - Abneigung berührt zu werden* (*/21)
- Berührtwerden - Abneigung berührt zu werden - Kitzeligkeit (st/21)
- Furcht - berührt zu werden (*/66)
  - » Fremden; vor (*/68)
  - » Näherkommen, Annäherung von; vor - anderen, von (^/74)
  - » Näherkommen, Annäherung von; vor - anderen, von - Kinder können es nicht ertragen, daß ihnen jemand nahe kommt (fyz/74)
- *Gehalten - amel.; gehalten zu werden* (bg2*/87)
  - » Verlangen, gehalten zu werden (bg2*/87)
- Magnetisiert - leicht zu magnetisieren (gl1/127)
  - » *Verlangen magnetisiert zu werden* (*/127)

Nonverbales - Gesten, Gebärden

GEMÜT - *Auffahren, Zusammenfahren - Geräusche; durch* (k/17)

- Gefallsüchtig, kokett - sehr, zu (dtn1/87)
  » **sehr, zu - Kindern; bei** (lmj/87)
- Gesten, Gebärden; macht - Hände; unwillkürliche Bewegungen der - bedecken - Mund mit den Händen; den (st/97)
- Launenhaftigkeit, launisch (*/123)
- *Pfeifen* (*/136)
- Springen (^/169)
- Ungeschicklichkeit (bg2*/192)
- Verstecken - sich (k/199)

Nonverbales - Allgemeines

GEMÜT - Eigensinnig, starrköpfig, dickköpfig (*/41)
- *Hast, Eile - Essen; beim* (*/105)
- Impertinenz, Unverschämtheit (gl1/112)
- Nachahmung, Imitation (ptk1*/133)
- Possen, spielt (b7a/137)
- *Singen* (*/163)
- Stöhnen - Kindern, bei (ptk1*/172)

Nonverbales - Konsultation; bei der

KOPF - Hitze - Kälte - Extremitäten; mit Kälte der (bg2*/293)
- Läuse (*/300)

OHR - **Absonderungen - Blut** (b2/497)
- *Absonderungen - blutig* (k/497)
  » *eitrig* (*/497)
  » Ohrschmalz (bro1/498)
  » *reichlich* (hr1/498)
  » übelriechend (bg2/498)
  » unterdrückt (bg2/498)
- *Entzündung - erysipelatös* (k/500)
  » *Gehörgang* (k/500)
  » Mittelohr (mrr1*/501)
  » Processus mastoideus (ptk1/501)
- Geschwüre - Trommelfell (sne/510)
- Katarrh - Eustachische Röhre (k2*/515)
- **Ohrschmalz - blaß** (*/516)
  » dünn (*/516)
  » faulig (bg2/516)
  » *fehlend* (*/516)
  » gelb (k/516)
  » Papier - gekautes Papier, wie (ptk1/516)
  » spärlich (ptk1/516)
  » *trocken* (*/516)
  » verhärtet (*/516)
  » *vermehrt* (bg2/516)
  » **weißlich** (*/516)
- Perforation - Trommelfell (sne/516)

HÖREN - Schwerhörig - Tubenkatarrh (*/537)

GESICHT - *Schwellung - Unterkieferdrüsen* (k/631)

MUND - *Aphthen* (*/639)
- Aphthen - gangränös (k/639)
  » *Zunge* (*/640)
  » *Zunge - Zungenspitze* (*/640)
- *Bewegung - Zunge - Heraushängen der Zunge* (*/641)
  » *Zunge - Lecken, Schlecken - hin und her* (*/641)
  » Zunge - Seite zur anderen; von einer (*/641)
- Eiterung - Zahnfleisch (*/643)
- *Herausstrecken, Vorstrecken - Zunge, der* (*/665)
  » *Zunge, der - schnellt heraus und hinein wie bei einer Schlange, züngelt; die Zunge* (*/665)
- *Landkartenzunge* (*/668)
- *Papillen - aufgerichtet* (*/669)
  » aufgerichtet - Erdbeerzunge (bg2*/669)
- Schleimhautpapel bei sekundärer Syphilis (bg3*/673)
- *Stomatitis ulcerosa, Stomakaze* (k/689)
- **Zittern der Zunge - Herausstrecken, beim** (*/692)

INNERER HALS - Aphthen (k2/721)
- **Belag - Tonsillen** (k/721)
  » **Tonsillen - links** (k/721)
- Entzündung - Tonsillen (*/724)
- **Schwellung - Tonsillen** (*/747)

ÄUSSERER HALS - *Schwellung - Halsdrüsen* (*/760)
- *Schwellung - Seiten* (k/760)

ABDOMEN - Geschwüre - Nabelgegend (k/865)
- *Schmerz - Druck - agg.* (k/883)

URIN - Zucker - Kindern; bei (mtf33/1056)

BRUST - Einziehung der Brustwarzen (hr1*/1231)

RÜCKEN - *Hautausschläge - Furunkel* (k/1316)
- *Hautausschläge - Furunkel - Zervikalregion* (k/1317)
- Krümmung der Wirbelsäule (bg2/1323)

EXTREMITÄTEN - Knie, Lage der - innen; nach (st/1664)
- *Nägel; Beschwerden der - eingewachsene Zehennägel* (sne/1665)
  » **eingewachsene Zehennägel - Granulation; mit krankhafter** (*/1665)

HAUT - **Erysipel** (*/1798)
- *Erysipel - Kindern; bei* (hr1/1798)
- Hautausschläge - Bläschen - Sudamina (Schweißfriesel) (*/1810)

ALLGEMEINES - Genesung, Rekonvaleszenz; Beschwerden während der - Ohr; nach Absonderungen aus dem (k/1884)

Nonverbales - Äußerliches - Beobachtungen des Arztes

KOPF - *Schuppen* (bg2/402)

OHR - Bohren mit den Fingern darin (mp1/500)
- *Geschwüre - Ohrläppchen - Loch für die Ohrringe; im* (*/510)
- Schmerz - warm - Bett, Bettwärme; warmes - agg. - Einhüllen amel.; und warmes (k/525)

NASE - *Spitz* (*/574)
• *Zupfen - Nase, an der - blutet, bis sie* (k/578)
GESICHT - *Aufgesprungen* (*/579)
• *Hautausschläge - Akne* (*/595)
• *Hippokratisches Gesicht* (*/605)
• **Rissig - Lippen** (*/613)
• Sommersprossen (b2/632)
• **Venen, erweiterte** (*/634)
» Krampfadern (gk/634)
» Lebersternchen (ptk1/634)
» **netzförmig, wie marmoriert** (*/634)
» Lippen (gk/634)
• Wächsern (bro1/635)
• *Zupfen - Lippen; an den* (bg1*/636)
MUND - *Bewegung - Zunge - Heraushängen der Zunge* (*/641)
• *Bewegung - Zunge - Lecken, Schlecken - hin und her* (*/641)
» Zunge - Seite zur anderen; von einer (*/641)
ÄUSSERER HALS - Torticollis (hr1/761)
ATMUNG - Asthma, asthmatische Atmung - Kindern; bei (hr1/1162)
• Beschleunigt (b2/1174)
HUSTEN - Halten, Festhalten - Magengrube; der (bg2/1194)
• Halten, Festhalten - Magengrube; der - amel. (bg2/1194)
RÜCKEN - Emprosthotonus (k/1314)
• *Opisthotonus* (*/1325)
HAUT - Sommersprossen (*/1834)
ALLGEMEINES - Aussehen - dunkel (bg2/1854)
• Aussehen - dunkel - blaue Augen und dunkle Haare (a/1855)
» dunkel - Augen (c1/1855)
» hell, blond - schlaffer Faser, mit (c1/1855)
» rote Haare (kr1*/1855)
• Fettleibigkeit - Jugendlichen, bei (sf1/1879)
• Magere Personen (*/1919)
• **Zyanose - Kindern; bei - Kleinkindern; bei** (*/2035)

Nonverbales - Äußerliches - Beobachtungen der Eltern

OHR - Bohren mit den Fingern darin - amel. (*/500)
NASE - Nasenbluten - Kindern; bei (sne/557)
MUND - Beißt - Zunge; beißt sich auf die (*/640)
ZÄHNE - Zusammenbeißen der Zähne - Verlangen, die Zähne zusammenzubeißen; ständiges (bg2*/719)
MAGEN - *Brechreiz, Würgen - Essen, nach dem* (*/784)
• *Brechreiz, Würgen - Husten; agg. beim* (k/784)
• *Schluckauf* (*/809)
» Erbrechen - beim (bg2*/810)
» Trinken - nach - agg. (*/811)
• *Völlegefühl - Essen - nach - agg.* (*/845)
ABDOMEN - *Schmerz - Beugen - vorne; nach - amel. - krampfartig* (k/882)
• Schmerz - Liegen - Rücken; auf dem - agg. (bg1/889)
» *Zusammenkrümmen - amel.* (k/897)
REKTUM - *Unwillkürlicher Stuhl* (*/984)
STUHL - *Schafskot, wie* (*/997)
• Unverdaut (*/999)
BLASE - Urinieren - Dysurie - schmerzhaft - weinen bevor der Urin zu fließen beginnt; Kinder (k/1012)
• Urinieren - Harndrang - häufig - Kinder und Säuglinge schreien bevor der Urin abgeht (k/1014)
» Harndrang - schmerzhaft - Kindern; bei - weinen; sie (k/1015)
» unwillkürlich - Husten; agg. beim (k/1020)
MÄNNLICHE GENITALIEN - *Erektionen - Kindern, bei* (*/1063)
• *Erektionen - konvulsivisch - Kind, bei einem* (kr1/1063)
• **Masturbation, Neigung zur** (*/1071)
» **Kindern; bei** (lmj*/1071)
• **Sexuelles Verlangen - vermehrt - Kindern, bei** (lmj/1084)
WEIBLICHE GENITALIEN - *Masturbation; Neigung zu* (*/1104)
• **Masturbation; Neigung zu - Kindern; bei** (lmj*/1104)
ATMUNG - *Schnarchen* (*/1180)
SCHWEISS - Essen - beim - amel. (*/1786)
• **Essen - nach - amel.** (k/1786)
• Warm - Speisen; warme - nach (*/1792)
HAUT - *Ekchymosen* (*/1797)
• *Insektenstiche* (*/1825)

Nacht; Beobachtungen in der - Gemütssymptome

GEMÜT - Schlafwandeln (k/154)
• **Sprechen - Schlaf; im** (b7a/169)
• Weinen - Wimmern, Winseln - nachts (j/248)
» Wimmern, Winseln - Schlaf, im (j5/248)

Nacht; Beobachtungen in der - körperliche Symptome

KOPF - Bohrt den Kopf in das Kissen (bg2*/282)
• Bohrt den Kopf in das Kissen - Schlaf; agg. im (sf1/282)
REKTUM - Unwillkürlicher Stuhl - Schlaf; agg. im (k/985)
BLASE - Urinieren - unwillkürlich - nachts (b2/1019)
• Urinieren - unwillkürlich - nachts - spasmodisches Bettnässen (k/1019)
KEHLKOPF UND TRACHEA - *Laryngismus stridulus - Schlaf - im - agg.* (k/1145)

Nacht; Beobachtungen in der - Schlaf

SCHLAF - *Erwachen - Schreck, wie durch* (b7/1675)
- Ruhelos - Kindern, bei (j5/1685)
- Schlaflosigkeit - Lage ist recht, keine (b7/1692)
- Schwer - Kindern, bei (j5/1702)

Nacht; Beobachtungen in der - Schlaf; Lage im

SCHLAF - Lage - Abdomen, auf dem (a1/1682)
- *Lage - Finger gespreizt* (st/1682)
  » Kopf - gebohrt; ins Kissen (sf1/1682)
  » Rücken, auf dem - Knie gebeugt (ptk1/1683)
  » *Seite, auf der - linken Seite, auf der - unmöglich* (*/1683)
  » Seite, auf der - rechten Seite, auf der (*/1683)
  » *Seite, auf der - unmöglich* (st/1683)
  » verändert häufig die Lage (j5/1683)
  » verändert häufig die Lage - abends (j5/1683)
- Schlaflosigkeit - Lage ist recht, keine (b7/1692)

Autos und Schiffe

GEMÜT - *Furcht - Fahren im Wagen; beim* (*/68)
KOPF - Schmerz - Fahren - Wagen, im - agg. (k/326)
ABDOMEN - Schmerz - Fahren - Wagen, im - agg. (sne/885)
- Schmerz - Milz - Fahren im Wagen agg. (*/920)

ALLGEMEINES - *Fahren - Wagen; mit dem - agg.* (*/1877)

Körperliche Symptome und Erkrankungen

KOPF - Entzündung - Gehirn (*/284)
- *Entzündung - Hirnhaut* (k/284)
- Hydrozephalus (*/295)
- *Schmerz - katarrhalisch* (*/331)

ZÄHNE - Abszeß der Zahnwurzeln (*/695)
- *Karies, faule, hohle Zähne* (*/700)

MAGEN - *Würgen - Husten, mit* (k/846)
NIEREN - Entzündung (mrr1/1023)
WEIBLICHE GENITALIEN - Menses - verzögerte Menarche (*/1114)
KEHLKOPF UND TRACHEA - *Laryngismus stridulus* (*/1145)
RÜCKEN - Spina bifida (*/1384)
EXTREMITÄTEN - *Hüftgelenksentzündung* (k/1443)
FIEBER - **Continua** (k/1772)
ALLGEMEINES - *Kindern; Beschwerden von* (*/1897)
- Konvulsionen - Hitze; während (bg2/1904)
  » *Kindern, bei* (k/1905)
  » Kindern, bei - Kleinkindern, bei (bg2/1905)
- Medikamente - allopathische - Mißbrauch von (mrr1/1921)
  » allopathische - überempfindlich gegen - Influenza; Medikamente gegen (gm1/1921)
- *Pubertät - Beschwerden während der* (ptk1/1934)
  » **Beschwerden während der - Mädchen; bei** (kr1/1934)
- Schwäche - Kindern, bei (k/1977)

Chirurgisch pathologische Zustände

ABDOMEN - *Darmverlegung, Obstruktionsileus* (*/857)
- Entzündung - Appendix - akut (mtf11/859)
  » Peritoneum (bro1*/860)
- Hernie (c2/867)
  » eingeklemmt, inkarzeriert (ptk1/868)
  » Leistenhernie (*/868)
  » Leistenhernie - eingeklemmt, inkarzeriert (*/868)
  » **Leistenhernie - empfindlich** (k/868)
  » Leistenhernie - entzündet - Erbrechen, mit (k/868)
  » *Nabelbruch* (*/868)
- *Intussuszeption* (*/869)

MÄNNLICHE GENITALIEN - *Phimose - Gangrän, drohende* (k/1071)
- *Phimose - Paraphimose* (*/1071)
- *Varikozele* (*/1085)

Würmer

REKTUM - Würmer - Beschwerden durch Würmer (bg2/985)

Lachnanthes tinctoria

lachn.

Konstitution - Allgemeines

GEMÜT - Stimmung, Laune - veränderlich (k/171)

Beziehung zu anderen - Reaktion auf andere

GEMÜT - Schüchternheit, Zaghaftigkeit (^/158)
- Schüchternheit, Zaghaftigkeit - Öffentlichkeit; beim Auftreten in der (^/159)
  » Öffentlichkeit; beim Auftreten in der - sprechen; in der Öffentlichkeit zu (br1/159)

Schule - Lernen - Schreiben

GEMÜT - Fehler; macht - Schreiben, beim (^/57)
- Fehler; macht - Schreiben, beim - läßt etwas aus - Worte (k/57)

Schule - Beziehung zu anderen

GEMÜT - Schüchternheit, Zaghaftigkeit - Öffentlichkeit; beim Auftreten in der (^/159)
- Schüchternheit, Zaghaftigkeit - Öffentlichkeit; beim Auftreten in der - sprechen; in der Öffentlichkeit zu (br1/159)

Nonverbales - Gesten, Gebärden

GEMÜT - Pfeifen (*/136)

Nonverbales - Allgemeines

Gemüt - Singen (*/163)

Nonverbales - Konsultation; bei der

Kopf - Empfindlichkeit - Kopfhaut, der - Berührung, gegen (bro1*/284)
- *Hitze - Kälte - Körpers; mit Kälte des* (k/293)

Nonverbales - Äußerliches - Beobachtungen des Arztes

Gesicht - Gerunzelt - Stirn, Stirnrunzeln (c1/594)

Äusserer Hals - **Torticollis** (*/761)
- *Torticollis - rechts gezogen; nach* (k/761)

Allgemeines - Aussehen - hell, blond (br1/1855)

Nonverbales - Äußerliches - Beobachtungen der Eltern

Kopf - Empfindlichkeit - Kämmen, Bürsten der Haare; gegen (vml3/283)

Körperliche Symptome und Erkrankungen

Kopf - Entzündung - Hirnhaut (st1/284)

Fieber - Continua (c1/1772)

Lacticum acidum

lac-ac.

Stillen - Gemütssymptome

Gemüt - Weinen - Essen - beim - Kindern, bei (stj5/245)

Stillen - Milch

Allgemeines - *Speisen und Getränke - Milch - Abneigung* (stj5*/2000)
- Speisen und Getränke - Milch - Abneigung - Muttermilch (stj5/2001)
  - » Milch - agg. (stj2/2001)
  - » **Milch - Verlangen** (stj2*/2001)

Stillen - Magendarmsymptome - Appetit - vermindert

Magen - Appetit - vermindert (*/772)

Stillen - Magendarmsymptome - Appetit - vermehrt

Magen - *Appetit - Heißhunger* (*/769)
- *Appetit - vermehrt* (k/770)

Stillen - Magendarmsymptome - Aufstoßen - Wasser; Hochsteigen von

Magen - *Aufstoßens; Art des - Wasser in den Mund; Hochsteigen von* (*/781)

Infektionskrankheiten - Mumps

Gesicht - Schmerz - Parotis (*/626)
- Schmerz - Parotis - erstreckt sich zu - Ohr (c1/627)

Konstitution - Allgemeines

Gemüt - Entmutigt (*/46)
- Faulheit (*/55)
- Heikel, pingelig (hr1*/106)
- Milde (^/130)
- Selbstvertrauen - Mangel an Selbstvertrauen (^/161)
  - » Mangel an Selbstvertrauen - Unterstützung, Zuwendung; möchte (stj5/161)

Familie; Beziehung zur - Liebe und Zuneigung

Gemüt - Liebevoll, voller Zuneigung, herzlich (stj5/125)
- Verlassen zu sein; Gefühl (^/198)

Beziehung zu anderen - Aggressivität

Gemüt - Spotten (^/166)

Beziehung zu anderen - allgemein

Gemüt - Tadelsüchtig, krittelig (k2*/178)
- Unabhängigkeit, Selbständigkeit (stj5/189)

Schule - Angst

Gemüt - Selbstvertrauen - Mangel an Selbstvertrauen (^/161)

Schule - Lernen - allgemein

Gemüt - Fehler; macht - Sprechen, beim - Buchstabieren, beim (k/58)

Schule - Lernen - Schreiben

Gemüt - Fehler; macht - Schreiben, beim (k/57)
- Fehler; macht - Schreiben, beim - läßt etwas aus - Worte (k/57)

Schule - Konstitution

Gemüt - Heikel, pingelig (hr1*/106)
- Selbstvertrauen - Mangel an Selbstvertrauen (^/161)

Nonverbales - Konsultation; bei der

Mund - *Aphthen* (*/639)
- Aphthen - Kindern, bei (mp1/639)
  - » *Zunge* (vk1/640)
- Stomatitis ulcerosa, Stomakaze (k/689)

Haut - Hautausschläge - Erythem (bro1/1812)
- Wundliegen - Kindern; bei (stj/1837)

Nonverbales - Äußerliches - Beobachtungen des Arztes

Äusserer Hals - Torticollis (k/761)

Allgemeines - Aussehen - hell, blond (stj5/1855)
- Magere Personen (stj5/1919)

Nonverbales - Äußerliches - Beobachtungen der Eltern

Magen - *Völlegefühl - Essen - nach - agg.* (k/845)

Nacht; Beobachtungen in der - körperliche Symptome

Kehlkopf und Trachea - Laryngismus stridulus - Schlaf - im - agg. (k/1145)

Autos und Schiffe

Magen - Übelkeit - Seekrankheit (k/839)

Körperliche Symptome und Erkrankungen

KEHLKOPF UND TRACHEA - Laryngismus stridulus (*/1145)

Lactuca virosa

lact.

Der Saft enthält einen wirksamen Bestandteil, der Lactucin genannt wird und eine ähnliche Wirkung hat wie Opium. Bei diesem Mittel findet man große *Schläfrigkeit* und Lethargie.

Der Gemütsaspekt von Lactuca-Kindern kann unterschiedlich sein; manchmal sind sie unzufrieden, faul, fühlen sich verlassen, sind traurig, verwirrt und *haben kein Interesse an geistiger Arbeit.* In diesen Situationen sind auch übertriebene Phantasien vorhanden. Lippe schrieb: „Traurigkeit mit übertriebenen Phantasien, so daß die geringsten Kleinigkeiten die schlimmsten Ängste und Befürchtungen hervorbringen." Sie haben das Gefühl, sie könnten in ihrem Bett Soldaten sehen, die versuchen würden, sie zu töten. In anderen Fällen sieht man große Ruhelosigkeit, sie springen, spielen, machen Späße und spielen den Narren („Gemüt - Possen, spielt"). Sie können widerspenstig sein und keinen Widerspruch vertragen.

Eine weitere Keynote von Lactuca virosa ist das *Gefühl, leicht zu sein.* Der ganze Körper fühlt sich leicht an und sie haben das Gefühl, sie würden in der Luft schweben. Bei *Träumen vom Schweben in der Luft und Gehen über dem Boden* sollte man stark an Lactuca denken.

Auf der körperlichen Ebene ist das charakteristischste Symptom von Lactuca *ein Zusammenschnürungsgefühl im ganzen Körper,* besonders in der Brust. Dies erklärt seine Wirkung bei Dyspepsie, Asthma, Hydrothorax und Keuchhusten, wenn das Kind beim Husten die Brust mit den Händen halten muß.

Dieses Mittel wirkt hauptsächlich auf das Gehirn und das Kreislaufsystem.

Klinisches: Asthma. Husten. Keuchhusten. Übermäßig viel Schlaf. Geruchstäuschungen.

Wirkungsbereich: Gehirn. Brust. Kreislaufsystem.

* * *

Stillen - Milch

ALLGEMEINES - Speisen und Getränke - Milch - agg. (vml3/2001)

• Speisen und Getränke - Milch - amel. (ld1/2001)
» Milch - Verlangen (ld1/2001)

Stillen - Magendarmsymptome - Appetit - vermindert

MAGEN - Appetit - fehlend (k/767)

Stillen - Magendarmsymptome - Appetit - vermehrt

MAGEN - Appetit - vermehrt (k/770)

Infektionskrankheiten - Keuchhusten

HUSTEN - *Keuchhusten* (*/1197)

Konstitution - Angst und Furcht

GEMÜT - Vorsichtig (j/205)

Konstitution - Allgemeines

GEMÜT - Faulheit (j5/55)
• Unzufrieden (j/194)

Familie; Beziehung zur - Liebe und Zuneigung

GEMÜT - Verlassen zu sein; Gefühl (k/198)

Beziehung zu anderen - Reaktion auf andere

GEMÜT - Widerspenstig (k/249)
• Widerspruch - verträgt keinen Widerspruch (c1/249)

Schule - Lernen - Lesen

GEMÜT - Fehler; macht - Lesen, beim (c1/57)

Schule - Anstrengung; geistige

KOPF - Schmerz - geistige Anstrengung - agg. (k/328)

Nonverbales - Gesten, Gebärden

GEMÜT - Springen (k/169)

Nonverbales - Allgemeines

GEMÜT - Possen, spielt (*/137)
• Possen, spielt - Kindern; bei (bt/138)
• Singen (k/163)

Nonverbales - Konsultation; bei der

KOPF - Hitze - Kälte - Hände; mit Kälte der (k/293)
HAUT - Hautausschläge - Impetigo (k/1816)

Nonverbales - Äußerliches - Beobachtungen des Arztes

ATMUNG - *Beschleunigt* (*/1174)
HUSTEN - Anfallsweise - besteht aus - kurzen Hustenstößen (k/1186)

Nonverbales - Äußerliches - Beobachtungen der Eltern

MAGEN - Gluckern; Gurgeln (*/802)

Nacht; Beobachtungen in der - Schlaf; Lage im

SCHLAF - Lage - Rücken, auf dem - unmöglich (j5/1683)

Lapis albus

lap-a.

Stillen - Magendarmsymptome - Appetit - vermehrt

MAGEN - Appetit - Heißhunger (*/769)
• Appetit - Heißhunger - anämischen Säuglingen; bei (br1/769)

Nonverbales - Konsultation; bei der

OHR - *Absonderungen - chronisch* (sne/497)
• Eiterung - Mittelohr (vs/500)
• Entzündung - Mittelohr (br1/501)
• *Katarrh - Eustachische Röhre* (bro1/515)
• Perforation - Trommelfell (mtf11/516)
HÖREN - *Schwerhörig - Tubenkatarrh* (bro1/537)
ÄUSSERER HALS - *Schwellung - Halsdrüsen* (*/760)
• Verhärtung von Drüsen (br1/761)
BRUST - Einziehung der Brustwarzen (bro1/1231)
ALLGEMEINES - Exostose (bro1*/1877)

Latrodectus mactans

lat-m.

Stillen - Magendarmsymptome - Appetit - vermindert

MAGEN - Appetit - vermindert (sp1/772)

Konstitution - Allgemeines

GEMÜT - Faulheit (bnm6/55)

Beziehung zu anderen - Aggressivität

GEMÜT - Spotten (^/166)

Beziehung zu anderen - allgemein

GEMÜT - Erregung - Kindern, bei (bnm6/49)

Schule - Lernen - Lesen

GEMÜT - Lesen - unfähig zu lesen (bnm6/124)

Schule - Beziehung zu anderen

MUND - Sprache - stotternd (bnm6/688)

Nonverbales - Allgemeines

GEMÜT - Ruhelosigkeit - Kindern, bei (bnm6/151)

Nonverbales - Konsultation; bei der

INNERER HALS - Entzündung - Tonsillen (sp1/724)
HAUT - Hautausschläge - Erythem (bnm6/1812)

Nonverbales - Äußerliches - Beobachtungen des Arztes

GESICHT - Rissig - Lippen (sp1/613)
ATMUNG - Beschleunigt (sp1*/1174)
RÜCKEN - Opisthotonus (bnm6/1325)

Nonverbales - Äußerliches - Beobachtungen der Eltern

MAGEN - Schluckauf (bnm6/809)
HAUT - Insektenstiche (ptk1*/1825)

Nacht; Beobachtungen in der - Schlaf

SCHLAF - Schlaflosigkeit - Kindern, bei (bnm6/1691)

Körperliche Symptome und Erkrankungen

KOPF - Entzündung - Hirnhaut (bnm6/284)
KEHLKOPF UND TRACHEA - Laryngismus stridulus (c2/1145)

Chirurgisch pathologische Zustände

ABDOMEN - Entzündung - Peritoneum (bnm6/860)

Laurocerasus

laur.

Man sollte bei Kindern mit *Zyanose*, die bei geringer Anstrengung nach Luft schnappen daran denken. Atemnot, die im Freien schlimmer ist und beim Aufsetzen.

Farrington empfiehlt es bei *Asphyxia neonatorum*, wenn das Gesicht blau ist und sie nach Luft schnappen.

Kent schrieb: „Keuchhusten in schwächlichen Kindern, bei denen eine Krankengeschichte von Herzschwäche vorhanden ist, blaue kalte Haut und Laryngospasmus.“

Herzleiden; fadenförmiger Puls; Atemnot, mit dem Gefühl, als könnten die Lungen nicht weit genug ausgedehnt werden.

Häufiger, grünlicher, schleimiger Stuhl; völliger Appetitverlust, mit Durst; das Kind nimmt außer Wasser nichts zu sich, das man die Speiseröhre zum Magen hinabgurgeln hören kann; sehr langsame und schwache Atmung; fast unmerklicher Puls; *Gliedmaßen sind kalt wie bei einer Leiche, mit Kälte des gesamten Körpers.*

Klinisches: Asphyxia neonatorum. Asthma. Zyanose. Herzleiden. Keuchhusten. Konvulsionen. Krämpfe.

Wirkungsbereich: Gemüt. Gehirn. Nerven. Brust. Atmung. Herz.

* * *

Krankengeschichte; familiäre und persönliche

ALLGEMEINES - Familiengeschichte von - Apoplexie (bro1/1878)

Zahnung - Empfindungen und neurologische Beschwerden

ALLGEMEINES - Konvulsionen - Zahnung; während der (bro1/1907)

Stillen - Magendarmsymptome - Appetit - vermindert

MAGEN - Appetit - fehlend (*/767)
- Appetit - vermindert (a1/772)

Stillen - Magendarmsymptome - Appetit - vermehrt

MAGEN - Appetit - Heißhunger (*/769)
- Appetit - vermehrt (*/770)

Stillen - Magendarmsymptome - Aufstoßen - Speisen; von

MAGEN - Aufstoßens; Art des - Speisen; von (bg2/780)

Stillen - Magendarmsymptome - Aufstoßen - Wasser; Hochsteigen von

MAGEN - Aufstoßens; Art des - Wasser in den Mund; Hochsteigen von (*/781)

Stillen - Allgemeines

SCHWEISS - Essen - beim - agg. (bg2/1786)
- *Essen - nach - agg.* (*/1786)

Infektionskrankheiten - Keuchhusten

HUSTEN - Keuchhusten (*/1197)

Konstitution - Angst und Furcht

GEMÜT - Beschwerden durch - Schreck (b2/25)
- Feigheit (k/59)
- Furcht - Wasser, vor (bro1/79)

Konstitution - Allgemeines

GEMÜT - Entmutigt (*/46)
- Faulheit (*/55)
- Milde (j5/130)
- Neugierig (ptk1/135)
- Stimmung, Laune - veränderlich (^/171)
- Unzufrieden (*/194)

Familie; Beziehung zur - Liebe und Zuneigung

GEMÜT - Verlassen zu sein; Gefühl (bg2/198)

Beziehung zu anderen - Aggressivität

GEMÜT - *Grausamkeit* (b7/103)
- Zorn - mißverstanden, falsch verstanden; wenn (gt*/255)

Beziehung zu anderen - Reaktion auf andere

GEMÜT - Schüchternheit, Zaghaftigkeit (k/158)
- Widerspenstig (*/249)

Schule - Konzentration

GEMÜT - Verwirrung; geistige - Schreiben, beim (k/203)

Schule - Lernen - Schreiben

GEMÜT - Verwirrung; geistige - Schreiben, beim (k/203)

Schule - Beziehung zu anderen

MUND - Sprache - stotternd (bg2/688)

Schule - Konstitution

GEMÜT - Neugierig (ptk1/135)

Nonverbales - Aggressivität

GEMÜT - Destruktivität, Zerstörungswut (k/38)
- Spucken (bg2/170)

Nonverbales - Gesten, Gebärden

GEMÜT - Gesten, Gebärden; macht - Tics; nervöse (bro1*/99)

Nonverbales - Konsultation; bei der

KOPF - Hitze - Kälte - Füße; mit Kälte der (k/293)

EXTREMITÄTEN - Nägel; Beschwerden der - dicke Nägel (ptk1/1664)

Nonverbales - Äußerliches - Beobachtungen des Arztes

AUGE - Verklebt (*/472)

NASE - Spitz (b7/574)

GESICHT - Farbe - bläulich - Neugeborenen; bei (br1/587)
- Hippokratisches Gesicht (b7/605)
- Sommersprossen (b2/632)

ATMUNG - *Asphyxie - Kindern, Neugeborenen; bei* (*/1160)
- Atemnot, Dyspnoe, erschwertes Atmen - Kindern; bei - Neugeborenen; bei (mrr1/1168)
- Beschleunigt (*/1174)

HUSTEN - Anfallsweise - besteht aus - wenigen Hustenstößen (*/1186)
- Anfallsweise - besteht aus - zwei Hustenstößen (k/1186)

HAUT - Sommersprossen (*/1834)

ALLGEMEINES - **Zyanose - Kindern; bei - Kleinkindern; bei** (*/2035)

Nonverbales - Äußerliches - Beobachtungen der Eltern

ZÄHNE - *Zähneknirschen* (k/718)
- Zusammenbeißen der Zähne - Verlangen, die Zähne zusammenzubeißen; ständiges (k/719)

MAGEN - *Gluckern; Gurgeln* (*/802)
- Gluckern; Gurgeln - Trinken - agg. (k/803)
- *Schluckauf* (*/809)

REKTUM - *Unwillkürlicher Stuhl* (*/984)

STUHL - Unverdaut (k/999)

BLASE - Urinieren - unwillkürlich - Husten; agg. beim (k/1020)
- Urinieren - verzögert, muß warten, bis der Urin zu fließen beginnt (*/1020)
  - » *verzögert, muß warten, bis der Urin zu fließen beginnt - pressen, bevor er damit beginnen kann; muß lange* (k/1021)

ATMUNG - *Schnarchen* (*/1180)

SCHWEISS - Essen - beim - agg. (bg2/1786)

• *Essen - nach - agg.* (*/1786)

HAUT - Ekchymosen (*/1797)

Nacht; Beobachtungen in der - körperliche Symptome

REKTUM - Unwillkürlicher Stuhl - Schlaf; agg. im (k/985)

BLASE - Urinieren - unwillkürlich - nachts (b2/1019)

Nacht; Beobachtungen in der - Schlaf

SCHLAF - Erwachen - Schreck, wie durch (*/1675)

• Schlaflosigkeit - Lage ist recht, keine (j5/1692)

Nacht; Beobachtungen in der - Schlaf; Lage im

SCHLAF - Lage - hart; jede Lage erscheint (j5/1682)

• Schlaflosigkeit - Lage ist recht, keine (j5/1692)

Psychosomatische Störungen

ALLGEMEINES - Konvulsionen - Schreck agg. (hr1*/1906)

Körperliche Symptome und Erkrankungen

KOPF - Schmerz - katarrhalisch (*/331)

REKTUM - *Cholera - infantum* (*/949)

KEHLKOPF UND TRACHEA - Laryngismus stridulus (*/1145)

ALLGEMEINES - Kindern; Beschwerden von (*/1897)

• Konvulsionen - Kindern, bei (*/1905)

» Kindern, bei - Kleinkindern, bei (bro1/1905)

• Medikamente - allopathische - Mißbrauch von (bg2/1921)

• *Schmerzlosigkeit gewöhnlich schmerzhafter Beschwerden* (b7/1971)

Chirurgisch pathologische Zustände

ABDOMEN - Entzündung - Peritoneum (ptk1/860)

Würmer

REKTUM - Jucken - Askariden, durch (c1/965)

• Würmer - Beschwerden durch Würmer (b2/985)

» Beschwerden durch Würmer - Bandwürmer (b2/986)

Ledum palustre

led.

Stillen - Milch

KOPF - *Hautausschläge - Milchschorf* (b2/290)

Stillen - Magendarmsymptome - Appetit - vermindert

MAGEN - Appetit - fehlend (*/767)

• Appetit - schnelle Sättigung (*/770)

Stillen - Magendarmsymptome - Appetit - vermehrt

MAGEN - Appetit - vermehrt (k/770)

Stillen - Magendarmsymptome - Aufstoßen - Wasser; Hochsteigen von

MAGEN - *Aufstoßens; Art des - Wasser in den Mund; Hochsteigen von* (*/781)

Infektionskrankheiten - Windpocken

HAUT - *Hautausschläge - Windpocken* (*/1824)

Infektionskrankheiten - Keuchhusten

NASE - *Nasenbluten - Keuchhusten* (*/557)

HUSTEN - *Keuchhusten* (*/1197)

• *Keuchhusten - Atmen - agg. - schnelles Atmen während der Anfälle* (kr1/1197)

» *Brust - zerschlagen während der Anfälle; wie* (kr1/1198)

» *Kind - beugt sich nach hinten, dann Auswurf von klarem, schaumigem Blut* (kr1/1198)

» *Kind - steif vor dem Anfall* (kr1/1198)

» *Zwerchfelles nach jedem Anfall; krampfhafte Zusammenziehung des* (kr1/1198)

Konstitution - Angst und Furcht

GEMÜT - Feigheit (k/59)

Konstitution - Allgemeines

GEMÜT - Stimmung, Laune - veränderlich (b7/171)

• Unaufmerksam (bg2/189)

• Unzufrieden (*/194)

Beziehung zu anderen - Aggressivität

GEMÜT - Streitsüchtig (j/173)

Beziehung zu anderen - Reaktion auf andere

GEMÜT - *Abneigung - Freunde, gegen* (*/1)

• Antworten - weigert sich zu antworten (k/15)

• *Gesellschaft - Abneigung gegen* (*/94)

• Widerspenstig (*/249)

• Widerspruch - Neigung zu widersprechen (mrr1/249)

Schule - Konzentration

GEMÜT - Unaufmerksam (bg2/189)

Schule - Anstrengung; geistige

KOPF - Schmerz - Stirn - Lesen agg. (^/389)

Nonverbales - Gesten, Gebärden

GEMÜT - Launenhaftigkeit, launisch (*/123)

Nonverbales - Konsultation; bei der

KOPF - Hitze - Kälte - Extremitäten; mit Kälte der (k/293)

OHR - Absonderungen - unterdrückt (bg2*/498)

• Entzündung (c2/500)

» Gehörgang (*/500)

GESICHT - Schwellung - Sublingualdrüse (ptk1/631)

• Schwellung - Submentaldrüse (h1*/631)

» Unterkieferdrüsen (*/631)

INNERER HALS - Schwellung - Tonsillen (k/747)
ÄUSSERER HALS - Schwellung - Halsdrüsen (k/760)
REKTUM - *Hautausschläge - Anus; um den* (bg2/964)
RÜCKEN - Hautausschläge - Furunkel - Dorsalregion - Schulterblätter (*/1317)
HAUT - Erysipel (*/1798)

Nonverbales - Äußerliches - Beobachtungen des Arztes

KOPF - Schuppen (bg2/402)
AUGE - Verklebt (b7/472)
GESICHT - Hautausschläge - Akne (*/595)
ATMUNG - Beschleunigt (*/1174)
RÜCKEN - Opisthotonus (*/1325)

Nonverbales - Äußerliches - Beobachtungen der Eltern

KOPF - Haare - Haareschneiden; Beschwerden des Kopfes nach (bg2/418)
AUGE - Verklebt - morgens (*/472)
MAGEN - Schluckauf (*/809)
STUHL - Schafskot, wie (b2/997)
HAUT - **Ekchymosen** (*/1797)
- **Insektenstiche** (*/1825)

Nacht; Beobachtungen in der - Gemütssymptome

GEMÜT - *Sprechen - Schlaf; im* (hr1*/169)

Nacht; Beobachtungen in der - körperliche Symptome

BLASE - Urinieren - unwillkürlich - nachts (b2/1019)

Nacht; Beobachtungen in der - Schlaf

SCHLAF - Erwachen - Schreck, wie durch (b7/1675)

Nacht; Beobachtungen in der - Schlaf; Lage im

SCHLAF - Lage - Kopf - aufgerichtetem Kopf, mit (a1/1682)

Körperliche Symptome und Erkrankungen

KOPF - Entzündung - Periost (k/285)
EXTREMITÄTEN - **Hüftgelenksentzündung - rechts** (k/1443)
ALLGEMEINES - Abmagerung - Kindern; bei - Kleinkindern; bei (bro1/1845)

Chirurgisch pathologische Zustände

ABDOMEN - Entzündung - Peritoneum (mtf11/860)

Lilium tigrinum

lil-t.

Entwicklung - langsam

ALLGEMEINES - Gehen - Gehenlernen, Laufenlernen - spätes (bg3/1883)

Stillen - Magendarmsymptome - Appetit - vermindert

MAGEN - Appetit - fehlend (k/767)

Stillen - Magendarmsymptome - Appetit - vermehrt

MAGEN - Appetit - Heißhunger (*/769)
- Appetit - unstillbar (bg2/770)
  » vermehrt (k/770)

Stillen - Magendarmsymptome - Aufstoßen - Wasser; Hochsteigen von

MAGEN - Aufstoßens; Art des - Wasser in den Mund; Hochsteigen von (k/781)

Konstitution - Angst und Furcht

GEMÜT - Furcht - Abwärtsbewegung, vor (st1/64)
- Furcht - allein zu sein (bg*/64)

Konstitution - Allgemeines

GEMÜT - Ehrgeiz - erhöht, vermehrt, sehr ehrgeizig (mtf/40)
- Faulheit (a1*/55)
- Kleinigkeiten, Trivialitäten - wichtig; scheinen (bg2/115)
- *Milde* (k/130)
- Nachgiebigkeit (gt/134)
- Sorgen; voller (^/164)
- Stimmung, Laune - veränderlich (bro1/171)
- **Unternehmen; etwas - Vieles, hält aber bei nichts durch, bleibt nicht dabei; unternimmt** (a1/193)
- Unzufrieden (*/194)
- *Verantwortung - ernst; nimmt seine Verantwortung zu* (bc*/195)

Familie; Beziehung zur - Aggressivität

GEMÜT - *Beschimpfen, beleidigen, schmähen - Kinder - Eltern; Kinder beschimpfen ihre* (vh*/22)

Familie; Beziehung zur - Liebe und Zuneigung

GEMÜT - Eifersucht (bg2*/40)
- Liebevoll, voller Zuneigung, herzlich (ckh1/125)
- Verlassen zu sein; Gefühl (*/198)

Beziehung zu anderen - Aggressivität

GEMÜT - Schlagen (*/154)
- Schlagen - Verlangen - schlagen, zu (k/154)

Beziehung zu anderen - Reaktion auf andere

GEMÜT - Antworten - Abneigung zu antworten (k/14)
- Gesellschaft - Abneigung gegen (bg2*/94)
  » *Verlangen nach* (*/95)
  » Verlangen nach - allein; agg. wenn (bg2*/96)
- Schüchternheit, Zaghaftigkeit (k/158)
- *Trost - agg.* (*/188)
- Untröstlich (lmj/193)
- Weinen - Trost - agg. (k/248)

Beziehung zu anderen - allgemein

GEMÜT - Angeber (gk/4)

• Beleidigt, leicht (mrr1/20)
• *Quält - sich* (ptk1/138)
• Sprache - hastig, eilig (bro1/167)
• Tadelsüchtig, krittelig (k2/178)
• Unverschämtheit (ptk1/193)

Schule - Konzentration

Gemüt - Verwirrung; geistige - Lesen, beim (k/203)
• Verwirrung; geistige - Schreiben, beim (k/203)

Schule - Lernen - Lesen

Gemüt - Verwirrung; geistige - Lesen, beim (k/203)

Schule - Lernen - Schreiben

Gemüt - Fehler; macht - Schreiben, beim (k/57)
• Verwirrung; geistige - Schreiben, beim (k/203)

Schule - Konstitution

Gemüt - **Hast, Eile - tut, womit er gerade beschäftigt ist; bei dem, was er** (k/105)
• **Hast, Eile - tut, womit er gerade beschäftigt ist; bei dem, was er - Verlangen mehrere Dinge gleichzeitig zu tun** (*/106)
• Kleinigkeiten, Trivialitäten - wichtig; scheinen (bg2/115)
• **Unternehmen; etwas - Vieles, hält aber bei nichts durch, bleibt nicht dabei; unternimmt** (a1/193)
• *Verantwortung - ernst; nimmt seine Verantwortung zu* (bc*/195)

Spielen

Gemüt - Amüsement, Vergnügen - Abneigung gegen (*/4)
• Amüsement, Vergnügen - Verlangen nach (mtf/4)

Nonverbales - Aggressivität

Gemüt - Destruktivität, Zerstörungswut (bro1/38)
• Diktatorisch (ptk1/39)
• Wirft mit Gegenständen um sich (^/250)
  » Personen; nach (k2/250)
• *Ziehen - Haaren; an den* (k/252)
  » Haaren; an den - Verlangen zu ziehen - ihren eigenen Haaren; an (hr1*/252)
  » *Haaren; an den - Verlangen zu ziehen - jemanden an den Haaren* (*/252)

Nonverbales - Reaktion auf andere

Gemüt - Gehalten - amel.; gehalten zu werden (ptk1/87)
• Näherkommen, auf ihn Zukommen von Personen - Abneigung gegen (k/134)

Nonverbales - Gesten, Gebärden

Gemüt - Halten - Hand der Mutter; Kind hält ständig die (al/104)
• Lachen - Ernstes, über (k/120)
• Launenhaftigkeit, launisch (k2/123)
• Ungeschicklichkeit (ptk/192)

Nonverbales - Allgemeines

Gemüt - Hast, Eile - immer in Eile; ist (tl1/105)
• **Hast, Eile - tut, womit er gerade beschäftigt ist; bei dem, was er** (k/105)
  » **tut, womit er gerade beschäftigt ist; bei dem, was er - Verlangen mehrere Dinge gleichzeitig zu tun** (*/106)

Nonverbales - Konsultation; bei der

Mund - Landkartenzunge (bg2*/668)

Brust - *Einziehung der Brustwarzen* (bro1/1231)

Nonverbales - Äußerliches - Beobachtungen des Arztes

Kopf - Halten - hoch, aufrecht zu halten; unfähig, den Kopf (k/289)

Auge - Strabismus, Schielen - convergens (k2/467)
• Strabismus, Schielen - divergens (k/467)
• Verklebt (*/472)

Nase - Bohren mit den Fingern in der Nase (bg2/546)
• Zupfen - Nase, an der - ständiges Verlangen (k/578)

Nonverbales - Äußerliches - Beobachtungen der Eltern

Magen - Gluckern; Gurgeln (ptk1/802)
• Völlegefühl - Essen - nach - agg. (k/845)

Blase - Urinieren - verzögert, muß warten, bis der Urin zu fließen beginnt - pressen, bevor er damit beginnen kann; muß lange (pd/1021)

Weibliche Genitalien - Masturbation; Neigung zu (bg2*/1104)

Körperliche Symptome und Erkrankungen

Nieren - Entzündung (k/1023)

Limestone Burren

limest-b.

Stillen - Milch

Allgemeines - Speisen und Getränke - Milch - Verlangen (es1*/2001)

Stillen - Magendarmsymptome - Appetit - vermindert

Magen - Appetit - fehlend (es1/767)

Stillen - Magendarmsymptome - Appetit - vermehrt

Magen - Appetit - unstillbar (es1/770)
• Appetit - vermehrt (es1/770)

Konstitution - Angst und Furcht

Gemüt - Furcht - allein zu sein (es1/64)
• Furcht - Geräusche, durch (^/69)
• Schreckliches und traurige Geschichten greifen sie stark an (es1/156)

Konstitution - Allgemeines

GEMÜT - Faulheit (es1/55)
• Heimweh (es1/107)
• Selbstvertrauen - Mangel an Selbstvertrauen (es1/161)
• Sorgen; voller (^/164)
• Stimmung, Laune - veränderlich (es1/171)

Familie; Beziehung zur - Liebe und Zuneigung

GEMÜT - Entfremdet - Familie, von seiner (es1/45)
• Sorgen; voller - andere, um (es1/165)
• Verlassen zu sein; Gefühl (es1/198)

Beziehung zu anderen - Reaktion auf andere

GEMÜT - Gesellschaft - Abneigung gegen (es1/94)
• Gesellschaft - Verlangen nach (es1/95)

Beziehung zu anderen - allgemein

GEMÜT - Beleidigt, leicht (es1/20)
• Empfindlich - äußerliche Eindrücke; gegen alle (es1/42)
• Tadelt sich selbst, macht sich Vorwürfe (es1/179)

Schule - Angst

GEMÜT - Selbstvertrauen - Mangel an Selbstvertrauen (es1/161)

Schule - Konstitution

GEMÜT - Selbstvertrauen - Mangel an Selbstvertrauen (es1/161)

Tieren; Beziehung zu

GEMÜT - Natur - liebt (es1/134)
• Tiere - liebt Tiere, Tierliebe (es1/180)

Nonverbales - Aggressivität

GEMÜT - Reizbarkeit, Gereiztheit - Kindern; gegenüber (es1/145)

Nonverbales - Gesten, Gebärden

GEMÜT - Verstecken - sich (es1/199)

Nonverbales - Allgemeines

GEMÜT - Singen (^/163)

Nonverbales - Konsultation; bei der

OHR - Absonderungen - dick (es1/497)
• Absonderungen - gelb (es1/497)
» übelriechend (es1/498)

Nonverbales - Äußerliches - Beobachtungen des Arztes

AUGE - Verklebt (es1/472)

NASE - Zupfen - Nase, an der (es1/578)

Nonverbales - Äußerliches - Beobachtungen der Eltern

MAGEN - Gluckern; Gurgeln (es1/802)

Nacht; Beobachtungen in der - Gemütssymptome

GEMÜT - Sprechen - Schlaf; im (es1/169)

Nacht; Beobachtungen in der - Schlaf

SCHLAF - Erwachen - Schreck, wie durch (es1/1675)

Nacht; Beobachtungen in der - Schlaf; Lage im

SCHLAF - Lage - Seite, auf der - rechten Seite, auf der (es1/1683)

Lithium carbonicum

lith-c.

Entwicklung - allgemein

KOPF - Großer Kopf (ptk1/289)

Stillen - Magendarmsymptome - Appetit - vermehrt

MAGEN - Appetit - Heißhunger - Sättigung; schnelle (bro1/770)

Konstitution - Angst und Furcht

GEMÜT - Furcht - Versagen, Mißerfolg; vor dem (stj2/79)

Konstitution - Allgemeines

GEMÜT - Entmutigt (sf1/46)
• Selbstvertrauen - Mangel an Selbstvertrauen (^/161)
» Mangel an Selbstvertrauen - Unterstützung, Zuwendung; möchte (stj2/161)
• Spontan, impulsiv (stj2/166)

Familie; Beziehung zur - Liebe und Zuneigung

GEMÜT - Verlassen zu sein; Gefühl (*/198)

Beziehung zu anderen - Reaktion auf andere

GEMÜT - Schüchternheit, Zaghaftigkeit (stj2/158)

Beziehung zu anderen - allgemein

GEMÜT - Weinen - allein, wenn (ptk1*/245)

Schule - Angst

GEMÜT - Furcht - Versagen, Mißerfolg; vor dem (stj2/79)
• Selbstvertrauen - Mangel an Selbstvertrauen (^/161)

Schule - Konstitution

GEMÜT - Selbstvertrauen - Mangel an Selbstvertrauen (^/161)

Nonverbales - Reaktion auf andere

GEMÜT - Furcht - Fremden; vor (stj2/68)

Nonverbales - Konsultation; bei der

ÄUSSERER HALS - *Schwellung - Halsdrüsen* (k/760)
• *Schwellung - Halsdrüsen - eitrig* (k/760)

HAUT - *Hautausschläge - Herpes - ringförmig* (k/1815)

Nonverbales - Äußerliches - Beobachtungen des Arztes

KOPF - Großer Kopf (ptk1/289)

Autos und Schiffe

KOPF - Schmerz - Schläfen - Fahren im Wagen, beim (k/369)

Körperliche Symptome und Erkrankungen

REKTUM - *Diarrhoe - Schokolade, nach* (*/955)

NIEREN - Entzündung (k/1023)

Chirurgisch pathologische Zustände

ABDOMEN - Hernie (c2/867)

Lobelia inflata

lob.

Krankengeschichte; familiäre und persönliche

ALLGEMEINES - Familiengeschichte von - Tuberkulose (mrr1/1878)
- Krankengeschichte von; persönliche - Lungen - Entzündung der; von (mrr1/1910)
  » Pleuritis (mrr1/1910)

Stillen - Magendarmsymptome - Appetit - vermindert

MAGEN - Appetit - fehlend (k/767)

Stillen - Magendarmsymptome - Appetit - vermehrt

MAGEN - Appetit - Heißhunger (bro1/769)
- Appetit - vermehrt - Erbrechen - mit (bro1/771)

Stillen - Magendarmsymptome - Aufstoßen - Speisen; von

MAGEN - Aufstoßens; Art des - Speisen; von (k/780)

Stillen - Magendarmsymptome - Aufstoßen - Wasser; Hochsteigen von

MAGEN - *Aufstoßens; Art des - Wasser in den Mund; Hochsteigen von* (k/781)

Infektionskrankheiten - Masern

ALLGEMEINES - Masern - Beschwerden nach (st/1920)

Infektionskrankheiten - Keuchhusten

MAGEN - Erbrechen - Husten - beim - agg. - Keuchhusten (bro1/793)

HUSTEN - *Keuchhusten* (*/1197)
- *Keuchhusten - Brust - tief aus der Brust; anscheinend* (kr1/1198)

Konstitution - Allgemeines

GEMÜT - Heikel, pingelig (vh*/106)

Familie; Beziehung zur - Liebe und Zuneigung

GEMÜT - Eifersucht (^/40)

Schule - Anstrengung; geistige

KOPF - Schmerz - geistige Anstrengung - agg. (st/328)

Schule - Konstitution

GEMÜT - Heikel, pingelig (vh*/106)

Nonverbales - Äußerliches - Beobachtungen des Arztes

ATMUNG - Beschleunigt (a1*/1174)

HUSTEN - Anfallsweise - besteht aus - langen Hustenstößen (k/1186)

ALLGEMEINES - Aussehen - hell, blond (*/1855)
- Aussehen - hell, blond - Augen (c1/1855)

Nonverbales - Äußerliches - Beobachtungen der Eltern

MAGEN - Gluckern; Gurgeln (k/802)
- Schluckauf (*/809)
  » heftig (k/810)

Nacht; Beobachtungen in der - Schlaf; Lage im

SCHLAF - Lage - Knie - Brust; liegt auf Knien und (ptk1/1682)

Körperliche Symptome und Erkrankungen

HÖREN - Schwerhörig - Ekzem; nach unterdrücktem (br1*/536)
- Schwerhörig - Hautausschlägen; nach unterdrückten (ptk1/536)

MAGEN - Langsame Verdauung (bro1/805)
- Würgen - Husten, mit (*/846)

KEHLKOPF UND TRACHEA - Laryngismus stridulus (bro1/1145)

BRUST - Entzündung - Lungen - Kindern; bei (c1/1234)
- *Entzündung - Lungen - Kindern; bei - Kleinkindern; bei* (k/1234)

ALLGEMEINES - *Medikamente - allopathische - Mißbrauch von* (st1/1921)

Chirurgisch pathologische Zustände

ABDOMEN - Hernie - eingeklemmt, inkarzeriert (bro1/868)
- Hernie - Leistenhernie - eingeklemmt, inkarzeriert (bg2/868)
- *Intussuszeption* (*/869)

Lycopodium clavatum

lyc.

Bei Lycopodium-Kindern, wie auch bei Erwachsenen, gibt es *zwei Typen: der eine ist schüchtern* und von Furcht und Besorgnis gekennzeichnet und *der andere ist herrschsüchtig* und neigt dazu, andere (Eltern, Freunde oder Situationen) unter Kontrolle zu halten.

Der erste Typ sitzt im Wartezimmer nahe bei den Eltern und beobachtet, was um ihn herum geschieht, da es eine neue Situation ist. Die Kinder des zweiten Typs heben die Stimme und gehen ihren Eltern die ganze Zeit auf die Nerven, möchten

Spielzeug und wollen wieder nach Hause gebracht werden, da sie nicht im Wartezimmer bleiben wollen. Es sind oft ungezogene und verzogene Kinder, die in Befehlston sprechen und ihre Eltern in unangenehmer Art ansprechen. Es ist, als habe das Kind die Kontrolle über die Situation und nicht die Eltern und dies zeigt eines der typischen Symptome des Wesens von Lycopodium: *zeigt Stärke gegenüber Schwachen und Schwäche gegen über Starken* („Gemüt - Hart zu Untergebenen und freundlich zu Vorgesetzten").

Zusätzlich ist im ersten Typ bei Kindern *Mangel an Selbstvertrauen* vorhanden, während der zweite Typ von Natur aus reizbar ist und ein *großes Verlangen nach Macht hat.* Angst ist ein Kennzeichen von Kindern, die Lycopodium benötigen: sie sind ängstlich und furchtsam, wenn sie allein sind, besonders in der Dunkelheit und wenn sie von Fremden umgeben sind; diese Angst spiegelt sich auch im Gesichtsausdruck wieder, der mürrisch ist und mißbilligend.

In der Tat ist es so, daß *diese zwei Typen oft auseinander hervorgehen,* in dem Sinne, daß *Lycopodium vor allem psorische Züge hat, die von dem Mangel an Selbstbewußtsein bestimmt werden, den sie ständig zu kompensieren versuchen, denn die Meinung Anderer ist von grundlegender Bedeutung für sie. Mit der Zeit führt dieser ständige Bluff zu einem Vertrauen in die eigenen Fähigkeiten, was zu Überheblichkeit führt, einem sykotischen Zug.*

Typischerweise fürchten und ängstigen sich Lycopodium-Kinder vor neuen Situationen. Nur wenn sie eine Situation sehr gut kennen, werden sie selbstsicher und können ungezwungen mit anderen umgehen. Die Angst vor neuen Situationen steht in Verbindung mit der *Angst zu versagen,* der Furcht, bei dem, was sie tun, keinen Erfolg zu haben und sich in der Öffentlichkeit lächerlich zu machen.

Sie haben Angst davor, in der Schulklasse aufzustehen und einen Fehler zu machen und sich damit lächerlich zu machen; dies kommt in ihrem *Verlangen „in der Klasse an der Spitze zu stehen"* zum Ausdruck.

Sie können an Schlaflosigkeit leiden, besonders, wenn eine Prüfung bevorsteht oder sie etwas vortragen müssen. Sie können vor Schulbeginn ängstlich sein; in solchen Zeiten möchten sie bei den Eltern schlafen oder bei angeschaltetem Licht. Sie bleiben selbst im Sommer, wenn es heiß ist, zugedeckt und eingerollt. Schlimme Träume wecken sie auf und sie wissen nicht, wo sie sind. Gewöhnlich schlafen sie wie Phosphorus auf der rechten Seite oder auf dem Abdomen.

Zuhause ist ihr Verhalten oft anders als in der Schule; zuhause sind sie ungehorsam, während sie in der Schule so gute Schüler sind, daß sie auch definiert werden als *„in der Schule Engel, zuhause Teufel„.* Sie würden ihren Lehrern nie widersprechen, außer sie befinden sich in der Phase, in der Lycopodium sehr selbstsicher ist.

Sie sind von sich selbst eingenommen und sorgen sich um ihr Aussehen, die Kleidung und die Frisur.

Sie möchten dominieren, sind reizbar und ungeduldig, wenn ihre Wünsche nicht erfüllt werden und können besonders kritisch werden. Sie können ein starkes Verlangen nach Macht und große Reizbarkeit zeigen, in einem Ausmaß, das man mit Nux vomica verwechseln kann.

Sie ziehen es vor, mit kleineren Kindern zu spielen, so daß sie leicht die Oberhand behalten können oder mit älteren, um zu zeigen, daß sie Kindern desselben Alters überlegen sind.

Besorgnis und Angst werden von Lycopodium-Kindern oft im Magen und Bauch gespürt.

Von früher Kindheit an *wachen sie mit schlechter Laune auf* und wollen mit niemandem reden; gegen 16 Uhr, wenn die Lycopodium-Symptome im Allgemeinen schlimmer werden, werden sie eventuell sogar noch quengeliger.

Kinder, die Lycopodium und Medorrhinum benötigen, sind diejenigen, die am stärksten zu *Dyslexie* neigen; sie machen Fehler beim Lesen und beim Schreiben, verdrehen Buchstaben oder lassen Buchstaben aus.

Sie sind gewöhnlich ruhelos, sie können nicht stillsitzen und fassen alles in nervöser Art an.

Oft halten sie die Hände im Mund und befeuchten die Lippen, was manchmal zu Reizung führt.

Lycopodium hat eine *Affinität zu den Magendarmorganen,* besonders zur Leber. Neugeborene können Heißhunger haben und schreien eventuell, wenn sie hungrig sind. Oft leiden sie *während der Schwangerschaft an Schluckauf.* Eines der Probleme dieser Neugeborenen ist *Blähungskolik,* bei der sie weinen und nicht zu trösten sind, solange das Gas im Abdomen nicht entfernt ist.

Bei Kindern und Heranwachsenden kann es zu Heißhunger kommen, besonders nachmittags, wenn sie aus der Schule kommen und abends. Es kann passieren, daß sie nachts aufwachen, weil sie hungrig sind. Manchmal berichten die Eltern, daß sie *zu schnell essen* und die Speisen nicht kauen.

Oft leiden sie an *Obstipation, besonders in Angst auslösenden Situationen,* wie auf öffentlichen Toiletten oder wenn sie in den Ferien in einem anderen Haus sind.

Meist haben sie Verlangen nach Süßigkeiten, aber *sie lieben auch Schokolade*, die Dermatitis, Magenschmerzen, Bauchschmerzen und vor allem *Obstipation* verursachen kann. Sie können Koliken und Flatulenz bekommen durch Hülsenfrüchte, Brot, Käse, Zwiebeln, Meeresfrüchte und einige Gemüsearten wie Kohl. Allgemeine Besserung durch heiße Getränke und Verschlimmerung durch kalte Getränke, was für Magendarmorgane gilt, für Halsweh und Kopfschmerzen. Gelegentlich haben Kinder Kopfschmerzen, aber häufiger Heranwachsende, die eine Mahlzeit auslassen oder zu spät essen.

Lycopodium-Kinder leiden wie auch die Erwachsenen unter Nasenverstopfung und schniefen oft; die *Bewegung der Nasenflügel* ist typisch.

Bei Neugeborenen kann ein hartnäckiger Nasenkatarrh vorhanden sein, der geräuschvolles Atmen verursacht; das Kind kann nur mit offenem Mund atmen und ist gezwungen, das Saugen an der Brust zu unterbrechen. Sie neigen dazu, sich zu erkälten, was sich oft zu Bronchitis, Bronchiolitis und Pneumonie entwickelt.

Sie leiden an wiederkehrender Tonsillitis, *besonders auf der rechten Seite,* mit großen Flecken und Vergrößerung der Halsdrüsen; Schmerzen werden durch warme Getränke besser.

Lycopodium ist eines der Hauptmittel bei der Behandlung von *Mononukleose,* wenn hauptsächlich die rechte Seite des Halses betroffen ist.

Torticollis wird oft von diesem Mittel geheilt, sogar bei Erwachsenen.

Man erwäge Lycopodium in Fällen von rheumatischen Schmerzen und bei Arthritis von Kindern, wenn die rechte Seite am stärksten angegriffen ist. Sie schildern brennende Schmerzen, die durch Hitze besser werden, wie bei Arsenicum und durch Bewegung, wie Rhus toxicodendron, Thuja und Pulsatilla.

Die Zähne sind typischerweise gelblich.

Rechtsseitiger Leistenbruch und rechtsseitiger Kryptorchismus sind häufig anzutreffen.

Mädchen haben verspätete Menarche und berichten von Reizbarkeit, Obstipation und Verlangen nach Süßigkeiten in der prämenstruellen Periode.

Ein weiteres wichtiges Symptom, das man eher bei heranwachsenden Mädchen sehen kann, als bei Erwachsenen, ist rissige und aufgesprungene Haut an der Ferse; die Haut kann leicht geschwürig werden, die Hautausschläge können trocken oder feucht sein und die Hautausschläge können um die Lippen, an den Nasenflügeln, hinter den Ohren und in den Genitalien auftreten. Hautausschläge können ähnlich Graphites wäßrige und gelbliche Absonderung ausscheiden.

Viele Kinder, die Lycopodium benötigen, haben *Warzen* an den Füßen, besonders auf der rechten Seite.

Die Entwicklung der Symptome auf der rechten Seite oder die spätere Wanderung auf die linke Seite, ist typisch.

Es sind oft dünne Kinder, die *gegen Kälte empfindlich sind* und heißes Wetter und heiße Bäder lieben, obwohl es ihnen bei Aufenthalt in der Sonne schlechter geht.

Klinisches: Dyspepsie. Verdauungsstörung. Kolitis. Flatulenz. Obstipation. Kolik. Hernie. Asthma. Pneumonie. Rheumatismus. Ekzem. Warzen. Hypochondrie.

Wirkungsbereich: Leber. Magen. Abdomen. Brust. Lungen. Innerer Hals. Haut. Mund.

* * *

Krankengeschichte; familiäre und persönliche

ALLGEMEINES - Familiengeschichte von - Asthma (dmd1/1878)
- Familiengeschichte von - Ekzem (dmd1/1878)
  - » Gicht (dmd1/1878)
- Krankengeschichte von; persönliche - Augen - Entzündung der; von wiederkehrender (brm/1909)
  - » Furunkel; von wiederkehrenden (bg2/1909)
  - » *Krupp; von wiederkehrendem* (bg2/1910)
  - » Mononukleose; von (hu2/1910)
  - » Tonsillitis; von wiederkehrender (k/1910)
  - » Zystitis; von wiederkehrenden (h2/1910)
  - » Zystitis; von wiederkehrenden - Kindern; bei (lmj/1910)

Entwicklung - langsam

ALLGEMEINES - Entwicklung - Entwicklungsstillstand (mrr1/1872)

• Gehen - Gehenlernen, Laufenlernen - spätes (b4a/1883)

Entwicklung - schnell

GEMÜT - Frühreife, altkluge Kinder (br1*/63)

Entwicklung - allgemein

KOPF - Großer Kopf (sne*/289)

Zahnung - Allgemeines

ZÄHNE - *Zahnung - schwierig* (hr1*/718)

HAUT - Intertrigo - Zahnung; während der (bro1/1825)

Stillen - Gemütssymptome

GEMÜT - Hast, Eile - Essen; beim (h2*/105)

Stillen - Milch

KOPF - *Hautausschläge - Milchschorf* (b2/290)
• Hautausschläge - Milchschorf - Kindern; bei (mtf33/290)

MAGEN - Aufstoßen - Milch, nach (k/775)
• *Aufstoßens; Art des - sauer - Milch agg.* (k/779)
• Erbrochenen; Art des - Milch (bg1/798)
• Sodbrennen - Milch agg. (b4a/830)
• *Verdorben - Milch agg.* (k/844)

REKTUM - *Diarrhoe - Milch - agg.* (*/954)

ALLGEMEINES - Speisen und Getränke - Milch - Abneigung (gk/2000)
• Speisen und Getränke - Milch - Abneigung - Muttermilch - Kind verweigert die; das (lmj/2001)
» *Milch - agg.* (*/2001)

Stillen - Magendarmsymptome - Appetit - allgemein

MAGEN - Appetit - vermehrt - abwechselnd mit - Appetitverlust (mtf33/771)

Stillen - Magendarmsymptome - Appetit - vermindert

MAGEN - Appetit - fehlend (bro1/767)
• Appetit - fehlend - Durst - mit (h2*/768)
» fehlend - Essen - Versuch zu essen; beim (ptk1/768)
» *fehlend - Hunger, mit* (b2/768)
» fehlend - Völlegefühl, durch (k2/769)
» **schnelle Sättigung** (*/770)
» *vermindert* (*/772)

Stillen - Magendarmsymptome - Appetit - vermehrt

MAGEN - Appetit - Genuß, ohne (k/769)
• **Appetit - Genuß, ohne - bis er zu essen anfängt** (k/769)
» Heißhunger (bro1/769)
» *Heißhunger - nachts* (*/769)
» *Heißhunger - Diarrhoe - bei* (k/769)
» **Heißhunger - Essen - nach dem Essen - bald danach** (k/770)
» Heißhunger - Gehen agg. (*/770)
» *Heißhunger - Magenschmerzen, bei* (k/770)
» *Heißhunger - Sättigung; schnelle* (bro1/770)
» *Heißhunger - Schweiß, mit* (bg2/770)
» **unstillbar** (*/770)
» **vermehrt** (*/770)
» **vermehrt - nachts** (*/771)
» **vermehrt - Essen - nach** (*/772)
» vermehrt - Essen - unmöglich; ist (mtf33/772)

Stillen - Magendarmsymptome - Aufstoßen - Speisen; von

MAGEN - *Aufstoßens; Art des - Speisen; von* (*/780)
• **Aufstoßens; Art des - Speisen; von - bitter schmeckend** (*/780)
» *Speisen; von - Essen - nach - agg.* (b4/780)
» Speisen; von - Essen - zwei Stunden nach (k/780)
» Speisen; von - Mittagessen; nach dem (k/780)
» Speisen; von - Mund füllen; in Portionen, die den (k/780)
» Speisen; von - sauer (b4a/780)

Stillen - Magendarmsymptome - Aufstoßen - Wasser; Hochsteigen von

MAGEN - **Aufstoßens; Art des - Wasser in den Mund; Hochsteigen von** (*/781)
• Aufstoßens; Art des - Wasser in den Mund; Hochsteigen von - bitter (b4a/781)
» Wasser in den Mund; Hochsteigen von - Essen - nach - agg. (b4/781)
» Wasser in den Mund; Hochsteigen von - periodisch - Tag; jeden zweiten (*/781)

Stillen - Magendarmsymptome - Erbrechen

MAGEN - **Erbrochenen; Art des - Speisen - unverdaut** (*/800)

Stillen - Magendarmsymptome - Schluckauf

MAGEN - Schluckauf - Essen - nach - agg. (*/810)

Stillen - Magendarmsymptome - Abdomen - agg. durch

ABDOMEN - **Schmerz - Kindern; bei - Säuglingen; bei - krampfartig** (bro1*/888)
• Schmerz - Zusammenkrümmen - agg. (k/896)

Stillen - Magendarmsymptome - Rektum

REKTUM - Obstipation - entfernt werden; Stuhl muß mechanisch (st*/968)
• **Obstipation - Kindern, bei** (bg2*/969)
» Kindern, bei - Kleinkindern, bei (bro1*/969)

Stillen - Allgemeines

SCHWEISS - Essen - beim - agg. (bg2/1786)
• *Essen - nach - agg.* (*/1786)

ALLGEMEINES - *Abmagerung - Heißhunger mit Abmagerung - Kindern; bei* (*/1845)
• *Abmagerung - Heißhunger mit Abmagerung - Kindern; bei - Kleinkindern; bei* (k/1845)

- *Säuglinge* (kk2/1944)

Infektionskrankheiten - Masern

OHR - *Absonderungen - Masern, nach* (k/498)

Infektionskrankheiten - Mumps

GESICHT - *Entzündung - Parotis* (k/584)
- **Entzündung - Parotis - rechts - links; dann** (k/584)
- Schmerz - Parotis (^/626)
  - » Parotis - stechend (*/627)
- *Schwellung - Parotis* (k/631)
  - » **Parotis - rechts - links; dann** (k/631)

Infektionskrankheiten - Scharlach

GEMÜT - *Bewußtlosigkeit - Scharlach, bei* (hr1*/31)
- *Stupor - Scharlach, bei* (kr1/177)

OHR - **Absonderungen - Scharlach, nach** (*/498)

HÖREN - **Schwerhörig - Scharlach, nach** (*/536)
- **Taubheit, Verlust des Gehörs - Scharlach, nach** (*/538)

GESICHT - *Schwellung - Scharlach* (*/630)

URIN - **Eiweißhaltig - Scharlach; nach** (k/1046)

FIEBER - **Ausschlagsfieber; Fieber bei Ausschlagserkrankungen - Scharlach** (*/1770)

HAUT - **Hautausschläge - Scharlach** (*/1821)

ALLGEMEINES - Scharlach - Beschwerden nach (*/1944)

Infektionskrankheiten - Keuchhusten

NASE - Schnupfen - Keuchhusten, bei (bro1/572)

HUSTEN - *Keuchhusten* (*/1197)

Konstitution - Aggressivität

GEMÜT - *Zorn - Kindern, bei* (hr1/254)

Konstitution - Angst und Furcht

GEMÜT - Angst - hypochondrisch (j5/11)
- Beeindrucken, empfänglich für Eindrücke; leicht zu (lmj*/19)
- **Beschwerden durch - Erwartungsspannung** (bg3*/23)
  - » **Schreck** (*/25)
- Erwartungsspannung - Lampenfieber (dgt*/53)
- **Feigheit** (*/59)
- **Furcht - allein zu sein** (*/64)
  - » *engen Räumen; in* (mrr1*/67)
  - » *Geräusche, durch* (k2*/69)
  - » **Gespenstern; vor** (*/70)
  - » *Gewitter; vor* (kr1*/70)
  - » hochgelegenen Orten; vor (fd/71)
  - » *Kindern, bei* (st1/71)
  - » Kontrolle zu verlieren; die (br1/72)
  - » neuen Projekten, Unternehmungen; vor (mtf33/74)
  - » offenen Plätzen; Furcht vor (fyz*/74)
  - » **unternehmen; irgendetwas zu** (*/78)
  - » Versagen, Mißerfolg; vor dem (gsd1*/79)
  - » Versagen, Mißerfolg; vor dem - Prüfungen, bei (wr*/79)
- *Schreckliches und traurige Geschichten greifen sie stark an* (gt1*/156)
- Unternehmen; etwas - Neues unternehmen; kann nichts (br1/193)
- **Vorsichtig** (^/205)
  - » **ängstlich** (kl*/205)

Konstitution - Allgemeines

GEMÜT - Beachtung; schenkt allgemeinen Regeln keine (cd1/19)
- Ehrgeiz - erhöht, vermehrt, sehr ehrgeizig (mtf33*/40)
  - » erhöht, vermehrt, sehr ehrgeizig - Geld zu verdienen (gl1/40)
  - » erhöht, vermehrt, sehr ehrgeizig - Wettbewerb mit anderen, vergleicht sich mit ihnen; steht (mtf/40)
- Eitelkeit (gl1/41)
- Empfindlich - Kinder (dx1/44)
- *Entmutigt* (*/46)
  - » Kindern, bei (j5/46)
- *Faulheit* (*/55)
- *Geiz* (*/92)
- **Gewissenhaft, peinlich genau in bezug auf Kleinigkeiten** (*/99)
- Heikel, pingelig (k2/106)
- *Milde* (*/130)
- *Nachgiebigkeit* (b4/134)
- Neugierig (mtf*/135)
- Pflicht - zu viel Pflichtgefühl (lmj/136)
- *Selbstsucht, Egoismus* (sf1/161)
- *Selbstvertrauen - Mangel an Selbstvertrauen* (*/161)
- Sorgen; voller (gl1/164)
- *Sorgsamkeit, Sorgfalt* (bg2*/165)
- Sprache - Plappern, Schwatzen (bg1*/167)
- **Stimmung, Laune - veränderlich** (*/171)
- Theoretisieren (k/180)
- Traurigkeit - Kindern, bei (h2*/186)
- Unaufmerksam (bg2/189)
- Unternehmen; etwas - Vieles, hält aber bei nichts durch, bleibt nicht dabei; unternimmt (a1/193)
- *Unzufrieden* (*/194)
- Verantwortung - ernst; nimmt seine Verantwortung zu (lgr*/195)
- *Weinen - amel.* (*/245)
  - » Freude, durch (k2*/245)
  - » Gemütsbewegungen, Emotionen - geringen; nach (k2*/245)
  - » *Kindern; bei* (j5/246)

» *Kindern; bei - Säuglingen; bei* (gg/246)
» Kleinigkeiten, über - Kinder bei der geringsten Sorge (k/246)
» leicht (gl1/246)

Familie; Beziehung zur - Aggressivität

GEMÜT - **Beschimpfen, beleidigen, schmähen - Kinder - Eltern; Kinder beschimpfen ihre** (vh*/22)
• *Beschwerden durch - Bevormundung - Kindern, bei* (szw1/22)
» Bevormundung - lange Zeit, für (dx1*/22)
» *Grobheit anderer* (st1*/23)

Familie; Beziehung zur - Liebe und Zuneigung

GEMÜT - Abneigung - Familienangehörige; gegen (bg2*/1)
• Eifersucht (bg2*/40)
» Kinder - bei (mtf33/40)
• Entfremdet - Familie, von seiner (^/45)
» Familie, von seiner - Fremden, aber nicht zu seiner Familie und Umgebung; er ist freundlich zu (mtf33*/46)
• Liebevoll, voller Zuneigung, herzlich (ckh1*/125)
• Verlassen zu sein; Gefühl (^/198)
» geliebt zu werden; Gefühl von den Eltern, der Ehefrau, den Freunden nicht (mtf33*/198)

Familie; Beziehung zur - Vorwürfe

GEMÜT - Empfindlich - Vorwürfe; gegen (mtf/45)
• *Weinen - Ermahnung, durch* (k/245)

Beziehung zu anderen - Aggressivität

GEMÜT - *Antworten - diktatorisch* (kr1*/15)
• *Diktatorisch - spricht in Befehlston* (j5/39)
• *Herausfordernd* (*/107)
• *Schlagen* (*/154)
» Kindern; bei (c1/154)
» Raserei; mit (sf1/154)
» Umstehende, schlägt (h2*/154)
• Spotten (^/166)
• Streiten - Abneigung gegen (vh*/172)
• *Streitsüchtig* (*/173)
• **Zorn - Widerspruch, durch** (*/255)

Beziehung zu anderen - Reaktion auf andere

GEMÜT - *Antworten - hastig, überstürzt* (*/15)
• Antworten - langsam (bg2*/15)
» unfähig zu antworten (^/15)
• Autismus (mtf33/19)
• *Furcht - Menschen; vor - Kindern; bei* (*/73)
• *Gesellschaft - Abneigung gegen* (*/94)
» Abneigung gegen - Fremden; Abneigung gegen die Anwesenheit von (k/95)
» Abneigung gegen - Furcht vor dem Alleinsein; jedoch (*/95)
» **Verlangen nach** (*/95)
» *Verlangen nach - allein; agg. wenn* (*/96)
• Lächeln - niemals (mtf33/119)
• **Schüchternheit, Zaghaftigkeit** (*/158)
» *Öffentlichkeit; beim Auftreten in der* (a1*/159)
» *Öffentlichkeit; beim Auftreten in der - sprechen; in der Öffentlichkeit zu* (st*/159)
» Öffentlichkeit; beim Auftreten in der - sprechen; in der Öffentlichkeit zu - fähig; ist aber dazu (h2/159)
• Trost - agg. (k/188)
• *Untröstlich* (*/193)
• Weinen - Trost - agg. (k/248)
• Widerspenstig (*/249)
• **Widerspruch - Neigung zu widersprechen** (*/249)
» **VERTRÄGT KEINEN WIDERSPRUCH** (*/249)

Beziehung zu anderen - allgemein

GEMÜT - *Angeber* (vh*/4)
• Angeber - reich gehalten werden; möchte für (gl1/4)
• **ARGWÖHNISCH, MISSTRAUISCH** (b2/16)
• **Beleidigt, leicht** (*/20)
• Empfindlich - äußerliche Eindrücke; gegen alle (^/42)
• Erregung - Kindern, bei (c1/49)
• Furcht - Räubern, vor (hu/74)
• *Geheimnistuerisch, verschlossen* (st*/87)
• *Ichbezogenheit, Selbstüberhebung* (sf1/111)
• Lügner (mtf33*/126)
• Mitgefühl, Mitleid (*/130)
• Sprache - hastig, eilig (k/167)
» kindisch (st1/167)
• Tadelsüchtig, krittelig (*/178)
• *Tadelt andere* (*/179)
• Tadelt sich selbst, macht sich Vorwürfe (k/179)
• **UNVERSCHÄMTHEIT** (*/193)
• Weinen - allein, wenn (hr1/245)

Schule - Angst

GEMÜT - **Beschwerden durch - Erwartungsspannung** (bg3*/23)
• Furcht - neuen Projekten, Unternehmungen; vor (mtf33/74)
» **unternehmen; irgendetwas zu** (*/78)
» Versagen, Mißerfolg; vor dem (gsd1*/79)
» Versagen, Mißerfolg; vor dem - Prüfungen, bei (wr*/79)
• *Selbstvertrauen - Mangel an Selbstvertrauen* (*/161)
• Unternehmen; etwas - Neues unternehmen; kann nichts (br1/193)

REKTUM - Diarrhoe - Erregung, Aufregung agg. (hr1/952)

Schule - Konzentration

GEMÜT - *Antworten - zerstreut* (kr1/15)
- Konzentration - schwierig - Kindern, bei (mtf33/117)
  - » schwierig - Studieren (a1/117)
- *Stumpfheit - Lesen* (k/175)
- Unaufmerksam (bg2/189)
- *Verwirrung; geistige - Lesen, beim* (*/203)

Schule - Lernen - allgemein

GEMÜT - Dyslexie (mtf/40)
- *Fehler; macht - Sprechen, beim - Buchstabieren, beim* (*/58)

Schule - Lernen - Mathematik, Rechnen

GEMÜT - *Fehler; macht - Rechnen, beim* (*/57)
- Mathematik - Unfähigkeit zur (mtf33*/128)
  - » Unfähigkeit zur - Horror vor (gl1/129)
  - » Unfähigkeit zur - rechnen; kann nicht (gl1/129)

Schule - Lernen - Lesen

GEMÜT - Fehler; macht - Lesen, beim (*/57)
- *Fehler; macht - Lesen, beim - vertauscht Buchstaben und Worte* (mrr1/57)
- Lesen - unfähig zu lesen (h2*/124)
  - » unfähig zu lesen - geschrieben hat; was er (a1*/124)
- *Stumpfheit - Lesen* (k/175)
- *Verwirrung; geistige - Lesen, beim* (*/203)

Schule - Lernen - Schreiben

GEMÜT - **Fehler; macht - Schreiben, beim** (*/57)
- *Fehler; macht - Schreiben, beim - falsch - Silben* (br1/57)
  - » *Schreiben, beim - falsch - Worte* (a1*/57)
  - » *Schreiben, beim - fügt Buchstaben hinzu* (a1/57)
  - » **Schreiben, beim - läßt etwas aus - Buchstaben** (*/57)
  - » *Schreiben, beim - läßt etwas aus - Silben* (kr1/57)
  - » *Schreiben, beim - läßt etwas aus - Worte* (*/57)
  - » *Schreiben, beim - stellt etwas um - Buchstaben* (k/58)
  - » Schreiben, beim - verwechselt Buchstaben (k/58)
- Schreiben - Unfähigkeit zu (k/156)

Schule - Anstrengung; geistige

KOPF - Pulsieren - Lesen im Sitzen; beim (k/304)
- **Schmerz - geistige Anstrengung - agg.** (k/328)
  - » Lesen, beim - agg. (k/332)
  - » Lesen, beim - agg. - stechend (k/332)
  - » Scheitel - Lesen agg. (k/361)
  - » Seiten - Lesen, beim - agg. - stechend (*/378)
  - » Stirn - Lesen agg. (*/389)
  - » Stirn - Lesen agg. - stechend (*/389)

Schule - Beziehung zu anderen

GEMÜT - Lügner (mtf33*/126)
- *Schüchternheit, Zaghaftigkeit - Öffentlichkeit; beim Auftreten in der* (a1*/159)
  - » *Öffentlichkeit; beim Auftreten in der - sprechen; in der Öffentlichkeit zu* (st*/159)
  - » Öffentlichkeit; beim Auftreten in der - sprechen; in der Öffentlichkeit zu - fähig; ist aber dazu (h2/159)
- *Ungehorsam* (*/191)
  - » Kindern, bei (lmj*/191)

MUND - Sprache - stotternd (c2/688)
- Sprache - stotternd - letzten Worte eines Satzes; die (*/688)

Schule - Vorwürfe

GEMÜT - *Beschwerden durch - Grobheit anderer* (st1*/23)
- Empfindlich - Vorwürfe; gegen (mtf/45)
- *Weinen - Ermahnung, durch* (k/245)

Schule - Konstitution

GEMÜT - *Eigensinnig, starrköpfig, dickköpfig* (*/41)
- Eigensinnig, starrköpfig, dickköpfig - Kinder (j5/41)
- **Gewissenhaft, peinlich genau in bezug auf Kleinigkeiten** (*/99)
- Hast, Eile - Schreiben; beim (j/105)
- Heikel, pingelig (k2/106)
- Lügner (mtf33*/126)
- Neugierig (mtf*/135)
- *Selbstvertrauen - Mangel an Selbstvertrauen* (*/161)
- *Ungehorsam* (*/191)
  - » Kindern, bei (lmj*/191)
- Unternehmen; etwas - Vieles, hält aber bei nichts durch, bleibt nicht dabei; unternimmt (a1/193)
- Verantwortung - ernst; nimmt seine Verantwortung zu (lgr*/195)

Spielen

GEMÜT - Amüsement, Vergnügen - Verlangen nach (mtf/4)
- *Spielen - Abneigung gegen Spielen - Kindern; bei* (*/165)
  - » Verlangen zu spielen (^/166)

Tieren; Beziehung zu

GEMÜT - Furcht - Insekten; vor (k*/71)
- Furcht - Katzen; vor (ser/71)

Nonverbales - Aggressivität

GEMÜT - *Beißen* (^/20)
- **Diktatorisch** (*/39)
  - » Machtliebe (*/39)
- Reizbarkeit, Gereiztheit - Kindern, bei (*/145)

» Kindern, bei - gereizt, die ganze Nacht brav; den ganzen Tag über (ptk1*/145)
» Kindern, bei - stößt die Krankenschwester weg (sf1/145)
• Spucken (gl1/170)
• *Stoßen, treten, austreten* (*/172)
» Kindern; bei (^/172)
» Kindern; bei - zornig, tritt und schimpft beim Erwachen; das Kind ist (*/172)

Nonverbales - Reaktion auf andere

GEMÜT - Angesehen, angeblickt zu werden - erträgt es nicht, angesehen zu werden (bg2/5)
• Berührtwerden - Abneigung berührt zu werden (ptk1/21)
• **Fremde - Anwesenheit von Fremden - agg.** (*/60)
• Furcht - berührt zu werden (ptk1/66)
» Fremden; vor (k2*/68)
» *Näherkommen, Annäherung von; vor - anderen, von* (*/74)
• *Näherkommen, auf ihn Zukommen von Personen - Abneigung gegen* (k1*/134)
» agg. (bg2/134)
• Schamlos (gl1/153)

Nonverbales - Gesten, Gebärden

GEMÜT - *Auffahren, Zusammenfahren - Geräusche; durch* (k/17)
• Beißen - Kissen; beißt in das (ptk1/20)
» *Nägel* (bg3*/20)
» Nägel - Kindern; bei (mtf33/20)
• Berühren, anfassen; etwas - Verlangen, etwas zu berühren, anzufassen - alles berühren, anfassen; muß (^/21)
» Verlangen, etwas zu berühren, anzufassen - alles berühren, anfassen; muß - Kindern; bei (lmj/21)
• Gefallsüchtig, kokett - sehr, zu (vh*/87)
• Gesten, Gebärden; macht - Finger - Mund; Kinder stecken die Finger in den (a1*/97)
» Hände; unwillkürliche Bewegungen der - Greifen - Mund - alles in den Mund; steckt (mtf33/98)
» Tics; nervöse (bro1*/99)
• Halten - Hand der Mutter; Kind hält ständig die (al/104)
• Klammert sich an - Kindern; bei - Mutter; das Kind klammert sich an die (^/115)
» Kindern; bei - Mutter; das Kind klammert sich an die - Hand der Mutter; das Kind nimmt immer die (mtf33/115)
• Lachen - Ernstes, über (*/120)
• Launenhaftigkeit, launisch (*/123)
• Pfeifen (*/136)
• *Stirnrunzeln, Neigung zum* (*/171)
• Ungeschicklichkeit (bg2*/192)
» Kindern, bei (mtf33/192)
• Weibisch (vh*/243)

Nonverbales - Allgemeines

GEMÜT - *Eigensinnig, starrköpfig, dickköpfig* (*/41)
• Eigensinnig, starrköpfig, dickköpfig - Kinder (j5/41)
• Hast, Eile - Essen; beim (h2*/105)
» Schreiben; beim (j/105)
• *Nachahmung, Imitation* (^/133)
• Possen, spielt (^/137)
» Kindern; bei (lmj/138)
• Ruhelosigkeit - Kindern, bei (mrr/151)
• Schreien - Kindern, bei (k/157)
• Singen (*/163)
• Unhöflich (vh*/192)
» Kinder (mtf33*/192)
• Verzogene, mißratene Kinder (gl1/204)

Nonverbales - Konsultation; bei der

KOPF - Hitze - Kälte - Extremitäten; mit Kälte der (k2/293)
• Hitze - Kälte - Hände; mit Kälte der (k/293)
• *Läuse* (*/300)

AUGE - *Entzündung - Kindern; bei - Kleinkindern; bei* (k/429)

OHR - Absonderungen - Blut (b2/497)
• Absonderungen - blutig (k/497)
» chronisch (mtf11/497)
» *dick* (*/497)
» eitrig (*/497)
» *eitrig - Ekzem, mit* (k/497)
» *gelb* (*/497)
» grün (k/497)
» jauchig (*/497)
» Ohrschmalz (k/498)
» *schleimig* (b2/498)
» stinkend (hr1*/498)
» übelriechend (*/498)
» *wundfressend* (*/498)
• Eiterung - Mittelohr (*/500)
• **Entzündung - Gehörgang** (*/500)
» Mittelohr (*/501)
• *Feuchtigkeit* (bg2/501)
» hinter den Ohren (*/502)
• *Geschwüre - Trommelfell* (sne/510)
• *Ohrschmalz - vermehrt* (*/516)
• *Perforation - Trommelfell* (sne/516)

HÖREN - Schwerhörig - Tonsillen - Hypertrophie der (bro1/537)
• Schwerhörig - Tonsillen - vergrößert (mp1/537)

GESICHT - **Schwellung - Unterkieferdrüsen** (*/631)

MUND - *Aphthen* (*/639)

• Bewegung - Zunge - Lecken, Schlecken (bg2*/641)
» *Zunge - Seite zur anderen; von einer* (*/641)
• Eiterung - Zahnfleisch (bg2/643)
• *Herausstrecken, Vorstrecken - Zunge, der* (*/665)
» Zunge, der - schnellt heraus und hinein wie bei einer Schlange, züngelt; die Zunge (bg2*/665)
• Landkartenzunge (*/668)
• Papillen - aufgerichtet (*/669)

INNERER HALS - **Belag - Tonsillen** (k/721)
• *Belag - Tonsillen - rechts* (k/721)
• Entzündung - Tonsillen (*/724)
• **Schwellung - Tonsillen** (*/747)

ÄUSSERER HALS - **Schwellung - Halsdrüsen** (*/760)
• Schwellung - Halsdrüsen - hart (*/760)
» *Seiten* (k/760)
• *Verhärtung von Drüsen* (k/761)
» perlschnurartig (k/761)

ABDOMEN - **Absonderung aus dem Nabel** (*/849)
• Auftreibung - Kindern, bei (mtf33/852)
• Geschwüre - Nabelgegend (k/865)

REKTUM - Hautausschläge - Anus; um den (*/964)

URIN - Zucker - Kindern; bei (mtf33/1056)

RÜCKEN - *Abmagerung - Zervikalregion* (*/1311)
• Hautausschläge - Furunkel - Dorsalregion - Schulterblätter (k/1317)
• *Krümmung der Wirbelsäule* (*/1323)
» *Dorsalregion* (*/1323)

EXTREMITÄTEN - *Fußgeruch ohne Schweiß; übler* (mrr1/1413)
• Krümmung und Biegung (*/1473)
• Nägel; Beschwerden der - eingewachsene Zehennägel (zf/1665)
» Niednagel (*/1665)
» Niednagel - entzündet (h2*/1665)
» Niednagel - schmerzhaft (h2*/1665)
» *spröde, brüchige Nägel - Fingernägel* (vh/1665)

HAUT - *Erysipel* (*/1798)
• Hautausschläge - Impetigo (*/1816)
» Molluscum (bro1/1818)
» Molluscum - contagiosum; Molluscum (ll/1818)
• *Intertrigo* (*/1825)
• *Wundliegen - Kindern; bei* (*/1837)

ALLGEMEINES - *Genesung, Rekonvaleszenz; Beschwerden während der - Ohr; nach Absonderungen aus dem* (*/1884)

Nonverbales - Äußerliches - Beobachtungen des Arztes

KOPF - Großer Kopf (sne*/289)
• Halten - hoch, aufrecht zu halten; unfähig, den Kopf (k/289)
• *Schuppen* (*/402)

AUGE - *Strabismus, Schielen* (k/467)
• *Strabismus, Schielen - convergens* (hr1/467)
• **Verklebt** (*/472)

NASE - **Bewegung - Nasenflügel - Fächer; wie ein** (*/545)
• **Bewegung - Nasenflügel - Fächer; wie ein - Asthma; bei** (mrr1/545)
» Nasenflügel - Fächer; wie ein - Herzklopfen; mit (ptk1/545)
» **Nasenflügel - Fächer; wie ein - Pneumonie; bei** (*/545)
• Bohren mit den Fingern in der Nase (bg3*/546)
• *Geweitete Nasenlöcher* (*/550)
• **Schniefen** (*/568)
» **Kindern; bei - Neugeborenen; bei** (*/568)
• **Zupfen - Nase, an der** (bg1*/578)

GESICHT - Ausdruck - alt aussehend (bg2*/580)
• Ausdruck - alt aussehend - Kindern; bei (mtf33/580)
• Fettig (h2*/593)
• *Gerunzelt* (*/594)
» **Augenbrauen** (mrr1/594)
» **STIRN, STIRNRUNZELN** (kl*/594)
» **Stirn, Stirnrunzeln - Brust; bei Beschwerden der** (*/594)
» **Wangen** (mrr1/594)
• **Hautausschläge - Akne** (bro1*/595)
• Hippokratisches Gesicht (k/605)
• Rissig - Lippen (bro1/613)
» Lippen - Unterlippe - Mitte der (xyz61/614)
» *Mundwinkel - rechts* (bg1*/614)
• **Sommersprossen** (*/632)
• Venen, erweiterte - netzförmig, wie marmoriert (*/634)
• Warzen (*/635)
» *Kinn* (*/635)

MUND - Bewegung - Zunge - Lecken, Schlecken (bg2*/641)
• *Bewegung - Zunge - Seite zur anderen; von einer* (*/641)
• Finger in den Mund; Kinder stecken (mtf33/651)
• Steckt alles in den Mund (Kind) (mtf33/688)

ÄUSSERER HALS - **Torticollis** (*/761)
• **Torticollis - links gezogen; nach** (*/761)
» *rechts gezogen; nach* (*/761)

ATMUNG - Asthma, asthmatische Atmung - Kindern; bei (hr1/1162)
• Atemnot, Dyspnoe, erschwertes Atmen - Kindern; bei (*/1168)
• **Beschleunigt** (*/1174)

SCHLAF - *Gähnen - vergeblich - Versuche zu gähnen; vergebliche - Kindern, bei* (kr1/1679)

HAUT - **SOMMERSPROSSEN (*/1834)**

ALLGEMEINES - Aussehen - dunkel (c1/1854)
- Aussehen - dunkel - blaue Augen und dunkle Haare (kl/1855)
  - » *hell, blond - schlaffer Faser, mit* (c1/1855)
- *Magere Personen* (*/1919)
- Zwergwuchs (*/2035)

Nonverbales - Äußerliches - Beobachtungen der Eltern

AUGE - Verklebt - morgens (*/472)

NASE - Schneuzen der Nase - Neigung, sich zu schneuzen; ständige (ptk1/568)
- *Verstopfung - Kindern; bei* (ptk1/577)
  - » **Kindern; bei - Säuglingen; bei** (*/577)

ZÄHNE - *Zähneknirschen* (*/718)
- Zähneknirschen - Frost; während (*/718)
  - » konvulsivisch (k/718)
- *Zusammenbeißen der Zähne - Verlangen, die Zähne zusammenzubeißen; ständiges* (*/719)

MAGEN - *Brechreiz, Würgen* (k/784)
- *Brechreiz, Würgen - Schleim in den Fauces; durch* (*/785)
- *Gluckern; Gurgeln* (ptk1/802)
- **Schluckauf** (*/809)
  - » Essen - nach - agg. (*/810)
  - » *heftig* (*/810)
- **Völlegefühl - Essen - nach - agg.** (*/845)
  - » Essen - nach - agg. - Lockern der Kleidung amel. (tl1/845)
  - » **Essen - nach - agg. - wenig, nach dem kleinsten Bissen; nach noch so** (*/845)

ABDOMEN - Flatulenz - Kindern; bei (kl/863)
- **Schmerz - Kindern; bei - Säuglingen; bei - krampfartig** (bro1*/888)
  - » Zusammenkrümmen - agg. (k/896)
  - » Zusammenkrümmen - amel. (k/897)

STUHL - Kugeln, wie (bro1/996)
- Schafskot, wie (ptk1/997)
- *Unverdaut* (*/999)

BLASE - Urinieren - Dysurie - Kindern, bei (bro1/1012)
- *Urinieren - Dysurie - schmerzhaft - weinen bevor der Urin zu fließen beginnt; Kinder* (*/1012)
  - » *Harndrang - häufig - Kinder und Säuglinge schreien bevor der Urin abgeht* (k/1014)
  - » *Harndrang - plötzlich - beeilen um zu urinieren, sonst geht Urin ab; muß sich* (b4a/1015)
  - » **Harndrang - schmerzhaft - Kindern; bei - weinen; sie** (k/1015)
  - » *Harndrang - vergeblich - Kindern; bei* (k/1015)
  - » *unwillkürlich - Husten; agg. beim* (k/1020)
  - » unwillkürlich - Kindern; bei (k2/1020)
  - » **verzögert, muß warten, bis der Urin zu fließen beginnt** (*/1020)
  - » *verzögert, muß warten, bis der Urin zu fließen beginnt - allein; kann nur urinieren, wenn* (vh/1020)
  - » verzögert, muß warten, bis der Urin zu fließen beginnt - pressen, bevor er damit beginnen kann; muß lange (bro1/1021)

MÄNNLICHE GENITALIEN - *Masturbation, Neigung zur* (bg2*/1071)

WEIBLICHE GENITALIEN - *Masturbation; Neigung zu* (zf/1104)

ATMUNG - Schnarchen (*/1180)

HUSTEN - **Trocken - chronischer, trockener Husten - schwächlichen, entkräfteten Knaben; bei** (*/1209)
- **Trocken - Kindern, bei - abgemagerten Knaben, bei** (*/1209)

EXTREMITÄTEN - Hitze - Füße - brennend - entblößt sie (zf/1440)
- Nägel; Beschwerden der - Niednagel - schmerzhaft (h2*/1665)

SCHWEISS - Essen - beim - agg. (bg2/1786)
- *Essen - nach - agg.* (*/1786)

Nacht; Beobachtungen in der - Gemütssymptome

GEMÜT - Furcht - allein zu sein - nachts (mrr1/64)
- *Furcht - Dunkelheit; vor der* (*/66)
  - » *Erwachen; beim - Traum; aus einem* (k/67)
- *Gesten, Gebärden; macht - Hände; unwillkürliche Bewegungen der - zupft - Bettwäsche; an der* (*/98)
- Schlafwandeln (*/154)
- Schreien - Kindern, bei - Erwachen, beim (hr1/157)
  - » *Kindern, bei - Schlaf, im* (hr1*/157)
- Sprechen - Schlaf; im (*/169)
- *Weinen - Kindern; bei - nachts* (gg/246)
  - » Wimmern, Winseln - nachts (j/248)
  - » Wimmern, Winseln - Schlaf, im (b4/248)

Nacht; Beobachtungen in der - körperliche Symptome

KOPF - *Schweiß der Kopfhaut - Schlaf - im* (*/404)

NASE - Jucken - reibt sich die Nase - Kindern; bei - schreckt aus dem Schlaf auf und reibt sich die Nase; das Kind (*/552)

MUND - *Offen - Schlaf; agg. im* (*/669)

ZÄHNE - **Zähneknirschen - Schlaf; agg. im** (b4a/718)

BLASE - Urinieren - unwillkürlich - nachts (*/1019)
- Urinieren - unwillkürlich - nachts - spasmodisches Bettnässen (k/1019)
  - » unwillkürlich - nachts - Träumen vom Urinieren; beim (k/1019)

Nacht; Beobachtungen in der - Schlaf

SCHLAF - **Erwachen - Schreck, wie durch** (*/1675)
- Schlaflosigkeit - Kindern, bei - abends (a1/1691)

Nacht; Beobachtungen in der - Schlaf; Lage im

SCHLAF - *Lage - Abdomen, auf dem* (vh*/1682)
• Lage - bewegungslos (a1/1682)
» *Knie - Brust; liegt auf Knien und* (sf1/1682)
» Knie - Ellbogen gebeugt, Knie und (bg2/1682)
» *Knie - Gesicht ins Kissen gepreßt; und* (st*/1682)
» *Rücken, auf dem* (*/1683)
» Seite, auf der - linken Seite, auf der - unmöglich (*/1683)
» *Seite, auf der - rechten Seite, auf der* (st*/1683)
» *Seite, auf der - rechten Seite, auf der - Rücken, aber beim Erwachen, auf dem* (kr1*/1683)
» **Sitzen** (*/1683)
» unmöglich; Liegen ist (k/1683)
» verändert häufig die Lage (j5/1683)

Schaukeln und Getragenwerden

GEMÜT - *Getragen - Verlangen getragen zu werden* (*/99)

Autos und Schiffe

SCHWINDEL - Fahren, beim - Wagen, im - agg. (*/265)
KOPF - *Schmerz - Fahren - Wagen, im - agg.* (k/326)
• Schmerz - Scheitel - Fahren im Wagen agg. - drükkend (k/361)
» Scheitel - Fahren im Wagen, beim (k/361)
» Schläfen - Fahren im Wagen, beim (k/369)
» Stirn - nachmittags - Fahren im Wagen agg. (k/384)
» *Stirn - Fahren - Wagen; im - agg.* (k/388)
MAGEN - Schmerz - Fahren - Wagen; im - agg. (k/818)
• *Übelkeit - Fahren - Wagen; im - agg.* (*/836)
SCHLAF - Schläfrigkeit - nachmittags - Wagen, im (a1/1697)
• Schläfrigkeit - Fahren - agg. (k/1698)
ALLGEMEINES - Fahren - Wagen; mit dem - agg. (*/1877)
• Fahren - Wagen; mit dem - amel. (bg2/1877)

Psychosomatische Störungen

ZÄHNE - Zähneknirschen - Raserei, Tobsuchtsanfall; bei (k/718)
REKTUM - Diarrhoe - Erregung, Aufregung agg. (hr1/952)
SCHWEISS - Fremden; in Anwesenheit von (*/1786)

Körperliche Symptome und Erkrankungen

KOPF - Entzündung - Hirnhaut (bg/284)
• *Entzündung - Hirnhaut - begleitet von - Zunge - Schwellung der Zunge* (kr1*/284)
» *Hirnhaut - tuberkulös* (*/284)
• **Hydrozephalus** (*/295)
• *Schmerz - katarrhalisch* (*/331)
NASE - **Katarrh - gefolgt von - Stirnhöhlen; Beschwerden der** (*/553)
ZÄHNE - *Abszeß der Zahnwurzeln* (k/695)
• *Karies, faule, hohle Zähne* (*/700)
INNERER HALS - Räuspert käsige Klumpen herauf (bg2*/732)
MAGEN - *Langsame Verdauung* (bro1*/805)
• Würgen - Husten, mit (*/846)
REKTUM - *Diarrhoe - Hautausschläge - unterdrückten Hautausschlägen; nach* (k/953)
BLASE - *Harnverhaltung - Kindern, bei* (b4a/1005)
• *Harnverhaltung - Kindern, bei - Neugeborenen; bei* (k/1005)
NIEREN - **Entzündung** (*/1023)
• Entzündung - Nierenbecken und Niere (mrr1/1024)
WEIBLICHE GENITALIEN - *Menses - verzögerte Menarche* (*/1114)
BRUST - Entzündung - Lungen - Kindern; bei (gsy/1234)
• *Entzündung - Lungen - Kindern; bei - Kleinkindern; bei* (k/1234)
RÜCKEN - Spina bifida (*/1384)
EXTREMITÄTEN - *Hüftgelenksentzündung* (*/1443)
FIEBER - *Continua* (k/1772)
ALLGEMEINES - *Abmagerung - Kindern; bei* (*/1845)
• Abmagerung - Kindern; bei - Kleinkindern; bei (br1*/1845)
» **Kindern; bei - Knaben; bei schwächlichen, kränklichen** (*/1845)
• Arzneimittel - heftige Reaktion auf homöopathische Arzneimittel (gl1/1852)
» heftige Reaktion auf homöopathische Arzneimittel - hohe Potenzen, gegen (mtf33/1852)
• *Essen - Überessen; agg. nach* (ptk1/1877)
• **Kindern; Beschwerden von** (*/1897)
» *zarte, schwächliche, kränkliche Kinder* (bg2*/1897)
• *Konvulsionen - Kindern, bei* (k/1905)
• Medikamente - allopathische - überempfindlich gegen (st/1921)
• *Schmerzlosigkeit gewöhnlich schmerzhafter Beschwerden* (b4a/1971)
• *Schwäche - Kindern, bei* (*/1977)
• Verletzungen - Knochenbrüche - langsame Heilung von Knochenbrüchen (*/2020)

Chirurgisch pathologische Zustände

NASE - Polyp (*/561)
ABDOMEN - *Entzündung - Peritoneum* (c2*/860)
• *Entzündung - Peritoneum - begleitet von - Schluckauf* (ptk1*/860)
• Hernie (c2*/867)
» eingeklemmt, inkarzeriert (bro1*/868)

» **Leistenhernie** (*/868)
» Leistenhernie - eingeklemmt, inkarzeriert (bg2/868)
» Leistenhernie - Kindern, bei (*/868)
» Leistenhernie - Kindern, bei - rechts (*/868)
» Leistenhernie - schmerzhaft (b4/868)
» Nabelbruch (b4a/868)
» *Schenkelhernie* (*/868)
• *Intussuszeption* (*/869)
Männliche Genitalien - Hodenretention - abdominal (fry3/1069)
• *Phimose* (*/1071)
• *Varikozele* (*/1085)

Würmer

Rektum - *Würmer - Beschwerden durch Würmer* (b2/985)
• Würmer - Beschwerden durch Würmer - Bandwürmer (b2/986)
» Beschwerden durch Würmer - begleitet von - Abmagerung (bg2/986)
» Beschwerden durch Würmer - Madenwürmer (bro1/986)
» Beschwerden durch Würmer - Spulwürmer (*/986)

Lyssinum

lyss.

Krankengeschichte; familiäre und persönliche

Allgemeines - *Krankengeschichte von; persönliche - Bisse von Tieren* (mrr1/1909)
• Krankengeschichte von; persönliche - Bisse von Tieren - immunisierten Tieren (mrr1/1909)

Entwicklung - schnell

Gemüt - Frühreife, altkluge Kinder (lmj/63)

Impfung

Allgemeines - **Impfung; Beschwerden nach - Tollwut; gegen** (mrr1/1892)

Stillen - Milch

Allgemeines - Speisen und Getränke - Milch - Verlangen - warme (al2/2001)

Stillen - Magendarmsymptome - Appetit - vermindert

Magen - Appetit - fehlend (k/767)

Stillen - Magendarmsymptome - Appetit - vermehrt

Magen - Appetit - Heißhunger (k/769)
• Appetit - vermehrt (k/770)

Konstitution - Angst und Furcht

Gemüt - Beschwerden durch - Erwartungsspannung (st*/23)
• Beschwerden durch - Schreck (hr1*/25)
• Erwartungsspannung - Lampenfieber (fry/53)
• Furcht - allein zu sein (*/64)
» engen Räumen; in (mrr1/67)
» **Geräusche, durch** (^/69)
» offenen Plätzen; Furcht vor (mrr1/74)
» **Wasser, vor** (*/79)

Konstitution - Allgemeines

Gemüt - Reisen - Verlangen nach (ptk1/142)
• Unzufrieden (kr1/194)
• *Verwegenheit* (^/199)
• Wandern, Herumwandern - Verlangen zu wandern (ckh1/243)

Familie; Beziehung zur - Liebe und Zuneigung

Gemüt - Verlassen zu sein; Gefühl (*/198)

Beziehung zu anderen - Aggressivität

Gemüt - Antworten - beleidigend (a1/15)
• Grausamkeit (kr1/103)
• *Schlagen* (*/154)
• Spotten - andere würden ihn verspotten; glaubt (mrr1/166)
• Sprache - barsch (hr1/166)
• Streitsüchtig (*/173)

Beziehung zu anderen - Reaktion auf andere

Gemüt - Antworten - Abneigung zu antworten (k/14)
• Antworten - bissig, schnippisch (^/15)
» schnell (kr1/15)
» weigert sich zu antworten (k/15)

Beziehung zu anderen - allgemein

Gemüt - Beleidigt, leicht (k/20)
• Empfindlich - äußerliche Eindrücke; gegen alle (mrr1/42)
• *Mitgefühl, Mitleid* (^/130)
• Sprache - hastig, eilig (*/167)
• Tadelsüchtig, krittelig (mrr1/178)
• Unverschämtheit (*/193)

Schule - Angst

Gemüt - Beschwerden durch - Erwartungsspannung (st*/23)

Schule - Anstrengung; geistige

Kopf - *Schmerz - geistige Anstrengung - agg.* (k/328)
• Schmerz - Lesen, beim - agg. (*/332)
» Scheitel - Lesen agg. (*/361)
» Stirn - Lesen agg. (k/389)

Tieren; Beziehung zu

Gemüt - Furcht - Hunden, vor (st1/71)

Nonverbales - Aggressivität

Gemüt - **Beißen** (*/20)

• Beißen - sich selbst; beißt (*/20)
• Spucken (bg*/170)
• Wirft mit Gegenständen um sich (a1/250)
» Personen; nach (a1/250)
• Zerbricht Dinge (^/251)

Nonverbales - Gesten, Gebärden

GEMÜT - Auffahren, Zusammenfahren - Geräusche; durch (k/17)
• Beißen - Kissen; beißt in das (*/20)
» Löffel; beißt in den (k/20)
• Springen (^/169)

Nonverbales - Allgemeines

GEMÜT - Singen (*/163)

Nonverbales - Äußerliches - Beobachtungen des Arztes

AUGE - Strabismus, Schielen (*/467)
• Verklebt (a1/472)

ATMUNG - Beschleunigt (*/1174)

RÜCKEN - Opisthotonus (hr1*/1325)

Nonverbales - Äußerliches - Beobachtungen der Eltern

ZÄHNE - Zähneknirschen (*/718)

MAGEN - *Brechreiz, Würgen - Husten; agg. beim* (k/784)
• Gluckern; Gurgeln (hr1/802)
• Schluckauf (st1/809)

REKTUM - Unwillkürlicher Stuhl (*/984)

STUHL - Unverdaut (*/999)

MÄNNLICHE GENITALIEN - Erektionen - Kindern, bei (lmj/1063)
• Masturbation, Neigung zur - Kindern; bei (lmj/1071)
• Sexuelles Verlangen - vermehrt - Kindern, bei (lmj/1084)

WEIBLICHE GENITALIEN - Masturbation; Neigung zu - Kindern; bei (lmj/1104)

Nacht; Beobachtungen in der - Gemütssymptome

GEMÜT - Schlafwandeln (c1*/154)

Nacht; Beobachtungen in der - körperliche Symptome

REKTUM - Unwillkürlicher Stuhl - Schlaf; agg. im (k2/985)

Autos und Schiffe

ALLGEMEINES - *Fahren - Wagen; mit dem - agg.* (*/1877)

Psychosomatische Störungen

ALLGEMEINES - Konvulsionen - Kindern, bei - Fremden; durch Näherkommen von (k/1905)
• Konvulsionen - Schreck agg. (*/1906)
» Zorn; nach (k/1907)

Körperliche Symptome und Erkrankungen

NIEREN - Entzündung (mrr1/1023)

EXTREMITÄTEN - Hüftgelenksentzündung (mtf11/1443)

Magnesium carbonicum

mag-c.

Für Kinder von *reizbarer Stimmung und nervösem Temperament.* Sie wirken *sehr mild*, aber verstecken ihre innere Unruhe und Gewalttätigkeit. Ihre Emotionen werden oft durch die Menschen in ihrer Umgebung unterdrückt, besonders durch die Familie.

Sie ertragen keine Streitigkeiten, aber das ist eine psychische Projektion, denn sie versuchen ihre inneren Konflikte und Leiden zu beruhigen.

Sie ertragen keine Ungerechtigkeit, aber durch ihr Verlangen, einzugreifen, ihre Liebe für Harmonie und ihre Abneigung gegen Streit stehen sie in einem Konflikt.

Sie schrecken bei jeder unerwarteten Berührung auf.

Viele Autoren wiesen bei Waisen und adoptierten Kindern auf dieses Mittel hin, aber ich glaube, es ist sehr nützlich, die Beobachtungen von Jan Scholten zu lesen: „Magnesium carbonicum ist ein relativ gut bekanntes Mittel. Besonders das schwierige, aggressive Kind ist ein vertrautes Bild von Magnesium carbonicum. Es sind die griesgrämig dreinschauenden und ewig schwierigen Kinder. Aber woher kommt dieses Muster? Und warum passiert dies nicht bei Erwachsenen oder warum erkennen wir es in ihnen nicht? Wenn wir uns die Gruppenanalyse ansehen, erhalten wir als Thema von Magnesium carbonicum die Idee, daß Aggression entweder notwendig ist für das Selbstwertgefühl oder auf der anderen Seite sehr schädlich für das Selbstwertgefühl. Dadurch wird es leicht verständlich, warum Magnesium-carbonicum-Kinder so aggressiv sind. Sie haben ein Bedürfnis nach Anerkennung und Akzeptiertwerden; und wenn dies nicht von sich aus geschieht, werden sie ihre Anwesenheit auf andere Art zeigen: sie werden sie zwingen, sie zu respektieren. *Kent beschreibt Magnesium carbonicum als sein Mittel erster Wahl bei Waisenkindern. Er meinte Waisen in einem Waisenhaus. Man kann sich leicht vorstellen, daß in den Waisenhäusern des letzten Jahrhunderts kein Platz war für Respekt für Kinder. Falls nötig wurde*

Widerspenstigkeit aus ihnen herausgeprügelt. Also wurde das Kind entweder aufsässig oder es schluckte seine Aggression.“

Kinder, die auf Grund von Problemen beim Schreiben und Lesen in der Schule zurückbleiben.

Aufmerksamkeitsdefizitstörung.

In der Schule *ermüden sie geistig* mit nachfolgenden heftigen Kopfschmerzen.

Sie wachen morgens müde auf, obwohl sie viel schlafen; *es ist immer schwierig, sie dazu zu bringen, aufzustehen und in die Schule zu gehen.*

Ungeheures *Verlangen nach Fleisch*, besonders wenn auch eine große Abneigung gegen Gemüse vorhanden ist. *Milchunverträglichkeit:* die Milch läuft unverdaut durch den Säugling, mit kolikartigen Schmerzen.

Diarrhoe: mit vorangehender, schneidender Kolik, bei der er sich zusammenkrümmt; Stuhl grün, schaumig, „wie der Laich auf einem Froschteich“.

Magnesium carbonicum und Cina sind die zwei am häufigsten angezeigten Mittel bei Anfällen von Diarrhoe, die von eigentümlich weißem Stuhl begleitet werden.

Diese Kinder neigen zu Bronchitis mit fadenziehendem Auswurf, der schwierig abzulösen ist (Differentialdiagnose: Kalium bichromicum).

Juckendes Ekzem auf der Kopfhaut. Neigung zur Entwicklung von Furunkeln, die wiederholt und in schneller Folge erscheinen.

Überempfindlichkeit gegen alles: Emotionen, Schmerzen, Licht, Klänge und besonders Geräusche.

Sie ertragen nicht die geringste Temperaturveränderung oder Zugluft.

Klinisches: Nervosität. Schwäche. Dyspepsie. Diarrhoe. Hernie. Neuralgie. Zahnschmerzen.

Wirkungsbereich: Verdauungskanal. Leber. Nerven. Zähne.

* * *

Krankengeschichte; familiäre und persönliche

ALLGEMEINES - Familiengeschichte von - Tuberkulose (kr/1878)

Entwicklung - langsam

GEMÜT - Sprechen - langsam; lernt (mtf33/168)

ALLGEMEINES - Gehen - Gehenlernen, Laufenlernen - spätes (b4a/1883)

Entwicklung - allgemein

KOPF - Fontanellen - offen - eingesunken - Hinterkopf; am (ptk1/286)

Zahnung - Empfindungen und neurologische Beschwerden

HÖREN - Taubheit, Verlust des Gehörs - Weisheitszahnes; durch Herauskommen eines (c1*/538)

Zahnung - Magendarmsymptome

REKTUM - *Diarrhoe - Zahnung; während* (*/957)

Zahnung - Allgemeines

ZÄHNE - *Weisheitszähne; Beschwerden durch das Heraustreten der* (*/718)
- Zahnung - langsam (*/718)
  - » *schwierig* (b4a/718)
  - » *schwierig - Weisheitszähne* (*/718)

SCHLAF - Schlaflosigkeit - Zahnung; während der (bg2*/1694)

Stillen - Milch

KOPF - Hautausschläge - Milchschorf (bg2*/290)
- Hautausschläge - Milchschorf - Kindern; bei (mtf33/290)

MAGEN - *Aufstoßen - Milch, nach* (k/775)
- *Aufstoßens; Art des - sauer - Milch agg.* (k/779)
- Erbrechen - Milch, nach (*/794)
- *Erbrochenen; Art des - Milch - geronnene* (bro1/798)
  - » Speisen - unverdaut - Milch, unverdaute (pd/800)
- *Schmerz - Milch - agg.* (k/821)
- *Verdauungsstörung - Milch - agg.* (*/843)

ABDOMEN - Schmerz - Milch - agg. (^/891)
- Schmerz - Milch - agg. - krampfartig (mrr1/891)

REKTUM - *Diarrhoe - Milch - agg.* (*/954)

STUHL - *Unverdaut - Milch agg.* (*/999)

ALLGEMEINES - Speisen und Getränke - Milch - Abneigung (*/2000)
- Speisen und Getränke - Milch - Abneigung - Muttermilch (st/2001)
  - » *Milch - Abneigung - Muttermilch - Kind verweigert die; das* (st*/2001)
  - » *Milch - agg.* (*/2001)
  - » Milch - Verlangen (*/2001)

Stillen - Magendarmsymptome - Appetit - allgemein

MAGEN - Appetit - fehlend - Essen - nach dem Essen kehrt der Appetit wieder zurück - Bissen; nach einem (k/768)
- Appetit - launischer Appetit (k/770)

Stillen - Magendarmsymptome - Appetit - vermindert

MAGEN - *Appetit - fehlend* (*/767)
- Appetit - fehlend - Durst - mit (h2/768)
  - » fehlend - Hunger, mit (b2/768)

» schnelle Sättigung (*/770)

Stillen - Magendarmsymptome - Appetit - vermehrt

MAGEN - Appetit - Genuß, ohne (k/769)
• Appetit - Heißhunger (*/769)
» vermehrt (*/770)
» vermehrt - Essen - nach - nur beim Essen wieder; Appetit kehrt (*/772)

Stillen - Magendarmsymptome - Aufstoßen - Speisen; von

MAGEN - Aufstoßens; Art des - Speisen; von (k2/780)
• Aufstoßens; Art des - Speisen; von - sauer (ptk1/780)

Stillen - Magendarmsymptome - Aufstoßen - Wasser; Hochsteigen von

MAGEN - Aufstoßens; Art des - Wasser in den Mund; Hochsteigen von (*/781)

Stillen - Magendarmsymptome - Erbrechen

MAGEN - Erbrochenen; Art des - Speisen - Essen - nach - agg. (h2/800)

Stillen - Magendarmsymptome - Abdomen - agg. durch

ABDOMEN - *Schmerz - Kindern; bei - Säuglingen; bei - krampfartig* (lmj/888)

Stillen - Magendarmsymptome - Abdomen - amel. durch

ABDOMEN - Schmerz - Zusammenkrümmen - amel. - krampfartig (lp/897)
• Schmerz - Zusammenkrümmen - muß sich zusammenkrümmen - krampfartig (lp/897)

Stillen - Magendarmsymptome - Rektum

REKTUM - *Diarrhoe - Kindern, bei* (*/954)

Stillen - Allgemeines

GESICHT - Schweiß - Essen - warmen Speisen agg.; von (bl1/629)

SCHWEISS - Warm - Speisen; warme - nach (k2/1792)

ALLGEMEINES - *Abmagerung - Heißhunger mit Abmagerung - Kindern; bei* (k/1845)
• *Abmagerung - Heißhunger mit Abmagerung - Kindern; bei - Kleinkindern; bei* (k/1845)
• *Säuglinge* (kk2/1944)
• Speisen und Getränke - Fleisch - Verlangen - Kindern, bei (st*/1994)

Infektionskrankheiten - Masern

FIEBER - Ausschlagsfieber; Fieber bei Ausschlagserkrankungen - Masern (bg2/1770)

HAUT - Hautausschläge - Masern (*/1817)

ALLGEMEINES - Masern - Beschwerden nach (b2/1920)

Infektionskrankheiten - Mumps

GESICHT - Schwellung - Parotis (b4a/631)
• Schwellung - Parotis - Hautausschlag; nach (k/631)

Infektionskrankheiten - Röteln

HAUT - Hautausschläge - Röteln (b4a/1821)

Konstitution - Aggressivität

GEMÜT - Schlagen - sich; schlägt - schlägt seinen Kopf gegen die Wand und gegen Gegenstände (*/154)

KOPF - Anstoßen (k/274)
• Anstoßen - Wand; im Schlaf mit dem Kopf gegen die (k/274)

Konstitution - Angst und Furcht

GEMÜT - Beschwerden durch - Schreck (*/25)
• Erwartungsspannung - Zahnarzt, Arzt; vor dem Gang zum (mg1/53)

Konstitution - Allgemeines

GEMÜT - Faulheit (*/55)
• Faulheit - Kindern, bei (mtf33/56)
• Heimweh (*/107)
• Reisen - Verlangen nach (mtf33*/142)
• Sorgen; voller (ptk1*/164)
• *Stimmung, Laune - veränderlich* (*/171)
» veränderlich - Kindern; bei (mtf33/171)
• Traurigkeit - Kindern, bei (mtf33/186)
• Unaufmerksam (j5/189)
• Ungerechtigkeit; erträgt keine (lmj*/191)
• Unzufrieden (*/194)

Familie; Beziehung zur - Aggressivität

GEMÜT - Beschimpfen, beleidigen, schmähen - Kinder - Eltern; Kinder beschimpfen ihre (mtf33/22)
• *Beschwerden durch - Bevormundung - lange Zeit, für* (mtf/22)

Familie; Beziehung zur - Liebe und Zuneigung

GEMÜT - *Beschwerden durch - Uneinigkeit, Zwietracht - Eltern; zwischen den eigenen* (stj1/26)
• Eifersucht (^/40)
• Sorgen; voller - andere, um (sys/165)
• *Verlassen zu sein; Gefühl* (st1/198)
» *geliebt zu werden; Gefühl von den Eltern, der Ehefrau, den Freunden nicht* (st*/198)
• *Waisen* (k2/243)

Beziehung zu anderen - Aggressivität

GEMÜT - Schlagen (^/154)
• Schlagen - sich; schlägt (^/154)
» sich; schlägt - schlägt seinen Kopf gegen die Wand und gegen Gegenstände (*/154)
• Streiten - Abneigung gegen (vh*/172)
• Streitsüchtig (mg1/173)

Beziehung zu anderen - Reaktion auf andere

GEMÜT - *Antworten - unfähig zu antworten* (^/15)
- Gesellschaft - Abneigung gegen (b2/94)
- Schüchternheit, Zaghaftigkeit (*/158)
- Widerspenstig (k/249)
- Widerspruch - Neigung zu widersprechen (mg1/249)

Beziehung zu anderen - allgemein

GEMÜT - Furcht - Räubern, vor (k/74)
- Tadelsüchtig, krittelig (mg1/178)
- Unabhängigkeit, Selbständigkeit (mtf/189)

Schule - Konzentration

GEMÜT - Unaufmerksam (j5/189)

Schule - Lernen - allgemein

GEMÜT - Dyslexie (mtf/40)

Schule - Lernen - Lesen

GEMÜT - Lesen - unfähig zu lesen (st*/124)
- Lesen - unfähig zu lesen - Kindern, bei (st*/124)

Schule - Lernen - Schreiben

GEMÜT - Fehler; macht - Schreiben, beim (*/57)

Schule - Anstrengung; geistige

KOPF - *Schmerz - geistige Anstrengung - agg.* (k/328)

Schule - Beziehung zu anderen

MUND - *Sprache - stotternd* (*/688)
- Sprache - stotternd - Kindern; bei (mtf33/688)
  - » stotternd - plötzlich (ptk1/688)

Nonverbales - Aggressivität

GEMÜT - *Beißen* (^/20)
- **Reizbarkeit, Gereiztheit - Kindern, bei** (*/145)

Nonverbales - Reaktion auf andere

GEMÜT - Angesehen, angeblickt zu werden - erträgt es nicht, angesehen zu werden (*/5)
- Angesehen, angeblickt zu werden - erträgt es nicht, angesehen zu werden - Kindern; bei (mtf33/5)
- Berührtwerden - Abneigung berührt zu werden (*/21)
  - » Abneigung berührt zu werden - Kindern; bei (mtf33/21)
- Schreien - Kindern, bei - Berührung, bei (mtf33/157)

Nonverbales - Gesten, Gebärden

GEMÜT - Auffahren, Zusammenfahren - Geräusche; durch (k/17)
- *Beißen - Nägel* (vh*/20)
  - » Nägel - Kindern; bei (mtf33/20)
- Berühren, anfassen; etwas - Verlangen, etwas zu berühren, anzufassen - alles berühren, anfassen; muß (^/21)
  - » Verlangen, etwas zu berühren, anzufassen - alles berühren, anfassen; muß - Kindern; bei (lmj/21)
- Launenhaftigkeit, launisch (hr1*/123)
- Ungeschicklichkeit (^/192)

Nonverbales - Allgemeines

GEMÜT - Nackt sein, möchte (^/134)
- Schreien - Kindern, bei (mg1/157)
- Singen (*/163)

Nonverbales - Konsultation; bei der

OHR - Entzündung (k/500)
- Entzündung - äußere Ohren (bg2/500)
  - » *Gehörgang* (*/500)

MUND - *Aphthen* (*/639)
- Stomatitis ulcerosa, Stomakaze (bro1/689)

INNERER HALS - Ablagerung auf den Tonsillen; käsige (vs/721)

ABDOMEN - Vergrößert - Leber - Kindern, bei (mtf33/938)

RÜCKEN - Abmagerung - Zervikalregion (ptk1/1311)

HAUT - Erysipel (*/1798)
- Hautausschläge - Herpes - ringförmig (*/1815)

Nonverbales - Äußerliches - Beobachtungen des Arztes

KOPF - Halten - hoch, aufrecht zu halten; unfähig, den Kopf (vh*/289)
- Schuppen (*/402)

AUGE - *Verklebt* (*/472)

GESICHT - *Fettig* (*/593)
- Hautausschläge - Akne (st/595)
- Wächsern (k2*/635)
- *Warzen* (b4a/635)

ÄUSSERER HALS - Torticollis (h2*/761)

ATMUNG - Beschleunigt (b2/1174)

ALLGEMEINES - Magere Personen (bg2*/1919)

Nonverbales - Äußerliches - Beobachtungen der Eltern

AUGE - *Verklebt - morgens* (*/472)

NASE - Schneuzen der Nase - Neigung, sich zu schneuzen; ständige (k/568)

MAGEN - Schluckauf (*/809)
- Schluckauf - Gähnen - agg. (b4/810)

ABDOMEN - *Schmerz - Kindern; bei - Säuglingen; bei - krampfartig* (lmj/888)
- Schmerz - Zusammenkrümmen - amel. (h2*/897)
  - » Zusammenkrümmen - amel. - krampfartig (lp/897)
  - » Zusammenkrümmen - muß sich zusammenkrümmen (^/897)
  - » Zusammenkrümmen - muß sich zusammenkrümmen - krampfartig (lp/897)

STUHL - Schafskot, wie (b2/997)

• *Unverdaut* (*/999)
» *Milch agg.* (*/999)

BLASE - Urinieren - Harndrang - plötzlich - beeilen um zu urinieren, sonst geht Urin ab; muß sich (bg2/1015)
• Urinieren - unwillkürlich - Husten; agg. beim (*/1020)

ATMUNG - Schnarchen (bg2/1180)

EXTREMITÄTEN - Hitze - Füße - brennend - entblößt sie (k/1440)

SCHWEISS - Warm - Speisen; warme - nach (k2/1792)

Nacht; Beobachtungen in der - Gemütssymptome

GEMÜT - Furcht - Erwachen; beim - Traum; aus einem (st/67)
• Schreien - Kindern, bei - Schlaf, im (mtf33/157)
• Sprechen - Schlaf; im (*/169)
• Weinen - Wimmern, Winseln - nachts (j/248)
» Wimmern, Winseln - Schlaf, im (j/248)

Nacht; Beobachtungen in der - körperliche Symptome

BLASE - Urinieren - unwillkürlich - nachts (*/1019)
• Urinieren - unwillkürlich - nachts - ersten Schlaf, im (b4a/1019)

Nacht; Beobachtungen in der - Schlaf

SCHLAF - *Erwachen - Schreck, wie durch* (j5/1675)

Nacht; Beobachtungen in der - Schlaf; Lage im

SCHLAF - Lage - Beine - gespreizt (k/1682)
• Lage - hart; jede Lage erscheint (j5/1682)

Autos und Schiffe

ZÄHNE - *Schmerz - Fahren im Wagen agg.* (*/706)

MAGEN - *Übelkeit - Fahren - Wagen; im - agg.* (k/836)

ALLGEMEINES - Fahren - Wagen; mit dem - agg. (*/1877)

Körperliche Symptome und Erkrankungen

ZÄHNE - *Karies, faule, hohle Zähne* (*/700)

INNERER HALS - *Räuspert käsige Klumpen herauf* (*/732)

MAGEN - Langsame Verdauung (bro1*/805)

REKTUM - *Cholera - infantum* (*/949)

WEIBLICHE GENITALIEN - *Menses - verzögerte Menarche* (*/1114)

ALLGEMEINES - *Abmagerung - Kindern; bei* (*/1845)
• Abmagerung - Kindern; bei - Kleinkindern; bei (ptk1*/1845)
• Essen - Überessen; agg. nach (bg2/1877)
• Kindern; Beschwerden von (*/1897)
» zarte, schwächliche, kränkliche Kinder (c1*/1897)

Chirurgisch pathologische Zustände

OHR - *Abszeß - Gehörgang* (k/498)

ABDOMEN - Hernie (c2*/867)
• *Hernie - Leistenhernie* (*/868)
» Leistenhernie - schmerzhaft (b4/868)

Würmer

REKTUM - Würmer - Beschwerden durch Würmer (b2/985)
• Würmer - Beschwerden durch Würmer - Madenwürmer (*/986)
» Beschwerden durch Würmer - Spulwürmer (*/986)

Magnesium muriaticum

mag-m.

Clarke schrieb: „Es ist besonders geeignet bei Leberleiden bei Kindern, die schwächlich und rachitisch sind und Ausschläge um die Augen haben."

Während schwieriger Zahnung können diese Kinder keine Milch verdauen; sie verursacht Schmerzen im Magen und geht unverdaut ab.

Langsame Zahnung, mit Auftreibung des Abdomens und Obstipation; Stuhl wie Schafskot, manchmal mit Schleim und Blut bedeckt; so hart, daß er wie verbrannt aussieht.

Zahnschmerzen, die beim Essen stärker werden.

Herpetische Ausschläge.

In Bezug auf die Gemütsebene schrieb Vithoulkas: „Magnesium-muriaticum-Patienten sind *sehr empfindlich gegen jede Art von Konfrontation, die entweder sie oder andere Menschen betrifft.* Sie sind *Pazifisten* - sie versuchen immer, Frieden zu stiften. Es ist nicht so, daß sie feige wären; in Kriegssituationen können sie viel Mut zeigen. Ihre Verletzlichkeit ist eine rein emotionale Empfindlichkeit. *Sie möchten, daß Andere glücklich und zufrieden sind und geben sich enorme Mühe, dies zu erreichen.* Sie werden ihre eigenen Emotionen zum Wohle anderer unterdrücken - nicht so sehr wie Staphysagria, aber trotzdem recht stark. *Streiten sich die Eltern, so leidet das Magnesium-muriaticum-Kind enorm und versucht, Frieden zu stiften.* Wenn ein Erwachsener eines solchen Typs Untergebene in der Arbeit hat, die streiten, wird er sich selbst in einen Angstzustand hineinsteigern, während er versucht, einen Weg zu finden, den Konflikt zu lösen."

In diesem Fall kann eine Differentialdiagnose mit Magnesium carbonicum durchgeführt werden, einem anderen Mittel für Kinder, deren Eltern geschieden sind. Bei Magnesium muriaticum ist die

Angst, Unterstützung zu verlieren und nicht mehr gefüttert und versorgt zu werden, stärker, während es beim Karbonat mehr eine Frage des Respekts ist und die Angst vorhanden ist, die Eltern würden wegen ihnen streiten und folglich haben sie Angst, sie würden verlassen werden.

Klinisches: Dyspepsie. Leberleiden. Obstipation. Kopfschmerzen. Dysmenorrhoe. Keuchhusten.

Wirkungsbereich: Magen. Leber. Rektum. Nerven.

* * *

Krankengeschichte; familiäre und persönliche

ALLGEMEINES - Krankengeschichte von; persönliche - Mononukleose; von (mrr4/1910)

Zahnung - Magendarmsymptome

REKTUM - *Obstipation - Zahnung; während der* (bg2*/970)

Zahnung - Allgemeines

ZÄHNE - *Zahnung - langsam* (*/718)
- **Zahnung - schwierig** (bg2*/718)

Stillen - Milch

MAGEN - Erbrechen - Milch, nach (bg2*/794)
- Erbrochenen; Art des - Milch - geronnene (bro1/798)
- **Schmerz - Milch - agg.** (k/821)
- **Verdauungsstörung - Milch - agg.** (*/843)

ABDOMEN - *Schmerz - Milch - agg.* (mrr1/891)

REKTUM - **Diarrhoe - Milch - agg.** (*/954)

STUHL - **Unverdaut - Milch agg.** (*/999)

ALLGEMEINES - *Speisen und Getränke - Milch - Abneigung* (ld1/2000)
- **Speisen und Getränke - Milch - agg.** (*/2001)

Stillen - Magendarmsymptome - Appetit - allgemein

MAGEN - *Appetit - launischer Appetit* (*/770)
- *Appetit - veränderlich* (k/770)

Stillen - Magendarmsymptome - Appetit - vermindert

MAGEN - Appetit - fehlend (*/767)
- *Appetit - fehlend - Hunger, mit* (b2/768)
  - » schnelle Sättigung (*/770)

Stillen - Magendarmsymptome - Appetit - vermehrt

MAGEN - *Appetit - Genuß, ohne* (k/769)
- Appetit - Heißhunger (*/769)
  - » Heißhunger - Übelkeit - vor (h2/770)
  - » *vermehrt* (*/770)
  - » vermehrt - begleitet von - Übelkeit (b4a/771)
  - » vermehrt - Erbrechen - mit (bg2/771)

Stillen - Magendarmsymptome - Aufstoßen - Speisen; von

MAGEN - Aufstoßens; Art des - Speisen; von (*/780)
- Aufstoßens; Art des - Speisen; von - Essen - nach - agg. (b4/780)
  - » *Speisen; von - Gehen agg.* (*/780)
  - » Speisen; von - Mittagessen; nach dem - Gehen agg. (k/780)
  - » Speisen; von - sauer (h2/780)

Stillen - Magendarmsymptome - Aufstoßen - Wasser; Hochsteigen von

MAGEN - *Aufstoßens; Art des - Wasser in den Mund; Hochsteigen von* (*/781)
- Aufstoßens; Art des - Wasser in den Mund; Hochsteigen von - Essen - nach - agg. (b4/781)

Stillen - Magendarmsymptome - Schluckauf

MAGEN - Schluckauf - Essen - beim - agg. (*/810)
- Schluckauf - Essen - nach - agg. (*/810)
  - » *Mittagessen - beim - agg.* (*/811)
  - » *Mittagessen - nach - agg.* (*/811)
  - » Mittagessen - vor (k/811)

Stillen - Magendarmsymptome - Abdomen - agg. durch

ABDOMEN - *Schmerz - Kindern; bei - Säuglingen; bei - krampfartig* (lmj/888)
- Schmerz - Liegen - agg. (^/889)

Stillen - Magendarmsymptome - Abdomen - amel. durch

ABDOMEN - Schmerz - Druck - amel. (h2/883)

Stillen - Magendarmsymptome - Rektum

REKTUM - **Diarrhoe - Kindern, bei** (k/954)
- Obstipation - Kindern, bei (kr1*/969)
  - » Kindern, bei - Kleinkindern, bei (bro1*/969)

Stillen - Allgemeines

SCHWEISS - Essen - beim - agg. (b4/1786)
- Mittagessen; nach (*/1789)

Infektionskrankheiten - Keuchhusten

HUSTEN - *Keuchhusten* (*/1197)
- *Keuchhusten - Atmen - tiefen, beim - agg.* (kr1/1197)

Konstitution - Angst und Furcht

GEMÜT - Furcht - Geräusche, durch (bro1/69)
- Schreckliches und traurige Geschichten greifen sie stark an (mtf33/156)

Konstitution - Allgemeines

GEMÜT - Beschwerden durch - Heimweh (bro1/24)
- Entmutigt (*/46)
- *Faulheit* (*/55)
- *Heimweh* (b4/107)
- Milde (b2/130)
- Nachgiebigkeit (^/134)

- Pflicht - zu viel Pflichtgefühl (mrr1*/136)
- Selbstvertrauen - Mangel an Selbstvertrauen (^/161)
  - » Mangel an Selbstvertrauen - Unterstützung, Zuwendung; möchte (^/161)
  - » Mangel an Selbstvertrauen - Unterstützung, Zuwendung; möchte - Familie und die Freunde; durch die (h2*/162)
- Sorgen; voller (mrr1/164)
- Ungerechtigkeit; erträgt keine (g*/191)
- Unzufrieden (*/194)
- Verantwortung - ernst; nimmt seine Verantwortung zu (mrr1*/195)

Familie; Beziehung zur - Aggressivität

Gemüt - *Beschwerden durch - Bevormundung - lange Zeit, für* (mtf/22)
- Beschwerden durch - Grobheit anderer (vh/23)
- Empfindlich - Grobheiten; gegen (vh*/44)

Familie; Beziehung zur - Liebe und Zuneigung

Gemüt - *Beschwerden durch - Uneinigkeit, Zwietracht - Eltern; zwischen den eigenen* (vh*/26)
- Sorgen; voller - andere, um (sys/165)
- Verlassen zu sein; Gefühl (*/198)
- Waisen (mtf/243)

Beziehung zu anderen - Aggressivität

Gemüt - Antworten - kurz angebunden (stj1/15)
- Grausamkeit - Anblick oder Hören von Grausamkeiten ist unerträglich; der (mtf33/103)
- Streiten - Abneigung gegen (vh*/172)

Beziehung zu anderen - Reaktion auf andere

Gemüt - Antworten - Abneigung zu antworten (*/14)
- Antworten - bissig, schnippisch (stj1/15)
  - » *unfähig zu antworten* (^/15)
- Gesellschaft - Abneigung gegen (*/94)
  - » Verlangen nach (^/95)
  - » Verlangen nach - allein; agg. wenn (sne/96)
- Widerspenstig (*/249)

Beziehung zu anderen - allgemein

Gemüt - Empfindlich - äußerliche Eindrücke; gegen alle (mtf33/42)
- Furcht - Räubern, vor (*/74)

Schule - Angst

Gemüt - Selbstvertrauen - Mangel an Selbstvertrauen (^/161)

Rektum - Diarrhoe - Erregung, Aufregung agg. (dgt/952)
- Diarrhoe - nervös, Gemütsbewegungen agg. (bg2*/955)

Schule - Anstrengung; geistige

Kopf - *Schmerz - geistige Anstrengung - agg.* (k/328)

Schule - Beziehung zu anderen

Gemüt - Ungehorsam (mtf33/191)
- Ungehorsam - Kindern, bei (mtf33/191)

Schule - Vorwürfe

Gemüt - Beschwerden durch - Grobheit anderer (vh/23)
- Empfindlich - Grobheiten; gegen (vh*/44)

Schule - Konstitution

Gemüt - *Eigensinnig, starrköpfig, dickköpfig* (*/41)
- Eigensinnig, starrköpfig, dickköpfig - Kinder (mtf33/41)
- Selbstvertrauen - Mangel an Selbstvertrauen (^/161)
- Ungehorsam (mtf33/191)
  - » Kindern, bei (mtf33/191)
- Verantwortung - ernst; nimmt seine Verantwortung zu (mrr1*/195)

Tieren; Beziehung zu

Gemüt - Furcht - Spinnen, vor (dgt/75)

Nonverbales - Aggressivität

Gemüt - Spucken (h2/170)

Nonverbales - Gesten, Gebärden

Gemüt - Launenhaftigkeit, launisch (*/123)

Nonverbales - Allgemeines

Gemüt - *Eigensinnig, starrköpfig, dickköpfig* (*/41)
- Eigensinnig, starrköpfig, dickköpfig - Kinder (mtf33/41)
- Schreien - Kindern, bei (^/157)

Nonverbales - Konsultation; bei der

Kopf - *Empfindlichkeit - Kopfhaut, der* (h2/284)

Ohr - Entzündung - Gehörgang (k/500)

Gesicht - Schwellung - Unterkieferdrüsen (k/631)

Äusserer Hals - *Schwellung - Halsdrüsen* (*/760)

Abdomen - Schmerz - Druck - amel. (h2/883)
- Vergrößert - Kindern; bei (k/938)
  - » Leber - Kindern, bei (mtf33/938)

Nonverbales - Äußerliches - Beobachtungen des Arztes

Auge - Verklebt (b4/472)

Gesicht - *Aufgesprungen - Lippen* (*/579)
- Ausdruck - alt aussehend (mrr1/580)
- Gerunzelt (mrr1/594)
- Hautausschläge - Akne (st/595)
- Rissig - Lippen (*/613)
  - » Lippen - Oberlippe - Mitte der (dgt/613)
  - » Lippen - Unterlippe - Mitte der (gk/614)

Äusserer Hals - Torticollis (h2/761)

Atmung - Beschleunigt (b2/1174)

ALLGEMEINES - Zwergwuchs (sf1/2035)

Nonverbales - Äußerliches - Beobachtungen der Eltern

AUGE - Verklebt - morgens (*/472)

NASE - Schneuzen der Nase - Neigung, sich zu schneuzen; ständige (bro1/568)
- Verstopfung - Kindern; bei (mtf33/577)

MAGEN - Gluckern; Gurgeln (b4/802)
- *Schluckauf* (*/809)
  - » Erbrechen - vor (pd/810)
  - » Essen - beim - agg. (*/810)
  - » Essen - nach - agg. (*/810)
  - » heftig (a1/810)
  - » *Mittagessen - beim - agg.* (*/811)
  - » *Mittagessen - nach - agg.* (*/811)
  - » Mittagessen - vor (k/811)

ABDOMEN - *Schmerz - Kindern; bei - Säuglingen; bei - krampfartig* (lmj/888)
- Schmerz - Liegen - agg. (^/889)

STUHL - **Kugeln, wie** (*/996)
- **Schafskot, wie** (*/997)
- **Unverdaut** (*/999)
  - » **Milch agg.** (*/999)

BLASE - Urinieren - unwillkürlich - Kindern; bei (mtf33/1020)
- **Urinieren - verzögert, muß warten, bis der Urin zu fließen beginnt - pressen, bevor er damit beginnen kann; muß lange** (*/1021)

ATMUNG - Schnarchen (*/1180)

EXTREMITÄTEN - Hitze - Füße - brennend - entblößt sie (vh/1440)
- Hitze - Füße - Fußsohlen - entblößt sie (vh/1441)

SCHWEISS - Essen - beim - agg. (b4/1786)
- Mittagessen; nach (*/1789)

HAUT - *Ekchymosen* (b4a/1797)

Nacht; Beobachtungen in der - Gemütssymptome

GEMÜT - Furcht - Erwachen; beim - Traum; aus einem (a1/67)
- Schlafwandeln (^/154)
- Schreien - Kindern, bei - Schlaf, im (mtf33/157)
- *Sprechen - Schlaf; im* (*/169)

Nacht; Beobachtungen in der - körperliche Symptome

BLASE - *Urinieren - unwillkürlich - nachts* (*/1019)
- Urinieren - unwillkürlich - nachts - Kindern, bei (mtf33/1019)

Nacht; Beobachtungen in der - Schlaf

SCHLAF - *Erwachen - Schreck, wie durch* (j5/1675)
- *Schlaflosigkeit - Kindern, bei* (st1/1691)

Nacht; Beobachtungen in der - Schlaf; Lage im

SCHLAF - Lage - Rücken, auf dem - abends - unmöglich (j5/1683)
- Lage - Rücken, auf dem - unmöglich (j5/1683)
  - » *Seite, auf der - linken Seite, auf der* (k1*/1683)

Schaukeln und Getragenwerden

GEMÜT - Getragen - Verlangen getragen zu werden (h2/99)

Autos und Schiffe

GEMÜT - Furcht - Fahren im Wagen; beim (dgt/68)

Psychosomatische Störungen

REKTUM - Diarrhoe - Erregung, Aufregung agg. (dgt/952)
- Diarrhoe - nervös, Gemütsbewegungen agg. (bg2*/955)

Körperliche Symptome und Erkrankungen

KOPF - Hydrozephalus (k/295)

ZÄHNE - Karies, faule, hohle Zähne (*/700)

MAGEN - Würgen - Husten, mit (k/846)

WEIBLICHE GENITALIEN - Menses - verzögerte Menarche (*/1114)

ALLGEMEINES - Kindern; Beschwerden von (mtf33/1897)
- Kindern; Beschwerden von - zarte, schwächliche, kränkliche Kinder (mtf33/1897)

Chirurgisch pathologische Zustände

ABDOMEN - Hernie - Leistenhernie - Kindern, bei (ptk1/868)

Würmer

REKTUM - Würmer - Beschwerden durch Würmer (b2/985)
- *Würmer - Beschwerden durch Würmer - Bandwürmer* (*/986)
  - » Beschwerden durch Würmer - Spulwürmer (b2/986)

Magnesium phosphoricum

mag-p.

Beschwerden zahnender Kinder; *Schluckauf und Krämpfe während der Zahnung*, kein Fieber (bei Fieber heißer Kopf und heiße Haut).

Blasenkrämpfe; das Kind scheidet große Mengen Urin aus; krampfhafte Leiden der Harnwege; krampfhafte Harnverhaltung; Krämpfe des Blasenhalses; schmerzhafter Harndrang.

Mangenschmerzen mit reiner Zunge; Kneifen im Magen mit Aufstoßen von Luft.

Blähungskolik bei Kindern, mit Hochziehen der Beine, mit oder ohne Diarrhoe; Winde gehen weder nach oben noch nach unten ab; *Besserung durch Reiben, Wärme und Zusammenkrümmen;* hat keinen Einfluß auf die Ernährung: sie weinen Tag und Nacht.

Ein gutes Mittel bei *Kopfschmerzen von Studenten, die an Sehfehlern leiden.*

Steifheit und Starre befallen die Gliedmaßen; neuralgische Schmerzen, schlimmer durch Bewegung und nachts.

Heftiger Hustenanfall: das Kind wird blau im Gesicht.

Konvulsionen bei Kindern, gefolgt von außerordentlicher Empfindlichkeit gegen Berührung, Wind, Geräusche oder jeden erregenden Reiz.

Klinisches: Kolik. Krämpfe. Zahnung. Kopfschmerzen in Zusammenhang mit der Schule. Zahnschmerzen. Konvulsionen. Husten. Keuchhusten.

Wirkungsbereich: Nerven. Gesicht. Kopf. Muskeln.

* * *

Krankengeschichte; familiäre und persönliche

ALLGEMEINES - Krankengeschichte von; persönliche - Antibiotika; von Benutzung von (gm1/1909)

Entwicklung - allgemein

EXTREMITÄTEN - Schmerz - Unterschenkel - Wachstumsschmerzen (dm*/1605)

ALLGEMEINES - Schmerz - Wachstumsschmerzen (stj1/1958)

Zahnung - Empfindungen und neurologische Beschwerden

ALLGEMEINES - *Konvulsionen - Zahnung; während der* (bg2*/1907)

Zahnung - Magendarmsymptome

REKTUM - *Diarrhoe - Zahnung; während* (kr1/957)

Zahnung - Allgemeines

ZÄHNE - Zahnung - schwierig (kr1*/718)

Stillen - Milch

ALLGEMEINES - Speisen und Getränke - Milch - agg. (stx1/2001)

Stillen - Magendarmsymptome - Appetit - vermehrt

MAGEN - Appetit - Heißhunger (k/769)
• Appetit - vermehrt (k/770)

Stillen - Magendarmsymptome - Aufstoßen - Speisen; von

MAGEN - *Aufstoßens; Art des - Speisen; von* (k/780)
• Aufstoßens; Art des - Speisen; von - Essen - beim - agg. (k/780)
» Speisen; von - Essen - nach - agg. (k/780)
» *Speisen; von - Essen - unmittelbar nach dem Essen* (*/780)

Stillen - Magendarmsymptome - Schluckauf

MAGEN - Schluckauf - warm - Getränke; warme - amel. (pd/811)

Stillen - Magendarmsymptome - Abdomen - agg. durch

ABDOMEN - *Schmerz - Kindern; bei - Säuglingen; bei - krampfartig* (bro1*/888)
• Schmerz - Liegen - Rücken; auf dem - agg. (k/889)

Stillen - Magendarmsymptome - Abdomen - amel. durch

ABDOMEN - *Schmerz - Beugen - vorne; nach - amel. - krampfartig* (k/882)
• *Schmerz - Druck - amel.* (*/883)
» **Wärme - amel.** (*/896)
» *Zusammenkrümmen - amel. - krampfartig* (bro1/897)

Infektionskrankheiten - Mumps

GESICHT - Entzündung - Parotis - Mumps (bro1/584)

Infektionskrankheiten - Keuchhusten

HUSTEN - Keuchhusten (*/1197)
• Keuchhusten - Konvulsionen, mit (bro1/1198)
» Krampfstadium, im (bro1/1198)

Konstitution - Angst und Furcht

GEMÜT - Furcht - allein zu sein (stj1/64)

Konstitution - Allgemeines

GEMÜT - Faulheit (bro1/55)
• Heimweh (stj1/107)
• Reisen - Verlangen nach (stj1/142)
• Unzufrieden (bro1/194)

Schule - Konzentration

GEMÜT - Stumpfheit - Studieren und Lernen; beim (bg2/176)

Schule - Lernen - allgemein

GEMÜT - Stumpfheit - Studieren und Lernen; beim (bg2/176)

Schule - Anstrengung; geistige

KOPF - Schmerz - geistige Anstrengung - agg. (br1*/328)
• Schmerz - Studenten, bei (c2/340)

Schule - Beziehung zu anderen

MUND - *Sprache - stotternd* (*/688)

Nonverbales - Reaktion auf andere

GEMÜT - Furcht - berührt zu werden (bro1/66)
• Furcht - Näherkommen, Annäherung von; vor - anderen, von (^/74)

Nonverbales - Gesten, Gebärden

GEMÜT - *Launenhaftigkeit, launisch* (hr1*/123)

Nonverbales - Konsultation; bei der

OHR - Entzündung - Processus mastoideus (bro1/501)

ÄUSSERER HALS - Schwellung - Halsdrüsen (bro1/760)

ABDOMEN - *Schmerz - Druck - amel.* (*/883)

EXTREMITÄTEN - Nägel; Beschwerden der - eingewachsene Zehennägel (bro1/1665)

Nonverbales - Äußerliches - Beobachtungen des Arztes

AUGE - *Strabismus, Schielen* (*/467)
- Strabismus, Schielen - convergens (k/467)

OHR - *Schmerz - warm - Bett, Bettwärme; warmes - agg. - Einhüllen amel.; und warmes* (k/525)

GESICHT - Rissig - Mundwinkel (bg2*/614)

ÄUSSERER HALS - Torticollis (bro1/761)

ATMUNG - Beschleunigt (bro1/1174)

ALLGEMEINES - Aussehen - dunkel (sf1/1854)
- Magere Personen (ptk1*/1919)

Nonverbales - Äußerliches - Beobachtungen der Eltern

MAGEN - **Schluckauf** (*/809)
- Schluckauf - Erbrechen - beim (bro1*/810)
  - » *heftig* (k/810)
  - » warm - Getränke; warme - amel. (pd/811)

ABDOMEN - *Schmerz - Beugen - vorne; nach - amel. - krampfartig* (k/882)
- *Schmerz - Kindern; bei - Säuglingen; bei - krampfartig* (bro1*/888)
  - » Liegen - Rücken; auf dem - agg. (k/889)
  - » **Wärme - amel.** (*/896)
  - » *Zusammenkrümmen - amel.* (*/897)
  - » *Zusammenkrümmen - amel. - krampfartig* (bro1/897)
  - » *Zusammenkrümmen - muß sich zusammenkrümmen* (k/897)

STUHL - Kugeln, wie (sne/996)
- Unverdaut (dgt/999)

Nacht; Beobachtungen in der - körperliche Symptome

BLASE - **Urinieren - unwillkürlich - nachts** (*/1019)

Körperliche Symptome und Erkrankungen

KOPF - Entzündung - Hirnhaut (c2/284)

MAGEN - Würgen - Husten, mit (*/846)

KEHLKOPF UND TRACHEA - *Laryngismus stridulus* (*/1145)

ALLGEMEINES - Kindern; Beschwerden von (kr1/1897)
- *Konvulsionen - Kindern, bei* (*/1905)
  - » *Kindern, bei - Kleinkindern, bei* (kr1*/1905)
- Pubertät - Beschwerden während der (c1/1934)

Magnesium sulphuricum

mag-s.

Empfindliche Kinder, die sich leicht von traurigen oder grausamen Geschichten beeindrucken lassen: Sie achten aufmerksam auf die Bedürfnisse anderer, sind aber *oft empfindlich und streitsüchtig.* Das Thema der *Verlassenheit* ist auch bei dieser Verbindung vorhanden und Rajan Sankaran schrieb dazu: „Magnesium sulphuricum ist ein Salz, daß Magnesium und Sulphur kombiniert. Magnesium hat das Gefühl kindlicher Abhängigkeit oder ein Waisenkind zu sein. Sulphur hat das Thema von Anstrengung, Erscheinungsbild und Ego [...] eines der Einzelsymptome von Magnesium sulphuricum ist der Traum von erfolglosen Versuchen, sich für eine Party anzuziehen. Eine Party ist ein Ort, an dem man andere auf sozialer Ebene trifft und in solchen Situationen sieht sich Magnesium sulphuricum der Frage nach seinem Akzeptiertsein gegenüber und hat das Gefühl, er müsse so gut aussehen, wie nur möglich, oder er würde zurückgewiesen, verlassen. Dieses Verlassenheitsgefühl ist für Magnesium sulphuricum schrecklich, denn er hat das Gefühl, *seine ganze Existenz hinge davon ab, akzeptiert zu werden.*"

Wie bei anderen Magnesium-Mitteln ist eine starke *Verschlimmerung durch Milch* vorhanden, mit krampfhaften Schmerzen und saurer Diarrhoe. Der Appetit ist oft gering oder fehlt sogar.

Klinisches: Allergien. Enuresis. Diarrhoe. Hernie.

Wirkungsbereich: Darm. Harnorgane.

* * *

Stillen - Milch

ABDOMEN - Schmerz - abends - Milch agg. (k/879)
- Schmerz - Milch - agg. (k/891)
  - » Milch - agg. - krampfartig (k/891)

ALLGEMEINES - *Speisen und Getränke - Milch - agg.* (vml3*/2001)

Stillen - Magendarmsymptome - Appetit - vermindert

MAGEN - Appetit - fehlend (*/767)
- Appetit - schnelle Sättigung (k/770)
  - » vermindert (*/772)

Stillen - Magendarmsymptome - Abdomen - agg. durch

ABDOMEN - Schmerz - Ausstrecken (k/881)

Stillen - Magendarmsymptome - Rektum

REKTUM - Diarrhoe - Kindern, bei (mtf11/954)

Konstitution - Angst und Furcht

GEMÜT - Schreckliches und traurige Geschichten greifen sie stark an (stj1/156)

Konstitution - Allgemeines

GEMÜT - Faulheit (k/55)
• Sorgen; voller (^/164)
• Unzufrieden (k/194)

Familie; Beziehung zur - Liebe und Zuneigung

GEMÜT - *Eifersucht* (stj1/40)
• Sorgen; voller - andere, um (lmp/165)
• *Verlassen zu sein; Gefühl* (mtf/198)

Beziehung zu anderen - Aggressivität

GEMÜT - Streitsüchtig (sp1/173)

Beziehung zu anderen - Reaktion auf andere

GEMÜT - Gesellschaft - Abneigung gegen (^/94)
• Untröstlich (a1/193)

Beziehung zu anderen - allgemein

GEMÜT - Beleidigt, leicht (j5/20)

Nonverbales - Konsultation; bei der

KOPF - Hitze - Kälte - Körpers; mit Kälte des (k/293)
HAUT - Erysipel (sp1*/1798)

Nonverbales - Äußerliches - Beobachtungen der Eltern

ABDOMEN - Schmerz - Ausstrecken (k/881)

Nacht; Beobachtungen in der - körperliche Symptome

BLASE - Urinieren - unwillkürlich - nachts (k/1019)

Nacht; Beobachtungen in der - Schlaf

SCHLAF - *Erwachen - Schreck, wie durch* (j5/1675)

Nacht; Beobachtungen in der - Schlaf; Lage im

SCHLAF - Lage - steif (st1/1683)

Autos und Schiffe

ALLGEMEINES - Fahren - Wagen; mit dem - agg. (mg1/1877)

Körperliche Symptome und Erkrankungen

ALLGEMEINES - Medikamente - allopathische - Mißbrauch von (sp1/1921)

Chirurgisch pathologische Zustände

ABDOMEN - Hernie (c2/867)

Würmer

REKTUM - *Würmer - Beschwerden durch Würmer - Madenwürmer* (k/986)

Magnetis poli ambo

m-ambo.

Stillen - Milch

ALLGEMEINES - Speisen und Getränke - Milch - Verlangen (b2/2001)

Stillen - Magendarmsymptome - Appetit - vermindert

MAGEN - Appetit - fehlend (b2/767)
• Appetit - fehlend - Hunger, mit (b2/768)
  » *schnelle Sättigung* (b7/770)

Stillen - Magendarmsymptome - Appetit - vermehrt

MAGEN - Appetit - Heißhunger (b7/769)
• Appetit - vermehrt (b2/770)

Stillen - Magendarmsymptome - Aufstoßen - Speisen; von

MAGEN - Aufstoßens; Art des - Speisen; von - sauer (b7/780)

Stillen - Magendarmsymptome - Aufstoßen - Wasser; Hochsteigen von

MAGEN - Aufstoßens; Art des - Wasser in den Mund; Hochsteigen von (b2/781)

Konstitution - Allgemeines

GEMÜT - Unaufmerksam (h1*/189)

Beziehung zu anderen - Aggressivität

GEMÜT - Streitsüchtig (b7/173)

Schule - Konzentration

GEMÜT - Unaufmerksam (h1*/189)

Nonverbales - Konsultation; bei der

KOPF - Läuse (b7/300)
OHR - Absonderungen - schleimig (b2/498)

Nonverbales - Äußerliches - Beobachtungen der Eltern

ATMUNG - Schnarchen (b7/1180)

Nacht; Beobachtungen in der - Gemütssymptome

GEMÜT - Schlafwandeln (b7/154)
• Sprechen - Schlaf; im (b7/169)
• Weinen - Wimmern, Winseln - Schlaf, im (b7/248)

Nacht; Beobachtungen in der - körperliche Symptome

MUND - Offen - Schlaf; agg. im (b7a/669)

Nacht; Beobachtungen in der - Schlaf; Lage im

SCHLAF - Lage - Arme - Abdomen, auf dem (b2/1682)
• Lage - Arme - Kopf - unter dem Kopf (b2/1682)
  » Hände - Kopf - unter dem (b7/1682)
  » Knie - Ellbogen gebeugt, Knie und (bg2/1682)
  » Knie - gebeugt (b2/1682)
  » Knie - gespreizt (b2/1682)
  » Kopf - hinten gebeugt; nach (b2/1682)

» Rücken, auf dem (b2/1683)

Chirurgisch pathologische Zustände

ABDOMEN - Hernie - Leistenhernie (b2/868)
• Hernie - Leistenhernie - schmerzhaft (b7/868)

MÄNNLICHE GENITALIEN - Phimose - Paraphimose (c2/1071)

Magnetis polus arcticus

m-arct.

Stillen - Milch

ALLGEMEINES - Speisen und Getränke - Milch - Abneigung (b2/2000)

Stillen - Magendarmsymptome - Appetit - vermindert

MAGEN - Appetit - fehlend (b2/767)
• Appetit - schnelle Sättigung (b7/770)

Stillen - Magendarmsymptome - Appetit - vermehrt

MAGEN - Appetit - Heißhunger (b7/769)
• Appetit - vermehrt (b2/770)

Stillen - Magendarmsymptome - Aufstoßen - Wasser; Hochsteigen von

MAGEN - Aufstoßens; Art des - Wasser in den Mund; Hochsteigen von (b2/781)
• *Aufstoßens; Art des - Wasser in den Mund; Hochsteigen von - Essen - nach - agg.* (b7/781)

Konstitution - Angst und Furcht

GEMÜT - Angst - hypochondrisch (j5/11)
• Mutig (b2/133)
• Vorsichtig (k/205)

Konstitution - Allgemeines

GEMÜT - *Entmutigt* (j5/46)
• Faulheit (b7/55)
• *Gewissenhaft, peinlich genau in bezug auf Kleinigkeiten* (b7/99)
• *Milde* (b2/130)
• *Nachgiebigkeit* (b7/134)
• *Sorgsamkeit, Sorgfalt* (b7/165)
• Stimmung, Laune - veränderlich (b7/171)
• Unzufrieden (j/194)
• Verwegenheit (j5/199)

Beziehung zu anderen - Reaktion auf andere

GEMÜT - *Schüchternheit, Zaghaftigkeit* (b7/158)
• *Untröstlich* (b7/193)

Beziehung zu anderen - allgemein

GEMÜT - Argwöhnisch, mißtrauisch (b2/16)
• Tadelsüchtig, krittelig (j5/178)
• *Tadelt sich selbst, macht sich Vorwürfe* (j5/179)
• Unverschämtheit (b7/193)

Schule - Lernen - Schreiben

GEMÜT - Fehler; macht - Schreiben, beim (b7/57)

Schule - Konstitution

GEMÜT - *Gewissenhaft, peinlich genau in bezug auf Kleinigkeiten* (b7/99)

Nonverbales - Gesten, Gebärden

GEMÜT - Launenhaftigkeit, launisch (j5/123)

Nonverbales - Allgemeines

GEMÜT - *Singen* (j5/163)

Nonverbales - Äußerliches - Beobachtungen des Arztes

KOPF - Schweiß der Kopfhaut - außer am Kopf; generalisierter Schweiß (b7a/403)

AUGE - Verklebt (b7/472)

ATMUNG - Beschleunigt (b2/1174)

Nonverbales - Äußerliches - Beobachtungen der Eltern

AUGE - Verklebt - morgens (st/472)

Nacht; Beobachtungen in der - Gemütssymptome

GEMÜT - Jammern - Schlaf, im (j5/113)
• Schlafwandeln (b7a/154)

Nacht; Beobachtungen in der - Schlaf

SCHLAF - *Erwachen - Schreck, wie durch* (b7/1675)

Nacht; Beobachtungen in der - Schlaf; Lage im

SCHLAF - Lage - Rücken, auf dem (b2/1683)
• Lage - Seite, auf der (b2/1683)

Körperliche Symptome und Erkrankungen

ALLGEMEINES - *Arzneimittel - heftige Reaktion auf homöopathische Arzneimittel* (b7/1852)

Chirurgisch pathologische Zustände

ABDOMEN - Hernie (c2/867)
• *Hernie - Leistenhernie* (b2/868)
» Leistenhernie - schmerzhaft (b7a/868)

Magnetis polus australis

m-aust.

Entwicklung - allgemein

EXTREMITÄTEN - Schmerz - Unterschenkel - Wachstumsschmerzen (st1/1605)

ALLGEMEINES - Schmerz - Wachstumsschmerzen (b2/1958)

Stillen - Milch

ALLGEMEINES - Speisen und Getränke - Milch - Abneigung (b2/2000)
• Speisen und Getränke - Milch - Abneigung - morgens (al2/2001)

Stillen - Magendarmsymptome - Appetit - vermindert

MAGEN - Appetit - fehlend (b2/767)

Stillen - Magendarmsymptome - Appetit - vermehrt

MAGEN - Appetit - Heißhunger (b2/769)
• Appetit - vermehrt (b2/770)

Stillen - Magendarmsymptome - Aufstoßen - Wasser; Hochsteigen von

MAGEN - Aufstoßens; Art des - Wasser in den Mund; Hochsteigen von (b7a/781)

Konstitution - Allgemeines

GEMÜT - Faulheit (b7/55)
• *Sorgsamkeit, Sorgfalt* (b7/165)
• Stimmung, Laune - veränderlich (j5/171)
• Unzufrieden (b7/194)

Familie; Beziehung zur - Liebe und Zuneigung

GEMÜT - Verlassen zu sein; Gefühl (k/198)

Beziehung zu anderen - Aggressivität

GEMÜT - Streitsüchtig (b7/173)

Beziehung zu anderen - Reaktion auf andere

GEMÜT - Gesellschaft - Abneigung gegen (j5/94)
• Gesellschaft - Verlangen nach (^/95)
  » Verlangen nach - allein; agg. wenn (sne/96)
• Schüchternheit, Zaghaftigkeit (b7/158)

Nonverbales - Reaktion auf andere

GEMÜT - Berührtwerden - Abneigung berührt zu werden (b7/21)

Nonverbales - Gesten, Gebärden

GEMÜT - Launenhaftigkeit, launisch (j5/123)

Nonverbales - Konsultation; bei der

OHR - Entzündung - Gehörgang (b7/500)

EXTREMITÄTEN - Krümmung und Biegung (b7a/1473)
• **Nägel; Beschwerden der - eingewachsene Zehennägel** (*/1665)

Nonverbales - Äußerliches - Beobachtungen des Arztes

AUGE - Verklebt (b7/472)

ATMUNG - Beschleunigt (b2/1174)

Nonverbales - Äußerliches - Beobachtungen der Eltern

REKTUM - Unwillkürlicher Stuhl (b2/984)

BLASE - *Urinieren - Harndrang - plötzlich - beeilen um zu urinieren, sonst geht Urin ab; muß sich* (b7a/1015)
• *Urinieren - verzögert, muß warten, bis der Urin zu fließen beginnt* (b7/1020)

Nacht; Beobachtungen in der - Gemütssymptome

GEMÜT - Sprechen - Schlaf; im (b7/169)

Nacht; Beobachtungen in der - körperliche Symptome

BLASE - Urinieren - unwillkürlich - nachts (b2/1019)

Nacht; Beobachtungen in der - Schlaf

SCHLAF - *Erwachen - Schreck, wie durch* (j5/1675)

Nacht; Beobachtungen in der - Schlaf; Lage im

SCHLAF - Lage - Arme - Kopf - unter dem Kopf (b2/1682)
• Lage - Hände - Kopf - unter dem (b7/1682)
  » Hände - Magengrube; eine Hand auf der - linke Hand (j5/1682)
  » Kopf - tiefliegendem; mit - Abneigung dagegen (j5/1683)
  » Kopf - tiefliegendem; mit - unmöglich - Mitternacht; nach (j5/1683)
  » Rücken, auf dem (b2/1683)
  » Rücken, auf dem - Kopf - aufgerichtetem, mit (st1/1683)
  » verändert häufig die Lage (j5/1683)

Chirurgisch pathologische Zustände

ABDOMEN - Hernie (c2/867)
• Hernie - Leistenhernie (b2/868)
  » Leistenhernie - schmerzhaft (b7/868)

MÄNNLICHE GENITALIEN - *Hochgezogen, an den Körper gezogen - Hoden* (b7/1068)

Malandrinum

maland.

Krankengeschichte; familiäre und persönliche

ALLGEMEINES - Krankengeschichte von; persönliche - Impfung oder wiederholten Impfungen; von (dwm1/1909)

Impfung

EXTREMITÄTEN - Abmagerung - Arme - Impfung, nach (k/1394)

ALLGEMEINES - **Impfung; Beschwerden nach** (*/1892)
• Impfung; Beschwerden nach - Pocken; gegen (jl2*/1892)
• Krankengeschichte von; persönliche - Impfung oder wiederholten Impfungen; von (dwm1/1909)
• Sepsis - Pockenimpfung; nach (gm1/1985)

Infektionskrankheiten - Masern

HAUT - Hautausschläge - Masern (c2/1817)

Infektionskrankheiten - Pocken

HAUT - Hautausschläge - Pocken (c2*/1819)

ALLGEMEINES - Impfung; Beschwerden nach - Pocken; gegen (jl2*/1892)
• Sepsis - Pockenimpfung; nach (gm1/1985)

Nonverbales - Konsultation; bei der

EXTREMITÄTEN - Knie, Lage der - innen; nach (c2/1664)

HAUT - Hautausschläge - Impetigo (c2*/1816)

ALLGEMEINES - *Exostose* (bro1*/1877)

Nonverbales - Äußerliches - Beobachtungen des Arztes

KOPF - Schuppen (al2/402)

GESICHT - Fettig (ptk1/593)

• Hautausschläge - Akne (c2/595)

Nonverbales - Äußerliches - Beobachtungen der Eltern

MÄNNLICHE GENITALIEN - Faßt sich an die Genitalien (c1/1065)

Mancinella

manc.

Stillen - Magendarmsymptome - Appetit - vermindert

MAGEN - Appetit - fehlend (k/767)

Konstitution - Angst und Furcht

GEMÜT - *Beschwerden durch - Schreck* (mrr1/25)

• **Furcht - allein zu sein** (gk/64)

» engen Räumen; in (vh/67)

» *Gespenstern; vor* (*/70)

» hochgelegenen Orten; vor (vh/71)

• Schreckliches und traurige Geschichten greifen sie stark an (vh*/156)

Konstitution - Allgemeines

GEMÜT - Faulheit (k/55)

• Heimweh (*/107)

• Milde (a1/130)

• Selbstvertrauen - Mangel an Selbstvertrauen (vh/161)

• Unzufrieden (k/194)

Familie; Beziehung zur - Aggressivität

GEMÜT - Beschwerden durch - Bevormundung - Kindern, bei (^/22)

• Beschwerden durch - Bevormundung - Kindern, bei - elterlicher Bevormundung; bei langer Geschichte übermäßiger (^/22)

Familie; Beziehung zur - Liebe und Zuneigung

GEMÜT - *Angst - andere, um* (gk/7)

Beziehung zu anderen - Reaktion auf andere

GEMÜT - **Antworten - Abneigung zu antworten** (k1*/14)

• Gesellschaft - Verlangen nach (k/95)

• Schüchternheit, Zaghaftigkeit (k/158)

Beziehung zu anderen - allgemein

GEMÜT - Mitgefühl, Mitleid (k/130)

• Pubertät; in der (bg2/138)

Schule - Angst

GEMÜT - Selbstvertrauen - Mangel an Selbstvertrauen (vh/161)

Schule - Anstrengung; geistige

KOPF - Schmerz - geistige Anstrengung - agg. (st/328)

Schule - Konstitution

GEMÜT - Selbstvertrauen - Mangel an Selbstvertrauen (vh/161)

Nonverbales - Allgemeines

GEMÜT - Singen (k/163)

Nonverbales - Konsultation; bei der

MUND - Landkartenzunge (bg2*/668)

• Stomatitis ulcerosa, Stomakaze (c2/689)

INNERER HALS - *Schwellung - Tonsillen* (k/747)

HAUT - Erysipel (mtf11/1798)

Nonverbales - Äußerliches - Beobachtungen der Eltern

HÖREN - Schwerhörig - abwechselnd mit - Augen; Beschwerden der (bg2/535)

MAGEN - *Völlegefühl - Essen - nach - agg. - wenig, nach dem kleinsten Bissen; nach noch so* (k/845)

• *Völlegefühl - Trinken; agg. nach* (k/845)

REKTUM - Unwillkürlicher Stuhl (*/984)

Nacht; Beobachtungen in der - Gemütssymptome

GEMÜT - Furcht - Dunkelheit; vor der (vh*/66)

Körperliche Symptome und Erkrankungen

REKTUM - Cholera - infantum (c2/949)

ALLGEMEINES - Pubertät - Beschwerden während der (mrr1/1934)

Mandragora officinarum

mand.

Zahnung - Empfindungen und neurologische Beschwerden

ALLGEMEINES - *Konvulsionen - Zahnung; während der* (bg*/1907)

Stillen - Milch

ALLGEMEINES - Speisen und Getränke - Milch - Verlangen - saure (sp1/2001)

Stillen - Magendarmsymptome - Appetit - vermindert

MAGEN - Appetit - schnelle Sättigung (sp1/770)

Stillen - Magendarmsymptome - Appetit - vermehrt

MAGEN - Appetit - vermehrt (sp1/770)

Konstitution - Allgemeines

GEMÜT - Entmutigt (jl3/46)

• Unzufrieden (mg1/194)

Nonverbales - Reaktion auf andere

GEMÜT - Küssen - jeden (mg1/119)

Nonverbales - Konsultation; bei der

MUND - Aphthen (sp1/639)
• Aphthen - Zunge (sp1*/640)

INNERER HALS - Entzündung - Tonsillen (sp1/724)

Nonverbales - Äußerliches - Beobachtungen des Arztes

GESICHT - Fettig (sp1/593)

Nonverbales - Äußerliches - Beobachtungen der Eltern

MAGEN - Schluckauf (sp1/809)
• Völlegefühl - Essen - nach - amel. (mtf11/845)

STUHL - Schafskot, wie (sp1/997)

BLASE - Urinieren - verzögert, muß warten, bis der Urin zu fließen beginnt (sp1/1020)

Nacht; Beobachtungen in der - körperliche Symptome

BLASE - Urinieren - unwillkürlich - nachts (sp1/1019)

Manganum

mang.

Entwicklung - langsam

EXTREMITÄTEN - Schwäche - Knöchel - Kindern; bei - Gehenlernen; beim (ptk1/1623)

Entwicklung - allgemein

KOPF - Großer Kopf (ptk1/289)

EXTREMITÄTEN - Schmerz - Unterschenkel - Wachstumsschmerzen (dm*/1605)

ALLGEMEINES - Schmerz - Wachstumsschmerzen (ptk1*/1958)

Zahnung - Empfindungen und neurologische Beschwerden

OHR - *Geräusche im Ohr, Ohrgeräusche - Zahnung; während der* (bg1*/510)

Stillen - Milch

ALLGEMEINES - Speisen und Getränke - Milch - Verlangen (*/2001)
• Speisen und Getränke - Milch - Verlangen - saure (*/2001)

Stillen - Magendarmsymptome - Appetit - vermindert

MAGEN - *Appetit - fehlend* (*/767)
• Appetit - schnelle Sättigung (k/770)

Stillen - Magendarmsymptome - Appetit - vermehrt

MAGEN - Appetit - vermehrt (b2/770)

Stillen - Magendarmsymptome - Aufstoßen - Speisen; von

MAGEN - Aufstoßens; Art des - Speisen; von (k/780)
• Aufstoßens; Art des - Speisen; von - sauer (b4a/780)

Stillen - Magendarmsymptome - Aufstoßen - Wasser; Hochsteigen von

MAGEN - Aufstoßens; Art des - Wasser in den Mund; Hochsteigen von (*/781)
• Aufstoßens; Art des - Wasser in den Mund; Hochsteigen von - bitter (b4/781)

Stillen - Magendarmsymptome - Abdomen - amel. durch

ABDOMEN - Schmerz - Druck - amel. (k/883)
• Schmerz - Wärme - amel. (k/896)

Infektionskrankheiten - Mumps

GESICHT - Entzündung - Parotis (c2/584)
• Schmerz - Parotis (k/626)
  » Parotis - drückend (b4/627)
  » Parotis - ziehend (k/627)
• Schwellung - Parotis (*/631)

Konstitution - Angst und Furcht

GEMÜT - Vorsichtig (j/205)

Konstitution - Allgemeines

GEMÜT - Entmutigt (k/46)
• Impulse, Triebe; krankhafte - laufen; zu (bg2/112)
• Milde (*/130)
• Pflicht - zu viel Pflichtgefühl (^/136)
• Sorgen; voller (j5/164)
• Unzufrieden (*/194)

Familie; Beziehung zur - Liebe und Zuneigung

GEMÜT - Sorgen; voller - andere, um (stj1/165)

Beziehung zu anderen - Aggressivität

GEMÜT - Streitsüchtig (j/173)

Beziehung zu anderen - Reaktion auf andere

GEMÜT - Gesellschaft - Abneigung gegen (*/94)
• Schüchternheit, Zaghaftigkeit (^/158)
• Untröstlich (h2*/193)

Nonverbales - Gesten, Gebärden

GEMÜT - Stirnrunzeln, Neigung zum (k/171)

Nonverbales - Allgemeines

GEMÜT - Hast, Eile - Gehen; beim (bg2*/105)

Nonverbales - Konsultation; bei der

KOPF - Hitze - Kälte - Körpers; mit Kälte des (h2/293)

OHR - Absonderungen - schmerzhaft (k2/498)
• Absonderungen - übelriechend (k/498)
• *Entzündung - Eustachische Röhre* (*/500)
  » Mittelohr (mrr1/501)
  » Mittelohr - chronisch (mrr1/501)
• *Katarrh - Eustachische Röhre* (*/515)
• *Ohrschmalz - schwarz* (sne/516)
  » *vermehrt* (sne/516)

HÖREN - *Schwerhörig - Tubenkatarrh* (*/537)

INNERER HALS - Entzündung - Tonsillen (bg2/724)
ÄUSSERER HALS - Schwellung - Seiten (a1/760)
ABDOMEN - Schmerz - Druck - amel. (k/883)
HAUT - Erysipel (*/1798)
• *Intertrigo* (k/1825)

Nonverbales - Äußerliches - Beobachtungen des Arztes

KOPF - Großer Kopf (ptk1/289)
• *Halten - hoch, aufrecht zu halten; unfähig, den Kopf* (k/289)
AUGE - Verklebt (b4a/472)
OHR - Bohren mit den Fingern darin (sne/500)
GESICHT - Gerunzelt - Stirn, Stirnrunzeln (*/594)
• Rissig - Lippen (bg1/613)
• Wächsern (k2/635)
ALLGEMEINES - Magere Personen (bg2*/1919)

Nonverbales - Äußerliches - Beobachtungen der Eltern

KOPF - Empfindlichkeit - Kämmen, Bürsten der Haare; gegen (h2*/283)
AUGE - *Verklebt - morgens* (k/472)
NASE - Schneuzen der Nase - Neigung, sich zu schneuzen; ständige (ptk1/568)
ZÄHNE - Zusammenbeißen der Zähne - Verlangen, die Zähne zusammenzubeißen; ständiges (k/719)
MAGEN - Völlegefühl - Essen - nach - amel. (k/845)
ABDOMEN - Schmerz - Wärme - amel. (k/896)
• *Schmerz - Zusammenkrümmen - amel.* (*/897)
» Zusammenkrümmen - muß sich zusammenkrümmen (a1/897)
STUHL - Schafskot, wie (b2/997)
WEIBLICHE GENITALIEN - Fluor - Kindern; bei - Mädchen; bei kleinen (ptk1/1096)

Nacht; Beobachtungen in der - Schlaf; Lage im

SCHLAF - Lage - Beine - angezogen (*/1682)
• Lage - Rücken, auf dem (*/1683)

Körperliche Symptome und Erkrankungen

KOPF - *Entzündung - Periost* (k/285)
• *Schmerz - katarrhalisch* (k/331)
ZÄHNE - Karies, faule, hohle Zähne (*/700)
WEIBLICHE GENITALIEN - *Menses - verzögerte Menarche* (*/1114)
KEHLKOPF UND TRACHEA - *Laryngismus stridulus* (k/1145)
FIEBER - Continua (k/1772)
ALLGEMEINES - Verletzungen - Knochenbrüche - langsame Heilung von Knochenbrüchen (st/2020)

Medorrhinum

med.

Ruhelosigkeit ist ein sehr wichtiges Charakteristikum bei diesen Kindern. Es ist fast unmöglich, sie dazu bekommen, daß sie an einem Ort stillsitzen und aus diesem Grund kann die homöopathische Konsultation schwierig sein. Es ist wirklich so, daß sie die ganze Zeit versuchen, im Zentrum der Aufmerksam zu stehen, ohne Rücksicht auf andere. Im Wartezimmer sprechen sie ohne Respekt über die Menschen im Sekretariat und sie sind exzessiv kontaktfreudig und selbstsicher in Bezug auf andere Patienten.

In der Schule sind sie sehr ruhelos und ihre Leistungen können unzufriedenstellend sein; sie machen Fehler, wenn sie sich nicht genug Zeit lassen können, lassen beim Schreiben Buchstaben aus und fangen Sachen an, aber bringen sie nicht zu Ende. Ihre Hyperaktivität führt dazu, daß sie sich wenig konzentrieren. *Sie sind hastig, machen alles oberflächlich und erledigen ihre Hausarbeiten schnell. Das Gedächtnis ist schlecht*, besonders für kurz Zurückliegendes. Beim Sprechen verlieren sie leicht den Faden.

Erwartungsangst ist sehr stark ausgeprägt. Sie sind von Natur aus ängstlich und *kauen an den Nägeln beider Hände und Füße.* Es ist eines der wichtigsten Mittel bei den Kindern, die dazu neigen, lange Zeit am *den Fingern zu lutschen.*

Ihre nervöse Hyperaktivität läßt sie beim geringsten Geräusch aufschrecken.

Abends geht es ihnen besser, sie haben viel Energie und wollen nicht ins Bett.

Hartnäckigkeit ist ein Charakteristikum dieser Kinder; sie wollen gleichaltrigen Kindern Befehle erteilen und zeigen gewalttätige Reaktionen, wenn ihnen nicht gefolgt wird. Sie können sogar den Eltern sagen, was sie tun sollen. Sie sind sehr empfindlich in Bezug auf die Atmosphäre in der Familie und manchmal können sie, wenn sie ihren aufsässigen Impulsen folgen, extreme Verhaltensweisen zeigen, sie laufen beispielsweise von zuhause weg.

Medorrhinum ist ein Mittel der Extreme; sie übertreiben alles, was sie tun und das kann einige ihrer großen Leidenschaften erklären. *Sie wollen alles ausprobieren,* und wenn sie groß werden, werden sie von starken Emotionen in Versuchung geführt,

Sachen auszuprobieren wie Bungee Jumping oder Fallschirmspringen.

Sie lieben Tiere wirklich sehr, aber diese leidenschaftliche Liebe kann zu einem Gefühl der Besessenheit und Eifersucht ausarten, das zu grausamen und gewalttätigen Handlungen führt.

Sie haben viele Ängste: vor geschlossenen Orten, Monstern und Dunkelheit. Sie bilden sich ein, jemand würde ihnen folgen und sie wollen nicht allein sein.

In sexueller Hinsicht sind sie sehr frühreif und können übermäßig masturbieren oder „erotische Spiele" mit ihren Freunden spielen.

Medorrhinum ist ein Mittel, das bei der Behandlung von *Bronchialasthma* zu wundervollen Ergebnissen führt, *wobei das Asthma oft mit ekzematösen Zeichen verbunden ist, die während der frühen Kindheit auftreten. Typischerweise wird der Asthmaanfall schwächer, wenn sie eine genupektorale Lage einnehmen, die sie im Schlaf bevorzugen, besonders als sehr kleine Kinder.* Atemprobleme werden auch besser durch Liegen auf dem Bauch. Die Häufigkeit und Intensität von Asthmaanfällen und Bronchitis nehmen am Meer ab.

Chronische Rhinitis und Sinusitis, die in der frühen Kindheit beginnen, sind sehr häufige pathologische Zustände. Es können wirkliche Eiterungen aus der Nase vorhanden sein, die gegenüber Antibiotika sehr resistent sind und dazu neigen, chronisch zu werden.

Die Symptome von Krankheiten, die durch Kälte verursacht sind, bessern sich bei nassem Wetter, nachts und typischerweise am Meer; sie sind oft begleitet von Vergrößerung der seitlichen Halsdrüsen und der Unterkieferdrüsen. Die sykotische Natur des Mittels zeigt sich in der Bildung von *Polypen in der Nase.*

Ein weiteres Zielorgan bei diesen Kindern ist die *Haut*, besonders in Form von Wucherungen, besonders *Warzen;* andere häufige pathologische Zustände sind Kopfschuppen mit heftigem Jucken, Ekzem, Intertrigo, Impetigo, Psoriasis, Herpes und Urtikaria.

Jucken ohne Hautausschlag ist oft zu finden, was sich typischerweise nachts und beim Darandenken verschlechtert.

Die Nägel sind gewöhnlich zerbrechlich und deformiert.

Das Gesicht dieser kleinen Patienten ist gewöhnlich blaß und zeigt eine Tendenz zu chronischer Anämie.

Die Zähne sind gelblich und werden schnell schlecht; die Zunge ist oft dickt belegt; der Atem ist übelriechend.

Sie können an Kopfschmerzen leiden, häufiger in der Stirn und nach dem Lernen, mit dem Gefühl, als wäre etwas Enges um den Kopf.

Eitrige Konjunktivitis und Blepharokonjunktivitis, die hauptsächlich das linke Auge angreifen; die Augen sind morgens beim Erwachen verklebt und es ist, als wären die Lider zusammengeklebt.

Was den Magen betrifft, so können sie an schlechter Verdauung und Magenschmerzen leiden; die Schmerzen wecken sie gewöhnlich um 2 Uhr morgens.

Oft haben sie übertriebenen Appetit, selbst nach dem Essen.

Das Rektum ist ein weiteres Zielorgan bei diesen Kindern seit früher Kindheit. Solche pathologischen Zustände, wie Prolaps des Rektums, intensives *perineales Erythem* und *Exanthem am Gesäß von Neugeborenen* sind anzutreffen (das wichtigste Mittel bei *Windelausschlag*), sowie Dermatitis am Anus mit stinkendem Transsudat.

Häufig findet man *hartnäckige Obstipation* seit den ersten Lebenstagen.

Vaginitis und Urethritis sind häufig, sowie Herpes an den Genitalien; Zystitis erscheint ziemlich verfrüht und der Urin ist übelriechend, wie Ammoniak.

Enuresis ist sehr häufig.

Phimose.

Rheumatische Phänomene erscheinen mit Schmerzen an Fersen und Fußsohlen mit geschwollenen Knöcheln; die Schmerzen erscheinen und verschwinden plötzlich und werden schlechter durch naßkaltes Wetter und vor Gewittern. *Ein brennendes Gefühl entlang des Rückgrats ist ein merkwürdiges und typisches Symptom.*

Die Fußsohlen sind sehr empfindlich: sie können nicht auf unebenem Boden oder Steinen gehen; die Füße sind sehr heiß, sie brennen fast; es ist wirklich so, daß diese Kinder *immer barfuß* sind, selbst wenn der Fußboden sehr kalt ist und *nachts entblößen sie die Füße.*

Für das *Verlangen nach Speisen* typisch ist Verlangen nach unreifem Obst, *Zitrusfrüchten,* besonders Orangen und *Lutscher.*

Klinisches: Asthma. Psoriasis. Urtikaria. Warzen. Polypen. Sinusitis. Augenentzündung. Masturbation. Rheumatismus. Fluor. Dysmenorrhoe. Diabetes.

Wirkungsbereich: Haut. Lungen. Gemüt. Nerven. Schleimhäute. Lymphgewebe. Kleine Gelenke.

* * *

Krankengeschichte; familiäre und persönliche

ALLGEMEINES - Familiengeschichte von - Asthma (ghs1*/1878)
- *Familiengeschichte von - Gonorrhoe* (dry1*/1878)
  - » *Herzens; früher Erkrankung des* (mrr1/1878)
  - » Impfung; wiederholte (zs4/1878)
  - » Medikamenten; Mißbrauch von allopathischen (zs4/1878)
  - » *Sykose* (mnc1*/1878)
- Krankengeschichte von; persönliche - Abszessen; wiederkehrenden (gk/1909)
  - » Augen - Gerstenkörnern; von wiederkehrenden (gk/1909)
  - » Gonorrhoe, von (k2*/1909)
  - » Krebs; von (jl2/1910)
  - » Zystitis; von wiederkehrenden (mrr1/1910)
  - » **Zystitis; von wiederkehrenden - Kindern; bei** (lmj/1910)

Entwicklung - langsam

GEMÜT - Sprechen - langsam; lernt (c1*/168)

ALLGEMEINES - Gehen - Gehenlernen, Laufenlernen - spätes (mtf33/1883)

Entwicklung - schnell

GEMÜT - **Frühreife, altkluge Kinder** (lmj/63)

Entwicklung - allgemein

KOPF - Großer Kopf (jl2*/289)

Zahnung - Magendarmsymptome

REKTUM - Diarrhoe - Zahnung; während (c1/957)

Impfung

ALLGEMEINES - Familiengeschichte von - Impfung; wiederholte (zs4/1878)

Stillen - Milch

REKTUM - Diarrhoe - Milch - agg. (gk/954)

ALLGEMEINES - Speisen und Getränke - Milch - agg. (gk/2001)
- Speisen und Getränke - Milch - Verlangen - kalte (ser/2001)

Stillen - Magendarmsymptome - Appetit - vermindert

MAGEN - Appetit - fehlend (k/767)
- Appetit - vermindert (tl1/772)

Stillen - Magendarmsymptome - Appetit - vermehrt

MAGEN - *Appetit - Heißhunger - Essen - nach dem Essen - bald danach* (*/770)
- Appetit - vermehrt (tl1/770)
  - » *vermehrt - nachts - Mitternacht - um* (vh/771)
  - » vermehrt - Essen - nach (br1*/772)

Stillen - Magendarmsymptome - Aufstoßen - Speisen; von

MAGEN - Aufstoßens; Art des - Speisen; von - Essen - nach - agg. (k/780)

Stillen - Magendarmsymptome - Rektum

REKTUM - Diarrhoe - Kindern, bei (k2*/954)
- Obstipation - entfernt werden; Stuhl muß mechanisch (st/968)
  - » Kindern, bei - Neugeborenen, bei (c1/969)

Stillen - Allgemeines

ALLGEMEINES - Säuglinge (mtf33/1944)

Konstitution - Aggressivität

GEMÜT - Zorn - Kindern, bei (jl2/254)

Konstitution - Angst und Furcht

GEMÜT - **Beschwerden durch - Erwartungsspannung** (bg2*/23)
- *Erwartungsspannung - Lampenfieber* (dgt/53)
- Furcht - allein zu sein (rb/64)
  - » engen Räumen; in (k*/67)
  - » Geräusche, durch (bro1/69)
  - » *Gespenstern; vor* (bro1*/70)
  - » hochgelegenen Orten; vor (gk/71)
  - » Versagen, Mißerfolg; vor dem (^/79)
  - » Versagen, Mißerfolg; vor dem - Prüfungen, bei (fyz*/79)
  - » Wasser, vor (hu/79)
- Gefahr - kein Gefühl für Gefahr; hat (mtf/87)
- Schreckliches und traurige Geschichten greifen sie stark an (gk/156)

Konstitution - Allgemeines

GEMÜT - Ehrgeiz - erhöht, vermehrt, sehr ehrgeizig (gk/40)
- Empfindlich - Kinder (dx1/44)
- Entmutigt (mtf/46)
- Faulheit (^/55)
- Geiz (ptk1/92)
- Gewissenhaft, peinlich genau in bezug auf Kleinigkeiten (st1/99)
- Heikel, pingelig (hbh/106)
- Neugierig (mtf/135)
- *Selbstsucht, Egoismus* (*/161)

- *Selbstvertrauen - Mangel an Selbstvertrauen* (vh*/161)
- Sorgen; voller (kr1/164)
- Spontan, impulsiv (ptk1*/166)
- Stimmung, Laune - veränderlich (k2/171)
- Unaufmerksam (bg2/189)
- Ungerechtigkeit; erträgt keine (dx1*/191)
- *Unternehmen; etwas - Vieles, hält aber bei nichts durch, bleibt nicht dabei; unternimmt* (vh*/193)
- Unzufrieden (^/194)
- Veränderungen - Verlangen nach (mtf33/195)
- **Verwegenheit** (^/199)
- *Waschen - Verlangen zu waschen* (^/243)
  » *Verlangen zu waschen - Hände; wäscht sich ständig die* (st*/243)
- *Weinen - amel.* (*/245)
  » Kindern; bei (gk/246)
  » leicht (jl/246)

Familie; Beziehung zur - Aggressivität

GEMÜT - Beschimpfen, beleidigen, schmähen - Kinder - Eltern; Kinder beschimpfen ihre (mtf33/22)
- Beschwerden durch - Bevormundung - Kindern, bei (mp1/22)
  » Grobheit anderer (dgt/23)
- **Empfindlich - Grobheiten; gegen** (k/44)

Familie; Beziehung zur - Liebe und Zuneigung

GEMÜT - Beschwerden durch - Uneinigkeit, Zwietracht - Eltern; zwischen den eigenen (gk/26)
- *Eifersucht* (st1*/40)
  » Kinder - bei (mtf33/40)
  » Kinder - unter Kindern (gk/40)

Familie; Beziehung zur - Vorwürfe

GEMÜT - Beschwerden durch - Tadel (mg1/25)
- *Empfindlich - Vorwürfe; gegen* (st1/45)
  » Vorwürfe; gegen - Kindern; bei (ckh1/45)
- Ermahnungen - agg. (mtf/47)
  » agg. - Kindern; bei (c1/47)
- Weinen - Ermahnung, durch (gk/245)

Beziehung zu anderen - Aggressivität

GEMÜT - Grausamkeit (ptk1*/103)
- Grausamkeit - liebt es, Menschen und Tieren Leid zuzufügen (mrr1/103)
- Schlagen (mtf33/154)
  » Kindern; bei (mtf33/154)
  » sich; schlägt (^/154)
- Zorn - Widerspruch, durch (hu/255)

Beziehung zu anderen - Reaktion auf andere

GEMÜT - Antworten - langsam (bg2/15)
- Antworten - weigert sich zu antworten (vh/15)
  » *wiederholt erst die Frage* (vh*/15)
- *Schüchternheit, Zaghaftigkeit* (fd*/158)
  » *Öffentlichkeit; beim Auftreten in der* (vh*/159)
  » Öffentlichkeit; beim Auftreten in der - sprechen; in der Öffentlichkeit zu (mrr/159)
- *Weinen - angesprochen; wenn* (*/245)
- Widerspruch - verträgt keinen Widerspruch (st1/249)

Beziehung zu anderen - allgemein

GEMÜT - *Angeber* (vh*/4)
- *Argwöhnisch, mißtrauisch* (vh*/16)
- *Ichbezogenheit, Selbstüberhebung* (*/111)
- Lügner (mtf33/126)
- Mitgefühl, Mitleid (gk/130)
- Tadelt sich selbst, macht sich Vorwürfe (st*/179)
- Unverschämtheit (ptk1/193)

Schule - Angst

GEMÜT - **Beschwerden durch - Erwartungsspannung** (bg2*/23)
- Furcht - Versagen, Mißerfolg; vor dem (^/79)
  » Versagen, Mißerfolg; vor dem - Prüfungen, bei (fyz*/79)
- *Selbstvertrauen - Mangel an Selbstvertrauen* (vh*/161)

REKTUM - Diarrhoe - Erwartungsspannung, nach (gk/952)

Schule - Konzentration

GEMÜT - Konzentration - schwierig - Kindern, bei (mtf33/117)
- Unaufmerksam (bg2/189)

Schule - Lernen - allgemein

GEMÜT - *Dyslexie* (mtf/40)
- *Fehler; macht - Sprechen, beim - Buchstabieren, beim* (*/58)

Schule - Lernen - Schreiben

GEMÜT - Fehler; macht - Schreiben, beim (k2*/57)
- *Fehler; macht - Schreiben, beim - falsch - Buchstaben, Zahlen* (jl2/57)
  » Schreiben, beim - läßt etwas aus - Buchstaben (jl2/57)

Schule - Anstrengung; geistige

KOPF - Schmerz - Lesen, beim - agg. (c1/332)

Schule - Beziehung zu anderen

GEMÜT - Lügner (mtf33/126)
- *Schüchternheit, Zaghaftigkeit - Öffentlichkeit; beim Auftreten in der* (vh*/159)
  » Öffentlichkeit; beim Auftreten in der - sprechen; in der Öffentlichkeit zu (mrr/159)
- **Ungehorsam** (^/191)
  » **Kindern, bei** (lmj/191)

Schule - Vorwürfe

GEMÜT - Beschwerden durch - Grobheit anderer (dgt/23)
- Beschwerden durch - Tadel (mg1/25)
- **Empfindlich - Grobheiten; gegen** (k/44)
  - » *Vorwürfe; gegen* (st1/45)
  - » Vorwürfe; gegen - Kindern; bei (ckh1/45)
- Ermahnungen - agg. (mtf/47)
  - » agg. - Kindern; bei (c1/47)
- Weinen - Ermahnung, durch (gk/245)

Schule - Konstitution

GEMÜT - *Eigensinnig, starrköpfig, dickköpfig* (hu/41)
- Eigensinnig, starrköpfig, dickköpfig - Kinder (gk/41)
- Gewissenhaft, peinlich genau in bezug auf Kleinigkeiten (st1/99)
- *Hast, Eile - tut, womit er gerade beschäftigt ist; bei dem, was er* (^/105)
  - » *tut, womit er gerade beschäftigt ist; bei dem, was er - Verlangen mehrere Dinge gleichzeitig zu tun* (^/106)
  - » *tut, womit er gerade beschäftigt ist; bei dem, was er - Verlangen mehrere Dinge gleichzeitig zu tun - Ende; bringt aber nichts davon zu* (ckh1/106)
- Heikel, pingelig (hbh/106)
- Lügner (mtf33/126)
- Neugierig (mtf/135)
- *Selbstvertrauen - Mangel an Selbstvertrauen* (vh*/161)
- **Ungehorsam** (^/191)
  - » **Kindern, bei** (lmj/191)
- *Unternehmen; etwas - Vieles, hält aber bei nichts durch, bleibt nicht dabei; unternimmt* (vh*/193)

Spielen

GEMÜT - *Amüsement, Vergnügen - Verlangen nach* (mtf/4)
- *Spielen - Verlangen zu spielen* (^/166)
  - » *Verlangen zu spielen - nachts* (kr1*/166)
  - » Verlangen zu spielen - nachts - Kindern; bei (mtf33/166)

SCHLAF - Schlaflosigkeit - spielt und lacht, Kind (kr1/1694)

Tieren; Beziehung zu

GEMÜT - Empfindlich - Natur und Objekte aus der Natur; für die (mtf33/45)
- Furcht - Hunden, vor (dx*/71)
  - » Katzen; vor (vh3*/71)
- Grausamkeit - liebt es, Menschen und Tieren Leid zuzufügen (mrr1/103)
  - » **Tieren; gegenüber** (mrr1*/103)
- Mitgefühl, Mitleid - Tieren, mit (gk/130)
- Natur - liebt (mtf33/134)
- Tiere - liebt Tiere, Tierliebe (vh*/180)
  - » liebt Tiere, Tierliebe - Haustier; ihr (mrr1/180)
  - » liebt Tiere, Tierliebe - Haustier; ihr - Kindern; bei (mrr1/180)

Nonverbales - Aggressivität

GEMÜT - **Beißen** (^/20)
- Destruktivität, Zerstörungswut (bra/38)
- *Diktatorisch* (vh*/39)
- Raserei, Tobsucht, Wut - zieht die Umstehenden an den Haaren (ckh1/140)
- Reizbarkeit, Gereiztheit - Kindern, bei (jl2/145)
  - » Kindern, bei - gereizt, die ganze Nacht brav; den ganzen Tag über (ptk1/145)
- Stoßen, treten, austreten (hu*/172)
  - » Kindern; bei (mtf33/172)
- Zerbricht Dinge (ctc*/251)
- Ziehen - Haaren; an den (^/252)
  - » Haaren; an den - Verlangen zu ziehen - ihren eigenen Haaren; an (ptk1/252)
  - » Haaren; an den - Verlangen zu ziehen - jemanden an den Haaren (bg2*/252)

Nonverbales - Reaktion auf andere

GEMÜT - Angesehen, angeblickt zu werden - erträgt es nicht, angesehen zu werden (gk/5)
- *Berührtwerden - Abneigung berührt zu werden* (*/21)
  - » Abneigung berührt zu werden - Kindern; bei (mtf33/21)
- Fremde - Anwesenheit von Fremden - agg. (ser/60)

Nonverbales - Gesten, Gebärden

GEMÜT - *Auffahren, Zusammenfahren - Geräusche; durch* (*/17)
- Beißen - Finger; beißt (ptk1*/20)
  - » Hände; beißt (ptk1/20)
  - » **Nägel** (bg3*/20)
  - » Nägel - Kindern; bei (g*/20)
- Gesten, Gebärden; macht - Finger - Mund; Kinder stecken die Finger in den (bg*/97)
- Launenhaftigkeit, launisch (bgs/123)
- Ungeschicklichkeit (ctc*/192)
  - » Kindern, bei (mtf33/192)

Nonverbales - Allgemeines

GEMÜT - *Eigensinnig, starrköpfig, dickköpfig* (hu/41)
- Eigensinnig, starrköpfig, dickköpfig - Kinder (gk/41)
- Hast, Eile - immer in Eile; ist (tl1/105)
  - » *tut, womit er gerade beschäftigt ist; bei dem, was er* (^/105)
  - » *tut, womit er gerade beschäftigt ist; bei dem, was er - Verlangen mehrere Dinge gleichzeitig zu tun* (^/106)

• Ruhelosigkeit - Kindern, bei (mrr*/151)

Nonverbales - Konsultation; bei der

OHR - Entzündung - Mittelohr (mrr1/501)
• Entzündung - Mittelohr - chronisch (mrr1/501)
HÖREN - Schwerhörig - Tonsillen - vergrößert (c1*/537)
GESICHT - Schwellung - Unterkieferdrüsen (k/631)
MUND - Aphthen (c1*/639)
• Aphthen - Kindern, bei (c1*/639)
» Zunge (c1*/640)
» Zunge - unter der (c1/640)
» Zunge - Zungenspitze (c1/640)
• Landkartenzunge (bg2*/668)
• Stomatitis ulcerosa, Stomakaze (jl2/689)
INNERER HALS - Aphthen (c1/721)
• Schwellung - Tonsillen (br1/747)
ABDOMEN - Absonderung aus dem Nabel (alj/849)
• Vergrößert - Kindern; bei (gk/938)
REKTUM - Hautausschläge - Anus; um den (*/964)
• **Hautausschläge - Anus; um den - Exanthem; flüchtiges - Kindern; bei - Neugeborenen; bei** (c1*/964)
» Anus; um den - Kindern; bei - Neugeborenen; bei (c1*/964)
» Perineum (gk/964)
» Perineum - Kindern; bei - Neugeborenen; bei (c1*/964)
• Prolaps - Kindern; bei (jl2/971)
URIN - Scharf, wundfressend - Kindern; bei - Neugeborenen; bei (c1/1051)
• Zucker - Kindern; bei (mtf33/1056)
EXTREMITÄTEN - **Hautausschläge - Gesäß - Rima ani - Exanthem bei Kindern, Neugeborenen; rotes, flüchtiges** (vh*/1432)
• Nägel; Beschwerden der - deformiert (jl2/1664)
» gekrümmte Fingernägel - Schwindsucht; bei (*/1665)
» gewellte Nägel - quer gewellt (ez*/1665)
» spröde, brüchige Nägel (jl2/1665)
» spröde, brüchige Nägel - Fingernägel (vh/1665)
HAUT - Hautausschläge - Herpes - ringförmig (mp1/1815)
• Hautausschläge - Impetigo (jl2/1816)
• **Wundliegen - Kindern; bei** (vh/1837)

Nonverbales - Äußerliches - Beobachtungen des Arztes

KOPF - Großer Kopf (jl2*/289)
• *Schuppen* (*/402)
» juckend (ptk1*/402)
AUGE - Farbe - blau - Sklera oder Bindehaut (mrr/432)
• Verklebt (jl2/472)
OHR - Geschwüre - Ohrläppchen - Loch für die Ohrringe; im (*/510)
NASE - *Schniefen* (bg3*/568)
GESICHT - Farbe - blaß - Kindern; bei (mtf33/586)
• Fettig (*/593)
• Hautausschläge - Akne (*/595)
• Sommersprossen (hr1*/632)
• **Wächsern** (*/635)
• Zupfen - Lippen; an den (gk/636)
MUND - Finger in den Mund; Kinder stecken (mtf33/651)
ÄUSSERER HALS - Torticollis - Brustbein gezogen; Kinn ist zum (c1*/761)
ATMUNG - Asthma, asthmatische Atmung - Kindern; bei (k2*/1162)
• Asthma, asthmatische Atmung - Kindern; bei - Kleinkindern; bei (ptk1/1163)
• Atemnot, Dyspnoe, erschwertes Atmen - Kindern; bei (k2/1168)
RÜCKEN - Opisthotonus (*/1325)
ALLGEMEINES - *Zwergwuchs* (*/2035)

Nonverbales - Äußerliches - Beobachtungen der Eltern

AUGE - **Verklebt - morgens** (*/472)
HÖREN - Schwerhörig - Kindern; bei (mtf33/536)
NASE - Verstopfung - Kindern; bei (ptk1/577)
MAGEN - *Schluckauf* (c1*/809)
REKTUM - Unwillkürlicher Stuhl (*/984)
STUHL - *Kugeln, wie* (k/996)
• Unverdaut (ser/999)
BLASE - Urinieren - verzögert, muß warten, bis der Urin zu fließen beginnt (k/1020)
MÄNNLICHE GENITALIEN - Erektionen - Kindern, bei (lmj/1063)
• Faßt sich an die Genitalien (mtf33/1065)
» Kind (mtf33/1066)
• *Masturbation, Neigung zur* (c1*/1071)
» *Kindern; bei* (st*/1071)
• Sexuelles Verlangen - vermehrt - Kindern, bei (lmj/1084)
WEIBLICHE GENITALIEN - *Fluor - Kindern; bei - Mädchen; bei kleinen* (st/1096)
• Masturbation; Neigung zu (c1*/1104)
» Kindern; bei (lmj*/1104)
EXTREMITÄTEN - **Hitze - Füße - brennend - entblößt sie** (*/1440)

Nacht; Beobachtungen in der - Gemütssymptome

GEMÜT - *Furcht - allein zu sein - nachts* (vh*/64)
• Furcht - allein zu sein - Dunkelheit; in der (dx/65)
» *Dunkelheit; vor der* (*/66)
» Dunkelheit; vor der - Kindern; bei (mtf33/66)

• Sprechen - Schlaf; im (^/169)

Nacht; Beobachtungen in der - körperliche Symptome

KOPF - *Bohrt den Kopf in das Kissen* (*/282)
• Schweiß der Kopfhaut - nachts (al/403)

BLASE - *Urinieren - unwillkürlich - nachts* (*/1019)
• Urinieren - unwillkürlich - nachts - Kindern, bei (mtf33/1019)

Nacht; Beobachtungen in der - Schlaf

SCHLAF - *Erwachen - Schreck, wie durch* (hr1*/1675)
• Schlaflosigkeit - spielt und lacht, Kind (kr1/1694)

Nacht; Beobachtungen in der - Schlaf; Lage im

SCHLAF - **Lage - Abdomen, auf dem** (bg2*/1682)
• Lage - Arme - Kopf - über dem Kopf (k/1682)
» Gesicht, auf dem (tl1/1682)
» Hände - auf Händen und Knien (tl1/1682)
» **Knie - Brust; liegt auf Knien und** (hr1*/1682)
» Knie - Ellbogen gebeugt, Knie und (bro1/1682)
» **Knie - Gesicht ins Kissen gepreßt; und** (k1*/1682)
» *kniend* (st1/1682)
» nackt (gk/1683)
» Rücken, auf dem (*/1683)
» Rücken, auf dem - Hände - Kopf - über dem (kr1*/1683)
» Rücken, auf dem - Hände - Kopf - über dem Kopf (kr1*/1683)

Schaukeln und Getragenwerden

GEMÜT - Getragen - Verlangen getragen zu werden (g*/99)

Körperliche Symptome und Erkrankungen

KOPF - Entzündung - Hirnhaut (c1/284)
AUGE - Striktur der Tränenkanäle (k/467)
ZÄHNE - Karies, faule, hohle Zähne (k/700)
REKTUM - *Cholera - infantum* (*/949)
NIEREN - Entzündung (k2*/1023)
• Entzündung - parenchymatös - akut (k2/1024)
KEHLKOPF UND TRACHEA - Laryngismus stridulus (k2/1145)
ALLGEMEINES - Abmagerung - Kindern; bei (k2/1845)
• Kindern; Beschwerden von (mtf33/1897)
• Konvulsionen - Kindern, bei (lmj/1905)

Chirurgisch pathologische Zustände

NASE - Polyp (c1*/561)

Würmer

REKTUM - Jucken - Askariden, durch (jl2/965)
• Würmer - Beschwerden durch Würmer (vh/985)
» Beschwerden durch Würmer - Madenwürmer (tl1/986)

Menyanthes trifoliata

meny.

Stillen - Magendarmsymptome - Appetit - vermindert

MAGEN - Appetit - schnelle Sättigung (h1/770)

Stillen - Magendarmsymptome - Appetit - vermehrt

MAGEN - Appetit - Heißhunger (b2/769)
• Appetit - vermehrt (b2/770)
» vermehrt - Essen - nach - nur beim Essen wieder; Appetit kehrt (b7/772)

Stillen - Magendarmsymptome - Aufstoßen - Wasser; Hochsteigen von

MAGEN - Aufstoßens; Art des - Wasser in den Mund; Hochsteigen von (*/781)

Stillen - Magendarmsymptome - Abdomen - amel. durch

ABDOMEN - Schmerz - Druck - amel. (k/883)

Konstitution - Angst und Furcht

GEMÜT - Furcht - allein zu sein (^/64)

Konstitution - Allgemeines

GEMÜT - Faulheit (b7/55)
• Stimmung, Laune - veränderlich (k/171)
• Unzufrieden (*/194)

Familie; Beziehung zur - Liebe und Zuneigung

GEMÜT - *Verlassen zu sein; Gefühl* (bg2*/198)

Beziehung zu anderen - Reaktion auf andere

GEMÜT - Gesellschaft - Abneigung gegen (*/94)
• Gesellschaft - Verlangen nach (^/95)

Beziehung zu anderen - allgemein

GEMÜT - Argwöhnisch, mißtrauisch (*/16)

Spielen

GEMÜT - Amüsement, Vergnügen - Abneigung gegen (k/4)
• Spielen - Verlangen zu spielen (k/166)
• Verspielt (*/199)

Nonverbales - Gesten, Gebärden

GEMÜT - Hast, Eile - Bewegungen; in den (*/105)

Nonverbales - Konsultation; bei der

ABDOMEN - Schmerz - Druck - amel. (k/883)
EXTREMITÄTEN - Krümmung und Biegung (b7a/1473)

Nonverbales - Äußerliches - Beobachtungen des Arztes

AUGE - Strabismus, Schielen (*/467)
GESICHT - Rissig - Lippen (b7/613)
• Rissig - Lippen - Unterlippe - Mitte der (gk/614)
ATMUNG - Beschleunigt (b7/1174)

Nonverbales - Äußerliches - Beobachtungen der Eltern

MAGEN - Gluckern; Gurgeln (*/802)
• Schluckauf (*/809)

STUHL - *Unverdaut* (b2/999)

Nacht; Beobachtungen in der - körperliche Symptome

BLASE - Urinieren - unwillkürlich - nachts (b2/1019)

Nacht; Beobachtungen in der - Schlaf

SCHLAF - Erwachen - Schreck, wie durch (h1/1675)

Nacht; Beobachtungen in der - Schlaf; Lage im

SCHLAF - Lage - Arme - Kopf - unter dem Kopf (*/1682)
• Lage - Beine - angezogen (*/1682)

Chirurgisch pathologische Zustände

MÄNNLICHE GENITALIEN - Hochgezogen, an den Körper gezogen - Hoden (*/1068)

Mephitis putorius

meph.

Dieses Mittel ist angezeigt bei *Keuchhusten,* wenn die Anfälle so heftig sind, daß das Kind blau anläuft und im Bett aufgerichtet werden muß. Sie können nicht ausatmen (Differentialdiagnose: Sambucus, kann nicht einatmen). Schleimrasseln tritt im oberen Teil der Brust auf; Asthmaanfälle. *Der Husten ist so heftig, daß es scheint, als würde jeder Anfall das Leben beenden. Der Patient möchte in eiskaltem Wasser baden.*

Erstickungsanfall vor dem Husten und große Erschöpfung danach.

Bei Mephitis ist nicht viel Auswurf vorhanden (Differentialdiagnose: Naphthalin, bei dem der Husten sehr trocken ist und die katarrhalischen Symptome nicht ausgeprägt sind).

Viele Krampfsymptome können diesem Mittel zugeschrieben werden, wie nächtliche Beinkrämpfe.

Es ist auch nützlich bei Pseudokrupp und Laryngospasmus, wenn das Kind das Gefühl hat, zu ersticken; der Husten ist nachts im Liegen schlechter. Während des Hustenanfalls scheidet das Kind Urin und Stuhl aus; Diarrhoe und Flatus sind sehr übelriechend.

Klinisches: Asthma. Laryngismus. Keuchhusten. Augenleiden.

Wirkungsbereich: Lungen. Nerven.

* * *

Stillen - Magendarmsymptome - Appetit - allgemein

MAGEN - Appetit - veränderlich (a1/770)

Stillen - Magendarmsymptome - Appetit - vermindert

MAGEN - *Appetit - fehlend* (k/767)

Stillen - Magendarmsymptome - Abdomen - amel. durch

ABDOMEN - Schmerz - Wärme - amel. (k/896)

Infektionskrankheiten - Keuchhusten

GESICHT - Farbe - bläulich - Husten; agg. beim - Keuchhusten (br1/587)

HUSTEN - *Keuchhusten* (*/1197)
• *Keuchhusten - heftig* (ptk1/1198)
  » **Konvulsionen, mit** (kr1/1198)
  » *Krampfstadium, im* (bro1*/1198)

Konstitution - Allgemeines

GEMÜT - *Faulheit* (*/55)
• Waschen - Verlangen zu waschen (^/243)
  » Verlangen zu waschen - kaltem Wasser; mit (lpc/243)

Beziehung zu anderen - Aggressivität

GEMÜT - Streitsüchtig (jl3/173)

Beziehung zu anderen - Reaktion auf andere

GEMÜT - Gesellschaft - Abneigung gegen (jl/94)

Nonverbales - Konsultation; bei der

OHR - Absonderungen - stinkend (*/498)
• Absonderungen - übelriechend (*/498)
• Entzündung - erysipelatös (*/500)

HAUT - Erysipel (a1/1798)

Nonverbales - Äußerliches - Beobachtungen des Arztes

HUSTEN - Hochgehoben werden, wird blau im Gesicht und kann nicht ausatmen; das Kind muß (*/1194)

Nonverbales - Äußerliches - Beobachtungen der Eltern

ABDOMEN - Schmerz - Wärme - amel. (k/896)

MÄNNLICHE GENITALIEN - *Masturbation, Neigung zur* (hr1*/1071)

Nacht; Beobachtungen in der - Gemütssymptome

GEMÜT - Schlafwandeln (*/154)

Autos und Schiffe

KOPF - Schmerz - Fahren - Wagen, im - agg. (k/326)

ALLGEMEINES - Fahren - Wagen; mit dem - agg. (k/1877)

Körperliche Symptome und Erkrankungen

ZÄHNE - Karies, faule, hohle Zähne (*/700)

MAGEN - Würgen - Husten, mit (bg2/846)

KEHLKOPF UND TRACHEA - *Laryngismus stridulus* (*/1145)

ALLGEMEINES - Kindern; Beschwerden von (jl/1897)

Mercurius corrosivus

merc-c.

Zahnung - Allgemeines

ZÄHNE - *Zahnung - schwierig* (bg2/718)

FIEBER - Zahnung; während der (bg2/1781)

Stillen - Milch

MAGEN - Erbrechen - Milch, nach (k/794)
- Erbrochenen; Art des - Milch (k/798)
  » Milch - geronnene (k/798)

ABDOMEN - Flatulenz - Milch agg. (a1/863)

Stillen - Magendarmsymptome - Appetit - vermindert

MAGEN - *Appetit - fehlend* (*/767)
- Appetit - vermindert (*/772)

Stillen - Magendarmsymptome - Appetit - vermehrt

MAGEN - *Appetit - Heißhunger* (k/769)
- *Appetit - vermehrt* (k/770)

Stillen - Magendarmsymptome - Aufstoßen - Speisen; von

MAGEN - Aufstoßens; Art des - Speisen; von (bg2/780)

Stillen - Magendarmsymptome - Schluckauf

MAGEN - Schluckauf - Trinken - nach - agg. (k/811)

Infektionskrankheiten - Windpocken

HAUT - Hautausschläge - Windpocken (k2/1824)

Infektionskrankheiten - Masern

FIEBER - Ausschlagsfieber; Fieber bei Ausschlagserkrankungen - Masern (bro1/1770)

HAUT - *Hautausschläge - Masern* (c2/1817)

ALLGEMEINES - Masern - Beschwerden nach (bro1/1920)

Infektionskrankheiten - Mumps

GESICHT - *Entzündung - Parotis - Mumps* (c2*/584)

Infektionskrankheiten - Scharlach

URIN - *Eiweißhaltig - Scharlach; nach* (k/1046)

Konstitution - Allgemeines

GEMÜT - Entmutigt (*/46)
- Stimmung, Laune - veränderlich (b4a/171)
- Unzufrieden (j5/194)

Beziehung zu anderen - Reaktion auf andere

GEMÜT - *Widerspenstig* (bg2/249)

Nonverbales - Aggressivität

GEMÜT - Spucken (bg2/170)

Nonverbales - Reaktion auf andere

GEMÜT - Schamlos (*/153)

Nonverbales - Gesten, Gebärden

GEMÜT - Springen (^/169)

Nonverbales - Allgemeines

GEMÜT - Nackt sein, möchte (*/134)

Nonverbales - Konsultation; bei der

AUGE - *Entzündung - Kindern; bei - Kleinkindern; bei* (k/429)
- Entzündung - Kindern; bei - Neugeborenen; bei (ptk2/429)

OHR - *Absonderungen - eitrig* (*/497)
- *Absonderungen - stinkend* (*/498)
  » *übelriechend* (*/498)
- **Entzündung** (*/500)
  » *Gehörgang* (*/500)
- Perforation - Trommelfell (ptk1/516)

GESICHT - *Schwellung - Unterkieferdrüsen* (*/631)

MUND - **Aphthen** (*/639)
- **Aphthen - begleitet von - Speichelfluß** (kr1*/639)
- *Herausstrecken, Vorstrecken - Zunge, der* (*/665)
  » Zunge, der - schnellt heraus und hinein wie bei einer Schlange, züngelt; die Zunge (bg2/665)
- *Landkartenzunge* (bg2*/668)
- *Papillen - aufgerichtet* (*/669)
  » aufgerichtet - Erdbeerzunge (c1/669)
- *Schleimhautpapel bei sekundärer Syphilis* (k/673)
- **Schwämmchen** (vk1/681)
- *Stomatitis ulcerosa, Stomakaze* (*/689)

INNERER HALS - Belag - Uvula (k/721)
- Entzündung - Tonsillen (bg2/724)
- *Schwellung - Tonsillen* (*/747)

ÄUSSERER HALS - *Schwellung - Halsdrüsen* (*/760)
- Schwellung - Seiten (*/760)

RÜCKEN - **Krümmung der Wirbelsäule** (*/1323)

EXTREMITÄTEN - Krümmung und Biegung (b4a/1473)

ALLGEMEINES - *Exostose* (*/1877)

Nonverbales - Äußerliches - Beobachtungen des Arztes

AUGE - *Strabismus, Schielen* (*/467)

GESICHT - **Aphthen - Lippen, an den** (hr1*/579)
- Ausdruck - alt aussehend (k/580)
- Gerunzelt - Stirn, Stirnrunzeln (bg2/594)
- Hippokratisches Gesicht (*/605)
- *Rissig - Lippen* (*/613)
  » Mundwinkel (ptk1*/614)
- Wächsern (bro1/635)

ATMUNG - Beschleunigt (*/1174)

Nonverbales - Äußerliches - Beobachtungen der Eltern

MAGEN - Brechreiz, Würgen - Husten; agg. beim (k/784)
- Schluckauf (*/809)
  » Erbrechen - beim (*/810)

» *heftig* (k/810)
» Trinken - nach - agg. (k/811)
» Trinken - nach - Wasser; von - agg. (bg2/811)

ABDOMEN - Schmerz - Zusammenkrümmen - amel. (k/897)

REKTUM - Unwillkürlicher Stuhl (*/984)

STUHL - Unverdaut (*/999)

BLASE - Urinieren - verzögert, muß warten, bis der Urin zu fließen beginnt (b4a/1020)

ATMUNG - Schnarchen (bg1*/1180)

Nacht; Beobachtungen in der - körperliche Symptome

MAGEN - *Schluckauf - Schlaf; agg. im* (*/811)

Nacht; Beobachtungen in der - Schlaf; Lage im

SCHLAF - **Lage - Beine - angezogen** (k/1682)
• **Lage - Knie - gebeugt** (b/1682)
» **Rücken, auf dem** (*/1683)
» **Rücken, auf dem - Knie gebeugt** (a1*/1683)

Autos und Schiffe

ALLGEMEINES - Fahren - Wagen; mit dem - amel. (bg2/1877)

Körperliche Symptome und Erkrankungen

KOPF - Entzündung - Gehirn (bg2*/284)
• *Entzündung - Periost* (k/285)

INNERER HALS - Räuspert käsige Klumpen herauf (bg2/732)

NIEREN - *Entzündung* (*/1023)

KEHLKOPF UND TRACHEA - Laryngismus stridulus - Schlucken agg. (*/1145)

FIEBER - Schleichendes Fieber (b4a/1779)

ALLGEMEINES - *Abmagerung - Kindern; bei - Kleinkindern; bei* (bro1/1845)
• **Kindern; Beschwerden von** (b4a/1897)

Chirurgisch pathologische Zustände

NASE - Polyp (k/561)

ABDOMEN - *Entzündung - Peritoneum* (c2*/860)
• Intussuszeption (c2*/869)

MÄNNLICHE GENITALIEN - Phimose (k2*/1071)
• *Phimose - Paraphimose* (*/1071)

Würmer

REKTUM - Würmer - Beschwerden durch Würmer (bro1/985)
• Würmer - Beschwerden durch Würmer - Spulwürmer (b4a/986)

Mercurius cyanatus

merc-cy.

Impfung

ALLGEMEINES - Impfung; Beschwerden nach - Diphtherie; gegen (gm1/1892)

Stillen - Milch

ALLGEMEINES - Speisen und Getränke - Milch - amel. (c1/2001)

Infektionskrankheiten - Mumps

GESICHT - Entzündung - Parotis - Mumps (bro1/584)
• *Schwellung - Parotis* (k/631)

Infektionskrankheiten - Scharlach

FIEBER - Scharlach - bösartig (bro1/1778)

Nonverbales - Konsultation; bei der

GESICHT - Schwellung - Unterkieferdrüsen (*/631)

MUND - *Aphthen* (hr1*/639)
• *Aphthen - Zunge* (*/640)
» Zunge - Geschwüren; werden zu (kr1*/640)
» Zunge - schmerzhaft (kr1*/640)

INNERER HALS - *Entzündung - Tonsillen* (k/724)
• *Schwellung - Tonsillen* (k/747)

ÄUSSERER HALS - Schwellung - Halsdrüsen (hr1/760)

Nonverbales - Äußerliches - Beobachtungen des Arztes

GESICHT - *Aphthen - Lippen, an den* (hr1/579)
• Hippokratisches Gesicht (bro1/605)
• Nasenlinie ausgeprägt (ptk1/613)

ATMUNG - Beschleunigt (br1*/1174)

Nonverbales - Äußerliches - Beobachtungen der Eltern

MAGEN - Schluckauf (a1/809)

Körperliche Symptome und Erkrankungen

NIEREN - Entzündung (k/1023)

Mercurius dulcis

merc-d.

Stillen - Milch

MAGEN - Erbrechen - Milch, nach (*/794)
• *Erbrochenen; Art des - Milch* (k/798)
» Milch - geronnene (bro1/798)

ALLGEMEINES - Speisen und Getränke - Milch - agg. (stx1/2001)

Stillen - Magendarmsymptome - Appetit - vermindert

MAGEN - Appetit - fehlend (bro1/767)
• Appetit - vermindert (stj2/772)

Konstitution - Angst und Furcht

GEMÜT - Furcht - allein zu sein (stj2/64)
• Furcht - hochgelegenen Orten; vor (stj2/71)
» Wasser, vor (stj2/79)

Beziehung zu anderen - Reaktion auf andere

GEMÜT - Widerspruch - verträgt keinen Widerspruch (stj2/249)

Beziehung zu anderen - allgemein

GEMÜT - Beleidigt, leicht (stj2/20)

Nonverbales - Konsultation; bei der

KOPF - Empfindlichkeit - Kopfhaut, der (ptk1/284)
OHR - **Entzündung - Mittelohr** (*/501)
• *Entzündung - Mittelohr - chronisch* (bro1/501)
• **Geschwüre - Trommelfell** (hr1*/510)
• *Katarrh - Eustachische Röhre* (*/515)
» Mittelohr (br1/515)
HÖREN - Schwerhörig - Tubenkatarrh (br1*/537)
MUND - *Aphthen* (hr1/639)
• Aphthen - gangränös (k/639)
INNERER HALS - **Entzündung - Tonsillen** (k/724)
ÄUSSERER HALS - *Schwellung - Halsdrüsen* (hr1/760)
HAUT - Farbe - gelb - Neugeborenen, bei (bro1/1800)

Nonverbales - Äußerliches - Beobachtungen des Arztes

ALLGEMEINES - Aussehen - dunkel (stj2/1854)
• Magere Personen (stj2/1919)

Körperliche Symptome und Erkrankungen

KOPF - Entzündung - Gehirn (bro1/284)
• Entzündung - Hirnhaut (c2*/284)
AUGE - Striktur der Tränenkanäle (ptk1/467)

Chirurgisch pathologische Zustände

ABDOMEN - Entzündung - Peritoneum (br1*/860)

Würmer

REKTUM - *Würmer - Beschwerden durch Würmer - Madenwürmer* (bro1/986)
• Würmer - Beschwerden durch Würmer - Spulwürmer (bro1/986)

Mercurius iodatus flavus

merc-i-f.

Stillen - Milch

KOPF - Hautausschläge - Milchschorf - Kindern; bei (c1/290)

Stillen - Magendarmsymptome - Appetit - allgemein

MAGEN - Appetit - launischer Appetit (k/770)

Stillen - Magendarmsymptome - Appetit - vermindert

MAGEN - Appetit - fehlend - Speisen - Anblick von; beim (k/769)
• Appetit - vermindert (*/772)

Stillen - Magendarmsymptome - Appetit - vermehrt

MAGEN - Appetit - Heißhunger (stj2/769)

Infektionskrankheiten - Mumps

GESICHT - Entzündung - Parotis - Mumps (bro1/584)
• *Verhärtungen - Parotis* (k/634)

Konstitution - Angst und Furcht

GEMÜT - Furcht - Ärzten, vor (stj2/65)
• Furcht - engen Räumen; in (stj2/67)
» hochgelegenen Orten; vor (stj2/71)
» Versagen, Mißerfolg; vor dem (stj2/79)
» Wasser, vor (stj2/79)

Konstitution - Allgemeines

GEMÜT - Faulheit (^/55)
• Gewissenhaft, peinlich genau in bezug auf Kleinigkeiten (stj2/99)
• Reisen - Verlangen nach (sk/142)
• Sorgen; voller (^/164)
• Stimmung, Laune - veränderlich (stj2/171)
• Unzufrieden (stj2/194)

Beziehung zu anderen - Aggressivität

GEMÜT - Streitsüchtig (stj2/173)

Beziehung zu anderen - Reaktion auf andere

GEMÜT - Abneigung - Freunde, gegen (stj2/1)
• Antworten - Abneigung zu antworten (stj2/14)
• Gesellschaft - Abneigung gegen (^/94)
» Abneigung gegen - Fremden; Abneigung gegen die Anwesenheit von (stj2/95)
• Schüchternheit, Zaghaftigkeit (stj2/158)
• Widerspruch - verträgt keinen Widerspruch (stj2/249)

Beziehung zu anderen - allgemein

GEMÜT - Beleidigt, leicht (stj2/20)

Schule - Angst

GEMÜT - Furcht - Versagen, Mißerfolg; vor dem (stj2/79)

Schule - Konstitution

GEMÜT - Gewissenhaft, peinlich genau in bezug auf Kleinigkeiten (stj2/99)

Nonverbales - Aggressivität

GEMÜT - Destruktivität, Zerstörungswut (*/38)

Nonverbales - Reaktion auf andere

GEMÜT - Furcht - berührt zu werden (stj2/66)
• Furcht - Näherkommen, Annäherung von; vor - anderen, von (stj2/74)

Nonverbales - Gesten, Gebärden

GEMÜT - *Launenhaftigkeit, launisch* (a1*/123)
• Pfeifen (*/136)

Nonverbales - Allgemeines

GEMÜT - Singen (*/163)

Nonverbales - Konsultation; bei der

GESICHT - *Schwellung - Unterkieferdrüsen* (k/631)

MUND - Eiterung - Zahnfleisch (ptk1/643)

- Papillen - aufgerichtet (*/669)
- Schleimhautpapel bei sekundärer Syphilis (bg3*/673)

INNERER HALS - Belag - Tonsillen (k/721)

- Belag - Tonsillen - rechts (k/721)
  - » Uvula (k/721)
- *Entzündung - Tonsillen* (*/724)
- *Schwellung - Tonsillen* (*/747)

ÄUSSERER HALS - *Schwellung - Halsdrüsen* (br1*/760)

Nonverbales - Äußerliches - Beobachtungen des Arztes

AUGE - Strabismus, Schielen - divergens (k/467)

NASE - Bewegung - Nasenflügel - Fächer; wie ein (k/545)

- *Geweitete Nasenlöcher - Einatmen, bei jedem* (k/550)
- Schniefen - Kindern; bei - Neugeborenen; bei (bro1/568)

ALLGEMEINES - Aussehen - dunkel (stj2/1854)

- Magere Personen (stj2/1919)

Nonverbales - Äußerliches - Beobachtungen der Eltern

OHR - Schmerz - warm - Bett, Bettwärme; warmes - agg. (k/525)

ZÄHNE - Zähneknirschen (bg2/718)

- Zusammenbeißen der Zähne - Verlangen, die Zähne zusammenzubeißen; ständiges (*/719)
  - » Verlangen, die Zähne zusammenzubeißen; ständiges - fest zusammengebissen (bg2/719)

WEIBLICHE GENITALIEN - *Fluor - gelb - Kindern, bei* (hr1*/1096)

- *Fluor - Kindern; bei - Mädchen; bei kleinen* (k2*/1096)

Nacht; Beobachtungen in der - körperliche Symptome

BLASE - Urinieren - unwillkürlich - nachts - Träumen vom Urinieren; beim (k/1019)

Körperliche Symptome und Erkrankungen

KOPF - Schmerz - katarrhalisch (k/331)

NASE - Katarrh - gefolgt von - Stirnhöhlen; Beschwerden der (*/553)

ZÄHNE - Abszeß der Zahnwurzeln (bg1/695)

INNERER HALS - Räuspert käsige Klumpen herauf (ptk1/732)

Mercurius iodatus ruber

merc-i-r.

Infektionskrankheiten - Mumps

GESICHT - Entzündung - Parotis (c2/584)

- Entzündung - Parotis - Mumps (bro1/584)
- *Schmerz - Parotis* (*/626)
  - » Parotis - rechts (a1/627)
  - » Parotis - abends - 20.30 h (k/627)
  - » Parotis - Berührung agg. (a1/627)
  - » Parotis - wund schmerzend (*/627)
- *Schwellung - Parotis* (k/631)

Infektionskrankheiten - Scharlach

SCHLAF - *Schlaflosigkeit - Scharlach; bei* (hr1*/1693)

FIEBER - Ausschlagsfieber; Fieber bei Ausschlagserkrankungen - Scharlach (bro1/1770)

Nonverbales - Konsultation; bei der

OHR - Absonderungen - blutig (k/497)

- Ohrschmalz - vermehrt (*/516)

GESICHT - *Schwellung - Unterkieferdrüsen* (*/631)

- Schwellung - Unterkieferdrüsen - schmerzhaft (k/631)

MUND - *Papillen - aufgerichtet* (lp/669)

- Schleimhautpapel bei sekundärer Syphilis (k/673)

INNERER HALS - Belag - Tonsillen - links (k/721)

- Entzündung - Tonsillen (*/724)
- *Schwellung - Tonsillen* (*/747)

ÄUSSERER HALS - *Schwellung - Halsdrüsen* (br1*/760)

Nonverbales - Äußerliches - Beobachtungen des Arztes

GESICHT - Sommersprossen (hr1/632)

Körperliche Symptome und Erkrankungen

NASE - Schnupfen - Kindern, bei (br1*/572)

INNERER HALS - Räuspert käsige Klumpen herauf (bg1*/732)

EXTREMITÄTEN - Hüftgelenksentzündung (bro1/1443)

Chirurgisch pathologische Zustände

NASE - *Polyp* (*/561)

- Polyp - links (*/561)

MÄNNLICHE GENITALIEN - *Phimose - Gangrän, drohende* (k/1071)

- *Varikozele* (*/1085)

Mercurius solubilis

merc.

Blasses Gesicht; immer offener Mund; helle und durchsichtige Haut; schlaffe Muskeln; gräuliche und schnell schlecht werdende Zähne.

Neugeborene haben typischerweise ein pummeliges Gesicht und eine ausgeprägte Nasenlinie.

Sie bilden Luftblasen mit dem Speichel (Differentialdiagnose: Bufo und Ignatia; Graphites und Lachesis beim Weinen) und spucken. Sie sind ruhelos, besonders nachts im Bett und lächeln nicht, wenn sie darum gebeten werden.

Sobald sie sich selbstständig bewegen können, wandern sie durch die Wohnung und berühren alles.

Lebhafte und eigensinnige Kinder, die ständig plappern, ihren Eltern nicht gehorchen und mit gleichaltrigen Kindern kämpfen und denen, die dazu neigen, anderen Vorschriften zu machen. Ihr emotionaler Zustand ähnelt dem der Erwachsenen. Sie sind empfindlich und haben tiefe Gefühle, aber auch introvertiert, schüchtern und zurückhaltend. Sie zeigen nicht so schnell Gefühle, obwohl diese intensiv sind und sprechen nicht, wenn man ihnen nicht aufmerksam zuhört. Zurückhaltend und *mißtrauisch,* haben sie das Gefühl, anders zu sein als gleichaltrige Kinder und sind *sehr empfindlich gegen Ungerechtigkeit, besonders gegenüber der eigenen Person.*

Gefühle sind intensiv, werden aber nicht zum Ausdruck gebracht, um den Schein zu wahren. *Die Gewalttätigkeit, die tagsüber nicht zum Ausdruck gebracht wird, erscheint in Träumen:* beißende Hunde, Rebellionen, Überschwemmungen, Schußwaffen und Räuber. Nichtsdestotrotz *können sie manchmal ihre Impulse nicht unter Kontrolle halten; wenn man sie beleidigt oder ihnen widerspricht, werden sie plötzlich wütend und zeigen eine gewalltätige Einstellung.*

In der Schule sind sie unaufmerksam und oberflächlich; das Gedächtnis ist schwach und sie haben Schwierigkeiten beim Lernen, besonders in Mathematik. *Sie antworten langsam und stottern; ihre Bewegungen sind ebenso langsam, aber andererseits haben sie eine innere Ruhelosigkeit und Hast, wodurch ihre Handlungen sehr oft ineffektiv werden.* Sankaran schrieb: „Mercurius und viele seiner Salze sind hastig, ungeduldig, schnell. Zum Beispiel stottern diese Menschen oft, weil sie beim Sprechen hastig sind - die Worte stürzen nur so übereinander! Ich haben viel Ruhelosigkeit bei Mercurius-Kindern gefunden.“

Sie sind Opfer von Ängsten und Phobien und können unter Panikanfällen leiden mit Angst, verrückt zu werden, wenn sie älter sind. Ihre Aggressivität richtet sich gegen Gegenstände, Menschen, die sie lieben oder gegen sich selbst; daher kann auch Selbstmord das traurigste Ende dieser pathologischen Entwicklung dieser Menschen darstellen. Zu diesem Thema sagt Paschero, daß die Aggressivität von Mercurius als paranoide Projektion zur Erleichterung des Bewußtseins ihrer eigenen Schwäche und als Selbsterhaltungsinstinkt den Feind von innen nach außen verlagert. Sie haben die Wahnvorstellung, von Feinden umringt zu sein und sind infolgedessen niedergeschlagen.

Sie sind nicht glücklich über sich selbst, fordern viel von sich selbst und anderen und sind herrschsüchtig und stolz.

Diese Kinder möchten gewöhnlich Gesellschaft und haben Angst vor dem Alleinsein; tatsächlich erscheinen ihre Ängste häufiger, wenn sie allein sind: Geister, Räuber, Dunkelheit, Friedhöfe, Krankheiten, Verrücktheit, Tod.

Die Symptome sind wie bei anderen syphilitischen Mitteln nachts schlimmer, daher wird ein Kind, das Mercurius benötigt, die Schlafenszeit hinauszögern, denn es hat Angst vor dem Einschlafen.

Auf der körperlichen Ebene sind Fieber mit Reizbarkeit, Ruhelosigkeit, Weinen und Mangel an Appetit häufig. Die typischen körperlichen Symptome bestätigen die Verschreibung: *Zunge und Zahnfleisch geschwollen und entzündet; übelriechender Atem; übermäßiger Speichelfluß; starkes Schwitzen;* intensiver Durst; Schlaflosigkeit und *nächtliche Verschlimmerung.*

Pharyngitis und Tonsillitis verursachen deutliche zervikale Adenopathie und können zur Ulzeration führen, mit Schmerzen, die beim Schlucken zum Ohr ausstrahlen.

Symptome des Mundes sind bekannt: schlechter Atem; *Zahneindrücke in der Zunge; Landkartenzunge mit weiß-gelb-brauner Farbe; Aphthen auf den Schleimhäuten und der Zunge;* Zahnschmerzen; das Kissen wird im Schlaf durch den übermäßigen Speichelfluß naß. Zähneknirschen.

Erkältungen scheinen ewig zu dauern und kehren beständig wieder.

Akute und chronische Infektion des Mittelohrs verursacht eitrigen Ohrenausfluß, der übelriechend, blutend ist und durch Bettwärme schlimmer wird. Häufig kommt es zu *Perforation des Trommelfells.* Zu weiteren pathologischen Zuständen, die das Mittel abdeckt, gehören: Ohrenentzündung mit stechenden Schmerzen und Furunkel im äußeren Gehörgang.

Keuchhusten ist gekennzeichnet durch Anfälle in zwei Schüben, Erbrechen mit Nasenbluten, große Erschöpfung und Nachtschweiß.

Erkältung, Bronchitis, Pneumonie mit Frösteln, das nachts schlimmer sind und mit Hitzewallungen wechseln.

Die Beteiligung der Schleimhäute führt zur Produktion von grünlichgelbem Eiter, der zunehmend flüssiger wird; die Entzündung entwickelt sich typischerweise zu stechenden und brennenden Geschwüren.

Die Nase ist schmutzig, rot und exkoriiert, mit stechender Absonderung; die Nasenlöcher brennen und sind innen zerfressen.

Die Unterdrückung dieser Absonderung sowie des Fußschweißes verursachen allgemeine Verschlimmerung.

Zu den Augensymptomen gehören Konjunktivitis mit Entzündung, Stechen und eitriger Absonderung.

Haut und Schleimhäute weisen viele pathologische Erscheinungen auf: feuchtes Ekzem, das wundfressend und übelriechend ist, mit starkem Jucken, schlimmer durch Bettwärme und Schweiß; Furunkel; Akne; Milchschorf. Neugeborene haben oft Erysipel mit großen roten Flecken, die zunehmend roter werden. Diese Flecken findet man in der Leistengegend, am Hodensack und an den Oberschenkeln. Verletzungen sondern ein übelriechendes Sekret ab und die Temperatur ist merklich erhöht.

Neugeborene leiden an Diarrhoe mit erhöhter Temperatur und wollen nicht an der Brust trinken; Stuhl ist übelriechend, grün und wäßrig und in einigen Fällen sind Schleim und Blut vorhanden.

Urin verursacht Brennen, besonders nach dem Abgang, und aus diesem Grund halten die Kinder oft die Hand an den Genitalien; in anderen Fällen kratzen und ziehen sie wegen des Juckens daran.

Enuresis nocturna.

Mädchen leiden an *stechendem Fluor mit Brennen und Jucken.*

Knochenschmerzen, Rachitis, Periostitis tibialis und Skoliose, die den Patient zwingen, mit angehobenen Knien auf dem Rücken zu liegen.

Gewöhnlich *leiden* Mercurius-Patienten *unter Hitze und Kälte,* auch in übertragenem Sinn und passen sich nur unter Schwierigkeiten an die Umwelt an - sowohl körperlich wie seelisch. Der Grund hierfür ist ihre Empfindlichkeit gegenüber äußeren Eindrücken; daher findet man im Repertorium viele Verschlimmerungen, aber nur wenige Besserungen.

Klinisches: Infektionen der Ohren. Aphthen. Wundheit des Halses. Tonsillitis. Beschwerden der Zunge. Bronchitis. Katarrh. Dyspepsie. Pankreatitis. Diarrhoe. Appendizitis. Peritonitis. Phimose. Drüsenschwellungen. Abszesse. Eiterung. Geschwüre. Purpura. Windpocken. Masern. Mumps.

Wirkungsbereich: Schleimhäute. Mund. Mandeln. Innerer Hals. Lymphgefäße. Drüsen. Leber. Nieren. Knochen. Haut.

* * *

Krankengeschichte; familiäre und persönliche

ALLGEMEINES - Familiengeschichte von - Aorta; Beschwerden der (zs4/1878)
- Familiengeschichte von - Apoplexie (zs4/1878)
  » Syphilis (zs4/1878)
- *Krankengeschichte von; persönliche - Ohr - Entzündung - Innenohrs; wiederkehrende Entzündung des* (vh*/1910)

Entwicklung - langsam

KOPF - *Fontanellen - offen* (*/286)

ALLGEMEINES - Gehen - Gehenlernen, Laufenlernen - spätes (bg2*/1883)

Entwicklung - schnell

GEMÜT - *Frühreife, altkluge Kinder* (*/63)

Entwicklung - allgemein

KOPF - Großer Kopf (*/289)

EXTREMITÄTEN - *Schmerz - Unterschenkel - Wachstumsschmerzen* (lmj/1605)

Zahnung - Empfindungen und neurologische Beschwerden

KOPF - Schmerz - Zahnung; während der (k/343)

ALLGEMEINES - Konvulsionen - Zahnung; während der (*/1907)

Zahnung - Lokalsymptome

ZÄHNE - *Zahnung - schwierig - begleitet von - Speichelfluß* (kr1*/718)

Zahnung - Magendarmsymptome

ZÄHNE - Zahnung - schwierig - begleitet von - Würmer bei Kindern; Beschwerden durch (bro1/718)

REKTUM - *Diarrhoe - Zahnung; während* (*/957)

Zahnung - Allgemeines

ZÄHNE - Zahnung - langsam (sf1/718)
- *Zahnung - schwierig* (b4a/718)

FIEBER - Zahnung; während der (b4a/1781)

Impfung

ALLGEMEINES - *Impfung; Beschwerden nach* (bg2*/1892)

Stillen - Milch

KOPF - Hautausschläge - Milchschorf (b2/290)
- Hautausschläge - Milchschorf - Kindern; bei (mtf33/290)

MAGEN - Aufstoßens; Art des - sauer - Milch agg. (k/779)
- Erbrechen - Milch, nach (bro1/794)
- Erbrochenen; Art des - Milch - geronnene (bro1/798)
- Verdorben - Milch agg. (k2/844)

ABDOMEN - Flatulenz - Milch agg. (k/863)

ALLGEMEINES - Speisen und Getränke - Milch - Abneigung (bg2*/2000)
- Speisen und Getränke - Milch - Abneigung - Muttermilch (*/2001)
  - » *Milch - Abneigung - Muttermilch - Kind verweigert die; das* (*/2001)
  - » Milch - agg. (k2*/2001)
  - » Milch - amel. (bg2*/2001)
  - » *Milch - Verlangen* (*/2001)

Stillen - Magendarmsymptome - Appetit - allgemein

MAGEN - Appetit - launischer Appetit (ptk1/770)
- Appetit - veränderlich (bg1*/770)

Stillen - Magendarmsymptome - Appetit - vermindert

MAGEN - *Appetit - fehlend* (*/767)
- Appetit - fehlend - Hunger, mit (b2/768)
  - » schnelle Sättigung (*/770)
  - » vermindert (*/772)

Stillen - Magendarmsymptome - Appetit - vermehrt

MAGEN - Appetit - Genuß, ohne (k/769)
- *Appetit - Heißhunger* (*/769)
  - » *Heißhunger - Essen - nach dem Essen - bald danach* (*/770)
  - » unstillbar (bg2/770)
  - » *vermehrt* (*/770)
  - » *vermehrt - Essen - nach* (*/772)
  - » vermehrt - Essen - nach - nur beim Essen wieder; Appetit kehrt (b4/772)
  - » vermehrt - Schwäche, mit (k/772)

Stillen - Magendarmsymptome - Aufstoßen - Speisen; von

MAGEN - *Aufstoßens; Art des - Speisen; von* (*/780)
- Aufstoßens; Art des - Speisen; von - bitter schmeckend (b4/780)
  - » Speisen; von - Essen - beim - agg. (*/780)
  - » Speisen; von - Essen - nach - agg. (b4/780)
  - » Speisen; von - ranzig (bg2/780)

Stillen - Magendarmsymptome - Aufstoßen - Wasser; Hochsteigen von

MAGEN - *Aufstoßens; Art des - Wasser in den Mund; Hochsteigen von* (*/781)
- Aufstoßens; Art des - Wasser in den Mund; Hochsteigen von - bitter (bg2*/781)
  - » Wasser in den Mund; Hochsteigen von - Essen - nach - agg. (*/781)

Stillen - Magendarmsymptome - Erbrechen

MAGEN - Erbrochenen; Art des - Speisen - unverdaut (k2/800)

Stillen - Magendarmsymptome - Schluckauf

MAGEN - Schluckauf - Essen - beim - agg. (*/810)
- Schluckauf - Essen - nach - agg. (*/810)

Stillen - Magendarmsymptome - Abdomen - agg. durch

ABDOMEN - *Schmerz - Liegen - Seite; auf der - rechten; auf der - agg.* (k/889)

Stillen - Magendarmsymptome - Abdomen - amel. durch

ABDOMEN - Schmerz - Liegen - amel. (k/889)

Stillen - Magendarmsymptome - Rektum

REKTUM - **Diarrhoe - Kindern, bei** (*/954)

Stillen - Allgemeines

MUND - Aphthen - Zunge - schmerzhaft - trinken; hindert den Säugling, an der Brust zu (vk1/640)

SCHWEISS - **Essen - beim - agg.** (*/1786)
- **Essen - beim - agg. - Angst und kalter Schweiß** (k/1786)

ALLGEMEINES - *Säuglinge* (kk2/1944)

Infektionskrankheiten - Windpocken

FIEBER - Continua - Ausschlagsfieber (*/1772)

HAUT - *Hautausschläge - Windpocken* (*/1824)

Infektionskrankheiten - Masern

OHR - Absonderungen - Masern, nach (k/498)

HÖREN - *Schwerhörig - Masern, nach* (*/536)

REKTUM - Diarrhoe - Masern - nach (*/954)
- Diarrhoe - Masern - während (bro1/954)

HUSTEN - Masern - nach (bg2*/1202)

FIEBER - Ausschlagsfieber; Fieber bei Ausschlagserkrankungen - Masern (bg2*/1770)
- Continua - Ausschlagsfieber (*/1772)

HAUT - *Hautausschläge - Masern* (hr1*/1817)

ALLGEMEINES - Masern - Beschwerden nach (bro1/1920)

Infektionskrankheiten - Mumps

GESICHT - **Entzündung - Parotis** (*/584)
- **Entzündung - Parotis - rechts** (*/584)
  - » **Parotis - Eiterung; mit** (*/584)
  - » **Parotis - Metastasierung zu - Hoden** (bg2/584)
  - » Parotis - Mumps (c2*/584)
- *Schmerz - Parotis* (*/626)
  - » Parotis - rechts (*/627)
  - » Parotis - brennend (*/627)
  - » Parotis - drückend (b4/627)
  - » Parotis - kalt - Anwendungen; kalte - amel. (k/627)
  - » Parotis - kalt - Luft; kalte - amel. - brennend (k/627)
  - » Parotis - stechend (*/627)
  - » Parotis - stechend; fein (k/627)
  - » Parotis - wund schmerzend (k2/627)
- **Schwellung - Parotis** (*/631)
  - » *Parotis - rechts* (k/631)
  - » *Parotis - hart* (k/631)
  - » *Parotis - kalte Luft - amel.* (k/631)
- Verhärtungen - Parotis (*/634)

Infektionskrankheiten - Röteln

FIEBER - Continua - Ausschlagsfieber (*/1772)

HAUT - Hautausschläge - Röteln (b2/1821)

Infektionskrankheiten - Scharlach

KOPF - Hydrozephalus - Scharlach; nach (mtf33/296)
- *Schmerz - Scharlach, nach* (k/337)

OHR - *Absonderungen - Scharlach, nach* (*/498)

INNERER HALS - Entzündung - Scharlach; bei (bro1/724)

FIEBER - **Ausschlagsfieber; Fieber bei Ausschlagserkrankungen - Scharlach** (*/1770)
- Continua - Ausschlagsfieber (*/1772)
- Scharlach (b4a/1778)
  - » *begleitet von - Speichelfluß* (st1/1778)

HAUT - **Hautausschläge - Scharlach** (*/1821)
- *Hautausschläge - Scharlach - begleitet von - Speichelfluß* (kr1*/1821)
  - » *Scharlach - begleitet von - Zunge - braune Farbe der Zunge - Zungenspitze* (kr1*/1821)
  - » *Scharlach - begleitet von - Zunge - Trockenheit der Zunge* (kr1*/1821)
  - » Scharlach - glatt (*/1821)

ALLGEMEINES - *Scharlach - Beschwerden nach* (*/1944)
- *Wassersucht - äußere Wassersucht - Scharlach; nach* (b4a/2024)

Infektionskrankheiten - Pocken

FIEBER - Continua - Ausschlagsfieber (*/1772)

HAUT - **Hautausschläge - Pocken** (*/1819)

Infektionskrankheiten - Keuchhusten

NASE - *Nasenbluten - Keuchhusten* (*/557)

MUND - *Bluten - Keuchhusten, bei* (hr1/642)

HUSTEN - Keuchhusten (*/1197)
- Keuchhusten - Krampfstadium, im (bg2/1198)

BRUST - Blutung der Lungen - Husten - mit - Keuchhusten (bro1/1230)

Konstitution - Aggressivität

GEMÜT - Zorn - Kindern, bei (mtf33/254)

Konstitution - Angst und Furcht

GEMÜT - Beschwerden durch - Erwartungsspannung (st*/23)
- Beschwerden durch - Schreck (*/25)
- *Erwartungsspannung - Lampenfieber* (fry/53)
- Feigheit (k/59)
- Furcht - allein zu sein (k/64)
  - » Armut, vor (mrr1*/65)
  - » Gespenstern; vor (mrr1/70)
  - » Gewitter; vor (vh*/70)
  - » hochgelegenen Orten; vor (mrr1*/71)
  - » Nadeln, vor (ptk1*/73)
  - » offenen Plätzen; Furcht vor (mrr1/74)
  - » *Selbstkontrolle zu verlieren; die* (kr1/75)
  - » Wasser, vor (bg/79)
- Gefahr - kein Gefühl für Gefahr; hat (glh/87)
- Mutig (*/133)

Konstitution - Allgemeines

GEMÜT - *Anarchist* (vh*/4)
- Beachtung; schenkt allgemeinen Regeln keine (k/19)
- Ehrgeiz - Verlust von (^/40)
- *Eitelkeit* (gl1/41)
- Entmutigt (*/46)
- *Faulheit* (b4/55)
- Furcht - Armut, vor (mrr1*/65)
- **Geiz** (vh*/92)
- Gewissenhaft, peinlich genau in bezug auf Kleinigkeiten (h1/99)
- **Heimweh** (*/107)
- *Pflicht - kein Pflichtgefühl* (st*/136)
- Protestiert, erhebt Einspruch (jsa/138)
- *Reisen - Verlangen nach* (*/142)
- Selbstsucht, Egoismus (gl1/161)
- Selbstvertrauen - Mangel an Selbstvertrauen (k/161)
- Spontan, impulsiv (*/166)
- *Stimmung, Laune - veränderlich* (*/171)
- Unaufmerksam (*/189)

- Ungerechtigkeit; erträgt keine (sht*/191)
- **Unzufrieden** (*/194)
  - » Kinder (mtf33/194)
- Veränderungen - Verlangen nach (sne/195)
- Verwegenheit (*/199)
- Wandern, Herumwandern - Verlangen zu wandern (k/243)
- Waschen - Verlangen zu waschen (^/243)
  - » Verlangen zu waschen - Hände; wäscht sich ständig die (g*/243)
- Weinen - amel. (k/245)

Familie; Beziehung zur - Aggressivität

GEMÜT - Beschimpfen, beleidigen, schmähen - Kinder - Eltern; Kinder beschimpfen ihre (mtf33/22)

Familie; Beziehung zur - Liebe und Zuneigung

GEMÜT - **Abneigung - Familienangehörige; gegen** (bg2*/1)
- Angst - andere, um (j/7)
  - » Gesundheit; um die - Verwandten; von (ckh1*/10)
- Beschwerden durch - Uneinigkeit, Zwietracht - Eltern; zwischen den eigenen (vh*/26)
- Eifersucht (pd*/40)
- *Verlassen zu sein; Gefühl* (st*/198)

Beziehung zu anderen - Aggressivität

GEMÜT - Herausfordernd (mtf33/107)
- Schlagen (sne/154)
- *Streitsüchtig* (*/173)
- Zorn - Widerspruch, durch (k/255)

Beziehung zu anderen - Reaktion auf andere

GEMÜT - Antworten - Abneigung zu antworten (k/14)
- Antworten - denkt lange nach (k2/15)
  - » einsilbig (vh*/15)
  - » falsch, unrichtig (k/15)
  - » **langsam** (*/15)
- Gesellschaft - Abneigung gegen (^/94)
  - » Abneigung gegen - ertragen, kann niemanden (j5/95)
  - » Verlangen nach (*/95)
  - » *Verlangen nach - allein; agg. wenn* (bg2/96)
- *Schüchternheit, Zaghaftigkeit* (*/158)
- Trost - agg. (k/188)
  - » agg. - Mitleid, Mitgefühl agg. (bg2/188)
- Untröstlich (lmj/193)
- Weinen - Trost - agg. (k/248)
- **Widerspenstig** (*/249)
- *Widerspruch - Neigung zu widersprechen* (*/249)
  - » verträgt keinen Widerspruch (*/249)

Beziehung zu anderen - allgemein

GEMÜT - Angeber (mtf33*/4)
- *Argwöhnisch, mißtrauisch* (*/16)
- Beleidigt, leicht (*/20)
- *Furcht - Räubern, vor* (k/74)
- Ichbezogenheit, Selbstüberhebung (k/111)
- Lügner (mtf33*/126)
- **Sprache - hastig, eilig** (*/167)
- *Tadelsüchtig, krittelig* (bg2*/178)
- **Tadelt andere** (*/179)
- Tadelt sich selbst, macht sich Vorwürfe (*/179)

Schule - Angst

GEMÜT - Beschwerden durch - Erwartungsspannung (st*/23)
- Selbstvertrauen - Mangel an Selbstvertrauen (k/161)

Schule - Konzentration

GEMÜT - Konzentration - schwierig - Studieren (gl1/117)
- Unaufmerksam (*/189)

Schule - Lernen - allgemein

GEMÜT - Dyslexie (mtf/40)

Schule - Lernen - Mathematik, Rechnen

GEMÜT - Fehler; macht - Rechnen, beim (k/57)
- Mathematik - Unfähigkeit zur (a1/128)
  - » Unfähigkeit zur - rechnen; kann nicht (a1/129)

Schule - Lernen - Lesen

GEMÜT - Fehler; macht - Lesen, beim (k/57)
- Lesen - unfähig zu lesen (a1/124)

Schule - Lernen - Schreiben

GEMÜT - Schreiben - unleserlich, schreibt (a1/156)

Schule - Anstrengung; geistige

KOPF - Schmerz - geistige Anstrengung - agg. (k/328)
- Schmerz - Lesen, beim - agg. (k/332)

Schule - Beziehung zu anderen

GEMÜT - Lügner (mtf33*/126)
- **Ungehorsam** (h1*/191)
  - » Kindern, bei (mtf33/191)

MUND - **Sprache - stotternd** (*/688)
- Sprache - stotternd - Kindern; bei (bg2*/688)
  - » *stotternd - schnell und* (k/688)

Schule - Konstitution

GEMÜT - Eigensinnig, starrköpfig, dickköpfig (*/41)
- Gewissenhaft, peinlich genau in bezug auf Kleinigkeiten (h1/99)
- Lügner (mtf33*/126)
- Selbstvertrauen - Mangel an Selbstvertrauen (k/161)
- **Ungehorsam** (h1*/191)

» Kindern, bei (mtf33/191)

Spielen

GEMÜT - Spielen - Abneigung gegen Spielen - Kindern; bei (gl1/165)
- Spielen - Unfähigkeit zu spielen (gl1/166)
- Tanzen (*/179)
  » Kindern; bei (mtf33/179)

Tieren; Beziehung zu

GEMÜT - Furcht - Katzen; vor (stj2/71)

Nonverbales - Aggressivität

GEMÜT - Destruktivität, Zerstörungswut (mrr1/38)
- *Diktatorisch* (k/39)
- Reißt an etwas - Gegenstände; zerreißt (k/142)
- Spucken (mtf33*/170)
  » Gesicht; Menschen ins (k/170)
- Ziehen - Haaren; an den (^/252)
  » Haaren; an den - Verlangen zu ziehen - jemanden an den Haaren (mrr/252)

Nonverbales - Reaktion auf andere

GEMÜT - Angesehen, angeblickt zu werden - erträgt es nicht, angesehen zu werden (bg2*/5)
- Berührtwerden - Abneigung berührt zu werden (k/21)

Nonverbales - Gesten, Gebärden

GEMÜT - *Auffahren, Zusammenfahren - Geräusche; durch* (k/17)
- *Berühren, anfassen; etwas - Verlangen, etwas zu berühren, anzufassen - alles berühren, anfassen; muß* (mtf33*/21)
  » Verlangen, etwas zu berühren, anzufassen - alles berühren, anfassen; muß - Kindern; bei (mtf33/21)
- Gesten, Gebärden; macht - Finger - Mund; Kinder stecken die Finger in den (bg2*/97)
  » Hände; unwillkürliche Bewegungen der - Greifen - Mund - alles in den Mund; steckt (mtf33/98)
  » Hände; unwillkürliche Bewegungen der - Greifen - Umstehenden; nach (j/98)
- Grimassen (^/103)
  » sonderbare Gesichter; schneidet (a1/103)
- Hast, Eile - Bewegungen; in den (*/105)
- *Launenhaftigkeit, launisch* (*/123)
- *Springen* (^/169)

Nonverbales - Allgemeines

GEMÜT - Eigensinnig, starrköpfig, dickköpfig (*/41)
- Nackt sein, möchte (*/134)
- Possen, spielt (*/137)
  » **Kindern; bei** (lmj*/138)
- **Ruhelosigkeit - Kindern, bei** (vh*/151)
- *Unhöflich* (vh*/192)

Nonverbales - Konsultation; bei der

KOPF - Empfindlichkeit - Kopfhaut, der (ptk1/284)
- Empfindlichkeit - Kopfhaut, der - Berührung, gegen (bro1/284)
- *Läuse* (*/300)

AUGE - *Entzündung - Kindern; bei - Kleinkindern; bei* (*/429)

OHR - Absonderungen - Blut (*/497)
- **Absonderungen - blutig** (*/497)
  » chronisch (hr1/497)
  » dick (k2/497)
  » dünn (*/497)
  » **eitrig** (*/497)
  » *eitrig - Ekzem, mit* (k/497)
  » eitrig - Schwefel; nach Mißbrauch von (k/497)
  » *gelb* (*/497)
  » *gelblichgrün* (*/497)
  » *grün* (*/497)
  » Ohrschmalz (k/498)
  » *reichlich* (hr1/498)
  » **schleimig** (b2/498)
  » **schmerzhaft** (*/498)
  » **stinkend** (*/498)
  » **übelriechend** (*/498)
  » **unterdrückt** (*/498)
  » *wäßrig* (*/498)
  » weiß (sne/498)
  » *wundfressend* (*/498)
- Eiterung (b4a/500)
  » **Mittelohr** (*/500)
  » *vor den Ohren* (k/500)
- **Entzündung** (*/500)
  » *erysipelatös* (k/500)
  » äußere Ohren (bg2*/500)
  » *Eustachische Röhre* (k/500)
  » **Gehörgang** (*/500)
  » **Mittelohr** (*/501)
  » Mittelohr - chronisch (mrr1*/501)
- *Feuchtigkeit* (h1*/501)
- **Geschwüre - Trommelfell** (*/510)
- *Katarrh - Eustachische Röhre* (*/515)
- *Ohrschmalz - dünn* (*/516)
  » vermehrt (bg2/516)
- Perforation - Trommelfell (bg2*/516)
  » **Trommelfell - drohend bei Otitis media** (kr1/516)

HÖREN - Schwerhörig - Tonsillen - Hypertrophie der (bro1/537)
- *Schwerhörig - Tonsillen - vergrößert* (*/537)
  » Tubenkatarrh (bro1/537)

GESICHT - **Schwellung - Sublingualdrüse** (k/631)
- *Schwellung - Unterkieferdrüsen* (*/631)
  » *Unterkieferdrüsen - hart* (k/631)

MUND - **Aphthen** (*/639)
- **Aphthen - begleitet von - Speichelfluß** (kr1*/639)
  - » **Kindern, bei** (*/639)
  - » Kindern, bei - Kleinkindern, bei (bg2/639)
  - » *Gaumen* (b4a/640)
  - » *Zunge* (*/640)
- Bewegung - Zunge - Heraushängen der Zunge (bg2*/641)
- *Eiterung - Zahnfleisch* (*/643)
- *Herausstrecken, Vorstrecken - Zunge, der - schnellt heraus und hinein wie bei einer Schlange, züngelt; die Zunge* (bro1*/665)
- Landkartenzunge (*/668)
- *Papillen - aufgerichtet* (*/669)
- *Schleimhautpapel bei sekundärer Syphilis* (*/673)
- **Schwämmchen** (hr1*/681)
- *Stomatitis ulcerosa, Stomakaze* (*/689)
- Zittern der Zunge - Herausstrecken, beim (*/692)

INNERER HALS - Belag - Tonsillen (k/721)
- **Entzündung - Tonsillen** (*/724)
- *Schwellung - Tonsillen* (*/747)

ÄUSSERER HALS - **Schwellung - Halsdrüsen** (*/760)
- **Schwellung - Halsdrüsen - eitrig** (k/760)
  - » Halsdrüsen - hart (*/760)
  - » Seiten (k/760)
- *Verhärtung von Drüsen* (*/761)
  - » *perlschnurartig* (k/761)

REKTUM - Hautausschläge - Anus; um den (*/964)
- Prolaps - Kindern; bei (b4a/971)

RÜCKEN - *Krümmung der Wirbelsäule* (*/1323)

EXTREMITÄTEN - Krümmung und Biegung (b4a/1473)
- *Nägel; Beschwerden der - Abblättern der Nägel* (*/1664)
  - » Abfallen der Nägel (b2/1664)
  - » deformiert (k/1664)
  - » deformiert - Zehennägel (k/1664)
  - » dicke Nägel (*/1664)
  - » *Niednagel* (*/1665)
  - » spröde, brüchige Nägel (b2/1665)
  - » spröde, brüchige Nägel - Fingernägel (*/1665)
  - » verkrüppelte, verkümmerte Nägel (b2/1665)
  - » verkrüppelte, verkümmerte Nägel - Zehennägel (b4/1665)

HAUT - **Erysipel** (*/1798)
- *Farbe - gelb - Neugeborenen, bei* (bg2*/1800)
  - » weiß - Flecken - Kindern; bei (mtf33/1802)
- Hautausschläge - Erythem (bro1*/1812)
  - » Impetigo (*/1816)
  - » Molluscum (bro1/1818)
- *Intertrigo* (*/1825)
- Unrein (*/1835)
- Verwachsen - Knochen; am (*/1835)
- Wundliegen - Kindern; bei (*/1837)

ALLGEMEINES - **Exostose** (a1*/1877)
- Genesung, Rekonvaleszenz; Beschwerden während der - Ohr; nach Absonderungen aus dem (*/1884)
- *Krankengeschichte von; persönliche - Ohr - Entzündung - Innenohrs; wiederkehrende Entzündung des* (vh*/1910)

Nonverbales - Äußerliches - Beobachtungen des Arztes

KOPF - Großer Kopf (*/289)
- Schuppen (bg2/402)
- Schweiß der Kopfhaut - außer am Kopf; generalisierter Schweiß (*/403)

AUGE - *Strabismus, Schielen* (*/467)
- *Verklebt* (b4/472)

NASE - Bohren mit den Fingern in der Nase (bg3*/546)
- Eingesunken (k13/546)
- Schniefen (bg1*/568)
  - » *Kindern; bei - Neugeborenen; bei* (bg1*/568)
- Zupfen - Nase, an der (bg3/578)

GESICHT - Ausdruck - alt aussehend (bg2*/580)
- *Fettig* (*/593)
- Gerunzelt (*/594)
  - » Stirn, Stirnrunzeln (*/594)
- *Hautausschläge - Akne* (st*/595)
- Hippokratisches Gesicht (k/605)
- Kiefersperre - Kindern; bei - Neugeborenen; bei (c1/610)
- Nasenlinie ausgeprägt (mtf33/613)
- *Rissig - Lippen* (*/613)
  - » *Mundwinkel* (*/614)
  - » Mundwinkel - rechts (ptk1/614)
- Sommersprossen (b2/632)

MUND - Bewegung - Zunge - Heraushängen der Zunge (bg2*/641)
- Steckt alles in den Mund (Kind) (bg2*/688)

ÄUSSERER HALS - Torticollis (k2/761)

ATMUNG - *Beschleunigt* (*/1174)

HUSTEN - Anfallsweise - Anfälle folgen schnell aufeinander (k/1186)
- Anfallsweise - besteht aus - zwei Hustenstößen (*/1186)
  - » besteht aus - zwei Hustenstößen - schnell aufeinanderfolgend (bg2/1186)
- Halten, Festhalten - Brust mit beiden Händen halten; muß beim Husten die (k/1193)

RÜCKEN - Opisthotonus (k2/1325)

HAUT - Sommersprossen (*/1834)

ALLGEMEINES - Aussehen - dunkel (stj2/1854)
- Aussehen - hell, blond (*/1855)

» *hell, blond - schlaffer Faser, mit* (c1*/1855)
• Magere Personen (hr1*/1919)
• Zwergwuchs (*/2035)

Nonverbales - Äußerliches - Beobachtungen der Eltern

AUGE - *Verklebt - morgens* (k/472)
OHR - **Schmerz - warm - Bett, Bettwärme; warmes - agg.** (k/525)
NASE - Nasenbluten - Kindern; bei (k/557)
ZÄHNE - *Zähneknirschen* (*/718)
• Zusammenbeißen der Zähne - Verlangen, die Zähne zusammenzubeißen; ständiges - fest zusammengebissen (*/719)
MAGEN - **Schluckauf** (*/809)
• Schluckauf - Erbrechen - beim (bro1*/810)
» Essen - beim - agg. (*/810)
» Essen - nach - agg. (*/810)
ABDOMEN - Schmerz - Liegen - amel. (k/889)
• *Schmerz - Liegen - Seite; auf der - rechten; auf der - agg.* (k/889)
» Zusammenkrümmen - muß sich zusammenkrümmen (k/897)
REKTUM - Unwillkürlicher Stuhl (*/984)
• Unwillkürlicher Stuhl - Husten oder Niesen; beim (*/985)
STUHL - **Kugeln, wie** (k/996)
• **Schafskot, wie** (*/997)
• *Unverdaut* (*/999)
BLASE - *Urinieren - Harndrang - plötzlich - beeilen um zu urinieren, sonst geht Urin ab; muß sich* (*/1015)
• Urinieren - Harndrang - schmerzhaft - Kindern; bei - greifen sich an die Genitalien und schreien auf (k/1015)
MÄNNLICHE GENITALIEN - *Erektionen - Kindern, bei* (*/1063)
• *Faßt sich an die Genitalien* (*/1065)
» *Kind* (hr1*/1066)
• Masturbation, Neigung zur (k/1071)
» **Kindern; bei** (lmj/1071)
• **Sexuelles Verlangen - vermehrt - Kindern, bei** (lmj/1084)
WEIBLICHE GENITALIEN - **Fluor - Kindern; bei - Mädchen; bei kleinen** (*/1096)
• Masturbation; Neigung zu (mtf33/1104)
» **Kindern; bei** (lmj*/1104)
ATMUNG - Schnarchen (b4a/1180)
SCHWEISS - **Essen - beim - agg.** (*/1786)
• **Essen - beim - agg. - Angst und kalter Schweiß** (k/1786)
HAUT - Insektenstiche (*/1825)

Nacht; Beobachtungen in der - Gemütssymptome

GEMÜT - Furcht - Dunkelheit; vor der (mrr1/66)
• Sprechen - Schlaf; im (*/169)
• Weinen - Wimmern, Winseln - nachts (j/248)
» *Wimmern, Winseln - Schlaf, im* (b4/248)

Nacht; Beobachtungen in der - körperliche Symptome

KOPF - *Schweiß der Kopfhaut - nachts* (*/403)
• *Schweiß der Kopfhaut - Schlaf - im* (*/404)
MUND - Offen - Schlaf; agg. im (*/669)
ZÄHNE - *Zähneknirschen - Schlaf; agg. im* (*/718)
REKTUM - Unwillkürlicher Stuhl - Schlaf; agg. im (k/985)
BLASE - *Urinieren - unwillkürlich - nachts* (*/1019)
• Urinieren - unwillkürlich - nachts - ersten Schlaf, im (b4a/1019)

Nacht; Beobachtungen in der - Schlaf

SCHLAF - Erwachen - häufig - Schreck, wie durch (a1/1674)
• Erwachen - Schreck, wie durch (*/1675)

Nacht; Beobachtungen in der - Schlaf; Lage im

SCHLAF - Lage - nackt (st1/1683)
• Lage - Seite, auf der (*/1683)
» Seite, auf der - linken Seite, auf der (stj2/1683)
» Seite, auf der - rechten Seite, auf der (vh/1683)
» Seite, auf der - rechten Seite, auf der - unmöglich (j5/1683)
» *Seite, auf der - unmöglich* (k/1683)
» verändert häufig die Lage (bg2/1683)

Schaukeln und Getragenwerden

GEMÜT - Getragen - Verlangen getragen zu werden (bg2*/99)

Autos und Schiffe

KOPF - Schmerz - Fahren - Wagen, im - amel. (k/326)
ALLGEMEINES - Fahren - Wagen; mit dem - amel. (bg2/1877)

Körperliche Symptome und Erkrankungen

KOPF - *Entzündung - Gehirn* (*/284)
• *Entzündung - Hirnhaut* (*/284)
» *Hirnhaut - tuberkulös* (*/284)
» *Periost* (k/285)
• *Hämatom am Kopf* (*/289)
• *Hydrozephalus* (*/295)
» akut (mtf33/295)
» liegt mit tiefliegendem Kopf (k/296)
» Schweiß, mit (k/296)
• **Schmerz - katarrhalisch** (*/331)
NASE - **Katarrh - gefolgt von - Stirnhöhlen; Beschwerden der** (k/553)
MUND - Schmerz - Kindern; bei (k2/674)
ZÄHNE - *Abszeß der Zahnwurzeln* (*/695)
• **Karies, faule, hohle Zähne** (*/700)

» Kindern; verfrüht bei (k2*/700)
• *Schmerz - Kindern; bei* (k/708)

INNERER HALS - Räuspert käsige Klumpen herauf (ptk1/732)

MAGEN - Langsame Verdauung (bro1/805)
• *Würgen - Husten, mit* (*/846)

REKTUM - Cholera - infantum (bro1/949)
• Diarrhoe - Hautausschläge - unterdrückten Hautausschlägen; nach (k/953)

NIEREN - *Entzündung* (*/1023)

WEIBLICHE GENITALIEN - Menses - verzögerte Menarche (*/1114)

BRUST - Entzündung - Lungen - Kindern; bei (gsy/1234)
• *Entzündung - Lungen - Kindern; bei - Kleinkindern; bei* (*/1234)

RÜCKEN - Spina bifida (*/1384)

EXTREMITÄTEN - *Hüftgelenksentzündung* (*/1443)

FIEBER - Continua (k/1772)

ALLGEMEINES - Abmagerung - Kindern; bei (mtf33/1845)
• Abmagerung - Kindern; bei - Kleinkindern; bei (br1*/1845)
• **Kindern; Beschwerden von** (b2/1897)
• Konvulsionen - Kindern, bei (bg*/1905)
  » *Kindern, bei - Kleinkindern, bei* (bg2/1905)
• Verletzungen - Knochenbrüche - langsame Heilung von Knochenbrüchen (*/2020)

Chirurgisch pathologische Zustände

OHR - *Abszeß* (bg2*/498)

NASE - Polyp (*/561)
• *Rachenmandelwucherung* (ptk1/561)

ABDOMEN - Entzündung - Peritoneum (c2*/860)
• Hernie - Leistenhernie (b2/868)
• *Intussuszeption* (*/869)

MÄNNLICHE GENITALIEN - *Hochgezogen, an den Körper gezogen - Hoden* (b4a/1068)
• **Phimose** (*/1071)
  » *Eiterung, mit* (k/1071)
  » **Paraphimose** (*/1071)

Würmer

ZÄHNE - Zahnung - schwierig - begleitet von - Würmer bei Kindern; Beschwerden durch (bro1/718)

MAGEN - Erbrochenen; Art des - Würmer (*/801)

REKTUM - *Würmer - Beschwerden durch Würmer* (*/985)
• Würmer - Beschwerden durch Würmer - Bandwürmer (*/986)
  » Beschwerden durch Würmer - Madenwürmer (*/986)
  » Beschwerden durch Würmer - Spulwürmer (*/986)

WEIBLICHE GENITALIEN - Würmer - Madenwürmer (b4a/1138)

ALLGEMEINES - *Schwäche - Würmern, bei* (hr1*/1980)

Mezereum

mez.

Choudhuri schrieb: „Es eignet sich allgemein für hellhaarige, phlegmatische, unentschlossene Menschen."

Sehr stark frierende Kinder, sie spüren die Kälte in den Knochen. Trotz der großen Empfindlichkeit gegen Kälte verschlimmern sich sowohl Kopfschmerzen wie Hautausschläge durch Wärme.

Streitsüchtig. Neigen dazu, andere zu ärgern. „Große Reizbarkeit und Empfindlichkeit. Neigt dazu, andere wegen Kleinigkeiten zu beschimpfen; alles geht ihm auf die Nerven und er neigt dazu, allen beleidigende und unangenehme Dinge zu sagen" (Hering).

Emotionen werden im Magen gespürt; Angst steigt vom Magen auf.

Die Symptomatologie ist immer heftig: „Symptome sind durch Heftigkeit gekennzeichnet: heftige Schmerzen; heftiges Jucken; großer Hunger; heftiges Brennen in Mund und Magen; heftiger Hustenreiz; heftiges akutes Fieber" (Gibson).

Grandgeorge schrieb: „Mezereum führt zu dramatischen Ergebnissen in Fällen beidseitiger Sinusitis maxillaris mit chronischem Husten, Fieberschüben am späten Nachmittag und Schmerzen durch Druck auf die zwei Kieferhöhlen [zwei Gaben Mezereum C 15 im Abstand von 48 Stunden heilt Fälle, die zwei Wochen Antibiotika widerstanden haben!]. Hier liegt der Schlüssel zu diesem Mittel. Die Kieferhöhlen sind hohle Gesichtsorgane, die anatomische Strukturen enthalten, die empfindlich gegenüber dem Magnetfeld der Umgebung sind. Diese Organe geben beispielsweise den Zugvögeln einen Richtungs- und Orientierungssinn. Nach einem Umzug, einer Reise ins Ausland, einem Aufenthalt an einem Urlaubsort usw. verstopfen die Kieferhöhlen von Mezereum und sie verlieren die Orientierung."

Hautausschläge, besonders Ekzem an Lidern, Haargrenze, Ober- und Unterglieder; auch *Milch-*

schorf. Heftiges Jucken der Kopfhaut, wobei Kratzen das Jucken verstärkt; das Kind kratzt sich ständig im Gesicht und reißt den Schorf ab, so daß das Gesicht schließlich mit Blut bedeckt ist. Brennendes Jucken mit Kälte des Körperteils; wechselt beim Kratzen den Ort.

Hautausschläge nach Impfungen.

Nach Unterdrückung von Hautausschlägen können verschiedene Beschwerden auftreten: Husten, Asthma, Taubheit, neurologische Störungen oder neuralgische Schmerzen. Keine inneren Beschwerden, solange der Hautausschlag vorhanden ist.

Verlangen nach Fett, durchwachsenem Speck und Schinken.

Klinisches: Knochenleiden. Obstipation. Milchschorf. Erythem. Exostosen. Augenleiden. Drüsenvergrößerung. Hämaturie. Hernie. Herpes zoster. Impetigo. Pityriasis. Zahnbeschwerden. Beschwerden durch Impfung.

Wirkungsbereich: Haut. Nerven. Knochen. Kopf. Gesicht. Mund. Magen.

* * *

Krankengeschichte; familiäre und persönliche

ALLGEMEINES - Krankengeschichte von; persönliche - Hautausschlägen; von (tl1/1909)

Impfung

SCHLAF - *Schlaflosigkeit - Impfung, nach* (hr1*/1691)

HAUT - Hautausschläge - Ekzem - Impfung; durch (bro1/1811)
- Hautausschläge - Impfung, nach (br1/1816)

ALLGEMEINES - **Impfung; Beschwerden nach** (c1*/1892)

Stillen - Milch

KOPF - *Hautausschläge - Milchschorf* (b2/290)

ALLGEMEINES - *Speisen und Getränke - Milch - Abneigung* (vh/2000)
- Speisen und Getränke - Milch - amel. (*/2001)
  - » Milch - Verlangen (tl1/2001)

Stillen - Magendarmsymptome - Appetit - vermindert

MAGEN - *Appetit - fehlend* (*/767)
- Appetit - fehlend - Hunger, mit (b2/768)
  - » schnelle Sättigung (*/770)
  - » vermindert (*/772)

Stillen - Magendarmsymptome - Appetit - vermehrt

MAGEN - Appetit - Genuß, ohne (k/769)
- *Appetit - Heißhunger* (*/769)
  - » vermehrt (*/770)

Stillen - Magendarmsymptome - Aufstoßen - Speisen; von

MAGEN - *Aufstoßens; Art des - Speisen; von* (*/780)
- Aufstoßens; Art des - Speisen; von - Essen - nach - agg. (b4/780)

Stillen - Magendarmsymptome - Aufstoßen - Wasser; Hochsteigen von

MAGEN - **Aufstoßens; Art des - Wasser in den Mund; Hochsteigen von** (*/781)
- Aufstoßens; Art des - Wasser in den Mund; Hochsteigen von - Husten - beim - agg. (b4/781)

Stillen - Magendarmsymptome - Abdomen - agg. durch

ABDOMEN - *Schmerz - Druck - agg.* (k/883)

Stillen - Magendarmsymptome - Abdomen - amel. durch

ABDOMEN - Schmerz - Liegen - Rücken; auf dem - amel. (k/889)
- Schmerz - Strecken, Ausstrecken - amel. (k/893)

Stillen - Magendarmsymptome - Rektum

REKTUM - *Diarrhoe - Kindern, bei* (k/954)

Stillen - Allgemeines

SCHWEISS - Essen - beim - amel. (*/1786)

Infektionskrankheiten - Mumps

GESICHT - **Schwellung - Parotis** (b4a/631)

Infektionskrankheiten - Keuchhusten

HUSTEN - *Keuchhusten* (*/1197)
- Keuchhusten - heftig (ptk1/1198)
  - » Krampfstadium, im (ptk1/1198)

Konstitution - Angst und Furcht

GEMÜT - **Beschwerden durch - Erwartungsspannung** (st/23)
- Furcht - allein zu sein (k/64)
- Mutig (*/133)

Konstitution - Allgemeines

GEMÜT - *Faulheit* (*/55)
- Gewissenhaft, peinlich genau in bezug auf Kleinigkeiten (*/99)
- Impulse, Triebe; krankhafte - laufen; zu (a1/112)
- Sorgsamkeit, Sorgfalt (b4/165)
- Stimmung, Laune - veränderlich (k/171)
- Unaufmerksam (bg2/189)
- Unzufrieden (*/194)
- Waschen - Abneigung dagegen, sich zu waschen, zu baden (sf1/243)

Beziehung zu anderen - Aggressivität

GEMÜT - Streitsüchtig (*/173)

Beziehung zu anderen - Reaktion auf andere

GEMÜT - *Gesellschaft - Verlangen nach* (*/95)

• *Gesellschaft - Verlangen nach - allein; agg. wenn* (*/96)
• Schüchternheit, Zaghaftigkeit (^/158)
• Widerspruch - verträgt keinen Widerspruch (bro1/249)

Beziehung zu anderen - allgemein

GEMÜT - Argwöhnisch, mißtrauisch (k/16)
• Tadelsüchtig, krittelig (bg2*/178)
• Tadelt andere (*/179)

Schule - Angst

GEMÜT - **Beschwerden durch - Erwartungsspannung** (st/23)

Schule - Konzentration

GEMÜT - Stumpfheit - Lesen (k/175)
• Unaufmerksam (bg2/189)

Schule - Lernen - Lesen

GEMÜT - Stumpfheit - Lesen (k/175)

Schule - Anstrengung; geistige

KOPF - Schmerz - geistige Anstrengung - agg. (st/328)
• Schmerz - Lesen, beim - agg. (k/332)
» Schläfen - Lesen agg. - drückend (k/370)
» Schläfen - Lesen agg. - pulsierend (k/370)

Schule - Konstitution

GEMÜT - Eigensinnig, starrköpfig, dickköpfig (b4a/41)
• Gewissenhaft, peinlich genau in bezug auf Kleinigkeiten (*/99)

Nonverbales - Aggressivität

GEMÜT - Ziehen - Haaren; an den (^/252)
• Ziehen - Haaren; an den - Verlangen zu ziehen - jemanden an den Haaren (bg2*/252)

Nonverbales - Reaktion auf andere

GEMÜT - Berührtwerden - Abneigung berührt zu werden (k/21)

Nonverbales - Gesten, Gebärden

GEMÜT - Geziertheit, Affektiertheit - Gesten und Handlungen; in (h2/100)
• Launenhaftigkeit, launisch (bg2/123)

Nonverbales - Allgemeines

GEMÜT - Eigensinnig, starrköpfig, dickköpfig (b4a/41)
• Singen (*/163)

Nonverbales - Konsultation; bei der

KOPF - Empfindlichkeit - Berührung, gegen - zarteste Berührung, nach Zorn; gegen die (k/283)
• Empfindlichkeit - Kopfhaut, der (mrr1/284)
» Kopfhaut, der - Berührung, gegen (mrr1/284)
• Hitze - Kälte - Körpers; mit Kälte des (h2/293)

OHR - Absonderungen - Hautausschlägen; nach unterdrückten (tl1/497)
• Entzündung (mtf11/500)
» Gehörgang (*/500)
• Geschwüre - Trommelfell (k2/510)
• Katarrh - Eustachische Röhre (k2/515)
• Trommelfell - verdickt (ptk2/534)
» verdickt - weiß und undurchsichtig - Hautausschlag an der Kopfhaut; nach unterdrücktem (hr1*/534)

HÖREN - Schwerhörig - Tubenkatarrh (mp1/537)

MUND - Eiterung - Zahnfleisch (k/643)
• Papillen - aufgerichtet (*/669)
• Stomatitis ulcerosa, Stomakaze (mtf11/689)

INNERER HALS - Entzündung - Tonsillen (bg2/724)
• *Schwellung - Tonsillen* (b4a/747)

ÄUSSERER HALS - Schwellung - Halsdrüsen (b4a/760)

ABDOMEN - *Schmerz - Druck - agg.* (k/883)

RÜCKEN - Krümmung der Wirbelsäule (bg2/1323)

HAUT - Farbe - rot - Kratzen, nach - Streifen (mrr1/1801)
• *Hautausschläge - Erythem* (c2*/1812)
» *Impetigo* (c2*/1816)
• Intertrigo (bro1/1825)

ALLGEMEINES - *Exostose* (*/1877)

Nonverbales - Äußerliches - Beobachtungen des Arztes

KOPF - Halten - hoch, aufrecht zu halten; unfähig, den Kopf (k/289)
• *Schuppen* (*/402)
» *weiß* (*/402)

AUGE - Verklebt (a1/472)

OHR - Bohren mit den Fingern darin (*/500)

GESICHT - Aufgesprungen - Lippen (cp/579)
• Fettig (bro1/593)
• Hippokratisches Gesicht (k/605)
• *Rissig - Lippen* (*/613)
» Lippen - Unterlippe (b4/613)
» **Lippen - Unterlippe - Mitte der** (gk/614)
» *Mundwinkel* (*/614)
• Sommersprossen (b2/632)
• Wächsern (k2/635)

ÄUSSERER HALS - Torticollis (h2*/761)

ATMUNG - Beschleunigt (*/1174)

HAUT - Sommersprossen (*/1834)

ALLGEMEINES - Aussehen - hell, blond (c1/1855)

Nonverbales - Äußerliches - Beobachtungen der Eltern

OHR - *Bohren mit den Fingern darin - amel.* (*/500)

MUND - Beißt - Zunge; beißt sich auf die (*/640)

MAGEN - Schluckauf (*/809)
• Völlegefühl - Essen - nach - agg. (*/845)

ABDOMEN - Schmerz - Liegen - Rücken; auf dem - amel. (k/889)
• Schmerz - Strecken, Ausstrecken - amel. (k/893)
STUHL - *Kugeln, wie* (k/996)
• Unverdaut (*/999)
ATMUNG - Schnarchen (k/1180)
• Schnarchen - Kindern; bei (ptk1/1180)
SCHWEISS - Essen - beim - amel. (*/1786)

Nacht; Beobachtungen in der - Schlaf

SCHLAF - Erwachen - Schreck, wie durch (j5/1675)

Nacht; Beobachtungen in der - Schlaf; Lage im

SCHLAF - Lage - Rücken, auf dem (*/1683)
• Lage - Rücken, auf dem - nachts - Mitternacht - nach (j5/1683)

Psychosomatische Störungen

KOPF - Empfindlichkeit - Berührung, gegen - zarteste Berührung, nach Zorn; gegen die (k/283)

Körperliche Symptome und Erkrankungen

KOPF - **Entzündung - Periost** (k/285)
• Schmerz - katarrhalisch (k/331)
HÖREN - Schwerhörig - Ekzem; nach unterdrücktem (sne/536)
• Schwerhörig - Hautausschlägen; nach unterdrückten (ptk1/536)
NASE - Katarrh - Hautausschlägen; durch Zurücktreten von (k/553)
ZÄHNE - Abszeß der Zahnwurzeln (k/695)
• **Karies, faule, hohle Zähne** (*/700)
» *Kindern; verfrüht bei* (bro1/700)
INNERER HALS - Räuspert käsige Klumpen herauf (k2/732)
MAGEN - Würgen - Husten, mit (*/846)
REKTUM - Diarrhoe - Hautausschläge - unterdrückten Hautausschlägen; nach (k/953)
ATMUNG - Asthma, asthmatische Atmung - Hautausschlägen; nach unterdrückten (g*/1162)
RÜCKEN - Spina bifida (*/1384)
ALLGEMEINES - *Verletzungen - Knochenbrüche - langsame Heilung von Knochenbrüchen* (*/2020)

Chirurgisch pathologische Zustände

NASE - Rachenmandelwucherung (br1*/561)
ABDOMEN - Hernie (c2/867)
• Hernie - Leistenhernie (b2/868)

Würmer

REKTUM - Jucken - Askariden, durch (c1/965)

Millefolium

mill.

Ein unschätzbares Mittel bei verschiedenen Arten von Blutungen. Kennzeichen der *Blutungen:* fast immer schmerzlos und das Blut ist hellrot und flüssig. Millefolium erhielt seinen [englischen] Trivialnamen *„nosebleed"* [Nasenbluten], weil Nasenbluten einsetzt, wenn die Blätter in die Nasenlöcher gesteckt werden.

Nash schrieb: „Es ist besonders zu empfehlen bei Blutungen nach einem Sturz oder anderen Verletzungen. Wenn Arnika in einem solchen Fall versagt hat, würde ich an Millefolium denken."

Heftige Kopfschmerzen: das Kind schlägt mit dem Kopf gegen das Bett und die Wand. Eingeklemmte Brüche.

Unwillkürliches Urinieren bei Kindern.

Es ist zusammen mit Sepia, Mercurius und Pulsatilla *bei Mädchen mit Fluor in Betracht zu ziehen.* Allen schrieb: „Fluor bei Kindern durch Atonie der Schleimhaut der Vagina (Differentialdiagnose: Calcarea carbonica)."

Ein wichtiges Mittel bei Konvulsionen von Kindern: Fälle von Konvulsionen in Verbindung mit der Zahnung oder dem Abstillen werden in der Literatur beschrieben. Hering schrieb: „Konvulsionen und Ohnmacht Neugeborener; erholt sich nach einem Bad, aber jammert und seufzt ständig."

In Bezug auf die Gemütsebene schrieb Allen: „Scheint etwas vergessen zu haben; weiß nicht, was er gerade tut oder tun will; Kopf dumpf und verwirrt, besonders abends."

Klinisches: Blutungen. Nasenbluten. Anämie. Enuresis. Zahnung. Epilepsie. Verletzungen. Fluor.

Wirkungsbereich: Kapillaren und Venen (Lungen, Nase, Uterus, Darm, Magen, Blase).

* * *

Krankengeschichte; familiäre und persönliche

ALLGEMEINES - Krankengeschichte von; persönliche - Nasenbluten; von wiederkehrendem (bro1/1910)

Zahnung - Empfindungen und neurologische Beschwerden

ALLGEMEINES - Konvulsionen - Zahnung; während der (hr1*/1907)

Zahnung - Allgemeines

ZÄHNE - Zahnung - schwierig (c1/718)

Stillen - Milch

ALLGEMEINES - Konvulsionen - Muttermilch; durch Unterdrückung der (c1/1906)

Infektionskrankheiten - Pocken

HAUT - Hautausschläge - Pocken (bro1/1819)

Konstitution - Aggressivität

GEMÜT - **Schlagen - sich; schlägt - schlägt seinen Kopf gegen die Wand und gegen Gegenstände** (k1*/154)

KOPF - **Anstoßen** (*/274)
- Anstoßen - Bett; mit dem Kopf gegen das (k/274)

Konstitution - Angst und Furcht

GEMÜT - Furchtlos (stj/80)

Konstitution - Allgemeines

GEMÜT - Faulheit (*/55)
- Kleinigkeiten, Trivialitäten - wichtig; scheinen (^/115)

Beziehung zu anderen - Aggressivität

GEMÜT - **Schlagen** (^/154)
- **Schlagen - sich; schlägt** (^/154)
  - » sich; schlägt - Kopf - seinen Kopf (ptk1/154)
  - » **sich; schlägt - schlägt seinen Kopf gegen die Wand und gegen Gegenstände** (k1*/154)

Schule - Konstitution

GEMÜT - Kleinigkeiten, Trivialitäten - wichtig; scheinen (^/115)

Nonverbales - Allgemeines

GEMÜT - Stöhnen - Kindern, bei (ptk1*/172)

Nonverbales - Konsultation; bei der

MUND - Stomatitis ulcerosa, Stomakaze (k/689)

Nonverbales - Äußerliches - Beobachtungen des Arztes

OHR - Bohren mit den Fingern darin (*/500)

Nonverbales - Äußerliches - Beobachtungen der Eltern

AUGE - Verklebt - morgens (*/472)

MAGEN - Schluckauf (*/809)

WEIBLICHE GENITALIEN - Fluor - Kindern; bei - Mädchen; bei kleinen (kr1*/1096)

HAUT - Ekchymosen (k2/1797)

Körperliche Symptome und Erkrankungen

FIEBER - *Continua* (br1/1772)

ALLGEMEINES - *Kindern; Beschwerden von* (kr1/1897)
- Pubertät - Beschwerden während der (c1/1934)

Chirurgisch pathologische Zustände

ABDOMEN - *Hernie - eingeklemmt, inkarzeriert* (bro1/868)
- Hernie - Leistenhernie - eingeklemmt, inkarzeriert (*/868)

Würmer

REKTUM - Würmer - Beschwerden durch Würmer - Madenwürmer (c1/986)

Morphinum

morph.

Stillen - Milch

MAGEN - Erbrechen - Milch, nach (k/794)

ALLGEMEINES - Speisen und Getränke - Milch - agg. (oss*/2001)

Stillen - Magendarmsymptome - Appetit - vermindert

MAGEN - Appetit - vermindert (a1/772)

Konstitution - Angst und Furcht

GEMÜT - *Beschwerden durch - Schreck* (br1*/25)

Konstitution - Allgemeines

GEMÜT - Selbstvertrauen - Mangel an Selbstvertrauen (oss/161)
- Spontan, impulsiv (oss/166)
- Stimmung, Laune - veränderlich (k/171)

Beziehung zu anderen - Aggressivität

GEMÜT - Herausfordernd (oss/107)
- Schlagen (oss/154)
- Streitsüchtig (oss/173)

Beziehung zu anderen - Reaktion auf andere

GEMÜT - Widerspenstig (oss/249)
- Widerspruch - Neigung zu widersprechen (oss/249)
  - » verträgt keinen Widerspruch (bro1/249)

Beziehung zu anderen - allgemein

GEMÜT - *Argwöhnisch, mißtrauisch* (sf1/16)
- **LÜGNER** (bro1*/126)
  - » *lügt, sagt nie die Wahrheit, weiß nicht, was sie sagt* (st1/126)
- Sprache - hastig, eilig (a1/167)
- Tadelsüchtig, krittelig (br1*/178)
- Unverschämtheit (oss/193)

Schule - Angst

GEMÜT - Selbstvertrauen - Mangel an Selbstvertrauen (oss/161)

Schule - Lernen - Schreiben

GEMÜT - Fehler; macht - Schreiben, beim (a1/57)

Schule - Anstrengung; geistige

KOPF - Schmerz - geistige Anstrengung - agg. (k/328)
- Schmerz - Lesen, beim - agg. (a1/332)

Schule - Beziehung zu anderen

GEMÜT - **LÜGNER (bro1*/126)**
- Ungehorsam (oss/191)

MUND - Sprache - stotternd (a1/688)

Schule - Konstitution

GEMÜT - Eigensinnig, starrköpfig, dickköpfig (oss/41)
- **LÜGNER** (bro1*/126)
- Selbstvertrauen - Mangel an Selbstvertrauen (oss/161)
- Ungehorsam (oss/191)

Nonverbales - Aggressivität

GEMÜT - Destruktivität, Zerstörungswut (oss/38)

Nonverbales - Gesten, Gebärden

GEMÜT - Springen (^/169)

Nonverbales - Allgemeines

GEMÜT - Eigensinnig, starrköpfig, dickköpfig (oss/41)
- Ruhelosigkeit - Kindern, bei (oss/151)

Nonverbales - Äußerliches - Beobachtungen des Arztes

AUGE - Strabismus, Schielen (*/467)
- Strabismus, Schielen - divergens (a1*/467)

NASE - Spitz (a1/574)

ATMUNG - Beschleunigt (a1/1174)

RÜCKEN - *Opisthotonus* (*/1325)

Nonverbales - Äußerliches - Beobachtungen der Eltern

ZÄHNE - Zähneknirschen (*/718)

MAGEN - Schluckauf (a1*/809)

STUHL - Kugeln, wie (bro1/996)

Nacht; Beobachtungen in der - Gemütssymptome

GEMÜT - Furcht - Dunkelheit; vor der (oss/66)

Nacht; Beobachtungen in der - Schlaf; Lage im

SCHLAF - Lage - Rücken, auf dem (a1/1683)

Moschus

mosch.

Zahnung - Empfindungen und neurologische Beschwerden

ALLGEMEINES - Konvulsionen - Zahnung; während der (bro1/1907)

Stillen - Magendarmsymptome - Appetit - vermindert

MAGEN - Appetit - fehlend (b2/767)

Stillen - Magendarmsymptome - Appetit - vermehrt

MAGEN - Appetit - vermehrt (b2/770)

Stillen - Magendarmsymptome - Aufstoßen - Speisen; von

MAGEN - Aufstoßens; Art des - Speisen; von (bg2/780)

Stillen - Magendarmsymptome - Aufstoßen - Wasser; Hochsteigen von

MAGEN - Aufstoßens; Art des - Wasser in den Mund; Hochsteigen von (*/781)

Stillen - Magendarmsymptome - Erbrechen

MAGEN - Erbrochenen; Art des - Speisen - Essen - nach - sofort nach (k/800)

Infektionskrankheiten - Masern

ALLGEMEINES - Masern - Beschwerden nach (*/1920)

Infektionskrankheiten - Keuchhusten

GEMÜT - *Angst - Husten - Keuchhusten - während* (hr1*/10)

HUSTEN - Keuchhusten (*/1197)

Konstitution - Angst und Furcht

GEMÜT - Angst - hypochondrisch (*/11)
- Beschwerden durch - Erwartungsspannung (j5/23)
- Furcht - Geräusche, durch (*/69)
- Furchtlos (a1/80)

Konstitution - Allgemeines

GEMÜT - Ehrgeiz - erhöht, vermehrt, sehr ehrgeizig (mtf/40)
- Milde (*/130)
- Selbstsucht, Egoismus (k/161)
- Stimmung, Laune - veränderlich (bro1*/171)
- Unaufmerksam (bg2/189)

Familie; Beziehung zur - Vorwürfe

GEMÜT - Beschwerden durch - Tadel (k13/25)

Beziehung zu anderen - Aggressivität

GEMÜT - Schlagen (*/154)
- *Streitsüchtig* (*/173)

Beziehung zu anderen - Reaktion auf andere

GEMÜT - Antworten - Abneigung zu antworten (k/14)
- Antworten - gefragt wird; antwortet nicht, wenn er (a/15)
- Schüchternheit, Zaghaftigkeit (a1/158)

Beziehung zu anderen - allgemein

GEMÜT - *Sprache - hastig, eilig* (*/167)
- Tadelsüchtig, krittelig (*/178)
- Tadelt andere (j/179)

Schule - Angst

GEMÜT - Beschwerden durch - Erwartungsspannung (j5/23)

Schule - Konzentration

GEMÜT - Unaufmerksam (bg2/189)

Schule - Lernen - Mathematik, Rechnen

GEMÜT - Mathematik - Unfähigkeit zur (^/128)

• Mathematik - Unfähigkeit zur - rechnen; kann nicht (mlk2/129)

Schule - Vorwürfe

GEMÜT - Beschwerden durch - Tadel (k13/25)

HUSTEN - Krampfhaft, spasmodisch - Vorwürfen; nach (k2/1200)

Schule - Konstitution

GEMÜT - Eigensinnig, starrköpfig, dickköpfig (k2*/41)

Spielen

GEMÜT - Spielen - Verlangen zu spielen (^/166)

• Spielen - Verlangen zu spielen - Knöpfen an ihrer Kleidung; mit den (k/166)

Nonverbales - Aggressivität

GEMÜT - Destruktivität, Zerstörungswut (k/38)

Nonverbales - Reaktion auf andere

GEMÜT - Schamlos (k/153)

Nonverbales - Gesten, Gebärden

GEMÜT - Auffahren, Zusammenfahren - Geräusche; durch (k/17)

• Launenhaftigkeit, launisch (bg2/123)

• Ungeschicklichkeit (sf1/192)

Nonverbales - Allgemeines

GEMÜT - Eigensinnig, starrköpfig, dickköpfig (k2*/41)

• Hast, Eile - Gehen; beim (k/105)

• Verzogene, mißratene Kinder (c1/204)

Nonverbales - Konsultation; bei der

OHR - Absonderungen - Blut (*/497)

• Absonderungen - blutig (*/497)

» Ohrschmalz (k/498)

• Ohrschmalz - dünn (*/516)

» vermehrt (*/516)

Nonverbales - Äußerliches - Beobachtungen des Arztes

ATMUNG - *Asthma, asthmatische Atmung - Kindern; bei* (*/1162)

• Beschleunigt (b2/1174)

Nonverbales - Äußerliches - Beobachtungen der Eltern

MAGEN - *Schluckauf* (*/809)

• Völlegefühl - Essen - nach - agg. (k/845)

REKTUM - Unwillkürlicher Stuhl (*/984)

MÄNNLICHE GENITALIEN - *Erektionen - Kindern, bei* (lmj/1063)

• Masturbation, Neigung zur (mrr1/1071)

» *Kindern; bei* (lmj/1071)

• *Sexuelles Verlangen - vermehrt - Kindern, bei* (lmj/1084)

WEIBLICHE GENITALIEN - Masturbation; Neigung zu (mrr1/1104)

• *Masturbation; Neigung zu - Kindern; bei* (lmj/1104)

HAUT - *Insektenstiche* (c2/1825)

Nacht; Beobachtungen in der - Gemütssymptome

GEMÜT - Reizbarkeit, Gereiztheit - Schlaflosigkeit, mit (hr1*/146)

• Schlafwandeln (k/154)

Nacht; Beobachtungen in der - körperliche Symptome

REKTUM - Unwillkürlicher Stuhl - Schlaf; agg. im (*/985)

Nacht; Beobachtungen in der - Schlaf; Lage im

SCHLAF - Lage - Seite, auf der (*/1683)

• Lage - Seite, auf der - unmöglich (*/1683)

» verändert häufig die Lage (hr1*/1683)

Psychosomatische Störungen

KEHLKOPF UND TRACHEA - Laryngismus stridulus - hysterisch (mrr1/1145)

HUSTEN - Krampfhaft, spasmodisch - Vorwürfen; nach (k2/1200)

Körperliche Symptome und Erkrankungen

KOPF - Entzündung - Gehirn (bro1/284)

KEHLKOPF UND TRACHEA - **Laryngismus stridulus** (*/1145)

• Laryngismus stridulus - Abkühlung, Kaltwerden; durch (k2/1145)

FIEBER - *Continua* (k/1772)

ALLGEMEINES - *Kindern; Beschwerden von* (kr1/1897)

• Konvulsionen - Kindern, bei (bro1/1905)

» Kindern, bei - Kleinkindern, bei (bro1/1905)

• Schmerzlosigkeit gewöhnlich schmerzhafter Beschwerden (b7/1971)

Murex purpurea

murx.

Stillen - Magendarmsymptome - Appetit - vermindert

MAGEN - Appetit - fehlend (k/767)

• *Appetit - vermindert* (k/772)

Stillen - Magendarmsymptome - Appetit - vermehrt

MAGEN - Appetit - vermehrt - Essen - nach (ptk1/772)

Infektionskrankheiten - Masern

HUSTEN - Masern - nach (*/1202)

HAUT - *Hautausschläge - Masern* (hr1/1817)

Konstitution - Allgemeines

GEMÜT - Milde (bro1/130)

Familie; Beziehung zur - Liebe und Zuneigung

GEMÜT - *Liebevoll, voller Zuneigung, herzlich* (^/125)

Beziehung zu anderen - Reaktion auf andere

GEMÜT - Gesellschaft - Abneigung gegen (j5/94)

Nonverbales - Reaktion auf andere

GEMÜT - Gehalten - amel.; gehalten zu werden (ptk1/87)
- Schamlos (bg2/153)

Nonverbales - Äußerliches - Beobachtungen des Arztes

ALLGEMEINES - Magere Personen (mrr1/1919)

Nonverbales - Äußerliches - Beobachtungen der Eltern

BLASE - Urinieren - unwillkürlich - Husten; agg. beim (k/1020)

Nacht; Beobachtungen in der - Schlaf

SCHLAF - *Erwachen - Schreck, wie durch* (j5/1675)

Muriaticum acidum

mur-ac.

Stillen - Milch

KOPF - Hautausschläge - Milchschorf (bg2/290)

MAGEN - Erbrochenen; Art des - bräunlich - abends - Milch agg. (k/797)

ALLGEMEINES - Speisen und Getränke - Milch - agg. (stx1/2001)

Stillen - Magendarmsymptome - Appetit - vermindert

MAGEN - *Appetit - fehlend* (*/767)

Stillen - Magendarmsymptome - Appetit - vermehrt

MAGEN - *Appetit - Heißhunger* (*/769)
- *Appetit - vermehrt* (*/770)

Stillen - Magendarmsymptome - Aufstoßen - Speisen; von

MAGEN - *Aufstoßens; Art des - Speisen; von* (*/780)
- Aufstoßens; Art des - Speisen; von - sauer (b4/780)

Stillen - Magendarmsymptome - Aufstoßen - Wasser; Hochsteigen von

MAGEN - Aufstoßens; Art des - Wasser in den Mund; Hochsteigen von (*/781)

Stillen - Magendarmsymptome - Schluckauf

MAGEN - *Schluckauf - Mittagessen - nach - agg.* (k/811)
- *Schluckauf - Mittagessen - vor* (*/811)

Stillen - Magendarmsymptome - Rektum

REKTUM - *Diarrhoe - Kindern, bei* (hr1/954)

Stillen - Allgemeines

MUND - Schmerz - Kindern; bei - Säuglingen; bei (k2/674)
- Schmerz - Kindern; bei - Säuglingen; bei - wund schmerzend (k2/674)

Infektionskrankheiten - Windpocken

FIEBER - Continua - Ausschlagsfieber (k/1772)

Infektionskrankheiten - Masern

FIEBER - Continua - Ausschlagsfieber (k/1772)

HAUT - Hautausschläge - Masern (c2/1817)

Infektionskrankheiten - Mumps

GESICHT - *Schwellung - Parotis* (k/631)

Infektionskrankheiten - Röteln

FIEBER - Continua - Ausschlagsfieber (k/1772)

Infektionskrankheiten - Scharlach

GEMÜT - *Bewußtlosigkeit - Scharlach, bei* (hr1*/31)
- *Stupor - Scharlach, bei* (kr1/177)

HÖREN - Taubheit, Verlust des Gehörs - Scharlach, nach (bro1/538)

NASE - *Schnupfen - Scharlach, bei* (k/572)

INNERER HALS - Entzündung - Scharlach; bei (bro1/724)

FIEBER - Ausschlagsfieber; Fieber bei Ausschlagserkrankungen - Scharlach (*/1770)
- Continua - Ausschlagsfieber (k/1772)
- *Scharlach - bösartig* (bro1/1778)

HAUT - *Hautausschläge - Scharlach* (hr1*/1821)

Infektionskrankheiten - Pocken

FIEBER - Continua - Ausschlagsfieber (k/1772)

HAUT - *Hautausschläge - Pocken - schwarz* (*/1819)

Infektionskrankheiten - Keuchhusten

NASE - *Nasenbluten - Keuchhusten* (k/557)

HUSTEN - Keuchhusten (*/1197)
- *Keuchhusten - kitzelnd - Brust* (kr1/1198)

BRUST - Zusammenschnürung - Keuchhusten, bei (k/1306)

Konstitution - Angst und Furcht

GEMÜT - Beschwerden durch - Erwartungsspannung (mtf/23)
- Feigheit (*/59)
- Furcht - allein zu sein (stj2/64)
  - » Selbstkontrolle zu verlieren; die (h2/75)
  - » Versagen, Mißerfolg; vor dem (stj2/79)
  - » Wasser, vor (stj2/79)

Konstitution - Allgemeines

GEMÜT - Entmutigt (k/46)
- Faulheit (b4/55)
- *Gewissenhaft, peinlich genau in bezug auf Kleinigkeiten* (*/99)
- Milde (*/130)
- Selbstvertrauen - Mangel an Selbstvertrauen (k/161)
- Sorgen; voller (h2/164)

- Sorgsamkeit, Sorgfalt (b4/165)
- Stimmung, Laune - veränderlich (h2/171)
- Unzufrieden (*/194)
- Verwegenheit (^/199)

Familie; Beziehung zur - Aggressivität

GEMÜT - Beschwerden durch - Grobheit anderer (bra/23)
- Empfindlich - Grobheiten; gegen (vh*/44)

Beziehung zu anderen - Aggressivität

GEMÜT - Antworten - kurz angebunden (k/15)
- Sprache - barsch (h2*/166)
- Streitsüchtig (j/173)

Beziehung zu anderen - Reaktion auf andere

GEMÜT - Antworten - Abneigung zu antworten (bro1/14)
- Antworten - einsilbig (h2/15)
- Gesellschaft - Abneigung gegen (^/94)
  » Abneigung gegen - Fremden; Abneigung gegen die Anwesenheit von (^/95)
- Schüchternheit, Zaghaftigkeit (*/158)
- Widerspruch - verträgt keinen Widerspruch (bro1/249)

Beziehung zu anderen - allgemein

GEMÜT - Argwöhnisch, mißtrauisch (k/16)

Schule - Angst

GEMÜT - Beschwerden durch - Erwartungsspannung (mtf/23)
- Furcht - Versagen, Mißerfolg; vor dem (stj2/79)
- Selbstvertrauen - Mangel an Selbstvertrauen (k/161)

Schule - Konzentration

GEMÜT - Konzentration - schwierig - Studieren (vh*/117)

Schule - Vorwürfe

GEMÜT - Beschwerden durch - Grobheit anderer (bra/23)
- Empfindlich - Grobheiten; gegen (vh*/44)

Schule - Konstitution

GEMÜT - Eigensinnig, starrköpfig, dickköpfig (*/41)
- *Gewissenhaft, peinlich genau in bezug auf Kleinigkeiten* (*/99)
- Selbstvertrauen - Mangel an Selbstvertrauen (k/161)

Nonverbales - Allgemeines

GEMÜT - Eigensinnig, starrköpfig, dickköpfig (*/41)

Nonverbales - Konsultation; bei der

KOPF - Hitze - Kälte - Füße; mit Kälte der (h2/293)

OHR - Entzündung (tl1/500)
- *Ohrschmalz - braun - rot oder dunkel* (*/516)
  » fehlend (*/516)
  » rot (*/516)
  » trocken (*/516)
  » *trocken - abschilfernd; in Schuppen* (k/516)
  » verhärtet (hr1/516)
  » vermehrt (k/516)

GESICHT - *Schwellung - Unterkieferdrüsen* (k/631)

MUND - **Aphthen** (*/639)
- *Aphthen - Kindern, bei* (*/639)
  » *Zunge* (*/640)
- Landkartenzunge (b2/668)
- **Schwämmchen** (vk1/681)
- Stomatitis ulcerosa, Stomakaze (*/689)

INNERER HALS - *Schwellung - Tonsillen* (*/747)

ÄUSSERER HALS - Schwellung - Halsdrüsen (*/760)

REKTUM - Prolaps - Kindern; bei (bro1/971)

ATMUNG - *Bauchatmung* (*/1171)

RÜCKEN - Hautausschläge - Furunkel (k/1316)
- Hautausschläge - Furunkel - Blutbeule (h2/1316)
  » Furunkel - Blutbeule - stechend, bei Berührung (h2/1316)
  » Furunkel - Zervikalregion (k/1317)

HAUT - Erysipel (*/1798)

Nonverbales - Äußerliches - Beobachtungen des Arztes

KOPF - Schweiß der Kopfhaut - außer am Kopf; generalisierter Schweiß (h2/403)

AUGE - Verklebt (b4/472)

OHR - Schmerz - warm - Bett, Bettwärme; warmes - agg. - Einhüllen amel.; und warmes (k/525)

GESICHT - *Aphthen - Lippen, an den* (st1/579)
- Aufgesprungen (h2/579)
- Hautausschläge - Akne (st/595)
- Rissig - Lippen (h2*/613)
- Sommersprossen (*/632)

ATMUNG - *Beschleunigt* (*/1174)

HAUT - *Sommersprossen* (*/1834)

ALLGEMEINES - Aussehen - dunkel (c1/1854)
- Aussehen - dunkel - Augen (c1/1855)
  » hell, blond (stj2/1855)
- Magere Personen (stj2/1919)

Nonverbales - Äußerliches - Beobachtungen der Eltern

AUGE - Verklebt - morgens (*/472)

MAGEN - Schluckauf (*/809)
- Schluckauf - heftig (a1/810)
  » *Mittagessen - nach - agg.* (k/811)
  » *Mittagessen - vor* (*/811)
- Völlegefühl - Essen - nach - agg. - wenig, nach dem kleinsten Bissen; nach noch so (ptk1/845)

REKTUM - *Unwillkürlicher Stuhl* (*/984)

• Unwillkürlicher Stuhl - Flatus agg.; Abgang von (*/985)

BLASE - Urinieren - unwillkürlich - Husten; agg. beim (ptk1/1020)

• *Urinieren - verzögert, muß warten, bis der Urin zu fließen beginnt* (*/1020)

» verzögert, muß warten, bis der Urin zu fließen beginnt - allein; kann nur urinieren, wenn (bg3/1020)

» **verzögert, muß warten, bis der Urin zu fließen beginnt - pressen, bevor er damit beginnen kann; muß lange** (k/1021)

ATMUNG - Schnarchen (*/1180)

HAUT - Ekchymosen (ptk1/1797)

• Sommersprossen - Sonne; agg. in der (ptk1/1834)

Nacht; Beobachtungen in der - Gemütssymptome

GEMÜT - Furcht - Dunkelheit; vor der (stj2/66)

• Furcht - Erwachen; beim - Traum; aus einem (h2/67)

• *Gesten, Gebärden; macht - Hände; unwillkürliche Bewegungen der - zupft - Bettwäsche; an der* (*/98)

» **Hände; unwillkürliche Bewegungen der - zupft - Bettwäsche; an der - Schweiß; beim** (bg2/98)

• *Sprechen - Schlaf; im* (*/169)

Nacht; Beobachtungen in der - körperliche Symptome

REKTUM - *Unwillkürlicher Stuhl - Schlaf; agg. im* (k/985)

BLASE - Urinieren - unwillkürlich - nachts (*/1019)

Nacht; Beobachtungen in der - Schlaf; Lage im

SCHLAF - Lage - Rücken, auf dem (h2*/1683)

• Lage - verändert häufig die Lage (bg2/1683)

Körperliche Symptome und Erkrankungen

MUND - Schmerz - Kindern; bei - Säuglingen; bei (k2/674)

REKTUM - **Hämorrhoiden - Kindern, bei** (*/963)

• Hämorrhoiden - Kindern, bei - abgemagerten; bei (hr*/963)

FIEBER - *Continua* (k/1772)

ALLGEMEINES - Kindern; Beschwerden von (*/1897)

Chirurgisch pathologische Zustände

ABDOMEN - *Hernie - Leistenhernie* (k/868)

Naja tripudians

naja

Stillen - Magendarmsymptome - Appetit - vermindert

MAGEN - Appetit - fehlend (k/767)

• Appetit - vermindert (k/772)

Stillen - Magendarmsymptome - Aufstoßen - Wasser; Hochsteigen von

MAGEN - Aufstoßens; Art des - Wasser in den Mund; Hochsteigen von (ptk1/781)

Konstitution - Angst und Furcht

GEMÜT - Beschwerden durch - Erwartungsspannung (bg*/23)

• Furcht - allein zu sein (gw*/64)

» Versagen, Mißerfolg; vor dem (jl*/79)

» Versagen, Mißerfolg; vor dem - Kindern; bei (mtf33/79)

Konstitution - Allgemeines

GEMÜT - Milde (mrr1/130)

• Pflicht - zu viel Pflichtgefühl (^/136)

• Selbstvertrauen - Mangel an Selbstvertrauen (kr1*/161)

• Ungerechtigkeit; erträgt keine (mtf/191)

• Unzufrieden (^/194)

• Weinen - Gemütsbewegungen, Emotionen - geringen; nach (*/245)

» leicht (a1*/246)

Familie; Beziehung zur - Aggressivität

GEMÜT - Beschwerden durch - Bevormundung - Kindern, bei (mtf33/22)

• Beschwerden durch - Bevormundung - Kindern, bei - elterlicher Bevormundung; bei langer Geschichte übermäßiger (mtf33/22)

Familie; Beziehung zur - Liebe und Zuneigung

GEMÜT - Angst - andere, um (a1/7)

• Verlassen zu sein; Gefühl (mgm/198)

Beziehung zu anderen - Reaktion auf andere

GEMÜT - Antworten - Abneigung zu antworten (bro1/14)

• *Antworten - unfähig zu antworten* (^/15)

• Gesellschaft - Verlangen nach (bro1*/95)

• Schüchternheit, Zaghaftigkeit (jl*/158)

» Kindern; bei (mtf33/158)

Beziehung zu anderen - allgemein

GEMÜT - Geheimnistuerisch, verschlossen (mtf33/87)

• Tadelsüchtig, krittelig (bg2*/178)

• Tadelt sich selbst, macht sich Vorwürfe (mtf28/179)

Schule - Angst

GEMÜT - Beschwerden durch - Erwartungsspannung (bg*/23)
• Furcht - Versagen, Mißerfolg; vor dem (jl*/79)
» Versagen, Mißerfolg; vor dem - Kindern; bei (mtf33/79)
• Selbstvertrauen - Mangel an Selbstvertrauen (kr1*/161)

Schule - Anstrengung; geistige

KOPF - Schmerz - geistige Anstrengung - agg. (k/328)

Schule - Konstitution

GEMÜT - Selbstvertrauen - Mangel an Selbstvertrauen (kr1*/161)

Spielen

GEMÜT - Spielen - Verlangen zu spielen (mtf33/166)
• Verspielt (*/199)

Nonverbales - Konsultation; bei der

KOPF - Hitze - Kälte - Extremitäten; mit Kälte der (k2/293)

OHR - Absonderungen - übelriechend - Fischlake, wie (ptk1*/498)

INNERER HALS - Entzündung - Tonsillen (k/724)

Nonverbales - Äußerliches - Beobachtungen des Arztes

ATMUNG - Beschleunigt (k/1174)

ALLGEMEINES - *Zyanose - Kindern; bei - Kleinkindern; bei* (*/2035)

Nonverbales - Äußerliches - Beobachtungen der Eltern

AUGE - Verklebt - morgens (k/472)

Nacht; Beobachtungen in der - Schlaf; Lage im

SCHLAF - Lage - Seite, auf der - linken Seite, auf der - unmöglich (a1*/1683)

Autos und Schiffe

KOPF - Schmerz - Fahren - Wagen, im - agg. (k/326)

MAGEN - Übelkeit - Fahren - Wagen; im - agg. (k/836)

BRUST - Schmerz - Herz - Fahren im Wagen agg. (k/1275)

ALLGEMEINES - *Fahren - Wagen; mit dem - amel.* (st*/1877)

Körperliche Symptome und Erkrankungen

KEHLKOPF UND TRACHEA - Laryngismus stridulus (k/1145)

ALLGEMEINES - Kindern; Beschwerden von (mtf33/1897)

Naphthalinum

naphtin.

Infektionskrankheiten - Keuchhusten

HUSTEN - *Keuchhusten* (c2*/1197)
• Keuchhusten - Krampfstadium, im (bro1/1198)

Nonverbales - Äußerliches - Beobachtungen des Arztes

ATMUNG - Asthma, asthmatische Atmung - Kindern; bei - Kleinkindern; bei (mtf11/1163)

Körperliche Symptome und Erkrankungen

NIEREN - Entzündung - Nierenbecken und Niere (br1/1024)

Würmer

REKTUM - Würmer - Beschwerden durch Würmer (c2*/985)

Natrium arsenicosum

nat-ar.

Kinder, die Natrium arsenicosum benötigen, sind gewöhnlich dünn. Zu den Zeichen, die man in der Konsultation sehen kann und die das Mittel anzeigen, gehören Rissen in den Lippen und an den Mundwinkeln, Aphthen, Vergrößerung der Mandeln, Strabismus und deformierte Zehennägel.

Das Mittel hat eine Affinität für die Lungen, die *Bronchitis, asthmatischem Husten*, grünlich gelbem Auswurf und dem Gefühl, als seien die Lungen voller Rauch, erliegen können. *Asthmaanfällen geht Nasenkatarrh voran, mit Verstopfung der Nase, besonders nachts.*

Das Kind hat Verlangen nach Milch, obwohl es oft Magendarm-Probleme verursacht, mit Diarrhoe oder Brennen im Magen und Erbrechen. Ein weiteres Magensymptom, das typisch für das Mittel ist, ist das Leeregefühl ohne Hunger.

Auf der Gemütsebene sind die Hauptaspekte von Natrium arsenicosum *Angst und Nervosität*, die Ruhelosigkeit hervorrufen. Hände und Finger sind ruhelos und oft kommt es in Gesprächen zu einem leichten Zucken von Gesichtsmuskeln.

Widersprüchliche Aspekte treten in der Schule auf: sie haben ein *großes Verantwortungsgefühl* und Ehrgeiz, aber gleichzeitig sind sie schüchtern, leicht entmutigt, faul, unsicher und haben oft Angst zu versagen und neigen aus diesem Grund zum Stottern. *Wie bei jeder Arsen-Verbindung, sind große Akribie und Präzision vorhanden.*

Sie haben Konzentrationsschwierigkeiten und können Fehler machen, besonders beim Schreiben. Allen schrieb: „Konnte nicht lernen, aber ging er ins Freie und umher, besserten sich alle Symptome und während er ging, war er ziemlich klar im Kopf, aber wenn er hereinkam und sich hinsetzte, kam dasselbe dumpfe Gefühl wieder."

Kopfschmerzen durch geistige Anstrengung.

Friert sehr; erkältet sich leicht.

Klinisches: Asthma. Hämoptyse. Schnupfen. Anämie. Leukämie.

Wirkungsbereich: Lungen. Verdauungskanal. Leber. Blut. Harnorgane. Haut.

* * *

Stillen - Milch

MAGEN - Verdorben - Milch agg. (k/844)
REKTUM - **Diarrhoe - Milch - agg.** (k/954)
ALLGEMEINES - *Speisen und Getränke - Milch - agg.* (*/2001)
• Speisen und Getränke - Milch - Verlangen (stj2/2001)

Stillen - Magendarmsymptome - Appetit - vermindert

MAGEN - Appetit - fehlend (k/767)

Stillen - Magendarmsymptome - Appetit - vermehrt

MAGEN - *Appetit - Heißhunger* (k/769)
• *Appetit - vermehrt* (k/770)

Stillen - Magendarmsymptome - Aufstoßen - Wasser; Hochsteigen von

MAGEN - *Aufstoßens; Art des - Wasser in den Mund; Hochsteigen von* (k/781)

Stillen - Magendarmsymptome - Schluckauf

MAGEN - Schluckauf - Essen - nach - agg. (k/810)

Infektionskrankheiten - Mumps

GESICHT - Schwellung - Parotis (k/631)

Konstitution - Angst und Furcht

GEMÜT - *Furcht - allein zu sein* (stj2/64)
• Furcht - Versagen, Mißerfolg; vor dem (stj2/79)

Konstitution - Allgemeines

GEMÜT - Ehrgeiz - erhöht, vermehrt, sehr ehrgeizig (mrr1/40)
• Entmutigt (k/46)
• Faulheit (k/55)
• Gewissenhaft, peinlich genau in bezug auf Kleinigkeiten (k/99)
• Heikel, pingelig (mrr1/106)
• Milde (k/130)
• Unzufrieden (k/194)
• Verantwortung - ernst; nimmt seine Verantwortung zu (bc*/195)

Beziehung zu anderen - Aggressivität

GEMÜT - Streitsüchtig (k/173)
• Zorn - Widerspruch, durch (*/255)

Beziehung zu anderen - Reaktion auf andere

GEMÜT - *Schüchternheit, Zaghaftigkeit* (k/158)

Beziehung zu anderen - allgemein

GEMÜT - *Argwöhnisch, mißtrauisch* (k/16)
• Tadelt andere (k/179)
• Tadelt sich selbst, macht sich Vorwürfe (k/179)

Schule - Angst

GEMÜT - Furcht - Versagen, Mißerfolg; vor dem (stj2/79)

Schule - Konzentration

GEMÜT - Konzentration - schwierig - Studieren (a1/117)

Schule - Lernen - Schreiben

GEMÜT - Fehler; macht - Schreiben, beim (a1/57)

Schule - Anstrengung; geistige

KOPF - *Schmerz - geistige Anstrengung - agg.* (k/328)

Schule - Beziehung zu anderen

MUND - Sprache - stotternd (k/688)

Schule - Konstitution

GEMÜT - Gewissenhaft, peinlich genau in bezug auf Kleinigkeiten (k/99)
• Heikel, pingelig (mrr1/106)
• Verantwortung - ernst; nimmt seine Verantwortung zu (bc*/195)

Nonverbales - Gesten, Gebärden

GEMÜT - *Auffahren, Zusammenfahren - Geräusche; durch* (k/17)

Nonverbales - Konsultation; bei der

KOPF - Hitze - Kälte - Stirn; mit Kälte der (k2/293)
MUND - *Aphthen* (*/639)
• Papillen - aufgerichtet - Zungenwurzel (*/669)
INNERER HALS - Schwellung - Tonsillen (k/747)
EXTREMITÄTEN - *Nägel; Beschwerden der - verkrüppelte, verkümmerte Nägel - Zehennägel* (k/1665)
HAUT - Erysipel (k/1798)

Nonverbales - Äußerliches - Beobachtungen des Arztes

AUGE - Strabismus, Schielen (k/467)
• Verklebt (*/472)
GESICHT - Rissig - Lippen (k/613)
• *Rissig - Mundwinkel* (k/614)
ATMUNG - Beschleunigt (k/1174)
ALLGEMEINES - Magere Personen (stj2/1919)

Nonverbales - Äußerliches - Beobachtungen der Eltern

AUGE - *Verklebt - morgens* (k/472)
MAGEN - **Schluckauf** (k/809)

- Schluckauf - Essen - nach - agg. (k/810)
- Völlegefühl - Essen - nach - agg. (k/845)
  » Essen - nach - agg. - wenig, nach dem kleinsten Bissen; nach noch so (k/845)

BLASE - Urinieren - verzögert, muß warten, bis der Urin zu fließen beginnt (k2/1020)

Nacht; Beobachtungen in der - körperliche Symptome

BLASE - *Urinieren - unwillkürlich - nachts* (k/1019)

Nacht; Beobachtungen in der - Schlaf

SCHLAF - Erwachen - Schreck, wie durch (k/1675)

Nacht; Beobachtungen in der - Schlaf; Lage im

SCHLAF - Lage - Rücken, auf dem (a1/1683)

- Lage - Rücken, auf dem - Hände - Kopf - unter dem Kopf (stj2/1683)

Körperliche Symptome und Erkrankungen

KOPF - Schmerz - katarrhalisch (k/331)

BRUST - Entzündung - Bronchien - Kindern; bei (br1/1232)

Natrium carbonicum

nat-c.

Natriumkarbonat spielt eine wichtige Rolle im Blutkreislauf, im Wasserstoffwechsel und bei der Ernährung von Gewebe. Im Falle eines Ungleichgewichts kommt es zu Reizung der Schleimhäute, Hautausschlägen und Vergrößerung der Lymphgefäße.

Kreislaufstörungen erscheinen als Anämie, Herzklopfen, Unfähigkeit, sich Temperaturveränderungen anzupassen und Muskelschwäche.

Das Hauptcharakteristikum eines Kindes, das Natrium carbonicum benötigt, ist *Überempfindlichkeit*, was in sehr frühen Phasen zu sehen ist. Manche Autoren nehmen an, daß diese Kinder an ungenügendem emotionalem Kontakt mit der Mutter während der Schwangerschaft litten und an einem sich daraus ergebenen Verlassenheitsgefühl, das in den ersten Lebenstagen vorhanden ist.

Das familiäre Umfeld, besonders die Mutter, vermittelt oft nicht genug Liebe und Aufmerksamkeit; es ist auch möglich, das die Schwangerschaft nicht gewollt oder geplant war. Manchmal hat die Mutter das Gefühl, als sei ihr Kind emotional blokkiert, distanziert, nicht ihres, sondern ein Fremder.

Diese Kinder können *sehr empfindlich sein für die Harmonie in der Familie,* und alles, was eine stabile Situation verändert - Umzug in ein neues Haus, ein Schulwechsel, die Trennung der Eltern, neue Freunde - verursacht Störungen.

Mehr als für andere Kinder *ist es nötig, daß das Alltagsleben stabil und sicher ist:* Instabilität ruft Angst hervor und ein sich Verschließen gegenüber der Außenwelt. In diesem Fall mögen sie keine Gesellschaft und haben wenig Freunde. Sie können auch an Beschwerden wie *Stottern* leiden.

Ihre Überempfindlichkeit äußert sich auch auf mehr körperlicher Ebene; man kann es als „reizbare Schwäche" bezeichnen. Was die Sinnesorgane angeht, so ist *große Lichtempfindlichkeit* vorhanden, bis zu wirklicher Photophobie und *Überempfindlichkeit gegen Geräusche* bis zu einem Ausmaß, daß sie Schmerz empfinden, mit leichtem Aufschrekken. Die Haut ist empfindlich gegen Temperaturveränderungen. Ihre Überempfindlichkeit zeigt sich auch, wenn ein Gewitter naht. Auch ihre Füße sind sehr empfindlich und sie ertragen es nicht, wenn die Füße berührt, gekitzelt oder gewaschen werden.

Reizbarkeit ist ein weiter Wesenszug dieser Kinder. Sie können sowohl tagsüber wie abends reizbar sein, nach anstrengendem Stuhlgang, nach dem Trinken an der Brust und bei Fieber. Schaukeln oder Umarmen verstärkt oft ihre Reizbarkeit.

Sie sind sauber und ordentlich und machen ihre Hausaufgaben gewissenhaft.

Wenn sie sehr klein sind, ängstigen sie sich sehr leicht, besonders vor Menschen, die einen Hut tragen oder Männern mit Bart. *Sie mögen es nicht, wenn sich Karussells über der Wiege bewegen, besonders wenn es Glockenspiele sind.* Sie sind tatsächlich auch gegen Musik überempfindlich und jedes andere Geräusch, auch wenn es nicht unangenehm ist.

Zu den Ängsten, die später im Leben erscheinen können, gehören: vor der Nacht, dem Bett, Erkälten, Krankwerden, Geräusche oder Musik, Menschen, Räuber usw.

Ihre schulischen Leistungen sind besser, wenn die Situation stabil und klar definiert ist und wenn es zu keinen Veränderungen kommt, die ansonsten dazu führen können, daß sie verwirrt werden und nur schlechte Leistungen erbringen.

Sie legen viel Wert auf das Urteil ihrer Lehrer und daher *müssen sie ständig gelobt werden.* Daher neigen sie dazu, Perfektionisten zu sein, nicht weil sie ehrgeizig sind, sondern, um geschätzt zu werden.

Sie ertragen es nicht, wenn man ihnen Vorwürfe macht und wie alle Natrium-Mittel behalten sie ihre Gefühle für sich.

Sie reagieren gut, wenn man ihnen spezifische Aufgaben gibt oder wenig Verantwortung, beispielsweise, wenn man sie bittet, sich um einen kleinen Garten zu kümmern oder den Müll wegzubringen. Sie halten ihr Schlafzimmer und ihre Spielsachen in Ordnung und erwarten von ihren Eltern, daß sie dies zu schätzen wissen.

Diese Kinder weinen nicht leicht und zeigen ihre Gefühle nicht, nachdem ihnen Vorwürfe gemacht oder sie bestraft wurden, außer, daß sie traurig aussehen und im Stillen leiden.

Wenn sie in emotional destabilisierten Situationen leben, besteht ihr Abwehrmechanismus darin, emotional starr zu werden und sich von den Situationen, die das Leid und die Angst verursachen, zu isolieren. Diese Situationen führen dazu, daß sie ein emotional kontrolliertes Leben führen und unfähig sind, spontan zu sein, weil sie so enorm verletzlich sind.

In mehr körperlicher Hinsicht ist ihre *Verdauung sehr schwach;* diese Schwäche äußert sich früh, von der Stillperiode an. Sie haben *Milchunverträglichkeit* (*sowohl gegen Muttermilch wie Flaschennahrung*) und bekommen davon *häufig Diarrhoe* (sauer, herausspritzend) oder Erbrechen.

Sie können an Obstipation mit vergeblichem Stuhldrang leiden.

Allergien und andere Unverträglichkeiten von Speisen können später erscheinen.

Sie sind gewöhnlich *sehr empfindlich in Bezug auf die Temperatur der Flasche,* in einem solchen Ausmaß, daß sie nicht saugen werden, wenn die Temperatur nicht richtig ist (lauwarm). Beim Trinken an der Brust bevorzugen sie die rechte Brust und auch in diesem Fall zeigen sie ihre typische „reizbare Schwäche". Tatsächlich muß die Mutter das Stillen in jeder Hinsicht einfach machen, denn wenn der Säugling es nicht bequem hat und entspannt ist, wird er nicht trinken.

Sie leiden auch an Magenschmerzen nach der Einnahme von Milch oder etwas Fettem.

Während der Verdauung kann es zu Traurigkeit oder schlechter Laune kommen.

Sie leiden an Kopfschmerzen, besonders nach Aufenthalt in der Sonne oder durch intensive intellektuelle Arbeit.

Sie leiden an verstopfter Nase und wiederkehrender Sinusitis. Sie leiden an Heuschnupfen. Die pathologischen Zustände der Luftwege sind gekennzeichnet durch Husten, der schlimmer wird, wenn man von einem kalten Zimmer oder aus dem Freien in ein warmes Zimmer geht.

Sie leiden an *Herpes labialis,* trockenen Lippen, trockener Zunge, zusammen mit bitterem Geschmack. Säuglinge können an Aphthen und Mundsoor leiden.

Sie bekommen frühzeitig Zahnkaries.

Auch die Gelenke sind schwach, besonders die Sprunggelenke mit häufigen Zerrungen und die Schultern mit Tendenz zu spontaner Verrenkung. Zusätzlich ist eine schlechte Haltung der Wirbelsäule häufig.

In Bezug auf die allgemeinen Modalitäten ist Verschlimmerung sowohl durch Kälte wie Wärme vorhanden, wegen der Überempfindlichkeit gegenüber Wetterveränderungen. Die Symptome werden auch schlimmer durch das Herannahen eines Gewitters, bei Vollmond, durch kalte Zugluft und kalte Getränke.

In Bezug auf die Speisen verschlimmern Milch und stärkehaltige Speisen, während sie Kartoffeln und Süßigkeiten lieben. Sie fühlen sich besser, wenn sie heiße Speisen essen, die sie von innen aufwärmen. Es geht ihnen unmittelbar nach dem Essen, während der Verdauung, schlechter.

Es geht ihnen immer schlechter durch körperliche Betätigung, die sie schnell erschöpft. Sie sind *sehr empfindlich gegenüber Musik*, die eine Situation entweder verbessert oder verschlimmert.

Klinisches: Albuminurie. Schwache Sprunggelenke. Dyspepsie. Herpes. Rheumatismus.

Wirkungsbereich: Verdauung. Nerven. Haut. Hände. Sprunggelenke.

* * *

Entwicklung - langsam

Extremitäten - Schwäche - Knöchel - Kindern; bei - Gehenlernen; beim (k2/1623)

Stillen - Milch

Magen - *Erbrechen - Milch, nach - Muttermilch, nach* (k/794)

- Schmerz - Milch - agg. (*/821)
- *Verdorben - Milch agg.* (k/844)

Abdomen - *Flatulenz - Milch agg.* (*/863)

Rektum - **Diarrhoe - Milch - agg.** (*/954)

- Diarrhoe - Stillen des Kindes; nach - Säugling; beim (*/956)

ALLGEMEINES - **Speisen und Getränke - Milch - Abneigung** (*/2000)
- Speisen und Getränke - Milch - Abneigung - Muttermilch (bg2*/2001)
  - » Milch - Abneigung - Muttermilch - Kind verweigert die; das (lmj/2001)
  - » *Milch - agg.* (*/2001)
  - » Milch - agg. - Muttermilch (bg2*/2001)
  - » Milch - Verlangen (mrr1/2001)

Stillen - Magendarmsymptome - Appetit - vermindert

MAGEN - Appetit - fehlend (*/767)
- Appetit - fehlend - Hunger, mit (b2/768)
  - » schnelle Sättigung (b4/770)
  - » vermindert (*/772)

Stillen - Magendarmsymptome - Appetit - vermehrt

MAGEN - Appetit - Genuß, ohne (k/769)
- *Appetit - Heißhunger* (*/769)
  - » *Heißhunger - nachts - Mitternacht - vor - 23 h* (k2*/769)
  - » *Heißhunger - nachts - Mitternacht - nach - 5 h* (br1*/769)
  - » *vermehrt* (*/770)
  - » vermehrt - nachts (bro1/771)
  - » vermehrt - nachts - Mitternacht - vor - 23 h (k2/771)
  - » vermehrt - nachts - Mitternacht - nach - 5 h (k2*/771)
  - » vermehrt - begleitet von - Übelkeit (b4a/771)
  - » vermehrt - Erbrechen - mit (bg2/771)

Stillen - Magendarmsymptome - Aufstoßen - Speisen; von

MAGEN - Aufstoßens; Art des - Speisen; von (bg2/780)
- *Aufstoßens; Art des - Speisen; von - bitter schmekkend* (*/780)
  - » Speisen; von - Essen - nach - agg. (b4a/780)
  - » Speisen; von - sauer (bg2/780)

Stillen - Magendarmsymptome - Aufstoßen - Wasser; Hochsteigen von

MAGEN - *Aufstoßens; Art des - Wasser in den Mund; Hochsteigen von* (*/781)
- Aufstoßens; Art des - Wasser in den Mund; Hochsteigen von - bitter (b4/781)
  - » Wasser in den Mund; Hochsteigen von - Essen - nach - agg. (b4a/781)

Stillen - Magendarmsymptome - Schluckauf

MAGEN - Schluckauf - Essen - beim - agg. (b4/810)
- Schluckauf - Essen - nach - agg. (*/810)
  - » Mittagessen - beim - agg. (*/811)
  - » Mittagessen - nach - agg. (h2/811)

Stillen - Magendarmsymptome - Abdomen - amel. durch

ABDOMEN - Schmerz - Druck - amel. (k/883)
- Schmerz - Wärme - amel. (h2/896)

Stillen - Magendarmsymptome - Rektum

REKTUM - Diarrhoe - Stillen des Kindes; nach - Säugling; beim (*/956)

Stillen - Allgemeines

SCHWEISS - Essen - beim - agg. (*/1786)
- Essen - nach - agg. (bg2/1786)
  - » *nach - amel.* (*/1786)

ALLGEMEINES - Säuglinge (kk2/1944)
- Speisen und Getränke - Mehlspeisen, Teigwaren - amel. bei Kindern (ptk1/2000)

Infektionskrankheiten - Windpocken

HAUT - Hautausschläge - Windpocken (*/1824)

Infektionskrankheiten - Masern

HUSTEN - *Masern - nach* (k/1202)

Infektionskrankheiten - Mumps

GESICHT - Schmerz - Parotis (^/626)
- Schmerz - Parotis - stechend (*/627)
  - » Parotis - wund schmerzend (*/627)
- Schwellung - Parotis (*/631)
- Verhärtungen - Parotis (k2/634)

Infektionskrankheiten - Keuchhusten

NASE - Schnupfen - Keuchhusten, bei (bro1/572)

Konstitution - Aggressivität

GEMÜT - Niederträchtig (b4a/135)

Konstitution - Angst und Furcht

GEMÜT - Angst - hypochondrisch (j5/11)
- *Beeindrucken, empfänglich für Eindrücke; leicht zu* (lmj/19)
- *Beschwerden durch - Erwartungsspannung* (kr1*/23)
  - » Schreck (k/25)
- Furcht - allein zu sein (sf1/64)
  - » Geräusche, durch (*/69)
  - » *Gewitter; vor* (*/70)
- Mutig (*/133)
- Schreckliches und traurige Geschichten greifen sie stark an (k/156)
- Vorsichtig (j/205)

Konstitution - Allgemeines

GEMÜT - Beachtung; schenkt allgemeinen Regeln keine (k/19)
- Ehrgeiz - Verlust von (^/40)
- Entmutigt (k/46)
- Faulheit (*/55)

- Geiz (*/92)
- **Gewissenhaft, peinlich genau in bezug auf Kleinigkeiten** (*/99)
- Milde (*/130)
- Nachgiebigkeit (^/134)
- *Selbstlosigkeit* (mrr1/161)
- Selbstvertrauen - Mangel an Selbstvertrauen (k/161)
- *Sorgen; voller* (j5/164)
- Sorgsamkeit, Sorgfalt (b4/165)
- Stimmung, Laune - veränderlich (*/171)
- Theoretisieren (a1/180)
- Unaufmerksam (*/189)
- Ungerechtigkeit; erträgt keine (^/191)
- *Unzufrieden* (b4a/194)
- *Weinen - Musik; durch* (*/247)

Familie; Beziehung zur - Liebe und Zuneigung

GEMÜT - *Abneigung - Familienangehörige; gegen* (*/1)
- Angst - andere, um (fyz/7)
- *Entfremdet - Familie, von seiner* (k/45)
  » Freunde und Verwandte (k2/46)
- Liebevoll, voller Zuneigung, herzlich (ckh1/125)
- *Verlassen zu sein; Gefühl* (*/198)

Beziehung zu anderen - Aggressivität

GEMÜT - *Schlagen* (*/154)
- Schlagen - Verlangen - schlagen, zu (k/154)
  » *Zorn, aus* (gl1/155)
- *Streitsüchtig* (k/173)
- Zorn - Widerspruch, durch (k/255)

Beziehung zu anderen - Reaktion auf andere

GEMÜT - Antworten - unfähig zu antworten (^/15)
- *Gesellschaft - Abneigung gegen* (*/94)
  » *Abneigung gegen - Fremden; Abneigung gegen die Anwesenheit von* (k2*/95)
  » **Abneigung gegen - Furcht vor dem Alleinsein; jedoch** (k1*/95)
  » *Verlangen nach* (bg2/95)
  » Verlangen nach - allein; agg. wenn (bg2/96)
- **Schüchternheit, Zaghaftigkeit** (*/158)
- Untröstlich (*/193)
- Weinen - Trost - agg. (gl1/248)
- Widerspruch - Neigung zu widersprechen (*/249)
  » *verträgt keinen Widerspruch* (k1*/249)

Beziehung zu anderen - allgemein

GEMÜT - *Argwöhnisch, mißtrauisch* (*/16)
- Beleidigt, leicht (j5/20)
- Furcht - Räubern, vor (k/74)
- *Mitgefühl, Mitleid* (*/130)

Schule - Angst

GEMÜT - *Beschwerden durch - Erwartungsspannung* (kr1*/23)
- Selbstvertrauen - Mangel an Selbstvertrauen (k/161)

Schule - Konzentration

GEMÜT - *Konzentration - schwierig - Studieren* (k1*/117)
- *Stumpfheit - Lesen* (k/175)
- Unaufmerksam (*/189)
- Verwirrung; geistige - Schreiben, beim (k/203)

Schule - Lernen - Mathematik, Rechnen

GEMÜT - Mathematik - Unfähigkeit zur (^/128)
- Mathematik - Unfähigkeit zur - rechnen; kann nicht (k2/129)

Schule - Lernen - Lesen

GEMÜT - *Stumpfheit - Lesen* (k/175)

Schule - Lernen - Schreiben

GEMÜT - Fehler; macht - Schreiben, beim (*/57)
- Verwirrung; geistige - Schreiben, beim (k/203)

Schule - Anstrengung; geistige

KOPF - **Schmerz - geistige Anstrengung - agg.** (*/328)
- Schmerz - Studenten, bei (c2/340)

Schule - Beziehung zu anderen

MUND - *Sprache - stotternd* (*/688)

Schule - Konstitution

GEMÜT - Eigensinnig, starrköpfig, dickköpfig (h2/41)
- **Gewissenhaft, peinlich genau in bezug auf Kleinigkeiten** (*/99)
- Selbstvertrauen - Mangel an Selbstvertrauen (k/161)

Nonverbales - Aggressivität

GEMÜT - Beißen (^/20)
- Stoßen, treten, austreten (^/172)

Nonverbales - Reaktion auf andere

GEMÜT - Magnetisiert - Verlangen magnetisiert zu werden (k/127)

Nonverbales - Gesten, Gebärden

GEMÜT - **Auffahren, Zusammenfahren - Geräusche; durch** (k/17)
- Beißen - Nägel (mtf/20)
- Gesten, Gebärden; macht - ungeschickt in bezug auf (gl1/99)
- Launenhaftigkeit, launisch (bg2*/123)
- *Ungeschicklichkeit* (b4/192)

Nonverbales - Allgemeines

GEMÜT - Eigensinnig, starrköpfig, dickköpfig (h2/41)
- Singen (*/163)

Nonverbales - Konsultation; bei der

KOPF - *Hitze - Kälte - Füße; mit Kälte der* (k/293)
- *Hitze - Kälte - Hände; mit Kälte der* (k/293)

OHR - *Entzündung - Mittelohr* (*/501)
GESICHT - Schwellung - Unterkieferdrüsen (*/631)
MUND - Aphthen (*/639)
• Schwämmchen (k2*/681)
INNERER HALS - Schwellung - Tonsillen (b4a/747)
ÄUSSERER HALS - *Schwellung - Halsdrüsen* (*/760)
• Schwellung - Seiten (*/760)
• *Verhärtung von Drüsen* (k/761)
ABDOMEN - Schmerz - Druck - amel. (k/883)
RÜCKEN - Krümmung der Wirbelsäule (mrr1/1323)
HAUT - Erysipel (*/1798)
• *Hautausschläge - Herpes - ringförmig* (*/1815)
» Impetigo (k/1816)

Nonverbales - Äußerliches - Beobachtungen des Arztes

AUGE - Strabismus, Schielen (b4a/467)
• Verklebt (b4/472)
NASE - Bohren mit den Fingern in der Nase (dx1/546)
GESICHT - Aufgesprungen - Lippen (h2/579)
• Hautausschläge - Akne (st/595)
» Akne - Mädchen; bei anämischen (j/596)
• Rissig - Lippen (*/613)
» Lippen - Oberlippe (k/613)
» *Lippen - Oberlippe - Mitte der* (vh/613)
» *Lippen - Unterlippe* (*/613)
» *Lippen - Unterlippe - Mitte der* (bg2*/614)
• *Sommersprossen* (*/632)
• Venen, erweiterte (bg2/634)
• Wächsern (bro1/635)
ATMUNG - Beschleunigt (*/1174)
EXTREMITÄTEN - Schwäche - Kindern; bei (k2/1619)
HAUT - *Sommersprossen* (*/1834)
ALLGEMEINES - Aussehen - hell, blond (c1*/1855)
• Magere Personen (sf1/1919)

Nonverbales - Äußerliches - Beobachtungen der Eltern

AUGE - *Verklebt - morgens* (*/472)
OHR - Bohren mit den Fingern darin - amel. (br1*/500)
HÖREN - Schwerhörig - Schmerz im Ohr - nach (ptk1/536)
MUND - Beißt - Zunge; beißt sich auf die (a1*/640)
MAGEN - **Schluckauf** (*/809)
• Schluckauf - Essen - beim - agg. (b4/810)
» Essen - nach - agg. (*/810)
» heftig (h2/810)
» Mittagessen - beim - agg. (*/811)
» Mittagessen - nach - agg. (h2/811)
• Völlegefühl - Essen - nach - agg. (*/845)
ABDOMEN - Schmerz - Wärme - amel. (h2/896)
REKTUM - *Unwillkürlicher Stuhl - Flatus agg.; Abgang von* (k/985)
STUHL - Schafskot, wie (*/997)
• Unverdaut (k2/999)
BLASE - Urinieren - verzögert, muß warten, bis der Urin zu fließen beginnt (k/1020)
• Urinieren - verzögert, muß warten, bis der Urin zu fließen beginnt - pressen, bevor er damit beginnen kann; muß lange (k/1021)
SCHWEISS - Essen - beim - agg. (*/1786)
• Essen - nach - agg. (bg2/1786)
» *nach - amel.* (*/1786)

Nacht; Beobachtungen in der - Gemütssymptome

GEMÜT - Sprechen - Schlaf; im (b4/169)
• Stoßen, treten, austreten - Schlaf, im (h2*/172)

Nacht; Beobachtungen in der - körperliche Symptome

MUND - Offen - Schlaf; agg. im (k2*/669)
BLASE - *Urinieren - unwillkürlich - nachts* (*/1019)

Nacht; Beobachtungen in der - Schlaf

SCHLAF - Erwachen - häufig - Schreck, wie durch (a1/1674)
• Erwachen - Schreck, wie durch (*/1675)
• Schlaflosigkeit - Lage ist recht, keine (j5/1692)

Nacht; Beobachtungen in der - Schlaf; Lage im

SCHLAF - Lage - Seite, auf der (*/1683)
• Lage - Seite, auf der - linken Seite, auf der (h2*/1683)
» Seite, auf der - linken Seite, auf der - unmöglich (j5/1683)
» Seite, auf der - unmöglich (j5/1683)
• Schlaflosigkeit - Lage ist recht, keine (j5/1692)

Autos und Schiffe

ALLGEMEINES - Fahren - Wagen; mit dem - nach (*/1877)

Körperliche Symptome und Erkrankungen

ZÄHNE - **Karies, faule, hohle Zähne** (*/700)
MAGEN - *Langsame Verdauung* (bro1*/805)
• *Verdauungsstörung - begleitet von - Speichelfluß* (kr1*/842)
ALLGEMEINES - Abmagerung - Kindern; bei - Kleinkindern; bei (bro1/1845)
• Essen - Überessen; agg. nach (bg2*/1877)
• Kindern; Beschwerden von (*/1897)

Würmer

REKTUM - Würmer - Beschwerden durch Würmer (b2/985)
• *Würmer - Beschwerden durch Würmer - Bandwürmer* (*/986)
» Beschwerden durch Würmer - Madenwürmer (b2/986)

Natrium fluoratum

nat-f.

Diese Kinder neigen dazu, dünn zu sein, aber ich hatte einen Fall eines übergewichtigen Mädchens, bei dem dieses Mittel gute Ergebnisse erzielte. Sie klagte über *wiederkehrende Tonsillitis, vergrößerte Adenoide, Fluor und Zahnprobleme.* Mit acht Jahren hatte sie viel Zahnkaries und weiße Flecken auf den Zähnen („Zähne - Farbe - gefleckt" Natrium fluoratum, Syphilinum), was nach der homöopathischen Therapie verschwand. Die ersten Zähne waren gewachsen, als sie über ein Jahr alt war und als sie Fluorid nahm, hatte sie Bauchbeschwerden bekommen, so daß es abgesetzt werden mußte. Als sie jünger war, hatte sie einen Schub von angioneurotischem Ödem. *Was das Gemüt angeht, war ihr Geld immer sehr wichtig.*

Klinisches: Krämpfe. Gastritis. Zahnkaries. Fluor. Urtikaria.

Wirkungsbereich: Muskeln. Magen. Zähne. Knochen. Haut.

* * *

Stillen - Milch

ALLGEMEINES - Speisen und Getränke - Milch - Abneigung (stj2/2000)

Stillen - Magendarmsymptome - Appetit - vermindert

MAGEN - Appetit - fehlend (sp1/767)

Konstitution - Angst und Furcht

GEMÜT - *Furcht - Armut, vor* (stj2/65)
• Furcht - offenen Plätzen; Furcht vor (stj2/74)
» Versagen, Mißerfolg; vor dem (stj2/79)

Konstitution - Allgemeines

GEMÜT - *Furcht - Armut, vor* (stj2/65)

Schule - Angst

GEMÜT - Furcht - Versagen, Mißerfolg; vor dem (stj2/79)

Nonverbales - Reaktion auf andere

GEMÜT - Furcht - Fremden; vor (stj2/68)

Nonverbales - Konsultation; bei der

ALLGEMEINES - *Exostose* (stj1*/1877)

Nonverbales - Äußerliches - Beobachtungen des Arztes

ALLGEMEINES - Magere Personen (stj1/1919)

Nacht; Beobachtungen in der - Schlaf; Lage im

SCHLAF - Lage - Seite, auf der - linken Seite, auf der (stj2/1683)

Natrium muriaticum

nat-m.

Natrium-muriaticum-Kinder sind *höflich und folgsam.* Sie zeigen eine strenge Haltung, die im Kontrast zum Ausdruck ihrer Augen und höflichen Umgangsformen steht.

In der Öffentlichkeit sind sie *zurückhaltend*; im Wartezimmer sitzen sie geduldig da. Während der Konsultation können sie ein unbekümmerte Haltung haben, ähnlich der von Sulphur; aber dies ist die Art, wie Natrium muriaticum verhindert, die eigenen Gefühle zum Ausdruck zu bringen. Einige dieser Kinder schauen immer die Eltern an, bevor sie eine Frage beantworten, während andere in erwachsener Art antworten und verärgert wirken, wenn sich ihre Eltern einmischen. Sie sind zurückhaltend und das zeigt sich darin, daß sie den Mantel nicht ausziehen wollen.

Sie sind sehr sauber und ordentlich, wie an ihrer Kleidung und an den Haaren zu sehen ist. Fast alle Natrium muriaticum Kinder sind *Perfektionisten:* sie lieben es, das Kinderzimmer in Ordnung zu halten, daß das Bett gemacht ist und daß die Bücher und Spielzeuge am richtigen Platz stehen. Sie mögen possessiv wirken, aber das liegt an ihrer Ordnungsliebe. Diese Haltung zeigt sich sowohl in der Schule wie Zuhause.

Sie leiden sehr, wenn sie in der Schule keine guten Ergebnisse erzielen und können zu weinen anfangen und Seiten herausreißen, wenn sie sich verschreiben.

Wenn sie ein sichtbares körperliches Problem haben, wie beispielsweise einen Hautausschlag, wollen sie sich nicht ausziehen; das kann der Fall sein bei Kindern, die nicht ins Schwimmbad oder zum Turnen gehen wollen, weil sie sich in Anwesenheit anderer Kinder umziehen müssen.

Natrium muriaticum Kinder sind *ganz besonders empfindlich.*

Wenn ihnen etwas nicht gelingt, findet man manchmal ein Gefühl der Selbstbestrafung. Sie können mit sich selbst vollkommen unzufrieden sein, was zu Panikanfällen führen kann.

Ihr *Groll* und ihre Selbstverurteilung werden noch stärker, wenn sie bestraft werden. Man kann sagen, daß diese Kinder deshalb nicht beobachtet werden wollen, weil sie unbemerkt bleiben wollen. Es ist tatsächlich so, daß *sie während der Konsulta-*

tion nie den Arzt anschauen, sondern auf den Boden oder aus dem Fenster blicken.

Natrium muriaticum Kinder können tiefe emotionale Erfahrungen durchmachen und sind oft traurig. *Ein Todesfall in der Familie, die Scheidung der Eltern oder irgendwelcher anderer Kummer kann sehr intensive Beschwerden hervorrufen.*

Fast jeder, der Natrium muriaticum benötigt, ist in jedem Alter „einsam": wegen ihrer Schüchternheit und Introvertiertheit möchten sie nicht auf Parties gehen. Durch genau diese Empfindsamkeit können sie jedoch auch *künstlerische Neigungen* für Musik, Malerei und Poesie haben. Ihre tiefgehenden Gefühle können in den Seiten eines Tagebuchs oder ihren Zeichnungen zum Ausdruck kommen.

Manchmal weinen sie vor Wut und geben ihren Eltern schlimme Antworten. *In der Schule zeigen sie ein anderes Verhalten als daheim,* was Alfons Geukens als „in der Schule ein Engel, daheim ein Teufel" definierte (Differentialdiagnose: Lycopodium).

Sie weinen schnell, besonders, wenn sie allein sind. Im Allgemeinen *wollen sie nicht getröstet werden, aber sie mögen es, wenn sie von ihren engsten Freunden getröstet werden, von denen, die sie nie hintergehen würden.* Diese Haltung habe ich sehr oft auch bei Erwachsenen vorgefunden und habe hierfür in meinem Repertorium die Rubrik: *„Gemüt - Trost - amel. - enge Freunde; durch"* ergänzt.

Manchmal bekommen sie Angst, wenn die Eltern spät nach Hause kommen und haben dabei ähnliche Ängste wie Phosphorus, wie Furcht vor Dunkelheit, Alleinsein, Gewitter, Schlangen, Spinnen, Insekten, *Räubern* und vor großer Höhe.

Starke Empfindungen oder laute Geräusche wie Donner greifen sie an.

Gelegentlich findet man Natrium muriaticum Kinder mit *langsamer Entwircklung - sowohl körperlich wie geistig -* (Dyslexie, langsames Gehen- oder Sprechenlernen).

Oft ist der Schlaf gestört. Normalerweise schlafen sie auf der linken Seite oder auf dem Rücken. Wie Phosphorus kann es sein, daß sie im Schlaf sprechen oder gehen und manchmal *geben sie im Schlaf geheime Gedanken preis.*

Im Schlaf schwitzen sie stark am Kopf und am Körper.

Manchmal leiden Sie an Enuresis.

Kopfschmerzen sind ein charakteristisches Symptom von Natrium muriaticum; sie entstehen, wenn sie längere Zeit lesen oder nach Aufenthalt in der Sonne. Die Kopfschmerzen werden durch körperliche Anstrengung und Licht schlechter. Wie bei Phosphorus und Bryonia werden die Kopfschmerzen oft begleitet von Durst auf kalte Getränke und Verlangen nach kalten Umschlägen am Kopf. Bei Phosphorus geht das Verlangen nach Speisen entweder den Kopfschmerzen voraus oder es begleitet diese, während Natrium muriaticum Kinder über Übelkeit und Appetitmangel klagen. Während der Kopfschmerzen sind sie manchmal blaß, möchten sich hinlegen, pressen den Kopf und werden gereizt.

Ein weiteres charakteristisches Symptom von Natrium muriaticum sind die *Rückenschmerzen,* die typischerweise *besser werden, wenn sie auf etwas Hartem liegen,* beispielsweise auf dem Fußboden.

Sie haben *empfindliche Augen* und leiden an *Lichtscheu* und müssen Sonnenbrillen tragen.

Die Lippen sind oft trocken; *herpetische Ausschläge um die Lippen oder Aphthen im Mund sind charakteristisch*; manchmal haben sie eine Landkartenzunge.

Trockenheit der Darmschleimhaut führt zu *hartnäckiger Verstopfung* mit trockenem Stuhl.

Die Haut ist im Allgemeinen trocken und neigt zu ekzematösen Ausschlägen, zu Nesselausschlägen, die durch Aufenthalt in der Sonne schlimmer werden und zu Schuppenflechte. *Hautausschläge können an Haaransätzen und hinter den Ohren auftreten*; manchmal kommt es zu Warzen.

Sie haben hauptsächlich Verlangen nach *salzigen Speisen*, Brot, Chips, *Bitterschokolade,* Joghurt und Eiscreme, wobei sie Abneigung gegen Milch, Fette und schleimige Speisen haben.

Natrium muriaticum Kinder *mögen Wärme nicht und beengte, luftige Orte*, obwohl ihre Atembeschwerden durch Kälte hervorgerufen werden können.

Klinik: Kummer. Anämie. Morbus Hodgkin. Kopfschmerzen. Rückenschmerzen. Herpes. Aphthen. Erysipel. Warzen. Keuchhusten.

Wirkungsbereich: Kopf. Gehirn. Rücken. Verdauungskanal. Blut. Muskeln. Gemüt. Herz. Drüsen. Milz. Leber. Haut.

* * *

Krankengeschichte; familiäre und persönliche

Allgemeines - *Familiengeschichte von - Malaria* (mrr1/1878)
- Krankengeschichte von; persönliche - Erysipel; von wiederkehrendem (bro1*/1909)
  - » Furunkel; von wiederkehrenden (bg2/1909)
  - » Geburtstrauma (br*/1909)
  - » Malaria; von (mrr1/1910)
  - » Tonsillitis; von wiederkehrender (mtf33/1910)
  - » Tuberkulose, von (dmd1/1910)

Entwicklung - langsam

Gemüt - **Sprechen - langsam; lernt** (*/168)

Allgemeines - Entwicklung - Entwicklungsstillstand (k2*/1872)
- **Gehen - Gehenlernen, Laufenlernen - spätes** (*/1883)

Entwicklung - schnell

Gemüt - Frühreife, altkluge Kinder (mrr1/63)

Allgemeines - Wachstum - Längenwachstum; zu schnelles (kl/2021)

Entwicklung - allgemein

Allgemeines - Schmerz - Wachstumsschmerzen (brm/1958)

Zahnung - Lokalsymptome

Zähne - *Zahnung - schwierig - begleitet von - Speichelfluß* (kr1*/718)

Zahnung - Allgemeines

Zähne - Zahnung - schwierig (c1/718)

Stillen - Milch

Kopf - Hautausschläge - Milchschorf (b2/290)
- Hautausschläge - Milchschorf - Kindern; bei (mtf33/290)

Magen - *Aufstoßen - Milch, nach* (*/775)
- *Erbrochenen; Art des - Milch - geronnene* (k/798)
- Übelkeit - Milch - agg. (h2/838)

Allgemeines - *Speisen und Getränke - Milch - Abneigung* (bg2*/2000)
- Speisen und Getränke - Milch - Abneigung - Muttermilch (hr1/2001)
  - » Milch - Abneigung - Muttermilch - Kind verweigert die; das (lmj/2001)
  - » *Milch - agg.* (*/2001)
  - » *Milch - Verlangen* (*/2001)

Stillen - Magendarmsymptome - Appetit - allgemein

Magen - Appetit - launischer Appetit (bg3*/770)
- Appetit - veränderlich (bg1*/770)
  - » vermehrt - abwechselnd mit - Appetitverlust (b4a/771)

Stillen - Magendarmsymptome - Appetit - vermindert

Magen - **Appetit - fehlend** (*/767)
- Appetit - fehlend - Ärger, Verdruß; nach (k/768)
  - » **fehlend - Hunger, mit** (*/768)
  - » *schnelle Sättigung* (*/770)
  - » vermindert (*/772)

Stillen - Magendarmsymptome - Appetit - vermehrt

Magen - **Appetit - Genuß, ohne** (*/769)
- **Appetit - Heißhunger** (*/769)
  - » *Heißhunger - Sättigung; schnelle* (b4/770)
  - » **vermehrt** (*/770)
  - » vermehrt - Essen - nach (*/772)
  - » vermehrt - Essen - nach - nur beim Essen wieder; Appetit kehrt (b4/772)

Stillen - Magendarmsymptome - Aufstoßen - Speisen; von

Magen - *Aufstoßens; Art des - Speisen; von* (*/780)
- *Aufstoßens; Art des - Speisen; von - Essen - nach - agg.* (*/780)
  - » Speisen; von - sauer (b4a/780)

Stillen - Magendarmsymptome - Aufstoßen - Wasser; Hochsteigen von

Magen - *Aufstoßens; Art des - Wasser in den Mund; Hochsteigen von* (*/781)
- Aufstoßens; Art des - Wasser in den Mund; Hochsteigen von - Essen - nach - agg. (*/781)

Stillen - Magendarmsymptome - Erbrechen

Magen - Erbrochenen; Art des - Speisen - unverdaut (k/800)

Stillen - Magendarmsymptome - Schluckauf

Magen - Schluckauf - Essen - nach - agg. (*/810)

Stillen - Magendarmsymptome - Abdomen - agg. durch

Abdomen - Schmerz - Liegen - agg. (^/889)

Stillen - Magendarmsymptome - Abdomen - amel. durch

Abdomen - Schmerz - Druck - amel. (k/883)
- Schmerz - Druck - Kleidung; der - amel. (bg1/883)

Stillen - Magendarmsymptome - Rektum

Rektum - *Diarrhoe - Kindern, bei* (k/954)
- Obstipation - entfernt werden; Stuhl muß mechanisch (bg1*/968)
  - » Kindern, bei (kr1*/969)

Stillen - Allgemeines

Kopf - Schweiß der Kopfhaut - Essen - beim - agg. (gtr1/403)

Gesicht - *Schweiß - Essen - agg.* (*/629)
- *Schweiß - Essen - nach - agg.* (ptk1/629)

Mund - *Aphthen - Kindern, bei - Säuglingen; bei* (sne/639)

SCHWEISS - *Essen - beim - agg.* (*/1786)
- Essen - nach - agg. (*/1786)

ALLGEMEINES - **Abmagerung - Heißhunger mit Abmagerung - Kindern; bei** (*/1845)
- **Abmagerung - Heißhunger mit Abmagerung - Kindern; bei - Kleinkindern; bei** (*/1845)
- Säuglinge (kk2/1944)

Infektionskrankheiten - Windpocken

HAUT - Hautausschläge - Windpocken (*/1824)

Infektionskrankheiten - Masern

HAUT - Hautausschläge - Masern - begleitet von - Speichelfluß (kr1*/1818)

Infektionskrankheiten - Mumps

GESICHT - *Entzündung - Parotis* (*/584)
- *Entzündung - Parotis - Eiterung; mit* (*/584)
  - » Parotis - Metastasierung zu - Hoden (*/584)
  - » *Parotis - Mumps - begleitet von - Speichelfluß* (kr1*/584)
- Schmerz - Parotis (*/626)
  - » Parotis - Trinken agg. - reißend (*/627)
  - » Parotis - zwickend, kneifend (k/627)
- *Verhärtungen - Parotis* (*/634)

Infektionskrankheiten - Scharlach

URIN - Eiweißhaltig - Scharlach; nach (k2/1046)

SCHLAF - *Schläfrigkeit - Scharlach - bei* (a1*/1700)

ALLGEMEINES - *Wassersucht - äußere Wassersucht - Scharlach; nach* (kr1/2024)

Infektionskrankheiten - Pocken

SCHLAF - *Schläfrigkeit - Pocken, bei* (hr1*/1700)

HAUT - *Hautausschläge - Pocken* (k/1819)

Infektionskrankheiten - Keuchhusten

AUGE - *Tränenfluß - Husten, mit - Keuchhusten* (*/469)

HUSTEN - *Keuchhusten* (*/1197)

Konstitution - Aggressivität

GEMÜT - **Niederträchtig** (jsa/135)

Konstitution - Angst und Furcht

GEMÜT - **Angst - hypochondrisch** (*/11)
- *Beeindrucken, empfänglich für Eindrücke; leicht zu* (lmj/19)
- Beschwerden durch - Erwartungsspannung (bg2*/23)
  - » *Schreck* (*/25)
- *Erwartungsspannung - Lampenfieber* (dgt/53)
- Feigheit (*/59)
- Furcht - Ärzten, vor (vh*/65)
  - » engen Räumen; in (vh*/67)
  - » Gespenstern; vor (fyz*/70)
  - » *Gewitter; vor* (*/70)
  - » Gewitter; vor - Kindern; bei (mtf33/70)
  - » hochgelegenen Orten; vor (ctc*/71)
  - » Nadeln, vor (st/73)
  - » Versagen, Mißerfolg; vor dem (bg2*/79)
- *Schreckliches und traurige Geschichten greifen sie stark an* (lmj/156)
- Vorsichtig (j/205)

Konstitution - Allgemeines

GEMÜT - Ehrgeiz - erhöht, vermehrt, sehr ehrgeizig (j*/40)
- Empfindlich - Kinder (dx1/44)
- Entmutigt (*/46)
- **Faulheit** (*/55)
- Geiz (gl1/92)
- Gewissenhaft, peinlich genau in bezug auf Kleinigkeiten (vh*/99)
- *Heikel, pingelig* (k2*/106)
- *Heimweh* (*/107)
- Kleinigkeiten, Trivialitäten - wichtig; scheinen (ptk1/115)
- **Milde** (*/130)
- *Mürrisch - Kindern, bei* (^/132)
- Nachgiebigkeit (gt/134)
- *Pessimist* (sne/136)
- Pflicht - kein Pflichtgefühl (gl1/136)
  - » zu viel Pflichtgefühl (lmj*/136)
- Selbstsucht, Egoismus (ctc/161)
- *Selbstvertrauen - Mangel an Selbstvertrauen* (k1*/161)
- *Sorgen; voller* (j5/164)
- Stimmung, Laune - veränderlich (*/171)
- **Traurigkeit - Kindern, bei** (mp1*/186)
- Unaufmerksam (bg2/189)
- *Ungerechtigkeit; erträgt keine* (lmj*/191)
- **Unzufrieden** (*/194)
- Verantwortung - ernst; nimmt seine Verantwortung zu (ctc1*/195)
- Verwegenheit (^/199)
- Waschen - Verlangen zu waschen (^/243)
  - » Verlangen zu waschen - Hände; wäscht sich ständig die (bg*/243)
- Weinen - Kindern; bei (al/246)
  - » Kleinigkeiten, über - Kinder bei der geringsten Sorge (ptk1/246)
  - » *leicht* (kr1*/246)
  - » Musik; durch (st1/247)

Familie; Beziehung zur - Aggressivität

GEMÜT - *Beschimpfen, beleidigen, schmähen - Kinder - Eltern; Kinder beschimpfen ihre* (mtf33*/22)
- Beschwerden durch - Bevormundung - Kindern, bei (mp1/22)
  - » **Grobheit anderer** (*/23)
- Empfindlich - Grobheiten; gegen (*/44)

Familie; Beziehung zur - Liebe und Zuneigung

GEMÜT - Abneigung - Familienangehörige; gegen (gl1/1)
• Beschwerden durch - Uneinigkeit, Zwietracht - Eltern; zwischen den eigenen (vh*/26)
• Eifersucht (fd/40)
» Kinder - unter Kindern (vh*/40)
• *Entfremdet - Familie, von seiner* (k/45)
• *Liebevoll, voller Zuneigung, herzlich* (*/125)
• *Verlassen zu sein; Gefühl* (ser*/198)
» geliebt zu werden; Gefühl von den Eltern, der Ehefrau, den Freunden nicht (g*/198)
• Wahnideen - tot - Mutter sei; seine (h2/236)

Familie; Beziehung zur - Vorwürfe

GEMÜT - Beschwerden durch - Bestrafung (vh*/22)
• Beschwerden durch - Tadel (dx1/25)
• Empfindlich - Vorwürfe; gegen (ctc*/45)
• *Ermahnungen - agg.* (^/47)
» *agg. - freundliche; selbst* (b4a/47)
• Weinen - Ermahnung, durch (k/245)

Beziehung zu anderen - Aggressivität

GEMÜT - Empfindlich - Streitigkeiten; gegen (mtf33/45)
• Streiten - Abneigung gegen (mtf33/172)
• *Streitsüchtig* (*/173)
• Zorn - antworten muß; wenn er (k/253)
» *getröstet, wenn* (k/254)

Beziehung zu anderen - Reaktion auf andere

GEMÜT - *Antworten - Abneigung zu antworten* (*/14)
• *Antworten - unfähig zu antworten* (^/15)
• Beschwerden durch - Scham (bro1/24)
• **GESELLSCHAFT - ABNEIGUNG GEGEN** (b2/94)
» **ABNEIGUNG GEGEN - FREMDEN; ABNEIGUNG GEGEN DIE ANWESENHEIT VON** (gk/95)
» Verlangen nach (^/95)
» Verlangen nach - allein; agg. wenn (bg2/96)
• *Schüchternheit, Zaghaftigkeit* (*/158)
» Kindern; bei (mtf33/158)
• **TROST - AGG.** (b2/188)
» *agg. - Mitleid, Mitgefühl agg.* (ptk1/188)
• *Untröstlich* (*/193)
» Kindern; bei (mtf33/193)
• *Weinen - anblickt; wenn man ihn* (*/245)
» *angesprochen; wenn* (*/245)
» **Trost - agg.** (*/248)
» Trost - möchte nicht getröstet werden (pe/248)
• *Widerspruch - verträgt keinen Widerspruch* (bro1*/249)

Beziehung zu anderen - allgemein

GEMÜT - Angeber (gl1/4)
• *Beleidigt, leicht* (*/20)
• Empfindlich - äußerliche Eindrücke; gegen alle (br1/42)
• **Furcht - Räubern, vor** (*/74)
• Geheimnistuerisch, verschlossen (ptk1*/87)
• Lügner (gl1/126)
• *Mitgefühl, Mitleid* (*/130)
• Pubertät; in der (bg2/138)
• Quält - sich (a1/138)
• Tadelsüchtig, krittelig (*/178)
• *Tadelt andere* (k/179)
• *Tadelt sich selbst, macht sich Vorwürfe* (k/179)
• Unabhängigkeit, Selbständigkeit - Mangel an Unabhängigkeit, Selbständigkeit (b4/189)
• Unbarmherzig (bg2/189)
• Unverschämtheit (bg2*/193)
• *Weinen - allein, wenn* (*/245)

Schule - Angst

GEMÜT - Beschwerden durch - Erwartungsspannung (bg2*/23)
• Furcht - Versagen, Mißerfolg; vor dem (bg2*/79)
• *Selbstvertrauen - Mangel an Selbstvertrauen* (k1*/161)

Schule - Konzentration

GEMÜT - Konzentration - schwierig - Kindern, bei (mtf33/117)
• Konzentration - schwierig - Studieren (mtf33/117)
• Studieren, Lernen - schwierig, fällt schwer (sf1/173)
• Stumpfheit - Studieren und Lernen; beim (bg2/176)
• Unaufmerksam (bg2/189)
• Verwirrung; geistige - Lesen, beim (k/203)
» Rechnen, beim (k/203)

Schule - Lernen - allgemein

GEMÜT - Studieren, Lernen - schwierig, fällt schwer (sf1/173)
• Stumpfheit - Studieren und Lernen; beim (bg2/176)

Schule - Lernen - Mathematik, Rechnen

GEMÜT - Mathematik - Unfähigkeit zur (^/128)
• Mathematik - Unfähigkeit zur - Horror vor (gl1/129)
» Unfähigkeit zur - rechnen; kann nicht (k2/129)
• Verwirrung; geistige - Rechnen, beim (k/203)

Schule - Lernen - Lesen

GEMÜT - Lesen - unfähig zu lesen (hr1*/124)
• Verwirrung; geistige - Lesen, beim (k/203)

Schule - Lernen - Schreiben

GEMÜT - *Fehler; macht - Schreiben, beim* (*/57)
• *Fehler; macht - Schreiben, beim - falsch - Worte* (^/57)

» *Schreiben, beim - falsch - Worte - Kopfschmerzen, bei* (ckh1/57)

Schule - Anstrengung; geistige

KOPF - *Pulsieren - Lesen im Sitzen; beim* (*/304)
- **Schmerz - geistige Anstrengung - agg.** (k/328)
  - » **Lesen, beim - agg.** (*/332)
  - » **Schulkindern; bei** (*/339)
  - » Studenten, bei (c2/340)
  - » Scheitel - Lesen agg. (k/361)
  - » **Schläfen - Lesen agg. - drückend** (k/370)
  - » Schläfen - Lesen agg. - pulsierend (k/370)
  - » *Stirn - Lesen agg.* (^/389)

Schule - Beziehung zu anderen

GEMÜT - Beschwerden durch - Scham (bro1/24)
- Lügner (gl1/126)

MUND - Sprache - stotternd (b4a/688)

Schule - Vorwürfe

GEMÜT - Beschwerden durch - Bestrafung (vh*/22)
- **Beschwerden durch - Grobheit anderer** (*/23)
  - » Tadel (dx1/25)
- Empfindlich - Grobheiten; gegen (*/44)
  - » Vorwürfe; gegen (ctc*/45)
- *Ermahnungen - agg.* (^/47)
  - » *agg. - freundliche; selbst* (b4a/47)
- Weinen - Ermahnung, durch (k/245)
- Zorn - antworten muß; wenn er (k/253)

Schule - Konstitution

GEMÜT - Eigensinnig, starrköpfig, dickköpfig (gk/41)
- Gewissenhaft, peinlich genau in bezug auf Kleinigkeiten (vh*/99)
- *Heikel, pingelig* (k2*/106)
- Kleinigkeiten, Trivialitäten - wichtig; scheinen (ptk1/115)
- Lügner (gl1/126)
- *Selbstvertrauen - Mangel an Selbstvertrauen* (k1*/161)
- Verantwortung - ernst; nimmt seine Verantwortung zu (ctc1*/195)

Spielen

GEMÜT - Tanzen (*/179)
- Tanzen - Kindern; bei (mtf33/179)

Tieren; Beziehung zu

GEMÜT - Furcht - Hunden, vor (vh*/71)
- *Furcht - Insekten; vor* (vh*/71)
  - » Spinnen, vor (vh1*/75)
  - » Tieren, vor (bg/76)
- Mitgefühl, Mitleid - Tieren, mit (ser/130)
- Tiere - liebt Tiere, Tierliebe (gg*/180)
  - » liebt Tiere, Tierliebe - Haustier; ihr (ctc*/180)

Nonverbales - Aggressivität

GEMÜT - *Beißen* (^/20)
- *Spucken* (bg2/170)
- Stoßen, treten, austreten (^/172)

Nonverbales - Reaktion auf andere

GEMÜT - *Angesehen, angeblickt zu werden - erträgt es nicht, angesehen zu werden* (bg*/5)
- Angesehen, angeblickt zu werden - erträgt es nicht, angesehen zu werden - Kindern; bei (mtf33/5)
  - » weicht den Blicken anderer aus (^/5)
  - » weicht den Blicken anderer aus - angesprochen wird; wenn er (mtf33/5)
- *Berührtwerden - Abneigung berührt zu werden* (sne/21)
  - » Abneigung berührt zu werden - Kitzeligkeit (st/21)
- Fremde - Anwesenheit von Fremden - agg. (bg2*/60)
- *Mürrisch - Kindern, bei - angesprochen, wenn* (hr1*/132)
- Schamlos (k/153)

Nonverbales - Gesten, Gebärden

GEMÜT - **Auffahren, Zusammenfahren - Geräusche; durch** (k/17)
- *Beißen - Nägel* (h2*/20)
  - » Nägel - Kindern; bei (mtf33/20)
- Gesten, Gebärden; macht - Finger - Mund; Kinder stecken die Finger in den (bg2*/97)
  - » ungeschickt in bezug auf (gl1/99)
- Klammert sich an - Kindern; bei - Mutter; das Kind klammert sich an die (sne/115)
- *Lachen - Ernstes, über* (*/120)
- Launenhaftigkeit, launisch (bg2/123)
- *Maskulin - Mädchen; maskulin aussehende* (mtf33*/128)
- Stirnrunzeln, Neigung zum (sne/171)
- *Ungeschicklichkeit* (b4/192)

Nonverbales - Allgemeines

GEMÜT - Eigensinnig, starrköpfig, dickköpfig (gk/41)
- *Impertinenz, Unverschämtheit* (gl1/112)
- Nackt sein, möchte (mrr1/134)
- Singen (*/163)
  - » *ausgelassen, fröhlich* (kr1/163)

Nonverbales - Konsultation; bei der

KOPF - Empfindlichkeit - Kopfhaut, der - Berührung, gegen (bro1/284)
- Hitze - Kälte - Hände; mit Kälte der (bg2*/293)

OHR - Absonderungen - dick (*/497)
- *Absonderungen - eitrig* (*/497)
  - » Karies, drohende (*/497)

» klebrig (k/497)
» Ohrschmalz (k/498)
» schleimig (bg2*/498)
» stinkend (bro1/498)
» wäßrig (mtf33/498)
» **weiß** (*/498)
» *wundfressend* (*/498)
• Eiterung - Mittelohr (*/500)
• *Entzündung - Eustachische Röhre* (*/500)
» *Mittelohr* (k/501)
» Ohrmuscheln (*/501)
• *Katarrh - Eustachische Röhre* (*/515)
GESICHT - *Schwellung - Unterkieferdrüsen* (*/631)
MUND - *Aphthen* (*/639)
• *Aphthen - begleitet von - Speichelfluß* (kr1*/639)
» *brennend* (*/639)
» Influenza (mp1/639)
» Kindern, bei (lmj*/639)
» *Kindern, bei - Säuglingen; bei* (sne/639)
» **Zahnfleisch** (*/640)
» *Zunge* (*/640)
» *Zunge - brennend* (kr1*/640)
• Eiterung - Zahnfleisch (bg2/643)
• *Landkartenzunge* (*/668)
• *Schwämmchen* (hr1*/681)
• *Sprache - schwierig - begleitet von - Zunge - Aphthen* (vk1/687)
• *Stomatitis ulcerosa, Stomakaze* (*/689)
INNERER HALS - *Entzündung - Tonsillen* (sf1/724)
• *Schwellung - Tonsillen* (*/747)
ÄUSSERER HALS - *Schwellung - Halsdrüsen* (*/760)
• Verhärtung von Drüsen (k/761)
ABDOMEN - *Absonderung aus dem Nabel* (k/849)
• Absonderung aus dem Nabel - gelb (ptk1/849)
• Schmerz - Druck - amel. (k/883)
» Druck - Kleidung; der - amel. (bg1/883)
• Vergrößert - Kindern; bei (sne/938)
» Kindern; bei - Marasmus (tl1/938)
REKTUM - **Hautausschläge - Anus; um den** (*/964)
RÜCKEN - **Abmagerung - Zervikalregion** (*/1311)
• Hautausschläge - Furunkel - Blutbeule (h2/1316)
» Furunkel - Zervikalregion (k/1317)
• Krümmung der Wirbelsäule (bg2/1323)
EXTREMITÄTEN - Exkoriation, Wundheit - Gesäß - Mitte, dazwischen; in der (*/1407)
• Nägel; Beschwerden der - deformiert (mrr1/1664)
» *eingewachsene Zehennägel* (k/1665)
» gespaltene, aufgesprungene Nägel (bg2/1665)
» **Niednagel** (*/1665)
» Niednagel - entzündet (mtf11/1665)
» Niednagel - schmerzhaft (gk/1665)
» spröde, brüchige Nägel (bg2*/1665)

HAUT - Erysipel (*/1798)
• **Hautausschläge - Bläschen - Sudamina (Schweißfriesel)** (*/1810)
» **HERPES - RINGFÖRMIG** (*/1815)
» Impetigo (*/1816)
» Molluscum (bro1/1818)
• *Intertrigo* (k/1825)
• Unrein (tl1/1835)
ALLGEMEINES - Wassersucht - Allgemeinen; im (br1/2023)

Nonverbales - Äußerliches - Beobachtungen des Arztes

KOPF - Bewegungen des Kopfes - Nicken mit dem Kopf - Kindern; bei (mtf33/279)
• Halten - hoch, aufrecht zu halten; unfähig, den Kopf (tl1/289)
• **Schuppen** (*/402)
» **weiß** (*/402)
AUGE - *Strabismus, Schielen* (*/467)
• **STRABISMUS, SCHIELEN - DIVERGENS** (*/467)
• Verklebt (b4/472)
OHR - Bohren mit den Fingern darin (mtf33/500)
• Bohren mit den Fingern darin - Kindern; bei (mtf33/500)
NASE - *Bohren mit den Fingern in der Nase* (bg3*/546)
• Schniefen (bg1/568)
• Zupfen - Nase, an der (bg3/578)
GESICHT - **Aufgesprungen - Lippen** (k/579)
• **Ausdruck - alt aussehend** (*/580)
» alt aussehend - Kindern; bei (mtf33/580)
• Farbe - blaß - Kindern; bei (mtf33/586)
• **Fettig** (*/593)
• Gerunzelt (*/594)
» Stirn, Stirnrunzeln (k/594)
• **Hautausschläge - Akne** (*/595)
» Akne - Mädchen; bei anämischen (j/596)
• **Rissig - Lippen** (*/613)
» *Lippen - Oberlippe* (*/613)
» *Lippen - Oberlippe - Mitte der* (*/613)
» Lippen - Unterlippe (b4/613)
» **Lippen - Unterlippe - Mitte der** (*/614)
» *Mundwinkel* (*/614)
• Sommersprossen (b4a/632)
• Venen, erweiterte (bg2/634)
• Wächsern (*/635)
• Zupfen - Lippen; an den (sne/636)
• Haare - Haarwuchs - Kindern, bei (k/637)
MUND - Finger in den Mund; Kinder stecken (sne/651)
ÄUSSERER HALS - Torticollis (bg/761)
• Torticollis - rechts gezogen; nach (bg/761)
ATMUNG - *Beschleunigt* (*/1174)

KOPF - Hände - hält den Kopf mit den Händen - Husten; agg. beim (bro1/289)

HUSTEN - Halten, Festhalten - Brust mit beiden Händen halten; muß beim Husten die (k/1193)

ALLGEMEINES - Aussehen - dunkel (*/1854)
- Aussehen - dunkel - blaue Augen und dunkle Haare (kl/1855)
  » dunkel - straffer Faser, mit (kr1/1855)
- Magere Personen (hr1*/1919)
- Zwergwuchs (st1/2035)

Nonverbales - Äußerliches - Beobachtungen der Eltern

KOPF - Schweiß der Kopfhaut - Essen - beim - agg. (gtr1/403)

AUGE - *Verklebt - morgens* (*/472)

NASE - Nasenbluten - Kindern; bei (ih*/557)
- Schneuzen der Nase - Neigung, sich zu schneuzen; ständige (k/568)

MUND - *Beißt - Zunge; beißt sich auf die* (*/640)

MAGEN - **Schluckauf** (*/809)
- Schluckauf - Essen - nach - agg. (*/810)
  » **heftig** (*/810)
- *Völlegefühl - Essen - nach - agg.* (*/845)
  » *Essen - nach - agg. - wenig, nach dem kleinsten Bissen; nach noch so* (k/845)
  » Mittagessen, nach dem (k/845)
  » Trinken; agg. nach (k/845)

ABDOMEN - Schmerz - Liegen - agg. (^/889)
- Schmerz - Zusammenkrümmen - muß sich zusammenkrümmen (h2/897)

REKTUM - **Unwillkürlicher Stuhl** (*/984)
- *Unwillkürlicher Stuhl - Flatus agg.; Abgang von* (*/985)

STUHL - **Kugeln, wie** (k/996)
- **Schafskot, wie** (*/997)

BLASE - Urinieren - Harndrang - plötzlich - beeilen um zu urinieren, sonst geht Urin ab; muß sich (bg2/1015)
- **URINIEREN - UNWILLKÜRLICH - HUSTEN; AGG. BEIM** (*/1020)
  » unwillkürlich - Kindern; bei (mtf33/1020)
  » **unwillkürlich - Lachen agg.** (*/1020)
  » *verzögert, muß warten, bis der Urin zu fließen beginnt* (*/1020)
  » *verzögert, muß warten, bis der Urin zu fließen beginnt - allein; kann nur urinieren, wenn* (k/1020)

MÄNNLICHE GENITALIEN - Masturbation, Neigung zur (*/1071)

WEIBLICHE GENITALIEN - *Masturbation; Neigung zu* (c1/1104)

ATMUNG - Schnarchen (*/1180)

HUSTEN - Tagsüber - nachts, und - atemlos; macht den Knaben ziemlich (k/1183)

EXTREMITÄTEN - Hitze - Füße - brennend - entblößt sie (zf/1440)
- Nägel; Beschwerden der - Niednagel - schmerzhaft (gk/1665)

SCHWEISS - *Essen - beim - agg.* (*/1786)
- Essen - nach - agg. (*/1786)

HAUT - Ekchymosen (sne/1797)
- *Insektenstiche* (k/1825)

Nacht; Beobachtungen in der - Gemütssymptome

GEMÜT - Angst - Dunkelheit; in der (k/8)
- Furcht - Dunkelheit; vor der (vh*/66)
  » *Erwachen; beim - Traum; aus einem* (k/67)
- *Gesten, Gebärden; macht - Hände; unwillkürliche Bewegungen der - zupft - Bettwäsche; an der* (k/98)
- *Reizbarkeit, Gereiztheit - Schlaflosigkeit, mit* (hr1*/146)
- **Schlafwandeln** (*/154)
- *Sprechen - Schlaf; im* (*/169)
- Weinen - Wimmern, Winseln - nachts (j/248)
  » Wimmern, Winseln - Schlaf, im (b4/248)

Nacht; Beobachtungen in der - körperliche Symptome

KOPF - Schweiß der Kopfhaut - nachts (k/403)

REKTUM - Unwillkürlicher Stuhl - Schlaf; agg. im (k/985)

BLASE - **Urinieren - unwillkürlich - nachts** (*/1019)

HUSTEN - Tagsüber - nachts, und - atemlos; macht den Knaben ziemlich (k/1183)

Nacht; Beobachtungen in der - Schlaf

SCHLAF - *Erwachen - Schreck, wie durch* (*/1675)

Nacht; Beobachtungen in der - Schlaf; Lage im

SCHLAF - *Lage - Abdomen, auf dem* (vh/1682)
- Lage - Beine - angezogen (k/1682)
  » Rücken, auf dem (k/1683)
  » Seite, auf der - linken Seite, auf der (mrr1/1683)
  » Sitzen (h2*/1683)

Autos und Schiffe

GEMÜT - Furcht - Fahren im Wagen; beim (dgt/68)

KOPF - Schmerz - Fahren - Wagen, im - nach (k/326)

MAGEN - Übelkeit - Seekrankheit (k/839)

ABDOMEN - Schmerz - Fahren - Wagen, im - agg. (k/885)

EXTREMITÄTEN - Schmerz - Unterschenkel - Fahren - Wagen; im - agg. - stechend (k/1603)

SCHLAF - Gähnen - häufig - abends - Fahren im Wagen; beim (*/1677)

ALLGEMEINES - Fahren - Wagen; mit dem - agg. (*/1877)

• Fahren - Wagen; mit dem - amel. (h2*/1877)
» Wagen; mit dem - nach (*/1877)

Psychosomatische Störungen

ALLGEMEINES - Konvulsionen - Schreck agg. (st1/1906)

Körperliche Symptome und Erkrankungen

KOPF - *Entzündung - Hirnhaut* (k/284)
• Entzündung - Hirnhaut - tuberkulös (k/284)
• *Hydrozephalus* (k/295)
• *Schmerz - katarrhalisch* (k/331)

AUGE - **Striktur der Tränenkanäle** (*/467)

NASE - Katarrh - gefolgt von - Stirnhöhlen; Beschwerden der (bro1/553)

GESICHT - Hautausschläge - Akne - Menses - unregelmäßige Menses (bro1/596)

ZÄHNE - Karies, faule, hohle Zähne (*/700)

MAGEN - Langsame Verdauung (bro1/805)
• *Verdauungsstörung - begleitet von - Speichel - zäh* (kr1*/842)
» *begleitet von - Speichelfluß* (kr1*/842)
• *Würgen - Husten, mit* (*/846)

REKTUM - Cholera - infantum (*/949)

NIEREN - Entzündung (mrr1/1023)

WEIBLICHE GENITALIEN - **Menses - verzögerte Menarche** (*/1114)

EXTREMITÄTEN - *Hüftgelenksentzündung* (k/1443)

ALLGEMEINES - **Abmagerung - Kindern; bei** (*/1845)
• Abmagerung - Kindern; bei - Kleinkindern; bei (bro1*/1845)
» *Kindern; bei - Knaben; bei schwächlichen, kränklichen* (*/1845)
• *Kindern; Beschwerden von* (b4a/1897)
• *Konvulsionen - Hitze; während* (hr1*/1904)
» Kindern, bei (lmj/1905)
• Medikamente - allopathische - Mißbrauch von (ptk1/1921)
• *Pubertät - Beschwerden während der* (bg2*/1934)

Chirurgisch pathologische Zustände

NASE - Polyp (b4a/561)
• **Rachenmandelwucherung** (sne/561)

ABDOMEN - Hernie (c2/867)
• Hernie - Leistenhernie (b2/868)

MÄNNLICHE GENITALIEN - Phimose (k/1071)
• Phimose - Paraphimose (k/1071)

Würmer

MAGEN - Erbrochenen; Art des - Würmer (*/801)

REKTUM - *Würmer - Beschwerden durch Würmer* (*/985)
• Würmer - Beschwerden durch Würmer - Bandwürmer (b2/986)
» Beschwerden durch Würmer - begleitet von - Abmagerung (bg2/986)
» **Beschwerden durch Würmer - Madenwürmer** (k/986)
» Beschwerden durch Würmer - Spulwürmer (*/986)

Natrium phosphoricum

nat-p.

Kolik bei Kindern mit Symptomen von Hyperazidität, wie grüner, sauer riechender Stuhl, Erbrechen geronnener Milch; die Zunge ist gelb belegt.

Habituelle Obstipation mit gelegentlichen Anfällen von Diarrhoe.

Harninkontinenz bei Kindern.

Milchschorf um die Ohren kleiner Kinder; die Absonderungen sind gelb, wie Honig und verursachen Wundheit der Haut; Jucken am ganzen Körper, wie Insektenbisse.

Intertrigo.

Ein bedeutendes Mittel bei *Rheumatismus bei Kindern.*

Ich habe dieses Mittel als sehr wirkungsvoll erlebt bei *Wachstumsschmerzen, die zwischen 2 und 3 Uhr morgens auftreten und durch Massagen gebessert werden.*

Diese Kinder leiden an *verzögerter Entwicklung: sie fangen wegen schwacher Sprunggelenke erst spät zu laufen an*, ähnlich Natrium carbonicum, Natrium sulphuricum, Carbo animalis und Manganum; die Zahnung ist ebenso bemerkenswert verzögert.

Zähneknirschen im Schlaf bei Kindern.

Ich verschrieb Natrium phosphoricum mit großer Zufriedenheit einem Kind, das an Wachstumsschmerzen, Enuresis und häufigem Nasenbluten litt. Es war interessant, wie die Mutter die Reaktion auf Vorwürfe beschrieb: „Er muß sich isolieren, wird blockiert, in sich selbst verschlossen und möchte nicht gestört werden."

Großes Verlangen nach Eiscreme.

Klinisches: Kopfschmerzen. Wachstumsschmerzen. Rheumatismus. Diabetes. Zystitis. Dyspepsie. Nasenbluten. Erysipel. Intertrigo. Urtikaria. Konjunktivitis.

Wirkungsbereich: Hinterkopf. Knochen. Drüsen. Zwölffingerdarm. Gemüt.

* * *

Entwicklung - langsam

EXTREMITÄTEN - Schwäche - Knöchel - Kindern; bei - Gehenlernen; beim (k/1623)

Entwicklung - allgemein

EXTREMITÄTEN - Schmerz - Unterschenkel - Wachstumsschmerzen (lmj/1605)

ALLGEMEINES - Schmerz - Wachstumsschmerzen (stj1/1958)

Stillen - Milch

KOPF - Hautausschläge - Milchschorf (hr1/290)

MAGEN - Erbrochenen; Art des - Milch - geronnene (*/798)

• Verdorben - Milch agg. (k/844)

ALLGEMEINES - Speisen und Getränke - Milch - Abneigung (k/2000)

• *Speisen und Getränke - Milch - agg.* (*/2001)

Stillen - Magendarmsymptome - Appetit - vermindert

MAGEN - Appetit - fehlend (k/767)

• Appetit - vermindert (*/772)

Stillen - Magendarmsymptome - Appetit - vermehrt

MAGEN - *Appetit - Heißhunger* (k/769)

• *Appetit - vermehrt* (k/770)

Stillen - Magendarmsymptome - Aufstoßen - Speisen; von

MAGEN - Aufstoßens; Art des - Speisen; von (bro1/780)

• Aufstoßens; Art des - Speisen; von - Mittagessen; nach dem (k/780)

Stillen - Magendarmsymptome - Aufstoßen - Wasser; Hochsteigen von

MAGEN - Aufstoßens; Art des - Wasser in den Mund; Hochsteigen von (*/781)

Stillen - Allgemeines

ALLGEMEINES - Essen - Überessen; agg. nach - Kindern; bei (bg2*/1877)

• **Säuglinge** (kk2/1944)

Konstitution - Angst und Furcht

GEMÜT - Erwartungsspannung - Lampenfieber (fry/53)

• Furcht - allein zu sein (stj1/64)

» Gewitter; vor (mrr4*/70)

Konstitution - Allgemeines

GEMÜT - Ehrgeiz - Verlust von (a1/40)

• Entmutigt (*/46)

• Faulheit (k/55)

• Heimweh (stj1/107)

• Unzufrieden (k/194)

Beziehung zu anderen - Reaktion auf andere

GEMÜT - Antworten - unfähig zu antworten (^/15)

• Gesellschaft - Abneigung gegen (*/94)

» Verlangen nach (stj1/95)

• Schüchternheit, Zaghaftigkeit (k/158)

Beziehung zu anderen - allgemein

GEMÜT - Argwöhnisch, mißtrauisch (k/16)

• Mitgefühl, Mitleid (mrr1*/130)

Schule - Konzentration

GEMÜT - Konzentration - schwierig - Studieren (st*/117)

• Stumpfheit - Lesen (k/175)

Schule - Lernen - Lesen

GEMÜT - Stumpfheit - Lesen (k/175)

Schule - Anstrengung; geistige

KOPF - **Schmerz - geistige Anstrengung - agg.** (k/328)

Spielen

GEMÜT - Amüsement, Vergnügen - Verlangen nach (mtf/4)

Tieren; Beziehung zu

GEMÜT - Furcht - Hunden, vor (pd/71)

• Furcht - Insekten; vor (pd*/71)

Nonverbales - Gesten, Gebärden

GEMÜT - **Auffahren, Zusammenfahren - Geräusche; durch** (k/17)

Nonverbales - Konsultation; bei der

GESICHT - Schwellung - Unterkieferdrüsen (k/631)

MUND - Schwämmchen (ggd1/681)

HAUT - Erysipel (*/1798)

• Intertrigo (c2/1825)

Nonverbales - Äußerliches - Beobachtungen des Arztes

AUGE - Strabismus, Schielen (*/467)

NASE - Bohren mit den Fingern in der Nase (bg2*/546)

• Zupfen - Nase, an der (k/578)

GESICHT - Fettig (fkr6/593)

• Hautausschläge - Akne (st/595)

ÄUSSERER HALS - Torticollis (a1*/761)

HUSTEN - Halten, Festhalten - Brust mit beiden Händen halten; muß beim Husten die (nh6/1193)

HAUT - Sommersprossen (k/1834)

ALLGEMEINES - Magere Personen (stj1/1919)

Nonverbales - Äußerliches - Beobachtungen der Eltern

AUGE - Verklebt - morgens (hr1/472)

MAGEN - Völlegefühl - Essen - nach - agg. (k/845)

REKTUM - **Unwillkürlicher Stuhl** (*/984)

- **Unwillkürlicher Stuhl - Flatus agg.; Abgang von** (k/985)

BLASE - Urinieren - verzögert, muß warten, bis der Urin zu fließen beginnt (k/1020)

- Urinieren - verzögert, muß warten, bis der Urin zu fließen beginnt - pressen, bevor er damit beginnen kann; muß lange (k/1021)

Nacht; Beobachtungen in der - Gemütssymptome

GEMÜT - Furcht - Dunkelheit; vor der (mrr1/66)

Nacht; Beobachtungen in der - körperliche Symptome

ZÄHNE - Zähneknirschen - Schlaf; agg. im (*/718)

- Zusammenbeißen der Zähne - Schlaf; im (tl1/719)

BLASE - *Urinieren - unwillkürlich - nachts* (k/1019)

- Urinieren - unwillkürlich - nachts - Kindern, bei (tl1/1019)

Nacht; Beobachtungen in der - Schlaf

SCHLAF - Erwachen - Schreck, wie durch (bg2/1675)

Körperliche Symptome und Erkrankungen

ZÄHNE - Karies, faule, hohle Zähne (k/700)

ALLGEMEINES - Essen - Überessen; agg. nach (ptk1/1877)

- Essen - Überessen; agg. nach - Kindern; bei (bg2*/1877)

Würmer

GEMÜT - Reizbarkeit, Gereiztheit - Würmer; bei Beschwerden durch (tl1/147)

REKTUM - *Jucken - Askariden, durch* (k/965)

- *Würmer - Beschwerden durch Würmer* (*/985)
  - Beschwerden durch Würmer - Bandwürmer (bg2/986)
  - *Beschwerden durch Würmer - Madenwürmer* (*/986)
  - Beschwerden durch Würmer - Spulwürmer (tl1/986)

SCHLAF - *Ruhelos - Würmer, durch* (hr1*/1685)

Natrium silicicum

nat-sil.

Wenn ich dieses Mittel Kindern wie Erwachsenen verschreibe, stellte ich immer einen Aspekt fest, der mich an Silicea-Patienten erinnert: sie sind gewöhnlich *dünn, blond und mit feinen Zügen;* manchmal sind Risse an den Mundwinkeln zu finden, besonders dem rechten und ein etwas fettiges Gesicht.

Wiederkehrende Abszesse sind in ihrer Anamnese leicht zu finden. Sie können *Beschwerden durch Impfung* haben, besonders der Haut und *Herpes,* der typischerweise *am Kinn* erscheint.

Ich habe dieses Mittel erfolgreich bei Kindern angewandt, die an *Kopfschmerzen, Asthma und wiederkehrender Otitis* litten.

Weitere Beschwerden sind an den Nägeln und Zähnen zu finden.

In der Schule haben sie ähnliche Probleme wie andere Silikat-Mittel: *Mangel an Selbstvertrauen* und *Angst zu versagen.* Eine meiner erwachsenen Patientinnen, die sehr gut auf das Mittel reagierte, erzählte mir, daß ihr wiederkehrender Traum immer gewesen war, daß sie in der Schule verfolgt wurde und durch die Korridore davon lief.

Sie sind pessimistisch und leicht zu entmutigen, aber gleichzeitig erlauben ihnen ihre Hartnäckigkeit und Akribie niemals, völlig aufzugeben.

In der Schule haben sie Schwierigkeiten beim Schreiben und Lesen.

Sie sind *empfindlich gegen Vorwürfe,* besonders, wenn es schwere sind. Sie haben das Gefühl, nicht genug geliebt zu werden, so daß sie schnell eifersüchtig werden.

Gewöhnlich sind es fröhliche Kinder, die gerne singen und tanzen.

Klinisches: Asthma. Kopfschmerzen. Otitis. Karies. Abszesse.

Wirkungsbereich: Lungen. Kopf. Ohren. Innerer Hals. Zähne. Haut. Gemüt.

* * *

Krankengeschichte; familiäre und persönliche

ALLGEMEINES - Krankengeschichte von; persönliche - Abszessen; wiederkehrenden (mtf33/1909)

Impfung

ALLGEMEINES - Impfung; Beschwerden nach (stj2/1892)

Stillen - Milch

Allgemeines - *Speisen und Getränke - Milch - Abneigung* (stj2/2000)
- *Speisen und Getränke - Milch - Abneigung - Muttermilch* (stj2/2001)
  - » Milch - agg. (k2*/2001)
  - » Milch - Verlangen (stj2/2001)

Stillen - Magendarmsymptome - Appetit - vermindert

Magen - Appetit - fehlend (fd3/767)
- Appetit - vermindert (fd3/772)

Stillen - Magendarmsymptome - Appetit - vermehrt

Magen - Appetit - Genuß, ohne - bis er zu essen anfängt (fd3/769)
- Appetit - Heißhunger (fd3/769)
  - » Heißhunger - nachts (fd3/769)
  - » vermehrt - nachts (fd3/771)

Konstitution - Aggressivität

Kopf - Anstoßen (fd3/274)

Konstitution - Angst und Furcht

Gemüt - Furcht - allein zu sein (stj2/64)
- Furcht - engen Räumen; in (stj2*/67)
  - » Versagen, Mißerfolg; vor dem (stj2/79)
  - » Versagen, Mißerfolg; vor dem - Prüfungen, bei (stj2/79)

Konstitution - Allgemeines

Gemüt - Entmutigt (k2*/46)
- Faulheit (k2/55)
- Gewissenhaft, peinlich genau in bezug auf Kleinigkeiten (k2*/99)
- **Heikel, pingelig** (fd*/106)
- **Kleinigkeiten, Trivialitäten - wichtig; scheinen** (fd*/115)
- Pessimist (stj2/136)
- Selbstvertrauen - Mangel an Selbstvertrauen (k2/161)
- Unternehmen; etwas - Vieles, hält aber bei nichts durch, bleibt nicht dabei; unternimmt (fd3/193)
- Unzufrieden (fd3/194)
- Waschen - Abneigung dagegen, sich zu waschen, zu baden (fd3/243)
  - » *Verlangen zu waschen* (^/243)
  - » *Verlangen zu waschen - Hände; wäscht sich ständig die* (fd3/243)

Familie; Beziehung zur - Aggressivität

Gemüt - Empfindlich - Grobheiten; gegen (fd3/44)

Familie; Beziehung zur - Liebe und Zuneigung

Gemüt - Eifersucht (fd3/40)
- Entfremdet - Familie, von seiner (fd3/45)
- Liebevoll, voller Zuneigung, herzlich (fd3/125)
- **Verlassen zu sein; Gefühl** (^/198)

Beziehung zu anderen - Aggressivität

Gemüt - Sprache - barsch (fd3/166)
- *Streitsüchtig* (fd3/173)
- Zorn - Widerspruch, durch (k2*/255)

Beziehung zu anderen - Reaktion auf andere

Gemüt - Antworten - falsch, unrichtig (fd3/15)
- Antworten - langsam (fd3/15)
- **Gesellschaft - Abneigung gegen** (fd3/94)
  - » Verlangen nach (fd3/95)

Beziehung zu anderen - allgemein

Gemüt - Argwöhnisch, mißtrauisch (fd3/16)
- *Mitgefühl, Mitleid* (fd*/130)
- **Tadelsüchtig, krittelig** (fd*/178)
- Unbarmherzig (fd3/189)

Schule - Angst

Gemüt - Furcht - Versagen, Mißerfolg; vor dem (stj2/79)
- Furcht - Versagen, Mißerfolg; vor dem - Prüfungen, bei (stj2/79)
- Selbstvertrauen - Mangel an Selbstvertrauen (k2/161)

Schule - Konzentration

Gemüt - Stumpfheit - Lesen (k2/175)

Schule - Lernen - Mathematik, Rechnen

Gemüt - Fehler; macht - Rechnen, beim (fd3/57)
- Mathematik - Begabung zur (stj2/128)

Schule - Lernen - Lesen

Gemüt - Lesen - schwierig; ist (fd3/124)
- Stumpfheit - Lesen (k2/175)

Schule - Lernen - Schreiben

Gemüt - Fehler; macht - Schreiben, beim (^/57)
- Fehler; macht - Schreiben, beim - läßt etwas aus - Worte (fd3/57)

Schule - Vorwürfe

Gemüt - Empfindlich - Grobheiten; gegen (fd3/44)

Schule - Konstitution

Gemüt - Eigensinnig, starrköpfig, dickköpfig (fd3/41)
- Gewissenhaft, peinlich genau in bezug auf Kleinigkeiten (k2*/99)
- **Heikel, pingelig** (fd*/106)
- **Kleinigkeiten, Trivialitäten - wichtig; scheinen** (fd*/115)
- Selbstvertrauen - Mangel an Selbstvertrauen (k2/161)
- Unternehmen; etwas - Vieles, hält aber bei nichts durch, bleibt nicht dabei; unternimmt (fd3/193)

Spielen

Gemüt - Tanzen (fd3/179)

Tieren; Beziehung zu

Gemüt - *Mitgefühl, Mitleid - Tieren, mit* (fd3/130)

Nonverbales - Gesten, Gebärden

Gemüt - *Auffahren, Zusammenfahren - Geräusche; durch* (k2*/17)
• *Ungeschicklichkeit* (fd3/192)

Nonverbales - Allgemeines

Gemüt - Eigensinnig, starrköpfig, dickköpfig (fd3/41)
• Singen (fd3/163)
» ausgelassen, fröhlich (fd3/163)

Nonverbales - Konsultation; bei der

Extremitäten - Nägel; Beschwerden der - spröde, brüchige Nägel (fd3/1665)

Nonverbales - Äußerliches - Beobachtungen des Arztes

Auge - Verklebt (fd3/472)

Gesicht - Ausdruck - alt aussehend (stj2/580)
• Fettig (fd3/593)
» Stirn (fd3/593)
• Rissig - Mundwinkel (fd3/614)
» Mundwinkel - rechts (fd3/614)

Atmung - Beschleunigt (fd3/1174)

Allgemeines - Magere Personen (stj2/1919)

Nonverbales - Äußerliches - Beobachtungen der Eltern

Kopf - Empfindlichkeit - Kämmen, Bürsten der Haare; gegen (fd3/283)

Auge - Verklebt - morgens (fd3/472)

Mund - Beißt - Lippen; beißt sich auf die - Unterlippe (fd3/640)
• Beißt - Wangen; sich in die - Sprechen oder Kauen; beim (fd3/640)

Stuhl - Kugeln, wie (fd3/996)
• Unverdaut (fd3/999)

Blase - Urinieren - Harndrang - plötzlich - beeilen um zu urinieren, sonst geht Urin ab; muß sich (fd3/1015)
• Urinieren - unwillkürlich - Husten; agg. beim (fd3/1020)

Haut - Insektenstiche (fd3/1825)

Nacht; Beobachtungen in der - Gemütssymptome

Gemüt - Furcht - Dunkelheit; vor der (stj2/66)

Körperliche Symptome und Erkrankungen

Zähne - Karies, faule, hohle Zähne (fd3/700)

Allgemeines - Kindern; Beschwerden von (mtf33/1897)

Natrium sulphuricum

nat-s.

Asthma bei jedem Wetterwechsel, bei jeder frischen Erkältung, immer schlimmer bei feuchtem, regnerischem Wetter; grünlicher und reichlicher Auswurf. *Asthma bei Kindern durch Unterdrückung von Hautproblemen.*

Wiederkehrende *Warzen* und Furunkel sind häufige Hautsymptome.

Dieses Mittel ist auch nützlich, wenn es nach Wutausbrüchen bei Kindern zu Gelbsucht kommt.

Diese Kinder *neigen dazu, wegen schwacher Sprunggelenke spät laufen zu lernen* wie Natrium carbonicum, Natrium phosphoricum, Carbo animalis und Manganum.

Sie lieben warme Milch, aber leiden oft unter Flatulenz und Aufstoßen.

Natrium sulphuricum ist ein Mittel für *Säuglingskolik, mit häufigem Schluckauf nach dem Essen und Besserung sowohl durch Druck wie durch Liegen auf einer Seite.* Wenn die Mutter an Asthma leidet und gleichzeitig Kolik und heftige Diarrhoe vorhanden sind, dann wird die Verschreibung von Natrium sulphuricum sehr wahrscheinlich.

In der Anamnese können Magendarmleiden und Mononukleose erscheinen.

Auf der Gemütsebene haben diese Kinder ein *großes Verantwortungsbewußtsein,* sind empfindlich gegen Vorwürfe und können bei emotionalem Streß unter Diarrhoe leiden. Sie neigen dazu, traurig zu sein und sind *sehr empfindlich gegen Musik, die oft Weinen und Melancholie hervorruft.*

Klinisches: Asthma. Verletzungen des Rückgrats. Traumatische Epilepsie. Kopfverletzungen. Kopfschmerzen. Photophobie. Leukämie. Diabetes. Nephritis. Enuresis. Dyspepsie. Nasenbluten. Sinusitis. Warzen.

Wirkungsbereich: Hinterkopf. Drüsen. Leber. Bauchspeicheldrüse. Darm. Brust.

* * *

Krankengeschichte; familiäre und persönliche

Allgemeines - Familiengeschichte von - Asthma (mta1*/1878)
• Familiengeschichte von - Syphilis (mta1/1878)
• Krankengeschichte von; persönliche - Furunkel; von wiederkehrenden (bg2/1909)

» gastrointestinalen Beschwerden; von (wda/1909)
» *Gonorrhoe, von* (mrr1/1909)
» Mononukleose; von (hu/1910)

Entwicklung - langsam

EXTREMITÄTEN - Schwäche - Knöchel - Kindern; bei - Gehenlernen; beim (ptk1/1623)

Stillen - Milch

MAGEN - Aufstoßen - Milch, nach (k/775)

ABDOMEN - *Flatulenz - Milch agg.* (k/863)

ALLGEMEINES - *Speisen und Getränke - Milch - Abneigung* (*/2000)
• *Speisen und Getränke - Milch - agg.* (k/2001)
» Milch - Verlangen (k/2001)
» Milch - Verlangen - gekochte (*/2001)
» Milch - Verlangen - saure (a*/2001)

Stillen - Magendarmsymptome - Appetit - vermindert

MAGEN - Appetit - fehlend (k/767)

Stillen - Magendarmsymptome - Appetit - vermehrt

MAGEN - *Appetit - Heißhunger* (k/769)
• *Appetit - vermehrt* (k/770)

Stillen - Magendarmsymptome - Aufstoßen - Wasser; Hochsteigen von

MAGEN - *Aufstoßens; Art des - Wasser in den Mund; Hochsteigen von* (k/781)
• Aufstoßens; Art des - Wasser in den Mund; Hochsteigen von - nachmittags - Gehen agg. (k/781)

Stillen - Magendarmsymptome - Schluckauf

MAGEN - Schluckauf - Essen - nach - agg. (k/810)

Stillen - Magendarmsymptome - Abdomen - agg. durch

ABDOMEN - *Schmerz - Kindern; bei - Säuglingen; bei - krampfartig* (ggd/888)

Stillen - Magendarmsymptome - Abdomen - amel. durch

ABDOMEN - *Schmerz - Druck - amel.* (k/883)
• Schmerz - Liegen - Seite; auf der - amel. (k/889)

Stillen - Magendarmsymptome - Rektum

REKTUM - Diarrhoe - Kindern, bei - Säuglingen; bei - asthmatischen Müttern; mit (mrr1/954)

Stillen - Allgemeines

GESICHT - Schweiß - Essen - nach - agg. (*/629)

ALLGEMEINES - Säuglinge (mtf33/1944)

Infektionskrankheiten - Scharlach

URIN - **Eiweißhaltig - Scharlach; nach** (*/1046)

ALLGEMEINES - Wassersucht - äußere Wassersucht - Scharlach; nach (kr1/2024)

Infektionskrankheiten - Keuchhusten

REKTUM - Diarrhoe - Wetter - nasses Wetter - agg. - Keuchhusten, agg. bei nassem Wetter; bei (kr1/956)

Konstitution - Angst und Furcht

GEMÜT - Erwartungsspannung - Lampenfieber (fry/53)
• Furcht - allein zu sein (mtf33/64)
» engen Räumen; in (mtf33/67)
» *Geräusche, durch* (k/69)

Konstitution - Allgemeines

GEMÜT - Entmutigt (*/46)
• Faulheit (k2/55)
• Heikel, pingelig (vh*/106)
• *Pflicht - zu viel Pflichtgefühl* (mrr1/136)
• *Verantwortung - ernst; nimmt seine Verantwortung zu* (mrr1*/195)
• Weinen - Musik; durch (*/247)

Familie; Beziehung zur - Liebe und Zuneigung

GEMÜT - Eifersucht (stj/40)
• Entfremdet - Familie, von seiner (k/45)
• Liebevoll, voller Zuneigung, herzlich (mrr1/125)

Familie; Beziehung zur - Vorwürfe

GEMÜT - Empfindlich - Vorwürfe; gegen (fb/45)
• Empfindlich - Vorwürfe; gegen - Kindern; bei (ckh1/45)

Beziehung zu anderen - Aggressivität

GEMÜT - Streitsüchtig (k/173)

Beziehung zu anderen - Reaktion auf andere

GEMÜT - Antworten - Abneigung zu antworten (bro1/14)
• Gesellschaft - Abneigung gegen (k2*/94)
• Schüchternheit, Zaghaftigkeit (c1/158)

Beziehung zu anderen - allgemein

GEMÜT - Argwöhnisch, mißtrauisch (k2*/16)

Schule - Angst

REKTUM - Diarrhoe - nervös, Gemütsbewegungen agg. (pd/955)

Schule - Anstrengung; geistige

KOPF - *Schmerz - geistige Anstrengung - agg.* (k/328)
• Schmerz - Lesen, beim - agg. (*/332)

Schule - Vorwürfe

GEMÜT - Empfindlich - Vorwürfe; gegen (fb/45)
• Empfindlich - Vorwürfe; gegen - Kindern; bei (ckh1/45)

Schule - Konstitution

GEMÜT - Heikel, pingelig (vh*/106)
• *Verantwortung - ernst; nimmt seine Verantwortung zu* (mrr1*/195)

Nonverbales - Reaktion auf andere

GEMÜT - Gehalten - amel.; gehalten zu werden (ptk1/87)

Nonverbales - Gesten, Gebärden

GEMÜT - **Auffahren, Zusammenfahren - Geräusche; durch** (k/17)
- Gesten, Gebärden; macht - Finger - Mund; Kinder stecken die Finger in den (bg2*/97)
- Ungeschicklichkeit (j5/192)

Nonverbales - Konsultation; bei der

OHR - Absonderungen - eitrig (k2/497)
- *Absonderungen - gelb* (*/497)
- *Entzündung - Gehörgang* (k/500)

GESICHT - *Schwellung - Unterkieferdrüsen* (k/631)

MUND - Eiterung - Zahnfleisch (k/643)

INNERER HALS - *Entzündung - Tonsillen* (*/724)
- Schwellung - Tonsillen (*/747)

ÄUSSERER HALS - *Schwellung - Halsdrüsen* (*/760)

ABDOMEN - *Schmerz - Druck - amel.* (k/883)
- Vergrößert - Leber - Kindern, bei (mtf33/938)

REKTUM - *Hautausschläge - Anus; um den* (k/964)

URIN - Zucker - Kindern; bei (mtf33/1056)

BRUST - Einstülpung - Brustwarzen; der (bg3/1231)
- Einziehung der Brustwarzen (hr1*/1231)

EXTREMITÄTEN - Nägel; Beschwerden der - Niednagel (bg3*/1665)

HAUT - Erysipel (*/1798)
- *Farbe - gelb - Neugeborenen, bei* (*/1800)
  - » gelb - Neugeborenen, bei - Zorn, mit (zr/1800)
- Intertrigo (k2/1825)

ALLGEMEINES - Berührung - agg. - Kindern, bei (mtf33/1857)

Nonverbales - Äußerliches - Beobachtungen des Arztes

AUGE - *Verklebt* (*/472)

OHR - *Schmerz - warm - Zimmer; im warmen - Eintreten in ein warmes Zimmer; beim - kalten Luft; aus der* (k/525)

MUND - Finger in den Mund; Kinder stecken (mtf33/651)

ATMUNG - **Asthma, asthmatische Atmung - Kindern; bei** (*/1162)
- **Atemnot, Dyspnoe, erschwertes Atmen - Kindern; bei** (k/1168)
- Beschleunigt (bro1/1174)

KOPF - Hände - hält den Kopf mit den Händen - Husten; agg. beim (bro1/289)

HUSTEN - *Halten, Festhalten - Brust mit beiden Händen halten; muß beim Husten die* (*/1193)

RÜCKEN - Opisthotonus (*/1325)

Nonverbales - Äußerliches - Beobachtungen der Eltern

KOPF - Empfindlichkeit - Kämmen, Bürsten der Haare; gegen (ptk1*/283)

AUGE - *Verklebt - morgens* (*/472)

OHR - *Schmerz - warm - Zimmer; im warmen - agg.* (k/525)

MAGEN - Schluckauf (k/809)
- Schluckauf - Essen - nach - agg. (k/810)
- *Völlegefühl - Essen - nach - agg.* (k/845)

ABDOMEN - *Schmerz - Kindern; bei - Säuglingen; bei - krampfartig* (ggd/888)
- Schmerz - Liegen - Seite; auf der - amel. (k/889)

REKTUM - Unwillkürlicher Stuhl (k2/984)
- *Unwillkürlicher Stuhl - Flatus agg.; Abgang von* (*/985)

STUHL - *Schafskot, wie* (k/997)
- Unverdaut (k2/999)

EXTREMITÄTEN - Hitze - Füße - brennend - entblößt sie (zf/1440)

Nacht; Beobachtungen in der - körperliche Symptome

REKTUM - Unwillkürlicher Stuhl - Schlaf; agg. im (*/985)

Nacht; Beobachtungen in der - Schlaf

SCHLAF - Erwachen - Schreck, wie durch (j5/1675)

Nacht; Beobachtungen in der - Schlaf; Lage im

SCHLAF - *Lage - Seite, auf der* (vh/1683)
- *Lage - Seite, auf der - linken Seite, auf der* (vh*/1683)
  - » *Seite, auf der - rechten Seite, auf der* (vh/1683)
  - » *verändert häufig die Lage* (sf1/1683)

Psychosomatische Störungen

REKTUM - Diarrhoe - nervös, Gemütsbewegungen agg. (pd/955)

Körperliche Symptome und Erkrankungen

KOPF - Entzündung - Hirnhaut (k2*/284)

ZÄHNE - Karies, faule, hohle Zähne (k/700)

INNERER HALS - Räuspert käsige Klumpen herauf (bg2/732)

MAGEN - Langsame Verdauung (ptk/805)

NIEREN - Entzündung (k/1023)
- **Entzündung - parenchymatös - akut** (k/1024)

EXTREMITÄTEN - **HÜFTGELENKSENTZÜNDUNG (*/1443)**
- *Hüftgelenksentzündung - links* (mrr1/1444)

ALLGEMEINES - Kindern; Beschwerden von (mtf33/1897)

Würmer

REKTUM - Würmer - Beschwerden durch Würmer (bg2/985)
- Würmer - Beschwerden durch Würmer - Bandwürmer (bg2*/986)

Nepenthes distillatoria

nep.

Entwicklung - langsam

ALLGEMEINES - Entwicklung - Entwicklungsstillstand (jl3/1872)

Zahnung - Allgemeines

ZÄHNE - Zahnung - langsam (jl/718)

Nonverbales - Äußerliches - Beobachtungen des Arztes

ÄUSSERER HALS - Torticollis (jl/761)

ALLGEMEINES - Zwergwuchs (jl3/2035)

Körperliche Symptome und Erkrankungen

WEIBLICHE GENITALIEN - Menses - fehlend - Mädchen, bei (jl3/1106)

Nitricum acidum

nit-ac.

Diese Kinder neigen dazu, dick zu sein, Sommersprossen zu haben und rotes oder dunkelbraunes Haar.

Gewöhnlich *lernen sie spät laufen*, mit sich daraus ergebenden *Knochenschmerzen, besonders in den Beinen.*

Auch die Zahnung ist schwierig, mit Fieber, Kopfschmerzen, Diarrhoe und manchmal sogar Tinnitus.

Milch führt oft zu Magendarmproblemen, mit Aufstoßen, Übelkeit und Diarrhoe.

Sie können Ohrenleiden haben, mit blutenden, übelriechenden und eiterigen Absonderungen.

Oftmals Landkartenzunge und ein Mund voller Aphthen.

Tonsillitis kann häufig sein, mit verhärteten Drüsen.

Nägel leiden unter häufigen Veränderungen: weiße Punkte, Zerbrechlichkeit, Onychia punctata und eingewachsene Zehennägel.

Weitere häufige Symptome sind Leistenbruch, *Fissuren* und *Warzen.*

Sie sind hypochondrisch, ängstlich und leicht zu beeindrucken, mißmutig, *streitsüchtig*, unverschämt, unfolgsam, empfindlich, mißtrauisch, bösartig und ertragen keinen Widerspruch. Sie neigen dazu, zu widersprechen und das Gegenteil von dem zu tun, was man ihnen sagt. Manchmal schlagen und beißen sie.

In der Schule zeigen sich jedoch ihre Schwächen, wie Mangel an Selbstvertrauen und Überempfindlichkeit gegen Vorwürfe, mit schnellem Weinen.

Schlaflosigkeit: sie schlafen nur beim Fahren im Wagen ein.

Klinisches: Dyspepsie. Obstipation. Analfissuren. Bronchitis. Blutungen. Drüsenschwellungen. Hämaturie. Phimose. Geschwüre. Herpes. Warzen. Atherome. Nagelprobleme. Eingewachsene Zehennägel. Keuchhusten.

Wirkungsbereich: Drüsen. Leber. Prostata. Speichel. Blut. Haut. Knochen. Mund. Innerer Hals. Anus. Gelenke.

* * *

Krankengeschichte; familiäre und persönliche

ALLGEMEINES - Familiengeschichte von - Syphilis (zs4/1878)
- Krankengeschichte von; persönliche - Tonsillitis; von wiederkehrender (mtf33/1910)
  - » Tuberkulose, von (bl/1910)

Entwicklung - langsam

ALLGEMEINES - *Gehen - Gehenlernen, Laufenlernen - spätes* (b4a/1883)

Entwicklung - allgemein

EXTREMITÄTEN - Schmerz - Unterschenkel - Wachstumsschmerzen (lmj/1605)

Zahnung - Empfindungen und neurologische Beschwerden

KOPF - Schmerz - Zahnung; während der (k/343)

OHR - *Geräusche im Ohr, Ohrgeräusche - Zahnung; während der* (bg1*/510)

Zahnung - Magendarmsymptome

REKTUM - *Diarrhoe - Zahnung; während* (b4a/957)

Zahnung - Allgemeines

ZÄHNE - Zahnung - schwierig (b4a/718)

FIEBER - Zahnung; während der (bg2/1781)

Stillen - Milch

KOPF - *Hautausschläge - Milchschorf* (bg2/290)

MAGEN - Aufstoßen - Milch, nach (bg2/775)
- **Übelkeit - Milch - agg.** (*/838)
- **Verdauungsstörung - Milch - agg.** (*/843)
- **Verdorben - Milch agg.** (k/844)

REKTUM - Diarrhoe - Milch - agg. (k/954)

ALLGEMEINES - Speisen und Getränke - Milch - Abneigung (bg2*/2000)
- **Speisen und Getränke - Milch - agg.** (*/2001)

Stillen - Magendarmsymptome - Appetit - allgemein

MAGEN - *Appetit - veränderlich* (k/770)

Stillen - Magendarmsymptome - Appetit - vermindert

MAGEN - Appetit - fehlend (*/767)
- *Appetit - fehlend - Durst - mit* (b4a/768)
  - » schnelle Sättigung (*/770)

Stillen - Magendarmsymptome - Appetit - vermehrt

MAGEN - *Appetit - Heißhunger* (*/769)
- *Appetit - vermehrt* (*/770)

Stillen - Magendarmsymptome - Aufstoßen - Speisen; von

MAGEN - Aufstoßens; Art des - Speisen; von (*/780)
- Aufstoßens; Art des - Speisen; von - Essen - nach - agg. (b4/780)

Stillen - Magendarmsymptome - Aufstoßen - Wasser; Hochsteigen von

MAGEN - *Aufstoßens; Art des - Wasser in den Mund; Hochsteigen von* (*/781)
- Aufstoßens; Art des - Wasser in den Mund; Hochsteigen von - Trinken - nach - agg. (k/782)

Stillen - Magendarmsymptome - Abdomen - agg. durch

ABDOMEN - *Schmerz - Druck - agg.* (k/883)

Stillen - Magendarmsymptome - Abdomen - amel. durch

ABDOMEN - Schmerz - Beugen der Beine amel. (k/882)
- Schmerz - Druck - amel. (^/883)

Stillen - Magendarmsymptome - Rektum

REKTUM - Obstipation - Kindern, bei (kr1*/969)

Stillen - Allgemeines

KOPF - Schweiß der Kopfhaut - Essen - beim - agg. (a1/403)
- Schweiß der Kopfhaut - Stirn - Essen - beim - agg. (k/404)

SCHWEISS - **Essen - beim - agg.** (*/1786)
- **Essen - nach - agg.** (*/1786)
  - » nach - amel. (tl1/1786)

ALLGEMEINES - Säuglinge (mtf33/1944)

Infektionskrankheiten - Masern

OHR - *Absonderungen - Masern, nach* (k/498)

HÖREN - Schwerhörig - Masern, nach (ptk1*/536)

Infektionskrankheiten - Mumps

GESICHT - Entzündung - Parotis (b4a/584)
- Schmerz - Parotis (^/626)
  - » Parotis - reißend (b4/627)
  - » Parotis - stechend (b4/627)
- **Schwellung - Parotis** (*/631)
  - » Parotis - rechts (k/631)

Infektionskrankheiten - Scharlach

OHR - *Absonderungen - Scharlach, nach* (*/498)

HÖREN - *Schwerhörig - Scharlach, nach* (k/536)

NASE - *Schnupfen - Scharlach, bei* (k/572)

FIEBER - **Ausschlagsfieber; Fieber bei Ausschlagserkrankungen - Scharlach** (k/1770)

HAUT - **Hautausschläge - Scharlach** (*/1821)
- *Hautausschläge - Scharlach - begleitet von - Zunge - rissige Zunge* (kr1*/1821)
  - » *Scharlach - begleitet von - Zunge - Trockenheit der Zunge* (kr1*/1821)

ALLGEMEINES - Scharlach - Beschwerden nach (*/1944)

Infektionskrankheiten - Pocken

HAUT - Hautausschläge - Pocken (*/1819)

Infektionskrankheiten - Keuchhusten

HUSTEN - *Keuchhusten* (*/1197)

Konstitution - Angst und Furcht

GEMÜT - **Angst - hypochondrisch** (*/11)
- Beeindrucken, empfänglich für Eindrücke; leicht zu (lmj*/19)
- Beschwerden durch - Schreck (k/25)
- Feigheit (*/59)
- Furcht - allein zu sein (sf1/64)
  - » Armut, vor (mrr1/65)
  - » Geräusche, durch (bro1/69)
  - » *Gewitter; vor* (*/70)
  - » Gewitter; vor - Kindern; bei (mtf33/70)
- *Schreckliches und traurige Geschichten greifen sie stark an* (gt1*/156)
- Vorsichtig (j/205)

Konstitution - Allgemeines

GEMÜT - *Empfindlich - Geräusche, gegen - Stimmen, gegen - Männerstimmen* (k/44)
- Entmutigt (*/46)
- **Faulheit** (*/55)
- Furcht - Armut, vor (mrr1/65)
- Geiz (gl1/92)
- *Heimweh* (*/107)
- Kleinigkeiten, Trivialitäten - wichtig; scheinen (bg2/115)
- *Milde* (k/130)
- *Pessimist* (mrr1/136)
- **Pflicht - zu viel Pflichtgefühl** (lmj/136)
- Selbstsucht, Egoismus (mrr1/161)
- Selbstvertrauen - Mangel an Selbstvertrauen (k/161)
- Stimmung, Laune - veränderlich (*/171)
  - » veränderlich - Kindern; bei (mtf33/171)
- Ungerechtigkeit; erträgt keine (lmj/191)
- *Unzufrieden* (*/194)

• Wandern, Herumwandern - Verlangen zu wandern (tl1/243)
• Waschen - Abneigung dagegen, sich zu waschen, zu baden (sf1/243)
• Weinen - amel. (*/245)
» Kindern; bei (j5/246)
» Kindern; bei - Säuglingen; bei (gg/246)
» Kleinigkeiten, über - Kinder bei der geringsten Sorge (*/246)

Familie; Beziehung zur - Aggressivität

GEMÜT - Beschwerden durch - Bevormundung - Kindern, bei (mtf33/22)
• Beschwerden durch - Bevormundung - Kindern, bei - elterlicher Bevormundung; bei langer Geschichte übermäßiger (^/22)
» Bevormundung - Kindern, bei - elterlicher Bevormundung; bei langer Geschichte übermäßiger - harte, rauhe Erziehung (mtf33/22)

Familie; Beziehung zur - Liebe und Zuneigung

GEMÜT - Beschwerden durch - Uneinigkeit, Zwietracht - Eltern; zwischen den eigenen (vh*/26)
• *Entfremdet - Familie, von seiner* (k/45)
• Liebevoll, voller Zuneigung, herzlich (gl1/125)

Familie; Beziehung zur - Vorwürfe

GEMÜT - Beschwerden durch - Tadel (j*/25)
• Ermahnungen - agg. (j5/47)
• Weinen - Ermahnung, durch (k/245)
» Tadel, durch (j/247)
» Vorhaltungen gemacht werden; wenn ihm (k/248)

Beziehung zu anderen - Aggressivität

GEMÜT - *Grausamkeit* (bro1*/103)
• Spotten (^/166)
• Streiten - Abneigung gegen (gk/172)
• *Streitsüchtig* (*/173)
• Zorn - Liebkosungen, durch (dx1/254)
» Widerspruch, durch (gl1/255)

Beziehung zu anderen - Reaktion auf andere

GEMÜT - Gesellschaft - Verlangen nach (sf1/95)
• Gesellschaft - Verlangen nach - allein; agg. wenn (sne/96)
• Schüchternheit, Zaghaftigkeit (*/158)
• *Trost - agg.* (*/188)
• Untröstlich (vh*/193)
• Weinen - Trost - agg. (k/248)
• *Widerspenstig* (*/249)
• Widerspruch - Neigung zu widersprechen (*/249)
» verträgt keinen Widerspruch (bg2*/249)

Beziehung zu anderen - allgemein

GEMÜT - *Argwöhnisch, mißtrauisch* (*/16)
• Beleidigt, leicht (a1/20)
• *Empfindlich - äußerliche Eindrücke; gegen alle* (k/42)
• Geheimnistuerisch, verschlossen (bg2/87)
• *Mitgefühl, Mitleid* (*/130)
• Tadelt andere (mrr1/179)
• Unbarmherzig (bg2/189)
• Unverschämtheit (*/193)

Schule - Angst

GEMÜT - Selbstvertrauen - Mangel an Selbstvertrauen (k/161)

Schule - Konzentration

GEMÜT - Konzentration - schwierig - Kindern, bei (mtf33/117)

Schule - Anstrengung; geistige

KOPF - *Schmerz - geistige Anstrengung - agg.* (k/328)

Schule - Beziehung zu anderen

GEMÜT - Ungehorsam (k/191)
• Ungehorsam - Kindern, bei (lmj/191)

MUND - Sprache - stotternd (j5/688)

Schule - Vorwürfe

GEMÜT - Beschwerden durch - Tadel (j*/25)
• Ermahnungen - agg. (j5/47)
• Weinen - Ermahnung, durch (k/245)
» Tadel, durch (j/247)

Schule - Konstitution

GEMÜT - *Eigensinnig, starrköpfig, dickköpfig* (*/41)
• Eigensinnig, starrköpfig, dickköpfig - Kinder (mtf33/41)
• Kleinigkeiten, Trivialitäten - wichtig; scheinen (bg2/115)
• Selbstvertrauen - Mangel an Selbstvertrauen (k/161)
• Ungehorsam (k/191)
» Kindern, bei (lmj/191)

Spielen

GEMÜT - Amüsement, Vergnügen - Verlangen nach (mtf/4)

Tieren; Beziehung zu

GEMÜT - Grausamkeit - Tieren; gegenüber (mtf33/103)

Nonverbales - Aggressivität

GEMÜT - Beißen (^/20)
• Spucken (bg2/170)

Nonverbales - Reaktion auf andere

GEMÜT - Berührtwerden - Abneigung berührt zu werden (^/21)
• Berührtwerden - Abneigung berührt zu werden - Kitzeligkeit (st/21)

• Furcht - berührt zu werden (bro1/66)
• Liebkost zu werden; Liebkosungen - Abneigung, liebkost, gestreichelt zu werden (h2/126)

Nonverbales - Gesten, Gebärden

GEMÜT - Auffahren, Zusammenfahren - Geräusche; durch (*/17)
• Beißen - Nägel (bg2/20)
• Launenhaftigkeit, launisch (*/123)

Nonverbales - Allgemeines

GEMÜT - *Eigensinnig, starrköpfig, dickköpfig* (*/41)
• Eigensinnig, starrköpfig, dickköpfig - Kinder (mtf33/41)
• Impertinenz, Unverschämtheit (k/112)
• Singen (k/163)

Nonverbales - Konsultation; bei der

KOPF - Empfindlichkeit - Kopfhaut, der (ptk1/284)
• Empfindlichkeit - Kopfhaut, der - Berührung, gegen (bro1/284)
• Hitze - Kälte - Füße; mit Kälte der (h2/293)
• Läuse (k/300)

AUGE - **Entzündung - Kindern; bei - Kleinkindern; bei** (*/429)

OHR - *Absonderungen - Blut* (b2/497)
• *Absonderungen - blutig* (k/497)
  » *eitrig* (*/497)
  » **eitrig - Quecksilber; nach Mißbrauch von** (*/497)
  » *jauchig* (*/497)
  » Ohrschmalz (k/498)
  » *stinkend* (*/498)
  » *übelriechend* (*/498)
• *Eiterung - hinter den Ohren* (k/500)
• Entzündung - Eustachische Röhre (k/500)
  » *Gehörgang* (*/500)
  » Mittelohr - chronisch (bro1/501)
• Feuchtigkeit - hinter den Ohren (*/502)
• *Katarrh - Eustachische Röhre* (*/515)

HÖREN - Schwerhörig - Tonsillen - Hypertrophie der (bro1/537)
• *Schwerhörig - Tonsillen - vergrößert* (*/537)
  » Tubenkatarrh (*/537)

GESICHT - **Schwellung - Unterkieferdrüsen** (*/631)
• *Schwellung - Unterkieferdrüsen - schmerzhaft* (k/631)

MUND - *Aphthen* (*/639)
• Landkartenzunge (*/668)
• *Schleimhautpapel bei sekundärer Syphilis* (*/673)
• *Schwämmchen* (vk1/681)
• Stomatitis ulcerosa, Stomakaze (*/689)

INNERER HALS - **Belag - Tonsillen** (k/721)
• *Belag - Uvula* (k/721)
• **Entzündung - Tonsillen** (*/724)
• **Schwellung - Tonsillen** (*/747)

ÄUSSERER HALS - *Schwellung - Halsdrüsen* (*/760)
• *Schwellung - Halsdrüsen - eitrig* (k/760)
  » Seiten (*/760)
• *Verhärtung von Drüsen* (k/761)
  » perlschnurartig (bg1/761)

ABDOMEN - *Schmerz - Druck - agg.* (k/883)
• Schmerz - Druck - amel. (^/883)

REKTUM - **Hautausschläge - Anus; um den** (*/964)

RÜCKEN - *Hautausschläge - Furunkel - Dorsalregion - Schulterblätter* (k/1317)
• *Hautausschläge - Furunkel - Zervikalregion* (k/1317)

EXTREMITÄTEN - *Exkoriation, Wundheit - Gesäß - Mitte, dazwischen; in der* (*/1407)
• *Fußgeruch ohne Schweiß; übler* (b4a/1413)
• Nägel; Beschwerden der - deformiert (k2/1664)
  » *eingewachsene Zehennägel* (*/1665)
  » *eingewachsene Zehennägel - Ulzeration; mit* (k/1665)
  » *gekrümmte Fingernägel* (*/1665)
  » *spröde, brüchige Nägel - Fingernägel* (*/1665)
  » verkrüppelte, verkümmerte Nägel (mtf33/1665)
  » *verkrüppelte, verkümmerte Nägel - Fingernägel* (k/1665)
  » *verkrüppelte, verkümmerte Nägel - Zehennägel* (k/1665)

HAUT - *Erysipel* (*/1798)
• *Hautausschläge - Impetigo* (*/1816)
• *Intertrigo* (k/1825)

ALLGEMEINES - *Exostose* (k/1877)
• *Genesung, Rekonvaleszenz; Beschwerden während der - Ohr; nach Absonderungen aus dem* (*/1884)

Nonverbales - Äußerliches - Beobachtungen des Arztes

AUGE - Verklebt (b4/472)

NASE - Zupfen - Nase, an der (bg3/578)

GESICHT - Gerunzelt (k/594)
• *Hautausschläge - Akne* (*/595)
• Rissig - Lippen (*/613)
  » *Lippen - Unterlippe* (k/613)
  » **Mundwinkel** (*/614)
• *Sommersprossen* (*/632)
• Wächsern (k/635)
• *Warzen* (*/635)
  » **Lippen** (*/635)
• *Zupfen - Lippen; an den* (*/636)

MUND - Finger in den Mund; Kinder stecken (gk/651)

ATMUNG - Beschleunigt (b2/1174)

EXTREMITÄTEN - **Farbe - Finger - Fingernägel - weiß - Flecken** (*/1409)

HAUT - *Sommersprossen* (*/1834)

• Sommersprossen - dunkel (h2*/1834)
ALLGEMEINES - **Aussehen - dunkel** (*/1854)
• *Aussehen - dunkel - straffer Faser, mit* (kr1/1855)
» dunkel - Augen (c1*/1855)
» rote Haare (b4a/1855)
• *Magere Personen* (*/1919)

Nonverbales - Äußerliches - Beobachtungen der Eltern

KOPF - *Empfindlichkeit - Kämmen, Bürsten der Haare; gegen* (k/283)
• Schweiß der Kopfhaut - Essen - beim - agg. (a1/403)
» Stirn - Essen - beim - agg. (k/404)
AUGE - Verklebt - morgens (*/472)
MUND - **Beißt - Wangen; sich in die - Sprechen oder Kauen; beim** (*/640)
• *Beißt - Zunge; beißt sich auf die* (*/640)
» *Zunge; beißt sich auf die - Kauen agg.* (kr1*/640)
MAGEN - Schluckauf (*/809)
• *Völlegefühl - Essen - nach - agg.* (*/845)
» Essen - nach - agg. - wenig, nach dem kleinsten Bissen; nach noch so (bg2/845)
ABDOMEN - Schmerz - Beugen der Beine amel. (k/882)
• Schmerz - Zusammenkrümmen - muß sich zusammenkrümmen (k/897)
STUHL - **Kugeln, wie** (*/996)
• **Schafskot, wie** (*/997)
• *Unverdaut* (*/999)
BLASE - **Urinieren - Harndrang - plötzlich - beeilen um zu urinieren, sonst geht Urin ab; muß sich** (b4a/1015)
• Urinieren - unwillkürlich - Husten; agg. beim (k/1020)
» *verzögert, muß warten, bis der Urin zu fließen beginnt* (k/1020)
» *verzögert, muß warten, bis der Urin zu fließen beginnt - pressen, bevor er damit beginnen kann; muß lange* (k/1021)
ATMUNG - Schnarchen (*/1180)
SCHWEISS - **Essen - beim - agg.** (*/1786)
• **Essen - nach - agg.** (*/1786)
» nach - amel. (tl1/1786)

Nacht; Beobachtungen in der - Gemütssymptome

GEMÜT - Sprechen - Schlaf; im (*/169)
• Weinen - Wimmern, Winseln - nachts (j/248)
» *Wimmern, Winseln - Schlaf, im* (h2*/248)

Nacht; Beobachtungen in der - körperliche Symptome

KOPF - Schweiß der Kopfhaut - nachts (h2/403)
BLASE - **Urinieren - unwillkürlich - nachts** (*/1019)

Nacht; Beobachtungen in der - Schlaf

SCHLAF - *Erwachen - Schreck, wie durch* (b4a/1675)

Nacht; Beobachtungen in der - Schlaf; Lage im

SCHLAF - Lage - Arme - Kopf - über dem Kopf (k/1682)
• Lage - Hände - Kopf - über dem (a1/1682)
» Hände - Kopf - über dem - beide Hände (a1/1682)
» Rücken, auf dem (j5/1683)

Autos und Schiffe

SCHWINDEL - Fahren, beim - Wagen, im - amel. (ptk1/265)
KOPF - *Schmerz - Fahren - Wagen, im - agg.* (^/326)
• *Schmerz - Fahren - Wagen, im - agg. - drückend* (k/326)
» **Fahren - Wagen, im - agg. - Geräusche und Erschütterung beim Fahren agg.** (k/326)
» *Fahren - Wagen, im - amel.* (k/326)
» *Fahren - Wagen, im - nach* (k/326)
HÖREN - **Schwerhörig - Fahren - Wagen; im - amel.** (*/536)
MAGEN - *Übelkeit - Fahren - amel.* (k/836)
EXTREMITÄTEN - Schmerz - Gesäß - nachts - Fahren im Wagen agg. (k/1542)
ALLGEMEINES - **FAHREN - WAGEN; MIT DEM - AMEL. (*/1877)**
• *Fahren - Wagen; mit dem - nach* (*/1877)
• *Konvulsionen - Fahren im Wagen - amel.* (*/1904)

Psychosomatische Störungen

REKTUM - Diarrhoe - Zorn, nach (bg2/957)

Körperliche Symptome und Erkrankungen

KOPF - *Entzündung - Periost* (k/285)
ZÄHNE - *Karies, faule, hohle Zähne* (*/700)
INNERER HALS - Räuspert käsige Klumpen herauf (bg1/732)
MAGEN - **Würgen - Husten, mit** (*/846)
NIEREN - **Entzündung** (b4a/1023)
RÜCKEN - Spina bifida (*/1384)
EXTREMITÄTEN - *Hüftgelenksentzündung* (k/1443)
FIEBER - *Continua* (k/1772)
ALLGEMEINES - Arzneimittel - heftige Reaktion auf homöopathische Arzneimittel (gg/1852)
• **Arzneimittel - heftige Reaktion auf homöopathische Arzneimittel - hohe Potenzen, gegen** (j5/1852)
• Kindern; Beschwerden von (mtf33/1897)
• Konvulsionen - Kindern, bei (b4a/1905)
• Medikamente - allopathische - Mißbrauch von (ptk1/1921)
» allopathische - überempfindlich gegen (k2/1921)
• Verletzungen - Knochenbrüche - langsame Heilung von Knochenbrüchen (*/2020)

Chirurgisch pathologische Zustände

OHR - *Abszeß - hinter den Ohren* (k/498)

NASE - Polyp (*/561)

ABDOMEN - Hernie - eingeklemmt, inkarzeriert (ptk1/868)

• *Hernie - Leistenhernie* (*/868)

» Leistenhernie - eingeklemmt, inkarzeriert (b4a/868)

» *Leistenhernie - Kindern, bei* (*/868)

» Leistenhernie - schmerzhaft (b4/868)

MÄNNLICHE GENITALIEN - Hochgezogen, an den Körper gezogen - Hoden (bro1/1068)

• **Phimose** (*/1071)

» *Eiterung, mit* (k/1071)

» **Paraphimose** (*/1071)

Würmer

REKTUM - Jucken - Askariden, durch (h2*/965)

• Würmer - Beschwerden durch Würmer (b4a/985)

» Beschwerden durch Würmer - Bandwürmer (b4a/986)

Nux moschata

nux-m.

Eignet sich besonders für Kinder von *nervösem, hysterischem Temperament* und für Menschen mit trockener Haut, die selten schwitzen.

Erschöpfende Diarrhoe wird begleitet von starkem *Torpor,* Schläfrigkeit, Lethargie, trockenem Mund, ohne Durst; schlimmer nachts, nach Erkälten in Wasser, nach kalten Getränken. Stuhl schleimig, wie gehackte Eier, reichlich und faulig, unverdaut.

Aphthen bei Kindern.

Klinisches: Hysterie: Diarrhoe. Verdauungsstörung. Aphthen.

Wirkungsbereich: Gemüt. Nerven. Weibliche Geschlechtsorgane. Magen. Darm.

* * *

Entwicklung - langsam

GEMÜT - Sprechen - langsam; lernt (k/168)

Zahnung - Empfindungen und neurologische Beschwerden

ALLGEMEINES - Konvulsionen - Zahnung; während der (bg2*/1907)

Zahnung - Magendarmsymptome

REKTUM - Diarrhoe - Zahnung; während (*/957)

Zahnung - Allgemeines

ZÄHNE - *Zahnung - schwierig* (bg2*/718)

Stillen - Gemütssymptome

GEMÜT - Hast, Eile - Essen; beim (b7/105)

Stillen - Milch

REKTUM - *Diarrhoe - Milch - agg.* (*/954)

• *Diarrhoe - Milch - gekochter Milch; nach* (*/954)

ALLGEMEINES - Speisen und Getränke - Milch - Abneigung (bg2/2000)

• Speisen und Getränke - Milch - agg. (*/2001)

» Milch - agg. - gekochte (hr1*/2001)

Stillen - Magendarmsymptome - Appetit - allgemein

MAGEN - Appetit - launischer Appetit (c1/770)

Stillen - Magendarmsymptome - Appetit - vermindert

MAGEN - *Appetit - fehlend* (*/767)

• *Appetit - schnelle Sättigung* (*/770)

Stillen - Magendarmsymptome - Appetit - vermehrt

MAGEN - *Appetit - Heißhunger* (*/769)

• *Appetit - vermehrt* (*/770)

Stillen - Magendarmsymptome - Aufstoßen - Wasser; Hochsteigen von

MAGEN - Aufstoßens; Art des - Wasser in den Mund; Hochsteigen von (*/781)

• Aufstoßens; Art des - Wasser in den Mund; Hochsteigen von - bitter (b7/781)

» *Wasser in den Mund; Hochsteigen von - Fahren im Wagen agg.* (k/781)

Stillen - Magendarmsymptome - Abdomen - agg. durch

ABDOMEN - Schmerz - Kindern; bei - Säuglingen; bei - krampfartig (mrr1/888)

Stillen - Magendarmsymptome - Abdomen - amel. durch

ABDOMEN - **Schmerz - Wärme - amel.** (k/896)

Stillen - Magendarmsymptome - Rektum

REKTUM - Diarrhoe - Kindern, bei (*/954)

• *Obstipation - entfernt werden; Stuhl muß mechanisch* (mrr1/968)

» Kindern, bei - Neugeborenen, bei (mrr1/969)

Infektionskrankheiten - Windpocken

FIEBER - Continua - Ausschlagsfieber (k/1772)

Infektionskrankheiten - Masern

FIEBER - Continua - Ausschlagsfieber (k/1772)

ALLGEMEINES - Masern - Beschwerden nach (kr1/1920)

Infektionskrankheiten - Röteln

FIEBER - Continua - Ausschlagsfieber (k/1772)

Infektionskrankheiten - Scharlach

FIEBER - Ausschlagsfieber; Fieber bei Ausschlagserkrankungen - Scharlach (k/1770)
• Continua - Ausschlagsfieber (k/1772)

Infektionskrankheiten - Pocken

FIEBER - Continua - Ausschlagsfieber (k/1772)

Konstitution - Angst und Furcht

GEMÜT - Beschwerden durch - Schreck (hr1*/25)
• *Feigheit* (bg2*/59)
• Furcht - engen Räumen; in (gk/67)

Konstitution - Allgemeines

GEMÜT - Faulheit (^/55)
• Nachgiebigkeit (gt/134)
• **Stimmung, Laune - veränderlich** (*/171)
• Unaufmerksam (bg2/189)
• *Unternehmen; etwas - Vieles, hält aber bei nichts durch, bleibt nicht dabei; unternimmt* (kr1*/193)

Familie; Beziehung zur - Liebe und Zuneigung

GEMÜT - *Eifersucht* (st*/40)

Beziehung zu anderen - Aggressivität

GEMÜT - Spotten (ptk1*/166)

Beziehung zu anderen - Reaktion auf andere

GEMÜT - *Antworten - denkt lange nach* (k/15)
• Antworten - falsch, unrichtig (sf1/15)
  » *langsam* (k/15)
  » unfähig zu antworten (^/15)
  » weigert sich zu antworten (k/15)
• Gesellschaft - Abneigung gegen (^/94)
• *Widerspruch - verträgt keinen Widerspruch* (k/249)

Beziehung zu anderen - allgemein

GEMÜT - Sprache - hastig, eilig (mrr1/167)
• Unverschämtheit (bg2/193)

Schule - Konzentration

GEMÜT - *Geistesabwesend - Lesen, beim* (k/88)
• Stumpfheit - Lesen (k/175)
• Unaufmerksam (bg2/189)
• Verwirrung; geistige - Lesen, beim (k/203)

Schule - Lernen - allgemein

GEMÜT - Fehler; macht - Sprechen, beim - Buchstabieren, beim (k/58)

Schule - Lernen - Lesen

GEMÜT - Stumpfheit - Lesen (k/175)
• Verwirrung; geistige - Lesen, beim (k/203)

Schule - Lernen - Schreiben

GEMÜT - *Fehler; macht - Schreiben, beim* (*/57)
• Fehler; macht - Schreiben, beim - falsch - Worte (^/57)
  » Schreiben, beim - falsch - Worte - Kopfschmerzen, bei (kl/57)
  » *Schreiben, beim - läßt etwas aus - Buchstaben* (*/57)
  » *Schreiben, beim - läßt etwas aus - Worte* (bro1/57)

Schule - Anstrengung; geistige

KOPF - *Schmerz - geistige Anstrengung - agg.* (k/328)

Schule - Beziehung zu anderen

MUND - Sprache - stotternd (c2/688)

Schule - Konstitution

GEMÜT - *Unternehmen; etwas - Vieles, hält aber bei nichts durch, bleibt nicht dabei; unternimmt* (kr1*/193)

Spielen

GEMÜT - Amüsement, Vergnügen - Verlangen nach (mtf/4)
• Tanzen (pd/179)

Nonverbales - Reaktion auf andere

GEMÜT - Berührtwerden - Abneigung berührt zu werden (a1/21)
• Furcht - berührt zu werden (bro1/66)
• Gehalten - amel.; gehalten zu werden (ptk1/87)
  » *Verlangen, gehalten zu werden* (bg2*/87)
• Schamlos (*/153)

Nonverbales - Gesten, Gebärden

GEMÜT - Grimassen (k/103)
• Grimassen - sonderbare Gesichter; schneidet (k/103)
• Lachen - Ernstes, über (k/120)
• Launenhaftigkeit, launisch (*/123)

Nonverbales - Allgemeines

GEMÜT - Hast, Eile - Essen; beim (b7/105)
• Nachahmung, Imitation (ptk1*/133)
• Singen (*/163)

Nonverbales - Konsultation; bei der

KOPF - Empfindlichkeit - Kopfhaut, der - Berührung, gegen (bro1/284)

MUND - Aphthen (*/639)
• *Aphthen - Kindern, bei* (*/639)
  » *Gaumen* (*/640)
• *Papillen - aufgerichtet* (*/669)

ABDOMEN - Absonderung aus dem Nabel (k/849)
• *Absonderung aus dem Nabel - blutige Flüssigkeit* (k/849)
• *Geschwüre - Nabelgegend* (k/865)
• *Vergrößert - Leber - Kindern, bei* (*/938)

BRUST - *Einziehung der Brustwarzen* (*/1231)

Nonverbales - Äußerliches - Beobachtungen des Arztes

KOPF - Halten - hoch, aufrecht zu halten; unfähig, den Kopf (k/289)

Auge - *Verklebt* (*/472)
Gesicht - Hautausschläge - Akne (c1/595)
• Hippokratisches Gesicht (k/605)
• *Sommersprossen* (*/632)
Atmung - Asthma, asthmatische Atmung - Kindern; bei (hr1/1162)
• *Beschleunigt* (*/1174)
Rücken - Emprosthotonus (k/1314)
• Opisthotonus (a1*/1325)
Haut - Sommersprossen (*/1834)
Allgemeines - Magere Personen (bg2*/1919)
• Zwergwuchs (sys/2035)

Nonverbales - Äußerliches - Beobachtungen der Eltern

Zähne - Zähneknirschen (bg2/718)
Magen - **Schluckauf** (*/809)
• *Völlegefühl - Essen - nach - agg.* (k/845)
Abdomen - Schmerz - Kindern; bei - Säuglingen; bei - krampfartig (mrr1/888)
• **Schmerz - Wärme - amel.** (k/896)
Stuhl - *Unverdaut* (*/999)
Atmung - Schnarchen (*/1180)

Nacht; Beobachtungen in der - Gemütssymptome

Gemüt - Furcht - Dunkelheit; vor der (st1/66)
• *Schlafwandeln* (b7a/154)
• Sprechen - Schlaf; im (^/169)

Autos und Schiffe

Kopf - *Schmerz - Fahren - Wagen, im - agg.* (k/326)
• Schmerz - Stirn - Fahren - Wagen; im - agg. (k/388)
Magen - *Aufstoßens; Art des - Wasser in den Mund; Hochsteigen von - Fahren im Wagen agg.* (k/781)
• Erbrechen - Fahren im Wagen agg. (k/792)
• *Übelkeit - Fahren - Wagen; im - agg.* (*/836)
» Seekrankheit (b7/839)
Rücken - **Schmerz - Fahren, beim - Wagen, im - agg.** (k/1331)
• **Schmerz - Fahren, beim - Wagen, im - nach - Wehtun** (k/1331)
» **Sakralregion - Fahren im Wagen agg.** (*/1365)
» Steißbein - Fahren, beim - Wagen, im - agg. (k/1369)
Allgemeines - *Fahren - Wagen; mit dem - agg.* (*/1877)
• Fahren - Wagen; mit dem - amel. (sf1/1877)

Psychosomatische Störungen

Auge - *Strabismus, Schielen - Gemütsbewegungen, Emotionen agg.* (k/467)

Körperliche Symptome und Erkrankungen

Zähne - Schmerz - Kindern; bei (k/708)
Rektum - Cholera - infantum (tl1/949)
Fieber - Continua (k/1772)
Allgemeines - *Abmagerung - Kindern; bei* (k/1845)
• Abmagerung - Kindern; bei - Kleinkindern; bei (ptk1/1845)
• Essen - Überessen; agg. nach (bg2*/1877)
• *Kindern; Beschwerden von* (*/1897)
• Konvulsionen - Kindern, bei (j5/1905)
» Kindern, bei - Diarrhoe, mit (ptk1/1905)

Chirurgisch pathologische Zustände

Abdomen - *Hernie - Nabelbruch* (*/868)
• Hernie - Nabelbruch - Kindern; bei - Neugeborenen; bei (mrr1/868)

Würmer

Rektum - *Würmer - Beschwerden durch Würmer* (*/985)
• *Würmer - Beschwerden durch Würmer - Kindern; bei* (vh/986)
» Beschwerden durch Würmer - Madenwürmer (b2/986)
» Beschwerden durch Würmer - Spulwürmer (b2/986)
Schlaf - *Schläfrigkeit - Würmern, bei* (kr1/1701)

Nux vomica

nux-v.

Diese Kinder sind *immer sehr nervös* und *reagieren mit Heftigkeit auf alles, das die Sinnesorgane anregt;* Krämpfe erscheinen gewöhnlich im Verdauungssystem, dem Zielorgan dieses Mittels.

Es kommt oft zu *Blähungskolik* von besonderer Heftigkeit; nach dem Stillen spüren sie oft vergeblichen Stuhldrang, mit nachfolgender Röte des Gesichtes.

Die Darmentleerung ist so schmerzhaft, daß das Kind, besonders, wenn es älter ist, vor dem Stuhlgang Angst hat und daher den Stuhl zurückhält, was einen Teufelskreis einleitet, der schwer zu durchbrechen ist.

Ich habe auch Diarrhoe nach Erkälten oder Nahrungsmittelunverträglichkeiten angetroffen.

Bauchkolik wird gewöhnlich durch heiße Anwendungen gebessert. Reflux und Erbrechen sind sehr häufig. Diese Situationen werden von einer typischerweise an der Wurzel dick belegten Zunge begleitet.

Bei älteren Kindern ist auch *der Magen besonders angegriffen,* mit Schmerzen und Brennen, oft nach Wutausbrüchen.

Oft findet man Nabel- und Leistenbrüche.

Die Atmungsorgane können hauptsächlich von funktionellen pathologischen Zuständen betroffen sein, wie allergischem Asthma. Erschwertes Atmen kann auch durch starke Emotionen verursacht werden oder nach körperlicher Anstrengung auftreten.

Heuschnupfen, mit Niesanfällen tritt hauptsächlich beim Erwachen auf.

Gewöhnlich kommt es in akuten pathologischen Zuständen zwischen 3 und 4 Uhr nachts zu einer Verschlimmerung und auch durch Kälte.

Wenn sie älter sind, können sie an *Kopfschmerzen* leiden, die sich bei intensivem Licht verschlimmern und entsprechend der jeweiligen sensorischen Erregbarkeit. Man kann auch Kopfschmerzen durch geistige Anstrengung oder nach starken Emotionen antreffen, da *Nux vomica sehr gut gegen Streß-Situationen wirkt.* Die Leberfunktion, die manchmal nicht sehr gut ist, kann Kopfschmerzen verursachen, wie nach einem Schwermetall.

Die Augen sind sehr empfindlich gegen Licht.

Die Harnorgane können auch angegriffen sein: Zystitis mit brennenden Schmerzen und Pollakisurie, gebessert durch heiße Bäder.

Es sind Schlafstörungen vorhanden, wie *Einschlafstörungen* oder häufiger *frühzeitiges Erwachen gegen 3 Uhr nachts.* Diese Störungen sind oft verursacht durch hartnäckige Gedanken an eine Tätigkeit, die mit dem üblichen, großen Engagement begonnen wurde, das für diese Menschen typisch ist.

Wenn diese Kinder an akuten pathologischen Zuständen leiden, *verursacht Fieber gewöhnlich in einem Grad eigentümliche Kälte, daß diese Kinder bei der kleinsten Bewegung zu frösteln beginnen oder wenn sie nur die Hand aus der Bettdecke hervorstrekken.*

Gewöhnlich mögen sie *kräftig gewürzte Speisen.*

Es sind aktive und entschlossene Kinder; sie sind ganz besonder stolz, *lieben den Wettbewerb und hassen es, zu verlieren; entsprechend geben sie ihre Fehler nicht leicht zu, obwohl sie sehr loyal sind.*

Sie sind *ehrgeizig,* und wenn sie auf Grund äußerer Schwierigkeiten nicht verwirklichen können, was sie begonnen haben, zeigen sie übertriebene Reizbarkeit und haben sogar Wutausbrüche. Sie schreien, stampfen mit den Fußen und werfen sich auf den Boden.

Sie haben ein *großes Pflichtgefühl,* sind sehr idealistisch, *akribisch, sauber und ordentlich.*

Ängstlich von Charakter, *polemisch von Natur, tolerieren sie nicht, wenn andere langsamer sind,* da sie sehr aktiv sind. Sie leiden, wenn sie sitzende Tätigkeiten ausführen müssen, wie Lernen.

Im Jugendalter können sie einen starken Widerspruchsgeist entwickeln, besonders gegenüber dem gleichgeschlechtlichen Elternteil.

Klinisches: Asthma. Kopfschmerzen. Krämpfe. Dyspepsie. Obstipation. Kolik. Leberleiden. Hernie. Hydrozele. Bewegungskrankheit. Seekrankheit.

Wirkungsbereich: Nerven. Verdauungsorgane. Magen. Leber. Darm. Atmungsorgane.

* * *

Krankengeschichte; familiäre und persönliche

ALLGEMEINES - *Familiengeschichte von - Apoplexie* (bro1/1878)
- *Krankengeschichte von; persönliche - gastrointestinalen Beschwerden; von* (wda/1909)
  - » *Medikamenten; von Mißbrauch von allopathischen* (wt1/1910)
  - » Zystitis; von wiederkehrenden - Kindern; bei (lmj/1910)

Entwicklung - langsam

ALLGEMEINES - Gehen - Gehenlernen, Laufenlernen - spätes (*/1883)

Entwicklung - schnell

GEMÜT - Frühreife, altkluge Kinder (hr1*/63)

Entwicklung - allgemein

KOPF - Großer Kopf (ptk1/289)

Zahnung - Gemütssymptome

GEMÜT - Reizbarkeit, Gereiztheit - Zahnung; während der (bro1*/147)

Zahnung - Empfindungen und neurologische Beschwerden

KOPF - Schmerz - Zahnung; während der (k/343)

ALLGEMEINES - Konvulsionen - Zahnung; während der (bro1/1907)

Zahnung - Magendarmsymptome

REKTUM - Diarrhoe - Zahnung; während (bg2/957)
- **Obstipation - Zahnung; während der** (bg2*/970)

Zahnung - Allgemeines

ZÄHNE - **Zahnung - schwierig** (b7/718)

HUSTEN - **Zahnung, während der** (bg2/1211)
FIEBER - *Zahnung; während der* (b7a/1781)

Stillen - Milch

MAGEN - Aufstoßen - Milch, nach (b7/775)
• *Aufstoßens; Art des - sauer - Milch agg.* (k/779)
• Erbrochenen; Art des - Milch (bg1/798)
• Sodbrennen - Milch agg. (bg2/830)
• *Verdauungsstörung - Milch - agg.* (k/843)

REKTUM - Diarrhoe - Milch - gekochter Milch; nach (ptk1/954)
• *Diarrhoe - Stillen des Kindes; nach - Säugling; beim* (*/956)

ALLGEMEINES - Speisen und Getränke - Milch - Abneigung (*/2000)
• *Speisen und Getränke - Milch - agg.* (*/2001)
» *Milch - amel.* (ptk1/2001)
» *Milch - Verlangen* (*/2001)

Stillen - Magendarmsymptome - Appetit - vermindert

MAGEN - **Appetit - fehlend** (*/767)
• Appetit - fehlend - Durst - mit (*/768)
» **fehlend - Hunger, mit** (*/768)
» fehlend - Speisen - Anblick von; beim (h1/769)
» fehlend - Speisen - Geruch von; durch (h1/769)
» *schnelle Sättigung* (*/770)
» vermindert (*/772)

Stillen - Magendarmsymptome - Appetit - vermehrt

MAGEN - Appetit - Genuß, ohne (k/769)
• **Appetit - Heißhunger** (*/769)
» **Heißhunger - Dysenterie, bei** (k/770)
» Heißhunger - Sättigung; schnelle (bro1/770)
» Heißhunger - Schweiß, mit (bg2/770)
» **vermehrt** (*/770)
» vermehrt - Diarrhoe, mit (ptk1/771)
» vermehrt - Essen - nach (bg2/772)

Stillen - Magendarmsymptome - Aufstoßen - Speisen; von

MAGEN - *Aufstoßens; Art des - Speisen; von* (*/780)
• Aufstoßens; Art des - Speisen; von - bitter schmeckend (b7/780)
» Speisen; von - bitter schmeckend - sauer (b7/780)
» Speisen; von - Essen - nach - agg. (b7/780)
» Speisen; von - sauer (b7/780)

Stillen - Magendarmsymptome - Aufstoßen - Wasser; Hochsteigen von

MAGEN - **Aufstoßens; Art des - Wasser in den Mund; Hochsteigen von** (*/781)
• *Aufstoßens; Art des - Wasser in den Mund; Hochsteigen von - bitter* (b7a/781)
» *Wasser in den Mund; Hochsteigen von - Essen - nach - agg.* (*/781)

Stillen - Magendarmsymptome - Erbrechen

MAGEN - **Erbrochenen; Art des - Speisen - Essen - nach - agg.** (bg2/800)
• Erbrochenen; Art des - Speisen - unverdaut (*/800)

Stillen - Magendarmsymptome - Schluckauf

MAGEN - *Schluckauf - Essen - nach - agg.* (*/810)
• Schluckauf - Mittagessen - vor (*/811)
» *Trinken - nach - agg.* (k/811)

Stillen - Magendarmsymptome - Abdomen - agg. durch

ABDOMEN - *Schmerz - Druck - agg.* (k/883)
• **Schmerz - Kindern; bei - Säuglingen; bei - krampfartig** (pd*/888)

Stillen - Magendarmsymptome - Abdomen - amel. durch

ABDOMEN - Schmerz - Beugen - hinten, nach - amel. - krampfartig (*/882)
• Schmerz - Liegen - amel. (k/889)
» Liegen - Seite; auf der - rechten; auf der - amel. (k/890)
» **Wärme - amel.** (k/896)

Stillen - Magendarmsymptome - Rektum

REKTUM - *Diarrhoe - Kindern, bei* (b7a/954)
• *Diarrhoe - Stillen des Kindes; nach - Säugling; beim* (*/956)
• **Obstipation - Kindern, bei** (bg2*/969)
» *Kindern, bei - Kleinkindern, bei* (bro1*/969)
» **Kindern, bei - Neugeborenen, bei** (vh/969)

Stillen - Allgemeines

KOPF - Schweiß der Kopfhaut - Essen - beim - agg. (k/403)
• Schweiß der Kopfhaut - Stirn - Essen - beim - agg. (k/404)

MUND - Aphthen - Zunge - schmerzhaft - trinken; hindert den Säugling, an der Brust zu (vk1/640)

SCHWEISS - Essen - beim - agg. (*/1786)
• *Essen - nach - agg.* (*/1786)

ALLGEMEINES - *Abmagerung - Heißhunger mit Abmagerung - Kindern; bei* (k/1845)
• *Abmagerung - Heißhunger mit Abmagerung - Kindern; bei - Kleinkindern; bei* (k/1845)
• Konvulsionen - Kindern, bei - stillt; während die zornige oder erschreckte Mutter (bro1/1905)
• Säuglinge (kk2/1944)

Infektionskrankheiten - Windpocken

FIEBER - Continua - Ausschlagsfieber (bro1/1772)

Infektionskrankheiten - Masern

HUSTEN - Masern - nach (*/1202)

FIEBER - Ausschlagsfieber; Fieber bei Ausschlagserkrankungen - Masern (bg2/1770)

• Continua - Ausschlagsfieber (bro1/1772)
HAUT - Hautausschläge - Masern (*/1817)
ALLGEMEINES - Masern - Beschwerden nach (*/1920)

Infektionskrankheiten - Mumps

GESICHT - *Entzündung - Parotis* (b7a/584)
• Entzündung - Parotis - Metastasierung zu - Hoden (bg2/584)
• Schwellung - Parotis (*/631)

Infektionskrankheiten - Röteln

FIEBER - Continua - Ausschlagsfieber (bro1/1772)

Infektionskrankheiten - Scharlach

FIEBER - Continua - Ausschlagsfieber (bro1/1772)

Infektionskrankheiten - Pocken

FIEBER - Continua - Ausschlagsfieber (bro1/1772)

Infektionskrankheiten - Keuchhusten

AUGE - Bluten aus den Augen - Keuchhusten, bei (k/427)
NASE - *Nasenbluten - Keuchhusten* (*/557)
GESICHT - *Farbe - bläulich - Husten; agg. beim - Keuchhusten* (k/587)
• *Farbe - bläulich - Lippen - Keuchhusten* (k/588)
MUND - Bluten - Keuchhusten, bei (*/642)
HUSTEN - *Keuchhusten* (*/1197)
• **Keuchhusten - heftig** (ptk1/1198)
» katarrhalischen Phase; in der (bg2*/1198)
» Krampfstadium, im (bg2*/1198)

Konstitution - Aggressivität

GEMÜT - Niederträchtig (b7a/135)
• Zorn - Kindern, bei (mtf33/254)

Konstitution - Angst und Furcht

GEMÜT - *Angst - hypochondrisch* (j5/11)
• *Beeindrucken, empfänglich für Eindrücke; leicht zu* (br1*/19)
• Beschwerden durch - Erwartungsspannung (st*/23)
» *Schreck* (*/25)
• Feigheit (bg2*/59)
• Furcht - allein zu sein (k/64)
» Armut, vor (*/65)
» Ärzten, vor (kr1*/65)
» engen Räumen; in (st/67)
» Geräusche, durch (*/69)
» offenen Plätzen; Furcht vor (bg2*/74)
» Selbstkontrolle zu verlieren; die (gg/75)
» Versagen, Mißerfolg; vor dem (mrr1/79)
» Wasser, vor (*/79)
• *Schreckliches und traurige Geschichten greifen sie stark an* (k/156)
• Unternehmen; etwas - nichts, auf Furcht, es könne fehlschlagen; unternimmt (a1/193)
• Vorsichtig (bg2*/205)

Konstitution - Allgemeines

GEMÜT - **Ehrgeiz - erhöht, vermehrt, sehr ehrgeizig** (mrr1*/40)
• Ehrgeiz - erhöht, vermehrt, sehr ehrgeizig - Geld zu verdienen (gl1/40)
» erhöht, vermehrt, sehr ehrgeizig - Wettbewerb mit anderen, vergleicht sich mit ihnen; steht (mgm*/40)
» Verlust von (ptk1*/40)
• Eitelkeit (mtf33*/41)
• Empfindlich - Kinder (dx1/44)
• *Entmutigt* (*/46)
• **Faulheit** (*/55)
• Furcht - Armut, vor (*/65)
• Geiz (gl1/92)
» *Angst um die Zukunft; Geiz aus* (gl1/92)
• *Gewissenhaft, peinlich genau in bezug auf Kleinigkeiten* (*/99)
• *Heikel, pingelig* (*/106)
• Kleinigkeiten, Trivialitäten - wichtig; scheinen (bg2*/115)
• *Milde* (b7/130)
• *Nachgiebigkeit* (gl1/134)
• *Pessimist* (gl1/136)
• Pflicht - zu viel Pflichtgefühl (lmj/136)
• *Selbstsucht, Egoismus* (sf1/161)
• *Selbstvertrauen - Mangel an Selbstvertrauen* (*/161)
• Sorgen; voller (br1*/164)
• **Sorgsamkeit, Sorgfalt** (*/165)
• Spontan, impulsiv (*/166)
• Stimmung, Laune - veränderlich (sf1/171)
• *Unaufmerksam* (bg2/189)
• Ungerechtigkeit; erträgt keine (h1*/191)
• Unternehmen; etwas - Vieles, hält aber bei nichts durch, bleibt nicht dabei; unternimmt (ptk1*/193)
• *Unzufrieden* (*/194)
• Wandern, Herumwandern - Verlangen zu wandern (^/243)
• *Weinen - Musik; durch* (*/247)

Familie; Beziehung zur - Aggressivität

GEMÜT - *Beschimpfen, beleidigen, schmähen - Kinder - Eltern; Kinder beschimpfen ihre* (vh*/22)
• Beschwerden durch - Grobheit anderer (k/23)
• Empfindlich - Grobheiten; gegen (k/44)
• Streitsüchtig - Eifersucht; aus (k/173)
• Wahnideen - ermordet - Mutter sei ermordet worden; ihre (k/213)

Familie; Beziehung zur - Liebe und Zuneigung

GEMÜT - *Angst - andere, um* (vh*/7)
• **Beschwerden durch - Eifersucht** (b2/22)
» Uneinigkeit, Zwietracht - Eltern; zwischen den eigenen (vh*/26)

- **Eifersucht** (b7/40)
  - » Kinder - bei (mtf33/40)
  - » Kinder - unter Kindern (vh*/40)
- Entfremdet - Familie, von seiner (gl1/45)
  - » Familie, von seiner - Fremden, aber nicht zu seiner Familie und Umgebung; er ist freundlich zu (gl1/46)
- *Liebevoll, voller Zuneigung, herzlich* (*/125)
- Streitsüchtig - Eifersucht; aus (k/173)

Familie; Beziehung zur - Vorwürfe

GEMÜT - Beschwerden durch - Tadel (ctc/25)
- Empfindlich - Vorwürfe; gegen (ctc*/45)
- *Ermahnungen - agg.* (gl1/47)
  - » agg. - freundliche; selbst (b7/47)
- Furcht - Tadel; vor (sne/76)

Beziehung zu anderen - Aggressivität

GEMÜT - *Antworten - kurz angebunden* (vh*/15)
- *Grausamkeit* (*/103)
- Herausfordernd (*/107)
- **Schlagen** (*/154)
  - » Kindern; bei (mtf33/154)
  - » **Verlangen - schlagen, zu** (st/154)
- Spotten (b7/166)
  - » andere würden ihn verspotten; glaubt (gl1/166)
- **Streitsüchtig** (*/173)
- **Zorn - antworten muß; wenn er** (*/253)
  - » getröstet, wenn (k2/254)
  - » *Widerspruch, durch* (*/255)

Beziehung zu anderen - Reaktion auf andere

GEMÜT - **Antworten - Abneigung zu antworten** (k1*/14)
- *Antworten - falsch, unrichtig* (k/15)
  - » *weigert sich zu antworten* (*/15)
- Geistesabwesend - angesprochen, wenn (gl1/88)
- **Gesellschaft - Abneigung gegen** (*/94)
  - » Abneigung gegen - ertragen, kann niemanden (j5/95)
  - » *Verlangen nach* (k/95)
- *Schüchternheit, Zaghaftigkeit* (k/158)
- Trost - agg. (*/188)
- *Untröstlich* (*/193)
- Weinen - Trost - agg. (k/248)
  - » *Widerspruch, durch* (*/248)
- *Widerspenstig* (*/249)
- **Widerspruch - Neigung zu widersprechen** (*/249)
  - » **verträgt keinen Widerspruch** (*/249)
  - » verträgt keinen Widerspruch - Kindern; bei (mtf33/249)

Beziehung zu anderen - allgemein

GEMÜT - Angeber (gl1/4)
- *Argwöhnisch, mißtrauisch* (*/16)
- **Beleidigt, leicht** (*/20)
- *Empfindlich - äußerliche Eindrücke; gegen alle* (*/42)
- Geheimnistuerisch, verschlossen (bg2/87)
- *Ichbezogenheit, Selbstüberhebung* (bg2*/111)
- Lügner (c1*/126)
  - » lügt, sagt nie die Wahrheit, weiß nicht, was sie sagt (st/126)
- *Mitgefühl, Mitleid* (*/130)
- Sprache - hastig, eilig (*/167)
- *Tadelsüchtig, krittelig* (*/178)
- *Tadelt andere* (*/179)
- **Tadelt sich selbst, macht sich Vorwürfe** (bg/179)
- *Unabhängigkeit, Selbständigkeit* (vh*/189)
- *Unverschämtheit* (*/193)

Schule - Angst

GEMÜT - Beschwerden durch - Erwartungsspannung (st*/23)
- Erwartungsspannung - Prüfungen, vor (st*/53)
- Furcht - Versagen, Mißerfolg; vor dem (mrr1/79)
- *Selbstvertrauen - Mangel an Selbstvertrauen* (*/161)
- Unternehmen; etwas - nichts, auf Furcht, es könne fehlschlagen; unternimmt (a1/193)

REKTUM - Diarrhoe - Erregung, Aufregung agg. (b7a/952)

Schule - Konzentration

GEMÜT - Geistesabwesend - angesprochen, wenn (gl1/88)
- Konzentration - schwierig - Kindern, bei (mtf33/117)
  - » **SCHWIERIG - STUDIEREN** (k1*/117)
- *Stumpfheit - Lesen* (*/175)
  - » Studieren und Lernen; beim (ptk1/176)
- *Unaufmerksam* (bg2/189)
- *Verwirrung; geistige - Rechnen, beim* (k/203)

Schule - Lernen - allgemein

GEMÜT - Dyslexie (mtf/40)
- Fehler; macht - Sprechen, beim - Buchstabieren, beim (k/58)
- Stumpfheit - Studieren und Lernen; beim (ptk1/176)

Schule - Lernen - Mathematik, Rechnen

GEMÜT - *Fehler; macht - Rechnen, beim* (k/57)
- Mathematik - Begabung zur (gl1/128)
  - » *Unfähigkeit zur* (^/128)
  - » *Unfähigkeit zur - rechnen; kann nicht* (vh*/129)
- *Verwirrung; geistige - Rechnen, beim* (k/203)

Schule - Lernen - Lesen

GEMÜT - *Stumpfheit - Lesen* (*/175)

Schule - Lernen - Schreiben

GEMÜT - Fehler; macht - Schreiben, beim (*/57)
- Fehler; macht - Schreiben, beim - läßt etwas aus - Buchstaben (*/57)
  » Schreiben, beim - läßt etwas aus - Silben (k/57)
  » Schreiben, beim - läßt etwas aus - Worte (*/57)
- **Schreiben - Unfähigkeit zu** (kr1/156)

Schule - Anstrengung; geistige

KOPF - Schmerz - Aufmerksamkeit; durch zu angestrengte (k/315)
- **Schmerz - geistige Anstrengung - agg.** (*/328)
  » Lesen, beim - agg. (k/332)

Schule - Beziehung zu anderen

GEMÜT - Lügner (c1*/126)
- Ungehorsam (k/191)
  » Kindern, bei (lmj/191)

MUND - *Sprache - stotternd* (*/688)
- Sprache - stotternd - Kindern; bei (mtf33/688)

HUSTEN - Studenten, Schülern; bei (*/1207)

Schule - Vorwürfe

GEMÜT - Beschwerden durch - Grobheit anderer (k/23)
- Beschwerden durch - Tadel (ctc/25)
- Empfindlich - Grobheiten; gegen (k/44)
  » Vorwürfe; gegen (ctc*/45)
- *Ermahnungen - agg.* (gl1/47)
  » agg. - freundliche; selbst (b7/47)
- Furcht - Tadel; vor (sne/76)
- **Zorn - antworten muß; wenn er** (*/253)

Schule - Konstitution

GEMÜT - **Eigensinnig, starrköpfig, dickköpfig** (*/41)
- Eigensinnig, starrköpfig, dickköpfig - Kinder (mtf33/41)
- *Gewissenhaft, peinlich genau in bezug auf Kleinigkeiten* (*/99)
- *Heikel, pingelig* (*/106)
- Kleinigkeiten, Trivialitäten - wichtig; scheinen (bg2*/115)
- Lügner (c1*/126)
- *Selbstvertrauen - Mangel an Selbstvertrauen* (*/161)
- Ungehorsam (k/191)
  » Kindern, bei (lmj/191)
- Unternehmen; etwas - Vieles, hält aber bei nichts durch, bleibt nicht dabei; unternimmt (ptk1*/193)

Spielen

GEMÜT - Spielen - Verlangen zu spielen (^/166)

Nonverbales - Aggressivität

GEMÜT - Beißen (^/20)
- Beißen - Menschen; beißt (mtf33/20)
- *Destruktivität, Zerstörungswut* (bg2*/38)
  » Kleidern, von (gl1/39)
- Diktatorisch (lmj*/39)
- Manie - zerreißen, an etwas zu reißen; etwas zu - Kleidung zu zerreißen (gl1/128)
- *Reißt an etwas - Gegenstände; zerreißt* (k2*/142)
  » Gegenstände; zerreißt - Kleidung (pc/142)
- *Reizbarkeit, Gereiztheit - angeblickt, wenn - angesprochen oder berührt; wenn - Kindern; bei* (bro1/144)
  » Kindern, bei (mrr1/145)
- *Spucken* (gl1/170)
- Stoßen, treten, austreten (vh*/172)
  » Kindern; bei (mtf33/172)
- *Zerbricht Dinge* (mrr1*/251)
  » *Verlangen; Dingen zu zerbrechen* (mtf33*/251)

Nonverbales - Reaktion auf andere

GEMÜT - Angesehen, angeblickt zu werden - erträgt es nicht, angesehen zu werden (k/5)
- Berührtwerden - Abneigung berührt zu werden (*/21)
- *Furcht - berührt zu werden* (kr1*/66)
  » Näherkommen, Annäherung von; vor - anderen, von (kr1/74)
- Gehalten - amel.; gehalten zu werden (ptk1/87)
  » *Verlangen, gehalten zu werden* (bg2*/87)
- *Schamlos* (*/153)

Nonverbales - Gesten, Gebärden

GEMÜT - **Auffahren, Zusammenfahren - Geräusche; durch** (*/17)
- Gefallsüchtig, kokett - sehr, zu (vh*/87)
- Gesten, Gebärden; macht - Hände; unwillkürliche Bewegungen der - Mund; zum (ptk2/98)
  » Hände; unwillkürliche Bewegungen der - Mund; zum - rechte Hand (ptk1*/98)
  » Tics; nervöse (mrr1/99)
  » ungeschickt in bezug auf (gl2/99)
- *Launenhaftigkeit, launisch* (*/123)
- Springen (hr1*/169)
- **Stirnrunzeln, Neigung zum** (*/171)
- **Ungeschicklichkeit** (b7/192)

Nonverbales - Allgemeines

GEMÜT - **Eigensinnig, starrköpfig, dickköpfig** (*/41)
- Eigensinnig, starrköpfig, dickköpfig - Kinder (mtf33/41)
- Hast, Eile - immer in Eile; ist (gl1/105)
- Impertinenz, Unverschämtheit (j*/112)
- *Possen, spielt* (hr1/137)
  » Kindern; bei (lmj/138)
- Ruhelosigkeit - Kindern, bei (mrr*/151)
  » Kindern, bei - streunen, streifen umher (mtf33*/152)

• *Schreien - Kindern, bei* (hr1*/157)
» *Kindern, bei - Kolik mit* (hr1*/157)
» Kindern, bei - Weinen und (gl1/157)
• *Singen* (^/163)

Nonverbales - Konsultation; bei der

Kopf - Empfindlichkeit - Kopfhaut, der (ptk1*/284)
• *Empfindlichkeit - Kopfhaut, der - Berührung, gegen* (bro1/284)
• Hitze - Kälte - Körpers; mit Kälte des (k/293)
Auge - *Entzündung - Kindern; bei - Kleinkindern; bei* (*/429)
Ohr - Absonderungen - unterdrückt (bg2/498)
• Entzündung (k2/500)
» **Gehörgang** (b7/500)
Gesicht - *Schwellung - Unterkieferdrüsen* (k/631)
Mund - **Aphthen** (*/639)
• *Aphthen - Kindern, bei* (*/639)
» Kindern, bei - Kleinkindern, bei (bg2/639)
» Zunge (*/640)
• Herausstrecken, Vorstrecken - Zunge, der (*/665)
• Schwämmchen (vk1/681)
• **Stomatitis ulcerosa, Stomakaze** (*/689)
Innerer Hals - Entzündung - Tonsillen (bg2*/724)
• Schwellung - Tonsillen (*/747)
Äusserer Hals - *Schwellung - Halsdrüsen* (b7a/760)
Abdomen - *Schmerz - Druck - agg.* (k/883)
• Vergrößert - Leber - Kindern, bei (mtf33/938)
Rektum - *Prolaps - Kindern; bei* (*/971)
Rücken - Abmagerung (ptk1/1311)
Extremitäten - Knie, Lage der - außen; nach (st/1664)
• Knie, Lage der - innen; nach (st/1664)
Haut - Erysipel (hr1/1798)
• Hautausschläge - Erythem (bro1/1812)
• Intertrigo (k/1825)

Nonverbales - Äußerliches - Beobachtungen des Arztes

Kopf - Großer Kopf (ptk1/289)
• Halten - hoch, aufrecht zu halten; unfähig, den Kopf (k/289)
• Schweiß der Kopfhaut - außer am Kopf; generalisierter Schweiß (*/403)
Auge - *Strabismus, Schielen* (*/467)
• Strabismus, Schielen - convergens (*/467)
• *Verklebt* (*/472)
Nase - **Schniefen** (*/568)
• **Schniefen - Kindern; bei - Neugeborenen; bei** (*/568)
• Spitz (*/574)
• Zupfen - Nase, an der (k/578)
Gesicht - Fettig (mtf33/593)
• **Gerunzelt - Stirn, Stirnrunzeln** (b2/594)
• **Hautausschläge - Akne** (*/595)
• *Hippokratisches Gesicht* (bg2/605)
• Rissig - Lippen (*/613)
» *Lippen - Oberlippe - Mitte der* (vh/613)
» Lippen - Unterlippe (b7/613)
» *Lippen - Unterlippe - Mitte der* (h1*/614)
• *Zupfen - Lippen; an den* (*/636)
Äusserer Hals - *Torticollis* (*/761)
• *Torticollis - links gezogen; nach* (*/761)
Atmung - Asthma, asthmatische Atmung - Kindern; bei (*/1162)
• *Beschleunigt* (*/1174)
Kopf - **Hände - hält den Kopf mit den Händen - Husten; agg. beim (*/289)**
Husten - Halten, Festhalten - Abdomens amel.; des (mtf33/1193)
Rücken - **Opisthotonus** (*/1325)
Allgemeines - Aussehen - braune Haare (mtf33/1854)
• *Aussehen - dunkel* (*/1854)
» **dunkel - straffer Faser, mit** (kr1*/1855)
» rote Haare (b7a/1855)
• *Magere Personen* (*/1919)

Nonverbales - Äußerliches - Beobachtungen der Eltern

Kopf - Schweiß der Kopfhaut - Essen - beim - agg. (k/403)
• Schweiß der Kopfhaut - Stirn - Essen - beim - agg. (k/404)
Auge - Verklebt - morgens (k/472)
Ohr - *Schmerz - warm - Bett, Bettwärme; warmes - agg.* (k/525)
• *Schmerz - warm - Zimmer; im warmen - agg.* (k/525)
Nase - **Schnupfen - Haareschneiden, durch** (*/572)
• **Verstopfung - Kindern; bei** (b7a/577)
» **Kindern; bei - Säuglingen; bei** (*/577)
Zähne - Zähneknirschen (*/718)
• Zusammenbeißen der Zähne - Verlangen, die Zähne zusammenzubeißen; ständiges (*/719)
Magen - Brechreiz, Würgen (k2/784)
• Brechreiz, Würgen - Berührung - Halses agg.; des (k2*/784)
» Husten; agg. beim (k2/784)
• Gluckern; Gurgeln (hr1/802)
• **Schluckauf** (*/809)
» Erbrechen - beim (bro1*/810)
» *Essen - nach - agg.* (*/810)
» *heftig* (*/810)
» Mittagessen - vor (*/811)
» *Trinken - nach - agg.* (k/811)
• **Völlegefühl - Essen - nach - agg.** (k/845)

» *Essen - nach - agg. - wenig, nach dem kleinsten Bissen; nach noch so* (k/845)

ABDOMEN - Schmerz - Beugen - hinten, nach - amel. (*/882)

• Schmerz - Beugen - hinten, nach - amel. - krampfartig (*/882)

» **Kindern; bei - Säuglingen; bei - krampfartig** (pd*/888)

» Liegen - amel. (k/889)

» Liegen - Seite; auf der - rechten; auf der - amel. (k/890)

» **Wärme - amel.** (k/896)

» Zusammenkrümmen - amel. (k/897)

» Zusammenkrümmen - muß sich zusammenkrümmen (k2/897)

REKTUM - *Unwillkürlicher Stuhl* (*/984)

• Unwillkürlicher Stuhl - Flatus agg.; Abgang von (*/985)

STUHL - *Kugeln, wie* (*/996)

• *Schafskot, wie* (*/997)

• Unverdaut (bg2*/999)

BLASE - *Lähmung - Überdehnung, nach* (k/1006)

• *Urinieren - Dysurie - schmerzhaft - weinen bevor der Urin zu fließen beginnt; Kinder* (*/1012)

» Harndrang - häufig - Kinder und Säuglinge schreien bevor der Urin abgeht (k/1014)

» **Harndrang - plötzlich - beeilen um zu urinieren, sonst geht Urin ab; muß sich** (k/1015)

» *Harndrang - schmerzhaft - Kindern; bei - weinen; sie* (k/1015)

» **unwillkürlich - Husten; agg. beim** (*/1020)

» unwillkürlich - Kindern; bei (mtf33/1020)

» **unwillkürlich - Lachen agg.** (*/1020)

» verzögert, muß warten, bis der Urin zu fließen beginnt (*/1020)

» verzögert, muß warten, bis der Urin zu fließen beginnt - pressen, bevor er damit beginnen kann; muß lange (bg2*/1021)

MÄNNLICHE GENITALIEN - *Masturbation, Neigung zur* (*/1071)

WEIBLICHE GENITALIEN - *Masturbation; Neigung zu* (hr1*/1104)

ATMUNG - *Schnarchen* (*/1180)

SCHWEISS - Essen - beim - agg. (*/1786)

• *Essen - nach - agg.* (*/1786)

HAUT - *Ekchymosen* (*/1797)

• Insektenstiche (b7a/1825)

Nacht; Beobachtungen in der - Gemütssymptome

GEMÜT - Furcht - Dunkelheit; vor der (vh*/66)

• Furcht - Dunkelheit; vor der - Kindern; bei (mtf33/66)

• Schreien - Kindern, bei - nachts (a1/157)

• *Sprechen - Schlaf; im* (*/169)

• Weinen - Wimmern, Winseln - nachts (j/248)

» *Wimmern, Winseln - Schlaf, im* (b7/248)

Nacht; Beobachtungen in der - körperliche Symptome

MUND - *Offen - Schlaf; agg. im* (*/669)

ZÄHNE - Zähneknirschen - Schlaf; agg. im (mrr1/718)

BLASE - Urinieren - unwillkürlich - nachts (*/1019)

• *Urinieren - unwillkürlich - nachts - spasmodisches Bettnässen* (k/1019)

Nacht; Beobachtungen in der - Schlaf

SCHLAF - *Erwachen - Schreck, wie durch* (*/1675)

Nacht; Beobachtungen in der - Schlaf; Lage im

SCHLAF - Lage - Abdomen, auf dem - Arm über dem Kopf; mit einem (ptk1/1682)

• **Lage - Arme - Kopf - über dem Kopf** (*/1682)

» Arme - Kopf - über dem Kopf - ein Arm oder beide (gt/1682)

» *Arme - Kopf - unter dem Kopf* (*/1682)

» Arme - Kopf - unter dem Kopf - ein Arm oder beide (gt/1682)

» Beine - gespreizt (k/1682)

» Hände - Kopf - über dem (bro1/1682)

» Hände - Kopf - unter dem (b7/1682)

» *Hände - Nacken; am* (a1*/1682)

» *Kopf - hinten gebeugt; nach* (*/1682)

» *Kopf - tiefliegendem; mit* (*/1683)

» **Rücken, auf dem** (*/1683)

» *Rücken, auf dem - Hände - flach unter dem Hinterkopf* (k1*/1683)

» Rücken, auf dem - Kopf - tiefliegendem; mit (k/1683)

» Seite, auf der (*/1683)

» verändert häufig die Lage (bg2/1683)

Autos und Schiffe

MAGEN - *Erbrechen - Fahren im Wagen agg.* (bro1/792)

• *Übelkeit - Fahren - Wagen; im - agg.* (*/836)

» **Seekrankheit** (*/839)

ALLGEMEINES - Fahren - Wagen; mit dem - agg. (c2/1877)

Psychosomatische Störungen

REKTUM - Diarrhoe - Erregung, Aufregung agg. (b7a/952)

• *Diarrhoe - Zorn, nach* (*/957)

ALLGEMEINES - **Konvulsionen - Zorn; nach** (*/1907)

Körperliche Symptome und Erkrankungen

KOPF - Entzündung - Gehirn (*/284)

• Hydrozephalus (b7/295)

• **Schmerz - katarrhalisch** (*/331)

NASE - *Katarrh - gefolgt von - Stirnhöhlen; Beschwerden der* (*/553)

• **Schnupfen - Kindern, bei** (hr1/572)
ZÄHNE - *Karies, faule, hohle Zähne* (*/700)
• Schmerz - Kindern; bei (k/708)
MAGEN - *Langsame Verdauung* (bro1*/805)
• *Würgen - Husten, mit* (*/846)
BLASE - Harnverhaltung - Kindern, bei - Neugeborenen; bei (j5/1005)
NIEREN - *Entzündung* (*/1023)
• Entzündung - Nierenbecken und Niere (mrr1/1024)
KEHLKOPF UND TRACHEA - Laryngismus stridulus (b7a/1145)
BRUST - *Entzündung - Lungen - Kindern; bei - Kleinkindern; bei* (k/1234)
EXTREMITÄTEN - *Hüftgelenksentzündung* (k/1443)
FIEBER - Remittierend - Kleinkindern, bei (k/1778)
ALLGEMEINES - *Abmagerung - Kindern; bei* (k/1845)
• Arzneimittel - heftige Reaktion auf homöopathische Arzneimittel (b7/1852)
» heftige Reaktion auf homöopathische Arzneimittel - hohe Potenzen, gegen (k2/1852)
• *Essen - Überessen; agg. nach* (b7a/1877)
• *Kindern; Beschwerden von* (*/1897)
• **Konvulsionen - Hitze; während** (*/1904)
» *Kindern, bei* (*/1905)
» Kindern, bei - Kleinkindern, bei (bg2*/1905)
» Kindern, bei - Neugeborenen; bei (j5/1905)
• **Medikamente - allopathische - Mißbrauch von** (j5/1921)
» *allopathische - Mißbrauch von - pflanzlicher Mittel* (bro1/1921)
» *allopathische - schnelle Reaktion* (k2/1921)
» **allopathische - überempfindlich gegen** (k2*/1921)
• Schwäche - Kindern, bei (k/1977)

Chirurgisch pathologische Zustände

NASE - Polyp (sne/561)
ABDOMEN - Entzündung - Peritoneum (b7a/860)
• *Hernie* (c2*/867)
» eingeklemmt, inkarzeriert (bro1*/868)
» Neigung zu (tl1/868)
» **Leistenhernie** (*/868)
» **Leistenhernie - eingeklemmt, inkarzeriert** (b7/868)
» *Leistenhernie - empfindlich* (k/868)
» Leistenhernie - entzündet (k/868)
» Leistenhernie - Kindern, bei (*/868)
» Leistenhernie - Kindern, bei - links (*/868)
» Leistenhernie - Kindern, bei - angeboren (gk/868)
» Leistenhernie - Neigung zu (tl1/868)
» *Leistenhernie - schmerzhaft* (b7/868)
» **Nabelbruch** (*/868)
» Schenkelhernie (*/868)
• *Intussuszeption* (*/869)
MÄNNLICHE GENITALIEN - *Hochgezogen, an den Körper gezogen - Hoden* (*/1068)
• Phimose - Paraphimose (c2/1071)
• *Varikozele* (*/1085)

Würmer

KOPF - Schmerz - Würmer; bei Beschwerden durch (k/343)
REKTUM - Würmer - Beschwerden durch Würmer (*/985)
• Würmer - Beschwerden durch Würmer - Bandwürmer (*/986)
» Beschwerden durch Würmer - Madenwürmer (*/986)
» Beschwerden durch Würmer - Spulwürmer (*/986)
ALLGEMEINES - *Konvulsionen - Würmer, durch* (bg2/1907)

Ocimum sanctum

oci-sa.

Man sollte bei Kindern daran denken bei *Nierenentzündung, Aphthen, Geschwüren im Mund und auf der Zunge,* Katarrh, Schnupfen und Wurmleiden.

Der Appetit kann vermehrt sein und Heißhunger vorliegen oder er fehlt und es kommt zu schneller Sättigung.

Zu den *Gemütsmerkmalen* dieses Mittels gehören: Launenhaftigkeit; Vorsicht; Verlangen nach Gesellschaft; Gewissenhaftigkeit in Bezug auf Kleinigkeiten; Verlassenheitsgefühl; Faulheit; Fehler beim Sprechen und in der Rechtschreibung; liebt es zu singen; mitfühlend; quält andere; weint schnell und wenn er allein ist.

Klinisches: Nierenentzündung. Aphthen. Würmer.

Wirkungsbereich: Nieren. Mund. Nase. Rektum.

* * *

Stillen - Magendarmsymptome - Appetit - vermindert

MAGEN - Appetit - fehlend (sp1/767)
• Appetit - schnelle Sättigung (sk4/770)

Stillen - Magendarmsymptome - Appetit - vermehrt

MAGEN - Appetit - Heißhunger - Essen - nach dem Essen - bald danach (sk4/770)

• Appetit - vermehrt (sk4/770)

Konstitution - Angst und Furcht

Gemüt - Vorsichtig (sk4/205)

Konstitution - Allgemeines

Gemüt - Faulheit (sk4/55)
• Gewissenhaft, peinlich genau in bezug auf Kleinigkeiten (sk4/99)
• Weinen - leicht (sk4/246)

Familie; Beziehung zur - Liebe und Zuneigung

Gemüt - Verlassen zu sein; Gefühl (sk4/198)

Beziehung zu anderen - Reaktion auf andere

Gemüt - Gesellschaft - Verlangen nach (sk4/95)

Beziehung zu anderen - allgemein

Gemüt - Mitgefühl, Mitleid (sk4/130)
• Quält - andere (sk4/138)
• Weinen - allein, wenn (sk4/245)

Schule - Lernen - allgemein

Gemüt - Fehler; macht - Sprechen, beim - Buchstabieren, beim (sk4/58)

Schule - Konstitution

Gemüt - Gewissenhaft, peinlich genau in bezug auf Kleinigkeiten (sk4/99)

Nonverbales - Gesten, Gebärden

Gemüt - Launenhaftigkeit, launisch (sk4/123)

Nonverbales - Allgemeines

Gemüt - *Singen* (sk4/163)

Nonverbales - Konsultation; bei der

Mund - Aphthen (sp1*/639)
• Aphthen - Lippen - Innenseite - Oberlippe (sk4/640)
• Geschwüre - Zunge - Kindern; bei (vk1/663)

Nonverbales - Äußerliches - Beobachtungen der Eltern

Magen - Schluckauf (sp1/809)

Körperliche Symptome und Erkrankungen

Nase - Schnupfen - Kindern, bei (sp1/572)

Nieren - Entzündung (sp1/1023)

Würmer

Rektum - Würmer - Beschwerden durch Würmer (sk4/985)

Oenanthe crocata

oena.

Der typische Teint eines Kindes, das Oenanthe crocata benötigt, ist hell und sie haben blondes Haar.

Die Pupillen sind in allen Fällen sehr erweitert; die Augen sind starr und werden nie bewegt, die Retina scheint lichtunempfindlich und die Kinder zeigen nie irgendwelche Zeichen, daß sie diejenigen, die sie pflegen, erkennen würden.

Das Kind fällt plötzlich nach hinten; die Kaumuskeln werden starr (Trismus); sie beißen sich auf die Zunge; blutiger Schaum kommt aus Mund und Nase; das Gesicht sieht schwarz und livide aus und sie stoßen einen lauten Schrei aus, bevor sie fallen. Auf den Anfall folgt völlige Bewußtlosigkeit.

Zu weiteren eigentümlichen Symptomen gehören: *während der Konvulsionen kalt wie eine Leiche;* Geräusch im Hals, als würde er erstickt; ausgestreckte Beine.

Plötzlicher Harndrang verursacht heftige Schmerzen, wenn ihm nicht sofort nachgekommen wird; das Kind tänzelt hin und her und weint, wenn es vom Harndrang ergriffen wird.

Das Kind ist destruktiv, weist alles zurück, was ihm angeboten wird und zerreißt alles.

Zu den körperlichen Symptomen gehören: Stomatitis ulcerosa, beschleunigte und schnarchende Atmung, unwillkürlicher Stuhlgang, Schluckauf und Beschwerden der Nägel (Abfallen der Nägel).

Klinisches: Konvulsionen. Stomatitis ulcerosa. Unwillkürlicher Stuhlgang. Schluckauf. Abfallen von Nägeln.

Wirkungsbereich: Mund. Magen. Rektum. Zentralnervensystem. Nägel.

* * *

Zahnung - Empfindungen und neurologische Beschwerden

Allgemeines - *Konvulsionen - Zahnung; während der* (bro1/1907)

Beziehung zu anderen - Reaktion auf andere

Gemüt - Weigert sich etwas zu tun - alles, weist alles zurück, was ihm angeboten wird (a1/243)

Nonverbales - Aggressivität

Gemüt - Beißen (^/20)

• Destruktivität, Zerstörungswut (hr1*/38)
• *Reißt an etwas - Gegenstände; zerreißt* (kr1/142)

Nonverbales - Konsultation; bei der

MUND - Herausstrecken, Vorstrecken - Zunge, der (*/665)
• Stomatitis ulcerosa, Stomakaze (c2/689)

EXTREMITÄTEN - Nägel; Beschwerden der - Abfallen der Nägel (sne/1664)

Nonverbales - Äußerliches - Beobachtungen des Arztes

ATMUNG - Beschleunigt (a1/1174)

RÜCKEN - Opisthotonus (*/1325)

ALLGEMEINES - Aussehen - hell, blond (sne/1855)

Nonverbales - Äußerliches - Beobachtungen der Eltern

MUND - Beißt - Zunge; beißt sich auf die (bg2*/640)

MAGEN - Schluckauf (a1/809)

REKTUM - Unwillkürlicher Stuhl (*/984)

ATMUNG - Schnarchen (a1*/1180)

Körperliche Symptome und Erkrankungen

ALLGEMEINES - *Konvulsionen - Kindern, bei* (bg2*/1905)
• *Konvulsionen - Kindern, bei - Kleinkindern, bei* (bro1/1905)

Oleander

olnd.

Dieses Mittel hat eine *ausgeprägte Wirkung auf Haut, Herz und Nervensystem,* mit Lähmungszuständen und krampfartigen Kontraktionen.

Bei Kindern ist Ekzem mit Blasen oder Pusteln mit Krusten häufig. Feuchtes Ekzem und abschuppende Hautausschläge am Hinterkopf, hinter den Ohren, mit beißendem und brennendem Jucken der Haut, wie durch Läuse.

Hautausschläge mit Schorfen (Kopfschuppen) und brennendes Jucken, schlimmer beim Entkleiden und nachts. Die Haut wird durch das Reiben der Kleidung wund. Die Haut ist sehr empfindlich, wund und rot, mit nächtlichem Jucken. Wenn man kratzt, blutet sie, besonders am Hinterkopf.

Geistesabwesend, betrübt und reizbar.

Ohnmacht, ausgeprägte Schwäche der Beine.

Das Kind scheint ruhig zu schlafen; jedoch sind die Augen offen, die Pupillen zusammengezogen, mit großer Blässe, Kälte und Unempfindlichkeit. Puls und Atmung sind flach und unregelmäßig.

Oleander ist nützlich bei *Diarrhoe.* Der Stuhl ist dünn und enthält unverdaute Speisen. Das charakteristische Symptom dabei ist, daß *der Patient unverdaute Speisen ausscheidet, die am Tag zuvor gegessen wurden.* Unwillkürlicher Stuhlabgang beim Abgang von Blähungen.

Klinisches: Ekzem. Blasenausschlag. Kopfschuppen. Schwäche. Diarrhoe.

Wirkungsbereich: Haut. Rektum.

* * *

Zahnung - Magendarmsymptome

REKTUM - Diarrhoe - Zahnung; während (bro1/957)

Stillen - Gemütssymptome

GEMÜT - Hast, Eile - Essen; beim (b7/105)

Stillen - Milch

KOPF - Hautausschläge - Milchschorf (bg2*/290)
• Hautausschläge - Milchschorf - Kindern; bei - Neugeborenen; bei (mrr1/290)

Stillen - Magendarmsymptome - Appetit - vermindert

MAGEN - Appetit - fehlend (*/767)
• Appetit - fehlend - Hunger, mit (*/768)
» schnelle Sättigung (*/770)

Stillen - Magendarmsymptome - Appetit - vermehrt

MAGEN - **Appetit - Genuß, ohne** (*/769)
• **Appetit - Heißhunger** (*/769)
» *Heißhunger - Diarrhoe - bei* (*/769)
» Heißhunger - Stuhlgang; agg. nach (mrr1/770)
» **vermehrt** (*/770)
» vermehrt - begleitet von - Übelkeit (b7a/771)
» vermehrt - Erbrechen - mit (bg2/771)
» vermehrt - Erbrechen - nach (*/771)
» vermehrt - Essen - nach (bg2/772)
» *vermehrt - quälend* (k/772)

Stillen - Magendarmsymptome - Aufstoßen - Speisen; von

MAGEN - Aufstoßens; Art des - Speisen; von (bg2/780)
• Aufstoßens; Art des - Speisen; von - Essen - nach - agg. (b7/780)

Stillen - Magendarmsymptome - Aufstoßen - Wasser; Hochsteigen von

MAGEN - Aufstoßens; Art des - Wasser in den Mund; Hochsteigen von (*/781)

Stillen - Magendarmsymptome - Erbrechen

MAGEN - Erbrochenen; Art des - Speisen - Essen - nach - sofort nach (k/800)

Stillen - Magendarmsymptome - Rektum

REKTUM - Diarrhoe - Kindern, bei (k/954)

Konstitution - Angst und Furcht

Gemüt - Feigheit (bg2/59)

Konstitution - Allgemeines

Gemüt - Entmutigt (k/46)
- Faulheit (*/55)
- Selbstvertrauen - Mangel an Selbstvertrauen (*/161)
- Unaufmerksam (bg2*/189)
- *Unzufrieden* (j*/194)

Beziehung zu anderen - Aggressivität

Gemüt - Streitsüchtig (k/173)
- Zorn - Widerspruch, durch (k/255)

Beziehung zu anderen - Reaktion auf andere

Gemüt - Schüchternheit, Zaghaftigkeit (^/158)
- Widerspenstig (j/249)
- *Widerspruch - Neigung zu widersprechen* (*/249)
  » verträgt keinen Widerspruch (*/249)

Beziehung zu anderen - allgemein

Gemüt - Tadelt sich selbst, macht sich Vorwürfe (bg2/179)

Schule - Angst

Gemüt - Selbstvertrauen - Mangel an Selbstvertrauen (*/161)

Schule - Konzentration

Gemüt - Konzentration - schwierig - Studieren (a1*/117)
- Studieren, Lernen - schwierig, fällt schwer (sf1/173)
- Stumpfheit - Lesen (k/175)
  » Studieren und Lernen; beim (bg2/176)
- Unaufmerksam (bg2*/189)
- *Verwirrung; geistige - Lesen, beim* (^/203)
  » *Lesen, beim - begreifen versucht; wenn er zu* (k/203)

Schule - Lernen - allgemein

Gemüt - Studieren, Lernen - schwierig, fällt schwer (sf1/173)
- Stumpfheit - Studieren und Lernen; beim (bg2/176)

Schule - Lernen - Lesen

Gemüt - Stumpfheit - Lesen (k/175)
- *Verwirrung; geistige - Lesen, beim* (^/203)
  » *Lesen, beim - begreifen versucht; wenn er zu* (k/203)

Schule - Anstrengung; geistige

Kopf - Schmerz - geistige Anstrengung - agg. (k/328)
- Schmerz - Lesen, beim - agg. (k/332)

Schule - Beziehung zu anderen

Mund - Sprache - stotternd (bg2/688)

Schule - Konstitution

Gemüt - Selbstvertrauen - Mangel an Selbstvertrauen (*/161)

Spielen

Gemüt - Amüsement, Vergnügen - Abneigung gegen (*/4)

Nonverbales - Gesten, Gebärden

Gemüt - *Grimassen* (k/103)
- Grimassen - sonderbare Gesichter; schneidet (k/103)

Nonverbales - Allgemeines

Gemüt - Hast, Eile - Essen; beim (b7/105)

Nonverbales - Konsultation; bei der

Kopf - Empfindlichkeit - Kopfhaut, der - Berührung, gegen (bro1/284)
- Läuse (*/300)

Ohr - Eiterung - Mittelohr (k/500)
- Feuchtigkeit (bg2/501)
  » *hinter den Ohren* (*/502)

Mund - Papillen - aufgerichtet (*/669)

Haut - Hautausschläge - Impetigo (*/1816)
- Intertrigo (*/1825)

Nonverbales - Äußerliches - Beobachtungen des Arztes

Kopf - Halten - hoch, aufrecht zu halten; unfähig, den Kopf (k/289)
- *Schuppen* (*/402)

Auge - Strabismus, Schielen (c2/467)

Gesicht - Aufgesprungen (mrr1/579)
- Fettig (mrr1/593)
- Hautausschläge - Akne (bro1/595)

Nonverbales - Äußerliches - Beobachtungen der Eltern

Rektum - **Unwillkürlicher Stuhl** (*/984)
- **Unwillkürlicher Stuhl - Flatus agg.; Abgang von** (*/985)

Stuhl - Schafskot, wie (b2/997)
- **Unverdaut** (*/999)
  » *Speisen des Vortages* (*/999)

Körperliche Symptome und Erkrankungen

Allgemeines - *Schmerzlosigkeit gewöhnlich schmerzhafter Beschwerden* (b7a/1971)

Oleum animale aethereum

ol-an.

Entwicklungsstillstand und *Wachstumsschmerzen.*

Das Gesicht ist gekennzeichnet durch verklebte Augen und rissige und aufgesprungene Lippen.

Kinder beißen sich beim Sprechen oder Kauen in die Wangen und auf die Zunge.

Zu den körperlichen Symptomen gehören: Kopfschmerzen, schlimmer durch geistige Anstrengung; Laryngismus stridulus; Einziehung der Hoden; Schwitzen beim Essen und Intertrigo.

Feigheit, Unzufriedenheit und Faulheit sind die typischen Gemütszeichen des Mittels.

Grandgeorge schrieb: „Dies ist ein wirksames Mittel in bestimmten Fällen von Adipositas, die mit einem Verlangen nach Fett verbunden ist, einem Verlangen, das der Betroffene nicht stillen kann. Das Detail, das seine Verschreibung erlaubt: *rotes Gesicht in Abwesenheit von Fieber* (Capsicum, Ferrum, Phosphorus, Psorinum). Unter der Wirkung dieses Mittels habe ich gesehen, wie einige Kinder in den Monaten nach der Gabe ziemlich viele Pfund verloren haben; sie erlebten, daß sich ihr früherer Heißhunger über Nacht zu einem Abscheu gegen Fett verwandelt hatte."

Klinisches: Wachstumsschmerzen. Kopfschmerzen. Laryngismus stridulus. Einziehung der Hoden. Intertrigo. Adipositas.

Wirkungsbereich: Knochen. Kopf. Innerer Hals. Männliche Genitalien. Haut.

* * *

Entwicklung - langsam

ALLGEMEINES - Entwicklung - Entwicklungsstillstand (mrr1/1872)

Entwicklung - allgemein

ALLGEMEINES - Schmerz - Wachstumsschmerzen (bg2/1958)

Stillen - Magendarmsymptome - Appetit - vermindert

MAGEN - Appetit - vermindert (*/772)

Stillen - Allgemeines

SCHWEISS - Essen - beim - agg. (*/1786)

Konstitution - Angst und Furcht

GEMÜT - Feigheit (bg*/59)

Konstitution - Allgemeines

GEMÜT - Faulheit (j5/55)
• Unzufrieden (k/194)

Schule - Anstrengung; geistige

KOPF - Schmerz - geistige Anstrengung - agg. (k/328)

Nonverbales - Konsultation; bei der

HAUT - Intertrigo (k/1825)

Nonverbales - Äußerliches - Beobachtungen des Arztes

AUGE - Verklebt (a1/472)

GESICHT - Aufgesprungen - Lippen (*/579)
• Fettig (ptk1/593)
• Rissig - Lippen (bg2/613)

Nonverbales - Äußerliches - Beobachtungen der Eltern

MUND - Beißt - Wangen; sich in die - Sprechen oder Kauen; beim (c1*/640)
• *Beißt - Zunge; beißt sich auf die* (vk1/640)

SCHWEISS - Essen - beim - agg. (*/1786)

Körperliche Symptome und Erkrankungen

KEHLKOPF UND TRACHEA - Laryngismus stridulus (*/1145)

Chirurgisch pathologische Zustände

MÄNNLICHE GENITALIEN - Hochgezogen, an den Körper gezogen - Hoden (*/1068)

Oleum jecoris aselli

ol-j.

Atrophie bei Kleinkindern. Das Kind ist abgemagert und hat heiße Hände und einen heißen Kopf. Das Gesicht sieht alt aus und Haare wachsen im Gesicht. Das Kind ist blaß; kachektisch; mit großem, geschwollenem Bauch; vergrößerte Leber und geschwollene Mesenterialdrüsen.

Das Mittel kann bei abgemagerten, zwergwüchsigen, frierenden Babies und Kindern als allgemeine Anwendung eingesetzt werden.

Fächerartige Bewegung der Nasenflügel.

Bei *Rachitis* ist seine Heilwirkung oft wunderbar. Trousseau fand es nützlich bei Kindern mit unvollständiger Knochenbildung, Vergrößerung des Schädels mit Fortbestehen der Fontanellen, verzögerter oder verfrühter Zahnung, Vergrößerung der Leber und Bauchwassersucht.

Vermeulen nennt als Indikation „verzögertes Wachstum bei Kindern, die mit Medikamenten behandelt wurden, die Vitamin D enthalten."

Die Gliedmaßen der Kinder werden von *Wachstumsschmerzen* angegriffen, besonders in den Beinen und *Hüftgelenksleiden*.

Keuchhusten, wobei der Husten von Würgen begleitet wird.

Neigung zu Katarrh, Ruhelosigkeit und nachts fiebrig, mit Schweiß, hauptsächlich an Kopf, Hals und Händen; lebhafte Träume.

Die Kinder erleben oft stinkende, übelriechende Absonderungen aus dem Ohr.

Der Heißhunger, der oft bei rachitischen Kindern zu beobachten ist, wird vermindert.

Milchunverträglichkeit. Milchschorf bei Babies. Unverdauter Stuhl.

Klinisches: Atrophie bei Kleinkindern. Zwergwuchs. Wachstumsschmerzen. Gelenks- und Knochenerkrankungen. Rachitis. Katarrh. Keuchhusten. Milchschorf.

Wirkungsbereich: Knochen. Gelenke. Kopf. Bronchien. Bauchgegend. Leber.

* * *

Entwicklung - allgemein

EXTREMITÄTEN - Schmerz - Unterschenkel - Wachstumsschmerzen (lmj/1605)

Stillen - Milch

KOPF - Hautausschläge - Milchschorf (bg3*/290)

ALLGEMEINES - Speisen und Getränke - Milch - Abneigung (a1*/2000)

• *Speisen und Getränke - Milch - agg.* (*/2001)

Stillen - Magendarmsymptome - Appetit - vermehrt

MAGEN - *Appetit - Heißhunger* (k/769)

Infektionskrankheiten - Keuchhusten

HUSTEN - Keuchhusten (bro1/1197)

Nonverbales - Konsultation; bei der

OHR - Absonderungen - stinkend (hr1/498)

• Absonderungen - übelriechend (*/498)

Nonverbales - Äußerliches - Beobachtungen des Arztes

NASE - Bewegung - Nasenflügel - Fächer; wie ein (bg1/545)

GESICHT - Ausdruck - alt aussehend (k/580)

• Haare - Haarwuchs - Kindern, bei (*/637)

ALLGEMEINES - *Zwergwuchs* (*/2035)

Nonverbales - Äußerliches - Beobachtungen der Eltern

STUHL - Unverdaut (k/999)

Körperliche Symptome und Erkrankungen

MAGEN - *Würgen - Husten, mit* (k/846)

EXTREMITÄTEN - *Hüftgelenksentzündung* (k/1443)

ALLGEMEINES - *Abmagerung - Kindern; bei* (*/1845)

• *Abmagerung - Kindern; bei - Kleinkindern; bei* (br1*/1845)

Olibanum sacrum

olib-sac.

Kinder, die Olibanum sacrum benötigen, sind liebevoll, nachgiebig, schüchtern, mitfühlend, haben schnell Heimweh, sind gewissenhaft in Bezug auf Kleinigkeiten, theoretisieren, sind neugierig, empfindlich gegen alle äußeren Eindrücke und machen sich selbst Vorwürfe. Sie wollen liebkost werden, aber haben auch Abneigung gegen Gesellschaft.

Sie weinen schnell. Sie lieben es zu singen (manchmal sehr fröhlich) und tanzen, wenn sie Musik hören.

Auf der anderen Seite können sie unzufrieden sein, unordentlich, streitsüchtig, schwierig, verlogen und mißtrauisch, mit Mangel an Selbstvertrauen und ohne Pflichtgefühl.

Dieses Mittel hat Angst vor dem Fahren im Wagen (begleitet von Schwindel), die Kontrolle zu verlieren und zu versagen.

Zu weiteren Gemütssymptomen gehören: Sauberkeitswahn und Fehler beim Schreiben. Sollte bei *Autismus* in Betracht gezogen werden.

Stottern.

Die meisten körperlichen Symptome konzentrieren sich auf den Kopf: empfindlich gegen Kämmen der Haare; Torticollis mit Verdrehung nach rechts; verklebte Augen; Schniefen; Zähneknirschen und Aphthen im Mund. Weitere körperliche Symptome: unwillkürliches Urinieren beim Husten, Stuhl wie Schafskot und Intertrigo.

Sie bevorzugen es, in genupektoraler Lage oder auf dem Rücken zu schlafen.

Klinisches: Autismus. Stottern. Torticollis. Zähneknirschen. Aphthen. Unwillkürliches Urinieren. Husten. Intertrigo.

Wirkungsbereich: Muskeln. Zentralnervensystem. Mund. Zähne. Nieren. Bronchien. Haut.

* * *

Stillen - Magendarmsymptome - Appetit - vermindert

MAGEN - Appetit - fehlend - Hunger, mit (wmh1/768)

Stillen - Magendarmsymptome - Appetit - vermehrt

MAGEN - *Appetit - Heißhunger* (wmh1/769)

• Appetit - vermehrt (wmh1/770)

» vermehrt - Essen - nach (wmh1/772)

Konstitution - Angst und Furcht

Gemüt - Furcht - Kontrolle zu verlieren; die (wmh1/72)
• Furcht - Versagen, Mißerfolg; vor dem (wmh1/79)

Konstitution - Allgemeines

Gemüt - Gewissenhaft, peinlich genau in bezug auf Kleinigkeiten (wmh1/99)
• Heimweh (wmh1/107)
• Nachgiebigkeit (wmh1/134)
• Neugierig (wmh1/135)
• Pflicht - kein Pflichtgefühl (wmh1/136)
• Sauberkeit, Reinlichkeit - Reinlichkeitswahn, Putzwut (wmh1/153)
• Selbstvertrauen - Mangel an Selbstvertrauen (wmh1/161)
• *Theoretisieren* (wmh1/180)
• Unordentlich (wmh1/192)
• Unzufrieden (wmh1/194)
• Weinen - leicht (wmh1/246)
» Musik; durch (wmh1/247)

Familie; Beziehung zur - Liebe und Zuneigung

Gemüt - *Liebevoll, voller Zuneigung, herzlich* (wmh1/125)

Beziehung zu anderen - Aggressivität

Gemüt - Streitsüchtig (^/173)

Beziehung zu anderen - Reaktion auf andere

Gemüt - Autismus (wmh1/19)
• Gesellschaft - Abneigung gegen (wmh1/94)
• Schüchternheit, Zaghaftigkeit (^/158)

Beziehung zu anderen - allgemein

Gemüt - Argwöhnisch, mißtrauisch (wmh1/16)
• Empfindlich - äußerliche Eindrücke; gegen alle (wmh1/42)
• Lügner (wmh1/126)
• Mitgefühl, Mitleid (wmh1/130)
• Tadelt sich selbst, macht sich Vorwürfe (wmh1/179)

Schule - Angst

Gemüt - Furcht - Versagen, Mißerfolg; vor dem (wmh1/79)
• Selbstvertrauen - Mangel an Selbstvertrauen (wmh1/161)

Schule - Lernen - Schreiben

Gemüt - Fehler; macht - Schreiben, beim (wmh1/57)

Schule - Beziehung zu anderen

Gemüt - Lügner (wmh1/126)
Mund - Sprache - stotternd (wmh1/688)

Schule - Konstitution

Gemüt - Gewissenhaft, peinlich genau in bezug auf Kleinigkeiten (wmh1/99)
• Lügner (wmh1/126)
• Neugierig (wmh1/135)
• Selbstvertrauen - Mangel an Selbstvertrauen (wmh1/161)
• Unordentlich (wmh1/192)

Spielen

Gemüt - *Amüsement, Vergnügen - Verlangen nach* (mtf/4)
• Tanzen (wmh1/179)

Nonverbales - Reaktion auf andere

Gemüt - Liebkost zu werden; Liebkosungen - Verlangen, liebkost, gestreichelt zu werden (wmh1/126)

Nonverbales - Gesten, Gebärden

Gemüt - Ungeschicklichkeit (wmh1/192)

Nonverbales - Allgemeines

Gemüt - Singen (wmh1/163)
• Singen - ausgelassen, fröhlich (wmh1/163)

Nonverbales - Konsultation; bei der

Mund - Aphthen (wmh1/639)
Haut - Intertrigo (wmh1/1825)

Nonverbales - Äußerliches - Beobachtungen des Arztes

Auge - Verklebt (wmh1/472)
Nase - Schniefen (wmh1/568)
Äusserer Hals - Torticollis - rechts gezogen; nach (wmh1/761)

Nonverbales - Äußerliches - Beobachtungen der Eltern

Kopf - Empfindlichkeit - Kämmen, Bürsten der Haare; gegen (wmh1/283)
Zähne - Zähneknirschen (wmh1/718)
Magen - Brechreiz, Würgen (wmh1/784)
Stuhl - Schafskot, wie (wmh1/997)
Blase - Urinieren - unwillkürlich - Husten; agg. beim (wmh1/1020)

Nacht; Beobachtungen in der - Schlaf; Lage im

Schlaf - Lage - Knie - Brust; liegt auf Knien und (wmh1/1682)
• Lage - Rücken, auf dem (wmh1/1683)

Autos und Schiffe

Gemüt - Furcht - Fahren im Wagen; beim (wmh1/68)
Schwindel - Fahren, beim - Wagen, im - agg. (wmh1/265)

Onosmodium virginianum

onos.

Die Keynote des Mittels ist *mangelnde Fähigkeit zur Konzentration und Koordination.*

Es wirkt auf Muskeln und Nerven, mit Schwindel, Taubheit und Erschöpfung der Muskeln.

Koordinationsstörung bei Kindern.

Schneller Verstand, wenn es etwas tut, die Gedanken sind schnell. Das Kind schreibt sehr schnell, kann aber mit den Gedanken nicht Schritt halten. Es läßt Worte aus und kann sich nicht auf das Thema konzentrieren.

Die Bauchschmerzen, wie Krämpfe oder Koliken, bessern sich durch Beugen nach hinten oder Zusammenkrümmen oder durch Liegen auf dem Rücken.

Neigung zu Masturbation.

Klinisches: Bauchschmerzen. Migräne. Schwäche. Masturbation.

Wirkungsbereich: Abdomen. Kopf. Weibliche und männliche Genitalien.

* * *

Stillen - Magendarmsymptome - Appetit - vermindert

MAGEN - Appetit - vermindert (k/772)

Stillen - Magendarmsymptome - Appetit - vermehrt

MAGEN - Appetit - vermehrt (k/770)
- Appetit - vermehrt - Schlaf - Mittagsschlaf; agg. nach (k/772)

Stillen - Magendarmsymptome - Abdomen - agg. durch

ABDOMEN - Schmerz - Zusammenkrümmen - agg. (k/896)

Stillen - Magendarmsymptome - Abdomen - amel. durch

ABDOMEN - Schmerz - Beugen - hinten, nach - amel. - krampfartig (k/882)
- Schmerz - Liegen - Rücken; auf dem - amel. (k/889)

Schule - Lernen - Schreiben

GEMÜT - Fehler; macht - Schreiben, beim (k/57)
- Fehler; macht - Schreiben, beim - Gedanken; durch schnelle (a2*/57)
  - » Schreiben, beim - läßt etwas aus - Buchstaben (k/57)

Schule - Konstitution

GEMÜT - Hast, Eile - tut, womit er gerade beschäftigt ist; bei dem, was er (vml3/105)

Nonverbales - Gesten, Gebärden

GEMÜT - Launenhaftigkeit, launisch (bg2/123)

Nonverbales - Allgemeines

GEMÜT - Hast, Eile - tut, womit er gerade beschäftigt ist; bei dem, was er (vml3/105)

Nonverbales - Konsultation; bei der

OHR - *Entzündung - Processus mastoideus* (bro1/501)

Nonverbales - Äußerliches - Beobachtungen der Eltern

ABDOMEN - Schmerz - Beugen - hinten, nach - amel. (k/882)
- Schmerz - Beugen - hinten, nach - amel. - krampfartig (k/882)
  - » Liegen - Rücken; auf dem - amel. (k/889)
  - » Zusammenkrümmen - agg. (k/896)

MÄNNLICHE GENITALIEN - *Masturbation, Neigung zur - exzessiv* (mrr1/1071)

WEIBLICHE GENITALIEN - *Masturbation; Neigung zu* (mrr1/1104)

Opium

op.

Menschen mit hellem Haar und schlaffer Muskulatur. Die Haut des Kindes ist runzelig wie die eines alten Mannes. Die Kraft von Opium, jede Faser des Körpers zum Schrumpfen zu bringen, weist auf dessen Anwendung bei Marasmus von Kindern hin.

Unmittelbare Folgen von Schreck: Benommenheit mit innerlicher Hitze; Blutandrang zum Kopf; Trübsichtigkeit mit Zuckungen und Auffahren; Diarrhoe mit unwillkürlicher Darmentleerung; Erstickungsgefahr mit Angst; Taubheit und Torpor der Gliedmaßen.

Krämpfe, Epilepsie und Konvulsionen bei Kindern: durch das Näherkommen von Fremden, durch Saugen an der Brust, nachdem sich die Mutter erschreckt hatte; durch Weinen.

Während der *Konvulsionen* ist der Kopf nach hinten gezogen und die Augen sind halb offen und nach oben verdreht; tonische Spasmen, der ganze Körper ist steif; Schwäche mit kaltem Schweiß, Ohnmacht.

Hydrozephalus acutus: frühe und späte Stadien; tiefer und benommener Schlaf, mit rotem Gesicht; selbst nach dem Erwachen benommen; extrem scharfes Gehör. Das Kind scheint vor etwas Angst zu haben und fährt wie vor Schreck auf.

Autismus bei Kindern.

Darmkrämpfe; das Kind weint Tag und Nacht und ist nicht zu beruhigen. Nach jedem Anfall ist es blaß und einem Kollaps nahe; Durst, Erbrechen nach Trinken; harter, farbloser oder gelblicher oder grünlicher Stuhl; große Harnmenge; große Ängstlichkeit, besonders nachts; weit geöffnete Augen; es kauert sich zusammen und schwitzt. Immer, wenn es weint schrumpfen Hodensack und Penis, die Hoden werden in den Bauchring eingezogen und der Penis verschwindet völlig.

Erbrechen in der Sommerhitze; das Kind streckt Arme und Beine so weit möglich von sich und liegt dann erschöpft und hilflos da; der Unterkiefer fällt herab und die Augen sind nach oben verdreht; das Gesicht ist rot oder blaß; die Pupillen reagieren träge oder gar nicht. Dann zunehmender Stupor, wie unter Drogen.

Eine allgemeine Trägheit und Herabsetzung der Funktionen bei Kindern ruft die hartnäckigste Art von *Obstipation hervor, ohne jeden Stuhldrang, selbst wochenlang.* Die Lähmung des Darms führt zur *völligen Untätigkeit des Darms;* es kommt nur selten zu Stuhlgang, der Stuhl schlüpft zurück, nachdem er teilweise ausgetrieben wurde. Der produzierte Stuhl ist hart, rund, schwarze Kugeln wie Schafskot. Der Stuhl ist so trocken, daß die Kugeln ein Geräusch von sich geben, sobald sie ins Gefäß fallen.

Mangel an Empfindlichkeit im Darmkanal, mit Trockenheit der Schleimhäute sowohl des Darms wie auch von Mund und Rachen. Oder es kommt zu krampfhafter Stuhlverhaltung und Blähungsverhaltung; Schweregefühl im Bauch; Blutandrang zum Kopf; Schläfrigkeit. Obstipation in Verbindung mit Oophoritis oder Ovarialgie; Obstipation durch Schreck und Angst.

Unwillkürlicher Stuhl, besonders nach Schreck.

Ein weiterer Zustand, der häufig Opium anzeigt, ist *Intussuszeption bei Kindern.*

Im Schlaf: Rucken der Gliedmaßen, offener Mund, offene Augen, Schlafwandeln, *röchelnde Atmung;* manchmal vorübergehend aussetzende Atmung.

Sie wachen offensichtlich verängstigt auf, weinen und schreien und schließlich setzen Krämpfe ein. Das Kind zuckt von Kopf bis Fuß; wirft den Kopf nach hinten mit nach oben verdrehten Augen; offener Mund; bebendes Kinn, die Arme und Beine von sich gestreckt; gefolgt von tiefem Schlaf. Bei Neugeboren Schreien selbst während der Krämpfe. Träume von Katzen, Hunden und schwarzen Gestalten.

Klinisches: Marasmus bei Kindern. Stupor. Angst. Krämpfe. Konvulsionen. Meningitis. Hydrozephalus. Autismus. Schlafwandeln. Obstipation. Intussuszeption.

Wirkungsbereich: Zentralnervensystem. Abdomen. Rektum.

* * *

Krankengeschichte; familiäre und persönliche

ALLGEMEINES - *Familiengeschichte von - Apoplexie* (bro1/1878)

- Krankengeschichte von; persönliche - Antibiotika; von Benutzung von (gm1/1909)

Entwicklung - langsam

GEMÜT - Entwicklung; kindliche - Entwicklungsstillstand (wbt/47)

- Sprechen - langsam; lernt (wbt/168)

Entwicklung - allgemein

KOPF - Großer Kopf (bg2/289)

Zahnung - Gemütssymptome

GEMÜT - Reizbarkeit, Gereiztheit - Zahnung; während der (bro1/147)

Zahnung - Empfindungen und neurologische Beschwerden

ALLGEMEINES - Konvulsionen - Zahnung; während der (bro1*/1907)

Zahnung - Magendarmsymptome

REKTUM - Obstipation - Zahnung; während der (bro1/970)

Zahnung - Allgemeines

ZÄHNE - Zahnung - schwierig (b7/718)

Stillen - Gemütssymptome

GEMÜT - Essen - weigert sich zu (k/53)

Stillen - Milch

ABDOMEN - Schmerz - warm - Milch; warme - amel. (k/895)

- Schmerz - warm - Milch; warme - amel. - krampfartig (*/896)

ALLGEMEINES - Speisen und Getränke - Milch - amel. (stx1/2001)

- Speisen und Getränke - Milch - amel. - warme (stx1/2001)

Stillen - Magendarmsymptome - Appetit - allgemein

MAGEN - Appetit - veränderlich (bg1*/770)

Stillen - Magendarmsymptome - Appetit - vermindert

MAGEN - Appetit - fehlend (k/767)
• Appetit - fehlend - Hunger, mit (*/768)
» *schnelle Sättigung* (*/770)
» vermindert (*/772)

Stillen - Magendarmsymptome - Appetit - vermehrt

MAGEN - **Appetit - Genuß, ohne** (*/769)
• Appetit - Heißhunger (k/769)
» vermehrt (k/770)
» vermehrt - Essen - nach (dhh1/772)

Stillen - Magendarmsymptome - Aufstoßen - Speisen; von

MAGEN - *Aufstoßens; Art des - Speisen; von* (k/780)

Stillen - Magendarmsymptome - Schluckauf

MAGEN - Schluckauf - Essen - nach - agg. (*/810)

Stillen - Magendarmsymptome - Rektum

REKTUM - Obstipation - entfernt werden; Stuhl muß mechanisch (k2*/968)
• **Obstipation - Kindern, bei** (bg2*/969)
» **Kindern, bei - Kleinkindern, bei** (ggd1/969)
» **Kindern, bei - Neugeborenen, bei** (vh*/969)

Stillen - Allgemeines

ALLGEMEINES - Konvulsionen - Kindern, bei - stillt; während die zornige oder erschreckte Mutter (mtf33/1905)
• **Säuglinge** (kk2/1944)

Infektionskrankheiten - Masern

HUSTEN - Masern - nach (*/1202)
• *Masern - während* (*/1202)

FIEBER - Ausschlagsfieber; Fieber bei Ausschlagserkrankungen - Masern (k/1770)

HAUT - *Hautausschläge - Masern* (*/1817)

ALLGEMEINES - Masern - Beschwerden nach (bro1/1920)

Infektionskrankheiten - Mumps

GESICHT - Schmerz - Parotis (^/626)
• Schmerz - Parotis - wund schmerzend (*/627)

Infektionskrankheiten - Scharlach

URIN - Eiweißhaltig - Scharlach; nach (k/1046)

FIEBER - Ausschlagsfieber; Fieber bei Ausschlagserkrankungen - Scharlach (bro1/1770)

HAUT - *Hautausschläge - Scharlach - zurücktretend* (hr1/1821)

ALLGEMEINES - Wassersucht - äußere Wassersucht - Scharlach; nach (kr1/2024)

Infektionskrankheiten - Pocken

HAUT - Hautausschläge - Pocken (bro1/1819)

Infektionskrankheiten - Keuchhusten

HUSTEN - Keuchhusten (*/1197)

Konstitution - Aggressivität

GEMÜT - Schlagen - sich; schlägt - schlägt seinen Kopf gegen die Wand und gegen Gegenstände (wbt/154)
• Zorn - Kindern, bei (wbt/254)

Konstitution - Angst und Furcht

GEMÜT - **Beschwerden durch - Schreck** (*/25)
• Beschwerden durch - Schreck - Kindern; bei (mtf33/25)
• **Feigheit** (*/59)
• Furcht - Gespenstern; vor (bro1*/70)
• *Furchtlos* (h1*/80)
• **Gefahr - kein Gefühl für Gefahr; hat** (wbt*/87)
• *Mutig* (*/133)
• Schreckliches und traurige Geschichten greifen sie stark an (fry/156)
• Vorsichtig (bg2/205)

Konstitution - Allgemeines

GEMÜT - Beschwerden durch - Heimweh (ckh1/24)
• Entmutigt (a1/46)
• Faulheit (*/55)
• Heimweh (bg2*/107)
• Milde (*/130)
• Mürrisch - Kindern, bei (wbt/132)
• Selbstvertrauen - Mangel an Selbstvertrauen (k/161)
• Sorgen; voller (j5/164)
• Stimmung, Laune - veränderlich (jl/171)
• Theoretisieren (a1/180)
• Unaufmerksam (bg2/189)
• Unzufrieden (k/194)
• Verwegenheit (k/199)
• *Weinen - leicht* (gl1/246)
» Musik; durch (^/247)

Familie; Beziehung zur - Liebe und Zuneigung

GEMÜT - Eifersucht (*/40)
• Liebevoll, voller Zuneigung, herzlich (a1*/125)
• Verlassen zu sein; Gefühl (mtf/198)

Familie; Beziehung zur - Vorwürfe

GEMÜT - **BESCHWERDEN DURCH - TADEL (b2/25)**
• Beschwerden durch - Vorwürfe (ptk1/26)
• Ermahnungen - agg. (pt*/47)

Beziehung zu anderen - Aggressivität

GEMÜT - Grausamkeit (*/103)
• Schlagen (^/154)
» Kindern; bei (wbt/154)
» sich; schlägt (^/154)

» sich; schlägt - schlägt seinen Kopf gegen die Wand und gegen Gegenstände (wbt/154)
• Streitsüchtig (a1/173)
• Zorn - Widerspruch, durch (k/255)

Beziehung zu anderen - Reaktion auf andere

GEMÜT - Antworten - Abneigung zu antworten (k/14)
• *Antworten - falsch, unrichtig* (kr1/15)
» gefragt wird; antwortet nicht, wenn er (a/15)
» langsam (*/15)
» unfähig zu antworten (^/15)
• **Beschwerden durch - Scham** (hr1*/24)
• Gesellschaft - Abneigung gegen (*/94)
» Verlangen nach (^/95)
• Schüchternheit, Zaghaftigkeit (*/158)
• Widerspenstig (wbt/249)
• Widerspruch - verträgt keinen Widerspruch (k/249)

Beziehung zu anderen - allgemein

GEMÜT - *Argwöhnisch, mißtrauisch* (*/16)
• *Beleidigt, leicht* (^/20)
• Geheimnistuerisch, verschlossen (bg2/87)
• **Lügner** (kr1*/126)
» **lügt, sagt nie die Wahrheit, weiß nicht, was sie sagt** (bg2*/126)
• Sprache - hastig, eilig (bg2/167)
• *Tadelt sich selbst, macht sich Vorwürfe* (*/179)
• Unbarmherzig (bg2/189)
• Unverschämtheit (bg2/193)

Schule - Angst

GEMÜT - Selbstvertrauen - Mangel an Selbstvertrauen (k/161)
REKTUM - **Diarrhoe - Erregung, Aufregung agg.** (bg1*/952)
• *Diarrhoe - nervös, Gemütsbewegungen agg.* (bg3*/955)

Schule - Konzentration

GEMÜT - Konzentration - schwierig - Kindern, bei (wbt/117)
• Konzentration - schwierig - Studieren (wbt/117)
• **Stumpfheit - Lesen** (k/175)
» Studieren und Lernen; beim (rsj5/176)
• Unaufmerksam (bg2/189)

Schule - Lernen - allgemein

GEMÜT - Stumpfheit - Studieren und Lernen; beim (rsj5/176)

Schule - Lernen - Lesen

GEMÜT - **Stumpfheit - Lesen** (k/175)

Schule - Lernen - Schreiben

GEMÜT - Fehler; macht - Schreiben, beim (^/57)
• Fehler; macht - Schreiben, beim - läßt etwas aus - Buchstaben (a1/57)
• Schreiben - Talent zum flüssigen Schreiben (a1*/156)

Schule - Anstrengung; geistige

KOPF - Schmerz - geistige Anstrengung - agg. (k/328)
• Schmerz - Lesen, beim - agg. (k/332)
» Stirn - Lesen agg. (k/389)

Schule - Beziehung zu anderen

GEMÜT - **Beschwerden durch - Scham** (hr1*/24)
• **Lügner** (kr1*/126)
MUND - Sprache - stotternd (*/688)
• Sprache - stotternd - Kindern; bei (mtf33/688)

Schule - Vorwürfe

GEMÜT - **BESCHWERDEN DURCH - TADEL (b2/25)**
• Beschwerden durch - Vorwürfe (ptk1/26)
• Ermahnungen - agg. (pt*/47)

Schule - Konstitution

GEMÜT - Hast, Eile - tut, womit er gerade beschäftigt ist; bei dem, was er (*/105)
• **Lügner** (kr1*/126)
• Selbstvertrauen - Mangel an Selbstvertrauen (k/161)

Nonverbales - Aggressivität

GEMÜT - Beißen (k/20)
• *Beißen - Kindern; bei* (wbt/20)
» Menschen; beißt (wbt/20)
» sich selbst; beißt (k/20)
• Destruktivität, Zerstörungswut (*/38)
• Reißt an etwas - Gegenstände; zerreißt (k/142)

Nonverbales - Reaktion auf andere

GEMÜT - Furcht - Näherkommen, Annäherung von; vor - anderen, von (k/74)
• *Schamlos* (*/153)
» Kindern, bei (mtf33/153)

Nonverbales - Gesten, Gebärden

GEMÜT - *Auffahren, Zusammenfahren - Geräusche; durch* (k/17)
• Beißen - Finger; beißt (*/20)
» Hände; beißt (*/20)
• Grimassen (^/103)
• Klammert sich an - hält sich nach anderen fest (gl1/114)
• Launenhaftigkeit, launisch (k/123)
» weist Dinge zurück, die er haben wollte, sobald er sie bekommt (wbt/123)
• **Springen** (^/169)
• Ungeschicklichkeit (^/192)
• Verstecken - sich (mtf33/199)

Nonverbales - Allgemeines

GEMÜT - Hast, Eile - tut, womit er gerade beschäftigt ist; bei dem, was er (*/105)
• Possen, spielt (*/137)
» Kindern; bei (bt*/138)
• Ruhelosigkeit - Kindern, bei (wbt/151)
• Schreien - Kindern, bei (wbt/157)
• Singen (*/163)
» ausgelassen, fröhlich (bg2/163)
• Verzogene, mißratene Kinder (gl1/204)

Nonverbales - Konsultation; bei der

KOPF - Empfindlichkeit - Kopfhaut, der (br1/284)
• Hitze - Kälte - Extremitäten; mit Kälte der (bg2*/293)
OHR - *Absonderungen - Blut* (*/497)
• Absonderungen - eitrig (*/497)
• Entzündung - Mittelohr (wbt/501)
GESICHT - Schwellung - Unterkieferdrüsen (a1/631)
MUND - Herausstrecken, Vorstrecken - Zunge, der (*/665)
INNERER HALS - Schwellung - Tonsillen (k/747)
RÜCKEN - Krümmung der Wirbelsäule (k/1323)
EXTREMITÄTEN - Nägel; Beschwerden der - dünne Nägel (k/1664)
HAUT - Erysipel (br1*/1798)
• Hautausschläge - Urtikaria - Kindern; bei (bro1/1824)

Nonverbales - Äußerliches - Beobachtungen des Arztes

KOPF - Großer Kopf (bg2/289)
• *Halten - hoch, aufrecht zu halten; unfähig, den Kopf* (*/289)
AUGE - Strabismus, Schielen (*/467)
• Strabismus, Schielen - convergens (hr1/467)
• Verklebt (*/472)
NASE - Bohren mit den Fingern in der Nase (bg2/546)
• Geweitete Nasenlöcher (h1/550)
• Spitz (bg2/574)
• Zupfen - Nase, an der (k/578)
GESICHT - **Ausdruck - alt aussehend** (*/580)
• Ausdruck - alt aussehend - Kindern; bei (mtf33/580)
• Gerunzelt (*/594)
• *Hautausschläge - Akne* (*/595)
• Hippokratisches Gesicht (k/605)
• Rissig - Lippen (k/613)
» Mundwinkel (rsj5/614)
• *Venen, erweiterte* (*/634)
ÄUSSERER HALS - Torticollis (bg2/761)
ATMUNG - *Asphyxie - Kindern, Neugeborenen; bei* (*/1160)
• Asthma, asthmatische Atmung - Kindern; bei (hr1*/1162)
• *Atemnot, Dyspnoe, erschwertes Atmen - Kindern; bei* (wbt/1168)
• *Beschleunigt* (*/1174)
RÜCKEN - **Opisthotonus** (*/1325)
ALLGEMEINES - Aussehen - blühend, frisch (tl1/1854)
• Aussehen - hell, blond (c1/1855)
» hell, blond - schlaffer Faser, mit (mtf33/1855)
• Zyanose - Kindern; bei - Kleinkindern; bei (*/2035)

Nonverbales - Äußerliches - Beobachtungen der Eltern

AUGE - Verklebt - morgens (*/472)
NASE - Nasenbluten - Kindern; bei (ptk2/557)
MUND - *Beißt - Zunge; beißt sich auf die* (vk1/640)
ZÄHNE - Zähneknirschen (k/718)
MAGEN - Brechreiz, Würgen (k/784)
• *Schluckauf* (*/809)
» Erbrechen - nach (bg2/810)
» Essen - nach - agg. (*/810)
• *Völlegefühl - Essen - nach - agg.* (k/845)
ABDOMEN - *Schmerz - Zusammenkrümmen - amel.* (k/897)
• Schmerz - Zusammenkrümmen - muß sich zusammenkrümmen (pd/897)
REKTUM - *Unwillkürlicher Stuhl* (*/984)
STUHL - Kugeln, wie (k/996)
• Schafskot, wie (k/997)
• Unverdaut (k/999)
BLASE - Urinieren - unwillkürlich - Kindern; bei (mtf33/1020)
• **Urinieren - verzögert, muß warten, bis der Urin zu fließen beginnt** (k/1020)
» **verzögert, muß warten, bis der Urin zu fließen beginnt - pressen, bevor er damit beginnen kann; muß lange** (*/1021)
MÄNNLICHE GENITALIEN - *Masturbation, Neigung zur* (a1*/1071)
WEIBLICHE GENITALIEN - Masturbation; Neigung zu (a1/1104)
ATMUNG - **Schnarchen** (*/1180)
• Schnarchen - Kindern; bei (wbt/1180)

Nacht; Beobachtungen in der - Gemütssymptome

GEMÜT - Furcht - Dunkelheit; vor der (bro1/66)
• Furcht - Erwachen; beim - Traum; aus einem (gk/67)
• *Gesten, Gebärden; macht - Hände; unwillkürliche Bewegungen der - zupft - Bettwäsche; an der* (*/98)
» *Hände; unwillkürliche Bewegungen der - zupft - Bettwäsche; an der - Schweiß; beim* (bg2/98)
• Jammern - Schlaf, im (j5/113)

- **Schlafwandeln** (b7/154)
- *Sprechen - Schlaf; im* (*/169)
- Weinen - Wimmern, Winseln - nachts (j/248)
  - » *Wimmern, Winseln - Schlaf, im* (b7/248)

Nacht; Beobachtungen in der - körperliche Symptome

Kopf - Bohrt den Kopf in das Kissen (ptk1/282)

Mund - **Offen - Schlaf; agg. im** (*/669)

Blase - *Urinieren - unwillkürlich - nachts* (*/1019)
- Urinieren - unwillkürlich - nachts - spasmodisches Bettnässen (k/1019)

Nacht; Beobachtungen in der - Schlaf

Schlaf - *Einschlafen - Hitze - während - Kindern, bei* (kr1/1670)
- Erwachen - Schreck, wie durch (bg2*/1675)
- *Schlaflosigkeit - Kindern, bei* (b7a/1691)
  - » Kindern, bei - Neugeborenen; bei (kr1/1691)
- Schläfrigkeit - Kindern, bei (wbt/1699)

Nacht; Beobachtungen in der - Schlaf; Lage im

Schlaf - Lage - Beine - angezogen (k/1682)
- Lage - Rücken, auf dem (*/1683)
  - » Seite, auf der - linken Seite, auf der - unmöglich (a1/1683)

Autos und Schiffe

Magen - Erbrechen - Fahren im Wagen agg. (bro1/792)
- **Übelkeit - Fahren - Wagen; im - agg.** (b7a/836)
  - » **Seekrankheit** (b7a/839)

Schlaf - Schläfrigkeit - Fahren - agg. (k/1698)

Allgemeines - Fahren - Wagen; mit dem - agg. (*/1877)
- Fahren - Wagen; mit dem - amel. (jl/1877)

Psychosomatische Störungen

Rektum - **Diarrhoe - Erregung, Aufregung agg.** (bg1*/952)
- *Diarrhoe - nervös, Gemütsbewegungen agg.* (bg3*/955)

Allgemeines - Konvulsionen - Kindern, bei - Fremden; durch Näherkommen von (*/1905)
- **Konvulsionen - Schreck agg.** (*/1906)
  - » *Zorn; nach* (k/1907)

Körperliche Symptome und Erkrankungen

Kopf - *Entzündung - Gehirn* (*/284)
- *Entzündung - Hirnhaut* (*/284)
- *Hydrozephalus* (*/295)
  - » akut (mtf/295)
  - » chronisch (mtf/295)

Magen - *Langsame Verdauung* (st/805)

Rektum - *Cholera - infantum* (*/949)

Blase - *Harnverhaltung - Kindern, bei* (k/1005)
- Harnverhaltung - Kindern, bei - erkältet; jedesmal, wenn sich das Kind (k/1005)
  - » *Kindern, bei - Neugeborenen; bei - leidenschaftlichem Ausbruch der Stillenden; nach* (*/1005)
  - » Kindern, bei - Säuglingen; bei - Schreck der Mutter; nach (ptk1*/1005)

Nieren - Entzündung (k/1023)

Kehlkopf und Trachea - *Laryngismus stridulus* (*/1145)

Brust - Entzündung - Lungen - Kindern; bei - Kleinkindern; bei (k/1234)

Fieber - *Continua* (k/1772)

Allgemeines - *Abmagerung - Kindern; bei* (k/1845)
- Abmagerung - Kindern; bei - Kleinkindern; bei (bro1/1845)
- **Kindern; Beschwerden von** (*/1897)
- Konvulsionen - Hitze; während (*/1904)
  - » **Kindern, bei** (*/1905)
  - » *Kindern, bei - Kleinkindern, bei* (bg2*/1905)
- Medikamente - allopathische - Mißbrauch von (sf1/1921)
  - » allopathische - überempfindlich gegen - Influenza; Medikamente gegen (gm1/1921)
- **Schmerzlosigkeit gewöhnlich schmerzhafter Beschwerden** (*/1971)

Chirurgisch pathologische Zustände

Abdomen - **Darmverlegung, Obstruktionsileus** (*/857)
- Entzündung - Peritoneum (bro1*/860)
- Hernie - eingeklemmt, inkarzeriert (bro1*/868)
  - » *Leistenhernie* (*/868)
  - » **Leistenhernie - eingeklemmt, inkarzeriert** (b7/868)
  - » Leistenhernie - entzündet (k/868)
  - » *Nabelbruch* (*/868)
- **Intussuszeption** (*/869)

Origanum majorana

orig.

Es wirkt allgemein auf das Nervensystem und wirkt bei Masturbation und übermäßig erregtem Sexualtrieb. Junge Mädchen haben *eine große Tendenz zu masturbieren* (sie reiben auch die Beine gegeneinander), auf Grund von Jucken der Vulva, verbunden mit Nymphomanie und vermehrtem sexuellen Verlangen.

Bei jungen Mädchen ist die Erotomanie manchmal mit Suizidneigung verbunden.

Das Verlangen zu masturbieren ergreift manchmal auch männliche und idiotische Kinder.

Diese Kinder können frühreif sein, lieben es zu tanzen und sind oft unzufrieden.

Klinisches: Masturbation. Erotomanie.

Wirkungsbereich: Weibliche und männliche Genitalien. Nervensystem.

* * *

Entwicklung - schnell

GEMÜT - Frühreife, altkluge Kinder (lmj/63)

Konstitution - Allgemeines

GEMÜT - *Impulse, Triebe; krankhafte - laufen; zu* (a1*/112)

• Unzufrieden (k/194)

Beziehung zu anderen - allgemein

GEMÜT - *Nymphomanie - jungen Mädchen; bei einem* (hr1*/135)

Spielen

GEMÜT - *Tanzen* (mrr1/179)

Nonverbales - Äußerliches - Beobachtungen der Eltern

MAGEN - Schluckauf (a1/809)

MÄNNLICHE GENITALIEN - **Masturbation, Neigung zur** (*/1071)

WEIBLICHE GENITALIEN - **Masturbation; Neigung zu** (*/1104)

• *Masturbation; Neigung zu - Jucken, durch - Vagina; in der - Kindern; bei* (bro1/1104)

» **Kindern; bei** (mrr1/1104)

» Kindern; bei - reiben die Oberschenkel aneinander (mrr1/1104)

• **Sexuelles Verlangen - vermehrt - Mädchen, bei kleinen** (sne/1135)

Osmium metallicum

osm.

Gewöhnlich hat dieses Mittel dunklen Teint.

Diese Kinder sind faul und schüchtern, aber auch *eigensinnig und ertragen keinen Widerspruch.* Sie haben Angst vor hochgelegenen Orten.

Das Mittel greift die *Atemwege* und die Luftröhre an. Reizung und Katarrh der Atmungsorgane. Akute Laryngitis: Husten und Auswurf zähen, fadenziehenden Schleims. Heiserkeit: Schmerzen im Kehlkopf, besonders beim Sprechen. Keuchhusten mit Gefühl, als habe sich etwas losgerissen.

Die Nase ist oft verstopft, manchmal durch vorhandene Adenoide, so daß Kinder schniefen müssen.

Der Appetit fehlt oder ist vermindert.

Weitere Symptome sind *Ekzem,* Albuminurie, Bauchhernie und Varikozele.

Klinisches: Adenoide. Keuchhusten. Bauchhernie. Varikozele.

Wirkungsbereich: Nase. Bronchien. Abdomen. Männliche Genitalien. Haut.

* * *

Stillen - Magendarmsymptome - Appetit - vermindert

MAGEN - Appetit - fehlend (k/767)

• *Appetit - vermindert* (lgb1/772)

Infektionskrankheiten - Keuchhusten

HUSTEN - Keuchhusten - losgerissen; mit einem Gefühl wie (ptk1/1198)

Konstitution - Angst und Furcht

GEMÜT - Beeindrucken, empfänglich für Eindrücke; leicht zu (^/19)

Konstitution - Allgemeines

GEMÜT - Faulheit (k/55)

Nonverbales - Konsultation; bei der

EXTREMITÄTEN - Nägel; Beschwerden der - Wachstum der Nägel - Hautfalte bleibt fest mit dem wachsenden Nagel verbunden (br1*/1666)

Nonverbales - Äußerliches - Beobachtungen des Arztes

KOPF - Schuppen (mtf11/402)

NASE - Schniefen (bg3*/568)

Nonverbales - Äußerliches - Beobachtungen der Eltern

NASE - Verstopfung - Kindern; bei (ptk1/577)

MAGEN - *Völlegefühl - Essen - nach - agg.* (lgb1/845)

Chirurgisch pathologische Zustände

NASE - Rachenmandelwucherung (c2/561)

ABDOMEN - Hernie (c2/867)

MÄNNLICHE GENITALIEN - Varikozele (*/1085)

Oxalicum acidum

ox-ac.

Das am häufigsten geschilderte Erscheinungsbild ist ein hippokratisches Gesicht, gerunzelte Augenbrauen und Stirn, erweiterte Nasenlöcher (auf Grund beschleunigter Atmung).

Die Charakteristika des Gemütszustands können als allgemeiner Zustand von Angst und Aufregung zusammengefaßt werden. Tatsächlich leiden Kinder an *hypochondrischer Angst* und *Beschwerden durch Erwartungsspannung* (Schreck) und fahren durch

Geräusche und Schläge auf. Manchmal können sie liebevoll und verspielt sein.

Konzentrationsschwierigkeiten beim Lernen und langsames Antworten.

Kopfschmerzen als Folge geistiger Anstrengung.

Oxalicum acidum ist angezeigt bei Meningitis.

Hautausschläge oder geflecktes Aussehen der Haut, in kreisrunden Flecken.

Aphthen können im Mund auftreten, aber besonders auf der Zunge, die eine Landkartenzunge sein kann.

Die Zähne sind hohl oder kariös.

Die bevorzugte Schlafposition der Kinder ist auf dem Rücken oder mit hochgezogenen Beinen.

Der Appetit kann fehlen, mit Durst oder vermehrt sein mit Heißhunger, besonders vor Mitternacht. Der Verdauungskanal kann betroffen sein von: Schluckauf (typischerweise nach Aufstoßen), Bauchhernie und unverdauter oder unwillkürlicher Stuhl (nachts kann es auch zu unwillkürlichem Urinieren kommen).

Klinisches: Angst. Kopfschmerzen. Meningitis. Hautausschläge. Aphthen. Zahnkaries. Schluckauf. Bauchhernie. Unwillkürlicher Stuhl und unwillkürliches Urinieren.

Wirkungsbereich: Zentralnervensystem. Kopf. Haut. Mund. Zähne. Abdomen. Rektum. Nieren.

* * *

Stillen - Magendarmsymptome - Appetit - vermindert

MAGEN - Appetit - fehlend (k/767)
- Appetit - fehlend - Durst - mit (k/768)

Stillen - Magendarmsymptome - Appetit - vermehrt

MAGEN - Appetit - Heißhunger (k/769)
- Appetit - vermehrt (k/770)
  » vermehrt - nachts - Mitternacht - vor - 23 h (k/771)

Stillen - Magendarmsymptome - Schluckauf

MAGEN - Schluckauf - Aufstoßen - nach (hr1/809)

Konstitution - Angst und Furcht

GEMÜT - Angst - hypochondrisch (sf1/11)
- Beschwerden durch - Erwartungsspannung (sf1/23)
- Erwartungsspannung - Lampenfieber (fry/53)

Konstitution - Allgemeines

GEMÜT - Faulheit (a1/55)

Familie; Beziehung zur - Liebe und Zuneigung

GEMÜT - Liebevoll, voller Zuneigung, herzlich (k/125)

Beziehung zu anderen - Aggressivität

GEMÜT - Schlagen (^/154)

Beziehung zu anderen - Reaktion auf andere

GEMÜT - Antworten - langsam (k/15)

Schule - Angst

GEMÜT - Beschwerden durch - Erwartungsspannung (sf1/23)

Schule - Konzentration

GEMÜT - Konzentration - schwierig - Studieren (k/117)

Schule - Anstrengung; geistige

KOPF - Schmerz - geistige Anstrengung - agg. (k/328)

Spielen

GEMÜT - Spielen - Verlangen zu spielen (k/166)
- Verspielt (*/199)

Nonverbales - Gesten, Gebärden

GEMÜT - Auffahren, Zusammenfahren - Geräusche; durch (k/17)

Nonverbales - Konsultation; bei der

MUND - Aphthen (*/639)
- Aphthen - Zunge (*/640)
- Landkartenzunge (bg2*/668)

HAUT - Intertrigo (bro1/1825)

Nonverbales - Äußerliches - Beobachtungen des Arztes

NASE - Geweitete Nasenlöcher (k/550)

GESICHT - Gerunzelt - Augenbrauen (k/594)
- Gerunzelt - Stirn, Stirnrunzeln (k/594)
- Hippokratisches Gesicht (k/605)

ATMUNG - Beschleunigt (*/1174)

Nonverbales - Äußerliches - Beobachtungen der Eltern

MAGEN - Schluckauf (*/809)
- Schluckauf - Aufstoßen - nach (hr1/809)

REKTUM - *Unwillkürlicher Stuhl* (*/984)

STUHL - Unverdaut (*/999)

Nacht; Beobachtungen in der - körperliche Symptome

BLASE - Urinieren - unwillkürlich - nachts (k/1019)

Nacht; Beobachtungen in der - Schlaf; Lage im

SCHLAF - Lage - Beine - angezogen (k/1682)
- Lage - Rücken, auf dem (*/1683)

Körperliche Symptome und Erkrankungen

KOPF - Entzündung - Gehirn (bro1/284)
- *Entzündung - Hirnhaut* (c2/284)

ZÄHNE - Karies, faule, hohle Zähne (k/700)

Rektum - Cholera - infantum (c2*/949)

Chirurgisch pathologische Zustände

Abdomen - Hernie (c2*/867)

Oxalis acetosella

oxal-a.

Angst um die Familie, vor dem Alleinsein und Abneigung gegen Gesellschaft.

Ungeschicklichkeit und Pedanterie; macht sich selbst Vorwürfe und ist empfindlich gegen Rügen - das sind einige der Charakteristika der Gemütsverfassung von Oxalis acetosella, das eine ist das Gegenteil des anderen.

Auch der Appetit wechselt.

Zu den körperlichen Symptomen des Mittels gehören Akne am Rücken und Stuhl wie Kugeln.

Schläft auf der Seite.

Klinisches: Akne.

Wirkungsbereich: Haut.

* * *

Stillen - Magendarmsymptome - Appetit - vermindert

Magen - Appetit - vermindert (rly4/772)

Stillen - Magendarmsymptome - Appetit - vermehrt

Magen - Appetit - vermehrt (rly4/770)

Stillen - Magendarmsymptome - Abdomen - agg. durch

Abdomen - Schmerz - Druck - agg. (^/883)

Konstitution - Angst und Furcht

Gemüt - Furcht - allein zu sein (rly4/64)
• Furcht - Geräusche, durch (rly4/69)

Konstitution - Allgemeines

Gemüt - Heikel, pingelig (rly4/106)

Familie; Beziehung zur - Liebe und Zuneigung

Gemüt - Angst - Familie, um seine (rly4/9)

Familie; Beziehung zur - Vorwürfe

Gemüt - Empfindlich - Vorwürfe; gegen (rly4/45)

Beziehung zu anderen - Reaktion auf andere

Gemüt - Gesellschaft - Abneigung gegen (rly4/94)

Beziehung zu anderen - allgemein

Gemüt - Tadelt sich selbst, macht sich Vorwürfe (rly4/179)

Schule - Vorwürfe

Gemüt - Empfindlich - Vorwürfe; gegen (rly4/45)

Schule - Konstitution

Gemüt - Heikel, pingelig (rly4/106)

Nonverbales - Gesten, Gebärden

Gemüt - Ungeschicklichkeit (rly4/192)

Nonverbales - Konsultation; bei der

Abdomen - Schmerz - Druck - agg. (^/883)
Rücken - Hautausschläge - Akne (rly4/1316)

Nonverbales - Äußerliches - Beobachtungen der Eltern

Stuhl - Kugeln, wie (rly4/996)

Nacht; Beobachtungen in der - Gemütssymptome

Gemüt - Furcht - allein zu sein - nachts (rly4/64)

Nacht; Beobachtungen in der - Schlaf; Lage im

Schlaf - Lage - Seite, auf der (rly4/1683)

Oxygenium

oxyg.

Bereits das Kind zeigt die *Neigung, alles immer sofort haben zu wollen; es kann nicht warten und hört nicht auf, danach zu verlangen.*

Sie haben Verlangen nach Gesellschaft und Unterstützung, weil es ihnen an Selbstvertrauen fehlt.

Sie haben *viele Ängste* (Versagen, offene Orte, Nadeln, Armut, Räuber, Fremde), aber sie sind eigensinnig, schnell beleidigt und selbstsüchtig; auch schüchtern und faul.

Das Mittel kann nützlich sein bei *Keuchhusten* und bei *Aphthen* im Mund.

Klinisches: Keuchhusten. Aphthen.

Wirkungsbereich: Bronchien. Mund.

* * *

Infektionskrankheiten - Keuchhusten

Husten - Keuchhusten (c2/1197)

Konstitution - Angst und Furcht

Gemüt - *Furcht - Armut, vor* (stj2/65)
• Furcht - Nadeln, vor (stj/73)
» offenen Plätzen; Furcht vor (stj/74)
» Versagen, Mißerfolg; vor dem (stj2/79)

Konstitution - Allgemeines

Gemüt - *Faulheit* (stj/55)
• *Furcht - Armut, vor* (stj2/65)
• *Selbstsucht, Egoismus* (stj/161)
• Selbstvertrauen - Mangel an Selbstvertrauen (^/161)
» Mangel an Selbstvertrauen - Unterstützung, Zuwendung; möchte (stj2/161)

Beziehung zu anderen - Reaktion auf andere

GEMÜT - Gesellschaft - Verlangen nach (^/95)
• Schüchternheit, Zaghaftigkeit (stj2/158)

Beziehung zu anderen - allgemein

GEMÜT - Beleidigt, leicht (stj2/20)
• *Furcht - Räubern, vor* (stj/74)

Schule - Angst

GEMÜT - Furcht - Versagen, Mißerfolg; vor dem (stj2/79)
• Selbstvertrauen - Mangel an Selbstvertrauen (^/161)

Schule - Konstitution

GEMÜT - Eigensinnig, starrköpfig, dickköpfig (stj2/41)
• Selbstvertrauen - Mangel an Selbstvertrauen (^/161)

Nonverbales - Reaktion auf andere

GEMÜT - Furcht - Fremden; vor (stj2/68)

Nonverbales - Allgemeines

GEMÜT - Eigensinnig, starrköpfig, dickköpfig (stj2/41)

Nonverbales - Konsultation; bei der

MUND - Aphthen (c2/639)

Ozonum

ozone

Das Aussehen des Gesichtes dieser Kinder ist eigentümlich: gerunzelt, fettig, mit aufgesprungenen Lippen, Akne, Aphthen auf den Lippen, im Mund und auf der Zunge und mit Schwellung der Halsdrüsen, die bei Berührung schmerzen.

Der Patient, der Ozonum benötigt, kann unkompliziert sein. Sie sind sehr empfindlich gegenüber (hohen oder niedrigen) Temperaturen, in Bezug auf die Menge an Streß, die sie bewältigen können und gegenüber Gerüchen (aber sie können unangenehmen Körpergeruch haben).

Sie zeigen entweder sehr viel oder sehr wenig Energie. Dieses Merkmal kann sich in der Arbeit oder in der Beziehung zu Menschen äußern.

Sie können Einzelgänger sein, unabhängig, introvertiert, die in einer Gruppe nicht gut zurecht kommen, individualistisch sind und eventuell Probleme haben, sich auf ein Thema zu konzentrieren. Auf der anderen Seite können sie auch versuchen, sich jemandem anzuschließen. Es kann sein, daß sie mit Anderen zusammen sein müssen, um neue Einfälle zu bekommen. Sie können in einer Vielzahl kreativer Projekte involviert sein. Gesellschaft bessert.

Sie können offene Orte, die Natur und die Freiheit mögen.

Es wurden viele Gemütszeichen und -symptome während der Prüfung gesammelt: Angst (in der Dunkelheit und beim Erwachen aus schrecklichen Träumen), Kühnheit, Launenhaftigkeit, Konzentrationsschwierigkeiten beim Lernen und Fehler beim Schreiben, Unaufmerksamkeit, Mangel an Selbstvertrauen, Gewissenhaftigkeit in Bezug auf Kleinigkeiten, Neigung zu widersprechen, große Freude am Tanzen und Singen, Destruktivität, Herrschsucht, Unzufriedenheit, Angst, die Kontrolle zu verlieren, Verlassenheitsgefühl, Faulheit, schwankende Laune, Streitsucht, Selbstsucht, Empfindlichkeit gegenüber Rügen und Unhöflichkeit, Schlagen der eigenen Person (schlägt den Kopf gegen die Wand oder Gegenstände), Abneigung gegen Berührung, Weinen wenn allein, Besserung durch Trost und Nachgiebigkeit.

Die klinische Pathologie von Ozonum kann mit *Atmung, Leber, Infektionen* und *chronischem Ermüdungssyndrom* verbunden sein.

Aus körperlicher Sicht ist Ozonum nützlich bei *Sinusitis, Tonsillitis, Kopfschmerzen durch geistige Anstrengung,* Beschwerden durch das Herauskommen der Weisheitszähne und Beschwerden der Nägel.

Knaben haben *große Neigung zu masturbieren.*

Der Appetit kann unersättlich sein, mit Heißhunger oder er fehlt.

Dem Kind kann beim Fahren im Auto übel werden.

Würgen beim Husten.

Verlangen nach Milch, besser, wenn sie kalt ist.

Lage im Schlaf: auf dem Rücken, mit den Händen über dem Kopf.

Klinisches: Asthma. Husten. Sinusitis. Tonsillitis. Chronisches Ermüdungssyndrom. Drüsenschwellungen. Angst. Kopfschmerzen. Beschwerden durch Herauskommen der Weisheitszähne. Akne. Aphthen. Beschwerden der Nägel. Übelkeit. Diarrhoe.

Wirkungsbereich: Gemüt. Atmung. Magen. Leber. Drüsen. Kopf. Mund. Zähne. Innerer Hals. Nägel.

* * *

Zahnung - Allgemeines

ZÄHNE - Weisheitszähne; Beschwerden durch das Heraustreten der (sde2/718)

Stillen - Milch

ALLGEMEINES - Speisen und Getränke - Milch - Verlangen (sde/2001)
- Speisen und Getränke - Milch - Verlangen - kalte (sde2*/2001)

Stillen - Magendarmsymptome - Appetit - vermindert

MAGEN - Appetit - fehlend (sde2/767)

Stillen - Magendarmsymptome - Appetit - vermehrt

MAGEN - Appetit - Heißhunger - Diarrhoe - bei (sde2/769)
- Appetit - unstillbar (sde2/770)
  » vermehrt (sde2/770)

Konstitution - Aggressivität

GEMÜT - Schlagen - sich; schlägt - schlägt seinen Kopf gegen die Wand und gegen Gegenstände (sde2/154)

Konstitution - Angst und Furcht

GEMÜT - Beschwerden durch - Erwartungsspannung (sde2/23)
- Furcht - Geräusche, durch (^/69)
  » Selbstkontrolle zu verlieren; die (sde2/75)
- Furchtlos (sde2/80)
- Schreckliches und traurige Geschichten greifen sie stark an (sde2/156)

Konstitution - Allgemeines

GEMÜT - Ehrgeiz - erhöht, vermehrt, sehr ehrgeizig (sde2/40)
- Faulheit (sde2/55)
- Gewissenhaft, peinlich genau in bezug auf Kleinigkeiten (sde2/99)
- Nachgiebigkeit (sde2/134)
- Selbstsucht, Egoismus (sde2/161)
- Selbstvertrauen - Mangel an Selbstvertrauen (sde2/161)
- Sorgen; voller (^/164)
- Stimmung, Laune - veränderlich (sde2/171)
- Unaufmerksam (sde2/189)
- Unzufrieden (^/194)
- Verwegenheit (sde2/199)

Familie; Beziehung zur - Aggressivität

GEMÜT - Empfindlich - Grobheiten; gegen (sde2*/44)

Familie; Beziehung zur - Liebe und Zuneigung

GEMÜT - Eifersucht (sde2/40)
- Verlassen zu sein; Gefühl (sde2/198)

Familie; Beziehung zur - Vorwürfe

GEMÜT - Empfindlich - Vorwürfe; gegen (sde2/45)

Beziehung zu anderen - Aggressivität

GEMÜT - Schlagen (^/154)
- Schlagen - sich; schlägt (^/154)
  » sich; schlägt - schlägt seinen Kopf gegen die Wand und gegen Gegenstände (sde2/154)
- Streitsüchtig (sde2/173)

Beziehung zu anderen - Reaktion auf andere

GEMÜT - Antworten - gefragt wird; antwortet nicht, wenn er (sde2/15)
- Gesellschaft - Abneigung gegen (sde2/94)
- Weinen - Trost - amel. (sde2/248)
- Widerspruch - Neigung zu widersprechen (sde2*/249)

Beziehung zu anderen - allgemein

GEMÜT - Unbarmherzig (sde2/189)
- Weinen - allein, wenn (sde2/245)

Schule - Angst

GEMÜT - Beschwerden durch - Erwartungsspannung (sde2/23)
- Selbstvertrauen - Mangel an Selbstvertrauen (sde2/161)

Schule - Konzentration

GEMÜT - Konzentration - schwierig - Studieren (sde2/117)
- Unaufmerksam (sde2/189)

Schule - Lernen - Schreiben

GEMÜT - Fehler; macht - Schreiben, beim (sde2/57)
- Fehler; macht - Schreiben, beim - falsch - Worte (sde2/57)
  » Schreiben, beim - läßt etwas aus - Silben (sde2/57)
  » Schreiben, beim - verwechselt Buchstaben (sde2/58)

Schule - Anstrengung; geistige

KOPF - Schmerz - geistige Anstrengung - agg. (sde2/328)

Schule - Vorwürfe

GEMÜT - Empfindlich - Grobheiten; gegen (sde2*/44)
- Empfindlich - Vorwürfe; gegen (sde2/45)

Schule - Konstitution

GEMÜT - Gewissenhaft, peinlich genau in bezug auf Kleinigkeiten (sde2/99)
- Selbstvertrauen - Mangel an Selbstvertrauen (sde2/161)

Spielen

GEMÜT - Tanzen (sde2/179)

Nonverbales - Aggressivität

Gemüt - Destruktivität, Zerstörungswut (sde2/38)
• Diktatorisch (sde2/39)
• Stoßen, treten, austreten (sde2/172)

Nonverbales - Reaktion auf andere

Gemüt - Berührtwerden - Abneigung berührt zu werden (sde2/21)

Nonverbales - Gesten, Gebärden

Gemüt - Launenhaftigkeit, launisch (sde2/123)

Nonverbales - Allgemeines

Gemüt - Singen (sde2/163)

Nonverbales - Konsultation; bei der

Gesicht - Schwellung - Unterkieferdrüsen (sde2/631)
Mund - Aphthen (sde2/639)
• Aphthen - weiß (sde2/640)
» Zunge (sde2/640)
Innerer Hals - Belag - Tonsillen (sde2/721)
• Belag - Tonsillen - rechts (sde2/721)
Äusserer Hals - Schwellung - Halsdrüsen (sde2/760)
• Schwellung - Halsdrüsen - schmerzhaft - Berührung; bei (sde2/760)
Extremitäten - Nägel; Beschwerden der - spröde, brüchige Nägel - Fingernägel (sde2/1665)
• Nägel; Beschwerden der - spröde, brüchige Nägel - Zehennägel (sde2/1665)

Nonverbales - Äußerliches - Beobachtungen des Arztes

Gesicht - Aphthen - Lippen, an den (sde2/579)
• Fettig (sde2/593)
• Gerunzelt (sde2/594)
• Hautausschläge - Akne (sde2/595)
• Rissig - Lippen (sde2/613)
» Lippen - Unterlippe (sde2/613)
Extremitäten - Farbe - Finger - Fingernägel - weiß - Flecken (sde2/1409)

Nonverbales - Äußerliches - Beobachtungen der Eltern

Stuhl - Kugeln, wie (sde2/996)
Blase - Urinieren - verzögert, muß warten, bis der Urin zu fließen beginnt (sde2/1020)
Männliche Genitalien - Masturbation, Neigung zur (sde2/1071)
Extremitäten - Nägel; Beschwerden der - Wachstum der Nägel - schnell - Fingernägel (sde2/1666)

Nacht; Beobachtungen in der - Gemütssymptome

Gemüt - Angst - Dunkelheit; in der (sde2/8)
• Furcht - Dunkelheit; vor der (sde2/66)
» Erwachen; beim - Traum; aus einem (sde2/67)

Nacht; Beobachtungen in der - Schlaf

Schlaf - Erwachen - Schreck, wie durch (sde2/1675)

Nacht; Beobachtungen in der - Schlaf; Lage im

Schlaf - Lage - Rücken, auf dem - Hände - Kopf - über dem Kopf (sde2/1683)

Autos und Schiffe

Magen - Übelkeit - Fahren - Wagen; im - agg. (sde2/836)

Körperliche Symptome und Erkrankungen

Nase - Katarrh - gefolgt von - Stirnhöhlen; Beschwerden der (sde2/553)
Magen - Würgen - Husten, mit (sde2/846)

Palladium metallicum

pall.

Gewöhnlich sind sie *autoritär, empfindlich, argwöhnisch, ehrgeizig* und vor allen Dingen *eingebildet.* Jan Scholten schrieb: „Ihre Art, sich in Szene zu setzten, spricht für sich selbst, *sie sind dazu geschaffen, etwas aufzuführen.* Schon in der Kindheit haben sie es geliebt, Theater zu spielen und sie *lieben es, im Zentrum der Aufmerksamkeit zu stehen.* Sie wissen kaum, was Lampenfieber ist und sie schwelgen in der Aufmerksamkeit, die sie erhalten, *alle Augen und Ohren müssen auf sie gerichtet sein.*"

Das Hauptthema dieses Mittels ist *„Verlangen nach der guten Meinung anderer"* und wegen ihrer Geisteshaltung ertragen sie keine Vorwürfe und leiden, wenn ihr Stolz verletzt wird.

Manchmal können sie frech, spöttisch, unverschämt und streitsüchtig sein, aber Palladiums herablassende Haltung steht in Verbindung mit dem, was sie von anderen erwarten; selten fühlen sie sich wirklich überlegen, daher ist es eine Art passiver Arroganz, eine aggressive Haltung, die sich von Platinum unterscheidet.

Dr. Patrick schrieb: „Verletzter Stolz! Wie spitz ist der Stachel und wie demütigend die Kränkung! Und doch ist der erste Schritt zum Wissen hin die Erkenntnis, wie wenig man wirklich weiß. Stolz, Einbildung, Egotismus - diese selbstgemachten Tyrannen sind genauso unsere Feinde wie irgendein Despot oder Diktator in menschlicher Gestalt und müssen besiegt werden, bevor man auf dem Weg, der zur Befreiung führt, vorankommen kann. Und doch haben wir Mittel, die Stürme seelischer Konflikte zu heilen. Zu den weniger bekannten davon gehört Palladium, reich an Gemütssymptomen und wert, genau studiert zu werden. Palladium ist eines der Mittel, die oft übersehen werden, wenn seiner Schwester Platinum der Vorzug gegeben wird. *Diejenigen, die es personifizieren wollen, könnten an die grüne Göttin Pallas Athene denken, die von ihren Anhängern vernachlässigt wird.*"

Pallas Athene war aus Zeus Kopf geboren und dies könnte mit der Tatsache in Verbindung stehen, daß Palladium-Kinder dazu neigen, ihren Körper zu verleugnen und andere mit der Klarheit ihres Verstandes zu verführen, vor allem den Vater.

Es ist ein *spezieller Tropismus für die weiblichen Geschlechtsorgane* vorhanden, daher ist es leichter bei heranwachsenden Mädchen oder erwachsenen Frauen zu finden. Das *rechte Ovar* leidet oft unter Schmerzen, die durch Druck, Massage und Liegen auf der linken Seite besser werden und durch Anstrengungen, Erschütterungen oder Husten schlechter werden. Bei Ovarialzysten, besonders der rechten Seite, muß man es von Apis, Lycopodium, Platinum und Podophyllum abgrenzen. Schneidende Schmerzen im Uterus, besser durch Stuhlgang.

Die *Kopfschmerzen* von Palladium werden quer über den Scheitel gespürt, von einem Ohr zum anderen. *Die Schmerzen sind wie alle Schmerzen dieses Mittels flüchtig und vorübergehend und werden durch harten Druck und Reiben gebessert.*

Jucken am ganzen Körper beim und nach dem Entkleiden; Kribbeln wie durch Flöhe an verschiedenen Stellen, Rücken, Arme, Bauch, Oberschenkel und Knöchel.

Klinisches: Kopfschmerzen. Obstipation. Ovarialleiden. Jucken.

Wirkungsbereich: Ovarien. Uterus. Gemüt. Haut.

* * *

Stillen - Milch

ALLGEMEINES - Speisen und Getränke - Milch - Abneigung (stj2/2000)
• Speisen und Getränke - Milch - agg. (stj2/2001)

Stillen - Magendarmsymptome - Abdomen - amel. durch

ABDOMEN - Schmerz - Liegen - Seite; auf der - linken; auf der - amel. (k/889)
• Schmerz - Wärme - amel. (k/896)

Konstitution - Angst und Furcht

GEMÜT - Furcht - engen Räumen; in (stj2/67)
• Furcht - hochgelegenen Orten; vor (stj2/71)

Konstitution - Allgemeines

GEMÜT - *Ehrgeiz - erhöht, vermehrt, sehr ehrgeizig* (sf1/40)
• Ehrgeiz - Verlust von (sf/40)
• **Eitelkeit** (sne/41)
• Faulheit (kr1/55)
• *Selbstsucht, Egoismus* (c2*/161)
• *Selbstvertrauen - Mangel an Selbstvertrauen* (*/161)
• Ungerechtigkeit; erträgt keine (^/191)
• *Unzufrieden* (*/194)

Familie; Beziehung zur - Liebe und Zuneigung

GEMÜT - Verlassen zu sein; Gefühl (*/198)

Familie; Beziehung zur - Vorwürfe

GEMÜT - Ermahnungen - agg. (ptk1*/47)

Beziehung zu anderen - Aggressivität

GEMÜT - Spotten (^/166)
• Streitsüchtig (*/173)

Beziehung zu anderen - Reaktion auf andere

GEMÜT - *Gesellschaft - Abneigung gegen* (bg2*/94)
• *Gesellschaft - Verlangen nach* (*/95)
» *Verlangen nach - allein; agg. wenn* (*/96)
• Trost - agg. (stj2/188)
• Widerspruch - verträgt keinen Widerspruch (bro1/249)

Beziehung zu anderen - allgemein

GEMÜT - Argwöhnisch, mißtrauisch (stj2/16)
• *Beleidigt, leicht* (*/20)
• *Ichbezogenheit, Selbstüberhebung* (*/111)
• Unbarmherzig (stj2/189)
• Unverschämtheit (*/193)

Schule - Angst

GEMÜT - *Selbstvertrauen - Mangel an Selbstvertrauen* (*/161)

Schule - Vorwürfe

GEMÜT - Ermahnungen - agg. (ptk1*/47)

Schule - Konstitution

GEMÜT - *Eigensinnig, starrköpfig, dickköpfig* (*/41)
• *Selbstvertrauen - Mangel an Selbstvertrauen* (*/161)

Spielen

GEMÜT - Amüsement, Vergnügen - Verlangen nach (mtf/4)

Nonverbales - Aggressivität

GEMÜT - Diktatorisch (ptk1*/39)

Nonverbales - Gesten, Gebärden

GEMÜT - Grimassen (k/103)
• Grimassen - sonderbare Gesichter; schneidet (*/103)

Nonverbales - Allgemeines

GEMÜT - *Eigensinnig, starrköpfig, dickköpfig* (*/41)
• Impertinenz, Unverschämtheit (k/112)

Nonverbales - Äußerliches - Beobachtungen der Eltern

ABDOMEN - Schmerz - Liegen - Seite; auf der - linken; auf der - amel. (k/889)
- Schmerz - Wärme - amel. (k/896)

Autos und Schiffe

SCHLAF - Schläfrigkeit - abends - Fahren im Wagen agg. (a1/1697)
- Schläfrigkeit - Fahren - agg. (k/1698)

Chirurgisch pathologische Zustände

ABDOMEN - Entzündung - Peritoneum (bro1*/860)

Pareira brava

pareir.

Nonverbales - Äußerliches - Beobachtungen der Eltern

BLASE - *Urinieren - verzögert, muß warten, bis der Urin zu fließen beginnt* (*/1020)
- Urinieren - verzögert, muß warten, bis der Urin zu fließen beginnt - pressen, bevor er damit beginnen kann; muß lange (bg2*/1021)

Körperliche Symptome und Erkrankungen

NIEREN - Entzündung (*/1023)

Chirurgisch pathologische Zustände

MÄNNLICHE GENITALIEN - Hochgezogen, an den Körper gezogen - Hoden (k/1068)
- Hochgezogen, an den Körper gezogen - Hoden - links (*/1068)

Paris quadrifolia

par.

Man kann Paris quadrifolia bei Kindern erwägen, die von sehr beschäftigten Eltern umgeben sind und infolgedessen ein Gefühl der Isolation verspüren. Es sind besonders verzogene Kinder, die Spielsachen, Kleidung, Essen und alles was sie wollen, ohne irgendwelche besondere Zuneigung erhalten. Sie haben keine Freunde, mit denen sie spielen könnten und führen oft Selbstgespräche. Sie versuchen, die Aufmerksamkeit der Eltern und Verwandten auf sich zu lenken, indem sie sich wie Clowns benehmen, mit dem Ziel, sie zum Lachen zu bringen.

Da sie so viel Zeit in der Gesellschaft der Eltern, Verwandten oder des Babysitters verbringen, entwickeln sie *„erwachsene" Verhaltensweisen oder frühreifes Verhalten.*

Sie sind sehr empfindlich gegen Vorwürfe und unfreundliche Behandlung, aber sie reagieren in einer harten, unverschämten und verächtlichen Art. Allen schrieb: „Neigung, aus unbedeutendem Grund über Menschen verärgert und mit ihnen unzufrieden zu sein und sich mit wenigen verächtlichen Worten Erleichterung zu verschaffen."

Sie kritisieren jeden und sind auf sich selbst fixiert; wenn sie in der Gesellschaft anderer sind, sprechen sie ständig von sich selbst.

Ein Leitsymptom dieses Mittels ist das *Vergrößerungsgefühl, ein Ausdehnungsgefühl,* das Kind fühlt sich sehr groß. Tatsächlich ist das Mittel in den folgenden Rubriken aufgeführt: „Gemüt - Wahnideen - vergrößert - Körper sei"; „Gemüt - Wahnideen - vergrößert - Kopf sei"; „Kopf - Vergrößert; Gefühl wie - Kopfschmerzen; während"; „Auge - Vergrößert; Gefühl wie" und „Mund - Vergrößert - Zunge - Gefühl wie".

Große Trockenheit von Mund und Rachen.

Was die *Haut* angeht, so findet man Milchschorf, Kopfschuppen, Neigung zu Ekchymosen und Dermographie. Sie haben oft Risse in den Lippen, besonders der Oberlippe.

Heißhunger. Sie haben *Abneigung gegen Milch, selbst den Geruch davon.*

Klinisches: Kopfschmerzen. Schluckauf. Heiserkeit. Panaritium. Wirbelsäulenleiden.

Wirkungsbereich: Gemüt. Nerven. Wirbelsäule. Kopf. Augen.

* * *

Entwicklung - schnell

GEMÜT - Frühreife, altkluge Kinder (vml3/63)

Stillen - Milch

KOPF - Hautausschläge - Milchschorf (bg2/290)

ALLGEMEINES - Speisen und Getränke - Milch - Abneigung (kr1/2000)
- Speisen und Getränke - Milch - Abneigung - Geruch von Milch (kr1/2001)

Stillen - Magendarmsymptome - Appetit - vermehrt

MAGEN - Appetit - Heißhunger (b7/769)
- Appetit - vermehrt (b2/770)
  - » vermehrt - Essen - nach (*/772)

Stillen - Magendarmsymptome - Aufstoßen - Speisen; von

MAGEN - Aufstoßens; Art des - Speisen; von (bg2/780)
- Aufstoßens; Art des - Speisen; von - Essen - nach - agg. (b7/780)

Stillen - Magendarmsymptome - Aufstoßen - Wasser; Hochsteigen von

MAGEN - **Aufstoßens; Art des - Wasser in den Mund; Hochsteigen von** (*/781)

Stillen - Magendarmsymptome - Schluckauf

MAGEN - *Schluckauf - Essen - nach - agg.* (*/810)

Stillen - Magendarmsymptome - Abdomen - agg. durch

ABDOMEN - Schmerz - Liegen - Seite; auf der - agg. (k/889)

Stillen - Allgemeines

SCHWEISS - Essen - nach - agg. (b7/1786)

Infektionskrankheiten - Keuchhusten

HUSTEN - Keuchhusten (*/1197)

Konstitution - Allgemeines

GEMÜT - Faulheit (b7/55)
• Unzufrieden (*/194)

Familie; Beziehung zur - Liebe und Zuneigung

GEMÜT - Liebevoll, voller Zuneigung, herzlich (k/125)
• Verlassen zu sein; Gefühl (mtf/198)

Beziehung zu anderen - Aggressivität

GEMÜT - Spotten (*/166)

Beziehung zu anderen - Reaktion auf andere

GEMÜT - Untröstlich (c1/193)

Beziehung zu anderen - allgemein

GEMÜT - Ichbezogenheit, Selbstüberhebung (j5/111)
• Ichbezogenheit, Selbstüberhebung - spricht in Gesellschaft immer über sich selbst (j5/111)
• Tadelsüchtig, krittelig (*/178)
• Tadelt andere (k/179)
• Unverschämtheit (ptk1/193)

Schule - Anstrengung; geistige

KOPF - *Schmerz - geistige Anstrengung - agg.* (k/328)
• Schmerz - Lesen, beim - agg. (k/332)
» Schläfen - Lesen agg. - drückend (k/370)

Nonverbales - Gesten, Gebärden

GEMÜT - Launenhaftigkeit, launisch (k/123)

Nonverbales - Allgemeines

GEMÜT - Verzogene, mißratene Kinder (vml3/204)

Nonverbales - Konsultation; bei der

KOPF - Empfindlichkeit - Kopfhaut, der (ptk1/284)
• *Empfindlichkeit - Kopfhaut, der - Berührung, gegen* (bro1/284)

HAUT - Farbe - rot - Kratzen, nach - Streifen (*/1801)

Nonverbales - Äußerliches - Beobachtungen des Arztes

KOPF - Schuppen (a/402)

GESICHT - Fettig (st/593)
• Rissig - Lippen (*/613)
» Lippen - Oberlippe (b7/613)
• *Wächsern* (k/635)

ATMUNG - *Beschleunigt* (*/1174)

Nonverbales - Äußerliches - Beobachtungen der Eltern

OHR - Bohren mit den Fingern darin - amel. (*/500)

MAGEN - Brechreiz, Würgen (k/784)
• Brechreiz, Würgen - Auswurf, beim (k/784)
• *Schluckauf* (*/809)
» *Essen - nach - agg.* (*/810)
• Völlegefühl - Essen - nach - agg. (k/845)
» Trinken; agg. nach (k/845)

ABDOMEN - Schmerz - Liegen - Seite; auf der - agg. (k/889)

BLASE - Urinieren - verzögert, muß warten, bis der Urin zu fließen beginnt (*/1020)

SCHWEISS - Essen - nach - agg. (b7/1786)

HAUT - Ekchymosen (*/1797)

Nacht; Beobachtungen in der - Schlaf; Lage im

SCHLAF - Lage - Rücken, auf dem (*/1683)

Schaukeln und Getragenwerden

GEMÜT - Getragen - Verlangen getragen zu werden (hr1*/99)

Körperliche Symptome und Erkrankungen

KOPF - Entzündung - Gehirn (k/284)

ZÄHNE - Karies, faule, hohle Zähne (*/700)

MAGEN - *Langsame Verdauung* (c2*/805)
• Würgen - Husten, mit (*/846)

Passiflora incarnata

passi

Nützlich bei Zuckungen von Muskeln und nervöser Erregung von Kindern; wenn Konvulsionen drohen. Es wurde auch bei Konvulsionen von Kindern und anderen Zahnungsbeschwerden eingesetzt und sogar bei Epilepsie.

Schmerzhafte Diarrhoe während der Zahnung.

Schlaflosigkeit bei Kindern.

Dr. J. H. Phares hat bei einem zweijährigen Kind einen sehr bösartigen und hoffnungslosen Fall von Tetanus mit Opisthotonus, Trismus und Konvulsionen erfolgreich und prompt behandelt.

Klinisches: Verbrennungen. Konvulsionen. Epilepsie. Erysipel. Schlaflosigkeit.

Wirkungsbereich: Zentralnervensystem.

* * *

Zahnung - Empfindungen und neurologische Beschwerden

ALLGEMEINES - Konvulsionen - Zahnung; während der (sf1/1907)

Zahnung - Allgemeines

ZÄHNE - Zahnung - schwierig (c1*/718)

SCHLAF - Schlaflosigkeit - Zahnung; während der (bro1/1694)

Infektionskrankheiten - Keuchhusten

HUSTEN - Keuchhusten (br1*/1197)

Konstitution - Angst und Furcht

GEMÜT - Angst - Kinder - bei Kindern (bro1/11)

Nonverbales - Konsultation; bei der

HAUT - Erysipel (c2*/1798)

Nonverbales - Äußerliches - Beobachtungen der Eltern

MAGEN - Schluckauf (mtf11/809)

Nacht; Beobachtungen in der - Schlaf

SCHLAF - *Schlaflosigkeit - Kindern, bei* (bro1*/1691)
• Schlaflosigkeit - Schreien, mit - Kindern, bei (sf1/1693)

Körperliche Symptome und Erkrankungen

REKTUM - Cholera - infantum (c2*/949)

ALLGEMEINES - Konvulsionen - Kindern, bei (c1*/1905)

Würmer

REKTUM - Würmer - Beschwerden durch Würmer (br1*/985)

Petroleum

petr.

Die meisten Kinder, die Petroleum benötigen, sind eher schlank, trotz des Appetits, der manchmal zu Heißhunger wird. Tatsächlich ist es - wie auch Natrium muriaticum, Iodium, Cina und andere - in der Repertoriumsrubrik „Allgemeines - Abmagerung - Heißhunger mit Abmagerung - Kindern; bei - Kleinkindern; bei" aufgeführt.

Sie sind *besonders empfindlich gegen Kälte* und erkälten sich leicht, mit anschließender Entwicklung von Katarrh und Nasenverstopfung, was auch die Ohren angreift, mit Otitis und vermindertem Gehör. Manchmal sind wundfressende Absonderungen zu finden, die zur Bildung von Krusten zwischen Nase und Oberlippe führen. Die Erkältung kann sich verschlimmern und sich auf die Bronchien auswirken, mit Beklemmung der Brust und trockenem, lästigen Husten, der nachts im Liegen einsetzt.

Die Erkältung kann auch Darmbeschwerden hervorrufen: Diarrhoe und Auftreibung mit Schmerzen, schlimmer nach Essen oder Trinken, durch Ansammlung von Winden und im Liegen.

Die Hautleiden stellen eine wichtige pathologische Erscheinung dar, mit Hautausschlägen, die besonders im Winter erscheinen. Die Haut zeigt Lichenifikation, ist dick und oft *aufgesprungen und blutend,* besonders Fingerspitzen, Mund oder Nasenwinkel, Anus und Achselhöhlen. Zu weiteren betroffenen Bereichen zählen: die Gegend hinter den Ohren und die Kopfhaut, mit allen Arten von Hautausschlägen, von ekzematösen Ausschlägen bis zu solchen, die eine wäßrige Flüssigkeit absondern; und die Gegend von Perineum, Vulva und Skrotum mit *herpesartigen Ausschlägen. Die Hauterscheinungen von Petroleum sind fast immer juckend und schmerzhaft und neigen dazu, sich tagsüber zu verschlimmern.* Im Gegensatz hierzu werden die Hauterscheinungen von sulphurischen Mitteln besonders nachts schlechter.

Oft findet man *Blasenreizung.* Pulford schrieb: „Zystitis und Urethritis, eiliger, plötzlicher Harndrang, der starke Schmerzen verursacht, wenn ihm nicht sofort nachgekommen wird; das Kind, das plötzlich von Harndrang ergriffen wird, springt auf und ab, bis der Drang befriedigt ist; während der Blasenentleerung schaudert es oft und es tanzt in Qualen umher; das Ziehen und Stechen in der Fossa navicularis tendiert dazu, sich nach dem Urinieren in ein stechendes Beißen zu verwandeln."

Diese Kinder haben eine *typische Verschlimmerung durch Bewegung*, daher wird ihnen in Zügen, Autos und auf Schiffen übel; in dieser Situation entwickelt Petroleum oft heftige Schmerzen im Hinterkopf.

Sie scheinen einen klaren Verstand zu haben, aber gleichzeitig wirken sie faul und geistesabwesend, weshalb sie Schwierigkeiten in der Schule haben können. Sie haben Probleme, wenn sie in der Öffentlichkeit sprechen müssen. Sie leiden an Erwartungsangst auf Grund ihres geringen Selbstwertgefühls, was eines der typischen Gemütssymptome von Petroleum erklärt: die große *Unentschlossenheit.*

Es sind *empfindliche und streitsüchtige* Kinder, wenn auch Reizbarkeit bei Erwachsenen typischer ist, da oft durch Alkoholmißbrauch hervorgerufen.

Klinisches: Hautausschläge. Warzen. Herpes. Analfissur. Fisteln. Hämorrhoiden. Obstipation. Dyspepsie. Otorrhoe. Harnröhrenstriktur.

Wirkungsbereich: Haut. Schleimhäute. Magen. Darm. Hinterkopf.

* * *

Entwicklung - schnell

GEMÜT - Frühreife, altkluge Kinder (lmj/63)

Stillen - Milch

KOPF - *Hautausschläge - Milchschorf* (bg2*/290)

MAGEN - Aufstoßen - Milch, nach (k/775)
- Schmerz - Milch - agg. (k/821)

ALLGEMEINES - Speisen und Getränke - Milch - agg. (stx1/2001)

Stillen - Magendarmsymptome - Appetit - allgemein

MAGEN - Appetit - launischer Appetit (*/770)

Stillen - Magendarmsymptome - Appetit - vermindert

MAGEN - *Appetit - fehlend* (*/767)
- Appetit - fehlend - Ärger, Verdruß; nach (k/768)
  - » schnelle Sättigung (*/770)
  - » vermindert (*/772)

Stillen - Magendarmsymptome - Appetit - vermehrt

MAGEN - **Appetit - Heißhunger** (*/769)
- Appetit - Heißhunger - nachts (k/769)
  - » **Heißhunger - Diarrhoe - bei** (*/769)
  - » Heißhunger - Stuhlgang; agg. nach (h2*/770)
  - » unstillbar (*/770)
  - » **vermehrt** (*/770)
  - » vermehrt - nachts (b4/771)
  - » vermehrt - begleitet von - Übelkeit (ptk1/771)
  - » vermehrt - Diarrhoe, mit (tl1*/771)
  - » **vermehrt - Stuhlgang - nach - agg.** (*/772)

Stillen - Magendarmsymptome - Aufstoßen - Speisen; von

MAGEN - Aufstoßens; Art des - Speisen; von (bg2/780)
- *Aufstoßens; Art des - Speisen; von - bitter schmekkend* (b4a/780)
  - » Speisen; von - sauer (b4/780)

Stillen - Magendarmsymptome - Aufstoßen - Wasser; Hochsteigen von

MAGEN - **Aufstoßens; Art des - Wasser in den Mund; Hochsteigen von** (*/781)

Stillen - Magendarmsymptome - Erbrechen

MAGEN - Erbrochenen; Art des - Speisen - unverdaut (bro1/800)

Stillen - Magendarmsymptome - Abdomen - amel. durch

ABDOMEN - Schmerz - Liegen - amel. (^/889)
- Schmerz - Zusammenkrümmen - amel. - krampfartig (hr1*/897)
  - » Zusammenkrümmen - muß sich zusammenkrümmen - krampfartig (a1/897)

Stillen - Allgemeines

KOPF - Schweiß der Kopfhaut - Essen - beim - agg. (k/403)

SCHWEISS - Essen - nach - agg. (*/1786)
- Essen - nach - amel. (bg2/1786)

ALLGEMEINES - Abmagerung - Heißhunger mit Abmagerung - Kindern; bei (k/1845)
- Abmagerung - Heißhunger mit Abmagerung - Kindern; bei - Kleinkindern; bei (*/1845)

Infektionskrankheiten - Mumps

GESICHT - Schwellung - Parotis (k2/631)
- Verhärtungen - Parotis (k2/634)

Konstitution - Aggressivität

GEMÜT - Wildheit - Kindern, bei (j5/250)

Konstitution - Angst und Furcht

GEMÜT - Beschwerden durch - Erwartungsspannung (st*/23)
- *Beschwerden durch - Schreck* (hr1*/25)
- Erwartungsspannung - Lampenfieber (fry/53)
- Feigheit (^/59)

Konstitution - Allgemeines

GEMÜT - Beachtung; schenkt allgemeinen Regeln keine (k/19)
- Ehrgeiz - Verlust von (a1/40)
- *Entmutigt* (*/46)
- Faulheit (*/55)
- Geiz (gl1/92)
- Heimweh (*/107)
- Kleinigkeiten, Trivialitäten - wichtig; scheinen (bg2/115)
- Nachgiebigkeit (gl1/134)
- *Selbstvertrauen - Mangel an Selbstvertrauen* (vh*/161)
- Sorgen; voller (^/164)
- *Stimmung, Laune - veränderlich* (k/171)
- Unaufmerksam (*/189)
- Unternehmen; etwas - Vieles, hält aber bei nichts durch, bleibt nicht dabei; unternimmt (gl1/193)
- Unzufrieden (*/194)

Familie; Beziehung zur - Liebe und Zuneigung

GEMÜT - Angst - Familie, um seine (hr1*/9)
• Eifersucht (^/40)

Beziehung zu anderen - Aggressivität

GEMÜT - Spotten (^/166)
• **Streitsüchtig** (*/173)
• Zorn - Widerspruch, durch (*/255)

Beziehung zu anderen - Reaktion auf andere

GEMÜT - Antworten - Abneigung zu antworten (h2/14)
• Antworten - weigert sich zu antworten (k/15)
• Gesellschaft - Abneigung gegen (*/94)
» Abneigung gegen - Fremden; Abneigung gegen die Anwesenheit von (k/95)
• **Schüchternheit, Zaghaftigkeit** (*/158)
» Öffentlichkeit; beim Auftreten in der (mtf/159)
» Öffentlichkeit; beim Auftreten in der - sprechen; in der Öffentlichkeit zu (k/159)
• *Untröstlich* (k/193)
• Widerspenstig (k/249)
• Widerspruch - verträgt keinen Widerspruch (*/249)

Beziehung zu anderen - allgemein

GEMÜT - *Beleidigt, leicht* (*/20)
• Tadelsüchtig, krittelig (*/178)
• Tadelt andere (j*/179)
• *Unverschämtheit* (k/193)

Schule - Angst

GEMÜT - Beschwerden durch - Erwartungsspannung (st*/23)
• *Selbstvertrauen - Mangel an Selbstvertrauen* (vh*/161)

REKTUM - Diarrhoe - Erregung, Aufregung agg. (k/952)

Schule - Konzentration

GEMÜT - Unaufmerksam (*/189)

Schule - Anstrengung; geistige

KOPF - *Schmerz - geistige Anstrengung - agg.* (k/328)

Schule - Beziehung zu anderen

GEMÜT - Schüchternheit, Zaghaftigkeit - Öffentlichkeit; beim Auftreten in der (mtf/159)
• Schüchternheit, Zaghaftigkeit - Öffentlichkeit; beim Auftreten in der - sprechen; in der Öffentlichkeit zu (k/159)
• Ungehorsam (h2*/191)

Schule - Konstitution

GEMÜT - Eigensinnig, starrköpfig, dickköpfig (a1*/41)
• Kleinigkeiten, Trivialitäten - wichtig; scheinen (bg2/115)
• *Selbstvertrauen - Mangel an Selbstvertrauen* (vh*/161)
• Ungehorsam (h2*/191)
• Unternehmen; etwas - Vieles, hält aber bei nichts durch, bleibt nicht dabei; unternimmt (gl1/193)

Nonverbales - Reaktion auf andere

GEMÜT - Fremde - Anwesenheit von Fremden - agg. (*/60)
• Furcht - Näherkommen, Annäherung von; vor - anderen, von (ptk1/74)

Nonverbales - Gesten, Gebärden

GEMÜT - **Launenhaftigkeit, launisch** (bg2/123)
• Maskulin - Mädchen; maskulin aussehende (gl1/128)
• Springen (^/169)
• *Ungeschicklichkeit* (^/192)

Nonverbales - Allgemeines

GEMÜT - Eigensinnig, starrköpfig, dickköpfig (a1*/41)

Nonverbales - Konsultation; bei der

KOPF - Hitze - Kälte - Füße; mit Kälte der (a1*/293)
• Hitze - Kälte - Hände; mit Kälte der (h2/293)

OHR - *Absonderungen - Blut* (*/497)
• *Absonderungen - blutig* (*/497)
» chronisch (bg2/497)
» dünn (*/497)
» *eitrig* (*/497)
» gelb (*/497)
» unterdrückt (k/498)
» wundfressend (bg2/498)
• *Entzündung - erysipelatös* (k/500)
» Eustachische Röhre (*/500)
» *Gehörgang* (*/500)
» Mittelohr (mrr1/501)
• Feuchtigkeit (bg2*/501)
» *hinter den Ohren* (*/502)
• **Katarrh - Eustachische Röhre** (*/515)
• *Ohrschmalz - dick* (*/516)
» *dünn* (*/516)
» *fehlend* (*/516)
» trocken (*/516)
» vermehrt (*/516)
» weich (hr1/516)

HÖREN - **Schwerhörig - Tubenkatarrh** (*/537)

GESICHT - Schwellung - Sublingualdrüse (k2/631)
• *Schwellung - Unterkieferdrüsen* (*/631)
» Unterkieferdrüsen - schmerzhaft (a1/631)

MUND - Aphthen (k2/639)
• Eiterung - Zahnfleisch (*/643)

INNERER HALS - Belag - Uvula (hr1/721)
• Schwellung - Tonsillen (k/747)

ÄUSSERER HALS - *Schwellung - Halsdrüsen* (b4/760)
ABDOMEN - Geschwüre - Nabelgegend (k/865)
• Geschwüre - Nabelgegend - Kindern; bei - Kleinkindern; bei (ptk1/865)
REKTUM - **Hautausschläge - Anus; um den** (*/964)
• *Hautausschläge - Perineum* (*/964)
RÜCKEN - *Hautausschläge - Furunkel - Zervikalregion* (k/1317)
HAUT - Erysipel (*/1798)
• *Intertrigo* (*/1825)
• Unrein (bg3/1835)

Nonverbales - Äußerliches - Beobachtungen des Arztes

KOPF - Halten - hoch, aufrecht zu halten; unfähig, den Kopf (k/289)
• Schuppen (bg2*/402)
NASE - Zupfen - Nase, an der (bg/578)
GESICHT - *Aufgesprungen* (*/579)
• Rissig - Lippen (h2*/613)
» Mundwinkel (bro1/614)
• Sommersprossen (b2/632)
ATMUNG - Beschleunigt (*/1174)
RÜCKEN - Opisthotonus (*/1325)
HAUT - Sommersprossen (*/1834)
ALLGEMEINES - *Aussehen - dunkel* (br1/1854)
• **Aussehen - hell, blond** (*/1855)
• Magere Personen (bg2*/1919)

Nonverbales - Äußerliches - Beobachtungen der Eltern

KOPF - Schweiß der Kopfhaut - Essen - beim - agg. (k/403)
AUGE - Verklebt - morgens (k/472)
MUND - Beißt - Zunge; beißt sich auf die (*/640)
MAGEN - Schluckauf (b2/809)
• Schluckauf - heftig (a1/810)
• Völlegefühl - Essen - nach - agg. (k/845)
» Essen - nach - agg. - wenig, nach dem kleinsten Bissen; nach noch so (k/845)
» Mittagessen, nach dem (k/845)
ABDOMEN - Schmerz - Liegen - amel. (^/889)
• Schmerz - Zusammenkrümmen - amel. (k/897)
» Zusammenkrümmen - amel. - krampfartig (hr1*/897)
» Zusammenkrümmen - muß sich zusammenkrümmen (h2/897)
» Zusammenkrümmen - muß sich zusammenkrümmen - krampfartig (a1/897)
REKTUM - Unwillkürlicher Stuhl (*/984)
STUHL - Kugeln, wie (bro1/996)
• Schafskot, wie (b2/997)
• *Unverdaut* (*/999)
BLASE - Urinieren - Harndrang - plötzlich - beeilen um zu urinieren, sonst geht Urin ab; muß sich (b4a/1015)
• *Urinieren - verzögert, muß warten, bis der Urin zu fließen beginnt* (*/1020)
ATMUNG - Angehalten, versetzt, unterbrochen - Sturz; bei einem Kind nach einem (h2*/1159)
• Schnarchen (*/1180)
EXTREMITÄTEN - *Hitze - Füße - Fußsohlen - entblößt sie* (k/1441)
SCHWEISS - Essen - nach - agg. (*/1786)
• Essen - nach - amel. (bg2/1786)
HAUT - Ekchymosen (bg2*/1797)

Nacht; Beobachtungen in der - Gemütssymptome

GEMÜT - Furcht - Erwachen; beim - Traum; aus einem (h2/67)
• Schlafwandeln (*/154)

Nacht; Beobachtungen in der - körperliche Symptome

BLASE - *Urinieren - unwillkürlich - nachts* (*/1019)
• Urinieren - unwillkürlich - nachts - Morgen, gegen (b4a/1019)

Nacht; Beobachtungen in der - Schlaf

SCHLAF - *Erwachen - Schreck, wie durch* (j5/1675)

Autos und Schiffe

SCHWINDEL - Fahren, beim - Boot, in einem - agg. (k2*/265)
• Fahren, beim - Wagen, im - agg. (bg2*/265)
MAGEN - **Erbrechen - Fahren im Wagen agg.** (*/792)
• **Übelkeit - Fahren - Wagen; im - agg.** (*/836)
» **Seekrankheit** (*/839)
RÜCKEN - *Schmerz - Fahren, beim - Wagen, im - agg.* (k/1331)
ALLGEMEINES - **Fahren - Wagen; mit dem - agg.** (*/1877)

Psychosomatische Störungen

REKTUM - *Diarrhoe - Ärger, Verdruß agg.* (k/951)
• Diarrhoe - Erregung, Aufregung agg. (k/952)

Körperliche Symptome und Erkrankungen

ZÄHNE - Abszeß der Zahnwurzeln (k/695)
• Karies, faule, hohle Zähne (*/700)
MAGEN - Würgen - Husten, mit (bg2*/846)
REKTUM - Diarrhoe - Hautausschläge - unterdrückten Hautausschlägen; nach (c1*/953)
WEIBLICHE GENITALIEN - *Menses - verzögerte Menarche* (*/1114)
EXTREMITÄTEN - *Hüftgelenksentzündung* (k/1443)
FIEBER - Continua (k/1772)
ALLGEMEINES - Abmagerung - Kindern; bei (*/1845)

Chirurgisch pathologische Zustände

NASE - Polyp (b4a/561)

ABDOMEN - Hernie (bro1/867)

• Hernie - Leistenhernie (*/868)

Würmer

REKTUM - Würmer - Beschwerden durch Würmer (*/985)

• Würmer - Beschwerden durch Würmer - Bandwürmer (*/986)

» Beschwerden durch Würmer - Madenwürmer (b2/986)

» Beschwerden durch Würmer - Spulwürmer (b2/986)

ALLGEMEINES - Konvulsionen - Würmer, durch (bg2/1907)

Petroleum raffinatum

petr-ra.

Zahnung - Allgemeines

ZÄHNE - Weisheitszähne; Beschwerden durch das Heraustreten der (shn4/718)

Stillen - Gemütssymptome

GEMÜT - Hast, Eile - Essen; beim (shn4/105)

Stillen - Milch

ALLGEMEINES - Speisen und Getränke - Milch - Verlangen (shn4/2001)

Stillen - Magendarmsymptome - Appetit - allgemein

MAGEN - Appetit - launischer Appetit (shn4/770)

• Appetit - vermehrt - abwechselnd mit - Appetitverlust (shn4/771)

Stillen - Magendarmsymptome - Appetit - vermindert

MAGEN - Appetit - fehlend (shn4/767)

• Appetit - fehlend - Durst - mit (shn4/768)

» fehlend - Essen - Versuch zu essen; beim (shn4/768)

» fehlend - Völlegefühl, durch (shn4/769)

» vermindert (shn4/772)

Stillen - Magendarmsymptome - Appetit - vermehrt

MAGEN - Appetit - Heißhunger (shn4/769)

• Appetit - Heißhunger - Essen - nach dem Essen - bald danach (shn4/770)

» vermehrt (shn4/770)

Stillen - Magendarmsymptome - Aufstoßen - Wasser; Hochsteigen von

MAGEN - Aufstoßens; Art des - Wasser in den Mund; Hochsteigen von (shn4/781)

Konstitution - Angst und Furcht

GEMÜT - Furcht - engen Räumen; in (shn4/67)

• Furcht - hochgelegenen Orten; vor (shn4/71)

• Vorsichtig (shn4/205)

Konstitution - Allgemeines

GEMÜT - Faulheit (shn4/55)

• Geiz (shn4/92)

• Kleinigkeiten, Trivialitäten - wichtig; scheinen (shn4/115)

• Reisen - Verlangen nach (shn4/142)

• Selbstsucht, Egoismus (shn4/161)

• Spontan, impulsiv (shn4/166)

• Unaufmerksam (shn4/189)

• Ungerechtigkeit; erträgt keine (shn4/191)

• Verwegenheit (shn4/199)

• Waschen - Verlangen zu waschen (^/243)

» Verlangen zu waschen - Hände; wäscht sich ständig die (shn4/243)

Familie; Beziehung zur - Aggressivität

GEMÜT - Streitsüchtig - Familie, mit ihrer (shn4/173)

Familie; Beziehung zur - Liebe und Zuneigung

GEMÜT - Verlassen zu sein; Gefühl (shn4/198)

Beziehung zu anderen - Aggressivität

GEMÜT - Spotten - andere würden ihn verspotten; glaubt (shn4/166)

• Streitsüchtig (shn4/173)

• Zorn - Widerspruch, durch (shn4/255)

Beziehung zu anderen - Reaktion auf andere

GEMÜT - Antworten - bissig, schnippisch (shn4/15)

• Gesellschaft - Abneigung gegen (^/94)

» Verlangen nach (shn4/95)

• Schüchternheit, Zaghaftigkeit (^/158)

» Öffentlichkeit; beim Auftreten in der (shn4/159)

• Widerspruch - Neigung zu widersprechen (shn4/249)

Beziehung zu anderen - allgemein

GEMÜT - Geheimnistuerisch, verschlossen (shn4/87)

• Mitgefühl, Mitleid (shn4/130)

• Tadelsüchtig, krittelig (shn4/178)

Schule - Konzentration

GEMÜT - Unaufmerksam (shn4/189)

Schule - Lernen - allgemein

GEMÜT - Fehler; macht - Sprechen, beim - Buchstabieren, beim (shn4/58)

Schule - Lernen - Mathematik, Rechnen

GEMÜT - Fehler; macht - Rechnen, beim (shn4/57)

Schule - Lernen - Schreiben

GEMÜT - Fehler; macht - Schreiben, beim (shn4/57)

Schule - Beziehung zu anderen

GEMÜT - Schüchternheit, Zaghaftigkeit - Öffentlichkeit; beim Auftreten in der (shn4/159)
• Ungehorsam (shn4/191)

Schule - Konstitution

GEMÜT - Kleinigkeiten, Trivialitäten - wichtig; scheinen (shn4/115)
• Ungehorsam (shn4/191)

Spielen

GEMÜT - Amüsement, Vergnügen - Verlangen nach (shn4/4)

Nonverbales - Gesten, Gebärden

GEMÜT - Auffahren, Zusammenfahren - Geräusche; durch (shn4/17)
• Klettern - Verlangen zu (shn4/115)
• Lachen - Ernstes, über (shn4/120)
• Ungeschicklichkeit (shn4/192)

Nonverbales - Allgemeines

GEMÜT - Hast, Eile - Essen; beim (shn4/105)
• Singen (shn4/163)

Nonverbales - Konsultation; bei der

MUND - Aphthen (shn4/639)
• Aphthen - Zahnfleisch (shn4/640)

RÜCKEN - Hautausschläge - Furunkel - Dorsalregion - Schulterblätter (shn4/1317)

HAUT - Hautausschläge - Impetigo (shn4/1816)

Nonverbales - Äußerliches - Beobachtungen des Arztes

KOPF - Halten - hoch, aufrecht zu halten; unfähig, den Kopf (shn4/289)

NASE - Bohren mit den Fingern in der Nase (shn4/546)
• Zupfen - Nase, an der (shn4/578)

GESICHT - Fettig (shn4/593)

Nonverbales - Äußerliches - Beobachtungen der Eltern

MUND - Beißt - Wangen; sich in die - Sprechen oder Kauen; beim (shn4/640)
• Beißt - Zunge; beißt sich auf die (shn4/640)

MAGEN - Völlegefühl - Essen - nach - agg. - wenig, nach dem kleinsten Bissen; nach noch so (shn4/845)

REKTUM - Unwillkürlicher Stuhl - Flatus agg.; Abgang von (shn4/985)

MÄNNLICHE GENITALIEN - Masturbation, Neigung zur (shn4/1071)

HAUT - Ekchymosen (shn4/1797)

Nacht; Beobachtungen in der - Schlaf; Lage im

SCHLAF - Lage - Abdomen, auf dem (shn4/1682)
• Lage - Knie - gebeugt (shn4/1682)
» Rücken, auf dem - unmöglich (shn4/1683)

Körperliche Symptome und Erkrankungen

ALLGEMEINES - Essen - Überessen; agg. nach (shn4/1877)

Chirurgisch pathologische Zustände

MÄNNLICHE GENITALIEN - Hochgezogen, an den Körper gezogen - Hoden (shn4/1068)

Phosphoricum acidum

ph-ac.

Ein großer Kummer, wie der Tod eines nahestehenden Menschen, kann oft das Erscheinen der typischen Symptome dieses Mittels veranlassen. Die Symptome sind hauptsächlich emotional und zeigen sich in einem Gefühl tiefergehender Gleichgültigkeit gegenüber allem im Leben, einer totalen Apathie, einer „emotionalen Neutralität". Es folgt eine Beteiligung des Verstandes: sie sprechen wenig und widerwillig; sie antworten langsam und unter Schwierigkeiten, tatsächlich brauchen sie viel Zeit, die Frage zu verstehen und zu antworten.

Phosphoricum acidum ist daher hauptsächlich ein Mittel bei *emotionale Erschöpfung,* kann aber auch bei *geistiger Erschöpfung* in Betracht gezogen werden, in Abgrenzung von anderen Säuren, besonders Picricum acidum. Intellektuelle Arbeit erschöpft sie enorm; es ist typicherweise bei Studenten zu sehen, die sich bei der geringsten Anstrengung müde fühlen, mit anschließender Schläfrigkeit, Abmagerung und Nachtschweiß.

Oft vergessen sie beim Sprechen Worte und es kann sein, daß ihnen das Lesen auf Grund schlechter Konzentrationsfähigkeit schwer fällt.

Nach geistigen Anstrengungen können sie beim Gehen oder im Liegen an Schwindel leiden, mit einem schwankenden Gefühl.

Sie sind empfindlich und es geht ihnen im Freien schlechter. Besserung durch ein Nickerchen und durch Bewegung.

Diese Kinder haben gewöhnlich dunkle Haut und dunkles Haar; sie sind schlank, haben lange Gliedmaßen und wachsen schnell, was zu Herzklopfen führen kann. Herzklopfen kann auch nach Kummer auftreten und bei Schlafmangel.

Sie lernen langsam Laufen; die Beine scheinen nicht in der Lage, das Körpergewicht zu tragen. Wachstumsschmerzen sind charakteristisch, hauptsächlich nachts, in den Gliedmaßen und in der Wirbelsäule, mit einem Gefühl wie zerschlagen.

Wie bei allen Phosphor-Mitteln besteht eine *Neigung zu Blutungen.*

Sie lieben Obst, besonders saftiges Obst, Obstsäfte und erfrischende Speisen und Getränke. Sie haben auch Verlangen nach kalter Milch.

Sowohl Neugeborene wie ältere Kinder leiden oft an *Diarrhoe* im Sommer, der Stuhl ist hell, *wäßrig* und fast geruchlos, aber sie sind davon nicht geschwächt, im Gegenteil scheinen sie ganz in Ordnung; *paradoxerweise bessern sich die Symptome, wenn sie Diarrhoe haben.*

Diarrhoe kann nach Trinken von Orangensaft auftreten oder mit Angst verbunden sein.

Neugeborene erbrechen häufig die Muttermilch.

Sie leiden an Heiserkeit; sie haben nachts trockenen Husten und morgens gelösten Husten. Der Husten kann nach Kummer auftreten. Es gibt Fälle von Kindern, die nach der Trennung der Eltern asthmatisch wurden.

Enuresis mit großer Harnmenge.

Es können bei Kindern Erektionen auftreten.

Phosphoricum acidum ist ein Mittel für tuberkulöse Erkrankungen von Kindern mit Beteiligung der Hüfte, Deformation der Wirbelsäule und Rachitis.

Oft haben sie nachts heiße Füße. Im Schlaf schwitzen sie in der Halsgegend.

Klinisches: Emotionale und geistige Erschöpfung. Asthma. Bronchitis. Enuresis. Dyspepsie. Flatulenz. Diarrhoe. Herpes. Lokomotorische Ataxie. Osteomyelitis.

Wirkungsbereich: Gemüt. Nerven. Knochen.

* * *

Krankengeschichte; familiäre und persönliche

ALLGEMEINES - Krankengeschichte von; persönliche - Säfteverlust; von (cpd/1910)

Entwicklung - langsam

GEMÜT - Sprechen - langsam; lernt (k2/168)

KOPF - Fontanellen - offen (bg2*/286)

ALLGEMEINES - *Gehen - Gehenlernen, Laufenlernen - spätes* (bg2*/1883)

Entwicklung - schnell

BRUST - Herzklopfen - Kindern, die zu schnell wachsen; bei (c1*/1243)

ALLGEMEINES - Schwäche - Wachstum, nach schnellem (st/1980)

• **Wachstum - Längenwachstum; zu schnelles** (j5/2021)

Entwicklung - allgemein

EXTREMITÄTEN - **Schmerz - Unterschenkel - Wachstumsschmerzen** (*/1605)

ALLGEMEINES - **Schmerz - Wachstumsschmerzen** (b2/1958)

Zahnung - Magendarmsymptome

REKTUM - Diarrhoe - Zahnung; während (k/957)

Stillen - Gemütssymptome

GEMÜT - **Essen - weigert sich zu** (*/53)

Stillen - Milch

KOPF - Hautausschläge - Milchschorf (bg2/290)

MAGEN - *Erbrechen - Milch, nach* (k/794)

• *Erbrechen - Milch, nach - Muttermilch, nach* (k/794)

ALLGEMEINES - Speisen und Getränke - Milch - Abneigung (br1/2000)

• Speisen und Getränke - Milch - Abneigung - kalte (bg2/2001)

» *Milch - Abneigung - Muttermilch* (br1/2001)

» *Milch - Abneigung - Muttermilch - Kind verweigert die; das* (br1/2001)

» Milch - agg. (stx1/2001)

» *Milch - agg. - Muttermilch* (stx1/2001)

» Milch - amel. (bg2*/2001)

» *Milch - Verlangen* (*/2001)

» Milch - Verlangen - kalte (*/2001)

Stillen - Magendarmsymptome - Appetit - vermindert

MAGEN - *Appetit - fehlend* (*/767)

• Appetit - schnelle Sättigung (h2/770)

Stillen - Magendarmsymptome - Appetit - vermehrt

MAGEN - *Appetit - Heißhunger* (*/769)

• *Appetit - Heißhunger - nachts* (*/769)

» *vermehrt* (k/770)

» vermehrt - nachts (*/771)

Stillen - Magendarmsymptome - Aufstoßen - Speisen; von

MAGEN - **Aufstoßens; Art des - Speisen; von** (*/780)

• Aufstoßens; Art des - Speisen; von - bitter schmeckend (k/780)

Stillen - Magendarmsymptome - Aufstoßen - Wasser; Hochsteigen von

MAGEN - Aufstoßens; Art des - Wasser in den Mund; Hochsteigen von (*/781)

Stillen - Magendarmsymptome - Abdomen - amel. durch

ABDOMEN - Schmerz - Beugen der Beine amel. (k/882)

Stillen - Magendarmsymptome - Rektum

REKTUM - Diarrhoe - Kindern, bei (k2/954)
• Diarrhoe - Kindern, bei - Schulmädchen, bei (ptk1/954)

Stillen - Allgemeines

SCHWEISS - Essen - nach - agg. (*/1786)
• Warm - Speisen; warme - nach (*/1792)
ALLGEMEINES - Säuglinge (kk2/1944)

Infektionskrankheiten - Windpocken

FIEBER - Continua - Ausschlagsfieber (k/1772)

Infektionskrankheiten - Masern

FIEBER - Continua - Ausschlagsfieber (k/1772)

Infektionskrankheiten - Röteln

FIEBER - Continua - Ausschlagsfieber (k/1772)

Infektionskrankheiten - Scharlach

FIEBER - *Ausschlagsfieber; Fieber bei Ausschlagserkrankungen - Scharlach* (k/1770)
• Continua - Ausschlagsfieber (k/1772)
HAUT - *Hautausschläge - Scharlach* (*/1821)
• Hautausschläge - Scharlach - zurücktretend (hr1/1821)

Infektionskrankheiten - Pocken

FIEBER - Continua - Ausschlagsfieber (k/1772)

Infektionskrankheiten - Keuchhusten

HUSTEN - Keuchhusten - heftig (ptk1/1198)
• Keuchhusten - Krampfstadium, im (ptk1/1198)

Konstitution - Angst und Furcht

GEMÜT - Angst - hypochondrisch (*/11)
• *Beschwerden durch - Erwartungsspannung* (bg2*/23)
  » **Schreck** (*/25)
• *Erwartungsspannung - Lampenfieber* (dgt/53)
• Feigheit (k/59)
• Furcht - Versagen, Mißerfolg; vor dem (^/79)
  » Versagen, Mißerfolg; vor dem - Prüfungen, bei (fyz/79)
• Vorsichtig (j/205)

Konstitution - Allgemeines

GEMÜT - Beachtung; schenkt allgemeinen Regeln keine (k/19)
• **Beschwerden durch - Heimweh** (kr1*/24)
• Entmutigt (*/46)
• *Faulheit* (*/55)
• *Geiz* (gl1/92)
  » *Angst um die Zukunft; Geiz aus* (gl1/92)
• Gewissenhaft, peinlich genau in bezug auf Kleinigkeiten (gl1/99)
• **Heimweh** (*/107)
• Milde (*/130)
• Mürrisch - Pubertät, in der (sf1/132)
• Nachgiebigkeit (c1/134)
• *Selbstvertrauen - Mangel an Selbstvertrauen* (gg/161)
• *Sorgen; voller* (j5/164)
• Stimmung, Laune - veränderlich (^/171)
• Unaufmerksam (*/189)
• Ungerechtigkeit; erträgt keine (dgt/191)
• Unzufrieden (*/194)

Familie; Beziehung zur - Aggressivität

GEMÜT - Beschwerden durch - Grobheit anderer (k/23)
• Empfindlich - Grobheiten; gegen (k/44)

Familie; Beziehung zur - Liebe und Zuneigung

GEMÜT - Angst - andere, um (gl1/7)
• Beschwerden durch - Eifersucht (b2/22)
• Eifersucht (k/40)
• Liebevoll, voller Zuneigung, herzlich (ckh1*/125)

Familie; Beziehung zur - Vorwürfe

GEMÜT - Beschwerden durch - Tadel (*/25)

Beziehung zu anderen - Aggressivität

GEMÜT - *Antworten - kurz angebunden* (*/15)
• Grausamkeit (b4a/103)
• Herausfordernd (sf1/107)
• Spotten - andere würden ihn verspotten; glaubt (gl1/166)
• *Streitsüchtig* (*/173)
• *Zorn - antworten muß; wenn er* (k/253)

Beziehung zu anderen - Reaktion auf andere

GEMÜT - **Antworten - Abneigung zu antworten** (k1*/14)
• **Antworten - denkt lange nach** (*/15)
  » **einsilbig** (k1*/15)
  » falsch, unrichtig (k/15)
  » **langsam** (*/15)
  » **undeutlich** (kr1/15)
  » unfähig zu antworten (^/15)
  » *unzusammenhängend* (kr1/15)
  » weigert sich zu antworten (k/15)
• Gesellschaft - Abneigung gegen (hr1*/94)
  » Verlangen nach (bg2/95)
  » Verlangen nach - allein; agg. wenn (bg2/96)
• *Schüchternheit, Zaghaftigkeit* (^/158)
  » *Öffentlichkeit; beim Auftreten in der* (a1/159)

Beziehung zu anderen - allgemein

GEMÜT - Argwöhnisch, mißtrauisch (b4a/16)
• Empfindlich - äußerliche Eindrücke; gegen alle (k/42)
• Pubertät; in der (sf/138)
• *Sprache - hastig, eilig* (*/167)
• *Tadelt andere* (^/179)
• Tadelt sich selbst, macht sich Vorwürfe (*/179)

Schule - Angst

GEMÜT - *Beschwerden durch - Erwartungsspannung* (bg2*/23)
- Furcht - Versagen, Mißerfolg; vor dem (^/79)
  - » Versagen, Mißerfolg; vor dem - Prüfungen, bei (fyz/79)
- *Selbstvertrauen - Mangel an Selbstvertrauen* (gg/161)

REKTUM - Diarrhoe - Erregung, Aufregung agg. (*/952)
- *Diarrhoe - Erwartungsspannung, nach* (k/952)
  - » Kindern, bei - Schulmädchen, bei (ptk1/954)

Schule - Konzentration

GEMÜT - Erschöpfung; geistige - Lernen, Studieren; durch langes (k2/52)
- Geistesabwesend - Lesen, beim (k/88)
- Konzentration - schwierig - Kindern, bei (gl1/117)
- Studieren, Lernen - schwierig, fällt schwer (sf1/173)
- *Stumpfheit - Lesen* (k/175)
  - » Studieren und Lernen; beim (bg2/176)
- Unaufmerksam (*/189)
- *Verwirrung; geistige - Lesen, beim* (k/203)

Schule - Lernen - allgemein

GEMÜT - Studieren, Lernen - schwierig, fällt schwer (sf1/173)
- Stumpfheit - Studieren und Lernen; beim (bg2/176)

Schule - Lernen - Mathematik, Rechnen

GEMÜT - Mathematik - Unfähigkeit zur (^/128)
- Mathematik - Unfähigkeit zur - rechnen; kann nicht (k2/129)

Schule - Lernen - Lesen

GEMÜT - *Stumpfheit - Lesen* (k/175)
- *Verwirrung; geistige - Lesen, beim* (k/203)

Schule - Anstrengung; geistige

GEMÜT - Erschöpfung; geistige - Lernen, Studieren; durch langes (k2/52)

KOPF - **Schmerz - geistige Anstrengung - agg.** (*/328)
- Schmerz - Lesen, beim - agg. (k/332)
  - » **SCHULKINDERN; BEI** (*/339)
  - » Studenten, bei (c2/340)

Schule - Beziehung zu anderen

GEMÜT - *Schüchternheit, Zaghaftigkeit - Öffentlichkeit; beim Auftreten in der* (a1/159)

Schule - Vorwürfe

GEMÜT - Beschwerden durch - Grobheit anderer (k/23)
- Beschwerden durch - Tadel (*/25)
- Empfindlich - Grobheiten; gegen (k/44)
- *Zorn - antworten muß; wenn er* (k/253)

Schule - Konstitution

GEMÜT - *Eigensinnig, starrköpfig, dickköpfig* (*/41)
- Gewissenhaft, peinlich genau in bezug auf Kleinigkeiten (gl1/99)
- *Selbstvertrauen - Mangel an Selbstvertrauen* (gg/161)

Spielen

GEMÜT - *Tanzen* (*/179)

Nonverbales - Reaktion auf andere

GEMÜT - Furcht - berührt zu werden (kr1/66)

Nonverbales - Gesten, Gebärden

GEMÜT - *Launenhaftigkeit, launisch* (gl1/123)
- Ungeschicklichkeit (bg2/192)

Nonverbales - Allgemeines

GEMÜT - *Eigensinnig, starrköpfig, dickköpfig* (*/41)
- Singen (k/163)

Nonverbales - Konsultation; bei der

KOPF - *Hitze - Kälte - Füße; mit Kälte der* (h2*/293)
- Hitze - Kälte - Hände; mit Kälte der (k/293)

OHR - *Entzündung - Gehörgang* (b4/500)

GESICHT - Schwellung - Unterkieferdrüsen (bg2/631)

MUND - Stomatitis ulcerosa, Stomakaze (k/689)
- Zittern der Zunge - Herausstrecken, beim - lange Zeit herausgestreckt wird; wenn sie (vk1/692)

ÄUSSERER HALS - *Schwellung - Halsdrüsen* (b4/760)

RÜCKEN - Hautausschläge - Furunkel (k/1316)
- **Krümmung der Wirbelsäule** (*/1323)
  - » *Dorsalregion* (b4a/1323)

EXTREMITÄTEN - *Knie, Lage der - außen; nach* (b4a/1664)
- *Nägel; Beschwerden der - eingewachsene Zehennägel* (k/1665)

HAUT - *Erysipel* (*/1798)
- Farbe - gelb - Neugeborenen, bei (mp1/1800)
  - » rot - Kratzen, nach - Streifen (*/1801)
- Hautausschläge - Bläschen - Sudamina (Schweißfriesel) (*/1810)
  - » *Impetigo* (k/1816)
- Intertrigo (k/1825)
- *Verwachsen - Knochen; am* (*/1835)

ALLGEMEINES - Exostose (j5/1877)

Nonverbales - Äußerliches - Beobachtungen des Arztes

AUGE - Verklebt (*/472)

NASE - Bohren mit den Fingern in der Nase (*/546)
- *Spitz* (*/574)
- Zupfen - Nase, an der (k/578)

GESICHT - Aufgesprungen - Lippen (k/579)
- Ausdruck - alt aussehend (k2*/580)
- *Hautausschläge - Akne* (*/595)
- *Hippokratisches Gesicht* (*/605)

• Rissig - Lippen (*/613)
» Lippen - Oberlippe (b4/613)
» *Lippen - Oberlippe - Mitte der* (vh/613)
» Lippen - Unterlippe (b4/613)
» *Lippen - Unterlippe - Mitte der* (h2*/614)
• Venen, erweiterte (bg2/634)
» Schläfen (h2*/634)
• Wächsern (k/635)
• Zupfen - Lippen; an den (k/636)

ATMUNG - Beschleunigt (b2/1174)

EXTREMITÄTEN - Farbe - Finger - Fingernägel - weiß - Flecken (k/1409)

ALLGEMEINES - Aussehen - dunkel (ptk1/1854)
• Magere Personen (st1*/1919)
• Zwergwuchs (st1/2035)

Nonverbales - Äußerliches - Beobachtungen der Eltern

MUND - *Beißt - Zunge; beißt sich auf die* (*/640)

MAGEN - Völlegefühl - Essen - nach - agg. (*/845)

ABDOMEN - Schmerz - Beugen der Beine amel. (k/882)

REKTUM - **Unwillkürlicher Stuhl** (*/984)
• **Unwillkürlicher Stuhl - Flatus agg.; Abgang von** (*/985)
» Husten oder Niesen; beim (k/985)

STUHL - Schafskot, wie (b2/997)
• **Unverdaut** (*/999)

BLASE - **Urinieren - Harndrang - plötzlich - beeilen um zu urinieren, sonst geht Urin ab; muß sich** (b4a/1015)
• *Urinieren - unwillkürlich - Husten; agg. beim* (*/1020)
» *verzögert, muß warten, bis der Urin zu fließen beginnt* (b4/1020)

MÄNNLICHE GENITALIEN - Erektionen - Kindern, bei (gt1*/1063)
• *Masturbation, Neigung zur* (*/1071)
» Kindern; bei (lmj/1071)
• Sexuelles Verlangen - vermehrt - Kindern, bei (lmj/1084)

WEIBLICHE GENITALIEN - *Masturbation; Neigung zu* (c1*/1104)
• Masturbation; Neigung zu - Kindern; bei (lmj/1104)

SCHWEISS - Essen - nach - agg. (*/1786)
• Warm - Speisen; warme - nach (*/1792)

HAUT - **Ekchymosen** (*/1797)

Nacht; Beobachtungen in der - Gemütssymptome

GEMÜT - Furcht - Erwachen; beim - Traum; aus einem (*/67)
• *Gesten, Gebärden; macht - Hände; unwillkürliche Bewegungen der - zupft - Bettwäsche; an der* (*/98)
» *Hände; unwillkürliche Bewegungen der - zupft - Bettwäsche; an der - Schweiß; beim* (bg2/98)
• Jammern - Schlaf, im (h2*/113)
• Sprechen - Schlaf; im (*/169)
• Weinen - Wimmern, Winseln - nachts (j/248)
» Wimmern, Winseln - Schlaf, im (b4/248)

Nacht; Beobachtungen in der - körperliche Symptome

REKTUM - *Unwillkürlicher Stuhl - Schlaf; agg. im* (k/985)

BLASE - Urinieren - unwillkürlich - nachts (*/1019)
• *Urinieren - unwillkürlich - nachts - ersten Schlaf, im* (*/1019)
» *unwillkürlich - nachts - Träumen vom Urinieren; beim* (k/1019)

Nacht; Beobachtungen in der - Schlaf

SCHLAF - *Erwachen - Schreck, wie durch* (j5/1675)

Nacht; Beobachtungen in der - Schlaf; Lage im

SCHLAF - Lage - Hände - Kopf - unter dem - morgens (j5/1682)

Psychosomatische Störungen

REKTUM - Diarrhoe - Erregung, Aufregung agg. (*/952)

Körperliche Symptome und Erkrankungen

KOPF - **Entzündung - Periost** (k/285)
• Hydrozephalus (k/295)

ZÄHNE - *Karies, faule, hohle Zähne* (*/700)

NIEREN - Entzündung (k/1023)

EXTREMITÄTEN - **Hüftgelenksentzündung** (*/1443)

FIEBER - *Continua* (k/1772)

ALLGEMEINES - *Abmagerung - Kindern; bei - Kleinkindern; bei* (bro1/1845)
• *Abmagerung - Kindern; bei - Knaben; bei schwächlichen, kränklichen* (hr1*/1845)
• Konvulsionen - Kindern, bei (sf1/1905)
• *Medikamente - allopathische - Mißbrauch von* (mrr1/1921)
• *Pubertät - Beschwerden während der* (bg2*/1934)
• Schmerzlosigkeit gewöhnlich schmerzhafter Beschwerden (b4a/1971)
• *Verletzungen - Knochenbrüche - langsame Heilung von Knochenbrüchen* (*/2020)

Chirurgisch pathologische Zustände

NASE - Polyp (b4a/561)

ABDOMEN - Hernie - Leistenhernie (b2/868)

MÄNNLICHE GENITALIEN - *Varikozele* (*/1085)

Würmer

REKTUM - Würmer - Beschwerden durch Würmer (c2/985)

Phosphorus

phos.

Phosphor-Kinder sind sehr *kommunikativ, gesellig und offen.* Sie sehen gescheit aus und *beobachten neugierig alles, was um sie herum geschieht* („Gemüt - Kinder - wachsam, aufmerksam"). Sie sind gutmütig und scheinen von Geburt an glücklich zu sein. Sie sind *extrovertiert* und beantworten Fragen offen, so daß es für den Arzt leicht ist, eine gute Beziehung zu ihnen aufzubauen.

Bei Gruppenspielen sind sie die Anführer; sie lieben Gesellschaft, *haben viele Freunde und können sehr liebevoll sein.* Sie finden sich oft im Mittelpunkt der Aufmerksamkeit, sowohl in der Schule wie Zuhause. Diese Haltung kann dazu führen, daß sie Forderungen stellen und launisch werden, wenn sie nicht erhalten, was sie wollen, wie bei Calcarea-carbonica-Kindern. Was aber Phosphorus unterscheidet, ist, daß sie schnell aufhören zu weinen, wenn sie abgelenkt oder gestreichelt werden und man ihnen Zuneigung entgegen bringt.

Sie sind *enthusiastisch* über neue Aktivitäten und Menschen; sie lieben es zu spielen, und sind so aufgeregt, daß sie ruhelos werden. Diese Haltung ist auch bei Tuberculinum und Lycopodium vorhanden, aber letztere sind aggressiver und gereizter. Wenn Lycopodium-Kinder etwas haben wollen, machen sie dies nicht freundlich, sondern in einer ziemlich gereizten und autoritären Art.

Der Schlaf kann unruhig sein, man kann, wie bei Natrium muriaticum, Schlafwandeln antreffen, oder sie wachen einfach auf, um nach Wasser zu fragen oder zur Toilette zu gehen. Wenn sie schlafengehen, möchten sie, daß ein Elternteil bei ihnen ist oder daß das Licht an bleibt. Obwohl sie nachts ruhelos sind oder Alpträume haben, sind sie morgens, wenn sie aufwachen, gewöhnlich gut gelaunt.

Die eigentümliche Charakteristik dieser Kinder besteht darin, daß sie *großzügig, empfindsam sind, sogar gegenüber dem Leid anderer.* Sie können krank werden, wenn sie intensiven Emotionen ausgesetzt sind oder nachdem sie einen Streit zwischen den Eltern mit angehört haben.

Einige Phosphor-Kinder haben eine kurze Aufmerksamkeitsspanne und eine *Tendenz, schnell abgelenkt zu werden.*

Obwohl sie extrovertiert sind, können sie auch schüchtern sein, was man zu Beginn der Konsultation sehen kann. Aber sobald das Gespräch vorangeht, werden sie weniger schüchtern.

Sie haben sehr viel Sinn für Ästhetik, sowohl in ihren Interessen wie in ihrem Erscheinungsbild. Sie sind gewöhnlich *großgewachsen, dünn* und gut gekleidet. Sie sind künstlerisch begabt, beispielsweise Malen, Musik und Singen.

Phosphor-Kinder *fürchten sich schnell.* Sie haben Angst vor Dunkelheit, dem Alleinsein, Gespenstern, Gewitter, Insekten und Spinnen. Sie haben Angst davor, allein zuhause zu sein und aus Angst vor Räubern prüfen sie, ob die Haustür abgeschlossen ist. Sie haben Angst, etwas Schlimmes könnte passieren. Sie sind ängstlich in Bezug auf ihre Gesundheit und dies noch vermehrt, wenn sie krank sind. Sie sind nicht nur ängstlich in Bezug auf ihre eigene Gesundheit, sondern auch die der Eltern. Besonders gern haben sie Gesellschaft, körperlichen Kontakt und Liebkosungen; egal, ob sie krank oder gesund sind. Das Verlangen nach Zuneigung und Liebkosungen rührt jedoch nicht wie bei Pulsatilla von der Angst her, verlassen zu werden, sondern vom Bedürfnis nach Liebe und Geborgenheit.

Sie können die Ängste somatisieren und bekommen Magenschmerzen, Übelkeit und Diarrhoe. *Wenn sie Magenschmerzen haben, wollen sie alle paar Minuten kalte Getränke. Sobald das Getränk im Magen warm wird, kehren Übelkeit und Erbrechen wieder.*

Die Kopfschmerzen können von Photophobie und Sehstörungen begleitet sein; normalerweise geht ihnen vermehrter Appetit voraus; Verschlimmerung durch Geräusche, Bewegung und Hitze und Besserung durch kalte Anwendungen am Kopf.

Die Augensymptome von Phosphorus sind sehr wichtig. Es kann nützlich sein bei Beschwerden der tiefliegenden Membranen des Auges: Retinitis, Chorioiditis, Störungen des Glaskörpers, Phosphene, Mouches volantes, Glaukom, Atrophie des Sehnerven, Amaurose, Neuritis nervi optici und Lähmung der äußeren Augenmuskeln.

Es ist eine *Neigung zu Blutungen* vorhanden, beispielsweise aus Ohren und Nase, auch durch leichte Verletzungen. Sie können Risse in den Lippen haben und Zahnfleischbluten.

Heranwachsende Mädchen haben oft langwierige und reichliche Menses, mit hellrotem Blut, begleitet von Schwäche, Dysmenorrhoe und

Angst. Während der Periode können sie an Nasenbluten leiden.

Die Atmungsorgane erkranken leicht. Halsentzündung wird oft begleitet von Laryngitis und Heiserkeit. Wenn sie sich erkälten, bekommen sie leicht Husten, Bronchitis und Pneumonie. Phosphorus ist das Mittel, das bei *Pneumonie bei Kindern* am stärksten in Betracht gezogen werden sollte.

Kinder, die sich schnell entwickeln, können an Wachstumsschmerzen leiden (Differentialdiagnose: Calcarea phosphorica, Natrium muriaticum, Natrium phosphoricum, Phosphoricum acidum).

Was das Aussehen angeht lassen *Prognathie* („Gesicht - Prognathie"), *Sommersprossen* und *rotes Haar* an Phosphor oder Phosphor-Mittel denken.

Sie haben Verlangen nach *kalten Speisen, kalten Getränken, Eiscreme* (in großen Mengen), Lutscher und kalte Milch. Sie lieben Schokolade, kräftig gewürzte Speisen und Tomaten, aber sie haben eine Abneigung gegen Brot und Eier.

Klinisches: Laryngitis. Asthma. Bronchitis. Pneumonie. Blutungen. Nasenbluten. Hämoglobinurie. Menstruationsstörungen. Gastritis. Hepatitis. Gelbsucht. Pankreasleiden. Diabetes. Kopfschmerzen. Hydrozephalus. Hydrozele. Psoriasis. Kopfschuppen.

Wirkungsbereich: Lungen. Schleimhäute. Magen. Darm. Leber. Pankreas. Herz. Kreislauf. Blut. Blutgefäße. Nerven. Gehirn. Kopf. Knochen.

* * *

Krankengeschichte; familiäre und persönliche

ALLGEMEINES - *Familiengeschichte von - Apoplexie* (bro1/1878)
- Familiengeschichte von - Tuberkulose (mrr1/1878)
- *Krankengeschichte von; persönliche - Bronchitis; von wiederkehrender* (mrr1/1909)
  - » *gastrointestinalen Beschwerden; von* (wda/1909)
  - » **Krupp; von wiederkehrendem** (bg2*/1910)
  - » *Lungen - Entzündung der; von* (mrr1/1910)
  - » **Nasenbluten; von wiederkehrendem** (hr1*/1910)
  - » Tuberkulose, von (mrr1/1910)

Entwicklung - langsam

GEMÜT - *Entwicklung; kindliche - Entwicklungsstillstand* (sf1/47)
- Sprechen - langsam; lernt (st*/168)

KOPF - *Fontanellen - offen* (bg2*/286)

ALLGEMEINES - *Entwicklung - Entwicklungsstillstand* (bg2*/1872)
- *Gehen - Gehenlernen, Laufenlernen - spätes* (bg2*/1883)

Entwicklung - schnell

GEMÜT - Frühreife, altkluge Kinder (hr1*/63)

ALLGEMEINES - Chorea - Kindern, die zu schnell gewachsen sind; bei (*/1866)
- Schwäche - Wachstum, nach schnellem (mrr1/1980)
- **Wachstum - Längenwachstum; zu schnelles** (kr1*/2021)

Entwicklung - allgemein

EXTREMITÄTEN - **Schmerz - Unterschenkel - Wachstumsschmerzen** (lmj/1605)

ALLGEMEINES - Schmerz - Wachstumsschmerzen (bg2*/1958)

Zahnung - Empfindungen und neurologische Beschwerden

OHR - Geräusche im Ohr, Ohrgeräusche - Zahnung; während der (bg1/510)

Zahnung - Magendarmsymptome

REKTUM - Diarrhoe - Zahnung; während (bro1/957)

Zahnung - Allgemeines

ZÄHNE - Zahnung - langsam (sf1/718)
- Zahnung - schwierig (bg2/718)

HUSTEN - Zahnung, während der (gk/1211)

SCHLAF - Schlaflosigkeit - Zahnung; während der (bg2*/1694)

Impfung

ALLGEMEINES - Impfung; Beschwerden nach (c1/1892)

Stillen - Gemütssymptome

GEMÜT - Hast, Eile - Essen; beim (b4a/105)

Stillen - Milch

KOPF - Hautausschläge - Milchschorf (b2/290)
- Hautausschläge - Milchschorf - Kindern; bei (mtf33/290)

MAGEN - Aufstoßen - Milch, nach (*/775)
- Aufstoßens; Art des - sauer - Milch agg. (k/779)
  - » Wasser in den Mund; Hochsteigen von - Milch agg. (k/781)
- Erbrechen - Milch, nach (*/794)
- Sodbrennen - Milch agg. (bg2/830)

ALLGEMEINES - *Speisen und Getränke - Milch - Abneigung* (*/2000)
- *Speisen und Getränke - Milch - Abneigung - gekochte* (*/2001)
  - » *Milch - agg.* (*/2001)
  - » *Milch - Verlangen* (mrr1/2001)
  - » *Milch - Verlangen - kalte* (*/2001)

Stillen - Magendarmsymptome - Appetit - allgemein

MAGEN - *Appetit - launischer Appetit* (*/770)
• Appetit - veränderlich (k/770)
» *vermehrt - abwechselnd mit - Appetitverlust* (*/771)

Stillen - Magendarmsymptome - Appetit - vermindert

MAGEN - **Appetit - fehlend** (*/767)
• Appetit - fehlend - Ärger, Verdruß; nach (k/768)
» *fehlend - Durst - mit* (*/768)
» *fehlend - Hunger, mit* (k/768)
» *fehlend - Speisen - Anblick von; beim* (*/769)
» fehlend - Völlegefühl, durch (k/769)
» *schnelle Sättigung* (*/770)
» vermindert (*/772)

Stillen - Magendarmsymptome - Appetit - vermehrt

MAGEN - Appetit - Genuß, ohne (k/769)
• **Appetit - Heißhunger** (*/769)
» **Heißhunger - nachts** (*/769)
» **Heißhunger - Essen - nach dem Essen - bald danach** (*/770)
» Heißhunger - Gehen agg. (k/770)
» Heißhunger - Schweiß, mit (bg2*/770)
» unstillbar - nachts (h2/770)
» **vermehrt** (*/770)
» **vermehrt - nachts** (*/771)
» vermehrt - begleitet von - Übelkeit (b4a/771)
» vermehrt - Erbrechen - mit (bg2/771)
» **vermehrt - Essen - nach** (*/772)
» vermehrt - Essen - nach - nur beim Essen wieder; Appetit kehrt (b4/772)
» *vermehrt - Schwäche, mit* (k/772)

Stillen - Magendarmsymptome - Aufstoßen - Speisen; von

MAGEN - **Aufstoßens; Art des - Speisen; von** (*/780)
• Aufstoßens; Art des - Speisen; von - Abendessen; agg. nach (k/780)
» Speisen; von - bitter schmeckend (b4/780)
» Speisen; von - bitter schmeckend - ranzig (b4/780)
» *Speisen; von - Bücken agg.* (*/780)
» Speisen; von - Essen - beim - agg. (*/780)
» Speisen; von - Essen - nach - agg. (*/780)
» *Speisen; von - Essen - unmittelbar nach dem Essen* (k/780)
» **Speisen; von - Mund füllen; in Portionen, die den** (*/780)
» *Speisen; von - sauer* (b4a/780)

Stillen - Magendarmsymptome - Aufstoßen - Wasser; Hochsteigen von

MAGEN - *Aufstoßens; Art des - Wasser in den Mund; Hochsteigen von* (*/781)
• Aufstoßens; Art des - Wasser in den Mund; Hochsteigen von - bitter (bg1/781)
» Wasser in den Mund; Hochsteigen von - Essen - nach - agg. (*/781)
» Wasser in den Mund; Hochsteigen von - Milch agg. (k/781)
» Wasser in den Mund; Hochsteigen von - Stuhlgang - beim - agg. (b4a/782)

Stillen - Magendarmsymptome - Erbrechen

MAGEN - **Erbrochenen; Art des - Speisen - Essen - nach - agg.** (b4a/800)
• Erbrochenen; Art des - Speisen - unverdaut (*/800)

Stillen - Magendarmsymptome - Schluckauf

MAGEN - Schluckauf - Essen - nach - agg. (*/810)
• *Schluckauf - Essen - vor - agg.* (*/810)
» *Mittagessen - nach - agg.* (*/811)

Stillen - Magendarmsymptome - Abdomen - agg. durch

ABDOMEN - *Schmerz - Liegen - agg.* (k/889)
• Schmerz - Liegen - Seite; auf der - agg. (k/889)
» Liegen - Seite; auf der - rechten; auf der - agg. (bg1/889)

Stillen - Magendarmsymptome - Abdomen - amel. durch

ABDOMEN - Schmerz - Beugen - vorne; nach - amel. - krampfartig (k/882)
• *Schmerz - Liegen - Abdomen; auf dem - amel.* (k/889)
» Liegen - amel. (^/889)
» Liegen - Seite; auf der - rechten; auf der - amel. (k/890)
» Wärme - amel. (h2/896)

Stillen - Magendarmsymptome - Rektum

REKTUM - **Diarrhoe - Kindern, bei** (*/954)

Stillen - Allgemeines

MUND - **Aphthen - Kindern, bei - Säuglingen; bei** (sne/639)

SCHWEISS - Essen - beim - agg. (*/1786)
• **Essen - beim - amel.** (*/1786)
» **nach - agg.** (*/1786)
» *nach - amel.* (*/1786)
• Mittagessen; nach (*/1789)
• **Warm - Speisen; warme - nach** (*/1792)

ALLGEMEINES - Säuglinge (kk2/1944)

Infektionskrankheiten - Windpocken

FIEBER - Continua - Ausschlagsfieber (k/1772)

Infektionskrankheiten - Masern

FIEBER - *Ausschlagsfieber; Fieber bei Ausschlagserkrankungen - Masern* (*/1770)
• Continua - Ausschlagsfieber (k/1772)

HAUT - *Hautausschläge - Masern* (*/1817)

ALLGEMEINES - *Masern - Beschwerden nach* (b2/1920)
- *Masern - Hautausschlag unterdrückt wird; wenn der* (j5/1920)

Infektionskrankheiten - Mumps

GESICHT - *Entzündung - Parotis* (k/584)
- *Entzündung - Parotis - Eiterung; mit* (*/584)
  - » Parotis - Fisteln; mit (k2/584)
  - » *Parotis - Scharlach - bei* (hr1/584)
- Kribbeln - Parotis (k/612)
- Schmerz - Parotis (^/626)
  - » Parotis - Berührung agg. (h2*/627)
  - » Parotis - brennend (*/627)
  - » Parotis - stechend (k/627)
  - » Parotis - wund schmerzend (*/627)
- *Schwellung - Parotis* (*/631)
- Spannung der Haut - Parotis - Bücken agg. (h2/632)

Infektionskrankheiten - Röteln

FIEBER - Continua - Ausschlagsfieber (k/1772)

HAUT - Hautausschläge - Röteln (b2/1821)

Infektionskrankheiten - Scharlach

NASE - Schnupfen - Scharlach, bei (k/572)

GESICHT - *Entzündung - Parotis - Scharlach - bei* (hr1/584)

URIN - *Eiweißhaltig - Scharlach; nach* (*/1046)

FIEBER - *Ausschlagsfieber; Fieber bei Ausschlagserkrankungen - Scharlach* (k/1770)
- Continua - Ausschlagsfieber (k/1772)
- Scharlach (k2/1778)
  - » bösartig (bro1/1778)

HAUT - *Hautausschläge - Scharlach* (*/1821)
- *Hautausschläge - Scharlach - gangränös* (k/1821)
  - » *Scharlach - zurücktretend* (*/1821)

ALLGEMEINES - Scharlach - Beschwerden nach (k/1944)
- Scharlach - Hautausschlägen; mit unterdrückten (j5/1944)
- *Wassersucht - äußere Wassersucht - Scharlach; nach* (kr1*/2024)

Infektionskrankheiten - Pocken

FIEBER - Continua - Ausschlagsfieber (k/1772)

HAUT - Hautausschläge - Pocken (c2*/1819)

Infektionskrankheiten - Keuchhusten

HUSTEN - *Keuchhusten* (*/1197)
- Keuchhusten - Deferveszenzstadium, im (ptk1/1198)
  - » heftig (ptk1/1198)
  - » Krampfstadium, im (ptk1/1198)

Konstitution - Aggressivität

GEMÜT - *Schlagen - sich; schlägt - schlägt seinen Kopf gegen die Wand und gegen Gegenstände* (gk/154)
- *Zorn - Kindern, bei* (kr1/254)

Konstitution - Angst und Furcht

GEMÜT - **Angst - hypochondrisch** (*/11)
- Beeindrucken, empfänglich für Eindrücke; leicht zu (kr1*/19)
- *Beschwerden durch - Erwartungsspannung* (bg*/23)
  - » **Schreck** (*/25)
- *Erwartungsspannung - Zahnarzt, Arzt; vor dem Gang zum* (st*/53)
- Feigheit (*/59)
- Feuer - anzünden; möchte Dinge (st/59)
- **Furcht - allein zu sein** (*/64)
  - » *Ärzten, vor* (vh*/65)
  - » *Geräusche, durch* (bro1*/69)
  - » **Gespenstern; vor** (*/70)
  - » **GEWITTER; VOR** (bg2*/70)
  - » hochgelegenen Orten; vor (vh*/71)
  - » offenen Plätzen; Furcht vor (ll1*/74)
  - » Versagen, Mißerfolg; vor dem (bg2*/79)
  - » voller Furcht (gt/79)
  - » *Wasser, vor* (*/79)
- Mutig (*/133)
- *Schreckliches und traurige Geschichten greifen sie stark an* (gt1*/156)

Konstitution - Allgemeines

GEMÜT - Ehrgeiz - erhöht, vermehrt, sehr ehrgeizig (j*/40)
- *Empfindlich - Kinder* (*/44)
- Entmutigt (*/46)
- **Faulheit** (b4/55)
- Geiz (j/92)
- Gewissenhaft, peinlich genau in bezug auf Kleinigkeiten (mtf/99)
- Heikel, pingelig (fb*/106)
- *Heimweh* (st1*/107)
- *Milde* (*/130)
- Nachgiebigkeit (lmj*/134)
- Neugierig (mrr1*/135)
- *Reisen - Verlangen nach* (stj1/142)
- Selbstsucht, Egoismus (ctc/161)
- Selbstvertrauen - Mangel an Selbstvertrauen (*/161)
- Sorgen; voller (ptk1/164)
- Spontan, impulsiv (dt/166)
- *Stimmung, Laune - veränderlich* (*/171)
- Unaufmerksam (bg2/189)
- Ungerechtigkeit; erträgt keine (lmj*/191)
- Unzufrieden (*/194)
- Weinen - amel. (*/245)

Familie; Beziehung zur - Liebe und Zuneigung

GEMÜT - Abneigung - Familienangehörige; gegen (bg2*/1)

- **Angst - andere, um** (*/7)
  - » Familie, um seine (j5/9)
  - » *Gesundheit; um die - Verwandten; von* (vh*/10)
- *Beschwerden durch - Eifersucht* (vh*/22)
- Eifersucht (^/40)
- Entfremdet - Familie, von seiner (k/45)
- *Liebevoll, voller Zuneigung, herzlich* (b4/125)
  - » *erwidert Zuneigung* (st1*/125)
  - » küßt und liebkost die Kinder (ckh1/125)
- Sorgen; voller - Verwandte, um (tl1/165)
- *Verlassen zu sein; Gefühl* (mtf/198)
  - » geliebt zu werden; Gefühl von den Eltern, der Ehefrau, den Freunden nicht (gk/198)

Familie; Beziehung zur - Vorwürfe

GEMÜT - *Ermahnungen - agg.* (^/47)
- *Ermahnungen - agg. - freundliche; selbst* (b4a/47)

Beziehung zu anderen - Aggressivität

GEMÜT - Antworten - kurz angebunden (k/15)
- *Diktatorisch - spricht in Befehlston* (kr1*/39)
- Schlagen (*/154)
  - » *sich; schlägt* (^/154)
  - » *sich; schlägt - schlägt seinen Kopf gegen die Wand und gegen Gegenstände* (gk/154)
- *Streitsüchtig* (*/173)

Beziehung zu anderen - Reaktion auf andere

GEMÜT - *Antworten - Abneigung zu antworten* (k1*/14)
- **Antworten - denkt lange nach** (kl*/15)
  - » *falsch, unrichtig* (k/15)
  - » **langsam** (*/15)
  - » unbefriedigend (a1*/15)
  - » *undeutlich* (k/15)
  - » *unfähig zu antworten* (^/15)
  - » unzusammenhängend (k/15)
  - » **weigert sich zu antworten** (*/15)
- Gesellschaft - Abneigung gegen (*/94)
  - » Abneigung gegen - Fremden; Abneigung gegen die Anwesenheit von (mrr1/95)
  - » **VERLANGEN NACH** (b4/95)
  - » **Verlangen nach - allein; agg. wenn** (*/96)
- **Schüchternheit, Zaghaftigkeit** (*/158)
  - » Kindern; bei (mtf33/158)
  - » Öffentlichkeit; beim Auftreten in der (gk/159)
  - » Öffentlichkeit; beim Auftreten in der - sprechen; in der Öffentlichkeit zu (gk/159)
- *Trost - agg.* (b4a/188)
  - » *amel.* (sf1/188)
- Untröstlich (k/193)
- Widerspenstig (k/249)
- Widerspruch - verträgt keinen Widerspruch (bro1/249)

Beziehung zu anderen - allgemein

GEMÜT - *Argwöhnisch, mißtrauisch* (*/16)
- Beleidigt, leicht (*/20)
- **Empfindlich - äußerliche Eindrücke; gegen alle** (*/42)
  - » Weinen von Kindern; gegen das (k/45)
- *Furcht - Räubern, vor* (*/74)
- Geheimnistuerisch, verschlossen (bg2/87)
- Ichbezogenheit, Selbstüberhebung (bn/111)
- **Mitgefühl, Mitleid** (*/130)
- *Pubertät; in der* (st/138)
- *Tadelsüchtig, krittelig* (gl1/178)
- Unverschämtheit (*/193)

Schule - Angst

GEMÜT - *Beschwerden durch - Erwartungsspannung* (bg*/23)
- Furcht - Versagen, Mißerfolg; vor dem (bg2*/79)
- Selbstvertrauen - Mangel an Selbstvertrauen (*/161)

REKTUM - Diarrhoe - Erregung, Aufregung agg. (bg1/952)
- Diarrhoe - nervös, Gemütsbewegungen agg. (bg3*/955)

Schule - Konzentration

GEMÜT - Konzentration - schwierig - Kindern, bei (mtf33/117)
- Konzentration - schwierig - Studieren (mtf33/117)
- *Studieren, Lernen - schwierig, fällt schwer* (sf1/173)
- Stumpfheit - Studieren und Lernen; beim (bg2/176)
- Unaufmerksam (bg2/189)

Schule - Lernen - allgemein

GEMÜT - *Dyslexie* (mtf/40)
- Studieren, Lernen - einfach, fällt leicht (ptk1*/173)
  - » *schwierig, fällt schwer* (sf1/173)
- Stumpfheit - Studieren und Lernen; beim (bg2/176)

Schule - Lernen - Schreiben

GEMÜT - Fehler; macht - Schreiben, beim (k/57)

Schule - Anstrengung; geistige

KOPF - *Schmerz - geistige Anstrengung - agg.* (*/328)
- Schmerz - Schulkindern; bei (gk/339)

Schule - Beziehung zu anderen

GEMÜT - Schüchternheit, Zaghaftigkeit - Öffentlichkeit; beim Auftreten in der (gk/159)
- Schüchternheit, Zaghaftigkeit - Öffentlichkeit; beim Auftreten in der - sprechen; in der Öffentlichkeit zu (gk/159)
- Ungehorsam (k/191)
  - » Kindern, bei (lmj/191)

MUND - *Sprache - stotternd* (*/688)
• Sprache - stotternd - Kindern; bei (mtf33/688)

Schule - Vorwürfe

GEMÜT - *Ermahnungen - agg.* (^/47)
• *Ermahnungen - agg. - freundliche; selbst* (b4a/47)

Schule - Konstitution

GEMÜT - Eigensinnig, starrköpfig, dickköpfig (*/41)
• Gewissenhaft, peinlich genau in bezug auf Kleinigkeiten (mtf/99)
• Heikel, pingelig (fb*/106)
• Neugierig (mrr1*/135)
• Selbstvertrauen - Mangel an Selbstvertrauen (*/161)
• Ungehorsam (k/191)
» Kindern, bei (lmj/191)

Spielen

GEMÜT - *Amüsement, Vergnügen - Verlangen nach* (mtf/4)
• Spielen - Verlangen zu spielen (^/166)

Tieren; Beziehung zu

GEMÜT - Furcht - Hunden, vor (fd/71)
• Furcht - Insekten; vor (k*/71)
» Spinnen, vor (bng/75)
» Tieren, vor (mtf33/76)
• Natur - liebt (mtf/134)
• Tiere - liebt Tiere, Tierliebe (kkb*/180)
» liebt Tiere, Tierliebe - Hunde (mtf/180)

Nonverbales - Aggressivität

GEMÜT - Beißen (*/20)
• Beißen - Menschen; beißt (a1/20)
• Destruktivität, Zerstörungswut (*/38)
» Kindern, bei (mtf33/39)
• Diktatorisch (hr1*/39)
• Reißt an etwas - Gegenstände; zerreißt (k/142)
• Spucken (^/170)
» Gesicht; Menschen ins (*/170)
• Stoßen, treten, austreten (^/172)

Nonverbales - Reaktion auf andere

GEMÜT - **Berührtwerden - Abneigung berührt zu werden** (^/21)
• **Berührtwerden - Abneigung berührt zu werden - Kitzeligkeit** (st*/21)
• Fremde - Anwesenheit von Fremden - agg. (bg2*/60)
» Anwesenheit von Fremden - agg. - hustet beim Anblick von Fremden; Kind (k1/60)
• Furcht - berührt zu werden (bro1/66)
» Näherkommen, Annäherung von; vor - anderen, von (ptk1/74)
• Gehalten - Verlangen, gehalten zu werden (bg2/87)
• Küssen - jeden (*/119)
• Magnetisiert - leicht zu magnetisieren (vh/127)
» **Verlangen magnetisiert zu werden** (*/127)
• **Näherkommen, auf ihn Zukommen von Personen - agg.** (vh*/134)
• **Schamlos** (*/153)
» Kindern, bei (mtf33/153)

Nonverbales - Gesten, Gebärden

GEMÜT - Auffahren, Zusammenfahren - angesprochen wird; wenn er (vh/17)
• **Auffahren, Zusammenfahren - Geräusche; durch** (vh*/17)
• Beißen - Kissen; beißt in das (*/20)
» Nägel (bg2*/20)
» Nägel - Kindern; bei (mtf33/20)
• **Gefallsüchtig, kokett - sehr, zu** (^/87)
» **sehr, zu - Kindern; bei** (lmj/87)
• Gesten, Gebärden; macht - Hände; unwillkürliche Bewegungen der - Greifen - Umstehenden; nach (k/98)
» *Hände; unwillkürliche Bewegungen der - ringt die Hände* (*/98)
• Kinder - wachsam, aufmerksam (st*/114)
• Klammert sich an - hält sich nach anderen fest (bg2*/114)
» Kindern; bei - Mutter; das Kind klammert sich an die (^/115)
» Kindern; bei - Mutter; das Kind klammert sich an die - Hand der Mutter; das Kind nimmt immer die (a*/115)
» Personen oder Möbel; an (h2/115)
• Lachen - Ernstes, über (h2*/120)
• *Launenhaftigkeit, launisch* (*/123)
» weist Dinge zurück, die er haben wollte, sobald er sie bekommt (ptk1/123)
• Springen (^/169)
• Ungeschicklichkeit (h2*/192)

Nonverbales - Allgemeines

GEMÜT - Eigensinnig, starrköpfig, dickköpfig (*/41)
• Hast, Eile - Essen; beim (b4a/105)
• Impertinenz, Unverschämtheit (k/112)
• *Nackt sein, möchte* (*/134)
• Possen, spielt (*/137)
» *Kindern; bei* (lmj/138)
• Ruhelosigkeit - Kindern, bei (mtf33/151)
• Schreien - Kindern, bei (mtf33/157)
• Singen (*/163)

Nonverbales - Konsultation; bei der

OHR - **Absonderungen - Blut** (*/497)
• Absonderungen - blutig (*/497)
» eitrig (*/497)
» gelb (*/497)

» Ohrschmalz (k/498)
» schleimig (b2/498)
» wäßrig (h2*/498)
• Entzündung (ptk1*/500)
» Gehörgang (*/500)
» Mittelohr (gk/501)
» Mittelohr - chronisch (bro1/501)
» Processus mastoideus (ptk1*/501)
• Feuchtigkeit (h2*/501)
» hinter den Ohren (k/502)
• *Katarrh - Eustachische Röhre* (k/515)
• Trommelfell - weiß - rechts weißer als links (kr1/534)
HÖREN - *Schwerhörig - Tubenkatarrh* (k/537)
GESICHT - Schwellung - Unterkieferdrüsen (h2*/631)
MUND - *Aphthen* (*/639)
• **Aphthen - Kindern, bei - Säuglingen; bei** (sne/639)
» *Gaumen* (*/640)
» *Zunge* (*/640)
» *Zunge - Flecken; in* (kr1*/640)
» *Zunge - Stellen; an einzelnen* (kr1*/640)
• *Eiterung - Zahnfleisch* (*/643)
• *Landkartenzunge* (b2/668)
• *Papillen - aufgerichtet* (*/669)
» aufgerichtet - Erdbeerzunge (bg2*/669)
• Schwämmchen (k2/681)
• Stomatitis ulcerosa, Stomakaze (bro1/689)
INNERER HALS - Ablagerung auf den Tonsillen; käsige (mtf33/721)
• Entzündung - Tonsillen (bg2*/724)
• **Schwellung - Tonsillen** (*/747)
» Tonsillen - Kindern; bei (mtf33/748)
ÄUSSERER HALS - *Schwellung - Halsdrüsen* (*/760)
ABDOMEN - Vergrößert - Kindern; bei (mtf33/938)
• Vergrößert - Leber - Kindern, bei (mtf33/938)
ATMUNG - *Bauchatmung* (*/1171)
RÜCKEN - Abmagerung - Zervikalregion (k2/1311)
• *Hautausschläge - Furunkel - Zervikalregion* (k/1317)
• *Krümmung der Wirbelsäule* (*/1323)
» *Dorsalregion* (b4a/1323)
» Zervikalregion (k/1324)
EXTREMITÄTEN - Fußgeruch ohne Schweiß; übler (b4a/1413)
• *Krümmung und Biegung* (b4a/1473)
• Nägel; Beschwerden der - eingewachsene Zehennägel (sne/1665)
» *spröde, brüchige Nägel - Fingernägel* (vh/1665)
HAUT - *Erysipel* (*/1798)
• **Farbe - rot - Kratzen, nach - Streifen** (*/1801)
• Hautausschläge - Bläschen - Sudamina (Schweißfriesel) (b4a/1810)
» Herpes - ringförmig (k/1815)
» Impetigo (*/1816)
• Intertrigo (k/1825)
• Unrein (k/1835)
ALLGEMEINES - **Exostose** (*/1877)

Nonverbales - Äußerliches - Beobachtungen des Arztes

KOPF - **Schuppen** (*/402)
• *Schuppen - weiß* (*/402)
AUGE - Strabismus, Schielen - divergens (*/467)
• **Verklebt** (*/472)
• Haare - Wimpern - feine Wimpern (mtf33/475)
» Wimpern - lange Wimpern (ptk2*/475)
NASE - *Bewegung - Nasenflügel - Fächer; wie ein* (*/545)
• *Bewegung - Nasenflügel - Fächer; wie ein - Pneumonie; bei* (k/545)
• Bohren mit den Fingern in der Nase (*/546)
» blutet; bis es (bg2/546)
• Geweitete Nasenlöcher (k/550)
• Schniefen (bg3/568)
• *Zupfen - Nase, an der* (bg3*/578)
» *Nase, an der - blutet, bis sie* (bg1*/578)
GESICHT - *Aufgesprungen - Lippen* (k/579)
• Fettig (h2*/593)
• Gerunzelt - Stirn, Stirnrunzeln (k/594)
• **Hautausschläge - Akne** (st/595)
• *Hippokratisches Gesicht* (*/605)
• *Nasenlinie ausgeprägt* (ptk1/613)
• *Rissig - Lippen* (*/613)
» *Lippen - Oberlippe - Mitte der* (ptk1*/613)
» *Lippen - Unterlippe* (*/613)
» *Lippen - Unterlippe - Mitte der* (h2*/614)
• **Sommersprossen** (*/632)
• Venen, erweiterte (bg2/634)
• *Wächsern* (*/635)
• Zupfen - Lippen; an den (mtf33/636)
MUND - **Finger in den Mund; Kinder stecken** (g*/651)
ÄUSSERER HALS - **Torticollis** (*/761)
• **Torticollis - links gezogen; nach** (*/761)
ATMUNG - Asthma, asthmatische Atmung - Kindern; bei (hr1/1162)
• **Beschleunigt** (*/1174)
HUSTEN - Anfallsweise - besteht aus - drei Hustenstöße (*/1186)
• Anfallsweise - besteht aus - zwei Hustenstößen (*/1186)
• Halten, Festhalten - Abdomens amel.; des (h2*/1193)
» *Brust mit beiden Händen halten; muß beim Husten die* (*/1193)
» Magengrube; der (h2*/1194)

» Magengrube; der - amel. (h2/1194)
RÜCKEN - Opisthotonus (*/1325)
HAUT - **SOMMERSPROSSEN (*/1834)**
ALLGEMEINES - Aussehen - dunkel (k1*/1854)
• **Aussehen - hell, blond** (*/1855)
» rote Haare (kr1*/1855)
• *Magere Personen* (*/1919)
• *Zyanose - Kindern; bei - Kleinkindern; bei* (*/2035)

Nonverbales - Äußerliches - Beobachtungen der Eltern

KOPF - Haare - Haareschneiden; Beschwerden des Kopfes nach (bg2*/418)
AUGE - Verklebt - morgens (*/472)
OHR - Schmerz - warm - Bett, Bettwärme; warmes - agg. (k/525)
• Schmerz - warm - Zimmer; im warmen - agg. (k/525)
NASE - Nasenbluten - Kindern; bei (*/557)
• Schneuzen der Nase - Neigung, sich zu schneuzen; ständige (k/568)
• Verstopfung - Kindern; bei (ptk1/577)
MUND - Beißt - Wangen; sich in die - Sprechen oder Kauen; beim (sne/640)
ZÄHNE - Zähneknirschen (*/718)
• Zähneknirschen - Frost; während (*/718)
» konvulsivisch (k/718)
MAGEN - Gluckern; Gurgeln (b4/802)
• **Gluckern; Gurgeln - Trinken - nach - agg.** (*/803)
• *Schluckauf* (*/809)
» Erbrechen - beim (bg2/810)
» Essen - nach - agg. (*/810)
» *Essen - vor - agg.* (*/810)
» *Mittagessen - nach - agg.* (*/811)
• *Völlegefühl - Essen - nach - agg.* (*/845)
» Frühstück; agg. nach dem (k/845)
ABDOMEN - Schmerz - Beugen - vorne; nach - amel. - krampfartig (k/882)
• *Schmerz - Liegen - Abdomen; auf dem - amel.* (k/889)
» *Liegen - agg.* (k/889)
» Liegen - amel. (^/889)
» Liegen - Seite; auf der - agg. (k/889)
» Liegen - Seite; auf der - rechten; auf der - agg. (bg1/889)
» Liegen - Seite; auf der - rechten; auf der - amel. (k/890)
» Wärme - amel. (h2/896)
» Zusammenkrümmen - amel. (k/897)
REKTUM - **Unwillkürlicher Stuhl** (*/984)
• *Unwillkürlicher Stuhl - Husten oder Niesen; beim* (*/985)
STUHL - Kugeln, wie (k/996)
• **Unverdaut** (*/999)
BLASE - *Urinieren - Harndrang - plötzlich - beeilen um zu urinieren, sonst geht Urin ab; muß sich* (*/1015)
• **Urinieren - unwillkürlich - Husten; agg. beim** (*/1020)
» *verzögert, muß warten, bis der Urin zu fließen beginnt* (b4/1020)
MÄNNLICHE GENITALIEN - **Erektionen - Kindern, bei** (lmj/1063)
• *Masturbation, Neigung zur* (*/1071)
» **Kindern; bei** (lmj/1071)
• **Sexuelles Verlangen - vermehrt - Kindern, bei** (lmj/1084)
WEIBLICHE GENITALIEN - Masturbation; Neigung zu (k2*/1104)
• **Masturbation; Neigung zu - Kindern; bei** (lmj/1104)
EXTREMITÄTEN - *Hitze - Füße - brennend - entblößt sie* (vh/1440)
• *Hitze - Füße - Fußsohlen - entblößt sie* (vh/1441)
SCHWEISS - Essen - beim - agg. (*/1786)
• **Essen - beim - amel.** (*/1786)
» **nach - agg.** (*/1786)
» *nach - amel.* (*/1786)
• Mittagessen; nach (*/1789)
• **Warm - Speisen; warme - nach** (*/1792)
HAUT - **Ekchymosen** (*/1797)

Nacht; Beobachtungen in der - Gemütssymptome

GEMÜT - Angst - Dunkelheit; in der (*/8)
• *Furcht - Dunkelheit; vor der* (*/66)
» Erwachen; beim - Traum; aus einem (k/67)
• *Gesten, Gebärden; macht - Hände; unwillkürliche Bewegungen der - zupft - Bettwäsche; an der* (*/98)
» *Hände; unwillkürliche Bewegungen der - zupft - Bettwäsche; an der - Schweiß; beim* (bg2/98)
• Jammern - Schlaf, im (k/113)
• Reißt an etwas - Gegenstände; zerreißt - Kissen mit den Zähnen; das (k/142)
• **Schlafwandeln** (*/154)
• Sprechen - Schlaf; im (*/169)
• Stoßen, treten, austreten - Schlaf, im (h2*/172)
• Weinen - Wimmern, Winseln - nachts (h2*/248)
» Wimmern, Winseln - Schlaf, im (j5/248)

Nacht; Beobachtungen in der - körperliche Symptome

ZÄHNE - Zähneknirschen - Schlaf; agg. im (sne/718)
REKTUM - *Unwillkürlicher Stuhl - Schlaf; agg. im* (k/985)
BLASE - *Urinieren - unwillkürlich - nachts* (*/1019)
• Urinieren - unwillkürlich - nachts - Morgen, gegen (b4a/1019)
» unwillkürlich - nachts - ersten Schlaf, im (k2/1019)

KEHLKOPF UND TRACHEA - *Laryngismus stridulus - Schlaf - Einschlafen - beim* (k/1145)

Nacht; Beobachtungen in der - Schlaf

SCHLAF - *Erwachen - Schreck, wie durch* (j5/1675)
• Schlaflosigkeit - Kindern, bei (bro1/1691)

Nacht; Beobachtungen in der - Schlaf; Lage im

SCHLAF - *Lage - Abdomen, auf dem* (vh*/1682)
• Lage - Hände - Kopf - unter dem (a1/1682)
» Hände - Magengrube; eine Hand auf der - linke Hand (j5/1682)
» hart; jede Lage erscheint (j5/1682)
» *Knie - Brust; liegt auf Knien und* (fb*/1682)
» *Knie - Gesicht ins Kissen gepreßt; und* (st*/1682)
» Kopf - vorne gebeugt; nach (j5/1683)
» *Rücken, auf dem* (*/1683)
» Rücken, auf dem - Hände - flach unter dem Hinterkopf (h2/1683)
» Rücken, auf dem - unmöglich (b4a/1683)
» *Seite, auf der* (*/1683)
» *Seite, auf der - linken Seite, auf der* (vh/1683)
» Seite, auf der - linken Seite, auf der - Füße hochgezogen (a1/1683)
» **Seite, auf der - linken Seite, auf der - unmöglich** (*/1683)
» **Seite, auf der - rechten Seite, auf der** (*/1683)
» **Seite, auf der - unmöglich** (b4a/1683)
» **Sitzen** (*/1683)
» *Sitzen - Kopf - hinten gehaltenem Kopf; sitzt aufrecht mit etwas nach* (st/1683)
» verändert häufig die Lage (j5/1683)

Schaukeln und Getragenwerden

GEMÜT - Getragen - Verlangen getragen zu werden (gk/99)
• Schaukeln - amel. (gk/153)

Autos und Schiffe

KOPF - Schmerz - Fahren - Wagen, im - agg. (k/326)
MAGEN - Erbrechen - Fahren im Wagen agg. (*/792)
• Schmerz - Fahren - Wagen; im - nach (k/818)
» Fahren - Wagen; im - nach - ziehend (k/818)
• Spannung - Fahren im Wagen agg. (*/830)
• Übelkeit - Fahren - Wagen; im - agg. (h2/836)
BLASE - Urinieren - häufig - Fahren - Wagen; im - agg. (h2/1016)
ALLGEMEINES - Fahren - Wagen; mit dem - agg. (*/1877)
• Fahren - Wagen; mit dem - amel. (*/1877)

Psychosomatische Störungen

ZÄHNE - Zähneknirschen - Raserei, Tobsuchtsanfall; bei (k/718)
REKTUM - Diarrhoe - Angst, nach (k2/951)
• Diarrhoe - Erregung, Aufregung agg. (bg1/952)
» nervös, Gemütsbewegungen agg. (bg3*/955)
HUSTEN - Fremde - Anwesenheit von Fremden; bei - Kindern; bei (mtf33/1192)

Körperliche Symptome und Erkrankungen

KOPF - *Entzündung - Gehirn* (*/284)
• *Entzündung - Hirnhaut* (*/284)
» *Periost* (k/285)
• *Hydrozephalus* (*/295)
• *Schmerz - katarrhalisch* (k/331)
ZÄHNE - Abszeß der Zahnwurzeln (*/695)
• *Karies, faule, hohle Zähne* (*/700)
» Kindern; verfrüht bei (bro1/700)
• Unregelmäßig - unten - skrofulösen Kind mit Erkrankung des Mesenteriums; bei einem (*/717)
INNERER HALS - **Räuspert käsige Klumpen herauf** (*/732)
MAGEN - *Langsame Verdauung* (bro1/805)
• Würgen - Husten, mit (ptk1/846)
REKTUM - *Cholera - infantum* (*/949)
NIEREN - *Entzündung* (k/1023)
WEIBLICHE GENITALIEN - Menses - verzögerte Menarche (*/1114)
KEHLKOPF UND TRACHEA - *Laryngismus stridulus* (*/1145)
BRUST - Entzündung - Lungen - Kindern; bei (gsy/1234)
• *Entzündung - Lungen - Kindern; bei - Kleinkindern; bei* (*/1234)
RÜCKEN - Spina bifida (*/1384)
EXTREMITÄTEN - *Hüftgelenksentzündung* (*/1443)
FIEBER - **Continua** (k/1772)
ALLGEMEINES - *Abmagerung - Kindern; bei* (*/1845)
• Abmagerung - Kindern; bei - Kleinkindern; bei (bro1/1845)
• Kindern; Beschwerden von (sf1/1897)
» zarte, schwächliche, kränkliche Kinder (bg2*/1897)
• Konvulsionen - Kindern, bei (bg2*/1905)
• **Pubertät - Beschwerden während der** (bg2*/1934)
» *Beschwerden während der - Mädchen; bei* (kr1*/1934)
• Schwäche - Kindern, bei (mrr1/1977)
• Verletzungen - Knochenbrüche - langsame Heilung von Knochenbrüchen (*/2020)

Chirurgisch pathologische Zustände

NASE - *Polyp* (*/561)
• *Polyp - blutet leicht* (*/561)
ABDOMEN - **Entzündung - Peritoneum** (ptk1/860)
• Hernie (bro1/867)
» Leistenhernie (*/868)

» Leistenhernie - schmerzhaft (b4/868)
• *Intussuszeption* (*/869)

Männliche Genitalien - Hochgezogen, an den Körper gezogen - Hoden (k/1068)

Würmer

Rektum - Würmer - Beschwerden durch Würmer (b2/985)
• Würmer - Beschwerden durch Würmer - Bandwürmer (*/986)
» Beschwerden durch Würmer - Madenwürmer (*/986)
» Beschwerden durch Würmer - Spulwürmer (b2/986)

Physostigma venenosum

phys.

Dieses Mittel hat einen besonderen Tropismus für die *Augen* und das *Zentralnervensystem.*

Die Verbindung von *Erschöpfung der Muskeln* mit irgendeiner anderen Beschwerde ist eine Keynote von Physostigma.

Zahnung ist aufreibend bei nervösen Kindern, deren Pupillen sich abwechselnd erweitern und verengen und die große Probleme haben, wenn sie an der Brust trinken oder Essen zu sich nehmen, wobei Schmerzen in den Magen kommen, sobald sie zu trinken beginnen, aber wieder vergehen, wenn sie weitertrinken.

Kopfschmerzen in der Stirn oder der Schläfe in Verbindung mit Augenleiden und ausgelöst durch Anstrengung der Augen.

Strabismus.

Klinisches: Astigmatismus. Blepharospasmus. Chorea. Epilepsie. Lokomotorische Ataxie. Progressive Muskelatrophie. Schlaflosigkeit. Obstipation. Diarrhoe. Dyspepsie. Kopfschmerzen. Herzleiden.

Wirkungsbereich: Zentralnervensystem. Augen.

* * *

Zahnung - Allgemeines

Zähne - *Zahnung - schwierig* (hr1*/718)

Stillen - Milch

Kopf - Schmerz - Trinken - nach - Milch; von (k/341)

Allgemeines - Speisen und Getränke - Milch - agg. (a2*/2001)

Stillen - Magendarmsymptome - Appetit - vermehrt

Magen - Appetit - Heißhunger (k/769)
• Appetit - vermehrt (k/770)

Stillen - Magendarmsymptome - Aufstoßen - Wasser; Hochsteigen von

Magen - Aufstoßens; Art des - Wasser in den Mund; Hochsteigen von (k/781)

Stillen - Magendarmsymptome - Abdomen - agg. durch

Abdomen - Schmerz - Liegen - Rücken; auf dem - agg. (k/889)

Stillen - Magendarmsymptome - Abdomen - amel. durch

Abdomen - Schmerz - Liegen - amel. (k/889)
• Schmerz - Liegen - Seite; auf der - rechten; auf der - amel. (k/890)

Infektionskrankheiten - Mumps

Gesicht - Schwellung - Parotis (bg2/631)

Konstitution - Allgemeines

Gemüt - Faulheit (a1*/55)
• Impulse, Triebe; krankhafte - laufen; zu (a1/112)

Schule - Anstrengung; geistige

Kopf - *Schmerz - Lesen, beim - agg.* (hr1/332)
• Schmerz - Schläfen - Lesen agg. - pulsierend (k/370)
» Stirn - Lesen agg. (k/389)

Nonverbales - Gesten, Gebärden

Gemüt - Launenhaftigkeit, launisch (^/123)
• Launenhaftigkeit, launisch - weist Dinge zurück, die er haben wollte, sobald er sie bekommt (ptk1/123)

Nonverbales - Konsultation; bei der

Gesicht - Schwellung - Unterkieferdrüsen (a1/631)

Abdomen - Entzündung - Nabel (c2/860)

Nonverbales - Äußerliches - Beobachtungen des Arztes

Auge - Strabismus, Schielen (bg2/467)

Ohr - Bohren mit den Fingern darin (*/500)

Nase - Bewegung - Nasenflügel - Fächer; wie ein (bg2/545)
• Geweitete Nasenlöcher (k/550)

Nonverbales - Äußerliches - Beobachtungen der Eltern

Zähne - *Zähneknirschen* (bro1/718)

Magen - Schluckauf (*/809)

Abdomen - Schmerz - Liegen - amel. (k/889)
• Schmerz - Liegen - Rücken; auf dem - agg. (k/889)
» Liegen - Seite; auf der - rechten; auf der - amel. (k/890)

Stuhl - Unverdaut (*/999)

Nacht; Beobachtungen in der - körperliche Symptome

BLASE - Urinieren - unwillkürlich - nachts (bro1/1019)

Nacht; Beobachtungen in der - Schlaf

SCHLAF - *Erwachen - Schreck, wie durch* (sne/1675)

Autos und Schiffe

SCHLAF - Schläfrigkeit - Fahren - agg. (k/1698)

Körperliche Symptome und Erkrankungen

KOPF - Entzündung - Gehirn (*/284)
• Entzündung - Hirnhaut (kr1/284)

NIEREN - Entzündung (mrr1/1023)

Phytolacca decandra

phyt.

Phytolacca ist angezeigt bei schwieriger und verspäteter Zahnung. Das Kind weint, stöhnt, ist ruhelos und fiebrig, besonders nachts; bei heißem Wetter Erbrechen und Diarrhoe. Sie wollen ständig auf etwas Hartes beißen und dies scheint zu lindern.

Ich habe gesehen, daß *Phytolacca sehr nützlich ist bei Phosphor-Kindern, die während der Zahnung an Diarrhoe, Mangel an Appetit leiden und auf Kaltes beißen wollen. Daher glaube ich, daß diese beiden Mittel komplementär sein können.*

Phytolacca wird häufig eingesetzt bei *Tonsillitis,* die gewöhnlich bei naßkaltem Wetter auftritt. Die Mandeln sind vergrößert, besonders die rechte, und der Hals ist dunkelrot. Die Kinder haben das Gefühl, als stecke eine Kugel im Hals und klagen beim Schlucken von Speichel oder Gähnen. *Die Schmerzen werden durch heiße Getränke schlimmer, wohingegen sie durch kalte Getränke und Eiscreme bemerkenswert besser werden.*

Phytolacca ist auch nützlich in Fällen von *Entzündung der Unterkieferdrüsen und der Parotis,* bei der die Drüsen steinhart sind.

Wegen seines Tropismus für den inneren Hals ist es auch angezeigt bei *Scharlach,* besonders wenn die Flecken dunkelrot sind, die Zunge bräunlich gefärbt ist und Schlaflosigkeit damit einhergeht. Nach Scharlach kann Albuminurie erscheinen.

Klinisches: Schwierige Zahnung. Zahnschmerzen. Tonsillitis. Ohrenleiden. Asthma. Husten. Laryngismus. Albuminurie. Parotitis. Erythema nodosum.

Wirkungsbereich: Drüsen. Innerer Hals. Mandeln. Zähne. Nieren. Verdauungskanal.

* * *

Krankengeschichte; familiäre und persönliche

ALLGEMEINES - Familiengeschichte von - Syphilis (mrr1/1878)
• Krankengeschichte von; persönliche - Tonsillitis; von wiederkehrender (ptk1/1910)
» Tuberkulose, von (bci1/1910)

Zahnung - Gemütssymptome

GEMÜT - Stöhnen - Zahnung; während der (hr1*/172)
• *Weinen - Kindern; bei - Zahnung, durch schwierige* (hr1*/246)

Zahnung - Lokalsymptome

ZÄHNE - **Beißen - Hartes zu beißen, was die Schmerzen amel.; Verlangen, auf etwas - Zahnung; während der** (*/695)

Zahnung - Magendarmsymptome

MAGEN - Erbrechen - Zahnung; während der (hr1/796)

REKTUM - *Diarrhoe - Zahnung; während* (kr1*/957)

Zahnung - Allgemeines

ZÄHNE - *Zahnung - langsam* (hr1*/718)
• *Zahnung - schwierig* (*/718)

FIEBER - Zahnung; während der (hr1/1781)

Stillen - Gemütssymptome

GEMÜT - *Essen - weigert sich zu* (*/53)

Stillen - Milch

MAGEN - Erbrochenen; Art des - Milch (k/798)

ALLGEMEINES - Speisen und Getränke - Milch - agg. (stx1/2001)

Stillen - Magendarmsymptome - Appetit - vermindert

MAGEN - Appetit - fehlend (k/767)

Stillen - Magendarmsymptome - Appetit - vermehrt

MAGEN - Appetit - Heißhunger - Essen - nach dem Essen - bald danach (k/770)
• Appetit - vermehrt - Essen - nach (*/772)

Stillen - Allgemeines

MUND - Aphthen - Kindern, bei - Säuglingen; bei (sne/639)

Infektionskrankheiten - Masern

HAUT - Hautausschläge - Masern (*/1817)

Infektionskrankheiten - Mumps

GESICHT - Entzündung - Parotis (*/584)
• Entzündung - Parotis - Mumps (c2*/584)
» Parotis - Scharlach - bei (bro1/584)
• Schmerz - Parotis (k/626)
• *Schwellung - Parotis* (k/631)
• *Verhärtungen - Parotis* (k/634)

Infektionskrankheiten - Scharlach

NASE - Schnupfen - Scharlach, bei (k/572)

GESICHT - Entzündung - Parotis - Scharlach - bei (bro1/584)

INNERER HALS - *Entzündung - Scharlach; bei* (bro1/724)

URIN - Eiweißhaltig - Scharlach; nach (*/1046)

SCHLAF - *Schlaflosigkeit - Scharlach; bei* (hr1*/1693)

FIEBER - Ausschlagsfieber; Fieber bei Ausschlagserkrankungen - Scharlach (bro1/1770)

• Scharlach - Prophylaxe gegen (gm1/1779)

» rauhes, dunkles Exanthem (gm1/1779)

HAUT - Hautausschläge - Scharlach (*/1821)

• Hautausschläge - Scharlach - begleitet von - Zunge - braune Farbe der Zunge (kr1*/1821)

Konstitution - Allgemeines

GEMÜT - Faulheit (^/55)

• Waschen - Verlangen zu waschen (^/243)

» Verlangen zu waschen - kaltem Wasser; mit (lpc/243)

• *Weinen - Kindern; bei* (^/246)

Nonverbales - Aggressivität

GEMÜT - *Beißen* (*/20)

Nonverbales - Reaktion auf andere

GEMÜT - Schamlos (*/153)

Nonverbales - Allgemeines

GEMÜT - Nackt sein, möchte (k/134)

• Stöhnen - Kindern, bei (hr1*/172)

Nonverbales - Konsultation; bei der

KOPF - Hitze - Kälte - Extremitäten; mit Kälte der (bg2*/293)

• Hitze - Kälte - Körpers; mit Kälte des (c1/293)

OHR - Eiterung - hinter den Ohren (k/500)

• *Entzündung - Eustachische Röhre* (*/500)

• Katarrh - Eustachische Röhre (*/515)

GESICHT - *Schwellung - Unterkieferdrüsen* (*/631)

MUND - Aphthen (*/639)

• Aphthen - Kindern, bei - Säuglingen; bei (sne/639)

• **Herausstrecken, Vorstrecken - Zunge, der** (*/665)

• Landkartenzunge (bg2*/668)

• Schleimhautpapel bei sekundärer Syphilis (bg3*/673)

INNERER HALS - **Belag - Tonsillen** (k/721)

• **Belag - Uvula** (k/721)

• *Entzündung - Tonsillen* (*/724)

• **Schwellung - Tonsillen** (*/747)

ÄUSSERER HALS - *Schwellung - Halsdrüsen* (*/760)

• Schwellung - Halsdrüsen - hart (mrr1/760)

» Halsdrüsen - schmerzhaft (mrr1/760)

• Verhärtung von Drüsen (a1/761)

BRUST - Einstülpung - Brustwarzen; der (bg3/1231)

• Einziehung der Brustwarzen (ptk1/1231)

RÜCKEN - *Hautausschläge - Furunkel* (k/1316)

HAUT - **Hautausschläge - Herpes - ringförmig** (k/1815)

• *Intertrigo* (k/1825)

Nonverbales - Äußerliches - Beobachtungen des Arztes

AUGE - *Verklebt* (*/472)

GESICHT - Hippokratisches Gesicht (k/605)

ÄUSSERER HALS - Torticollis - Brustbein gezogen; Kinn ist zum (ptk1/761)

ATMUNG - *Beschleunigt* (*/1174)

RÜCKEN - *Opisthotonus* (*/1325)

Nonverbales - Äußerliches - Beobachtungen der Eltern

ZÄHNE - Zähneknirschen (bg2*/718)

• **Zusammenbeißen der Zähne - Verlangen, die Zähne zusammenzubeißen; ständiges** (*/719)

» Verlangen, die Zähne zusammenzubeißen; ständiges - fest zusammengebissen (bg2/719)

MAGEN - Schluckauf (*/809)

REKTUM - Unwillkürlicher Stuhl (bg2/984)

STUHL - Unverdaut (*/999)

Nacht; Beobachtungen in der - Schlaf; Lage im

SCHLAF - Lage - Abdomen, auf dem (bg2*/1682)

Autos und Schiffe

KOPF - Schmerz - Fahren - Wagen, im - agg. (k/326)

NASE - *Verstopfung - Fahren im Wagen agg.* (*/577)

RÜCKEN - Schmerz - Dorsalregion - Schulterblätter - unter den - links - Fahren im Wagen agg. (k/1346)

• Schmerz - Dorsalregion - Schulterblätter - unter den - links - Fahren im Wagen agg. - abends (k/1346)

Körperliche Symptome und Erkrankungen

REKTUM - Cholera - infantum (bro1*/949)

NIEREN - *Entzündung* (k/1023)

KEHLKOPF UND TRACHEA - Laryngismus stridulus (*/1145)

EXTREMITÄTEN - *Hüftgelenksentzündung* (k/1443)

• *Hüftgelenksentzündung - rechts* (k/1443)

ALLGEMEINES - Abmagerung - Kindern; bei - Kleinkindern; bei (bro1/1845)

• Kindern; Beschwerden von (ptk1/1897)

Chirurgisch pathologische Zustände

OHR - Abszeß - hinter den Ohren (k/498)

Würmer

MAGEN - *Erbrochenen; Art des - Würmer* (k/801)

Picricum acidum

pic-ac.

Kopfschmerzen bei Kindern, wenn sie anfangen zu lernen oder nach Prüfungen in der Schule; enorme Erschöpfung; sie werden durch Kälte besser und schlimmer durch Hitze und Lesen kleiner Schrift; die Schmerzen sind gewöhnlich pochend.

Kent schrieb: „Wenn das Kind anfängt, das Alphabet zu lernen, erscheinen Kopfschmerzen und kehren bei jedem erneuten Versuch wieder, oft mit erweiterten Pupillen."

Die Schwierigkeiten in der Schule von Picricum-acidum-Kindern sind daher mit dieser enormen Erschöpfung verbunden, zusammen mit sich daraus ergebenden Konzentrationsschwierigkeiten und Mangel an Selbstvertrauen, wodurch sie Angst bekommen, in der Alltagsarbeit nicht erfolgreich zu sein.

Es ist, als wäre ihr Verstand getrübt. Es besteht ein Mangel an Willen, sie fangen nichts Neues an und sie gelangen sogar bis an den Punkt, an dem sie weder sprechen noch denken wollen.

Picricum acidum ist das einzige Mittel in der Rubrik: „Gemüt - Wahnideen - Wolken - erreichen; er scheint die Wolken zu - Arme, Gesicht, Zunge und der Vorderteil des Gehirns scheinen bis zu den Wolken zu reichen" und die stellt die grundlegende Wahnvorstellung des Mittels dar. Die Stirn ist zum Denken da, die Hand zum Schreiben und die Zunge zum Sprechen. Diese Werkzeuge repräsentieren die intellektuelle Arbeit; und diese Patienten haben das Gefühl, bis an die Grenze belastet, gedehnt zu sein, bis zu den Wolken hinauf, und daher über ihre Grenzen hinaus, mit dem sich daraus ergebenden Bedürfnis, sich auszuruhen, um das rechte Gleichgewicht zwischen Körper und Verstand wieder herzustellen. Um diese Aufgabe bewältigen zu können, haben Erwachsene Picricum-acidum-Patienten sexuelle Gedanken, die das Gegenteil von intellektueller Arbeit darstellen, um diese Aufgabe bewältigen zu können.

Symptome werden schlechter durch die geringste Anstrengung, besonders geistige Anstrengungen, nach dem Schlaf und durch nasses und heißes Wetter, während Symptome im Freien und durch Kälte besser werden.

Auf der körperlichen Ebene ist die *Haut* sehr wichtig, mit Erythem an Bauch und Füßen; Pickel im Gesicht und am Hals; schmerzhaften Furunkeln im Bereich des Mundes, mit brennendem Stechen bei Berührung und nächtlichem Jucken.

Klinisches: Schwäche. Kopfschmerzen bei Studenten. Diabetes. Enuresis. Otitis. Gerstenkörner. Akne. Furunkel. Gelbsucht.

Wirkungsbereich: Nerven. Geschlechtsorgane. Haut. Nieren.

* * *

Stillen - Magendarmsymptome - Appetit - vermindert

MAGEN - Appetit - fehlend (k/767)
- **Appetit - vermindert** (*/772)

Stillen - Magendarmsymptome - Appetit - vermehrt

MAGEN - *Appetit - vermehrt* (k/770)

Stillen - Magendarmsymptome - Aufstoßen - Speisen; von

MAGEN - Aufstoßens; Art des - Speisen; von (k/780)

Stillen - Magendarmsymptome - Aufstoßen - Wasser; Hochsteigen von

MAGEN - Aufstoßens; Art des - Wasser in den Mund; Hochsteigen von (k/781)

Konstitution - Angst und Furcht

GEMÜT - *Erwartungsspannung - Lampenfieber* (fry/53)
- Furcht - Versagen, Mißerfolg; vor dem (^/79)
  - » Versagen, Mißerfolg; vor dem - Prüfungen, bei (br1*/79)

Konstitution - Allgemeines

GEMÜT - Entmutigt (mtf11/46)
- **Faulheit** (k1*/55)
- Selbstvertrauen - Mangel an Selbstvertrauen (ptk1*/161)
- Sorgen; voller (sf1/164)

Beziehung zu anderen - Reaktion auf andere

GEMÜT - Gesellschaft - Abneigung gegen (*/94)

Schule - Angst

GEMÜT - Erwartungsspannung - Prüfungen, vor (st*/53)
- Furcht - Versagen, Mißerfolg; vor dem (^/79)
  - » Versagen, Mißerfolg; vor dem - Prüfungen, bei (br1*/79)
- Selbstvertrauen - Mangel an Selbstvertrauen (ptk1*/161)

Schule - Konzentration

GEMÜT - *Erschöpfung; geistige - Lernen, Studieren; durch langes* (mrr1/52)
- *Erschöpfung; geistige - Lesen, durch* (mrr1/52)
- Konzentration - schwierig - Studieren (st*/117)

• **Stumpfheit - Lesen** (mrr1/175)

Schule - Lernen - Lesen

GEMÜT - **Stumpfheit - Lesen** (mrr1/175)

Schule - Anstrengung; geistige

GEMÜT - *Erschöpfung; geistige - Lernen, Studieren; durch langes* (mrr1/52)
• *Erschöpfung; geistige - Lesen, durch* (mrr1/52)

KOPF - **Schmerz - geistige Anstrengung - agg.** (*/328)
• Schmerz - Lesen, beim - agg. (k2*/332)
» Schulkindern; bei (k2/339)
» Studenten, bei (c2/340)

Schule - Konstitution

GEMÜT - Selbstvertrauen - Mangel an Selbstvertrauen (ptk1*/161)

Nonverbales - Konsultation; bei der

OHR - *Entzündung* (*/500)
• *Entzündung - Gehörgang* (*/500)

HAUT - Hautausschläge - Erythem (c2/1812)

Nonverbales - Äußerliches - Beobachtungen des Arztes

GESICHT - Hautausschläge - Akne (c2/595)

ALLGEMEINES - Aussehen - dunkel (c1/1854)

Nonverbales - Äußerliches - Beobachtungen der Eltern

MAGEN - *Völlegefühl - Essen - nach - agg.* (k/845)

MÄNNLICHE GENITALIEN - *Masturbation, Neigung zur* (k/1071)

WEIBLICHE GENITALIEN - Masturbation; Neigung zu (c1/1104)

Körperliche Symptome und Erkrankungen

NIEREN - Entzündung (k/1023)

Pinus contorta

pin-con.

Stillen - Milch

ALLGEMEINES - Speisen und Getränke - Milch - Abneigung (oss2/2000)
• Speisen und Getränke - Milch - agg. (oss2/2001)

Stillen - Magendarmsymptome - Appetit - allgemein

MAGEN - Appetit - vermehrt - abwechselnd mit - Appetitverlust (oss2/771)

Stillen - Magendarmsymptome - Appetit - vermindert

MAGEN - Appetit - vermindert (oss2/772)

Stillen - Magendarmsymptome - Appetit - vermehrt

MAGEN - Appetit - vermehrt (oss2/770)

Konstitution - Angst und Furcht

GEMÜT - Erwartungsspannung - Lampenfieber (oss2/53)
• Furcht - allein zu sein (oss2/64)
» engen Räumen; in (oss2/67)
» hochgelegenen Orten; vor (oss2/71)

Konstitution - Allgemeines

GEMÜT - Gewissenhaft, peinlich genau in bezug auf Kleinigkeiten (oss2/99)
• Heikel, pingelig (oss2/106)
• Nachgiebigkeit (oss2/134)
• Selbstvertrauen - Mangel an Selbstvertrauen (oss2/161)
• Unzufrieden (oss2/194)

Familie; Beziehung zur - Liebe und Zuneigung

GEMÜT - Eifersucht (oss2/40)
• Verlassen zu sein; Gefühl (oss2/198)

Beziehung zu anderen - Reaktion auf andere

GEMÜT - Gesellschaft - Abneigung gegen (oss2/94)
• Gesellschaft - Verlangen nach (oss2/95)
• Schüchternheit, Zaghaftigkeit (oss2/158)
• Trost - amel. (oss2/188)

Beziehung zu anderen - allgemein

GEMÜT - Tadelt sich selbst, macht sich Vorwürfe (oss2/179)

Schule - Angst

GEMÜT - Selbstvertrauen - Mangel an Selbstvertrauen (oss2/161)

Schule - Konstitution

GEMÜT - Gewissenhaft, peinlich genau in bezug auf Kleinigkeiten (oss2/99)
• Heikel, pingelig (oss2/106)
• Selbstvertrauen - Mangel an Selbstvertrauen (oss2/161)

Nonverbales - Aggressivität

GEMÜT - Beißen (^/20)

Nonverbales - Gesten, Gebärden

GEMÜT - Beißen - Nägel (oss2/20)

Nonverbales - Konsultation; bei der

MUND - Aphthen (oss2/639)

Nonverbales - Äußerliches - Beobachtungen des Arztes

GESICHT - Hautausschläge - Akne (oss2/595)

Nonverbales - Äußerliches - Beobachtungen der Eltern

ZÄHNE - Zusammenbeißen der Zähne - Verlangen, die Zähne zusammenzubeißen; ständiges (oss2/719)

BLASE - Urinieren - unwillkürlich - Husten; agg. beim (oss2/1020)

Nacht; Beobachtungen in der - körperliche Symptome

ZÄHNE - Zähneknirschen - Schlaf; agg. im (oss2/718)

Körperliche Symptome und Erkrankungen

KOPF - Schmerz - katarrhalisch (oss2/331)

Pinus silvestris

pin-s.

Ein nützliches Mittel bei der *Behandlung frierender Kinder mit Abmagerung der Beine, schwachen Sprunggelenken und spätem Laufenlernen.* Abmagerung auf Grund gestörter Ernährung.

Pinus silvestris verbindet rheumatische, bronchiale und urtikarielle Symptome; Jucken am ganzen Körper, besonders im Bereich der Gelenke und am Bauch.

Geschwollene Drüsen, besonders Unterkieferdrüsen.

Dieses Mittel ist angezeigt bei *Zwangsverhalten, Selbstbestrafung und ritualistischem Verhalten.*

Klinisches: Abmagerung der Beine. Schwäche der Sprunggelenke. Drüsenschwellung. Bronchitis. Dysurie. Würmer.

Wirkungsbereich: Verdauungskanal. Haut.

* * *

Entwicklung - langsam

ALLGEMEINES - Gehen - Gehenlernen, Laufenlernen - spätes (c2*/1883)

Stillen - Magendarmsymptome - Appetit - vermindert

MAGEN - Appetit - vermindert (*/772)

Konstitution - Allgemeines

GEMÜT - Unternehmen; etwas - Vieles, hält aber bei nichts durch, bleibt nicht dabei; unternimmt (a1/193)

Beziehung zu anderen - allgemein

GEMÜT - Tadelsüchtig, krittelig (^/178)
- Tadelt sich selbst, macht sich Vorwürfe (mtf11/179)

Schule - Konstitution

GEMÜT - Unternehmen; etwas - Vieles, hält aber bei nichts durch, bleibt nicht dabei; unternimmt (a1/193)

Nonverbales - Konsultation; bei der

GESICHT - Schwellung - Unterkieferdrüsen (a1*/631)

Nonverbales - Äußerliches - Beobachtungen des Arztes

AUGE - Strabismus, Schielen (c2/467)

Würmer

REKTUM - Würmer - Beschwerden durch Würmer - Spulwürmer (c2*/986)

Piper methysticum

pip-m.

Stillen - Gemütssymptome

GEMÜT - Hast, Eile - Essen; beim (*/105)

Stillen - Magendarmsymptome - Appetit - vermindert

MAGEN - Appetit - fehlend (k/767)
- Appetit - vermindert (*/772)

Konstitution - Allgemeines

GEMÜT - Faulheit (*/55)
- Heikel, pingelig (vh/106)

Familie; Beziehung zur - Liebe und Zuneigung

GEMÜT - Verlassen zu sein; Gefühl (^/198)

Beziehung zu anderen - Reaktion auf andere

GEMÜT - Schüchternheit, Zaghaftigkeit (a1/158)

Schule - Konzentration

GEMÜT - Verwirrung; geistige - Lesen, beim (a1/203)

Schule - Lernen - Lesen

GEMÜT - Verwirrung; geistige - Lesen, beim (a1/203)

Schule - Anstrengung; geistige

KOPF - *Schmerz - geistige Anstrengung - agg.* (vh/328)
- Schmerz - Schläfen - Lesen agg. - pulsierend (k/370)
  - » Stirn - Lesen agg. (k/389)

Schule - Konstitution

GEMÜT - Heikel, pingelig (vh/106)

Spielen

GEMÜT - Amüsement, Vergnügen - Verlangen nach (*/4)
- Tanzen (a1/179)

Nonverbales - Gesten, Gebärden

GEMÜT - Springen (a1/169)

Nonverbales - Allgemeines

GEMÜT - Hast, Eile - Essen; beim (*/105)

Pituitaria anterior

pitu-a.

Stillen - Milch

ABDOMEN - Rumoren, Kollern - Milch agg. (vml2/876)
- Schmerz - Milch - agg. (vml2/891)

REKTUM - Diarrhoe - Milch - agg. (vml2/954)
ALLGEMEINES - Speisen und Getränke - Milch - agg. (vml2*/2001)

Konstitution - Angst und Furcht

GEMÜT - Furcht - allein zu sein (ft/64)

Beziehung zu anderen - Aggressivität

GEMÜT - Zorn - Widerspruch, durch (ft*/255)

Beziehung zu anderen - Reaktion auf andere

GEMÜT - Abneigung - Freunde, gegen (ft/1)

Nonverbales - Konsultation; bei der

MUND - Landkartenzunge (vml2/668)

Nonverbales - Äußerliches - Beobachtungen des Arztes

OHR - *Geschwüre - Ohrläppchen - Loch für die Ohrringe; im* (a/510)

Autos und Schiffe

GEMÜT - Furcht - Fahren im Wagen; beim (ft/68)

Chirurgisch pathologische Zustände

MÄNNLICHE GENITALIEN - Hochgezogen, an den Körper gezogen - Hoden (mtf11/1068)

Plantago major

plan.

Launische Kinder, die viele Dinge gleichzeitig machen wollen, aber nicht dabei bleiben, also beginnen sie verschiedene Tätigkeiten, ohne sie zu beenden.

Plantago hat einen bedeutenden klinischen Ruf bei der Behandlung von *Ohrenschmerzen* und *Zahnschmerzen.* Es ist angezeigt, wenn beide Symptome vorhanden sind, mit stechenden Schmerzen, die von einem Ohr zum andern laufen und völliger Unverträglichkeit von Geräuschen.

Es ist *nützlich bei Enuresis nocturna, mit hellem und reichlichem Urin, besonders bei Kindern, die nachts mit den Zähnen knirschen.*

Wachstumsschmerzen, besonders in den Beinen.

Haut-Tropismus, mit Erythem und Erysipel.

Heuschnupfen mit häufigem Niesen und flüssiger und klarer oder safranfarbener Absonderung aus der Nase.

Ich habe einige Jahre lang eine Frau mit Plantago behandelt und einige wichtige Einzelheiten aus ihrer Krankengeschichte erfahren. Sie berichtete, daß sie seit der Kindheit sehr oft an *Aphthen* und *Karies* gelitten hatte und daß sie, als sie sehr jung war, mehrmals an Torticollis gelitten hatte.

Klinisches: Ohrenschmerzen. Zahnschmerzen. Enuresis. Polyurie. Diabetes. Diarrhoe. Erysipel. Erythem. Würmer.

Wirkungsbereich: Nerven. Ohren. Zähne. Haut.

* * *

Entwicklung - allgemein

EXTREMITÄTEN - Schmerz - Unterschenkel - Wachstumsschmerzen (ggd/1605)
ALLGEMEINES - Schmerz - Wachstumsschmerzen (ggd1/1958)

Stillen - Magendarmsymptome - Appetit - vermindert

MAGEN - Appetit - schnelle Sättigung (*/770)
• Appetit - vermindert (k/772)

Konstitution - Allgemeines

GEMÜT - Faulheit (a1/55)
• Heimweh (*/107)
• Stimmung, Laune - veränderlich (k/171)
• Unternehmen; etwas - Vieles, hält aber bei nichts durch, bleibt nicht dabei; unternimmt (k/193)

Beziehung zu anderen - Reaktion auf andere

GEMÜT - Widerspruch - verträgt keinen Widerspruch (k/249)

Schule - Konstitution

GEMÜT - Hast, Eile - tut, womit er gerade beschäftigt ist; bei dem, was er (^/105)
• Hast, Eile - tut, womit er gerade beschäftigt ist; bei dem, was er - Verlangen mehrere Dinge gleichzeitig zu tun (k/106)
• Unternehmen; etwas - Vieles, hält aber bei nichts durch, bleibt nicht dabei; unternimmt (k/193)

Nonverbales - Allgemeines

GEMÜT - Hast, Eile - tut, womit er gerade beschäftigt ist; bei dem, was er (^/105)
• Hast, Eile - tut, womit er gerade beschäftigt ist; bei dem, was er - Verlangen mehrere Dinge gleichzeitig zu tun (k/106)

Nonverbales - Konsultation; bei der

OHR - *Eiterung - Mittelohr* (bro1/500)
• *Entzündung* (c2/500)
  » Mittelohr (mtf11/501)
  » Processus mastoideus (mtf11/501)
MUND - Aphthen (*/639)
• *Aphthen - Kindern, bei* (*/639)
• Eiterung - Zahnfleisch (bg2/643)
HAUT - Erysipel (c2/1798)
• Hautausschläge - Erythem (c2/1812)

Nonverbales - Äußerliches - Beobachtungen des Arztes

Äusserer Hals - Torticollis (c1/761)

Atmung - *Beschleunigt* (*/1174)

Nonverbales - Äußerliches - Beobachtungen der Eltern

Zähne - Zähneknirschen (bro1/718)

Blase - Urinieren - Harndrang - plötzlich - beeilen um zu urinieren, sonst geht Urin ab; muß sich (k/1015)

• Urinieren - verzögert, muß warten, bis der Urin zu fließen beginnt (c2/1020)

Nacht; Beobachtungen in der - körperliche Symptome

Mund - Offen - Schlaf; agg. im (k/669)

Zähne - Zähneknirschen - Schlaf; agg. im (*/718)

Blase - *Urinieren - unwillkürlich - nachts* (*/1019)

• Urinieren - unwillkürlich - nachts - Mitternacht - morgens, bis (k/1019)

Körperliche Symptome und Erkrankungen

Zähne - Karies, faule, hohle Zähne (bg2/700)

• *Karies, faule, hohle Zähne - Kindern; verfrüht bei* (bro1/700)

Magen - Würgen - Husten, mit (*/846)

Würmer

Rektum - Würmer - Beschwerden durch Würmer (kr1*/985)

Platinum metallicum

plat.

Platinum wurde erfolgreich anämischen Kindern mit blasser Haut, eingefallenem Gesicht und blauen Ringen um die Augen verabreicht. Manchmal ist das Aussehen jedoch anders, wie Farokh Master schrieb: „Geeignet für dünne Kinder mit rundem Gesicht und fleischigen, vorstehenden Lippen."

Die Aspekte des erwachsenen Platinum sind auch bei den Kindern zu sehen: sie sind *autoritär, ehrgeizig und ganz besonders herablassend.* Diese Aspekte führen dazu, daß sie unverschämt, großspurig, streitsüchtig, gewalttätig, unberechenbar und launisch sind. Sie vertragen keinen Widerspruch, sind empfindlich, selbstsüchtig und grausam.

Platinum-Mädchen sind, obwohl sie häufig maskulin aussehen, besonders *leichtfertig und an Make-up, Lippenstiften, teurer und eleganter Kleidung interessiert* und an allem Faszinierenden. *Sie träumen davon, Modell oder Schauspielerinnen zu sein.* Im Gegensatz dazu haben kleine Knaben feminine Eigenschaften.

Sie können gegenüber der Familie liebevoll sein, aber häufiger sind sie grob und neigen sogar dazu, die Eltern zu beleidigen. Es ist kompliziert, sie zu erziehen, da sie keinerlei Zurückweisungen akzeptieren.

In der Schule zeigt sich ihr Wesen. Sie sind arrogant. Werden ihnen Vorwürfe gemacht oder sie bestraft, weinen sie und sind schnell beleidigt. Sie werden wütend, wenn Lehrer streng sind und entwickeln in der Folge Kopfschmerzen, besonders an den Schläfen, mit Sehstörungen und Tränenfluß. Sie sind eigensinnig, akribisch und haben Erfolg beim Lernen.

Manchmal zeigen sie Zwangsverhalten, wie Ringen der Hände („Gemüt - Gesten, Gebärden; macht - Hände; unwillkürliche Bewegungen der - ringt die Hände") oder Waschen der Hände („Gemüt - Waschen - Verlangen zu waschen - Hände; wäscht sich ständig die").

Sie sind sexuell frühreif. Tatsächlich können Platinum-Mädchen hormonelle Störungen mit großem sexuellen Verlangen haben, das manchmal so groß sein kann, das man es etwa im siebten oder achten Lebensjahr sieht. Vithoulkas schrieb: „Von jungen Jahren an empfindet die Platinum-Frau ein starkes sexuelles Verlangen, das störend intensiv sein kann. Das ganze Leben lang und in jungen Jahren beginnend, kann eine starke Hyperästhesie der Genitalien vorhanden sein, die zu Masturbation führt. (Origanum ist ein weiteres Mittel, das Masturbation bei jungen Mädchen zeigt, aber es neigt mehr dazu, in der Kindheit zwischen dem dritten und siebten Lebensjahr aufzutreten, als in der Pubertät)."

Hyperästhesie der Genitalien äußerst sich bei Babies als Unverträglichkeit von Windeln.

Sie sind enorm empfindlich gegen Schmerzen, die typischerweise allmählich erscheinen und verschwinden („Allgemeines - Schmerz - erscheinend; allmählich - verschwindend; und - allmählich")

Auf der körperlichen Ebene leiden sie an krampfhaften Bauchschmerzen, besonders in der Nabelgegend, oft in Verbindung mit Obstipation oder Stuhl wie Schafskot („Stuhl - Schafskot, wie").

Wenn man die Lage im Schlaf analysiert, findet man 20 Symptome, die zeigen, daß Platinum in vielen verschiedenen Positionen schlafen kann. All diese Rubriken bringen die Symptome „Schlaf - Schlaflosigkeit - Lage ist recht, keine“ und „Schlaf - Lage - verändert häufig die Lage“ zum Ausdruck.

Klinisches: Masturbation. Pruritus vulvae. Sexuelle Perversion. Amenorrhoe. Obstipation. Konvulsionen. Krämpfe.

Wirkungsbereich: Weibliche Geschlechtsorgane. Nerven.

* * *

Zahnung - Allgemeines

ZÄHNE - Zahnung - schwierig (c1/718)

Stillen - Gemütssymptome

GEMÜT - Essen - weigert sich zu (k/53)
- **Hast, Eile - Essen; beim** (b4a/105)

Stillen - Milch

ALLGEMEINES - Speisen und Getränke - Milch - Verlangen (vml3/2001)

Stillen - Magendarmsymptome - Appetit - vermindert

MAGEN - Appetit - fehlend (*/767)
- Appetit - fehlend - Essen - Versuch zu essen; beim (ptk1/768)
  - » fehlend - Hunger, mit (b2/768)
  - » fehlend - Traurigkeit, durch (*/769)
  - » **schnelle Sättigung** (*/770)
  - » schnelle Sättigung - Traurigkeit, durch (h2/770)
  - » vermindert (stj2/772)

Stillen - Magendarmsymptome - Appetit - vermehrt

MAGEN - Appetit - Genuß, ohne (k/769)
- *Appetit - Heißhunger* (*/769)
  - » unstillbar (mrr1/770)
  - » vermehrt (*/770)
  - » vermehrt - Essen - nach (*/772)

Stillen - Magendarmsymptome - Aufstoßen - Speisen; von

MAGEN - Aufstoßens; Art des - Speisen; von (*/780)

Stillen - Magendarmsymptome - Aufstoßen - Wasser; Hochsteigen von

MAGEN - Aufstoßens; Art des - Wasser in den Mund; Hochsteigen von (*/781)

Stillen - Magendarmsymptome - Rektum

REKTUM - Obstipation - entfernt werden; Stuhl muß mechanisch (bg3*/968)
- *Obstipation - Kindern, bei* (kr1*/969)

Infektionskrankheiten - Pocken

HUSTEN - Pocken - während (k/1203)

Konstitution - Angst und Furcht

GEMÜT - Angst - hypochondrisch (j5/11)
- Beeindrucken, empfänglich für Eindrücke; leicht zu (lmj*/19)
- *Beschwerden durch - Schreck* (*/25)
- Feigheit (*/59)
- *Furcht - Gespenstern; vor* (*/70)
  - » hochgelegenen Orten; vor (stj2/71)
  - » Nadeln, vor (ptk1*/73)
- Gefahr - kein Gefühl für Gefahr; hat (glh/87)
- Mutig (stj2/133)
- Schreckliches und traurige Geschichten greifen sie stark an (lmj/156)

Konstitution - Allgemeines

GEMÜT - Beachtung; schenkt allgemeinen Regeln keine (k/19)
- **Ehrgeiz - erhöht, vermehrt, sehr ehrgeizig** (sf1/40)
- Eitelkeit (mtf33*/41)
- Empfindlich - Kinder (dx1/44)
- Entmutigt (k/46)
- Faulheit (k/55)
- Geiz (b4a/92)
- Gewissenhaft, peinlich genau in bezug auf Kleinigkeiten (gl1/99)
- Heikel, pingelig (*/106)
- Reisen - Verlangen nach (gk/142)
- Religiöse Gemütsstörungen, Störungen in bezug auf die Religiosität - beschäftigt; zu sehr mit Religion - Kindern; bei (mtf33/147)
- **Selbstsucht, Egoismus** (sf1/161)
- Sorgen; voller (^/164)
- *Stimmung, Laune - veränderlich* (*/171)
  - » veränderlich - Kindern; bei (mtf33/171)
- Unaufmerksam (*/189)
- Ungerechtigkeit; erträgt keine (mtf/191)
- *Unzufrieden* (*/194)
- Verwegenheit (stj2*/199)
- Waschen - Verlangen zu waschen (^/243)
  - » Verlangen zu waschen - Hände; wäscht sich ständig die (k13*/243)
- *Weinen - amel.* (*/245)
  - » *Freude, durch* (k/245)

Familie; Beziehung zur - Aggressivität

GEMÜT - **Beschimpfen, beleidigen, schmähen - Kinder - Eltern; Kinder beschimpfen ihre** (vh*/22)

Familie; Beziehung zur - Liebe und Zuneigung

GEMÜT - Abneigung - Familienangehörige; gegen (bg2*/1)
- Angst - Familie, um seine (mrr1/9)
  - » Gesundheit; um die - Verwandten; von (mrr1/10)
- Eifersucht (gl*/40)
- Entfremdet - Familie, von seiner (k/45)

- Liebevoll, voller Zuneigung, herzlich (*/125)
- Sorgen; voller - Verwandte, um (mrr1/165)
- *Verlassen zu sein; Gefühl* (*/198)

Familie; Beziehung zur - Vorwürfe

GEMÜT - *Beschwerden durch - Tadel* (gsh/25)
- *Ermahnungen - agg.* (*/47)
  - » *agg. - freundliche; selbst* (b4/47)
- Weinen - Ermahnung, durch (*/245)
  - » *Tadel, durch* (bg2*/247)
  - » Vorhaltungen gemacht werden; wenn ihm (k/248)

Beziehung zu anderen - Aggressivität

GEMÜT - Antworten - diktatorisch (vh/15)
- *Grausamkeit* (*/103)
- Schlagen (*/154)
  - » sich; schlägt (h2*/154)
  - » Zorn, aus (^/155)
  - » Zorn, aus - seine Freunde (st*/155)
- Spotten (*/166)
- *Streitsüchtig* (*/173)

Beziehung zu anderen - Reaktion auf andere

GEMÜT - Antworten - unbewußt, wie (a1/15)
- Antworten - unfähig zu antworten (^/15)
- *Gesellschaft - Abneigung gegen* (*/94)
- Schüchternheit, Zaghaftigkeit (k/158)
- *Trost - agg.* (*/188)
  - » *agg. - Mitleid, Mitgefühl agg.* (ptk1/188)
- *Untröstlich* (bg2*/193)
- *Weinen - angesprochen; wenn* (*/245)
  - » *Trost - agg.* (k/248)
  - » Trost - möchte nicht getröstet werden (pe/248)
- Widerspenstig (mtf33/249)
- *Widerspruch - verträgt keinen Widerspruch* (bro1*/249)

Beziehung zu anderen - allgemein

GEMÜT - Angeber (gl1/4)
- Argwöhnisch, mißtrauisch (sf1/16)
- *Beleidigt, leicht* (*/20)
- Empfindlich - äußerliche Eindrücke; gegen alle (^/42)
- **Ichbezogenheit, Selbstüberhebung** (*/111)
- Lügner (cda1/126)
- *Sprache - hastig, eilig* (sne/167)
- *Tadelsüchtig, krittelig* (*/178)
- Unbarmherzig (bg2*/189)
- **Unverschämtheit** (*/193)
  - » Kindern, bei (mtf33/193)

Schule - Konzentration

GEMÜT - Unaufmerksam (*/189)

Schule - Lernen - allgemein

GEMÜT - Studieren, Lernen - einfach, fällt leicht (ptk1*/173)

Schule - Anstrengung; geistige

KOPF - Schmerz - geistige Anstrengung - agg. (k/328)
- *Schmerz - Lesen, beim - agg.* (k/332)

Schule - Beziehung zu anderen

GEMÜT - Lügner (cda1/126)

MUND - *Sprache - stotternd* (*/688)

Schule - Vorwürfe

GEMÜT - *Beschwerden durch - Tadel* (gsh/25)
- *Ermahnungen - agg.* (*/47)
  - » *agg. - freundliche; selbst* (b4/47)
- Weinen - Ermahnung, durch (*/245)
  - » *Tadel, durch* (bg2*/247)

Schule - Konstitution

GEMÜT - Eigensinnig, starrköpfig, dickköpfig (mtf33*/41)
- Eigensinnig, starrköpfig, dickköpfig - Kinder (mtf33/41)
- Gewissenhaft, peinlich genau in bezug auf Kleinigkeiten (gl1/99)
- Heikel, pingelig (*/106)
- Lügner (cda1/126)

Spielen

GEMÜT - Tanzen (*/179)

Tieren; Beziehung zu

GEMÜT - Furcht - Hunden, vor (bra/71)
- Furcht - Tieren, vor (mrr1/76)
- Tiere - liebt Tiere, Tierliebe (^/180)

Nonverbales - Aggressivität

GEMÜT - Beißen (^/20)
- Destruktivität, Zerstörungswut (*/38)
- *Diktatorisch* (ptk1*/39)

Nonverbales - Reaktion auf andere

GEMÜT - Küssen - jeden (kr1*/119)
- Liebkost zu werden; Liebkosungen - Abneigung, liebkost, gestreichelt zu werden (stj2/126)
- *Schamlos* (bg2*/153)

Nonverbales - Gesten, Gebärden

GEMÜT - Beißen - Nägel (jl/20)
- **Gefallsüchtig, kokett - sehr, zu** (^/87)
  - » **sehr, zu - Kindern; bei** (lmj/87)
- Gesten, Gebärden; macht - Hände; unwillkürliche Bewegungen der - ringt die Hände (k/98)
- Grimassen (*/103)
  - » sonderbare Gesichter; schneidet (*/103)
- *Lachen - Ernstes, über* (*/120)
- **Launenhaftigkeit, launisch** (j5/123)

• Maskulin - Mädchen; maskulin aussehende (mtf33*/128)
• *Pfeifen* (*/136)
• Ungeschicklichkeit (^/192)
• *Weibisch* (vh*/243)

Nonverbales - Allgemeines

GEMÜT - Eigensinnig, starrköpfig, dickköpfig (mtf33*/41)
• Eigensinnig, starrköpfig, dickköpfig - Kinder (mtf33/41)
• **Hast, Eile - Essen; beim** (b4a/105)
• *Singen* (*/163)
• Unhöflich (vh*/192)

Nonverbales - Konsultation; bei der

INNERER HALS - Schwellung - Tonsillen (*/747)
HAUT - Erysipel (hr1/1798)

Nonverbales - Äußerliches - Beobachtungen des Arztes

AUGE - Verklebt (*/472)
GESICHT - *Rissig - Lippen* (*/613)
• Rissig - Lippen - Unterlippe (b4/613)
• *Venen, erweiterte - Lebersternchen* (ptk1/634)
» *netzförmig, wie marmoriert* (b2/634)
» *Kinn* (*/634)
ATMUNG - Beschleunigt (b2/1174)
RÜCKEN - *Opisthotonus* (*/1325)
ALLGEMEINES - **Aussehen - dunkel** (*/1854)
• *Aussehen - dunkel - straffer Faser, mit* (kr1/1855)

Nonverbales - Äußerliches - Beobachtungen der Eltern

MAGEN - Schluckauf (b2/809)
STUHL - *Kugeln, wie* (bro1/996)
• Schafskot, wie (*/997)
• *Unverdaut* (*/999)
MÄNNLICHE GENITALIEN - **MASTURBATION, NEIGUNG ZUR (bg2*/1071)**
• Masturbation, Neigung zur - Kindern; bei (vh*/1071)
» *Schlaf; agg. im* (k/1071)
• Sexuelles Verlangen - vermehrt - Kindern, bei (mtf33/1084)
WEIBLICHE GENITALIEN - **MASTURBATION; NEIGUNG ZU (*/1104)**
• Masturbation; Neigung zu - Kindern; bei (mtf33/1104)
• Sexuelles Verlangen - vermehrt - Mädchen, bei kleinen (k2*/1135)

Nacht; Beobachtungen in der - Gemütssymptome

GEMÜT - Reizbarkeit, Gereiztheit - Schlaflosigkeit, mit (hr1*/146)
• Schlafwandeln (k/154)

Nacht; Beobachtungen in der - Schlaf

SCHLAF - Erwachen - Schreck, wie durch (j5/1675)
• Schlaflosigkeit - Lage ist recht, keine (j5/1692)

Nacht; Beobachtungen in der - Schlaf; Lage im

SCHLAF - Lage - Abdomen, auf dem - Arm unter dem Kopf; mit einem (ptk1/1682)
• *Lage - Arme - Kopf - über dem Kopf* (b2/1682)
» Arme - Kopf - unter dem Kopf (*/1682)
» *Beine - angezogen* (*/1682)
» Beine - ausgestreckt (*/1682)
» Beine - entblößt haben; möchte die Beine (k/1682)
» Beine - gespreizt (*/1682)
» Hände - Kopf - über dem (a1*/1682)
» Hände - Kopf - über dem - beide Hände (a1/1682)
» Hände - Kopf - unter dem (b4/1682)
» Hände - Magengrube; eine Hand auf der (j5/1682)
» Hände - Magengrube; eine Hand auf der - rechte Hand (j5/1682)
» *Knie - gebeugt* (hr1*/1682)
» *Knie - gespreizt* (b2/1682)
» *Rücken, auf dem* (*/1683)
» Rücken, auf dem - Hände - Kopf - über dem (h2/1683)
» Rücken, auf dem - Hände - Kopf - über dem Kopf (h2/1683)
» *Rücken, auf dem - Hände - Kopf - über dem Kopf - Oberschenkel sind ans Abdomen hochgezogen, die Beine entblößt* (kr1*/1683)
» steif (st1/1683)
» verändert häufig die Lage (j5/1683)
» verändert häufig die Lage - nachts - Mitternacht - nach Mitternacht; und (j5/1683)
• Schlaflosigkeit - Lage ist recht, keine (j5/1692)

Autos und Schiffe

KOPF - Schmerz - Fahren - Wagen, im - nach (k/326)
ALLGEMEINES - Fahren - Wagen; mit dem - agg. (*/1877)
• Fahren - Wagen; mit dem - nach (*/1877)

Psychosomatische Störungen

ALLGEMEINES - *Konvulsionen - Schreck agg.* (*/1906)
• Konvulsionen - Zorn; nach (k/1907)

Körperliche Symptome und Erkrankungen

KOPF - Hydrozephalus (k/295)
ZÄHNE - Karies, faule, hohle Zähne (*/700)
KEHLKOPF UND TRACHEA - Laryngismus stridulus (*/1145)
ALLGEMEINES - Kindern; Beschwerden von (mtf33/1897)
• Konvulsionen - Kindern, bei (k/1905)

• Pubertät - Beschwerden während der (*/1934)

Chirurgisch pathologische Zustände

ABDOMEN - Hernie - Leistenhernie (b2/868)
 • Hernie - Leistenhernie - schmerzhaft (b4a/868)

Würmer

GEMÜT - Nymphomanie - Würmer, durch (lp/135)

KOPF - Schmerz - Würmer; bei Beschwerden durch (k/343)

REKTUM - *Würmer - Beschwerden durch Würmer* (b2/985)
 • *Würmer - Beschwerden durch Würmer - Bandwürmer* (*/986)
 » Beschwerden durch Würmer - Madenwürmer (*/986)

ALLGEMEINES - Konvulsionen - Würmer, durch (bg2/1907)

Plumbum metallicum

plb.

Kindern Plumbum zu verschreiben, ist nicht einfach. Die Indikationen für dieses Mittel kommen hauptsächlich von den *Bauchschmerzen,* besonders mit Auftreibung und heftigen Schmerzanfällen, die das Kind zwingen, sich zusammen zu krümmen. *Obstipation* ist für dieses Mittel charakteristisch: der Stuhl ist hart, in Klumpen wie Schafskot und läßt das Kind beim Versuch, den Darm zu leeren, vor Qualen schreien. Plumbum kann in jedem Alter bei Darmverschluß angezeigt sein; bei Kindern bei eingeklemmten Brüchen und Intussuszeption. *Ein sehr charakteristisches Symptom ist, daß sich Nabel und Bauchwand anfühlen, als würden sie mit einer Schnur zur Wirbelsäule gezogen.*

Die Bauchschmerzen von Plumbum neigen dazu, sich überall hin zu erstrecken. Im Repertoriums-Kapitel „Abdomen" findet man Erstreckung nach oben und nach unten, zu Leiste, Genitalien, Oberschenkeln, Beinen, Füßen, Rücken, Lendengegend, Nieren, Blase, Speiseröhre, Brust und allen anderen Körperteilen.

Man sollte dieses Mittel bei *Kryptorchismus* und *Varikozele* erwägen.

Es ist am häufigsten angezeigt bei Marasmus von Kindern mit ausgeprägter Abmagerung, besonders im Bereich der Beine.

Nützlich bei *Diabetes bei Kindern.*

Bis zu einem Alter von fünf oder sechs Jahren stekken diese Kinder einen Schnuller oder einen Finger in den Mund; danach fangen sie an, an den Nägeln zu kauen. Sie haben auch die Gewohnheit, an Kleidungstücken zu kauen, besonders am Hemdkragen.

Sie sind körperlich ruhelos und emotional instabil. Sie haben oft Probleme in der Schule, besonders auf Grund des schlechten Gedächtnisses, aber auch weil sie Angst haben, Neues anzufangen.

Sie sind nicht besonders mutig. Sie haben Angst vor dem Alleinsein, vor engen und hochgelegenen Orten, vor Wasser und Tieren, besonders Hunden und Katzen.

Sie fangen spät zu sprechen an, aber sie machen dies oft wieder wett, wenn sie älter werden. Mir ist es passiert, daß mir langweilig wurde, wenn ich den niemals endenden Erzählungen sowohl von Kindern wie Erwachsen zuhörte, die Plumbum verabreicht bekamen („Gemüt - Sprache - Plappern, Schwatzen"). Jedoch ist das Mittel auch angeführt in Rubriken wie: „Gemüt - Antworten - einsilbig"; „Gemüt - Antworten - langsam" und „Gemüt - Antworten - unfähig zu antworten".

Klinisches: Obstipation. Brucheinklemmung. Appendizitis. Leberleiden. Gelbsucht. Zystitis. Asthma. Abmagerung. Lokomotorische Ataxie.

Wirkungsbereich: Abdomen. Rektum. Nerven.

* * *

Entwicklung - langsam

GEMÜT - Sprechen - langsam; lernt (stj2/168)

Stillen - Magendarmsymptome - Appetit - vermindert

MAGEN - *Appetit - fehlend* (*/767)
 • Appetit - fehlend - Durst - mit (btw2*/768)
 » vermindert (*/772)

Stillen - Magendarmsymptome - Appetit - vermehrt

MAGEN - Appetit - Heißhunger (b7/769)
 • Appetit - Heißhunger - Essen - nach dem Essen - bald danach (k/770)
 » vermehrt (*/770)
 » vermehrt - Essen - nach (*/772)

Stillen - Magendarmsymptome - Aufstoßen - Speisen; von

MAGEN - Aufstoßens; Art des - Speisen; von (*/780)
 • Aufstoßens; Art des - Speisen; von - Essen - nach - agg. (b7/780)
 » Speisen; von - sauer (b7/780)

Stillen - Magendarmsymptome - Aufstoßen - Wasser; Hochsteigen von

MAGEN - Aufstoßens; Art des - Wasser in den Mund; Hochsteigen von (*/781)

Stillen - Magendarmsymptome - Erbrechen

MAGEN - Erbrochenen; Art des - Speisen - Essen - nach - sofort nach (k/800)

Stillen - Magendarmsymptome - Abdomen - agg. durch

ABDOMEN - Schmerz - Druck - agg. (^/883)
- Schmerz - Liegen - Rücken; auf dem - agg. (bg1/889)

Stillen - Magendarmsymptome - Abdomen - amel. durch

ABDOMEN - Schmerz - Beugen - hinten, nach - amel. - krampfartig (tl1*/882)
- *Schmerz - Beugen - vorne; nach - amel. - krampfartig* (k/882)
  - » *Druck - amel.* (*/883)
  - » Liegen - Abdomen; auf dem - amel. (k/889)
  - » Strecken, Ausstrecken - amel. (*/893)
  - » Wärme - amel. (*/896)

Stillen - Magendarmsymptome - Rektum

REKTUM - *Obstipation - entfernt werden; Stuhl muß mechanisch* (bro1/968)
- *Obstipation - Kindern, bei* (kr1*/969)
  - » Kindern, bei - Kleinkindern, bei (ptk1/969)

Stillen - Allgemeines

ALLGEMEINES - Säuglinge (mtf33/1944)

Infektionskrankheiten - Mumps

GESICHT - Entzündung - Parotis - Metastasierung zu - Hoden (ptk1/584)
- Schmerz - Parotis (*/626)
- Schwellung - Parotis (k/631)
  - » Parotis - rechts (k/631)

Konstitution - Angst und Furcht

GEMÜT - *Beschwerden durch - Erwartungsspannung* (bg*/23)
- Erwartungsspannung - Lampenfieber (fry/53)
- Feigheit (*/59)
- Furcht - allein zu sein (*/64)
  - » engen Räumen; in (kr1*/67)
  - » hochgelegenen Orten; vor (stj2/71)
  - » neuen Projekten, Unternehmungen; vor (cld/74)
  - » Versagen, Mißerfolg; vor dem (cld/79)
  - » Wasser, vor (*/79)

Konstitution - Allgemeines

GEMÜT - Entmutigt (*/46)
- Faulheit (*/55)
- Gewissenhaft, peinlich genau in bezug auf Kleinigkeiten (cld*/99)
- Heikel, pingelig (cld/106)
- Heimweh (bg2*/107)
- Milde (*/130)
- Selbstsucht, Egoismus (mrr1/161)
- Selbstvertrauen - Mangel an Selbstvertrauen (k/161)
- Sprache - Plappern, Schwatzen (k/167)
- Stimmung, Laune - veränderlich (k2/171)
- Ungerechtigkeit; erträgt keine (cld*/191)
- Unzufrieden (*/194)
- *Weinen - Gemütsbewegungen, Emotionen - geringen; nach* (vh*/245)

Familie; Beziehung zur - Liebe und Zuneigung

GEMÜT - Abneigung - Familienangehörige; gegen (vh*/1)
- Verlassen zu sein; Gefühl (cld/198)

Familie; Beziehung zur - Vorwürfe

GEMÜT - Furcht - Tadel; vor (mtf/76)

Beziehung zu anderen - Aggressivität

GEMÜT - Antworten - kurz angebunden (k/15)
- *Schlagen* (*/154)
  - » Kindern; bei (mtf33/154)
  - » sich; schlägt (^/154)
  - » sich; schlägt - Brust, seine (mtf33/154)
- Sprache - barsch (a1/166)
- Streitsüchtig (k/173)

Beziehung zu anderen - Reaktion auf andere

GEMÜT - Antworten - einsilbig (k/15)
- Antworten - langsam (k/15)
  - » unfähig zu antworten (^/15)
- *Gesellschaft - Abneigung gegen* (b2/94)
  - » Verlangen nach (*/95)
  - » Verlangen nach - allein; agg. wenn (bg2/96)
- **Schüchternheit, Zaghaftigkeit** (*/158)
  - » **Öffentlichkeit; beim Auftreten in der** (k1*/159)
- Widerspenstig (k/249)
- Widerspruch - verträgt keinen Widerspruch (stj2/249)

Beziehung zu anderen - allgemein

GEMÜT - Argwöhnisch, mißtrauisch (*/16)
- Beleidigt, leicht (stj2/20)
- Geheimnistuerisch, verschlossen (bg2*/87)
- Ichbezogenheit, Selbstüberhebung (mrr1/111)
- Quält - sich (ptk1*/138)
- Sprache - hastig, eilig (*/167)
- Tadelsüchtig, krittelig (k/178)

Schule - Angst

GEMÜT - *Beschwerden durch - Erwartungsspannung* (bg*/23)
- Furcht - neuen Projekten, Unternehmungen; vor (cld/74)
  - » Versagen, Mißerfolg; vor dem (cld/79)
- Selbstvertrauen - Mangel an Selbstvertrauen (k/161)

Schule - Konzentration

GEMÜT - Studieren, Lernen - schwierig, fällt schwer (stj2/173)

Schule - Lernen - allgemein

GEMÜT - Studieren, Lernen - schwierig, fällt schwer (stj2/173)

Schule - Lernen - Mathematik, Rechnen

GEMÜT - Fehler; macht - Rechnen, beim (mtf33/57)
• Mathematik - Begabung zur (cld/128)

Schule - Lernen - Lesen

GEMÜT - Fehler; macht - Lesen, beim (a1*/57)

Schule - Anstrengung; geistige

KOPF - Schmerz - geistige Anstrengung - agg. (st/328)

Schule - Beziehung zu anderen

GEMÜT - **Schüchternheit, Zaghaftigkeit - Öffentlichkeit; beim Auftreten in der** (k1*/159)
• **Ungehorsam** (^/191)
» **Kindern, bei** (lmj/191)
MUND - Sprache - stotternd (*/688)

Schule - Vorwürfe

GEMÜT - Furcht - Tadel; vor (mtf/76)

Schule - Konstitution

GEMÜT - Eigensinnig, starrköpfig, dickköpfig (k/41)
• Gewissenhaft, peinlich genau in bezug auf Kleinigkeiten (cld*/99)
• Heikel, pingelig (cld/106)
• Selbstvertrauen - Mangel an Selbstvertrauen (k/161)
• **Ungehorsam** (^/191)
» **Kindern, bei** (lmj/191)

Tieren; Beziehung zu

GEMÜT - Furcht - Hunden, vor (cld/71)
• Furcht - Katzen; vor (cld/71)
» Tieren, vor (cld/76)

Nonverbales - Aggressivität

GEMÜT - Beißen (*/20)
• Beißen - Kleidung; beißt in die (a1*/20)
» sich selbst; beißt (*/20)
• Destruktivität, Zerstörungswut (*/38)
» Kleidern, von (bg1*/39)
• Reißt an etwas - sich am Körper, verletzt sich (*/142)
• Spucken (mtf33/170)
» Gesicht; Menschen ins (k/170)

Nonverbales - Reaktion auf andere

GEMÜT - Angesehen, angeblickt zu werden - weicht den Blicken anderer aus (^/5)
• Angesehen, angeblickt zu werden - weicht den Blicken anderer aus - angesprochen wird; wenn er (a1/5)
• Berührtwerden - Abneigung berührt zu werden (k/21)
• *Furcht - berührt zu werden* (bro1/66)
» Fremden; vor (cld/68)
» Näherkommen, Annäherung von; vor - anderen, von (ptk1/74)
• Gehalten - Verlangen, gehalten zu werden (bg2/87)

Nonverbales - Gesten, Gebärden

GEMÜT - Beißen - Finger; beißt (*/20)
• Beißen - Hände; beißt (ptk1/20)
» Nägel (bg2*/20)
» Nägel - Kindern; bei (mtf33/20)
• Gesten, Gebärden; macht - Finger - Mund; Kinder stecken die Finger in den (mtf/97)
• Launenhaftigkeit, launisch (hr1*/123)
• Springen (^/169)
• Stirnrunzeln, Neigung zum (vh/171)
• Ungeschicklichkeit (b7/192)
» Kindern, bei (mtf33/192)

Nonverbales - Allgemeines

GEMÜT - Eigensinnig, starrköpfig, dickköpfig (k/41)
• Possen, spielt (*/137)
» Kindern; bei (bt*/138)
• Singen (a1*/163)

Nonverbales - Konsultation; bei der

KOPF - Hitze - Kälte - Extremitäten; mit Kälte der (k2/293)
• Hitze - Kälte - Körpers; mit Kälte des (k/293)
HÖREN - Schwerhörig - Tonsillen - Hypertrophie der (bro1/537)
• Schwerhörig - Tonsillen - vergrößert (mp1*/537)
GESICHT - Schwellung - Sublingualdrüse (k2/631)
• *Schwellung - Unterkieferdrüsen* (*/631)
MUND - *Aphthen* (*/639)
• Aphthen - gangränös (k/639)
» Zunge (*/640)
• Bewegung - Zunge - Heraushängen der Zunge (b7/641)
• Herausstrecken, Vorstrecken - Zunge, der (*/665)
• Papillen - aufgerichtet (*/669)
• *Zittern der Zunge - Herausstrecken, beim* (*/692)
INNERER HALS - Aphthen (*/721)
• *Entzündung - Tonsillen* (*/724)
• *Schwellung - Tonsillen* (*/747)
ÄUSSERER HALS - Schwellung - Halsdrüsen (b7/760)
ABDOMEN - Hart - Kindern; bei (mtf33/866)
• Schmerz - Druck - agg. (^/883)
» *Druck - amel.* (*/883)
• Vergrößert - Kindern; bei - Marasmus (hr1*/938)
REKTUM - Prolaps - Kindern; bei (mtf33/971)
URIN - Zucker - Kindern; bei (mtf33/1056)

RÜCKEN - Abmagerung (ptk1/1311)
• Abmagerung - Dorsalregion, Muskulatur der Schulterblätter (k/1311)
» Lumbalregion (*/1311)
• Krümmung der Wirbelsäule (bg2/1323)
» Dorsalregion (*/1323)
EXTREMITÄTEN - Krümmung und Biegung (b7a/1473)
• Nägel; Beschwerden der - eingewachsene Zehennägel (k/1665)
» spröde, brüchige Nägel (bro1*/1665)
HAUT - Erysipel (*/1798)
• Intertrigo (k/1825)
ALLGEMEINES - *Exostose* (j5/1877)

Nonverbales - Äußerliches - Beobachtungen des Arztes

AUGE - Farbe - blau - Sklera oder Bindehaut (k/432)
• Strabismus, Schielen (*/467)
• Verklebt (*/472)
NASE - Spitz (k/574)
GESICHT - Ausdruck - alt aussehend (*/580)
• *Fettig* (*/593)
• Gerunzelt (*/594)
» Wangen (mrr1/594)
• *Hippokratisches Gesicht* (*/605)
• Rissig - Lippen (*/613)
• Sommersprossen (b2/632)
MUND - Bewegung - Zunge - Heraushängen der Zunge (b7/641)
ATMUNG - Beschleunigt (*/1174)
HUSTEN - Anfallsweise - besteht aus - zwei Hustenstößen (*/1186)
• Halten, Festhalten - Abdomens amel.; des (gk/1193)
RÜCKEN - Opisthotonus (*/1325)
HAUT - Sommersprossen (*/1834)
ALLGEMEINES - Aussehen - dunkel (stj2/1854)
• Magere Personen (hr1*/1919)

Nonverbales - Äußerliches - Beobachtungen der Eltern

AUGE - Verklebt - morgens (*/472)
MUND - Beißt - Zunge; beißt sich auf die (b7/640)
ZÄHNE - *Zähneknirschen* (*/718)
• Zähneknirschen - Epilepsie (gk/718)
MAGEN - Schluckauf (*/809)
• Völlegefühl - Essen - nach - agg. (k/845)
ABDOMEN - Schmerz - Beugen - hinten, nach - amel. (gk/882)
• Schmerz - Beugen - hinten, nach - amel. - krampfartig (tl1*/882)
» *Beugen - vorne; nach - amel. - krampfartig* (k/882)
» Liegen - Abdomen; auf dem - amel. (k/889)
» Liegen - Rücken; auf dem - agg. (bg1/889)
» Strecken, Ausstrecken - amel. (*/893)
» Wärme - amel. (*/896)
» Zusammenkrümmen - muß sich zusammenkrümmen (k/897)
REKTUM - *Unwillkürlicher Stuhl* (*/984)
STUHL - **Kugeln, wie** (*/996)
• **Schafskot, wie** (*/997)
BLASE - Urinieren - Dysurie - schmerzhaft - weinen bevor der Urin zu fließen beginnt; Kinder (bg2/1012)
• Urinieren - Harndrang - plötzlich - beeilen um zu urinieren, sonst geht Urin ab; muß sich (k/1015)
» verzögert, muß warten, bis der Urin zu fließen beginnt (b7/1020)
» verzögert, muß warten, bis der Urin zu fließen beginnt - pressen, bevor er damit beginnen kann; muß lange (k/1021)
MÄNNLICHE GENITALIEN - *Masturbation, Neigung zur* (hr1*/1071)
HAUT - Ekchymosen (*/1797)

Nacht; Beobachtungen in der - Gemütssymptome

GEMÜT - Sprechen - Schlaf; im (*/169)

Nacht; Beobachtungen in der - körperliche Symptome

ZÄHNE - *Zähneknirschen - Schlaf; agg. im* (*/718)
BLASE - Urinieren - unwillkürlich - nachts (b2/1019)

Nacht; Beobachtungen in der - Schlaf; Lage im

SCHLAF - *Lage - Abdomen, auf dem* (bg2*/1682)
• Lage - Arme - Kopf - über dem Kopf (sne/1682)
» Beine - angezogen (k/1682)
» merkwürdig, sonderbar (k2*/1683)
» Rücken, auf dem - Arme - rechte Arm ist beim Einschlafen zwischen den Beinen eingeklemmt (a1/1683)

Körperliche Symptome und Erkrankungen

KOPF - Entzündung - Gehirn (*/284)
• *Entzündung - Hirnhaut* (k/284)
ZÄHNE - Abszeß der Zahnwurzeln (k/695)
• **Karies, faule, hohle Zähne** (*/700)
NIEREN - Entzündung (*/1023)
KEHLKOPF UND TRACHEA - Laryngismus stridulus (*/1145)
EXTREMITÄTEN - Lähmung - Kleinkindern; bei (br/1475)
FIEBER - Continua (gk/1772)
ALLGEMEINES - *Abmagerung - Kindern; bei* (k/1845)
• Abmagerung - Kindern; bei - Kleinkindern; bei (hr1*/1845)
• Kindern; Beschwerden von (*/1897)

Chirurgisch pathologische Zustände

ABDOMEN - *Darmverlegung, Obstruktionsileus* (*/857)
- Hernie - eingeklemmt, inkarzeriert (bro1*/868)
  - » *Leistenhernie* (b2/868)
  - » *Leistenhernie - eingeklemmt, inkarzeriert* (*/868)
  - » Nabelbruch (bg2*/868)
- **Intussuszeption** (*/869)
  - » begleitet von - Zunge; weiße Farbe der (kr1*/869)

MÄNNLICHE GENITALIEN - *Hochgezogen, an den Körper gezogen - Hoden* (*/1068)
- Hochgezogen, an den Körper gezogen - Hoden - schmerzhaft (a1/1068)
  - » Hoden - Leistenkanal; in den (a1/1068)
- Varikozele (bro1/1085)

Plutonium nitricum

plut-n.

Stillen - Magendarmsymptome - Appetit - vermehrt

MAGEN - Appetit - vermehrt (srj7/770)

Konstitution - Angst und Furcht

GEMÜT - Furcht - Gespenstern; vor (srj7/70)
- Furcht - Gewitter; vor (srj7/70)
  - » hochgelegenen Orten; vor (srj7/71)
- Mutig (srj7/133)
- Schreckliches und traurige Geschichten greifen sie stark an (srj7/156)

Konstitution - Allgemeines

GEMÜT - Faulheit (srj7/55)
- Gewissenhaft, peinlich genau in bezug auf Kleinigkeiten (srj7/99)
- Pessimist (srj7/136)
- Unordentlich (srj7/192)
- Wandern, Herumwandern - amel. (srj7/243)

Familie; Beziehung zur - Liebe und Zuneigung

GEMÜT - Entfremdet - Familie, von seiner (srj7/45)
- *Verlassen zu sein; Gefühl* (^/198)

Beziehung zu anderen - Aggressivität

GEMÜT - Grausamkeit (srj7/103)

Beziehung zu anderen - Reaktion auf andere

GEMÜT - Gesellschaft - Abneigung gegen (srj7/94)

Beziehung zu anderen - allgemein

GEMÜT - Argwöhnisch, mißtrauisch (^/16)
- Furcht - Räubern, vor (srj7/74)
- Geheimnistuerisch, verschlossen (srj7/87)
- Mitgefühl, Mitleid (srj7/130)
- Tadelsüchtig, krittelig (srj7/178)
- Unbarmherzig (srj7/189)
  - » Familie; selbst gegenüber der engsten (srj7/189)
  - » Freunden; gegenüber (srj7/189)

Schule - Konzentration

GEMÜT - Konzentration - schwierig - Studieren (srj7/117)

Schule - Lernen - allgemein

GEMÜT - Fehler; macht - Sprechen, beim - Buchstabieren, beim (srj7/58)

Schule - Lernen - Schreiben

GEMÜT - Fehler; macht - Schreiben, beim (srj7/57)
- Fehler; macht - Schreiben, beim - falsch - Buchstaben, Zahlen (srj7/57)

Schule - Anstrengung; geistige

KOPF - Schmerz - geistige Anstrengung - agg. (srj7/328)

Schule - Konstitution

GEMÜT - Gewissenhaft, peinlich genau in bezug auf Kleinigkeiten (srj7/99)
- Hast, Eile - tut, womit er gerade beschäftigt ist; bei dem, was er (srj7/105)
  - » tut, womit er gerade beschäftigt ist; bei dem, was er - Verlangen mehrere Dinge gleichzeitig zu tun (srj7/106)
- Unordentlich (srj7/192)

Nonverbales - Aggressivität

GEMÜT - Stoßen, treten, austreten (srj7/172)
- Zerbricht Dinge (srj7/251)

Nonverbales - Gesten, Gebärden

GEMÜT - Ungeschicklichkeit (^/192)
- Verstecken - sich (srj7/199)

Nonverbales - Allgemeines

GEMÜT - Hast, Eile - tut, womit er gerade beschäftigt ist; bei dem, was er (srj7/105)
- Hast, Eile - tut, womit er gerade beschäftigt ist; bei dem, was er - Verlangen mehrere Dinge gleichzeitig zu tun (srj7/106)

Nonverbales - Konsultation; bei der

ÄUSSERER HALS - Schwellung - Halsdrüsen - hart (srj7/760)

RÜCKEN - Hautausschläge - Furunkel - Zervikalregion (srj7/1317)

EXTREMITÄTEN - Nägel; Beschwerden der - Niednagel - schmerzlos (srj7/1665)

Nonverbales - Äußerliches - Beobachtungen des Arztes

GESICHT - *Ausdruck - alt aussehend* (srj7/580)

ATMUNG - Beschleunigt (srj7/1174)

RÜCKEN - Emprosthotonus (srj7/1314)

Nonverbales - Äußerliches - Beobachtungen der Eltern

AUGE - Verklebt - morgens (srj7/472)

Autos und Schiffe

MAGEN - Übelkeit - Fahren - Wagen; im - agg. (srj7/836)

Podophyllum peltatum

podo.

Podophyllum ist angezeigt bei *schwieriger Zahnung:* das Kind klagt ständig, leidet unter Husten und Katarrh und oft an Diarrhoe. Über ältere Kinder schrieb Buck auch: „Rollen des Kopfes bei Kindern während schwieriger Zahnung [...] nächtliches Zähneknirschen bei Kindern während der Zahnung."

Diarrhoe, ein charakteristisches Symptom des Mittels, zeigt sich nicht nur während der Zahnung, sondern auch nach dem Essen und während es gebadet oder gewaschen wird; schmutziges Wasser durchnäßt die Windel (Differentialdiagnose: Benzoicum acidum); Würgen.

Diarrhoe tritt häufiger im Sommer oder nach dem Essen von Obst auf. Gewöhnlich ist die Diarrhoe reichlich, *plötzlich, spritzt heraus, ist übelriechend und wäßrig, verbunden mit Flatulenz,* großer Erschöpfung und kolikartigen Schmerzen, die besser werden durch Druck, Beugen nach vorne, Beugen der Beine und durch Hitze und Liegen auf dem Rücken schlechter werden. Milch kann auch Diarrhoe, Kolik und Erbrechen hervorrufen.

Kent nannte bedeutende Anzeigen zu den Bauchbeschwerden: „Bei Kindern, die unter reichlicher Diarrhoe leiden, mit Analprolaps und ohne weitere Symptome, heilt Podophyllum oft [...] Ein Merkmal bei Kleinkindern ist: Das Kind hat eventuell keine Diarrhoe, sondern Obstipation, aber es liegt im Bett und rollt im Schlaf mit dem Kopf."

Sie sind hypochondrisch und denken sogar an den Tod, wenn sie krank sind.

Es sind großzügige, liebe, zärtliche Kinder; *sie lieben es, liebkost zu werden. Die Bedürfnisse ihrer Familie sind ihnen sehr wichtig* und sie machen sich schnell Sorgen um die Familie.

In der Schule sind sie geistesabwesend, ängstlich, schüchtern, schnell entmutigt und haben immer Angst, Fehler zu machen. Tatsächlich machen sie viele Fehler beim Addieren, Lesen und Schreiben. *Sie sind empfindlich gegenüber Bestrafungen und Vorwürfen, die Diarrhoe hervorrufen können.*

Sie lieben Tiere und wie Aethusa cynapium, Nuphar luteum, Carcinosinum und Tarentula hispanica haben sie viel Mitleid, wenn sie ein kleines Tier leiden sehen.

Während des Fiebers tritt eine große, delirante Redseligkeit auf.

Das Kind schwitzt im Schlaf am Kopf.

Bleiche Haut und Gelbsucht, auch bei Neugeborenen.

Klinisches: Diarrhoe. Flatulenz. Gelbsucht. Asthma. Bronchitis. Stomatitis. Strabismus. Urtikaria. Würmer.

Wirkungsbereich: Darm. Rektum. Leber. Zwölffingerdarm.

* * *

Zahnung - Gemütssymptome

GEMÜT - *Stöhnen - Zahnung; während der* (hr1*/172)

Zahnung - Empfindungen und neurologische Beschwerden

ALLGEMEINES - *Konvulsionen - Zahnung; während der* (*/1907)

Zahnung - Magendarmsymptome

REKTUM - *Diarrhoe - Zahnung; während* (*/957)

Zahnung - Allgemeines

ZÄHNE - *Zahnung - schwierig* (*/718)

HUSTEN - Zahnung, während der (*/1211)

BRUST - Katarrh - Zahnung; während der (c1/1249)

Stillen - Milch

MAGEN - *Erbrechen - Milch, nach* (*/794)
• *Erbrochenen; Art des - Milch* (k/798)
» Milch - geronnene (bro1/798)

REKTUM - Diarrhoe - Milch - agg. (*/954)

ALLGEMEINES - Speisen und Getränke - Milch - Abneigung (ld1/2000)
• Speisen und Getränke - Milch - agg. (bro1*/2001)

Stillen - Magendarmsymptome - Appetit - allgemein

MAGEN - Appetit - veränderlich (k/770)

Stillen - Magendarmsymptome - Appetit - vermindert

MAGEN - *Appetit - fehlend* (k/767)
• *Appetit - schnelle Sättigung* (k/770)
» vermindert (fd3/772)

Stillen - Magendarmsymptome - Appetit - vermehrt

MAGEN - *Appetit - Heißhunger* (*/769)
• Appetit - Heißhunger - Sättigung; schnelle (bro1/770)
» vermehrt (k/770)
» vermehrt - Erbrechen - nach (k/771)

Stillen - Magendarmsymptome - Aufstoßen - Speisen; von

MAGEN - *Aufstoßens; Art des - Speisen; von* (*/780)
• Aufstoßens; Art des - Speisen; von - Ärger, Verdruß; nach (fd3/780)
» Speisen; von - Essen - nach - agg. (k/780)

Stillen - Magendarmsymptome - Aufstoßen - Wasser; Hochsteigen von

MAGEN - Aufstoßens; Art des - Wasser in den Mund; Hochsteigen von (*/781)

Stillen - Magendarmsymptome - Abdomen - agg. durch

ABDOMEN - Schmerz - Druck - agg. (k2/883)
• Schmerz - Liegen - Rücken; auf dem - agg. (k/889)

Stillen - Magendarmsymptome - Abdomen - amel. durch

ABDOMEN - Schmerz - Beugen - vorne; nach - amel. - krampfartig (mrr1/882)
• *Schmerz - Beugen der Beine amel.* (k/882)
» *Druck - amel.* (k/883)
» *Liegen - amel.* (^/889)
» *Wärme - amel.* (*/896)
» Zusammenkrümmen - agg. - Liegen auf der Seite - amel. (k/896)
» Zusammenkrümmen - amel. - krampfartig (bro1/897)
» Zusammenkrümmen - muß sich zusammenkrümmen - krampfartig (k2/897)

Stillen - Magendarmsymptome - Rektum

REKTUM - **Diarrhoe - Kindern, bei** (k/954)
• *Obstipation - Kindern, bei* (kr1*/969)
» Kindern, bei - Kleinkindern, bei (bro1/969)

Stillen - Allgemeines

ALLGEMEINES - Säuglinge (kk2/1944)

Infektionskrankheiten - Mumps

GESICHT - Schmerz - Parotis (^/626)
• Schmerz - Parotis - links (fd3/627)
» Parotis - drückend (fd3/627)

Infektionskrankheiten - Keuchhusten

HUSTEN - Keuchhusten (*/1197)

Konstitution - Angst und Furcht

GEMÜT - Furcht - Versagen, Mißerfolg; vor dem (^/79)
• Furcht - Versagen, Mißerfolg; vor dem - Prüfungen, bei (fd3/79)

Konstitution - Allgemeines

GEMÜT - Entmutigt (k/46)
• Faulheit (fd3/55)
• Gewissenhaft, peinlich genau in bezug auf Kleinigkeiten (fd3/99)
• Heikel, pingelig (fd3/106)
• Kleinigkeiten, Trivialitäten - wichtig; scheinen (fd3/115)
• Milde (fd3/130)
• Nachgiebigkeit (fd3/134)
• Pflicht - kein Pflichtgefühl (fd3/136)
• *Reisen - Verlangen nach* (fd3/142)
• Selbstlosigkeit (fd3/161)
• Sorgen; voller (^/164)
• Sorgsamkeit, Sorgfalt (fd3/165)
• **Spontan, impulsiv** (fd*/166)
• Unaufmerksam (^/189)
» angesprochen wird; wenn er (fd3/189)
• *Ungerechtigkeit; erträgt keine* (fd3/191)
• Unzufrieden (^/194)
• Waschen - Abneigung dagegen, sich zu waschen, zu baden (fd3/243)

Familie; Beziehung zur - Aggressivität

GEMÜT - **Beschwerden durch - Bevormundung - Kindern, bei** (fd*/22)

Familie; Beziehung zur - Liebe und Zuneigung

GEMÜT - Angst - Familie, um seine (fd3/9)
• Liebevoll, voller Zuneigung, herzlich (fd3/125)
» erwidert Zuneigung (fd3/125)
• Verlassen zu sein; Gefühl (fd3/198)

Familie; Beziehung zur - Vorwürfe

GEMÜT - Beschwerden durch - Bestrafung (fd3/22)
• Beschwerden durch - Vorwürfe (fd3/26)
• Empfindlich - Vorwürfe; gegen (fd3/45)

Beziehung zu anderen - Aggressivität

GEMÜT - Schlagen - Verlangen - schlagen, zu (fd3/154)
• Sprache - barsch (fd3/166)

Beziehung zu anderen - Reaktion auf andere

GEMÜT - Abneigung - Freunde, gegen (fd3/1)
• Beschwerden durch - Scham (fd3/24)
• Gesellschaft - Abneigung gegen (fd3/94)
» **Verlangen nach** (fd*/95)
» Verlangen nach - allein; agg. wenn (fd3/96)
• **Widerspenstig** (fd*/249)

Beziehung zu anderen - allgemein

GEMÜT - Beleidigt, leicht (fd3/20)
• *Geheimnistuerisch, verschlossen* (fd3/87)
• *Mitgefühl, Mitleid* (fd3/130)
• Tadelsüchtig, krittelig (fd3/178)
• Tadelt andere (fd3/179)

Schule - Angst

GEMÜT - Furcht - Versagen, Mißerfolg; vor dem (^/79)

• Furcht - Versagen, Mißerfolg; vor dem - Prüfungen, bei (fd3/79)

Rektum - Diarrhoe - Erregung, Aufregung agg. (k2/952)

• Diarrhoe - nervös, Gemütsbewegungen agg. (bg3*/955)

Schule - Konzentration

Gemüt - Studieren, Lernen - schwierig, fällt schwer (fd3/173)

• Unaufmerksam (^/189)

» angesprochen wird; wenn er (fd3/189)

• Verwirrung; geistige - Lesen, beim (fd3/203)

Schule - Lernen - allgemein

Gemüt - Studieren, Lernen - schwierig, fällt schwer (fd3/173)

Schule - Lernen - Mathematik, Rechnen

Gemüt - Fehler; macht - Rechnen, beim (fd3/57)

Schule - Lernen - Lesen

Gemüt - Fehler; macht - Lesen, beim (fd3/57)

• Verwirrung; geistige - Lesen, beim (fd3/203)

Schule - Lernen - Schreiben

Gemüt - Fehler; macht - Schreiben, beim (^/57)

• Fehler; macht - Schreiben, beim - fügt Buchstaben hinzu (fd3/57)

» Schreiben, beim - läßt etwas aus - Buchstaben (fd3/57)

» Schreiben, beim - stellt etwas um - Buchstaben (fd3/58)

• Schreiben - Unfähigkeit zu (fd3/156)

» unleserlich, schreibt (fd3/156)

Schule - Beziehung zu anderen

Gemüt - Beschwerden durch - Scham (fd3/24)

Schule - Vorwürfe

Gemüt - Beschwerden durch - Bestrafung (fd3/22)

• Beschwerden durch - Vorwürfe (fd3/26)

• Empfindlich - Vorwürfe; gegen (fd3/45)

Schule - Konstitution

Gemüt - Gewissenhaft, peinlich genau in bezug auf Kleinigkeiten (fd3/99)

• Hast, Eile - Schreiben; beim (fd3/105)

• Heikel, pingelig (fd3/106)

• Kleinigkeiten, Trivialitäten - wichtig; scheinen (fd3/115)

Spielen

Gemüt - *Verspielt* (fd3/199)

Tieren; Beziehung zu

Gemüt - Mitgefühl, Mitleid - Tieren, mit (fd3/130)

• Natur - liebt (fd3/134)

• Tiere - liebt Tiere, Tierliebe (^/180)

» liebt Tiere, Tierliebe - Haustier; ihr (fd3/180)

» liebt Tiere, Tierliebe - Katzen (fd3/180)

Nonverbales - Aggressivität

Gemüt - Beißen (bg3*/20)

Nonverbales - Reaktion auf andere

Gemüt - *Liebkost zu werden; Liebkosungen - Verlangen, liebkost, gestreichelt zu werden* (fd3/126)

• Magnetisiert - Verlangen magnetisiert zu werden (fd3/127)

Nonverbales - Gesten, Gebärden

Gemüt - Launenhaftigkeit, launisch (fd3/123)

• Ungeschicklichkeit (fd3/192)

Nonverbales - Allgemeines

Gemüt - Hast, Eile - Schreiben; beim (fd3/105)

• *Stöhnen - Kindern, bei* (hr1*/172)

Nonverbales - Konsultation; bei der

Ohr - Absonderungen - wäßrig (fd3/498)

• Entzündung (fd3/500)

Mund - Aphthen (fd3/639)

• Papillen - aufgerichtet (*/669)

• *Stomatitis ulcerosa, Stomakaze* (*/689)

Abdomen - Schmerz - Druck - agg. (k2/883)

• *Schmerz - Druck - amel.* (k/883)

Rektum - **Prolaps - Kindern; bei** (*/971)

• Prolaps - Kindern; bei - Kleinkindern; bei (c1/971)

Brust - Einziehung der Brustwarzen (bro1/1231)

Extremitäten - Nägel; Beschwerden der - spröde, brüchige Nägel - Fingernägel (fd3/1665)

Haut - Erysipel (hr1*/1798)

• *Farbe - gelb - Neugeborenen, bei* (k13/1800)

Nonverbales - Äußerliches - Beobachtungen des Arztes

Auge - Strabismus, Schielen (c2*/467)

• Strabismus, Schielen - Diarrhoe; durch unterdrückte (k2/467)

Nase - Spitz (bg2/574)

Gesicht - Hautausschläge - Akne - Pubertät, in der (fd3/596)

• Venen, erweiterte - Schläfen (bg2/634)

Extremitäten - Farbe - Finger - Fingernägel - weiß - Flecken (fd3/1409)

Nonverbales - Äußerliches - Beobachtungen der Eltern

Mund - Beißt - Lippen; beißt sich auf die - Unterlippe (fd3/640)

Zähne - *Zähneknirschen* (*/718)

• *Zusammenbeißen der Zähne - Verlangen, die Zähne zusammenzubeißen; ständiges* (*/719)

» Verlangen, die Zähne zusammenzubeißen; ständiges - fest zusammengebissen (*/719)

MAGEN - *Brechreiz, Würgen* (*/784)
• *Gluckern; Gurgeln* (ptk1/802)
ABDOMEN - Schmerz - Beugen - vorne; nach - amel.
- krampfartig (mrr1/882)
• *Schmerz - Beugen der Beine amel.* (k/882)
» *Liegen - amel.* (^/889)
» Liegen - Rücken; auf dem - agg. (k/889)
» *Wärme - amel.* (*/896)
» Zusammenkrümmen - agg. - Liegen auf der Seite - amel. (k/896)
» Zusammenkrümmen - amel. (*/897)
» Zusammenkrümmen - amel. - krampfartig (bro1/897)
» Zusammenkrümmen - muß sich zusammenkrümmen (k2/897)
» Zusammenkrümmen - muß sich zusammenkrümmen - krampfartig (k2/897)
REKTUM - *Unwillkürlicher Stuhl* (bg2*/984)
• **Unwillkürlicher Stuhl - Flatus agg.; Abgang von** (*/985)
STUHL - Kugeln, wie (fd3/996)
• **Unverdaut** (*/999)
MÄNNLICHE GENITALIEN - Masturbation, Neigung zur (fd3/1071)
HAUT - Insektenstiche (fd3/1825)

Nacht; Beobachtungen in der - Gemütssymptome

GEMÜT - Sprechen - Schlaf; im (bg2/169)
• Weinen - Wimmern, Winseln - Schlaf, im (ptk1*/248)

Nacht; Beobachtungen in der - körperliche Symptome

KOPF - Bohrt den Kopf in das Kissen (a*/282)
• *Schweiß der Kopfhaut - Schlaf - im* (k/404)
ZÄHNE - *Zähneknirschen - Schlaf; agg. im* (*/718)
REKTUM - **Unwillkürlicher Stuhl - Schlaf; agg. im** (*/985)
BLASE - *Urinieren - unwillkürlich - nachts* (k/1019)

Nacht; Beobachtungen in der - Schlaf

SCHLAF - Schlaflosigkeit - Kindern, bei (hr1/1691)
• Schläfrigkeit - Kindern, bei (hr1*/1699)

Nacht; Beobachtungen in der - Schlaf; Lage im

SCHLAF - Lage - Abdomen, auf dem (*/1682)

Schaukeln und Getragenwerden

GEMÜT - Getragen - Verlangen getragen zu werden (^/99)
• Getragen - Verlangen getragen zu werden - Schulter, über der (bg2*/99)

Autos und Schiffe

MAGEN - Schmerz - Fahren - Wagen; im - nach (fd3/818)
• Übelkeit - Fahren - Wagen; im - agg. (fd3/836)
RÜCKEN - Schmerz - Fahren, beim - Wagen, im - agg. (fd3/1331)

Psychosomatische Störungen

REKTUM - Diarrhoe - Erregung, Aufregung agg. (k2/952)
• Diarrhoe - nervös, Gemütsbewegungen agg. (bg3*/955)

Körperliche Symptome und Erkrankungen

KOPF - Hydrozephalus (bro1/295)
GESICHT - Hautausschläge - Akne - Pubertät, in der (fd3/596)
MAGEN - Langsame Verdauung (k2/805)
REKTUM - Cholera - infantum (*/949)
NIEREN - Entzündung - Nierenbecken und Niere (mtf11/1024)
WEIBLICHE GENITALIEN - Menses - unterdrückt - Mädchen; bei jungen (lp/1113)
ALLGEMEINES - *Abmagerung - Kindern; bei* (kr1*/1845)
• *Kindern; Beschwerden von* (bg*/1897)

Chirurgisch pathologische Zustände

MÄNNLICHE GENITALIEN - *Varikozele* (*/1085)

Würmer

REKTUM - Würmer - Beschwerden durch Würmer (c2*/985)

Polystyrenum

polys.

Stillen - Magendarmsymptome - Appetit - vermindert

MAGEN - Appetit - schnelle Sättigung (sk4/770)
• Appetit - vermindert (sk4/772)

Stillen - Magendarmsymptome - Appetit - vermehrt

MAGEN - Appetit - Heißhunger - Sättigung; schnelle (sk4/770)
• Appetit - vermehrt (sk4/770)

Stillen - Magendarmsymptome - Aufstoßen - Wasser; Hochsteigen von

MAGEN - Aufstoßens; Art des - Wasser in den Mund; Hochsteigen von (sk4/781)

Konstitution - Allgemeines

GEMÜT - Ehrgeiz - erhöht, vermehrt, sehr ehrgeizig (sk4/40)
• Ehrgeiz - Verlust von (sk4/40)
• Faulheit (sk4/55)
• Heikel, pingelig (sk4/106)

• Selbstvertrauen - Mangel an Selbstvertrauen (sk4/161)

Familie; Beziehung zur - Liebe und Zuneigung

GEMÜT - Verlassen zu sein; Gefühl (^/198)

Beziehung zu anderen - Aggressivität

GEMÜT - Schlagen (sk4/154)

Beziehung zu anderen - Reaktion auf andere

GEMÜT - Antworten - bissig, schnippisch (sk4/15)
• Antworten - denkt lange nach (sk4/15)
• Gesellschaft - Verlangen nach (sk4/95)

Beziehung zu anderen - allgemein

GEMÜT - Argwöhnisch, mißtrauisch (sk4/16)
• Tadelsüchtig, krittelig (sk4/178)

Schule - Angst

GEMÜT - Selbstvertrauen - Mangel an Selbstvertrauen (sk4/161)

Schule - Anstrengung; geistige

KOPF - Pulsieren - Lesen im Sitzen; beim (sk4/304)

Schule - Konstitution

GEMÜT - Heikel, pingelig (sk4/106)
• Selbstvertrauen - Mangel an Selbstvertrauen (sk4/161)

Spielen

GEMÜT - Amüsement, Vergnügen - Verlangen nach (sk4/4)

Tieren; Beziehung zu

GEMÜT - Furcht - Hunden, vor (sk4/71)

Nonverbales - Aggressivität

GEMÜT - Diktatorisch (sk4/39)
• Reizbarkeit, Gereiztheit - Kindern; gegenüber (sk4/145)

Nonverbales - Reaktion auf andere

GEMÜT - Magnetisiert - Verlangen magnetisiert zu werden (sk4/127)

Nonverbales - Gesten, Gebärden

GEMÜT - Ungeschicklichkeit (^/192)

Nonverbales - Konsultation; bei der

OHR - Absonderungen - eitrig (sk4/497)
• Absonderungen - gelb (sk4/497)
» grün (sk4/497)
ÄUSSERER HALS - Schwellung - Halsdrüsen (sk4/760)

Nonverbales - Äußerliches - Beobachtungen des Arztes

AUGE - Verklebt (sk4/472)

Positronium

positr.

Zahnung - Allgemeines

ZÄHNE - Weisheitszähne; Beschwerden durch das Heraustreten der (nl2/718)
• Zahnung - schwierig - Weisheitszähne (nl2/718)

Stillen - Magendarmsymptome - Appetit - allgemein

MAGEN - Appetit - veränderlich (nl2/770)

Stillen - Magendarmsymptome - Appetit - vermindert

MAGEN - Appetit - fehlend (nl2/767)
• Appetit - fehlend - Hunger, mit (nl2/768)
» vermindert (nl2/772)

Stillen - Magendarmsymptome - Appetit - vermehrt

MAGEN - Appetit - Heißhunger (nl2/769)
• Appetit - vermehrt (nl2/770)

Konstitution - Angst und Furcht

GEMÜT - Beeindrucken, empfänglich für Eindrücke; leicht zu (nl2/19)
• Feigheit (nl2/59)
• Furcht - Armut, vor (nl2/65)
» engen Räumen; in (nl2/67)
• Schreckliches und traurige Geschichten greifen sie stark an (nl2/156)

Konstitution - Allgemeines

GEMÜT - Faulheit (nl2/55)
• Furcht - Armut, vor (nl2/65)
• Gewissenhaft, peinlich genau in bezug auf Kleinigkeiten (nl2/99)
• Heikel, pingelig (nl2/106)
• Heimweh (nl2/107)
• Impulse, Triebe; krankhafte - laufen; zu (nl2/112)
• Kleinigkeiten, Trivialitäten - wichtig; scheinen (nl2/115)
• Milde (nl2/130)
• Neugierig (nl2/135)
• *Pessimist* (nl2/136)
• Reisen - Verlangen nach (nl2/142)
• Selbstsucht, Egoismus (nl2/161)
• Selbstvertrauen - Mangel an Selbstvertrauen (nl2/161)
• Sorgsamkeit, Sorgfalt (nl2/165)
• Theoretisieren (nl2/180)
• Ungerechtigkeit; erträgt keine (nl2/191)
• Unordentlich (nl2/192)
• Unzufrieden (nl2/194)
• Veränderungen - Verlangen nach (nl2/195)
• Waschen - Abneigung dagegen, sich zu waschen, zu baden (nl2/243)
• Weinen - Musik; durch (nl2/247)

Familie; Beziehung zur - Liebe und Zuneigung

GEMÜT - Abneigung - Mutter, gegen die (nl2/2)
- Eifersucht (nl2/40)
- Entfremdet - Familie, von seiner (nl2/45)
- Liebevoll, voller Zuneigung, herzlich (nl2/125)
- Verlassen zu sein; Gefühl (nl2/198)

Beziehung zu anderen - Aggressivität

GEMÜT - Grausamkeit (nl2/103)
- Streitsüchtig (nl2/173)

Beziehung zu anderen - Reaktion auf andere

GEMÜT - Gesellschaft - Abneigung gegen (nl2/94)

Beziehung zu anderen - allgemein

GEMÜT - Argwöhnisch, mißtrauisch (nl2/16)
- Beleidigt, leicht (nl2/20)
- Empfindlich - äußerliche Eindrücke; gegen alle (nl2/42)
  - » Weinen von Kindern; gegen das (nl2/45)
- Furcht - Räubern, vor (nl2/74)
- Ichbezogenheit, Selbstüberhebung (nl2/111)
- Mitgefühl, Mitleid (nl2/130)
- Sprache - hastig, eilig (nl2/167)
- Tadelsüchtig, krittelig (nl2/178)
- Weinen - allein, wenn (nl2/245)

Schule - Angst

GEMÜT - Selbstvertrauen - Mangel an Selbstvertrauen (nl2/161)

Schule - Konzentration

GEMÜT - Studieren, Lernen - schwierig, fällt schwer (nl2/173)

Schule - Lernen - allgemein

GEMÜT - Studieren, Lernen - schwierig, fällt schwer (nl2/173)

Schule - Lernen - Schreiben

GEMÜT - Fehler; macht - Schreiben, beim (^/57)
- Fehler; macht - Schreiben, beim - falsch - Worte (nl2/57)
- Schreiben - unleserlich, schreibt (nl2/156)

Schule - Konstitution

GEMÜT - Eigensinnig, starrköpfig, dickköpfig (nl2/41)
- Gewissenhaft, peinlich genau in bezug auf Kleinigkeiten (nl2/99)
- Hast, Eile - tut, womit er gerade beschäftigt ist; bei dem, was er (^/105)
  - » tut, womit er gerade beschäftigt ist; bei dem, was er - Verlangen mehrere Dinge gleichzeitig zu tun (nl2/106)
  - » tut, womit er gerade beschäftigt ist; bei dem, was er - Verlangen mehrere Dinge gleichzeitig zu tun - Ende; bringt aber nichts davon zu (nl2/106)
- Heikel, pingelig (nl2/106)
- Kleinigkeiten, Trivialitäten - wichtig; scheinen (nl2/115)
- Neugierig (nl2/135)
- Selbstvertrauen - Mangel an Selbstvertrauen (nl2/161)
- Unordentlich (nl2/192)

Spielen

GEMÜT - Spielen - Verlangen zu spielen (nl2/166)
- Tanzen (nl2/179)
- Verspielt (nl2/199)

Tieren; Beziehung zu

GEMÜT - Empfindlich - Natur und Objekte aus der Natur; für die (nl2/45)
- Furcht - Tieren, vor (nl2/76)
- Mitgefühl, Mitleid - Tieren, mit (nl2/130)

Nonverbales - Aggressivität

GEMÜT - Reizbarkeit, Gereiztheit - Kindern; gegenüber (nl2/145)

Nonverbales - Reaktion auf andere

GEMÜT - Liebkost zu werden; Liebkosungen - Abneigung, liebkost, gestreichelt zu werden (nl2/126)
- Schamlos (nl2/153)

Nonverbales - Gesten, Gebärden

GEMÜT - Auffahren, Zusammenfahren - Geräusche; durch (nl2/17)
- Ungeschicklichkeit (nl2/192)

Nonverbales - Allgemeines

GEMÜT - Eigensinnig, starrköpfig, dickköpfig (nl2/41)
- Hast, Eile - tut, womit er gerade beschäftigt ist; bei dem, was er (^/105)
  - » tut, womit er gerade beschäftigt ist; bei dem, was er - Verlangen mehrere Dinge gleichzeitig zu tun (nl2/106)
- Singen (nl2/163)

Nonverbales - Konsultation; bei der

RÜCKEN - Hautausschläge - Akne (nl2/1316)

EXTREMITÄTEN - Nägel; Beschwerden der - Niednagel (nl2/1665)

Nonverbales - Äußerliches - Beobachtungen des Arztes

KOPF - Schuppen (nl2/402)
- Schuppen - juckend (nl2/402)

AUGE - Verklebt (nl2/472)

GESICHT - Rissig - Lippen (nl2/613)
- Rissig - Lippen - Unterlippe (nl2/613)
  - » Lippen - Unterlippe - rechte Seite (nl2/613)

ATMUNG - Beschleunigt (nl2/1174)

Nonverbales - Äußerliches - Beobachtungen der Eltern

GEMÜT - Haare - geschnitten zu bekommen; die Haare - Verlangen (nl2/104)

AUGE - Verklebt - morgens (nl2/472)

OHR - Schmerz - warm - Zimmer; im warmen - agg. (nl2/525)

MAGEN - Schluckauf (nl2/809)

REKTUM - Unwillkürlicher Stuhl (nl2/984)

STUHL - Kugeln, wie (nl2/996)

Nacht; Beobachtungen in der - Schlaf; Lage im

SCHLAF - Lage - Rücken, auf dem (nl2/1683)
- Lage - Rücken, auf dem - unmöglich (nl2/1683)
  - » Seite, auf der - rechten Seite, auf der (nl2/1683)
  - » verändert häufig die Lage (nl2/1683)

Körperliche Symptome und Erkrankungen

ALLGEMEINES - Schmerzlosigkeit gewöhnlich schmerzhafter Beschwerden (nl2/1971)

Prunus spinosa

prun.

Stillen - Magendarmsymptome - Appetit - vermindert

MAGEN - Appetit - fehlend (bro1/767)
- Appetit - fehlend - Essen - Versuch zu essen; beim (ptk1/768)
  - » schnelle Sättigung (*/770)

Stillen - Magendarmsymptome - Appetit - vermehrt

MAGEN - Appetit - Heißhunger - Sättigung; schnelle (bro1/770)

Stillen - Magendarmsymptome - Abdomen - amel. durch

ABDOMEN - Schmerz - Beugen - vorne; nach - amel. - krampfartig (k/882)

Konstitution - Allgemeines

GEMÜT - Faulheit (^/55)
- Unzufrieden (k/194)

Schule - Anstrengung; geistige

KOPF - Schmerz - geistige Anstrengung - agg. (st/328)

Nonverbales - Allgemeines

GEMÜT - Hast, Eile - Gehen; beim (k/105)

Nonverbales - Äußerliches - Beobachtungen des Arztes

ATMUNG - Beschleunigt (hr1*/1174)

Nonverbales - Äußerliches - Beobachtungen der Eltern

ABDOMEN - Schmerz - Beugen - vorne; nach - amel. - krampfartig (k/882)
- Schmerz - Zusammenkrümmen - amel. (k/897)

BLASE - Urinieren - Harndrang - plötzlich - beeilen um zu urinieren, sonst geht Urin ab; muß sich (bg2/1015)
- *Urinieren - verzögert, muß warten, bis der Urin zu fließen beginnt* (k/1020)
  - » *verzögert, muß warten, bis der Urin zu fließen beginnt - pressen, bevor er damit beginnen kann; muß lange* (*/1021)

Nacht; Beobachtungen in der - Schlaf; Lage im

SCHLAF - Lage - Seite, auf der - rechten Seite, auf der - unmöglich (a1/1683)

Körperliche Symptome und Erkrankungen

NIEREN - Entzündung (k/1023)

Chirurgisch pathologische Zustände

ABDOMEN - Hernie (c2/867)
- Hernie - Leistenhernie (k/868)

Psilocybe caerulescens

psil.

Stillen - Magendarmsymptome - Appetit - vermindert

MAGEN - Appetit - vermindert (ft1/772)

Stillen - Magendarmsymptome - Appetit - vermehrt

MAGEN - Appetit - Heißhunger (ft1/769)

Stillen - Magendarmsymptome - Aufstoßen - Wasser; Hochsteigen von

MAGEN - Aufstoßens; Art des - Wasser in den Mund; Hochsteigen von (ft1/781)

Familie; Beziehung zur - Liebe und Zuneigung

GEMÜT - Verlassen zu sein; Gefühl (^/198)

Schule - Lernen - Schreiben

GEMÜT - Fehler; macht - Schreiben, beim (ft1/57)
- Fehler; macht - Schreiben, beim - stellt etwas um - Buchstaben (ft1/58)

Nonverbales - Allgemeines

GEMÜT - Singen (ft1/163)

Nonverbales - Konsultation; bei der

MUND - Aphthen (ft1/639)
- Aphthen - blutend - leicht (ft1*/639)
  - » brennend (ft1/639)
- Papillen - aufgerichtet (ft1/669)

Nacht; Beobachtungen in der - Schlaf; Lage im

SCHLAF - Lage - Abdomen, auf dem (ft1/1682)

Körperliche Symptome und Erkrankungen

MAGEN - Würgen - Husten, mit (ft1/846)

ALLGEMEINES - Schmerzlosigkeit gewöhnlich schmerzhafter Beschwerden (ft1*/1971)

Psorinum

psor.

Sie sind gewöhnlich blaß und abgemagert und sehen manchmal unangenehm aus, da sie den Eindruck erwecken, daß sie sich nicht oft waschen. Das kränkliche Aussehen ist auch durch die Tatsache mitbestimmt, daß sie fast immer unter Hautproblemen leiden. Bei Kindern ist die Haut rauh und trocken und bei Erwachsenen fettig.

Das Hauptmerkmal dieser Kinder ist der *Mangel an Lebensenergie, was sie auf allen Ebenen in schlechter Reaktionsfähigkeit widerspiegelt.* Sie werden oft krank und haben wenig körperliche und geistige Kraft, so daß sie nicht für länger Zeit lernen oder Sport treiben können.

In psychischer Sicht äußert sich der Mangel an Lebensenergie in einer negativen Haltung und *geringem Selbstwertgefühl,* was dazu führt, daß sie schnell entmutigt werden.

Sie scheinen nie glücklich zu sein, außer vor einem Fieber; im Gegenteil, wenn sie krank sind, werden sie ganz besonders reizbar.

Ein weiteres Charakteristikum des Gemütszustands dieser Kinder ist das *tiefgehende Gefühl, verlassen worden zu sein und nicht genug geliebt zu werden, was bis ins Erwachsenenalter bestehen bleibt.* Anders als Pulsatilla, das nie genug Zuneigung spürt und Aurum, der sich selbst die Schuld dafür gibt, nicht genug geliebt zu werden, steht bei Psorinum die Ursache in Verbindung mit dem geringen Selbstwertgefühl und der Angst um die Zukunft.

Sie haben ein schwaches Immunsystem und bekommen schnell akute Krankheiten - der Atemwege oder andere Arten von Erkrankungen. Ihre Krankheiten heilen langsam und neigen dazu, chronisch zu werden.

Sie sind gewöhnlich *empfindlich gegen Kälte,* tragen Sommer wie Winter zu schwere Kleidung. Sie weinen, wenn sie ausgezogen werden und hassen es, gewaschen zu werden.

Wenn man im Detail die verschiedenen Körperregionen analysiert, findet man *häufige Hautleiden,* besonders an der Kopfhaut. Die Hautausschläge können feucht, schuppig und pustulös sein und neigen dazu, zu eitern. Bei den kleinsten Kindern ist fast immer Milchschorf vorhanden. Juckende und nässende Hautausschläge hinter den Ohren, manchmal mit aufgesprungener Haut. Oft findet man intensives Jucken innen im Gehörgang.

Akne; Hautausschläge werden durch fette Speisen, Zucker und Fleisch stark verschlimmert.

Oft ist übelriechender und öliger Schweiß vorhanden.

Trotz einiger ekzematöser und juckender Beschwerden tragen sie oft einen Hut (vielleicht aus Wolle), um den Kopf zu schützen, denn der Kopf ist sehr empfindlich gegen Kälte.

Kopfschmerzen erscheinen, wenn sie im Schulalter sind oder nach längerem Fasten. Sie werden oft *von Sehstörungen begleitet,* wie beispielsweise *Flakkern.* Nach intensiven Kopfschmerzen können dunkle Schatten unter den Augen erscheinen.

Die Augen sind besonders angegriffen und zeigen oft chronische Konjunktivitis.

Otitis ist gekennzeichnet durch eitrige und übelriechende Absonderungen.

Von jungen Jahren an können Heuschnupfen und Rhinitis mit dicken, gelblichen und übelriechenden Absonderungen aus der Nase vorhanden sein.

Aphthen und *Herpes* sind häufig.

Der Appetit ist gewöhnlich sehr gut und sie neigen dazu, nicht zuzunehmen; der Appetit kann nachts vermehrt sein und typischerweise vor und während den Kopfschmerzen.

Es ist eine Tendenz zu einem leicht aufgetriebenen Bauch vorhanden.

Der Stuhl riecht gewöhnlich schlecht, wie faule Eier.

Diarrhoe während der Zahnung und nach unterdrückten Hautausschlägen; letzteres kann auch asthmatische Zustände verursachen.

Die Atmungsorgane sind besonders angegriffen; die Patienten haben häufig Erkältungen, die oft zu Bronchitis führen.

Im Allgemeinen werden die Symptome schlechter durch Kälte, Zugluft, Wetterwechsel, bei herannahendem Gewitter, im Winter, bei der geringsten Anstrengung und durch Fasten; Besserung im Sommer, durch Essen und morgens beim Erwachen.

Klinisches: Hautleiden. Milchschorf. Akne. Jukken des Anus. Asthma. Dyspepsie. Enuresis. Kopfschmerzen. Hernie. Hydrozele. Spina bifida.

Wirkungsbereich: Haut. Ohren. Darm. Atmung.

* * *

Krankengeschichte; familiäre und persönliche

ALLGEMEINES - Familiengeschichte von - Asthma (abm2/1878)
- Familiengeschichte von - Ekzem (al1*/1878)
- Krankengeschichte von; persönliche - Absonderungen - unterdrückten; von (jl2/1909)
  - » Abszessen; wiederkehrenden (mtf33/1909)
  - » *Augen - Gerstenkörnern; von wiederkehrenden* (*/1909)
  - » Halses; von wiederkehrender Entzündung des (jl2*/1909)
  - » Hautausschlägen; von - unterdrückten; von (mtf33/1909)
  - » Ohr - Entzündung - Innenohrs; wiederkehrende Entzündung des (mtf33/1910)
  - » *Tonsillitis; von wiederkehrender* (*/1910)

Zahnung - Magendarmsymptome

REKTUM - *Diarrhoe - Zahnung; während* (*/957)

Zahnung - Allgemeines

ZÄHNE - *Zahnung - schwierig* (hr1*/718)

Impfung

ALLGEMEINES - *Impfung; Beschwerden nach* (st1/1892)

Stillen - Milch

KOPF - Hautausschläge - Milchschorf (bg2*/290)
- Hautausschläge - Milchschorf - Kindern; bei (mtf33/290)

ALLGEMEINES - *Speisen und Getränke - Milch - agg.* (k/2001)

Stillen - Magendarmsymptome - Appetit - vermindert

MAGEN - *Appetit - fehlend* (k/767)
- *Appetit - fehlend - Durst - mit* (*/768)
  - » fehlend - Hunger, mit (*/768)
  - » schnelle Sättigung (*/770)
  - » *vermindert* (*/772)

Stillen - Magendarmsymptome - Appetit - vermehrt

MAGEN - **Appetit - Heißhunger** (*/769)
- *Appetit - Heißhunger - nachts* (*/769)
  - » Heißhunger - Diarrhoe - vor (*/770)
  - » *Heißhunger - Essen - nach dem Essen - bald danach* (k/770)
  - » **vermehrt** (*/770)
  - » **vermehrt - nachts** (*/771)
  - » vermehrt - Diarrhoe, mit (vml/771)
  - » *vermehrt - Essen - nach* (*/772)

Stillen - Magendarmsymptome - Aufstoßen - Wasser; Hochsteigen von

MAGEN - Aufstoßens; Art des - Wasser in den Mund; Hochsteigen von (*/781)
- *Aufstoßens; Art des - Wasser in den Mund; Hochsteigen von - Liegen agg.* (*/781)

Stillen - Magendarmsymptome - Erbrechen

MAGEN - Erbrechen - Kindern, bei - Säuglingen; bei (jl2/793)

Stillen - Magendarmsymptome - Schluckauf

MAGEN - Schluckauf - Essen - nach - agg. (*/810)

Stillen - Magendarmsymptome - Rektum

REKTUM - **Diarrhoe - Kindern, bei** (*/954)
- Diarrhoe - Kindern, bei - Säuglingen; bei (jl2/954)
- Obstipation - Kindern, bei (kr1*/969)
  - » Kindern, bei - Kleinkindern, bei (bro1*/969)

Stillen - Allgemeines

GESICHT - Schweiß - Essen - nach - agg. (*/629)

SCHWEISS - Essen - beim - agg. (al2/1786)
- Essen - nach - agg. (k/1786)

ALLGEMEINES - Säuglinge (kk2/1944)

Infektionskrankheiten - Masern

OHR - Absonderungen - Masern, nach (al2/498)

HAUT - Hautausschläge - Masern (hr1/1817)

Infektionskrankheiten - Mumps

GESICHT - Schmerz - Parotis (k2/626)
- *Schwellung - Parotis* (k/631)
- Verhärtungen - Parotis (k2/634)

Infektionskrankheiten - Scharlach

OHR - **Absonderungen - Scharlach, nach** (*/498)

Infektionskrankheiten - Keuchhusten

HUSTEN - Keuchhusten (al2/1197)

Konstitution - Angst und Furcht

GEMÜT - Angst - hypochondrisch (st1/11)
- **Beschwerden durch - Erwartungsspannung** (bg*/23)
- Erwartungsspannung - Lampenfieber (fry/53)
- Furcht - allein zu sein (al2*/64)
  - » *Armut, vor* (*/65)
  - » engen Räumen; in (vh/67)
  - » Gewitter; vor (bro1/70)
  - » hochgelegenen Orten; vor (mtf/71)
  - » *Versagen, Mißerfolg; vor dem* (jl2*/79)
  - » Versagen, Mißerfolg; vor dem - Kindern; bei (mtf33/79)
  - » voller Furcht (gt*/79)
  - » Wasser, vor (jl2/79)

Konstitution - Allgemeines

GEMÜT - *Entmutigt* (*/46)
- *Faulheit* (*/55)
  - » Kindern, bei (mtf33/56)
- *Furcht - Armut, vor* (*/65)
- Geiz (g*/92)
  - » *Angst um die Zukunft; Geiz aus* (vh*/92)
- Heimweh (mtf33/107)
- *Mürrisch - Kindern, bei* (c1/132)
- *Pessimist* (jl2*/136)
- Selbstvertrauen - Mangel an Selbstvertrauen (gsd1*/161)
- *Sorgen; voller* (bg2*/164)
- *Stimmung, Laune - veränderlich* (*/171)
- *Unordentlich* (mtf33/192)
- Unzufrieden (bro1/194)
- Waschen - Abneigung dagegen, sich zu waschen, zu baden (k2*/243)
  - » Verlangen zu waschen (ptk1/243)
  - » Verlangen zu waschen - Hände; wäscht sich ständig die (k13*/243)
- *Weinen - Kindern; bei* (^/246)
  - » Kindern; bei - Säuglingen; bei (jl2/246)

Familie; Beziehung zur - Liebe und Zuneigung

GEMÜT - Entfremdet - Familie, von seiner (k2*/45)
- **Furcht - vernachlässigt zu werden** (vh*/79)
- **Verlassen zu sein; Gefühl** (*/198)

Beziehung zu anderen - Aggressivität

GEMÜT - *Streitsüchtig* (*/173)

Beziehung zu anderen - Reaktion auf andere

GEMÜT - Gesellschaft - Abneigung gegen (*/94)

Beziehung zu anderen - allgemein

GEMÜT - Argwöhnisch, mißtrauisch (gk/16)
- Furcht - Räubern, vor (hu/74)
- *Quält - andere* (^/138)
  - » *andere - Beschwerden; jeden mit seinen* (st*/138)
- Tadelt sich selbst, macht sich Vorwürfe (ptk1/179)
- *Unverschämtheit* (k/193)

Schule - Angst

GEMÜT - **Beschwerden durch - Erwartungsspannung** (bg*/23)
- *Furcht - Versagen, Mißerfolg; vor dem* (jl2*/79)
  - » Versagen, Mißerfolg; vor dem - Kindern; bei (mtf33/79)
- Selbstvertrauen - Mangel an Selbstvertrauen (gsd1*/161)

Schule - Konzentration

GEMÜT - *Verwirrung; geistige - Rechnen, beim* (kr1*/203)

Schule - Lernen - Mathematik, Rechnen

GEMÜT - *Mathematik - Unfähigkeit zur* (^/128)
- *Mathematik - Unfähigkeit zur - rechnen; kann nicht* (kr1/129)
- *Verwirrung; geistige - Rechnen, beim* (kr1*/203)

Schule - Anstrengung; geistige

KOPF - *Schmerz - geistige Anstrengung - agg.* (k/328)
- Schmerz - Schulkindern; bei (mtf33/339)

Schule - Konstitution

GEMÜT - *Eigensinnig, starrköpfig, dickköpfig* (*/41)
- *Eigensinnig, starrköpfig, dickköpfig - Kinder* (^/41)
- Selbstvertrauen - Mangel an Selbstvertrauen (gsd1*/161)
- *Unordentlich* (mtf33/192)

Spielen

GEMÜT - Verspielt (mtf33/199)
- Verspielt - abwechselnd mit - Traurigkeit (k/199)

Tieren; Beziehung zu

GEMÜT - Tiere - liebt Tiere, Tierliebe (a*/180)

Nonverbales - Aggressivität

GEMÜT - Reizbarkeit, Gereiztheit - Kindern, bei (^/145)
- Reizbarkeit, Gereiztheit - Kindern, bei - brav, die ganze Nacht gereizt; den ganzen Tag über (mtf33/145)

Nonverbales - Gesten, Gebärden

GEMÜT - *Auffahren, Zusammenfahren - Geräusche; durch* (jl2/17)
- *Gesten, Gebärden; macht - Hände; unwillkürliche Bewegungen der - ringt die Hände* (k/98)

Nonverbales - Allgemeines

GEMÜT - *Eigensinnig, starrköpfig, dickköpfig* (*/41)
- *Eigensinnig, starrköpfig, dickköpfig - Kinder* (^/41)
  - » *Kinder - reizen, ärgern ihre Umgebung* (hr1*/41)
- Ruhelosigkeit - Kindern, bei (mtf33/151)
- Schreien - Kindern, bei (al2/157)
  - » Kindern, bei - Weinen und (^/157)
- Stöhnen - Kindern, bei (jl2/172)

Nonverbales - Konsultation; bei der

KOPF - *Läuse* (*/300)

OHR - **Absonderungen - blutig** (*/497)
- Absonderungen - chronisch (jl2*/497)
  - » dick (k2/497)
  - » *dünn* (*/497)
  - » **eitrig** (*/497)
  - » gelb (al*/497)
  - » **jauchig** (*/497)
  - » reichlich (al/498)
  - » schleimig (bro1/498)

» serös (mtf33/498)
» **stinkend** (*/498)
» *stinkend - Diarrhoe; mit wäßriger, übelriechender* (hr1*/498)
» **übelriechend** (*/498)
» **übelriechend - Fleisch, wie faules** (*/498)
» wundfressend (bro1/498)
• Eiterung - Mittelohr (k2/500)
• Entzündung - eitrig (jl2/500)
» *Gehörgang* (*/500)
» *Mittelohr* (*/501)
» Mittelohr - chronisch (mrr1/501)
» Ohrmuscheln (a1*/501)
• *Feuchtigkeit - hinter den Ohren* (ptk1/502)
• *Geschwüre - Trommelfell* (*/510)
• Ohrschmalz - fehlend (al/516)
» *rot* (*/516)
» *rötlich* (*/516)

HÖREN - Schwerhörig - Tonsillen - Hypertrophie der (bro1/537)
• Schwerhörig - Tonsillen - vergrößert (mp1/537)

GESICHT - Schwellung - Sublingualdrüse (k/631)
• *Schwellung - Unterkieferdrüsen* (*/631)

MUND - Aphthen (k2*/639)
• Aphthen - Kindern, bei (lmj/639)
• Schwämmchen (k2*/681)
• Stomatitis ulcerosa, Stomakaze (mtf11/689)

INNERER HALS - Ablagerung auf den Tonsillen; käsige (ez/721)
• **Entzündung - Tonsillen** (*/724)
• *Käsig - Flecken; käsig aussehende* (k/728)
• Schwellung - Tonsillen (k2*/747)

ÄUSSERER HALS - *Schwellung - Halsdrüsen* (*/760)
• *Verhärtung von Drüsen - perlschnurartig* (k/761)

ABDOMEN - *Vergrößert - Kindern; bei* (*/938)

REKTUM - Hautausschläge - Anus; um den (k2/964)

RÜCKEN - Hautausschläge - Furunkel - Lumbalregion (k/1317)
• *Hautausschläge - Furunkel - Zervikalregion* (k/1317)
• Krümmung der Wirbelsäule (k/1323)

EXTREMITÄTEN - Nägel; Beschwerden der - Rauheit - gefurcht, gerieft, gerillt (jl2/1665)
• Nägel; Beschwerden der - Rauheit - Fingernägel - gefurcht, gerieft (jl2/1665)
» spröde, brüchige Nägel (ptk1*/1665)
» **spröde, brüchige Nägel - Fingernägel** (*/1665)

HAUT - Erysipel (bro1*/1798)
• Erysipel - Kindern; bei (mtf33/1798)
• Hautausschläge - Erythem (jl2/1812)
» Herpes - ringförmig (al2/1815)
» Impetigo (jl2*/1816)
• Intertrigo (bro1/1825)
• **Unrein** (*/1835)

ALLGEMEINES - **Genesung, Rekonvaleszenz; Beschwerden während der - Ohr; nach Absonderungen aus dem** (k/1884)
• Krankengeschichte von; persönliche - Ohr - Entzündung - Innenohrs; wiederkehrende Entzündung des (mtf33/1910)

Nonverbales - Äußerliches - Beobachtungen des Arztes

KOPF - *Schuppen* (*/402)

AUGE - Strabismus, Schielen (k/467)
• Verklebt (bg2*/472)

OHR - Bohren mit den Fingern darin (bro1*/500)
• *Bohren mit den Fingern darin - Kindern; bei* (*/500)

NASE - Bohren mit den Fingern in der Nase (k/546)
• *Eingesunken* (*/546)

GESICHT - Farbe - blaß - Kindern; bei (mtf33/586)
• *Fettig* (*/593)
» *Stirn* (*/593)
• *Gerunzelt* (bro1/594)
• *Hautausschläge - Akne* (*/595)
• Rissig - Mundwinkel (ptk1*/614)
• Venen, erweiterte (k/634)
» Schläfen (hr1*/634)
• Wächsern (jl2/635)
• *Warzen - Mund - um den* (*/635)
• Haare - Haarwuchs - Kindern, bei (k/637)

ATMUNG - Asthma, asthmatische Atmung - Kindern; bei (k/1162)

HAUT - Sommersprossen (al2/1834)

ALLGEMEINES - *Magere Personen* (ptk1*/1919)
• Zyanose - Kindern; bei - Kleinkindern; bei (*/2035)

Nonverbales - Äußerliches - Beobachtungen der Eltern

AUGE - *Verklebt - morgens* (*/472)

OHR - Bohren mit den Fingern darin - amel. (bg2/500)

NASE - Schneuzen der Nase - Neigung, sich zu schneuzen; ständige (k/568)

ZÄHNE - Zähneknirschen (bg2/718)

MAGEN - *Schluckauf* (*/809)
• Schluckauf - Essen - nach - agg. (*/810)

REKTUM - *Unwillkürlicher Stuhl* (*/984)

STUHL - Kugeln, wie (k/996)
• Schafskot, wie (mtf33/997)
• *Unverdaut* (*/999)

BLASE - Urinieren - unwillkürlich - Husten; agg. beim (*/1020)
• Urinieren - unwillkürlich - Kindern; bei (jl2*/1020)
» unwillkürlich - Lachen agg. (al2/1020)

SCHWEISS - Essen - beim - agg. (al2/1786)

• Essen - nach - agg. (k/1786)

Nacht; Beobachtungen in der - Gemütssymptome

GEMÜT - Furcht - Erwachen; beim - Traum; aus einem (al2/67)
• *Gesten, Gebärden; macht - Hände; unwillkürliche Bewegungen der - zupft - Bettwäsche; an der* (k/98)
• Reizbarkeit, Gereiztheit - Schlaflosigkeit, mit (st1/146)
» Schlaflosigkeit, mit - Kindern, bei (st1/146)
• *Ruhelosigkeit - Kindern, bei - nachts* (^/152)
» *Kindern, bei - nachts - morgens frisch und munter; aber* (st*/152)
• Schlafwandeln (al2/154)
• Schreien - Kindern, bei - nachts (hr1*/157)
» *Kindern, bei - Schlaf, im* (st1*/157)
• Sprechen - Schlaf; im (al2*/169)
• *Weinen - Kindern; bei - nachts* (hr1*/246)
» *Kindern; bei - nachts - werfen sich die ganze Nacht umher* (vh*/246)
» Schlaf, im - Kind ist tagsüber brav und ist die ganze Nacht ruhelos und schreit (tl1*/247)

Nacht; Beobachtungen in der - körperliche Symptome

KOPF - Bohrt den Kopf in das Kissen (al/282)
ZÄHNE - Zähneknirschen - Schlaf; agg. im (*/718)
REKTUM - **Unwillkürlicher Stuhl - Schlaf; agg. im** (*/985)
BLASE - *Urinieren - unwillkürlich - nachts* (*/1019)
• Urinieren - unwillkürlich - nachts - Kindern, bei (mtf33/1019)

Nacht; Beobachtungen in der - Schlaf

SCHLAF - Schlaflosigkeit - tagsüber - Kindern; bei - nachts; und (st/1686)
• Schlaflosigkeit - Kindern, bei - Kleinkindern; bei (tl1*/1691)
» Kindern, bei - Neugeborenen; bei (kr1/1691)
» *Kindern, bei - verdrießlich vom Zubettgehen bis zum Morgen; am nächsten Tag lebhaft* (kr1*/1691)

Nacht; Beobachtungen in der - Schlaf; Lage im

SCHLAF - Lage - Seite, auf der - linken Seite, auf der (a1/1683)
• Lage - Seite, auf der - rechten Seite, auf der - unmöglich (*/1683)
» zusammengerollt - Hund; wie ein (dgt/1684)

Autos und Schiffe

GEMÜT - Fahren - Wagen, im - Abneigung gegen (*/54)
• Fahren - Wagen, im - Verlangen (bg2*/54)
• *Furcht - Fahren im Wagen; beim* (*/68)
ABDOMEN - Schmerz - Fahren - Wagen, im - agg. (k/885)
ALLGEMEINES - *Fahren - Wagen bergab; mit dem - agg.* (*/1877)
• Fahren - Wagen; mit dem - Abneigung gegen (st/1877)
» *Wagen; mit dem - agg.* (*/1877)

Körperliche Symptome und Erkrankungen

KOPF - Schmerz - katarrhalisch (k2/331)
GESICHT - Hautausschläge - Akne - Menses - unregelmäßige Menses (bro1/596)
INNERER HALS - *Räuspert käsige Klumpen herauf* (*/732)
REKTUM - *Cholera - infantum* (*/949)
• *Diarrhoe - Hautausschläge - unterdrückten Hautausschlägen; nach* (*/953)
ATMUNG - *Asthma, asthmatische Atmung - Hautausschlägen; nach unterdrückten* (*/1162)
RÜCKEN - *Spina bifida* (*/1384)
FIEBER - *Continua* (k/1772)
ALLGEMEINES - *Abmagerung - Kindern; bei* (*/1845)
• Abmagerung - Kindern; bei - Kleinkindern; bei (bro1/1845)
• *Kindern; Beschwerden von* (*/1897)
» zarte, schwächliche, kränkliche Kinder (kr1*/1897)

Chirurgisch pathologische Zustände

NASE - *Polyp* (*/561)
• Rachenmandelwucherung (c2*/561)
ABDOMEN - Entzündung - Peritoneum - tuberkulös (bro1/860)
• Hernie (c2/867)
» Leistenhernie (k/868)
» Leistenhernie - Kindern, bei (al2/868)
MÄNNLICHE GENITALIEN - Hochgezogen, an den Körper gezogen - Hoden (mtf33/1068)
• Hodenretention (mtf33/1069)

Würmer

REKTUM - Jucken - Askariden, durch (al2/965)
• Würmer - Beschwerden durch Würmer - Bandwürmer (al2/986)
» Beschwerden durch Würmer - Spulwürmer (al2/986)

Ptelea trifoliata

ptel.

Farrington schrieb, Ptelea stehe bei *Erkrankungen von Magen und Galle* zwischen Bryonia und Nux vomica. Die Verdauung kann langsam sein und der Patient kann nach dem Frühstück oder einer Kleinigkeit Völlegefühl haben. Aber *alle Symptome verschwinden nach Essen saurer Speisen oder Zitronen,* die sie wirklich lieben. Sie haben sowohl Verschlimmerung durch fette Speisen wie Abneigung dagegen. *Gelenkschmerzen oder Hautausschläge, besonders Urtikaria, können mit Leberstörungen verbunden sein.*

Sie werden oft von Magen- oder Lebersymptomen geweckt, die sich alle gegen Morgen verschlimmern.

In der Schule machen sie wegen ihrer hastigen Art oft Fehler beim Schreiben und Lesen. Sie klagen oft über Kopfschmerzen nach geistiger Anstengung.

Das Thema Pflicht ist eigentümlich: sie können kein Pflichtgefühl haben oder sie können die irrige Vorstellung haben, ihre Pflicht vernachlässigt zu haben. In diesem Fall machen sie ihre Arbeiten in flüchtiger Art („Gemüt - Pflicht - oberflächlich; erfüllt seine Pflicht nur").

Empfindlich gegen alle äußeren Eindrücke (Gerüche, Licht, Geräusche, Gespräche usw.).

Klinisches: Magenschmerzen. Gelbsucht. Leberanschoppung. Milzleiden. Obstipation. Asthma. Erysipel.

Wirkungsbereich: Leber. Verdauungskanal. Haut.

* * *

Stillen - Milch

ALLGEMEINES - Speisen und Getränke - Milch - agg. (bl6/2001)

Stillen - Magendarmsymptome - Appetit - vermindert

MAGEN - Appetit - fehlend (k/767)
• Appetit - schnelle Sättigung (k/770)
» vermindert (tl1/772)

Stillen - Magendarmsymptome - Appetit - vermehrt

MAGEN - Appetit - Heißhunger (k/769)
• Appetit - vermehrt (c1/770)
» vermehrt - Erwachen, beim (*/771)

Stillen - Magendarmsymptome - Abdomen - agg. durch

ABDOMEN - Schmerz - Liegen - Rücken; auf dem - agg. (k/889)
• *Schmerz - Liegen - Seite; auf der - linken; auf der - agg.* (mrr1/889)

Stillen - Magendarmsymptome - Abdomen - amel. durch

ABDOMEN - Schmerz - Druck - amel. (k/883)
• *Schmerz - Liegen - Seite; auf der - rechten; auf der - amel.* (mrr1/890)

Stillen - Allgemeines

SCHWEISS - Mittagessen; nach (*/1789)

Konstitution - Angst und Furcht

GEMÜT - Furcht - hochgelegenen Orten; vor (gk/71)

Konstitution - Allgemeines

GEMÜT - Pflicht - kein Pflichtgefühl (a1/136)

Beziehung zu anderen - Reaktion auf andere

GEMÜT - Gesellschaft - Abneigung gegen (*/94)

Beziehung zu anderen - allgemein

GEMÜT - Empfindlich - äußerliche Eindrücke; gegen alle (vml3/42)

Schule - Lernen - Lesen

GEMÜT - Lesen - unfähig zu lesen (hl/124)

Schule - Lernen - Schreiben

GEMÜT - Fehler; macht - Schreiben, beim (k/57)

Schule - Anstrengung; geistige

KOPF - Schmerz - geistige Anstrengung - agg. (k/328)
• Schmerz - Lesen, beim - agg. (*/332)

Schule - Konstitution

GEMÜT - Hast, Eile - Schreiben; beim (*/105)
• Hast, Eile - tut, womit er gerade beschäftigt ist; bei dem, was er (mg/105)

Nonverbales - Gesten, Gebärden

GEMÜT - Auffahren, Zusammenfahren - angesprochen wird; wenn er (a1*/17)
• Auffahren, Zusammenfahren - Geräusche; durch (k/17)

Nonverbales - Allgemeines

GEMÜT - Hast, Eile - Schreiben; beim (*/105)
• Hast, Eile - tut, womit er gerade beschäftigt ist; bei dem, was er (mg/105)

Nonverbales - Konsultation; bei der

KOPF - Hitze - Kälte - Füße; mit Kälte der (hr1/293)
MUND - Papillen - aufgerichtet (*/669)
• Papillen - aufgerichtet - Erdbeerzunge (bg2*/669)
ABDOMEN - Schmerz - Druck - amel. (k/883)
HAUT - Erysipel (hr1*/1798)

Nonverbales - Äußerliches - Beobachtungen des Arztes

GESICHT - Rissig - Lippen (c1/613)
• Rissig - Mundwinkel (gk/614)

Nonverbales - Äußerliches - Beobachtungen der Eltern

MAGEN - *Völlegefühl - Essen - nach - agg.* (k/845)
• *Völlegefühl - Essen - nach - agg. - wenig, nach dem kleinsten Bissen; nach noch so* (k/845)
» Frühstück; agg. nach dem (k/845)

ABDOMEN - Schmerz - Liegen - Rücken; auf dem - agg. (k/889)
• *Schmerz - Liegen - Seite; auf der - linken; auf der - agg.* (mrr1/889)
» *Liegen - Seite; auf der - rechten; auf der - amel.* (mrr1/890)
» Zusammenkrümmen - amel. (c1/897)

STUHL - Kugeln, wie (k/996)

SCHWEISS - Mittagessen; nach (*/1789)

Nacht; Beobachtungen in der - Gemütssymptome

GEMÜT - Furcht - Dunkelheit; vor der (gk/66)

Körperliche Symptome und Erkrankungen

MAGEN - *Langsame Verdauung* (bro1/805)

Würmer

REKTUM - Würmer - Beschwerden durch Würmer (c2/985)
• *Würmer - Beschwerden durch Würmer - Madenwürmer* (vh*/986)

Pulsatilla pratensis

puls.

Auf der körperlichen Ebene sind Kinder, die Pulsatilla benötigen, oft gekennzeichnet durch dünnes, helles Haar, Sommersprossen, zarte Haut, rote Wangen und ein pummeliges Gesicht.

Diese Kinder sind oft von Natur aus *nett, liebevoll,* mild, aufmerksam und sehr empfindlich. Sie leben ihre Emotionen fast vollständig und unterdrücken sie nicht.

Sie suchen immer nach Sicherheit und Halt; was auch körperlich zum Ausdruck gebracht wird. Tatsächlich klammern sie sich im Sprechzimmer an die Eltern, sitzen bei der Mutter auf dem Schoß oder halten ihre Hand.

Sie benötigen Zuneigung: sie lieben es, massiert und umarmt zu werden, aber nur, wenn sie sich entscheiden, daß sie es wollen. Sie haben ein ständiges Bedürfnis nach Kontakt. Sie können große *Angst haben, verlassen zu werden,* was manchmal pathologisch wird, wie beispielsweise, wenn sie vorgeben, krank zu sein, um Aufmerksamkeit zu bekommen oder an *affektiven Krämpfen* leiden.

Schüchternheit und Neigung zu erröten sind charakteristisch. Wenn sie sich einer neuen Situation gegenübersehen, beispielsweise in eine neue Spielgruppe oder eine neue Schulklasse kommen, so bleiben sie im Hintergrund. Sie möchten, daß andere sie mögen, aber oft machen sie nicht den ersten Schritt, um ein Gespräch zu beginnen oder zu interagieren. Wenn andere auf sie zukommen, wird ihre Schüchternheit oft allmählich verschwinden und sie werden sich der Gruppe anschließen und glücklich spielen.

Wenn man sie beobachtet, machen sie den Eindruck, sie könnten nichts ohne das Zutun der Eltern machen; manchmal kann man eine Gruppe von Kindern spielen sehen, während Pulsatilla-Kinder neben ihrer Mutter sitzen und so ihre extreme Abhängigkeit zeigen.

Sie können *veränderliche Verhaltensweisen* zeigen, mit einer Tendenz, unbeständig und unberechenbar zu sein. Sie können liebevoll und freundlich sein und nach einer Weile zornig und reizbar werden. Manchmal weinen und lachen sie gleichzeitig. Es lohnt sich, darauf hinzuweisen, daß das süße und gefügige Pulsatilla im dritten Grad in der Rubrik „Gemüt - Kurz angebunden" aufgeführt ist. *Besonders Eifersucht kann zu aggressiven Verhaltensweisen führen.* Die Angst, verlassen zu werden und die Eifersucht kommen in auffälliger Weise zum Ausdruck, wenn eine kleine Schwester oder ein kleiner Bruder ins Haus kommt. Das Kind, das Pulsatilla benötigt, kann dickköpfig und reizbar werden oder aggressiv gegenüber dem Neuankömmling. Es können körperliche Symptome und Regression auftreten - sie fangen an, nachts ins Bett zu nässen oder am Daumen zu lutschen. Sie werden selbstsüchtig, weil sie emotional nicht zuversichtlich sind und fordern von den Eltern, daß alle Aufmerksamkeit auf sie gerichtet werde.

Schule ist besonders streßbeladen, besonders am Anfang. Tatsächlich weinen sie oft, wenn man sie in der Schule zurück läßt. Sie passen sich langsam an und ihre Geschwindigkeit ist gering, denn sie möchten Dinge so machen „wie sie gemacht werden müssen"; daher müssen sie von ihren Lehrern gelobt werden, um akzeptiert, angenommen, aufgehoben und ermutigt zu werden. Diese Probleme bleiben bestehen, bis sie mit der neuen Umgebung vertraut geworden sind; danach fügen sie sich in die Klasse ein und die Lehrer werden sowohl mit ihrem Verhalten wie ihrer Leistung sehr zufrieden sein.

Kinder, die Pulsatilla benötigen, bringen ihre Gefühle offen vor anderen zum Ausdruck; sie weinen schnell und dies lindert.

Sie sind schnell beleidigt und weinen, wenn sie beleidigt werden.

Alle Ängste sind verbunden mit dem Gefühl, verlassen zu werden, wie beispielsweise die Angst davor, in einem Zimmer oder in einem dunklen Haus alleingelassen zu werden. Sie können auch Angst vor Räubern haben, oder davor, entführt zu werden und ihre Träume sind oft von dieser Art. Angst vor Hunden, Insekten, Schlangen und nachts vor Monstern und Gespenstern.

Kleine Kinder müssen, bevor sie zu Bett gehen, geschaukelt oder geknuddelt werden. Wenn sie größer werden, haben sie wahrscheinlich Schwierigkeiten, einzuschlafen, auf Grund der Angst, die Liebe von Mama oder Papa zu verlieren, oder sie wollen nicht ins Bett gehen - obwohl sie schläfrig sind - weil sie nicht von den Eltern getrennt sein wollen. Wenn sie nachts aufwachen, gehen sie ins Bett der Eltern.

Sie mögen es nicht, wenn sie zugedeckt werden und neigen dazu, die Bettdecken zu entfernen, besonders von den Füßen, die gewöhnlich heiß sind.

Was die körperlichen pathologischen Zustände angeht, so sind die Symptome veränderlich und widersprüchlich.

Sie sind empfindlich gegen Kälte, obwohl sie Hitze nicht vertragen und vor allen Dingen keine geschlossenen Räume. Es geht ihnen im Freien und durch Kälte besser; Aufenthalt in der Sonne, Wetterwechsel und nasses Wetter verschlimmern.

Manchmal werden Kopfschmerzen durch Streß in der Schule verursacht oder durch Fernsehen, Lesen, Überhitzung oder langen Aufenthalt in der Sonne verursacht oder verschlimmert. Die Kopfschmerzen sind gewöhnlich pulsierend und besser durch kalte Anwendungen und im Freien; sie werden durch schnelle Bewegungen oder Beugen verschlimmert. Manchmal können sie mit Infektionen der oberen Atemwege verbunden sein, wie beispielsweise Sinusitis.

Sie können an Konjunktivitis leiden, daher reiben sie oft die Augen und klagen über Brennen und Jucken, besonders nachts; Augenentzündungen können sich mit gelbgrünen Absonderungen und Verkleben der Lider zeigen. Bei jedem Augenleiden ist reichlicher Tränenfluß vorhanden, manchmal auch Photophobie.

Sie leiden unter *wiederkehrenden Gerstenkörnern*, an Ober- und Unterlidern.

Bis auf den Tränenfluß werden alle Symptome durch heiße Zimmer oder heiße Bäder verschlimmert; sie werden besser durch kalte Luft, durch Spülen der Augen mit kaltem Wasser und durch kalte Anwendungen.

Bei kleinen Kindern kann *Striktur des Tränenkanals* vorhanden sein.

Sie bekommen *Otitis media*, mit pulsierenden Schmerzen, *die nachts und durch Bettwärme schlimmer werden;* im Freien oder durch kalte Anwendungen wird der Zustand besser. Es können dicke, gelbgrüne und manchmal übelriechende Absonderungen aus dem Ohr vorhanden sein. Ohrenleiden können oft nach Masern oder Scharlach auftreten, mit Absonderungen und vermindertem Gehör.

Chronische Verstopfung der Nase, die im Schlaf schlimmer ist und die Kinder zwingt, durch den Mund zu atmen. Allergische Rhinitis, schlimmer im Freien, mit Jucken von Nase und Augen; es beginnt oft nachts mit Jucken des Gaumens. Dicke und gelbgrüne Absonderung aus der Nase kann grünliche und blutende Krusten bilden.

Charakteristischer trockener Husten, die ganze Nacht, der beim Erwachen zu reichlichem, dickem und gelblichem Auswurf führt. Der Husten wird oft durch ein Kitzeln in der Luftröhre verursacht und ist im Schlaf oder in einem heißen Zimmer schlimmer; Besserung durch kühle Luft, beim Gehen im Freien und durch Wechsel vom Liegen zum Sitzen.

Sie leiden an Bronchitis und Pneumonie, oft nach oder während einer Ausschlagskrankheit.

Allergisches Asthma, das nachts schlechter wird, beim Liegen auf der Seite, durch kaltes oder nasses Wetter und durch Überhitzung. Asthma kann der Deferveszenz eines Ausschlagsfiebers folgen oder auf jedes Exanthem oder eine bronchopulmonale Infektion. Es kann auch auf unterdrückte Hautausschläge folgen, mit erschütterndem und heftigem Husten.

Pulsatilla ist auch ein Mittel bei Keuchhusten, mit Jucken in der Brust, Erstickungsanfällen und großem Verlangen nach frischer Luft.

Sie lieben Butter, die sie löffelweise essen können; Eiscreme; Käse; Eier; Kekse und Süßes. Abneigung gegen Fleisch, besonders Schweinefleisch; Fett; Milch und heiße Speisen. Es geht ihnen *schlechter durch Fett, Fleisch und Eiscreme (sie bekommen Kopfschmerzen, wenn sie es zu schnell essen).*

Oft ist *Mangel an Durst* vorhanden, sogar bei Fieber. Häufig Schluckauf nach dem Essen.

Sie können an Gastroenteritis mit Bauchkrämpfen leiden, was besser wird, wenn sie geschaukelt und getröstet werden und oft durch kalte Getränke.

Der Bauch kann aufgetrieben und erweitert sein, mit vernehmbarem Gurgelgeräusch. Sie leiden an Bauchkolik mit Diarrhoe; der Stuhl ist grünlichgelb mit Schleim. Manchmal ist Obstipation mit großem und hartem Stuhl vorhanden.

Enuresis nocturna, besonders beim Liegen auf dem Rücken oder bei emotionalem Streß. Wiederkehrende Zystitis, mit häufigem Harndrang und Brennen beim Urinieren.

Cremiger, dicker, übelriechender und manchmal wundfressender *Fluor* bei kleinen Mädchen, *oft verbunden mit Infektion der oberen Atmungsorgane.* Sie können ein oder zwei Jahre lang an chronischer Vaginitis leiden, bevor die Menarche erscheint.

Diese Kinder können an *juveniler rheumatoider Arthritis leiden, mit wandernden Schmerzen in den Gelenken*, schlimmer morgens, durch Hitze und im Liegen; *Besserung durch langsame Bewegung* (Differentialdiagnose: Ferrum, Syphilinum) und kalte Luft; die Gelenke sind geschwollen, rot und heiß.

Pulsatilla ist das Hauptmittel für die Ansteckungskrankheiten von Kindern: Masern, Röteln und Windpocken.

Sie leiden an Urtikaria durch emotionalen Streß oder durch Speisen; intensives Jucken läßt sie so lange kratzen, bis es blutet. Alle Hauterkrankungen werden schlimmer durch Hitze und Berührung mit Wollkleidung, die auch Jucken hervorruft.

Sie schwitzen viel, manchmal nur auf einer Seite des Körpers, besonders nachts.

Klinisches: Allergien. Bronchitis. Konjunktivitis. Ohrenschmerzen. Hydrozele. Akne. Masern. Windpocken.

Wirkungsbereich: Gemüt. Venen. Schleimhäute. Atmung.

* * *

Krankengeschichte; familiäre und persönliche

ALLGEMEINES - Krankengeschichte von; persönliche - Augen - Gerstenkörnern; von wiederkehrenden (k2*/1909)
- *Krankengeschichte von; persönliche - Lidknorpel; von wiederkehrenden Tumoren am* (k/1910)
  » Nasenbluten; von wiederkehrendem (*/1910)
  » Zystitis; von wiederkehrenden (h1/1910)

Entwicklung - langsam

KOPF - *Fontanellen - offen* (a*/286)

Entwicklung - schnell

GEMÜT - Frühreife, altkluge Kinder (mtf33/63)

Zahnung - Magendarmsymptome

REKTUM - Diarrhoe - Zahnung; während (bro1/957)

Zahnung - Allgemeines

ZÄHNE - Zahnung - schwierig (b7/718)
FIEBER - Zahnung; während der (bg2/1781)

Stillen - Gemütssymptome

GEMÜT - Essen - weigert sich zu (k/53)

Stillen - Milch

MAGEN - Erbrechen - Milch, nach (b7/794)
- *Übelkeit - Milch - agg.* (*/838)

ALLGEMEINES - *Speisen und Getränke - Milch - Abneigung* (*/2000)
- Speisen und Getränke - Milch - Abneigung - morgens (k/2001)
  » *Milch - agg.* (*/2001)

Stillen - Magendarmsymptome - Appetit - allgemein

MAGEN - **Appetit - launischer Appetit** (*/770)
- Appetit - vermehrt - abwechselnd mit - Appetitverlust (pd/771)

Stillen - Magendarmsymptome - Appetit - vermindert

MAGEN - **Appetit - fehlend** (*/767)
- *Appetit - fehlend - Hunger, mit* (b2/768)
  » vermindert (*/772)

Stillen - Magendarmsymptome - Appetit - vermehrt

MAGEN - *Appetit - Genuß, ohne* (k/769)
- **Appetit - Heißhunger** (*/769)
  » Heißhunger - Schweiß, mit (bg2/770)
  » unstillbar (*/770)
  » **vermehrt** (*/770)
  » vermehrt - nachts (k/771)

Stillen - Magendarmsymptome - Aufstoßen - Speisen; von

MAGEN - **Aufstoßens; Art des - Speisen; von** (*/780)
- Aufstoßens; Art des - Speisen; von - bitter schmeckend (b7/780)

» *Speisen; von - Essen - nach - agg.* (b7/780)
» Speisen; von - ranzig (k/780)
» Speisen; von - sauer (b7/780)

Stillen - Magendarmsymptome - Aufstoßen - Wasser; Hochsteigen von

MAGEN - **Aufstoßens; Art des - Wasser in den Mund; Hochsteigen von** (*/781)
• *Aufstoßens; Art des - Wasser in den Mund; Hochsteigen von - bitter* (b7a/781)
» Wasser in den Mund; Hochsteigen von - Essen - nach - agg. (bg2/781)

Stillen - Magendarmsymptome - Erbrechen

MAGEN - *Erbrochenen; Art des - Speisen - Essen - nach - agg.* (b7a/800)
• *Erbrochenen; Art des - Speisen - unverdaut* (*/800)

Stillen - Magendarmsymptome - Schluckauf

MAGEN - Schluckauf - kalten Getränken; agg. nach (h1/810)
• *Schluckauf - Trinken - nach - agg.* (*/811)

Stillen - Magendarmsymptome - Abdomen - agg. durch

ABDOMEN - Schmerz - Druck - agg. (k/883)
• *Schmerz - Liegen - agg.* (k/889)

Stillen - Magendarmsymptome - Abdomen - amel. durch

ABDOMEN - Schmerz - Beugen der Beine amel. (k/882)
• Schmerz - Liegen - Abdomen; auf dem - amel. (bg1/889)
» Liegen - Rücken; auf dem - amel. (^/889)
» *Wärme - amel.* (k/896)

Stillen - Magendarmsymptome - Rektum

REKTUM - *Diarrhoe - Kindern, bei* (*/954)

Stillen - Allgemeines

BRUST - Schwellung - Mammae - Abstillen, nach dem (ptk1/1299)
SCHWEISS - *Essen - beim - agg.* (*/1786)
• Warm - Speisen; warme - nach (*/1792)
ALLGEMEINES - **Säuglinge** (kk2/1944)

Infektionskrankheiten - Windpocken

FIEBER - Continua - Ausschlagsfieber (bro1/1772)
HAUT - **Hautausschläge - Windpocken** (*/1824)

Infektionskrankheiten - Masern

KOPF - *Schmerz - Masern, nach* (k/333)
AUGE - *Entzündung - Masern, nach* (*/429)
• *Schwäche - Masern, nach* (*/464)
SEHEN - *Trübsichtigkeit, trübes Sehen - Masern, nach* (k/492)
OHR - **Absonderungen - Masern, nach** (*/498)
HÖREN - **Schwerhörig - Masern, nach** (*/536)
NASE - Nasenbluten - Masern agg. (bg1/557)
REKTUM - *Diarrhoe - Masern - nach* (*/954)
• *Diarrhoe - Masern - während* (bro1/954)
ATMUNG - **Atemnot, Dyspnoe, erschwertes Atmen - Masern; nach unterdrückten** (k/1168)
HUSTEN - **Masern - nach** (*/1202)
• Masern - während (bro1*/1202)
FIEBER - **Ausschlagsfieber; Fieber bei Ausschlagserkrankungen - Masern** (*/1770)
• Continua - Ausschlagsfieber (bro1/1772)
HAUT - **Hautausschläge - Masern** (*/1817)
• Hautausschläge - Masern - begleitet von - Absonderungen; wäßrigen gelbgrünen (tl1/1818)
» Masern - begleitet von - Schnupfen und reichlichem Tränenfluß (tl1/1818)
ALLGEMEINES - **Masern - Beschwerden nach** (*/1920)
• *Masern - Hautausschlag unterdrückt wird; wenn der* (j5/1920)

Infektionskrankheiten - Mumps

GESICHT - **Entzündung - Parotis** (*/584)
• **Entzündung - Parotis - Metastasierung zu - Hoden** (*/584)
» **Parotis - Metastasierung zu - Mammae** (*/584)
» *Parotis - Mumps* (c2*/584)
• Schmerz - Parotis (b7/626)
» Parotis - stechend (*/627)
• Schwellung - Parotis (*/631)

Infektionskrankheiten - Röteln

FIEBER - Continua - Ausschlagsfieber (bro1/1772)
HAUT - **Hautausschläge - Röteln** (b2/1821)

Infektionskrankheiten - Scharlach

OHR - *Absonderungen - Scharlach, nach* (*/498)
HÖREN - *Schwerhörig - Scharlach, nach* (*/536)
FIEBER - Continua - Ausschlagsfieber (bro1/1772)

Infektionskrankheiten - Pocken

FIEBER - Continua - Ausschlagsfieber (bro1/1772)
HAUT - *Hautausschläge - Pocken* (*/1819)

Infektionskrankheiten - Keuchhusten

HUSTEN - *Keuchhusten* (*/1197)
• **Keuchhusten - Deferveszenzstadium, im** (bg2*/1198)
» *heftig* (ptk1/1198)
» katarrhalischen Phase; in der (bg2*/1198)
» Krampfstadium, im (bg2*/1198)

Konstitution - Angst und Furcht

GEMÜT - *Angst - hypochondrisch* (j5/11)

- **Beeindrucken, empfänglich für Eindrücke; leicht zu** (lmj*/19)
- **Beschwerden durch - Erwartungsspannung** (kr1*/23)
  - » **Schreck** (*/25)
- Erwartungsspannung - Lampenfieber (fry/53)
- *Feigheit* (*/59)
- *Furcht - allein zu sein* (*/64)
  - » Armut, vor (k/65)
  - » *engen Räumen; in* (mrr1*/67)
  - » *Gespenstern; vor* (*/70)
  - » hochgelegenen Orten; vor (*/71)
  - » offenen Plätzen; Furcht vor (gl1/74)
  - » unternehmen; irgendetwas zu (gl1/78)
  - » voller Furcht (gt/79)
- *Mutig* (b2/133)
- *Schreckliches und traurige Geschichten greifen sie stark an* (gt1*/156)
- **Vorsichtig** (kl*/205)
  - » **ängstlich** (kl*/205)

Konstitution - Allgemeines

GEMÜT - Ehrgeiz - erhöht, vermehrt, sehr ehrgeizig (bg2/40)

- *Eitelkeit* (mtf33*/41)
- *Empfindlich - Kinder* (*/44)
- *Entmutigt* (*/46)
- *Faulheit* (*/55)
- Furcht - Armut, vor (k/65)
- **Geiz** (*/92)
- **Gewissenhaft, peinlich genau in bezug auf Kleinigkeiten** (kl*/99)
- Heikel, pingelig (pc*/106)
- Heimweh (*/107)
- **Milde** (*/130)
- *Mürrisch - Kindern, bei* (j5/132)
- **Nachgiebigkeit** (b7/134)
- Neugierig (kl*/135)
- Pessimist (sne/136)
- Selbstlosigkeit (gl1/161)
- *Selbstsucht, Egoismus* (*/161)
- *Selbstvertrauen - Mangel an Selbstvertrauen* (*/161)
- **Sorgen; voller** (kl*/164)
- **Sorgsamkeit, Sorgfalt** (*/165)
- **Spontan, impulsiv** (j5/166)
- **Stimmung, Laune - veränderlich** (*/171)
- Theoretisieren (*/180)
- Unaufmerksam (h1*/189)
- *Ungerechtigkeit; erträgt keine* (mtf/191)
- *Unzufrieden* (*/194)
- Veränderungen - Abneigung gegen (^/195)
  - » Verlangen nach (mtf33/195)
- Verantwortung - ernst; nimmt seine Verantwortung zu (lgr*/195)
- *Verwegenheit* (^/199)
- Waschen - Verlangen zu waschen (^/243)
- *Weinen - amel.* (bg2*/245)
  - » Freude, durch (hr1/245)
  - » **Freudigem oder Traurigem; bei** (hr1*/245)
  - » *Kindern; bei* (j5/246)
  - » *Kindern; bei - Säuglingen; bei* (gg/246)
  - » **leicht** (kr1*/246)

Familie; Beziehung zur - Aggressivität

GEMÜT - Beschwerden durch - Grobheit anderer (vh/23)

- Empfindlich - Grobheiten; gegen (mrr*/44)

Familie; Beziehung zur - Liebe und Zuneigung

GEMÜT - Angst - Familie, um seine (oss/9)

- **Beschwerden durch - Eifersucht** (st*/22)
- *Eifersucht* (*/40)
- Entfremdet - Familie, von seiner (^/45)
  - » Familie, von seiner - Fremden, aber nicht zu seiner Familie und Umgebung; er ist freundlich zu (gl1/46)
- **Furcht - vernachlässigt zu werden** (k2*/79)
- **Liebevoll, voller Zuneigung, herzlich** (*/125)
  - » *küßt und liebkost die Kinder* (kr1*/125)
- Sorgen; voller - andere, um (zr/165)
- **Verlassen zu sein; Gefühl** (*/198)
  - » **geliebt zu werden; Gefühl von den Eltern, der Ehefrau, den Freunden nicht** (mrr1/198)
- Waisen (mtf/243)

Familie; Beziehung zur - Vorwürfe

GEMÜT - Empfindlich - Vorwürfe; gegen (ctc*/45)

- Weinen - Ermahnung, durch (gk/245)
  - » Vorhaltungen gemacht werden; wenn ihm (mtf/248)

Beziehung zu anderen - Aggressivität

GEMÜT - Herausfordernd (mtf/107)

- Streitsüchtig (gl1/173)
- Zorn - antworten muß; wenn er (k/253)

Beziehung zu anderen - Reaktion auf andere

GEMÜT - *Antworten - Abneigung zu antworten* (k/14)

- *Antworten - einsilbig* (*/15)
  - » einsilbig - Ja oder Nein (ptk2/15)
  - » Nicken mit dem Kopf; antwortet durch (ptk1*/15)
  - » *unfähig zu antworten* (^/15)
- *Gesellschaft - Abneigung gegen* (*/94)
  - » *Verlangen nach* (*/95)
- **SCHÜCHTERNHEIT, ZAGHAFTIGKEIT** (b7/158)
  - » Kindern; bei (mtf33/158)
- **TROST - AMEL.** (bg2*/188)
- *Untröstlich* (k/193)
- Weinen - anblickt; wenn man ihn (pe/245)

» *Trost - amel.* (bg2*/248)
• *Widerspenstig* (*/249)
• Widerspruch - verträgt keinen Widerspruch (bro1/249)

Beziehung zu anderen - allgemein

GEMÜT - Angeber (^/4)
• **Argwöhnisch, mißtrauisch** (*/16)
• *Beleidigt, leicht* (*/20)
• Furcht - Räubern, vor (mrr1/74)
• Lügner (gl1/126)
• *Manipulierend* (vh*/128)
• Mitgefühl, Mitleid (*/130)
• *Pubertät; in der* (st/138)
• Tadelsüchtig, krittelig (bg2/178)
• *Tadelt sich selbst, macht sich Vorwürfe* (k/179)
• Unbarmherzig (gl1/189)

Schule - Angst

GEMÜT - **Beschwerden durch - Erwartungsspannung** (kr1*/23)
• Furcht - unternehmen; irgendetwas zu (gl1/78)
• *Selbstvertrauen - Mangel an Selbstvertrauen* (*/161)

REKTUM - Diarrhoe - Erregung, Aufregung agg. (bg1*/952)
• *Diarrhoe - nervös, Gemütsbewegungen agg.* (bg3*/955)

Schule - Konzentration

GEMÜT - Konzentration - schwierig - Studieren (a1/117)
• Unaufmerksam (h1*/189)

Schule - Lernen - Schreiben

GEMÜT - Fehler; macht - Schreiben, beim (*/57)
• Fehler; macht - Schreiben, beim - läßt etwas aus - Buchstaben (k/57)

Schule - Anstrengung; geistige

KOPF - **Schmerz - geistige Anstrengung - agg.** (k/328)
• *Schmerz - Schulkindern; bei* (*/339)

Schule - Beziehung zu anderen

GEMÜT - Lügner (gl1/126)

MUND - Sprache - stotternd (bg2/688)

Schule - Vorwürfe

GEMÜT - Beschwerden durch - Grobheit anderer (vh/23)
• Empfindlich - Grobheiten; gegen (mrr*/44)
  » Vorwürfe; gegen (ctc*/45)
• Weinen - Ermahnung, durch (gk/245)
• Zorn - antworten muß; wenn er (k/253)

Schule - Konstitution

GEMÜT - Eigensinnig, starrköpfig, dickköpfig (mrr1/41)
• **Gewissenhaft, peinlich genau in bezug auf Kleinigkeiten** (kl*/99)
• Hast, Eile - tut, womit er gerade beschäftigt ist; bei dem, was er (k/105)
• Heikel, pingelig (pc*/106)
• Lügner (gl1/126)
• Neugierig (kl*/135)
• *Selbstvertrauen - Mangel an Selbstvertrauen* (*/161)
• Verantwortung - ernst; nimmt seine Verantwortung zu (lgr*/195)

Spielen

GEMÜT - Amüsement, Vergnügen - Verlangen nach (mtf/4)
• Spielen - Verlangen zu spielen (^/166)

Tieren; Beziehung zu

GEMÜT - *Furcht - Hunden, vor* (vh*/71)
• Furcht - Insekten; vor (dgt*/71)
  » Spinnen, vor (gk/75)
  » Tieren, vor (g*/76)
• Tiere - liebt Tiere, Tierliebe (vh/180)

Nonverbales - Aggressivität

GEMÜT - Beißen (^/20)
• Diktatorisch (lmj/39)
• Reizbarkeit, Gereiztheit - Kindern, bei (k/145)

Nonverbales - Reaktion auf andere

GEMÜT - Angesehen, angeblickt zu werden - erträgt es nicht, angesehen zu werden (ckh1/5)
• Furcht - Fremden; vor (wta/68)
• *Küssen - Kinder küssen und liebkosen* (hr1*/119)
• Liebkost zu werden; Liebkosungen - Verlangen, liebkost, gestreichelt zu werden (^/126)

Nonverbales - Gesten, Gebärden

GEMÜT - Beißen - Löffel; beißt in den (bg2*/20)
• Beißen - Nägel (a*/20)
  » Nägel - Kindern; bei (mtf33/20)
• Gefallsüchtig, kokett - sehr, zu (vh*/87)
  » *sehr, zu - Kindern; bei* (lmj/87)
• Gesten, Gebärden; macht - Hände; unwillkürliche Bewegungen der - ringt die Hände (k/98)
• Klammert sich an - hält sich nach anderen fest (mtf28*/114)
  » Kindern; bei - Mutter; das Kind klammert sich an die (mrr1*/115)
  » Kindern; bei - Mutter; das Kind klammert sich an die - Hand der Mutter; das Kind nimmt immer die (a/115)
  » Personen oder Möbel; an (ctd/115)
• *Launenhaftigkeit, launisch* (*/123)
  » *weist Dinge zurück, die er haben wollte, sobald er sie bekommt* (b7/123)
• *Springen* (^/169)

- Ungeschicklichkeit (lpc/192)
- *Verstecken - sich* (*/199)
  - » sich - Ecke; in der (hr1/199)
- **Weibisch** (vh*/243)

Nonverbales - Allgemeines

GEMÜT - Eigensinnig, starrköpfig, dickköpfig (mrr1/41)
- Hast, Eile - tut, womit er gerade beschäftigt ist; bei dem, was er (k/105)
- Nackt sein, möchte (^/134)
- Schreien - Kindern, bei (bg2/157)
- Stöhnen - Kindern, bei (^/172)

Nonverbales - Konsultation; bei der

AUGE - **Entzündung - Kindern; bei - Kleinkindern; bei** (*/429)
- Entzündung - Kindern; bei - Neugeborenen; bei (br1*/429)

OHR - Absonderungen - Blut (*/497)
- *Absonderungen - blutig* (*/497)
  - » *chronisch* (hr1/497)
  - » *chronisch - links* (st/497)
  - » **dick** (*/497)
  - » **eitrig** (*/497)
  - » *eitrig - Schwefel; nach Mißbrauch von* (k/497)
  - » **gelb** (*/497)
  - » **gelblichgrün** (*/497)
  - » Ohrschmalz (*/498)
  - » **reichlich** (hr1/498)
  - » **schleimig** (b2/498)
  - » stinkend (hr1*/498)
  - » übelriechend (*/498)
  - » *unterdrückt* (*/498)
  - » wäßrig (hr1/498)
  - » wundfressend (*/498)
- *Eiterung - Mittelohr* (*/500)
- **Entzündung** (*/500)
  - » **erysipelatös** (*/500)
  - » **äußere Ohren** (bg2/500)
  - » **Eustachische Röhre** (*/500)
  - » *Gehörgang* (*/500)
  - » **Mittelohr** (*/501)
  - » *Mittelohr - chronisch* (mrr1/501)
  - » Mittelohr - Kindern; bei (mtf33/501)
- Feuchtigkeit - hinter den Ohren (bg2/502)
- Geschwüre - Trommelfell (k2/510)
- **Katarrh - Eustachische Röhre** (*/515)
- **Ohrschmalz - schwarz** (*/516)
  - » **verhärtet** (*/516)
- *Perforation - Trommelfell - drohend bei Otitis media* (kr1/516)

HÖREN - **Schwerhörig - Tubenkatarrh** (*/537)

GESICHT - Schwellung - Unterkieferdrüsen (bg2/631)

MUND - Eiterung - Zahnfleisch (*/643)
- *Krampfadern - Zunge* (*/667)
- Schleimhautpapel bei sekundärer Syphilis (bg3*/673)

INNERER HALS - Entzündung - Tonsillen (*/724)
- Schwellung - Tonsillen (k/747)

ÄUSSERER HALS - *Schwellung - Halsdrüsen* (*/760)
- Verhärtung von Drüsen (k/761)
  - » perlschnurartig (b7a/761)

ABDOMEN - Schmerz - Druck - agg. (k/883)

RÜCKEN - *Krümmung der Wirbelsäule* (*/1323)
- *Krümmung der Wirbelsäule - Dorsalregion* (*/1323)

EXTREMITÄTEN - Exkoriation, Wundheit - Gesäß - Mitte, dazwischen; in der (k/1407)

HAUT - *Erysipel* (*/1798)
- Intertrigo (*/1825)
- Verwachsen - Knochen; am (*/1835)
- Wundliegen - Kindern; bei (*/1837)

ALLGEMEINES - *Exostose* (k/1877)
- **Genesung, Rekonvaleszenz; Beschwerden während der - Ohr; nach Absonderungen aus dem** (*/1884)
- Wassersucht - Allgemeinen; im (mtf33/2023)

Nonverbales - Äußerliches - Beobachtungen des Arztes

KOPF - *Halten - hoch, aufrecht zu halten; unfähig, den Kopf* (k/289)

AUGE - Strabismus, Schielen (*/467)
- *Verklebt* (*/472)

NASE - Schniefen (k/568)
- *Schniefen - Kindern; bei - Neugeborenen; bei* (*/568)

GESICHT - Fettig (ptk1/593)
- Gerunzelt - Stirn, Stirnrunzeln (dgt2/594)
- **Hautausschläge - Akne** (*/595)
- Hippokratisches Gesicht (k2/605)
- Rissig - Lippen (*/613)
  - » *Lippen - Oberlippe - Mitte der* (ptk1/613)
  - » *Lippen - Unterlippe* (b7/613)
  - » *Lippen - Unterlippe - Mitte der* (*/614)
- *Sommersprossen* (*/632)
- Venen, erweiterte - Krampfadern (gk/634)
  - » Lippen (gk/634)

ATMUNG - **Asthma, asthmatische Atmung - Kindern; bei** (*/1162)
- *Atemnot, Dyspnoe, erschwertes Atmen - Kindern; bei* (*/1168)
- *Beschleunigt* (*/1174)

HUSTEN - Anfallsweise - besteht aus - zwei Hustenstößen (*/1186)

HAUT - *Sommersprossen* (*/1834)

ALLGEMEINES - Aussehen - dunkel (k1*/1854)
- Aussehen - dunkel - straffer Faser, mit (kr1/1855)

» **hell, blond** (*/1855)
» hell, blond - Augen (c1/1855)
» **rote Haare** (b7a/1855)
• Fettleibigkeit - Kindern, bei (mtf33/1879)
• Magere Personen (hr1/1919)

Nonverbales - Äußerliches - Beobachtungen der Eltern

KOPF - Haare - Haareschneiden; Beschwerden des Kopfes nach (bg2/418)
AUGE - *Verklebt - morgens* (*/472)
OHR - Schmerz - warm - Bett, Bettwärme; warmes - agg. (k/525)
• *Schmerz - warm - Zimmer; im warmen - agg.* (k/525)
HÖREN - Schwerhörig - abwechselnd mit - Otorrhoe (k/535)
NASE - *Nasenbluten - Kindern; bei* (b7a/557)
• Schnupfen - Haareschneiden, durch (k/572)
MUND - *Beißt - Glas, wenn es gefüttert wird; Kind beißt ins* (bg1*/640)
• *Beißt - Zunge; beißt sich auf die* (*/640)
ZÄHNE - Zähneknirschen (sne/718)
MAGEN - *Gluckern; Gurgeln* (ptk1/802)
• *Schluckauf* (*/809)
» *heftig* (b7a/810)
» kalten Getränken; agg. nach (h1/810)
» *Trinken - nach - agg.* (*/811)
• *Völlegefühl - Essen - nach - agg.* (k/845)
ABDOMEN - Schmerz - Beugen der Beine amel. (k/882)
• Schmerz - Liegen - Abdomen; auf dem - amel. (bg1/889)
» *Liegen - agg.* (k/889)
» Liegen - Rücken; auf dem - amel. (^/889)
» *Wärme - amel.* (k/896)
» **Zusammenkrümmen - amel.** (k/897)
» **Zusammenkrümmen - muß sich zusammenkrümmen** (k/897)
REKTUM - *Unwillkürlicher Stuhl* (*/984)
STUHL - Unverdaut (hr1*/999)
BLASE - **Urinieren - Harndrang - plötzlich - beeilen um zu urinieren, sonst geht Urin ab; muß sich** (*/1015)
• **URINIEREN - UNWILLKÜRLICH - HUSTEN; AGG. BEIM** (*/1020)
» unwillkürlich - Kindern; bei (mtf33/1020)
» **unwillkürlich - Lachen agg.** (*/1020)
» verzögert, muß warten, bis der Urin zu fließen beginnt (*/1020)
MÄNNLICHE GENITALIEN - *Faßt sich an die Genitalien* (hr1*/1065)
• Faßt sich an die Genitalien - Kind (mtf33/1066)
• *Masturbation, Neigung zur* (*/1071)
WEIBLICHE GENITALIEN - *Fluor - morgens - Mädchen, bei* (hr1*/1094)
• *Fluor - Kindern; bei - Mädchen; bei kleinen* (*/1096)
• Masturbation; Neigung zu (*/1104)
» Kindern; bei (mtf33/1104)
ATMUNG - Schnarchen (b7/1180)
EXTREMITÄTEN - **Hitze - Füße - brennend - entblößt sie** (k/1440)
• **Hitze - Füße - Fußsohlen - entblößt sie** (k/1441)
SCHWEISS - *Essen - beim - agg.* (*/1786)
• Warm - Speisen; warme - nach (*/1792)
HAUT - *Ekchymosen* (*/1797)

Nacht; Beobachtungen in der - Gemütssymptome

GEMÜT - *Angst - Dunkelheit; in der* (*/8)
• Furcht - allein zu sein - Dunkelheit; in der (hu*/65)
» *Dunkelheit; vor der* (*/66)
» Dunkelheit; vor der - Kindern; bei (mtf33/66)
» Erwachen; beim - Traum; aus einem (k/67)
• **Schreien - Kindern, bei - Schlaf, im** (hr1*/157)
• *Sprechen - Schlaf; im* (*/169)

Nacht; Beobachtungen in der - körperliche Symptome

ZÄHNE - Zähneknirschen - Schlaf; agg. im (sne/718)
MAGEN - Schluckauf - Schlaf; agg. im (b7/811)
REKTUM - *Unwillkürlicher Stuhl - Schlaf; agg. im* (*/985)
BLASE - **Urinieren - unwillkürlich - nachts** (*/1019)
• Urinieren - unwillkürlich - nachts - ersten Schlaf, im (k2/1019)
» unwillkürlich - nachts - Kindern, bei (mtf33/1019)
» unwillkürlich - nachts - spasmodisches Bettnässen (k/1019)

Nacht; Beobachtungen in der - Schlaf

SCHLAF - *Erwachen - Schreck, wie durch* (*/1675)
• Schlaflosigkeit - Kindern, bei (bro1/1691)

Nacht; Beobachtungen in der - Schlaf; Lage im

SCHLAF - *Lage - Abdomen, auf dem* (b2/1682)
• *Lage - Abdomen, auf dem - Arm über dem Kopf; mit einem* (ptk1/1682)
» **Arme - Abdomen, auf dem** (*/1682)
» **ARME - KOPF - ÜBER DEM KOPF** (*/1682)
» *Arme - Kopf - unter dem Kopf* (*/1682)
» **Beine - angezogen** (b2/1682)
» *Beine - ausgestreckt* (*/1682)
» *Beine - gespreizt* (k1*/1682)
» Hände - Kopf - über dem (br1*/1682)
» Hände - Kopf - unter dem (b7/1682)
» Knie - gespreizt (b2/1682)
» Kopf - vorne gebeugt; nach (j5/1683)
» nackt (st1/1683)
» **RÜCKEN, AUF DEM** (*/1683)

» *Rücken, auf dem - Füße hochgezogen* (a1/1683)
» **Rücken, auf dem - Hände - gekreuzt; über dem Abdomen** (j5/1683)
» **Rücken, auf dem - Hände - Kopf - über dem** (a1*/1683)
» **Rücken, auf dem - Hände - Kopf - über dem Kopf** (a1*/1683)
» Seite, auf der - linken Seite, auf der - unmöglich (k2/1683)
» Seite, auf der - rechten Seite, auf der - unmöglich (j5/1683)
» Seite, auf der - unmöglich (j5/1683)
» **Sitzen** (*/1683)
» Sitzen - Kopf - gebeugtem Kopf; mit - vorne; nach - Seite; oder auf die (a1/1683)
» Sitzen - nur im Sitzen schlafen; kann (j5/1683)
» verändert häufig die Lage (bg2/1683)

Schaukeln und Getragenwerden

GEMÜT - Getragen - Verlangen getragen zu werden (*/99)
• *Getragen - Verlangen getragen zu werden - langsam* (*/99)
» *Verlangen getragen zu werden - liebkost zu werden; und* (bg2*/99)
• Schaukeln - amel. (*/153)
» Verlangen geschaukelt zu werden (bg2/153)
• Stöhnen - Kindern, bei - getragen, wenn (h1*/172)

Autos und Schiffe

SCHWINDEL - Fahren, beim - Wagen, im - amel. (k2/265)
HÖREN - *Schwerhörig - Fahren - Wagen; im - amel.* (*/536)
MAGEN - Schmerz - Fahren - Wagen; im - agg. (k/818)
ALLGEMEINES - Fahren - Wagen; mit dem - agg. (k/1877)
• Fahren - Wagen; mit dem - amel. (sf1/1877)

Psychosomatische Störungen

REKTUM - *Diarrhoe - Angst, nach* (b7a/951)
• Diarrhoe - Erregung, Aufregung agg. (bg1*/952)
» *nervös, Gemütsbewegungen agg.* (bg3*/955)

Körperliche Symptome und Erkrankungen

KOPF - Entzündung - Gehirn (*/284)
• Entzündung - Periost (k/285)
• *Hydrozephalus* (k/295)
• *Schmerz - katarrhalisch* (*/331)
AUGE - **Striktur der Tränenkanäle** (*/467)
OHR - Schmerz - Kindern; bei (k2*/523)
NASE - *Katarrh - gefolgt von - Stirnhöhlen; Beschwerden der* (k/553)
GESICHT - *Hautausschläge - Akne - Menses - unregelmäßige Menses* (bro1/596)
ZÄHNE - Abszeß der Zahnwurzeln (gk/695)
• *Karies, faule, hohle Zähne* (*/700)
• *Schmerz - Kindern; bei* (k/708)
MAGEN - Langsame Verdauung (k2*/805)
• **Würgen - Husten, mit** (*/846)
REKTUM - *Cholera - infantum* (*/949)
BLASE - Harnverhaltung - Kindern, bei - erkältet; jedesmal, wenn sich das Kind (k/1005)
• Harnverhaltung - Kindern, bei - Neugeborenen; bei (*/1005)
NIEREN - *Entzündung* (*/1023)
• Entzündung - Nierenbecken und Niere (mrr1/1024)
WEIBLICHE GENITALIEN - Menses - unterdrückt - Mädchen; bei jungen (lp/1113)
• **Menses - verzögerte Menarche** (*/1114)
KEHLKOPF UND TRACHEA - Laryngismus stridulus (b7a/1145)
ATMUNG - **Asthma, asthmatische Atmung - Hautausschlägen; nach unterdrückten** (*/1162)
EXTREMITÄTEN - *Hüftgelenksentzündung* (*/1443)
FIEBER - Continua (k/1772)
• Remittierend - Kleinkindern, bei (bro1/1778)
ALLGEMEINES - *Abmagerung - Kindern; bei* (k/1845)
• *Arzneimittel - heftige Reaktion auf homöopathische Arzneimittel* (b7/1852)
• **Essen - Überessen; agg. nach** (bg2*/1877)
• **Kindern; Beschwerden von** (b2/1897)
• **Konvulsionen - Kindern, bei** (lmj/1905)
• *Medikamente - allopathische - Mißbrauch von* (sf1/1921)
» **allopathische - überempfindlich gegen** (st*/1921)
• Pubertät - Beschwerden entwickeln sich zur Zeit der (br1*/1934)
» **Beschwerden während der** (j5/1934)
» *Beschwerden während der - Mädchen; bei* (kr1*/1934)
• Verletzungen - Knochenbrüche - langsame Heilung von Knochenbrüchen (*/2020)

Chirurgisch pathologische Zustände

OHR - *Abszeß* (bg2/498)
• *Abszeß - Gehörgang* (k/498)
• Verwachsungen im Mittelohr (mrr1/532)
NASE - Polyp (*/561)
ABDOMEN - *Entzündung - Peritoneum* (ptk1/860)
• Hernie - Leistenhernie (bg2/868)
» *Nabelbruch* (b7a/868)
MÄNNLICHE GENITALIEN - Hochgezogen, an den Körper gezogen - Hoden (*/1068)

- Hochgezogen, an den Körper gezogen - Hoden - rechts (k/1068)
- Hydrozele - angeboren (c2/1069)
  » **Kindern, bei** (*/1069)
- *Varikozele* (*/1085)

Würmer

REKTUM - Würmer - Beschwerden durch Würmer (b2/985)

- *Würmer - Beschwerden durch Würmer - Bandwürmer* (*/986)

Pyrogenium

pyrog.

Pyrogenium ist sehr nützlich bei Fieber mit sehr schnellem Anstaieg der Temperatur und reichlichem Schweiß, der nicht zum Absinken des Fiebers führt. Zusätzlich ist der Puls unnatürlich schnell und steht in keinem Verhältnis zur Temperatur; große Redseligkeit und Ruhelosigkeit bei Kindern; trockener Mund; starker Mundgeruch und sehr übelriechende Absonderungen; Pollakisurie; und Schmerzen am ganzen Körper mit der Empfindung, das Bett sei sehr hart.

Zu meinen Patienten gehört ein über 80jähriger Mann, der nach einer Operation wegen Darmverschluß zu mir in die Sprechstunde kam. Zum Verschluß kam es durch ein voluminöses meserntериales Pseudomyxoma, das an der Schleimhaut der Windungen des Krummdarms und am Grimmdarm anhaftete; eine vollständige Entfernung war nicht möglich gewesen. Nach der Operation erlitt der Patient im folgenden Monat zwei Subokklusionen und klagte über anhaltende Bauchschmerzen und anhaltendes Fieber, gegen das Antibiotika verschrieben und wiederholt verabreicht wurden, aber ohne jeden Erfolg. Nach der Einnahme von Pyrogenium verschwanden alle Symptome; und bis zum Zeitpunkt, als dieses Buch geschrieben wurde - fast zwei Jahre nach der ersten Konsultation - hat der Patient keine Antibiotika benötigt und über keinerlei besonderen Beschwerden geklagt. Aus Sicht der Kinderheilkunde ist die Krankengeschichte dieses Patienten besonders interessant, der seit der Kindheit Indikationen für dieses Mittel zeigte. In seiner Krankengeschichte findet man folgende Pryogenium-Symptome: Allgemeines - Krankengeschichte von; persönliche - Abszessen; wiederkehrenden; Ohr - Schmerz; Ohr - Absonderungen - eitrig; Ohr - Absonderungen - übelriechend; Innerer Hals - Diphtherie und Brust - Entzündung - Rippenfell. Diese Symptome und die ausgezeichnete Reaktion auf das Mittel weisen darauf hin, daß das verschriebene Mittel höchstwahrscheinlich sein Konstitutionsmittel war.

Klinik: Abszesse. Ekzem. Fisteln. Kopfschmerzen. Influenza. Peritonitis. Sepsis.

Wirkungsbereich: Blut. Herz. Kreislauf. Muskeln.

* * *

Krankengeschichte; familiäre und persönliche

ALLGEMEINES - *Krankengeschichte von; persönliche - Abszessen; wiederkehrenden* (*/1909)

- *Krankengeschichte von; persönliche - Typhus abdominalis; von* (ptk2/1910)

Impfung

ALLGEMEINES - Impfung; Beschwerden nach - nie wieder gesund; seitdem (cpd/1892)

Konstitution - Allgemeines

GEMÜT - Sprache - Plappern, Schwatzen (jl2/167)

Beziehung zu anderen - allgemein

GEMÜT - Sprache - hastig, eilig (^/167)

Nonverbales - Konsultation; bei der

OHR - Absonderungen - eitrig (bg2/497)

- Absonderungen - übelriechend (bg2/498)
- Entzündung - Processus mastoideus (jl2*/501)

EXTREMITÄTEN - Nägel; Beschwerden der - Abblättern der Nägel (bg3*/1664)

- Nägel; Beschwerden der - Abfallen der Nägel (ptk2/1664)

HAUT - Erysipel (bg2*/1798)

Nonverbales - Äußerliches - Beobachtungen des Arztes

NASE - Bewegung - Nasenflügel - Fächer; wie ein (*/545)

GESICHT - Hippokratisches Gesicht (bro1/605)

ATMUNG - Beschleunigt (jl2/1174)

Nonverbales - Äußerliches - Beobachtungen der Eltern

REKTUM - *Unwillkürlicher Stuhl* (*/984)

- Unwillkürlicher Stuhl - Flatus agg.; Abgang von (*/985)

STUHL - Kugeln, wie (bro1/996)

- Schafskot, wie (ptk1/997)

HAUT - Ekchymosen (ptk1/1797)

- Insektenstiche (mp1/1825)

Nacht; Beobachtungen in der - Gemütssymptome

GEMÜT - Sprechen - Schlaf; im (ptk1/169)

Nacht; Beobachtungen in der - Schlaf; Lage im

SCHLAF - *Lage - verändert häufig die Lage* (bg2*/1683)

Schaukeln und Getragenwerden

GEMÜT - Schaukeln - amel. (bg2*/153)
• Schaukeln - Verlangen geschaukelt zu werden (bg2/153)

Körperliche Symptome und Erkrankungen

KOPF - Entzündung - Gehirn (jl2*/284)
• Entzündung - Hirnhaut (jl2/284)
ZÄHNE - *Abszeß der Zahnwurzeln* (st/695)
REKTUM - Cholera - infantum (jl2*/949)
NIEREN - Entzündung (k2*/1023)
FIEBER - *Continua* (*/1772)

Chirurgisch pathologische Zustände

ABDOMEN - Darmverlegung, Obstruktionsileus (bro1/857)
• Entzündung - Peritoneum (c2*/860)

Radium bromatum

rad-br.

Diese Kinder spüren Kälte nicht. Bei der Konsultation können sie Akne, Herpes circinatus oder Nagelprobleme aufweisen, um nur ein paar Zeichen ihrer Pathologie zu nennen.

Was die Gemütssymptome betrifft, so haben sie Verlangen nach Gesellschaft und *Angst davor, im Dunklen allein zu sein*, aus Angst vor Gespenstern.

Man sollte sich daran als *situationsbedingtes Mittel bei Krebspatienten erinnern, die Röntgen-Behandlungen unterzogen werden,* was zu rheumatischen Symptomen führen kann.

Klinisches: Akne. Appendizitis. Knochenleiden. Dermatitis. Diarrhoe. Nasenbluten. Kopfschmerzen. Phimose. Psoriasis. Geschwüre. Warzen. Röntgendermatitis.

Wirkungsbereich: Haut. Nerven. Lymphgewebe. Knochen. Muskeln. Gelenke.

***

Entwicklung - langsam

ALLGEMEINES - Entwicklung - Entwicklungsstillstand (c11/1872)

Konstitution - Angst und Furcht

GEMÜT - Furcht - allein zu sein (c1*/64)
• Furcht - Gespenstern; vor (bro1/70)

Konstitution - Allgemeines

GEMÜT - Selbstvertrauen - Mangel an Selbstvertrauen (sze8/161)
• Sorgen; voller (c11/164)
• Weinen - leicht (sze8/246)

Familie; Beziehung zur - Liebe und Zuneigung

GEMÜT - Verlassen zu sein; Gefühl (sze8/198)

Beziehung zu anderen - Aggressivität

GEMÜT - Spotten (^/166)

Beziehung zu anderen - Reaktion auf andere

GEMÜT - Gesellschaft - Abneigung gegen (sze8/94)
• Gesellschaft - Verlangen nach (c11*/95)
• Widerspruch - Neigung zu widersprechen (ptk1/249)

Schule - Angst

GEMÜT - Selbstvertrauen - Mangel an Selbstvertrauen (sze8/161)

Schule - Konstitution

GEMÜT - Selbstvertrauen - Mangel an Selbstvertrauen (sze8/161)

Tieren; Beziehung zu

GEMÜT - Natur - liebt (sze8/134)

Nonverbales - Konsultation; bei der

INNERER HALS - Entzündung - Tonsillen (sze8/724)
HAUT - Hautausschläge - Herpes - ringförmig (vh4*/1815)

Nonverbales - Äußerliches - Beobachtungen des Arztes

AUGE - Verklebt (sze8/472)
GESICHT - Hautausschläge - Akne (bro1/595)

Nonverbales - Äußerliches - Beobachtungen der Eltern

EXTREMITÄTEN - Nägel; Beschwerden der - ernährungsbedingt (c11*/1665)
• Nägel; Beschwerden der - Wachstum der Nägel - angehalten (ptk1/1666)
HAUT - Ekchymosen (sze8/1797)

Nacht; Beobachtungen in der - Gemütssymptome

GEMÜT - Furcht - allein zu sein - Dunkelheit; in der (c11*/65)
• Furcht - Dunkelheit; vor der (c11*/66)

Körperliche Symptome und Erkrankungen

NIEREN - Entzündung (c11/1023)

Ranunculus bulbosus

ran-b.

Kinder, die gewöhnlich *schlecht gelaunt, schnell beleidigt, launisch und streitsüchtig sind;* sie wollen nicht berührt werden. Trotzdem haben sie großes Verlangen nach Gesellschaft und Angst davor, allein zu sein, was mit ihrer Angst vor Gespenstern zusammenhängen kann.

Ranunculus bulbosus ist eines der Mittel, dessen Zustand hauptsächlich durch Kälte und Nässe verschlimmert wird, was Sinusitis und Torticollis hervorrufen kann.

Der Schlaf ist oft beeinträchtigt und das Kind kann keine rechte Lage finden, um sich auszuruhen.

Man sollte sich bei Hautkrankheiten daran erinnern, wie Erysipel, Erythem und besonders *Herpes zoster.*

Klinisches: Ekzem. Herpes zoster. Warzen. Heuschnupfen. Atemnot. Epilepsie. Magenschmerzen. Schluckauf. Diarrhoe. Hydrozele.

Wirkungsbereich: Haut. Nerven. Muskeln. Augen. Brust. Finger und Zehen.

* * *

Entwicklung - allgemein

KOPF - Großer Kopf (ptk1/289)

Stillen - Magendarmsymptome - Appetit - vermindert

MAGEN - Appetit - fehlend (b2/767)
- Appetit - schnelle Sättigung (b7/770)

Stillen - Magendarmsymptome - Appetit - vermehrt

MAGEN - Appetit - vermehrt (*/770)

Stillen - Magendarmsymptome - Aufstoßen - Speisen; von

MAGEN - Aufstoßens; Art des - Speisen; von (*/780)

Stillen - Magendarmsymptome - Aufstoßen - Wasser; Hochsteigen von

MAGEN - *Aufstoßens; Art des - Wasser in den Mund; Hochsteigen von* (*/781)

Stillen - Magendarmsymptome - Abdomen - agg. durch

ABDOMEN - *Schmerz - Druck - agg.* (k/883)

Konstitution - Angst und Furcht

GEMÜT - Beschwerden durch - Schreck (gt*/25)
- Feigheit (b7/59)
- Furcht - allein zu sein (*/64)
  - » Gespenstern; vor (*/70)

Konstitution - Allgemeines

GEMÜT - Ehrgeiz - erhöht, vermehrt, sehr ehrgeizig (j*/40)
- Entmutigt (k/46)
- Faulheit (b7/55)
- Selbstvertrauen - Mangel an Selbstvertrauen (k/161)
- Sorgsamkeit, Sorgfalt (k/165)
- Stimmung, Laune - veränderlich (k/171)
- Unzufrieden (*/194)

Beziehung zu anderen - Aggressivität

GEMÜT - *Streitsüchtig* (*/173)

Beziehung zu anderen - Reaktion auf andere

GEMÜT - Gesellschaft - Verlangen nach (*/95)
- Gesellschaft - Verlangen nach - allein; agg. wenn (bg2/96)
- Schüchternheit, Zaghaftigkeit (*/158)

Beziehung zu anderen - allgemein

GEMÜT - Beleidigt, leicht (*/20)
- Tadelsüchtig, krittelig (k/178)

Schule - Angst

GEMÜT - Selbstvertrauen - Mangel an Selbstvertrauen (k/161)

Schule - Anstrengung; geistige

KOPF - Schmerz - geistige Anstrengung - agg. (st/328)

Schule - Konstitution

GEMÜT - Selbstvertrauen - Mangel an Selbstvertrauen (k/161)

Nonverbales - Reaktion auf andere

GEMÜT - Berührtwerden - Abneigung berührt zu werden (tl1*/21)

Nonverbales - Gesten, Gebärden

GEMÜT - Gesten, Gebärden; macht - Tics; nervöse (ptk1/99)
- Launenhaftigkeit, launisch (^/123)

Nonverbales - Konsultation; bei der

KOPF - Hitze - Kälte - Hände; mit Kälte der (c1/293)
- Hitze - Kälte - Körpers; mit Kälte des (k/293)

MUND - Aphthen (bg2/639)
- Landkartenzunge (tl1/668)

ABDOMEN - *Schmerz - Druck - agg.* (k/883)

HAUT - Erysipel (*/1798)
- Hautausschläge - Erythem (tl1/1812)

Nonverbales - Äußerliches - Beobachtungen des Arztes

KOPF - Großer Kopf (ptk1/289)

ÄUSSERER HALS - *Torticollis* (vh*/761)

ATMUNG - Beschleunigt (b2/1174)

Nonverbales - Äußerliches - Beobachtungen der Eltern

MAGEN - *Schluckauf* (*/809)
- Schluckauf - heftig (k2/810)

Nacht; Beobachtungen in der - Schlaf

SCHLAF - Schlaflosigkeit - Lage ist recht, keine (j5/1692)

Nacht; Beobachtungen in der - Schlaf; Lage im

SCHLAF - Lage - Seite, auf der (*/1683)
- Lage - Seite, auf der - rechten Seite, auf der - unmöglich (a1/1683)

» Seite, auf der - unmöglich (*/1683)
• Schlaflosigkeit - Lage ist recht, keine (j5/1692)

Körperliche Symptome und Erkrankungen

KOPF - Schmerz - katarrhalisch (k/331)

Ranunculus sceleratus

ran-s.

Ranunculus sceleratus ruft mehr reizende Symptome hervor, als andere Mittel dieser botanischen Familie. Das Zielorgan ist die *Haut.* Kleinkinder haben Hautausschläge und Krusten am Kopf und Pemphigus. Die Haut ist auch von Erysipel befallen.

Ein zweites Ziel ist der *Mund,* wo oft Aphthen und ulzerative Stomatitis vorhanden sind. Es kann Landkartenzunge vorliegen und das Kind beißt sich häufig auf die Zunge.

Schwellung und Entzündung von Mandeln und Halsdrüsen. Otitis.

Der Appetit ist nach dem Essen vermehrt oder er fehlt. Schluckauf.

Kinder sind entmutigt und faul.

Klinisches: Jucken des Anus. Schnupfen. Ohrenschmerzen. Hämorrhoiden. Herpes zoster. Ulzeration der Nase. Stomatitis.

Wirkungsbereich: Brust. Haut. Scheitel.

* * *

Stillen - Magendarmsymptome - Appetit - vermindert

MAGEN - Appetit - fehlend (b2/767)

Stillen - Magendarmsymptome - Appetit - vermehrt

MAGEN - Appetit - vermehrt - Essen - nach (*/772)

Stillen - Magendarmsymptome - Aufstoßen - Wasser; Hochsteigen von

MAGEN - Aufstoßens; Art des - Wasser in den Mund; Hochsteigen von (*/781)

Konstitution - Allgemeines

GEMÜT - Entmutigt (^/46)
• Faulheit (*/55)

Nonverbales - Konsultation; bei der

MUND - Aphthen (*/639)
• *Landkartenzunge* (*/668)
• Stomatitis ulcerosa, Stomakaze (c2/689)

INNERER HALS - Entzündung - Tonsillen (c2/724)
• *Schwellung - Tonsillen* (*/747)

ÄUSSERER HALS - Schwellung - Halsdrüsen (b7/760)

HAUT - Erysipel (bg2/1798)

Nonverbales - Äußerliches - Beobachtungen des Arztes

AUGE - Verklebt (a1/472)

Nonverbales - Äußerliches - Beobachtungen der Eltern

MUND - Beißt - Zunge; beißt sich auf die (vk1/640)

MAGEN - Schluckauf (b2/809)

Raphanus sativus

raph.

Bei der Konsultation können Kinder, die Raphanus benötigen, fettige Gesichtshaut haben. Sie können *launisch, streitsüchtig und ängstlich in Bezug auf ihre Gesundheit sein.*

Das Mittel hat einen bedeutenden *Tropismus für den Verdauungskanal,* wie sich in den Krämpfen nach Trinken von Milch zeigt, der „Cholera infantum". Der Stuhl enthält unverdaute Speisen. Ein klassisches Symptom des Mittels: *Gefühl eingeschlossener Luft, besonders bei Milzriß.*

Sollte bei Kindern, die zu Masturbation neigen, erwogen werden.

Klinisches: Husten. Flatulenz. Diarrhoe. Abmagerung. Nasenbluten. Kopfschmerzen. Schmerzen der Ferse. Hernie. Schlaflosigkeit. Tonsillitis. Zahnschmerzen.

Wirkungsbereich: Verdauungskanal. Weibliche Geschlechtsorgane. Innerer Hals. Speiseröhre.

* * *

Krankengeschichte; familiäre und persönliche

ALLGEMEINES - Familiengeschichte von - Impfung; wiederholte (zs4/1878)
• Familiengeschichte von - Medikamenten; Mißbrauch von allopathischen (zs4/1878)
» Sykose (zs4/1878)
• *Krankengeschichte von; persönliche - Augen - Gerstenkörnern; von wiederkehrenden* (*/1909)
» Erysipel; von wiederkehrendem (hr1*/1909)

Entwicklung - allgemein

KOPF - Großer Kopf (bl7/289)

Zahnung - Magendarmsymptome

REKTUM - Diarrhoe - Zahnung; während (k/957)

Zahnung - Allgemeines

ZÄHNE - *Zahnung - schwierig* (hr1*/718)

Impfung

ALLGEMEINES - Familiengeschichte von - Impfung; wiederholte (zs4/1878)
• Impfung; Beschwerden nach (c1*/1892)

Stillen - Gemütssymptome

GEMÜT - Hast, Eile - Essen; beim (bg2/105)

Stillen - Milch

KOPF - Hautausschläge - Milchschorf (b2/290)
• Hautausschläge - Milchschorf - Kindern; bei (mtf33/290)

ABDOMEN - Schmerz - Milch - agg. (^/891)
• Schmerz - Milch - agg. - krampfartig (k/891)
» warm - Milch; warme - amel. (mrr1/895)

ALLGEMEINES - Speisen und Getränke - Milch - agg. (kr1*/2001)
• Speisen und Getränke - Milch - amel. (bg2/2001)
» Milch - amel. - warme (k2/2001)
» Milch - Verlangen (k/2001)
» Milch - Verlangen - gekochte (c1*/2001)
» Milch - Verlangen - heiße (*/2001)

Stillen - Magendarmsymptome - Appetit - allgemein

MAGEN - Appetit - Durst - mit (vh/767)
• Appetit - launischer Appetit (ptk1/770)

Stillen - Magendarmsymptome - Appetit - vermindert

MAGEN - Appetit - fehlend (*/767)

Stillen - Magendarmsymptome - Appetit - vermehrt

MAGEN - **Appetit - Heißhunger** (*/769)
• **Appetit - vermehrt** (*/770)
» vermehrt - Essen - nach (*/772)

Stillen - Magendarmsymptome - Aufstoßen - Speisen; von

MAGEN - Aufstoßens; Art des - Speisen; von (*/780)
• Aufstoßens; Art des - Speisen; von - nachts - Suppe, die mittags gegessen wurde (h2/780)
» Speisen; von - bitter schmeckend (b4a/780)
» Speisen; von - Essen - nach - agg. (b4a/780)
» *Speisen; von - Husten; nach* (*/780)
» Speisen; von - sauer (b4a/780)

Stillen - Magendarmsymptome - Aufstoßen - Wasser; Hochsteigen von

MAGEN - *Aufstoßens; Art des - Wasser in den Mund; Hochsteigen von* (*/781)
• Aufstoßens; Art des - Wasser in den Mund; Hochsteigen von - bitter (b4/781)
» Wasser in den Mund; Hochsteigen von - Essen - nach - agg. (b4a/781)

Stillen - Magendarmsymptome - Erbrechen

MAGEN - *Erbrochenen; Art des - Speisen - Essen - nach - sofort nach* (k/800)
• Erbrochenen; Art des - Speisen - unverdaut (bro1/800)

Stillen - Magendarmsymptome - Schluckauf

MAGEN - *Schluckauf - Essen - nach - agg.* (*/810)
• Schluckauf - Mittagessen - nach - agg. (*/811)

Stillen - Magendarmsymptome - Abdomen - agg. durch

ABDOMEN - Schmerz - Druck - agg. (h2/883)

Stillen - Magendarmsymptome - Abdomen - amel. durch

ABDOMEN - Schmerz - Druck - amel. (*/883)

Stillen - Magendarmsymptome - Rektum

REKTUM - *Obstipation - Kindern, bei* (kr1*/969)

Stillen - Allgemeines

SCHWEISS - Essen - beim - agg. (*/1786)
• Essen - nach - agg. (*/1786)

ALLGEMEINES - Säuglinge (kk2/1944)

Infektionskrankheiten - Masern

HUSTEN - Masern - nach (b4/1202)

Infektionskrankheiten - Mumps

GESICHT - Entzündung - Parotis (c2/584)
• *Schwellung - Parotis* (k/631)
» Parotis - rechts (k/631)

Infektionskrankheiten - Scharlach

OHR - *Absonderungen - Scharlach, nach* (*/498)
• *Trommelfell - weiß - Belag bedeckt; nach Scharlach von einem* (kr1/534)

HÖREN - *Schwerhörig - Scharlach, nach* (*/536)
• *Taubheit, Verlust des Gehörs - Scharlach, nach* (hr1/538)

Infektionskrankheiten - Keuchhusten

AUGE - *Tränenfluß - Husten, mit - Keuchhusten* (*/469)

HUSTEN - *Keuchhusten* (*/1197)

Konstitution - Angst und Furcht

GEMÜT - Angst - hypochondrisch (j5/11)
• Angst - Kinder - bei Kindern (mtf33/11)
• Beeindrucken, empfänglich für Eindrücke; leicht zu (c1/19)
• **Beschwerden durch - Erwartungsspannung** (sf1/23)
» *Schreck* (*/25)
• Feigheit (*/59)
• Furcht - Armut, vor (gk/65)
» *Gewitter; vor* (vh*/70)
» Versagen, Mißerfolg; vor dem (stj2/79)
» voller Furcht (^/79)
• Vorsichtig (*/205)

Konstitution - Allgemeines

GEMÜT - Ehrgeiz - erhöht, vermehrt, sehr ehrgeizig (mtf33*/40)
• Entmutigt (*/46)
• **Faulheit** (*/55)
• Furcht - Armut, vor (gk/65)

• Geiz (gl1/92)
• Gewissenhaft, peinlich genau in bezug auf Kleinigkeiten (*/99)
• *Heikel, pingelig* (bg2*/106)
• *Kleinigkeiten, Trivialitäten - wichtig; scheinen* (bg2*/115)
• Mürrisch - Kindern, bei (j5/132)
• Selbstvertrauen - Mangel an Selbstvertrauen (vml1/161)
  » Mangel an Selbstvertrauen - Unterstützung, Zuwendung; möchte (stj2/161)
• Sorgen; voller (j5/164)
• **Sorgsamkeit, Sorgfalt** (b4a/165)
• Stimmung, Laune - veränderlich (*/171)
• Unaufmerksam (bg2/189)
• Unternehmen; etwas - Vieles, hält aber bei nichts durch, bleibt nicht dabei; unternimmt (gl1/193)
• Unzufrieden (*/194)
• *Veränderungen - Abneigung gegen* (^/195)
• *Weinen - amel.* (*/245)
  » *Kindern; bei* (j5/246)
  » **Musik; durch** (*/247)

Familie; Beziehung zur - Liebe und Zuneigung

GEMÜT - Angst - andere, um (ckh1/7)
• **Beschwerden durch - Uneinigkeit, Zwietracht - Eltern; zwischen den eigenen** (hr1*/26)
• Eifersucht (k/40)
• Liebevoll, voller Zuneigung, herzlich (mtf33*/125)

Familie; Beziehung zur - Vorwürfe

GEMÜT - Lachen - Tadel, bei (st*/121)
• Lachen - Vorwürfen, bei (*/121)

Beziehung zu anderen - Aggressivität

GEMÜT - **Spotten** (^/166)
• Streitsüchtig (j/173)

Beziehung zu anderen - Reaktion auf andere

GEMÜT - Antworten - zögernd (a1/15)
• Gesellschaft - Abneigung gegen (*/94)
• Lachen - Vorwürfen, bei (*/121)
• *Schüchternheit, Zaghaftigkeit* (*/158)
  » Kindern; bei (mtf33/158)
  » Öffentlichkeit; beim Auftreten in der (gk/159)
• Trost - agg. (bro1/188)
• Untröstlich (j/193)

Beziehung zu anderen - allgemein

GEMÜT - Argwöhnisch, mißtrauisch (k/16)
• *Beleidigt, leicht* (k/20)
• Mitgefühl, Mitleid (bg2*/130)
• *Pubertät; in der* (st/138)
• **Tadelsüchtig, krittelig** (bg1*/178)
• Unabhängigkeit, Selbständigkeit (mgm/189)
• *Unverschämtheit* (*/193)
  » Kindern, bei (br1*/193)

Schule - Angst

GEMÜT - **Beschwerden durch - Erwartungsspannung** (sf1/23)
• Furcht - Versagen, Mißerfolg; vor dem (stj2/79)
• Selbstvertrauen - Mangel an Selbstvertrauen (vml1/161)

Schule - Konzentration

GEMÜT - Erschöpfung; geistige - Lernen, Studieren; durch langes (ptk1/52)
• Konzentration - schwierig - Kindern, bei (mtf33*/117)
• Unaufmerksam (bg2/189)

Schule - Lernen - allgemein

GEMÜT - Dyslexie (mtf/40)

Schule - Lernen - Mathematik, Rechnen

GEMÜT - Mathematik - Unfähigkeit zur (^/128)
• Mathematik - Unfähigkeit zur - Algebra (gl1/129)
  » Unfähigkeit zur - rechnen; kann nicht (gl1/129)

Schule - Lernen - Schreiben

GEMÜT - Fehler; macht - Schreiben, beim (*/57)

Schule - Anstrengung; geistige

GEMÜT - Erschöpfung; geistige - Lernen, Studieren; durch langes (ptk1/52)

KOPF - Schmerz - geistige Anstrengung - agg. (k/328)

Schule - Beziehung zu anderen

GEMÜT - Schüchternheit, Zaghaftigkeit - Öffentlichkeit; beim Auftreten in der (gk/159)

MUND - Sprache - stotternd (bg2/688)

Schule - Vorwürfe

GEMÜT - Lachen - Tadel, bei (st*/121)
• Lachen - Vorwürfen, bei (*/121)

Schule - Konstitution

GEMÜT - Gewissenhaft, peinlich genau in bezug auf Kleinigkeiten (*/99)
• *Heikel, pingelig* (bg2*/106)
• *Kleinigkeiten, Trivialitäten - wichtig; scheinen* (bg2*/115)
• Selbstvertrauen - Mangel an Selbstvertrauen (vml1/161)
• Unternehmen; etwas - Vieles, hält aber bei nichts durch, bleibt nicht dabei; unternimmt (gl1/193)

Nonverbales - Aggressivität

GEMÜT - Reizbarkeit, Gereiztheit - Kindern, bei (k/145)
• Spucken (bg2/170)

Nonverbales - Reaktion auf andere

GEMÜT - Berührtwerden - Abneigung berührt zu werden (mtf33/21)

- Berührtwerden - Abneigung berührt zu werden - Kindern; bei (mtf33/21)
  - » Abneigung berührt zu werden - Kitzeligkeit (st*/21)
- Furcht - Fremden; vor (stj2/68)
  - » Näherkommen, Annäherung von; vor - anderen, von (fb/74)
- Magnetisiert - amel. (mtf33/127)

Nonverbales - Gesten, Gebärden

GEMÜT - Berühren, anfassen; etwas - Verlangen, etwas zu berühren, anzufassen - alles berühren, anfassen; muß (^/21)

- Berühren, anfassen; etwas - Verlangen, etwas zu berühren, anzufassen - alles berühren, anfassen; muß - Kindern; bei (lmj/21)
- Launenhaftigkeit, launisch (bg2/123)

Nonverbales - Allgemeines

GEMÜT - Hast, Eile - Essen; beim (bg2/105)

- Impertinenz, Unverschämtheit (k/112)

Nonverbales - Konsultation; bei der

KOPF - Läuse (*/300)

OHR - *Absonderungen - Blut* (b2/497)

- *Absonderungen - blutig* (*/497)
  - » **chronisch** (mrr1/497)
  - » *chronisch - links* (mrr1/497)
  - » dick (mrr1/497)
  - » *dünn* (*/497)
  - » *eitrig* (*/497)
  - » **klebrig** (*/497)
  - » Ohrschmalz (bro1/498)
  - » schleimig (b2/498)
  - » stinkend (bro1/498)
  - » *übelriechend* (*/498)
  - » *übelriechend - Fischlake, wie* (*/498)
  - » *unterdrückt* (*/498)
  - » *wäßrig* (*/498)
  - » wundfressend (bro1/498)
- Entzündung - erysipelatös (gk/500)
  - » **äußere Ohren** (mrr1*/500)
  - » **Gehörgang** (*/500)
  - » Mittelohr (vh*/501)
  - » Mittelohr - chronisch (bro1/501)
- *Feuchtigkeit* (bg2*/501)
  - » **hinter den Ohren** (*/502)
- *Katarrh - Eustachische Röhre* (bro1/515)
- *Ohrschmalz - fehlend* (b4a/516)
  - » trocken (bg2/516)
- *Trommelfell - dünn und durchsichtig* (hr1*/534)
  - » *geschwollen - Kapillaren, erweiterte* (kr1/534)
  - » verdickt (kr1/534)

HÖREN - Schwerhörig - Tubenkatarrh (bro1*/537)

GESICHT - Schwellung - Submentaldrüse (h2*/631)

- *Schwellung - Unterkieferdrüsen* (*/631)
  - » *Unterkieferdrüsen - hart* (k/631)
  - » *Unterkieferdrüsen - schmerzhaft* (k/631)

MUND - Aphthen - Zunge (k2/640)

- Aphthen - Zunge - Zungenspitze (k2/640)
- *Landkartenzunge* (b2/668)

INNERER HALS - Entzündung - Tonsillen (br/724)

- *Schwellung - Tonsillen* (*/747)
  - » Tonsillen - Kindern; bei (mtf33/748)

ÄUSSERER HALS - **Schwellung - Halsdrüsen** (*/760)

- *Verhärtung von Drüsen* (k/761)

ABDOMEN - Auftreibung - Kindern, bei (mtf33/852)

- Schmerz - Druck - agg. (h2/883)
  - » Druck - amel. (*/883)

REKTUM - *Hautausschläge - Anus; um den* (k/964)

- Hautausschläge - Perineum (k/964)

BRUST - Einstülpung - Brustwarzen; der (bg3/1231)

- Einziehung der Brustwarzen (ptk1/1231)

RÜCKEN - Hautausschläge - Furunkel (k/1316)

- *Hautausschläge - Furunkel - Blutbeule* (*/1316)
  - » *Furunkel - Zervikalregion* (k/1317)
- Krümmung der Wirbelsäule - Lumbalregion (bg2/1324)

EXTREMITÄTEN - **Exkoriation, Wundheit - Gesäß - Mitte, dazwischen; in der** (*/1407)

- *Fußgeruch ohne Schweiß; übler* (*/1413)
- *Krümmung und Biegung* (b4a/1473)
- **Nägel; Beschwerden der - Abblättern der Nägel** (*/1664)
  - » *Abfallen der Nägel* (bg2*/1664)
  - » **deformiert** (*/1664)
  - » **deformiert - Zehennägel** (*/1664)
  - » **dicke Nägel** (*/1664)
  - » **dicke Nägel - Fingernägel** (*/1664)
  - » *dicke Nägel - Zehennägel* (*/1664)
  - » **eingewachsene Zehennägel** (*/1665)
  - » gespaltene, aufgesprungene Nägel (mtf33/1665)
  - » *Härte - Fingernägel* (mrr1/1665)
  - » hornig, verhornt - Zehennägel (hr1/1665)
  - » *Rauheit - Fingernägel* (*/1665)
  - » **spröde, brüchige Nägel** (b2/1665)
  - » **spröde, brüchige Nägel - Fingernägel** (*/1665)
  - » *spröde, brüchige Nägel - Zehennägel* (b4a/1665)
  - » **verkrüppelte, verkümmerte Nägel** (b2/1665)
  - » **verkrüppelte, verkümmerte Nägel - Fingernägel** (*/1665)
  - » **verkrüppelte, verkümmerte Nägel - Zehennägel** (*/1665)

HAUT - **Erysipel** (*/1798)

- Hautausschläge - Bläschen - Sudamina (Schweißfriesel) (*/1810)

» *Herpes - ringförmig* (*/1815)
» Impetigo (*/1816)
• **Intertrigo** (*/1825)
ALLGEMEINES - Exostose (hr1*/1877)

Nonverbales - Äußerliches - Beobachtungen des Arztes

KOPF - Großer Kopf (bl7/289)
• **Schuppen** (*/402)
AUGE - Strabismus, Schielen - divergens (*/467)
• **Verklebt** (*/472)
OHR - Schmerz - warm - Zimmer; im warmen - Eintreten in ein warmes Zimmer; beim - kalten Luft; aus der (dgt/525)
NASE - Spitz (a1/574)
GESICHT - Aphthen - Lippen, an den (k2/579)
• *Aufgesprungen* (*/579)
» *Lippen* (*/579)
• Fettig (bro1/593)
• Gerunzelt (bg2/594)
» *Stirn, Stirnrunzeln* (*/594)
• **Hautausschläge - Akne** (c2*/595)
» Akne - Mädchen; bei anämischen (j/596)
• **Rissig - Lippen** (*/613)
» Lippen - Unterlippe (b4/613)
» Lippen - Unterlippe - Mitte der (bro1*/614)
» **Mundwinkel** (*/614)
• *Sommersprossen* (*/632)
• Venen, erweiterte (bg2/634)
• Wächsern (k2/635)
ÄUSSERER HALS - *Torticollis* (k/761)
HAUT - *Sommersprossen* (*/1834)
ALLGEMEINES - Aussehen - dunkel (c1/1854)
• Aussehen - dunkel - Augen (c1/1855)
» *hell, blond* (*/1855)
» **hell, blond - schlaffer Faser, mit** (c1/1855)
• Fettleibigkeit - Kindern, bei (b4a/1879)
• Magere Personen (hr1*/1919)

Nonverbales - Äußerliches - Beobachtungen der Eltern

AUGE - **Verklebt - morgens** (*/472)
MAGEN - Schluckauf (*/809)
• *Schluckauf - Essen - nach - agg.* (*/810)
» Mittagessen - nach - agg. (*/811)
REKTUM - Unwillkürlicher Stuhl - Flatus agg.; Abgang von (bg2/985)
STUHL - *Kugeln, wie* (bro1/996)
• *Schafskot, wie* (*/997)
• **Unverdaut** (*/999)
BLASE - *Urinieren - verzögert, muß warten, bis der Urin zu fließen beginnt* (k/1020)
• Urinieren - verzögert, muß warten, bis der Urin zu fließen beginnt - pressen, bevor er damit beginnen kann; muß lange (k/1021)
URIN - Blutig - Kindern; bei (mtf33/1045)
MÄNNLICHE GENITALIEN - Sexuelles Verlangen - vermehrt - Kindern, bei (mrr1/1084)
WEIBLICHE GENITALIEN - Masturbation; Neigung zu (k/1104)
ATMUNG - *Schnarchen* (b4a/1180)
EXTREMITÄTEN - Nägel; Beschwerden der - Wachstum der Nägel - schnell (bro1/1666)
SCHWEISS - Essen - beim - agg. (*/1786)
• Essen - nach - agg. (*/1786)

Nacht; Beobachtungen in der - Gemütssymptome

GEMÜT - Furcht - Dunkelheit; vor der (stj2/66)
• Furcht - Erwachen; beim - Traum; aus einem (*/67)
• Sprechen - Schlaf; im (*/169)

Nacht; Beobachtungen in der - körperliche Symptome

KOPF - Schweiß der Kopfhaut - Schlaf - Einschlafen - beim (k/404)
BLASE - **Urinieren - unwillkürlich - nachts** (*/1019)
• *Urinieren - unwillkürlich - nachts - ersten Schlaf, im* (b4a/1019)

Nacht; Beobachtungen in der - Schlaf

SCHLAF - Erwachen - häufig - Schreck, wie durch (h2*/1674)
• Erwachen - Schreck, wie durch (*/1675)

Autos und Schiffe

KOPF - *Schmerz - Fahren - Wagen, im - agg.* (k/326)
• Schmerz - Fahren - Wagen, im - amel. (k/326)
HÖREN - *Schwerhörig - Fahren - Wagen; im - amel.* (*/536)
BRUST - Schmerz - Herz - Fahren im Wagen agg. (*/1275)
ALLGEMEINES - Fahren - Wagen; mit dem - agg. (b2/1877)
• *Fahren - Wagen; mit dem - amel.* (b2/1877)
» Wagen; mit dem - nach (*/1877)

Psychosomatische Störungen

REKTUM - Diarrhoe - Angst, nach (hr1/951)

Körperliche Symptome und Erkrankungen

KOPF - **Schmerz - katarrhalisch** (*/331)
AUGE - Striktur der Tränenkanäle (k/467)
GESICHT - *Hautausschläge - Akne - Menses - unregelmäßige Menses* (bro1/596)
ZÄHNE - Karies, faule, hohle Zähne (*/700)
MAGEN - *Langsame Verdauung* (bro1/805)
REKTUM - Cholera - infantum (bro1/949)
• Diarrhoe - Hautausschläge - unterdrückten Hautausschlägen; nach (bg1/953)
WEIBLICHE GENITALIEN - **Menses - verzögerte**

Menarche (*/1114)

ATMUNG - Asthma, asthmatische Atmung - Hautausschlägen; nach unterdrückten (mrr1/1162)

RÜCKEN - Spina bifida (*/1384)

EXTREMITÄTEN - Hüftgelenksentzündung (k/1443)

ALLGEMEINES - Kindern; Beschwerden von (*/1897)
- *Pubertät - Beschwerden während der* (bg2*/1934)

Chirurgisch pathologische Zustände

OHR - *Verwachsungen im Mittelohr* (kr1/532)

NASE - *Polyp* (*/561)

ABDOMEN - Hernie (c2/867)
- Hernie - Leistenhernie (b2/868)

MÄNNLICHE GENITALIEN - *Hydrozele - Kindern, bei* (*/1069)

Würmer

KOPF - Schmerz - Würmer; bei Beschwerden durch (k/343)

REKTUM - Jucken - Askariden, durch (h2*/965)
- Würmer - Beschwerden durch Würmer (*/985)
  - » *Beschwerden durch Würmer - Bandwürmer* (*/986)
  - » Beschwerden durch Würmer - begleitet von - Abmagerung (bg2/986)
  - » Beschwerden durch Würmer - Madenwürmer (*/986)
  - » Beschwerden durch Würmer - Spulwürmer (*/986)

Ratanhia peruviana

rat.

Erkrankungen des Rektums herrschen bei diesem Mittel vor: Hämorrhoiden, Fissuren und Würmer.

Zu den Gemütssymptomen gehört *Zwangsverhalten, das hauptsächlich die Religion betrifft*, die in abergläubischer Weise erlebt wird. Der Zwangscharakter kann sich auch in *manischer Sorge um die Anal-Hygiene* äußern.

Klinisches: Diabetes. Dyspepsie. Schluckauf. Fissuren. Jucken. Pleuritis. Nasenbluten. Würmer.

Wirkungsbereich: Rektum. Brustwarzen. Nerven.

* * *

Entwicklung - schnell

GEMÜT - **Frühreife, altkluge Kinder** (vh*/63)

Zahnung - Magendarmsymptome

MAGEN - *Erbrechen - Zahnung; während der* (hr1*/796)

Zahnung - Allgemeines

ZÄHNE - *Zahnung - schwierig* (hr1*/718)

Stillen - Gemütssymptome

GEMÜT - Essen - weigert sich zu (k/53)

Stillen - Milch

KOPF - Hautausschläge - Milchschorf (bg2/290)

ALLGEMEINES - Speisen und Getränke - Milch - Abneigung - Muttermilch (kr1/2001)
- Speisen und Getränke - Milch - Abneigung - Muttermilch - Kind verweigert die; das (kr1/2001)
  - » Milch - amel. (*/2001)
  - » *Milch - Verlangen* (ld1/2001)

Stillen - Magendarmsymptome - Appetit - allgemein

MAGEN - Appetit - Durst - mit (tl1/767)
- Appetit - veränderlich (a1/770)

Stillen - Magendarmsymptome - Appetit - vermindert

MAGEN - Appetit - fehlend (k/767)
- Appetit - fehlend - Hunger, mit (b2/768)
  - » vermindert (*/772)

Stillen - Magendarmsymptome - Appetit - vermehrt

MAGEN - Appetit - Genuß, ohne (k/769)
- *Appetit - Heißhunger* (*/769)
  - » *Heißhunger - Diarrhoe - bei* (k/769)
  - » Heißhunger - Essen - nach dem Essen - bald danach (k/770)
  - » *Heißhunger - Schweiß, mit* (bg2/770)
  - » vermehrt (*/770)
  - » vermehrt - begleitet von - Übelkeit (ptk1/771)
  - » vermehrt - Diarrhoe, mit (h1/771)
  - » vermehrt - Erbrechen - mit (*/771)
  - » vermehrt - Essen - nach (*/772)
  - » vermehrt - Stuhlgang - nach - agg. (b7/772)

Stillen - Magendarmsymptome - Aufstoßen - Speisen; von

MAGEN - Aufstoßens; Art des - Speisen; von (*/780)
- Aufstoßens; Art des - Speisen; von - bitter schmeckend (bg2/780)
  - » Speisen; von - Essen - beim - agg. (k/780)
  - » Speisen; von - Essen - nach - agg. (bg2/780)

Stillen - Magendarmsymptome - Aufstoßen - Wasser; Hochsteigen von

MAGEN - Aufstoßens; Art des - Wasser in den Mund; Hochsteigen von (k/781)
- Aufstoßens; Art des - Wasser in den Mund; Hochsteigen von - bitter (bg1/781)
  - » *Wasser in den Mund; Hochsteigen von - Essen - nach - agg.* (bg2/781)
  - » Wasser in den Mund; Hochsteigen von - nüchtern; agg. wenn (k/781)

Stillen - Magendarmsymptome - Erbrechen

MAGEN - Erbrochenen; Art des - Speisen - Essen - beim - agg. (k/799)
- Erbrochenen; Art des - Speisen - Essen - nach - sofort nach (k/800)
  » Speisen - unverdaut (bro1/800)

Stillen - Magendarmsymptome - Schluckauf

MAGEN - Schluckauf - Essen - nach - agg. (*/810)
- Schluckauf - Mittagessen - beim - agg. (*/811)
  » Mittagessen - nach - agg. (*/811)
  » *warm - Getränke; warme - agg.* (*/811)

Stillen - Magendarmsymptome - Abdomen - agg. durch

ABDOMEN - Schmerz - Kindern; bei - Säuglingen; bei - krampfartig (lmj/888)

Stillen - Magendarmsymptome - Abdomen - amel. durch

ABDOMEN - Schmerz - Beugen der Beine amel. (k/882)
- Schmerz - Druck - amel. (k/883)
  » Zusammenkrümmen - amel. - krampfartig (bro1/897)

Stillen - Magendarmsymptome - Rektum

REKTUM - *Diarrhoe - Kindern, bei* (b7a/954)
- Diarrhoe - Kindern, bei - Säuglingen; bei (mtf33/954)
- Obstipation - entfernt werden; Stuhl muß mechanisch (bro1/968)
  » Kindern, bei (bg2*/969)
  » Kindern, bei - Kleinkindern, bei (bro1*/969)
  » Kindern, bei - Neugeborenen, bei (mtf33/969)

Stillen - Allgemeines

SCHWEISS - Essen - nach - agg. (bg2/1786)
- Essen - nach - amel. (*/1786)
- Frühstück; agg. nach dem (*/1786)

ALLGEMEINES - Säuglinge (kk2/1944)

Infektionskrankheiten - Masern

REKTUM - Diarrhoe - Masern - während (bro1/954)

FIEBER - Ausschlagsfieber; Fieber bei Ausschlagserkrankungen - Masern (*/1770)

HAUT - Hautausschläge - Masern (*/1817)

Infektionskrankheiten - Scharlach

HAUT - Hautausschläge - Scharlach (c2/1821)
- Hautausschläge - Scharlach - zurücktretend (bro1/1821)

Infektionskrankheiten - Keuchhusten

MAGEN - Erbrechen - Husten - beim - agg. - Keuchhusten (bro1/793)

REKTUM - Diarrhoe - Keuchhusten, bei (bro1/954)

HUSTEN - *Keuchhusten* (*/1197)
- *Keuchhusten - heftig* (ptk1/1198)
  » *Konvulsionen, mit* (kr1/1198)
  » Krampfstadium, im (bg2*/1198)
  » vernachlässigten Komplikationen; bei (ptk1*/1198)

Konstitution - Aggressivität

GEMÜT - *Raserei, Tobsucht, Wut - Beißen; mit* (j5/140)
- Wildheit - Kindern, bei (mtf33/250)

Konstitution - Angst und Furcht

GEMÜT - *Angst - hypochondrisch* (k/11)
- *Beeindrucken, empfänglich für Eindrücke; leicht zu* (gl/19)
- Beschwerden durch - Erwartungsspannung (bg*/23)
  » Schreck (*/25)
- *Feigheit* (*/59)
- Furcht - allein zu sein (k/64)
  » Ärzten, vor (fyz/65)
  » voller Furcht (gt/79)
  » Wasser, vor (bro1/79)
- Mutig (*/133)
- Vorsichtig (ptk1/205)

Konstitution - Allgemeines

GEMÜT - **Ehrgeiz - erhöht, vermehrt, sehr ehrgeizig** (mtf33*/40)
- Ehrgeiz - erhöht, vermehrt, sehr ehrgeizig - Wettbewerb mit anderen, vergleicht sich mit ihnen; steht (mtf/40)
- Eitelkeit (mtf33/41)
- **Entmutigt** (*/46)
- Faulheit (k/55)
- Gewissenhaft, peinlich genau in bezug auf Kleinigkeiten (*/99)
- Heimweh (*/107)
- *Milde* (*/130)
- Neugierig (mrr1*/135)
- Redseligkeit; Geschwätzigkeit - Kindern; bei (mtf33/141)
- *Selbstsucht, Egoismus* (vh*/161)
- Selbstvertrauen - Mangel an Selbstvertrauen (gl1/161)
- Sorgen; voller (tl1/164)
- *Sorgsamkeit, Sorgfalt* (bg2*/165)
- Stimmung, Laune - veränderlich (k/171)
- *Theoretisieren* (gl1/180)
- Unaufmerksam (j5/189)
- Ungerechtigkeit; erträgt keine (bg/191)
- Unternehmen; etwas - Vieles, hält aber bei nichts durch, bleibt nicht dabei; unternimmt (ptk1*/193)
- Unzufrieden (k/194)
- Verwegenheit (mtf33/199)

• Wandern, Herumwandern - Verlangen zu wandern (*/243)

Familie; Beziehung zur - Liebe und Zuneigung

GEMÜT - Eifersucht (mrr1*/40)
• Eifersucht - Kinder - unter Kindern (ms/40)
• Entfremdet - Familie, von seiner (^/45)
» Familie, von seiner - Fremden, aber nicht zu seiner Familie und Umgebung; er ist freundlich zu (gl1/46)
• Liebevoll, voller Zuneigung, herzlich (*/125)
• Verlassen zu sein; Gefühl (k/198)

Beziehung zu anderen - Aggressivität

GEMÜT - Grausamkeit (bro1*/103)
• *Schlagen* (*/154)
• Spotten (b7/166)
• Streitsüchtig (j5/173)
• Zorn - Widerspruch, durch (k/255)

Beziehung zu anderen - Reaktion auf andere

GEMÜT - Antworten - Abneigung zu antworten (*/14)
• Antworten - denkt lange nach (k/15)
» **einsilbig** (vh*/15)
» *falsch, unrichtig* (kr1/15)
» *weigert sich zu antworten* (k/15)
• Gesellschaft - Abneigung gegen (*/94)
» Verlangen nach (k/95)
» Verlangen nach - allein; agg. wenn (k/96)
• Lächeln - niemals (k2*/119)
• Schüchternheit, Zaghaftigkeit (k/158)
• *Untröstlich* (*/193)
» Kindern; bei (mtf33/193)
• Weinen - Trost - möchte nicht getröstet werden (pe/248)
• Widerspruch - Neigung zu widersprechen (ptk1/249)
» verträgt keinen Widerspruch (k/249)

Beziehung zu anderen - allgemein

GEMÜT - *Angeber* (mtf/4)
• Angeber - reich gehalten werden; möchte für (gl1/4)
• Argwöhnisch, mißtrauisch (bro1*/16)
• *Beleidigt, leicht* (*/20)
• Furcht - Räubern, vor (k/74)
• Geheimnistuerisch, verschlossen (bg2/87)
• *Ichbezogenheit, Selbstüberhebung* (sf1/111)
• *Lügner* (*/126)
» *lügt, sagt nie die Wahrheit, weiß nicht, was sie sagt* (bg2*/126)
• Sprache - hastig, eilig (*/167)
• **Tadelsüchtig, krittelig** (b7/178)
• **Tadelt andere** (k1*/179)
• Tadelt sich selbst, macht sich Vorwürfe (sf1/179)
• **UNVERSCHÄMTHEIT** (bg2*/193)

Schule - Angst

GEMÜT - Beschwerden durch - Erwartungsspannung (bg*/23)
• Selbstvertrauen - Mangel an Selbstvertrauen (gl1/161)

REKTUM - Diarrhoe - Erregung, Aufregung agg. (bg1*/952)
• *Diarrhoe - nervös, Gemütsbewegungen agg.* (bg3*/955)

Schule - Konzentration

GEMÜT - Unaufmerksam (j5/189)

Schule - Beziehung zu anderen

GEMÜT - *Lügner* (*/126)
• *Ungehorsam* (mrr1*/191)
» *Kindern, bei* (lmj*/191)

MUND - Sprache - stotternd (*/688)

Schule - Konstitution

GEMÜT - Eigensinnig, starrköpfig, dickköpfig (gl1/41)
• Gewissenhaft, peinlich genau in bezug auf Kleinigkeiten (*/99)
• *Lügner* (*/126)
• Neugierig (mrr1*/135)
• Selbstvertrauen - Mangel an Selbstvertrauen (gl1/161)
• *Ungehorsam* (mrr1*/191)
» *Kindern, bei* (lmj*/191)
• Unternehmen; etwas - Vieles, hält aber bei nichts durch, bleibt nicht dabei; unternimmt (ptk1*/193)

Spielen

GEMÜT - Amüsement, Vergnügen - Verlangen nach (mtf/4)
• Tanzen (k/179)

Tieren; Beziehung zu

GEMÜT - Furcht - Hunden, vor (fyz/71)

Nonverbales - Aggressivität

GEMÜT - *Beißen* (*/20)
• *Destruktivität, Zerstörungswut* (*/38)
» *Kleidern, von* (*/39)
• Diktatorisch (b7/39)
• *Manie - zerreißen, an etwas zu reißen; etwas zu - Kleidung zu zerreißen* (j5/128)
» zerreißen, an etwas zu reißen; etwas zu - sich selbst mit den Fingernägeln; zerreißt (gl1/128)
• *Reißt an etwas - Gegenstände; zerreißt* (*/142)
» Gegenstände; zerreißt - Kleidung (k2*/142)
» sich am Körper, verletzt sich (ptk1/142)
• Reizbarkeit, Gereiztheit - Kindern, bei (mtf33/145)
• Spucken (bg2/170)

» *Gesicht; Menschen ins* (*/170)
• Zerbricht Dinge (gl1/251)
» Verlangen; Dingen zu zerbrechen (gl1/251)

Nonverbales - Reaktion auf andere

GEMÜT - Berührtwerden - Abneigung berührt zu werden (*/21)
• Berührtwerden - Abneigung berührt zu werden - Kindern; bei (mtf33/21)
• *Küssen - jeden* (*/119)
• **Schamlos** (*/153)

Nonverbales - Gesten, Gebärden

GEMÜT - Beißen - Löffel; beißt in den (bg2*/20)
• **Beißen - Nägel** (vh*/20)
» Nägel - Kindern; bei (mtf33/20)
» Schuh und schluckt die Teile; beißt in seinen (j5/20)
• Berühren, anfassen; etwas - Verlangen, etwas zu berühren, anzufassen - alles berühren, anfassen; muß (^/21)
» Verlangen, etwas zu berühren, anzufassen - alles berühren, anfassen; muß - Kindern; bei (mtf/21)
• **Gefallsüchtig, kokett - sehr, zu** (^/87)
» **sehr, zu - Kindern; bei** (lmj/87)
• Gesten, Gebärden; macht - Finger - Mund; Kinder stecken die Finger in den (nh*/97)
» *Tics; nervöse* (mrr1/99)
» **ungeschickt in bezug auf** (vh*/99)
• Geziertheit, Affektiertheit - Gesten und Handlungen; in (mtf33*/100)
• Launenhaftigkeit, launisch (*/123)
• Manie - zerreißen, an etwas zu reißen; etwas zu - Haaren; reißt sich an den (gl1/128)
• Springen (k/169)
• Stirnrunzeln, Neigung zum (ckh1*/171)
• Ungeschicklichkeit (b7a/192)
• Verstecken - sich (mtf33/199)
» sich - Kinder (mtf33/199)

Nonverbales - Allgemeines

GEMÜT - Eigensinnig, starrköpfig, dickköpfig (gl1/41)
• Impertinenz, Unverschämtheit (k/112)
• Nachahmung, Imitation (bg2/133)
• *Nackt sein, möchte* (st1*/134)
• Possen, spielt (b7/137)
» Kindern; bei (bt*/138)
• Ruhelosigkeit - Kindern, bei (mrr*/151)
• Schreien - Kindern, bei (mtf33/157)
• *Singen* (*/163)
» ausgelassen, fröhlich (g*/163)

Nonverbales - Konsultation; bei der

KOPF - Hitze - Kälte - Körpers; mit Kälte des (k/293)
OHR - Entzündung (k/500)
GESICHT - Schwellung - Unterkieferdrüsen (*/631)
INNERER HALS - Entzündung - Tonsillen (*/724)
• Schwellung - Tonsillen (*/747)
ÄUSSERER HALS - Schwellung - Halsdrüsen (b7/760)
ABDOMEN - Schmerz - Druck - amel. (k/883)
REKTUM - Cholera - infantum - begleitet von - Zunge; weiße Farbe der Zunge - Zungenwurzel (kr1*/949)
URIN - Zucker - Kindern; bei (br1/1056)
RÜCKEN - Abmagerung - Zervikalregion (bg1/1311)
HAUT - Erysipel (*/1798)

Nonverbales - Äußerliches - Beobachtungen des Arztes

KOPF - *Halten - hoch, aufrecht zu halten; unfähig, den Kopf* (*/289)
• Schuppen (mtf11/402)
AUGE - Farbe - blau - Sklera oder Bindehaut (b7/432)
• Strabismus, Schielen (*/467)
• Verklebt (a1/472)
NASE - Bohren mit den Fingern in der Nase (k/546)
• **Spitz** (*/574)
GESICHT - Farbe - blaß - Kindern; bei (mtf33/586)
• Gerunzelt (ptk1*/594)
» *Lippen* (bg2/594)
» Stirn, Stirnrunzeln (*/594)
» Stirn, Stirnrunzeln - Gehirns; bei Symptomen des (ptk1/594)
• **Hippokratisches Gesicht** (*/605)
• *Rissig - Lippen* (*/613)
» Mundwinkel (b7/614)
MUND - Finger in den Mund; Kinder stecken (nh*/651)
ATMUNG - *Beschleunigt* (*/1174)
HUSTEN - Anfallsweise - besteht aus - drei Hustenstöße - oder vier Hustenstöße (bg2*/1186)
• Anfallsweise - besteht aus - zwei Hustenstößen (k/1186)
ALLGEMEINES - Magere Personen (ptk1/1919)

Nonverbales - Äußerliches - Beobachtungen der Eltern

AUGE - Verklebt - morgens (a1/472)
MUND - *Beißt - Glas, wenn es gefüttert wird; Kind beißt ins* (bg1*/640)
• Beißt - Zunge; beißt sich auf die (*/640)
ZÄHNE - *Zähneknirschen* (k/718)
• Zähneknirschen - Gehirns; bei Beschwerden des (k2/718)
MAGEN - Schluckauf (*/809)
• **Schluckauf - Erbrechen - beim** (st1/810)
» **Erbrechen - nach** (k/810)
» Essen - nach - agg. (*/810)

» heftig (*/810)
» Mittagessen - beim - agg. (*/811)
» Mittagessen - nach - agg. (*/811)
» *warm - Getränke; warme - agg.* (*/811)
• *Völlegefühl - Essen - nach - agg.* (k/845)
» Essen - nach - agg. - wenig, nach dem kleinsten Bissen; nach noch so (k/845)
» Mittagessen, nach dem (k/845)

ABDOMEN - Schmerz - Beugen der Beine amel. (k/882)
• Schmerz - Kindern; bei - Säuglingen; bei - krampfartig (lmj/888)
» Zusammenkrümmen - amel. (^/897)
» Zusammenkrümmen - amel. - krampfartig (bro1/897)
» Zusammenkrümmen - muß sich zusammenkrümmen (k/897)

REKTUM - Unwillkürlicher Stuhl (*/984)
• **Unwillkürlicher Stuhl - Flatus agg.; Abgang von** (*/985)
» Husten oder Niesen; beim (k/985)

STUHL - Kugeln, wie (*/996)
• *Schafskot, wie* (k/997)
• Unverdaut (*/999)

BLASE - Urinieren - Harndrang - plötzlich - beeilen um zu urinieren, sonst geht Urin ab; muß sich (k/1015)
• *Urinieren - unwillkürlich - Husten; agg. beim* (*/1020)

MÄNNLICHE GENITALIEN - Masturbation, Neigung zur (c1*/1071)

WEIBLICHE GENITALIEN - *Masturbation; Neigung zu* (*/1104)
• Masturbation; Neigung zu - Kindern; bei (mrr1/1104)

ATMUNG - Schnarchen (*/1180)

SCHWEISS - Essen - nach - agg. (bg2/1786)
• Essen - nach - amel. (*/1786)
• Frühstück; agg. nach dem (*/1786)

Nacht; Beobachtungen in der - Gemütssymptome

GEMÜT - Schlafwandeln (k/154)
• Schreien - Kindern, bei - Schlaf, im (mtf33/157)
• Singen - ausgelassen, fröhlich - nachts (*/163)
• Sprechen - Schlaf; im (sne/169)
• Weinen - Wimmern, Winseln - nachts (j/248)
» Wimmern, Winseln - Schlaf, im (b7/248)

Nacht; Beobachtungen in der - körperliche Symptome

KOPF - Bohrt den Kopf in das Kissen (bg2*/282)
• Bohrt den Kopf in das Kissen - Schlaf; agg. im (sf1/282)
• Schweiß der Kopfhaut - Schlaf - im (sne/404)

ZÄHNE - *Zähneknirschen - Schlaf; agg. im* (*/718)

REKTUM - Unwillkürlicher Stuhl - Schlaf; agg. im (k/985)

BLASE - Urinieren - unwillkürlich - nachts (*/1019)
• Urinieren - unwillkürlich - nachts - spasmodisches Bettnässen (k/1019)

Nacht; Beobachtungen in der - Schlaf

SCHLAF - Erwachen - Schreck, wie durch (k/1675)

Nacht; Beobachtungen in der - Schlaf; Lage im

SCHLAF - Lage - Arme - Kopf - über dem Kopf (*/1682)
• Lage - Arme - Kopf - über den Kopf ausgestreckt (gt/1682)
» Hände - Kopf - über dem (bro1/1682)
» Kopf - gebohrt; ins Kissen (sf1/1682)
» Rücken, auf dem (*/1683)

Schaukeln und Getragenwerden

GEMÜT - *Getragen - Verlangen getragen zu werden* (*/99)
• Getragen - Verlangen getragen zu werden - schnell (*/99)

Autos und Schiffe

ALLGEMEINES - Fahren - Wagen; mit dem - agg. (bg2/1877)

Psychosomatische Störungen

REKTUM - Diarrhoe - Angst, nach (b7a/951)
• Diarrhoe - Erregung, Aufregung agg. (bg1*/952)
» *nervös, Gemütsbewegungen agg.* (bg3*/955)

ALLGEMEINES - Konvulsionen - Schreck agg. (k/1906)

Körperliche Symptome und Erkrankungen

KOPF - Entzündung - Hirnhaut (hr1*/284)
• Hydrozephalus (c2/295)

GESICHT - Hautausschläge - Akne - Menses - unregelmäßige Menses (bro1/596)

ZÄHNE - Karies, faule, hohle Zähne (*/700)

MAGEN - Langsame Verdauung (bro1/805)
• Würgen - Husten, mit (*/846)

REKTUM - Cholera - infantum (*/949)

WEIBLICHE GENITALIEN - Menses - verzögerte Menarche (*/1114)

KEHLKOPF UND TRACHEA - *Laryngismus stridulus* (*/1145)

BRUST - Entzündung - Lungen - Kindern; bei (mtf33/1234)

FIEBER - Continua (k/1772)

ALLGEMEINES - *Abmagerung - Kindern; bei - Kleinkindern; bei* (bro1/1845)
• Kindern; Beschwerden von (*/1897)
• Konvulsionen - Hitze; während (bg2*/1904)

» **Kindern, bei** (*/1905)
• Pubertät - Beschwerden während der (c1/1934)

Chirurgisch pathologische Zustände

ABDOMEN - Entzündung - Peritoneum (c2*/860)
• Hernie (c2*/867)
» *eingeklemmt, inkarzeriert* (ptk1/868)
» *Leistenhernie* (*/868)
» Leistenhernie - eingeklemmt, inkarzeriert (*/868)
» Leistenhernie - entzündet - Erbrechen, mit (k/868)
» Leistenhernie - Kindern, bei (bg2/868)
» *Leistenhernie - schmerzhaft* (b7/868)
» Nabelbruch (b7/868)
• **Intussuszeption** (*/869)

Würmer

MAGEN - Erbrochenen; Art des - Würmer (*/801)
REKTUM - Würmer - Beschwerden durch Würmer (bg2*/985)
• Würmer - Beschwerden durch Würmer - Bandwürmer (k/986)
» Beschwerden durch Würmer - Madenwürmer (k/986)

Rheum palmatum

rheum

Kinder, die Rheum benötigen, haben ein *scharfes Temperament,* sind gereizt und ungeduldig. Sie schreien, wenn sie etwas wollen und mögen selbst ihr Lieblingsspielzeug nicht.

Sankaran schrieb: „Ich habe erlebt, daß Rheum palmatum nützlich ist bei Kindern, deren Eltern das Kind alleinlassen und zur Arbeit gehen. Während sie weg sind, ist das Kind wie ein Waise. Es ist ein Kind, das nichts verlangt und es hat Symptome wie: Abneigung zu spielen bei Kindern, Weinen bei Kindern, Schreien bei Kindern, Unverschämtheit ungezogener Kinder."

Es ist ein Hauptmittel bei Diarrhoe und verdorbenem Magen bei Kindern durch Essen von unreifem Obst.

Es ist auch angezeigt in den frühen Stadien von Diarrhoe bei Kleinkindern und zahnenden Kindern, wenn der Stuhl teigig und sauer ist und *der ganze Körper sauer riecht.* Egal, wie oft es gewaschen wird, der saure Geruch bleibt (Differentialdiagnose: Hepar sulphur, Magnesium carbonicum).

Schwierige Zahnung; das Kind ist ruhelos, reizbar und mürrisch; hat ein blasses Gesicht und riecht sauer (Differentialdiagnose: Kreosotum, Chamomilla).

Nachts gestörter Schlaf, mit Herumwerfen, Weinen, Stöhnen und Schnarchen oder mit konvulsivischem Zittern der Lider, der Muskeln von Gesicht und Finger, besonders bei Kindern.

Klinisches: Diarrhoe. Obstipation. Taubheit. Schwierige Zahnung. Kopfschmerzen.

Wirkungsbereich: Muskeln (Gallengänge; Zwölffingerdarm; Darm). Leber.

* * *

Zahnung - Gemütssymptome

GEMÜT - **REIZBARKEIT, GEREIZTHEIT - ZAHNUNG; WÄHREND DER (kr1*/147)**
• **Ruhelosigkeit - Kindern, bei - Zahnung; während der** (st/152)
• *Schreien - Zahnung; während der* (kr1/158)

Zahnung - Empfindungen und neurologische Beschwerden

ALLGEMEINES - Konvulsionen - Zahnung; während der (bg2*/1907)

Zahnung - Magendarmsymptome

REKTUM - **Diarrhoe - Zahnung; während** (*/957)

Zahnung - Allgemeines

ZÄHNE - *Zahnung - schwierig* (*/718)
FIEBER - *Zahnung; während der* (b7a/1781)

Stillen - Milch

MAGEN - Erbrochenen; Art des - Milch (bg1/798)
ALLGEMEINES - Speisen und Getränke - Milch - Abneigung (*/2000)
• Speisen und Getränke - Milch - Abneigung - Muttermilch (b7/2001)
» Milch - Abneigung - Muttermilch - Kind verweigert die; das (c1*/2001)
» Milch - agg. (bro1*/2001)

Stillen - Magendarmsymptome - Appetit - allgemein

MAGEN - Appetit - launischer Appetit (bg2/770)

Stillen - Magendarmsymptome - Appetit - vermindert

MAGEN - Appetit - fehlend (b2/767)
• Appetit - fehlend - Essen - Versuch zu essen; beim (ptk1*/768)
» fehlend - Hunger, mit (b2/768)
» *schnelle Sättigung* (*/770)
» vermindert (k/772)

Stillen - Magendarmsymptome - Appetit - vermehrt

MAGEN - **Appetit - Genuß, ohne** (*/769)

• Appetit - vermehrt (*/770)
» vermehrt - Essen - nach (bg2/772)

Stillen - Magendarmsymptome - Abdomen - agg. durch

ABDOMEN - Schmerz - Kindern; bei - Säuglingen; bei - krampfartig (bro1/888)

Stillen - Magendarmsymptome - Abdomen - amel. durch

ABDOMEN - Schmerz - Beugen der Beine amel. (k/882)
• Schmerz - Zusammenkrümmen - amel. - krampfartig (mtf33/897)

Stillen - Magendarmsymptome - Rektum

REKTUM - **Diarrhoe - Kindern, bei** (*/954)
• Diarrhoe - Kindern, bei - abgemagerten; bei (mtf33/954)

Stillen - Allgemeines

ALLGEMEINES - Säuglinge (c2*/1944)

Konstitution - Allgemeines

GEMÜT - Empfindlich - Kinder (mtf33/44)
• Faulheit (*/55)
• Geiz (*/92)
• Mürrisch - Kindern, bei (st/132)
• Spontan, impulsiv (mtf33/166)
• Stimmung, Laune - veränderlich (a1/171)
• Unzufrieden (bg2*/194)
• **Weinen - Kindern; bei** (j5/246)

Beziehung zu anderen - Aggressivität

GEMÜT - Streitsüchtig (k/173)

Spielen

GEMÜT - **Spielen - Abneigung gegen Spielen - Kindern; bei** (*/165)

Nonverbales - Aggressivität

GEMÜT - Grobheit - Kinder; ungezogene (bg2*/104)
• Reizbarkeit, Gereiztheit - Kindern, bei (sf1/145)

Nonverbales - Gesten, Gebärden

GEMÜT - Berühren, anfassen; etwas - Verlangen, etwas zu berühren, anzufassen - alles berühren, anfassen; muß (^/21)
• Berühren, anfassen; etwas - Verlangen, etwas zu berühren, anzufassen - alles berühren, anfassen; muß - Kindern; bei (lmj/21)
• *Launenhaftigkeit, launisch* (*/123)
» **weist Dinge zurück, die er haben wollte, sobald er sie bekommt** (j5/123)
» weist Dinge zurück, die er haben wollte, sobald er sie bekommt - Kindern; bei (bro1*/123)
• Stirnrunzeln, Neigung zum (c1*/171)
• Ungeschicklichkeit (bg2*/192)
» Kindern, bei (mtf33/192)

Nonverbales - Allgemeines

GEMÜT - Ruhelosigkeit - Kindern, bei (*/151)
• *Schreien - Kindern, bei* (*/157)
» Kindern, bei - Weinen und (^/157)

Nonverbales - Äußerliches - Beobachtungen des Arztes

AUGE - Verklebt (b7/472)

OHR - Bohren mit den Fingern darin (mp1/500)

GESICHT - Gerunzelt (bg2*/594)
• *Gerunzelt - Augenbrauen* (bg1*/594)
» Stirn, Stirnrunzeln (*/594)
• Zupfen - Lippen; an den (k/636)

Nonverbales - Äußerliches - Beobachtungen der Eltern

AUGE - Verklebt - morgens (h/472)

OHR - Bohren mit den Fingern darin - amel. (*/500)

MAGEN - Völlegefühl - Essen - nach - agg. (k/845)

ABDOMEN - Schmerz - Beugen der Beine amel. (k/882)
• Schmerz - Kindern; bei - Säuglingen; bei - krampfartig (bro1/888)
» *Zusammenkrümmen - amel.* (k/897)
» Zusammenkrümmen - amel. - krampfartig (mtf33/897)
» *Zusammenkrümmen - muß sich zusammenkrümmen* (k/897)

STUHL - Unverdaut (*/999)

BLASE - Urinieren - verzögert, muß warten, bis der Urin zu fließen beginnt - pressen, bevor er damit beginnen kann; muß lange (k/1021)

ATMUNG - Schnarchen (*/1180)

Nacht; Beobachtungen in der - Gemütssymptome

GEMÜT - Ruhelosigkeit - Kindern, bei - nachts (mrr1*/152)
• Schlafwandeln (*/154)
• Schreien - Kindern, bei - nachts (st/157)
» Kindern, bei - Schlaf, im (j/157)
• Sprechen - Schlaf; im (j5/169)
• *Weinen - Kindern; bei - nachts* (j*/246)
» *Kindern; bei - nachts - werfen sich die ganze Nacht umher* (vh*/246)
» Wimmern, Winseln - nachts (j/248)
» Wimmern, Winseln - Schlaf, im (b7/248)

Nacht; Beobachtungen in der - körperliche Symptome

BLASE - Urinieren - unwillkürlich - nachts (b2/1019)

Nacht; Beobachtungen in der - Schlaf

SCHLAF - Erwachen - Schreck, wie durch (b7a/1675)
• Gestört - geht im Bett herum; das Kind (j5/1679)
• Ruhelos - Kindern, bei (j5/1685)
• Schlaflosigkeit - Kindern, bei (bg2/1691)

Nacht; Beobachtungen in der - Schlaf; Lage im

SCHLAF - Lage - Arme - Kopf - über dem Kopf (*/1682)
• Lage - Hände - Kopf - über dem - beide Hände (a1/1682)
» Hände - Kopf - über dem - eine Hand (kr1/1682)
» Kopf - hinten gebeugt; nach (h*/1682)

Schaukeln und Getragenwerden

GEMÜT - Getragen - Verlangen getragen zu werden (mtf33/99)

Körperliche Symptome und Erkrankungen

ZÄHNE - Karies, faule, hohle Zähne (*/700)
• Schmerz - Kindern; bei (k/708)
ALLGEMEINES - *Kindern; Beschwerden von* (b2/1897)

Chirurgisch pathologische Zustände

ABDOMEN - Hernie - Leistenhernie (b2/868)

Rhododendron chrysanthum

rhod.

Eine Keynote auf der Gemütsebene ist *Angst vor Gewitter mit enormer Empfindlichkeit dagegen.* Die Angst betrifft auch das Näherkommen anderer Menschen.

Die Kinder sind launisch, unzufrieden und faul; sie antworten langsam.

In der Schule sind sie unaufmerksam und machen Fehler beim Schreiben, lassen beispielsweise Worte aus.

Die Lage im Schlaf ist eigentümlich: *sie können nicht schlafen, außer ihre Beine sind an den Knöcheln überkreuzt.*

Ohrenschmerzen: die Bettwärme kann die Ohrenschmerzen verschlimmern, die im Gegensatz dazu durch Einhüllen besser werden.

Zu weiteren Symptomen von Rhododendron gehören: verklebte Augen und Strabismus divergens. Die Haut kann von Akne oder Erysipel befallen sein. Zahnkaries.

Der Appetit wechselt: vermehrt, fehlend, wenn von Wut begleitet, schnelle Sättigung (Völlegefühl des Magens nach dem Essen, auch durch geringe Mengen).

Die männlichen Genitalien können unter *Hydrozele* oder *Einziehung der Hoden* leiden (manchmal beim Gehen).

Klinisches: Hodenleiden. Schnupfen. Diarrhoe. Ohrenschmerzen. Nasenbluten. Augenleiden. Verstauchungen. Zahnschmerzen.

Wirkungsbereich: Fasergewebe. Kleine Gelenke. Knochen. Genitalien. Nerven. Gefäßsystem.

* * *

Entwicklung - langsam

ALLGEMEINES - Entwicklung - Entwicklungsstillstand (kgp5/1872)

Stillen - Magendarmsymptome - Appetit - vermindert

MAGEN - Appetit - fehlend (b2/767)
• Appetit - fehlend - Hunger, mit (b2/768)
» *schnelle Sättigung* (*/770)

Stillen - Magendarmsymptome - Appetit - vermehrt

MAGEN - Appetit - Genuß, ohne (k/769)
• Appetit - vermehrt (b2/770)

Stillen - Magendarmsymptome - Aufstoßen - Speisen; von

MAGEN - Aufstoßens; Art des - Speisen; von (bg2/780)
• Aufstoßens; Art des - Speisen; von - bitter schmeckend (b4/780)
» Speisen; von - bitter schmeckend - ranzig (b4/780)

Stillen - Magendarmsymptome - Aufstoßen - Wasser; Hochsteigen von

MAGEN - *Aufstoßens; Art des - Wasser in den Mund; Hochsteigen von* (*/781)
• Aufstoßens; Art des - Wasser in den Mund; Hochsteigen von - bitter (b4/781)

Konstitution - Angst und Furcht

GEMÜT - *Furcht - Gewitter; vor* (*/70)
• Furcht - hochgelegenen Orten; vor (kgp5/71)
» Selbstkontrolle zu verlieren; die (kgp5*/75)
» Versagen, Mißerfolg; vor dem (kgp5/79)

Konstitution - Allgemeines

GEMÜT - Faulheit (b4/55)
• Selbstvertrauen - Mangel an Selbstvertrauen (kgp5/161)
• Stimmung, Laune - veränderlich (^/171)
• Unaufmerksam (j5/189)
• Unzufrieden (k/194)
• *Weinen - Kindern; bei* (gg/246)
» *Kindern; bei - Säuglingen; bei* (j5/246)

Beziehung zu anderen - Reaktion auf andere

GEMÜT - Antworten - langsam (bg2*/15)
• Schüchternheit, Zaghaftigkeit (kgp5/158)

Beziehung zu anderen - allgemein

GEMÜT - Tadelt sich selbst, macht sich Vorwürfe (^/179)

Schule - Angst

GEMÜT - Furcht - Versagen, Mißerfolg; vor dem (kgp5/79)
• Selbstvertrauen - Mangel an Selbstvertrauen (kgp5/161)

Schule - Konzentration

GEMÜT - Unaufmerksam (j5/189)

Schule - Lernen - Schreiben

GEMÜT - Fehler; macht - Schreiben, beim (*/57)
• *Fehler; macht - Schreiben, beim - läßt etwas aus - Worte* (k/57)

Schule - Konstitution

GEMÜT - Selbstvertrauen - Mangel an Selbstvertrauen (kgp5/161)

Nonverbales - Reaktion auf andere

GEMÜT - Furcht - Fremden; vor (kgp5/68)
• Furcht - Näherkommen, Annäherung von; vor - anderen, von (st/74)

Nonverbales - Gesten, Gebärden

GEMÜT - Launenhaftigkeit, launisch (k/123)

Nonverbales - Konsultation; bei der

HAUT - Erysipel (*/1798)

Nonverbales - Äußerliches - Beobachtungen des Arztes

AUGE - Strabismus, Schielen - divergens (k/467)
• Verklebt (*/472)

OHR - Schmerz - warm - Bett, Bettwärme; warmes - agg. - Einhüllen amel.; und warmes (k2/525)

GESICHT - **Hautausschläge - Akne** (st/595)

ATMUNG - Beschleunigt (*/1174)

Nonverbales - Äußerliches - Beobachtungen der Eltern

MAGEN - Völlegefühl - Essen - nach - agg. - wenig, nach dem kleinsten Bissen; nach noch so (k2/845)

STUHL - *Unverdaut* (*/999)

BLASE - Urinieren - unwillkürlich - Husten; agg. beim (k/1020)

Nacht; Beobachtungen in der - Schlaf; Lage im

SCHLAF - Lage - Beine - angezogen (*/1682)
• Lage - Beine - gespreizt (bg2/1682)
  » Beine - übereinandergelegt, gekreuzt (*/1682)
  » Beine - übereinandergelegt, gekreuzt - Sprunggelenken; an den (mrr1/1682)
  » Rücken, auf dem (*/1683)

Körperliche Symptome und Erkrankungen

KOPF - *Entzündung - Periost* (k/285)

ZÄHNE - *Karies, faule, hohle Zähne* (*/700)

Chirurgisch pathologische Zustände

MÄNNLICHE GENITALIEN - *Hochgezogen, an den Körper gezogen - Hoden* (*/1068)
• *Hochgezogen, an den Körper gezogen - Hoden - Gehen agg.* (k/1068)
• **Hydrozele - Kindern, bei** (*/1069)
  » Kindern, bei - angeboren (*/1069)

Rhus glabra

rhus-g.

Das wichtigste zu beobachtetende Symptom ist ein *enormes Schwächegefühl* (Differentialdiagnose: China), *verbunden mit reichlichem Schwitzen.*

Es ist zu empfehlen bei Kopfschmerzen am Hinterkopf, besonders, wenn es mit Nasenbluten verbunden ist.

Der *Mund* ist von vielen Ausschlägen befallen: Aphthen, Stomatitis ulcerosa und Mundsoor.

Der Appetit ist vermehrt, besonders abends nach dem Essen; unersättlicher Heißhunger.

Zu den Gemütssymptomen zählen: Sauberkeitswahn; Verlangen nach Gesellschaft; Mangel an Selbstvertrauen; Angst zu versagen, besonders bei Prüfungen; erträgt keine Ungerechtigkeit; wechselhafte Stimmung; liebt die Natur; Schüchternheit und schnelles Weinen.

Klinisches: Schwäche. Diarrhoe. Nasenbluten. Blutungen. Kopfschmerzen. Geschwüre im Mund.

Wirkungsbereich: Mund. Kopf.

* * *

Stillen - Magendarmsymptome - Appetit - allgemein

MAGEN - Appetit - launischer Appetit (tmo3/770)

Stillen - Magendarmsymptome - Appetit - vermindert

MAGEN - *Appetit - vermindert* (tmo3/772)

Stillen - Magendarmsymptome - Appetit - vermehrt

MAGEN - Appetit - Heißhunger (tmo3/769)
• Appetit - unstillbar (tmo3/770)
  » vermehrt (tmo3/770)
  » vermehrt - abends - Essen; nach dem (tmo3/771)

Konstitution - Angst und Furcht

GEMÜT - *Feigheit* (tmo3/59)
• Furcht - Versagen, Mißerfolg; vor dem (^/79)
  » Versagen, Mißerfolg; vor dem - Prüfungen, bei (tmo3/79)
• *Mutig* (tmo3/133)

Konstitution - Allgemeines

GEMÜT - Entmutigt (tmo3/46)
• Faulheit (a1/55)

- Sauberkeit, Reinlichkeit - Reinlichkeitswahn, Putzwut (tmo3/153)
- Selbstvertrauen - Mangel an Selbstvertrauen (tmo3/161)
- Stimmung, Laune - veränderlich (tmo3/171)
- Ungerechtigkeit; erträgt keine (tmo3/191)
- Weinen - leicht (tmo3/246)

Beziehung zu anderen - Aggressivität

GEMÜT - *Schlagen - Verlangen - schlagen, zu* (tmo3/154)

- Spotten (^/166)

Beziehung zu anderen - Reaktion auf andere

GEMÜT - Gesellschaft - Verlangen nach (^/95)

- Schüchternheit, Zaghaftigkeit (tmo3/158)

Schule - Angst

GEMÜT - Furcht - Versagen, Mißerfolg; vor dem (^/79)

- Furcht - Versagen, Mißerfolg; vor dem - Prüfungen, bei (tmo3/79)
- Selbstvertrauen - Mangel an Selbstvertrauen (tmo3/161)

Schule - Konstitution

GEMÜT - Selbstvertrauen - Mangel an Selbstvertrauen (tmo3/161)

Tieren; Beziehung zu

GEMÜT - Natur - liebt (tmo3/134)

Nonverbales - Konsultation; bei der

MUND - *Aphthen* (bro1*/639)

- *Schwämmchen* (vk1/681)
- Stomatitis ulcerosa, Stomakaze (bro1*/689)

EXTREMITÄTEN - Nägel; Beschwerden der - spröde, brüchige Nägel - Fingernägel (tmo3/1665)

Nonverbales - Äußerliches - Beobachtungen der Eltern

MAGEN - Gluckern; Gurgeln (tmo3/802)

Rhus toxicodendron

rhus-t.

Ein äußerst nützliches Mittel bei Scharlach. Das Kind ist ruhelos, schläfrig, hat eine rote und glatte Zunge, ödematösen und dunkelroten Rachen; die Parotis und die Halsdrüsen neigen besonders zu schwellen und zu eitern. Der Ausschlag kommt nicht gut heraus und wenn er herauskommt ist er frieselartig; Blasenausschläge jucken heftig.

Ödematöse, rote Lider, die krampfhaft verschlossen sind, mit reichlicher, gelber, eitriger Absonderung.

Rhus toxicodendron ist *angezeigt, wenn das Kind ruhelos ist,* herumgetragen werden will, immer wieder aufwacht und dann über Schmerzen im Hals klagt. Die Halsschmerzen sind stechende Schmerzen in den Mandeln; die rechte Mandel ist von gelbem Exsudat bedeckt, schlimmer, wenn er zu schlucken anfängt.

Durchsichtige, gallertartige Ausscheidungen aus dem Darm.

Ekzem kann an Kopf, Gesicht, Genitalien und den Beinen, besonders den Unterschenkeln vorhanden sein. *Die Hautausschläge sind stinkend, feucht und krustig, und jucken und brennen heftig.* Die ekzematösen Ausschläge haben eine Tendenz zur Schorfbildung, sind schlimmer bei feuchtem, nassem Wetter und *besser durch Wärme,* vorsichtiges Reiben und bei trockenem Wetter.

Die Haut ist von Bläschen bedeckt, die einen roten Hof haben. Diese Ausschläge jucken und kribbeln stark. Je mehr das Kind kratzt, desto größer wird der Reiz zu kratzen.

Rhus toxicodendron ist ein wertvolles Mittel bei der Behandlung von Enuresis nocturna bei Kindern.

Weitere Symptome: scharfe Absonderung aus der Nase und Nasenbluten in der Nacht; *Gelenkrheumatismus, schlimmer in der Ruhe;* Schmerzen in Rücken und Gliedmaßen; Ödem von Skrotum und Penis; Schwellung von Drüsen und Lymphgefäßen an jeder Stelle des Körpers; *rote, spitze Zunge.*

Rhus-toxicodendron-Knaben können nicht sitzen bleiben, sie bewegen sich immer herum, sind zappelig, bewegen immer das eine oder andere Körperteil. Die körperliche Ruhelosigkeit ist anhaltend, anders als bei Arsenicum (Verlangen, auf und ab zu gehen) oder Aconitum (plötzlich, intensiv, heftig und unwiderstehlich, mit Furcht oder Angst).

Diese Kinder schlagen mit dem Kopf gegen die Wand oder den Fußboden; möchten schlafen, sind aber ruhelos und verändern oft die Lage.

Klinisches: Knochenschmerzen. Herpes. Urtikaria. Atherom. Analfissuren. Appendizitis. Gastroenteritis. Diarrhoe. Hernie. Hydrozele. Drüsenentzündung.

Wirkungsbereich: Haut. Bänder. Gelenke. Schleimhäute. Drüsen. Nerven. Blut.

* * *

Krankengeschichte; familiäre und persönliche

ALLGEMEINES - *Krankengeschichte von; persönliche - Erysipel; von wiederkehrendem* (bro1*/1909)
• Krankengeschichte von; persönliche - Furunkel; von wiederkehrenden (bg2/1909)

Zahnung - Empfindungen und neurologische Beschwerden

KOPF - Schmerz - Zahnung; während der (k/343)

Zahnung - Allgemeines

ZÄHNE - *Zahnung - schwierig* (b7/718)

HUSTEN - Zahnung, während der (*/1211)

FIEBER - Zahnung; während der (bg2/1781)

Impfung

ALLGEMEINES - Impfung; Beschwerden nach (bg2/1892)

Stillen - Gemütssymptome

GEMÜT - *Essen - weigert sich zu* (hr1/53)
• *Hast, Eile - Essen; beim* (vh*/105)

Stillen - Milch

KOPF - Hautausschläge - Milchschorf (b2/290)

ALLGEMEINES - Speisen und Getränke - Milch - Abneigung (bg2*/2000)
• Speisen und Getränke - Milch - agg. (*/2001)
» Milch - amel. (bg2*/2001)
» **Milch - Verlangen** (*/2001)
» *Milch - Verlangen - kalte* (*/2001)

Stillen - Magendarmsymptome - Appetit - allgemein

MAGEN - Appetit - launischer Appetit (k2/770)

Stillen - Magendarmsymptome - Appetit - vermindert

MAGEN - **Appetit - fehlend** (*/767)
• Appetit - fehlend - Durst - mit (*/768)
» *fehlend - Hunger, mit* (*/768)
» fehlend - Völlegefühl, durch (k/769)
» schnelle Sättigung (*/770)
» vermindert (*/772)

Stillen - Magendarmsymptome - Appetit - vermehrt

MAGEN - **Appetit - Genuß, ohne** (*/769)
• *Appetit - Heißhunger* (*/769)
» Heißhunger - Schweiß, mit (bg2/770)
» vermehrt (*/770)
» vermehrt - begleitet von - Übelkeit (h1/771)

Stillen - Magendarmsymptome - Aufstoßen - Speisen; von

MAGEN - *Aufstoßens; Art des - Speisen; von* (*/780)
• Aufstoßens; Art des - Speisen; von - sauer (b7/780)

Stillen - Magendarmsymptome - Aufstoßen - Wasser; Hochsteigen von

MAGEN - *Aufstoßens; Art des - Wasser in den Mund; Hochsteigen von* (*/781)
• Aufstoßens; Art des - Wasser in den Mund; Hochsteigen von - Essen - nach - agg. (b7/781)

Stillen - Magendarmsymptome - Erbrechen

MAGEN - Erbrochenen; Art des - Speisen - Essen - beim - agg. (k/799)

Stillen - Magendarmsymptome - Schluckauf

MAGEN - Schluckauf - Aufstoßen - nach (b7/809)

Stillen - Magendarmsymptome - Abdomen - agg. durch

ABDOMEN - Schmerz - Ausstrecken (k/881)
• Schmerz - Druck - agg. (k2/883)

Stillen - Magendarmsymptome - Abdomen - amel. durch

ABDOMEN - *Schmerz - Beugen - vorne; nach - amel. - krampfartig* (k/882)
• Schmerz - Beugen der Beine amel. (k2/882)
» Druck - amel. (^/883)
» *Liegen - Abdomen; auf dem - amel.* (*/889)
» Liegen - amel. (^/889)
» **Wärme - amel.** (k/896)

Stillen - Allgemeines

SCHWEISS - Essen - nach - agg. (bg2/1786)
• *Essen - nach - amel.* (*/1786)

ALLGEMEINES - *Säuglinge* (kk2/1944)

Infektionskrankheiten - Windpocken

FIEBER - **Continua - Ausschlagsfieber** (*/1772)

HAUT - *Hautausschläge - Windpocken* (*/1824)

Infektionskrankheiten - Masern

KOPF - Schmerz - Masern, nach (k/333)

FIEBER - *Ausschlagsfieber; Fieber bei Ausschlagserkrankungen - Masern* (*/1770)
• **Continua - Ausschlagsfieber** (*/1772)

HAUT - *Hautausschläge - Masern* (*/1817)

ALLGEMEINES - *Masern - Beschwerden nach* (*/1920)
• Masern - Hautausschlag unterdrückt wird; wenn der (j5/1920)

Infektionskrankheiten - Mumps

GESICHT - **Entzündung - Parotis** (*/584)
• **Entzündung - Parotis - links** (*/584)
» **Parotis - Eiterung; mit** (*/584)
» **Parotis - Metastasierung zu - Hoden** (*/584)
» *Parotis - Mumps* (bro1*/584)
» **Parotis - Scharlach - bei** (hr1*/584)
• *Schmerz - Parotis* (k/626)
» Parotis - links (k/627)
• **Schwellung - Parotis** (*/631)
» **Parotis - links** (k/631)
• **Verhärtungen - Parotis** (*/634)

Infektionskrankheiten - Röteln

FIEBER - **Continua - Ausschlagsfieber** (*/1772)
HAUT - Hautausschläge - Röteln (b2/1821)

Infektionskrankheiten - Scharlach

KOPF - Schmerz - Scharlach, nach (k/337)
NASE - Schnupfen - Scharlach, bei (k/572)
GESICHT - **Entzündung - Parotis - Scharlach - bei** (hr1*/584)
INNERER HALS - Entzündung - Scharlach; bei (bro1/724)
URIN - Eiweißhaltig - Scharlach; nach (k/1046)
FIEBER - **Ausschlagsfieber; Fieber bei Ausschlagserkrankungen - Scharlach** (*/1770)
- **Continua - Ausschlagsfieber** (*/1772)
- Scharlach (mrr1/1778)
  - *bösartig* (bro1/1778)
  - Prophylaxe gegen (gm1/1779)
  - rauhes, dunkles Exanthem (gm1/1779)

HAUT - **Hautausschläge - Scharlach** (*/1821)
ALLGEMEINES - Scharlach - Beschwerden nach (*/1944)

Infektionskrankheiten - Pocken

FIEBER - **Continua - Ausschlagsfieber** (*/1772)
HAUT - **Hautausschläge - Pocken** (*/1819)
- **Hautausschläge - Pocken - schwarz** (*/1819)

Infektionskrankheiten - Keuchhusten

HUSTEN - Keuchhusten (*/1197)

Konstitution - Aggressivität

GEMÜT - Schlagen - sich; schlägt - schlägt seinen Kopf gegen die Wand und gegen Gegenstände (k/154)
KOPF - Anstoßen (k/274)
- Anstoßen - Bett; mit dem Kopf gegen das (k/274)

Konstitution - Angst und Furcht

GEMÜT - *Angst - hypochondrisch* (j5/11)
- Angst - Kinder - bei Kindern (j5/11)
- Beschwerden durch - Erwartungsspannung (sf1/23)
  - *Schreck* (*/25)
- Feigheit (bg2/59)
- Furcht - Gespenstern; vor (*/70)
  - Gewitter; vor (fyz/70)

Konstitution - Allgemeines

GEMÜT - Ehrgeiz - erhöht, vermehrt, sehr ehrgeizig (mrr1/40)
- *Entmutigt* (*/46)
- Faulheit (*/55)
- Gewissenhaft, peinlich genau in bezug auf Kleinigkeiten (bg2/99)
- **Milde** (*/130)
- Selbstlosigkeit (gl1/161)
- *Selbstvertrauen - Mangel an Selbstvertrauen* (*/161)
- Sorgen; voller (^/164)
- Sorgsamkeit, Sorgfalt (bg2/165)
- Spontan, impulsiv (k/166)
- *Stimmung, Laune - veränderlich* (^/171)
- Traurigkeit - Kindern, bei (k/186)
- *Unzufrieden* (*/194)
- *Waschen - Abneigung dagegen, sich zu waschen, zu baden* (sf1/243)
- Weinen - leicht (kr1/246)

Familie; Beziehung zur - Liebe und Zuneigung

GEMÜT - Angst - Familie, um seine (j5/9)
- Liebevoll, voller Zuneigung, herzlich (mrr1/125)
- Sorgen; voller - Verwandte, um (j5/165)
- Verlassen zu sein; Gefühl (*/198)

Beziehung zu anderen - Aggressivität

GEMÜT - Antworten - kurz angebunden (k/15)
- Schlagen (^/154)
  - sich; schlägt (^/154)
  - sich; schlägt - schlägt seinen Kopf gegen die Wand und gegen Gegenstände (k/154)
- *Streitsüchtig* (bg2*/173)

Beziehung zu anderen - Reaktion auf andere

GEMÜT - Antworten - Abneigung zu antworten (*/14)
- Antworten - hastig, überstürzt (*/15)
  - *langsam* (*/15)
- *Gesellschaft - Abneigung gegen* (*/94)
  - *Verlangen nach* (^/95)
  - *Verlangen nach - allein; agg. wenn* (sne/96)
- *Schüchternheit, Zaghaftigkeit* (*/158)
- Untröstlich (b7/193)

Beziehung zu anderen - allgemein

GEMÜT - **Argwöhnisch, mißtrauisch** (*/16)
- Pubertät; in der (st/138)
- Tadelsüchtig, krittelig (*/178)
- Tadelt andere (k/179)

Schule - Angst

GEMÜT - Beschwerden durch - Erwartungsspannung (sf1/23)
- *Selbstvertrauen - Mangel an Selbstvertrauen* (*/161)

Schule - Lernen - Mathematik, Rechnen

GEMÜT - Fehler; macht - Rechnen, beim (k/57)
- Mathematik - Unfähigkeit zur (a1/128)
  - Unfähigkeit zur - rechnen; kann nicht (a1/129)

Schule - Lernen - Schreiben

GEMÜT - Fehler; macht - Schreiben, beim (*/57)

Schule - Anstrengung; geistige

Kopf - Schmerz - geistige Anstrengung - agg. (st/328)

Schule - Konstitution

Gemüt - Eigensinnig, starrköpfig, dickköpfig (j*/41)
• Gewissenhaft, peinlich genau in bezug auf Kleinigkeiten (bg2/99)
• *Selbstvertrauen - Mangel an Selbstvertrauen* (*/161)

Nonverbales - Aggressivität

Gemüt - Reizbarkeit, Gereiztheit - Kindern, bei (mrr1/145)
• Spucken (bg2*/170)

Nonverbales - Reaktion auf andere

Gemüt - Angesehen, angeblickt zu werden - erträgt es nicht, angesehen zu werden (k/5)
• Gehalten - amel.; gehalten zu werden (ptk1/87)
» Verlangen, gehalten zu werden (bg2/87)

Nonverbales - Gesten, Gebärden

Gemüt - Auffahren, Zusammenfahren - Geräusche; durch (k/17)
• Gesten, Gebärden; macht - Tics; nervöse (mrr1/99)
• *Grimassen* (^/103)
» *sonderbare Gesichter; schneidet* (vh*/103)

Nonverbales - Allgemeines

Gemüt - Eigensinnig, starrköpfig, dickköpfig (j*/41)
• *Hast, Eile - Essen; beim* (vh*/105)
• **Ruhelosigkeit - Kindern, bei** (k1*/151)

Nonverbales - Konsultation; bei der

Kopf - Empfindlichkeit - Kopfhaut, der - Berührung, gegen (bro1/284)
• Hitze - Kälte - Körpers; mit Kälte des (a1/293)
Auge - *Entzündung - Kindern; bei - Kleinkindern; bei* (k/429)
Ohr - *Absonderungen - Blut* (*/497)
• Absonderungen - blutig (*/497)
» eitrig (*/497)
» *stinkend* (hr1/498)
» unterdrückt (sne/498)
» *wundfressend* (*/498)
• *Entzündung* (k/500)
» *erysipelatös* (*/500)
» äußere Ohren (bg2/500)
» *Gehörgang* (*/500)
» Mittelohr (k/501)
» Ohrmuscheln (hr1/501)
• Katarrh - Eustachische Röhre (c1*/515)
Hören - Schwerhörig - Tubenkatarrh (sf1/537)
Gesicht - **Schwellung - Unterkieferdrüsen** (*/631)
• **Schwellung - Unterkieferdrüsen - hart** (k/631)
Mund - Aphthen (bg2/639)
• *Landkartenzunge* (*/668)
• *Papillen - aufgerichtet* (*/669)
Innerer Hals - Belag - Tonsillen - rechts (k/721)
Äusserer Hals - **Schwellung - Halsdrüsen** (*/760)
• **Schwellung - Seiten** (k/760)
• *Verhärtung von Drüsen* (k/761)
» perlschnurartig (k/761)
Abdomen - *Geschwüre - Nabelgegend* (k/865)
• Schmerz - Druck - agg. (k2/883)
» Druck - amel. (^/883)
Rektum - *Hautausschläge - Anus; um den* (bg2/964)
Rücken - Hautausschläge - Furunkel - Lumbalregion (k/1317)
• Krümmung der Wirbelsäule (bg2*/1323)
» *Dorsalregion* (*/1323)
Extremitäten - Krümmung und Biegung (b7a/1473)
• Nägel; Beschwerden der - Abblättern der Nägel (k/1664)
» *Niednagel* (*/1665)
Haut - **Erysipel** (*/1798)
• **Hautausschläge - Bläschen - Sudamina (Schweißfriesel)** (*/1810)
» *Erythem* (bro1/1812)
» *Impetigo* (*/1816)
• Intertrigo (k/1825)
• **Wundliegen - Kindern; bei** (b7a/1837)
Allgemeines - Exostose (*/1877)

Nonverbales - Äußerliches - Beobachtungen des Arztes

Kopf - Halten - hoch, aufrecht zu halten; unfähig, den Kopf (k/289)
• *Schuppen* (bg2/402)
• **Schweiß der Kopfhaut - außer am Kopf; generalisierter Schweiß** (*/403)
Auge - Strabismus, Schielen (bg2/467)
• Verklebt (*/472)
Ohr - Bohren mit den Fingern darin (h1*/500)
• Schmerz - warm - Bett, Bettwärme; warmes - agg. - Einhüllen amel.; und warmes (k/525)
Nase - Bewegung - Nasenflügel - Fächer; wie ein (ptk1/545)
• Spitz (*/574)
Gesicht - **Fettig** (*/593)
• Gerunzelt - Stirn, Stirnrunzeln (*/594)
• **Hautausschläge - Akne** (st/595)
• Hippokratisches Gesicht (bg2/605)
• *Rissig - Lippen* (*/613)
» Mundwinkel (bro1*/614)
Äusserer Hals - *Torticollis* (*/761)
Atmung - *Beschleunigt* (*/1174)
Rücken - *Opisthotonus* (*/1325)
Allgemeines - **Aussehen - dunkel** (st/1854)
• *Aussehen - hell, blond* (*/1855)

» *hell, blond - schlaffer Faser, mit* (c1/1855)
» **rote Haare** (b7a/1855)
• Zyanose - Kindern; bei - Kleinkindern; bei (*/2035)

Nonverbales - Äußerliches - Beobachtungen der Eltern

KOPF - *Empfindlichkeit - Kämmen, Bürsten der Haare; gegen* (k/283)
AUGE - **Verklebt - morgens** (*/472)
OHR - Bohren mit den Fingern darin - amel. (b7/500)
MAGEN - Schluckauf (b2/809)
• Schluckauf - Aufstoßen - nach (b7/809)
• *Völlegefühl - Essen - nach - agg.* (*/845)
» Essen - nach - agg. - wenig, nach dem kleinsten Bissen; nach noch so (k/845)
ABDOMEN - Schmerz - Ausstrecken (k/881)
• *Schmerz - Beugen - vorne; nach - amel. - krampfartig* (k/882)
» Beugen der Beine amel. (k2/882)
» *Liegen - Abdomen; auf dem - amel.* (*/889)
» Liegen - amel. (^/889)
» **Wärme - amel.** (k/896)
» Zusammenkrümmen - amel. (^/897)
» *Zusammenkrümmen - muß sich zusammenkrümmen* (k/897)
REKTUM - **Unwillkürlicher Stuhl** (*/984)
• *Unwillkürlicher Stuhl - Flatus agg.; Abgang von* (vh/985)
STUHL - *Unverdaut* (*/999)
BLASE - *Lähmung - Überdehnung, nach* (k/1006)
• *Lähmung - Zurückhalten des Urins scheint die Blase zu lähmen; gewaltsames* (k/1006)
• **Urinieren - Harndrang - plötzlich - beeilen um zu urinieren, sonst geht Urin ab; muß sich** (b7a/1015)
» unwillkürlich - Husten; agg. beim (k/1020)
» **verzögert, muß warten, bis der Urin zu fließen beginnt** (k/1020)
» *verzögert, muß warten, bis der Urin zu fließen beginnt - pressen, bevor er damit beginnen kann; muß lange* (k/1021)
ATMUNG - *Schnarchen* (*/1180)
SCHWEISS - Essen - nach - agg. (bg2/1786)
• *Essen - nach - amel.* (*/1786)
HAUT - Ekchymosen (*/1797)

Nacht; Beobachtungen in der - Gemütssymptome

GEMÜT - Angst - Dunkelheit; in der (k/8)
• Furcht - Dunkelheit; vor der (*/66)
• *Gesten, Gebärden; macht - Hände; unwillkürliche Bewegungen der - zupft - Bettwäsche; an der* (*/98)
» *Hände; unwillkürliche Bewegungen der - zupft - Bettwäsche; an der - Schweiß; beim* (bg2/98)
• *Sprechen - Schlaf; im* (*/169)

Nacht; Beobachtungen in der - körperliche Symptome

KOPF - Schweiß der Kopfhaut - nachts (k/403)
MUND - *Offen - Schlaf; agg. im* (*/669)
REKTUM - *Unwillkürlicher Stuhl - Schlaf; agg. im* (*/985)
BLASE - **Urinieren - unwillkürlich - nachts** (*/1019)
• Urinieren - unwillkürlich - nachts - spasmodisches Bettnässen (k/1019)

Nacht; Beobachtungen in der - Schlaf; Lage im

SCHLAF - Lage - Arme - Kopf - unter dem Kopf (*/1682)
• Lage - Beine - ausgestreckt (*/1682)
» Beine - gespreizt (st/1682)
» **RÜCKEN, AUF DEM** (*/1683)
» Rücken, auf dem - nur auf dem Rücken (j5/1683)
» Seite, auf der - unmöglich (*/1683)
» **Sitzen** (*/1683)
» verändert häufig die Lage (sf1/1683)

Schaukeln und Getragenwerden

GEMÜT - *Getragen - Verlangen getragen zu werden* (*/99)
• Getragen - Verlangen getragen zu werden - schnell (k/99)
• Schaukeln - amel. (*/153)
» Verlangen geschaukelt zu werden (bg2/153)

Autos und Schiffe

ALLGEMEINES - Fahren - Wagen; mit dem - agg. (*/1877)

Körperliche Symptome und Erkrankungen

KOPF - Entzündung - Gehirn (*/284)
• *Entzündung - Hirnhaut* (k/284)
» *Periost* (k/285)
• *Hämatom am Kopf* (b7a/289)
• Hydrozephalus (b7/295)
AUGE - **Striktur der Tränenkanäle** (*/467)
ZÄHNE - *Karies, faule, hohle Zähne* (*/700)
REKTUM - *Cholera - infantum* (*/949)
NIEREN - *Entzündung* (*/1023)
ATMUNG - Asthma, asthmatische Atmung - Hautausschlägen; nach unterdrückten (mrr1/1162)
EXTREMITÄTEN - *Hüftgelenksentzündung* (*/1443)
• Lähmung - Kleinkindern; bei (k2/1475)
FIEBER - **Continua** (k/1772)
ALLGEMEINES - Abmagerung - Kindern; bei - Kleinkindern; bei (bro1/1845)
• Kindern; Beschwerden von (*/1897)
• Konvulsionen - Hitze; während (bg2/1904)

Chirurgisch pathologische Zustände

ABDOMEN - Entzündung - Appendix - akut (mtf11/859)
- Entzündung - Peritoneum (bro1*/860)
- Hernie (c2/867)
  - » *Leistenhernie* (*/868)
  - » *Leistenhernie - eingeklemmt, inkarzeriert* (*/868)
  - » Leistenhernie - schmerzhaft (b7/868)
  - » Nabelbruch (bg2/868)
- *Intussuszeption* (*/869)

MÄNNLICHE GENITALIEN - *Phimose* (*/1071)
- *Phimose - Paraphimose* (*/1071)

Würmer

REKTUM - Würmer - Beschwerden durch Würmer (b2/985)
- Würmer - Beschwerden durch Würmer - Bandwürmer (b2/986)
  - » Beschwerden durch Würmer - Madenwürmer (b2/986)
  - » Beschwerden durch Würmer - Spulwürmer (*/986)

Rhus venenata

rhus-v.

Infektionskrankheiten - Masern

HAUT - Hautausschläge - Masern (c2/1817)

Schule - Anstrengung; geistige

KOPF - Schmerz - geistige Anstrengung - agg. (st/328)

Nonverbales - Konsultation; bei der

OHR - *Entzündung - erysipelatös* (*/500)
- Feuchtigkeit - hinter den Ohren (a1/502)

ÄUSSERER HALS - Schwellung - Halsdrüsen (bro1/760)

RÜCKEN - Hautausschläge - Furunkel - Zervikalregion (k/1317)

HAUT - *Erysipel* (*/1798)
- Hautausschläge - Impetigo (hr1*/1816)

Nonverbales - Äußerliches - Beobachtungen des Arztes

GESICHT - Hippokratisches Gesicht (k/605)

ÄUSSERER HALS - Torticollis (a1/761)

Nonverbales - Äußerliches - Beobachtungen der Eltern

STUHL - Unverdaut (*/999)

Körperliche Symptome und Erkrankungen

FIEBER - *Continua* (k/1772)

Robinia pseudacacia

rob.

Robinia ist ein Mittel bei Hyperchlorhydrie; *Übersäuerung des Magens* mit saurem Aufstoßen; saurer Stuhl; das Kind riecht sauer (Rheum). Saures Erbrechen von Kleinkindern.

Der Stuhl ist grün und wäßrig, mit starker Tympanie; starke Auftreibung des Bauches; *übermäßige Reizbarkeit* (Differentialdiagnose: Chamomilla).

Murphy führt das Mittel in der Rubrik: „Diarrhoe, Kinder - Diarrhoe, Kleinkinder - sauer riechender Stuhl, mit saurem Körpergeruch und Erbrechen saurer Milch."

Klinisches: Schnupfen. Flatulenz. Gastrische Kopfschmerzen. Sodbrennen. Magenleiden. Urtikaria.

Wirkungsbereich: Verdauungskanal (Magen, Rektum). Kopf.

* * *

Stillen - Milch

ALLGEMEINES - Speisen und Getränke - Milch - agg. (stx1/2001)

Stillen - Magendarmsymptome - Aufstoßen - Speisen; von

MAGEN - Aufstoßens; Art des - Speisen; von (*/780)

Stillen - Magendarmsymptome - Aufstoßen - Wasser; Hochsteigen von

MAGEN - *Aufstoßens; Art des - Wasser in den Mund; Hochsteigen von* (ptk1*/781)

Konstitution - Allgemeines

GEMÜT - Ehrgeiz - Verlust von (a1/40)
- Faulheit (k/55)
- Unzufrieden (k/194)

Schule - Anstrengung; geistige

KOPF - Schmerz - geistige Anstrengung - agg. (st/328)
- Schmerz - Stirn - Lesen agg. (k/389)

Spielen

GEMÜT - Tanzen (*/179)

Nonverbales - Konsultation; bei der

OHR - Absonderungen - Blut (a1/497)
- Absonderungen - eitrig (a1/497)
  - » stinkend (a1/498)
  - » übelriechend (a1/498)

HAUT - Hautausschläge - Erythem (bro1/1812)

Nonverbales - Äußerliches - Beobachtungen des Arztes

GESICHT - Gerunzelt (k/594)

Nonverbales - Äußerliches - Beobachtungen der Eltern

REKTUM - Unwillkürlicher Stuhl (*/984)

Körperliche Symptome und Erkrankungen

MAGEN - Langsame Verdauung (bro1/805)

Chirurgisch pathologische Zustände

NASE - Polyp (a/561)

Rosa damascena

ros-d.

Nützlich zu Beginn von Heuschnupfen, mit *katarrhalischer Beteiligung der Eustachischen Röhre und Beeinträchtigung des Gehörs.*

Akne kann sich im Gesicht und am Rücken entwickeln, wie auch Aphthen im Mund.

Der Appetit ist veränderlich: vermindert oder vermehrt und Heißhunger. Gewöhnlich hat das Kind Abneigung gegen Milch.

Kinder sind *ungeschickt.* Sie können *bei Widerspruch wütend werden* und Abneigung gegen Gesellschaft haben.

Klinisches: Heuschnupfen. Akne.

Wirkungsbereich: Ohr. Nase. Innerer Hals. Haut.

* * *

Stillen - Milch

ALLGEMEINES - Speisen und Getränke - Milch - Abneigung (wla1/2000)

Stillen - Magendarmsymptome - Appetit - vermindert

MAGEN - Appetit - fehlend (wla1/767)
• Appetit - vermindert (wla1/772)

Stillen - Magendarmsymptome - Appetit - vermehrt

MAGEN - Appetit - Heißhunger (wla1/769)
• Appetit - Heißhunger - Essen - nach dem Essen - bald danach (wla1/770)
» vermehrt (wla1/770)

Beziehung zu anderen - Aggressivität

GEMÜT - Zorn - Widerspruch, durch (wla1/255)

Beziehung zu anderen - Reaktion auf andere

GEMÜT - Gesellschaft - Abneigung gegen (wla1/94)

Nonverbales - Gesten, Gebärden

GEMÜT - *Ungeschicklichkeit* (wla1/192)

Nonverbales - Konsultation; bei der

OHR - Katarrh - Eustachische Röhre (bro1*/515)
HÖREN - Schwerhörig - Tubenkatarrh (bro1*/537)
MUND - *Aphthen* (wla1/639)
RÜCKEN - Hautausschläge - Akne (wla1/1316)

Nonverbales - Äußerliches - Beobachtungen des Arztes

GESICHT - *Hautausschläge - Akne* (wla1/595)

Rumex crispus

rumx.

Extreme Empfindlichkeit der Atmungsorgane gegen jede Unregelmäßigkeit der Atmosphäre, daher zieht es der Patient vor, *den Mund zu bedecken.*

Das Kind hat ständig Verlangen, zähen Schleim aus dem Kehlkopf hochzuräuspern, aber dies lindert nicht. Der Husten ist bellend und setzt um 11 Uhr nachts ein, ob das Kind schläft oder nicht. Der charakteristische Husten von Rumex ist *trokken und ununterbrochen, verschlimmert durch Sprechen und durch jedes Einatmen kühler Luft* und nachts. Kitzeln in der Halsgrube, erstreckt sich hinter das Brustbein und zum Magen. Wundheitsgefühl im Kehlkopf und hinter dem Brustbein; rohes Gefühl unter den Schlüsselbeinen; Stiche in der linken Lunge; Schmerzen im Magen.

Klinisches: Aphonie. Luftröhrenleiden. Asthma. Schnupfen. Dyspepsie. Nasenbluten. Herzleiden. Ulzeration im Mund. Phimose. Jukken. Urtikaria.

Wirkungsbereich: Schleimhäute (Kehlkopf, Luftröhre, Darm). Nerven. Haut. Brust. Gelenke. Sprunggelenke.

* * *

Stillen - Magendarmsymptome - Appetit - vermindert

MAGEN - Appetit - vermindert (k/772)

Stillen - Magendarmsymptome - Appetit - vermehrt

MAGEN - Appetit - Heißhunger (ptk1/769)

Infektionskrankheiten - Keuchhusten

REKTUM - *Diarrhoe - Keuchhusten, bei* (bro1/954)
HUSTEN - *Keuchhusten* (*/1197)

Konstitution - Allgemeines

GEMÜT - Faulheit (kr1*/55)

Nonverbales - Gesten, Gebärden

GEMÜT - *Gesten, Gebärden; macht - Hände; unwillkürliche Bewegungen der - bedecken - Mund mit den Händen; den* (st/97)

• Springen (^/169)
• Stirnrunzeln, Neigung zum (dx1*/171)

Nonverbales - Konsultation; bei der

RÜCKEN - Hautausschläge - Akne (ptk1/1316)

Nonverbales - Äußerliches - Beobachtungen des Arztes

NASE - Bohren mit den Fingern in der Nase (mg/546)
• Zupfen - Nase, an der - ständiges Verlangen (k/578)

HUSTEN - Anfallsweise - besteht aus - langen Hustenstößen (bg1/1186)

Nonverbales - Äußerliches - Beobachtungen der Eltern

NASE - Schneuzen der Nase - Neigung, sich zu schneuzen; ständige (k2/568)

REKTUM - Unwillkürlicher Stuhl - Husten oder Niesen; beim (k/985)

BLASE - *Urinieren - unwillkürlich - Husten; agg. beim* (*/1020)

Nacht; Beobachtungen in der - Gemütssymptome

GEMÜT - Schlafwandeln (bg2*/154)

Nacht; Beobachtungen in der - Schlaf; Lage im

SCHLAF - Lage - Kopf - zugedeckt (sne/1683)

Autos und Schiffe

ALLGEMEINES - *Fahren - Wagen; mit dem - agg.* (k/1877)

Körperliche Symptome und Erkrankungen

KOPF - Schmerz - katarrhalisch (k/331)

Chirurgisch pathologische Zustände

MÄNNLICHE GENITALIEN - Phimose (c2/1071)

Ruta graveolens

ruta

Ruta wirkt auf *Periost, Knorpel,* Augen und Uterus. Es hat eine Tendenz zu Fibrose und Entzündung des Periosts, besonders am Kopf lokalisiert. *Nützlich bei Knochenverletzungen und Brüchen, mit langsamer Heilung der Brüche.*

Der Tropismus für Knochen umfaßt auch den Rücken (Krümmung der Wirbelsäule), die Zähne (Karies) und allgemein diffuse Exostose.

Die Zeichen und Symptome können auch die Augen betreffen (Verkleben und Strabismus divergens); *Beugesehnen; Gelenke; Handgelenk; Sprunggelenk; Knorpel; Periost* und *Haut* (Ekchymose, Dekubitus bei Kindern, Erysipel, Intertrigo, Milchschorf).

Die Spannung des Magens kann durch Milch gebessert werden, aber auch verschlimmert. Der Appetit von Kindern, die Ruta benötigen, ist vermindert oder vermehrt (nach dem Essen Heißhunger mit Schweiß, aber ohne Genuß). Unmittelbar nach dem Essen können sich die Kinder übergeben; Schluckauf beim Erbrechen.

Wurmleiden mit Bauchschmerzen.

Unwillkürlicher Stuhl wie Schafskot.

Prolaps durch Erschöpfung der Muskelstruktur des Darms, wie beispielsweise bei Kindern, denen man erlaubt, zu lange auf der Toilette zu sitzen oder die zu stark pressen.

Häufiges unwillkürliches Urinieren in der Nacht oder beim Husten. Ständiger Harndrang (sie müssen sich beeilen, um zu urinieren), die können den Urin kaum zurückhalten. Wird er gewaltsam zurückgehalten, kommt es zu Blasenlähmung; Kinder können keinerlei Urin entleeren und leiden unter heftigen Schmerzen.

Eine typische Lage im Schlaf bei Kindern ist die Rückenlage, mit den Armen über dem Kopf; aber die Lage wechselt häufig.

Sie können plötzlich wie durch Schreck und Alpträume aufwachen, mit sich daraus ergebendem Verlangen nach Gesellschaft in der Nacht.

Weitere Symptome: Varikozele, Keuchhusten, Kopfschmerzen, schlimmer durch Lesen.

In Bezug auf die Gemütsebene ist das Kind feige, unzufrieden, faul, streitsüchtig, eigensinnig, launisch, argwöhnisch und es fehlt an Selbstvertrauen.

Angst vor engen Orten und vor Wasser.

Stottern.

Klinisches: Bursitis. Verrenkungen. Periostitis. Obstipation. Dyspepsie. Enuresis. Varikozele. Nasenbluten. Warzen. Stottern.

Wirkungsbereich: Sehnen. Gelenke. Handgelenke. Sprunggelenke. Rücken. Knorpel. Periost. Augen. Haut.

* * *

Stillen - Milch

KOPF - *Hautausschläge - Milchschorf* (bg2/290)

MAGEN - **Spannung - Milch - amel.** (*/830)

ALLGEMEINES - Speisen und Getränke - Milch - agg. (cka1*/2001)
• Speisen und Getränke - Milch - amel. (*/2001)
» Milch - Verlangen (fd4/2001)
» Milch - Verlangen - kalte (fd4/2001)

Stillen - Magendarmsymptome - Appetit - allgemein

MAGEN - Appetit - launischer Appetit (fd4/770)

Stillen - Magendarmsymptome - Appetit - vermindert

MAGEN - *Appetit - fehlend* (b2/767)
- Appetit - fehlend - Ärger, Verdruß; nach (fd4/768)
  - » fehlend - Hunger, mit (b2/768)
  - » schnelle Sättigung (*/770)
  - » vermindert (k/772)

Stillen - Magendarmsymptome - Appetit - vermehrt

MAGEN - Appetit - Genuß, ohne (k/769)
- Appetit - Heißhunger (*/769)
  - » Heißhunger - Schweiß, mit (bg2/770)
  - » vermehrt (*/770)
  - » vermehrt - Essen - nach (bg2/772)

Stillen - Magendarmsymptome - Aufstoßen - Speisen; von

MAGEN - Aufstoßens; Art des - Speisen; von (fd4/780)
- Aufstoßens; Art des - Speisen; von - Essen - zwei Stunden nach (fd4/780)
  - » Speisen; von - Mittagessen; nach dem (fd4/780)

Stillen - Magendarmsymptome - Aufstoßen - Wasser; Hochsteigen von

MAGEN - Aufstoßens; Art des - Wasser in den Mund; Hochsteigen von (b7/781)

Stillen - Magendarmsymptome - Erbrechen

MAGEN - Erbrochenen; Art des - Speisen - Essen - nach - agg. (bg2*/800)
- Erbrochenen; Art des - Speisen - Essen - nach - sofort nach (k/800)

Stillen - Magendarmsymptome - Rektum

REKTUM - Obstipation - entfernt werden; Stuhl muß mechanisch (bro1/968)

Stillen - Allgemeines

SCHWEISS - Essen - beim - agg. (fd4/1786)

Infektionskrankheiten - Keuchhusten

HUSTEN - Keuchhusten (*/1197)

Konstitution - Angst und Furcht

GEMÜT - Feigheit (k/59)
- Furcht - engen Räumen; in (ld/67)
  - » *Geräusche, durch* (fd4/69)
  - » Wasser, vor (k/79)
- *Schreckliches und traurige Geschichten greifen sie stark an* (fd4/156)

Konstitution - Allgemeines

GEMÜT - **Entmutigt** (fd*/46)
- Faulheit (*/55)
- Gewissenhaft, peinlich genau in bezug auf Kleinigkeiten (fd4/99)
- Heikel, pingelig (fd4/106)
- Heimweh (fd4/107)
- *Pessimist* (fd4/136)
- Reisen - Verlangen nach (fd4/142)
- Selbstlosigkeit (fd4/161)
- Selbstvertrauen - Mangel an Selbstvertrauen (k/161)
- Sprache - Plappern, Schwatzen (fd4/167)
- Unordentlich (fd4/192)
- Unternehmen; etwas - Vieles, hält aber bei nichts durch, bleibt nicht dabei; unternimmt (fd4/193)
- Unzufrieden (*/194)
- Veränderungen - Verlangen nach (fd4/195)

Familie; Beziehung zur - Aggressivität

GEMÜT - Beschwerden durch - Bevormundung - Kindern, bei (fd4/22)

Familie; Beziehung zur - Liebe und Zuneigung

GEMÜT - *Verlassen zu sein; Gefühl* (fd4/198)

Familie; Beziehung zur - Vorwürfe

GEMÜT - Empfindlich - Vorwürfe; gegen (fd4/45)

Beziehung zu anderen - Aggressivität

GEMÜT - Diktatorisch - spricht in Befehlston (fd4/39)
- Herausfordernd (fd4/107)
- Spotten (fd4/166)
- Sprache - barsch (fd4/166)
- Streiten - Abneigung gegen (fd4/172)
- Streitsüchtig (*/173)
- *Zorn - mißverstanden, falsch verstanden; wenn* (fd4/255)
  - » *Widerspruch, durch* (fd4/255)

Beziehung zu anderen - Reaktion auf andere

GEMÜT - Gesellschaft - Abneigung gegen (fd4/94)
- Gesellschaft - Verlangen nach (fd4/95)
  - » Verlangen nach - allein; agg. wenn (fd4/96)
- Schüchternheit, Zaghaftigkeit (j5/158)
- Trost - amel. (fd4/188)
- Weigert sich etwas zu tun - Medizin einzunehmen; die (fd4/244)
- Widerspenstig (k/249)
- Widerspruch - Neigung zu widersprechen (*/249)

Beziehung zu anderen - allgemein

GEMÜT - Argwöhnisch, mißtrauisch (*/16)
- Mitgefühl, Mitleid (fd4/130)
- Tadelsüchtig, krittelig (fd4/178)

Schule - Angst

GEMÜT - Selbstvertrauen - Mangel an Selbstvertrauen (k/161)

Schule - Konzentration

GEMÜT - Stumpfheit - Lesen (fd4/175)

- Stumpfheit - Lesen - hört oder liest; in bezug auf das, was er (fd4/176)

Schule - Lernen - Mathematik, Rechnen

GEMÜT - *Fehler; macht - Rechnen, beim* (fd4/57)
- *Fehler; macht - Rechnen, beim - Addieren, beim* (fd4/57)

Schule - Lernen - Lesen

GEMÜT - Stumpfheit - Lesen (fd4/175)
- Stumpfheit - Lesen - hört oder liest; in bezug auf das, was er (fd4/176)

Schule - Lernen - Schreiben

GEMÜT - *Fehler; macht - Schreiben, beim* (fd4/57)
- *Fehler; macht - Schreiben, beim - falsch - Worte* (fd4/57)
  » *Schreiben, beim - fügt Buchstaben hinzu* (fd4/57)
  » *Schreiben, beim - läßt etwas aus - Buchstaben* (fd4/57)
  » *Schreiben, beim - läßt etwas aus - Worte* (fd4/57)
- Schreiben - unleserlich, schreibt (fd4/156)

Schule - Anstrengung; geistige

KOPF - Schmerz - Lesen, beim - agg. (k/332)
- *Schmerz - Stirn - Lesen agg.* (^/389)
  » *Stirn - Lesen agg. - stechend* (*/389)

Schule - Beziehung zu anderen

MUND - Sprache - stotternd (c2/688)

Schule - Vorwürfe

GEMÜT - Empfindlich - Vorwürfe; gegen (fd4/45)

Schule - Konstitution

GEMÜT - Eigensinnig, starrköpfig, dickköpfig (b7a/41)
- Gewissenhaft, peinlich genau in bezug auf Kleinigkeiten (fd4/99)
- Heikel, pingelig (fd4/106)
- Selbstvertrauen - Mangel an Selbstvertrauen (k/161)
- Unordentlich (fd4/192)
- Unternehmen; etwas - Vieles, hält aber bei nichts durch, bleibt nicht dabei; unternimmt (fd4/193)

Spielen

GEMÜT - Tanzen (fd4/179)

Tieren; Beziehung zu

GEMÜT - Furcht - Tieren, vor (ld/76)
- Mitgefühl, Mitleid - Tieren, mit (fd4/130)
- Natur - liebt (fd4/134)

Nonverbales - Aggressivität

GEMÜT - Diktatorisch (^/39)
- Reizbarkeit, Gereiztheit - Kindern; gegenüber (fd4/145)

Nonverbales - Reaktion auf andere

GEMÜT - Näherkommen, auf ihn Zukommen von Personen - Abneigung gegen (fd4/134)

Nonverbales - Gesten, Gebärden

GEMÜT - Launenhaftigkeit, launisch (bg2/123)
- Ungeschicklichkeit (fd4/192)

Nonverbales - Allgemeines

GEMÜT - Eigensinnig, starrköpfig, dickköpfig (b7a/41)
- Singen (fd4/163)

Nonverbales - Konsultation; bei der

GESICHT - Schwellung - Unterkieferdrüsen (fd4/631)
- Schwellung - Unterkieferdrüsen - schmerzhaft (fd4/631)

MUND - Aphthen (fd4/639)

ÄUSSERER HALS - Schwellung - Halsdrüsen (fd4/760)
- Schwellung - Seiten (fd4/760)

RÜCKEN - Krümmung der Wirbelsäule (bg2/1323)
- Krümmung der Wirbelsäule - Dorsalregion (b7a/1323)

EXTREMITÄTEN - Nägel; Beschwerden der - Abfallen der Nägel (fd4/1664)
- Nägel; Beschwerden der - gespaltene, aufgesprungene Nägel (bg2*/1665)
  » Härte - Fingernägel (fd4/1665)

HAUT - *Erysipel* (*/1798)
- Intertrigo (k/1825)
- Verwachsen - Knochen; am (*/1835)
- Wundliegen - Kindern; bei (*/1837)

ALLGEMEINES - *Exostose* (*/1877)

Nonverbales - Äußerliches - Beobachtungen des Arztes

KOPF - Schuppen (fd4/402)
- Schuppen - juckend (fd4/402)

AUGE - Strabismus, Schielen (k2/467)
- Strabismus, Schielen - divergens (k/467)
- *Verklebt* (b7/472)

OHR - Bohren mit den Fingern darin (*/500)

GESICHT - Aphthen - Lippen, an den (fd4/579)
- Fettig (fd4/593)
  » Stirn (fd4/593)
- Warzen (fd4/635)
  » Stirn (fd4/635)

ATMUNG - Beschleunigt (b2/1174)

Nonverbales - Äußerliches - Beobachtungen der Eltern

AUGE - Verklebt - morgens (fd4/472)

MUND - Beißt - Zunge; beißt sich auf die (fd4/640)
- Beißt - Zunge; beißt sich auf die - Kauen agg. (fd4/640)

MAGEN - Brechreiz, Würgen (fd4/784)

- Brechreiz, Würgen - morgens (fd4/784)
- Gluckern; Gurgeln (fd4/802)
  » morgens (fd4/803)
- *Schluckauf* (*/809)
  » Erbrechen - beim (j5/810)
- Völlegefühl - Essen - beim - agg. (fd4/845)
  » Essen - nach - agg. (fd4/845)
  » Mittagessen, nach dem (fd4/845)

REKTUM - Unwillkürlicher Stuhl (k/984)
- Unwillkürlicher Stuhl - Flatus agg.; Abgang von (fd4/985)

STUHL - Kugeln, wie (fd4/996)
- Schafskot, wie (*/997)

BLASE - *Lähmung - Überdehnung, nach* (k/1006)
- *Lähmung - Zurückhalten des Urins scheint die Blase zu lähmen; gewaltsames* (k/1006)
- *Urinieren - Harndrang - plötzlich - beeilen um zu urinieren, sonst geht Urin ab; muß sich* (bg2/1015)
  » unwillkürlich - Husten; agg. beim (bg2/1020)
  » unwillkürlich - Lachen agg. (fd4/1020)

WEIBLICHE GENITALIEN - Masturbation; Neigung zu (fd4/1104)

EXTREMITÄTEN - Nägel; Beschwerden der - Wachstum der Nägel - schnell (fd4/1666)
- Nägel; Beschwerden der - Wachstum der Nägel - schnell - Fingernägel (fd4/1666)

SCHWEISS - Essen - beim - agg. (fd4/1786)

HAUT - Ekchymosen (*/1797)

Nacht; Beobachtungen in der - Gemütssymptome

GEMÜT - Angst - Dunkelheit; in der (fd4/8)

Nacht; Beobachtungen in der - körperliche Symptome

KOPF - Schweiß der Kopfhaut - nachts (fd4/403)
- Schweiß der Kopfhaut - Schlaf - im (fd4/404)

MAGEN - Brechreiz, Würgen - nachts (fd4/784)

BLASE - Urinieren - Harndrang - plötzlich - nachts (fd4/1015)
- *Urinieren - unwillkürlich - nachts* (*/1019)

Nacht; Beobachtungen in der - Schlaf

SCHLAF - Erwachen - Schreck, wie durch (b7/1675)

Nacht; Beobachtungen in der - Schlaf; Lage im

SCHLAF - Lage - Arme - Kopf - über dem Kopf (*/1682)
- Lage - Rücken, auf dem (*/1683)
  » *verändert häufig die Lage* (sne/1683)

Autos und Schiffe

KOPF - Schmerz - Fahren - Wagen, im - nach (fd4/326)

Körperliche Symptome und Erkrankungen

KOPF - *Entzündung - Periost* (k/285)

ZÄHNE - Karies, faule, hohle Zähne (*/700)

MAGEN - Würgen - Husten, mit (k/846)

RÜCKEN - Spina bifida (k/1384)

ALLGEMEINES - Kindern; Beschwerden von (*/1897)
- **Verletzungen - Knochenbrüche - langsame Heilung von Knochenbrüchen** (b2/2020)

Chirurgisch pathologische Zustände

OHR - *Abszeß* (bg2/498)

MÄNNLICHE GENITALIEN - Varikozele (*/1085)

Würmer

REKTUM - Würmer - Beschwerden durch Würmer (*/985)
- *Würmer - Beschwerden durch Würmer - Kindern; bei* (vh/986)
  » Beschwerden durch Würmer - Spulwürmer (*/986)

Sabadilla

sabad.

Stillen - Gemütssymptome

GEMÜT - Hast, Eile - Essen; beim (b7/105)

Stillen - Milch

ALLGEMEINES - *Speisen und Getränke - Milch - Verlangen* (*/2001)
- Speisen und Getränke - Milch - Verlangen - kalte (*/2001)

Stillen - Magendarmsymptome - Appetit - allgemein

MAGEN - *Appetit - fehlend - Essen - nach dem Essen kehrt der Appetit wieder zurück - Bissen; nach einem* (*/768)

Stillen - Magendarmsymptome - Appetit - vermindert

MAGEN - Appetit - fehlend (*/767)
- Appetit - fehlend - Hunger, mit (*/768)
  » *vermindert* (*/772)

Stillen - Magendarmsymptome - Appetit - vermehrt

MAGEN - Appetit - Genuß, ohne (k/769)
- Appetit - Genuß, ohne - bis er zu essen anfängt (k/769)
  » **Heißhunger** (*/769)
  » Heißhunger - Schweiß, mit (bg2/770)
  » **vermehrt** (*/770)
  » vermehrt - Essen - nach - nur beim Essen wieder; Appetit kehrt (bg2/772)

Stillen - Magendarmsymptome - Aufstoßen - Speisen; von

MAGEN - Aufstoßens; Art des - Speisen; von - bitter schmeckend (b7/780)

Stillen - Magendarmsymptome - Aufstoßen - Wasser; Hochsteigen von

MAGEN - **Aufstoßens; Art des - Wasser in den Mund; Hochsteigen von** (*/781)

Stillen - Magendarmsymptome - Rektum

REKTUM - Diarrhoe - Kindern, bei (*/954)

Infektionskrankheiten - Masern

NASE - Nasenbluten - Masern agg. (bg1/557)

HAUT - *Hautausschläge - Masern* (hr1/1817)

Infektionskrankheiten - Mumps

GESICHT - Schmerz - Parotis (*/626)
• Schmerz - Parotis - bohrend (*/627)
» Parotis - krallend (k/627)

Konstitution - Angst und Furcht

GEMÜT - Beschwerden durch - Schreck (*/25)
• Furcht - Geräusche, durch (k/69)
» Wasser, vor (*/79)

Konstitution - Allgemeines

GEMÜT - Faulheit (*/55)
• Sorgen; voller (^/164)
• Stimmung, Laune - veränderlich (*/171)
• Unzufrieden (j/194)

Familie; Beziehung zur - Liebe und Zuneigung

GEMÜT - Eifersucht (dgt/40)
• Sorgen; voller - andere, um (sys/165)

Beziehung zu anderen - Aggressivität

GEMÜT - Grausamkeit (b7/103)
• Streitsüchtig (j/173)

Beziehung zu anderen - Reaktion auf andere

GEMÜT - Antworten - Abneigung zu antworten (k/14)
• Antworten - weigert sich zu antworten (k/15)
• Schüchternheit, Zaghaftigkeit (br1/158)
• Trost - agg. (st1/188)

Beziehung zu anderen - allgemein

GEMÜT - Mitgefühl, Mitleid (lsa1/130)

Schule - Anstrengung; geistige

KOPF - Schmerz - Aufmerksamkeit; durch zu angestrengte (k/315)
• *Schmerz - geistige Anstrengung - agg.* (*/328)
» Lesen, beim - agg. (k/332)
» Schulkindern; bei (k2/339)

Nonverbales - Aggressivität

GEMÜT - Spucken (bg2/170)

Nonverbales - Gesten, Gebärden

GEMÜT - Auffahren, Zusammenfahren - Geräusche; durch (k/17)
• Springen (^/169)
• Ungeschicklichkeit (b7a/192)

Nonverbales - Allgemeines

GEMÜT - Hast, Eile - Essen; beim (b7/105)

Nonverbales - Konsultation; bei der

KOPF - Läuse (b7/300)

MUND - *Papillen - aufgerichtet* (b7a/669)

INNERER HALS - *Entzündung - Tonsillen* (k/724)
• *Schwellung - Tonsillen* (k/747)

ÄUSSERER HALS - Schwellung - Halsdrüsen (b7/760)

EXTREMITÄTEN - Nägel; Beschwerden der - deformiert (*/1664)
• Nägel; Beschwerden der - dicke Nägel (*/1664)
» dicke Nägel - Fingernägel (*/1664)
» *dicke Nägel - Zehennägel* (b7/1664)
» gespaltene, aufgesprungene Nägel (bg2/1665)
» gewellte Nägel (k/1665)
» *gewellte Nägel - Fingernägel* (b7/1665)
» hornig, verhornt (br1/1665)
» Niednagel (*/1665)
» Rauheit - gefurcht, gerieft, gerillt (b2/1665)
» spröde, brüchige Nägel (b2/1665)
» spröde, brüchige Nägel - Fingernägel (st1/1665)
» *verkrüppelte, verkümmerte Nägel* (b2/1665)
» *verkrüppelte, verkümmerte Nägel - Fingernägel* (k/1665)
» verkrüppelte, verkümmerte Nägel - Zehennägel (k/1665)

HAUT - Erysipel (*/1798)
• *Farbe - rot - Kratzen, nach - Streifen* (*/1801)

Nonverbales - Äußerliches - Beobachtungen des Arztes

KOPF - Halten - hoch, aufrecht zu halten; unfähig, den Kopf (k/289)

NASE - Bohren mit den Fingern in der Nase (bg*/546)
• Schniefen (bg3/568)

GESICHT - Rissig - Lippen (*/613)
• Rissig - Lippen - Oberlippe (b7/613)

ATMUNG - Beschleunigt (b2/1174)

ALLGEMEINES - Aussehen - hell, blond (*/1855)
• Aussehen - rote Haare (b7a/1855)

Nonverbales - Äußerliches - Beobachtungen der Eltern

KOPF - Haare - Haareschneiden; Beschwerden des Kopfes nach (bg2/418)

MAGEN - Schluckauf (*/809)

ABDOMEN - Schmerz - Zusammenkrümmen - muß sich zusammenkrümmen (k/897)

ATMUNG - Schnarchen (k/1180)

Nacht; Beobachtungen in der - Schlaf

SCHLAF - *Erwachen - Schreck, wie durch* (b7/1675)

Nacht; Beobachtungen in der - Schlaf; Lage im

SCHLAF - Lage - Arme - Kopf - unter dem Kopf (*/1682)
- Lage - Rücken, auf dem (*/1683)
  » Seite, auf der (*/1683)
  » Seite, auf der - unmöglich (*/1683)

Körperliche Symptome und Erkrankungen

KOPF - Schmerz - katarrhalisch (*/331)

NASE - Katarrh - gefolgt von - Stirnhöhlen; Beschwerden der (bro1/553)

ZÄHNE - Karies, faule, hohle Zähne (*/700)

MAGEN - Würgen - Husten, mit (*/846)

WEIBLICHE GENITALIEN - Menses - verzögerte Menarche (*/1114)

ALLGEMEINES - Kindern; Beschwerden von (*/1897)

Würmer

GEMÜT - Nymphomanie - Würmer, durch (lp*/135)

KOPF - Schmerz - Würmer; bei Beschwerden durch (k/343)

MAGEN - *Erbrochenen; Art des - Würmer* (*/801)
- Erbrochenen; Art des - Würmer - Spulwürmer (k/801)

REKTUM - *Jucken - Askariden, durch* (k/965)
- Würmer - Beschwerden durch Würmer (*/985)
  » *Beschwerden durch Würmer - Bandwürmer* (*/986)
  » Beschwerden durch Würmer - Bandwürmer - begleitet von - Speichelfluß (kr1*/986)
  » **Beschwerden durch Würmer - Madenwürmer** (*/986)
  » *Beschwerden durch Würmer - Spulwürmer* (*/986)

WEIBLICHE GENITALIEN - *Würmer - Madenwürmer* (hr1/1138)

ALLGEMEINES - Katalepsie - Würmer; bei Beschwerden durch (hr1*/1896)
- Konvulsionen - Würmer, durch (*/1907)
- Zittern - äußerlich - Würmer; bei Beschwerden durch (k/2033)
- Zucken - Würmer; bei Beschwerden durch (kr1*/2034)

Sabal serrulata

sabal

Stillen - Milch

ALLGEMEINES - Speisen und Getränke - Milch - Abneigung (br1/2000)
- Speisen und Getränke - Milch - Abneigung - Muttermilch (br1*/2001)
  » Milch - Abneigung - Muttermilch - Kind verweigert die; das (br1/2001)
  » Milch - amel. (c1*/2001)
  » Milch - Verlangen (bg2*/2001)

Stillen - Magendarmsymptome - Appetit - allgemein

MAGEN - Appetit - launischer Appetit (c1/770)

Infektionskrankheiten - Keuchhusten

HUSTEN - Keuchhusten (c2/1197)

Beziehung zu anderen - Aggressivität

GEMÜT - Zorn - getröstet, wenn (bg1*/254)

Beziehung zu anderen - Reaktion auf andere

GEMÜT - Trost - agg. (bg2*/188)
- Trost - agg. - Mitleid, Mitgefühl agg. (bg3*/188)

Schule - Anstrengung; geistige

KOPF - Schmerz - Studenten, bei (c2/340)

Nonverbales - Konsultation; bei der

OHR - Entzündung - Mittelohr - chronisch (c1/501)

Nonverbales - Äußerliches - Beobachtungen des Arztes

NASE - Bohren mit den Fingern in der Nase (bg3/546)
- Zupfen - Nase, an der (c1/578)

Nonverbales - Äußerliches - Beobachtungen der Eltern

BLASE - Urinieren - unwillkürlich - Lachen agg. (pd/1020)
- Urinieren - verzögert, muß warten, bis der Urin zu fließen beginnt - pressen, bevor er damit beginnen kann; muß lange (bg2*/1021)

Nacht; Beobachtungen in der - körperliche Symptome

BLASE - *Urinieren - unwillkürlich - nachts* (bg2*/1019)

Chirurgisch pathologische Zustände

ABDOMEN - Entzündung - Peritoneum (c2/860)

MÄNNLICHE GENITALIEN - Hochgezogen, an den Körper gezogen - Hoden (ptk1/1068)
- Hochgezogen, an den Körper gezogen - Hoden - schmerzhaft (c1*/1068)

Sabina

sabin.

Impfung

ALLGEMEINES - Impfung; Beschwerden nach (kr1*/1892)

Stillen - Milch

MAGEN - Erbrochenen; Art des - Milch - geronnene (k/798)

ALLGEMEINES - Speisen und Getränke - Milch - agg. (*/2001)
- Speisen und Getränke - Milch - Verlangen (*/2001)

Stillen - Magendarmsymptome - Appetit - vermindert

MAGEN - *Appetit - fehlend* (*/767)
- Appetit - schnelle Sättigung (b7/770)
  » vermindert (k/772)

Stillen - Magendarmsymptome - Aufstoßen - Speisen; von

MAGEN - Aufstoßens; Art des - Speisen; von (bg2/780)
- Aufstoßens; Art des - Speisen; von - sauer (b7/780)

Stillen - Magendarmsymptome - Aufstoßen - Wasser; Hochsteigen von

MAGEN - Aufstoßens; Art des - Wasser in den Mund; Hochsteigen von (*/781)

Stillen - Magendarmsymptome - Erbrechen

MAGEN - Erbrochenen; Art des - Speisen - unverdaut (k/800)
- Erbrochenen; Art des - Speisen - unverdaut - gegessen wurde; was am Vortag (k/800)

Stillen - Magendarmsymptome - Abdomen - amel. durch

ABDOMEN - *Schmerz - Wärme - amel.* (k/896)

Konstitution - Angst und Furcht

GEMÜT - Feigheit (*/59)

Konstitution - Allgemeines

GEMÜT - Entmutigt (k/46)
- *Faulheit* (*/55)
- Unzufrieden (j*/194)
- Weinen - Musik; durch (bro1*/247)

Familie; Beziehung zur - Liebe und Zuneigung

GEMÜT - Verlassen zu sein; Gefühl (bg2*/198)

Beziehung zu anderen - Reaktion auf andere

GEMÜT - Trost - agg. (bg2/188)

Nonverbales - Reaktion auf andere

GEMÜT - Schamlos (bg2/153)

Nonverbales - Gesten, Gebärden

GEMÜT - Auffahren, Zusammenfahren - Geräusche; durch (k/17)
- Ungeschicklichkeit (b7a/192)

Nonverbales - Allgemeines

GEMÜT - Nackt sein, möchte (^/134)

Nonverbales - Konsultation; bei der

RÜCKEN - Krümmung der Wirbelsäule (bg2/1323)

EXTREMITÄTEN - Nägel; Beschwerden der - Abblättern der Nägel (k/1664)

HAUT - Intertrigo (k/1825)
- Verwachsen - Knochen; am (*/1835)

Nonverbales - Äußerliches - Beobachtungen des Arztes

GESICHT - Hautausschläge - Akne (*/595)
- Hautausschläge - Akne - Mädchen; bei anämischen (j/596)
- Rissig - Lippen (bg2/613)

ATMUNG - Beschleunigt (b2/1174)

Nonverbales - Äußerliches - Beobachtungen der Eltern

MAGEN - Schluckauf (*/809)

ABDOMEN - *Schmerz - Wärme - amel.* (k/896)

BLASE - Urinieren - Harndrang - plötzlich - beeilen um zu urinieren, sonst geht Urin ab; muß sich (b7/1015)

ATMUNG - Schnarchen (b7/1180)

EXTREMITÄTEN - Hitze - Füße - brennend - entblößt sie (k2/1440)

Nacht; Beobachtungen in der - Gemütssymptome

GEMÜT - Sprechen - Schlaf; im (*/169)

Nacht; Beobachtungen in der - Schlaf

SCHLAF - Erwachen - Schreck, wie durch (b7/1675)

Nacht; Beobachtungen in der - Schlaf; Lage im

SCHLAF - Lage - nackt (gk/1683)
- Lage - Seite, auf der (*/1683)
  » Seite, auf der - linken Seite, auf der (*/1683)
  » Sitzen (*/1683)
  » verändert häufig die Lage (j5/1683)

Körperliche Symptome und Erkrankungen

ZÄHNE - Karies, faule, hohle Zähne (*/700)

MAGEN - *Langsame Verdauung* (st/805)

NIEREN - *Entzündung* (*/1023)

WEIBLICHE GENITALIEN - *Menses - verzögerte Menarche* (*/1114)

ALLGEMEINES - Kindern; Beschwerden von (*/1897)

Chirurgisch pathologische Zustände

ABDOMEN - Entzündung - Peritoneum (bro1/860)

MÄNNLICHE GENITALIEN - Phimose (*/1071)

Würmer

REKTUM - Würmer - Beschwerden durch Würmer (b2/985)
- Würmer - Beschwerden durch Würmer - Bandwürmer (b2/986)
  » Beschwerden durch Würmer - Madenwürmer (b2/986)

Saccharum album

sacch-a.

Stillen - Magendarmsymptome - Appetit - vermehrt

MAGEN - Appetit - Heißhunger - nachts (fd2/769)
• Appetit - vermehrt - Essen - nach (fd2/772)

Stillen - Magendarmsymptome - Abdomen - amel. durch

ABDOMEN - Schmerz - Druck - amel. (fd2/883)

Konstitution - Allgemeines

GEMÜT - Entmutigt (fd2/46)
• Faulheit (fd2/55)
• Gewissenhaft, peinlich genau in bezug auf Kleinigkeiten (fd2/99)
• Pessimist (fd2/136)
• Pflicht - zu viel Pflichtgefühl (fd2/136)
• Reisen - Verlangen nach (fd2/142)
• Selbstvertrauen - Mangel an Selbstvertrauen (fd2/161)
» Mangel an Selbstvertrauen - Unterstützung, Zuwendung; möchte (^/161)
» Mangel an Selbstvertrauen - Unterstützung, Zuwendung; möchte - Familie und die Freunde; durch die (fd2/162)
• Spontan, impulsiv (fd2/166)
• *Veränderungen - Verlangen nach* (fd2/195)
• Weinen - leicht (fd2/246)

Familie; Beziehung zur - Vorwürfe

GEMÜT - Empfindlich - Tadel (fd2/45)

Beziehung zu anderen - Aggressivität

GEMÜT - Spotten (fd2/166)
• Sprache - barsch (fd2/166)

Beziehung zu anderen - Reaktion auf andere

GEMÜT - Gesellschaft - Abneigung gegen (fd2/94)
• Gesellschaft - Abneigung gegen - Fremden; Abneigung gegen die Anwesenheit von (fd2/95)

Beziehung zu anderen - allgemein

GEMÜT - Argwöhnisch, mißtrauisch (fd2/16)
• Beleidigt, leicht (fd2/20)
• Mitgefühl, Mitleid (fd2/130)

Schule - Angst

GEMÜT - Selbstvertrauen - Mangel an Selbstvertrauen (fd2/161)

Schule - Konzentration

GEMÜT - Konzentration - schwierig - Studieren (gmj3/117)

Schule - Lernen - Schreiben

GEMÜT - Fehler; macht - Schreiben, beim (fd2/57)
• Fehler; macht - Schreiben, beim - falsch - Worte (fd2/57)
» Schreiben, beim - läßt etwas aus - Buchstaben (gmj3/57)
» Schreiben, beim - verwechselt Buchstaben (gmj3/58)
• Schreiben - unleserlich, schreibt (fd2/156)

Schule - Vorwürfe

GEMÜT - Empfindlich - Tadel (fd2/45)

Schule - Konstitution

GEMÜT - Gewissenhaft, peinlich genau in bezug auf Kleinigkeiten (fd2/99)
• Selbstvertrauen - Mangel an Selbstvertrauen (fd2/161)

Spielen

GEMÜT - Spielen - Verlangen zu spielen (fd2/166)
• Tanzen (fd2/179)

Nonverbales - Aggressivität

GEMÜT - Reizbarkeit, Gereiztheit - angeblickt, wenn - angesprochen oder berührt; wenn - Kindern; bei (gmj3/144)

Nonverbales - Gesten, Gebärden

GEMÜT - Auffahren, Zusammenfahren - Geräusche; durch (fd2/17)

Nonverbales - Allgemeines

GEMÜT - Singen (fd2/163)
• Singen - ausgelassen, fröhlich (fd2/163)

Nonverbales - Konsultation; bei der

ABDOMEN - Schmerz - Druck - amel. (fd2/883)

Nonverbales - Äußerliches - Beobachtungen des Arztes

AUGE - Verklebt (fd2/472)

GESICHT - Rissig - Lippen (fd2/613)
• Rissig - Lippen - Unterlippe (fd2/613)

Nonverbales - Äußerliches - Beobachtungen der Eltern

MAGEN - Völlegefühl - Mittagessen, nach dem (fd2/845)

HAUT - Insektenstiche (fd2/1825)

Nacht; Beobachtungen in der - körperliche Symptome

KOPF - Schweiß der Kopfhaut - Stirn - nachts (fd2/404)

Autos und Schiffe

MAGEN - Übelkeit - Fahren - Wagen; im - agg. (fd2/836)

Saccharum officinale

sacc.

Fette, aufgedunsene Kinder mit großen Gliedmaßen.

Von früh an bis ins fortgeschrittene Alter hinein lutschen sie an den Fingern. Sie lieben es, getragen und liebkost zu werden. *Die Art, wie Eltern ihnen helfen einzuschlafen, ist charakteristisch: sie schütteln sie heftig, sowohl wenn sie sie halten und wenn sie im Kinderwagen liegen.*

Sie zeigen *widersprüchliche Verhaltensweisen;* beispielsweise können sie entweder lieb oder aggressiv sein; empfindlich gegen Vorwürfe oder unfolgsam und unverschämt; überempfindlich gegen Schmerzen oder von einer Art von Torpor ergriffen.

Es wird als *eines der wichtigsten Mitteln bei hyperaktiven Kindern betrachtet, die nervös sind und an den Nägeln kauen.*

Oft sind Verhaltensprobleme vorhanden: sie sind launisch, streitsüchtig, unverschämt, ruhelos und sie beißen und treten. Sie sind immer schlecht gelaunt und jammern und wenn sie alt genug sind, unverschämt und haben keinerlei Lust, sich irgendwie zu beschäftigen.

In der Schule können sie Probleme in Verbindung mit ihrem Mangel an Selbstwertgefühl haben, mit sich daraus ergebener Angst zu versagen. Sie haben Konzentrationsschwierigkeiten und machen oft Fehler beim Schreiben, besonders lassen sie Worte aus.

Aphthen und reichlicher Speichelfluß.

Sie mögen keine gehaltvollen Speisen, sondern Snacks; sie lieben sowohl kalte wie warme Milch.

Sie sind warmblütig und entblößen nachts die Füße.

In der Familiengeschichte findet man Diabetes, Krebs, Alkoholismus, Suchtprobleme und Mißbrauch.

Klinisches: Verhaltensprobleme. Hyperaktivität. Chlorose. Diabetes. Dyspepsie. Kopfschmerzen. Leberleiden. Milzleiden.

Wirkungsbereich: Gemüt. Verdauung. Schleimhäute. Atmungsorgane.

* * *

Krankengeschichte; familiäre und persönliche

ALLGEMEINES - Familiengeschichte von - Diabetes mellitus (sst1/1878)

Stillen - Milch

ALLGEMEINES - Speisen und Getränke - Milch - Abneigung (sht/2000)
- *Speisen und Getränke - Milch - Verlangen* (sht*/2001)
  - » Milch - Verlangen - kalte (sht*/2001)
  - » Milch - Verlangen - warme (sht*/2001)

Stillen - Magendarmsymptome - Appetit - vermindert

MAGEN - Appetit - fehlend (sst1/767)

Stillen - Magendarmsymptome - Appetit - vermehrt

MAGEN - Appetit - Essen; selbst nach dem (sst1/767)
- Appetit - Heißhunger - Essen - nach dem Essen - bald danach (sst1/770)

Konstitution - Aggressivität

GEMÜT - Zorn - Kindern, bei (sst1/254)

Konstitution - Angst und Furcht

GEMÜT - Furcht - Versagen, Mißerfolg; vor dem (sst1/79)
- Furcht - Versagen, Mißerfolg; vor dem - Kindern; bei (sst1/79)

Konstitution - Allgemeines

GEMÜT - Heimweh (a1*/107)
- Mürrisch - Kindern, bei (c1*/132)
- Redseligkeit; Geschwätzigkeit - Kindern; bei (sst1/141)
- Selbstsucht, Egoismus (mtf/161)
- Selbstvertrauen - Mangel an Selbstvertrauen (sst1/161)
- Unzufrieden (sst1/194)

Familie; Beziehung zur - Liebe und Zuneigung

GEMÜT - Angst - andere, um (^/7)
- Eifersucht (sht*/40)
  - » Kinder - bei (sst1/40)
- Verlassen zu sein; Gefühl (sst1/198)

Familie; Beziehung zur - Vorwürfe

GEMÜT - Empfindlich - Vorwürfe; gegen (sht/45)
- Empfindlich - Vorwürfe; gegen - Kindern; bei (sst1/45)

Beziehung zu anderen - Aggressivität

GEMÜT - Herausfordernd (sst1/107)
- Streitsüchtig (a1*/173)

Beziehung zu anderen - Reaktion auf andere

GEMÜT - Schüchternheit, Zaghaftigkeit (sst1/158)
- Schüchternheit, Zaghaftigkeit - Kindern; bei (sst1/158)
- *Widerspruch - Neigung zu widersprechen* (br1/249)

Beziehung zu anderen - allgemein

GEMÜT - Unverschämtheit (c1/193)

- Unverschämtheit - Kindern, bei (c1*/193)

Schule - Angst

GEMÜT - Furcht - Versagen, Mißerfolg; vor dem (sst1/79)
- Furcht - Versagen, Mißerfolg; vor dem - Kindern; bei (sst1/79)
- Selbstvertrauen - Mangel an Selbstvertrauen (sst1/161)

Schule - Konzentration

GEMÜT - Konzentration - schwierig - Kindern, bei (sst1/117)

Schule - Lernen - Schreiben

GEMÜT - Fehler; macht - Schreiben, beim (a1/57)
- Fehler; macht - Schreiben, beim - läßt etwas aus - Worte (a1/57)

Schule - Beziehung zu anderen

GEMÜT - Ungehorsam (^/191)
- Ungehorsam - Kindern, bei (sst1/191)

Schule - Vorwürfe

GEMÜT - Empfindlich - Vorwürfe; gegen (sht/45)
- Empfindlich - Vorwürfe; gegen - Kindern; bei (sst1/45)

Schule - Konstitution

GEMÜT - Selbstvertrauen - Mangel an Selbstvertrauen (sst1/161)
- Ungehorsam (^/191)
  - » Kindern, bei (sst1/191)

Nonverbales - Aggressivität

GEMÜT - *Beißen* (^/20)
- *Reizbarkeit, Gereiztheit - Kindern, bei* (br1/145)
- Stoßen, treten, austreten (sht/172)

Nonverbales - Reaktion auf andere

GEMÜT - Gehalten - Verlangen, gehalten zu werden (sht/87)
- Liebkost zu werden; Liebkosungen - Verlangen, liebkost, gestreichelt zu werden (sst1/126)

Nonverbales - Gesten, Gebärden

GEMÜT - *Beißen - Nägel* (sst/20)
- Beißen - Nägel - Kindern; bei (sst1/20)
- Berühren, anfassen; etwas - Verlangen, etwas zu berühren, anzufassen - alles berühren, anfassen; muß (sst1*/21)
  - » Verlangen, etwas zu berühren, anzufassen - alles berühren, anfassen; muß - Kindern; bei (lmj/21)
- *Gesten, Gebärden; macht - Finger - Mund; Kinder stecken die Finger in den* (sst1/97)
- Launenhaftigkeit, launisch (c1*/123)

Nonverbales - Allgemeines

GEMÜT - Impertinenz, Unverschämtheit (c1/112)
- Possen, spielt (^/137)
  - » Kindern; bei (sst1/138)
- Ruhelosigkeit - Kindern, bei (^/151)
- Stöhnen - Kindern, bei (c1/172)

Nonverbales - Konsultation; bei der

OHR - Absonderungen - eitrig (k/497)

MUND - Aphthen - Kindern, bei (*/639)

Nonverbales - Äußerliches - Beobachtungen des Arztes

GESICHT - Farbe - blaß - Kindern; bei (sst1/586)

ALLGEMEINES - Fettleibigkeit - Kindern, bei (c1*/1879)

Nonverbales - Äußerliches - Beobachtungen der Eltern

MAGEN - Gluckern; Gurgeln (k/802)

Schaukeln und Getragenwerden

GEMÜT - Getragen - Verlangen getragen zu werden (sst1/99)
- Getragen - Verlangen getragen zu werden - liebkost zu werden; und (sst1/99)
- Schaukeln - amel. (bg2*/153)

Körperliche Symptome und Erkrankungen

ALLGEMEINES - Schmerzlosigkeit gewöhnlich schmerzhafter Beschwerden (sst/1971)

Würmer

REKTUM - Jucken - Askariden, durch (mtf/965)

Salix fragilis

sal-fr.

Stillen - Magendarmsymptome - Appetit - vermindert

MAGEN - Appetit - vermindert (sle1/772)

Stillen - Magendarmsymptome - Appetit - vermehrt

MAGEN - Appetit - vermehrt (sle1/770)

Stillen - Magendarmsymptome - Schluckauf

MAGEN - Schluckauf - Essen - nach - agg. (sle1/810)

Konstitution - Angst und Furcht

GEMÜT - Beschwerden durch - Erwartungsspannung (sle1/23)
- Furcht - allein zu sein (sle1/64)
  - » Versagen, Mißerfolg; vor dem (sle1/79)
- Mutig (sle1/133)

Konstitution - Allgemeines

GEMÜT - Faulheit (sle1/55)
- Gewissenhaft, peinlich genau in bezug auf Kleinigkeiten (sle1/99)
- Impulse, Triebe; krankhafte - laufen; zu (sle1/112)

- Nachgiebigkeit (sle1/134)
- Selbstsucht, Egoismus (sle1/161)
- Selbstvertrauen - Mangel an Selbstvertrauen (sle1/161)
- Stimmung, Laune - veränderlich (sle1/171)
- Unzufrieden (sle1/194)
- Veränderungen - Verlangen nach (sle1/195)
- Weinen - amel. (sle1/245)
  - » leicht (sle1/246)

Familie; Beziehung zur - Liebe und Zuneigung

GEMÜT - Eifersucht (sle1/40)
- *Verlassen zu sein; Gefühl* (sle1/198)

Familie; Beziehung zur - Vorwürfe

GEMÜT - Ermahnungen - agg. (sle1/47)
- Weinen - Ermahnung, durch (sle1/245)

Beziehung zu anderen - Aggressivität

GEMÜT - Herausfordernd (sle1/107)
- Spotten (sle1/166)
- Zorn - mißverstanden, falsch verstanden; wenn (sle1/255)

Beziehung zu anderen - Reaktion auf andere

GEMÜT - Antworten - Abneigung zu antworten (sle1/14)
- Antworten - weigert sich zu antworten (sle1/15)
- *Gesellschaft - Abneigung gegen* (sle1/94)
  - » Abneigung gegen - Fremden; Abneigung gegen die Anwesenheit von (sle1/95)
  - » Verlangen nach (sle1/95)
- Trost - amel. (sle1/188)
- *Widerspruch - verträgt keinen Widerspruch* (sle1/249)

Beziehung zu anderen - allgemein

GEMÜT - Argwöhnisch, mißtrauisch (sle1/16)
- Furcht - Räubern, vor (sle1/74)
- *Geheimnistuerisch, verschlossen* (sle1/87)
- Ichbezogenheit, Selbstüberhebung (sle1/111)
- Mitgefühl, Mitleid (sle1/130)
- Sprache - hastig, eilig (sle1/167)
- Tadelt sich selbst, macht sich Vorwürfe (sle1/179)

Schule - Angst

GEMÜT - Beschwerden durch - Erwartungsspannung (sle1/23)
- Furcht - Versagen, Mißerfolg; vor dem (sle1/79)
- Selbstvertrauen - Mangel an Selbstvertrauen (sle1/161)

Schule - Konzentration

GEMÜT - Konzentration - schwierig - Studieren (sle1/117)

Schule - Lernen - allgemein

GEMÜT - Dyslexie (sle1/40)
- Studieren, Lernen - einfach, fällt leicht (sle1/173)

Schule - Lernen - Schreiben

GEMÜT - Fehler; macht - Schreiben, beim (sle1/57)
- Fehler; macht - Schreiben, beim - falsch - Worte (sle1/57)

Schule - Vorwürfe

GEMÜT - Ermahnungen - agg. (sle1/47)
- Weinen - Ermahnung, durch (sle1/245)

Schule - Konstitution

GEMÜT - Gewissenhaft, peinlich genau in bezug auf Kleinigkeiten (sle1/99)
- Selbstvertrauen - Mangel an Selbstvertrauen (sle1/161)

Spielen

GEMÜT - Tanzen (sle1/179)
- Verspielt (sle1/199)

Nonverbales - Aggressivität

GEMÜT - Diktatorisch (sle1/39)

Nonverbales - Gesten, Gebärden

GEMÜT - Gefallsüchtig, kokett - sehr, zu (sle1/87)
- Ungeschicklichkeit (sle1/192)
- Verstecken - sich (sle1/199)

Nonverbales - Konsultation; bei der

KOPF - Hitze - Kälte - Füße; mit Kälte der (sle1/293)

ÄUSSERER HALS - Schwellung - Halsdrüsen (sle1/760)

Nonverbales - Äußerliches - Beobachtungen des Arztes

GESICHT - Rissig - Lippen (sle1/613)

Nonverbales - Äußerliches - Beobachtungen der Eltern

MUND - Beißt - Wangen; sich in die - Sprechen oder Kauen; beim (sle1/640)

MAGEN - Schluckauf (sle1/809)
- Schluckauf - Essen - nach - agg. (sle1/810)

Nacht; Beobachtungen in der - Schlaf

SCHLAF - Erwachen - Schreck, wie durch (sle1/1675)

Sambucus nigra

samb.

Sambucus nigra eignet sich für schwächliche, nervöse Kinder, die *schnell schwitzen,* empfindlich gegen Zugluft sind und *besonders zu Erkrankungen der Luftwege neigen.*

Atemnot: das Kind wacht plötzlich fast am Ersticken auf, setzt sich im Bett auf und läuft blau an; es schnappt nach Luft, was schließlich gelingt, legt sich dann wieder im Bett hin, um früher oder später von einem weiteren Anfall geweckt zu werden. *Das Kind atmet ein, kann aber nicht ausatmen* (Differentialdiagnose: Mephitis); das Kind schläft in den Anfall hinein (Differentialdiagnose: Lachesis).

Reichlicher Schweiß nur nach dem Erwachen. „Brennendes, rotes, heißes Gesicht, heißer Körper, mit kalten Händen und Füßen im Schlaf. Beim Erwachen bricht im Gesicht reichlicher Schweiß aus, der sich über den Körper ausbreitet und mehr oder weniger während der Wachstunden anhält; wenn er dann wieder einschläft, kehrt die trockene Hitze wieder." (Raue).

In gefährlichen Fällen große Angst vor dem Entblößtwerden, mit übermäßiger Schwäche.

Erstickender und hohler Husten, der schlimmer ist gegen Mitternacht, in der Ruhe, beim Liegen im Bett oder mit tief gelagertem Kopf und durch trockene, kalte Luft.

Die Nase ist durch zähen, dicken Schleim verstopft, mit plötzlichem Auffahren aus dem Schlaf, als würde er ersticken; Schniefen bei Kindern; die Nase scheint völlig verstopft; Trockenheit von Hals und Mund mit Durstlosigkeit. *Während es an der Brust trinkt, muß es die Brustwarze loslassen, weil die Nase verstopft ist und es keine Luft bekommt.*

Auswurf kleiner Mengen zähen Schleims, nur tagsüber.

Katarrhalische Kopfschmerzen.

Diarrhoe mit Übelkeit und Flatulenz.

Klinisches: Asthma. Rhinitis. Abmagerung. Heiserkeit. Hydrozele. Laryngismus. Keuchhusten.

Wirkungsbereich: Atmungsorgane. Schweiß. Nieren. Haut.

* * *

Stillen - Milch

MAGEN - Erbrechen - Milch, nach (*/794)
- Erbrochenen; Art des - Milch (*/798)
- Schmerz - Milch - agg. (k/821)

ALLGEMEINES - Speisen und Getränke - Milch - agg. (*/2001)

Stillen - Magendarmsymptome - Appetit - vermindert

MAGEN - Appetit - fehlend (b7a/767)

Stillen - Magendarmsymptome - Schluckauf

MAGEN - Schluckauf - Essen - beim - agg. (b7/810)
- Schluckauf - Essen - nach - agg. (*/810)

Stillen - Magendarmsymptome - Abdomen - agg. durch

ABDOMEN - Schmerz - Druck - agg. (k/883)

Stillen - Magendarmsymptome - Rektum

REKTUM - Diarrhoe - Kindern, bei (k/954)

Stillen - Allgemeines

ALLGEMEINES - Säuglinge (kk2/1944)

Infektionskrankheiten - Keuchhusten

GEMÜT - Weinen - Husten - während - Keuchhusten (bro1/246)

GESICHT - Farbe - bläulich - Husten; agg. beim - Keuchhusten (ptk1/587)

ATMUNG - Pfeifend - Keuchhusten, bei (*/1178)

HUSTEN - *Keuchhusten* (*/1197)
- Keuchhusten - Krampfstadium, im (bro1/1198)

Konstitution - Angst und Furcht

GEMÜT - Beschwerden durch - Schreck (*/25)

Konstitution - Allgemeines

GEMÜT - Entmutigt (^/46)
- Unzufrieden (*/194)

Familie; Beziehung zur - Liebe und Zuneigung

GEMÜT - Verlassen zu sein; Gefühl (bat1/198)

Beziehung zu anderen - Reaktion auf andere

GEMÜT - Widerspenstig (k/249)

Beziehung zu anderen - allgemein

GEMÜT - Tadelsüchtig, krittelig (ptk1*/178)

Nonverbales - Konsultation; bei der

OHR - Entzündung - erysipelatös (*/500)

ABDOMEN - Schmerz - Druck - agg. (k/883)

HAUT - Erysipel (*/1798)

Nonverbales - Äußerliches - Beobachtungen des Arztes

KOPF - **Schweiß der Kopfhaut - außer am Kopf; generalisierter Schweiß** (*/403)

NASE - **Schniefen** (*/568)
- **Schniefen - Kindern; bei - Neugeborenen; bei** (*/568)

GESICHT - *Ausdruck - alt aussehend* (hr1*/580)

ATMUNG - **Asthma, asthmatische Atmung - Kindern; bei** (*/1162)
- Atemnot, Dyspnoe, erschwertes Atmen - Kindern; bei (bro1/1168)
- *Beschleunigt* (*/1174)

Nonverbales - Äußerliches - Beobachtungen der Eltern

NASE - *Verstopfung - Kindern; bei* (b7a/577)
- *Verstopfung - Kindern; bei - Säuglingen; bei* (*/577)
  - » Kindern; bei - Säuglingen; bei - trinken; das Kind kann nicht an der Brust (mrr1/577)

MAGEN - Schluckauf (*/809)

• Schluckauf - Essen - beim - agg. (b7/810)
» Essen - nach - agg. (*/810)

Atmung - Schnarchen (*/1180)

Haut - Insektenstiche (b7a/1825)

Nacht; Beobachtungen in der - Gemütssymptome

Gemüt - Furcht - Erwachen; beim - Traum; aus einem (bat1/67)

Nacht; Beobachtungen in der - körperliche Symptome

Mund - Offen - Schlaf; agg. im (*/669)

Kehlkopf und Trachea - *Laryngismus stridulus - nachts* (hr1*/1145)
• *Laryngismus stridulus - nachts - Mitternacht - Erwachen aus tiefem Schlaf* (*/1145)

Nacht; Beobachtungen in der - Schlaf

Schlaf - *Erwachen - Schreck, wie durch* (b7a/1675)

Körperliche Symptome und Erkrankungen

Kopf - Hydrozephalus (*/295)
• Schmerz - katarrhalisch (*/331)

Nieren - Entzündung (*/1023)

Kehlkopf und Trachea - *Laryngismus stridulus* (*/1145)

Allgemeines - *Abmagerung - Kindern; bei - Kleinkindern; bei* (bro1/1845)
• *Kindern; Beschwerden von* (bg2*/1897)

Chirurgisch pathologische Zustände

Abdomen - *Intussuszeption* (k/869)

Sanguinaria canadensis

sang.

Eines der besten Mittel sowohl bei trockenem wie feuchtem Husten der auf Entzündungen folgt.

Der Husten ist krampfhaft, erschöpfend, ein Hüsteln, mit Gefühl wie roh und Brennen in den Bronchien und Wundheitsgefühl in der Luftröhre, als würden Speisen darüber laufen. Der Husten wird schlimmer zur Nacht hin, im Liegen, beim Betreten eines kühlen Zimmers und im Schlaf; und besser in frischer Luft.

Nach Influenza bekommen Kinder oft einen Husten, der kaum von Keuchhusten zu unterscheiden ist.

Reichliches, lautes und leeres *Aufstoßen nach dem Husten* ist ein charakteristisches Symptom des Mittels; manchmal kann der Husten durch Aufstoßen besser werden.

Bei gelöstem Husten ist oft übelriechender Auswurf vorhanden.

Vor einigen Jahren wurde ich um die Supervision des Falles eines Kindes gebeten, das an sehr zähem, trockenem Husten litt. Als ich ankam, erzählte mir mein Kollege, der gerade den Patienten besuchte, daß das Kind ununterbrochen gehustet hatte, seit es im Zentrum angekommen war. Aber als das Kind aus dem Kinderbett genommen worden war und auf dem Schoß der Mutter saß, hatte es plötzlich aufgehört zu husten. Daher benutzte ich die Rubrik „Husten - Trocken - Sitzen - amel.", in der drei Mittel aufgeführt sind: Argentum nitricum, Cinnabaris und Sanguinaria. Weitere Rubriken führten auch zu Sanguinaria: „Husten - Hüsteln - abends - Hinlegen - nach - agg."; „Husten - Krampfhaft, spasmodisch" und „Husten - Erstikkend". Zusätzlich hatten wir bei der Auskultation einen starken Verdacht auf *Bronchopneumonie*, was dann durch Röntgen der Brust bestätigt wurde. Die Verabreichung von Sanguinaria ermöglichte eine schnelle Erholung von den Symptomen, wie erneutes Röntgen sieben Tage nach Beginn der homöopathischen Behandlung bestätigte. Das Kind reagiert nach einigen Jahren immer noch sehr gut auf Sanguinaria bei verschiedenen Beschwerden, was die Ansicht bestätigt, daß eine akute Situation oft das Konstitutionsmittel für den Patienten aufzeigen kann.

Klinisches: Asthma. Pneumonie. Hämoptyse. Aphonie. Pharyngitis. Keuchhusten. Kopfschmerzen.

Wirkungsbereich: Atmungsorgane. Kopf. Leber. Magen.

* * *

Krankengeschichte; familiäre und persönliche

Allgemeines - *Krankengeschichte von; persönliche - Tonsillitis; von wiederkehrender* (k/1910)

Stillen - Magendarmsymptome - Appetit - allgemein

Magen - *Appetit - launischer Appetit* (*/770)

Stillen - Magendarmsymptome - Appetit - vermindert

Magen - *Appetit - fehlend* (*/767)
• Appetit - fehlend - Hunger, mit (tl1/768)
» vermindert (*/772)

Stillen - Magendarmsymptome - Appetit - vermehrt

Magen - Appetit - vermehrt - Erbrechen - mit (hr1/771)
• Appetit - vermehrt - Essen - nach (bg2/772)

Stillen - Magendarmsymptome - Aufstoßen - Wasser; Hochsteigen von

Magen - **Aufstoßens; Art des - Wasser in den Mund; Hochsteigen von** (*/781)

• Aufstoßens; Art des - Wasser in den Mund; Hochsteigen von - Essen - nach - agg. (k/781)

Stillen - Magendarmsymptome - Erbrechen

MAGEN - Erbrochenen; Art des - Speisen - unverdaut (bro1/800)

Infektionskrankheiten - Masern

HUSTEN - Masern - nach (bg2*/1202)
• Masern - während (bro1/1202)

ALLGEMEINES - Masern - Beschwerden nach (bro1/1920)

Infektionskrankheiten - Scharlach

FIEBER - Ausschlagsfieber; Fieber bei Ausschlagserkrankungen - Scharlach (bro1/1770)

Infektionskrankheiten - Keuchhusten

HUSTEN - *Keuchhusten* (*/1197)
• Keuchhusten - Erkältung; nach (bro1/1198)
• **Krampfhaft, spasmodisch - Keuchhusten, nach** (*/1200)

ALLGEMEINES - *Genesung, Rekonvaleszenz; Beschwerden während der - Keuchhusten; nach* (hr1/1884)
• **Keuchhusten; Beschwerden nach** (kl*/1897)

Konstitution - Allgemeines

GEMÜT - Ehrgeiz - Verlust von (^/40)
• Faulheit (*/55)
• Sorgen; voller (ptk1/164)
• Stimmung, Laune - veränderlich (a1/171)

Schule - Anstrengung; geistige

KOPF - Schmerz - Schulkindern; bei (hr1/339)

Schule - Beziehung zu anderen

GEMÜT - *Ungehorsam* (^/191)
• *Ungehorsam - Kindern, bei* (lmj/191)

Schule - Konstitution

GEMÜT - *Ungehorsam* (^/191)
• *Ungehorsam - Kindern, bei* (lmj/191)

Nonverbales - Aggressivität

GEMÜT - Spucken (bg2/170)
• Zerbricht Dinge (a1/251)

Nonverbales - Reaktion auf andere

GEMÜT - Gehalten - amel.; gehalten zu werden (ptk1/87)
• *Gehalten - Verlangen, gehalten zu werden* (bg2*/87)

Nonverbales - Allgemeines

GEMÜT - Singen (ptk1/163)

Nonverbales - Konsultation; bei der

OHR - *Entzündung - Eustachische Röhre* (*/500)
• *Entzündung - Gehörgang* (*/500)
» Mittelohr - chronisch (bro1/501)
• *Katarrh - Eustachische Röhre* (*/515)

HÖREN - *Schwerhörig - Tubenkatarrh* (*/537)

MUND - Schleimhautpapel bei sekundärer Syphilis (k/673)

INNERER HALS - *Entzündung - Tonsillen* (*/724)
• Schwellung - Tonsillen (hr1/747)

EXTREMITÄTEN - Nägel; Beschwerden der - eingewachsene Zehennägel (hr1*/1665)
• Nägel; Beschwerden der - eingewachsene Zehennägel - Granulation; mit krankhafter (k/1665)
» eingewachsene Zehennägel - Ulzeration; mit (hr1/1665)

Nonverbales - Äußerliches - Beobachtungen des Arztes

GESICHT - Venen, erweiterte (*/634)
• *Venen, erweiterte - Schläfen* (*/634)

ÄUSSERER HALS - Torticollis (bg2/761)

ATMUNG - *Beschleunigt* (*/1174)

ALLGEMEINES - Aussehen - dunkel (c1/1854)

Nonverbales - Äußerliches - Beobachtungen der Eltern

MAGEN - Brechreiz, Würgen - Husten; agg. beim (k2/784)

STUHL - *Unverdaut* (*/999)

HUSTEN - Trocken - krampfhafter, erschöpfender Husten, besonders bei Kindern - nachts - Hinlegen und wenn es in einen kaltes Zimmer geht, um zu schlafen; beim (k/1209)

EXTREMITÄTEN - *Hitze - Füße - brennend - entblößt sie* (k/1440)
• *Hitze - Füße - Fußsohlen - entblößt sie* (k/1441)

Nacht; Beobachtungen in der - körperliche Symptome

KOPF - Bohrt den Kopf in das Kissen (bg2*/282)

Nacht; Beobachtungen in der - Schlaf

SCHLAF - Erwachen - Schreck, wie durch (k/1675)

Körperliche Symptome und Erkrankungen

KOPF - Schmerz - katarrhalisch (*/331)

NASE - *Katarrh - gefolgt von - Stirnhöhlen; Beschwerden der* (k/553)

GESICHT - *Hautausschläge - Akne - Menses - unregelmäßige Menses* (bro1/596)

ZÄHNE - Karies, faule, hohle Zähne (k/700)

MAGEN - Würgen - Husten, mit (k/846)

WEIBLICHE GENITALIEN - Menses - verzögerte Menarche (bg2*/1114)

KEHLKOPF UND TRACHEA - Laryngismus stridulus (k/1145)

FIEBER - Continua (k/1772)

Chirurgisch pathologische Zustände

NASE - **Polyp** (*/561)

Würmer

MAGEN - **Erbrochenen; Art des - Würmer** (*/801)

Sanicula aqua

sanic.

Sanicula aqua (nicht zu verwechseln mit Sanicula europaea) hat Gemütssymptome, die oft denen von Tuberculinum, Chamomilla und Cina ähneln. Tatsächlich sind Kinder, die Sanicula benötigen *reizbar,* besonders beim Erwachen und bei Kleinigkeiten. Sie sind *eigensinnig, empfindlich und ruhelos.* Sie schreien, weinen und treten und wollen nicht berührt werden.

Auf der körperlichen Ebene sollte öfter eine Differentialdiagnose mit Silicea durchgeführt werden: Kopf und Hals *schwitzen stark im Schlaf* und das Kopfkissen ist sehr naß; der Schweiß an den Füßen ist reichlich, übelriechend, wundfressend (zerstört Socken und Schuhe) und kalt; *starke Obstipation* (Stuhl muß mechanisch entfernt werden); Tendenz zu *Abszessen. Auch auf der Gemütsebene sind Ähnlichkeiten vorhanden, aber bei Silicea sind Reizbarkeit und Sturheit weniger ausgeprägt.* Zu weiteren Symptomen, die es mit Silicea gemein hat, gehören einige Ängste: vor Dunkelheit, Räubern, Unglück und besonders vor *Abwärtsbewegung,* wie beispielsweise auf einer Rutsche. Und wie Silicea unternehmen sie viele Dinge, ohne dabei zu bleiben („Gemüt - Unternehmen; etwas - Vieles, hält aber bei nichts durch, bleibt nicht dabei; unternimmt").

Es sind frostige Kinder und doch ziehen sie Kleidung selbst bei kältestem Wetter aus; obwohl sich die Gliedmaßen kalt anfühlen, entblößen sie im Bett die Füße.

Borland schrieb: „Gewöhnlich sind diese Kinder unterernährt, untergewichtig, am Hals sehr dünn und haben oft einen aufgetriebenen Bauch. In anderen Worten das dickbäuchige Kind mit Marasmus ist oft ein Sanicula-Kind und nicht Silicea."

Was die Atmungsorgane angeht, sollte man sich bei *Bronchialasthma mit Husten, der im warmen Zimmer schlimmer wird* an Sanicula erinnern.

Zu weiteren wichtigen Symptomen gehören: klebrige Absonderungen der Augen und ausgeprägte Photophobie, oft ohne Ursache oder mit sehr geringer Entzündung.

Klinisches: Asthma. Rhinitis. Husten. Gastritis. Obstipation. Diabetes. Enuresis. Kopfschmerzen. Konjunktivitis. Zahnschmerzen. Ekzem. Kopfschuppen. Bienenstiche.

Wirkungsbereich: Äußerer Hals. Rektum. Haut. Atmungsorgane. Weibliche Geschlechtsorgane.

* * *

Entwicklung - langsam

GEMÜT - Sprechen - langsam; lernt (*/168)

ALLGEMEINES - *Gehen - Gehenlernen, Laufenlernen - spätes* (*/1883)

Entwicklung - schnell

KOPF - Fontanellen - geschlossen; bei der Geburt (c1/286)

Stillen - Milch

MAGEN - *Erbrechen - Milch, nach* (*/794)
- *Erbrechen - Milch, nach - Muttermilch, nach* (k/794)
- Erbrochenen; Art des - Milch (c2/798)
  - » Milch - geronnene (bro1*/798)
  - » Milch - geronnene - Kindern; bei (mtf33/798)

ALLGEMEINES - Speisen und Getränke - Milch - agg. (stx1/2001)
- *Speisen und Getränke - Milch - agg. - Muttermilch* (stx1/2001)
  - » Milch - Verlangen (bg1*/2001)
  - » Milch - Verlangen - kalte (bg3*/2001)
  - » Milch - Verlangen - kalte - eiskalte (hsa*/2001)

Stillen - Magendarmsymptome - Appetit - vermehrt

MAGEN - Appetit - Heißhunger (tl1/769)
- Appetit - vermehrt - Schweiß - beim (*/772)

Stillen - Magendarmsymptome - Aufstoßen - Speisen; von

MAGEN - Aufstoßens; Art des - Speisen; von (bg2*/780)

Stillen - Magendarmsymptome - Erbrechen

MAGEN - Erbrechen - Kindern, bei - Säuglingen; bei - Trinken an der Brust; kurz nach dem (tl1/793)
- Erbrochenen; Art des - Speisen - Essen - nach - sofort nach (k/800)

Stillen - Magendarmsymptome - Rektum

REKTUM - Obstipation - entfernt werden; Stuhl muß mechanisch (bg2*/968)
- Obstipation - Kindern, bei (mtf33/969)
  - » Kindern, bei - Kleinkindern, bei (bro1/969)

Stillen - Allgemeines

ALLGEMEINES - Abmagerung - Heißhunger mit Abmagerung - Kindern; bei (mtf33/1845)

- Abmagerung - Heißhunger mit Abmagerung - Kindern; bei - Kleinkindern; bei (tl2*/1845)
- Säuglinge (mtf33/1944)
- Speisen und Getränke - Fleisch - Verlangen - Kindern, bei (c1/1994)

Konstitution - Aggressivität

GEMÜT - Zorn - Kindern, bei (c1*/254)

Konstitution - Angst und Furcht

GEMÜT - Furcht - Abwärtsbewegung, vor (br1*/64)
- Furcht - fallen, zu stürzen; zu - Kind hält sich an der Mutter fest; das (al/68)

Konstitution - Allgemeines

GEMÜT - Reisen - Verlangen nach (*/142)
- Stimmung, Laune - veränderlich (*/171)
- Unternehmen; etwas - Vieles, hält aber bei nichts durch, bleibt nicht dabei; unternimmt (c1*/193)
- Wandern, Herumwandern - Verlangen zu wandern (ptk1*/243)

Familie; Beziehung zur - Liebe und Zuneigung

GEMÜT - Verlassen zu sein; Gefühl (c1/198)

Beziehung zu anderen - Aggressivität

GEMÜT - Schlagen (^/154)

Beziehung zu anderen - Reaktion auf andere

GEMÜT - Gesellschaft - Abneigung gegen (c1/94)
- Widerspruch - Neigung zu widersprechen (ptk1/249)

Beziehung zu anderen - allgemein

GEMÜT - Argwöhnisch, mißtrauisch (k/16)
- Beleidigt, leicht (ptk1*/20)
- Empfindlich - äußerliche Eindrücke; gegen alle (c1/42)
- Furcht - Räubern, vor (*/74)
- Manipulierend (mrr1/128)

Schule - Konstitution

GEMÜT - Eigensinnig, starrköpfig, dickköpfig (*/41)
- Eigensinnig, starrköpfig, dickköpfig - Kinder (c1*/41)
- Unternehmen; etwas - Vieles, hält aber bei nichts durch, bleibt nicht dabei; unternimmt (c1*/193)

Nonverbales - Aggressivität

GEMÜT - Beißen (^/20)
- Reizbarkeit, Gereiztheit - angeblickt, wenn - angesprochen oder berührt; wenn - Kindern; bei (bro1/144)
  - » Kindern, bei (*/145)
- Stoßen, treten, austreten (c1*/172)
  - » Kindern; bei (mtf33/172)
  - » Kindern; bei - zornig, tritt und schimpft beim Erwachen; das Kind ist (c1*/172)

Nonverbales - Reaktion auf andere

GEMÜT - Angesehen, angeblickt zu werden - erträgt es nicht, angesehen zu werden (mtf33/5)
- Angesehen, angeblickt zu werden - erträgt es nicht, angesehen zu werden - Kindern; bei (mtf33/5)
- Berührtwerden - Abneigung berührt zu werden (*/21)
  - » Abneigung berührt zu werden - Kindern; bei (mtf33/21)
- Furcht - berührt zu werden (bro1/66)
- Näherkommen, auf ihn Zukommen von Personen - Abneigung gegen (c1*/134)

Nonverbales - Gesten, Gebärden

GEMÜT - Beißen - Nägel (st*/20)
- Beißen - Nägel - Kindern; bei (mtf33/20)
- Stirnrunzeln, Neigung zum (c1*/171)

Nonverbales - Allgemeines

GEMÜT - Eigensinnig, starrköpfig, dickköpfig (*/41)
- Eigensinnig, starrköpfig, dickköpfig - Kinder (c1*/41)
- Ruhelosigkeit - Kindern, bei (mrr1*/151)
- Schreien - Kindern, bei (c1*/157)

Nonverbales - Konsultation; bei der

OHR - Absonderungen - klebrig (tl1/497)
- Absonderungen - übelriechend (mrr1/498)
- Entzündung - Mittelohr (mrr1/501)
- Katarrh - Eustachische Röhre (c1/515)

MUND - Aphthen (k/639)
- Herausstrecken, Vorstrecken - Zunge, der - schnellt heraus und hinein wie bei einer Schlange, züngelt; die Zunge (bro1*/665)

ABDOMEN - Auftreibung - Kindern, bei - dickbäuchigen Kindern; bei (c2*/852)
- *Vergrößert - Kindern; bei* (*/938)
  - » *Kindern; bei - Marasmus* (k/938)

RÜCKEN - *Abmagerung - Zervikalregion* (*/1311)
- Hautausschläge - Furunkel (k/1316)

EXTREMITÄTEN - Nägel; Beschwerden der - Niednagel (c1/1665)

HAUT - Hautausschläge - Herpes - ringförmig (mp1/1815)
- *Unrein* (k/1835)

Nonverbales - Äußerliches - Beobachtungen des Arztes

KOPF - Halten - hoch, aufrecht zu halten; unfähig, den Kopf (tl1*/289)
- Schuppen (*/402)

GESICHT - Aphthen - Lippen, an den (c1/579)
- Ausdruck - alt aussehend (ptk1/580)
- Fettig (bro1/593)

• *Gerunzelt* (bro1/594)
• Hautausschläge - Akne (*/595)
• Zupfen - Lippen; an den - Oberlippe (pc/636)

ALLGEMEINES - Magere Personen (ptk1/1919)

Nonverbales - Äußerliches - Beobachtungen der Eltern

AUGE - Verklebt - morgens (k/472)

MAGEN - Brechreiz, Würgen - Husten; agg. beim (k/784)
• Völlegefühl - Essen - nach - agg. (tl1/845)
  » Essen - nach - agg. - Lockern der Kleidung amel. (tl1/845)

REKTUM - *Unwillkürlicher Stuhl* (*/984)
• Unwillkürlicher Stuhl - Flatus agg.; Abgang von (*/985)

STUHL - Kugeln, wie (bro1/996)
• Schafskot, wie (ptk1/997)

BLASE - Urinieren - Dysurie - schmerzhaft - weinen bevor der Urin zu fließen beginnt; Kinder (bg3/1012)

EXTREMITÄTEN - *Hitze - Füße - brennend - entblößt sie* (k/1440)
• *Hitze - Füße - Fußsohlen - entblößt sie* (k/1441)

Nacht; Beobachtungen in der - Gemütssymptome

GEMÜT - Furcht - Dunkelheit; vor der (*/66)
• Furcht - Dunkelheit; vor der - Kindern; bei (mtf33/66)
• Schreien - Kindern, bei - nachts (mtf33/157)
  » Kindern, bei - Erwachen, beim (c1*/157)

Nacht; Beobachtungen in der - körperliche Symptome

KOPF - Schweiß der Kopfhaut - nachts (vh/403)
• Schweiß der Kopfhaut - Schlaf - im (k/404)

BLASE - *Urinieren - unwillkürlich - nachts* (*/1019)

Nacht; Beobachtungen in der - Schlaf; Lage im

SCHLAF - Lage - Arme - Kopf - unter dem Kopf (vh/1682)

Schaukeln und Getragenwerden

GEMÜT - Furcht - getragen zu werden; Furcht davor (bro1*/70)
• Getragen - Verlangen getragen zu werden (*/99)
• Schaukeln - Verlangen geschaukelt zu werden (c1*/153)

Autos und Schiffe

SCHWINDEL - Fahren, beim - Wagen, im - agg. (pc/265)

KOPF - *Schmerz - Fahren - Wagen, im - amel.* (k/326)

MAGEN - Erbrechen - Fahren im Wagen agg. (bro1/792)
• Übelkeit - Fahren - Wagen; im - agg. (c1*/836)
  » Seekrankheit (c1*/839)

ALLGEMEINES - *Fahren - Wagen; mit dem - agg.* (bro1*/1877)

Körperliche Symptome und Erkrankungen

INNERER HALS - Räuspert käsige Klumpen herauf (ptk1/732)

MAGEN - Langsame Verdauung (c2/805)

ALLGEMEINES - *Abmagerung - Kindern; bei* (bro1*/1845)
• Abmagerung - Kindern; bei - Kleinkindern; bei (bro1*/1845)
• Kindern; Beschwerden von (mrr1*/1897)
  » zarte, schwächliche, kränkliche Kinder (mrr1/1897)

Santoninum

santin.

Die Symptome der Augen und der Harnwege sind am hervorstechendsten.

Inkontinenz, Dysurie und Enuresis.

Es ist von unbestrittenem Wert bei der Behandlung von Wurmleiden: Magendarm-Reizung, Jukken der Nase, ruheloser Schlaf, Zucken von Muskeln. Das Mittel deckt Ascaris lumbricoides und Fadenwürmer ab, aber nicht Bandwürmer.

Kopfschmerzen am Hinterkopf, mit Farb-Halluzinationen.

Zähneknirschen.

Klinisches: Enuresis. Dysurie. Chronische Zystitis. Epilepsie. Gastroenteritis. Husten. Nasenbluten. Urtikaria. Würmer.

Wirkungsbereich: Harnwege. Verdauungskanal. Haut. Kopf.

* * *

Zahnung - Empfindungen und neurologische Beschwerden

ALLGEMEINES - *Konvulsionen - Zahnung; während der* (bro1/1907)

Stillen - Magendarmsymptome - Appetit - vermindert

MAGEN - Appetit - vermindert (k/772)

Konstitution - Allgemeines

GEMÜT - Selbstvertrauen - Mangel an Selbstvertrauen (a1/161)

Schule - Angst

GEMÜT - Selbstvertrauen - Mangel an Selbstvertrauen (a1/161)

Schule - Konstitution

GEMÜT - Selbstvertrauen - Mangel an Selbstvertrauen (a1/161)

Spielen

GEMÜT - Tanzen (a1/179)

Nonverbales - Allgemeines

GEMÜT - Singen (c1/163)

Nonverbales - Äußerliches - Beobachtungen des Arztes

AUGE - *Strabismus, Schielen* (bro1/467)

NASE - *Bohren mit den Fingern in der Nase* (bro1/546)

Nonverbales - Äußerliches - Beobachtungen der Eltern

ZÄHNE - *Zähneknirschen* (bro1/718)

Nacht; Beobachtungen in der - körperliche Symptome

ZÄHNE - *Zähneknirschen - Schlaf; agg. im* (*/718)

BLASE - Urinieren - unwillkürlich - nachts (bro1/1019)
• Urinieren - unwillkürlich - nachts - Kindern, bei (tl1/1019)

Körperliche Symptome und Erkrankungen

FIEBER - Remittierend - Kleinkindern, bei (c2*/1778)

ALLGEMEINES - *Konvulsionen - Kindern, bei* (bro1/1905)
• *Konvulsionen - Kindern, bei - Kleinkindern, bei* (bro1/1905)

Würmer

NASE - *Jucken - Würmer; durch* (br1/552)

REKTUM - Würmer - Beschwerden durch Würmer (c2*/985)
• Würmer - Beschwerden durch Würmer - Bandwürmer (bro1/986)
» Beschwerden durch Würmer - Madenwürmer (br1*/986)
» Beschwerden durch Würmer - Spulwürmer (c2*/986)

SCHLAF - Ruhelos - Würmer, durch (br1/1685)

ALLGEMEINES - Chorea - Würmer, durch (bro1/1867)
• *Konvulsionen - Würmer, durch* (bro1/1907)
• Zucken - Würmer; bei Beschwerden durch (br1/2034)

Sarracenia purpurea

sarr.

Impfung

ALLGEMEINES - Sepsis - Pockenimpfung; nach (gm1/1985)

Stillen - Magendarmsymptome - Appetit - vermindert

MAGEN - *Appetit - fehlend* (k/767)

Stillen - Magendarmsymptome - Appetit - vermehrt

MAGEN - Appetit - Heißhunger - Essen - nach dem Essen - bald danach (k/770)

Infektionskrankheiten - Mumps

GESICHT - Schwellung - Parotis (k/631)

Infektionskrankheiten - Pocken

SCHLAF - *Schlaflosigkeit - Pocken, bei* (hr1*/1692)

HAUT - Hautausschläge - Pocken (c1*/1819)

ALLGEMEINES - Sepsis - Pockenimpfung; nach (gm1/1985)

Konstitution - Aggressivität

GEMÜT - Niederträchtig (a1/135)

Konstitution - Allgemeines

GEMÜT - Faulheit (a1/55)
• Gewissenhaft, peinlich genau in bezug auf Kleinigkeiten (k/99)

Beziehung zu anderen - allgemein

GEMÜT - Argwöhnisch, mißtrauisch (k/16)
• *Tadelt sich selbst, macht sich Vorwürfe* (k/179)

Schule - Konstitution

GEMÜT - Gewissenhaft, peinlich genau in bezug auf Kleinigkeiten (k/99)

Nonverbales - Gesten, Gebärden

GEMÜT - Launenhaftigkeit, launisch (k/123)

Nonverbales - Konsultation; bei der

OHR - Absonderungen - blutig (a1/497)
• Absonderungen - dick (a1/497)
» gelb (a1/497)

Sarsaparilla officinalis

sars.

Krankengeschichte; familiäre und persönliche

ALLGEMEINES - Krankengeschichte von; persönliche - Harngrieß im Urin; von (mta1/1909)
• Krankengeschichte von; persönliche - Zystitis; von wiederkehrenden - Kindern; bei (lmj/1910)

Impfung

HAUT - Hautausschläge - Impfung, nach (hr1*/1816)

ALLGEMEINES - **Impfung; Beschwerden nach** (bro1*/1892)

Stillen - Milch

KOPF - **Hautausschläge - Milchschorf** (b2/290)

Stillen - Magendarmsymptome - Appetit - vermindert

MAGEN - Appetit - fehlend (b2/767)
• Appetit - vermindert (k/772)

Stillen - Magendarmsymptome - Appetit - vermehrt

MAGEN - Appetit - vermehrt (*/770)
• Appetit - vermehrt - Essen - nach (bg2*/772)

Stillen - Magendarmsymptome - Aufstoßen - Speisen; von

MAGEN - Aufstoßens; Art des - Speisen; von (*/780)
• Aufstoßens; Art des - Speisen; von - bitter schmeckend (b4/780)
» Speisen; von - Essen - beim - agg. (*/780)
» Speisen; von - Essen - nach - agg. (b4a/780)
» Speisen; von - Mittagessen; nach dem (k/780)
» Speisen; von - sauer (b4/780)

Stillen - Magendarmsymptome - Aufstoßen - Wasser; Hochsteigen von

MAGEN - *Aufstoßens; Art des - Wasser in den Mund; Hochsteigen von* (*/781)
• Aufstoßens; Art des - Wasser in den Mund; Hochsteigen von - Essen - nach - agg. (b4a/781)

Stillen - Magendarmsymptome - Schluckauf

MAGEN - Schluckauf - Essen - nach - agg. (b4/810)
• Schluckauf - Mittagessen - nach - agg. (*/811)

Stillen - Magendarmsymptome - Abdomen - agg. durch

ABDOMEN - Schmerz - Druck - agg. (k/883)

Stillen - Magendarmsymptome - Abdomen - amel. durch

ABDOMEN - Schmerz - Beugen - vorne; nach - amel. - krampfartig (h2/882)

Stillen - Allgemeines

SCHWEISS - Essen - beim - agg. (*/1786)

Infektionskrankheiten - Mumps

GESICHT - Entzündung - Parotis (k/584)

Konstitution - Allgemeines

GEMÜT - Ehrgeiz - erhöht, vermehrt, sehr ehrgeizig (j*/40)
• Faulheit (*/55)
• **Stimmung, Laune - veränderlich** (*/171)
• Unaufmerksam (bg2/189)
• Unzufrieden (*/194)

Familie; Beziehung zur - Liebe und Zuneigung

GEMÜT - Verlassen zu sein; Gefühl (bg2/198)

Beziehung zu anderen - Reaktion auf andere

GEMÜT - Antworten - Abneigung zu antworten (bro1/14)
• Widerspenstig (k/249)
• Widerspruch - verträgt keinen Widerspruch (bro1/249)

Beziehung zu anderen - allgemein

GEMÜT - *Beleidigt, leicht* (*/20)

Schule - Konzentration

GEMÜT - Unaufmerksam (bg2/189)

Schule - Lernen - Schreiben

GEMÜT - Fehler; macht - Schreiben, beim (^/57)
• Fehler; macht - Schreiben, beim - falsch - Worte (a1/57)

Nonverbales - Gesten, Gebärden

GEMÜT - Launenhaftigkeit, launisch (bg2*/123)
• Ungeschicklichkeit (j5/192)

Nonverbales - Allgemeines

GEMÜT - Singen (k/163)

Nonverbales - Konsultation; bei der

OHR - Entzündung - Ohrläppchen (b4a/501)
MUND - *Aphthen* (*/639)
• Aphthen - Gaumen (*/640)
» Gaumen - mercurialisch (a1/640)
» Zunge (*/640)
» *Zunge - Quecksilber; nach Mißbrauch von* (kr1*/640)
• **Schwämmchen** (vk1/681)
ÄUSSERER HALS - Schwellung - Halsdrüsen (b4/760)
• *Schwellung - Halsdrüsen - hart* (k/760)
» *Seiten* (*/760)
• *Verhärtung von Drüsen* (k/761)
ABDOMEN - Schmerz - Druck - agg. (k/883)
• *Vergrößert - Kindern; bei* (k/938)
» *Kindern; bei - Marasmus* (k/938)
REKTUM - Hautausschläge - Anus; um den (bg2/964)
• Hautausschläge - Perineum (k/964)
BRUST - Einstülpung - Brustwarzen; der (bg3*/1231)
• **Einziehung der Brustwarzen** (*/1231)
RÜCKEN - *Abmagerung - Zervikalregion* (*/1311)
HAUT - Erysipel (*/1798)
• Hautausschläge - Impetigo (*/1816)
ALLGEMEINES - *Exostose* (hr1*/1877)

Nonverbales - Äußerliches - Beobachtungen des Arztes

AUGE - Verklebt (b4/472)
GESICHT - *Ausdruck - alt aussehend* (*/580)
• Ausdruck - alt aussehend - Kindern; bei (gm1/580)
• Fettig (bro1/593)
• *Gerunzelt* (*/594)
• **Hautausschläge - Akne** (st/595)
• Venen, erweiterte (k/634)
ATMUNG - Beschleunigt (b2/1174)
ALLGEMEINES - Fettleibigkeit - Kindern, bei (b4a/1879)
• Magere Personen (ptk1/1919)

Nonverbales - Äußerliches - Beobachtungen der Eltern

KOPF - Empfindlichkeit - Kämmen, Bürsten der Haare; gegen (h2/283)

AUGE - Verklebt - morgens (*/472)

MAGEN - Schluckauf (*/809)

• Schluckauf - Essen - nach - agg. (b4/810)

» Mittagessen - nach - agg. (*/811)

ABDOMEN - Schmerz - Beugen - vorne; nach - amel. - krampfartig (h2/882)

• Schmerz - Zusammenkrümmen - amel. (h2/897)

BLASE - Urinieren - Dysurie - Kindern, bei (bro1/1012)

• **Urinieren - Dysurie - schmerzhaft - weinen bevor der Urin zu fließen beginnt; Kinder** (*/1012)

» *Harndrang - häufig - Kinder und Säuglinge schreien bevor der Urin abgeht* (k/1014)

» **Harndrang - schmerzhaft - Kindern; bei - weinen; sie** (k/1015)

» *verzögert, muß warten, bis der Urin zu fließen beginnt* (*/1020)

» verzögert, muß warten, bis der Urin zu fließen beginnt - pressen, bevor er damit beginnen kann; muß lange (k/1021)

SCHWEISS - Essen - beim - agg. (*/1786)

Nacht; Beobachtungen in der - körperliche Symptome

BLASE - *Urinieren - unwillkürlich - nachts* (*/1019)

Nacht; Beobachtungen in der - Schlaf

SCHLAF - Erwachen - Schreck, wie durch (b4/1675)

Nacht; Beobachtungen in der - Schlaf; Lage im

SCHLAF - Lage - Rücken, auf dem (*/1683)

Körperliche Symptome und Erkrankungen

KOPF - Entzündung - Periost (bg/285)

GESICHT - Hautausschläge - Akne - Menses - unregelmäßige Menses (bro1/596)

REKTUM - Cholera - infantum (k/949)

NIEREN - Beschwerden der Nieren - begleitet von - Haut; Beschwerden der (mrr1/1023)

• *Entzündung* (*/1023)

» Nierenbecken und Niere (mrr1/1024)

WEIBLICHE GENITALIEN - Menses - verzögerte Menarche (*/1114)

KEHLKOPF UND TRACHEA - Laryngismus stridulus (*/1145)

FIEBER - Continua (h2/1772)

ALLGEMEINES - Abmagerung - Kindern; bei (*/1845)

• Abmagerung - Kindern; bei - Kleinkindern; bei (br1*/1845)

Chirurgisch pathologische Zustände

ABDOMEN - Hernie (c2/867)

• Hernie - Leistenhernie (k/868)

Scutellaria laterifolia

scut.

Zahnung - Empfindungen und neurologische Beschwerden

ALLGEMEINES - Konvulsionen - Zahnung; während der (br1*/1907)

Zahnung - Allgemeines

ZÄHNE - Zahnung - schwierig (c1/718)

SCHLAF - Schlaflosigkeit - Zahnung; während der (bro1/1694)

Konstitution - Aggressivität

GEMÜT - Schlagen - sich; schlägt - schlägt seinen Kopf gegen die Wand und gegen Gegenstände (ckh1/154)

KOPF - Anstoßen (a/274)

• Anstoßen - Bett; mit dem Kopf gegen das (a/274)

Beziehung zu anderen - Aggressivität

GEMÜT - Schlagen (^/154)

• Schlagen - sich; schlägt (^/154)

» sich; schlägt - schlägt seinen Kopf gegen die Wand und gegen Gegenstände (ckh1/154)

Schule - Konzentration

GEMÜT - Konzentration - schwierig - Studieren (a1/117)

Schule - Anstrengung; geistige

KOPF - Schmerz - geistige Anstrengung - agg. (bro1/328)

Nonverbales - Äußerliches - Beobachtungen der Eltern

ZÄHNE - Zusammenbeißen der Zähne - Verlangen, die Zähne zusammenzubeißen; ständiges (c1/719)

MAGEN - Schluckauf (c2*/809)

Körperliche Symptome und Erkrankungen

ALLGEMEINES - Konvulsionen - Kindern, bei (br1*/1905)

• Konvulsionen - Kindern, bei - Kleinkindern, bei (bro1/1905)

Secale cornutum

sec.

Krankengeschichte; familiäre und persönliche

ALLGEMEINES - Krankengeschichte von; persönliche - Furunkel; von wiederkehrenden (bg2/1909)

Zahnung - Allgemeines

ZÄHNE - Zahnung - schwierig (*/718)

FIEBER - Zahnung; während der (bg2/1781)

Stillen - Milch

ALLGEMEINES - Speisen und Getränke - Milch - Abneigung - Muttermilch - Kind verweigert die; das (lmj/2001)

Stillen - Magendarmsymptome - Appetit - vermindert

MAGEN - Appetit - fehlend (*/767)

Stillen - Magendarmsymptome - Appetit - vermehrt

MAGEN - *Appetit - Heißhunger* (*/769)
- Appetit - Heißhunger - Diarrhoe - bei (a1/769)
  - » *unstillbar* (*/770)
  - » vermehrt (*/770)
  - » vermehrt - Diarrhoe, mit (bro1/771)

Stillen - Magendarmsymptome - Aufstoßen - Wasser; Hochsteigen von

MAGEN - Aufstoßens; Art des - Wasser in den Mund; Hochsteigen von (k/781)

Stillen - Magendarmsymptome - Erbrechen

MAGEN - *Erbrochenen; Art des - Speisen - unverdaut* (b7a/800)

Stillen - Magendarmsymptome - Abdomen - amel. durch

ABDOMEN - Schmerz - Druck - amel. (bg1/883)
- Schmerz - Liegen - Seite; auf der - linken; auf der - amel. (k/889)
  - » Zusammenkrümmen - muß sich zusammenkrümmen - krampfartig (gk/897)

Stillen - Allgemeines

ALLGEMEINES - Säuglinge (kk2/1944)

Infektionskrankheiten - Windpocken

FIEBER - Continua - Ausschlagsfieber (k/1772)

HAUT - Hautausschläge - Windpocken (b2/1824)

Infektionskrankheiten - Masern

FIEBER - Continua - Ausschlagsfieber (k/1772)

Infektionskrankheiten - Röteln

FIEBER - Continua - Ausschlagsfieber (k/1772)

Infektionskrankheiten - Scharlach

URIN - *Eiweißhaltig - Scharlach; nach* (k/1046)

FIEBER - Ausschlagsfieber; Fieber bei Ausschlagserkrankungen - Scharlach (k/1770)
- Continua - Ausschlagsfieber (k/1772)

Infektionskrankheiten - Pocken

FIEBER - Continua - Ausschlagsfieber (k/1772)

HAUT - *Hautausschläge - Pocken - schwarz* (*/1819)

Infektionskrankheiten - Keuchhusten

HUSTEN - Keuchhusten (k/1197)

Konstitution - Aggressivität

GEMÜT - Raserei, Tobsucht, Wut - Beißen; mit (j5/140)

Konstitution - Angst und Furcht

GEMÜT - Beschwerden durch - Schreck (*/25)
- Feigheit (k/59)
- Furcht - Armut, vor (gk/65)

Konstitution - Allgemeines

GEMÜT - Entmutigt (*/46)
- Faulheit (*/55)
- Furcht - Armut, vor (gk/65)
- Gewissenhaft, peinlich genau in bezug auf Kleinigkeiten (k/99)

Familie; Beziehung zur - Aggressivität

GEMÜT - Spotten - Verwandten, über seine (*/166)

Familie; Beziehung zur - Liebe und Zuneigung

GEMÜT - Verlassen zu sein; Gefühl (bg2*/198)

Beziehung zu anderen - Aggressivität

GEMÜT - Antworten - kurz angebunden (k/15)
- Grausamkeit (b7/103)
- Herausfordernd (sf1/107)
- Spotten (^/166)

Beziehung zu anderen - Reaktion auf andere

GEMÜT - *Antworten - Abneigung zu antworten* (k/14)
- Antworten - weigert sich zu antworten (k/15)
  - » zögernd (a1/15)
- Gesellschaft - Abneigung gegen (*/94)
- Schüchternheit, Zaghaftigkeit (k/158)

Beziehung zu anderen - allgemein

GEMÜT - **Argwöhnisch, mißtrauisch** (*/16)

Schule - Beziehung zu anderen

MUND - *Sprache - stotternd* (*/688)

Schule - Konstitution

GEMÜT - Eigensinnig, starrköpfig, dickköpfig (*/41)
- Eigensinnig, starrköpfig, dickköpfig - Kinder (j5/41)
- Gewissenhaft, peinlich genau in bezug auf Kleinigkeiten (k/99)

Spielen

GEMÜT - Tanzen (^/179)

Nonverbales - Aggressivität

GEMÜT - Beißen (*/20)
- Destruktivität, Zerstörungswut (bro1/38)
- Reißt an etwas - Gegenstände; zerreißt (ptk1/142)
  - » sich am Körper, verletzt sich (*/142)
  - » sich am Körper, verletzt sich - Genitalien; an den (k/142)
- Spucken (b7a/170)

Nonverbales - Reaktion auf andere

GEMÜT - **Schamlos** (k/153)

Nonverbales - Gesten, Gebärden

GEMÜT - Launenhaftigkeit, launisch (k/123)
• Launenhaftigkeit, launisch - weist Dinge zurück, die er haben wollte, sobald er sie bekommt (ptk1/123)

Nonverbales - Allgemeines

GEMÜT - Eigensinnig, starrköpfig, dickköpfig (*/41)
• Eigensinnig, starrköpfig, dickköpfig - Kinder (j5/41)
• *Nackt sein, möchte* (*/134)
• Possen, spielt (hr1/137)

Nonverbales - Konsultation; bei der

MUND - Aphthen (*/639)
• Herausstrecken, Vorstrecken - Zunge, der (*/665)
ABDOMEN - Schmerz - Druck - amel. (bg1/883)
BRUST - *Einziehung der Brustwarzen* (bro1/1231)
RÜCKEN - Hautausschläge - Furunkel - Zervikalregion (k/1317)
EXTREMITÄTEN - *Krümmung und Biegung* (b7a/1473)
• *Nägel; Beschwerden der - Abblättern der Nägel* (k/1664)
» Abfallen der Nägel (b2/1664)
» Abfallen der Nägel - begleitet von - granulierte Oberfläche; hinterläßt eine krankhafte und (a1*/1664)
» dicke Nägel - Zehennägel (k/1664)
» Härte - Fingernägel (gk/1665)
» Haut zieht sich unter Bildung von Eiter von den Nägeln zurück (bro1/1665)
» spröde, brüchige Nägel (bro1/1665)
HAUT - Erysipel (ptk1/1798)
• Unrein (k/1835)

Nonverbales - Äußerliches - Beobachtungen des Arztes

KOPF - *Schweiß der Kopfhaut - außer am Kopf; generalisierter Schweiß* (*/403)
AUGE - Strabismus, Schielen (b7/467)
NASE - Spitz (b7/574)
GESICHT - Ausdruck - alt aussehend (mrr1/580)
• Gerunzelt (bg1*/594)
• **Hippokratisches Gesicht** (*/605)
• Rissig - Mundwinkel (bro1/614)
ATMUNG - Beschleunigt (b2/1174)
RÜCKEN - *Opisthotonus* (*/1325)
HAUT - Sommersprossen (k/1834)
ALLGEMEINES - Aussehen - dunkel (sf1/1854)
• **Magere Personen** (*/1919)
• Zwergwuchs (k/2035)
• Zyanose - Kindern; bei - Kleinkindern; bei (*/2035)

Nonverbales - Äußerliches - Beobachtungen der Eltern

MUND - Beißt - Zunge; beißt sich auf die (*/640)
ZÄHNE - Zähneknirschen (*/718)
MAGEN - **Schluckauf** (*/809)
ABDOMEN - Schmerz - Liegen - Seite; auf der - linken; auf der - amel. (k/889)
• Schmerz - Zusammenkrümmen - muß sich zusammenkrümmen (a1/897)
» Zusammenkrümmen - muß sich zusammenkrümmen - krampfartig (gk/897)
REKTUM - **Unwillkürlicher Stuhl** (*/984)
STUHL - *Unverdaut* (*/999)
BLASE - Urinieren - verzögert, muß warten, bis der Urin zu fließen beginnt (k/1020)
• Urinieren - verzögert, muß warten, bis der Urin zu fließen beginnt - pressen, bevor er damit beginnen kann; muß lange (k/1021)
MÄNNLICHE GENITALIEN - Faßt sich an die Genitalien - Kind - Konvulsionen; mit (k/1066)
• Masturbation, Neigung zur (k/1071)
WEIBLICHE GENITALIEN - Masturbation; Neigung zu (k2/1104)
EXTREMITÄTEN - **Hitze - Füße - brennend - entblößt sie** (gk/1440)
HAUT - **Ekchymosen** (*/1797)

Nacht; Beobachtungen in der - körperliche Symptome

BLASE - Urinieren - unwillkürlich - nachts (bro1*/1019)

Nacht; Beobachtungen in der - Schlaf

SCHLAF - Erwachen - Schreck, wie durch (j5/1675)

Nacht; Beobachtungen in der - Schlaf; Lage im

SCHLAF - *Lage - Finger gespreizt* (st/1682)

Schaukeln und Getragenwerden

GEMÜT - Schaukeln - amel. (sf1/153)
SCHWINDEL - Schaukeln - amel. (*/269)
ATMUNG - Atemnot, Dyspnoe, erschwertes Atmen - Schaukeln, beim - amel. (bg1/1169)

Autos und Schiffe

MAGEN - Erbrechen - Fahren im Wagen agg. (k/792)
• Übelkeit - Seekrankheit (b7/839)

Psychosomatische Störungen

ZÄHNE - Zähneknirschen - Raserei, Tobsuchtsanfall; bei (k/718)
ALLGEMEINES - *Konvulsionen - Schreck agg.* (*/1906)

Körperliche Symptome und Erkrankungen

KOPF - Entzündung - Hirnhaut (btw1*/284)
ZÄHNE - Abszeß der Zahnwurzeln (gk/695)

INNERER HALS - Räuspert käsige Klumpen herauf (*/732)
REKTUM - *Cholera - infantum* (*/949)
NIEREN - Entzündung (k/1023)
ATMUNG - Asthma, asthmatische Atmung - Hautausschlägen; nach unterdrückten (*/1162)
FIEBER - *Continua* (k/1772)
• *Schleichendes Fieber* (*/1779)
ALLGEMEINES - Abmagerung - Kindern; bei - Kleinkindern; bei (bro1/1845)
• Kindern; Beschwerden von (*/1897)
• Konvulsionen - Kindern, bei (k/1905)
• Medikamente - allopathische - Mißbrauch von (ptk1/1921)
• Schmerzlosigkeit gewöhnlich schmerzhafter Beschwerden (b7/1971)

Chirurgisch pathologische Zustände

ABDOMEN - Entzündung - Peritoneum (bro1/860)
• Hernie (gk/867)
» Leistenhernie (gk/868)
MÄNNLICHE GENITALIEN - Hochgezogen, an den Körper gezogen - Hoden (k/1068)

Würmer

MAGEN - Erbrochenen; Art des - Würmer (*/801)
• Erbrochenen; Art des - Würmer - Spulwürmer (k/801)
REKTUM - Würmer - Beschwerden durch Würmer (*/985)
• Würmer - Beschwerden durch Würmer - Spulwürmer (*/986)

Selenium metallicum

sel.

Stillen - Milch

ALLGEMEINES - Speisen und Getränke - Milch - Abneigung (stj2/2000)

Stillen - Magendarmsymptome - Appetit - vermindert

MAGEN - Appetit - fehlend (b2/767)

Stillen - Magendarmsymptome - Appetit - vermehrt

MAGEN - Appetit - Heißhunger (b7a/769)
• Appetit - Heißhunger - nachts (k/769)
» vermehrt (*/770)
» vermehrt - nachts (*/771)

Stillen - Magendarmsymptome - Rektum

REKTUM - Obstipation - entfernt werden; Stuhl muß mechanisch (bg2*/968)
• Obstipation - Kindern, bei - Kleinkindern, bei (ptk1/969)

Stillen - Allgemeines

SCHWEISS - Essen - nach - agg. (*/1786)

Konstitution - Angst und Furcht

GEMÜT - Beeindrucken, empfänglich für Eindrücke; leicht zu (gmj2/19)
• Furcht - hochgelegenen Orten; vor (stj2/71)
» Versagen, Mißerfolg; vor dem (stj2/79)

Konstitution - Allgemeines

GEMÜT - Faulheit (b7/55)
• Sprache - Plappern, Schwatzen (k2*/167)
• Theoretisieren (k2*/180)
• Unzufrieden (bg2*/194)

Beziehung zu anderen - Aggressivität

GEMÜT - Grausamkeit (gl1/103)

Beziehung zu anderen - Reaktion auf andere

GEMÜT - *Gesellschaft - Abneigung gegen* (*/94)
• Schüchternheit, Zaghaftigkeit (bg2/158)

Beziehung zu anderen - allgemein

GEMÜT - Argwöhnisch, mißtrauisch (*/16)
• Tadelsüchtig, krittelig (ptk1*/178)

Schule - Angst

GEMÜT - Furcht - Versagen, Mißerfolg; vor dem (stj2/79)

Schule - Konzentration

GEMÜT - Stumpfheit - Lesen (k2*/175)
• Stumpfheit - Lesen - hört oder liest; in bezug auf das, was er (ptk1/176)

Schule - Lernen - Lesen

GEMÜT - Stumpfheit - Lesen (k2*/175)
• Stumpfheit - Lesen - hört oder liest; in bezug auf das, was er (ptk1/176)

Schule - Lernen - Schreiben

GEMÜT - Fehler; macht - Schreiben, beim (gmj2/57)

Schule - Anstrengung; geistige

KOPF - Schmerz - geistige Anstrengung - agg. (k/328)

Schule - Beziehung zu anderen

MUND - *Sprache - stotternd* (*/688)

Nonverbales - Gesten, Gebärden

GEMÜT - Ungeschicklichkeit (^/192)

Nonverbales - Allgemeines

GEMÜT - Singen (stj2/163)

Nonverbales - Konsultation; bei der

OHR - Absonderungen - übelriechend - Fischlake, wie (ptk1/498)
• Ohrschmalz - dünn (*/516)
» verhärtet (*/516)

» vermehrt (*/516)
ÄUSSERER HALS - Schwellung - Halsdrüsen (k2/760)
• Schwellung - Halsdrüsen - hart (k2/760)
RÜCKEN - Abmagerung - Lumbalregion (*/1311)
EXTREMITÄTEN - Nägel; Beschwerden der - Niednagel - schmerzhaft (*/1665)

Nonverbales - Äußerliches - Beobachtungen des Arztes

OHR - Bohren mit den Fingern darin (b7a/500)
NASE - Bohren mit den Fingern in der Nase (*/546)
GESICHT - Aufgesprungen - Lippen (k/579)
• *Fettig* (*/593)
• Hautausschläge - Akne (*/595)
» Akne - Mädchen; bei anämischen (j/596)
• Rissig - Lippen (*/613)
» Lippen - Oberlippe (b7/613)
» *Lippen - Oberlippe - Mitte der* (k/613)
• Wächsern (ptk1/635)
ATMUNG - Beschleunigt (k/1174)
ALLGEMEINES - Aussehen - hell, blond (c1*/1855)

Nonverbales - Äußerliches - Beobachtungen der Eltern

MAGEN - Schluckauf (*/809)
BLASE - Urinieren - unwillkürlich - Husten; agg. beim (bro1/1020)
• Urinieren - unwillkürlich - Lachen agg. (bro1/1020)
» *verzögert, muß warten, bis der Urin zu fließen beginnt* (*/1020)
MÄNNLICHE GENITALIEN - Masturbation, Neigung zur (bg2*/1071)
EXTREMITÄTEN - Nägel; Beschwerden der - Niednagel - schmerzhaft (*/1665)
SCHWEISS - Essen - nach - agg. (*/1786)

Nacht; Beobachtungen in der - Gemütssymptome

GEMÜT - Sprechen - Schlaf; im (*/169)

Nacht; Beobachtungen in der - körperliche Symptome

BLASE - Urinieren - unwillkürlich - nachts (c1*/1019)

Nacht; Beobachtungen in der - Schlaf; Lage im

SCHLAF - Lage - verändert häufig die Lage (rsj9/1683)

Autos und Schiffe

SCHWINDEL - Fahren, beim - Wagen, im - agg. (*/265)
MAGEN - Übelkeit - Fahren - Wagen; im - agg. (*/836)
SCHLAF - Schlaflosigkeit - Fahren - Wagen; im - agg. (st1*/1690)
ALLGEMEINES - *Fahren - Wagen; mit dem - agg.* (*/1877)

Körperliche Symptome und Erkrankungen

ZÄHNE - Karies, faule, hohle Zähne (*/700)
ALLGEMEINES - Abmagerung - Kindern; bei - Kleinkindern; bei (bro1/1845)

Chirurgisch pathologische Zustände

ABDOMEN - Darmverlegung, Obstruktionsileus (bro1/857)

Senecio aureus

senec.

Krankengeschichte; familiäre und persönliche

ALLGEMEINES - Familiengeschichte von - Tuberkulose (mg*/1878)

Stillen - Magendarmsymptome - Appetit - vermindert

MAGEN - Appetit - fehlend (k/767)

Stillen - Magendarmsymptome - Aufstoßen - Speisen; von

MAGEN - Aufstoßens; Art des - Speisen; von (k/780)

Stillen - Magendarmsymptome - Abdomen - amel. durch

ABDOMEN - Schmerz - Beugen - vorne; nach - amel. - krampfartig (k/882)

Infektionskrankheiten - Scharlach

URIN - Eiweißhaltig - Scharlach; nach (k/1046)

Konstitution - Allgemeines

GEMÜT - Beschwerden durch - Heimweh (bro1/24)
• Faulheit (^/55)
• Heimweh (*/107)
• Selbstsucht, Egoismus (ptk1/161)
• Stimmung, Laune - veränderlich (ptk1*/171)

Familie; Beziehung zur - Liebe und Zuneigung

GEMÜT - Abneigung - Familienangehörige; gegen (ptk1/1)

Beziehung zu anderen - allgemein

GEMÜT - Ichbezogenheit, Selbstüberhebung (bg3*/111)

Nonverbales - Aggressivität

GEMÜT - Beißen (^/20)

Nonverbales - Gesten, Gebärden

GEMÜT - Beißen - Nägel (bg2*/20)

Nonverbales - Allgemeines

GEMÜT - Ruhelosigkeit - Kindern, bei (c1/151)

Nonverbales - Konsultation; bei der

RÜCKEN - Abmagerung (bg1/1311)
• Abmagerung - Zervikalregion (bg1/1311)
EXTREMITÄTEN - Nägel; Beschwerden der - spröde, brüchige Nägel (bro1*/1665)
• *Nägel; Beschwerden der - spröde, brüchige Nägel - Fingernägel* (c1*/1665)
» spröde, brüchige Nägel - Zehennägel (c2/1665)

Nonverbales - Äußerliches - Beobachtungen des Arztes

GESICHT - Wächsern (k/635)

Nonverbales - Äußerliches - Beobachtungen der Eltern

MAGEN - Völlegefühl - Essen - nach - agg. - wenig, nach dem kleinsten Bissen; nach noch so (bg1/845)

ABDOMEN - Schmerz - Beugen - vorne; nach - amel. - krampfartig (k/882)
- Schmerz - Zusammenkrümmen - amel. (k/897)

WEIBLICHE GENITALIEN - Fluor - Kindern; bei - Mädchen; bei kleinen (*/1096)

Körperliche Symptome und Erkrankungen

KOPF - Schmerz - katarrhalisch (vml3/331)

NIEREN - *Entzündung* (*/1023)

WEIBLICHE GENITALIEN - Menses - unterdrückt - Mädchen; bei jungen (k2*/1113)
- **Menses - verzögerte Menarche** (*/1114)

ALLGEMEINES - *Pubertät - Beschwerden während der* (bg2*/1934)

Senega

seneg.

Krankengeschichte; familiäre und persönliche

ALLGEMEINES - Familiengeschichte von - Tuberkulose (bnk/1878)

Stillen - Milch

KOPF - Hautausschläge - Milchschorf (bg2/290)

Stillen - Magendarmsymptome - Appetit - vermindert

MAGEN - *Appetit - fehlend* (*/767)
- Appetit - fehlend - Durst - mit (*/768)
  - » vermindert (*/772)

Stillen - Magendarmsymptome - Appetit - vermehrt

MAGEN - Appetit - Heißhunger (k/769)
- Appetit - nagend (bg2/770)
  - » vermehrt (*/770)
  - » vermehrt - quälend (k/772)

Stillen - Magendarmsymptome - Aufstoßen - Wasser; Hochsteigen von

MAGEN - Aufstoßens; Art des - Wasser in den Mund; Hochsteigen von (*/781)

Infektionskrankheiten - Keuchhusten

HUSTEN - *Keuchhusten* (*/1197)
- *Keuchhusten - Kind - pummelig* (kr1/1198)
  - » Konvulsionen, mit (kr1/1198)

Konstitution - Allgemeines

GEMÜT - Faulheit (a1*/55)
- Stimmung, Laune - veränderlich (*/171)
- *Weinen - Kindern; bei* (j5/246)
  - » *Kindern; bei - Säuglingen; bei* (gg/246)

Familie; Beziehung zur - Liebe und Zuneigung

GEMÜT - Liebevoll, voller Zuneigung, herzlich (k/125)

Beziehung zu anderen - Aggressivität

GEMÜT - Streitsüchtig (*/173)

Beziehung zu anderen - allgemein

GEMÜT - *Beleidigt, leicht* (b4a/20)

Spielen

GEMÜT - Spielen - Verlangen zu spielen (k/166)
- Verspielt (*/199)

Nonverbales - Äußerliches - Beobachtungen des Arztes

AUGE - **Strabismus, Schielen** (mfj/467)
- Strabismus, Schielen - divergens (k/467)
- Verklebt (b4/472)

ATMUNG - Beschleunigt (*/1174)

ALLGEMEINES - Aussehen - hell, blond (ptk1/1855)
- Fettleibigkeit - Kindern, bei (c1*/1879)

Nonverbales - Äußerliches - Beobachtungen der Eltern

AUGE - *Verklebt - morgens* (k/472)

BLASE - Urinieren - unwillkürlich - Husten; agg. beim (*/1020)

HAUT - Insektenstiche (*/1825)

Nacht; Beobachtungen in der - körperliche Symptome

BLASE - *Urinieren - unwillkürlich - nachts* (*/1019)
- *Urinieren - unwillkürlich - nachts - Träumen vom Urinieren; beim* (k/1019)

Körperliche Symptome und Erkrankungen

MAGEN - *Würgen - Husten, mit* (*/846)

ALLGEMEINES - Kindern; Beschwerden von (*/1897)

Senna

senn.

Stillen - Magendarmsymptome - Abdomen - agg. durch

ABDOMEN - Schmerz - Kindern; bei - Säuglingen; bei - krampfartig (br1*/888)

Stillen - Magendarmsymptome - Rektum

REKTUM - Diarrhoe - Kindern, bei (bg1/954)

Konstitution - Allgemeines

GEMÜT - Weinen - Kindern; bei (^/246)
- Weinen - Kindern; bei - Säuglingen; bei (j5/246)

Nonverbales - Allgemeines

GEMÜT - *Schreien - Kindern, bei* (k/157)

Nonverbales - Äußerliches - Beobachtungen der Eltern

ABDOMEN - Schmerz - Kindern; bei - Säuglingen; bei - krampfartig (br1*/888)

Nacht; Beobachtungen in der - Gemütssymptome

GEMÜT - Schreien - Kindern, bei - Schlaf, im (j/157)

Nacht; Beobachtungen in der - Schlaf

SCHLAF - Ruhelos - Kindern, bei (j5/1685)

Körperliche Symptome und Erkrankungen

ALLGEMEINES - *Azetonämie* (br1*/1856)
• Azetonämie - Kindern; bei (br1*/1856)
• Kindern; Beschwerden von (j5/1897)

Sepia officinalis

sep.

Diese Kinder sind nicht gerne allein und weinen oft, aber je mehr man versucht, sie zu trösten, indem man sie hält und liebkost, desto mehr weinen sie und desto verzweifelter werden sie.

Manchmal können sie in den ersten Lebensjahren lebhaft sein und an der Umwelt Anteil nehmen, aber dann werden sie verschlossen und introvertiert, empfindlich und faul. Sie wollen nicht am Sozialleben teilnehmen und *mögen Gruppenspiele und Parties nicht. Nichtsdestotrotz, wenn sie auf eine Party gehen und die Möglichkeit haben zu tanzen, dann verwandeln sie sich völlig und zeigen eine versteckte Lebhaftigkeit, die, wenn sie älter werden, dazu führt, daß sie ganz verrückt auf Sport werden.*

Verhalten und Charakter werden von Geburt an stark durch jegliche Disharmonie zwischen den Eltern beeinflußt: die Neigung zum Bettnässen kann ein Zeichen für eine unangenehme Familiensituation sein.

Wenn Kinder mit diesen Charakteristika größer werden, können sie sich zunehmend emotional von ihrer Familie ablösen und eine ausgesprochene Teilnahmslosigkeit gegenüber allem und jedem entwickeln, was zu Reizbarkeit mit Wutausbrüchen werden kann.

Ein Kind kann Sepia benötigen, wenn die Schwangerschaft schwierig oder die Geburt verfrüht war. Das Geburtsgewicht kann gering sein. Die Mutter hat oft eine Zeit lang nach der Entbindung Depressionen, was dazu führt, daß sie weint und das Interesse am Baby verliert. Es kann unmittelbar zu *Milchunverträglichkeit* kommen, *mit häufigen Magendarm-Beschwerden.*

Was Speisen angeht, so lieben sie Süßigkeiten, besonders Schokolade und saure Speisen, wie Essig.

Sie sind *sehr empfindlich gegen Kälte,* aber leiden unter Hitze. Sie schwitzen schnell am ganzen Körper, sobald die Temperatur steigt, aber nicht am Kopf, außer, wenn sie einschlafen. Sie schwitzen auch viel, wenn Fremde anwesend sind oder wenn sie unter Streß stehen. Der Schweiß ist übelriechend, besonders unter den Achselhöhlen und an den Füßen.

Was die Bewegung angeht, so haben sie *in den ersten Lebensmonaten Schwierigkeiten zu sitzen und lernen manchmal spät laufen.* Die Fontanellen schließen sich spät, was die *Tendenz, sich etwas langsamer als durchschnittlich zu entwickeln* bestätigt.

Sie leiden häufig unter *Kopfschmerzen,* gewöhnlich in der Gegend um die Augenhöhlen, besonders auf der linken Seite.

Zähne werden von verfrühtem *Karies* angegriffen, sowohl die Milchzähne wie die permanenten Zähne; Karies entwickelt sich normalerweise schnell. Während der Zahnung kann es zu Diarrhoe kommen. Zähneknirschen kann ebenso auftreten, besonders im Schlaf.

Die Harnorgane sind besonders betroffen. *In der ersten Schlafphase kann es zu Inkontinenz kommen; manchmal träumen sie vom Urinieren;* in diesen Fällen ist es sehr schwer, sie aufzuwecken. Harnabgang kann auch eintreten beim Husten, Lachen oder einfach nachdem der Hustenreiz zu lange unterdrückt wurde.

Die Geschlechtsorgane sind bei Mädchen von *Vaginitis* betroffen, *mit weißlichem Fluor,* der typischerweise nur tagsüber erscheint und gewöhnlich *wundfressend ist.* Knaben können Phimose haben.

Säuglinge sind rezidivierender Rhinopharyngitis ausgesetzt, mit Schmerzen beim Schlucken, immer begleitet von Adenopathie der Halsdrüsen.

Die Atmungsorgane leiden unter Infektionen, die lange Zeit dauern und durch Husten gekennzeichnet sind, der vor Mitternacht schlimmer wird und oft von Heiserkeit begleitet ist. Der Husten kann nach starkem Schneefall einsetzen.

Die Haut leidet oft seit den ersten Lebensmonaten *unter Ekzem, Psoriasis und Herpes.* Am häufigsten sind die Hautfalten, die Genitalien und die Gegend des Perineums betroffen. Die Haut ist häufig trocken und sieht blaß oder gelblich aus.

Zu weiteren häufigen Zeichen gehören: *Milchschorf, Hirsutismus, Café-au-lait-Flecken und Herpes labialis.* Die Nägel können deformiert sein und oft sind weiße Punkte zu sehen.

Gewöhnlich geht es diesen Kindern besser, wenn ein Gewitter naht, abends und durch körperliche Betätigung; es geht ihnen schlechter durch Kälte, am Meer, nachts (zwischen 2 und 3 Uhr) und durch Fett und Milch.

Klinisches: Fluor. Amenorrhoe. Dysmenorrhoe. Zystitis. Kopfschmerzen. Dyspepsie. Chloasma. Ekzem. Herpes. Kondylom. Pityriasis versicolor. Warzen. Keuchhusten.

Wirkungsbereich: Weibliche Geschlechtsorgane. Gemüt. Nerven. Verdauungskanal. Kopf. Haut. Venöser Kreislauf.

* * *

Krankengeschichte; familiäre und persönliche

ALLGEMEINES - Familiengeschichte von - Tuberkulose (br1/1878)
- *Krankengeschichte von; persönliche - Penis; von wiederkehrenden Geschwüren am* (k/1910)
  - » Tonsillitis; von wiederkehrender (k/1910)
  - » Tuberkulose, von (br1/1910)
  - » Zystitis; von wiederkehrenden (h2/1910)
  - » *Zystitis; von wiederkehrenden - Kindern; bei* (lmj/1910)

Entwicklung - langsam

KOPF - *Fontanellen - offen* (*/286)

ALLGEMEINES - Gehen - Gehenlernen, Laufenlernen - spätes (bg3*/1883)

Entwicklung - schnell

GEMÜT - Frühreife, altkluge Kinder (lmj*/63)

Zahnung - Magendarmsymptome

REKTUM - *Diarrhoe - Zahnung; während* (*/957)

Zahnung - Allgemeines

ZÄHNE - Zahnung - schwierig (*/718)

Impfung

ALLGEMEINES - Impfung; Beschwerden nach (bro1/1892)

Stillen - Gemütssymptome

GEMÜT - Essen - weigert sich zu (k/53)

Stillen - Milch

KOPF - *Hautausschläge - Milchschorf* (b2/290)

MAGEN - *Erbrechen - Milch, nach* (k/794)
- Erbrochenen; Art des - Milch (k/798)
- *Verdorben - Milch agg.* (k/844)

REKTUM - **Diarrhoe - Milch - agg.** (*/954)
- *Diarrhoe - Milch - gekochter Milch; nach* (ptk1*/954)

HAUT - Hautausschläge - Milch agg. (h2/1818)

ALLGEMEINES - *Speisen und Getränke - Milch - Abneigung* (*/2000)
- **Speisen und Getränke - Milch - agg.** (*/2001)
  - » Milch - agg. - gekochte (c1*/2001)
  - » Milch - Verlangen (gk/2001)

Stillen - Magendarmsymptome - Appetit - allgemein

MAGEN - Appetit - vermehrt - abwechselnd mit - Appetitverlust (mtf33/771)

Stillen - Magendarmsymptome - Appetit - vermindert

MAGEN - **Appetit - fehlend** (*/767)
- Appetit - fehlend - Durst - mit (*/768)
  - » fehlend - Speisen - Anblick von; beim (tl1/769)
  - » fehlend - Speisen - Geruch von; durch (tl1/769)
  - » *schnelle Sättigung* (*/770)
  - » vermindert (*/772)

Stillen - Magendarmsymptome - Appetit - vermehrt

MAGEN - *Appetit - Heißhunger* (*/769)
- Appetit - Heißhunger - nachts (k/769)
  - » *Heißhunger - Sättigung; schnelle* (bro1/770)
  - » nagend (k2*/770)
  - » *unstillbar* (k/770)
  - » *vermehrt* (*/770)
  - » vermehrt - Essen - nach (bg2/772)
  - » vermehrt - Essen - nach - nur beim Essen wieder; Appetit kehrt (b4/772)
  - » vermehrt - Schwäche, mit (bg2/772)

Stillen - Magendarmsymptome - Aufstoßen - Speisen; von

MAGEN - Aufstoßens; Art des - Speisen; von (bg2/780)
- Aufstoßens; Art des - Speisen; von - Essen - nach - agg. (b4/780)
  - » *Speisen; von - sauer* (b4a/780)

Stillen - Magendarmsymptome - Aufstoßen - Wasser; Hochsteigen von

MAGEN - *Aufstoßens; Art des - Wasser in den Mund; Hochsteigen von* (*/781)
- *Aufstoßens; Art des - Wasser in den Mund; Hochsteigen von - Essen - nach - agg.* (*/781)
  - » Wasser in den Mund; Hochsteigen von - Essen - nach - amel. (h2/781)
  - » Wasser in den Mund; Hochsteigen von - Trinken - nach - agg. (k/782)

Stillen - Magendarmsymptome - Erbrechen

MAGEN - Erbrochenen; Art des - Speisen - Essen - beim - agg. (k/799)
- Erbrochenen; Art des - Speisen - unverdaut (k2/800)

Stillen - Magendarmsymptome - Schluckauf

MAGEN - Schluckauf - Aufstoßen - nach (b4/809)
- *Schluckauf - Essen - nach - agg.* (*/810)

Stillen - Magendarmsymptome - Abdomen - agg. durch

ABDOMEN - Schmerz - Beugen - vorne; nach - agg. (^/882)

Stillen - Magendarmsymptome - Abdomen - amel. durch

ABDOMEN - **Schmerz - Beugen der Beine amel.** (*/882)
- *Schmerz - Druck - amel.* (sne/883)
  » *Wärme - amel.* (k/896)
  » Zusammenkrümmen - amel. - krampfartig (bro1/897)

Stillen - Magendarmsymptome - Rektum

REKTUM - Diarrhoe - Kindern, bei (*/954)
- Diarrhoe - Kindern, bei - Säuglingen; bei (mtf33/954)
- *Obstipation - entfernt werden; Stuhl muß mechanisch* (bg1*/968)
  » *Kindern, bei* (kr1*/969)
  » Kindern, bei - Kleinkindern, bei (bro1*/969)

Stillen - Allgemeines

GESICHT - Schweiß - Essen - warmen Speisen agg.; von (*/629)

SCHWEISS - **Essen - beim - agg.** (*/1786)
- **Essen - nach - agg.** (*/1786)
  » nach - amel. (*/1786)
- Mittagessen; nach (*/1789)
- Warm - Speisen; warme - nach (*/1792)

ALLGEMEINES - Säuglinge (mtf33/1944)

Infektionskrankheiten - Windpocken

HAUT - *Hautausschläge - Windpocken* (*/1824)

Infektionskrankheiten - Masern

HAUT - Hautausschläge - Masern (hr1/1817)

ALLGEMEINES - *Masern - Beschwerden nach* (bg2*/1920)

Infektionskrankheiten - Mumps

GESICHT - *Schmerz - Parotis* (^/626)
- *Schmerz - Parotis - stechend* (*/627)
- *Schwellung - Parotis* (*/631)
  » Parotis - rechts (k/631)
- Spannung der Haut - Parotis - Drehen des Kopfes agg. (h2/632)

Infektionskrankheiten - Pocken

HAUT - Hautausschläge - Pocken (k/1819)
- Hautausschläge - Pocken - schwarz (*/1819)

Infektionskrankheiten - Keuchhusten

HUSTEN - *Keuchhusten* (*/1197)
- Keuchhusten - heftig (ptk1/1198)
  » *Konvulsionen, mit* (kr1/1198)
  » Krampfstadium, im (ptk1/1198)

Konstitution - Aggressivität

GEMÜT - Zorn - Kindern, bei (mtf33/254)

Konstitution - Angst und Furcht

GEMÜT - *Angst - hypochondrisch* (j5/11)
- Beeindrucken, empfänglich für Eindrücke; leicht zu (lmj*/19)
- Beschwerden durch - Erwartungsspannung (bg/23)
  » *Schreck* (*/25)
- Erwartungsspannung - Lampenfieber (fry/53)
- Feigheit (*/59)
- *Furcht - allein zu sein* (*/64)
  » *Armut, vor* (*/65)
  » Ärzten, vor (vh*/65)
  » engen Räumen; in (kk/67)
  » Gespenstern; vor (*/70)
  » *Gewitter; vor* (k/70)
  » Kindern, bei (mrr1/71)
- *Schreckliches und traurige Geschichten greifen sie stark an* (gt1*/156)

Konstitution - Allgemeines

GEMÜT - Anarchist (cd/4)
- *Beachtung; schenkt allgemeinen Regeln keine* (*/19)
- *Ehrgeiz - Verlust von* (a1*/40)
- Empfindlich - Kinder (mrr1/44)
- *Entmutigt* (*/46)
- **Faulheit** (*/55)
- *Furcht - Armut, vor* (*/65)
- *Geiz* (*/92)
- **Gewissenhaft, peinlich genau in bezug auf Kleinigkeiten** (*/99)
- Heikel, pingelig (*/106)
- Heimweh (k/107)
- *Milde* (*/130)
- Nachgiebigkeit (b4a/134)
- Neugierig (gl1/135)
- Pessimist (gl1/136)
- *Pflicht - zu viel Pflichtgefühl* (lmj/136)
- Protestiert, erhebt Einspruch (jsa/138)
- Reisen - Verlangen nach (g*/142)
- Religiöse Gemütsstörungen, Störungen in bezug auf die Religiosität - beschäftigt; zu sehr mit Religion - Kindern; bei (mtf33/147)
- *Schmutzig - Urinieren und Defäkieren - überall - Kindern; bei* (mtf33*/155)
- Selbstsucht, Egoismus (mtf33/161)
- Selbstvertrauen - Mangel an Selbstvertrauen (b4a/161)
- Sorgen; voller (h2*/164)
- *Sorgsamkeit, Sorgfalt* (b4/165)
- *Stimmung, Laune - veränderlich* (*/171)
  » veränderlich - Kindern; bei (mtf33/171)
- *Theoretisieren* (k/180)

- Traurigkeit - Kindern, bei (mtf33/186)
- *Unaufmerksam* (*/189)
- Ungerechtigkeit; erträgt keine (hsa*/191)
- *Unzufrieden* (*/194)
- Veränderungen - Verlangen nach (a1*/195)
- Verwegenheit (^/199)
- Waschen - Abneigung dagegen, sich zu waschen, zu baden (sf1/243)
  - » Verlangen zu waschen (^/243)
  - » Verlangen zu waschen - Hände; wäscht sich ständig die (vh*/243)
- Weinen - amel. (*/245)
  - » Kindern; bei (mtf33/246)
  - » *leicht* (gg/246)

Familie; Beziehung zur - Aggressivität

GEMÜT - *Beschimpfen, beleidigen, schmähen - Mutter; beschimpft die* (mp1/22)
- Beschwerden durch - Bevormundung - Kindern, bei (dx1/22)
  - » Bevormundung - lange Zeit, für (dx1/22)

Familie; Beziehung zur - Liebe und Zuneigung

GEMÜT - **Abneigung - Familienangehörige; gegen** (*/1)
- Angst - andere, um (ckh1/7)
- Eifersucht (gl/40)
  - » Kinder - unter Kindern (vh*/40)
- *Entfremdet - Familie, von seiner* (*/45)
- Liebevoll, voller Zuneigung, herzlich (mrr1*/125)
- Verlassen zu sein; Gefühl (bg2*/198)
  - » geliebt zu werden; Gefühl von den Eltern, der Ehefrau, den Freunden nicht (gl1/198)

Familie; Beziehung zur - Vorwürfe

GEMÜT - Beschwerden durch - Tadel (gk/25)
- Ermahnungen - agg. (^/47)
  - » agg. - freundliche; selbst (b4a/47)

Beziehung zu anderen - Aggressivität

GEMÜT - Herausfordernd (st1*/107)
- Schlagen (^/154)
  - » sich; schlägt (sne/154)
- **Spotten** (^/166)
  - » andere würden ihn verspotten; glaubt (gl1/166)
- *Streitsüchtig* (*/173)
- **Zorn - Widerspruch, durch** (*/255)

Beziehung zu anderen - Reaktion auf andere

GEMÜT - *Antworten - bissig, schnippisch* (mrr1/15)
- Antworten - einsilbig (*/15)
  - » langsam (k/15)
  - » *schnell* (kr1/15)
  - » unfähig zu antworten (^/15)
- **Gesellschaft - Abneigung gegen** (b2/94)
  - » *Abneigung gegen - Fremden; Abneigung gegen die Anwesenheit von* (k/95)
  - » *Abneigung gegen - Furcht vor dem Alleinsein; jedoch* (*/95)
  - » *Verlangen nach* (*/95)
  - » Verlangen nach - allein; agg. wenn (bg2/96)
- **Schüchternheit, Zaghaftigkeit** (*/158)
  - » Kindern; bei (mtf33/158)
- **TROST - AGG.** (b2/188)
  - » *agg. - Mitleid, Mitgefühl agg.* (ptk1*/188)
- **Weinen - Trost - agg.** (k/248)
- Widerspenstig (vh*/249)
- Widerspruch - Neigung zu widersprechen (bg2*/249)
  - » **VERTRÄGT KEINEN WIDERSPRUCH** (*/249)

Beziehung zu anderen - allgemein

GEMÜT - *Argwöhnisch, mißtrauisch* (*/16)
- *Beleidigt, leicht* (*/20)
- Erregung - Kindern, bei (mrr1*/49)
- *Geheimnistuerisch, verschlossen* (st*/87)
- Lügner (bng/126)
- Mitgefühl, Mitleid (fb*/130)
- *Sprache - hastig, eilig* (*/167)
- *Tadelsüchtig, krittelig* (*/178)
- Tadelt andere (*/179)
- Tadelt sich selbst, macht sich Vorwürfe (gk/179)
- Unabhängigkeit, Selbständigkeit (mgm*/189)
- Unbarmherzig (bg2/189)

Schule - Angst

GEMÜT - Beschwerden durch - Erwartungsspannung (bg/23)
- Selbstvertrauen - Mangel an Selbstvertrauen (b4a/161)

REKTUM - Diarrhoe - Erregung, Aufregung agg. (hr1/952)

Schule - Konzentration

GEMÜT - Studieren, Lernen - schwierig, fällt schwer (mtf33/173)
- *Unaufmerksam* (*/189)

Schule - Lernen - allgemein

GEMÜT - Studieren, Lernen - schwierig, fällt schwer (mtf33/173)

Schule - Lernen - Lesen

GEMÜT - Fehler; macht - Lesen, beim (ptk1/57)
- Lesen - unfähig zu lesen (hr1*/124)

Schule - Lernen - Schreiben

GEMÜT - Fehler; macht - Schreiben, beim (*/57)
- Fehler; macht - Schreiben, beim - falsch - Worte (a1*/57)

Schule - Anstrengung; geistige

KOPF - *Schmerz - geistige Anstrengung - agg.* (*/328)

- *Schmerz - Lesen, beim - agg.* (k/332)

Schule - Beziehung zu anderen

GEMÜT - Lügner (bng/126)
- Ungehorsam (mtf33/191)
  - » Kindern, bei (mtf33/191)

MUND - Sprache - stotternd (*/688)

Schule - Vorwürfe

GEMÜT - Beschwerden durch - Tadel (gk/25)
- Ermahnungen - agg. (^/47)
  - » agg. - freundliche; selbst (b4a/47)

Schule - Konstitution

GEMÜT - Eigensinnig, starrköpfig, dickköpfig (gl1/41)
- **Gewissenhaft, peinlich genau in bezug auf Kleinigkeiten** (*/99)
- Hast, Eile - tut, womit er gerade beschäftigt ist; bei dem, was er (k/105)
- Heikel, pingelig (*/106)
- Lügner (bng/126)
- Neugierig (gl1/135)
- Selbstvertrauen - Mangel an Selbstvertrauen (b4a/161)
- Ungehorsam (mtf33/191)
  - » Kindern, bei (mtf33/191)

Spielen

GEMÜT - *Amüsement, Vergnügen - Verlangen nach* (mtf/4)
- *Tanzen* (bg2*/179)
  - » Kindern; bei (pc/179)

Tieren; Beziehung zu

GEMÜT - Furcht - Spinnen, vor (dgt/75)
- Tiere - liebt Tiere, Tierliebe (gk/180)

Nonverbales - Aggressivität

GEMÜT - Beißen (^/20)
- Destruktivität, Zerstörungswut (sne/38)
- Diktatorisch (lmj/39)
- Reizbarkeit, Gereiztheit - Kindern, bei (k/145)
  - » **Kindern; gegenüber** (^/145)
- Zerbricht Dinge (^/251)
  - » Verlangen; Dingen zu zerbrechen (sne/251)

Nonverbales - Reaktion auf andere

GEMÜT - Berührtwerden - Abneigung berührt zu werden (^/21)
- Berührtwerden - Abneigung berührt zu werden - Kitzeligkeit (st/21)
- **Fremde - Anwesenheit von Fremden - agg.** (*/60)
- Furcht - berührt zu werden (bro1/66)
  - » Näherkommen, Annäherung von; vor - anderen, von (ptk1/74)
- *Gehalten - amel.; gehalten zu werden* (bg2*/87)
  - » *Verlangen, gehalten zu werden* (bg2*/87)

- Magnetisiert - leicht zu magnetisieren (gl1/127)

Nonverbales - Gesten, Gebärden

GEMÜT - Beißen - Nägel (ggd1/20)
- Gesten, Gebärden; macht - Tics; nervöse (bro1*/99)
- Klammert sich an - Kindern; bei - Mutter; das Kind klammert sich an die (mtf33/115)
- Klettern - Verlangen zu (sne/115)
- **Launenhaftigkeit, launisch** (j5/123)
- Stirnrunzeln, Neigung zum (ckh1*/171)
- Ungeschicklichkeit (^/192)

Nonverbales - Allgemeines

GEMÜT - Eigensinnig, starrköpfig, dickköpfig (gl1/41)
- Hast, Eile - Gehen; beim (bg2/105)
  - » tut, womit er gerade beschäftigt ist; bei dem, was er (k/105)
- Singen (k/163)

Nonverbales - Konsultation; bei der

KOPF - Empfindlichkeit - Berührung, gegen (h2/283)
- Empfindlichkeit - Kopfhaut, der - Berührung, gegen (bro1/284)
- Hitze - Kälte - Füße; mit Kälte der (*/293)
  - » Kälte - Hände; mit Kälte der (k/293)

OHR - Absonderungen - Blut (b2/497)
- Absonderungen - blutig (k/497)
  - » dick (k/497)
  - » *dünn* (*/497)
  - » *eitrig* (*/497)
  - » gelb (k2/497)
  - » jauchig (k/497)
  - » Ohrschmalz (bro1/498)
  - » stinkend (*/498)
  - » übelriechend (*/498)
- *Entzündung - erysipelatös* (k/500)
  - » Gehörgang (k/500)
- Feuchtigkeit (h2*/501)
  - » hinter den Ohren (b4a/502)
- Ohrschmalz - eitrig (*/516)
  - » vermehrt (*/516)
  - » weißlich (*/516)

HÖREN - Schwerhörig - Tubenkatarrh (bro1*/537)

GESICHT - *Schwellung - Unterkieferdrüsen* (*/631)

MUND - Aphthen (bg2/639)
- Landkartenzunge (bg3*/668)
- Papillen - aufgerichtet (*/669)
- Schwämmchen (ggd1/681)
- *Stomatitis ulcerosa, Stomakaze* (*/689)
- Zittern der Zunge - Herausstrecken, beim - Beginn; nur zu (vk1/692)

INNERER HALS - Entzündung - Tonsillen (*/724)
- *Schwellung - Tonsillen* (*/747)

ÄUSSERER HALS - *Schwellung - Halsdrüsen* (*/760)
- Verhärtung von Drüsen (k/761)

ABDOMEN - Geschwüre - Nabelgegend (k/865)
- *Schmerz - Druck - amel.* (sne/883)
- Vergrößert - Leber - Kindern, bei (mtf33/938)

REKTUM - Hautausschläge - Anus; um den (k/964)

BRUST - *Einziehung der Brustwarzen* (bro1/1231)

RÜCKEN - Krümmung der Wirbelsäule (bg2*/1323)
- *Krümmung der Wirbelsäule - Dorsalregion* (b4a/1323)

EXTREMITÄTEN - *Exkoriation, Wundheit - Gesäß - Mitte, dazwischen; in der* (*/1407)
- Fußgeruch ohne Schweiß; übler (*/1413)
- Knie, Lage der - innen; nach (bg2/1664)
- Nägel; Beschwerden der - Abblättern der Nägel (k/1664)
  - » *deformiert* (*/1664)
  - » deformiert - Zehennägel (k/1664)
  - » dicke Nägel (*/1664)
  - » Niednagel (k/1665)
  - » spröde, brüchige Nägel (b2/1665)
  - » spröde, brüchige Nägel - Fingernägel (k/1665)
  - » verkrüppelte, verkümmerte Nägel (b2/1665)
  - » *verkrüppelte, verkümmerte Nägel - Fingernägel* (*/1665)
  - » verkrüppelte, verkümmerte Nägel - Zehennägel (*/1665)

HAUT - Erysipel (*/1798)
- Farbe - gelb - Neugeborenen, bei (*/1800)
  - » weiß - Flecken - Kindern; bei (vh*/1802)
- **HAUTAUSSCHLÄGE - HERPES - RINGFÖRMIG** (*/1815)
  - » Impetigo (*/1816)
- *Intertrigo* (*/1825)
- Warzen - Mädchen; bei jungen (hr1/1836)
- *Wundliegen - Kindern; bei* (*/1837)

Nonverbales - Äußerliches - Beobachtungen des Arztes

KOPF - *Schuppen* (*/402)
- *Schweiß der Kopfhaut - außer am Kopf; generalisierter Schweiß* (*/403)

AUGE - **Verklebt** (*/472)

OHR - *Schmerz - warm - Bett, Bettwärme; warmes - agg. - Einhüllen amel.; und warmes* (k/525)

NASE - Schniefen (b4/568)

GESICHT - *Ausdruck - alt aussehend* (*/580)
- *Ausdruck - alt aussehend - bleich, runzelig* (k/580)
  - » alt aussehend - Kindern; bei (mtf33/580)
- Farbe - blaß - Kindern; bei (mtf33/586)
- Fettig (h2*/593)
- *Gerunzelt* (b2/594)
  - » *Stirn, Stirnrunzeln* (*/594)
- **HAUTAUSSCHLÄGE - AKNE** (*/595)
- Rissig - Lippen (bg2*/613)
  - » *Lippen - Oberlippe - Mitte der* (ptk1*/613)
  - » **Lippen - Unterlippe** (*/613)
  - » *Lippen - Unterlippe - Mitte der* (bg1*/614)
  - » *Mundwinkel* (*/614)
- *Sommersprossen* (*/632)
- Venen, erweiterte - Lebersternchen (ptk1/634)
- *Wächsern* (*/635)
- *Warzen* (*/635)
  - » *Kinn* (hr1/635)
  - » *Mund - um den* (hr1/635)

ATMUNG - **Beschleunigt** (*/1174)

HUSTEN - Anfallsweise - Anfälle folgen schnell aufeinander (*/1186)
- *Halten, Festhalten - Brust mit beiden Händen halten; muß beim Husten die* (*/1193)

EXTREMITÄTEN - Farbe - Finger - Fingernägel - weiß - Flecken (*/1409)

HAUT - **Sommersprossen** (*/1834)

ALLGEMEINES - Aussehen - dunkel (*/1854)
- Aussehen - dunkel - blaue Augen und dunkle Haare (kl/1855)
  - » *dunkel - straffer Faser, mit* (kr1/1855)
  - » dunkel - Augen (gk/1855)
  - » hell, blond (j5/1855)
  - » rote Haare (kr1*/1855)
- Magere Personen (*/1919)

Nonverbales - Äußerliches - Beobachtungen der Eltern

KOPF - *Empfindlichkeit - Kämmen, Bürsten der Haare; gegen* (k/283)
- Haare - Haareschneiden; Beschwerden des Kopfes nach (bg2*/418)

AUGE - *Verklebt - morgens* (*/472)

OHR - Schmerz - warm - Zimmer; im warmen - amel. (k/525)

NASE - *Schnupfen - Haareschneiden, durch* (*/572)

MUND - Beißt - Zunge; beißt sich auf die (vk1/640)

ZÄHNE - *Zähneknirschen* (*/718)
- Zusammenbeißen der Zähne - Verlangen, die Zähne zusammenzubeißen; ständiges - Backenzähne (h2*/719)

MAGEN - Brechreiz, Würgen - Husten; agg. beim (k/784)
- *Schluckauf* (*/809)
  - » abwechselnd mit - Aufstoßen (*/809)
  - » Aufstoßen - nach (b4/809)
  - » *Essen - nach - agg.* (*/810)
- Völlegefühl - Essen - nach - agg. (k/845)
  - » Essen - nach - agg. - wenig, nach dem kleinsten Bissen; nach noch so (k/845)

ABDOMEN - **Schmerz - Beugen der Beine amel.** (*/882)
• *Schmerz - Wärme - amel.* (k/896)
» Zusammenkrümmen - amel. (bg1/897)
» Zusammenkrümmen - amel. - krampfartig (bro1/897)
» Zusammenkrümmen - muß sich zusammenkrümmen (k/897)

REKTUM - Unwillkürlicher Stuhl (*/984)

STUHL - *Kugeln, wie* (bro1/996)
• *Schafskot, wie* (*/997)

BLASE - **Urinieren - Harndrang - plötzlich - beeilen um zu urinieren, sonst geht Urin ab; muß sich** (k/1015)
• **Urinieren - unwillkürlich - Husten; agg. beim** (*/1020)
» unwillkürlich - Kindern; bei (mtf33/1020)
» UNWILLKÜRLICH - LACHEN AGG. (*/1020)
» **verzögert, muß warten, bis der Urin zu fließen beginnt** (*/1020)

MÄNNLICHE GENITALIEN - **Masturbation, Neigung zur** (bg2*/1071)

WEIBLICHE GENITALIEN - **FLUOR - KINDERN; BEI - MÄDCHEN; BEI KLEINEN (*/1096)**
• **Fluor - Pubertät, in der** (hr1*/1097)

ATMUNG - Schnarchen (*/1180)

HUSTEN - Schneefall; Husten bei Kindern durch (k/1206)

SCHWEISS - **Essen - beim - agg.** (*/1786)
• **Essen - nach - agg.** (*/1786)
» nach - amel. (*/1786)
• Mittagessen; nach (*/1789)
• Warm - Speisen; warme - nach (*/1792)

HAUT - Insektenstiche (*/1825)

Nacht; Beobachtungen in der - Gemütssymptome

GEMÜT - Furcht - Dunkelheit; vor der (bl/66)
• Schlafwandeln (*/154)
• *Sprechen - Schlaf; im* (*/169)

Nacht; Beobachtungen in der - körperliche Symptome

KOPF - Schweiß der Kopfhaut - nachts (h2*/403)
• Schweiß der Kopfhaut - Schlaf - Einschlafen - beim (*/404)
» *Schlaf - im* (*/404)

ZÄHNE - Zähneknirschen - Schlaf; agg. im (*/718)
• Zusammenbeißen der Zähne - Verlangen, die Zähne zusammenzubeißen; ständiges - fest zusammengebissen - nachts (k1*/719)

BLASE - **Urinieren - unwillkürlich - nachts** (*/1019)
• *Urinieren - unwillkürlich - nachts - Morgen, gegen* (b4a/1019)
» **UNWILLKÜRLICH - NACHTS - ERSTEN SCHLAF, IM** (*/1019)
» **unwillkürlich - nachts - Träumen vom Urinieren; beim** (*/1019)

Nacht; Beobachtungen in der - Schlaf

SCHLAF - *Erwachen - Schreck, wie durch* (*/1675)
• Komatös - Kindern, bei (j5/1681)

Nacht; Beobachtungen in der - Schlaf; Lage im

SCHLAF - **Lage - Abdomen, auf dem** (a1*/1682)
• Lage - Knie - Brust; liegt auf Knien und (fb*/1682)
» *Knie - Gesicht ins Kissen gepreßt; und* (st*/1682)
» Kopf - hinten gebeugt; nach (*/1682)
» Seite, auf der - linken Seite, auf der (vh/1683)
» Seite, auf der - linken Seite, auf der - unmöglich (k2/1683)

Autos und Schiffe

GEMÜT - **Furcht - Fahren im Wagen; beim** (*/68)

KOPF - **Schmerz - Fahren - Wagen, im - agg.** (k/326)

MAGEN - Erbrechen - Fahren im Wagen agg. (bro1/792)
• **Übelkeit - Fahren - Wagen; im - agg.** (*/836)
» *Seekrankheit* (*/839)

ABDOMEN - Flatulenz - Fahren im Wagen agg. (bg2/863)
• *Schmerz - Fahren - Wagen, im - agg.* (k/885)
» Leber - Fahren im Wagen agg. (k/913)

RÜCKEN - Schmerz - Fahren, beim - Wagen, im - agg. (k/1331)

ALLGEMEINES - **Fahren - Wagen; mit dem - agg.** (*/1877)

Psychosomatische Störungen

REKTUM - Diarrhoe - Erregung, Aufregung agg. (hr1/952)

SCHWEISS - *Fremden; in Anwesenheit von* (*/1786)

Körperliche Symptome und Erkrankungen

KOPF - Hydrozephalus (b4a/295)

NASE - **Katarrh - gefolgt von - Stirnhöhlen; Beschwerden der** (sne/553)
• *Katarrh - Hautausschlägen; durch Zurücktreten von* (k/553)

ZÄHNE - **Karies, faule, hohle Zähne** (*/700)

INNERER HALS - Räuspert käsige Klumpen herauf (ptk1/732)

MAGEN - *Langsame Verdauung* (st/805)
• *Würgen - Husten, mit* (*/846)

REKTUM - Cholera - infantum (bro1/949)

NIEREN - Entzündung (k/1023)

WEIBLICHE GENITALIEN - *Menses - verzögerte Menarche* (*/1114)

EXTREMITÄTEN - Hüftgelenksentzündung (k/1443)

FIEBER - Schleichendes Fieber (b4a/1779)

ALLGEMEINES - *Abmagerung - Kindern; bei* (k/1845)

• Abmagerung - Kindern; bei - Kleinkindern; bei (mtf33/1845)

• Arzneimittel - heftige Reaktion auf homöopathische Arzneimittel (gl1/1852)

• Kindern; Beschwerden von (b2/1897)

• Konvulsionen - Hitze; während (bg2*/1904)

» Kindern, bei (lmj/1905)

• Medikamente - allopathische - überempfindlich gegen (st*/1921)

• Pubertät - Beschwerden während der (c1/1934)

• Verletzungen - Knochenbrüche - langsame Heilung von Knochenbrüchen (*/2020)

Chirurgisch pathologische Zustände

NASE - *Polyp* (*/561)

ABDOMEN - Hernie - Leistenhernie (b2/868)

• Hernie - Leistenhernie - stechend (h2/868)

» Nabelbruch (b4a/868)

MÄNNLICHE GENITALIEN - Phimose (*/1071)

• Phimose - Paraphimose (k/1071)

• Varikozele (*/1085)

Würmer

REKTUM - Würmer - Beschwerden durch Würmer (b2/985)

• *Würmer - Beschwerden durch Würmer - Bandwürmer* (*/986)

» *Beschwerden durch Würmer - Madenwürmer* (*/986)

Silicea

sil.

Farrington schrieb: „Die große und wichtige Wirkung von Silicea liegt in den Veränderungen in Bezug auf die Ernährung, die es verursacht. Da Ernährungs-Veränderungen beim wachsenden Kind deutlicher sichtbar sind, als beim Erwachsenen, werden sie feststellen, daß Silicea-Symptome hauptsächlich bei Kindern vom Kleinkindalter an erscheinen. Nicht daß es beim Erwachsenen kontraindiziert wäre, aber seine Anwendung zeigt sich bei jungen Menschen deutlicher. Das Kind ist dann fehlernährt, nicht durch mangelhafte Qualität der Nahrung, die es zu sich nimmt, sondern durch gestörte Assimilation. *Der Kopf ist unverhältnismäßig groß; die Fontanellen, besonders die vordere, sind offen; der Körper ist klein und abgemagert mit Ausnahme des Bauches, der rund und plump ist,* wie es oft bei skrofulösen Kindern der Fall ist [...] *Die Knochen sind schlecht entwickelt, wie auch die Muskeln und das Kind lernt infolgedessen nur langsam laufen.* Silicea eignet sich besonders für rachitische Kinder. Die Faseranteile der Gelenke sind entzündet, geschwollen oder ulzeriert. Dies gibt den Gelenken, besonders den Knien, ein knotiges Aussehen."

Kinder, die Silicea benötigen, entwickeln sich von Geburt an langsam. Oft sind sie zu früh zur Welt gekommen, haben geringes Gewicht und sind dünn. Die Ausmaße des Körpers stehen im Mißverhältnis zueinander, beispielsweise großer Kopf und dünner Körper. Die Nähte und Fontanellen verbinden sich nicht zum normalen Zeitpunkt. *Die Zahnung ist langsam und schwierig. Diese Kinder lernen spät laufen.*

Ihre Äußeres kann charakteristische Züge zeigen: die Brustwarzen sind oft eingezogen; das Haar ist hell und dünn wie Seide, aber besonders schwer zu bändigen; die Haut ist fein, kalt und gelblich; die Zähne sind unregelmäßig; und die Ohrläppchen können unterschiedlich sein; die Nägel können weiße Flecken haben; die Drüsen sind geschwollen und verhärtet, was darauf hindeutet, daß sie im Laufe der Zeit mit Infektionen zu kämpfen haben werden. Auch können Impfungen unangenehme Folgeerscheinungen haben.

Eine *Neigung zu Eiterung* vervollständigt das Bild: latente und chronische Infektionen, wiederholte Infektionen der oberen Luftwege, Infektionen des Mittelohrs, sowie Abszesse und Fisteln.

Silicea ist bekannt für seine tiefgreifende und langsame Wirkung, die Periodizität der Beschwerden und die Richtung nach oben und außen, aus der wir seine Anwendung zur Förderung der Austreibung von Fremdkörpern (Fragmenten, Dornen, Splittern usw.) ableiten.

Ein typisches Merkmal betrifft den *Schweiß*, der beim Einschlafen am Kopf reichlich ist; die Füße schwitzen auf besondere Art, der Schweiß zerfrißt und zerstört die Schuhe. Diese Absonderung sollte man nie unterdrücken, sonst erscheinen einige Beschwerden: Schwäche, Konvulsionen, verstopfte Nase, Trübsichtigkeit, Zusammenschnürungsgefühl in der Brust.

Patienten, die Silicea benötigen, sind empfindlich gegen Kälte und Zugluft und ihr Zustand verschlimmert sich dadurch; sie leiden ganz besonders, wenn sie leichte Kleidung tragen, während es ihnen durch Hitze und bei mildem Wetter besser geht.

Jedoch geht es Silicea bei übermäßiger Kälte und Hitze schlechter: ein Temperaturanstieg von wenigen Grad verursacht Schweiß, der, sobald er eintrocknet, oft dazu führt, daß sich das Kind erkältet.

Aus psychologischer Sicht sind Silicea-Kinder bekannt dafür, in Folge ihres *Mangels an Selbstvertrauen schüchtern* zu sein und sie sind *mild.* Ernst und höflich gehorchen sie gern ihren Eltern. Sie suchen nach der Unterstützung und Zuneigung anderer, weil sie *das Bedürfnis haben, akzeptiert und geliebt zu werden.*

Gleichzeitig sind sie *eigensinnig und stur und sie gleichen ihr mangelndes Selbstvertrauen durch eine manische Sorge um Details aus* und dadurch, daß sie ihr Kinderzimmer und die Spielsachen in Ordnung halten. Alfons Geukens sagt, daß der richtige Beruf für Silicea der des Uhrmachers sei. Diese Akribie wird in der Schulzeit deutlicher. Der Lehrer wird sie als ruhige und zurückhaltende Kinder beschreiben, die nicht gerne vor anderen sprechen, aber schnell Freunde finden. *Vor Prüfungen sind sie ängstlich* und haben Angst, nicht gut vorbereitet zu sein, obwohl sie viel gelernt haben. Weil sie Angst haben zu versagen, sind sie nicht in der Lage, irgendetwas zu beginnen und bilden sich ein, alles falsch zu machen. Das Gedächtnis ist angegriffen; daher machen sie Fehler beim Lesen, stellen Worte um und sind verwirrt, wenn sie erwachen, wie auch am Abend nach langer geistiger Anstrengung.

Vorwürfe nehmen sie schlecht auf, aber sie lernen aus Beobachtungen. Sie ertragen es nicht, getröstet zu werden, wenn sie verärgert sind und weinen und schreien, obwohl man freundlich zu ihnen spricht. Sie werden feindselig und introvertiert. Sie hassen Erschütterungen, Sprechen und Berührtwerden. Sie lassen sich schnell ablenken. Sie sind auf der Hut und fahren bei jedem Geräusch auf, im Schlaf und durch Kleinigkeiten. Sie haben Angst vor spitzen Gegenständen und Nadeln, in solchem Ausmaß, daß sie Halluzinationen davon haben.

Die Charakteristiken und körperlichen Beschwerden von Neugeborenen zeigen sich in den Allgemeinsymptomen des Mittels. Nach der Geburt erscheint *Abneigung gegen Muttermilch,* die sie wegen des schlechten Geschmacks ablehnen oder erbrechen. Typischerweise *werden sie nicht an der Flasche saugen, wenn sie zu heiß ist.*

Die Augen sind auf verschiedene Art angegriffen: Infektionen und Eiterungen mit gelber Absonderung, Striktur des Tränenkanals oder Trokkenheitsgefühl.

Nasenbluten ist häufig.

Zahnung verursacht Diarrhoe und nachfolgend werden die Zähne schnell schlecht, was zu Abszessen des Zahnfleisches und der Zahnwurzeln führt.

Kopfschmerzen beginnen im Hinterkopf und strahlen zur Stirn und zum rechten Auge aus, mit Kältegefühl. Die Kopfschmerzen werden schlimmer, wenn der Kopf entblößt wird, nach dem Haareschneiden oder durch Kälte, während sie besser werden durch Hitze, Einhüllen des Kopfes, Liegen auf der linken Seite und in der Dunkelheit bei geschlossenen Augen.

Wenn sie erkältet sind, verstopft sich die Nase und die Infektion kann sich zu den Ohren ausbreiten, mit *einer akuten Infektion des Mittelohrs,* die chronisch wird. Auf Grund eines Katarrhs in der Eustachischen Röhre ist ein Verstopfungsgefühl vorhanden und die Schmerzen werden durch Wetterwechsel schlimmer; eitrige Otorrhoe, die lange dauert. Sinusitis erscheint in den Stirn- oder Kieferhöhlen, mit dicker Absonderung aus der Nase und harten, blutenden Krusten. In diesen Situationen schwellen die Halsdrüsen, verhärten und können ohne Schmerz eitern.

Pharyngitis wird beim Schlucken von Schmerzen wie durch einen Splitter begleitet.

Die Infektion kann auf Grund mangelnder Abwehrkräfte die Bronchien und Lungen erreichen. Die Kinder genesen nur schwer und die Bronchitis kann den ganzen Winter anhalten.

Auswurf ist reichlich, eitrig, übelriechend und gelbgrün. Der Husten wird schlimmer durch kalte Getränke und im Liegen. Asthma wird auch schlimmer durch Bewegung, Überhitzung und Gewitter.

Die Verdauungssymptome von Silicea decken einen weiten Bereich von Beschwerden ab: warme Speisen und Getränke rufen Hitze im Gesicht hervor und auch Hitzewallungen; saures Aufstoßen nach dem Essen ist typisch; und der Bauch ist aufgetrieben und schmerzhaft, mit schneidender Kolik, Borborygmus und Meteorismus.

Obstipation ohne Stuhldrang ist selten, aber der Mangel an Energie läßt den Eindruck entstehen, als könne der Stuhl nicht vollständig heraus und er schlüpft zurück oder sie müssen sich sehr anstrengen, um den Darm zu entleeren. Mechanische Methoden können notwendig werden, um den

Stuhl zu entfernen. Im Gegensatz hierzu *erscheint Diarrhoe nach Trinken von Milch, mit heftigen Bauchkrämpfen oder nach Impfung.*

Schwierige Genesung nach Verletzungen. Es können sich *Wulstnarben* bilden und diese infizieren sich häufig oder bilden Fisteln.

Bei Heranwachsenden bedeckt *Akne* das Gesicht; *Skoliose* wird schmerzhaft; und auf Grund von reichlichem Fußschweiß kommt es zu *Fußpilz* mit wunder Haut zwischen den Zehen.

Sie wachen oft nachts auf und morgens sind sie nicht genug ausgeruht. Der Schlaf ist ruhelos, weil sie schreckliche Visionen haben, sie sprechen, gehen und schrecken auf. Sie träumen von Räubern, Mördern, Gespenstern und Hunden, die hinter ihnen herlaufen. Wasser ist ebenso ein zentrales Element in Träumen: Überschwemmungen, Gewitter, Wasserfälle und ruhige Wassermassen.

Klinisches: Ohrenleiden. Enchondrom. Knochenbrüche. Enuresis. Störungen beim Stillen. Abszesse. Fremdkörper. Akne. Drüsenschwellungen. Molluscum contagiosum. Fisteln. Wulstnarben. Kopfschmerzen. Hüftgelenksleiden. Hernie. Hydrozele. Phimose. Schlechtwerden der Zähne. Impffolgen.

Wirkungsbereich: Knochen. Zähne. Knorpel. Nerven. Drüsen. Ohren. Schleimhäute. Haut.

* * *

Krankengeschichte; familiäre und persönliche

ALLGEMEINES - Familiengeschichte von - Impfung; wiederholte (zs4/1878)
- Familiengeschichte von - Medikamenten; Mißbrauch von allopathischen (zs4/1878)
  - » Sykose (zs4/1878)
- Krankengeschichte von; persönliche - Abszessen; wiederkehrenden (mtf33/1909)
  - » *Augen - Gerstenkörnern; von wiederkehrenden* (*/1909)
  - » *äußeren Halses; von wiederkehrenden Fibromen* (k/1909)
  - » *Halses; von wiederkehrender Entzündung des* (mrr1/1909)
  - » Ohr - Entzündung - Innenohrs; wiederkehrende Entzündung des (mrr1/1910)
  - » Sinusitis; von wiederkehrender (mrr1/1910)
  - » *Tonsillitis; von wiederkehrender* (*/1910)
  - » Tuberkulose, von (k2/1910)

Entwicklung - langsam

GEMÜT - Sprechen - langsam; lernt (bg2*/168)

KOPF - **Fontanellen - offen** (*/286)
- Fontanellen - offen - Abdomens; mit Auftreibung des (ptk1*/286)

ALLGEMEINES - *Entwicklung - Entwicklungsstillstand* (mrr1*/1872)
- *Gehen - Gehenlernen, Laufenlernen - spätes* (*/1883)

Entwicklung - schnell

GEMÜT - Frühreife, altkluge Kinder (hr1*/63)

ALLGEMEINES - Wachstum - Längenwachstum; zu schnelles (bg/2021)

Entwicklung - allgemein

KOPF - *Großer Kopf* (*/289)

ALLGEMEINES - Schmerz - Wachstumsschmerzen (st1/1958)

Zahnung - Empfindungen und neurologische Beschwerden

KOPF - Schmerz - Zahnung; während der (k/343)

Zahnung - Lokalsymptome

ZÄHNE - **Zahnung - schwierig - begleitet von - Speichelfluß** (kr1*/718)

Zahnung - Magendarmsymptome

ZÄHNE - **Zahnung - schwierig - begleitet von - Würmer bei Kindern; Beschwerden durch** (vh/718)

REKTUM - **Diarrhoe - Zahnung; während** (*/957)
- Obstipation - Zahnung; während der (pfa2/970)

Zahnung - Allgemeines

ZÄHNE - *Weisheitszähne; Beschwerden durch das Heraustreten der* (*/718)
- **Zahnung - langsam** (*/718)
  - » **schwierig** (*/718)
  - » **schwierig - Weisheitszähne** (k1*/718)

FIEBER - *Zahnung; während der* (b4a/1781)

Impfung

OHR - Entzündung - Mittelohr - Impfung; nach (mrr1/501)

MAGEN - **Übelkeit - Impfung, nach** (k/837)

REKTUM - Diarrhoe - Impfung, nach (*/953)

HUSTEN - Impfung, nach (gk/1196)

EXTREMITÄTEN - **Schwellung - Oberarme - Impfung** (k/1633)

ALLGEMEINES - Familiengeschichte von - Impfung; wiederholte (zs4/1878)
- **IMPFUNG; BESCHWERDEN NACH** (bg2*/1892)
  - » nie wieder gesund; seitdem (cpd/1892)
- **Konvulsionen - Impfung, nach** (*/1904)

Stillen - Milch

KOPF - Hautausschläge - Milchschorf (b2/290)

• Hautausschläge - Milchschorf - Kindern; bei (mtf33/290)

MAGEN - Erbrechen - Milch, nach (k2/794)

• **Erbrechen - Milch, nach - Muttermilch, nach** (*/794)

• Erbrochenen; Art des - Milch (*/798)

» **Milch - geronnene** (*/798)

» Milch - geronnene - Kindern; bei (mtf33/798)

ABDOMEN - Schmerz - Milch - agg. (^/891)

• Schmerz - Milch - agg. - krampfartig (mrr1/891)

REKTUM - *Diarrhoe - Milch - agg.* (*/954)

• Diarrhoe - Stillen des Kindes; nach - Säugling; beim (k2/956)

ALLGEMEINES - Speisen und Getränke - Milch - Abneigung (k2*/2000)

• **Speisen und Getränke - Milch - Abneigung - Muttermilch** (*/2001)

» **Milch - Abneigung - Muttermilch - Kind verweigert die; das** (*/2001)

» Milch - agg. (k2*/2001)

» Milch - agg. - kalte (k2*/2001)

» **Milch - agg. - Muttermilch** (bg2*/2001)

» Milch - Verlangen (k2*/2001)

Stillen - Magendarmsymptome - Appetit - allgemein

MAGEN - Appetit - launischer Appetit (k2/770)

• Appetit - vermehrt - abwechselnd mit - Appetitverlust (pd/771)

Stillen - Magendarmsymptome - Appetit - vermindert

MAGEN - Appetit - fehlend (k2/767)

• Appetit - fehlend - Durst - mit (*/768)

» *fehlend - Essen - Versuch zu essen; beim* (*/768)

» *fehlend - Hunger, mit* (*/768)

» *schnelle Sättigung* (*/770)

» vermindert (fd3/772)

Stillen - Magendarmsymptome - Appetit - vermehrt

MAGEN - Appetit - Genuß, ohne (k2/769)

• Appetit - Genuß, ohne - bis er zu essen anfängt (fd3/769)

» Heißhunger (k2/769)

» Heißhunger - nachts (fd3/769)

» Heißhunger - Liegen - amel. (h2/770)

» *Heißhunger - Magenschmerzen, bei* (k/770)

» **Heißhunger - Schweiß, mit** (bg2/770)

» nagend (*/770)

» vermehrt (k2/770)

» vermehrt - nachts (fd3/771)

» vermehrt - Essen - nach (bg2*/772)

Stillen - Magendarmsymptome - Aufstoßen - Speisen; von

MAGEN - Aufstoßens; Art des - Speisen; von (k2/780)

Stillen - Magendarmsymptome - Aufstoßen - Wasser; Hochsteigen von

MAGEN - Aufstoßens; Art des - Wasser in den Mund; Hochsteigen von (k2/781)

• *Aufstoßens; Art des - Wasser in den Mund; Hochsteigen von - Essen - nach - agg.* (*/781)

Stillen - Magendarmsymptome - Erbrechen

MAGEN - Erbrochenen; Art des - Speisen - Essen - beim - agg. (k/799)

• Erbrochenen; Art des - Speisen - Essen - nach - sofort nach (k/800)

Stillen - Magendarmsymptome - Schluckauf

MAGEN - Schluckauf - Essen - nach - agg. (*/810)

• Schluckauf - Essen - vor - agg. (*/810)

Stillen - Magendarmsymptome - Abdomen - agg. durch

ABDOMEN - Schmerz - Druck - agg. (k2/883)

Stillen - Magendarmsymptome - Abdomen - amel. durch

ABDOMEN - Schmerz - Wärme - amel. (k2/896)

Stillen - Magendarmsymptome - Rektum

REKTUM - **Diarrhoe - Kindern, bei** (k/954)

• Diarrhoe - Kindern, bei - abgemagerten; bei (mtf33/954)

» Stillen des Kindes; nach - Säugling; beim (k2/956)

• Obstipation - entfernt werden; Stuhl muß mechanisch (bg1*/968)

» *Kindern, bei* (kr1*/969)

» *Kindern, bei - Kleinkindern, bei* (bro1/969)

Stillen - Allgemeines

KOPF - Schweiß der Kopfhaut - Essen - beim - agg. (dx1/403)

MUND - Aphthen - Kindern, bei - Säuglingen; bei (mtf33/639)

• Schmerz - Kindern; bei - Säuglingen; bei (^/674)

» Kindern; bei - Säuglingen; bei - wund schmerzend (mtf33/674)

SCHWEISS - Essen - beim - agg. (k2/1786)

• Essen - nach - agg. (k2/1786)

ALLGEMEINES - *Abmagerung - Heißhunger mit Abmagerung - Kindern; bei* (k/1845)

• *Abmagerung - Heißhunger mit Abmagerung - Kindern; bei - Kleinkindern; bei* (k/1845)

• *Säuglinge* (kk2/1944)

Infektionskrankheiten - Windpocken

HAUT - Hautausschläge - Windpocken (*/1824)

Infektionskrankheiten - Masern

HÖREN - *Schwerhörig - Masern, nach* (k/536)

Infektionskrankheiten - Mumps

OHR - Beschwerden der Ohren - begleitet von - Parotis - Verhärtung der (k2/499)

GESICHT - Entzündung - Parotis (k2/584)
- **Entzündung - Parotis - Eiterung; mit** (*/584)
  - » Parotis - Mumps (bro1*/584)
- Schmerz - Parotis (^/626)
  - » Parotis - stechend (*/627)
- Schwellung - Parotis (k2/631)
  - » Parotis - hart (h2*/631)
- Verhärtungen - Parotis (k2/634)

Infektionskrankheiten - Scharlach

OHR - Absonderungen - Scharlach, nach (hr1/498)

HÖREN - *Schwerhörig - Scharlach, nach* (k/536)

FIEBER - Ausschlagsfieber; Fieber bei Ausschlagserkrankungen - Scharlach (bro1/1770)

Infektionskrankheiten - Pocken

AUGE - *Trübung - Hornhaut; der - Pocken, nach* (*/470)

HAUT - Hautausschläge - Pocken (*/1819)
- Hautausschläge - Pocken - schwarz (*/1819)

Infektionskrankheiten - Keuchhusten

HUSTEN - Keuchhusten (k2/1197)

Konstitution - Aggressivität

GEMÜT - Zorn - Kindern, bei (fl/254)

KOPF - Anstoßen (fd3/274)

Konstitution - Angst und Furcht

GEMÜT - Angst - Kinder - bei Kindern (mtf33/11)
- *Beeindrucken, empfänglich für Eindrücke; leicht zu* (lmj/19)
- **Beschwerden durch - Erwartungsspannung** (bg3*/23)
  - » Schreck (k2*/25)
- *Erwartungsspannung - Lampenfieber* (mrr1/53)
- Feigheit (k2*/59)
- Furcht - Abwärtsbewegung, vor (ptk1/64)
  - » allein zu sein (fl/64)
  - » Armut, vor (k2*/65)
  - » engen Räumen; in (stj2*/67)
  - » Geräusche, durch (bro1*/69)
  - » Gewitter; vor (bro1/70)
  - » hochgelegenen Orten; vor (st*/71)
  - » **Nadeln, vor** (*/73)
  - » *neuen Projekten, Unternehmungen; vor* (kr1/74)
  - » offenen Plätzen; Furcht vor (stj2/74)
  - » unternehmen; irgendetwas zu (bg2*/78)
  - » Versagen, Mißerfolg; vor dem (k2*/79)
  - » Versagen, Mißerfolg; vor dem - Prüfungen, bei (k2*/79)
- Furchtlos (bro1/80)
- *Schreckliches und traurige Geschichten greifen sie stark an* (gt1*/156)
- Unternehmen; etwas - nichts, auf Furcht, es könne fehlschlagen; unternimmt (*/193)
- Vorsichtig (^/205)
  - » ängstlich (mtf33*/205)

Konstitution - Allgemeines

GEMÜT - Ehrgeiz - erhöht, vermehrt, sehr ehrgeizig (j*/40)
- Ehrgeiz - erhöht, vermehrt, sehr ehrgeizig - Wettbewerb mit anderen, vergleicht sich mit ihnen; steht (mtf/40)
  - » Verlust von (k2/40)
- Empfindlich - Kinder (dx1*/44)
- Entmutigt (k2*/46)
- Faulheit (k2*/55)
- Furcht - Armut, vor (k2*/65)
- **Geiz** (mtf33*/92)
- Gewissenhaft, peinlich genau in bezug auf Kleinigkeiten (stj2*/99)
- **Heikel, pingelig** (fd*/106)
- *Heimweh* (*/107)
- **Kleinigkeiten, Trivialitäten - wichtig; scheinen** (fd*/115)
- Kriecht, krabbelt - Kindern; bei - nervöses Herumkrabbeln (ptk1*/118)
- Milde (k2*/130)
- Mürrisch - Kindern, bei (j5/132)
- Nachgiebigkeit (k2*/134)
- Pessimist (stj2/136)
- Pflicht - kein Pflichtgefühl (st*/136)
  - » zu viel Pflichtgefühl (bt*/136)
- Sauberkeit, Reinlichkeit - Reinlichkeitswahn, Putzwut (gl1/153)
- Schmutzig - Urinieren und Defäkieren - überall - Kindern; bei (mtf33*/155)
- Selbstsucht, Egoismus (tl1*/161)
- Selbstvertrauen - Mangel an Selbstvertrauen (k2*/161)
- Sorgen; voller (k2/164)
- **Sorgsamkeit, Sorgfalt** (b4a/165)
- Stimmung, Laune - veränderlich (k2/171)
  - » veränderlich - Kindern; bei (mtf33/171)
- Theoretisieren (k/180)
- *Unaufmerksam* (bg2/189)
- Unternehmen; etwas - Vieles, hält aber bei nichts durch, bleibt nicht dabei; unternimmt (fd3/193)
- Unzufrieden (k2*/194)
- Verantwortung - ernst; nimmt seine Verantwortung zu (mtf33/195)
- Verwegenheit (mtf33/199)
- Waschen - Abneigung dagegen, sich zu waschen, zu baden (fd3/243)
  - » *Verlangen zu waschen* (^/243)

» *Verlangen zu waschen - Hände; wäscht sich ständig die* (fd3/243)
» *Verlangen zu waschen - Monomanie* (k/243)
• Weinen - Kindern; bei (j5/246)
» Kindern; bei - Säuglingen; bei (gg/246)

Familie; Beziehung zur - Aggressivität

GEMÜT - Beschwerden durch - Bevormundung - Kindern, bei (mp1/22)
• Empfindlich - Grobheiten; gegen (fd3/44)

Familie; Beziehung zur - Liebe und Zuneigung

GEMÜT - Angst - Familie, um seine (k2*/9)
• Eifersucht (fd3/40)
• Entfremdet - Familie, von seiner (fd3/45)
• Liebevoll, voller Zuneigung, herzlich (fd3/125)
• **Verlassen zu sein; Gefühl** (^/198)
» geliebt zu werden; Gefühl von den Eltern, der Ehefrau, den Freunden nicht (mtf33*/198)

Familie; Beziehung zur - Vorwürfe

GEMÜT - Beschwerden durch - Tadel (k2/25)
• Empfindlich - Tadel (k2/45)
» Vorwürfe; gegen (k2*/45)
• Ermahnungen - agg. (mrr1/47)
» *agg. - freundliche; selbst* (b4a/47)
• Weinen - Vorwürfen; bei (mrr1/248)

Beziehung zu anderen - Aggressivität

GEMÜT - Herausfordernd (sf1/107)
• Sprache - barsch (fd3/166)
• *Streitsüchtig* (fd3/173)
• Zorn - Widerspruch, durch (k2*/255)

Beziehung zu anderen - Reaktion auf andere

GEMÜT - Antworten - Abneigung zu antworten (k2/14)
• Antworten - einsilbig (^/15)
» einsilbig - Ja oder Nein (jsa/15)
» einsilbig - Nein auf alle Fragen (vml1/15)
» falsch, unrichtig (fd3/15)
» langsam (fd3/15)
» unfähig zu antworten (^/15)
» weigert sich zu antworten (k2/15)
• Gesellschaft - Abneigung gegen (k2*/94)
» Abneigung gegen - Furcht vor dem Alleinsein; jedoch (k2/95)
» Verlangen nach (^/95)
» Verlangen nach - allein; agg. wenn (k2/96)
• Schüchternheit, Zaghaftigkeit (k2*/158)
» Kindern; bei (mtf33/158)
» **Öffentlichkeit; beim Auftreten in der** (*/159)
» *Öffentlichkeit; beim Auftreten in der - sprechen; in der Öffentlichkeit zu* (st*/159)
• Trost - agg. (k2*/188)
» *agg. - Mitleid, Mitgefühl agg.* (ptk1/188)
» amel. (st*/188)
• Untröstlich (lmj/193)
• Weinen - angesprochen; wenn (k/245)
» *angesprochen; wenn - freundlich* (^/245)
» *angesprochen; wenn - freundlich - Kindern; bei* (st/245)
» Berührung, bei (h2*/245)
» **Trost - agg.** (k/248)
• Widerspenstig (k2/249)
• Widerspruch - verträgt keinen Widerspruch (k2/249)

Beziehung zu anderen - allgemein

GEMÜT - Argwöhnisch, mißtrauisch (fd3/16)
• *Beleidigt, leicht* (j5/20)
• Empfindlich - äußerliche Eindrücke; gegen alle (br1/42)
• Furcht - Räubern, vor (k/74)
• *Ichbezogenheit, Selbstüberhebung* (k/111)
• Lügner (mtf33*/126)
• Manipulierend (mrr1/128)
• *Mitgefühl, Mitleid* (fd*/130)
• Tadelsüchtig, krittelig (k2/178)
• Tadelt sich selbst, macht sich Vorwürfe (^/179)
• Unbarmherzig (fd3/189)

Schule - Angst

GEMÜT - **Beschwerden durch - Erwartungsspannung** (bg3*/23)
• Erwartungsspannung - Prüfungen, vor (k2*/53)
• *Furcht - neuen Projekten, Unternehmungen; vor* (kr1/74)
» unternehmen; irgendetwas zu (bg2*/78)
» Versagen, Mißerfolg; vor dem (k2*/79)
» Versagen, Mißerfolg; vor dem - Prüfungen, bei (k2*/79)
• Selbstvertrauen - Mangel an Selbstvertrauen (k2*/161)
• Unternehmen; etwas - nichts, auf Furcht, es könne fehlschlagen; unternimmt (*/193)

REKTUM - Diarrhoe - Erregung, Aufregung agg. (tl1/952)

Schule - Konzentration

GEMÜT - *Erschöpfung; geistige - Lesen, durch* (k/52)
• Konzentration - schwierig - Kindern, bei (mtf33/117)
» schwierig - Studieren (k2/117)
• Studieren, Lernen - schwierig, fällt schwer (mtf33/173)
• Stumpfheit - Lesen (k2/175)
• *Unaufmerksam* (bg2/189)

Schule - Lernen - allgemein

GEMÜT - Dyslexie (mtf/40)

• Fehler; macht - Sprechen, beim - Buchstabieren, beim (k2*/58)
• Studieren, Lernen - schwierig, fällt schwer (mtf33/173)

Schule - Lernen - Mathematik, Rechnen

GEMÜT - Fehler; macht - Rechnen, beim (fd3/57)
• Mathematik - Begabung zur (dgt*/128)
» Unfähigkeit zur (^/128)
» Unfähigkeit zur - Horror vor (gl1/129)

Schule - Lernen - Lesen

GEMÜT - Fehler; macht - Lesen, beim (k/57)
• Lesen - schwierig; ist (fd3/124)
• Stumpfheit - Lesen (k2/175)

Schule - Lernen - Schreiben

GEMÜT - Fehler; macht - Schreiben, beim (k2*/57)
• Fehler; macht - Schreiben, beim - läßt etwas aus - Worte (fd3/57)
» Schreiben, beim - stellt etwas um - Buchstaben (ft1/58)
• Schreiben - Unfähigkeit zu (gl1/156)
» Unfähigkeit zu - lernen; Kinder können nicht Schreiben (mtf33*/156)

Schule - Anstrengung; geistige

GEMÜT - *Erschöpfung; geistige - Lesen, durch* (k/52)
KOPF - Schmerz - geistige Anstrengung - agg. (^/328)
• Schmerz - Lesen, beim - agg. (k/332)

Schule - Beziehung zu anderen

GEMÜT - Lügner (mtf33*/126)
• **Schüchternheit, Zaghaftigkeit - Öffentlichkeit; beim Auftreten in der** (*/159)
» *Öffentlichkeit; beim Auftreten in der - sprechen; in der Öffentlichkeit zu* (st*/159)
• Ungehorsam (g*/191)
» Kindern, bei (mtf33/191)
MUND - Sprache - stotternd (sne/688)

Schule - Vorwürfe

GEMÜT - Beschwerden durch - Tadel (k2/25)
• Empfindlich - Grobheiten; gegen (fd3/44)
» Tadel (k2/45)
» Vorwürfe; gegen (k2*/45)
• Ermahnungen - agg. (mrr1/47)
» *agg. - freundliche; selbst* (b4a/47)

Schule - Konstitution

GEMÜT - Eigensinnig, starrköpfig, dickköpfig (k2*/41)
• Eigensinnig, starrköpfig, dickköpfig - Kinder (j5/41)
• Gewissenhaft, peinlich genau in bezug auf Kleinigkeiten (stj2*/99)
• **Heikel, pingelig** (fd*/106)
• **Kleinigkeiten, Trivialitäten - wichtig; scheinen** (fd*/115)
• Lügner (mtf33*/126)
• Selbstvertrauen - Mangel an Selbstvertrauen (k2*/161)
• Ungehorsam (g*/191)
» Kindern, bei (mtf33/191)
• Unternehmen; etwas - Vieles, hält aber bei nichts durch, bleibt nicht dabei; unternimmt (fd3/193)
• Verantwortung - ernst; nimmt seine Verantwortung zu (mtf33/195)

Spielen

GEMÜT - Amüsement, Vergnügen - Verlangen nach (mtf/4)
• Spielen - Verlangen zu spielen (^/166)
• Tanzen (fd3/179)

Tieren; Beziehung zu

GEMÜT - Furcht - Hunden, vor (cda*/71)
• Furcht - Katzen; vor (pc*/71)
» Tieren, vor (mtf33/76)
• *Mitgefühl, Mitleid - Tieren, mit* (fd3/130)

Nonverbales - Aggressivität

GEMÜT - Beißen (^/20)
• *Diktatorisch* (mtf/39)
• *Reizbarkeit, Gereiztheit - angeblickt, wenn - angesprochen oder berührt; wenn - Kindern; bei* (bro1/144)
» *Kindern, bei* (*/145)

Nonverbales - Reaktion auf andere

GEMÜT - Angesehen, angeblickt zu werden - erträgt es nicht, angesehen zu werden (bg2*/5)
• *Berührtwerden - Abneigung berührt zu werden* (k/21)
» Abneigung berührt zu werden - Kitzeligkeit (st/21)
• Eigensinnig, starrköpfig, dickköpfig - Kinder - weinen jedoch, wenn man freundlich zu ihnen spricht (*/41)
• Furcht - berührt zu werden (k2*/66)
» Fremden; vor (gg*/68)
• Gehalten - amel.; gehalten zu werden (ptk1/87)
• Magnetisiert - Verlangen magnetisiert zu werden (dx1*/127)
• Näherkommen, auf ihn Zukommen von Personen - Abneigung gegen (^/134)
• Schreien - Kindern, bei - angesprochen, wenn (k2*/157)

Nonverbales - Gesten, Gebärden

GEMÜT - Auffahren, Zusammenfahren - Geräusche; durch (k2/17)
• Beißen - Gegenstände; beißt (vh*/20)
» *Nägel* (st*/20)

» Nägel - Kindern; bei (mtf33/20)
- Gesten, Gebärden; macht - Finger - Mund; Kinder stecken die Finger in den (h2*/97)
  » ungeschickt in bezug auf (gl1/99)
- Klammert sich an - Kindern; bei - Mutter; das Kind klammert sich an die (ptk1*/115)
- Lachen - Ernstes, über (mtf33/120)
- Launenhaftigkeit, launisch (k2/123)
- *Ungeschicklichkeit* (fd3/192)
- Weibisch (vh*/243)

Nonverbales - Allgemeines

GEMÜT - Eigensinnig, starrköpfig, dickköpfig (k2*/41)
- Eigensinnig, starrköpfig, dickköpfig - Kinder (j5/41)
  » Kinder - weinen jedoch, wenn man freundlich zu ihnen spricht (*/41)
- Hast, Eile - immer in Eile; ist (gl1/105)
- Schreien - Kindern, bei (st1/157)
- Singen (fd3/163)
  » ausgelassen, fröhlich (fd3/163)

Nonverbales - Konsultation; bei der

KOPF - Empfindlichkeit - Kopfhaut, der (ptk1/284)
- *Empfindlichkeit - Kopfhaut, der - Berührung, gegen* (bro1/284)

OHR - Absonderungen - Blut (k2/497)
- **Absonderungen - blutig** (*/497)
  » chronisch (bg2*/497)
  » dick (k2/497)
  » *dünn* (*/497)
  » eitrig (k2/497)
  » *eitrig - Quecksilber; nach Mißbrauch von* (*/497)
  » gelb (k2/497)
  » gelblichgrün (k2/497)
  » *jauchig* (*/497)
  » **Karies, drohende** (*/497)
  » **käsig** (k/497)
  » schleimig (bg2*/498)
  » *stinkend* (bro1/498)
  » übelriechend (k2/498)
  » wäßrig (k2/498)
  » *wundfressend* (bro1/498)
- **Eiterung - Mittelohr** (*/500)
- Entzündung (bg/500)
  » äußere Ohren (bg2/500)
  » **Eustachische Röhre** (*/500)
  » *Gehörgang* (*/500)
  » Mittelohr (k2/501)
  » *Mittelohr - chronisch* (mrr1/501)
  » Ohrmuscheln (*/501)
  » Processus mastoideus (ptk1/501)
  » Ränder (*/501)
- Feuchtigkeit - hinter den Ohren (*/502)
  » Ohrmuscheln (*/502)
  » Ränder (*/502)
- *Geschwüre - Trommelfell* (*/510)
- *Katarrh - Eustachische Röhre* (bro1/515)
- *Ohrschmalz - dünn* (*/516)
  » fehlend (sne/516)
  » vermehrt (k2/516)
  » weich (*/516)
- *Perforation - Trommelfell* (bg2*/516)
- Trommelfell - geschwollen - Processus mastoideus; bei Periostitis des (kr1/534)

HÖREN - *Schwerhörig - Tubenkatarrh* (bro1/537)

GESICHT - Schwellung - Unterkieferdrüsen (k2/631)
- **Schwellung - Unterkieferdrüsen - schmerzhaft** (k/631)

MUND - Aphthen (k2/639)
- Aphthen - blutend - leicht (ft1*/639)
  » brennend (ft1/639)
  » Kindern, bei (lmj*/639)
  » Kindern, bei - Säuglingen; bei (mtf33/639)
- Bewegung - Zunge - Heraushängen der Zunge (*/641)
- **Eiterung - Zahnfleisch** (*/643)
- Papillen - aufgerichtet (ft1/669)
- *Stomatitis ulcerosa, Stomakaze* (*/689)

INNERER HALS - Entzündung - Tonsillen (k2/724)
- Schwellung - Tonsillen (k2/747)
  » Tonsillen - Kindern; bei (mtf33/748)

ÄUSSERER HALS - Schwellung - Halsdrüsen (k2/760)
- **Schwellung - Halsdrüsen - eitrig** (k/760)
  » **Halsdrüsen - hart** (*/760)
  » Halsdrüsen - schmerzhaft (mrr1/760)
  » Seiten (k/760)
- Verhärtung von Drüsen (k2/761)
  » *perlschnurartig* (k/761)

ABDOMEN - Auftreibung - Kindern, bei (*/852)
- Geschwüre - Nabelgegend (k/865)
- Hart - Kindern; bei (*/866)
- Schmerz - Druck - agg. (k2/883)
- Spannung - Kindern; bei (h2/935)
- **Vergrößert - Kindern; bei** (*/938)
  » Kindern; bei - Marasmus (tl1*/938)

BRUST - *Einziehung der Brustwarzen* (*/1231)

RÜCKEN - **Hautausschläge - Furunkel** (sne/1316)
- **Hautausschläge - Furunkel - Dorsalregion - Schulterblätter** (sne/1317)
  » **Furunkel - Zervikalregion** (k/1317)
- **Krümmung der Wirbelsäule** (*/1323)
  » *Dorsalregion* (*/1323)
  » seitliche Krümmung (k2/1324)

EXTREMITÄTEN - *Fußgeruch ohne Schweiß; übler* (*/1413)
• *Krümmung und Biegung* (*/1473)
• *Nägel; Beschwerden der - Abblättern der Nägel* (*/1664)
» *Abfallen der Nägel* (bg2*/1664)
» **deformiert** (*/1664)
» deformiert - Zehennägel (bro1/1664)
» **dicke Nägel** (*/1664)
» *dicke Nägel - Fingernägel* (b4a/1664)
» dicke Nägel - Zehennägel (bro1/1664)
» **eingewachsene Zehennägel** (*/1665)
» **eingewachsene Zehennägel - Ulzeration; mit** (k/1665)
» **gespaltene, aufgesprungene Nägel** (*/1665)
» **gewellte Nägel** (k/1665)
» Härte - Fingernägel (k2/1665)
» *Niednagel* (*/1665)
» Rauheit - gefurcht, gerieft, gerillt (sne/1665)
» **Rauheit - Fingernägel** (*/1665)
» spröde, brüchige Nägel (mtf33/1665)
» spröde, brüchige Nägel - Fingernägel (k2/1665)
» *spröde, brüchige Nägel - Zehennägel* (k/1665)
» verkrüppelte, verkümmerte Nägel (b2/1665)
» **verkrüppelte, verkümmerte Nägel - Fingernägel** (*/1665)
» **verkrüppelte, verkümmerte Nägel - Zehennägel** (*/1665)

HAUT - Erysipel (k2/1798)
• Hautausschläge - Impetigo (*/1816)
» Molluscum (bro1/1818)
» Molluscum - contagiosum; Molluscum (c1*/1818)
» Molluscum - fibrosum; Molluscum (c1*/1818)
• Intertrigo (k2/1825)
• *Verwachsen - Knochen; am* (*/1835)
• Wundliegen - Kindern; bei (*/1837)

ALLGEMEINES - **Exostose** (*/1877)
• Krankengeschichte von; persönliche - Ohr - Entzündung - Innenohrs; wiederkehrende Entzündung des (mrr1/1910)

Nonverbales - Äußerliches - Beobachtungen des Arztes

KOPF - *Großer Kopf* (*/289)
• *Halten - hoch, aufrecht zu halten; unfähig, den Kopf* (k/289)
• Schuppen (bro1/402)
• *Haare - Kahlköpfigkeit - jungen Menschen, bei* (*/418)

AUGE - Strabismus, Schielen (bg2/467)
• Verklebt (k2/472)

OHR - *Bohren mit den Fingern darin* (*/500)
• *Bohren mit den Fingern darin - Kindern; bei* (*/500)
• Geschwüre - Ohrläppchen - Loch für die Ohrringe; im (gk/510)

NASE - **Bohren mit den Fingern in der Nase** (bg2*/546)
• Eingesunken (k/546)
• Zupfen - Nase, an der (bg3/578)
» *Nase, an der - blutet, bis sie* (bg1*/578)

GESICHT - *Aufgesprungen* (*/579)
• Ausdruck - alt aussehend (stj2*/580)
» alt aussehend - Kindern; bei (tl1*/580)
• Farbe - blaß - Kindern; bei (mtf33/586)
• Fettig (fd3/593)
» Stirn (fd3/593)
• Gerunzelt (bro1/594)
• **Hautausschläge - Akne** (*/595)
• Rissig - Lippen (k2/613)
» Mundwinkel (fd3/614)
» Mundwinkel - rechts (fd3/614)
• Sommersprossen (*/632)
• *Wächsern* (*/635)

MUND - Bewegung - Zunge - Heraushängen der Zunge (*/641)
• Finger in den Mund; Kinder stecken (mtf33/651)

ÄUSSERER HALS - Torticollis (bg2/761)

ATMUNG - Asthma, asthmatische Atmung - Kindern; bei (k2*/1162)
• Beschleunigt (k2/1174)

EXTREMITÄTEN - **Farbe - Finger - Fingernägel - weiß - Flecken** (*/1409)

HAUT - Sommersprossen (*/1834)

ALLGEMEINES - *Aussehen - hell, blond* (*/1855)
• Aussehen - hell, blond - schlaffer Faser, mit (c1/1855)
» rote Haare (mtf33/1855)
• Magere Personen (stj2*/1919)
• *Zwergwuchs* (*/2035)

Nonverbales - Äußerliches - Beobachtungen der Eltern

KOPF - Empfindlichkeit - Kämmen, Bürsten der Haare; gegen (fd3/283)
• Schweiß der Kopfhaut - Essen - beim - agg. (dx1/403)

AUGE - Verklebt - morgens (k2*/472)

OHR - Schmerz - warm - Anwendungen; warme - amel. (k2/525)

NASE - *Nasenbluten - Kindern; bei* (vh/557)
• Nasenbluten - Kindern; bei - skrofulösen; bei (bg1/557)
• Schnupfen - Haareschneiden, durch (h2*/572)

GESICHT - Farbe - blaß - Kindern; bei - Laufen; beim (ptk2/586)

MUND - Beißt - Lippen; beißt sich auf die - Unterlippe (fd3/640)
- Beißt - Wangen; sich in die - Sprechen oder Kauen; beim (fd3/640)

ZÄHNE - Zähneknirschen (gk/718)

MAGEN - Brechreiz, Würgen - Husten; agg. beim (k2/784)
- Schluckauf (k2/809)
  » Essen - nach - agg. (*/810)
  » Essen - vor - agg. (*/810)
- Völlegefühl - Essen - nach - agg. (k2/845)
  » Essen - nach - agg. - wenig, nach dem kleinsten Bissen; nach noch so (k2/845)

ABDOMEN - Schmerz - Wärme - amel. (k2/896)

STUHL - Kugeln, wie (fd3/996)
- *Schafskot, wie* (b2/997)
- Unverdaut (k2/999)
  » Obst agg. (k2/999)

BLASE - Urinieren - Harndrang - plötzlich - beeilen um zu urinieren, sonst geht Urin ab; muß sich (fd3/1015)
- Urinieren - unwillkürlich - Husten; agg. beim (fd3/1020)
  » verzögert, muß warten, bis der Urin zu fließen beginnt (k2/1020)

MÄNNLICHE GENITALIEN - Masturbation, Neigung zur (bg2*/1071)

ATMUNG - Schnarchen (*/1180)

EXTREMITÄTEN - Hitze - Füße - brennend - entblößt sie (zf/1440)

SCHWEISS - Essen - beim - agg. (k2/1786)
- Essen - nach - agg. (k2/1786)

HAUT - Insektenstiche (fd3/1825)

Nacht; Beobachtungen in der - Gemütssymptome

GEMÜT - Furcht - Dunkelheit; vor der (st1*/66)
- Furcht - Dunkelheit; vor der - Kindern; bei (mtf33/66)
  » Erwachen; beim - Traum; aus einem (*/67)
- Schlafwandeln (k2*/154)
- Schreien - Kindern, bei - Schlaf, im (j/157)
- Sprechen - Schlaf; im (k2*/169)
- Weinen - Kindern; bei - nachts (gg/246)
  » Wimmern, Winseln - Schlaf, im (*/248)

Nacht; Beobachtungen in der - körperliche Symptome

KOPF - Schweiß der Kopfhaut - nachts (tl1/403)
- *Schweiß der Kopfhaut - Schlaf - Einschlafen - beim* (k/404)
  » *Schlaf - im* (*/404)

OHR - *Bohren mit den Fingern darin - Schläf; agg. im* (*/500)

ZÄHNE - Zähneknirschen - Schlaf; agg. im (stj2/718)

BLASE - Urinieren - unwillkürlich - nachts (k2/1019)
- *Urinieren - unwillkürlich - nachts - Morgen, gegen* (b4a/1019)
  » **unwillkürlich - nachts - ersten Schlaf, im** (b4a/1019)
  » unwillkürlich - nachts - Kindern, bei (mtf33/1019)

Nacht; Beobachtungen in der - Schlaf

SCHLAF - *Erwachen - Schreck, wie durch* (j5/1675)
- Ruhelos - Kindern, bei (j5/1685)

Nacht; Beobachtungen in der - Schlaf; Lage im

SCHLAF - Lage - Abdomen, auf dem (ft1/1682)
- Lage - Kopf - tiefliegendem; mit (k/1683)
  » *Kopf - zugedeckt* (sne/1683)
  » verändert häufig die Lage (stj2/1683)

Schaukeln und Getragenwerden

GEMÜT - Getragen - Verlangen getragen zu werden (hr1/99)
- Weinen - getragen, wenn (^/246)
  » getragen, wenn - mitleiderregend wenn es gehalten oder getragen wird; das Kind weint (st/246)

Autos und Schiffe

SCHWINDEL - *Fahren, beim - Wagen, im - agg.* (*/265)
- Fahren, beim - Wagen, im - amel. (k/265)

KOPF - Schmerz - Fahren - Wagen, im - agg. (k2/326)
- **Schmerz - Fahren - Wagen, im - nach** (k/326)

MAGEN - *Erbrechen - Fahren im Wagen agg.* (*/792)
- *Übelkeit - Fahren - Wagen; im - agg.* (b4a/836)
  » Seekrankheit (b4a/839)

ABDOMEN - Schmerz - Fahren - Wagen, im - agg. (k2/885)

RÜCKEN - *Schmerz - Steißbein - Fahren, beim - Wagen, im - agg.* (k/1369)
- Schmerz - Wirbelsäule - Fahren im Wagen agg. (k2/1371)

ALLGEMEINES - Fahren - Wagen; mit dem - agg. (k2/1877)
- **Fahren - Wagen; mit dem - nach** (k/1877)

Psychosomatische Störungen

REKTUM - Diarrhoe - Angst, nach (*/951)
- Diarrhoe - Erregung, Aufregung agg. (tl1/952)

ALLGEMEINES - Konvulsionen - Schreck agg. (sf*/1906)

Körperliche Symptome und Erkrankungen

KOPF - *Entzündung - Gehirn* (bro1/284)
- *Entzündung - Hirnhaut* (*/284)
  » *Hirnhaut - tuberkulös* (*/284)
  » *Periost* (k/285)
- *Hämatom am Kopf* (*/289)
- Hydrozephalus (k2*/295)

• Schmerz - katarrhalisch (k/331)

AUGE - **STRIKTUR DER TRÄNENKANÄLE (*/467)**

• **Striktur der Tränenkanäle - Kindern; bei - Neugeborenen; bei** (mrr1/467)

NASE - Katarrh - gefolgt von - Stirnhöhlen; Beschwerden der (k2/553)

MUND - Schmerz - Kindern; bei - Säuglingen; bei (^/674)

ZÄHNE - **Abszeß der Zahnwurzeln** (*/695)

• Karies, faule, hohle Zähne (k2/700)

» Kindern; verfrüht bei (bro1/700)

INNERER HALS - Räuspert käsige Klumpen herauf (*/732)

MAGEN - Langsame Verdauung (k2/805)

• Würgen - Husten, mit (k2/846)

REKTUM - *Cholera - infantum* (*/949)

WEIBLICHE GENITALIEN - Menses - verzögerte Menarche (*/1114)

KEHLKOPF UND TRACHEA - *Laryngismus stridulus* (k/1145)

RÜCKEN - **Spina bifida** (*/1384)

EXTREMITÄTEN - Hüftgelenksentzündung (k2/1443)

FIEBER - *Continua* (k/1772)

ALLGEMEINES - *Abmagerung - Kindern; bei* (k2*/1845)

• *Abmagerung - Kindern; bei - Kleinkindern; bei* (bro1/1845)

• Arzneimittel - heftige Reaktion auf homöopathische Arzneimittel (gl1/1852)

• Kindern; Beschwerden von (mtf33/1897)

» *zarte, schwächliche, kränkliche Kinder* (mrr1/1897)

• *Konvulsionen - Kindern, bei* (*/1905)

• Medikamente - allopathische - überempfindlich gegen (st*/1921)

• Pubertät - Beschwerden während der (sf1/1934)

• Schmerzlosigkeit gewöhnlich schmerzhafter Beschwerden (ft1*/1971)

• Schwäche - Kindern, bei (k/1977)

• *Verletzungen - Knochenbrüche - langsame Heilung von Knochenbrüchen* (*/2020)

» Knochenbrüche - langsame Heilung von Knochenbrüchen - Kindern, bei (st/2020)

Chirurgisch pathologische Zustände

OHR - **Abszeß - Gehörgang** (k/498)

• **Abszeß - hinter den Ohren** (k/498)

NASE - Polyp (k2/561)

ABDOMEN - *Entzündung - Peritoneum* (bro1/860)

• *Hernie* (c2*/867)

» eingeklemmt, inkarzeriert (ptk1/868)

» *Leistenhernie* (*/868)

» Leistenhernie - eingeklemmt, inkarzeriert (b4a/868)

» *Leistenhernie - empfindlich* (k/868)

» Leistenhernie - Kindern, bei (mtf33/868)

» *Leistenhernie - schmerzhaft* (*/868)

MÄNNLICHE GENITALIEN - Hochgezogen, an den Körper gezogen - Hoden (*/1068)

• Hodenretention (kr/1069)

• **Hydrozele - Kindern, bei** (*/1069)

• Phimose (c2/1071)

• *Varikozele* (*/1085)

Würmer

KOPF - *Schmerz - Würmer; bei Beschwerden durch* (k/343)

ZÄHNE - **Zahnung - schwierig - begleitet von - Würmer bei Kindern; Beschwerden durch** (vh/718)

MAGEN - Erbrochenen; Art des - Würmer (*/801)

REKTUM - *Würmer - Beschwerden durch Würmer* (*/985)

• *Würmer - Beschwerden durch Würmer - Bandwürmer* (*/986)

» Beschwerden durch Würmer - Kindern; bei (mtf33/986)

» Beschwerden durch Würmer - Madenwürmer (*/986)

» *Beschwerden durch Würmer - Spulwürmer* (*/986)

WEIBLICHE GENITALIEN - *Würmer - Madenwürmer* (*/1138)

ALLGEMEINES - Konvulsionen - Würmer, durch (*/1907)

Sinapis nigra

sin-n.

Zahnung - Empfindungen und neurologische Beschwerden

ALLGEMEINES - Konvulsionen - Zahnung; während der (hr1*/1907)

Stillen - Magendarmsymptome - Abdomen - agg. durch

ABDOMEN - Schmerz - Beugen - vorne; nach - agg. (^/882)

Infektionskrankheiten - Pocken

HAUT - Hautausschläge - Pocken (c2*/1819)

Konstitution - Allgemeines

GEMÜT - Unzufrieden (k/194)

Beziehung zu anderen - Aggressivität

GEMÜT - Antworten - kurz angebunden (k2*/15)

Beziehung zu anderen - Reaktion auf andere

GEMÜT - Antworten - bissig, schnippisch (a1/15)

Nonverbales - Konsultation; bei der

MUND - Aphthen (mrr1/639)

Nonverbales - Äußerliches - Beobachtungen des Arztes

GESICHT - Gerunzelt (k/594)

Nonverbales - Äußerliches - Beobachtungen der Eltern

MAGEN - Schluckauf (a1*/809)
- Völlegefühl - Trinken; agg. nach (k/845)

Chirurgisch pathologische Zustände

ABDOMEN - *Entzündung - Peritoneum* (bro1/860)

Würmer

REKTUM - *Würmer - Beschwerden durch Würmer* (k/985)
- *Würmer - Beschwerden durch Würmer - Madenwürmer* (*/986)

Solanum nigrum

sol-ni.

Zahnung - Empfindungen und neurologische Beschwerden

ALLGEMEINES - Konvulsionen - Zahnung; während der (bro1/1907)

Zahnung - Allgemeines

ZÄHNE - Zahnung - schwierig (bro1/718)

Infektionskrankheiten - Mumps

GESICHT - Entzündung - Parotis (c2/584)

Infektionskrankheiten - Scharlach

FIEBER - Ausschlagsfieber; Fieber bei Ausschlagserkrankungen - Scharlach (bro1/1770)

HAUT - Hautausschläge - Scharlach (c2/1821)

Infektionskrankheiten - Pocken

HAUT - Hautausschläge - Pocken (c2/1819)

Schule - Beziehung zu anderen

MUND - Sprache - stotternd (c2/688)

Nonverbales - Konsultation; bei der

INNERER HALS - Schwellung - Tonsillen (k/747)

Nacht; Beobachtungen in der - Gemütssymptome

GEMÜT - Gesten, Gebärden; macht - Hände; unwillkürliche Bewegungen der - zupft - Bettwäsche; an der (k/98)

Nacht; Beobachtungen in der - Schlaf; Lage im

SCHLAF - Lage - Rücken, auf dem (k/1683)

Körperliche Symptome und Erkrankungen

KOPF - Entzündung - Gehirn (bro1/284)
- Entzündung - Hirnhaut (c2*/284)
- Hydrozephalus (c2*/295)

Chirurgisch pathologische Zustände

ABDOMEN - Entzündung - Peritoneum (c2*/860)

Spigelia anthelmia

spig.

Stillen - Magendarmsymptome - Appetit - vermindert

MAGEN - *Appetit - fehlend* (*/767)
- *Appetit - fehlend - Durst - mit* (*/768)

Stillen - Magendarmsymptome - Appetit - vermehrt

MAGEN - Appetit - Heißhunger (*/769)
- Appetit - Heißhunger - begleitet von - Übelkeit (b7a/769)
  - » vermehrt (*/770)
  - » vermehrt - begleitet von - Übelkeit (bg2/771)
  - » vermehrt - Erbrechen - mit (bg2/771)
  - » vermehrt - Schwäche, mit (b7/772)

Stillen - Magendarmsymptome - Aufstoßen - Speisen; von

MAGEN - Aufstoßens; Art des - Speisen; von (*/780)
- *Aufstoßens; Art des - Speisen; von - sauer* (b7a/780)

Stillen - Magendarmsymptome - Aufstoßen - Wasser; Hochsteigen von

MAGEN - Aufstoßens; Art des - Wasser in den Mund; Hochsteigen von (*/781)
- *Aufstoßens; Art des - Wasser in den Mund; Hochsteigen von - Essen - nach - agg.* (b7a/781)
  - » Wasser in den Mund; Hochsteigen von - Husten - beim - agg. (b7/781)

Stillen - Magendarmsymptome - Abdomen - agg. durch

ABDOMEN - Schmerz - Liegen - agg. (k/889)

Stillen - Allgemeines

SCHWEISS - Essen - beim - agg. (bg2/1786)

Infektionskrankheiten - Masern

HÖREN - Schwerhörig - Masern, nach (k/536)

Infektionskrankheiten - Mumps

GESICHT - Schmerz - Parotis - Schlucken agg. (^/627)
- Schmerz - Parotis - Schlucken agg. - stechend (h1/627)

Infektionskrankheiten - Scharlach

FIEBER - Ausschlagsfieber; Fieber bei Ausschlagserkrankungen - Scharlach (bro1/1770)

HAUT - *Hautausschläge - Scharlach* (c2/1821)

Infektionskrankheiten - Pocken

HAUT - Hautausschläge - Pocken - schwarz (*/1819)

Infektionskrankheiten - Keuchhusten

HUSTEN - Keuchhusten (k/1197)

Konstitution - Angst und Furcht

GEMÜT - Beschwerden durch - Erwartungsspannung (bg*/23)
• Feigheit (k/59)
• **Furcht - Nadeln, vor** (*/73)
• Vorsichtig (j/205)

Konstitution - Allgemeines

GEMÜT - Ehrgeiz - erhöht, vermehrt, sehr ehrgeizig (j*/40)
• Entmutigt (k/46)
• Faulheit (*/55)
• Gewissenhaft, peinlich genau in bezug auf Kleinigkeiten (*/99)
• *Sorgen; voller* (j5/164)
• Sorgsamkeit, Sorgfalt (b7/165)
• Stimmung, Laune - veränderlich (*/171)
• Unaufmerksam (j5/189)
• Waschen - Abneigung dagegen, sich zu waschen, zu baden (sf1/243)

Familie; Beziehung zur - Liebe und Zuneigung

GEMÜT - *Sorgen; voller - Verwandte, um* (gl1/165)
• Verlassen zu sein; Gefühl (bg2/198)

Beziehung zu anderen - Reaktion auf andere

GEMÜT - Schüchternheit, Zaghaftigkeit (k/158)

Beziehung zu anderen - allgemein

GEMÜT - *Argwöhnisch, mißtrauisch* (gl1/16)
• *Beleidigt, leicht* (*/20)

Schule - Angst

GEMÜT - Beschwerden durch - Erwartungsspannung (bg*/23)

Schule - Konzentration

GEMÜT - Konzentration - schwierig - Studieren (k/117)
• Unaufmerksam (j5/189)

Schule - Anstrengung; geistige

KOPF - *Schmerz - geistige Anstrengung - agg.* (k/328)

Schule - Beziehung zu anderen

GEMÜT - Ungehorsam (k/191)
MUND - *Sprache - stotternd* (*/688)

Schule - Konstitution

GEMÜT - Gewissenhaft, peinlich genau in bezug auf Kleinigkeiten (*/99)
• Ungehorsam (k/191)

Nonverbales - Reaktion auf andere

GEMÜT - *Furcht - berührt zu werden* (bro1/66)

Nonverbales - Gesten, Gebärden

GEMÜT - Launenhaftigkeit, launisch (a1/123)

Nonverbales - Konsultation; bei der

KOPF - Empfindlichkeit - Kopfhaut, der (ptk1/284)
• Empfindlichkeit - Kopfhaut, der - Berührung, gegen (cp/284)
OHR - Entzündung - Gehörgang (k/500)
• Entzündung - Mittelohr (mrr1/501)
• Feuchtigkeit (a1/501)
ÄUSSERER HALS - *Schwellung - Halsdrüsen* (*/760)
• *Schwellung - Halsdrüsen - schmerzhaft* (b7a/760)
» Seiten (*/760)
EXTREMITÄTEN - Nägel; Beschwerden der - spröde, brüchige Nägel (bg2/1665)

Nonverbales - Äußerliches - Beobachtungen des Arztes

AUGE - *Strabismus, Schielen* (*/467)
• Strabismus, Schielen - convergens (hr1*/467)
» divergens (vml/467)
• Verklebt (*/472)
OHR - Bohren mit den Fingern darin (mp1/500)
NASE - Bohren mit den Fingern in der Nase (bg2*/546)
• Bohren mit den Fingern in der Nase - blutet; bis es (bg2/546)
GESICHT - Rissig - Lippen (*/613)
• Venen, erweiterte (b7a/634)
ATMUNG - Beschleunigt (b2/1174)
EXTREMITÄTEN - Farbe - Finger - Fingernägel - weiß - Flecken (bg2/1409)
ALLGEMEINES - Aussehen - hell, blond (c1/1855)
• Aussehen - rote Haare (b7a/1855)
• Magere Personen (hr1/1919)

Nonverbales - Äußerliches - Beobachtungen der Eltern

OHR - Bohren mit den Fingern darin - amel. (*/500)
ZÄHNE - Zähneknirschen (bro1/718)
ABDOMEN - Schmerz - Liegen - agg. (k/889)
STUHL - *Schafskot, wie* (*/997)
SCHWEISS - Essen - beim - agg. (bg2/1786)

Nacht; Beobachtungen in der - Gemütssymptome

GEMÜT - Schlafwandeln (k/154)
• Sprechen - Schlaf; im (b7/169)

Nacht; Beobachtungen in der - körperliche Symptome

ZÄHNE - Zähneknirschen - Schlaf; agg. im (bro1/718)
BLASE - Urinieren - unwillkürlich - nachts (*/1019)

Nacht; Beobachtungen in der - Schlaf; Lage im

SCHLAF - Lage - Arme - Kopf - unter dem Kopf (*/1682)
• Lage - Rücken, auf dem (*/1683)
» Seite, auf der (*/1683)
» Sitzen (*/1683)

Autos und Schiffe

ALLGEMEINES - Fahren - Wagen; mit dem - agg. (k2/1877)

Körperliche Symptome und Erkrankungen

KOPF - Hydrozephalus (b7/295)
• Schmerz - katarrhalisch (mrr1/331)

NASE - Katarrh - gefolgt von - Stirnhöhlen; Beschwerden der (mrr1/553)

ZÄHNE - Karies, faule, hohle Zähne (*/700)

WEIBLICHE GENITALIEN - Menses - verzögerte Menarche (*/1114)

ALLGEMEINES - Kindern; Beschwerden von (*/1897)

Chirurgisch pathologische Zustände

NASE - *Rachenmandelwucherung* (c2/561)

ABDOMEN - *Entzündung - Peritoneum* (b7a/860)
• *Hernie - Leistenhernie* (*/868)

Würmer

KOPF - Schmerz - Würmer; bei Beschwerden durch (k/343)

NASE - Jucken - Würmer; durch (c1/552)

MAGEN - Erbrochenen; Art des - Würmer (*/801)

REKTUM - **Würmer - Beschwerden durch Würmer** (*/985)
• Würmer - Beschwerden durch Würmer - Bandwürmer (b2/986)
» *Beschwerden durch Würmer - begleitet von - Abmagerung* (bg2/986)
» **Beschwerden durch Würmer - Kindern; bei** (vh/986)
» *Beschwerden durch Würmer - Madenwürmer* (*/986)
» **Beschwerden durch Würmer - Spulwürmer** (*/986)

BRUST - Herzklopfen - Würmer, durch (*/1245)

ALLGEMEINES - *Chorea - Würmer, durch* (bro1/1867)
• Konvulsionen - Würmer, durch (bro1/1907)

Spongia tosta

spong.

Dieses Mittel ist angezeigt bei Krankheiten von Kindern, die helles Haar, hellen Teint, schlaffe Faser, geschwollene Drüsen und *tuberkulöse Diathese* haben.

Der *Husten ist trocken* und giemend oder er klingt wie eine Säge, die durch ein Kiefernbrett getrieben wird, wobei jeder Hustenstoß einem Zug mit der Säge entspricht; Angst zu ersticken; vollgestopftes, verstopftes Gefühl, mit schwierigem Einatmen. Der Atem ist rauh und trocken, mit gewisser Linderung der Atmung, wenn Kopf und Schultern etwas aufgerichtet werden, schlimmer im Liegen vor Mitternacht, besser durch warme Speisen und Getränke. Kein Schleimrasseln beim *Krupp*.

Klinisches: Laryngismus. Krupp. Asthma. Bronchitis. Husten. Keuchhusten. Tuberkulose. Herzhypertrophie. Exophthalmus. Obstipation. Hernie. Rheumatismus.

Wirkungsbereich: Kehlkopf. Luftröhre. Lungen. Drüsen. Schilddrüse. Herz.

* * *

Krankengeschichte; familiäre und persönliche

ALLGEMEINES - Familiengeschichte von - Tuberkulose (br1/1878)
• *Krankengeschichte von; persönliche - Tuberkulose, von* (br1/1910)

Stillen - Gemütssymptome

GEMÜT - Essen - weigert sich zu (fd4/53)

Stillen - Milch

MAGEN - Aufstoßen - Milch, nach (fd4/775)
• Aufstoßens; Art des - sauer - Milch agg. (fd4/779)
• Erbrechen - Milch, nach (*/794)
• Erbrochenen; Art des - Milch (*/798)

HUSTEN - Kalt - Milch agg. (ptk1/1197)
• Milch agg. (*/1202)

ALLGEMEINES - Speisen und Getränke - Milch - agg. (*/2001)
• Speisen und Getränke - Milch - agg. - kalte (ptk1*/2001)
» Milch - Verlangen (fd4/2001)
» Milch - Verlangen - kalte (fd4/2001)

Stillen - Magendarmsymptome - Appetit - allgemein

MAGEN - Appetit - launischer Appetit (fd4/770)

Stillen - Magendarmsymptome - Appetit - vermindert

MAGEN - Appetit - fehlend (b2/767)
• Appetit - schnelle Sättigung (*/770)
» vermindert (k/772)

Stillen - Magendarmsymptome - Appetit - vermehrt

MAGEN - Appetit - Essen; selbst nach dem (fd4/767)
• *Appetit - Heißhunger* (*/769)
» Heißhunger - begleitet von - Übelkeit (fd4/769)
» Heißhunger - Essen - nach dem Essen - bald danach (fd4/770)
» *unstillbar* (*/770)
» vermehrt (*/770)
» vermehrt - Essen - nach (fd4/772)

Stillen - Magendarmsymptome - Aufstoßen - Speisen; von

MAGEN - Aufstoßens; Art des - Speisen; von (bg2/780)
• Aufstoßens; Art des - Speisen; von - sauer (b7/780)

Stillen - Magendarmsymptome - Aufstoßen - Wasser; Hochsteigen von

MAGEN - Aufstoßens; Art des - Wasser in den Mund; Hochsteigen von (*/781)

Stillen - Magendarmsymptome - Erbrechen

MAGEN - Erbrochenen; Art des - Speisen - unverdaut - gegessen wurde; was am Vortag (fd4/800)

Stillen - Magendarmsymptome - Schluckauf

MAGEN - Schluckauf - Kindern; bei (fd4/810)

Infektionskrankheiten - Masern

HUSTEN - Masern - während (k/1202)

FIEBER - Ausschlagsfieber; Fieber bei Ausschlagserkrankungen - Masern (bro1/1770)

HAUT - *Hautausschläge - Masern* (hr1/1817)

Infektionskrankheiten - Mumps

GESICHT - Schmerz - Parotis (^/626)
• Schmerz - Parotis - stechend (k/627)

Infektionskrankheiten - Keuchhusten

NASE - Nasenbluten - Keuchhusten (k/557)

ATMUNG - Pfeifend - Keuchhusten, bei (*/1178)

HUSTEN - *Keuchhusten* (*/1197)
• Keuchhusten - begleitet von - Speichelfluß (kr1*/1198)

BRUST - Zusammenschnürung - Keuchhusten, bei (*/1306)

EXTREMITÄTEN - *Gefühllosigkeit, Taubheit - Finger - Fingerspitzen - Keuchhusten; bei* (*/1417)

Konstitution - Aggressivität

GEMÜT - Schlagen - sich; schlägt - schlägt seinen Kopf gegen die Wand und gegen Gegenstände (fd4/154)
• Zorn - Kindern, bei (fd4/254)

Konstitution - Angst und Furcht

GEMÜT - Beschwerden durch - Schreck (b2/25)
• Furcht - allein zu sein (fd4/64)
  » Armut, vor (fd4/65)
  » Gespenstern; vor (k/70)
• Mutig (fd4/133)
• **Schreckliches und traurige Geschichten greifen sie stark an** (fd*/156)

Konstitution - Allgemeines

GEMÜT - Empfindlich - Kinder (fd4/44)
• Entmutigt (fd4/46)
• **Faulheit** (*/55)
• Furcht - Armut, vor (fd4/65)
• Geiz (fd4/92)
• *Gewissenhaft, peinlich genau in bezug auf Kleinigkeiten* (fd4/99)
• Heikel, pingelig (fd4/106)
• *Milde* (k/130)
• Nachgiebigkeit (fd4/134)
• Reisen - Verlangen nach (fd4/142)
• Sauberkeit, Reinlichkeit - Reinlichkeitswahn, Putzwut (fd4/153)
• Stimmung, Laune - veränderlich (*/171)
• Theoretisieren (fd4/180)
• Unaufmerksam (bg2/189)
• *Ungerechtigkeit; erträgt keine* (fd4/191)
• Unordentlich (fd4/192)
• Unternehmen; etwas - Vieles, hält aber bei nichts durch, bleibt nicht dabei; unternimmt (fd4/193)
• Unzufrieden (*/194)•
  » Kinder (fd4/194)
• *Veränderungen - Verlangen nach* (fd4/195)
• Verwegenheit (^/199)
• Weinen - Kindern; bei (fd4/246)
  » Musik; durch (fd4/247)

Familie; Beziehung zur - Aggressivität

GEMÜT - *Empfindlich - Grobheiten; gegen* (fd4/44)
• Streitsüchtig - Familie, mit ihrer (fd4/173)

Familie; Beziehung zur - Liebe und Zuneigung

GEMÜT - Abneigung - Familienangehörige; gegen (fd4/1)
• Entfremdet - Freunde und Verwandte (^/46)
• Furcht - entfernt vom Zuhause; wenn (fd4/67)
• Verlassen zu sein; Gefühl (fd4/198)

Familie; Beziehung zur - Vorwürfe

GEMÜT - Beschwerden durch - Vorwürfe (fd4/26)
• Empfindlich - Vorwürfe; gegen (fd4/45)
• Weinen - Kindern; bei - Willen nicht bekommen; wenn sie ihren (fd4/246)
  » verweigert wird; wenn etwas (fd4/248)
  » Vorhaltungen gemacht werden; wenn ihm (fd4/248)

Beziehung zu anderen - Aggressivität

GEMÜT - Diktatorisch - spricht in Befehlston (fd4/39)
• **Grausamkeit - Anblick oder Hören von Grausamkeiten ist unerträglich; der** (fd*/103)
• Herausfordernd (k/107)
• Schlagen (fd4/154)
  » Kindern; bei (fd4/154)
  » sich; schlägt (^/154)
  » sich; schlägt - schlägt seinen Kopf gegen die Wand und gegen Gegenstände (fd4/154)

» Wand, gegen die (fd4/155)
» Zorn, aus (fd4/155)
• Streitsüchtig (*/173)
• Zorn - angesprochen, wenn (fd4/253)
» Widerspruch, durch (fd4/255)

Beziehung zu anderen - Reaktion auf andere

GEMÜT - Antworten - Abneigung zu antworten (k/14)
• Antworten - einsilbig (fd4/15)
• Gesellschaft - Abneigung gegen (fd4/94)
» Abneigung gegen - Fremden; Abneigung gegen die Anwesenheit von (fd4/95)
» Verlangen nach (fd4/95)
» Verlangen nach - allein; agg. wenn (fd4/96)
• *Schüchternheit, Zaghaftigkeit* (k/158)
• Trost - amel. (fd4/188)
• *Untröstlich* (*/193)
• Weinen - angesprochen; wenn (fd4/245)
• Widerspenstig (k/249)
• Widerspruch - verträgt keinen Widerspruch (fd4/249)

Beziehung zu anderen - allgemein

GEMÜT - Beleidigt, leicht (fd4/20)
• Geheimnistuerisch, verschlossen (fd4/87)
• **Mitgefühl, Mitleid** (fd*/130)
• Tadelsüchtig, krittelig (fd4/178)
• Tadelt andere (fd4/179)
• Unabhängigkeit, Selbständigkeit (mgm/189)
• Unverschämtheit (bg2*/193)
• Weinen - allein, wenn (fd4/245)

Schule - Konzentration

GEMÜT - Gedächtnis - Gedächtnisschwäche - Kindern, bei (fd4/81)
• Konzentration - schwierig - Kindern, bei (fd4/117)
• Unaufmerksam (bg2/189)

Schule - Lernen - Lesen

GEMÜT - *Fehler; macht - Lesen, beim* (fd4/57)

Schule - Lernen - Schreiben

GEMÜT - *Fehler; macht - Schreiben, beim* (fd4/57)
• Fehler; macht - Schreiben, beim - falsch - Buchstaben, Zahlen (fd4/57)
» Schreiben, beim - fügt Buchstaben hinzu (fd4/57)
» Schreiben, beim - läßt etwas aus - Buchstaben (fd4/57)
» Schreiben, beim - stellt etwas um - Buchstaben (fd4/58)
» Schreiben, beim - verwechselt Buchstaben (fd4/58)
• Schreiben - unleserlich, schreibt (fd4/156)

Schule - Beziehung zu anderen

GEMÜT - Ungehorsam (j/191)
• Ungehorsam - Kindern, bei (lmj/191)

Schule - Vorwürfe

GEMÜT - Beschwerden durch - Vorwürfe (fd4/26)
• *Empfindlich - Grobheiten; gegen* (fd4/44)
» Vorwürfe; gegen (fd4/45)

Schule - Konstitution

GEMÜT - *Eigensinnig, starrköpfig, dickköpfig* (*/41)
• *Gewissenhaft, peinlich genau in bezug auf Kleinigkeiten* (fd4/99)
• Heikel, pingelig (fd4/106)
• Ungehorsam (j/191)
» Kindern, bei (lmj/191)
• Unordentlich (fd4/192)
• Unternehmen; etwas - Vieles, hält aber bei nichts durch, bleibt nicht dabei; unternimmt (fd4/193)

Spielen

GEMÜT - Amüsement, Vergnügen - Verlangen nach (fd4/4)
• Spielen - Verlangen zu spielen (fd4/166)
• Tanzen (fd4/179)
» Kindern; bei (fd4/179)

Tieren; Beziehung zu

GEMÜT - Mitgefühl, Mitleid - Tieren, mit (fd4/130)

Nonverbales - Aggressivität

GEMÜT - Destruktivität, Zerstörungswut (fd4/38)
• Diktatorisch (fd4/39)
• Grobheit - Kinder; ungezogene (fd4/104)
• Reizbarkeit, Gereiztheit - Kindern; gegenüber (fd4/145)
• Wirft mit Gegenständen um sich (fd4/250)

Nonverbales - Reaktion auf andere

GEMÜT - **Fremde - Anwesenheit von Fremden - agg.** (fd*/60)
• *Furcht - Fremden; vor* (fd4/68)
» Näherkommen, Annäherung von; vor - anderen, von (fd4/74)
• *Magnetisiert - Verlangen magnetisiert zu werden* (fd4/127)

Nonverbales - Gesten, Gebärden

GEMÜT - Auffahren, Zusammenfahren - Geräusche; durch (k/17)
• Grimassen (fd4/103)
• Lachen - Ernstes, über (fd4/120)
» Kindern, bei (fd4/121)
• Launenhaftigkeit, launisch (k/123)
• Ungeschicklichkeit (b7/192)
• Verstecken - sich (fd4/199)

Nonverbales - Allgemeines

Gemüt - *Eigensinnig, starrköpfig, dickköpfig* (*/41)
- Impertinenz, Unverschämtheit (a1/112)
- Nachahmung, Imitation (fd4/133)
- Nackt sein, möchte (fd4/134)
- Schreien - Kindern, bei (fd4/157)
- *Singen* (*/163)

Nonverbales - Konsultation; bei der

Ohr - Absonderungen - Ohrschmalz (bro1/498)
- Absonderungen - wäßrig (bg2*/498)
- *Eiterung - Mittelohr* (k/500)
- Entzündung - Gehörgang (b7/500)

Gesicht - Schwellung - Unterkieferdrüsen (*/631)

Mund - Aphthen (fd4/639)
- Aphthen - Gaumen (fd4/640)
  » Zahnfleisch (fd4/640)

Innerer Hals - *Aphthen* (b7/721)
- Schwellung - Tonsillen (k2/747)

Äusserer Hals - *Schwellung - Halsdrüsen* (*/760)
- *Verhärtung von Drüsen* (*/761)

Atmung - *Bauchatmung* (*/1171)

Haut - Erysipel (b2/1798)
- Hautausschläge - Bläschen - Sudamina (Schweißfriesel) (k/1810)
  » Herpes - ringförmig (k/1815)

Nonverbales - Äußerliches - Beobachtungen des Arztes

Auge - Verklebt (k/472)

Nase - *Bewegung - Nasenflügel - Fächer; wie ein* (*/545)
- *Geweitete Nasenlöcher* (*/550)
- Spitz (k/574)

Gesicht - Aphthen - Lippen, an den (fd4/579)
- Ausdruck - alt aussehend (fd4/580)
- Fettig (fd4/593)
  » Stirn (fd4/593)
- Nasenlinie ausgeprägt (fd4/613)
- Rissig - Lippen (fd4/613)
  » Lippen - Unterlippe - Mitte der (fd4/614)

Atmung - Beschleunigt (*/1174)

Extremitäten - Farbe - Finger - Fingernägel - weiß - Flecken (fd4/1409)

Allgemeines - **Aussehen - hell, blond** (*/1855)
- Aussehen - hell, blond - schlaffer Faser, mit (br1/1855)
  » hell, blond - Augen (c1/1855)

Nonverbales - Äußerliches - Beobachtungen der Eltern

Auge - Verklebt - morgens (fd4/472)

Mund - Beißt - Wangen; sich in die - Sprechen oder Kauen; beim (fd4/640)

Zähne - Zusammenbeißen der Zähne - Verlangen, die Zähne zusammenzubeißen; ständiges (fd4/719)
- Zusammenbeißen der Zähne - Verlangen, die Zähne zusammenzubeißen; ständiges - fest zusammengebissen (fd4/719)

Magen - Gluckern; Gurgeln (fd4/802)
- Gluckern; Gurgeln - Trinken - nach - agg. (fd4/803)
- *Schluckauf* (*/809)
  » Kindern; bei (fd4/810)
- *Völlegefühl - Essen - nach - agg.* (k/845)

Abdomen - Schmerz - Zusammenkrümmen - muß sich zusammenkrümmen (h1/897)

Rektum - Unwillkürlicher Stuhl (b2/984)
- Unwillkürlicher Stuhl - Erregung, Aufregung agg. (fd4/985)
  » Husten oder Niesen; beim (*/985)

Stuhl - Kugeln, wie (fd4/996)
- Unverdaut (fd4/999)

Blase - Urinieren - Harndrang - plötzlich - beeilen um zu urinieren, sonst geht Urin ab; muß sich (b7/1015)
- *Urinieren - unwillkürlich - Husten; agg. beim* (*/1020)

Nacht; Beobachtungen in der - Gemütssymptome

Gemüt - **Furcht - Erwachen; beim - Traum; aus einem** (kr1*/67)
- Reizbarkeit, Gereiztheit - Schlaflosigkeit, mit (fd4/146)
- **Schlafwandeln** (*/154)
- Sprechen - Schlaf; im (b7/169)

Nacht; Beobachtungen in der - körperliche Symptome

Kopf - Bohrt den Kopf in das Kissen - Schlaf; agg. im (st/282)

Blase - Urinieren - unwillkürlich - nachts (b2/1019)

Kehlkopf und Trachea - Laryngismus stridulus - Schlaf - im - agg. (k/1145)

Nacht; Beobachtungen in der - Schlaf

Schlaf - *Erwachen - Schreck, wie durch* (*/1675)
- Verlängert - Kindern, bei (fd4/1705)

Träume - Alpträume, Alpdrücken - Kindern, bei (fd4/1707)

Nacht; Beobachtungen in der - Schlaf; Lage im

Schlaf - *Lage - Kopf - gebohrt; ins Kissen* (st1/1682)
- *Lage - Kopf - hinten gebeugt; nach* (*/1682)
  » Kopf - Seite, nach einer (*/1683)
  » **Kopf - tiefliegendem; mit** (b2/1683)

Autos und Schiffe

Kopf - Schmerz - Fahren - Wagen, im - agg. (^/326)
- Schmerz - Fahren - Wagen, im - agg. - drückend (fd4/326)

BRUST - Schmerz - Fahren, beim - Wagen, im - agg. (fd4/1260)

Psychosomatische Störungen

REKTUM - Unwillkürlicher Stuhl - Erregung, Aufregung agg. (fd4/985)

Körperliche Symptome und Erkrankungen

OHR - Schmerz - Kindern; bei (fd4/523)

MAGEN - Würgen - Husten, mit (fd4/846)

KEHLKOPF UND TRACHEA - *Laryngismus stridulus* (*/1145)

ALLGEMEINES - *Kindern; Beschwerden von* (*/1897)

Chirurgisch pathologische Zustände

OHR - *Abszeß* (bg2/498)

ABDOMEN - Hernie (c2/867)
- Hernie - Leistenhernie (b2/868)
  - » Leistenhernie - schmerzhaft (b7/868)

Würmer

REKTUM - Würmer - Beschwerden durch Würmer (*/985)
- Würmer - Beschwerden durch Würmer - Bandwürmer (b2/986)
  - » *Beschwerden durch Würmer - Madenwürmer* (*/986)

Squilla maritima

squil.

Stillen - Milch

ALLGEMEINES - Speisen und Getränke - Milch - amel. (bg2*/2001)

Stillen - Magendarmsymptome - Appetit - vermindert

MAGEN - Appetit - fehlend (*/767)
- Appetit - fehlend - Völlegefühl, durch (h1/769)

Stillen - Magendarmsymptome - Appetit - vermehrt

MAGEN - Appetit - Heißhunger (*/769)
- Appetit - unstillbar (*/770)
  - » vermehrt (*/770)

Stillen - Magendarmsymptome - Aufstoßen - Wasser; Hochsteigen von

MAGEN - Aufstoßens; Art des - Wasser in den Mund; Hochsteigen von (*/781)

Infektionskrankheiten - Masern

REKTUM - Diarrhoe - Masern - nach (k/954)
- Diarrhoe - Masern - während (*/954)

HUSTEN - Masern - nach (*/1202)
- Masern - während (*/1202)

FIEBER - *Ausschlagsfieber; Fieber bei Ausschlagserkrankungen - Masern* (*/1770)

HAUT - *Hautausschläge - Masern* (*/1817)

Infektionskrankheiten - Scharlach

ALLGEMEINES - Wassersucht - äußere Wassersucht - Scharlach; nach (bro1/2024)

Infektionskrankheiten - Keuchhusten

HUSTEN - *Keuchhusten* (*/1197)
- Keuchhusten - heftig (ptk1/1198)
  - » Krampfstadium, im (ptk1/1198)

Konstitution - Angst und Furcht

GEMÜT - Angst - hypochondrisch (j5/11)
- Mutig (*/133)

Konstitution - Allgemeines

GEMÜT - Faulheit (*/55)

Beziehung zu anderen - Aggressivität

GEMÜT - Grausamkeit (j/103)

Beziehung zu anderen - Reaktion auf andere

GEMÜT - Schüchternheit, Zaghaftigkeit (^/158)

Nonverbales - Aggressivität

GEMÜT - Beißen (b7a/20)

Nonverbales - Konsultation; bei der

KOPF - Hitze - Kälte - Füße; mit Kälte der (k/293)

EXTREMITÄTEN - Nägel; Beschwerden der - Abblättern der Nägel (k/1664)
- **Nägel; Beschwerden der - Abfallen der Nägel** (b2/1664)
  - » *gespaltene, aufgesprungene Nägel* (*/1665)
  - » spröde, brüchige Nägel (ptk1/1665)
  - » spröde, brüchige Nägel - Fingernägel (k/1665)

HAUT - Intertrigo (k/1825)
- Wundliegen - Kindern; bei (*/1837)

Nonverbales - Äußerliches - Beobachtungen des Arztes

GESICHT - Rissig - Lippen (*/613)

ATMUNG - Beschleunigt (*/1174)

HUSTEN - Anfallsweise - besteht aus - kurzen Hustenstößen (k/1186)

Nonverbales - Äußerliches - Beobachtungen der Eltern

MAGEN - Brechreiz, Würgen - Husten; agg. beim (k2/784)
- Gluckern; Gurgeln (ptk1/802)

REKTUM - Unwillkürlicher Stuhl (b2/984)
- *Unwillkürlicher Stuhl - Husten oder Niesen; beim* (*/985)

STUHL - Unverdaut (*/999)

BLASE - *Urinieren - Harndrang - plötzlich - beeilen um zu urinieren, sonst geht Urin ab; muß sich* (*/1015)
- **Urinieren - unwillkürlich - Husten; agg. beim** (*/1020)
  - » *unwillkürlich - Lachen agg.* (bro1/1020)

Nacht; Beobachtungen in der - körperliche Symptome

Blase - Urinieren - unwillkürlich - nachts (*/1019)

Körperliche Symptome und Erkrankungen

Kopf - Hydrozephalus (b7/295)

Magen - *Würgen - Husten, mit* (*/846)

Rektum - Diarrhoe - Hautausschläge - während (k/953)

Nieren - *Entzündung* (b7a/1023)

Allgemeines - *Kindern; Beschwerden von* (*/1897)

Würmer

Rektum - Würmer - Beschwerden durch Würmer (b2/985)

- Würmer - Beschwerden durch Würmer - Madenwürmer (*/986)

Stannum metallicum

stann.

Krankengeschichte; familiäre und persönliche

Allgemeines - Familiengeschichte von - Tuberkulose (br1/1878)

- Krankengeschichte von; persönliche - Tuberkulose, von (br1*/1910)

Zahnung - Empfindungen und neurologische Beschwerden

Allgemeines - *Konvulsionen - Zahnung; während der* (*/1907)

Zahnung - Magendarmsymptome

Zähne - Zahnung - schwierig - begleitet von - Würmer bei Kindern; Beschwerden durch (bro1/718)

Zahnung - Allgemeines

Zähne - Zahnung - schwierig (*/718)

Fieber - Zahnung; während der (b4a/1781)

Stillen - Gemütssymptome

Gemüt - Essen - weigert sich zu (^/53)

- Essen - weigert sich zu - Schwäche; aus (ptk1/53)

Stillen - Milch

Allgemeines - Speisen und Getränke - Milch - Abneigung (*/2000)

- Speisen und Getränke - Milch - Abneigung - Muttermilch (*/2001)
  - » Milch - Abneigung - Muttermilch - Kind verweigert die; das (st*/2001)
  - » Milch - agg. (stj2/2001)

Stillen - Magendarmsymptome - Appetit - vermindert

Magen - Appetit - fehlend (*/767)

Stillen - Magendarmsymptome - Appetit - vermehrt

Magen - *Appetit - Heißhunger* (*/769)

- Appetit - unstillbar (*/770)
  - » *vermehrt* (*/770)

Stillen - Magendarmsymptome - Aufstoßen - Wasser; Hochsteigen von

Magen - Aufstoßens; Art des - Wasser in den Mund; Hochsteigen von (*/781)

Stillen - Magendarmsymptome - Erbrechen

Magen - Erbrochenen; Art des - Speisen - Essen - beim - agg. (k/799)

- Erbrochenen; Art des - Speisen - unverdaut (h2/800)

Stillen - Magendarmsymptome - Schluckauf

Magen - Schluckauf - Essen - nach - agg. (*/810)

Stillen - Magendarmsymptome - Abdomen - agg. durch

Abdomen - Schmerz - Druck - agg. (h2/883)

- Schmerz - Liegen - Seite; auf der - rechten; auf der - agg. (k/889)

Stillen - Magendarmsymptome - Abdomen - amel. durch

Abdomen - *Schmerz - Beugen - vorne; nach - amel. - krampfartig* (k/882)

- **Schmerz - Druck - amel.** (*/883)
  - » *Liegen - Abdomen; auf dem - amel.* (k/889)
  - » *Zusammenkrümmen - amel. - krampfartig* (bro1/897)

Stillen - Magendarmsymptome - Rektum

Rektum - Diarrhoe - Kindern, bei (k/954)

Stillen - Allgemeines

Allgemeines - Säuglinge (kk2/1944)

Infektionskrankheiten - Windpocken

Fieber - Continua - Ausschlagsfieber (k/1772)

Infektionskrankheiten - Masern

Fieber - Continua - Ausschlagsfieber (k/1772)

Infektionskrankheiten - Röteln

Fieber - Continua - Ausschlagsfieber (k/1772)

Infektionskrankheiten - Scharlach

Fieber - Continua - Ausschlagsfieber (k/1772)

Infektionskrankheiten - Pocken

Fieber - Continua - Ausschlagsfieber (k/1772)

Infektionskrankheiten - Keuchhusten

Husten - Keuchhusten (k/1197)

- Keuchhusten - heftig (ptk1/1198)
  - » Krampfstadium, im (bro1*/1198)

Konstitution - Aggressivität

KOPF - Anstoßen - Bett; mit dem Kopf gegen das (a/274)

Konstitution - Angst und Furcht

GEMÜT - Beschwerden durch - Schreck (b2/25)
• Feigheit (*/59)
• Furcht - Armut, vor (stj2/65)
» engen Räumen; in (stj2/67)
» hochgelegenen Orten; vor (stj2/71)

Konstitution - Allgemeines

GEMÜT - Empfindlich - Kinder (dx1/44)
• *Entmutigt* (*/46)
• Faulheit (*/55)
• Furcht - Armut, vor (stj2/65)
• Geiz (gl/92)
» Angst um die Zukunft; Geiz aus (gl1/92)
• Heikel, pingelig (ggd1/106)
• Milde (*/130)
• Pessimist (jl3*/136)
• Sorgen; voller (j5/164)
• *Stimmung, Laune - veränderlich* (k1*/171)
• Unaufmerksam (bg2/189)
• Unternehmen; etwas - Vieles, hält aber bei nichts durch, bleibt nicht dabei; unternimmt (gl1/193)
• *Unzufrieden* (*/194)
• Weinen - Kindern; bei (h2/246)

Familie; Beziehung zur - Aggressivität

GEMÜT - Empfindlich - Grobheiten; gegen (mrr*/44)

Familie; Beziehung zur - Vorwürfe

GEMÜT - Ermahnungen - agg. (mtf/47)
• Ermahnungen - agg. - freundliche; selbst (bg2/47)

Beziehung zu anderen - Aggressivität

GEMÜT - *Antworten - kurz angebunden* (k/15)
• Spotten (gl1/166)
• Streitsüchtig (*/173)
• Zorn - Widerspruch, durch (stj2/255)

Beziehung zu anderen - Reaktion auf andere

GEMÜT - *Antworten - Abneigung zu antworten* (*/14)
• *Gesellschaft - Abneigung gegen* (*/94)
» Verlangen nach (j5/95)
» Verlangen nach - allein; agg. wenn (bg2/96)
• Schüchternheit, Zaghaftigkeit (bg2*/158)
• Trost - agg. (stj2/188)
• *Untröstlich* (gl1/193)
• Weinen - Trost - möchte nicht getröstet werden (pe/248)

Beziehung zu anderen - allgemein

GEMÜT - *Argwöhnisch, mißtrauisch* (*/16)
• Beleidigt, leicht (j5/20)
• Sprache - hastig, eilig (bg2/167)

Schule - Konzentration

GEMÜT - Unaufmerksam (bg2/189)

Schule - Lernen - Lesen

GEMÜT - Fehler; macht - Lesen, beim (k/57)

Schule - Vorwürfe

GEMÜT - Empfindlich - Grobheiten; gegen (mrr*/44)
• Ermahnungen - agg. (mtf/47)
» agg. - freundliche; selbst (bg2/47)

Schule - Konstitution

GEMÜT - Heikel, pingelig (ggd1/106)
• Unternehmen; etwas - Vieles, hält aber bei nichts durch, bleibt nicht dabei; unternimmt (gl1/193)

Spielen

GEMÜT - Tanzen (^/179)

Nonverbales - Gesten, Gebärden

GEMÜT - Launenhaftigkeit, launisch (bg2/123)
• Ungeschicklichkeit (b4/192)

Nonverbales - Allgemeines

GEMÜT - Singen (^/163)

Nonverbales - Konsultation; bei der

OHR - Eiterung - Mittelohr (k/500)

GESICHT - Schwellung - Unterkieferdrüsen (*/631)
• Schwellung - Unterkieferdrüsen - schmerzhaft (h2*/631)

INNERER HALS - Schwellung - Tonsillen (*/747)

ÄUSSERER HALS - Schwellung - Halsdrüsen (b4/760)

ABDOMEN - Absonderung aus dem Nabel (k/849)
• Schmerz - Druck - agg. (h2/883)
» **Druck - amel.** (*/883)

REKTUM - Hautausschläge - Anus; um den (bg2/964)

EXTREMITÄTEN - Nägel; Beschwerden der - gespaltene, aufgesprungene Nägel (c2/1665)
• *Nägel; Beschwerden der - Niednagel* (*/1665)
» Niednagel - schmerzhaft (*/1665)

HAUT - Erysipel (b2/1798)

Nonverbales - Äußerliches - Beobachtungen des Arztes

KOPF - Schuppen (bg2/402)

AUGE - *Verklebt* (*/472)

OHR - Geschwüre - Ohrläppchen - Loch für die Ohrringe; im (*/510)

GESICHT - Hippokratisches Gesicht (k/605)
• Sommersprossen (b2/632)
• Wächsern (b4a/635)

ATMUNG - Beschleunigt (*/1174)

HUSTEN - Anfallsweise - besteht aus - drei Hustenstöße (*/1186)
• Anfallsweise - besteht aus - drei Hustenstöße - oder vier Hustenstöße (bg2/1186)

• Halten, Festhalten - Brust mit beiden Händen halten; muß beim Husten die (mrr1/1193)

RÜCKEN - *Opisthotonus* (*/1325)

• Opisthotonus - Konvulsionen; während epileptischer (h2/1325)

HAUT - Sommersprossen (*/1834)

ALLGEMEINES - Magere Personen (c1/1919)

Nonverbales - Äußerliches - Beobachtungen der Eltern

AUGE - Verklebt - morgens (k/472)

ZÄHNE - *Zusammenbeißen der Zähne - Verlangen, die Zähne zusammenzubeißen; ständiges - fest zusammengebissen* (b4/719)

MAGEN - Brechreiz, Würgen (k2/784)

• Brechreiz, Würgen - Husten; agg. beim (k2/784)

• *Schluckauf* (*/809)

» Essen - nach - agg. (*/810)

• *Völlegefühl - Essen - nach - agg.* (k/845)

ABDOMEN - *Schmerz - Beugen - vorne; nach - amel. - krampfartig* (k/882)

• *Schmerz - Liegen - Abdomen; auf dem - amel.* (k/889)

» Liegen - Seite; auf der - rechten; auf der - agg. (k/889)

» *Zusammenkrümmen - amel.* (k/897)

» *Zusammenkrümmen - amel. - krampfartig* (bro1/897)

STUHL - Schafskot, wie (b2/997)

• Unverdaut (k/999)

MÄNNLICHE GENITALIEN - *Masturbation, Neigung zur* (hr1*/1071)

ATMUNG - Schnarchen (*/1180)

EXTREMITÄTEN - Nägel; Beschwerden der - Niednagel - schmerzhaft (*/1665)

Nacht; Beobachtungen in der - Gemütssymptome

GEMÜT - Jammern - Schlaf, im (h2/113)

• Schlafwandeln (*/154)

• *Sprechen - Schlaf; im* (*/169)

• Weinen - Wimmern, Winseln - Schlaf, im (b4/248)

Nacht; Beobachtungen in der - körperliche Symptome

KOPF - Schweiß der Kopfhaut - Stirn - nachts - Mitternacht - nach - 4 h (k/404)

BLASE - Urinieren - unwillkürlich - nachts - Morgen, gegen (b4a/1019)

Nacht; Beobachtungen in der - Schlaf

SCHLAF - Erwachen - Schreck, wie durch (j5/1675)

Nacht; Beobachtungen in der - Schlaf; Lage im

SCHLAF - Lage - Abdomen, auf dem (*/1682)

• Lage - Beine - angezogen - links (j5/1682)

» *Beine - ausgestreckt* (j5/1682)

» Beine - ausgestreckt - ein Bein ausgestreckt - rechte, das (j5/1682)

» Beine - ausgestreckt - ein Bein ausgestreckt - andere hochgezogen; das (*/1682)

» Kopf - hinten gebeugt; nach (*/1682)

» *Kopf - vorne gebeugt; nach* (kr1/1683)

» Rücken, auf dem (*/1683)

Schaukeln und Getragenwerden

GEMÜT - Getragen - Verlangen getragen zu werden (^/99)

• Getragen - Verlangen getragen zu werden - Schulter, über der (bg2*/99)

Körperliche Symptome und Erkrankungen

MAGEN - Würgen - Husten, mit (*/846)

FIEBER - Schleichendes Fieber (b4a/1779)

ALLGEMEINES - Abmagerung - Kindern; bei - Kleinkindern; bei (bro1/1845)

• Kindern; Beschwerden von (*/1897)

• Konvulsionen - Hitze; während (bg2/1904)

» *Kindern, bei* (b4a/1905)

» Kindern, bei - Kleinkindern, bei (bg2*/1905)

Chirurgisch pathologische Zustände

OHR - Abszeß (bg2/498)

ABDOMEN - Hernie - Leistenhernie (b2/868)

Würmer

ZÄHNE - Zahnung - schwierig - begleitet von - Würmer bei Kindern; Beschwerden durch (bro1/718)

REKTUM - *Würmer - Beschwerden durch Würmer* (*/985)

• *Würmer - Beschwerden durch Würmer - Bandwürmer* (*/986)

» Beschwerden durch Würmer - Spulwürmer (*/986)

ALLGEMEINES - *Konvulsionen - Würmer, durch* (*/1907)

Staphysagria

staph.

Auf der körperlichen Ebene sind Kinder, die Staphysagria benötigen, dünn und haben einen aufgetriebenen Bauch. Gewöhnlich haben sie schwarze Haare. Sie können kränklich aussehen, mit eingefallenen Augen und blauen Ringen um die Augen.

Staphysagria ist ein Mittel von *seit der Kindheit unterdrückter Wut, was oft in Zusammenhang steht mit ihrer Beziehung zu ihren strengen und autoritären Eltern,* die das Kind ungerecht bestrafen, sogar körperlich bestrafen. Manchmal sind die Eltern nicht streng, aber zeigen wenig Anerkennung für die Fähigkeiten ihrer Kinder und setzen sie herab. Staphysagria ist das erste Mittel, an das man bei *Kindern denken sollte, die Tics haben, die durch die Strenge der Eltern verursacht sind* und die gezwungen werden, mit der rechten Hand zu schreiben, obwohl sie Linkshänder sind. Sie können geistig zurückgeblieben sein, was verursacht wird, wenn Eltern oder Lehrer deren natürliche Neigungen unterdrücken.

Diese Kinder sind *sehr empfindlich und lernen oft den Kummer zu vermeiden, den ihre Eltern hervorrufen könnten, indem sie brav sind. Sie werden nachgiebig und unfähig, Widerstand zum Ausdruck zu bringen.* Sie lernen, daß es nicht möglich ist, ihren eigenen Widerspruch auszudrücken, denn er führt nur zu schlimmer Bestrafung. Sie unterdrücken all ihre Wut und Verbitterung in einem Ausmaß, daß sie diese Gefühle nicht mehr haben und sie haben Angst, daß ihre Eltern mit ihnen unzufrieden sind. Daher werden sie mild und ruhig, aber sie nähren ihre Angst und ihre Wut. Sie lieben es, berührt zu werden und andere zu berühren, auf dem Schoß der Mutter zu sitzen und Blumen für sie zu pflücken.

Die Probleme entstehen, wenn sie sich nicht geliebt fühlen; dann entwickeln sie körperliche Symptome, beispielsweise Kopfschmerzen oder seltener emotionale Wutausbrüche. Diese Ausbrüche kommen in schlechter Laune und Reizbarkeit zum Ausdruck: sie weinen, wenn sie etwas wollen und sobald sie es bekommen haben, werfen sie es wütend weg, ähnlich den Kindern, die Chamomilla und Cina benötigen. Oder sie werfen mit Gegenständen nach Personen, die sie beleidigt haben und von diesem Punkt an wird die Situation unerträglich.

Aus körperlicher Sicht sind die Harnwege am stärksten betroffen, mit häufiger Zystitis. Gerstenkörner und Hagelkörner befallen die Augen.

Sie leiden an *Milchschorf* und ekzematösen Hautausschlägen mit gelben Krusten um die Ohren und blutendem Exsudat.

Das Gehör kann sich durch Adenoide beeinträchtigt werden.

Beschwerden in Bezug auf die Zähne sind wichtig: schwierige Zahnung; *verfrühtes Auftreten von Karies; die Zähne werden schlecht, sobald sie durchbrechen und zerkrümeln;* die Zähne werden dunkel, sobald sie durchbrechen, wie bei China und Mercurius. Die Zähne haben schwarze Streifen, besonders die oberen. *Staphysagria ist das Hauptmittel bei Zahnabszessen von Kindern, die besonders auf der rechten Seite und in den unteren Zähnen erscheinen.*

Sie lieben Süßigkeiten und Milch, besonders kalte Milch, während sie Abneigung gegen Fett haben. Sie haben Heißhunger, selbst wenn der Magen voll ist.

Auftreibung des Bauches ist bei diesen Kindern typisch, begleitet von Kolik und Flatulenz, wobei der Flatus gewöhnlich heiß ist und nach faulen Eiern riecht. Diarrhoe ist häufig, manchmal nachdem sie wütend werden oder bestraft wurden; sie ist oft mit weißer Zunge und weißem Zahnfleisch verbunden, mit schneidenden Schmerzen vor und während dem Stuhlgang und starkem Tenesmus des Rektums. Diarrhoe erscheint jedesmal, wenn sie zu essen oder zu trinken versuchen.

Starke Neigung zu Masturbation.

Im Schlaf sind sie ruhelos; sie wachen auf, schieben alles zur Seite und wollen, daß alle das Zimmer verlassen.

Klinisches: Zystitis. Adenoide. Gerstenkörner. Hagelkörner. Zysten. Kondylome. Warzen. Beschwerden der Hoden. Tonsillitis. Zahnschmerzen.

Wirkungsbereich: Urogenitaltrakt. Augen. Nerven. Zähne. Haut. Drüsen.

* * *

Krankengeschichte; familiäre und persönliche

ALLGEMEINES - Krankengeschichte von; persönliche - Augen - Gerstenkörnern; von wiederkehrenden (tl1/1909)

• *Krankengeschichte von; persönliche - Lidknorpel; von wiederkehrenden Tumoren am* (k/1910)

» **Zystitis; von wiederkehrenden - Kindern; bei** (lmj/1910)

Entwicklung - schnell

GEMÜT - Frühreife, altkluge Kinder (lmj/63)

Zahnung - Allgemeines

ZÄHNE - **Zahnung - schwierig** (j5/718)

Stillen - Gemütssymptome

GEMÜT - Weinen - Essen - beim - Kindern, bei (kr1/245)

Stillen - Milch

KOPF - *Hautausschläge - Milchschorf* (b2/290)

• Hautausschläge - Milchschorf - fressend, erodierend (bg3*/290)

» Milchschorf - Kindern; bei (mtf33/290)

ALLGEMEINES - **Speisen und Getränke - Milch - Abneigung** (st*/2000)
- **Speisen und Getränke - Milch - agg.** (st*/2001)
  » Milch - amel. (bg2*/2001)
  » *Milch - Verlangen* (*/2001)
  » Milch - Verlangen - kalte (*/2001)

Stillen - Magendarmsymptome - Appetit - allgemein

MAGEN - Appetit - launischer Appetit (bg2/770)

Stillen - Magendarmsymptome - Appetit - vermindert

MAGEN - Appetit - fehlend (b2/767)
- Appetit - fehlend - Hunger, mit (b2/768)

Stillen - Magendarmsymptome - Appetit - vermehrt

MAGEN - Appetit - Genuß, ohne (k/769)
- *Appetit - Heißhunger* (*/769)
  » **Heißhunger - Apyrexie, während der** (k/769)
  » *Heißhunger - Essen - nach dem Essen - bald danach* (k/770)
  » Heißhunger - Schweiß, mit (bg2/770)
  » unstillbar (*/770)
  » *vermehrt* (*/770)
  » vermehrt - Essen - nach (*/772)

Stillen - Magendarmsymptome - Aufstoßen - Speisen; von

MAGEN - Aufstoßens; Art des - Speisen; von (bg2/780)

Stillen - Magendarmsymptome - Aufstoßen - Wasser; Hochsteigen von

MAGEN - **Aufstoßens; Art des - Wasser in den Mund; Hochsteigen von** (*/781)
- Aufstoßens; Art des - Wasser in den Mund; Hochsteigen von - Husten - beim - agg. (b7/781)

Stillen - Magendarmsymptome - Schluckauf

MAGEN - Schluckauf - Essen - nach - agg. (*/810)

Stillen - Magendarmsymptome - Abdomen - agg. durch

ABDOMEN - **Schmerz - Kindern; bei - Säuglingen; bei - krampfartig** (bro1*/888)

Stillen - Magendarmsymptome - Abdomen - amel. durch

ABDOMEN - *Schmerz - Wärme - amel.* (sne/896)

Stillen - Magendarmsymptome - Rektum

REKTUM - *Diarrhoe - Kindern, bei* (k/954)
- Obstipation - Kindern, bei (mtf33/969)

Stillen - Allgemeines

MUND - *Aphthen - Kindern, bei - Säuglingen; bei* (sne/639)

ALLGEMEINES - Säuglinge (kk2/1944)
- Speisen und Getränke - Fleisch - Verlangen - Kindern, bei (mtf33/1994)

Infektionskrankheiten - Mumps

GESICHT - Entzündung - Parotis - Metastasierung zu - Hoden (bro1*/584)
- Schwellung - Parotis (k/631)

Konstitution - Aggressivität

GEMÜT - Zorn - Kindern, bei (wta*/254)

KOPF - Anstoßen (sne/274)

Konstitution - Angst und Furcht

GEMÜT - Angst - hypochondrisch (j5/11)
- *Beeindrucken, empfänglich für Eindrücke; leicht zu* (lmj*/19)
- Beschwerden durch - Erwartungsspannung (st/23)
  » Schreck (^/25)
- Feigheit (vh*/59)
- Feuer - anzünden; möchte Dinge (st/59)
  » wirft Dinge ins (k/59)
- Furcht - Armut, vor (ptk1/65)
  » Ärzten, vor (mrr1/65)
  » engen Räumen; in (gl1/67)
  » *Gewitter; vor* (vh*/70)
  » hochgelegenen Orten; vor (*/71)
  » *Kindern, bei* (^/71)
  » *Selbstkontrolle zu verlieren; die* (*/75)
- Mutig (^/133)
- **Schreckliches und traurige Geschichten greifen sie stark an** (h1*/156)

Konstitution - Allgemeines

GEMÜT - Anarchist (zr/4)
- Ehrgeiz - erhöht, vermehrt, sehr ehrgeizig (gl1/40)
- Eitelkeit (sne/41)
- *Empfindlich - Kinder* (*/44)
- Entmutigt (^/46)
- *Faulheit* (b7/55)
- Furcht - Armut, vor (ptk1/65)
- Geiz (gl1/92)
- **Gewissenhaft, peinlich genau in bezug auf Kleinigkeiten** (sne*/99)
- *Heimweh* (*/107)
- Milde (bg*/130)
- **Mürrisch - Kindern, bei** (^/132)
- Nachgiebigkeit (lmj*/134)
- Pessimist (sne/136)
- Schmutzig - Urinieren und Defäkieren - überall - Kindern; bei (mrr1/155)
- Selbstsucht, Egoismus (sne/161)
- Selbstvertrauen - Mangel an Selbstvertrauen (j*/161)
- **Sorgen; voller** (bg2*/164)
- Spontan, impulsiv (k/166)
- *Stimmung, Laune - veränderlich* (k1*/171)
- *Unaufmerksam* (bg2/189)
- **Ungerechtigkeit; erträgt keine** (lmj*/191)

• *Unzufrieden* (*/194)
• Verwegenheit (mtf33*/199)
• Weinen - leicht (gl1/246)

Familie; Beziehung zur - Aggressivität

GEMÜT - *Beschwerden durch - Bevormundung - Kindern, bei* (mp1/22)
• *Beschwerden durch - Bevormundung - lange Zeit, für* (mtf/22)
  » **Grobheit anderer** (*/23)
• **Empfindlich - Grobheiten; gegen** (*/44)

Familie; Beziehung zur - Liebe und Zuneigung

GEMÜT - *Angst - andere, um* (vh*/7)
• Beschwerden durch - Eifersucht (bro1/22)
• *Eifersucht* (k1*/40)
  » Kinder - bei (mtf33/40)
• Entfremdet - Familie, von seiner (gl1/45)
• *Liebevoll, voller Zuneigung, herzlich* (mrr1*/125)
• Sorgen; voller - andere, um (zr/165)

Familie; Beziehung zur - Vorwürfe

GEMÜT - *Beschwerden durch - Tadel* (*/25)
• Beschwerden durch - Vorwürfe (ptk1/26)
• Empfindlich - Tadel (mtf33/45)
  » Vorwürfe; gegen (mtf33/45)
  » Vorwürfe; gegen - Kindern; bei (mtf33/45)
• Ermahnungen - agg. (pt*/47)
• Weinen - Ermahnung, durch (k/245)
  » Vorhaltungen gemacht werden; wenn ihm (k/248)

Beziehung zu anderen - Aggressivität

GEMÜT - Empfindlich - Streitigkeiten; gegen (gk/45)
• Grausamkeit (bro1*/103)
• Schlagen (*/154)
  » *Verlangen - schlagen, zu* (k/154)
• Streiten - Abneigung gegen (mrr1*/172)
• *Streitsüchtig* (*/173)
  » Zorn, ohne (h1*/173)

Beziehung zu anderen - Reaktion auf andere

GEMÜT - *Antworten - bissig, schnippisch* (ptk2*/15)
• **Antworten - unfähig zu antworten** (^/15)
  » weigert sich zu antworten (sne/15)
• *Beschwerden durch - Scham* (bro1/24)
• **Gesellschaft - Abneigung gegen** (bg2*/94)
  » Abneigung gegen - ertragen, kann niemanden (j5/95)
  » Abneigung gegen - Fremden; Abneigung gegen die Anwesenheit von (gk/95)
• Schüchternheit, Zaghaftigkeit (*/158)
  » Kindern; bei (mtf33/158)
  » Öffentlichkeit; beim Auftreten in der (a1*/159)
• Trost - agg. (*/188)
  » amel. (k/188)
• Untröstlich (lmj/193)
• **Weinen - angesprochen; wenn** (k1*/245)
  » Trost - agg. (k/248)
• Widerspruch - Neigung zu widersprechen (k2*/249)
  » *verträgt keinen Widerspruch* (bro1*/249)

Beziehung zu anderen - allgemein

GEMÜT - *Argwöhnisch, mißtrauisch* (*/16)
• **Beleidigt, leicht** (*/20)
• *Empfindlich - äußerliche Eindrücke; gegen alle* (*/42)
• Geheimnistuerisch, verschlossen (mtf/87)
• Ichbezogenheit, Selbstüberhebung (gl1/111)
  » spricht in Gesellschaft immer über sich selbst (mtf33*/111)
• Lügner (mtf33*/126)
• Manipulierend (zr/128)
• Mitgefühl, Mitleid (lmj/130)
• *Pubertät; in der* (st/138)
• Tadelsüchtig, krittelig (*/178)
• *Tadelt andere* (*/179)
• Tadelt sich selbst, macht sich Vorwürfe (tl1*/179)
• Unbarmherzig (h1/189)
• *Unverschämtheit* (bro1*/193)

Schule - Angst

GEMÜT - Beschwerden durch - Erwartungsspannung (st/23)
• Selbstvertrauen - Mangel an Selbstvertrauen (j*/161)

REKTUM - *Diarrhoe - Erregung, Aufregung agg.* (vh/952)

Schule - Konzentration

GEMÜT - *Konzentration - schwierig - Studieren* (mtf33*/117)
• *Unaufmerksam* (bg2/189)

Schule - Lernen - Mathematik, Rechnen

GEMÜT - Mathematik - Unfähigkeit zur (mtf33/128)
• Mathematik - Unfähigkeit zur - Algebra (gl1/129)
  » Unfähigkeit zur - Horror vor (st/129)
  » Unfähigkeit zur - rechnen; kann nicht (k2*/129)

Schule - Lernen - Schreiben

GEMÜT - Fehler; macht - Schreiben, beim (k2*/57)

Schule - Anstrengung; geistige

KOPF - *Schmerz - geistige Anstrengung - agg.* (k/328)

Schule - Beziehung zu anderen

GEMÜT - Beschwerden durch - Linkshändigkeit; Unterdrückung der (g*/24)
• *Beschwerden durch - Scham* (bro1/24)
• Lügner (mtf33*/126)
• Schüchternheit, Zaghaftigkeit - Öffentlichkeit; beim Auftreten in der (a1*/159)

• Ungehorsam (j*/191)
  » Kindern, bei (lmj*/191)

MUND - Sprache - stotternd (b7a/688)
• Sprache - verschluckt Worte (*/688)

Schule - Vorwürfe

GEMÜT - **Beschwerden durch - Grobheit anderer** (*/23)
• *Beschwerden durch - Tadel* (*/25)
  » Vorwürfe (ptk1/26)
• **Empfindlich - Grobheiten; gegen** (*/44)
  » Tadel (mtf33/45)
  » Vorwürfe; gegen (mtf33/45)
  » Vorwürfe; gegen - Kindern; bei (mtf33/45)
• Ermahnungen - agg. (pt*/47)
• Weinen - Ermahnung, durch (k/245)

Schule - Konstitution

GEMÜT - *Eigensinnig, starrköpfig, dickköpfig* (bro1/41)
• **Gewissenhaft, peinlich genau in bezug auf Kleinigkeiten** (sne*/99)
• Lügner (mtf33*/126)
• Selbstvertrauen - Mangel an Selbstvertrauen (j*/161)
• Ungehorsam (j*/191)
  » Kindern, bei (lmj*/191)

Spielen

GEMÜT - Spielen - Abneigung gegen Spielen - Kindern; bei (^/165)

Nonverbales - Aggressivität

GEMÜT - Beißen (^/20)
• Destruktivität, Zerstörungswut (k/38)
• Grobheit - Kinder; ungezogene (bg2*/104)
• **Reizbarkeit, Gereiztheit - Kindern, bei** (hr1*/145)
• **Wirft mit Gegenständen um sich** (*/250)
  » **morgens** (k/250)
  » **PERSONEN; NACH** (^/250)
  » **PERSONEN; NACH - BELEIDIGEN; DIE IHN** (k1*/250)
• *Zerbricht Dinge* (gl1/251)
  » Verlangen; Dingen zu zerbrechen (mtf33*/251)

Nonverbales - Reaktion auf andere

GEMÜT - Fremde - Anwesenheit von Fremden - agg. (gk/60)
• Schamlos (k/153)

Nonverbales - Gesten, Gebärden

GEMÜT - Beißen - Nägel (a*/20)
• Gesten, Gebärden; macht - Tics; nervöse (mrr1/99)
• **Launenhaftigkeit, launisch** (*/123)
  » **weist Dinge zurück, die er haben wollte, sobald er sie bekommt** (st*/123)
  » weist Dinge zurück, die er haben wollte, sobald er sie bekommt - Kindern; bei (br1*/123)
• Maskulin - Mädchen; maskulin aussehende (vh/128)
• Pfeifen (sne/136)
• Ungeschicklichkeit (pc/192)
• Verstecken - sich (j*/199)

Nonverbales - Allgemeines

GEMÜT - *Eigensinnig, starrköpfig, dickköpfig* (bro1/41)
• Hast, Eile - immer in Eile; ist (mtf33*/105)
• Höflich - zu höflich, übertrieben höflich (mtf33/109)
• Impertinenz, Unverschämtheit (gl1/112)
• Ruhelosigkeit - Kindern, bei (^/151)
• Schreien - Kindern, bei (^/157)
• Singen (^/163)

Nonverbales - Konsultation; bei der

KOPF - Hitze - Kälte - Körpers; mit Kälte des (sne/293)
• **Läuse** (b7/300)

HÖREN - Schwerhörig - Tonsillen - Hypertrophie der (bro1/537)
• *Schwerhörig - Tonsillen - vergrößert* (*/537)

GESICHT - Schwellung - Sublingualdrüse (h1*/631)
• Schwellung - Submentaldrüse (k/631)
  » *Unterkieferdrüsen* (*/631)

MUND - *Aphthen* (*/639)
• *Aphthen - gelblicher Basis; mit* (*/639)
  » *Kindern, bei* (hr1/639)
  » *Kindern, bei - Säuglingen; bei* (sne/639)
• *Eiterung - Zahnfleisch* (bg2*/643)
• Schwämmchen (hr1/681)
• *Stomatitis ulcerosa, Stomakaze* (*/689)

INNERER HALS - Aphthen (b7/721)
• *Entzündung - Tonsillen* (*/724)
• *Schwellung - Tonsillen* (*/747)

ÄUSSERER HALS - **Schwellung - Halsdrüsen** (*/760)
• *Schwellung - Halsdrüsen - schmerzhaft* (b7a/760)
  » *Halsdrüsen - schmerzhaft - Berührung; bei* (sne/760)
• Verhärtung von Drüsen (*/761)

ABDOMEN - Auftreibung - Kindern, bei (k/852)
• Auftreibung - Kindern, bei - dickbäuchigen Kindern; bei (mtf33/852)
• Vergrößert - Kindern; bei (mtf33/938)

REKTUM - *Hautausschläge - Anus; um den* (*/964)

RÜCKEN - Krümmung der Wirbelsäule (bg2/1323)
• *Krümmung der Wirbelsäule - Dorsalregion* (b7a/1323)

EXTREMITÄTEN - *Knie, Lage der - außen; nach* (b7a/1664)

• Knie, Lage der - innen; nach (bg2/1664)
• Nägel; Beschwerden der - eingewachsene Zehennägel (c2*/1665)
» spröde, brüchige Nägel - Fingernägel (zf/1665)
HAUT - Erysipel (b2/1798)
• Hautausschläge - Impetigo (*/1816)
• Verwachsen - Knochen; am (*/1835)
ALLGEMEINES - Exostose (k2*/1877)

Nonverbales - Äußerliches - Beobachtungen des Arztes

KOPF - *Schuppen* (*/402)
AUGE - Strabismus, Schielen (mrr1/467)
• *Verklebt* (*/472)
NASE - *Spitz* (*/574)
GESICHT - Aufgesprungen - Lippen (k/579)
• Ausdruck - alt aussehend (k/580)
• Fettig (bro1/593)
• Hautausschläge - Akne (bro1/595)
• Hippokratisches Gesicht (*/605)
• Rissig - Lippen (b7/613)
» Lippen - Schnupfen, beim (b7/613)
ATMUNG - Beschleunigt (b2/1174)
ALLGEMEINES - Aussehen - dunkel (k13*/1854)
• Aussehen - dunkel - straffer Faser, mit (kr1/1855)
• Magere Personen (hr1/1919)

Nonverbales - Äußerliches - Beobachtungen der Eltern

AUGE - Verklebt - morgens (h1*/472)
MAGEN - *Schluckauf* (*/809)
• Schluckauf - Essen - nach - agg. (*/810)
ABDOMEN - Flatulenz - Kindern; bei (mtf33/863)
• **Schmerz - Kindern; bei - Säuglingen; bei - krampfartig** (bro1*/888)
» *Wärme - amel.* (sne/896)
» Zusammenkrümmen - amel. (k/897)
REKTUM - Unwillkürlicher Stuhl (*/984)
• Unwillkürlicher Stuhl - Flatus agg.; Abgang von (*/985)
STUHL - Schafskot, wie (b2/997)
• Unverdaut (k/999)
BLASE - Urinieren - Harndrang - plötzlich - beeilen um zu urinieren, sonst geht Urin ab; muß sich (k/1015)
• Urinieren - unwillkürlich - Husten; agg. beim (*/1020)
» verzögert, muß warten, bis der Urin zu fließen beginnt (k/1020)
MÄNNLICHE GENITALIEN - Erektionen - Kindern, bei (lmj/1063)
• **Masturbation, Neigung zur** (*/1071)
» *Jucken, durch* (sf1/1071)
» Kindern; bei (c1*/1071)
• Sexuelles Verlangen - vermehrt - Kindern, bei (lmj/1084)
WEIBLICHE GENITALIEN - **Masturbation; Neigung zu** (c1*/1104)
• Masturbation; Neigung zu - Kindern; bei (lmj*/1104)
EXTREMITÄTEN - Hitze - Füße - brennend - entblößt sie (zf/1440)
• Nägel; Beschwerden der - Wachstum der Nägel - angehalten (ptk1/1666)
HAUT - **Insektenstiche** (sne/1825)

Nacht; Beobachtungen in der - Gemütssymptome

GEMÜT - **Furcht - Erwachen; beim - Traum; aus einem** (vh/dg*/67)
• *Furcht - Kindern, bei - nachts* (sne/71)
• **Mürrisch - Kindern, bei - frühmorgens** (kr1/132)
• Ruhelosigkeit - Kindern, bei - nachts (h1/152)
• Schreien - Kindern, bei - Erwachen, beim (mtf33/157)

Nacht; Beobachtungen in der - körperliche Symptome

KOPF - Schweiß der Kopfhaut - nachts (sne/403)
• Schweiß der Kopfhaut - Schlaf - im (sne/404)
BLASE - Urinieren - unwillkürlich - nachts (*/1019)

Nacht; Beobachtungen in der - Schlaf

SCHLAF - Erwachen - Schreck, wie durch (b7a/1675)
• Ruhelos - Kindern, bei (j5/1685)
• Schlaflosigkeit - Lage ist recht, keine (j5/1692)

Nacht; Beobachtungen in der - Schlaf; Lage im

SCHLAF - Lage - Kopf - vorne gebeugt; nach (*/1683)
• Schlaflosigkeit - Lage ist recht, keine (j5/1692)

Schaukeln und Getragenwerden

GEMÜT - Getragen - Verlangen getragen zu werden (*/99)

Autos und Schiffe

GEMÜT - Furcht - Fahren im Wagen; beim (fyz1/68)
SCHWINDEL - Fahren, beim - Boot, in einem - agg. (bro1/265)
MAGEN - Erbrechen - Fahren im Wagen agg. (*/792)
• Übelkeit - Fahren - Wagen; im - agg. (b7a/836)
» *Seekrankheit* (*/839)
ALLGEMEINES - Fahren - Wagen; mit dem - agg. (*/1877)

Psychosomatische Störungen

REKTUM - *Diarrhoe - Ärger, Verdruß agg.* (k/951)
• *Diarrhoe - Erregung, Aufregung agg.* (vh/952)
» *Zorn, nach* (*/957)

Körperliche Symptome und Erkrankungen

KOPF - *Entzündung - Periost* (k/285)
• Schmerz - katarrhalisch (*/331)

Zähne - Abszeß der Zahnwurzeln (ptk1*/695)
- **Karies, faule, hohle Zähne** (*/700)
  - » **Kindern; verfrüht bei** (*/700)

Weibliche Genitalien - Menses - verzögerte Menarche (*/1114)

Rücken - Spina bifida (*/1384)

Extremitäten - Hüftgelenksentzündung (*/1443)

Allgemeines - *Abmagerung - Kindern; bei* (kr1/1845)
- Abmagerung - Kindern; bei - Kleinkindern; bei (bro1/1845)
- Essen - Überessen; agg. nach (bg2*/1877)
- Kindern; Beschwerden von (*/1897)
- *Konvulsionen - Kindern, bei* (lmj/1905)
- Schwäche - Kindern, bei (mtf33/1977)
- Verletzungen - Knochenbrüche - langsame Heilung von Knochenbrüchen (*/2020)

Chirurgisch pathologische Zustände

Nase - Polyp (*/561)
- *Rachenmandelwucherung* (c2/561)

Abdomen - Hernie - Leistenhernie (*/868)

Würmer

Rektum - Würmer - Beschwerden durch Würmer - Spulwürmer (c1/986)

Sticta pulmonaria

stict.

Infektionskrankheiten - Masern

Husten - Masern - nach (*/1202)
- Masern - während (c2*/1202)
- Trocken - Masern, nach (nh6/1209)

Fieber - Ausschlagsfieber; Fieber bei Ausschlagserkrankungen - Masern (bro1/1770)

Haut - *Hautausschläge - Masern* (hr1*/1817)

Allgemeines - *Masern - Beschwerden nach* (kr1*/1920)

Infektionskrankheiten - Keuchhusten

Husten - Keuchhusten (*/1197)
- Keuchhusten - heftig (ptk1/1198)
  - » *Konvulsionen, mit* (kr1/1198)
  - » Krampfstadium, im (ptk1/1198)

Konstitution - Allgemeines

Gemüt - Unaufmerksam (bg2/189)

Schule - Konzentration

Gemüt - Unaufmerksam (bg2/189)

Spielen

Gemüt - Tanzen (bro1*/179)

Nonverbales - Aggressivität

Gemüt - Stoßen, treten, austreten (^/172)

Nonverbales - Gesten, Gebärden

Gemüt - Springen (bg2/169)

Nonverbales - Konsultation; bei der

Äusserer Hals - Schwellung - Halsdrüsen (c1/760)

Nonverbales - Äußerliches - Beobachtungen des Arztes

Nase - Bohren mit den Fingern in der Nase (k/546)
- Schniefen - Kindern; bei - Neugeborenen; bei (bro1/568)
- Zupfen - Nase, an der - ständiges Verlangen (k/578)

Nonverbales - Äußerliches - Beobachtungen der Eltern

Nase - **Schneuzen der Nase - Neigung, sich zu schneuzen; ständige** (*/568)

Männliche Genitalien - Masturbation, Neigung zur (bg2*/1071)

Nacht; Beobachtungen in der - Schlaf

Schlaf - *Schlaflosigkeit - gewiegt werden; Kind muß* (st1/1691)
- *Schlaflosigkeit - Husten, durch - Kindern, bei* (st1/1691)
  - » *Kindern, bei* (hr1*/1691)
  - » *Kindern, bei - gewiegt werden, Kind muß* (st1/1691)

Schaukeln und Getragenwerden

Schlaf - *Schlaflosigkeit - gewiegt werden; Kind muß* (st1/1691)
- *Schlaflosigkeit - Kindern, bei - gewiegt werden, Kind muß* (st1/1691)

Körperliche Symptome und Erkrankungen

Kopf - *Schmerz - katarrhalisch* (*/331)

Nase - Katarrh - gefolgt von - Stirnhöhlen; Beschwerden der (*/553)

Stillingia silvatica

still.

Konstitution - Angst und Furcht

Gemüt - Beschwerden durch - Erwartungsspannung (kr1*/23)

Beziehung zu anderen - allgemein

Gemüt - Argwöhnisch, mißtrauisch (sf1/16)

Schule - Angst

Gemüt - Beschwerden durch - Erwartungsspannung (kr1*/23)

Nonverbales - Konsultation; bei der

Innerer Hals - Entzündung - Tonsillen (*/724)

ÄUSSERER HALS - *Schwellung - Halsdrüsen* (bro1/760)
ALLGEMEINES - Exostose (bro1*/1877)

Körperliche Symptome und Erkrankungen

KOPF - Schmerz - katarrhalisch (*/331)
EXTREMITÄTEN - Hüftgelenksentzündung (c2*/1443)

Stramonium

stram.

Als Mitglied der Familie der Solanaceen lähmt Stramonium den Parasympathikus, was zu Pupillenerweiterung, Beschleunigung des Herzschlages, Trockenheit der Schleimhäute, Krämpfe im Hals, Erregung des Nervensystems und Delirium führt.

Stramonium ist ein Mittel, das durch *gewalttätige Verhaltensweisen* gekennzeichnet ist, besonders bei Kindern.

Fortgeschrittene Gemütszustände von Stramonium sind oft zu sehen, aber es ist auch möglich, zahlreiche Patienten zu sehen, die in geistiger Hinsicht völlig ausgeglichen sind. Gewalttätige Phasen können plötzlich hervorbrechen, aber es können Zeiten der Normalität vorhanden sein.

Stramonium-Kinder können während der Konsultation ruhig aussehen und zeigen nicht die von den Eltern beschriebene Gewalttätigkeit. Sie bleiben sitzen und halten sich am Stuhl fest und starren, als wären sie bereit, davonzulaufen; manchmal können sie verträumt und nachdenklich wirken oder gesprächig und hyperaktiv. Sie können auch anfangen, alles im Sprechzimmer anzufassen.

In ihrer Hyperaktivität nehmen sie das Gespräch zwischen den Eltern und dem Homöopathen nicht im geringsten wahr; aber manchmal unterbrechen sie es, egal, ob sie dafür gescholten werden, und kommentieren das, was über sie gesprochen wird.

In der Schule hält die Konzentration nur kurze Zeit an und sie neigen dazu, andere Kinder abzulenken.

Die Symptome, die Stramonium anzeigen, können nach einem plötzlichen Schock erscheinen, wie einem Autounfall, sexueller Belästigung oder einer Gewalttat; oder auf neurologische pathologische Zustände folgen, wie Meningitis, Enzephalitis oder einem Schock.

Die Gewalt von Stramonium ist impulsiv, unkontrolliert und der Patient kann das Gefühl haben, jemanden umbringen zu wollen.

Eine der Eigentümlichkeiten ist die *stark angeregte Vorstellungskraft,* die Einbildungen und Halluzinationen hervorruft. Der Unterschied zwischen diesen beiden Phänomenen liegt darin, daß der Patient bei den Einbildungen falsche Vorstellungen hat, aber wahrnimmt, daß dem so ist. Wenn er jedoch glaubt, die Vorstellungen seien real, wie dies bei den Halluzinationen der Fall ist, kann der Patient nicht mehr zwischen Wirklichkeit und Einbildung unterscheiden. Patienten bleiben ruhig, solange nur Einbildungen vorhanden sind, aber wenn sie Halluzinationen bekommen, werden sie unruhig.

Sie sehen Gespenster, fremde Wesen, mehr oder minder wilde Tiere und Hunde, die versuchen, sie anzufallen und zu beißen. Diese Bilder erscheinen in Alpträumen. Nach einer Phase ruhigen Schlafs wachen sie plötzlich schreiend und ängstlich auf, mit erweiterten Pupillen und starrem Blick; sie halten sich an der Mutter fest.

Ein typisches Symptom ist *übermäßige Angst vor Dunkelheit,* weshalb sie die ganze Nacht über Licht anhaben wollen; diese Angst kann sich auch zeigen, wenn man durch einen Tunnel fährt. Sie mögen es nicht, allein zu sein und können sich verlassen fühlen.

Zu weiteren Ängsten gehören: vor dem Teufel, Friedhöfen, geschlossenen Orten und großen Wassermassen. Sie können schreckliche Angst haben, nachdem sie Horrorszenen im Fernsehen gesehen haben und bleiben derart davon beeindruckt, daß sie nicht einschlafen können; aber gleichzeitig geben sie zu, daß sie von Gespenstern, Monstern und Gewalt angezogen werden. Stramonium neigt auch zur Einbildung, er würde hinter sich Stimmen hören.

Sie können plötzlich Fieber bekommen. Man erwäge Stramonium für heftige Stadien und aggressives Delirium mit rotem Gesicht.

Einige weniger wichtige Symptome sind Schwindel und Kopfschmerzen, die Belladonna ähneln und charakterisiert sind durch pulsierenden Hyperämie des Gehirns, mit Blutandrang zum Kopf und oft gedunsenem Gesicht.

Stramonium ist bei Konvulsionen angezeigt, die heftig und generalisiert sein können.

Sie haben großes Verlangen nach sauren Speisen und saure Speisen bessern.

Klinisches: Delirium. Geisteskrankheit. Stottern. Epilepsie. Enuresis. Scharlach. Strabismus.

Wirkungsbereich: Gehirn. Gemüt. Kreislauf. Innerer Hals. Haut. Genitalien.

* * *

Zahnung - Gemütssymptome

MUND - Sprache - stotternd - Zahnung; während der (*/688)

Zahnung - Empfindungen und neurologische Beschwerden

AUGE - Strabismus, Schielen - Zahnung; während der (mtf11/467)

ALLGEMEINES - *Konvulsionen - Zahnung; während der* (*/1907)

Zahnung - Allgemeines

ZÄHNE - Zahnung - schwierig (b7/718)

FIEBER - Zahnung; während der (bg2/1781)

Impfung

ALLGEMEINES - Impfung; Beschwerden nach (mrr1/1892)
- Impfung; Beschwerden nach - neurologische Beschwerden (mrr1/1892)

Stillen - Milch

ALLGEMEINES - Speisen und Getränke - Milch - Abneigung - Muttermilch (*/2001)
- Speisen und Getränke - Milch - Abneigung - Muttermilch - Kind verweigert die; das (lmj/2001)
  » Milch - agg. (k/2001)

Stillen - Magendarmsymptome - Appetit - vermindert

MAGEN - Appetit - fehlend (*/767)
- Appetit - vermindert (*/772)

Stillen - Magendarmsymptome - Appetit - vermehrt

MAGEN - *Appetit - Heißhunger - Diarrhoe - bei* (k/769)
- Appetit - vermehrt (*/770)

Stillen - Magendarmsymptome - Aufstoßen - Wasser; Hochsteigen von

MAGEN - Aufstoßens; Art des - Wasser in den Mund; Hochsteigen von (bg2/781)

Stillen - Magendarmsymptome - Schluckauf

MAGEN - Schluckauf - Stillen des Kindes; agg. nach (sne/811)
- Schluckauf - warm - Getränke; warme - agg. (h1/811)

Stillen - Magendarmsymptome - Abdomen - amel. durch

ABDOMEN - Schmerz - Beugen - vorne; nach - amel. - krampfartig (k/882)

Stillen - Magendarmsymptome - Rektum

REKTUM - **Diarrhoe - Kindern, bei** (k/954)

Stillen - Allgemeines

ALLGEMEINES - Säuglinge (kk2/1944)

Infektionskrankheiten - Masern

FIEBER - *Ausschlagsfieber; Fieber bei Ausschlagserkrankungen - Masern* (*/1770)

HAUT - *Hautausschläge - Masern* (*/1817)

ALLGEMEINES - Masern - Beschwerden nach (b2/1920)

Infektionskrankheiten - Mumps

GESICHT - Schwellung - Parotis (k/631)
- Schwellung - Parotis - rechts (k/631)

Infektionskrankheiten - Scharlach

URIN - *Eiweißhaltig - Scharlach; nach* (k/1046)

FIEBER - *Ausschlagsfieber; Fieber bei Ausschlagserkrankungen - Scharlach* (*/1770)

HAUT - *Hautausschläge - Scharlach* (*/1821)
- *Hautausschläge - Scharlach - begleitet von - Zunge - Lähmung der Zunge* (kr1*/1821)
  » *Scharlach - zurücktretend* (bro1/1821)

ALLGEMEINES - *Wassersucht - äußere Wassersucht - Scharlach; nach* (kr1*/2024)

Infektionskrankheiten - Pocken

HAUT - Hautausschläge - Pocken (*/1819)

Infektionskrankheiten - Keuchhusten

GEMÜT - *Angst - Husten - Keuchhusten - während* (hr1*/10)

NASE - Nasenbluten - Keuchhusten (k/557)

HUSTEN - Keuchhusten (k/1197)
- *Keuchhusten - heftig* (ptk1/1198)
  » *Krampfstadium, im* (ptk1/1198)

Konstitution - Aggressivität

GEMÜT - *Raserei, Tobsucht, Wut - Beißen; mit* (j5/140)
- Wildheit - Kindern, bei (mtf33/250)
- Zorn - Kindern, bei (dt/254)

Konstitution - Angst und Furcht

GEMÜT - Angst - Kinder - bei Kindern (mtf33/11)
- Beschwerden durch - Erwartungsspannung (bg/23)
  » *Schreck* (*/25)
- *Feigheit* (bg2*/59)
- Feuer - anzünden; möchte Dinge (ckh1*/59)
- *Furcht - allein zu sein* (*/64)
  » *Ärzten, vor* (kr1*/65)
  » **engen Räumen; in** (*/67)
  » **Geräusche, durch** (^/69)
  » Gespenstern; vor (*/70)
  » Gewitter; vor (wta*/70)
  » Gewitter; vor - Kindern; bei (mtf33/70)
  » hochgelegenen Orten; vor (md*/71)
  » offenen Plätzen; Furcht vor (mrr1/74)

» **Wasser, vor** (*/79)
• Gefahr - kein Gefühl für Gefahr; hat (mtf/87)
• Vorsichtig (bg2*/205)

Konstitution - Allgemeines

GEMÜT - Entmutigt (k/46)
• Faulheit (*/55)
• *Gewissenhaft, peinlich genau in bezug auf Kleinigkeiten* (*/99)
• **Impulse, Triebe; krankhafte - laufen; zu** (mtf33/112)
• *Milde* (*/130)
• *Religiöse Gemütsstörungen, Störungen in bezug auf die Religiosität - beschäftigt; zu sehr mit Religion - Kindern; bei* (st*/147)
• Selbstvertrauen - Mangel an Selbstvertrauen (*/161)
• *Sorgsamkeit, Sorgfalt* (bg2/165)
• *Sprache - Plappern, Schwatzen* (kr1*/167)
• *Stimmung, Laune - veränderlich* (*/171)
• Unaufmerksam (bg2/189)
• Unordentlich (bg/192)
• Unzufrieden (*/194)
• Verwegenheit (^/199)
• *Wandern, Herumwandern - Verlangen zu wandern* (^/243)
• Weinen - Kindern; bei (^/246)

Familie; Beziehung zur - Aggressivität

GEMÜT - Beschwerden durch - Bevormundung - lange Zeit, für (mtf/22)
• **Schlagen - Knabe zerkratzt das Gesicht des Vaters** (hr1*/154)

Familie; Beziehung zur - Liebe und Zuneigung

GEMÜT - *Eifersucht* (*/40)
• Eifersucht - Kinder - bei (mtf33/40)
• Liebevoll, voller Zuneigung, herzlich (a1*/125)
• *Verlassen zu sein; Gefühl* (*/198)

Familie; Beziehung zur - Vorwürfe

GEMÜT - *Beschwerden durch - Tadel* (kr1/25)

Beziehung zu anderen - Aggressivität

GEMÜT - *Beschwerden durch - Heftigkeit* (mrr1/24)
• *Grausamkeit* (b7/103)
• *Schlagen* (*/154)
» Raserei; mit (hr1*/154)
» sich; schlägt - Kopf - seinen Kopf (*/154)
» Umstehende, schlägt (a1/154)
» *Wand, gegen die* (a1/155)
• *Streitsüchtig* (*/173)
» Zorn, ohne (j5/173)
• Zorn - Widerspruch, durch (*/255)

Beziehung zu anderen - Reaktion auf andere

GEMÜT - Antworten - Abneigung zu antworten (k/14)
• Antworten - falsch, unrichtig (kr1/15)
» unfähig zu antworten (^/15)
» *weigert sich zu antworten* (*/15)
• Gesellschaft - Abneigung gegen (b2/94)
» *Abneigung gegen - Fremden; Abneigung gegen die Anwesenheit von* (k/95)
» Abneigung gegen - Furcht vor dem Alleinsein; jedoch (bg2*/95)
» *Verlangen nach* (*/95)
» *Verlangen nach - allein; agg. wenn* (*/96)
• *Schüchternheit, Zaghaftigkeit* (*/158)
• Untröstlich (*/193)
• *Weigert sich etwas zu tun - Medizin einzunehmen; die* (kr1*/244)
• Weinen - Berührung, bei (j5/245)
» Widerspruch, durch (k/248)
• Widerspruch - verträgt keinen Widerspruch (k/249)

Beziehung zu anderen - allgemein

GEMÜT - Angeber (mtf33*/4)
• **Argwöhnisch, mißtrauisch** (*/16)
• Beleidigt, leicht (k/20)
• Ichbezogenheit, Selbstüberhebung (sf1/111)
• *Sprache - hastig, eilig* (*/167)
• Tadelt sich selbst, macht sich Vorwürfe (sf1/179)
• Unverschämtheit (*/193)

Schule - Angst

GEMÜT - Beschwerden durch - Erwartungsspannung (bg/23)
• Selbstvertrauen - Mangel an Selbstvertrauen (*/161)

Schule - Konzentration

GEMÜT - Unaufmerksam (bg2/189)

Schule - Lernen - allgemein

GEMÜT - Dyslexie (mtf/40)
• Fehler; macht - Sprechen, beim - Buchstabieren, beim (k/58)

Schule - Lernen - Schreiben

GEMÜT - Fehler; macht - Schreiben, beim (k/57)
• Fehler; macht - Schreiben, beim - falsch - Buchstaben, Zahlen (mtf33/57)
» Schreiben, beim - läßt etwas aus - Buchstaben (k/57)
» Schreiben, beim - stellt etwas um - Buchstaben (k/58)
• Schreiben - Unfähigkeit zu (mtf33/156)
» unleserlich, schreibt (a1/156)

Schule - Anstrengung; geistige

Kopf - Schmerz - geistige Anstrengung - agg. (k/328)

Schule - Beziehung zu anderen

Gemüt - Ungehorsam (g*/191)
- Ungehorsam - Kindern, bei (mtf33/191)

Mund - **Sprache - stotternd** (*/688)
- **Sprache - stotternd - erschöpft, lange bevor er ein einziges Wort ausstoßen kann; ist** (*/688)

Schule - Vorwürfe

Gemüt - *Beschwerden durch - Tadel* (kr1/25)

Auge - Pupillen - erweitert - Tadel, bei (a1/476)
- **Pupillen - erweitert - Vorwürfen; nach** (kr1*/476)

Schule - Konstitution

Gemüt - Eigensinnig, starrköpfig, dickköpfig (*/41)
- *Gewissenhaft, peinlich genau in bezug auf Kleinigkeiten* (*/99)
- Selbstvertrauen - Mangel an Selbstvertrauen (*/161)
- Ungehorsam (g*/191)
  - » Kindern, bei (mtf33/191)
- Unordentlich (bg/192)

Spielen

Gemüt - Amüsement, Vergnügen - Verlangen nach (mtf/4)
- Spielen - Verlangen zu spielen (^/166)
  - » Verlangen zu spielen - Verstecken zu spielen, Versteckspiel (mtf/166)
- *Tanzen* (*/179)

Tieren; Beziehung zu

Gemüt - **Furcht - Hunden, vor** (*/71)
- Furcht - Hunden, vor - schwarzen Hunden; vor (kr1/71)
  - » Spinnen, vor (fyz/75)
  - » *Tieren, vor* (*/76)

Nonverbales - Aggressivität

Gemüt - **Beißen** (*/20)
- Beißen - Kindern; bei (a1*/20)
  - » Menschen; beißt (a1*/20)
  - » sich selbst; beißt (h1*/20)
- **Destruktivität, Zerstörungswut** (bg2*/38)
  - » Kindern, bei (mtf33/39)
  - » *Kleidern, von* (*/39)
- Diktatorisch (vwe/39)
- Manie - zerreißen, an etwas zu reißen; etwas zu - sich selbst mit den Fingernägeln; zerreißt (gl1/128)
- *Raserei, Tobsucht, Wut - Hochnehmen; des Kindes beim* (kr1/140)
- **Reisst an etwas - Gegenstände; zerreisst** (bg2*/142)
  - » **sich am Körper, verletzt sich** (*/142)
- Spucken (bg2*/170)
  - » *Gesicht; Menschen ins* (*/170)
- *Stoßen, treten, austreten* (*/172)
- Wirft mit Gegenständen um sich (hr1*/250)
- *Zerbricht Dinge* (*/251)
  - » *Verlangen; Dingen zu zerbrechen* (*/251)

Nonverbales - Reaktion auf andere

Gemüt - Angesehen, angeblickt zu werden - erträgt es nicht, angesehen zu werden (*/5)
- *Angesehen, angeblickt zu werden - weicht den Blikken anderer aus* (kr1/5)
- Angst - Fremden; in Anwesenheit von (*/9)
- Berührtwerden - Abneigung berührt zu werden (k/21)
- *Fremde - Anwesenheit von Fremden - agg.* (*/60)
- Furcht - berührt zu werden (bro1/66)
  - » Fremden; vor (*/68)
  - » *Näherkommen, Annäherung von; vor - anderen, von* (k/74)
  - » Näherkommen, Annäherung von; vor - anderen, von - Kinder können es nicht ertragen, daß ihnen jemand nahe kommt (fyz/74)
- Gehalten - amel.; gehalten zu werden (bg2*/87)
  - » *Verlangen, gehalten zu werden* (bg2*/87)
- Küssen - jeden (k/119)
- **Schamlos** (*/153)
  - » Kindern, bei (mtf33/153)

Nonverbales - Gesten, Gebärden

Gemüt - Beißen - Finger; beißt (a1/20)
- **Beißen - Gegenstände; beißt** (vh*/20)
  - » *Nägel* (bg2*/20)
  - » Nägel - Kindern; bei (mtf33/20)
- Gesten, Gebärden; macht - Hände; unwillkürliche Bewegungen der - Greifen - Umstehenden; nach (j/98)
  - » *Hände; unwillkürliche Bewegungen der - ringt die Hände* (*/98)
  - » Tics; nervöse (mrr1/99)
  - » *zeigt seine Wünsche durch Gesten an* (k/99)
- Geziertheit, Affektiertheit - Gesten und Handlungen; in (mtf33/100)
- *Grimassen* (*/103)
  - » *sonderbare Gesichter; schneidet* (*/103)
- **Hast, Eile - Bewegungen; in den** (*/105)
- Klammert sich an - Personen oder Möbel; an (*/115)
- Klettern - Verlangen zu (kr1*/115)
- Launenhaftigkeit, launisch (*/123)
- Manie - zerreißen, an etwas zu reißen; etwas zu - Haaren; reißt sich an den (gl1/128)
- *Pfeifen* (*/136)
- Springen (*/169)

- Stirnrunzeln, Neigung zum (*/171)
- Ungeschicklichkeit (b7/192)
- *Verstecken - sich* (*/199)

Nonverbales - Allgemeines

GEMÜT - Eigensinnig, starrköpfig, dickköpfig (*/41)
- Hast, Eile - Gehen; beim (k/105)
- *Impertinenz, Unverschämtheit* (st/112)
- **KLAMMERT SICH AN - KINDERN; BEI - ERWACHT IN PANIK, ERKENNT NIEMANDEN, KLAMMERT SICH AN DIE UMSTEHENDEN; DAS KIND** (k1*/115)
- Nachahmung, Imitation (bg2*/133)
  » *Stimmen und Bewegungen von Tieren; von* (kr1/133)
- *Nackt sein, möchte* (*/134)
- Possen, spielt (*/137)
  » Kindern; bei (bt/138)
- Ruhelosigkeit - Kindern, bei (mrr1*/151)
- Schreien - Kindern, bei (*/157)
- *Singen* (*/163)

Nonverbales - Konsultation; bei der

KOPF - Hitze - Kälte - Extremitäten; mit Kälte der (k/293)
- Hitze - Kälte - Körpers; mit Kälte des (k/293)

OHR - Absonderungen - unterdrückt (k2/498)

GESICHT - Schwellung - Unterkieferdrüsen (k/631)

MUND - Bewegung - Zunge - Heraushängen der Zunge (ptk1/641)
- Herausstrecken, Vorstrecken - Zunge, der (*/665)
- Papillen - aufgerichtet (*/669)
- Zittern der Zunge - Herausstrecken, beim (*/692)

ATMUNG - *Bauchatmung* (*/1171)

EXTREMITÄTEN - Krümmung und Biegung (b7a/1473)

HAUT - Erysipel (b2/1798)

Nonverbales - Äußerliches - Beobachtungen des Arztes

AUGE - Farbe - blau - Sklera oder Bindehaut (k/432)
- *Strabismus, Schielen* (*/467)
  » Diarrhoe; durch unterdrückte (ptk1/467)
- Verklebt (b7/472)

OHR - Schmerz - warm - Bett, Bettwärme; warmes - agg. - Einhüllen amel.; und warmes (k/525)

GESICHT - Fettig (*/593)
- Gerunzelt (*/594)
  » Augenbrauen (*/594)
  » *Stirn, Stirnrunzeln* (*/594)
  » **Stirn, Stirnrunzeln - Gehirns; bei Symptomen des** (*/594)
- *Nasenlinie ausgeprägt* (ptk1/613)
- *Rissig - Lippen* (*/613)
- *Venen, erweiterte* (bg2/634)
- *Zupfen - Lippen; an den* (bg2*/636)

MUND - Bewegung - Zunge - Heraushängen der Zunge (ptk1/641)

ATMUNG - Asthma, asthmatische Atmung - Kindern; bei (*/1162)
- *Beschleunigt* (*/1174)

RÜCKEN - **Opisthotonus** (*/1325)

Nonverbales - Äußerliches - Beobachtungen der Eltern

MUND - Beißt - Zunge; beißt sich auf die (k2/640)

ZÄHNE - *Zähneknirschen* (*/718)
- Zähneknirschen - Frost; während (*/718)
- Zusammenbeißen der Zähne - Verlangen, die Zähne zusammenzubeißen; ständiges - fest zusammengebissen (k/719)

MAGEN - **Schluckauf** (*/809)
- **Schluckauf - heftig** (*/810)
  » warm - Getränke; warme - agg. (h1/811)

ABDOMEN - Schmerz - Beugen - vorne; nach - amel. - krampfartig (k/882)
- Schmerz - Zusammenkrümmen - amel. (k/897)

REKTUM - Unwillkürlicher Stuhl (*/984)

STUHL - Unverdaut (k/999)

BLASE - *Urinieren - Harndrang - plötzlich - beeilen um zu urinieren, sonst geht Urin ab; muß sich* (k/1015)
- *Urinieren - verzögert, muß warten, bis der Urin zu fließen beginnt* (*/1020)
  » verzögert, muß warten, bis der Urin zu fließen beginnt - pressen, bevor er damit beginnen kann; muß lange (k/1021)

MÄNNLICHE GENITALIEN - Erektionen - Kindern, bei (lmj/1063)
- *Faßt sich an die Genitalien* (*/1065)
  » *Kind* (hr1*/1066)
  » Kind - Konvulsionen; mit (k/1066)
- Masturbation, Neigung zur (*/1071)
  » *exzessiv* (hr1*/1071)
  » Kindern; bei (lmj/1071)

WEIBLICHE GENITALIEN - Masturbation; Neigung zu (mrr1*/1104)
- Masturbation; Neigung zu - Kindern; bei (mtf33/1104)

ATMUNG - *Schnarchen* (*/1180)

Nacht; Beobachtungen in der - Gemütssymptome

GEMÜT - *Angst - nachts - Kindern; bei* (kr1/7)
- **ANGST - DUNKELHEIT; IN DER** (bg2*/8)
- **FURCHT - ALLEIN ZU SEIN - NACHTS** (k1*/64)
  » *allein zu sein - Dunkelheit; in der* (tl1*/65)
  » **DUNKELHEIT; VOR DER** (bg2*/66)
  » *Dunkelheit; vor der - Kindern; bei* (mrr1*/66)
- **Gesten, Gebärden; macht - Hände; unwillkürliche Bewegungen der - zupft - Bettwäsche; an der** (*/98)

» Hände; unwillkürliche Bewegungen der - zupft - Bettwäsche; an der - Schweiß; beim (bg2/98)
• Jammern - Schlaf, im (k/113)
• **Reißt an etwas - Gegenstände; zerreißt - Kissen mit den Zähnen; das** (*/142)
• *Schlafwandeln* (*/154)
• *Sprechen - Schlaf; im* (b7a/169)
• Weinen - Dunkelheit, in der (k/245)
» Kindern; bei - nachts (gg/246)

Nacht; Beobachtungen in der - körperliche Symptome

KOPF - *Bohrt den Kopf in das Kissen* (*/282)
MUND - *Offen - Schlaf; agg. im* (b7/669)
ZÄHNE - *Zähneknirschen - Schlaf; agg. im* (*/718)
BLASE - *Urinieren - unwillkürlich - nachts* (*/1019)

Nacht; Beobachtungen in der - Schlaf

GEMÜT - **Verhaltensstörungen - Kindern; bei - Alpträumen; mit** (mrr1/197)
SCHLAF - *Erwachen - Schreck, wie durch* (*/1675)
TRÄUME - *Alpträume, Alpdrücken - Kindern, bei* (mrr1/1707)

Nacht; Beobachtungen in der - Schlaf; Lage im

SCHLAF - *Lage - Abdomen, auf dem* (*/1682)
• Lage - Arme - Abdomen, auf dem (bg2/1682)
» *Beine - angezogen* (*/1682)
» Gesicht, auf dem (b7/1682)
» Knie - Brust; liegt auf Knien und (mtf33/1682)
» Knie - Ellbogen gebeugt, Knie und (bg2/1682)
» kniend (*/1682)
» Kopf - gebohrt; ins Kissen (a1/1682)
» *Rücken, auf dem* (*/1683)
» Rücken, auf dem - Knie gebeugt (ptk1/1683)
» *Sitzen* (hr1*/1683)

Schaukeln und Getragenwerden

GEMÜT - Getragen - Verlangen getragen zu werden (^/99)
• Getragen - Verlangen getragen zu werden - Schulter, über der (g*/99)

Psychosomatische Störungen

AUGE - Strabismus, Schielen - Gemütsbewegungen, Emotionen agg. (k/467)
• Pupillen - erweitert - Tadel, bei (a1/476)
» **erweitert - Vorwürfen; nach** (kr1*/476)
ZÄHNE - *Zähneknirschen - Raserei, Tobsuchtsanfall; bei* (k/718)
SCHWEISS - Fremden; in Anwesenheit von (*/1786)
ALLGEMEINES - *Konvulsionen - Schreck agg.* (*/1906)

Körperliche Symptome und Erkrankungen

KOPF - Entzündung - Gehirn (*/284)
• Entzündung - Gehirn - Ohr; durch unterdrückte Absonderung aus dem (st/284)
» **Hirnhaut** (*/284)
• *Hydrozephalus* (*/295)
REKTUM - *Cholera - infantum* (*/949)
NIEREN - *Entzündung - parenchymatös - akut* (k/1024)
WEIBLICHE GENITALIEN - Menses - verzögerte Menarche (*/1114)
KEHLKOPF UND TRACHEA - Laryngismus stridulus (*/1145)
• Stimme - heiser, Heiserkeit - Kindern, bei (mtf33/1154)
EXTREMITÄTEN - **Hüftgelenksentzündung** (k/1443)
• *Hüftgelenksentzündung - links* (k/1444)
FIEBER - **Continua** (*/1772)
ALLGEMEINES - Kindern; Beschwerden von (c1*/1897)
• **Konvulsionen - Hitze; während** (*/1904)
» **Kindern, bei** (*/1905)
» *Kindern, bei - Kleinkindern, bei* (bro1/1905)
• Pubertät - Beschwerden während der (c1/1934)
• **Schmerzlosigkeit gewöhnlich schmerzhafter Beschwerden** (*/1971)

Chirurgisch pathologische Zustände

ABDOMEN - Hernie - Leistenhernie (b2/868)
MÄNNLICHE GENITALIEN - *Hochgezogen, an den Körper gezogen - Hoden* (k/1068)

Würmer

ALLGEMEINES - Konvulsionen - Würmer, durch (hr1*/1907)

Strontium carbonicum

stront-c.

Krankengeschichte; familiäre und persönliche

ALLGEMEINES - Familiengeschichte von - Apoplexie (bro1/1878)

Stillen - Milch

ALLGEMEINES - *Speisen und Getränke - Milch - Verlangen* (*/2001)

Stillen - Magendarmsymptome - Appetit - vermindert

MAGEN - Appetit - fehlend (*/767)

Stillen - Magendarmsymptome - Appetit - vermehrt

MAGEN - Appetit - Heißhunger (k/769)
• Appetit - Heißhunger - Essen - nach dem Essen - bald danach (k/770)
» vermehrt (*/770)
» vermehrt - Essen - nach (*/772)

Stillen - Magendarmsymptome - Aufstoßen - Speisen; von

MAGEN - Aufstoßens; Art des - Speisen; von (bg2/780)

Stillen - Magendarmsymptome - Aufstoßen - Wasser; Hochsteigen von

MAGEN - Aufstoßens; Art des - Wasser in den Mund; Hochsteigen von (b2/781)

Stillen - Magendarmsymptome - Abdomen - agg. durch

ABDOMEN - Schmerz - Druck - agg. (sk4/883)

Stillen - Magendarmsymptome - Abdomen - amel. durch

ABDOMEN - Schmerz - Wärme - amel. (k/896)

Konstitution - Angst und Furcht

GEMÜT - Beschwerden durch - Erwartungsspannung (st*/23)
- Furcht - neuen Projekten, Unternehmungen; vor (sk4/74)

Konstitution - Allgemeines

GEMÜT - Faulheit (*/55)
- Selbstsucht, Egoismus (sk4/161)
- Selbstvertrauen - Mangel an Selbstvertrauen (sk4/161)
  - » Mangel an Selbstvertrauen - Unterstützung, Zuwendung; möchte (mtf/161)
- Unzufrieden (bg2*/194)
- Verantwortung - ernst; nimmt seine Verantwortung zu (vml2/195)
- Waschen - Abneigung dagegen, sich zu waschen, zu baden (sf1/243)

Familie; Beziehung zur - Liebe und Zuneigung

GEMÜT - Verlassen zu sein; Gefühl (sk4/198)

Beziehung zu anderen - Aggressivität

GEMÜT - Schlagen (*/154)
- Schlagen - Zorn, aus (ptk1/155)
- Streitsüchtig (k/173)

Beziehung zu anderen - Reaktion auf andere

GEMÜT - Gesellschaft - Abneigung gegen (sk4/94)
- *Gesellschaft - Verlangen nach* (sk4/95)

Beziehung zu anderen - allgemein

GEMÜT - Furcht - Räubern, vor (sk4/74)

Schule - Angst

GEMÜT - Beschwerden durch - Erwartungsspannung (st*/23)
- Furcht - neuen Projekten, Unternehmungen; vor (sk4/74)
- Selbstvertrauen - Mangel an Selbstvertrauen (sk4/161)

Schule - Konstitution

GEMÜT - Selbstvertrauen - Mangel an Selbstvertrauen (sk4/161)
- Verantwortung - ernst; nimmt seine Verantwortung zu (vml2/195)

Spielen

GEMÜT - Amüsement, Vergnügen - Verlangen nach (sk4/4)

TRÄUME - Spiele - neue Spiele zu spielen (sk4/1738)

Nonverbales - Aggressivität

GEMÜT - Destruktivität, Zerstörungswut (k/38)

Nonverbales - Reaktion auf andere

GEMÜT - Furcht - Fremden; vor (sk4/68)

Nonverbales - Konsultation; bei der

ABDOMEN - Schmerz - Druck - agg. (sk4/883)

Nonverbales - Äußerliches - Beobachtungen des Arztes

NASE - Bohren mit den Fingern in der Nase (ptk1/546)

GESICHT - Rissig - Lippen (b4/613)

Nonverbales - Äußerliches - Beobachtungen der Eltern

MAGEN - *Schluckauf* (*/809)
- Schluckauf - heftig (*/810)
- Völlegefühl - Essen - nach - agg. - wenig, nach dem kleinsten Bissen; nach noch so (sk4/845)

ABDOMEN - Schmerz - Wärme - amel. (k/896)
- Schmerz - Zusammenkrümmen - amel. (sk4/897)

REKTUM - Unwillkürlicher Stuhl (bg2/984)

STUHL - Schafskot, wie (*/997)

HAUT - Ekchymosen (mrr1/1797)

Nacht; Beobachtungen in der - Gemütssymptome

GEMÜT - *Furcht - Dunkelheit; vor der* (*/66)

Nacht; Beobachtungen in der - Schlaf

SCHLAF - *Erwachen - Schreck, wie durch* (j5/1675)

Körperliche Symptome und Erkrankungen

NIEREN - *Entzündung* (ptk1*/1023)

WEIBLICHE GENITALIEN - Menses - verzögerte Menarche (*/1114)

Chirurgisch pathologische Zustände

ABDOMEN - Hernie - Leistenhernie (b2/868)
- Hernie - Leistenhernie - schmerzhaft (b4/868)

Strychninum purum

stry.

Das wichtigste allgemeine Charakteristikum dieses Mittels ist *die Intensität der Erscheinungen:* die Symptome kommen mit Macht und Gewalt zum Ausdruck; die Symptome sind kräftig und die Patienten drücken sie kraftvoll aus.

Menschen, die Strychninum benötigen, *sind sehr verbittert und haben das beständige Gefühl von Ungerechtigkeit.* Sie erwarten, daß etwas passiert, aber nichts passiert und so sind sie zutiefst enttäuscht.

Ihre Verbitterung schließt auch ein *Gefühl ein, in der Falle zu sitzen und in ihrem eigenen Schicksal blockiert zu sein,* in ihrem eigen Leben, ohne jede Möglichkeit zu entkommen. Verzweiflung und die Überzeugung, daß sie ihre Situation nicht ändern können, schaffen ein Gefühl des Unglücks.

Die Klage über die Ungerechtigkeit des Lebens ist für weitere Mittel der Familie der Loganiaceen bestätigt (Nux vomica, Ignatia).

Die Reizbarkeit ist ausgeprägt, wenn auch nicht so intensiv wie bei Nux vomica, und richtet sich oft gegen die Familienmitglieder.

Sie können große Ängste und Phobien haben.

Im Allgemeinen neigen Beschwerden dazu, episodisch aufzutreten. Sie erscheinen in heftigen Anfällen, daher erscheinen die Ängste als episodische *Panikanfälle.*

Angst zu sterben, verrückt zu werden, vor schrecklichen Krankheiten, vor der Dunkelheit und davor, im Dunkeln allein zu sein.

Der Anfall entsteht auf einer Basis „extremer nervöser Erregbarkeit", wie vom Prüfer 128 bei Allen angegeben.

Kopfschmerzen, linksseitig, erstrecken sich vom Hinterkopf über das linke Auge; Gefühl wie zusammengedrückt, Druck wie von einem Helm oder Hut, wie in einem Schraubstock, wie in einer Rüstung („Kopf - Schmerz - drückend - Rüstung; wie in einer").

Zusammenschnürungsgefühl im Hals; Erstikkungsgefühl, als würde der Hals von außen zusammengedrückt.

Brennende, krampfartige Schmerzen, Krämpfe in der Magengrube. Im Magen gespürte Angst. Allen schrieb in Bezug auf einen seiner Prüfer: „Eine Art innerer Zuckungen und ein nervöses Gefühl, das von der Magengrube ausstrahlt."

Heftige Krämpfe und Spasmen des Darms, die den Patienten zwingen, sich zusammenzukrümmen. Diarrhoe. Krampfartige Schmerzen im unteren, linken Quadranten des Bauches. Spasmen und Krämpfe des Rektums. Allen schrieb: „Die Spasmen schießender Schmerzen wurden häufiger und waren manchmal so unerträglich, daß sie ihn zu Boden zwangen, als hätte man ihn erschossen."

Häufiger Harndrang, der durch Urinieren nicht gelindert wird; *Spasmen der Blase und der Harnröhre.*

„Abwärtsdrängendes Gefühl" im unteren Teil des Bauches, in Verbindung mit Zystitis.

Klinisches: Aphonie. Asthma. Husten. Enuresis. Kopfschmerzen. Rheumatismus. Krämpfe. Tetanus. Angst.

Wirkungsbereich: Rückenmark. Gehirn. Augen. Rektum. Urogenitaltrakt.

* * *

Beziehung zu anderen - Aggressivität

GEMÜT - Schlagen (*/154)

Beziehung zu anderen - Reaktion auf andere

GEMÜT - *Antworten - Abneigung zu antworten* (k/14)
- Antworten - hastig, überstürzt (k/15)
  » schnell (a1/15)
- *Gesellschaft - Verlangen nach* (*/95)

Beziehung zu anderen - allgemein

GEMÜT - Empfindlich - äußerliche Eindrücke; gegen alle (a1/42)
- Sprache - hastig, eilig (bg2/167)

Nonverbales - Aggressivität

GEMÜT - Stoßen, treten, austreten (*/172)

Nonverbales - Reaktion auf andere

GEMÜT - Furcht - Fremden; vor (bg2/68)
- Furcht - Näherkommen, Annäherung von; vor - anderen, von (bg2/74)
- Näherkommen, auf ihn Zukommen von Personen - agg. (bg2/134)

Nonverbales - Konsultation; bei der

KOPF - Empfindlichkeit - Kopfhaut, der - Berührung, gegen (bro1/284)

MUND - Herausstrecken, Vorstrecken - Zunge, der (*/665)
- Papillen - aufgerichtet (*/669)

ÄUSSERER HALS - Schwellung - Seiten (k/760)

Nonverbales - Äußerliches - Beobachtungen des Arztes

GESICHT - Hippokratisches Gesicht (k/605)
• Venen, erweiterte - Schläfen (k/634)

ÄUSSERER HALS - Torticollis (bro1*/761)

ATMUNG - Beschleunigt (a1*/1174)

RÜCKEN - **Opisthotonus** (*/1325)

Nonverbales - Äußerliches - Beobachtungen der Eltern

ZÄHNE - Zusammenbeißen der Zähne - Verlangen, die Zähne zusammenzubeißen; ständiges (k/719)

REKTUM - Unwillkürlicher Stuhl (bro1/984)

BLASE - Lähmung - Überdehnung, nach (k/1006)

ATMUNG - Schnarchen (*/1180)

Nacht; Beobachtungen in der - Gemütssymptome

GEMÜT - Sprechen - Schlaf; im (a1/169)

Körperliche Symptome und Erkrankungen

KEHLKOPF UND TRACHEA - *Laryngismus stridulus* (bro1/1145)

Würmer

REKTUM - Würmer - Beschwerden durch Würmer - Bandwürmer (gm1/986)

Sulfanilamidum

sulfa.

Entwicklung - langsam

ALLGEMEINES - Entwicklung - Entwicklungsstillstand (a1*/1872)

Zahnung - Allgemeines

ZÄHNE - Zahnung - langsam (jl/718)

Stillen - Magendarmsymptome - Appetit - vermindert

MAGEN - Appetit - fehlend (sp1/767)

Konstitution - Allgemeines

GEMÜT - Faulheit (k2*/55)

Nonverbales - Konsultation; bei der

HAUT - Hautausschläge - Molluscum - contagiosum; Molluscum (sp1/1818)

Nonverbales - Äußerliches - Beobachtungen des Arztes

GESICHT - Hautausschläge - Akne (sp1/595)

ALLGEMEINES - Zwergwuchs (jl3/2035)

Nonverbales - Äußerliches - Beobachtungen der Eltern

BLASE - Urinieren - verzögert, muß warten, bis der Urin zu fließen beginnt (sp1/1020)

Sulphur

sulph.

Kinder, die Sulphur benötigen, können in der Konsultation unterschiedlich auftreten. Typischerweise werden sie, wenn sie ins Sprechzimmer kommen, dieses gründlich untersuchen und dabei alles anfassen, was sie können. Sie werden ein Durcheinander anrichten und nicht auf die Eltern hören. Oft werden sie der Sekretärin Fragen stellen, ohne Furcht vor der ungewohnten Umgebung. Das jüngere Kind möchte nicht auf dem Schoß der Mutter bleiben und nimmt Gegenstände auf dem Schreibtisch in die Hand, weil es auf alles neugierig ist.

Sie sind gewöhnlich *extrovertiert* und kommen gut mit anderen Kindern in Kontakt, selbst, wenn sie sie das erste Mal treffen. Sie sind enorm neugierig und haben gewöhnlich keine Angst vor Fremden.

Ihr Äußeres ist gewöhnlich ungepflegt, die Kleidung ist ungepflegt und die Haare sind selten sauber oder gekämmt. Sie waschen sich nicht gerne, weshalb sie dreckig aussehen können; auf der anderen Seite *ist es ihnen egal, was andere von ihrem Äußeren denken.*

Das Kinderzimmer ist nach Aussage der Eltern nicht nur unordentlich, sondern eine Katastrophe.

Sie sind von Natur aus faul, aber *ihre große Intelligenz erlaubt ihnen, leicht zu lernen* und gute Ergebnisse in der Schule zu erzielen, ohne viel zu arbeiten. Manchmal können sie Schwierigkeiten beim Lernen haben, nicht weil es ihnen an der Fähigkeit dazu mangelt, sondern weil ihnen langweilig wird und sie den Unterricht nicht interessant finden; in dieser Hinsicht unterscheiden sie sich von anderen Kindern, da sie dabei überhaupt kein schlechtes Gewissen haben.

Ihre Begabungen führen dazu, daß sie *sehr selbstbewußt sind* und in einer Gruppe zu *Anführern* werden. Sie lieben gesellige Situationen und Späße und wollen nicht unbedingt im Zentrum der Aufmerksamkeit stehen, da sie bereits das Gefühl haben, im Zentrum der Welt zu stehen. Lycopodium sagt: „Ich will der Beste werden", während Sulphur sagt: *„ich bin der Beste!"*.

Ziemlich *kritisch anderen gegenüber und egozentrisch,* dulden sie kaum Ratschläge der Eltern; sie glauben wirklich, daß sie überhaupt keinerlei Rat benötigen.

Sie haben einen klaren Verstand, sind aber typischerweise nicht athletisch, was dazu führt, daß sie wissenschaftliche oder strategisch orientierte Spiele bevorzugen; oder Spiele, in denen sie ihre Einbildungskraft zum Ausdruck bringen können.

Sie lieben es, Alles zu sammeln.

Oft sind sie ungehemmt, fast unhöflich.

Auf der körperlichen Ebene kann man die *Haut* als Zielorgan betrachten. Hautreizungen und Hautauschläge aller Art und an allen Stellen (besonders am Kopf und hinter den Ohren), mit charakteristischen Kennzeichen wie *intensives Jucken* und *Verschlimmerung in der Nacht, durch jede Art von Hitze* (Umwelt, Sonne, Kleidung) und durch Waschen. Sie neigen dazu, an Reizungen und Verstopfungen aller Körperöffnungen zu leiden (Ohren, Mund, Nase, Anus). Bei Babies ist oft *Milchschorf* vorhanden.

Die Gliedmaßen sind oft von ekzematösen Zeichen befallen, an Händen, Handflächen, Ellbogen, Knien, Fußsohlen und den Hautfalten. *Typischerweise riechen die Füße schlecht, sind verschwitzt und sehr heiß; daher halten sie die ganze Nacht die Füße unbedeckt.*

Wie bei anderen Sulphur-Verbindungen *vertragen sie keine Wolle,* die unerträgliches Jucken hervorruft.

Erkrankungen von Hals, Nasen und Ohren sind oft zu finden: allergische Rhinitis mit brennender und wundfressender Absonderung aus der Nase; Otitis, die zu Perforation des Trommelfells führt (oft während der Zahnung); sehr schmerzhafte Aphthen und akute und chronische Tonsillitis.

Der Darmkanal ist der Teil des Verdauungsapparates, der bei diesen Kindern am stärksten betroffen ist: Leisten- und Nabelbruch; Ekzem und Erythem um den Anus herum; sehr schmerzhafte Hämorrhoiden. Unterleibsbeschwerden sind durch *übelriechende Diarrhoe* gekennzeichnet, die so sauer ist, daß sie die Schleimhaut des Anus wund frißt und sie begleitet oft die akuten Erkrankungen dieser Kinder. *Diarrhoe erscheint nach Trinken von Milch oder während der Zahnung.* Sie können auch seit früher Kindheit an hartnäckiger Obstipation leiden.

Sulphur ist eines der am häufigsten verschriebenen Mittel bei Erkrankungen der Atemwege bei Kindern: *Asthma, besonders nach unterdrückten Hautausschlägen;* Bronchitis; Pneumonie, die gewöhnlich in der linken Lunge erscheint, mit gelblichgrünem Auswurf und mit Husten, wobei Husten und Atmung durch frische Luft besser und im warmen Zimmer schlechter werden.

Was die Entwicklung der Muskulatur und des Skeletts angeht, so findet man einige Formen von Skoliose oder Kyphose. Die Schwäche der Wirbelsäule verursacht manchmal *wirkliches Leiden, wenn er zu lange stillsteht,* was für dieses Mittel typisch ist.

Schlaf ist fast immer ein Problem: sie schwitzen und wachen früh morgens auf; nach dem Mittagessen fühlen sie sich jedoch schläfrig.

Was Essen angeht, so lieben sie würzige Speisen, Süßigkeiten, Eiscreme, kalte Speisen und kalte Getränke. Milch verschlechtert.

Zu den allgemeinen Modalitäten gehören die Besserung im Freien und durch das Abfließen von Absonderungen, während es ihnen schlechter geht durch Hitze, um 11 Uhr vormittags, wenn sie sich waschen, nachts, im Stehen und nach dem Essen.

Sie vertragen Impfungen nicht gut.

Klinisches: Allergien. Asthma. Bronchitis. Pleuritis. Pneumonie. Adenoide. Hauterkrankungen. Akne. Urtikaria. Warzen. Masern. Diarrhoe. Hämorrhoiden. Hydrozele. Phimose. Varikozele. Beschwerden durch Impfungen.

Wirkungsbereich: Haut. Abdomen. Rektum. Brust. Gelenke. Drüsen.

* * *

Krankengeschichte; familiäre und persönliche

ALLGEMEINES - Familiengeschichte von - Ekzem (bl*/1878)

• *Familiengeschichte von - Haut; Beschwerden der* (mg*/1878)
  » Syphilis (mp1/1878)
  » Tuberkulose (gsk1/1878)

• Krankengeschichte von; persönliche - Abszessen; wiederkehrenden (lp*/1909)
  » *Augen - Entzündung der; von wiederkehrender* (k/1909)
  » **Augen - Gerstenkörnern; von wiederkehrenden** (*/1909)
  » *Erysipel; von wiederkehrendem* (bro1*/1909)
  » Furunkel; von wiederkehrenden (bg2*/1909)
  » *Medikamenten; von Mißbrauch von allopathischen* (wt1/1910)
  » Tonsillitis; von wiederkehrender (k/1910)

Entwicklung - langsam

GEMÜT - Sprechen - langsam; lernt (bg2*/168)

KOPF - *Fontanellen - offen* (*/286)
ALLGEMEINES - Gehen - Gehenlernen, Laufenlernen - spätes (*/1883)

Entwicklung - schnell

GEMÜT - Frühreife, altkluge Kinder (lmj*/63)
ALLGEMEINES - Wachstum - Längenwachstum; zu schnelles (kl/2021)

Entwicklung - allgemein

KOPF - Großer Kopf (bg2*/289)
EXTREMITÄTEN - Schmerz - Unterschenkel - Wachstumsschmerzen (lmj/1605)

Zahnung - Empfindungen und neurologische Beschwerden

ALLGEMEINES - Konvulsionen - Zahnung; während der (j5/1907)

Zahnung - Magendarmsymptome

REKTUM - *Diarrhoe - Zahnung; während* (*/957)

Zahnung - Allgemeines

ZÄHNE - Zahnung - langsam (sf1/718)
• **Zahnung - schwierig** (b4a/718)
FIEBER - *Zahnung; während der* (b4a/1781)

Impfung

EXTREMITÄTEN - Hautausschläge - Unterschenkel - Pusteln - Impfung; nach (k/1438)
• *Schwellung - Oberarme - Impfung* (k/1633)
ALLGEMEINES - **IMPFUNG; BESCHWERDEN NACH (bg2*/1892)**
• Impfung; Beschwerden nach - Prophylaxe (bg2*/1892)

Stillen - Gemütssymptome

GEMÜT - Essen - weigert sich zu (dx1*/53)
• Hast, Eile - Essen; beim (h2*/105)

Stillen - Milch

KOPF - Hautausschläge - Milchschorf (b2/290)
• Hautausschläge - Milchschorf - Kindern; bei (mtf33/290)
MAGEN - *Aufstoßen - Milch, nach* (*/775)
• Aufstoßens; Art des - bitter - Milch agg. (h2/777)
» *sauer - Milch agg.* (*/779)
• Erbrechen - Milch, nach (*/794)
• Erbrochenen; Art des - Milch (k/798)
» *Milch - geronnene* (k/798)
• *Schmerz - Milch - agg.* (k/821)
• **Verdauungsstörung - Milch - agg.** (*/843)
• *Verdorben - Milch agg.* (k/844)
ABDOMEN - Schmerz - Milch - agg. (gk/891)
• Schmerz - Milch - agg. - krampfartig (gk/891)
REKTUM - *Diarrhoe - Milch - agg.* (*/954)
ALLGEMEINES - *Speisen und Getränke - Milch - Abneigung* (*/2000)
• Speisen und Getränke - Milch - Abneigung - Muttermilch (br1/2001)
» Milch - Abneigung - Muttermilch - Kind verweigert die; das (br1/2001)
» **Milch - agg.** (*/2001)
» Milch - Verlangen (*/2001)

Stillen - Magendarmsymptome - Appetit - allgemein

MAGEN - Appetit - launischer Appetit (b4a/770)
• Appetit - vermehrt - abwechselnd mit - Appetitverlust (pd/771)

Stillen - Magendarmsymptome - Appetit - vermindert

MAGEN - **Appetit - fehlend** (*/767)
• Appetit - fehlend - Ärger, Verdruß; nach (dgt/768)
» **FEHLEND - DURST - MIT** (*/768)
» *fehlend - Hunger, mit* (*/768)
» **fehlend - Speisen - Anblick von; beim** (*/769)
» *schnelle Sättigung* (*/770)
» vermindert (*/772)

Stillen - Magendarmsymptome - Appetit - vermehrt

MAGEN - Appetit - Genuß, ohne (k/769)
• **Appetit - Heißhunger** (*/769)
» Heißhunger - nachts (k/769)
» *Heißhunger - Diarrhoe - bei* (*/769)
» *Heißhunger - Essen - nach dem Essen - bald danach* (k/770)
» *Heißhunger - Sättigung; schnelle* (bro1/770)
» Heißhunger - Stuhlgang; agg. nach (mrr1/770)
» **vermehrt** (*/770)
» vermehrt - nachts (*/771)
» vermehrt - Essen - nach (bro1/772)
» *vermehrt - Essen - nach - nur beim Essen wieder; Appetit kehrt* (b4a/772)
» *vermehrt - Essen - unmöglich; ist* (k/772)
» **vermehrt - Schwäche, mit** (k/772)

Stillen - Magendarmsymptome - Aufstoßen - Speisen; von

MAGEN - *Aufstoßens; Art des - Speisen; von* (*/780)
• Aufstoßens; Art des - Speisen; von - bitter schmeckend (h2/780)
» Speisen; von - Essen - eine Stunde nach (h2/780)
» **Speisen; von - Essen - nach - agg.** (b4/780)
» Speisen; von - Essen - zwei Stunden nach (k/780)
» Speisen; von - Mittagessen; nach dem (k/780)
» Speisen; von - Mund füllen; in Portionen, die den (k/780)
» *Speisen; von - sauer* (b4a/780)

Stillen - Magendarmsymptome - Aufstoßen - Wasser; Hochsteigen von

MAGEN - **Aufstoßens; Art des - Wasser in den Mund; Hochsteigen von** (*/781)

• Aufstoßens; Art des - Wasser in den Mund; Hochsteigen von - mittags - Essen; nach dem (k/781)
  » Wasser in den Mund; Hochsteigen von - bitter (b4/781)
  » *Wasser in den Mund; Hochsteigen von - Essen - nach - agg.* (*/781)
  » Wasser in den Mund; Hochsteigen von - Essen - nach - amel. (h2/781)
  » Wasser in den Mund; Hochsteigen von - Mittagessen - vor (k/781)

Stillen - Magendarmsymptome - Erbrechen

MAGEN - Erbrochenen; Art des - Speisen - Essen - nach - agg. (b4a/800)
• Erbrochenen; Art des - Speisen - Essen - nach - sofort nach (k/800)

Stillen - Magendarmsymptome - Schluckauf

MAGEN - Schluckauf - Essen - nach - agg. (*/810)

Stillen - Magendarmsymptome - Abdomen - agg. durch

ABDOMEN - Schmerz - Beugen - hinten, nach - agg. (^/882)
• *Schmerz - Druck - agg.* (k/883)
  » Kindern; bei - Säuglingen; bei - krampfartig (lmj*/888)
  » Liegen - Rücken; auf dem - agg. (k/889)
  » Zusammenkrümmen - agg. (k/896)

Stillen - Magendarmsymptome - Abdomen - amel. durch

ABDOMEN - Schmerz - Beugen der Beine amel. (k/882)
• Schmerz - Zusammenkrümmen - amel. - krampfartig (bro1/897)

Stillen - Magendarmsymptome - Rektum

REKTUM - **Diarrhoe - Kindern, bei** (*/954)
• *Diarrhoe - Kindern, bei - Säuglingen; bei* (mtf33/954)
• Obstipation - entfernt werden; Stuhl muß mechanisch (bg1/968)
  » Kindern, bei (bg2*/969)
  » Kindern, bei - Kleinkindern, bei (bro1/969)
  » *Kindern, bei - Neugeborenen, bei* (vh/969)

Stillen - Allgemeines

KOPF - Schweiß der Kopfhaut - Stirn - Essen - beim - agg. (k/404)

GESICHT - *Schweiß - Essen - agg.* (*/629)
• Schweiß - Essen - nach - agg. (ptk1/629)

MUND - Aphthen - Kindern, bei - Säuglingen; bei (mtf33/639)
• Aphthen - Zunge - schmerzhaft - trinken; hindert den Säugling, an der Brust zu (vk1/640)
• Schmerz - Kindern; bei - Säuglingen; bei (^/674)
  » Kindern; bei - Säuglingen; bei - wund schmerzend (k2*/674)

SCHWEISS - **Essen - nach - agg.** (*/1786)

ALLGEMEINES - *Abmagerung - Heißhunger mit Abmagerung - Kindern; bei* (*/1845)
• *Abmagerung - Heißhunger mit Abmagerung - Kindern; bei - Kleinkindern; bei* (k/1845)
• *Säuglinge* (kk2/1944)
• Speisen und Getränke - Fleisch - Verlangen - Kindern, bei (mtf33/1994)

Infektionskrankheiten - Windpocken

FIEBER - Continua - Ausschlagsfieber (k/1772)

HAUT - **Hautausschläge - Windpocken** (*/1824)

Infektionskrankheiten - Masern

KOPF - *Schmerz - Masern, nach* (k/333)

OHR - *Absonderungen - Masern, nach* (k/498)

HÖREN - *Schwerhörig - Masern, nach* (*/536)

REKTUM - *Diarrhoe - Masern - während* (hr1/954)

KEHLKOPF UND TRACHEA - Stimme - heiser, Heiserkeit - Masern, nach (*/1154)

HUSTEN - *Masern - nach* (k/1202)

FIEBER - **Ausschlagsfieber; Fieber bei Ausschlagserkrankungen - Masern** (*/1770)
• Continua - Ausschlagsfieber (k/1772)

HAUT - **Hautausschläge - Masern** (*/1817)

ALLGEMEINES - *Masern - Beschwerden nach* (*/1920)

Infektionskrankheiten - Mumps

GESICHT - Entzündung - Parotis (b4a/584)
• Entzündung - Parotis - Mumps (bro1/584)
• Schmerz - Parotis (*/626)
  » Parotis - nachmittags - Mittagessen; nach (*/627)
  » Parotis - grabend, wühlend (*/627)
  » Parotis - Mittagessen; nach - grabend, wühlend (k/627)
  » Parotis - stechend (*/627)
• Schwellung - Parotis (*/631)
  » Parotis - Hautausschlag; nach (k/631)

Infektionskrankheiten - Röteln

FIEBER - Continua - Ausschlagsfieber (k/1772)

HAUT - Hautausschläge - Röteln (b2/1821)

Infektionskrankheiten - Scharlach

GEMÜT - *Bewußtlosigkeit - Scharlach, bei* (hr1*/31)
• *Stupor - Scharlach, bei* (kr1/177)

OHR - *Absonderungen - Scharlach, nach* (*/498)

HÖREN - **Schwerhörig - Scharlach, nach** (*/536)

FIEBER - *Ausschlagsfieber; Fieber bei Ausschlagserkrankungen - Scharlach* (k/1770)
• Continua - Ausschlagsfieber (k/1772)
• Scharlach (k2/1778)
  » *begleitet von - Speichelfluß* (st1/1778)

» begleitet von - Zunge - rote Farbe der Zunge - hellrot (kr1*/1778)
» Prophylaxe gegen (gm1/1779)
» rauhes, dunkles Exanthem (gm1/1779)

HAUT - *Hautausschläge - Scharlach* (*/1821)
• *Hautausschläge - Scharlach - begleitet von - Speichelfluß* (kr1*/1821)
» *Scharlach - zurücktretend* (*/1821)

ALLGEMEINES - *Scharlach - Beschwerden nach* (*/1944)

Infektionskrankheiten - Pocken

FIEBER - Continua - Ausschlagsfieber (k/1772)

HAUT - *Hautausschläge - Pocken* (*/1819)

Infektionskrankheiten - Keuchhusten

HUSTEN - *Keuchhusten* (*/1197)

Konstitution - Aggressivität

GEMÜT - Schlagen - sich; schlägt - schlägt seinen Kopf gegen die Wand und gegen Gegenstände (gk/154)

Konstitution - Angst und Furcht

GEMÜT - Angst - hypochondrisch (j5/11)
• Beeindrucken, empfänglich für Eindrücke; leicht zu (lmj*/19)
• Beschwerden durch - Erwartungsspannung (a1*/23)
» Schreck (b2/25)
• Erwartungsspannung - Lampenfieber (fry/53)
• Feigheit (*/59)
• Furcht - Armut, vor (*/65)
» engen Räumen; in (st*/67)
» Geräusche, durch (gl1/69)
» *Gespenstern; vor* (*/70)
» gewaschen zu werden (k2*/70)
» Gewitter; vor (k/70)
» hochgelegenen Orten; vor (*/71)
» Selbstkontrolle zu verlieren; die (gg/75)
» Versagen, Mißerfolg; vor dem (bg2*/79)
» Wasser, vor (k2*/79)
• Mutig (*/133)
• *Schreckliches und traurige Geschichten greifen sie stark an* (gt1*/156)
• Vorsichtig (^/205)
» ängstlich (gl1/205)

Konstitution - Allgemeines

GEMÜT - Beachtung; schenkt allgemeinen Regeln keine (k/19)
• *Ehrgeiz - erhöht, vermehrt, sehr ehrgeizig* (j*/40)
» erhöht, vermehrt, sehr ehrgeizig - Geld zu verdienen (gl1/40)
» erhöht, vermehrt, sehr ehrgeizig - Wettbewerb mit anderen, vergleicht sich mit ihnen; steht (mtf/40)
» *Verlust von* (vh*/40)
• Eitelkeit (gl1/41)
• *Entmutigt* (*/46)
» Kindern, bei (mtf33/46)
• **Faulheit** (*/55)
» Kindern, bei (mtf33/56)
• Furcht - Armut, vor (*/65)
• Geiz (bg3*/92)
• **Gewissenhaft, peinlich genau in bezug auf Kleinigkeiten** (*/99)
• Heikel, pingelig (mrr1*/106)
• *Milde* (*/130)
• Neugierig (ptk1*/135)
• Pflicht - kein Pflichtgefühl (st*/136)
• *Religiöse Gemütsstörungen, Störungen in bezug auf die Religiosität - beschäftigt; zu sehr mit Religion - Kindern; bei* (*/147)
» *beschäftigt; zu sehr mit Religion - Pubertät; in der* (st/147)
• Sauberkeit, Reinlichkeit - Reinlichkeitswahn, Putzwut (gl1/153)
• Schmutzig - Urinieren und Defäkieren - überall - Kindern; bei (mtf33*/155)
• *Selbstsucht, Egoismus* (*/161)
• Selbstvertrauen - Mangel an Selbstvertrauen (*/161)
• *Sorgen; voller* (c1*/164)
• **Sorgsamkeit, Sorgfalt** (b4a/165)
• Stimmung, Laune - veränderlich (*/171)
• **Theoretisieren** (*/180)
• Traurigkeit - Kindern, bei (*/186)
• Unaufmerksam (*/189)
• Ungerechtigkeit; erträgt keine (g*/191)
• *Unordentlich* (bg2*/192)
• Unternehmen; etwas - Vieles, hält aber bei nichts durch, bleibt nicht dabei; unternimmt (ptk1*/193)
• **Unzufrieden** (*/194)
• Verwegenheit (^/199)
• *Waschen - Abneigung dagegen, sich zu waschen, zu baden* (k2*/243)
» **Abneigung dagegen, sich zu waschen, zu baden - Kindern; bei** (kr1*/243)
» *Verlangen zu waschen* (^/243)
» *Verlangen zu waschen - Hände; wäscht sich ständig die* (k13*/243)
» *Verlangen zu waschen - Monomanie* (k/243)

Familie; Beziehung zur - Liebe und Zuneigung

GEMÜT - *Angst - andere, um* (k/7)
• Angst - Familie, um seine (j*/9)
• Beschwerden durch - Uneinigkeit, Zwietracht - Eltern; zwischen den eigenen (vh*/26)
• Eifersucht (mrr1*/40)
» Kinder - unter Kindern (mrr1/40)

- *Liebevoll, voller Zuneigung, herzlich* (mrr1*/125)
- Sorgen; voller - andere, um (j5/165)
  - » *Verwandte, um* (tl1*/165)
- Verlassen zu sein; Gefühl (mtf/198)
  - » geliebt zu werden; Gefühl von den Eltern, der Ehefrau, den Freunden nicht (gl1/198)

Familie; Beziehung zur - Vorwürfe

GEMÜT - Beschwerden durch - Tadel (gk/25)

Beziehung zu anderen - Aggressivität

GEMÜT - *Antworten - diktatorisch* (vh*/15)
- *Antworten - kurz angebunden* (*/15)
- Grausamkeit (ckh1/103)
- Herausfordernd (sf1/107)
- Schlagen (^/154)
  - » sich; schlägt (^/154)
  - » sich; schlägt - schlägt seinen Kopf gegen die Wand und gegen Gegenstände (gk/154)
- **Streitsüchtig** (*/173)
- Zorn - Widerspruch, durch (mtf/255)

Beziehung zu anderen - Reaktion auf andere

GEMÜT - *Antworten - Abneigung zu antworten* (*/14)
- *Antworten - langsam* (k/15)
  - » **weigert sich zu antworten** (*/15)
  - » wiederholt erst die Frage (*/15)
- Beschwerden durch - Scham (gk/24)
- *Gesellschaft - Abneigung gegen* (*/94)
  - » *Abneigung gegen - ertragen, kann niemanden* (j5/95)
  - » Verlangen nach (gl1/95)
- **Schüchternheit, Zaghaftigkeit** (*/158)
  - » Kindern; bei (mtf33/158)
- Trost - agg. (bg2*/188)
- Untröstlich (*/193)
- Weinen - Trost - agg. (k/248)
  - » Trost - möchte nicht getröstet werden (pe/248)
- *Widerspenstig* (*/249)
- Widerspruch - Neigung zu widersprechen (g*/249)
  - » verträgt keinen Widerspruch (kr/249)

Beziehung zu anderen - allgemein

GEMÜT - **Angeber** (mrr1*/4)
- **Argwöhnisch, mißtrauisch** (*/16)
- *Beleidigt, leicht* (*/20)
- Furcht - Räubern, vor (*/74)
- *Ichbezogenheit, Selbstüberhebung* (*/111)
- Lügner (mtf33*/126)
- *Manipulierend* (mrr1/128)
- *Pubertät; in der* (st/138)
- **Tadelsüchtig, krittelig** (*/178)
- Tadelt andere (gl1/179)
- Tadelt sich selbst, macht sich Vorwürfe (sf1/179)
- *Unabhängigkeit, Selbständigkeit* (vh*/189)
- Unverschämtheit (ptk1/193)

Schule - Angst

GEMÜT - Beschwerden durch - Erwartungsspannung (a1*/23)
- Furcht - Versagen, Mißerfolg; vor dem (bg2*/79)
- Selbstvertrauen - Mangel an Selbstvertrauen (*/161)

Schule - Konzentration

GEMÜT - Konzentration - schwierig - Studieren (k/117)
- *Stumpfheit - Lesen* (*/175)
- Unaufmerksam (*/189)

Schule - Lernen - allgemein

GEMÜT - Dyslexie (mtf/40)
- Fehler; macht - Sprechen, beim - Buchstabieren, beim (*/58)

Schule - Lernen - Mathematik, Rechnen

GEMÜT - Mathematik - Unfähigkeit zur (^/128)
- Mathematik - Unfähigkeit zur - Horror vor (mtf33*/129)

Schule - Lernen - Lesen

GEMÜT - *Stumpfheit - Lesen* (*/175)

Schule - Lernen - Schreiben

GEMÜT - Fehler; macht - Schreiben, beim (*/57)
- Fehler; macht - Schreiben, beim - wiederholt Worte (k/58)

Schule - Anstrengung; geistige

KOPF - *Schmerz - geistige Anstrengung - agg.* (k/328)
- Schmerz - Lesen, beim - agg. (k/332)
  - » Schulkindern; bei (gk/339)
  - » Schläfen - Lesen agg. - pulsierend (k/370)

Schule - Beziehung zu anderen

GEMÜT - Beschwerden durch - Scham (gk/24)
- Lügner (mtf33*/126)
- Ungehorsam (k/191)
  - » Kindern, bei (lmj/191)

MUND - *Sprache - stotternd* (*/688)
- Sprache - stotternd - Kindern; bei (bg2*/688)

Schule - Vorwürfe

GEMÜT - Beschwerden durch - Tadel (gk/25)

Schule - Konstitution

GEMÜT - *Eigensinnig, starrköpfig, dickköpfig* (*/41)
- **Gewissenhaft, peinlich genau in bezug auf Kleinigkeiten** (*/99)
- Heikel, pingelig (mrr1*/106)
- Lügner (mtf33*/126)
- Neugierig (ptk1*/135)
- Selbstvertrauen - Mangel an Selbstvertrauen (*/161)

- Ungehorsam (k/191)
  - » Kindern, bei (lmj/191)
- *Unordentlich* (bg2*/192)
- Unternehmen; etwas - Vieles, hält aber bei nichts durch, bleibt nicht dabei; unternimmt (ptk1*/193)

Spielen

GEMÜT - *Amüsement, Vergnügen - Abneigung gegen* (k1*/4)
- *Amüsement, Vergnügen - Verlangen nach* (mtf/4)
- *Spielen - Abneigung gegen Spielen - Kindern; bei* (k/165)
  - » Unfähigkeit zu spielen (gl1/166)
  - » Verlangen zu spielen (^/166)
- Tanzen (^/179)

Tieren; Beziehung zu

GEMÜT - Furcht - Hunden, vor (mtf33/71)
- Furcht - Insekten; vor (hu*/71)
  - » Tieren, vor (mtf33/76)
- Tiere - liebt Tiere, Tierliebe (vh*/180)
  - » *liebt Tiere, Tierliebe - Katzen* (vh*/180)

Nonverbales - Aggressivität

GEMÜT - *Beißen* (gk/20)
- Beißen - Kindern; bei (hu2/20)
- Destruktivität, Zerstörungswut (*/38)
  - » *Kleidern, von* (*/39)
- *Diktatorisch* (ptk1*/39)
- Reißt an etwas - Gegenstände; zerreißt (*/142)
- Reizbarkeit, Gereiztheit - Kindern, bei (ptk1*/145)
- *Spucken* (mtf33*/170)
- *Stoßen, treten, austreten* (^/172)
- Wirft mit Gegenständen um sich (a1/250)
- Zerbricht Dinge (gl1/251)
  - » Verlangen; Dingen zu zerbrechen (mtf33*/251)

Nonverbales - Reaktion auf andere

GEMÜT - Angesehen, angeblickt zu werden - erträgt es nicht, angesehen zu werden (*/5)
- Angesehen, angeblickt zu werden - erträgt es nicht, angesehen zu werden - Kindern; bei (mtf33/5)
- Berührtwerden - Abneigung berührt zu werden (^/21)
  - » Abneigung berührt zu werden - Kitzeligkeit (st/21)
- Furcht - berührt zu werden (bro1/66)
- Gehalten - amel.; gehalten zu werden (ptk1/87)
  - » Verlangen, gehalten zu werden (bg2*/87)
- Näherkommen, auf ihn Zukommen von Personen - Abneigung gegen (k/134)

Nonverbales - Gesten, Gebärden

GEMÜT - **Auffahren, Zusammenfahren - angesprochen wird; wenn er** (*/17)
- Auffahren, Zusammenfahren - Geräusche; durch (k/17)
- *Beißen - Nägel* (bg*/20)
  - » Nägel - Kindern; bei (mtf33/20)
- Berühren, anfassen; etwas - Verlangen, etwas zu berühren, anzufassen - alles berühren, anfassen; muß (bro1*/21)
  - » Verlangen, etwas zu berühren, anzufassen - alles berühren, anfassen; muß - Kindern; bei (mtf33/21)
- Gefallsüchtig, kokett - sehr, zu (vh*/87)
  - » *sehr, zu - Kindern; bei* (lmj/87)
- Gesten, Gebärden; macht - Finger - Mund; Kinder stecken die Finger in den (bg2*/97)
  - » *Hände; unwillkürliche Bewegungen der - Greifen - Mund - alles in den Mund; steckt* (h2*/98)
  - » *Hände; unwillkürliche Bewegungen der - ringt die Hände* (*/98)
  - » ungeschickt in bezug auf (gl1/99)
- *Hast, Eile - Bewegungen; in den* (k/105)
- Kinder - wachsam, aufmerksam (^/114)
- Lachen - Ernstes, über (*/120)
- *Launenhaftigkeit, launisch* (*/123)
- Pfeifen (mtf33*/136)
- Stirnrunzeln, Neigung zum (pt*/171)
- Ungeschicklichkeit (j5/192)

Nonverbales - Allgemeines

GEMÜT - *Eigensinnig, starrköpfig, dickköpfig* (*/41)
- Hast, Eile - Essen; beim (h2*/105)
  - » *Gehen; beim* (*/105)
- Nackt sein, möchte (^/134)
- Ruhelosigkeit - Kindern, bei (al*/151)
- **Schreien - Kindern, bei** (^/157)
- Singen (gl1/163)
- Verzogene, mißratene Kinder (mtf33*/204)

Nonverbales - Konsultation; bei der

KOPF - Empfindlichkeit - Kopfhaut, der - Berührung, gegen (bro1/284)
- Hitze - Kälte - Extremitäten; mit Kälte der (bg2*/293)
  - » *Kälte - Füße; mit Kälte der* (*/293)
  - » Kälte - Hände; mit Kälte der (bl/293)
  - » Kälte - Körpers; mit Kälte des (k/293)
- Läuse (*/300)

AUGE - *Entzündung - Kindern; bei - Kleinkindern; bei* (*/429)

OHR - *Absonderungen - Blut* (b2/497)
- *Absonderungen - blutig* (k/497)
  - » chronisch (bg2*/497)
  - » *dünn* (k/497)
  - » eitrig (*/497)
  - » *eitrig - Ekzem, mit* (k/497)

» *eitrig - Quecksilber; nach Mißbrauch von* (k/497)
» *Hautausschlägen; nach unterdrückten* (k/497)
» Karies, drohende (k/497)
» *periodisch - siebten Tag, jeden* (k/498)
» *reichlich* (hr1/498)
» *schleimig* (b2/498)
» **stinkend** (*/498)
» *übelriechend* (*/498)
» *übelriechend - sauer* (*/498)
» unterdrückt (*/498)
» wäßrig (bg2/498)
» **wundfressend** (*/498)
• Eiterung - Mittelohr (k/500)
• Entzündung (bg*/500)
» *erysipelatös* (*/500)
» äußere Ohren (bg2/500)
» äußere Ohren - chronisch (tl1/500)
» *Eustachische Röhre* (k/500)
» **Gehörgang** (*/500)
» **Mittelohr** (*/501)
• *Feuchtigkeit - hinter den Ohren* (b4a/502)
» Ohrmuscheln (*/502)
• *Katarrh - Eustachische Röhre* (hr1/515)
• Ohrschmalz - dünn (*/516)
» vermehrt (*/516)
• *Perforation - Trommelfell* (bg2*/516)
HÖREN - Schwerhörig - Tubenkatarrh (gk/537)
GESICHT - *Schwellung - Unterkieferdrüsen* (*/631)
• *Schwellung - Unterkieferdrüsen - schmerzhaft* (k/631)
MUND - **Aphthen** (*/639)
• Aphthen - brennend (k/639)
» Kindern, bei (*/639)
» Kindern, bei - Kleinkindern, bei (bg2/639)
» Kindern, bei - Säuglingen; bei (mtf33/639)
» Gaumen - mercurialisch (k/640)
» *Zunge* (*/640)
» Zunge - kleine Aphthen - schmutziggelb (vk1/640)
• *Bewegung - Zunge - Lecken, Schlecken - hin und her* (*/641)
• **Eiterung - Zahnfleisch** (bg2/643)
• Landkartenzunge (b2/668)
• **Schwämmchen** (hr1*/681)
• **Stomatitis ulcerosa, Stomakaze** (*/689)
» begleitet von - Zunge - Aphthen auf der (kr1*/689)
INNERER HALS - Aphthen (k/721)
• *Entzündung - Tonsillen* (*/724)
• **Schwellung - Tonsillen** (*/747)
ÄUSSERER HALS - **Schwellung - Halsdrüsen** (*/760)
• *Schwellung - Halsdrüsen - eitrig* (k/760)
• **Verhärtung von Drüsen** (k/761)
» *perlschnurartig* (k/761)

ABDOMEN - **AUFTREIBUNG - KINDERN, BEI (*/852)**
• Geschwüre - Nabelgegend (k/865)
• *Schmerz - Druck - agg.* (k/883)
• *Vergrößert - Kindern; bei* (*/938)
» Kindern; bei - Marasmus (tl1/938)
REKTUM - *Hautausschläge - Anus; um den* (*/964)
• *Hautausschläge - Perineum* (*/964)
RÜCKEN - Abmagerung (k2/1311)
• Abmagerung - Zervikalregion (k2/1311)
• Hautausschläge - Akne (mrr1/1316)
» Furunkel (k/1316)
» **Furunkel - Zervikalregion** (*/1317)
• **Krümmung der Wirbelsäule** (*/1323)
» *Dorsalregion* (*/1323)
EXTREMITÄTEN - Exkoriation, Wundheit - Gesäß - Mitte, dazwischen; in der (k/1407)
• Fußgeruch ohne Schweiß; übler (b4a/1413)
• Krümmung und Biegung (b4a/1473)
• Knie, Lage der - außen; nach (b4a/1664)
• Nägel; Beschwerden der - Abblättern der Nägel (k/1664)
» Abfallen der Nägel (bg2/1664)
» deformiert (*/1664)
» deformiert - Zehennägel (mrr1/1664)
» dicke Nägel (*/1664)
» dicke Nägel - Zehennägel (mrr1/1664)
» *eingewachsene Zehennägel* (*/1665)
» gespaltene, aufgesprungene Nägel (*/1665)
» hornig, verhornt - Zehennägel (a1/1665)
» Möndchen der Nägel fehlt (a1/1665)
» **Niednagel** (*/1665)
» Rauheit - gefurcht, gerieft, gerillt (sne/1665)
» *spröde, brüchige Nägel* (b2/1665)
» *spröde, brüchige Nägel - Fingernägel* (*/1665)
» verkrüppelte, verkümmerte Nägel (b2/1665)
» verkrüppelte, verkümmerte Nägel - Fingernägel (k/1665)
HAUT - *Erysipel* (*/1798)
• Hautausschläge - Bläschen - Sudamina (Schweißfriesel) (b4a/1810)
» Erythem (ptk1/1812)
» Exanthem, flüchtiges - Kindern, bei (k/1812)
» Herpes - ringförmig (*/1815)
» Impetigo (*/1816)
» Molluscum (bro1/1818)
• **Intertrigo** (*/1825)
• **Unrein** (*/1835)
• **Wundliegen - Kindern; bei** (*/1837)
ALLGEMEINES - Exostose (*/1877)
• *Genesung, Rekonvaleszenz; Beschwerden während der - Ohr; nach Absonderungen aus dem* (k/1884)

Nonverbales - Äußerliches - Beobachtungen des Arztes

KOPF - Großer Kopf (bg2*/289)
- Halten - hoch, aufrecht zu halten; unfähig, den Kopf (mtf33/289)
- **Schuppen** (*/402)

AUGE - Strabismus, Schielen (*/467)
- Strabismus, Schielen - divergens (hr1/467)
- *Verklebt* (*/472)

NASE - *Bewegung - Nasenflügel - Fächer; wie ein - Pneumonie; bei* (*/545)
- Bohren mit den Fingern in der Nase (bg3*/546)
- Schniefen - Kindern; bei - Neugeborenen; bei (bro1/568)
- Zupfen - Nase, an der (bg3/578)

GESICHT - Aphthen - Lippen, an den (hr1/579)
- **Aufgesprungen - Lippen** (k/579)
- *Ausdruck - alt aussehend* (*/580)
  - » alt aussehend - Kindern; bei (mtf33/580)
- Farbe - blaß - Kindern; bei (mtf33/586)
- Fettig (hr1*/593)
- Gerunzelt (bro1*/594)
  - » *Stirn, Stirnrunzeln* (bg2/594)
- **Hautausschläge - Akne** (*/595)
  - » Akne - Mädchen; bei anämischen (j/596)
- **Rissig - Lippen** (*/613)
  - » Lippen - Oberlippe - Mitte der (bg2/613)
  - » Lippen - Unterlippe (b4/613)
  - » Mundwinkel (k2/614)
- **Sommersprossen** (*/632)
- Venen, erweiterte (bg2/634)
  - » Nase (mrr1/634)
  - » Schläfen (bg2*/634)
  - » *Stirn* (bg3*/634)
  - » Wangen (mrr1/634)
- Warzen (*/635)
  - » Lippen (sne/635)
- Haare - Haarwuchs - Kindern, bei (k/637)

MUND - *Bewegung - Zunge - Lecken, Schlecken - hin und her* (*/641)
- Finger in den Mund; Kinder stecken (g*/651)
- *Steckt alles in den Mund (Kind)* (st*/688)

ÄUSSERER HALS - Torticollis (*/761)

ATMUNG - Asthma, asthmatische Atmung - Kindern; bei (*/1162)
- **Beschleunigt** (*/1174)

KOPF - Hände - hält den Kopf mit den Händen - Husten; agg. beim (*/289)

HUSTEN - Anfallsweise - Anfälle folgen schnell aufeinander (*/1186)
- Anfallsweise - besteht aus - zwei Hustenstößen (k/1186)
  - » besteht aus - zwei Hustenstößen - schnell aufeinanderfolgend (bg2/1186)

EXTREMITÄTEN - **Farbe - Finger - Fingernägel - weiß - Flecken** (*/1409)

HAUT - **Sommersprossen** (*/1834)

ALLGEMEINES - Aussehen - dunkel (*/1854)
- Aussehen - dunkel - straffer Faser, mit (kr1/1855)
  - » *hell, blond* (*/1855)
  - » **hell, blond - schlaffer Faser, mit** (c1/1855)
  - » rote Haare (c1*/1855)
- Fettleibigkeit - Kindern, bei (b4a/1879)
- **Magere Personen** (*/1919)
- **Zwergwuchs** (*/2035)
- Zyanose - Kindern; bei - Kleinkindern; bei (*/2035)

Nonverbales - Äußerliches - Beobachtungen der Eltern

KOPF - *Empfindlichkeit - Kämmen, Bürsten der Haare; gegen* (k/283)
- Schweiß der Kopfhaut - Stirn - Essen - beim - agg. (k/404)

AUGE - **Verklebt - morgens** (*/472)

NASE - Schneuzen der Nase - Neigung, sich zu schneuzen; ständige (*/568)

MUND - Beißt - Zunge; beißt sich auf die (*/640)

ZÄHNE - *Zähneknirschen* (*/718)
- Zähneknirschen - Epilepsie (k/718)
- Zusammenbeißen der Zähne - Verlangen, die Zähne zusammenzubeißen; ständiges - fest zusammengebissen (h2*/719)

MAGEN - Gluckern; Gurgeln (ptk1/802)
- Schluckauf (*/809)
  - » Essen - nach - agg. (*/810)
- *Völlegefühl - Essen - nach - agg.* (k/845)
  - » *Essen - nach - agg. - wenig, nach dem kleinsten Bissen; nach noch so* (k/845)
  - » Frühstück; agg. nach dem (k/845)

ABDOMEN - Schmerz - Beugen - hinten, nach - agg. (^/882)
- Schmerz - Beugen - hinten, nach - agg. - schneidend (k/882)
  - » Beugen der Beine amel. (k/882)
  - » Kindern; bei - Säuglingen; bei - krampfartig (lmj*/888)
  - » Liegen - Rücken; auf dem - agg. (k/889)
  - » Zusammenkrümmen - agg. (k/896)
  - » Zusammenkrümmen - amel. (k/897)
  - » Zusammenkrümmen - amel. - krampfartig (bro1/897)
  - » Zusammenkrümmen - muß sich zusammenkrümmen (k/897)

REKTUM - **Unwillkürlicher Stuhl** (*/984)

• Unwillkürlicher Stuhl - Flatus agg.; Abgang von (*/985)
» *Husten oder Niesen; beim* (*/985)
» *Lachen agg.* (*/985)

STUHL - **Kugeln, wie** (*/996)
• **Schafskot, wie** (*/997)
• *Unverdaut* (*/999)

BLASE - *Lähmung - Überdehnung, nach* (k/1006)
• **Urinieren - Harndrang - plötzlich - beeilen um zu urinieren, sonst geht Urin ab; muß sich** (*/1015)
» unwillkürlich - Husten; agg. beim (*/1020)
» unwillkürlich - Lachen agg. (bro1/1020)
» verzögert, muß warten, bis der Urin zu fließen beginnt (k/1020)

URIN - Blutig - Kindern; bei (mtf33/1045)

MÄNNLICHE GENITALIEN - *Masturbation, Neigung zur* (*/1071)

WEIBLICHE GENITALIEN - *Masturbation; Neigung zu* (c1*/1104)

ATMUNG - *Schnarchen* (*/1180)

EXTREMITÄTEN - **Hitze - Füße - brennend - entblößt sie** (k/1440)
• **Hitze - Füße - Fußsohlen - entblößt sie** (k/1441)

SCHWEISS - **Essen - nach - agg.** (*/1786)

HAUT - *Ekchymosen* (*/1797)
• Insektenstiche (*/1825)

Nacht; Beobachtungen in der - Gemütssymptome

GEMÜT - Furcht - Dunkelheit; vor der (hu/66)
• Gesten, Gebärden; macht - Hände; unwillkürliche Bewegungen der - zupft - Bettwäsche; an der (*/98)
» *Hände; unwillkürliche Bewegungen der - zupft - Bettwäsche; an der - Schweiß; beim* (bg2/98)
• Jammern - Schlaf, im (k/113)
• *Schlafwandeln* (*/154)
• Schreien - Kindern, bei - Erwachen, beim (hr1/157)
» **Kindern, bei - Schlaf, im** (hr1*/157)
• *Sprechen - Schlaf; im* (*/169)
• *Stoßen, treten, austreten - Schlaf, im* (*/172)
• Weinen - Wimmern, Winseln - nachts (j/248)
» Wimmern, Winseln - Schlaf, im (b4a/248)

Nacht; Beobachtungen in der - körperliche Symptome

KOPF - Bohrt den Kopf in das Kissen (k/282)

ZÄHNE - Zähneknirschen - Schlaf; agg. im (fs*/718)

REKTUM - *Unwillkürlicher Stuhl - Schlaf; agg. im* (k/985)

BLASE - *Urinieren - Harndrang - plötzlich - nachts* (k/1015)
• **Urinieren - unwillkürlich - nachts** (*/1019)
» **unwillkürlich - nachts - Morgen, gegen** (b4a/1019)
» unwillkürlich - nachts - ersten Schlaf, im (b4a/1019)
» **unwillkürlich - nachts - Träumen vom Urinieren; beim** (*/1019)

KEHLKOPF UND TRACHEA - *Laryngismus stridulus - Schlaf - im - agg.* (k/1145)

Nacht; Beobachtungen in der - Schlaf

SCHLAF - **Erwachen - Schreck, wie durch** (*/1675)
• Schlaflosigkeit - Kindern, bei (bro1/1691)
» Kindern, bei - Neugeborenen; bei (kr1/1691)
• Schläfrigkeit - Diarrhoe - während - Kindern, bei (mtf33/1698)
• Schwer - Kindern, bei (mtf33/1702)

Nacht; Beobachtungen in der - Schlaf; Lage im

SCHLAF - *Lage - Abdomen, auf dem* (vh/1682)
• **Lage - Arme - Kopf - über dem Kopf** (*/1682)
» Hände - Kopf - über dem (bro1/1682)
» Kopf - tiefliegendem; mit (k/1683)
» **nackt** (st1/1683)
» **Rücken, auf dem** (*/1683)
» Rücken, auf dem - nur auf dem Rücken (j5/1683)
» *Rücken, auf dem - unmöglich* (*/1683)
» Seite, auf der (*/1683)
» *Seite, auf der - linken Seite, auf der* (kr1*/1683)
» *Seite, auf der - rechten Seite, auf der* (vh/1683)
» Seite, auf der - rechten Seite, auf der - unmöglich (a1/1683)
» Seite, auf der - unmöglich (k/1683)
» **Sitzen** (*/1683)
» Sitzen - nur im Sitzen schlafen; kann (j5/1683)
» unmöglich; Liegen ist (k/1683)
» verändert häufig die Lage (bg2/1683)

Schaukeln und Getragenwerden

GEMÜT - Getragen - Verlangen getragen zu werden (k/99)

Autos und Schiffe

KOPF - Schmerz - Fahren - Wagen, im - agg. (k/326)

MAGEN - Erbrechen - Fahren im Wagen agg. (k/792)
• Übelkeit - Fahren - Wagen; im - agg. (*/836)

RÜCKEN - Schmerz - Fahren, beim - Wagen, im - agg. (k/1331)

SCHLAF - Schläfrigkeit - Fahren - agg. (k/1698)

ALLGEMEINES - *Fahren - Wagen; mit dem - agg.* (*/1877)

Psychosomatische Störungen

REKTUM - Diarrhoe - Ärger, Verdruß agg. (k/951)

ALLGEMEINES - Konvulsionen - Schreck agg. (k/1906)
• Konvulsionen - Zorn; nach (k/1907)

Körperliche Symptome und Erkrankungen

KOPF - Entzündung - Gehirn (*/284)
• *Entzündung - Hirnhaut* (*/284)
» *Hirnhaut - tuberkulös* (*/284)
• *Hydrozephalus* (*/295)
» liegt mit tiefliegendem Kopf (k/296)
• *Schmerz - katarrhalisch* (*/331)

OHR - Verhärtung - Trommelfell (k2/531)

MUND - Schmerz - Kindern; bei - Säuglingen; bei (^/674)

ZÄHNE - Abszeß der Zahnwurzeln (*/695)
• *Karies, faule, hohle Zähne* (*/700)

MAGEN - Langsame Verdauung (bro1/805)
• Würgen - Husten, mit (*/846)

REKTUM - Cholera - infantum (*/949)
• **Diarrhoe - Hautausschläge - unterdrückten Hautausschlägen; nach** (*/953)

BLASE - Harnverhaltung - Kindern, bei - erkältet; jedesmal, wenn sich das Kind (k/1005)

NIEREN - **Entzündung** (*/1023)

WEIBLICHE GENITALIEN - *Menses - verzögerte Menarche* (*/1114)

KEHLKOPF UND TRACHEA - Laryngismus stridulus (*/1145)

ATMUNG - *Asthma, asthmatische Atmung - Hautausschlägen; nach unterdrückten* (*/1162)

BRUST - Entzündung - Lungen - Kindern; bei (gsy/1234)

RÜCKEN - Spina bifida (*/1384)

EXTREMITÄTEN - *Hüftgelenksentzündung* (*/1443)

FIEBER - Continua (k/1772)
• Remittierend - Kleinkindern, bei (k/1778)
• *Schleichendes Fieber* (*/1779)

ALLGEMEINES - *Abmagerung - Kindern; bei* (*/1845)
• *Abmagerung - Kindern; bei - Kleinkindern; bei* (bg*/1845)
• *Arzneimittel - heftige Reaktion auf homöopathische Arzneimittel* (gl1/1852)
• *Essen - Überessen; agg. nach* (ptk1/1877)
• **Kindern; Beschwerden von** (b2/1897)
• Konvulsionen - Hitze; während (bg2/1904)
» *Kindern, bei* (*/1905)
» Kindern, bei - Kleinkindern, bei (bg2/1905)
• Krankengeschichte von; persönliche - Abszessen; wiederkehrenden - Zahnwurzeln; der (mrr1/1909)
• *Medikamente - allopathische - Mißbrauch von* (ptk1/1921)
» **allopathische - überempfindlich gegen** (st/1921)
• **Schmerzlosigkeit gewöhnlich schmerzhafter Beschwerden** (b4a/1971)
• *Schwäche - Kindern, bei* (*/1977)
• Verletzungen - Knochenbrüche - langsame Heilung von Knochenbrüchen (*/2020)

Chirurgisch pathologische Zustände

NASE - *Polyp* (*/561)
• *Rachenmandelwucherung* (c2*/561)

ABDOMEN - *Entzündung - Peritoneum* (c2*/860)
• Entzündung - Peritoneum - tuberkulös (bro1/860)
• Hernie (ptk1*/867)
» eingeklemmt, inkarzeriert (ptk1/868)
» *Leistenhernie* (*/868)
» *Leistenhernie - eingeklemmt, inkarzeriert* (*/868)
» Leistenhernie - entzündet (k/868)
» Leistenhernie - Kindern, bei (bg2*/868)
» *Nabelbruch* (b4a/868)
• Intussuszeption (*/869)

MÄNNLICHE GENITALIEN - Hochgezogen, an den Körper gezogen - Hoden (b4a/1068)
• *Hydrozele - Kindern, bei* (k/1069)
• *Phimose* (*/1071)
» *Eiterung, mit* (hr1/1071)
» *Paraphimose* (hr1/1071)
• *Varikozele* (*/1085)

Würmer

KOPF - *Schmerz - Würmer; bei Beschwerden durch* (k/343)

MAGEN - Erbrochenen; Art des - Würmer (b4a/801)

REKTUM - Jucken - Askariden, durch (h2*/965)
• **Würmer - Beschwerden durch Würmer** (*/985)
» Beschwerden durch Würmer - Bandwürmer (*/986)
» *Beschwerden durch Würmer - begleitet von - Abmagerung* (bg2/986)
» Beschwerden durch Würmer - Kindern; bei (mtf33/986)
» *Beschwerden durch Würmer - Madenwürmer* (*/986)
» **Beschwerden durch Würmer - Spulwürmer** (*/986)
» *Beschwerden durch Würmer - Vollmond* (bg2/986)

WEIBLICHE GENITALIEN - *Würmer - Madenwürmer* (*/1138)

ALLGEMEINES - Konvulsionen - Würmer, durch (bg2/1907)

Sulphur iodatum

sul-i.

Krankengeschichte; familiäre und persönliche

ALLGEMEINES - Krankengeschichte von; persönliche - Furunkel; von wiederkehrenden (bg2/1909)

Stillen - Milch

MAGEN - Erbrechen - Milch, nach (k2/794)

Stillen - Magendarmsymptome - Appetit - vermindert

MAGEN - Appetit - fehlend (k2/767)

Stillen - Magendarmsymptome - Appetit - vermehrt

MAGEN - Appetit - Genuß, ohne (k2/769)
• Appetit - Heißhunger (k2/769)
» Heißhunger - Diarrhoe - bei (k2/769)
» vermehrt (k2/770)

Stillen - Magendarmsymptome - Aufstoßen - Wasser; Hochsteigen von

MAGEN - Aufstoßens; Art des - Wasser in den Mund; Hochsteigen von (k2/781)

Stillen - Allgemeines

ALLGEMEINES - Abmagerung - Heißhunger mit Abmagerung - Kindern; bei (k2/1845)
• Abmagerung - Heißhunger mit Abmagerung - Kindern; bei - Kleinkindern; bei (k2/1845)

Infektionskrankheiten - Mumps

GESICHT - Entzündung - Parotis - Mumps (bro1/584)
• Schwellung - Parotis (k2/631)
• Verhärtungen - Parotis (k2/634)

Konstitution - Angst und Furcht

GEMÜT - Feigheit (k2*/59)

Konstitution - Allgemeines

GEMÜT - Entmutigt (k2*/46)
• Faulheit (k2/55)
• Gewissenhaft, peinlich genau in bezug auf Kleinigkeiten (k2*/99)
• Selbstvertrauen - Mangel an Selbstvertrauen (k2/161)
• Stimmung, Laune - veränderlich (k2/171)
• Unzufrieden (k2/194)

Beziehung zu anderen - Reaktion auf andere

GEMÜT - Gesellschaft - Abneigung gegen (k2*/94)
• Schüchternheit, Zaghaftigkeit (k2*/158)

Beziehung zu anderen - allgemein

GEMÜT - Argwöhnisch, mißtrauisch (*/16)

Schule - Angst

GEMÜT - Selbstvertrauen - Mangel an Selbstvertrauen (k2/161)

Schule - Konzentration

GEMÜT - Geistesabwesend - Lesen, beim (k2/88)
• Konzentration - schwierig - Studieren (k2/117)

Schule - Beziehung zu anderen

MUND - Sprache - stotternd (k2/688)

Schule - Konstitution

GEMÜT - Gewissenhaft, peinlich genau in bezug auf Kleinigkeiten (k2*/99)
• Selbstvertrauen - Mangel an Selbstvertrauen (k2/161)

Nonverbales - Allgemeines

GEMÜT - Hast, Eile - Gehen; beim (k2*/105)

Nonverbales - Konsultation; bei der

OHR - Entzündung - Eustachische Röhre (k2/500)
• Perforation - Trommelfell (bg2/516)

HÖREN - Schwerhörig - Tonsillen - vergrößert (mp1/537)

GESICHT - Schwellung - Unterkieferdrüsen (k2/631)

MUND - Aphthen (k2/639)

INNERER HALS - *Entzündung - Tonsillen* (sf1/724)
• Schwellung - Tonsillen (k2*/747)

ÄUSSERER HALS - Schwellung - Halsdrüsen (k2/760)
• Verhärtung von Drüsen (k2/761)
» *perlschnurartig* (k2/761)

EXTREMITÄTEN - *Nägel; Beschwerden der - eingewachsene Zehennägel* (bg2*/1665)

HAUT - Erysipel (k2/1798)

Nonverbales - Äußerliches - Beobachtungen des Arztes

KOPF - Schuppen (bro1/402)

GESICHT - Hautausschläge - Akne (*/595)
• Hippokratisches Gesicht (k2/605)

ATMUNG - Beschleunigt (k2/1174)

HAUT - Sommersprossen (k2/1834)

Nonverbales - Äußerliches - Beobachtungen der Eltern

MAGEN - Schluckauf (k2/809)

Nacht; Beobachtungen in der - körperliche Symptome

MUND - Offen - Schlaf; agg. im (k/669)

Körperliche Symptome und Erkrankungen

MAGEN - Würgen - Husten, mit (k2/846)

KEHLKOPF UND TRACHEA - Laryngismus stridulus (k2/1145)

ALLGEMEINES - Abmagerung - Kindern; bei (k2/1845)

Chirurgisch pathologische Zustände

MÄNNLICHE GENITALIEN - Hydrozele - Kindern, bei (k2*/1069)

Sulphuricum acidum

sul-ac.

Zahnung - Magendarmsymptome

REKTUM - Diarrhoe - Zahnung; während (*/957)

Zahnung - Allgemeines

ZÄHNE - Zahnung - schwierig (hr1*/718)

Stillen - Gemütssymptome

GEMÜT - **Hast, Eile - Essen; beim** (*/105)

Stillen - Milch

KOPF - Hautausschläge - Milchschorf (bg2/290)

MAGEN - Erbrochenen; Art des - Milch - geronnene (k/798)
- Verdauungsstörung - Milch - agg. (bro1/843)
- Verdorben - Milch agg. (k/844)

ABDOMEN - Flatulenz - Milch agg. (*/863)
- Schmerz - Milch - agg. (k/891)

HUSTEN - Milch agg. (*/1202)

ALLGEMEINES - Schwäche - Milch - agg. (h2/1978)
- Speisen und Getränke - Milch - Abneigung (bg2*/2000)
  - » Milch - agg. (*/2001)

Stillen - Magendarmsymptome - Appetit - vermindert

MAGEN - *Appetit - fehlend* (*/767)
- *Appetit - fehlend - Hunger, mit* (*/768)
  - » schnelle Sättigung (b4/770)

Stillen - Magendarmsymptome - Appetit - vermehrt

MAGEN - *Appetit - Genuß, ohne* (k/769)
- Appetit - Heißhunger (*/769)
  - » vermehrt (*/770)
  - » vermehrt - Schnupfen und Husten, bei (h2/772)

Stillen - Magendarmsymptome - Aufstoßen - Speisen; von

MAGEN - Aufstoßens; Art des - Speisen; von (*/780)
- Aufstoßens; Art des - Speisen; von - bitter schmeckend (bg2/780)
  - » Speisen; von - bitter schmeckend - sauer (b4a/780)
  - » Speisen; von - Essen - nach - agg. (b4/780)
  - » Speisen; von - Husten; nach (k/780)
  - » Speisen; von - Mund füllen; in Portionen, die den (k/780)

Stillen - Magendarmsymptome - Aufstoßen - Wasser; Hochsteigen von

MAGEN - *Aufstoßens; Art des - Wasser in den Mund; Hochsteigen von* (*/781)
- Aufstoßens; Art des - Wasser in den Mund; Hochsteigen von - bitter (bg1/781)

Stillen - Magendarmsymptome - Schluckauf

MAGEN - Schluckauf - Trinken - nach - agg. (k/811)

Stillen - Magendarmsymptome - Abdomen - amel. durch

ABDOMEN - Schmerz - Druck - amel. (*/883)

Stillen - Magendarmsymptome - Rektum

REKTUM - Diarrhoe - Kindern, bei (*/954)

Stillen - Allgemeines

KOPF - Schweiß der Kopfhaut - Stirn - Essen - beim - agg. (k/404)

MUND - Aphthen - Kindern, bei - Säuglingen; bei (k2/639)
- Aphthen - Zunge - schmerzhaft - trinken; hindert den Säugling, an der Brust zu (vk1/640)
- Schmerz - Kindern; bei - Säuglingen; bei (^/674)
  - » Kindern; bei - Säuglingen; bei - wund schmerzend (k2/674)

SCHWEISS - Essen - beim - agg. (*/1786)
- Essen - nach - agg. (bg2*/1786)
- **Warm - Speisen; warme - nach** (*/1792)

Infektionskrankheiten - Mumps

GESICHT - Entzündung - Parotis - Eiterung; mit (k/584)
- *Schwellung - Parotis* (k/631)
  - » *Parotis - links* (*/631)
  - » Parotis - hart (k/631)

Infektionskrankheiten - Keuchhusten

HUSTEN - Keuchhusten (*/1197)

Konstitution - Angst und Furcht

GEMÜT - Beschwerden durch - Erwartungsspannung (gk/23)
- Feigheit (*/59)

Konstitution - Allgemeines

GEMÜT - Entmutigt (k/46)
- Selbstvertrauen - Mangel an Selbstvertrauen (k/161)
- *Stimmung, Laune - veränderlich* (*/171)
- Unaufmerksam (bg2/189)
- Unternehmen; etwas - Vieles, hält aber bei nichts durch, bleibt nicht dabei; unternimmt (bng/193)
- Unzufrieden (j*/194)

Familie; Beziehung zur - Liebe und Zuneigung

GEMÜT - Eifersucht (stj/40)
- Verlassen zu sein; Gefühl (mtf/198)

Beziehung zu anderen - Aggressivität

GEMÜT - Sprache - barsch (a1/166)
- Streitsüchtig (*/173)

Beziehung zu anderen - Reaktion auf andere

GEMÜT - *Antworten - Abneigung zu antworten* (*/14)
- Antworten - langsam (k/15)
  - » *weigert sich zu antworten* (*/15)
- Gesellschaft - Abneigung gegen (*/94)
- Schüchternheit, Zaghaftigkeit (k/158)

Beziehung zu anderen - allgemein

GEMÜT - *Argwöhnisch, mißtrauisch* (*/16)
- Beleidigt, leicht (bg2/20)

Schule - Angst

GEMÜT - Beschwerden durch - Erwartungsspannung (gk/23)
- Selbstvertrauen - Mangel an Selbstvertrauen (k/161)

Schule - Konzentration

GEMÜT - Unaufmerksam (bg2/189)

Schule - Lernen - allgemein

GEMÜT - Dyslexie (mtf/40)

Schule - Konstitution

GEMÜT - **Hast, Eile - Schreiben; beim** (*/105)
- **Hast, Eile - tut, womit er gerade beschäftigt ist; bei dem, was er** (*/105)
- Selbstvertrauen - Mangel an Selbstvertrauen (k/161)
- Unternehmen; etwas - Vieles, hält aber bei nichts durch, bleibt nicht dabei; unternimmt (bng/193)

Nonverbales - Aggressivität

GEMÜT - Diktatorisch (mtf/39)

Nonverbales - Reaktion auf andere

GEMÜT - Gehalten - amel.; gehalten zu werden (ptk1/87)
- Gehalten - Verlangen, gehalten zu werden (bg*/87)

Nonverbales - Gesten, Gebärden

GEMÜT - *Auffahren, Zusammenfahren - Geräusche; durch* (gk/17)
- **Hast, Eile - Bewegungen; in den** (*/105)
- *Launenhaftigkeit, launisch* (hr1*/123)
- Springen (^/169)
- Ungeschicklichkeit (^/192)

Nonverbales - Allgemeines

GEMÜT - **Hast, Eile - Essen; beim** (*/105)
- **Hast, Eile - Gehen; beim** (*/105)
  - » immer in Eile; ist (rb2/105)
  - » **Schreiben; beim** (*/105)
  - » **tut, womit er gerade beschäftigt ist; bei dem, was er** (*/105)
- Ruhelosigkeit - Kindern, bei (hr1/151)
- Singen (k/163)
- Stöhnen - hochgehoben, wenn (bg2*/172)

Nonverbales - Konsultation; bei der

KOPF - Hitze - Kälte - Füße; mit Kälte der (k2/293)

OHR - Absonderungen - Blut (k2/497)
- Absonderungen - übelriechend (k/498)

GESICHT - *Schwellung - Unterkieferdrüsen* (*/631)
- Schwellung - Unterkieferdrüsen - schmerzhaft (h2*/631)

MUND - **Aphthen** (*/639)
- *Aphthen - blutend - Jauche; blutige, übelriechende* (k/639)
  - » **Kindern, bei** (*/639)
  - » *Kindern, bei - Kleinkindern, bei* (bg2/639)
  - » Kindern, bei - Säuglingen; bei (k2/639)
  - » *weiß* (*/640)
  - » erstreckt sich zu - Darmtrakt; durch den (mrr1/640)
  - » Gaumen (b4a/640)
  - » *Zahnfleisch* (*/640)
  - » *Zunge* (*/640)
  - » Zunge - schmerzhaft (mrr1/640)
  - » *Zunge - Stellen; an einzelnen* (*/640)
- Eiterung - Zahnfleisch (bg2/643)
- Landkartenzunge (*/668)
- **Schwämmchen** (hr1*/681)
- *Stomatitis ulcerosa, Stomakaze* (*/689)

INNERER HALS - Aphthen (a1*/721)
- Schwellung - Tonsillen (k2/747)

ÄUSSERER HALS - Schwellung - Halsdrüsen (*/760)

ABDOMEN - Schmerz - Druck - amel. (*/883)

RÜCKEN - Hautausschläge - Furunkel (k/1316)
- Hautausschläge - Furunkel - Blutbeule (k/1316)

HAUT - Hautausschläge - Bläschen - Sudamina (Schweißfriesel) (*/1810)
- *Intertrigo* (*/1825)

Nonverbales - Äußerliches - Beobachtungen des Arztes

AUGE - Verklebt (b4/472)

NASE - Bewegung - Nasenflügel - Fächer; wie ein (*/545)

GESICHT - Hippokratisches Gesicht (k/605)

ATMUNG - Beschleunigt (*/1174)

HUSTEN - Anfallsweise - besteht aus - zwei Hustenstößen (k/1186)

ALLGEMEINES - Aussehen - hell, blond (c1/1855)

Nonverbales - Äußerliches - Beobachtungen der Eltern

KOPF - Schweiß der Kopfhaut - Stirn - Essen - beim - agg. (k/404)

AUGE - Verklebt - morgens (*/472)

MAGEN - *Schluckauf* (*/809)
- Schluckauf - heftig (k2/810)
  - » Trinken - nach - agg. (k/811)

• Völlegefühl - Essen - nach - agg. (k/845)
REKTUM - Unwillkürlicher Stuhl (*/984)
STUHL - Kugeln, wie (k2/996)
• *Schafskot, wie* (*/997)
• Unverdaut (*/999)
BLASE - Urinieren - verzögert, muß warten, bis der Urin zu fließen beginnt (b4/1020)
SCHWEISS - Essen - beim - agg. (*/1786)
• Essen - nach - agg. (bg2*/1786)
• **Warm - Speisen; warme - nach** (*/1792)
HAUT - **Ekchymosen** (*/1797)
• Insektenstiche (k/1825)

Nacht; Beobachtungen in der - körperliche Symptome

BLASE - Urinieren - unwillkürlich - nachts (b2/1019)

Nacht; Beobachtungen in der - Schlaf

SCHLAF - Erwachen - Schreck, wie durch (k/1675)

Autos und Schiffe

ALLGEMEINES - Fahren - Wagen; mit dem - agg. (bg2/1877)

Körperliche Symptome und Erkrankungen

MUND - Schmerz - Kindern; bei - Säuglingen; bei (^/674)
ZÄHNE - Karies, faule, hohle Zähne (*/700)
MAGEN - Langsame Verdauung (bro1/805)
• *Würgen - Husten, mit* (k/846)
NIEREN - Entzündung (k/1023)
ALLGEMEINES - Kindern; Beschwerden von (*/1897)

Chirurgisch pathologische Zustände

NASE - Polyp (b4a/561)
ABDOMEN - Hernie (bro1*/867)
• Hernie - eingeklemmt, inkarzeriert (ptk1/868)
» *Leistenhernie* (*/868)
» *Leistenhernie - eingeklemmt, inkarzeriert* (*/868)
» Leistenhernie - Kindern, bei (pd*/868)
» Leistenhernie - schmerzhaft (b4/868)

Sumbulus moschatus

sumb.

Stillen - Magendarmsymptome - Appetit - allgemein

MAGEN - Appetit - launischer Appetit (k/770)

Stillen - Magendarmsymptome - Appetit - vermindert

MAGEN - Appetit - fehlend (k/767)

Stillen - Magendarmsymptome - Appetit - vermehrt

MAGEN - Appetit - Genuß, ohne (k/769)
• Appetit - vermehrt (k/770)

Infektionskrankheiten - Mumps

GESICHT - Schwellung - Parotis (k/631)

Konstitution - Allgemeines

GEMÜT - Faulheit (a1/55)
• Milde (a1/130)
• Selbstvertrauen - Mangel an Selbstvertrauen (a1/161)
• *Stimmung, Laune - veränderlich* (bro1/171)

Beziehung zu anderen - allgemein

GEMÜT - Mitgefühl, Mitleid (lsa1/130)
• Unbarmherzig (a1/189)

Schule - Angst

GEMÜT - Selbstvertrauen - Mangel an Selbstvertrauen (a1/161)

Schule - Konzentration

GEMÜT - Konzentration - schwierig - Studieren (a1/117)

Schule - Lernen - Mathematik, Rechnen

GEMÜT - *Fehler; macht - Rechnen, beim* (k/57)
• *Fehler; macht - Rechnen, beim - Addieren, beim* (a1*/57)
• *Mathematik - Unfähigkeit zur* (^/128)
» *Unfähigkeit zur - Addieren fällt schwer* (a1/129)

Schule - Lernen - Schreiben

GEMÜT - *Fehler; macht - Schreiben, beim* (*/57)

Schule - Konstitution

GEMÜT - Selbstvertrauen - Mangel an Selbstvertrauen (a1/161)

Spielen

GEMÜT - Amüsement, Vergnügen - Verlangen nach (hl/4)

Nonverbales - Konsultation; bei der

KOPF - Hitze - Kälte - Hände; mit Kälte der (k/293)
MUND - Herausstrecken, Vorstrecken - Zunge, der (*/665)

Nonverbales - Äußerliches - Beobachtungen des Arztes

NASE - Zupfen - Nase, an der (c1/578)
GESICHT - Hautausschläge - Akne (c2*/595)

Nonverbales - Äußerliches - Beobachtungen der Eltern

MAGEN - Schluckauf (*/809)

Nacht; Beobachtungen in der - Schlaf; Lage im

SCHLAF - Lage - Seite, auf der - rechten Seite, auf der (a1/1683)

Chirurgisch pathologische Zustände

MÄNNLICHE GENITALIEN - Phimose (*/1071)

Würmer

Rektum - Würmer - Beschwerden durch Würmer (c2*/985)

Symphytum officinale

symph.

Stillen - Milch

Abdomen - Schmerz - Milch - agg. (fd3/891)

Allgemeines - Speisen und Getränke - Milch - Verlangen (fd3/2001)

Stillen - Magendarmsymptome - Appetit - allgemein

Magen - Appetit - launischer Appetit (st/770)

Stillen - Magendarmsymptome - Appetit - vermindert

Magen - Appetit - fehlend (fd3/767)
- Appetit - schnelle Sättigung (fd3/770)

Stillen - Magendarmsymptome - Appetit - vermehrt

Magen - Appetit - vermehrt (fd3/770)

Stillen - Magendarmsymptome - Schluckauf

Magen - Schluckauf - Essen - nach - agg. (fd3/810)

Infektionskrankheiten - Mumps

Gesicht - Schwellung - Parotis - links (fd3/631)

Konstitution - Aggressivität

Kopf - Anstoßen (fd3/274)

Konstitution - Angst und Furcht

Gemüt - *Beeindrucken, empfänglich für Eindrücke; leicht zu* (^/19)
- *Beeindrucken, empfänglich für Eindrücke; leicht zu - unangenehm auf ihn; alles wirkt* (fd3/19)
- Beschwerden durch - Erwartungsspannung (fd3/23)
- Furcht - Nadeln, vor (fd3/73)

Konstitution - Allgemeines

Gemüt - Faulheit (fd3/55)
- Milde (fd3/130)
- Nachgiebigkeit (fd3/134)
- *Protestiert, erhebt Einspruch* (fd3/138)
- **Selbstvertrauen - Mangel an Selbstvertrauen** (fd*/161)
- Sorgen; voller (^/164)
- Spontan, impulsiv (fd3/166)
- *Stimmung, Laune - veränderlich* (fd3/171)
- Ungerechtigkeit; erträgt keine (fd3/191)
- Unzufrieden (^/194)

Familie; Beziehung zur - Aggressivität

Gemüt - Beschwerden durch - Bevormundung - Kindern, bei (fd3/22)
- Beschwerden durch - Grobheit anderer (fd3/23)

Familie; Beziehung zur - Liebe und Zuneigung

Gemüt - Liebevoll, voller Zuneigung, herzlich (fd3/125)
- *Verlassen zu sein; Gefühl* (fd3/198)

Beziehung zu anderen - Aggressivität

Gemüt - Antworten - kurz angebunden (fd3/15)
- Sprache - barsch (fd3/166)
- Streiten - Abneigung gegen (fd3/172)
- **Streitsüchtig** (fd*/173)

Beziehung zu anderen - Reaktion auf andere

Gemüt - Antworten - unfähig zu antworten (^/15)
- Gesellschaft - Abneigung gegen (fd3/94)
  - » Verlangen nach (fd3/95)
- Schüchternheit, Zaghaftigkeit (fd3/158)
  - » Öffentlichkeit; beim Auftreten in der (fd3/159)
- *Widerspruch - Neigung zu widersprechen* (fd3/249)

Beziehung zu anderen - allgemein

Gemüt - *Beleidigt, leicht* (fd3/20)
- Mitgefühl, Mitleid (fd3/130)
- **Tadelsüchtig, krittelig** (fd*/178)
- Tadelt sich selbst, macht sich Vorwürfe (fd3/179)

Schule - Angst

Gemüt - Beschwerden durch - Erwartungsspannung (fd3/23)
- **Selbstvertrauen - Mangel an Selbstvertrauen** (fd*/161)

Schule - Konzentration

Gemüt - Verwirrung; geistige - Schreiben, beim (fd3/203)

Schule - Lernen - Mathematik, Rechnen

Gemüt - Mathematik - Unfähigkeit zur (^/128)
- Mathematik - Unfähigkeit zur - Addieren fällt schwer (fd3/129)

Schule - Lernen - Schreiben

Gemüt - Verwirrung; geistige - Schreiben, beim (fd3/203)

Schule - Beziehung zu anderen

Gemüt - Schüchternheit, Zaghaftigkeit - Öffentlichkeit; beim Auftreten in der (fd3/159)

Schule - Vorwürfe

Gemüt - Beschwerden durch - Grobheit anderer (fd3/23)

Schule - Konstitution

Gemüt - *Eigensinnig, starrköpfig, dickköpfig* (fd3/41)
- **Selbstvertrauen - Mangel an Selbstvertrauen** (fd*/161)

Tieren; Beziehung zu

Gemüt - Furcht - Hunden, vor (fd3/71)

• Mitgefühl, Mitleid - Tieren, mit (fd3/130)

Nonverbales - Aggressivität

Gemüt - Wirft mit Gegenständen um sich (^/250)
• Wirft mit Gegenständen um sich - Personen; nach (fd3/250)

Nonverbales - Reaktion auf andere

Gemüt - Berührtwerden - Abneigung berührt zu werden (fd3/21)

Nonverbales - Gesten, Gebärden

Gemüt - *Launenhaftigkeit, launisch* (fd3/123)

Nonverbales - Allgemeines

Gemüt - *Eigensinnig, starrköpfig, dickköpfig* (fd3/41)
• Singen (fd3/163)

Nonverbales - Konsultation; bei der

Innerer Hals - Schwellung - Tonsillen (fd3/747)

Extremitäten - Nägel; Beschwerden der - spröde, brüchige Nägel - Fingernägel (fd3/1665)

Nonverbales - Äußerliches - Beobachtungen des Arztes

Nase - Zupfen - Nase, an der - ständiges Verlangen (k/578)

Gesicht - Fettig - Stirn (fd3/593)
• Rissig - Lippen (fd3/613)

Nonverbales - Äußerliches - Beobachtungen der Eltern

Auge - Verklebt - morgens (fd3/472)

Mund - Beißt - Lippen; beißt sich auf die - Unterlippe (fd3/640)

Magen - Schluckauf (fd3/809)
• Schluckauf - Essen - nach - agg. (fd3/810)

Blase - Urinieren - unwillkürlich - Lachen agg. (fd3/1020)
• Urinieren - verzögert, muß warten, bis der Urin zu fließen beginnt (fd3/1020)

Nacht; Beobachtungen in der - Schlaf; Lage im

Schlaf - Lage - Abdomen, auf dem (fd3/1682)
• Lage - Beine - angezogen (fd3/1682)
» Seite, auf der - rechten Seite, auf der (fd3/1683)

Autos und Schiffe

Magen - Übelkeit - Fahren - Wagen; im - agg. (fd3/836)

Körperliche Symptome und Erkrankungen

Allgemeines - **Verletzungen - Knochenbrüche - langsame Heilung von Knochenbrüchen** (*/2020)

Chirurgisch pathologische Zustände

Abdomen - Hernie (c2/867)

Syphilinum

syph.

Alt aussehende Babies und Kinder mit *angeborener, asymmetrischer Verzerrung des Gesichtes.*

Krishna Kumar schrieb: „Kinder, die Syphilis von den Eltern geerbt haben, werden Wachstumsstörungen haben, mit verkrümmten Knochen, vergrößerten Drüsen, üblem Körpergeruch, Wundheitsschmerzen bei Berührung." *Häufig findet man, daß Zähne deformiert, verdreht, fleckig sind und frühzeitig schlecht werden* und becherförmig sind; *die Nägel sind deformiert;* die Zunge rissig. Zusätzlich findet man manchmal: *Gaumenspalte, Tracheomalazie, angeborene Hüftluxation* und Herzklappenfehler.

Sie leiden oft an *heftigen Anfällen von Kopfschmerzen,* die häufiger pulsierend sind; die Schmerzen beginnen gewöhnlich bei Sonnenuntergang und halten bis morgens an, mit *nächtlicher Verschlimmerung,* was für syphilitische Mittel typisch ist.

Hartnäckige Obstipation ist charakteristisch. In diesem Fall lehrte mich Alfons Geukens, daß Syphilinum als Komplementärmittel bei Lachesis-Patienten, die an Schlaflosigkeit und Obstipation leiden, erwogen werden kann.

Juvenile rheumatoide Arthritis mit nächtlicher Verschlimmerung und *Besserung durch langsame Bewegung* (Differentialdiagnose: Ferrum, Pulsatilla).

Auf der Gemütsebene sind sie eigensinnig und ungehorsam, mit *zwanghaften Zügen,* wie ständigem Händewaschen aus Angst vor anstreckenden Krankheiten oder häufiges Wechseln der Kleidung. Sie haben oft eine antisoziale Haltung und sind *Lügner.*

Verlust des Gedächtnisses für Namen, Daten und kurz Zurückliegendes.

Farokh Master schrieb in seinem wunderbaren Buch „Clinical Observations of Children's Remedies" [Klinische Beobachtungen von Kindermitteln]: *„Es fällt ihm schwer, sich beim Lernen oder Rechnen zu konzentrieren; schließlich prüft er alles immer wieder."*

Schulkinder fürchten Mathematik und sind in Sprachen nicht viel besser.

Klinisches: Knochenleiden. Kopfschmerzen. Ophthalmie. Iritis. Strabismus. Otorrhoe. Taubheit. Rheumatismus. Obstipation. Schlaflosigkeit. Nachtschweiß. Geschwüre. Abszeß. Asthma. Fluor bei Kleinkindern.

Wirkungsbereich: Knochen. Schleimhäute. Augen. Nerven.

* * *

Krankengeschichte; familiäre und persönliche

ALLGEMEINES - Familiengeschichte von - Alkoholismus - Kindern; bei - Kleinkindern; bei (mg*/1878)
• Familiengeschichte von - Aorta; Beschwerden der (zs4/1878)
» Apoplexie (zs4/1878)
» Geisteskrankheit (cdh1/1878)
» Suizid; Tod durch (cdh1/1878)
» *Syphilis* (cda1/1878)
• *Krankengeschichte von; persönliche - Abszessen; wiederkehrenden* (*/1909)
» Furunkel; von wiederkehrenden (mtf11/1909)
» Tonsillitis; von wiederkehrender (xxb/1910)

Entwicklung - langsam

GEMÜT - Entwicklung; kindliche - Entwicklungsstillstand (jl2*/47)

KOPF - *Fontanellen - offen* (*/286)

ALLGEMEINES - Entwicklung - Entwicklungsstillstand (jl2/1872)

Entwicklung - schnell

GEMÜT - Frühreife, altkluge Kinder (mtf33/63)

Entwicklung - allgemein

KOPF - *Großer Kopf* (jl2/289)

EXTREMITÄTEN - *Schmerz - Unterschenkel - Wachstumsschmerzen* (lmj/1605)

ALLGEMEINES - Schmerz - Wachstumsschmerzen (mrr1/1958)

Zahnung - Allgemeines

ZÄHNE - Zahnung - schwierig (c1*/718)

Stillen - Magendarmsymptome - Appetit - allgemein

MAGEN - Appetit - launischer Appetit (bg3*/770)
• Appetit - veränderlich (xxb/770)

Stillen - Magendarmsymptome - Appetit - vermindert

MAGEN - *Appetit - fehlend* (k/767)

Stillen - Magendarmsymptome - Appetit - vermehrt

MAGEN - Appetit - vermehrt - Essen - nach (xxb/772)

Stillen - Allgemeines

ALLGEMEINES - Säuglinge (mtf33/1944)

Infektionskrankheiten - Keuchhusten

HUSTEN - Keuchhusten (k/1197)

Konstitution - Aggressivität

GEMÜT - Schlagen - sich; schlägt - schlägt seinen Kopf gegen die Wand und gegen Gegenstände (c1*/154)
• Zorn - Kindern, bei (jl/254)

KOPF - Anstoßen (a/274)

Konstitution - Angst und Furcht

GEMÜT - *Erwartungsspannung - Lampenfieber* (fry/53)
• Furcht - Armut, vor (jl2/65)

Konstitution - Allgemeines

GEMÜT - Faulheit (st1/55)
• Furcht - Armut, vor (jl2/65)
• Sauberkeit, Reinlichkeit - Reinlichkeitswahn, Putzwut (mtf33/153)
• Selbstvertrauen - Mangel an Selbstvertrauen (vh*/161)
• *Stimmung, Laune - veränderlich* (jl2/171)
• Unaufmerksam (bg2/189)
• Unzufrieden (vh*/194)
• Waschen - Verlangen zu waschen (ptk1/243)
» *Verlangen zu waschen - Hände; wäscht sich ständig die* (*/243)
• Weinen - Kindern; bei (gg*/246)
» Kindern; bei - Säuglingen; bei (c1/246)
» Kindern; bei - Säuglingen; bei - Geburt - unmittelbar nach (a1/246)
» Kindern; bei - Säuglingen; bei - Geburt - von Geburt an (ckh1*/246)

Beziehung zu anderen - Aggressivität

GEMÜT - Schlagen (al*/154)
• Schlagen - Kindern; bei (mtf33/154)
» sich; schlägt (^/154)
» sich; schlägt - Kopf - seinen Kopf (ptk1/154)
» sich; schlägt - schlägt seinen Kopf gegen die Wand und gegen Gegenstände (c1*/154)
» Wand, gegen die (al/155)

Beziehung zu anderen - Reaktion auf andere

GEMÜT - *Gesellschaft - Abneigung gegen* (bg2*/94)
• Gesellschaft - Verlangen nach (hr1*/95)
• **Trost - agg.** (bg2*/188)
» amel. (st*/188)
• Untröstlich (lmj/193)
• Widerspruch - Neigung zu widersprechen (ptk1/249)
» verträgt keinen Widerspruch (a1*/249)

Beziehung zu anderen - allgemein

GEMÜT - Argwöhnisch, mißtrauisch (st1/16)
• Beleidigt, leicht (al*/20)
• Geheimnistuerisch, verschlossen (st1/87)
• *Lügner* (st1*/126)

» *lügt, sagt nie die Wahrheit, weiß nicht, was sie sagt* (st1*/126)

Schule - Angst

GEMÜT - Selbstvertrauen - Mangel an Selbstvertrauen (vh*/161)

Schule - Konzentration

GEMÜT - Konzentration - schwierig - Studieren (vh*/117)
- Studieren, Lernen - schwierig, fällt schwer (^/173)
- Unaufmerksam (bg2/189)
- *Verwirrung; geistige - Rechnen, beim* (kr1*/203)

Schule - Lernen - allgemein

GEMÜT - Studieren, Lernen - schwierig, fällt schwer (^/173)

Schule - Lernen - Mathematik, Rechnen

GEMÜT - Fehler; macht - Rechnen, beim (k/57)
- Langsamkeit - Rechnen; beim (al/122)
- Mathematik - Unfähigkeit zur (st*/128)
  » Unfähigkeit zur - rechnen; kann nicht (k2*/129)
- *Verwirrung; geistige - Rechnen, beim* (kr1*/203)

Schule - Lernen - Schreiben

GEMÜT - Fehler; macht - Schreiben, beim (^/57)
- Fehler; macht - Schreiben, beim - wiederholt Worte (jl2/58)

Schule - Beziehung zu anderen

GEMÜT - *Lügner* (st1*/126)
- *Ungehorsam* (vh*/191)
  » Kindern, bei (mtf33/191)

Schule - Konstitution

GEMÜT - Eigensinnig, starrköpfig, dickköpfig (jl2*/41)
- Eigensinnig, starrköpfig, dickköpfig - Kinder (st1/41)
- *Lügner* (st1*/126)
- Selbstvertrauen - Mangel an Selbstvertrauen (vh*/161)
- *Ungehorsam* (vh*/191)
  » Kindern, bei (mtf33/191)

Tieren; Beziehung zu

GEMÜT - Furcht - Katzen; vor (dx1*/71)

Nonverbales - Aggressivität

GEMÜT - Beißen (^/20)
- Reizbarkeit, Gereiztheit - Kindern, bei (k/145)

Nonverbales - Gesten, Gebärden

GEMÜT - Beißen - Nägel (a/20)
- Gesten, Gebärden; macht - Tics; nervöse (jl2/99)
  » ungeschickt in bezug auf (jl2/99)
- Launenhaftigkeit, launisch (mtf33/123)
- *Springen* (^/169)

Nonverbales - Allgemeines

GEMÜT - Eigensinnig, starrköpfig, dickköpfig (jl2*/41)
- Eigensinnig, starrköpfig, dickköpfig - Kinder (st1/41)
- Hast, Eile - Gehen; beim (ptk1/105)
- Schreien - Kindern, bei (c1*/157)

Nonverbales - Konsultation; bei der

AUGE - Entzündung - Kindern; bei - Kleinkindern; bei (k2/429)

OHR - Absonderungen - eitrig (*/497)
- Absonderungen - stinkend (bg1/498)
  » übelriechend (bg2/498)
  » *wäßrig* (*/498)
  » *wundfressend* (*/498)
- Entzündung - eitrig (jl2/500)

GESICHT - Schwellung - Unterkieferdrüsen (k/631)
- Schwellung - Unterkieferdrüsen - hart (k/631)

MUND - Herausstrecken, Vorstrecken - Zunge, der (*/665)
- Landkartenzunge (ptk1*/668)
- Schleimhautpapel bei sekundärer Syphilis (k2/673)
- Stomatitis ulcerosa, Stomakaze (mtf11/689)

INNERER HALS - Entzündung - Tonsillen (k2*/724)
- *Schwellung - Tonsillen* (*/747)
  » Tonsillen - Kindern; bei (mtf33/748)

ÄUSSERER HALS - Schwellung - Halsdrüsen (k2/760)
- Verhärtung von Drüsen (k2/761)

RÜCKEN - Krümmung der Wirbelsäule (c1*/1323)
- *Krümmung der Wirbelsäule - Dorsalregion* (*/1323)
  » *Zervikalregion* (*/1324)

EXTREMITÄTEN - Krümmung und Biegung (k2*/1473)
- Nägel; Beschwerden der - deformiert (ptk1*/1664)
  » spröde, brüchige Nägel (jl2/1665)

HAUT - Intertrigo (k/1825)

ALLGEMEINES - Exostose (k2*/1877)

Nonverbales - Äußerliches - Beobachtungen des Arztes

KOPF - *Großer Kopf* (jl2/289)

AUGE - Strabismus, Schielen (c2*/467)
- *Strabismus, Schielen - angeboren* (mrr1/467)
  » convergens (hr1*/467)
  » divergens (mtf33/467)
- Verklebt (jl2*/472)

NASE - Schniefen (mtf11*/568)
- Schniefen - Kindern; bei - Neugeborenen; bei (mtf33/568)

GESICHT - Ausdruck - alt aussehend (c1*/580)
- Ausdruck - alt aussehend - Kindern; bei (mtf33/580)
- Gerunzelt (ptk1*/594)
  » *Stirn, Stirnrunzeln* (bg1*/594)
- **Hautausschläge - Akne** (st*/595)

• Rissig - Lippen (k2/613)
» Mundwinkel (xxb/614)
• Venen, erweiterte (k2/634)

ATMUNG - Asthma, asthmatische Atmung - Kindern; bei (mtf33/1162)

ALLGEMEINES - **Zwergwuchs** (hr1*/2035)

Nonverbales - Äußerliches - Beobachtungen der Eltern

AUGE - Verklebt - morgens (al*/472)

NASE - *Verstopfung - Kindern; bei* (ptk1/577)

ZÄHNE - Zähneknirschen (k/718)

STUHL - Schafskot, wie (ptk1/997)

BLASE - Urinieren - verzögert, muß warten, bis der Urin zu fließen beginnt - pressen, bevor er damit beginnen kann; muß lange (jl2/1021)

WEIBLICHE GENITALIEN - *Fluor - gelb - Kindern, bei* (hr1*/1096)
• *Fluor - Kindern; bei - Mädchen; bei kleinen* (c1*/1096)

Nacht; Beobachtungen in der - körperliche Symptome

KOPF - Bohrt den Kopf in das Kissen (ptk1/282)

BLASE - Urinieren - unwillkürlich - nachts (ptk1*/1019)
• Urinieren - unwillkürlich - nachts - Kindern, bei (mtf33/1019)

Nacht; Beobachtungen in der - Schlaf

SCHLAF - Schlaflosigkeit - Kindern, bei (dgt/1691)

Körperliche Symptome und Erkrankungen

ZÄHNE - Karies, faule, hohle Zähne (c2*/700)
• Konkave, eingedellte Zahnkrone - Kindern; bei (*/700)

ALLGEMEINES - Abmagerung - Kindern; bei (mtf33/1845)
• Abmagerung - Kindern; bei - Kleinkindern; bei (bro1*/1845)
• Kindern; Beschwerden von (mtf33/1897)
• *Schmerzlosigkeit gewöhnlich schmerzhafter Beschwerden* (st1/1971)

Chirurgisch pathologische Zustände

OHR - Abszeß (ptk1/498)

MÄNNLICHE GENITALIEN - Hochgezogen, an den Körper gezogen - Hoden (mtf33/1068)
• Hodenretention (jl2*/1069)
» *Schambein; vor das* (lmj/1069)

Tabacum

tab.

Rissige und aufgesprungene Lippen, spitze Nase, Landkartenzunge, Sommersprossen und manchmal feine Äderchen im Gesicht sind anzutreffen. Im Sommer sind Insektenstiche zu sehen.

Viele Zeichen von Tabak, wie Angst, Schweiß, Übelkeit und Schmerzen erscheinen plötzlich und sind periodisch.

Diarrhoe mit grünem und schleimigem Stuhl; *tödliche Übelkeit und Erbrechen bei der geringsten Bewegung, begleitet von viel Spucken; Kälte des Körpers mit Schweiß und großer Kraftlosigkeit. Das Kind möchte, daß die Fenster offen sind und daß das Abdomen unbedeckt ist, da es die Symptome bessert.*

Allen schrieb: „Die schädlichen Wirkungen von Tabak auf Kinder sind unbestreitbar. Der Gebrauch von Tabak führt zu Blässe, Chloranämie, Herzklopfen und Verdauungsproblemen. Die Anämie ist unheilbar, solange die Gewohnheit beibehalten wird. Kinder, die von Tabak abhängig sind, sind von geringerer Intelligenz und haben mehr oder minder ausgeprägten Gefallen an starken alkoholischen Getränken. Diejenigen, die die Sucht ablegen, bevor irgendwelche organische Schäden hervorgerufen werden, genesen vollständig."

Tabacum ist auch bei *Seekrankheit* angezeigt, bei der oft Übelkeit von Schwindel begleitet und durch Öffnen der Augen schlimmer wird.

Häufiger sind es *schüchterne*, launische und ängstliche Kinder, mit dem Gefühl, gleich werde etwas Schreckliches geschehen. *Sie sind leicht entmutigt*, aber schwer zu trösten, obwohl sie nicht allein sein mögen.

In der Schule sind die auftretenden Probleme oft mit geringem Selbstwertgefühl verbunden, mit sich daraus ergebendem Stottern. Diarrhoe aus Angst und Konzentrationsschwierigkeiten führen dazu, daß sie oft Fehler machen, besonders beim Schreiben. Lesen tendiert dazu, den Strabismus divergens zu verstärken.

Klinisches: Übelkeit. Erbrechen. Bewegungskrankheit. Seekrankheit. Sodbrennen. Schluckauf. Diarrhoe. Hernie. Asthma. Strabismus. Zahnschmerzen. Varikozele.

Wirkungsbereich: Magen. Nerven. Herz. Drüsen.

* * *

Stillen - Magendarmsymptome - Appetit - vermindert

MAGEN - Appetit - fehlend (k/767)
• Appetit - vermindert (*/772)

Stillen - Magendarmsymptome - Appetit - vermehrt

MAGEN - Appetit - Heißhunger (*/769)
• Appetit - vermehrt (k/770)
» vermehrt - Erbrechen - nach (*/771)
» vermehrt - Essen - unmöglich; ist (k/772)

Stillen - Magendarmsymptome - Aufstoßen - Speisen; von

MAGEN - Aufstoßens; Art des - Speisen; von (*/780)

Stillen - Magendarmsymptome - Aufstoßen - Wasser; Hochsteigen von

MAGEN - Aufstoßens; Art des - Wasser in den Mund; Hochsteigen von (k/781)

Infektionskrankheiten - Scharlach

FIEBER - Scharlach - bösartig (bro1/1778)

Infektionskrankheiten - Keuchhusten

HUSTEN - *Keuchhusten* (*/1197)

Konstitution - Angst und Furcht

GEMÜT - Feigheit (*/59)
• Furcht - allein zu sein (*/64)
» engen Räumen; in (*/67)
» Geräusche, durch (k/69)
» offenen Plätzen; Furcht vor (hs/74)
• Mutig (k/133)

Konstitution - Allgemeines

GEMÜT - Entmutigt (*/46)
• Faulheit (k/55)
• Selbstvertrauen - Mangel an Selbstvertrauen (k/161)
• Stimmung, Laune - veränderlich (^/171)
• Unaufmerksam (bg2/189)
• Unzufrieden (bg2*/194)
• Weinen - amel. (*/245)

Familie; Beziehung zur - Liebe und Zuneigung

GEMÜT - Verlassen zu sein; Gefühl (^/198)

Beziehung zu anderen - Aggressivität

GEMÜT - Zorn - Widerspruch, durch (brm*/255)

Beziehung zu anderen - Reaktion auf andere

GEMÜT - Antworten - Abneigung zu antworten (k/14)
• Antworten - weigert sich zu antworten (a1/15)
• Gesellschaft - Verlangen nach (k/95)
» Verlangen nach - allein; agg. wenn (k/96)
• Schüchternheit, Zaghaftigkeit (*/158)
• Untröstlich (lmj/193)

Schule - Angst

GEMÜT - Selbstvertrauen - Mangel an Selbstvertrauen (k/161)

Schule - Konzentration

GEMÜT - Konzentration - schwierig - Studieren (st/117)
• Unaufmerksam (bg2/189)

Schule - Lernen - Schreiben

GEMÜT - Fehler; macht - Schreiben, beim (gl1/57)

Schule - Anstrengung; geistige

AUGE - Strabismus, Schielen - Lesen agg. (k/467)

Schule - Beziehung zu anderen

MUND - Sprache - stotternd (a1/688)

Schule - Konstitution

GEMÜT - Selbstvertrauen - Mangel an Selbstvertrauen (k/161)

Spielen

GEMÜT - Tanzen (k/179)

Nonverbales - Aggressivität

GEMÜT - *Spucken* (bg*/170)

Nonverbales - Gesten, Gebärden

GEMÜT - Auffahren, Zusammenfahren - Geräusche; durch (k/17)

Nonverbales - Allgemeines

GEMÜT - Singen (*/163)

Nonverbales - Konsultation; bei der

GESICHT - Schwellung - Unterkieferdrüsen (*/631)
MUND - Herausstrecken, Vorstrecken - Zunge, der (*/665)
• Landkartenzunge (bg2*/668)
• *Papillen - aufgerichtet* (*/669)
ÄUSSERER HALS - **Verhärtung von Drüsen** (k/761)
RÜCKEN - Abmagerung (*/1311)

Nonverbales - Äußerliches - Beobachtungen des Arztes

KOPF - Halten - hoch, aufrecht zu halten; unfähig, den Kopf (k/289)
AUGE - *Strabismus, Schielen* (*/467)
• Strabismus, Schielen - divergens (bg2/467)
NASE - *Spitz* (bro1/574)
GESICHT - Aufgesprungen - Lippen (k/579)
• **Hippokratisches Gesicht** (*/605)
• Rissig - Lippen (*/613)
• Sommersprossen (br1*/632)
• Venen, erweiterte (bg2*/634)
» Schläfen (bg2/634)
ATMUNG - Beschleunigt (*/1174)
RÜCKEN - *Opisthotonus* (*/1325)
HAUT - Sommersprossen (c2*/1834)

Nonverbales - Äußerliches - Beobachtungen der Eltern

AUGE - Strabismus, Schielen - Lesen agg. (k/467)
ZÄHNE - Zähneknirschen (*/718)
MAGEN - Schluckauf (*/809)
• Völlegefühl - Essen - nach - agg. (k/845)
» Trinken; agg. nach (k/845)
REKTUM - Unwillkürlicher Stuhl (*/984)
STUHL - Schafskot, wie (k/997)
MÄNNLICHE GENITALIEN - Faßt sich an die Genitalien (bg2/1065)
• Faßt sich an die Genitalien - reißt an den Genitalien (a1/1066)
HAUT - Insektenstiche (c1*/1825)

Nacht; Beobachtungen in der - Gemütssymptome

GEMÜT - Furcht - allein zu sein - nachts (a1/64)

Nacht; Beobachtungen in der - körperliche Symptome

BLASE - Urinieren - unwillkürlich - nachts (*/1019)

Nacht; Beobachtungen in der - Schlaf; Lage im

SCHLAF - Lage - Seite, auf der - linken Seite, auf der - unmöglich (a1/1683)

Autos und Schiffe

SCHWINDEL - Fahren, beim - Boot, in einem - agg. (bro1/265)
MAGEN - **Erbrechen - Fahren im Wagen agg.** (*/792)
• Übelkeit - Fahren - Wagen; im - agg. (*/836)
» **Seekrankheit** (*/839)
ALLGEMEINES - **Fahren - Wagen; mit dem - agg.** (b7a/1877)

Psychosomatische Störungen

REKTUM - Diarrhoe - Angst, nach (*/951)

Körperliche Symptome und Erkrankungen

ZÄHNE - Karies, faule, hohle Zähne (k/700)
MAGEN - *Würgen - Husten, mit* (k/846)
REKTUM - *Cholera - infantum* (*/949)
KEHLKOPF UND TRACHEA - *Laryngismus stridulus* (*/1145)

Chirurgisch pathologische Zustände

ABDOMEN - Hernie (c2/867)
• Hernie - eingeklemmt, inkarzeriert (ptk1*/868)
» *Leistenhernie - eingeklemmt, inkarzeriert* (*/868)
» *Leistenhernie - entzündet - Erbrechen, mit* (k/868)
• Intussuszeption (*/869)
MÄNNLICHE GENITALIEN - Varikozele (*/1085)

Würmer

REKTUM - Würmer - Beschwerden durch Würmer (bg2/985)

Tanacetum vulgare

tanac.

Boericke schrieb: „Am ganzen Körper Gefühl wie halb tod, halb lebendig.“ Tatsächlich verursacht dieses Mittel *Nervosität, Müdigkeit und Konzentrationsschwierigkeiten beim Lernen.* Choudhuri schrieb: „Obwohl ihr Verstand sehr klar zu sein scheint, ist sie unfähig, irgendetwas zu erreichen. Es ist eine Art von ‚Faulheit‘ vorhanden, ein Unwohlsein und ein unbezwingbares Verlangen, sich hinzulegen und zu warten; diese Art von Stimmung kennzeichnet das Temperament von Tanacetum“. Trotzdem ist das Kind, das Tanacetum benötigt, ehrgeizig, sogar mit Ängsten, besonders vor Wasser und Geräuschen.

Würmer bei Kindern, mit Krämpfen; stark erweiterte Pupillen.

Symptome von Epilepsie, Konvulsionen, Schaum vor dem Mund, geballte Fäuste usw. Sivaraman schrieb: „Klonische Spasmen; nicht konvulsivisch, erscheinen unmittelbar und dauern eine Minute; ein leichter Tremor der Arme, sie wurden nach vorne geworfen und standen im rechten Winkel zum Körper, Oberarm supiniert, Hände rechtwinklig gebeugt, Finger gestreckt, leicht zur Hand gebeugt, die Fingerspitzen berühren sich fast; Atemmuskulatur ist stark angegriffen, die Luft, die langsam aber stetig aus der Brust getrieben wird, macht ein pfeifendes Geräusch an den Lippen; in den Pausen sind die Muskeln entspannt, außer die des Kiefers. Beißt sich während der Konvulsionen auf die Zunge.“

Die Symptome sind nachts und um 4 Uhr morgens schlechter.

Plötzlichkeit ist eine Charakteristikum einer Anzahl von Symptomen.

Klinisches: Chorea. Epilepsie. Lähmung. Strabismus. Würmer.

Wirkungsbereich: Zentralnervensystem.

* * *

Konstitution - Angst und Furcht

GEMÜT - Furcht - Geräusche, durch (bro1/69)
• Furcht - Wasser, vor (bro1/79)

Konstitution - Allgemeines

GEMÜT - Ehrgeiz - erhöht, vermehrt, sehr ehrgeizig (hl*/40)
• Faulheit (bro1/55)

Schule - Konzentration

GEMÜT - Konzentration - schwierig - Studieren (a1/117)

Nonverbales - Gesten, Gebärden

GEMÜT - Gesten, Gebärden; macht - Tics; nervöse (mtfl1/99)

Nonverbales - Äußerliches - Beobachtungen des Arztes

AUGE - Strabismus, Schielen (a1/467)

ATMUNG - Beschleunigt (a1/1174)

Nonverbales - Äußerliches - Beobachtungen der Eltern

AUGE - Verklebt - morgens (a1*/472)

Würmer

ALLGEMEINES - Chorea - Würmer, durch (br*/1867)
• Konvulsionen - Würmer, durch (br1*/1907)

Taraxacum officinale

tarax.

Man kann viele nonverbale Symptome sehen, wenn man diese kleinen Patienten beobachtet: *Risse in den Lippen,* besonders der Oberlippe; *Landkartenzunge; Aphthen;* und *Karies.* Die Eltern berichten noch weitere Symptome, wie verklebte Augen am Morgen und *Schwitzen am Kopf beim Einschlafen.*

Auf der Gemütsebene sind diese Kinder *unglücklich, launisch und faul.*

Besserung durch Bewegung ist charakteristisch. In der Tat schrieb Clarke: „Fast alle Symptome erscheinen während der Patient sitzt und verschwinden durch Gehen."

Das Taraxacum-Kind ist besonders *empfindlich gegen Kälte* und ein wichtiges Charakteristikum ist die Eiseskälte der Fingerspitzen.

Es ist ein *rechtsseitiges Mittel.*

Klinisches: Diabetes. Kopfschmerzen. Leberleiden. Nachtschweiß. Rheumatismus. Landkartenzunge.

Wirkungsbereicht: Leber. Magen. Gelenke. Muskeln.

* * *

Stillen - Magendarmsymptome - Appetit - vermindert

MAGEN - Appetit - fehlend (bro1/767)

Stillen - Magendarmsymptome - Aufstoßen - Wasser; Hochsteigen von

MAGEN - Aufstoßens; Art des - Wasser in den Mund; Hochsteigen von (*/781)

Konstitution - Angst und Furcht

GEMÜT - Mutig (*/133)

Konstitution - Allgemeines

GEMÜT - Faulheit (b7/55)
• *Unzufrieden* (b7a/194)

Schule - Anstrengung; geistige

KOPF - Schmerz - Stirn - Lesen agg. (k/389)

Nonverbales - Gesten, Gebärden

GEMÜT - Auffahren, Zusammenfahren - Geräusche; durch (echo/17)
• Launenhaftigkeit, launisch (bg2/123)

Nonverbales - Konsultation; bei der

MUND - **Landkartenzunge** (*/668)
• Stomatitis ulcerosa, Stomakaze (bro1/689)

Nonverbales - Äußerliches - Beobachtungen des Arztes

AUGE - Verklebt (b7/472)

GESICHT - Aufgesprungen - Lippen (k/579)
• Rissig - Lippen (*/613)
» Lippen - Oberlippe - Mitte der (kl/613)

Nonverbales - Äußerliches - Beobachtungen der Eltern

AUGE - Verklebt - morgens (h1*/472)

MAGEN - *Schluckauf* (*/809)

Nacht; Beobachtungen in der - körperliche Symptome

KOPF - Schweiß der Kopfhaut - Schlaf - Einschlafen - beim (kr1/404)

Nacht; Beobachtungen in der - Schlaf; Lage im

SCHLAF - Lage - Kopf - Seite, nach einer (*/1683)

Körperliche Symptome und Erkrankungen

ZÄHNE - *Karies, faule, hohle Zähne* (*/700)

Tarentula hispanica

tarent.

Dies ist vielleicht das unruhigste Mittel in der Materia medica, das vollständig durchdrungen ist von körperlicher *Ruhelosigkeit* auf Grund einer Überstimulation des Nervensystems.

Im Bereich der Kinderheilkunde kann man an Tarentula denken bei hysterischen Kindern, die an einem zittrigen Zwang leiden, verschiedene Körperteile ohne Kontrolle zu bewegen. Neugeborene liegen in der Wiege nie still, sie beißen in Kleidung und es wechseln Lachen mit Tränen und Glücklichsein mit Weinen. In manchen Fällen reicht die körperliche Aktivität, obwohl sie heftig ist, nicht aus, um die innere Unruhe dieser kleinen Teufel zum Ausdruck zu bringen. In der Folge kommt es zu *unkontrollierten Wutausbrüchen und zu Anfällen von Zerstörungswut.* Sie zerreißen Kleidung, werfen mit Gegenständen, schlagen mit dem Kopf gegen die Wand und verletzen sich selbst.

Sie sind immer in Eile und ungeduldig, machen die Eltern mit ihrer ständigen Hyperaktivität verrückt, die sich mehr auf den Tag als auf die Nacht konzentriert, obwohl morgens das Bett vollkommen leer geräumt ist.

Die Vorliebe für rhythmische Musik und Tanzen stellt für ihn in Situationen, die manchmal so ernst sind, daß sie sich zu Chorea entwickeln können, die einzige Möglichkeit dar, sich zu beruhigen. In anderen Fällen führt Musik zu heftiger Erregung und wildem Tanzen.

Sie sind gewöhnlich für ihren schwierigen Charakter bekannt. Sie sind *ungehorsam, eigensinnig,* streiten schnell und sind immer unglücklich und undankbar.

Rajan Sankaran schrieb: „Ein weiteres herausstechendes Merkmal von Tarentula ist Eile, Hast und Impulsivität. All dies gibt Tarentula eine tuberkulinische Dimension und bringt es nahe an Tuberculinum heran. Es ist wirklich schwierig, bei einem Kind, bei dem Ungehorsam, ruheloses Verhalten und vermehrte Energie hervorstechende Merkmale sind, Tarentula von Tuberculinum zu unterscheiden."

Wenn es ihnen jedoch paßt, so können sie den mehr subtilen Aspekt ihres Charakters zeigen. Daher werden sie *raffiniert und manipulativ* bis zu dem Ausmaß, daß sie böse werden. Sie sind geschickte Simulanten: wenn sie allein sind, geht es ihnen völlig gut, aber wenn Andere anwesend sind, tun sie so, als hätten sie Schmerzen und Beschwerden.

Sie sind ängstlich in Bezug auf die Zukunft und obwohl sie die Einsamkeit lieben, möchten sie jemanden um sich haben.

In der Schule arbeiten diese Kinder hart, um die ihnen zugewiesenen Aufgaben aufs Beste auszuführen und wollen nicht ins Bett, bis sie mit ihrer Arbeit zufrieden sind.

Während des Fieberdeliriums haben sie Visionen von Insekten, Tieren, Gespenstern und Fratzen. Sie bilden sich ein, es wären Fremde im Haus.

Vor Spinnen haben sie panische Angst und Abneigung gegen Schwarz und helle Farben wie Rot, Gelb und Grün.

Auf *neurologischem Gebiet* ist von Tarentula bekannt, daß es folgende Beschwerden erfolgreich geheilt hat: Ruhelosigkeit; unwillkürliche Kontraktionen; Konvulsionen; Rucke; Chorea; Hyperästhesie; Kribbeln und Torpor.

Heftige Ohrenschmerzen im Gehörgang, besonders auf der linken Seite.

Auch der innere Hals und die Mandeln sind gewöhnlich auf der rechten Seite angegriffen; die Schmerzen sind stärker beim Schlucken und strahlen zu den Ohren aus.

Die Schleimhäute von Magen und Darm entzünden sich. In dieser Situation kommt es zu Appetitverlust, großem Ekel vor Fleisch und Erbrechen nach dem Essen; manchmal kommt es zu durchfälligem Stuhl und Erschöpfung.

Bei Obstipation leiden sie an Tenesmus und Angst; der Stuhl geht schwer ab.

Im Urogenitaltrakt kommt es zu Harndrang, aber sie können nicht urinieren oder es gehen nur wenige Tropfen dunklen, stinkenden Urins ab.

Es kann starkes Jucken der Haut vorhanden sein, besonders an den Gliedmaßen. Furunkel und Abszesse sitzen typischerweise zwischen den Schulterblättern und der Halsgegend.

Klinisches: Hyperaktivität. Hysterie. Konvulsionen. Chorea. Zystitis. Kopfschmerzen.

Wirkungsbereich: Gemüt. Nerven. Herz. Atmung. Haut.

* * *

Zahnung - Allgemeines

ZÄHNE - Zahnung - langsam (ggd/718)
• Zahnung - schwierig (ggd1/718)

Stillen - Gemütssymptome

GEMÜT - **Essen - weigert sich zu** (*/53)

Stillen - Magendarmsymptome - Appetit - allgemein

MAGEN - Appetit - Durst - mit (tl1/767)

Stillen - Magendarmsymptome - Appetit - vermindert

MAGEN - Appetit - fehlend (k/767)
• Appetit - schnelle Sättigung (k/770)
» *vermindert* (sne/772)

Stillen - Magendarmsymptome - Appetit - vermehrt

MAGEN - Appetit - Heißhunger (k/769)
• Appetit - Heißhunger - nachts (*/769)
» vermehrt (k/770)
» vermehrt - nachts (k/771)

Stillen - Magendarmsymptome - Schluckauf

MAGEN - Schluckauf - Frühstück; agg. nach dem (*/810)

Stillen - Magendarmsymptome - Abdomen - amel. durch

ABDOMEN - Schmerz - Druck - amel. (*/883)

Stillen - Magendarmsymptome - Rektum

REKTUM - Obstipation - Kindern, bei (mtf33/969)

Stillen - Allgemeines

ALLGEMEINES - Säuglinge (mtf33/1944)

Konstitution - Aggressivität

GEMÜT - Schlagen - sich; schlägt - schlägt seinen Kopf gegen die Wand und gegen Gegenstände (vh*/154)
- Zorn - Kindern, bei (mtf33/254)

KOPF - Anstoßen - Bett; mit dem Kopf gegen das (a/274)

Konstitution - Angst und Furcht

GEMÜT - Beeindrucken, empfänglich für Eindrücke; leicht zu (bg2/19)
- Furcht - allein zu sein (*/64)
  » Geräusche, durch (bro1/69)
  » Gespenstern; vor (tl1/70)
  » Wasser, vor (*/79)

Konstitution - Allgemeines

GEMÜT - Empfindlich - Kinder (dx1/44)
- Entmutigt (*/46)
- Faulheit (k/55)
- Impulse, Triebe; krankhafte - laufen; zu (a1*/112)
- Selbstsucht, Egoismus (ptk1/161)
- Spontan, impulsiv (ptk1*/166)
- Stimmung, Laune - veränderlich (*/171)
- Unzufrieden (*/194)
- Verwegenheit (^/199)
- Waschen - Verlangen zu waschen (lpc*/243)
- Weinen - Musik; durch (bro1/247)

Familie; Beziehung zur - Aggressivität

GEMÜT - Beschimpfen, beleidigen, schmähen - Kinder - Eltern; Kinder beschimpfen ihre (vh*/22)

Familie; Beziehung zur - Vorwürfe

GEMÜT - Beschwerden durch - Bestrafung (c1/22)
- Beschwerden durch - Tadel (c1*/25)
- Ermahnungen - agg. (pt*/47)
- Weinen - verweigert wird; wenn etwas (a1*/248)

Beziehung zu anderen - Aggressivität

GEMÜT - *Antworten - kurz angebunden* (k/15)
- Grausamkeit (bro1/103)
- *Schlagen* (*/154)
  » Kindern; bei (mtf33/154)
  » *sich; schlägt* (*/154)
  » *sich; schlägt - Kopf - Händen an den Kopf, gegen den Körper und andere Personen; schlägt sich mit den* (k1*/154)
  » sich; schlägt - Kopf - seinen Kopf (k/154)
  » sich; schlägt - schlägt seinen Kopf gegen die Wand und gegen Gegenstände (vh*/154)
  » Zorn, aus (^/155)
  » Zorn, aus - seine Freunde (k2*/155)
- Spotten (*/166)
- **Sprache - barsch** (a1*/166)
- **STREITSÜCHTIG** (k1*/173)
- Zorn - Widerspruch, durch (*/255)

Beziehung zu anderen - Reaktion auf andere

GEMÜT - Antworten - Abneigung zu antworten (k/14)
- Antworten - gefragt wird; antwortet nicht, wenn er (k1/15)
  » unfähig zu antworten (^/15)
  » weigert sich zu antworten (k/15)
- *Gesellschaft - Abneigung gegen* (*/94)
  » Abneigung gegen - Fremden; Abneigung gegen die Anwesenheit von (^/95)
  » Abneigung gegen - Furcht vor dem Alleinsein; jedoch (bg1*/95)
  » Verlangen nach (k/95)
  » Verlangen nach - allein; agg. wenn (^/96)
- Schüchternheit, Zaghaftigkeit (mtf33/158)
  » Kindern; bei (mtf33/158)
- Trost - agg. (*/188)
- Untröstlich (lmj/193)
- *Weinen - anblickt; wenn man ihn* (kr1/245)
  » *Trost - agg.* (*/248)
  » *Trost - durch Trost* (k1*/248)
  » Widerspruch, durch (*/248)
- **Widerspenstig** (*/249)
- Widerspruch - verträgt keinen Widerspruch (k/249)

Beziehung zu anderen - allgemein

GEMÜT - Beleidigt, leicht (mtf33/20)
- Lügner (mrr1/126)
- Manipulierend (mrr1/128)
- Mitgefühl, Mitleid (bg2*/130)
- Quält - sich (ptk1*/138)
- Tadelsüchtig, krittelig (bro1/178)
- Unverschämtheit (bro1/193)

Schule - Konzentration

GEMÜT - Konzentration - schwierig - Kindern, bei (mtf33/117)

Schule - Beziehung zu anderen

GEMÜT - Lügner (mrr1/126)

- **Ungehorsam** (*/191)
  - » **Kindern, bei** (lmj/191)

Schule - Vorwürfe

GEMÜT - Beschwerden durch - Bestrafung (c1/22)
- Beschwerden durch - Tadel (c1*/25)
- Ermahnungen - agg. (pt*/47)

Schule - Konstitution

GEMÜT - **Eigensinnig, starrköpfig, dickköpfig** (*/41)
- Eigensinnig, starrköpfig, dickköpfig - Kinder (mtf33/41)
- Lügner (mrr1/126)
- **Ungehorsam** (*/191)
  - » **Kindern, bei** (lmj/191)

Spielen

GEMÜT - Amüsement, Vergnügen - Verlangen nach (mtf/4)
- Spielen - Verlangen zu spielen (*/166)
  - » Verlangen zu spielen - Verstecken zu spielen, Versteckspiel (mtf/166)
- **Tanzen** (*/179)
- Verspielt (*/199)

Tieren; Beziehung zu

GEMÜT - Furcht - Spinnen, vor (gg*/75)
- Furcht - Tieren, vor (mtf33/76)
- Mitgefühl, Mitleid - Tieren, mit (oss/130)
- Tiere - liebt Tiere, Tierliebe (a/180)

Nonverbales - Aggressivität

GEMÜT - *Beißen* (^/20)
- Beißen - Kindern; bei (hu2/20)
  - » Kleidung; beißt in die (mtf33/20)
  - » sich selbst; beißt (*/20)
- *Destruktivität, Zerstörungswut* (*/38)
  - » Kindern, bei (mtf33/39)
  - » **Kleidern, von** (*/39)
- *Manie - zerreißen, an etwas zu reißen; etwas zu - Kleidung zu zerreißen* (kr1/128)
- Raserei, Tobsucht, Wut - zieht die Umstehenden an den Haaren (ckh1/140)
- *Reißt an etwas - Gegenstände; zerreißt* (k2*/142)
  - » Gegenstände; zerreißt - Kleidung (k2*/142)
  - » sich am Körper, verletzt sich (ptk1/142)
- Stoßen, treten, austreten (*/172)
  - » Kindern; bei (mtf33/172)
- Wirft mit Gegenständen um sich (*/250)
- Zerbricht Dinge (fb*/251)
  - » **Verlangen; Dingen zu zerbrechen** (sne/251)
- Ziehen - Haaren; an den (k/252)
  - » Haaren; an den - preßt den Kopf; und (a1*/252)
  - » Haaren; an den - Verlangen zu ziehen - ihren eigenen Haaren; an (ptk1*/252)
  - » Haaren; an den - Verlangen zu ziehen - jemanden an den Haaren (*/252)

Nonverbales - Reaktion auf andere

GEMÜT - Angesehen, angeblickt zu werden - erträgt es nicht, angesehen zu werden (bg2/5)
- **Berührtwerden - Abneigung berührt zu werden** (*/21)
  - » Abneigung berührt zu werden - Kindern; bei (mtf33/21)
- Fremde - Anwesenheit von Fremden - agg. (bg2*/60)
- Furcht - berührt zu werden (bro1*/66)
  - » Näherkommen, Annäherung von; vor - anderen, von (ptk1/74)
- Näherkommen, auf ihn Zukommen von Personen - Abneigung gegen (ptk1/134)
- *Schamlos* (k/153)

Nonverbales - Gesten, Gebärden

GEMÜT - Beißen - Finger; beißt (dgt/20)
- *Beißen - Nägel* (gg*/20)
  - » Nägel - Kindern; bei (mtf33/20)
- Gesten, Gebärden; macht - Finger - Mund; Kinder stecken die Finger in den (hr1*/97)
  - » *Hände; unwillkürliche Bewegungen der - ringt die Hände* (*/98)
  - » Tics; nervöse (bro1*/99)
- **Hast, Eile - Bewegungen; in den** (*/105)
- Launenhaftigkeit, launisch (br1/123)
- Manie - zerreißen, an etwas zu reißen; etwas zu - Haaren; reißt sich an den (a1/128)
- Springen (bg2*/169)
- Ungeschicklichkeit (^/192)
- Verstecken - sich (*/199)
  - » sich - Kinder (mtf33/199)

Nonverbales - Allgemeines

GEMÜT - **Eigensinnig, starrköpfig, dickköpfig** (*/41)
- Eigensinnig, starrköpfig, dickköpfig - Kinder (mtf33/41)
- **HAST, EILE - GEHEN; BEIM** (*/105)
- Nackt sein, möchte (ptk1*/134)
- Ruhelosigkeit - Kindern, bei (mrr1*/151)
- Singen (*/163)

Nonverbales - Konsultation; bei der

OHR - Absonderungen - dick (*/497)
- Absonderungen - reichlich (k2/498)
  - » schleimig (bg2*/498)
  - » serös (*/498)
- Ohrschmalz - vermehrt (*/516)

GESICHT - Schwellung - Unterkieferdrüsen (k/631)

MUND - Aphthen (vk1/639)

- Aphthen - Zunge (*/640)
- *Papillen - aufgerichtet* (*/669)

Innerer Hals - Entzündung - Tonsillen (*/724)
- Schwellung - Tonsillen (k/747)

Äusserer Hals - Schwellung - Halsdrüsen (*/760)

Abdomen - Schmerz - Druck - amel. (*/883)

Rücken - Hautausschläge - Furunkel (k2/1316)
- Krümmung der Wirbelsäule (k/1323)

Haut - Hautausschläge - Impetigo (bg3*/1816)

Nonverbales - Äußerliches - Beobachtungen des Arztes

Nase - Bohren mit den Fingern in der Nase (bg2/546)
- Zupfen - Nase, an der (mtf33/578)

Gesicht - Gerunzelt (mtf33/594)
- Nasenlinie ausgeprägt (ptk1/613)
- Zupfen - Lippen; an den (ptk1*/636)

Nonverbales - Äußerliches - Beobachtungen der Eltern

Auge - *Verklebt - morgens* (*/472)

Zähne - Zähneknirschen - Epilepsie (k/718)
- Zusammenbeißen der Zähne - Verlangen, die Zähne zusammenzubeißen; ständiges (k/719)

Magen - Brechreiz, Würgen - Husten; agg. beim (k2/784)
- Schluckauf (*/809)
  - » Frühstück; agg. nach dem (*/810)

Abdomen - Schmerz - Zusammenkrümmen - amel. (k/897)

Rektum - Unwillkürlicher Stuhl (*/984)

Blase - Urinieren - unwillkürlich - Husten; agg. beim (*/1020)
- Urinieren - unwillkürlich - Lachen agg. (*/1020)
  - » verzögert, muß warten, bis der Urin zu fließen beginnt (ptk1/1020)
  - » verzögert, muß warten, bis der Urin zu fließen beginnt - allein; kann nur urinieren, wenn (bg3*/1020)

Männliche Genitalien - Masturbation, Neigung zur (*/1071)

Weibliche Genitalien - Masturbation; Neigung zu (c1*/1104)

Haut - *Ekchymosen* (*/1797)
- Insektenstiche (k/1825)

Nacht; Beobachtungen in der - Gemütssymptome

Gemüt - Furcht - Erwachen; beim - Traum; aus einem (a1/67)
- Gesten, Gebärden; macht - Hände; unwillkürliche Bewegungen der - zupft - Bettwäsche; an der (ptk1*/98)
- *Schlafwandeln* (hr1*/154)
- Sprechen - Schlaf; im (a1/169)

Nacht; Beobachtungen in der - körperliche Symptome

Kopf - Bohrt den Kopf in das Kissen (k/282)

Nacht; Beobachtungen in der - Schlaf

Schlaf - Schlaflosigkeit - Fahren - Wagen; im - amel. (a1/1690)

Nacht; Beobachtungen in der - Schlaf; Lage im

Schlaf - Lage - unmöglich; Liegen ist (a1/1683)

Autos und Schiffe

Schlaf - Schlaflosigkeit - Fahren - Wagen; im - amel. (a1/1690)

Allgemeines - Fahren - Wagen; mit dem - amel. (ptk1/1877)

Psychosomatische Störungen

Allgemeines - Konvulsionen - Kindern, bei - Fremden; durch Näherkommen von (sf1/1905)
- Konvulsionen - Schreck agg. (k/1906)

Körperliche Symptome und Erkrankungen

Magen - **Langsame Verdauung** (st1/805)
- Würgen - Husten, mit (*/846)

Nieren - Entzündung (k/1023)

Kehlkopf und Trachea - *Laryngismus stridulus* (*/1145)

Allgemeines - Abmagerung - Kindern; bei (mtf33/1845)
- Kindern; Beschwerden von (mtf33/1897)

Chirurgisch pathologische Zustände

Abdomen - Intussuszeption (k/869)

Taxus baccata

tax.

Kinder, die Taxus benötigen, zeigen zwei sehr unterschiedliche Erscheinungsbilder. Beim *ersten* Typ ist das Kind *ruhelos,* unbesonnen, autoritär, verträgt keinen Widerspruch, eingebildet, spöttisch, *provokativ,* streitsüchtig, übertrieben kritisch, unabhängig und selbstsüchtig. Im Gegensatz dazu ist im *zweiten* Typ das Kind *lieb* und *gefügig,* vorsichtig und ängstlich, mitfühlend und liebevoll.

In der Schule sind die Kinder des ersten Typs unordentlich, geistesabwesend und wegen ihrer Ungeduld und Hast nicht in der Lage, ihre Aufgaben ordentlich zu erledigen. Die Kinder des zweiten Typs sind schüchterner und unsicher. Sie machen viele Fehler beim Sprechen und Schreiben, sind aber hartnäckig und akribisch.

Auf der körperlichen Ebene gibt es einen *Tropismus für die Magengegend.* Boericke schrieb: „Prikkelndes Gefühl wie von Nadeln in der Magengrube; Leeregefühl ohne Hunger, muß häufig essen (man vergleiche andere Koniferen)."

Schmerzen in Knien, Ellbogen und Rücken.

Große, flache und juckende Pusteln, Erysipel, weiß gefleckte Nägel.

Übelriechender Nachtschweiß.

Vermeulen schrieb: „Taxus war früher viel verbreiteter, aber im Laufe der Zeit wurde er ausgerottet, weil große Nachfrage für sein biegbares, harzfreies Holz bestand und weil Bauern es wegen seiner Giftigkeit systematisch ausmerzten. In Westeuropa sind alte Eiben heutzutage am häufigsten auf Friedhöfen anzutreffen. Ein möglicher praktischer Grund hierfür liegt darin, daß Friedhöfe sichere Orte waren gegen Menschen, die hinter dem Holz her waren und es bestand weniger Risiko, daß Kinder und Rinder durch den Baum vergiftet wurden. Zusätzlich glaubten die Menschen, daß diese schattenliebende Pflanze die Götter der Unterwelt beherberge. Andere Koniferen, wie die Zypresse und der Lebensbaum, sind ebenso auf Friedhöfen beliebt. Sie bleiben das ganze Jahr über grün und werden daher als Symbole ewigen Lebens angesehen."

Klinisches: Zystitis. Dysurie. Nierenleiden. Hautausschläge. Kopfschmerzen.

Wirkungsbereich: Verdauungskanal. Urogenitaltrakt. Herz. Zentralnervensystem.

* * *

Stillen - Milch

ALLGEMEINES - Speisen und Getränke - Milch - Verlangen (jsj7/2001)

Stillen - Magendarmsymptome - Appetit - vermindert

MAGEN - Appetit - fehlend - Hunger, mit (k/768)
• Appetit - schnelle Sättigung (jsj7/770)
» vermindert (jsj7/772)

Stillen - Magendarmsymptome - Appetit - vermehrt

MAGEN - Appetit - Genuß, ohne (jsj7/769)
• Appetit - Heißhunger - Essen - nach dem Essen - zwei Stunden danach (k/770)
» vermehrt (jsj7/770)
» vermehrt - Frühstück; agg. nach dem (*/772)

Stillen - Magendarmsymptome - Abdomen - agg. durch

ABDOMEN - Schmerz - Druck - agg. (jsj7/883)

Konstitution - Angst und Furcht

GEMÜT - Furcht - Selbstkontrolle zu verlieren; die (jsj7/75)
• Schreckliches und traurige Geschichten greifen sie stark an (jsj7/156)
• Vorsichtig (^/205)
» ängstlich (jsj7/205)

Konstitution - Allgemeines

GEMÜT - Entmutigt (jsj7/46)
• Faulheit (jsj7/55)
• Impulse, Triebe; krankhafte - laufen; zu (jsj7/112)
• Milde (jsj7/130)
• Nachgiebigkeit (jsj7/134)
• Sauberkeit, Reinlichkeit - Reinlichkeitswahn, Putzwut (jsj7/153)
• Selbstsucht, Egoismus (jsj7/161)
• Selbstvertrauen - Mangel an Selbstvertrauen (jsj7/161)
• Sorgsamkeit, Sorgfalt (jsj7/165)
• Stimmung, Laune - veränderlich (jsj7/171)
• Unordentlich (jsj7/192)
• Unzufrieden (jsj7/194)
• Verwegenheit (jsj7/199)
• Weinen - leicht (jsj7/246)

Familie; Beziehung zur - Liebe und Zuneigung

GEMÜT - Abneigung - Familienangehörige; gegen (jsj7/1)
• Liebevoll, voller Zuneigung, herzlich (jsj7/125)
• Verlassen zu sein; Gefühl (jsj7/198)

Beziehung zu anderen - Aggressivität

GEMÜT - Diktatorisch - spricht in Befehlston (jsj7/39)
• Herausfordernd (jsj7/107)
• Spotten (^/166)
• Streitsüchtig (^/173)
• Zorn - Widerspruch, durch (jsj7/255)

Beziehung zu anderen - Reaktion auf andere

GEMÜT - Antworten - denkt lange nach (jsj7/15)
• Antworten - falsch, unrichtig (jsj7/15)
• Gesellschaft - Abneigung gegen (jsj7/94)
» Verlangen nach (jsj7/95)
• Schüchternheit, Zaghaftigkeit (^/158)
» Öffentlichkeit; beim Auftreten in der (^/159)
» Öffentlichkeit; beim Auftreten in der - sprechen; in der Öffentlichkeit zu (jsj7/159)
• Widerspruch - verträgt keinen Widerspruch (jsj7/249)

Beziehung zu anderen - allgemein

GEMÜT - Beleidigt, leicht (jsj7/20)
• Ichbezogenheit, Selbstüberhebung (jsj7/111)
• Mitgefühl, Mitleid (jsj7/130)
• Tadelsüchtig, krittelig (jsj7/178)
• Tadelt andere (jsj7/179)
• Unabhängigkeit, Selbständigkeit (jsj7/189)
• Unbarmherzig (jsj7/189)

Schule - Angst

GEMÜT - Selbstvertrauen - Mangel an Selbstvertrauen (jsj7/161)

Schule - Konzentration

GEMÜT - Konzentration - schwierig - Studieren (jsj7/117)

Schule - Lernen - allgemein

GEMÜT - Fehler; macht - Sprechen, beim - Buchstabieren, beim (jsj7/58)

Schule - Lernen - Schreiben

GEMÜT - Fehler; macht - Schreiben, beim (^/57)
- Fehler; macht - Schreiben, beim - fügt Buchstaben hinzu (jsj7/57)
  - » Schreiben, beim - läßt etwas aus - Buchstaben (jsj7/57)
  - » Schreiben, beim - stellt etwas um - Buchstaben (jsj7/58)

Schule - Beziehung zu anderen

GEMÜT - Schüchternheit, Zaghaftigkeit - Öffentlichkeit; beim Auftreten in der (^/159)
- Schüchternheit, Zaghaftigkeit - Öffentlichkeit; beim Auftreten in der - sprechen; in der Öffentlichkeit zu (jsj7/159)

Schule - Konstitution

GEMÜT - Eigensinnig, starrköpfig, dickköpfig (jsj7/41)
- Hast, Eile - tut, womit er gerade beschäftigt ist; bei dem, was er (jsj7/105)
  - » tut, womit er gerade beschäftigt ist; bei dem, was er - Verlangen mehrere Dinge gleichzeitig zu tun (jsj7/106)
- Selbstvertrauen - Mangel an Selbstvertrauen (jsj7/161)
- Unordentlich (jsj7/192)

Spielen

GEMÜT - Tanzen (jsj7/179)

Nonverbales - Aggressivität

GEMÜT - Diktatorisch (^/39)

Nonverbales - Reaktion auf andere

GEMÜT - Näherkommen, auf ihn Zukommen von Personen - Abneigung gegen (jsj7/134)

Nonverbales - Gesten, Gebärden

GEMÜT - Gefallsüchtig, kokett - sehr, zu (jsj7/87)
- Gesten, Gebärden; macht - Finger - Mund; Kinder stecken die Finger in den (jsj7/97)
- Springen (^/169)

Nonverbales - Allgemeines

GEMÜT - Eigensinnig, starrköpfig, dickköpfig (jsj7/41)
- Hast, Eile - tut, womit er gerade beschäftigt ist; bei dem, was er (jsj7/105)
  - » tut, womit er gerade beschäftigt ist; bei dem, was er - Verlangen mehrere Dinge gleichzeitig zu tun (jsj7/106)

Nonverbales - Konsultation; bei der

KOPF - Hitze - Kälte - Extremitäten; mit Kälte der (jsj7/293)

ABDOMEN - Schmerz - Druck - agg. (jsj7/883)

HAUT - Erysipel (bro1/1798)

Nonverbales - Äußerliches - Beobachtungen des Arztes

ATMUNG - Beschleunigt (a1/1174)

EXTREMITÄTEN - Farbe - Finger - Fingernägel - weiß - Flecken (jsj7/1409)

Nonverbales - Äußerliches - Beobachtungen der Eltern

ZÄHNE - Zusammenbeißen der Zähne - Verlangen, die Zähne zusammenzubeißen; ständiges (jsj7/719)

MAGEN - Schluckauf (jsj7/809)

BLASE - Urinieren - verzögert, muß warten, bis der Urin zu fließen beginnt (k/1020)
- Urinieren - verzögert, muß warten, bis der Urin zu fließen beginnt - pressen, bevor er damit beginnen kann; muß lange (k/1021)

Nacht; Beobachtungen in der - Gemütssymptome

GEMÜT - Gesten, Gebärden; macht - Hände; unwillkürliche Bewegungen der - zupft - Bettwäsche; an der (jsj7/98)

Nacht; Beobachtungen in der - Schlaf; Lage im

SCHLAF - Lage - Beine - angezogen (jsj7/1682)
- Lage - merkwürdig, sonderbar (jsj7/1683)

Schaukeln und Getragenwerden

GEMÜT - Getragen - Verlangen getragen zu werden (jsj7/99)

Tellurium metallicum

tell.

Viele Symptome erscheinen und verschwinden plötzlich.

Erwachsene leiden oft an *Rückenschmerzen* und *Ischialgie*, mit der typischen Verschlimmerung durch Erschütterungen; natürlich sind diese Beschwerden bei Kindern seltener, aber *der Rücken kann durch Sport angegriffen sein.*

Hautausschläge unterschiedlicher Art: Ekzem, herpetische Ausschläge, Urtikaria, Pityriasis versicolor, Tinea, Psoriasis; die Hautausschläge bluten, wenn die Schuppen entfernt werden.

Die Ohren sind besonders beteiligt, mit häufigen Entzündungen sowohl des äußeren wie des Mittelohrs und möglicher *Perforation.*

Langanhaltende Otorrhoe, die in der Kindheit auf Scharlach folgen kann. Absonderungen sind gewöhnlich wäßrig und reichlich, können aber auch eitrig, wundfressend, übelriechend sein und Spuren von Blut enthalten.

Verlangen nach Äpfeln, fettem, durchwachsenem Speck, Salz und kalten Getränken.

Kinder sind *empfindlich gegen Kälte.*

Klinisches: Hautausschläge. Ekzem. Herpes. Pityriasis versicolor. Tinea. Rückenschmerzen. Konjunktivitis.

Wirkungsbereich: Wirbelsäule. Nerven. Ohren. Augen. Haut.

* * *

Stillen - Magendarmsymptome - Appetit - vermindert

MAGEN - Appetit - fehlend (rsj10/767)
• Appetit - vermindert (*/772)

Stillen - Magendarmsymptome - Appetit - vermehrt

MAGEN - Appetit - vermehrt - nachts (*/771)

Stillen - Magendarmsymptome - Aufstoßen - Speisen; von

MAGEN - Aufstoßens; Art des - Speisen; von (c1/780)

Infektionskrankheiten - Scharlach

OHR - Absonderungen - Scharlach, nach (*/498)

Konstitution - Angst und Furcht

GEMÜT - Furcht - engen Räumen; in (stj2/67)
• Furcht - hochgelegenen Orten; vor (stj2/71)

Nonverbales - Reaktion auf andere

GEMÜT - *Furcht - berührt zu werden* (k1*/66)
• Furcht - Näherkommen, Annäherung von; vor - anderen, von (^/74)

Nonverbales - Konsultation; bei der

OHR - Absonderungen - Blut (*/497)
• *Absonderungen - blutig* (*/497)
» chronisch (mrr1/497)
» eitrig (*/497)
» gelblichgrün (hr1/497)
» *jauchig* (k/497)
» reichlich (hr1*/498)
» *schleimig* (bro1/498)
» *serös* (k/498)
» **stinkend** (*/498)
» *übelriechend* (*/498)
» **übelriechend - Fischlake, wie** (*/498)
» **wäßrig** (*/498)
» **wundfressend** (*/498)
• Entzündung (ptk1/500)
» erysipelatös (k/500)
» äußere Ohren (mtf11/500)
» Gehörgang (bro1*/500)
» *Mittelohr* (k/501)
» Processus mastoideus (bro1/501)
• **Hautausschläge - Ohrläppchen, an den - Bläschen durch die Absonderung** (k/512)
• *Ohrschmalz - dünn* (*/516)
• Perforation - Trommelfell (bg2*/516)
» *Trommelfell - Luft strömt beim Schniefen hindurch* (kr1/516)

REKTUM - Hautausschläge - Perineum (k/964)

HAUT - **HAUTAUSSCHLÄGE - HERPES - RINGFÖRMIG (*/1815)**

Nacht; Beobachtungen in der - Schlaf

SCHLAF - Erwachen - Schreck, wie durch (jl3/1675)

Würmer

REKTUM - Würmer - Beschwerden durch Würmer (c2/985)
• Würmer - Beschwerden durch Würmer - Madenwürmer (k/986)

Terebinthinae oleum

ter.

Terebinthiniae eignet sich besonders für Kinder und erzielt gute Ergebnisse bei *Problemen bei der Zahnung,* Nasenbluten und Würmern.

Lilienthal schrieb: „Zahnung begleitet von Harnverhaltung und Konvulsionen; das Kind ist nachts hellwach, schreit wie vor Angst, hat einen starren Blick, ballt die Finger; Zuckungen an verschiedenen Körperteilen; Zupfen an der Nase; trockener, kurzer Husten; Schmerzen in Gliedmaßen und Kopf; brennende Wundheit und Auftreibung des Zahnfleisches in den Zahnzwischenräumen."

Ohrenschmerzen bei Kindern, oft in Verbindung mit vergrößerten Mandeln; beeinträchtigtes Gehör nach Masern.

Dieses Mittel ist nützlich bei *Scharlach,* wenn das Kind in einem stuporösen Zustand zu sein scheint und während der Genesung, wenn Albuminurie mit Harnverhaltung und Schläfrigkeit auftreten.

Nierenleiden: Ich habe bei einem kleinen Mädchen, das am *„Syndrom der dünnen Basalmembran"* litt, bemerkenswerte Besserung festgestellt.

Mögliche Verwendung bei Leistenhernie, Appendizitis und Peritonitis.

Oft findet man Landkartenzunge und häufig Stomatitis.

Tropismus für die Haut mit Erythem, Erysipel und Urtikaria.

Klinisches: Nierenleiden. Albuminurie. Hämaturie. Harnverhaltung. Zystitis. Asthma. Hernie. Purpura haemorrhagica. Zahnung. Frostbeulen. Erysipel. Erythem. Scharlach. Würmer.

Wirkungsbereich: Schleimhäute. Nieren. Blase. Atmung. Herz. Blut.

* * *

Zahnung - Gemütssymptome

GEMÜT - Schreien - Zahnung; während der (hr1*/158)

Zahnung - Empfindungen und neurologische Beschwerden

ALLGEMEINES - Konvulsionen - Zahnung; während der (c1*/1907)
• Zucken - Zahnung; während der (hr1*/2034)

Zahnung - Allgemeines

ZÄHNE - Zahnung - langsam (jl*/718)
• Zahnung - schwierig (ggd1/718)

HUSTEN - Zahnung, während der (hr1/1211)

SCHLAF - Schlaflosigkeit - Zahnung; während der (hr1*/1694)

Stillen - Magendarmsymptome - Appetit - allgemein

MAGEN - Appetit - launischer Appetit (k/770)

Stillen - Magendarmsymptome - Appetit - vermindert

MAGEN - Appetit - fehlend (k/767)
• Appetit - vermindert (*/772)

Stillen - Magendarmsymptome - Appetit - vermehrt

MAGEN - Appetit - Heißhunger (k/769)
• Appetit - vermehrt (sze10/770)

Stillen - Magendarmsymptome - Aufstoßen - Wasser; Hochsteigen von

MAGEN - Aufstoßens; Art des - Wasser in den Mund; Hochsteigen von (k/781)

Infektionskrankheiten - Masern

HÖREN - Schwerhörig - Masern, nach (c1/536)

FIEBER - Ausschlagsfieber; Fieber bei Ausschlagserkrankungen - Masern (bg2/1770)

HAUT - Hautausschläge - Masern (bg2/1817)

Infektionskrankheiten - Scharlach

GEMÜT - **Bewußtlosigkeit - Scharlach, bei** (hr1/31)
• Stupor - Scharlach, bei (tl1/177)

URIN - *Eiweißhaltig - Scharlach; nach* (*/1046)

SCHLAF - *Schläfrigkeit - Scharlach - nach* (hr1*/1700)

FIEBER - **Ausschlagsfieber; Fieber bei Ausschlagserkrankungen - Scharlach** (*/1770)

HAUT - *Hautausschläge - Scharlach* (c2/1821)

ALLGEMEINES - **Wassersucht - äußere Wassersucht - Scharlach; nach** (kr1*/2024)

Konstitution - Angst und Furcht

GEMÜT - Beschwerden durch - Schreck (gt/25)
• Furcht - allein zu sein (sze10/64)
» neuen Projekten, Unternehmungen; vor (sze10/74)
• Mutig (st1/133)

Konstitution - Allgemeines

GEMÜT - *Faulheit* (kr1/55)
• Verantwortung - ernst; nimmt seine Verantwortung zu (sze10/195)
• *Weinen - amel.* (a1/245)
» Gemütsbewegungen, Emotionen - geringen; nach (*/245)
» leicht (kr1/246)

Beziehung zu anderen - Aggressivität

GEMÜT - Streitsüchtig (*/173)

Beziehung zu anderen - Reaktion auf andere

GEMÜT - Widerspruch - verträgt keinen Widerspruch (*/249)

Beziehung zu anderen - allgemein

GEMÜT - Ichbezogenheit, Selbstüberhebung (sze10/111)

Schule - Angst

GEMÜT - Furcht - neuen Projekten, Unternehmungen; vor (sze10/74)

Schule - Konzentration

GEMÜT - *Konzentration - schwierig - Studieren* (a1/117)

Schule - Anstrengung; geistige

KOPF - Schmerz - geistige Anstrengung - agg. (st/328)

Schule - Konstitution

GEMÜT - Verantwortung - ernst; nimmt seine Verantwortung zu (sze10/195)

Nonverbales - Aggressivität

GEMÜT - Beißen (*/20)

Nonverbales - Allgemeines

GEMÜT - Schreien - Kindern, bei (^/157)

Nonverbales - Konsultation; bei der

OHR - Entzündung (k/500)
• Entzündung - Gehörgang (*/500)
MUND - Aphthen (*/639)
• *Aphthen - erstreckt sich zu - Darmtrakt; durch den* (*/640)
• *Landkartenzunge* (*/668)
• Papillen - aufgerichtet (*/669)
» aufgerichtet - Erdbeerzunge (bg2*/669)
ATMUNG - Bauchatmung (k/1171)
BRUST - Einziehung der Brustwarzen (vh/1231)
HAUT - *Erysipel* (*/1798)
• Hautausschläge - Erythem (c2*/1812)
» Herpes - ringförmig (bg2/1815)

Nonverbales - Äußerliches - Beobachtungen des Arztes

NASE - Zupfen - Nase, an der - ständiges Verlangen (k/578)
GESICHT - *Ausdruck - alt aussehend* (st1/580)
• Gerunzelt (k/594)
• *Hautausschläge - Akne* (c2*/595)
» Akne - Mädchen; bei anämischen (j/596)
• Rissig - Lippen (*/613)
ATMUNG - Beschleunigt (a1*/1174)
RÜCKEN - Opisthotonus (*/1325)
ALLGEMEINES - Zwergwuchs (jl3/2035)

Nonverbales - Äußerliches - Beobachtungen der Eltern

NASE - *Nasenbluten - Kindern; bei* (*/557)
ABDOMEN - Schmerz - Zusammenkrümmen - muß sich zusammenkrümmen (k/897)
STUHL - Kugeln, wie (bro1/996)
BLASE - Urinieren - verzögert, muß warten, bis der Urin zu fließen beginnt (*/1020)
HAUT - *Ekchymosen* (*/1797)

Nacht; Beobachtungen in der - Gemütssymptome

GEMÜT - Schreien - Kindern, bei - nachts (sne/157)

Nacht; Beobachtungen in der - körperliche Symptome

BLASE - Urinieren - unwillkürlich - nachts (*/1019)

Nacht; Beobachtungen in der - Schlaf

SCHLAF - Erwachen - Schreck, wie durch (bg2/1675)

Körperliche Symptome und Erkrankungen

OHR - Schmerz - Kindern; bei (hr1/523)
NIEREN - **Entzündung** (*/1023)
• **Entzündung - parenchymatös - akut** (k/1024)
» Nierenbecken und Niere (mrr1/1024)
FIEBER - *Continua* (k/1772)
ALLGEMEINES - Abmagerung - Kindern; bei - Kleinkindern; bei (bro1/1845)
• Kindern; Beschwerden von (kr1/1897)
• Konvulsionen - Kindern, bei (kr1/1905)

Chirurgisch pathologische Zustände

ABDOMEN - Entzündung - Peritoneum (bro1*/860)
• Hernie (c2/867)
» eingeklemmt, inkarzeriert (c2/868)
» Leistenhernie (k/868)
» Leistenhernie - Neigung zu (tl1/868)

Würmer

REKTUM - **Würmer - Beschwerden durch Würmer** (*/985)
• Würmer - Beschwerden durch Würmer - Bandwürmer (*/986)
» **Beschwerden durch Würmer - Madenwürmer** (*/986)
» Beschwerden durch Würmer - Spulwürmer (*/986)
HUSTEN - Würmer (bro1/1211)
ALLGEMEINES - *Konvulsionen - Würmer, durch* (*/1907)

Teucrium marum verum

teucr.

Ein bedeutendes Mittel bei *Spulwürmern* und nächtlichem Jucken des Anus im Bett, das am Schlafen hindert. Das Kind ist sehr ruhelos und reibt sich häufig die Nase; kribbelndes Gefühl im Rektum nach dem Stuhlgang.

Polypen an verschiedenen Stellen (Nase, Ohren, Rektum, Blase).

Häufige Verstopfung der Nase, besonders auf der Seite, auf der sie liegen.

Hughes schrieb: „Bald nach dem Mittel (und häufig wiederkehrend) Kribbeln in der Nase; Gefühl im rechten Nasenloch, als sei es halb verstopft, muß sich schneuzen und niesen, was aber die Verstopfung nicht verringert."

Es ist besonders nützlich bei *Kindern, die an Adenoiden und chronischem Katarrh leiden.* Sie sind blaß, sehen kränklich aus und können nicht durch die Nase atmen. *Symptome sind wie bei Pulsatilla im Freien besser, mit ähnlicher, aber weniger dicker Absonderung.* Das rechten Nasenloch ist häufiger betroffen als das linke. Eines der charakteristischen Symptome von Teucrium ist der Verlust des Geruchssinns mit übelriechendem Atem.

Heftiger, anhaltender und erschütternder Schluckauf nach dem Trinken an der Brust und Aufstoßen, ohne daß etwas hoch kommt.

Ungewöhnlicher Hunger, der am Schlafen hindert.

Eingewachsene Zehennägel.

Nervöse Erregung und Aufregung. Die Prüfung brachte einige interessante Aspekte heraus: „Allmähliche geistige Erregung; besondere Neigung viel zu reden, mit vermehrter Wärme des Körpers; gegen Abend"; „Ein paar Stunden nach Einnahme des Mittels fast unwiderstehliches Verlangen zu singen"; „Durch die geringste nervöse Aufregung, wenn ich beispielsweise vor anderen Menschen stand, liefen mir Tropfen heißen Schweißes an der Rückseite der Oberschenkel nach unten; dann hörte es nach ein paar Minuten auf."

Bei Fieber vergleiche man Teucrium mit Podophyllum, Pyrogenium und Tuberculinum, wenn eine eigentümliche und ungewöhnliche Redseligkeit des Kindes festzustellen ist.

Klinisches: Würmer. Jucken am Anus. Kolik. Schluckauf. Rheumatismus. Polypen. Eingewachsene Zehennägel.

Wirkungsbereich: Nase. Lungen. Rektum.

* * *

Stillen - Magendarmsymptome - Appetit - vermindert

MAGEN - Appetit - fehlend (b2/767)

Stillen - Magendarmsymptome - Appetit - vermehrt

MAGEN - Appetit - Heißhunger (b7/769)
• *Appetit - vermehrt* (*/770)
» vermehrt - nachts (bg2/771)

Stillen - Magendarmsymptome - Aufstoßen - Speisen; von

MAGEN - Aufstoßens; Art des - Speisen; von (*/780)
• Aufstoßens; Art des - Speisen; von - bitter schmeckend (b7/780)
» Speisen; von - Essen - nach - agg. (b7a/780)

Stillen - Magendarmsymptome - Aufstoßen - Wasser; Hochsteigen von

MAGEN - *Aufstoßens; Art des - Wasser in den Mund; Hochsteigen von* (b2/781)

Stillen - Magendarmsymptome - Schluckauf

MAGEN - Schluckauf - Essen - beim - agg. (*/810)
• *Schluckauf - Essen - nach - agg.* (*/810)
» *Mittagessen - nach - agg.* (k/811)
» Stillen des Kindes; agg. nach (bro1*/811)

Stillen - Allgemeines

SCHWEISS - Essen - beim - agg. (bg2/1786)

Konstitution - Angst und Furcht

GEMÜT - Beeindrucken, empfänglich für Eindrücke; leicht zu (lmj*/19)
• *Schreckliches und traurige Geschichten greifen sie stark an* (*/156)

Konstitution - Allgemeines

GEMÜT - *Empfindlich - Kinder* (k/44)
• *Faulheit* (*/55)
• Unzufrieden (bg2*/194)

Beziehung zu anderen - allgemein

GEMÜT - Beleidigt, leicht (a1/20)
• *Pubertät; in der* (st/138)

Nonverbales - Allgemeines

GEMÜT - *Singen* (*/163)

Nonverbales - Konsultation; bei der

OHR - Entzündung - Eustachische Röhre (k/500)
• Entzündung - Mittelohr - chronisch (bro1/501)

INNERER HALS - Entzündung - Tonsillen (sf1/724)

EXTREMITÄTEN - **Nägel; Beschwerden der - eingewachsene Zehennägel** (*/1665)
• *Nägel; Beschwerden der - eingewachsene Zehennägel - Ulzeration; mit* (*/1665)

HAUT - Hautausschläge - Molluscum (bro1/1818)

Nonverbales - Äußerliches - Beobachtungen des Arztes

NASE - Bohren mit den Fingern in der Nase (bro1*/546)
• **Zupfen - Nase, an der** (k/578)

GESICHT - **Hautausschläge - Akne** (st/595)

Nonverbales - Äußerliches - Beobachtungen der Eltern

NASE - **Schneuzen der Nase - Neigung, sich zu schneuzen; ständige** (*/568)

MUND - Beißt - Zunge; beißt sich auf die (vk1/640)

MAGEN - Gluckern; Gurgeln (*/802)
• **Schluckauf** (*/809)
» Essen - beim - agg. (*/810)
» *Essen - nach - agg.* (*/810)
» heftig (*/810)
» *Mittagessen - nach - agg.* (k/811)

ATMUNG - Schnarchen (*/1180)

SCHWEISS - Essen - beim - agg. (bg2/1786)

Nacht; Beobachtungen in der - Gemütssymptome

GEMÜT - Schlafwandeln (*/154)

Nacht; Beobachtungen in der - Schlaf

SCHLAF - Erwachen - Schreck, wie durch (b7a/1675)

Körperliche Symptome und Erkrankungen

KOPF - Schmerz - katarrhalisch (k/331)

ALLGEMEINES - Arzneimittel - heftige Reaktion auf homöopathische Arzneimittel (b7/1852)

• *Kindern; Beschwerden von* (*/1897)
• Medikamente - allopathische - Mißbrauch von (kr1*/1921)
 » allopathische - überempfindlich gegen (c1/1921)

Chirurgisch pathologische Zustände

NASE - **Polyp** (*/561)
 • *Polyp - Choanen* (*/561)

ABDOMEN - Hernie - Leistenhernie (b2/868)

Würmer

GEMÜT - Reizbarkeit, Gereiztheit - Würmer; bei Beschwerden durch (^/147)

REKTUM - *Jucken - Askariden, durch* (k/965)
 • Würmer - Beschwerden durch Würmer (*/985)
 » Beschwerden durch Würmer - Bandwürmer (b2/986)
 » Beschwerden durch Würmer - Kindern; bei (br1/986)
 » *Beschwerden durch Würmer - Madenwürmer* (*/986)
 » Beschwerden durch Würmer - Spulwürmer (bro1*/986)

SCHLAF - Schlaflosigkeit - Würmer, durch (hr1*/1694)

Theridion curassavicum

ther.

Große Überempfindlichkeit gegen Geräusche, die Übelkeit, Fröste, Schmerzen, aggressive Reaktionen und sogar Schwindel hervorrufen können.

Seekrankheit mit Übelkeit und Erbrechen, schlimmer durch Schließen der Augen, Bewegung und natürlich Geräusche; besser durch Trinken kalten Wassers.

Fast alle Beschwerden von Theridion sind durch die eigentümliche Verschlimmerung beim Schließen der Augen gekennzeichnet: Kopfschmerzen, Schwindel, Hysterie und Zahnschmerzen weisen diese Modalität auf.

Chronischer Nasenkatarrh, übelriechende, dicke, gelbe oder gelblichgrüne Absonderungen.

Großes Verlangen nach saurem Obst, besonders Orangen und Bananen.

In Bezug auf die Gemütsebene schrieb Rajan Sankaran: „Es teilt mit anderen Mitteln der Gruppe der Spinnen ein *höchst empfindliches Nervensystem* und hervorstechende Merkmale wie Hyperaktivität, Sexualität, Farben, Musik, Tanzen und viel Energie. Es sind auch Ängste vorhanden: in eine Falle zu geraten, gefangen genommen zu werden und getötet zu werden. Das Mittel zeigt auch hastige und hektische Aktivität und dies paßt meinem Verständnis nach zum tuberkulinischen Miasma. *Tarentula und Theridion sind tatsächlich auf Grund dieser intensiven Ruhelosigkeit oft mit Tuberculinum-Kindern vergleichbar.* Dieser Gedanke wird durch die Tatsache bestätigt, daß Phatak von Theridion in seiner Materia medica sagt, es habe eine tuberkulinische Diathese. *Theridion-Menschen sind immer sehr beschäftigt, erfolglos beschäftigt.*"

Klinisches: Seekrankheit. Schwindel. Übelkeit. Kopfschmerzen. Knochenleiden. Husten.

Wirkungsbereich: Nerven. Knochen. Kopf. Brust. Magen.

* * *

Krankengeschichte; familiäre und persönliche

ALLGEMEINES - Familiengeschichte von - Tuberkulose (br1*/1878)
 • Krankengeschichte von; persönliche - Tuberkulose, von (br1/1910)

Stillen - Magendarmsymptome - Appetit - allgemein

MAGEN - *Appetit - launischer Appetit* (*/770)

Stillen - Magendarmsymptome - Appetit - vermehrt

MAGEN - Appetit - Heißhunger (k2/769)
 • Appetit - vermehrt (k/770)

Konstitution - Angst und Furcht

GEMÜT - Feigheit (bg2/59)
 • Furcht - Geräusche, durch (bro1*/69)

Konstitution - Allgemeines

GEMÜT - Entmutigt (*/46)
 • *Faulheit* (*/55)
 • Selbstvertrauen - Mangel an Selbstvertrauen (*/161)
 • Unzufrieden (k/194)

Familie; Beziehung zur - Liebe und Zuneigung

GEMÜT - Eifersucht (sne/40)

Schule - Angst

GEMÜT - Selbstvertrauen - Mangel an Selbstvertrauen (*/161)

Schule - Anstrengung; geistige

KOPF - Schmerz - geistige Anstrengung - agg. (k/328)

Schule - Konstitution

GEMÜT - Selbstvertrauen - Mangel an Selbstvertrauen (*/161)

Spielen

GEMÜT - Tanzen (a1/179)

Nonverbales - Reaktion auf andere

GEMÜT - Berührtwerden - Abneigung berührt zu werden (tl1/21)
• Furcht - Näherkommen, Annäherung von; vor - anderen, von (ptk1/74)

Nonverbales - Gesten, Gebärden

GEMÜT - Auffahren, Zusammenfahren - Geräusche; durch (sf1/17)
• Gesten, Gebärden; macht - Finger - Mund; Kinder stecken die Finger in den (sne/97)
» Hände; unwillkürliche Bewegungen der - ringt die Hände (ptk1*/98)

Nonverbales - Allgemeines

GEMÜT - Singen (*/163)

Nonverbales - Konsultation; bei der

OHR - Entzündung - Gehörgang (k/500)

RÜCKEN - Krümmung der Wirbelsäule (bro1*/1323)

Nonverbales - Äußerliches - Beobachtungen des Arztes

GESICHT - Gerunzelt - Augenbrauen (k/594)

MUND - Finger in den Mund; Kinder stecken (sne/651)

Nonverbales - Äußerliches - Beobachtungen der Eltern

NASE - Schneuzen der Nase - Neigung, sich zu schneuzen; ständige (k/568)

MUND - Beißt - Zunge; beißt sich auf die (bg2*/640)

MAGEN - Schluckauf (c2/809)

Nacht; Beobachtungen in der - körperliche Symptome

ZÄHNE - *Zusammenbeißen der Zähne - Verlangen, die Zähne zusammenzubeißen; ständiges - fest zusammengebissen - nachts* (vh/719)

Autos und Schiffe

SCHWINDEL - Fahren, beim - Boot, in einem - agg. (bg2*/265)
• Fahren, beim - Wagen, im - agg. (vh*/265)

MAGEN - Erbrechen - Fahren im Wagen agg. (bro1/792)
• *Übelkeit - Fahren - Wagen; im - agg.* (*/836)
» Seekrankheit (*/839)
» Seekrankheit - Schließen der Augen - agg. (st/839)

ALLGEMEINES - *Fahren - Wagen; mit dem - agg.* (*/1877)

Körperliche Symptome und Erkrankungen

ALLGEMEINES - Abmagerung - Kindern; bei (kr1/1845)
• Abmagerung - Kindern; bei - Kleinkindern; bei (ptk1/1845)
• Pubertät - Beschwerden während der (j5/1934)

Thiosinaminum

thiosin.

Nonverbales - Konsultation; bei der

OHR - Eiterung (br1/500)
• Eiterung - Mittelohr (bro1/500)
• Entzündung - Mittelohr (br1/501)
» Mittelohr - subakut (br1/501)
• Katarrh - Eustachische Röhre (mp1/515)

HÖREN - Schwerhörig - Tubenkatarrh (br1*/537)

Nonverbales - Äußerliches - Beobachtungen des Arztes

ATMUNG - Beschleunigt (c1/1174)

Körperliche Symptome und Erkrankungen

AUGE - Striktur der Tränenkanäle (bc/467)

Chirurgisch pathologische Zustände

OHR - Verwachsungen im Mittelohr (c1/532)

Thlaspi bursa pastoris

thlas.

Entwicklung - langsam

ALLGEMEINES - Gehen - Gehenlernen, Laufenlernen - spätes (bg/1883)

Zahnung - Empfindungen und neurologische Beschwerden

OHR - *Geräusche im Ohr, Ohrgeräusche - Zahnung; während der* (bg1*/510)

Nonverbales - Äußerliches - Beobachtungen des Arztes

GESICHT - *Rissig - Mundwinkel* (bg1*/614)

Nonverbales - Äußerliches - Beobachtungen der Eltern

STUHL - Kugeln, wie (sne/996)

HAUT - *Ekchymosen* (bg2/1797)

Thuja occidentalis

thuj.

Thuja-Kinder kommen wie Silicea oft zu früh zur Welt.

Sie sind schlank und haben dunkles Haar. Sie sind gewöhnlich unterdurchschnittlich groß; *die Haut ist fettig* und der Teint oft olivenfarben. *Ein ungewöhnliches Wachstum von Flaumhaar, besonders am Rücken ist häufig anzutreffen* (Differentialdiagnose: Tuberculinum).

Diese Kinder *entwickeln sich langsam* und erwerben Sprachfähigkeiten nicht schnell; in manchen

Thuja occidentalis

Fällen kann wirkliche geistige Zurückgebliebenheit vorhanden sein.

Sie erscheinen als ruhige Kinder, die dafür geschätzt werden, daß sie nicht stürmisch sind.

Gewöhnlich scheinen sie bei oberflächlicher Betrachtung *gefügig und nett* zu sein, aber sie werden überrascht sein, wenn sie eine unerklärliche Szene beobachten oder große Sturheit oder Streitsucht, besonders gegenüber der Mutter. Im Gegensatz dazu sind sie gegenüber Fremden und Ärzten beherrscht und haben manchmal sogar Angst vor Fremden.

Ein grundlegendes Kennzeichen von Thuja-Kindern ist das *„Verinnerlichen" der meisten Gefühle,* was oft mit der schmerzhaften Erfahrung einer familiären Umwelt verbunden ist, in der es an Sicherheit und Zuneigung fehlt. Tatsächlich kann eine Familiengeschichte von Mißbrauch oder Vernachlässigung vorliegen. Dies gibt ihnen das Gefühl, nicht erwünscht und verlassen zu sein. *Sie werden oft herabgesetzt und fangen an, ein Bild von sich selbst zu entwickeln, sie seien unerwünscht und unangenehm Mensch, „schlecht".* Daher fangen sie an, ihre Empfindungen für sich zu behalten: sie leben in einem Gefühl der Verzweiflung und Traurigkeit, das tief innen bleibt. *Alle ihre Ängste sind versteckt und geheim.* Dieser Aspekt wird bei Erwachsenen extrem deutlich und typisch für diese.

Negative Vorstellungen, Gedanken und Gefühle kommen zusammen und rufen eine merkwürdige Mischung unterbewußten panischen Schreckens hervor, die sich in Alpträumen, besonders in Träumen vom Herabfallen, äußert.

Sie haben wenig Selbstvertrauen und das Gefühl, jeder könne ihre Fehler sehen. Es fällt ihnen schwer, eine Beziehung mit gleichaltrigen Kindern zu haben und es fällt ihnen nicht leicht, sich einer Gruppe anzuschließen. Wegen ihres Mangels an Selbstvertrauen fühlen sie sich in der Familie besser. Sie lösen sich nie von den Eltern, nehmen deren Regeln und Vorbilder in sich auf und daher fällt es ihnen nicht leicht, selbständig zu werden.

Charakteristisch ist ihre Überempfindlichkeit, sowohl in Bezug auf Menschen - denen sie für jede Freundlichkeit, die sie erfahren, dankbar sind - und in Bezug auf *Musik,* die sie zum Weinen bringen kann. Überempfindlichkeit gegen Musik ist bei geistig zurückgebliebenen Thuja-Kindern besonders tiefgehend.

Die Pathologie kann sich auf die geistige Ebene erstrecken und Konzentrationsschwierigkeiten hervorrufen und daher sind sie schlecht in der Schule.

Es kann ihnen durch *Bewegung* besser gehen, sowohl körperlich wie geistig; *Radfahren ist oft ihr Lieblingssport.*

Sie sind *empfindlich gegen Kälte,* ihr Zustand verschlimmert sich durch kaltes und feuchtes Wetter, während er im Freien besser wird.

Die unbedeckten Körperteile schwitzen stark, wobei der Schweiß oft übermäßig süß ist oder übel riecht; sie schwitzen sogar ohne irgendwelche körperliche Anstrengungen zu unternehmen und oft in der ersten Schlafphase.

Sie leiden an vielen Beschwerden nach Impfungen. Ich halte es für absolut nutzlos, allen Kindern vor Impfungen Thuja zu verschreiben. Jedoch ist es notwendig, es Kindern zu verabreichen, die ein Thuja-Bild zeigen, um kurzfristige und langfristige Probleme zu vermeiden.

Kopfschmerzen sind oft mit geistigem Streß und Übermüdung verbunden.

Dicke, eitrige und grünlichgelbe Absonderungen aus der Nase, oft mit der Bildung von Krusten in den Nasenlöchern. Chronische Sinusitis mit Katarrh ist häufig, erstreckt sich zu den Stirnhöhlen, mit anschließenden Kopfschmerzen.

Sie können an chronischer Otitis media leiden, die zu Mastoiditis werden kann.

Die Zahnung ist langsam und unregelmäßig; die Zähne sind gelblich und der Zahnschmelz hat oft Fehler; *vorzeitige Karies.*

Es kann eine Krankengeschichte wiederkehrender Diarrhoe vorhanden sein, der Stuhl ist blaß und ölig und geht mit viel Flatus ab.

Sie können an *linksseitigem Leistenbruch, der oft angeboren ist,* leiden; Nabelbruch ist zu sehen, wobei der Bruch austritt, wenn das Kind weint.

Was die Atmung angeht, so leiden sie an chronischer Laryngitis und Asthma, die oft nach Impfungen erscheinen. Die Asthma-Symptome werden durch kaltes und feuchtes Wetter schlechter.

Sehr charakteristisch ist *Enuresis, die fast bis ins Jugendalter bestehen bleibt.*

Phimose und Paraphimose sind häufig.

Warzen an jeder Stelle des Körpers: weich und bei Berührung schnell blutend.

Deutlich linksseitig.

Klinisches: Enuresis. Balanitis. Hernie. Warzen. Polypen. Tumoren. Asthma. Kopfschmerzen. Sinusitis. Impffolgen.

Wirkungsbereich: Schleimhäute. Urogenitaltrakt. Darm. Gemüt. Nerven. Drüsen. Haut.

* * *

Krankengeschichte; familiäre und persönliche

ALLGEMEINES - Familiengeschichte von - Diabetes mellitus (klr1/1878)
- Familiengeschichte von - Ekzem (bl*/1878)
  - » Impfung; wiederholte (zs4/1878)
  - » Medikamenten; Mißbrauch von allopathischen (zs4/1878)
  - » *Sykose* (zs4/1878)
  - » Syphilis (awy2/1878)
- *Krankengeschichte von; persönliche - Gonorrhoe, von* (gsk1*/1909)
  - » *Impfung oder wiederholten Impfungen; von* (br/1909)
  - » Tonsillitis; von wiederkehrender (mtf33/1910)

Entwicklung - langsam

GEMÜT - Entwicklung; kindliche - Entwicklungsstillstand (bl*/47)
- Sprechen - langsam; lernt (mtf33/168)

ALLGEMEINES - Gehen - Gehenlernen, Laufenlernen - spätes (bg/1883)

Zahnung - Allgemeines

ZÄHNE - Zahnung - langsam (sf1/718)
- Zahnung - schwierig (bg2/718)

FIEBER - Zahnung; während der (bg2/1781)

Impfung

GEMÜT - *Angst - Impfung, nach* (kr1*/11)

AUGE - Entzündung - Impfung, nach (k/429)

MAGEN - **Schmerz - Impfung, nach** (k/819)

REKTUM - *Diarrhoe - Impfung, nach* (*/953)

ATMUNG - Asthma, asthmatische Atmung - Impfung, nach (*/1162)
- Asthma, asthmatische Atmung - Kindern; bei - Impfung; nach (k/1163)

HUSTEN - *Impfung, nach* (*/1196)

EXTREMITÄTEN - Abmagerung - Arme - Impfung, nach (k/1394)
- **Eiterung - Finger - Fingernägel - Impfung; nach** (k/1403)
- *Lähmung - Beine - Impfung, nach* (k/1476)
- **Nagelgeschwür - Nagel beginnend; im - Umlauf - Impfung; nach** (k/1480)
- **Schwellung - Oberarme - Impfung** (k/1633)
  - » Schultern - Impfung; nach (k/1633)

SCHLAF - *Ruhelos - Impfung, nach* (hr1*/1685)
- *Schlaflosigkeit - Impfung, nach* (hr1*/1691)

HAUT - *Hautausschläge - Ekzem - Impfung; durch* (tl1/1811)
- Hautausschläge - Impfung, nach (tl1/1816)

ALLGEMEINES - Familiengeschichte von - Impfung; wiederholte (zs4/1878)
- **IMPFUNG; BESCHWERDEN NACH** (bg2*/1892)
  - » nie wieder gesund; seitdem (cpd*/1892)
  - » Pocken; gegen (mrr1*/1892)
  - » Prophylaxe (bg2*/1892)
  - » reagiert nicht auf die Impfung (mrr1/1892)
- Konvulsionen - Impfung, nach (bro1/1904)
- *Krankengeschichte von; persönliche - Impfung oder wiederholten Impfungen; von* (br/1909)

Stillen - Magendarmsymptome - Appetit - allgemein

MAGEN - *Appetit - vermehrt - abwechselnd mit - Appetitverlust* (k/771)

Stillen - Magendarmsymptome - Appetit - vermindert

MAGEN - *Appetit - fehlend* (*/767)
- Appetit - fehlend - Hunger, mit (b2/768)
  - » *schnelle Sättigung* (*/770)
  - » vermindert (k/772)

Stillen - Magendarmsymptome - Appetit - vermehrt

MAGEN - Appetit - Genuß, ohne (k/769)
- *Appetit - Heißhunger* (*/769)
  - » unstillbar (mrr1/770)
  - » vermehrt (k/770)

Stillen - Magendarmsymptome - Aufstoßen - Speisen; von

MAGEN - Aufstoßens; Art des - Speisen; von (*/780)
- Aufstoßens; Art des - Speisen; von - Essen - nach - agg. (b4a/780)

Stillen - Magendarmsymptome - Aufstoßen - Wasser; Hochsteigen von

MAGEN - Aufstoßens; Art des - Wasser in den Mund; Hochsteigen von (*/781)
- Aufstoßens; Art des - Wasser in den Mund; Hochsteigen von - bitter (b4a/781)
  - » Wasser in den Mund; Hochsteigen von - Essen - nach - agg. (b4a/781)

Stillen - Magendarmsymptome - Schluckauf

MAGEN - Schluckauf - Essen - nach - agg. (*/810)
- Schluckauf - Trinken - nach - agg. (bg1/811)

Stillen - Magendarmsymptome - Abdomen - agg. durch

ABDOMEN - Schmerz - Beugen - hinten, nach - agg. (k/882)

Stillen - Magendarmsymptome - Abdomen - amel. durch

ABDOMEN - Schmerz - Druck - amel. (k/883)

Stillen - Allgemeines

SCHWEISS - Essen - nach - agg. (*/1786)
- Mittagessen; nach (*/1789)
- *Warm - Speisen; warme - nach* (*/1792)

Infektionskrankheiten - Windpocken

HAUT - *Hautausschläge - Windpocken* (*/1824)

Infektionskrankheiten - Masern

NASE - *Katarrh - Masern, Scharlach und Pocken; nach* (k/553)

Infektionskrankheiten - Mumps

GESICHT - Entzündung - Parotis - Metastasierung zu - Hoden (k2/584)
- Schwellung - Parotis (b4a/631)

Infektionskrankheiten - Scharlach

NASE - *Katarrh - Masern, Scharlach und Pocken; nach* (k/553)

FIEBER - Scharlach (bg2/1778)

Infektionskrankheiten - Pocken

NASE - *Katarrh - Masern, Scharlach und Pocken; nach* (k/553)

REKTUM - Diarrhoe - Pocken, bei (k/955)

EXTREMITÄTEN - *Schmerz - Finger - Windpocken, bei* (k/1520)

HAUT - *Hautausschläge - Pocken* (*/1819)

ALLGEMEINES - Impfung; Beschwerden nach - Pocken; gegen (mrr1*/1892)

Infektionskrankheiten - Keuchhusten

HUSTEN - Keuchhusten (b4a/1197)

Konstitution - Aggressivität

GEMÜT - Zorn - Kindern, bei (mtf33/254)

Konstitution - Angst und Furcht

GEMÜT - *Beeindrucken, empfänglich für Eindrücke; leicht zu* (lmj/19)
- Beschwerden durch - Erwartungsspannung (st*/23)
- Erwartungsspannung - Lampenfieber (fry/53)
- Feigheit (*/59)
- Furcht - Ärzten, vor (*/65)
  - » hochgelegenen Orten; vor (fyz/71)
  - » Kontrolle zu verlieren; die (mrr1/72)
  - » Selbstkontrolle zu verlieren; die (gk/75)
  - » Versagen, Mißerfolg; vor dem (^/79)
  - » Versagen, Mißerfolg; vor dem - Prüfungen, bei (fyz*/79)
- *Schreckliches und traurige Geschichten greifen sie stark an* (lmj/156)
- Vorsichtig (j/205)

Konstitution - Allgemeines

GEMÜT - Anarchist (zr/4)
- Beachtung; schenkt allgemeinen Regeln keine (*/19)
- Entmutigt (*/46)
- *Faulheit* (*/55)
- **Gewissenhaft, peinlich genau in bezug auf Kleinigkeiten** (*/99)
- Heikel, pingelig (vh*/106)
- Kleinigkeiten, Trivialitäten - wichtig; scheinen (bg2*/115)
- *Milde* (*/130)
- **Nachgiebigkeit** (lmj/134)
- *Pflicht - zu viel Pflichtgefühl* (lmj*/136)
- Selbstsucht, Egoismus (a1/161)
- Selbstvertrauen - Mangel an Selbstvertrauen (mrr1*/161)
- Sorgen; voller (j5/164)
- Sorgsamkeit, Sorgfalt (b4a/165)
- Stimmung, Laune - veränderlich (*/171)
- Theoretisieren (mtf/180)
- Unaufmerksam (*/189)
- *Unzufrieden* (*/194)
- Waschen - Verlangen zu waschen (^/243)
  - » Verlangen zu waschen - Hände; wäscht sich ständig die (vh*/243)
- Weinen - Kindern; bei (gg*/246)
  - » *Musik; durch* (*/247)

Familie; Beziehung zur - Aggressivität

GEMÜT - Beschimpfen, beleidigen, schmähen - Mutter; beschimpft die (ptk1*/22)
- Beschwerden durch - Bevormundung - Kindern, bei (mp1/22)

Familie; Beziehung zur - Liebe und Zuneigung

GEMÜT - Abneigung - Mutter, gegen die (ptk1*/2)
- Eifersucht (k2*/40)
  - » Kinder - bei (mtf33/40)
- Furcht - vernachlässigt zu werden (mrr1/79)
- *Verlassen zu sein; Gefühl* (mrr1/198)
  - » *geliebt zu werden; Gefühl von den Eltern, der Ehefrau, den Freunden nicht* (mrr1/198)

Beziehung zu anderen - Aggressivität

GEMÜT - *Streitsüchtig* (*/173)
- *Zorn - Widerspruch, durch* (*/255)

Beziehung zu anderen - Reaktion auf andere

GEMÜT - Antworten - einsilbig (kr1*/15)
- Antworten - gefragt wird; antwortet nicht, wenn er (hr1/15)
  - » *langsam* (*/15)
- *Gesellschaft - Abneigung gegen* (*/94)
  - » *Abneigung gegen - Fremden; Abneigung gegen die Anwesenheit von* (*/95)
- Schüchternheit, Zaghaftigkeit (oss/158)

» Öffentlichkeit; beim Auftreten in der (zr*/159)
• Trost - agg. (k/188)
• Weinen - angesprochen; wenn (k/245)
» angesprochen; wenn - freundlich (mtf33/245)
» angesprochen; wenn - freundlich - Kindern; bei (mtf33/245)
» Trost - agg. (k/248)
» Trost - möchte nicht getröstet werden (pe/248)
• *Widerspenstig* (*/249)
• **Widerspruch - Neigung zu widersprechen** (ckh1/249)
» verträgt keinen Widerspruch (*/249)

Beziehung zu anderen - allgemein

GEMÜT - Argwöhnisch, mißtrauisch (*/16)
• Beleidigt, leicht (j5/20)
• *Geheimnistuerisch, verschlossen* (mrr1*/87)
• Lügner (mrr1/126)
• Manipulierend (zr*/128)
• *Sprache - hastig, eilig* (*/167)
• *Tadelt sich selbst, macht sich Vorwürfe* (*/179)

Schule - Angst

GEMÜT - Beschwerden durch - Erwartungsspannung (st*/23)
• Erwartungsspannung - Prüfungen, vor (ptk/53)
• Furcht - Versagen, Mißerfolg; vor dem (^/79)
» Versagen, Mißerfolg; vor dem - Prüfungen, bei (fyz*/79)
• Selbstvertrauen - Mangel an Selbstvertrauen (mrr1*/161)

REKTUM - *Diarrhoe - Erregung, Aufregung agg.* (*/952)

Schule - Konzentration

GEMÜT - Unaufmerksam (*/189)

Schule - Lernen - allgemein

GEMÜT - Dyslexie (mtf/40)

Schule - Lernen - Mathematik, Rechnen

GEMÜT - *Fehler; macht - Rechnen, beim* (^/57)

Schule - Lernen - Schreiben

GEMÜT - **Fehler; macht - Schreiben, beim** (*/57)
• Fehler; macht - Schreiben, beim - falsch - Worte (kr1/57)
» *Schreiben, beim - läßt etwas aus - Buchstaben* (*/57)
» *Schreiben, beim - läßt etwas aus - Silben* (*/57)
» *Schreiben, beim - läßt etwas aus - Worte* (*/57)

Schule - Beziehung zu anderen

GEMÜT - Lügner (mrr1/126)
• Schüchternheit, Zaghaftigkeit - Öffentlichkeit; beim Auftreten in der (zr*/159)

MUND - Sprache - stotternd (bg2*/688)
• Sprache - verschluckt Worte (ptk1*/688)
» **verschluckt Worte - letzten Worte des Satzes** (mrr1/688)

Schule - Konstitution

GEMÜT - *Eigensinnig, starrköpfig, dickköpfig* (b4a/41)
• Eigensinnig, starrköpfig, dickköpfig - Kinder (hr1*/41)
• **Gewissenhaft, peinlich genau in bezug auf Kleinigkeiten** (*/99)
• *Hast, Eile - tut, womit er gerade beschäftigt ist; bei dem, was er* (*/105)
• Heikel, pingelig (vh*/106)
• Kleinigkeiten, Trivialitäten - wichtig; scheinen (bg2*/115)
• Lügner (mrr1/126)
• Selbstvertrauen - Mangel an Selbstvertrauen (mrr1*/161)

Spielen

GEMÜT - Amüsement, Vergnügen - Verlangen nach (mtf/4)

Tieren; Beziehung zu

GEMÜT - Tiere - liebt Tiere, Tierliebe (^/180)
• Tiere - liebt Tiere, Tierliebe - Katzen (sej4/180)

Nonverbales - Aggressivität

GEMÜT - Diktatorisch (mrr1/39)
• Reizbarkeit, Gereiztheit - angeblickt, wenn - angesprochen oder berührt; wenn - Kindern; bei (bro1/144)
• Wirft mit Gegenständen um sich (ptk1*/250)

Nonverbales - Reaktion auf andere

GEMÜT - Angesehen, angeblickt zu werden - erträgt es nicht, angesehen zu werden (mtf33*/5)
• Angesehen, angeblickt zu werden - erträgt es nicht, angesehen zu werden - Kindern; bei (mtf33/5)
• *Berührtwerden - Abneigung berührt zu werden* (*/21)
» Abneigung berührt zu werden - Kindern; bei (mtf33/21)
• *Fremde - Anwesenheit von Fremden - agg.* (*/60)
» Anwesenheit von Fremden - amel. (ptk1/60)
• Furcht - berührt zu werden (bro1*/66)
» *Fremden; vor* (*/68)
» *Näherkommen, Annäherung von; vor - anderen, von* (*/74)
• Näherkommen, auf ihn Zukommen von Personen - Abneigung gegen (ptk1/134)

Nonverbales - Gesten, Gebärden

GEMÜT - *Berühren, anfassen; etwas - Verlangen, etwas zu berühren, anzufassen - alles berühren, anfassen; muß* (bro1*/21)

- Berühren, anfassen; etwas - Verlangen, etwas zu berühren, anzufassen - alles berühren, anfassen; muß - Kindern; bei (mtf33/21)
- Gesten, Gebärden; macht - Hände; unwillkürliche Bewegungen der - bedecken - Mund mit den Händen; den (ckh1/97)
- *Hast, Eile - Bewegungen; in den* (*/105)
- Launenhaftigkeit, launisch (*/123)
- Ungeschicklichkeit (a1*/192)
  » Kindern, bei (mtf33/192)

Nonverbales - Allgemeines

GEMÜT - *Eigensinnig, starrköpfig, dickköpfig* (b4a/41)
- Eigensinnig, starrköpfig, dickköpfig - Kinder (hr1*/41)
- *Hast, Eile - Gehen; beim* (*/105)
  » *tut, womit er gerade beschäftigt ist; bei dem, was er* (*/105)
- Schreien - Kindern, bei (^/157)

Nonverbales - Konsultation; bei der

KOPF - Hitze - Kälte - Füße; mit Kälte der (k/293)
- Hitze - Kälte - Gesichtes; mit Kälte des (k/293)

AUGE - **Entzündung - Kindern; bei - Kleinkindern; bei** (k/429)
- Entzündung - Kindern; bei - Neugeborenen; bei (lp/429)

OHR - Absonderungen - eitrig (*/497)
- Absonderungen - schleimig (bro1/498)
  » stinkend (*/498)
  » *übelriechend* (*/498)
  » *übelriechend - Fleisch, wie faules* (*/498)
  » wäßrig (*/498)
  » wundfressend (bro1/498)
- Entzündung (lp/500)
  » *Gehörgang* (k/500)
  » *Mittelohr* (*/501)
  » Mittelohr - chronisch (mtf33/501)
  » Processus mastoideus (sne/501)
- Ohrschmalz - vermehrt (*/516)

GESICHT - Schwellung - Unterkieferdrüsen (bg2/631)

MUND - Aphthen (*/639)
- Aphthen - Zunge (*/640)
  » *Zunge - wunde Punkte* (kr1*/640)
- *Krampfadern - Zunge* (*/667)
- Landkartenzunge (*/668)
- *Schleimhautpapel bei sekundärer Syphilis* (c2/673)
- Schwämmchen (hr1/681)
- Stomatitis ulcerosa, Stomakaze (mtf11/689)
- *Zittern der Zunge - Herausstrecken, beim* (vh/692)

INNERER HALS - *Entzündung - Tonsillen* (bg2*/724)
- Schwellung - Tonsillen (*/747)

ÄUSSERER HALS - *Schwellung - Halsdrüsen* (*/760)
- Schwellung - Seiten (k/760)

ABDOMEN - Auftreibung - Kindern, bei (mtf33/852)
- Geschwüre - Nabelgegend (k/865)
- Schmerz - Druck - amel. (k/883)

REKTUM - Hautausschläge - Anus; um den (k/964)

URIN - Zucker - Kindern; bei (mtf33/1056)

ATMUNG - Bauchatmung (k/1171)

BRUST - Einziehung der Brustwarzen (bg3*/1231)

RÜCKEN - Abmagerung (ptk1/1311)
- *Hautausschläge - Furunkel* (k/1316)
  » Furunkel - Blutbeule (*/1316)
  » Furunkel - Lumbalregion (*/1317)
  » Furunkel - Sakrum (k/1317)
  » Furunkel - Zervikalregion (k/1317)
- Krümmung der Wirbelsäule (*/1323)
  » Dorsalregion (*/1323)

EXTREMITÄTEN - Fußgeruch ohne Schweiß; übler (b4a/1413)
- Nägel; Beschwerden der - Abblättern der Nägel (*/1664)
  » Abfallen der Nägel (b2/1664)
  » *deformiert* (*/1664)
  » deformiert - Zehennägel (k/1664)
  » dicke Nägel (bg2/1664)
  » *dicke Nägel - Fingernägel* (b4a/1664)
  » *eingewachsene Zehennägel* (*/1665)
  » gespaltene, aufgesprungene Nägel (ptk1/1665)
  » *gewellte Nägel* (*/1665)
  » gewellte Nägel - Fingernägel (ser/1665)
  » *Niednagel* (*/1665)
  » Rauheit - gefurcht, gerieft, gerillt (ptk1*/1665)
  » Rauheit - Fingernägel - gefurcht, gerieft (k/1665)
  » spröde, brüchige Nägel (b4a/1665)
  » *spröde, brüchige Nägel - Fingernägel* (*/1665)
  » *spröde, brüchige Nägel - Zehennägel* (*/1665)
  » verkrüppelte, verkümmerte Nägel (bg2*/1665)
  » *verkrüppelte, verkümmerte Nägel - Fingernägel* (*/1665)
  » *verkrüppelte, verkümmerte Nägel - Zehennägel* (*/1665)

HAUT - *Erysipel* (*/1798)
- **Hautausschläge - Herpes - ringförmig** (*/1815)
  » Impetigo (hr1*/1816)
  » Molluscum - contagiosum; Molluscum (ll/1818)
- Unrein (*/1835)
- Warzen - Mädchen; bei jungen (hr1/1836)

Nonverbales - Äußerliches - Beobachtungen des Arztes

KOPF - *Schuppen* (*/402)
- **Schuppen - weiß** (*/402)
- **Schweiß der Kopfhaut - außer am Kopf; generalisierter Schweiß** (bg2*/403)

AUGE - Strabismus, Schielen (b4a/467)
- *Verklebt* (*/472)

OHR - Bohren mit den Fingern darin (k/500)
NASE - Bohren mit den Fingern in der Nase (bg3*/546)
• Zupfen - Nase, an der (bg*/578)
GESICHT - Farbe - blaß - Kindern; bei (mtf33/586)
• Fettig (*/593)
• *Hautausschläge - Akne* (*/595)
» Akne - Mädchen; bei anämischen (j/596)
• Nasenlinie ausgeprägt (mtf33/613)
• *Rissig - Lippen* (b4a/613)
» Lippen - Unterlippe (b4a/613)
• Sommersprossen (*/632)
• Venen, erweiterte (*/634)
» Lebersternchen (ptk1/634)
» netzförmig, wie marmoriert (*/634)
» Schläfen (*/634)
• Wächsern (k2*/635)
• *Warzen* (*/635)
» **Kinn** (*/635)
» Lippen (*/635)
• Zupfen - Lippen; an den (mtf33/636)
ÄUSSERER HALS - Torticollis (bro1/761)
ATMUNG - Asthma, asthmatische Atmung - Kindern; bei (mtf33/1162)
• Atemnot, Dyspnoe, erschwertes Atmen - Kindern; bei (mtf33/1168)
HUSTEN - Anfallsweise - besteht aus - zwei Hustenstößen (k/1186)
EXTREMITÄTEN - Farbe - Finger - Fingernägel - weiß - Flecken (bg2/1409)
HAUT - Sommersprossen (*/1834)
ALLGEMEINES - Aussehen - dunkel (c1*/1854)
• Aussehen - hell, blond (c1*/1855)
» hell, blond - schlaffer Faser, mit (mtf33/1855)

Nonverbales - Äußerliches - Beobachtungen der Eltern

AUGE - Verklebt - morgens (*/472)
MUND - Beißt - Zunge; beißt sich auf die (*/640)
ZÄHNE - Zähneknirschen (*/718)
MAGEN - Gluckern; Gurgeln (*/802)
• Gluckern; Gurgeln - Trinken - agg. (*/803)
• Schluckauf (b2/809)
» Essen - nach - agg. (*/810)
» Trinken - nach - agg. (bg1/811)
» Trinken - nach - kaltem Wasser; von - agg. (k/811)
» Trinken - nach - Wasser; von - agg. (b4a/811)
• Völlegefühl - Essen - nach - agg. - wenig, nach dem kleinsten Bissen; nach noch so (k/845)
ABDOMEN - Flatulenz - Kindern; bei (mtf33/863)
• Schmerz - Beugen - hinten, nach - agg. (k/882)
» Zusammenkrümmen - muß sich zusammenkrümmen (k/897)
REKTUM - Unwillkürlicher Stuhl (ptk1/984)
• Unwillkürlicher Stuhl - Flatus agg.; Abgang von (bg2/985)
STUHL - Kugeln, wie (*/996)
• Schafskot, wie (b2/997)
• Unverdaut (*/999)
BLASE - *Urinieren - Harndrang - plötzlich - beeilen um zu urinieren, sonst geht Urin ab; muß sich* (*/1015)
• *Urinieren - unwillkürlich - Husten; agg. beim* (*/1020)
» *verzögert, muß warten, bis der Urin zu fließen beginnt* (k/1020)
» verzögert, muß warten, bis der Urin zu fließen beginnt - pressen, bevor er damit beginnen kann; muß lange (*/1021)
MÄNNLICHE GENITALIEN - Faßt sich an die Genitalien (bg1*/1065)
• Masturbation, Neigung zur (*/1071)
» Schlaf; agg. im (k/1071)
» unwiderstehliche Neigung (hr1*/1071)
WEIBLICHE GENITALIEN - Masturbation; Neigung zu (c1*/1104)
SCHWEISS - Essen - nach - agg. (*/1786)
• Mittagessen; nach (*/1789)
• *Warm - Speisen; warme - nach* (*/1792)

Nacht; Beobachtungen in der - Gemütssymptome

GEMÜT - Gesten, Gebärden; macht - Hände; unwillkürliche Bewegungen der - zupft - Bettwäsche; an der (mtf33/98)
• Gesten, Gebärden; macht - Hände; unwillkürliche Bewegungen der - zupft - Bettwäsche; an der - Schweiß; beim (bg2/98)
• Schreien - Kindern, bei - Erwachen, beim (mtf33/157)
• Sprechen - Schlaf; im (*/169)
• Weinen - Kindern; bei - nachts (gg/246)

Nacht; Beobachtungen in der - körperliche Symptome

KOPF - Schweiß der Kopfhaut - Schlaf - im (ser/404)
ZÄHNE - Zähneknirschen - Schlaf; agg. im (k/718)
REKTUM - Unwillkürlicher Stuhl - Schlaf; agg. im (*/985)
BLASE - *Urinieren - unwillkürlich - nachts* (*/1019)
• Urinieren - unwillkürlich - nachts - Kindern, bei (mtf33/1019)
KEHLKOPF UND TRACHEA - Laryngismus stridulus - Schlaf - im - agg. (k/1145)

Nacht; Beobachtungen in der - Schlaf

SCHLAF - *Erwachen - Schreck, wie durch* (j5/1675)

Nacht; Beobachtungen in der - Schlaf; Lage im

SCHLAF - Lage - Arme - Kopf - über dem Kopf (*/1682)

• Lage - Beine - übereinandergelegt, gekreuzt (bg2/1682)
» nackt (gk/1683)
» *Seite, auf der - linken Seite, auf der* (mrr1/1683)

Schaukeln und Getragenwerden

Gemüt - Schaukeln - agg. (mtf33/153)

Autos und Schiffe

Kopf - Schmerz - Fahren - Wagen, im - agg. (k/326)
Extremitäten - Krämpfe - Füße - Fußsohlen - Fahren im Wagen agg. (k/1466)
Allgemeines - Fahren - Wagen; mit dem - agg. (k/1877)

Psychosomatische Störungen

Rektum - *Diarrhoe - Erregung, Aufregung agg.* (*/952)
Schweiss - Fremden; in Anwesenheit von (pd*/1786)

Körperliche Symptome und Erkrankungen

Kopf - Hydrozephalus (bg2/295)
• Schmerz - katarrhalisch (bl/331)
Nase - *Katarrh - gefolgt von - Stirnhöhlen; Beschwerden der* (*/553)
Gesicht - Hautausschläge - Akne - Menses - unregelmäßige Menses (bro1/596)
Zähne - Abszeß der Zahnwurzeln (bg2/695)
• Karies, faule, hohle Zähne (*/700)
Magen - Würgen - Husten, mit (*/846)
Rektum - Cholera - infantum (*/949)
Nieren - *Entzündung* (*/1023)
Allgemeines - *Abmagerung - Kindern; bei - Kleinkindern; bei* (bro1/1845)
• Kindern; Beschwerden von (*/1897)
• Medikamente - allopathische - Mißbrauch von (c1/1921)

Chirurgisch pathologische Zustände

Nase - *Polyp* (*/561)
• Polyp - blutet leicht (k/561)
• *Rachenmandelwucherung* (br1*/561)
Abdomen - Hernie (c2/867)
• Hernie - Leistenhernie (*/868)
» Leistenhernie - Kindern, bei (mtf33/868)
» Leistenhernie - Kindern, bei - links (mtf33/868)
» Leistenhernie - Kindern, bei - angeboren (ptk1/868)
» Leistenhernie - schmerzhaft (mtf33/868)
• Intussuszeption (*/869)
Männliche Genitalien - Hochgezogen, an den Körper gezogen - Hoden (*/1068)
• Hochgezogen, an den Körper gezogen - Hoden - links (*/1068)
• Phimose (*/1071)
» Paraphimose (*/1071)

Würmer

Rektum - Würmer - Beschwerden durch Würmer - Bandwürmer (*/986)
• Würmer - Beschwerden durch Würmer - Madenwürmer (*/986)
» *Beschwerden durch Würmer - Spulwürmer* (b4a/986)

Thyreoidinum

thyr.

Es scheint angezeigt bei *Heranwachsenden* bei Neigung, mit den Familienmitgliedern zu streiten und Reizbarkeit beim geringsten Widerstand.

Entwicklungsstillstand bei Kindern, Kretinismus, Idiotie.

Appetitverlust bei stumpfsinnigen und geistig zurückgebliebenen Kindern; sollte bei *Down-Syndrom* erwogen werden.

Konvulsionen beim Säugling, in Verbindung mit fiebrigem Durchbrechen der Zähne.

Enuresis bei schwächlichen und nervösen Kindern.

Chronische und hartnäckige Diarrhoe.

Hodenretention bei Knaben.

Dr. S. K. Banerjee stellt ein nettes Werkzeug zur Verfügung, um sich einige Charakteristika dieses Mittels zu merken [wobei dies nur teilweise ins Deutsche übertragbar ist. Anm. d. Übers.].

T = *Temperaments-Störungen im Jugendalter:* Reizbarkeit, launische Stimmung usw.

H = *Hyperthyreose.*

Y = *Yields* [eignet sich] wunderbar bei Gelbsucht und chronischem Erbrechen.

R = *Rachitische,* dünne, dürre, kachektische Erscheinung mit *geistiger Zurückgebliebenheit* ist charakteristisch.

O = a) *Ödem* von Gesicht und Gliedmaßen; abgemagerte, anämische Patienten. b) Obesity [Adipositas] mit Ödem, verbunden mit Anämie.

I = *Infantile Konvulsionen* ohne Fieber oder Trauma (besonders wenn die Mutter an Eklampsie litt oder die Eltern an verschiedenen Nerven- und Stoffwechselstörungen litten).

D = *Diabetes mellitus:* wenn Symptome mit großer Geschwindigkeit erscheinen und er von Schwäche begleitet ist.

I = *Infantiles Ekzem während der Zahnung,* besonders an Ellbogen und Knie ist charakteristisch. Auch Ablösen der Haut von Handflächen und Fußsohlen.

N = Struma *nodosa.*

U = Fibrom des *Uterus.*

M = a) Miasmatische Mischung mit starkem Überwiegen von sykotischen und tuberkulinischen Elementen. b) Myxödem und Kretinismus: einer unserer Rettungsanker. c) Manien: reizbar, ungeduldig, suizidal, Angst, eingesperrt zu werden.

Klinisches: Diabetes. Albuminurie. Herzleiden. Abszesse. Ichthyose. Psoriasis. Ekzem. Adipositas. Konvulsionen.

Wirkungsbereich: Herz. Zentralnervensystem. Haut.

* * *

Krankengeschichte; familiäre und persönliche

Allgemeines - Familiengeschichte von - Typhus abdominalis (jl2/1878)
- Krankengeschichte von; persönliche - Typhus abdominalis; von (jl2/1910)

Entwicklung - langsam

Allgemeines - Entwicklung - Entwicklungsstillstand (br1/1872)

Zahnung - Empfindungen und neurologische Beschwerden

Allgemeines - Konvulsionen - Zahnung; während der (jl3/1907)

Zahnung - Magendarmsymptome

Magen - Erbrechen - Zahnung; während der (c1/796)

Stillen - Magendarmsymptome - Appetit - vermindert

Magen - Appetit - fehlend (jl2/767)

Stillen - Magendarmsymptome - Appetit - vermehrt

Magen - *Appetit - Heißhunger* (bro1/769)

Konstitution - Allgemeines

Gemüt - Pessimist (jl2/136)

Familie; Beziehung zur - Aggressivität

Gemüt - Streitsüchtig - Familie, mit ihrer (jl3/173)

Beziehung zu anderen - Aggressivität

Gemüt - Streitsüchtig (^/173)

Beziehung zu anderen - Reaktion auf andere

Gemüt - Widerspruch - verträgt keinen Widerspruch (bro1*/249)

Beziehung zu anderen - allgemein

Gemüt - Argwöhnisch, mißtrauisch (ptk1/16)

Nonverbales - Gesten, Gebärden

Gemüt - Launenhaftigkeit, launisch (jl3/123)

Nonverbales - Konsultation; bei der

Ohr - Entzündung (jl2/500)

Mund - Aphthen - Zunge (jl2/640)

Nonverbales - Äußerliches - Beobachtungen des Arztes

Gesicht - Haare - Haarwuchs - Kindern, bei (c1/637)

Allgemeines - Zwergwuchs (c1*/2035)

Nacht; Beobachtungen in der - körperliche Symptome

Blase - *Urinieren - unwillkürlich - nachts* (br1*/1019)
- Urinieren - unwillkürlich - nachts - schwächlichen Kindern, bei (ptk1/1019)

Körperliche Symptome und Erkrankungen

Kopf - Entzündung - Gehirn (jl2/284)
- Entzündung - Hirnhaut (jl2/284)

Allgemeines - Abmagerung - Kindern; bei (bro1/1845)
- Abmagerung - Kindern; bei - Kleinkindern; bei (br1/1845)
- Kindern; Beschwerden von (jl/1897)
- *Verletzungen - Knochenbrüche - langsame Heilung von Knochenbrüchen* (c1*/2020)

Chirurgisch pathologische Zustände

Männliche Genitalien - Hochgezogen, an den Körper gezogen - Hoden (st1*/1068)
- *Hodenretention* (br1*/1069)
  - » abdominal (fry3/1069)
  - » Schambein; vor das (samkn/1069)

Tilia europaea

til.

Zahnung - Allgemeines

Zähne - Zahnung - schwierig (c1/718)

Stillen - Magendarmsymptome - Appetit - vermindert

Magen - Appetit - vermindert (*/772)

Stillen - Magendarmsymptome - Schluckauf

Magen - Schluckauf - Aufstoßen - nach (*/809)

Konstitution - Angst und Furcht

Gemüt - Furcht - engen Räumen; in (a1/67)

Konstitution - Allgemeines

Gemüt - Unzufrieden (k/194)

Beziehung zu anderen - Aggressivität

Gemüt - Streitsüchtig (*/173)
- Zorn - Widerspruch, durch (k/255)

Beziehung zu anderen - Reaktion auf andere

GEMÜT - Gesellschaft - Abneigung gegen (*/94)
• Widerspruch - verträgt keinen Widerspruch (k/249)

Beziehung zu anderen - allgemein

GEMÜT - Tadelsüchtig, krittelig (k/178)

Nonverbales - Äußerliches - Beobachtungen des Arztes

GESICHT - Venen, erweiterte - Schläfen (a1/634)

Nonverbales - Äußerliches - Beobachtungen der Eltern

MAGEN - Schluckauf - Aufstoßen - nach (*/809)

Chirurgisch pathologische Zustände

ABDOMEN - Entzündung - Peritoneum (c2*/860)

Trifolium pratense

trif-p.

Krankengeschichte; familiäre und persönliche

ALLGEMEINES - *Familiengeschichte von - Krebs* (br1/1878)
• *Krankengeschichte von; persönliche - Krebs; von* (br1/1910)

Stillen - Milch

KOPF - *Hautausschläge - Milchschorf* (br1*/290)

Infektionskrankheiten - Mumps

GESICHT - Entzündung - Parotis - Mumps (c2*/584)
• Entzündung - Parotis - Mumps - Prophylaxe gegen Mumps (ptk1*/584)

Infektionskrankheiten - Keuchhusten

HUSTEN - *Keuchhusten* (bro1/1197)

Nonverbales - Äußerliches - Beobachtungen der Eltern

MAGEN - Schluckauf (a1/809)

Tuberculinum avis

tub-a.

Stillen - Magendarmsymptome - Appetit - vermindert

MAGEN - Appetit - fehlend (vs*/767)

Infektionskrankheiten - Masern

HUSTEN - Masern - nach (c/1202)

HAUT - Hautausschläge - Masern (c2*/1817)

Nonverbales - Allgemeines

GEMÜT - Ruhelosigkeit - Kindern, bei (ih/151)

Nonverbales - Konsultation; bei der

OHR - Absonderungen - eitrig (jl2/497)
• Entzündung - Mittelohr (vs*/501)
» Processus mastoideus (jl2/501)
• Katarrh - Eustachische Röhre (jl2/515)

Nonverbales - Äußerliches - Beobachtungen des Arztes

ATMUNG - Asthma, asthmatische Atmung - Kindern; bei (vs*/1162)
• Asthma, asthmatische Atmung - Kindern; bei - Kleinkindern; bei (jl2/1163)

Körperliche Symptome und Erkrankungen

KOPF - Entzündung - Hirnhaut (jl2/284)

BRUST - Entzündung - Bronchien - Kindern; bei (c*/1232)

Chirurgisch pathologische Zustände

NASE - Polyp (jl2/561)

Tuberculinum bovinum Kent

tub.

Tuberculinum-Kinder sind durch abgemagertes Aussehen und dünne Brust gekennzeichnet und kommen oft mit einem im Verhältnis zum Körper unverhältnismäßig großen Kopf zur Welt, mit *langen Haaren und dunklem Flaumhaar, besonders entlang des Rückgrates.* Oft haben sie *lange Wimpern* und die Lederhaut kann wie bei Carcinosinum bläulich sein.

Die Schlüsselmerkmale in Bezug auf das Verhalten der Kinder sind *Ruhelosigkeit* und *Verlangen nach Veränderung.* Diese Kinder wollen sich bewegen, die Lage wechseln, von einem Zimmer ins andere gehen, von einem Spiel zu einem anderen wechseln. Während der Konsultation sitzen sie nicht still auf dem Stuhl, sondern werden ständig damit schaukeln und häufig wird man sie herumlaufen sehen. Ihre große Energie ist schwer unter Kontrolle zu bringen. Als wir vor 10 Jahren das „Homöopathiezentrum" (Centro di Omeopatia) in Mailand eröffneten, war der erste Patient ein Tuberculinum-Kind; am nächsten Tag mußten wir den Maler rufen!

Sie können Wutanfälle haben, gewalttätig werden, schlagen und Gegenstände zerbrechen, besonders, wenn ihnen widersprochen wird. *Ihre Reizbarkeit beim Erwachen am Morgen ist ebenso typisch wie bei Lycopodium.* Stimmung und Verhalten ändern sich sehr schnell; sie sind launisch und schwer zufrieden zu stellen.

Wenn sie in einem Spielwarengeschäft sind, fassen sie alles an und wollen mit allem spielen, was sie sehen.

Die Ruhelosigkeit kann sich wie bei Erwachsenen in einem *Verlangen zu reisen* äußern; die Eltern erzählen, daß sie gerne neue Orte besuchen, sogar allein.

Sie können sehr *eigensinnig und widerspenstig sein.*

Tuberculinum-Kinder neigen dazu, Anführer zu sein, sind aber nicht autoritär und wollen nicht im Mittelpunkt der Aufmerksamkeit stehen; dies unterscheidet das Mittel von Lycopodium.

Die Ängste von Tuberculinum sind sehr intensiv. Die charakteristischste Angst bezieht sich auf *Tiere,* besonders Hunde, Katzen und wilde Tiere wie Löwen, Tiger und Bären, die sie normalerweise nicht mögen, wenn sie Zeichentrickfilme sehen.

Einschlafen kann ihnen auf Grund ihrer körperlichen und geistigen Ruhelosigkeit schwer fallen, selbst wenn sie müde sind. Viele *schwitzen nachts* im Gesicht und am Kopf. Sie schlafen auf dem Rücken mit den Händen hinter dem Kopf, aber *häufiger mit dem Gesicht ins Kissen gepreßt* („Schlaf - Lage - Knie - Gesicht ins Kissen gepreßt; und"). Auch im Schlaf zeigt sich ihre Energie durch Ruhelosigkeit und *Zähneknirschen.*

Gerstenkörner und Ekzem auf den Lidern oder hinter den Ohren.

Sie leiden oft an wiederkehrender Otitis, Tonsillitis und vergrößerten Adenoiden. Die *Drüsen sind* in Entzündungsstadien *deutlich vergrößert.*

Lungenleiden können von den ersten Lebenstagen an auftreten, mit häufiger Bronchitis, Pleuritis, Pneumonie und Bronchopneumonie. Sie bekommen leicht Asthma und chronischen Husten. *In der Familiengeschichte findet man häufig Fälle von Tuberkulose.*

Tuberculinum ist eines der häufigsten Mittel bei *juveniler rheumatoider Arthritis.*

Der Patient ist bei Fieber oft durstig, möchte zugedeckt werden und kann reichlich schwitzen. *Die Kinder haben bei hohem Fieber keine besonderen Symptome; sie spielen weiter und die Eltern nehmen nur wahr, daß sie Fieber haben, wenn sie sie berühren oder die Temperatur messen* („Fieber - Schleichendes Fieber").

Ihre Zerstörungswut ist von den ersten Lebenstagen an vorhanden und wird besonders deutlich, wenn sie krank werden. Während der Zahnung, einem Schub von Diarrhoe oder bei hohem Fieber können sie außer Kontrolle geraten.

Zu den *Verlangen nach Speisen* zählen: *kalte Milch, Bananen,* geräuchertes Fleisch, fette Speisen, süße Speisen, Butter und Käse.

Klinisches: Asthma. Bronchitis. Pleuritis. Pneumonie. Geschwollene Drüsen. Abmagerung. Hyperaktivität. Epilepsie. Kopfschmerzen. Allergien. Erysipel. Erythem. Akne. Pavor nocturnus. Nachtschweiß.

Wirkungsbereich: Lungen. Kehlkopf. Gemüt. Kopf. Drüsen.

* * *

Krankengeschichte; familiäre und persönliche

EXTREMITÄTEN - Schmerz - Gelenke - Tuberkulose in der Familiengeschichte; bei (tl1/1541)

ALLGEMEINES - Familiengeschichte von - Asthma (knr1/1878)

• Familiengeschichte von - Atmung; Beschwerden der (bl*/1878)

» Ekzem (mir1/1878)

» Kropf (tl1/1878)

» *Tuberkulose* (bn*/1878)

• Krankengeschichte von; persönliche - Abszessen; wiederkehrenden (mtf33/1909)

» Augen - Gerstenkörnern; von wiederkehrenden (jl2*/1909)

» *Bronchitis; von wiederkehrender* (mrr1/1909)

» Furunkel; von wiederkehrenden (bro1*/1909)

» *Lungen - Entzündung der; von* (mrr1/1910)

» Ohr - Entzündung - Innenohrs; wiederkehrende Entzündung des (mrr1/1910)

» **Tonsillitis; von wiederkehrender** (st*/1910)

» Tuberkulose, von (bn*/1910)

» Typhus abdominalis; von (fb/1910)

» Zystitis; von wiederkehrenden (mrr1/1910)

» Zystitis; von wiederkehrenden - Kindern; bei (lmj/1910)

Entwicklung - langsam

GEMÜT - Entwicklung; kindliche - Entwicklungsstillstand (^/47)

• Sprechen - langsam; lernt (fry*/168)

ALLGEMEINES - Entwicklung - Entwicklungsstillstand (mrr1/1872)

Entwicklung - schnell

GEMÜT - Frühreife, altkluge Kinder (lp*/63)

Entwicklung - allgemein

KOPF - Großer Kopf (hr1/289)

Zahnung - Empfindungen und neurologische Beschwerden

AUGE - Strabismus, Schielen - Zahnung; während der (mtf11/467)

Zahnung - Allgemeines

ZÄHNE - **Zahnung - langsam** (bg3*/718)
• Zahnung - schwierig (c*/718)

Impfung

ALLGEMEINES - Impfung; Beschwerden nach (hr*/1892)

Stillen - Milch

KOPF - Hautausschläge - Milchschorf (bg2*/290)
• Hautausschläge - Milchschorf - Kindern; bei - Neugeborenen; bei (xxb/290)

HAUT - **Allergie - Milch; gegen** (vh/1795)

ALLGEMEINES - Speisen und Getränke - Milch - Abneigung (c1*/2000)
• Speisen und Getränke - Milch - Abneigung - kalte (bg2/2001)
» **Milch - agg.** (hu*/2001)
» *Milch - Verlangen* (st*/2001)
» *Milch - Verlangen - kalte* (*/2001)

Stillen - Magendarmsymptome - Appetit - allgemein

MAGEN - *Appetit - launischer Appetit* (k/770)

Stillen - Magendarmsymptome - Appetit - vermindert

MAGEN - *Appetit - fehlend* (jl2/767)
• *Appetit - fehlend - Hunger, mit* (k/768)
» fehlend - Speisen - Anblick von; beim (jl2/769)
» fehlend - Speisen - Geruch von; durch (jl2/769)
» schnelle Sättigung (xxb/770)
» vermindert (k2/772)

Stillen - Magendarmsymptome - Appetit - vermehrt

MAGEN - Appetit - Heißhunger (tl1/769)
• Appetit - Heißhunger - nachts (tl/769)
» unstillbar (al/770)
» vermehrt - nachts (jl2*/771)

Stillen - Magendarmsymptome - Rektum

REKTUM - Diarrhoe - Kindern, bei (br1*/954)
• Diarrhoe - Kindern, bei - abgemagerten; bei (ptk1*/954)

Stillen - Allgemeines

ALLGEMEINES - Abmagerung - Heißhunger mit Abmagerung - Kindern; bei (g*/1845)

Infektionskrankheiten - Windpocken

HAUT - Hautausschläge - Windpocken (jl2/1824)

Infektionskrankheiten - Masern

FIEBER - Ausschlagsfieber; Fieber bei Ausschlagserkrankungen - Masern (bg2/1770)

HAUT - Hautausschläge - Masern (bg2*/1817)

ALLGEMEINES - *Masern - Beschwerden nach* (bro1/1920)

Infektionskrankheiten - Scharlach

HAUT - Hautausschläge - Scharlach (jl2/1821)

Infektionskrankheiten - Keuchhusten

HUSTEN - Keuchhusten (c1/1197)
• Keuchhusten - heftig (ptk1/1198)
» Krampfstadium, im (ptk1/1198)

ALLGEMEINES - Genesung, Rekonvaleszenz; Beschwerden während der - Keuchhusten; nach (cpd/1884)

Konstitution - Aggressivität

GEMÜT - **Schlagen - sich; schlägt - schlägt seinen Kopf gegen die Wand und gegen Gegenstände** (k1*/154)
• Zorn - Kindern, bei (wta*/254)

KOPF - **Anstoßen** (st*/274)
• Anstoßen - Bett; mit dem Kopf gegen das (a/274)

Konstitution - Angst und Furcht

GEMÜT - **Beeindrucken, empfänglich für Eindrücke; leicht zu** (st/19)
• Beschwerden durch - Erwartungsspannung (bgs*/23)
• *Erwartungsspannung - Lampenfieber* (dgt/53)
» *Zahnarzt, Arzt; vor dem Gang zum* (st/53)
• Furcht - allein zu sein (hu*/64)
» Ärzten, vor (fyz*/65)
» Gewitter; vor (lmj/70)
» **Kindern, bei** (^/71)
• Gefahr - kein Gefühl für Gefahr; hat (mtf/87)
• *Mutig* (ptk1*/133)

Konstitution - Allgemeines

GEMÜT - Ehrgeiz - Verlust von (rb3/40)
• Empfindlich - Kinder (jl2/44)
• Entmutigt (al2*/46)
• **Faulheit** (br1*/55)
• Gewissenhaft, peinlich genau in bezug auf Kleinigkeiten (mtf/99)
• **IMPULSE, TRIEBE; KRANKHAFTE - LAUFEN; ZU** (st*/112)
• Milde (lp*/130)
• Pessimist (jl2/136)
• **Reisen - Verlangen nach** (*/142)
• Selbstsucht, Egoismus (bgs*/161)
• Selbstvertrauen - Mangel an Selbstvertrauen (^/161)
• *Stimmung, Laune - veränderlich* (*/171)
» veränderlich - Kindern; bei (mtf33/171)
• Ungerechtigkeit; erträgt keine (lmj/191)
• **Unzufrieden** (al*/194)
• Veränderungen - Verlangen nach (k2*/195)
• *Verwegenheit* (ckh1*/199)

- **Wandern, Herumwandern - Verlangen zu wandern** (br1*/243)
- Waschen - Verlangen zu waschen (jl2/243)
  - » Verlangen zu waschen - Hände; wäscht sich ständig die (jl2/243)
- Weinen - Kleinigkeiten, über - Kinder bei der geringsten Sorge (st1/246)

Familie; Beziehung zur - Aggressivität

GEMÜT - **Beschimpfen, beleidigen, schmähen - Kinder - Eltern; Kinder beschimpfen ihre** (mp1/22)
- Schlagen - Kindern; bei - Tadel, bei (*/154)

Familie; Beziehung zur - Liebe und Zuneigung

GEMÜT - *Verlassen zu sein; Gefühl* (mtf/198)
- Widerspenstig - Eltern; gegenüber den (v*/249)

Familie; Beziehung zur - Vorwürfe

GEMÜT - Schlagen - Kindern; bei - Tadel, bei (*/154)

Beziehung zu anderen - Aggressivität

GEMÜT - Herausfordernd (mtf/107)
- *Schlagen* (vh*/154)
  - » Kindern; bei (mrr1/154)
  - » **sich; schlägt** (^/154)
  - » sich; schlägt - Kopf - seinen Kopf (ptk1*/154)
  - » **sich; schlägt - schlägt seinen Kopf gegen die Wand und gegen Gegenstände** (k1*/154)
  - » Zorn, aus (mrr1/155)
- Sprache - barsch (jl2/166)
- Streitsüchtig (al*/173)
- Zorn - Widerspruch, durch (mrr1/255)

Beziehung zu anderen - Reaktion auf andere

GEMÜT - Antworten - einsilbig (st/15)
- Antworten - einsilbig - Ja oder Nein (k13*/15)
  - » einsilbig - Nein auf alle Fragen (st*/15)
- *Autismus* (mrr1*/19)
- Gesellschaft - Abneigung gegen (ctc/94)
- Schüchternheit, Zaghaftigkeit (kr*/158)
  - » Kindern; bei (al2*/158)
- *Weinen - angesprochen; wenn* (hr1*/245)
- Widerspenstig (^/249)
- Widerspruch - Neigung zu widersprechen (mtf33/249)
  - » verträgt keinen Widerspruch (mrr1*/249)
  - » *verträgt keinen Widerspruch - Kindern; bei* (mtf33/249)

Beziehung zu anderen - allgemein

GEMÜT - **BELEIDIGT, LEICHT (st1*/20)**
- Manipulierend (mrr1/128)
- Quält - sich (ptk1/138)
- Tadelsüchtig, krittelig (bgs/178)
- Tadelt andere (bgs/179)
- *Unverschämtheit* (st/193)

Schule - Angst

GEMÜT - Beschwerden durch - Erwartungsspannung (bgs*/23)
- Selbstvertrauen - Mangel an Selbstvertrauen (^/161)

Schule - Lernen - allgemein

GEMÜT - Dyslexie (mtf11/40)

Schule - Lernen - Schreiben

GEMÜT - Fehler; macht - Schreiben, beim (bcj/57)
- Fehler; macht - Schreiben, beim - stellt etwas um - Buchstaben (ser/58)

Schule - Anstrengung; geistige

KOPF - Schmerz - geistige Anstrengung - agg. (al*/328)
- *Schmerz - Lesen, beim - agg.* (*/332)
  - » Schulkindern; bei (al*/339)
  - » *Studenten, bei* (jl2/340)

Schule - Beziehung zu anderen

GEMÜT - *Ungehorsam* (mrr1*/191)
- *Ungehorsam - Kindern, bei* (lmj*/191)

Schule - Vorwürfe

GEMÜT - Schlagen - Kindern; bei - Tadel, bei (*/154)

Schule - Konstitution

GEMÜT - *Eigensinnig, starrköpfig, dickköpfig* (mg1/41)
- **Eigensinnig, starrköpfig, dickköpfig - Kinder** (st1*/41)
- Gewissenhaft, peinlich genau in bezug auf Kleinigkeiten (mtf/99)
- Selbstvertrauen - Mangel an Selbstvertrauen (^/161)
- *Ungehorsam* (mrr1*/191)
  - » *Kindern, bei* (lmj*/191)

Spielen

GEMÜT - *Amüsement, Vergnügen - Verlangen nach* (mrr1*/4)
- Spielen - Verlangen zu spielen (^/166)

Tieren; Beziehung zu

GEMÜT - *Furcht - Hunden, vor* (*/71)
- Furcht - Hunden, vor - schwarzen Hunden; vor (jl2/71)
  - » *Katzen; vor* (bg2*/71)
  - » *Tieren, vor* (bg3*/76)
  - » Tieren, vor - Fell; vor Tieren mit (mrr1*/76)
- *Tiere - liebt Tiere, Tierliebe* (^/180)
  - » *liebt Tiere, Tierliebe - Katzen* (vh*/180)

Nonverbales - Aggressivität

GEMÜT - Beißen (^/20)
- Beißen - Kindern; bei (hu2/20)

• *Destruktivität, Zerstörungswut* (*/38)
  » *Kindern, bei* (mrr1*/39)
• Raserei, Tobsucht, Wut - zieht die Umstehenden an den Haaren (ckh1/140)
• *Reizbarkeit, Gereiztheit - Kindern, bei* (c1*/145)
• Stoßen, treten, austreten (^/172)
• Wirft mit Gegenständen um sich (al*/250)
  » **Personen; nach** (kl*/250)
• *Zerbricht Dinge* (*/251)
  » *Verlangen; Dingen zu zerbrechen* (*/251)
  » wertvolle Gegenstände, die anderen gehören (mrr1*/251)
• Ziehen - Haaren; an den - Verlangen zu ziehen - ihren eigenen Haaren; an (hr1*/252)
  » Haaren; an den - Verlangen zu ziehen - jemanden an den Haaren (bg2*/252)

Nonverbales - Reaktion auf andere

GEMÜT - *Angesehen, angeblickt zu werden - erträgt es nicht, angesehen zu werden* (st1*/5)
• Angesehen, angeblickt zu werden - erträgt es nicht, angesehen zu werden - Kindern; bei (mtf33/5)
• Berührtwerden - Abneigung berührt zu werden (a1*/21)
• Furcht - Fremden; vor (wta/68)
• Schamhaft, große Scham - Kindern; bei (k/153)
• *Schamlos* (st*/153)
  » *Kindern, bei* (st*/153)

Nonverbales - Gesten, Gebärden

GEMÜT - Beißen - Nägel (a/20)
• Berühren, anfassen; etwas - Verlangen, etwas zu berühren, anzufassen - alles berühren, anfassen; muß (^/21)
  » Verlangen, etwas zu berühren, anzufassen - alles berühren, anfassen; muß - Kindern; bei (lmj/21)
• Launenhaftigkeit, launisch (bgs*/123)

Nonverbales - Allgemeines

GEMÜT - *Eigensinnig, starrköpfig, dickköpfig* (mg1/41)
• **Eigensinnig, starrköpfig, dickköpfig - Kinder** (st1*/41)
• *Impertinenz, Unverschämtheit* (st/112)
• Possen, spielt (^/137)
  » Kindern; bei (lmj/138)
• *Ruhelosigkeit - Kindern, bei* (vh*/151)
• **SCHREIEN - KINDERN, BEI** (st1/157)

Nonverbales - Konsultation; bei der

KOPF - Empfindlichkeit - Kopfhaut, der (ptk1/284)
• Läuse (k/300)

OHR - Absonderungen - chronisch (mtf33/497)
• Absonderungen - chronisch - rechts (xxb/497)
  » *eitrig* (*/497)
  » schleimig (bro1/498)
  » stinkend (bro1/498)
  » *übelriechend* (k/498)
  » wundfressend (bro1/498)
• Entzündung (jl2/500)
  » eitrig (jl2/500)
  » Mittelohr (ih*/501)
  » Mittelohr - chronisch (mtf11*/501)
• *Perforation - Trommelfell* (bg2*/516)
  » *Trommelfell - Rändern; mit ausgefransten, gezackten* (br1*/516)

MUND - Aphthen (c1*/639)
• Aphthen - Zunge (c1/640)
• Landkartenzunge (st*/668)
• *Papillen - aufgerichtet - Erdbeerzunge* (a1*/669)

INNERER HALS - **Entzündung - Tonsillen** (sf1/724)
• **Schwellung - Tonsillen** (bg2*/747)

ÄUSSERER HALS - *Schwellung - Halsdrüsen* (*/760)
• *Schwellung - Halsdrüsen - eitrig* (*/760)
  » *Halsdrüsen - hart* (mrr1/760)
• **Verhärtung von Drüsen** (*/761)
  » **perlschnurartig** (*/761)

REKTUM - Hautausschläge - Anus; um den (tl/964)

BRUST - Einziehung der Brustwarzen (ptk1/1231)

RÜCKEN - Krümmung der Wirbelsäule (mrr1/1323)

EXTREMITÄTEN - Nägel; Beschwerden der - eingewachsene Zehennägel (k/1665)
• Nägel; Beschwerden der - gekrümmte Fingernägel - Schwindsucht; bei (*/1665)
  » spröde, brüchige Nägel - Fingernägel (xxb/1665)

HAUT - Erysipel (bg2*/1798)
• Hautausschläge - Erythem (c2/1812)
  » **HERPES - RINGFÖRMIG** (*/1815)
  » Impetigo (mtf11/1816)
  » Kindern; bei - Neugeborenen; bei (mrr1/1817)
• Intertrigo (bro1/1825)

ALLGEMEINES - Krankengeschichte von; persönliche - Ohr - Entzündung - Innenohrs; wiederkehrende Entzündung des (mrr1/1910)

Nonverbales - Äußerliches - Beobachtungen des Arztes

KOPF - Großer Kopf (hr1/289)
• Schuppen (gk/402)
• Haare - Kahlköpfigkeit - jungen Menschen, bei (a/418)

AUGE - Farbe - blau - Sklera oder Bindehaut (bn*/432)
• Farbe - blau - Sklera oder Bindehaut - Kindern; bei (mtf33/432)
• Strabismus, Schielen (*/467)
• **Haare - Wimpern - feine Wimpern** (mrr1/475)
  » Wimpern - lange Wimpern (dgt*/475)

NASE - Schniefen (gk/568)

GESICHT - Ausdruck - alt aussehend (ptk1*/580)
• Ausdruck - alt aussehend - Kindern; bei (mtf33/580)
• Farbe - blaß - Kindern; bei (mtf33/586)
• *Fettig* (*/593)
• *Hautausschläge - Akne* (*/595)
» Akne - tuberkulös - Kindern; bei (bro1/596)

ATMUNG - Beschleunigt (*/1174)

HUSTEN - Halten, Festhalten - Brust mit beiden Händen halten; muß beim Husten die (gk/1193)

EXTREMITÄTEN - Farbe - Finger - Fingernägel - weiß - Flecken (*/1409)

ALLGEMEINES - Aussehen - blühend, frisch (tl1/1854)
• *Aussehen - hell, blond* (br1/1855)
» hell, blond - schlaffer Faser, mit (br1/1855)
• Magere Personen (*/1919)
• *Zwergwuchs* (hr1*/2035)

Nonverbales - Äußerliches - Beobachtungen der Eltern

KOPF - Empfindlichkeit - Kämmen, Bürsten der Haare; gegen (bg/283)

ZÄHNE - *Zähneknirschen* (k2*/718)

REKTUM - *Unwillkürlicher Stuhl* (jl2/984)
• *Unwillkürlicher Stuhl - Flatus agg.; Abgang von* (*/985)

STUHL - *Unverdaut* (k/999)

BLASE - Urinieren - verzögert, muß warten, bis der Urin zu fließen beginnt - pressen, bevor er damit beginnen kann; muß lange (pd/1021)

MÄNNLICHE GENITALIEN - *Erektionen - Kindern, bei* (*/1063)
• *Erektionen - schmerzhaft - Kindern, bei* (st1/1064)
• Faßt sich an die Genitalien - Kind (gk/1066)
• *Masturbation, Neigung zur* (*/1071)
» exzessiv (mrr1/1071)
» Kindern; bei (ggd*/1071)
• Sexuelles Verlangen - vermehrt - Kindern, bei (ggd/1084)

WEIBLICHE GENITALIEN - *Masturbation; Neigung zu* (*/1104)
• Masturbation; Neigung zu - Kindern; bei (ggd*/1104)

ATMUNG - Schnarchen (bro1/1180)

Nacht; Beobachtungen in der - Gemütssymptome

GEMÜT - **ANGST - NACHTS - KINDERN; BEI (st/7)**
• Furcht - nachts - Kindern; bei (mtf33/64)
» *Dunkelheit; vor der* (ser*/66)
» **Kindern, bei - nachts** (st/71)
• Reizbarkeit, Gereiztheit - morgens - Erwachen, beim - Kindern, bei (mtf33/143)
• Schlafwandeln (jl2*/154)
• *Schreien - Kindern, bei - Schlaf, im* (hr1*/157)
• Sprechen - Schlaf; im (hr1*/169)
• Stoßen, treten, austreten - Schlaf, im (g*/172)

Nacht; Beobachtungen in der - körperliche Symptome

KOPF - **Bohrt den Kopf in das Kissen** (*/282)
• Schweiß der Kopfhaut - nachts (c1/403)

ZÄHNE - **ZÄHNEKNIRSCHEN - SCHLAF; AGG. IM (*/718)**

REKTUM - *Unwillkürlicher Stuhl - Schlaf; agg. im* (*/985)

BLASE - *Urinieren - unwillkürlich - nachts* (*/1019)

Nacht; Beobachtungen in der - Schlaf

SCHLAF - **Erwachen - Schreck, wie durch** (al*/1675)

Nacht; Beobachtungen in der - Schlaf; Lage im

SCHLAF - *Lage - Abdomen, auf dem* (vh*/1682)
• *Lage - Knie - Brust; liegt auf Knien und* (st1*/1682)
» *Knie - Gesicht ins Kissen gepreßt; und* (st*/1682)

Körperliche Symptome und Erkrankungen

KOPF - *Entzündung - Gehirn* (bro1/284)
• Entzündung - Hirnhaut (br1*/284)
» *Hirnhaut - tuberkulös* (*/284)
• Hydrozephalus (*/295)
• Schmerz - katarrhalisch (al*/331)

GESICHT - Hautausschläge - Akne - tuberkulös - Kindern; bei (bro1/596)

ZÄHNE - Karies, faule, hohle Zähne (mtf33*/700)
• Karies, faule, hohle Zähne - Kindern; verfrüht bei (bro1/700)

INNERER HALS - Räuspert käsige Klumpen herauf (bg1/732)

REKTUM - Cholera - infantum (hr/949)

NIEREN - Entzündung (c1*/1023)
• Entzündung - parenchymatös - akut (c1/1024)

WEIBLICHE GENITALIEN - Menses - unterdrückt - Mädchen; bei jungen (lp/1113)
• *Menses - verzögerte Menarche* (k/1114)

BRUST - Entzündung - Bronchien - Kindern; bei (ptk1*/1232)
• Entzündung - Lungen - Kindern; bei (g*/1234)
» Lungen - Kindern; bei - Kleinkindern; bei (br1/1234)

RÜCKEN - Spina bifida (bg2*/1384)

EXTREMITÄTEN - **Hüftgelenksentzündung** (*/1443)

FIEBER - Continua (c1/1772)
• *Schleichendes Fieber* (*/1779)

ALLGEMEINES - *Abmagerung - Kindern; bei* (br1*/1845)
• Abmagerung - Kindern; bei - Kleinkindern; bei (bg*/1845)
» **Kindern; bei - Knaben; bei schwächlichen, kränklichen** (*/1845)

• Essen - Überessen; agg. nach (k2/1877)
• Kindern; Beschwerden von (mrr1*/1897)
» zarte, schwächliche, kränkliche Kinder (mrr1*/1897)
• Konvulsionen - Hitze; während (gk/1904)
• Medikamente - allopathische - Mißbrauch von (mrr1/1921)

Chirurgisch pathologische Zustände

NASE - Polyp (k13*/561)
• Rachenmandelwucherung (k2*/561)
» Kindern; bei (mtf33/561)
» vergrößert (mtf11/561)

ABDOMEN - Entzündung - Peritoneum (k/860)
• *Entzündung - Peritoneum - tuberkulös* (bro1/860)

MÄNNLICHE GENITALIEN - Hochgezogen, an den Körper gezogen - Hoden (mtf33/1068)
• Hodenretention (mtf33/1069)

Tuberculinum Marmoreck

tub-m.

Krankengeschichte; familiäre und persönliche

ALLGEMEINES - *Familiengeschichte von - Tuberkulose* (jl2/1878)
• Krankengeschichte von; persönliche - Tuberkulose, von (jl2/1910)

Stillen - Magendarmsymptome - Appetit - vermindert

MAGEN - Appetit - fehlend (vn*/767)

Nonverbales - Allgemeines

GEMÜT - Ruhelosigkeit - Kindern, bei (vn*/151)

Nonverbales - Konsultation; bei der

OHR - Entzündung - Mittelohr (vs*/501)

GESICHT - Schwellung - Unterkieferdrüsen (jl2/631)

INNERER HALS - Schwellung - Tonsillen (ih/747)

HAUT - Hautausschläge - Impetigo (jl2/1816)

Nonverbales - Äußerliches - Beobachtungen des Arztes

GESICHT - Rissig - Lippen (vs/613)

ALLGEMEINES - *Magere Personen* (jl2/1919)

Nacht; Beobachtungen in der - Schlaf

SCHLAF - Schlaflosigkeit - Kindern, bei (jl2/1691)

Körperliche Symptome und Erkrankungen

ALLGEMEINES - Kindern; Beschwerden von - Teenagern; bei (vs/1897)

Chirurgisch pathologische Zustände

ABDOMEN - Entzündung - Peritoneum - tuberkulös (jl2/860)

Tungstenium metallicum

tung-met.

Stillen - Milch

ALLGEMEINES - Speisen und Getränke - Milch - Abneigung (stj2/2000)

Stillen - Magendarmsymptome - Appetit - vermindert

MAGEN - Appetit - schnelle Sättigung (bdx1/770)
• Appetit - vermindert (stj2*/772)

Stillen - Magendarmsymptome - Appetit - vermehrt

MAGEN - Appetit - vermehrt (bdx1/770)

Konstitution - Angst und Furcht

GEMÜT - *Furcht - hochgelegenen Orten; vor* (stj2/71)
• Furchtlos (^/80)
» Gefahr, trotz (bdx1/80)

Konstitution - Allgemeines

GEMÜT - Selbstvertrauen - Mangel an Selbstvertrauen (^/161)
• Spontan, impulsiv (stj2/166)
• *Verwegenheit* (bdx1/199)

Familie; Beziehung zur - Liebe und Zuneigung

GEMÜT - *Liebevoll, voller Zuneigung, herzlich* (bdx1/125)

Beziehung zu anderen - Reaktion auf andere

GEMÜT - Gesellschaft - Abneigung gegen (bdx1/94)
• Widerspruch - verträgt keinen Widerspruch (stj2/249)

Schule - Angst

GEMÜT - Selbstvertrauen - Mangel an Selbstvertrauen (^/161)

Schule - Konzentration

GEMÜT - Konzentration - schwierig - Studieren (bdx1/117)

Schule - Lernen - Schreiben

GEMÜT - Fehler; macht - Schreiben, beim (bdx1/57)

Schule - Konstitution

GEMÜT - Selbstvertrauen - Mangel an Selbstvertrauen (^/161)

Spielen

GEMÜT - Amüsement, Vergnügen - Verlangen nach (bdx1*/4)

Nonverbales - Aggressivität

GEMÜT - Destruktivität, Zerstörungswut (stj2/38)

Nonverbales - Konsultation; bei der

OHR - Ohrschmalz - dünn (bdx1/516)

ÄUSSERER HALS - Schwellung - Seiten (bdx1/760)

Nonverbales - Äußerliches - Beobachtungen des Arztes

GESICHT - Fettig (bdx1/593)

ALLGEMEINES - Aussehen - dunkel (stj2/1854)

Nonverbales - Äußerliches - Beobachtungen der Eltern

REKTUM - Unwillkürlicher Stuhl - Flatus agg.; Abgang von (bdx1/985)

Körperliche Symptome und Erkrankungen

ALLGEMEINES - Schmerzlosigkeit gewöhnlich schmerzhafter Beschwerden (bdx1/1971)

Ulmus campestris

ulm-c.

Betrachtet man den Gemütszustand, so können Kinder, die Ulmus benötigen, *zwei unterschiedliche Typen* aufweisen. Auf der einen Seite kann das Kind *erhöhten Ehrgeiz und Selbstsucht zeigen, was dazu führt, daß er unverfroren ist und keinen Widerspruch verträgt.* Auf der anderen Seite kann das Kind *mitfühlend sein; zärtlich mit dem Verlangen, Zuneigung zu erwidern; aufmerksam; nachgiebig; von anderen abhängig;* und Kleinigkeiten erscheinen wichtig. Manchmal sind sie unzufrieden und entmutigt.

Am Kopf sind oft *weiße Kopfschuppen* vorhanden, sowie Risse in den Mundwinkeln.

Verzögertes Urinieren (das Kind muß warten, bis der Urin zu fließen beginnt), wäßrige Absonderungen aus dem Ohr und Erbrechen unverdauter Speisen wurden bei Kindern beobachtet, die Ulmus benötigen.

Klinisches: Kopfschuppen. Absonderungen aus dem Ohr. Erbrechen.

Wirkungsbereich: Kopf. Magen.

* * *

Stillen - Magendarmsymptome - Appetit - vermindert

MAGEN - Appetit - vermindert (jsj8/772)

Stillen - Magendarmsymptome - Appetit - vermehrt

MAGEN - Appetit - unstillbar (jsj8/770)

Stillen - Magendarmsymptome - Erbrechen

MAGEN - Erbrochenen; Art des - Speisen - unverdaut (jsj8/800)

Stillen - Magendarmsymptome - Abdomen - amel. durch

ABDOMEN - Schmerz - Druck - amel. (^/883)
- Schmerz - Liegen - Rücken; auf dem - amel. (^/889)

Konstitution - Allgemeines

GEMÜT - Ehrgeiz - erhöht, vermehrt, sehr ehrgeizig (jsj8/40)
- Entmutigt (jsj8/46)
- Kleinigkeiten, Trivialitäten - wichtig; scheinen (jsj8/115)
- Nachgiebigkeit (jsj8/134)
- Selbstsucht, Egoismus (jsj8/161)
- Selbstvertrauen - Mangel an Selbstvertrauen (jsj8/161)
- Sorgen; voller (^/164)
- Unzufrieden (^/194)
- Verwegenheit (jsj8/199)

Familie; Beziehung zur - Liebe und Zuneigung

GEMÜT - Liebevoll, voller Zuneigung, herzlich (jsj8/125)
- Liebevoll, voller Zuneigung, herzlich - erwidert Zuneigung (jsj8/125)

Beziehung zu anderen - Reaktion auf andere

GEMÜT - Widerspenstig (jsj8/249)
- Widerspruch - verträgt keinen Widerspruch (jsj8/249)

Beziehung zu anderen - allgemein

GEMÜT - Mitgefühl, Mitleid (jsj8/130)
- Unabhängigkeit, Selbständigkeit - Mangel an Unabhängigkeit, Selbständigkeit (jsj8/189)

Schule - Angst

GEMÜT - Selbstvertrauen - Mangel an Selbstvertrauen (jsj8/161)

Schule - Lernen - allgemein

GEMÜT - Fehler; macht - Sprechen, beim - Buchstabieren, beim (jsj8/58)

Schule - Lernen - Schreiben

GEMÜT - Fehler; macht - Schreiben, beim (jsj8/57)

Schule - Konstitution

GEMÜT - Kleinigkeiten, Trivialitäten - wichtig; scheinen (jsj8/115)
- Selbstvertrauen - Mangel an Selbstvertrauen (jsj8/161)

Nonverbales - Konsultation; bei der

OHR - Absonderungen - wäßrig (jsj8/498)

ABDOMEN - Schmerz - Druck - amel. (^/883)

Nonverbales - Äußerliches - Beobachtungen des Arztes

KOPF - Schuppen - weiß (jsj8/402)

GESICHT - Rissig - Mundwinkel (jsj8/614)

Nonverbales - Äußerliches - Beobachtungen der Eltern

ABDOMEN - Schmerz - Liegen - Rücken; auf dem - amel. (^/889)

BLASE - Urinieren - verzögert, muß warten, bis der Urin zu fließen beginnt (jsj8/1020)

Nacht; Beobachtungen in der - Schlaf

SCHLAF - Erwachen - Schreck, wie durch (jsj8/1675)

Nacht; Beobachtungen in der - Schlaf; Lage im

SCHLAF - Lage - Beine - angezogen (jsj8/1682)

Uranium nitricum

uran-n.

Burt schrieb: „Bei akuter und chronischer Diurese bei Kindern und Erwachsenen haben wir kein besseres Mittel. Ich habe großes Vertrauen in Uranium bei Kindern, die nachts wegen Würmern Harninkontinenz haben; der Urin ist oft wundfressend."

Clarke schrieb, daß viele Fälle von *Diabetes* mit Uranium nitricum gelindert und geheilt wurden. *Er hält übermäßigen Durst, Polyurie und trockene Zunge für die leitenden Keynotes dieses Mittels.* Uranium nitricum verursacht Glykosurie und vermehrten Urin. Es ist dafür bekannt, Nephritis, Degeneration der Leber und Bluthochdruck hervorzurufen.

Die therapeutische Keynote ist große Abmagerung, Schwäche und Tendenz zu Aszites.

Uranium nitricum ist auch nützlich bei Magen- und Zwölffingerdarmgeschwüren.

Hering berichtet vom Fall eines 12 Tage alten Kindes. Es hatte von Geburt an eine gelbe Absonderung aus dem linken Auge, die die Lider verklebte; linkes Auge rot und wäßrig. Danach kam es zur selben Art von Absonderung aus dem rechten Auge, aber mit geringerer Intensität; die Absonderung war hauptsächlich am inneren Augenwinkel vorhanden.

Klinisches: Harninkontinenz. Würmer.

Wirkungsbereich: Blase. Rektum.

* * *

Stillen - Magendarmsymptome - Appetit - vermehrt

MAGEN - *Appetit - Heißhunger* (bro1/769)

Infektionskrankheiten - Scharlach

URIN - Eiweißhaltig - Scharlach; nach (k/1046)

Konstitution - Allgemeines

GEMÜT - Faulheit (sf1/55)

Nonverbales - Konsultation; bei der

MUND - Stomatitis ulcerosa, Stomakaze (c2/689)

ALLGEMEINES - *Wassersucht - Allgemeinen; im* (br1/2023)

Nonverbales - Äußerliches - Beobachtungen des Arztes

AUGE - Verklebt (*/472)

GESICHT - Hautausschläge - Akne (k/595)

Nacht; Beobachtungen in der - körperliche Symptome

BLASE - *Urinieren - unwillkürlich - nachts* (*/1019)

Körperliche Symptome und Erkrankungen

NIEREN - Entzündung (*/1023)
• Entzündung - parenchymatös - akut (k/1024)

ALLGEMEINES - Abmagerung - Kindern; bei - Kleinkindern; bei (bro1/1845)

Urolophus halleri

urol-h.

Stillen - Magendarmsymptome - Appetit - vermindert

MAGEN - Appetit - vermindert (rwt/772)

Stillen - Magendarmsymptome - Abdomen - amel. durch

ABDOMEN - Schmerz - Beugen - vorne; nach - amel. - krampfartig (rwt/882)

Konstitution - Allgemeines

GEMÜT - Faulheit (rwt/55)
• Milde (^/130)
• Selbstvertrauen - Mangel an Selbstvertrauen (rwt/161)

Beziehung zu anderen - Reaktion auf andere

GEMÜT - *Gesellschaft - Abneigung gegen* (rwt/94)

Beziehung zu anderen - allgemein

GEMÜT - Argwöhnisch, mißtrauisch (rwt/16)
• Tadelsüchtig, krittelig (rwt/178)

Schule - Angst

GEMÜT - Selbstvertrauen - Mangel an Selbstvertrauen (rwt/161)

Schule - Konstitution

GEMÜT - Selbstvertrauen - Mangel an Selbstvertrauen (rwt/161)

Nonverbales - Konsultation; bei der

MUND - Aphthen (rwt/639)

ÄUSSERER HALS - Schwellung - Halsdrüsen (rwt/760)

Nonverbales - Äußerliches - Beobachtungen des Arztes

GESICHT - Hautausschläge - Akne (rwt/595)

Nonverbales - Äußerliches - Beobachtungen der Eltern

ABDOMEN - Schmerz - Beugen - vorne; nach - amel. - krampfartig (rwt/882)

REKTUM - Unwillkürlicher Stuhl - Flatus agg.; Abgang von (rwt/985)

Urtica urens

urt-u.

Seine Hauptanwendung liegt in der Behandlung von *Urtikaria.* Es scheint am besten geeignet für diejenige Spielart, die Urticaria nodosa genannt wird, in der die Haut erhaben erscheint, mit einem weißen Fleck in der Mitte und einem roten Hof, verbunden mit Stechen und Brennen. Es ist auch nützlich, wenn der Hautausschlag zurückgeht, mit anschließendem Erbrechen, Ohnmacht und manchmal Diarrhoe.

Allen schrieb: „Die Haut von Gesicht, Armen, Schultern und Brust sind von *enorm quälender brennender Hitze befallen, mit Ameisenlaufen, Taubheit und heftigem Jucken.* Lippen, Nasen und Ohren waren geschwollen und die Lider geschwollen und ödematös, so daß sie kaum geöffnet werden konnten. Nach einer Weile waren alle oberen Teile des Körpers bis zum Nabel herab schrecklich geschwollen, blaß und eher ödematös als entzündet. Es entwickelte sich eine große Zahl kleiner, durchsichtiger Blasen, die mit Serum gefüllt waren und wie Sudamina aussahen, größer wurden und zusammenflossen. Auf Grund dieser Blasen nahm die Haut ein eigentümlich runzeliges Aussehen an. Es waren keine anderen bemerkenswerten Störungen vorhanden, weder des Kreislaufs noch der Atmung. Der Patient klagte weder über Kopfschmerzen noch über Empfindlichkeit des Magens oder Bauches. Das Aussehen des Patienten war monströs, die Lider waren vollständig geschlossen und bildeten durchsichtige, hier und da bläuliche Schwellungen, so groß wie Hühnereier. Oberlippe, Nase und beide Ohren waren schrecklich geschwollen."

Das Mittel wird auch bei *Windpocken, Erythem* und *Insektenstichen* benutzt.

Bei Kindern ist das Rektum angegriffen: Beschwerden durch Würmer (Madenwürmer), Spulwürmer (die Jucken des Rektums verursachen und manchmal mit Urtikaria verbunden sind), und *Diarrhoe nach unterdrückten Hautausschlägen.*

Es kann bei Kindern zu Bettnässen kommen.

Klinisches: Urtikaria. Windpocken. Erythem. Insektenstiche. Würmer. Ascariasis. Diarrhoe.

Wirkungsbereich: Haut. Rektum.

* * *

Stillen - Magendarmsymptome - Appetit - vermindert

MAGEN - Appetit - fehlend (k/767)

Infektionskrankheiten - Windpocken

HAUT - Hautausschläge - Windpocken (bro1*/1824)

Infektionskrankheiten - Keuchhusten

HUSTEN - Keuchhusten (c2/1197)

Nonverbales - Konsultation; bei der

HAUT - Hautausschläge - Bläschen - Sudamina (Schweißfriesel) (bro1/1810)
• Hautausschläge - Erythem (c2*/1812)

Nonverbales - Äußerliches - Beobachtungen der Eltern

HAUT - **Insektenstiche** (*/1825)

Körperliche Symptome und Erkrankungen

REKTUM - *Diarrhoe - Hautausschläge - unterdrückten Hautausschlägen; nach* (k/953)

Würmer

REKTUM - *Jucken - Askariden, durch* (*/965)
• Würmer - Beschwerden durch Würmer (c2/985)
» Beschwerden durch Würmer - Madenwürmer (*/986)
» Beschwerden durch Würmer - Spulwürmer (bro1/986)

HAUT - Hautausschläge - Urtikaria - Askariden; mit (bg3*/1823)

Ustilago maydis

ust.

Besonders angezeigt bei schlanken, großgewachsenen Menschen mit hellem Teint.

Milchschorf und andere Erkrankungen der Kopfhaut in der Kindheit. Das Haar fängt an auszufallen und der Kopf sieht fast kahl aus.

Die Augen sind morgens verklebt.

Es hat sich bei Urtikaria und Erythem als heilsam herausgestellt, sowie bei der Behandlung von Hautausschlägen wie Furunkel in der Halsgegend.

Schmerzhafte und *destruktive Erkrankungen der Nägel,* mit Abblättern und Ausfallen der Nägel; die Nägel sind dick, besonders die Fingernägel.

Patienten, die Ustilago benötigen, leiden an *häufigen Anfällen von Tonsillitis, besonders auf der linken Seite.* Die Mandeln scheinen der schwächste Teil zu sein; die sind mit Blut überfüllt und vergrößert. Die Schmerzen sind lanzinierend und erstrecken sich von der Mandel zum Ohr.

Der Hals ist trocken, mit dem Gefühl eines Klumpens, weshalb das Kind ständig schluckt.

Dieses Kind ist sehr niedergeschlagen und reizbar. Es hat weder Energie noch Begeisterung für irgendeine Arbeit; es ist oft unzufrieden und zieht es vor, allein zu sein.

Das Kind will alleinsein, um zu masturbieren. Tatsächlich ist sowohl beim männlichen wie beim weiblichen Geschlecht eine unwiderstehliche Neigung vorhanden, die Genitalien anzufassen und zu masturbieren.

Klinisches: Milchschorf. Urtikaria. Furunkel. Beschwerden der Nägel. Tonsillitis. Masturbation.

Wirkungsbereich: Haut. Nägel. Innerer Hals. Männliche und weibliche Geschlechtsorgane.

* * *

Krankengeschichte; familiäre und persönliche

EXTREMITÄTEN - Schmerz - Gelenke - Tuberkulose in der Familiengeschichte; bei (tl1/1541)

Entwicklung - langsam

GEMÜT - Sprechen - langsam; lernt (bg2*/168)

ALLGEMEINES - **Gehen - Gehenlernen, Laufenlernen - spätes** (*/1883)

Entwicklung - allgemein

EXTREMITÄTEN - Schmerz - Unterschenkel - Wachstumsschmerzen (st1/1605)

ALLGEMEINES - Schmerz - Wachstumsschmerzen (b2/1958)

Zahnung - Empfindungen und neurologische Beschwerden

OHR - Geräusche im Ohr, Ohrgeräusche - Zahnung; während der (bg1/510)

ALLGEMEINES - *Konvulsionen - Zahnung; während der* (hr1*/1907)

Zahnung - Allgemeines

ZÄHNE - *Zahnung - schwierig* (hr1*/718)

EXTREMITÄTEN - Exkoriation, Wundheit - Oberschenkeln, zwischen den - Zahnung, während der (ptk/1407)

HAUT - Intertrigo - Zahnung; während der (alj*/1825)

Impfung

ALLGEMEINES - Konvulsionen - Impfung, nach (mr/1904)

Stillen - Gemütssymptome

GEMÜT - Essen - weigert sich zu (k/53)
- **Hast, Eile - Essen; beim** (*/105)

Stillen - Milch

KOPF - Hautausschläge - Milchschorf (bg3*/290)

ALLGEMEINES - Speisen und Getränke - Milch - Abneigung (b2/2000)
- Speisen und Getränke - Milch - Abneigung - morgens (al2/2001)
  - » Milch - agg. (stj2/2001)
  - » Milch - Verlangen (stj2/2001)

Stillen - Magendarmsymptome - Appetit - vermindert

MAGEN - *Appetit - fehlend* (*/767)
- Appetit - fehlend - Durst - mit (bg2/768)
  - » fehlend - Essen - Versuch zu essen; beim (ptk1/768)
  - » fehlend - Hunger, mit (b2/768)
  - » fehlend - Speisen - Anblick von; beim (*/769)
  - » fehlend - Speisen - Geruch von; durch (*/769)
  - » *schnelle Sättigung* (*/770)
  - » *vermindert* (k/772)

Stillen - Magendarmsymptome - Appetit - vermehrt

MAGEN - Appetit - Genuß, ohne (k/769)
- *Appetit - Heißhunger* (*/769)
  - » Heißhunger - Essen - nach dem Essen - drei Stunden danach (c1/770)
  - » *vermehrt* (*/770)
  - » vermehrt - begleitet von - Übelkeit (h2/771)
  - » vermehrt - Erbrechen - mit (ptk1/771)
  - » vermehrt - Essen - nach (bg2/772)

Stillen - Magendarmsymptome - Aufstoßen - Speisen; von

MAGEN - *Aufstoßens; Art des - Speisen; von* (*/780)
- *Aufstoßens; Art des - Speisen; von - Essen - fünf Stunden nach* (k/780)

Stillen - Magendarmsymptome - Aufstoßen - Wasser; Hochsteigen von

MAGEN - *Aufstoßens; Art des - Wasser in den Mund; Hochsteigen von* (*/781)
- Aufstoßens; Art des - Wasser in den Mund; Hochsteigen von - Liegen agg. (h2/781)
  - » Wasser in den Mund; Hochsteigen von - Stuhlgang - nach - agg. (k/782)

Stillen - Magendarmsymptome - Abdomen - agg. durch

ABDOMEN - Schmerz - Kindern; bei - Säuglingen; bei - krampfartig (ggd/888)
- Schmerz - Liegen - agg. (^/889)
  - » Liegen - Seite; auf der - rechten; auf der - agg. (k/889)

Stillen - Magendarmsymptome - Abdomen - amel. durch

ABDOMEN - *Schmerz - Beugen - vorne; nach - amel. - krampfartig* (k/882)

• Schmerz - Wärme - amel. (k/896)
» Zusammenkrümmen - amel. - krampfartig (tl1/897)

Stillen - Magendarmsymptome - Rektum

REKTUM - *Obstipation - Kindern, bei* (mtf33/969)
• Obstipation - Kindern, bei - Kleinkindern, bei (bro1*/969)

Stillen - Allgemeines

SCHWEISS - Essen - beim - agg. (bg2/1786)
• *Essen - nach - agg.* (*/1786)

ALLGEMEINES - *Abmagerung - Heißhunger mit Abmagerung - Kindern; bei* (k/1845)
• *Abmagerung - Heißhunger mit Abmagerung - Kindern; bei - Kleinkindern; bei* (k/1845)
• Speisen und Getränke - Fleisch - Verlangen - Kindern, bei (mtf33/1994)

Infektionskrankheiten - Windpocken

HAUT - Hautausschläge - Windpocken (*/1824)

Infektionskrankheiten - Masern

SEHEN - *Trübsichtigkeit, trübes Sehen - Masern, nach* (*/492)

SCHLAF - *Schlaflosigkeit - Schläfrigkeit - mit - Masern, nach* (hr1*/1693)

ALLGEMEINES - *Masern - Beschwerden nach* (kr1/1920)

Infektionskrankheiten - Scharlach

HAUT - Hautausschläge - Scharlach (b2/1821)

Infektionskrankheiten - Pocken

HAUT - Hautausschläge - Pocken (h2*/1819)

Infektionskrankheiten - Keuchhusten

GEMÜT - *Weinen - Husten - während - Keuchhusten* (kr1/246)

HUSTEN - *Keuchhusten* (*/1197)
• Keuchhusten - Erkältung; nach (bro1/1198)
» heftig (ptk1/1198)
» Krampfstadium, im (ptk1/1198)

BRUST - *Zusammenschnürung - Keuchhusten, bei* (*/1306)

SCHLAF - *Schlaflosigkeit - Husten, durch - Keuchhusten, bei* (hr1*/1691)
• *Schläfrigkeit - Keuchhusten; nach* (kr1/1699)

Konstitution - Angst und Furcht

GEMÜT - Angst - hypochondrisch (j5/11)
• **Beeindrucken, empfänglich für Eindrücke; leicht zu** (lmj/19)
• *Beschwerden durch - Erwartungsspannung* (bg*/23)
» *Schreck* (*/25)
• Feigheit (*/59)
• *Furcht - allein zu sein* (^/64)
» engen Räumen; in (^/67)
» *Geräusche, durch* (k/69)
» *Gespenstern; vor* (*/70)
» Gewitter; vor (sf1/70)
» Kindern, bei (j5/71)
» offenen Plätzen; Furcht vor (stj2/74)
» Versagen, Mißerfolg; vor dem (stj2/79)
• *Schreckliches und traurige Geschichten greifen sie stark an* (gt1*/156)
• Vorsichtig (k/205)
» ängstlich (k/205)

Konstitution - Allgemeines

GEMÜT - *Anarchist* (mtf33*/4)
• *Beachtung; schenkt allgemeinen Regeln keine* (*/19)
• *Ehrgeiz - erhöht, vermehrt, sehr ehrgeizig* (bg2*/40)
» Verlust von (a1*/40)
• Empfindlich - Kinder (dx1*/44)
• Entmutigt (*/46)
• *Faulheit* (*/55)
• Geiz (gl1/92)
• *Heikel, pingelig* (mrr1/106)
• *Heimweh* (k/107)
• Kleinigkeiten, Trivialitäten - wichtig; scheinen (ptk1/115)
• Milde (*/130)
• Nachgiebigkeit (^/134)
• Pessimist (gl1/136)
• Pflicht - zu viel Pflichtgefühl (lmj/136)
• *Protestiert, erhebt Einspruch* (jsa*/138)
• Reisen - Verlangen nach (gl1/142)
• Selbstsucht, Egoismus (gl/161)
• Selbstvertrauen - Mangel an Selbstvertrauen (^/161)
» Mangel an Selbstvertrauen - Unterstützung, Zuwendung; möchte (stj2/161)
• *Sorgen; voller* (*/164)
• *Sorgsamkeit, Sorgfalt* (b7/165)
• Spontan, impulsiv (a1/166)
• Stimmung, Laune - veränderlich (*/171)
• Traurigkeit - Kindern, bei (*/186)
• *Unaufmerksam* (*/189)
• **Ungerechtigkeit; erträgt keine** (vh*/191)
• Unzufrieden (*/194)
• Verwegenheit (^/199)
• Weinen - Kindern; bei (j5/246)
» Kindern; bei - Säuglingen; bei (gg/246)
» *Kleinigkeiten, über - Kinder bei der geringsten Sorge* (k2*/246)
» **leicht** (kr1*/246)

Familie; Beziehung zur - Liebe und Zuneigung

GEMÜT - Angst - andere, um (j5/7)
• Eifersucht (^/40)
• *Liebevoll, voller Zuneigung, herzlich* (gl1/125)

- *Sorgen; voller - andere, um* (gl1/165)
  - » *Verwandte, um* (gl1/165)
- Verlassen zu sein; Gefühl (k/198)

Beziehung zu anderen - Aggressivität

GEMÜT - Beschwerden durch - Heftigkeit (mrr1/24)
- **Herausfordernd** (*/107)
- Spotten (^/166)
- *Streitsüchtig* (*/173)
  - » Zorn, ohne (h2*/173)

Beziehung zu anderen - Reaktion auf andere

GEMÜT - Antworten - Abneigung zu antworten (k/14)
- Antworten - weigert sich zu antworten (k/15)
  - » *wiederholt erst die Frage* (*/15)
- Furcht - Menschen; vor - Kindern; bei (mtf33/73)
- Gesellschaft - Abneigung gegen (^/94)
  - » Abneigung gegen - Fremden; Abneigung gegen die Anwesenheit von (gk/95)
  - » Verlangen nach (k/95)
  - » Verlangen nach - allein; agg. wenn (sne/96)
- Schüchternheit, Zaghaftigkeit (a1*/158)
- *Untröstlich* (gl1/193)
- Widerspenstig (j/249)
- **Widerspruch - Neigung zu widersprechen** (*/249)
  - » *verträgt keinen Widerspruch* (mtf/249)

Beziehung zu anderen - allgemein

GEMÜT - **Argwöhnisch, mißtrauisch** (*/16)
- **Beleidigt, leicht** (*/20)
- Empfindlich - äußerliche Eindrücke; gegen alle (br1/42)
  - » Weinen von Kindern; gegen das (k/45)
- Erregung - Kindern, bei (mrr1*/49)
- Geheimnistuerisch, verschlossen (vh*/87)
- Lügner (gl1/126)
- *Mitgefühl, Mitleid* (*/130)
- Pubertät; in der (st/138)
- Sprache - hastig, eilig (gl1/167)
- *Tadelsüchtig, krittelig* (*/178)
- Tadelt andere (j/179)
- Unverschämtheit (^/193)
  - » Kindern, bei (mtf33/193)

Schule - Angst

GEMÜT - *Beschwerden durch - Erwartungsspannung* (bg*/23)
- Furcht - Versagen, Mißerfolg; vor dem (stj2/79)
- Selbstvertrauen - Mangel an Selbstvertrauen (^/161)

Schule - Konzentration

GEMÜT - Gedächtnis - Gedächtnisschwäche - Kindern, bei (mtf33/81)
- Konzentration - schwierig - Studieren (k/117)
- Studieren, Lernen - schwierig, fällt schwer (sf1/173)
- Stumpfheit - Studieren und Lernen; beim (bg2/176)
- *Unaufmerksam* (*/189)

Schule - Lernen - allgemein

GEMÜT - *Dyslexie* (mtf/40)
- Studieren, Lernen - schwierig, fällt schwer (sf1/173)
- Stumpfheit - Studieren und Lernen; beim (bg2/176)

Schule - Lernen - Mathematik, Rechnen

GEMÜT - Mathematik - Unfähigkeit zur (mtf33/128)
- Mathematik - Unfähigkeit zur - Algebra (gl1/129)
  - » Unfähigkeit zur - Geometrie (gl1/129)
  - » Unfähigkeit zur - rechnen; kann nicht (gl1/129)

Schule - Lernen - Schreiben

GEMÜT - Fehler; macht - Schreiben, beim (^/57)
- Fehler; macht - Schreiben, beim - stellt etwas um - Buchstaben (k/58)
- Schreiben - Unfähigkeit zu (gl1/156)
  - » Unfähigkeit zu - lernen; Kinder können nicht Schreiben (gl1/156)

Schule - Anstrengung; geistige

KOPF - Schmerz - Lesen, beim - agg. (k/332)
- Schmerz - Lesen, beim - agg. - betäubend, die Besinnung raubend (k/332)
  - » Lesen, beim - agg. - stechend (k/332)
  - » *Schläfen - Lesen agg. - stechend* (k/370)
  - » Stirn - Lesen agg. (k/389)

Schule - Beziehung zu anderen

GEMÜT - Lügner (gl1/126)
- **Ungehorsam** (*/191)
  - » *Kindern, bei* (lmj/191)

MUND - **Sprache - stotternd** (*/688)
- *Sprache - stotternd - Erregung, bei* (*/688)

Schule - Konstitution

GEMÜT - *Eigensinnig, starrköpfig, dickköpfig* (*/41)
- Hast, Eile - tut, womit er gerade beschäftigt ist; bei dem, was er (mrr1/105)
- *Heikel, pingelig* (mrr1/106)
- Kleinigkeiten, Trivialitäten - wichtig; scheinen (ptk1/115)
- Lügner (gl1/126)
- Selbstvertrauen - Mangel an Selbstvertrauen (^/161)
- **Ungehorsam** (*/191)
  - » *Kindern, bei* (lmj/191)

Spielen

GEMÜT - Tanzen (jsa/179)

Tieren; Beziehung zu

GEMÜT - *Furcht - Hunden, vor* (*/71)

- Furcht - Insekten; vor (stj2/71)
  - » Tieren, vor (*/76)
- Natur - liebt (mtf33/134)
- Tiere - liebt Tiere, Tierliebe (a/180)

Nonverbales - Aggressivität

GEMÜT - Beißen (^/20)
- Diktatorisch (*/39)
- Wirft mit Gegenständen um sich (ptk1/250)

Nonverbales - Reaktion auf andere

GEMÜT - Berührtwerden - Abneigung berührt zu werden (^/21)
- Berührtwerden - Abneigung berührt zu werden - Kitzeligkeit (st/21)
- Fremde - Anwesenheit von Fremden - agg. (bg2*/60)
- Furcht - Fremden; vor (*/68)
  - » Näherkommen, Annäherung von; vor - anderen, von (ptk1/74)
- Magnetisiert - leicht zu magnetisieren (gl1/127)

Nonverbales - Gesten, Gebärden

GEMÜT - *Auffahren, Zusammenfahren - Geräusche; durch* (k/17)
- Beißen - Nägel (kkb/20)
- Gesten, Gebärden; macht - Tics; nervöse (mrr1/99)
- *Launenhaftigkeit, launisch* (j5/123)
- Ungeschicklichkeit (bl/192)

Nonverbales - Allgemeines

GEMÜT - *Eigensinnig, starrköpfig, dickköpfig* (*/41)
- **Hast, Eile - Essen; beim** (*/105)
  - » tut, womit er gerade beschäftigt ist; bei dem, was er (mrr1/105)
- Ruhelosigkeit - Kindern, bei (mtf33/151)
- Singen (mtf33/163)
- Stöhnen - Kindern, bei (a1/172)

Nonverbales - Konsultation; bei der

KOPF - Empfindlichkeit - Kopfhaut, der - Berührung, gegen (bro1/284)

OHR - Absonderungen - Blut (bg2/497)
- Absonderungen - blutig (*/497)
  - » dick (mtf33/497)
  - » *eitrig* (*/497)
  - » klebrig (mtf33/497)
  - » Ohrschmalz (bro1/498)
  - » reichlich (mtf33/498)
  - » *stinkend* (hr1/498)
  - » *übelriechend* (*/498)
- *Eiterung - Mittelohr* (*/500)
- *Entzündung - Gehörgang* (*/500)
  - » *Mittelohr* (k/501)
  - » *Mittelohr - chronisch* (bro1/501)
- Feuchtigkeit - hinter den Ohren (k/502)
- *Katarrh - Eustachische Röhre* (bro1/515)
- Ohrschmalz - faulig (bg2*/516)
  - » **vermehrt** (*/516)

HÖREN - *Schwerhörig - Tubenkatarrh* (bro1/537)

MUND - Aphthen - Zunge (vk1/640)
- Eiterung - Zahnfleisch (*/643)
- Papillen - aufgerichtet (*/669)
  - » aufgerichtet - Erdbeerzunge (ptk1/669)
- Schwämmchen (vk1/681)

INNERER HALS - Belag - Tonsillen (k/721)
- Entzündung - Tonsillen (*/724)

ÄUSSERER HALS - Schwellung - Halsdrüsen (b4a/760)

ABDOMEN - **Auftreibung - Kindern, bei** (*/852)
- *Geschwüre - Nabelgegend* (b4a/865)
- Vergrößert - Kindern; bei (h2*/938)

REKTUM - *Hautausschläge - Anus; um den* (k/964)

BRUST - Einziehung der Brustwarzen (bro1/1231)

RÜCKEN - Hautausschläge - Furunkel (k/1316)
- *Hautausschläge - Furunkel - Blutbeule* (*/1316)
  - » Furunkel - Zervikalregion (k/1317)
- Krümmung der Wirbelsäule (bg2*/1323)

EXTREMITÄTEN - Krümmung und Biegung (b4a/1473)
- *Nägel; Beschwerden der - Abblättern der Nägel* (k/1664)
  - » *Abfallen der Nägel* (bg2*/1664)
  - » *dicke Nägel* (bg2/1664)
  - » dicke Nägel - Fingernägel (hr1*/1664)
  - » *eingewachsene Zehennägel* (*/1665)
  - » Eiterung - Zehennägel - linken großen Zehe; unter dem Nagel der (k/1665)
  - » spröde, brüchige Nägel (bro1/1665)
  - » *verkrüppelte, verkümmerte Nägel* (bg2/1665)
  - » *verkrüppelte, verkümmerte Nägel - Fingernägel* (*/1665)
  - » *verkrüppelte, verkümmerte Nägel - Zehennägel* (*/1665)

HAUT - Erysipel (*/1798)
- Hautausschläge - Erythem (bro1/1812)
  - » Impetigo (*/1816)
- **Intertrigo** (*/1825)

Nonverbales - Äußerliches - Beobachtungen des Arztes

AUGE - Strabismus, Schielen (bg2*/467)
- **Verklebt** (*/472)

NASE - Bohren mit den Fingern in der Nase (bg3*/546)
- Zupfen - Nase, an der (bg3/578)

GESICHT - Fettig (*/593)
- *Gerunzelt - Stirn, Stirnrunzeln* (*/594)
- **Hautausschläge - Akne** (*/595)
- Rissig - Lippen (*/613)
  - » Lippen - Oberlippe (b4/613)

» Mundwinkel (k/614)
• Venen, erweiterte (bg2/634)
» *netzförmig, wie marmoriert* (b2/634)
• **Warzen** (*/635)
» *Lippen* (*/635)
ÄUSSERER HALS - *Torticollis* (*/761)
• Torticollis - rechts gezogen; nach (k/761)
ATMUNG - Beschleunigt (a1/1174)
ALLGEMEINES - **Aussehen - dunkel** (*/1854)
• *Aussehen - dunkel - straffer Faser, mit* (kr1*/1855)
• Magere Personen (*/1919)

Nonverbales - Äußerliches - Beobachtungen der Eltern

AUGE - *Verklebt - morgens* (*/472)
MUND - **Beißt - Wangen; sich in die - Sprechen oder Kauen; beim** (*/640)
• *Beißt - Zunge; beißt sich auf die* (*/640)
ZÄHNE - *Zähneknirschen* (*/718)
• *Zähneknirschen - konvulsivisch* (k/718)
• Zusammenbeißen der Zähne - Verlangen, die Zähne zusammenzubeißen; ständiges (*/719)
» Verlangen, die Zähne zusammenzubeißen; ständiges - fest zusammengebissen (bg2/719)
MAGEN - Brechreiz, Würgen - Husten; agg. beim (k/784)
• Schluckauf (*/809)
» Gähnen - vor (h2/810)
ABDOMEN - *Schmerz - Beugen - vorne; nach - amel. - krampfartig* (k/882)
• Schmerz - Kindern; bei - Säuglingen; bei - krampfartig (ggd/888)
» Liegen - agg. (^/889)
» Liegen - Seite; auf der - rechten; auf der - agg. (k/889)
» Wärme - amel. (k/896)
» *Zusammenkrümmen - amel.* (k/897)
» Zusammenkrümmen - amel. - krampfartig (tl1/897)
» *Zusammenkrümmen - muß sich zusammenkrümmen* (*/897)
REKTUM - Unwillkürlicher Stuhl (a1/984)
• *Unwillkürlicher Stuhl - Flatus agg.; Abgang von* (*/985)
STUHL - Kugeln, wie (bro1/996)
• *Schafskot, wie* (*/997)
BLASE - **Lähmung - Überdehnung, nach** (*/1006)
• **Lähmung - Zurückhalten des Urins scheint die Blase zu lähmen; gewaltsames** (*/1006)
• *Urinieren - Harndrang - plötzlich - beeilen um zu urinieren, sonst geht Urin ab; muß sich* (b4a/1015)
» **UNWILLKÜRLICH - HUSTEN; AGG. BEIM** (*/1020)
» **UNWILLKÜRLICH - LACHEN AGG.** (*/1020)
» **verzögert, muß warten, bis der Urin zu fließen beginnt** (*/1020)
» **verzögert, muß warten, bis der Urin zu fließen beginnt - pressen, bevor er damit beginnen kann; muß lange** (*/1021)
MÄNNLICHE GENITALIEN - *Masturbation, Neigung zur* (st*/1071)
• Masturbation, Neigung zur - Einsamkeit, sucht die (k/1071)
» *unwiderstehliche Neigung* (bg2*/1071)
WEIBLICHE GENITALIEN - Masturbation; Neigung zu (st1/1104)
EXTREMITÄTEN - Hitze - Füße - brennend - entblößt sie (k2/1440)
SCHWEISS - Essen - beim - agg. (bg2/1786)
• *Essen - nach - agg.* (*/1786)
HAUT - Insektenstiche (mp1/1825)

Nacht; Beobachtungen in der - Gemütssymptome

GEMÜT - *Furcht - allein zu sein - nachts* (*/64)
• Furcht - Bett - Kind fürchtet sich, allein ins Bett zu gehen (gt*/66)
» *Dunkelheit; vor der* (*/66)
» Dunkelheit; vor der - Kindern; bei (mtf33/66)
• Sprechen - Schlaf; im (*/169)
• Weinen - Wimmern, Winseln - nachts (j/248)
» *Wimmern, Winseln - Schlaf, im* (h2*/248)

Nacht; Beobachtungen in der - körperliche Symptome

MUND - Offen - Schlaf; agg. im (k/669)
ZÄHNE - Zähneknirschen - Schlaf; agg. im (k/718)
BLASE - Urinieren - Harndrang - plötzlich - nachts (k/1015)
• **Urinieren - unwillkürlich - nachts** (*/1019)
» *unwillkürlich - nachts - Morgen, gegen* (b4a/1019)
» **UNWILLKÜRLICH - NACHTS - ERSTEN SCHLAF, IM** (*/1019)
» unwillkürlich - nachts - Jugendlichen; bei (mrr1/1019)

Nacht; Beobachtungen in der - Schlaf

SCHLAF - *Erwachen - Schreck, wie durch* (b4/1675)
• *Schlaflosigkeit - Schläfrigkeit - mit - Masern, nach* (hr1*/1693)

Nacht; Beobachtungen in der - Schlaf; Lage im

SCHLAF - Lage - Abdomen, auf dem (vh/1682)
• Lage - Arme - Kopf - unter dem Kopf (b2/1682)
» Hände - Kopf - unter dem (b7/1682)
» Hände - Magengrube; eine Hand auf der - linke Hand (j5/1682)
» Kopf - tiefliegendem; mit - Abneigung dagegen (j5/1683)
» Kopf - tiefliegendem; mit - unmöglich - Mitternacht; nach (j5/1683)

» Rücken, auf dem (b2/1683)
» Rücken, auf dem - Kopf - aufgerichtetem, mit (st1/1683)
» Seite, auf der (*/1683)
» verändert häufig die Lage (j5/1683)

Schaukeln und Getragenwerden

GEMÜT - Getragen - Verlangen getragen zu werden (hr1/99)

Autos und Schiffe

ABDOMEN - Schmerz - Hypochondrien - Fahren - Wagen; im - agg. - stechend (*/905)
• Schmerz - Leber - Fahren im Wagen agg. (^/913)
» Leber - Fahren im Wagen agg. - stechend (h2/913)
RÜCKEN - Schmerz - Fahren, beim - Wagen, im - agg. (k/1331)
ALLGEMEINES - Fahren - Wagen; mit dem - agg. (bro1*/1877)

Psychosomatische Störungen

ALLGEMEINES - *Konvulsionen - Schreck agg.* (*/1906)

Körperliche Symptome und Erkrankungen

KOPF - Hydrozephalus (bg2/295)
ZÄHNE - Abszeß der Zahnwurzeln (k/695)
• Karies, faule, hohle Zähne (*/700)
MAGEN - Würgen - Husten, mit (k/846)
BLASE - *Harnverhaltung - Kindern, bei* (k/1005)
• *Harnverhaltung - Kindern, bei - Neugeborenen; bei* (k/1005)
NIEREN - Entzündung (c2/1023)
WEIBLICHE GENITALIEN - **Menses - verzögerte Menarche** (*/1114)
KEHLKOPF UND TRACHEA - Laryngismus stridulus (bro1/1145)
EXTREMITÄTEN - *Hüftgelenksentzündung* (*/1443)
ALLGEMEINES - Abmagerung - Kindern; bei (*/1845)
• Abmagerung - Kindern; bei - Kleinkindern; bei (bro1/1845)
• Essen - Überessen; agg. nach (bg2*/1877)
• Kindern; Beschwerden von (bg2*/1897)
» *zarte, schwächliche, kränkliche Kinder* (kr1*/1897)
• *Konvulsionen - Hitze; während* (bg2*/1904)
» Kindern, bei (*/1905)
» Kindern, bei - Kleinkindern, bei (bg2*/1905)
• Pubertät - Beschwerden während der (sf1/1934)

Chirurgisch pathologische Zustände

NASE - Polyp (bro1/561)
• *Polyp - rechts* (vh/561)
ABDOMEN - *Darmverlegung, Obstruktionsileus* (*/857)
• Hernie (c2/867)
» Leistenhernie (b2/868)
» Leistenhernie - schmerzhaft (b7/868)
MÄNNLICHE GENITALIEN - *Hochgezogen, an den Körper gezogen - Hoden* (b7/1068)
• Hodenretention - Schambein; vor das (lmj/1069)

Würmer

REKTUM - Würmer - Beschwerden durch Würmer (b2/985)
• Würmer - Beschwerden durch Würmer - Bandwürmer (c2/986)
» Beschwerden durch Würmer - Spulwürmer (b2/986)

Uva ursi

uva

Konstitution - Allgemeines

GEMÜT - Nachgiebigkeit (stj/134)
• Sorgen; voller (stj/164)

Familie; Beziehung zur - Liebe und Zuneigung

GEMÜT - *Angst - Gesundheit; um die - Verwandten; von* (stj/10)
• Sorgen; voller - andere, um (stj/165)

Beziehung zu anderen - Aggressivität

GEMÜT - Streiten - Abneigung gegen (stj/172)

Beziehung zu anderen - Reaktion auf andere

GEMÜT - Gesellschaft - Verlangen nach (stj/95)

Nacht; Beobachtungen in der - körperliche Symptome

BLASE - Urinieren - unwillkürlich - nachts (bro1/1019)

Vaccin atténué bilié

v-a-b.

Kinder und Studenten leiden gewöhnlich während des Unterrichts unter *Kopfschmerzen.* Geeignet für überarbeitete Intellektuelle. Im selben Zusammenhang können Kinder auch unter *Schlaflosigkeit* leiden.

Typische Krankheiten in jungen Jahren sind *Calvé-Syndrom* (eine Wachstumsstörung der Wirbel bei Kindern zwischen 5 und 10 Jahren) und *Scheuermann-Krankheit* (schmerzhafte dorsale Kyphose bei Kindern).

Klinisches: Tonsillitis. Bronchitis. Tuberkulose. Asthma. Calvé-Syndrom. Scheuermann-Krankheit.

Wirkungsbereich: Obere und untere Atemwege. Wirbelsäule.

* * *

Krankengeschichte; familiäre und persönliche

Allgemeines - Krankengeschichte von; persönliche - Bronchitis; von wiederkehrender (jl2*/1909)
• Krankengeschichte von; persönliche - Tuberkulose, von (jl2/1910)

Stillen - Magendarmsymptome - Appetit - vermindert

Magen - Appetit - fehlend (jl/767)

Stillen - Magendarmsymptome - Appetit - vermehrt

Magen - Appetit - unstillbar (jl/770)

Konstitution - Allgemeines

Gemüt - Sorgen; voller (jl3*/164)

Schule - Anstrengung; geistige

Kopf - Schmerz - geistige Anstrengung - agg. (jl2/328)
• Schmerz - Studenten, bei (jl2*/340)

Nonverbales - Konsultation; bei der

Innerer Hals - Entzündung - Tonsillen (jl*/724)
• Schwellung - Tonsillen (jl2/747)

Äusserer Hals - Schwellung - Halsdrüsen (jl/760)
• Schwellung - Halsdrüsen - eitrig (jl/760)

Nonverbales - Äußerliches - Beobachtungen des Arztes

Gesicht - Rissig - Mundwinkel (jl/614)

Atmung - Asthma, asthmatische Atmung - Kindern; bei - Kleinkindern; bei (jl2/1163)

Allgemeines - Magere Personen (jl3/1919)

Nonverbales - Äußerliches - Beobachtungen der Eltern

Kopf - Empfindlichkeit - Kämmen, Bürsten der Haare; gegen (jl/283)

Körperliche Symptome und Erkrankungen

Magen - Langsame Verdauung (jl2/805)

Chirurgisch pathologische Zustände

Nase - Polyp (jl2/561)

Vaccininum

vac.

Diese Kinder können *Beschwerden nach Impfungen haben:* Keratitis, Ekzem, heftige Schmerzen im Oberarm bei der Impfung. Bei einem Kind entwickelte sich 11 Tage nach der Impfung Nephritis mit Albuminurie, Hämaturie und Wassersucht, mit anschließender Genesung (Allen).

Diese Kinder sind *reizbar, ungeduldig und nervös; sie wollen ständig getragen werden.*

Sie haben *alle Arten von Hautausschlägen:* am Kopf (Milchschorf, Geburtsmale wie Naevi), im Gesicht (Akne), auf der Haut (Furunkel und Hautflecken, Windpocken, Ekzem, Molluscum, Pocken, Erysipel).

Der Appetit fehlt gewöhnlich und die Milch wird kaum vertragen.

Klinisches: Beschwerden durch Impfungen. Reizbarkeit. Akne. Ekzem. Erysipel. Windpocken. Molluscum. Nierenentzündung.

Wirkungsbereich: Haut. Nieren. Magen.

* * *

Impfung

Haut - Hautausschläge - Ekzem - Impfung; durch (jl2/1811)

Allgemeines - **Impfung; Beschwerden nach** (c1*/1892)
• Impfung; Beschwerden nach - Pocken; gegen (jl2/1892)

Stillen - Milch

Kopf - Hautausschläge - Milchschorf (jl2/290)

Allgemeines - *Speisen und Getränke - Milch - agg.* (stx1/2001)
• *Speisen und Getränke - Milch - agg. - Muttermilch* (stx1/2001)

Stillen - Magendarmsymptome - Appetit - vermindert

Magen - Appetit - fehlend (jl2*/767)
• *Appetit - fehlend - Speisen - Anblick von; beim* (jl2/769)
» *fehlend - Speisen - Geruch von; durch* (jl2/769)

Infektionskrankheiten - Windpocken

Haut - Hautausschläge - Windpocken (jl2/1824)

Infektionskrankheiten - Pocken

Haut - Hautausschläge - Pocken (c2*/1819)

Allgemeines - Impfung; Beschwerden nach - Pocken; gegen (jl2/1892)

Infektionskrankheiten - Keuchhusten

Husten - Keuchhusten (c2*/1197)
• Keuchhusten - Prophylaxe gegen (bro1*/1198)

Konstitution - Allgemeines

Gemüt - Sorgen; voller (kr1*/164)

Nonverbales - Konsultation; bei der

Innerer Hals - Schwellung - Tonsillen (jl2/747)

Haut - Erysipel (mtf11/1798)
• Hautausschläge - Molluscum (mtf11/1818)

Nonverbales - Äußerliches - Beobachtungen des Arztes

Gesicht - Hautausschläge - Akne (jl2/595)

Schaukeln und Getragenwerden

Gemüt - Getragen - Verlangen getragen zu werden (kr1*/99)

Körperliche Symptome und Erkrankungen

NIEREN - Entzündung (c2*/1023)

Chirurgisch pathologische Zustände

NASE - Polyp (jl2/561)

Valeriana officinalis

valer.

Die Hauptsymptome dieses Mittels bei Kindern betreffen den *Verdauungskanal:* Erbrechen und Diarrhoe.

Erbrechen steht in direkter Beziehung zu Milch: das Kind verweigert die Muttermilch oder erbricht die Milch nach dem Stillen oder nachdem die Mutter wütend gewesen war; das Kind erbricht geronnene Milch in großen Klumpen.

Das zweite Symptom, *Diarrhoe,* ist eine Keynote des Mittels, *besonders nach Einnahme von Milch:* dünne, wäßrige Diarrhoe, mit Klumpen geronnener Milch. Diarrhoe kann nach Mißbrauch von Kamille auftreten.

Kinder, die Valeriana benötigen, können von allen Arten von Würmern befallen sein, was zu Schlaflosigkeit führen kann.

Der Appetit ist gewöhnlich vermehrt, sie haben Heißhunger und essen mit Genuß; es können Übelkeit und Erbrechen folgen; Aufstoßen ist nach allen Arten von Speisen häufig. Beim Essen kann es zum Schwitzen kommen.

Zu weiteren Symptomen gehören: Verschlechterung beim Fahren im Auto; ruheloser Schlaf mit vielen Träumen und Angst; verklebte Augen; Blasenausschläge durch Schweiß.

Bei Mädchen kann die Menarche verspätet sein.

Kinder können heftige Reaktionen auf homöopathische Mittel haben.

Das Verlangen nach Gesellschaft und die Angst vor dem Alleinsein (besonders im Dunkeln) steht im Gegensatz zu der Angst vor dem Näherkommen anderer Menschen und der Angst vor Berührung. Ganz besonders können Kinder es nicht ertragen, wenn ihnen jemand näher kommt. Angst vor engen Orten und in der Dunkelheit.

Kinder können *veränderliche Stimmung haben:* mutig oder entmutigt; voller Heimweh und liebevoll oder faul und launisch; Verlassenheitsgefühl oder Selbstsucht.

Bei Kindern ist Schreien häufig anzutreffen, sowie unzusammenhängende Antworten.

Sie machen Gesten, bewegen die Hände unwillkürlich oder zupfen an der Bettwäsche.

Dieses Mittel heilt viele nervöse und hysterische Phänomene und hypochondrische Beschwerden.

Klinisches: Erbrechen. Diarrhoe. Milchunverträglichkeit. Blasenausschläge. Verspätete Menarche. Hysterische Phänomene. Angst. Hypochondrie. Würmer.

Wirkungsbereich: Rektum. Magen. Gemüt. Haut. Weibliche Geschlechtsorgane.

* * *

Stillen - Milch

GEMÜT - Zorn - Muttermilch - erbricht die Muttermilch durch Zorn der Mutter; Kind (k/255)

MAGEN - **Erbrechen - Milch, nach** (*/794)

- *Erbrechen - Milch, nach - Muttermilch, nach* (k/794)
  - » Milch, nach - Muttermilch, nach - Zorn der Mutter; durch (k2*/794)
- **Erbrochenen; Art des - Milch - geronnene** (*/798)

REKTUM - Diarrhoe - Milch - agg. (bro1/954)

ALLGEMEINES - Speisen und Getränke - Milch - agg. (*/2001)

- *Speisen und Getränke - Milch - agg. - Muttermilch* (stx1/2001)

Stillen - Magendarmsymptome - Appetit - vermindert

MAGEN - Appetit - fehlend (b2/767)

- Appetit - fehlend - Hunger, mit (b2/768)

Stillen - Magendarmsymptome - Appetit - vermehrt

MAGEN - Appetit - Genuß, ohne (k/769)

- Appetit - Heißhunger (*/769)
  - » Heißhunger - begleitet von - Übelkeit (b7a/769)
  - » vermehrt (*/770)
  - » vermehrt - begleitet von - Übelkeit (bg2*/771)
  - » vermehrt - Erbrechen - mit (bg2/771)

Stillen - Magendarmsymptome - Aufstoßen - Speisen; von

MAGEN - Aufstoßens; Art des - Speisen; von (*/780)

- Aufstoßens; Art des - Speisen; von - ranzig (b7/780)

Stillen - Magendarmsymptome - Aufstoßen - Wasser; Hochsteigen von

MAGEN - Aufstoßens; Art des - Wasser in den Mund; Hochsteigen von (*/781)

- Aufstoßens; Art des - Wasser in den Mund; Hochsteigen von - bitter (b7/781)

Stillen - Magendarmsymptome - Rektum

REKTUM - *Diarrhoe - Kindern, bei* (k/954)

Stillen - Allgemeines

SCHWEISS - Essen - beim - agg. (*/1786)

Konstitution - Angst und Furcht

GEMÜT - Angst - hypochondrisch (*/11)
- Furcht - allein zu sein (ptk/64)
  » engen Räumen; in (st*/67)
  » *Gespenstern; vor* (b7a/70)
- Mutig (k/133)

Konstitution - Allgemeines

GEMÜT - Entmutigt (k/46)
- Faulheit (a1/55)
- Heimweh (bg2*/107)
- Selbstsucht, Egoismus (k/161)
- *Stimmung, Laune - veränderlich* (*/171)
- *Wandern, Herumwandern - Verlangen zu wandern* (^/243)

Familie; Beziehung zur - Liebe und Zuneigung

GEMÜT - Liebevoll, voller Zuneigung, herzlich (ckh1/125)
- Verlassen zu sein; Gefühl (*/198)

Beziehung zu anderen - Reaktion auf andere

GEMÜT - Antworten - unzusammenhängend (k/15)
- Gesellschaft - Verlangen nach (^/95)
  » Verlangen nach - allein; agg. wenn (sne/96)

Nonverbales - Reaktion auf andere

GEMÜT - Furcht - berührt zu werden (fyz/66)
- Furcht - Näherkommen, Annäherung von; vor - anderen, von (^/74)
  » Näherkommen, Annäherung von; vor - anderen, von - Kinder können es nicht ertragen, daß ihnen jemand nahe kommt (fyz/74)

Nonverbales - Gesten, Gebärden

GEMÜT - Launenhaftigkeit, launisch (j5/123)

Nonverbales - Allgemeines

GEMÜT - *Schreien - Kindern, bei* (br1/157)

Nonverbales - Konsultation; bei der

HAUT - Hautausschläge - Bläschen - Sudamina (Schweißfriesel) (*/1810)

Nonverbales - Äußerliches - Beobachtungen des Arztes

AUGE - Verklebt (*/472)

GESICHT - Fettig (ptk1/593)

Nonverbales - Äußerliches - Beobachtungen der Eltern

STUHL - Unverdaut (b2/999)

SCHWEISS - Essen - beim - agg. (*/1786)

Nacht; Beobachtungen in der - Gemütssymptome

GEMÜT - Angst - nachts - Kindern; bei (fyz/7)
- Furcht - allein zu sein - Dunkelheit; in der (ptk1/65)
  » Dunkelheit; vor der (*/66)
- Gesten, Gebärden; macht - Hände; unwillkürliche Bewegungen der - zupft - Bettwäsche; an der (bg2/98)

Nacht; Beobachtungen in der - Schlaf

SCHLAF - Ruhelos - Kindern, bei (j5/1685)

TRÄUME - Viele - Kindern, bei (j5/1745)

Autos und Schiffe

ALLGEMEINES - Fahren - Wagen; mit dem - agg. (*/1877)

Körperliche Symptome und Erkrankungen

MAGEN - Langsame Verdauung (bro1/805)

REKTUM - Diarrhoe - Kamille; nach Mißbrauch von (*/954)

WEIBLICHE GENITALIEN - Menses - verzögerte Menarche (*/1114)

ALLGEMEINES - *Arzneimittel - heftige Reaktion auf homöopathische Arzneimittel* (b7/1852)

Würmer

REKTUM - *Würmer - Beschwerden durch Würmer* (b2/985)
- Würmer - Beschwerden durch Würmer - Bandwürmer (b2/986)
  » *Beschwerden durch Würmer - Madenwürmer* (*/986)
  » Beschwerden durch Würmer - Spulwürmer (b2/986)

SCHLAF - *Schlaflosigkeit - Würmer, durch* (hr1*/1694)

Vanadium metallicum

vanad.

Diese Kinder haben hellen Teint; blondes Haar mit heller Haut.

Sie sind gewöhnlich mild, nachgiebig und haben Verlangen nach Gesellschaft.

Sie haben *Beschwerden durch Bevormundung, besonders durch ihre Eltern.* Dies kann Versagensängste und Mangel an Selbstvertrauen hervorrufen.

Der Appetit fehlt und *das Wachstum kann verzögert sein, sowohl in Bezug auf Größe wie Gewicht.*

Vanadium wirkt auf die Verdauung als Tonikum.

Klinisches: Appetitverlust. Beschwerden durch Bevormundung.

Wirkungsbereich: Magen. Gemüt.

* * *

Stillen - Magendarmsymptome - Appetit - vermindert

MAGEN - Appetit - fehlend (br1/767)

Konstitution - Angst und Furcht

GEMÜT - Furcht - Versagen, Mißerfolg; vor dem (dx*/79)

Konstitution - Allgemeines

GEMÜT - Ehrgeiz - erhöht, vermehrt, sehr ehrgeizig (dx/40)
- Milde (dx/130)
- Nachgiebigkeit (dx*/134)
- Selbstvertrauen - Mangel an Selbstvertrauen (dx/161)
- Theoretisieren (dx/180)

Familie; Beziehung zur - Aggressivität

GEMÜT - Beschwerden durch - Bevormundung - Kindern, bei (^/22)
- Beschwerden durch - Bevormundung - Kindern, bei - elterlicher Bevormundung; bei langer Geschichte übermäßiger (dx*/22)

Beziehung zu anderen - Reaktion auf andere

GEMÜT - Gesellschaft - Verlangen nach (dx/95)

Schule - Angst

GEMÜT - Furcht - Versagen, Mißerfolg; vor dem (dx*/79)
- Selbstvertrauen - Mangel an Selbstvertrauen (dx/161)

Schule - Konstitution

GEMÜT - Selbstvertrauen - Mangel an Selbstvertrauen (dx/161)

Nonverbales - Äußerliches - Beobachtungen des Arztes

ALLGEMEINES - Aussehen - hell, blond (dx*/1855)

Körperliche Symptome und Erkrankungen

ALLGEMEINES - Abmagerung - Kindern; bei - Kleinkindern; bei (bro1/1845)

Variolinum

vario.

Impfung

ALLGEMEINES - *Impfung; Beschwerden nach* (bg2*/1892)
- Impfung; Beschwerden nach - Pocken; gegen (cpd*/1892)
  - » Prophylaxe (bg2/1892)
- Konvulsionen - Impfung, nach (mr/1904)

Stillen - Milch

MAGEN - Erbrechen - Milch, nach (ptk1/794)
- Erbrochenen; Art des - Milch (al2/798)

Stillen - Magendarmsymptome - Aufstoßen - Speisen; von

MAGEN - Aufstoßens; Art des - Speisen; von (ptk1/780)

Infektionskrankheiten - Windpocken

HAUT - Hautausschläge - Windpocken (bro1*/1824)

Infektionskrankheiten - Pocken

HAUT - Hautausschläge - Pocken (*/1819)

ALLGEMEINES - Impfung; Beschwerden nach - Pocken; gegen (cpd*/1892)

Nonverbales - Konsultation; bei der

MUND - Herausstrecken, Vorstrecken - Zunge, der (ptk1/665)

HAUT - Hautausschläge - Impetigo (mtf11/1816)

Nonverbales - Äußerliches - Beobachtungen des Arztes

ALLGEMEINES - Aussehen - hell, blond (c1/1855)

Nacht; Beobachtungen in der - körperliche Symptome

MUND - Offen - Schlaf; agg. im (k/669)

Veratrum album

verat.

Kalter Schweiß auf der Stirn und kalte Füße sind die Leitsymptome dieses Mittels.

Nach Allen und Clarke ist es ein Mittel, daß sich für die extremen Phasen des Lebens eignet. *Neugeborene benötigen es bei Beschwerden des Verdauungskanals,* wie Erbrechen, Diarrhoe und Obstipation. Diese Kinder haben eine *besondere Überempfindlichkeit gegen Kälte,* beispielsweise haben sie in akuten Situationen Fröste und Kälte mit kaltem Schweiß am ganzen Körper und an den Gliedmaßen, die wie gefroren sind. Das Gesicht ist blaß und eingefallen, die Nase ist kalt (Differentialdiagnose: Carbo vegetabilis), Lippen und Nase sind bläulich und es sind dunkle oder grünliche Augenhöhlen vorhanden.

Schreckliche Kolik mit geschwollenem Bauch, der auf Druck empfindlich ist.

Erbrechen und Übelkeit, die immer heftig, plötzlich und explosiv sind, werden durch Trinken und die geringste Bewegung verschlimmert.

Erbrechen mit reichlichem, kaltem Schweiß auf der Stirn stellt eine wichtige Kombination von Symptomen dar.

Reichlicher Speichelfluß sowie *heftiger Durst auf kaltes Wasser, das erbrochen wird, sobald es geschluckt wird.*

Diarrhoe mit großer Erschöpfung und kaltem Schweiß ist charakteristisch für das Mittel. Der Stuhl ist reichlich, wäßrig und wird gewaltsam ausgeschieden. Dieses Mittel wird oft benötigt, wenn Diarrhoe von Erbrechen begleitet wird (es ist eines der wichtigen Cholera-Mittel), was zu beträchtlicher Verminderung der Vitalität des Patienten führt. Das Kind ist am ganzen Körper kalt, besonders die Gliedmaßen sind kalt wie abgestorben. Sie sehen aus, als wären sie am Sterben.

Trotz der *Erschöpfung* ist eine *große körperliche und geistige Ruhelosigkeit* vorhanden, in Kombination mit Muskelkrämpfen.

Die Obstipation von Veratrum album ist charakteristisch: chronisch; ohne Stuhldrang; großer, harter Stuhl; runde, schwarze Kugeln; bei Kleinkindern und Kindern schmerzhafter Stuhlgang.

Fieber von Säuglingen.

In akuten Situationen, anders als bei den klassischen Symptomen, ist die Haut sehr naß, aber wenn eine chronische geistige Störung vorliegt, ist sie trocken.

Im Bett ist das Gesicht rot, nach dem Aufstehen wird es blaß.

Der Hals ist zu schwach, um den Kopf aufrecht zu halten, besonders bei Kindern mit Keuchhusten. Kinder fühlen sich besser, wenn sie schnell herumgetragen werden.

Konvulsivisches Stadium von Keuchhusten: nach jedem Hustenanfall fällt das Kind erschöpft zu Boden, mit kaltem Schweiß auf der Stirn. Die Kinder können nach einem Anfall nicht wieder zu Kräften kommen und neigen dazu, den Kopf zum Halt an etwas anzulehnen. *Eines der wichtigen Symptome dieses Mittels ist der unwillkürliche Abgang von Urin beim Husten. Der Husten hört beim Hinlegen auf und kehrt beim Aufstehen wieder.* Sie fühlen sich besser, wenn sie in ein warmes Zimmer kommen oder kaltes Wasser trinken; das Gesicht ist blaß und eingefallen. Sie sind ruhelos und ängstlich.

Epidemischer Keuchhusten im Herbst und Frühling.

Die Atemwege können von Bronchiolitis angegriffen sein, mit lividem Gesicht, blauen Nägeln, kalten Gliedmaßen und stürmischem, unregelmäßigem Herzklopfen.

Trotz der großen Empfindlichkeit gegen Kälte lieben Veratrum-Patienten kalte Getränke und Eiscreme. In akuten Situationen hat das Kind Durst auf große Mengen kalten Wassers, das bald nach dem Trinken erbrochen wird.

Das Kind hat großes Verlangen nach Obst, Saftigem und Kaltem, Eiscreme und Salz.

Konvulsionen bei Kindern, mit blassem Gesicht und kaltem Schweiß auf der Stirn; Husten vor und nach dem Krampf. Nach plötzlichen, heftigen Emotionen zittern sie am ganzen Körper.

Es geht ihnen morgens und spät abends bis Mitternacht schlechter, wenn sie in ein warmes Zimmer kommen oder im Bett warm werden, durch Wetterwechsel, Essen und Trinken von Kaltem, durch Weinen (Kinder) und Ärger.

In psychologischer Hinsicht scheinen Kinder, die Veratrum benötigen, von Anfang an eine *vollblütige Disposition* zu haben und *frühreife geistige Entwicklung.* Sie sind sehr lebhaft und neugierig. Sie möchten die Welt gern schnell kennenlernen und diese geistige Überstimulation ruft ständige Ruhelosigkeit hervor.

Hyperaktivität: es handelt sich weder um Gewalttätigkeit noch um Aggressivität, außer in den extremsten Zuständen. Es ist eher eine getriebene, unablässige Energie, die den Patient zwingt, die ganze Zeit rege beschäftigt zu sein. Es kann sich gut um Aktivität um ihrer selbst willen handeln, ohne Zweck, beispielsweise ständiges Stapeln von Büchern oder Stühlen.

Das hyperaktive Kind kann unablässig zeichnen, malen, singen und spielen; aber anders als Stramonium zerbrechen sie nichts und werden nicht zerstörerisch. Solch ein Mensch mag eine Plage sein und durch seine schiere Energie Aufmerksamkeit fordern, aber er wird nicht eigentlich zerstörerisch sein.

Frühreife in der Kindheit: intellektuelle und ernste Kinder, die viele philosophische Fragen stellen.

Sie entwickeln eine strenge „Geisteshaltung": sie glauben, daß sie immer alles richtigstellen müssen und werden überheblich (mehr bei Erwachsenen). *Ernst und inflexibel geben sie Befehle und kritisieren jeden.* Sie sind *ehrgeizig* und werden jedes Mittel einsetzten, um ihr Ziel zu erreichen.

Sie zeigen Härte gegenüber Anderen, aber sie hassen selten. *Während der Pubertät werden Mädchen vom Gedanken an das Heiraten und an Sex verfolgt.*

Klinisches: Übelkeit. Erbrechen. Diarrhoe. Konvulsionen. Keuchhusten. Kalter Schweiß.

Wirkungsbereich: Verdauungskanal. Lungen. Zentralnervensystem.

* * *

Entwicklung - schnell

GEMÜT - **Frühreife, altkluge Kinder** (vh*/63)

Zahnung - Magendarmsymptome

MAGEN - *Erbrechen - Zahnung; während der* (hr1*/796)

Zahnung - Allgemeines

ZÄHNE - *Zahnung - schwierig* (hr1*/718)

Stillen - Gemütssymptome

GEMÜT - **Essen - weigert sich zu** (*/53)

Stillen - Milch

KOPF - Hautausschläge - Milchschorf (bg2/290)

ALLGEMEINES - Speisen und Getränke - Milch - Abneigung - Muttermilch (kr1/2001)
- Speisen und Getränke - Milch - Abneigung - Muttermilch - Kind verweigert die; das (kr1/2001)
  - » Milch - amel. (*/2001)
  - » *Milch - Verlangen* (ld1/2001)

Stillen - Magendarmsymptome - Appetit - allgemein

MAGEN - Appetit - Durst - mit (tl1/767)

Stillen - Magendarmsymptome - Appetit - vermindert

MAGEN - Appetit - fehlend (*/767)
- Appetit - fehlend - Hunger, mit (b2/768)
  - » vermindert (k/772)

Stillen - Magendarmsymptome - Appetit - vermehrt

MAGEN - Appetit - Genuß, ohne (k/769)
- **Appetit - Heißhunger** (*/769)
  - » *Heißhunger - Diarrhoe - bei* (k/769)
  - » *Heißhunger - Schweiß, mit* (bg2/770)
  - » **vermehrt** (*/770)
  - » vermehrt - begleitet von - Übelkeit (ptk1/771)
  - » vermehrt - Diarrhoe, mit (h1/771)
  - » vermehrt - Erbrechen - mit (*/771)
  - » vermehrt - Stuhlgang - nach - agg. (b7/772)

Stillen - Magendarmsymptome - Aufstoßen - Speisen; von

MAGEN - Aufstoßens; Art des - Speisen; von (*/780)
- Aufstoßens; Art des - Speisen; von - bitter schmeckend (bg2/780)
  - » Speisen; von - Essen - nach - agg. (bg2/780)

Stillen - Magendarmsymptome - Aufstoßen - Wasser; Hochsteigen von

MAGEN - **Aufstoßens; Art des - Wasser in den Mund; Hochsteigen von** (*/781)
- *Aufstoßens; Art des - Wasser in den Mund; Hochsteigen von - Essen - nach - agg.* (bg2/781)

Stillen - Magendarmsymptome - Erbrechen

MAGEN - Erbrochenen; Art des - Speisen - Essen - beim - agg. (k/799)
- Erbrochenen; Art des - Speisen - Essen - nach - sofort nach (k/800)
  - » Speisen - unverdaut (bro1/800)

Stillen - Magendarmsymptome - Schluckauf

MAGEN - Schluckauf - Essen - nach - agg. (*/810)
- *Schluckauf - warm - Getränke; warme - agg.* (*/811)

Stillen - Magendarmsymptome - Abdomen - agg. durch

ABDOMEN - Schmerz - Kindern; bei - Säuglingen; bei - krampfartig (lmj/888)

Stillen - Magendarmsymptome - Abdomen - amel. durch

ABDOMEN - Schmerz - Zusammenkrümmen - amel. - krampfartig (bro1/897)

Stillen - Magendarmsymptome - Rektum

REKTUM - *Diarrhoe - Kindern, bei* (b7a/954)
- Diarrhoe - Kindern, bei - Säuglingen; bei (mtf33/954)
- Obstipation - entfernt werden; Stuhl muß mechanisch (bro1/968)
  - » Kindern, bei (bg2*/969)
  - » Kindern, bei - Kleinkindern, bei (bro1*/969)
  - » Kindern, bei - Neugeborenen, bei (mtf33/969)

Stillen - Allgemeines

SCHWEISS - Essen - nach - agg. (bg2/1786)
- Essen - nach - amel. (*/1786)

ALLGEMEINES - Säuglinge (kk2/1944)

Infektionskrankheiten - Masern

REKTUM - Diarrhoe - Masern - während (bro1/954)

FIEBER - Ausschlagsfieber; Fieber bei Ausschlagserkrankungen - Masern (*/1770)

HAUT - Hautausschläge - Masern (*/1817)

Infektionskrankheiten - Scharlach

HAUT - Hautausschläge - Scharlach (c2/1821)
- Hautausschläge - Scharlach - zurücktretend (bro1/1821)

Infektionskrankheiten - Keuchhusten

MAGEN - Erbrechen - Husten - beim - agg. - Keuchhusten (bro1/793)

REKTUM - Diarrhoe - Keuchhusten, bei (bro1/954)
HUSTEN - *Keuchhusten* (*/1197)
- *Keuchhusten - heftig* (ptk1/1198)
  » *Konvulsionen, mit* (kr1/1198)
  » Krampfstadium, im (bg2*/1198)
  » vernachlässigten Komplikationen; bei (ptk1*/1198)

Konstitution - Aggressivität

GEMÜT - *Raserei, Tobsucht, Wut - Beißen; mit* (j5/140)
- Wildheit - Kindern, bei (mtf33/250)

Konstitution - Angst und Furcht

GEMÜT - *Beeindrucken, empfänglich für Eindrücke; leicht zu* (gl/19)
- Beschwerden durch - Erwartungsspannung (bg*/23)
  » Schreck (*/25)
- *Feigheit* (*/59)
- Furcht - allein zu sein (k/64)
  » Ärzten, vor (fyz/65)
  » voller Furcht (gt/79)
  » Wasser, vor (bro1/79)
- Mutig (*/133)
- Vorsichtig (ptk1/205)

Konstitution - Allgemeines

GEMÜT - **Ehrgeiz - erhöht, vermehrt, sehr ehrgeizig** (mtf33*/40)
- Ehrgeiz - erhöht, vermehrt, sehr ehrgeizig - Wettbewerb mit anderen, vergleicht sich mit ihnen; steht (mtf/40)
- Eitelkeit (mtf33/41)
- **Entmutigt** (*/46)
- Faulheit (gl1/55)
- Gewissenhaft, peinlich genau in bezug auf Kleinigkeiten (*/99)
- Heimweh (*/107)
- *Milde* (*/130)
- Neugierig (mrr1*/135)
- Redseligkeit; Geschwätzigkeit - Kindern; bei (mtf33/141)
- *Selbstsucht, Egoismus* (vh*/161)
- Selbstvertrauen - Mangel an Selbstvertrauen (gl1/161)
- Sorgen; voller (tl1/164)
- *Sorgsamkeit, Sorgfalt* (bg2*/165)
- Stimmung, Laune - veränderlich (*/171)
- *Theoretisieren* (gl1/180)
- Unaufmerksam (bg2/189)
- Ungerechtigkeit; erträgt keine (bg/191)
- Unternehmen; etwas - Vieles, hält aber bei nichts durch, bleibt nicht dabei; unternimmt (h1*/193)
- Unzufrieden (bg2/194)
- Verwegenheit (mtf33/199)
- Wandern, Herumwandern - Verlangen zu wandern (*/243)

Familie; Beziehung zur - Liebe und Zuneigung

GEMÜT - Eifersucht (mrr1*/40)
- Eifersucht - Kinder - unter Kindern (ms/40)
- Entfremdet - Familie, von seiner (^/45)
  » Familie, von seiner - Fremden, aber nicht zu seiner Familie und Umgebung; er ist freundlich zu (gl1/46)
- Liebevoll, voller Zuneigung, herzlich (*/125)
- Verlassen zu sein; Gefühl (k/198)

Beziehung zu anderen - Aggressivität

GEMÜT - Grausamkeit (bro1*/103)
- *Schlagen* (*/154)
- Spotten (b7/166)
- *Streitsüchtig* (*/173)
- *Zorn - Widerspruch, durch* (mtf33*/255)

Beziehung zu anderen - Reaktion auf andere

GEMÜT - Antworten - Abneigung zu antworten (*/14)
- **Antworten - einsilbig** (vh*/15)
  » *falsch, unrichtig* (kr1/15)
  » *weigert sich zu antworten* (k/15)
- Gesellschaft - Abneigung gegen (*/94)
  » Verlangen nach (*/95)
  » Verlangen nach - allein; agg. wenn (b7a/96)
- Lächeln - niemals (k2*/119)
- Schüchternheit, Zaghaftigkeit (k/158)
- *Untröstlich* (*/193)
  » Kindern; bei (mtf33/193)
- Weinen - Trost - möchte nicht getröstet werden (pe/248)
- Widerspruch - Neigung zu widersprechen (mtf33/249)
  » *verträgt keinen Widerspruch* (gl1/249)

Beziehung zu anderen - allgemein

GEMÜT - *Angeber* (mtf/4)
- Angeber - reich gehalten werden; möchte für (gl1/4)
- Argwöhnisch, mißtrauisch (bro1*/16)
- *Beleidigt, leicht* (*/20)
- Furcht - Räubern, vor (k/74)
- Geheimnistuerisch, verschlossen (bg2/87)
- *Ichbezogenheit, Selbstüberhebung* (sf1/111)
- *Lügner* (*/126)
  » *lügt, sagt nie die Wahrheit, weiß nicht, was sie sagt* (bg2*/126)
- Sprache - hastig, eilig (*/167)
- **Tadelsüchtig, krittelig** (b7/178)
- **Tadelt andere** (k1*/179)
- Tadelt sich selbst, macht sich Vorwürfe (sf1/179)

• **UNVERSCHÄMTHEIT** (bg2*/193)

Schule - Angst

GEMÜT - Beschwerden durch - Erwartungsspannung (bg*/23)
• Selbstvertrauen - Mangel an Selbstvertrauen (gl1/161)
REKTUM - Diarrhoe - Erregung, Aufregung agg. (bg1*/952)
• *Diarrhoe - nervös, Gemütsbewegungen agg.* (bg3*/955)

Schule - Konzentration

GEMÜT - Unaufmerksam (bg2/189)

Schule - Beziehung zu anderen

GEMÜT - *Lügner* (*/126)
• *Ungehorsam* (mrr1*/191)
» *Kindern, bei* (lmj*/191)
MUND - Sprache - stotternd (*/688)

Schule - Konstitution

GEMÜT - Eigensinnig, starrköpfig, dickköpfig (gl1/41)
• Gewissenhaft, peinlich genau in bezug auf Kleinigkeiten (*/99)
• *Lügner* (*/126)
• Neugierig (mrr1*/135)
• Selbstvertrauen - Mangel an Selbstvertrauen (gl1/161)
• *Ungehorsam* (mrr1*/191)
» *Kindern, bei* (lmj*/191)
• Unternehmen; etwas - Vieles, hält aber bei nichts durch, bleibt nicht dabei; unternimmt (h1*/193)

Spielen

GEMÜT - Amüsement, Vergnügen - Verlangen nach (mtf/4)
• Tanzen (g*/179)

Tieren; Beziehung zu

GEMÜT - Furcht - Hunden, vor (fyz/71)

Nonverbales - Aggressivität

GEMÜT - *Beißen* (*/20)
• *Destruktivität, Zerstörungswut* (*/38)
» *Kleidern, von* (*/39)
• Diktatorisch (b7/39)
• *Manie - zerreißen, an etwas zu reißen; etwas zu - Kleidung zu zerreißen* (j5/128)
» zerreißen, an etwas zu reißen; etwas zu - sich selbst mit den Fingernägeln; zerreißt (gl1/128)
• *Reißt an etwas - Gegenstände; zerreißt* (*/142)
» Gegenstände; zerreißt - Kleidung (k2*/142)
» sich am Körper, verletzt sich (ptk1/142)
• Reizbarkeit, Gereiztheit - Kindern, bei (mtf33/145)
• *Spucken* (kr1/170)
» *Gesicht; Menschen ins* (*/170)
• Zerbricht Dinge (gl1/251)
» Verlangen; Dingen zu zerbrechen (gl1/251)

Nonverbales - Reaktion auf andere

GEMÜT - Berührtwerden - Abneigung berührt zu werden (*/21)
• Berührtwerden - Abneigung berührt zu werden - Kindern; bei (mtf33/21)
• *Küssen - jeden* (*/119)
• **Schamlos** (*/153)

Nonverbales - Gesten, Gebärden

GEMÜT - Beißen - Löffel; beißt in den (bg2*/20)
• **Beißen - Nägel** (vh*/20)
» Nägel - Kindern; bei (mtf33/20)
» Schuh und schluckt die Teile; beißt in seinen (j5/20)
• Berühren, anfassen; etwas - Verlangen, etwas zu berühren, anzufassen - alles berühren, anfassen; muß (^/21)
» Verlangen, etwas zu berühren, anzufassen - alles berühren, anfassen; muß - Kindern; bei (mtf/21)
• **Gefallsüchtig, kokett - sehr, zu** (^/87)
» **sehr, zu - Kindern; bei** (lmj/87)
• Gesten, Gebärden; macht - Finger - Mund; Kinder stecken die Finger in den (nh*/97)
» *Tics; nervöse* (mrr1/99)
» **ungeschickt in bezug auf** (vh*/99)
• Geziertheit, Affektiertheit - Gesten und Handlungen; in (mtf33*/100)
• Launenhaftigkeit, launisch (bg2*/123)
• Manie - zerreißen, an etwas zu reißen; etwas zu - Haaren; reißt sich an den (gl1/128)
• Springen (^/169)
• Stirnrunzeln, Neigung zum (ckh1*/171)
• Ungeschicklichkeit (b7a/192)
• Verstecken - sich (mtf33/199)
» sich - Kinder (mtf33/199)

Nonverbales - Allgemeines

GEMÜT - Eigensinnig, starrköpfig, dickköpfig (gl1/41)
• Impertinenz, Unverschämtheit (k/112)
• Nachahmung, Imitation (bg2/133)
• *Nackt sein, möchte* (st1*/134)
• Possen, spielt (b7/137)
» Kindern; bei (bt*/138)
• Ruhelosigkeit - Kindern, bei (mrr*/151)
• Schreien - Kindern, bei (mtf33/157)
• *Singen* (*/163)
» ausgelassen, fröhlich (g*/163)

Nonverbales - Konsultation; bei der

KOPF - Hitze - Kälte - Körpers; mit Kälte des (k/293)
OHR - Entzündung (k/500)

GESICHT - Schwellung - Unterkieferdrüsen (*/631)
INNERER HALS - Entzündung - Tonsillen (*/724)
• Schwellung - Tonsillen (*/747)
ÄUSSERER HALS - Schwellung - Halsdrüsen (b7/760)
REKTUM - Cholera - infantum - begleitet von - Zunge; weiße Farbe der Zunge - Zungenwurzel (kr1*/949)
RÜCKEN - Abmagerung - Zervikalregion (bg1/1311)
HAUT - Erysipel (*/1798)

Nonverbales - Äußerliches - Beobachtungen des Arztes

KOPF - *Halten - hoch, aufrecht zu halten; unfähig, den Kopf* (*/289)
AUGE - Farbe - blau - Sklera oder Bindehaut (b7/432)
• Strabismus, Schielen (*/467)
• Verklebt (b7/472)
NASE - Bohren mit den Fingern in der Nase (k/546)
• **Spitz** (*/574)
GESICHT - Farbe - blaß - Kindern; bei (mtf33/586)
• Gerunzelt (ptk1*/594)
» *Lippen* (bg2/594)
» Stirn, Stirnrunzeln (ptk1/594)
• **Hippokratisches Gesicht** (*/605)
• *Rissig - Lippen* (*/613)
» Mundwinkel (b7/614)
MUND - Finger in den Mund; Kinder stecken (nh*/651)
ATMUNG - *Beschleunigt* (*/1174)
HUSTEN - Anfallsweise - besteht aus - drei Hustenstöße - oder vier Hustenstöße (bg2*/1186)
ALLGEMEINES - Magere Personen (hr1*/1919)

Nonverbales - Äußerliches - Beobachtungen der Eltern

MUND - *Beißt - Glas, wenn es gefüttert wird; Kind beißt ins* (bg1*/640)
• Beißt - Zunge; beißt sich auf die (*/640)
ZÄHNE - *Zähneknirschen* (*/718)
MAGEN - *Schluckauf* (*/809)
• **Schluckauf - Erbrechen - beim** (st1/810)
» **Erbrechen - nach** (k/810)
» Essen - nach - agg. (*/810)
» heftig (*/810)
» *warm - Getränke; warme - agg.* (*/811)
• Völlegefühl - Essen - nach - agg. (k/845)
» Essen - nach - agg. - wenig, nach dem kleinsten Bissen; nach noch so (k/845)
ABDOMEN - Schmerz - Kindern; bei - Säuglingen; bei - krampfartig (lmj/888)
• Schmerz - Zusammenkrümmen - amel. (^/897)
» Zusammenkrümmen - amel. - krampfartig (bro1/897)
» Zusammenkrümmen - muß sich zusammenkrümmen (hr1/897)
REKTUM - **Unwillkürlicher Stuhl** (*/984)
• **Unwillkürlicher Stuhl - Flatus agg.; Abgang von** (*/985)
» Husten oder Niesen; beim (k/985)
STUHL - Kugeln, wie (*/996)
• *Schafskot, wie* (k/997)
• Unverdaut (*/999)
BLASE - Urinieren - Harndrang - plötzlich - beeilen um zu urinieren, sonst geht Urin ab; muß sich (k/1015)
• *Urinieren - unwillkürlich - Husten; agg. beim* (*/1020)
WEIBLICHE GENITALIEN - Masturbation; Neigung zu (sne/1104)
• Masturbation; Neigung zu - Kindern; bei (sne/1104)
SCHWEISS - Essen - nach - agg. (bg2/1786)
• Essen - nach - amel. (*/1786)

Nacht; Beobachtungen in der - Gemütssymptome

GEMÜT - Schlafwandeln (k/154)
• Schreien - Kindern, bei - Schlaf, im (mtf33/157)
• Singen - ausgelassen, fröhlich - nachts (*/163)
• Sprechen - Schlaf; im (sne/169)
• Weinen - Wimmern, Winseln - nachts (j/248)
» Wimmern, Winseln - Schlaf, im (b7/248)

Nacht; Beobachtungen in der - körperliche Symptome

KOPF - Bohrt den Kopf in das Kissen (bg2*/282)
• Bohrt den Kopf in das Kissen - Schlaf; agg. im (sf1/282)
• Schweiß der Kopfhaut - Schlaf - im (sne/404)
ZÄHNE - *Zähneknirschen - Schlaf; agg. im* (*/718)
REKTUM - Unwillkürlicher Stuhl - Schlaf; agg. im (k/985)
BLASE - Urinieren - unwillkürlich - nachts (*/1019)
• Urinieren - unwillkürlich - nachts - spasmodisches Bettnässen (k/1019)

Nacht; Beobachtungen in der - Schlaf

SCHLAF - *Erwachen - Schreck, wie durch* (b7/1675)

Nacht; Beobachtungen in der - Schlaf; Lage im

SCHLAF - Lage - Arme - Kopf - über dem Kopf (*/1682)
• Lage - Arme - Kopf - über den Kopf ausgestreckt (gt/1682)
» Hände - Kopf - über dem (bro1/1682)
» Kopf - gebohrt; ins Kissen (sf1/1682)
» Rücken, auf dem (*/1683)

Schaukeln und Getragenwerden

GEMÜT - *Getragen - Verlangen getragen zu werden* (*/99)

• Getragen - Verlangen getragen zu werden - schnell (*/99)

Psychosomatische Störungen

REKTUM - Diarrhoe - Angst, nach (b7a/951)
• Diarrhoe - Erregung, Aufregung agg. (bg1*/952)
» *nervös, Gemütsbewegungen agg.* (bg3*/955)

ALLGEMEINES - Konvulsionen - Schreck agg. (k/1906)

Körperliche Symptome und Erkrankungen

KOPF - Entzündung - Hirnhaut (hr1*/284)
• Hydrozephalus (bg2*/295)

GESICHT - Hautausschläge - Akne - Menses - unregelmäßige Menses (bro1/596)

ZÄHNE - Karies, faule, hohle Zähne (*/700)

MAGEN - Würgen - Husten, mit (*/846)

REKTUM - *Cholera - infantum* (*/949)

WEIBLICHE GENITALIEN - Menses - verzögerte Menarche (*/1114)

KEHLKOPF UND TRACHEA - *Laryngismus stridulus* (*/1145)

BRUST - Entzündung - Lungen - Kindern; bei (mtf33/1234)

FIEBER - Continua (k/1772)

ALLGEMEINES - *Abmagerung - Kindern; bei - Kleinkindern; bei* (bro1/1845)
• Kindern; Beschwerden von (*/1897)
• Konvulsionen - Hitze; während (bg2*/1904)
» **Kindern, bei** (*/1905)
• Pubertät - Beschwerden während der (c1/1934)

Chirurgisch pathologische Zustände

ABDOMEN - Entzündung - Peritoneum (c2*/860)
• Hernie (c2*/867)
» *eingeklemmt, inkarzeriert* (ptk1/868)
» *Leistenhernie* (*/868)
» Leistenhernie - eingeklemmt, inkarzeriert (*/868)
» Leistenhernie - entzündet - Erbrechen, mit (k/868)
» Leistenhernie - Kindern, bei (bg2/868)
» *Leistenhernie - schmerzhaft* (b7/868)
» Nabelbruch (b7/868)
• **Intussuszeption** (*/869)

Würmer

MAGEN - Erbrochenen; Art des - Würmer (*/801)

REKTUM - Würmer - Beschwerden durch Würmer (*/985)
• *Würmer - Beschwerden durch Würmer - Bandwürmer* (hr1/986)

Veratrum viride

verat-v.

Der *Geisteszustand* von Veratrum viride ist gekennzeichnet von *Aggressivität gegen sich und andere.* Tatsächlich sind diese Kinder destruktiv, streitsüchtig, treten, spucken, springen und sind launisch. Sie schneiden Grimassen und Gestikulieren mit den Händen. Gewöhnlich schlagen sie andere Menschen und sich selbst, besonders auf die Brust. *Sie weigern sich auf Fragen zu antworten oder Medikamente einzunehmen. Sie haben Angst vor Ärzten* (Argwohn).

Konvulsionen sind bei Kindern häufig, entstehen von selbst, während der Zahnung oder werden durch Hitze ausgelöst (beispielsweise bei Fieber).

Wenn intensive *zerebrale Hyperämie und Blutandrang* vorliegen, können kleine Kinder plötzliche Krämpfe haben. Hydrozephalus, Enzephalitis und Meningitis sind Anzeigen für dieses Mittel.

Delirium mit Erröten des Gesichts und Kopfschmerzen zeigen oft Veratrum viride an.

Es ist sehr nützlich, wenn der Blutandrang entsteht durch Gefäßreizung, Sonnenstich, Zahnung bei Kindern, und besonders wenn er durch unterdrückte Ausschläge auftritt. Nach unterdrückten Ausschlägen haben sie ein Völlegefühl im Kopf; Schwindeligkeit; intensive Kopfschmerzen; Völle und Pochen der Arterien; Betäubung; vermehrte Geräuschempfindlichkeit mit Summen; und Diplopie.

Fälle von Scharlach mit Beschwerden (Wassersucht und Schlaflosigkeit), Masern und Erysipel können mit Veratrum viride behandelt werden.

Schluckauf, der manchmal heftig ist und Aufstoßen durch alle Arten von Speisen können bei Kindern vorhanden sein, sowie Otitis media und Schwellung der Unterkieferdrüsen.

Nützlich bei plötzlicher und schwerer Stauungslunge. Die Symptome und Zeichen: hohe Temperatur mit Schweiß; schnelles Auf und Ab der Temperatur mit schnellem und vollem Puls. Ein *trockener, roter Streifen entlang der Mitte der Zunge* ist ein wichtiges Leitsymptom. Dieses Mittel ist nützlich bei Pneumonie mit dem Gefühl, beim Versuch sich aufzusetzen ohnmächtig zu werden. Das Kind hat ein livides und gedunsenes Gesicht mit heftiger Erregung des Herzens. Gefühl einer Last auf der Brust mit Atemnot.

Klinisches: Konvulsionen. Hydrozephalus. Enzephalitis. Meningitis. Delirium. Kopfschmerzen. Anämie. Scharlach. Masern. Erysipel. Schluckauf. Otitis media. Pneumonie.

Wirkungsbereich: Zentralnervensystem. Kopf. Blut. Haut. Magen. Ohren. Lungen.

* * *

Krankengeschichte; familiäre und persönliche

ALLGEMEINES - Familiengeschichte von - Apoplexie (hr1/1878)

Zahnung - Empfindungen und neurologische Beschwerden

ALLGEMEINES - *Konvulsionen - Zahnung; während der* (bg2*/1907)

Zahnung - Allgemeines

FIEBER - *Zahnung; während der* (kr1/1781)

Stillen - Magendarmsymptome - Aufstoßen - Speisen; von

MAGEN - Aufstoßens; Art des - Speisen; von (bg2/780)

Infektionskrankheiten - Masern

HAUT - Hautausschläge - Masern (c2/1817)

Infektionskrankheiten - Scharlach

SCHLAF - *Schlaflosigkeit - Scharlach; bei* (hr1*/1693)

ALLGEMEINES - Scharlach - Beschwerden nach (hr1/1944)

- Wassersucht - äußere Wassersucht - Scharlach; nach (kr1/2024)

Infektionskrankheiten - Pocken

HAUT - Hautausschläge - Pocken (bro1/1819)

Infektionskrankheiten - Keuchhusten

HUSTEN - Keuchhusten - heftig (ptk1/1198)

- Keuchhusten - Krampfstadium, im (ptk1/1198)

Konstitution - Angst und Furcht

GEMÜT - Furcht - Ärzten, vor (*/65)

Konstitution - Allgemeines

GEMÜT - Ehrgeiz - erhöht, vermehrt, sehr ehrgeizig (^/40)

- Ehrgeiz - erhöht, vermehrt, sehr ehrgeizig - Wettbewerb mit anderen, vergleicht sich mit ihnen; steht (mtf/40)

Beziehung zu anderen - Aggressivität

GEMÜT - *Schlagen* (^/154)

- *Schlagen - sich; schlägt* (k/154)
  - » sich; schlägt - Brust, seine (k/154)
- *Streitsüchtig* (*/173)

Beziehung zu anderen - Reaktion auf andere

GEMÜT - *Antworten - weigert sich zu antworten* (kr1/15)

- *Weigert sich etwas zu tun - Medizin einzunehmen; die* (kr1/244)

Beziehung zu anderen - allgemein

GEMÜT - *Argwöhnisch, mißtrauisch* (*/16)

Nonverbales - Aggressivität

GEMÜT - Destruktivität, Zerstörungswut (bro1/38)

- *Spucken* (kr1/170)
- Stoßen, treten, austreten (*/172)

Nonverbales - Gesten, Gebärden

GEMÜT - Grimassen (k/103)

- Grimassen - sonderbare Gesichter; schneidet (*/103)
- **Launenhaftigkeit, launisch** (vh*/123)
- **Springen** (^/169)

Nonverbales - Konsultation; bei der

KOPF - Hitze - Kälte - Körpers; mit Kälte des (a/293)

OHR - Entzündung - Gehörgang (k/500)

- *Entzündung - Mittelohr* (a1/501)

GESICHT - Schwellung - Unterkieferdrüsen (a1/631)

MUND - Papillen - aufgerichtet - Erdbeerzunge (c1/669)

HAUT - *Erysipel* (c2*/1798)

- Hautausschläge - Erythem (bro1/1812)

Nonverbales - Äußerliches - Beobachtungen des Arztes

AUGE - Strabismus, Schielen (hr1/467)

ATMUNG - *Beschleunigt* (*/1174)

RÜCKEN - *Opisthotonus* (*/1325)

Nonverbales - Äußerliches - Beobachtungen der Eltern

MAGEN - *Schluckauf* (*/809)

- Schluckauf - Erbrechen - nach (ptk1/810)
  - » heftig (ptk1/810)

Nacht; Beobachtungen in der - Gemütssymptome

GEMÜT - Gesten, Gebärden; macht - Hände; unwillkürliche Bewegungen der - zupft - Bettwäsche; an der (*/98)

Nacht; Beobachtungen in der - körperliche Symptome

KOPF - Bohrt den Kopf in das Kissen (hr1*/282)

Körperliche Symptome und Erkrankungen

KOPF - Entzündung - Gehirn (*/284)

- Entzündung - Hirnhaut (c2*/284)
- Hydrozephalus (mtf11/295)

FIEBER - Continua (k/1772)

ALLGEMEINES - Konvulsionen - Hitze; während (hr3/1904)

- *Konvulsionen - Kindern, bei* (kr1/1905)

Chirurgisch pathologische Zustände

ABDOMEN - Entzündung - Peritoneum (bro1/860)

Verbascum thapsus

verb.

Verbascum-Kinder haben kein Selbstvertrauen. Einerseits sind sie feige, *unzufrieden, entmutigt, faul, geistesabwesend und haben wechselhafte Stimmung;* andererseits sind sie schüchtern, haben aber Verlangen nach Gesellschaft.

In körperlicher Hinsicht ist *Husten* ein wichtiges Symptom: heiser, durch Kitzeln in Luftröhre und Brust; trocken, hohl, durch Luftröhrenkatarrh, aber er weckt das Kind nicht auf.

Starker Wundheitsschmerz kann beim Schlukken im Rachen auftreten.

Ein weiteres Zielorgan ist das Ohr: Verstopfung, Entzündung des Gehörgangs und Absonderungen, besonders nach Scharlach. Die Absonderungen können die Nase beeinträchtigen und erstrecken sich zu den Stirnhöhlen.

Die Kinder haben unwillkürlichen Abgang von Urin beim Husten und nachts.

Der Appetit wechselt: vermehrt oder fehlend. Aufstoßen tritt häufig nach der Einnahme von Speisen oder Wasser auf, ebenso Schluckauf.

Klinisches: Schluckauf. Otitis. Husten. Pharyngitis.

Wirkungsbereich: Magen. Blase. Ohren. Atemwege.

* * *

Stillen - Magendarmsymptome - Appetit - vermindert

MAGEN - Appetit - fehlend (b2/767)
- Appetit - fehlend - Hunger, mit (*/768)

Stillen - Magendarmsymptome - Appetit - vermehrt

MAGEN - Appetit - Genuß, ohne (k/769)
- Appetit - vermehrt (b2/770)

Stillen - Magendarmsymptome - Aufstoßen - Speisen; von

MAGEN - Aufstoßens; Art des - Speisen; von (bg2/780)

Stillen - Magendarmsymptome - Aufstoßen - Wasser; Hochsteigen von

MAGEN - Aufstoßens; Art des - Wasser in den Mund; Hochsteigen von (*/781)

Stillen - Magendarmsymptome - Abdomen - agg. durch

ABDOMEN - Schmerz - Beugen - vorne; nach - agg. (^/882)

Infektionskrankheiten - Scharlach

OHR - *Absonderungen - Scharlach, nach* (k/498)

Konstitution - Angst und Furcht

GEMÜT - Beschwerden durch - Schreck (b2/25)
- Feigheit (k/59)

Konstitution - Allgemeines

GEMÜT - Entmutigt (k/46)
- Faulheit (*/55)
- Selbstvertrauen - Mangel an Selbstvertrauen (k/161)
- Stimmung, Laune - veränderlich (k/171)
- Unaufmerksam (bg2/189)
- Unzufrieden (bg2/194)

Beziehung zu anderen - Reaktion auf andere

GEMÜT - Gesellschaft - Verlangen nach (*/95)
- Schüchternheit, Zaghaftigkeit (b7a/158)

Schule - Angst

GEMÜT - Selbstvertrauen - Mangel an Selbstvertrauen (k/161)

Schule - Konzentration

GEMÜT - Unaufmerksam (bg2/189)

Schule - Konstitution

GEMÜT - Selbstvertrauen - Mangel an Selbstvertrauen (k/161)

Nonverbales - Allgemeines

GEMÜT - Singen (^/163)

Nonverbales - Konsultation; bei der

OHR - Entzündung - Gehörgang (k/500)

Nonverbales - Äußerliches - Beobachtungen der Eltern

MAGEN - Gluckern; Gurgeln (k/802)
- *Schluckauf* (*/809)

ABDOMEN - Schmerz - Zusammenkrümmen - amel. (k/897)

STUHL - Kugeln, wie (bro1/996)
- *Schafskot, wie* (*/997)

BLASE - Urinieren - unwillkürlich - Husten; agg. beim (bro1*/1020)

Nacht; Beobachtungen in der - körperliche Symptome

BLASE - *Urinieren - unwillkürlich - nachts* (*/1019)

Körperliche Symptome und Erkrankungen

OHR - *Schmerz - Kindern; bei* (hr1/523)

NASE - Katarrh - gefolgt von - Stirnhöhlen; Beschwerden der (k/553)

Vespa crabro

vesp.

In geistiger Hinsicht sind diese Kinder *sehr ehrgeizig und konkurrieren mit anderen.*

Der körperliche Aspekt dieses Mittels konzentriert sich auf die *Drüsen*, besonders denen im Hals: *das typische Zeichen ist Schwellung.*

Ein Fall von Vespa crabro bei einem Kind von Allen: „Innerhalb von 10 Minuten schwoll sein Daumen beträchtlich an und das ganze Gesicht schwoll an und wurde aufgedunsen, besonders die Lider; sehr schnell wurden das Gesicht und ganz besonders die Ohren sehr rot, wie von Scharlachexanthem bedeckt; das Kind war nachts sehr ruhelos; es klagte sehr über ein Hitzegefühl und starke Reizung; wann immer es sich kratzte, entstanden kleine Flecken, wie die Blasen bei Nesselausschlag. Es war eine gewisse Schwellung und Röte der linken Hand und des linken Armes vorhanden; aber das ausgeprägteste Symptom war die Schwellung und Röte des Gesichtes, die ihn an Erysipel erinnerten. Nach 40 Stunden war beträchtliches Ödem der Lider vorhanden, besonders der Unterlider und das Gesicht war sehr blaß und aufgedunsen."

Klinisches: Drüsenschwellungen.

Wirkungsbereich: Mandeln. Drüsen. Innerer Hals.

* * *

Konstitution - Allgemeines

GEMÜT - Ehrgeiz - erhöht, vermehrt, sehr ehrgeizig (mgm/40)

• Ehrgeiz - erhöht, vermehrt, sehr ehrgeizig - Wettbewerb mit anderen, vergleicht sich mit ihnen; steht (mgm/40)

Nonverbales - Konsultation; bei der

GESICHT - Schwellung - Unterkieferdrüsen (a1/631)

INNERER HALS - Entzündung - Tonsillen (*/724)

• Schwellung - Tonsillen (k/747)

ÄUSSERER HALS - Schwellung - Halsdrüsen (*/760)

• Schwellung - Seiten (*/760)

HAUT - Erysipel (k/1798)

Nonverbales - Äußerliches - Beobachtungen des Arztes

ATMUNG - *Beschleunigt* (*/1174)

Nonverbales - Äußerliches - Beobachtungen der Eltern

AUGE - Verklebt - morgens (a1*/472)

Körperliche Symptome und Erkrankungen

KEHLKOPF UND TRACHEA - Laryngismus stridulus (bro1/1145)

Viburnum opulus

vib.

Gewöhnlich sind es schlanke Menschen.

Was die Atemwege betrifft, so findet man *Asthma.*

Kinder können unwillkürlichen Abgang von Urin beim Husten haben.

Bei Mädchen kann die *Menarche verspätet* sein.

Stuhl wie Kugeln.

Klinisches: Asthma. Verspätete Menarche.

Wirkungsbereich: Atemwege. Weibliche Geschlechtsorgane.

* * *

Konstitution - Angst und Furcht

GEMÜT - Beschwerden durch - Schreck (ptk1/25)

Beziehung zu anderen - Reaktion auf andere

GEMÜT - Antworten - Abneigung zu antworten (k/14)

Nonverbales - Äußerliches - Beobachtungen des Arztes

NASE - Schniefen (bg3*/568)

ATMUNG - Asthma, asthmatische Atmung - Kindern; bei - Kleinkindern; bei (tl1*/1163)

ALLGEMEINES - Magere Personen (hr1/1919)

Nonverbales - Äußerliches - Beobachtungen der Eltern

KOPF - Empfindlichkeit - Kämmen, Bürsten der Haare; gegen (bg1*/283)

STUHL - Kugeln, wie (k/996)

BLASE - Urinieren - unwillkürlich - Husten; agg. beim (*/1020)

• Urinieren - unwillkürlich - Lachen agg. (bro1/1020)

Körperliche Symptome und Erkrankungen

WEIBLICHE GENITALIEN - Menses - verzögerte Menarche (bg2*/1114)

Vinca minor

vinc.

Die Kinder sind streitsüchtig und beim Schreiben verwirrt.

Einige Symptome sind am Kopf anzutreffen: Hautausschläge (Milchschorf und Seborrhoe am Kopf; Akne im Gesicht); Aphthen; Stomatitis ulcerosa im Mund und unterdrückte Absonderung aus den Ohren.

Die Atmung ist beschleunigt.

Der Appetit ist schnell gestillt.

Klinisches: Milchschorf. Seborrhoe. Akne. Aphthen. Stomatitis.

Wirkungsbereich: Kopf. Mund.

* * *

Stillen - Milch

Kopf - Hautausschläge - Milchschorf (bg2*/290)

Stillen - Magendarmsymptome - Appetit - vermindert

Magen - Appetit - schnelle Sättigung (k/770)

Beziehung zu anderen - Aggressivität

Gemüt - Streitsüchtig (^/173)

Schule - Konzentration

Gemüt - Verwirrung; geistige - Schreiben, beim (k/203)

Schule - Lernen - Schreiben

Gemüt - Verwirrung; geistige - Schreiben, beim (k/203)

Nonverbales - Konsultation; bei der

Kopf - Läuse (k/300)
Ohr - Absonderungen - unterdrückt (c1/498)
Mund - Aphthen (*/639)
• Stomatitis ulcerosa, Stomakaze (mtf11/689)

Nonverbales - Äußerliches - Beobachtungen des Arztes

Gesicht - *Fettig* (bro1/593)
• Hautausschläge - Akne (c2/595)
Atmung - Beschleunigt (*/1174)

Viola odorata

viol-o.

Das Mittel eignet sich besonders für dunkelhaarige Patienten; obwohl Mädchen großgewachsen und dünn sein können mit hellem Teint.

Häufig sind die Bereiche oberhalb der Augenhöhle und die Augenhöhlen selbst betroffen.

Allgemein gesprochen reagieren Beschwerden während der Kindheit und Pubertät auf Viola odorata. Masern, Rheumatismus in oberen Teilen des Körpers, Wurmleiden, Stuhl wie Schafskot, Enuresis und Aphthen können diese Kinder befallen.

Kinder sind eigensinnig, streitsüchtig, leicht beleidigt, ungehorsam, ruhelos (sie müssen immer in Bewegung sein) und launisch. Manchmal sind sie leicht zu beeindrucken, ohne Ehrgeiz, unzufrieden, faul, mild, mit veränderlicher Stimmung. Weinen im Froststadium und wenn sie nicht bekommen, was sie haben wollen.

Dieses Mittel kann bei Patienten nützlich sein, die in der Kindheit extrem unter Kontrolle standen.

Die Lage im Schlaf ist bei diesen Kindern sehr unterschiedlich: sie können auf dem Rücken schlafen, mit den Händen oberhalb des Kopfes oder auf dem Kopf; der Kopf kann nach vorn gebeugt sein; die Beine können angezogen oder auseinander gespreizt sein.

Klinisches: Unterdrückte Absonderungen. Masern. Rheumatismus. Würmer. Enuresis. Aphthen.

Wirkungsbereich: Ohren. Haut. Gelenke. Rektum. Blase. Mund.

* * *

Stillen - Gemütssymptome

Gemüt - **Essen - weigert sich zu** (*/53)

Infektionskrankheiten - Masern

Fieber - Ausschlagsfieber; Fieber bei Ausschlagserkrankungen - Masern (bro1/1770)
Haut - Hautausschläge - Masern (hr1/1817)

Infektionskrankheiten - Keuchhusten

Husten - Keuchhusten (*/1197)

Konstitution - Angst und Furcht

Gemüt - Beeindrucken, empfänglich für Eindrücke; leicht zu (c1/19)

Konstitution - Allgemeines

Gemüt - Ehrgeiz - Verlust von (mfm/40)
• Faulheit (^/55)
• Milde (k/130)
• Stimmung, Laune - veränderlich (sf1/171)
• Unzufrieden (^/194)

Familie; Beziehung zur - Vorwürfe

Gemüt - Weinen - verweigert wird; wenn etwas (st1/248)

Beziehung zu anderen - Aggressivität

Gemüt - Streitsüchtig (bg2/173)

Beziehung zu anderen - allgemein

Gemüt - Beleidigt, leicht (bg2*/20)

Schule - Beziehung zu anderen

Gemüt - Ungehorsam (b7a/191)

Schule - Konstitution

Gemüt - Eigensinnig, starrköpfig, dickköpfig (k/41)
• Ungehorsam (b7a/191)

Nonverbales - Gesten, Gebärden

GEMÜT - Launenhaftigkeit, launisch (bg2/123)
• Stirnrunzeln, Neigung zum (^/171)

Nonverbales - Allgemeines

GEMÜT - Eigensinnig, starrköpfig, dickköpfig (k/41)
• Ruhelosigkeit - Kindern, bei (c1/151)

Nonverbales - Konsultation; bei der

OHR - Absonderungen - unterdrückt (c2/498)

MUND - Aphthen - Kindern, bei (hr1/639)

Nonverbales - Äußerliches - Beobachtungen des Arztes

GESICHT - Gerunzelt - Augenbrauen (bg1*/594)
• Gerunzelt - Stirn, Stirnrunzeln (b2/594)

ATMUNG - Beschleunigt (b2/1174)

ALLGEMEINES - Aussehen - dunkel (c1*/1854)
• Aussehen - hell, blond (c1/1855)

Nonverbales - Äußerliches - Beobachtungen der Eltern

STUHL - Schafskot, wie (b2/997)

Nacht; Beobachtungen in der - Schlaf; Lage im

SCHLAF - Lage - Arme - Kopf - über dem Kopf (k/1682)
• Lage - Arme - Kopf - unter dem Kopf (*/1682)
» Beine - angezogen (k/1682)
» Beine - gespreizt (k/1682)
» Hände - Kopf - über dem (a1/1682)
» Hände - Kopf - über dem - linke Hand (kr1/1682)
» Hände - Kopf - über dem - beide Hände (a1/1682)
» Hände - Kopf - unter dem (b7/1682)
» Hände - Magengrube; eine Hand auf der - linke Hand (j5/1682)
» Knie - Ellbogen gebeugt, Knie und (bg2/1682)
» Knie - gebeugt (*/1682)
» Knie - gespreizt (b2/1682)
» Kopf - vorne gebeugt; nach (*/1683)
» Rücken, auf dem (*/1683)
» Rücken, auf dem - Hände - Kopf - über dem (st/1683)
» Rücken, auf dem - Hände - Kopf - über dem Kopf (st/1683)

Körperliche Symptome und Erkrankungen

ALLGEMEINES - Kindern; Beschwerden von (*/1897)
• Pubertät - Beschwerden während der (ptk1/1934)

Würmer

REKTUM - Würmer - Beschwerden durch Würmer (bg2*/985)
• *Würmer - Beschwerden durch Würmer - Kindern; bei* (br1/986)
» Beschwerden durch Würmer - Spulwürmer (mtf11/986)

Viola tricolor

viol-t.

Die Hauptanwendungsbereiche sind Ekzem in der Kindheit, Pollutionen und sehr lebhafte Träume.

Zielorgan ist die Haut.

Bei Kleinkindern ist das typischste Zeichen *Milchschorf,* der dicke Krusten bildet und große Mengen dicker, gelber Flüssigkeit absondert, die das Haar verklebt.

Andere Erkrankungen, die oft zu beobachten sind, sind Impetigo, Favus, serpiginöser Schorf, große Furunkel und Ekzem. Die Hauterkrankungen betreffen besonders Kopf und Gesicht, mit Schwellung und Verhärtung der Halsdrüsen, können aber am ganzen Körper vorkommen. Hauterkrankungen werden begleitet von *unerträglichem Jucken* und Brennen, das nachts sehr viel schlimmer und durch Reiben vorübergehend besser wird.

Eine Keynote des Mittels ist *Schwitzen nach dem Essen.*

Mundsoor und *Aphthen* greifen die Mundschleimhaut von Kindern an.

Enuresis nocturna bei Kindern, mit übelriechendem Urin (wie Katzenharn).

Bei kleinen Mädchen kann es zu *Fluor* mit stechenden Schmerzen im Schamhügel kommen.

Starrsinn und Eigensinn, Launenhaftigkeit, Ungehorsam, Hast, schnelles Beleidigtsein und Streitsucht sind die Charakteristika des Gemütszustands bei Kindern. Sie können mit Mangel an Selbstvertrauen, Feigheit, Entmutigung und Faulheit wechseln.

Klinisches: Milchschorf. Furunkel. Impetigo. Mundsoor. Aphthen. Fluor. Drüsenschwellungen. Schweiß. Harninkontinenz. Hydrozephalus. Würmer.

Wirkungsbereich: Haut. Schleimhäute. Harnwege und weibliche Geschlechtsorgane. Zentralnervensystem. Rektum.

* * *

Stillen - Milch

KOPF - *Hautausschläge - Milchschorf* (b2/290)

Stillen - Magendarmsymptome - Appetit - vermindert

MAGEN - Appetit - fehlend (b2/767)

Stillen - Magendarmsymptome - Aufstoßen - Wasser; Hochsteigen von

MAGEN - Aufstoßens; Art des - Wasser in den Mund; Hochsteigen von (b7a/781)

Stillen - Allgemeines

GESICHT - Schweiß - Essen - nach - agg. (*/629)

SCHWEISS - Essen - beim - agg. (*/1786)

• *Essen - nach - agg.* (*/1786)

Konstitution - Angst und Furcht

GEMÜT - Feigheit (*/59)

Konstitution - Allgemeines

GEMÜT - Entmutigt (*/46)

• Faulheit (b7/55)

• Selbstvertrauen - Mangel an Selbstvertrauen (*/161)

• Unzufrieden (*/194)

Beziehung zu anderen - Aggressivität

GEMÜT - Streitsüchtig (*/173)

Beziehung zu anderen - allgemein

GEMÜT - Argwöhnisch, mißtrauisch (*/16)

• Beleidigt, leicht (st/20)

Schule - Angst

GEMÜT - Selbstvertrauen - Mangel an Selbstvertrauen (*/161)

Schule - Beziehung zu anderen

GEMÜT - *Ungehorsam* (*/191)

Schule - Konstitution

GEMÜT - Eigensinnig, starrköpfig, dickköpfig (b7/41)

• Hast, Eile - tut, womit er gerade beschäftigt ist; bei dem, was er (k/105)

• Selbstvertrauen - Mangel an Selbstvertrauen (*/161)

• *Ungehorsam* (*/191)

Nonverbales - Gesten, Gebärden

GEMÜT - Hast, Eile - Bewegungen; in den (*/105)

• Launenhaftigkeit, launisch (k/123)

Nonverbales - Allgemeines

GEMÜT - Eigensinnig, starrköpfig, dickköpfig (b7/41)

• Hast, Eile - tut, womit er gerade beschäftigt ist; bei dem, was er (k/105)

Nonverbales - Konsultation; bei der

MUND - Aphthen - Kindern, bei (st1/639)

ÄUSSERER HALS - Schwellung - Halsdrüsen (b7/760)

HAUT - Hautausschläge - Impetigo (*/1816)

Nonverbales - Äußerliches - Beobachtungen der Eltern

WEIBLICHE GENITALIEN - Fluor - Kindern; bei - Mädchen; bei kleinen (kr1/1096)

SCHWEISS - Essen - beim - agg. (*/1786)

• *Essen - nach - agg.* (*/1786)

Nacht; Beobachtungen in der - körperliche Symptome

BLASE - *Urinieren - unwillkürlich - nachts* (*/1019)

Nacht; Beobachtungen in der - Schlaf; Lage im

SCHLAF - Lage - Kopf - hinten gebeugt; nach (*/1682)

Körperliche Symptome und Erkrankungen

KOPF - Hydrozephalus (b7/295)

ALLGEMEINES - Kindern; Beschwerden von (*/1897)

Würmer

REKTUM - *Würmer - Beschwerden durch Würmer* (vh/985)

Vipera berus

vip.

Diese Menschen altern vorzeitig. Entwicklungsstillstand bei Kindern.

Facies hippocratica bei Kindern mit einem alt aussehenden Gesichtsausdruck, mit Schwellung der Parotis und der Unterkieferdrüsen. Sie strecken die Zunge heraus, manchmal schnellt sie herein und heraus, wie bei einer Schlange, und sie beißen sich auf die Zunge.

Die Augen sind morgens verklebt. Gewöhnlich knirschen sie mit den Zähnen.

Hautausschläge wie Erysipel, *käsige Ablagerungen auf den Mandeln.*

Unwillkürlicher Stuhlgang.

Der Appetit fehlt und Milch wird nicht vertragen, obwohl das Kind Verlangen danach hat.

Der Ehrgeiz ist bei Kindern, die Vipera benötigen, erhöht und führt dazu, daß sie stark mit anderen konkurrieren und Widerspruch nicht vertragen. Zu anderen Zeiten sind sie unzufrieden, entmutigt und *eifersüchtig.* Sie fühlen sich verlassen. Sie stottern und antworten unzusammenhängend.

Klinisches: Drüsenschwellungen. Erysipel.

Wirkungsbereich: Kopf. Haut. Atemwege.

* * *

Entwicklung - langsam

ALLGEMEINES - Entwicklung - Entwicklungsstillstand (a1/1872)

Stillen - Milch

MAGEN - Erbrechen - Milch, nach (k/794)

ALLGEMEINES - Speisen und Getränke - Milch - agg. (a2*/2001)

• *Speisen und Getränke - Milch - Verlangen* (bg2*/2001)

Stillen - Magendarmsymptome - Appetit - vermindert

MAGEN - Appetit - fehlend (k/767)

Stillen - Magendarmsymptome - Appetit - vermehrt

MAGEN - Appetit - vermehrt (fkr4/770)

Stillen - Allgemeines

SCHWEISS - Essen - beim - agg. (fkr4/1786)

Infektionskrankheiten - Mumps

GESICHT - Schwellung - Parotis (k/631)

Konstitution - Allgemeines

GEMÜT - Ehrgeiz - erhöht, vermehrt, sehr ehrgeizig (mgm/40)

• Ehrgeiz - erhöht, vermehrt, sehr ehrgeizig - Wettbewerb mit anderen, vergleicht sich mit ihnen; steht (mgm/40)
• Entmutigt (j5/46)
• Pflicht - zu viel Pflichtgefühl (^/136)
• Selbstvertrauen - Mangel an Selbstvertrauen (fkr4/161)
• Unzufrieden (j/194)
• **Veränderungen - Abneigung gegen** (^/195)

Familie; Beziehung zur - Liebe und Zuneigung

GEMÜT - Eifersucht (bcj1/40)

• Verlassen zu sein; Gefühl (mgm/198)

Beziehung zu anderen - Reaktion auf andere

GEMÜT - Antworten - unzusammenhängend (a/15)

Schule - Angst

GEMÜT - Selbstvertrauen - Mangel an Selbstvertrauen (fkr4/161)

Schule - Beziehung zu anderen

GEMÜT - Ungehorsam (^/191)

• Ungehorsam - Kindern, bei (lmj/191)

MUND - Sprache - stotternd (bg2*/688)

Schule - Konstitution

GEMÜT - Selbstvertrauen - Mangel an Selbstvertrauen (fkr4/161)

• Ungehorsam (^/191)
  » Kindern, bei (lmj/191)

Nonverbales - Konsultation; bei der

GESICHT - Schwellung - Unterkieferdrüsen (a1/631)

MUND - Herausstrecken, Vorstrecken - Zunge, der (*/665)

• *Herausstrecken, Vorstrecken - Zunge, der - schnellt heraus und hinein wie bei einer Schlange, züngelt; die Zunge* (bro1*/665)

INNERER HALS - Ablagerung auf den Tonsillen; käsige (k/721)

HAUT - Erysipel (bg2*/1798)

Nonverbales - Äußerliches - Beobachtungen des Arztes

GESICHT - Ausdruck - alt aussehend (bg2/580)

• Hippokratisches Gesicht (k/605)
• Rissig - Lippen (fkr4/613)
  » Mundwinkel (fkr4/614)

ATMUNG - Asphyxie - Kindern, Neugeborenen; bei (sf1/1160)

Nonverbales - Äußerliches - Beobachtungen der Eltern

AUGE - Verklebt - morgens (k/472)

MUND - Beißt - Zunge; beißt sich auf die (bg2*/640)

ZÄHNE - Zähneknirschen (bg2/718)

REKTUM - Unwillkürlicher Stuhl (bg2*/984)

STUHL - Kugeln, wie (fkr4/996)

SCHWEISS - Essen - beim - agg. (fkr4/1786)

HAUT - Ekchymosen (tsm2/1797)

Körperliche Symptome und Erkrankungen

KOPF - Entzündung - Gehirn (bro1/284)

Viscum album

vis.

Zu den typischen Aspekten des Gemütszustands dieses Mittels gehören Mangel an Selbstvertrauen, Abneigung gegen Gesellschaft und Verschlimmerung durch Trost. Sie sind oft entmutigt, feige und faul.

In der Schule machen die Kinder Fehler beim Schreiben und leiden an Kopfschmerzen durch geistige Anstrengungen.

Sie haben Beschwerden durch Schreck, was sie nachts aufwachen läßt; Angst vor offenen Plätzen.

Wenn es krank ist, weigert sich das Kind, Medikamente einzunehmen.

Ein Zielorgan des Mittels sind bei Kindern die *Atemwege:* Atemnot und röchelnde Atmung, begleitet von Laryngismus stridulus, Keuchhusten und krampfhaftem Husten. Der Husten kann unwillkürlichen Abgang von Urin verursachen.

Das Urinieren ist verzögert (das Kind muß warten, bis der Urin anfängt zu fließen).

Der Appetit ist vermehrt, unersättlich und es ist Heißhunger vorhanden, besonders nachts.

Aus Hughes: „Kürzlich genasen zwei Fälle rachitischer Kinder, eines mit Hydrozephalus, das andere mit Aszites, in wundervoller Weise unter dem Einfluß des Mittels."

Klinisches: Asthma. Atemnot. Keuchhusten. Harninkontinenz. Torticollis. Kopfschmerzen.

Wirkungsbereich: Atemwege. Blase.

* * *

Stillen - Magendarmsymptome - Appetit - vermehrt

Magen - Appetit - Heißhunger (c1/769)
- Appetit - Heißhunger - nachts (c1/769)
  - » unstillbar (sp1/770)
  - » vermehrt (sp1/770)

Infektionskrankheiten - Keuchhusten

Husten - *Keuchhusten* (*/1197)

Konstitution - Angst und Furcht

Gemüt - Beschwerden durch - Schreck (c1/25)
- Feigheit (sp1/59)
- Furcht - offenen Plätzen; Furcht vor (bg2*/74)

Konstitution - Allgemeines

Gemüt - Entmutigt (jl3/46)
- Faulheit (sp1/55)
- Selbstvertrauen - Mangel an Selbstvertrauen (ckh1/161)

Beziehung zu anderen - Reaktion auf andere

Gemüt - Gesellschaft - Abneigung gegen (^/94)
- Trost - agg. (sp1/188)
- Weigert sich etwas zu tun - Medizin einzunehmen; die (sp1/244)

Schule - Angst

Gemüt - Selbstvertrauen - Mangel an Selbstvertrauen (ckh1/161)

Schule - Lernen - Schreiben

Gemüt - Fehler; macht - Schreiben, beim (sp1/57)

Schule - Anstrengung; geistige

Kopf - Schmerz - geistige Anstrengung - agg. (sp1/328)

Schule - Konstitution

Gemüt - Selbstvertrauen - Mangel an Selbstvertrauen (ckh1/161)

Nonverbales - Konsultation; bei der

Ohr - Katarrh - Eustachische Röhre (bro1/515)

Nonverbales - Äußerliches - Beobachtungen des Arztes

Gesicht - Rissig - Lippen (sp1/613)

Äusserer Hals - Torticollis (sp1/761)

Nonverbales - Äußerliches - Beobachtungen der Eltern

Blase - Urinieren - unwillkürlich - Husten; agg. beim (sp1/1020)
- Urinieren - verzögert, muß warten, bis der Urin zu fließen beginnt (sp1/1020)

Nacht; Beobachtungen in der - Schlaf

Schlaf - Erwachen - Schreck, wie durch (c1/1675)

Körperliche Symptome und Erkrankungen

Kehlkopf und Trachea - Laryngismus stridulus (c1/1145)

Chirurgisch pathologische Zustände

Nase - Polyp (jl/561)

White marble

marb-w.

Stillen - Magendarmsymptome - Appetit - vermindert

Magen - Appetit - schnelle Sättigung (es1/770)

Stillen - Magendarmsymptome - Appetit - vermehrt

Magen - Appetit - Heißhunger (es1/769)
- Appetit - unstillbar (es1/770)
  - » vermehrt (es1/770)
  - » vermehrt - Essen - nach (es1/772)

Stillen - Magendarmsymptome - Abdomen - amel. durch

Abdomen - Schmerz - Schaukeln - amel. - krampfartig (es1/892)

Konstitution - Angst und Furcht

Gemüt - Feigheit (es1/59)
- Schreckliches und traurige Geschichten greifen sie stark an (es/156)

Konstitution - Allgemeines

Gemüt - Eitelkeit (es1/41)
- Faulheit (es1/55)
- Geiz (es1/92)
- Selbstsucht, Egoismus (es1/161)
- Spontan, impulsiv (es1/166)
- Unzufrieden (^/194)
- Waschen - Abneigung dagegen, sich zu waschen, zu baden (es1/243)

Familie; Beziehung zur - Liebe und Zuneigung

Gemüt - Verlassen zu sein; Gefühl (^/198)

Familie; Beziehung zur - Vorwürfe

Gemüt - Empfindlich - Vorwürfe; gegen (es/45)

Beziehung zu anderen - Aggressivität

Gemüt - Grausamkeit (es1/103)
- Schlagen (^/154)
  - » Raserei; mit (es1/154)
  - » Verlangen - schlagen, zu (es1/154)
  - » Zorn, aus (es1/155)
- Streitsüchtig (es1/173)
- Zorn - mißverstanden, falsch verstanden; wenn (es1/255)

Beziehung zu anderen - Reaktion auf andere

Gemüt - Gesellschaft - Abneigung gegen (es1/94)

Beziehung zu anderen - allgemein

GEMÜT - Argwöhnisch, mißtrauisch (es1/16)
• Beleidigt, leicht (es1/20)
• Geheimnistuerisch, verschlossen (es1/87)
• Ichbezogenheit, Selbstüberhebung (es1/111)
• Tadelt andere (es1/179)
• Unbarmherzig (es1/189)

Schule - Vorwürfe

GEMÜT - Empfindlich - Vorwürfe; gegen (es/45)

Spielen

GEMÜT - Amüsement, Vergnügen - Verlangen nach (es1/4)

Nonverbales - Reaktion auf andere

GEMÜT - Liebkost zu werden; Liebkosungen - Verlangen, liebkost, gestreichelt zu werden (es1/126)

Nonverbales - Gesten, Gebärden

GEMÜT - Launenhaftigkeit, launisch (es1/123)
• Verstecken - sich (es1/199)

Nonverbales - Allgemeines

GEMÜT - Singen (es1/163)

Nonverbales - Konsultation; bei der

OHR - Absonderungen - Ohrschmalz (es1/498)
ÄUSSERER HALS - Schwellung - Halsdrüsen (es1/760)
ABDOMEN - Absonderung aus dem Nabel (es1/849)

Nonverbales - Äußerliches - Beobachtungen der Eltern

ABDOMEN - Schmerz - Zusammenkrümmen - muß sich zusammenkrümmen (es1/897)
STUHL - Kugeln, wie (es1/996)

Nacht; Beobachtungen in der - körperliche Symptome

ZÄHNE - Zusammenbeißen der Zähne - Schlaf; im (es1/719)

Schaukeln und Getragenwerden

ABDOMEN - Schmerz - Schaukeln - amel. - krampfartig (es1/892)

Wiesbaden aqua

wies.

Infektionskrankheiten - Mumps

GESICHT - Schmerz - Parotis (^/626)
• Schmerz - Parotis - wund schmerzend (a1/627)

Nonverbales - Konsultation; bei der

OHR - Ohrschmalz - blaß (a1/516)
• Ohrschmalz - dünn (a1/516)
  » vermehrt (a1/516)
  » weich (a1/516)
ÄUSSERER HALS - Schwellung - Halsdrüsen (a1/760)
• Verhärtung von Drüsen (a1/761)

Nonverbales - Äußerliches - Beobachtungen des Arztes

ATMUNG - Beschleunigt (a1/1174)

Nonverbales - Äußerliches - Beobachtungen der Eltern

EXTREMITÄTEN - Nägel; Beschwerden der - Wachstum der Nägel - schnell (c1/1666)

Chirurgisch pathologische Zustände

ABDOMEN - Hernie - Leistenhernie (c2/868)
• Hernie - Schenkelhernie (c2/868)

Wyethia helenoides

wye.

Familie; Beziehung zur - Liebe und Zuneigung

GEMÜT - Verlassen zu sein; Gefühl (ah/198)

Nonverbales - Konsultation; bei der

EXTREMITÄTEN - Nägel; Beschwerden der - Niednagel - Finger - Ringfinger - rechts (c1/1665)

Nonverbales - Äußerliches - Beobachtungen der Eltern

MAGEN - Schluckauf (c2/809)
• Schluckauf - abwechselnd mit - Aufstoßen (*/809)

Chirurgisch pathologische Zustände

NASE - Polyp (bro1/561)
ABDOMEN - *Entzündung - Peritoneum* (bro1/860)

Xanthoxylum fraxineum

xan.

Stillen - Magendarmsymptome - Appetit - vermindert

MAGEN - Appetit - fehlend (k/767)

Stillen - Magendarmsymptome - Appetit - vermehrt

MAGEN - Appetit - vermehrt (c1/770)

Stillen - Magendarmsymptome - Abdomen - agg. durch

ABDOMEN - Schmerz - Druck - agg. (^/883)

Infektionskrankheiten - Masern

SCHLAF - Schläfrigkeit - Masern; bei (kr1/1700)
HAUT - Hautausschläge - Masern (c1/1817)

Konstitution - Allgemeines

GEMÜT - Entmutigt (hr1/46)

Nonverbales - Gesten, Gebärden

GEMÜT - Auffahren, Zusammenfahren - Geräusche; durch (bg/17)

Nonverbales - Konsultation; bei der

ABDOMEN - Schmerz - Druck - agg. (^/883)

Nonverbales - Äußerliches - Beobachtungen des Arztes

GESICHT - Venen, erweiterte - Schläfen (k/634)

Nacht; Beobachtungen in der - Gemütssymptome

GEMÜT - Furcht - Dunkelheit; vor der (bg/66)

Nacht; Beobachtungen in der - Schlaf

SCHLAF - Erwachen - Schreck, wie durch (c1/1675)

Zincum iodatum

zinc-i.

Zincum-iodatum-Kinder sind meist schlank und haben dunklen Teint. Sie haben einen alt aussehenden Gesichtsausdruck, das Gesicht ist runzelig und fahl.

Heißhunger und Abneigung gegen Milch.

Beschwerden durch Impfung.

Das Mittel ist voller Ängste: vor dem Alleinsein, Dunkelheit, Ärzten, Versagen, Gespenstern, hochgelegenen Orten und Geräuschen.

Sie küssen jeden, aber die Stimmung ist wechselhaft und manchmal haben sie Angst davor, berührt zu werden.

Sie können destruktiv, unzufrieden und streitsüchtig sein.

Schlafwandeln.

Klinisches: Beschwerden durch Impfung. Schlafwandeln.

Wirkungsbereich: Zentralnervensystem.

* * *

Impfung

ALLGEMEINES - *Impfung; Beschwerden nach* (stj2/1892)

Stillen - Milch

ALLGEMEINES - Speisen und Getränke - Milch - Abneigung (stj2/2000)

Stillen - Magendarmsymptome - Appetit - vermehrt

MAGEN - Appetit - Heißhunger (stj2/769)

Konstitution - Angst und Furcht

GEMÜT - Furcht - allein zu sein (stj2/64)
- Furcht - Ärzten, vor (stj2/65)
  - » Geräusche, durch (stj2/69)
  - » Gespenstern; vor (stj2/70)
  - » hochgelegenen Orten; vor (stj2/71)
  - » Versagen, Mißerfolg; vor dem (stj2/79)

Konstitution - Allgemeines

GEMÜT - Gewissenhaft, peinlich genau in bezug auf Kleinigkeiten (stj2/99)
- Stimmung, Laune - veränderlich (stj2/171)
- Unzufrieden (stj2/194)

Beziehung zu anderen - Aggressivität

GEMÜT - Streitsüchtig (stj2/173)

Schule - Angst

GEMÜT - Furcht - Versagen, Mißerfolg; vor dem (stj2/79)

Schule - Konstitution

GEMÜT - Gewissenhaft, peinlich genau in bezug auf Kleinigkeiten (stj2/99)

Nonverbales - Aggressivität

GEMÜT - Destruktivität, Zerstörungswut (stj2/38)

Nonverbales - Reaktion auf andere

GEMÜT - Furcht - berührt zu werden (stj2/66)
- Küssen - jeden (stj2/119)

Nonverbales - Äußerliches - Beobachtungen des Arztes

GESICHT - Ausdruck - alt aussehend - bleich, runzelig (stj2/580)

ALLGEMEINES - Aussehen - dunkel (stj2/1854)
- Magere Personen (stj2/1919)

Nacht; Beobachtungen in der - Gemütssymptome

GEMÜT - Furcht - Dunkelheit; vor der (stj2/66)
- Schlafwandeln (stj2/154)

Zincum metallicum

zinc.

Die Keynote von Zincum ist der *besondere Erregungszustand des Nervensystems.*

Das typische Zincum-Kind ist sehr nervös, empfindlich und erregbar, aber mit langsamen Reaktionen. Sie verstehen nur langsam, was gesagt wurde und antworten langsam.

Die Kinder haben ein schwaches Gedächtnis, Konzentrationsschwierigkeiten und Gedankenleere. Ihre *Stimmung ist sehr wechselhaft,* Traurigkeit und Ausgelassenheit wechseln einander ab. Sie sind viel sanftmütiger und weniger wankelmütig als Ignatia-Kinder.

Mürrisch, ungeduldig, quengelig, gereizt (Differentialdiagnose: Chamomilla, Antimonium); sie weinen gegen Abend.

Zincum wird bei bestimmten entkräfteten Kindern benötigt, die ruhelos und delirant werden oder ansonsten still und sehr schwach sind, tatsächlich zu schwach, um einen Hautausschlag zu entwickeln, so daß ein Ekzem nur spärlich herauskommt. Als Folge dieses fehlenden Entwicklung des Hautausschlages treten Gehirnsymptome auf, mit scharfen Schmerzen durch den Kopf. In diesen Fällen wird das Mittel oft den Ausschlag herausbringen und das Kind retten.

Zincum-Kinder zeigen eine *Krankengeschichte verzögerter Entwicklung; verspätete Pubertät* ist oft eine Anzeige für Zincum.

Eines der wichtigen Symptome dieses Mittels besteht darin, daß *die Kinder im Schlaf aufschreien, wobei der ganze Körper zuckt; sie erwachen verängstigt (wie in panischem Schrecken).*

Heftige Kopfschmerzen überforderter Schulkindern.

Schwierige Zahnung: die Zähne brechen auf Grund von verhärtetem Zahnfleisch nur schwer durch; das Kind zeigt große Schwäche und Erschöpfung; es ist kalt; bohrt den Kopf ins Kissen; neigt zum Schielen; schreit im Schlaf auf; und hat besonders *ruhelose Füße.*

Konvulsionen während der Zahnung, mit blassem Gesicht, ohne Hitze, außer vielleicht am Hinterkopf, keine erhöhte Temperatur, Zähneknirschen. Anämie zahnender Kinder.

Krampfhafter Husten, manchmal Keuchhusten; typischerweise greift sich das Kind während der Hustenanfälle an die Genitalien.

Sie neigen dazu, nachts im Bett Krämpfe zu bekommen, häufiger im Musculus biceps femoris als in den Füßen.

Sie sind sehr empfindlich gegen Kälte und frieren immer.

Die Augen entzünden sich durch Einwirkung von Kälte. Diese Kinder leiden an einer deutlichen Verdickung der Lidränder, chronischer Blepharitis und chronischer Konjunktivitis und entwickeln starke Photophobie.

Sie sind *enorm empfindlich gegen Geräusche.*

Eine weitere starke Anzeige für Zincum ist eine Krankengeschichte generalisierter Hautausschläge in der frühen Kindheit und Chorea, die sich im Jugendalter entwickelt.

Klinisches: Erregungszustand des Nervensystems. Ruhelosigkeit. Schwäche. Delirium. Verzögerte Entwicklung. Epilepsie. Chorea. Krämpfe. Meningitis. Enzephalitis. Schlaflosigkeit. Kopfschmerzen. Zähneknirschen. Schwierige Zahnung. Husten. Keuchhusten. Strabismus. Blepharitis. Konjunktivitis. Unterdrückte Hautausschläge. Ekzem. Exanthem. Akne.

Wirkungsbereich: Zentralnervensystem. Kopf. Gehirn. Zähne. Bronchien. Augen. Haut.

* * *

Krankengeschichte; familiäre und persönliche

ALLGEMEINES - Familiengeschichte von - Haut; Beschwerden der (mg*/1878)
• Krankengeschichte von; persönliche - Absonderungen - unterdrückten; von (kr2/1909)
» Hautausschlägen; von - unterdrückten; von (kr2/1909)

Entwicklung - langsam

KOPF - Fontanellen - offen (bro1/286)

Zahnung - Gemütssymptome

GEMÜT - *Reizbarkeit, Gereiztheit - Zahnung; während der* (mtf33/147)

Zahnung - Empfindungen und neurologische Beschwerden

ALLGEMEINES - *Konvulsionen - Zahnung; während der* (bg2*/1907)
• *Zucken - Zahnung; während der* (a1*/2034)

Zahnung - Magendarmsymptome

REKTUM - Diarrhoe - Zahnung; während (*/957)

Zahnung - Allgemeines

ZÄHNE - *Zahnung - langsam* (hr1/718)
• *Zahnung - schwierig* (bg2*/718)

Impfung

ALLGEMEINES - **Impfung; Beschwerden nach** (mrr1*/1892)

Stillen - Gemütssymptome

GEMÜT - *Hast, Eile - Essen; beim* (b4a/105)

Stillen - Milch

KOPF - *Hautausschläge - Milchschorf* (bg2/290)
MAGEN - *Aufstoßen - Milch, nach* (*/775)
• Aufstoßens; Art des - sauer - Milch agg. (k/779)
• Erbrechen - Milch, nach (bg2/794)
• Verdauungsstörung - Milch - agg. (mrr1/843)
• Verdorben - Milch agg. (k/844)
ABDOMEN - Flatulenz - Milch agg. (b4/863)
• Schmerz - Milch - agg. (^/891)
HUSTEN - Milch agg. (*/1202)
ALLGEMEINES - Speisen und Getränke - Milch - Abneigung (stj2/2000)
• *Speisen und Getränke - Milch - agg.* (*/2001)

Stillen - Magendarmsymptome - Appetit - allgemein

MAGEN - Appetit - launischer Appetit (*/770)

Stillen - Magendarmsymptome - Appetit - vermindert

MAGEN - Appetit - fehlend (*/767)

- Appetit - fehlend - Durst - mit (*/768)
  - » *schnelle Sättigung* (b4a/770)
  - » vermindert (*/772)

Stillen - Magendarmsymptome - Appetit - vermehrt

MAGEN - Appetit - Heißhunger (*/769)
- Appetit - Heißhunger - Diarrhoe - bei (k/769)
  - » Heißhunger - Essen - nach dem Essen - bald danach (k/770)
  - » Heißhunger - Sättigung; schnelle (b4a/770)
  - » *unstillbar* (*/770)
  - » vermehrt (*/770)
  - » vermehrt - Essen - nach (*/772)

Stillen - Magendarmsymptome - Aufstoßen - Speisen; von

MAGEN - Aufstoßens; Art des - Speisen; von (bg2/780)
- *Aufstoßens; Art des - Speisen; von - nachts - Speisen, die mittags gegessen wurden; durch* (k/780)
  - » Speisen; von - sauer (b4/780)

Stillen - Magendarmsymptome - Aufstoßen - Wasser; Hochsteigen von

MAGEN - Aufstoßens; Art des - Wasser in den Mund; Hochsteigen von (*/781)
- Aufstoßens; Art des - Wasser in den Mund; Hochsteigen von - bitter (bg1/781)

Stillen - Magendarmsymptome - Erbrechen

MAGEN - Erbrochenen; Art des - Speisen - Essen - nach - sofort nach (k/800)

Stillen - Magendarmsymptome - Schluckauf

MAGEN - Schluckauf - Essen - nach - agg. (*/810)
- Schluckauf - Frühstück; agg. nach dem (*/810)

Stillen - Magendarmsymptome - Abdomen - agg. durch

ABDOMEN - *Schmerz - Druck - agg.* (k/883)

Stillen - Magendarmsymptome - Abdomen - amel. durch

ABDOMEN - Schmerz - Beugen - vorne; nach - amel. - krampfartig (k/882)

Stillen - Magendarmsymptome - Rektum

REKTUM - Diarrhoe - Kindern, bei (k/954)
- Obstipation - Kindern, bei (mtf33/969)
  - » *Kindern, bei - Neugeborenen, bei* (hr1*/969)

Stillen - Allgemeines

SCHWEISS - Essen - beim - amel. (*/1786)

ALLGEMEINES - Säuglinge (kk2/1944)

Infektionskrankheiten - Masern

ATMUNG - *Atemnot, Dyspnoe, erschwertes Atmen - Masern; nach unterdrückten* (k/1168)

EXTREMITÄTEN - Gefühllosigkeit, Taubheit - Arme - Masern; bei (*/1416)
- **Gefühllosigkeit, Taubheit - Handgelenke - Masern; bei** (k/1419)

FIEBER - Ausschlagsfieber; Fieber bei Ausschlagserkrankungen - Masern (k/1770)

HAUT - Hautausschläge - Masern (*/1817)

ALLGEMEINES - Masern - Beschwerden nach (bro1*/1920)

Infektionskrankheiten - Scharlach

GEMÜT - Betäubung - Scharlach, durch (k2/28)
- Bewußtlosigkeit - Scharlach, bei (hr1/31)

GESICHT - Schwellung - Scharlach (*/630)

FIEBER - *Ausschlagsfieber; Fieber bei Ausschlagserkrankungen - Scharlach* (*/1770)
- Scharlach - bösartig (bro1/1778)

HAUT - *Hautausschläge - Scharlach* (*/1821)
- **Hautausschläge - Scharlach - zurücktretend** (*/1821)

ALLGEMEINES - Wassersucht - äußere Wassersucht - Scharlach; nach (kr1/2024)

Infektionskrankheiten - Pocken

HAUT - *Hautausschläge - Pocken* (k/1819)

Infektionskrankheiten - Keuchhusten

HUSTEN - Keuchhusten (*/1197)
- *Keuchhusten - Kind - greift sich beim Husten an die Genitalien* (kr1/1198)

Konstitution - Aggressivität

KOPF - Anstoßen (a/274)
- Anstoßen - Bett; mit dem Kopf gegen das (a/274)

Konstitution - Angst und Furcht

GEMÜT - *Beeindrucken, empfänglich für Eindrücke; leicht zu* (lmj*/19)
- Beschwerden durch - Erwartungsspannung (stj1/23)
  - » Schreck (*/25)
- *Erwartungsspannung - Lampenfieber* (fry/53)
- Feigheit (j/59)
- Furcht - Abwärtsbewegung, vor (ptk1/64)
  - » allein zu sein (c1*/64)
  - » Geräusche, durch (bro1*/69)
  - » Gespenstern; vor (*/70)
  - » hochgelegenen Orten; vor (vh*/71)
  - » Versagen, Mißerfolg; vor dem (stj2/79)
  - » Versagen, Mißerfolg; vor dem - Prüfungen, bei (stj1/79)
- *Schreckliches und traurige Geschichten greifen sie stark an* (*/156)

Konstitution - Allgemeines

GEMÜT - Entmutigt (*/46)
- *Faulheit* (*/55)

- *Heimweh* (fry*/107)
- Milde (*/130)
- **Nachgiebigkeit** (^/134)
- Pflicht - zu viel Pflichtgefühl (lmj/136)
- Selbstvertrauen - Mangel an Selbstvertrauen (*/161)
- Sorgen; voller (^/164)
- **Stimmung, Laune - veränderlich** (*/171)
- Unzufrieden (bg2*/194)

Familie; Beziehung zur - Aggressivität

GEMÜT - Beschwerden durch - Bevormundung - Kindern, bei (^/22)
- Beschwerden durch - Bevormundung - Kindern, bei - elterlicher Bevormundung; bei langer Geschichte übermäßiger (stj1/22)

Familie; Beziehung zur - Liebe und Zuneigung

GEMÜT - Sorgen; voller - andere, um (gl1/165)
- Sorgen; voller - Verwandte, um (gl1/165)

Familie; Beziehung zur - Vorwürfe

GEMÜT - *Ermahnungen - agg.* (^/47)
- *Ermahnungen - agg. - freundliche; selbst* (b4a/47)

Beziehung zu anderen - Aggressivität

GEMÜT - Streitsüchtig (*/173)

Beziehung zu anderen - Reaktion auf andere

GEMÜT - Antworten - denkt lange nach (k2*/15)
- Antworten - einsilbig (^/15)
  - » einsilbig - Ja oder Nein (jsa/15)
  - » einsilbig - Nein auf alle Fragen (vml1/15)
  - » gefragt wird; antwortet nicht, wenn er (cda/15)
  - » langsam (*/15)
  - » *wiederholt erst die Frage* (*/15)
- Gesellschaft - Verlangen nach (*/95)
  - » Verlangen nach - allein; agg. wenn (*/96)
- Schüchternheit, Zaghaftigkeit (*/158)
  - » Kindern; bei (mtf33/158)
- *Trost - agg.* (b4a/188)

Beziehung zu anderen - allgemein

GEMÜT - *Beleidigt, leicht* (k/20)
- *Furcht - Räubern, vor* (*/74)
- Geheimnistuerisch, verschlossen (a1*/87)
- **Quält - andere** (^/138)
  - » **andere - Beschwerden; jeden mit seinen** (*/138)
- Tadelsüchtig, krittelig (ptk1*/178)

Schule - Angst

GEMÜT - Beschwerden durch - Erwartungsspannung (stj1/23)
- Furcht - Versagen, Mißerfolg; vor dem (stj2/79)
  - » Versagen, Mißerfolg; vor dem - Prüfungen, bei (stj1/79)
- Selbstvertrauen - Mangel an Selbstvertrauen (*/161)

REKTUM - Diarrhoe - Erregung, Aufregung agg. (bro1/952)
- Diarrhoe - nervös, Gemütsbewegungen agg. (c2*/955)

Schule - Konzentration

GEMÜT - Erschöpfung; geistige - Lernen, Studieren; durch langes (mtf33/52)
- Konzentration - schwierig - Kindern, bei (mtf33*/117)

Schule - Lernen - allgemein

GEMÜT - Dyslexie (mtf/40)

Schule - Lernen - Schreiben

GEMÜT - Fehler; macht - Schreiben, beim (mrr1*/57)
- Fehler; macht - Schreiben, beim - läßt etwas aus - Buchstaben (*/57)

Schule - Anstrengung; geistige

GEMÜT - Erschöpfung; geistige - Lernen, Studieren; durch langes (mtf33/52)

KOPF - Schmerz - geistige Anstrengung - agg. (*/328)
- Schmerz - Schulkindern; bei (br1*/339)

Schule - Beziehung zu anderen

GEMÜT - Boshaft - gemeine, böse Streiche; spielen ihren Mitschülern oder Lehrern - Schüler, Schuljunge (gl1/32)

MUND - Sprache - stotternd (stj/688)

Schule - Vorwürfe

GEMÜT - *Ermahnungen - agg.* (^/47)
- *Ermahnungen - agg. - freundliche; selbst* (b4a/47)

Schule - Konstitution

GEMÜT - Eigensinnig, starrköpfig, dickköpfig (*/41)
- Selbstvertrauen - Mangel an Selbstvertrauen (*/161)

Nonverbales - Aggressivität

GEMÜT - Reizbarkeit, Gereiztheit - Kindern, bei (*/145)

Nonverbales - Reaktion auf andere

GEMÜT - Berührtwerden - Abneigung berührt zu werden (mtf33/21)
- Berührtwerden - Abneigung berührt zu werden - Kindern; bei (mtf33/21)
  - » Abneigung berührt zu werden - Kitzeligkeit (a1/21)
- Furcht - berührt zu werden (stj2/66)
- Küssen - jeden (stj2/119)
- Schreien - Kindern, bei - bewegt werden; wenn sie (ptk1*/157)

Nonverbales - Gesten, Gebärden

GEMÜT - Gesten, Gebärden; macht - Finger - Mund; Kinder stecken die Finger in den (gk/97)
- Gesten, Gebärden; macht - Tics; nervöse (bro1*/99)
- Grimassen (mrr1/103)
  - » sonderbare Gesichter; schneidet (vh/103)
- Launenhaftigkeit, launisch (*/123)
- Springen (^/169)
- Ungeschicklichkeit (^/192)

Nonverbales - Allgemeines

GEMÜT - Eigensinnig, starrköpfig, dickköpfig (*/41)
- *Hast, Eile - Essen; beim* (b4a/105)
- Schreien - Kindern, bei (^/157)

Nonverbales - Konsultation; bei der

KOPF - Hitze - Kälte - Füße; mit Kälte der (bg2*/293)

AUGE - Entzündung - Kindern; bei - Kleinkindern; bei (k/429)

OHR - Absonderungen - Blut (b2/497)
- Absonderungen - blutig (k/497)
  - » *eitrig* (*/497)
  - » fleischfarben (bg2*/497)
  - » stinkend (*/498)
  - » übelriechend (*/498)
  - » unterdrückt (*/498)
- Entzündung - Gehörgang (k/500)
  - » Mittelohr (k/501)
- Ohrschmalz - faulig (bg2/516)
  - » vermehrt (*/516)

GESICHT - Schwellung - Unterkieferdrüsen (*/631)

MUND - Aphthen (b4a/639)
- Papillen - aufgerichtet (*/669)

INNERER HALS - Entzündung - Tonsillen (k/724)
- Schwellung - Tonsillen (*/747)

ÄUSSERER HALS - Schwellung - Halsdrüsen (*/760)

ABDOMEN - *Schmerz - Druck - agg.* (k/883)
- Vergrößert - Leber - Kindern, bei (mtf33/938)

RÜCKEN - Hautausschläge - Furunkel (k/1316)
- Hautausschläge - Furunkel - Blutbeule (h2/1316)
  - » Furunkel - Dorsalregion - Schulterblätter (k/1317)
  - » Furunkel - Dorsalregion - Schultern; zwischen den (k/1317)

EXTREMITÄTEN - Fußgeruch ohne Schweiß; übler (b4/1413)

HAUT - Erysipel (*/1798)

ALLGEMEINES - *Exostose* (j5/1877)

Nonverbales - Äußerliches - Beobachtungen des Arztes

KOPF - Halten - hoch, aufrecht zu halten; unfähig, den Kopf (k/289)

AUGE - *Strabismus, Schielen* (*/467)
- Strabismus, Schielen - divergens (hr1/467)
- Verklebt (b4a/472)

NASE - Bewegung - Nasenflügel - Fächer; wie ein (*/545)
- *Bohren mit den Fingern in der Nase* (*/546)
- Zupfen - Nase, an der (k/578)
  - » Nase, an der - blutet, bis sie (mtf33/578)

GESICHT - Aufgesprungen - Lippen (k/579)
- Ausdruck - alt aussehend (mrr1/580)
  - » alt aussehend - bleich, runzelig (mrr1*/580)
- Gerunzelt (*/594)
  - » Stirn, Stirnrunzeln (*/594)
- **Hautausschläge - Akne** (st/595)
- Hippokratisches Gesicht (*/605)
- *Rissig - Lippen* (*/613)
  - » Lippen - Oberlippe (h2/613)
  - » Lippen - Unterlippe (h2/613)
  - » *Mundwinkel* (*/614)
- Wächsern (k/635)
- Zupfen - Lippen; an den (k/636)
  - » Lippen; an den - bluten; zupft bis sie (bro1*/636)

ATMUNG - Asthma, asthmatische Atmung - Kindern; bei (mtf33/1162)
- *Beschleunigt* (*/1174)

HUSTEN - Halten, Festhalten - Hoden festhalten; muß beim Husten die (c1*/1193)

RÜCKEN - *Opisthotonus* (k/1325)

ALLGEMEINES - Zwergwuchs (k/2035)

Nonverbales - Äußerliches - Beobachtungen der Eltern

AUGE - *Verklebt - morgens* (*/472)

MUND - Beißt - Zunge; beißt sich auf die (vk1/640)

ZÄHNE - *Zähneknirschen* (*/718)
- *Zähneknirschen - konvulsivisch* (*/718)

MAGEN - Gluckern; Gurgeln (*/802)
- Gluckern; Gurgeln - Gähnen agg. (h2/803)
- Schluckauf (*/809)
  - » Essen - nach - agg. (*/810)
  - » Frühstück; agg. nach dem (*/810)
  - » heftig (h2/810)
- Völlegefühl - Essen - nach - agg. (*/845)
  - » Mittagessen, nach dem (k/845)

ABDOMEN - Schmerz - Beugen - vorne; nach - amel. - krampfartig (k/882)
- Schmerz - Zusammenkrümmen - amel. (k/897)
  - » Zusammenkrümmen - muß sich zusammenkrümmen (h2/897)

REKTUM - Unwillkürlicher Stuhl (*/984)

STUHL - Kugeln, wie (bro1/996)

BLASE - Urinieren - Harndrang - plötzlich - beeilen um zu urinieren, sonst geht Urin ab; muß sich (k/1015)

- *Urinieren - unwillkürlich - Husten; agg. beim* (*/1020)
  - » *unwillkürlich - Lachen agg.* (bro1/1020)
  - » *verzögert, muß warten, bis der Urin zu fließen beginnt* (*/1020)
  - » verzögert, muß warten, bis der Urin zu fließen beginnt - pressen, bevor er damit beginnen kann; muß lange (bro1/1021)

URIN - Blutig - Kindern; bei (mtf33/1045)

MÄNNLICHE GENITALIEN - *Erektionen - Kindern, bei* (lmj/1063)

- *Faßt sich an die Genitalien* (h2*/1065)
  - » *Kind* (hr1*/1066)
  - » Kind - Husten; agg. beim (br1/1066)
- Masturbation, Neigung zur (c1*/1071)
  - » *Kindern; bei* (lmj/1071)
- *Sexuelles Verlangen - vermehrt - Kindern, bei* (lmj/1084)

WEIBLICHE GENITALIEN - **Masturbation; Neigung zu** (j5/1104)

- Masturbation; Neigung zu - Jucken, durch - Vagina; in der - Kindern; bei (bro1/1104)
  - » *Kindern; bei* (lmj*/1104)

ATMUNG - *Schnarchen* (bro1/1180)

SCHWEISS - Essen - beim - amel. (*/1786)

Nacht; Beobachtungen in der - Gemütssymptome

GEMÜT - Angst - nachts - Kindern; bei (mg/7)

- Angst - Dunkelheit; in der (sf1/8)
- Furcht - Dunkelheit; vor der (sf1/66)
  - » Erwachen; beim - Traum; aus einem (h2/67)
- *Gesten, Gebärden; macht - Hände; unwillkürliche Bewegungen der - zupft - Bettwäsche; an der* (*/98)
- **Schlafwandeln** (*/154)
- Schreien - Kindern, bei - Erwachen, beim (^/157)
  - » Kindern, bei - Erwachen, beim - Zittern; mit (mtf33/157)
  - » Kindern, bei - Schlaf, im (mtf33/157)
- Sprechen - Schlaf; im (*/169)

Nacht; Beobachtungen in der - körperliche Symptome

KOPF - Bohrt den Kopf in das Kissen (bg2*/282)

- Bohrt den Kopf in das Kissen - Schlaf; agg. im (sf1/282)

MUND - Offen - Schlaf; agg. im (h2*/669)

ZÄHNE - *Zähneknirschen - Schlaf; agg. im* (*/718)

REKTUM - Unwillkürlicher Stuhl - Schlaf; agg. im (k/985)

BLASE - Urinieren - unwillkürlich - nachts (*/1019)

- Urinieren - unwillkürlich - nachts - Morgen, gegen (k/1019)
  - » unwillkürlich - nachts - ersten Schlaf, im (b4a/1019)

Nacht; Beobachtungen in der - Schlaf

SCHLAF - **Erwachen - Schreck, wie durch** (j5/1675)

Nacht; Beobachtungen in der - Schlaf; Lage im

SCHLAF - Lage - Knie - Gesicht ins Kissen gepreßt; und (h2/1682)

- *Lage - Kopf - gebohrt; ins Kissen* (sf1/1682)
  - » *Kopf - gebohrt; ins Kissen - Hinterkopf* (hr1*/1682)
  - » Kopf - tiefliegendem; mit (k/1683)
  - » Rücken, auf dem (*/1683)
  - » verändert häufig die Lage (bg2*/1683)

Autos und Schiffe

MAGEN - Übelkeit - Fahren - Wagen; im - agg. (k/836)

BRUST - Schmerz - Fahren, beim - Wagen, im - agg. (^/1260)

- Schmerz - Fahren, beim - Wagen, im - agg. - wund schmerzend (k/1260)

EXTREMITÄTEN - Schmerz - Hände - Fahren im Wagen agg. - reißend (k/1544)

Psychosomatische Störungen

REKTUM - Diarrhoe - Erregung, Aufregung agg. (bro1/952)

- Diarrhoe - nervös, Gemütsbewegungen agg. (c2*/955)

ALLGEMEINES - *Konvulsionen - Schreck agg.* (k/1906)

Körperliche Symptome und Erkrankungen

KOPF - Entzündung - Gehirn (bg2*/284)

- **Entzündung - Hirnhaut** (*/284)
  - » *Hirnhaut - tuberkulös* (*/284)
- Hydrozephalus (*/295)
  - » chronisch (mtf/295)
  - » liegt mit tiefliegendem Kopf (k/296)

OHR - *Schmerz - Kindern; bei* (hr1/523)

ZÄHNE - Abszeß der Zahnwurzeln (h2*/695)

- Karies, faule, hohle Zähne (*/700)

REKTUM - Cholera - infantum (bro1*/949)

NIEREN - Entzündung (k/1023)

WEIBLICHE GENITALIEN - *Menses - verzögerte Menarche* (*/1114)

KEHLKOPF UND TRACHEA - Laryngismus stridulus (bro1/1145)

FIEBER - Continua (k/1772)

ALLGEMEINES - Abmagerung - Kindern; bei - Kleinkindern; bei (bro1*/1845)

- Kindern; Beschwerden von (*/1897)
- **Konvulsionen - Kindern, bei** (*/1905)
  - » *Kindern, bei - Kleinkindern, bei* (bro1/1905)
- *Medikamente - allopathische - schnelle Reaktion* (k2/1921)
- Schwäche - Kindern, bei (k2/1977)

Chirurgisch pathologische Zustände

ABDOMEN - Hernie (bro1/867)

• *Hernie - Leistenhernie* (*/868)

» Leistenhernie - schmerzhaft (b4a/868)

MÄNNLICHE GENITALIEN - *Hochgezogen, an den Körper gezogen - Hoden* (*/1068)

• **Hochgezogen, an den Körper gezogen - Hoden - schmerzhaft** (hr1/1068)

• Hodenretention - abdominal (fry3/1069)

Würmer

REKTUM - Würmer - Beschwerden durch Würmer (b2/985)

• Würmer - Beschwerden durch Würmer - Bandwürmer (b2/986)

» Beschwerden durch Würmer - Madenwürmer (b2/986)

Zincum muriaticum

zinc-m.

Gewöhnlich schlanke Menschen mit alt aussehendem Gesichtsausdruck, wobei das Gesicht fahl und runzelig ist.

Kinder zupfen an den Lippen, bis sie bluten und zupfen an der Bettwäsche.

Bei abgezehrten Kindern ist die Haut trocken und rauh.

Die Haut sieht aus, als sei sie straff über die Knochen von Gesicht und Händen gespannt.

Fontanellen können lange Zeit offen bleiben.

Zu weiteren Symptomen gehören: Exostose, Beschwerden durch Impfung, *Kopfschmerzen bei Schulkindern,* Abneigung gegen Milch (aber sie erbrechen alle Speisen außer Milch), Schluckauf, Zähneknirschen im Schlaf und Tonsillitis.

Schwierige Zahnung bei Kindern, mit drohenden Gehirnleiden.

Kinder sind oft unzufrieden und voller Ängste (ähnlich den anderen Zink-Mitteln), aber sie haben auch wechselhafte Stimmung.

Das Mittel könnte in Fällen von Schlafwandeln nützlich sein.

Hydrozephalus.

Klinisches: Beschwerden durch Impfung. Kopfschmerzen. Hydrozephalus. Schwierige Zahnung. Zähneknirschen. Tonsillitis. Schluckauf. Exostose. Schlafwandeln.

Wirkungsbereich: Zentralnervensystem. Kopf. Knochen. Magen. Zähne. Innerer Hals.

* * *

Impfung

ALLGEMEINES - *Impfung; Beschwerden nach* (stj2/1892)

Stillen - Milch

ALLGEMEINES - Speisen und Getränke - Milch - Abneigung (stj2/2000)

Konstitution - Angst und Furcht

GEMÜT - Furcht - allein zu sein (stj2/64)

• Furcht - Geräusche, durch (stj2/69)

» Gespenstern; vor (stj2/70)

» hochgelegenen Orten; vor (stj2/71)

» Versagen, Mißerfolg; vor dem (stj2/79)

» Wasser, vor (stj2/79)

Konstitution - Allgemeines

GEMÜT - Stimmung, Laune - veränderlich (stj2/171)

• Unzufrieden (stj2/194)

Schule - Angst

GEMÜT - Furcht - Versagen, Mißerfolg; vor dem (stj2/79)

Schule - Anstrengung; geistige

KOPF - Schmerz - Schulkindern; bei (c1/339)

Nonverbales - Reaktion auf andere

GEMÜT - Furcht - berührt zu werden (stj2/66)

• Küssen - jeden (stj2/119)

Nonverbales - Konsultation; bei der

INNERER HALS - Entzündung - Tonsillen (a1/724)

ALLGEMEINES - Exostose (st1/1877)

Nonverbales - Äußerliches - Beobachtungen des Arztes

GESICHT - Ausdruck - alt aussehend - bleich, runzelig (stj2/580)

ATMUNG - Beschleunigt (a1/1174)

ALLGEMEINES - Magere Personen (stj2/1919)

Nonverbales - Äußerliches - Beobachtungen der Eltern

MAGEN - Schluckauf (a1*/809)

Nacht; Beobachtungen in der - Gemütssymptome

GEMÜT - Furcht - Dunkelheit; vor der (stj2/66)

• Gesten, Gebärden; macht - Hände; unwillkürliche Bewegungen der - zupft - Bettwäsche; an der (*/98)

• Schlafwandeln (stj2/154)

Nacht; Beobachtungen in der - körperliche Symptome

ZÄHNE - Zähneknirschen - Schlaf; agg. im (a1/718)

Körperliche Symptome und Erkrankungen

KOPF - *Hydrozephalus* (c2*/295)

Zincum nitricum

zinc-n.

Bei Zincum nitricum sind viele Gemütssymptome anzutreffen, die denen von Zincum iodatum und Zincum muriaticum ähneln oder mit ihnen identisch sind (wechselhafte Stimmung, dieselben Ängste und derselbe Charakter).

Was den Körper angeht, so teilt es mit den anderen Zink-Mitteln den alt aussehenden Gesichtsausdruck mit fahlem und runzeligem Gesicht; Beschwerden durch Impfung und Abneigung gegen Milch.

Otitis mit Verschlimmerung beim Fahren im Auto.

Klinisches: Beschwerden durch Impfung. Otitis.

Wirkungsbereich: Ohren.

* * *

Impfung

ALLGEMEINES - *Impfung; Beschwerden nach* (stj2/1892)

Stillen - Milch

ALLGEMEINES - Speisen und Getränke - Milch - Abneigung (stj2/2000)

Konstitution - Angst und Furcht

GEMÜT - Furcht - allein zu sein (stj2/64)
• *Furcht - engen Räumen; in* (stj2/67)
» Geräusche, durch (stj2/69)
» Gespenstern; vor (stj2/70)
» hochgelegenen Orten; vor (stj2/71)
» offenen Plätzen; Furcht vor (stj2/74)
» Versagen, Mißerfolg; vor dem (stj2/79)

Konstitution - Allgemeines

GEMÜT - Stimmung, Laune - veränderlich (stj2/171)
• Unzufrieden (stj2/194)

Schule - Angst

GEMÜT - Furcht - Versagen, Mißerfolg; vor dem (stj2/79)

Nonverbales - Reaktion auf andere

GEMÜT - Furcht - berührt zu werden (stj2/66)
• Furcht - Fremden; vor (stj2/68)
• Küssen - jeden (stj2/119)

Nonverbales - Konsultation; bei der

OHR - Entzündung (stj2/500)

Nonverbales - Äußerliches - Beobachtungen des Arztes

GESICHT - Ausdruck - alt aussehend - bleich, runzelig (stj2/580)

Nacht; Beobachtungen in der - Gemütssymptome

GEMÜT - Furcht - Dunkelheit; vor der (stj2/66)
• Schlafwandeln (stj2/154)

Autos und Schiffe

ALLGEMEINES - Fahren - Wagen; mit dem - agg. (stj2/1877)

Zincum phosphoricum

zinc-p.

Es ist nützlich bei „leerem Kopf", geistiger Erschöpfung bei Intellektuellen, bei Zuständen, in denen eine Lähmung der Gehirnfunktion droht. Lehrer und andere können an schrecklichen, periodischen Kopfschmerzen durch Überarbeitung leiden und diese können weitere Beschwerden des Gehirns hervorrufen.

Zincum phosphoricum hat viele Symptome mit anderen Zink-Mitteln gemein: körperliche Zeichen (Abneigung gegen und Verschlimmerung durch Milch; Beschwerden durch Impfung) und besonders Gemütssymptome (veränderliche Stimmung, Ängste, Unzufriedenheit, küßt jeden, Konzentrationsschwierigkeiten, Gestikulieren mit den Händen, Schlafwandeln).

Ein Zielorgan ist die Blase: es kann zu unwillkürlichem Urinieren in der Nacht oder beim Husten kommen und das Kind muß sich beeilen, um zu urinieren, sonst geht der Urin ab. Auch der Stuhlgang kann unwillkürlich sein.

Der Appetit kann launisch sein: vermindert oder vermehrt mit Heißhunger, begleitet von Aufstoßen und Schluckauf und schließlich von einem Völlegefühl im Magen.

Zincum-phosphoricum-Kinder können an Keuchhusten leiden, an Opisthotonus, blutiger oder eitriger Absonderung aus dem Ohr, beschleunigter Atmung und Schwellung der Mandeln.

Sie schlafen gewöhnlich auf der rechten Seite und haben morgens verklebte Augen.

Klinisches: Hydrozephalus. Kopfschmerzen. Schlafwandeln. Unwillkürliches Urinieren. Schluckauf. Keuchhusten. Otitis. Beschwerden durch Impfungen.

Wirkungsbereich: Gehirn. Kopf. Blase. Magen. Bronchien. Ohren.

* * *

Impfung

ALLGEMEINES - *Impfung; Beschwerden nach* (stj2/1892)

Stillen - Milch

MAGEN - Aufstoßens; Art des - sauer - Milch agg. (k2/779)

ALLGEMEINES - Speisen und Getränke - Milch - Abneigung (stj2/2000)
- Speisen und Getränke - Milch - agg. (k2/2001)

Stillen - Magendarmsymptome - Appetit - allgemein

MAGEN - Appetit - launischer Appetit (k2/770)

Stillen - Magendarmsymptome - Appetit - vermindert

MAGEN - Appetit - fehlend - Durst - mit (k2/768)
- Appetit - vermindert (k2/772)

Stillen - Magendarmsymptome - Appetit - vermehrt

MAGEN - Appetit - Heißhunger (k2/769)
- Appetit - Heißhunger - Essen - nach dem Essen - bald danach (k2/770)
  » vermehrt (k2/770)

Stillen - Magendarmsymptome - Aufstoßen - Wasser; Hochsteigen von

MAGEN - Aufstoßens; Art des - Wasser in den Mund; Hochsteigen von (k2/781)

Stillen - Magendarmsymptome - Schluckauf

MAGEN - Schluckauf - Essen - nach - agg. (k2/810)

Infektionskrankheiten - Keuchhusten

HUSTEN - Keuchhusten (k2/1197)

Konstitution - Angst und Furcht

GEMÜT - Beschwerden durch - Schreck (k2*/25)
- Furcht - allein zu sein (stj2/64)
  » Geräusche, durch (stj2/69)
  » Gespenstern; vor (k2*/70)
  » Gewitter; vor (stj2/70)
  » hochgelegenen Orten; vor (stj2/71)
  » Versagen, Mißerfolg; vor dem (stj2/79)

Konstitution - Allgemeines

GEMÜT - **Faulheit** (k2/55)
- Heimweh (stj/107)
- Stimmung, Laune - veränderlich (k2*/171)
- Unzufrieden (stj2/194)

Familie; Beziehung zur - Liebe und Zuneigung

GEMÜT - Angst - Familie, um seine (stj2/9)

Beziehung zu anderen - Reaktion auf andere

GEMÜT - Gesellschaft - Verlangen nach (k2*/95)
- Gesellschaft - Verlangen nach - allein; agg. wenn (k2/96)
- Schüchternheit, Zaghaftigkeit (k2*/158)

Beziehung zu anderen - allgemein

GEMÜT - Beleidigt, leicht (k2/20)
- Furcht - Räubern, vor (k2*/74)

Schule - Angst

GEMÜT - Furcht - Versagen, Mißerfolg; vor dem (stj2/79)

Schule - Konzentration

GEMÜT - Konzentration - schwierig - Studieren (vh*/117)

Schule - Anstrengung; geistige

KOPF - Schmerz - geistige Anstrengung - agg. (k2/328)

Schule - Konstitution

GEMÜT - Eigensinnig, starrköpfig, dickköpfig (k2*/41)

Nonverbales - Reaktion auf andere

GEMÜT - Furcht - berührt zu werden (stj2/66)
- Küssen - jeden (stj2/119)

Nonverbales - Gesten, Gebärden

GEMÜT - Launenhaftigkeit, launisch (k2/123)

Nonverbales - Allgemeines

GEMÜT - Eigensinnig, starrköpfig, dickköpfig (k2*/41)

Nonverbales - Konsultation; bei der

OHR - Absonderungen - Blut (k2/497)
- Absonderungen - eitrig (k2/497)

MUND - Papillen - aufgerichtet (k2/669)

INNERER HALS - Schwellung - Tonsillen (k2/747)

Nonverbales - Äußerliches - Beobachtungen des Arztes

GESICHT - Ausdruck - alt aussehend - bleich, runzelig (stj2/580)
- Rissig - Lippen (k2/613)

ATMUNG - Beschleunigt (k2/1174)

RÜCKEN - Opisthotonus (k2/1325)

ALLGEMEINES - Aussehen - rote Haare (stj2/1855)
- Magere Personen (stj2/1919)

Nonverbales - Äußerliches - Beobachtungen der Eltern

AUGE - Verklebt - morgens (k2*/472)

MAGEN - Schluckauf - Essen - nach - agg. (k2/810)
- Völlegefühl - Essen - nach - agg. (k2/845)

REKTUM - Unwillkürlicher Stuhl (k2/984)

BLASE - Urinieren - Harndrang - plötzlich - beeilen um zu urinieren, sonst geht Urin ab; muß sich (k2/1015)
- Urinieren - unwillkürlich - Husten; agg. beim (k2/1020)

Nacht; Beobachtungen in der - Gemütssymptome

GEMÜT - Furcht - Dunkelheit; vor der (stj2/66)

• Gesten, Gebärden; macht - Hände; unwillkürliche Bewegungen der - zupft - Bettwäsche; an der (k2/98)
• Schlafwandeln (stj2/154)
• Sprechen - Schlaf; im (k2*/169)

Nacht; Beobachtungen in der - körperliche Symptome

BLASE - Urinieren - unwillkürlich - nachts (k2/1019)

Nacht; Beobachtungen in der - Schlaf; Lage im

SCHLAF - Lage - Seite, auf der - rechten Seite, auf der (stj2/1683)

Zincum sulphuricum

zinc-s.

In schweren Fällen sind folgende Symptome vorhanden: Schläfrigkeit und Erschöpfung; Verdauungsstörung; starke Flatulenz; Obstipation im Wechsel mit Diarrhoe; saures Aufstoßen; Abmagerung und Apathie.

Die Fasergewebe, besonders die Muskeln, verlieren ihren Tonus. Der Patient fühlt sich müde und matt. Die Haut des Körpers fühlt sich schlaff an, ist welk und bei Berührung kalt; die Venen sind geschwollen und scheinen durch. Der ganze Körper und besonders das Gesicht ist aufgedunsen und sieht trübe, fahl und welk aus. Der Geschmackssinn ist beeinträchtigt; der Atem übelriechend; die Zunge mehr oder weniger belegt; der Appetit verringert sich.

Der Speichel ist zäh; der Schweiß feuchtkalt; der Urin blaß und trübe; der Stuhl wäßrig.

Schreckliches Jucken am Rücken bei Kindern.

Konvulsionen.

Das Kind spricht im Schlaf.

Klinisches: Konvulsionen. Verdauungsstörungen. Obstipation. Diarrhoe. Abmagerung. Jucken.

Wirkungsbereich: Zentralnervensystem. Rektum. Haut.

* * *

Zahnung - Empfindungen und neurologische Beschwerden

ALLGEMEINES - Konvulsionen - Zahnung; während der (bro1/1907)

Nonverbales - Äußerliches - Beobachtungen des Arztes

GESICHT - Gerunzelt (k/594)

Nacht; Beobachtungen in der - Gemütssymptome

GEMÜT - Sprechen - Schlaf; im (k2/169)

Körperliche Symptome und Erkrankungen

ALLGEMEINES - Konvulsionen - Kindern, bei (bro1/1905)
• Konvulsionen - Kindern, bei - Kleinkindern, bei (bro1/1905)

Zincum valerianicum

zinc-val.

Es wurde erfolgreich angewandt bei *Schlaflosigkeit, besonders durch Kopfschmerzen;* bei Folgen von Meningitis cerebrospinalis und in einigen Stadien von Meningitis tuberculosa bei Kindern (als Palliativ).

Hartnäckiger Schluckauf.

Konvulsionen bei Kindern.

Klinisches: Schlaflosigkeit. Meningitis. Konvulsionen. Schluckauf.

Wirkungsbereich: Zentralnervensystem. Magen.

* * *

Konstitution - Allgemeines

GEMÜT - *Stimmung, Laune - veränderlich* (bro1/171)

Nonverbales - Äußerliches - Beobachtungen der Eltern

MAGEN - Schluckauf (bro1*/809)

Nacht; Beobachtungen in der - Schlaf

SCHLAF - Schlaflosigkeit - Kindern, bei (br1/1691)

Körperliche Symptome und Erkrankungen

ALLGEMEINES - *Konvulsionen - Kindern, bei* (bg2*/1905)

Sonderzeichen

a1* Sternchen hinter einer Abkürzung = von weiteren Autoren bestätigter Eintrag (hier: Allens Encyclopedia und andere)

* nur Sternchen = Kent (k) plus weitere Bestätigungen

^ das Arzneimittel stammt aus einer Unterrubrik von Synthesis und wurde in diese Rubrik kopiert.

Abkürzungen der Autoren / Quellen

a Allen, Timothy F.
a1 Allen, Timothy F. Encyclopedia of Pure Materia Medica, New-York, Philadelphia: Boericke & Tafel (1879)
a2 Allen, Timothy F. Handbook of Materia Medica and Homeopathic Therapeutics, Philadelphia: Boericke & Tafel (1889)
ah Anshutz, Edward Pollock
al Allen, Henry C.: Amerikanischer Homöopath
al1 Allen, Henry C., Keynotes and Characteristics with Comparisons, Wellingborough: Thorsons Publ. (1898)
al2 Allen, Henry C., The Materia Medica of some important nosodes, Philadelphia: Boericke & Tafel (1910)
al4 Allen, Henry C., The therapy of intermittent fever, New Delhi: Jain Publishers (1884)
alj Allen, John H.: Amerikanischer Homöopath
alm Aleem, Mohammed: Zeitgenössischer Homöopath [Indien]
ar Araujo, Claudio: Zeitgenössischer Homöopath [Brasilien]
asm Assilem, M.
awy2 Agrawal, Y. R., Homeopathy in asthma, New Delhi: Vijay Publication (1985)
b Bönninghausen, Clemens von
b1 Bönninghausen, Clemens von, Eigentümlichkeiten und Hauptwirkungen der homöopathischen Arzneien, Münster: Coppenrath (1833)
b2 Bönninghausen, Clemens von, Therapeutisches Taschenbuch, Münster: Coppenrath (1846)
b4 Bönninghausen, Clemens von, Systematisch-Alphabetisches Repertorium der Homoöpathischen Arzneien. - Enthaltend die antipsorischen, antisyphilitischen und antisykotischen Arzneien., Münster: Coppenrath (1833)
b4a Bönninghausen, Clemens von, Handschriftliche Ergänzungen zu b4, nachgetragen durch den Sohn (1864)
b7 Bönninghausen, Clemens von, Systematisch-Alphabetisches Repertorium der Homoöpathischen Arzneien - Enthaltend die nicht-antipsorischen Arzneien., Münster: Coppenrath (1833)
b7a Bönninghausen, Clemens von, Handschriftliche Ergänzungen zu b7, nachgetragen durch den Sohn (1864)
bat1 Bernard, Teresa M., Proving of Sambucus nigra - Linking trees project, Links, Vol 12: pg 174-175 (1999)
bc Blackie, Margery G.: Englische Homöopathin.
bci1 Bianchi, Ivo, Principles of homotoxicology, Baden-Baden: Aurelia - Verlag (1989)
bcj Becker, Jürgen: Zeitgenössischer Homöopath [Deutschland]
bcj1 Becker, Jürgen, Vipera, Links, Vol 4: nr. 2 pg 8 (1991)
bcn Bucken, Dany: Zeitgenössischer Homöopath [Belgien]
bdx1 Bond, Annette, The homeopathic proving of Tungsten, Manchester: North West College of Homeopathy (1997)
bg Boger, Cyrus Maxwell
bg1 Boger, Cyrus Maxwell, Additions to Kent's Repertory, New Delhi: Jain Publishers (1932)
bg2 Boger, Cyrus Maxwell, Boenninghausens's Characteristics and Repertory, Bombay: Roy & Co. (1936)
bg3 Boger, Cyrus Maxwell, Synoptic Key of the Materia Medica, New Delhi: Swaran [6th Ed.] (1931)
bgs Burgess-Webster, M.
bl Borland, Douglas M.
bl1 Borland, Douglas M., Children Types, London: British Homeopathic Association (1948)
bl6 Borland, Douglas M., Digestive Drugs (1940)
bl7 Borland, Douglas M., Homeopathy in Practice, Beaconsfield [England]: Beaconsfield Publ. (1982)
bn Burnett, James Compton
bng Behnisch, Gotthard: Zeitgenössischer Homöopath [Deutschland]
bnj1 Banerjee, Prosad, Materia medica of Indian drugs, West Bengal (1992)
bnk Banerjee, N. K.

bnm2 Bonnet, M. S., The Toxicology of Androctonus scorpion, BHJ (1997)
bnm3 Bonnet, M. S., The Toxicology of the Atrax Robustus spider, BHJ (1997)
bnm4 Bonnet, M. S., The toxicology of the Chironex fleckeri jelly fish: the Australian sea wasp., Br H J, Vol 88: pg 62-68 (1999)
bnm6 Bonnet, M. S., The toxicology of Latrodectus mactans. The black widow spider., Links, Vol 11: nr 3 pg 161-168 (1998)
bnm14 Bonnet, M. S., The toxicology of Heloderma suspectum: the Gila Monster, Br Hom J, Vol 89: pg 198-204 (2000)
bnt Binet
br Boericke, William: Amerikanischer Homöopath.
br1 Boericke, William, Pocket Manual of Homeopathic Materia Medica, New Dehli: Jain (1927)
br3 Boericke, William; Dewey, Willis A.; The Twelve Tissue Remedies of Schuessler, Philadelphia: Boericke & Tafel [6th Ed.] (1914)
bra Berridge, Edward W.
brm Bär, Marc: Zeitgenössischer homöopathischer Tierarzt [Schweiz]
bro1 Boericke, Oscar Eugene, „Repertory" in Boericke, William, „Pocket Manual of Homeopathic Materia Medica", New-York: Boericke & Runyon (1927)
bt Barthel, Horst: Zeitgenössischer Homöopath [Deutschland]
bt3 Barthel, Horst, Synthetic Repertory: General symptoms. [Vol. 2], New Delhi: Jain Publishers (1991)
btw1 Burt, William H., Characteristic Materia Medica, New York, Philadelphia [2nd Ed.] (1873)
btw2 Burt, William H., Physiological Materia Medica, Chicago [3th Ed.] (1883)
c Clarke, John Henry: Englischer Homöopath.
c1 Clarke, John H., Dictionary of Practical Materia Medica, London: The Homeopathic Publ. (1904)
c11 Clarke, John H., Radium as an internal remedy (1908)
c2 Clarke, John H., A Clinical Repertory to the Dictionary of Materia Medica, London: Hom. Publ. (1904)
ccrh1 Central Council for research in Homoeopathy, New Delhi A proving of Cassia Sophera (1987)
cd Candegabe, Eugenio F.
cd1 Candegabe, Eugenio F., Comparative Materia Medica (1997)
cda Choudhuri, N. M.
cda1 Choudhuri, N. M., A Study on Materia Medica and Repertory, New Delhi: Jain Publishers (1929)
cdd7 Chand, Diwan Harish, A proving of cassia sophera, 1986, 35th Liga Medica Hom. Int. congress, 1982 (1982)
cdh1 Choudhury, Harimohon, Indications of Miasms, New Delhi: Jain Publishers (1988)
ck Clark, George Hardy
cka1 Clarke, A. Gladstone, Decachords (1925)
ckh1 Chitkara H. L., Update Addition to Repertory of Mind, New Dehli: Jain (1995)
cld Collins, Deborah: Zeitgenössische Homöopathin
cp Cowperthwaite, Allen Corson
cpd Cooper, Dorothy
cr Charette, Gilbert
ctc Coulter, Catherine: Zeitgenössische Homöopathin [USA]
ctc1 Coulter, Catherine, Portraits of Homeopathic Medecine. [Vol. 1], Berkeley (CA): North Atlantic Books (1986)
ctd Crothers, Dean: Zeitgenössischer Homöopath [USA]
cte1 Chatterjee, Ardhendu Sekhar, Glycyrrhiza glabra Linn (1997)
dg Dudgeon, Robert Ellis.
dg2 Dudgeon, R. E., Lectures on the Theory and Practice of Homeopathy, New Delhi: Jain Publishers (1987)
dgt Degroote, Filip: Zeitgenössischer Homöopath [Belgien]
dgt1 Degroote, Filip, Physical Examination and Observation in Homeopathy, Gent: Homeoden Book Service (1992)
dgt2 Degroote, Filip, Notes on Miasms, heredity and remedy interactions (1994)
dhh1 Den Hartog, Hans, Proving of Populus tremuloïdes - Linking trees project., Links, Vol 12, Autumn: pg 170-171 (1999)
dm Del Mas, R.: Amerikanischer Homöopath
dp Duprat, Henry: Französischer Homöopath
dry1 Dury, William V., Eruptive Fevers (1877)
dt Dienst, G. E.: Student von Kent
dtn1 Detinis, Luis, Mental symptoms in homeopathy, Beaconsfield (1994)
dwm1 Dhawale, M. L., Principles and Practice of Homeopathy [Part 1-2], Bombay: Institute of clinical research (2nd Ed.) (1986)

dx Dockx, René: Zeitgenössischer Homöopath [Belgien]
dx1 Dockx, René; Kokelenberg, Guy, Kent's Comparative Repertory of the Hom. Materia Medica, Gent: Homeoden (1988)
dy Dey, H. K.
es Eising, Nuala
es1 Eising, Nuala, Granite, Marble and Limestone (1995)
es2 Eising, Nuala, Provings of Ignis alcoholis and Succinum (1998)
ez Eizayaga, Francisco Xavier: Zeitgenössischer Homöopath [Argentinien]
fb Foubister, Donald M.: Englischer Homöopath.
fb4 Foubister, Donald M., The carcinosin Drug Picture, New Delhi: Indian Books & Periodicals Syndicate (1958)
fd Friedrich, Peter: Zeitgenössischer Homöopath [Deutschland]
fe Fayeton, S. M-L.: Zeitgenössischer Homöopath [Frankreich]
fl Fellows, H. B.
fr2 Farrington, Ernest A., Comparisons in Materia Medica with Therapeutic Hints. Philadelphia: Office of the Journal of Homeopathics (1901)
fry Flury, Rudolf: Schweizer Homöopath.
fry3 Flury, Rudolf, Proceedings of the Swiss society of homeopaths (1977)
fs Fields, R.: Amerikanischer Homöopath.
ft Flores, Toledo David: Zeitgenössischer Homöopath [Mexiko]
ft1 Flores, Toledo David, Psilocybe caerulescens Murray (1980)
fyz Fayazuddin, M.
fyz1 Fayazuddin, M., Pregnant Ladies, Kakinada (1983)
gg Ghegas, Vassilis: Zeitgenössischer Homöopath [Griechenland]
ggd Grandgeorge, Didier: Zeitgenössischer Homöopath [Frankreich]
ggd1 Grandgeorge, Didier, The Spirit of Homeopathic Medicines: Essential Insights to 300 Remedies, Berkeley (CA): North Atlantic Books (1998)
ghs1 Ghosh, S. K., Clinical Experiences with some rare Nosodes, Calcutta: Sm. Sushama. Rani Ghosh (3th Ed.) (1976)
gk Geukens, Alfons: Zeitgenössischer Homöopath [Belgien]
gk1 Geukens, Alfons, Homeopathic Practice - Part 1, Hechtel: Centrum voor Homeopathie (1988)
gk2 Geukens, Alfons, Homeopathic Practice - Part 2, Hechtel: Centrum voor Homeopathie (1989)
gk3 Geukens, Alfons, Homeopathic Practice - Part 3, Hechtel: Centrum voor Homeopathie (1990)
gk4 Geukens, Alfons, Homeopathic Practice - Part 4, Hechtel: Centrum voor Homeopathie (1992)
gk6 Geukens, Alfons, Carcinosinum, Hechtel: Centrum voor Homeopathie (1989)
gl Gallavardin, Jean-Pierre: Französischer homöopathischer Psychiater
glh Gillingham, H. P.
gm1 Grimmer, Arthur H., The Collected Works [edited by Ahmed N. Currim], Greifenberg: Hahnemann Institut (1996)
gmj2 Gamarra, Salvador Javier, Selenium metallicum (2000)
gmj3 Gamarra, Salvador Javier, Saccharum album, (2000)
gms1 Grimes, Melanie, Tiger Shark: A Homeopathic Proving of Galeocerdo Cuvier Hepar, Alethea Book Company (2000)
gsd1 Gibson, Douglas M., Studies of Homeopathic Remedies, Beaconsfield (England): Beaconsfield Publishers (1987)
gse Geerts, Brigitte: Zeitgenössische homöopathische Tierärztin [Belgien]
gsh Gross, Rud. Hermann
gsk1 Gypser, Klaus-Henning, Kent's minor writings on homoeopathy [reprint], New Delhi: Jain Publishers (1988)
gsw1 Guernsey, William Jefferson, Desires and aversions (1883)
gsy Guernsey, Henry Newell
gsy1 Guernsey, Henry N., Keynotes to the Materia Medica, Philadelphia: Boericke (1887)
gt Gentry, William Daniel
gt1 Gentry, William D., Concordance Repertory, New-York: Chatterton & Co (1890)
gtr1 Gupta, Ram Lal, Directory of Disease and Cures in Homeopathy, New Dehli: Jain (1989)
gw Gladwin, Frederika E.: Studentin von Kent
gw1 Gladwin, Frederika E., The people of the materia medica world, Philadelphia (1921)
gy Gray, Bill: Zeitgenössischer Homöopath [USA]

gya1 Gray, Alastair, A Homoeopathic proving of Ficus Macrophylla (2001)
gya2 Gray, Alastair, A Homoeopathic Proving of Chironex Fleckeri - Box Jellyfish (2001)
h Hahnemann, Samuel
h1 Hahnemann, Samuel, Reine Arzneimittellehre, 3. Vermehrte Auflage, Dresden & Leipzig (1833)
h2 Hahnemann, Samuel, Die Chronischen Krankheiten, 2. Vermehrte Auflage, Dresden & Leipzig (1839)
hbh Hui Bon Hoa, Jacques: Zeitgenössischer Homöopath [Frankreich]
hl Hale, Edwin Moses: Amerikanischer Homöopath
hm Hermace, S. G.
hr Hering, Constantine: Amerikanischer Homöopath
hr1 Hering, Constantine, Guiding Symptoms of our Materia Medica, Philadelphia (1879)
hr3 Hering, Constantine, Analytical Repertory of the Symptoms of the Mind, New York (1881)
hrn2 Herrick, Nancy, Animal Mind, Human voices: Provings of Eight New Animal Remedies (1998)
hs Hughes, Richard
hs1 Hughes, Richard; Dake, Jabez Philander, Cyclopaedia of Drug Pathogenesy [Vol. 1-4], London (1891)
hs2 Hughes, Richard, Manual of Pharmacodynamics, Calcutta: Ringer & Co (1876)
hsa Hansen, Oscar
htj1 Houghton, Jacqueline; Halahan, Elisabeth, The homeopathic proving of Lac humanum (1993)
hu Herscu, Paul: Zeitgenössischer Homöopath [USA]
hu2 Herscu, Paul, The Homeopathic Treatment of Children, Berkeley (CA): North Atlantic Books (1991)
ib Imberechts, Jacques: Zeitgenössischer Homöopath [Belgien]
ih Imhäuser, Hedwig
j Jahr, Georg Heinrich Gottlieb: Deutscher Homöopath
jl Julian, Othon André: Zeitgenössischer Homöopath [Frankreich]
jl1 Julian, Othon André, Materia Medica of new Homeopathic remedies (1979)
jl2 Julian, Othon André, Materia Medica of Nosodes with Repertory (1983)
jl3 Julian, Othon André, Materia Medica of New Homoeopathic Remedies (1979)
jsa Jacques, Alexandre: Zeitgenössischer Homöopath [Belgien]
jsj7 Jansen, Jean Pierre, Taxus Baccata (1999)
jsj8 Jansen, Jean Pierre, Hahnemans proving, (1996)
k Kent, James Tyler, Repertory of homeopathic materia medica, Chicago 1957.
k1 Kent, James Tyler, Kent's personal additions to his Repertory (1916)
k2 Kent, James Tyler, Lectures on Homeopathic Materia Medica [4th Ed.], New Delhi: Jain Publishers (1904)
k13 Kent, James Tyler, Quelle unbekannt oder nicht erwähnt (1916)
kgp5 König, Peter; Santos, Ute, Dream Proving of rhododendron chrysantum (1993)
kk Klunker, Will: Zeitgenössischer Homöopath [Schweiz]
kkb Kokelenberg, Guy: Zeitgenössischer Homöopath [Belgien]
kl Künzli von Fimmelsberg, Jost: Zeitgenössischer Homöopath [Schweiz]
klr1 Koehler, Gerhard, Lehrbuch der Homöopathie, Stuttgart: Hippokrates Verlag (1988)
klx Knelle
km Kramer Anton: Zeitgenössischer Homöopath [Holland]
kr Knerr, Calvin B.: Amerikanischer Homöopath
kr1 Knerr, Calvin B., Repertory of Herings Guiding Symptoms of our Materia Medica, Philadelphia: Davis Co (1896)
kr2 Knerr, Calvin B., Drug Relationship, Calcutta (1936)
ks5 Kishore, Jugal, Abromata augusta (1974)
ld Lodispoto, A.
lgb1 Long, Bernard; Cayrel, P., Rosmarinus officinalis, Rev B H, Jun ; 25(2) ; 37-44 (1992)
lgr Logan, Robin
ll Lilienthal, Samuel: Amerikanischer Homöopath
ll1 Lilienthal, Samuel, Homeopathic therapeutics [2nd Ed.], Philadelphia: Boericke & Tafel (1879)
lmj Lamothe, Jacques: Zeitgenössischer homöopathischer Kinderarzt [Frankreich]
lmp Lommaert, Philippe: Zeitgenössischer Homöopath [Belgien]
lp Lippe, Adolph von
lpc Lippe, Constantin

lpc2 Lippe, Constantin, Textbook of Materia Medica (1865)
lsr Leeser, Otto
md Mundy, David: Zeitgenössischer Homöopath [England]
mfj Moffat, John L.
mfm Macfarlan, Malcolm
mg Mezger, Julius: Zeitgenössischer Homöopath [Deutschland]
mgm Mangialavori, Massimo: Zeitgenössischer Homöopath [Italien]
mhn1 Mohanty, Niranjan, Text book of Homeopathic Materia Medica (1985)
mir1 McIntyer, E. R., Stepping Stones to Neurology, New Delhi: Jain Publishers (1991)
mlb Müller, Josef Oswald: Österreichischer Homöopath
mlk Müller, Karl-Josef
mlk2 Müller, Karl-Josef, Moschus - The Clinical Rediscovery of a Homeopathic Remedy - A collection of Case Studies, Zweibrücken: Verlag Karl-Josef Müller (1997)
mlr1 Micklem, R. D., Carcinosin, a Compendium of references, Queensbury (1994)
mnc1 Menon, C. R. K., Some Constitutional Remedies, Cochin: Hom. Study Centre (1981)
mp Murphy, Robin: Zeitgenössischer Homöopath [USA]
mp1 Murphy, Robin, Homeopathic Medical Repertory, Pasoga Springs (Colorado): Hahn. Acad. North America (1993)
mr Mohr, Charles
mrc1 Marim, Matheus, Simplified Materia Medica of brosimum gaudichaude, Revista de Homeopatia - AMHB, nr 3 (1999)
mrc2 Marim, Matheus, Simplified Materia Medica of bothrops jararacussu, Revista de Homeopatia - AMHB, nr 3 (1999)
mrr Morrison, Roger: Zeitgenössischer Homöopath [USA]
mrr1 Morrison, Roger, Desktop Guide to Keynotes & Confirmatory Symptoms, Albany (1993)
mrr3 Morrison, Roger, Seminar [Part 2] - Burgh Haamstede [Holland] Sept 1988, Amsterdam: llse Bos, Eigenverlag (1988)
mrr4 Morrison, Roger; Herrick, Nancy, Seminar [Part 3] - Leystad [Holland] November 1991 (1991)
ms Masi, Alfonso Elizalde: Zeitgenössischer Homöopath [Argentinien]
mta1 Mathur, K. N., Systematic materia medica of homoeopathic remedies, New Delhi: Jain Publishers (1972)
mtf Master, Farokh Jamshed: Zeitgenössischer Homöopath [Indien]
mtf11 Master, Farokh Jamshed, Homoeopathic bedside clinical tips (1999)
mtf28 Master, Farokh Jamshed, The State of Mind that affects Foetus (1999)
mtf33 Master, Farokh Jamshed, Clinical Observations of Children's Remedies, Bombay: Homeopathic Health Centre (1st Ed.) (1999)
nh Nash, Eugene Beauharnais: Amerikanischer Homöopath
nh6 Nash, Eugene Beauharnais, Leaders in respiratory organs, Philadelphia: Boericke & Tafel (1909)
nl2 Norland, Misha, Collected provings (1999)
oss Olsen, Steve: Zeitgenössischer Homöopath [Kanada]
oss1 Olsen, Steve, Trees and Plants that Heal, Maple Ridge, Canada: Legacy Publ. (1997)
oss2 Olsen, Steve, Sleeping giants - pinus contorta - the shore pine (1998)
oss4 Olsen, Steve, Arbor Medica (2004)
ot Ortega, Sanchez Proceso: Zeitgenössischer Homöopath [Mexiko]
pc Paschero, Tomas Pablo: Argentinischer Homöopath
pcr Petrucci, Roberto: Zeitgenössischer Homöopath [Italien]
pd Pladys, Albert: Belgischer Homöopath
pe Pierce, Willard Ide
pfa Pulford, Alfred
pfa1 Pulford, A., Key to Homeopathic Materia Medica, Toledo, Ohio (1947)
pfa2 Pulford, A., Homoeopathic materia medica of graphic drug pictures and clinical comments., New Delhi: Jain Publishers (1944)
psa Possart, A.
ptk Phatak, S. R.: Zeitgenössischer Homöopath [Indien]
ptk1 Phatak, S. R., Concise Repertory of Homeopathic Medicines, New Dehli: Jain Publ. (1963)
ptk2 Phatak, S. R., Materia Medica of Homoeopathic medicines, New Delhli: Indish Book and Periodicals (1977)
ptm1 Pelt, Marguerite; Stuut, H., Cobalt, Links, Vol 8: pg 19-21 (1995)
rb Roberts, Herbert Alfred: Amerikanischer Homöopath

rb2 Roberts, Herbert A., Sensations as if, Calcutta: Economic Hom. Pharmacy (1937)

rb3 Roberts, Herbert A., The study of remedies by comparison (1941)

rbp3 Robbins, Phillip; Jansen, Jean-Pierre, Aristolochia clematis (2000)

rbp6 Robbins, Phillip, Evolving Homeopathy. Towards a Developmental Approach to Homeopathy., Philip Robbins (2003)

rly4 Riley, David, Collected provings (1994)

rmk1 Ramakrishnan, A. U.; Coulter, C. The Homepathic Treatment of Cancer, Ninth House publishing (2001)

rsj3 Raeside, J. R., A proving of Flor de Piedra [Lophophytum leandri], Br H J , Vol 58: pg 240-246 (1969)

rsj5 Raeside, J. R., A proving of Esponjilla [Luffa operculata], Br H J, Vol 54: pg 36-45 (1965)

rsj9 Raeside, J. R., Report on a proving of Selenium, Br H J, Vol 50: pg 215-225 (1961)

rsj10 Raeside, J. R., A proving of Tellurium, Br H J, Vol 57: pg 216-220 (1968)

rwt Rowe, Todd

rwt2 Rowe, Todd, Heloderma Suspectum proving (1996)

rwt5 Rowe, Todd, A proving of Argemone pleicantha (2000)

samkn Samuel Keynotes (1992)

sbd1 Swoboda, Franz von; König, Peter, Ginkgo biloba (1992)

sde Schadde, Anne: Zeitgenössische Homöopathin [Deutschland]

sde2 Schadde, Anne, Proving of Ozone, München (1996)

sdj2 Snowdon, Janet, The Homeopathic Proving of Heroin, (2000)

sej2 Shore, Jonathan, Seminar Glasgow [Scotland] April 1989 (1989)

sej4 Shore, Jonathan, Seminar Hapert [Holland] April 1991 (1991)

sej6 Shore, Jonathan, Proving buteo jamaicensis (1995)

sej7 Shore, Jonathan, Proving ara macao (2000)

ser Schore, Robert: Zeitgenössischer Homöopath [USA]

sf Stauffer, Karl

shn4 Shah, Nandita, Benzinum Petroleum (1997)

sht Smith, Trevor: (1925-)

sk Sankaran, Rajan: Zeitgenössischer Homöopath [Indien]

sk1 Sankaran, Rajan, The Spirit of Homeopathy, Bombay: Homeopathic Medical Publishers (1992)

sk4 Sankaran, Rajan, Provings: Similia similibus curentur, Mumbai (India): Homoeopathic medical publishers (1998)

sk7 Sankaran, Rajan, The Soul of remedies, Homoeopathic Medical Publishers, Bombay (1997)

skb1 Sarkar, B. K., Up to date with Nosodes, Calcutta: Roy Publishing House (1971)

skp Sankaran, P.

skp7 Sankaran, P., Some new provings, Bombay: Homeopathic Medical Publishers (1978)

sle1 Stirling, Penelope, The Homeopathic Proving of Crack Willow: Salix Fragilis (1998)

slp Salaün, Pierre: Zeitgenössischer Homöopath [Frankreich]

sma Sijmons, Jan: Zeitgenössischer Homöopath [Belgien]

sne Saine, André: Zeitgenössischer Homöopath [Kanada]

sp Stephenson, James Hawley

sp1 Stephenson, James Hawley, Hahnemannian Provings - A Materia Medica and Repertory 1924-1959, Bombay: Roy & Co. (1963)

srj Sherr, Jeremy: Zeitgenössischer Homöopath [England]

srj1 Sherr, Jeremy, The Homeopathic Proving of Scorpio [2nd Ed.], Upton-upon-Severn (England): Severnside Printers (1990)

srj2 Sherr, Jeremy, The Homeopathic Proving of Hydrogen, Northampton (England): Eigenverlag (1992)

srj3 Sherr, Jeremy, The Homeopathic proving of Chocolate (1993)

srj5 Sherr, Jeremy, Dynamic Provings [Vol. 1], Malvern: Dynamis Books (1997)

srj7 Sherr, Jeremy, The homoeopathic proving of Plutonium nitricum, including the toxicology of ionising radiation (1999)

sst Smits, Tinus: Zeitgenössischer Homöopath [Holland]

sst1 Smits, Tinus, The magic sugar Saccharum Officinale, Links, Vol 8: pg 28-36 (1995)

sst2 Smits, Tinus, Cancer, a deeper understanding. Carcinosinum, Links, Vol 11: pg 16-22 (1998)

sst3 Smits, Tinus, Cuprum metallicum, Links, Vol 5: pg 10-14 (1992)

st Schmidt, Pierre: Schweizer Homöopath

st1 Schmidt, Pierre. Cahiers Hahnemanniens, (1987)

stb3 Schuster, Bernd, Cola: Homoeopathic Proving of Cola nitida (1999)

Autoren und Quellen

stj Scholten, Jan: Zeitgenössischer Homöopath [Holland]
stj1 Scholten, Jan, Homeopathy and Minerals (1993)
stj2 Scholten, Jan, Homeopathy and the elements (2003)
stj4 Scholten, Jan; Leupen, Alex, Coffee, the black liquid fuel. Materia Medica of Angustura., Links, Vol 8: pg 26-27 (1995)
stj5 Scholten, Jan; Pelt, Marguerite. Lactic acid - A girl is a girl is a girl, Links, Vol 3: pg 12-13 (1995)
stx1 Smet, René. Fundamental Food & Drink symptomatology, with Repertory, and foreword in English, Dutch and French (1995)
sv Stevens, G.
sys Schroyens, Frederik: Zeitgenössischer Homöopath [Belgien]
sys1 Schroyens, Frederik. Synthesis (9th Ed.), London: Homeopathic Book Publishers (2003)
sze8 Schulz, Elisabeth; Shore, Jonathan. The proving of Radium Bromatum, (1996)
sze9 Schulz, Elisabeth. Lac Humanum Proving [Vol. 1-2], (1996)
sze10 Schulz, Elisabeth. Remedy Encounter with Asterias rubens, Naturheilpraxis, Nr. 11 (2001)
szs2 Sonz, Susan; Kushner, Sonam; Robert, Steward, Hippocampus Kuda, a proving of sea horse (2003)
szw1 Schwartz, W. H. The homoeopathic treatment of wounds and injuries., New Delhi: Jain Publishers (1935)
tl Tyler, Margaret Lucy
tl1 Tyler, Margaret Lucy. Homeopathic Drug Pictures, London: The Homeopathic Publishing Co (1942)
tl2 Tyler, Margaret Lucy. Pointers to the common remedies, New Dehli: Jain publishers (1934)
tmo3 Tumminello, Peter. Rhus glabra: A Homoeopathic Proving, (1997)
tpw Templeton, W. Lees
tpw2 Templeton, W. Lees. Provings of Carcinosin, Br Hom J, Vol 44 nr 2: pg 108-115 (1954)
tpw3 Templeton. W. Lees, Provings of Alloxan, Br Hom J, Vol 39: pg 246-281 (1949)
tpw4 Templeton. W. Lees. A third proving of Alloxan, Br Hom J, Vol 41: pg 112-119 (1951)
tpw5 Templeton, W. Lees. Report of Beryllium Provings, Br H J, Vol 43: pg 78-84 (1953)
tpw6 Templeton, W. Lees. Cadmium Metallicum, Br H J, Vol 39: pg 60-64 (1949)
tpw7 Templeton, W. Lees. Provings of cortisone and ACTH., Br H J, Vol 45: pg 89-97 (1956)
tsm1 Thompson, Michael. Ambra grisea - The Road to Homoeopathic Practice [Vol.1], (1996)
tsm2 Thompson, Michael. Venomous snakes of the world (2003)
vh Vithoulkas, George: Zeitgenössischer Homöopath [Griechenland]
vh1 Vithoulkas, George Materia Medica Viva [Vol. 1-7], San Francisco: Health and Habitat (1992)
vh3 Vithoulkas, George = vh4 = Essences of Materia Medica, (1988)
vh4 Vithoulkas, George. Essences of Materia Medica, New Delhi: Jain Publishers (1st Ed.) (1988)
vh5 Vithoulkas, George. Talks on Classical Homoeopathy - The Esalen Conferences 1980 - Part 2, New Delhi: Jain Publishers (Edited by B. P. Rao) (1990)
vk1 Vakil, Prakash. Tongue that does not lie, Bombay: Vakil Hom. Prakashan Publ. (1988)
vld Van Der Linden, Jean: Zeitgenössischer Homöopath [Belgien]
vlr2 Vale, Regina. Summary of the Pathogenesis of Gardenia Jasminoides, (2000)
vml Vermeulen, Frans: Zeitgenössischer Homöopath [Holland]
vml2 Vermeulen, Frans. Synoptic Materia Medica. [Vol. 1], Haarlem (1992)
vml3 Vermeulen, Frans. Synoptic Materia Medica II (1998)
vml4 Vermeulen, Frans. Concordant Materia Medica (1997)
vn Vannier, Léon: Französischer Homöopath
vnk Vijnovsky, Bernardo
vs Voisin, Henri: Französischer Homöopath
vwe Van Woensel, Erik: Zeitgenössischer Homöopath [Holland]
wbt Wulfsberg, Terje: Zeitgenössischer Homöopath [Norwegen]
wbt2 Wulfsberg, Terje. Three pieces of Gold, Oslo: HomeopatiBokhandelen (1998)
wda Wadia, S. R.: Zeitgenössischer Homöopath [Indien]
wht1 Wright, Craig. Bitis arietans arietans and its venom (1999)

Autoren und Quellen

wla1 Wölfel, Arthur; Ostermayr, Benno. Rosa damascena, Greifenberg, Hahnemann Institut (2003)

wmh1 Wachsmuth, Jörg H. Olibanum sacrum, Greifenberg, Hahnemann Institut (1999)

wn Wijnants, Paul: Zeitgenössischer Homöopath [Belgien]

wr Weir, Sir John: Englsicher Homöopath

wt1 Wright-Hubbard, Elizabeth. Homoeopathy as Art and Science, Beaconsfield (1990)

wta Winterburn George William

wz Witzig, Friedrich: Zeitgenössischer Homöopath [Deutschland]

wza1 Wirtz, Anne. A caring capricious creature - Lac felinum, Links, Vol 9: pg 145-148 (1996)

zf Zafiriou, Vangelis: Zeitgenössischer Homöopath [Griechenland]

zr Zaren, Ananda: Zeitgenössische Homöopathin [USA]

zzb Bad Boll Homöopathischer Kreis - Bad Boll (1985)

zzc1 Central Council For Research In Homeopathy Provings (1995)

Literaturverzeichnis

Bei Titeln, die auch in deutscher Sprache erhältlich sind, werden nur diese genannt. Soweit möglich wurden Originalausgaben letzter Hand angegeben und nicht Nach- bzw. Neudrucke. Hochzahlen vor dem Erscheinungsdatum geben die Auflage an (z.B. $^{6}1931 = 6$. Aufl.).

ALLEN, HENRY C. *Keynotes to the materia medica.* Philadelphia 1898.

ALLEN, HENRY C. *The materia medica of some important nosodes.* New Delhi o. J.

ALLEN, HENRY C. *Therapeutics of intermittent fever.* Philadelphia 1884.

ALLEN, TIMOTHY FIELD. *the encyclopedia of pure materia medica.* Philadelphia 1874-1879.

ALLEN, TIMOTHY FIELD. *Handbook of materia medica and homoeopathic therapeutics.* Philadelphia 1889.

ANSHUTZ, EDUARD PULLOCK. *New, old, and forgotten remedies.* Philadelphia 1900.

BAILEY, PHILIP M. *Homeopathic psychology. Personality profiles of the major constitutional.* Berkeley 1995.

BANERJEA, SUBRATA K. *Materia medica of a few rare remedies.* New Delhi ca 1990.

BANERJEA, SUBRATA K. *Fifty homoeopathic indian drugs.* New Delhi ca 1990.

BELL, JAMES B. *homoeopathic therapeutics of diarrhea.* Philadelphia 1869.

BHATIA, V. R. *Influenza and its homoeopathic treatment.* New Delhi o.J.

BLACKIE, MARGERY G. *A comparison of arsenicum, nitricum acidum, hepar sulphuris and nux vomica.* New Delhi 1961.

BLACKIE, MARGERY G. *Lebendige Homöopathie.* München 1990.

BLACKWOOD, ALEXANDER L. *Diseases of the heart.* Chicago 1901.

BLACKWOOD, ALEXANDER L. *Diseases of the kidneys and nervous system.* Philadelphia 1913.

BLACKWOOD, ALEXANDER L. *Diseases of the liver, pancreas and ductless glands.* Philadelphia 1907.

BLACKWOOD, ALEXANDER L. *Praktische Materia medica mit klinischem Repertorium.* Buchendorf 2004.

BÖNNINGHAUSEN, CLEMENS VON. *The lesser writings of C. M. F. von Bönninghausen.* Philadelphia 1908

BOERICKE, WILLIAM. *Handbuch der homöopathischen Materia medica.* Heidelberg 1992.

BOGER, CYRUS M. *Bönninghausen's Characteristics and Repertory.* Bombay 1937.

BOGER, CYRUS M. *A synoptic key to the materia medica.* New Delhi ^{6}1931.

BORLAND, DOUGLAS M. *Kindertypen.* Heidelberg 1961.

BORLAND, DOUGLAS M. *Homoeopathy for mother and infant.* London 1950.

BORLAND, DOUGLAS M. *Homöopathie in der Alltagspraxis.* Stuttgart 1992.

BORLAND, DOUGLAS M. *Influenzas.* London 1939.

BORLAND, DOUGLAS M. *Pneumonias.* London 1939.

BORLAND, DOUGLAS M. *Some emergencies of general practice.* Bombay 1970.

BORLAND, DOUGLAS M. *The treatment of certain heart conditions by homoeopathy.* New Delhi 1987.

BUCK, HENRY. *The outlines of materia medica; regional symptomatology, and a clinical dictionary.* London 1865.

BURNETT, JAMES C. *Zarte, zurückgebliebene, schwächliche und im Wachstum behinderte Kinder.* München 1993.

BURNETT, JAMES C. *Erkrankungen der Haut. Ihre konstitutionelle Natur und ihre Heilung.* München 1994.

BURNETT, JAMES C. *Erkrankungen der Milz und deren Heilmittel, klinisch veranschaulicht.* München 2005.

BURNETT, JAMES C. *Die Venenerkrankungen.* München 1992.

CANDEGABE, EUGENIO F. *Comparative Materia medica.* Beaconsfield 1997.

CHATTERJEE, T. P. *Golden hints on homoeopathic practice and children's diseases.* New Delhi 2004.

CHOUDHURI, N. M. *A study on materia medica.* Calcutta 1929.

CLARKE, JOHN H. *Der Neue Clarke.* Greifenberg 2005.

COWPERTHWAITE, ALLEN C. *Charakteristika homöopathischer Arzneimittel.* Heidelberg 2002.

DEGROOTE, FILIP. *Physical examination and observations in homoeopathy.* Gent 1992.

DEWEY, WILLIS A. *Homöopathie in der täglichen Praxis.* Berg am Starnberger See 1985.

DEWEY, WILLIS A. *Katechismus der reinen Arzneiwirkungslehre.* Ulm ^{5}1958.

DOUGLASS, MELFORD E. *Pearls of homoeopathy.* New York 1912.

DUNHAM, CAROLL. *Vorlesungen zur homöopathischen Materia medica*. Stuttgart 2003.

EISING, NUALA. *Die Prüfungen von Granit (granite), Marmor (marble) und Kalkstein (limestone)*. Zweibrücken ²2000.

EISING, NUALA. *Feuer (ignis alcoholis) - die Prüfung*. Zweibrücken 1998.

EISING, NUALA. *Bernstein (succinum) - die Prüfung*. Zweibrücken. 1999.

FARRINGTON, ERNEST A. *Klinische homöopathische Arzneimittellehre*. Göttingen 1998.

FARRINGTON, ERNEST A. *Vergleichende Arzneimittellehre*. Ruppichteroth 1996.

FARRINGTON, ERNEST A. *Lesser writings with therapeutic hints*. Calcutta 1935.

FISHER, CHARLES E. *A hand-book of the diseases of children and their homoeopathic treatment*. Chicago 1895.

FOUBISTER, DONALD M. *The carcinosin drug picture*. Bombay 1975.

FOUBISTER, DONALD M. *Homöopathisches Tutorium der Kinderheilkunde*. Stuttgart 1998.

GALLAVARDIN, JEAN-PIERRE. *Psyche und Homöopathie*. Wilhelmsfeld ²1987.

GEUKENS, ALFONS. *Carcinosinum*. Hechtel 1990.

GEUKENS ALFONS. *Homöopathische Praxis*. Hechtel 1988-.

GEHEGAS, VASSILIS. *The classical homoeopathic lectures of Dr. med. Vassilis Ghegas*. Vol. F. Genk 1989.

GIBSON, DOUGLAS M. *Elements of homoeopathy*. London ca 1970.

GIBSON, DOUGLAS M. *Studies of homoeopathic remedies*. Beaconsfield 1987.

GILCHRIST, JAMES G. *The homoeopathic treatment of surgical diseases*. Chicago 1873.

GRANDGEORGE, DIDIER. *Homöopathische Arzneimittelbilder in der Kinderheilkunde*. Stuttgart 2000.

GUERNSEY, HENRY N. *Keynotes zur materia medica*. Heidelberg 1999.

GUNAVANTE, S. M. *The "genius" of homoeopathic remedies*. New Delhi 1999.

GUPTA, A. K. *The problem child and homoeopathy*. New Delhi 1995.

HAHNEMANN, S. *Die chronischen Krankheiten*. Dresden 1835-1839.

HAHNEMANN, S. *Reine Arzneimittellehre*. Dresden 1830.

HALE, EDWIN M. *Materia medica and special therapeutics of the new remedies. 1. Special symptomatology*. Philadelphia ⁵1886.

HALE, EDWIN M. *Materia medica and special therapeutics of the new remedies. 2. Special therapeutics*. Philadelphia ⁵1880.

HALE, EDWIN M. *The characteristics of the new remedies*. Detroit ³1873.

HANSEN, OSCAR. *A text-book of materia medica and therapeutics of rare homoeopathic remedies*. London 1899.

HERING, CONSTANTINE. *Leitsymptome unserer Materia medica*. Aachen 1992-1998.

HERRICK, NANCY. *Das Wesen der Tiere in menschlicher Sprache*. Groß Wittensee 2002.

HERSCU, PAUL. *Die homöopathische Behandlung der Kinder*. Rendsburg 1993.

HOYNE, TEMPLE S. *Clinical therapeutics*. Chicago 1878.

HUGHES, R.; DAKE, J. P. *A cyclopædia of drug pathogenesy*. London 1885-91.

HUGHES, RICHARD. *Einführung in die homöoopathische Arzneimittellehre*. Leipzig 1932.

JULIAN, OTHON-ANDRÉ. *Materia medica der Nosoden*. Stuttgart ¹⁰2004.

JULIAN, OTHON-ANDRÉ. *Neuere homöopathische Arzneimittelbilder*. Stuttgart 1988.

KENT, JAMES T. *Homöopathische Arzneimittelbilder*. Heidelberg 1998-2001.

KENT, JAMES T. *Neue Arzneimittelbilder der homöopathischen materia medica*. Heidelberg ⁴1997.

KLEIN, LOUIS. *Klinischer Fokus*. Kandern 2005.

KUMAR, P. K. *Talks on poisons, metals, acids and nosodes used as homoeopathic medicines*. 2003.

LE ROUX, PATRICIA. *Lac caninum, remedy of ailments from child sexual abuse*, Proc 54th LMHI Congr., Salvador-Bahia Brasil 1999.

LEESER, OTTO. *Leesers Lehrbuch der Homöopathie*. Heidelberg 1986-88.

LILIENTHAL, SAMUEL. *Homöopathische Heilmittel nach klinischen Gesichtspunkten*. Enger 1997-98.

LIPPE, ADOLPH VON. *Handbuch homöopathischer Charakteristika*. Stuttgart 2003.

LIPPE, ADOLPH VON. *Grundzüge und charakteristische Symptome der homöopathischen Materia medica*. Göttingen 1983.

LIPPE, ADOLPH VON. *Key notes & red line symptoms of the materia medica*. New Delhi 1982.

MASTER, FAROKH J. *Agitated argentums*. New Delhi 2001.

MASTER, FAROKH J. *Ammoniums the sour prunes*. New Delhi 1998.

MASTER, FAROKH J. *Bed-Wetting (Enuresis)*. New Delhi 1999.

MASTER, FAROKH J. *Klinische Homöopathie in der Kinderheilkunde.* Kandern 2006.

MASTER, FAROKH J. *Diseases of the skin.* New Delhi 2004.

MASTER, FAROKH J. *Milchmittel in der Homöopathie.* Kandern 2007.

MASTER, FAROKH J. *Schlangen. Spinnen. Pilze.* Buchendorf 2005.

MASTER, FAROKH J. ET AL. *Tubercular Miasm Tuberculins.* New Delhi ²1999.

MASTER, FAROKH J. *Homeopathic therapeutics in ophthalmology.* New Delhi o.J.

MOHANTY, NIRANJAN. *Textbook of homoeopathic materia medica.* Bhubaneswar 1983.

MORRISON, ROGER. *Handbuch der Pathologie zur homöopathischen Differentialdiagnose.* Groß Wittensee 1999.

MORRISON, ROGER. *Handbuch der homöopathischen Leitsymptome und Bestätigungssymptome.* Groß Wittensee 1995.

MÜLLER, KARL-JOSEF. *Argentum nitricum.* Zweibrücken 1996.

MÜLLER, KARL-JOSEF. *Carcinosinum.* Zweibrücken 2002.

MÜLLER, KARL-JOSEF. *Lac caninum.* Zweibrücken ²1995

MÜLLER, KARL-JOSEF. *Lac felinum.* Zweibrücken 1995.

MURPHY, ROBIN. *Klinisches Repertorium der Homöopathie.* Kandern 2007.

MURPHY, ROBIN. *Klinische Materia medica.* Kandern 2008.

NASH, EUGENE B. *Leitsymptome in der homöopathischen Therapie.* Stuttgart 2004.

NASH, EUGENE B. *Repetitorium der homöopathischen Leitsymptome nach Körperregionen.* Heidelberg 1998.

NASH, EUGENE B. *Sulfur.* Stuttgart 2000.

NASH, EUGENE B. *Expanded Works of Nash.* New Delhi 1999.

NASH, EUGENE B. *100 Fälle aus der homöopathischen Praxis.* Stuttgart 2002.

NASH, EUGENE B. *Leaders in respiratory organs.* Philadelphia 1909.

NORLAND, MISHA. *Collected provings.* NAJH 1999.

NORTON, ARTHUR B. *Ophthalmic diseases and therapeutics.* Philadelphia 1892.

OLSEN, STEVEN. *Trees and plants that heal.* Maple Ridge 1997.

PASCHERO, TOMÁS P. *Homoeopathy.* Beaconsfield 2000.

PHATAK, S. R. *Homöopathische Arzneimittellehre.* München ³2005.

PULFORD, ALFRED. *Pneumonie. Lungenentzündung homöopathisch behandeln.* Murnau 1997.

PULFORD, ALFRED. *Homoeopathic materia medica of graphic drug pictures and clinical comments.* Toledo 1944.

RAUE, C. SIGMUND. *Diseases of children.* Philadelphia ³1922.

RILEY, DAVID. *Collected provings.* 1994.

RISQUEZ, FERNANDO. *Psychiatry and homeoepathy.* New Delhi 2003.

ROBERTS, HERBERT A. *Repertorium der Empfindungssymptome.* Murnau 1998.

ROBERTS, HERBERT A. *The rheumatic remedies.* London 1939.

ROWE, TODD. *Argemone pleiacantha. A proving of crested prickle poppy.* Phoenix 2000.

RUDDOCK, EDWARD H. *The diseases of infants and children and their homœopathic and general treatment.* London ⁹1944.

RUDDOCK, EDWARD H. *The common diseases of children and their homoeopathic treatment.* ²1880.

SAINE, ANDRÉ. *Psychiatric patients.* Eindhoven ²1999.

SANKARAN, PICHIAN. *The elements of homeopathy.* Bombay 1996.

SANKARAN, RAJAN. *Provings.* Mumbai 1998.

SANKARAN, RAJAN. *Die Empfindung in der Homöopathie.* Mumbai 2005.

SANKARAN, RAJAN. *Das geistige Prinzip der Homöopathie.* Mumbai 2003.

SANKARAN, RAJAN. *Die Substanz der Homöopathie.* Mumbai 2003.

SANKARAN, RAJAN. *Die Seele der Heilmittel.* Mumbai 2000.

SANTWANI. *Common ailments of children an their homoeopathic management.* New Delhi 1983.

SCHADDE, ANNE. *Ozon.* München 1995.

SCHOLTEN, JAN. *Homöopathie und die Elemente.* Utrecht ³2004.

SCHOLTEN, JAN. *Homöopathie und Minerale.* Utrecht 1994.

SCHROYENS, FREDERIK. *Synthesis. Edition 9.1.* Greifenberg 2005.

SCHULZ, ELISABETH. *Buteo jamaicensis - hawk.* Homöopathische Einblicke 28, 1996.

SCHUSTER, BERND. *Bambus.* Kronberg 1996.

SCHUSTER, BERND. *Cola.* Weilburg ²2004.

SHERR, JEREMY. *Dynamic provings.* Vol. 1. Malvern 1997.

SHERR, JEREMY. *Die homöopathische Arzneimittelprüfung von Schokolade*. Rösrath 1998.

SHERR, JEREMY. *Die homöopathische Arzneimittelprüfung von Hydrogenium*. Rösrath 1998.

SHERR, JEREMY. *Die homöopathische Arzneimittelprüfung von Plutonium nitricum*. Zweibrücken 2000.

SHORE, JONATHAN. *Birds: Homeopathic Remedies for the Avian Realm*. Berkeley 2004.

SIVARAMAN, P. *Homoepathic treatment of asthma*. New Delhi 1986.

SIVARAMAN, P. *Asthma cured with homeopathic medicines*. New Delhi 1980.

SIVARAMAN, P. *Ear, Nose, Throat*. New Delhi 1983.

SIVARAMAN, P. *Epilepsy cured with homoeopathic medicines*. New Delhi 1980.

STEPHENSON, JAMES H. *Hahnemann provings*. Bombay 1963.

STIRLING, PENELOPE. *Die homöopathische Arzneimittelprüfung der (Bruch-)Weide*. Zweibrücken 2004.

TESTE, ALPHONSE. *The homoeopathic materia medica*. Philadelphia 1854.

TYLER, MARGARET L. *Drosera*. London 1927.

TYLER, MARGARET L. *Homöopathische Arzneimittelbilder*. München 2008.

TYLER, MARGARET L. *Wichtige Krankheitszustände und ihre homöopathischen Mittel*. Bielefeld 1991.

VAN ZANDVOORT, ROGER. *Complete Repertory*. Ruppichteroth 2007.

VERMEULEN, FRANS. *Prisma*. Haarlem 2006.

VERMEULEN, FRANS. *Synoptische Materia medica*. Groß Wittensee 1996.

VERMEULEN, FRANS. *Synoptische Materia medica II*. Haarlem 1998.

VITHOULKAS, GEORGOS. *Materia medica viva*. Göttingen 1991-2005.

VITHOULKAS, GEORGOS. *Essenzen homöopathischer Heilmittel*. Augsburg 2007.

VITHOULKAS, GEORGOS. *Talks on classical homoeopathy*. New Delhi 1998.

WADIA, S. R. *Homoepathy cures asthma*. New Delhi ^{4}1979.

WADIA, S. R. *Homoeopathy in children's diseases*. New Delhi 2002.

WADIA, S. R. *Tonsillitis cured by homoeopathy*. New Delhi ^{3}1979.

WARD, JAMES W. *Unabridged Dictionary of the Sensations "As If"*. San Francisco 1939.

WHITMONT, EDWARD C. *Die Alchemie des Heilens*. Göttingen 1993.

WILKINSON, CHRIS. *Hekla Lava*. http://www.btinternet.com/~wellmother/heklalava.htm 2002 (Stand 10.06.2008).

WRIGHT-HUBBART, ELISABETH. *Das Studium der klassischen Homöopathie*. Heidelberg 1990.

WRIGHT, CRAIG D. *A homoeopathic drug proving of the venom of bitis arietans arietans*. Durban 1999.

WULFSBERG, TERJE. *Gold. Aurum-Salze in der Homöopathie*. München 2001.

Notizen

Notizen

Notizen

Notizen